电力工程
电气设备手册

电气二次部分

编写领导小组

组　长　陈戊生

副组长　姚成开

姜恩文

主　　编　陈学庸

中国电力出版社

内 容 提 要

《电力工程电气设备手册》(以下简称设备手册)，是前已出版发行的《电力工程电气设计手册》(以下简称设计手册) 的配套手册。设计手册供确定工艺设计原则和技术方案参考，设备手册供进行设备选型和安装设计参考，两者相辅相成。设计手册分为二册，按照配套的要求，设备手册亦分为二册，均为电气一次部分和电气二次部分。

设备手册主要介绍发电厂、变电所及其他工矿企业常用电气设备的型式、规范、技术参数、外形及安装尺寸等，第一册汇集电气一次专业和厂用电专业的电气设备，第二册汇集电气二次专业的电气设备。

本书为第二册，具体内容为：控制屏（台），测量仪表，自动装置，保护继电器，组合式继电保护装置，高压线路和母线的继电保护及系统安全自动装置，二次配件，弱电设备，直流系统设备及交流不间断电源装置，调度自动化设备，厂内通信设备，系统通信，微机自动化系统等。

本手册是电力工程设计人员必备的专业技术工具书，可供从事施工、安装、运行、检修、供销、制造及工业管理等专业人员使用和大专院校师生参考。

图书在版编目（CIP）数据

电力工程电气设备手册：电气二次部分/电力工业部西北电力设计院编. -北京：中国电力出版社，1996.12（2018.4 重印）

ISBN 978-7-80125-040-7

Ⅰ. 电…　Ⅱ. 中…　Ⅲ. ①电力工程-电气设备-手册②二次系统-电力工程-手册　Ⅳ. TM64-62

中国版本图书馆 CIP 数据核字（95）第 08076 号

中国电力出版社出版、发行

（北京市东城区北京站西街 19 号　100005　http://www.cepp.com.cn）

山东鸿君杰文化发展有限公司印刷

各地新华书店经售

*

1996 年 12 月第一版　2018 年 4 月北京第九次印刷

787 毫米×1092 毫米　16 开本　78.75 印张　2626 千字

印数 20551—22050 册　定价 **131.00** 元

前　言

随着社会主义市场经济的逐步建立和国民经济的迅速发展，电气设备的制造领域也兴旺活跃，各类电气设备都在竞相引进国外先进产品和制造技术；新材料的出现、制造装备的更新、工艺技术的提高和电子电工的结合等等，又推动了电气设备的技术性能更加优越、结构型式更加精巧、加工装配更加精良；传统产品相继淘汰，新型产品层出不穷。

在这种大好形势下，我们编撰了这套《电力工程电气设备手册》，主要介绍发电厂、变电所及其他工矿企业常用电气设备的型式、规范、技术参数、外形及安装尺寸等，是电力工程设计人员必备的专业技术工具书。

考虑到各制造厂家的技术资料来源不一，且有一部分引进技术及进口设备的资料，为不影响使用，仅对电气技术中的文字符号和图形符号以及法定计量单位按现有国家标准作了部分必要的统一处理；标准化工作的完成，尚有待于各制造厂家的共同努力。由于电气设备更新换代日新月异，虽经多年努力，仍难以使这套手册与时代同步，也会仍有挂一漏万与疏误之处。为了顺应发展满足需求，我们还准备陆续编撰更新补充本。因此，希望**制造厂家**能及时地、经常地与编者联系，并提供新的产品信息和有关技术资料，把这套手册看作新产品面向市场的窗口；也希望**广大用户**能及时地、经常地向编者反映工程需求和提供技术信息，把这套手册看作是二者的桥梁。

参加本册编撰校审工作的有：孙明新、温美华、曹克勤、陈学庸、戎伟、朱为超、李小波、刘卓平、刘纯韵、何战虎、王书兰、冯春、卓乐友、朱绍祖、邢若海、赵玉琴、张仁永、唐雪影、孟轩。

编　者

一九九四年十二月

目　录

第18章 控 制 屏（台）

孙 明 新

概 述

用于发电厂及变电所作为集中控制的控制屏（台），除定型产品PK、PTK型外，非定型产品种类颇多。各生产厂生产的屏（台），其结构、外形相似而具体尺寸不尽相同，型号也各异。按控制电压可分为强电型和弱电型，按结构可分为开启型和封闭型，按屏面面板的结构又可分为普通型和玛赛克型。

目前，控制屏（台）的生产处于更新换代的时期，许多生产厂除生产原有的老产品外，正逐步引进或已引进了一些国外的新产品。例如，成都继电器厂从瑞典引进VTG型玛赛克屏，阿城继电器厂推出仿ASEA式屏体（PK-10系列）等。

用户可根据需要向生产厂订购所需控制屏（台）。用户订货时，须向生产厂提供以下资料：

(1) 屏（台）型号、数量、颜色及排列半径。

(2) 屏（台）面布置图、原理接线图、端子排图。

(3) 控制室平面布置图、小母线排列图。

第18-1节 定型控制屏（台）

（一）简介

定型控制屏（台）为开启式，广泛应用于发电厂、变电所。

定型控制屏（台）的屏面安装控制元件、信号灯及模拟母线等。屏内上部装小型刀开关、熔断器及电阻等；屏顶装小母线，排列为两层，每层14根。

定型控制屏（台）的屏群可直线排列，也可按8m或12m曲率半径排列。

（二）型式结构

定型控制屏（台）通用的型式为PK、PTK型。屏（台）体是用3mm厚的薄钢板弯曲后与角钢焊接而成。

（三）外形及安装尺寸

PK型控制屏和PTK型控制台的外形及安装尺寸，也因生产厂不同而稍有差异。本节仅列出阿城继电器厂和许昌继电器厂产品的外形及安装尺寸，供用户选择参考。

许昌继电器厂PK、PTK型控制屏（台）外形及安装图，见图18-1-1、图18-1-2及表18-1-1、表18-1-2。

阿城继电器厂PK、PTK型控制屏（台）外形及安装图，见图18-1-3、图18-1-4及表18-1-3、表18-1-4。

（四）生产厂

阿城继电器厂，许昌继电器厂，黑龙江省高压开关厂，哈尔滨新生开关厂，辽宁市开关厂，保定继电器厂，北京开关厂，天水长城开关厂，四川电器厂，天津市开关厂，西安电器开关厂，上海继电器厂，杭州开关厂，苏州开关厂，广西柳州市开关厂等。

表18-1-1　　PK型控制屏（台）外形尺寸　　(mm)

结构型号	H	B	H_1	安装图
JPP-1/600	2000	600	60	20, 13, R6.5, 495, 26, 500
JPP-2/800		800		
JPP-3/600		600	100	
JPP-4/800		800		
JPP-5/600	2300	600	60	
JPP-6/800		800		

表 18-1-2　PTK 型控制屏（台）外形尺寸　(mm)

序号	结构型号	A	B	备　注
1	JPT-1/800	800	800	$R=\infty$
2	JPT-2/800	716	741	$R=8000$
3	JPT-3/800	744	761	$R=12000$

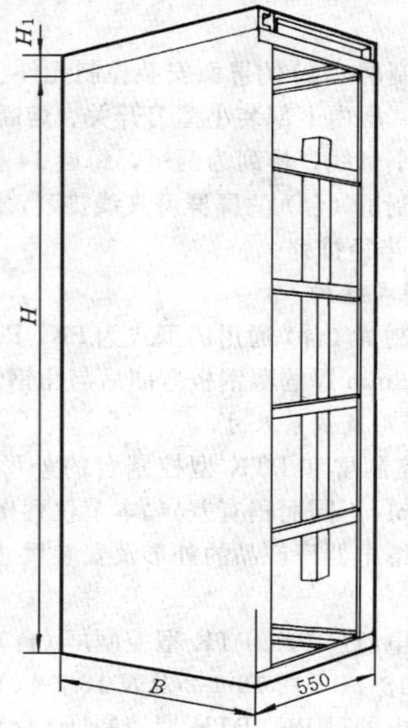

图 18-1-1　PK 型屏外形

表 18-1-3　PTK 型控制屏（台）外形尺寸　(mm)

型　号	A	B	屏面排列半径
PTK-1/800	800		直线排列
PTK-1/800	744	761	12000
PTK-1/800	716	741	8000

表 18-1-4　PK 型控制屏（台）外形尺寸　(mm)

型　号	A	B	C
PK-1/600	2360	600	400
PK-1/800		800	500
PK-3/600	2060	600	400
PK-3/800		800	500

注　B 尺寸，有效位置 800 为 730，600 为 530。

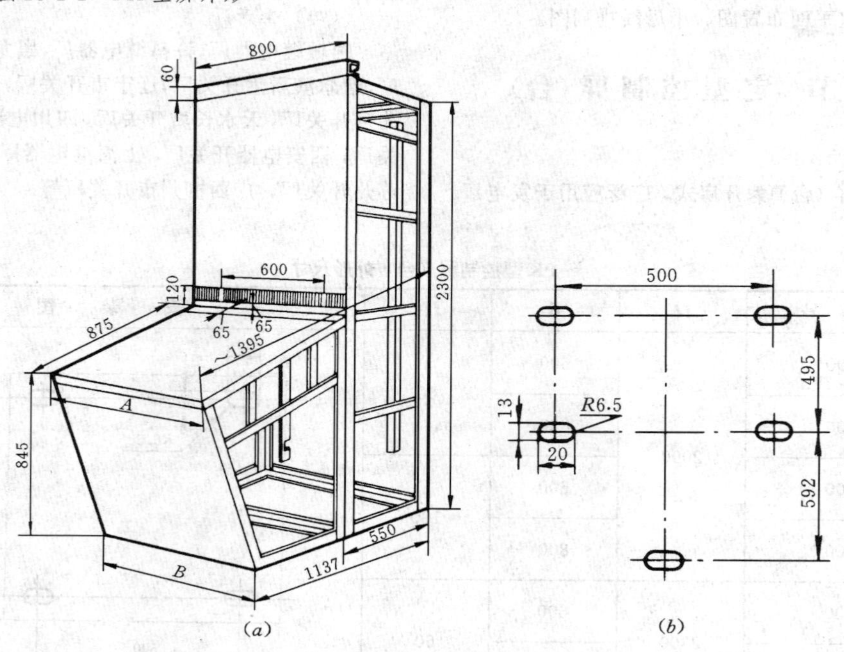

图 18-1-2　PTK 型控制屏（台）外形及安装尺寸
(a) 外形；(b) 安装尺寸

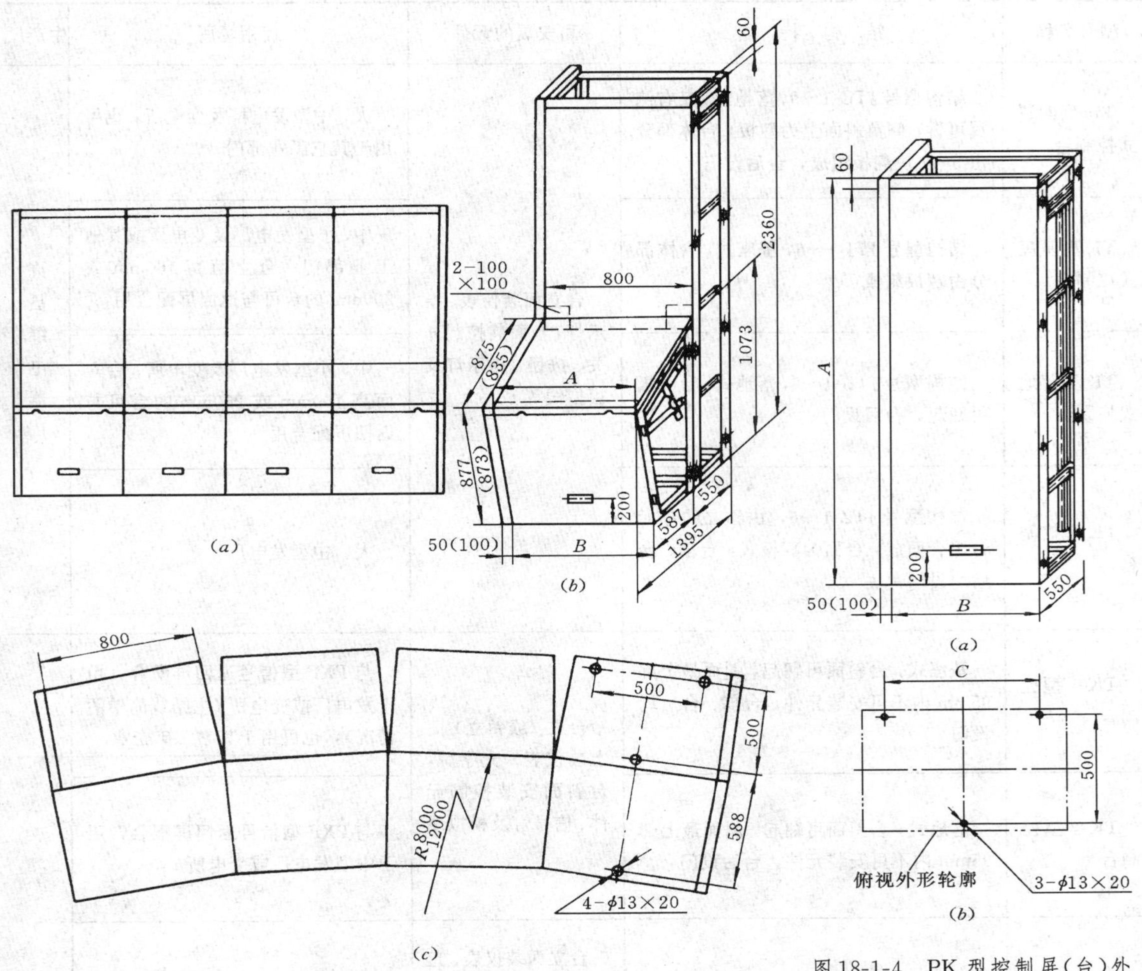

图18-1-3　PTK型控制屏（台）外形及安装尺寸

(a) 直线排列示意图；(b) 外形；(c) 安装尺寸

图18-1-4　PK型控制屏(台)外形及安装尺寸

(a) 外形；(b) 安装尺寸

第18-2节　非定型控制屏（台）

一、简述

非定型控制屏(台)种类繁多,各生产厂都有自己的系列产品,但在结构和外形上均有差异,本节仅介绍一些常用的控制屏(台)。

二、TK型控制台

(一) 简介

TK型控制台主要用于发电厂、变电所,也可以用于其它工业部门。

(二) 型式结构

TK型控制台,由薄钢板弯曲后与角钢焊接而成。控制台由台体和台面板两部分组成。台面板组成数量不等,用户可根据需要选择。

型式结构及使用场所，见表18-2-1。

(三) 外形及安装尺寸

各生产厂的TK型控制台外形及安装尺寸不相同。

许昌继电器厂生产的TK型控制台外形，见图18-2-1～图18-2-4；外形尺寸及安装图，见表18-2-2～表18-2-5。

阿城继电器厂生产的TK型控制台外形及安装图，见图18-2-5～图18-2-10；外形尺寸，见表18-2-6～表18-2-9。

表 18-2-1 **TK 型控制台型式结构及使用场所**

<table>
<tr><th>型号名称</th><th>结 构 特 点</th><th>可安装的元件</th><th>使用场所</th><th>生产厂</th></tr>
<tr><td>TK 型侧翼式控制台</td><td>结构型号 JTC-1～9，落地式，左右侧翼可拆，侧翼斜面上为翻板，台体部分由 5～7 块翻板组成，台后设门</td><td rowspan="4">台立面装仪表、指示灯，台面装控制开关、按钮、指示灯及模拟线等</td><td>大、中型发电厂及变电所，也可用于其它工业部门</td><td rowspan="4">许昌继电器厂</td></tr>
<tr><td>TK 型基座式控制台</td><td>结构型号 JTJ-1～6，基座式，台体部分由翻板组成</td><td>中、小型发电厂及变电所或其他工业部门；台立面高 160mm 或 200mm 的台可与返回屏配合用</td></tr>
<tr><td>TK 型落地式控制台</td><td>结构型号 JTL-1～6，落地式，台面板可翻起，台后设门</td><td>中、小型发电厂及变电所；台立面高 160mm 或 200mm 的台可与返回屏配合用</td></tr>
<tr><td>TK 型控制台</td><td>结构型号 JTZ-1～6，由独立的单元台组合而成，台面为翻板式，台前、台后均设门</td><td>大、中型发电厂</td></tr>
<tr><td>TK-1 型控制台</td><td>基座式，台斜面可翻起，斜面最上部 95mm 内不可安装元件，台前、台后均设门</td><td rowspan="2">台立（或斜立）面上装仪表、光字牌，台斜面安装控制元件、信号灯及模拟线</td><td>与 PXF 型信号返回屏配合，用于发电厂或变电所（主结线简单的情况），也可用于其它工矿企业</td><td rowspan="6">阿城继电器厂</td></tr>
<tr><td>TK-2 型控制台</td><td>落地式，台斜面可翻起，斜面最上部 95mm 内不可安装元件，台后设门</td><td>与 PXF 型信号返回屏配合，用于中型发电厂或变电所</td></tr>
<tr><td>TK-3 型控制台</td><td>落地带侧翼式，台面板可翻起，翻板的最上部 95mm 内不可安装元件，台后设门</td><td>台立面装仪表、光字牌，台面上装控制元件及模拟线，侧翼上装控制元件或调度电话</td><td>与 PXF 型信号返回屏配合，用于大、中型发电厂或变电所，也可单独用于大型冶金、化工企业</td></tr>
<tr><td>TK-4 型控制台</td><td>屏、台合一落地式，台面由 5～7 块翻板组成，翻板上部 95mm 范围内不可安装元件</td><td rowspan="3">台立面装仪表、光字牌，台面装控制元件、信号灯及模拟线</td><td>小型发电厂或中、小型变电所</td></tr>
<tr><td>TK-10 型控制台</td><td>落地式，面板由 4 块翻板组成，台后设门，翻板上部 95mm 范围内不可安装元件</td><td>中型发电厂或工矿企业</td></tr>
<tr><td>TK-11 型控制台</td><td>由数个独立的单台柜组成，台面板可翻起，台后设门</td><td>大、中型火电厂</td></tr>
</table>

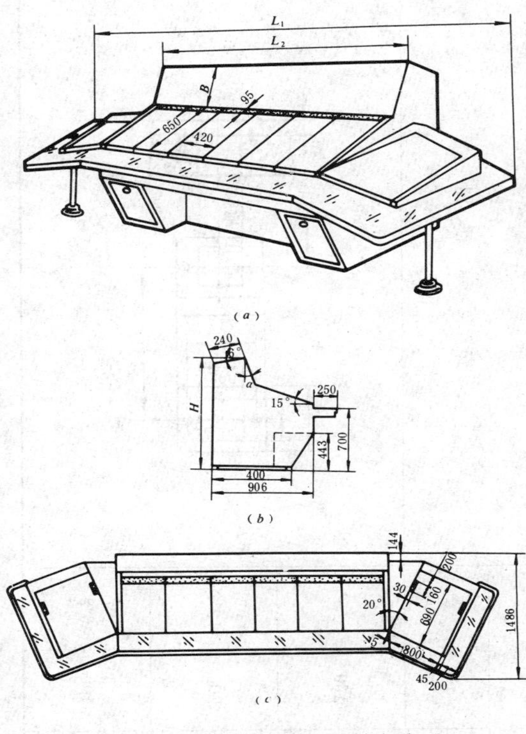

图 18-2-1　TK 型侧翼式控制台外形
(a) 外形；(b) 侧视；(c) 俯视

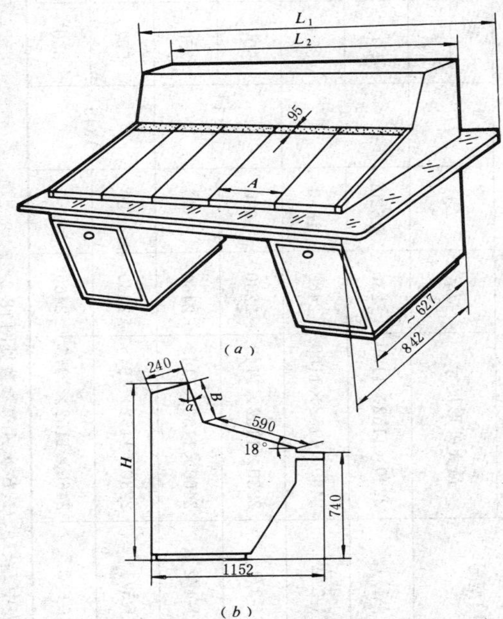

图 18-2-2　TK 型基座式控制台外形
(a) 外形；(b) 侧视

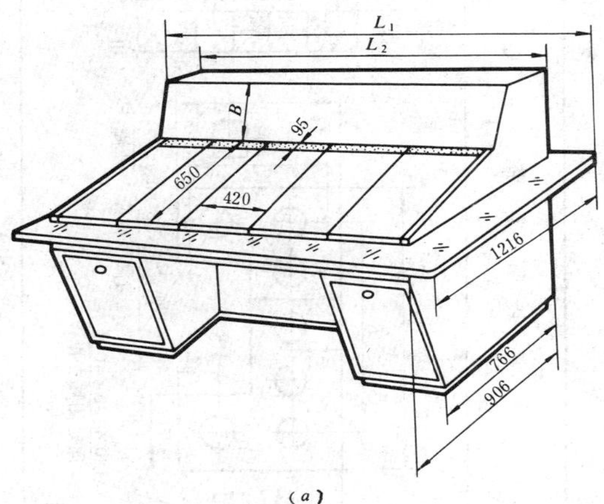

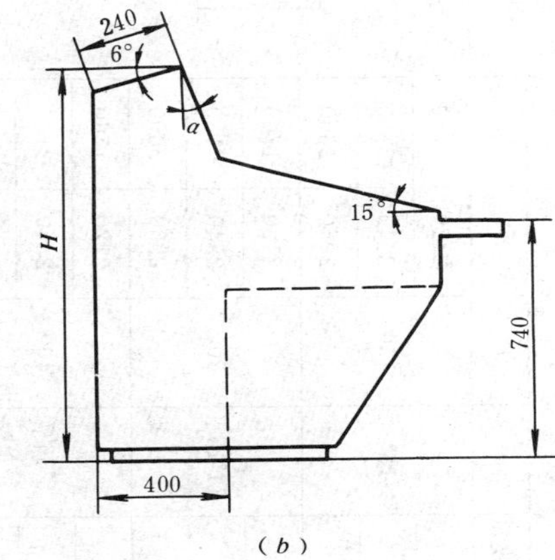

图 18-2-3　TK 型落地式控制台外形
(a) 外形；(b) 侧视

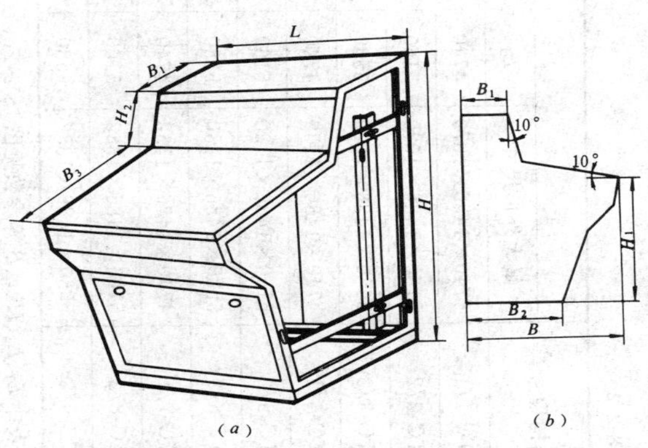

图 18-2-4　TK 型控制台外形
(a) 外形；(b) 侧视

表 18-2-2

TK 型侧翼式控制台外形尺寸

(mm)

结构型号	主要参数									安装示意图
	最大外形尺寸	L_1	L_2	H	翻板数量	α	B	D	E	
JTC-1/1	4740×1486×1079	4740	2200	1079	5	15°	150	2120	1760	
JTC-2/2	5160×1486×1079	5160	2620		6			2540	2180	
JTC-3/3	5580×1486×1079	5580	3040		7			2960	2600	
JTC-4/1	4740×1486×1130	4740	2200	1130	5	11°15′	200	2120	1760	
JTC-5/2	5160×1486×1130	5160	2620		6			2540	2180	
JTC-6/3	5580×1486×1130	5580	3040		7			2960	2600	
JTC-7/1	4740×1486×1332	4740	2200	1332	5	5°36′	400	2120	1760	
JTC-8/2	5160×1486×1332	5160	2620		6			2540	2180	
JTC-9/3	5580×1486×1332	5580	3040		7			2960	2600	

注　表中L_1、L_2、H、α、B等参数见图18-2-1。

表 18-2-3

TK 型基座式控制台外形尺寸

(mm)

结构型号	主要参数								安装示意图	C
	最大外形尺寸	L_1	L_2	H	翻板 A	翻板 数量	B	α		
JTJ-1/1	2230×1152×1100	2230	1620	1100	507	3	160	15°		1220
JTJ-2/2	2460×1152×1100	2460	1850		350	5				1450
JTJ-3/1	2230×1152×1143	2230	1620	1143	507	3	200	12°7′		1220
JTJ-4/2	2460×1152×1143	2460	1850		350	5				1450
JTJ-5/1	2230×1152×1345	2230	1620	1345	507	3	400	6°2′		1220
JTJ-6/2	2460×1152×1345	2460	1850		350	5				1450

注　表中L_1、L_2、H、B、α、A等参数见图18-2-2。

表 18-2-4　　**TK 型落地式控制台外形尺寸**　　(mm)

结构型号	主要参数							安装示意图	C (mm)	D (mm)
	最大外形尺寸	L_1	L_2	H	B	α	翻板数量			
JTL-1/1	2810×1216×1079	2810	2200	1079	150	15°	5	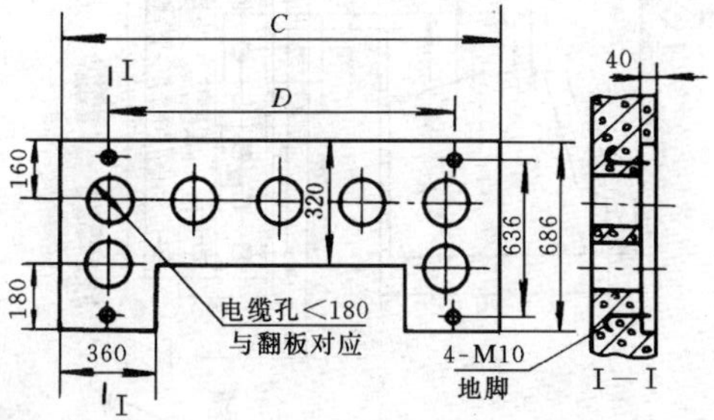	2120	1760
JTL-2/2	3230×1216×1079	3230	2620				6		2540	2180
JTL-3/1	2810×1216×1130	2810	2200	1130	200	11°15′	5		2120	1760
JTL-4/2	3230×1216×1130	3230	2620				6		2540	2180
JTL-5/1	2810×1216×1332	2810	2200	1332	400	5°36′	5		2120	1760
JTL-6/1	3230×1216×1332	3230	2620				6		2540	2180

注　表中 L_1、L_2、H、B、α 等参数见图 18-2-3。

表 18-2-5　　**TK 型控制台外形尺寸**　　(mm)

结构型号	主要参数								安装示意图
	L	B	H	H_1	H_2	B_1	B_2	B_3	
JTZ-1/1	800	1011	1300	796	405	350	720	600	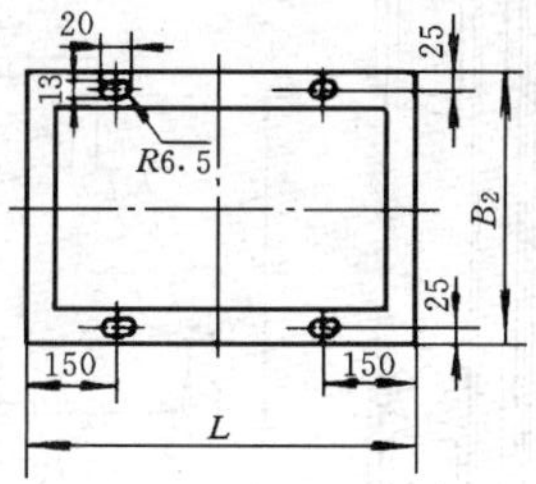
JTZ-2/1	900								
JTZ-3/1	1100								
JTZ-4/2	800	1208		760			920	800	
JTZ-5/2	900								
JTZ-6/2	1100								

注　表中 L、B、H、H_1、H_2、B_1、B_3 等参数见图 18-2-4。

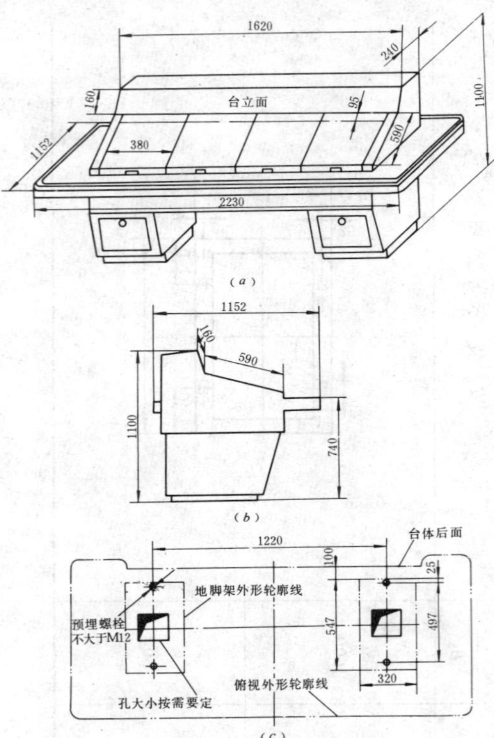

图 18-2-5 TK-1型控制台外形及安装尺寸
(a) 外形；(b) 侧视；(c) 安装尺寸

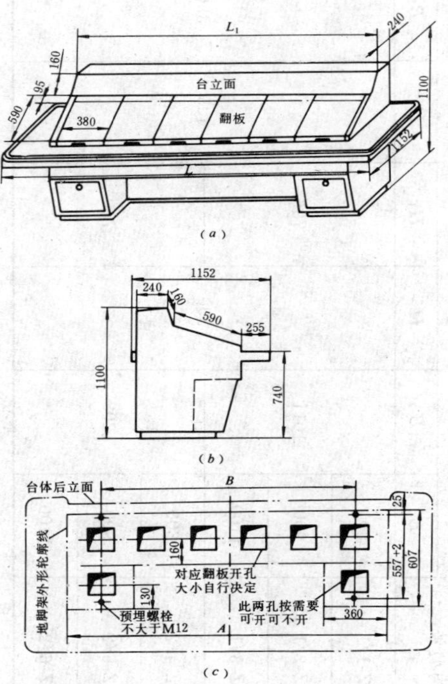

图 18-2-6 TK-2型控制台外形及安装尺寸
(a) 外形；(b) 侧视；(c) 安装尺寸

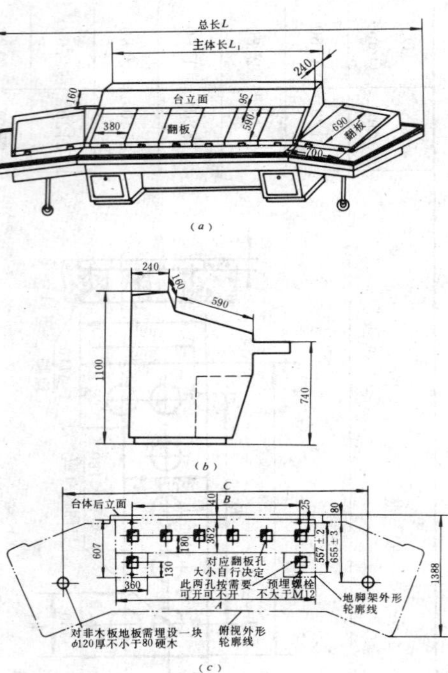

图 18-2-7 TK-3型控制台外形及安装尺寸
(a) 外形；(b) 侧视；(c) 安装尺寸

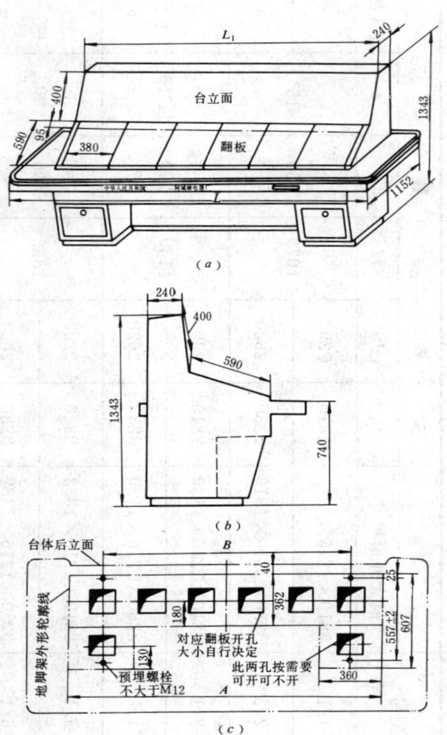

图 18-2-8 TK-4型控制台外形及安装尺寸
(a) 外形；(b) 侧视；(c) 安装尺寸

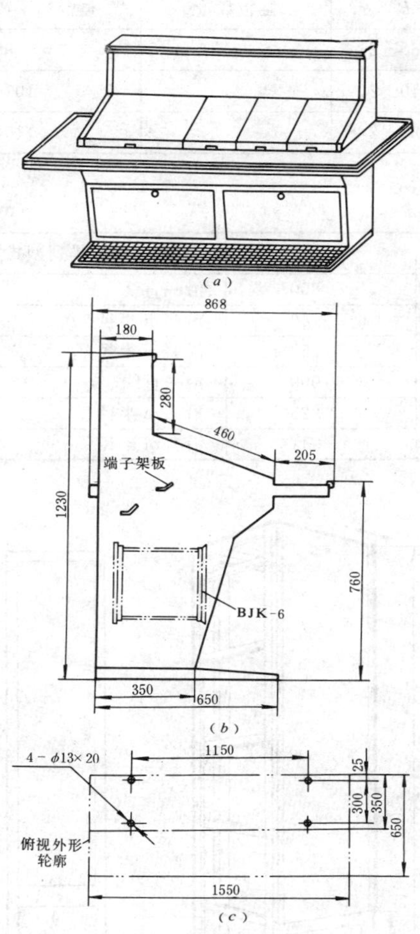

图 18-2-9　TK-10 型控制台外形及安装尺寸

(a) 外形；(b) 侧视；(c) 安装尺寸

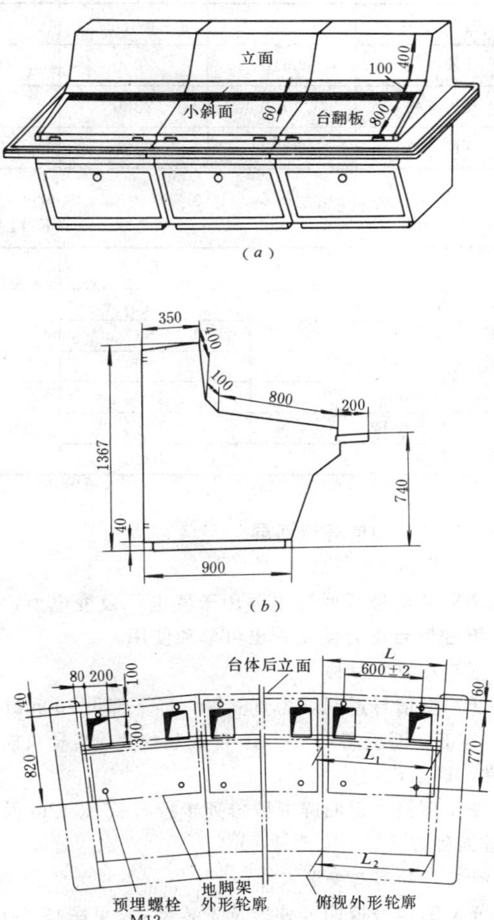

图 18-2-10　TK-11 型控制台外形及安装尺寸

(a) 外形；(b) 侧视；(c) 安装尺寸

表 18-2-6　TK-2 型控制台外形尺寸　(mm)

型　号	L	L_1	A	B	翻板数量	整台端子数
TK-2/1	2610	2000	1920	1560±2	5	998
TK-2/2	2990	2380	2300	1940±2	6	1076
TK-2/3	3370	2760	2680	2320±2	7	1154

表 18-2-7　TK-3 型控制台外形尺寸　(mm)

型　号	L	L_1	翻板数量	A	B	C	主体端子数	整台端子数
TK-3/1	4352	2000	5	1920	1560±2	3100	920	1120
TK-3/2	4732	2380	6	2300	1940±2	3480	998	1198
TK-3/3	5112	2760	7	2630	2320±2	3860	1076	1276

表 18-2-8　　**TK-4 型控制台外形尺寸**　　(mm)

型　号	L	L_1	A	B	翻板数量	整台端子数
TK-4/1	2610	2000	1920	1560±2	5	998
TK-4/2	2990	2380	2300	1940±2	6	1076
TK-4/3	3370	2760	2630	2320±2	7	1154

表 18-2-9　　**TK-11 型控制台外形尺寸**　　(mm)

型　号	L	L_1	L_2	台后立屏排列型式
TK-11/800-∞	800		800	沿一直线
TK-11/800-12	837	800	740	沿12m半径
TK-11/800-15	829		753	沿15m半径
TK-11/1000-∞	1000		1000	沿一直线
TK-11/1000-12	1046	1000	925	沿12m半径
TK-11/1000-15	1036		941	沿15m半径

三、PX 型信号返回屏

(一) 简介

PX 型信号返回屏主要用于发电厂及变电所，与 TK 型控制台配合使用，也可单独使用。

(二) 型式结构

PX 型信号返回屏为直立屏，屏下部设 700mm 台基，屏正面面板高 2000mm，可安装仪表、信号及模拟元件，屏后设门。

PX 型信号返回屏屏群排列半径有 6、8、12m 及直列排四种方式。

(三) 外形及安装尺寸

PX 型信号返回屏外形及安装尺寸，见图 18-2-11。

(四) 生产厂

阿城继电器厂，许昌继电器厂。

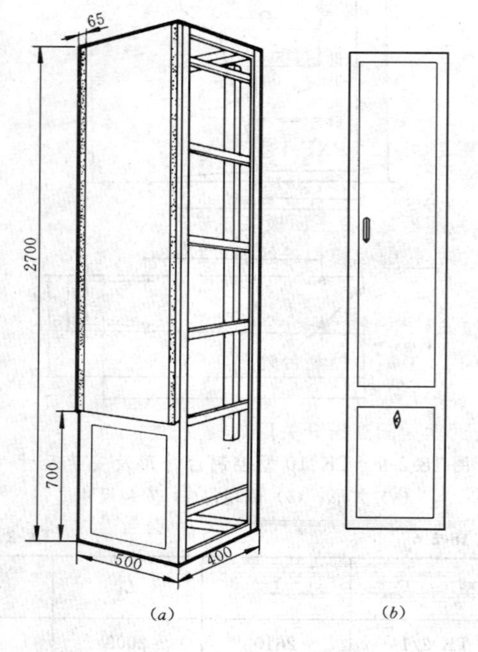

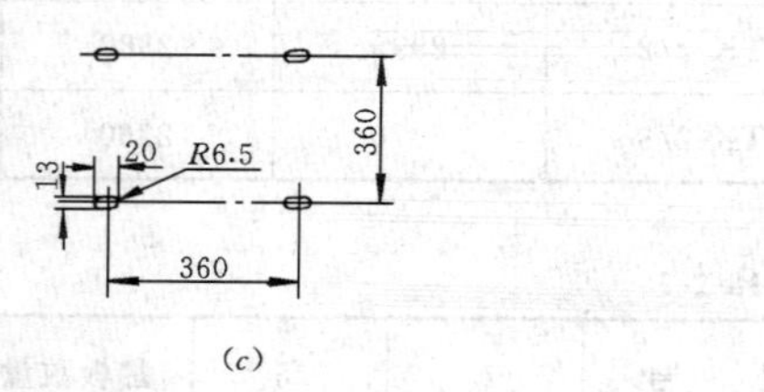

图 18-2-11　PX 型信号返回屏外形及安装尺寸
(a) 外形；(b) 背视；(c) 安装尺寸

四、PXF-1 型信号屏

(一) 简介

PXF-1 型信号屏主要用于发电厂及变电所，一般与控制台配合使用，也可单独作信号显示屏。

(二) 型式结构

PXF-1 型信号屏为直立屏，屏后设门。屏前上部 2000mm 内安装仪表、控制元件及模拟线等。

(三) 外形及安装尺寸

PXF-1 型信号屏外形及安装尺寸，见图 18-2-12。PXF-1 型信号屏屏群排列尺寸，见表 18-2-10。

(四) 生产厂

阿城继电器厂。

五、T12 型集中控制台

(一) 简介

T12 型集中控制台适用于 3 个单元接线的发电厂或 8 回以上馈线的变电所。

(二) 型式结构

T12 型集中控制台由台面和底柜两部分组成，斜

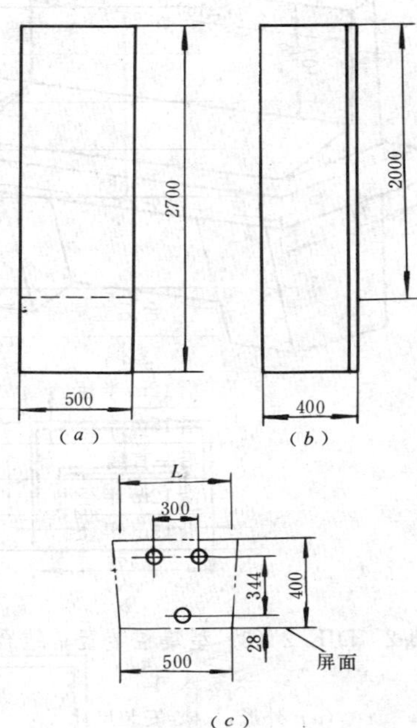

图 18-2-12　PXF-1 型信号屏外形及安装尺寸
(a) 外形；(b) 侧视；(c) 安装尺寸

平面为翻板式。台正面板装仪表、指示灯。台斜面装控制开关、按钮及模拟母线等。柜内两边还可以装继电器。

(三) 外形及安装尺寸

T12 型集中控制台外形，见图 18-2-13。

(四) 生产厂

河南信阳高压开关厂，四川电器厂。

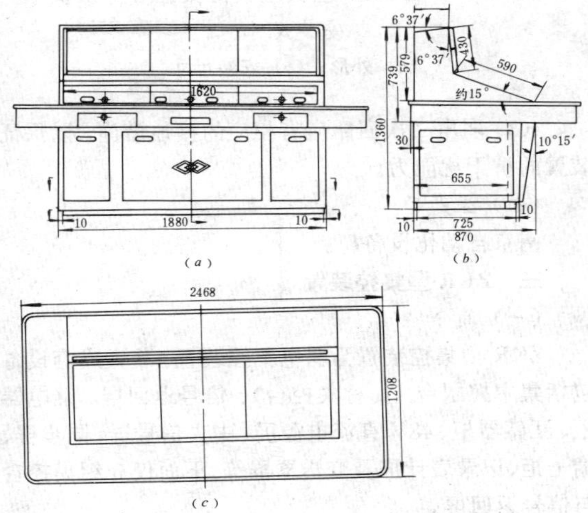

图 18-2-13　T12 型集中控制台外形
(a) 外形；(b) 侧视；(c) 俯视

表 18-2-10　PXF-1 型信号屏屏群排列尺寸

型　号	屏面排列半径 (m)	L (mm)
PXF-1/500-6	6	533
PXF-1/500-8	8	525
PXF-1/500-12	12	516
PXF-1/500-∞	直线排列	500

第 18-3 节　集中控制装置

一、简述

集中控制装置（简称集控装置）用于发电厂、变电所电气设备的集中监视控制，也可用于工矿企业内部工艺集中控制。

集控装置属成套控制设备。用户可据技术条件及型式结构选择使用。本节介绍几种通用的集控装置。

二、DJK 型集控装置

(一) 简介

DJK 型集控装置的主要部分采用弱电元件和半导体逻辑器件，还有一些必要的强电器件。全套装置在生产厂组装调试好，可减少现场安装调试工作量。

DJK 型集控装置有两套稳压电源，一套供主逻辑元件用，另一套供预报信号及保护用。装置正常工作电源为交流 220V，允许波动范围为＋10%～－15%。同时，设有直流 220V（或 110V）逆变电源作备用。

(二) 型式结构

DJK 型集控装置由集控台和集控柜组成。按集控台的大小和集控柜数量的不同，组成系列，其型号为 DJK-1 型、DJK-2 型、DJK-3 型、DJK-4 型、DJK-5 型。

DJK 型集控装置的集控台斜面有两种构成方式，即塑料拼块或者整块铁板贴塑料贴面。台斜面可掀起，便于维修。

DJK 型集控装置配有不同数量的集控柜。集控柜的前、后方都设有门，柜内设层架，安装稳压电源、印刷电路板插件或继电器、熔断器、变送器、互感器等。

(三) 装置功能

DJK 型集中控制装置系列型号有 DJK-1 型、DJK-2 型、DJK-3 型、DJK-4 型、DJK-5 型。其装置的功能如下。

DJK-1 型集控装置可配套厂用电自投、同步装置及手动调压调功率等。最多能控制 52 台断路器，180 个边光信号，设置 65 块槽型表及 1～2 组事故音响及预报音响。

DJK-2 型集控装置最多能控制 25 台断路器，72 个边光信号，设置 26 块槽型表及 1 组事故音响和预报音响，此外，还设有备用电源自投及同步装置。

DJK-3 型集控装置最多能控制 35 台断路器，108

个边光信号，设置40块槽型表，还可配备用电源自投及同步装置。

DJK-4型集控装置是由三个以上宽850mm的集控台和若干集控柜组成。所以，断路器的控制数量、边光信号数量、测量表计数量，都可按用户要求提供。同样，手动调节、备用电源自投、同步鉴定等功能，也可按用户要求提供。

DJK-5型集控装置最多能控制20台断路器、72个边光信号，设置26块槽型表，还可配备用电源自投及同步装置。

（四）使用条件

1. 正常工作环境条件

（1）海拔高度2500m以下地区。

（2）环境温度－5～＋40℃。

（3）相对湿度不大于85%。

（4）大气压力68～106kPa。

2. 电源电压（交流或者直流）

（1）交流电源电压小于或等于380V，电流7.5A。

（2）直流电源220±10%V（或110±10%V），最大允许跳合闸电流5A。

（五）外形及安装尺寸

DJK型集控装置的集控台外形及安装尺寸，见图18-3-1～图18-3-3；集控柜的外形及安装尺寸，见图18-3-4。

（六）安装注意事项

（1）集控柜一般装在集控台后面或其他适当地点，台与柜之间距离至少大于1.5m，但最远不要超过40m。

（2）台与柜之间应有活动盖板的电缆沟，保证良好封闭。

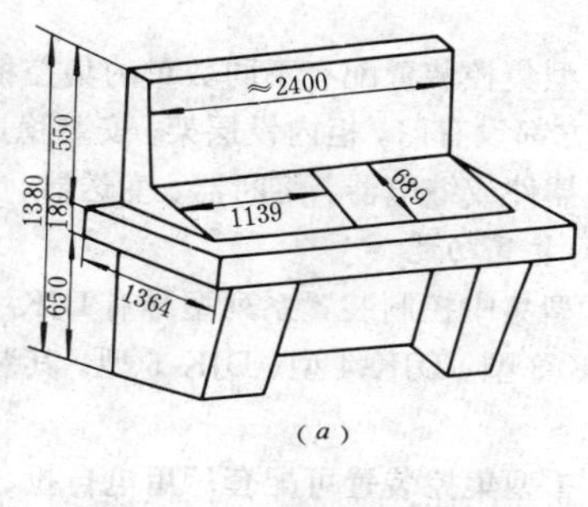

（*a*）

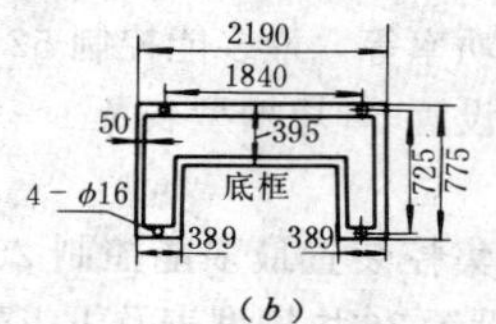

（*b*）

图18-3-1 DJK-1型集控装置集控台外形及安装尺寸
（*a*）外形；（*b*）安装尺寸

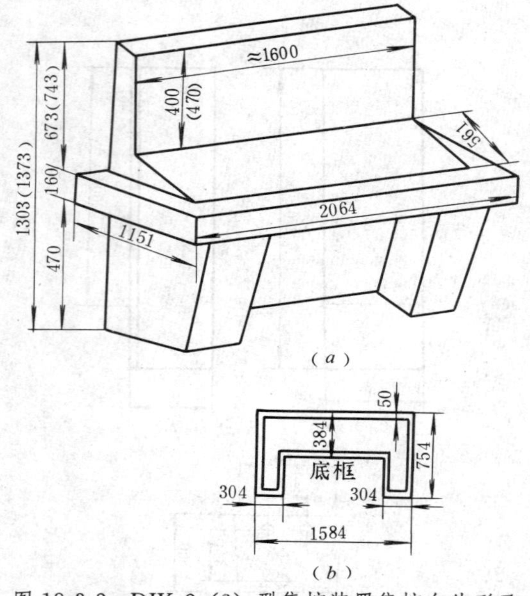

（*a*）

（*b*）

图18-3-2 DJK-2（3）型集控装置集控台外形及安装尺寸
（*a*）外形；（*b*）安装尺寸

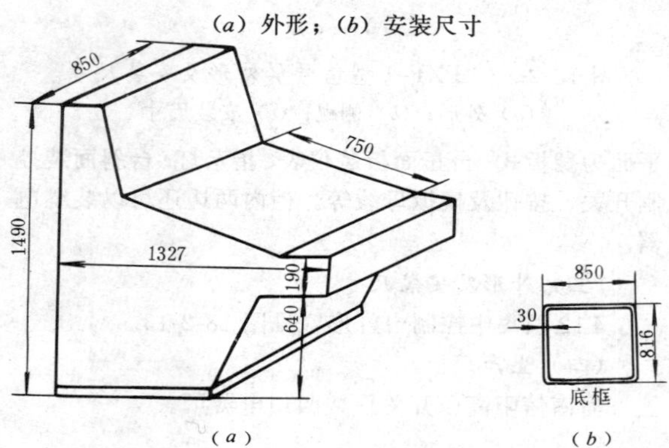

（*a*） （*b*）

图18-3-3 DJK-4型集控装置集控台外形及安装尺寸
（*a*）外形；（*b*）安装尺寸

（3）弱电二次回路应有相应的接地措施，以保证装置的抗干扰能力。

（七）生产厂

南京自动化设备厂。

三、ZKR型集控装置

（一）简介

ZKR型集控装置为弱电集控装置。装置成套设备包括集中控制台（简称集控台）、信号返回屏、继电器柜、互感器柜、48V直流电源屏、中央信号屏、同步屏、端子柜、记录表计屏及变送器屏等。下面仅介绍集控台与信号返回屏。

（二）型式结构

ZKR型集控台有ZKR-2型、ZKR-3型及ZKR-4

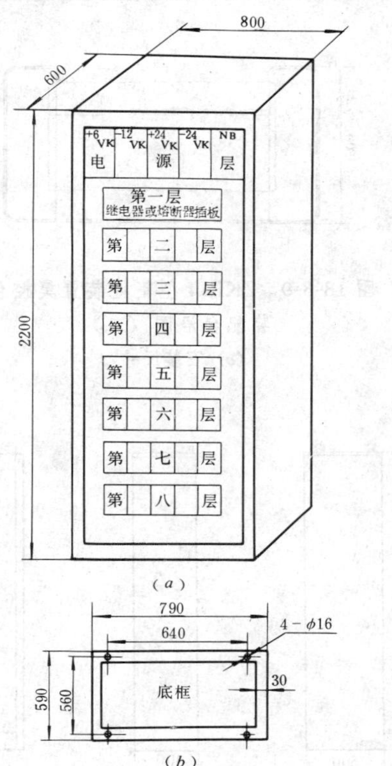

图 18-3-4　DJK 型集控装置集控柜外形及安装尺寸
(a) 外形；(b) 安装尺寸

型，其中 ZKR-2 型和 ZKR-4 型可与信号返回屏配合使用。

ZKR-2 型集控台的台体由左右两只可拆下的倒梯形台脚支持，台的左、右及后方均设门，操作面为整块且不能翻起。

ZKR-3 型集控台由几个宽 800mm 的单台组成，操作面板可以整板翻起。

ZKR-4 型集控台由几个宽 800mm 或 100mm 的单台组成。组成整体后，其前及左、右三面设台沿，台的前、后方均设门，操作面板可以整板翻起。

与 ZKR-2 型和 ZKR-4 型集控台配合使用的信号返回屏，其结构为直立屏。屏面板为 500×2000 (mm) 的整块钢板，屏后设门，顶部有盖板，屏群的两侧加护板，形成封闭型。屏群的排列半径有 6、8m 和直线排列三种。返回屏的垫箱高度有 700、800、900mm 三种（在图中以 A 表示），可供选择。

（三）装置功能

ZKR 型集控装置（集控台及其成套设备）可实现对发电厂或变电所的集中控制。

（四）技术数据

(1) 控制电压 48、110、220V。

(2) 二次电压 50V 或 100V。

(3) 二次电流 0.5A 或 5A。

（五）外形及安装尺寸

ZKR-2 型集控台外形及安装尺寸，见图 18-3-5～图 18-3-6 及表 18-3-1。

ZKR-3 型集控台外形及安装尺寸，见图 18-3-7。

ZKR-4 型集控台外形及安装尺寸，见图 18-3-8；装配台沿图，见图 18-3-9。

ZKR-2 型及 ZKR-4 型集控台配合使用的信号返回屏外形及安装尺寸，见图 18-3-10；其垫箱外形及安装尺寸，见图 18-3-11。

（六）生产厂

上海华通开关厂。

表 18-3-1 ZKR-2 型集控装置集控台外形尺寸　(mm)

A	B	C
2250	2950	1750
2000	2700	1500
1750	2450	1250

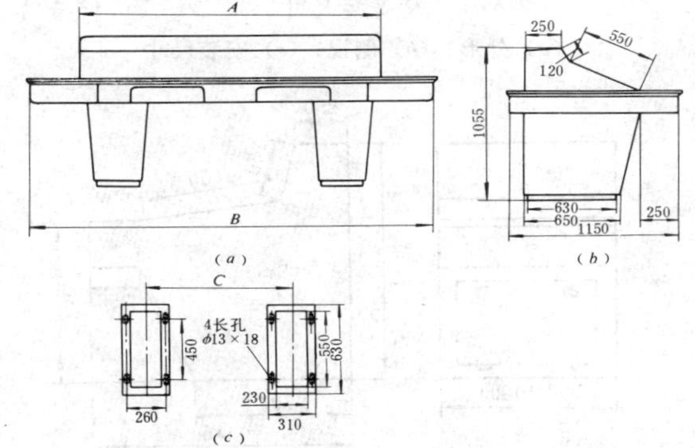

图 18-3-5　ZKR-2 型集控装置集控台外形及安装尺寸（一）
(a) 外形；(b) 侧视；(c) 安装尺寸

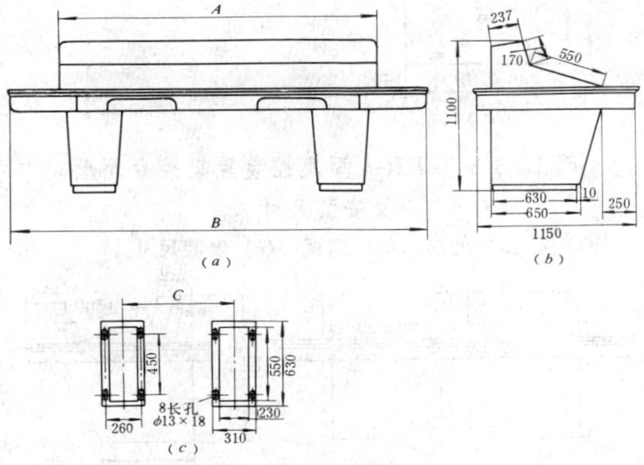

图 18-3-6　ZKR-2 型集控装置集控台外形及安装尺寸（二）
(a) 外形；(b) 侧视；(c) 安装尺寸

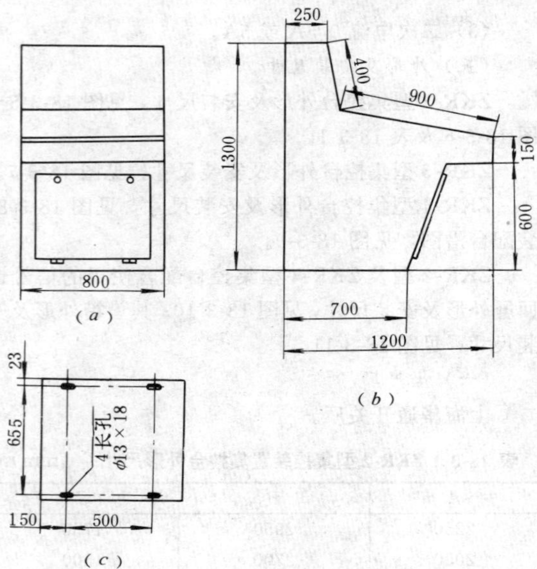

图 18-3-7　ZKR-3 型集控装置集控台外形及安装尺寸

(*a*) 外形；(*b*) 侧视；(*c*) 安装尺寸

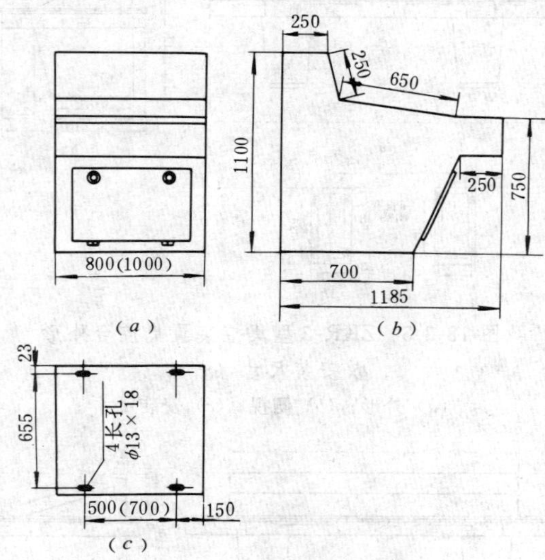

图 18-3-8　ZKR-4 型集控装置集控台外形及安装尺寸

(*a*) 外形；(*b*) 侧视；(*c*) 安装尺寸

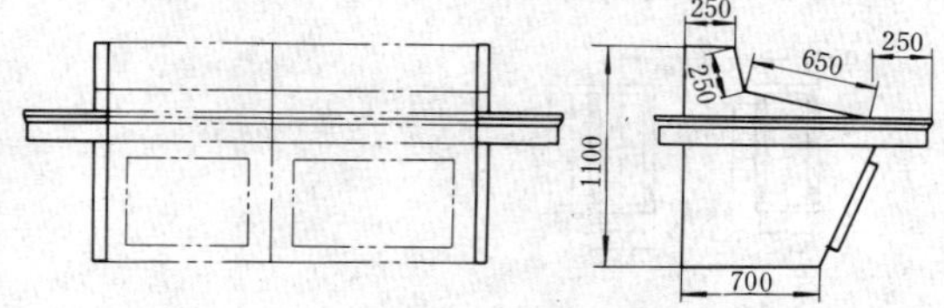

图 18-3-9　ZKR-4 型集控装置集控台装配台沿图（一）

(*a*) 外形；(*b*) 侧视

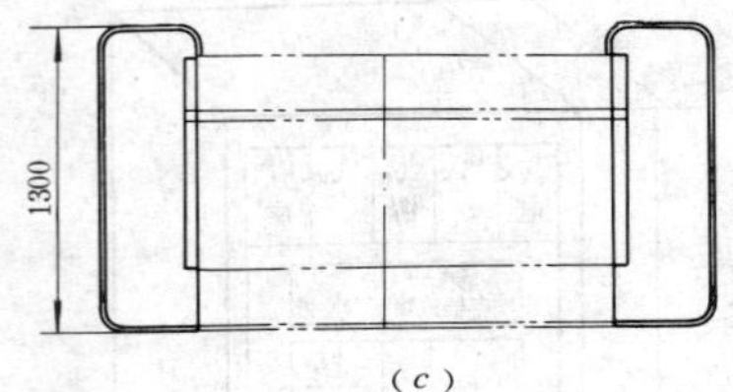

图 18-3-9　ZKR-4 型集控装置集控台装配台沿图（二）

(*c*) 安装尺寸

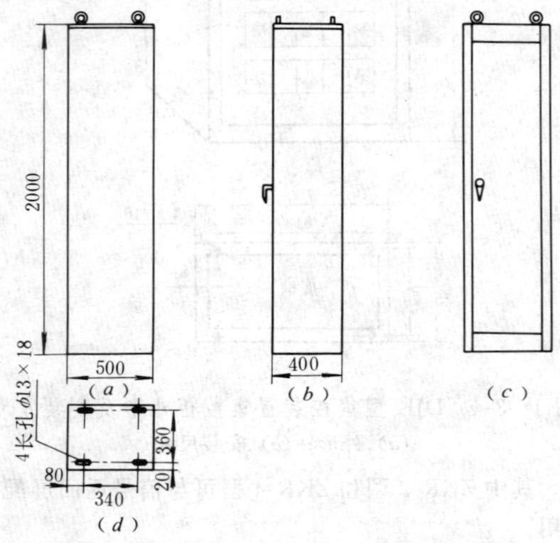

图 18-3-10　ZKR-2、ZKR-4 型集控装置集控台用信号返回屏外形及安装尺寸

(*a*) 外形；(*b*) 侧视；(*c*) 背视；(*d*) 安装尺寸

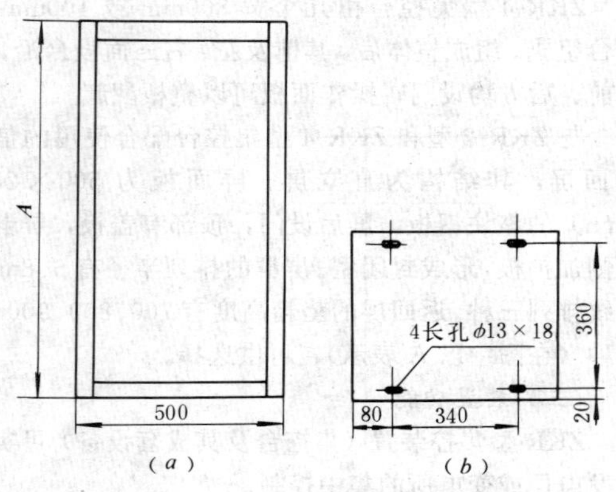

图 18-3-11　ZKR-2、ZKR-4 型集控装置集控台用信号返回屏垫箱外形及安装尺寸

(*a*) 外形；(*b*) 安装尺寸

第 18-4 节 玛 赛 克 屏

一、简述

玛赛克屏是由模块镶嵌并成整体的控制屏，适用于发电厂、变电所及其它工业部门，便于安装维修、改建或更换元件。

目前，很多厂家都生产玛赛克控制屏，但型号不同，本节介绍几种常见的玛赛克控制屏。

二、VTG 型屏

（一）简介

VTG 型屏是引进瑞典 ASEA 公司技术生产的玛赛克控制屏，屏内安装的元件亦从 ASEA 公司引进。

（二）型式结构

VTG 型屏整个屏面由单屏（宽 800mm 或 600mm）组成，每个单屏屏面由 25×25mm 的模块构成。

（三）外形及安装尺寸

VTG 型屏的常用元件见表 18-4-1。整个屏的外形尺寸按用户要求由生产厂制作。

（四）生产厂

成都继电器厂。

三、PXF-4 型屏

（一）简介

PXF-4 型屏用于发电厂、变电所作信号返回屏用，也可作控制屏用。

（二）型式结构

PXF-4 型屏由单屏（宽 80mm）组成。屏面由 25×25mm 的标准模块或边长为 25mm 倍数的模块构成，每个模块镶嵌在锌铝合金框架上。屏上部架设小母线，屏面 1650mm 范围内安装仪表、信号灯、操作元件及模拟线。

（三）外形及安装尺寸

PXF-4 型屏由单屏组成屏群，其外形及安装尺寸，见图 18-4-1。

PXF-4 型屏屏面模块装配尺寸，见表 18-4-2。

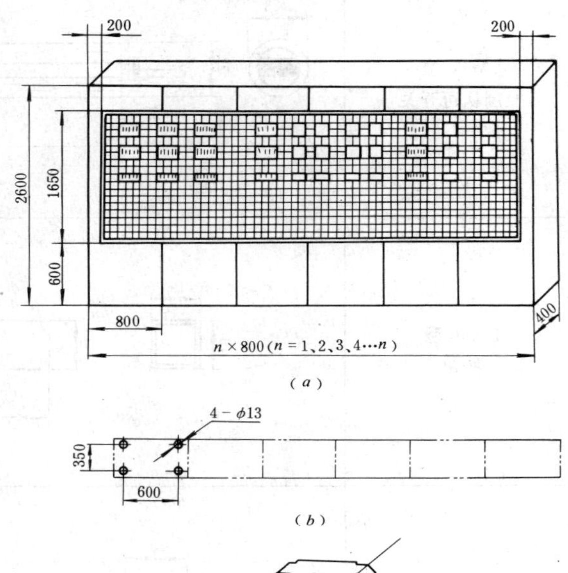

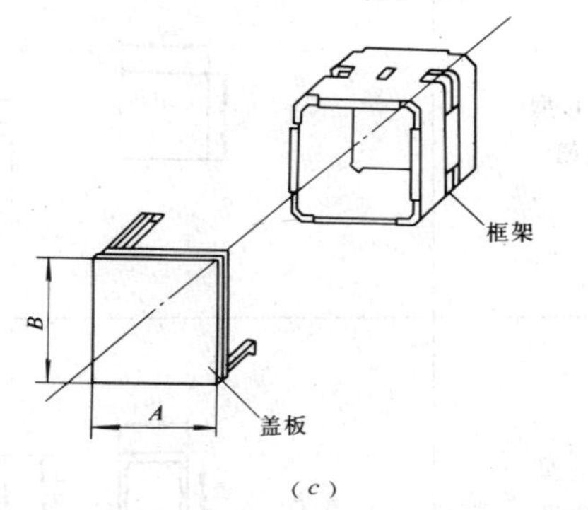

图 18-4-1 PXF-4 型屏外形及安装尺寸
(a) 外形；(b) 安装尺寸；(c) 模块装配图

表 18-4-1 VTG 型屏常用元件

型号及名称	外形及尺寸（mm）	主要技术数据
ABG10 型 万能组合旋 转开关	4.8, 48, 37, 37, 48; 25, φ45, 6□, L, 30, M□×6	额定电压 500V 额定电流 6A

续表 18-4-1

型号及名称	外形及尺寸（mm）	主要技术数据
LW80型 控制认可开关	φ23　22　23　L　2～4　17	额定电压 125V或250V
LA80型 按钮	19　19　19　L　1.2～2.2　17	额定电压250V
$LA80D_1$型 灯按钮	25　25　43　50	额定电压250V 灯：24V，1.2W
$LA8\ D_2$型 带灯按钮	19　19　19　L　1.2～2.2　17	额定电压250V 灯：24V，1.2W
XD80A型 指示灯	25　25　43　47　1.5　25　25　1.5	额定电压250V 灯：24V，0.6W

续表 18-4-1

型号及名称	外形及尺寸（mm）	主要技术数据
XD80B 型 指示灯	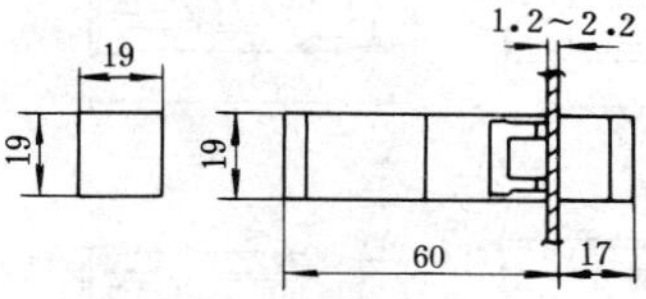 19 19 19 1.2～2.2 60 17	额定电压 250V 灯：24V，1.2W
XD80G 型 指示灯	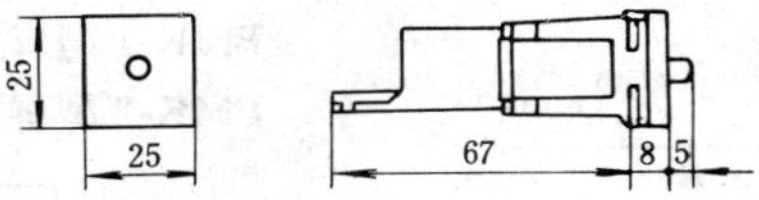 25 25 67 8 5	额定电压（直流）24V
W80G 型 位置指示器 （发光二极管）	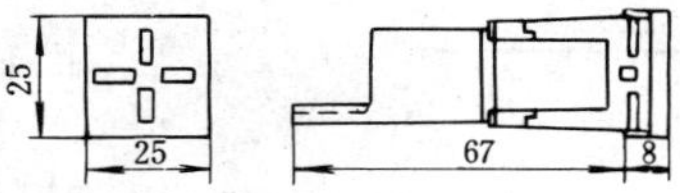 25 25 67 8	额定电压（直流）24V
W80D 型 位置指示器 （电　动）	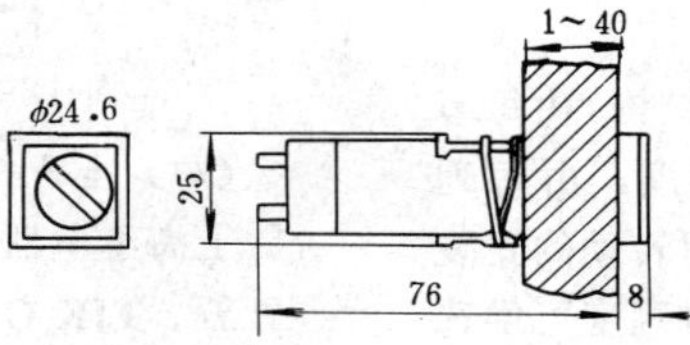 φ24.6 25 1～40 76 8	额定电压 250V
W80J 型 位置指示器 （机　械）	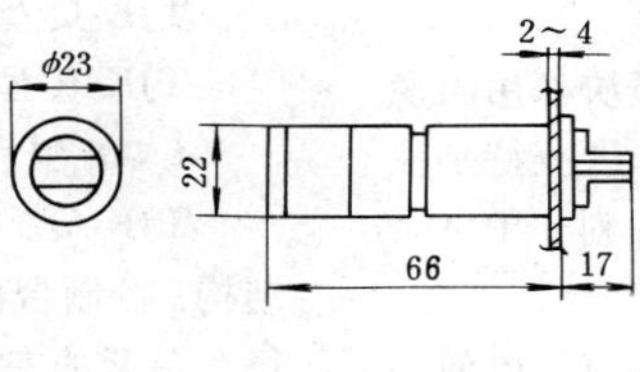 φ23 22 2～4 66 17	

续表 18-4-1

型号及名称	外形及尺寸（mm）	主要技术数据
CMHC5 型 控制指示单元 （光字牌）		额定电压 250V 灯：24V，0.6W

注 1. LW80 开关长度 L 有 201、106 两种。 2. LA80 按钮长度 L 有 60、62、82 三种。 3. $LA8D_2$ 带灯按钮长度 L 有 60、82 两种。

表 18-4-2 **PXF-4 型屏屏面模块装配尺寸** (mm)

种 类	*A*	*B*
1	25	25
2	25	75
3	50	50
4	50	75
5	75	75
6	75	125

（四）生产厂

阿城继电器厂。

四、PMK 型屏

（一）简介

PMK 型屏包括 PMK-1 型及 PMK-2 型两种，适用于发电厂、变电所或调度所。

（二）型式结构

PMK-1 型屏采用电力调度模拟屏的结构，由每节 600mm 或 700mm 高柜架组成需要的高度，由每列 800mm 宽柜架组成需要的宽度，并设有可转动的安装板。屏下部底架有 550mm 和 300mm 两种高度可供选择。屏深有 420mm 和 550mm 两种，亦可供选择。

PMK-2 型屏是普通直立屏。屏高度有 2260mm 和 2360mm 两种，屏宽度有 600mm 和 800mm 两种，屏深度有 550mm 和 600mm 两种，供选择。

PMK-1 型和 PMK-2 型屏面玛赛克模块都用阻燃塑料制作。其屏与屏拼接部位元件安装深度应特别注意，对于 PMK-1 型屏，应不大于 200mm；对于 PMK-2 型，应不大于 220mm。

另外，屏内可加装 200×200mm 的条板，以便安装少量继电器和电气元件。

（三）外形及安装尺寸

PMK-1 型屏安装尺寸，见图 18-4-2。

PMK-2 型屏安装尺寸，见图 18-4-3。

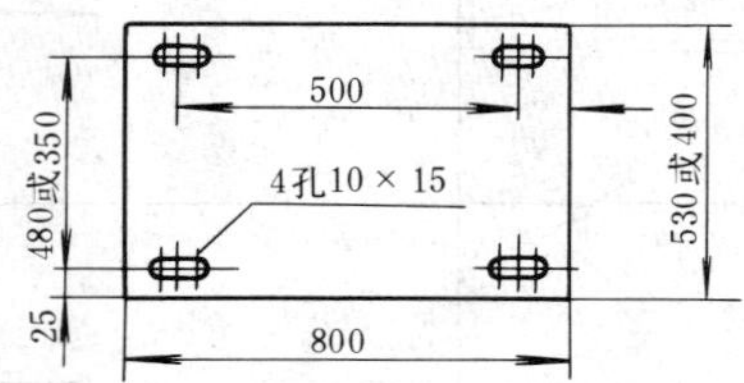

图 18-4-2 PMK-1 型屏安装尺寸

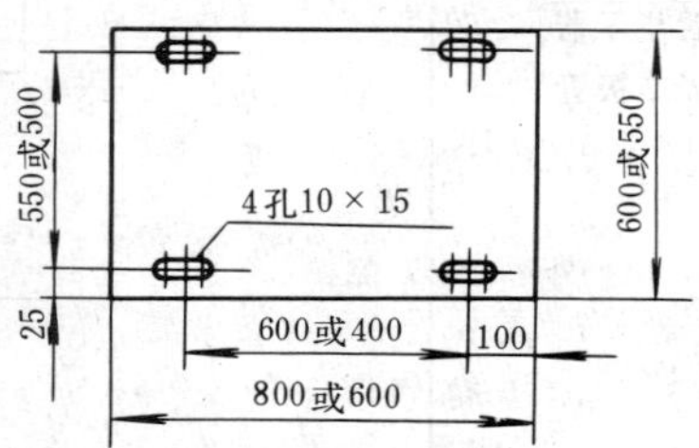

图 18-4-3 PMK-2 型屏安装尺寸

（四）生产厂

上海继电器厂。

五、TJK-Q、R 型控制台

（一）简介

TJK-Q、TJK-R 型控制台的铝制面板由 60×30（mm）拼块构成。所以，也归入玛赛克屏在本节介绍。

TJK-Q 型控制台为强电控制型。

TJK-R 型控制台为弱电控制型。

（二）型式结构

TJK-Q、TJK-R 型控制台的整体台面为网架拼装结构。控制台由单元台组成，总长度按组成的单元计。每个单元的左右两侧可安装双排端子排，每个单元的中央设有 700×600（mm）的安装板，其上可装接插件及电气元件。

（三）外形及安装尺寸

TJK-Q、TJK-R 型控制台面板拼块尺寸为 60×30（mm）。所以，面板上安装的元件几何尺寸，应与拼块尺寸相匹配，如有不匹配的元件，也可以将面板加工成符合元件尺寸的规格。

TJK-Q、TJK-R 型控制台常用电气设备元件，见表 18-4-3。

TJK-Q、TJK-R 型控制台外形及安装尺寸，见图 18-4-4。

（四）生产厂

上海继电器厂。

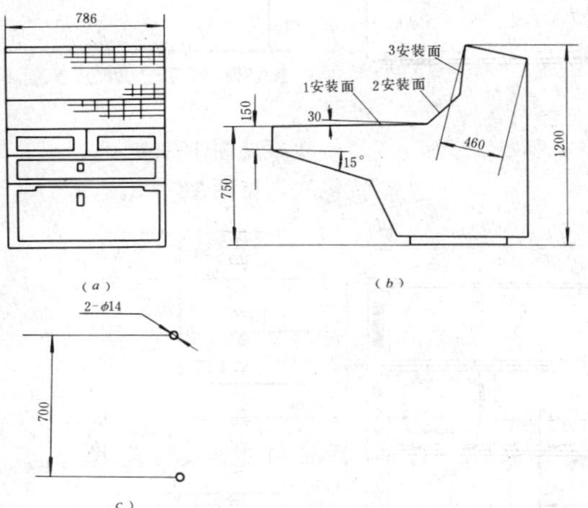

图 18-4-4　TJK-Q、TJK-R 型控制台外形及安装尺寸

(*a*) 外形；(*b*) 侧视；(*c*) 安装尺寸

表 18-4-3　TJK-Q、TJK-R 型控制台常用电气设备元件

控制台	TJK-Q 型	TJK-R 型
控制开关	LWX-$\frac{1}{2}$型强电开关	RLW 型弱电开关
按　钮	LA 型按钮	RA-10 型弱电按钮
信号灯	XD0、XD1、XD2、XD5、XD6、XD7、XD8、XD11、XD12 型 GP-3 型小型光字牌	
表　计	4 型、46 型各种规格表计	
电　钟	120×240（mm）电钟（交、直流均可）	

第 18-5 节　封闭型控制屏（柜）

一、简述

所谓封闭型控制屏（柜），是指结构上采用全封闭的型式，即屏（柜）顶有盖，两侧装侧板，屏（柜）后设门，前面设普通门或玻璃门。该型屏（柜）适用于发电厂、变电所及其它工矿企业，尤其适合需要防尘的场合。

二、GK 型控制柜

（一）简介

GK 型控制柜指结构型式为全封闭式。电气元件及继电器装于柜内的安装板上，透过玻璃窗可观察柜内元件。柜子后可装电阻、电容、熔断器等元件。柜顶装小母线，柜两侧装端子排，每侧 125 个端子。

（二）型式结构

GK 型控制柜柜前设门，门上装玻璃窗。柜后设门，门有三种型式，即单开门、双开门或带百叶窗的双开门。柜内安装板固定在前门后的柜架上。安装板宽 650mm，高有 1600mm 或 1800mm 两种，可供选择。

（三）外形及安装尺寸

GK 型控制柜外形尺寸有两种，分别为 2200×800×600（高×宽×深，mm）；2360×800×550（高×宽×深，mm）。

GK 型控制柜外形及安装尺寸，见图 18-5-1。

GK 型控制柜前门上玻璃窗规格，见表 18-5-1。

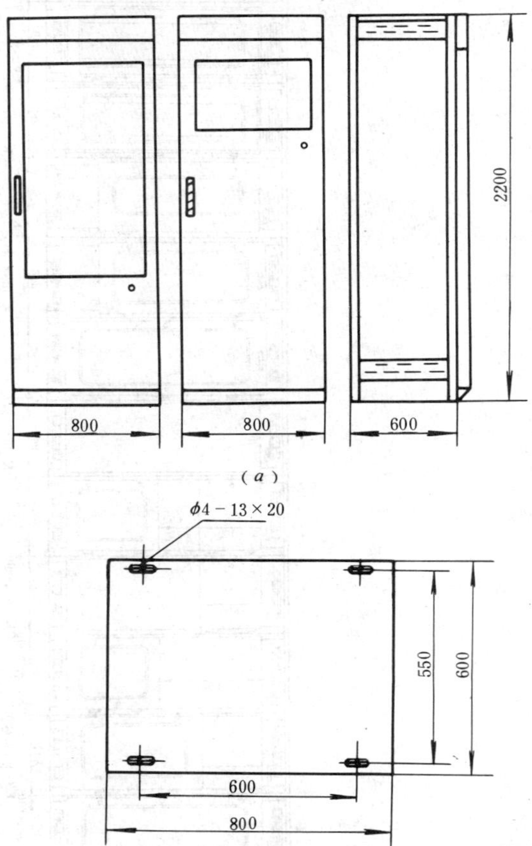

图 18-5-1　GK 型控制柜外形及安装尺寸

(*a*) 外形；(*b*) 安装尺寸

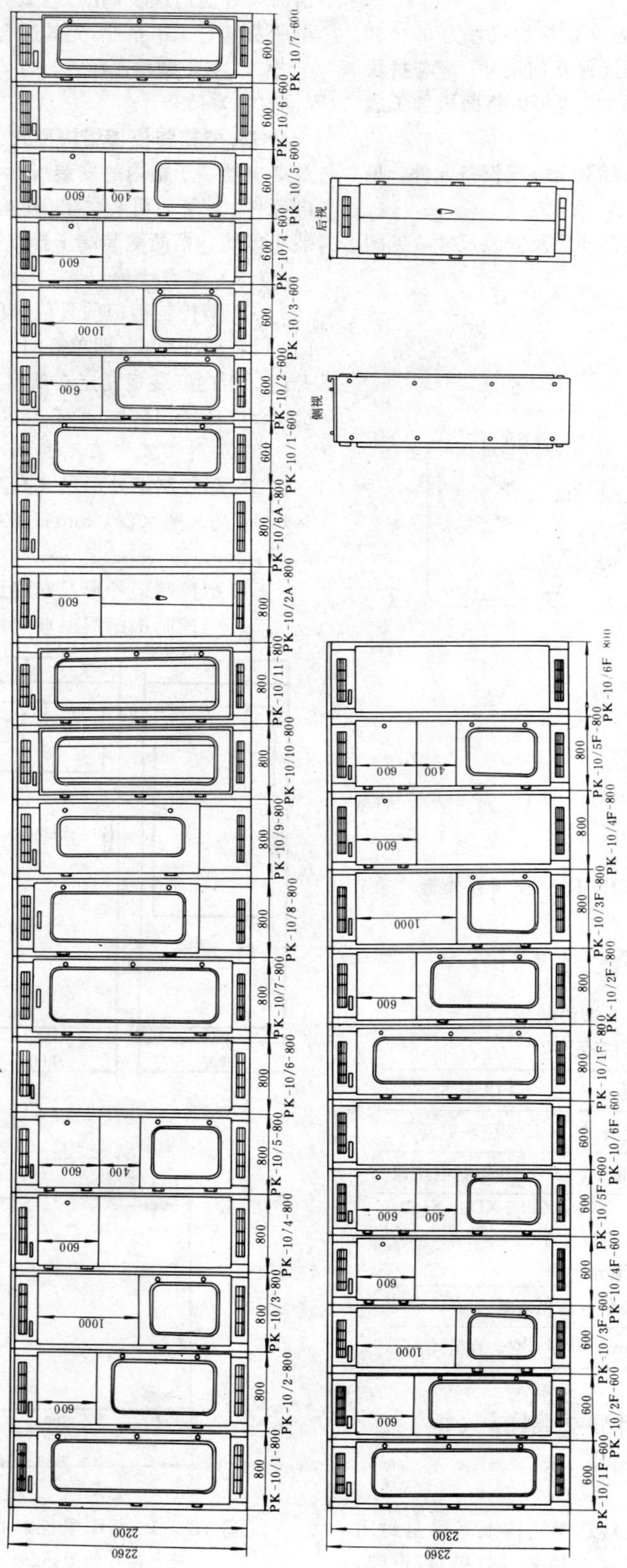

图 18-5-2 PK-10系列控制屏规格及外形尺寸

表 18-5-1　GK 型控制柜前门上玻璃窗规格　(mm)

高	宽
1200	690
1600	690
1400	690
400	690

（四）生产厂

上海继电器厂。

三、PK-10 系列控制屏

（一）简介

PK-10 系列控制屏为全封闭型。控制信号元件安装于安装板上。继电器、电阻、熔断器等安装于屏后横架上。屏体上部 200mm 内部装小母线和汇流排，小母线 28 根，排列成两层，汇流排 12 根，亦排列成两层。屏两侧架板装接线端子，最多装接线端子 140 个。

（二）型式结构

PK-10 系列屏屏体骨架用 U 型钢焊接组合而成。屏与屏之间还加装隔尘垫。

PK-10 系列屏屏前设玻璃门，也有不设玻璃门的。屏后设双开门。屏内安装板分为固定安装板和旋转安装板两种。

（三）外形及安装尺寸

PK-10 系列屏共有 32 种规格。控制屏规格及外形尺寸，见图 18-5-2；外形见图 18-5-3。PK-10 系列控制屏安装尺寸见图 18-5-4，图中地脚安装尺寸可以从 560×L_1 及 450×L 中任选一组。

（四）生产厂

阿城继电器厂。

四、JGE-31、32 型屏

（一）简介

JGE-31、JGE-32 型屏为全封闭型。

（二）外形及安装尺寸

JGE-31 型屏外形尺寸为 2260×800×600（高×宽×深，mm）。

JGE-31/1 型屏外形尺寸为 2360×800×550（高×宽×深，mm）。

JGE-31/2 型屏外形尺寸为 2360×800×600（高×宽×深，mm）。

（三）生产厂

许昌继电器厂。

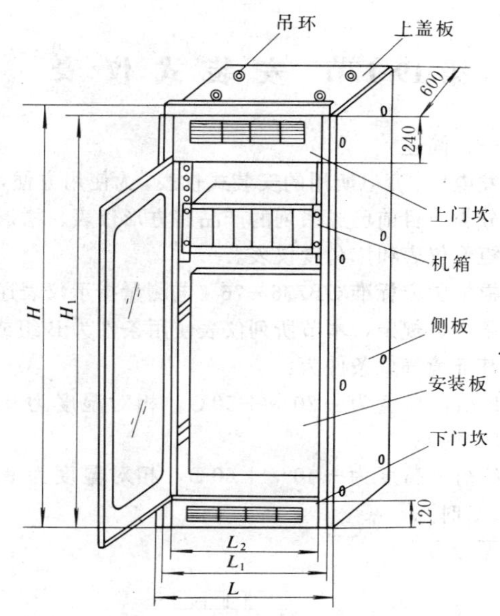

图 18-5-3　PK-10 系列控制屏外形

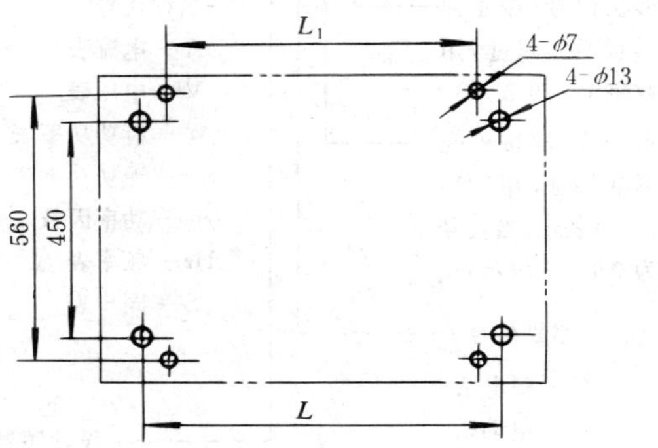

图 18-5-4　PK-10 系列控制屏安装尺寸

第19章　测　量　仪　表

温　美　华

第19-1节　安装式仪表

一、简述

发电厂、变电所用的安装式仪表，为使用方便，按外形分类。目前已成系列的产品有方形仪表、槽形仪表、矩形仪表和广角度仪表。

根据国家标准GB776—76《电测量指示仪表通用技术条件》规定，本节所列仪表使用条件为B组或C组，其环境气象条件为：

B组，温度为－20～＋50℃，相对湿度为95%（＋25℃时）。

C组，温度为－40～＋60℃，相对湿度为95%（＋35℃时）。

型号含义：

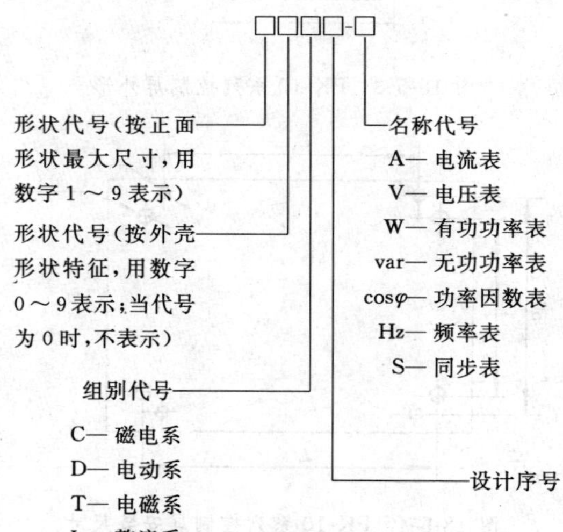

本节所列测量交流电路各参数的仪表，除广角度仪表外，一般只用于工频50Hz的电路，如特殊订货须说明。

测量直流电流、电压用表，可采用零位居中的双向量限，但须按特殊订货供应。

订购仪表时须提出仪表的名称、型号、数量、量限、额定电流、额定电压。对需经电流互感器或电压互感器接入的交流仪表，尚须注明互感器的一、二次侧额定电流或额定电压。

二、方形仪表

（一）1系列仪表

该系列仪表外壳采用黑色胶木粉压制而成，配用玻璃表盖。仪表体积较大，使用条件为B组。

1. 技术数据

1系列仪表技术数据，见表19-1-1。

2. 外形及安装尺寸

1系列仪表外形及安装尺寸，见图19-1-1及图19-1-2。

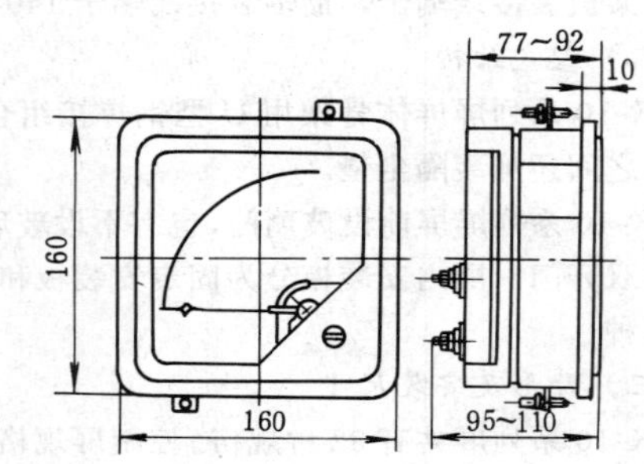

图19-1-1　1系列仪表外形及安装尺寸

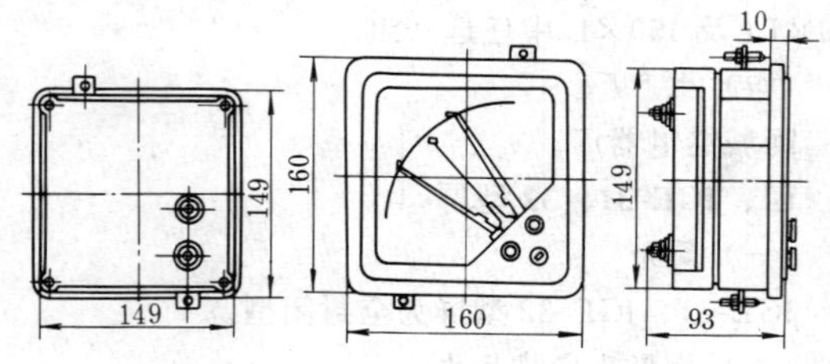

图19-1-2　1KC-A、1KC-V型仪表外形及安装尺寸

3. 生产厂及代号

①北京自动化控制设备厂，②许昌电表厂，③衡阳仪表厂，④上海控江电表厂，⑤柳州市仪表厂，⑥上海浦江电表厂，⑦贵阳永胜电表厂，⑧西安电表厂。

（二）6、42系列仪表

该系列仪表具有窄边表盖，读数清晰。6系列仪表使用条件为C组，42系列仪表使用条件为B组。其中42C20、42L20系列仪表是以哈尔滨电工仪表研究所为主，组织全国重点生产厂家，按IEC国际标准共同研制的新产品。该仪表以磁化直流机芯为统一测量机构，配集成化的变换电路，构成高精度机电一体化的系列产品。交流电流、电压表达到了有效值测量要求。

1. 技术数据

(1) 6C2、6L2、42C3、42L6、42T7系列仪表技术数据，见表19-1-2。

表 19-1-1 1系列仪表技术数据

型号	名称	准确度(级)	量限	连接方式	生产厂
1C2-A	直流电流表	1.5	1、3、5、10、20、30、50、75、100、150、200、300、500mA 1、2、3、5、7、5、10、15、20、30、50A	直接接通	①②③④⑤⑥⑦⑧
			75、100、150、200、300、500、750A 1、1.5、2、3、4、5、6、7.5、10kA	外附分流器	
1C2-V	直流电压表	1.5	3、7.5、15、20、30、50、75、100、150、250、300、450、600V	直接接通	
			750V，1、1.5、3kV	外附电阻器	
1T1-A	交流电流表	1.5	0.5、1、2、3、5、10、15、20、30、50、75、100、150、200A	直接接通	①②③⑤⑥⑦⑧
			5、10、15、20、30、50、75、100、150、200、300、400、500、600、750A 1、1.5、2、2.5、3、4、5、6、7.5、10kA	配用电流互感器二次侧电流5A	
1T1-V	交流电压表	1.5	15、30、50、75、100、150、250、300、450、500、600V	直接接通	
			3.6、7.2、12、18、42、150、300、460kV	配用电压互感器二次侧电压100V	
1T9-A	交流过载电流表	2.5	5(15)、10(30)、20(50)、30(100)、50(150)、75(200)、100(300)A	直接接通	⑤
			5、(15)、10(30)、20(50)、30(100)、50(150)、75(200)、100(300)、200(500)、300(1000)、600(1500)、750(2000)A 1(3)、2(5)、3(10)、5(15)、7.5(20)、10(30)、15(45)、25(75)kA	配用电流互感器二次侧电流5A	

续表 19-1-1

型号	名称	准确度(级)	量限	连接方式	生产厂
1D1-cosφ	功率因数表	2.5	0.5～1～0.5，额定电压100、110、127、220V，额定电流5A	直接接通	①④
1D5-cosφ					②③
1D1-W	三相有功功率表	2.5	见表19-1-27有功功率表量限	直接接通	①④
1D5-W					②③
1D1-var	三相无功功率表	2.5	见表19-1-28无功功率表量限	直接接通	①④
1D5-var					②③
1D1-Hz	频率表	1.0	45～55、55～65Hz，额定电压100、110、127、220V，45～55Hz，额定电压100、110、220V	直接接通	①④
1D5-Hz					②
1L1-Hz	频率表	5.0	45～55Hz，额定电压100、110、127、220V	直接接通	③
1T1-S	整步表		额定电压100、220V，额定频率50Hz	直接接通	①⑦
1T6-S					③
1KC-A	控制型直流电流表	2.5	1、2、3、5、10A	直接接通	⑥
			20、30、50、75、100、150、200、300、500A	外附分流器	
IKC-V	控制型直流电压表	2.5	30、50、75、100、150、250、300、450、500、600V 20～30、50～75、100～150、160～240、170～250、180～270V（无零位）	直接接通	⑥

注 1. 1KC-A、1KC-V控制型直流电流、电压表，作为测量和控制直流电路中的电流和电压之用，仪表具有继电式触点装置，当达到上下限时各有一对触点接通，可按需要控制电流或电压值。仪表背面有控制触点的三个接线柱。

2. 括号内数字为过载量限。

表19-1-2　6C2、6L2、42C3、42L6、42T7系列仪表技术数据

型号	名称	准确度(级)	量限	连接方式	生产厂
6C2-A 42C3-A	直流电流表	1.5	50、100、150、200、300、500μA 1、2、3、5、7.5、10、15、20、30、50、75、100、150、200、300、500mA 1、2、3、5、7.5、10、15、20、30、50A	直接接通	①②③④
			75、100、150、200、300、500、750A 1、1.5、2、3、4、5、6、7.5、10kA	外附分流器	
6C2-V 42C3-V	直流电压表	1.5	1.5、3、7.5、10、15、20、30、50、75、100、150、200、250、300、450、500、600V	直接接通	①②③④
			0.75、1、1.5kV	外附分流器	

续表 19-1-2

型　号	名　　称	准确度（级）	量　　限	连 接 方 式	生产厂
42T7-A	交流电流表	1.5	100、250、300、500、750mA 1、2、3、5、10、20A，5、10、20、30、40、50、75、80、100、150、200、300、400、600、750、800A	直接接通	⑤
			1、1.5、2、3、4 、5、6kA	配用电流互感器	
42T7-V	交流电压表	1.5	20、25、30、40、50、75、100、150、250、300、450、600V	直接接通	
			4、7.5、12、20、45、150、300、450kV	配用电压互感器	
6L2-A 42L6-A	交流电流表	1.5	0.5、1、2、3、5、10、15、20、30、50A	直接接通	①② ③④
			5、10、15、20、30、50、75、100、150、200、300、400、500、600、750A 1、1.5、2、3、4、5、6、7.5、10kA	配用电流互感器 二次侧电流 5A	
6L2-A 42L6-A	交流过 载电流表	2.5	0.5、5A	直接接通	①② ③④
			10、15、20、30、50、75、100、150、200、300、400、500、600、750、800A 1、1.5、4、5、6、8、10kA	配用电流互感器 二次侧电流 5A	
6L2-V 42L6-V	交流电压表	1.5	3、5、7.5、10、15、20、30、50、60、75、100、120、150、200、250、300、450、500、600V	直接接通	①② ③④
			1、3、6、10、15、35、110、220、380kV	配用电压互感器 二次侧电压 100V	
6L2-V 42L6-V	交流展开 电压表	1.5	80～120、180～260、380～450V	直接接通	①
			380、500V，3、6、10、15、35、60、110、220、380kV	配用电压互感器 二次侧电压 100V	
6L2-cosφ 42L6-cosφ	单相功率 因数表	2.5	0.5～1～0.5，额定电压 100、220V，额定电流 5A	直接接通	①
	三相功率 因数表		0.5～1～0.5，额定电压 100、380V，额定电流 5A		①② ③④
6L2-W 42L6-W	单相有功功 率　　表	2.5	额定电压 50、100、220V；额定电流 5A 额定电压 50、100V；额定电流 0.5A	直接接通	①
6L2-W 42L6-W	三相有功 功率表	2.5	额定电压 50、100、380V 额定电流 5A 额定电压 50、100V 额定电流 0.5A ｜ 见表 19-1-27 有功功率表量限	＊6 型外附功率变换器 42 型直接接通	①② ③④
6L2-var 42L6-var	三相无功 功率表	2.5	见表 19-1-28 无功功率表量限		

续表 19-1-2

型 号	名 称	准确度(级)	量 限	连 接 方 式	生产厂
6L2-S 42L6-S	同步表	2.5	单相额定电压100、220V 三相额定电压100、380V	直接接通	①② ③④
6L2-Hz 42L6-Hz	频率表	5	45～55、55～65、350～450、450～550Hz 额定电压50、100、220、380V	直接接通	①② ③④

注 *功率变换器的外形尺寸，浦江电表厂产品见矩形仪表有关部分，桂林电表厂外形尺寸为122×61×88。

1. 交流过载电流表，当配用二次侧电流为5A的电流互感器时，过载指示值为仪表额定值的6倍。
2. 交流展开电压表，当配用二次侧电压为100V的电压互感器时，展开范围为电压互感器一次侧额定值的80%～120%。
3. 天津市第五电表厂生产的功率因数、功率、频率表均外附变换器。
4. 桂林电表厂生产的6C2-A型直流电流表无微安级规格。

(2) 42C20、42L20系列仪表技术数据，见表19-1-3。

2. 6、42系列仪表外形及安装尺寸

(1) 6 $\frac{C2}{L2}$、42 $\frac{C3}{L6}$、42T7系列仪表外形及安装尺寸，见图19-1-3和表19-1-4；内部接线，见图19-1-4。

表 19-1-3　　42C20、42L20系列仪表技术数据

型 号	名 称	准确度(级)	量 限	连 接 方 式	生产厂
42C20-A	直流电流表	1.5	100、200、300、500μA 1、2、3、5、10、20、30、50、75、100、150、200、250、300、500、750mA 1、2、3、5、7.5、10、15、20、30、50A	直接接通	①
			75、100、150、200、300、500、750A 1、1.5、2、3、4、5、6、10kA	外附分流器	
42C20-V	直流电压表	1.5	1.5、3、7.5、10、15、20、30、50、75、100、150、200、250、300、450、500、600V	直接接通	
			750V，1、1.5kV	外附定值电阻器	
42L20-A	交流电流表	1.5	0.5、1、2、3、5、10、15、30A	直接接通	
			5、10、15、30、50、75、100、150、300、500、750A 1、2、3、5、7.5、10kA	配用电流互感器二次侧电流5A	
42L20-V	交流电压表	1.5	30、50、75、100、150、250、300、450、500、600V	直接接通	
			3.6、7.2、12、18、42、72、150、300、450kV	配用电压互感器二次侧电压100V	
42L20-cosφ	三相功率因数表	2.5	0.5～1～0.5 额定电压100、220、380V，额定电流5A	直接接通	
42L20-W	三相有功功率表	1.5	见表19-1-27有功功率表量限	直接接通	
42L20-var	三相无功功率表	2.5	见表19-1-28无功功率表量限	直接接通	
42L20-Hz	频率表	0.5	45～55Hz 额定电压100、220、380V	直接接通	
42L20-S	三相同步表	2.5	额定电压100、220、380V	直接接通	

表 19-1-4 6C2、6L2、42C3、42L3、42T7系列仪表外形及安装尺寸

型号	尺寸 (mm)				生产厂
	A	B	H	h	
6C2、6L2 42C3、42L6	80	76	74.5	10.5	①④
	120	115(112)	81(84)	14(13.5)	
	80	73	59	11	②
	120	116	82	16	
	80	74	66.5	1.5	③
	120	112	82	16	
42T7	120	115	—	—	⑤

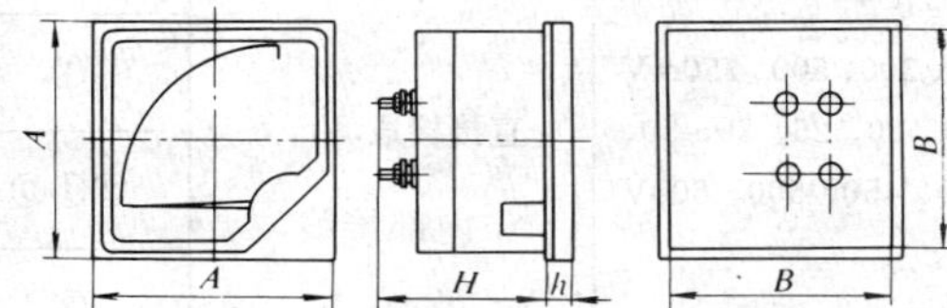

图 19-1-3 6C2、6L2、42C3、42L6、42T7系列仪表外形及安装尺寸

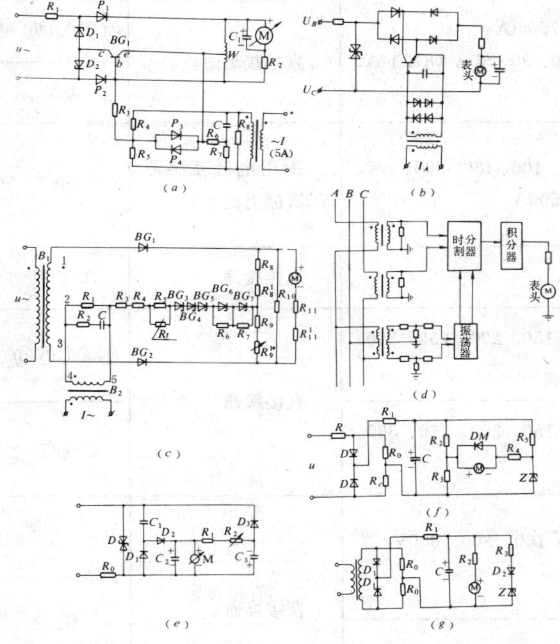

图 19-1-4 6C2、6L2、42C3、42L6、42T7系列仪表内部接线

(*a*) 单相功率因数表；(*b*) 三相功率因数表；(*c*) 单相有功功率表；(*d*) 三相有功、无功功率表；(*e*) 频率表；(*f*) 交流展开电压表；(*g*) 交流过载电流表

(2) 42C20、42L20系列仪表外形及安装尺寸，见图 19-1-5；功率表等端钮符号，见图 19-1-6。

3. 生产厂及代号

(1) 6C2、6L2、42C3、42L6、42T7系列仪表生产厂，见表 19-1-2。其中①上海浦江电表厂，②天津第五电表厂，③桂林电表厂，④衡阳仪表厂，⑤贵州永胜电表厂。

(2) 42$\frac{C}{L}$20系列仪表生产厂，见表 19-1-3，其中①北京自动化控制设备厂。

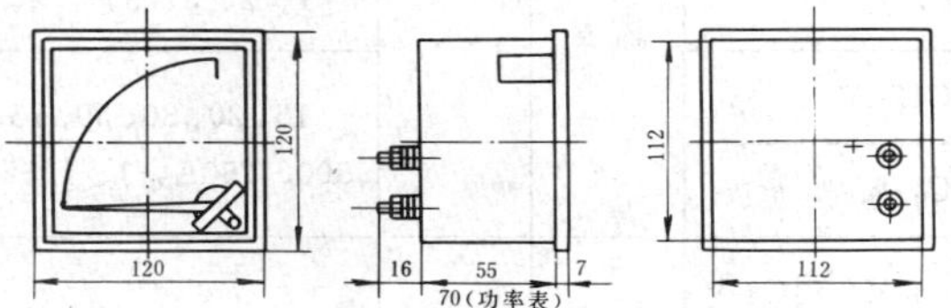

图 19-1-5 42C20、42L20系列仪表外形及安装尺寸

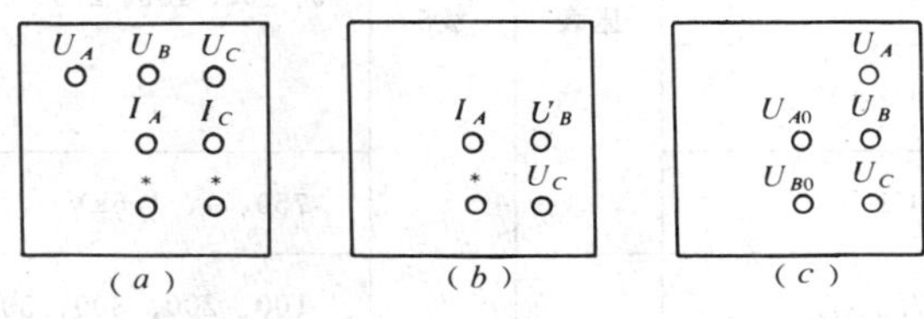

图 19-1-6 42C20、42L20系列仪表端钮符号

(*a*) 三相有功、无功功率表；(*b*) 三相功率因数表；(*c*) 三相同步表

(三) 61、62、81系列仪表

该系列仪表为胶木外壳、玻璃窗口，安装在控制屏、控制台及各种电子仪器的设备板上，适用测量交直流电路中的电流、电压、频率及三相电路中的功率因数、有功功率。

1. 技术数据

技术数据见表 19-1-5。

2. 外形及安装尺寸

外形及安装尺寸，见图 19-1-7 及图 19-1-8。

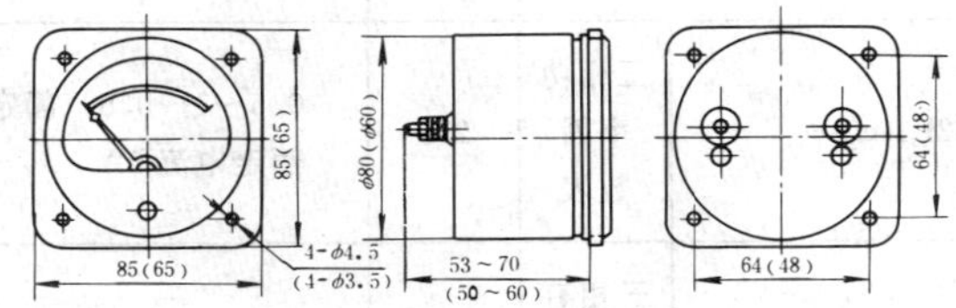

图 19-1-7 61、62、81系列仪表外形（方形）

（括号内尺寸为81系列仪表数据）

3. 生产厂及代号

①贵州永胜电表厂，②北京自动化控制设备厂，③天津市第二电表厂，④兰州东方红电表厂，⑤南京电表厂，⑥上海光明电表厂，⑦上海浦江电表厂。

表 19-1-5　61、62、81系列仪表技术数据

型号	名称	准确度(级)	量限	连接方式	生产厂
62C1-A　81C4-A	直流电流表	1.5 2.5	50、100、150、200、300、500μA 1、2、3、5、10、15、20、30、50、75、100、150、200、250、300、500mA 1、2、3、5、7.5、10A	直接接通	②
61C5-A　81C6-A					①
62C4-A					②④⑤
62C12-A			15、20、30、50、75、100、150、200、250、300、500、750A，1、1.5kA	外附分流器	③
81C1-A					②③④⑤
62C1-V　81C4-V	直流电压表	1.5 2.5	50、75、100、150、200、250、300、500、750mV 1、1.5、2.5、3、5、10、15、20、25、30、50、75、100、150、200、250、300、450、500、600V	直接接通	②
61C5-V　81C6-V					①
62C4-V					②④⑤
62C12-V					③
81C1-V			750、1、1.5kV	外附电阻	②③④⑤
62T51-A	交流电流表	2.5	100、200、300、500、750mA 1、2、3、5、10、15、20、30、50A（81L1-A、82L4-A无30、50A）	直接接通	①②③⑥
81L1-A					③⑤
62L4-A			10、20、30、40、50、75、100、150、200、300、500、600、750、1000、1500A	配用电流互感器二次侧电流5A	⑤
81T1-A			0.5、1、2、3、5、10A	直接接通	①②⑦
62T51-V　81L1-V	交流电压表	2.5	15、30、50、75、100、150、200、250、300、450、500、600V	直接接通	①②③⑤⑥
81T1-V			15、30、50、75、100、150、200、250、300、450V		①②⑦
62L1-cosφ	三相功率因数表	2.5	0.5～1～0.5，额定电压100、200、380V 额定电流5A	直接接通	①
61D1-W	三相有功功率表	2.5	见表19-1-27有功功率表量限		
62T51-Hz	频率表	2.5	45～55、380～480、450～550、950～1050、1450～1550Hz，额定电压110、127、220、380V	外附阻抗器187×85×96	⑥

续表 19-1-5

型　号	名　称	准确度（级）	量　　限	连接方式	生产厂
62L1-Hz	频率表	5.0	45～55、55～65、350～450、380～480、450～550、900～1100Hz 额定电压 100、110、127、220、380V		①③⑦
81L1-Hz		5.0	45～55Hz，额定电压 100、110、220V		①⑦

注　1. 62T51 系列仪表可测量频率为 400～1500Hz 的交流电路的电流、电压；81T1 系列可测量 400Hz 交流电路的电流、电压。订货需注明中频频率。北京自动化控制设备厂生产的 62T51 及 81T1 系列仪表无中频频率规格。

2. 北京自动化控制设备厂生产的 62C1、62C4、81C4、81C1 系列直流电流、电压表为磁电系外磁结构。如要安装在钢板上或并置使用时，仪表需加屏蔽罩，订货时要向生产厂提出，按特殊订货。

3. 61C1-A. V 及 62C4-A. V 系列仪表准确级均有 1.5 级和 2.5 级二种。81 系列仪表准确级均为 2.5 级。

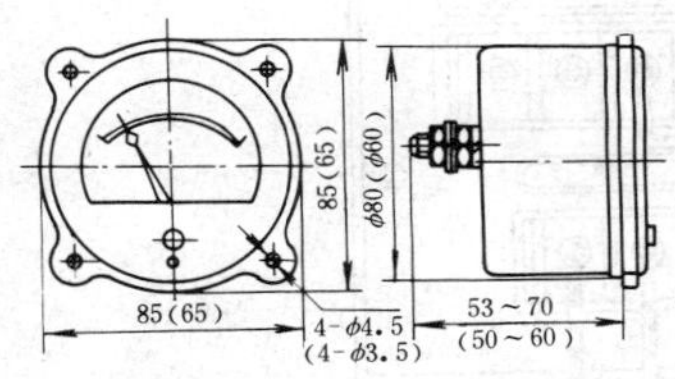

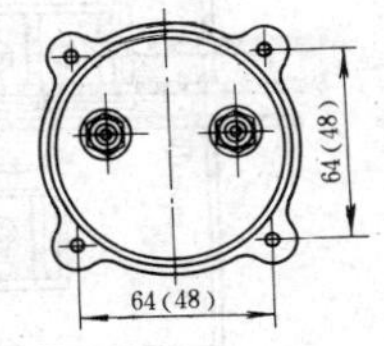

图 19-1-8　61、62、81 系列仪表外形（猫头形）（括号内尺寸为 81 系列仪表数据）

三、槽形仪表

（一）概述

该系列仪表采用透明塑料制成，指针和表尺在同一圆弧面上，外形为一狭长方形，占有面板面积小，造形美观，与模拟母线配合使用时模拟性强。仪表使用条件为 B 组。目前生产的槽形仪表有 16、46 系列。

（二）技术数据

16、46 系列仪表技术数据，见表 19-1-6。

（三）外形及安装尺寸

16、46 系列槽形仪表外形及安装尺寸见图 19-1-9，内部接线见图 19-1-10。

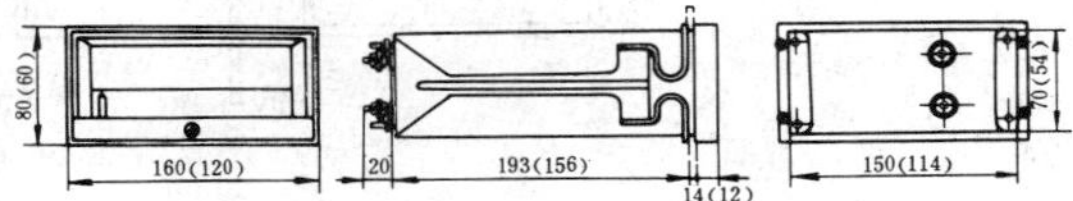

图 19-1-9　16、46 系列槽形仪表外形及安装尺寸（括号内为 46 系列尺寸）

（四）生产厂及代号

①上海浦江电表厂，②北京自动化控制设备厂，③贵阳永胜电表厂，④天津第三电表厂，⑤杭州东海仪表厂。

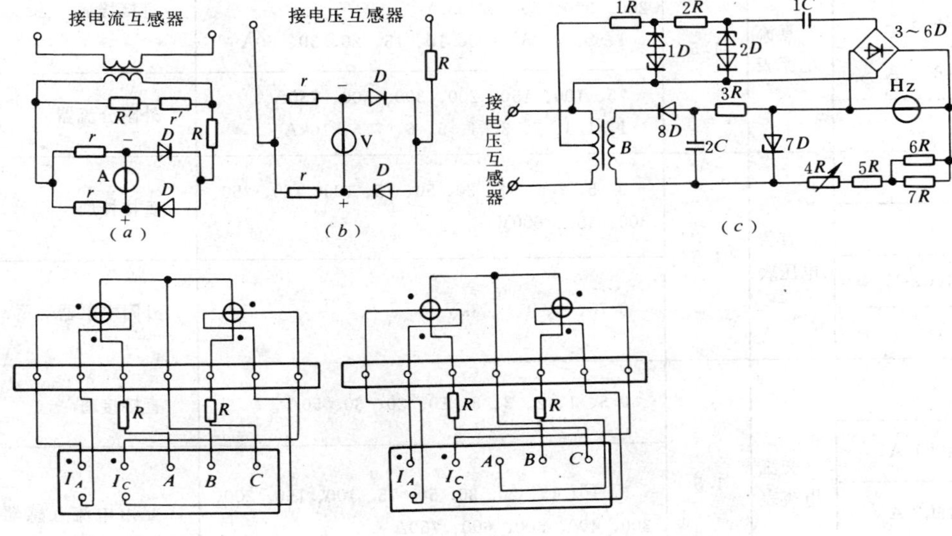

图 19-1-10　16、46 系列槽形仪表内部接线（一）

(*a*) 交流电流表；(*b*) 交流电压表；(*c*) 频率表；(*d*) 有功功率表；(*e*) 无功功率表

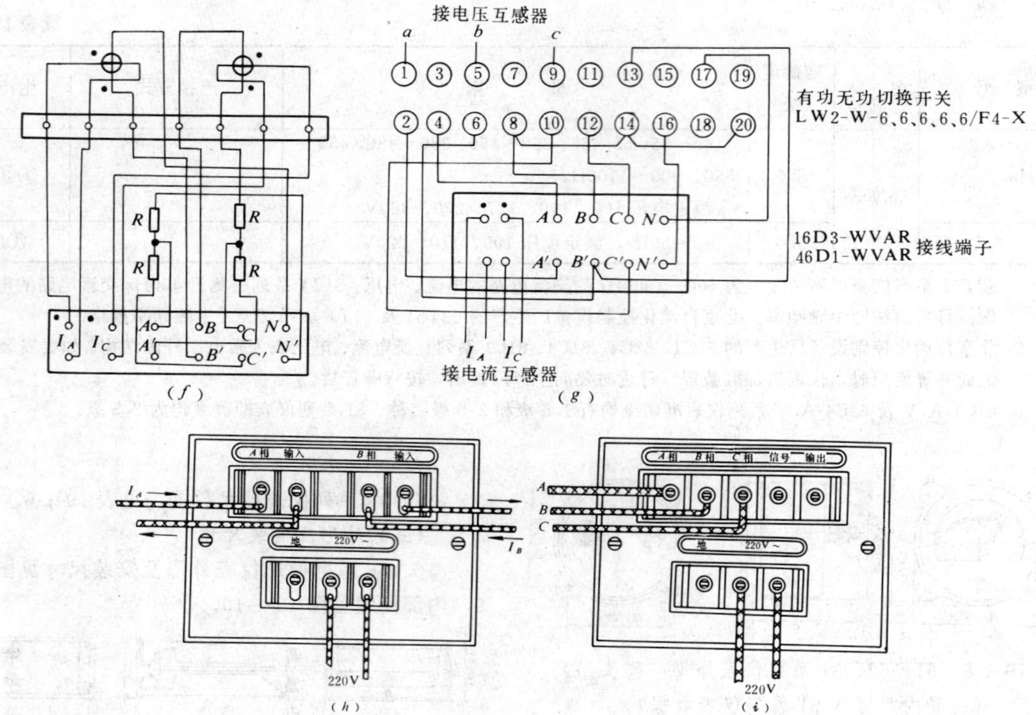

图 19-1-10 16、46系列槽形仪表内部接线（二）

(*f*) 有功无功功率表；(*g*) 有功无功功率表的外电路切换接线；(*h*) 负序电流表；(*i*) 负序电压表

表 19-1-6 16、46系列仪表技术数据

型 号	名 称	准确度(级)	量 限	连接方式	生产厂
16C2-A	直流电流表	1.5	1、3、5、10、15、20、30、50、75、100、150、200、300、500、750mA 1、2、3、5、7.5、10、15、20、30、50A	直接接通	④
16C4-A 16C1-A					①
16C8-A 46C2-A			75、100、150、200、300、500、750A 1、1.5、2、3、4、5、6、7.5、10kA	外附分流器	②
1612-A					③
16C2-V	直流电压表	1.5	3、5、7.5、15、30、50、75、100、150、250、300、450、600V	直接接通	④
16C4-V 46C1-V					①
16C8-V 46C2-V			0.75、1、1.5、3kV	外附电阻器	②
16C12-V					③
16T2-A	交流电流表	1.5	0.5、1、2、3、5、10、20、30、50A	直接接通	④
16L1-A 46L1-A			5、10、15、20、30、50、75、100、150、200、300、400、500、600、750A 1、1.5、2、3、4、5、6、7.5、10kA	配用电流互感器二次侧电流 0.5、5A	①
16L8-A 46L2-A					②
16L12-A					③

续表 19-1-6

型　号	名　称	准确度（级）	量　　限	连接方式	生产厂
16T2-V	交流电压表	1.5	15、30、50、75、100、150、250、300、450、500、600V	直接接通	④
16L1-V　46L1-V					①
16L8-V　46L2-V			3.6、7.2、12、18、42、150、300、460kV	配用电压互感器二次侧电压 50、100V	②
16L12-V					③
16L1-cosφ　46L1-cosφ	单相功率因数表		0.5～1～0.5，额定电压 100、220V，额定电流 5A	直接接通	①
	三相功率因数表		0.5～1～0.5，额定电压 100、380V，额定电流 5A		
16L8-cosφ　46L2-cosφ	三相功率因数表		0.5～1～0.5，额定电压 100、220、380V，额定电流 5A	外附功率因数变换器	②
16L12-cosφ					③
16D2-W	三相有功功率表	2.5	见表 19-1-27 有功功率表量限	直接接通	④
16D3-W　46D1-W					①
16D12-W				外附功率变换器	③
16L8-W　46L2-W					②
16D2-var	三相无功功率表	2.5	见表 19-1-28 无功功率表量限	直接接通	④
16D3-var　46D1-var					①
16D12-var				外附功率变换器	③
16L8-var　46L2-var					②
16D2Hz	频率表	5	48～52、45～55Hz，额定电压 100、220V	外附阻抗器	④
62L1-Hz　46L1-Hz			45～55、55～65Hz，额定电压 50、100、220、380V	直接接通	①
16L8-Hz　46L2-Hz				外附频率变换器	②
16L12-Hz		—	45～55Hz，额定电压 100、220、380V	直接接通	③
16L10-A	负序电流表	2.5	0～0.3、0～1、0～3A		⑤
16L10-V	负序电压表	2.5	0～10、0～15、0～30V		

注　1. 16C2-A 型电流表 30A 及 50A 量限需外附分流器。16C2-A、16C8-A 型电流表无 7.5A 及 10kA 量限。

2. 16L8-A、16T2-A、46L2-A 型电流表 30A 及 50A 量限需配用电流互感器。

3. * 外附阻抗器外形尺寸为 200×85×93（mm）。

4. 功率、频率及功率因数变换器的接线图及外形尺寸图见矩形仪表有关部分。

四、矩形仪表

(一)概述

该系列的直流电流表、电压表是磁电系内磁式结构,交流电流表、电压表是在内磁结构的直流表内附加晶体管整流装置,功率表、频率表和功率因数表均需带有相应的外附变换附件。仪表外壳采用透明有机玻璃制成,视域宽广,刻度清晰。仪表使用条件为B组。

(二)技术数据

1. 44、59系列仪表技术数据

44、59系列仪表技术数据,见表19-1-7。

2. 69、85系列仪表技术数据

69、85系列仪表技术数据,见表19-1-8。

3. 12系列仪表技术数据

12系列仪表技术数据,见表19-1-9。

表19-1-7 44、59系列仪表技术数据

型号	名称	准确度(级)	量限	连接方式
44C2-A 59C2-A 44C1-A 59C4-A	直流电流表	1.5	50、100、150、200、300、500、750μA	直接接通
			1、2、3、5、10、15、20、30、50、75、100、150、200、300、500mA 1、2、3、5、7.5、10A	
59C9-A			15、20、30、50、75、100、150、200、300、500、750A,1、1.5kA	外附分流器
44C2-V 59C2-V 44C1-V 59C4-V 59C9-V	直流电压表	1.5	1.5、3、5、7.5、10、15、20、30、50、75、100、150、200、250、300、450、500、600、750V 1、1.5kV	直接接通 外附电阻器
44L1-A 59L1-A 59L2-A 59L4-A	交流电流表	1.5	0.5、1、2、3、5、10、20A	直接接通
			5、10、15、20、30、50、75、100、150、200、250、300、400、600、750A 1、1.5、2、3、4、5、6、7.5、10kA	配用电流互感器二次侧电流0.5、5A
44L1-V 59L1-V 59L2-V 59L4-V	交流电压表	1.5	3、5、7.5、10、15、20、30、50、75、100、150、250、300、450、500、600V	直接接通
			3、6、7.2、12、18、42、150、300、460kV	配用电压互感器二次侧电压50、100V
44L1-cosφ 59L2-cosφ	单相功率因数表	2.5	0.5~1~0.5,额定电压100、220V,额定电流5A	外附功率因数变换器
44L1-cosφ 59L2-cosφ 44L2-cosφ 59L4-cosφ	三相功率因数表	2.5	0.5~1~0.5,额定电压100、380V,额定电流5A	外附功率因数变换器
44L1-W 59L2-W 44L2-W 59L4-W	三相有功功率表	2.5	见表19-1-27有功功率表量限	外附功率变换器
44L1-var 59L2-var 44L2-var 59L4-var	三相无功功率表	2.5	见表19-1-28无功功率表量限	
44L1-Hz 59L2-Hz 44L2-Hz 59L4-Hz	频率表	5	44~55、55~65Hz,额定电压50、100、220、380V	外附频率变换器

表 19-1-8 **69、85系列仪表技术数据及参考价格**

型 号	名 称	准确度(级)	量 限	连接方式
69C9-A 85C1-A 69C11-A	直流电流表	2.5	50、100、150、200、300、500、750μA 1、2、3、5、10、15、20、30、50、75、100、150、200、300、500mA 1、2、3、5、7.5、10A	直接接通
			15、20、30、50、75、100、150、200、300、500、750A 1、1.5kA	外附分流器
69C9-V 85C1-V 69C11-V	直流电压表	2.5	1.5、3、5、7.5、10、15、20、30、50、75、100、150、200、250、300、450、500、600V	直接接通
			750V，1、1.5、3kV	外附电阻器
69L9-A 85L1-A 69L11-A	交流电流表	2.5	0.5、1、2、3、5、10、20A	直接接通
			5、10、15、20、30、50、75、100、150、200、250、300、400、600、750A 1、1.5、2、3、4、5、6、7.5、10kA	配用电流互感器二次侧电流0.5、5A
69L9-V 85L1-V 69L11-V	交流电压表	2.5	3、5、7.5、10、15、20、30、50、75、100、150、200、250、300、450、500、600V	直接接通
			450、600V、3.6、7.2、12、18、42、150、300、460kV	配用电压互感器二次侧电压50、100V
69L9-cosφ 85L1-cosφ	三相功率因数表	2.5	0.5～1～0.5，额定电压100、220、380V，额定电流5A	外附功率因数变换器
69L9-W 85L1-W	三相有功功率表	2.5	额定电压100V，额定电流5A 见表19-1-27，有功功率表量限	外附功率变换器
69L9-Hz 85L1-Hz	频率表	5.0	45～55Hz，额定电压100、220、380V	外附频率变换器

表 19-1-9 **12系列仪表技术数据**

型 号	名 称	准确度(级)	量 限	备 注
12C1-A	直流电流表	1.5	1、3、5、10、15、20、30、50、75、100、150、200、300、500mA 1、2、3、5、7.5、10、15、20、30、50、75、100、150、200、300、500、750A 1、1.5、2、3、4、5、6、7.5、10kA	75A起外附FL2分流器
12C1-V	直流电压表	1.5	3、7.5、15、30、50、75、100、150、250、300、450、600V 1、1.5、3kV	外附FJ17定值电阻器

续表 19-1-9

型　　号	名　　称	准确度(级)	量　　　　限	备　　注
12L1-A	交流电流表	2.5	500mA，1、2、3、5、10、20A 5、10、15、20、30、50、75、80、100、150、200、300、400、600、750、800A，1、1.5、2、3、5、10kA	外配电流互感器
12L1-V	交流电压表	2.5	15、30、50、75、150、250、300、450、600V， 1、2、3.6、7.2、12、18、42、150、300、460、500、600kV	外配电压互感器
12L1-Hz	频率表	5.0	44～55、55～65Hz，额定电压为100、200、380V；380～480、450～550、900～1100、500～1500、2000～3000、7500～8500Hz，额定电压为100V	
12L1-cosφ	单、三相功率因数表	5.0	超前0.5～1.0～0.5滞后 额定电压100、200、380V 额定电流5A 额定频率50Hz（单、三相），1000、2500、8000Hz（单相）	外附变换器
12L1-W 12L1я-W	单、三相有功功率表，三相无功功率表		额定电压100V（或×100） 额定电流5A 额定频率50Hz（单、三相）；1000、2500、8000Hz（单相）｝指有功功率	

（三）变换器

由于仪表的动作结构为磁电系内磁式结构，因此在测量功率、功率因数及频率时，仪表配有相应的变换器。各厂变换器的结构及接线柱的位置各有差异，故只选编了上海浦江电表厂的仪表与变换器的接线图，以供参考，其接线图见图19-1-11～图19-1-14。

（四）外形及安装尺寸

44、59、69、85及12系列仪表外形及安装尺寸，见图19-1-15～图19-1-17和表19-1-10～表19-1-11。变换器外形及安装尺寸，见图19-1-18～图19-1-20。

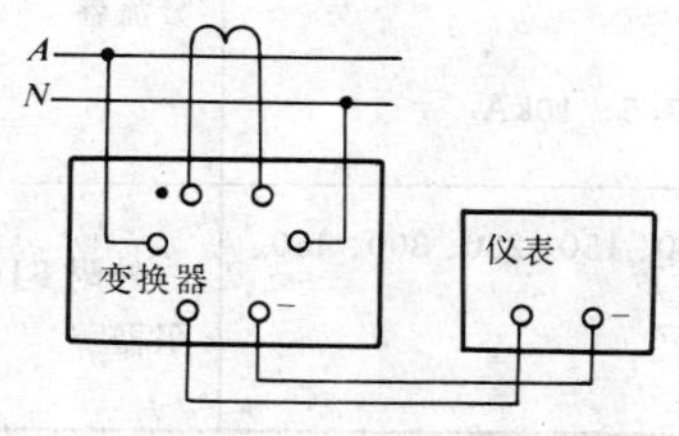

图19-1-11　单相功率因数变换器接线

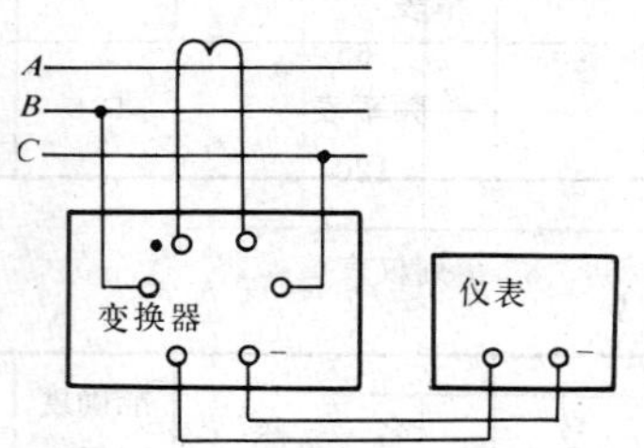

图19-1-12　三相功率因数变换器接线

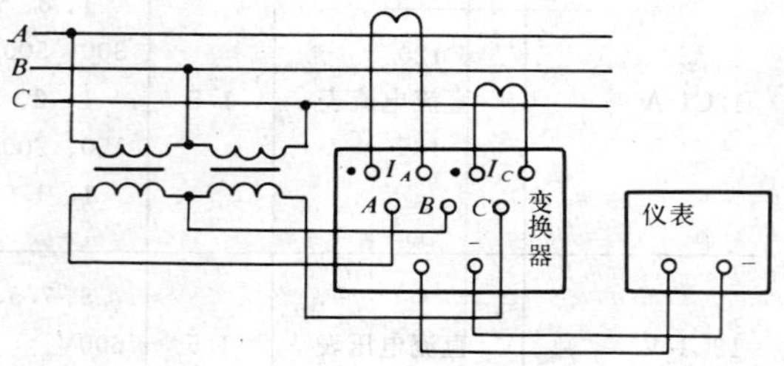

图19-1-13　三相有功功率、无功功率变换器接线（配用电流、电压互感器）

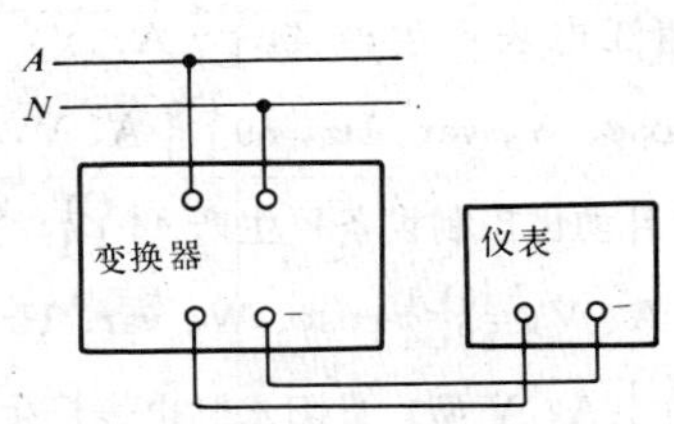

图 19-1-14　频率变换器接线

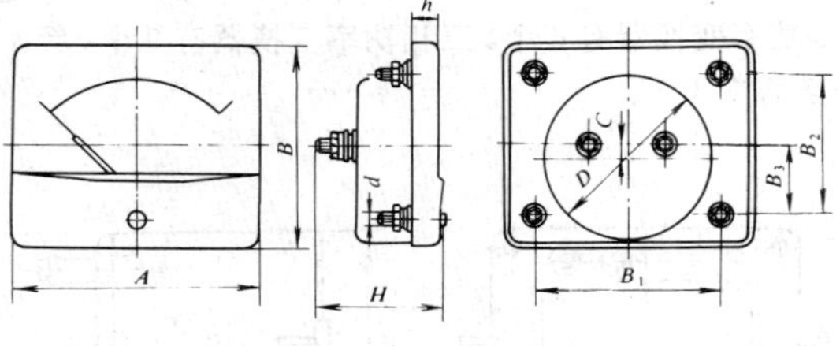

图 19-1-16　$59\genfrac{}{}{0pt}{}{C4}{L4}$、$44\genfrac{}{}{0pt}{}{C1}{L1}$、$69\genfrac{}{}{0pt}{}{C11}{L11}$、$85\genfrac{}{}{0pt}{}{C1}{L1}$系列仪表外形及安装尺寸

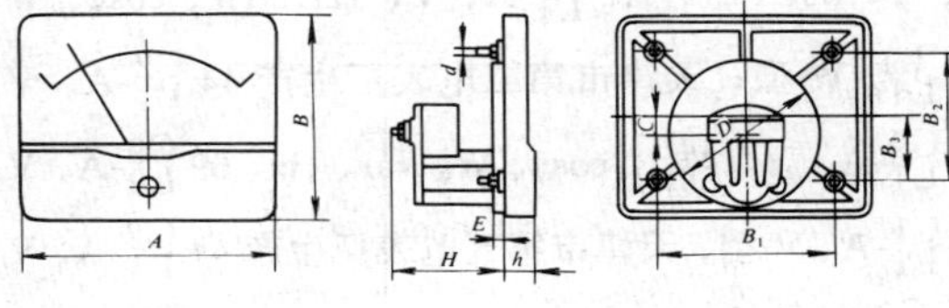

图 19-1-15　$44\genfrac{}{}{0pt}{}{C2}{L1}$、$59\genfrac{}{}{0pt}{}{C2}{L1}$、$59\genfrac{}{}{0pt}{}{C9}{L2}$、$69\genfrac{}{}{0pt}{}{C9}{L9}$、$85\genfrac{}{}{0pt}{}{C1}{L1}$系列仪表外形及安装尺寸

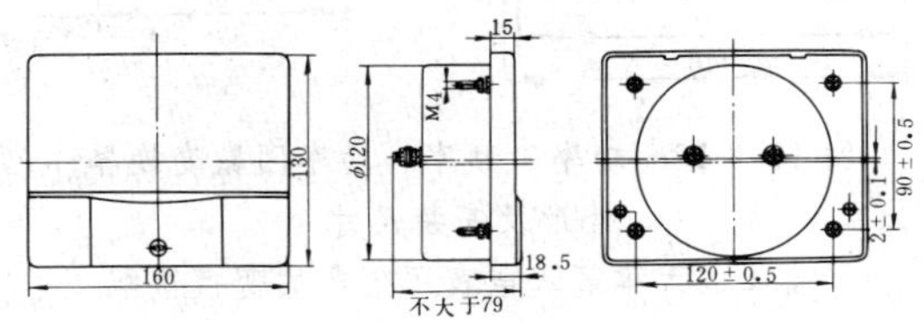

图 19-1-17　12 系列仪表外形及安装尺寸

表 19-1-10　44、59、69、85 系列仪表外形及安装尺寸

型　号	尺　寸 (mm)											生产厂
	A	B	B_1	B_2	B_3	H	h	D	d	C	E	
$59\genfrac{}{}{0pt}{}{C2}{L1}$、L2	120	100	90	70	—	49.5	14.5	φ79	M4	7.5	2.5	上海浦江，贵阳永胜电表厂
$44\genfrac{}{}{0pt}{}{C2}{L1}$	100	80	68.5	—	21.7	48.6	14.2	φ59	M4	7.5	1.6	
$69\genfrac{}{}{0pt}{}{C9}{L9}$	80	64	64	—	17.8	49.5	11.5	φ60	M3	1	4	上海浦江电表厂
$85\genfrac{}{}{0pt}{}{C1}{L1}$	64	56	52	—	14.5	49.5	11	φ49	M3	1.5	2.5	
85C1（26 式）	65	57	52	—	13.7	48.5	11.5	φ50	M3	2.3	2	北京自动化控制设备厂
59C9	120	100	90	70	—	48	15.5	φ79	M4	7.5	2.5	贵阳永胜电表厂

注　44、69、85 系列仪表背后的 2 个安装螺栓均在下部，59 型仪表的 4 个安装螺栓上下各 2 个。

表 19-1-11　44、59、69、85 系列仪表外形及安装尺寸

型　号	尺　寸 (mm)										生产厂
	A	B	B_1	B_2	B_3	H	h	D	d	C	
$59\genfrac{}{}{0pt}{}{C4}{L4}$	120	100	90	70	—	60	13	80	M4	7	北京自动化控制设备厂
$44\genfrac{}{}{0pt}{}{C1}{L1}$	100	80	70	60	—	60	13	60	M4	7.5	
$69\genfrac{}{}{0pt}{}{C11}{L11}$	80	67	60	49	—	60	12.5	60	M4	2.3	
$85\genfrac{}{}{0pt}{}{C1}{L1}$（50 式）	65	57	52	—	13.7	60	10	50	M3	2.3	

注　69 型仪表背后的 2 个安装螺栓，右上角及左下角各一个；85 型 2 个安装螺栓在下部。

图 19-1-18～图 19-1-20 中各变换器接线端钮数量：功率变换器有6个，三相功率变换器有9个，频率变换器有4个。

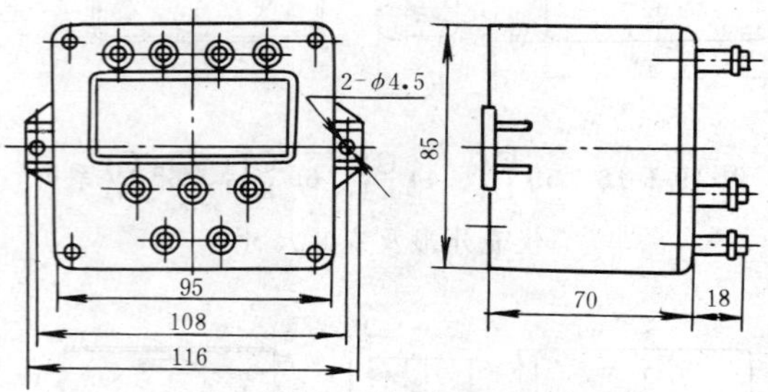

图 19-1-18 功率、频率、功率因数变换器外形及安装尺寸
（浦江、天津第二电表厂生产的变换器配 44L1、59 $\frac{L1}{L2}$、12L1 系列仪表）

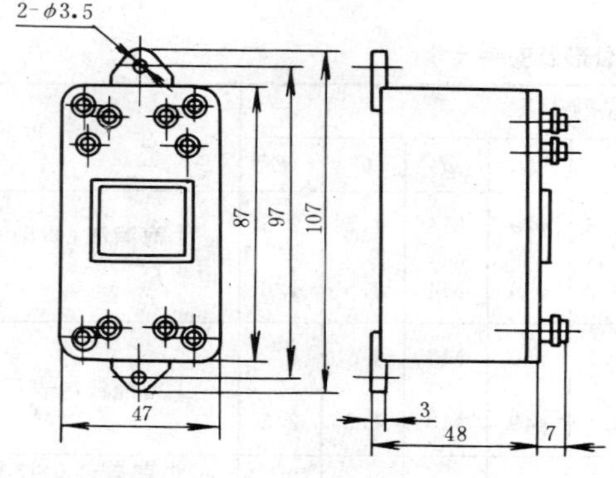

图 19-1-19 功率、频率、功率因数变换器外形及安装尺寸
（永胜电表厂生产的变换器配 44L1、59L2 系列仪表）

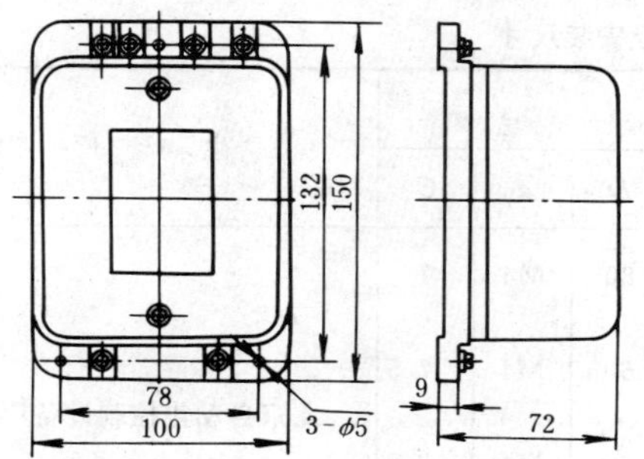

图 19-1-20 功率、频率、功率因数变换器外形及安装尺寸
（北京自动化控制设备厂生产的变换器配 44L1、59L4 系列仪表）

（五）生产厂

上海浦江电表厂生产 44 $\frac{C2}{L1}$-A、V，59 $\frac{C2}{L1}$-A、V，$\frac{44L1}{59L2}$-cosφ、W、var、Hz，69 $\frac{C9}{L9}$-A、V，85 $\frac{C1}{L1}$-A、V型；北京自动化控制设备厂生产 44 $\frac{C1}{L1}$、C2-A、V，59 $\frac{C4}{L4}$、C2-A、V，$\frac{44L1}{59L4}$-cosφ、W、var、Hz，69 $\frac{C11}{L11}$-A、V，85 $\frac{C1}{L1}$-A、V型；贵阳永胜电表厂生产 44 $\frac{C2}{L1}$-A、V，59 $\frac{C9}{L2}$-A、V，$\frac{44L1}{59L2}$-cosφ、W、var、Hz，85 $\frac{C1}{L1}$-A、V，85L1-Hz，12 $\frac{C1}{L1}$-A、V，12L1-Hz、cosφ、W，12 $\frac{L1}{L1я}$-W型；天津市第二电表厂生产 44 $\frac{C2}{L1}$-A、V，59 $\frac{C9}{L1}$-A、V，$\frac{44L1}{59L1}$-cosφ、W、var、Hz，69 $\frac{C9}{L9}$-A、V，85 $\frac{C1}{L1}$-A、V型；天津市第五电表厂生产 44 $\frac{C2}{L1}$-A、V，59 $\frac{C2}{L1}$-A、V，$\frac{44L1}{59L1}$-cosφ、W、Hz，69 $\frac{C9}{L9}$-A、V，85 $\frac{C1}{L1}$-A、V，$\frac{69}{85}$ $\frac{L9}{L1}$-cosφ、W、Hz型；兰州东方红电表厂生产 44 $\frac{C2}{L1}$-A、V，59 $\frac{C2}{L1}$-A、V，69 $\frac{C9}{L9}$-A、V，85 $\frac{C1}{L1}$-A、V型；衡阳仪表厂生产 44 $\frac{C2}{L1}$-A、V，59 $\frac{C2}{L1}$-A、V型。

五、广角度仪表

该系列广角度仪表的指针具有240°的偏转角，能获得宽广的视野和清晰的读数。适用于发电厂、变电所的控制屏及开关板或移动的电源设备上测量直流及交流电路中的电气量。目前产品有下列几种。

（一）Z系列广角度仪表

该系列仪表是引进日本横河北辰电机株式会社的技术与设备制造的产品。

1. Z系列广角度仪表的特点

（1）仪表测量机构为磁电系张丝支承，转动部分无摩擦。交流电流、电压表采用有效值变换器，可正确测量失真波形的电流、电压；有功及无功功率表、功率因数表可采用集成化时间分割乘法器，测量精度高，对可控硅电路的功率，也能正确测量。

（2）功率和功率因数变换器与指示机构一体化。大广角仪表的变换器及中广角仪表部分品种的变换器与指示机构装在一起，这样安装接线方便。

（3）仪表使用环境温度为0～40℃。

2. Z系列广角度仪表技术数据

交流仪表工作频率为50Hz或60Hz，除无功功率表、功率因数表外，其余品种为50、60Hz通用。该系列仪表技术数据，见表19-1-12及表19-1-13。

3. Z系列广角度仪表接线

Z系列广角度仪表接线，见图19-1-21～图19-1-23。

表 19-1-12 **Z系列电流、电压、频率表及同步表技术数据**

型号 110mm	型号 80mm	名称	准确度(级)	量限	连接方式
2101-30	2181-00	直流电流表	1.5	500μA 1、2、5、7.5、10、20、30、50、75、100、150、200、300、500mA 1、2、3、5、10、15、20、30A	直接接通；2181型15～30A外附FL13型分流器
				50、75、100、150、200、500、750A 1、1.5、2、3、5、6kA	外附FL29型分流器
2101-30	2181-00	直流电压表	1.5	3、5、7.5、10、15、30、50、75、100、150、300、450、500V	直接接通
				600、750V 1、1.5、2、3kV	外附FJ40型定值电阻器
2102-30	2182-00	交流电流表	1.5	0.5、1、2、3、5、10、15、30A	直接接通；2182型无15、30A
				10、15、20、30、40、50、75、100、150、200、300、400、500、600、700、800、900A 1、1.5、2、3、5、6、8、10kA	配用电流互感器二次侧电流0.5、1、5A
2102-30	2182-00	交流电压表	1.5	50、75、100、150、250、300、450、500、600V	直接接通
				3.5、7.5、12、45、75、150、300、500、700kV	配用电压互感器二次侧电压100V
2108-30	2188-30	频率表	0.5 1.0	45～55、55～65Hz 额定电压100、220V	直接接通
2109-30		*三相同步表	2.5	额定电压100、220V	直接接通

* 三相同步表订货时需与生产厂协商。

表 19-1-13 **Z系列功率、功率因数表技术数据**

型号 110mm	型号 80mm	名称		准确度(级)	额定电压(V)	额定电流(A)	电压侧	电流侧	工作频率(Hz)
2105-31 2105-35 2105-34 2105-36	2185-31 2185-35 2185-34 2185-36	单相 三相三线 *三相四线 *三相四线	有功功率表	1.5	100、220 100、380 380/220 380/220	1.5	— 不平衡 平衡 不平衡	— 不平衡 不平衡 不平衡	50、60通用
2106-31 2106-33 2106-35 2106-34 2106-36	2186-31 2186-33 2186-35 2186-34 2186-36	单相 三相三线 三相四线 *三相四线 *三相四线	无功功率表	1.5	100、220 100、380 100、380 380/220 380/220	1.5	— 平衡 不平衡 平衡 不平衡	— 不平衡 不平衡 不平衡 不平衡	50或60 50、60通用 50或60 50、60通用 50或60
2107-31 2107-33 2107-35 2107-36	2187-31 2187-33 2187-35 2187-36	单相 三相三线 *三相三线 *三相四线	功率因数表	5.0	100、220 100 100 100	1.5	— 平衡 不平衡 不平衡	— 平衡 不平衡 不平衡	50或60 50、60通用 50或60 50或60

注 80mm的2185、2186、2187-35、2187-36型仪表为外附变换器；

* 产品为非主流产品，选用订货时需与生产厂商议。

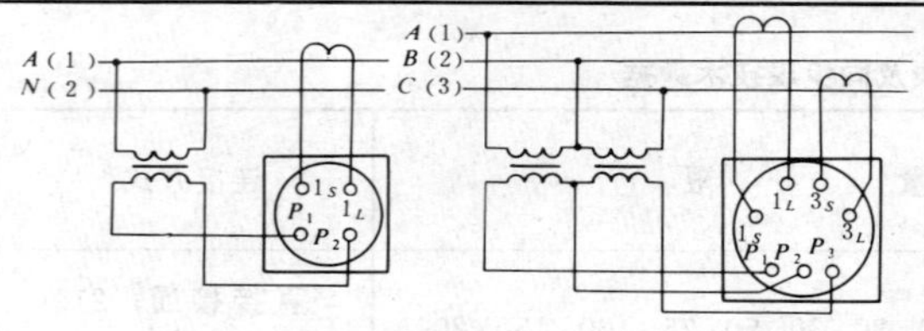

图 19-1-21 Z系列 110mm 有功功率表、无功功率表接线图

(a) 单相 2105-31 / 2106-31 型；(b) 三相三线 2105-35 / 2106-33、35 型

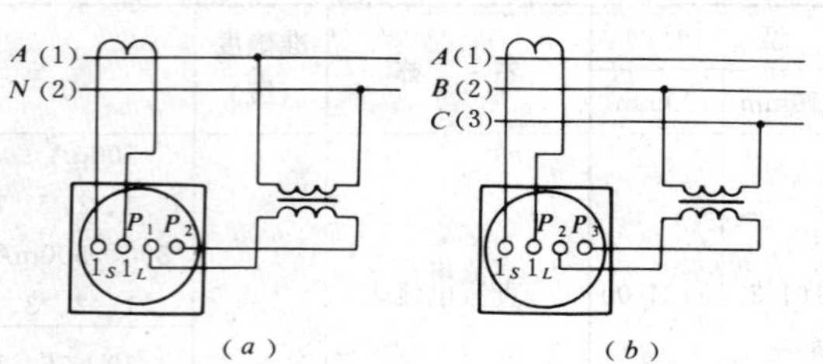

图 19-1-23 Z系列功率因数表接线图

(a) 单相 2107-31 / 2187-31 型；(b) 三相三线 2107-33 / 2187-33 型

4. 外形及安装尺寸

Z系列广角度仪表及变换器外形及安装尺寸，见图 19-1-24～图 19-1-25 及表 19-1-14。

表 19-1-14 Z系列仪表外形及安装尺寸

型号		尺寸 (mm)							
		A	B	C	D	E	F	G	d
2101 2102 2108	2107-31 2107-33	110	75	ϕ99	21	90	101	45	6
2105 2106	2107-35 2107-36		113.5						
2109			180						
2181 2182 2185	2186 2187 2188	80	91.5	ϕ70	17.7	64	71	32	5

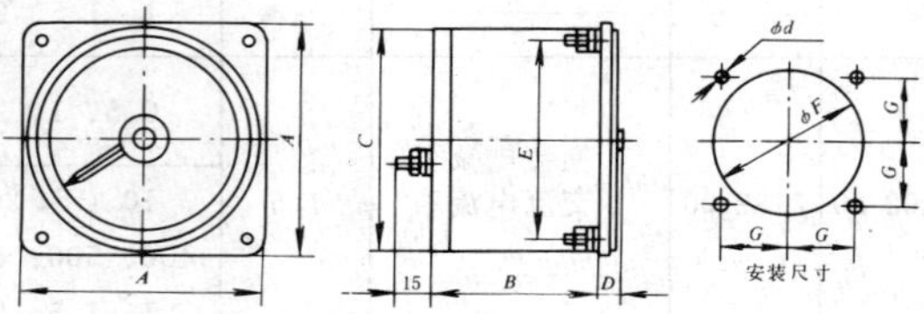

图 19-1-24 Z系列广角度仪表外形及安装尺寸

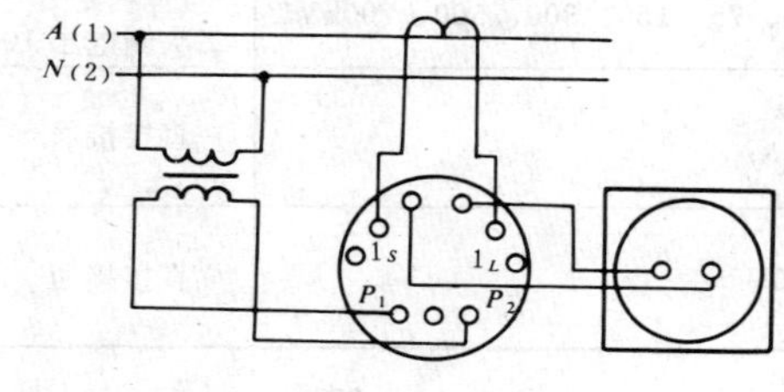

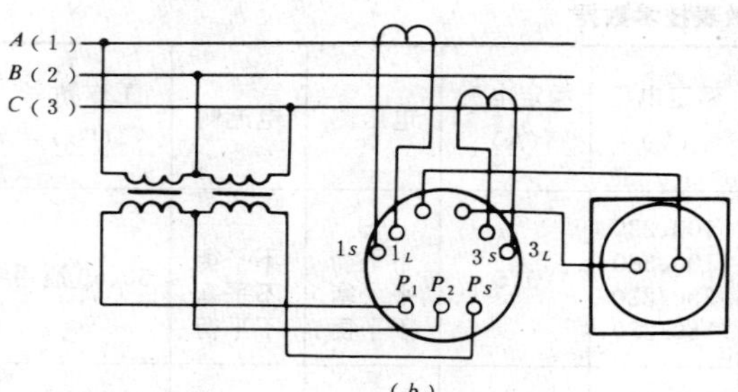

图 19-1-22 Z系列 80mm 有功功率表、无功功率表接线图

(a) 单相 2185-31 / 2186-31 型；(b) 三相三线 2185-35 / 2186-33、35 型

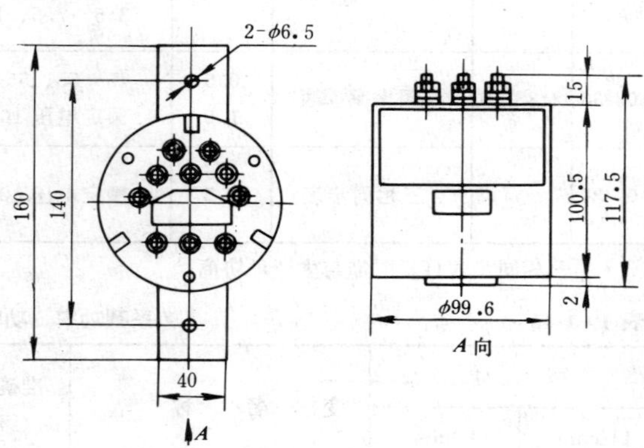

图 19-1-25 Z系列变换器外形及安装尺寸
(适用型号：有功功率表 2185-31、35 型，无功功率表 2186-31、33、35 型，功率因数表 2187-35 型)

5. 生产厂

北京自动化控制设备厂。

(二) 42、63、84 系列广角度仪表

1. 技术数据

该系列广角度仪表技术数据，见表 19-1-15。

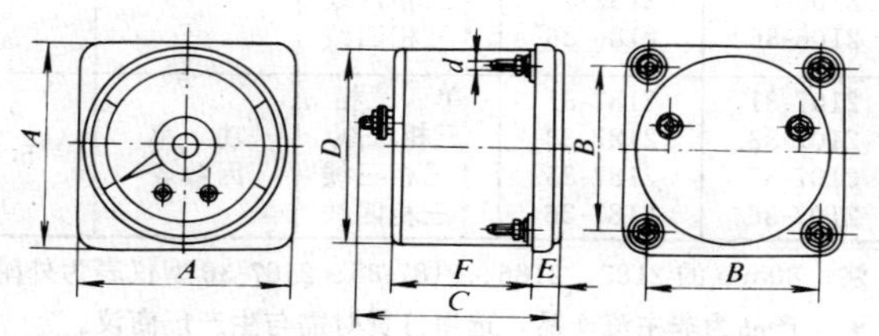

图 19-1-26 42、63、84 系列仪表外形

表 19-1-15　　42、63、84 系列广角度仪表技术数据

型　号	名　称	准确度（级）	量　限	连接方式
42C1-A 63C2-A 84C2-A	直流电流表	1.5	1、2、3、5、10、15、20、30、50、75、100、150、200、300、500mA 1、2、3、5A	直接接通
			7.5、10、15、20、30、50、75、100、150、200、300、500、750A 1、1.5kA	外附分流器
42C1-V 63C2-V 84C2-V	直流电压表	1.5	3、5、7.5、15、30、50、75、100、150、200、250、300、450、500、600V	直接接通
			750V、1、1.5、2、3kV	外附电阻器
42L1-A 63L2-A 84L2-A	交流电流表	1.5	0.5、1、2、3、5、10、20A	外附整流器
			5、10、15、20、30、50、75、100、150、200、300、400、500、600、750、800A 1、1.5、2、3、4、5、6、7.5、10kA	外附整流器；配用电流互感器二次侧电流 0.5、5A
42L1-V 63L2-V 84L2-V	交流电压表	1.5	15、20、30、50、75、100、150、250、300、450、600V	外附整流器
			450、600V、3.6、7.2、12、18、42、150、300、460kV	外附整流器；配用电压互感器二次侧电压 50、100V
42L1-cosφ 63L2-cosφ	三相功率因数表	2.5	0.5～1～0.5，额定电压 100，220，380V 额定电流 5A	外附功率因数变换器
42L2-W 63L2-W	三相有功功率表	2.5	见表 19-1-27 有功功率表量限	外附功率变换器
42L2-var 63L2-var	三相无功功率表	2.5	见表 19-1-28 无功功率表量限	外附功率变换器
42L1-Hz 63L2-Hz	频率表	5	45～55、55～65Hz 额定电压 50、100、220、380V	外附频率变换器

注　功率、频率及功率因数变换器的接线图及外形尺寸图见矩形仪表有关部分。

2. 外形及安装尺寸

42、63、84 系列广角度仪表外形及安装尺寸，见图 19-1-26 及表 19-1-16。

表 19-1-16　　42、63、84 系列仪表外形及安装尺寸

型号	尺　寸　(mm)						
	A	*B*	*C*	*D*	*E*	*F*	*d*
42	60	48	81	ϕ56	12	50	M3
63	80	64	74	ϕ76	12	51	M4
84	120	96	78.5	ϕ114	12	56	M4

3. 生产厂

北京自动化控制设备厂。

（三）63、45、13 系列广角度仪表

1. 技术数据

该系列广角度仪表技术数据，见表 19-1-17。

2. 外形及安装尺寸

(1) 63C11、63C12、63L10 系列仪表外形及安装尺寸，见图 19-1-27 及表 19-1-18。

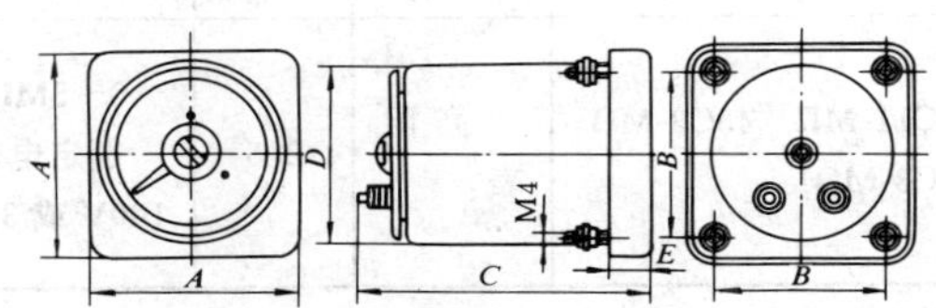

图 19-1-27　63C11、63C12、63L10 系列仪表外形

表 19-1-17　　63、45，13系列仪表技术数据

型　号	名　称	准确度（级）	量　限	连接方式
63C11-A　45C3-A 63C12-A　45C1-A 13C3-A 13C1-A	直流电流表	1.5	500、800μA 1、3、5、10、15、20、30、75、100、150、200、300、500mA 1、2、3、5、7.5、10A	直接接入式
			15、20、30、50、75、100、150、200、300、500、750A 1、1.5、2、3、4、4.5、5、6、7.5kA	外附分流器
63C11-V　45C3-V 63C12-V　45C1-V 13C3-V 13C1-V	直流电压表	1.5	3、7.5、10、15、20、30、50、75、100、150、250、300、350、500、600V	直接接入式
63L10-A　45L1-A 13L1-A	交流电流表	2.5	0.5、1、2、3、5、10、20A	直接接入式
			5、10、20、30、50、75、100、150、200、500、400、600、750、800A 1、1.5、2、3、4、5、6、7.5、10kA	经电流互感器接入（电流5A）
63L10-V　45L1-V 13L1-V	交流电压表	2.5	30、50、75、100、150、250、300、450、500、600V	直接接入式
			3、6、7.2、12、18、45kV	经电压互感器接入（电压100V）
6310L-A1　45L1-A1 13L1-A1	交流过载电流表	2.5	过载电流范围均按 63L10-A 45L1-A 13L1-A 6倍	见 63L10-A 45L1-A 13L1-A 型
63L10-Hz　45L1-Hz 13L1-Hz	频率表	2.5	45～55、55～65、350～450、380～480Hz 额定电压：127、220V直接接入，380V（经380/100V或380/127V电压互感器接入）	外附频率变换器（FH8）
63L10-W　45L1-W 13L1-W	有功功率表	2.5	见表19-1-27有功功率表量限	外附功率变换器（FH11）
63L10-var　45L1-var 13L1-var	无功功率表	2.5	见表19-1-28无功功率表量限	外附功率变换器（FH12）
63L10-cosφ　45L1-cosφ 13L1-cosφ	功率因数表	2.5	0（容性）～1～0（感性） 额定电压：127、220V直接接入，380V（经380/100V或380/127V电压互感器接入） 额定电流：5A	外附功率因数变换器（FH10）
63C11-MΩ　45C3-MΩ 13C3-MΩ	高阻表	2.5	0～5MΩ（有效测量范围0.01～1MΩ） 额定电压：127、220V直接接入，380V（经380/100V或380/127V电压互感器接入）	外附高阻表变换器（FH14）

注　63L10-cosφ配FH10型变换器。

表 19-1-18 63C11、63C12、63L10系列仪表安装尺寸

型号	尺寸 (mm)				
	A	*B*	*C*	*D*	*E*
63C11-A、V、MΩ 63L10-Hz、W、var、cosφ	80	64	100	70	16
63C12-A，V	86	66	90	70	17
63C10-A，V，A1	80	64	120	70	16

（2）45C3、45L1系列仪表外形及安装尺寸，见图19-1-28及表19-1-19。

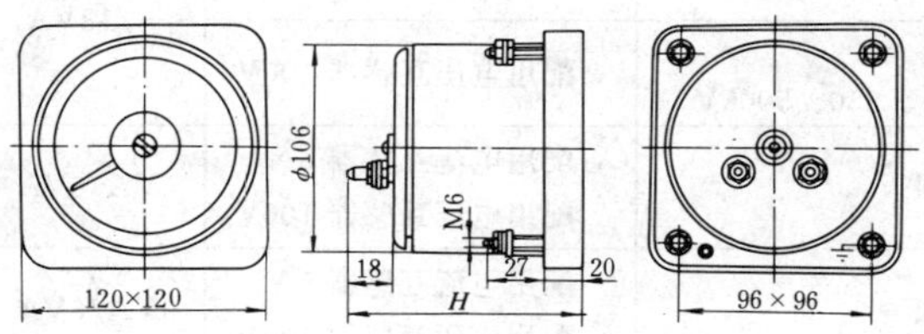

图 19-1-28 45C3、45L1系列仪表外形

表 19-1-19 45C3、45L1系列仪表安装尺寸

型号	*H* (mm)
45C3-A、V、V-MΩ、MΩ 45L1-Hz、W	116
45L1-A、V	137
45L1-cosφ	151

（3）13C3、13L1仪表外形及安装尺寸，见图19-1-29及表19-1-20。变换器外形尺寸见图19-1-30。

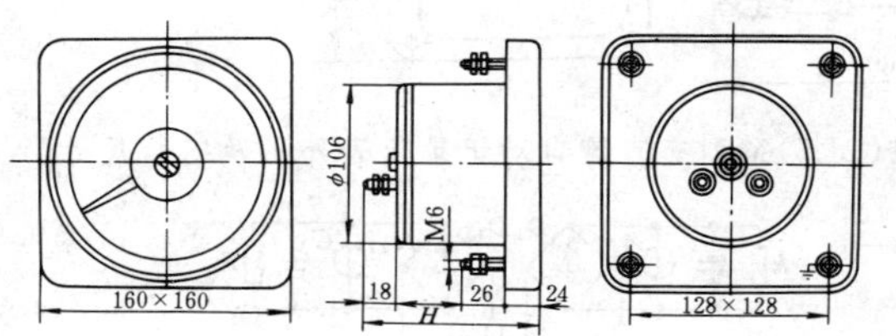

图 19-1-29 13C3、13L1系列仪表外形尺寸

表 19-1-20 13C3、13L1系列仪表安装尺寸

型号	*H* (mm)
13C3-A、V、V-MΩ、MΩ 13L1-Hz、W	108
13L1-A、V	133
13L1-cosφ	151

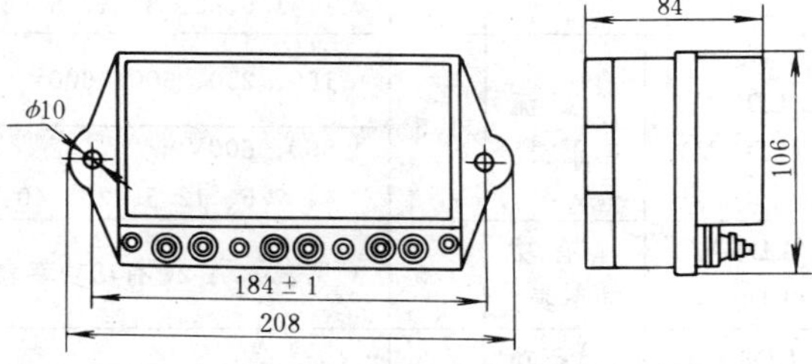

图 19-1-30 FH8、FH10、FH11、FH12、FH14型变换器外形尺寸

3. 生产厂

上海自动化仪表厂。

六、自动记录仪表

（一）LC8（LC9）、LD5（LD7）、LD6（LD8）、LL1（LL5）系列交直流自动记录仪表

该系列仪表用来测量和连续记录交、直流电路中的各电气量。仪表使用条件为B组。

1. 技术数据

该系列仪表技术数据，见表19-1-21。

仪表记录纸工作部分的宽度和刻度尺的长度为100mm。移动记录纸是用同一个同步电动机，同步电动机的规格如下：电压为220V；频率为50Hz。记录纸的移动速度有20、60、180、600、1800、5400mm/h。

2. 外形及安装尺寸

自动记录仪表外形及安装尺寸见图19-1-31，内部接线见图19-1-32。

表 19-1-21 LC8（LC9）、LD5（LD7）、LD6（LD8）、LL1（LL5）系列交直流自动记录仪表技术数据

型号	名称	准确度级	量限	连接方式	每相消耗功率 电流/电压 线圈/线圈
LC8-A (LC9-A)	直流电流表	1.5	1、2、5、10、15、30、50、75、100、150、300mA 0.5、1、2、3、5、10、15、20、30A	直接式	
			50、75、100、150、200、300、500、750A 1、1.5、2、3、4、5、6、7.5kA	外附分流器	
			15、25、35、50、75kA	与直流互感器连接	

续表 19-1-21

型　号	名　称	准确度级	量　限	连接方式	每相消耗功率电流/电压线圈/线圈
LC8-V (LC9-V)	直流电压表	1.5	75、150mV，1.5、3、5、7.5、15、75、150、250、300、500、600、1000V	直接式	
LD5-A (LD7-A)	交流电流表	1.5	5、10、15、20、30、40、50、75、100、150、200、300、400、600、800A 1、1.5、2、3、4、5、6、8、10、15kA	配用电流互感器 5A	6VA/—
LD5-V (LD7-V)	交流电压表	1.5	150、250、500、600V	直接式	—/13VA
			500、600V 4、7.5、12.5、20、40、125、250、500kV	配用电压互感器 100V	
LD6-W (LD8-W)	有功功率表	1.5	见表 19-1-27 有功功率表量限	配用电流互感器 5A 配用电压互感器 100V	6VA/6VA
LD6-var (LD8-var)	无功功率表	1.5	见表 19-1-28 无功功率表量限	配用电流互感器 5A 配用电压互感器 100V	6VA/6VA
LL1-Hz (LL5-Hz)	频率表	2.5	45～55、55～65Hz（线圈电压 100、127、220、380V）		—/6VA

注　带括号的型号为携带式电表。

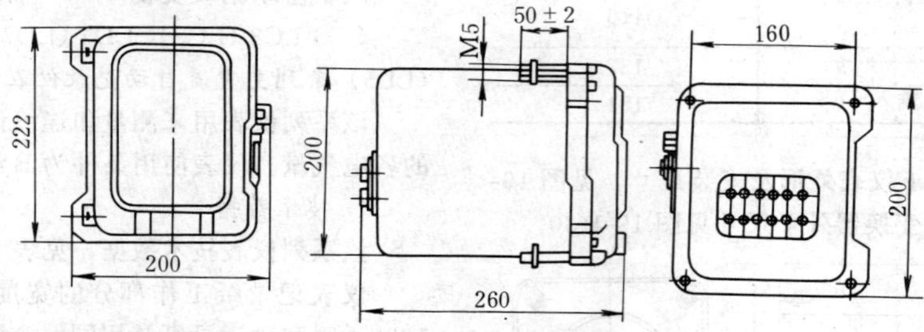

图 19-1-31　LC8(LC9)、LD5(LD7)、LD6(LD8)、LL1(LL5)系列交直流自动记录仪表外形及安装尺寸

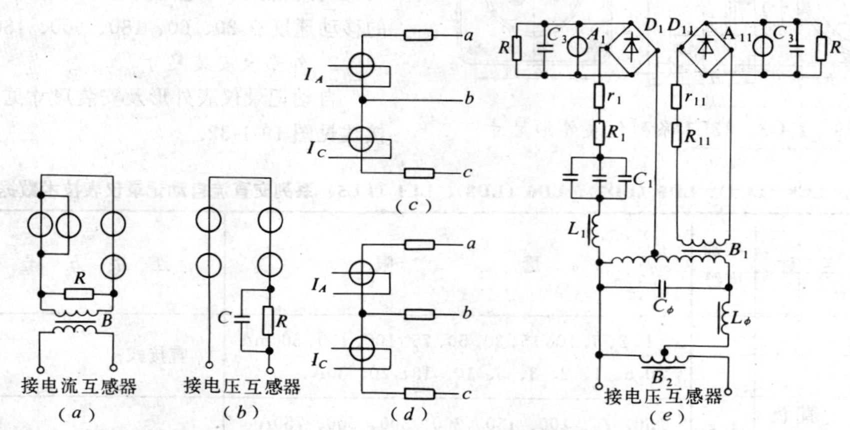

图 19-1-32　LC8(LC9)、LD5(LD7)、LD6(LD8)、LL1(LL5)系列交直流自动记录仪表内部接线

(a) LD5-A (LD7-A) 型电流表；(b) LD5-V (LD7-V) 型电压表；(c) LD6-W (LD8-W) 型功率表；(d) LD6-var (LD8-var) 型无功功率表；(e) LL1-Hz (LL5-Hz) 型频率表

3. 生产厂

贵阳永青示波器厂。

（二）LN-100 系列直线电机式小长图记录仪

LN-100 系列直线电机式小长图记录仪，可作为电量的自动连续测量记录装置。直流电流量程满刻度值为 1mA～20mA，直流电压量程满刻度值为 1V～40V。配以相应的传感器或变换器则可作温度、压力、流量、水位、转速……等非电量的测量记录（作为小长图记录仪）；如配以各种电量变送器则可作交、直流电流、电压、有功、无功功率、频率、功率因数……等的测量记录（作为电工测量记录仪）。

1. 基本系列

小长图记录仪基本系列，见表 19-1-22。

2. 测量通道输入量规范

测量通道输入量规范，见表 19-1-23。

3. 标度尺分度规范

标度尺分度规范，见表 19-1-24。

4. 消耗功率

LN-100 系列小长图记录仪消耗功率约 15VA。

5. 外形尺寸

前面框　144×144（mm）

安装深度　280（mm）

开孔尺寸　138×138（mm）

表 19-1-22　LN-100 系列直线电机式小长图记录仪基本系列

<table>
<tr><th>型　号</th><th>名　称</th><th>通道数</th><th colspan="3">记录笔颜色</th><th>附加装置</th><th>准确级</th><th>供电电源</th></tr>
<tr><td>LN1×100h</td><td rowspan="3">小长图记录仪</td><td>1</td><td>红</td><td>—</td><td>—</td><td rowspan="2">红通道可附加上下限设定</td><td rowspan="3">0.5</td><td rowspan="3">AC 220V 50Hz</td></tr>
<tr><td>LN×100h</td><td>2</td><td>红</td><td>绿</td><td>—</td></tr>
<tr><td>LN×100h</td><td>3</td><td>红</td><td>绿</td><td>蓝</td><td>—</td></tr>
</table>

表 19-1-23　LN-100 系列直线电机式小长图记录仪测量通道输入量规范

<table>
<tr><th colspan="2">直流电流输入</th><th colspan="5">直流电压输入</th></tr>
<tr><th>量　程</th><th>内　阻（Ω）</th><th>量　程</th><th>内　阻（Ω）</th><th>量　程</th><th colspan="2">内　阻（Ω）</th></tr>
<tr><td>0～1mA</td><td>1000</td><td>0～5mV</td><td rowspan="11">—MΩ</td><td>0～4V</td><td colspan="2">8</td></tr>
<tr><td>0～2mA</td><td>500</td><td>0～10mV</td><td>0～5V</td><td>10</td><td>100</td></tr>
<tr><td>0～2.5mA</td><td>400</td><td>0～20mV</td><td>0～6V</td><td colspan="2">12</td></tr>
<tr><td>0～5mA</td><td>200</td><td>0～50mV</td><td>0～10V</td><td colspan="2">20</td></tr>
<tr><td>0～10mA</td><td>100</td><td>0～75mV</td><td>0～15V</td><td colspan="2">30</td></tr>
<tr><td>0～20mA</td><td>50</td><td>0～100mV</td><td>0～20V</td><td colspan="2">40</td></tr>
<tr><td>0～30mA</td><td>33.3</td><td>0～500mV</td><td>0～25V</td><td colspan="2">50</td></tr>
<tr><td>0～40mA</td><td>25</td><td>−2.5～+2.5mV</td><td>0～40V</td><td colspan="2">80</td></tr>
<tr><td>4～20mA</td><td>62.5</td><td>−5～+5mV</td><td>−1～+2V</td><td colspan="2">6</td></tr>
<tr><td>−1～+1mA</td><td>500</td><td>−10～+10mV</td><td>1～5V</td><td>8</td><td>80</td></tr>
<tr><td>−2.5～+2.5mA</td><td>200</td><td>−50～+50mV</td><td>−1～+1V</td><td colspan="2">4</td></tr>
<tr><td>−5～+5mA</td><td>100</td><td>0～1V</td><td>2</td><td>−1.5～+1.5V</td><td colspan="2">6</td></tr>
<tr><td>−10～+10mA</td><td>50</td><td>0～1.5V</td><td>3</td><td>−2～+2V</td><td colspan="2">8</td></tr>
<tr><td></td><td></td><td>0～2V</td><td>4</td><td>−2.5～+2.5V</td><td colspan="2">10</td></tr>
<tr><td></td><td></td><td>0～2.5V</td><td>5</td><td>−5～+5V</td><td colspan="2">20</td></tr>
<tr><td></td><td></td><td>0～3V</td><td>6</td><td>−10～+10V</td><td colspan="2">40</td></tr>
</table>

表 19-1-24　　**LN-100系列直线电机式小长图记录仪标度尺分度规范**

线性分度		倍率	测量单位	线性分度		倍率	测量单位
0～10	0～80	×0.001	%	0～40	0～25	×0.001	%
0～16	－320～＋320	×0.01	T/h	0～50	0～40	×0.01	T/h
0～20	平方根分度	×0.1	m/h	0～60	0～50	×0.1	m/h
0～25	0～10	×1	kg/cm	0～63	0～63	×1	kg/cm
0～30	0～16	×10	Mm/h	0～76		×10	Mm/h
0～32	0～20	×100	mmHo			×100	mmHo
		×1000	mmHg			×1000	mmHg

6. 订货须知

订货时必须说明记录仪型号、各测量通道输入量程规范及标度尺标度要求、测量单位、配套变送器分度号、电源电压。不属表19-1-23～表19-1-24中所列的特殊测量规范，应与制造厂商谈另订协议。

配套的传感器(一次敏感元件)和变送器一般由用户解决，特殊情况可与制造厂协商成套供货。

电功率测量订货时必须在合同中说明用户测量用的电流互感器和电压互感器的规格，以便制造厂计算标度尺分度。

七、MZ-10型组合式同步表

该型仪表分单相和三相两种，外形相同，仪表为矩形，表盖采用全透明的塑料制成。使用条件为B组。

(一) 技术性能

1. 基本误差

在电路同期时，同步表指针对同期标线的偏离不超过2.5几何度。

频率差表指针在平衡线位置时，其频率差值不超过额定频率的±1%。

电压差表指针在平衡线位置时，其电压差值不超过额定电压的±2%。

2. 灵敏度

电压差指示的指针每偏转1分格，其电压差值不大于额定电压±5%。

频率差指示的指针每偏转1分格，其频率差值不大于额定频率±1.5%。

3. 工作电压

仪表的工作电压有50、100、220、380V。目前主要生产单、三相100V规格。

(二) 接线及其工作原理

图19-1-33 (*a*) 所示为三相同步表接线，图19-1-33(*b*)所示为单相同步表接线。图19-1-34所示为MZ-10型组合式同步表外形及安装尺寸。

现以三相同步表为例，介绍其工作原理。仪表由频率差、电压差和同步指示三个测量机构组成。

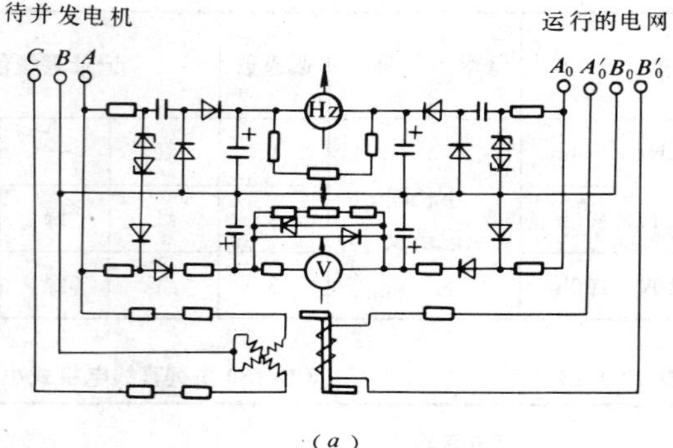

(*a*)

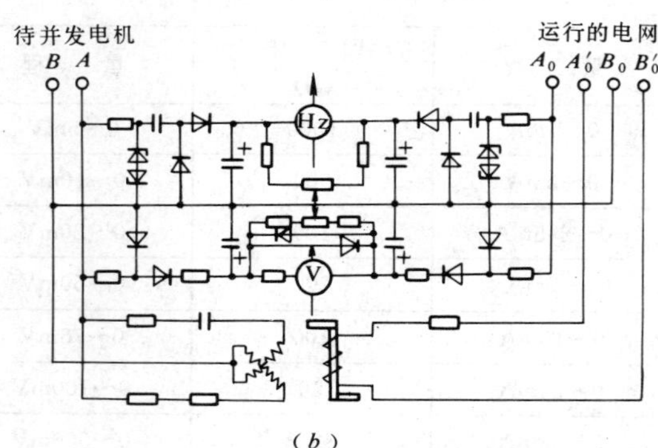

(*b*)

图 19-1-33　MZ-10型组合式同步表接线
(*a*) 三相同步表；(*b*) 单相同步表

频率差表测量机构 (Hz) 为直流流比计，采用定电压微分电路。将输入的正弦波电压经晶体稳压管削波后形成方波，经由电容和电阻组成的微分电路和桥式整流器，将交流电压转换成与电路频率大小成正比的直流电流，二个电流分别流入频率差表的两个绕组中。这两个绕组分别绕在同一个铝框架上，这样绕组在固定磁场里产生转矩，但它们的方向是相反的，所以当待并发电机和运行系统的频率相同时，二个绕组产生的转矩和等于零，指针不偏转，频率不等时，指针便偏转，直到由游丝所产生的反作用力矩相平衡为止。指针

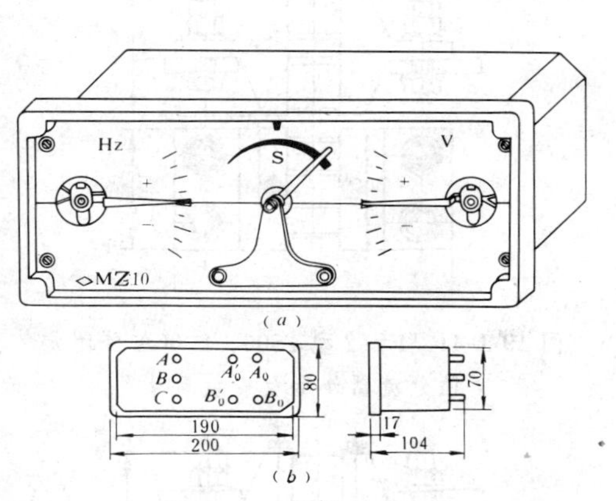

图 19-1-34 MZ-10 型组合式同步表外形及安装尺寸
(a) 外形图；(b) 安装尺寸图

的偏转方向取决于频率差的极性，当待并发电机的频率大于电网频率时，指针向正方向偏转，反之则向反方向偏转。

电压差测量机构 (V) 为磁电式微安表，由整流电路将待并发电机和运行系统的交流电压分别整流后变成直流进行比较。当待并发电机和运行系统电压相等时，回路电流相等，指针不偏转；当电压不等时，回路电流不平衡，指针偏转。当待并发电机的电压大于电网电压时，指针向正方向偏转，反之则向反方向偏转。

同步表系磁电式无机械力矩的流比结构，它有两组交叉的固定绕组和一个单相激磁绕组。在交叉绕组里接通待并发电机的三相电压，产生椭圆旋转磁场。可动单相激磁绕组接运行系统线电压，产生脉动磁场。这样，当待并发电机和运行系统频率相同时，可动单相绕组按照二者的相位差位置而停留；如频率不相同时，单相线绕组则按椭圆旋转磁场的长轴旋转方向转动。当待并发电机的频率高于运行系统频率时，指针按顺时针方向旋转，反之则按逆时针方向旋转。

当同步回路有“粗同步”与“细同步”之分时，A_0、B_0接“粗同步”回路，A'_0、B'_0接“细同步”回路；当同期过程不分粗、细时，则 A_0 与 A'_0、B_0 与 B'_0 相连。

一般情况下，单相同步表接线为输入系统电压 U_{CN}，输入发电机电压 U_{CB}。当输入系统电压为 U_{AN}，发电机电压为 U_{AC}时，同步表二个端须有电气隔离。隔离变压器建议采用上海仪表变压器厂生产的 GEIB 型立式变压器，规格 55，外形尺寸见图 19-1-35，单相同步表接线示意图，见图 19-1-36。

(三) 生产厂

上海浦江电表厂。

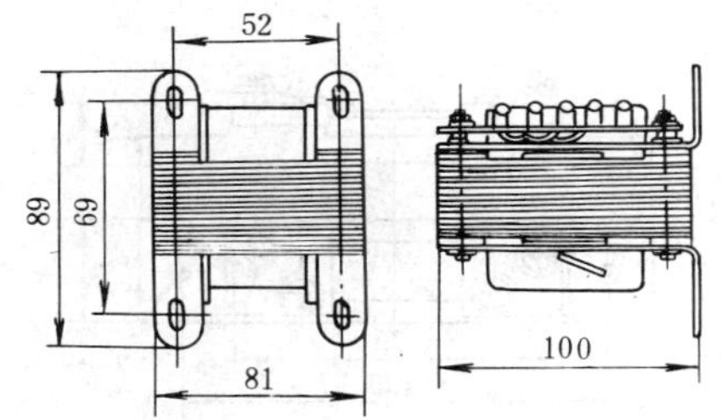

图 19-1-35 GEIS 型立式变压器

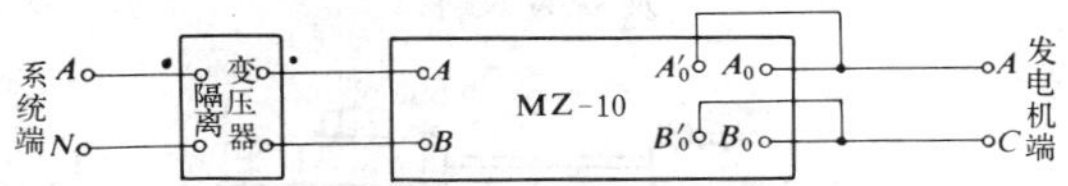

图 19-1-36 单相同步表接线示意图

八、扩大量限装置

(一) FL-2 型外附定值分流器

FL-2 型定值分流器是与磁电系直流电流表配套后供扩大电流表量程用。分流器的电位端与测量仪表用一对定值导线连接，这对导线的总电阻在温度 20±2℃时为 0.035±0.001Ω。

1. 技术数据

FL-2 型外附定值分流器技术数据，见表 19-1-25。

表 19-1-25 FL-2 型 75mV 外附定值分流器技术数据

量限 (A)	外形尺寸 L×B×H (mm)	生产厂
5、10、15	120×25×16	①②③④⑤
20、30、50	120×25×16	
75、100	110×25×12	
150	110×25×12	
200	110×25×12	
300	128×26×22	
500	128×46×22	
750	128×76×22	
1000	128×96×22	
1500	210×95×100	
2000	210×95×100	
3000	210×95×100	
4000	210×195×100	
5000	290×195×150	
6000	290×240×150	
7500	290×320×150	
10000	290×400×150	

2. 准确度等级

4000A 及以下为 0.5 级，5000A 以上为 1.0 级。

3. 外形尺寸

FL-2 型分流器外形及安装尺寸，见表 19-1-25 及图 19-1-37～图 19-1-42。

4. 生产厂及代号

①上海浦江电表厂，②贵阳永胜电表厂，③天津第五电表厂，④兰州东方红电表厂，⑤衡阳仪表厂。

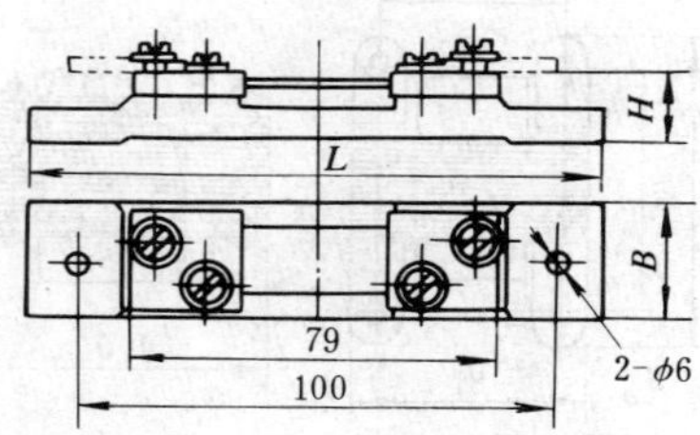

图 19-1-37　FL-2 型 5～50A 外附定值分流器外形及安装尺寸

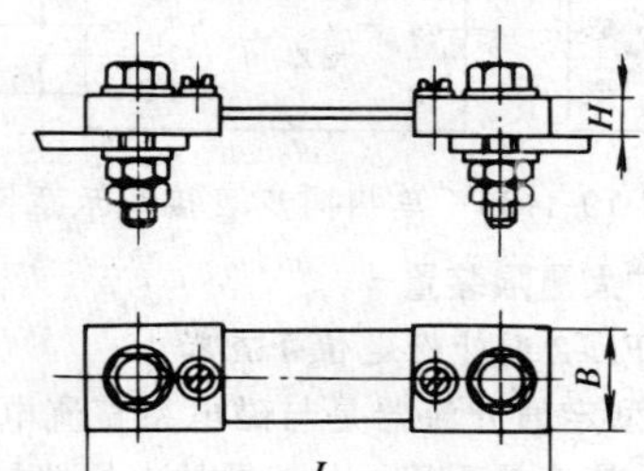

图 19-1-38　FL-2 型 75～200A 外附定值分流器外形及安装尺寸
（150、200A 分流器电阻片为二片）

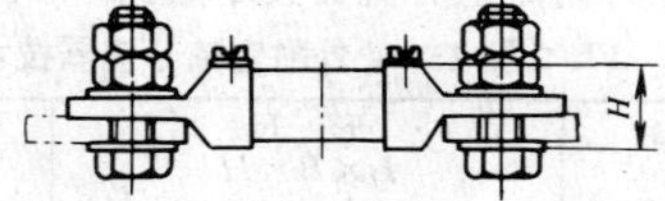

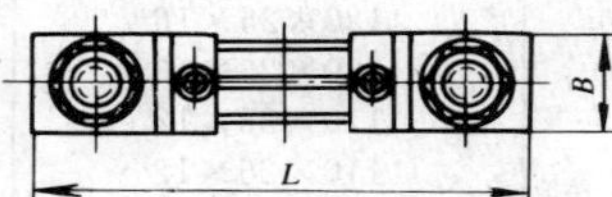

图 19-1-39　FL-2 型 300、500A 外附定值分流器外形及安装尺寸

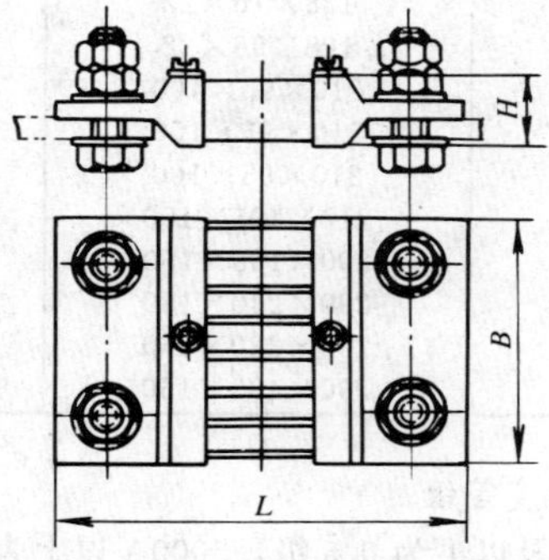

图 19-1-40　FL-2 型 750、1000A 外附定值分流器外形及安装尺寸

（二）FL-13、FL-29 型外附定值分流器

该型定值分流器是与磁电系直流电流表配套后供扩大电流表量程用。分流器的电位端与测量仪表用一对定值导线连接。

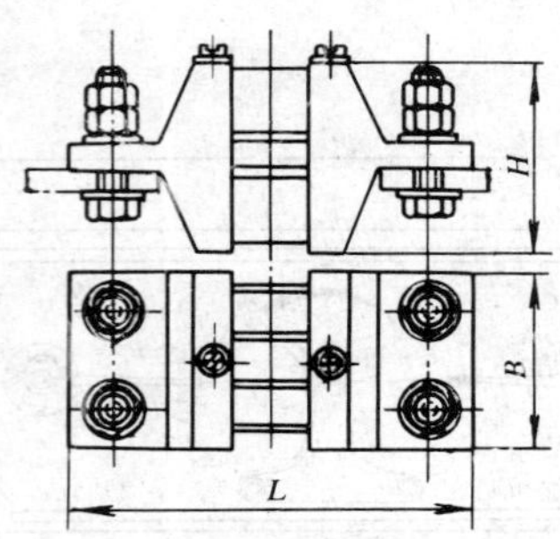

图 19-1-41　FL-2 型 1500、2000A 外附定值分流器外形及安装尺寸

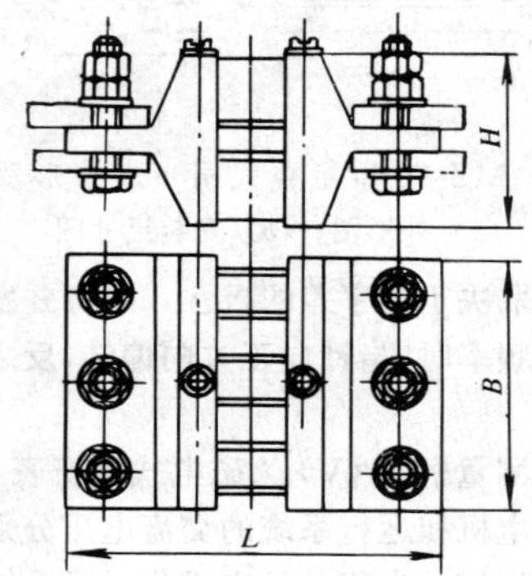

图 19-1-42　FL-2 型 3000～6000A 外附定值分流器外形及安装尺寸
（4000～6000A 的分流器左右各 4 个接线螺栓）

表 19-1-26　FL-29 型外附定值分流器量限及外形尺寸

量　限 (A)	外　形　尺　寸 $L\times B\times H$ (mm)
75、100、150	138×30×30
200	153×40×30
250、300	153×40×38
400、500	172×50×34
600	232×50×48
750	232×62×42
1000	215×80×42
1500	225×80×57
2000	320×100×90
2500	362×120×90
3000	225×80×114
4000	320×100×180
5000	362×120×180
6000	294×140×180

1. 技术数据

(1) FL-13 型量限为 7.5、10、15、20、30、50A。

(2) FL-29 型量限见表 19-1-26。

2. 准确度等级

7.5～750A 为 0.5 级，1000～6000A 为 1.0 级。

3. 外形及安装尺寸

FL-13、FL-29型分流器外形及安装尺寸，见表19-1-26及图19-1-43～图19-1-46。

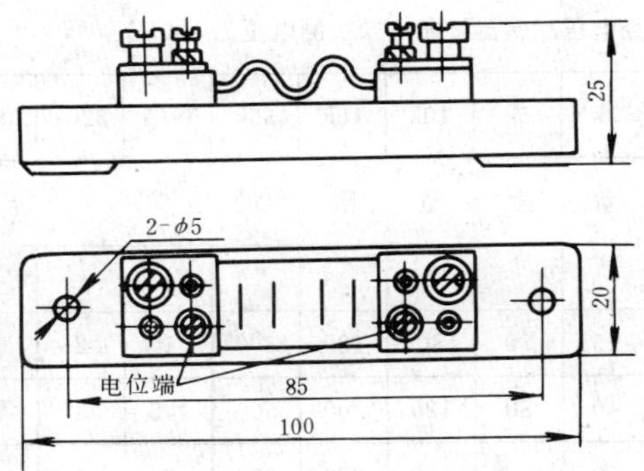

图19-1-43　FL-13型外附定值分流器外形及安装尺寸

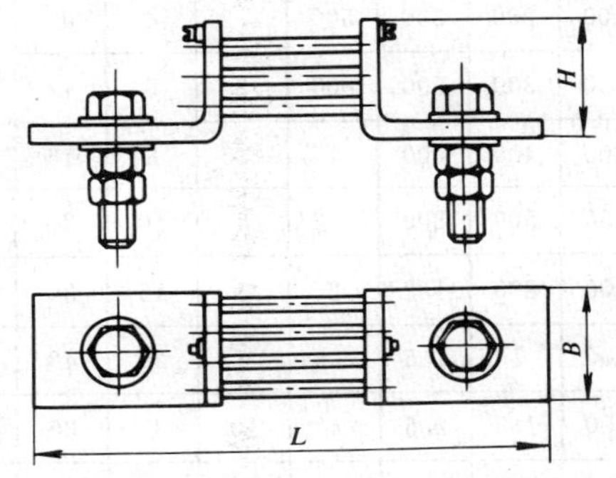

图19-1-44　FL-29型75～750A外附定值分流器外形及安装尺寸

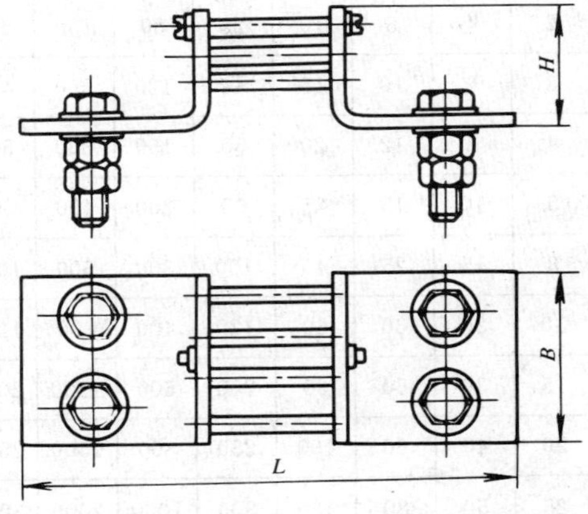

图19-1-45　FL-29型1000～2500A外附定值分流器外形及安装尺寸

（2000、2500A的分流器左右各有4个接线螺栓）

4. 生产厂

北京自动化控制设备厂。

（三）FJ17、FJ27、FJ40型外附定值附加电阻

外附定值附加电阻作扩大磁电系直流电压表的量程用。

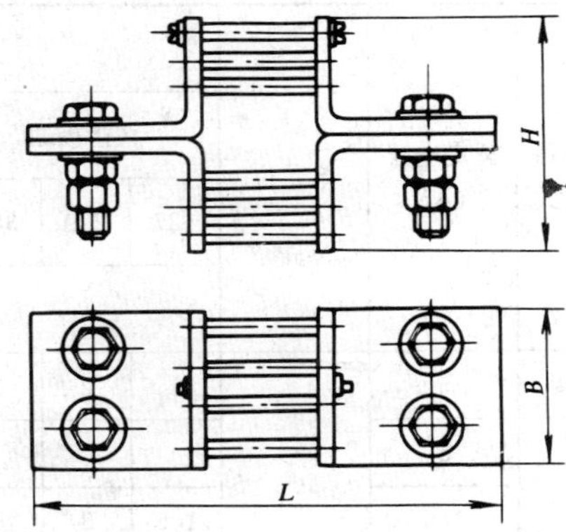

图19-1-46　FL-29型3000～6000A外附定值分流器外形及安装尺寸

（4000、6000A的分流器左右各有4个接线螺栓）

1. 技术数据

（1）FJ17型外附定值附加电阻量限为150、250、300、450、600、750、1000、1500V，额定电流5mA。

（2）FJ27型外附定值附加电阻量限为150、250、300、500、600V，额定电流1mA。

（3）FJ40型外附定值附加电阻量限为750、1000、1500、2000、3000V，额定电流1mA。

2. 准确度等级

FJ17、FJ40型为0.5级，FJ27型为1.0级。

3. 外形及安装尺寸

外形及安装尺寸，见图19-1-47～图19-1-49。

4. 生产厂

上海浦江电表厂（FJ17型），贵阳永胜电表厂（FJ17、FJ27型），北京自动化控制设备厂（FJ40型）。

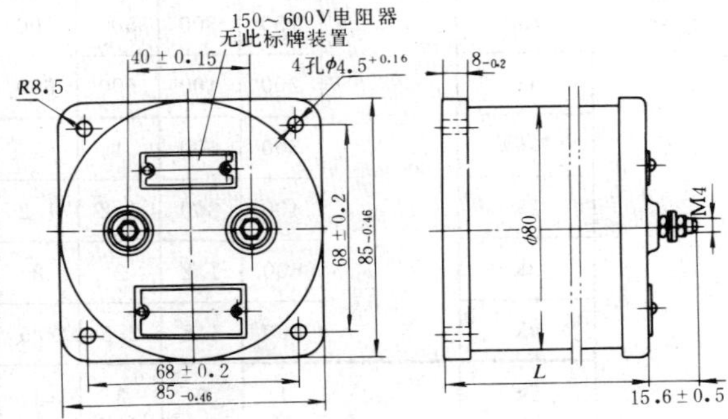

图19-1-47　FL17型外附定值分流器附加电阻外形及安装尺寸

九、有功功率及无功功率表量限

三相有功及无功功率表量限，见表19-1-27～表19-1-28。

表 19-1-27 三相有功功率表量限

电流回路接线方式	额定电流（A）	单位	额定电压（V）												
			直接接通			经电压互感器接通（二次侧电压为100V）									
			127	220	380	380	500	3k	6k	10k	15k	35k	110k	220k	380k
			测量上量限												
直接	5	kW	1	2	3										
经电流互感器（二次侧电流为5A）	5	kW				3	4	25	50	80	120	300	1	2	3
	7.5		1.5	3	5	5	6	40	80	120	200	500	1.5	3	5
	10		2	4	6	6	8	50	100	150	250	600	2	4	6
	15		3	6	10	10	12	80	150	250	400	1	3	6	10
	20		4	8	12	12	15	100	200	300	500	1.2	4	8	12
	30		6	12	20	20	25	150	300	500	800	2	6	12	20
	40		8	15	25	25	30	200	400	600	1	2.5	8	15	25
	50		10	20	30	30	40	250	500	800	1.2	3	10	20	30
	75		15	30	50	50	60	400	800	1.2	2	5	15	30	50
	100		20	40	60	60	80	500	1	1.5	2.5	6	20	40	60
	150		30	60	100	100	120	800	1.5	2.5	4	10	30	30	100
	200		40	80	120	120	150	1	2	3	5	12	40	80	120
	300		60	120	200	200	250	1.5	3	5	8	20	60	120	200
	400		80	150	250	250	300	2	4	6	10	25	80	150	250
	600		120	250	400	400	500	3	6	10	15	40	120	250	400
	750		150	300	500	500	600	4	8	12	20	50	150	300	500
	1k		200	400	600	600	800	5	10	15	25	60	200	400	600
	1.5k		300	600	1	1	1.2	8	15	25	40	100	300	600	1000
	2k		400	800	1.2	1.2	1.5	10	20	30	50	120	400	800	1200
	3k		600	1.2	2	2	2.5	15	30	50	80	200	600	1200	2000
	4k		800	1.5	2.5	2.5	3	20	40	60	100	250	800	1500	2500
	5k	MW	1	2	3	3	4	25	50	80	120	300	1000	2000	3000
	6k		1.2	2.5	4	4	5	30	60	100	150	400	1200	2500	4000
	7.5k		1.5	3	5	5	6	40	80	120	200	500	1500	3000	5000
	10k		2	4	6	6	8	50	100	150	250	600	2000	4000	6000

表 19-1-28 **三相无功功率表量限**

电流回路接线方式	额定电流（A）	单位	额定电压（V）												
			直接接通			经电压互感器接通（二次侧电压为100V）									
			127	220	380	380	500	3k	6k	10k	15k	35k	110k	220k	380k
			测量上量限												
直接	5		0.8	1.5	2.5										
	5		0.8	1.5	2.5	2.5	3	20	40	80	100	250	800	1.5	2.5
	7.5		1.2	2.5	4	4	5	30	60	100	150	400	1.2	2.5	4
	10		2	3	5	5	6	40	80	150	200	500	1.5	3	5
	15		2.5	5	8	8	10	60	120	200	300	800	2.5	5	8
	20		4	6	10	10	15	80	150	300	400	1	3	6	10
	30		5	10	15	15	20	120	250	400	600	1.5	5	10	15
	40		8	12	20	20	30	150	300	600	800	2	6	12	20
	50		8	15	25	25	30	200	400	600	1	2.5	8	15	25
	75		12	25	40	40	50	300	600	1	1.5	4	12	25	40
经电流互感器（二次侧电流为5A）	100		20	30	50	50	60	400	800	1.5	2	5	15	30	50
	150	kvar	25	50	80	80	100	600	1.2	2	3	8	25	50	80
	200		40	60	100	100	150	800	1.5	3	4	10	30	60	100
	300		50	100	150	150	200	1.2	2.5	4	6	15	50	100	150
	400		80	120	200	200	300	1.5	3	6	8	20	60	120	200
	600		100	200	300	300	400	2.5	5	8	12	30	100	200	300
	750		120	250	400	400	500	3	6	10	15	40	120	250	400
	1k		200	300	500	500	600	4	8	15	20	50	150	300	500
	1.5k		250	500	800	800	1	6	12	20	30	80	250	500	800
	2k		400	600	1	1	1.5	8	15	30	40	100	300	600	1000
	3k		500	1	1.5	1.5	2	1.2	25	40	60	150	500	1000	1500
	4k		800	1.2	2	2	3	15	30	60	80	200	600	1200	2000
	5k		800	1.5	2.5	2.5	3	20	40	60	100	250	800	1500	2500
	6k		1	2	3	3	4	25	50	80	120	300	1000	2000	3000
	7.5k	Mvar	1.2	2.5	4	4	5	30	60	100	150	400	1200	2500	4000
	10k		2	3	5	5	6	40	80	150	200	500	1500	3000	5000

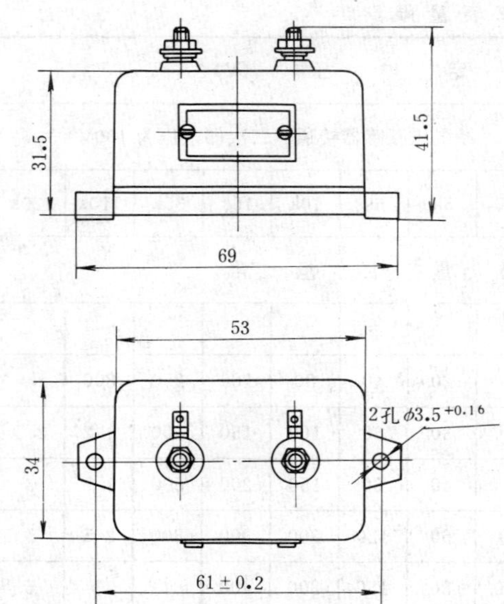

图 19-1-48　FL27 型外附定值附加电阻外形及安装尺寸

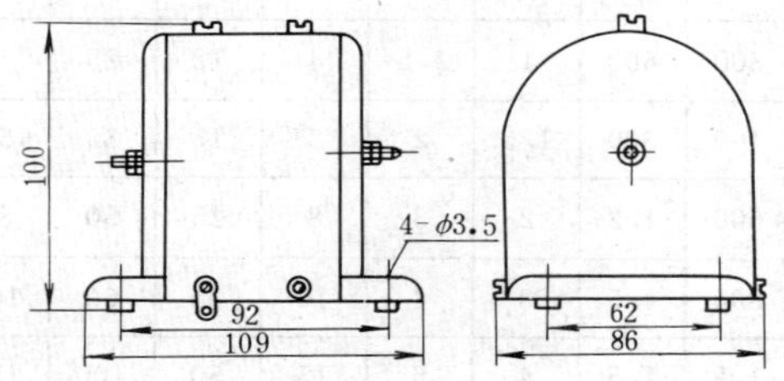

图 19-1-49　FJ40 型外附定值附加电阻外形及安装尺寸

十、厂用电率表

贵阳永胜电表厂目前生产的厂用电率表有 PP31 型平均值厂用电率表和瞬时厂用电率表（型号未定）。

（一）PP31 型平均值厂用电率表

该产品适用于测量发电厂(站)在某段连续工作时间内的厂用电率平均值，系数字显示仪表。

适用范围：该产品可对 0～8h 内的厂用电率值进行连续求取其平均值。

1. 主要规格及技术参数

主要规格及技术参数，见表 19-1-29。

(1) 准确度等级：0.5 级。

(2) 输入模拟量：

1) 全厂厂用电的总加有功功率的模拟量 U_x：0～5V。

2) 全厂发电的总加有功功率的模拟量 U_y：1.2～5V。

(3) 标称量限：20%。

(4) 数字显示范围：00.00～19.99。

(5) 预热时间：30min。

(6) 备用 BCD 并行代码输出（TTL）电平，正逻辑。

(7) 测量速度：4 次/s。

(8) 输入阻抗：33kΩ。

(9) 零点稳定性：不大于 2 字/2h。

(10) 额定工作条件：见表 19-1-29。

2. 平均值厂用电率表的原理框图及工作原理

仪表的原理框图见图 19-1-50。

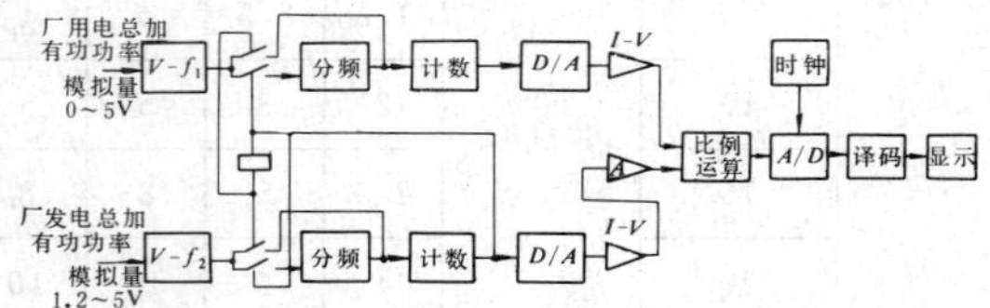

图 19-1-50　PP31 型平均值厂用电率表原理图

平均值厂用电率定义为：发电厂厂用电的总加有功功率在一段时间内的平均值，与发电厂发电的总加有功功率在该段时间内平均值之比，即

$$平均值厂用电率=\frac{厂用电的总加有功功率在某段工作时间内的平均值}{发电的总加有功功率在某段工作时间内的平均值}$$

其模拟量表达式为

$$h = k\frac{\frac{1}{T}\int_0^T U_x\,dt}{\frac{1}{T}\int_0^T U_y\,dt} = k\frac{\int_0^T U_y\,dx}{\int_0^T U_y\,dt}$$

式中　h——在 0～T 连续工作时间内的平均值厂用电率（%）；

U_x——发电厂瞬时厂用电的总加有功功率模拟量（V）；

U_y——发电厂瞬时发电的总加有功功率模拟量（V）；

k——比例系数，取为 20。

3. 外形及开孔尺寸

外形尺寸为 80×2.78×160（宽×深×长，mm）

开孔尺寸为 151×71（宽×长，mm）

4. 消耗功率

消耗功率约 5W。

（二）瞬时厂用电率表

瞬时厂用电率表可以对厂用电率直接进行测量，并直接以数字显示。它备有 BCD 并行代码输出，可供自动打印及计算机系统数据处理。该仪表的测量电路的元件采用进口的大规模集成电路，并配有国产先进的规格 PMOS、CMOS 集成电路以及高增益的运算放大器 BG305E，因而本产品精度高、稳定性好、体积小、安装方便、耗电省。

表 19-1-29　PP31 型平均值厂用电率表主要规格及技术参数

项　目	环境温度（℃）	相对湿度（%）	供电电压（V）	供电频率（Hz）	电压波形失真（β）	外磁场（A/m）
额定工作条件	0～+40	25～90	220 允差$^{+10}_{-12}$%	50 允差±5%	<0.1	≤400

表 19-1-30　瞬时厂用电率表主要规格及技术参数

输入电压		量　程	测　量　范　围	准　确　度	基本误差	工作输入阻抗	输入偏置电流
U_x	0～5V	20%	00.00%～19.99%	0.5	±10 个字或±5%（满度值）	≥1000MΩ	≤10-9A（U_x=5V）
U_y	3～5V	20%	00.00%～19.99%	0.5		≥100MΩ	≤10-7A（U_y=5V）

1. 主要规格及技术参数

主要规格及技术参数见表 19-1-30。

（1）零点的稳定性：不大于 2 字/24h。

（2）满度值的稳定性：6 个月内保证基本误差。

（3）测量速度：4 次/s。

（4）数据输出：备有 BCD 并行代码输出（正逻辑），逻辑“1”不小于+10V，逻辑“0”不大于+1V。

2. 工作原理

瞬时厂用电率定义为瞬时全厂厂用电的总加有功功率与瞬时全厂发电的总加有功功率之比，用模拟量表示可写成

$$\eta = K\frac{U_x}{U_y}$$

式中　η——瞬时厂用电率（%）；

U_x——全厂厂用电的总加有功功率的模拟量（V）；

U_y——全厂发电的总加有功功率的模拟量（V）；

K——比例系数，取 20。

由于目前国内生产的功率总加器输出均为直流电压 5V，而厂用电率最高估计不会超过 20%，故该仪表规定当 $U_x=U_y=5$V 时，$\eta_{max}=20\%$。

3. 外形及开孔尺寸

外形尺寸为 80×278×160（宽×深×长，mm）

开孔尺寸为 71×151（宽×长，mm）

4. 消耗功率

消耗功率小于 3W。

十一、数字频率表

（一）PP22-2 型数字频率表

该表适于测量标称值为 50Hz 的工频频率，可用于各类火电厂、水电站、变电所以及厂矿、实验室等，作为监视电网工频频率。仪表的环境温度为－10～+40℃，相对湿度为 10%～90%。

1. 主要技术参数

（1）准确度等级：0.1 级。

（2）输入电压：交流 220V 或 100V。

（3）输入波形：正弦波。

（4）测量范围：45～65Hz。

（5）显示位数：4 位数字显示。

（6）备用 BCD 并行电码输出。

（7）供电电压：100V 允许范围+10%，
220V 允许范围－12%。

（8）电压波形失真（B）：小于 0.1。

（9）外磁场：小于 400A/m。

2. 仪表的原理框图

仪表的原理框图见图 19-1-51。

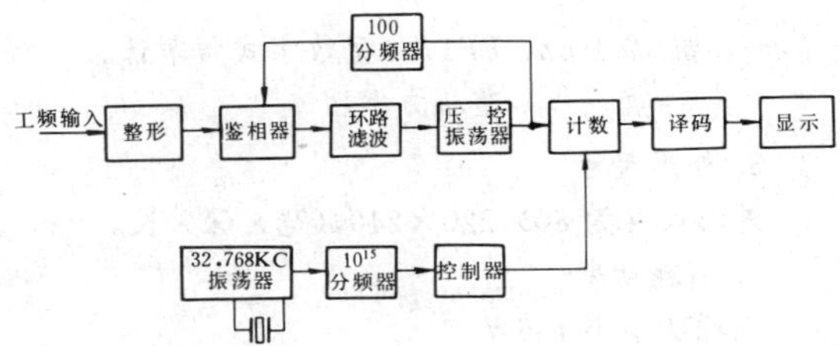

图 19-1-51　PP22-2 型数字频率表原理框图

3. 外形及开孔尺寸

外形尺寸为 80×278×160（宽×深×长，mm）

开孔尺寸为 71×151（宽×长，mm）

4. 消耗功率

消耗功率约 3W。

5. 生产厂

贵阳永胜电表厂。

（二）PP17-4 型数字式频率计

PP17-4 型数字式频率计是一种高精度的数字安装式工频频率计。它采用快速锁相倍频技术，仪表精度高，响应速度快，并采用 PMOS 集成电路，使仪表元

件少，性能可靠。该仪表可供发电厂、调度所等单位精确监视电网频率。

1. 主要技术参数

（1）测量范围：45～65Hz。

（2）测量精度：晶粒稳定度±0.01Hz。

（3）采样速度：1次/1.25s。

（4）显示方式：四位十进数字显示。

（5）锁相捕获时间：约3个信号周期。

（6）电源电压：220V±10%。

（7）工作温度：小于－40℃。

（8）运行方式：可长期运行。

2. 整机原理

该型频率计可分为100倍锁相倍频器和频率计数器两大部分。频率为f_x的电网信号通过倍频器变换成频率$100f_x$的脉冲列，再送到频率计数器。计数器的闸门时间取1s，因此计数值$N=100f_x\times1$。例如：$f_x=48.76$Hz，则$N=48.76\times100\times1=4876$。把小数点设置在第二位下，则仪表显示值为48.76Hz。整机方框图见图19-1-52。

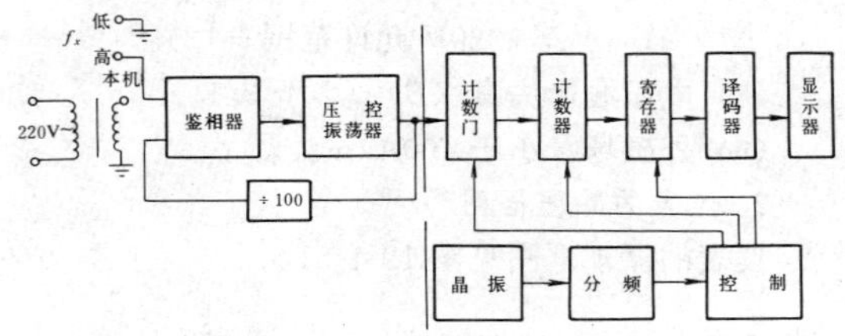

图19-1-52 PP17-4型数字式频率计整机方框图

3. 外形尺寸

外形尺寸为80×220×240（宽×深×长，mm）。

4. 消耗功率

消耗功率小于5W。

5. 生产厂

上海浦江电表厂。

十二、XCT-112型温度指示调节仪

与热电阻配合使用，测量－200～＋500℃范围内各种气体、液体、蒸汽和烟气等的温度，进行指示和三相狭带调节或报警用。在发电厂、变电所中可用作变压器油温或发电机铁芯温度的远方测量。

（一）技术数据

（1）准确度等级：1.0级。

（2）工作环境：温度为0～50℃、相对湿度不超过85%、无振动无腐蚀性气体的场合。

（3）电源：220V±10%，50～60Hz。

（二）测量范围和规格

测量范围和规格见表19-1-31。

表19-1-31 XCT-112型温度指示调节仪测量范围和规格

感温元件	分度号	测温范围（℃）	外接电阻
铜电阻 $R_a=53\Omega$	G	0～30、0～50、0～100、0～150、－50～50、－50～100	3×5Ω
铂电阻 $R_a=46\Omega$	BA_1	0～30、0～50、0～100、0～150、0～200、0～250、0～300、0～400、0～500、－50～50、－50～100、50～150	
铂电阻 $R_a=100\Omega$	BA_2	－100～0、－100～100、－120～30、－150～150、－250～50、－100～50、200～500、200～500	

（三）开孔尺寸及接线端子

仪表开孔尺寸及接线端子见图19-1-53。

（四）消耗功率

消耗功率不大于5VA。

（五）生产厂

天津自动化仪表十五厂。

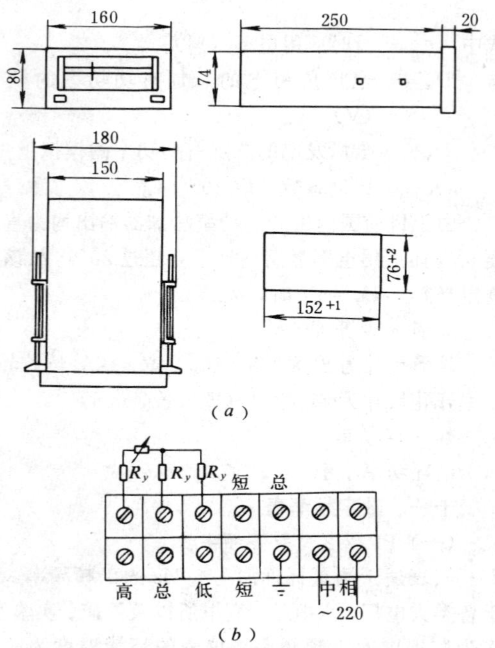

图19-1-53 XCT-112型温度指示调节仪
(a) 仪表开孔尺寸；(b) 仪表接线端子

第 19-2 节　交 流 电 能 表

交流电能表是感应系仪表，用于测量单相和三相电路有功或无功电能。

电能表的型号很多，国家机械委员会等七个部委于 1987 年 12 月颁发“关于下达机械工业第十批淘汰能耗高、落后产品的通知”，对很多电能表，因其性能差、结构陈旧、技术工艺水平低而列为淘汰产品，淘汰日期为 1988 年 12 月 31 日。淘汰的电能表型号为：

单相电能表 DD5-a、DD5-b、DD5-2、DD9、DD10、DD12、DD14、DD15、DD17、DD20、DD28 型；

三相三线有功电能表 DS1/a、DS5、DS8、DS10、DS13、DS15、DS16、DS22、DS23 型；

三相四线有功电能表 DT1/Q、DT6、DT8、DT10、DT18、DT23、DT28 型。

相应推荐更新换代产品的型号为：单相电能表 DD862、DD862a 型；三相三线有功电能表 DS862、DS864 型；三相四线有功电能表 DT862 型。

电能表使用条件：对于 0.5、1.0 级有功电能表及 2.0 级无功电能表，适用于周围气温为 0～＋40℃，相对湿度不超过 85%的场所；对于 2.0 级有功电能表及 3.0 级无功电能表，适用于周围气温为－10～＋50℃，相对湿度不超过 85%的场所。电度表供固定安装在室内使用。

电能表订货需注明名称、型号、额定电压和电流，经电流或电压互感器接入的电能表需注明互感器的一、二次侧的额定电流或电压。

一、交流电能表

（一）概述

86 系列电能表是由哈尔滨电工仪表研究所负责组织国内主要电能表生产厂共同设计研制的新产品，具有寿命长，性能稳定，过载能力大的优点。

FL246、ML246 型电能表是哈尔滨电表仪器厂引进瑞士兰迪斯·盖尔公司的技术和设备制造的产品，DS38、DX246b 型电能表则在引进技术基础上开发派生的。

AN31R、AS31、DS35 型电能表是引进日本大崎电气工业株式会社技术和设备制造的产品。

（二）技术数据

电能表技术数据见表 19-2-1，额定频率为 50Hz。

表 19-2-1　交流电能表技术数据

型　号	名　称	准确度（级）	额定电压（V）	额定电流（最大电流）（A）	生产厂
DD862-4	单相电能表	2.0	220	2.5 (10)、5 (20)、10 (40)、15 (60)、30 (100)	①⑥⑦
DD862a-4				1.5 (6)、2.5 (10)、5 (20)、10 (40)、15 (60)	⑧
DD862a				3 (6)、5 (10)、10 (20)、20 (40)、30 (60) 3 (9)、5 (15)、10 (30)、15 (45)、20 (60) 1.5 (6)、2.5 (10)、5 (20)、10 (40)、15 (60)、20 (80)	②
DS864-2	三相三线有功电能表	1.0	100	3 (6)	①
DS864-4				1.5 (6)	
DS864a		1.0	100	3 (6)、1.5 (6)	②
DS862-2		2.0	100 380	3 (6)	①
DS862-4			380	5 (20)、10 (40)、1.5 (60)、30 (100)	
DS862a				5 (10)、10 (20)、15 (30)、20 (40)、30 (60)、40 (80)、60 (120) 5 (15)、10 (30)、15 (45)、20 (60)、30 (90)、40 (120) 1.5 (6)、5 (20)、10 (40)、15 (60)、20 (80)、30 (120)	②

续表 19-2-1

型号	名称	准确度（级）	额定电压（V）	额定电流（最大电流）（A）	生产厂
DT864-2	三相四线有功电能表	1.0	380/220	3（6）	①
DT864-4				1.5（6）	
DT862-2		2.0		3（6）	①⑥⑦ ③⑨ ④⑩
DT862-4				5（20）、10（40）、15（60）、30（100）	
DT862a				5（10）、10（20）、15（30）、20（40）、30（60）、40（80）、60（120） 5（15）、10（30）、15（45）、20（60）、30（90）、40（120） 1.5（6）、5（20）、10（40）、15（60）、20（80）、30（120）	②
DX863-2	三相三线无功电能表	2.0	100	3（6）	①
DX865-2		3.0	380		
DX864-2	三相四线无功电能表	2.0	380	3（6）	
DX862-2		3.0			
DS35	三相三线有功电能表	0.5	100	5	②
DS38		0.5	100	5（6）	③
FL246（DS246）		1.0	100、220、380	0.3（1.2）、1.5（6） 0.5（2）、2.5（10）	
ML246（DT246）	三相四线有功电能表	1.0	100/57.7 200/127 380/220		
DX246b	三相无功电能表	2.0	100、220、380	0.3（1.2）、0.5（2）、0.6（2.4）、1.5（6）、2.5（10）	
AN31R	三相三线有功电能表	0.5 1.0	100	5（6）	①
AS31	三相三线无功电能表	2.0	100	5（6）	
DS21	三相三线有功电能表	0.5	100	1.5	①
DX22	三相三线无功电能表	2.0	100	1.5	
DX8		3.0	100、380	5	①④
DX15	三相四线无功电能表	2.0	100 380	5、10、20、50	⑤
DZ1	三相三线最大需量电能表	1.0	220、380、100	5、10、20、30 0.5、1、2.5、5	②

注 DS246、DT246 为国内型号。

(三) 接线图

电能表的几种典型接线见图19-2-1～图19-2-6,需经电流和电压互感器接入的电能表接线可参照相应的图。DX_8 型三相三线无功电能表为带60度相角差的仪表，经电流互感器接入式的接线见图19-2-5。

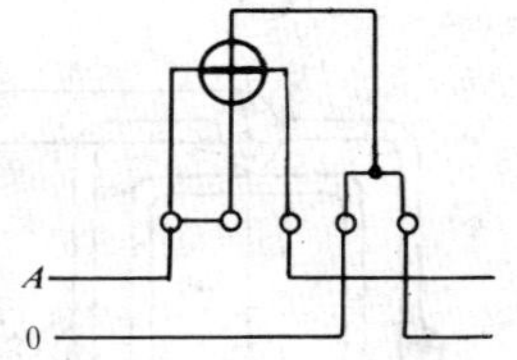

图19-2-1　单相电能表接线（直接接入式）

(四) 外形及安装尺寸

电能表外形及安装尺寸，见图19-2-7～图19-2-14。

(五) 生产厂及代号

①上海电度表厂，②杭州仪表厂，③哈尔滨电表仪器厂，④天津第三电表厂，⑤重庆电度表厂，⑥青岛电度表厂，⑦无锡电度表厂，⑧兰州长新电表厂，⑨苏州红旗电表厂，⑩杭州余杭仪表厂。

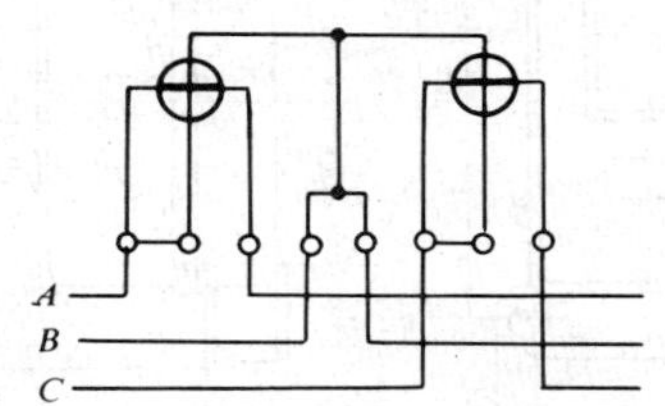

图19-2-2　三相三线有功电能表接线（直接接入式）

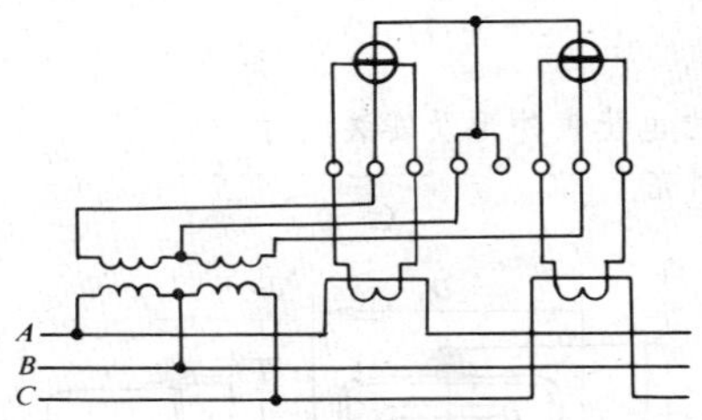

图19-2-3　三相三线有功电能表接线（经电流和电压互感器接入式）

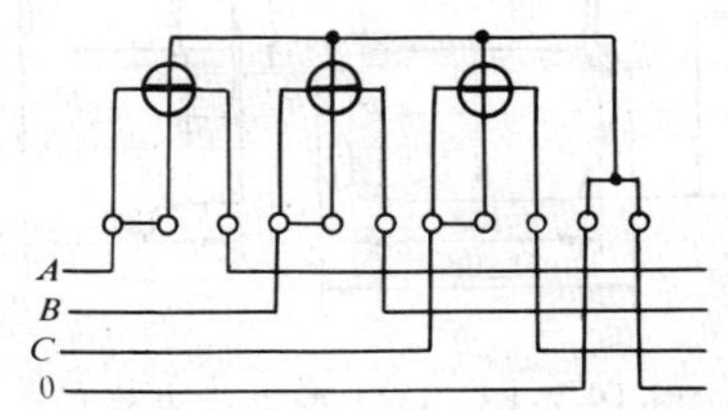

图19-2-4　三相四线有功电能表接线（直接接入式）

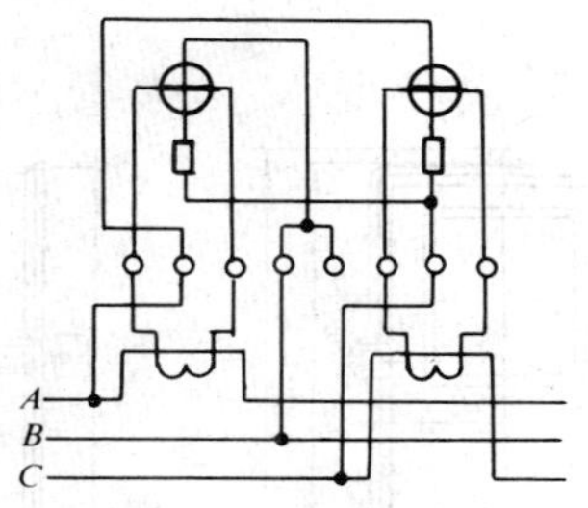

图19-2-5　三相三线带60°相角差的无功电能表接线（经电流互感器接入式）

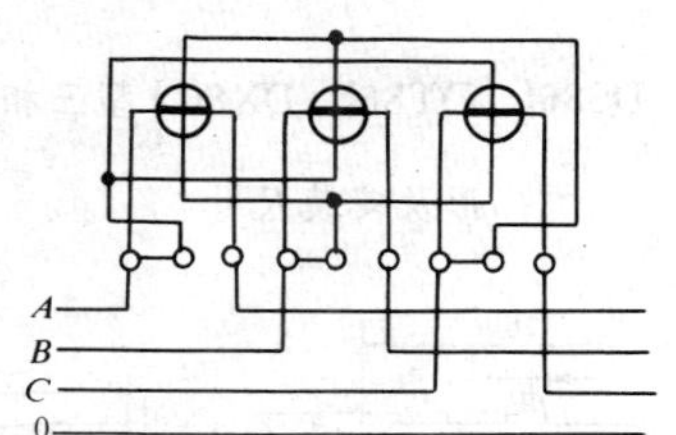

图19-2-6　三相四线无功电能表接线（直接接入式）

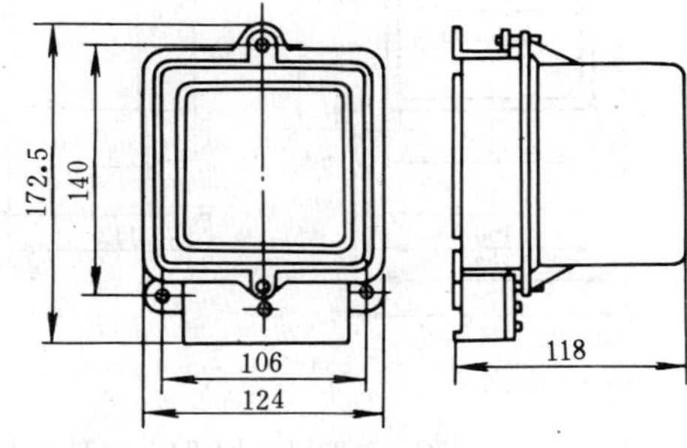

图19-2-7　DD862-4型单相电能表外形及安装尺寸

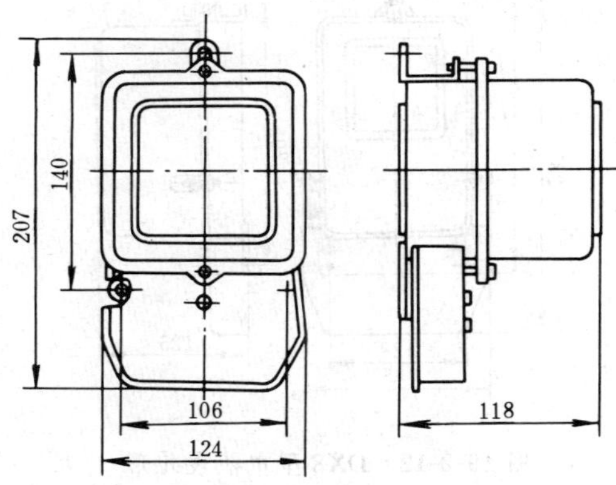

图19-2-8　DD862a-4型单相电能表外形及安装尺寸

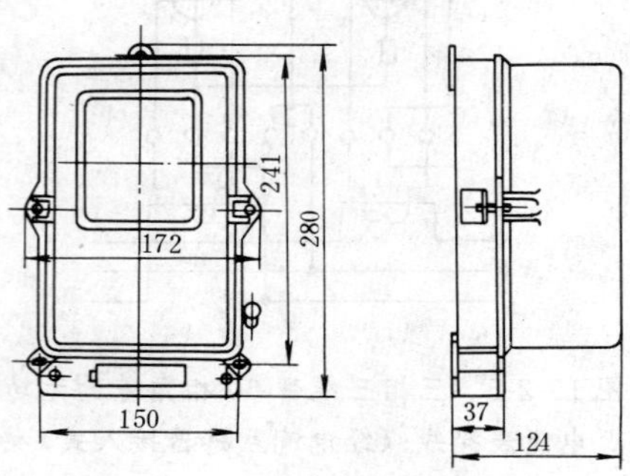

图 19-2-9 DS86$_4^2$、DT86$_4^2$、DX86$\begin{smallmatrix}2\\3\\4\end{smallmatrix}$型三相电能表外形及安装尺寸

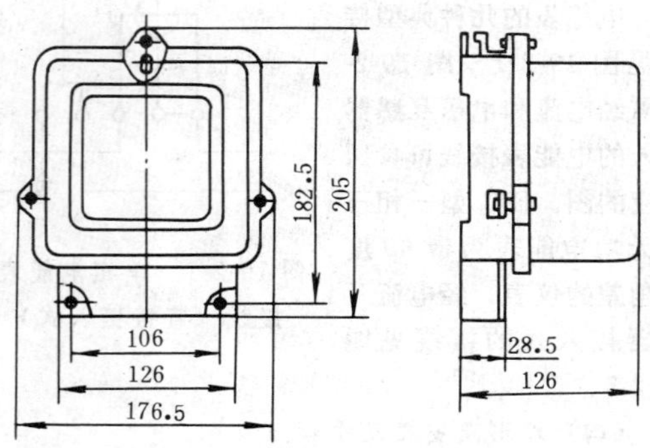

图 19-2-10 AN31R、AS31、DS35 型三相电能表外形及安装尺寸

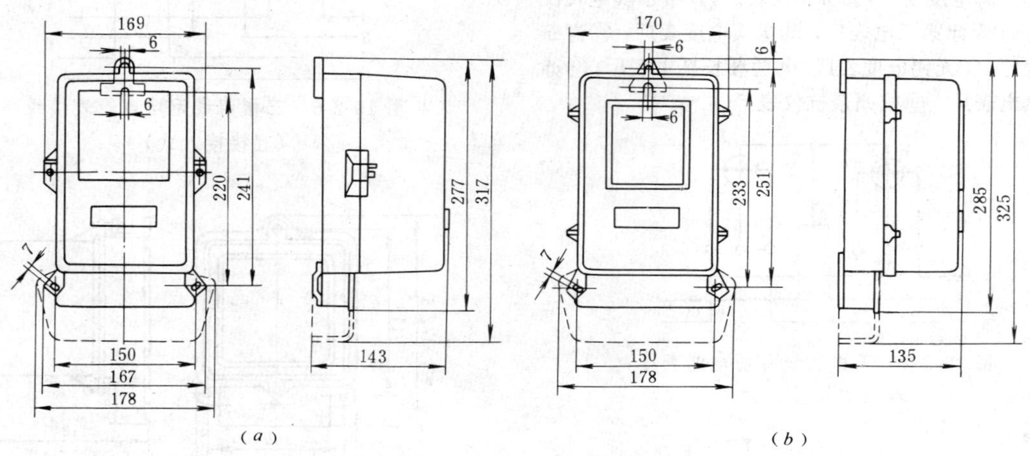

图 19-2-11 FL246、ML246、DX246b 型三相电能表外形及安装尺寸
(*a*) 胶木外壳；(*b*) 金属外壳

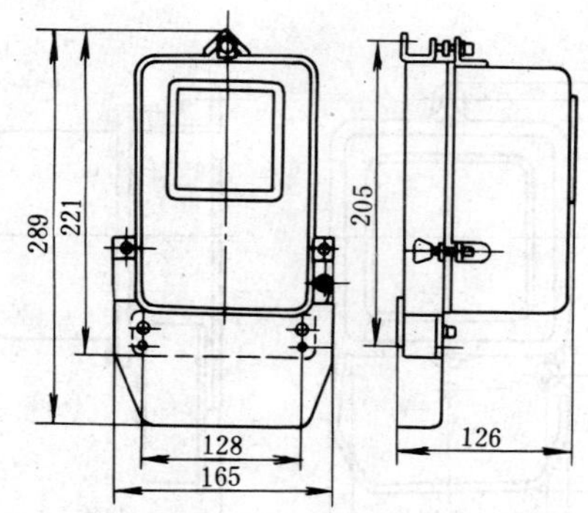

图 19-2-12 DX8 型电能表外形及安装尺寸

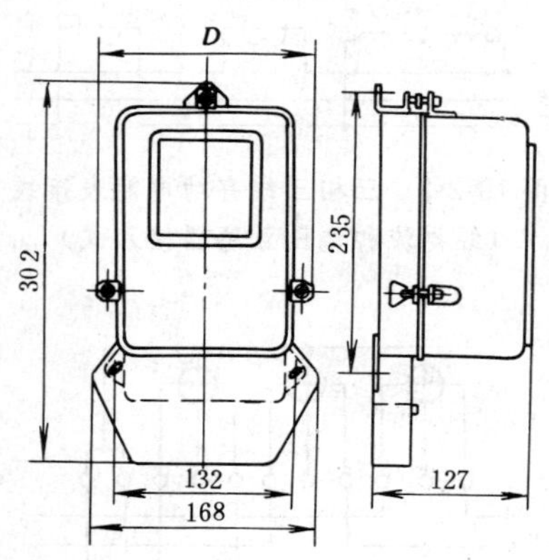

图 19-2-13 DZ1 型电能表外形及安装尺寸

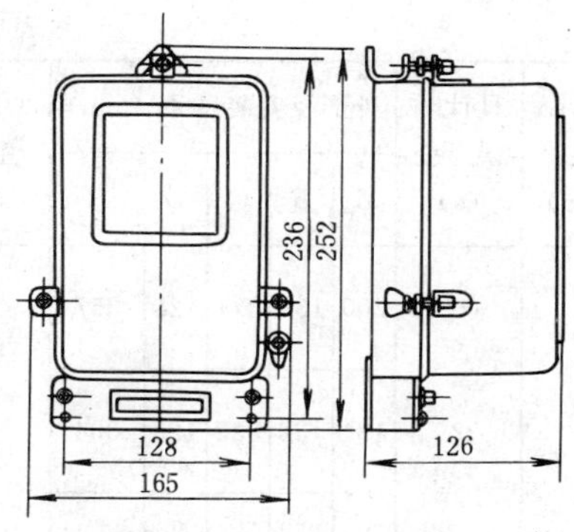

图 19-2-14　DS21 型电能表外形及安装尺寸

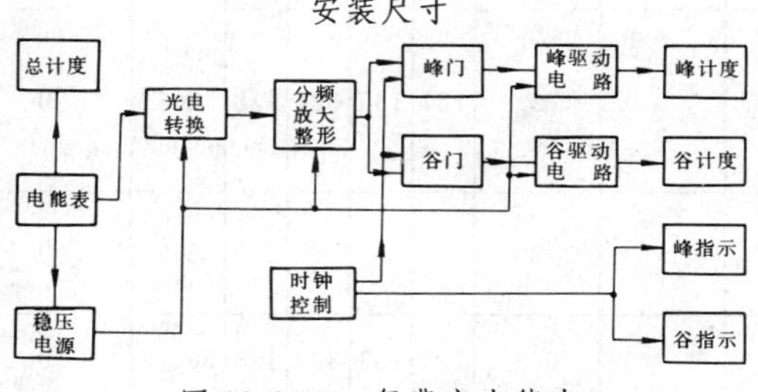

图 19-2-15　复费率电能表原理方框图

二、复费率电能表、分时电能表

（一）概述

复费率电能表是由电能表本体与分时计度部分组成。电能表计量总电能，分时计度部分可以自动计量“峰”、“谷”时间段的电能积累值。仪表采用整体结构，电能表本体与分时计度部分组装在一个外壳内。

分时电能表需和电能表配套使用，在电能表上加装光电传感器后，将信号传至分时电能表，由分时电能表计量“峰”、“谷”时间段内的电能积累值。电能表由生产厂加装传感器后与分时电能表配套供应。有的产品其配套供应的传感器由用户自行安装在电能表上。

复费率电能表的原理框图见图 19-2-15。仪表采用光电技术将电能表测量的电能转换为相应的电脉冲信号，经分频、放大、整形后，送入峰门、谷门电路，同时由时钟控制装置按预先选定的峰、谷时段控制峰门、谷门的开启与关闭，由电脉冲信号驱动计度器，实现峰、谷计度。

（二）技术数据

复费率电能表、分时电能表技术数据，见表 19-2-2、表 19-2-3。

表 19-2-2　　复费率电能表技术数据

型　号	名　称	准确度（级）	额定电压（V）	额定电流（A）	最小控制时段（min）	时段控制误差（min）	日计时误差（s）	外形及安装尺寸（mm）					生产厂
								A	*B*	*C*	*D*	*E*	
FL246d	三相三线有功双费率电能表	1.0	100 220 380	0.3（1.2） 1.5（6） 0.5（2） 2.5（10）	60	5	0.5						①
FL246t	三相三线有功三费率电能表												
DSF1	三相三线有功复费率电能表	1.0	100	5	15	5	0.5	189	133	368	128	360.5	②
DSF1-A		2.0	100	5	30		2	191	131	325	128	309	③
			380					200	131	374	128	358	
DSF1-1B		1.0	100	5	15		0.5	191	131	325	128	289	
FSB-13		1.0	100 380	2（6）	5	0.1	0.5						④

续表 19-2-2

型 号	名 称	准确度（级）	额定电压（V）	额定电流（A）	最小控制时段（min）	时段控制误差（min）	日计时误 差（s）	外形及安装尺寸（mm） *A*	*B*	*C*	*D*	*E*	生产厂
DSF-1A 1B		1.0	100	1.5				200	132	374	128	357	
DSF-2A 2B		2.0	100	5	30	5	2	181	132	322	128	304	⑤
DSF-3A 3B		2.0	380	5				181	132	322	128	304	
DSF-22		1.0	100	1.5									
DSF-22A	三相三线有功复费率电能表	1.0	100	1.5（6）	30	5	2	184	130	324	128	306	⑥
DSF1		2.0	380	5									
DSF3		1.0	100 380	5		5	2	208	130	360	133	342	⑦
DSF9		1.0	100	5	15		0.5	189	133	368	128	360.5	⑧
DSF19-1		1.0	100、220 380	5	（测量低谷时段电能）			204	132	375			⑨
ML246d	三相四线有功双费率电能表	1.0	100/577 200/127 380/220	0.3（1.2） 1.5（6） 0.5（2） 2.5（10）	60	5	0.5						①
ML246t	三相四线有功三费率电能表												
DTF1		2.0		5	15		0.5	189	133	368	128	360.5	②
DTF1-A		2.0		5	30	5	2	200	131	374	128	358	③
DTF-1A 1B		2.0		5	30	5	2	200	132	374	128	357	⑤
DTF-22		1.0		5									
DTF-22A	三相四线有功复费率电能表	1.0	380/220	1.5（6）	30	5	2	184	130	324	128	306	⑥
DTF-1		2.0		5									
DTF-1A		2.0		1.5（6）									
DTF2		2.0		5	15		0.5	189	133	368	128	360.5	⑧
DTF3		1.0		5		5	2	208	130	360	133	342	⑦
FSB-14		1.0		2（6）	5	0.1	0.5						④

续表 19-2-2

型　号	名　称	准确度（级）	额定电压（V）	额定电流（A）	最小控制时段（min）	时段控制误差（min）	日计时误差（s）	外形及安装尺寸（mm）					生产厂
								A	*B*	*C*	*D*	*E*	
DXF1-A	三相三线无功复费率电能表	3.0	100 380	5	30	5	2	191	131	325	128	309	③
DXF-1A 1B		2.0	100	5				200	132	374	128	357	
DXF-2A 2B		3.0	100	5	30	5	2	181	132	322	128	304	⑤
DXF-3A 3B		3.0	380	5				181	132	322	128	304	
FSB-15		2.0	100	2（6）	5	0.1	0.5						④
DXF3		2.0	100 380	1.5 5		5	2	208	130	360	133	342	⑦
DXF1-A2	三相四线无功复费率电能表	3.0	380	5	30	5	2	191	131	325	128	309	③
DXF-22		2.0	100	5	30	5	2	184	130	324	128	306	⑥
DXF-22A		2.0	100	1.5（6）									
DXF3		2.0	380	5		5	2	208	130	360	133	342	⑦
FSB-16		2.0	380	2（6）	5	0.1	0.5						④

注　FL246、ML246 型复费率电能表是引进瑞士兰迪斯·盖尔公司技术和设备制造的产品，需与 KZB1 型电子时间开关配套使用。电子时间开关工作电压为 100、127、220、380V，用于双费率为 KZB1d 型，三费率为 KZB1t 型。

表 19-2-3　**分 时 电 能 表 技 术 数 据**

型　号	名　称	配接电能表准确度（级）	最小控制时段（min）	时段控制精度（min）	日计时误差（s）	计度器	外形及安装尺寸（mm）					生产厂
							A	*B*	*C*	*D*	*E*	
F1-1B	分时脉冲计度表	0.5 1.0 2.0 3.0	15		0.5	2 个，有功或无功峰、谷	170	126	202	106	183	③
F1-2B						4 个，有功及无功峰、谷	165	126	252	128	236	
D S/X F-D1	电量分时计度装置	0.5 1.0 2.0		5	0.5	4 个，有功及无功峰、谷						⑩
DSF8	复费率电能表（分时计度装置）	1.0 2.0	30	2	2	2 个，有功峰、谷	165	126	221	128	205	⑪

注　DSF8 型复费率电能表也可配用 2.0、3.0 级无功脉冲电能表。

（三）外形及安装尺寸

复费率电能表、分时电能表外形及安装尺寸，见表19-2-2、表19-2-3及图19-2-16；FL246、ML246型复费率电能表见图19-2-16；KZB1型电子时间开关见图19-2-17；FSB系列三相复费率电能表见图19-1-18。

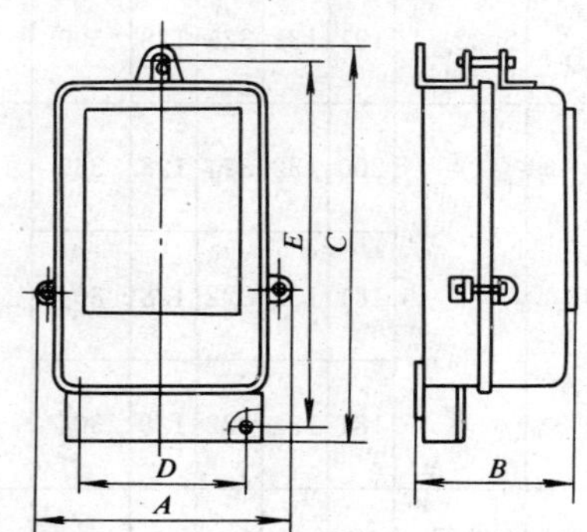

图19-2-16　复费率电能表、分时电能表外形及安装尺寸

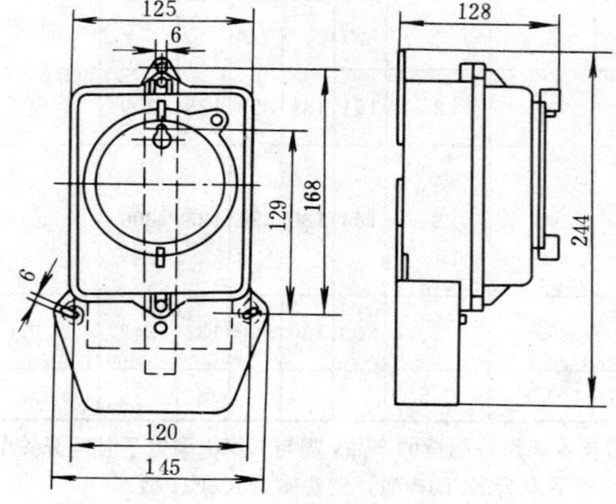

图19-2-17　KZB1型电子时间开关外型及安装尺寸

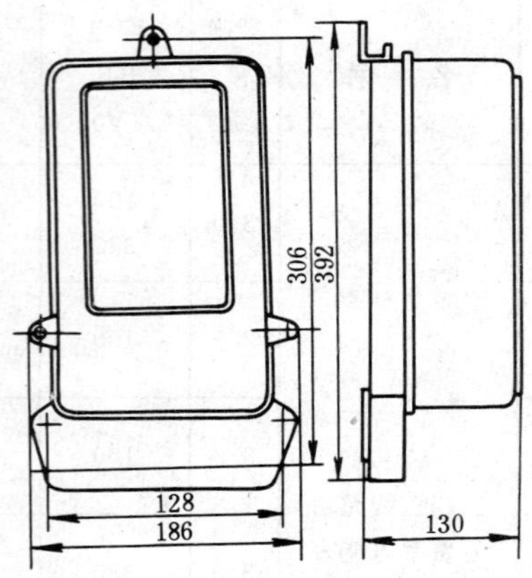

图19-2-18　FSB系列三相复费率电能表外形及安装尺寸

（四）生产厂及代号

①哈尔滨电表仪器厂，②上海跃进电表厂（崇明），③福建龙溪仪表厂，④深宝电器仪表公司，⑤南昌无线电六厂，⑥驻马店地区电表厂，⑦兰州长新电表厂，⑧长沙旭华仪表厂，⑨杭州仪表厂，⑩北京第三电表厂，⑪天津市第三电表厂。

第20章 自 动 装 置

曹 克 勤

第20-1节 同 步 装 置

一、简述

目前用得较多的自动准同步装置有许昌继电器厂生产的ZZQ-5型和阿城继电器厂生产的ZZQ-3B型等。ZZQ-3B型是ZZQ-3A型改进型产品，并取代ZZQ-3A型，改进后的ZZQ-3B型产品其动作原理与ZZQ-5型相同。装置设有调频部分，能实现发电机频率对系统频率自动跟踪；装置设有自动调压部分，能实现发电机电压对系统电压跟踪；装置设有恒定导前时间的控制部分，导前时间的整定值可以根据并列的断路器合闸时间的长短来整定。

二、ZZQ-3B型双通道准同步装置

1. 装置结构

(1) 装置采用新型铝型材按IEC标准制作成19吋（约483mm）机箱，插件与机箱连接采用新型CD7型插头座，插拔灵活，接触可靠。机箱背部接线端标有明显接线标记。

(2) 装置由七个插件和一个电源指示板组成，七个插件是由两组合闸回路组成双通道合闸回路、切换、调频、调压、电气零点、电源。每块插件为一个独立的功能体，可以满足用户对装置的各种要求。

(3) 每个插件板上有六个测试孔，不需拔插件就可以测试本插件的主要波形和数据，方便调试和维护。

(4) 每个插件面板上有状态运行指示灯，可以判断装置是否正常，便于运行人员检查。

(5) 装置为插入式安装，插件采用翻板式，可以转动90°。插件面板上整定值为有级点整定，不怕振动。

2. 主要技术参数

(1) 额定电压100V，额定频率50Hz；额定电压50V，额定频率50Hz。

(2) 导前时间从0.05～0.8s作阶段整定；大于0.1s者，整定间隔为0.1s。

(3) 在常温下，当滑差周期在2～16s范围内变化时，导前时间误差折算成角度不应小于±2°。

(4) 滑差频率从0.1～0.5Hz作阶段调整时，整定间隔为0.1Hz。

(5) 电压差值从±5%～±15%额定交流电压范围内连续调整。

(6) 导前相角从0°～15°范围内连续调整。

(7) 调频脉冲宽度从0.1～0.5s作阶段调整，整定间隔为0.1s。在频率周期大于18s时，能自动发出增速脉冲。

(8) 调频部分正常工作范围是50Hz，±5Hz。

(9) 调压脉冲宽度从0.1～2s连续可调。

(10) 调压脉冲周期从2～8s连续可调。

(11) 电气零点最大误差为±1.8°。

(12) 通道方式分为单、双通道，均可投入。

(13) 交流电源侧消耗功率应不大于14VA，交流信号侧消耗功率应不大于2VA。

(14) 在电压为220V，电流为0.5A的直流回路中，装置触点输出容量能断开直流有感负荷30W。

3. 装置外形尺寸及接线

ZZQ-3B型装置外形尺寸及接线，见图20-1-1。

4. 生产厂

阿城继电器厂。

三、ZZQ-5型自动准同步装置

1. 装置结构

装置结构分为主插件、壳件、盖三部分，见图20-1-2（*a*）。

2. 技术数据

(1) 系统和发电机额定二次电压100V，额定频率50Hz；辅助电源的额定电压100V，额定频率50Hz。

(2) 导前时间ZZQ-51型为0.05-0.4s，ZZQ-52型为0.1～0.8s，连续可调。

(3) 导前相角从0°～40°连续可调。

(4) 调频脉冲宽度从0.1～0.4s连续可调。

(5) 调压脉冲宽度从0.2～2s连续可调。

(6) 允许发出合闸脉冲的最小频率差周期为2s。

(7) 允许发出合闸脉冲的电压差为±3%～±8%连续可调。

(8) 调频部分正常工作范围为50±3Hz。

(9) 在额定电压下，装置的功率消耗不大于下列数值：系统和发电机2VA，辅助电源15VA。

(10) 装置出口元件触点容量为交流125V，8A；交流220V，4A；直流无感负荷时为28V，10A。

(11) 在额定电压下，装置允许长期工作，线圈温

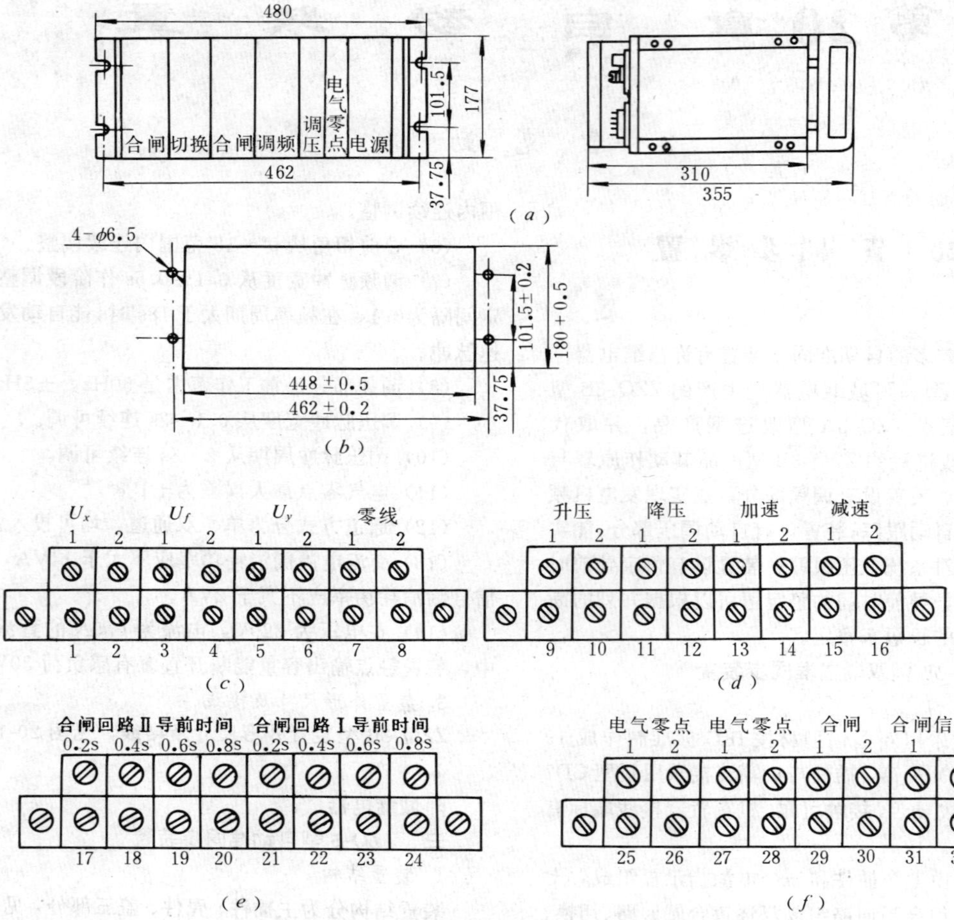

480
电气零点
调压
合闸切换 合闸调频 压 点 电源
101.5
177
462
37.75
310
355

(*a*)

4-ϕ6.5
101.5±0.2
180+0.5
448±0.5
462±0.2
37.75

(*b*)

U_x U_f U_y 零线
1 2 1 2 1 2 1 2
1 2 3 4 5 6 7 8

(*c*)

升压 降压 加速 减速
1 2 1 2 1 2 1 2
9 10 11 12 13 14 15 16

(*d*)

合闸回路Ⅱ导前时间 合闸回路Ⅰ导前时间
0.2s 0.4s 0.6s 0.8s 0.2s 0.4s 0.6s 0.8s
17 18 19 20 21 22 23 24

(*e*)

电气零点 电气零点 合闸 合闸信号
1 2 1 2 1 2 1 2
25 26 27 28 29 30 31 32

(*f*)

图 20-1-1 ZZQ-3B 型自动准同步装置外形及接线

(*a*) 外形尺寸图；(*b*) 安装开孔图；(*c*) 电源部分（装置外部接线图）；(*d*) 调节部分（装置外部接线图）；(*e*) 导前时间外部切换部分（装置外部接线图）；(*f*) 电气零点和合闸部分（装置外部接线图）

升不超过 60℃。

(12) 装置所有电路与外壳间，以及电气上无联系的各电路之间的绝缘电阻，在温度为 20±5℃、相对湿度为 50%～70%时，不低于 10MΩ。

(13) 装置所有强电端子（端子 9、10、21、22、30 除外）对外壳应耐受交流电压 1750V、频率 50Hz、历时 1min 的试验而无击穿或闪络现象。

3. 装置外形尺寸及接线

装置外形尺寸为 344×104×400（宽×深×高，mm）。

装置安装孔尺寸为 $320^{+1}\times117^{+1}$（宽×高，mm）。

ZZQ-5 型同步装置外形及接线，见图 20-1-2。

4. 生产厂

许昌继电器厂。

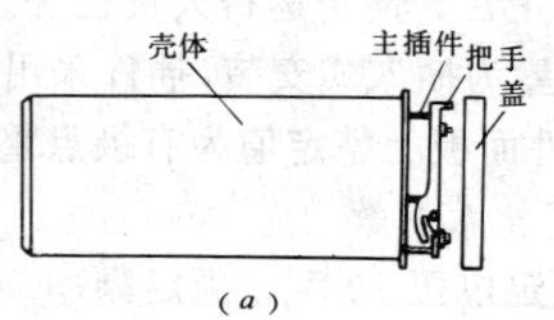

(*a*)

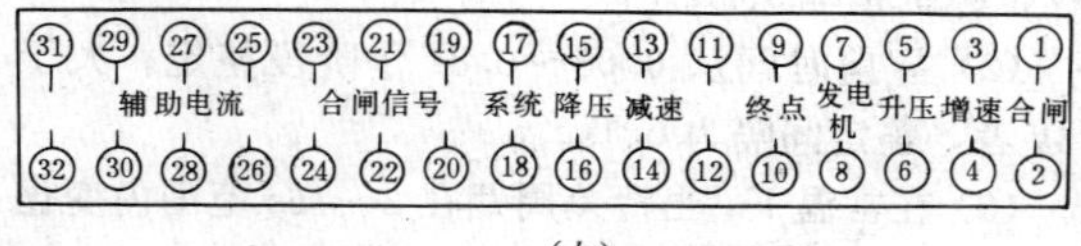

(*b*)

图 20-1-2 ZZQ-5 型自动准同步装置外形及接线

(*a*) 外形结构图；(*b*) 背面接线图

四、ZTB-1型同步捕捉装置

ZTB-1型同步捕捉装置，适用于变电所同步捕捉合闸，合闸断路器固有合闸时间在0.1～0.6s。

1. 装置结构

该装置为嵌入式安装，插入式结构。装置内的变压器、半导体元件、电阻、电容及出口元件等组装在一个可插拔的插件板上。面板上有测试孔，检查很方便。

2. 装置组成及原理接线

(1) 装置由下列部分组成：

1) 相角差测定回路。

2) 频率差测定回路。

3) 电压差测定回路。

4) 低电压闭锁回路。

5) 防止多次合闸的闭锁回路。

6) 直流电源的降压和稳压回路。

(2) ZTB-1型装置原理接线

ZTB-1型同步捕捉装置原理接线图，见《电力工程电气设计手册　第二册　电气二次部分》第459页图26-58。

3. 技术数据

(1) 额定交流输入电压100V。

(2) 额定直流输入电压220V，允许电压偏差±15%。

(3) 装置动作角Q整定为25°、30°、35°、40°，最大误差不应超过整定值的±10%；装置延时t整定为1.5、2.5、3s，最大误差不应超过整定值的±5%。

(4) 当系统电压变动不大于额定值±5%，待同步电压变动不大于额定值的±5%或－5%时，低电压闭锁整定值范围在0.8～0.85额定值之间。电压差闭锁整定值范围在10%～20%额定值之间。

(5) ZTB-1型装置动作整定值计算，见表20-1-1。

(6) 环境温度为+50℃时，额定电流下装置各线圈温升不超过55℃。

(7) 装置的所有导电部分对非导电金属部分及外壳之间的绝缘电阻，在温度为40℃、相对湿度为85%、历时48h后应不低于5MΩ。

(8) 装置所有强电部分对外壳应耐受电压1750V、频率50Hz、历时1min试验而无击穿闪络现象。

(9) 装置直流功率消耗220V、15W；交流功率消耗100V、2W。

(10) ZTB-1型装置背面接线，见图20-1-3。

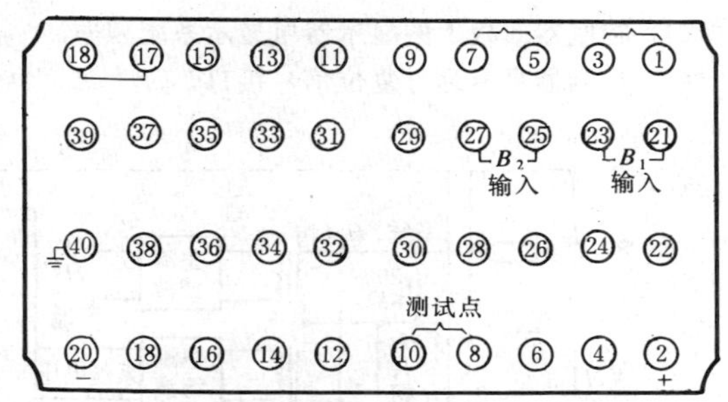

图20-1-3　ZTB-1型同步捕捉装置背面接线

4. 装置外形尺寸

ZTB-1型装置外形尺寸，见图20-1-4。

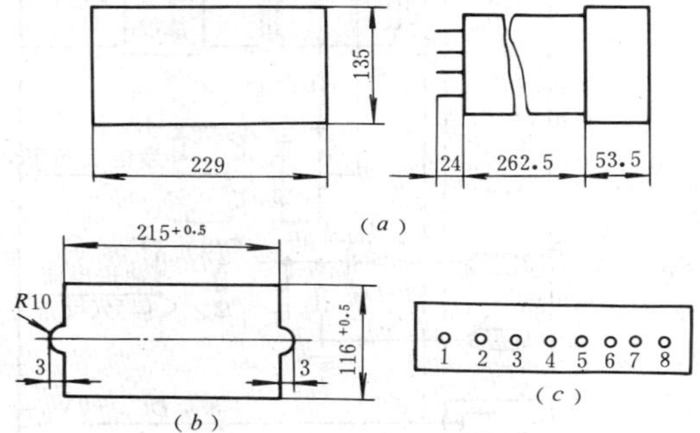

图20-1-4　ZTB-1型同步捕捉装置外形尺寸
(a) 外形尺寸；(b) 开孔尺寸；(c) 测试孔正面图

5. 生产厂

许昌继电器厂。

五、HSID-2型微机准同步控制器

该产品为实现火电厂同步发电机快速并网而设计的智能控制器。装置能准确快速地捕捉到第一次同期条件满足的时刻，实现发电机组无冲击快速自动准同步并网。装置抗干扰能力强，可靠性高，适用性广泛。

表20-1-1　**ZTB-1型同步捕捉装置动作整定值计算**

断路器最大合闸时间t_h (s)	0.15	0.2	0.3	0.4	0.5	0.6
最大的频率差闭锁值F_d (Hz)	0.5	0.45	0.4	0.35	0.3	0.25
合闸行程角 (°) $\theta_H=F_{tH}360°$	27°	32.4°	43.2°	50.4°	54°	54°
返回角$\theta_F=\theta_H$ (°)	27°	32.4°	38.2°	45.4°	44°	44°
动作角计算值 (°) $\theta=1.1\theta_F$	29.7°	35.64°	43°	50°	48.4°	48.4°
建议整定动作角θ (°)	30°	35°	45°	50°	50°	50°
应整定的延时值t (s) $t=\dfrac{(360°-1.9\theta)}{360F_d}$	1.68°	1.8°	1.87°	2.03°	2.28°	3°

1. 装置主要功能

(1) 控制器适用于具有1～15个同步并列点。

(2) 每次并网时，都可自动测量断路器合闸导前时间,并自动修正原设置，以使下次合闸更准确。

(3) 控制器具有硬件过压保护功能。

(4) 控制器面板上的显示器可显示系统频率。

(5) 控制器具有远方复位信号接口。

(6) 控制器具有完整的自检功能。

(7) 控制器能模拟频率信号，调试非常方便。

(8) 控制器设置有打印机接口、并行通信接口和一个键盘接口。

2. 装置基本原理

HSID-2型装置基本原理框图，见图20-1-5。

HSID-2型装置由专用的微机控制系统为核心的

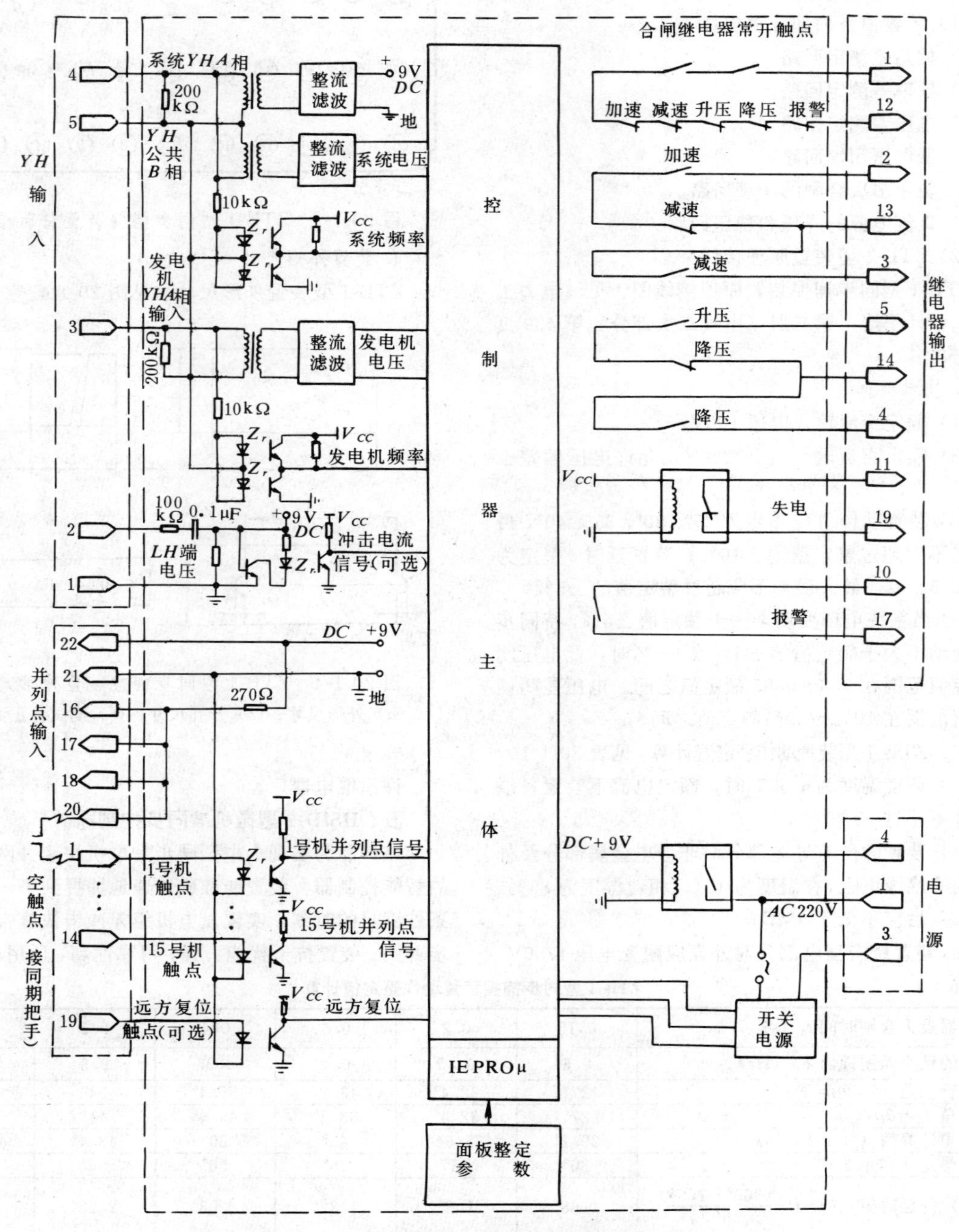

图20-1-5 HSID-2型微机准同步控制器基本原理框图

控制器控制着输入、计算、输出过程，当同步条件不满足时，发出相应的控制调节信号（均频、均压），并在硬件和软件上同时闭锁合闸信号，在均频调节信号的产生中运用模糊控制技术，在捕捉合闸时机的计算中引入了相角加速度和预测技术，从而提高了合闸导前角的计算精度，确保合闸的准确无误。

3. 装置外形尺寸

HSID-2 型微机准同步控制器外形尺寸为 317×156×465（宽×高×深，mm）。

4. 生产厂

北京华能自动化设备厂。

第 20-2 节 直流励磁机励磁调节器及其它励磁方式励磁调节器

一、KFD 系列快速励磁调节器

1. 概述

KFD 系列快速励磁调节器（简称调节器）已大量使用在我国生产的中小容量同步发电机及 3000kW 以下的柴油发电机组中。

2. 装置结构

KFD 系列调节器除电压整定元件外，全部元件装在一个柜内。

KFD 系列调节器是由各种磁性元件组成的磁性调节器，它分为二大部分。第一部分由可控相复励变压器、移相电抗器和输出整流器等组成的相复励部分。第二部分由三相量测变压器，内反馈磁放大器，线性、非线性整流器，磁放大器整流器等组成电压校正部分。

KFD-2 型调节器中发电机端电压的电压整定由瓷盘电阻 *Rt* 整定，KFD-3 型调节器的电压整定由自耦变压器 TBZ 整定。

KFD-2 型调节器根据发电机额定电压等级的不同，可供应 3150/400、6300/400、10500/400V 的测量用的电压互感器与之配套，但须在订货时说明。

3. 原理接线

KFD-3 型调节器原理接线，见图 20-2-1。

4. 技术数据及性能

KFD 系列调节器技术数据，见表 20-2-1。

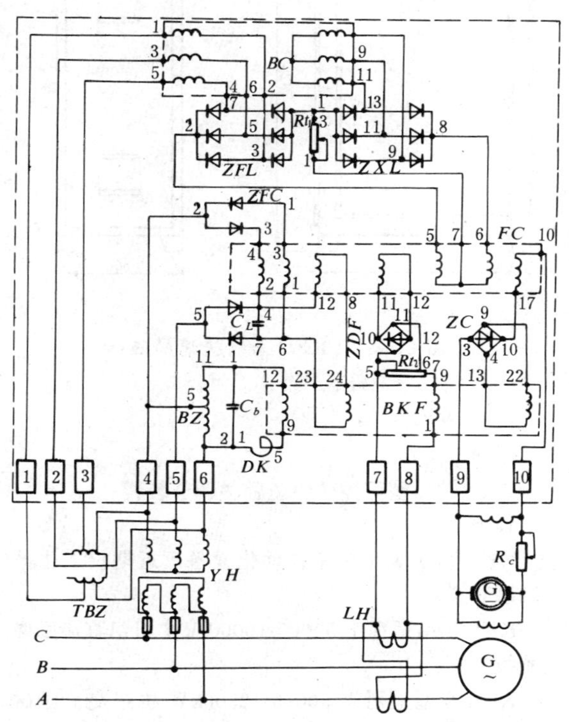

图 20-2-1 KFD-3 型快速励磁调节器原理接线

KFD-2 型调节器能使发电机电压在额定电压 ±5%范围内均匀调节。KFD-3 型调节器能使发电机电压在额定电压±10%范围内均匀调节。

发电机从空载至满载，cosφ 从 0.7 至 0.9 范围内，发电机端电压调整精确偏差不大于±1%。

表 20-2-1 KFD 系列快速励磁调节器技术数据

型号	最大输出功率（W）	最大输出电流（A）	最大输出电压（V）	强励电压（V）	外形尺寸（长×宽×深，mm）
KFD-2A	360	5	72	250	825×500×300
KFD-2A	360	10	36	150	825×500×300
KFD-2B	630	4.5/9.0	140/70	500/250	825×500×300
KFD-3	360	9.0/4.5	70/140	250/500	825×500×300
KFD-3A	675	2.25	300	800	825×500×300
KFD-3A	675	4.5	150	500	825×500×300

5. 外形尺寸

KFD系列快速励磁调节器外形尺寸，见图20-2-2。

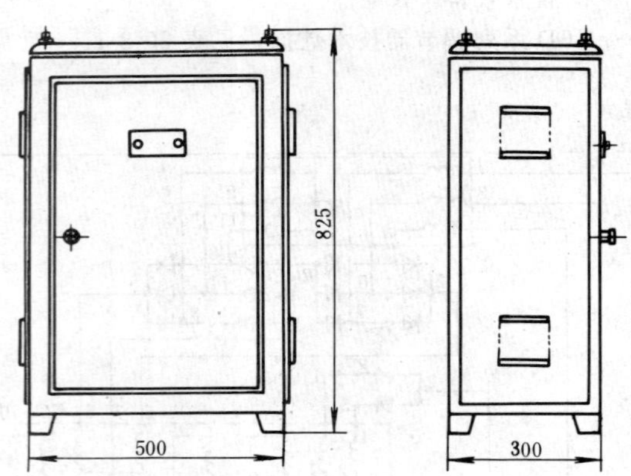

图20-2-2 KFD系列快速励磁调节器外形尺寸

6. 生产厂

华通开关厂。

二、KKL型可控硅快速励磁调节装置

1. 概述

KKL型装置是南京自动化设备厂近期投入生产的励磁装置。

KKL-1型适用于50000-100000kW机组直流励磁机系统。

KKL-2型适用于50000-12500kW机组交流励磁机三机系统。

2. 装置主要特点

(1) 装置设有电力系统稳定器（PSS）。

(2) 在励磁机磁场回路中串入一个附加电阻和在调节器中引入转子电压负反馈信号，以减小励磁机时间常数，使原有交、直流励磁机励磁系统接近于快速励磁系统性能。

(3) 采用比例—积分—微分（PID）调节，以改善自动调节系统的静态和动态性能。

(4) 采用数字电位器作为电压整定，并对自动调节部分和手动部分实行自动跟踪，切换时无功冲击小，整定操作方便。

(5) 装置设有低励、过流限制、失励、过励切换等限制保护功能。

(6) KKL-2型调节器还配有供副励磁机励磁的简单的相复励调节器。

3. 装置原理接线

KKL型励磁调节装置框图，见图20-2-3～图20-2-4。

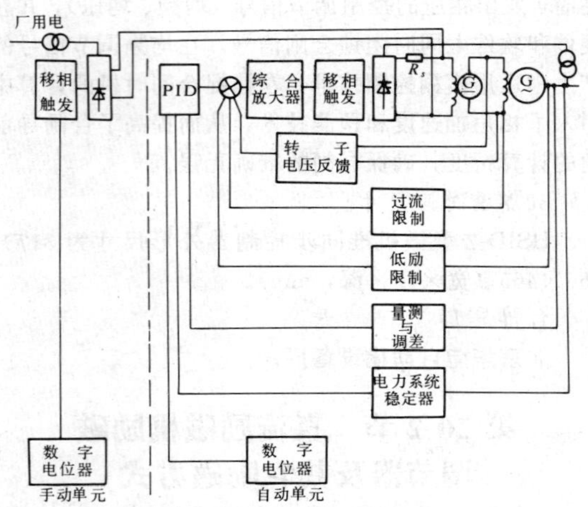

图20-2-3 KKL-1型可控硅快速励磁调节装置框图

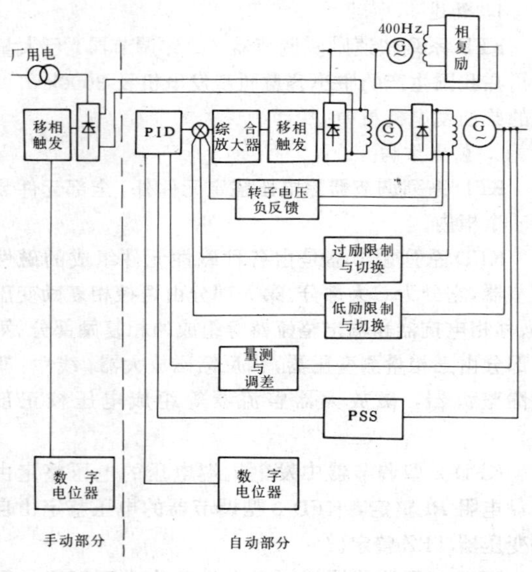

图20-2-4 KKL-2型可控硅快速励磁调节装置框图

4. 主要技术性能

(1) 装置在1.1倍额定负载励磁电流和励磁电压时能连续运行。

(2) 装置的顶值电压倍数，当机端电压下降至80%额定电压时不小于2倍额定励磁电压，强励持续时间不小于10s，电压上升速度不小于2倍/s。

(3) 装置的自动调节部分，10%阶跃响应试验，发电机端电压超调量小于15%阶跃量，振荡次数小于1次，调节时间小于5s。

(4) 装置的自动电压调节部分，在发电机空载运行状态下，频率变化 1Hz，端电压变化小于 0.1%。

(5) 装置的自动电压调节部分，保证发电机的自然调差率不大于 0.1%。

(6) 补偿后的励磁机等效时间常数不大于 0.2s。

(7) 装置的附加调差部分，能提供无功电流调差率在±5%范围内调整。

(8) 装置的自动电压调节部分，保证发电机空载电压调整范围不小于±15%额定值。

(9) 装置手动部分，当厂用电偏差+10%～15%时，保证发电机空载电压从 30%～130%额定电压范围内平滑调节，并能零起升压。

(10) 发电机空载运行时，自动电压调节部分和手动部分的给定电压变化速度可以调整在 0.3%/s～10%/s 之间。

5. 装置的组成

装置由两个机柜、一套电阻器、二个电源变压器组成。

KKL 型机柜外形尺寸为 800×600×2360（宽×深×高，mm）。

装置的电器元件采用集成电路，全部电子元器件经过严格的老化筛选，从印刷板到配线、端子排均较全面地考虑抗干扰措施。

三、Q-LKZ-1 型复式励磁调节装置

1. 概述

该装置适用于 50000kW 以下的汽轮发电机组。装置操作电压为直流 220V 或 110V。

2. 装置结构

装置由快速相复励励磁调节器、同步发电机灭磁系统、励磁机磁场变阻器、继电强行增磁和减磁系统、主—备励磁切换系统、指示仪表等主要部分组成，分装在自动励磁调节屏和励磁控制屏内。

装置通过变换自动励磁调节屏内相复励变压器 *XB* 及输出整流器 *SZ* 的接线，可广泛地改变调节器输出参数，使得调节器具有通用性，可适用于多种型号及功率的发电机。

3. 装置工作简介

(1) 装置由机端电流互感器 *LH* 及电压互感器 *YH* 供电，其输出送至励磁机励磁绕组以调节发电机的励磁。

装置由可控相复励变压器 *XB* 和电压校正器组成。电压校正器包括三相量测变压器 *CB* 和磁放大器 *CF* 两个主要部分。

(2) 磁场变阻器 *RCB* 用来调节励磁机励磁电流。当发电机采用自动励磁调节器工作时，*RCB* 只用来作为励磁整定。装置的磁场变阻器采用 *BLP* 型电动变阻器，变阻器的规格可根据机组参数由制造厂选定。

(3) 灭磁开关为电动操作空气开关，作为接通或开断发电机励磁绕组电流之用，并能在励磁绕组与励磁电源断开时，将励磁绕组切换至放电电阻回路。

(4) 装置设置继电强励作为自动励磁强励的备用装置。装置还设置继电强行减磁装置，用来作为励磁机减磁及防止电机甩负荷后发电机电压的危险升高。

4. 装置接线

Q-LKZ-1 型复式励磁调节装置原理接线，见图 20-2-5。

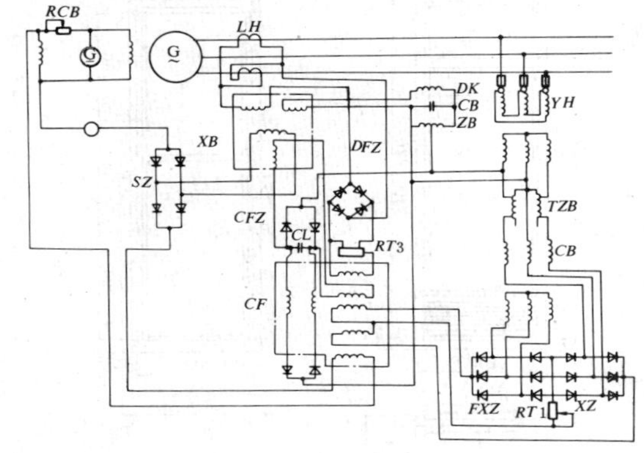

图 20-2-5 Q-LKZ-1 型复式励磁调节装置原理接线

5. 技术数据

(1) 额定电源电压为三相，相电压 105V。

(2) 额定电源电流 5A 或 10A。

(3) 额定电源频率 50Hz/s。

(4)装置在变换接线后，各组的输出参数及最大输出功率，见表 20-2-2。

表 20-2-2 调节装置输出参数表

类型 XB	接线方式	调节器最大输出（整流后）		强励时最大允许电压值 (V)
		电压（V）	电流（A）	
A 型	1	75	9.0	250
	2	150	4.5	500
B 型	1	75	16.5	200

(5) 装置调差率保证能在±5%范围内调整。

(6) 当频率不变时，在整定的调差范围内(±5%)，调节器保证调节准确度不超过发电机整定电压的±1%。

(7) 装置所保持的电压与频率有关，电源频率变化1%时，装置所保持的电压变化不大于14%。

(8) 装置用整定自耦变压器调节电压的范围，不小于整定值电压的±10%。

(9) 当发电机电压降低到85%～90%额定值或发生三相短路时，装置能承受的强励时间不小于20s。

6. 装置外形尺寸

Q-LKZ-1型复式励磁调节装置外形尺寸，见图20-2-6。

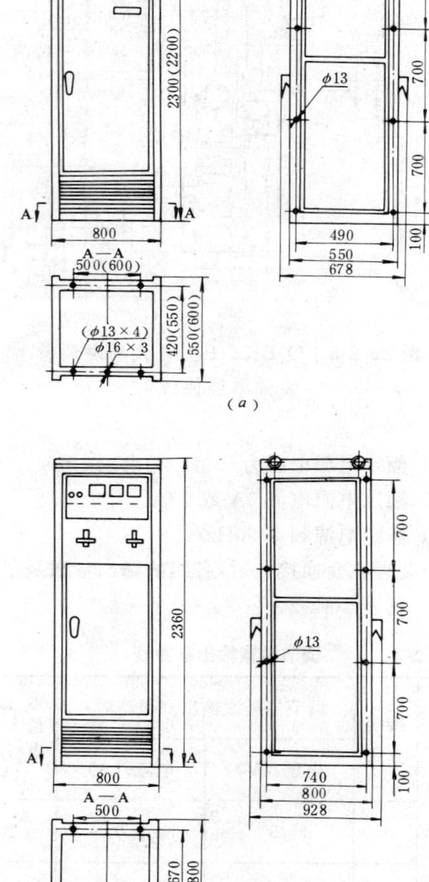

图20-2-6　Q-LKZ-1型复式励磁调节装置外形尺寸

(a) 调节器屏；(b) 控制屏

7. 生产厂

河北工学院总厂。

四、DQLT-1D型励磁装置

1. 简介

DQLT-1D型励磁装置为静止晶闸管励磁系统，即由并接在发电机端的励磁变压器输出的交流电压，通过静止功率整流后供给发电机的励磁。

该励磁方式的优点是结构简单，便于掌握使用，因直接控制发电机磁场，快速响应特性好。控制线路由集成电路及半导体电子元件组成，调节灵敏度高。因系静止设备，维修简单容易。因此，目前国内外大中型发电机组采用这种励磁方式的比较多。

2. 装置的组成及主要功能

装置由一台励磁变压器及五面励磁柜（一面调节柜、一面操作柜、两面整流柜、一面灭磁柜）组成。

装置能提供发电机在各种运行状态下所需的励磁电流，维持发电机端电压为给定水平。

电力系统发生短路故障或其他原因使机端电压严重下降时，能对主机进行强行励磁，以提高电力系统的动态稳定。

电力系统突然甩负荷时能对主机实行强行减磁，以免主机端电压过分升高。

整定无功调差，实现并列运行的发电机无功自动分配。

能根据运行的要求对主机实现最大和最小励磁限制。

发电机正常停机或事故状态停机时能迅速灭磁。

3. 装置原理接线

DQLT-1D型励磁装置方框图，见图20-2-7。

4. 装置技术参数及工作概况

(1) 发电机主要技术参数：

额定容量62500/50000kVA/kW；

额定电压10.5kV；

额定电流3436.6A；

额定功率因数0.8；

额定频率50Hz；

额定转速3000r/min；

额定负载励磁电流527A；

额定负载励磁电压255V；

空载励磁电压82.5V；

空载励磁电流200A；

转子电阻R（75℃）0.403Ω。

(2) 励磁变压器主要参数：

容量450kVA；

变比10500V/500V与6300V/500V；

相数3相；

频率50Hz；

接线方式Y/△—11（Y，d11）；

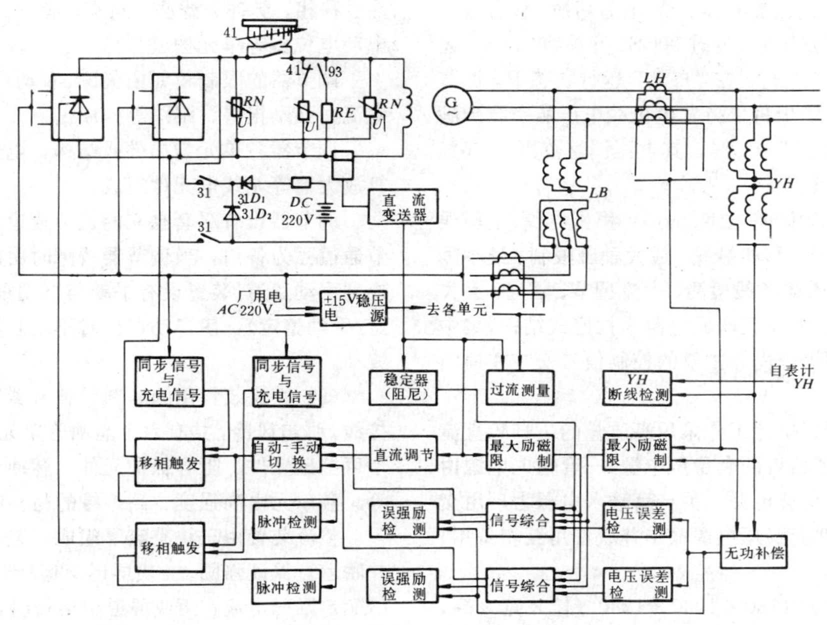

图 20-2-7　DQLT-1D 型励磁装置方框图

结构干式（户内）自冷。

(3) 可控硅整流柜内的晶闸管整流装置为三相全控桥，由四组桥并联使用，晶闸管触发角 α 随电压调节器的输出而变化。整流时可控硅触发角 α 在 0°～90°，逆变状态 α 角在 90°～150°。

全控桥的电源波形是对称的，具有逆变功能，逆变时能快速减磁，当发电机甩负荷时调节器自动逆变，迅速减磁。正常停机一般采用逆变灭磁。

整流元件采用塑料成型的抽屉式结构，晶闸管装置较为方便。整流柜技术参数见表 20-2-3。

表 20-2-3　DQLT-1D 型励磁装置整流柜技术参数

交流额定输入电压（V）	500
发电机额定磁场电流（A）	527
发电机强励时磁场电流（A）	1000
晶闸管	KP-500A/2000～2200V
整流元件电压安全系数	5.6 倍
整流元件强励时电流安全系数	5.4 倍

(4) 励磁装置的磁场开关为 DM3-600 型。其主要技术参数为：

额定电压直流 500V；

额定电流直流 600A；

强励电压直流 800V；

强励电流直流 1200A。

(5) 发电机转子两端接有转子过电压保护，过电压保护装置由特性较好的 ZnO 电阻组成。当发电机组的励磁系统发生过电压到达 ZnO 电阻的导通电压时，ZnO 可靠导通，将线路过电压限制在某一允许值之下。ZnO 电阻既能限压，又能吸收很大的能量，因此能很快地将线路过电压能量消耗殆尽，从而保护了发电机转子绝缘。

该过电压保护装置为 GBM3-0.15 型，最大能量 150kJ，额定动作电压 1300V，额定电流 1000A。

(6) 因发电机的励磁为自励磁，其整流变压器是由发电机供给电源，在发电机升压前需引入一个起励电源供给磁场电流，激励发电机。该励磁装置采用 DC220V 电源作为起励电源。

当合上开关接通起励电源至磁场时，发电机电压随磁场电流按开路饱和特性上升；当发电机电压大约达到空载额定值的 50%时，起励电源断开。起励电源回路中接有限流电阻，限制磁场电流在相对于发电机额定电压的 50%左右。

(7) 调节器设有自动电压调节（交流电压调节）和手动电压调节（直流电压调节）。交流电压调节是自动控制晶闸管触发角，维持发电机端电压为给定电平；直流电压调节是自动维持发电机磁场电压为给定电平。

自动电压调节器逻辑控制电路为并联控制系统。

正常运行时，二套调节器并联运行，互为备用，当一套有故障时，另一套自动顶上，一般不需切换，只有电压互感器断线或误强励时，通过90CS2开关将“自动”运行切换到“手动”运行。在“自动”运行状态下，调节器控制的整流桥输出将保持发电机端电压从空载到满负荷运行的变化小于0.5%，其电压调整范围为70%～110%额定电压。

该调节器包括调差电路、±15V稳压电源、电压误差检测、信号综合、移相触发、最大励磁限制、最小励磁限制、电压互感器断线检测、直流调节、阻尼、丢失脉冲检测等单元。各单元印刷电路为抽屉式结构，集中布置在调节器的摇门内。主要的控制信号安装在摇门上。

调节器各逻辑单元工作采用高质量的±15V直流稳压电源。该调节器设两套稳压电源，一套输入电源由励磁变压器来的交流电源，另一套输入电源为厂用交流220V电源。两套稳压电源输出并联使用互相备用。

5. 外形尺寸

励磁变压器为1750×1000×1880（长×宽×高，mm）。

励磁系统由调节柜、操作柜、整流柜（两面）、灭磁柜五面柜组成，排列组成一整体。

各柜体外形尺寸为800×860×2360（宽×深×高，mm），整流柜加上风机其高为2460（mm）。

6. 生产厂

东方电机厂。

五、HZL-1型励磁装置

（一）简介

该励磁装置是在交流侧串联自复励的半导体励磁系统，为60000kW汽轮发电机组提供励磁能源。

（二）装置工作原理

发电机的励磁电流，由接在机端的整流变压器（ZLB）与接在发电机中性点的串联变压器（FLB）串联，经晶闸管整流器屏整流供给励磁电流的大小由自动电压调节器按发电机运行工况要求，自动地改变晶闸管整流器屏的输出来实现。另外，装置还设有各种附加单元，用以实现各种附加控制功能。当机端短路时，由串联变压器提供强行励磁，从而保证发电机在各种工况下的运行要求。发电机启励时，由蓄电池经启励装置，建立起始电压。

当励磁系统故障时，可转入由厂用电源供电的感应调压器，经隔离变压器进行电隔离，由不可控整流为发电机提供励磁能源。

（1）调节器的自动回路由测量、综合放大、积分、适应、移相、脉冲、滤波、同步、脉冲丢失、稳压、电动电位器等单元构成。

调节器的手动回路由转子电流测量、手动、手动适应、移相、脉冲、滤波、同步、脉冲丢失检测、稳压、电动电位器等单元构成。

调节器的限制单元由欠励、反时限、定时限、瞬时电流、强励报警、跟踪等构成。

调节器各单元为插件式结构，电子线路全部由运算放大器等无线电元件组成。

调节器设有双套独立的调节通道，即手动、自动调节通道互为备用，当调节器故障时由自动通道自动切换到手动通道。装置设有手动与自动跟踪单元（自动整定/手动整定），使自动切换时不引起发电机无功功率波动。

（2）整流装置用的晶闸管整流器采用三相全控桥接线，强迫风冷，共有六个晶闸管单元，每个单元装一个可控硅元件、阻容保护元件、脉冲变单元及信号灯等。各单元由高强度、高绝缘的材料制成。

整流装置由三块整流屏组成。装置由三块屏同时并联运行保证强励。一块屏退出运行时，保证提供1.1倍额定励磁电流；两块屏退出运行时，可提供50%的额定励磁电流，三块屏的风机全部退出运行时，可提供40%额定励磁电流。

（3）灭磁屏内设有DM2-2500A/500V型自动灭磁开关、6004型转子放电器和非线性电阻以及启励控制回路。

（4）操作屏主要为整流屏风机控制回路而设置的，并装有其它设备。

风机控制有两种方式：一种是手动投入，手动切除；二是自动投入，自动切除。

（三）装置原理接线

HZL-1型励磁装置原理接线，见图20-2-8。

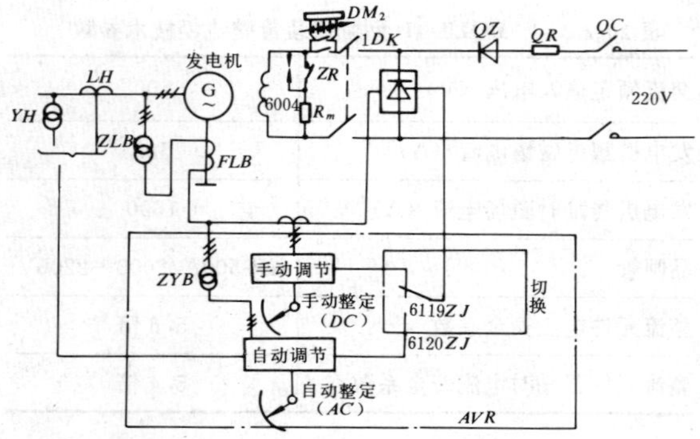

图20-2-8 HZL-1型励磁装置原理接线

（四）装置技术性能

1. 调节器

（1）励磁系统顶值电压倍数不低于2倍。

(2) 励磁系统允许强励时间不大于 20s。

(3) 励磁系统电压响应比不低于 2 单位/s（对恒电曲线）。

(4) 电压响应时间小于 0.08s。

(5) 电压调节精度 0.5%。

(6) 电压整定范围 70%～110%（空载）。

(7) 手动整定范围 30%～110%（空载）。

(8) 电压调差率±10%。

(9) 时间常数≯0.05s。

(10) 同步发电机在空载运行状态下，调节器给定电压变化速度，每秒不大于发电机额定电压的 1%，不小于 0.3%。

(11) 自动电压调节器，保证发电机空载运行状态下频率变化 1%时，发电机端电压变化率不大于±0.25%。

(12) 自动电压调节器保证发电机端电压静差率为 1%。

(13) 在空载额定电压情况下，当电压给定阶跃响应为±10%，其超调量不大于阶跃量的 50%，摆动次数不超过 3 次，调节时间不超过 10s。

(14) 自动电压调节器保证同步发电机零起升压时，端电压超调量不超过额定值的 15%，时间不大于 10s，电压摆动次数不大于三次。

2. 晶闸管整流装置

(1) 交流输入线电压 350V。

(2) 额定输出直流电压 1000V。

(3) 额定输出直流电流 2000A。

(4) 信号回路电源电压直流 220V。

(5) 风机回路电源电压三相交流 380V。

(6) 晶闸管 KPX-1650A/2500V 型，配 SF-16 型散热器。

(7) 整流装置额定效率不小于 99%。

(8) 各屏间均流系数不低于 0.85。

3. 灭磁装置

(1) 灭磁开关 DM2 长期允许直流分断能力为 2500A，500V；瞬时分断能力 5000A，1500V。

(2) 6004 型转子放电器电压整定值为 1300～1400V。

(3) 整流变压器（*ZLB*）容量 980kVA。

(4) 复励变压器三台（单相 *FLB*）容量 800kVA。

（五）装置组成及外形尺寸

装置由励磁变压器整流变压器（*ZLB*）、复励变压器（串联变压器 *FLB*）、三面整流屏、一面自动电压调节器屏、一面操作屏、一面灭磁屏组成。

各装置屏外形及安装尺寸相同，规格如下：

外形尺寸 800×1000×2360（宽×深×高，mm）；安装尺寸 550×880（宽×深，mm）。

（六）生产厂

哈尔滨电机厂。

第 20-3 节　交流励磁机励磁系统的装置与设备

一、简述

大、中型同步发电机励磁方式之一，为与同步发电机同轴的交流励磁机励磁方式。交流励磁机的励磁系统可分为交流励磁机—静止整流器励磁系统和交流励磁机—旋转整流器励磁系统两种，两者区别为一个是静止整流器，一个是旋转整流器。本节着重介绍交流励磁机—静止整流器励磁系统及其设备。

交流励磁机励磁系统包括交流主励磁机、永磁副励磁机、励磁整流装置、切换装置、灭磁及过电压保护装置、自动与手动励磁调节器等部分。

本节主要介绍励磁系统的自动与手动励磁调节器、励磁整流装置、切换装置、灭磁及过电压保护装置等的结构、工作原理及技术参数。交流主励磁机、永磁副励磁机、感应调压器、隔离变压器等的技术参数，可参见《电力工程电气设计手册　第二册　电气二次部分》表 25-8。本节中励磁系统的型号就是励磁调节器的型号。

发电机的励磁系统设备是随发电机组成套供货。

发电机及励磁系统配套装置柜的技术参数见表 20-3-1；励磁系统装置柜数量，见表 20-3-2。

二、GLT-5 型励磁调节器

（一）工作原理简介

励磁调节器（简称调节器）由两台接线完全相同的励磁调节器柜（下面简称调节柜）组成，每台调节器柜可单独运行，也可并列运行，供给主励磁机的磁场电流。

每台励磁调节器柜由晶闸管整流、触发、直流放大器、电压反馈、电流反馈、低励限制、电压比较、欠励、强励、强励限制、稳压、直流电源等单元组成。

晶闸管整流功率单元采用三相全控桥式整流，其输出端接有 ZP-300A/800V 型硅二极管，以防止运行中主励磁机磁场开路。触发单元由六个完全相同的触发插件组成，每个插件采用 KC-1 及 KC-2 两块集成化移相触发器板以及电阻、电容若干组成，体积小，功耗低，通用性强。调节器采用两级直流放大器。两台调节柜的给定电压互相跟踪，可随时切换。两台调节器中任一台失磁或误强励，自动切换到另一台运行。

GLT-5 型励磁调节器工作原理方框图，见图 20-3-1。

表 20-3-1 **发电机及励磁系统配套装置柱技术数据**

序号	发电机制造厂及编号 / 名称	上海电机厂	东方电机厂		北京重型电机厂		哈尔滨电机厂	
		S	D_1	D_2	B_1	B_2	H_1	H_2
一	发电机							
1	型号	QFS-300-2	QFSN-300-2	QFQS-200-2 QFSN-200-2	QFQS-200-2	SQF-100-2	QFSN-200-2	QFSN-300-2
2	额定容量(MW)	300	300	200	200	100	200	300
3	额定电压(kV)	18	20	15.75	15.75	10.5	15.75	20
4	额定电流(A)	11320	10190	8625	8625	6470	8625	10190
5	空载励磁电流(A)	629	734	654.4	668	605	669	
6	空载励磁电压(V)	144	138	125.8	172	95	157	
7	额定励磁电流(A)	1844	2254	1749	1768	1400	1765	2642
8	额定励磁电压(V)	483	460	453	452	245	454	365
9	强行励磁电流(A)	3688	4508	3496	3536	2520	3173	
10	强行励磁电压(V)	966	920	906	904	441	817	
11	允许强励时间(s)	10	10	10			20	
二	励磁调节器柜							
1	励磁系统调节器型号	SWTA	DQLT-2B	DQLT-2B	GLT-8	GLT-5	KGF-2D	HWTA-30
2	额定输出电压(V)	60/76	75	45	50	35	70	
3	额定输出电流(A)	68/116	150	146	91	75	150	
4	强励输出电压(V)	144/144	133	79	102	60	140	
5	强励输出电流(A)	136/235	260	260	188	140	300	
6	强励允许时间(s)	20	10	10	10～20	10～15	20	>10
7	强励电压倍数	2	2	1.8	2	1.8	1.8	
8	强励时电压上升速度(倍/s)	2	2	2	2	1.98	1.5	
9	发电机空载电压调整范围	85%～110%	70%～110%	70%～110%	30%～120%	20%～120%	85%～110%	80%～110%
10	电压调差率整定范围	±10%	±10%	±10%	±10%	±10%	>±5%	
11	电压调整精度	±1%	±1%	±1%	±1%	±1%	3%	
12	手动空载电压调整范围	65%～110%						42%
13	调节器时间常数	<0.05		≤0.05			<0.05	<0.05
14	机端电压静差率	<1%					1%～3%	±1%
15	频率变化1%时机端电压变化率	±0.05%					≯±5%	
16	组成柜数量(台)	见表 20-3-2						

续表 20-3-1

序号	发电机制造厂及编号 / 名称	上海电机厂	东方电机厂		北京重型电机厂		哈尔滨电机厂	
		S	D_1	D_2	B_1	B_2	H_1	H_2
三	励磁整流柜							
1	型号	ZLFS-500/500	ZLF-$\frac{30}{31}$-01-$\frac{A}{B}$	ZLF-$\frac{20}{21}$-01-$\frac{A}{B}$	ZLF-20	GZL-4A	HL-2D	GLF-3000/1500-HZM-$\frac{1}{2}$
2	额定输入电压(V)	500					415	360(线电压)
3	单整流柜额定输出电压(V)	500	1000	1000	1000	245	1000	1500
4	单整流柜额定输出电流(A)	500	3000	2000	2000	1200	2000	3000
5	单整流柜过载能力(A)	1.3I_e	6000(30s)	3200(30s)	3200(30s)		3526	5400(30s)
6	允许强励柜数	3	1	1	1	2	1	1
7	允许强励时间(s)	20			30	20	20	30
8	冷却方式	水循环风冷	强迫风冷	强迫风冷	强迫风冷	强迫风冷	强迫风冷	密闭风冷
9	风机电压(V)	二套 380	380	380	380	380	380	380
10	整流线路连接方式	三相桥式	三相桥式×2	三相桥式×2	三相桥式×2	三相桥式	三相桥式	三相桥式
11	均流系数	>0.85	≥0.85	≥0.85	≥0.85		0.85	>0.85
12	控制电压(V)	直流 220 或 110	直流 220 或 110	直流 220 或 110	直流 220 或 110		直流 220	直流 220 或 110
13	装置柜数量(台)				见表 20-3-2			
四	励磁切换柜							
1	型号	GH$\frac{I}{II}$-2500	ZLF-30	ZLF-20	ZLF-20			
2	刀开关额定电流(A)		1500×2	1500×2	1500×2			
3	装置柜数量(台)	见表 20-3-2						
五	励磁灭磁装置柜							
1	型号	$GDMQ_2$-2500	ZLF-30	ZLF-20	ZLF-20	BCM-3	HMZ-$\frac{1}{2}$	$ZDMQ_3$-4000
2	灭磁开关	DM_2-2500 DM_3-600	DM_2-2500	DM_2-2500	DM_2-2500	DW10M-2500	DM_2-2500	
3	灭磁(异步)电阻		ZX9-4/2B	ZX_1-1/7	ZX_1-1/7	ZX_1-1/40	ZX_1-1/7	
4	转子过电压保护	限压二极管或灭磁及过电压保护装置	6004 型放电器与灭磁及过电压保护装置	6004 型放电器与灭磁及过电压保护装置	6004 型放电器		6004 型放电器或灭磁及过电压保护装置	灭磁及过电压保护装置
5	柜台数	见表 20-3-2						

表 20-3-2 励磁系统装置柜数量

制造厂及发电机容量（MW）		调节柜	功率柜	手动柜	操作柜	辅助柜	整流柜	切换柜	灭磁柜	灭磁及过压保护柜	备用柜
上海电机厂	300	1	1			1	4+1	1	1	1*	
北京重型电机厂	200	2		1			2	1	1		
	100	2					3		1		
东方电机厂	300	2		1	1		2	1	1	1*	
	200	2		1	1		2	1	1		
哈尔滨电机厂	300	1	2	1*	1		2		1	1	
	200	1	1		1		2		1		1
	100	2					3		1		

* 表示设备不成套。

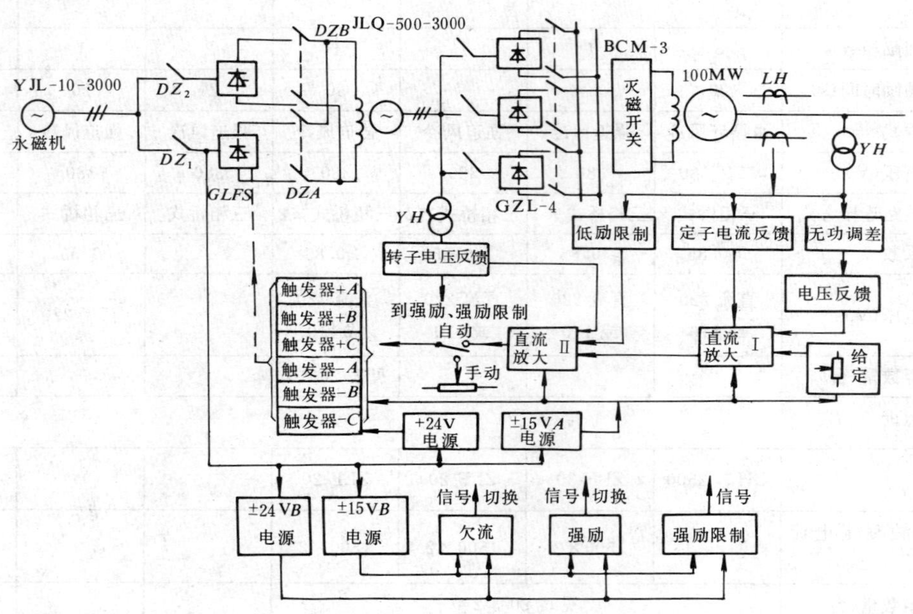

图 20-3-1 GLT-5 型励磁调节器工作原理方框图

（二）技术数据

GLT-5 型励磁调节器的技术数据，见表 20-3-1。

（三）外形及安装尺寸

GLT-5 型励磁调节器外形尺寸为 850×750×(2125+71)（宽×深×高，mm）。

（四）生产厂

北京重型电机厂。

三、GLT-$^{8}_{9}$型励磁调节器

（一）励磁调节器组成

励磁调节器由两台完全相同的自动励磁调节柜和一台包括直流切换开关的手动励磁调节柜组成。正常两台自动励磁调节柜并联运行，也可单独运行。

自动励磁调节柜由晶闸管整流桥、移相触发、直流放大、电压反馈、低励限制、无功调差、主励磁机的过电压限制和过电流限制、可控桥的缺波指示、直流电源和稳压电源及其电源监视等单元组成。

手动励磁调节柜由欠励信号、强励限制和强励信号、主励磁机电流测量和电压测量等单元组成。

励磁系统工作原理接线图，详见《电力工程电气设计手册 电气二次部分》图 25-25。

（二）各单元工作原理简介

1. 功率单元

晶闸管整流桥及二极管整流桥电路原理图见图 20-3-2。

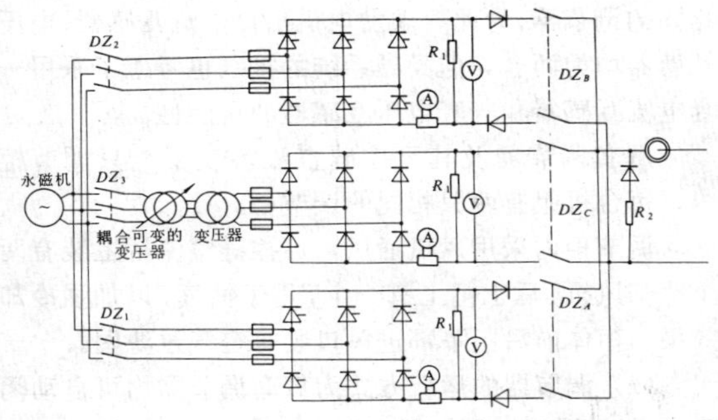

图 20-3-2　GLT$\frac{8}{9}$型励磁调节器功率单元电路原理图

两台自动柜中每柜有一组晶闸管三相全控桥式整流，每桥臂选用 KP-200A/800V 型元件自然通风冷却，整流电源由三相 500Hz 永磁机供电，交流侧装有 DZ10-250/334 型空气开关及 RSO-350A/250V 型快速熔断器作为电源开关及保护，整流桥直流侧接有小负载电阻 R 及电流表、电压表及 DZ10-250P/334 型自动空气开关。为使整流桥直流电压相对独立，正负极均串入 ZP-300A/800V 型隔离二极管。

手动柜中有三相二极管桥式整流，每桥臂选用 ZP-300A/800V 型二极管，整流电源亦由永磁机经调压器和隔离变压器后加到三相不可控整流桥上。交流侧装有 DZ10-250/334 及 RSO-250A/250V 型快速熔断器作为电源开关及保护。整流桥直流侧接有小负载电阻及电流、电压表以及 DZ10-250P/334 型自动空气开关。

电阻 R_2 和二极管是为消除在运行中主励磁机磁场开路产生的过电压。直流互感器提供欠励插件检测励磁电流信号。

三相全控桥式电路，在不同的起燃角 α 值时，输出直流电压不同。全控桥要求有六个相同的移相触发器。

2. 移相触发单元

移相触发单元采用 KC-11 集成化移相触发器及若干分立电子元件组成。

3. 发电机定子全电流测量及主励磁机电压、电流测量

（1）发电机定子全电流反馈，用来补偿发电机负载时电枢反应及升压变压器的电抗压降。电流反馈应采用正反馈。

（2）主励磁机的电压和电流测量单元电路原理图相同，仅元件参数有所不同。

4. 低励限制单元

低励限制又称最小励磁限制。它是通过限制发电机欠激无功电流，来达到防止交流发电机的励磁电流降低到稳定运行时所要求的数值之下，所以又称欠励限制。当欠激无功电流超过预先整定值时，送出一个信号到放大器，以增加发电机的激励电流，限制无功下降。最小励磁电流的限制值不是常数，而是随发电机的运行工况即随所带有功功率 P 的多少而变化。

5. 调差单元（无功电流补偿单元）

电力系统的电压调节和无功功率的分配是密切相关的，调整发电机母线电压水平是电力系统调压的一个重要手段。为维持母线电压水平和稳定合理地分配机组间无功功率，就是各个机组自动调节励磁装置的任务。系统要求发电机的电压调节特性 $U_P=f(I_Q)$ 向上倾斜，即具有负调差系数。

（1）当发电机带无功负荷时，$\cos\varphi=0$，从调差电路的电压向量图可看出，调差电路输出端 A、B、C 得到的新电压向量仍然是三相对称的（三相线电压对称），仅是绝对值减少了，即相当于反馈电压减小了，调节器输出将增大，发电机母线电压相应增高。

（2）当发电机带有功负荷时，$\cos\varphi=1$，从调差电路的电压向量图可看出，调差电路输出端新三角形 $A'B'C'$ 是原来三角形 ABC 以 B 点为轴心旋转了一个角度 δ，电压值（三角形大小）并无明显改变。

因此，从上（1）、（2）得出该调差电路对无功电流作用明显，而对有功电流则无明显作用。

6. 电压反馈单元

发电机端电压经无功调差单元之后仍为交流电压信号，而 PID 放大器的输入端需要直流电压信号，为此在无功调差单元与 PID 放大器之间加一电压反馈单元，将交流电压信号转换为直流电压信号。

7. 直流电源单元

（1）直流电源 I 供给±24V 直流电压和±15V 直流电压，供触发脉冲放大电源。为使励磁调节器工作可靠，本调节器各有两套±15V 稳压电源和±24V 直流电源，称 A、B 电源，并经二极管组成或门电路，供触发器和放大器工作用。

（2）直流电源的±24V 为继电器和指示灯工作电源，±15V 作为较简单的稳压电源为继电保护和限制插件的工作电源。

8. 电源监视单元

因自动励磁调节装置设有两套工作电源，其中任意一组电源发生故障时，本调节器仍能正常工作，所以对每组电源（除－24V B 相外）进行监视。

9. 稳压单元

因该调节器所有的集成元件工作电源为±15V，

为此设置±15V稳压电源单元。

10. 直流放大单元

该单元由PID放大器和综合放大器两级直流放大器组成。

两级放大器均采用集成运算放大器组件，开环放大倍数很高，且加深度负反馈，可使放大器工作稳定。其总的作用是将经过电压反馈单元量测的正比于发电机母线电压的直流电压与基准（给定）电压进行比较，然后将比较结果进行比例—积分—微分运算，再将所得的信号电压进行综合放大后，送到移相触发器，去控制晶闸管的导通，以调节主励磁机的励磁。

11. 强励单元

该单元的信号取自主励磁机定子电流经互感器、变压器等转换成的电压信号，反映发电机转子电流的大小。电路图中预先用W_1调节整定电压在10V左右，在发电机正常励磁时，R_2输入端电压远低于10V，继电器J_2不吸合。当发电机转子得到1.4倍$I_{f\sim}$时，使强励单元的信号电压大于10V，R_6输出端电压立即增到正值（+12V），继电器J_2吸合，发出强励信号。

经过一定时限，强励限制继电器J_2动作，其触点将综合放大器的输出限制到正常励磁的对应值，从而限制了强励。如果强励倍数高，则时限极短，起到反时限的作用。

12. 欠励单元

当调节器输出电流小于33A时，欠励继电器(J_3）吸合，发出欠励信号，并使手动励磁合上。

13. 主励磁机过电压限制单元和过电流限制单元

主励磁机是励磁系统中极为重要的单元，在励磁调节过程中由于某种非常因素，可能出现过电压或过电流，威胁主励磁机或整流装置，因此对于过电压或过电流的数值应有限制。

（三）技术数据

GLT-$\frac{8}{5}$型励磁调节器的技术数据，见表20-3-1。

（四）外形及安装尺寸

GLT-$\frac{8}{9}$型自动、手动励磁调节器柜外形尺寸为850×750×（2125+71)（宽×深×高，mm)。

（五）生产厂

北京重型电机厂。

四、DQLT-2B型励磁系统调节器

励磁调节器是励磁系统的一个组成部分，DQLT-2B型励磁系统调节器适用于东方电机厂的200MW、300MW大型汽轮发电机。

DQLT-2B型励磁系统调节器方框图，见图20-3-3。

（一）工作原理简介

(1) 为保证机组可靠运行，励磁调节器采用双通道，即从量测单元起，直至可控硅整流桥，有两套完全相同的调节器，为此要求发电机出口电流互感器、电压互感器均为两套，但励磁系统的接线也考虑了采用一套电流互感器和一套电压互感器的可能性。

每套调节器及其可控硅整流桥装于一只调节柜内，每台机组有两只相同的调节柜。

调节柜内采用风机通风，可控硅整流桥上装有两个冷却风机，后上门上有一个，用于抽气，以加强冷却效果。柜体前后门下部进风口装有空气过滤网。

(2) 调节器的运行方式为每套调节器均可自动闭环、手动闭环或手控开环运行。

正常工作时，两套调节器是自动闭环并列运行，共同承担负荷，若其中一套调节器发生故障而退出运行时，允许一套工作。一套调节器能满足包括强励在内的所有工况要求。

手控闭环或手控开环，是在自动调节部分发生故障时使用的一种临时运行方式。

手控闭环以发电机转子电流为信号，按转子电流偏差进行调节，自动维持发电机转子电流为恒定值。

手控开环以稳压电源作为控制电压，通过放大后送至移相触发单元来控制发电机的励磁。

手控闭环与手控开环运行方式只能任选其一，不作为相互切换用，在机组投运前调试时就要选定一种方式。

(3) 励磁系统中还设置一套由厂用电（交流380V）供电，感应调压器手动调压，隔离变压器隔离和变压，经不可控整流桥整流的主励磁系统的备用励磁装置，在调节器不具备投入运行的情况下可临时满足发电的需要。

（二）调节器主要单元功能

1. 调差单元

调差率为±10%。

2. 电压检测

对发电机电压进行检测，并对其偏差信号进行放大。

3. 综合放大

对各种调节信号进行竟比、综合、放大。

4. 移相触发

根据输入的控制信号之变化（大小、方向），改变输出到可控硅的触发脉冲相位，即改变控制角α。

5. 同步信号

将可控硅整流桥主电路电压，变换成具有移相触发电路所要求的幅值、相位及相数的同步电压。

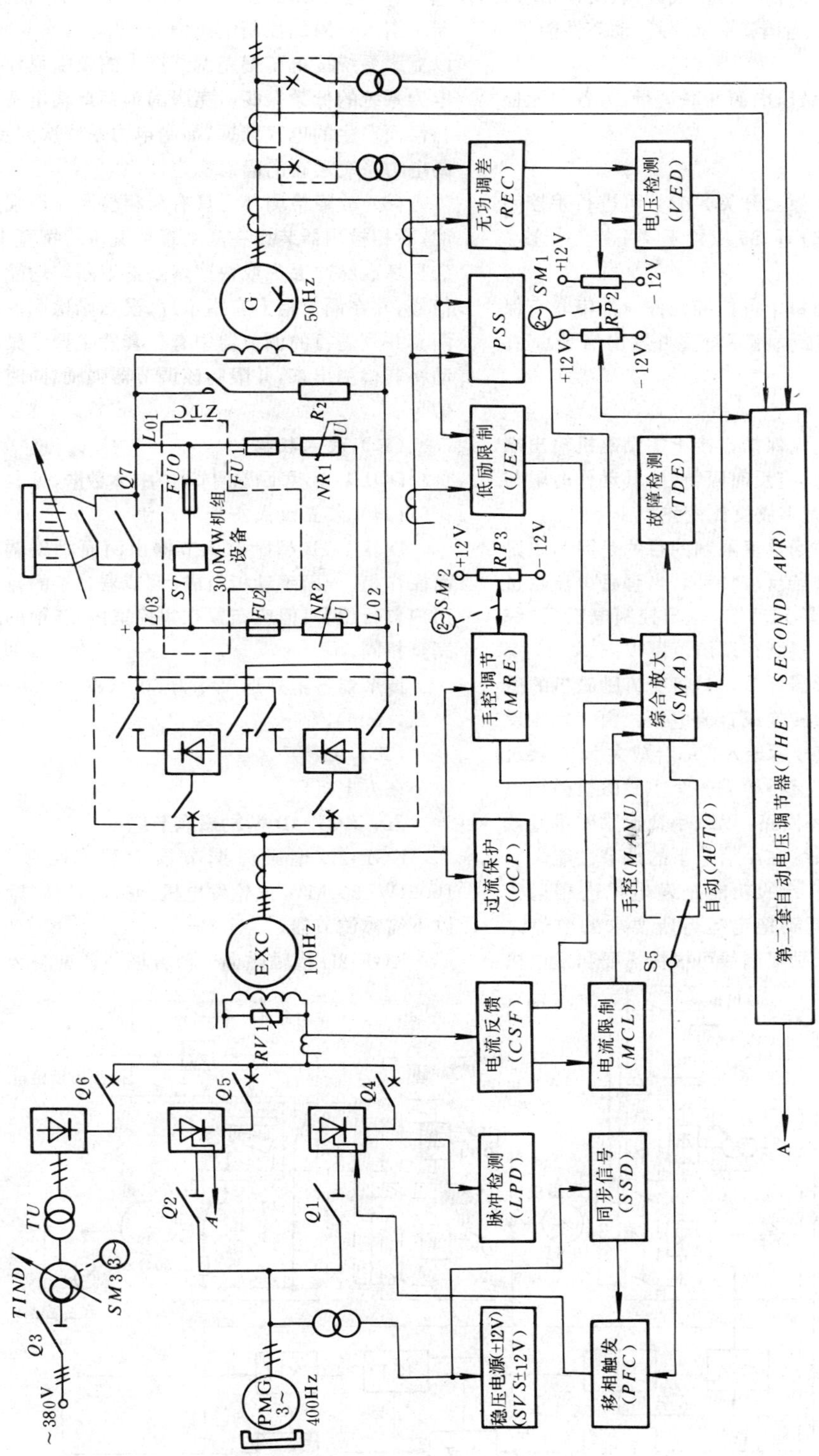

图 20-3-3　DQLT-2B 型励磁系统调节器方框图

6. 电流反馈

将从转子电流取得的信号转换成硬、软反馈信号，以便加至综合放大单元,改善调节系统的静、动态性能。

7. 稳压电源

三相独立的正、负稳压电源并联运行，为各单元提供直流电源。

8. 手控调节

借助于单元插件面板上开关 $SA1$，可进行手控闭环或手控开环调节的选择；S5 应置于“手控”位置。

9. 晶闸管整流桥

三相全波整流桥的每个可控硅元件，都串联有保护用熔断器（熔断器熔断，指示灯亮并发出信号)，并联有阻容保护。

10. 调节器的附加单元

(1) 发电机转子过流保护，接于主励磁机输出端的电流互感器上。保护具有反时限特性,其动作时限与发电机励磁电流 I_{fN}的大小成反比变化。

(2) 交流励磁机磁场电流限制的目的是因为主励磁机磁场电压具有高起始反应特性，当强励电流超过顶值时，磁场电流限制单元动作，输出控制电压至“综合放大”单元，将电流限制在顶值范围以内。

(3) 时间常数补偿器环节，是将交流励磁机的磁场电流通过直流互感器转换成直流电压，由“电流反馈”单元取得硬反馈信号后送入“综合放大”，并通过“移相触发”和晶闸管整流桥构成一个主励磁机磁场电流硬（负）反馈的小闭环回路，以减小交流励磁机等效时间常数，提高励磁系统在小信号下的调节性能。

(4) 低励磁限制单元的功能是发电机进相运行时，防止励磁电流降低到稳定运行所要求的数值之下，并发出限制信号。低励限制线可根据需要和发电机进相运行能力整定。

(5) 电力系统稳定器（PSS）单元的功能是在调节器中引入一附加控制电压信号“U_{PSS}”，参与励磁控制，以克服系统按电压偏差调节产生的负阻尼作用，抑制电力系统的低频振荡，克服因远距离输电由串联电容补偿而产生的电气谐振，抑制电力系统次同步振荡，提高电力系统运行的静态稳定性。

(6) 故障检测单元具有断相检测和误强励检测功能。断相检测器装设在晶闸管整流桥的桥臂中，当可控硅损坏或脉冲丢失或快速熔断器熔断，均能发出报警信号，并在调节柜上有指示灯。误强励检测的作用是当两套并列运行的调节器中有一套发生误强励时，能自动将其检测出来，并限制该调节器强励，同时发出报警信号。

（三）技术数据

DQLT-2B 型励磁调节器的技术数据，见表 20-3-1。

（四）装置组成及外形尺寸

DQLT-2B 型励磁调节器由两面励磁调节柜、一面操作柜、一面手动柜组成。调节器各柜的排列顺序由用户自行组合，但应布置在集控室内。各柜的外形尺寸完全相同。

调节器各柜外形尺寸为 800×860×2360（宽×深×高，mm）。

（五）生产厂

东方电机厂。

五、KGF-2D 型励磁调节器

KGF-2D 型励磁调节器为配套哈尔滨电机厂 100MW、200MW 汽轮发电机励磁而设计。励磁调节器以下简称调节器。

KGF-2D 型励磁调节器方框图，见图 20-3-4。

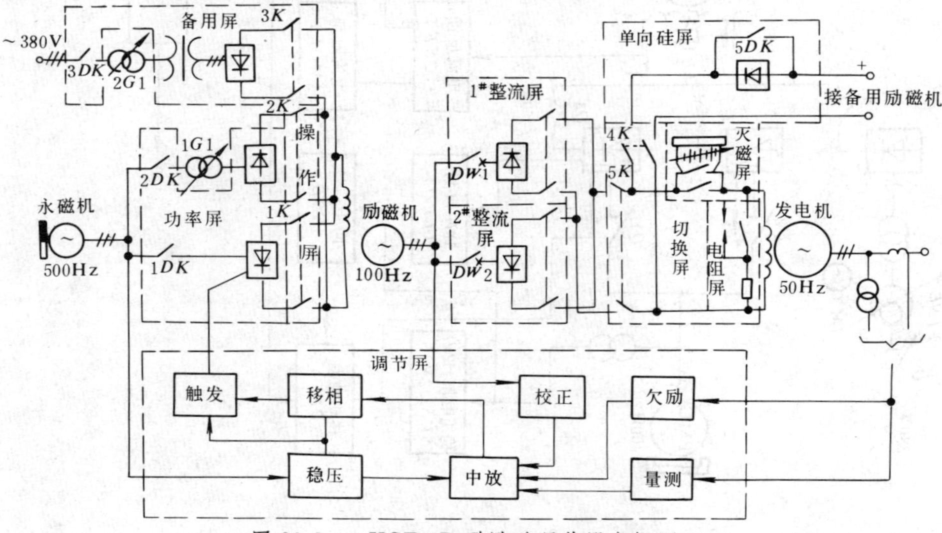

图 20-3-4　KGF-2D 型励磁调节器方框图

（一）调节器的组成及工作原理简介

调节器由调节柜、功率柜、操作柜组成（参见 20-3-4 图）。

每台调节器内设有两套相同的自动调节器。每套调节器由量测、中放、稳压、移相、触发等单元组成。为保证励磁系统在各种工况下稳定运行，调节器还设有低电压、过电压、强行励磁限制、校正及欠励等环节。

正常运行情况发电机的励磁电源由永磁发电机提供，经功率柜内可控硅整流器组，送至主励磁机磁场。主励磁机输出经整流柜整流后至发电机转子，励磁电流的大小由调节柜按发电机端电压偏差信号自动进行调节。当发电机端电压低于给定电压时，调节器中的移相触发脉冲向前移，功率柜中的晶闸管导通角增加，供给发电机的励磁电流亦增加，从而维持发电机端电压为给定值；反之则相反。当系统电压下降到 90%额定值以下时，调节器将连续地提供发电机最大励磁，实现强行励磁。

（二）调节器主要单元功能

1. 量测单元

量测单元包括测量、调差和电流补偿环节。

测量环节是通过测量桥反映发电机电压偏差值，当发电机端电压 U_F 变化时，加在测量桥上直流信号电压亦成正比例变化。

调差和无功电流补偿环节通过改变发电机功率因数，改变无功电流大小，从而实现无功电流调差的目的。

2. 中放单元

中放单元主要由直流变换器 B_4 和磁放大器 GF-1 组成。B_4 的作用是为磁放大器提供中频电源，GF-1 是将所有输入信号进行综合及放大。

3. 移相单元

移相单元包括移相、自动零起升压和限制环节。

移相单元采用半波磁放大器 GF-2 来移相，全部过程可在（0.5～1）周波内结束，从而提高了调节器作用的快速性。

4. 触发单元

触发单元是将移相单元的输出电压脉冲 U_{R23} 转换成时间间隔为 120°电角度的三相脉冲，用以控制功率柜中可控硅整流器。

5. 校正单元

校正单元的作用为提高励磁系统的稳定性能。

6. 欠励单元

欠励单元的作用是当发电机在欠励条件下，能保证机组连续安全运行，并使发电机在励磁极限及稳定极限有足够的范围。

7. 变压器单元

变压器单元由三个单相变压器组成。变压器原边与副边均接成星形。原边接主励磁机电压，为满足不同机组要求，设有抽头。副边有两组输出，主要给校正单元用。

8. 稳压单元

稳压单元的作用是供给调节器柜中各晶体管回路稳定的直流工作电源，其输入电压由永磁发电机来。

（三）技术数据

KGF-2D 型励磁调节器技术数据，见表 20-3-1。

（四）外形及安装尺寸

KGF-2D 型励磁调节器柜外形尺寸，见图 20-3-5。

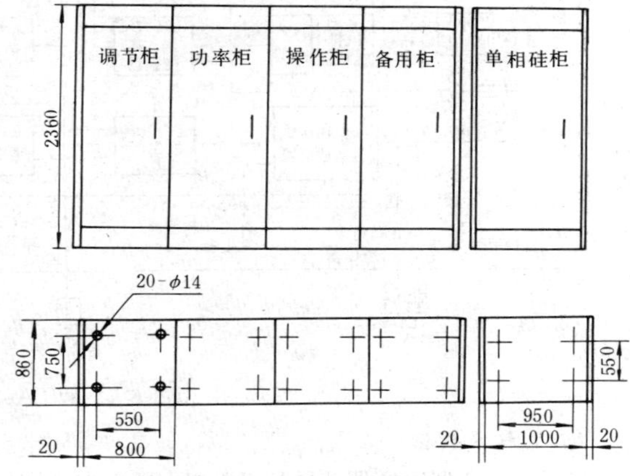

图 20-3-5　KGF-2D 型励磁调节器柜外形及安装尺寸

（五）生产厂

哈尔滨电机厂。

六、HWTA 型励磁调节器

HWTA-30 型励磁调节器作为 300MW 汽轮发电机的励磁控制装置，装置通过对交流励磁机磁场电流的调整、控制，来维持发电机端电压或磁场电压恒定。

HWTA-30 型励磁调节器方框图，见图 20-3-6。

（一）调节器工作原理简介

调节器有自动调节（称 *AC* 调节）和手动调节（又称 *DC* 调节）两部分。调节器工作在“自动”位置时，维持发电机端电压恒定。调节器工作在“手动”位置时，通过隔离变换器检测交流励磁机磁场电流信号，以维持励磁机磁场电流在给定的电平上。正常情况调节器工作在“自动”位置，当 *AC* 调节器故障时，自动启动 *DC* 方式运行。

该调节器除了完成 *AC*、*DC* 基本调节外，还具有欠励限制、最大励磁限制、过励保护、V/Hz 限制及低周波保护、信号丢失检测、强励报警等附加功能。

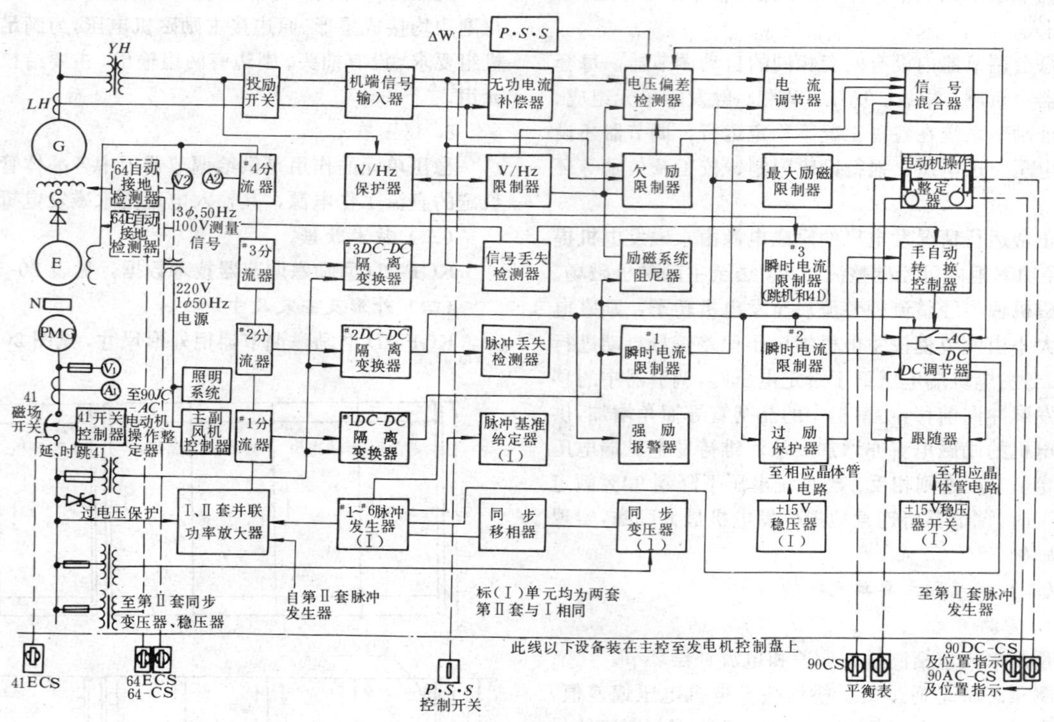

图 20-3-6　HWTA-30型励磁调节器方框图

（二）技术数据

HWTA-30型励磁调节器技术数据，见表20-3-1。

（三）外形及安装尺寸

HWTA-30型励磁调节器柜、功率柜、开关柜外形尺寸相同，为800×1000×2360（宽×深×高，mm）

（四）生产厂

哈尔滨电机厂。

七、SWTA型自动电压调节器

（一）调节器组成及结构型式

调节器由三个柜体（调节柜、功率柜、辅助柜）组成。调节柜中各功能单元全部采用印刷电路插件构成。功率柜中有两层功率桥抽屉，其中一个能满足运行要求，另一个作为储备容量；各抽屉与交流电源母线排、直流输出母线排的连接均采用接插式结构，这种结构的优点是当一个功率抽屉发生故障，断开相应的触发电路联系，即可拉出功率抽屉进行检查，不影响另一个抽屉的运行，在不设置单独的交流和直流隔离开关情况下，可以在负载运行状态下拉出一个抽屉，为检修提供了方便。

晶闸管功率放大器采用全控桥式接线，每功率抽屉内装有6只300A的晶闸管元件，每臂两串组成。每个桥臂上串有限制电流的快速熔断器和限制电流上升率的电抗器等。

辅助柜中装有接地检测装置、三个直流变换器、辅助继电器等。

（二）工作原理简介

调节器输入信号，由机端电压经电压互感器、无功功率补偿器、电压偏差检测器、时间常数补偿器、综合放大器、直流调节器、脉冲发生器，最后由晶闸管全控桥输出直流送至主励磁机励磁回路。当机端电压变化时，电压偏差检测器中的给定基准电压与送来的实测机端电压比较，产生差值，经时间常数的补偿后送给综合放大器综合，其它各路限制器信号也进入综合器中进行竞比，连同各保护信号再经直流调节器中的自动—手动继电器的自动状态触点分成二路，直接送到二组脉冲发生器和晶闸管全控桥，输出至主励磁机励磁回路，自动调节励磁回路励磁电流的大小，以保证发电机端电压稳定在一定的精度范围内。

调节器线路由热稳定性能好的引进集成电路及其它元件组成。为实现高起始反应，装置采取了三级瞬时电流限制器，并设有低励、过励限制、V/Hz限制及保护，励磁机磁场时间常数补偿及电力系统稳定器等，装置功能先进。

为保证调节器运行的可靠性，调节器中设二套晶闸管全控整流桥、二套触发器、二套稳压电源。

SWTA 型自动电压调节器详细控制原理及接线，见《电力工程电气设计手册　第二册　电气二次部分》401～413 页。

(三) 技术数据

SWTA 型自动电压调节器技术数据，见表 20-3-1 及表 20-3-3。

(四) 外形及安装尺寸

SWTA 型自动电压调节器柜外形及安装尺寸，见图 20-3-7。

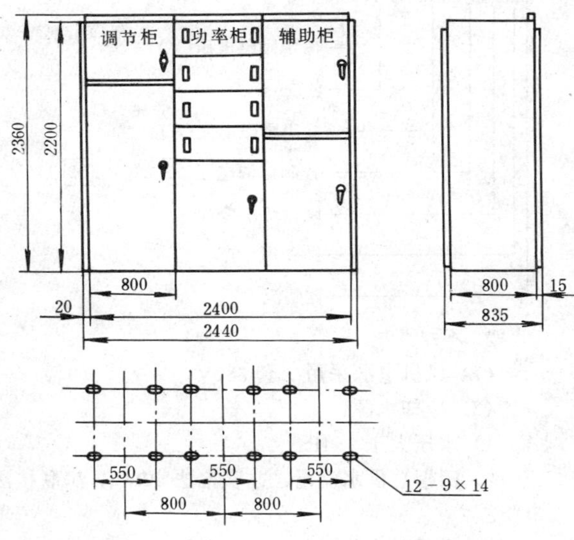

图 20-3-7　SWTA 型自动电压调节器柜外形及安装尺寸

(五) 生产厂

上海华通开关厂。

八、ZLF 型励磁整流装置

(一) 简介

西安整流器厂生产的 ZLF 系列励磁整流装置专供汽轮发电机励磁用。

装置型号中的 A 为控制电源电压 220V，B 为控制电源电压 110V。

装置由励磁整流柜Ⅰ与Ⅱ、切换柜、灭磁柜四面柜组成。

装置各柜的排列顺序及交直流母线引出方式，见表 20-3-4。

表 20-3-3　**SWTA 型自动电压调节器技术数据**

配用的发电机容量	(MW)	125	300	300	引进 300
配用的主励磁机容量	(kW)	1175	1360 (旧)	1360 (新)	1650
主励磁机额定频率	(Hz)	100	100	150	250
AVR 交流输入电压*	(V)	85	120	120	95
AVR 输入电压频率	(Hz)	400	400	350	350
AVR 直流输出电压*	(V)	55	76	60	13.3
AVR 直流输出电流	(A)	60	68	116	204
AVR 最大输出电压	(V)	102	144	144	114**
AVR 强励输出电流	(A)	120	136	235	320
AVR 强励时间	(sec)	10	10	10	20

*　在交流励磁机参数的基础上，考虑 20%线路压降。

**　为了满足高起始励磁系统的要求（无考虑线路压降）。

表 20-3-4　**ZLF 型励磁整流装置柜布置**

型　号	ZLF-20-$\frac{A}{B}$	ZLF-21-$\frac{A}{B}$	ZLF-30-$\frac{A}{B}$	ZLF-31-$\frac{A}{B}$	ZLF-20-01-$\frac{A}{B}$	ZLF-21-01-$\frac{A}{B}$
发电机容量 (MW)	200	200	300	300	200	200
排列顺序 (后↕前)	灭	切　换	整　Ⅱ	整　Ⅰ	整　Ⅰ　整　Ⅱ	切　换　灭
交直流母线引出方式	柜　顶	柜　底	柜　顶	柜　底	柜　顶	柜　底

（二）工作原理及结构概况

1. 励磁整流装置柜

装置的每面整流柜内设有三相整流桥、信号回路、空气开关及操作回路、照明装置等。装置的两面整流柜，可并列运行，也可单独运行。单独运行时，如有一只元件损坏，只允许额定运行。

整流回路的三相整流桥由18只硅元件分装在风道的前后，每桥臂由三只元件并联组成，每个整流元件有阻容元件吸收换相过电压，各整流元件采用快速熔断器相串联作保护，快速熔断器上并有熔断指示器。

柜的前后各装有一套照明装置，打开柜门时照明灯亮，以便装置维修，关门后照明灯熄灭。柜的正面门上装有指示板和仪表板。

2. 励磁切换柜

柜内装有直流刀开关、灭磁电阻、转子过电压放电器和一套照明装置。刀开关采用HD13-1500/20型两极并联作为一极用，直流侧合、分闸时，要分别操作正、负极开关。转子的过电压采用6004型转子放电器来吸收，放电器每动作一次，须更换新的熔丝管，以备第二次动作。

3. 励磁灭磁柜

励磁灭磁柜内装有灭磁开关（DM2-1500型或DM2-2500型）、灭磁开关操作板、匝间保护用互感器（由用户自备）和一套照明装置。柜的门上装有灭磁开关合、分闸指示灯。

东方电机厂生产的200MW及300MW机组励磁系统灭磁及过电压保护方式是：200MW、300MW发电机均采用DM2-2500型灭磁开关作为磁场开关。事故停机时200MW机组是由DM2开关灭磁，300MW机组由非线性电阻灭磁。200MW机组转子过电压保护采用非线性电阻保护，非线性电阻装于手动柜内。300MW机组转子过电压保护与灭磁结合在一起采用非线性电阻灭磁方式，装于非线性电阻灭磁和过电压保护柜内。非线性电阻灭磁和过电压保护工作原理见本章第三节。

ZLF型励磁整流装置原理接线，见《电力工程电气设计手册　第二册　电气二次部分》图25-20。

（三）外形尺寸

ZLF型励磁整流装置四面柜的尺寸相同，用于200MW机组为4460×1080×2560（宽×深×高，mm），用于300MW机组为5060×1200×2400（宽×深×高，mm）。

九、ZLF$_S$型励磁整流装置

（一）简介

上海整流器厂生产的ZLF$_S$-500×4/500型整流柜与FZ-045型辅助柜，适用于供300MW或125MW发电机励磁电源。

1. 型号含义

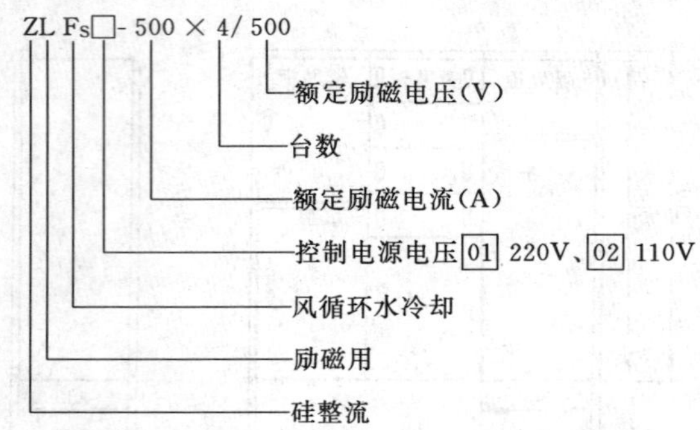

2. 冷却系统

(1) 风机电源采用二套380V。

(2) 冷却水源：

1) 水压大于1.4Pa。

2) 四柜总供水流量：并联接法60t/h，串联接法8t/h。

3) 水温不高于33℃。

4) 浑浊度不高于200mg/l。

ZLF$_S$型励磁整流装置水系统示意图，见图20-3-8。

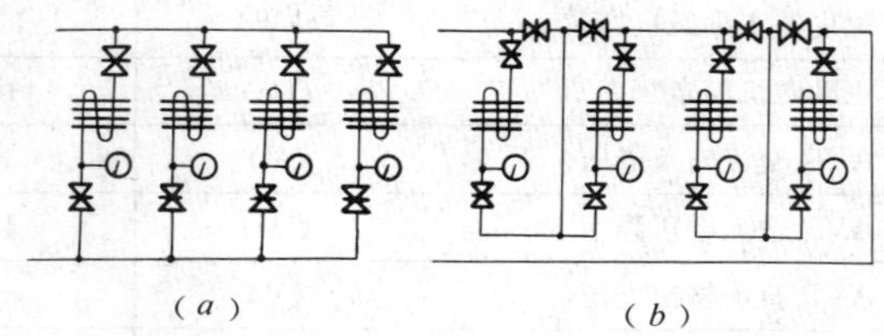

图20-3-8　ZLF$_S$型励磁整流装置水系统示意图
(a) 并联接法；(b) 串联接法

（二）工作原理接线

ZLF$_S$型励磁整流装置工作原理接线，见《电力工程电气设计手册　第二册　电气二次部分》图25-14～图25-15。

（三）装置结构概况

(1) 整流柜主回路采用三相桥式整流，交流电源经过柜间均流电抗器、硅整流器后直流输出。

(2) 整流柜的辅助柜主要保护整流柜而设计，由压敏电阻、避雷器、熔断器、电容、电阻、风机等组成，分别作为交流侧、直流侧过电压等保护。

(3) 交直流母线铜排由整流柜顶部引出。

(4) 为便于操作和保护，辅助柜应安装在整流柜旁边。

（四）技术数据

ZLF_S 型励磁整流装置技术数据，见表 20-3-1。

（五）外形及安装尺寸

ZLF_S 型励磁整流装置柜外形及安装尺寸，见《电力工程电气设计手册》图 25-19。

十、HL-2D 型励磁整流装置

（一）简介

HL-2D 型励磁整流装置为哈尔滨新生开关厂产品，可作为哈尔滨电机厂 200MW 汽轮发电机组励磁整流电源装置。该装置采用密闭风冷、光电耦合警报系统，其电性能与可靠性比 GLF-2000/1000 型有较大提高，是该厂新产品，它取代 GLF 型整流装置。

（二）工作原理及结构概况

主整流电路分两组三相桥，分别装在两个整流柜内，每柜为一独立支路，包括交流侧空气开关、整流桥与直流侧刀开关。

由主励磁机送来的交流电经整流柜Ⅰ底部母线输入，分两路分别经两柜的空气开关接到两组三相整流桥。每组桥由 18 个整流元件每臂三只元件并联组成，整流后直流侧分别经刀开关引出，再并联由整流柜Ⅱ底部经电缆输出。

每支整流元件都串接有 RSO-350A×2/750V 型快速熔断器，作为隔离保护，并设置了光电耦合警报环节。

该装置采用密闭风冷，在密闭循环的风道中装有气水热交换冷却器，由循环水冷却热空气，在冷却系统的风、水循环正常时，装置可投入运行。

装置柜内结构分上、中、下三层，下层为进出线开关与附件，中层为整流元件与其相联的保护元件，上层为冷却器。

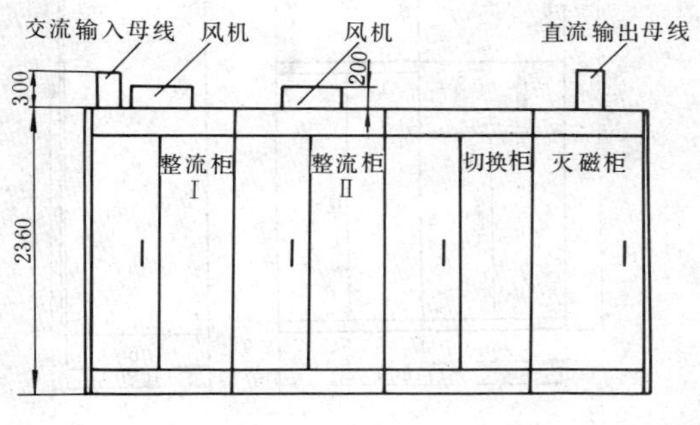

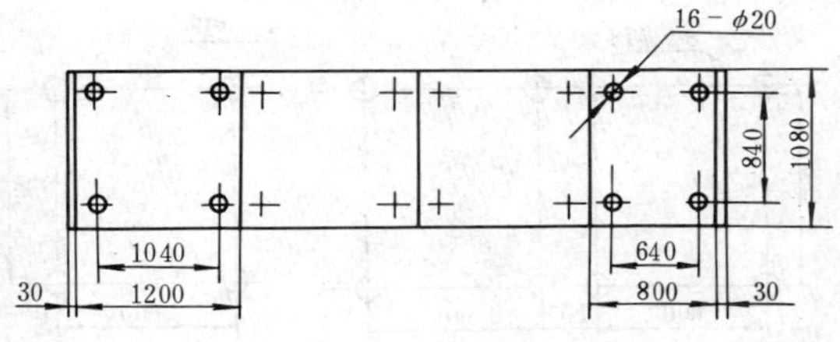

图 20-3-9　HL-2D 型励磁整流装置柜外形及安装尺寸

（三）技术数据与技术条件

1. 技术数据

HL-2D 型励磁整流装置技术数据，见表 20-3-1。

2. 技术条件

(1) 整流柜交流侧相间对地绝缘耐压 4000V、1min。

(2) 整流元件额定工作电流 5000A（平均值），每桥臂三支并联工作电压 3000V。

(3) 反向电流不大于 10mA（平均值）。

(4) 装置在额定工况下，硅元件不少于 6 年。

(5) 整流柜主电路额定效率不小于 99%。

（四）外形及安装尺寸

HL-2D 型励磁整流柜外形及安装尺寸，见图 20-3-9。

十一、GLF-3000/1500 型励磁整流装置

（一）简介

该励磁整流装置是哈尔滨新生开关厂按哈尔滨电机厂 300MW 汽轮发电机励磁系统技术要求配套的。装置结构美观大方，硅元件功率单元采用插件型式，冷却风机为抽屉式安装，整个冷却系统采用水冷却密闭强迫风冷，控制保护回路采用光电耦合逻辑自控报警新技术、新工艺。

（二）工作原理及结构概况

装置由两台柜组成。从交流励磁机来的三相交流电源，分两路通过 ME 型开关，接到由 36 个硅元件组成的两组三相桥，整流出直流经本柜的刀开关后由母线并联输出，接入灭磁柜。

在二桥的每个桥臂上，设有阻容换相过电压吸收和快熔保护，并设有光电耦合器和发光二极管，当任一桥臂发生故障如快熔损坏，能准确发出信号。

装置柜内硅元件全部采用功率单元定位安装，硅元件正负极采用插接件与母线连接。

两整流柜在柜内用母线排连接。进出线分上进出线及下进出线两种方式。上进出线的交流封闭母线在柜顶布置，并采用母线桥罩好，直流输出在柜体中上部。下进出线交流及直流全在柜底法兰盘封闭母线内。

GLF-3000/1500-HZM-1 型为上进出线，密闭风冷。

GLF-3000/1500-HZM-2 型为下进出线，密闭风冷。

（三）技术数据与技术条件

1. 技术数据

GLF-3000/1500 型励磁整流装置技术数据，见表 20-3-1。

2. 技术条件

(1) 整流柜交流侧相间及对地绝缘耐压5000V、1min。

(2) 整流柜直流侧承受瞬时过电压2680V。

(3) 每个柜采用密闭风冷，当冷却水中断时，可保证50%的出力；当风、水源全中断时，可保证25%的出力。

(4) 整机能保证在25%硅元件损坏时，达到名牌值。

(5) 整流元件额定工作电流1000A，每臂三只并联，重复工作电压为3600V，考虑快熔限制（每只硅元件串双体快熔RSD-750V/500×2型一只），每只硅元件只能当700A使用，因此电流储备量为2.1倍（对额定励磁电流而言）。

(四) 外形及安装尺寸

GLF-3000/1500型励磁整流装置柜外形尺寸为1400×1200×2400（宽×深×高，mm）。柜底脚安装尺寸为1200×1000（宽×深，mm）。

十二、ZDMQ $^{\mathrm{I}}_{\mathrm{II}}$ 型励磁灭磁装置

(一) 简介

沈阳低压开关厂生产的ZDMQ $^{\mathrm{I}}_{\mathrm{II}}$ 型励磁灭磁装置，包括灭磁与过电压两部分。装置由GDMQ $^{\mathrm{I}}_{\mathrm{II}}$ 型灭磁柜与GH $^{\mathrm{I}}_{\mathrm{II}}$ 型切换柜组成。

1. 装置柜型号含义

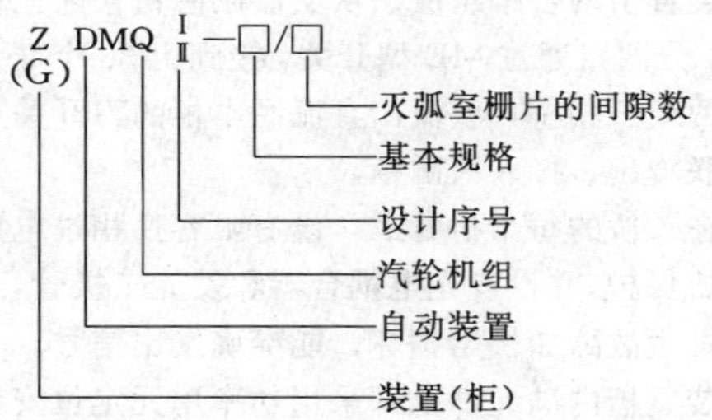

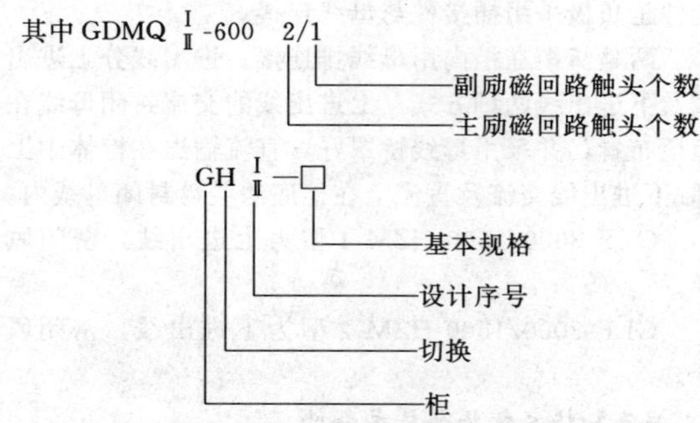

励磁切换柜与相应的灭磁柜配套，用于发电机励磁回路中，作为励磁电源发生故障退出时，将备励电源投入工作过程的切换装置。

2. 装置组成

ZDMQ $^{\mathrm{I}}_{\mathrm{II}}$ -1500/□型灭磁装置由GDMQ $^{\mathrm{I}}_{\mathrm{II}}$ -1500/□型灭磁柜与GH $^{\mathrm{I}}_{\mathrm{II}}$ -1500/□型切换柜组合而成。

ZDMQ $^{\mathrm{I}}_{\mathrm{II}}$ -2500/□型灭磁装置由GDMQ $^{\mathrm{I}}_{\mathrm{II}}$ -2500/□型灭磁柜与GH $^{\mathrm{I}}_{\mathrm{II}}$ -2500/□型切换柜组合而成。

GDMQ $^{\mathrm{I}}_{\mathrm{II}}$ -600 2/1型灭磁柜中装有主、备励磁回路切换装置，有用碳化硅非线性电阻灭磁的DM3-600 2/1型自动灭磁开关，其它灭磁柜中均装有短弧灭磁的DM2型自动灭磁开关。

(二) 主回路系统图

不同的机组容量，有不同的灭磁及过电压保护方式，有不同的主回路系统，主回路系统图参见《电力工程电气设计手册　第二册　电气二次部分》图25-1、图25-2、图25-12。

(三) 技术数据

ZDMQ $^{\mathrm{I}}_{\mathrm{II}}$ 型励磁灭磁装置技术数据，见《电力工程电气设计手册　第二册　电气二次部分》表25-1～表25-2。

(四) 外形及安装尺寸

ZDMQ $^{\mathrm{I}}_{\mathrm{II}}$ 型励磁灭磁装置外形及安装尺寸，见图20-3-10。

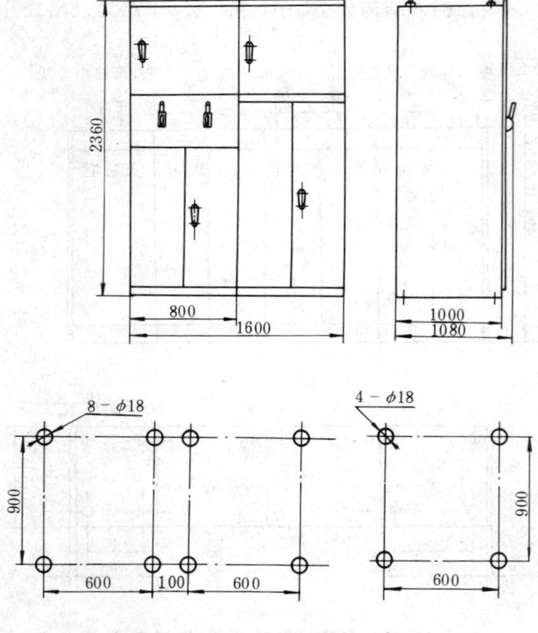

图20-3-10　ZDMQ $^{\mathrm{I}}_{\mathrm{II}}$ 型灭磁装置外形及安装尺寸

图 20-3-10 中，ZDMQ $\frac{\text{I}}{\text{II}}$-2500/□型灭磁装置中刀开关手柄在门上为上、下布置，GDMQ1-600 2/1 型灭磁柜外形同图 20-3-10 左边切换柜。

十三、GBM 系列灭磁及转子过电压保护装置

(一) 简介

由中国科学院等离子体物理研究所、东方电机厂等研制，并由等离子体物理研究所生产的高能氧化锌非线性电阻灭磁及过电压保护装置，是目前用于同步发电机快速灭磁及转子过电压保护比较理想的方案，现已在国内几十个电厂投运，装置动作可靠，性能优良。现对该装置简单介绍如下。

(二) 工作原理及其特点

1. 过电压保护

装置采用高能氧化锌压敏电阻 (简称 ZnO 电阻)，作为过电压保护主保护元件和过电压能量吸收元件，或将 ZnO 电阻直接并接在被保护线路两端，或配以可控硅作为过电压保护启动器。装置过电压保护具有性能好、动作可靠、容量大、正常工作功耗小、动作值稳定、可自动返回等优点。装置可单独作为发电机转子过电压保护使用，亦可和灭磁开关配合，起快速灭磁作用。

2. 装置灭磁开关

配合 ZnO 电阻有熔丝断路器、晶闸管人工换流开关、双断口机械开关，另外配套的开关还有沈阳低压开关厂生产的 DM2-2500A 开关、DM3-500A 双断口机械开关、仿 ASEA 双断口机械开关等。

(三) 基本原理电路

(1) 熔丝断路器是高压直流熔断器与一普通机械合闸器结合的一种直流断路器，合闸器部分起正常通流作用，熔断器部分起开断直流电路作用，同时具有一定吸收电弧能量的能力。熔丝断路器原理接线，见图 20-3-11。

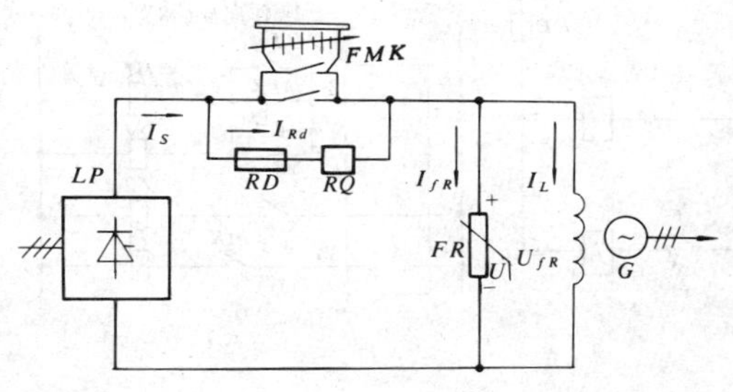

图 20-3-11　熔丝断路器原理接线

(2) 可控硅人工换流开关原理接线，如图 20-3-12 所示。

图 20-3-12(*a*)中，正常通流由合闸器 *FMK* 承担，灭磁时 *FMK* 跳闸，晶闸管 *KP* 自动触发导通，励磁电流由 *FMK* 换至 *KP*，再触发真空间隙 *FDG*，充满电荷的电容 *C* 向 *KP* 反向放电，使 *KP* 中电流过零，并维持 *KP* 的反压一段时间，保证 *KP* 可靠关断，励磁电流对 *C* 反向充电，直至电流换至 ZnO 电阻中。对于图 20-3-12 (*b*)，晶闸管 *KP* 直接承担正常励磁电流，省去了机械合闸器，但 *KP* 需增加散热设备。

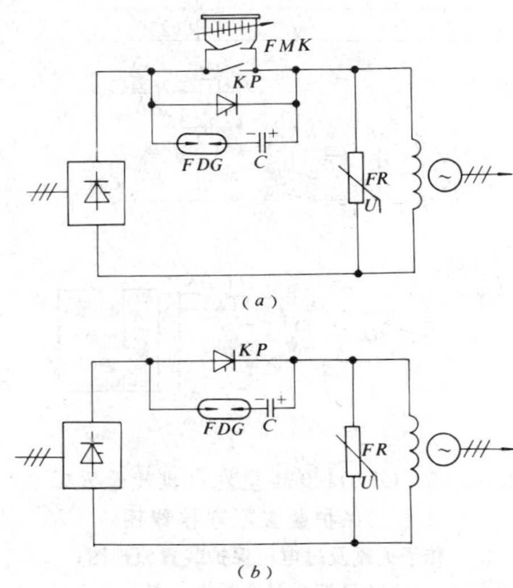

图 20-3-12　可控硅人工换流开关原理接线

(*a*) 二次换流型；(*b*) 全电子型

(四) 灭磁及过电压保护装置原理接线

GBM1-0.4 型发电机转子灭磁及过电压保护装置原理接线，见图 20-3-13。

图 20-3-13 中：

(1) 虚线框内线路为本装置部分 (主电路)。

(2) 外引线 L01、L02、L03 的截面应不小于 35mm^2 (铜导线)。

(3) 电缆绝缘耐压应在 5000V 以上 (交流)。

(五) 订货及其说明

(1) 用户可根据机组要求，选配该装置或其它型式的灭磁及过电压装置。

(2) GBM1-0.4 型灭磁及过电压保护装置的所有设备安装在一块柜内，这块柜可随发电机励磁系统配套设备一起供货，亦可单独与中国科学院等离子物理研究所电器设备厂联系提出订货。

(3) 订购哪种型式灭磁装置、过电压保护装置或灭磁兼过电压保护装置，需在订货时说明，同时还应提供转子绕组回路有关参数。

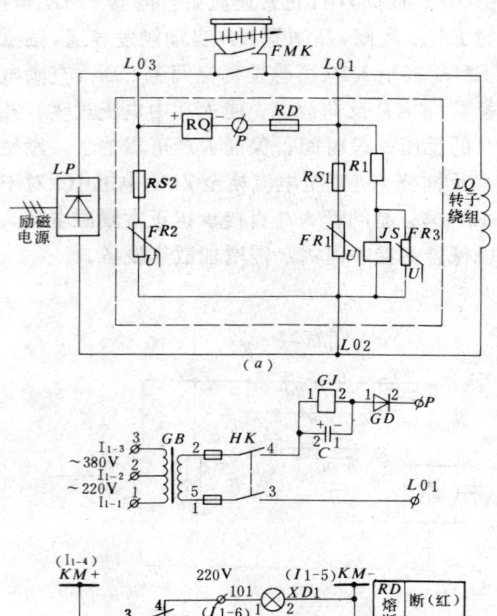

图 20-3-13　GBM1-0.4型发电机转子灭磁及过电压保护装置原理接线图

(a) 转子灭磁及过电压保护装置原理图；(b) RD熔断器通断指示器

FR1—非线性电阻；RSi—保护熔断器；R1—电阻器；JS—计数器；FR3—非线性电阻；FR2—非线性电阻；RS2—保护熔断器；RD—换流熔断器；RQ—熔丝启动器；GJ—高压继电器；GB—隔离变压器；GD—高压硅堆；HK—刀开关；C_1—电解电容器；XD1、2—信号灯

十四、BCM系列灭磁装置

（一）简介

BCM系列灭磁装置柜（简称BCM灭磁柜）用于中小容量同步发电机或电动机励磁回路操作与切换。

（二）装置柜结构

该系列灭磁柜为封闭式结构，前后两面均有门，便于设备安装及维护，柜的顶部为半封闭，可供进线用，柜底部可进行进出线。

(1) BCM-1G型灭磁柜，柜内上部装有灭磁开关，中部装有柜前杠杆操作的双极刀开关两台，下部装有端子排，前门上装有电压表。

(2) BCM-2型备用励磁专用柜，柜内装有四把直接操作的双极刀开关，前门装有电压表和按钮。

(3) BCM-3型灭磁柜，由上下两个台架组合而成，柜内上部装有灭磁开关，下部装有两台杠杆操作的双极刀开关、灭磁开关的辅助电器元件及端子排，后部装有励磁机灭磁开关。

(4) BCM-4型灭磁柜，其结构与BCM-3相同，但在柜的后下部装有低压避雷器，用以消除灭磁开关开断时产生的过电压。

(5) BCM-5型备励专用柜，其结构与BCM-3相同，但在柜的上部未装灭磁开关，下部装有强行励磁接触器。

（三）灭磁装置接线

(1) BCM-1G型灭磁装置接线，见图20-3-14。

(2) BCM-3型灭磁装置接线，见图20-3-15。

(3) BCM-4型灭磁装置接线，见图20-3-16。

（四）技术数据

BCM系列灭磁装置技术数据，见表20-3-5。

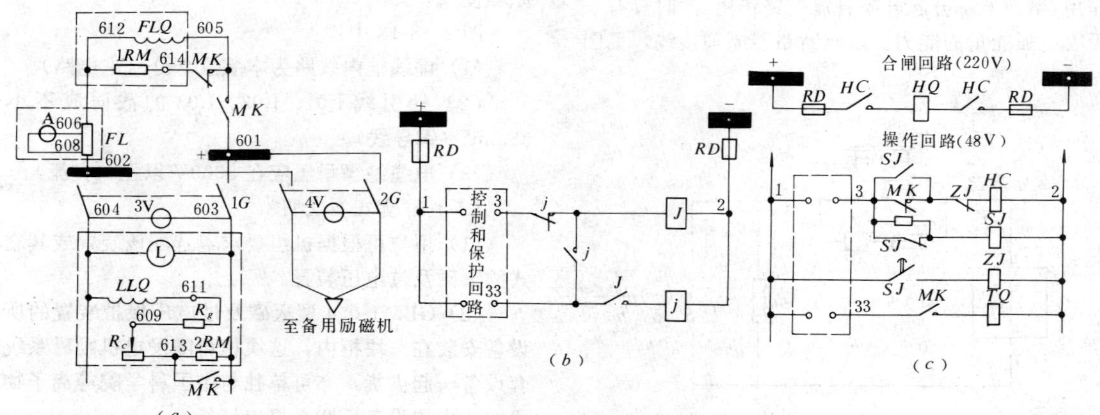

图 20-3-14　BCM-1G型灭磁装置接线

（虚线框内设备用户自理）

(a) 灭磁装置主回路系统图；(b) 灭磁装置接触器操作回路图；(c) 两种电压控制回路图

（五）外形及安装尺寸

BCM 系列灭磁装置柜外形及安装尺寸，见图 20-3-17、图 20-3-18。

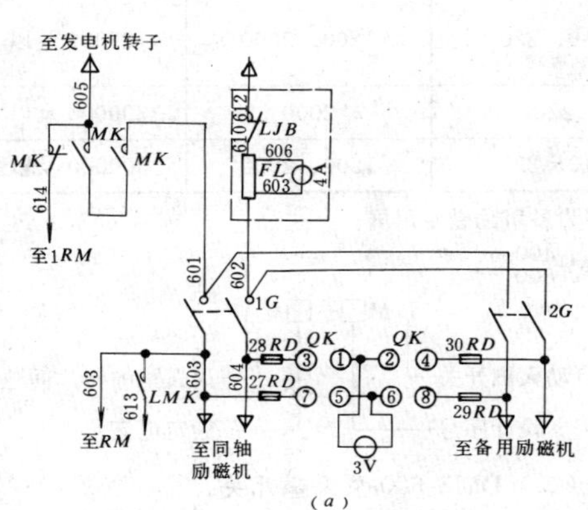

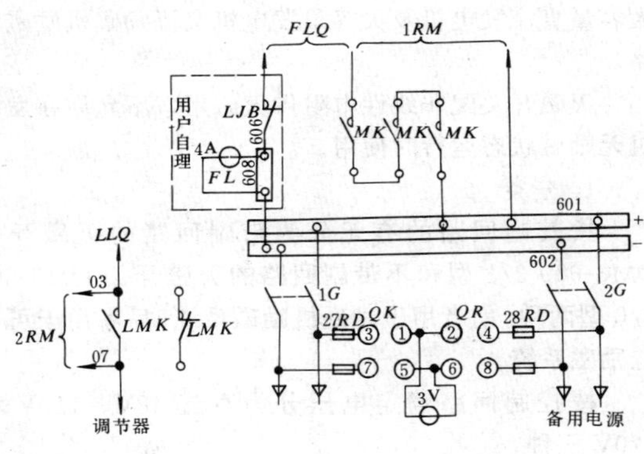

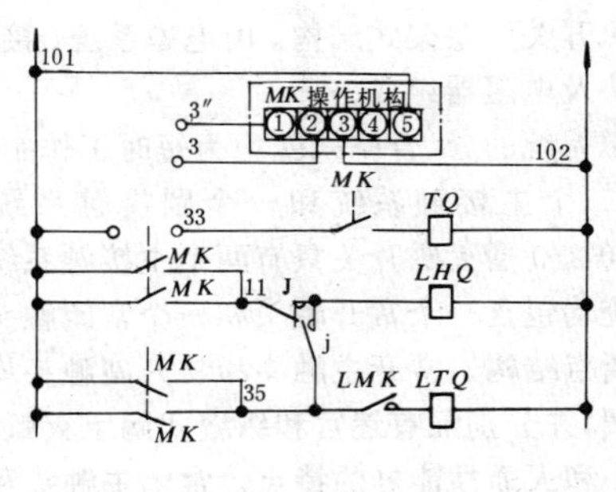

图 20-3-15 BCM-3 型灭磁装置接线

（虚线框内设备用户自理）

（a）同轴直流励磁机灭磁装置主回路系统；（b）交流励磁机灭磁装置主回路系统；（c）控制原理接线

BCM-1G 型的安装尺寸与 BCM-2 型相同。

BCM-4 型、BCM-5 型的外形及安装尺寸与 BCM-3 型相同。

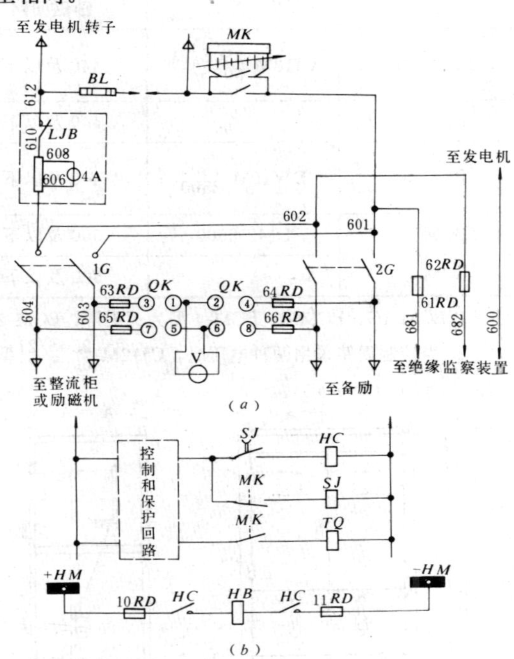

图 20-3-16 BCM-4 型灭磁装置接线

（虚线框内设备用户自理）

（a）灭磁装置主回路系统；（b）控制原理接线

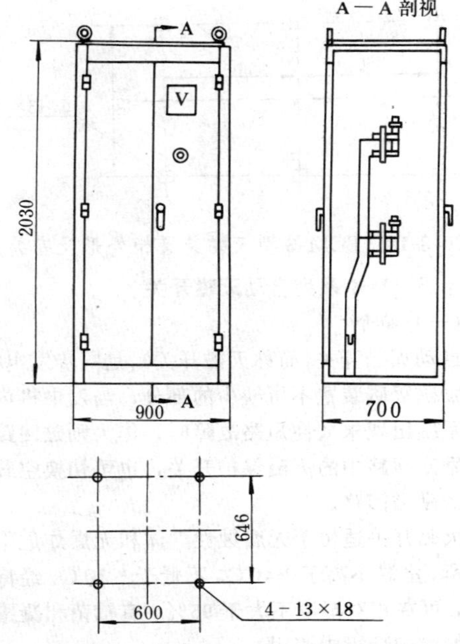

图 20-3-17 BCM-2 型备励专用柜外形及安装尺寸

表 20-3-5　　BCM 系列灭磁装置技术数据

灭磁屏型号	灭磁开关	额定电压（V）		额定电流（A）	机组容量（kW）
		励磁回路	控制回路		
BCM-1G	CJ12M-$\frac{250S/21}{600S/21}$	440 及以下	48、110、220	220、480	25000 及以下
BCM-2		440 及以下	110、220	200、400、600	25000 及以下
BCM-3	DW10M-$\frac{1500}{2500}$	440 及以下	110、220	1200、2000	125000 及以下
BCM-4	DM2-2500	500 及以下	220	2000	300000 及以下
BCM-5		500 及以下	110、220	1200、2000	300000 及以下

注　1. BCM-1G、BCM-3、BCM-4 型为灭磁屏，BCM-2、BCM-5 型为备用励磁专用屏。

2. 当控制回路采用两种电压时，CJ12M-$\frac{250S/21}{600S/21}$型改用 DW10M-$\frac{400}{600}$型。

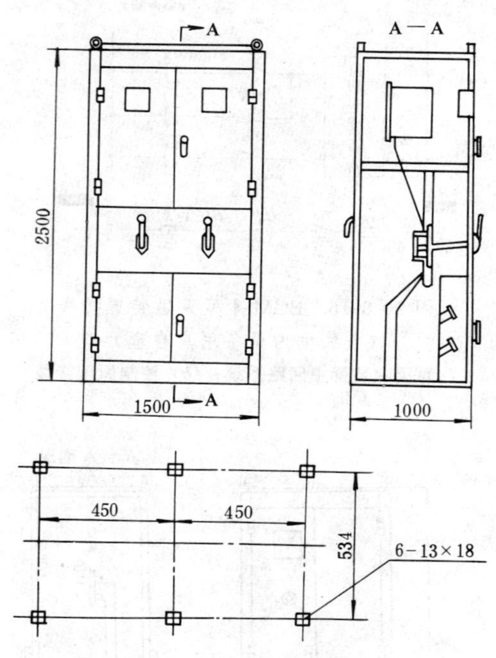

图 20-3-18　BCM-3 型灭磁装置柜外形及安装尺寸

十五、DM 系列自动灭磁开关

（一）简介

自动灭磁开关(简称灭磁开关)，是同步发电机、调相机励磁灭磁装置不可缺少的部分，当发电机内部短路或系统出现永久性短路故障时，作为励磁回路或励磁机励磁回路中的灭磁保护开关，也可切换空载或负荷下的励磁回路。

灭磁开关适用于无腐蚀性气体和无爆炸危险的室内场所，室温不高于＋40℃，不低于－10℃。经特殊处理后，可在相对湿度不大于 95％、有霉菌和凝露的湿热带气候的环境中使用。

（二）型号含义

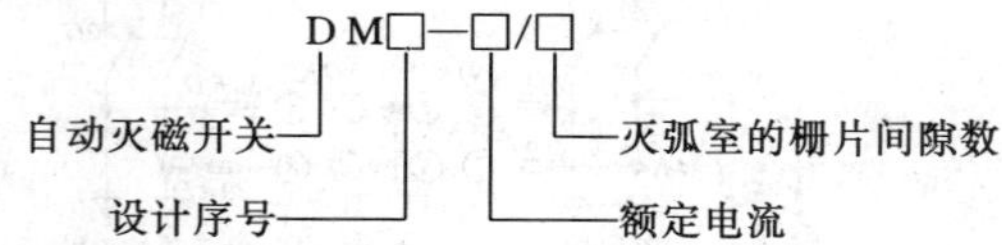

（三）DM3-600 型灭磁开关

DM3-600 型灭磁开关用于中小容量同步发电机、大容量直流发电机及大容量发电机交流励磁机励磁回路。

灭磁开关配非线性电阻供灭磁用，不允许在发电机无励磁状态运行时使用。

1. 分类

按其副回路的有无分为带副回路的灭磁开关 DM3-600 2/1 型和不带副回路的灭磁开关 DM3-600 2/0 型两种。前者用于励磁机励磁系统，后者用于可控硅励磁系统。

按控制回路额定电压分为直流 48V、110V 和 220V 三种。

2. 结构概述

灭磁开关为条架式结构。由电磁系统、接触系统、联锁触头及电阻器组成。

电磁系统的分、合闸线圈均为短时工作制。接触系统具有二个主接触系统和一个副接触系统（其中 DM3-600 2/0 型灭磁开关只有两个主接触系统），每个触头系统均包含一个常开触头和一个常闭触头，它们均为单断点结构。常开主触头和常开副触头均有串联吹弧线圈，并分别配有迷宫和纵缝式陶土灭弧罩，它具有弧区小和灭弧性能好的特点。常闭主触头和副触头只闭合电路，故无灭弧装置。

灭磁开关的联锁触头为双断点结构，可组成 6 常开 6 常闭、8 常开 4 常闭或 10 常开 2 常闭的触头，外有透明保护罩。

与灭磁开关配套的电阻器，由五片碳化硅非线性电阻片通过导电片和连接线构成并联连接。电阻器固定在灭磁开关附近的框架上。

3. DM3-600 型灭磁开关的原理接线，见图 20-3-19。

4. 技术数据

DM3-600 型灭磁开关技术数据，见表 20-3-6～表 20-3-9。

5. 外形及安装尺寸

DM3-600 2/1 (2/0) 型灭磁开关外形及安装尺寸，见图 20-3-20。

(四) DM2-1500/□型灭磁开关

1. 分类

按控制电压分为直流 110V 及 220V 两种，按灭弧室栅片间隙分为 40、50 片两种。

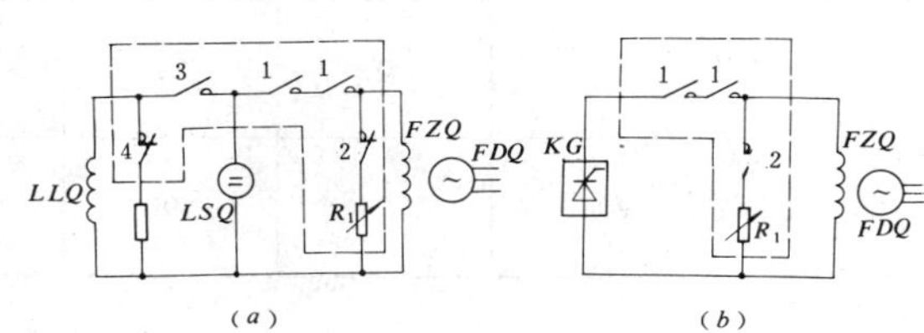

图 20-3-19　DM3-600 型灭磁开关原理接线
(a) DM3-600 2/1 型；(b) DM3-600 2/0 型
R_1—非线性电阻；R_2—灭磁电阻；FZQ—发电机转子绕组；LLQ—励磁机励磁绕组；KG—可控硅励磁电源；LSQ—励磁机电枢绕组

表 20-3-6　DM3-600 型灭磁开关主要技术数据

<table>
<tr><th rowspan="3">数据
型式</th><th colspan="6">主回路</th><th colspan="4">副回路</th></tr>
<tr><th colspan="2">额定</th><th colspan="2">强励</th><th rowspan="2">最大灭磁能量
(J)</th><th rowspan="2">灭磁时转子最大过电压
(V)</th><th colspan="2">额定</th><th colspan="2">强励</th></tr>
<tr><th>电压
(V)</th><th>电流
(A)</th><th>电压
(V)</th><th>电流
(A)</th><th>电压
(V)</th><th>电流
(A)</th><th>电压
(V)</th><th>电流
(A)</th></tr>
<tr><td>DM3-600 2/0</td><td rowspan="2">500</td><td rowspan="2">600</td><td rowspan="2">800</td><td rowspan="2">1200</td><td rowspan="2">1.17×10^5</td><td rowspan="2">1200</td><td>—</td><td>—</td><td>—</td><td>—</td></tr>
<tr><td>DM3-600 2/1</td><td>不大于 500</td><td>15</td><td>至 500</td><td>30</td></tr>
</table>

注　主、副回路均为直流长期工作制，控制回路为短期工作制。

表 20-3-7　MD3-600 型灭磁开关分、合闸线圈数据

<table>
<tr><th rowspan="2">数据
控制回路电压 (V)</th><th rowspan="2">工作制</th><th colspan="3">合闸线圈</th><th colspan="3">分闸线圈</th></tr>
<tr><th>导线
(mm)</th><th>匝数
(匝)</th><th>电阻
(Ω)</th><th>导线
(mm)</th><th>匝数
(匝)</th><th>电阻
(Ω)</th></tr>
<tr><td>48</td><td rowspan="3">短时</td><td>QZ-2
1.4</td><td>700</td><td>2.42</td><td>QZ-2
0.35</td><td>1350</td><td>26.75</td></tr>
<tr><td>110</td><td>QZ-2
0.9</td><td>1000</td><td>8.15</td><td>QZ-2
0.23</td><td>2800</td><td>130</td></tr>
<tr><td>220</td><td>QZ-2
0.63</td><td>1500</td><td>25.6</td><td>QZ-2
0.15</td><td>6100</td><td>666</td></tr>
</table>

表 20-3-8　DM3 型灭磁开关联锁触头技术数据

<table>
<tr><th rowspan="2" colspan="2">额定电压
(V)</th><th rowspan="2">额定电流
(A)</th><th rowspan="2">接通电流
(A)</th><th colspan="2">分断电流 (A)</th><th rowspan="2">功率因数或
时间常数</th></tr>
<tr><th>电感负荷</th><th>电阻负荷</th></tr>
<tr><td colspan="2">交流 380</td><td rowspan="3">10</td><td>100</td><td>10</td><td>10</td><td>$\cos\varphi=0.4$</td></tr>
<tr><td rowspan="2">直流</td><td>110</td><td>15</td><td>2.5</td><td>5</td><td rowspan="2">$T=0.06$s</td></tr>
<tr><td>220</td><td>8</td><td>1</td><td>2</td></tr>
</table>

表 20-3-9　　DM3 型灭磁开关单片 SiC 非线性电阻伏安特性

冲击电流（A）	0	25	50	100	150	200	300
残压幅值（V）	0	400	550	750	870	970	1120

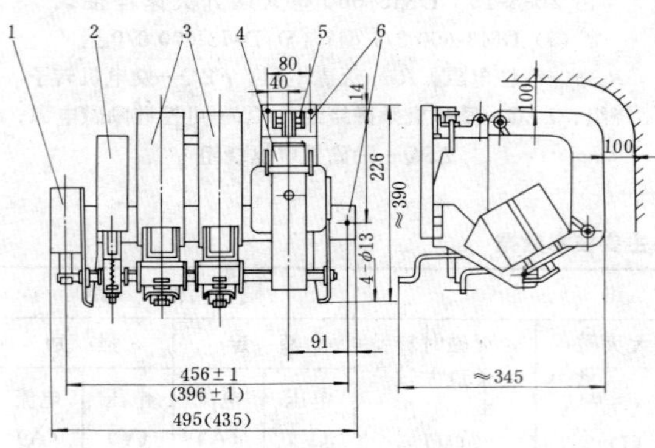

图 20-3-20　DM3-600 2/1（2/0）型灭磁开关外形及安装尺寸

（括号内尺寸系 DM3-600 2/1 型，在 DM3-600 2/0 型中设有项 2）

1—联锁触头；2—副接触系统；3—主接触系统；4—合闸电磁系统；5—锁定脱扣系统；6—安装板

2. 结构概述

该型灭磁开关为单极开关，开启式结构。它主要由接触系统、灭弧系统、电磁传动机构组装在一底架上而成。

主触头有两个，主动触头由两个并联的滚轮组成。主触头为双断点结构，触头材料为银氧化镉陶冶合金，弧触头也为双断点结构，其弧头材料也为银氧化镉陶冶合金，它具有高的耐弧性能。

直动式电磁铁的吸合与分断，带动主触头与弧触头可靠地关合与分断。灭磁开关关合时弧触头比主触头先闭合，而分断时主触头比弧触头先打开，从而可靠地保护了主触头而不被电弧所烧损。

灭弧系统由吹弧室和灭弧室两部分组成。

为使主触头在灭磁开关分断时电流容易转移，故与弧触头相串联的初始吹弧线圈只有四匝。当电弧被吹到弧角上后，整个吹弧线圈参加工作，电弧便被迅速吹入灭弧室。

灭弧室是由许多相互有 1.5mm 厚绝缘间隙的铜栅片所组成，栅片下部与吹弧室紧密衔接，栅片楔形缺口形状以利电弧进入灭弧室。

为避免灭弧室中各栅片间的电弧由于同时熄灭而产生过电压，在栅片组间并联了四段电阻值不等的管形电阻。电阻的分流作用就使得各栅片组间的电弧按照一定的顺序熄灭，有效地减少了灭弧瞬间所产生的过电压。

3. 原理接线

DM2-1500/□型灭磁开关原理接线，见图 20-3-21。

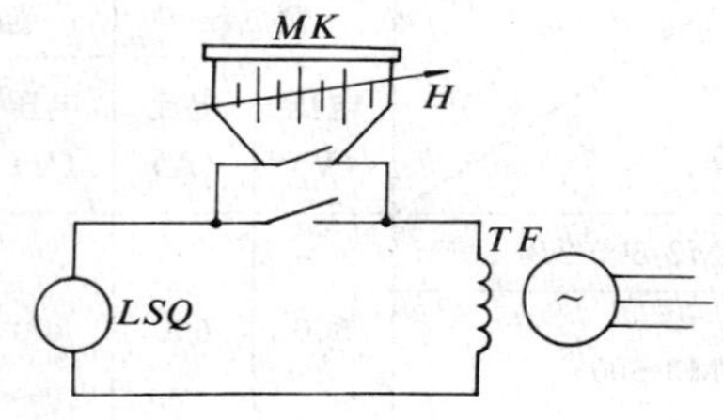

图 20-3-21　DM2-1500/□型灭磁开关原理接线

TF—同步发电机；*LSQ*—励磁机电枢绕组；*MK*—灭磁开关

4. 技术数据

DM2-1500/□型灭磁开关技术数据，见表 20-3-10～表 20-3-11。

（五）DM2-2500/□型灭磁开关

1. 分类

按灭弧室内的栅片间隙分为 40、50、60 片三种。

按控制电压分为直流 48、110、220V 三种。

2. 结构概述

开关的结构组成及灭弧原理同 DM2-1500 型。它的接触系统主动触头为四个并联的滚轮，双断点结构，触点材料为银钨 30 陶冶合金。弧触头为单断点结构，其触头材料为银钨 70 陶冶合金，具有高的耐弧性能。

3. 原理接线

DM2-2500/□型灭磁开关原理接线，见图 20-3-22。

4. 技术数据

DM2-2500/□型灭磁开关技术数据，见表 20-3-12～表 20-3-15。

表 20-3-10　**DM2-1500/□型灭磁开关主要技术数据**

<table>
<tr><td colspan="3">型　号</td><td colspan="2">DM2-1500/40</td><td colspan="2">DM2-1500/50</td></tr>
<tr><td rowspan="7">主回路</td><td colspan="2">额定电压（V）</td><td colspan="4">500</td></tr>
<tr><td colspan="2">额定电流（A）</td><td colspan="4">1500</td></tr>
<tr><td colspan="2">栅片绝缘间隙数</td><td colspan="2">40</td><td colspan="2">50</td></tr>
<tr><td colspan="2">强励电压（V）</td><td colspan="2">1000</td><td colspan="2">1300</td></tr>
<tr><td colspan="2">强励电流（A）</td><td colspan="2">2680</td><td colspan="2">3000</td></tr>
<tr><td colspan="2">开关断口最大过电压（V）</td><td colspan="2">1500</td><td colspan="2">1800</td></tr>
<tr><td colspan="2">灭弧室最大允许吸收能量（J）</td><td colspan="2">7.1×10⁵</td><td colspan="2">8.8×10⁵</td></tr>
<tr><td rowspan="7">控制回路</td><td colspan="2">额定电压（V）</td><td>48</td><td colspan="2">110</td><td>220</td></tr>
<tr><td rowspan="3">合闸线圈</td><td>导线型号</td><td></td><td colspan="2">QZ-2 0.93</td><td>QZ-2 0.64</td></tr>
<tr><td>匝　数（匝）</td><td></td><td colspan="2">390</td><td>770</td></tr>
<tr><td>20℃时的电阻值（Ω）</td><td></td><td colspan="2">1.94</td><td>8.1</td></tr>
<tr><td rowspan="3">分闸线圈</td><td>导线型号</td><td>QZ-2 0.35</td><td colspan="2">QZ-2 0.23</td><td>QZ-2 0.15</td></tr>
<tr><td>匝　数（匝）</td><td>1350</td><td colspan="2">2800</td><td>6100</td></tr>
<tr><td>20℃时的电阻值（Ω）</td><td>26.75</td><td colspan="2">130</td><td>666</td></tr>
</table>

注　主回路为长期工作制，控制回路为短时工作制。灭磁开关的联锁触头为六常开六常闭，其技术数据见表 20-3-11。

5. 外形及安装尺寸

DM2-2500/□型灭磁开关外形及安装尺寸，见图 20-3-23。

表 20-3-11　**DM2-1500/□型灭磁开关联锁触头技术数据**

<table>
<tr><td colspan="2" rowspan="2">额定电压（V）</td><td rowspan="2">额定电流（A）</td><td rowspan="2">接通电流（A）</td><td colspan="2">分断电流（A）</td><td rowspan="2">功率因数或时间常数</td></tr>
<tr><td>电感负荷</td><td>电阻负荷</td></tr>
<tr><td colspan="2">交流 380</td><td rowspan="3">10</td><td>100</td><td>10</td><td>10</td><td>cosφ＝0.4</td></tr>
<tr><td rowspan="2">直流</td><td>110</td><td>15</td><td>2.5</td><td>5</td><td rowspan="2">T＝0.06s</td></tr>
<tr><td>220</td><td>8</td><td>1</td><td>2</td></tr>
</table>

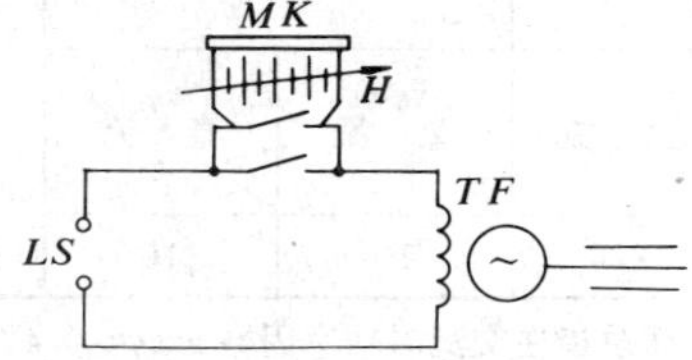

图 20-3-22　DM2-2500/□型灭磁开关原理接线

TF—同步发电机；*MK*—灭磁开关；*LS*—励磁电源

（六）DM2-5000/□型灭磁开关

1. 分类

按控制电压分为直流 48、110、220V 三种。

2. 结构

开关的结构组成、灭弧及电磁传动原理同 DM2-1500 型，接触系统主动触头由四个触头并联，两个静弧触头分别和两个吹弧线圈串接而与主静触头并联。主、弧触头均为双断点结构，各接触处均焊有银氧化镉触头。

3. 灭磁开关主回路原理接线

同 DM2-1500 型。

4. 技术数据

DM2-5000 型灭磁开关技术数据，见表 20-3-16～表 20-3-18。

表 20-3-12　**DM2-2500/□型灭磁开关主要技术数据**

<table>
<tr><td>型　号</td><td>额定电压（V）</td><td>额定电流（A）</td><td>栅片间隙数</td><td>强励电压（V）</td><td>转子最大过电压（V）</td><td>灭弧室最大允许吸收的能量（J）</td></tr>
<tr><td>DM2-2500/40</td><td rowspan="3">500</td><td rowspan="3">2500</td><td>40</td><td>1000</td><td>1500</td><td>2.0×10⁶</td></tr>
<tr><td>DM2-2500/50</td><td>50</td><td>1300</td><td>1800</td><td>2.5×10⁶</td></tr>
<tr><td>DM2-2500/60</td><td>60</td><td>1500</td><td>2000</td><td>3.0×10⁶</td></tr>
</table>

注　转子最大过电压系指相应子电机励磁时所产生的过电压。

表 20-3-13 **DM2-2500/□型灭磁开关分、合闸线圈数据**

控制回路电压(V)	工作制	合闸线圈			分闸线圈		
		导线(mm)	匝数(匝)	20℃时电阻(Ω)	导线(mm)	匝数(匝)	20℃时电阻(Ω)
48	短时	QZ-2 1.7	195	0.366	QZ-2 0.35	1350	26.75
110		QZ-2 1.12	430	1.86	QZ-2 0.23	2800	130
220		QZ-2 0.8	820	6.95	QZ-2 0.15	1600	666

表 20-3-14 **DM2-2500/□型灭磁开关辅助触头技术数据**

额定电压(V)		额定电流(A)		电感负载下的接通及分断能力(A)					
				接通			分断		
交流	直流	交流	直流	交流380V	直流220V	直流110V	交流380V	直流220V	直流110V
380	220	10	10	100	8	15	10	1	2.5

注 电感负载系指在交流时功率因数 $\cos\varphi=0.4$、在直流时间常数 $T=0.06$s 的负载。

表 20-3-15 **DM2-2500/□型灭磁开关分流电阻技术数据**

电阻段号	P_1—P_2		P_2—P_3	P_4—P_5	P_5—P_6
电阻值(Ω)	6.5±10%		22.5±10%	9.1±10%	61±10%
电阻型号	ZG3-2.5	ZG3-4	ZG3-22.5	ZG3-9.1	ZG3-61
元件阻值(Ω)	2.5	4	22.5	9.1	61

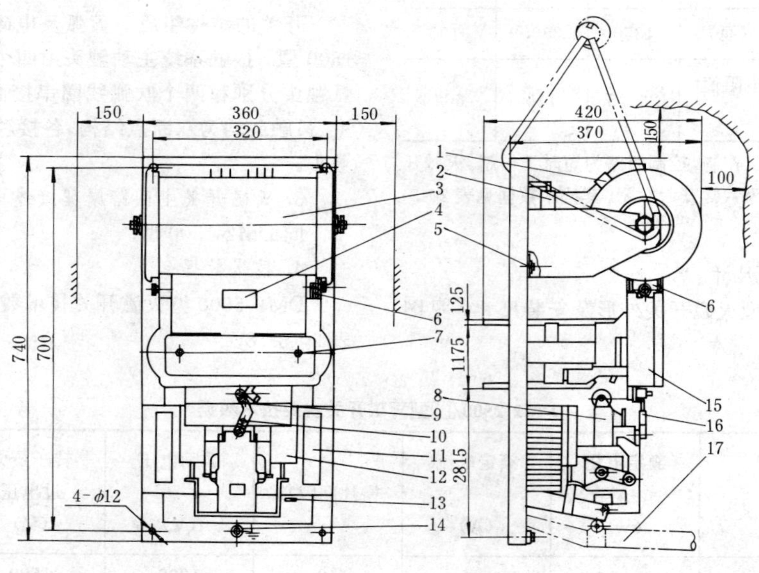

图 20-3-23 MD2-2500/□型灭磁开关外形及安装尺寸

1—接线端子；2—分流电阻；3—灭弧室；4—铭牌；5—螺钉；6—隔弧板；7—螺母；8—主动触头；9—固定销；10—螺钉；11—接线端子；12—辅助触头；13—手动分闸连杆；14—接地螺钉；15—吹弧室；16—绝缘连杆；17—手动合闸连杆

表 20-3-16　**DM2-5000 型灭磁开关操作回路技术数据**

类　别	额定电压（V）	额定电流（A）			工作制
主回路	直流 500	直流 5000			长　期
控制回路	直流　48	合闸线圈	48		短　时
	110		110（V）	59	
	220		220	32	
		分闸线圈	48		
			110（V）	0.85	
			220	0.35	

注　灭磁开关允许在发电机的临界电流为 750A 及发电机在强励状态下电压至 1000V、电流至 10000A 时均能可靠分断，而分断时转子回路的最大灭磁能量为 4×10^6J。

5. 外形及安装尺寸

DM2-5000 型灭磁开关外形及安装尺寸，见图 20-3-24。

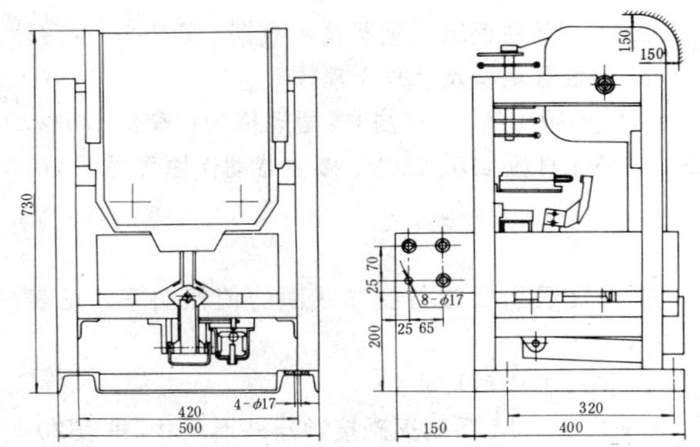

图 20-3-24　DM2-5000 型灭磁开关外形及安装尺寸

（七）DW10-M 型灭磁开关

1. 简述

该产品为 DW10 派生产品。主触头为二常开、一常闭，控制接线与 DW10 型开关相同。

DW10-M 型灭磁开关分为 400、600、1000、1500、2500A 五种。

辅助触点为三常开、三常闭。需五常开、五常闭时，订货时应提出。辅助触头额定电流为 5A。

DW10-M 型除有电动操作机构外，并有手柄，以供检修调整之用。

DW10-M 型灭磁开关的外形尺寸与 DW10 空气开关相同。

2. 生产厂

上海人民电器厂。

表 20-3-17　**DM2-5000 型灭磁开关辅助触头技术数据**

电流类别	辅助触头等级代号	额定工作电流（A）	额定工作电压 U_e（V）	额定控制容量 U_e（kA）	接通和分断能力 $\frac{U}{U_e}$	接通和分断能力 $\frac{I}{I_e}$	接通和分断能力 cosφ 或 L/R（ms）	电寿命 接通 $\frac{U}{U_e}$	电寿命 接通 $\frac{I}{I_e}$	电寿命 接通 cosφ 或 L/R（ms）	电寿命 分断 $\frac{U}{U_e}$	电寿命 分断 $\frac{I}{I_e}$	电寿命 分断 cosφ 或 L/R（ms）
交流	JF3	10	36～380	1000	1.1	1.1×16	0.15	1	16	0.15	1	1	0.2
直流	ZF3	10	24～220	90	1.1	1×5	50	1	5	50	1	1	200

注　1. U、I 分别为试验电压和试验电流，$I_e=P_e/U_e$。

2. 辅助触头为六常开六常闭。

表 20-3-18　**DM2-5000 型灭磁开关并联的灭弧室栅片组间分流电阻技术数据**

电　阻　段　号		R_1	R_2	R_3	R_4	R_6
电阻元件	电阻（Ω）	2.5	6	9.5	22.5	140
	型　　号	ZB1-2B	ZB1-8	ZB1-12	ZB1-27.6	ZB1-140

（八）CM1-S（CJ12M-S）系列灭磁接触器

1. 技术数据

CM1-S 系列灭磁接触器技术数据，见表 20-3-19。

2. 接触器规格及动作原理

接触器吸引线圈与脱扣线圈规格为：交流 50Hz，220、380V；直流 110、220V。接触器动作原理见图 20-3-25。

3. 功率

接触器吸引线圈与脱扣线圈的消耗功率，见表 20-3-20。

4. 接触器外形尺寸

CM1、CJ12M 系列灭磁接触器外形尺寸，见表 20-3-21。

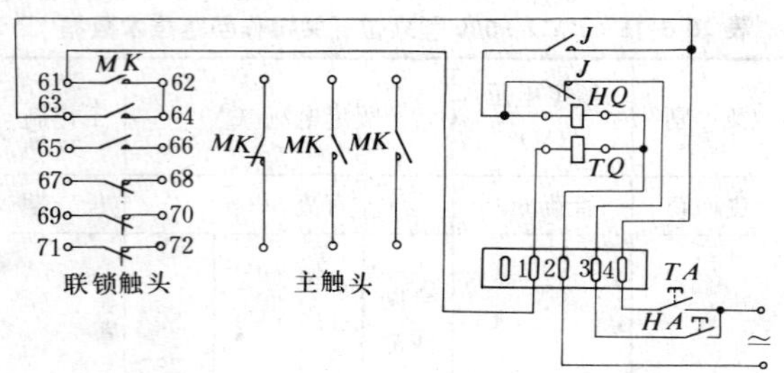

图 20-3-25 CM1-S 系列灭磁接触器动作原理图

MK—主触头及联锁触头；*TQ*—锁扣机构的脱扣线圈；*J*—锁扣机构联锁触头

（CJ12M 系列接线图比 CM1 系列少一常开触头 63—64）

表 20-3-19 **CM1-S（CJ12M-S）系列灭磁接触器技术数据**

型号	额定电压（V）	额定电流（A）		触头数目		每小时操作次数	辅助触头	
		常开触头	常闭触头	常开	常闭		额定电压（V）	额定电流（A）
CM1-150S/11	220	150	40	1	1	CM1 为 30 次 CJ12M 为 50 次	交流 380 直流 220	10
CM1-150S/21	440			2				
CJ12M（CM1）-250S/11	220	250	60	1	1			
CJ12M（CM1）-250S/21	440			2				
CM1-400S/11	220	400	100	1	1			
CM1-400S/21	440			2				
CJ12M（CM1）-600S/11	220	600	150	1	1			
CJ12M（CM1）-600S/21	440			2				

注 1. 接触器有 6 对辅助联锁触头，有五“开”一“闭”、四“开”二“闭”、三“开”三“闭”三种形式。

2. CJ12M 型本身占用一对常开触头，编号为 61-62；CM1 本身占用两对常开触头，编号为 61-62、63-64。

表 20-3-20 **CM1 系列灭磁接触器吸引线圈与脱扣线圈消耗功率表**

型号		CM1-150S	CM1-250S（CJ12M-250S）	CM1-400S	CM1-600S（CJ12M-600S）
起动瞬间（衔铁打开位置时、吸引线圈消耗功率）	交流	665VA	2600VA（2530VA）		9900VA
	直流	550W	700W（490W）	1520W	1156W
脱扣时（衔铁锁扣位置时，吸引线圈和脱扣线圈总消耗功率）	交流	1140VA	3150VA（3450VA）		10450VA（8000VA）
	直流	1760W	2550W（1160W）	3400W	3026W（1826W）

注 该系列接触器脱扣时吸引线圈与脱扣线圈需同时通电；括弧内为 CJ12M 产品数据；本表数据均为交流 380V、直流 220V 吸引脱扣线圈数据。

表 20-3-21　**CM1、CJ12M 系列灭磁接触器外形尺寸**

型　号	尺　寸　(mm)													接线螺钉		安装螺钉
	A	*B*	*C*	*D*	*E*	*G*	*H*	*I*	*J*	*K*	*L*	*M*	*P*	常开	常闭	
CM1-150S/11 CM1-150S/21	340 403	307 370	18	149	63	172	289	21	165	170	70	70	63	M10	M8	M10
CM1-250S/11 CM1-250S/21	368 438	335 405	18	165	70	172	289	21	183	182	90	80	70	M10	M8	M10
CJ12M-250S/11 CJ12M-250S/21	365 435	335 405	15	165	70	168	292	28	183	190	180	150	70	M10	M8	
CM1-400S/11 CM1-400S/21	405 485	360 440	28	190	80	155	310	14	226	770	100	80	74	M12	M8	M12
CM1-600S/11 CM1-600S/21	454 550	404 500	24	219	96	195	333	24	275	259	200	150	89	M16	M8	M16
CJ12M-600S/11 CJ12M-600S/21	454 550	404 500	24	219	96	195	333	24	275	259	120	120	89	M16	M10	

注　尺寸 *L*、*M* 为飞弧距离。

第 20-4 节　减 载 装 置

一、PQJ 系列欠频率减载装置

(一) 简介

自动按周率减负荷装置（亦称低周减载或欠频率减载装置）是防止系统稳定破坏的一种基本安全自动装置。装置结构简单，工作可靠，作为其中核心的频率（周波）继电器，现已改为集成电路数字式和利用微机构成，改进后使装置工作精度提高了。现对其结构原理及接线作简要介绍。

(二) PQJ-10 系列欠频率减载装置

装置有下列四种屏型式：

PQJ-12A 型

PQJ-12B 型

PQJ-14A 型

PQJ-14B 型

屏型号中带“A”者为频率继电器内部低电流闭锁；带“B”者为频率继电器外部低电流闭锁。

1. 装置用途及功能

PQJ-10 系列欠频率减载屏主要用于电力系统中作自动按频率减负荷和低频率解列用，按使用情况的不同，又可分为：

(1) PQJ-12A、PQJ-12B 型欠频率减载屏可用在同一电压等级电网中，作为一轮或两轮（具有一个或两个动作频率整定值）的自动按频率减负荷。

(2) PQJ-14A、PQJ-14B 型欠频率减载屏可用在同一电压等级中，作为一至四轮（具有一至四个动作频率整定值）的自动按频率减负荷。

(3) 在具有多级电压的变电所中，作不同电压等级的自动按频率减负荷。

(4) 在电力系统预先确定的解列点处，一套用作低频解列；另一套可根据需要，用于有功功率不足侧的系统内，作自动按频率减负荷。

2. 装置构成和基本工作原理

PQJ-10 系列欠频率减载屏中设置两套接线完全相同的自动按频率减负荷装置，每套装置具有 9 个独立的出口回路，可分别停投，最多可切除 9 条负荷线路，当两套用于同一轮时，可切换 18 条负荷线路。

3. 装置控制接线

(1) PQJ-12A 型欠频率减载屏控制接线，见图 20-4-1。

1) 本屏适用于直流操作电源电压 220V；

2) SQP-1C 型继电器为电流内闭锁，SQP-1E 型为转差闭锁，屏中仅使用其中任一种。

(2) PQJ-12B 型欠频率减载屏控制接线，与 PQJ-12A 型屏控制接线不同之处是 PQJ-12B 型屏控制接线中增加 QLJ 电流闭锁回路，见图 20-4-2，其余部分与 PQJ-12A 型屏接线相同。

(3) PQJ-14A 型欠频率减载屏控制接线，见图 20-4-3。

1) 本屏适用于直流操作电源电压 220V。

2) 虚线方框内触点作五轮和六轮减负荷时用。

3) 将第 I 组直流逻辑回路、出口跳闸回路及重合

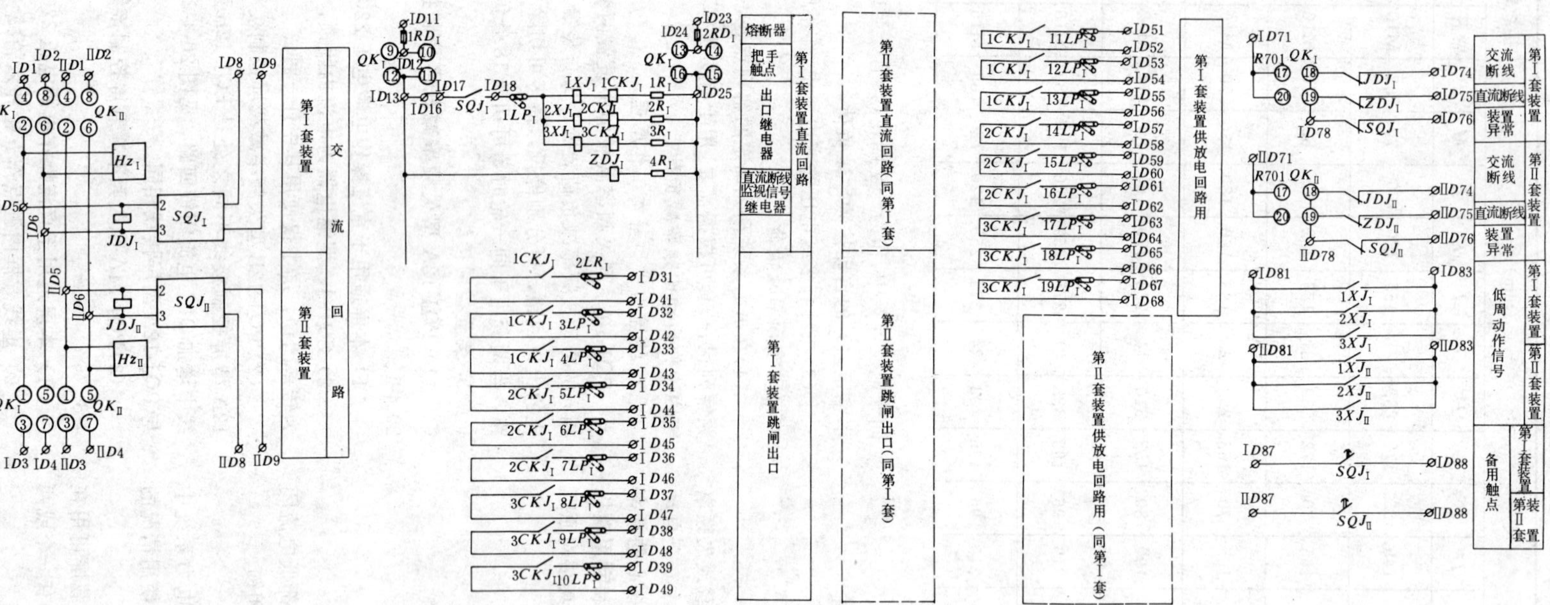

图 20-4-1 PQJ-12A 型欠频率减载屏控制接线

$SQJ_{Ⅰ.Ⅱ}$—数字周波继电器，SQP-1C（SIH-1C）型；$4R_{Ⅰ.Ⅱ}$—电阻，PXYC-20-2.4K-Ⅰ型；$SQJ_{Ⅰ.Ⅱ}$—数字周波继电器，SQP-1E（SIH-1E）型；
1～$3R_{Ⅰ.Ⅱ}$—电阻，PXYC-20-2.4K-Ⅰ型；$JDJ_{Ⅰ.Ⅱ}$—低电压继电器，DY-28C/160V（DY-36/160V）型；1、$2RD_{Ⅰ.Ⅱ}$—熔断器，220V、5A；
1、2、$3CKJ_{Ⅰ.Ⅱ}$—中间继电器，DZ—32B/110V（DZY—209/110V）型；$ZDJ_{Ⅰ.Ⅱ}$—中间继电器，DZS-12B/110V（DZS-213/110V）型；
1～$19LP_{Ⅰ}$—连接片；1～$3XJ_{Ⅰ.Ⅱ}$—信号继电器，DX-8/0.025A（DX-4/2）型；$QK_{Ⅰ.Ⅱ}$—组合切换开关，
LW2-2.2.2.2.2.2/F4-8X型；$Hz_{Ⅰ.Ⅱ}$—数字式频率表，45～55Hz、0.1级、100V

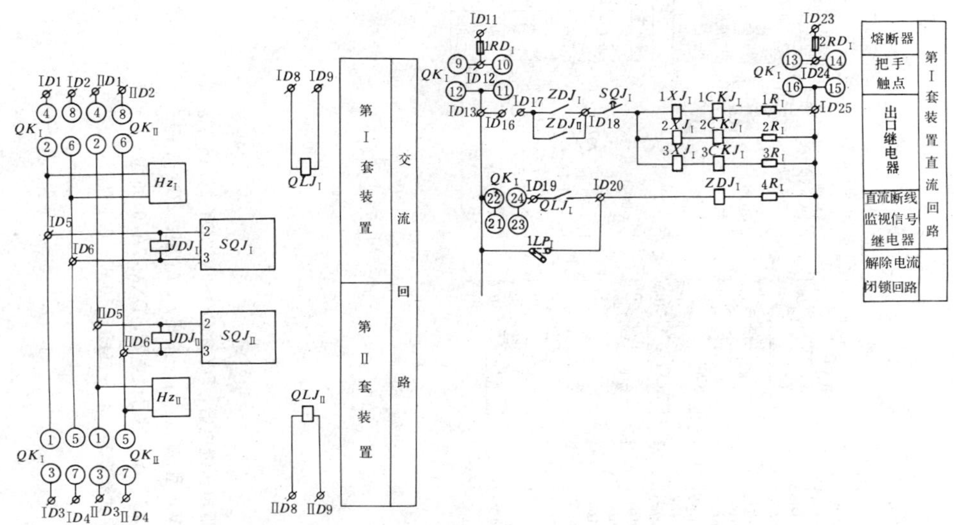

图 20-4-2　PQJ-12B 型欠频率减载屏交流、直流回路

闸放电回路中的“Ⅰ”改为“Ⅱ”，即为第Ⅱ组的相应回路。

(4) PQJ-14B 型欠频率减载屏控制接线，与 PQJ-14A 型欠频率减载屏控制接线不同之处是 PQJ-14B 型屏采用 SQP-1E（SZH-1E）型频率继电器的转差闭锁，不需接入交流电源，其于部分接线完全相同。

（三）PQJ-20 系列欠频率减载装置

装置有下列三种屏型式：PQJ-22 型、PQJ-24 型、PQJ-26 型。

1. 装置用途及功能

PQJ-20 系列欠频率减载屏用于电力系统中作自动按频率减负荷和低频解列用，按使用情况不同可分为：

(1) PQJ-20 系列各类屏可用在同一电压等级电网中，分别作一至两轮、一至四轮和一至六轮（具有一至两个、一至四个和一至六个动作频率整定值）的自动按频率减负荷用。

(2) PQJ-24、26 型屏可用在具有多级电压的变电所中，作不同电压等级的自动按频率减负荷用，使用中可根据所需动作轮数选择屏型。

(3) 在电力系统预先确定的解列点处，一轮用作低频解列，其余可根据需要用于有功功率不足侧的系统内，作自动按频率减负荷用。

2. 装置构成和基本工作原理

PQJ-20 系列欠频率减载屏中：PQJ-22 型屏设置了两组接线基本相同，仅用 1 只 SQP-4 型两轮频率继电器构成的自动按频率减负荷装置。PQJ-24 型屏设置了两套接线完全相同，且利用两只 SQP-4 型继电器构成的自动按频率减负荷装置，每套装置具有 9 个独立出口回路，可分别停投。PQJ-26 型屏设置了两套不同接线，利用三只 SQP-4 型继电器构成的自动按频率减负荷装置，其中一套设有 12 个独立出口回路，另一套设有 6 个独立出口回路，均可根据需要切除同一电压等级或不同电压等级的负荷线路，每屏总共可切 18 条负荷线路。

装置由交流测量、直流逻辑、出口和重合闸放电以及信号等回路构成。

（四）PQJ-$\frac{2}{3}$型欠频率减载装置

1. 装置用途

基本同 PQJ-10 系列欠频率减载屏。

2. 装置构成和基本工作原理

PQJ-2 型屏为两段式欠频率减载屏，装有两个基本段和一个后备段，交流测量部分装有两块微机频率表和两块 SZH-2C 低周继电器，频率表为每轮接一块。

PQJ-3 型屏为三段式欠频减载屏，装有三个基本段和一个后备段，交流测量部分装有两块微机频率表和三块 SZH-2C 低周继电器，频率表接线第一轮接一块，另一块输入端出厂时是自由的。

附加的后备段，不设专门起动元件，利用本屏上任一基本段的低周继电器触点起动，效果相同而设备简化。后备段在其直流回路中装有一块时间继电器，起延时作用，延时长短，用户可在 3～30s 内任选，后备段的动作信号接入相应的选定的基本段信号回路中。

3. 技术数据

(1) 交流额定值：100V、5A、50Hz。

(2) 直流操作电压：220V（110V）。

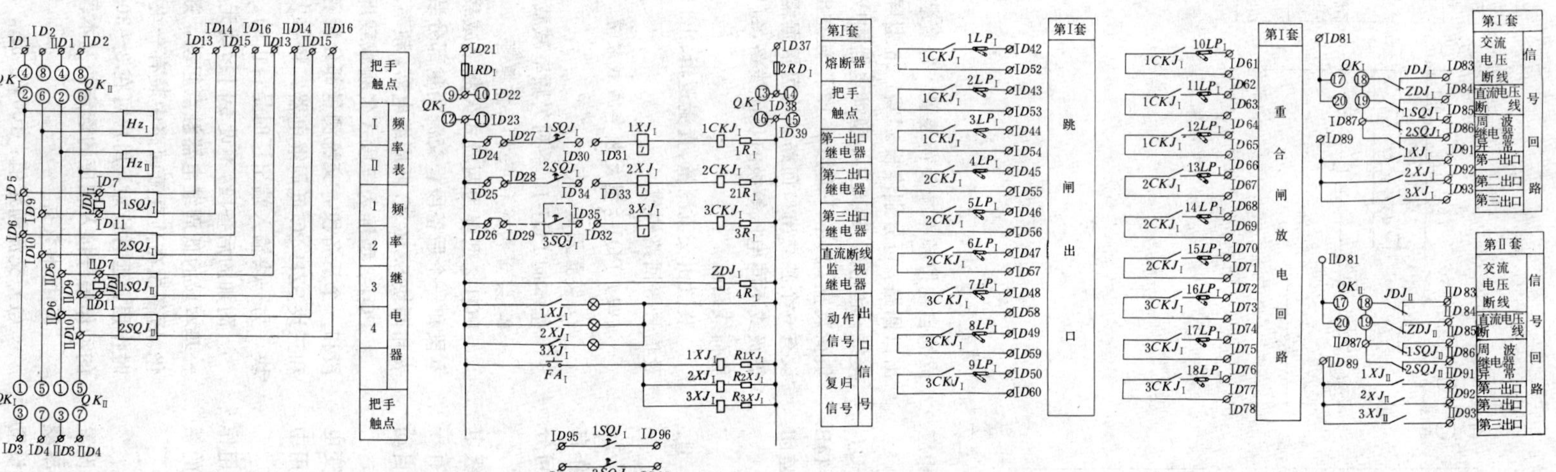

图 20-4-3　PQJ-14A 型欠频率减载屏控制接线

1、$2SQJ_{Ⅰ.Ⅱ}$—数字欠频继电器，SQP（SZH）-1C 型；$4R_{Ⅰ.Ⅱ}$—电阻，RXYC-20-3K-Ⅰ型；$JDJ_{Ⅰ.Ⅱ}$—低电压继电器，DY-28C/160V（DY-36/160V）型；$1\sim3R_{Ⅰ.Ⅱ}$—电阻，RXYC-20-2K-Ⅰ型；$1\sim3CKJ_{Ⅰ.Ⅱ}$—中间继电器，DZ-32B/110V（DZY-209/110V）型；$FA_{Ⅰ.Ⅱ}$—按钮，LA_2 型；$ZOJ_{Ⅰ.Ⅱ}$—中间继电器，DZS—12B/110V（DZS—213/110V）型；1、$2RD_{Ⅰ.Ⅱ}$—熔断器，220V、5A；$1\sim3XJ_{Ⅰ.Ⅱ}$—信号继电器，DXM-2A/0.05 型；$1\sim18LP_{Ⅰ.Ⅱ}$—连接片；$QK_{Ⅰ.Ⅱ}$—组合切换开关，LW2-2.2.2.2.2/F4-8X 型；$Hz_{Ⅰ.Ⅱ}$—数字式频率表，45～55Hz、100V、0.1 级

（3）欠频整定范围：45～49.5Hz，最小整定级差为 0.0125Hz，在频率范围内整定误差为±0.015Hz。

（4）输出级延时：80ms，0.1、0.15、0.2、0.3、0.5、15、20、25s 共九档。

（5）绝缘电阻：500V 表不小于 2MΩ。

（6）介质强度：2000V、50Hz、1min 无击穿。

（7）每段可切回路数：5 路。

（8）减载装置段数：2 个基本段，一个后备段（PQJ-2），3 个基本段，一个后备段（PQJ-3）。

（五）外形及安装尺寸

PQJ 型欠频率减载装置屏外形及安装尺寸，见表 20-4-1 及图 20-4-4。

表 20-4-1　PQJ 型欠频率减载装置屏外形及安装尺寸　(mm)

尺寸代号 / 序号	H	B	D	B1	D1
Ⅰ	2200	800	600	600	550
Ⅱ	2300	800	550	500	495

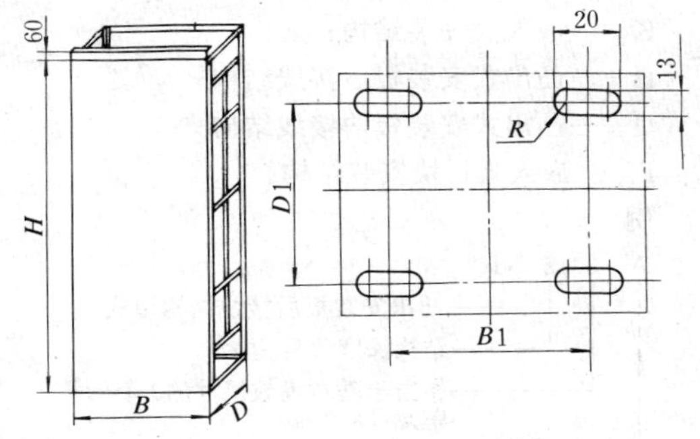

图 20-4-4　PQJ 型欠频率减载装置屏架外形及地脚开孔图

（六）订货须知

（1）订货名称、型号（注意选择屏架外形尺寸、板面安装图及欠频元件规格）。

（2）如有特殊要求，可与厂家商定后在合同中注明；若无说明，一般按直流 220V、Ⅰ型屏结构供货。

（七）生产厂

珠江继电器厂，北京继电器厂。

二、PQC-1 型欠频率自动重合闸装置

1. 装置功能

PQC-1 型屏除具有低周减载屏的全部功能外，最大的特点是在系统频率恢复正常后，按频率自动重合闸，及时对被切除负荷供电，减少电网损失。

装置中的主要测量元件选用该厂 SZH-2 型周波继电器、FWP-1 型微机频率表和 ZPC-2 型数字式频率自动重合闸装置。

2. 技术数据

（1）交流电压 100V、5A、50Hz，工作范围 60～120V；直流操作电压 220V（110V）。

（2）低周减载频率整定范围 45～49.5Hz。最小整定级差 0.0125Hz。整定值误差（频率整定范围内）±0.015Hz。欠频动作级延时 80ms，0.1、0.15、0.2、0.3、0.5、15、20、25s 共九档。低电压闭锁值≤55V，低电流闭锁值≤0.5A。

（3）自动重合闸频率整定范围 45～50Hz。最小整定级差 0.0125Hz。整定值误差（频率整定范围内）±0.015Hz。合闸回路延时时间，一至四回路为 20～180s，五回路为 200s～30min（一、二回路为同一整定时间，其它回路可分别整定）。

（4）频率记忆精度 50Hz，平均误差绝对值≤0.005Hz。

（5）装置构成为二个基本段，一个后备段。每段可减 5 路负荷。每段可进行 5 路按频率自动重合闸。后备段不设起动元件，由任一基本段动作元件起动。

3. 外形及安装尺寸

PQC-1 型欠频率自动重合闸装置外形及安装尺寸，见表 20-4-1、图 20-4-4。

4. 生产厂

北京继电器厂。

第21章 保护继电器

陈学庸　戎伟　朱为超　李小波　刘卓平　卓乐友

概　述

本章所列继电器可作为发电机、变压器、电动机和线路等继电保护装置中的主要元件。

目前电力系统元件保护广泛应用的继电器主要有下列几种类型：机电型、整流型和晶体管型等。

机电型保护继电器目前有两类产品，一类是多年来一直沿用的老产品，如DL-10、DJ-100型等继电器。这些产品体积大,维护更换不方便。另一类是各大继电器制造厂自行设计的新产品，如DL-20、DL-30、DL-10Q型等。该类产品体积小，采用插拔式结构，更换方便，在技术性能方面完全可以代替老产品。

整流型、晶体管型等保护继电器是各大继电器制造厂生产的新型继电器，具有体积小、动作快、调试方便等许多优点，目前已在电力系统中获得广泛的应用。

目前阿城继电器厂、南京自动化设备厂、许昌继电器厂、上海继电器厂都分别生产了固态电路的元件保护系列产品和微机型保护，经过补充和完善化后，完全可以代替分离元件的晶体管型保护继电器，构成成套的变压器、发电机变压器组保护装置。这一部分内容本章也作了介绍。

本章所述各种型式的继电器，其壳体结构型式属于非通用型的，均在本章所属各节中介绍。继电器的壳体结构型式属于通用型的，在本概述中统一叙述于下。

(1) 许昌继电器厂设计的继电器的壳体为A系列结构型式，采用模数化理论，按照基本模数尺寸进行扩展，能满足各种安装方式需要，具有嵌入安装和凸出安装两种功能。凸出安装可实现板前接线和板后接线，具有很大的灵活性。只要通过增减安装附件，即可改变安装方式，无需更换继电器。继电器主体全部采用插拔结构，便于校验、调试、维护及快速更换。同种型号的插拔式机芯可以互换。

A系列壳体结构型式的命名，采用代号方法表示如下：

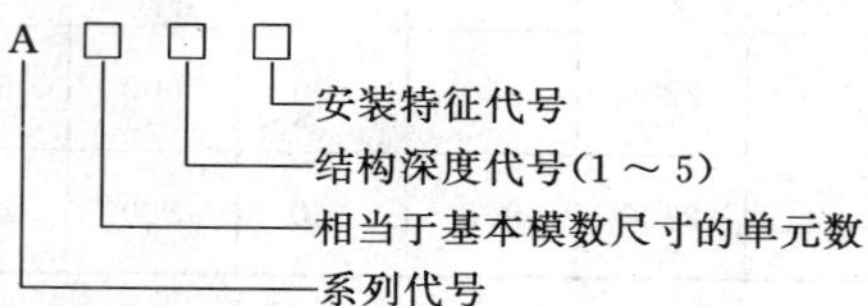

安装特征代号字母及含义如下：

K——嵌入式安装结构；

H——凸出式安装板后接线结构；

Q——凸出式安装板前接线结构；

P——嵌入式拼块安装结构。

例

A 3 2 H

- H——凸出安装板后接线结构型式
- 2——结构深度代号为2
- 3——相当于基本模数尺寸的3个单元($3x_m1y_m$)
- A——A系列

A系列壳体结构型式及主要参数，见表21-0-1。

表21-0-1　　A系列壳体结构型式及主要技术数据　　(mm)

序号	结构型式	外形尺寸图	开孔尺寸图	端子图	模数尺寸
1	A01K	74; 53; 103; 125; 27	67.5; 65; 9; 44	② ① ④ ③ ⑥ ⑤ ⑧ ⑦ 背视	—
2	A01H	74; 53; 9.5; 120.5; 31.5			

续表 21-0-1

序号	结构型式	外形尺寸图	开孔尺寸图	端子图	模数尺寸
3	A11K	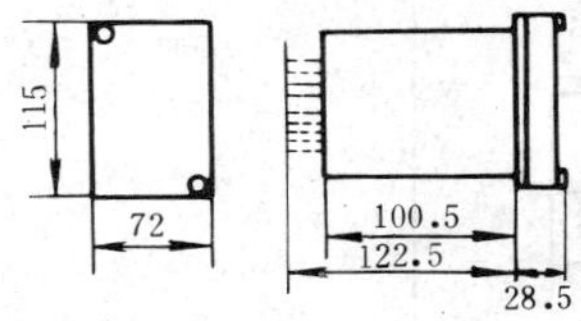 115; 72; 100.5; 122.5; 28.5	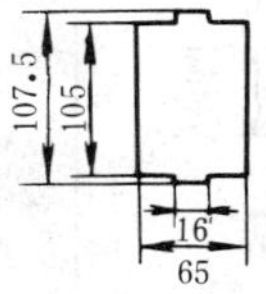 107.5; 105; 16; 65	背视	1xm1ym
4	A11P	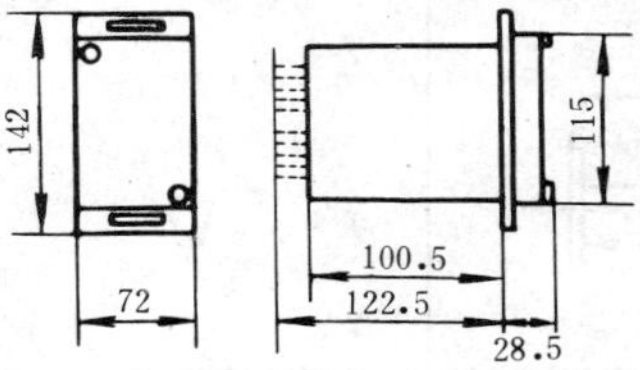 142; 72; 115; 100.5; 122.5; 28.5	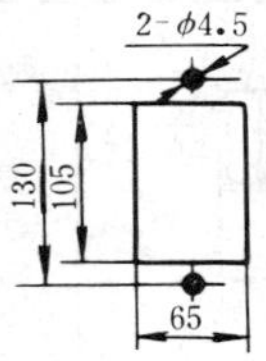 2-φ4.5; 130; 105; 65	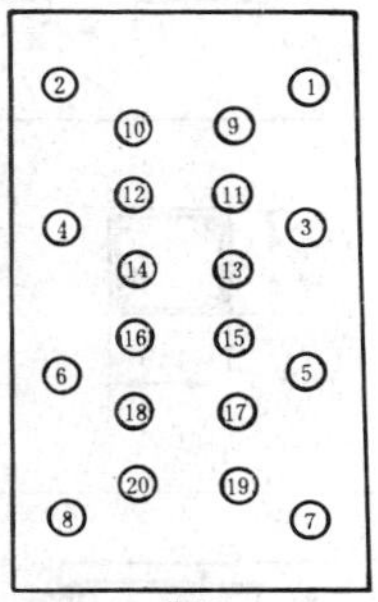	
5	A11H	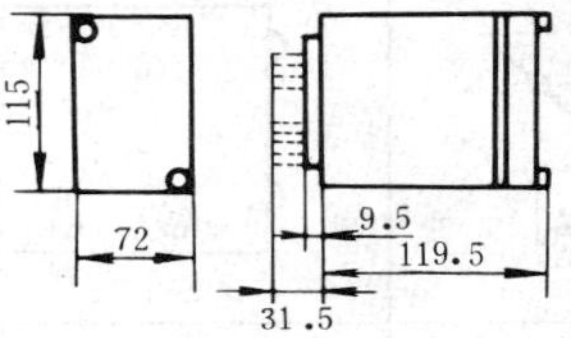 115; 72; 9.5; 119.5; 31.5	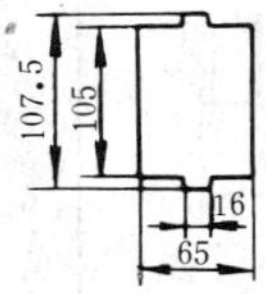 107.5; 105; 16; 65		
6	A11Q	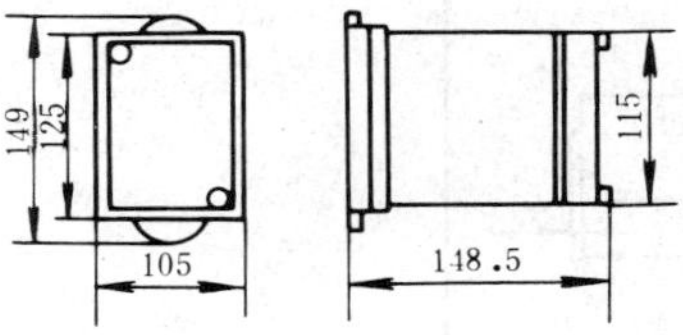 149; 125; 105; 115; 148.5	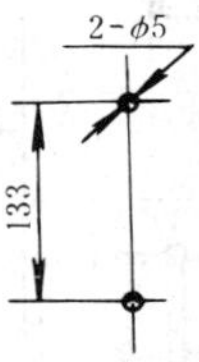 2-φ5; 133	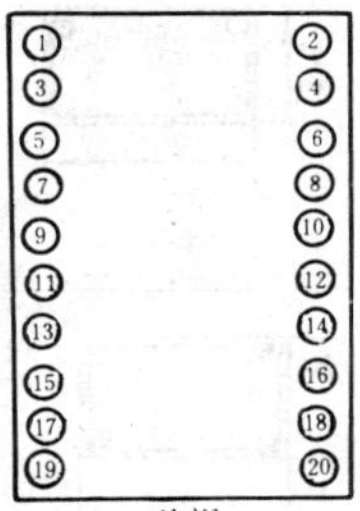 前视	
7	A22K	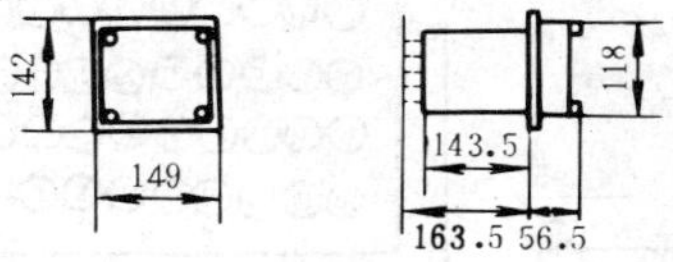 142; 149; 118; 143.5; 163.5; 56.5	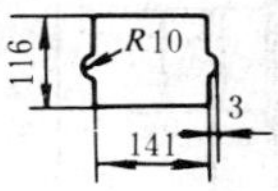 116; R10; 3; 141	11、12、13、14、15、16、17、18为四对电流端子 背视	2xm1ym
8	A22P	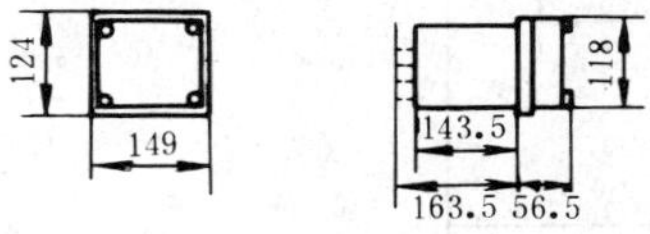 124; 149; 118; 143.5; 163.5; 56.5	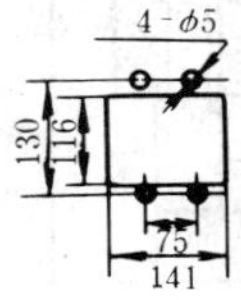 4-φ5; 130; 116; 75; 141	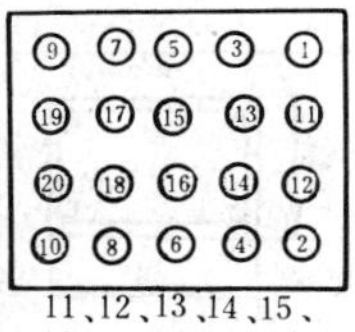	
9	A23K	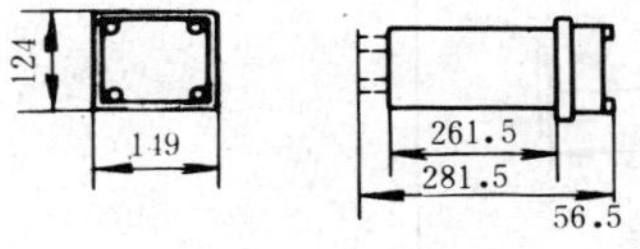 124; 149; 261.5; 281.5; 56.5	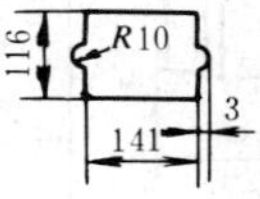 116; R10; 3; 141		

续表 21-0-1

序号	结构型式	外形尺寸图	开孔尺寸图	端子图	模数尺寸
10	A23P	142; 149; 261.5; 281.5; 56.5; 118	4-φ5; 130; 116; 75; 141		2x_m1y_m
11	A22H	124; 149; 10; 30; 190	116; 141; 3		
12	A22Q	158; 124; 153; 178; 225	4-φ6; 110±0.2; 160±0.2	①③⑤⑦⑨⑪⑬⑮⑰⑲ ②④⑥⑧⑩⑫⑭⑯⑱⑳ 前视	
13	A32K	124; 224; 143.5; 163.5; 56.5	116; R10; 216; 3		3x_m1y_m
14	A33K	124; 224; 261.5; 281.5; 56.5			
15	A32P	142; 224; 118; 143.5; 163.5; 56.5	4-φ5; 130; 116; 150; 216	⑲⑰⑮⑬⑪⑨⑦⑤③① ㊴㊲㉟㉝㉛㉙㉗㉕㉓㉑ ㊵㊳㊱㉞㉜㉚㉘㉖㉔㉒ ⑳⑱⑯⑭⑫⑩⑧⑥④② 21、22、23、24、25、26、27、28、29、30、31、32、33、34、35、36八对为电流端子 背视	
16	A33P	142; 224; 118; 261.5; 281.5; 56.5			
17	A32H	124; 224; 10; 30; 190	116; 216; 3		

续表 21-0-1

序号	结构型式	外形尺寸图	开孔尺寸图	端子图	模数尺寸
18	A32Q	158, 124, 225, 225	4-ϕ6, 140±0.2, 175±0.2	1 3 5 7 9 11 13 15 17 19 2 4 6 8 10 12 14 16 18 20 前视	$3x_m1y_m$
19	A43P	142, 299, 261.5, 281.5, 56.5	4-ϕ5, 116, 130, 225, 291	1 3 5 7 9 11 13 15 17 19 21 23 25 27 29 31 33 35 37 39 41 43 45 47 49 51 28 30 32 34 36 38 40 42 44 46 48 50 52 2 4 6 8 10 12 14 16 18 20 22 24 26 背视	$4x_m1y_m$
20A	A63P	142, 448, 120, 267, 277, 54.5	4-ϕ5, 130, 110, 300, 431.5		$6x_m1y_m$

(2) 阿城继电器厂设计的继电器的壳体为JK系列插件式，壳体包括热固性塑料上、下底座和注射塑料透明外罩。有凸出式和嵌入式两种安装方式的插拔结构，继电器壳体可直接从屏面安装板的开孔处进行插拔。安装后的继电器壳体凸出屏面 25mm。

JK系列壳体结构型式的命名，采用代号方法表示如下：

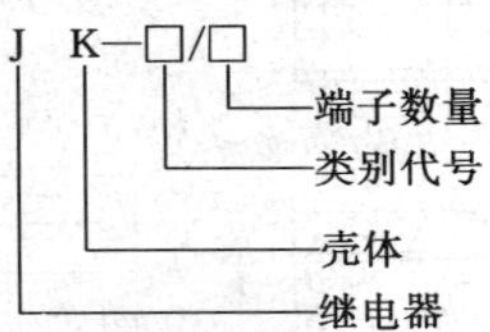

JK系列壳体外形及开孔尺寸，见图 21-0-1～图 21-0-4。

JK-4型壳体除注射塑料外罩高度较JK-1型高20mm外，其余均与JK-1型相同。

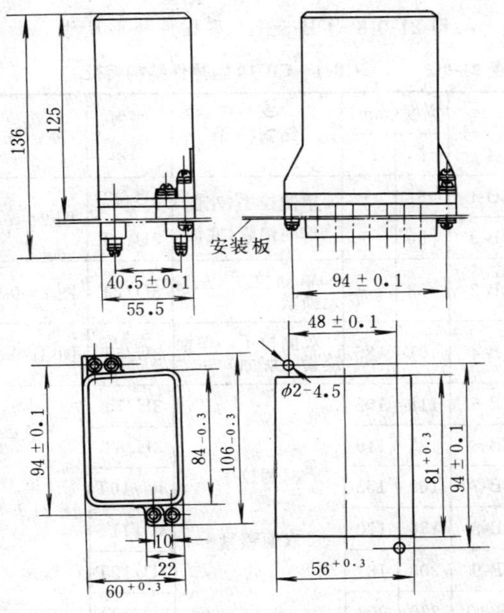

图 21-0-1 JK-1 型继电器壳体外形及开孔尺寸

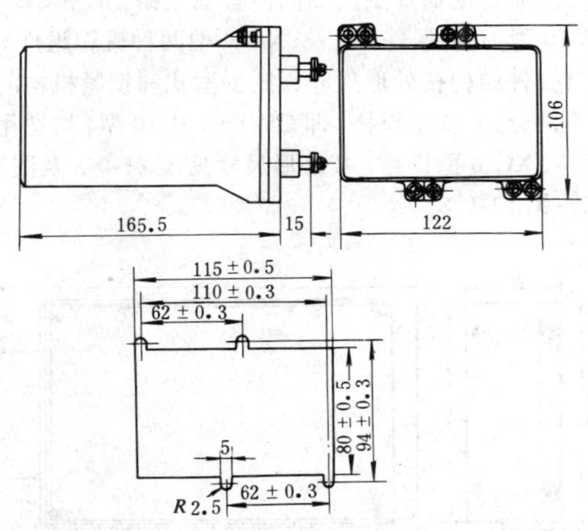

图 21-0-2 JK-2 型继电器壳体外形及开孔尺寸

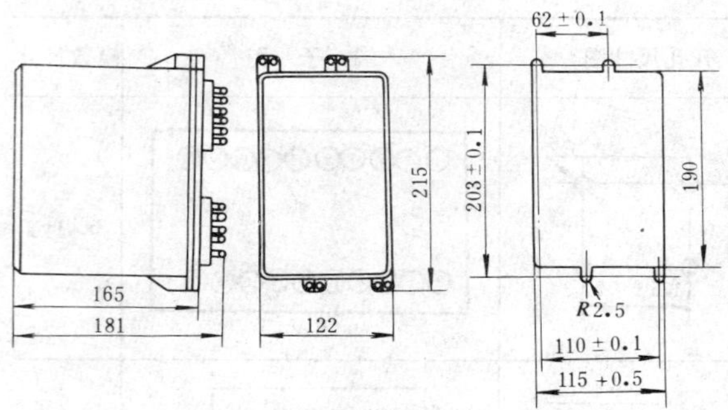

图 21-0-3　JK-3 型继电器壳体外形及开孔尺寸

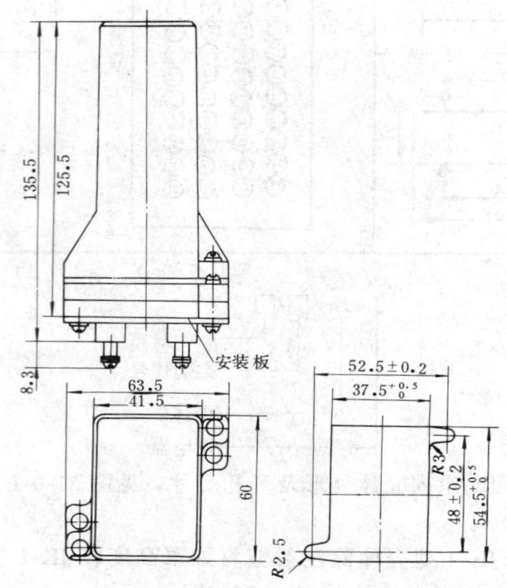

图 21-0-4　JK-4 型继电器壳体外形及开孔尺寸

阿城继电器厂生产的晶体管继电器，采用 CB-1～CB-10 型 10 种插件，XC-3、XC-6 型两种机箱组件。CB 系列插件结构按外形尺寸、拉手型式和锁紧机构的配置不同分为 10 个规格，即 CB-1～CB-10 型，均适用于 XC-3、XC-6 型机箱，其外形尺寸见表 21-0-2 及图 21-0-5～图 21-0-8。

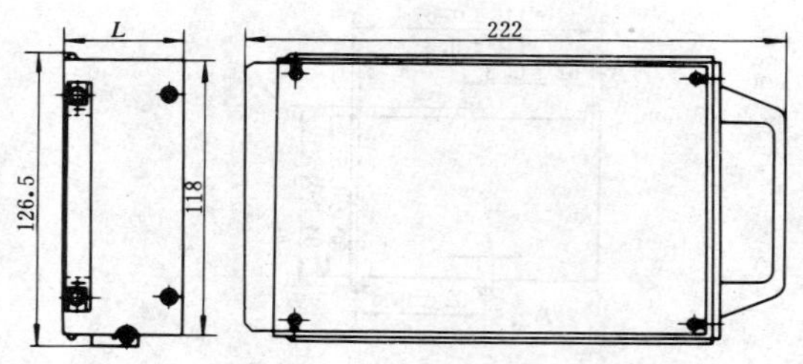

图 21-0-5　CB-1、3 型插件外形尺寸

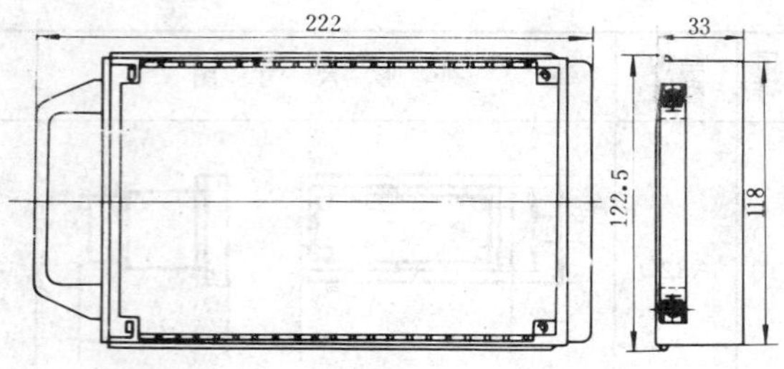

图 21-0-6　CB-2 型插件外形尺寸

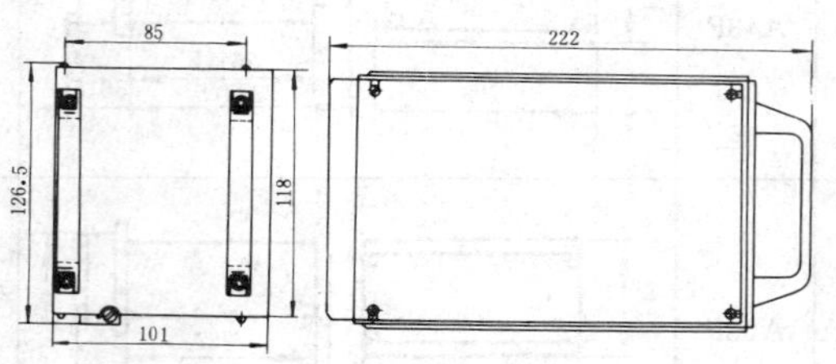

图 21-0-7　CB-4 型插件外形尺寸

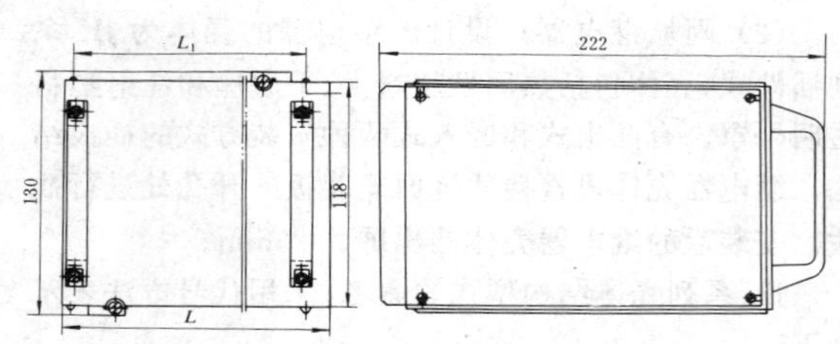

图 21-0-8　CB-5～10 型插件外形尺寸

表 21-0-2　　CB-1～CB-10 型插件结构特征

型　号	宽度(mm)		结构特征	面板类型	备　注
	L	L_1			
CB-1	67	—	单侧拉手(左侧)	3U/4T	图 21-0-5
CB-3	50	—	单面锁紧(底面)	3U/3T	
CB-2	33	—	单侧拉手(左)，无锁紧	3U/2T	图 21-0-6
CB-4	101	85	双侧拉手，单面锁紧（底面）	3U/6T	图 21-0-7
CB-5	118	102	双侧拉手 双面锁紧	3U/7T	图 21-0-8
CB-6	135	119		3U/8T	
CB-7	169	153		3U/10T	
CB-8	186	170		3U/11T	
CB-9	203	187		3U/12T	
CB-10	220	204		3U/13T	

阿城继电器厂生产的JCK-10系列壳体，用作组合式继电器及其它产品的壳体。JCK-10系列壳体由插件、上下底座、透明罩壳及部分附件组成。接插件采用插针式接插方式，插拔灵活，接触可靠性高。接线方式为插接式，不需焊接或螺栓固定。电流回路接插端子带有自动短接机构。按其安装结构形式，该系列壳体有如下几种型号。

JCK-11系列，凸出于屏面安装(或装于机箱内，再嵌入于屏面安装)，板后接线方式。

JCK-12系列，嵌入式屏面安装，板后接线方式。

JCK-13系列，凸出于屏面安装，板前接线方式。

JCK-11系列，板后接线凸出式壳体，是该系列壳体的基本结构件。JCK-12系列嵌入式壳体，系在JCK-11系列的基础上再加装塑料边框和框架等安装附件组成。JCK-13型板前接线凸出式壳体，系在JCK-11型的基础上再加装一接线端子盒和一铁壳等安装附件组成。

JCK-11～13系列壳体外形尺寸及安装开孔尺寸，分别见表21-0-3～表21-0-8，图21-0-9～图21-0-14。

表21-0-3　JCK-11/1～5型壳体外形尺寸　(mm)

型　号	H	B	D	D_1
JCK-11/1	168	167	167	145
JCK-11/2	168	83	167	145
JCK-11/3	88	83	167	145
JCK-11/4	168	41	167	145
JCK-11/5	88	41	167	145

表21-0-4　JCK-11/1～5型壳体安装开孔尺寸　(mm)

型　号	H	H_1	B	B_1
JCK-11/1	160	141	162	154
JCK-11/2	160	141	78	70
JCK-11/3	80	61	78	70
JCK-11/4	160	141	36	
JCK-11/5	80	61	36	

表21-0-5　JCK-12/1～5型壳体外形尺寸　(mm)

型　号	H	B	D
JCK-12/1	175	184	167
JCK-12/2	175	100	167
JCK-12/3	95	100	167
JCK-12/4	175	58	167
JCK-12/5	95	58	167

表21-0-6　JCK-12/1～5型壳体安装开孔尺寸　(mm)

型　号	B_1	B_2	H_1	H_2
JCK-12/1	180	190	175	190
JCK-12/2	95	105	175	190
JCK-12/3	95	105	95	100
JCK-12/4	52	60	175	190
JCK-12/5	52	60	95	100

表21-0-7　JCK-13/1～3型壳体外形尺寸　(mm)

型　号	H	B	D
JCK-13/1	260	168	36
JCK-13/2	260	84	36
JCK-13/3	180	84	36

表21-0-8　JCK-13/1～3型壳体安装开孔尺寸　(mm)

型　号	H	B
JCK-13/1	246	148
JCK-13/2	246	64
JCK-13/3	166	64

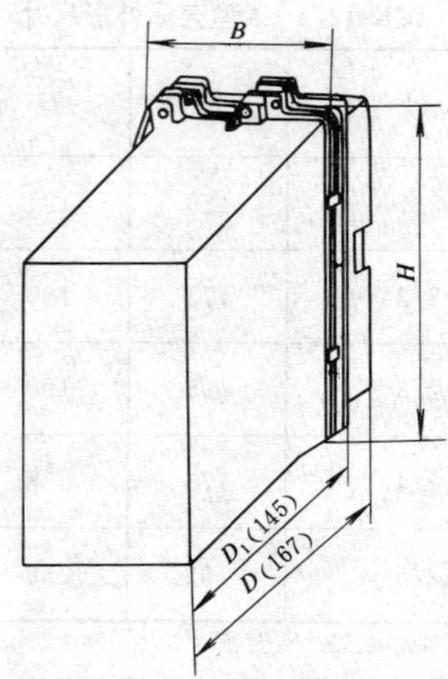

图 21-0-9　JCK-11/1～5 型凸出式板后接线壳体外形尺寸

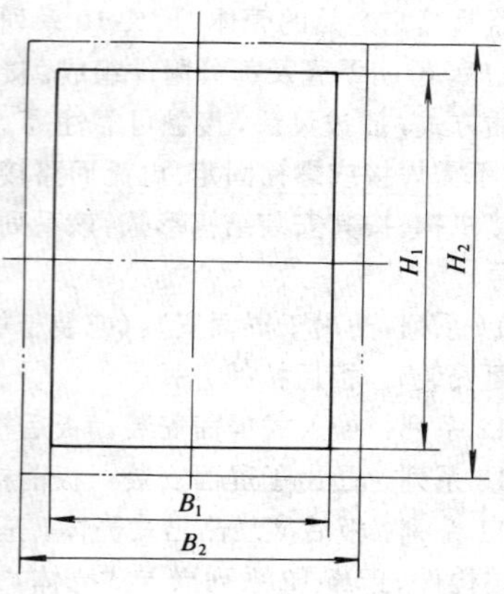

图 21-0-12　JCK-12/1～5 型壳体安装开孔尺寸

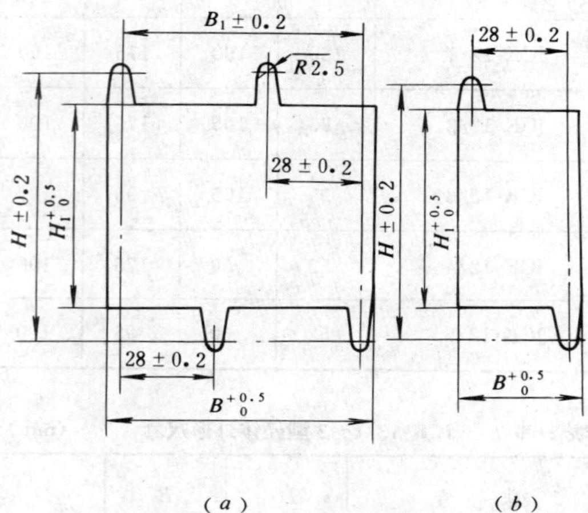

图 21-0-10　JCK-11/1～5 型壳体安装开孔尺寸
(a) JCK-11/1～3；(b) JCK-11/4～5

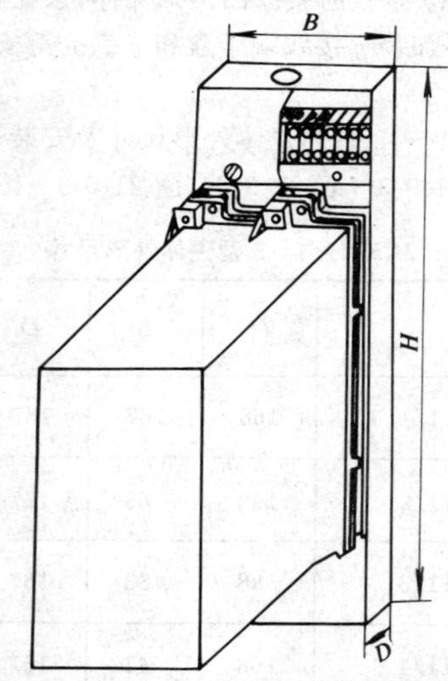

图 21-0-13　JCK-13/1～3 型凸出式板前接线壳体外形尺寸

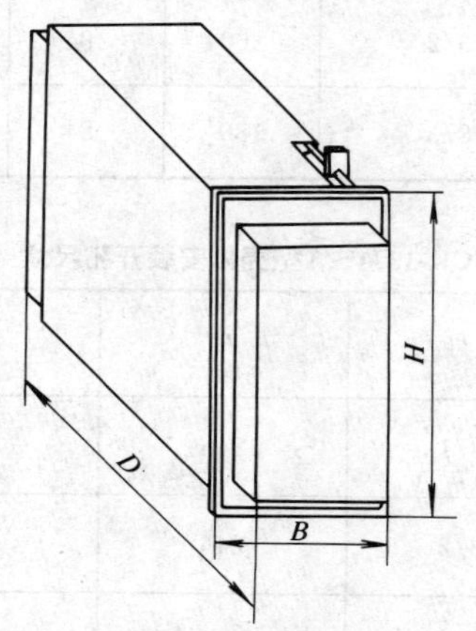

图 21-0-11　JCK-12/1～5 型嵌入式板后接线壳体外形尺寸

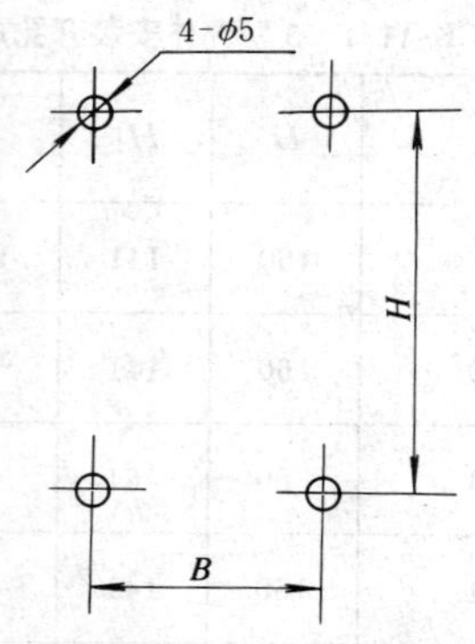

图 21-0-14　JCK-13/1～3 型壳体安装开孔尺寸

JCK-11/1～5 型壳体背后端子图，见图 21-0-15～图 21-0-19。

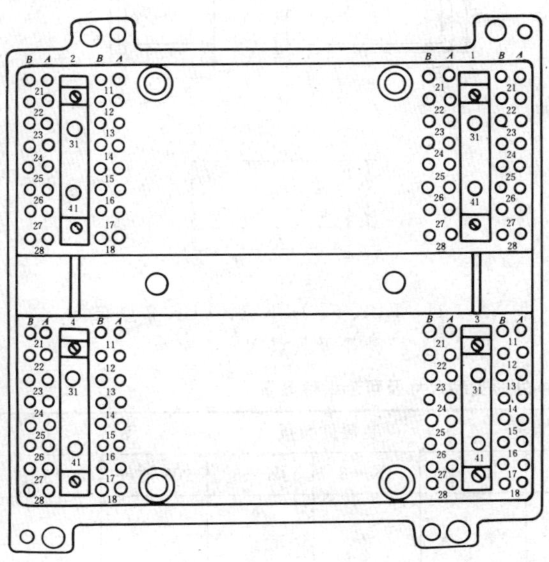

图 21-0-15　JCK-11/1 型壳体背后端子图

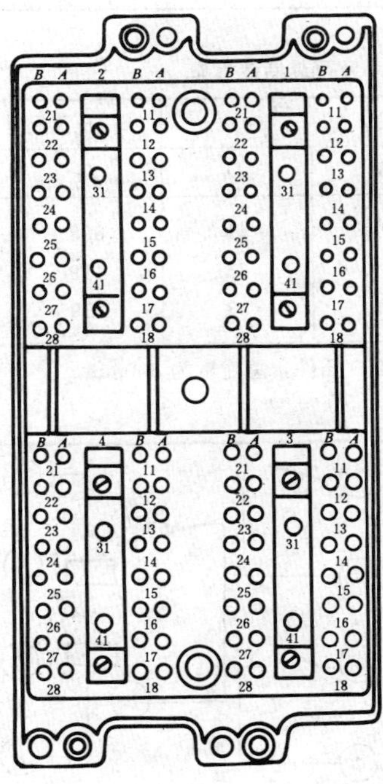

图 21-0-16　JCK-11/2 型壳体背后端子图

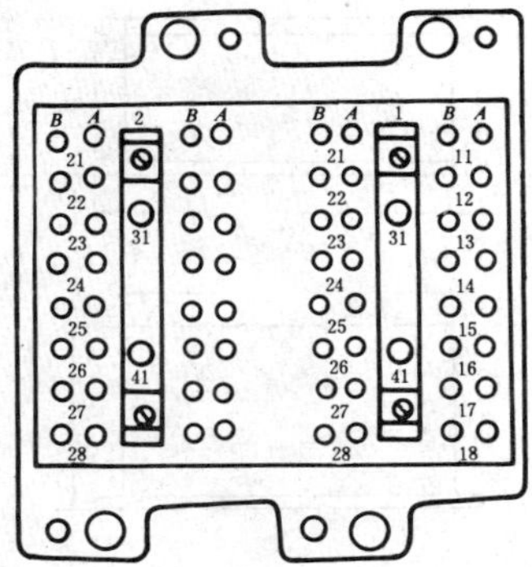

图 21-0-17　JCK-11/3 型壳体背后端子图

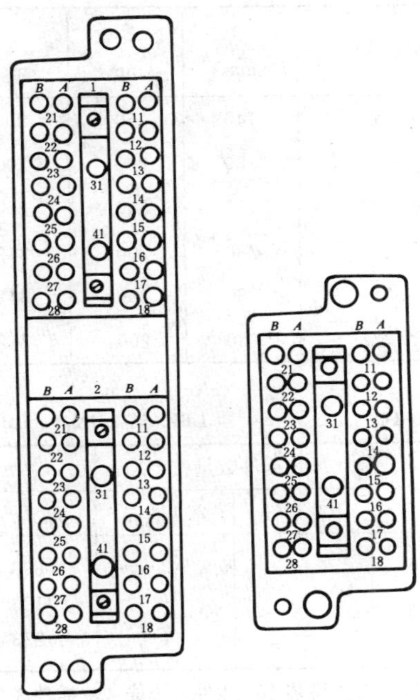

图 21-0-18　JCK-11/4 型壳体背后端子图

图 21-0-19　JCK-11/5 型壳体背后端子图

LBK 系列壳体是一种嵌入式插拔结构（抽屉形构造）箱体。箱体分为 LBK-1、LBK-2、LBK-6、LBK-7 型四种型号。其中 LBK-6 型又分为 LBK-6 型及 LBK-6/1～4 型五种规格；LBK-7 型又分为 LBK-7 型及 LBK-7/1～2 型两种规格。

LBK-6/1～4 型及 LBK-7/1～2 型箱体的外形安装尺寸及可装插件数量，见图 21-0-20 及表 21-0-9。

LBK-6、LBK-1、LBK-2 型箱体的外形安装尺寸及可装插件数量，见图 21-0-21 及表 21-0-10。

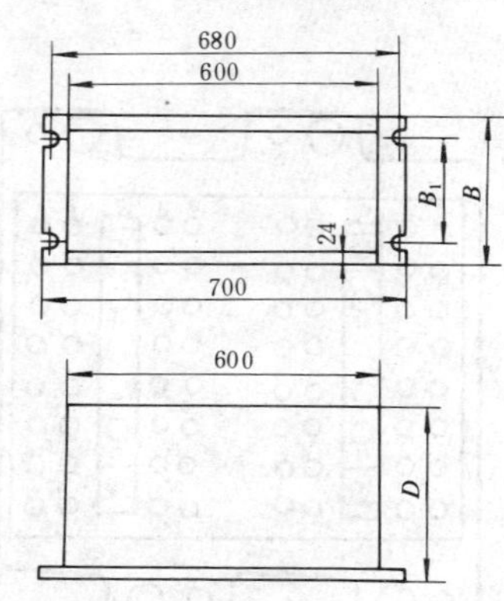

图 21-0-20 LBK-6/1～4 型箱体外形及安装尺寸

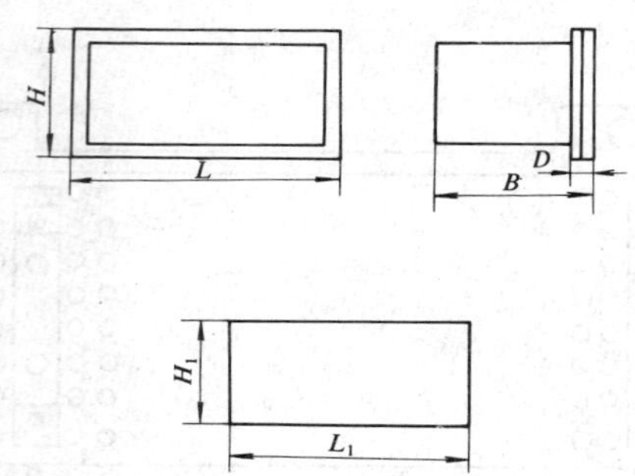

图 21-0-21 LBK-6、LBK-1、LBK-2 型箱体外形及安装尺寸

表 21-0-9 LBK-6/1～4 型、LBK-7/1～2 型箱体外形安装尺寸及可装插件数量

型号	B (mm)	B_1 (mm)	D (mm)	可装插件数量（个）					
				JK—1	JK—2	JK—3	JK—5	100 插件	200 插件
LBK-6/1	140	60	200	9	4	—	9	—	—
LBK-6/2	280	200	200	18	8	4	18	—	—
LBK-6/3	420	340	200	27	12	4	27	—	—
LBK-6/4	280	200	342	—	—	—	—	6	3
LBK-7/1	280	200	342	12	6	3	12	2	—
LBK-7/2	280	200	342	8	4	2	8	3	—

表 21-0-10 LBK-6、LBK-1、LBK-2 型箱体的外形安装尺寸及可装插件数量

型号	可装插件数量（个）		外形尺寸（mm）				开孔尺寸（mm）	
	100 插件	200 插件	L	H	B	D	L_1	H_1
LBK-6	6	3	696	270	374	41	608	262
LBK-1	1	—	133	265	329	33	119	251
LBK-2	—	1	233	265	329	33	219	251

注 LBK-6 型中可装 100 插件 6 个或 200 插件 3 个，亦可混合装入 100 和 200 插件，总宽度为 600mm。

第 21-1 节 电流电压继电器

一、DL-1A 型电流继电器

（一）简介

DL-1A 型电流继电器用于发电机、变压器及输电线路的过负荷和短路保护电路中，作为起动元件。

（二）技术数据

DL-1A 型电流继电器技术数据，见表 21-1-1。

（三）内部接线

DL-1A 型电流继电器内部接线，见图 21-1-1。

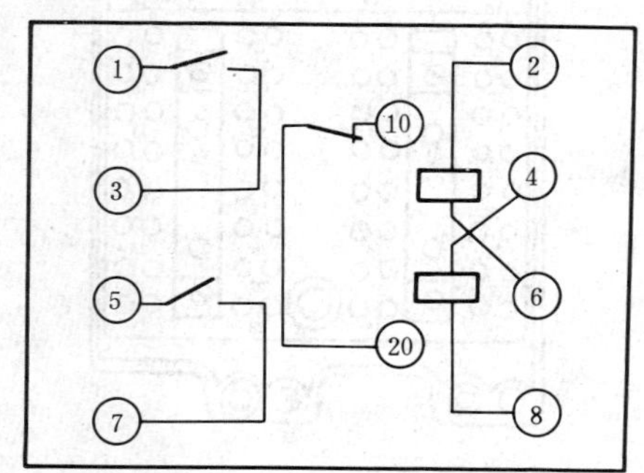

图 21-1-1 DL-1A 型电流继电器内部接线

表 21-1-1　**DL-1A 型电流继电器技术数据**

最大整定电流（A）	额定电流（A）		长期允许电流（A）		电流整定范围（A）	动作电流（A）		返回系数	动作时间（ms）		功率消耗（VA）	生产厂
	串联	并联	串联	并联		线圈串联	线圈并联		1.1 倍	2 倍		
0.2	0.5	1	0.6	1.2	0.05～0.2	0.05～0.1	0.1～0.2	0.8	120	40	8	许昌继电器厂
0.4	1	2	1.5	3	0.1～0.4	0.1～0.2	0.2～0.4					
0.6	2	4	3	6	0.15～0.6	0.15～0.3	0.3～0.6					
2	5	10	6	12	0.5～2	0.5～1	1～2					

（四）外形及安装尺寸

DL-1A 型电流继电器壳体结构型式有 A11K、A11P 型，其外形及安装尺寸见表 21-0-1。

二、DL-4、DL-5 型低定值电流继电器

（一）简介

DL-4、DL-5 型低定值电流继电器适于在保护电路需要大的灵敏度，即继电器的长期允许电流为动作电流大倍数的情况下，作为二次继电器用于保护电路中。

（二）控制原理

该型继电器具有转动动片且基于电磁原理而动作。

继电器的磁系统有两个串联的线圈，它们接到装在继电器外壳内的饱和变流器的次级绕组上。变流器的初级绕组有五个接到继电器端子上的出头，用它们改变继电器动作电流的刻度（整定）范围。

（三）技术数据

DL-4、DL-5 型低定值电流继电器技术数据，见表 21-1-2。

（四）内部接线

DL-4、DL-5 型低定值电流继电器内部接线，见图 21-1-2。

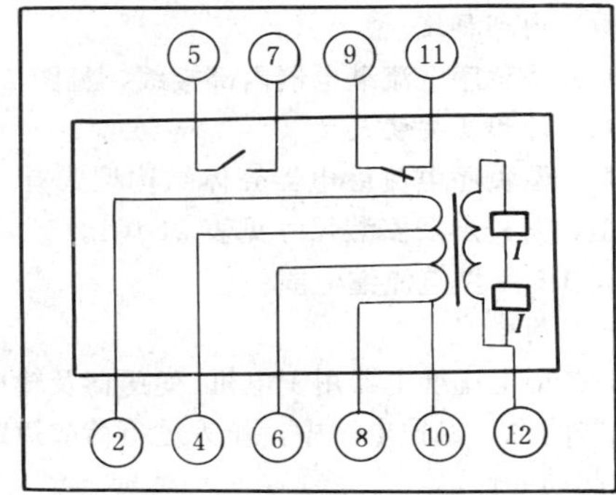

图 21-1-2　DL-4、DL-5 型低定值电流继电器内部接线

（五）外形及安装尺寸

DL-4、DL-5 型低定值电流继电器壳体结构型式有 A32K、A32P、A32H、A32Q 型，其外形及安装尺寸见表 21-0-1。

表 21-1-2　**DL-4、DL-5 型低定值电流继电器技术数据**

整定范围（A）	阻抗（Ω）			热稳定电流（A）		动作时间（s）			返回系数	触点容量		生产厂
	最小整定值	5A	30A	长期	1s	DL-4		DL-5		直流（W）	交流（VA）	
						1.2 倍	3 倍	0.5 倍				
0.15～0.3	21.3	2.8	0.67	7	300	0.15	0.03	0.15	DL-4≮0.8 DL-5≯1.25	50	250	许昌继电器厂
0.3～0.6	5.3	1.15	0.27									
0.5～1	2	0.6	0.15									
1～2	0.4	0.24	0.073									

三、DL-6型负序电流继电器

（一）简介

DL-6型负序电流继电器用于发电机和变压器的继电保护电路中，作为起动元件，反应不对称故障电流负序分量。

（二）控制原理

该型继电器由负序电流滤过器和两个作为执行元件的电磁机构 J_1 和 J_2 组成，J_1 和 J_2 的绕组串接到滤过器的输出回路中。

在一定条件下滤过器仅在所通过的电流中存在负序分量时，其二次回路才有输出电压。滤过器输出电压加到执行元件 J_1 和 J_2 上，使其绕组中流过电流。J_1 和 J_2 的刻度是按输入滤过器的负序动作电流标定的，并且具有不同的动作灵敏度。

（三）技术数据

DL-6型负序电流继电器技术数据，见表21-1-3。

（四）内部接线

DL-6型负序电流继电器内部接线，见图21-1-3。

（五）外形及安装尺寸

DL-6型负序电流继电器壳体结构型式有A33K、A33P型，其外形及安装尺寸见表21-0-1。

四、DL-7型电流继电器

（一）简介

DL-7型电流继电器用于电机、变压器及输电线路二次电路的继电保护电路中，作为过负荷或短路保护的测量起动元件。

（二）技术数据

DL-7型电流继电器技术数据，见表21-1-4。

（三）内部接线

DL-7型电流继电器内部接线，见图21-1-4。

（四）外形及安装尺寸

DL-7型电流继电器壳体结构型式有A11K、A11P、A11H、A11Q型，其外形及安装尺寸见表21-0-1。

五、DL-10、DL-10Q系列电流继电器

（一）简介

DL-10、DL-10Q系列电流继电器用于电机、变压器和输电线的过负荷和短路保护电路中，作为起动元件。

DL-10Q系列电流继电器仅上海继电器厂生产。

（二）技术数据

DL-10系列电流继电器技术数据，见表21-1-5。

DL-10Q系列电流继电器技术数据，与DL-10系列电流继电器技术数据相同。

（三）内部接线

DL-10、DL-10Q系列电流继电器内部接线，见图21-1-5。

（四）外形尺寸

DL-10、DL-10Q系列电流继电器外形尺寸，见图21-1-6。

（五）生产厂及代号

①阿城继电器厂，②上海继电器厂，③天津继电器厂，④北京继电器厂，⑤温岭继电器厂。

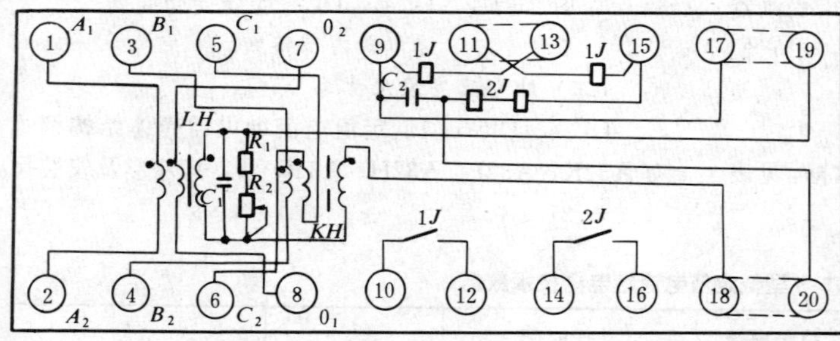

图21-1-3 DL-6型负序电流继电器内部接线

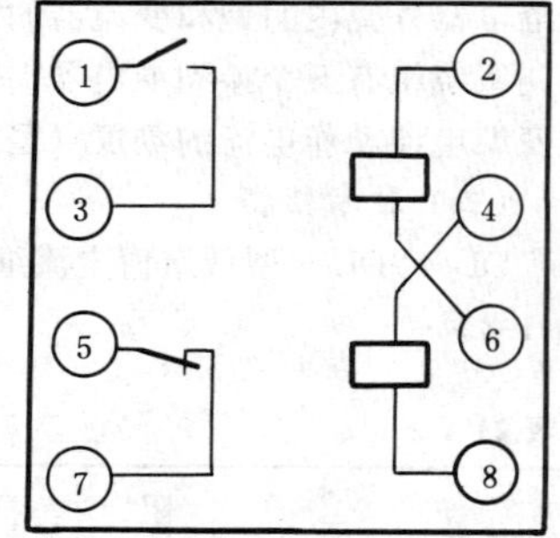

图21-1-4 DL-7型电流继电器内部接线

表21-1-3 DL-6型负序电流继电器技术数据

额定值		负序动作电流整定值的调正范围（A）			功率消耗（VA）	触点容量（W）	返回系数	触点型式	生产厂
电流（A）	频率（Hz）	执行元件	额定电流 1A	额定电流 5A					
5	50	J_1	0.3～1.2 -0.14	1.5～6 -0.7	≯15	50	≮0.8	一副动合	许昌继电器厂
1		J_2	0.1～0.2	0.5～1					

表 21-1-4　**DL-7 型电流继电器技术数据**

最大整定电流(A)	额定电流（A）		长期允许电流（A）		电流整定范围（A）	动作电流（A）		额定频率(Hz)	返回系数	1.1 倍整定值时动作时间(s)	2 倍整定值时动作时间(s)	生产厂
	线圈串联	线圈并联	线圈串联	线圈并联		线圈串联	线圈并联					
0.01	0.02	0.04	0.02	0.04	0.0025～0.01	0.0025～0.005	0.005～0.01					
0.05	0.08	0.16	0.08	0.16	0.0125～0.05	0.0125～0.025	0.025～0.05					
0.2	0.3	0.6	0.3	0.6	0.05～0.2	0.05～0.1	0.1～0.2					
0.4	0.6	1.2	0.6	1.2	0.1～0.4	0.1～0.2	0.2～0.4					
0.8	1	2	1	2	0.15～0.6	0.15～0.3	0.3～0.6					
2	3	6	4	8	0.5～2	0.5～1	1～2					
6	6	12	6	12	1.5～6	1.5～3	3～6	50	≮0.8	≯0.12	≯0.04	许昌继电器厂
10	10	20	10	20	2.5～10	2.5～5	5～10					
15	10	20	15	30	3.75～15	3.75～7.5	7.5～15					
20	10	20	15	30	5～20	5～10	10～20					
50	15	30	20	40	12.5～50	12.5～25	25～50					
100	15	30	20	40	25～100	25～50	50～100					
200	15	30	20	40	50～200	50～100	100～200		≮0.7			

表 21-1-5　**DL-10 系列电流继电器技术数据**

型号	最大整定值(A)	电流整定范围(A)	线圈串联			线圈并联			在第一整定电流时消耗的功率(VA)	触点型式(副)		返回系数	触点容量		生产厂
			动作电流(A)	热稳定电流(A)		动作电流(A)	热稳定电流(A)			动合	动断		直流 (T=5ms) (W)	交流 (VA)	
				长期	1s		长期	1s							
DL-11	0.01	0.0025～0.01	0.0025～0.005	0.02	0.6	0.005～0.01	0.04	1.2	0.08	1					①
DL-12											1				
DL-13										1	1				
DL-11	0.04	0.01～0.04	0.01～0.02	0.05	1.5	0.02～0.04	0.1	3	0.08	1					②
DL-12											1				
DL-13										1	1				
DL-11	0.05	0.0125～0.05	0.0125～0.025	0.08	2.5	0.025～0.05	0.16	5	0.08	1		0.8	50	250	③
DL-12											1				
DL-13										1	1				
DL-11	0.2	0.05～0.2	0.05～0.1	0.3	12	0.1～0.2	0.6	24	0.1	1					④
DL-12											1				
DL-13										1	1				

续表 21-1-5

型号	最大整定值(A)	电流整定范围(A)	线圈串联			线圈并联			在第一整定电流时消耗的功率(VA)	触点型式(副)		返回系数	触点容量		生产厂
			动作电流(A)	热稳定电流(A)		动作电流(A)	热稳定电流(A)			动合	动断		直流(T=5ms)(W)	交流(VA)	
				长期	1s		长期	1s							
DL-11										1					
DL-12	0.5	0.15～0.6	0.15～0.3	1	45	0.3～0.6	2	90	0.1		1	0.8	50	250	⑤
DL-13										1	1				
DL-11										1					
DL-12	2	0.5～2	0.5～1	4	100	1～2	8	200	0.1		1				
DL-13										1	1				
DL-11										1					
DL-12	6	1.5～6	1.5～3	10	300	3～6	20	600	0.1		1				
DL-13										1	1				
DL-11										1					
DL-12	10	2.5～10	2.5～5	10	300	5～10	20	600	0.15		1				
DL-13										1	1				
DL-11										1					
DL-12	20	5～20	5～10	15	300	10～20	30	600	0.25		1				
DL-13										1	1				
DL-11										1					
DL-12	50	12.5～50	12.5～25	20	450	25～50	40	900	1.0		1				
DL-13										1	1				
DL-11										1					
DL-12	100	25～100	25～50	20	450	50～100	40	900	2.5		1				
DL-13										1	1				
DL-11										1					
DL-12	200	50～200	50～100	20	450	100～200	40	900	10		1	0.7			
DL-13										1	1				

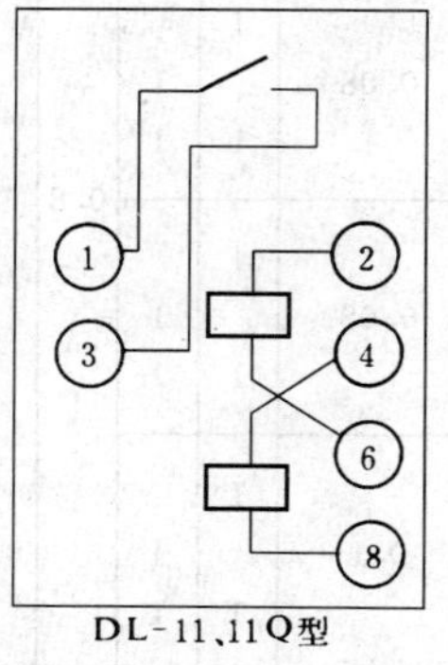

DL-11、11Q型

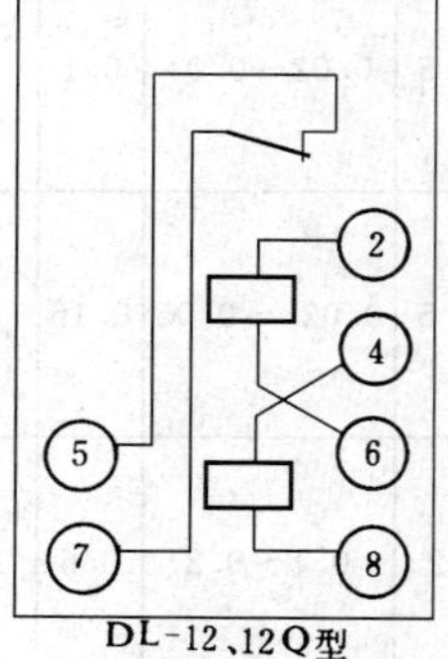

DL-12、12Q型

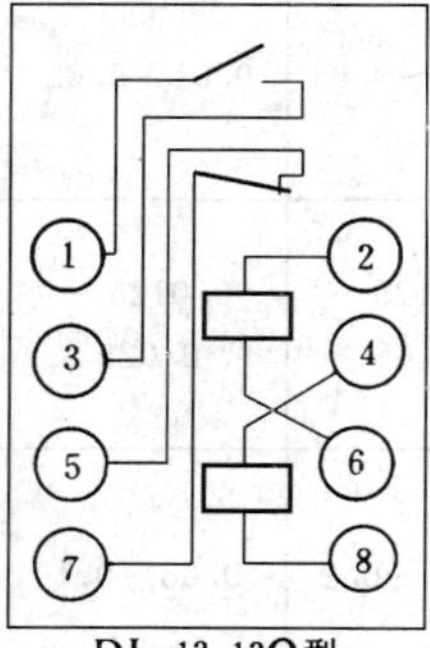

DL-13、13Q型

图 21-1-5　DL-10、DL-10Q 系列电流继电器内部接线

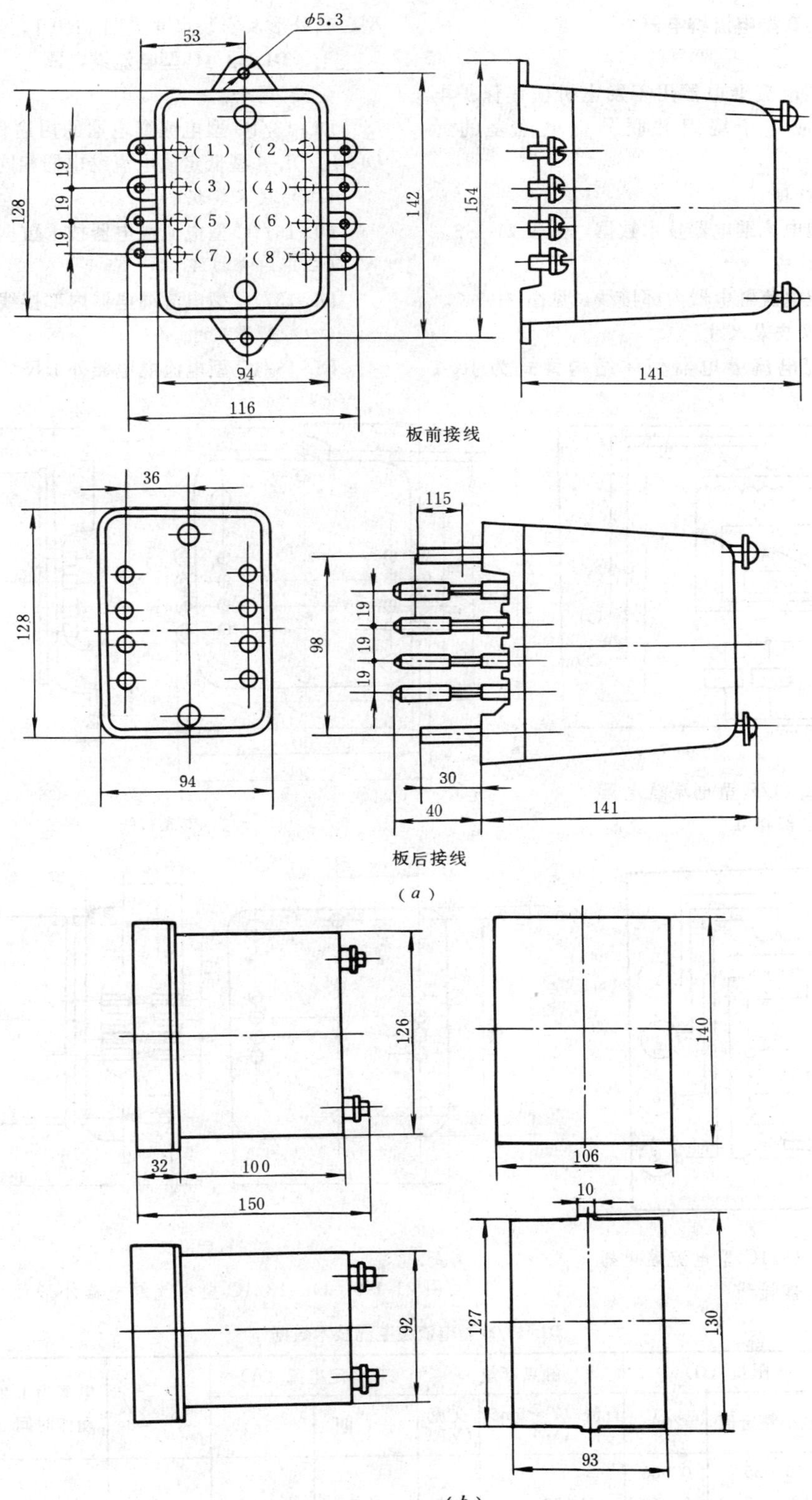

图 21-1-6　DL-10、DL-10Q 系列电流继电器外形尺寸

(*a*) DL-10 系列；(*b*) DL-10Q 系列

六、DL-11/B型电流继电器

（一）简介

DL-11/B型电流继电器用于发电机横差保护电路中，作为反应定子绕组并联分支电流差的元件。

（二）技术数据

DL-11/B型电流继电器技术数据，见表21-1-6。

（三）内部接线

DL-11/B型电流继电器内部接线，见图21-1-7。

（四）外形及安装尺寸

DL-11/B型电流继电器壳体结构型式为JK-1型，其外形及安装尺寸见图21-0-1。

七、DL-13/1C型电流继电器

（一）简介

DL-13/1C型电流继电器的用途和控制原理，与DL-4、DL-5型低定值电流继电器相同。

（二）技术数据

DL-13/1C型电流继电器技术数据，见表21-1-7。

（三）内部接线

DL-13/1C型电流继电器内部接线，见图21-1-8。

（四）外形尺寸

DL-13/1C型电流继电器外形尺寸，见图21-1-9。

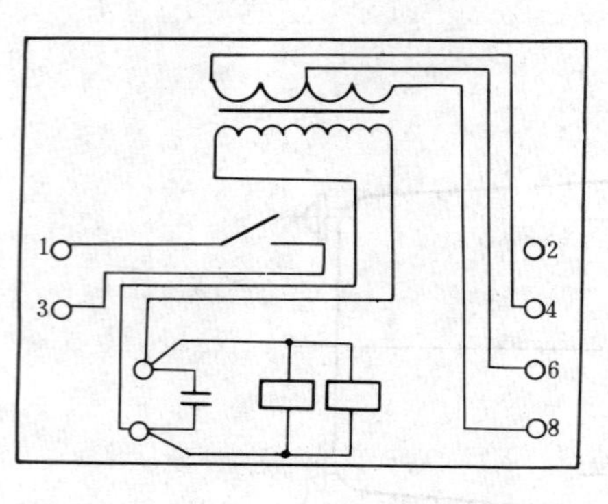

图21-1-7 DL-11/B型电流继电器内部接线

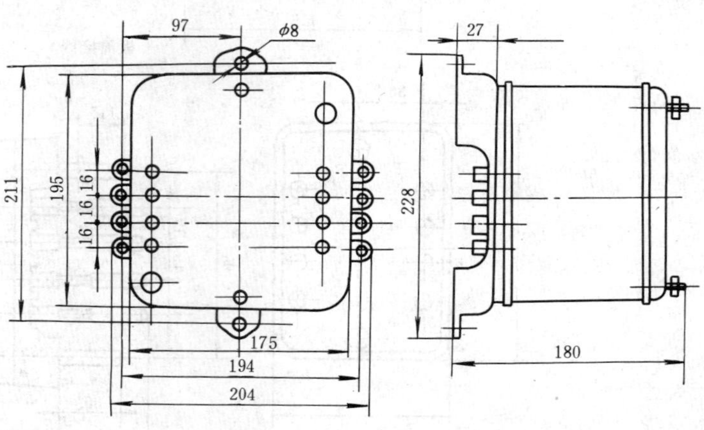

板前接线

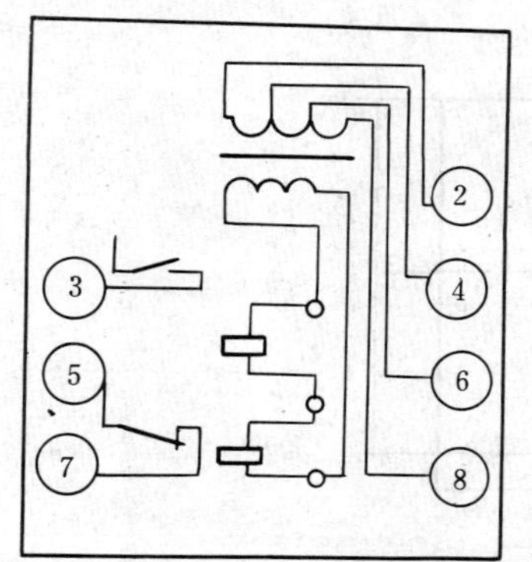

图21-1-8 DL-13/1C型电流继电器内部接线

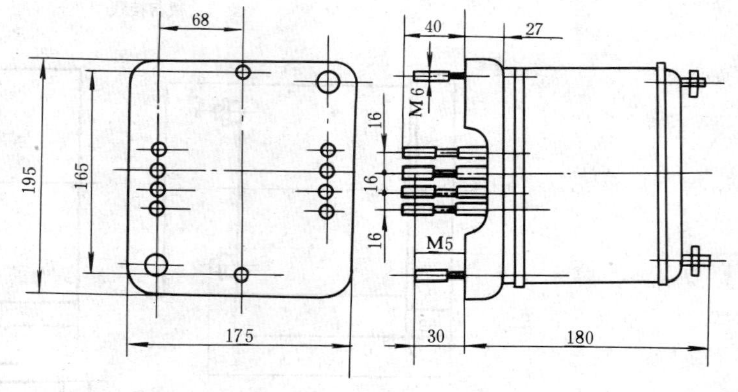

板后接线

图21-1-9 DL-13/1C型电流继电器外形尺寸

表21-1-6 DL-11/B型电流继电器技术数据

电流整定范围（A）	阻抗（Ω）		触点容量		热稳定电流（A）		返回系数	电流为1.2倍动作时间（s）	生产厂
	最小整定值	20A	直流（T=5ms）（W）	交流（VA）	长期	（1s）			
1.75～3.5 2.9～5.8 4.4～8.8	0.035 0.018 0.012	0.033 0.016 0.011	50	250	6.5	250	0.8	0.25	阿城继电器厂

表 21-1-7　DL-13/1C 型电流继电器技术数据

电流整定范围 (A)	阻抗 (Ω)			下列电流倍数时动作时间 (s)		触点容量		返回系数	生产厂
	最小整定值	5A	30A	1.2 倍	2 倍	直流 (W)	交流 (VA)		
0.15～0.3	19	3.5	0.9	0.15	0.03	50	250	0.65	阿城继电器厂
0.3～0.6	5	1.3	0.3						
0.5～1	2	0.7	0.18						

八、DL-20C、DL-20E 系列电流继电器

（一）简介

DL-20C、DL-20E 系列电流继电器用于发电机、变压器及输电线路的过负荷和短路的继电保护电路中，作为起动元件。

DL-20E 系列电流继电器具有动作精度高、功耗小、动作值连续可调等特点。

（二）技术数据

DL-20C、DL-20E 系列电流继电器技术数据，见表 21-1-8 和表 21-1-9。

（三）内部接线

DL-20C、DL-20E 系列电流继电器内部接线，见图 21-1-10 和图 21-1-11。

（四）外形及安装尺寸

DL-20C 系列电流继电器壳体结构型式为 JK-1 型，其外形及安装尺寸见图 21-0-1。

DL-20E 系列电流继电器壳体结构型式为 JCK-10 型，其外形及安装尺寸见图 21-0-9～图 21-0-14、表 21-0-3～表 21-0-8。

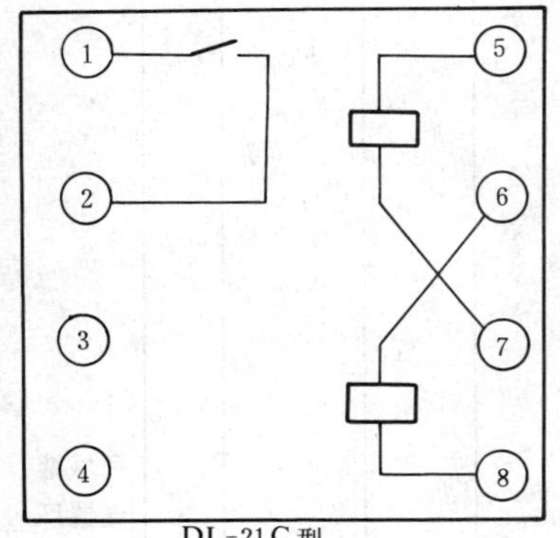

DL-21C 型

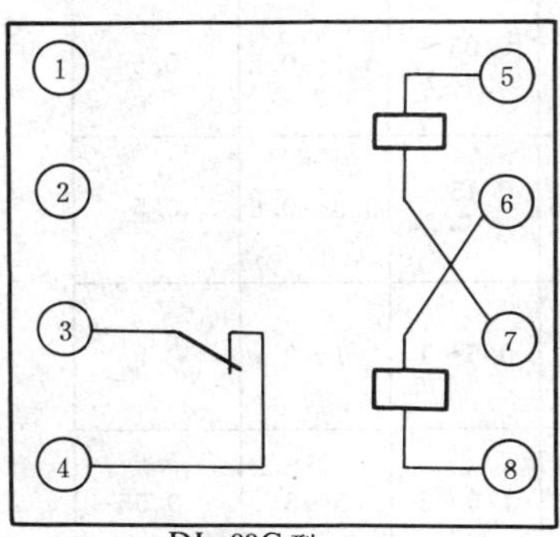

DL-22C 型

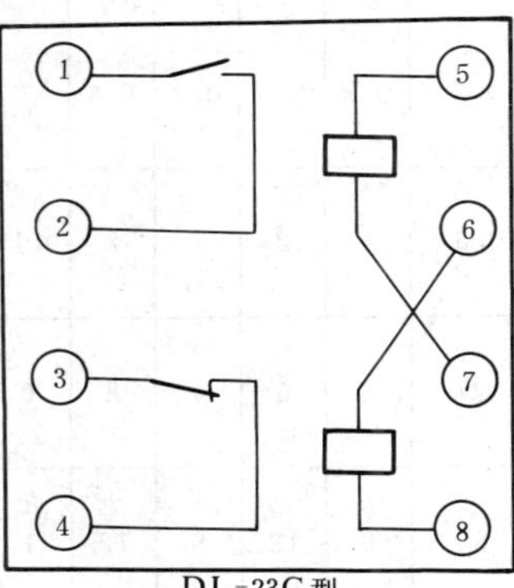

DL-23C 型

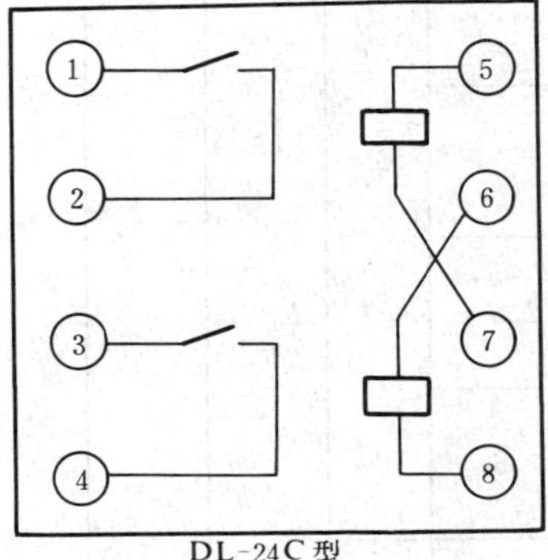

DL-24C 型

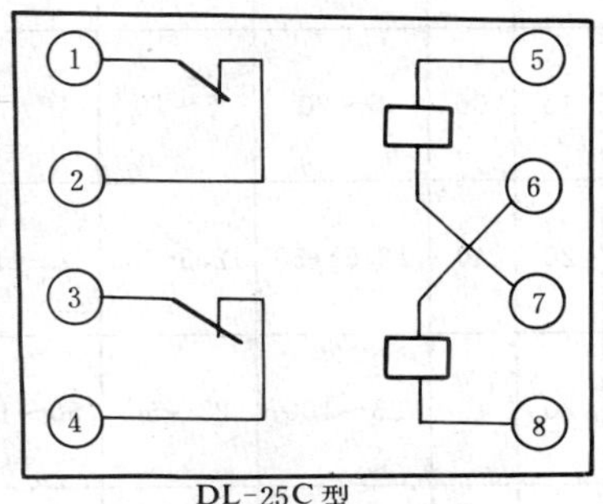

DL-25C 型

图 21-1-10　DL-20C 系列电流继电器内部接线

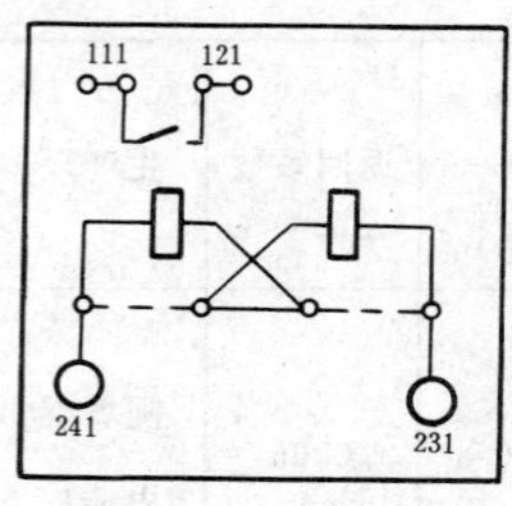

DL-21E型

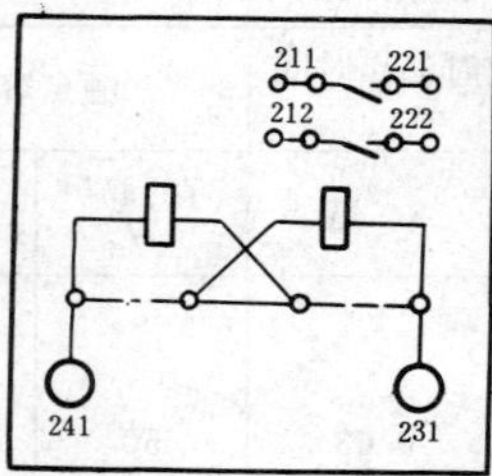

DL-22E型

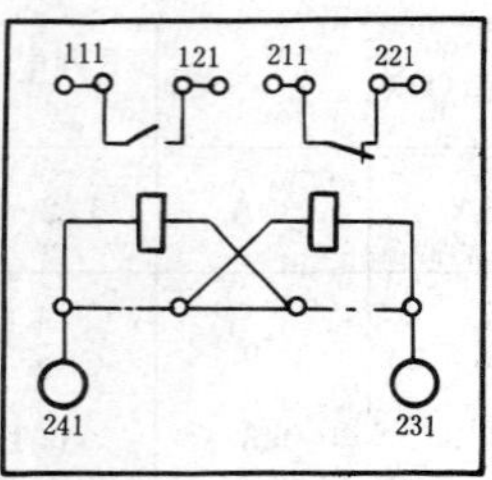

DL-23E型

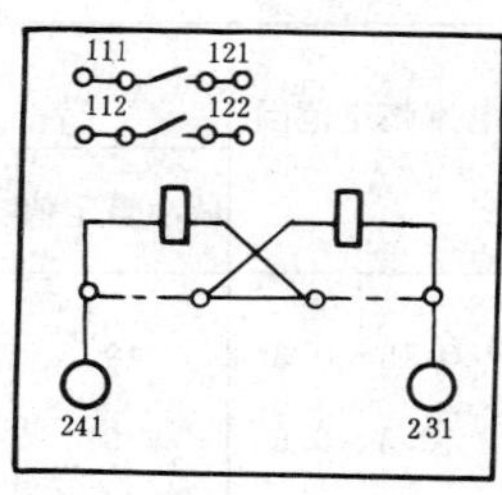

DL-24E型

图 21-1-11　DL-20E系列电流继电器内部接线

表 21-1-8　　DL-20C系列电流继电器技术数据

最大整定电流（A）	额定电流（A）		长期允许电流（A）		电流整定范围（A）	动作电流（A）		最小整定值时的功率消耗（VA）	返回系数	下列电流倍数的动作时间（s）		触点容量		生产厂
	线圈串联	线圈并联	线圈串联	线圈并联		线圈串联	线圈并联			1.2倍	3倍	直流（$T=5ms$）（W）	交流（VA）	
0.05	0.08	0.16	0.08	0.16	0.0125～0.05	0.0125～0.025	0.025～0.5	0.4						
0.2	0.3	0.6	0.3	0.6	0.05～0.2	0.05～0.1	0.1～0.2	0.5						
0.6	1	2	1	2	0.15～0.6	0.15～0.3	0.3～0.6	0.5						
2	3	6	4	8	0.5～2	0.5～1	1～2	0.5						
6	6	12	6	12	1.5～6	1.5～3	3～6	0.55	0.8	0.15	0.03	40	200	阿城继电器厂 北京继电器厂
10	10	20	10	20	2.5～10	2.5～5	5～10	0.85						
20	10	20	15	30	5～20	5～10	10～20	1						
50	15	30	20	40	12.5～50	12.5～25	25～50	2.8						
100	15	30	20	40	25～100	25～50	50～100	7.5						
200	15	30	20	40	50～200	50～100	100～200	32	0.7					

表 21-1-9

DL-20E 系列电流继电器技术数据

最大整定电流(A)	电流整定范围(A)	额定电流(A)		线圈串联			线圈并联			功率消耗(VA)	返回系数	下列电流倍数的动作时间(s)		触点容量		生产厂
		串联	并联	动作电流(A)	热稳定电流(A)		动作电流(A)	热稳定电流(A)				1.1倍	2倍	直流($T=5ms$)(W)	交流(VA)	
					长期	1s		长期	1s							
0.008	0.002～0.008	0.01	0.02	0.002～0.004	0.01	0.1	0.004～0.008	0.02	0.2	在额定值下线圈串联测量时≯7	≮0.8	≯0.12	≯0.04	50	250	阿城继电器厂
0.02	0.005～0.02	0.03	0.06	0.005～0.01	0.03	0.3	0.01～0.02	0.06	0.6							
0.06	0.015～0.06	0.1	0.2	0.015～0.03	0.1	1	0.03～0.06	0.2	2							
0.2	0.05～0.2	0.3	0.6	0.05～0.1	0.3	3	0.1～0.2	0.6	6							
0.6	0.15～0.6	1	2	0.15～0.3	1	10	0.3～0.6	2	20	在电流为5A下，线圈并联测量时≯3.5						
2	0.5～2	3	6	0.5～1	4	30	1～2	8	60							
6	1.5～6	10	20	1.5～3	10	100	3～6	20	200							
10	2.5～10	10	20	2.5～5	10	100	5～10	20	200							
15	3.75～15	10	20	3.75～7.5	15	100	7.5～15	30	200							
20	5～20	10	20	5～10	15	100	10～20	30	200							
50	12.5～50	15	30	12.5～25	20	150	25～50	40	300							
100	25～100	15	30	25～50	20	150	50～100	40	300							
200	50～200	15	30	50～100	20	150	100～200	40	300		≮0.7					

九、DL-21B 型电流横差继电器

（一）简介

DL-21B 型电流横差继电器的用途，与 DL-11/B 型电流继电器相同。

（二）控制原理

DL-21B 型电流横差继电器是根据电磁原理工作的。触点的闭合或断开是根据流过电磁铁线圈的电流规定值或电流消失、电流降至返回值动作的。

为了消除发电机外部发生故障时所出现的高次谐波（特别是三次谐波）对继电器的影响，所以在线圈的二次绕组中并联一个电容器（50μF），组成三次谐波滤过器。

（三）技术数据

DL-21B 型电流横差继电器技术数据，见表 21-1-10。

表 21-1-10　DL-21B 型电流横差继电器技术数据

电流整定范围		返回系数	1.2倍电流时动作时间	功率消耗	触点容量		生产厂
线圈串联（A）	线圈并联（A）		（s）	（VA）	直流 $T=5ms$（W）	交流（VA）	
2～4	4～8	≮0.8	≯0.15	≯0.2	40	200	阿城继电器厂

（四）内部接线

DL-21B 型电流横差继电器内部接线，见图 21-1-12。

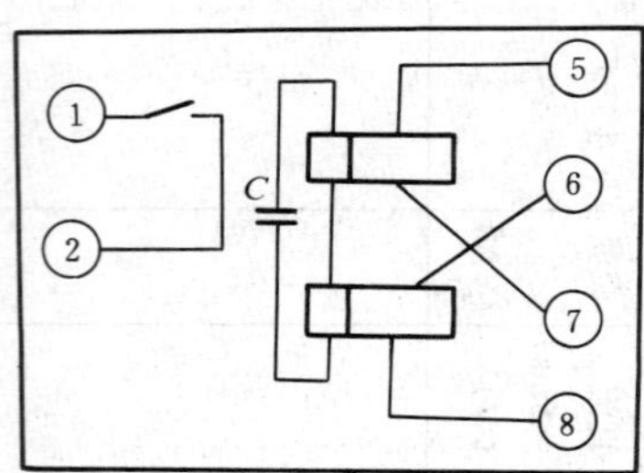

图 21-1-12　DL-21B 型电流横差继电器内部接线

（五）外形及安装尺寸

DL-21B 型电流横差继电器壳体结构型式为 JK-1 型，其外形及安装尺寸见图 21-0-1。

十、DL-30 系列电流继电器

（一）简介

DL-30 系列电流继电器用于电机、变压器及输电线路的过负荷和短路保护电路中，作为起动元件。

（二）技术数据

DL-30 系列电流继电器技术数据及触点组合形式，见表 21-1-11 和表 21-1-12。

（三）内部接线

DL-30 系列电流继电器内部接线，见图 21-1-13。

（四）外形及安装尺寸

DL-30 系列电流继电器壳体结构型式有 A11K、A11P、A11H 及 A11Q 型，其外形及安装尺寸见表 21-0-1。

（五）生产厂及代号

① 许昌继电器厂，②保定继电器厂，③通化继电器厂，④望城继电器厂，⑤苏州继电器厂，⑥ 成都继电器厂，⑦ 长征电器八厂。

表 21-1-11　DL-30 系列电流继电器技术数据

最大整定电流（A）	额定电流（A）		长期允许电流（A）		电流整定范围（A）	动作电流（A）		返回系数	下列倍数的动作时间（s）		触点容量		生产厂
	线圈串联	线圈并联	线圈串联	线圈并联		线圈串联	线圈并联		1.1倍	2倍	直流（$T=5ms$）（W）	交流（VA）	
0.0049					只有一点刻度	0.00245	0.0049						
0.0064						0.0032	0.0064						
0.01	0.02	0.04	0.02	0.04	0.0025～0.01	0.0025～0.005	0.005～0.01	≮0.8	≮0.12	≯0.04	50	250	①②③④⑤⑥⑦
0.05	0.08	0.16	0.08	0.16	0.0125～0.05	0.0125～0.025	0.025～0.05						
0.2	0.3	0.6	0.3	0.6	0.05～0.2	0.05～0.1	0.1～0.2						

续表 21-1-11

最大整定电流（A）	额定电流（A）		长期允许电流（A）		电流整定范围（A）	动作电流（A）		返回系数	下列倍数的动作时间（s）		触点容量		生产厂
	线圈串联	线圈并联	线圈串联	线圈并联		线圈串联	线圈并联		1.1 倍	2 倍	直流（$T=5ms$）（W）	交流（VA）	
0.6	1	2	1	2	0.15～0.6	0.15～0.3	0.3～0.6						
2	3	6	4	8	0.5～2	0.5～1	1～2						①
6	6	12	6	12	1.5～6	1.5～3	3～6						②
10	10	20	10	20	2.5～10	2.5～5	5～10						③ ④
20	10	20	15	30	5～20	5～10	10～20	≮0.8	≮0.12	≯0.04	50	250	⑤
15	10	20	15	30	3.75～15	3.75～7.5	7.5～15						⑥ ⑦
50	15	30	20	40	12.5～50	12.5～25	25～50						
100	15	30	20	40	25～100	25～50	50～100						
200	15	30	20	40	50～200	50～100	100～200	≮0.7					

表 21-1-12　**DL-30 系列电流继电器触点组合形式**

型　号	触点型式	
	动　合	动　断
DL-31	1	
DL-32	1	1
DL-33	2	1
DL-34	1	2

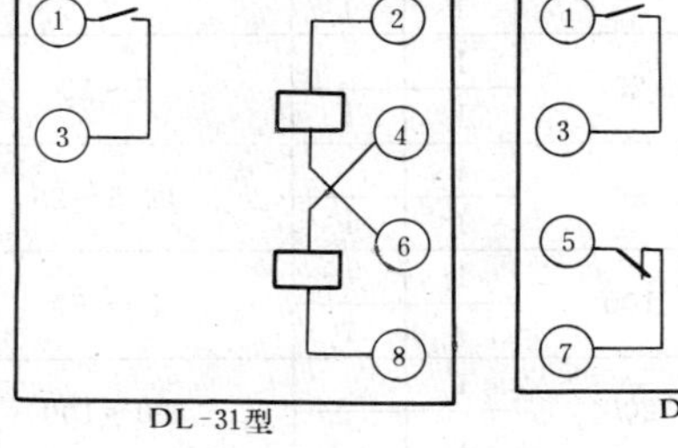

图 21-1-13　DL-30 系列电流继电器内部接线

十一、DL-50Q 系列电流继电器

（一）简介

DL-50Q 系列电流继电器用于电机、变压器及输电线路的过负荷和短路保护电路中，作为起动元件。

（二）技术数据

DL-50Q系列电流继电器技术数据，见表21-1-13。

（三）内部接线

DL-50Q 系列电流继电器内部接线，见图 21-1-14。

（四）外形及安装尺寸

DL-50Q 系列电流继电器外形及安装尺寸，见图 21-1-15。

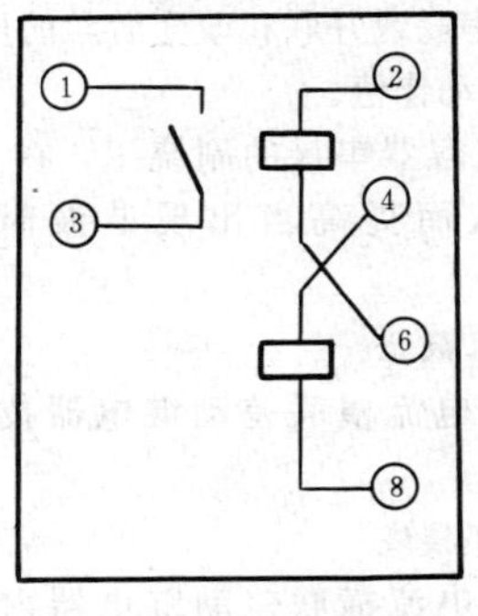

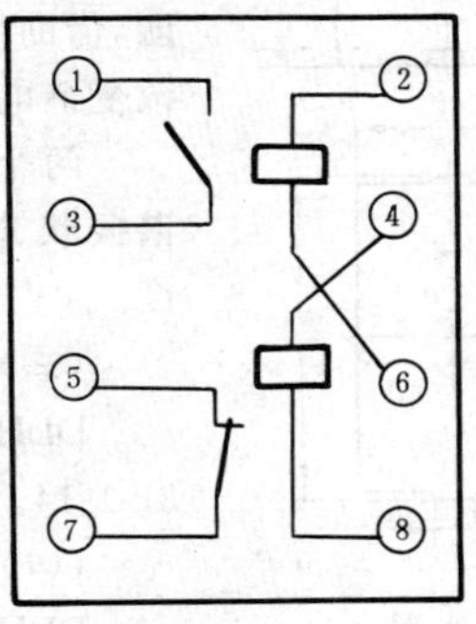

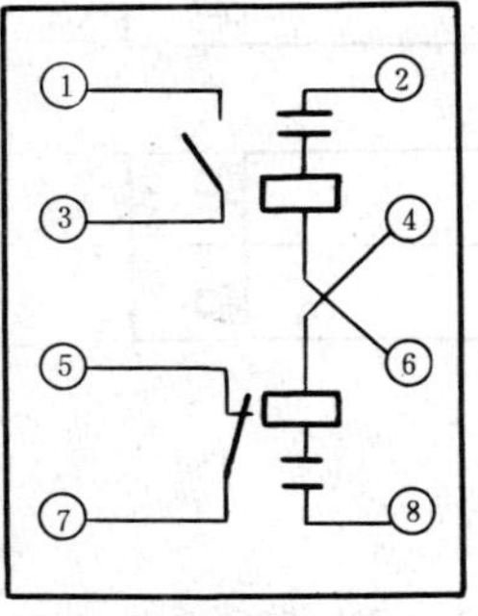

图 21-1-14　DL-50Q 系列电流继电器内部接线

表 21-1-13　　DL-50Q系列电流继电器技术数据

型号	最大整定电流（A）	触点型式（副）		线圈串联		线圈并联		生产厂
		动合	动断	动作电流（A）	额定电流（A）	动作电流（A）	额定电流（A）	
DL-51	0.01	1		0.0025～0.005	0.02	0.005～0.01	0.04	上海继电器厂
DL-52		1	1					
DL-51	0.04	1		0.01～0.02	0.05	0.02～0.04	0.1	
DL-52		1	1					
DL-51	0.05	1		0.0125～0.025	0.08	0.025～0.05	0.16	
DL-52		1	1					
DL-51	0.02	1		0.05～0.1	0.3	0.1～0.2	0.6	
DL-52		1	1					
DL-51	0.6	1		0.15～0.3	1	0.3～0.6	2	
DL-52		1	1					
DL-51	2	1		0.5～1	4	1～2	8	
DL-52		1	1					
DL-51	6	1		1.5～3	10	3～6	20	
DL-52		1	1					
DL-51	10	1		2.5～5	10	5～10	20	
DL-52		1	1					
DL-51	20	1		5～10	15	10～20	30	
DL-52		1	1					
DL-51	50	1		12.5～25	20	25～50	40	
DL-52		1	1					
	100	1		25～50	20	50～100	40	
		1	1					
	200	1		50～100	20	100～200	40	
		1						

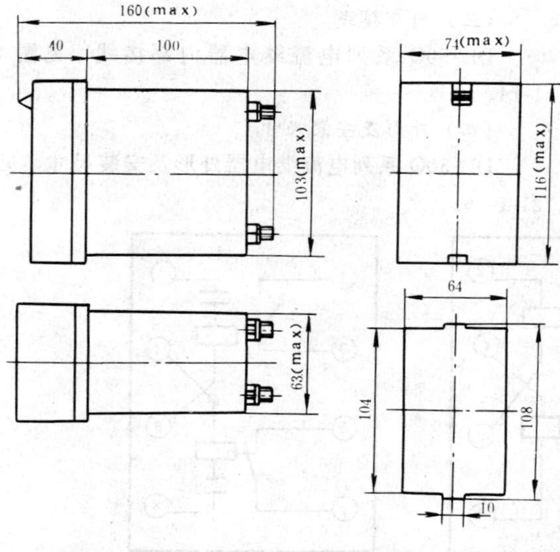

图 21-1-15　DL-50Q系列电流继电器外形及安装尺寸

十二、DLH-2型电流横联差动继电器

（一）简介

DLH-2型电流横联差动继电器用于发电机的横联差动保护。

（二）控制原理

继电器是根据电磁原理工作的，磁系统有两个线圈，借助线圈串联或并联和改变游丝的反作用力矩，可改变继电器的动作值。

两个与电容器串接的副绕组，在150Hz时改变谐振状态，从而提高当出现谐波时继电器灵敏度。

（三）技术数据

DLH-2型电流横联差动继电器技术数据，见表21-1-14。

（四）内部接线

DLH-2型电流横联差动继电器内部接线，见图21-1-16。

表 21-1-14　**DLH-2 型电流横联差动继电器技术数据**

电流整定范围(A)		返回系数	动作时间在 1.2 倍整定电流时(s)	功率消耗(VA)	触点容量		热稳定电流(A)		生产厂
线圈串联	线圈并联				直流(W)	交流(VA)	长期	1s	
2～4	4～8	≮0.8	≯0.15	≯0.2	50	250	6.5	250	许昌继电器厂

（五）外形及安装尺寸

DLH-2 型电流横联差动继电器壳体结构型式有 A11K、A11P、A11H 及 A11Q 型，其外形及安装尺寸见表 21-0-1。

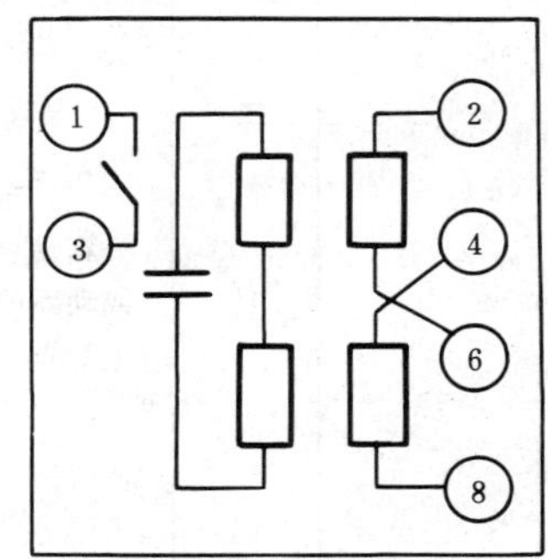

图 21-1-16　DLH-2 型电流横联差动继电器内部接线

十三、GL-10 系列过电流继电器

（一）简介

GL-10 系列过电流继电器用于交流电力系统中，作为电机、变压器及输电线的过负荷和短路保护。

（二）控制原理

GL-10 系列过电流继电器是利用复合式的动作原理，由共用同一线圈的感应式（延时元件）和电磁式（瞬时元件）元件组成。

GL-13、GL-14、GL-16 型除主触点外，还有一副由感应元件操作的信号触点，在过负荷情况下用以发出信号。主触点只受电磁元件控制。GL-15、GL-16 型具有较大的触点容量，适用于交流操作的电路中，触点为过渡转换式，保证继电器在动作过程中，电流互感器的二次回路不会开路。GL-11～14 型主触点一般为常开式，若将静触点与限制器位置互换，即可得常闭式。

GL-10 系列过电流继电器延时特性曲线，见图 21-1-17。

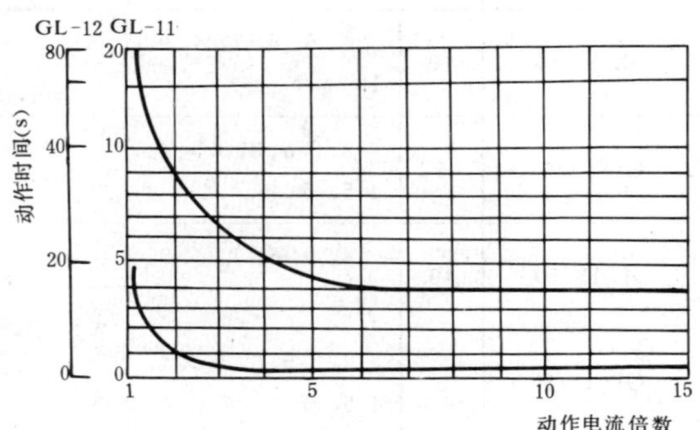

GL-11、GL-12型

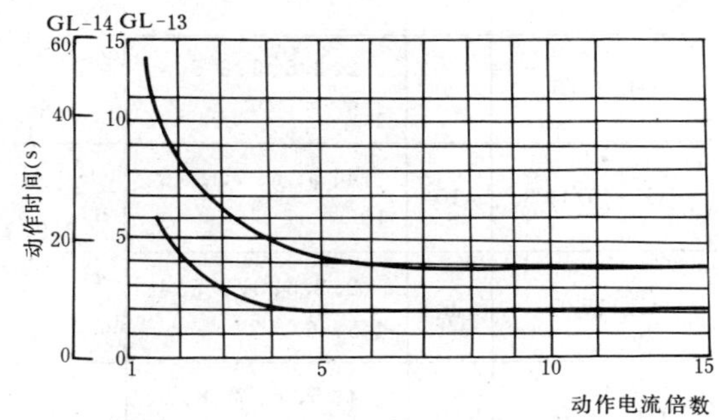

GL-13、GL-14型

图 21-1-17　GL-10 系列过电流继电器延时特性曲线

（三）技术数据

GL-10 系列过电流继电器技术数据，见表 21-1-15。

（四）内部接线

GL-10 系列过电流继电器内部接线，见图 21-1-18。

（五）外形及安装尺寸

GL-10 系列过电流继电器外形及安装尺寸，见图 21-1-19。

（六）生产厂及代号

①阿城继电器厂，②沈阳继电器厂，③天津继电器厂，④北京继电器厂，⑤成都继电器厂。

表　21-1-15　　GL-10 系列过流继电器技术数据

型　号	额定电流（A）	整定值：整定电流（A）	整定值：动作时间（s）	瞬动电流倍数	返回系数	功率消耗（VA）	触点型式	生产厂
GL-11/10	10	4、5、6、7、8、9、10	0.5，1，2，3，4	2～18	≮0.85	15	一副动合或动断的主触点	①②③④⑤
GL-11/5	5	2、2.5、3、3.5、4、4.5、5						
GL-12/10	10	4、5、6、7、8、9、10	2，4，8，12，16					
GL-12/5	5	2、2.5、3、3.5、4、4.5、5						
GL-13/10	10	4、5、6、7、8、9、10	2，3，4		≮0.8			
GL-13/5	5	2、2.5、3、3.5、4、4.5、5						
GL-14/10	10	4、5、6、7、8、9、10	8，12，16					
GL-14/5	5	2、2.5、3、3.5、4、4.5、5						
GL-15/10	10	4、5、6、7、8、9、10	0.5，1，2，3，4					
GL-15/5	5	2、2.5、3、3.5、4、4.5、5						
GL-16/10	10	4、5、6、7、8、9、10	8，12，16					
GL-16/5	5	2、2.5、3、3.5、4、4.5、5						

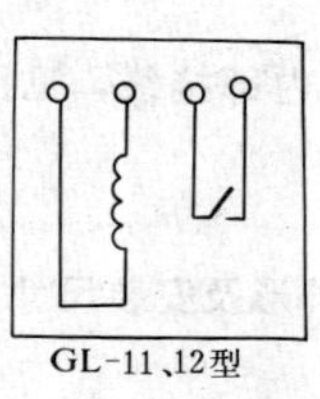
GL-11、12型

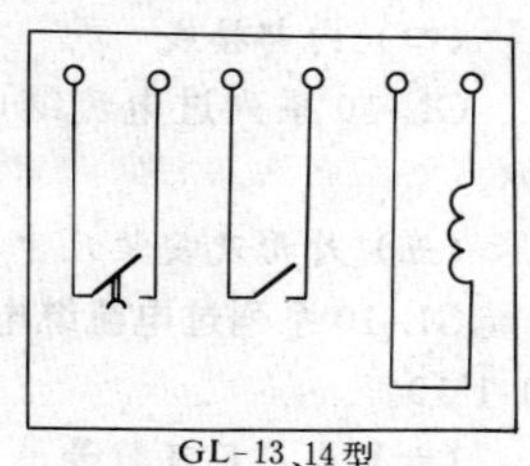
GL-13、14型

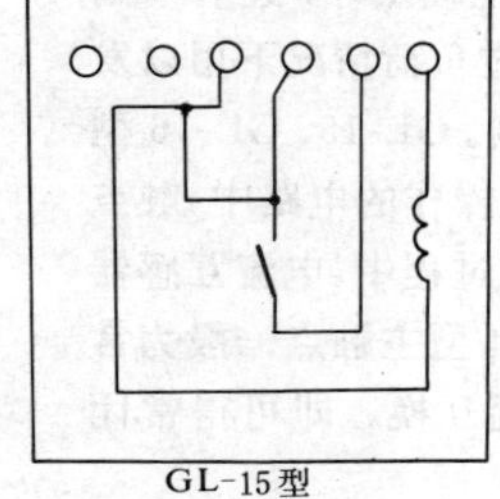
GL-15型

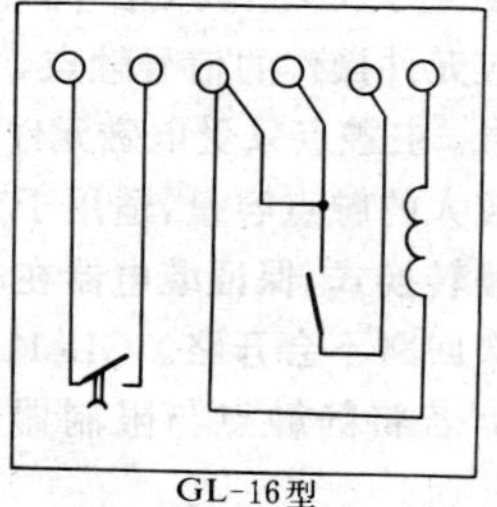
GL-16型

图 21-1-18　GL-10 系列过流继电器内部接线

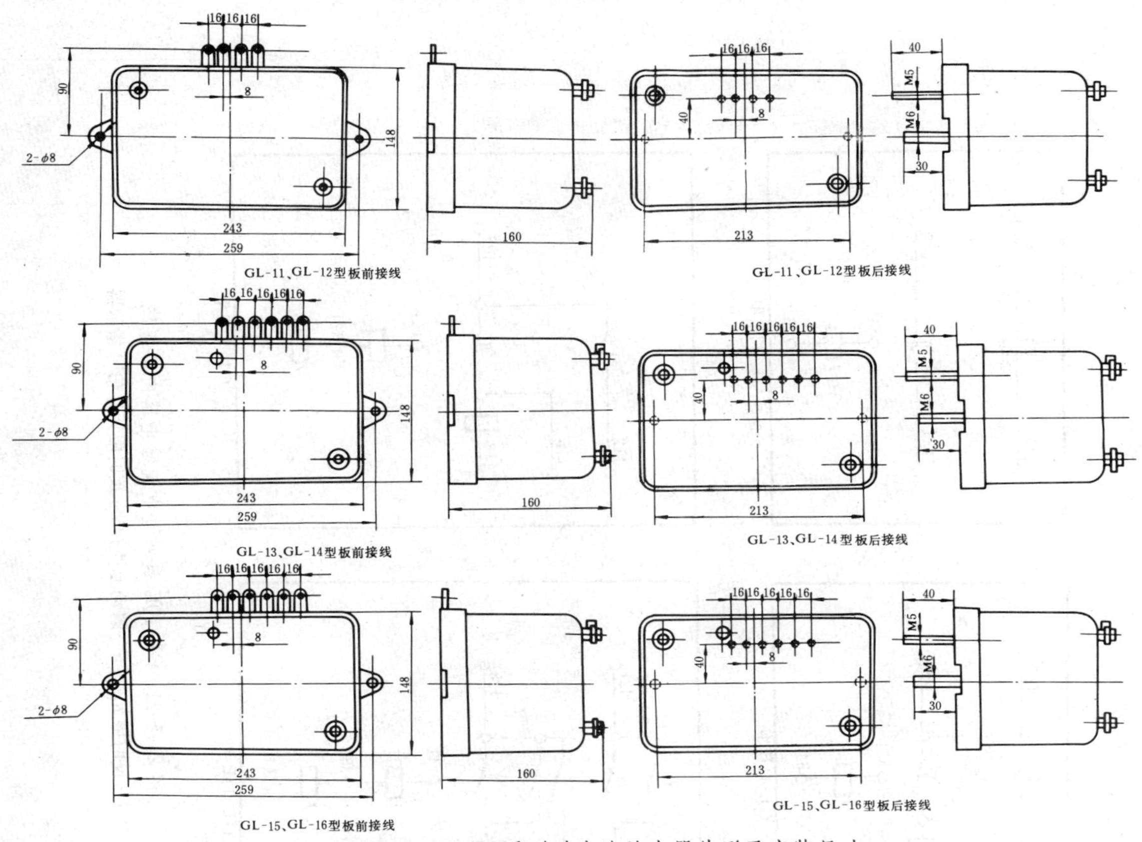

图 21-1-19　GL-10 系列过电流继电器外形及安装尺寸

十四、GL-10E 系列过电流继电器

（一）简介

GL-10E 系列过电流继电器具有反时限、定时限与瞬动的复合继电特性曲线，特别适用于故障电流变化较大的电力系统中，作为电机、变压器及输电线路的过负荷及短路故障保护。GL-11E、GL-12E 型不带瞬动元件，GL-13E、GL-14E 型带瞬动元件。

继电器无齿轮啮合，可靠性高。

（二）控制原理

该系列继电器的反时限元件由感应式原理构成，由装有短路环的铁芯形成的移动磁场，在圆盘上产生驱动转矩克服游丝的反力矩，圆盘转动，经过预定时限，触点闭合。为了使圆盘转动稳定，还装有制动永久磁铁。通过改变线圈匝数来整定动作电流。

继电器带动作指示器的瞬动元件，由电磁式原理构成。当输入电流大于整定电流时，即瞬时动作，两副动合触点闭合，信号牌落下（由黑色变成黄色）。依靠改变弹簧拉力大小来调整动作电流。

继电器的反时限元件动作指示器由电磁式原理构成。具有明显的信号牌（黑色和黄色）手动复归，分带触点的（GL-11E、GL-13E）和不带触点的（GL-12E、GL-14E）两种规格。

GL-10E 系列过电流继电器反时限特性曲线，见图 21-1-20 及表 21-1-16。

表 21-1-16　GL-10E 系列过电流继电器反时限特性曲线动作时间

时间刻度点	各动作电流倍数时的动作时间（s）		
	3 倍	5 倍	10 倍
10	6.2±12%	4.3±7%	3±7%
7	4.34±10%		2.1±6%
4	2.38±8%		1.2±5%
1	0.62±6%		0.3±4%

（三）技术数据

GL-10E系列过电流继电器技术数据，见表21-1-17。

（四）内部接线

GL-10E 系列过电流继电器内部接线见图21-1-21。

（五）外形及安装尺寸

GL-10E 系列过电流继电器壳体结构型式为 JCK-10 型，其外形及安装尺寸见图 21-0-9～图 21-0-14、表 21-0-3～表 21-0-8。

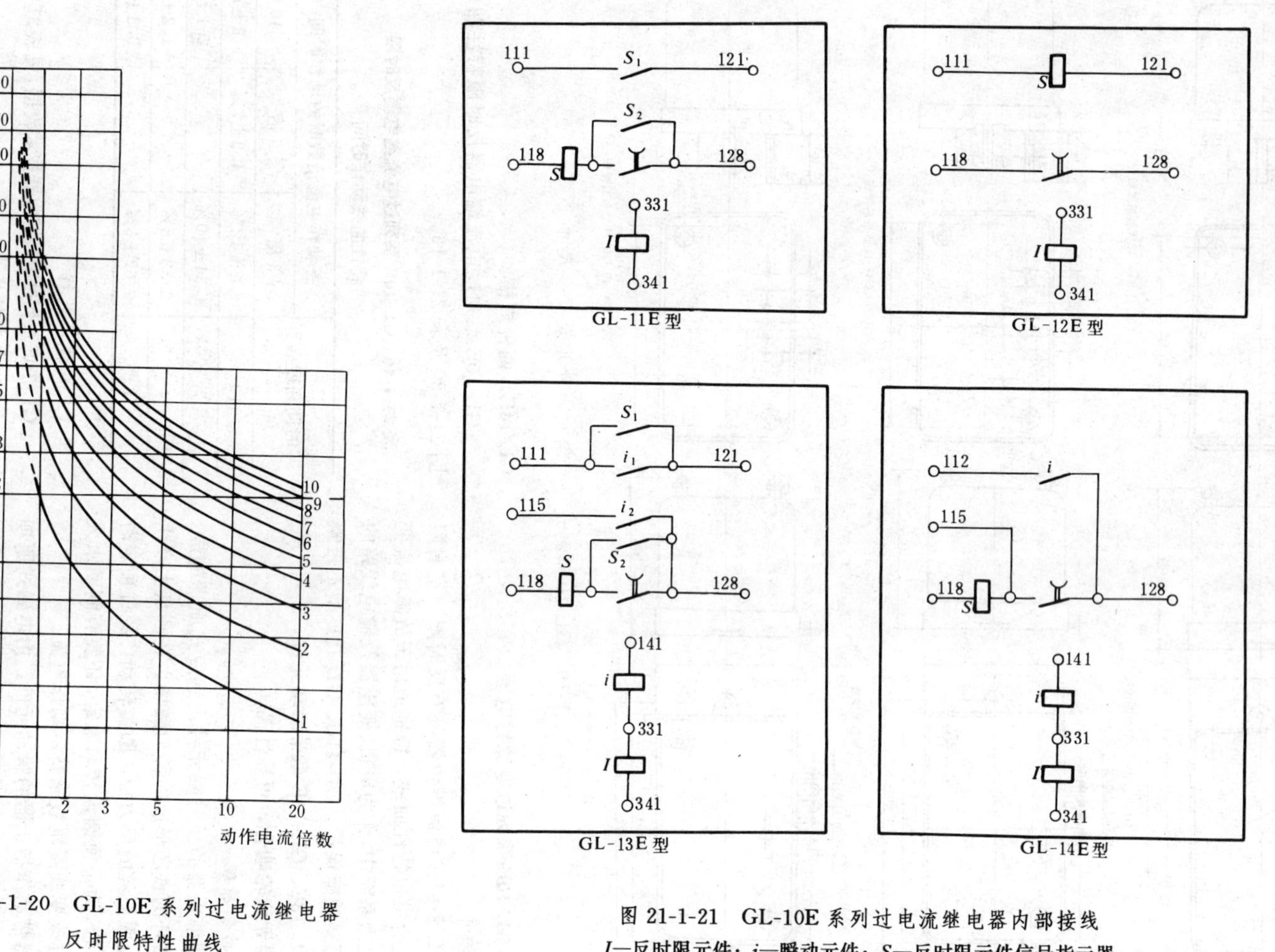

图 21-1-20 GL-10E 系列过电流继电器反时限特性曲线

图 21-1-21 GL-10E 系列过电流继电器内部接线

I—反时限元件；i—瞬动元件；S—反时限元件信号指示器

表 21-1-17　　　　GL-10E　系列过流继电器技术数据

型号	频率 (Hz)	功率消耗 (VA)	返回系数	起动电流整定范围（A）							瞬动电流整定范围（A）	线圈允许电流	
				4.0/16	2.5/10	1.5/6.0	1.0/4.0	0.8/3.2	0.5/2.0	0.2/0.8		长期	1s
GL-11E				4.0	2.5	1.5	1.0	0.8	0.5	0.2			
				5.0	3.0	2.0	1.25	1.0	0.6	0.25			
GL-12E	50			6.0	4.0	2.5	1.5	1.2	0.8	0.3			
	或	3～4	≥0.9	8.0	5.0	3.0	2.0	1.6	1.0	0.4		$2I_Q$	$40I_Q$
GL-13E	60			10	6.0	4.0	2.5	2.0	1.2	0.5	10～40 或 20～80 连续可调，并可调至无穷大		
				12	8.0	5.0	3.0	2.4	1.5	0.6			
GL-14E				16	10	6.0	4.0	3.2	2.0	0.8			

型号	反时限元件动作指示器		触点长期允许闭合电流（A）	触点 0.5s 最大接通电流（A）	触点容量		生产厂
	种类	线圈额定值			直流 $T=5ms$ (W)	交流 (VA)	
GL-11E	两副动合触点	DC：0.2、0.3、0.5、0.8、1、1.5、2、3、4A		15		250	
GL-12E	无触点	DC：0.2、0.3、0.5、0.8、1、1.5、2、3、4A DC：125、100/110、200/220V	5	5	50	20	阿城继电器厂
GL-13E	两副动合触点	DC：0.2、0.3、0.5、0.8、1、1.5、2、3、4A		15		250	
GL-14E	无触点	DC：0.2、0.3、0.5、0.8、1、1.5、2、3、4A DC：125、100/110、200/220V		5		20	

注　I_Q—起动电流。

十五、GL-20 系列过电流继电器

（一）简介

GL-20 系列过电流继电器用途和控制原理，与 GL-10 系列过电流继电器相同。

（二）技术数据

GL-20 系列过电流继电器技术数据，见表 21-1-18。

（三）内部接线及特性曲线

GL-20系列过电流继电器内部接线，见图 21-1-22。延时特性曲线，见图 21-1-23。

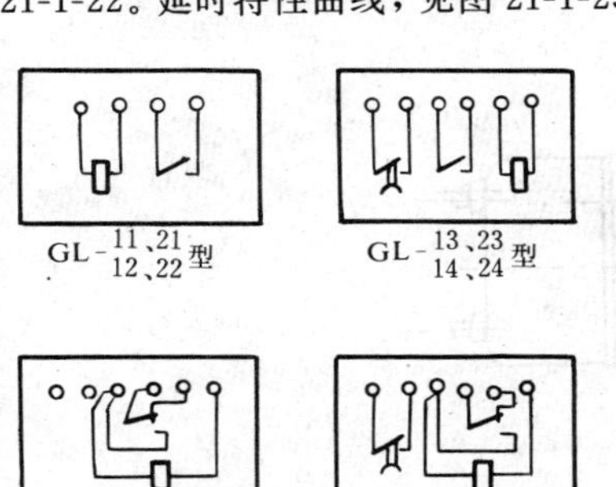

图 21-1-22　GL-20 系列过电流继电器内部接线

（四）外形及安装尺寸

GL-20 系列过电流继电器外形及安装尺寸，见图 21-1-24。

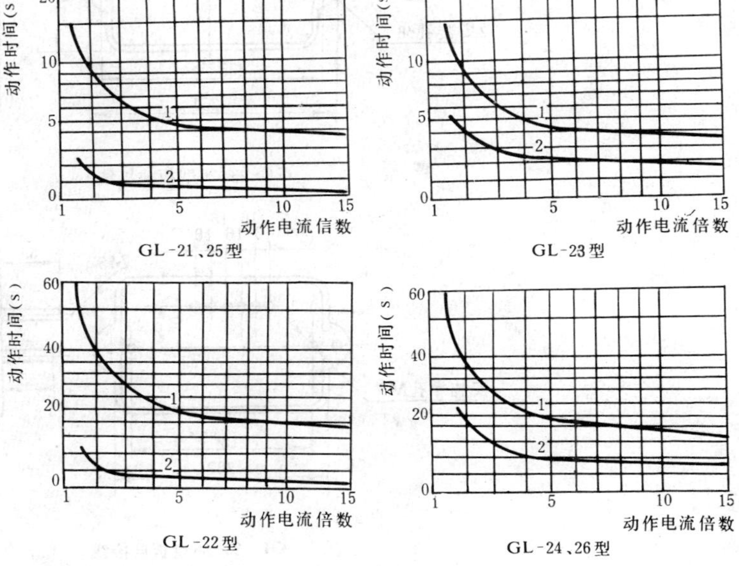

图 21-1-23　GL-20 系列过电流继电器延时特性曲线

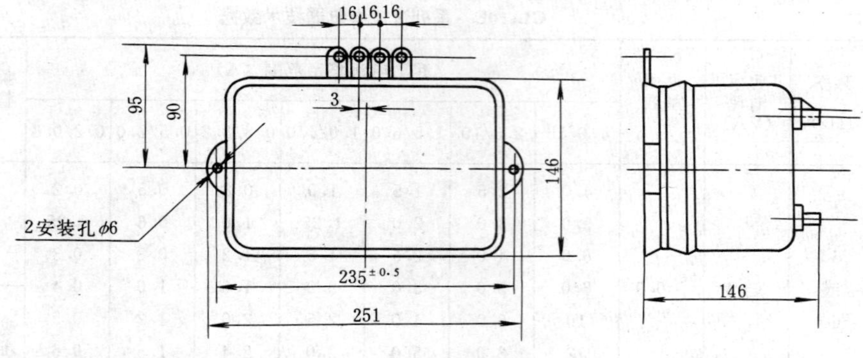

GL-21.22型板前接线

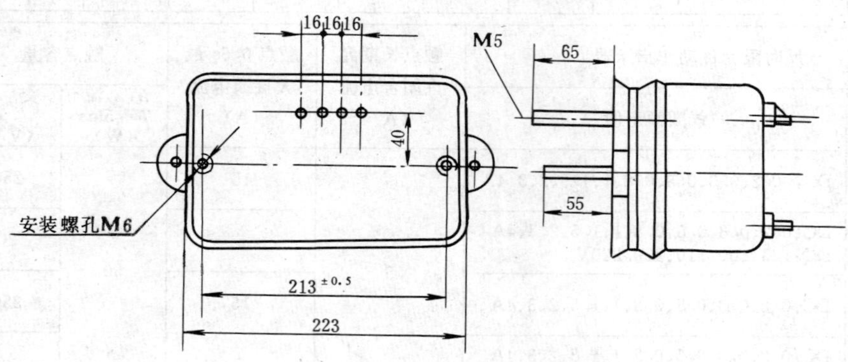

GL-21、22型板后接线

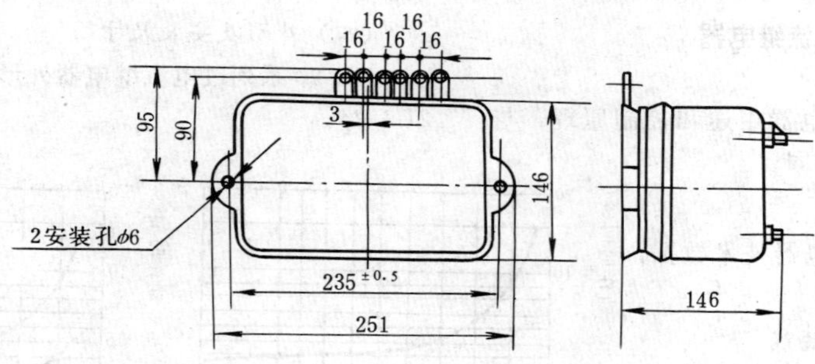

GL-23~26型板前接线

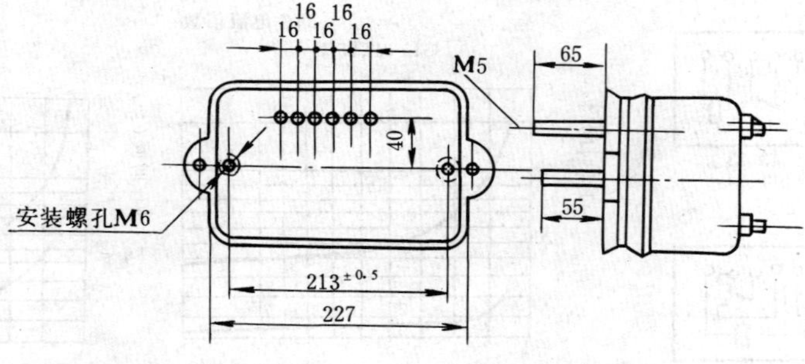

GL-23~26型板后接线

图 21-1-24 GL-20系列过电流继电器外形及安装尺寸

表 21-1-18　GL-20 系列过电流继电器技术数据

型号	额定电流(A)	整定值			触点型式	返回系数	功率消耗(VA)	生产厂
		动作电流(A)	*动作时间(s)	**电磁元件动作电流倍数				
GL-21/5	5	2、2.5、3、3.5、4、4.5、5	0.5、1、2、3、4	2、4、6、8	一个动合触点或一个动断触点	≮0.85	≯15	上海继电器厂 保定继电器厂
GL-21/10	10	4、5、6、7、8、9、10	0.5、1、2、3、4	2、4、6、8	一个动合触点或一个动断触点			
GL-22/5	5	2、2.5、3、3.5、4、4.5、5	2、4、8、12、16	2、4、6、8	一个动合触点或一个动断触点			
GL-22/10	10	4、5、6、7、8、9、10	2、4、8、12、16	2、4、6、8	一个动合触点或一个动断触点			
GL-23/5	5	2、2.5、3、3.5、4、4.5、5	2、3、4	2、4、6、8	一个动合或常闭触点和一个动合信号触点	≮0.8		
GL-23/10	10	4、5、6、7、8、9、10	2、3、4	2、4、6、8	一个动合或常闭触点和一个动合信号触点			
GL-24/5	5	2、2.5、3、3.5、4、4.5、5	8、12、16	2、4、6、8	一个动合或常闭触点和一个动合信号触点			
GL-24/10	10	4、5、6、7、8、9、10	8、12、16	2、4、6、8	一个动合或常闭触点和一个动合信号触点			
GL-25/5	5	2、2.5、3、3.5、4、4.5、5	0.5、1、2、3、4	2、4、6、8	一副过渡转换触点			
GL-25/10	10	4、5、6、7、8、9、10	0.5、1、2、3、4	2、4、6、8	一副过渡转换触点			
GL-26/5	5	2、2.5、3、3.5、4、4.5、5	8、12、16	2、4、6、8	一副过渡转换触点和一个动合信号触点			
GL-26/10	10	4、5、6、7、8、9、10	8、12、16	2、4、6、8	一副过渡转换触点和一个动合信号触点			

*　当 10 倍动作电流时。

**　即　电磁元件动作电流/感应元件电流　之比。

十六、JN-20 系列逆电流继电器

(一) 简介

JN-20 系列逆电流继电器用以防止直流电源产生反向电流。例如直流电机，并联到公共网络中或给蓄电池充电时，电源电流的方向有变化时继电器就动作。

(二) 控制原理

该系列继电器采用极化原理制成。它有一个电压线圈和一个电流线圈，继电器直接安装在汇流牌上。

继电器按额定电压分为十种，电压线圈分别按其额定电压设计而定。

继电器按额定电流分为十二种，线电器的结构按额定电流的大小分为三种。

继电器有一副动合触点或动断触点。

(三) 技术数据

JN-20 系列逆电流继电器技术数据，见表 21-1-19。

(四) 外形及安装尺寸

JN-20 系列逆电流继电器外形及安装尺寸，见图 21-1-25～图 21-1-27。

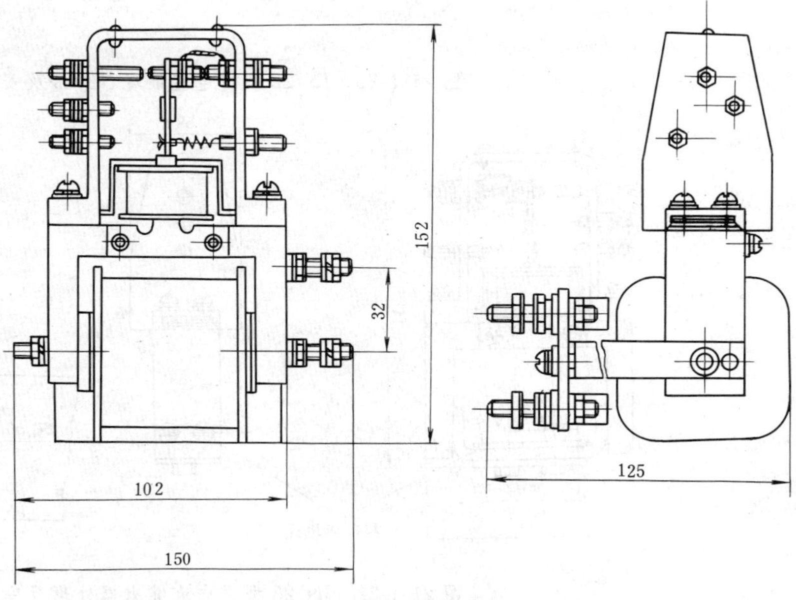

图 21-1-25　JN-21 型逆电流继电器外形及安装尺寸

表 21-1-19　**JN-20 系列逆电流继电器技术数据**

型　号	电流范围 (A)	电压范围 (V)	触点型式	动作电流	返回情况	功率消耗 (W)	触点容量 (W)	生产厂
JN-21	6、12、25、50、100、150、200、300	6 12 24 30 36 48 50 60 110 220	一副动合或一副动断	反向通入15%I_e	通入50%I_e能可靠返回	≯3	100	上海继电器厂
JN-22	400、600、800							
JN-23	1600							

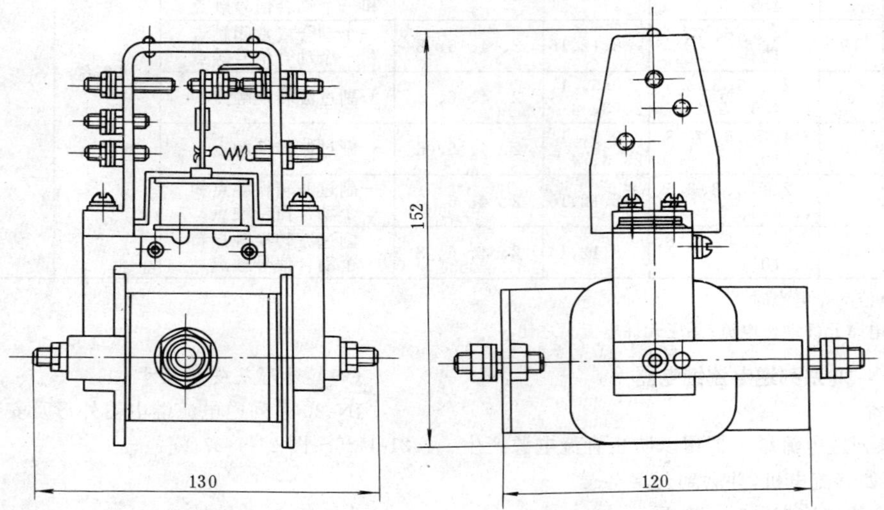

图 21-1-26　JN-22 型逆电流继电器外形及安装尺寸

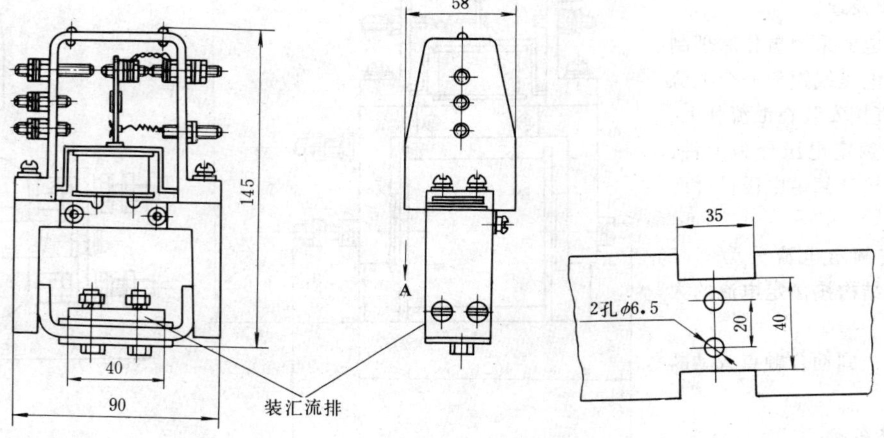

图 21-1-27　JN-23 型逆电流继电器外形及安装尺寸

十七、LL-10A 系列过电流继电器

（一）简介

LL-10A 系列过电流继电器用于交流电力系统中，作发电机、变压器及输电线的过负荷和短路保护用。

（二）技术数据

LL-10A 系列过电流继电器技术数据，见表 21-1-20。

（三）原理接线及特性曲线

LL-10A 系列过电流继电器原理接线，见图 21-1-28 及图 21-1-29；延时特性曲线，见图 21-1-30。

（四）外形及安装尺寸

LL-10A 系列过电流继电器壳体结构型式有 A22K、A22P、A22H 及 A22Q 型，其外形及安装尺寸见表 21-0-1。

表 21-1-20　LL-10A 系列过电流继电器技术数据

型　号	额定电流(A)	整定值：动作电流(A)	整定值：10倍整定动作电流下动作时间(s)	瞬动电流倍数	返回系数	触点型式(副)	功率消耗(VA)	生产厂
LL-11A/5	5	2、2.5、3、3.5、4、4.5、5	0.5～4	2～8	≮0.85	1 动合	≯10	许昌继电器厂
LL-11A/10	10	4、5、6、7、8、9、10						
LL-12A/5	5	2、2.5、3、3.5、4、4.5、5	2～16					
LL-12A/10	10	4、5、6、7、8、9、10						
LL-13A/15	5	2、2.5、3、3.5、4、4.5、5	2～4					
LL-13A/10	10	4、5、6、7、8、9、10						
LL-14/5	5	2、2.5、3、3.5、4、4.5、5	8～16					
LL-14/10	10	4、5、6、7、8、9、10						

注　动合触点也可改成动断触点。

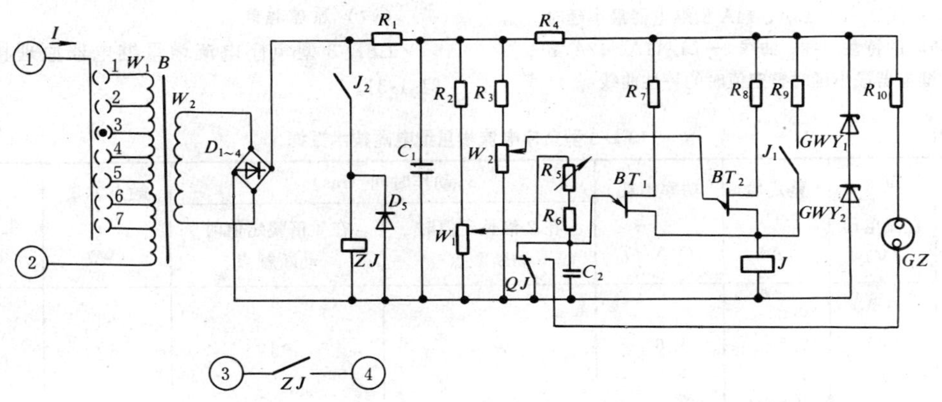

图 21-1-28　LL-11A、LL-12A 型过电流继电器原理接线

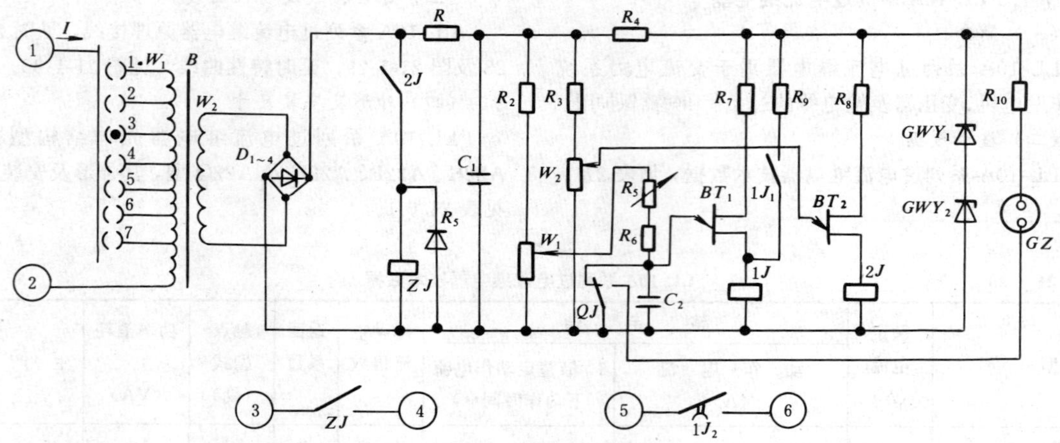

图 21-1-29　LL-13A、LL-14A 型过电流继电器原理接线

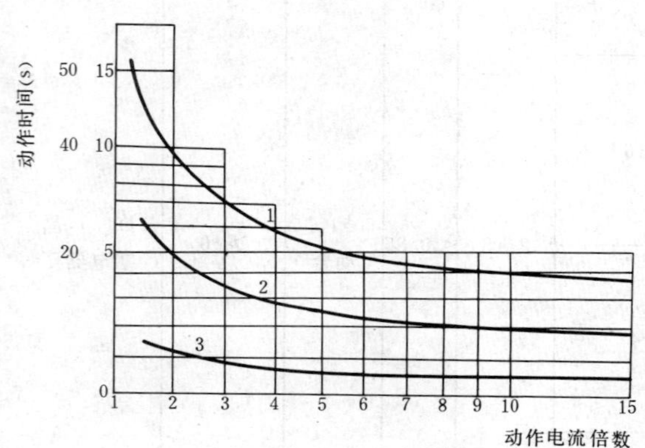

图 21-1-30　LL-10A 系列过电流继电器延时特性曲线

时间标尺 5、10、15—用于 LL-11A、LL-13A 型继电器；时间标尺 20、40、60—用于 LL-12A、LL-14A 型继电器；曲线 1—最大延时整定值时特性曲线；曲线 2—LL-13A、14A 型继电器最小延时整定值时的特性曲线；曲线 3—LL-11A、12A 型继电器最小延时整定值时的特性曲线

十八、LFL-3 型负序电流增量继电器

（一）简介

LFL-3 型负序电流增量继电器用于输电线路距离保护装置中，作为振荡闭锁的起动元件，也可用于其它装置中作为故障的起动元件。

（二）控制原理

继电器的动作反应负序电流在突变过程中的增加量；对于负序电流的缓变量，仅反应该量的变化速度；不反应稳态的负序电流及负序滤过器的一切稳态的不平衡输出。在振荡开始的第一个周期内，保证可靠不动作。所以，作为距离保护装置振荡闭锁的起动元件，具有可靠防止距离保护装置在振荡时误动作的性能，而且本继电器具有较高的灵敏度，保证在三相故障时能可靠起动。

（三）技术数据

LFL-3 型负序电流增量继电器技术数据，见表 21-1-21。

（四）原理接线

LFL-3 型负序电流增量继电器原理接线，见图 21-1-31。

表 21-1-21　**LFL-3 型负序电流增量继电器技术数据**

额定值		整定值	功率消耗	动作时间（ms）		触点容量	生产厂
交流电流（A）	直流电压（V）	（A）	（VA/ϕ）	在 2 倍整定值时动断触点	在 4 倍整定值时动断触点	（W）	
5	220 110	0.25 0.5 1 ±30%	6	≯15	≯10	10	许昌继电器厂

（五）外形及安装尺寸

LFL-3 型负序电流增量继电器壳体结构型式有 A33K、A33P 型，其外形及安装尺寸见表 21-0-1。

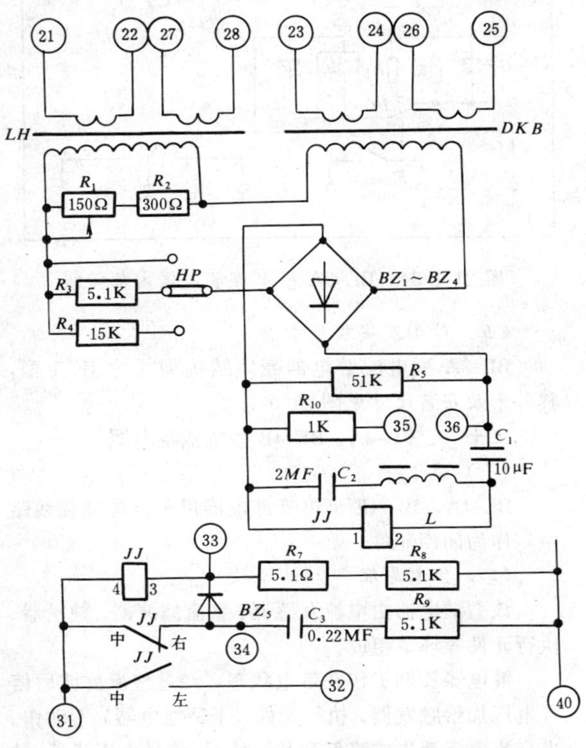

图 21-1-31　LFL-3 型负序电流增量继电器原理接线

十九、FSL-1 型反时限过电流继电器

（一）简介

FSL-1 型反时限过电流继电器，用于发电机、调相机、同步电动机的定子过电流保护和可控硅励磁的转子过电流保护。

（二）控制原理

当机组发生过电流时，其转子或定子的温度就会升高，过高的温升会导致绝缘降低，严重的还会烧损机组。对于不同的过电流值，机组所能承受的时间为

$$t=\frac{A}{\left(\frac{I}{I_N}\right)^2-(1+\alpha)}$$

式中　A——机组所允许的热容量值；

I_N——额定电流；

α——考虑散热时的修正系数，一般为 0.2。

该型继电器就是根据机组的过电流值，模拟机组的发热过程，在机组温升达到危险值前动作，保证机组的安全。它由闭锁、低值起动、高值速断和反时限四个部分组成。动作特性如图 21-1-32 所示。

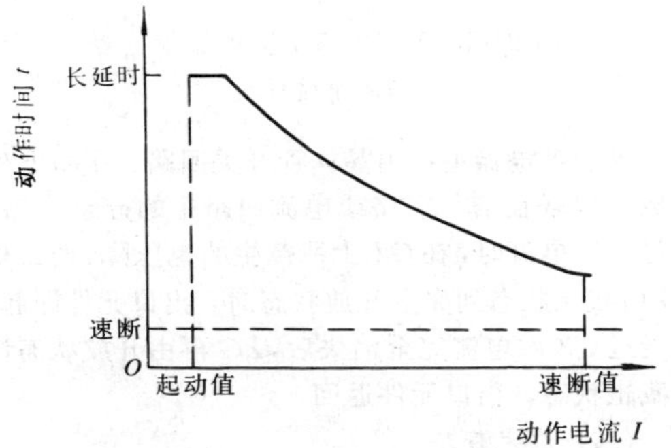

图 21-1-32　FSL-1 型反时限过电流继电器动作特性

（三）技术数据

FSL-1 型反时限过电流继电器技术数据，见表 21-1-22。

表 21-1-22　FSL-1 型反时限过电流继电器技术数据

直流电源电压（V）	整定范围（A）	使用频率范围（Hz）	报警电流定值（可调）	报警时间整定范围（s）	起动值整定范围	长延时时间（s）	速断电流整定范围	速断时间整定范围（s）	反时限工作电流范围	机组热容量 A 值范围	散热时间常数 τ 整定范围（s）	功率消耗 交流（VA）	功率消耗 直流（W）	生产厂
12	2～5.1	50～400	$1.05I_e$	1～15	$(1.06\sim1.15)I_e$	200/300	$1.6\sim2.5I_e$	0.5～5	$1.1\sim2.2I_e$	15～78	1～15	≯1	≯0.5	上海继电器厂
24													≯1	

二十、BL-3A型电流继电器

（一）简介

BL-3A型电流继电器用于保护和自动控制电路中，作为辅助的动作指示器。

（二）控制原理

BL-3A型电流继电器原理接线，见图21-1-33。

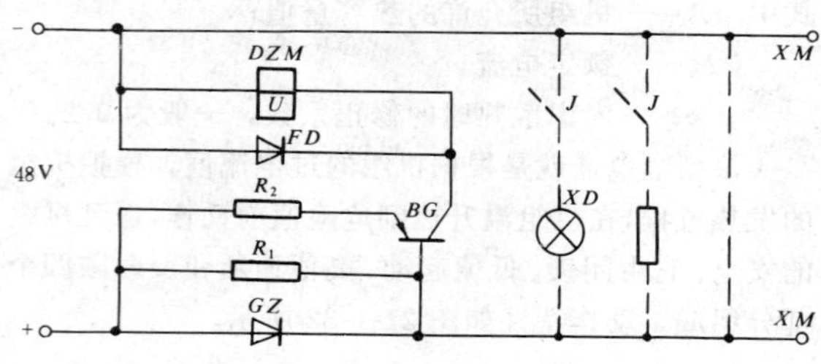

图21-1-33 BL-3A型电流继电器原理接线

该型继电器主要由晶体管开关回路、出口元件所组成。串联在信号回路或电流回路中的硅整流器 *GZ* 通过一定电流时，在 *GZ* 上所产生的电压降，使三极管 *BG* 由截止状态到完全开放状态时，出口元件即起动。当通过 *GZ* 的电流完全消失后，*BG* 再由开放状态恢复到截止状态，出口元件返回。

（三）技术数据

BL-3A型电流继电器技术数据，见表21-1-23。

（四）内部接线

BL-3A型电流继电器内部接线，见图21-1-34。

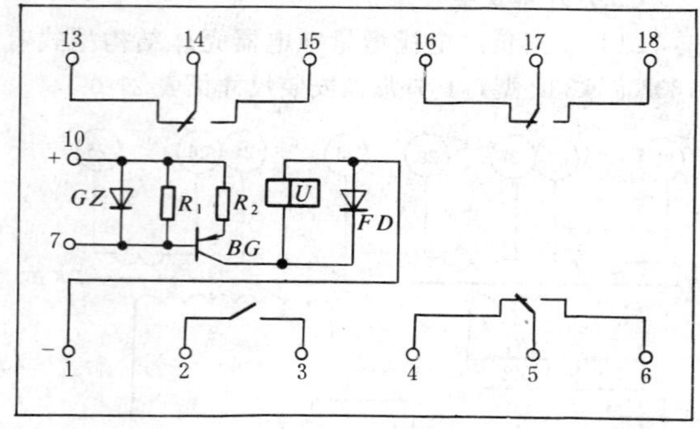

图21-1-34 BL-3A型电流继电器内部接线

（五）外形及安装尺寸

BL-3A型电流继电器壳体结构型式为JK-1型，其外形及安装尺寸见图21-0-1。

二十一、BL-4A、BL-4E型电流继电器

（一）简介

BL-4A、BL-4E型电流继电器用于低周减载线路中，作为闭锁元件。

（二）控制原理

该型继电器由电流互感器、整流滤波器、触发器、执行元件等环节组成。

继电器长期工作在带电状态，经过整流滤波后信号电压加给触发器，执行元件（干簧继电器）不动作。当交流电流消失或降低到某一值时，信号电压降低，触发器翻转，干簧继电器动作，常闭触点打开，这样继电器就可以起到闭锁作用。

BL-4A型电流继电器原理接线，见图21-1-35。

表21-1-23 BL-3A型电流继电器技术数据

额定电压（V）	额定工作电流（mA）	最大稳定电流（A）	最大稳定电流的压降（V）	功率消耗（W）	触点容量 直流 $T=5ms$（W）	触点容量 交流（VA）	寿命（次）	生产厂
48	40	1	≯2.5	≮5	40	50	1×10^5	阿城继电器厂

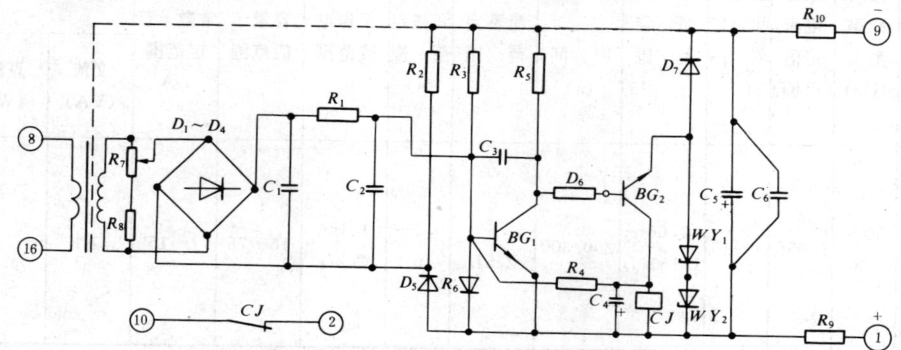

图21-1-35 BL-4A型电流继电器原理接线

（三）技术数据

BL-4A、BL-4E 型电流继电器技术数据，见表 21-1-24。

（四）原理及内部接线

BL-4A 型电流继电器原理接线，见图 21-1-35；BL-4E 型电流继电器内部接线，见图 21-1-36。

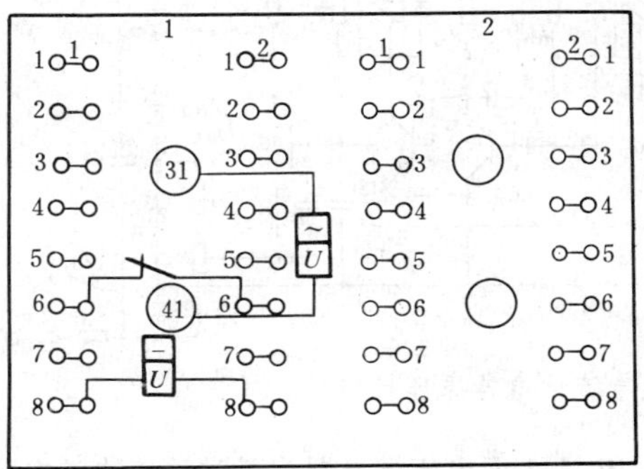

图 21-1-36　BL-4E 型电流继电器内部接线

（五）外形及安装尺寸

BL-4A 型电流继电器外形及安装尺寸，见图 21-0-2；BL-4E 型电流继电器外形及安装尺寸，壳体采用 JCK-10 系列壳体组件中的 JCK-11/3 型，见图 21-0-9～图 21-0-14、表 21-0-3～表 21-0-8。

二十二、BL-40 系列反时限过电流继电器

（一）简介

BL-40 系列反时限过电流继电器用于发电机、变压器及输电线路的过负荷与短路保护电路中。

（二）控制原理

（1）*ZL*——整流滤波部分：其作用是将交流信号变成直流信号，然后送到信号处理部分。

（2）*SC*——信号处理部分：其作用是将整流滤波部分送来的直流信号进行处理和分配。

（3）*DG*——电平检测部分：其作用是检测信号处理部分电位的高低，当电位达到给定数值即达到整定数值时，电平检测部分动作，发出信号给延时部分，使延时部分开始计时。

（4）*S*——延时部分：通过电容器的充电来实现延时。

（5）*SD*——瞬动部分：其作用是当故障电流达到整定倍数（一般在 2～8 倍整定电流）时，瞬动部分直接发出信号给出口部分，使出口元件实现无时限动作。

（6）*CJ*——出口部分：其作用是执行延时部分及瞬动部分发来的动作信号，以带动中间及信号继电器。

（三）技术数据

BL-40 系列反时限过电流继电器技术数据，见表 21-1-25。

（四）原理接线

BL-40 系列反时限过电流继电器原理接线，见图 21-1-37。

表 21-1-24　**BL-4A、BL-4E 型电流继电器技术数据**

型号	额定电流		电流整定范围	返回系数	动作时间	功率消耗 ≯				触点容量		触点型式	生产厂
	(A)	(Hz)	(A)	≯	≯	交流 (VA)	直流 (W) 220V	110V	48V	直流 T=5ms (W)	交流 (VA)		
BL-4A	5	50	0.15～2	1.25	0.1	5	6	4	2	25	30	一副动断	阿城继电器厂
BL-4E	5					5	6	3	1	10	20		
	1												

表 21-1-25　**BL-40 系列反时限过电流继电器技术数据**

型　号	额定电流 (A)	额定范围			直流额定电压 (V)	返回系数	功率消耗 (VA)	触点容量		生产厂
		电流 (A)	时间 (s)	瞬动倍数				直　流 (W)	交　流 (VA)	
BL-41/5	5	2～5	0.5～4	2～8	48 110 220	≮0.8	I_e时 ≯0.5	10	20	阿城继电器厂
BL-41/10	10	4～10	0.5～4							
BL-42/5	5	2～5	2～16							
BL-42/10	10	4～10	2～16							

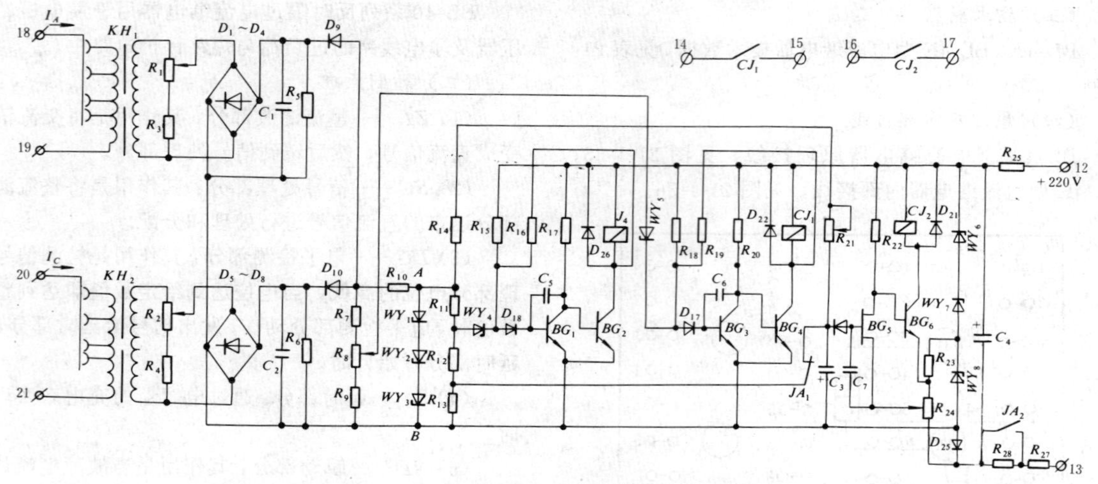

图 21-1-37　BL-40系列反时限过电流继电器原理接线

二十三、BL-53型电流继电器

（一）简介

BL-53型电流继电器用于电机、变压器及输电线路的过负荷和短路保护电路中，作为起动元件。

（二）控制原理

该型继电器为静态元件，无可动部分，所有零部件及电子元件均牢固地组装在一块印刷板上。印刷板固定于胶木底座上，整定电位器安装在上端，全机用透明塑料罩壳密封。接线端子在底板下供板后接线，当在接线端子上装上联接片（附件）后就可作板前接线。继电器设计成无需用直流工作电源，故可直接代替机电型DL型继电器。继电器的动作电源是经过整流后供给的，因此在整定的临界点也不会产生触点抖动现象，而且动作灵敏可靠。

（三）技术数据

BL-53型电流继电器技术数据，见表21-1-26。

二十四、BL-111型电流继电器

（一）简介

BL-111型电流继电器为瞬时动作的过电流继电器，主要用于小电流接地电力系统中，作为反映三相交流发电机及电动机接地零序过电流保护。

（二）控制原理

继电器接在零序电流互感器二次回路中，正常运行时因无接地故障电流，电压形成回路无输出，三极管 BG_1 导通，BG_2 截止，继电器出口元件 CJ 不动作。

当发生单相接地时出现零序电流，该电流经电流变换，整流滤波后电压形成回路输出负电压，克服比较电压后，触发器翻转，出口元件 CJ 动作。

（三）技术数据

BL-111型电流继电器技术数据，见表21-1-27。

（四）原理接线

BL-111型电流继电器原理接线，见图21-1-38。

（五）外形及安装尺寸

BL-111型电流继电器壳体结构型式为JK-2型，其外形及安装尺寸见图21-0-2。

表 21-1-26　　BL-53型电流继电器技术数据

最大整定电流（A）	长期允许电流（A）	电流整定范围（A）	最小整定值时的功耗（W）	返回系数	$1.2I_z$ 时动作时间（s）	触点型式	触点容量直流（W）	整机功耗 I_{2min} 时（W）	生产厂
2 6 20	3 9 20	0.5～2.0 1.5～6.0 5～20	0.5 0.5 0.5	≮0.85	≯0.1	一副常开 一副常闭	30	<0.5	吴江松陵电器厂

表 21-1-27　　**BL-111 型电流继电器技术数据**

额定值			电流整定范围 (mA)	触点型式	返回系数	输入阻抗 (Ω)	动作时间 (s)	触点容量		功率消耗				生产厂
直流电压 (V)	交流电流							直流 $T=5ms$ (W)	交流 (VA)	交流 (VA)	直流 (W)			
	(mA)	(Hz)									220V	110V	48V	
220 110 48	200	50	10～60	二副转换	＞0.6	＜9	＜0.1	25	30	≯0.5	5	3	2	阿城继电器厂

注　表中整定范围项：交流电流接于⑥、⑭端子上时，整定范围为 10～15mA；接于⑥、⑧端子上时，整定范围为 15～30mA；接于⑥、⑦端子上时，整定范围为 30～60mA。

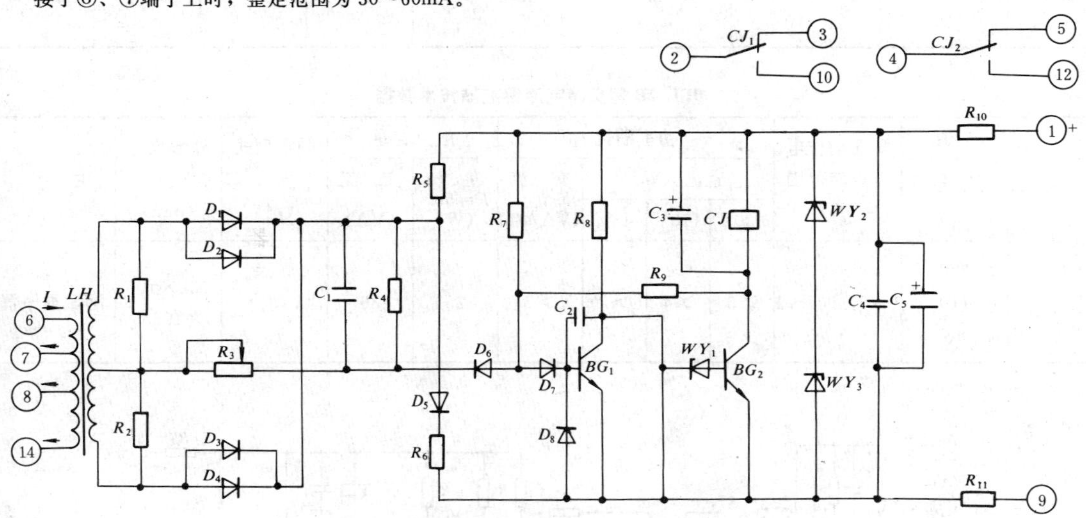

图 21-1-38　BL-111 型电流继电器原理接线

二十五、BL-161、BL-162 型过电流继电器

（一）简介

BL-161、BL-162 型过电流继电器与 GL-11、GL-12 型感应式过电流继电器用途相同，适用于 10kV 及以下的高压配电装置中，用于电动机、变压器、输电线路的过负荷及短路保护。

（二）技术数据

BL-161、BL-162 型过电流继电器技术数据，见表 21-1-28。

（三）外形及安装尺寸

BL-161、BL-162 型过电流继电器外形及安装尺寸，见图 21-1-39。

二十六、BFL-2B 型负序电流继电器

（一）简介

BFL-2B 型负序电流继电器用于发电机和变压器的继电保护电路中，作为起动元件，反应不对称短路时故障电流的负序分量。

（二）技术数据

BFL-2B 型负序电流继电器技术数据，见表 21-1-29。

（三）原理接线

BFL-2B 型负序电流继电器原理接线，见图 21-1-40。

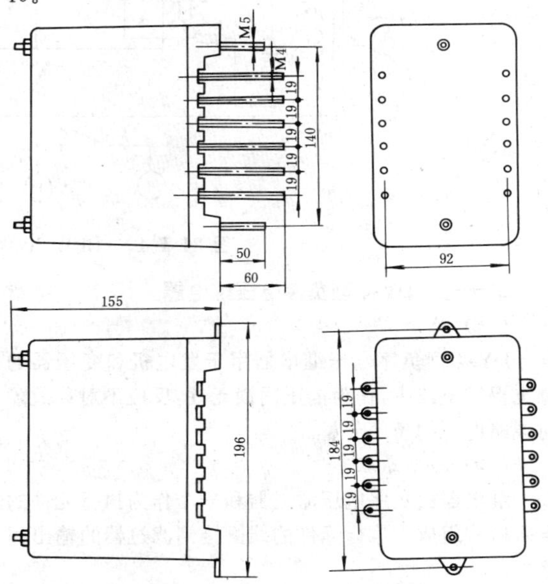

图 21-1-39　BL-161、BL-162 型过电流继电器外形及安装尺寸

表 21-1-28 BL-161、BL-162型过电流继电器技术数据

型号	额定电流（A）	整定值			直流电压（V）	返回系数	触点型式	生产厂
		动作电流（A）	10倍动作电流下动作时间（s）	瞬动电流倍数				
BL-161	5	2～5	0.5～4	2、4、6、8	220 110 48	≮0.8	一副动合也可改为一副动断	西安继电器厂
	10	4～10						
BL-162	5	2～5	2～16	2、4、6、8				
	10	4～10						

表 21-1-29 BFL-2B型负序电流继电器技术数据

额定值		负序动作电流整定范围（A）	功率消耗				触点容量		触点型式（副）	外形尺寸（mm）	生产厂
交流电流（A）	直流电压（V）		直流（W）			交流（VA/相）	直流 $T=5ms$（W）	交流（VA）			
			220V	110V	48V						
5 1	220 110 48	1～6、0.1～1	≯6	≯4	≯2	≯2	25	30	1动合	122×106×166.5	阿城继电器厂

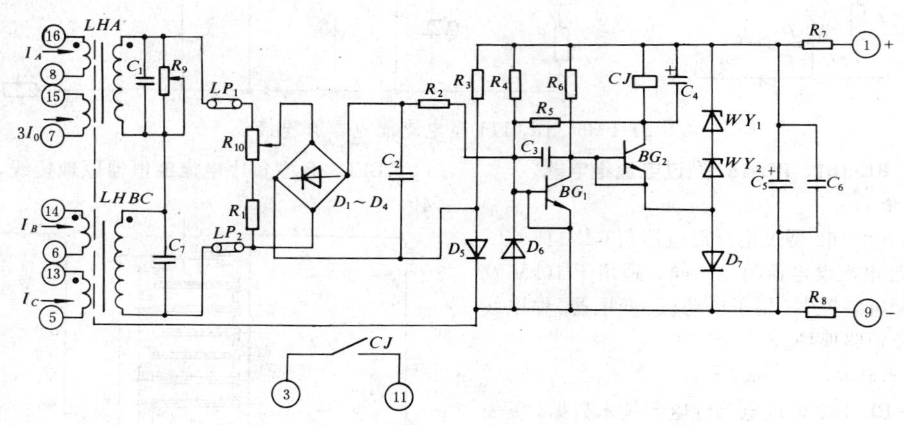

图 21-1-40 BFL-2B型负序电流继电器原理接线

二十七、DY-4型负序电压继电器

（一）简介

DY-4型负序电压继电器用于发电机和变压器的继电保护电路中，作为电压闭锁元件，反应不对称故障时线路电压的负序分量。

（二）控制原理

继电器由负序电压滤过器和一个作为执行元件的电磁机构组成，执行元件的线圈接到滤过器的输出回路中。

在滤过器输入端上加上正序电压，滤过器没有输出；而在滤过器输入端上加负序电压时，则空载时的输出电压为 $1.5U_{L2}$（U_{L2}为负序电压）。由于加的是线电压，因此不存在零序电压分量。

改变执行元件的指针位置即可进行动作值的整定。

（三）技术数据

DY-4型负序电压继电器技术数据，见表21-1-30。

（四）内部接线

DY-4型负序电压继电器内部接线，见图21-1-41。

（五）外形及安装尺寸

DY-4型负序电压继电器壳体结构型式有A22K、A22P、A22H及A22Q型，其外形及安装尺寸见表21-0-1。

表 21-1-30　**DY-4 型负序电压继电器技术数据**

额定值 (V)	额定值 (Hz)	负序动作线电压整定范围 (V)	返回系数	可靠系数在 1.1 倍额定电压时	功率消耗 (VA)	触点容量 (W)	生产厂
100	50	6～12	≮0.8	≮2	≯20	50	许昌继电器厂
173		10.4～20.8			≯35		

注　继电器长期工作电压为 1.1 倍额定电压。

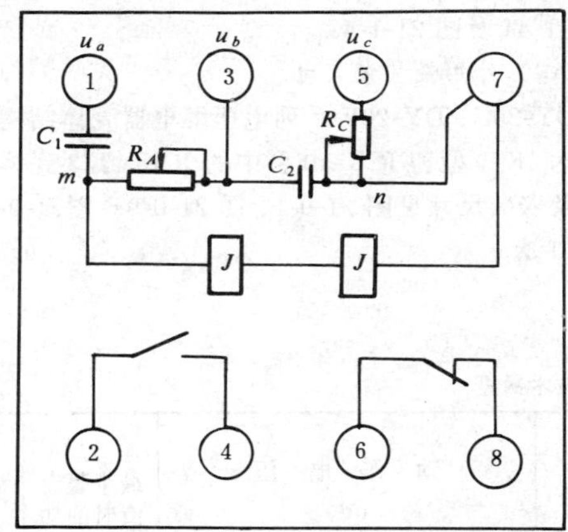

图 21-1-41　DY-4 型负序电压继电器内部接线

二十八、DY-5 型正序电压继电器

（一）简介

DY-5 型正序电压继电器用于发电机强行励磁保护电路中，作为低电压起动元件。

（二）技术数据

DY-5 型正序电压继电器技术数据，见表 21-1-31。

表 21-1-31　**DY-5 型正序电压继电器技术数据**

额定电压 (V)	额定电压 (Hz)	动作范围 (V)	返回系数	可靠系数	功率消耗 (VA)	触点容量 (W)	生产厂
100	50	58～113	≯1.07	≮2	20	50	许昌继电器厂
173		115～225			35		

注　继电器长期工作电压为 1.1 倍额定电压。

（三）内部接线

DY-5 型正序电压继电器内部接线，见图 21-1-42。

（四）外形及安装尺寸

DY-5 型正序电压继电器壳体结构型式有 A22K、A22P、A22H 及 A22Q，其外形及安装尺寸见表21-0-1。

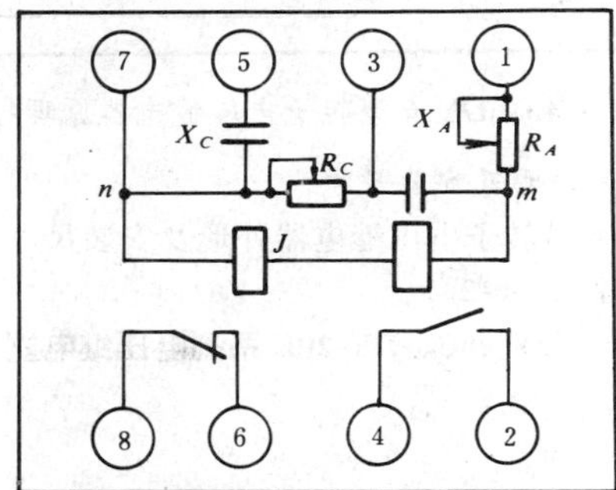

图 21-1-42　DY-5 型正序电压继电器内部接线

二十九、DY-6 型转子电压继电器

（一）简介

DY-6 型转子电压继电器用作发电机低励磁失步保护的闭锁元件。

（二）控制原理

该型继电器的工作电压降低至整定电压或低于整定电压时立即动作，其常闭触点闭合。

该继电器配套有由电阻和二极管所组成的外附件。外附件的电阻、二极管与继电器串联构成转子电压继电器。电阻的作用是限制通过继电器的电流不超过允许值。二极管的作用是当转子线圈开路造成过电压时，反向通过二极管，保护继电器并使继电器失电动作。

（三）技术数据

DY-6 型转子电压继电器技术数据，见表 21-1-32。

表 21-1-32　**DY-6 型转子电压继电器技术数据**

直流额定电压 (V)	触点型式	触点容量 (W)	动作电压整定范围 (V) 串联	动作电压整定范围 (V) 并联	返回系数	0.5倍动作电压时的动作时间 (s)	生产厂
450	一副常闭	30	40～80	80～160	≯1.25	≯0.15	阿城继电器厂

（四）原理接线

DY-6型转子电压继电器原理接线，见图21-1-43。

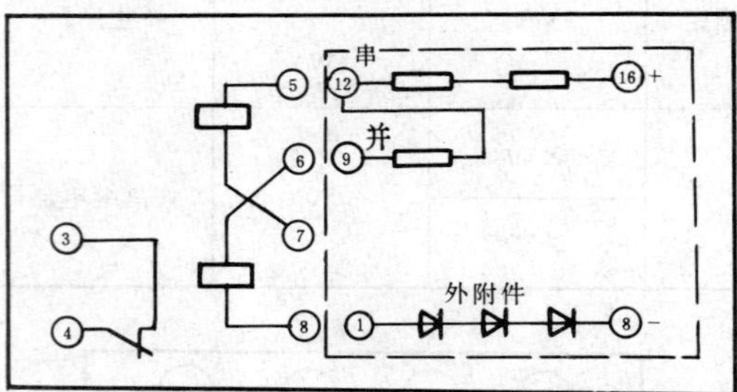

图21-1-43 DY-6型转子电压继电器原理接线

（五）外形及安装尺寸

DY-6型转子电压继电器外形及安装尺寸，见图21-0-1～图21-0-2。

三十、DY-20C、DY-20E系列电压继电器

（一）简介

DY-20C、20E系列电压继电器用于发电机、变压器及输电线路的保护电路中，作为过电压保护或低电压闭锁的起动元件。

DY-20E系列电压继电器具有动作精度高、功耗小、动作值连续可调等特点。

（二）技术数据

DY-20C、DY-20E系列电压继电器技术数据，见表21-1-33及表21-1-34。

（三）内部接线

DY-20C、DY-20E系列电压继电器内部接线，见图21-1-44及图21-1-45。

（四）外形及安装尺寸

DY-20C、DY-20E系列电压继电器壳体结构型式分别为JK-1型和JCK-10型中的JCK-11/3壳体，其外形及安装尺寸见图21-0-1、图21-0-9～图21-0-10及表21-0-3。

表21-1-33 DY-20C系列电压继电器技术数据

名称	型号	最大整定电压（V）	额定电压（V）		长期允许电压（V）		电压整定范围（V）	动作电压（V）		最小整定值时的功率消耗（VA）	返回系数
			线圈并联	线圈串联	线圈并联	线圈串联		线圈并联	线圈串联		
过电压	DY-21C～25C	60	30	60	35	70	15～60	15～30	30～60	1	0.8
		200	100	200	110	220	50～200	50～100	100～200		
		400	200	400	220	440	100～400	100～200	200～400		
低电压	DY-26C、28C、29C	48	30	60	35	70	12～48	12～24	24～48		1.25
		160	100	200	110	220	40～160	40～80	80～160		
		320	200	400	220	440	80～320	80～160	160～320		
过电压	DY-21C/60C～DY-25C/60C	60	100	200	110	220	15～60	15～30	30～60	2.5	0.8

名称	型号	触点型式（副）						以下电流倍数时动作时间（s）		触点容量		生产厂
		DY-21C DY-26C	DY-22C	DY-23C DY-28C		DY-24C DY-29C	DY-25C DY-27C			直流 $T=5$ms （W）	交流 （VA）	
		动合	动断	动合	动断	动合	动断	1.2倍	3倍			
过电压	DY-21C～25C											
低电压	DY-26C.28C.29C	1	1	1	1	2	2	≯0.15	≯0.03	40	200	阿城继电器厂 北京继电器厂
过电压	DY-21C/60C～DY-25C/60C											

表 21-1-34　**DY-20E 系列电压继电器技术数据**

<table>
<tr><th rowspan="3">名称</th><th rowspan="3">型　号</th><th rowspan="3">最大整定电压（V）</th><th colspan="2">额定电压（V）</th><th colspan="2">长期允许电压（V）</th><th rowspan="3">整定范围（V）</th><th rowspan="3">返回系数</th><th colspan="3">以下电流倍数时的动作时间（s）</th><th colspan="2">触点容量</th><th rowspan="3">最小整定值时功率消耗（VA）</th><th rowspan="3">生产厂</th></tr>
<tr><th rowspan="2">第一整定范围</th><th rowspan="2">第二整定范围</th><th rowspan="2">第一整定范围</th><th rowspan="2">第二整定范围</th><th rowspan="2">1.1 倍</th><th rowspan="2">2 倍</th><th rowspan="2">0.5 倍</th><th>直　流 $T=5$ms</th><th>交流</th></tr>
<tr><th>（W）</th><th>（VA）</th></tr>
<tr><td rowspan="4">过电压</td><td rowspan="3">DY-21E
～
DY-24E</td><td>60</td><td>30</td><td>60</td><td>35</td><td>70</td><td>15～60</td><td rowspan="3">≮0.8</td><td rowspan="4">≯0.12</td><td rowspan="4">≯0.04</td><td rowspan="4"></td><td rowspan="7">50</td><td rowspan="7">250</td><td rowspan="3">≤1</td><td rowspan="7">阿城继电器厂</td></tr>
<tr><td>200</td><td>100</td><td>200</td><td>110</td><td>220</td><td>50～200</td></tr>
<tr><td>400</td><td>200</td><td>400</td><td>220</td><td>440</td><td>100～400</td></tr>
<tr><td>DY-21E/60C
～
DY-24E/60C</td><td>60</td><td>100</td><td>200</td><td>110</td><td>220</td><td>15～60</td><td>≮0.8</td><td>≤2.5</td></tr>
<tr><td rowspan="3">低电压</td><td rowspan="3">DY-26E
～
DY-29E</td><td>48</td><td>30</td><td>60</td><td>35</td><td>70</td><td>12～48</td><td rowspan="3">≯1.25</td><td rowspan="3"></td><td rowspan="3"></td><td rowspan="3">≯0.15</td><td rowspan="3">≤1</td></tr>
<tr><td>160</td><td>100</td><td>200</td><td>110</td><td>220</td><td>40～160</td></tr>
<tr><td>320</td><td>200</td><td>400</td><td>220</td><td>440</td><td>80～320</td></tr>
</table>

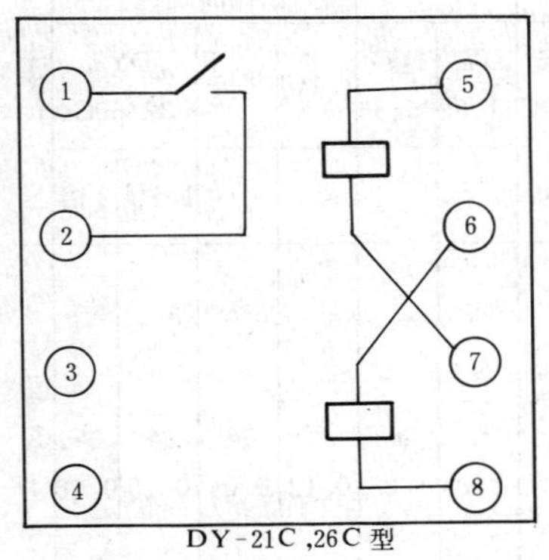

DY-21C，26C 型

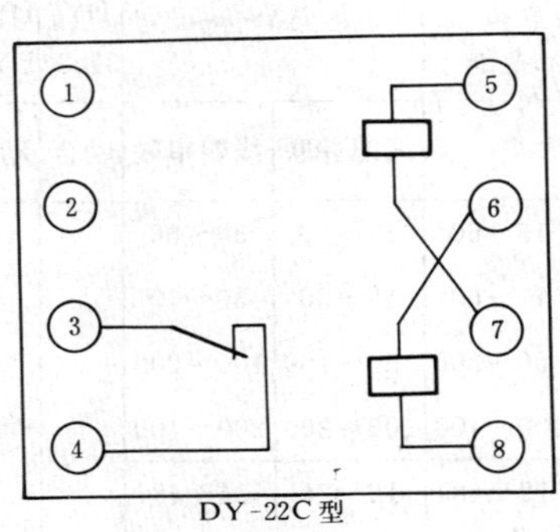

DY-22C 型

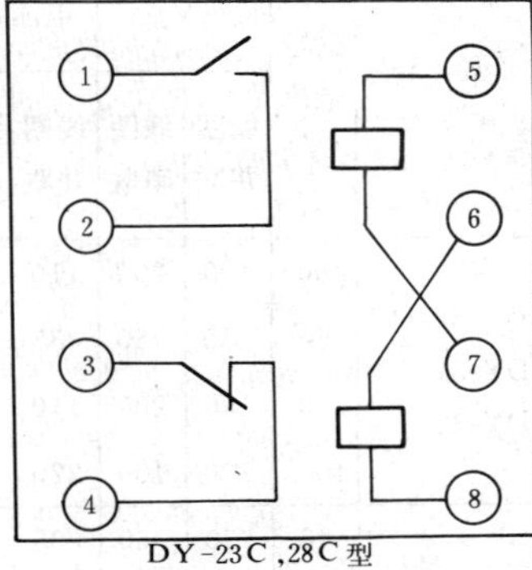

DY-23C，28C 型

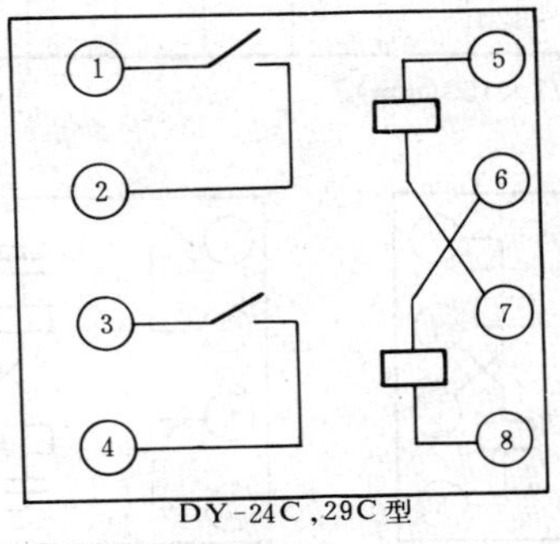

DY-24C，29C 型

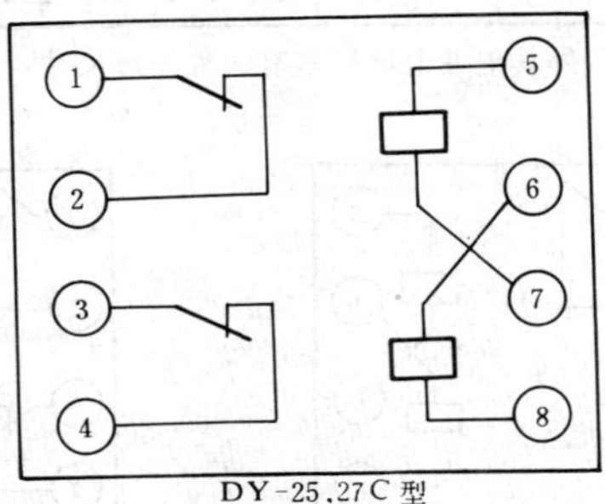

DY-25，27C 型

图 21-1-44　DY-20C 系列电压继电器内部接线

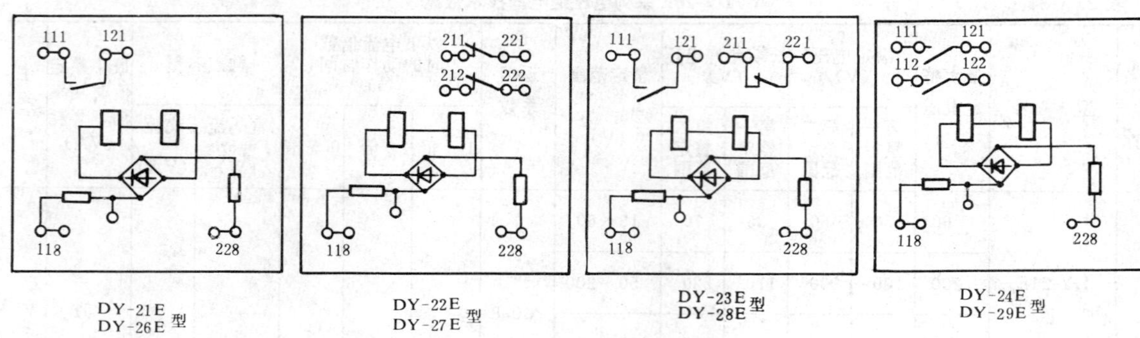

图 21-1-45 DY-20E 系列电压继电器内部接线

三十一、DY-30系列电压继电器

(一) 简介

DY-30系列电压继电器用于继电保护电路中，作为过电压保护或低电压闭锁元件。

(二) 技术数据

DY-30系列电压继电器技术数据，见表21-1-35。

(三) 内部接线

DY-30系列电压继电器内部接线，见图21-1-46。

(四) 外形及安装尺寸

许昌继电器厂生产的DY-30系列电压继电器壳体结构型式有A11K、A11P、A11H、A11Q型，其外形及安装尺寸见表21-0-1。

(五) 生产厂及代号

① 许昌继电器厂，② 保定继电器厂，③ 成都继电器厂，④ 苏州继电器厂，⑤ 望城继电器厂，⑥ 长征电器八厂。

表 21-1-35　　**DY-30系列电压继电器技术数据**

型号	最大整定电压(V)	额定电压(V)		长期允许电压(V)		电压整定范围(V)	动作电压(V)		触点型式(副)			返回系数		以下电流倍数时动作时间(s)				生产厂
		线圈并联	线圈串联	线圈并联	线圈串联		线圈并联	线圈串联	DY-31、35	DY-32、36 DY-32/60C		DY-31、32	DY-35、36	1.1倍	2倍	DY-32/60C		
									动合	动合	动断					1.1倍	2倍	
DY-32/60C DY-31 DY-32	60	100	200	110	220	15～60	15～30	30～60	1	1	1	≮0.8	≯1.25	≮0.12	≯0.04	≯0.15	≯0.06	① ② ③ ④ ⑤ ⑥
	60	30	60	35	70	15～60	15～30	30～60										
	200	100	200	110	220	50～200	50～100	100～200										
	400	200	400	220	440	100～400	100～200	200～400										
DY-35 DY-36	48	30	60	35	70	12～48	12～24	24～48										
	160	100	200	110	220	40～160	40～80	80～160										
	320	200	400	220	440	80～320	80～160	160～320										

注　除许昌继电器厂外其他继电器厂只有一种外形尺寸：115×72×153(mm)。

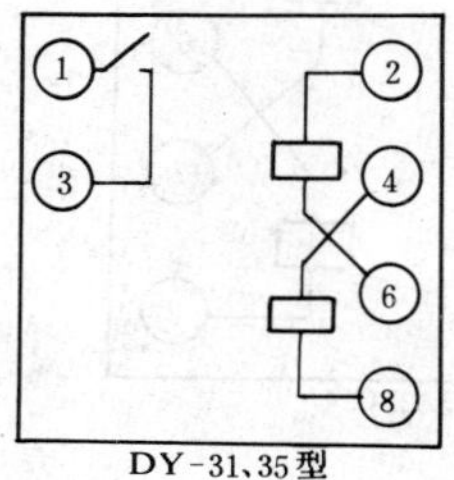

DY-31、35型

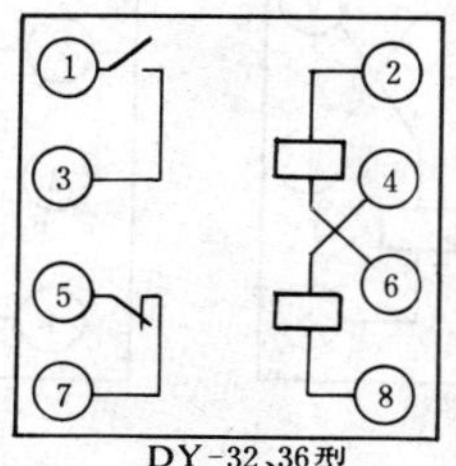

DY-32、36型

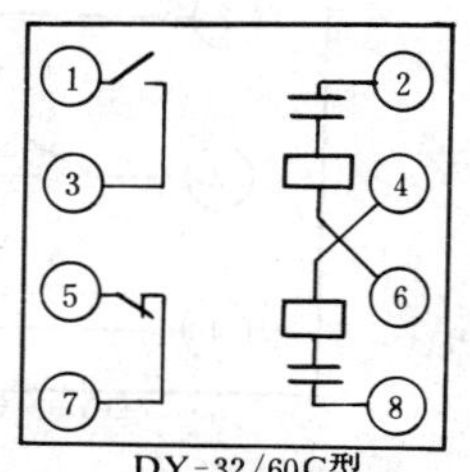

DY-32/60C型

图 21-1-46 DY-30系列电压继电器内部接线

三十二、DY-50Q 系列电压继电器

(一) 简介

DY-50Q 系列电压继电器用于继电保护电路中，作为过电压保护或低电压闭锁的动作元件。

(二) 技术数据

DY-50Q 系列电压继电器技术数据，见表 21-1-36。

(三) 内部接线

DY-50Q 系列电压继电器内部接线，见图 21-1-47。

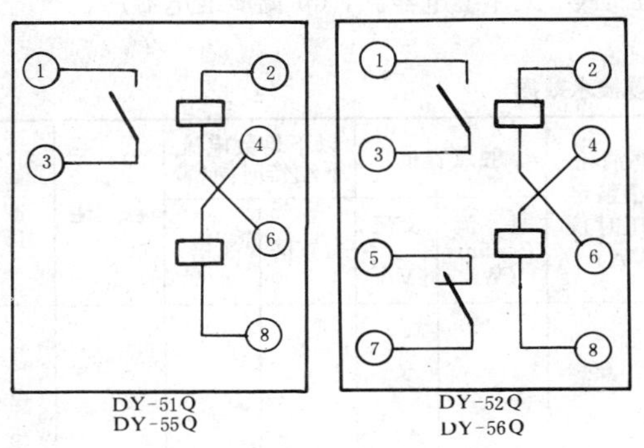

图 21-1-47 DY-50Q 系列电压继电器内部接线

(四) 外形及安装尺寸

DY-50Q 系列电压继电器外形及安装尺寸，见图 21-1-48。

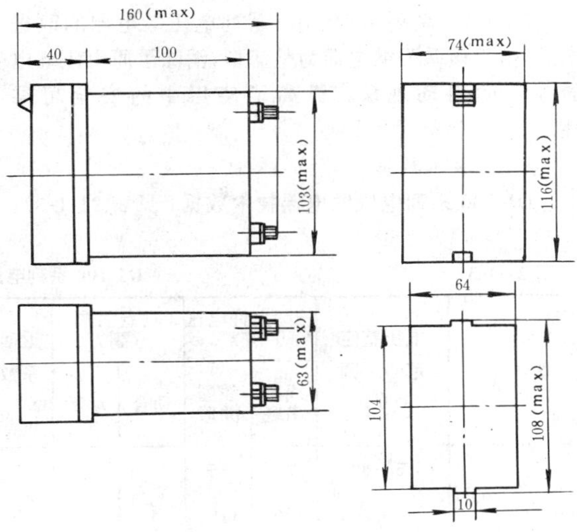

图 21-1-48 DY-50Q 系列电压继电器外形及安装尺寸

表 21-1-36 **DY-50Q 系列电压继电器技术数据**

触点型式(副) 动合 1 动断 0	动合 1 动断 1	工作性质	额定电压(V) 线圈并联	额定电压(V) 线圈串联	长期允许电压(V) 线圈并联	长期允许电压(V) 线圈串联	电压整定范围(V)	动作电压(V) 线圈并联	动作电压(V) 线圈串联	生产厂
DY-51/60Q	DY-52/60Q	电压升高时继电器动作	30	60	35	70	15～60	15～30	30～60	上海继电器厂
DY-51/200Q	DY-52/200Q		100	200	110	220	50～200	50～100	100～200	
DY-51/400Q	DY-52/400Q		200	400	220	440	100～400	100～200	200～400	
	DY-52/60C		30	60	110	220	15～60	15～30	30～60	
DY-55/48Q	DY-56/48Q	电压消失或降低时继电器动作	30	60	35	70	12～48	12～24	24～48	
DY-55/60Q	DY-56/60Q		100	200	110	220	40～160	40～80	80～160	
DY-55/320Q	DY-56/320Q		200	400	220	440	80～320	80～160	160～320	

三十三、DJ-100、DJ-100Q、DJ-100L 系列电压继电器

（一）简介

DJ-100、DJ-100Q、DJ-100L 系列电压继电器用于继电保护电路中，作为过电压保护或低电压闭锁的动作元件。

DJ-100L 系列为 DJ-100 系列电压继电器的改进产品，由于该系列继电器为整流型，消除了原电压继电器存在的抖动现象，提高了使用中的安全可靠性。

（二）技术数据

DJ-100 系列电压继电器技术数据，见表 21-1-37。

DJ-100Q、DJ-100L 系列电压继电器为上海继电器厂产品，其技术数据与 DJ-100 系列电压继电器相同。

（三）内部接线

DJ-100、DJ-100Q、DJ-100L 系列电压继电器内部接线，见图 21-1-49 及图 21-1-50。

（四）外形尺寸

DJ-100、DJ-100L 系列电压继电器外形尺寸，见图 21-1-51；DJ-100Q 系列电压继电器外形及安装尺寸，与 DL-10Q 系列电流继电器相同。

（五）生产厂及代号

① 阿城继电器厂，② 上海继电器厂，③ 北京继电器厂，④ 天津继电器厂，⑤ 温岭继电器厂。

表 21-1-37　　**DJ-100 系列电压继电器技术数据**

型号	电压整定范围（V）	长期允许电压（V）		触点型式（副）		返回系数	功率消耗（最小整定电压时）（VA）	触点容量		以下倍数电流下动作时间（s）		备注	生产厂
		线圈串联	线圈并联	动合	动断			直流 $T=5ms$（W）	交流（VA）	1.2倍	3倍		
DJ-111	15～60	70	35	1		0.8	1	50	250	≯0.15	≯0.03	过电压继电器	①②③④⑤
	50～200	220	110										
	100～400	440	220										
DJ-121	15～60	70	35		1								
	50～200	220	110										
	100～400	440	220										
DJ-131	15～60	70	35	1	1								
	50～200	220	110										
	100～400	440	220										
DJ-131/60C	15～60	220	110	1	1		1.5						
DJ-112	12～48	70	35	1		1.25	1					低电压继电器	
	40～160	220	110										
	80～320	440	220										
DJ-122	12～48	70	35		1								
	40～160	220	110										
	80～320	440	220										
DJ-132	12～48	70	35	1	1								
	40～160	220	110										
	80～320	440	220										

注　1. 继电器可工作在 50～60Hz 的电路中。

2. 阿城继电器厂不生产 DJ-131/60C 型号产品。

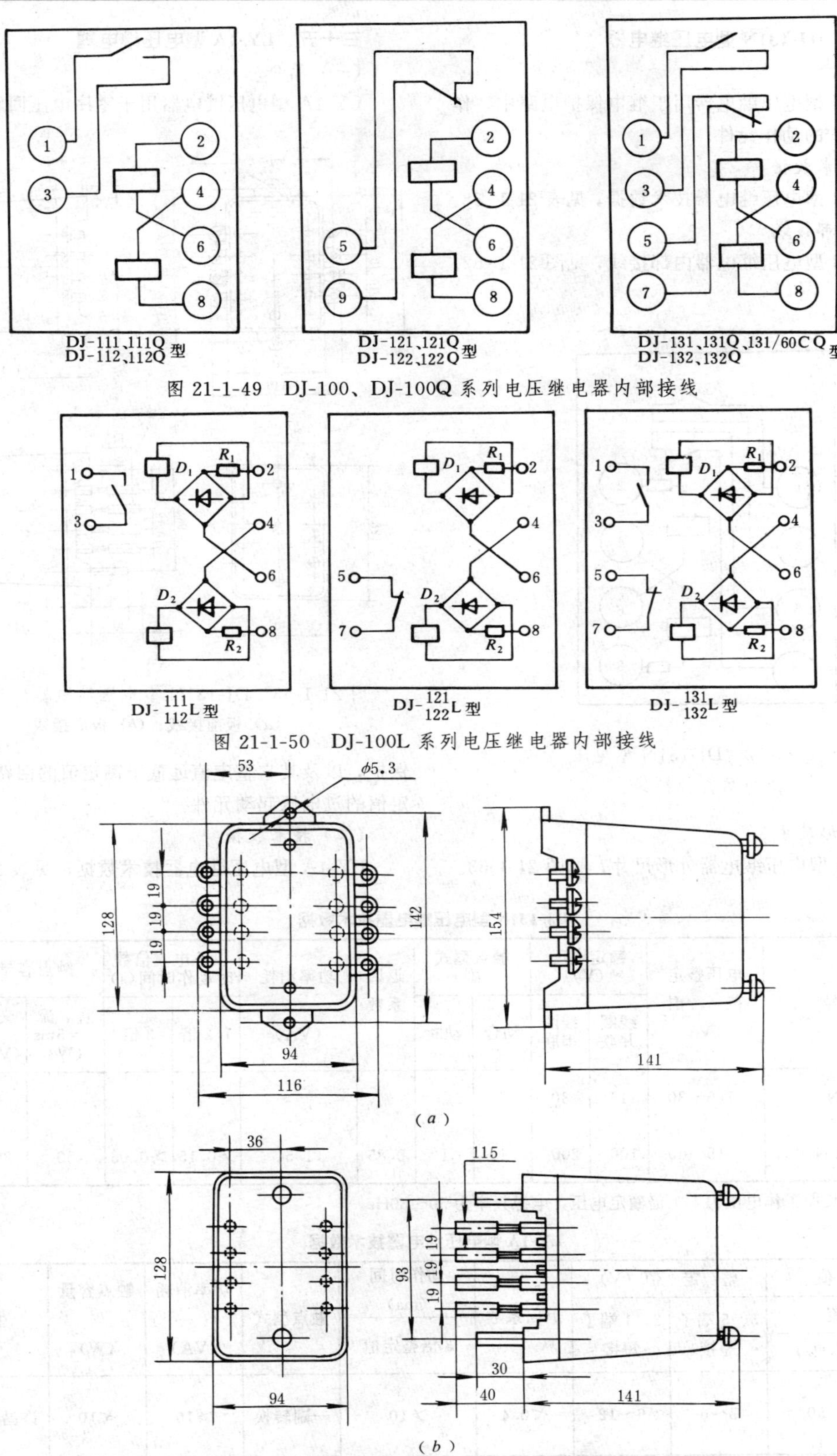

图 21-1-49　DJ-100、DJ-100Q 系列电压继电器内部接线

图 21-1-50　DJ-100L 系列电压继电器内部接线

(a)

(b)

图 21-1-51　DJ-100、DJ-100L 系列电压继电器外形尺寸

三十四、DJ-131N 型电压继电器

（一）简介

DJ-131N 型电压继电器用于继电保护电路中，作为过电压保护的动作元件。

（二）技术数据

DJ-131N 型电压继电器技术数据，见表 21-1-38。

（三）内部接线

DJ-131N 型电压继电器内部接线，见图 21-1-52。

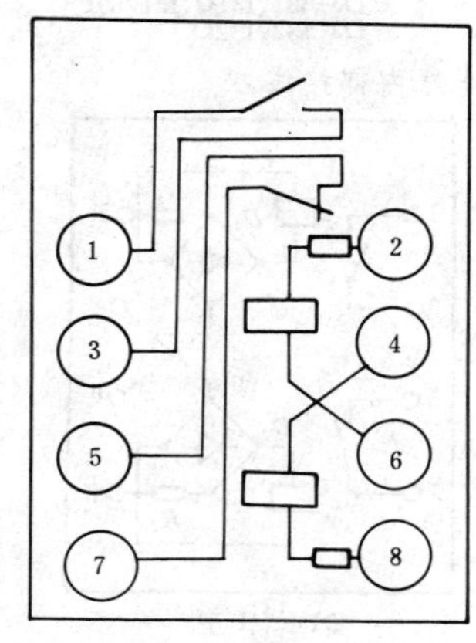

图 21-1-52 DJ-131N 型电压继电器内部接线

（五）外形尺寸

DJ-131N 型电压继电器外形尺寸，见图 21-1-53。

三十五、LY-1A 型电压继电器

（一）简介

LY-1A 型电压继电器用于零序电压回路的接地

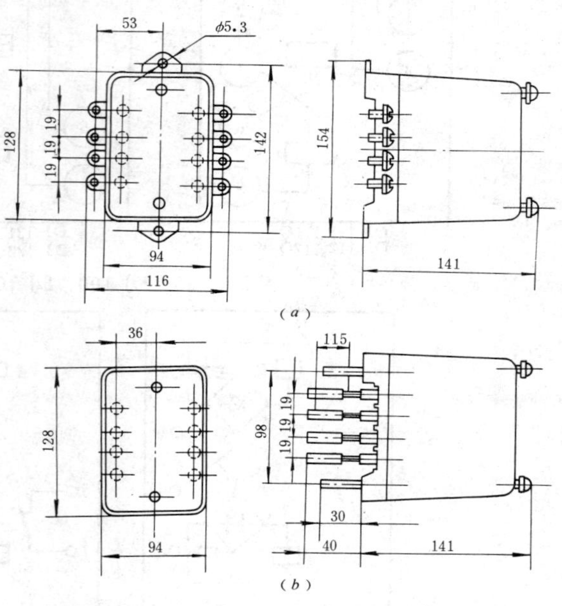

图 21-1-53 DJ-131N 型电压继电器外形尺寸
(a) 板前接线；(b) 板后接线

保护，以及其它整定值远低于额定值的回路中作为低定值的过电压起动元件。

（二）技术数据

LY-1A 型电压继电器技术数据，见表 21-1-39。

表 21-1-38 DJ-131N 型电压继电器技术数据

型号	电压整定范围 (V)	额定电压 (V)		触点型式 (副)		返回系数	功率消耗 (VA)	以下电流倍数时动作时间(s)		触点容量		生产厂
		线圈并联	线圈串联	动合	动断			1.2倍	3倍	直流 $T=5$ms (W)	交流 (VA)	
电压-131/30N	7.5～30	15	30									
电压-131/60CN	15～60	100	200	1	1	0.85	1.5	≯0.15	≯0.03	50	250	阿城继电器厂

注 继电器长期工作电压为 1.1 倍额定电压，电源频率为 50～60Hz。

表 21-1-39 LY-1A 型电压继电器技术数据

额定值 交流 (V)	额定值 交流 (Hz)	整定值(V) 3、5端子短接	整定值(V) 3、1端子短接	返回系数	动作时间 (ms) 3倍整定值	触点型式	功率消耗 (VA)	触点容量 (W)	生产厂
100	50	3～6	6～12	≮0.4	≯10	一副转换	≯10	≮10	许昌继电器厂

（三）内部接线

LY-1A 型电压继电器内部接线，见图 21-1-54。

（四）外形及安装尺寸

LY-1A 型电压继电器壳体结构型式有 A11K、A11P、A11H 及 A11Q 型，其外形及安装尺寸见表 21-0-1。

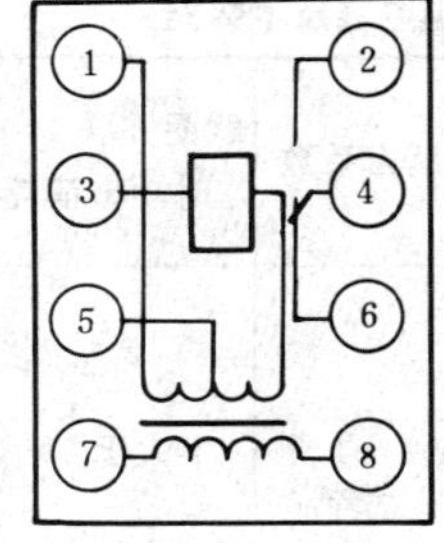

图 21-1-54　LY-1A 型电压继电器内部接线

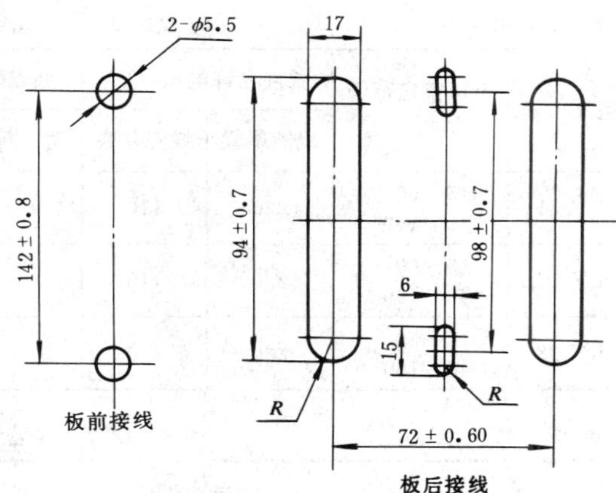

图 21-1-55　LY-31、LY-32、LY-33 型电压继电器安装尺寸

三十六、LY-31、LY-32、LY-33 型电压继电器

（一）简介

LY-31、LY-32、LY-33 型电压继电器用于继电保护电路中，作为低电压闭锁的动作元件。本产品为整流型继电器，可解决 DJ-100 型欠电压继电器由于本身振动引起轴承磨损及噪音大的现象。

（二）技术数据

LY-31、LY-32、LY-33 型电压继电器技术数据，见表 21-1-40。

（三）安装尺寸

LY-31、LY-32、LY-33 型电压继电器安装尺寸，见图 21-1-55。

三十七、LCY-1 型差电压继电器

（一）简介

LCY-1 型差电压继电器用于大容量带分裂绕组的变压器中，作为分裂绕组相间短路保护。

（二）控制原理

该型继电器由电压变换器（$YB_{1\sim2}$）、整流桥（$BZ_{1\sim2}$）、滤波电阻、电容、整定电阻（$R_{3\sim6}$）及执行元件极化继电器（$JJ_{1\sim2}$）和干簧继电器（$GAJ_{1\sim2}$）等组成。

继电器采用整流型原理，利用环流比较绝对值的方式，当工作电压大于制动电压时极化继电器动作。

当变压器外部故障时，制动电压大于工作电压，极化继电器不动作。当变压器两个分裂绕组任意一组发生故障时，工作电压大于制动电压，极化继电器动作而切除内部故障。

（三）技术数据

LCY-1 型差电压继电器技术数据，见表 21-1-41。

（四）原理接线

LCY-1 型差电压继电器原理接线，见图 21-1-56。

（五）外形及安装尺寸

LCY-1 型差电压继电器壳体结构型式有 A33K 及 A33P 型，其外形及安装尺寸见表 21-0-1。

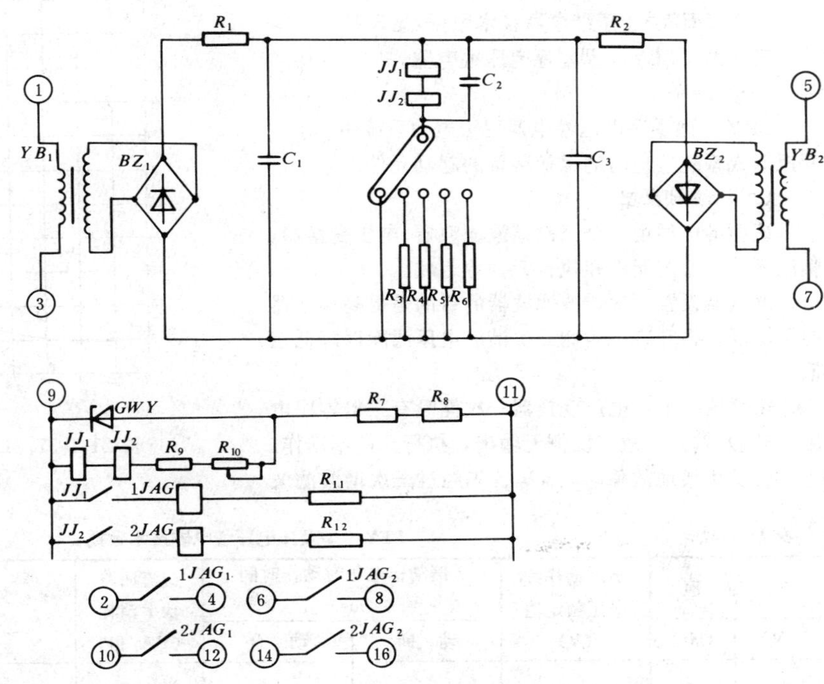

图 21-1-56　LCY-1 型差电压继电器原理接线

表 21-1-40 LY-31、LY-32、LY-33型电压继电器技术数据

型号	电压整定范围(V)	长期允许电压(V)		触点型式(副)		返回系数	线圈并联100V时功率消耗	外形尺寸(mm)	生产厂
		线圈串联	线圈并联	动断	动合				
LY-31	15～60 40～160	220	110	1		1.1～1.25	不大于6VA	128×94×141	北京继电器厂
LY-32	15～60 40～160	220	110		1				
LY-33	15～60 40～160	220	110	1	1				

表 21-1-41 LCY-1型差电压继电器技术数据

额定电压			动作电压(%)	返回系数	在2倍动作电压下动作时间(ms)	触点容量(W)	功率消耗(VA)	生产厂
交流		直流(V)						
(V)	(Hz)							
100	50	220 110 48	15 20 25 30 40	≮0.7	≯30	≮40	≯2.5	许昌继电器厂

三十八、LFY-1型负序电压继电器

(一) 简介

LFY-1型负序电压继电器用于发电机及变压器等保护装置中，作为电压闭锁元件，它反映不对称短路时线路电压的负序分量。

(二) 技术数据

LFY-1型负序电压继电器技术数据，见表21-1-42。

三十九、LLY-1型零序电压继电器

(一) 简介

LLY-1型零序电压继电器用于电力系统中，作为变压器或系统接地时的保护装置的起动元件。

(二) 控制原理

该型继电器由一个三次谐波滤波器、电压变换器、整流元件、滤波元件和执行元件等组成。

继电器设置三次谐波滤波器的目的是提高继电器的灵敏度，将开口三角侧三次谐波电压滤除以降低定值。

正常情况下，电压变换器一次侧没有三倍零序电压（$3U_0$）输入，故二次侧无输出，执行元件不动作。

当发生接地故障时，$3U_0$首先经过三次谐波滤波器输入到电压变换器一次侧，二次侧的交流信号经整流滤波之后到执行回路，使执行元件动作。

LLY-1型零序电压继电器频率特性曲线，见图21-1-57。

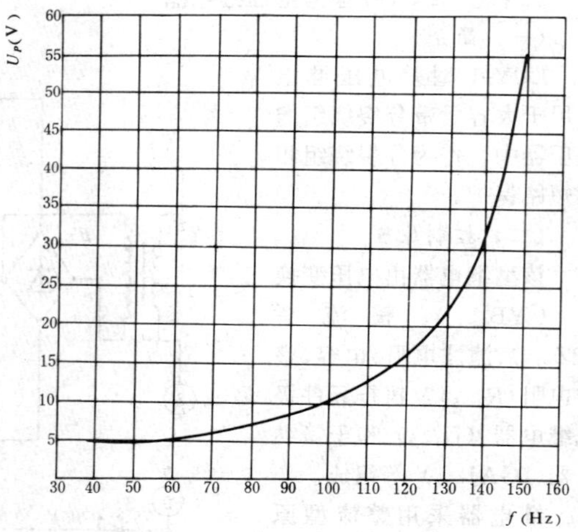

图 21-1-57 LLY-1型零序电压继电器频率特性曲线

表 21-1-42 LFY-1型负序电压继电器技术数据

额定值		负序动作线电压额定值(V)	2倍动作电压时动作时间(ms)		交流回路功率消耗(VA/相)	外形尺寸(mm)	生产厂
(V)	(Hz)		动断	动合			
100	50	2～12	<15	<25	<7	350×100×264	上海继电器厂

（三）技术数据

LLY-1 型零序电压继电器技术数据，见表 21-1-43。

（四）原理接线

LLY-1 型零序电压继电器原理接线，见图 21-1-58。

（五）外形及安装尺寸

LLY-1 型零序电压继电器壳体结构型式为 A32K、A32P 型，见表 21-0-1。

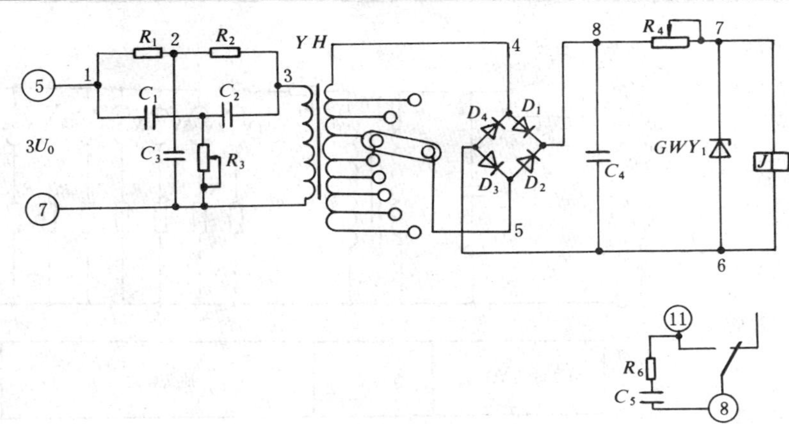

图 21-1-58　LLY-1 型零序电压继电器原理接线

四十、LLY-2 型零序电压继电器

（一）简介

LLY-2 型零序电压继电器用于电力系统中，作为变压器或系统接地时的保护装置的起动元件；同时也能用于发电机保护电路中，作为发电机匝间、分支间短路保护的起动元件。

（二）控制原理

该型继电器由 M 型低通滤过器、变压器、抽头整定、整流出口、操作回路等几部分组成。

采用 M 型低通滤过器的目的是为了获得较高的滤过比。它对 150Hz 的电压呈现很大的阻抗，而对 50Hz 的电压则完全通过。三次谐波电压对继电器几乎没有影响，提高了对零序电压测量的精度。

变换器 YB 实现阻抗匹配，保证 M 型滤过器与二次负载阻抗匹配。抽头整定采用分压方式构成。继电器采用桥式整流，整流后输出电压通过电容滤波加到极化出口执行回路上。

（三）技术数据

LLY-2 型零序电压继电器技术数据，见表 21-1-44。

（四）原理接线

LLY-2 型零序电压继电器原理接线，见图 21-1-59。

（五）外形及安装尺寸

LLY-2 型零序电压继电器壳体结构型式为 A32K 型，其外形及安装形式见表 21-0-1。

表 21-1-43　LLY-1 型零序电压继电器技术数据

额定值		电压整定范围（V）	返回系数	3 倍整定值下动作时间（ms）	触点型式	最小整定值下通以额定电压时功率消耗（VA）	触点容量（W）	生产厂
交流电压（V）	频率（Hz）							
100	50	5～40	≮0.4	≯30	一副动合	≯15	≯20	许昌继电器厂

表 21-1-44　LLY-2 型零序电压继电器技术数据

额定电压			电压整定范围（V）	返回系数	2 倍整定值动作时间（ms）	功率消耗 ≤		触点容量（W）	生产厂
交流		直流				交流	直流		
电压（V）	频率（Hz）	电压（V）				（VA）	（W）		
100	50	220	1～7	≥0.85	≯50	6	6	20	许昌继电器厂
		110					4		
		48					2		

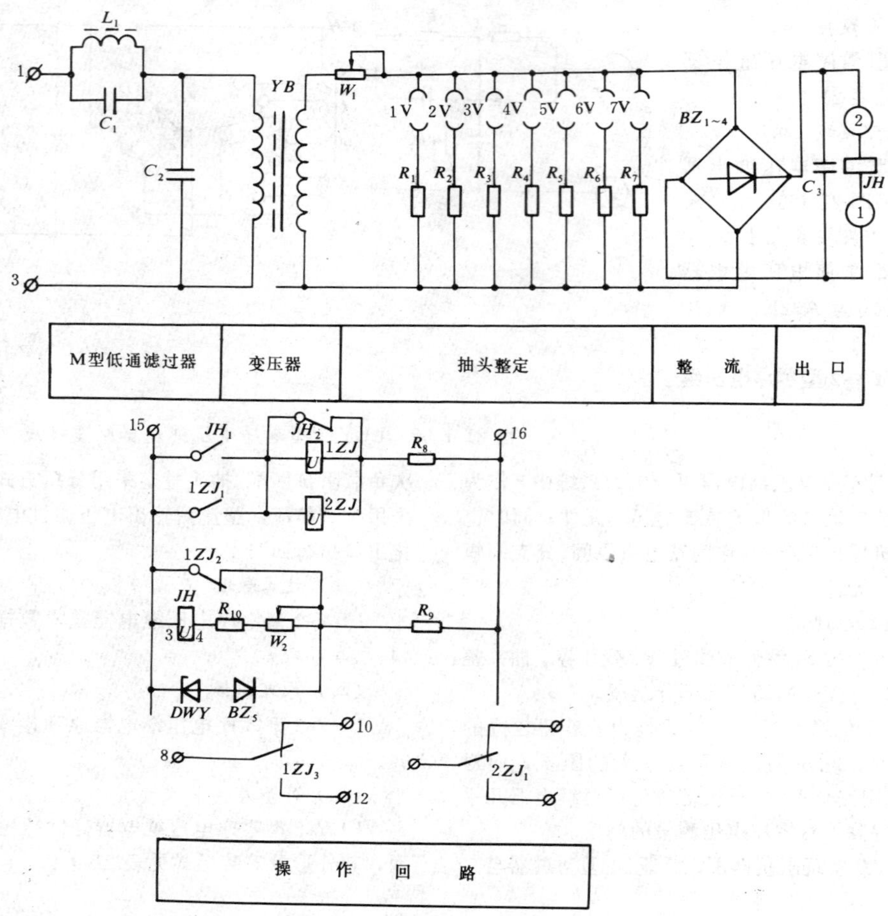

图 21-1-59 LLY-2型零序电压继电器原理接线

四十一、LZY-2型正序电压继电器

(一) 简介

LZY-2型正序电压继电器用于发电机强行励磁保护电路中，作为低电压起动元件。

(二) 控制原理

该型继电器按整流式原理构成，由正序电压滤过器、整定回路和操作回路等几个部分组成。

继电器所用的滤过器由两组电阻器和两个电容组成。在滤过器输入端上加入负序电压时，滤过器只有很小的不平衡电压输出；而在滤过器输入端加入正序电压时，则空载时的输出电压为输入线电压的1.5倍。

(三) 技术数据

LZY-2型正序电压继电器技术数据，见表21-1-45。

(四) 原理接线

LZY-2型正序电压继电器原理接线，见图21-1-60。

(五) 外形及安装尺寸

LZY-2型正序电压继电器壳体结构型式为A22K、A22P型，其外形及安装尺寸见表21-0-1。

表 21-1-45 LZY-2型正序电压继电器技术数据

额定电压			电压整定范围	动作整定值的误差	返回系数	0.5倍整定电压时动作时间	1.1倍额定电压时可靠系数	输入回路允许长期电压	功率消耗≯		触点容量	生产厂
交流		直流							交流	直流		
(V)	(Hz)	(V)	(V)	(%)		(s)			(VA)	(W)	(W)	
100	50	220	58～113	±10	≯1.07	≯0.15	≮2	$1.1U_e$	10	14	≮50	许昌继电器厂
173		110	115～225						15			
		48										

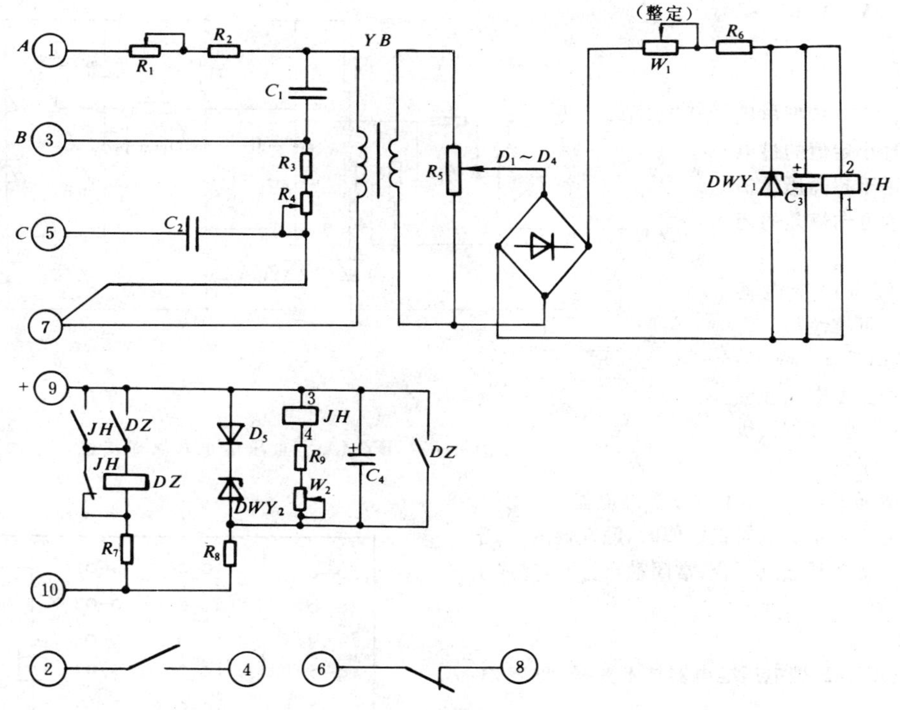

图 21-1-60　LZY-2 型正序电压继电器原理接线

四十二、BFY-5 型负序电压继电器

（一）简介

BFY-5 型负序电压继电器用于发电机或变压器的继电保护电路中，作为电压闭锁元件，以反应不对称短路时的电压负序分量。

（二）技术数据

BFY-5 型负序电压继电器技术数据，见表 21-1-46。

（三）外形尺寸

BFY-5 型负序电压继电器外形尺寸，见图 21-1-61。

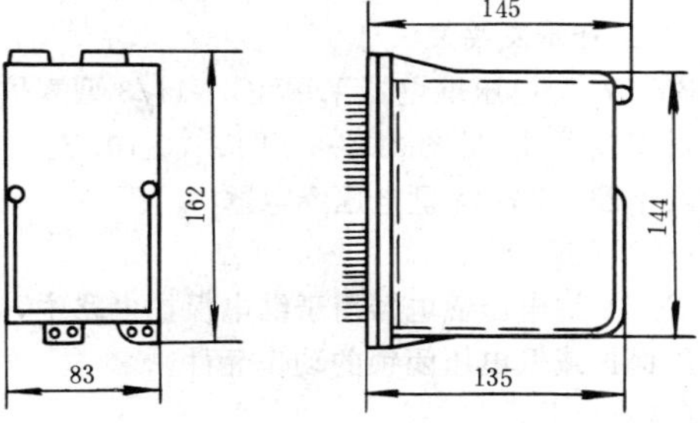

图 21-1-61　BFY-5 型负序电压继电器外形尺寸

表 21-1-46　**BFY-5 型负序电压继电器技术数据**

额定电压			电压整定范围 (V)	功率消耗		触点容量	生产厂
交流		直流		交流	直流	电压≯250V，电流≯0.5A 直流 $T=5\pm0.75$ms	
(V)	(Hz)	(V)		(VA)	(W)	(W)	
100	50	220	6～12	≯5	≯6	20	上海继电器厂
		110			≯4		
		48			≯2		

四十三、BY-4A、BY-4E型电压继电器

（一）简介

BY-4A、BY-4E型电压继电器是一种小定值的过电压继电器，用于超高压保护电路中，作为方向横差的闭锁元件。

BY-4E型电压继电器系静态原理，可靠性高。

（二）控制原理

该型继电器由电压互感器、整流滤波及触发回路、执行元件等环节组成。

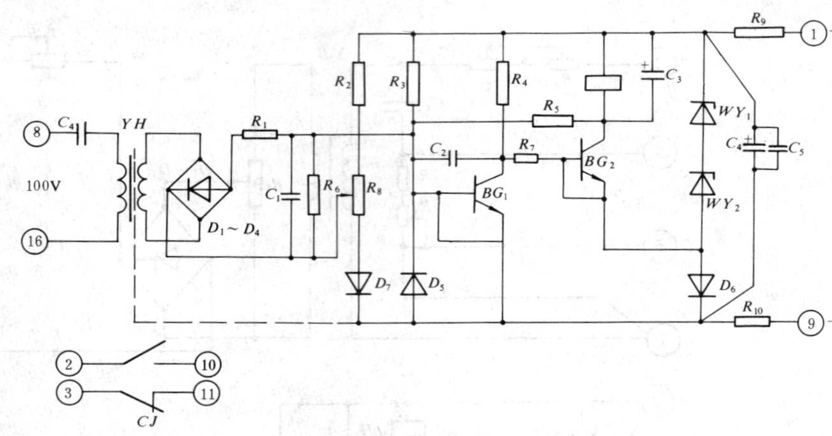

图 21-1-62　BY-4A型电压继电器原理接线

在正常情况下，执行元件（干簧继电器）不动作。当所加交流电压大于继电器整定值时，触发器翻转，干簧继电器动作使常开触点闭合，常闭触点打开，完成了继电器作用。

（三）技术数据

BY-4A、BY-4E型电压继电器技术数据，见表21-1-47。

（四）原理及内部接线

BY-4A型电压继电器原理接线，见图21-1-62；BY-4E型电压继电器内部接线，见图21-1-63。

（五）外形及安装尺寸

BY-4E型电压继电器采用JCK-11/3型壳体，其外形及安装尺寸，见图21-0-9～图21-0-10、表21-0-3。

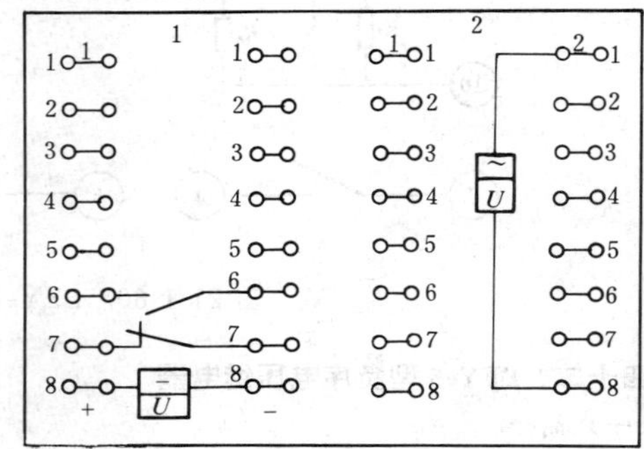

图 21-1-63　BY-4E型电压继电器内部接线

四十四、BY-16型电压继电器

（一）简介

BY-16型电压继电器用于继电保护电路中，作为过电压保护或低电压闭锁的动作元件。

（二）控制原理

该型继电器为静态型结构，无可动部分，所有零部件均组装在一块印刷板上，全机采用透明塑料罩壳封闭。继电器为面板突出安装，板后接线；但如需板前接线，只要安装联接片（附件）即可。该产品不需另外接入直流工作电源，故可直接替代DJ或DY型机电型电压继电器，更换较方便。由于动作所需的电源是经二极管整流并经滤波后取得，故当继电器的输入动作电压虽在整定点的动作临界值时，也不会产生触点抖动现象，而且动作准确可靠且又灵敏。

（三）技术数据

BY-16型电压继电器技术数据，见表21-1-48。

（四）外形及安装尺寸

BY-16型电压继电器外形及安装尺寸，见图21-1-64。

表 21-1-47　**BY-4A、BY-4E型电压继电器技术数据**

型号	整定范围(V)	额定电压 直流(V)	额定电压 交流(V)	额定电压 交流(Hz)	返回系数	1.2倍动作时间(s)	触点型式(副) 动合	触点型式(副) 动断	功率消耗 交流(VA)	功率消耗 直流(W) 220V	功率消耗 直流(W) 110V	功率消耗 直流(W) 48V	触点容量 直流 T=5ms (W)	触点容量 交流(VA)	外形尺寸(mm)	生产厂
BY-4A	2～15	220 110 48	100	50	≮0.85	≯0.04	1	1	≯6	≯6	≯4	≯2	25	30	122×106×180.5	阿城继电器厂
BY-4E													10	20		

表 21-1-48　　BY-16 型电压继电器技术数据

最大整定电压(V)	额定电压(V)		长期允许电压(V)		电压整定范围(V)	动作电压 (V)		触点型式(副)	触点容量(W)	生产厂
	并 联	串 联	并 联	串 联		并 联	串 联			
60	30	60	35	70	15～60	15～30	30～60	一动合 一动断	20	吴江松陵电器厂
200	100	200	110	220	50～100	50～100	100～200			

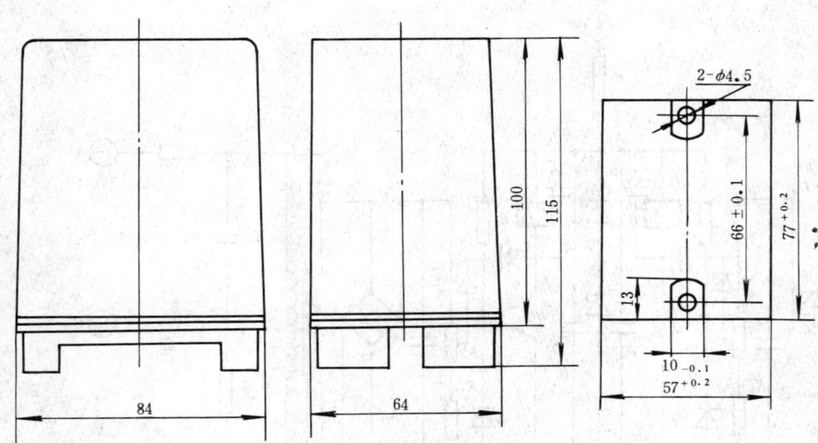

图 21-1-64　BY-16 型电压继电器外形及安装尺寸

(二) 控制原理

该型继电器由正序电压滤过器、降压变压器、整流滤波及触发回路、执行元件（干簧继电器）等组成。

正序电压滤过器由电阻、电容构成，当输入端加上负序电压时，滤过器没有输出电压，只有加上正序电压时，滤过器才有输出电压。

在正常情况下（即加上三相交流正序电压），滤过器的输出电压，经过降压变压器 YH 及整流滤波后，将信号加至触发器，使稳压管击穿，三极管 *BG* 截止，干簧继电器 *CJ* 不带电，触点仍然处于原始状态。当正序电压降低时，稳压管截止，三极管 *BG* 导通，干簧继电器 *CJ* 动作，常开触点闭合，常闭触点打开。调整电阻器 R_7、R_8 可改变继电器的整定值。

(三) 技术数据

BZY-1型正序电压继电器技术数据，见表21-1-50。

(四) 原理接线

BZY-1型正序电压继电器原理接线，见图21-1-65。

(五) 外形及安装尺寸

BZY-1 型正序电压继电器壳体结构型式为 JK-2 型，其外形及安装尺寸见图 21-0-2。

四十五、BY-24A 型差电压继电器

(一) 简介

BY-24A 型差电压继电器用于线路、变电所及无功功率补偿装置中，作为自动调压之用。

(二) 技术数据

BY-24A 型差电压继电器技术数据，见表21-1-49。

四十六、BZY-1 型正序电压继电器

(一) 简介

BZY-1 型正序电压继电器用于发电机励磁系统中，作为强行励磁及电压互感器断线的起动元件。

表 21-1-49　　BY-24A 型差电压继电器技术数据

额定值 交流电压(V)	额定值 交流电流(A)	额定值 频率(Hz)	功率消耗(VA)	合闸电流(A)	偏移电压整定范围(Ve)	额定电压等级(V)	触点容量 直流(V)	直流(A)	交流(V)	交流(A)	触点型式	外形尺寸(mm)	生产厂
95～110	<0.1	50±2	0.02	0.05	±1%～±6%	95～110	27	5	220	2	二副动合	225×126×286	北京继电器厂

表 21-1-50 **BZY-1 型正序电压继电器技术数据**

额定电压 U_e			正序线电压调整范围	功率消耗		直流电压允许变化范围 (%)	触点容量		返回系数	触点型式	生产厂
交流		直流		交流	直流		直流 $T=5\text{ms}$	交流			
(V)	(Hz)	(V)		(VA)	(W)		(W)	(VA)			
100		220			≯6	80～110					
173	50	110	≮70%U_e	≯5	≯4		25	30	≯1.05	一副转换	阿城继电器厂
		48			≯2	90～110					

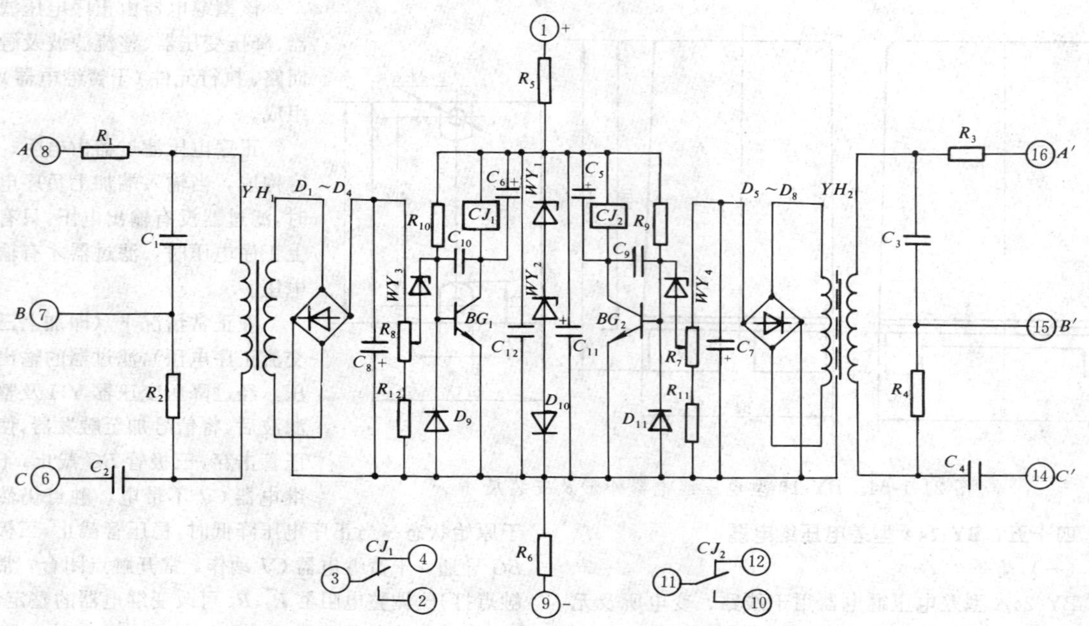

图 21-1-65 BZY-1 型正序电压继电器原理接线

四十七、BFY-10A、BFY-10E系列负序电压继电器

(一) 简介

BFY-10A、BFY-10E 系列负序电压继电器用于发电机和变压器的继电保护电路中,作为电压闭锁元件,以反应不对称短路时线路电压的负序分量。

BFY-10E 系列负序电压继电器由静态原理构成,可靠性高。

(二) 控制原理

该型继电器由负序电压滤过器、电压互感器、裂相整流器、触发器及出口等元件组成。

在输入端加正序电压时,滤过器没有输出;而在输入端加负序电压时,滤过器才有输出电压。

滤过器输出电压通过电压互感器,经裂相整流后加至触发器上。在正常情况下,触发器无输出,执行元件不动作;当系统发生不对称短路时,则滤过器的输出电压使触发器翻转,执行元件动作。

(三) 技术数据

BFY-10A、BFY-10E 系列负序电压继电器技术数据,见表 21-1-51。

(四) 原理及内部接线

BFY-10A 系列负序电压继电器原理接线,见图 21-1-66;BFY-10E 系列负序电压继电器内部接线,见图 21-1-67。

(五) 外形及安装尺寸

BFY-10A 系列负序电压继电器壳体结构型式为 JK-2 型,外形及安装尺寸见图 21-0-2;BFY-10E 系列负序电压继电器结构型式为 JCK-10 型,外形及安装尺寸见图 21-0-9～图 21-0-14、表 21-0-3～表 21-0-8。

表 21-1-51　　**BFY-10A、BFY-10E 系列负序电压继电器技术数据**

额定电压			整定范围	直流电压允许变化范围	功率消耗		触点型式					触点容量				返回系数
交流		直流			交流	直流	BFY-11A	BFY-12A	BFY-11E	BFY-12E	BFY-13E	直流 $T=5$ms (W)		交流 (VA)		
(V)	(Hz)	(V)	(V)	(%)	(VA)	(W)						BFY-10A	BFY-10E	BFY-10A	BFY-10E	
100	50	220	6～12	80～110	≯5	≯6	动合	动断	一副动合	一副动断	一副动合一副动断	25	10	30	20	≮0.85
173		110			≯8	≯4										
		48		90～110		≯2										

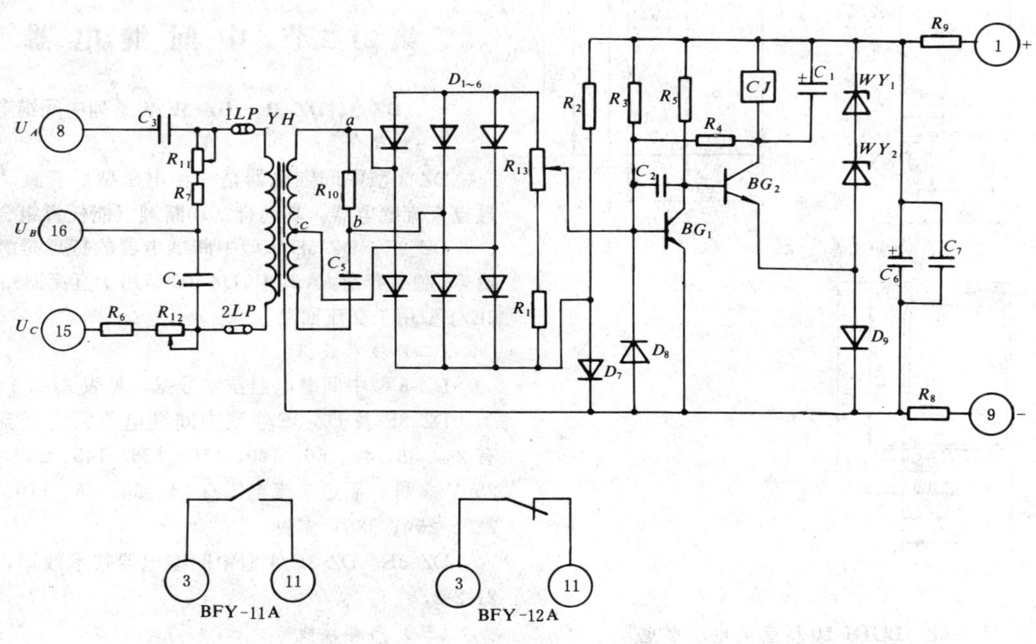

图 21-1-66　BFY-10A 系列负序电压继电器原理接线

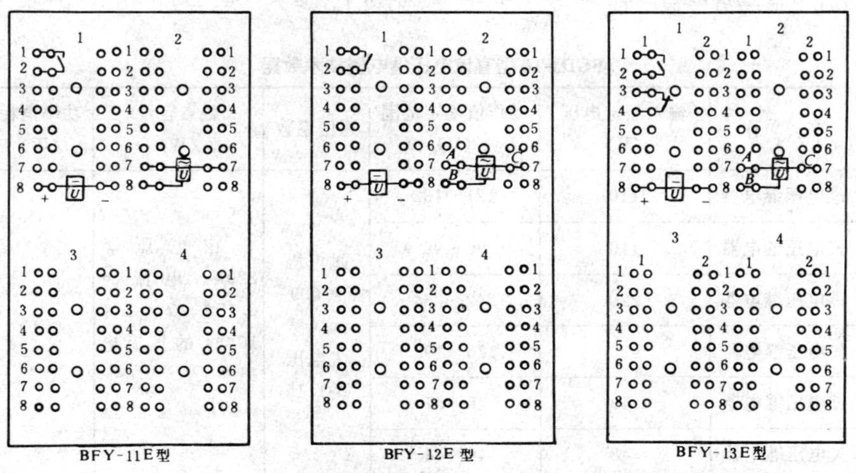

图 21-1-67　BFY-10E 系列负序电压继电器内部接线

四十八、BGDJ-10型直流电压继电器

(一) 简介

BGDJ-10型直流电压继电器用于发电厂、变电所或其它场合的各种直流电源的过电压和欠电压保护，亦可用于检测电路中。

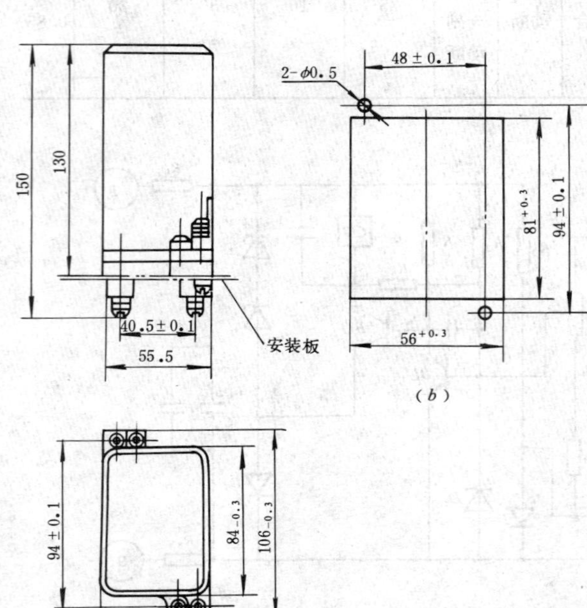

图21-1-68 BGDJ-10型直流电压继电器外形及安装尺寸

(a) 外形；(b) 安装尺寸

(二) 控制原理

该型继电器为一电子式继电器，由集成电路与分立元件组成。

直流电源电压变化时的变化量，与此较器基准电压比较后，经放大由出口元件出口。

(三) 技术数据

BGDJ-10型直流电压继电器技术数据。见表21-1-52。

(四) 外形及安装尺寸

BGDJ-10型直流电压继电器外形及安装尺寸，见图21-1-68。

第21-2节 中间继电器

一、DZ-3、DZ-3E、DZ-3E/J系列中间继电器

(一) 简介

DZ-3型中间继电器是一种电磁型螺管直动式多触点直流继电器，其动合、动断触点能任意组合。

DZ-3E、DZ-3E/J型中间继电器的特点是触点数量多，触点容量大，其中，DZ-3E型用于直流回路，DZ-3E/J型用于交流回路。

(二) 技术数据

DZ-3型中间继电器技术数据，见表21-2-1。

DZ-3E及DZ-3E/J型中间继电器额定直流电压有24、36、48、60、100、110、125、145、200、220、250V多种，额定交流电压有24、36、48、110、127、220、250、380V多种。

DZ-3E、DZ-3E/J型中间继电器技术数据，见表21-2-2。

(三) 内部接线

DZ-3E、DZ-3E/J型中间继电器内部接线，见图21-2-1。

表21-1-52 BGDJ-10型直流电压继电器技术数据

型号	名称	输入额定电压(V)	动作值整定范围(V)	返回系数	触点容量(W)	功率消耗(W)	生产厂
BGDJ-11/1	过电压继电器	110	121～132	过电压≮0.9 欠电压≯1.15	在电压≯220V、电流≯0.15A、$T=5\times10^{-3}$s的直流电路中110	≯10	阿城继电器厂
BGDJ-11/2	欠电压继电器	110	80～99				
BGDJ-12/1	过电压继电器	220	242～264				
BGDJ-12/2	欠电压继电器	220	176～198				
BGDJ-13/1	过电压继电器	48	48～57				
BGDJ-13/2	欠电压继电器	48	40～44				

（四）外形及安装尺寸

DZ-3 型中间继电器外形及安装尺寸，见图 21-2-2。

DZ-3E、DZ-3E/J 型中间继电器安装及接线方式，有凸出式板前接线、凸出式板后接线、嵌入式板后接线三种，订货时须指明规格。凸出式板后接线采用 JCK-11/3 型壳体，其他安装方式及接线型式采用 JCK-10 型壳体，见图 21-0-9～图 21-0-14。

表 21-2-1 **DZ-3 型中间继电器技术数据**

额定电压 U_e (V)	动作电压 (V)	动作时间 (ms)	触点型式		触点容量					线圈电阻 (Ω)	功率消耗 (W)	生产厂
			动合	动断	电压 (V)	感性负载 (A)	阻性负载 (A)	交流 (A)	触点连接方式			
220 110 48 24	70%U_e	20～50	2 4 6 — 8	6 4 2 8 —	24	5	5	5	1 个触点	102	7	阿城继电器厂
						10	10	10	2 个触点并联			
					48	5	5	5	1 个触点	392		
						10	10	10	2 个触点并联			
					110	5	4	5	1 个触点	2060		
						7	—	10	2 个触点并联			
					220	1	—	5	1 个触点	7900		
						5	4	—	2 个触点并联			
						—	—	10	1 个触点			

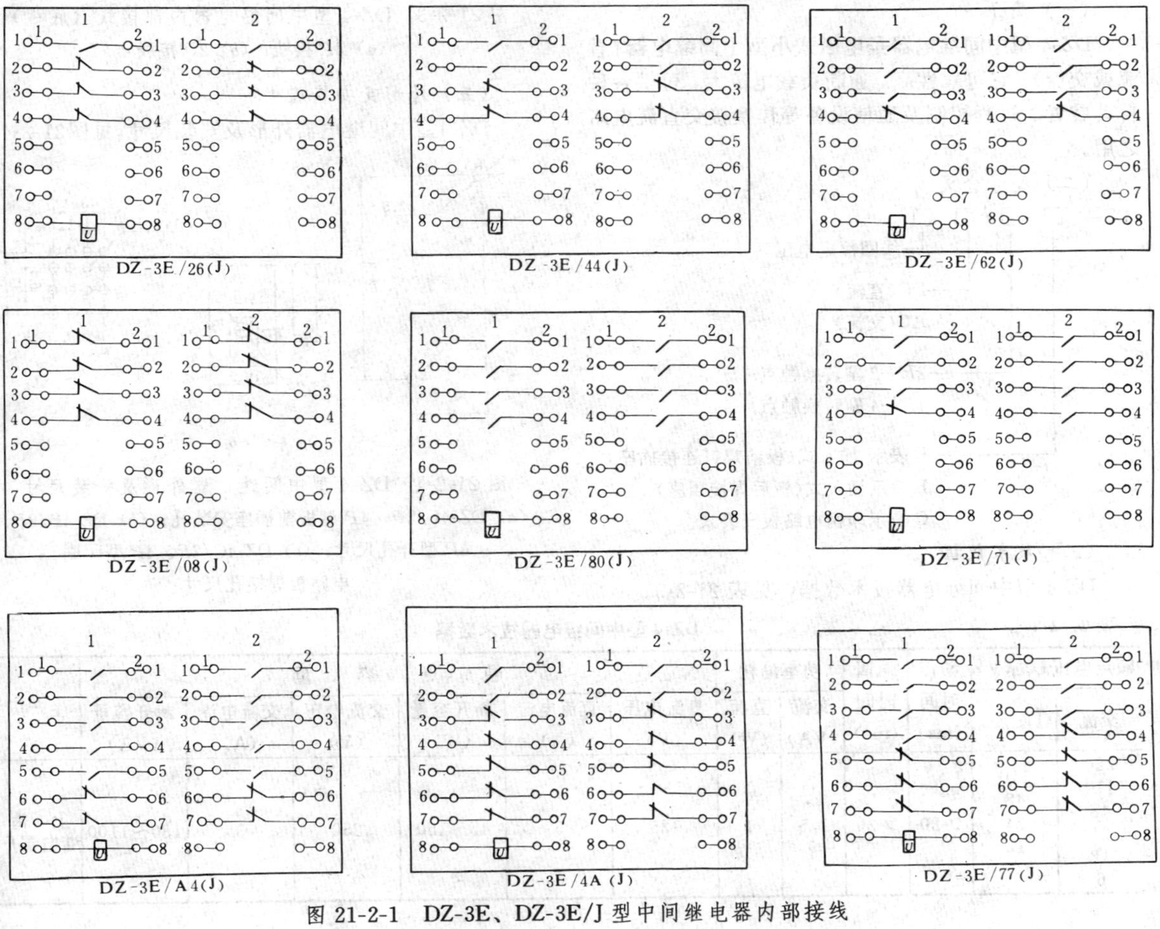

DZ-3E/26(J)　DZ-3E/44(J)　DZ-3E/62(J)

DZ-3E/08(J)　DZ-3E/80(J)　DZ-3E/71(J)

DZ-3E/A4(J)　DZ-3E/4A(J)　DZ-3E/77(J)

图 21-2-1 DZ-3E、DZ-3E/J 型中间继电器内部接线

表 21-2-2　　DZ-3E、DZ-3E/J 型中间继电器技术数据

动作电压		返回值	动作时间	触点容量				功率消耗(VA)		长期允许闭合电流(A)	生产厂
直流	交流		(ms)	电压(V)	感性负载(A)	阻性负载(A)	交流(A)	8副触点	14副触点		
70%U_e	80%U_e	5%U_e	50	24 48	5	5	$\cos\varphi=0.4$ 5	7	11	5	阿城继电器厂
				110	4	5					
				220	0.5	1					

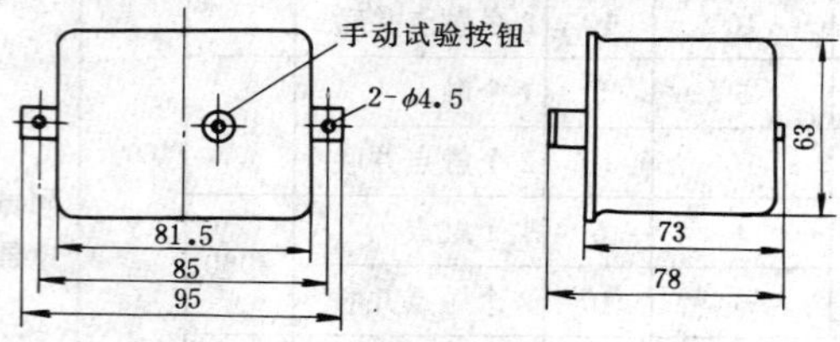

图 21-2-2　DZ-3 型中间继电器外形及安装尺寸

二、DZ-4 型中间继电器

（一）简介

DZ-4 型中间继电器是电磁式小型中间继电器（直流或交流）。它可靠性高，通断负载电流大，可供各种自动装置、过程控制及通信设备等作换接交直流电路之用。

（二）型号含义

DZ-4 □ □/□ □

- □—线圈额定电压
- □—DC（直流）、AC（交流）
- □—2P—2 副转换触点；4P—4 副转换触点
- □—F 表示 插入式（板前螺钉连接插座）；B 表示插入式（板后焊接插座）；C 表示印刷电路板安装式

（三）技术数据

DZ-4 型中间继电器技术数据，见表 21-2-3。

（四）内部接线

DZ-4 型中间继电器内部接线，见图 21-2-3。

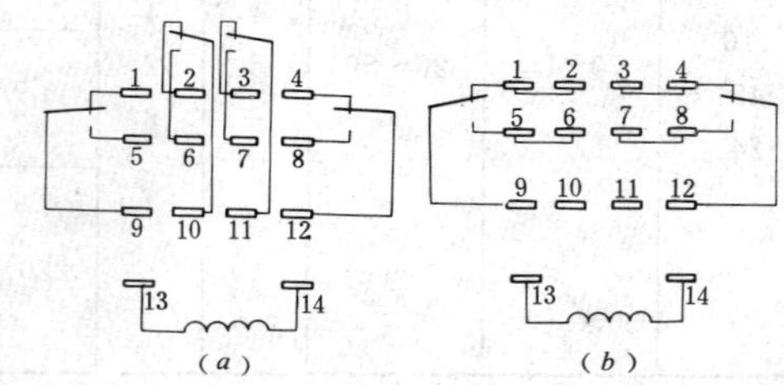

图 21-2-3　DZ-4 型中间继电器内部接线（底视）
（a）4P 接线；（b）2P 接线

（五）外形及安装尺寸

DZ-4型中间继电器外形及安装尺寸，见图21-2-4。

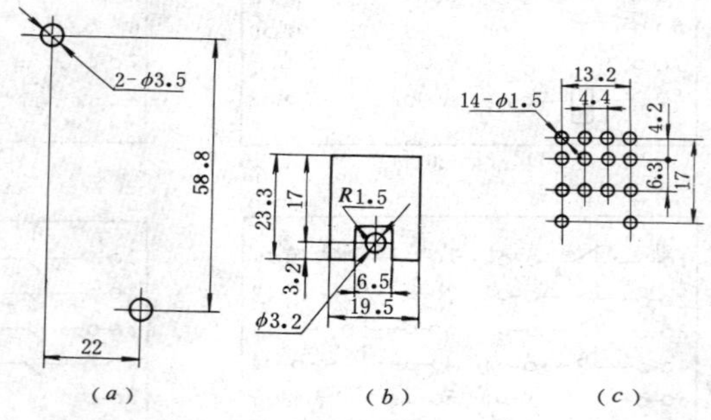

图 21-2-4　DZ-4 型中间继电器外形及安装尺寸
（a）DZ-4F/2P、4P 型板前插座安装孔；（b）DZ-4B/2P、4P 型开孔尺寸；（c）DZ-4C/2P、4P 型印刷电路板焊接孔尺寸

表 21-2-3　　DZ-4 型中间继电器技术数据

额定电压 U_e(V)		动作时间	返回时间	功率消耗		触点容量						生产厂
交流	直流	(ms)	(ms)	交流(VA)	直流(W)	直流电压(V)	直流电流(A)	断开容量(W)	交流电压(V)	交流电流(A)	断开容量(VA)	
220 110 48 24 12 6	110 48 24 12 6	≯20	≯20	1.5	1	125	5	45～150	250	3	180～1100	上海继电器厂

三、DZ-6 系列通用中间继电器

（一）简介

DZ-6 系列通用中间继电器用于各种自动装置、过程控制和通信设备等作换接交直流电路之用，其触点通断负载能力大。继电器是插座式接线，插座为通用的 8 和 11 脚插座。

（二）型号含义

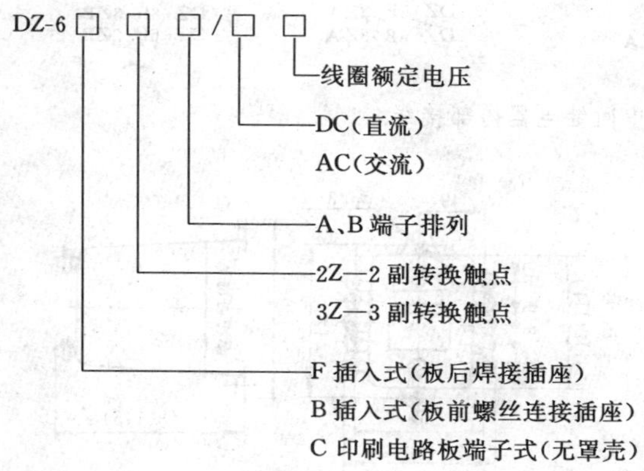

（三）技术数据

DZ-6 系列通用中间继电器技术数据，见表 21-2-4；触点容量，见表 21-2-5。

（四）内部接线

DZ-6系列通用中间继电器内部接线，见图21-2-5。

（五）外形及安装尺寸

DZ-6 系列通用中间继电器安装孔尺寸，见图 21-2-6。

四、DZ-10、DZ-10Q 系列中间继电器

（一）简介

DZ-10、DZ-10Q 系列中间继电器，用于各种保护和控制线路中，以扩大触点的容量和增加触点的数量。

DZ-10、DZ-10Q 系列中间继电器技术数据完全相同，只是安装方式不同，DZ-10Q 系列中间继电器采用嵌入式安装，主体部分系插拔式结构。

（二）技术数据

DZ-10、DZ-10Q 系列中间继电器技术数据，见表 21-2-6。

（三）内部接线

DZ-10、DZ-10Q 系列中间继电器内部接线，见图 21-2-7。

（四）外形及安装尺寸

DZ-10、DZ-10Q 系列中间继电器外形及安装尺寸，分别见图 21-2-8 和图 21-2-9。

（五）生产厂及代号

① 上海继电器厂，② 沈阳继电器厂，③ 天津继电器厂，④ 温岭继电器厂。

表 21-2-4　**DZ-6 系列通用中间继电器技术数据**

额定电压 U_e (V)		动作电压	返回电压	最大工作电压	动作时间 (ms)	返回时间 (ms)	功率消耗		生产厂
							交流 (VA)	直流 (W)	
交流	6、12、24、36、110、127、220、380	≤85%U_e	≥30%U_e	110%U_e	≯20	≯20	2.5		上海继电器厂
直流	6、12、24、48	≤70%U_e	≥15%U_e	110%U_e	≯20	≯20		1.5、1	
	110、220							1.5、1	

表 21-2-5　**DZ-6 系列通用中间继电器触点容量**

电压 (V)		阻性负载						感性负载					
		电流值 (A)	功率消耗		电流值 (A)	功率消耗		电流值 (A)	功率消耗		电流值 (A)	功率消耗	
			交流 (VA)	直流 (W)		交流 (VA)	直流 (W)		交流 (VA)	直流 (W)		交流 (VA)	直流 (W)
交流	220	7.5	2.5		5	2.5		3	2.5		2	2.5	
	380	3			2			1			0.7		
直流	6	10		1.5	5		1	7		1.5	4.6		1
	12	10			4.6			5			4.3		
	24	10			3			3			2.4		
	220	0.3			0.3			0.1			0.05		

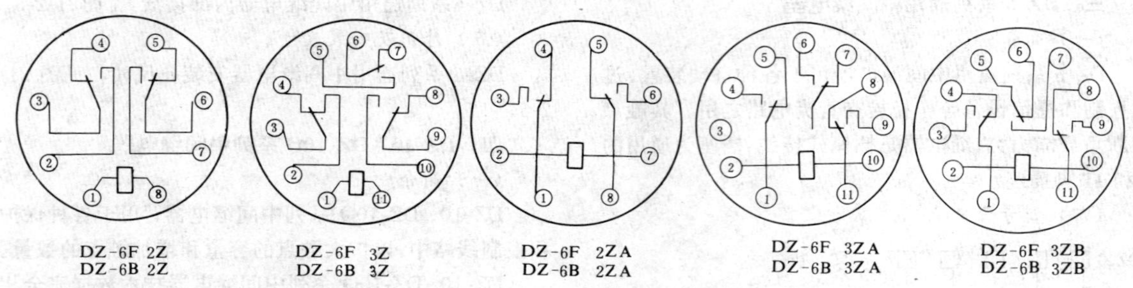

图 21-2-5 DZ-6 系列通用中间继电器内部接线

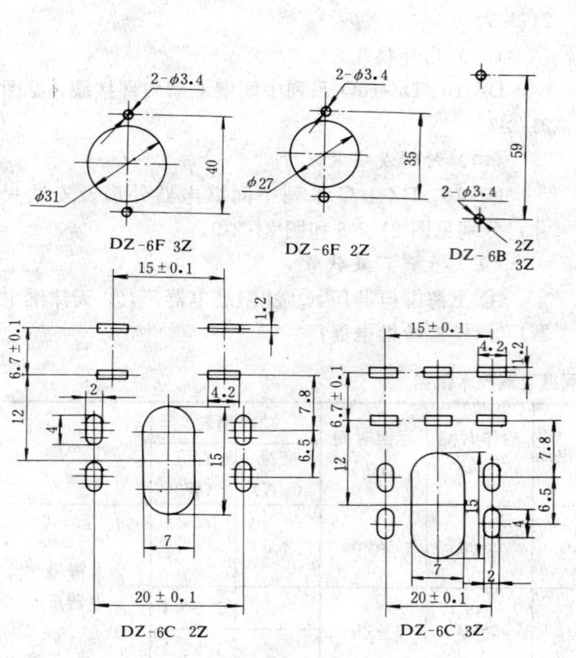

图 21-2-6 DZ-6 系列通用中间继电器安装孔尺寸

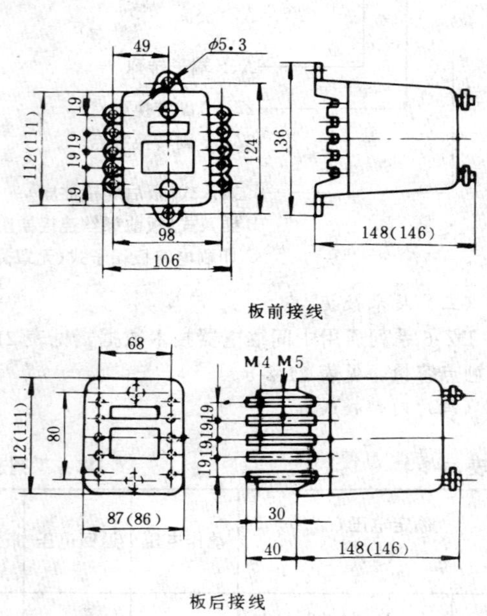

图 21-2-8 DZ-10 系列中间继电器外形及安装尺寸（括号内数字为沈阳继电器厂产品尺寸）

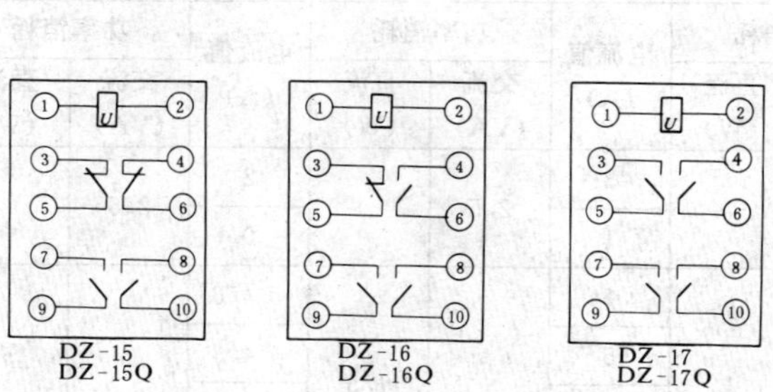

图 21-2-7 DZ-10、DZ-10Q 系列中间继电器内部接线

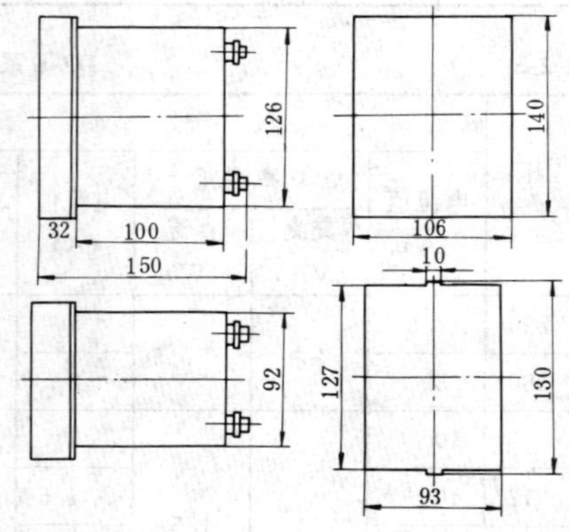

图 21-2-9 DZ-10Q 系列中间继电器外形及安装尺寸

表 21-2-6　　**DZ-10、DZ-10Q 系列中间继电器技术数据**

型号	直流额定电压 U_e (V)	动作电压	返回电压	动作时间 (s)	功率消耗 (W)	触点容量					线圈电阻		生产厂
						负荷	直流电压 (V)	交流电压 (V)	最大断开电流 (A)	长期接通电流 (A)	线圈额定电压 (V)	电阻 (Ω)	
DZ-15 DZ-15Q*	220 110 48 12	≯70%U_e	≮2%U_e	≯0.05	≯7	感性负载	220		1	5	24	100	① ② ③ ④
DZ-16 DZ-16Q*							110		5		48	435	
DZ-17 DZ-17Q*						阻性负载	220		0.5		110	2300	
							110		4				
								220	5		220	10000	
								110	10				

* DZ-10Q 系列中间继电器仅上海继电器厂生产。

五、DZ-24 型中间继电器

（一）简介

DZ-24 型中间继电器用于直流操作的保护和控制线路中，作为辅助继电器和动作指示器。

继电器为电磁式拍合型继电器，具有电磁铁和带公共点的二副动合触点及一个信号牌。外壳的前壁装有玻璃小窗以便观察信号牌的位置，并有手动返回信号牌的旋钮。

（二）技术数据

DZ-24 型中间继电器技术数据，见表 21-2-7。

（三）内部接线

DZ-24 型中间继电器内部接线，见图 21-2-10。

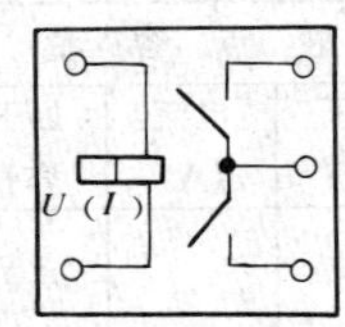

图 21-2-10　DZ-24 型中间继电器内部接线

（四）外形及安装尺寸

DZ-24 型中间继电器外形及安装尺寸，见图 21-2-11。

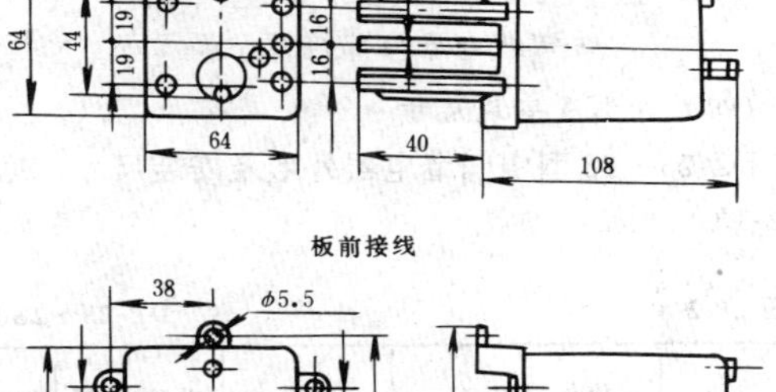

板前接线

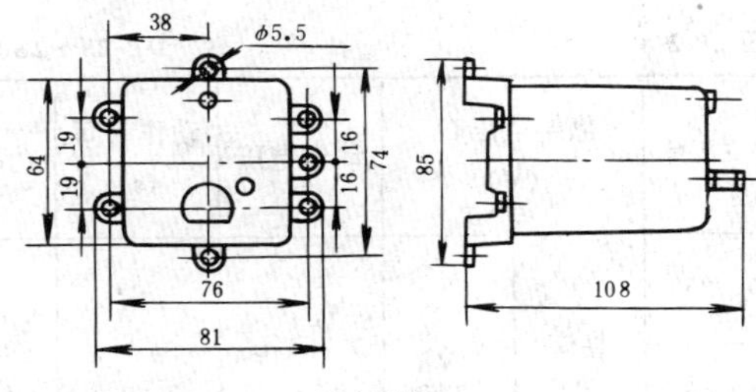

板后接线

图 21-2-11　DZ-24 型中间继电器外形及安装尺寸

表 21-2-7　　**DZ-24 型中间继电器技术数据**

额定电压 (V)	长期电压 (V)	动作电压 (V)	线圈电阻 (Ω)	功率消耗 (W)	触点容量					生产厂
					负荷	直流电压 (V)	直流电流 (A)	断开容量 (W)	长期接通电流 (A)	
220	242	132	24400	2	感性负载	≮250	≮1	100	5	天津继电器厂 鞍山继电器厂
110	121	66	7500							
48	53	29	1440							
24	26.5	14.5	360							
12	13.5	7.2	87							

六、DZ-25～28型中间继电器

（一）简介

该型继电器用于各种自动控制线路中，以扩大触点容量和增加触点数量。

（二）技术数据

DZ-25～28型中间继电器技术数据，见表21-2-8。

（三）内部接线

DZ-25～28型中间继电器内部接线，见图21-2-12。

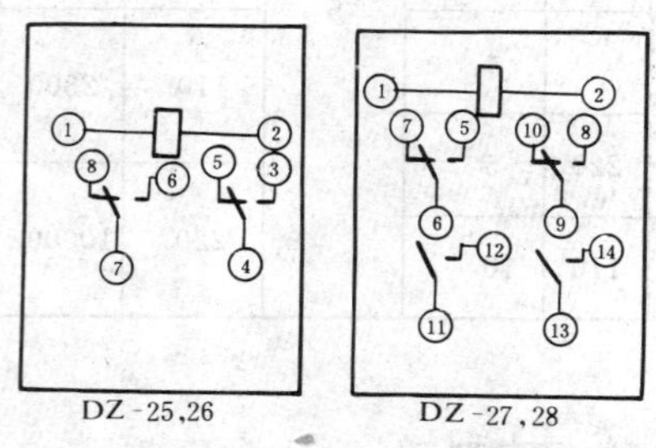

图21-2-12 DZ-25～28型中间继电器内部接线

（四）外形及安装尺寸

DZ-25～28型中间继电器外形及安装尺寸，见图21-2-13。

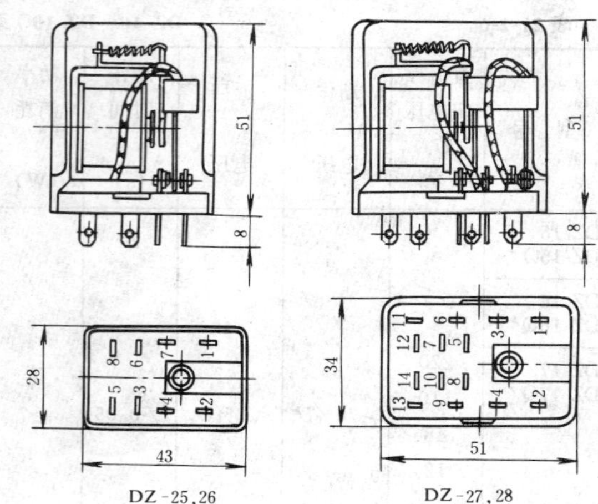

图21-2-13 DZ-25～28型中间继电器外形及安装尺寸

七、DZ-30B、DZ-30E系列中间继电器

（一）简介

DZ-30B、DZ-30E系列中间继电器为电磁型拍合式辅助继电器，用于直流操作的保护和控制线路中，以增加触点的数量和容量。DZ-30B、DZ-30E系列继电器技术数据基本相同，仅外形尺寸及结构不相同。

（二）技术数据

DZ-30B系列中间继电器技术数据，见表21-2-9。

表21-2-8 DZ-25～28型中间继电器技术数据

型号	额定电压 U_e（V）		动作电压	动作时间（s）	功率消耗	触点容量			触点型式（副）		生产厂
						电压（V）	电流（A）	断开容量	动合	转换	
DZ-25	直流	6 12 24 48 110 220	≯75%U_e	≯0.02	1.5W	≯250	≯1	50W		2	上海继电器厂
DZ-26									2	2	
DZ-27	交流	6 12 24 48 110 220	≯85%U_e		3VA	≯380	≯2.5	500VA		2	
DZ-28									2	2	

表21-2-9 DZ-30B系列中间继电器技术数据

型号	额定电阻（Ω）	额定电压 U_e（V）	动作电压	返回电压	动作时间（s）	功率消耗（W）	触点容量				长期通过电流（A）	生产厂
							电压（V）	电流（A）	直流电路（W）	交流电路（VA）		
DZ-31B DZ-32B	12750 3200 660 195 46	220 110 48 24 12	≯70%U_e	≮5%U_e	≯0.05	≯5	≯220	≯1	50	500	≯5	阿城继电器厂 鞍山继电器厂

注 对于DZ-30E系列中间继电器，额定电压还有下列规格：36、60、100、125、200、250V。

（三）内部接线

DZ-30B 系列中间继电器内部接线，见图 21-2-14。

DZ-30E 系列中间继电器内部接线，见图 21-2-15。

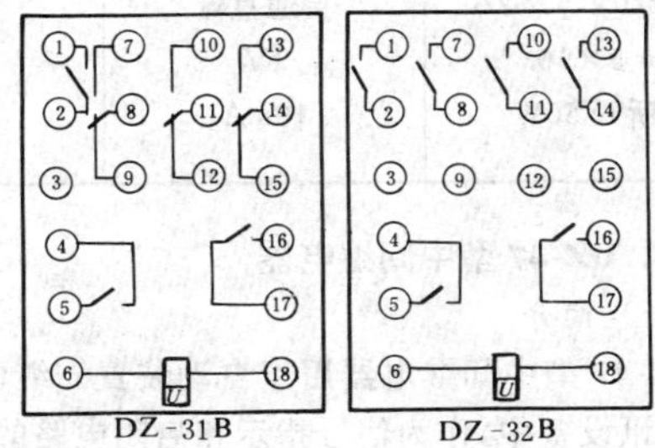

图 21-2-14　DZ-30B 系列中间继电器内部接线

（四）外形及安装尺寸

DZ-30B 系列中间继电器结构型式采用 JK-1 型结构，见图 21-0-1 和图 21-0-4。

DZ-30E 系列中间继电器有凸出式板前接线、凸出式板后接线、嵌入式板后接线三种，订货时须指明规格。凸出式板后接线采用 JCK-11/5 型壳体，其他安装方式、接线型式采用 JCK-10 型壳体，见图 21-0-9 和图 21-0-14。

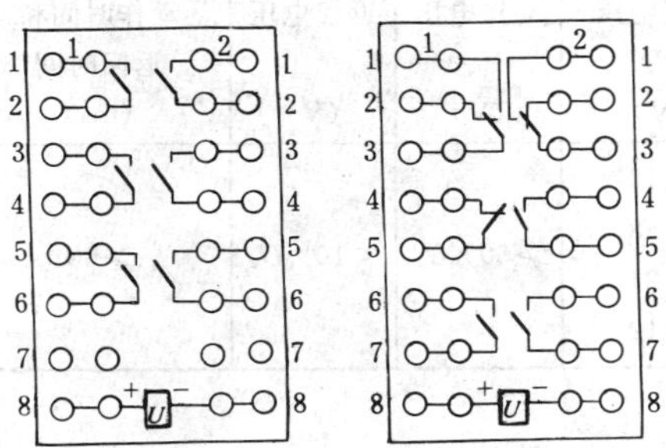

图 21-2-15　DZ-30E 系列中间继电器内部接线

八、DZ-41 型中间继电器

（一）简介

DZ-41 型中间继电器用于各种保护和自动控制装置中，以增加触点的数量和容量。

（二）技术数据

DZ-41 型中间继电器技术数据，见表 21-2-10。

（三）内部接线

DZ-41 型中间继电器内部接线，见图 21-2-16。

（四）外形及安装尺寸

DZ-41 型中间继电器外形及安装尺寸，见图 21-2-17。DZ-41□G 为过渡型（没有手动测试结构）。

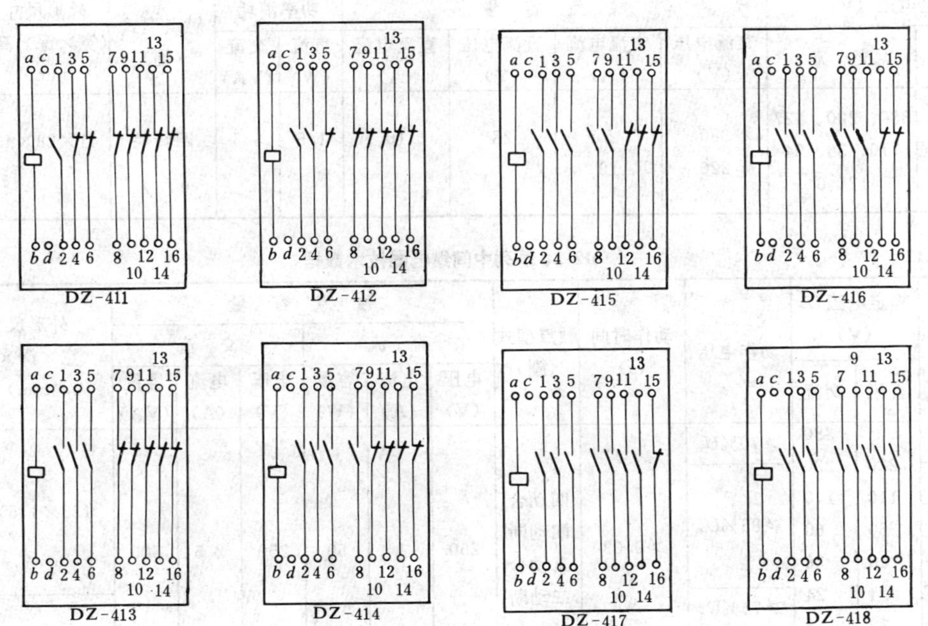

图 21-2-16　DZ-41 型中间继电器内部接线

表 21-2-10　　**DZ-41 型中间继电器技术数据**

额定电压 U_e (V)	动作电压 (V)	返回电压 (V)	动作时间和返回时间 (ms)	功率消耗 (W)	触点容量		生产厂
					强电负载	弱电负载	
110 48 24 12	≯60%U_e	≮10%U_e	≯60	5	≯220V、≯2A $T=5\times10^{-3}$s 断开 50W	接通直流 1V 10mA	广州第四电器厂

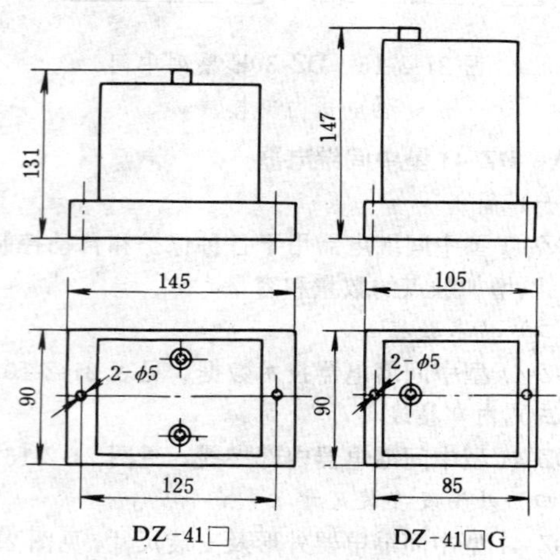

图 21-2-17　DZ-41 型中间继电器外形及安装尺寸

九、DZ-47 型中间继电器

（一）简介

DZ-47 型中间继电器用于自动装置、继电保护装置和通讯设备中，作为信号指示和启闭电路的元件，并可频繁起动三相 380V、1kW 以下的电动机。

（二）技术数据

DZ-47 型中间继电器技术数据，见表 21-2-11。

十、DZ-50 系列中间继电器

（一）简介

DZ-50 系列中间继电器用于各种自动控制线路中，用以扩大触点容量和增加触点数量。

（二）技术数据

DZ-50 系列中间继电器技术数据，见表 21-2-12。

（三）内部接线

DZ-50 系列中间继电器内部接线，见图 21-2-18。

表 21-2-11　　**DZ-47 型中间继电器技术数据**

额定电压 (V)		触点容量				功率消耗		触点型式 (副)	外形尺寸 (宽×深×高, mm)	生产厂
直流	交流	交流电压 (V)	交流电流 (A)	直流电压 (V)	直流电流 (A)	直流 (W)	交流 (VA)			
220、110 48、24 12、6	380、220、127 110、36、24 12、6	380 220	5 10	28	10	1.5	3.5	四转换	41×28×43	永嘉仪表厂

表 21-2-12　　**DZ-50 系列中间继电器技术数据**

型号	额定电压 U_e (V)		动作电压	动作时间 (s)	触点型式 (副)	触点容量						外形尺寸 (宽×深×高, mm)	生产厂
						直流			交流				
	直流	交流				电压 (V)	电流 (A)	容量 (W)	电压 (V)	电流 (A)	容量 (VA)		
DZ-51	220 110 60 48 24 12 6	380 220 110 60 36 24 12 6	≯70%U_e	≯0.03	四动合 四动断 二动合 二动断	250	1	50	250	2.5	500	133×115×54	① ② ③ ④ ⑤
DZ-52			≯85%U_e										
DZ-53													
DZ-54													
DZ-51K			≯75%U_e									72×115×153	⑥
DZ-52K			≯85%U_e										

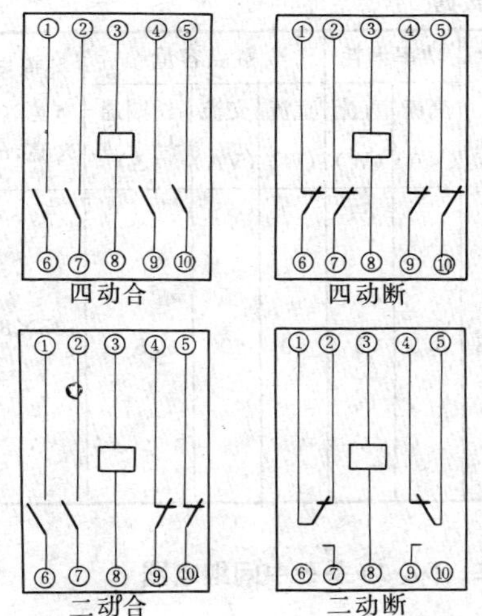

图 21-2-18　DZ-50 系列中间继电器内部接线

(四) 外形及安装尺寸

DZ-50 系列中间继电器外形及安装尺寸，见图 21-2-19。DZ-50K 系列中间继电器外形及安装尺寸，见图 21-2-20。

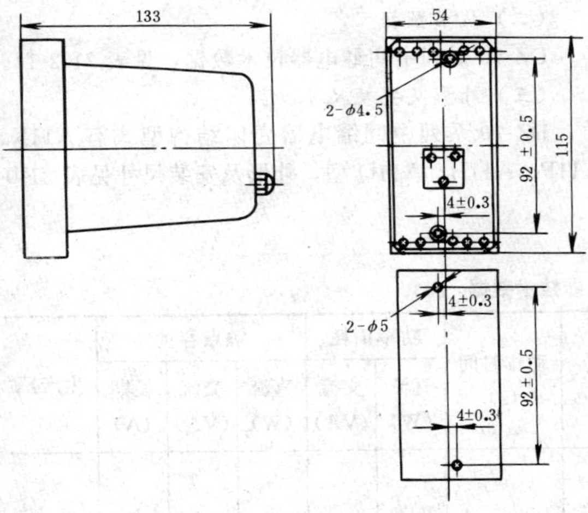

图 21-2-19　DZ-51、52、53、54 型中间继电器外形及安装尺寸

(五) 生产厂及代号

① 上海继电器厂，② 沈阳继电器厂，③ 天津继电器厂，④北京继电器厂，⑤成都继电器厂，⑥长征电器八厂。

十一、DZ-60 系列中间继电器

(一) 简介

DZ-60 系列中间继电器用于各种保护和自动控制线路中，以扩大触点容量和增加触点数量。

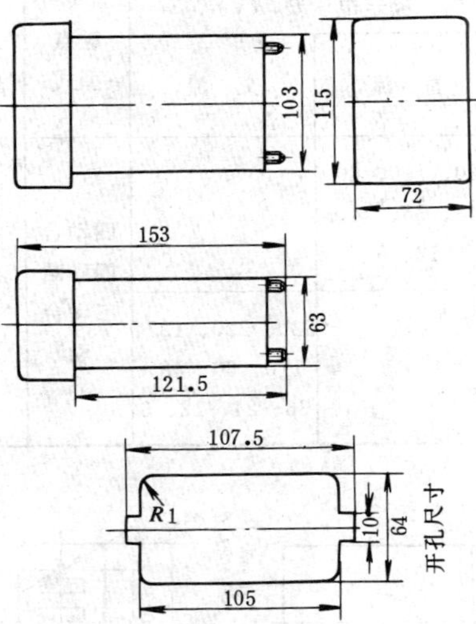

图 21-2-20　DZ-51K、52K 型中间继电器外形及安装尺寸

(二) 技术数据

DZ-60 系列中间继电器技术数据，见表 21-2-13。

(三) 内部接线

DZ-60 系列中间继电器内部接线，见图 21-2-21。

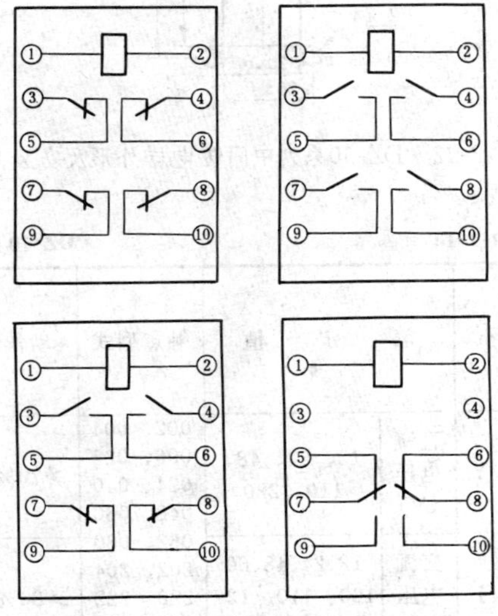

图 21-2-21　DZ-60 系列中间继电器内部接线

(四) 外形及安装尺寸

DZ-60 系列中间继电器外形及安装尺寸，见图 21-2-22。

(五) 生产厂及代号

① 上海继电器厂，② 天津继电器厂，③ 北京继电器厂，④长征电器八厂。

表 21-2-13 **DZ-60系列中间继电器技术数据**

型号	额定电压U_e（V） 直流	额定电压U_e（V） 交流	触点型式	动作电压 直流	动作电压 交流	动作时间（s）	功率消耗 交流（VA）	功率消耗 直流（W）	触点容量 直流（W）	触点容量 交流（VA）	触点容量 长期通过电流（A）	外形尺寸（宽×深×高，mm）	生产厂
DZ-61	220、110、60、48、36、24、12、6		四动合 四动断 二动合 二动断	≯75% U_e	≯85% U_e	≯0.03	6.5	5	50	500	5	138×81.5×41.5	①②③④
DZ-62		380、220、127、110、60、48、36、24、12、6											

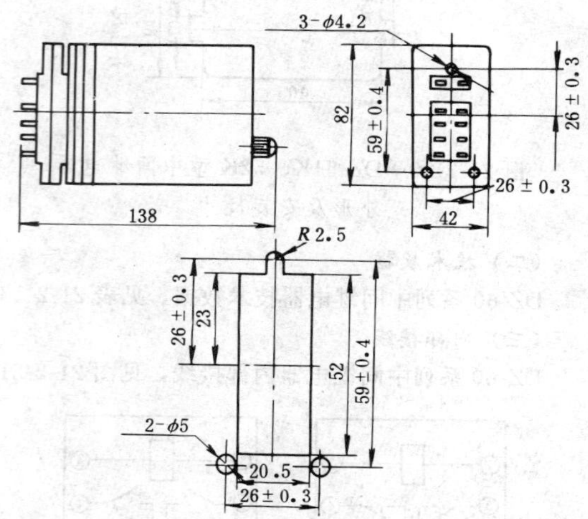

图 21-2-22 DZ-60系列中间继电器外形及安装尺寸

十二、DZ-70系列中间继电器

（一）简介

该系列继电器用于各种保护和自动控制装置中，以增加保护和控制线路的触点数量和触点容量。

继电器为电磁式中间继电器，采用嵌入安装的插件结构。

DZ-70/Y型为直流电压中间继电器，DZ-70/J型为交流电压中间继电器，DZ-70/L型为直流电流中间继电器。

（二）技术数据

DZ-70系列中间继电器技术数据，见表21-2-14。

（三）外形及安装尺寸

DZ-70系列中间继电器壳体结构型式有A11K、A11P、A11H、A11Q型，外形及安装尺寸见表21-0-1。

表 21-2-14 **DZ-70系列中间继电器技术数据**

型号	额定值		触点型式	动作值	返回值	动作时间（s）	功率消耗 直流（W）	功率消耗 交流（VA）	触点容量 直流（W）	触点容量 交流（VA）	触点容量 长期（A）	生产厂
DZ-70/Y	直流电压（V）	12、24、48、110、220	002、004 006、022 024、040 042、060 062、080 202、204 220、222 240、242 260、400 402、420 422、440 600、620 800	≯70%U_e	≮2%	≯0.05	≯5	≯8	220V ≯50	220V ≯250	≯5	许昌继电器厂
DZ-70/J	交流电压（V）	12、24、48、60、100、110、127、220、380		≯80%U_e								
DZ-70/L	直流电流（A）	0.01、0.02、0.05、0.1、0.2、0.5、1、2、5		I_e								

注 触点型式举例：4 2 2
- 第一位4——动合触点数量
- 第二位2——动断触点数量
- 第三位2——转换触点数量

十三、DZ-100 系列中间继电器

（一）简介

该系列继电器用于保护和自动控制线路中，用以扩大触点的容量和增加触点的数量。

（二）技术数据

DZ-100 系列中间继电器技术数据，见表 21-2-15。

（三）内部接线

DZ-100 系列中间继电器内部接线，见图 21-2-23。

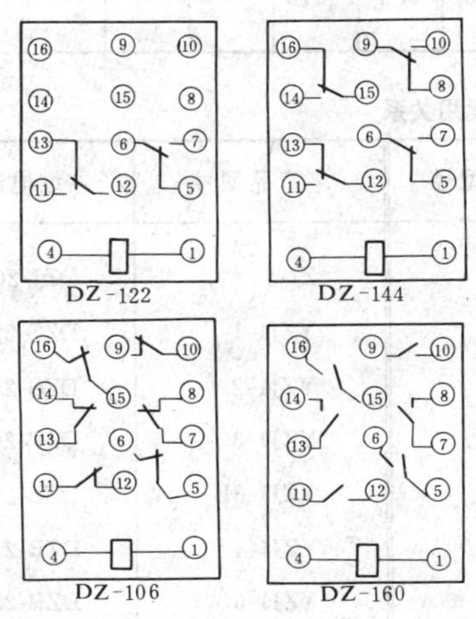

图 21-2-23　DZ-100 系列中间继电器内部接线

（四）外形及安装尺寸

DZ-100 系列中间继电器外形及安装尺寸，见图 21-2-24。

（五）生产厂及代号

① 上海继电器厂，② 天津第三机床电器厂，③ 长征电器八厂，④ 白塔微型继电器厂。

十四、DZ-200 系列中间继电器

（一）简介

该系列继电器用于各种保护和自动控制装置中，以增加保护和控制线路中触点的数量和扩大触点的容量。

该系列继电器为电磁式中间继电器，带 X 的型号附有联动的动作信号指示与复归机构，并有一对带机械保持的常开触点以接通远方信号。这样，可以将一般联用的信号继电器省掉，提高保护装置的可靠性，简化接线，降低成本。该系列继电器可以代替老产品中间继电器，其代用关系见表 21-2-16、表 21-2-17、表 21-2-18。

（二）型号含义

DZY-2 □ □X

- X —— 带有动作信号指示器
- 第二个 □ —— 触点编号，见表 21-2-19
- 2 —— 设计序号
- DZY —— 直流电压操作电磁式中间继电器

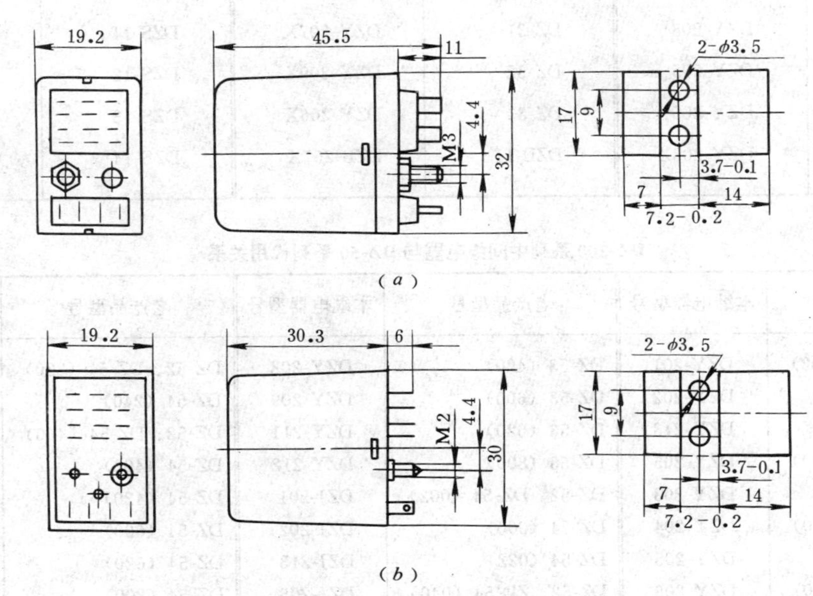

图 21-2-24　DZ-100 系列中间继电器外形及安装尺寸

(*a*) 插入式；(*b*) 固定式

表 21-2-15　　DZ-100系列中间继电器技术数据

型　号	触点型式（副）	额定电压（V）	线圈电阻（Ω）	动作时间（s）	功率消耗（W）		电寿命			触点容量			生产厂
					6～12V	24～110V	电压（V）	电流（A）	寿命（次）	电压（V）	电流（A）	容量（W）	
DZ-122	2切换	110	15000	≯0.01	≯0.8	≯1	30	1	10^6	≯100	≯1	30	① ② ③ ④
DZ-144	4切换	48	2500										
		24	700										
DZ-160	6动合	12	185				100	0.3	5×10^6				
DZ-106	6动断	6	52										

表 21-2-16　　DZ-200系列中间继电器与老产品代用关系

老产品型号	本继电器型号	老产品型号	本继电器型号	老产品型号	本继电器型号
DZ-15	DZY-204	DZS-127	DZB-233	ZJ-4	DZJ-203
DZ-17	DZY-206	DZS-136	DZB-233	YZJ1-1	DZS-229
DZB-115	DZB-214	DZS-145	DZS-254	YZJ1-2	DZS-249
DZB-127	DZB-226	ZJ3-1	DZK-211	YZJ1-3	DZB-262
DZB-138	DZB-243	ZJ3-2	DZK-216	YZJ1-3E	DZB-243
DZS-115	DZS-213	ZJ3-3	DZK-226	YZJ1-4	DZB-278
DZS-117	DZS-216	ZJ3-4	DZK-236	YZJ1-5	DZB-259
ZJ1-1	DZB-214	ZJ2-2X	DZY-208X	DZB-12	DZB-259X
ZJ1-2	DZB-228	ZJ2-3X	DZY-205X	DZB-13	DZB-217X
ZJ2-1	DZY-208	ZJ2-4X	DZY-205X	DZB-14	DZB-217X
ZJ2-2	DZY-208	DZ-31	DZY-207X	DZS-11	DZS-213X
ZJ2-3	DZY-205	DZ-32	DZY-209X	DZS-12	DZS-223
ZJ2-4	DZY-205	DZ-33	DZY-206X	DZS-13	DZS-216X
ZJ2-1X	DZY-208X	DZB-11	DZB-257X	DZS-14	DZS-236

表 21-2-17　　DZ-200系列中间继电器与DZ-50系列代用关系

老产品型号	本继电器型号	老产品型号	本继电器型号	老产品型号	本继电器型号
DZ-51、DZ-53（002）	DZY-201	DZ-53（420）	DZY-208	DZ-52、DZ-54（220）	DZJ-204
DZ-53（006）	DZY-202	DZ-53（600）	DZY-209	DZ-54（240）	DZJ-205
DZ-53（022）	DZY-213	DZ-53（620）	DZY-211	DZ-52、DZ-54（400）	DZJ-206
DZ-51、DZ-53（040）	DZY-205	DZ-53（800）	DZY-212	DZ-54（402）	DZJ-207
DZ-53（202）	DZY-203	DZ-52、DZ-54（002）	DZJ-201	DZ-54（420）	DZJ-208
DZ-51、DZ-53（220）	DZY-204	DZ-54（006）	DZJ-202	DZ-54（600）	DZJ-209
DZ-53（240）	DZY-205	DZ-54（022）	DZJ-213	DZ-54（620）	DZJ-211
DZ-51、DZ-53（400）	DZY-206	DZ-52、ZD-54（040）	DZJ-205	DZ-54（800）	DZJ-212
DZ-53（402）	DZY-207	DZ-54（202）	DZJ-203		

表 21-2-18　　**DZ-200 系列中间继电器与 DZ-70 系列代用关系**

DZ-70 型	本继电器型号	DZ-70 型	本继电器型号
DZ-70/Y、DZ-70/J（002）	DZ$^{Y}_{J}$-201	DZ-70/Y、DZ-70/J（222）	DZ$^{Y}_{J}$-202
DZ-70/Y、DZ-70/J（004）	DZ$^{Y}_{J}$-213	DZ-70/Y、DZ-70/J（240）	DZ$^{Y}_{J}$-205
DZ-70/Y、DZ-70/J（006）	DZ$^{Y}_{J}$-202	DZ-70/Y、DZ-70/J（242）	DZ$^{Y}_{J}$-217
DZ-70/Y、DZ-70/J（022）	DZ$^{Y}_{J}$-213	DZ-70/Y、DZ-70/J（260）	DZ$^{Y}_{J}$-218
DZ-70/Y、DZ-70/J（024）	DZ$^{Y}_{J}$-202	DZ-70/Y、DZ-70/J（400）	DZ$^{Y}_{J}$-206
DZ-70/Y、DZ-70/J（040）	DZ$^{Y}_{J}$-213	DZ-70/Y、DZ-70/J（402）	DZ$^{Y}_{J}$-207
DZ-70/Y、DZ-70/J（042）	DZ$^{Y}_{J}$-202	DZ-70/Y、DZ-70/J（420）	DZ$^{Y}_{J}$-208
DZ-70/Y、DZ-70/J（060）	DZ$^{Y}_{J}$-214	DZ-70/Y、DZ-70/J（422）	DZ$^{Y}_{J}$-219
DZ-70/Y、DZ-70/J（062）	DZ$^{Y}_{J}$-215	DZ-70/Y、DZ-70/J（440）	DZ$^{Y}_{J}$-220
DZ-70/Y、DZ-70/J（080）	DZ$^{Y}_{J}$-216	DZ-70/Y、DZ-70/J（600）	DZ$^{Y}_{J}$-209
DZ-70/Y、DZ-70/J（202）	DZ$^{Y}_{J}$-203	DZ-70/Y、DZ-70/J（602）	DZ$^{Y}_{J}$-210
DZ-70/Y、DZ-70/J（204）	DZ$^{Y}_{J}$-202	DZ-70/Y、DZ-70/J（620）	DZ$^{Y}_{J}$-211
DZ-70/Y、DZ-70/J（220）	DZ$^{Y}_{J}$-204	DZ-70/Y、DZ-70/J（800）	DZ$^{Y}_{J}$-212

表 21-2-19　　**DZY-2□□X 型中间继电器触点编号**

触点编号	01	02	03	04	05	06	07	08	09	10	11	12	13	14	15	16	17	18	19	20
触点型式	002	006	202	220	240	400	402	420	600	602	620	800	004	060	062	080	242	260	422	440

注　触点型式举例：

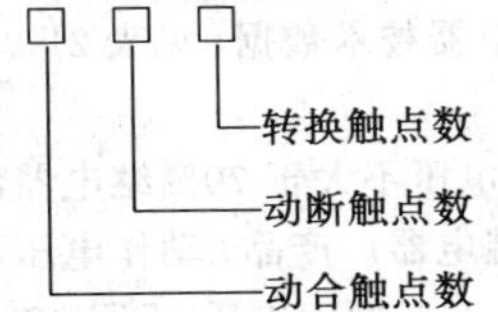

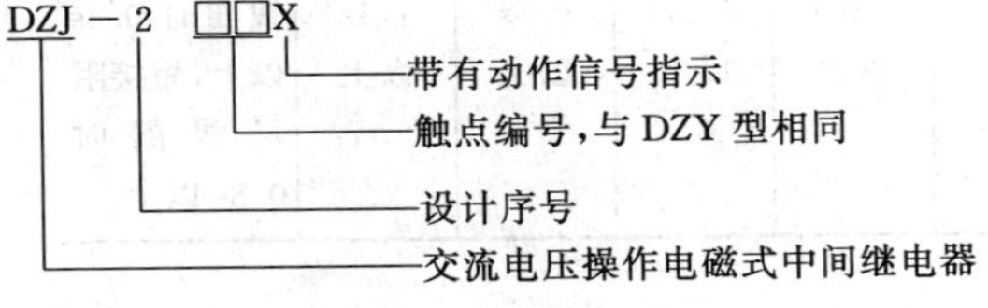

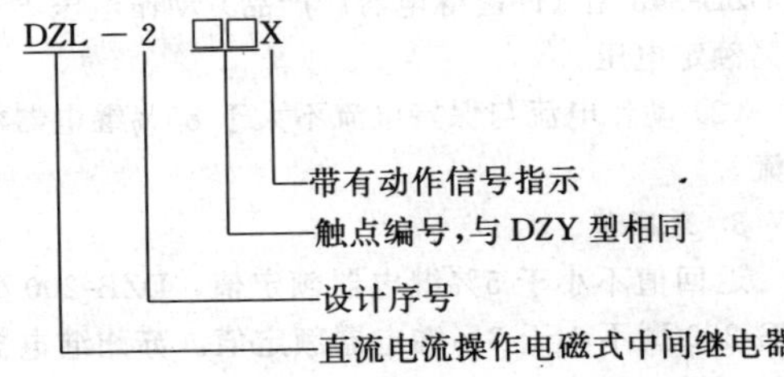

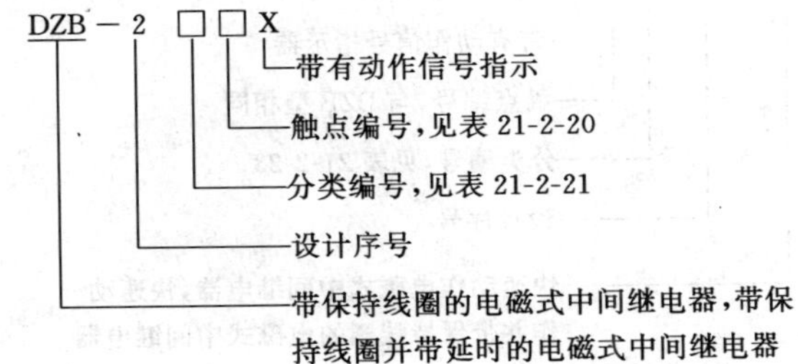

表 21-2-20　　**DZB-2□□X 型中间继电器触点编号**

触点编号	1	2	3	4	5	6	7	8	9
触点型式	002	006	202	220	240	400	402	420	600

表 21-2-21　　**DZB-2□□X 型中间继电器分类编号**

分类编号	1	2	3	4	5	6	7	8
工作线圈和保持线圈数量	一个电压线圈，一个电流线圈，均可作为工作线圈或保持线圈	一个电压工作线圈，两个电流保持线圈	一个电压工作线圈，两个电流保持兼阻尼线圈，阻尼线圈固定短接；动作时间为0.055s以上	一个电压工作线圈，两个电流保持兼阻尼线圈，阻尼线圈为可变连接；阻尼线圈不短接时动作时间0.045s以下，阻尼线圈短接时动作时间0.055s以上	一个电压工作线圈，四个电流保持线圈	一个电压工作线圈，四个电流保持线圈兼阻尼线圈，阻尼线圈为可变连接，阻尼线圈不短接时动作时间0.045s以下，阻尼线圈短接时动作时间0.055s以上	一个电流工作线圈，一个电压保持线圈，一个阻尼线圈；阻尼线圈为可变连接，当阻尼线圈短接时返回时间在0.5s以上	一个电流工作线圈，一个电流保持线圈，一个电压保持线圈，动作时间0.03s以下

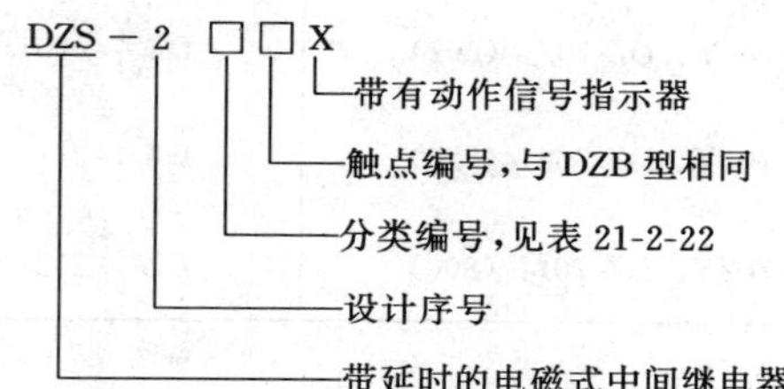

表 21-2-22　　**DZS-2□□X 型中间继电器分类编号**

分类编号	1	2	3	4	5
动作及返回延时	动作延时0.06s以上	动作延时0.11s以上	返回延时0.5s以上	返回延时1.1s以上	返回延时，不短接阻尼线圈时0.4s以上，短接阻尼线圈时0.8s以上

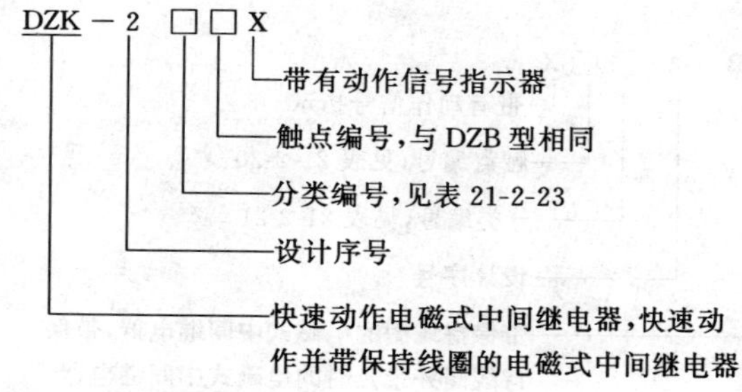

表 21-2-23　　**DZK-2□□X 型中间继电器分类编号**

分类编号	1	2	3	4
工作线圈及保持线圈数量	一个电压工作线圈，动作时间0.015s以下	一个电压工作线圈，两个电流保持线圈，动作时间0.015s以下	一个电压工作线圈，三个电流保持线圈，动作时间0.015s以下	一个电流工作线圈，一个电压保持线圈（带附加电阻），动作时间0.015s以下

（二）技术数据

1. DZ-200 系列中间继电器技术数据

DZ-200 系列中间继电器技术数据，见表 21-2-24。

2. 动作及保持值

（1）动作电压与保持电压不大于70％继电器额定电压。DZJ-200型（许昌继电器厂产品）动作电压不大于80％额定电压、不小于30％额定电压，DZK-200型及DZB-243型（许昌继电器厂产品）动作电压不小于50％额定电压。

（2）动作电流与保持电流不大于80％继电器额定电流。

3. 返回值

返回值不小于5％继电器额定值，DZB-200型及DZS-200型不小于3％继电器额定值。苏州继电器厂及长征继电器八厂的产品，不小于2％继电器额定值。

表 21-2-24 **DZ-200 系列中间继电器技术数据**

型 号		触点型式	线 圈 类 型	额定电压（V）	额定电流（A）	动作时间（s）		返回时间（s）	
						一 般	短接阻尼线圈	一 般	短接阻尼线圈
DZY DZJ-201	DZY DZJ-201X	002	一个电压工作线圈	380 220 127 110 100 60 48 36 24 12*		0.045 以下		0.04 以下	
DZY DZJ-202	DZY DZJ-202X	006							
DZY DZJ-203	DZY DZJ-203X	202							
DZY DZJ-204	DZY DZJ-204X	220							
DZY DZJ-205	DZY DZJ-205X	240	一个电压工作线圈	380 220 127 110 100 60 48 36 24 12*		0.045 以下		0.04 以下	
DZY DZJ-206	DZY DZJ-206X	400							
DZY DZJ-207	DZY DZJ-207X	402							
DZY DZJ-208	DZY DZJ-208X	420							
DZY DZJ-209	DZY DZJ-209X	600							
DZY DZJ-210	DZY DZJ-210X	602							
DZY DZJ-211	DZY DZJ-211X	620							
DZY DZJ-212	DZY DZJ-212X	800							
DZY DZJ-213	DZY DZJ-213X	004							
DZY DZJ-214	DZY DZJ-214X	060							
DZY DZJ-215	DZY DZJ-215X	062							
DZY DZJ-216	DZY DZJ-216X	080							
DZY DZJ-217	DZY DZJ-217X	242							
DZY DZJ-218	DZY DZJ-218X	260							
DZY DZJ-219	DZY DZJ-219X	422							
DZY DZJ-220	DZY DZJ-220X	440							
DZL-201	DZL-201X	002	一个电流工作线圈		0.25* 0.5 1 2 4 8				
DZL-202	DZL-202X	006							
DZL-203	DZL-203X	202							
DZL-204	DZL-204X	220							
DZL-205	DZL-205X	240							
DZL-206	DZL-206X	400							
DZL-207	DZL-207X	402							

续表 21-2-24

型号		触点型式	线圈类型	额定电压(V)	额定电流(A)	动作时间(s) 一般	动作时间(s) 短接阻尼线圈	返回时间(s) 一般	返回时间(s) 短接阻尼线圈
DZL-208	DZL-208X	420	一个电流工作线圈		0.25* 0.5 1 2 4 8	0.045 以下		0.04 以下	
DZL-209	DZL-209X	600							
DZL-210	DZL-210X	602							
DZL-211	DZL-211X	620							
DZL-212	DZL-212X	800							
DZL-213	DZL-213X	004							
DZL-214	DZL-214X	060							
DZL-215	DZL-215X	062							
DZL-216	DZL-216X	080							
DZL-217	DZL-217X	242							
DZL-218	DZL-218X	260							
DZL-219	DZL-219X	422							
DZL-220	DZL-220X	440							
DZB-213	DZB-213X	202	一个电压线圈，一个电流线圈，均可作为工作线圈或保持线圈	12* 24 48 110 220					
DZB-214	DZB-214X	220							
DZB-217	DZB-217X	402							
DZB-226	DZB-226X	400	一个电压工作线圈，两个电流保持线圈						
DZB-228	DZB-228X	420							
DZB-233	DZB-233X	202	一个电压工作线圈，两个电流保持兼阻尼线圈				0.055 以上		
DZB-243	DZB-243X	202				0.045 以下			
DZB-257	DZB-257X	402	一个电压工作线圈，四个电流保持线圈						
DZB-259	DZB-259X	600							
DZB-262	DZB-262X	006	一个电压工作线圈，四个电流保持兼阻尼线圈						
DZB-278	DZB-278X	420	一个电流工作线圈，一个电压保持线圈，一个阻尼线圈	110					0.5 以上
DZB-284	DZB-284X	220	一个电流工作线圈，一个电流保持线圈，一个电压保持线圈	24 48 110 220		0.03 以下			
DZS-213	DZS-213X	202	一个电压工作线圈			0.055 以上			
DZS-216	DZS-216X	400							
DZS-229	DZS-229X	600				0.11 以上			

续表 21-2-24

型　号		触点型式	线 圈 类 型	额定电压（V）	额定电流（A）	动作时间（s）		返回时间（s）	
						一　般	短接阻尼线圈	一　般	短接阻尼线圈
DZS-233	DZS-233X	202	一个电压工作线圈	24 48 110 220	0.25、0.5、1、2、4、8			0.5 以上	
DZS-236	DZS-236X	400							
DZS-249	DZS-249X	600						1.1 以上	
DZS-254	DZS-254X	220	一个电压工作线圈，两个阻尼线圈					0.4 以上	0.8 以上
DZK-211	DZK-211X	002	一个电压工作线圈	24 48 110 220	0.25	0.015 以下			
DZK-216	DZK-216X	400							
DZK-226	DZK-226X	400	一个电压工作线圈，两个电流保持线圈		0.05、1、2、4、8				
DZK-236	DZK-236X	400	一个电压工作线圈，三个电流保持线圈						
DZK-244	DZK-244X	220	一个电流工作线圈，一个电压保持线圈						

注　＊苏州继电器厂无12V及0.25A规格的产品。型号后带X字母的除上述主触点外，还有一副带机械保持的动合信号触点。

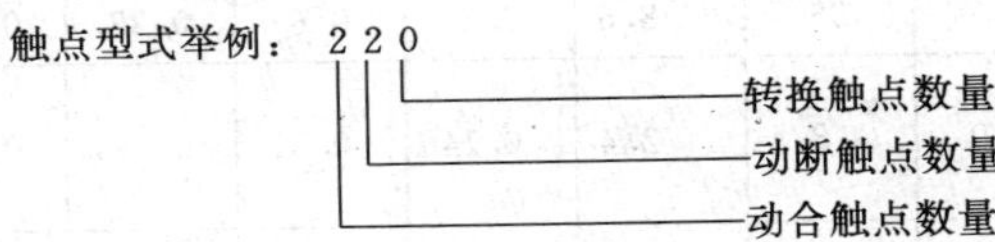

4. 功率消耗

DZ-200 系列中间继电器功率消耗，见表 21-2-25。

表 21-2-25　DZ-200 系列中间继电器功率消耗

型　号		功率消耗		备　注
		电压回路	电流回路	
DZY-200	DZY-200X	5W	—	—
DZJ-200	DZJ-200X	5VA	—	—
DZL-200	DZL-200X	—	5W	—
DZB-200	DZB-200X	5W	2.5W	电流动作规格5W
DZS-200	DZS-200X	5W	—	—
DZK-200	DZK-200X	8W	2.5W	包括外附电阻

5. 热稳定性

当环境温度为 40℃时：

（1）电压线圈长期耐受 110%额定电压温升不超过 60℃。

（2）电流线圈能耐受三倍额定电流，历时 5s。

6. 触点容量

DZ-200 系列中间继电器触点容量，见表 21-2-26。

7. 继电器寿命

DZ-200 系列中间继电器寿命，见表 21-2-27。

表 21-2-26　DZ-200 系列中间继电器触点容量

负　荷　性　质	主触点	信号触点
220V 以下直流感性负载 $T=5\times10^3$（W）	50	30
220V 以下交流电路（VA）	250	100
长期允许通过电流（A）	5	3

表 21-2-27　DZ-200 系列中间继电器寿命

型　号		电寿命	机械寿命	备　注
DZY-200	DZY-200X	10 万次	300 万次	每 10 万次后应对接触片的超行程和间隙进行调整
DZJ-200	DZJ-200X			
DZL-200	DZL-200X			
DZB-200	DZB-200X	1000 次		
DZS-200	DZS-200X			
DZK-200	DZK-200X			

8. 线圈电阻值

（1）DZY-200 型直流中间继电器线圈电阻值，见表 21-2-28。

表 21-2-28 DZY-200 型直流中间继电器线圈电阻值

电阻值(Ω) 型号 \ 规格(V)	220	110	48	24	12	6
DZY-200	10300	2800	500	125	35	7.8
DZT-200F	3400					

注 DZT-200F 型为 220V 防断线型，也可用于 DZB-210 型中，功耗 15W、连续通电时间不大于 3min。

(2) DZJ-200 型交流中间继电器线圈电阻值，见表 21-2-29。

(3) DZB-200 型中间继电器线圈电阻值，见表 21-2-30。

(4) DZS-200 型中间继电器线圈电阻值，见表 21-2-31。

(5) DZK-200 型快速中间继电器线圈电阻值，见表 21-2-32；外附电阻值，见表 21-2-33。

表 21-2-29 DZJ-200 型交流中间继电器线圈电阻值

电阻值(Ω) 型号 \ 规格(V)	380	220	127	110	100	60	36	12
DZJ-200	32000	10300	4100	2800	2400	810	300	35

注 阻值为断开整流桥的电阻值。

表 21-2-30 DZB-200 型中间继电器线圈电阻值

电阻值(Ω) 型号 \ 规格	200V	110V	48V	24V	0.25A	0.5A	1A	2A	4A	8A
DZL-200	—	—	—	—	70	18	4.4	1.2	0.41	0.22
DZB-210	10300	2800	500	125						
DZB-220					36	8.5	2.3	0.6	0.22	0.11
DZB-230	14600	4100	820	210	8.4	2.4	0.74	0.31	0.19	0.09
DZB-240										
DZB-250	10300	2800	500	125	18	5	1.37	0.34	0.14	0.06
DZB-260	14600	4100	820	210	4.2	1.2	0.37	0.16	0.09	0.04
DZB-270	—	10000	—	—	19	5.5	1.8	0.6	0.38	0.28
DZB-280	10300	2800	500	125	55	15.5	3.6	1.04	0.35	0.16
					19.5	5.6	1.45	0.48	0.14	0.06

表 21-2-31 DZS-200 型中间继电器线圈电阻值

电阻值(Ω) 型号 \ 规格	220V	110V	48V	24V	DZS-250 阻尼线圈
DZS-200	12000	3000	700	170	5

表 21-2-32 DZK-200 型快速中间继电器线圈电阻值

电阻值(Ω) 型号 \ 规格	220V	110V	48V	24V	0.25A	0.5A	1A	2A	4A	8A
DZK-210	1600	460	96	24	—	—	—	—	—	—
DZK-220					17×2	4.53×2	1.28×2	0.55×2	0.33×2	0.16×2
DZK-230					21×3	5.2×3	1.4×3	0.8×3	0.26×3	0.08×3
DZK-240					52	14.5	3.6	1.15	0.42	0.14

表 21-2-33　　DZK-200 型快速中间继电器外附电阻值

规　格	220V	110V	48V	24V
附加电阻(Ω)	5100	1200	220	56

（三）内部接线

DZ-200 系列中间继电器内部接线，见图 21-2-25；苏州继电器厂凸出式产品 DZ-200 系列中间继电器内部接线见图 21-2-26，DZB-200 型中间继电器内部接线见图 21-2-27，DZS-200 型中间继电器内部接线见图

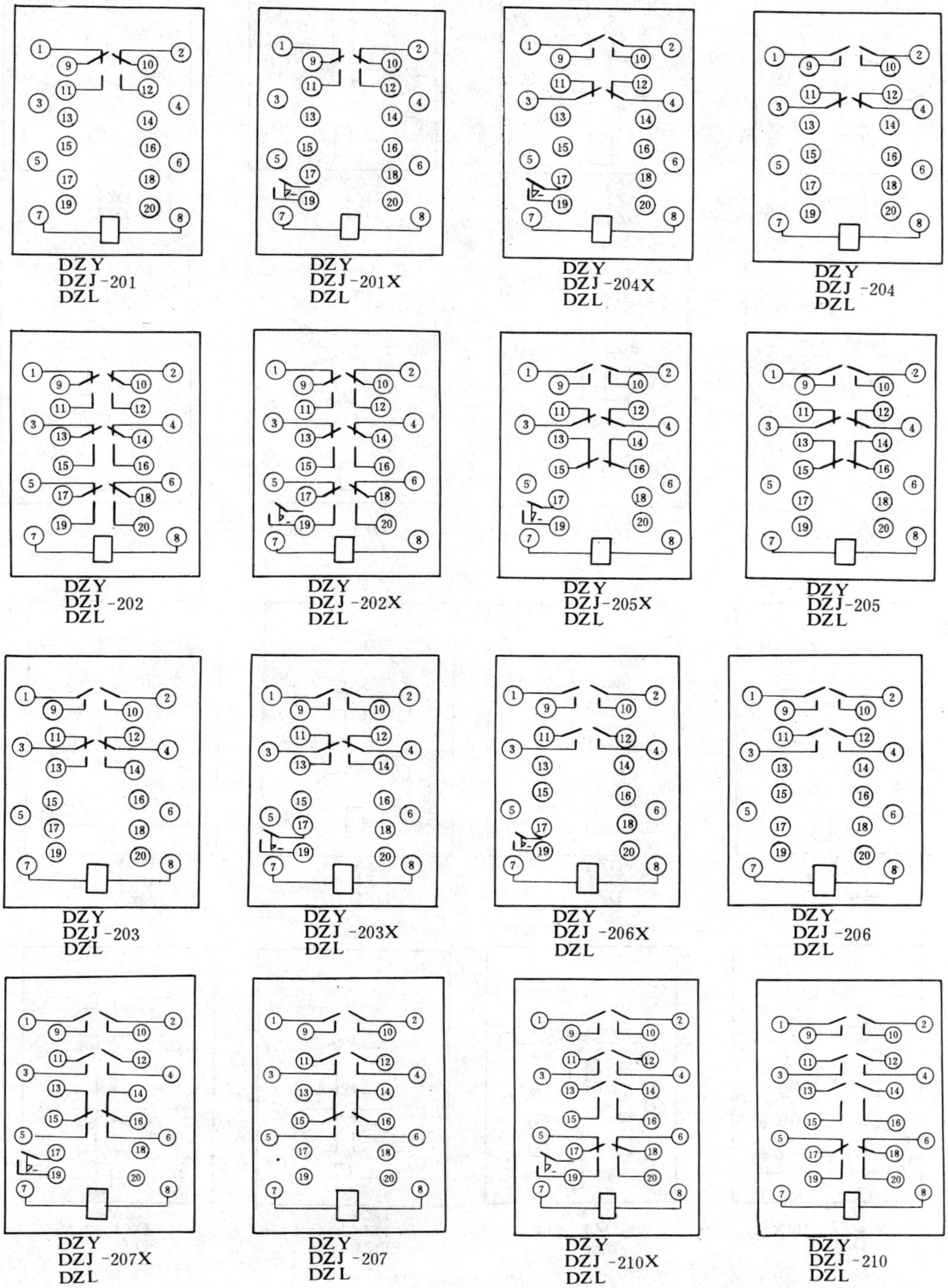

DZY DZJ-201 DZL　DZY DZJ-201X DZL　DZY DZJ-204X DZL　DZY DZJ-204 DZL

DZY DZJ-202 DZL　DZY DZJ-202X DZL　DZY DZJ-205X DZL　DZY DZJ-205 DZL

DZY DZJ-203 DZL　DZY DZJ-203X DZL　DZY DZJ-206X DZL　DZY DZJ-206 DZL

DZY DZJ-207X DZL　DZY DZJ-207 DZL　DZY DZJ-210X DZL　DZY DZJ-210 DZL

图 21-2-25　DZ-200 系列中间继电器内部接线（一）

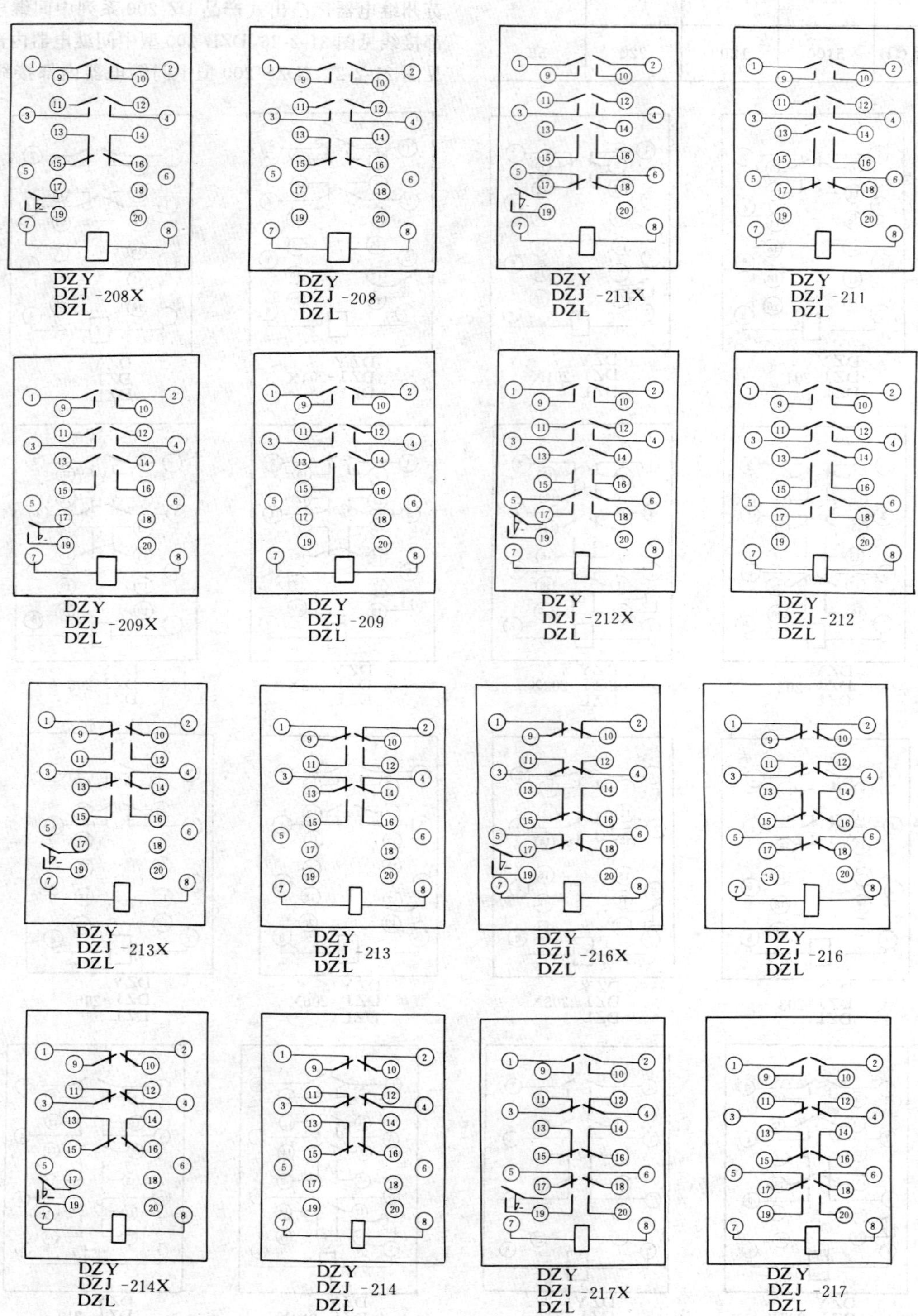

图 21-2-25 DZ-200 系列中间继电器内部接线（二）

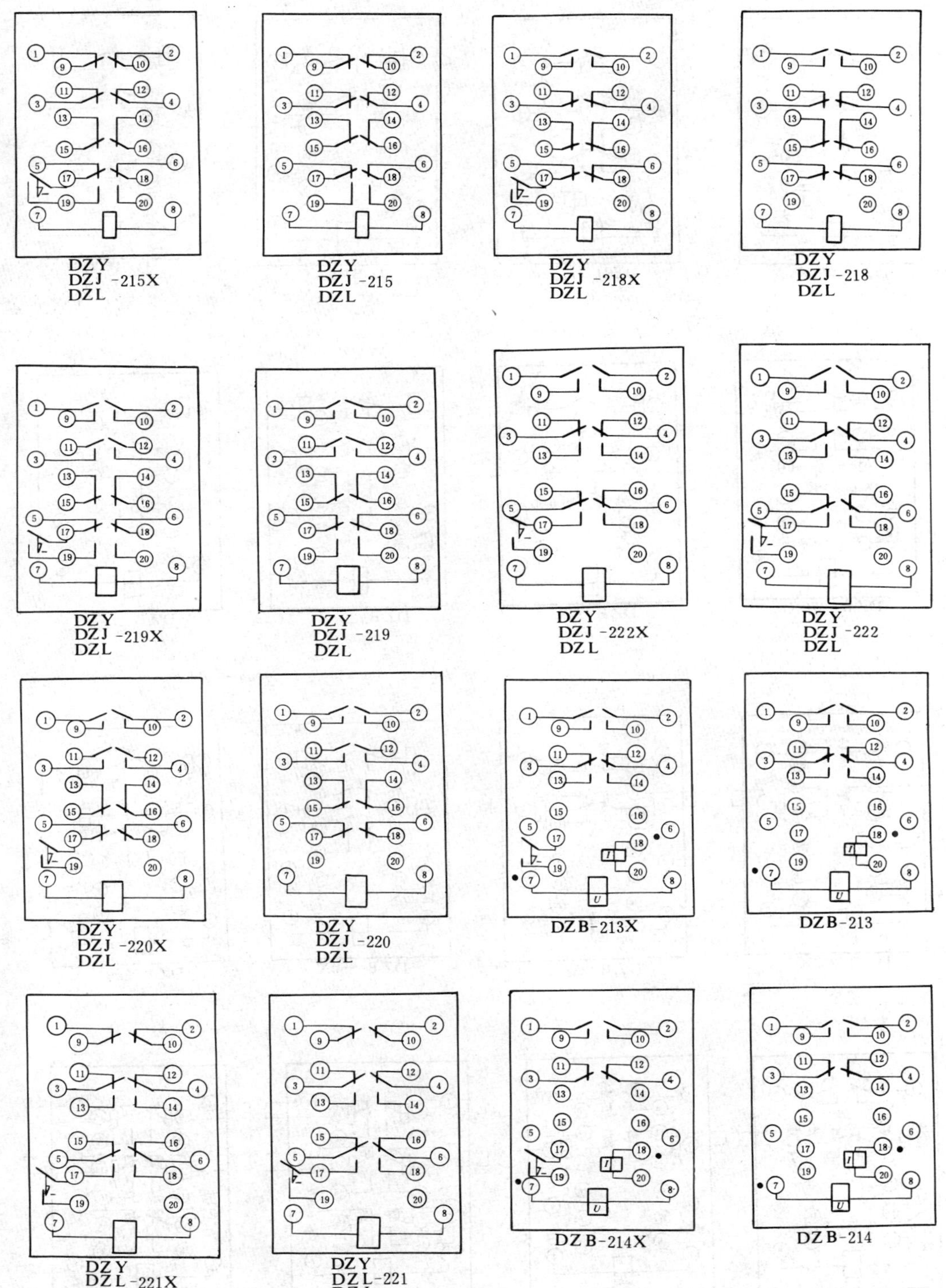

图 21-2-25　DZ-200 系列中间继电器内部接线（三）

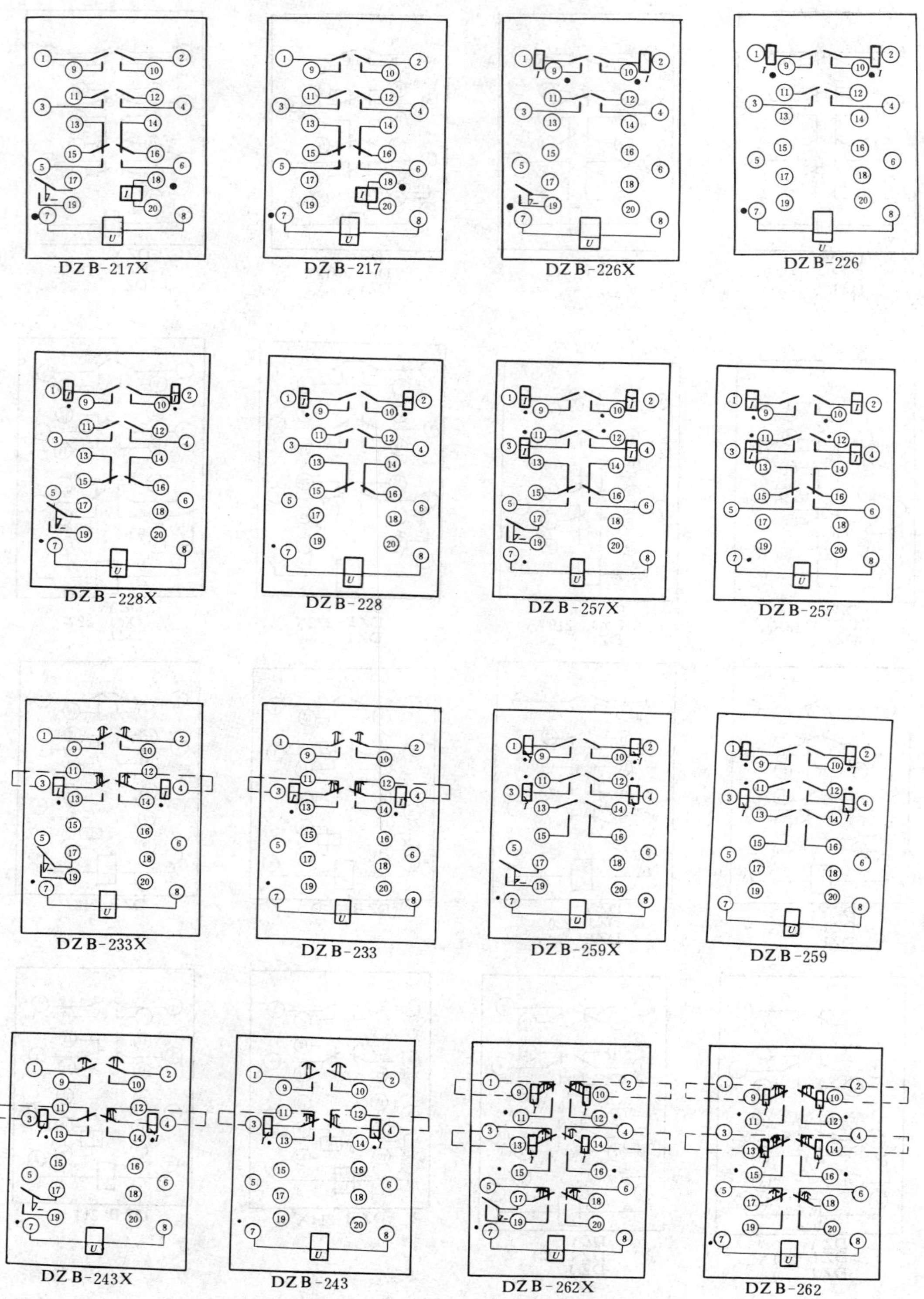

图 21-2-25 DZ-200系列中间继电器内部接线（四）

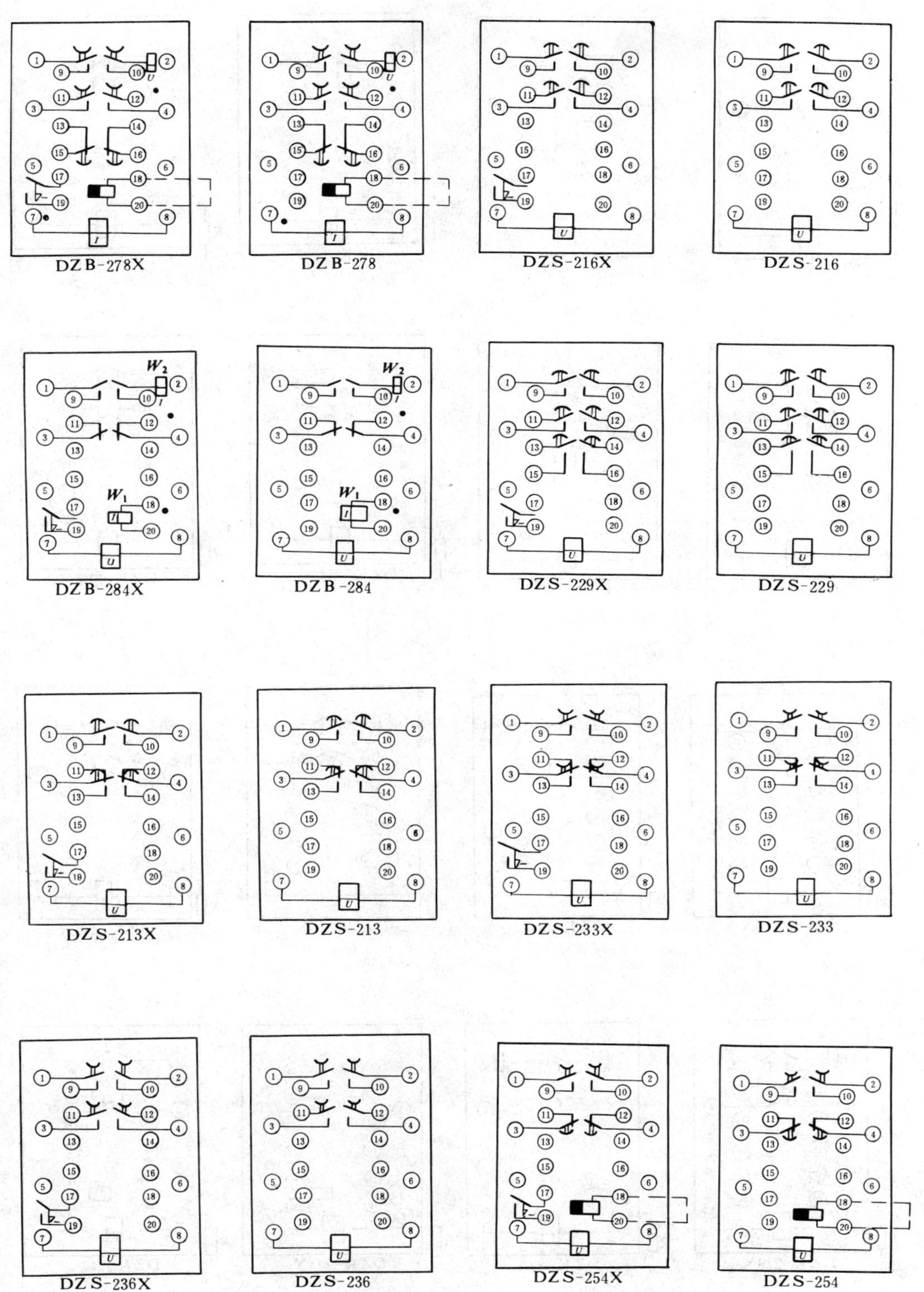

图 21-2-25　DZ-200 系列中间继电器内部接线（五）

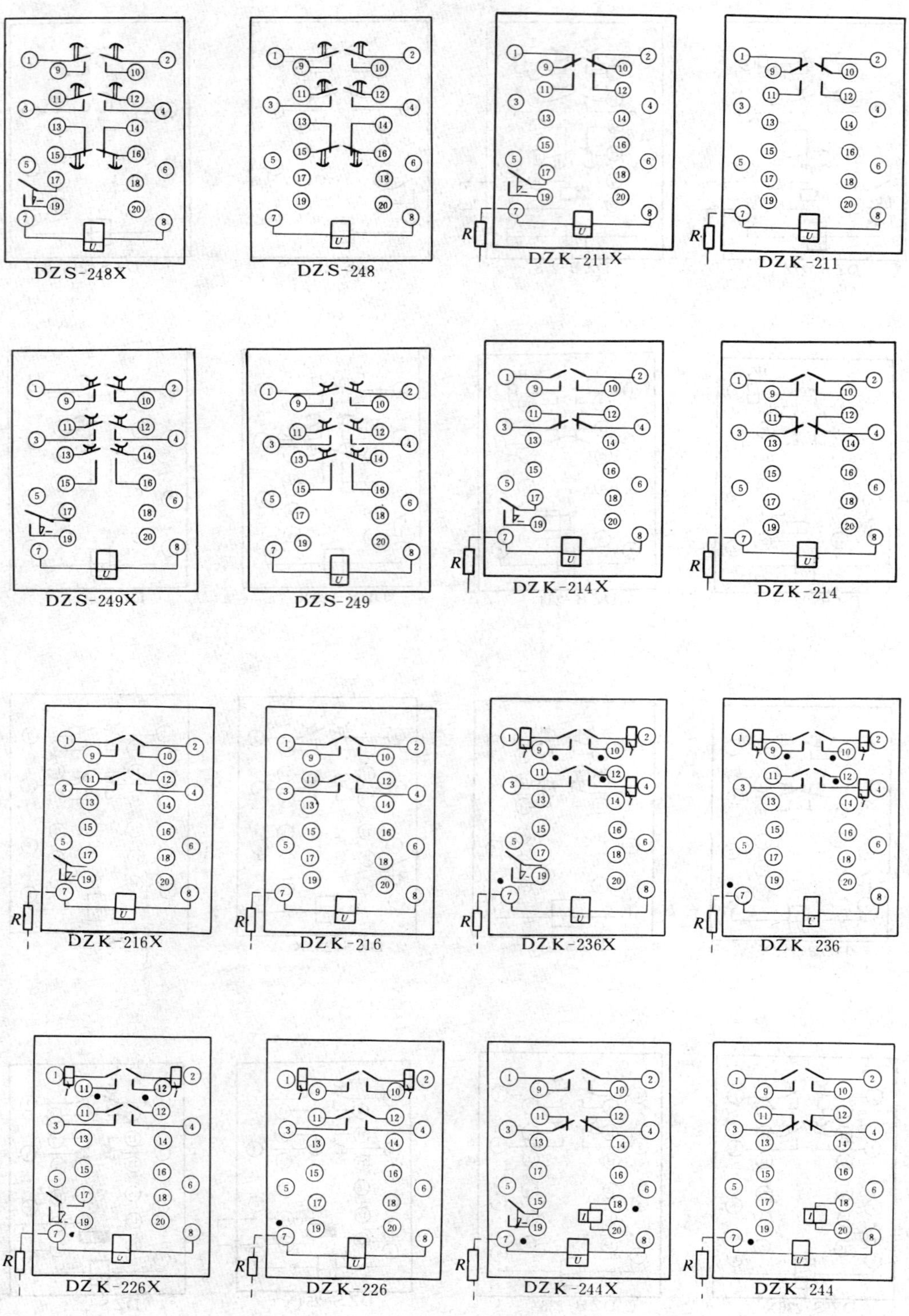

图 21-2-25　DZ-200 系列中间继电器内部接线（六）

21-2-28。保定继电器厂生产的 DZ-200G 型中间继电器内部接线，见图 21-2-25。

（四）外形及安装尺寸

许昌继电器厂生产的 DZ-200 系列中间继电器壳体结构型式有 A11K、A11P、A11H、A11Q 型，外形及安装尺寸见表 21-0-1；苏州继电器厂生产的 DZ-200 系列中间继电器外形及开孔尺寸，见图 21-2-29；长征电器八厂生产的 DZ-200 系列中间继电器外形及安装尺寸，见图 21-2-30。

（五）生产厂

许昌继电器厂，成都继电器厂，保定继电器厂，苏州继电器厂，长征电器八厂，长沙望城继电器厂。

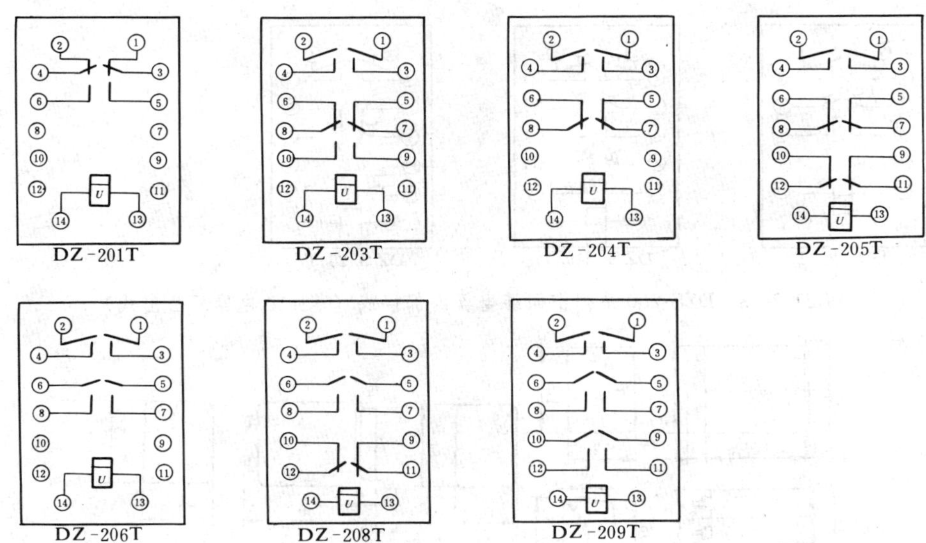

图 21-2-26　DZ-200 系列中间继电器内部接线（苏州继电器厂凸出式）

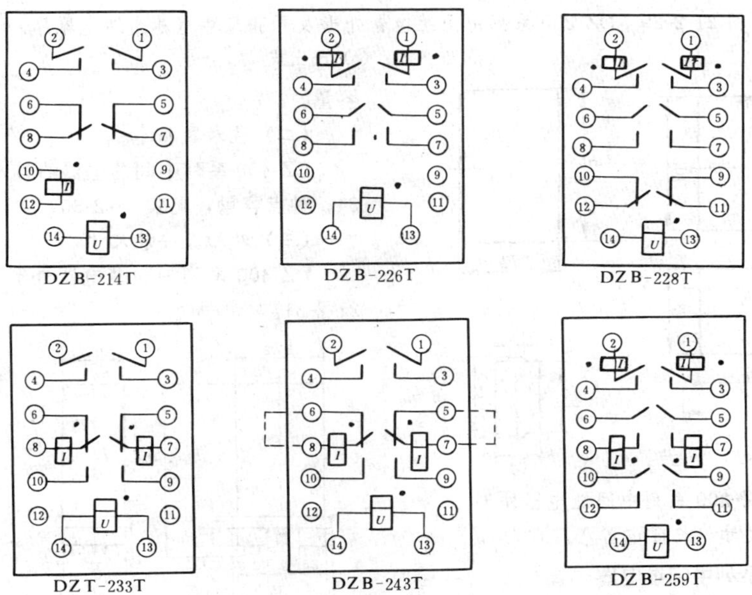

图 21-2-27　DZB-200 型中间继电器内部接线（苏州继电器厂凸出式）

（图中 · 表示电源正极）

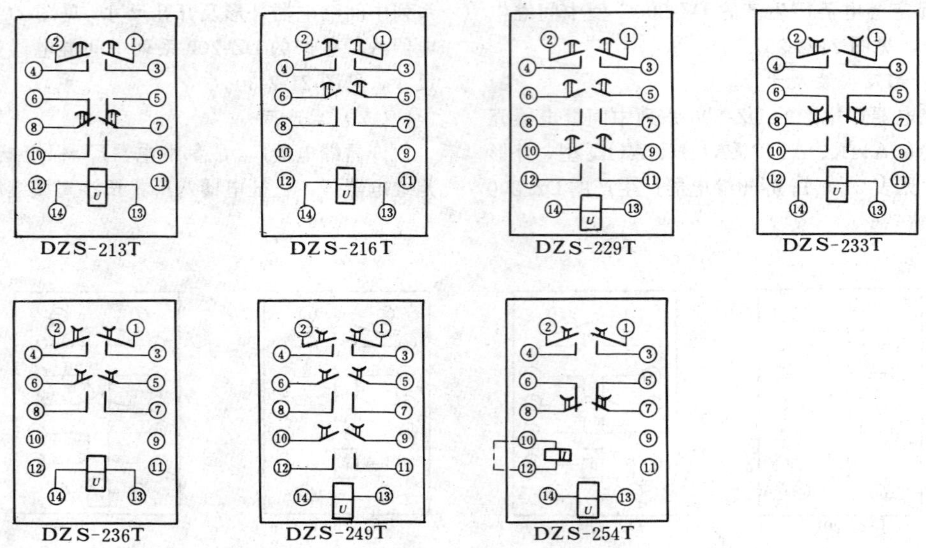

图 21-2-28　DZS-200系列中间继电器内部接线（苏州继电器厂凸出式）

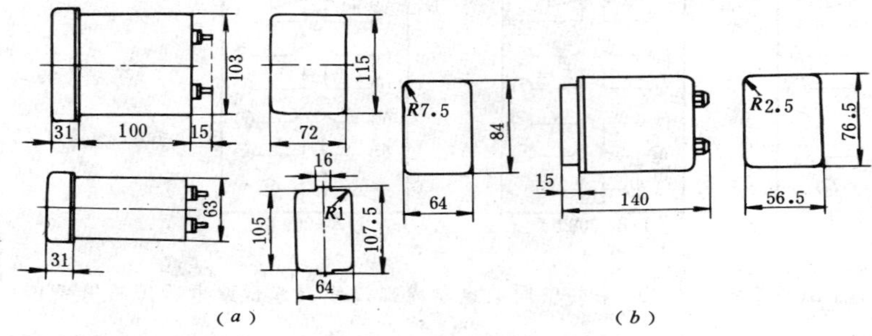

图 21-2-29　DZ-200系列中间继电器外形及开孔尺寸（苏州继电器厂）
(*a*) 嵌入式；(*b*) 凸出式

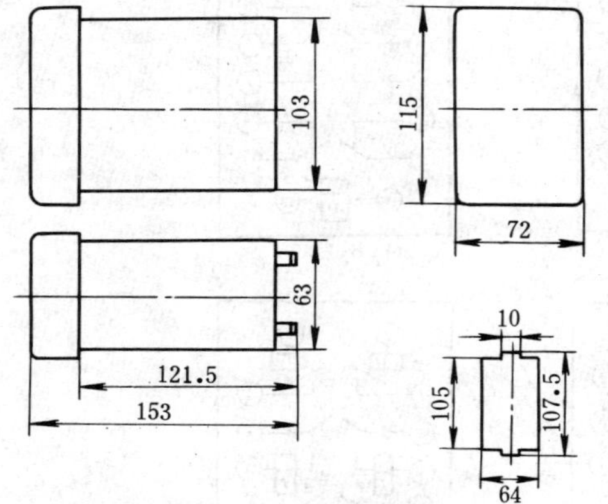

图 21-2-30　DZ-200系列中间继电器外形及安装尺寸（长征电器八厂）

十五、DZ-400系列中间继电器

（一）简介

该系列中间继电器用于各种保护和自动控制装置中，用以增加保护和控制回路的触点数量和扩大触点容量。

（二）技术数据

DZ-400系列中间继电器的技术数据，见表21-2-34；触点容量，见表21-2-35。

（三）外形及安装尺寸

DZ-400系列中间继电器外形及安装尺寸，见图21-2-31。

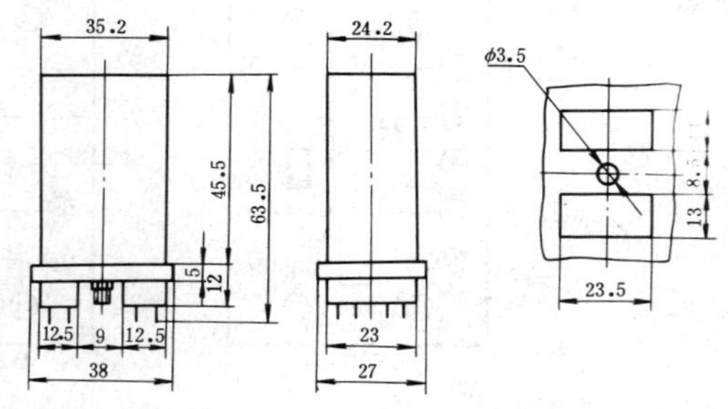

图 21-2-31　DZ-400系列中间继电器外形及安装尺寸

表 21-2-34　**DZ-400 系列中间继电器技术数据**

型　号	触点型式（副）	额定电压 U_e（V）		动作电压	返回电压	动作时间（s）	功率消耗
DZ-401	四转换	直流	36、48、60、110 6、12、24	≯70%U_e	≮2%U_e	≯0.015	≯1.5W
DZ-402	二转换						
DZ-403	二动合						
DZJ-401	四转换	交流	36、48、60、110、127 6、12、24、200、220	≯85%U_e	≮30%U_e	≯0.03	≯2VA
DZJ-402	二转换						
DZJ-403	二动合						

表 21-2-35　**DZ-400 系列中间继电器触点容量**

型　号	负　荷　性　质	触点容量	长期允许通过电流（A）	生产厂
DZ-401 DZJ-401	220V 以下直流感性负载	20W	2	辽阳白塔微型继电器厂
	380V 以下交流电路	100VA		
DZ-402 DZJ-402	220V 以下直流感性负载	50W	5	
	380V 以下交流电路	250VA		
DZ-403 DZJ-403	220V 以下直流感性负载	50W	主触点 10 信号触点 1	
	380V 以下交流电路	250VA		

十六、DZ-410 系列中间继电器

（一）简介

该系列继电器适用于各种保护和自动控制装置中，用以增加保护和控制回路的触点数量和扩大触点容量。

（二）技术数据

DZ-410 系列中间继电器技术数据，见表 21-2-36。

（三）内部接线

DZ-410 系列中间继电器内部接线，见图 21-2-32。

（四）外形及安装尺寸

DZ-410 系列中间继电器外形及开孔尺寸，见图 21-2-33；DZ-410G 型中间继电器外形及安装尺寸，见图 21-2-34。

表 21-2-36　**DZ-410 系列中间继电器技术数据**

额定电压（V）	动作电压	返回电压	动作时间 返回时间（ms）	功率消耗（W）	触点型式	触点容量		长期通过电流（A）	生产厂
						强电负载	弱电负载		
110 48 24 12	≯60%U_e	≮10%U_e	≯60	≯5	17、44、71、26、53、80、35、62	≯220V≯2A $T=5\times10^{-3}$ 50W	接通直流 1V 10mA	5	许昌继电器厂

注　触点型式举例：1 7

7——动合触点数量

1——动断触点数量

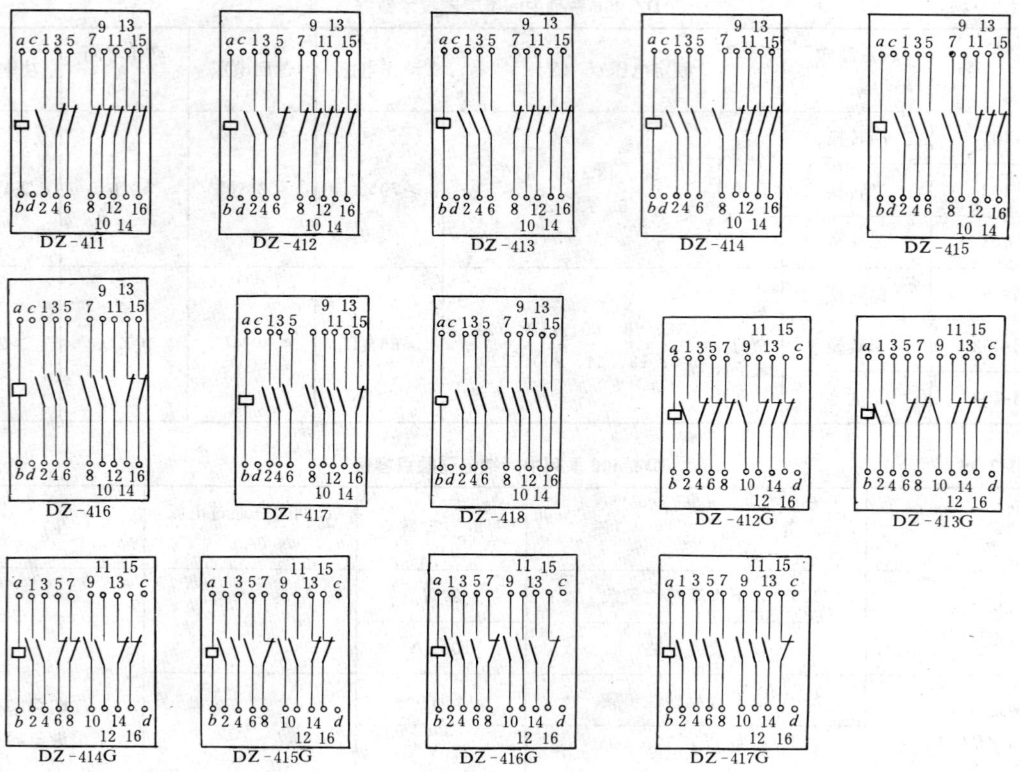

图 21-2-32 DZ-410 系列中间继电器内部接线

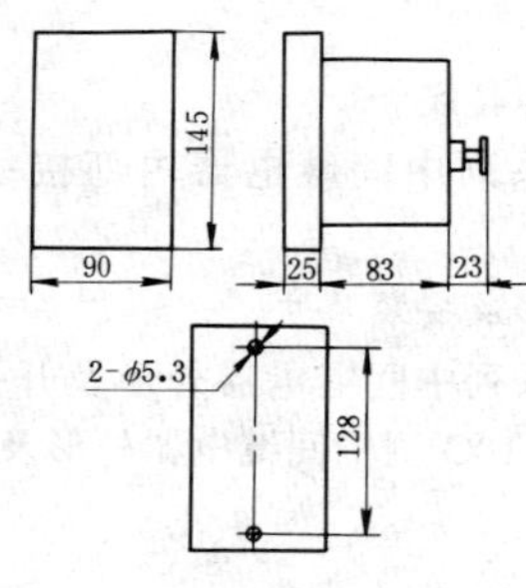

图 21-2-33 DZ-410 系列中间继电器外形及开孔尺寸

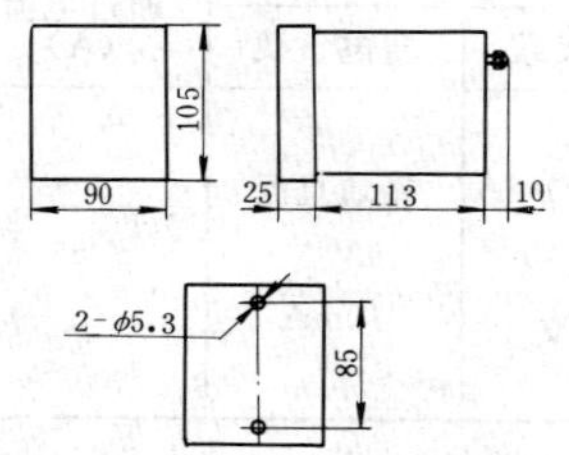

图 21-2-34 DZ-410G 型中间继电器外形及安装尺寸

十七、DZ-430 系列中间继电器

（一）简介

DZ-430 系列继电器为电磁型拍合式中间继电器，用于交直流操作的各种保护和自动控制装置中，用以增加触点的数量及容量。DZ-431 型用于直流回路，DZ-432 型用于交流回路。

（二）型号含义

DZ-431/□ □ □ □

- 过渡转换触点数量
- 转换触点数量
- 动断触点数量
- 动合触点数量
- 型号

（三）技术数据

DZ-430 系列中间继电器技术数据，见表 21-2-37。

（四）外形及安装尺寸

DZ-430 系列继电器凸出式安装板后接线采用 JCK-11/3 型壳体，其它安装方式、接线形式者采用 JCK-10 型壳体，见图 21-0-09。

十八、DZ-480、DZ-490 系列直流中间继电器

（一）简介

该系列继电器为电磁式中间继电器，用于各种保

表 21-2-37　　**DZ-430 系列中间继电器技术数据**

型　号	额定电压（V） 直　流	额定电压（V） 交　流	长期工作电压	动作值	返回值	动作时间（ms）	返回时间（ms）	功率消耗	触点容量 电压（V）	触点容量 直流电路（$L/R=5\pm0.75$ms）	触点容量 交流电路（$\cos\phi=0.4\pm0.1$）	触点型式	生产厂
DZ-431	24、100 36、110 48、200 60、220 250		120% U_e	(30～70)% U_e	≥5% U_e	60	60	<4W	300	20W		8040 7030 4240 4420 4022 1104	阿城继电器厂
DZ-432		24、110 36、127 48、220 100、250					60	<4VA	250		80VA		

注　触点型式举例：1 1 0 4
- 1 —— 动合触点数量
- 1 —— 动断触点数量
- 0 —— 转换触点数量
- 4 —— 过渡转换触点数量

护和自动控制装置中，用以增加保护和控制回路的触点容量和触点数量。

该继电器的动触点在动作时有超行程，提高了接触可靠性，触点片可以单片或全部更换。

DZ-480 系列继电器分一般条件和湿热带条件两种，该继电器可手动复归。

（二）型号含义

型号含义以 DZ-480 系列为例说明如下：

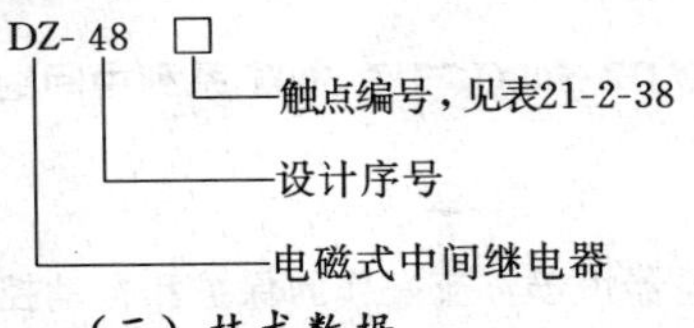

（三）技术数据

DZ-480、DZ-490 系列直流继电器技术数据，见表 21-2-39。

（四）内部接线

DZ-480 系列中间继电器内部接线，见图 21-2-35；DZ-490 系列中间继电器内部接线，见图 21-2-36。

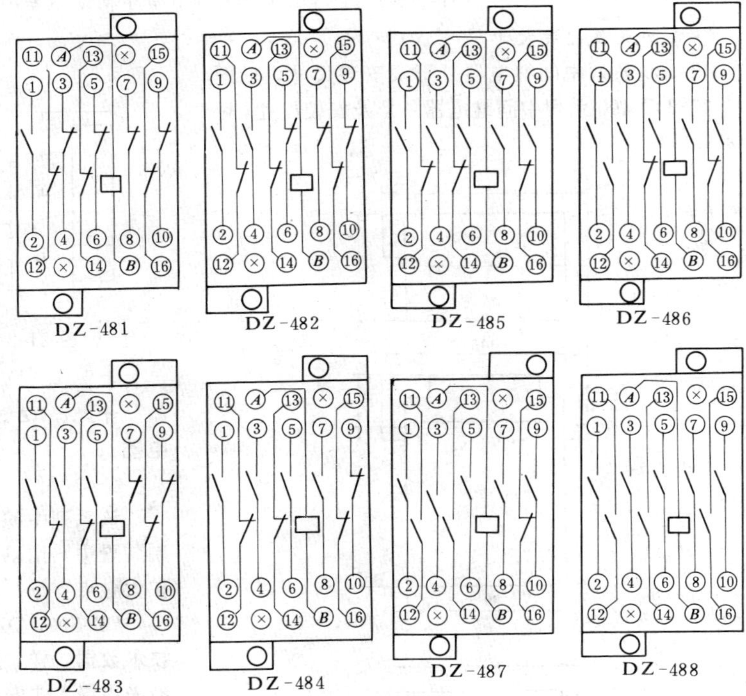

图 21-2-35　DZ-480 系列直流中间继电器内部接线

表 21-2-38　　**DZ-480 系列直流中间继电器触点编号**

触 点 编 号	1	2	3	4	5	6	7	8
触 点 型 式	170	260	350	440	530	620	710	800

表 21-2-39 DZ-480、DZ-490 系列直流中间继电器技术数据

型 号	额定电压（V）	动作值	返回值	动作时间（ms）	返回时间（ms）	功率消耗（W）	触点容量			长期通过电流（A）	生产厂
							电压（V）	电流（A）	直流电路（$L/R=5ms$）		
DZ-480	110 48 24 12	60%U_e	10%U_e	60	80	5	250	2	50W	5	许昌继电器厂
DZ-490		70%U_e	5%U_e	45	45	3.5					

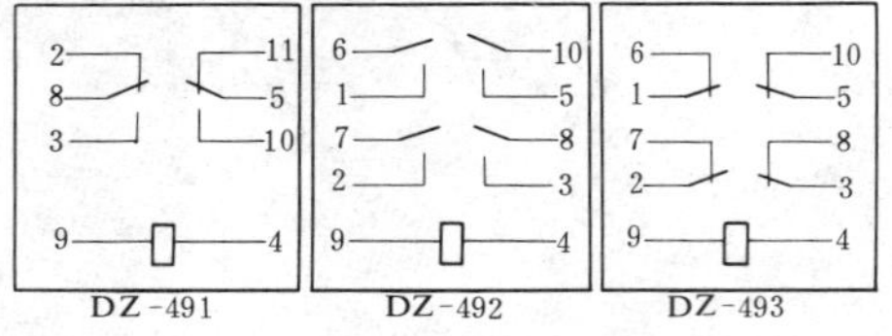

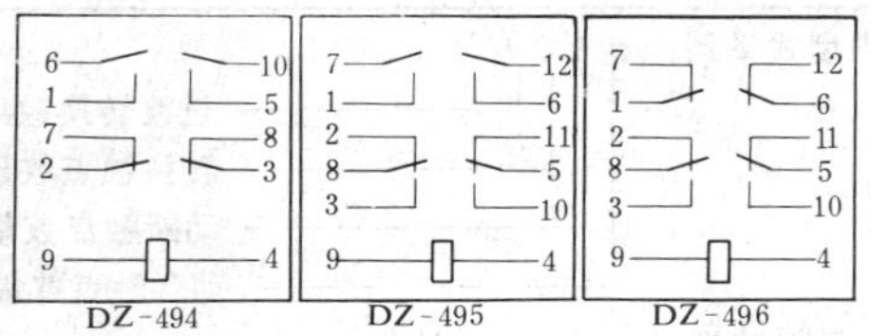

图 21-2-36 DZ-490 系列直流中间继电器内部接线

（五）外形及安装尺寸

DZ-480 系列中间继电器外形及安装尺寸，见图 21-2-37；DZ-490 系列中间继电器外形及安装尺寸，见图 21-2-38。

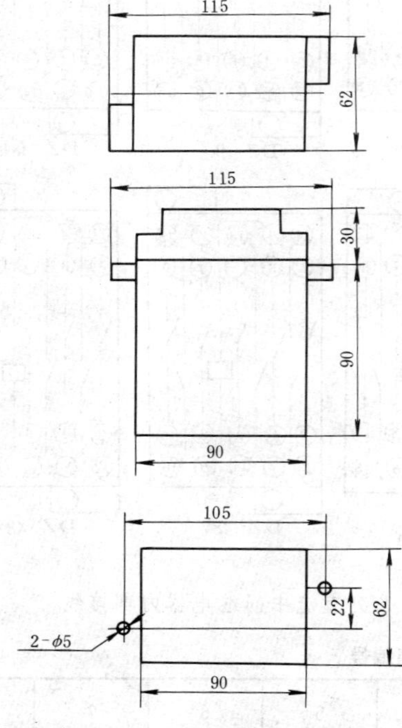

图 21-2-37 DZ-480 系列直流中间继电器外形及安装尺寸

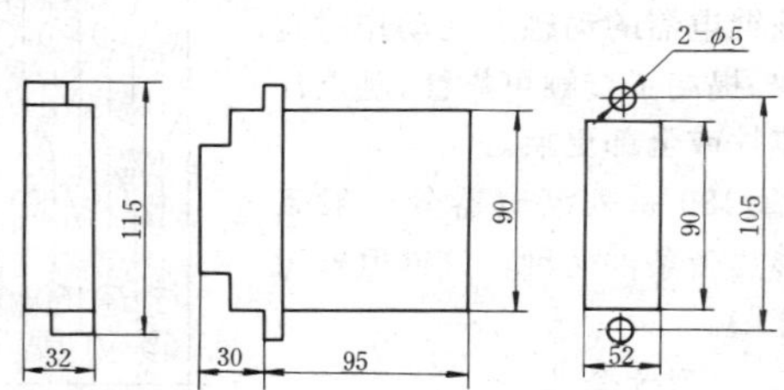

图 21-2-38 DZ-490 系列中间继电器外形及安装尺寸

十九、DZ-500、DZ-500Q、DZ-500T 系列中间继电器

（一）简介

该系列中间继电器用于直流操作的保护和自动控制装置中，用以增加保护和控制回路中的触点数量及扩大触点容量。

DZ-500、DZ-500Q、DZ-500T 系列中间继电器的技术数据一样，仅结构不同。DZ-500Q 系列中间继电器采用嵌入式安装，DZ-500T 型采用凸出式安装，其主体部分均系插入式结构。

（二）技术数据

DZ-500系列中间继电器技术数据，见表21-2-40。

（三）外形及安装尺寸

DZ-500 系列中间继电器安装尺寸，见图 21-2-39。DZ-500Q 系列中间继电器外形及安装尺寸，见图 21-2-40，端子背视排列图，见图 21-2-41。

表 21-2-40　　DZ-500系列中间继电器技术数据

型　号	额定电压 U_e (V)	触点型式	动作时间 (ms)	触点容量							动作电压	功率消耗	生产厂
				直流电路			交流电路			长期接通电流 (A)			
				电压 (V)	电流 (A)	容量 (W)	电压 (V)	电流 (A)	容量 (VA)				
DZ-501 DZ-501Q		200											
DZ-502 DZ-502Q		002											
DZ-503 DZ-503Q		202											
DZ-504 DZ-504Q	220 110 48 24	004	≯40	≯250	≯1	50	≯250	2.5	500	5	≯70%U_e	3W	上海继电器厂
DZ-505 DZ-505Q		600											
DZ-506		006											
DZ-507		602											

注　触点型式举例：2 0 0
- 第三位 0——转换触点数量
- 第二位 0——动断触点数量
- 第一位 2——动合触点数量

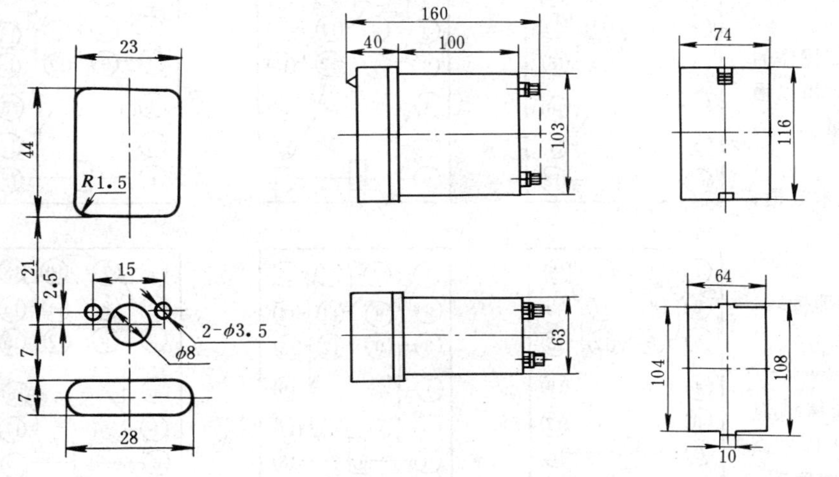

图 21-2-39　DZ-500 系列中间继电器安装尺寸

图 21-2-40　DZ-500Q 系列中间继电器外形及安装尺寸

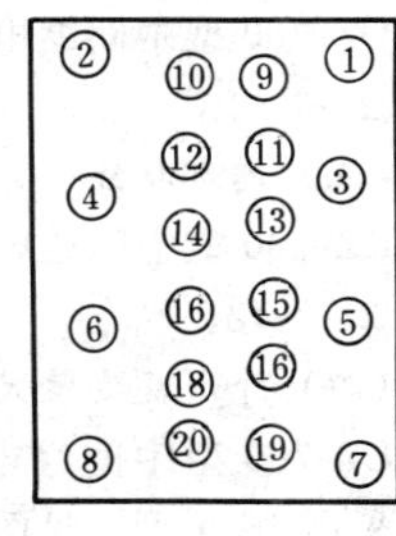

图 21-2-41　DZ-500Q 系列中间继电器端子背视排列

二十、DZ-610 型中间继电器

（一）简介

DZ-610 型中间继电器用于自动控制装置中，增加控制回路的触点数量和扩大触点容量。

（二）技术数据

DZ-610 型中间继电器技术数据，见表 21-2-41，触点容量，见表 21-2-42。

二十一、DZ-644 型交流中间继电器

（一）简介

DZ-644 型交流中间继电器用于各种电气传动及其他交流回路的装置中，用以增加控制范围和扩大接触容量。

（二）技术数据

DZ-644型交流中间继电器技术数据，见表21-2-43。

表 21-2-41　　DZ-610 型中间继电器技术数据

额定电压(V)		动作时间(ms)	功耗		寿命(次)	外形尺寸(宽×深×高,mm)	生产厂
交流	直流		交流(VA)	直流(W)			
6 12 24 36 110 127 220	6 12 24 48 60 110 220	≯15	≯3	≯1.5	2×10^5	64×36×28.5	上海继电器厂

表 21-2-42　　DZ-610 型中间继电器触点容量

触点容量					
直流电路			交流电路		
电压(V)	电流(A)	容量(W)	电压(V)	电流(A)	容量(VA)
24	5	120	220	2	440
	(L/R=5ms) 3	70		($\cos\varphi$=0.4) 1	220

表 21-2-43　　DZ-644 型交流中间继电器技术数据

交流额定电压(V)	动作电压	动作时间(s)	触点型式(副)	触点容量		触点接通电流(A)	功率消耗(VA)	返回时间(s)	外形尺寸(宽×深×高 mm)	生产厂
				接通频率(600 次/h)	接通频率(6000 次/h)					
380、220 127、110 100、36 24、12 6、48	≯80%U_e	≯0.03	四转换	≯220V 感性负载 60W	≯220V 感性负载 30W	5	≯6	≯0.05	35×60×60	阿城继电器厂 鞍山继电器厂

二十二、DZ-700 型中间继电器

(一) 简介

该型中间继电器用于直流操作的各种保护和自动控制装置中，用以增加触点的数量及扩大触点容量。

(二) 技术数据

DZ-700 型中间继电器技术数据，见表 21-2-44。

(三) 内部接线

DZ-700 型中间继电器内部接线，见图 21-2-42。

(四) 外形及安装尺寸

DZ-700 型中间继电器壳体结构型式采用 JK-1 型，见图 21-0-1。

二十三、DZ-810 型中间继电器

(一) 简介

该型中间继电器主要用于程序控制回路中，作为接通或切换元件；亦可作为一般出口中间元件使用。

(二) 技术数据

DZ-810 型中间继电器技术数据，见表 21-2-45。

(三) 内部接线

DZ-810 型中间继电器内部接线，

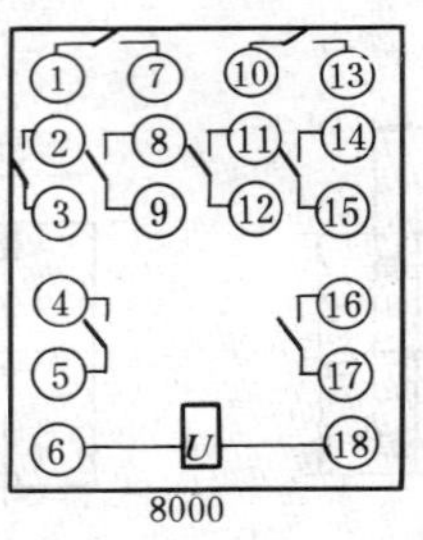
8000

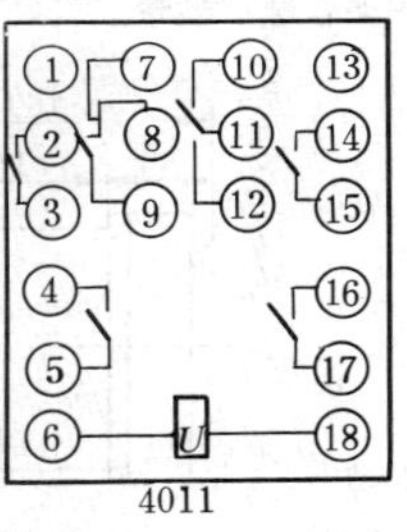
4011

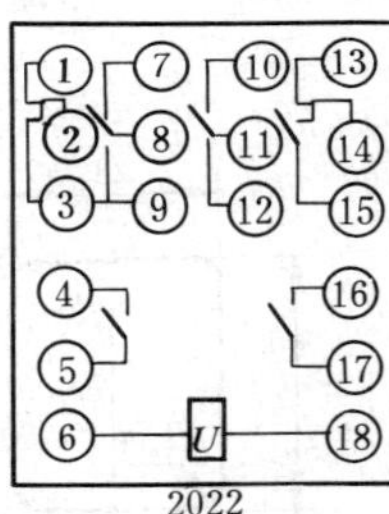
2022

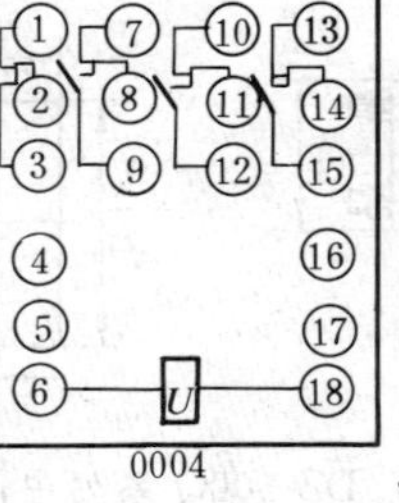
0004

3030

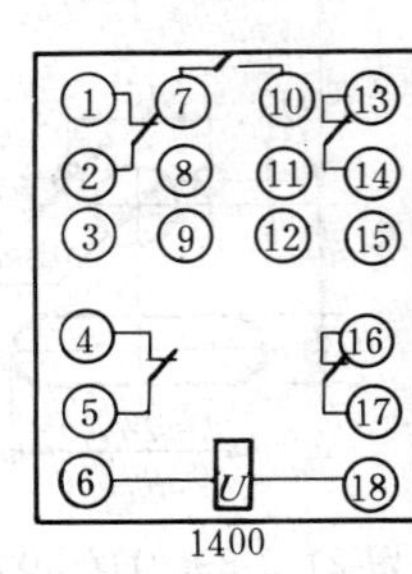
1400

0420

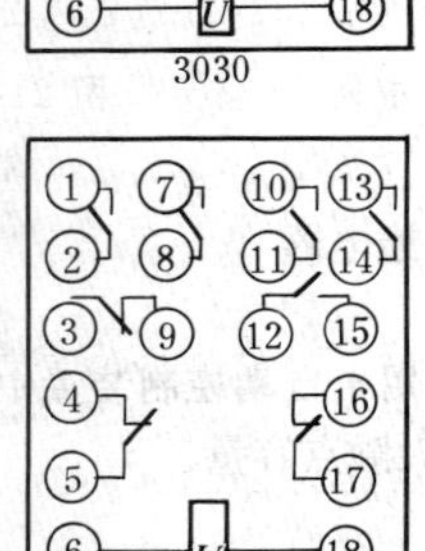
5300

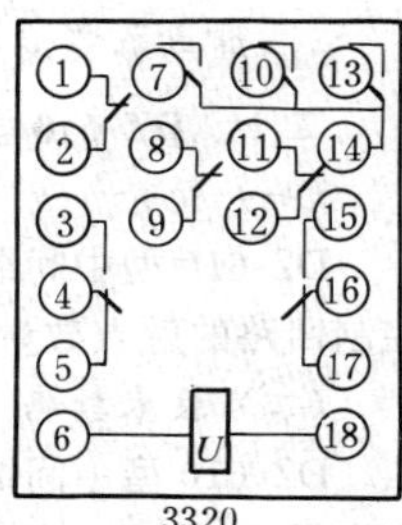
3320

图 21-2-42　DZ-700 型中间继电器内部接线

表 21-2-44　DZ-700 型中间继电器技术数据

额定电压 U_e (V)	线圈电阻 (Ω)	动作电压	返回电压	触点容量				功率消耗 (W)	生产厂
				电压 (V)	电流 (A)	直流 (W)	交流 (VA)		
220 110 48 24 12	17000 4000 650 280 12	≯70%U_e	≮5%U_e	≯220	≯2	20	80	4	阿城继电器厂

表 21-2-45　DZ-810 型中间继电器技术数据

额定电压 U_e (V)	动作电压	返回电压	动作时间 (ms)	返回时间 (ms)	功率消耗 (W)		触点型式 (副)	触点容量				生产厂
					线圈	指示回路		电压 (V)	电流 (A)	直流 (W)	交流 (VA)	
220 110 48 24 12	≯70%U_e	≮20%U_e	≯30	≯35	≯1.5	0.3	三转换	≯220	≯5	60	250	阿城继电器厂

见图 21-2-43。

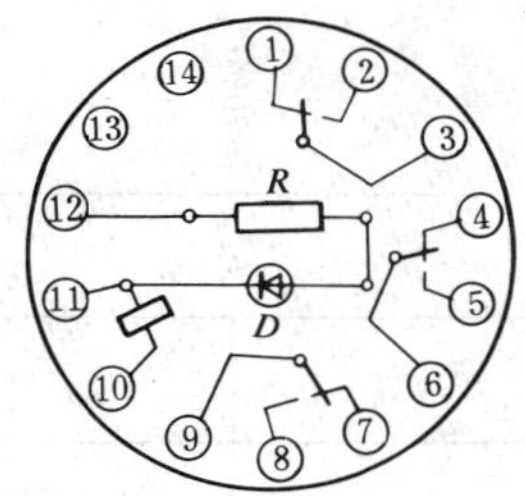

图 21-2-43　DZ-810 型中间继电器内部接线

（四）外形及安装尺寸

DZ-810 型中间继电器外形及安装尺寸，见图 21-2-44。

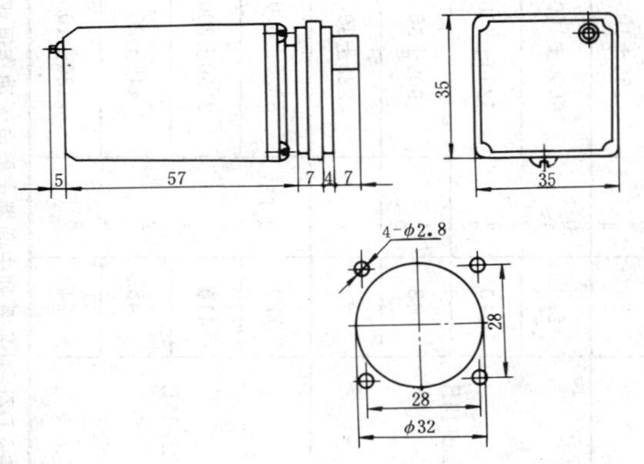

图 21-2-44　DZ-810 型中间继电器外形及安装尺寸

二十四、DZB-10B、DZB-10E 系列中间继电器

（一）简介

该系列中间继电器用于直流操作的各种保护和自动控制回路中，用以增加触点的数量和扩大触点容量。

DZB-10B、DZB-10E 系列中间继电器技术数据一样，仅外形结构不同。

DZB-11B、DZB-11E、DZB-12B、DZB-12E、DZB-13B、DZB-13E 型为电压起动电流保持的中间继电器；DZB-14B、DZB-14E 型为电流起动电压保持的中间继电器；DZB-15B、DZB-15E 型为电流起动或电压起动，电流保持或电压保持的中间继电器。

（二）技术数据

DZB-10B系列中间继电器技术数据，见表21-2-46。

（三）内部接线

DZB-10B 系列中间继电器内部接线，见图 21-2-45；DZB-10E 系列中间继电器内部接线，见图 21-2-46。

（四）外形及安装尺寸

DZB-10B 系列中间继电器壳体结构型式采用 JK-1 型，见图 21-0-1。DZB-10E 系列中间继电器凸出式安装板后接线采用 JCK-11/5 型壳体；其它安装方式、接线型式及外形尺寸，见 JCK-10 型壳体组件（图 21-0-9），订货时须指明结构型式。

二十五、DZB-20 系列中间继电器

（一）简介

该系列中间继电器是一种带有密封触点的插入式中间继电器，在直流操作的回路中作辅助继电器用。

表 21-2-46 DZB-10B 系列中间继电器技术数据

型号	额定值 电压(V)	额定值 电流(A)	线圈电阻(Ω)	保持线圈匝数(匝) 电流	保持线圈匝数(匝) 电压	触点型式(副) 动合	触点型式(副) 转换	动作值 电流	动作值 电压	保持值 电流	保持值 电压	返回值	动作时间(s)	功率消耗(W) 电流线圈	功率消耗(W) 电压线圈	触点容量	生产厂
DZB-11B	220	0.5 1 2 4 8	8900±800	3		3	3	≯I_e	≯70%U_e	≯80%I_e	≯70%U_e	≮2%	≯0.05	≯4	≯7	≯220V ≯1A $T=5\times10^{-3}$ 50W 交流电路中 500VA	阿城继电器厂 鞍山继电器厂
	110		2150±200														
DZB-12B	48		445±40			6											
	24	2 4	130±10														
DZB-13B	220	0.5 1 2 4 8	11400±1000	1		3	3							≯4	≯5.5		
	110		2750±200														
	48		570±50														
	24	2 4	150±10														
DZB-14B	220	0.5 1 2 4 8	16600±1000		1	3	3	≯I_e	≯70%U_e	≯80%I_e	≯70%U_e	≮2%	≯0.05	≯4	≯4		
	110		5230±500														
	48	1 8	900±60														
	24	2	225±30														
DZB-15B	220	0.25 0.5 1 2 4 8	8900±800	1	1	3	3							≯4	≯7		
	110		2150±200														
	48		445±90														
	24		130±10														

注 DZB-10E 系列中间继电器电流动作值或电流保持值还有 0.25A 规格。

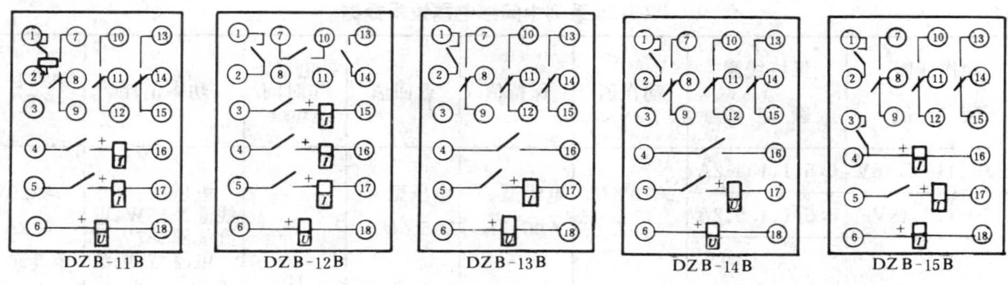

图 21-2-45　DZB-10B 系列中间继电器内部接线

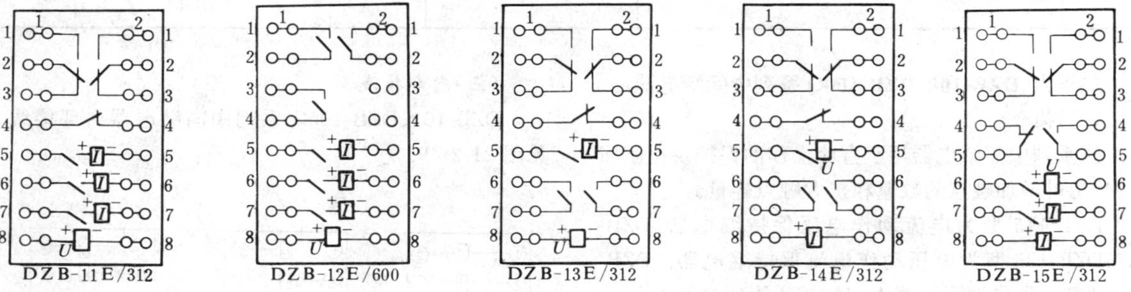

图 21-2-46　DZB-10E 系列中间继电器内部接线

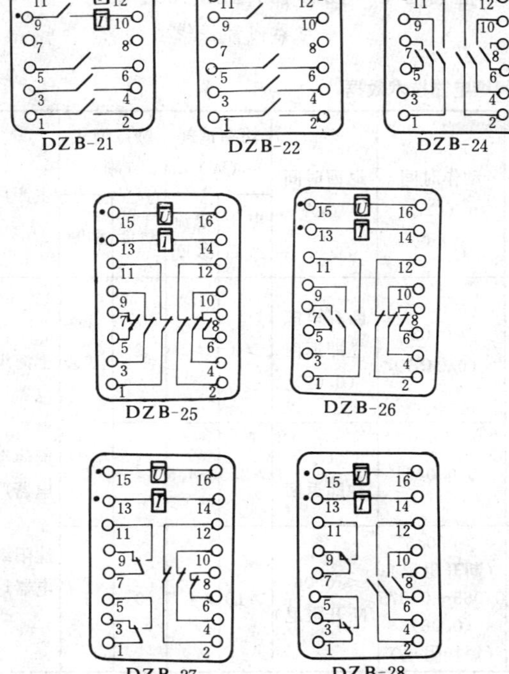

图 21-2-47　DZB-20 系列中间继电器内部接线
（标有“·”符号为同极性端子）

（二）技术数据

DZB-20 系列中间继电器技术数据，见表 21-2-47。

（三）内部接线

DZB-20 系列继电器内部接线，见图 21-2-47。

（四）外形及安装尺寸

DZB-20 系列中间继电器外形及安装尺寸，见图 21-2-48。

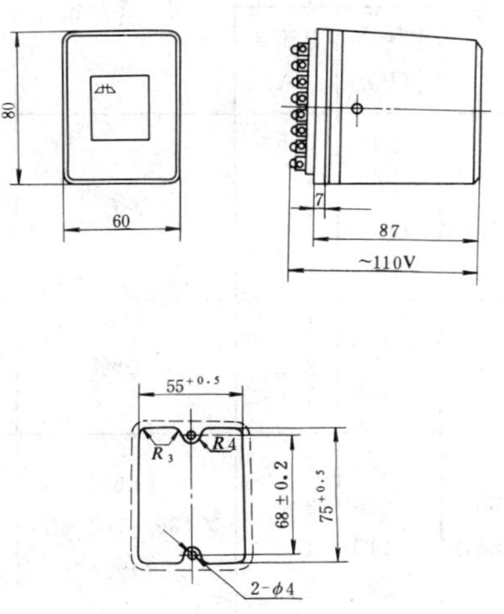

图 21-2-48　DZB-20 系列中间继电器外形及安装尺寸

表 21-2-47 **DZB-20 系列中间继电器技术数据**

型号	动作线圈额定值	保持线圈额定值	动作值	保持值	返回值	继电器动作时间(ms)	功率消耗	触点容量(W)	生产厂
DZB-21	220V、110V、48V	0.5、1、1.5、2A	≯70%U_e ≯I_e	电流型 ≯90%I_e	电压型 ≯5%U_e	10	电压型:电压线圈≯15W,电流线圈≯7W; 电流型:电流线圈≯9W,电压线圈≯8W	≯220V 0.2A 感性负荷 40	阿城继电器厂
DZB-22	220、110、48V	0.5、1、1.5、2A							
DZB-25 DZB-26 DZB-27 DZB-28	0.5、1、1.5、2A	220、110、48V		电压型 ≯70%U_e	电流型断电立即返回				

二十六、DZB-100、DZB-100Q 系列中间继电器

(一)简介

该系列中间继电器用于直流操作的保护及控制回路中,用以增加触点的数量和扩大触点容量。

DZB-115 型为电流动作电压保持继电器,DZB-127、DZB-138 型为电压动作电流保持继电器。DZB-138 型继电器借助阻尼线圈的短接还能延时动作。

DZB-100 系列与 DZB-100Q 系列技术数据均相同,仅结构型式不同。DZB-100Q 系列采用嵌入式安装,主体部分为插拔式结构。

(二)技术数据

DZB-100、DZB-100Q 系列中间继电器技术数据,见表 21-2-48;热稳定性能,见表 21-2-49。

(三)内部接线

DZB-100、DZB-100Q 系列中间继电器内部接线,见图 21-2-49。

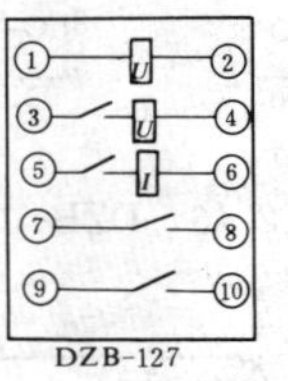

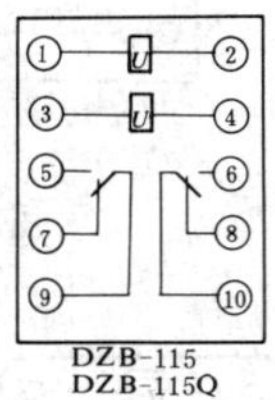

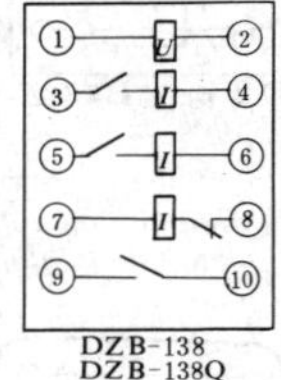

图 21-2-49 DZB-100、DZB-100Q 系列中间继电器内部接线

表 21-2-48 **DZB-100、DZB-100Q 系列中间继电器技术数据**

型号	额定值 电压U_e(V)	额定值 电流I_e(A)	动作值	返回值	保持值	动作时间(s)	返回时间(s)	功率消耗(W) 电压线圈	功率消耗(W) 电流线圈	触点型式(副) 动合	触点型式(副) 动断	生产厂
DZB-115 DZB-115Q*	24* 48* 110 220	0.5* 1 2 4 6*	≯I_e	≮2%I_e	≯70%U_e	≯0.05 (0.045)	断开电源立即返回 (0.02)	≯4		2	2	上海继电器厂
DZB-127	110 220	1 2 4	≯70%U_e	≮2%U_e	≯80%I_e	≯0.045	3%U_e下立即返回	≯2.5	≯4.5	4	0	天津继电器厂
DZB-138 DZB-138Q*	24 48 110 220	1 2 4 8	≯65% ≯(30~70)%U_e ≯80%**	≮2%U_e (3%)	≯65%I_e	≯0.045 (断开阻尼) 0.065~0.075 (0.06) (短接阻尼)	≤0.06 (断开阻尼)	≯10	≯4.5	3	1	沈阳继电器厂

* 仅上海继电器厂有此规格。

** 此数值为沈阳继电器厂产品数据。

括号内的数字为上海继电器厂产品数据。

表 21-2-49　**DZB-100、DZB-100Q 系列中间继电器热稳定性**

型　号	耐受 110%额定电压的时间		耐受额定电流的倍数、时间
DZB-115 DZB-115Q	长期*	—	3 倍、2s
DZB-127	—	20s	3 倍、5s
DZB-138 DZB-138Q	长期*	—	3 倍、5s

* 电压线圈长期耐受 110%额定电压时，温升不超过 60℃。

(四)外形及安装尺寸

DZB-100 系列中间继电器外形及安装尺寸，见图 21-2-50；DZB-100Q 外形及安装尺寸，见图 21-2-51。

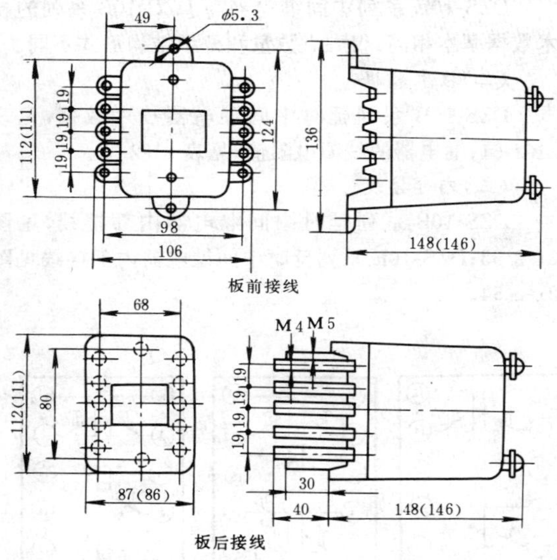

图 21-2-50　DZB-100 系列中间继电器外形及安装尺寸

(括号内的数字为沈阳继电器厂产品尺寸)

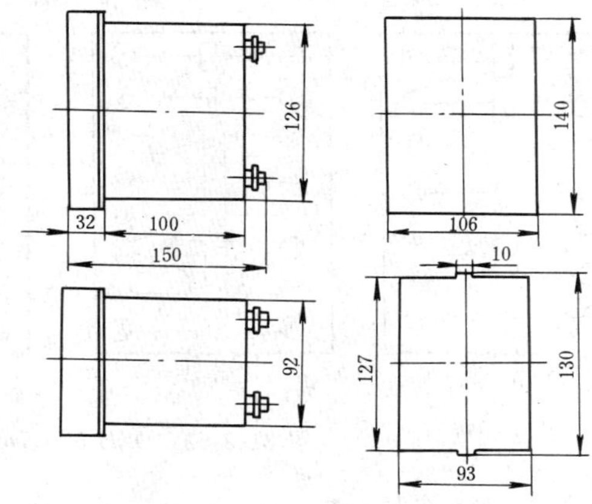

图 21-2-51　DZB-100Q 系列中间继电器外形及安装尺寸

二十七、DZB-500、DZB-500Q 系列中间继电器

(一)简介

该系列中间继电器用于继电保护和自动控制回路中。

DZB-513、DZB-513Q、DZB-514、DZB-514Q 型中间继电器为一个电压线圈和一个电流线圈；二者均可作为工作线圈和保持线圈。

DZB-533、DZB-533Q、DZB-534、DZB-534Q 型中间继电器为一个电压工作线圈和三个电流保持线圈。

DZB-500 系列与 DZB-500Q 系列技术数据完全相同，仅外形结构不同。DZB-500Q 系列采用嵌入式安装，继电器主体部分为插入式结构。

(二)技术数据

DZB-500、DZB-500Q 系列中间继电器技术数据，见表 21-2-50。

(三)内部接线

DZB-500、DZB-500Q 系列中间继电器内部接线，见图 21-2-52。

表 21-2-50　**DZB-500 系列中间继电器技术数据**

额定值		动作值	保持值	动作时间(s)	返回时间(s)	触点容量						长期通过电流(A)	生产厂
						直流电路			交流电路				
电压(V)	电流(A)					电压(V)	电流(A)	容量(W)	电压(V)	电流(A)	容量(VA)		
24	0.5	≯70%U_e	≯80%I_e	≯0.05	≯0.05	≯250	≯1	50	≯250	≯2.5	500	5	上海继电器厂
48	1												
110	2												
220	4												

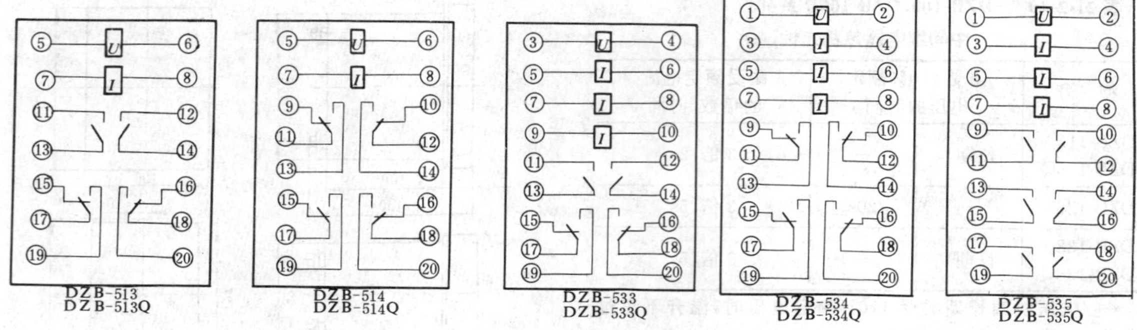

图 21-2-52 DZB-500、DZB-500Q 系列中间继电器内部接线

(四)外形及安装尺寸

DZB-500 系列中间继电器外形及安装尺寸与 DZS-500 系列相同,见图 21-2-57。

DZB-500Q 系列中间继电器外形及安装尺寸与 DZ-500Q 系列相同,见图 21-2-40。

二十八、DZS-10B、DZS-10E 系列延时中间继电器

(一)简介

该系列继电器用于继电保护和自动控制回路中,用以增加触点数量和扩大触点容量。

DZS-11B、DZS-13B、DZS-11E 型为动作延时继电器;DZS-12B、DZS-14B、DZS-12E 型为返回延时继电器;DZS-15B、DZS-16B、DZS-13E 型为电压延时动作和电流保持继电器。

DZS-10E 系列中间继电器与 DZB-10B 系列的技术数据基本相同,仅触点数量和外形结构形式不同。

(二)技术数据

DZS-10B 系列延时中间继电器技术数据,见表 21-2-51;继电器的线圈电阻值,见表 21-2-52。

(三)内部接线

DZS-10B 系列延时中间继电器内部接线,见图 21-2-53;DZS-10E 系列延时中间继电器内部接线见图 21-2-54。

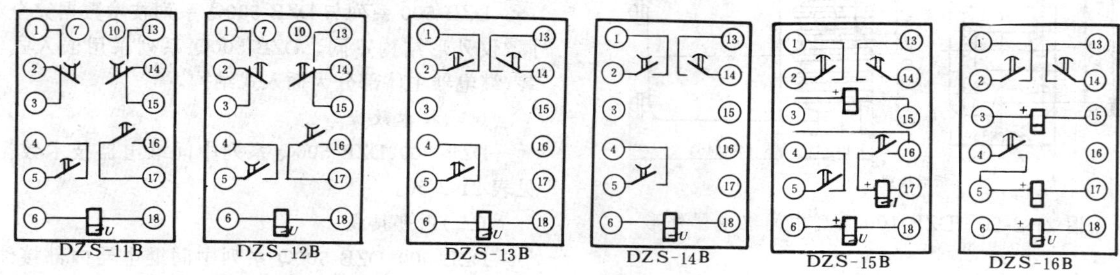

图 21-2-53 DZS-10B 系列延时中间继电器内部接线

表 21-2-51 **DZS-10B 系列延时中间继电器技术数据**

型 号	延时方式	触点型式(副)		额定值		动作延时(s)	返回延时(s)	动作电压	返回电压	功率消耗(W)	触 点 容 量			生产厂
		动合	转换	电压(V)	电流(A)						直流(W)	交流(VA)	长期通过电流(A)	
DZS-11B	动作延时	2	2	220 110 48 24 12	1 2 4 6	≮0.06	≮0.4	≯70%U_e	≮2%U_e	≯5	50	500	≯5	阿城继电器厂 鞍山继电器厂
DZS-12B	返回延时	2	2											
DZS-13B	动作延时	3												
DZS-14B	返回延时	3												
DZS-15B	延时动作	4												
DZS-16B		3												

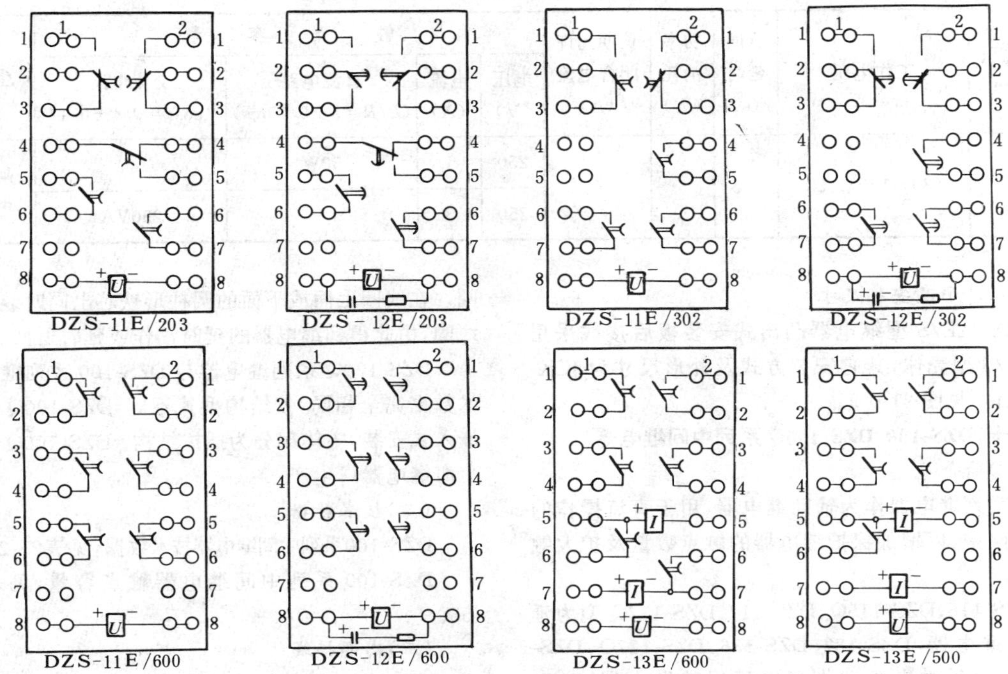

图 21-2-54　DZS-10E 系列延时中间继电器内部接线

表 21-2-52　DZS-10B 系列延时中间继电器线圈电阻值

型　号	额定值 电压(直流)(V)	额定值 电流(A)	电阻(Ω)
DZS-11B、12B、13B、14B	220	—	12400
	110		3000
	48		660
	24		195
	12		46
DZS-15B、16B	220	1	15000
		2	
	110	4	3800
	48	2	790
	24	4	320
	12	6	58

(四)外形及安装尺寸

DZS-10B 系列延时中间继电器壳体结构型式采用 JK-1 型，见图 21-0-1；DZS-10E 系列延时中间继电器凸出式安装板后接线采用 JCK-11/3 型壳体；其它安装方式、接线形式及外形尺寸，为 JCK-10 型壳体组件，见图 21-0-9。

二十九、DZS-12E/S 型直流回路监视继电器

(一)简介

该型继电器用来监视保护回路的直流电源及整个跳闸回路。当回路直流电源消失、跳闸线圈及其引线发生故障、断路器辅助触点和监视继电器发生故障时，均可发出报警信号。它是利用一个串接在返回延时中间继电器线圈上的发光二极管来实现的。当跳闸回路完好时，发光二极管亮(即继电器处于动作状态)，一旦跳闸回路开路或直流电源消失，继电器经 0.3s 延时返回，并通过其触点发出报警信号。

(二)技术数据

DZS-12E/S 型直流回路监视继电器技术数据，见表 21-2-53。

(三)内部接线

DZS-12E/S 型继电器内部接线，见图 21-2-55。

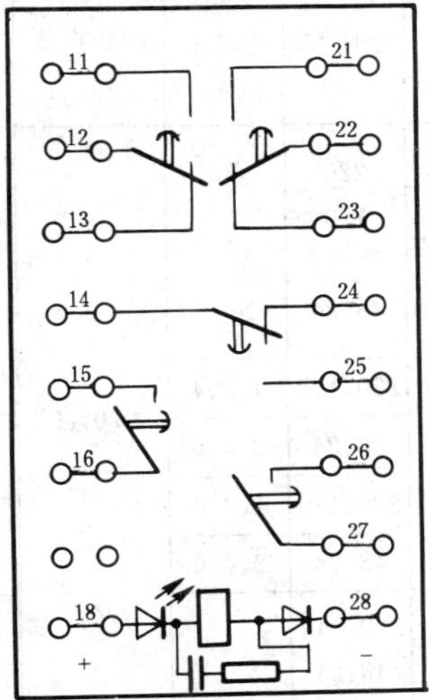

图 21-2-55　DZS-12E/S 型直流回路监视继电器内部接线

表 21-2-53　　**DZS-12E/S 型直流回路监视继电器技术数据**

额定电压(V)	工作电压	返回延时(s)	功率消耗(W)	长期允许闭合电流(A)	触点容量				生产厂
					电压(V)	电流(A)	直流电路($L/R=5\pm0.75$ms)	交流电路($\cos\varphi=0.4\pm0.1$)	
220 110	(80～120)%U_e	0.3	5	5	250	1	50W		阿城继电器厂
					250	3		250VA	

(四)外形及安装尺寸

DZS-12E/S 型继电器凸出式安装板后接线采用 JCK-11/5 型壳体，其它安装方式及外形尺寸为 JCK-10 型壳体，见图 21-0-9。

三十、DZS-100、DZS-100Q 系列中间继电器

(一)简介

该系列继电器作为辅助继电器，用于直流操作的保护回路中，以增加保护继电器的触点数量及扩大触点容量。

DZS-115、DZS-115Q、DZS-117、DZS-117Q 型为延时动作继电器，DZS-127、DZS-136、DZS-127Q、DZS-136Q 型为延时电压动作和电流保持继电器；DZS-145、DZS-145Q 型为延时返回继电器。

该系列继电器为吸片式电磁继电器。DZS-115、DZS-115Q、DZS-117、DZS-117Q 型继电器有一个电压工作线圈；DZS-127、DZS-127Q、DZS-136、DZS-136Q 型有一个电压工作线圈和两个电流保持线圈；DZS-145、DZS-145Q 型有一个电压工作线圈和一个阻尼线圈。在线圈上面或下面的圆柱形铁芯上同时装有阻尼线圈，由此得到继电器的延时动作或延时返回。

DZS-100Q 系列继电器与 DZS-100 系列继电器技术数据完全相同，仅结构型式不同，DZS-100Q 系列为嵌入式安装，主体部分为插拔结构。DZS-100Q 系列仅上海继电器厂生产。

(二)技术数据

DZS-100系列中间继电器技术数据，见表21-2-54。

DZS-100 系列中间继电器触点容量，见表 21-2-55。

(三)内部接线

DZS-100、DZS-100Q 系列中间继电器内部接线，见图 21-2-56。

(四)外形及安装尺寸

DZS-100 系列中间继电器外形及安装尺寸与 DZB-100 系列中间继电器相同，见图 21-2-50；DZS-100Q 系列中间继电器外形及安装尺寸与 DZB-100Q 系列中间继电器相同，见图 21-2-51。

表 21-2-54　　**DZS-100 系列中间继电器技术数据**

型　号	额定值		动作电压	动作时间(s)	保持电流	返回时间(s)	功率消耗(W)	触点型式(副)		生产厂
	电压 U_e(V)	电流 I_e(A)						动合	动断	
DZS-115 DZS-115Q	220 110		≯70%U_e	≮0.06	—	立即返回	≯3.3	2	2	上海继电器厂
DZS-117 DZS-117Q	48、24							4		
DZS-127 DZS-127Q	220、110 48、24	1、2、4 2、4、6			≯80%I_e		≯5.5(电压线圈) ≯2.5(电流线圈)	4	—	沈阳继电器厂
DZS-136 DZS-136Q	220、110 48、24	1、2、4 2、4、6						3	—	天津继电器厂
DZS-145 DZS-145Q	220、110 48、24					*	≯6.5	2	2	

* 在额定电压下，通电时间不小于 0.5s，切断电源后返回时间不小于 0.4s；如切断电源，同时将线圈短接，返回时间不小于 0.8s。

表 21-2-55　**DZS-100 系列中间继电器触点容量**

负　荷	电压(V)		最大断开电流(A)	长期电流(A)
	直流	交流		
阻性负荷	220 110	— —	1 5	5
感性负荷($T\leqslant 5\times 10^{-3}$s)	220 110	— —	0.4 4	
*交　流	— —	220 110	5 10	

*　此项仅供参考。

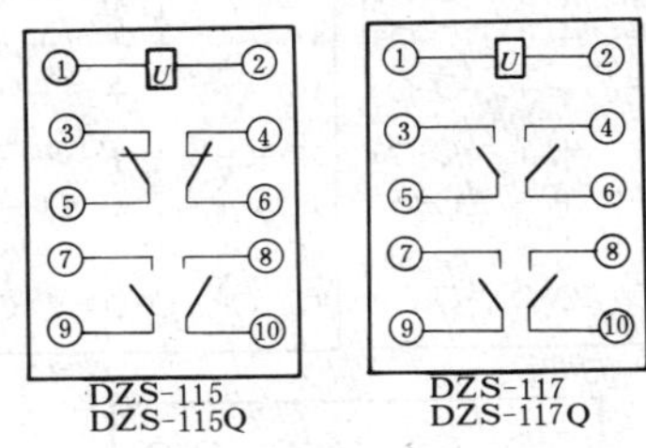

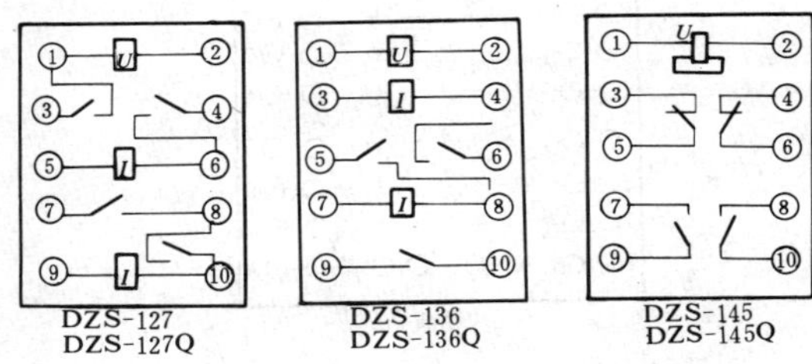

图 21-2-56　DZS-100、DZS-100Q 系列中间继电器内部接线

三十一、DZS-500、DZS-500Q 系列中间继电器

(一)简介

该系列继电器用于直流操作的继电保护和自动控制回路中，按其工作要求在继电器动作或释放时得到不大的延时。

DZS-500Q 系列继电器技术数据与 DZS-500 系列完全相同，仅结构型式不同，DZS-500Q 系列采用嵌入式安装，主体部分为插入式结构。

(二)技术数据

DZS-500、DZS-500Q 系列中间继电器技术数据见表 21-2-56。

(三)外形及安装尺寸

DZS-500 系列中间继电器外形及安装尺寸，见图 21-2-57；DZS-500Q 系列中间继电器外形及安装尺寸与 DZ-500Q 相同，见图 21-2-40。

三十二、BZS-10 系列延时中间继电器

(一)简介

BZS-10 系列延时中间继电器用于较高精度定时或频繁操作动作延时和返回延时的各种保护及控制回路中。其中 BZS-11～18 型为直流操作继电器，BZS-11J～18J 型为交流操作继电器。

(二)技术数据

BZS-10 系列延时中间继电器技术数据，见表 21-2-57。

(三)内部接线

BZS-10 系列延时中间继电器内部接线，见图 21-2-58。

表 21-2-56　**DZS-500、DZS-500Q 系列中间继电器技术数据**

型　号	触点型式(副)		额定电压(V)	释放时间(s)	动作时间(s)	功率消耗(W)	触点容量		长期通过电流(A)	生产厂
	动合	转换					直流电路(W)	交流电路(VA)		
DZS-532 DZS-532Q		2	24 48 110 220	0.25		5	50	500	5	上海继电器厂
DZS-533 DZS-533Q	2	2								
DZS-534 DZS-534Q		4								
DZS-536		6								
DZS-512 DZS-512Q		2			0.06					
DZS-513 DZS-513Q	2	2								
DZS-514 DZS-514Q		4								
DZS-516		6								

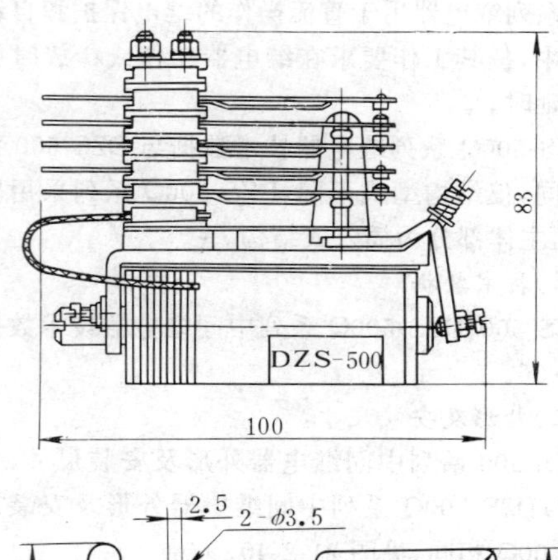

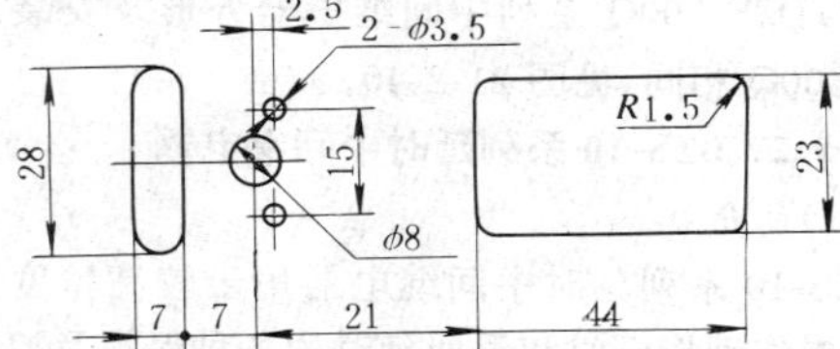

图 21-2-57　DZS-500 系列中间继电器外形及安装尺寸

（四）外形及安装尺寸

该系列继电器采用凸出式安装；当继电器为板后接线时采用 JCK-11/3 型壳体；其它安装方式、接线型式及外形尺寸为 JCK-10 系列壳体，见图 21-0-9。

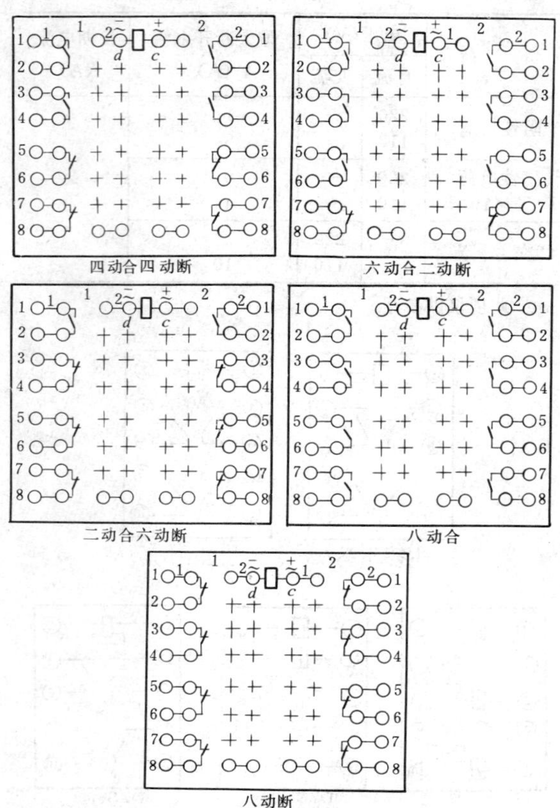

图 21-2-58　BZS-10 系列延时中间继电器内部接线

表 21-2-57　　**BZS-10 系列延时中间继电器技术数据**

型号		延时范围 (s)	额定电压 (V)	延时方式	功率消耗 BZS-11-18 (W)	功率消耗 BZS-11J-18J (VA)	触点容量 电压 (V)	直流阻性负载 (A)	直流感性负载 (A)	交流 (A)	长期接通 (A)	最大接通 (A)	生产厂
BZS-11	BZS-11J	0.1～1	24 36 48 60 110 125 220 250	动作延时	≯10	≯10	24 48	5	5	5	5	25	阿城继电器厂
BZS-12	BZS-12J	0.2～2.5											
BZS-13	BZS-13J	0.5～5					110	5	4	5			
BZS-14	BZS-14J	1～10											
BZS-15	BZS-15J	0.1～1		返回延时									
BZS-16	BZS-16J	0.2～2.5					220	1	0.5	5			
BZS-17	BZS-17J	0.5～5											
BZS-18	BZS-18J	1～10											

三十三、DZK-100、DZK-100Q 系列中间继电器

（一）简介

DZK-100 系列中间继电器用于直流操作的各种保护和自动控制回路中，以增加触点的数量和扩大触点容量。

DZK-100Q 系列与 DZK-100 系列中间继电器技术数据完全相同，仅结构型式不同。DZK-100Q 系列采用嵌入式安装，主体部分为插拔式结构。

（二）型号含义

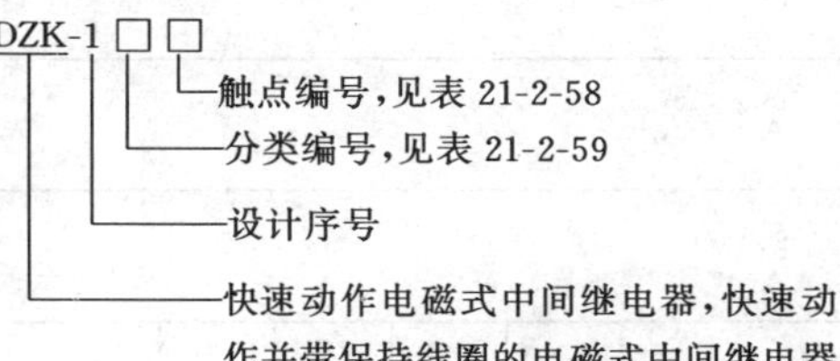

表 21-2-58　DZK-100 系列中间继电器触点编号

触点编号	1	2	3	4	5
触点型式	220	240	420	400	040

表 21-2-59　DZK-100 系列中间继电器分类编号

分类编号	1	2	3	4
工作线圈及保持线圈数量	1个电压工作线圈	1个电压工作线圈，2个电流保持线圈	1个电压工作线圈，3个电流保持线圈	1个电流工作线圈，1个电压保持线圈

（三）技术数据

DZK-100 系列中间继电器技术数据，见表 21-2-60。

（四）内部接线

DZK-100 系列中间继电器电压线圈外接电阻值，见表 21-2-61，内部接线，见图 21-2-59。

（五）外形及安装尺寸

DZK-100 系列中间继电器外形及安装尺寸，具有4副触点的见图 21-2-60，具有6副触点的见图 21-2-61；DZK-100Q 系列中间继电器外形及安装尺寸，见图 21-2-62。

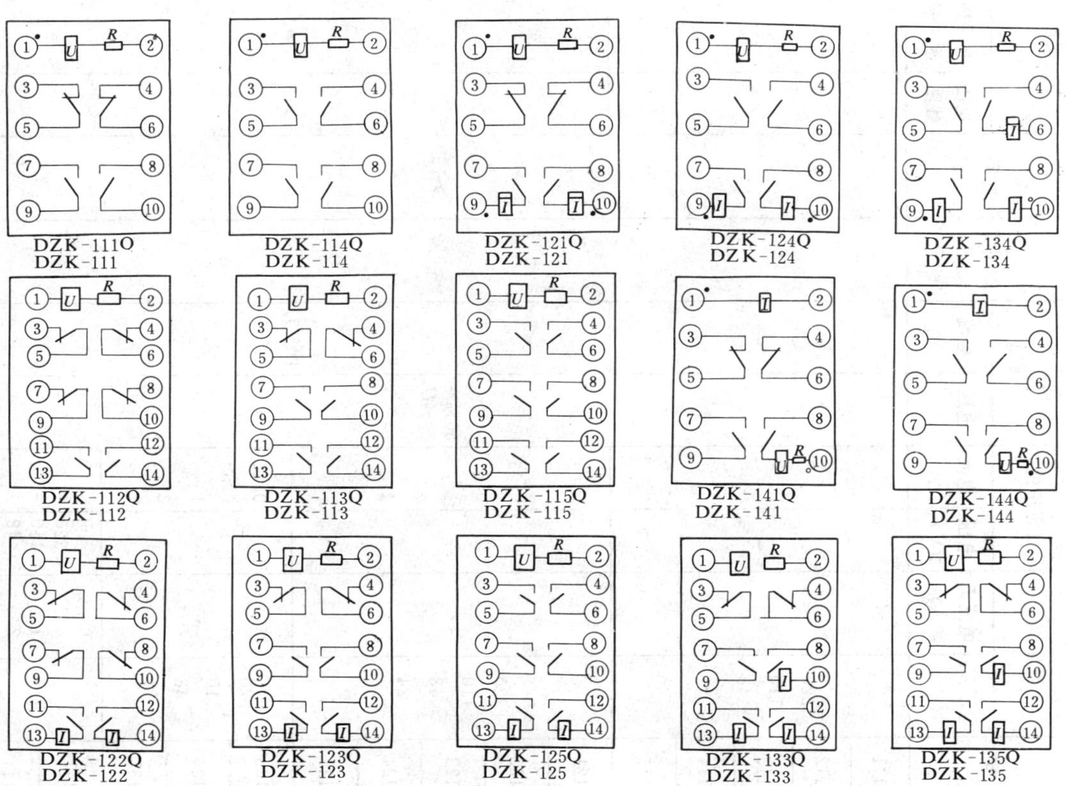

图 21-2-59　DZK-100、DZK-100Q 系列中间继电器内部接线

表 21-2-60　**DZK-100 系列中间继电器技术数据**

型号	额定值		自保持值		动作值 保持值		返回值	动作时间 (ms)	功率消耗 (W)		线圈类型	触点型式 (副)		触点容量						生产厂
														直流电路 (感性负载$T=5\times10^{-2}$s)			交流电路 ($\cos\phi=0.8$)			
	电压U_e (V)	电流I_e (A)	电压 (V)	电流 (A)	电压	电流			电压线圈	自保持线圈		动合	动断	电压 (V)	电流 (A)	容量 (W)	电压 (V)	电流 (A)	容量 (VA)	
DZK-111	220 110 48 24	—	—	—	50%～70%U_e	—	≮5%	≯15	≯3	—	1个电压工作线圈	2	2	≯220	≯5	50	≯220	≯5	500	上海继电器厂
DZK-112												2	4							
DZK-113												4	2							
DZK-114												4	—							
DZK-115												6	—							
DZK-121	220 110 48 24	—	—	0.25 0.5 1 2 4		80%I_e			≯8	≯3	1个电压工作线圈,2个电流保持线圈	2	2							
DZK-122												2	4							
DZK-123												4	2							
DZK-124												4	—							
DZK-125												6	—							
DZK-133	220 110 48 24	—	—	0.25 0.5 1 2 4							1个电压工作线圈,3个电流保持线圈	4	2							
DZK-134												4	—							
DZK-135												6	—							
DZK-141	—	0.25 0.5 1 2 4	220 110 48	—							1个电流工作线圈,1个电压保持线圈	2	2							
DZK-144												4	—							

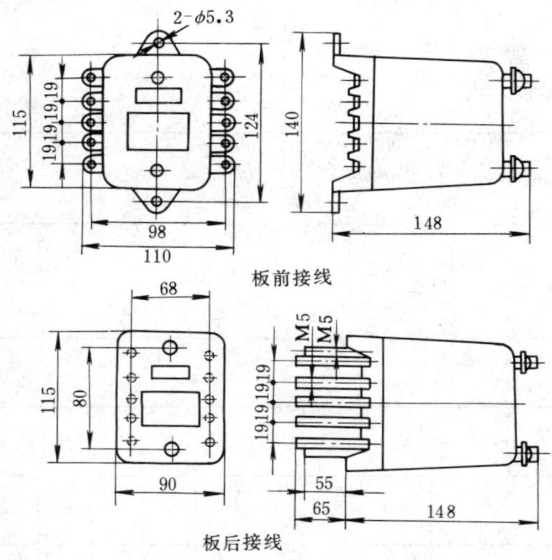

图 21-2-60　DZK-100 系列中间继电器外形及安装尺寸(四副触点)

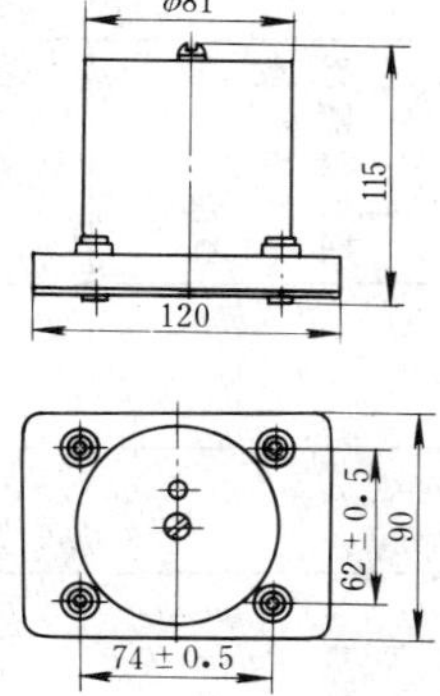

图 21-2-61　DZK-100 系列中间继电器外形及安装尺寸(六副触点)

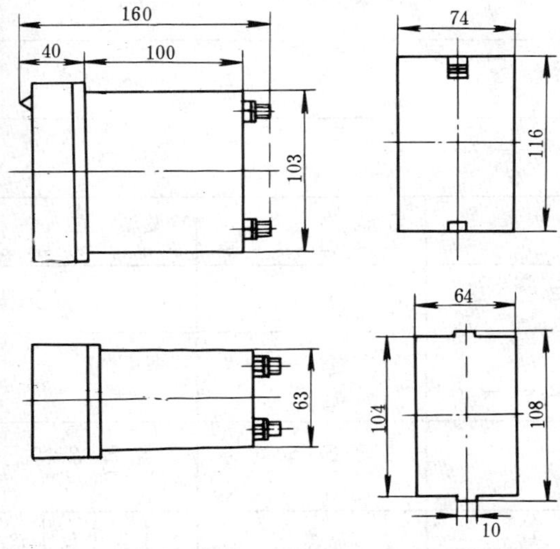

图 21-2-62　DZK-100Q 系列中间继电器外形及安装尺寸

表 21-2-61　DZK-100 系列中间继电器电压线圈外接电阻值

继电器类型	无电流自保				有电流自保			
电压(V)	220	110	48	24	220	110	48	24
电阻(Ω)	4300	1500	390	82	2000	820	180	43

表 21-2-62　DZK-900 系列快速中间继电器触点型式

触点编号	1	2	3	4	5	6	7	8
触点型式	202	220	240	400	420	600	402	800

表 21-2-63　DZK-900 系列快速中间继电器分类编号

分类编号	1	2	3	4
工作线圈和保持线圈数量	1 个电压工作线圈	1 个电压工作线圈,1 个电流保持线圈	1 个电压工作线圈,2 个电流保持线圈	1 个电压工作线圈,3 个电流保持线圈

三十四、DZK-900 系列快速中间继电器

(一) 简介

DZK-900 系列快速中间继电器用于继电保护和自动控制线路中,作切换电路以及增加保护和控制回路的触点数量及触点容量;也可用于跳闸出口回路,该继电器可代替 DZK-200 系列中间继电器。

(二) 型号含义

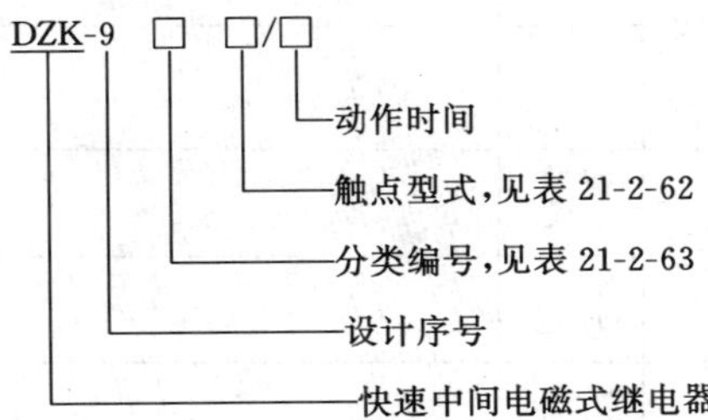

(三) 技术数据

DZK-900 系列快速中间继电器技术数据,见表 21-2-64。

(四) 内部接线

DZK-900 系列快速中间继电器内部接线,见图 21-2-63,电压线圈外接电阻值,见表 21-2-65。

表 21-2-64 DZK-900 系列快速中间继电器技术数据

型号	额定值		自保持值		动作值 保持值		返回值	动作时间 (ms)	功率消耗 (W)		线圈类型	触点型式 (副)			触点容量 ($T=40ms$)			长期接通电流 (A)	生产厂
	电压 U_e (V)	电流 I_e (A)	电压 (V)	电流 (A)	电压	电流			电压线圈	自保持线圈		动合	动断	转换	电压 (V)	电流 (A)	容量 (W)		
DZK-911	220 110 48 24				50%～70%U_e	80%I_e	≮5%	DZK-900/8 ≯8 DZK-900/4 ≯4	≯8	≯2.5	1个电压工作线圈	2		2	≯250	≯5	DZK-900/8 50 DZK-900/4 150	5	许昌继电器厂
DZK-912												2	2						
DZK-914												4							
DZK-916												6							
DZK-917												4		2					
DZK-918												8							
DZK-942		0.25 0.5 1 2 4 8	220 110 48 24								1个电流工作线圈，1个电压保持线圈	2	2						
DZK-924	220 110 48 24			0.25 0.5 1 2 4 8							1个电压工作线圈，2个电流保持线圈	4							
DZK-934	220 110 48 24			0.25 0.5 1 2 4 8							1个电压工作线圈，3个电流保持线圈	4							
DZK-936												6							
DZK-937												4		2					
DZK-938												8							

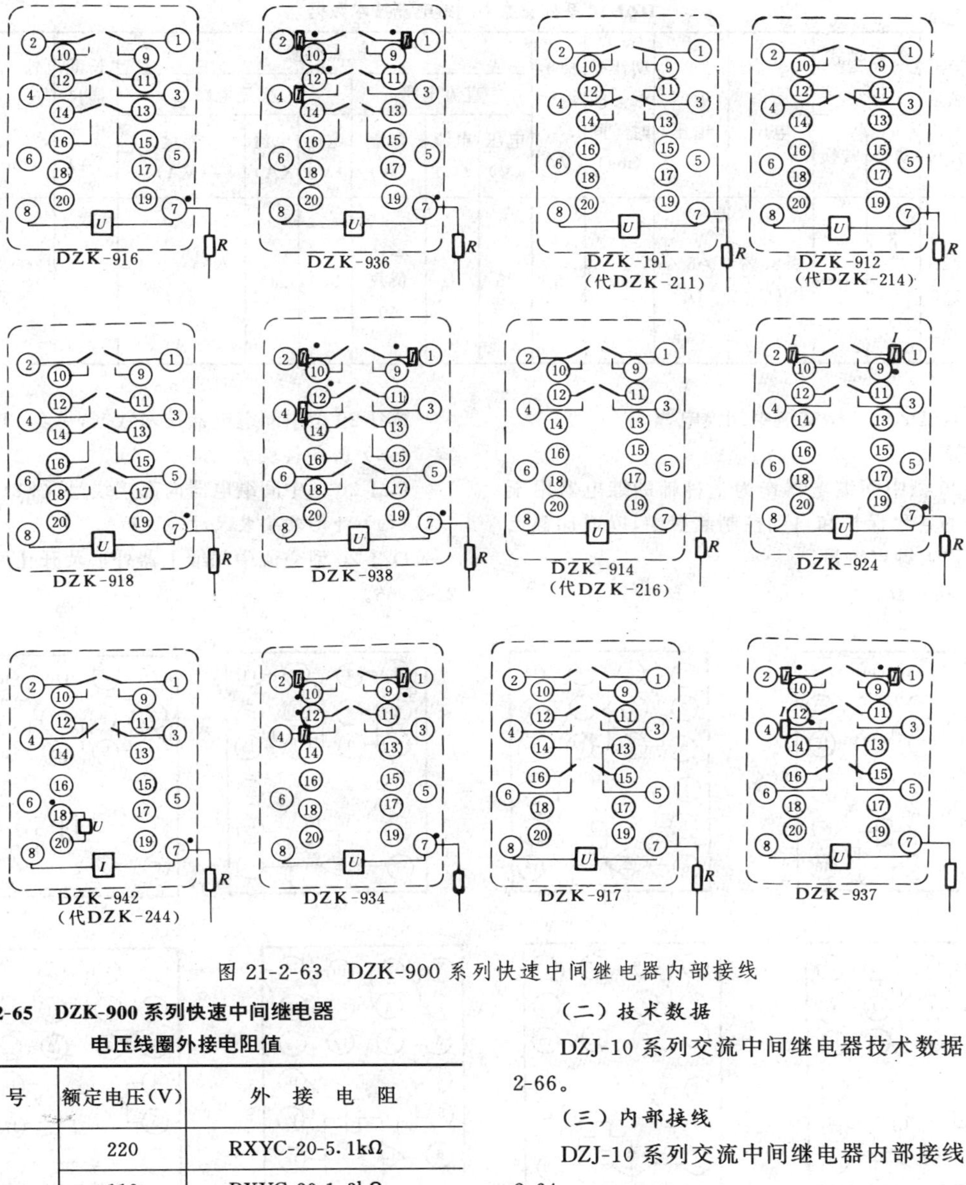

DZK-916　DZK-936　DZK-191（代DZK-211）　DZK-912（代DZK-214）

DZK-918　DZK-938　DZK-914（代DZK-216）　DZK-924

DZK-942（代DZK-244）　DZK-934　DZK-917　DZK-937

图 21-2-63　DZK-900 系列快速中间继电器内部接线

表 21-2-65　DZK-900 系列快速中间继电器电压线圈外接电阻值

型　　号	额定电压(V)	外 接 电 阻
DZK-900/8 DZK-900/4	220	RXYC-20-5.1kΩ
	110	RXYC-20-1.3kΩ
	48	RXYC-20-240Ω
	24	RXYC-20-62Ω

(五) 外形及安装尺寸

DZK-900 系列快速中间继电器壳体结构型式有 A11K、A11P、A11H、A11Q 型，外形及安装尺寸见表 21-0-1。

三十五、DZJ-10 系列交流中间继电器

该系列继电器作为一种辅助继电器用于交流操作的各种继电保护装置中，以增加触点数量和扩大触点容量，是 DZ-30B 型的派生产品。

(二) 技术数据

DZJ-10 系列交流中间继电器技术数据，见表 21-2-66。

(三) 内部接线

DZJ-10 系列交流中间继电器内部接线，见图 21-2-64。

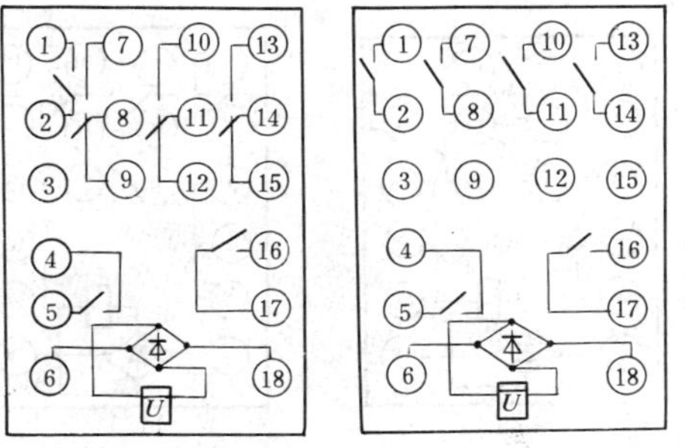

图 21-2-64　DZJ-10系列交流中间继电器内部接线

表 21-2-66 **DZJ-10系列交流中间继电器技术数据**

型号	交流额定电压(V)	触点型式(副)		动作电压	返回电压	动作和返回时间(ms)	功率消耗(VA)	触点容量						长期通过电流(A)	外形尺寸(mm)	生产厂
								直流电路			交流电路					
		动合	转换					电压(V)	电流(A)	容量(W)	电压(V)	电流(A)	容量(VA)			
DZJ-11	220 110	3	3	≯80% U_e	≯5% U_e	60	5	25	1	感性负载 50	250	1	cosϕ=0.4 250	5	126×106×60	阿城继电器厂
DZJ-12		6														

三十六、DZJ-20型交流中间继电器

(一) 简介

DZJ-20型中间继电器作为一种辅助继电器用于交流操作的各种保护和自动控制装置中，以增加触点的数量及扩大触点容量。

(二) 技术数据

DZJ-20型中间继电器技术数据，见表21-2-67。

(三) 内部接线

DZJ-20型中间继电器内部接线，见图21-2-65。

(四) 外形及安装尺寸

DZJ-20型交流中间继电器外形及开孔尺寸，见图21-2-66。

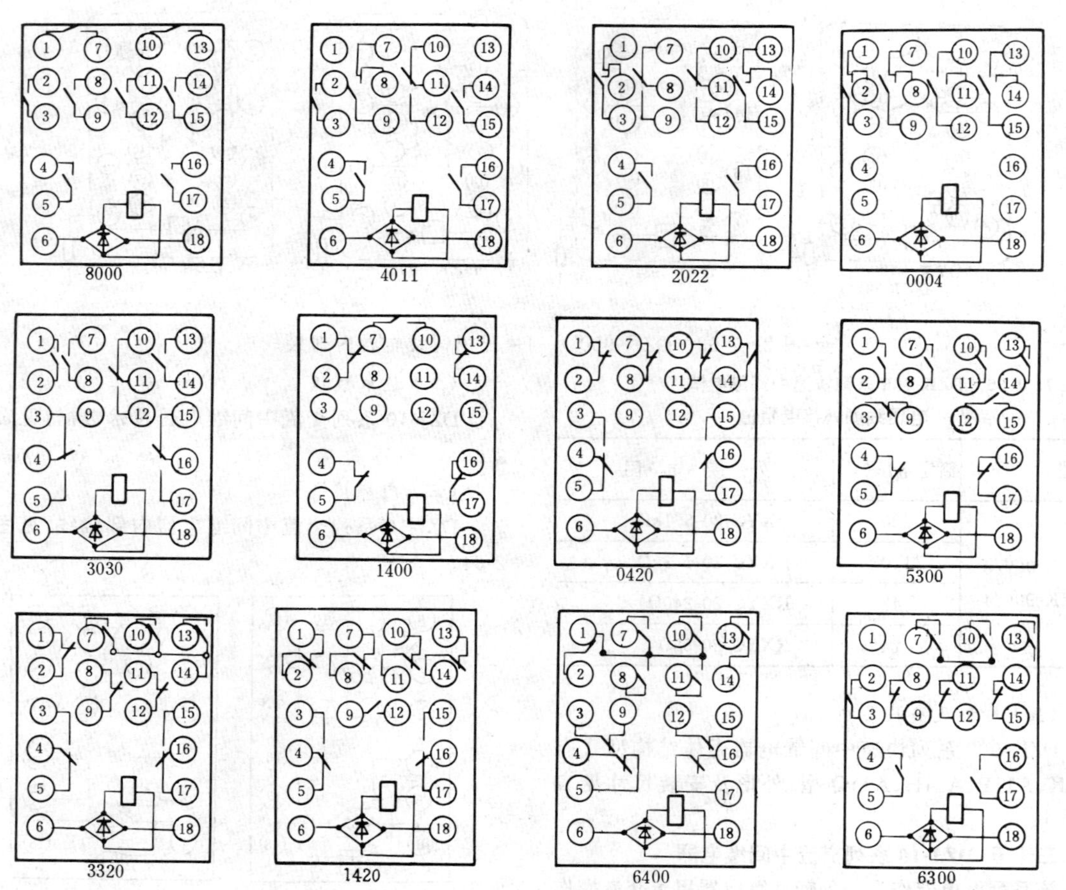

图 21-2-65 DZJ-20型交流中间继电器内部接线

表 21-2-67　**DZJ-20 型交流中间继电器技术数据**

交流额定电压 U_e (V)	动作电压	返回电压	动作和返回时间 (ms)	功率消耗 (VA)	触点容量						长期通过电流 (A)	触点型式	生产厂
					直流电路			交流电路					
					电压 (V)	电流 (A)	容量 (W)	电压 (V)	电流 (A)	容量 (VA)			
36、100 110、127 220	$\ngtr 80\% U_e$	$\ngtr 5\% U_e$	60	4	250	2	感性负载 20	250	2	$\cos\phi=0.4$ 80	5	8000、4011、2022 0004、3030、1400 0420、5300、3320 1420、6400、6300	阿城继电器厂

注　触点型式举例：

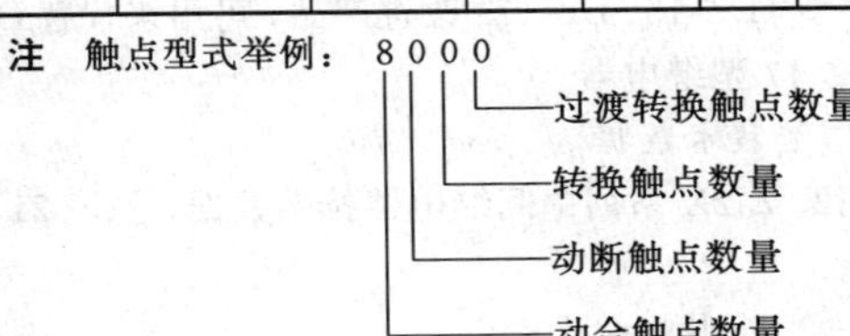

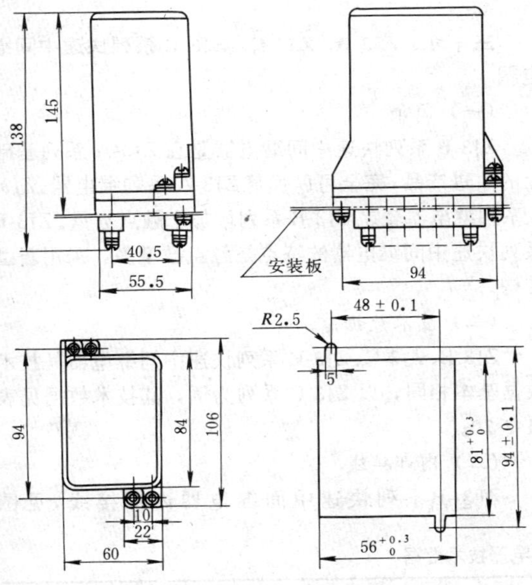

图 21-2-66　DZJ-20 型交流中间继电器外形及开孔尺寸

三十七、ZJ1 系列中间继电器

（一）简介

该系列继电器用于直流电路中作为辅助继电器。ZJ1-1 型为电流动作电压保持；ZJ1-2 型为电压动作电流保持。

（二）技术数据

ZJ1 系列中间继电器技术数据，见表 21-2-68。

（三）内部接线

ZJ1 系列中间继电器内部接线，见图 21-2-67。

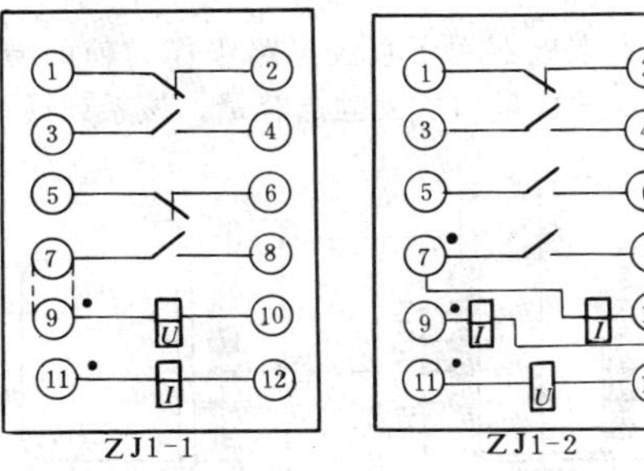

图 21-2-67　ZJ1 系列中间继电器内部接线
（* 表示为同极性）

（四）外形及安装尺寸

ZJ1系列中间继电器外形及安装尺寸，见图21-2-68。

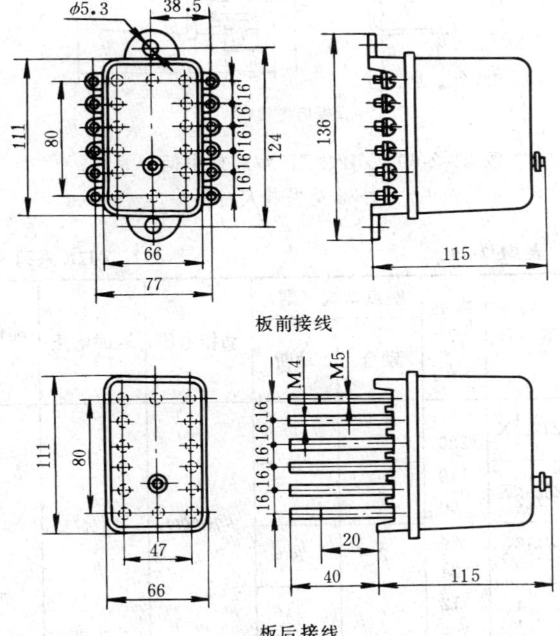

图 21-2-68　ZJ1 系列中间继电器外形及安装尺寸

表 21-2-68 **ZJ1 系列中间继电器技术数据**

型号	额定值 电压 U_e (V)	额定值 电流 I_e (A)	动作值	保持值	返回值	动作时间 (s)	功率消耗 (W)	触点容量 电压 (V)	触点容量 阻性负载 (A)	触点容量 感性负载 (A)	触点容量 交流 (A)	长期通过电流 (A)	生产厂
ZJ1-1	220 110	1 2	I_e	$\not> 70\%U_e$	$\not< 3\%I_e$	$\not> 0.05$	$\not> 6$	110	5	4	10	5	鞍山继电器厂
								220	1	0.5	5		
ZJ1-2	48 24	4	$\not> 70\%U_e$	$\not> 80\%I_e$	$\not< 3\%U_e$	$\not> 0.03$	$\not> 3$	110	5	4	10		北京继电器厂
								220	1	0.5	5		

三十八、ZJ2、ZJ2X 系列中间继电器

（一）简介

该系列继电器用于直流电路中作为辅助继电器，以增加触点的数量和扩大触点容量。该系列继电器是DZ-10 型（DZ-15、DZ-17）改进产品，可用来代替 DZ-15、DZ-17 型继电器。

（二）技术数据

ZJ2、ZJ2X 系列中间继电器技术数据，见表 21-2-69。

（三）外形及安装尺寸

ZJ2、ZJ2X 系列中间继电器外形及安装尺寸，见图 21-2-69。

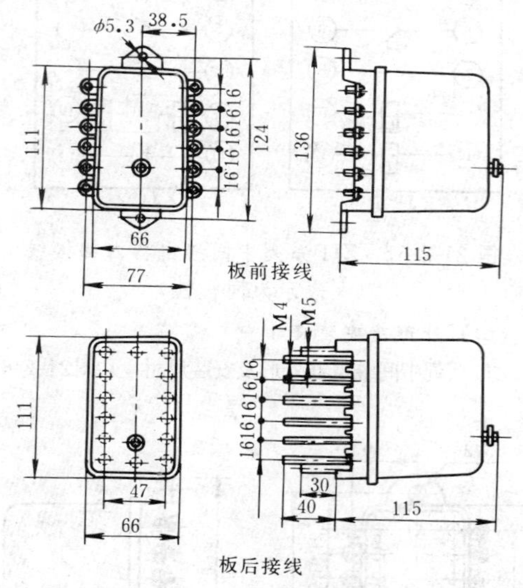

图 21-2-69 ZJ2、ZJ2X 系列中间继电器外形及安装尺寸

三十九、ZJ3-B、ZJ3-C、ZJ3-E 系列快速中间继电器

（一）简介

ZJ3-B 系列快速中间继电器是在 ZJ3-A 系列基础上的改进产品，完全可以代替 ZJ3-A 系列继电器。ZJ3-C 系列继电器较之 ZJ3-B 系列增加了触点数量。ZJ3-E 系列快速中间继电器的特点是触点数量多，采用新型结构。

（二）技术数据

ZJ3-B、ZJ3-C、ZJ3-E 系列快速中间继电器其技术数据基本相同，以 ZJ3-C 系列为例，其技术数据见表 21-2-70。

（三）内部接线

ZJ3-B系列快速中间继电器内部接线，见图

表 21-2-69 **ZJ2、ZJ2X 系列中间继电器技术数据**

型号	额定电压 U_e (V)	触点型式（副）动合	触点型式（副）动断	动作电压	返回电压	动作时间 (s)	功率消耗 (W)	触点容量 电压 (V)	触点容量 感性负载 (A)	触点容量 阻性负载 (A)	触点容量 交流 (A)	长期 (A)	生产厂
ZJ2-$\frac{1}{1}$X	220	4	1	$\not> 70\%U_e$	$\not< 3\%U_e$	$\not> 0.05$	$\not> 6$	220	0.5	1	5	5	鞍山继电器厂
ZJ2-$\frac{2}{2}$X	110 60	3	2										
ZJ2-$\frac{3}{3}$X	48 24	2	3					110	4	5	10		北京继电器厂
ZJ2-$\frac{4}{4}$X	12	1	4										

注 ZJ2X 系列继电器比 ZJ2 系列继电器多一套信号机构，北京继电器厂生产。

表 21-2-70　　ZJ3-C 系列快速中间继电器技术数据

型号	额定值		保持值		动作值	动作时间(s)	保持值	返回电压	触点容量						功率消耗(W)		生产厂
									直流电路			交流电路					
	电压(V)	电流(A)	电流(A)	电压(V)					电压(V)	电流(A)	容量(W)	电压(V)	电流(A)	容量(VA)	电压线圈	电流线圈	
ZJ3-1C	220 110 48 24				70%U_e	0.007		5%U_e	≯250	≯1	50	≯250	≯5	250	8		阿城继电器厂
ZJ3-2C			0.5 1 2 4				80%I_e									1.2	
ZJ3-3C																2	
ZJ3-4C		0.5 1 2 4		220 110 48 24	80%I_e		70%U_e									4	

21-2-70；ZJ3-C 系列内部接线，见图 21-2-71；ZJ3-E 系列内部接线，见图 21-2-72。

（四）外形及安装尺寸

ZJ3-B、ZJ3-C 系列继电器壳体结构型式采用 JK-1 型，见图 21-0-1。ZJ3-E 型继电器有凸出式板前接线、板后接线、嵌入式板后接线三种，凸出式板后接线采用 JCK-11/3 型壳体，其他安装方式采用 JCK-10 型壳体，见图 21-0-9。

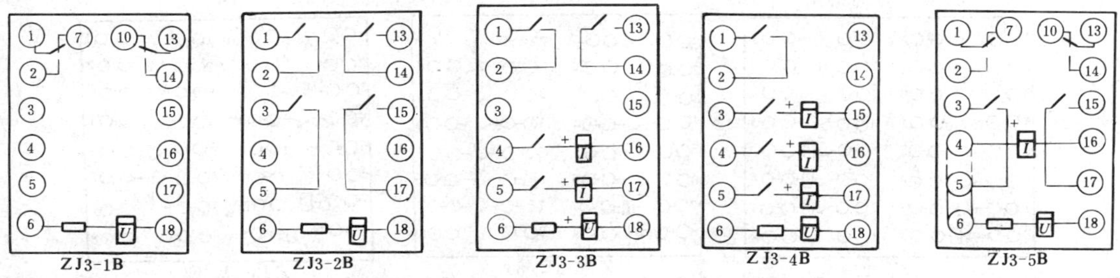

图 21-2-70　ZJ3-B 系列快速中间继电器内部接线

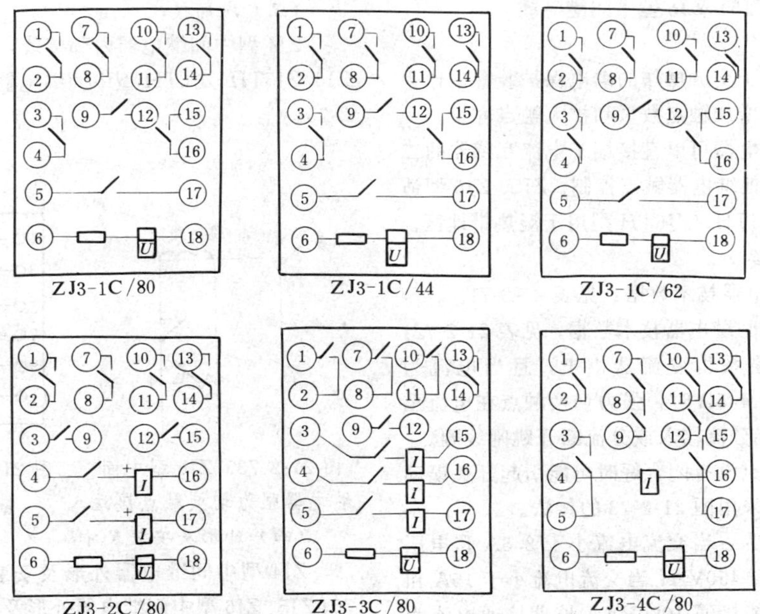

图 21-2-71　ZJ3-C 系列快速中间继电器内部接线

ZJ3-1E/80　　ZJ3-1E/62　　ZJ3-1E/44

ZJ3-2E/80　　ZJ3-2E/62　　ZJ3-3E/62

ZJ3-3E/80　　ZJ3-4E/80　　ZJ3-5E/62

图 21-2-72　ZJ3-E 系列快速中间继电器内部接线

四十、ZJ4、ZJ5、ZJ6型中间继电器

（一）简介

该型继电器用于交流操作的继电保护装置中作为辅助继电器，用以增加触点数量和扩大触点容量。

ZJ5、ZJ6 型继电器可以直接接于电流互感器的二次回路中，并由其他继电器触点控制。ZJ5、ZJ6 型适用于一般地区；ZJ5TH、ZJ6TH 型用于湿热带地区。

（二）技术数据

ZJ4 型中间继电器技术数据，见表 21-2-71。

ZJ5、ZJ6 型中间继电器技术数据，见表 21-2-72。

如果被控电路系由变流器供电，且当电流为 3.5A、阻抗不大于 4.5Ω 时，强力切换触点在电流至 150A 的情况下，能分流接入或分流断开跳闸线圈。

为消除动断触点没有闭合好时可能引起开关误动作，强力切换触点采用图 21-2-73 的接法。

一般触点容量为：当交流电流小于 2.5A 和电压低于 220V 时能断开 450VA；当交流电流小于 15A 和电压小于 220V 时能接通 1000VA。长期接通电流为 5A。

（三）内部接线

ZJ4 型中间继电器内部接线，见图 21-2-74；ZJ5、ZJ6、ZJ5TH、ZJ6TH 型中间继电器内部接线，见图 21-2-75。

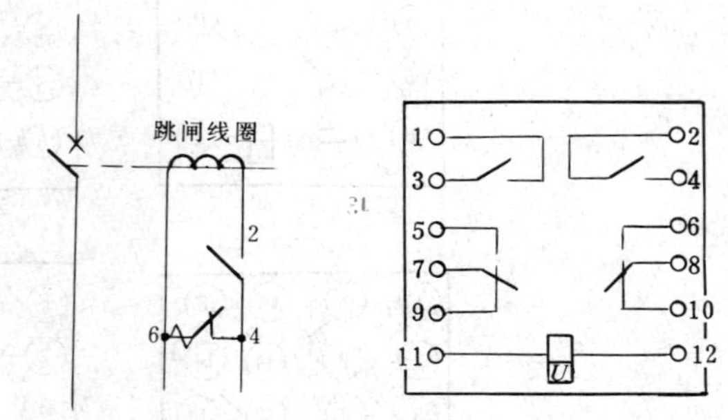

图 21-2-73　ZJ6 型中间继电器强力切换触点接法　　图 21-2-74　ZJ4 型中间继电器内部接线

（四）外形及安装尺寸

ZJ4 型中间继电器外形及安装尺寸，见图 21-2-76；ZJ5、ZJ6 型中间继电器外形及安装尺寸，见图 21-2-77。

表 21-2-71　　ZJ4 型中间继电器技术数据

交流额定电压 U_e (V)	动作电压	返回电压	功率消耗 (VA)	触点型式 (副)	触点容量				动作时间 (s)	生产厂
					电流 (A)	电压 (V)	交流电路 (VA)	长期通过电流 (A)		
220 127 100	≯70%U_e	≮3%U_e	≯6	二转换 二动合	≯2.5 ≯15	≯220 ≯220	450 1000	5	≯0.05	阿城继电器厂 鞍山继电器厂

表 21-2-72　　ZJ5、ZJ6 型中间继电器技术数据

动作电流 (A)	长期工作电流* (A)	功率消耗** (VA)	动作时间** (s)	触点型式（副）	
				ZJ5	ZJ6
2.5 5	10	6	0.05	四动合	一切换 一强力切换

*　继电器能经受 150A 过载 4s。

**　两倍动作电流下的功率消耗。

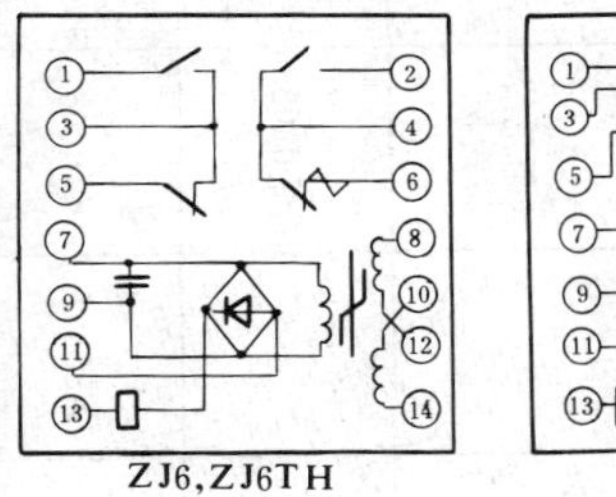

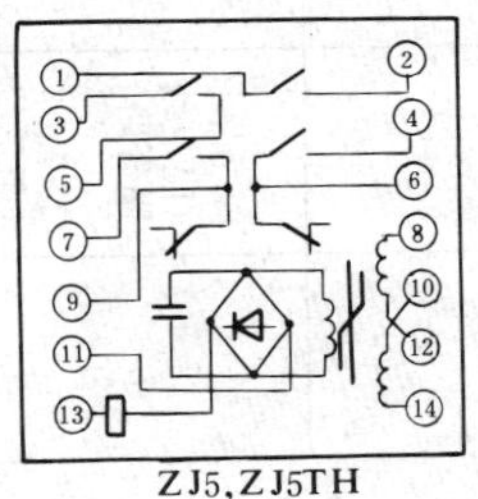

图 21-2-75　ZJ5、ZJ6、ZJ5TH、ZJ6TH 型中间继电器内部接线

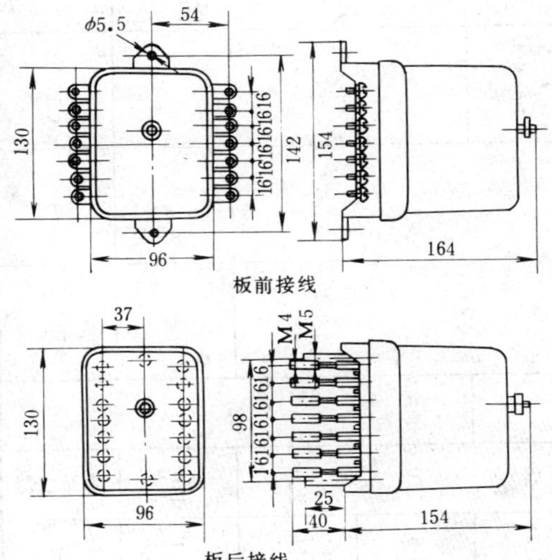

图 21-2-76　ZJ4 型中间继电器外形及安装尺寸

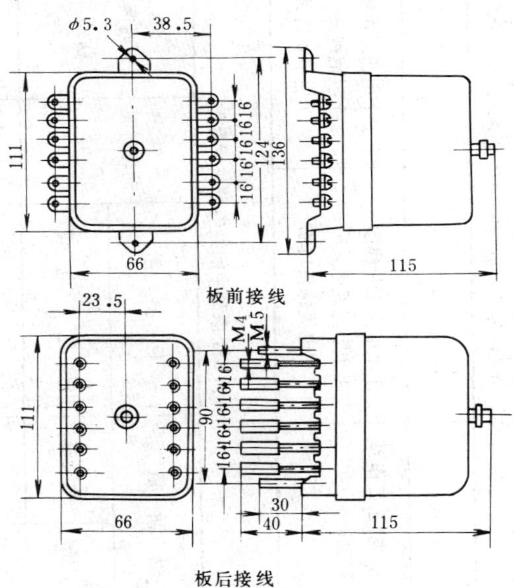

图 21-2-77　ZJ5、ZJ6 型中间继电器外形及安装尺寸

四十一、YZJ1 系列中间继电器

（一）简介

该系列继电器是阀型电磁式继电器，用于继电保护回路中作为辅助继电器。

（二）型号含义

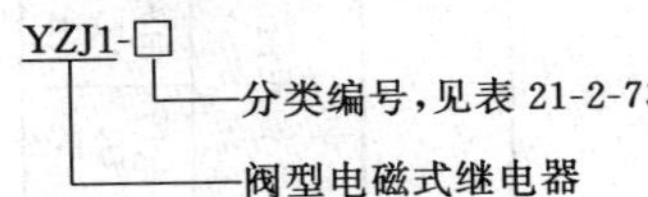

（三）技术数据

YZJ1 系列中间继电器技术数据，见表 21-2-74；继电器的热稳定性，见表 21-2-75。

表 21-2-73

YZJ1 系列中间继电器分类编号

分类编号	1	2	3	3E	4	5
工作线圈及保持线圈数量	1个电压工作线圈动作延时	1个电压工作线圈返回延时	1个电压工作线圈 1个阻尼线圈 3个电流保持线圈	1个电压工作线圈 1个阻尼线圈 2个电流保持线圈	1个电流工作线圈 1个阻尼线圈 1个电压保持线圈	1个电压工作线圈 3个电流保持线圈

表 21-2-74

YZJ1 系列中间继电器技术数据

型号	额定值		动作值		返回值		保持值		动作时间 (s)	返回时间 (s)	功率消耗 (W)		触点型式 (副)		触点容量				长期通过电流 (A)	生产厂
	电压 U_e (V)	电流 I_e (A)	电压	电流	电压	电流	电压	电流			电压线圈	电流线圈	动合	动断	电压 (V)	阻性负载 (A)	感性负载 (A)	交流 (A)		
YZJ1-1	24	—	≯70%U_e	—	≮5%U_e	—	—	—	≥0.11	—	≯6	—	5	—	220	1	0.5	5	5	阿城继电器厂
YZJ1-2	48				≮2%U_e					≥1.1	≯7									
YZJ1-3	110	1			≮5%U_e			≯80%I_e	≤0.04（阻尼线圈开路） ≥0.07（阻尼线圈短接）	—	≯15	≯1	4	1						
YZJ1-3E	220												3	1	110	5	2	10		
YZJ1-4	110	2	—	≯70%I_e		≮(5～7)%I_e	≯60%U_e		≤0.05	≤0.5（阻尼线圈短接）	≯3	≯6								
YZJ1-5	24 48 110 220	4	≯70%U_e	—	≮5%U_e	—	—	≯80%I_e	≤0.05	—	≯6	≯1	5	—						

表 21-2-75　YZJ1 系列中间继电器热稳定性

型　号	耐受 110%额定电压的时间(s)	耐受额定电流的倍数、时间
YZJ1-1 YZJ1-2	长　期*	—	—
YZJ1-3 YZJ1-3E	—	20	2 倍、10s
YZJ1-4	长　期*	—	3 倍、3s
YZJ1-5			2 倍、10s

*　环境温度＋40℃时，温升不超过 60℃。

（四）内部接线

YZJ1 系列中间继电器内部接线，见图 21-2-78。

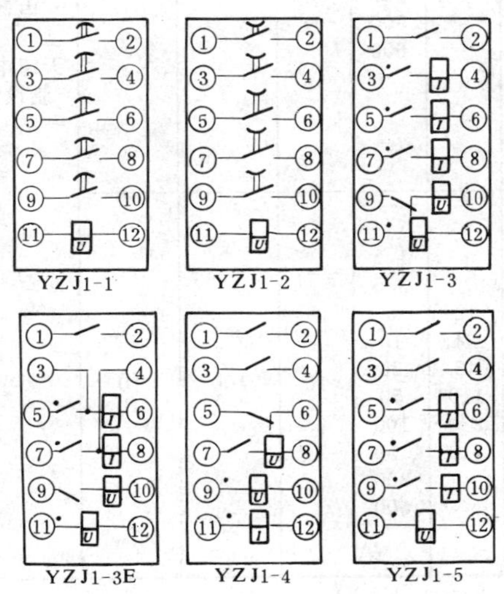

图 21-2-78　YZJ1 系列中间继电器内部接线（"*"为同极性）

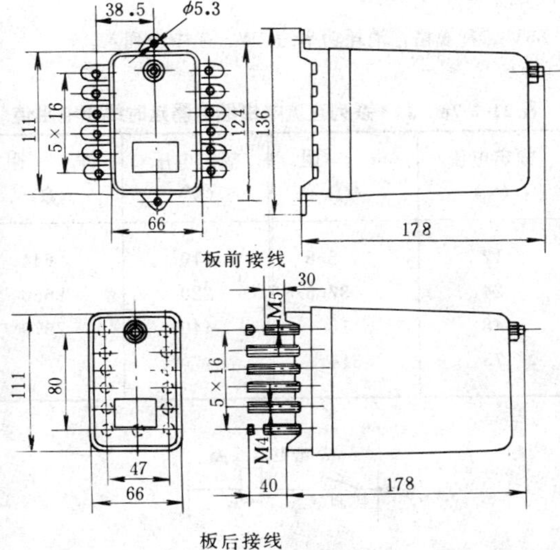

图 21-2-79　YZJ1系列中间继电器外形及安装尺寸

（五）外形及安装尺寸

YZJ1 系列中间继电器外形及安装尺寸，见图 21-2-79。

四十二、JT3 系列直流电磁继电器

（一）简介

JT3 系列直流电磁继电器主要用于 440V 及以下的电力传动控制回路中，作为电压、电流以及时间继电器用。派生的双线圈继电器，具有独特的性能，用在自动控制系统中，能使系统的工作稳定可靠，因而在电力传动回路和自动控制系统中被广泛采用。

（二）型号含义

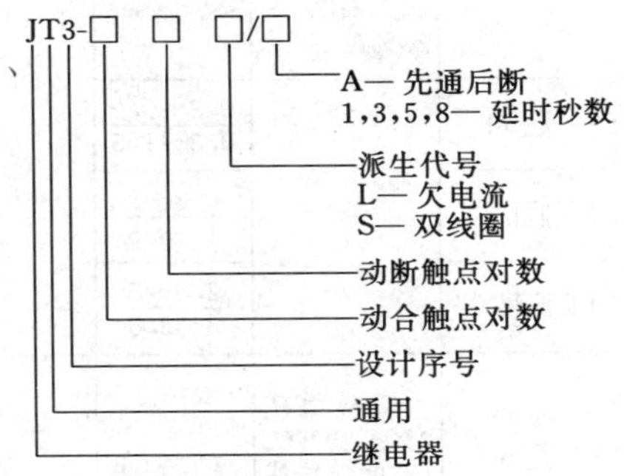

（三）技术数据

(1) JT3 系列直流电磁继电器技术数据，见表 21-2-76。

(2) JT3 系列双线圈继电器还具有下列特殊性能：

1) 具有保持线圈者（JT3-□□S 型），当吸引线圈加上 75%线圈额定电压使之吸合后，再在保持线圈上同极性加上 35%～100%的保持线圈额定电压，再断开吸引线圈，慢慢降低保持电压，保持线圈能保证继电器在保持线圈额定电压的 4.7%～8.2%范围内释放。

2) 具有释放线圈者（JT3-□□S/8 型），当吸引线圈加上 75%线圈额定电压使之吸合后，再断开吸引线圈，若释放线圈不通电，在振动频率为每分钟 1500 次，振幅为 0.5mm 的场合下，继电器能可靠吸合 1min 以上；若在完全无振动的场合下，能可靠吸合 24h 以上。

(3) JT3 系列直流电磁继电器触点容量，见表 21-2-77。

(4) 时间继电器充电时间约为 0.8s。为了确保延时，继电器吸引线圈通电时间不能少于充电时间。

(5) 继电器获得延时的方法有两种：

1) 将线圈短路，这时线圈应串接一电阻 R，以防止电源短路，见图 21-2-80。

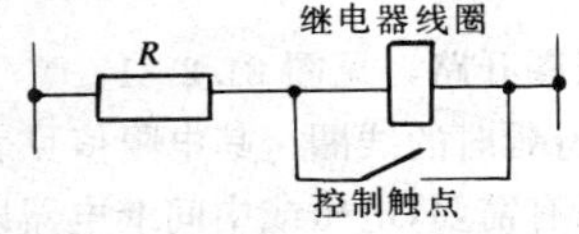

图21-2-80　JT3系列继电器线圈短路获得延时的接线

表 21-2-76　　JT3系列直流电磁继电器技术数据

类型	型　号	可调参数调整范围	延时可调范围（s）断电/短路	标准误差	触点型式（副）	吸引线圈 额定电压（V）	吸引线圈 额定电流（A）	吸引线圈 消耗功率（W）	机械寿命（万次）	电寿命（万次）	生产厂
电压	JT3-□□/A	吸合电压30%～50% U_e或释放电压7%～20% U_e	—	±10%	一动合、一动断或二动合、二动断	12 24 48 110 220 440	1.5 2.5 5 10 25 50 100 150 300 600	20	100	10	北京继电器厂 沈阳继电器厂 天津电气控制设备厂
	JT3-□□										
电流	JT3-□□L	吸合电流30%～65% I_e或释放电流10%～20%I_e	—		最多为四副触点可任意组合						
时间	JT3-□□/1	—	0.3～0.9/0.3～1.5					16			
	JT3-□□/3		0.8～3/1～3.5								
	JT3-□□/5		2.5～5/3～3.5								
双线圈	JT3-□□S	释放电压7%～20%U_e（此时保持线圈不通电）	—	±10%	最多为四副触点可任意组合	12 24 48 110 220 440	1.5 2.5 5 10 25 50 100 150 300 600	16	100	10	
	JT3-□□S/8	释放线圈上所加释放电压越高，延时越短；当释放电压为6V时，延时大于8s	—								

注　1. U_e为吸引线圈额定电压，I_e为吸引线圈额定电流。

2. 表中所列参数调整范围均为20±5℃环境中，冷态下且触点数量在2副以下时的数据。当触点数量多于2副时，电压继电器吸合电压可调范围为35%～50%，电流继电器吸合电流可调范围为35%～65%，时间继电器延时范围的上限值较表中数据降低30%。

3. 双线圈继电器的保持线圈或释放线圈额定电压有45V和85V二种规格，消耗功率约2W，表中未列入。

表 21-2-77　JT3系列直流电磁继电器触点容量

电流种类	电压（V）	额定电流（A）	接通电流（A）	断开电流（A）电感	断开电流（A）电阻
交流	380～500	10	40	8	8
	380以下		50	10	10
直流	110		10	2	4
	220		5	0.8	2

表 21-2-78　JT3系列直流电磁继电器延时线圈电阻值

额定电压（V）	电　阻（Ω）	额定电压（V）	电　阻（Ω）
12	8.8	110	644
24	37.5	220	2650
48	118	440	7979
75	314		

2）将线圈开路，见图 21-2-81。

（6）带有延时的线圈，其电阻值见表 21-2-78。

（7）如果有需要，电压或中间继电器以及时间继电器可装3至4副触点（动合动断触点任意组合），但此

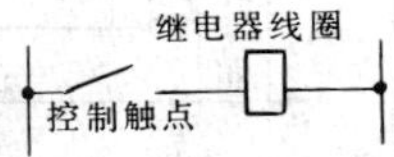

图 21-2-81　JT3继电器线圈开路获得延时的接线

时电压继电器的吸引电压为额定电压的 35%～50%；时间继电器的延时较最大值降低 30%。

（8）继电器消耗功率约 16W。

（四）外形及安装尺寸

JT3 系列直流电磁继电器外形及安装尺寸，见图 21-2-82～图 21-2-85 及表 21-2-79。

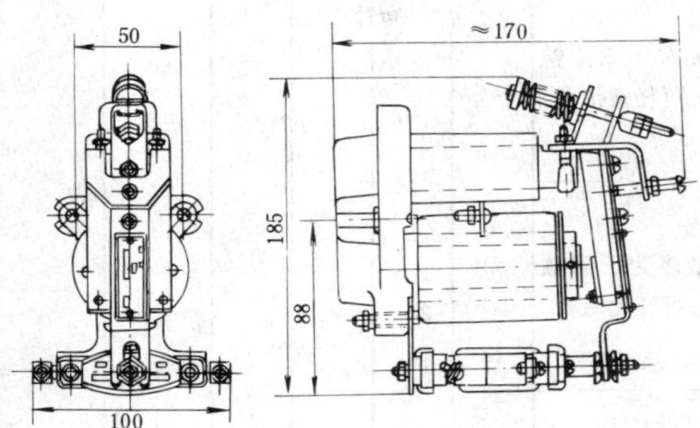

图 21-2-82　JT3-□□型直流电磁继电器外形尺寸

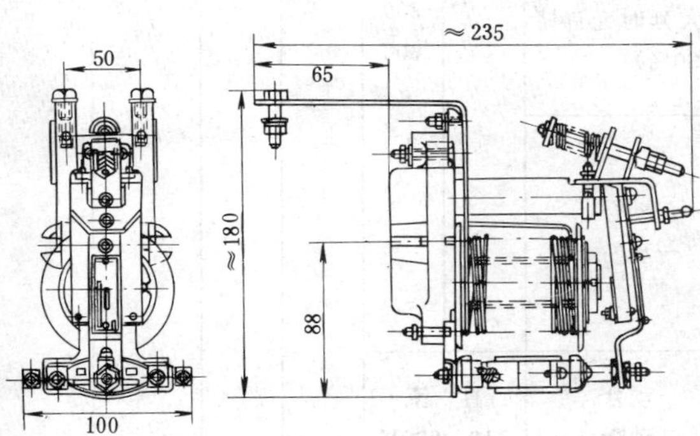

图 21-2-83　JT3-□□L 型直流电磁继电器外形尺寸

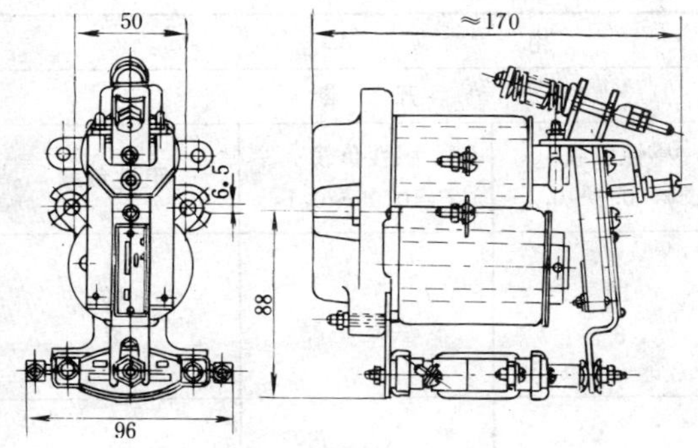

图 21-2-84　JT3-□□S 型直流电磁继电器外形尺寸

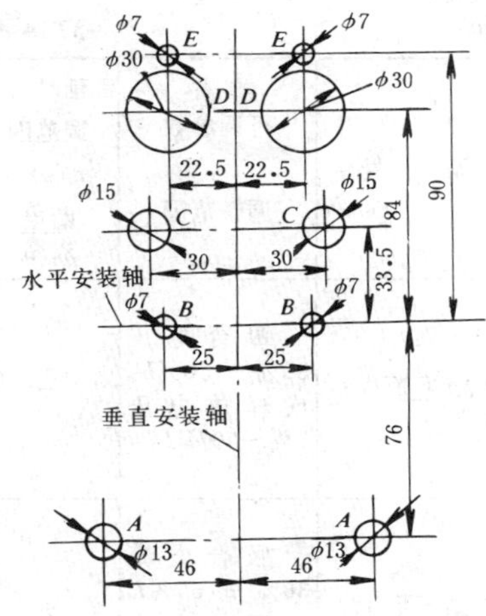

图 21-2-85　JT3 系列直流电磁继电器安装开孔尺寸

表 21-2-79　JT3 系列直流电磁继电器安装开孔尺寸

接线方式	继电器规格	钻　孔
板后接线	电压、时间及 1.5～5A 欠电流继电器	孔 *A*，*B*，*C*
	10～50A 欠电流继电器	孔 *A*，*B*，*E*
	100～600A 欠电流继电器	孔 *A*，*B*，*D*
板前接线	全部继电器	孔 *B*

四十三、JT3A 系列直流电磁继电器

（一）简介

JT3A 系列直流电磁继电器，用于直流自动控制回路中，作为时间（仅断电延时）、电压、欠电流、高返回系数的电压或电流以及中间继电器用。

（二）型号含义

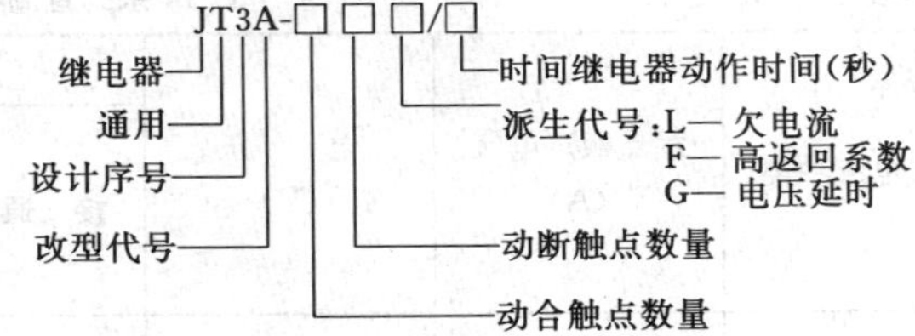

（三）技术数据

JT3A 系列直流电磁继电器技术数据，见表 21-2-80；触点容量，见表 21-2-81。

（四）外形及安装尺寸

JT3A 系列直流电磁继电器外形尺寸，见图 21-2-86～图 21-2-88；安装开孔尺寸，见图 21-2-89 及表 21-2-82。

表 21-2-80 **JT3A 系列直流电磁继电器技术数据**

继电器类型	型号	可调参数 调整范围	延时可调范围(s) 断电/短路	标准误差	触点型式	吸引线圈 额定电压(V)	吸引线圈 额定电流(A)	吸引线圈 消耗功率	机械寿命(万次)	电寿命(万次)	生产厂
电压(中间)	JT3A-□□	吸合电压30%～50%U_e或释放电压7%～20%U_e	—		最多为四副触点，可任意组合						
电流	JT3A-□□L	吸合电流30%～65%I_e或释放电流10%～20%I_e	—		最多为三副触点，可任意组合						
时间	JT3A-□□/1	—	0.3～0.9/0.3～1.5		最多为四副触点，可任意组合(具有三副和四副触点的继电器，其最大延时允许降低30%)						
	JT3A-□□/3		0.8～3/1～3.5	±10%		12 24 48 110 220 440	1.5 2.5 5 10 25 50 100 150 300 600	—	100	10	天水长城控制电器厂
	JT3A-□□/5		2.5～5/3～5.5								
高返回系数	JT3A-□□F	吸合电压30%～55%U_e 吸合电流30%～70%I_e	—		一动合 一动断						
电压延时	JT3A-12G	—	—		一动合 二动断	直流 110、220V					

注 U_e—吸引线圈额定电压；I_e—吸引线圈额定电流。

表 21-2-81 **JT3A 系列直流电磁继电器触点容量**

电流种类	触点额定电流(A)	电压(V)	电流(A) 接通	电流(A) 开断 感性负载 $\cos\varphi=0.3\sim0.4$	电流(A) 开断 感性负载 $T=0.05\sim0.1$s	电流(A) 开断 阻性负载
交流	10	380 及以下 380 至 500	50 40	10 8	—	10 8
直流	10	110 220	10 5	—	2 0.8	4 2

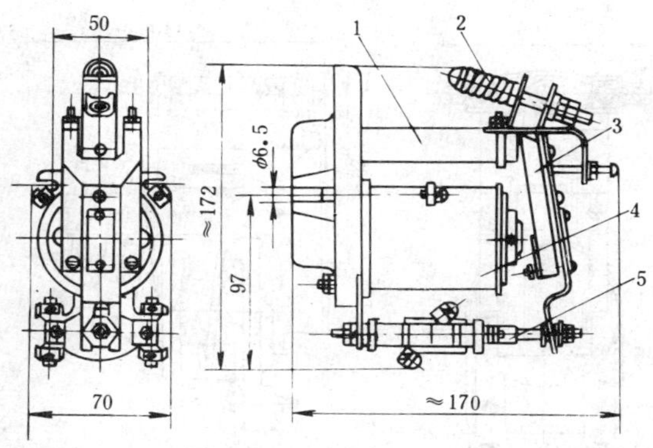

图 21-2-86　JT3A-□□/5 型时间继电器及电压延时继电器外形尺寸

1—铁芯；2—反力弹簧；3—衔铁；4—线圈；5—触头

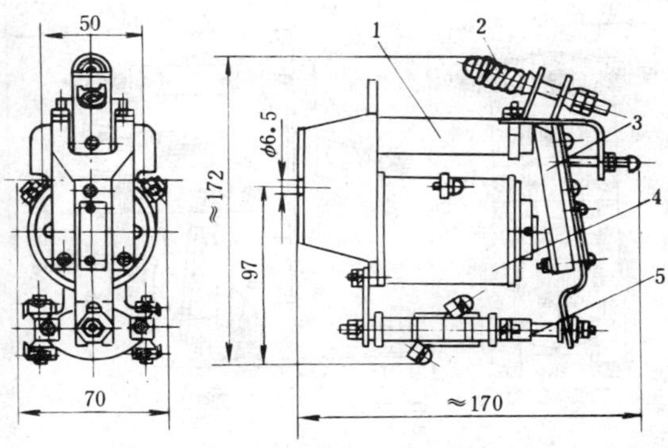

图 21-2-87　JT3A-□□/1、3 型时间继电器及 1.5～2.5A 欠电流继电器外形尺寸

1—铁芯；2—反力弹簧；3—衔铁；4—线圈；5—触头

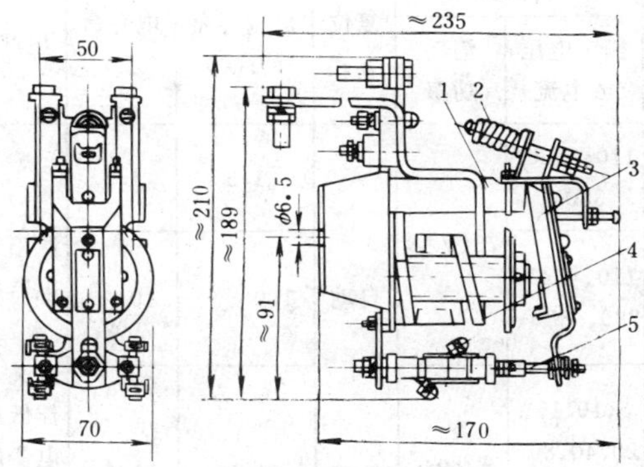

图 21-2-88　JT3A 型 5～600A 欠电流继电器外形尺寸

1—铁芯；2—反力弹簧；3—衔铁；4—线圈；5—触头

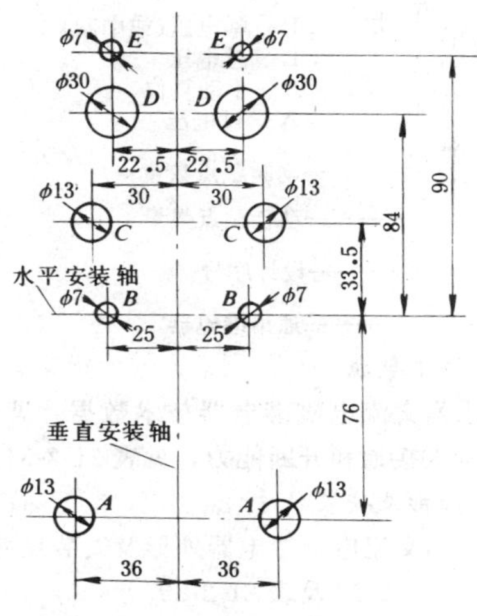

图 21-2-89　JT3A 系列直流电磁继电器安装开孔尺寸

表 21-2-82　JT3A 系列直流电磁继电器安装开孔尺寸

接线方式	继电器规格	钻　孔	备　　注
板后接线	电压继电器、时间继电器及 1.5～2.5A 欠电流继电器	孔 A、B、C	高返回电压继电器钻孔同电压继电器，高返回电流继电器钻孔同相同规格的欠电流继电器
	5～50A 欠电流继电器	孔 A、B、E	
	100～600A 欠电流继电器	孔 A、B、D	
板前接线	全部继电器	孔 B	

四十四、JT4 系列交流电磁继电器

（一）简介

JT4 系列交流电磁继电器用于交流 50Hz、380V 及以下的自动控制电路中，作为零电压、过电流、过电压和中间继电器之用。过电流继电器也适用于 60Hz 的控制电路中。

继电器的磁系统由硅钢片叠制而成，包括衔铁及门型磁轭。在磁轭上装有线圈。触点采用标准的 CI-1 型辅助触点，装在磁轭底座上。JT4-L 型电流继电器一般制成自动复位式。需要时也可以加装手动复位机构，此时型号改为 JT4-S。继电器安装时可以板前接线，也可以板后接线。但要注意，对 150A 以上的电流继电器，板前、板后接线结构不同。

（二）型号含义

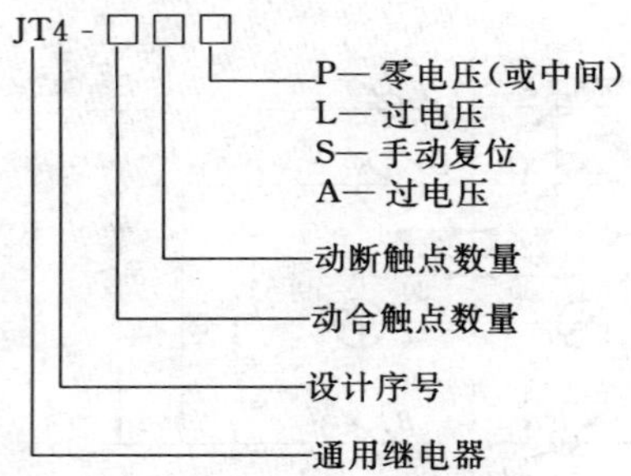

（三）技术数据

JT4 系列交流电磁继电器技术数据，见表 21-2-83；触点最大接通和开断能力，见表 21-2-84。

（四）外形及安装尺寸

JT4 系列交流电磁继电器外形及安装尺寸，见图 21-2-90～图 21-2-92 及表 21-2-85。

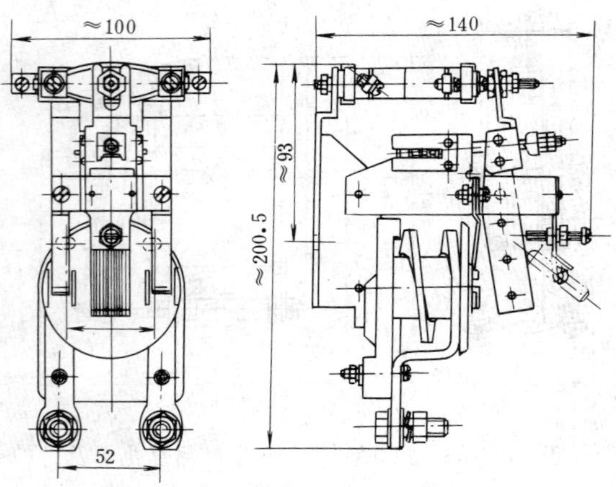

图 21-2-91　JT4-□□L、JT4-□□S 型过电流继电器（板前接线）外形及安装尺寸

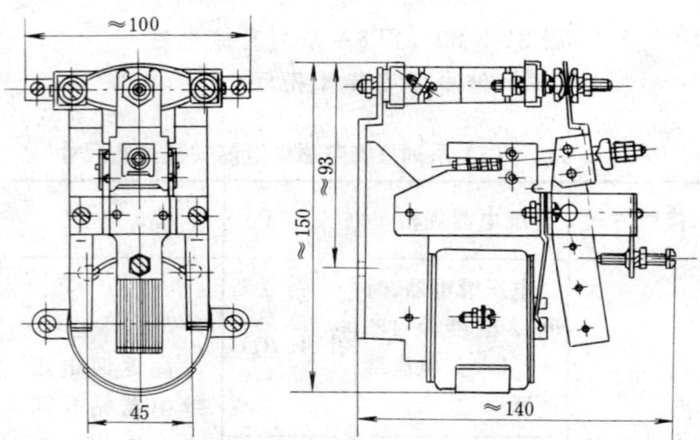

图 21-2-90　JT4-□□P、JT4-11A 型零电压和过电压继电器外形及安装尺寸

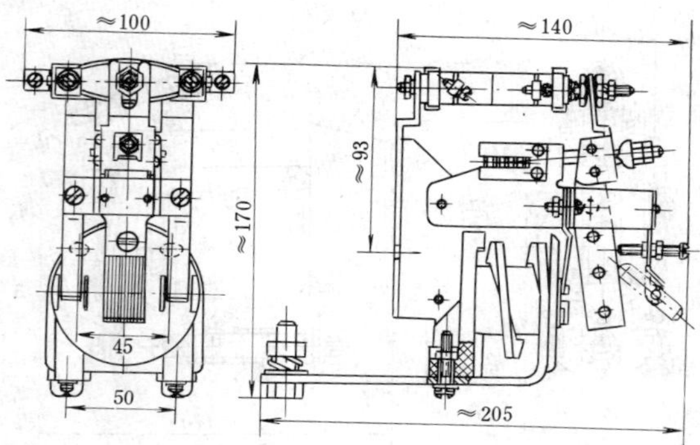

图 21-2-92　JT4-□□L、JT4-□□S 型过电流继电器（板后接线）外形及安装尺寸

表 21-2-83　**JT4 系列交流电磁继电器技术数据**

型　号	可调参数调整范围	标称误差	返回系数	触点型式（副）	吸引线圈 额定电压（或电流）	吸引线圈 消耗功率	复位方式	机械寿命（万次）	电寿命（万次）	生产厂
JT4-□□A 过电压继电器	吸合电压（105%～120% U_e）	±10%	0.1～0.3	一动合一动断	110、220、380V	75(VA)	自动	1.5	1.5	沈阳继电器厂 遵义永佳低压电器厂
JT4-□□P 零电压（或中间）继电器	吸合电压(60%～85%) U_e 或释放电压（10%～35%）U_e		0.2～0.4	一动合一动断或二动合或二动断	110、127、220、380V			100	10	
JT4-□□L 过电流继电器	吸合电流（110%～350%）I_e		0.1～0.3		5、10、15、20、40、80、150、300、600A	5（W）		1.5	1.5	
JT4-□□S 手动过电流继电器							手动			

注　1. U_e 为吸引线圈额定电压，I_e 为吸引线圈额定电流。

2. 可调参数调整范围、标称误差和返回系数，均指 20±5℃冷态。

表 21-2-84　**JT4 系列交流电磁继电器触点最大接通和开断能力**

电流种类	额定电流 (A)	额定控制容量 (VA)	最大接通和开断能力				试验周期 (次)	通电时间 (s)	间隔时间 (s)
			试验电压 (V)	试验电流 (A)	cosφ	时间常数 T (ms)			
交　流	10	1000	418	46	0.15±0.05	—	50	0.06～0.2	5～10
			242	80					
直　流		90	121	4.5	—	50±15%	20	>4T	
			242	2.3					

表 21-2-85　**JT4 系列交流电磁继电器安装开孔尺寸**

接线方式	继电器线圈类别	钻　孔
板后接线	电压线圈	孔 A,B,D(D 孔 $\phi13$)
	5～40A 电流线圈	孔 A,B,D(D 孔 $\phi7$)
	150～600A电流线圈	孔 A,B,C
板前接线	全部电压线圈及电流线圈	孔 A

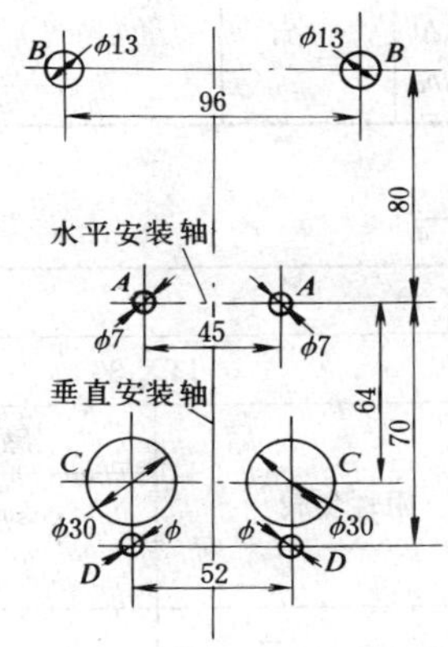

图 21-2-93　JT4 系列交流电磁继电器安装开孔尺寸

四十五、JTX 系列小型通用继电器

(一) 简介

该系列继电器用于自动控制装置、继电保护装置、信号装置和通信设备中，作信号指示和启闭电路的元件。

(二) 型号含义

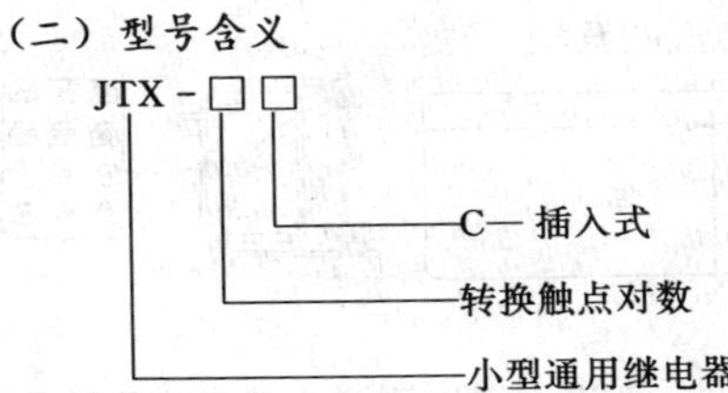

(三) 技术数据

JTX 系列小型通用继电器技术数据，见表 21-2-86；最大触点负荷，见表 21-2-87；动作特性及功率消耗，见表 21-2-88。

(四) 外形及安装尺寸

JTX 系列小型通用继电器外形尺寸，见图 21-2-94～图 21-2-98；安装开孔尺寸，见图 21-2-99～图 21-2-100；接线标记，见图 21-2-101。

JTX-1C 与 JTX-2C 型继电器分别配 GZ-2C、GZ-2S 型 8 脚管座（该管座由用户自备），JTX-3C 型配 11 脚管座（该管座由工厂配套供应），安装开孔尺寸见图 21-2-100。

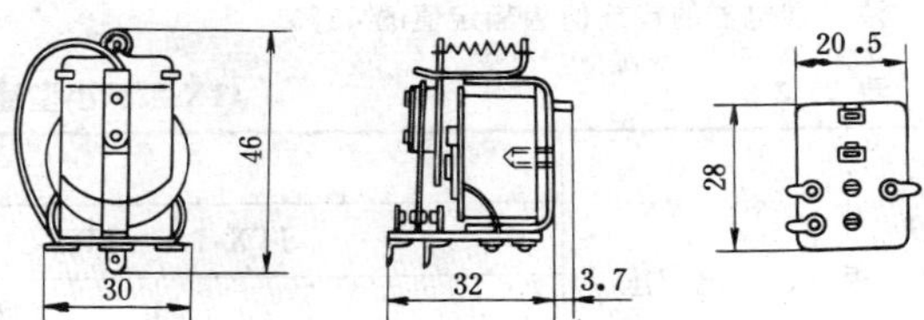

图 21-2-94　JTX-1 型小型通用继电器外形尺寸

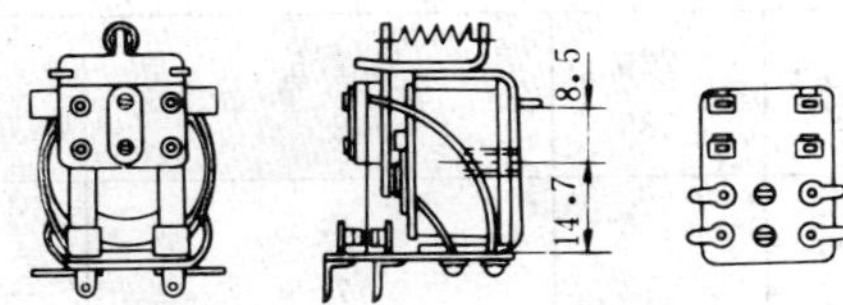

图 21-2-95　JTX-2 型小型通用继电器外形尺寸

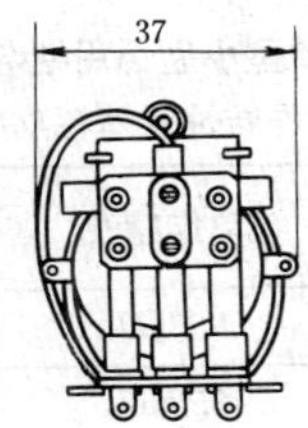

图 21-2-96　JTX-3 型小型通用继电器外形尺寸

表 21-2-86　　**JTX 系列小型通用继电器技术数据**

额定值		触点型式（副）	线圈数据 线径（mm）	电阻（Ω）	匝数	吸动值不大于	释放值不小于	工作电流（mA）	备注	生产厂
交流电压（V）	6	一转换，二转换或三转换	0.31	5.5	505	5.1V	—	415	线圈的匝数误差为±2%	永嘉仪表厂 温岭继电器厂
	12		0.21	24	1010	10.2V		208		
	24		0.15	92	2020	20.4V		102		
	36		0.13	190	3030	30.6V		69		
	110		0.08	1600	9260	93.5V		24.2		
	127		0.08	2000	10700	108V		19		
	220		0.05	7500	18500	187V		11.5		
直流电压（V）	6		0.21	40	1535	5.1V	2.7V	150	直流线圈的电阻在20℃时，测得电阻最大波动≤±10%（ϕ0.15mm 以下）或≤±7%（ϕ0.16mm 以上）	
	12		0.15	150	2875	10.2V	5.4V	80		
	24		0.11	570	5475	20.4V	10.8V	42		
	48		0.08	2230	10700	40.8V	21.6V	21.5		
	110		0.05	10000	22000	93.5V	49.5V	11		
	220		0.04	20000	22000	187V	99V	11		
直流电流（mA）	20		0.07	3000	13000	18mA	8.1mA	—		
	40		0.11	500	5400	36mA	16.2mA			

注　继电器的释放值为额定值的45%。

表 21-2-87　　**JTX 系列小型通用继电器最大触点负荷**

额定电压（V）		电流值（A） JTX-1、JTX-2 阻性负载	JTX-1、JTX-2 感性负载 cosφ=0.4 或 T=0.06s	JTX-3 阻性负载	JTX-3 感性负载 cosφ=0.4 或 T=0.06s
交流	220	7.5	3	5	2
	380	3	1.5	2	1
直流	6	7.5	7	5	4.6
	12	7	6.5	4.6	4.3
	24	4.5	4	3	2.4
	220	1	0.5	1	

表 21-2-88　　**JTX 型小型通用继电器动作特性及消耗功率**

产品规格	动作特性	消耗功率
交流电压	85%U_e	2.5VA
直流电压	85%U_e	1W
直流电流	90%I_e	

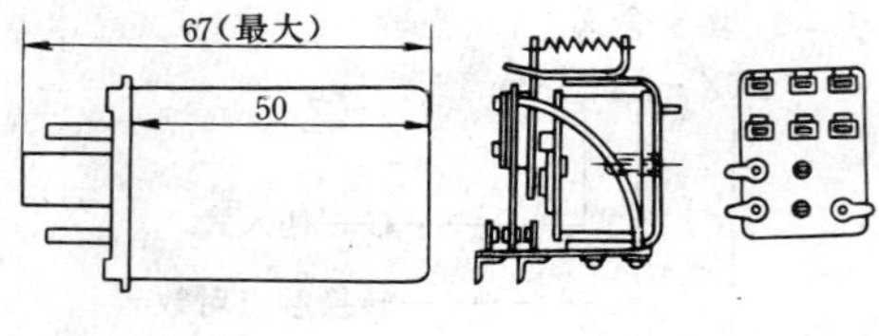

图 21-2-97　JTX-C 型小型通用继电器外形尺寸

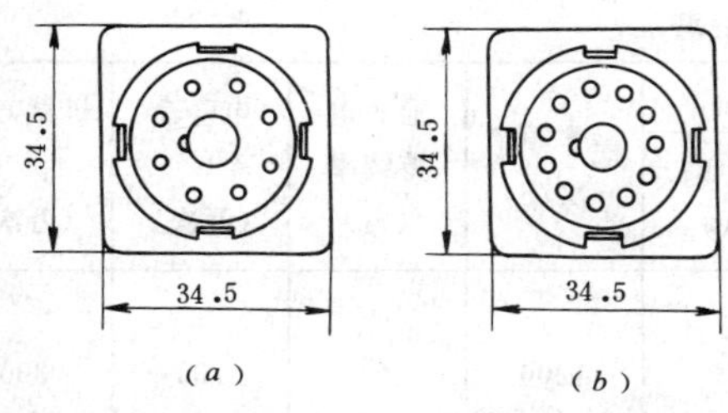

图 21-2-98　JTX-C 型小型通用继电器管座外形尺寸
(*a*) 8 脚管座；(*b*) 11 脚管座

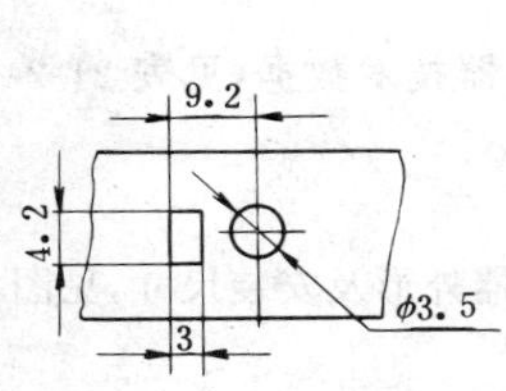

图21-2-99　JTX型小型通用继电器安装开孔尺寸

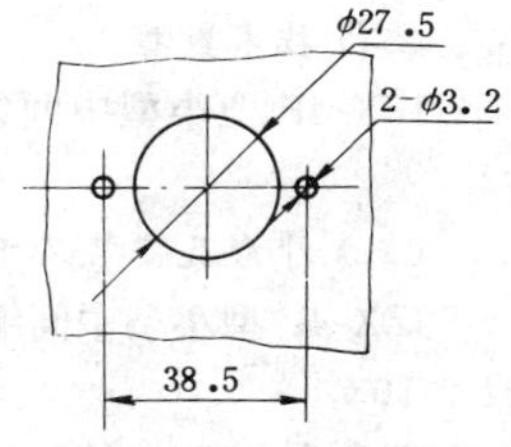

图21-2-100　JTX-3C型小型通用继电器管座安装开孔尺寸

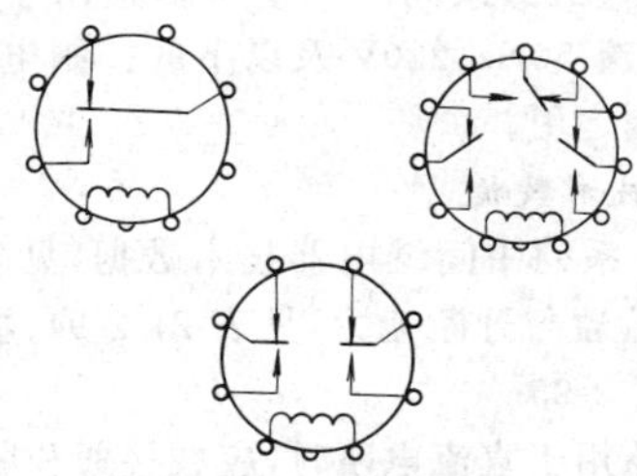

图 21-2-101　JTX-C 型小型通用继电器接线标记

四十六、JZ7 系列中间继电器

（一）简介

JZ7 系列中间继电器适用于交流 50Hz 或 60Hz、电压 500V 及以下和直流电压 440V 及以下的控制电路中，用来控制各种电磁线圈，使信号放大或将信号同时传输给数个有关控制元件之用。

（二）型号含义

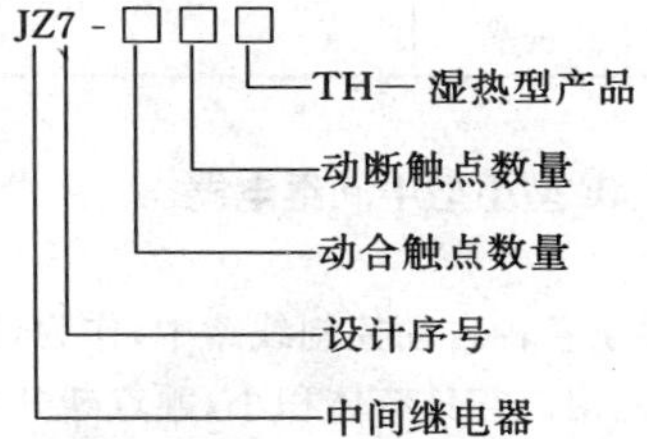

（三）技术数据

JZ7 系列中间继电器技术数据，见表 21-2-89；触点容量，见表 21-2-90；电、机械寿命，见表 21-2-91。

（四）外形及安装尺寸

JZ7 系列中间继电器外形及安装尺寸，见图 21-2-102。

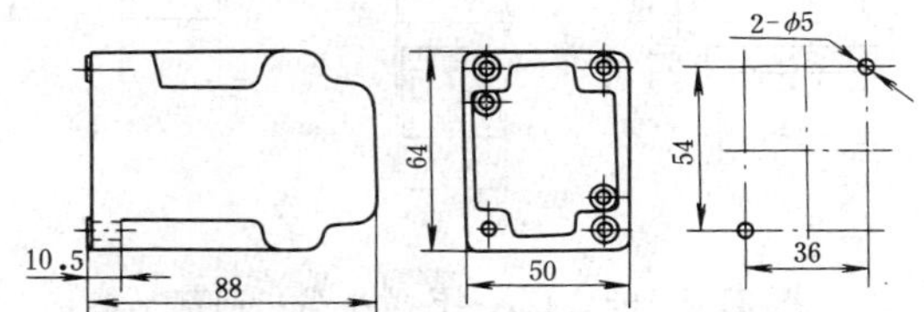

图 21-2-102　JZ7 系列中间继电器外形及安装尺寸

表 21-2-89　**JZ7 系列中间继电器技术数据**

型　号	触点额定电压(V)		触点额定电流(A)	触点型式(副)		额定操作频率(次/h)	通电持续率(%)	吸引线圈电压(V)		吸引线圈消耗功率(VA)		生产厂
	交　流	直　流		常开	常闭			50Hz	60Hz	起动	吸持	
JZ7-44 JZ7-62 JZ7-80	500	440	5	4 6 8	4 2 0	1200	40	12、24、36、48、110、127、220、380、420、440、500	12、36、110、127、220、380、440	75	12	上海机床电器厂 北京机床电器厂

注　继电器的吸引线圈当加上 85%～105%额定电压时应能可靠工作。

表 21-2-90　**JZ7 系列中间继电器触点容量**

触点电压(V)		最大接通电流(A)	最大开断电流(A)			通断条件		
			电感负荷 $\cos\varphi=0.4$	电感负荷时间常数 $T=0.05s$	电阻负荷	通断次数	每次间隔时间(s)	其中每次通电时间(s)
交　流	380×105% 500×105%	50 35	5 3.5	—	5 3.5	20	3	0.2
直　流	110×105% 220×105% 440×105%	7.5 4 2	—	1.0 0.5 0.25	2.5 1.0 0.5			

表 21-2-91 JZ7系列中间继电器电、机械寿命

型号	交流380V 接通(A)	交流380V 开断(A)	交流500V 接通(A)	交流500V 开断(A)	直流220V 接通(A)	直流220V 开断(A)	操作频率(次/h)	通电持续率(%)	电寿命(万次)	机械寿命(万次)
JZ7-44 JZ7-62 JZ7-80	5	0.5	3	0.3	0.2	0.2	1200	40	100	300

四十七、JZX-4F型小型中间继电器

(一) 简介

该型继电器用于各种自动控制线路中，作为切断、扩大、转换和控制之用。它具有体积小，触点断开功率大等特点。

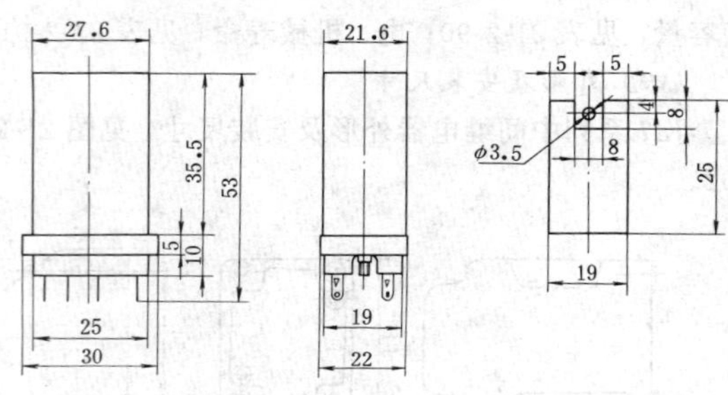

图 21-2-103 JZX-4F型小型中间继电器外形及安装尺寸

(二) 技术数据

JZX-4F型小型中间继电器技术数据，见表21-2-92。

(三) 外形及安装尺寸

JZX-4F型小型中间继电器外形及安装尺寸，见图21-2-103。

四十八、JJDZ3(JZ12)系列中间继电器

(一) 简介

JJDZ3(JZ12)系列中间继电器适用于直流110V及以下，交流50Hz、220V及以下的控制电路中，作为转换和控制之用。

(二) 技术数据

JJDZ3系列中间继电器技术数据，见表21-2-93；触点最大接通与开断能力，见表21-2-94；触点的电寿命，见表21-2-95。

继电器用于直流电路时，应在接通和断开电路的触点间加熄弧电路，熄弧电路见图21-2-104。

表 21-2-92 JZX-4F小型中间继电器技术数据

型号	额定电压 U_e 直流(V)	额定电压 U_e 交流(V)	触点型式(副) 动合	触点型式(副) 动断	触点电流(A)	动作值	释放电压	动作时间(s)	生产厂
JZX-4F	6、12、24、36、48、60、110、127、220	6、12、24、36、48、60、110、127、220	4	4	2	85%U_e	20%	0.05	辽阳市白塔微型继电器厂

表 21-2-93 JJDZ3系列中间继电器技术数据

电压种类	触点电压(V)	触点额定电流(A)	触点型式(副)	额定操作频率(次/小时)	继电器动作时间(s)	吸引线圈电压(V)	吸引线圈消耗功率(交流VA、直流W)
交流	220	3	三动合 三动断	1200	0.015	36、110、220	3
直流	110					12、24、48、110	

注 北京机床电器厂、天津第三机床电器厂线圈电压有直流12V产品，北京机床电器厂线圈电压有交流36、110、220V产品，其型号为JZ12-33Z。

表 21-2-94　　**JJDZ3 系列中间继电器触点最大接通与开断能力**

电压种类	触点电压 (V)	最大接通电流 (A)	最大开断电流 (A)	cosφ	时间常数 T (ms)	通断条件		
						通断次数 (次)	每次间隔时间 (s)	其中每次通电时间 (s)
交　流	220×105%	15	3	0.3～0.4	—	20	3	0.5
直　流	110×105%	1.5	0.4	—	50			

表 21-2-95　　**JJDZ3 系列中间继电器触点寿命**

电压种类	触点电压 (V)	接通电流 (A)	开通电流 (A)	cosφ	时间常数 T (ms)	电寿命 (万次)	继电器的机械寿命 (万次)	生产厂
交　流	220	3	0.3	0.3～0.4	—	50	500	天津市第三机床电器厂
直　流	110	0.2	0.2	—	50			

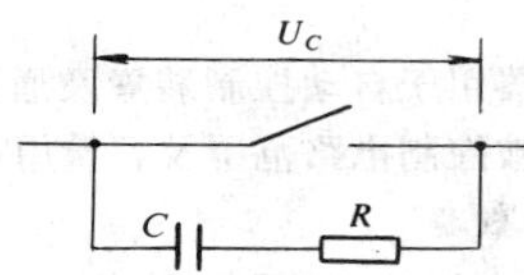

图 21-2-104　JJDZ3系列中间继电器触点的熄弧电路

C—电容，$C=0.2\sim1\mu F$；R—电阻，$R=U_c^2/140$ (Ω)；U_c—触点电压

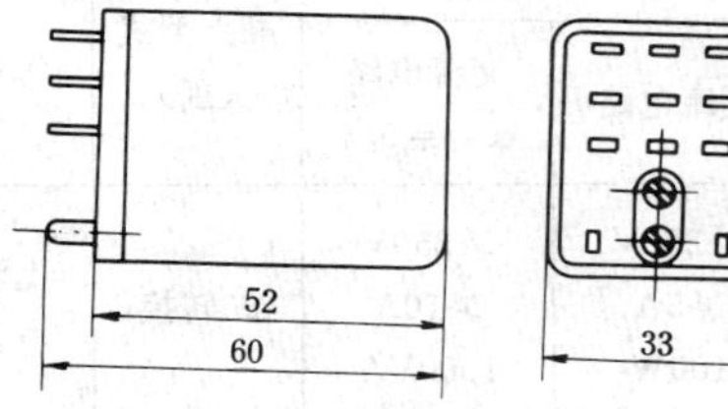

图 21-2-105　JJDZ3 系列中间继电器外形尺寸

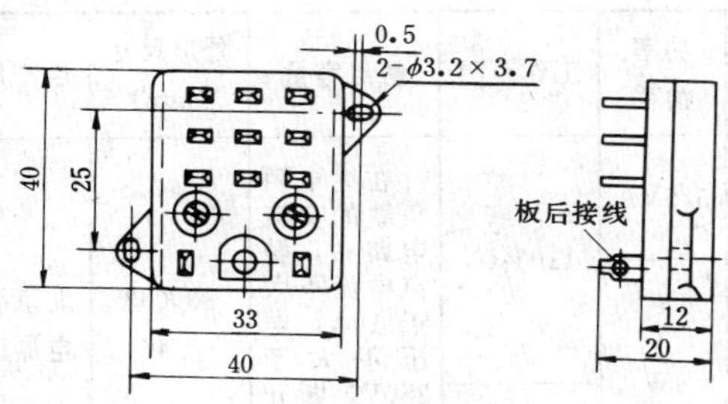

图 21-2-106　JJD3 系列中间继电器插座外形及安装尺寸

（三）外形及安装尺寸

JJDZ3 系列中间继电器外形及安装尺寸，见图 21-2-105。JJD3 系列中间继电器插座外形及安装尺寸见图 21-2-106，安装板开孔尺寸见图 21-2-107。

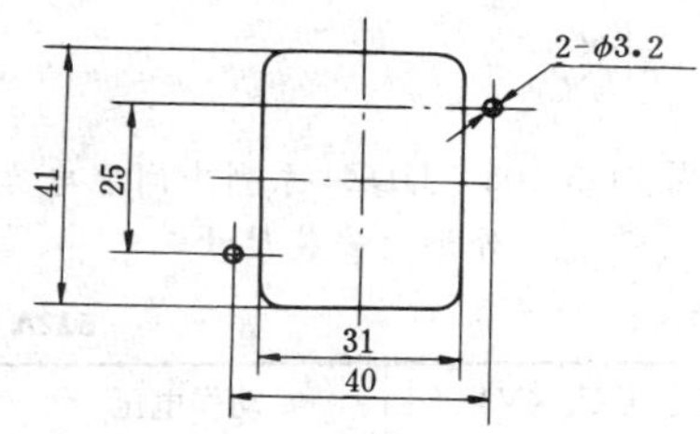

图 21-2-107　JJD3 系列中间继电器安装板开孔尺寸

四十九、JJDZ4（JZ13）系列中间继电器

（一）简介

JJDZ4 (JZ13) 系列中间继电器主要用于晶体管电路中作执行元件，作为晶体管电路和强电控制电路的转换环节；或在自动控制电路中作信号传递及放大。

该系列继电器具有透明外罩和插入式结构，每只继电器出厂时附有八脚电子管插座或者带接线端子板的变换插座，如果采用板后接线，可直接用八脚电子管插座。

（二）技术数据

JJDZ4 系列中间继电器技术数据，见表 21-2-96；继电器电寿命，见表 21-2-97。

（三）外形及安装尺寸

JJDZ4 系列中间继电器外形及安装尺寸，见图 21-2-108；管脚接线编号，见图 21-2-109。

表 21-2-96 **JJDZ4系列中间继电器技术数据**

电压种类	触点电压 (V)	触点电流 (A)	触点型式 (副)	额定操作频率 (次/h)	继电器吸引线圈直流电压 (V)	继电器吸合电流 (mA)	继电器吸引线圈电阻 (Ω)	吸引线圈消耗功率（交流VA，直流W）	生产厂
交流 直流	220 —	1 —	二转换	1200	24 12 6	≤25 ≤50 ≤100	800 200 50	0.5	沈阳213机床电器厂

表 21-2-97 **JJDZ4系列中间继电器电寿命**

电寿命（万次）	
交流220V，1A，cosφ=0.6～0.7接通	交流220V，0.1A，cosφ=0.3～0.4断开
20	

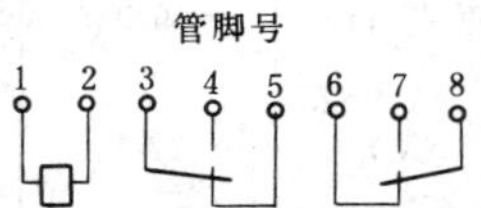

图 21-2-109 JJDZ4系列中间继电器管脚接线编号

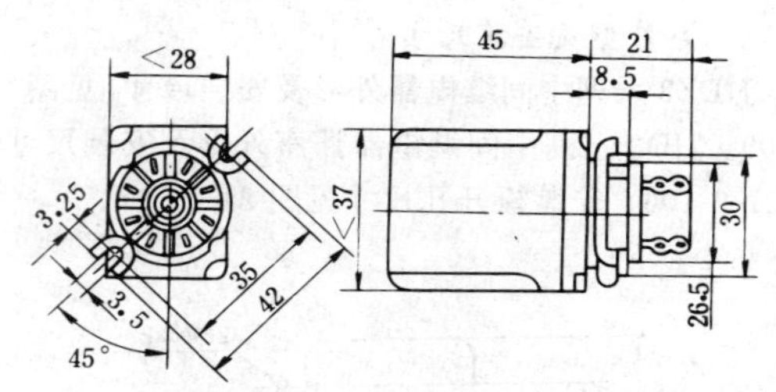

图 21-2-108 JJDZ4系列中间继电器外形及安装尺寸

五十、522A、522C型电磁式中间继电器

（一）简介

该型继电器用于自动控制装置及通讯设备中，作为转换或扩大被控制电路范围及容量用。

（二）技术数据

522A型继电器技术数据，见表21-2-98；522C型继电器技术数据，见表21-2-99。

（三）外形及安装尺寸

522A型电磁式中间继电器外形及安装尺寸，见图21-2-110。

表 21-2-98 **522A型电磁式中间继电器技术数据**

额定电压 U_e (V)		动作电压		动作时间 (s)	功率消耗		触点断开功率		触点型式 (副)	生产厂
交流	直流	交流	直流		交流 (VA)	直流 (W)	直流电路	交流电路 cosϕ=0.4		
6、12、24、36、48、110、220、380	6、12、24、48、110、220	80%U_e	70%U_e	0.03	5	2.5	≯250V ≯5A 100W	≯250V ≯10A 1000VA	二转换	上海继电器厂

表 21-2-99 **522C型电磁式中间继电器技术数据**

种类	额定值 (U_e、I_e)	动作值	返回值	动作时间 (ms)	返回时间 (ms)	功率消耗	工作范围	触点容量	外形尺寸 (mm)	生产厂
交流电压	6、12、24、36、110、127、220、380V	≯85%U_e	≮30%U_e	≤60	≤40	5.5VA	110%U_e	在纯电阻负载的交流电路中，触点电流不大于10A，电压不大于250V，断开功率不小于1000VA	86×63×46	北京继电器厂
直流电压	6、12、24、36、110、127、220V	≯75%U_e	≮10%U_e			4W				
直流电流	42、29、24、21、20、18、17、15、14mA	≯90%I_e					120%I_e			

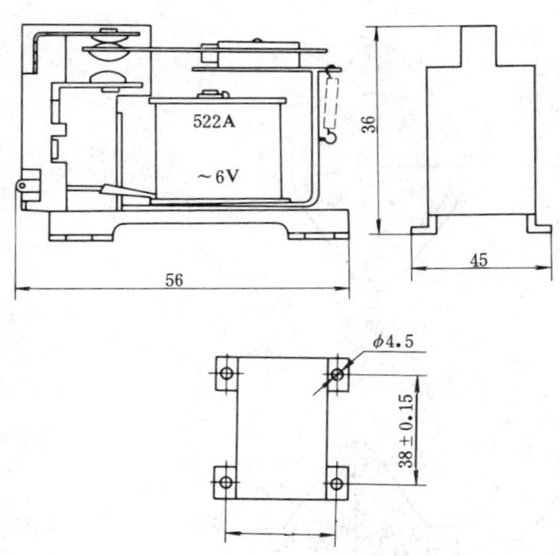

图 21-2-110　522A 型电磁式中间继电器外形及安装尺寸

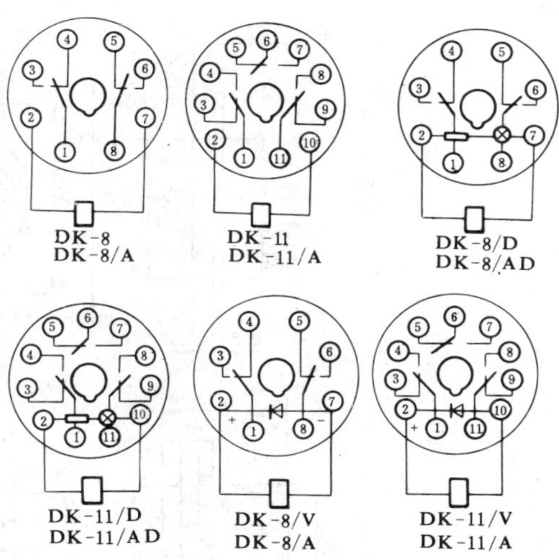

图 21-2-111　DK-8、DK11 系列小型控制继电器内部接线

五十一、DK-8、DK-11 系列小型控制继电器

（一）简介

DK-8、DK-11 系列小型控制继电器适用于各种程序控制和电气控制电路中作接通和切换元件，亦可作为一般出口中间元件使用。

（二）技术数据

DK-8、DK-11 系列小型控制继电器技术数据，见表 21-2-100。

（三）内部接线

DK-8、DK-11 系列小型控制继电器内部接线，见图 21-2-111。

（四）外形及安装尺寸

DK-8、DK-11 系列小型控制继电器板后接线插座及安装尺寸，见图 21-2-112。

五十二、DZM 系列中间继电器

（一）简介

DZM 系列中间继电器是一种带有密封触点的继电器，适用于自动控制装置中扩大控制电路范围，或继电保护装置中作辅助继电器。触点采用 CM 系列密封触点。CM 系列密封触点技术数据，见表 21-2-101；CM 系列密封触点的外形尺寸，见表 21-2-102 及图 21-2-113。

（二）技术数据

DZM 系列中间继电器技术数据，见表 21-2-103。

表 21-2-100　DK-8、DK-11 系列小型控制继电器技术数据

型号	额定电压 U_e		动作电压（V）	返回电压		动作时间（ms）	返回时间（ms）	功率消耗		触点性能	
	交流（V）	直流（V）		交流	直流			直流（W）	交流（VA）	纯银触点	银氧化镉触点
DK-8 DK-8/A DK-8/D DK-8/AD DK-11 DK-11/A DK-11/D DK-11/AD DK-8/V DK-11/V	6 12 24 48 60 110 125 220 240	6 12 24 48 60 110 220	$\not>80\%U_e$	$\not<30\%U_e$	$\not<15\%U_e$	$\not>15$	$\not<10$	220V 2.1 其他 1.3	2.1	*DC* 250V 1A 50W *AC* 250V 5A 250VA 长期允许 5A	*DC* 250V 2A 100W *AC* 250V 10A 2500VA 长期允许 10A

注　型号中“A”表示带试验按钮；“D”表示带指示灯；“V”表示并二极管。

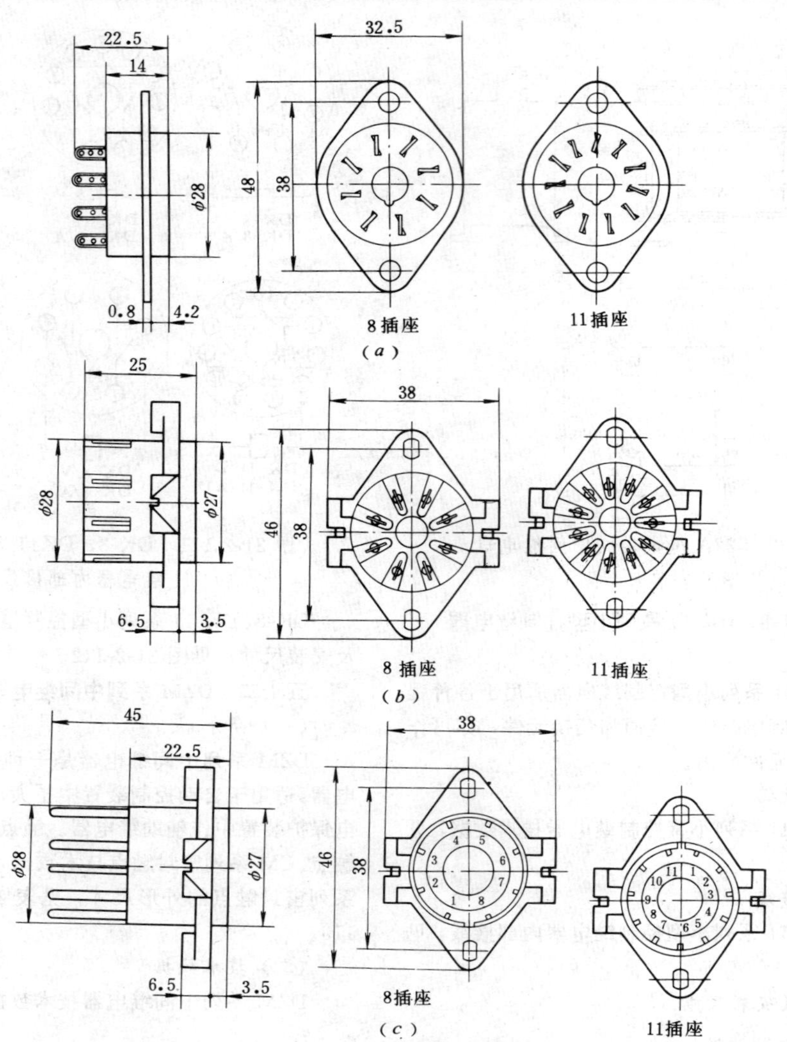

图 21-2-112　DK-8、DK-11系列小型控制继电器板后接线插座及安装尺寸

(a) CZU-9型；(b) CZU-10型；(c) CZU-11型

表 21-2-101　　DZM系列中间继电器用CM系列密封触点技术数据

型号	名称	动作安匝	可靠工作安匝	返回安匝≮	动作时间≯(ms)						每分钟动作次数(次/min)	断开容量			常期通过电流(A)
					动合动作	动断动作	动作桥接	动合返回	动断返回	返回桥接		最大电压(V)	最大电流(A)	最大功率	
CM1-1	动合铁磁密封触点	200～360	1.5倍动作安匝	60	10			5			30	*DC*220	0.2	20W	
CM1-3	转换密封触点	200～350		70	10	5		5	20		30	*DC*220 *AC*220	0.2 0.3	40W 50VA	
CM2-3	转换密封触点	200～350			10	5		5	20		30	*DC*220 *AC*220	0.5 1.0	100W 200VA	
CM1-4	过渡转换密封触点	120～380		100	10	10	0.2	25	25	0.5	50	*DC*220 *AC*220	0.4 0.5	30W 80VA	5

注　CM1-1型触点为一端出线。

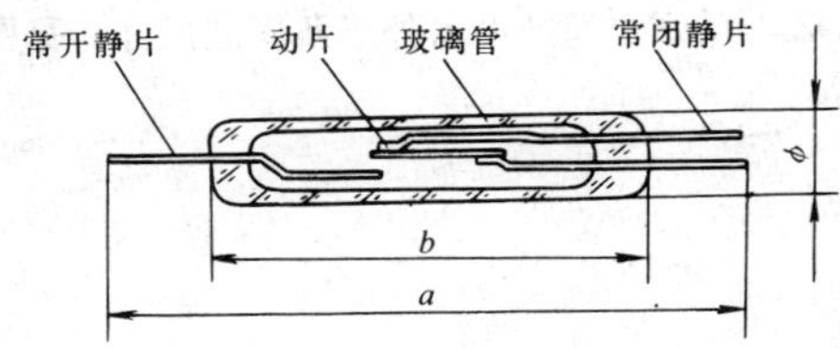

图 21-2-113　DZM 系列中间继电器用 CM 系列密封触点外形

表 21-2-102　DZM 系列中间继电器用 CM 系列密封触点外形尺寸

型　号	外形尺寸（mm）		
	a	*b*	*φ*
CM1-1	70	40	7.5
CM1-3	90	53	7.5
CM2-3	87	55	7.5
CM1-4	90	55	7.5

表 21-2-103　DZM 系列中间继电器技术数据

型　号	触点					额定值		动作及返回值	动作时间（ms）		返回时间（ms）		功率消耗（W）					生产厂
	型式	数量（副）				电压 U_e（V）	电流 I_e（A）						电压线圈			电流线圈		
		动合	动断	转换	过渡转换				常开	常闭	常开	常闭	24V 48V	110V	220V	0.5A 1.5A 2A	1A	
DZM-1 DZM-1W	CM1-3			4		24 48 110 220		70%U_e动作，5%U_e返回	25	20	20	30	2.5	3.5	4			阿城继电器厂
DZM-3 DZM-3W	CM2-3			4		24 48 110 220			25	20	20	30	2.5	3	4			
DZM-4/004	SH-33 SH-13			4		24 48 110 220			15	15	15	15	1.5	2.5	3.5			
DZM-4/400		4																
DZM-4/202		2		2														
DZM-5/008	SH-33 SH-13			8		24 48 60 110 220	0.5 1 1.5 2		15	15	15	15	3	3	3	4	5	
DZM-5/800		8																
DZM-5/404		4		4														
DZM-5/206		2		6														
DZM-5/602		6		2														
DZM-6/0060	CM1-3 CM1-4			6		24 48 110 220			15	15	40	40	4	4	4			
DZM-6/0006					6													
DZM-6/0042				4	2													
DZM-6/0024				2	4													
DZM-61/404	CM1-3	4	0	4		24 48 110 220			45	45	25	25	3	3.5	4			
DZM-61/044		0	4	4														
DZM-61/224		2	2	4														
DZM-62/404	CM2-3	4	0	4														
DZM-62/044		0	4	4														
DZM-62/224		2	2	4														
DZM-81/100		1	0	0		24 48 110 220	0.5 1 2 4		3		3		—	—	—	—		
DZM-82/200		2	0	0														
DZM-83/300		3	0	0														
DZM-84/400		4	0	0														
DZM-85/1		3	0	0		24			3		—		—	—	—	—		
DZM-85/2		3	0	0		48												
DZM-85/3		3	0	0		110												
DZM-85/4		3	0	0		220												

注　1. 除 DZM-1W、DZM-3W 为卧式结构外，其余均为插入式。

2. DZM-6 的过渡转换触点的过渡时间为 0.25ms。

（三）内部接线

DZM 系列中间继电器内部接线，见图 21-2-114。

（四）外形及安装尺寸

DZM 系列中间继电器外形及安装尺寸，见图 21-2-115。

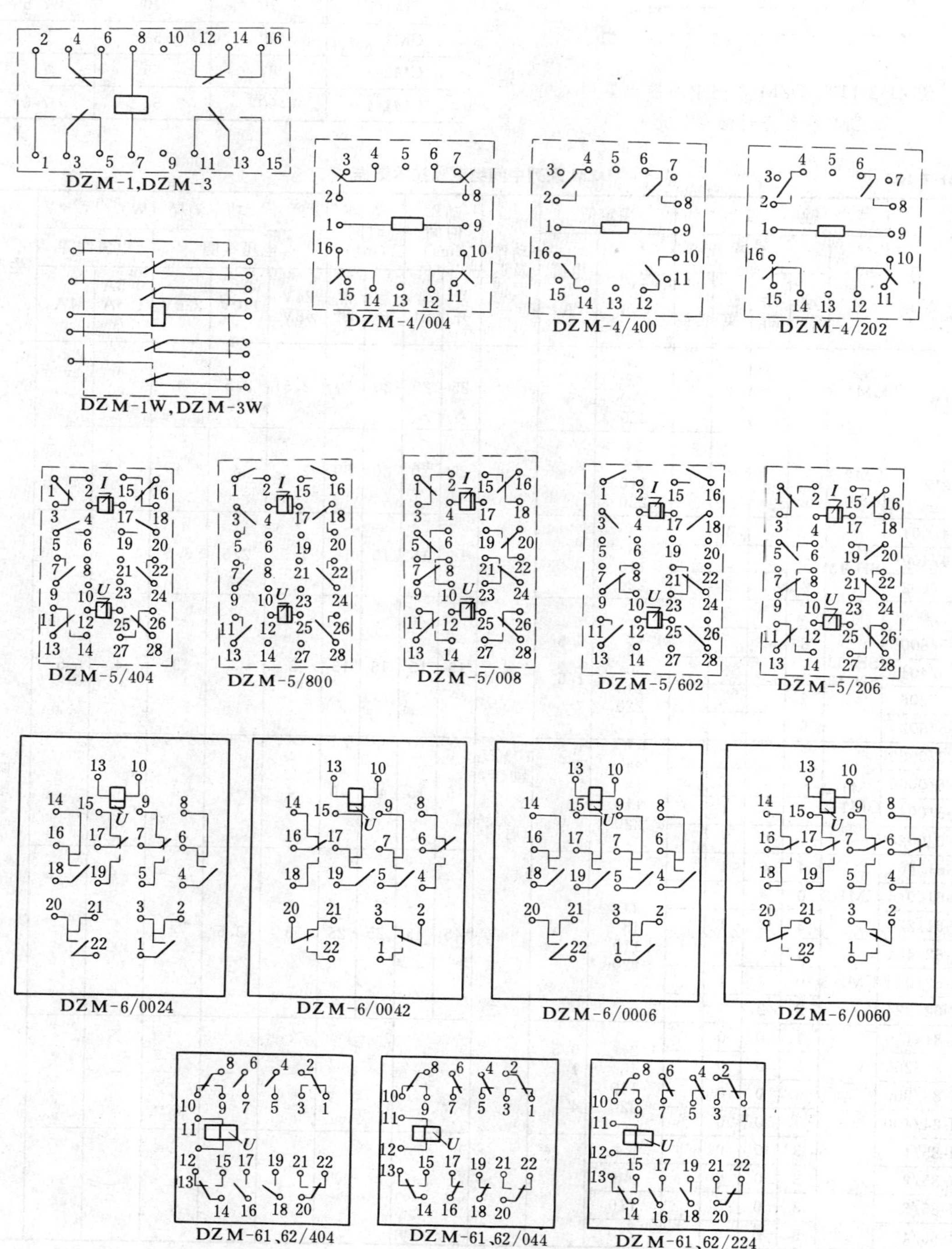

图 21-2-114　DZM 系列中间继电器内部接线

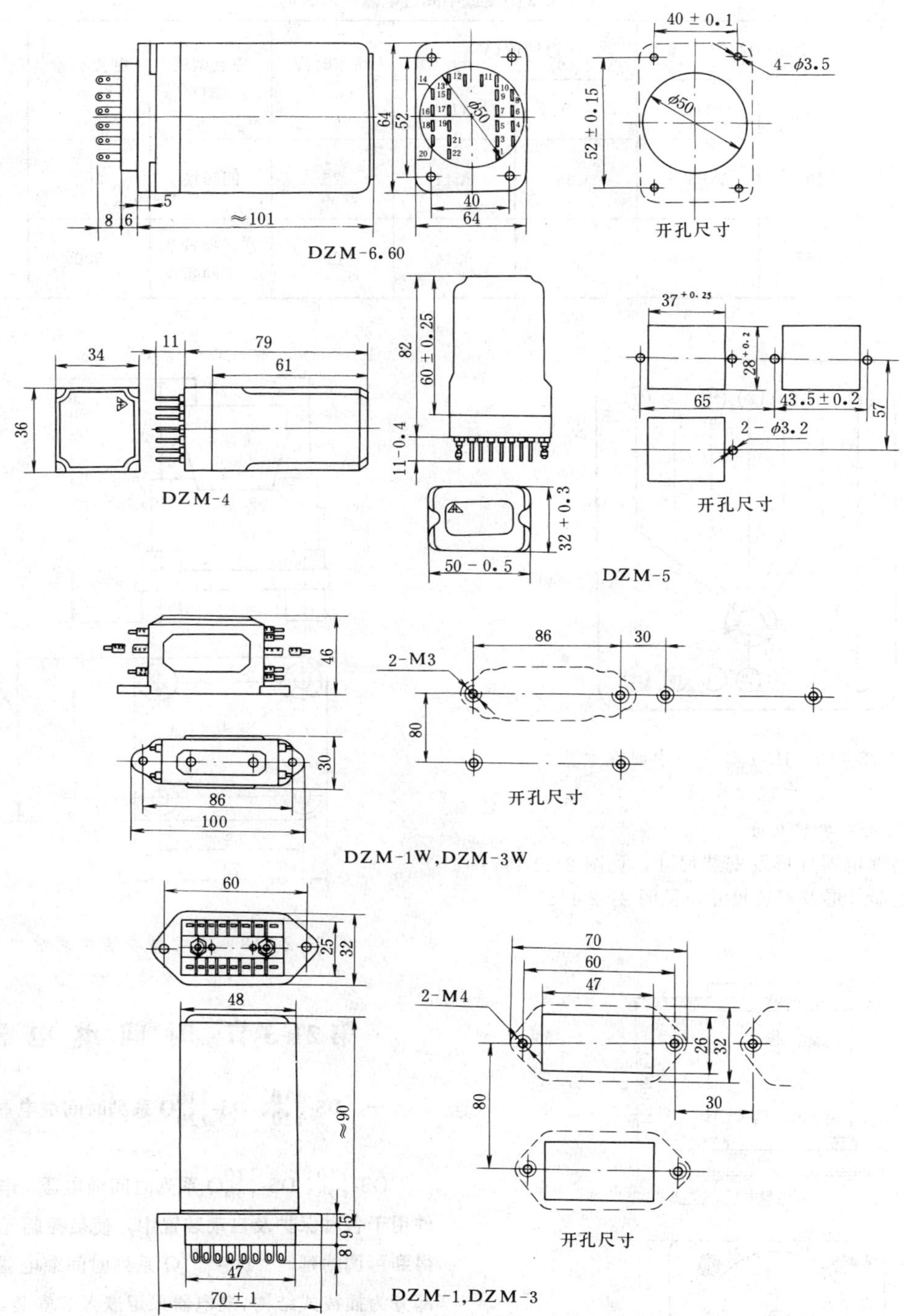

图 21-2-115 DZM系列中间继电器外形及安装尺寸

五十三、JL-1、JL-2型交流中间继电器

(一) 简介

该型继电器用于无线电技术和自动控制装置中，作扩大控制范围用。

(二) 技术数据

JL-1、JL-2型交流中间继电器技术数据，见表21-2-104；JL-1型交流中间继电器底视接线，见图21-2-116。

表 21-2-104　　**JL-1、JL-2 型交流中间继电器技术数据**

型号	动作值(V)		返回值(V)		动作时间(ms)	触点型式(副)	触点容量(VA)	生产厂
	220	110	220	110				
JL-1	≯187	≯93.5	≮88	≮44	25	四转换	500	上海继电器厂
JL-2	≯187	≯93.5	≮88	≮44	20	二动合 二动断	500	

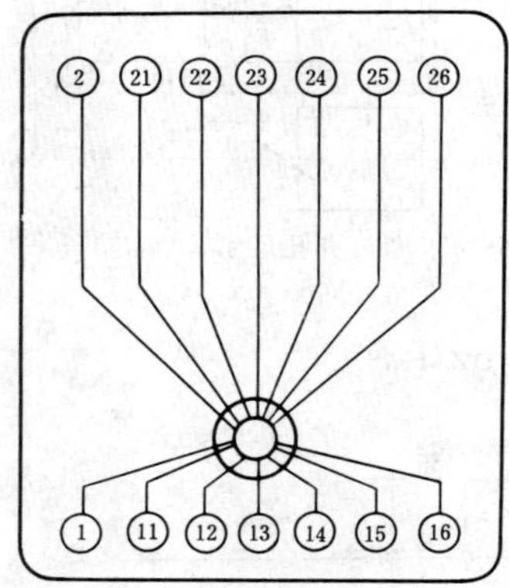

图 21-2-116　JL-1 型交流中间继电器底视接线图

(三) 外形及安装尺寸

JL-1 型继电器外形及安装尺寸，见图 21-2-117；JL-2 型继电器外形及安装尺寸，见图 21-2-118。

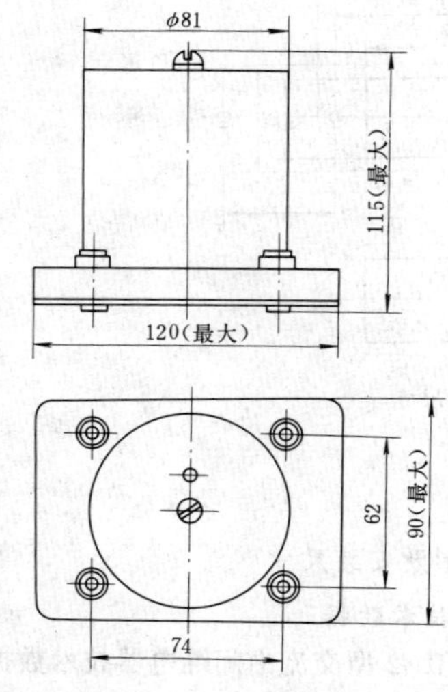

图 21-2-117　JL-1 型交流中间继电器外形及安装尺寸

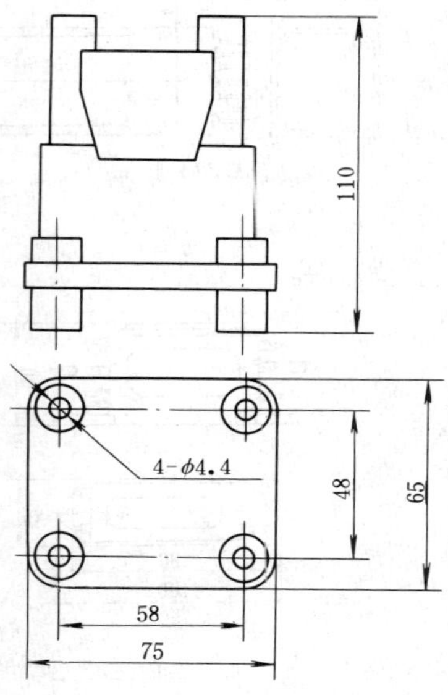

图 21-2-118　JL-2 型交流中间继电器外形及安装尺寸

第21-3节　时间继电器

一、DS-$\frac{110}{120}$、DS-$\frac{110}{120}$Q 系列时间继电器

(一) 简介

DS-$\frac{110}{120}$、DS-$\frac{110}{120}$Q 系列时间继电器，作为辅助元件用于各种保护及自动装置中，使被控制元件的动作得到可调的延时。DS-$\frac{110}{120}$Q 系列时间继电器，其主体部分为插拔式结构，继电器采用嵌入式安装，其它部分与 DS-$\frac{110}{120}$系列时间继电器相同。

(二) 技术数据

DS-$\frac{110}{120}$系列时间继电器技术数据，见表 21-3-1；DS-$\frac{110}{120}$Q 与 DS-$\frac{110}{120}$系列时间继电器技术数据相同。

表 21-3-1　　DS-$\frac{110}{120}$系列时间继电器技术数据

型号	额定电压 U_e (V)	延时整定范围 (s)	线圈耐受 110% 额定电压时间 (min)	动作电压 (V)	功率消耗 直流 (W)	功率消耗 交流 (VA)	触点型式 (副)	触点容量 (W)	生产厂
DS-111C	直流	0.1～1.3	长期	≯70%U_e	12		除 DS-114、115、116、124、125、126 型增加一副延时滑动触点外，其它均为延时动合和瞬时转换触点各一副	＜220V、＜1A 的感性负载 100	①②③④⑤⑥
DS-112C	24	0.25～3.5							
DS-113C	48	0.5～9							
DS-111	110	0.1～1.3	2		30				
DS-112	220	0.25～3.5							
DS-113		0.5～9							
DS-114		0.1～1.3							
DS-115		0.25～3.5							
DS-116		0.5～9							
DS-121	交流	0.1～1.3	2	≯85%U_e		85			
DS-122	100	0.25～3.5							
DS-123	110	0.5～9							
DS-124	127	0.1～1.3							
DS-125	220	0.25～3.5							
DS-126	380	0.5～9							

注　DS-$\frac{110}{120}$Q 系列时间继电器为上海继电器厂产品。

（三）内部接线

DS-$\frac{110}{120}$、DS-$\frac{110}{120}$Q 系列时间继电器内部接线，见图 21-3-1。

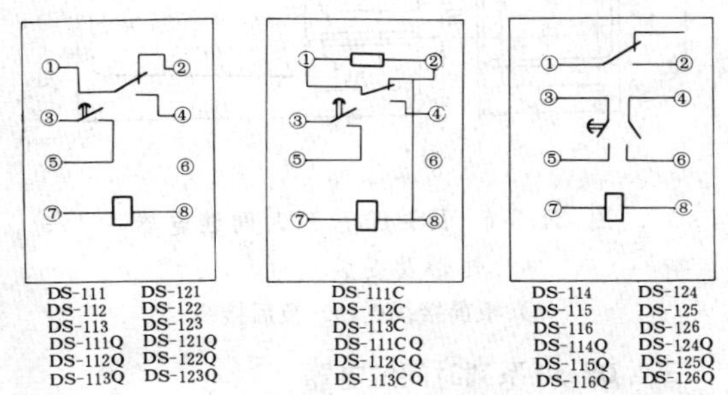

图 21-3-1　DS-$\frac{110}{120}$、DS-$\frac{110}{120}$Q 系列时间继电器内部接线

（四）外形及安装尺寸

DS-$\frac{110}{120}$、DS-$\frac{110}{120}$Q 系列时间继电器外形及安装尺寸，见图 21-3-2。

（五）生产厂及代号

①阿城继电器厂，②上海继电器厂，③保定继电器厂，④沈阳继电器厂，⑤天津继电器厂，⑥北京继电器厂。

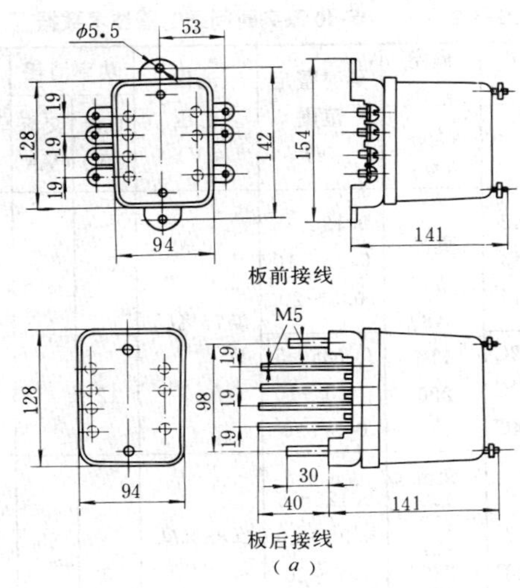

图 21-3-2　DS-$\frac{110}{120}$、DS-$\frac{110}{120}$Q 系列时间继电器外形及安装尺寸（一）

(a) DS-$\frac{110}{120}$系列

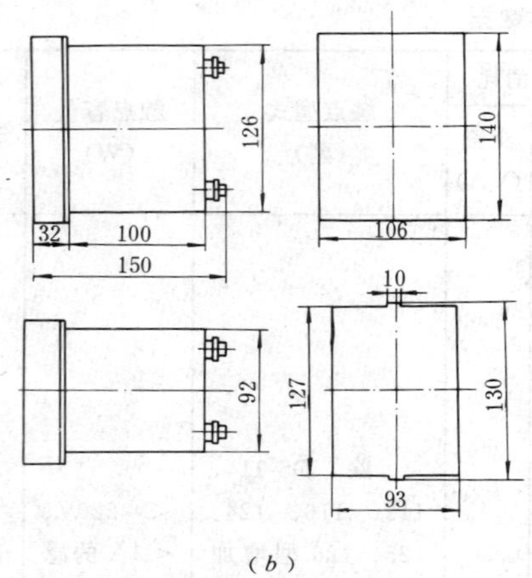

（b）

图 21-3-2　DS-$\frac{110}{120}$、DS-$\frac{110}{120}$Q系列时间继电器外形及安装尺寸（二）

（b）DS-$\frac{110}{120}$Q系列

二、DS-40系列时间继电器

（一）简介

DS-40系列时间继电器，作为辅助元件用于各种保护及自动装置中，使被控制元件达到所需要的延时，在保护装置中用以实现主保护与后备保护的选择性配合。

（二）技术数据

DS-40系列时间继电器技术数据，见表21-3-2。

表21-3-2　　DS-40系列时间继电器技术数据

型号	额定电压 U_e（V）	延时整定范围（s）	动作电压（V）	功率消耗		生产厂
				直流（W）	交流（VA）	
DS-42	直流	0.125～5	≯75%U_e	30		桂林电表厂
DS-43	24	0.25～10				
DS-44	48	0.5～20				
DS-42C	110	0.125～5		12		
DS-43C	220	0.25～10				
DS-44C		0.5～20				
DS-46	交流 100	0.125～5	≯85%U_e		85	
DS-47	110 127	0.25～10				
DS-48	220 380	0.5～20				

（三）内部接线

DS-40系列时间继电器内部接线，见图21-3-3。

（四）外形及安装尺寸

DS-40系列时间继电器外形及安装尺寸，见图21-3-4。

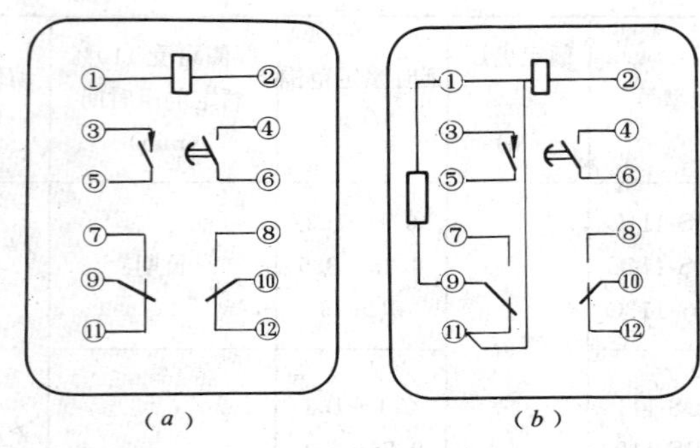

图 21-3-3　DS-40系列时间继电器内部接线

（a）短时带电；（b）长期带电

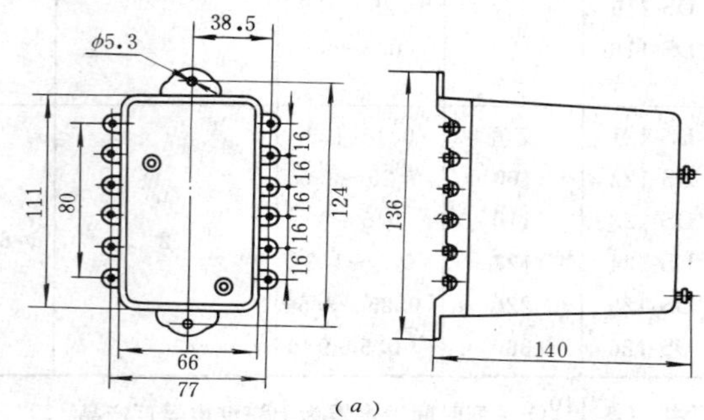

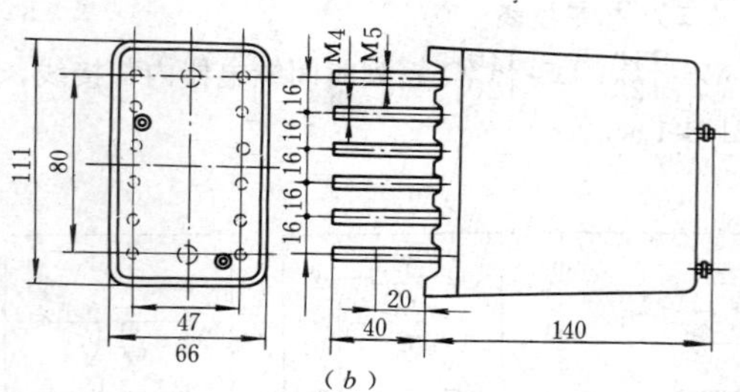

图 21-3-4　DS-40系列时间继电器外形及安装尺寸

（a）板前接线；（b）板后接线

三、DS-30系列时间继电器

（一）简介

DS-30系列时间继电器，作为辅助元件用于各种保护及自动装置中，使被控制元件达到所需要的延时，在保护装置中用以实现主保护与后备保护的选择性配合。

（二）技术数据

DS-30系列时间继电器技术数据，见表21-3-3。

（三）内部接线

DS-30系列时间继电器内部接线，见图21-3-5、图21-3-6。

表 21-3-3　**DS-30 系列时间继电器技术数据**

型号	额定电压 U_e（V）	延时整定范围（s）	线圈耐受 110%额定电压时间（min）	动作电压（V）	滑动触点	拖针	功率消耗 直流（W）	功率消耗 交流（VA）	生产厂
DS-31	直流 24 48 110 220	0.125～1.25	2	≯70%U_e			≯25		① ② ③
DS-31/2					+				
DS-31/x						+			
DS-31/2x					+	+			
DS-32		0.5～5							
DS-32/2					+				
DS-32/x						+			
DS-32/2x					+	+			
DS-33		1～10							
DS-33/2					+				
DS-33/x						+			
DS-33/2x					+	+			
DS-34		2～20							
DS-34/2					+				
DS-34/x						+			
DS-34/2x					+	+			
DS-31C		0.125～1.25	长期				≯15		
DS-31C/2					+				
DS-31C/x						+			
DS-31C/2x					+	+			
DS-32C		0.5～5							
DS-32C/2					+				
DS-32C/x						+			
DS-32C/2x					+	+			
DS-33C		1～10							
DS-33C/2					+				
DS-33C/x						+			
DS-33C/2x					+	+			
DS-34C		2～20							
DS-34C/2					+				
DS-34C/x						+			
DS-34C/2x					+	+			
DS-35	交流 100 110 127 220	0.125～1.25	2	≯85%U_e				≯20	
DS-35/2					+				
DS-36/A11k		0.5～5							
DS-36/2					+				
DS-37		1～10							
DS-37/2					+				

注　“+”表示有滑动触点或有拖针。

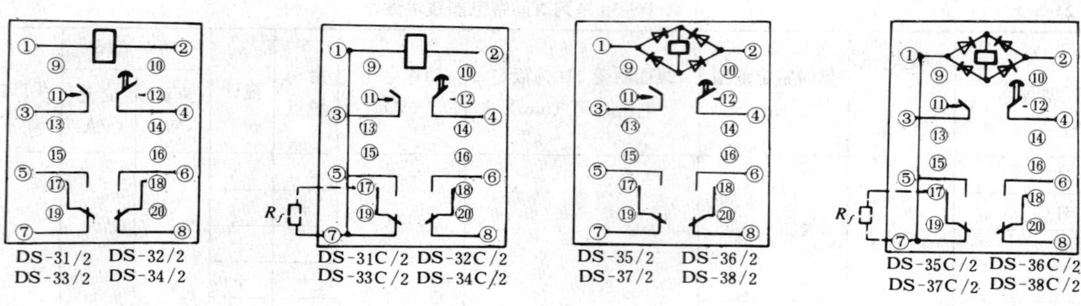

图 21-3-5　DS-30系列时间继电器内部接线（许昌继电器厂）

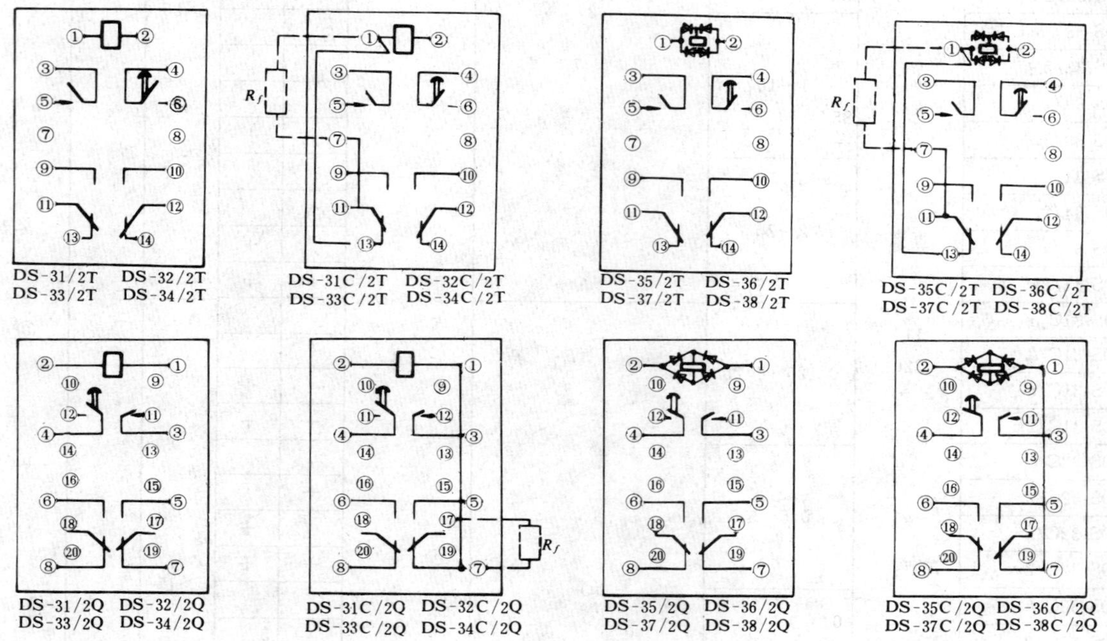

图 21-3-6　DS-30系列时间继电器内部接线（苏州继电器厂）

（四）外形及安装尺寸

DS-30系列时间继电器壳体结构型式有A11K、A11P、A11H、A11Q型，外形及安装尺寸见表21-0-1。

（五）生产厂及代号

①许昌继电器厂，②苏州继电器厂，③望城继电器厂。

四、DS-20系列时间继电器

（一）简介

DS-20系列时间继电器，作为各种保护和自动装置中的辅助元件，用以使被控制元件的动作得到可调节的延时。

（二）技术数据

DS-20系列时间继电器技术数据，见表21-3-4。

（三）内部接线

DS-20系列时间继电器内部接线，见图21-3-7。

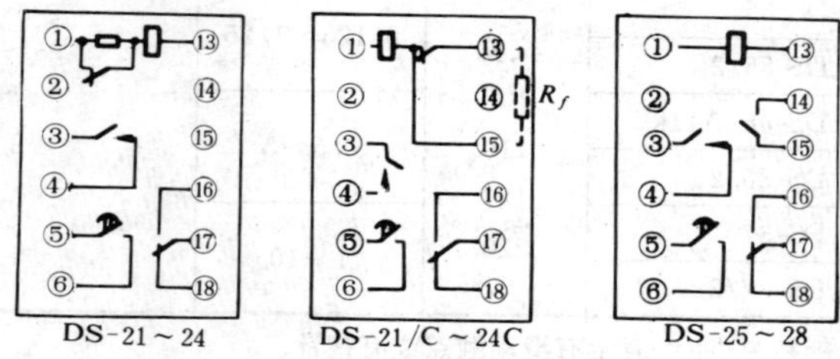

图 21-3-7　DS-20系列时间继电器内部接线

表 21-3-4　DS-20 系列时间继电器技术数据

型号	额定电压 U_e（V）	延时整定范围（s）	动作电压（V）	功率消耗	触点型式（副）	生产厂
DS-21 DS-21C DS-22 DS-22C DS-23 DS-23C DS-24 DS-24C	直流 24 48 110 220	0.2～1.5 1.2～5 2.5～10 5～20	DS-21～24 型 ≯70%U_e DS-21C～240 型 ≯75%U_e	DS-21～24 ≯10W DS-21C～24C ≯7.5W	一副瞬动转换触点 一副滑动主触点 一副终止主触点	阿城继电器厂
DS-25 DS-26 DS-27 DS-28	交流 110 127 220 380	0.2～1.5 1.2～5 2.5～10 5～20	≯85%U_e	DS-25～28 ≯35VA		

五、DSJ-10 系列时间继电器

（一）简介

DSJ-10 系列时间继电器，用于交流操作的继电保护及自动装置中，以产生必要的延时。

（二）技术数据

DSJ-10 系列时间继电器技术数据，见表 21-3-5。

表 21-3-5　DSJ-10 系列时间继电器技术数据

型号	额定电压（V）	延时整定范围（s）	动作时间变差（s）	滑动触点闭合时间（s）	功率消耗（VA）	触点容量	生产厂
DSJ-13	380 220	0.5～9	0.25	0.3～0.65	15	<220V <5A 的交流电路中为 500VA	阿城继电器厂
DSJ-12	127 110	0.25～3.5	0.12	0.12～0.25			
DSJ-11	100	0.1～1.3	0.06	0.05～0.1			

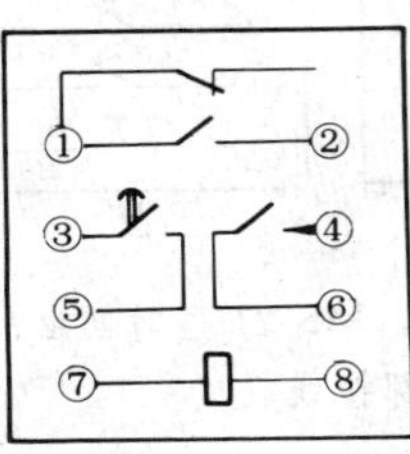

图 21-3-8　DSJ-10 系列时间继电器内部接线

（三）内部接线

DSJ-10 系列时间继电器内部接线，见图 21-3-8。

（四）外形及安装尺寸

DSJ-10 系列时间继电器外形及安装尺寸，见图 21-3-9。

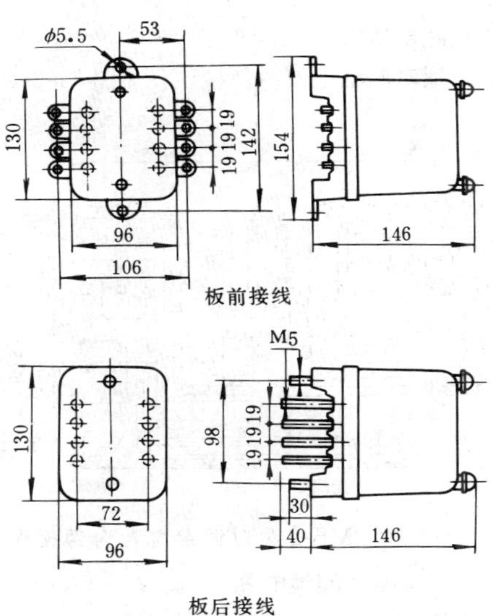

图 21-3-9　DSJ-10 系列时间继电器外形及安装尺寸

六、MS-2 型时间继电器

（一）简介

MS-2 型时间继电器是电机式交流多电路时间继电器，用于自动控制装置中程序接通被控制的电路，并使被接通的电路具有 10～150s 的动作延时。

MS-2 型时间继电器由 TM-10 同步电机、电磁铁、小型温度继电器及顶杆凸轮等组成。同步电机通过变速齿轮带动各轴转动，继电器所有的轴都平行的安装在铝支架上。继电器有铁的外壳。当端子 10、11（见图 21-3-10）接入交流 220V 电压时，同步电机开始转动，与此同时电磁铁吸合而带动端面齿啮合，凸轮轴开始转动，当凸轮的凸起部分将顶杆的位置改变时，则继电器的触点闭合。继电器有五个凸轮场可单独调整，以便得到不同的延时。

（二）技术数据

MS-2 型时间继电器技术数据，见表 21-3-6。

表 21-3-6　MS-2 型时间继电器技术数据

额定电压（V）	延时整定范围（s）	动作电压（V）	返回电压（V）	触点型式（副）	生产厂
220	Ⅰ触点为 23～30 Ⅱ触点为第Ⅳ触点闭合后 5±1 Ⅲ触点为 103～110 Ⅳ触点为第Ⅰ触点闭合后 5±1 Ⅴ触点为 113～120	≯175	≮100 ≯150	三动合一转换	阿城继电器厂

（三）内部接线

MS-2型时间继电器内部接线，见图21-3-10。

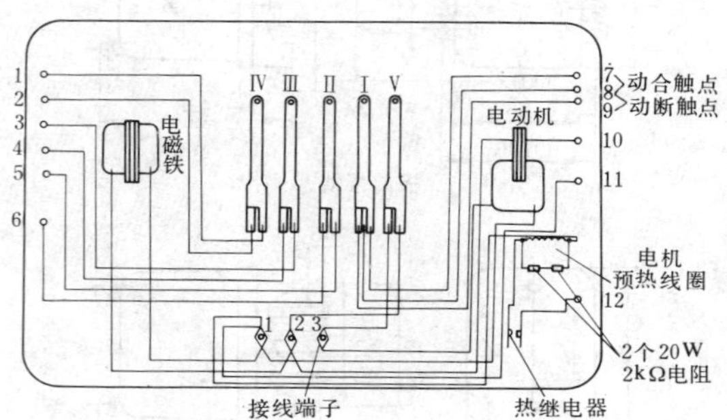

图 21-3-10　MS-2型时间继电器内部接线

七、MS-4型时间继电器

（一）简介

MS-4型时间继电器用于专用设备上，可以自电源接通起自动延时某一时间后，使一组转换式触点动作，即完成了自动延时转接电路的作用。

（二）技术数据

MS-4型时间继电器技术数据，见表21-3-7。

表 21-3-7　MS-4型时间继电器技术数据

型号	额定电压(V)	延时范围(s)	触点型式(副)	触点容量	外形尺寸宽×深×高(mm)	生产厂
MS-4/1S	27	0.2～1	一转换	开路电压为27V时，阻性负载转换触点能流过2A	50×45×130	①②③
MS-4/2S		0.6～2				
MS-4/3S		0.8～3				
MS-4/5S		1～5				
MS-4/10S		2～10				
MS-4/15S		3～15				
MS-4/20S		5～20				
MS-4/30S		7.5～30				
MS-4/50S		10～50				
MS-4/70S		15～70				
MS-4/100S		20～100				
MS-4/200S		40～200				
MS-4/300S		50～300				
MS-4/400S		50～400				
MS-4/600S		100～600				
MS-4/760S		106～760				

（三）内部接线

MS-4型时间继电器内部接线，见图21-3-11。

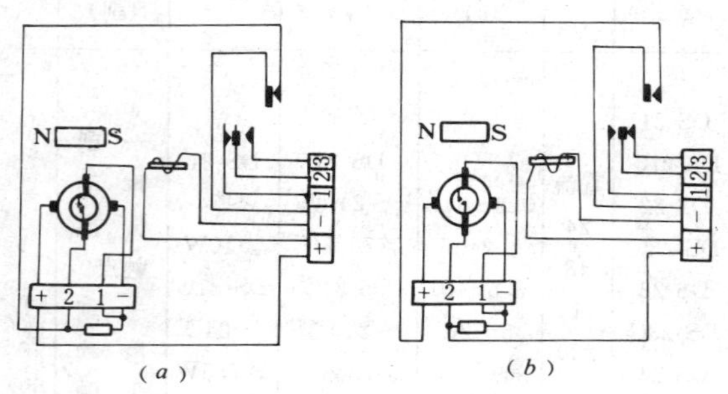

图 21-3-11　MS-4型时间继电器内部接线
(*a*)接线一；(*b*)接线二

（四）生产厂及代号

①阿城继电器厂，②许昌继电器厂，③成都继电器厂。

八、MS-12、MS-21型时间继电器

（一）简介

MS-12、MS-21型时间继电器，用于各种自动控制装置中，作为时限元件，它可以同时控制五个按时间彼此无关的元件。

（二）技术数据

MS-12、MS-21型时间继电器技术数据，见表21-3-8。

（三）内部接线

MS-12、MS-21型时间继电器内部接线，见图21-3-12。

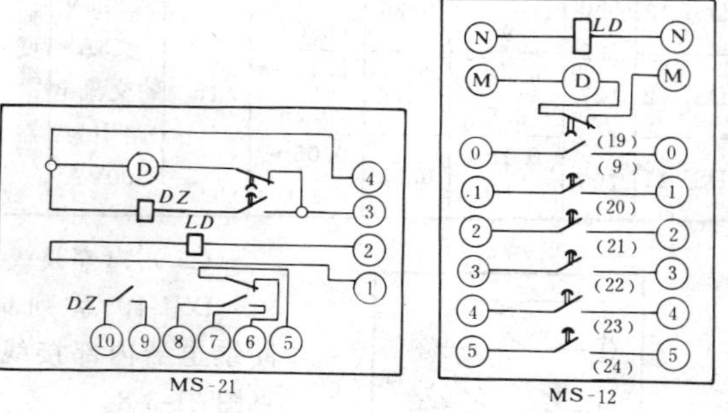

图 21-3-12　MS-12、MS-21型时间继电器内部接线

（四）外形及安装尺寸

MS-12、MS-21型时间继电器外形及安装尺寸，见图21-3-13。

表 21-3-8　　MS-12、MS-21型时间继电器技术数据

型号	额定电压 U_e (V)	延时整定范围	动作电压 (V)	返回时间 (s)	线圈耐受110%额定电压时间	功率消耗 (VA)	触点型式（副） 瞬时动合	延时动合	延时动断	触点容量 接通	断 开	生产厂
MS-21	12 127 220	1～60s	85%U_e	0.5	长期	26		2	1	5A	220V 感性负载 100W 交流 800VA	阿城继电器厂
MS-12		1～20min	85%U_e	1		18	1	5			220V 感性负载 100W（延时触点） 20W（瞬时触点）	

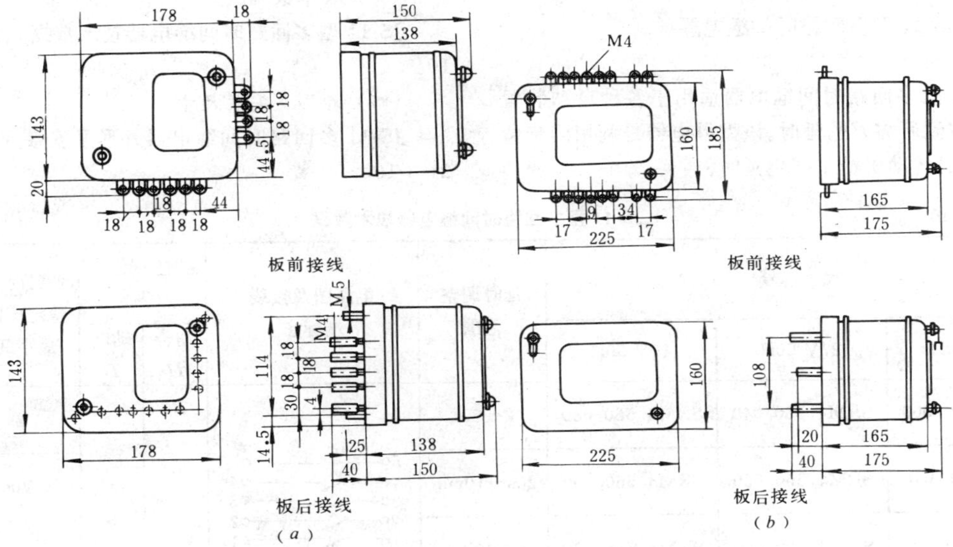

图 21-3-13　MS-12、MS-21 型时间继电器外形及安装尺寸
(a) MS-21 型；(b) MS-12 型

九、JS-10 型时间继电器

（一）简介

JS-10 型时间继电器适用于各种机械、电信或电气设备中，作为自动控制装置的延时元件。

（二）技术数据

JS-10 型时间继电器技术数据，见表 21-3-9。

（三）内部接线

JS-10 型时间继电器内部接线，见图 21-3-14。

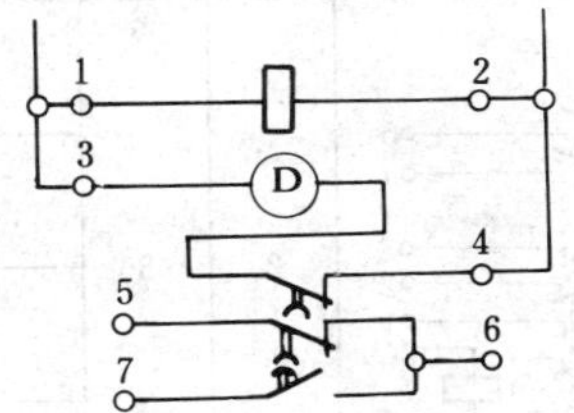

图 21-3-14　JS-10 型时间继电器内部接线

（四）外形及安装尺寸

JS-10 型时间继电器外形及安装尺寸，见图 21-3-15。

表 21-3-9　　JS-10 型时间继电器技术数据

额定电压 U_e (V)	延时整定范围	动作电压 (V)	功率消耗 (VA)	触点容量	生产厂
110 127 220 380	10s～2min	85%U_e	12	长期接通电流 1A 断开功率50VA	上海无线电八厂
	20s～4min				
	30s～6min				
	1～12min				
	2～24min				
	4～48min				

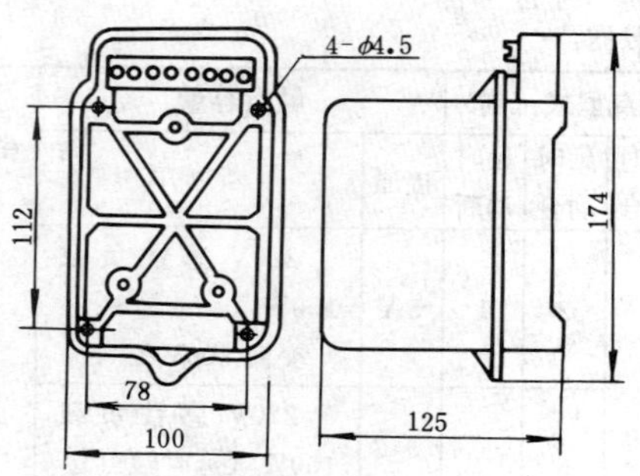

图 21-3-15 JS-10型时间继电器外形及安装尺寸

十、JS-11型多回路时间继电器

（一）简介

JS-11型多回路时间继电器适用于各种自动装置中，以使得到所需要的延时。该型继电器是利用同步微电机与电磁传动机械来产生延时。

（二）型号含义

型号含义举例说明：

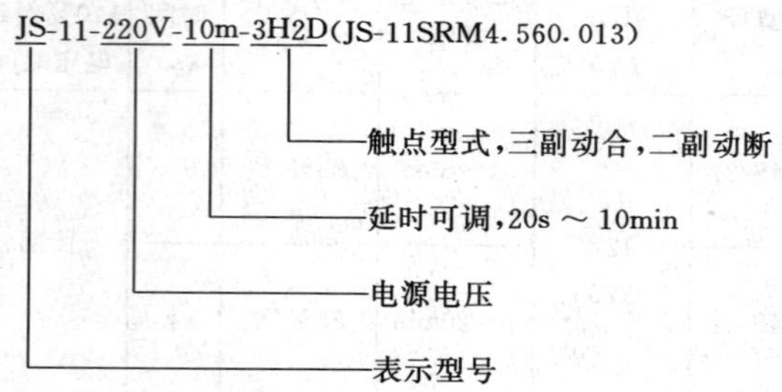

（三）技术数据

JS-11型多回路时间继电器技术数据，见表21-3-10。

（四）外形及安装尺寸

JS-11多回路时间继电器外形及安装尺寸，见图21-3-16。

表 21-3-10 JS-11型多回路时间继电器技术数据

代号			延时调整范围	电路图及接线端标志	延时触点型式（副）		各延时触点整定值间的最小间隔	生产厂
220V 50Hz	127V 50Hz	110V 50Hz			动合 H	动断 D		
SRM4.560.000	SRM4.560.040	SRM4.560.080	2～60s	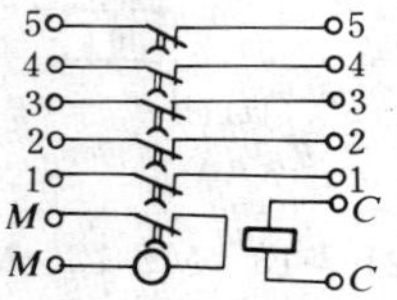	—	5	2s	上海无线电八厂
SRM4.560.010	SRM4.560.050	SRM4.560.090	20s～10min				20s	
SRM4.560.020	SRM4.560.060	SRM4.560.100	2～60min				2min	
SRM4.560.030	SRM4.560.070	SRM4.560.110	40s～20min				40s	
SRM4.560.001	SRM4.560.041	SRM4.560.081	2～60s	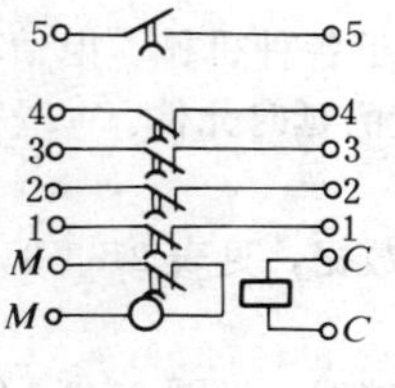	1	4	2s	
SRM4.560.011	SRM4.560.051	SRM4.560.091	20s～10min				20s	
SRM4.560.021	SRM4.560.061	SRM4.560.101	2～60min				2min	
SRM4.560.031	SRM4.560.071	SRM4.560.111	40s～20min				40s	
SRM4.560.002	SRM4.560.042	SRM4.560.082	2～60s	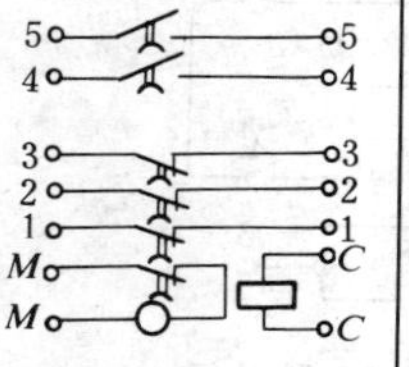	2	3	2s	
SRM4.560.012	SRM4.560.052	SRM4.560.092	20s～10min				20s	
SRM4.560.022	SRM4.560.062	SRM4.560.102	2～60min				2min	
SRM4.560.032	SRM4.560.072	SRM4.560.112	40s～20min				40s	

续表 21-3-10

代号 220V 50Hz	代号 127V 50Hz	代号 110V 50Hz	延时调整范围	电路图及接线端标志	延时触点型式(副) 动合 H	延时触点型式(副) 动断 D	各延时触点整定值间的最小间隔	生产厂
SRM4.560.003	SRM4.560.043	SRM4.560.083	2～60s		3	2	2s	上海无线电八厂
SRM4.560.013	SRM4.560.053	SRM4.560.093	20s～10min				20s	
SRM4.560.023	SRM4.560.063	SRM4.560.103	2～60min				2min	
SRM4.560.033	SRM4.560.073	SRM4.560.113	40s～20min				40s	
SRM4.560.004	SRM4.560.044	SRM4.560.084	2～60s		4	1	2s	
SRM4.560.014	SRM4.560.054	SRM4.560.094	20s～10min				20s	
SRM4.560.024	SRM4.560.064	SRM4.560.104	2～60min				2min	
SRM4.560.034	SRM4.560.074	SRM4.560.114	40s～20min				40s	
SRM4.560.005	SRM4.560.045	SRM4.560.085	2～60s		5	—	2s	
SRM4.560.015	SRM4.560.055	SRM4.560.095	20s～10min				20s	
SRM4.560.025	SRM4.560.065	SRM4.560.105	2～60min				2min	
SRM4.560.035	SRM4.560.075	SRM4.560.115	40s～20min				40s	
SRM4.560.006	SRM4.560.046	SRM4.560.086	2～60s		—	3	2s	
SRM4.560.016	SRM4.560.056	SRM4.560.096	20s～10min				20s	
SRM4.560.026	SRM4.560.066	SRM4.560.106	2～60min				2min	
SRM4.560.036	SRM4.560.076	SRM4.560.116	40s～20min				40s	
SRM4.560.007	SRM4.560.047	SRM4.560.087	2～60s		1	2	2s	
SRM4.560.017	SRM4.560.057	SRM4.560.097	20s～10min				20s	
SRM4.560.027	SRM4.560.067	SRM4.560.107	2～60min				2min	
SRM4.560.037	SRM4.560.077	SRM4.560.117	40s～20min				40s	
SRM4.560.008	SRM4.560.048	SRM4.560.088	2～60s		2	1	2s	
SRM4.560.018	SRM4.560.058	SRM4.560.098	20s～10min				20s	
SRM4.560.028	SRM4.560.068	SRM4.560.108	2～60min				2min	
SRM4.560.038	SRM4.560.078	SRM4.560.118	40s～20min				40s	

续表 21-3-10

代号			延时调整范围	电路图及接线端标志	延时触点型式（副）		各延时触点整定值间的最小间隔	生产厂
220V 50Hz	127V 50Hz	110V 50Hz			动合 H	动断 D		
SRM4.560.009	SRM4.560.049	SRM4.560.089	2～60s		3	—	2s	上海无线电八厂
SRM4.560.019	SRM4.560.059	SRM4.560.099	20s～10min				20s	
SRM4.560.029	SRM4.560.069	SRM4.560.109	2～60min				2min	
SRM4.560.039	SRM4.560.079	SRM4.560.119	40s～20min				40s	

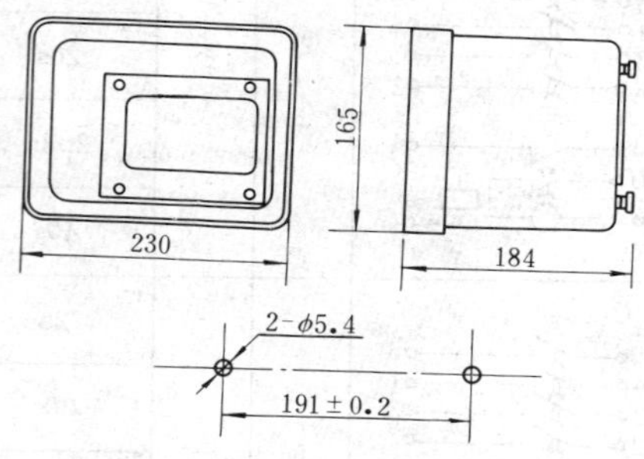

图 21-3-16 JS-11 多回路时间继电器外形及安装尺寸

十一、JS17 系列电动式时间继电器

（一）简介

JS17 系列电动式时间继电器适用于交流 50Hz、额定电压 500V 及以下的电气自动装置中，用来由一个电路向另一个需要延时的被控电路发送信号。由于这种继电器属同步电动机式，所以其延时长，整定偏差较小。

（二）型号含义

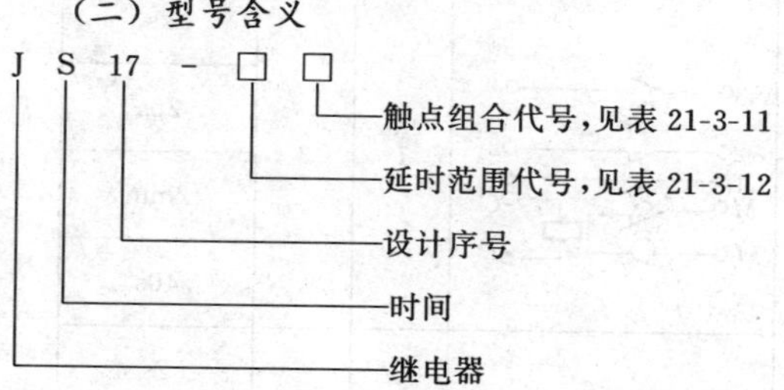

（三）技术数据

JS17 系列电动式时间继电器技术数据，见表 21-3-13。

（四）内部接线

JS17 系列电动式时间继电器内部接线，见图 21-3-17 及图 21-3-18。

表 21-3-11 JS17 系列电动式时间继电器触点组合

代号	有延时的触点				带不延时的触点	
	线圈接通时延时		线圈开断时延时			
	动合	动断	动合	动断	动合	动断
1	3	2	—	—	1	1
2	—	—	3	2	1	1

表 21-3-12 JS17 系列电动式时间继电器延时范围

代 号	延 时 范 围	代 号	延 时 范 围
1	0～8s	5	0～2h
2	0～40s	6	0～12h
3	0～4min	7	0～72h
4	0～20min		

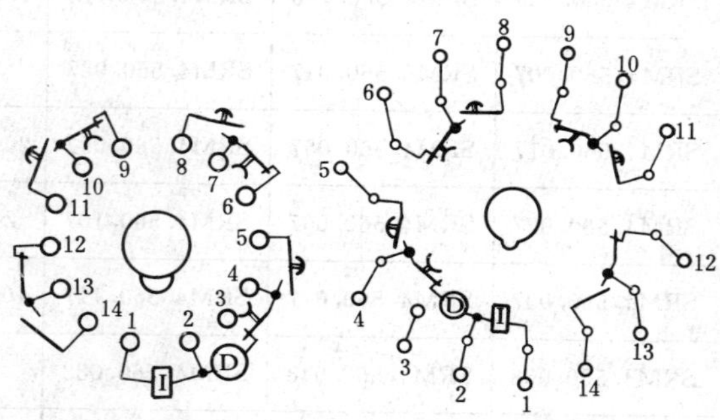

图 21-3-17 JS17 系列电动式时间继电器面板式内部接线
I—离合电磁铁；
D—同步电动机

图 21-3-18 JS17 系列电动式时间继电器装置式内部接线
I—离合电磁铁；
D—同步电动机

表 21-3-13　　**JS17 系列电动式时间继电器技术数据**

型号	额定电压(V)	触点接通和开断能力				主令脉冲持续时间	继电器返回时间	操作频率(次/h)	线圈电压(离合电磁铁电动机)(V)	生产厂
		接通电流(A)	开通电流(A)	cosφ	通断次数	(s)				
JS17-□□	220	3	3	0.3～0.4	20	0.2	0.2	1200	50Hz：110、127、220、380	上海机床电器厂 北京机床电器厂

（五）外形及安装尺寸

JS17 系列电动式时间继电器外形及安装尺寸，见图 21-3-19 及图 21-3-20。

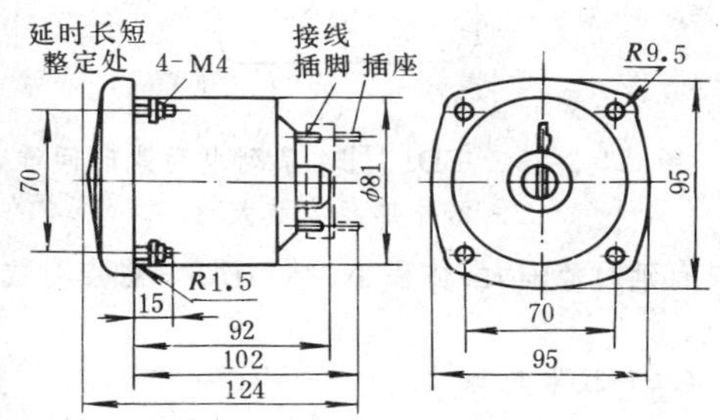

图 21-3-19　JS17 系列电动式时间继电器面板式外形及安装尺寸

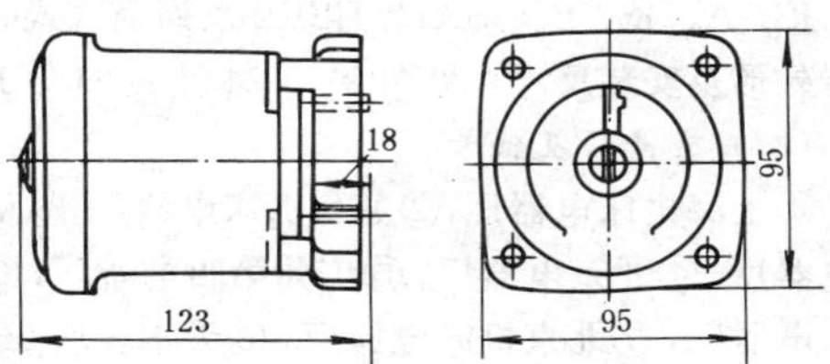

图 21-3-20　JS17 系列电动式时间继电器装置式外形及安装尺寸

十二、JSD1-□M 系列电动式时间继电器

（一）简介

JSD1-□M 系列电动式时间继电器延时方式为通电延时，适用于交流 50Hz、电压为 380V 的各种自动装置中，使控制对象按预定的时间动作。继电器具有延时可靠、触头同步性好、延时精度高等优点。

（二）型号含义

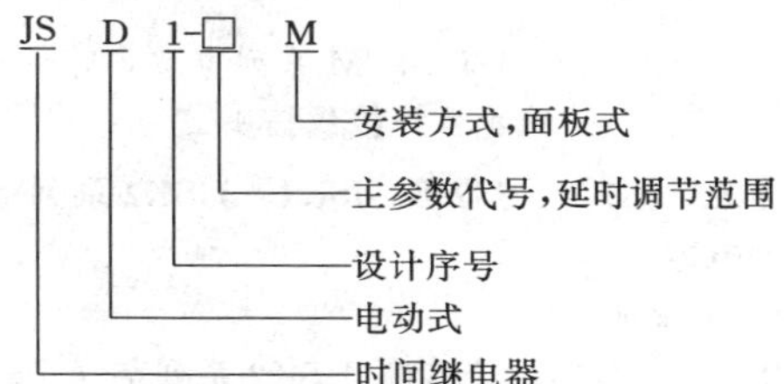

（三）技术数据

JSD1-□M 系列电动式时间继电器技术数据，见表 21-3-14。

（四）内部接线

JSD1-□M 系列电动式时间继电器内部接线及继电器外接线插座，见图 21-3-21 及图 21-3-22。

（五）外形及安装尺寸

JSD1-□M 系列电动式时间继电器外形及安装尺寸，见图 21-3-23。

表 21-3-14　　**JSD1-□M 系列电动式时间继电器技术数据**

型号	额定电压(V)	延时整定范围	不延时触点型式（副）		延时触点型式（副）		触点容量			生产厂
			动合	动断	动合	动断	电压(V)	额定控制容量（VA）	分断电流(A)	
JSD1-1M	36	1.5～30s	1	1	3	2	380	100	0.26	长江机床电器厂
JSD1-2M	48	6～120s								
JSD1-3M	110	30～600s								
JSD1-4M	(127)	90～1800s								
JSD1-5M	220	6～120min								
JSD1-6M	380	0.5～12h								

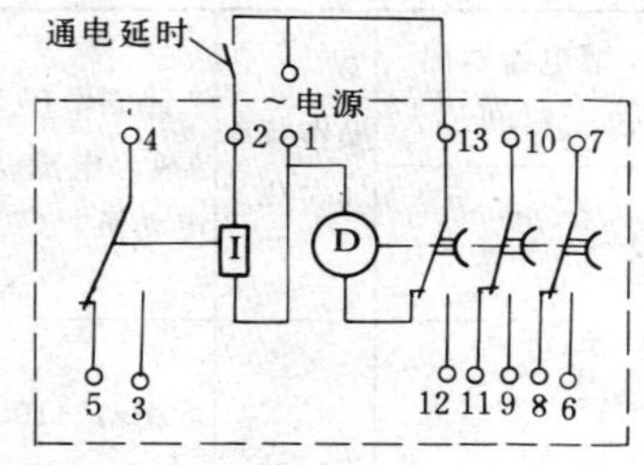

图 21-3-21 JSD1-□M 系列电动式时间继电器内部接线

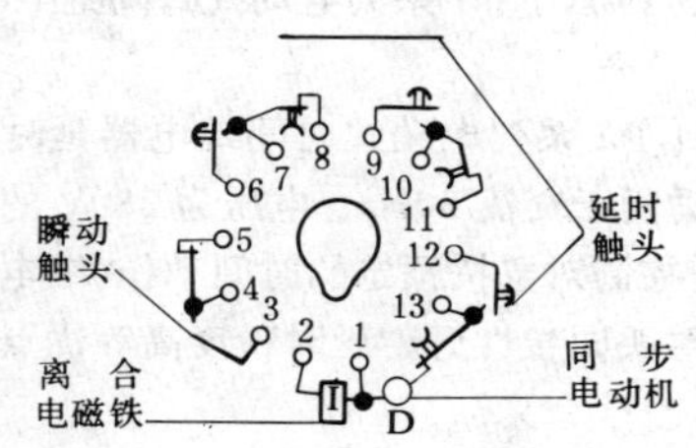

图 21-3-22 JSD1-□M 系列电动式时间继电器外接线插座

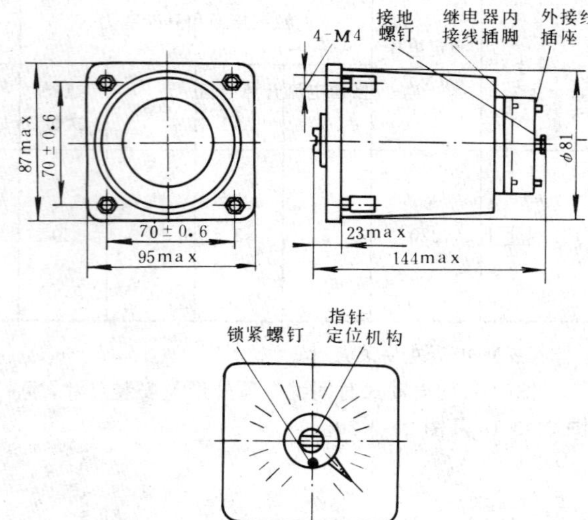

图 21-3-23 JSD1-□M 系列电动式时间继电器外形及安装尺寸

十三、JS7-A、JS7-B、JSK1、JJSK2 系列空气式时间继电器

（一）简介

JS7-A、JS7-B、JSK1、JJSK2 系列空气式时间继电器适用于电压为 380V 及以下的交流控制装置中，作为按时间控制机构动作的元件。

继电器是由底板、空气室、双断点行程开关、操作电磁铁等几部分组合而成。继电器触点（行程开关触头）的动作是由电磁机构和空气室中的汽动机构驱动的，瞬时动作的触点由电磁机构直接驱动，延时触点则由空气室中的气动机构带动，延时的长短是靠转动调节头改变进入空气室的空气流量来达到的。此种继电器具有延时范围大、体积小、结构简单、触点对数多等优点。

（二）技术数据

JS7-A、JS7-B、JSK1、JJSK2 系列空气式时间继电器技术数据，见表 21-3-15。

（三）外形及安装尺寸

JS7-A、JS7-B、JSK1、JJSK2 系列空气式时间继电器外形及安装尺寸，见图 21-3-24 及表 21-3-16。

（四）生产厂及代号

①上海机床电器厂，②苏州机床电器厂，③杭州机床电器厂，④北京电器厂，⑤广州第四电器厂，⑥长江机床电器厂，⑦北京机床电器厂，⑧天水长城 2B 机床电器厂，⑨沈阳建新机床电器厂。

表 21-3-15 JS7-A、JS7-B、JSK1、JJSK2 系列空气式时间继电器技术数据

型号	线圈电压（V）	延时整定范围（s）	不延时触点型式（副）		延时触点型式（副）				触点额定电压（V）	触点额定电流（A）	额定操作频率（次/h）	生产厂
			动合	动断	通电延时		断电延时					
					动合	动断	动合	动断				
JS7-1A	50Hz：36、110、		—	—	1	1	—	—				①
JS7-2A	127、220、380	0.4～60	1	1	1	1	—	—	380	5	600	②
JS7-3A	60Hz：36、110、	0.4～180	—	—	—	—	1	1				③
JS7-4A	127、220、380、440		1	1	—	—	1	1				④

续表 21-3-15

型号	线圈电压 (V)	延时整定范围 (s)	不延时触点型式（副）		延时触点型式（副）				触点额定电压 (V)	触点额定电流 (A)	额定操作频率 (次/h)	生产厂
					通电延时		断电延时					
			动合	动断	动合	动断	动合	动断				
JS7-1B	50Hz：36、110、		—	—	1	1	—	—				
JS7-2B	127、220、380	0.4～60	1	1	1	1	—	—	380	5	600	⑤
JS7-3B	60Hz：36、110、	0.4～180	—	—	—	—	1	1				
JS7-4B	127、220、380、440		1	1	—	—	1	1				
JSK1-1			—	—	1	1	—	—				
JSK1-2	50Hz：36、110、	0.4～60	1	1	1	1	—	—	380	5	600	⑥
JSK1-3	127、220、380、480	0.4～120	—	—	—	—	1	1				⑦
JSK1-4		0.4～180	1	1	—	—	1	1				
JJSK2-1			—	—	1	1	—	—				
JJSK2-2	50Hz:12、36、110、	0.4～60	1	1	1	1	—	—	380	5	600	⑧
JJSK2-3	127、220、380	0.4～180	—	—	—	—	1	1				⑨
JJSK2-4			1	1	—	—	1	1				

注　苏州、杭州机床电器厂生产的 JS7-A 系列产品吸引线圈电压还有 50Hz、24V 及 420V 两种规格。

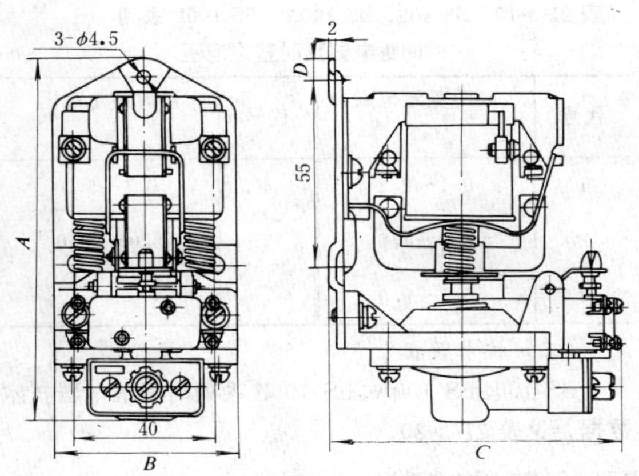

图 21-3-24　JS7-A、JS7-B、JSK1、JJSK2 系列空气式时间继电器外形及安装尺寸

表 21-3-16　JS7-A、JS7-B、JSK1、JJSK2 系列空气式时间继电器外形尺寸

型　号		外形尺寸（mm）			
		A	*B*	*C*	*D*
JS7-1A JS7-2A	JS7-3A JS7-4A	106	52	84	6
JS7-1B JS7-2B	JS7-3B JS7-4B	106	52	84	6
JSK1-1 JSK1-2	JSK1-3 JSK1-4	114	57	85	5
JJSK2-1 JJSK2-2	JJSK2-3 JJSK2-4	102.5	52	80	

十四、JDZ2-S 系列时间继电器

（一）简介

JDZ2-S 系列时间继电器适用于交流 50Hz、电压 380V 及以下，直流电压 220V 及以下的控制装置中，按预先整定的时间使被控制元件动作。

（二）型号含义

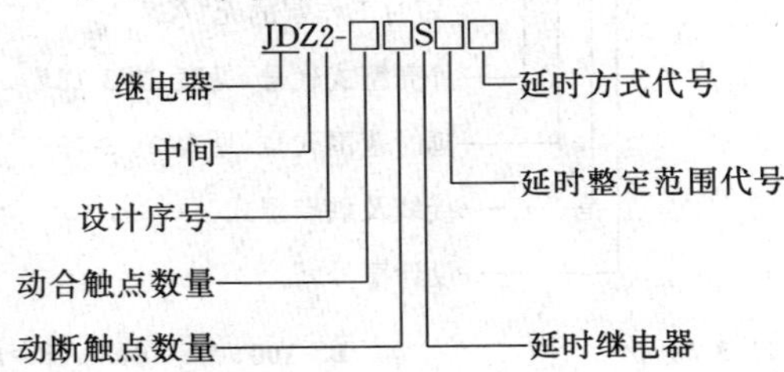

（三）技术数据

JDZ2-S 系列时间继电器技术数据，见表 21-3-17。

（四）外形及安装尺寸

JDZ2-S 系列时间继电器外形及安装尺寸，见图 21-3-25。

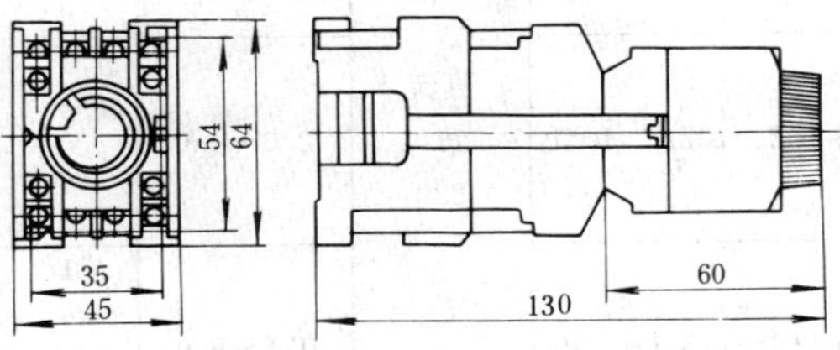

图 21-3-25　JDZ2-S 系列时间继电器外形及安装尺寸

表 21-3-17 **JDZ2-S系列延时继电器技术数据**

型号	额定电压(V)		额定电流(A)	延时方式	延时整定范围(s)	不延时触点型式(副)		延时触点型式(副)		吸引线圈电压(V)	生产厂
	交流	直流				动合	动断	动合	动断		
JDZ2-S11	380	220	5	通电延时	0.2～10	2	2	1	1	24、36、110、127、220、380	苏州机床电器厂
JDZ2-S12					0.2～10						
JDZ2-S21					1～30						
JDZ2-S22					1～30						
JDZ2-S31					10～180						
JDZ2-S32					10～180						

十五、BS-100、BS-100A、BS-100B系列时间继电器

（一）简介

BS-100、BS-100A、BS-100B系列时间继电器适用于电力系统继电保护及自动控制装置中，使被控设备或电路的动作得到所需要的延时。在继电保护线路中用以实现主保护与后备保护的选择性配合。

为了便于产品的互换使用，继电器借用了DS-100、DS-20、DS-30系列时间继电器的壳体。

（二）型号含义

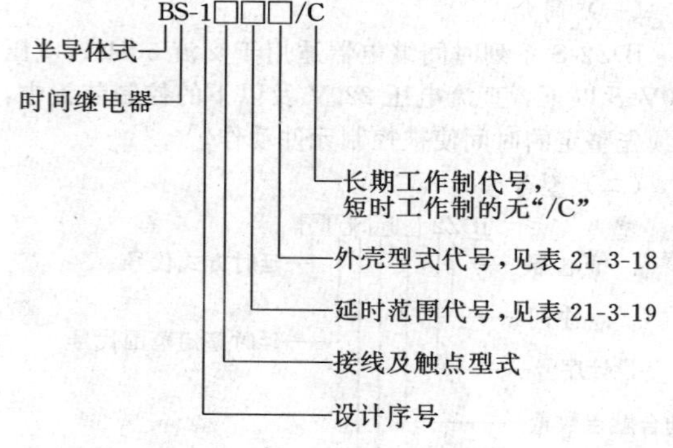

表 21-3-18 BS-100、BS-100A、BS-100B系列时间继电器壳体型式

代号	壳体型式
无	与DS-110壳体相同
A	与DS-20壳体相同
B	与DS-30壳体相同

表 21-3-19 BS-100、BS-100A、BS-100B系列时间继电器延时整定范围

代号	延时整定范围(s)	代号	延时整定范围(s)
1	0.1～2.2	4	0.1～5.0
2	2.0～4.0	5	2.0～20.0
3	0.1～9.0		

（三）技术数据

BS-100、BS-100A、BS-100B系列时间继电器技术数据，见表21-3-20。

表 21-3-20 **BS-100、BS-100A、BS-100B系列时间继电器技术数据**

型号	额定电压 U_e (V)	总延时整定范围(s)	HP位置	分档延时整定范围(s)	动作电压	功率消耗(W)	触点容量	生产厂
BS-101、101A、101B	直流 110 220	0.1～2.2	1	0.1～0.7	≯70%U_e	BS-110～140 (AB)型220V时≯9，110V时≯6 BS-150～180 (AB)型220V时≯18，110V时≯12	<250V、<1A的感性负载 30W	保定继电器厂
			2	0.7～1.2				
			3	1.2～1.7				
			4	1.7～2.2				
BS-102、102A、102B		2.0～4.0	1	2.0～2.5				
			2	2.5～3.0				
			3	3.0～3.5				
			4	3.5～4.0				
BS-113～143 (A、B)		0.1～9.0	1	0.1～1.5				
			2	1.5～2.7				
			3	2.7～6.0				
			4	6.0～9.0				

续表 21-3-20

型号	额定电压 U_e（V）	总延时整定范围（s）	HP 位置	分档延时整定范围（s）	动作电压	功率消耗（W）	触点容量	生产厂
BS-153～183（A、B）	直流 110 220	0.1～9.0	1	0.1～2.5	≯70%U_e	BS-110 ～ 140（AB）型 220V 时≯9，110V 时≯6，BS-150～180（AB）型 220V 时≯18，110V 时≯12	<250V、<1A 的感性负载 30W	保定继电器厂
			2	2.5～5.0				
			3	5.0～7.0				
			4	7.0～9.0				
BS-104、104A、104B		0.1～5.0	1	0.1～1.5				
			2	1.5～2.7				
			3	2.7～3.9				
			4	3.9～5.0				
BS-105、105A、105B		2.0～20.0	1	2.0～7.0				
			2	7.0～12.0				
			3	12.0～16.0				
			4	16.0～20.0				

（四）内部接线

短时工作制的 BS-100、BS-100A、BS-100B 系列时间继电器内部接线，见图 21-3-26。长期工作制的 BS-100/C、BS-100A/C、BS-100B/C 系列时间继电器，除 BS-110～140/C 型的接线与 BS-110～140 型相同，不需外接电阻外，其余规格的继电器，均需在图 21-3-26 的基础上外接电阻 R_f 后，方可接入电路使用，否则将烧毁继电器。R_f 的外接方法及其规格分别见图 21-3-27 和表 21-3-21。

（五）外形及安装尺寸

BS-100 系列时间继电器外形及安装尺寸，见图 21-3-28；BS-100A 系列时间继电器外形及安装尺寸，见图 21-3-29；BS-100B 系列时间继电器外形及安装尺寸，见图 21-3-30。

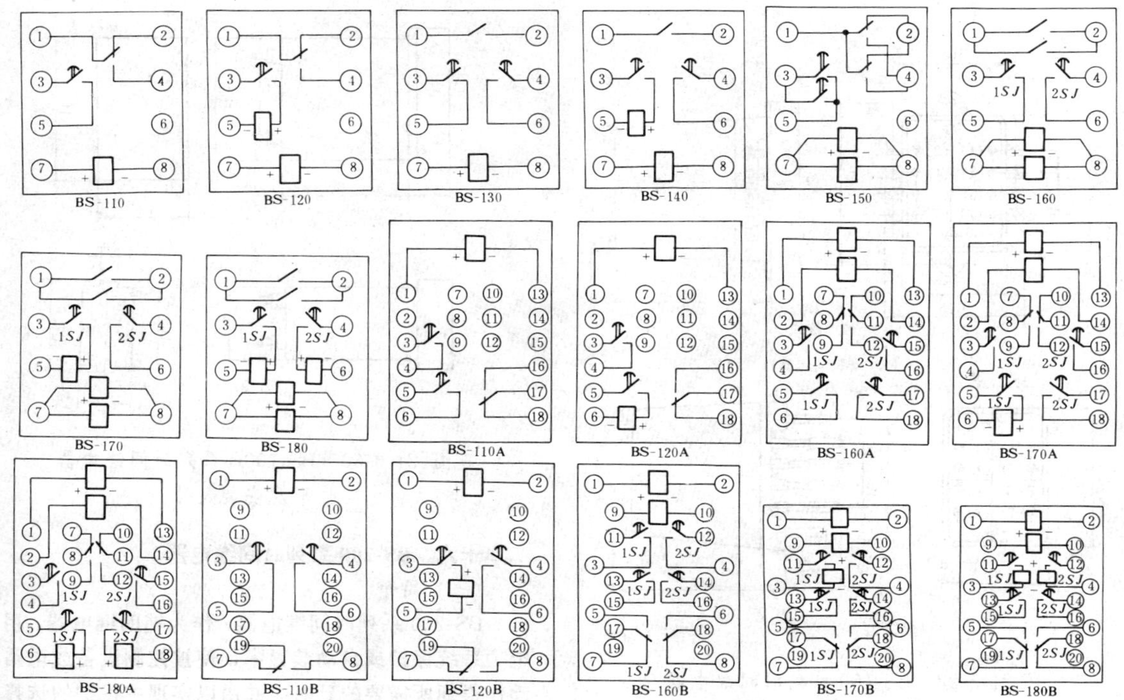

图 21-3-26　BS-100、BS-100A、BS-100B 系列时间继电器内部接线（前视）

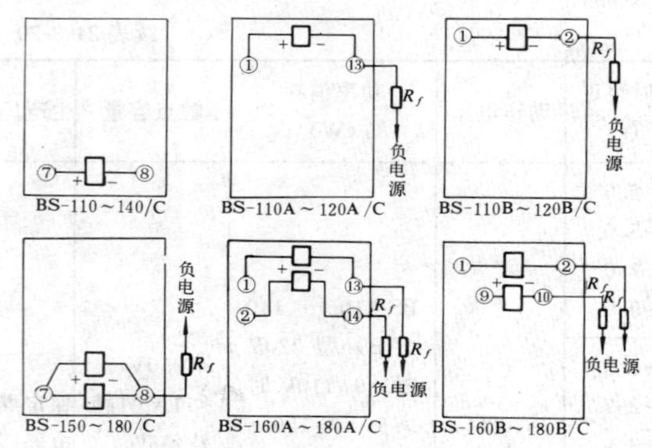

图　21-3-27　BS-100/C、BS-100A/C、BS-100B/C系列时间继电器中 R_f 的外接方法（前视）

表 21-3-21　BS-100/C、BS-100A/C、BS-100B/C系列时间继电器外附电阻 R_f 的规格

继电器型号	220V时 R_f 的规格	110V时 R_f 的规格
BS-150～180/C	Rx20-40W-3kΩ-±5%	Rx20-25W-820Ω-±5%
BS-100A/C	Rx20-25W-5.1kΩ-±5%	Rx20-25W-1.5kΩ-±5%
BS-100B/C	Rx20-25W-5.1kΩ-±5%	Rx20-25W-1.5kΩ-±5%

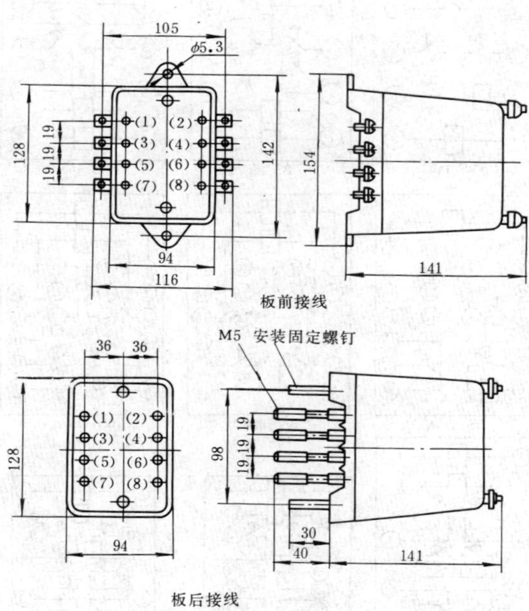

图　21-3-28　BS-100系列时间继电器外形及安装尺寸

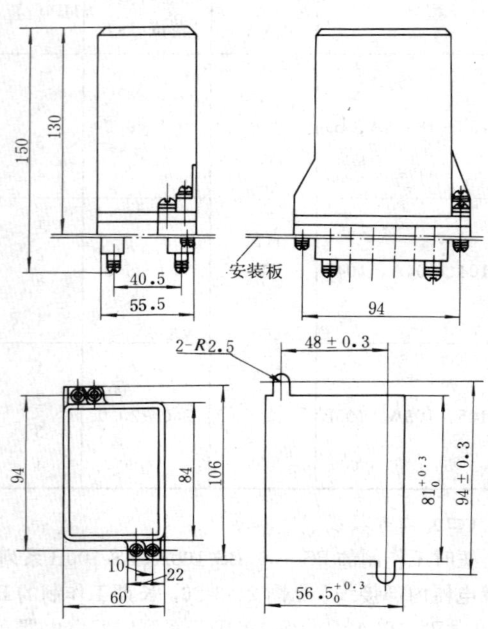

图　21-3-29　BS-100A系列时间继电器外形及安装尺寸

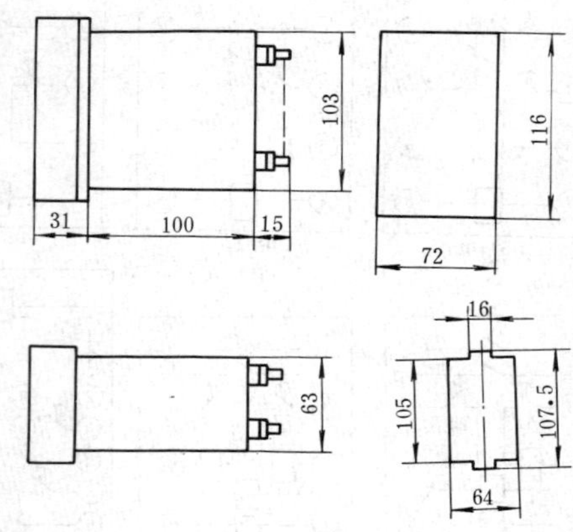

图　21-3-30　BS-100B系列时间继电器外形及安装尺寸

十六、BS-200系列时间继电器

（一）简介

BS-200系列时间继电器，作为辅助继电器，用于电力系统保护或自动装置中，使被控制设备或电路的动作得到所需要的延时，并用以实现主保护的选择配合。

（二）型号含义

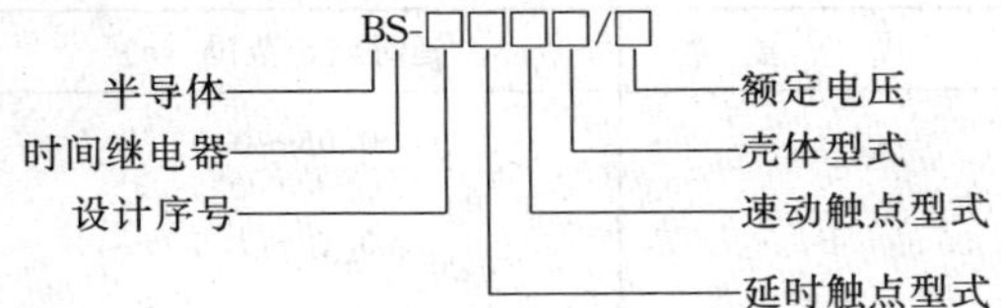

（三）技术数据

BS-200 系列时间继电器技术数据，见表 21-3-22。

表 21-3-22　BS-200 系列时间继电器技术数据

型号	额定电压 U_e (V)	延时整定范围 (s)	动作电压 (V)	功率消耗 (W)	触点容量 (W)	生产厂
BS-200 BS-200T BS-200Q	48 110 220	0.1～9.9	≯70% U_e	48V 为 2 110V 为 6 220V 为 10	30	上海继电器厂

（四）内部接线

BS-200 系列时间继电器内部接线，见图 21-3-31。

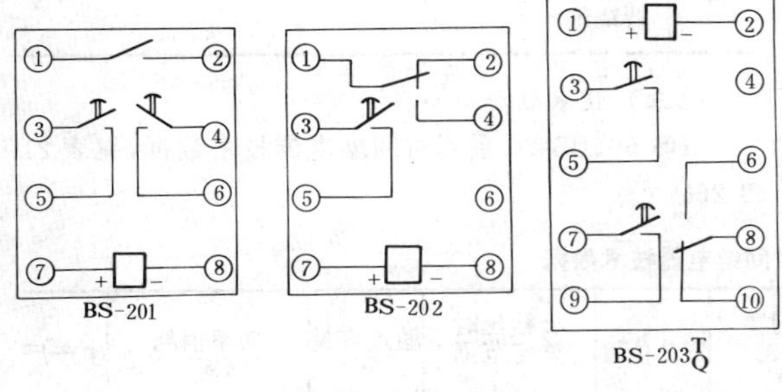

图 21-3-31　BS-200 系列时间继电器内部接线图

（五）外形及安装尺寸

BS-200 系列时间继电器采用凸出式板前接线及板后接线壳体、凸出式插拔结构壳体（T 型壳体）及嵌入式插拔结构壳体（Q 型壳体），其外形及安装尺寸见图 21-3-32～图 21-3-35。

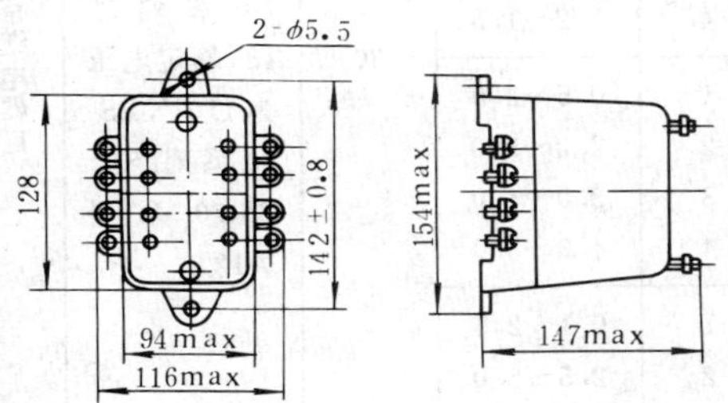

图 21-3-32　BS-200 系列时间继电器凸出式板前接线外形尺寸

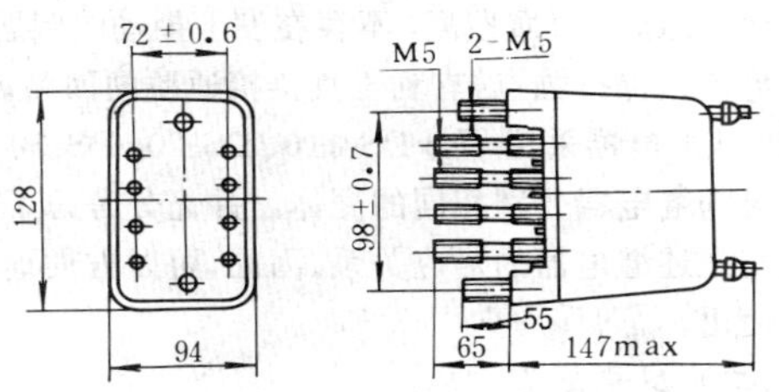

图 21-3-33　BS-200 系列时间继电器凸出式板后接线外形尺寸

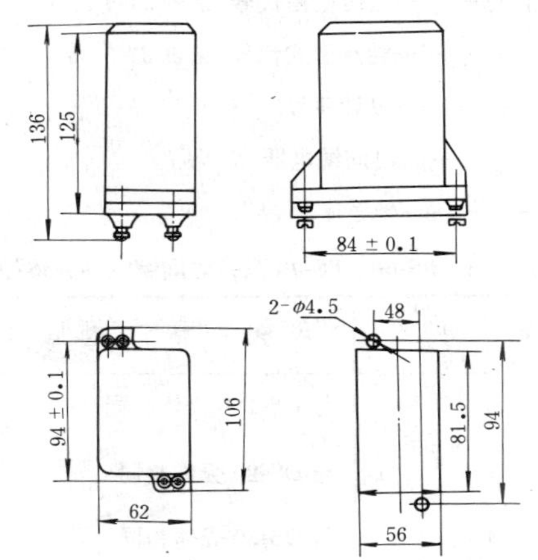

图 21-3-34　BS-200 系列时间继电器凸出式插拔结构（T 型壳体）外形及安装尺寸

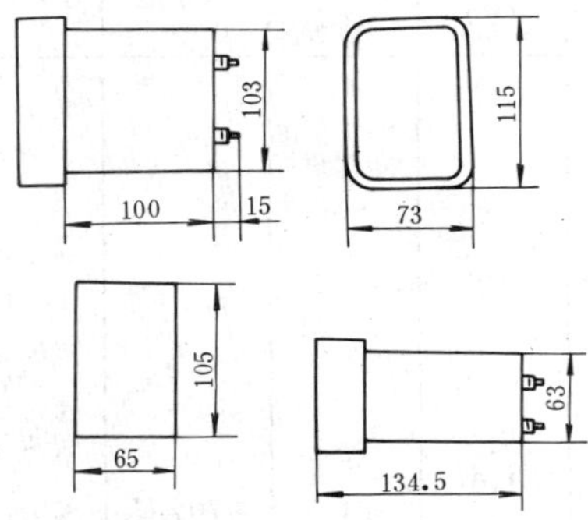

图 21-3-35　BS-200 系列时间继电器嵌入式插拔结构（Q 型壳体）外形及安装尺寸

十七、BS-60、BS-70 系列时间继电器

（一）简介

BS-60、BS-70 系列时间继电器作为延时控制元件，用于电力系统继电保护及自动装置中，使被控设备或电路按预定的延时动作。

该继电器具有较高的延时准确度，可以将阶段式继电保护的级差时间压缩为0.3s，并已取得大量的成功的运行经验。可靠性高，不存在发卡拒动的问题。配置了电流自保持触点，有利于直接接通跳闸回路。通用性强。该继电器采用了与DS-110、DS-20、DS-30三个系列时间继电器分别相同的壳体，并充分考虑了端子接线与上述继电器的对应关系。因此，可以方便地进行互换使用。

（二）型号含义

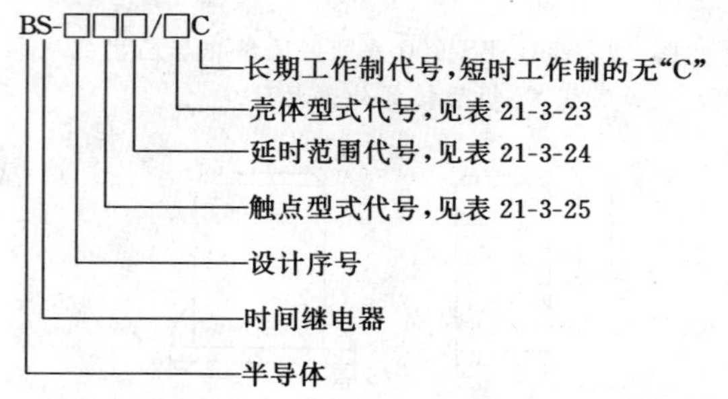

表 21-3-23 BS-60、BS-70系列时间继电器壳体型式

代号	壳体型式
无	与DS-110壳体相同
Ⅰ	与DS-20壳体相同
Ⅱ	与DS-30壳体相同

表 21-3-24 BS-60、BS-70系列时间继电器延时整定范围

代号	延时整定范围（s）
A	0.05～0.5
B	0.15～1.5
C	0.5～5
D	0.1～10
E	3～30

表 21-3-25 BS-60、BS-70系列时间继电器触点型式

代号	触点型式
1	具有瞬动转换和延时动合触点
2	具有瞬动转换和延时动合触点，并具有电流自保持绕组
3	具有瞬动动合和延时动合触点
4	具有瞬动动合和延时动合触点，并具有电流自保持绕组

（三）技术数据

BS-60、BS-70系列时间继电器技术数据，见表21-3-26。

表 21-3-26 BS-60、BS-70系列时间继电器技术数据

型号	额定电压 U_e（V）	额定自保持电流（A）	动作电压（V）	返回电压（V）	总延时整定范围（s）	HP位置	分档延时整定范围（s）	触点容量（W）	功率消耗（W）	生产厂
BS-60A/70A	110 220	1	≯70%U_e	≮5%U_e	0.05～0.5	1 2 3 4	0.05～0.2 0.2～0.3 0.3～0.4 0.4～0.5	30	额定电压为220V，BS-60系列≯9，BS-70系列≯18；额定电压为110V，BS-60系列≯6，BS-70系列≯12	北京继电器厂
BS-60B/70B					0.15～1.5	1 2 3 4	0.15～0.5 0.5～0.85 0.85～1.2 1.2～1.5			
BS-60C/70C					0.5～5.0	1 2 3 4	0.5～2.0 2.0～3.0 3.0～4.0 4.0～5.0			
BS-60D/70D					0.1～10	1 2 3 4	0.1～2.5 2.5～5.0 5.0～7.5 7.5～10			

续表 21-3-26

型　号	额定电压 U_e (V)	额定自保持电流 (A)	动作电压 V	返回电压 (V)	总延时整定范围 (s)	HP 位置	分挡延时整定范围 (s)	触点容量 (W)	功率消耗 (W)	生产厂
BS-60E BS-70E	110 220	1	≯70%U_e	≮5%U_e	3～30	1 2 3 4	3.0～10 10～17 17～23 23～30	30	额定电压为 220V，BS-60 系列≯9，BS-70 系列≯18；额定电压为 110V，BS-60 系列≯6，BS-70 系列≯12	北京继电器厂

（四）内部接线

短时工作制的 BS-60、BS-70 系列时间继电器内部接线，见图 21-3-36。长期工作制的 BS-60/C、BS-70/C 系列时间继电器，除 BS-60/C 系列的接线与 BS-60 系列相同，不需外接电阻外，其余规格的继电器，均需在图 21-3-36 的基础上外接电阻 R_f 后，方可接入电路使用，否则将烧毁继电器。R_f 的外接方法及其规格分别，见图 21-3-37 和表 21-3-27。

（五）外形及安装尺寸

(1) BS-60、BS-70 系列时间继电器的壳体与 DS-110 系列时间继电器相同，为凸出式非插拔结构，分板前接线和板后接线两种方式，其外形及安装尺寸见图 21-3-38。

(2) BS-60/I、BS-70/I 系列时间继电器的壳体与 DS-20 系列时间继电器相同，为凸出式插拔结构，板后接线方式，其外形及安装尺寸见图 21-3-39。

(3) BS-60/Ⅱ、BS-70/Ⅱ系列时间继电器的壳体与 DS-30 系列时间继电器相同，为嵌入式插拔结构，板后接线方式，其外形及安装尺寸见图 21-3-40。

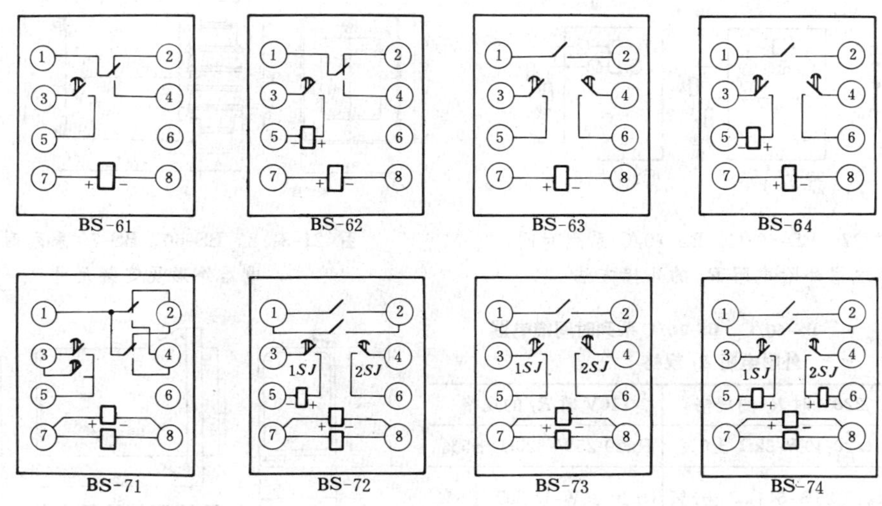

图 21-3-36　BS-60、BS-70 系列时间继电器内部接线图（一）

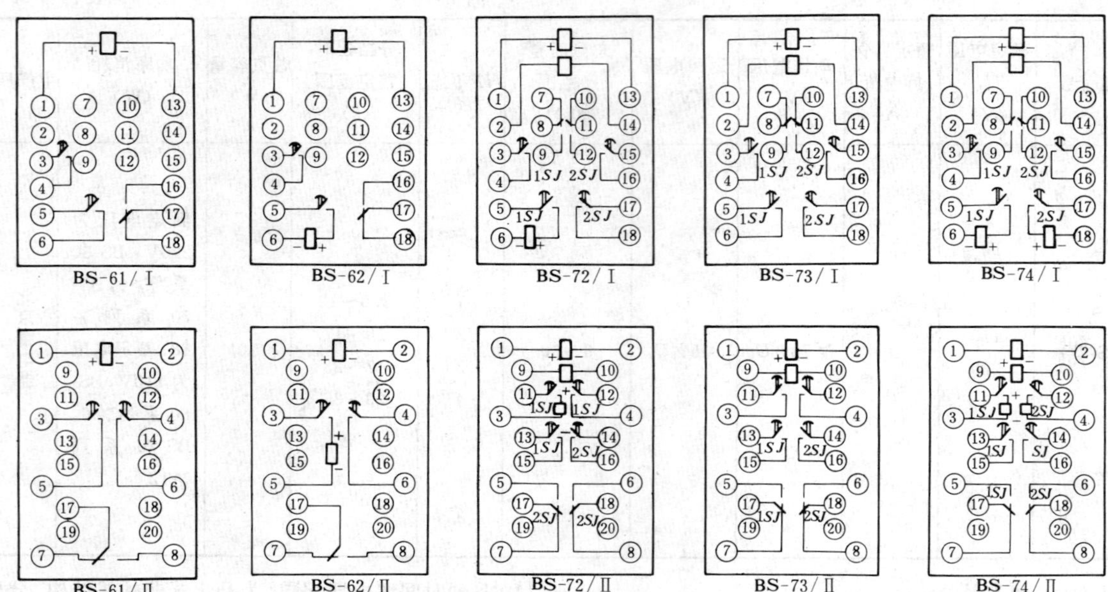

图 21-3-36　BS-60、BS-70系列时间继电器内部接线图（二）

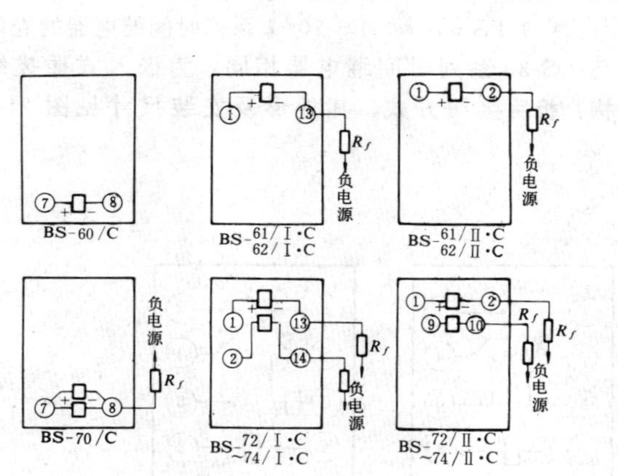

图 21-3-37　BS-60/C、BS-70/C系列时间继电器外附电阻 R_f 的外接方法

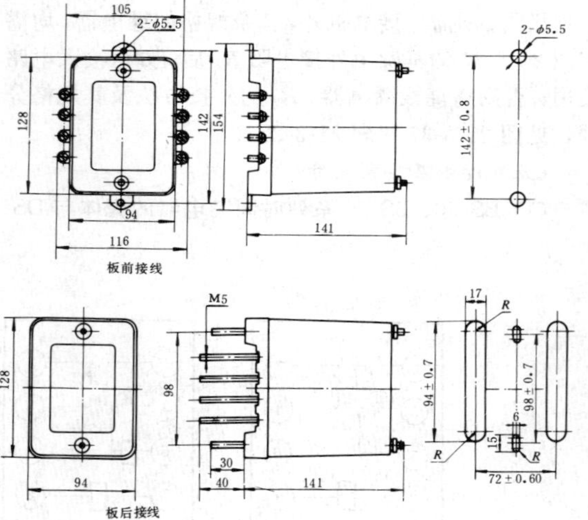

图 21-3-38　BS-60、BS-70系列时间继电器外形及安装尺寸

表 21-3-27　BS-60/C、BS-70/C系列时间继电器外附电阻 R_f 规格

继电器型号	220V 时 R_f 的规格	110V 时 R_f 的规格
BS-70/C	Rx20-40W-3kΩ-±5%	Rx20-25W-820Ω-±5%
BS-60/Ⅰ·C BS-70/Ⅰ·C	Rx20-25W-5.1kΩ-±5%	Rx20-25W-1.5kΩ-±5%
BS-60/Ⅱ·C BS-70/Ⅱ·C	Rx20-25W-5.1kΩ-±5%	Rx20-25W-1.5kΩ-±5%

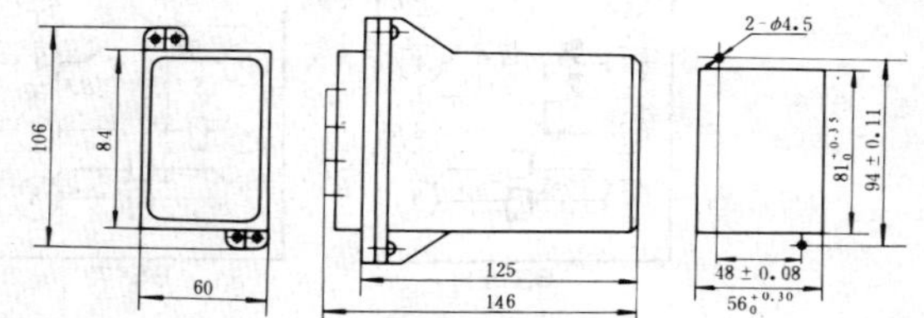

图 21-3-39　BS-60/I、BS-70/I系列时间继电器外形及安装尺寸

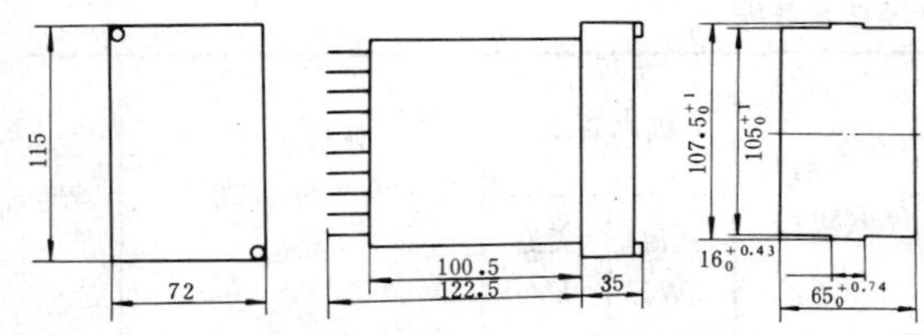

图 21-3-40　BS-60/Ⅱ、BS-70/Ⅱ系列时间继电器外形及安装尺寸

十八、BS-30 系列时间继电器

（一）简介

BS-30 系列时间继电器作为自动装置中的时间元件，使被控制的线路可以得到可调的动作延时。

（二）技术数据

BS-30 系列时间继电器技术数据，见表 21-3-28。

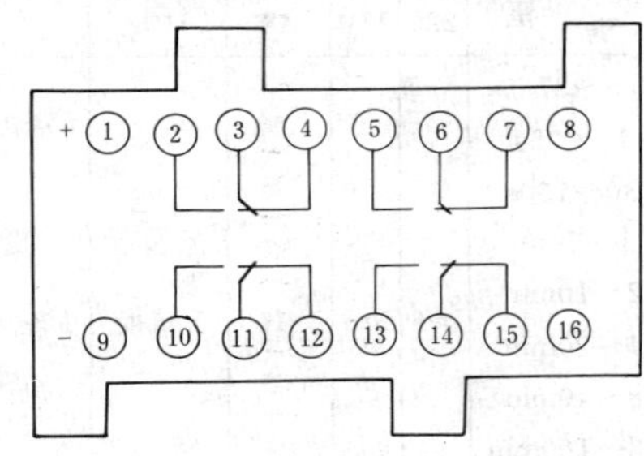

图 21-3-41　BS-30 系列时间继电器内部接线

（三）内部接线

BS-30 系列时间继电器内部接线，见图 21-3-41。

十九、BS-20 系列时间继电器

（一）简介

BS-20 系列时间继电器是作为辅助元件用于各种保护及自动装置中，使被控制的元件达到所需的延时，在保护装置中用以实现主保护与后备保护的选择性配合。

（二）技术数据

BS-20 系列时间继电器技术数据，见表 21-3-29。

二十、BS-10 系列时间继电器

（一）简介

BS-10 系列时间继电器作为辅助元件用于各种保护和自动装置中，使被控制的元件得到可调的动作延时。

（二）技术数据

BS-10 系列时间继电器技术数据，见表 21-3-30。

（三）内部接线

BS-10 系列时间继电器内部接线，见图 21-3-42。

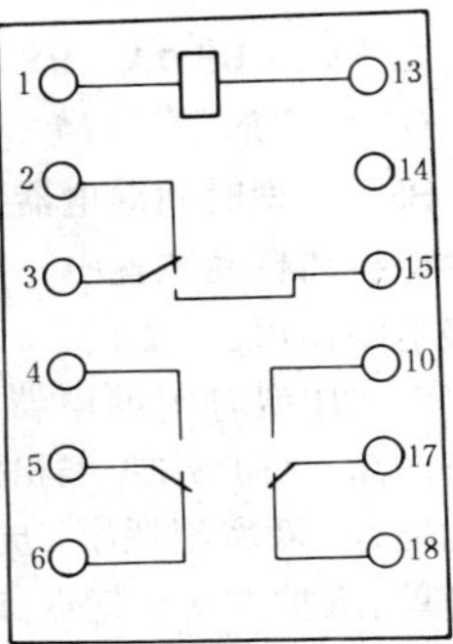

图 21-3-42　BS-10 系列时间继电器内部接线

表 21-3-28　**BS-30 系列时间继电器技术数据**

型号	额定电压（V）	延时整定范围（min）	功率消耗（W）	动作电压（V）		触点容量		外形尺寸 宽×深×高（mm）	生产厂
				220、110V	48V	直流（W）	交流（VA）		
BS-31	220 110 48	3～10	≯15	≯80%U_e	≯90%U_e	≯220V、0.2A 时 40W	≯220V、0.2A 时 50VA	122×106×187	阿城继电器厂
BS-32		5～20							
BS-33		6～30							
BS-34		1.5～5							

表 21-3-29　**BS-20 系列时间继电器技术数据**

型　号	额定电压（V）	延时整定范围（s）	功率消耗（W）	触点容量（W）	生产厂
BS-21	24、48、110、220	0.1～1.5	24V 时 ≯1	≯220V ≯0.25A 时 50W	吴江松陵电器厂
BS-22		0.2～4			
BS-23		0.5～9			
BS-24		0.5～20			

表 21-3-30　　BS-10 系列时间继电器技术数据

型号	额定电压 U_e (V)	延时整定范围 (s)	动作电压(V)		功率消耗 (W)	触点容量		外形尺寸 宽×深×高 (mm)	生产厂
			220、110	48、24		直流 (W)	交流 (VA)		
BS-11	24 48 110 220	0.15～1.5	≯80%U_e	≯90%U_e	≯15	40	50	106×60×130	阿城继电器厂
BS-12		1～5							
BS-13		2～10							
BS-14		4～20							

二十一、BS-7A、BS-7B 型时间继电器

（一）简介

BS-7A 型时间继电器为直流长时间继电器，用于各种保护和自动装置中，可以自电源接通起自动延时转接电路作用。

BS-7B 型时间继电器是 BS-7A 型时间继电器的更新产品，与 BS-7A 型相比较具有延时精度高、高低温性能好、功率消耗小、抗干扰能力强、可靠性高、调试简单、维护方便等特点。BS-7B 型继电器外部接线端子与 BS-7A 型相同，但无需外附电阻。

（二）技术数据

BS-7A、BS-7B 型时间继电器技术数据，见表 21-3-31 及表 21-3-32。

（三）内部接线

BS-7A、BS-7B 型时间继电器内部接线，见图 21-3-43 及图 21-3-44。

（四）外形及安装尺寸

BS-7A 型时间继电器壳体结构型式有 A11K、A11P、A11H 型，外形尺寸及安装尺寸，见表 21-0-1。BS-7B 型时间继电器壳体结构型式有 A11K、A11P、A11H、A11Q 型，外形尺寸及安装尺寸，见表 21-0-1。

表 21-3-31　　BS-7A 型时间继电器技术数据

额定电压 (V)	延时整定范围 (min)	功率消耗(W)			触点型式 (副)	触点容量 (W)	生产厂
		220	110	48			
48 110 220	6～30 4～20 2～10 1～5 0.5～2.5	≯20	≯10	≯5	一转换	10	许昌继电器厂

注　望城继电器厂生产 BS-7 型时间继电器，其主要技术规格与 BS-7A 型基本相同。

表 21-3-32　　BS-7B 型时间继电器技术数据

额定电压(V)	延时整定范围	功率消耗(W)			触点型式 (副)	触点容量 (W)	生产厂
		220	110	48			
48 110 220	7.5～37.5s 15～75s 30～150s 1～5min 2～10min 4～20min 8～40min 32～160min 64～320min 128～640min	≯6	≯3	≯1.5	1 转换	≯30	许昌继电器厂

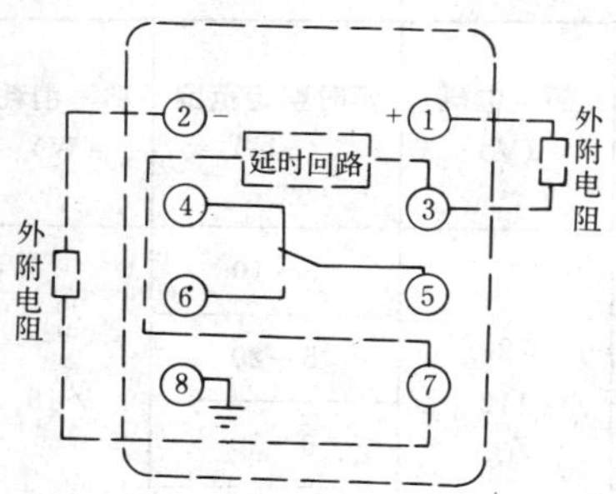

图 21-3-43　BS-7A 型时间继电器内部接线

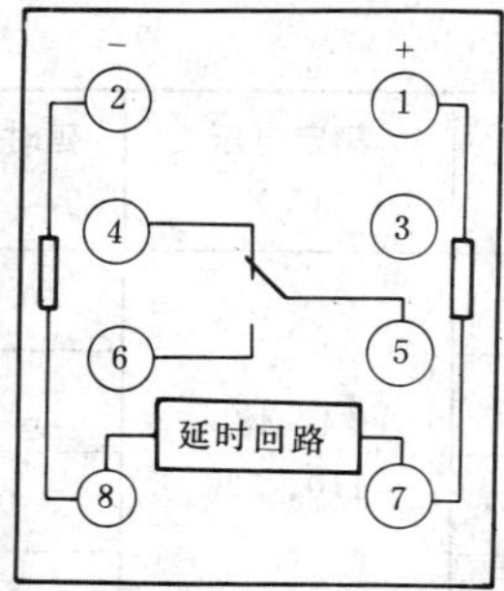

图 21-3-44　BS-7B 型时间继电器内部接线

二十二、BS-5A 型时间继电器

（一）简介

BS-5A 型时间继电器用于自动装置中，作为长延时元件。

（二）技术数据

BS-5A 型时间继电器技术数据，见表 21-3-33。

表 21-3-33　　BS-5A 型时间继电器技术数据

额定电压（V）	延时整定范围	功率消耗（W）			触点容量		生产厂
		220V	110V	48V	直流	交流	
48、110、220	1～6min 内连续可调	≯9	≯6	≯3.5	<220V <0.5A 时 40W	≯100VA	阿城继电器厂

（三）内部接线

BS-5A 型时间继电器内部接线，见图 21-3-45。

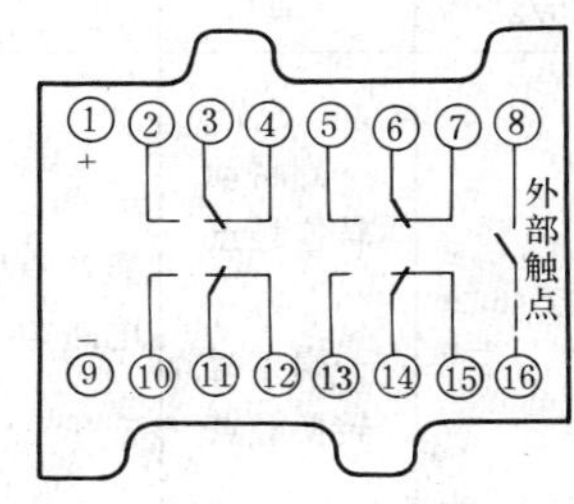

图 21-3-45　BS-5A 型时间继电器内部接线

二十三、SS-15 型时间继电器

（一）简介

SS-15 型时间继电器主要用于对延时精度或操作次数要求非常严格的继电保护和自动装置中。

（二）技术数据

SS-15 型时间继电器技术数据，见表 21-3-34。

（三）内部接线

SS-15 型时间继电器内部接线，见图 21-3-46。

（四）外形及安装尺寸

SS-15 型时间继电器外形及安装尺寸，见图 21-3-47。

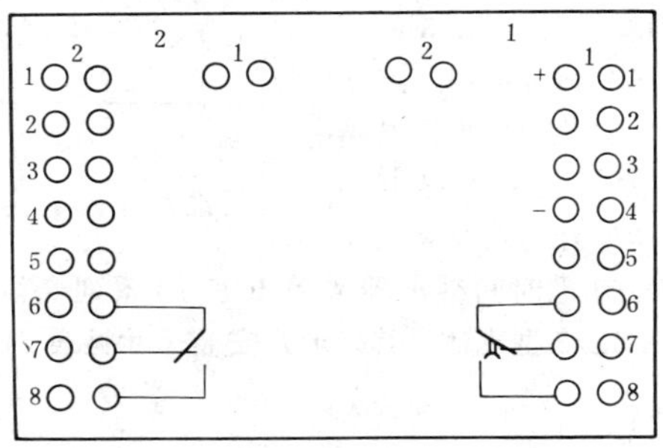

图 21-3-46　SS-15 型时间继电器内部接线

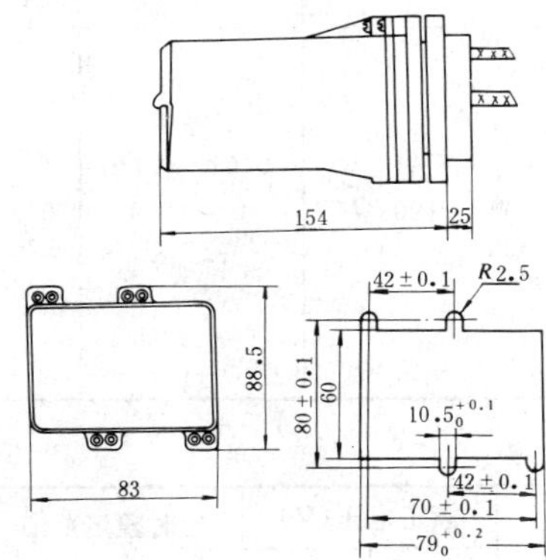

图 21-3-47　SS-15 型时间继电器外形及安装尺寸

表 21-3-34　　SS-15 型时间继电器技术数据

额定电压 U_e(V)		延时整定范围(s)	动作电压(V)		返回电压(V)	功率消耗		触点容量	生产厂
直流	交流		24、36、48、60	110、220		直流(W)	交流(VA)		
24	110 220	0.05～49 0.1～99 0.2～198	≯90%U_e	≯80%U_e	≮20%U_e	0.76	1.5	直流：≯220V ≯0.2A 时 25W 交流：30VA	阿城继电器厂
36						0.85			
48						1.18			
60						2.03			
110						2.9			
220						5.5			

二十四、SS-21型时间继电器

（一）简介

SS-21型时间继电器，可用于延时范围0.01～99s延时精度较高的各种继电保护及自动装置中。

（二）技术数据

SS-21型时间继电器技术数据，见表21-3-35。

（三）内部接线

SS-21型时间继电器内部接线，见图21-3-48。

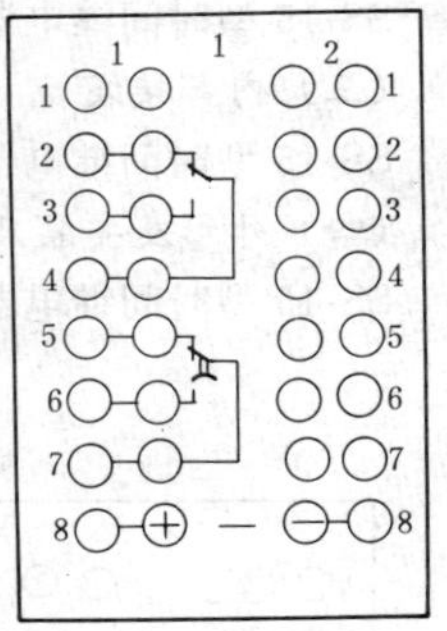

图21-3-48 SS-21型时间继电器内部接线

（四）外形及安装尺寸

SS-21型时间继电器采用JCK-10系列壳体组件中JCK-11/5型壳体，其外形及安装尺寸见表21-0-3、表21-0-4及图21-0-9。

二十五、SS-22型时间继电器

（一）简介

SS-22型时间继电器用于交、直流操作的自动装置中，特别是要求延时精确和需要功耗很低而整定时间范围宽的场合。

SS-22型时间继电器采用晶体振荡电路，时间精度高且不受温度及电压波动影响。可数字化整定所需时间。同一继电器可选择四种时间范围，实现0.1～99900s延时。电源电压大于24V时，需外附电阻（随继电器供给）。

（二）技术数据

SS-22型时间继电器技术数据，见表21-3-36。

（三）外形及安装尺寸

SS-22型时间继电器外形及安装尺寸，与SS-21型时间继电器外形及安装尺寸相同。

表21-3-35 SS-21型时间继电器技术数据

额定电压 U_e (V)	工作电压范围 (V)	延时整定范围 (s)	功率消耗(W)				触点型式 (副)	触点容量	生产厂
			24/36V	48/60V	110/125V	220/250V			
24 36 48 60 110 125 220 250	80%～120%U_e	0.01～0.99 0.1～9.9 1～99	0.6/0.9	1.2/1.5	2.8/3.1	5.5/6.2	一副瞬动转换触点 一副延时转换触点	直流有感电路30W	阿城继电器厂

表21-3-36 SS-22型时间继电器技术数据

型号	额定电压(V)		延时整定范围 (s)	功率消耗		触点型式(副)		触点容量		生产厂
	直流	交流		直流(W)	交流(VA)	瞬时	延时	直流	交流	
SS-22/1		24			24V 0.9		2转换			
	24	100	0.1～99.9	24V 0.9	100V 3.5					
	48	110	1～999	48V 1.5	110V 4.0					
SS-22/2	110	127	10～9990	110V 4.0	127V 4.5	2转换	2转换	30W	40VA	阿城继电器厂
	220	220	100～99900	220V 5.5	220V 5.5					
SS-22/3		380			380V 9.0		4转换			

二十六、SS-23E、SS-23型时间继电器

（一）简介

SS-23E、SS-23型时间继电器是采用晶振、分频、计数原理设计制造的新型数字式时间继电器，广泛用于继电保护系统，特别是要求延时准确和缩短配合时间级差的场合，以及需要功耗很低、整定范围大的工业控制和程序控制。

（二）技术数据

SS-23E、SS-23型时间继电器技术数据，见表21-3-37。

（三）外形及安装尺寸

SS-23E型时间继电器采用JCK-10系列壳体组件中的JCK-11/4型壳体，其外形及安装尺寸见表21-0-3、表21-0-4及图21-0-9。SS-23型时间继电器采用JK-1型壳体，其外形及安装尺寸见图21-0-1。

表 21-3-37　SS-23E、SS-23 型时间继电器技术数据

额定电压 (V)	延时整定范围 (s)	功率消耗（W）			触点型式（副）		触点容量		生产厂
		48V	110V	220V	瞬动	延时	直流	交流	
48 110 220	0.1～9.0 1～99 10～990	1.6	3.3	6.6	一转换	二动合	30W	40VA	阿城继电器厂

二十七、SS-31 型时间继电器

（一）简介

SS-31 型时间继电器用于电力系统继电保护和自动装置中，使被控元件达到所需的延时，以实现保护的选择性配合。

（二）技术数据

SS-31 型时间继电器技术数据，见表 21-3-38。

（三）内部接线

SS-31 型时间继电器内部接线，见图 21-3-49。

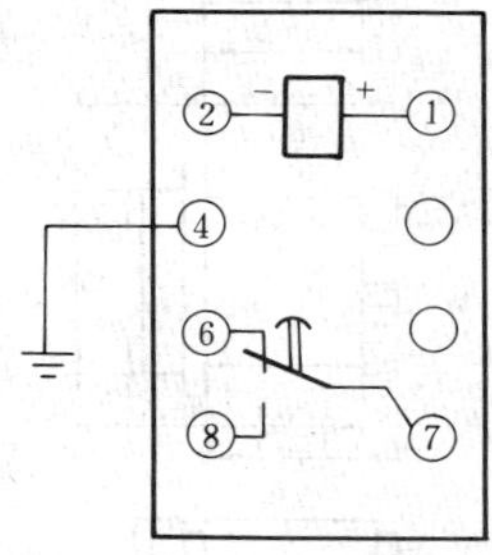

图 21-3-49　SS-31 型时间继电器内部接线

（四）外形及安装尺寸

SS-31 型时间继电器壳体结构型式有 A11K、A11P、A11H、A11Q 型，外形及安装尺寸见表 21-0-1。

二十八、SS-40 系列高精度时间继电器

（一）简介

SS-40 系列高精度时间继电器可用于继电保护系统中，特别是要求时间测量精确和缩短配合时间级差的场合，以及需要功耗很低而整定时间范围大的工业控制和程序控制上，此外，也可以用于电力系统中作为延时元件代替 DS-20、DS-110、DS-120 型时间继电器。

SS-41 型时间继电器为一段延时。SS-42 型时间继电器为二段延时，可分别整定。

（二）技术数据

SS-40 系列高精度时间继电器技术数据，见表 21-3-39。

（三）内部接线

SS-40 系列高精度时间继电器内部接线，见图 21-3-50。

（四）外形及安装尺寸

SS-40 系列高精度时间继电器采用 JCK-10 系列壳体组件中 JCK-11/4 型壳体，其外形及安装尺寸见表 21-0-3、表 21-0-4 及图 21-0-9。

表 21-3-38　SS-31 型时间继电器技术数据

额定电压	延时整定范围	返回时间	触点容量	生产厂
220V 110V 48V	20ms～999s	20ms	触点可长期接通 5A 分断容量，当 ≯220V、≯2A 时，为 30W	许昌继电器厂

表 21-3-39　SS-40 系列高精度时间继电器技术数据

型　号	额定电压 (V)	延时整定范围 (s)	功率消耗（W）				触点型式（副）		触点容量	生产厂
			24/36V	48/60V	110/125V	220/250V	瞬动	延时		
SS-41	直流 24 36 48 60 110 125 220 250	0.02～0.999 0.02～9.99 0.1～99.9 1～999 10～9999	0.6/0.9	1.2/1.5	2.8/3.1	5.5/6.2	二副转换	一副转换	30W	阿城继电器厂
SS-42			0.7/1.0	1.4/1.8	3.3/3.7	6.6/7.5	二副转换	二副转换		

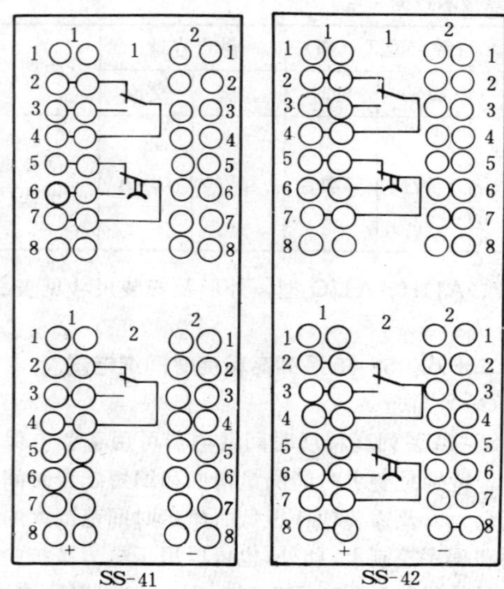

图 21-3-50 SS-40系列高精度时间继电器内部接线

二十九、SS-50系列时间继电器

(一) 简介

SS-50系列时间继电器用于电力系统继电保护线路中,使被控元件达到所需的延时,以实现保护的选择性配合,也适用于各种自动装置中要求延时精度高、功耗小的设备。

(二) 技术数据

SS-50系列时间继电器技术数据，见表21-3-40。

(三) 内部接线

SS-50系列时间继电器内部接线,见图21-3-51及图21-3-52。

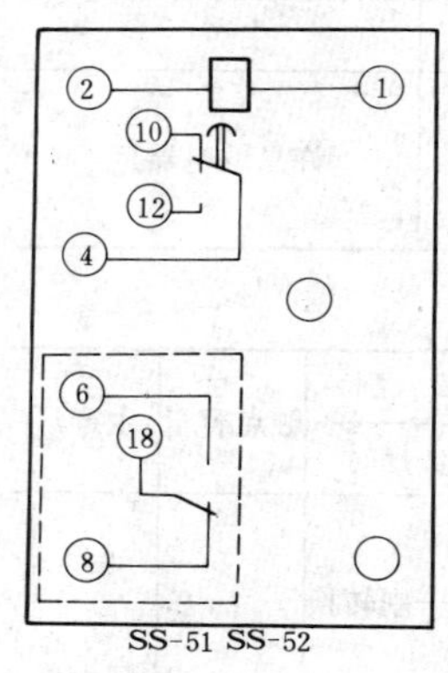

图 21-3-51 SS-51、SS-52型时间继电器内部接线(图中虚线部分仅SS-52型时间继电器有)

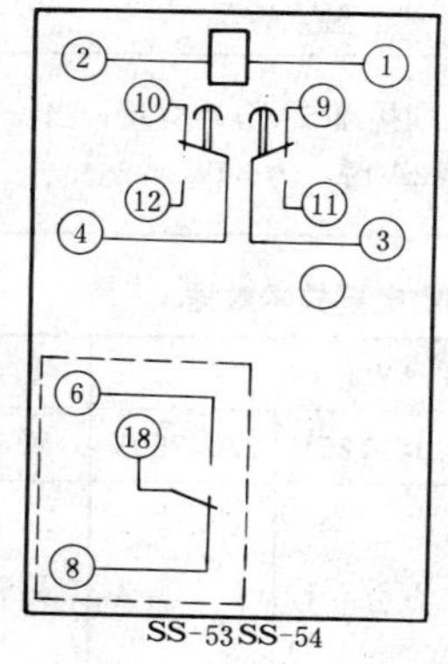

图 21-3-52 SS-53、SS-54时间继电器内部接线(图中虚线部分仅SS-54型时间继电器有)

表 21-3-40 SS-50系列时间继电器技术数据

型号	额定电压 (V)	延时整定范围 (s)	功率消耗 ≯ (W)	触点容量 (W)	生产厂
SS-51	48 110 220	0.125～20 连续可调	3.5	50	许昌继电器厂
SS-52			5.5		
SS-53			5.5		
SS-54			7.5		

(四) 外形及安装尺寸

SS-50系列时间继电器外形及安装尺寸，见图21-3-53。

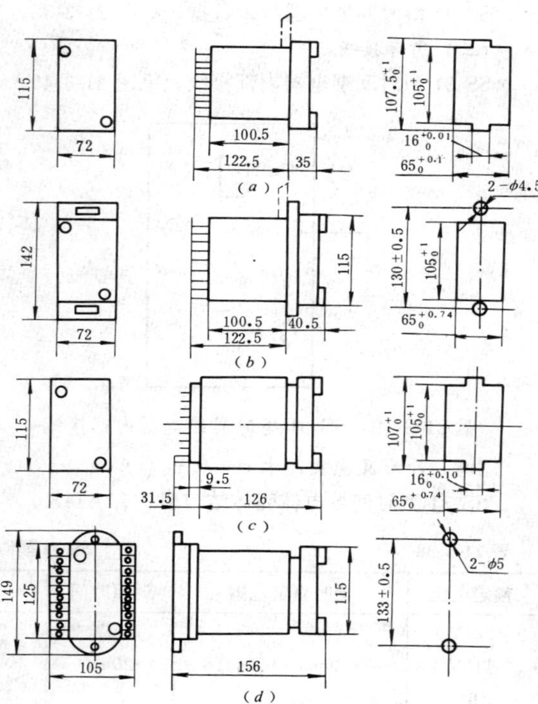

图 21-3-53 SS-50系列时间继电器外形及安装尺寸

(*a*) 嵌入式；(*b*) 拼块式；(*c*) 凸出式后接线；(*d*) 凸出式前接线

三十、BSJ-1型串联时间继电器

(一) 简介

BSJ-1型串联时间继电器用于交流操作的继电保护和自动装置中，以产生必要的延时。

(二) 技术数据

BSJ-1型串联时间继电器技术数据，见表21-3-41。

表 21-3-41　**BSJ-1 型串联时间继电器技术数据**

型　号	额定电流（A）	额定频率（Hz）	延时整定范围（s）	功率消耗（VA）	触点型式（副）	触点容量	外形尺寸（宽×深×高）（mm）	生产厂
BSJ-1/10	串联时 2.5 并联时 5	50	0.5～10	≯12	二副动合	U≯220V I≯0.2A 直流有感负荷电路 20W，交流电路 30VA	122×106×187	阿城继电器厂
BSJ-1/4			0.25～4					

三十一、JSJ 系列插座式晶体管时间继电器

（一）简介

JSJ 系列插座式晶体管时间继电器适用于交流 50Hz、电压 380V 及以下，或直流电压为 110V 及以下的控制电路中，作为延时元件。继电器的延时方式是通电延时。

（二）技术数据

JSJ 系列插座式晶体管时间继电器技术数据，见表 21-3-42。

（三）内部接线

JSJ 系列插座式晶体管时间继电器内部接线，见图 21-3-54。

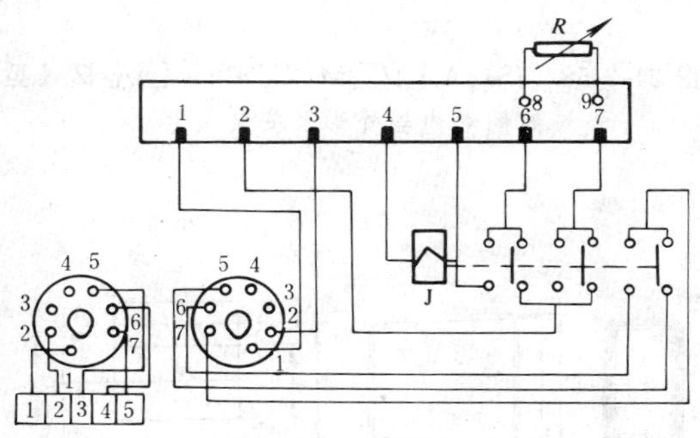

图 21-3-54　JSJ 系列插座式晶体管时间继电器内部接线

1、2—串控制动合触点后接交流电源、串控制动合触点后接直流电源（1 接负、2 接正）；3、5—动断触点；4、5—动合触点；6、7—Y 型外接电位器

（四）外形及安装尺寸

JSJ 系列插座式晶体管时间继电器外形及安装尺寸，见图 21-3-55。

（五）生产厂

①无锡机床电器厂，②北京电器厂（生产交流型），③天津第三机床电器厂（生产交流型）。

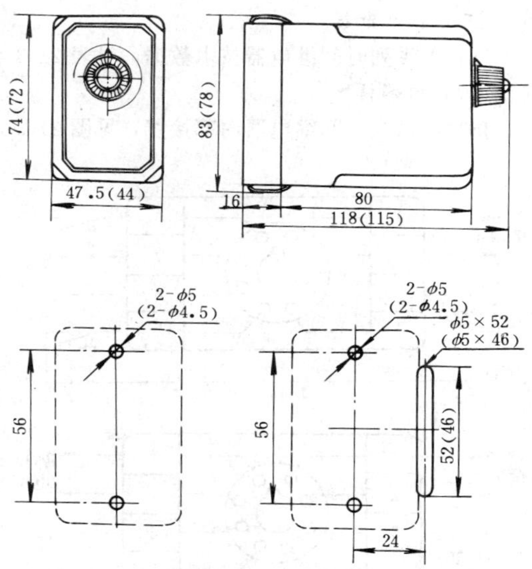

图 21-3-55　JSJ 系列插座式晶体管时间继电器外形及安装尺寸

（括号内数字为无锡机床电器厂和天津第三机床电器厂产品尺寸）

表 21-3-42　**JSJ 系列插座式晶体管时间继电器技术数据**

型　号	额定电压（V）	延时整定范围（s）	功率消耗		触点型式（副）	触点容量				生产厂
						交流		直流		
			直流（W）	交流（VA）		电压（V）	电流（A）	电压（V）	电流（A）	
JSJ-001、001Y JSJ-01、01Y JSJ-03、03Y JSJ-1、1Y JSJ-2、2Y JSJ-3、3Y JSJ-4、4Y JSJ-5、5Y JSJ-10、10Y	交流 50Hz：36、110、127、220、380 直流：24、48、110	1 10 30 60 120 180 240 300 600	1	1	一副动合 一副动断	380	0.5	24	2	① ② ③

三十二、JS14A 系列时间继电器

（一）简介

JS14A 系列时间继电器适用于交流 50 或 60Hz、电压 380V 及以下和直流电压为 220V 及以下的控制电路中，作为延时元件，按预定的时间接通或开断电路。可广泛用于电力拖动系统、自动程序控制系统以及各种生产工艺过程的自动控制系统中，作时间控制用。

（二）型号含义

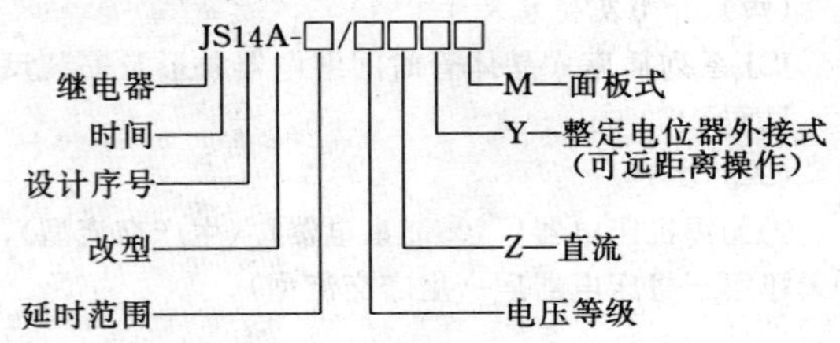

（三）技术数据

JS14A 系列时间继电器技术数据，见表 21-3-43。

（四）内部接线

JS14A 系列时间继电器内部接线，见图 21-3-56。

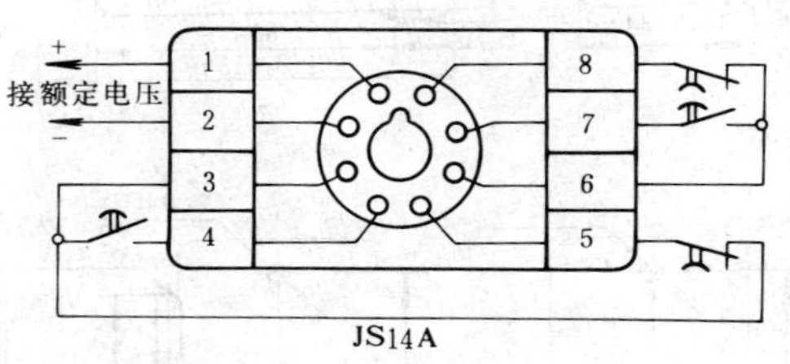

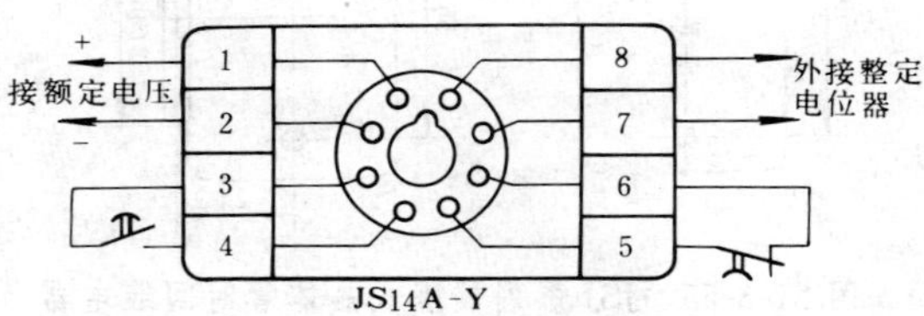

图 21-3-56 JS14A 系列时间继电器内部接线

（五）外形及安装尺寸

JS14A 系列时间继电器外形及安装尺寸，见图 21-3-57～图 21-3-59。

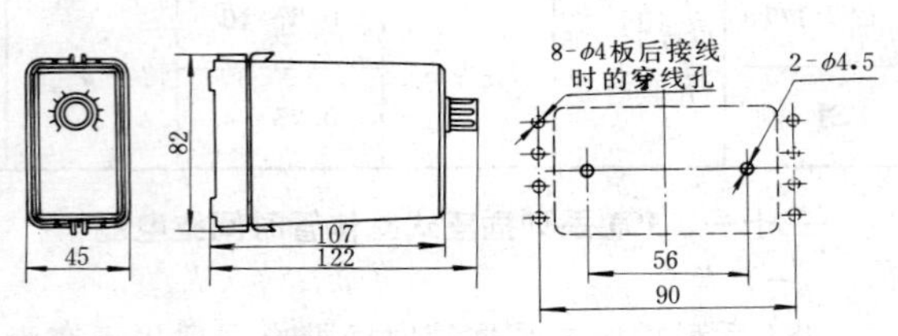

图 21-3-57 JS14A-□/□及 JS14A-□/□Z 型时间继电器外形及安装尺寸

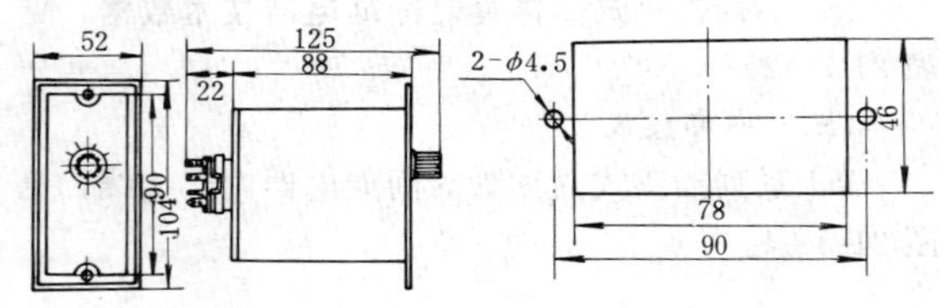

图 21-3-58 JS14A-□/□M 及 JS14A-□/□ZM 型时间继电器外形及安装尺寸

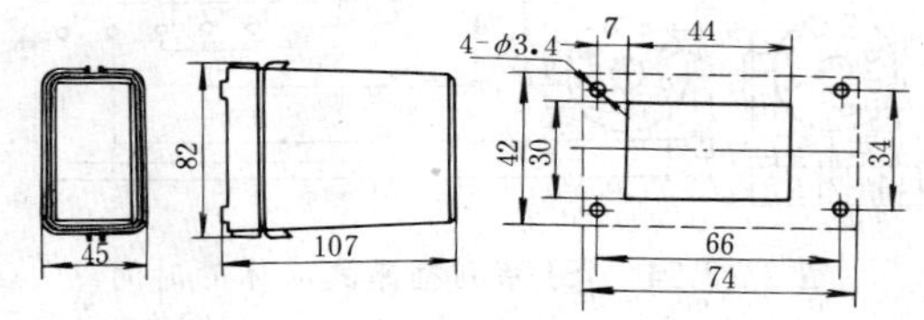

图 21-3-59 JS14A-□/□Y 及 JS14A-□/□ZY 型时间继电器外形及安装尺寸

表 21-3-43 JS14A 系列时间继电器技术数据

型号	结构型式	额定电压(V)	延时整定范围(s)	功率消耗		触点型式(副)		生产厂
				直流(W)	交流(VA)	动断	动合	
JS14A-□/□	交流装置式					2	2	上海第二机床电器厂
JS14A-□/□M	交流面板式	交流 50Hz:	1、5、10、30、			2	2	
JS14A-□/□Y	交流外接式	36、110、127、	60、120、180、	1.5	1.5	1	1	
JS14A-□/□Z	直流装置式	220、380	240、300、600、			2	2	长江机床电器厂
JS14A-□/□ZM	直流面板式	直流:24	900			2	2	
JS14A-□/□ZY	直流外接式					1	1	

三十三、JS20 系列时间继电器

（一）简介

JS20 系列时间继电器适用于交流 50Hz、电压 380V 以下或直流电压为 110V 及以下的控制电路中，作为控制时间的元件，以延时接通或开断电路。

（二）技术数据

JS20 系列时间继电器技术数据，见表 21-3-44。

（三）内部接线

JS20 系列时间继电器内部接线，见图 21-3-60。

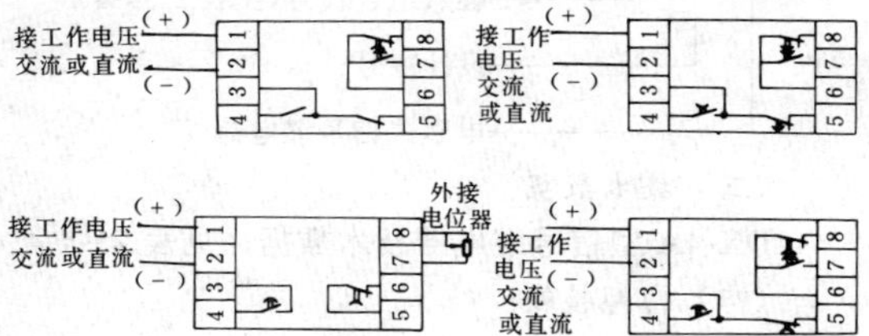

图 21-3-60　JS20 系列时间继电器内部接线

（四）外形及安装尺寸

JS20 系列时间继电器外形及安装尺寸，见图 21-3-61 及图 21-3-62。

（五）生产厂

①上海第二机床电器厂，②杭州机床电器厂，③北京电器厂，④广州第四电器厂，⑤长江机床电器厂。

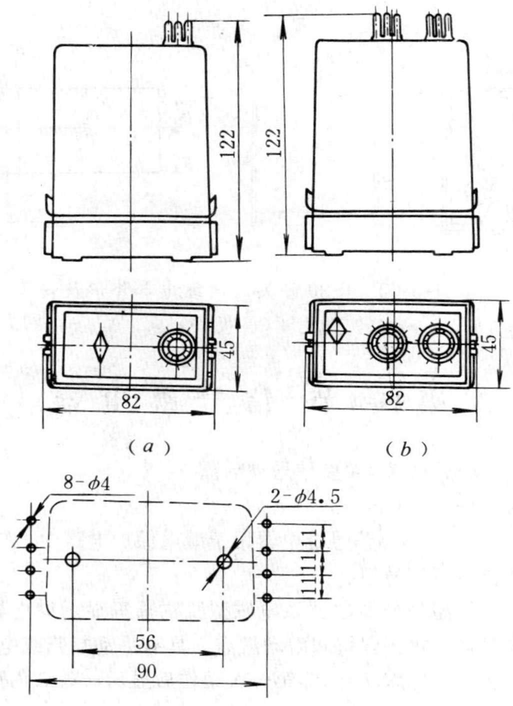

图 21-3-61　JS20 系列时间继电器外形及安装尺寸（装置式）

(*a*) 无波段开关；(*b*) 有波段开关

表 21-3-44　**JS20 系列时间继电器技术数据**

型　号	结构型式	额定电压 (V)	延时整定元件位置	延时整定范围 (s)	延时触点型式（副）				不延时触点型式（副）		生产厂
					通电延时		断电延时				
					动合	动断	动合	动断	动合	动断	
JS20-□/00	装置式	交流 50Hz：36、127、220、380 直流：24	内　接	0.1～300	2	2	—	—	—	—	①②③④⑤
JS20-□/01	面板式		内　接		2	2					
JS20-□/02	装置式		外　接		2	2					
JS20-□/03	装置式		内　接		1	1	—	—	1	1	
JS20-□/04	面板式		内　接		1	1			1	1	
JS20-□/05	装置式		外　接		1	1			1	1	
JS20-□/10	装置式		内　接	0.1～3600	2	2	—	—	—	—	
JS20-□/11	面板式		内　接		2	2					
JS20-□/12	装置式		外　接		2	2					
JS20-□/13	装置式		内　接		1	1	—	—	1	1	
JS20-□/14	面板式		内　接		1	1			1	1	
JS20-□/15	装置式		外　接		1	1			1	1	
JS20-□D/00	装置式		内　接	0.1～180	—	—	2	2	—	—	
JS20-□D/01	面板式		内　接				2	2			
JS20-□D/02	装置式		外　接				2	2			

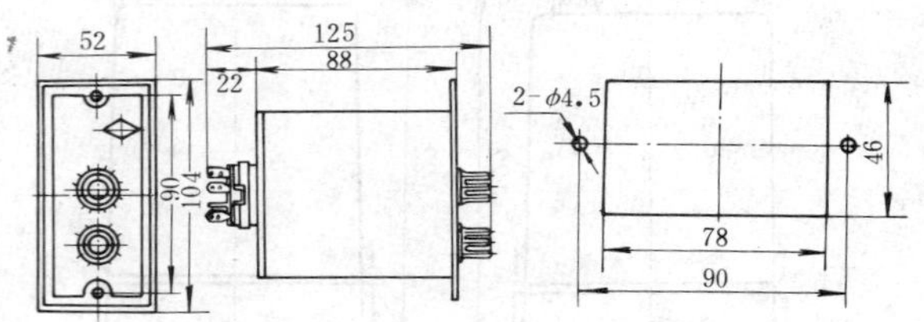

图 21-3-62　JS20系列时间继电器外形及安装尺寸(面板式)

第21-4节　信号继电器

一、DX-4A 型信号继电器

(一) 简介

DX-4A 型信号继电器用于继电保护电路中，作为动作指示信号用。

该型信号继电器系电磁型脱钩掉牌显示继电器，同时输出机械保持和瞬动触点，具有手动复归或电复归及两次掉牌功能，即第一次动作后显示一条红色带，第二次动作后显示二条红色带。由于动板系统质量和转动惯量小并施以预压力，以及采用脱钩机构，具有抗振性能好、功耗小等优点，可代替 DX-4A 型信号继电器。

(二) 型号含义

DX-4A/□□□

- □(第三个)——额定值代号，见表 21-4-1
- □(第二个)——复归电压值代号，见表 21-4-2
- □(第一个)——触点组合代号，见表 21-4-3
- 4A——设计序号
- DX——电磁式信号继电器

(三) 技术数据

DX-4A 型信号继电器技术数据，见表 21-4-4。

(四) 内部接线

DX-4A 型信号继电器内部接线，见图 21-4-1。

(五) 外形及安装尺寸

DX-4A 型信号继电器壳体结构型式采用 A11K、A11P、A11H、A11Q 型，外形及安装尺寸，见表 21-0-1。

表 21-4-1　DX-4A 型信号继电器额定值代号

代号	1	2	3	4	5	6	7	8	9	10	11	12	13	14
直流额定值	6V	12V	24V	48V	110V	220V	0.01A	0.015A	0.02A	0.025A	0.03A	0.04A	0.05A	0.075A

代号	15	16	17	18	19	20	21	22	23	24	25
直流额定值	0.08A	0.1A	0.15A	0.2A	0.25A	0.5A	0.75A	1A	2A	4A	0.06A

表 21-4-2　DX-4A 型信号继电器复归电压值代号

代　　号	1	2	3	4	5	6	7
直流复归电压(V)	6	12	24	48	110	220	无电复归

表 21-4-3　DX-4A 型信号继电器触点组合代号

代号	1	2
触点形式	三保持	一瞬动　二保持

表 21-4-4　DX-4A 型信号继电器技术数据

额定值			动作值		返回值	触点容量			功率消耗(W)		生产厂
电压工作绕组 U_e (V)	电流工作绕组 I_e (A)	电压复归绕组 (V)	电压绕组 (V)	电流绕组 (A)		电压 (V)	电流 (A)	直流电路 (W)	电压绕组	电流绕组	
6	0.01、0.015、0.02、0.025、0.03、0.04、0.05、0.06、0.075、0.08、0.1、0.2、0.25、0.5、0.75、1、2、4	6	$\not>70\%U_e$	$\not>90\%I_e$	$\not<2\%$ 额定值	$\not>220$	$\not>1$	50	$\not>2$	$\not>0.2$	许昌继电器厂
12		12									
24		24									
48		48									
110		110									
220		220									

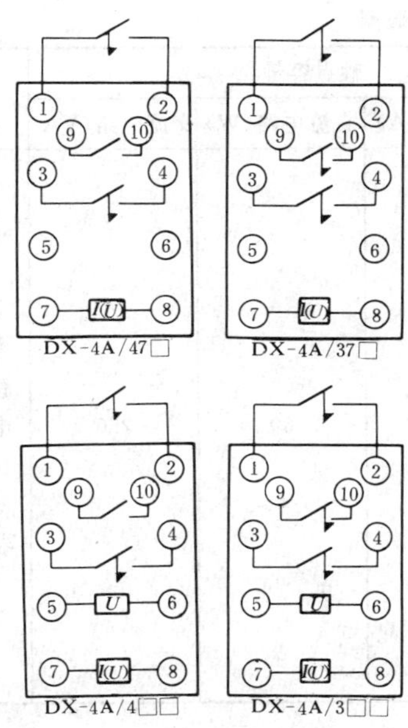

图 21-4-1　DX-4A 型信号继电器内部接线（正视）

二、DX-8、DX-8G、DX-8E 型信号继电器

（一）简介

DX-8、DX-8G、DX-8E 型信号继电器在直流操作的保护和自动控制装置中，用作机械保持和手动复旧的动作指示器。

继电器由电磁系统、动静触点及信号指示器组成。

DX-8G 系列与 DX-8 型信号继电器技术数据均相同，两者差别在于安装方式不同，DX-8G 型横向安装。其目的是为了与 DXM-2A 型信号继电器相替换。DX-8E 型采用 JCK-11/5 型壳体。

（二）技术数据

DX-8 型信号继电器技术数据，见表 21-4-5。

DX-8 型信号继电器线圈电阻值，见表 21-4-6。

（三）内部接线

DX-8 型信号继电器内部接线，见图 21-4-2。

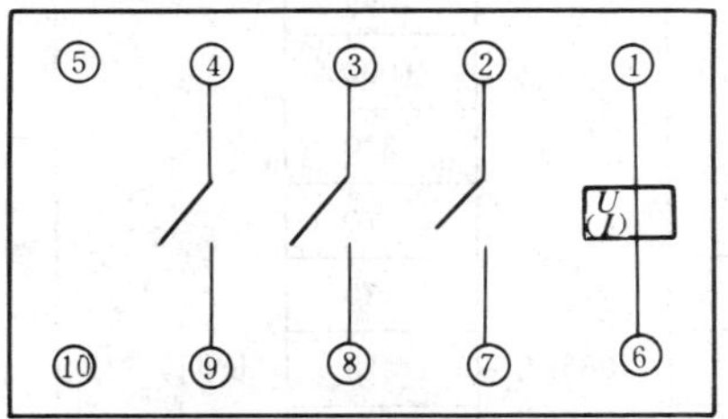

图 21-4-2　DX-8 型信号继电器内部接线

（四）外形及安装尺寸

DX-8、DX-8G 型信号继电器壳体结构型式采用 JK-5/10 型，外形及安装尺寸，见图 21-0-1～图 21-0-4；DX-8E 型信号继电器采用 JCK-11/5 型壳体，外形及安装尺寸，见图 21-0-9。

三、DX-11 型信号继电器

（一）简介

该型继电器用于直流操作的控制和保护电路中，作为动作信号指示器。

（二）技术数据

DX-11 型信号继电器技术数据，见表 21-4-7 和表 21-4-8。

（三）内部接线

DX-11 型信号继电器内部接线，见图 21-4-3。

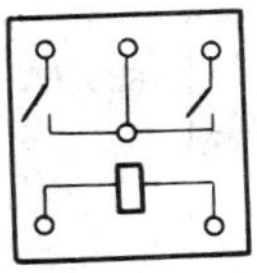

图 21-4-3　DX-11 型信号继电器内部接线

（四）外形及安装尺寸

DX-11 型信号继电器外形及安装尺寸，见图 21-4-4。

表 21-4-5　　DX-8 型信号继电器技术数据

动作值		热稳定电流（A）	触点容量				功率消耗（W）		生产厂
电压线圈（V）	电流线圈（A）		电压（V）	电流（A）	直流电路（W）	交流电路（VA）	电压线圈	电流线圈	
70%U_e	90%I_e	电流型，长期，$3I_e$ 电压型，110%U_e	≯250	≯2	50	250	3	0.3	阿城继电器厂 鞍山继电器厂

表 21-4-6　　DX-8 型信号继电器线圈电阻值

工作线圈额定值	220V	110V	48V	24V	12V	0.01A	0.015A	0.025A	0.05A
线圈电阻值（Ω）	23000	5700	1300	270	64	2300	950	320	92
工作线圈额定值	0.075A	0.1A	0.15A	0.25A	0.5A	0.75A	1A	2A	4A
线圈电阻值（Ω）	40	25	9.5	3.6	1	0.4	0.2	0.04	0.016

表 21-4-7 DX-11型电流型信号继电器技术数据

额定电流(A)	动作电流(A)	线圈电阻(Ω)	热稳定电流(A)	功率消耗(W)	触点容量				生产厂
					电压(V)	电流(A)	直流电路(W)	交流电路(VA)	
0.1	100%I_e	2200	长期，$3I_e$	0.3	≯250	≯2	50	250	上海继电器厂 鞍山继电器厂 长沙望城继电器厂
0.015		1000							
0.025		320							
0.05		70							
0.075		30							
0.1		18							
0.15		8							
0.25		3							
0.5		0.7							
0.75		0.35							
1		0.2							

表 21-4-8 DX-11型电压型信号继电器技术数据

额定电压(V)	动作电压(V)	线圈电阻(Ω)	热稳定电压(V)	功率消耗(W)	触点容量				生产厂
					电压(V)	电流(A)	直流电路(W)	交流电路(VA)	
220	60%U_e	24400	长期，110%U_e	2	≯250	≯2	50	250	上海继电器厂 鞍山继电器厂 长沙望城继电器厂
110		7500							
48		1440							
24		360							
12		87							

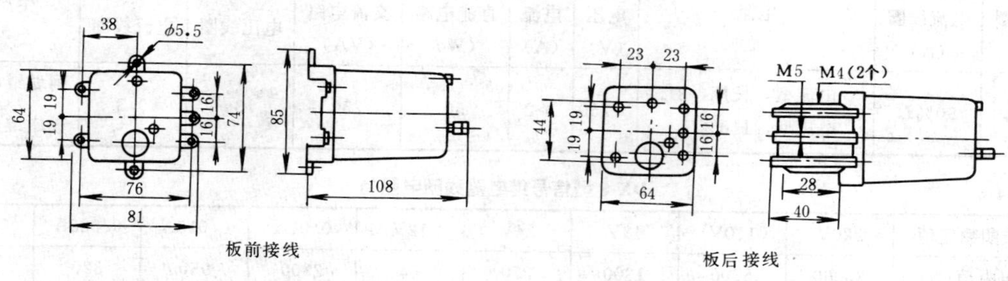

图 21-4-4 DX-11型信号继电器外形及安装尺寸

四、DX-15 系列信号继电器

（一）简介

DX-15 系列信号继电器用于直流操作的控制和保护电路中，作为动作信号指示器。

DX-15/D、DX-15/2D 系列信号继电器为电动复归信号牌。

DX-15/S、DX-15/2S 系列信号继电器为手动复归信号牌。

DX-15/D、DX-15/S 系列信号继电器具有一次掉牌信号指示，并能保持；具有 2 副瞬动触点，2 副保持触点。

DX-15/2D、DX-15/2S 系列信号继电器具有二次掉牌信号指示，并能保持；具有 2 副瞬动触点，4 副保持触点。

（二）技术数据

DX-15 系列信号继电器技术数据，见表 21-4-9。

（三）内部接线

DX-15 系列信号继电器内部接线，见图 21-4-5。

（四）外形及安装尺寸

DX-15/S、DX-15/D 系列信号继电器壳体结构型式采用 JCK-10 系列壳体组件中的 JCK-11/5 型壳体；DX-15/2D、DX-15/2S 系列继电器采用 JCK-11/3 型壳体。有凸出式板前接线、凸出式板后接线及嵌入式板后接线三种安装接线方式。JCK-10 系列壳体组件，外形及安装尺寸，见图 21-0-09～图 21-0-14。

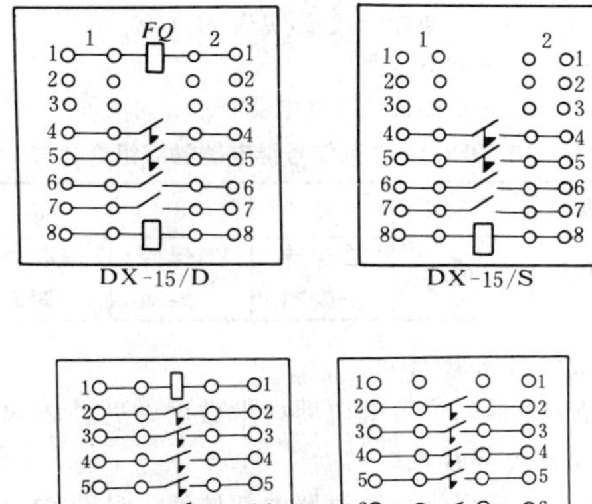

图 21-4-5　DX-15 系列信号继电器内部接线

五、DX-17 系列信号继电器

（一）简介

DX-17 系列信号继电器用于直流操作的控制和保护电路中，作信号指示器用。具有机械保持，手动复归，一次掉牌。

表 21-4-9　　DX-15 系列信号继电器技术数据

型号	额定值			动作值			功率消耗（W）			触点断开容量				生产厂
	电压工作线圈 U_e（V）	电流工作线圈 I_e（A）	电压复归线圈 U_{ef}（V）	电压线圈（V）	电流线圈（A）	复归线圈（V）	电压线圈	电流线圈	复归线圈	电压（V）	电流（A）	直流电路（W）	交流电路（VA）	
DX-15/D	220 110 48 24 12	0.01、0.015、0.025、0.05、0.075、0.1、0.15、0.25、0.5、0.75、1	220 110 48 24 12	70%U_e	90%I_e	80%U_{ef}	3	0.2	5	250	2	50	250	阿城继电器厂
DX-15/2D														
DX-15/S														
DX-15/2S														

（二）型号含义

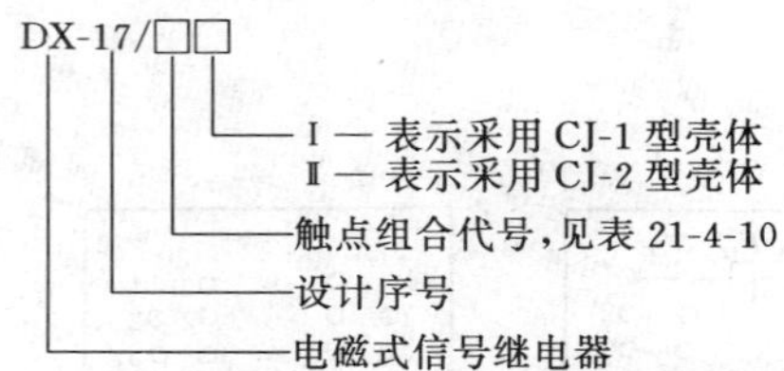

表 21-4-10 DX-17系列信号继电器触点组合代号

代号	3	4	5	6
触点组合	三保持	二保持 一瞬动	二保持 二瞬动	三保持 一瞬动

（三）技术数据

DX-17系列信号继电器技术数据，见表21-4-11。

（四）内部接线

DX-17系列信号继电器内部接线，见图21-4-6。

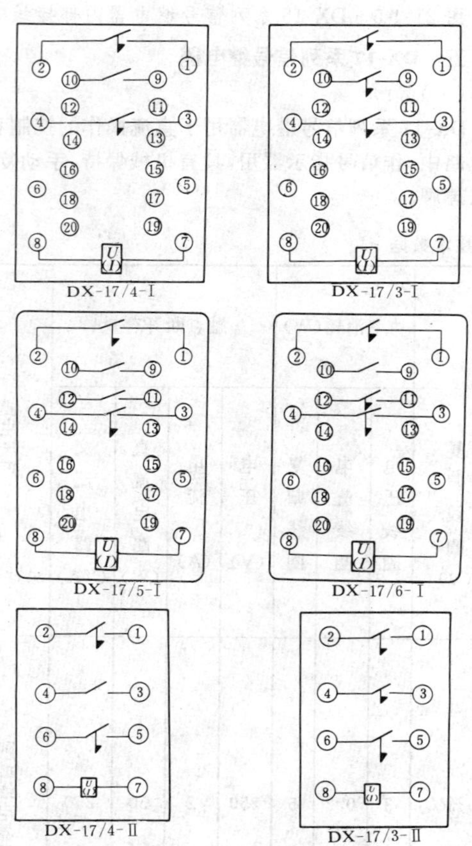

图 21-4-6 DX-17系列信号继电器内部接线

（五）外形及安装尺寸

DX-17□-Ⅰ系列信号继电器壳体结构型式采用A11K、A11P、A11H、A11Q型壳体，外形及安装尺寸，见表21-0-1。

DX-17/□-Ⅱ系列信号继电器壳体结构型式采用A01K、A01H型壳体，外形及安装尺寸，见表21-0-1。

六、DX-30系列信号继电器

（一）简介

本系列信号继电器包括DX-31A、DX-32A、DX-32B型，用于直流操作的保护电路中，作为动作信号指示器。

DX-31A型，由电压或电流动作，具有掉牌信号，机械保持，手复归。

DX-32A型，由电压或电流动作，具有灯光信号，电压保持，电复归。

DX-32B型，由电压或电流动作，具有灯光信号，电压保持，电复归，较DX-32A型多一组常开触点。

（二）技术数据

DX-30系列信号继电器技术数据，见表21-4-12；线圈电阻值，见表21-4-13。

（三）内部接线

DX-30系列信号继电器内部接线，见图21-4-7。

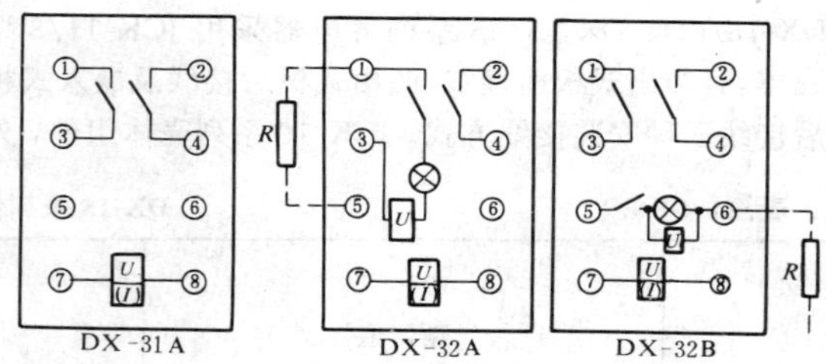

图 21-4-7 DX-30系列信号继电器内部接线

（四）外形及安装尺寸

DX-30系列信号继电器壳体结构型式采用A01K、A01H型，外形及安装尺寸，见表21-0-1。

（五）生产厂及代号

①许昌继电器厂；②苏州继电器厂；③成都继电器厂；④保定继电器厂；⑤长沙望城继电器厂。

七、DX-60Q系列信号继电器

（一）简介

DX-60Q系列信号继电器用于直流操作的控制和保护电路中，由电流或电压动作，具有掉牌信号，磁保持，电复归。按用户需要也可装成手动复归。

继电器为嵌入式（Q型）安装，主体部分为插拔结构，拆装方便。

（二）技术数据

DX-60Q系列继电器技术数据，见表21-4-14；线圈电阻值，见表21-4-15。

表 21-4-11　**DX-17 系列信号继电器技术数据**

额定值		动作值		返回值	功率消耗(W)		触点容量				生产厂
额定电压 U_e (V)	额定电流 I_e (A)	电压线圈 (V)	电流线圈 (A)		电压线圈	电流线圈	电压 (V)	电流 (A)	直流电路 (W)	交流电路 (VA)	
220 110 48 24 12	0.01、0.015、0.02、 0.025、0.04、0.05、 0.075、0.08、0.1、 0.15、0.2、0.25、 0.5、0.75、1、2、4	≯70%U_e	≯90%I_e	≮2%额定值	≯3	≯0.3	≯250	≯1	30	100	许昌继电器厂

表 21-4-12　**DX-30 系列信号继电器技术数据**

型　号	额定值			动作值		功率消耗(W)		触点容量				保持值 (V)	生产厂
	工作线圈		保持线圈										
	电压 U_e (V)	电流 I_e (A)	DX-32A DX-32B (V)	电压线圈 (V)	电流线圈 (A)	电压线圈	电流线圈	电压 (V)	电流 (A)	直流电路 (W)	交流电路 (VA)		
DX-31A DX-32A DX-32B	220 110 48 24 12	0.01、0.015、0.02、 0.025、0.04、0.05、 0.075、0.08、0.1、 0.15、0.2、0.25、 0.5、0.75、1、2、4	220 110 48	70%U_e	90%I_e	0.3	2	250	1	≯30	≯200	80%U_e	① ② ③ ④ ⑤

表 21-4-13　**DX-30 系列信号继电器线圈电阻值**

DX-31A 型		DX-32A 型		DX-32B 型	
规　格	电　阻(Ω)	规　格	电　阻(Ω)	规　格	电　阻(Ω)
220V	2110	220V	18000	220V	18000
110V	6050	110V	4500	110V	4500
48V	1150	48V	860	48V	860
24V	288	24V	215	24V	215
12V	72	12V	54	12V	54
0.01A	2800	0.01A	2800	0.01A	2800
0.015A	1250	0.015A	1250	0.015A	1250
0.02A	700	0.02A	700	0.02A	700
0.025A	450	0.025A	340	0.025A	340
0.04A	170	0.03A	110	0.03A	110
0.05A	110	0.04A	135	0.04A	135
0.075A	50	0.05A	80	0.05A	80
0.08A	45	0.06A	56	0.06A	56
0.1A	28	0.075A	34	0.075A	34
0.15A	12.5	0.08A	32	0.08A	32
0.2A	7	0.1A	21	0.1A	21
0.25A	4.5	0.15A	9.1	0.15A	9.1
0.5A	1.1	0.2A	5.1	0.2A	5.1
0.7A	0.5	0.25A	3.4	0.25A	3.4
1A	0.28	0.5A	0.8	0.5A	0.8
2A	0.07	0.75A	0.37	0.75A	0.37
4A	0.017	1A	0.21	1A	0.21
		2A	0.02	2A	0.05
		4A	0.018	4A	0.018

表 21-4-14 **DX-60Q系列信号继电器技术数据**

动作值		触点容量				功率消耗(W)			生产厂
电流线圈(A)	电压线圈(V)	电压(V)	电流(A)	直流电路(W)	交流电路(VA)	电压线圈	电流线圈	复归线圈	
60%～90%I_e	40%～70%U_e	≯250	≯2	50		≯2.5	≯0.15	≯6	上海继电器厂
			≯2.5		500				

表 21-4-15 **DX-60Q系列信号继电器线圈电阻值**

型号	额定电压或电流	触点数量		线圈电阻	型号	额定电压或电流	触点数量		线圈电阻
		动合	转换				动合	转换	
DX-61	220V	2		31kΩ	DX-61	0.1A	2		12Ω
DX-62			2	31kΩ	DX-62			2	12Ω
DX-63		4		31kΩ	DX-63		4		12Ω
DX-61	110V	2		7.6kΩ	DX-61	0.15A	2		5.5Ω
DX-62			2	7.6kΩ	DX-62			2	5.5Ω
DX-63		4		7.6kΩ	DX-63		4		5.5Ω
DX-61	48V	2		1.9kΩ	DX-61	0.25A	2		2Ω
DX-62			2	1.9kΩ	DX-62			2	2Ω
DX-63		4		1.9kΩ	DX-63		4		2Ω
DX-61	24V	2		480Ω	DX-61	0.5A	2		0.5Ω
DX-62			2	480Ω	DX-62			2	0.5Ω
DX-63		4		480Ω	DX-63		4		0.5Ω
DX-61	0.01A	2		1230Ω	DX-61	0.75A	2		0.2Ω
DX-62			2	1230Ω	DX-62			2	0.2Ω
DX-63		4		1230Ω	DX-63		4		0.2Ω
DX-61	0.015A	2		560Ω	DX-61	1A	2		0.12Ω
DX-62			2	560Ω	DX-62			2	0.12Ω
DX-63		4		560Ω	DX-63		4		0.12Ω
DX-61	0.025A	2		195Ω	DX-61	2A	2		0.03Ω
DX-62			2	195Ω	DX-62			2	0.03Ω
DX-63		4		195Ω	DX-63		4		0.03Ω
DX-61	0.05A	2		50Ω	DX-61	0.075			22Ω
DX-62			2	50Ω	DX-62				22Ω
DX-63		4		50Ω	DX-63				22Ω

注 1. 复归线圈的电阻值全部为280Ω，复归电压为36V。

2. 表中电阻误差为±10%Ω。

3. 线圈长期热稳定性能：长期通过4倍额定电流，温升不超过65℃。

（三）内部接线

DX-60Q 系列信号继电器内部接线，见图 21-4-8。

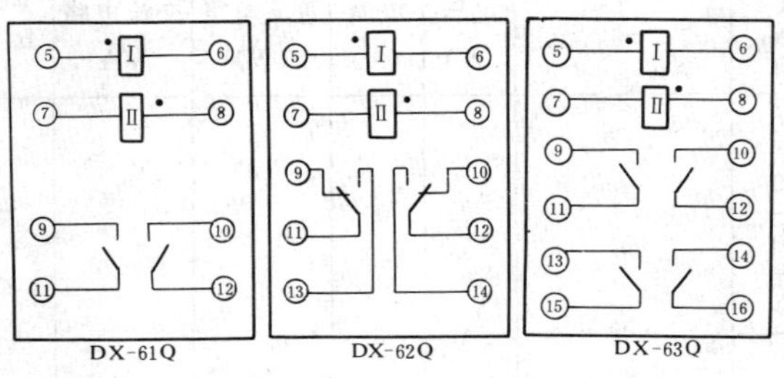

图 21-4-8 DX-60Q 系列信号继电器内部接线

Ⅰ—动作线圈；Ⅱ—复归线圈；

*—线圈的极性

（四）外形及安装尺寸

DX-60Q 系列信号继电器外形及安装尺寸，见图 21-4-9。

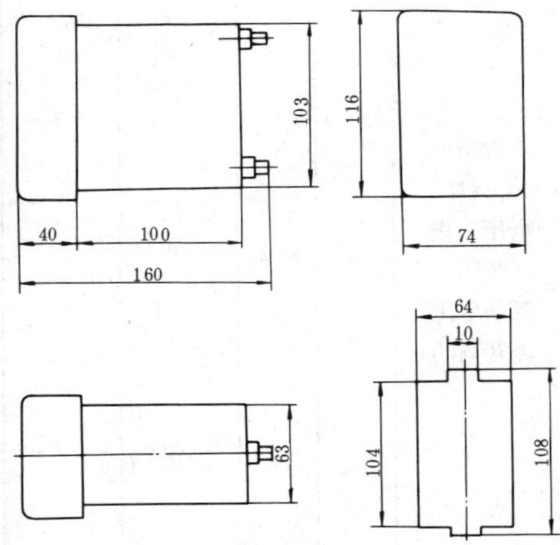

图 21-4-9 DX-60Q 系列信号继电器外形及安装尺寸

八、DXM-2A、DXM-2B 系列信号继电器

（一）简介

该系列继电器用于直流操作的控制和保护电路中，作动作信号指示器。

继电器由密封触点、工作线圈、释放线圈、永久磁铁、指示灯等组成。

DXM-2A 系列继电器端子 1、6（工作线圈）加入电压或电流时，线圈产生的磁场作用在触点簧片两端的磁通极性，与放置在线圈内的永久磁铁极性相同，两磁通叠加，使触点闭合。工作线圈断电后，触点借永久磁铁进行自保持。当端子 4、9（释放线圈）加入电压时，产生的磁场作用在触点簧片两端的磁通极性，与磁铁极性相反，两磁通互相抵消，使触点返回，准备下一次动作。

DXM-2B 系列继电器具有二副保持触点、二副自动复归触点。

（二）技术数据

DXM-2A、DXM-2B 系列信号继电器技术数据，见表 21-4-16。

（三）内部接线

DXM-2A 系列继电器内部接线，见图 21-4-10；DXM-2B 系列继电器内部接线，见图 21-4-11。

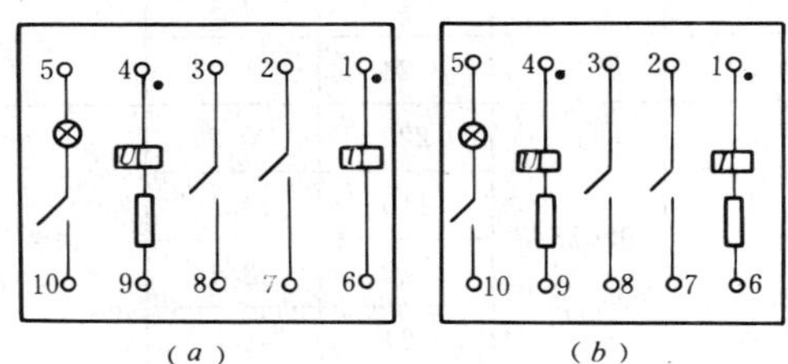

图 21-4-10 DXM-2A 系列信号继电器内部接线

(a) 电流起动；(b) 电压起动

*—电源正极

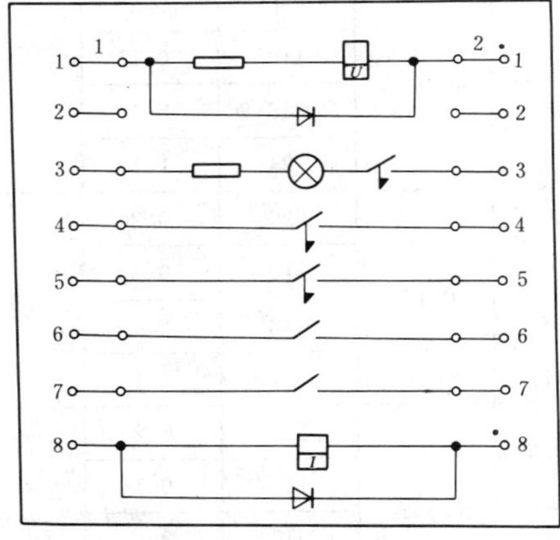

图 21-4-11 DXM-2B 系列信号继电器内部接线

（四）外形及安装尺寸

DXM-2A 系列继电器壳体结构型式采用 JK-5/10 型。

DXM-2B 系列继电器壳体结构型式采用 JCK-10 系列壳体组件中的 JCK-11/5 型壳体。有凸出式板前接线、凸出式板后接线及嵌入式板后接线三种安装方式。外形及安装尺寸，见图 21-0-9～图 21-0-14。

表 21-4-16 **DXM-2A、DXM-2B系列信号继电器技术数据**

额定值		指示灯		工作线圈电阻(Ω)	复归线圈电阻(Ω)	动作值	触点容量				生产厂
工作线圈(V)	复归线圈	额定电压(V)	消耗功率(W)				电压(V)	电流(A)	直流电路(W)	交流电路(VA)	
220	0.01A	220	0.2	700	17000	电流动作 100%I_e 电压动作 70%U_e 复归电压 $\not>$70%U_e	220	0.2	10	30	阿城继电器厂
110		110	0.1		5850						
48		48	2.4		1800						
24		24	1.1		685						
220	0.015A	220	0.2	300	17000						
110		110	0.1		5850						
48		48	2.4		1800						
24		24	1.1		685						
220	0.025A	220	0.2	110	17000						
110		110	0.1		5850						
48		48	2.4		1800						
24		24	1.1		685						
220	0.05A	220	0.2	25	17000						
110		110	0.1		5850						
48		48	2.4		1800						
24		24	1.1		685						
220	0.075A	220	0.2	12	17000						
110		110	0.1		5850						
48		48	2.4		1800						
24		24	1.1		685						
220	0.1A	220	0.2	6	17000						
110		110	0.1		5850						
48		48	2.4		1800						
24		24	1.1		685						
220	0.15A	220	0.2	2.5	17000						
110		110	0.1		5850						
48		48	2.4		1800						
24		24	1.1		685						
220	0.25A	220	0.2	1	17000						
110		110	0.1		5850						
48		48	2.4		1800						
24		24	1.1		685						
220	0.5A	220	0.2	0.25	17000						
110		110	0.1		5850						

续表 21-4-16

额定值		指示灯		工作线圈电阻(Ω)	复归线圈电阻(Ω)	动作值	触点容量				生产厂
工作线圈(V)	复归线圈	额定电压(V)	消耗功率(W)				电压(V)	电流(A)	直流电路(W)	交流电路(VA)	
48	0.5A	48	2.4	0.25	1800	电流动作 100%I_e 电压动作 70%U_e 复归电压 ≯70%U_e	220	0.2	10	30	阿城继电器厂
24		24	1.1		685						
220	1A	220	0.2	0.06	17000						
110		110	0.1		5850						
48		48	2.4		1800						
24		24	1.1		685						
220	2A	220	0.2	0.03	17000						
110		110	0.1		5850						
48		48	2.4		1800						
24		24	1.1		685						
220	220V	220	0.2	3300	17000						
110	110V	110	0.1	1100	5850						
48	48V	48	2.4	340	1800						
24	24V	24	1.1	105	685						

第 21-5 节　HG 系列干簧继电器

一、简述

HG 系列干簧继电器的触点为 SH 系列干式舌簧触点，是一种密封触点元件。干簧继电器具有下列特点：

(1)触点部分是密封的，从而避免了腐蚀性气体和尘埃的影响。

(2)在运行过程中不需进行机械调整和清理触点工作。

(3)动作速度快，是电磁式继电器中动作最快的一种。

(4)动作功率小。

(5)体积小，寿命长。

因此，常用于频繁操作的装置中作快速切换元件，电子线路中作执行元件，及用在潮湿、有爆炸性气体的工作环境中。

SH 系列干式舌簧触点技术数据，见表 21-5-1。SH 系列干式舌簧触点外型尺寸，见图 21-5-1 及表 21-5-2。

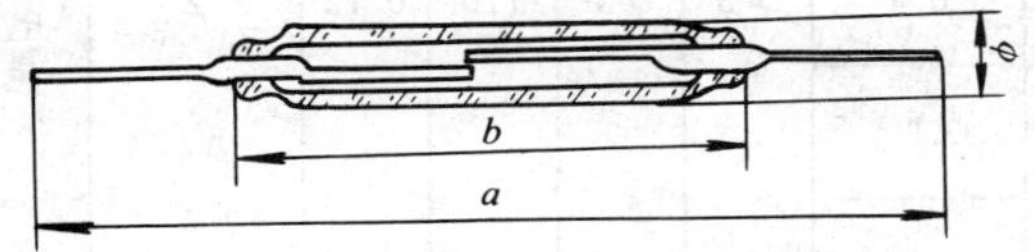

图 21-5-1　SH 系列干式舌簧触点外形尺寸

二、HG-11、HG-21 型干簧继电器

(一) 简介

该型干簧继电器适用于自动控制装置、检测装置、计算机系统，作快速切换元件。

(二) 技术数据

HG-11、HG-21 型干簧继电器技术数据，见表21-5-3。

(三) 内部接线

HG-11、HG-21 型干簧继电器内部接线，见图21-5-2。

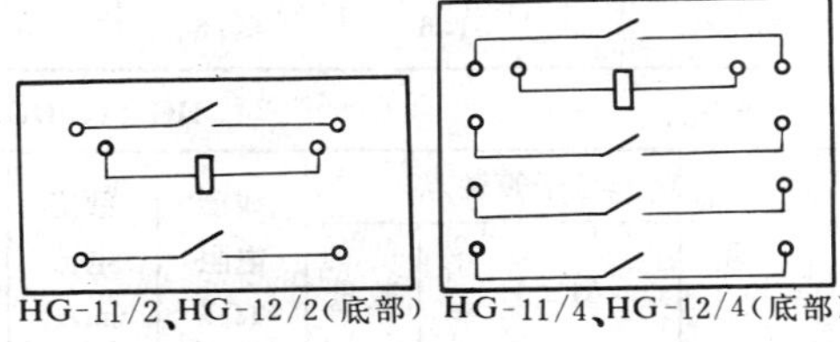

HG-11/2、HG-12/2(底部)　HG-11/4、HG-12/4(底部)

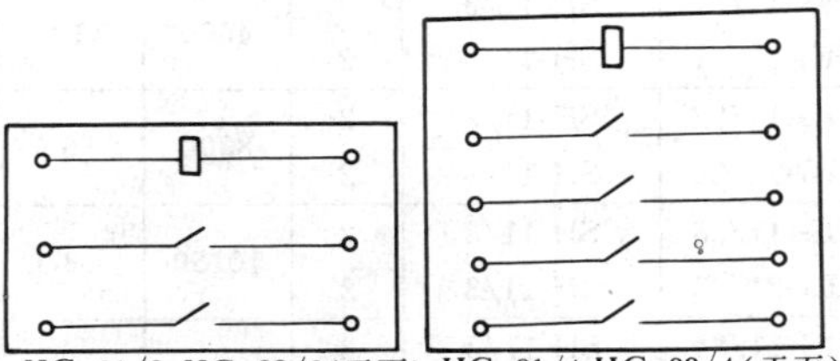

HG-21/2、HG-22/2(正面)　HG-21/4、HG-22/4(正面)

图 21-5-2　HG-11、HG-21、HG-12、HG-22 型干簧继电器内部接线

表 21-5-1 **SH系列干式舌簧触点技术数据**

型号	动作安匝	可靠工作安匝	返回系数	动作时间 ≯ (ms)	返回时间 ≯ (ms)	每秒动作次数 ≯ (次/s)	容量		
							最大电压 (V)	最大电流 (A)	最大功率 (W)
SH-11/3	20～30	≮动作安匝的1.2～2倍（应避免外界强磁场影响）	0.2～0.8	1.4	0.5	50	48—	0.12	2
SH-11/4	30～45		0.2～0.8	2	0.6	20	110—	0.12	2
SH-11/5	45～60		0.2～0.8	3	0.6	20	110—	0.12	3
SH-12	20～35		0.4～0.85	1.0	0.3	100	60—	0.1	1
SH-13/1	60～90		0.2～0.8	4	2	50	110— 127～	0.2 0.2	10 20VA
SH-13/2	90～120		0.2～0.8	4	2	50	220— 220～	0.2 0.2	10 20VA
SH-33/1	60～90		0.2～0.8	4	4		110— 127～	0.2 0.2	10 20VA
SH-33/2	90～120		0.2～0.8	4	4		220— 220～	0.2 0.2	10 20VA
SH-41	80～100		≥0.8	3	2	0.25	250—	2	250VA

表 21-5-2 **SH系列干式舌簧触点外形尺寸**

型号	外形尺寸（mm）			型号	外形尺寸（mm）		
	a	*b*	*φ*		*a*	*b*	*φ*
SH-11	74	40	4	SH-23	51.6	≤16	3.5
SH-12	58	26	3.8	SH-28	44.2	≤14	2.3
SH-13	90	49	5.5	SH-33	85	49	5.5
SH-21	44.2	≤13	2.3	SH-41	82	49	5.5
SH-22	51.6	≤16	3.5				

表 21-5-3 **HG-11、HG-21型干簧继电器技术数据**

型号	干簧触点		线圈电阻 (Ω)	额定电流 (mA)	动作电流 (mA)	返回电流 (mA)	动作时间 (ms)	返回时间 (ms)	触点容量			生产厂
	型号	数量							电压 (V)	电流 (A)	直流电路 (W)	
HG-11/21 HG-21/21	SH-11/3 SH-11/3	2 2	4000	10	8	0.8						
HG-11/22 HG-21/22	SH-11/3 SH-11/3	2 2	8300	6	4.5	0.5						
HG-11/23 HG-21/23	SH-11/3 SH-11/3	2 2	10750	4	3.2	0.4	≯3	≯1	110	0.12	2	阿城继电器厂
HG-11/24 HG-21/24	SH-11/3 SH-11/3	2 2	2100	11	9	1						
HG-11/25 HG-21/25	SH-11/3 SH-11/3	2 2	520	22	18	2						

续表 21-5-3

型　号	干簧触点		线圈电阻 (Ω)	额定电流 (mA)	动作电流 (mA)	返回电流 (mA)	动作时间 (ms)	返回时间 (ms)	触点容量			生产厂
	型　号	数量							电压 (V)	电流 (A)	直流电路 (W)	
HG-11/41	SH-11/3	4	3300	15	12	1	≯3	≯1	110	0.12	2	阿城继电器厂
HG-21/41	SH-11/3	4										
HG-11/42	SH-11/3	4	5100	9	7.5	0.8						
HG-21/42	SH-11/3	4										
HG-11/43	SH-11/3	4	1100	27	22	2						
HG-21/43	SH-11/3	4										
HG-11/44	SH-11/3	4	2200	15	12	1						
HG-21/44	SH-11/3	4										
HG-11/45	SH-11/3	4	670	30	24	2						
HG-21/45	SH-11/3	4										
HG-11/46	SH-11/3	4	300	35	2	3						

（四）外形及安装尺寸

HG-11、HG-21 型干簧继电器外形及安装尺寸，见图 21-5-3。

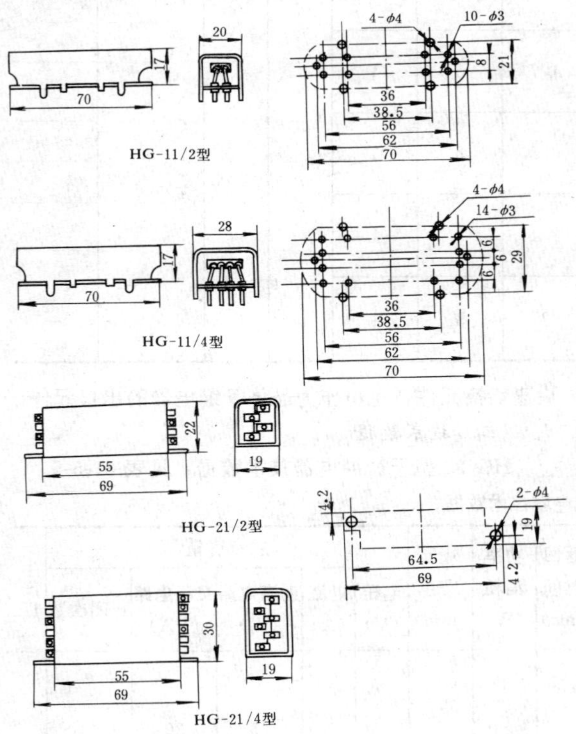

图 21-5-3　HG-11、HG-21 型干簧继电器外形及安装尺寸

三、HG-12、HG-22 型干簧继电器

（一）简介

该型干簧继电器适用于频繁操作的自动控制、检测、计算等装置，作快速切换元件。

（二）技术数据

HG-12、HG-22 型干簧继电器技术数据，见表21-5-4。

（三）内部接线

HG-12、HG-22 型干簧继电器内部接线，见图 21-5-2。

（四）外形及安装尺寸

HG-12、HG-22 型干簧继电器外形及安装尺寸，见图 21-5-4。

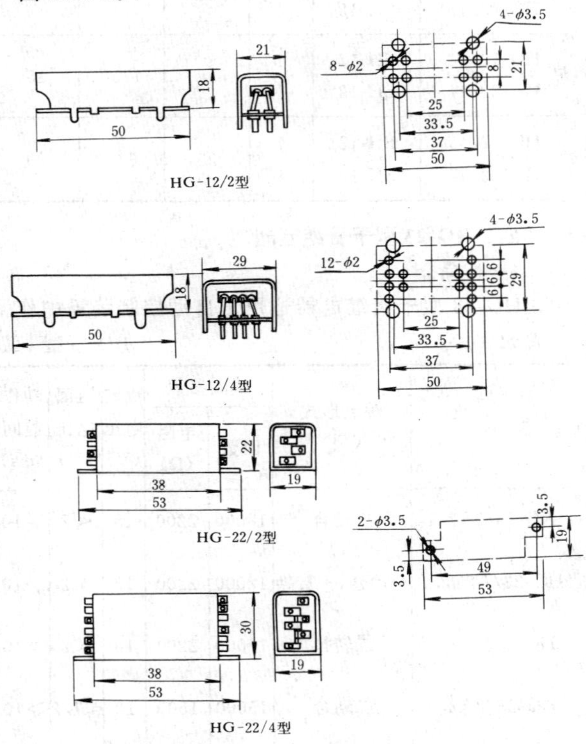

图 21-5-4　HG-12、HG-22 型干簧继电器外形及安装尺寸

表 21-5-4 HG-12、HG-22型干簧继电器技术数据

型号	干簧触点		额定电流(mA)	线圈电阻(Ω)	动作电流(mA)	返回电流(mA)	动作时间(ms)	返回时间(ms)	触点容量			生产厂
	型号	数量							电压(V)	电流(A)	直流回路(W)	
HG-12/21 HG-22/21	SH-12 SH-12	2 2	12	1950	9.5	1.2	3	1	≯60	≯0.1	1	阿城继电器厂
HG-12/22 HG-22/22	SH-12 SH-12	2 2	10	1600	8	0.8	3	1				
HG-12/23 HG-22/23	SH-12 SH-12	2 2	18	680	15	1.8	3	1				
HG-12/24 HG-22/24	SH-12 SH-12	2 2	15	800	12	1.5	3	1				
HG-12/25 HG-22/25	SH-12 SH-12	2 2	20	400	16	2	3	1				
HG-12/41 HG-22/41	SH-12 SH-12	4 4	12	3400	9.5	1.2	3	1				
HG-12/42 HG-22/42	SH-12 SH-12	4 4	20	1500	16	1.7	3	1				
HG-12/43 HG-22/43	SH-12 SH-12	4 4	10	4100	8	0.8	3	1				
HG-12/44 HG-22/44	SH-12 SH-12	4 4	18	1350	15	1.4	3	1				
HG-12/45 HG-22/45	SH-12 SH-12	4 4	25	620	20	2	3	1				

四、HG-23型干簧继电器

(一)简介

HG-23 型干簧继电器适用于自动控制装置中作快速切换元件，也可作为晶体管继电器的出口元件。

(二)技术数据

HG-23 型干簧继电器技术数据，见表 21-5-5。

表 21-5-5 HG-23型干簧继电器技术数据

型号	触点形式(副)	线圈参数		额定电压(V)	返回电压(V)	动作时间(ms)	返回时间(ms)	功率消耗(W)	外形尺寸(mm)	触点容量					生产厂
		匝数	电阻(Ω)							电压(V)	电流(A)	直流电路(W)	交流电路(VA)	开闭次数	
HG-23/2A2.1	二动合	18000	2200	18	≮2	≯10	≯2	≯0.18	31×26×75	≯220	≯0.2	25	30	1×10^3	阿城继电器厂
HG-23/A2C2.1	一动合，一转换	18000	2200	18	≮2	≯10	≯2								
HG-23/2C2.1	二转换	18000	2200	18	≮2	≯10	≯2								
HG-23/2A2.2	二动合	15000	1500	12	≮1.2	≯10	≯2					10	20	1×10^5	
HG-23/2C2.2	二转换	15000	1500	12	≮1.2	≯10	≯2								

五、HG-31、HG-32、HG-33 型干簧继电器

（一）简介

HG-31、HG-32、HG-33 型干簧继电器适用于自动控制装置，作快速切换元件。

（二）技术数据

HG-31、HG-33 型干簧继电器技术数据，见表 21-5-6；HG-32 型干簧继电器技术数据，见表 21-5-7。

表 21-5-6　HG-31、HG-33 型干簧继电器技术数据

型　号	额定电流 (mA)	返回电流 (mA)	线圈电阻 (Ω)	动作时间 (ms)	返回时间 (ms)	生产厂
HG-31/A1	5	0.4	2600	3	1.5	阿城继电器厂
HG-31/A2	7	0.5	1400	3	1.5	
HG-31/A3	10	0.7	500	3	1.5	
HG-33/A11	8	0.4	2400	4	2	
HG-33/C11	8	0.4	2400	5	5	
HG-33/A12	11	0.6	1300	4	2	
HG-33/C12	11	0.6	1300	5	5	
HG-33/A13	12	0.7	900	4	2	
HG-33/C13	12	0.7	900	5	5	
HG-33/A14	18	1	500	4	2	
HG-33/C14	18	1	500	5	5	
HG-33/A15	6	0.3	3800	4	2	
HG-33/C15	6	0.3	3800	5	5	
HG-33/A21	11	1	2400	4	2	
HG-33/C21	11	1	2400	5	5	
HG-33/A22	15	1.2	1300	4	2	
HG-33/C22	15	1.2	1300	5	5	
HG-33/A23	18	1.4	900	4	2	
HG-33/C23	18	1.4	900	5	5	
HG-33/A24	25	2	500	4	2	
HG-33/C24	25	2	500	5	5	
HG-33/A25	9	0.8	3800	4	2	
HG-33/C25	9	0.8	3800	5	5	

表 21-5-7　HG-32 型干簧继电器技术数据

型　号	绕组层数	额定电流 (mA)	返回电流 ≮ (mA)	线圈电阻 (Ω)	动作时间 (ms)	返回时间 (ms)
HG-32/A1	Ⅰ	5	0.45	1900	1.5	1
HG-32/A2	Ⅰ	7	0.66	800	1.5	1
HG-32/A3	Ⅰ	12	1.2	230	1.5	1
HG-32/A4	Ⅰ	15	1.3	360	1.5	1
	Ⅱ	38	3.9	120	1.5	1
HG-32/A5	Ⅰ	25	2.2	135	1.5	1
	Ⅱ	38	3.9	120	1.5	1
HG-32/A6	Ⅰ	75	6.6	11.5	1.5	1
	Ⅱ	38	3.9	120	1.5	1

HG-31、HG-32、HG-33 型干簧继电器触点形式、功率消耗，见表 21-5-8。

表 21-5-8　HG-31、HG-32、HG-33 型干簧继电器触点形式、功率消耗

型　号	干簧触点	每秒动作次数	每分钟动作次数	功率消耗 (W)
HG-31/A	SH-11/4	20		0.1
HG-32/A	SH-12	50		0.2
HG-33/A1	SH-13/1	20		0.2
HG-33/A2	SH-13/2	20		0.4
HG-33/C1	SH-33/1		30	0.2
HG-33/C2	SH-33/2		30	0.4

（三）外形及安装尺寸

HG-31、HG-32、HG-33 型干簧继电器外形，见图 21-5-5 及表 21-5-9。

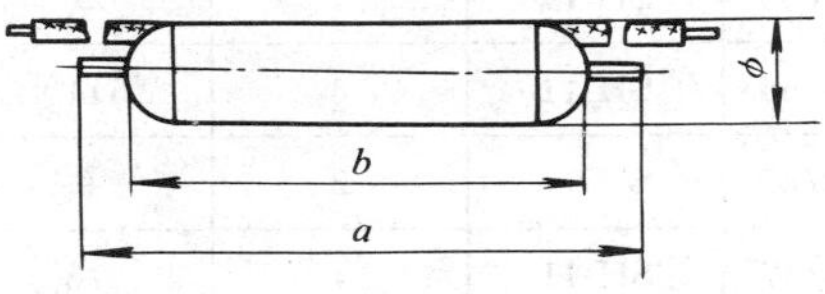

图 21-5-5　HG-31、HG-32、HG-33 型干簧继电器外形

表 21-5-9　HG-31、HG-32、HG-33 型干簧继电器外形

型　号	外形尺寸 (mm)		
	a	*b*	*ϕ*
HG-31	70	48	12
HG-32	54	38	12
HG-33	70	60	16

六、HG-41型干簧继电器

（一）简介

HG-41型干簧继电器适用于频繁操作的自动控制装置、检测装置、计算装置，作快速切换元件。

（二）技术数据

HG-41型干簧继电器技术数据，见表21-5-10。

（三）内部接线图

HG-41型干簧继电器内部接线，见图21-5-6。

（四）外形及安装尺寸

HG-41型干簧继电器外形及安装尺寸，见图21-5-7。

表21-5-10 HG-41型干簧继电器技术数据

型号	干簧触点		额定电流(mA)	返回电流(mA)	线圈电阻(Ω)	动作时间(ms)	返回时间(ms)	生产厂
	型号	数量						
HG-41/21	SH-11/4	2	20	2	700	3	1	阿城继电器厂
HG-41/41	SH-11/4	4	28	2	700	3	1	
HG-41/61	SH-11/4	6	36	2	700	3	1	
HG-41/22	SH-11/4	2	10	1	1500	3	1	
HG-41/42	SH-11/4	4	14	1	1500	3	1	
HG-41/62	SH-11/4	6	18	1	1500	3	1	
HG-41/23	SH-11/4	2	13	1.2	1150	3	1	
HG-41/43	SH-11/4	4	19	1.2	1150	3	1	
HG-41/63	SH-11/4	6	22	1.2	1150	3	1	
HG-41/24	SH-11/4	2	100	10	10	3	1	
HG-41/44	SH-11/4	4	140	10	10	3	1	
HG-41/64	SH-11/4	6	180	10	10	3	1	
HG-41/25	SH-11/4	2	13	1.2	820	3	1	
HG-41/45	SH-11/4	4	19	1.2	820	3	1	
HG-41/65	SH-11/4	6	22	1.2	820	3	1	
HG-41/26	SH-11	2	6	0.6	3800	3	1	
HG-41/46	SH-11	4	9	0.6	3800	3	1	
HG-41/66	SH-11	6	11	0.6	3800	3	1	
HG-41/27	SH-11	2	9	0.8	2000	3	1	
HG-41/47	SH-11	4	13	0.8	2000	3	1	
HG-41/67	SH-11	6	17	0.8	2000	3	1	
HG-41/28	SH-11	2	25	2.5	Ⅰ530 Ⅱ490	3	1	
HG-41/48	SH-11	4	35	2.5		3	1	
HG-41/68	SH-11	6	45	2.5		3	1	
HG-41/29	SH-11	2	25	2.5	Ⅰ530 Ⅱ490 Ⅲ660	3	1	
HG-41/49	SH-11	4	35	2.5		3	1	

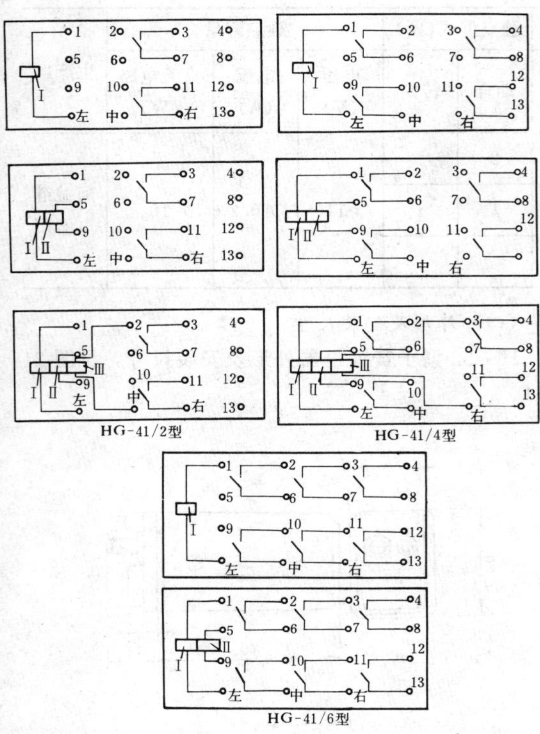

图 21-5-6　HG-41 型干簧继电器内部接线

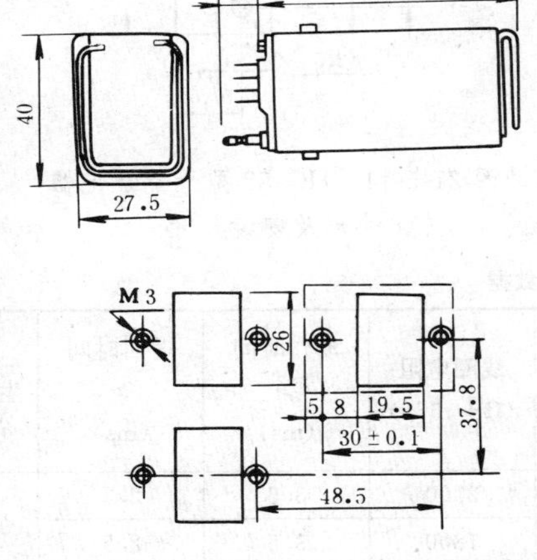

图 21-5-7　HG-41 型干簧继电器外形及安装尺寸

七、HG-43 型干簧继电器

（一）简介

HG-43 型干簧继电器是一种由两个 HG-33 型干簧继电器组成的插入式继电器，主要供自动化装置中的调节器作灵敏元件之用。

（二）技术数据

HG-43 型干簧继电器技术数据，见表 21-5-11。

（三）内部接线图

HG-43 型干簧继电器内部接线，见图 21-5-8。

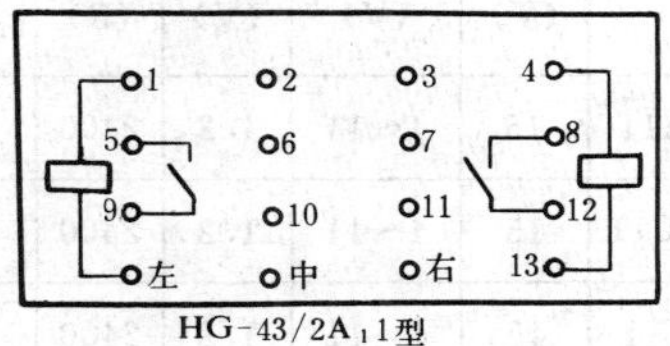

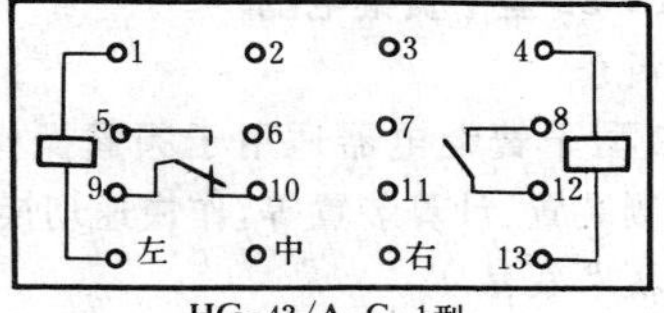

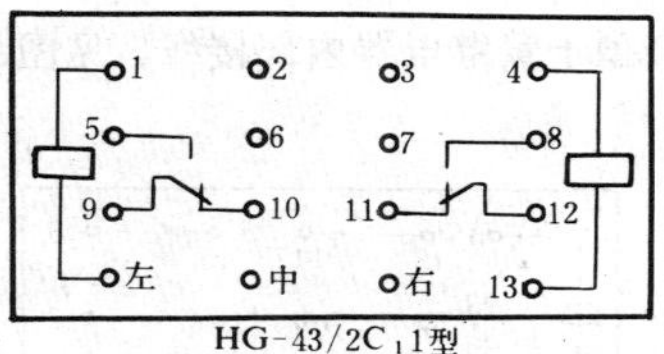

图 21-5-8　HG-43 型干簧继电器内部接线

（四）外形及安装尺寸

HG-43 型干簧继电器外形及安装尺寸，见图 21-5-9。

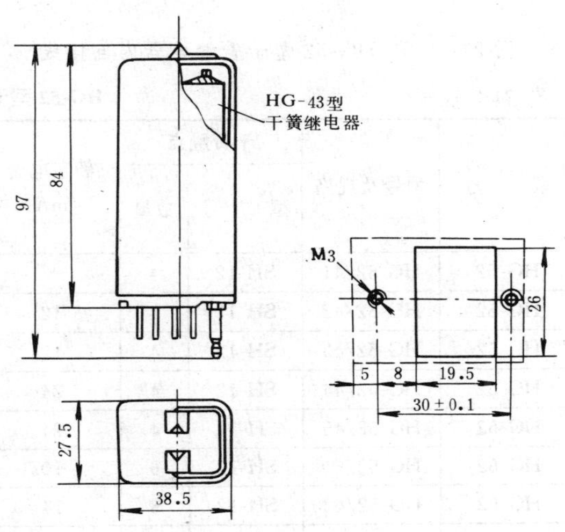

图 21-5-9　HG-43 型干簧继电器外形及安装尺寸

表 21-5-11　　HG-43型干簧继电器技术数据

型号	额定电压(V)	动作电压(V)	返回电压(V)	线圈电阻(Ω)	动作时间		返回时间		触点型式(副)		触点容量			生产厂
					动合(ms)	动断(ms)	动合(ms)	动断(ms)	动合	转换	电压(V)	电流(A)	直流电路(W)	
HG-43/2A11	15	4～11	1.2	2400	5		2		2		≯110	≯0.2	10	阿城继电器厂
HG-43/A_1C11	15	4～11	1.2	2400	5	5	2	5	1	1				
HG-43/2C11	15	4～11	1.2	2400	5	5	2	5		2				

八、HG-52型干簧继电器

（一）简介

HG-52型干簧继电器适用于频繁操作的自动控制装置、检测装置、计算装置等，作快速切换元件之用。

（二）技术数据

HG-52型干簧继电器技术数据，见表21-5-12。

（三）内部接线

HG-52型干簧继电器内部接线，见图21-5-10。

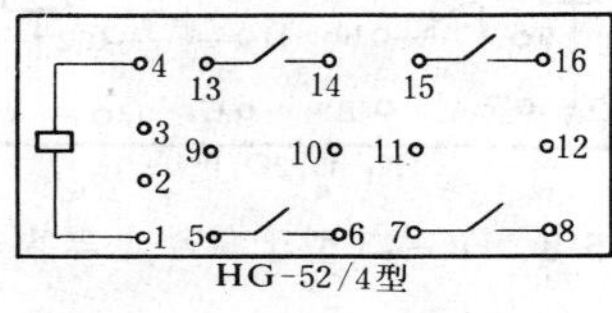

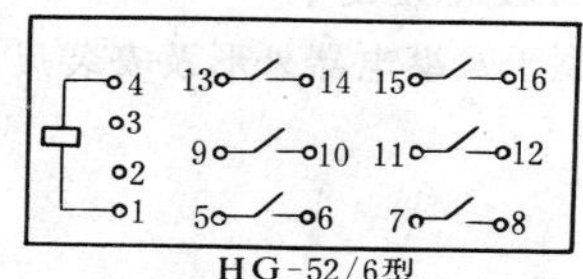

图 21-5-10　HG-52型干簧继电器内部接线

（四）外形及安装尺寸

HG-52型干簧继电器外形及安装尺寸，见图21-5-11。

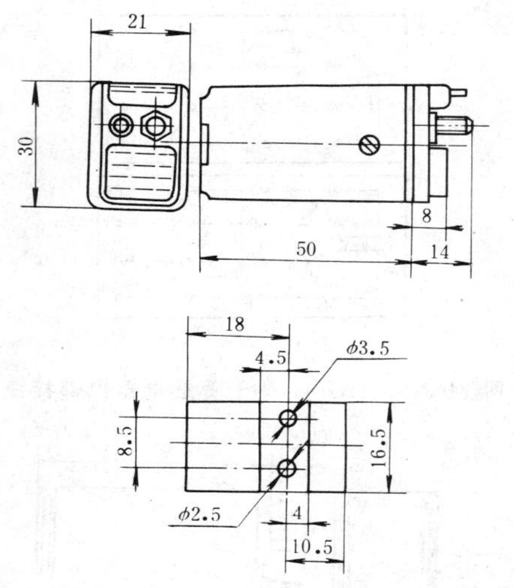

图 21-5-11　HG-52型干簧继电器外形及安装尺寸

表 21-5-12　　HG-52型干簧继电器技术数据

型号	型号及规格	干簧触点		额定电流(mA)	返回电流≮(mA)	线圈电阻(Ω±15%)	动作时间≯(ms)	返回时间≯(ms)	生产厂
		型号	数量						
HG-52	HG-52/41	SH-12	4	8	0.7	2700	3.5	2.5	阿城继电器厂
HG-52	HG-52/42	SH-12	4	12	1	1800	3.5	2.5	
HG-52	HG-52/43	SH-12	4	12	1	1300	3.5	2.5	
HG-52	HG-52/44	SH-12	4	24	2	600	3.5	2.5	
HG-52	HG-52/45	SH-12	4	24	2	430	3.5	2.5	
HG-52	HG-52/61	SH-12	6	10	0.7	2700	3.5	2.5	
HG-52	HG-52/62	SH-12	6	14	1	1800	3.5	2.5	
HG-52	HG-52/63	SH-12	6	14	1	1300	3.5	2.5	
HG-52	HG-52/64	SH-12	6	28	2	600	3.5	2.5	
HG-52	HG-52/65	SH-12	6	28	2	430	3.5	2.5	

九、HG-122 型干簧继电器

（一）简介

HG-122 型干簧继电器适用于自动控制装置、检测装置、计算装置等，作快速切换元件之用。

（二）技术数据

HG-122 型干簧继电器技术数据，见表 21-5-13。

表 21-5-13 HG-122 型干簧继电器技术数据

型号	工作电流 (mA)	线圈数据			动作时间包括抖动 (ms)	绝缘电阻 (MΩ)	接触电阻 (MΩ)	触点容量			外形尺寸 (mm)	生产厂
		线径	直流电阻 (Ω±5%)	匝数 (W)				电压 (V)	电流 (A)	直流电路 (W)		
HG-122/11	16.5	0.07-Q	420	4200	≤1.0	≮10	≯200	60	0.12	1	40×14×21	阿城继电器厂 鞍山继电器厂
HG-122/12	10	0.05-Q	1360	7000								
HG-122/13												
HG-122/14												
HG-122/21	32	0.09-Q	220	2600	≤1.0						40×14×21	
HG-122/22	19	0.07-Q	532	4300								
HG-122/23												
HG-122/24												
HG-122/31	43	0.11-Q	150	2100	≤1.5						40×22×21	
HG-122/32	25	0.08-Q	470	3600								
HG-122/33												
HG-122/34												
HG-122/41	65	0.13-Q	90	1600	≤2						40×26×21	
HG-122/42	40	0.10-Q	290	2800								
HG-122/43	20	0.07-Q	880	4000								
HG-122/44												

第 21-6 节 其他各类继电器

一、DM-1、DM-1C、DM-3、DM-5、DM-5C、DM-6、DM-6C 系列电码继电器

（一）简介

该系列继电器用于各种自动和远动控制装置中，用以扩大被控制电路中触点的数量和提高接触能力。该系列继电器具有过渡转换触点，可以实现先接通后断开，因而也常用于电流回路的选择测量。

DM-1、DM-1C 系列为快速动作、快速返回继电器；DM-3、DM-5、DM-5C 系列为快速动作、延时返回继电器；DM-6、DM-6C 系列为延时动作、延时返回继电器。

DM-1C、DM-5C、DM-6C 系列为军用产品，在用途、结构、外形尺寸等方面分别与 DM-1、DM-5、DM-6 系列相同，但其性能分别优于后者。

（二）型号含义

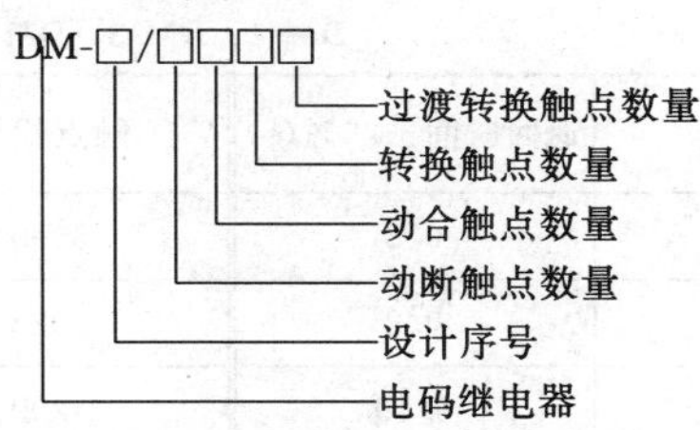

（三）技术数据

DM-1、DM-3 系列电码继电器技术数据，见表 21-6-1；触点规格，见表 21-6-2；触点断开容量，见表 21-6-3。DM-5、DM-6 系列电码继电器技术数据，见表 21-6-4。DM-5C、DM-6C 电码继电器技术数据，见表 21-6-5。

（四）外形及安装尺寸

DM-1、DM-3 系列电码继电器外形及安装尺寸，见图 21-6-1；DM-5、DM-6 系列电码继电器外形及安装尺寸，见图 21-6-2。

表 21-6-1 DM-1、DM-3系列电码继电器技术数据

型号	额定电压(V)	线圈电阻(Ω)	动作电压(V)	返回电压(V)	生产厂
DM-1	6	31	1.8～8.4	0.4～2	①②③④
	12	48	2.3～10.6	0.5～2.6	
		72	2.8～12.8	0.6～3	
		120	3.6～16.5	0.8～4	
	24	280	5.8～26.4	1.3～6.4	
		435	7～32.3	1.6～7.8	
		650	8.8～40.3	1.9～9.7	
	48	2000	15.4～70.7	3.4～17	
	110	4000	23.8～109	5.2～26.2	
		9000	34.6～159	7.7～38.5	
	220	17000	46～219	10.2～51	
DM-3	6	31	1.85～7.6	0.035～0.32	
	12	48	2.3～9.8	0.045～0.41	
		72	3～11.5	0.05～0.46	
		120	3.5～14.5	0.07～0.65	
	24	280	6～24	0.11～1	
		435	7～30	0.14～1.3	
		650	8.8～37	0.17～1.55	
	48	2000	16～65	0.3～2.8	
	110	4000	24～100	0.46～4.2	
		9000	35～147	0.68～6.2	
	220	17000	45.8～196	0.9～8.1	

表 21-6-2 DM-1、DM-3、DM-5、DM-6系列电码继电器触点规格

触点代号	返回时间±25%(s)	触点代号	返回时间±25%(s)	触点代号	返回时间±25%(s)
0010	0.3	5100	0.14	0042	0.12
0020	0.2	0022	0.15	4040	0.1
2010	0.19	4200	0.14	0440	0.11
0210	0.19	3300	0.14	5500	0.1
2200	0.19	4020	0.13	0080	0.1
0030	0.17	2120	0.14	6040	0.09
0021	0.175	0420	0.13	0640	0.1
2020	0.16	1220	0.15	00(10)0	0.08
0220	0.17	4400	0.12	3622	0.08
0040	0.15	0060	0.12	6322	0.08

表 21-6-3　**DM-1、DM-3、DM-5、DM-6 系列电码继电器触点断开容量**

负荷种类	最大断开电压（V）	最大断开电流（A）	最大断开容量	
			直流（W）	交流（VA）
阻性负载	60	≤2	50	80
	220	≤2	30	
感性负载	24	≤2	50	80
	60	≤2	30	
	220	≤2	20	

表 21-6-4　**DM-5、DM-6 系列电码继电器技术数据**

型　号	额定电压（V）	线圈电阻（Ω）	动作电压 ≯（V）	返回电压 ≮（V）	动作时间 ≯（s）	返回时间 ±25%（s）	功率消耗（W）	生产厂
DM-5	6	9	1～3.8	0.1～0.45	0.04～0.12	0.7～0.2	5	阿城继电器厂 许昌继电器厂
	6	17	1.5～6	0.13～0.66	0.05～0.2	0.65～0.15		
	12	38	2.2～9.2	0.2～1.1	0.04～0.12	0.7～0.2		
	12	70	3.2～12	0.28～1.5	0.05～0.2	0.65～0.15		
	24	136	4.5～18	0.38～2	0.04～0.12	0.7～0.2		
	24	220	5.5～24	0.5～2.7	0.05～0.2	0.65～0.15		
	24	475	8.5～2.4	0.8～4.3	0.09～0.4	0.6～0.13		
	48	620	10.5～41	1～5	0.04～0.12	0.7～0.2		
	48	1400	16～80	1.4～7	0.09～0.4	0.6～0.13		
	110	2770	21～90	1.8～10	0.04～0.12	0.7～0.2		
	110	5850	33～110	3～15	0.05～0.2	0.65～0.15		
	220	10000	46～184	4～21	0.04～0.12	0.7～0.2		
	220	16550	60～220	5.5～30	0.05～0.2	0.65～0.15		
DM-6	6	10	1.6～6	0.07～0.56	0.09～0.32	1～0.34		
	6	19	2.1～6	0.1～0.8	0.14～0.35			
	12	41	3.3～12	0.12～0.96	0.09～0.32			
	12	70	4.5～12	0.2～1.6	0.14～0.35			
	24	160	6.4～24	0.28～2.4	0.09～0.32			
	24	235	9～24	0.5～3.8	0.14～0.35			
	48	650	13～48	0.6～4.6	0.09～0.32			
	48	920	16～48	0.7～5.6	0.14～0.35			
	110	3000	29～110	1.3～10.5	0.09～0.32			
	110	4500	35～110	1.5～12	0.14～0.35			
	220	13800	60～220	2.7～21	0.09～0.32			
	220	18000	70～220	4～32	0.09～0.32			

表 21-6-5　　DM-5C、DM-6C 系列电码继电器技术数据

型号	规格代号	触点组（从衔铁方向看）	触点型式（副）				线圈			额定电压（V）	动作电压（V）	返回电压（V）	动作时间（ms）	返回时间（ms）	生产厂
			动合	动断	转换	过渡转换	电阻（Ω）	匝数（匝）	导线直径（mm）						
DM-5C	612 9101C	132-97-132	4		2		475	7500	0.16	24	16	2.6		280	阿城继电器厂
	612 9102C	197-97-97-97-197			10		38	2300	0.31	12	8.8	1.1		200	
DM-6C	612 9401C	15-15		2			160	3400	0.18	24	9.2	0.4		890-1050	
	612 9402C	15-7-15		2	1		160	3400	0.18	24	11	0.9		680-800	
	612 9403C	12-12	2				160	3400	0.18	24	9.2	0.4		890-1050	
	612 9601C	107-332-665-332-107	6	3	2	2	160	3400	0.18	24	21.7	2.4	270	350	
	612 9602C	137-332-137	5		2		160	3400	0.18	24	21.7	2.4	220		
	612 7025C	17-7-17			3		235	3600	0.16	24	15.6	1.3	180	700	

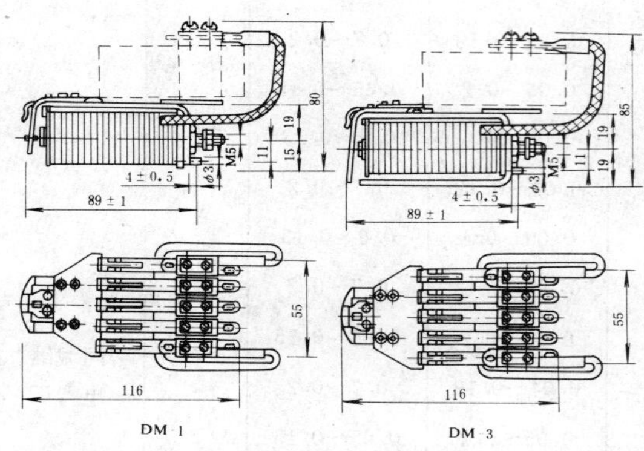

图 21-6-1　DM-1、DM-3 系列电码继电器外形及安装尺寸

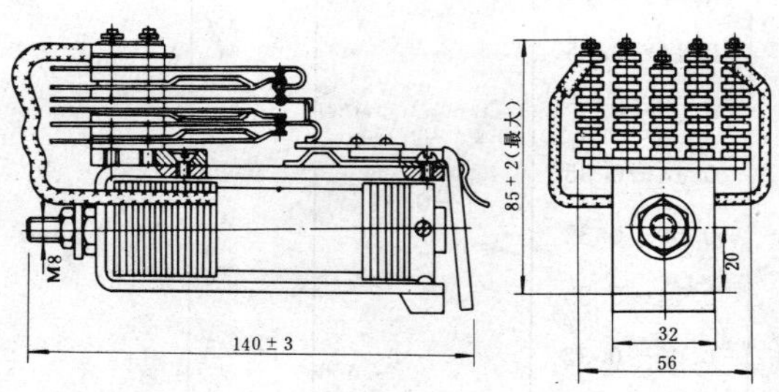

图 21-6-2　DM-5、DM-6 系列电码继电器外形及安装尺寸

（五）生产厂及代号

①阿城继电器厂；②上海继电器厂；③许昌继电器厂；④保定继电器厂。

（六）订货须知

订货时须指明继电器型号、触点代号、额定电压及线圈电阻值。

二、HY-10 系列极化继电器

（一）简介

HY-10 系列极化继电器是一种插入式的小型继电器，可在自动装置、通信设备及信号电路中作换接电路之用。经特殊调整后，也可在继电保护装置中作为灵敏而迅速的执行元件。

继电器的动作方向与线圈中电流方向有关，线圈中电流的正、负方向决定了继电器触点向右或向左转换，因而继电器的动作具有方向性。

（二）技术数据

HY-10 系列极化继电器技术数据，见表 21-6-6。

HY-10 系列极化继电器根据线圈的数量、电阻和匝数，在同一型号中又分为若干规格，因而在相同的输出参数（触点压力和触点间隙）时，各种规格的动作电流值也不同，HY-10 系列极化继电器输入输出参数见表 21-6-7。

（三）内部接线

HY-10 系列极化继电器内部接线，见图 21-6-3。

（四）外形及安装尺寸

HY-10 系列极化继电器外形及安装尺寸，见图 21-6-4。

表 21-6-6　HY-10系列极化继电器技术数据

型号	规格代号	线圈个数	线圈层别	线圈参数		动作参数	
				电阻 (Ω)	匝数	动作电流 (mA)	返回电流 (mA)
HY-11	2AJ.309.026.1	1	Ⅰ	40	2000		
	2AJ.309.026.2	1	Ⅰ	6300	25500	0.153～0.386	0.047～0.196
	2AJ.309.026.3	1	Ⅰ	6300	25500	0.17～0.23	0.08～0.115
	2AJ.309.026.4	1	Ⅰ	6300	23000	0.17～0.43	0.052～0.22
	2AJ.309.026.5	1	Ⅰ	6300	23000	0.17～0.23	0.08～0.115
	2AJ.309.026.6	1	Ⅰ	235	6000	0.66～1.66	0.166～0.83
	2AJ.309.026.9	1	Ⅰ Ⅱ	140 140	3000 3000	1.32～3.32	0.332～0.83
	2AJ.309.026.10	2	Ⅰ Ⅱ	600 8000	4000 25000	1～2.5 0.16～0.4	0.3～1.25 0.048～0.2
	2AJ.309.026.11	2	Ⅰ Ⅱ	700 4700	4600 18000	1.4～3.4 0.21～0.5	0.05～0.22
	2AJ.309.026.12	2	Ⅰ Ⅱ	730 600	8800 4200	0.45～1.14 0.95～2.38	0.135～0.57 0.285～0.2
	2AJ.309.026.13	2	Ⅰ Ⅱ	136 35	3500 500	1.14～2.85	0.34～1.43
	2AJ.309.026.14	2	Ⅰ Ⅱ	45 180	2200 2200	4.4～4.6	>2.2
	2AJ.309.026.15	2	Ⅰ Ⅰ	1100 1100	7800 7800	1.0～1.1 1.0～1.1	>0.5 >0.5
	2AJ.309.026.16	2	Ⅰ Ⅱ	1.5 1.5	320 320	Ⅰ＋Ⅱ＝6.25～15.6	1.9～7.8
	2AJ.309.026.17	2	Ⅰ Ⅱ	4800 4800	17000 17000	0.235～0.585	
	2AJ.309.026.18	2	Ⅰ Ⅱ	8500 8500	22000 22000	0.182～0.454	
	2AJ.309.026.19	3	Ⅰ Ⅱ Ⅲ	3700 470 140	18000 4000 1000	0.22～0.55 1～2.5 4～10	0.067～0.28
	2AJ.309.026.20	3	Ⅰ Ⅱ Ⅲ	200 200 60	3200 3200 640	2.4～2.7 2.4～2.7 12.5～12.75	>1.2 >1.2 >6
	2AJ.309.026.21	4	Ⅰ Ⅱ Ⅲ Ⅳ	2.5 800 2200 13	100 7000 11000 100	101.5～154 1.45～2.3 0.92～1.4 101.5～154	0.43～1.0

续表 21-6-6

型号	规格代号	线圈个数	线圈层别	线圈参数		动作参数	
				电阻(Ω)	匝数	动作电流(mA)	返回电流(mA)
HY-11	2AJ.309.026.24	5	Ⅰ	2.1	100	1.45～2.2	0.4～1
			Ⅱ	2.4	100		
			Ⅲ	1400	7000		
			Ⅳ	600	3000		
			Ⅴ	2100	10000		
	2AJ.309.026.25	5	Ⅰ	65	1200	3.3～8.3	1～4.2
			Ⅱ	9	500		
			Ⅲ	100	1100		
			Ⅳ	2350	8000		
			Ⅴ	2900	8000		
	2AJ.309.026.27	7	Ⅰ	130	1250	3.2～8	0.96～4
			Ⅱ	130	1250		
			Ⅲ	130	1250		
			Ⅳ	130	1250		
			Ⅴ	28	300	13.3～33.3	
			Ⅵ	28	300		
			Ⅶ	2250	5000	0.8～2	
HY-12	2AJ.309.026.31	2	Ⅰ	4.5	500	Ⅰ＋Ⅱ＝0.18～0.73	
			Ⅱ	300	5000		
	2AJ.309.026.32	2	Ⅰ	290	2500	Ⅰ＋Ⅱ＝0.2～0.8	
			Ⅱ	290	2500		
	2AJ.309.026.33	2	Ⅰ	550	7000	0.14～0.57	
			Ⅱ	15.5	740	1.35～5.4	
	2AJ.309.026.34	2	Ⅰ	6000	17000	0.058～0.024	
			Ⅱ	6000	17000	0.058～0.24	
	2AJ.309.026.35	2	Ⅰ	4800	17000	0.17～0.41	
			Ⅱ	4800	17000		
	2AJ.309.026.36	2	Ⅰ	4800	17000	0.058～0.24	
			Ⅱ	4800	17000		
	2AJ.309.026.37	2	Ⅰ	8500	22000	0.045～0.18	
			Ⅱ	8500	22000		
	2AJ.309.026.40	3	Ⅰ	500	6000	0.17～0.67	
			Ⅱ	830	6000		
			Ⅲ	3700	7000		

续表 21-6-6

型　号	规格代号	线圈个数	线圈层别	线圈参数 电阻(Ω)	线圈参数 匝数	动作参数 动作电流(mA)	动作参数 返回电流(mA)
HY-12	2AJ.309.026.41	3	Ⅰ Ⅱ Ⅲ	500 830 180	6000 6000 6000	0.17～0.67	
	2AJ.309.026.42	3	Ⅰ Ⅱ	2700 5000	15000 15000	0.066～0.266	
			Ⅲ	460	1150	0.87～3.48	
	2AJ.309.026.44	7	Ⅰ Ⅱ Ⅲ Ⅳ	130 130 130 130	1250 1250 1250 1250	Ⅰ＋Ⅱ＝0.4～1.6	
			Ⅴ Ⅵ	28 28	300 300	3.3～13.3	
			Ⅶ	2250	5000	0.2～0.8	
HY-13	2AJ.309.026.51	1	Ⅰ	55	1000	1～4	
	2AJ.309.026.52	1	Ⅰ	1200	12000	0.083～0.167	
	2AJ.309.026.53	1	Ⅰ	1200	12000	0.083～0.33	
	2AJ.309.026.54	1	Ⅰ	4000	19000	0.053～0.21	
	2AJ.309.026.55	1	Ⅰ	4000	17000	0.059～0.24	
	2AJ.309.026.56	1	Ⅰ	9500	34000	0.029～0.12	
	2AJ.309.026.57	1	Ⅰ	9500	34000	0.044～0.066	
	2AJ.309.026.58	1	Ⅰ	10500	34000	0.12～0.18	
	2AJ.309.026.59	1	Ⅰ	10500	34000	0.029～0.12	
	2AJ.309.026.60	1	Ⅰ	2700	18000		
	2AJ.309.026.65	2	Ⅰ Ⅱ	200 2600	4600 1000	0.22～0.87 1～4	
	2AJ.309.026.66	2	Ⅰ Ⅱ	700 4700	4600 18000	Ⅰ＋Ⅱ＝0.04～0.177	
	2AJ.309.026.67	2	Ⅰ Ⅱ	1300 1100	10000 5000	0.1～0.4 0.2～0.8	
	2AJ.309.026.68	2	Ⅰ Ⅱ	3000 27	17500 500	Ⅰ＋Ⅱ＝0.056～0.22	
	2AJ.309.026.69	2	Ⅰ Ⅱ	550 550	6000 6000	0.17～0.67 0.17～0.67	
	2AJ.309.026.70	2	Ⅰ Ⅱ	1000 1000	6000 6000	0.17～0.67 0.17～0.67	

续表 21-6-6

型号	规格代号	线圈个数	线圈层别	线圈参数 电阻(Ω)	线圈参数 匝数	动作参数 动作电流(mA)	动作参数 返回电流(mA)
HY-13	2AJ.309.026.71	2	Ⅰ	6000	17000	0.058～0.24	
			Ⅱ	6000	17000	0.058～0.24	
	2JY.309.026.72	2	Ⅰ	4800	17000	0.058～0.24	
			Ⅱ	4800	17000	0.058～0.24	
	2JY.309.026.73	2	Ⅰ	140	3000	0.33～1.33	>13.5
			Ⅱ	140	3000		
	2JY.309.026.74	2	Ⅰ	1.5	320	23.5～26.5	>13.5
			Ⅱ	1.5	320	23.5～26.5	
	2JY.309.026.75	3	Ⅰ	2700	15000	0.067～0.267	
			Ⅱ	5000	15000	0.067～0.267	
			Ⅲ	460	1150	0.87～3.84	
	2JY.309.026.76	3	Ⅰ	3750	15000	0.067～0.287	
			Ⅱ	6000	15000	0.067～0.267	
			Ⅲ	460	1000	1～4	
	2JY.309.026.77	3	Ⅰ	1400	8000	0.125～0.5	
			Ⅱ	1400	8000		
			Ⅲ	900	5000		
	2JY.309.026.80	4	Ⅰ	3	400	2.5～10	
			Ⅱ	770	5200	0.19～0.77	
			Ⅲ	16	300	3.3～13.3	
			Ⅳ	17	300	3.3～13.3	
	2JY.309.026.83	6	Ⅰ	48	750	1.33～5.3	
			Ⅱ	48	750	1.33～5.3	
			Ⅲ	48	750	1.33～5.3	
			Ⅳ	48	750	1.33～5.3	
			Ⅴ	94	1000	1～4	
			Ⅵ	4	200	5～26	
	2JY.309.026.86	7	Ⅰ	130	1250	Ⅰ+Ⅱ=0.4～1.6	
			Ⅱ	130	1250		
			Ⅲ	130	1250		
			Ⅳ	130	1250		
			Ⅴ	28	300	3.3～13.3	
			Ⅵ	28	300		
			Ⅶ	2250	5000	0.2～0.8	

表 21-6-7　HY-10 系列极化继电器输入输出参数

型号	触点位置	附加参数 触点 间隙（mm）	附加参数 触点 压力*（g）	输入参数 动作功率（mW）	输入参数 动作磁化力（AW）	输入参数 动作电流（mA）	输入参数 线圈数量（个）	输入参数 线圈电阻（Ω）	输入参数 动作时间（ms）	输出参数 电流（A）	输出参数 电压（V）	输出参数 无感负荷**时寿命（次）
HY-11	双位偏右	≥0.07	≥4（≥8）	0.16～8	***4～10（5～15）	0.153～154	1—5 或 7	1.5—8500	3～5	0.2	24	10^7
HY-12	双位中性	≥0.06	≥1	0.01～1.3	1～4	0.045～13.3	2，3 或 7	4.5—8500	2.5～4.5	0.2	24	10^7
HY-13	三位	2×0.05		0.06～1.6	1～4	0.029～20	1～7	3—10500	5～13.5	0.2	24	10^7

*　线圈中无电流时的触点压力。

**　在每动作 10^6 次后触点允许进行调整和净化时，应保证的动作循环次数。

***　当触点压力≥8g 时，动作磁化力为 5～15AW。AW 表示安匝。

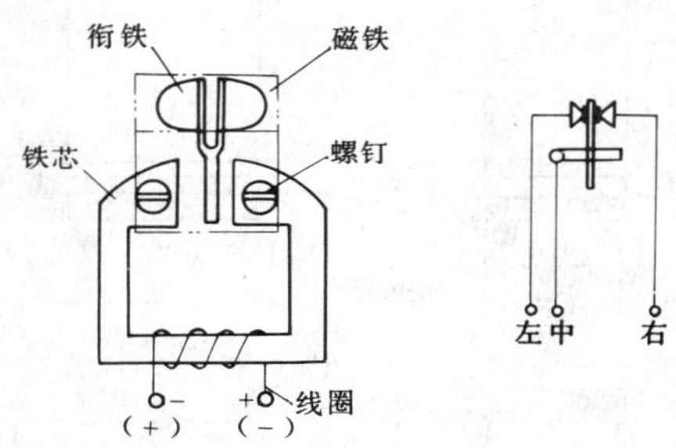

图 21-6-3　HY-10 系列极化继电器内部接线

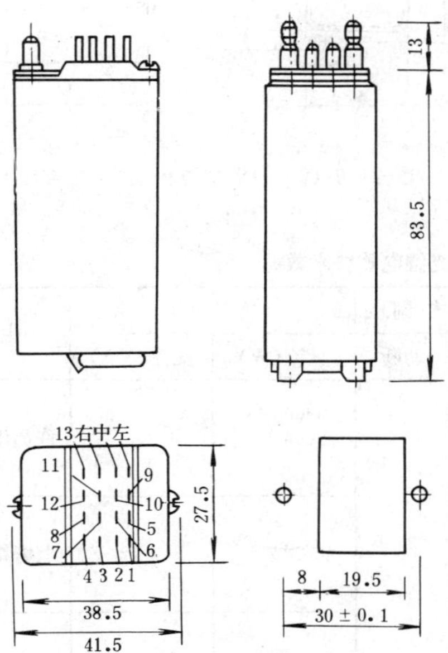

图 21-6-4　HY-10 系列极化继电器外形及安装尺寸

三、DX-1、DX-3、DX-3/A、DX-9 型闪光继电器

（一）简介

该型继电器用于信号回路，当接通电源后，继电器触点可周期性的接通和断开，使受控的灯光发出闪光信号。

直流闪光继电器由中间继电器、电阻及电容构成；交流操作的闪光继电器还附有半导体二极管组成的全波整流装置。

（二）技术数据

DX-1、DX-3、DX-3/A、DX-9 型闪光继电器技术数据，见表 21-6-8。

（三）内部接线

DX-1 型闪光继电器内部接线，见图 21-6-5；DX-3、DX-3/A 型闪光继电器内部接线，见图 21-6-6；DX-9 型闪光继电器内部接线，见图 21-6-7。

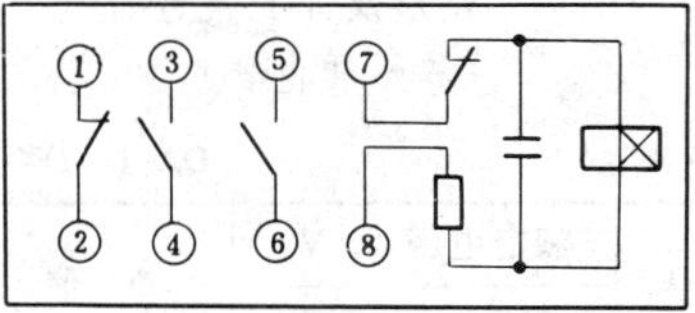

图 21-6-5　DX-1 型闪光继电器内部接线

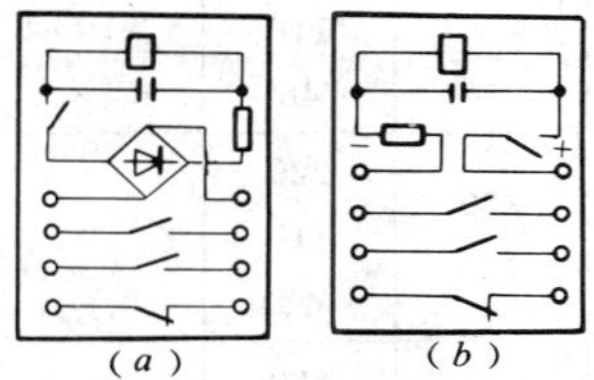

图 21-6-6　DX-3、DX-3/A 型闪光继电器内部接线

（*a*）交流操作；（*b*）直流操作

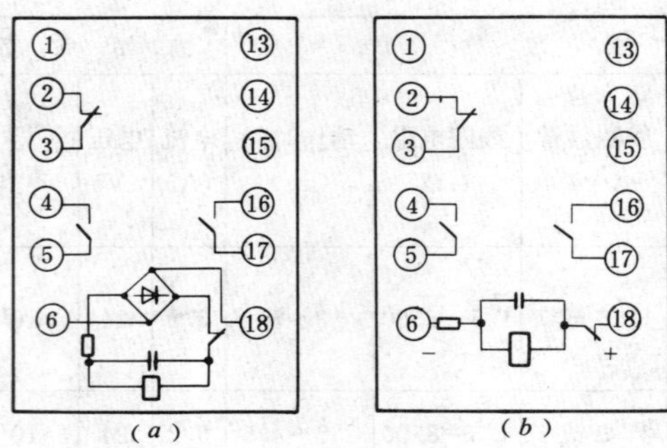

图 21-6-7　DX-9型闪光继电器内部接线

(a) 交流操作；(b) 直流操作

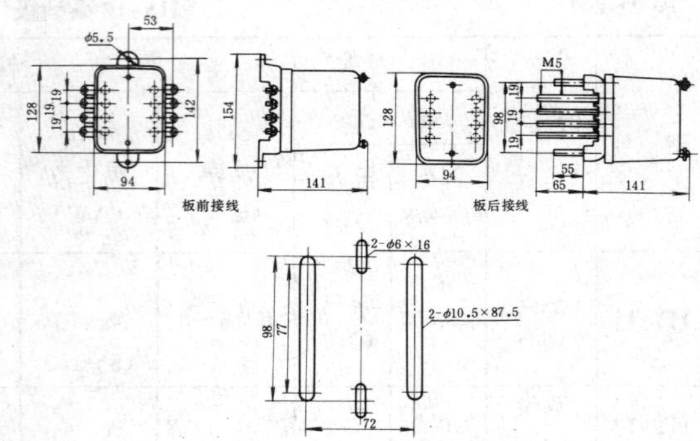

图 21-6-9　DX-3、DX-3/A型闪光继电器外形及开孔尺寸

(四) 外形及安装尺寸

许昌继电器厂生产的DX-1型闪光继电器壳体结构型式为A22K、A22P、A22H、A22Q型，外型及安装尺寸，见表21-0-1；苏州继电器厂生产的DX-1型闪光继电器外形及开孔尺寸，见图21-6-8；DX-3、DX-3/A型闪光继电器外形及开孔尺寸见图21-6-9；DX-9型闪光继电器外形及开孔尺寸见图21-6-10。

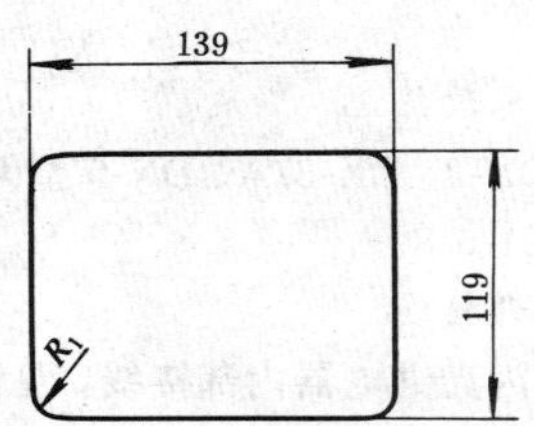

图 21-6-8　DX-1型闪光继电器外形及开孔尺寸（苏州继电器厂）

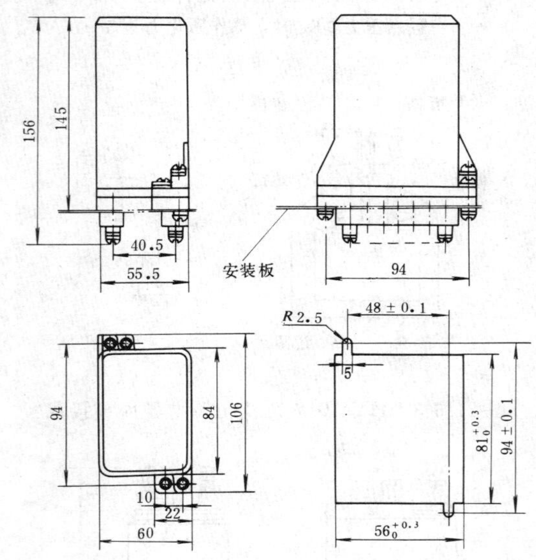

图 21-6-10　DX-9型闪光继电器外形及开孔尺寸

表 21-6-8　DX-1、DX-3、DX-3/A、DX-9型闪光继电器技术数据

型　号	额定电压 U_e(V)		动作值	闪光频率 (次/min)	触点型式(副)		功率消耗		生产厂
	交流	直流			动合	动断	直流(W)	交流(VA)	
DX-1		220 110 48	≯70%U_e	60±20	2	1	≯3		许昌继电器厂
DX-3 DX-3/A	220 110	220 110 48		40～100			≯7	≯12	上海继电器厂
DX-9 DX-9E	220	220 110 48 24	≯80%U_e	40～80			≯5	≯12	阿城继电器厂

注　DX-9E采用JCK-11/3壳体，见表21-0-3。

四、JC-2 型冲击继电器

（一）简介

该继电器用于直流操作的继电保护及控制电路中，作中央信号的主要元件。

（二）工作原理

JC-2 型冲击继电器采用电容充放电原理并用极化继电器作为执行元件，继电器原理接线见图 21-6-11；应用接线见图 21-6-12。

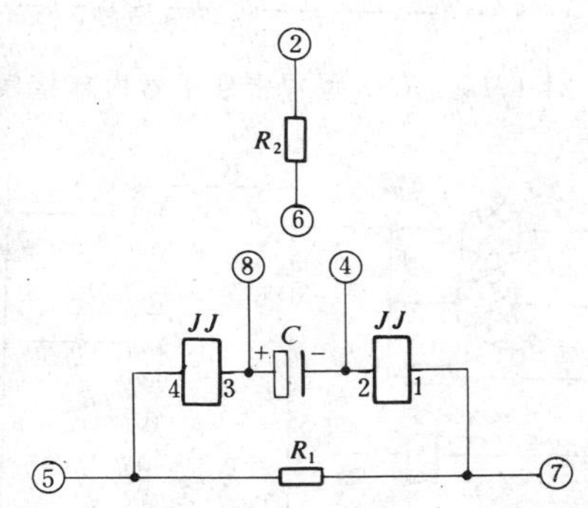

图 21-6-11　JC-2 型冲击继电器原理接线

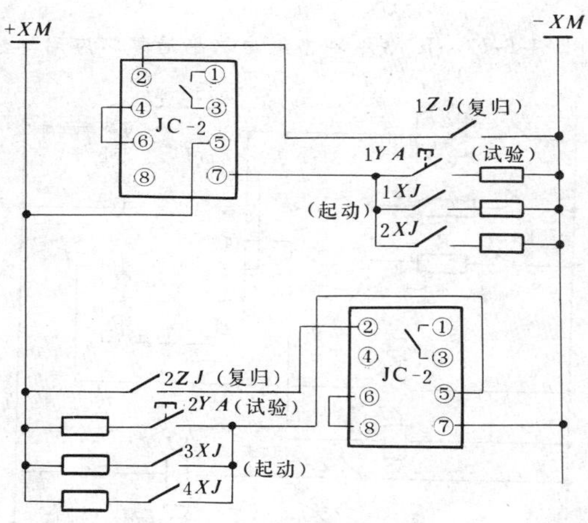

图 21-6-12　JC-2 型冲击继电器应用接线

从图 21-6-11 中可以看出，冲击电流 i_c 从端子⑤流入，R_1 上得到电压增量 i_cR_1，该电压通过极化继电器 JJ 给电容器 C 充电，充电电流使极化继电器 JJ 动作。

极化继电器具有双位置特性，电容器充电完毕，充电电流消失，继电器触点保持在动作位置。其返回可通过按钮或触点将复归电流通入端子②，经 R_2 使极化继电器线圈流过反向电流而迫其返回；也可用反向冲击继电器自动返回，即当 ΣI_c 突然减小 i_c 时，R_1 上有一反向电压 i_cR_1，该电压使电容器经极化继电器放电，放电电流使极化继电器返回。当继电器接于电源正端时，应将端子④、⑥接通，电源负极接到端子②来复归；当继电器接于电源负端时，则端子⑥、⑧接通，用正电压加到端子②来复归，见图 21-6-11 及图 21-6-12。

（三）技术数据

JC-2 型冲击继电器技术数据，见表 21-6-9。

表 21-6-9　JC-2 型冲击继电器技术数据

直流电压（V）	冲击动作电流（A）	冲击返回电流（A）	最大长期稳定电流（A）	功率消耗（W）	触点容量			生产厂
					电压（V）	电流（A）	直流电路（W）	
220 110 48 24	0.1	0.1	2	4	≯220	≯1	20	① ② ③ ④ ⑤

（四）内部接线

JC-2 型冲击继电器内部接线，见图 21-6-13。

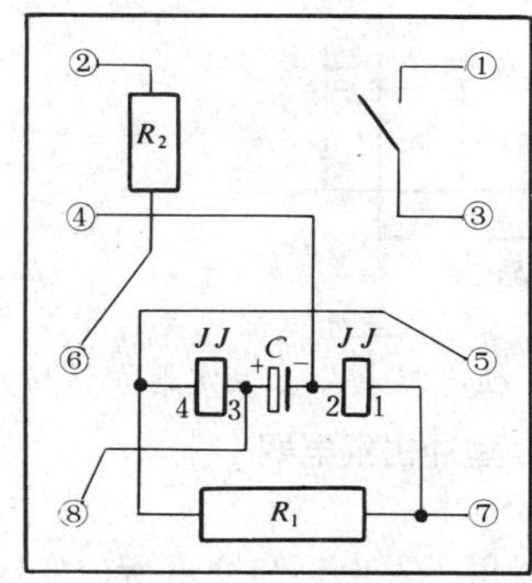

图 21-6-13　JC-2 型冲击继电器内部接线

（五）外形及安装尺寸

许昌继电器厂生产的 JC-2 型冲击继电器壳体结构型式采用 A11K、A11P、A11H、A11Q 型，外形及安装尺寸，见表 21-0-1。

苏州继电器厂生产的 JC-2 型冲击继电器外形及开孔尺寸，见图 21-6-14。

长征电器八厂、保定继电器厂生产的 JC-2 型冲击继电器外形及开孔尺寸，见图 21-6-15。

（六）生产厂及代号

①许昌继电器厂，②保定继电器厂，③苏州继电器厂，④长征电器八厂，⑤长沙望城继电器厂。

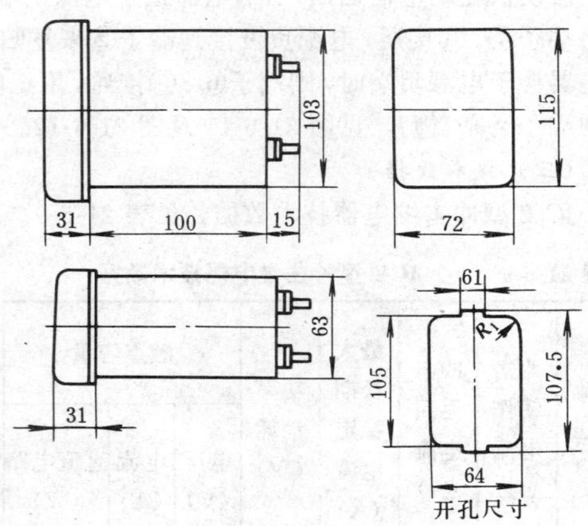

图 21-6-14 JC-2 型冲击继电器外形及开孔尺寸（苏州继电器厂）

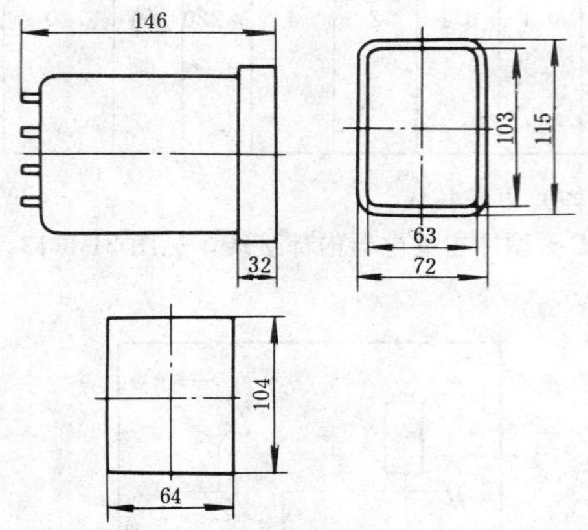

图 21-6-15 JC-2 型冲击继电器外形及开孔尺寸（长征电器八厂、保定继电器厂）

五、JC-3 型冲击继电器

（一）简介

该继电器用于发电厂和变电所的二次控制回路中，作为中央信号的主要元件。

（二）工作原理

JC-3 型冲击继电器内部接线，见图 21-6-16；手动复归应用接线，见图 21-6-17；音响延时自动复归应用接线，见图 21-6-18。

在图 21-6-16 中，当信号回路有电流 Δi 时，R_0 上得到一个电压增量 $R_0\Delta i$，该电压经电感 L 和极化继电器线圈对电容器 C_2 充电，充电电流使继电器动作，触点 5-13 断开，4-13 闭合。极化继电器为双位置形式，当电容器 C_2 充电完毕，充电电流消失，触点保持在动作位置。若信号回路突然减小 Δi 时，R_0 得到一个减量电压 $-R_0\Delta i$，该电压使电容器 C_2 经继电器放电，继电器触点 4-13 断开，5-13 闭合。

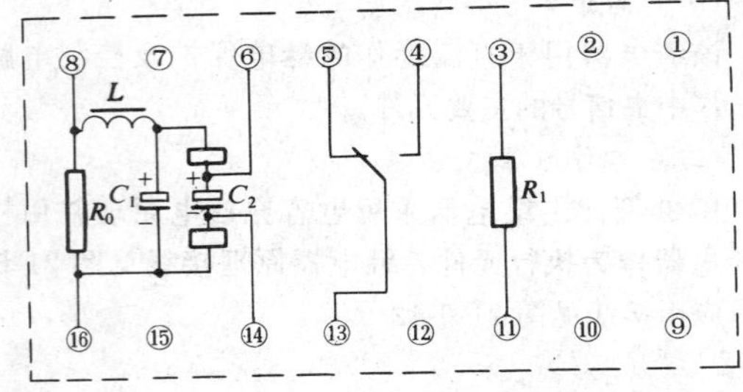

图 21-6-16 JC-3 型冲击继电器内部接线

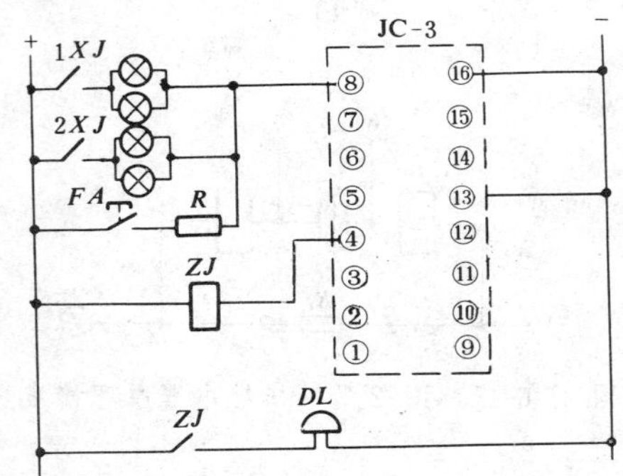

图 21-6-17 JC-3 型冲击继电器手动复归应用接线

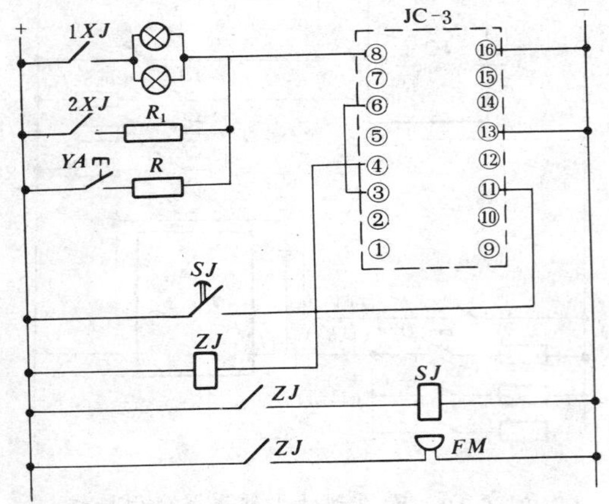

图 21-6-18 JC-3 型冲击继电器音响延时自动复归应用接线

当需要采用音响延时自动复归时，可按图 21-6-18 接线，R_1 通过极化继电器线圈提供一个反向电流，使继电器在规定的时限达到返回的目的。

（三）技术数据

JC-3 型冲击继电器技术数据，见表 21-6-10。

（四）外形及安装尺寸

JC-3 型冲击继电器壳体结构型式为 JK-2 型，外形及安装尺寸，见图 21-0-1。

表 21-6-10　　JC-3 型冲击继电器技术数据

额定电压 (V)	冲击动作电流 (A)	冲击返回电流 (A)	最大稳定电流 (A)	功率消耗 (W)	触点容量				生产厂
					电压 (V)	电流 (A)	感性负载 (W)	阻性负载 (W)	
220、110、48、24	0.135	0.135	2.7	9	≯220	≯0.2	20	40	阿城继电器厂

六、ZC-11A 型交流冲击信号继电器

（一）简介

ZC-11A 型冲击继电器是一种带有干簧密封触点的继电器，主要用于交流操作的继电保护及自动控制线路中，作中央信号之用。

（二）工作原理

ZC-11A 型继电器应用线路示意图，见图 21-6-19。

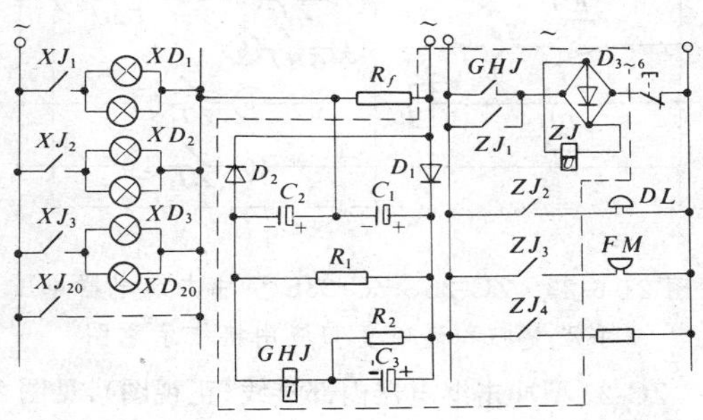

图 21-6-19　ZC-11A 型继电器应用线路示意图
（虚线框内所指示为继电器内部接线）

当信号回路加入一冲击信号电流时，在附加电阻 R_f 上将产生一电压降，此电压降经倍压整流并滤波后，加入一电容微分回路，在线圈 GHJ 上形成一电容充电电流，使触点 GHJ 闭合，接通线圈 ZJ 回路，触点 ZJ 闭合，发出音响信号。当微分电流趋向于零时，触点 GHJ 返回，ZJ 自保持。

继电器复归可有二种方式，按下按钮 FA 或者时间继电器经一定延时断开，线圈 ZJ 回路断电，触点 ZJ 返回，音响信号停止。

（三）技术数据

ZC-11A 型冲击继电器技术数据，见表 21-6-11。

（四）内部接线

ZC-11A 型冲击继电器内部接线（板前视图），见图 21-6-20。

（五）外形及安装尺寸

ZC-11A 型冲击继电器外形及开孔尺寸，见图 21-6-21；FZ-5 型附加电阻外形及安装尺寸，见图 21-6-22。

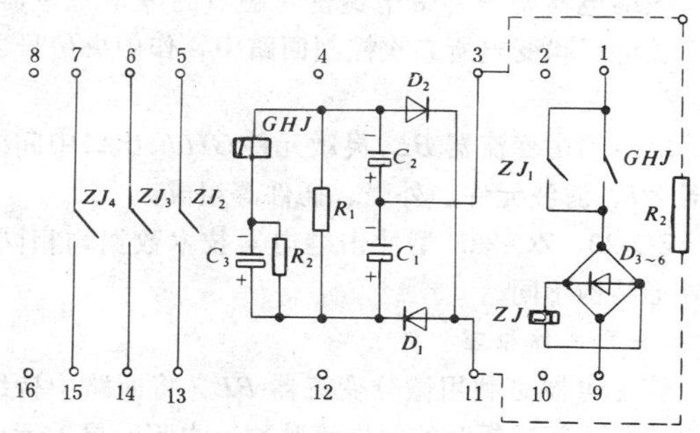

图 21-6-20　ZC-11A 型冲击继电器内部接线（板前视图）

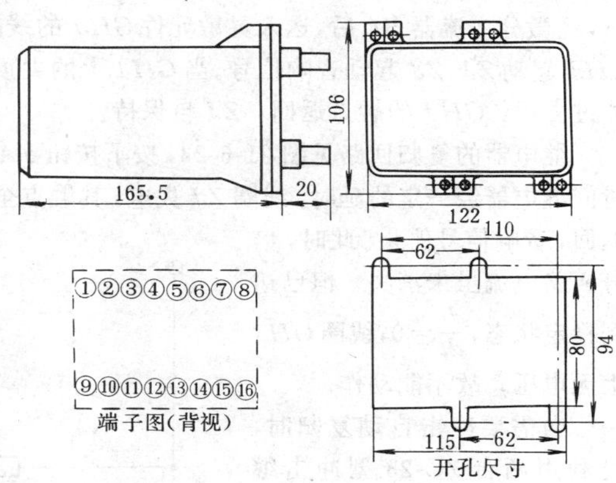

图 21-6-21　ZC-11A 型继电器外形及开孔尺寸

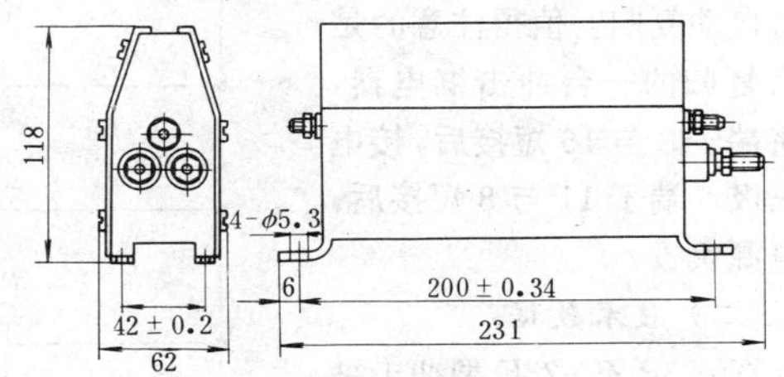

图 21-6-22　FZ-5 型附加电阻外形及安装尺寸

表 21-6-11　　ZC-11A 型冲击继电器技术数据

出口中间元件电压等级(V)	冲击动作电流(A)	信号回路最大电流(A)	触点容量				功率消耗(W)	ZJ 动作电压	ZJ 返回电压	生产厂
			电压(V)	电流(A)	直流(W)	交流(VA)				
~220	(附加电阻 10Ω) ≯0.2	>4	≯220	≯0.2	≯40		5	70%U_e	5%U_e	阿城继电器厂
~110				≯0.25		≯50				

七、ZC-23、ZC-23E 型冲击继电器

该继电器是一种带干簧密封触点的冲击继电器，用于发电厂和变电所二次控制回路中，作中央信号之用。

继电器由变流器 BL、灵敏元件 GHJ、出口中间继电器 ZJ、滤波元件、外壳、插件等组成。

ZC-23、ZC-23E 型冲击继电器技术数据均相同，仅外形结构不同。

(一) 工作原理

该继电器是利用微分变流器 BL，将回路中持续的电流脉冲变成短时的尖电流脉冲，去起动灵敏元件 GHJ，由 GHJ 再起动出口中间元件 ZJ 动作。电压手动复归和延时复归的应用接线示意图，见图 21-6-23；冲击继电器自动复归示意图，见图 21-6-24。

在图 21-6-23 中，当信号回路给出冲击电流脉冲时，经微分变流器 BL 后，送入灵敏元件 GHJ 的线圈，GHJ 起动 ZJ，ZJ 起动音响信号。当 GHJ 上的尖顶脉冲过去后，GHJ 的触点返回，ZJ 自保持。

继电器的复归回路见图 21-6-23，按下按钮 FA 或时间继电器经一定的延时，线圈 ZJ 失电，其触点全部返回，音响信号停止。此时，信号回路电流虽未消失，但已达到稳定状态，$\frac{di}{dt}=0$，线圈 GHJ 上无电压，故不能动作。

当需要冲击自动复归时，可利用两台 ZC-23 型冲击继电器反串接线来实现，见图 21-6-24。但信号回路中必须为线性电阻的情况下，才可实现冲击自动复归。值得注意的是作为复归的一台冲击继电器，应将端子 3 与 16 短接后，接电源正极；端子 11 与 8 短接后，接电源负极。

(二) 技术数据

ZC-23、ZC-23E 型冲击继电器技术数据，见表 21-6-12。

(三) 内部接线图

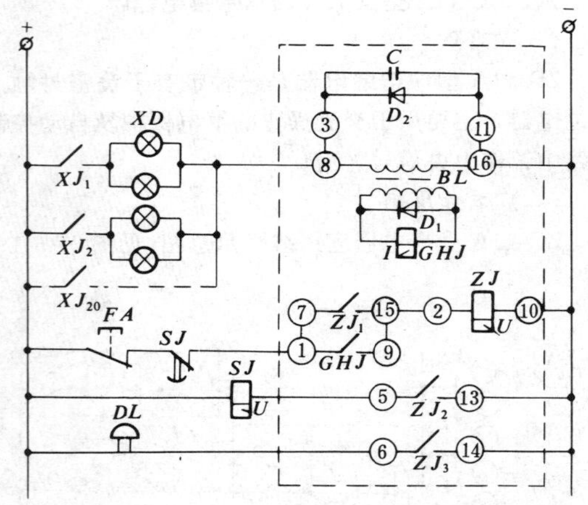

图 21-6-23　ZC-23、ZC-23E 型冲击继电器电压手动复归和延时复归应用接线示意图

ZC-23 型冲击继电器内部接线(正视图)，见图 21-6-25。

(四) 外形及安装尺寸

ZC-23 型冲击继电器壳体结构型式为 JK-2 型，外

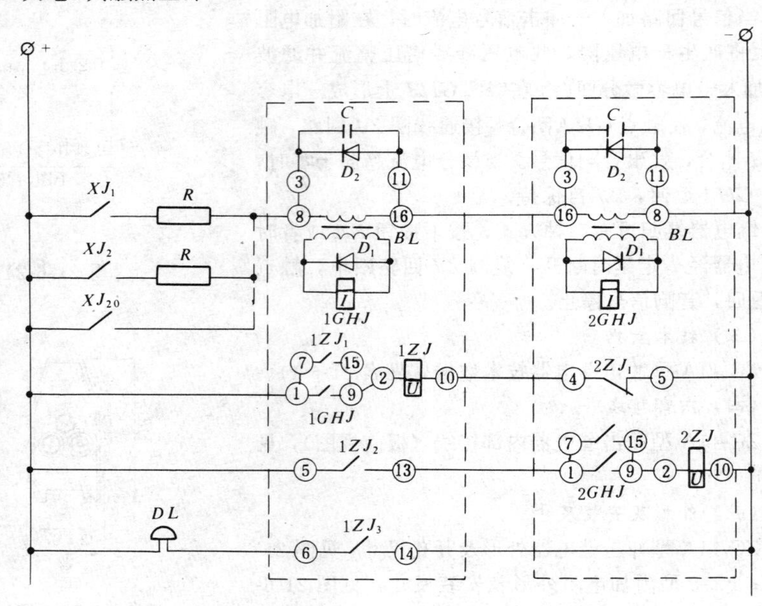

图 21-6-24　ZC-23、ZC-23E 型冲击继电器冲击自动复归示意图

表 21-6-12　**ZC-23 型冲击继电器技术数据**

额定电压(V)	最小冲击动作电流(A)	最大稳定电流(A)	断开容量				功率消耗(W)	ZJ 动作电压	ZJ 返回电压	生产厂
			电压(V)	电流(A)	直流(W)	交流(VA)				
220 110 48 24	≯0.16	3.2	≯220	≯0.2	40		在变流器一次绕组通过 3.2A 时，不大于 7；出口元件不大于 10	80%U_e	5%U_e	阿城继电器厂
				≯0.3		50				

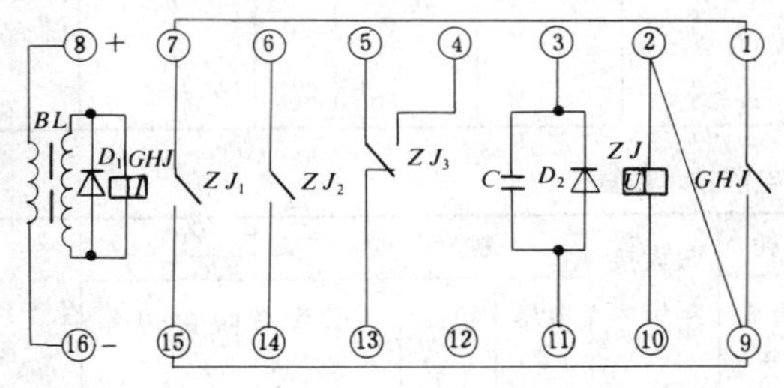

图 21-6-25　ZC-23 型冲击继电器内部接线（正视图）

形及安装尺寸，见图 21-0-1～图 21-0-4。ZC-23E 型采用 JCK-10 型壳体组件中的 JCK-11/2 型壳体，有凸出式前接线、凸出式后接线及嵌入式后接线三种安装方式，见图 21-0-9～图 21-0-10。

八、DLS-30、DLS-40、DLS-50 系列双位置继电器

（一）简介

该系列继电器用于直流操作的各种保护和自动控制线路中，作为切换或闭锁元件，以实现机械闭锁，并有位置指示。

DLS-30 型双位置继电器，由两个完全独立的电磁机构、互锁滑块机构、位置指示器及触点系统组成。触点数量多，可代替 DLS-20 型双位置继电器。

DLS-30、DLS-40 型继电器，均有二个线圈，左线圈可以是一个电压线圈，也可以由一个电压线圈及一个电流线圈组成；右线圈为一个电压线圈或一个电流线圈。

DLS-40 系列中 DLS-41、DLS-42 型用于直流回路，DLS-43、DLS-44 型用于交流回路。DLS-41、DLS-43 型继电器线圈直接引到端子上；DLS-42、DLS-44 型继电器线圈通过一副内部触点串联后引出到端子上。继电器有 12 副触点，可代替 DLS-10 系列双位置继电器。

DLS-50 系列双位置继电器是电磁式机械闭锁型（直流或交流）继电器。有二个电压工作线圈，切断电源后仍能自保持。

（二）技术数据

DLS-30 系列双位置继电器技术数据，见表 21-6-13；DLS-40 系列技术数据，见表 21-6-14；DLS-50 系列技术数据，见表 21-6-15。

表 21-6-13　**DLS-30 系列双位置继电器技术数据**

额定值														动作电压(V)	动作电流(A)	功率消耗(W)	触点断开容量			生产厂
																	直流(W)	交流(VA)	长期(A)	
左线圈额定值	电压线圈(V)	220				110				48				70%U_e	90%U_e	12	50	250	5	许昌继电器厂
	电流线圈(A)	1	2	4		2	4	6		2	4	6								
右线圈额定值	电流线圈(A)	0.5	0.5			1														
		1	1	1		1	2	2		1	2	2								
			2	4		2	4	4		2	4	4								
	电压线圈(V)				220				110				48							

表 21-6-14 **DLS-40系列双位置继电器技术数据**

<table>
<tr><th colspan="14" rowspan="2">额定值</th><th rowspan="2">动作电压(V)</th><th rowspan="2">动作电流(A)</th><th colspan="3">触点断开容量</th><th rowspan="2">生产厂</th></tr>
<tr><th>直流(W)</th><th>交流(VA)</th><th>长期(A)</th></tr>
<tr><td rowspan="2">左额线定圈值</td><td>电压线圈(V)</td><td colspan="5">110</td><td colspan="4">48</td><td>220</td><td>110</td><td>48</td><td rowspan="4">70%U_e</td><td rowspan="4">90%I_e</td><td rowspan="4">50</td><td rowspan="4">250</td><td rowspan="4">5</td><td rowspan="4">阿城继电器厂</td></tr>
<tr><td>电流线圈(A)</td><td>0.25</td><td>1</td><td>2</td><td>4</td><td>6</td><td>1</td><td>2</td><td>4</td><td>6</td><td></td><td></td><td></td></tr>
<tr><td rowspan="2">右额线定圈值</td><td>电压线圈(V)</td><td colspan="9"></td><td>220</td><td>110</td><td>48</td></tr>
<tr><td>电流线圈(A)</td><td>0.25</td><td>0.5</td><td>1
2</td><td>1
2
4</td><td>2
4</td><td>0.5</td><td>1
2</td><td>1
2
4</td><td>2
4</td><td></td><td></td><td></td></tr>
</table>

表 21-6-15 **DLS-50系列双位置继电器技术数据**

<table>
<tr><th colspan="2">额定电压(V)</th><th colspan="2">动作电压</th><th rowspan="2">最大工作电压(V)</th><th colspan="2">功率消耗</th><th rowspan="2">最大接通电流(A)</th><th colspan="3">触点容量</th><th rowspan="2">生产厂</th></tr>
<tr><th>交流</th><th>直流</th><th>交流</th><th>直流</th><th>交流(VA)</th><th>直流(W)</th><th>电压(V)</th><th>电流(A)</th><th>交流电路 cosφ=0.8 (VA)</th></tr>
<tr><td>12
24
36
110
127
220
380</td><td>12
24
48
110
220</td><td>≤85%U_e</td><td>≤75%U_e</td><td>110%U_e</td><td>25</td><td>50</td><td>5</td><td>250</td><td>2.5</td><td>500</td><td>上海继电器厂</td></tr>
</table>

（三）内部接线

DLS-30系列双位置继电器内部接线，见图21-6-26；DLS-40系列双位置继电器内部接线，见图21-6-27；DLS-50系列双位置继电器内部接线，见图21-6-28。

（四）外形及安装尺寸

DLS-30系列双位置继电器壳体结构型式有A11K、A11P、A11H、A11Q型，外形及安装尺寸，见表21-0-1。

DLS-40系列双位置继电器壳体结构型式采用JCK-10型，外形及安装尺寸，见图21-0-9及图21-0-14。

DLS-50系列双位置继电器外形及开孔尺寸，见图21-6-29。

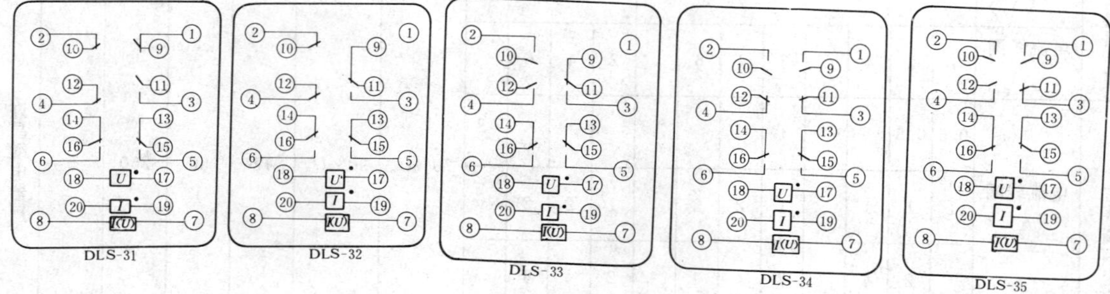

图 21-6-26 LDS-30系列双位置继电器内部接线

（·表示正极性）

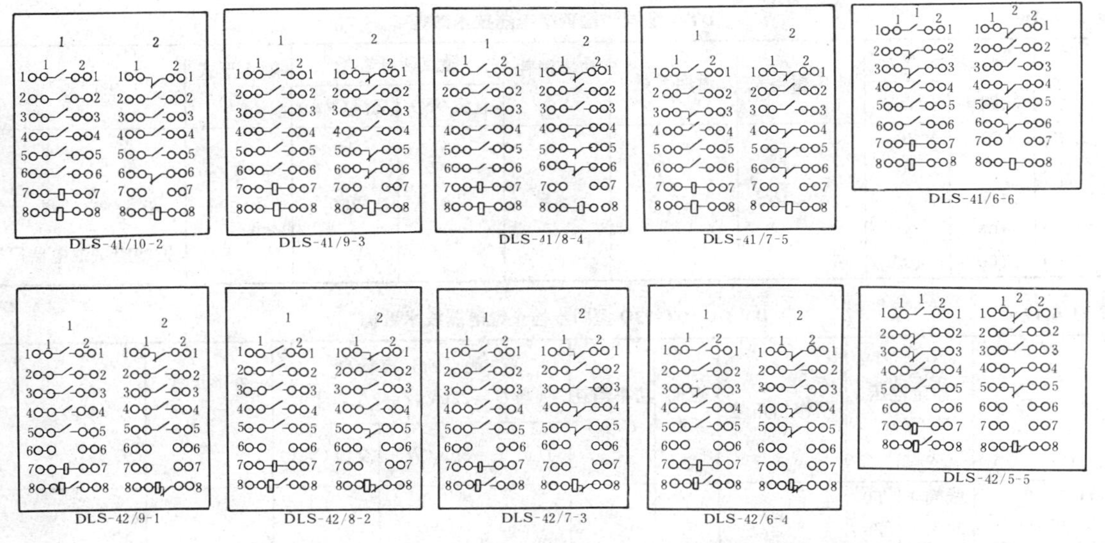

图 21-6-27　DLS-40 系列双位置继电器内部接线

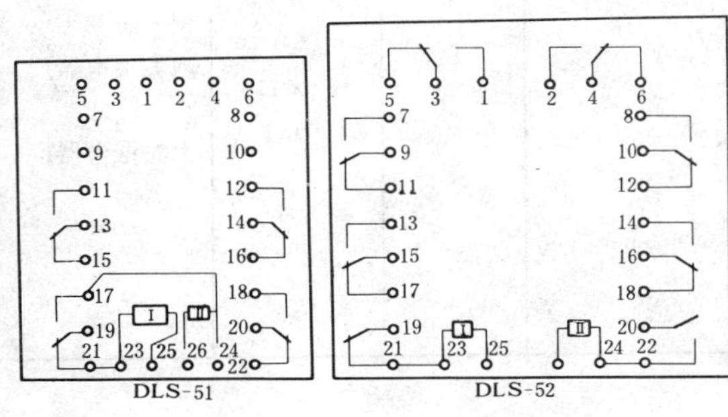

图 21-6-28　DLS-50 系列双位置继电器内部接线

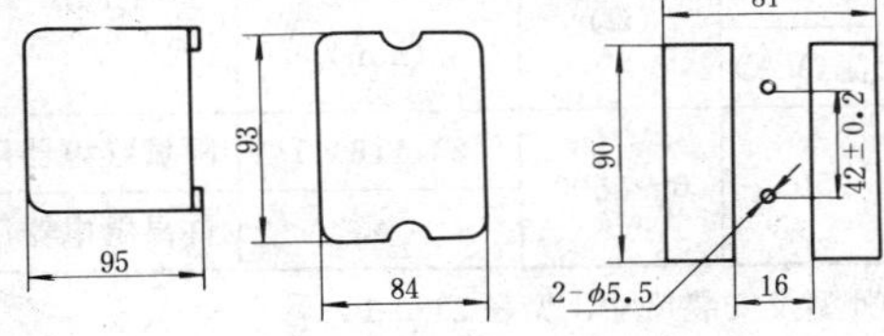

图 21-6-29　DLS-50 系列双位置继电器外形及开孔尺寸

九、DT-1、DT-13、DT-13Q、DT-13/L、DT-1/L、BT-1B 型同步检查继电器

（一）简介

该型继电器用于两端供电线路的自动重合闸线路中，其作用在于检查线路上电压的存在及线路上、变电所母线上电压相量间的相角差。

DT-1/L、DT-13/L 型用在电容式电压抽取装置中，作为双侧电源线路自动重合闸用的电压同步检查元件。

DT-13Q 型技术数据与 DT-13 型完全相同，仅安装方式不同，DT-13Q 型为嵌入式安装，主体部分为插拔式结构。

（二）技术数据

DT-1 型同步检查继电器技术数据，见表 21-6-16；DT-13、DT-13Q 型同步检查继电器技术数据，见表 21-6-17；DT-1/L、DT-13/L 型同步检查继电器技术数据，见表 21-6-18；BT-1B 型同步检查继电器技术数据，见表 21-6-19。

图 21-6-30　DT-1、DT-13、DT-13Q、DT-13/L、DT-1/L 型同步检查继电器内部接线

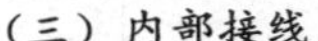

（三）内部接线

DT-1、DT-13、DT-13Q、DT-13/L、DT-1/L 型同步检查继电器内部接线，见图 21-6-30；BT-1B 型同步检查继电器内部接线，见图 21-6-31。

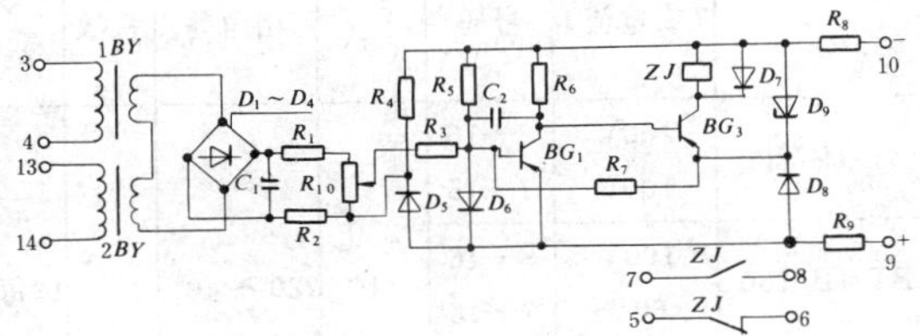

图 21-6-31　BT-1B 型同步检查继电器内部接线

表 21-6-16　　**DT-1 型同步检查继电器技术数据**

型　号	额定电压(V)		动作相角差	返回系数	功率消耗(VA)	触点断开容量		触点形式(副)	生产厂
	线圈 1	线圈 2				直流(W)	交流(VA)		
DT-1/90	60	30							
DT-1/120	60	60						一动合	
DT-1/130	100	30	20°～40°	≮0.8	≯3	50	250	一动断	许昌继电器厂
DT-1/160	100	80							长沙望城继电器厂
DT-1/200	100	100							

表 21-6-17　　**DT-13、DT-13Q 型同步检查继电器技术数据**

型　号	额定电压(V)		动作相角差	返回系数	功率消耗(VA)	触点断开容量(当 $U=220$V,$I=2$A 以下)		外形尺寸(mm)	生产厂
						直流 $T=5$ms(W)	交流(VA)		
DT-13/90	线圈 1	60							
DT-13Q/90*	线圈 2	30							
DT-13/120	线圈 1	60							
DT-13Q/120*	线圈 2	60							
DT-13/130	线圈 1	100							
DT-13Q/130*	线圈 2	30							阿城继电器厂
DT-13/160	线圈 1	100	20°～40°	≮0.8	3	50	250	142×116×141	上海继电器厂
DT-13/160*	线圈 2	60							
DT-13/200	线圈 1	100							
DT-13/200*	线圈 2	100							
DT-13/254*	线圈 1	127							
DT-13Q/254*	线圈 2	127							

*　上海继电器厂产品。

表 21-6-18　　**DT-13/L、DT-1/L 型同步检查继电器技术数据**

型　号	额定电流(A)	动作相角差	返回系数	功率消耗(VA)	触点断开容量(电压 250V,电流≯2A 时)		变阻器电阻(Ω)	外形尺寸(mm)	生产厂
					直流 $T=5$ms(W)	交流(VA)			
DT-13/L	0.1	20°～40°	0.8	3	50	250	0～1500	142×116×141	阿城继电器厂
DT-1/L								*	许昌继电器厂

*　DT-1/L 型继电器结构型式有 A11K、A11P、A11H、A11Q 型，外型及安装尺寸，见表 21-0-1。

表 21-6-19　　**BT-1B 型同步检查继电器技术数据**

型　号	额定电压(或电流)	端子号码	直流电压(V)	动作相角差	返回系数	功率消耗			触点容量				生产厂
						交流(VA)	直流		电压(V)	电流(A)	直流电路(W)	交流电器(VA)	
							电压(V)	功率(W)					
BT-1B/200	100V	8—16											
	100V	7—15											阿城继电器厂
BT-1B/160	100V	8—16	220				220	6					
	60V	7—15	110	20°～40°	0.85	1/每线圈	110	4	220	0.2	10	20	
BT-1B/130	100V	8—16	48				48	2					上海继电器厂
	30V	7—15											

续表 21-6-19

型　号	额定电压(或电流)	端子号码	直流电压(V)	动作相角差	返回系数	功率消耗 交流(VA)	直流 电压(V)	直流 功率(W)	触点容量 电压(V)	电流(A)	直流电路(W)	交流电器(VA)	生产厂
BT-1B/120	60V	8—16	220	20°～40°	0.85	1/每线圈	220	6	220	0.2	10	20	阿城继电器厂
	60V	7—15	110				110	4					
BT-1B/90	60V	8—16	48				48	2					上海继电器厂
	30V	7—15											
BT-1B/0.2	0.1A	8—16											
	0.1A	7—15											

(四) 外形及安装尺寸

BT-1B 型同步检查继电器壳体结构型式为 JK-2 型，外型及安装尺寸，见图 21-0-1 及图 21-0-4。DT-13Q 型同步检查继电器外形及结构与 DL-10QDJ-100Q 相同，见图 21-1-6。

十、BCH、BCD 系列差动继电器

(一) 简介

BCH、BCD 系列差动继电器用于电力变压器的继电保护线路中作主保护。阿城继电器厂和上海继电器厂生产的型号为 BCH 系列；许昌继电器厂生产的同类产品为 BCD 系列。

(二) 技术数据

BCH-1～4、BCD 系列差动继电器技术数据，见表 21-6-20。

BCH-1、BCD-5 型差动继电器制动特性，见图 21-6-32，BCH-4、BCD-4 型差动继电器电磁关系，见图 21-6-33；BCH-4、BCD-4 型差动继电器制动特性曲线，见图 21-6-34。

(三) 内部接线

BCH、BCD 系列差动继电器内部接线，见图 21-6-35。

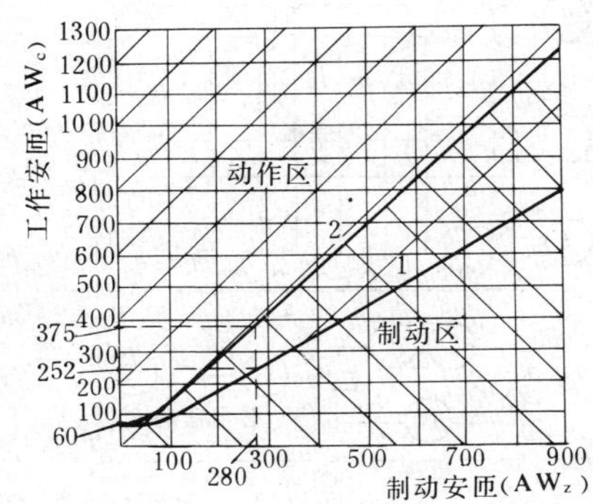

图 21-6-32　BCH-1、BCD-5 型差动继电器制动特性曲线
1—最小制动特性；2—最大制动特性

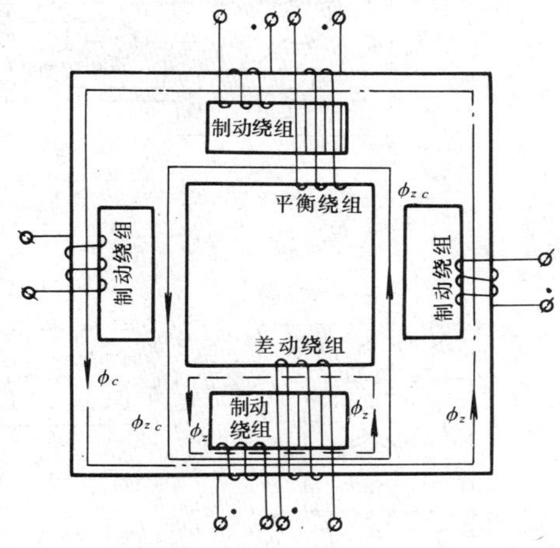

图 21-6-33　BCH-4、BCD-4 型差动继电器电磁关系图

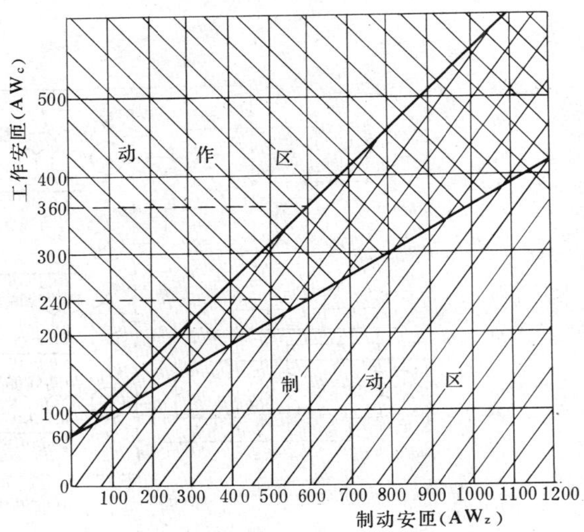

图 21-6-34　BCH-4、BCD-4 型差动继电器制动特性曲线

（四）外形及安装尺寸

BCH-1、BCH-2、BCH-4型差动继电器外形及安装尺寸，见图21-6-36。

BCD-2、BCD-2M、BCD-5型差动继电器壳体结构型式有A32K、A32H、A32P、A32Q型四种。BCD-4型差动继电器的DL-1型继电器执行元件有A11K、A11P、A11H、A11Q型四种结构型式；变流器有A32K、A32P、A32H、A32Q型四种结构型式，外形及安装尺寸，见表21-0-1。

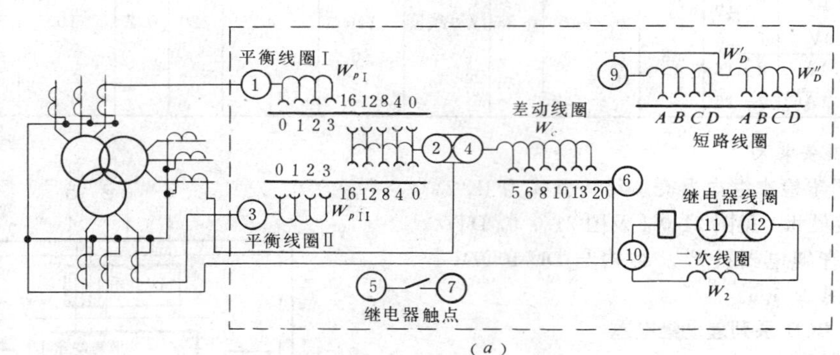

(a)

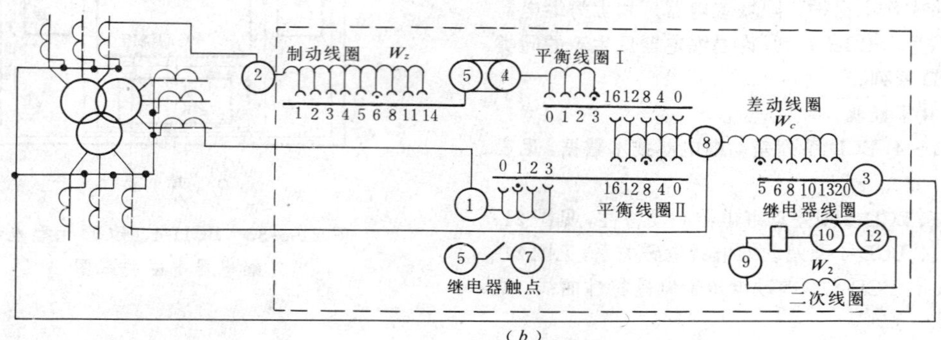

(b)

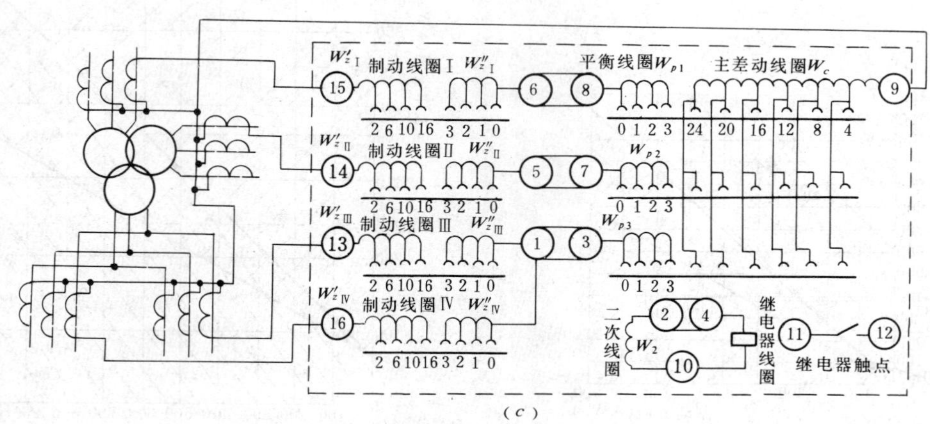

(c)

图21-6-35 BCH、BCD系列差动继电器内部接线

(a) BCH-2型；(b) BCH-1型；(c) BCH-4型

表 21-6-20　**BCH-1～4、BCD 系列差动继电器技术数据**

<table>
<tr><th rowspan="2">型　号</th><th rowspan="2">额定电流（A）</th><th rowspan="2">动作安匝（At）</th><th colspan="2">动作电流（A）</th><th rowspan="2">差动线圈圈数</th><th rowspan="2">平衡线圈圈数</th><th rowspan="2">短路线圈圈数</th><th rowspan="2">制动线圈圈数</th><th rowspan="2">热稳定电流（A）</th><th rowspan="2">动作时间（s）</th><th colspan="3">触点容量</th><th rowspan="2">生产厂</th></tr>
<tr><th>三绕组变压器</th><th>双绕组变压器</th><th>电压（V）</th><th>电流（A）</th><th>直流电路（W）</th></tr>
<tr><td>BCH-2
BCD-2</td><td rowspan="3">5</td><td rowspan="3">60±4</td><td rowspan="2">3～12</td><td rowspan="2">1.5～12</td><td rowspan="2">20</td><td rowspan="2">2×19</td><td>28＋56</td><td></td><td rowspan="3">长期
10</td><td rowspan="3">$3I_{dz}$时
0.035</td><td rowspan="3">≯220</td><td rowspan="3">≯2</td><td rowspan="3">50</td><td rowspan="2">阿城继电器厂
上海继电器厂
许昌继电器厂</td></tr>
<tr><td>BCH-1
BCD-5</td><td></td><td>14</td></tr>
<tr><td>BCH-4
BCD-4</td><td>2.2～15</td><td></td><td>24</td><td>3×3</td><td></td><td>4×20</td><td>阿城继电器厂
许昌继电器厂</td></tr>
</table>

注　1. BCH-1、BCH-4 型的动作安匝为无制动情况下的数值。

2. BCD-2M 型与 BCD-2 型技术数据完全相同，只多一副动断触点。

3. W_p、$W_{p\mathrm{I}}$、$W_{p\mathrm{II}}$—平衡线圈；W_c—差动线圈。

4. 电流 5A 时，各型继电器每相功率消耗：

BCH-2、BCD-2 型，当 $W_{P\mathrm{I}}$（或 $W_{P\mathrm{II}}$）与 W_C 全部接入时，消耗功率 14VA。

BCH-1、BCD-5 型，当 W_z 与 $W_{P\mathrm{I}}$ 全部接入时，消耗功率 8.5VA。

BCH-4、BCD-4 型，当 W_z 与 W_P 全部接入时，消耗功率 7.5VA；当 W_z、W_P 与 W_C 全部接入时，消耗功率 20VA。

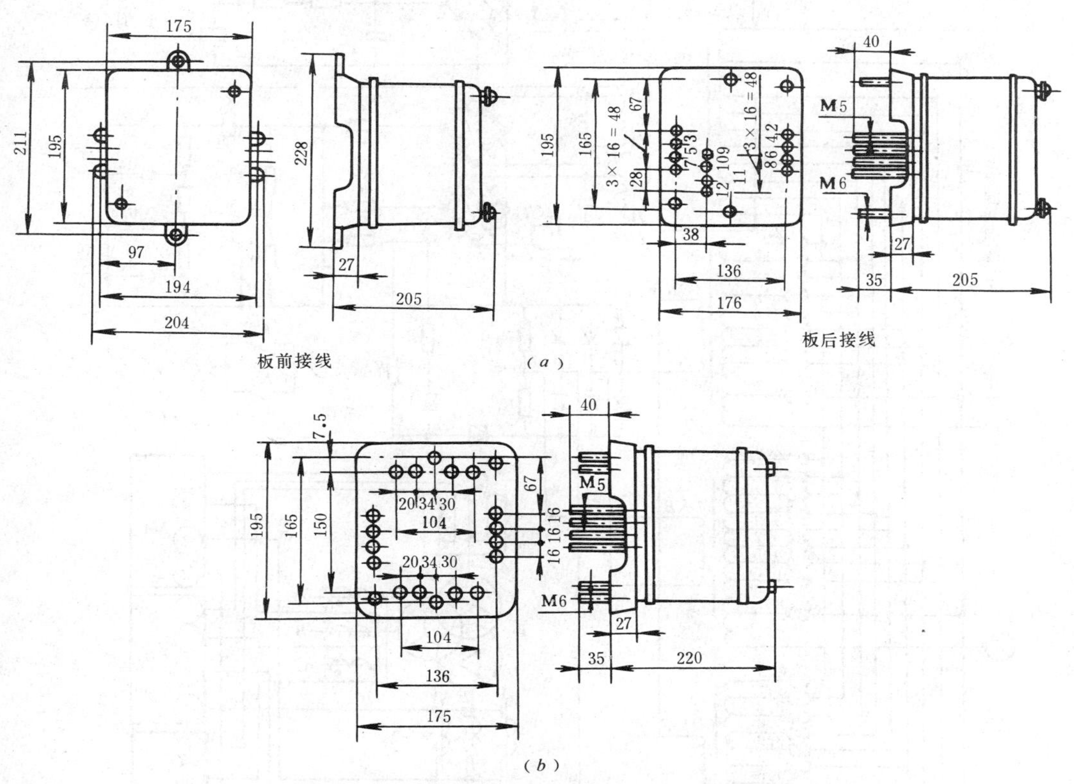

图 21-6-36　BCH 型差动继电器外形及安装尺寸

（*a*）BCH-1、BCH-2 型；（*b*）BCH-4 型

十一、LCD-16 型变压器差动继电器

（一）简介

LCD-16 型继电器用于双绕组变压器、三绕组变压器、自耦变压器及发电机变压器组内部短路故障的

主保护。为防止变压器空载投入时产生的励磁涌流造成继电器误动作，继电器内设有二次谐波制动回路。

本继电器采用 BCH-1 型差动继电器的铝质底座，开孔及安装尺寸与 BCH-1 型完全相同，以便使用户在设备更新时用本继电器替代 BCH-1、BCH-2、BCH-4 型继电器。

LCD-16 型继电器可以板前接线，也可以板后接线。该继电器具有下述特点：

(1)具有调节不平衡电流的能力。当输入继电器各侧的电流在 2.9～8.7A 范围内变化时，利用继电器内部插头调节平衡，不需要外附辅助中间变流器。

(2)制动特性优良，采用相敏特性的可变化比例制动回路，提高了灵敏度。

(3)交流回路功率消耗小，减轻了电流互感器的负担。

（二）技术数据

LCD-16 型变压器差动继电器技术数据，见表 21-6-21；制动特性，见图 21-6-37；触点容量，见表 21-6-22。

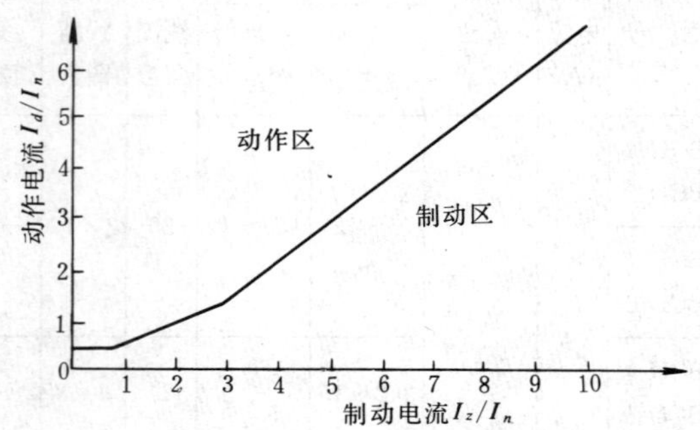

图 21-6-37 LCD-16 型变压器差动继电器制动特性曲线

（三）内部接线

LCD-16 型变压器差动继电器原理电路，见图 21-6-38。

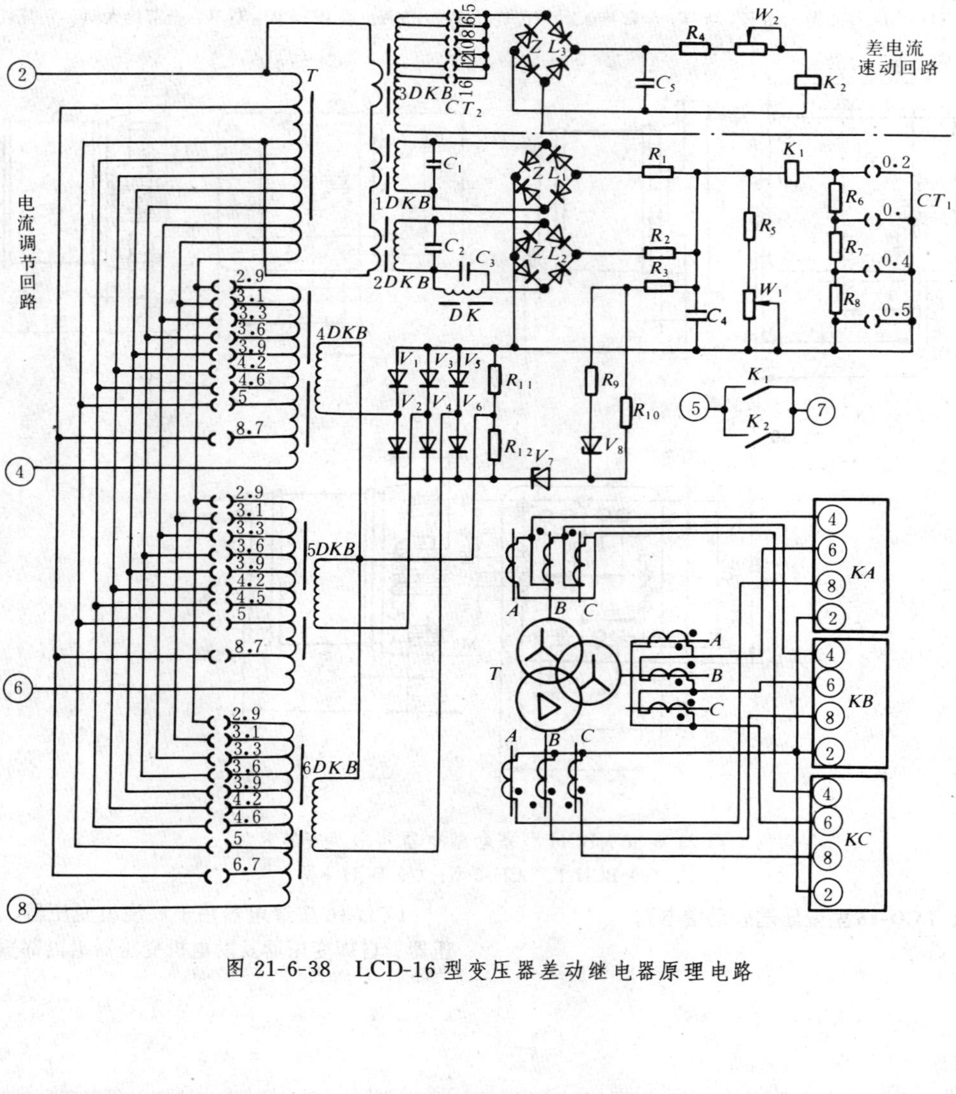

图 21-6-38 LCD-16 型变压器差动继电器原理电路

表 21-6-21　LCD-16 型变压器差动继电器技术数据

额定电流(A)	额定频率(Hz)	各侧电流调节能力 I_b (A)	主回路动作电流整定范围 g	主回路制动特性		二次谐波制动比	电流速断回路动作电流整定范围	主回路动作速度(3 倍整定电流下)(ms)		1.6 倍整定电流电流速断动作速度(ms)	返回系数	过电流能力		功率消耗(VA)	生产厂
				制动系数	曲线			$g=20\%$	$g=50\%$			长期	1s		
5	50	2.9～8.7	(20%、30%、40%、50%)I_b	35%～70%	见图 21-6-37	15%～20%	(5、6、8、10、12、15%)I_b	≯55	≯45	≯15	≥0.4	$2I_b$	$50I_b$	≤0.8	阿城继电器厂

表 21-6-22　LCD-16 型变压器差动继电器触点容量

触点容量		
电压(V)	直流电路（$T=5$ms）(W)	交流电路（$\cos\varphi=0.4$）(VA)
250	20	50

十二、JR-2、JR-Q 型电话继电器

（一）简介

该系列继电器用于自动装置和通信设备中，作为换接直流或交流电路之用。继电器具有体积小、触点数量多等特点。

（二）技术数据

JR-2 型电话继电器技术数据，见表 21-6-23；JR-Q 型技术数据，见表 21-6-24。

（三）外形及安装尺寸

JQ-2 型电话继电器外形及安装尺寸，见图 21-6-39。

表 21-6-23　JR-2 型电话继电器技术数据

动作时间(ms)				触点形式*	触点电流(A)	外形尺寸(mm)	生产厂
正　常	速　动	缓　吸	缓　放				
≤40	≤25	80～130	80～350	动合、动断、转换、过渡转换（组成 47 种不同触点组）	0.2（直流 60V 或交流 110V 时）	56.5×100×28	上海继电器厂

* 　该系列继电器线圈和触点组合档数很多，详见该厂 JR-2 型继电器规格。

表 21-6-24　JR-Q 型电话继电器技术数据

代　号	线圈电阻(Ω)	吸合电流(mA)	工作电压(V)	额定电流(mA)	触点型式	触点容量				生产厂
						接通(A)	断开			
							电压(V)	直流电路(W)	交流电路(VA)	
4PS.501.200	200	≤85	≤24	≤130	一副桥式动合触点和一副保护主触点用的桥式辅助触点	≯20	≯110	1000		上海继电器厂
4PS.501.201	4000	≤22	≤100	≤28						
4PS.501.202	800	≤45	≤48	≤65						
4PS.501.203	4500	≤12	≤60	≤13			≯220		2000	
4PS.501.204	1620	≤30	≤60	≤50						
4PS.501.205	340	≤50	≤24	≤70						

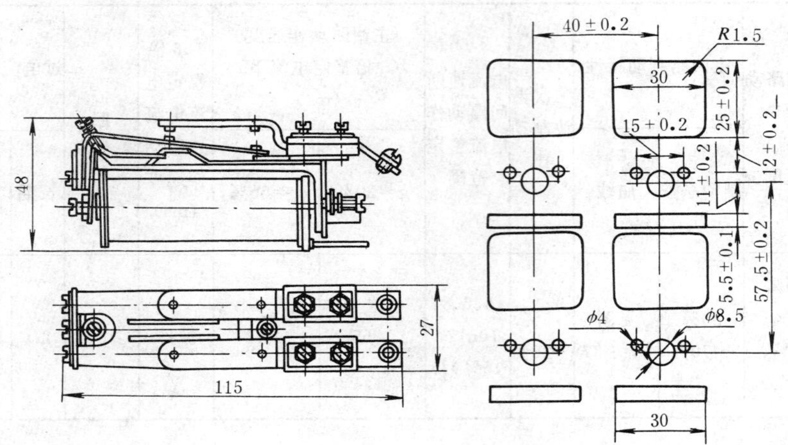

图 21-6-39 JQ-2 型电话继电器外形及安装尺寸

十三、DJ-1A、DJ-2A 型计数继电器

(一) 简介

该继电器用于自动重合闸装置的线路中，以记录重合闸的动作次数和发出信号之用。

(二) 技术数据

DJ-1A 型计数继电器技术数据，见表 21-6-25；DJ-2A 型计数继电器技术数据，见表 21-6-26。

(三) 内部接线

DJ-1A 型计数继电器内部接线，见图 21-6-40；DJ-2A 型计数继电器内部接线，见图 21-6-41。

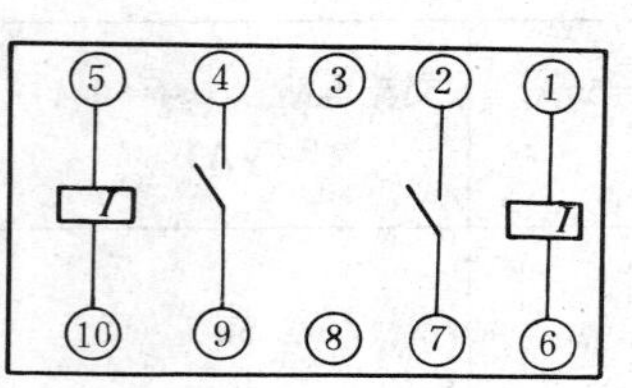

图 21-6-40 DJ-1A 型计数继电器内部接线

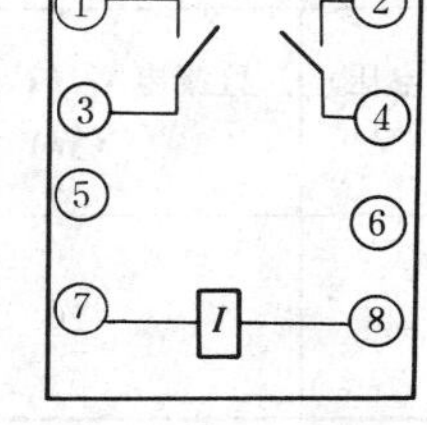

图 21-6-41 DJ-2A 型计数继电器内部接线

表 21-6-25 DJ-1A 型计数继电器技术数据

额定电流 I_e (A)	动作电流 (A)	触点容量			功率消耗 (W)	寿命(次)		外形尺寸 (mm)	生产厂
		电压(V)	直流(W)	交流(VA)		电寿命	机械寿命		
0.25 0.5 1 2 4	$\not> I_e$	$\not>$220	$\not>$30	$\not>$200	$\not>$2	500	1000	74×53×152	许昌继电器厂

表 21-6-26 DJ-2A 型计数继电器技术数据

额定电流 I_e (A)	动作电流 (A)	触点容量				功率消耗 (W)	外形尺寸 (mm)	生产厂
		电压(V)	电流(A)	直流(W)	交流(VA)			
0.5 1 2 4	$\not> I_e$	$\not>$220	$\not>$1	20	100	约 2	60×63.5×143.8	阿城继电器厂

十四、LCZ-1、BCZ-1A 型差周率继电器

（一）简介

该型继电器用于发电机的自同期线路中，作为检定并列发电机与电网间周率差的元件。

（二）技术数据

LCZ-1、BCZ-1A 型差周率继电器技术数据，见表 21-6-27。

（三）外形结构及尺寸

LCZ-1 型差周率继电器壳体结构型式采用 A32K、A32P、A32H、A32Q 型，外形及安装尺寸，见表 21-0-1。

BCZ-1A 型差周率继电器壳体结构采用 JK-2 型，外形及安装尺寸，见图 21-0-1 及图 21-0-4。

十五、SZH-1A、B、C（SQP-1A、B、C）型低频率继电器

（一）简介

SZH-1A、B、C（SQP-1A、B、C）型低频率继电器主要用于按电网频率自动切除部分用户负荷，在互相连接的系统中按频率自动解列。用于水电厂的低频自起动及其他进行工频控制的工业部门。

SZH-1A（SQP-1A）型低频率继电器可用来代替感应型 GDZ-1 型频率继电器；SZH-B（SQP-1B）型低频率继电器可用来代替 BDZ-1A、BDZ-1B 型低频率继电器。SZH-1C（SQP-1C）型低频率继电器为新产品，采用嵌入式插箱结构，继电器内部设有低电流闭锁元件。

（二）技术数据

1. 频率测量精度

50Hz 时综合测量误差小于±0.015Hz。

2. 频率整定范围

45～50Hz，最小整定级差 0.0125Hz。

3. 频率动作级返回系数

小于 1.002，最大返回时间小于 70ms。

4. 正常频率监视级

整定频率 51Hz。

5. 频率闭锁级

整定频率为 49.6Hz，系统频率低于此值，才允许出口元件动作。

6. 频率输出级

其整定值用三位拨动开关进行整定，输出有二副触点用于 220V 直流回路，触点容量 30W。

7. 输出电压工作范围

60～120V，60V 以下自动进行低压闭锁。

8. 输出延时整定范围

0.15～20s，三级整定时间分别为 0.15、0.5、20s。

（三）安装开孔尺寸

该型继电器安装开孔尺寸，见图 21-6-42。

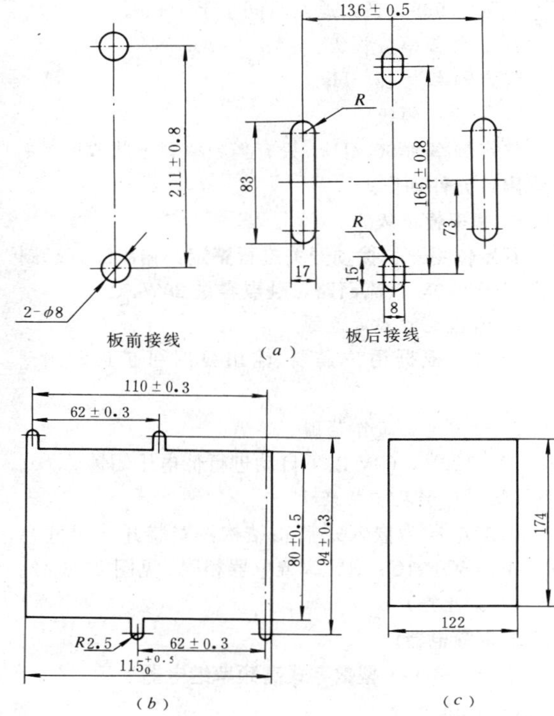

图 21-6-42 SZH-1A、B、C（SQP-1A、B、C）型低频率继电器安装开孔尺寸

(a) SZH-1A（SQP-1A）型安装开孔尺寸；
(b) SZH-1B（SQP-1B）型安装开孔尺寸；
(c) SZH-1C（SQP-1C）型安装开孔尺寸

（四）生产厂

北京继电器厂。

表 21-6-27 **LCZ-1、BCZ-1A 型差周率继电器技术数据**

型号	额定电压(V)		动作频率差整定范围(Hz)	功率消耗(VA)		触点容量				生产厂
	发电机侧	系统侧		发电机侧(20V 时)	系统侧	电压(V)	电流(A)	直流电路(W)	交流电路(VA)	
LCZ-1	0.5～24	100	1±0.2	≯2	≯10					许昌继电器厂
BCZ-1A	0.6～20	100	0.6～2.0	≯3	≯8	≯220	≯0.2	25	30	阿城继电器厂

十六、SZH-1D（SGP-1）型高频率继电器

（一）简介

该型继电器主要用于水电厂高频率自动切机和进行工频控制的工业部门。

（二）技术数据

1. 频率测量精度

50Hz时综合测量误差小于±0.015Hz。

2. 频率整定范围

50.1～55Hz，最小频率整定级差为0.0125Hz。

3. 频率动作级返回系数

大于0.998，最大返回时间小于70ms。

4. 正常频率监视级

整定频率为49.5Hz。

5. 频率闭锁级

整定频率为50.4Hz，只有当频率高于此值后，才允许出口元件动作。

6. 频率输出级

其定值用三位拨动开关进行整定，输出级有二副触点用于220V直流回路，触点容量30W。

7. 输出延时整定范围

0～2s（根据用户需要，输出延时可扩展为0～20s）。

8. 输出电压工作范围

60～120V，60V以下自动进行低电压闭锁。

（三）外形及安装尺寸

该继电器为嵌入式插箱结构，安装开孔尺寸与SZH-1C（SQP-1C）型频率继电器相同，见图21-6-42。

（四）生产厂

北京继电器厂。

十七、SGP-1型数字式高频率继电器

（一）简介

该继电器用于水电厂高频率自动切机和电力系统的二次继电保护回路中，作为反应频率升高的元件。

（二）技术数据

SGP-1型数字式高频率继电器技术数据，见表21-6-28。

（三）背后端子图

SGP-1型数字式高频率继电器背后端子图，见图21-6-43。

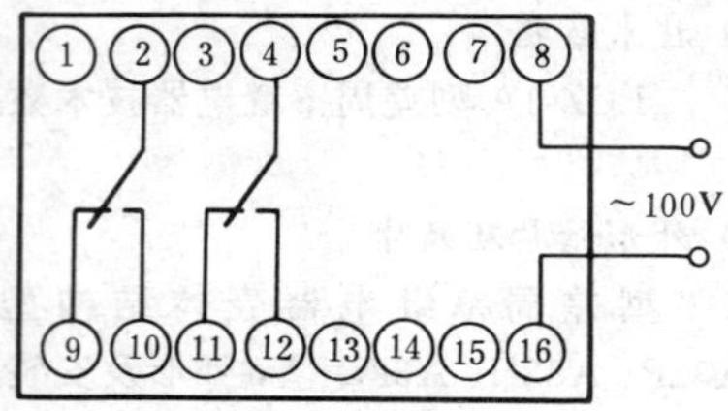

图21-6-43 SGP-1型数字式高频率继电器背后端子图

（四）外形及安装尺寸

SGP-1型继电器壳体结构型式采用JK-2型，外形及安装尺寸，见图21-0-1及图21-0-4。

十八、SDP-2、SQP-2型数字式低频率继电器

（一）简介

该型数字式低频率继电器用于低频率减负荷、系统解列和发电组因低频解列的线路中，作为电网频率降低的高灵敏测量元件。该继电器计数及逻辑回路全部采用CMOS电路，具有精度高、性能可靠等优点。

（二）技术数据

SDP-2、SQP-2型数字式低频率继电器技术数据，见表21-6-29。

（三）背后端子图

SDP-2型数字式低频率继电器背后端子图，与SGP-1型数字式高频率继电器相同，见图21-6-43；SQP-2型数字式低频率继电器背后端子图，见图21-6-44。

（四）外形及安装尺寸

SDP-2型继电器壳体结构型式采用JK-2型，外形及安装尺寸，见图21-0-1及图21-0-4。

SQP-2型继电器壳体结构型式采用JCK-10型，外形及安装尺寸，见图21-0-9。

表21-6-28 SGP-1型数字式高频率继电器技术数据

额定电压（V）	额定频率（Hz）	动作频率整定范围（Hz）	动作延时范围（s）	动作频率变化范围（Hz）		功率消耗（VA）	触点容量（W）	返回时间（ms）	质量（kg）	生产厂
				60～120V	−10～+50℃					
100	50	50.05～66	0.15～1.5 0.3～5 3～20	0.01	0.025	3	30	70	1.2	阿城继电器厂

表 21-6-29　SDP-2、SQP-2 型数字式低频率继电器技术数据

型　号	额定电压 (V)	额定频率 (Hz)	动作频率整定范围 (Hz)	动作频率变化范围 (Hz) 60～120V	触点容量 (W)	功率消耗 (VA)	动作延时范围 (s)	动作频率变化范围 (Hz) －10～＋50℃	生产厂
SDP-2	100	50	50～42	0.015	30	3	0.15～1.5 0.3～5 3～20	0.025	阿城继电器厂
SQP-2	100	50	50～45	0.04	30	≯10	0.01～0.99 1.00～99.99	0.02	许昌继电器厂

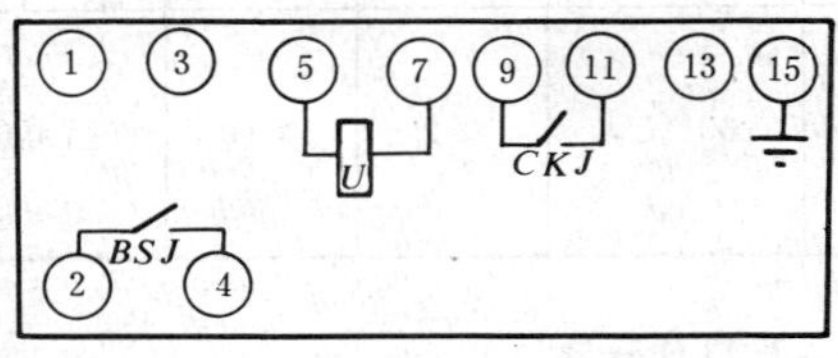

图 21-6-44　SQP-2 型数字式低频率继电器背后端子图

十九、BGZ-1B 型高频率继电器

（一）简介

该型继电器用于电力系统的二次继电保护线路中，作为反应频率升高的灵敏元件。

（二）技术数据

BGZ-1B 型高频率继电器技术数据，见表 21-6-30。

（三）外形及安装尺寸

BGZ-1B 型高频率继电器结构型式为 JK-2 型壳体，外形及安装尺寸，见图 21-0-4。

二十、BDZ-1B、BDZ-2/L 型低频率继电器及 ZSP-1 型数字式频率装置

（一）简介

BDZ-1B、BDZ-2/L 型低频率继电器用于按低频率减负荷线路中，作为反应频率降低的灵敏元件。

ZSP-1 型数字式频率装置具有精度高、灵敏可靠、功耗低、整定方便、级差小等优点，可替代 BDZ-2/L 型低频率继电器。

（二）技术数据

BDZ-1B 型低频率继电器技术数据，见表 21-6-31；BDZ-2/L 型技术数据，见表 21-6-32；ZSP-1 型数字式频率装置技术数据，见表 21-6-33。

（三）外形及安装尺寸

BDZ-1B 型低频率继电器壳体结构型式为 JK-2 型，外形及安装尺寸，见图 21-0-4；BDZ-2/L 型低频率继电器壳体结构型式有 A32K、A32P、A32H、A32Q 型，外形及安装尺寸，见表 21-0-1。

ZSP-1 型数字式频率装置壳体结构型式有 A33K、A33P 型，外形及安装尺寸，见表 21-0-1。

表 21-6-30　BGZ-1B 型高频率继电器技术数据

额定电压 (V)	动作频率整定范围 (Hz)	功率消耗 (VA)	触点容量				生产厂
			电压(V)	电流(A)	直流电路(W)	交流电路(VA)	
100	51～54	≯4	≯220	≯0.2	25	30	阿城继电器厂

表 21-6-31　BDZ-1B 型低频率继电器技术数据

额定电压 (V)	动作频率整定范围 (Hz)	功率消耗 (VA)	触点容量				生产厂
			电压(V)	电流(A)	直流电路(W)	交流电路(VA)	
100	49～46	≯4	≯220	≯0.2	25	30	阿城继电器厂

表 21-6-32 BDZ-2/L 型低频率继电器技术数据

额定电压(V)	额定频率(Hz)	动作频率整定范围(Hz)	动作频率变化范围(Hz)		功率消耗(VA)	触点容量(W)	寿命(次)	生产厂
			60～120V 时	0～+40℃时				
100	50	49～46	≯0.2	≯0.25	≯6	≮40	1000	许昌继电器厂

表 21-6-33 ZSP-1 型数字式频率装置技术数据

输入信号额定值(V)	辅助电源额定值	低电流闭锁输入(A)	频率整定范围(Hz)	低电流闭锁	低电压闭锁	功率消耗(VA)		生产厂
						测量信号	辅助电源	
100 220	100V 220V 50Hz	5	39～50	20%I_e	60%U_e	≯2	≯10	许昌继电器厂

二十一、LG-11、LG-12 型功率继电器

（一）简介

该继电器用于方向保护中作为判别功率方向之用，其中 LG-11 型用于相间短路保护，LG-12 型用于接地短路保护。

（二）技术数据

LG-11、LG-12 型功率继电器技术数据，见表 21-6-34。

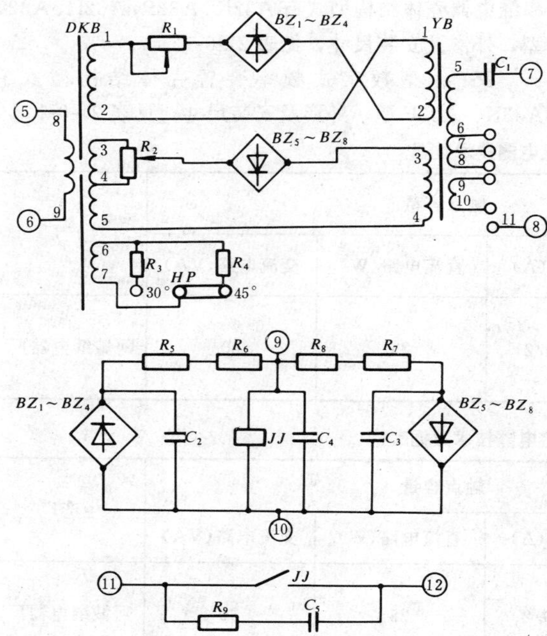

图 21-6-45 LG-11 型功率继电器原理电路

（三）内部接线

LG-11 型功率继电器原理电路，见图 21-6-45；LG-12 型功率继电器原理电路，见图 21-6-46。

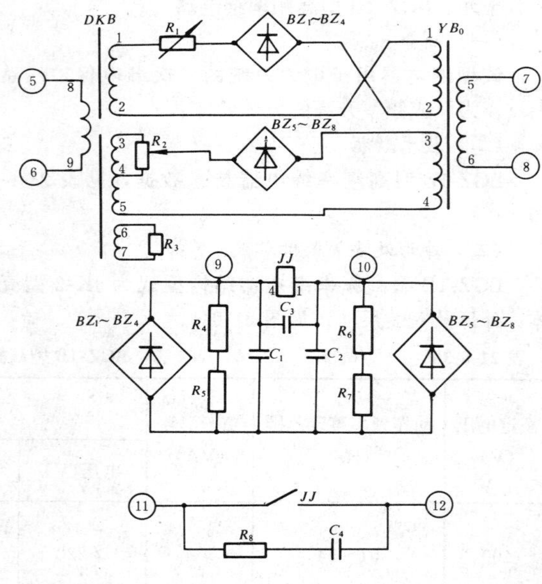

图 21-6-46 LG-12 型功率继电器原理电路

（四）外形及安装尺寸

许昌继电器厂生产的 LG-11、LG-12 型功率继电器壳体结构型式，有 A32K、A32P、A32H、A32Q 型，外形及安装尺寸，见表 21-0-1。

保定继电器厂生产的 LG-11、LG-12 型功率继电器壳体结构型式，与该厂生产的 LFG-2 型继电器相同，见图 21-6-52。

表 21-6-34　　LG-11、LG-12 型功率继电器技术数据

型　号	额定值		动作电压（V）	返回系数	动作时间（ms）	功率消耗（VA）		触点容量（W）	最大灵敏角	生产厂
	电压（V）	电流（A）				电流回路	电压回路			
LG-11	100	5 1	2	0.45	30	6	15	20	−30° −45°	许昌继电器厂 保定继电器厂
LG-12									+70°	

二十二、BG-10B 系列功率继电器

（一）简介

该系列继电器用于电力系统方向保护接线中，作为功率方向元件。

BG-12B 型用于相间短路保护；BG-13B 型用于接地保护；BG-11B 型是具有双方向触点的功率元件，用于平行线路横联差动保护中。

继电器利用比较电流电压综合量绝对值的原理构成，它由比较回路、滤波回路和触发回路组成。

（二）技术数据

BG-10B 系列功率继电器技术数据，见表 21-6-35。

（三）原理接线

BG-11B 型功率继电器原理接线，见图 21-6-47；BG-12B 型功率继电器原理接线，见图 21-6-48；BG-13B 型功率继电器原理接线，见图 21-6-49。

（四）外形及安装尺寸

BG-10 系列功率继电器壳体结构型式为 JK-2 型，外形及安装尺寸，见图 21-0-4。

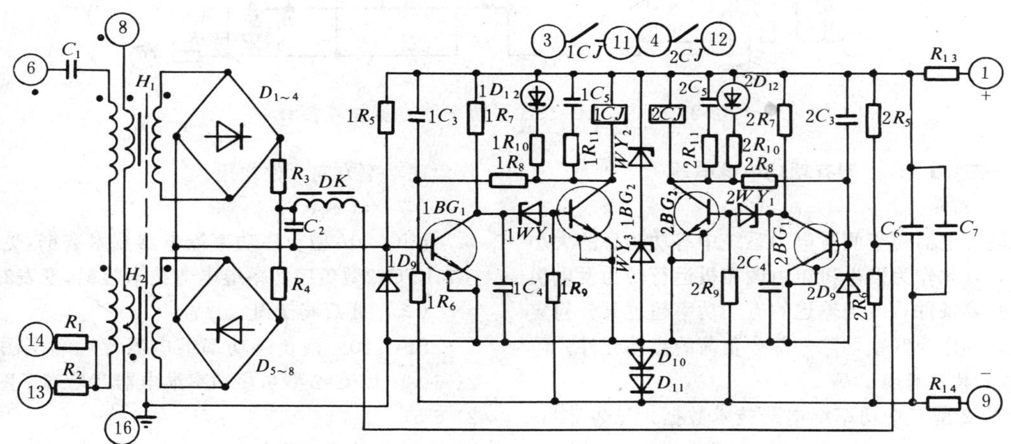

图 21-6-47　BG-11B 型功率继电器原理接线

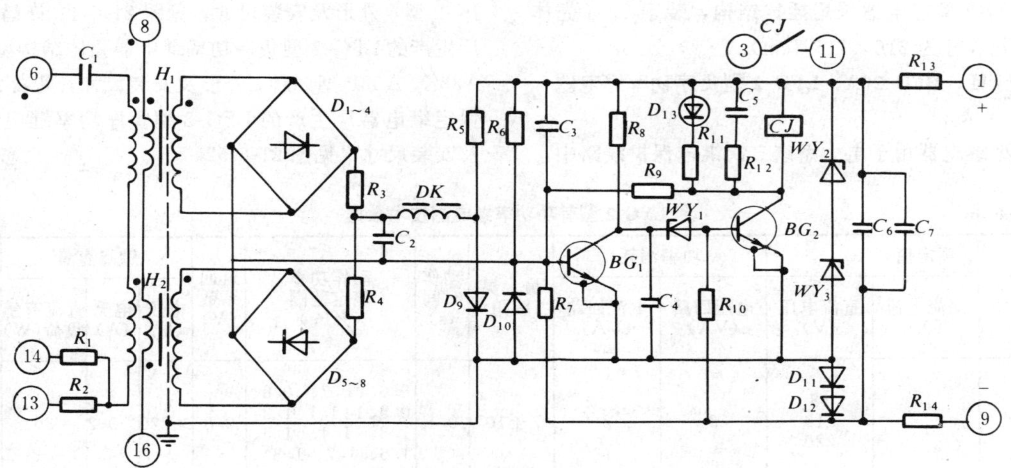

图 21-6-48　BG-12B 型功率继电器原理接线

表 21-6-35 **BG-10B系列功率继电器技术数据**

型号	额定值			功率消耗(VA)		最大灵敏角	动作时间(s)	触点容量				生产厂
	交流电压(V)	交流电流(A)	直流电压(V)	电压回路	电流回路			电压(V)	电流(A)	直流回路(W)	交流回路(VA)	
BG-11B												
BG-12B	100	5 1	220 110 48	≯4	≯1	−45° −30°	≯0.03	≯220	≯0.2	25	30	阿城继电器厂
BG-13B						+70°						

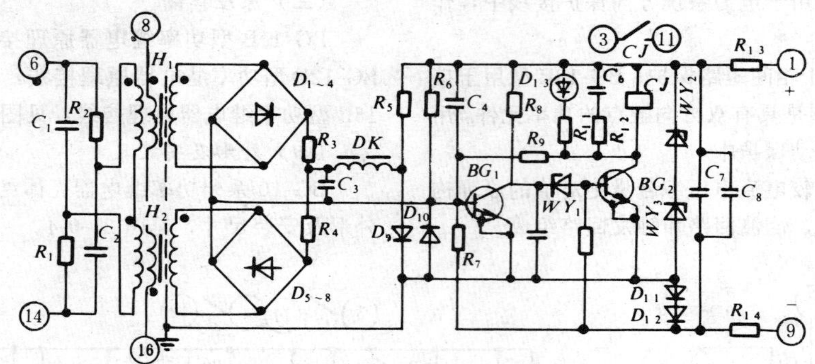

图 21-6-49 BG-13B 型功率继电器原理接线

二十三、LYG-2 型有功功率继电器

(一) 简介

该型继电器用于测量电力系统中有功功率的大小和方向，以此作为发电机组由调相机运行转为发电机运行的必要条件；或当输送的有功功率超过某一稳定极限值时，作为联锁切除一部分负荷的启动元件。

(二) 技术数据

LYG-2 型有功功率继电器技术数据，见表 21-6-36。

(三) 外形及安装尺寸

LYG-2 型继电器采用插拔结构，装于 CJ-4 壳体内，开孔尺寸为 216×116 (cm)。

二十四、BFG-20A、LFG-2 型负序功率继电器

(一) 简介

该型继电器用于电力系统二次继电保护线路中，作负序功率方向元件之用。

(二) 技术数据

BFG-20A型负序功率继电器技术数据，见表 21-6-37；LFG-2型负序功率继电器技术数据，见表21-6-38。

(三) 背后端子图

BFG-20A 型负序功率继电器背后端子图，见图 21-6-50；LFG-2 型负序功率继电器背后端子图，见图 21-6-51。

(四) 外形及安装尺寸

BFG-20A 型负序功率继电器壳体结构型式为 JK-2 型，外形及安装尺寸，见图 21-0-4；许昌继电器厂生产的 LFG-2 型负序功率继电器壳体结构型式，有 A33K、A33P 型二种，外形及安装尺寸，见表 21-0-1；保定继电器厂生产的 LFG-2 型负序功率继电器外形及安装尺寸，见图 21-6-52。

表 21-6-36 **LYG-2 型有功功率继电器技术数据**

额定值			功率消耗		最大灵敏角	动作时间(s)	动作功率整定范围(%Pe)	返回系数(V)	触点容量			生产厂
交流电压(V)	交流电流(A)	直流电压(V)	电压回路(VA)	电流回路(VA)					电压(V)	电流(A)	直流有感负荷(W)	
100	5 1	48 110 220	3	2	0°±10°	0.1	0.6、0.7、0.8、0.9、1、1.1、1.2、1.3、1.4、1.5、1.6、1.7、1.8	0.8	≯220	≯0.2	30	许昌继电器厂

表 21-6-37　　**BFG-20A 型负序功率继电器技术数据**

额定值			最大灵敏角	触点容量		功率消耗（交流回路）		功率消耗（直流回路）(W)			生产厂
交流电压(V)	交流电流(A)	直流电压(V)		直流(W)	交流(VA)	电流(VA/相)	电压(VA/相)	220V	110V	48V	
100	5 1	220 110 48	−105°±10°	25	30	1.5	5	6	4	2	阿城继电器厂

表 21-6-38　　**LFG-2 型负序功率继电器技术数据**

额定值		最大灵敏角	动作值(V)	返回系数	动作时间(ms)	触点容量(W)	功率消耗（VA/相）		生产厂
交流电压(V)	交流电流(A)						电压回路	电流回路	
100	5 1	−15°±5°	≯3	≮0.45	≯40	20	≯10	≯2	许昌继电器厂 保定继电器厂

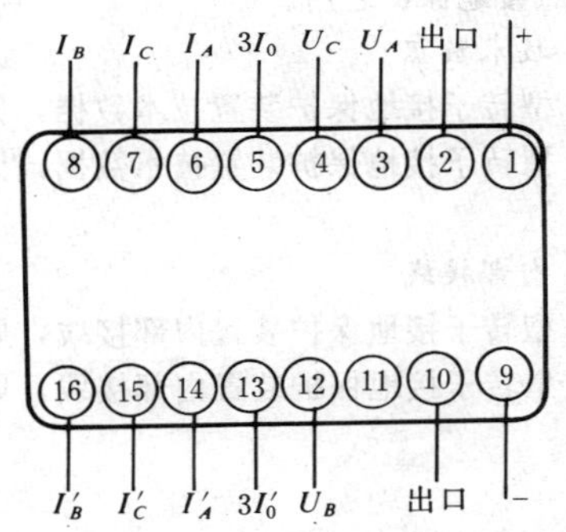

图 21-6-50　BFG-20A 型负序功率继电器背后端子图

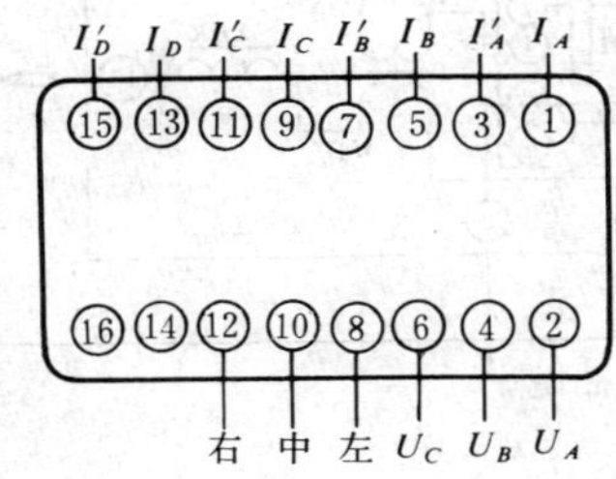

图 21-6-51　LFG-2 型负序功率继电器背后端子图

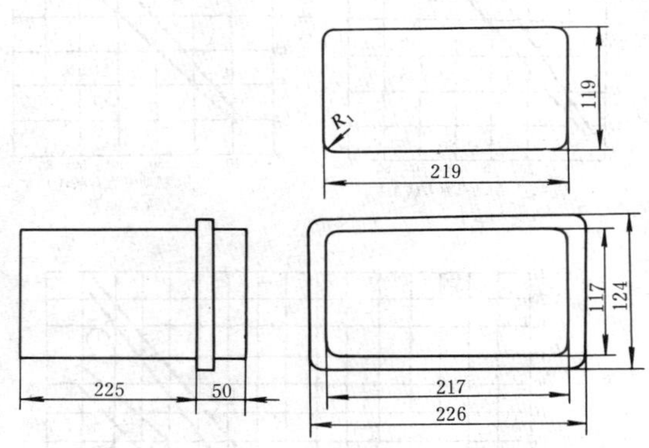

图 21-6-52　LFG-2 型负序功率继电器外形及安装尺寸

二十五、BP-1A、LP-1 型平衡继电器

（一）简介

该型继电器用于两条平行输电线路的横联差动保护线路中，作为线路保护的主要元件。

在单侧电源系统中继电器安装在平行线路的电源侧，在双侧电源系统中继电器安装在平行线路的两侧。

继电器由电流平衡元件组、电压制动元件和执行元件组成。继电器是根据比较被保护的平行输电线路同名相中通过电流的绝对值原理而构成的。

（二）技术数据

LP-1 型平衡继电器技术数据，见表 21-6-39；BP-1A 型平衡继电器技术数据，见表 21-6-41；BP-1A 型平衡继电器制动特性，见图 21-6-53。

（三）外形及安装尺寸

LP-1 型平衡继电器壳体结构型式有 A32K、A32P 型二种，外形及安装尺寸，见表 21-0-1。

BP-1A 型平衡继电器壳体结构型式为 JK-2 型，外形及安装尺寸，见图 21-0-4。

表 21-6-39 **LP-1 型平衡继电器技术数据**

额定值			最小动作电流（A）		动作时间（s）		功率消耗（VA）		触点断开容量		生产厂
交流电压（V）	（Hz）	交流电流（A）	制动电压为0时	制动电压100V时	工作电流8A时	工作电流20A时	工作、制动电流回路	制动电压回路	直流（W）	交流（VA）	
100	50	5	2.4～2.7	7～9	0.05	0.03	3.5	2	50	250	许昌继电器厂

表 21-6-40 **BP-1A 型平衡继电器技术数据**

额定值				工作温度范围（℃）	功率消耗			最小动作电流（A）		触点断开容量		生产厂
交流电压（V）	（Hz）	交流电流（A）	直流电压（V）		每个电流回路（VA）	电压回路（VA）	直流回路（W）	当 $I_z=0$ $U_z=0$ 时	当 $I_z=0$ $U_z=100V$ 时	直流 $T^*=5ms$（W）	交流（VA）	
100	50	5 1	220 110 48	−10～+50	≯1	≯0.5	6 4 2	2.4～2.7	7～9	25	30	阿城继电器厂

* $T=L/R$，为回路时间常数。

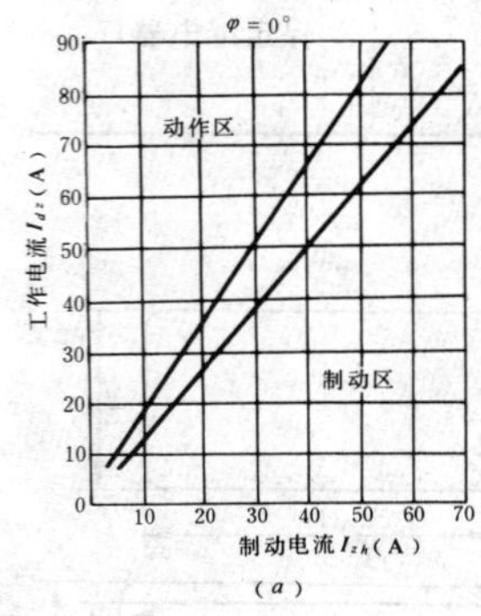

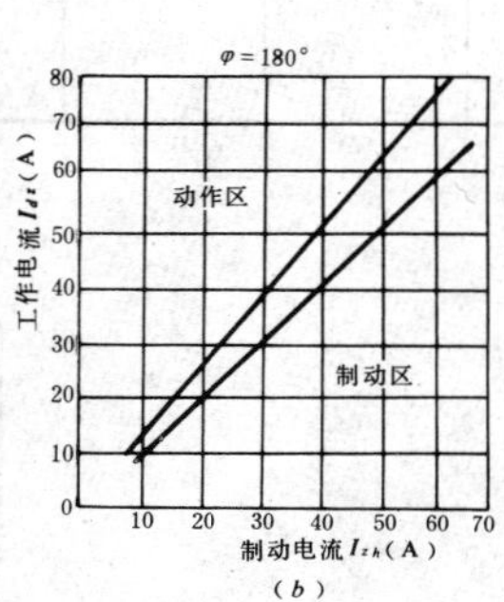

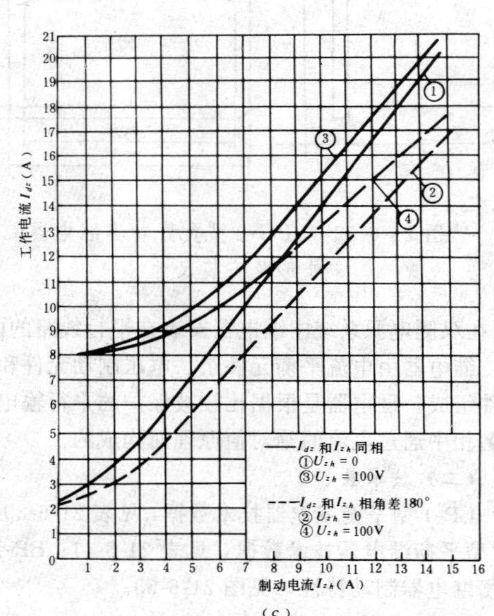

图 21-6-53 BP-1A 型平衡继电器制动特性
（a）$U_{zh}=0$，$I_{zh}>10A$，工作电流与制动电流相同；（b）$U_{zh}=0$，$I_{zh}>10A$，工作电流与制动电流相位差180°；（c）加有制动电压

二十六、ZD-6、ZD-9 型转子接地保护装置

（一）简介

该型继电器用作同步发电机直流励磁回路（转子绕组）两点接地保护之用。

（二）技术数据

ZD-6 型转子接地保护装置技术数据，见表 21-6-41；ZD-9 型转子接地保护装置技术数据，见表 21-6-42。

（三）内部接线

ZD-6 型转子接地保护装置内部接线，见图 21-6-54，ZD-9 型转子接地保护装置内部接线，见图 21-6-55。

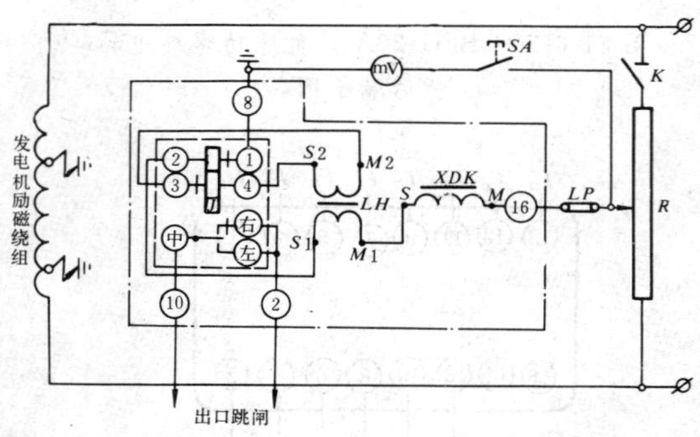

图 21-6-54 ZD-6 型转子接地保护装置内部接线

（四）外形及安装尺寸

ZD-6 型转子接地保护装置外形尺寸：122×106×187（宽×深×高，mm）。

ZD-9 型转子接地保护装置外形及安装尺寸，见图 21-6-56。

表 21-6-41　**ZD-6 型转子接地保护装置技术数据**

直流动作电流（mA）	返回系数	1.2 倍动作电流时动作时间（ms）	工作回路			50Hz 交流阻抗（电抗器在 14mA 时）（Ω）	触点形式（副）	触点断开容量		生产厂
			直流电阻（Ω）	测量元件（Ω）	电抗器（Ω）			直流 $T^*=5\text{ms}$（W）	交流（VA）	
25±1.5	0.5	250	13	2	7	1300	一动合	10	20	阿城继电器厂

*　$T=L/R$，为回路时间常数。

表 21-6-42　**ZD-9 型转子接地保护装置技术数据**

励磁电压（V）	直流控制电压（V）	延时整定范围（s）	起动电流（mA）	功率消耗（W）	质量（kg）	生产厂
150～400	110 220	0～5	1	20	10	许昌继电器厂

图 21-6-55　ZD-9 型转子接地保护装置内部接线

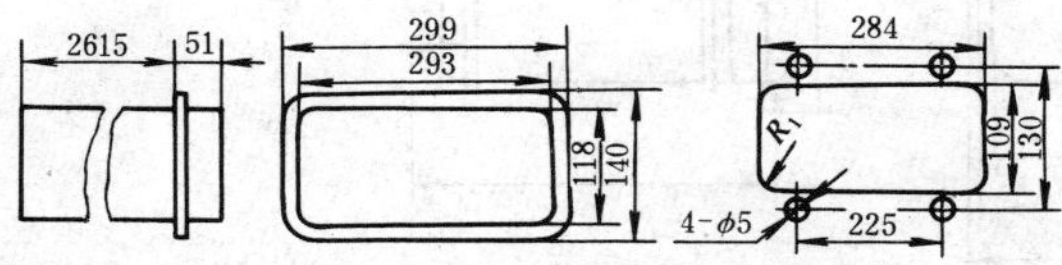

图 21-6-56　ZD-9 型转子接地保护装置外形及安装尺寸

二十七、ZBZ-1、ZBZ-2、DD-2 型转子接地保护装置

（一）简介

ZBZ-1、DD-2 型用作发电机转子回路两点接地保护；ZBZ-2 型用作发电机转子回路一点接地保护。

（二）技术数据

ZBZ-1、ZBZ-2、DD-2 型转子接地保护装置技术数据，见表 21-6-43。

（三）内部接线及原理接线

ZBZ-1、ZBZ-2、DD-2 型转子接地保护装置原理接线，见图 21-6-57；其内部接线，见图 21-6-58。

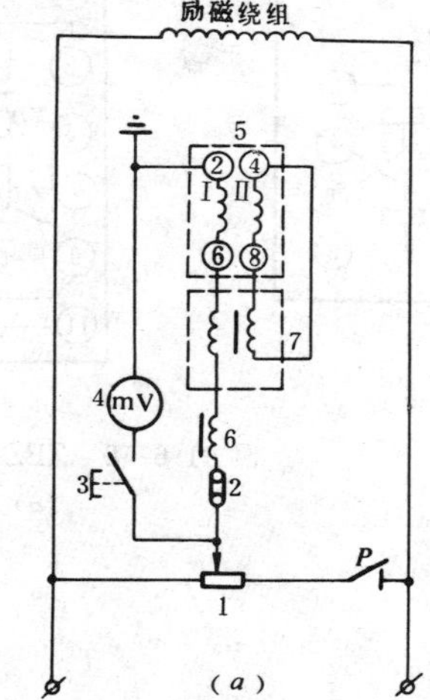

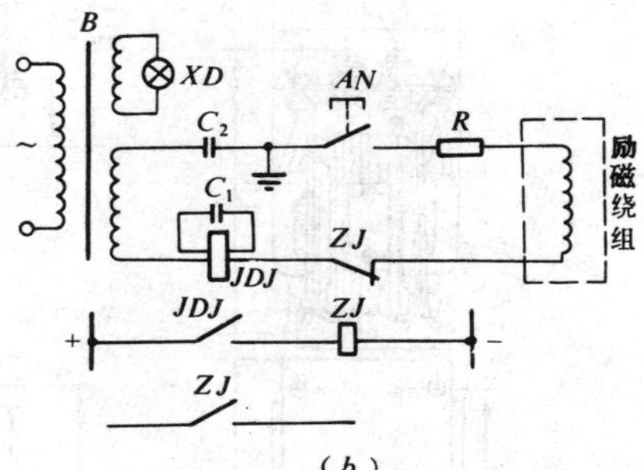

图 21-6-57　ZBZ-1、ZBZ-2、DD-2 型转子接地保护装置原理接线

(*a*) ZBZ-1、DD-2 型；(*b*) ZBZ-2 型

1—电位器；2—连接片；3—按钮；4—毫伏表；5—继电器 ZBZ-1；6—扼流线圈 FY-1/K；7—变流器 FY-1/B；*B*—变压器；*JDJ*—接地继电器 DD-11/40；*ZJ*—中间继电器；*AN*—按钮；*XD*—信号灯；C_1、C_2—电容器

（四）外形及安装尺寸

FY-1/K型扼流线圈、FY-1/B型变流器、ZBZ-2型转子接地保护装置外形及安装尺寸，见图21-6-59。

DD-2型转子接地装置壳体结构型式为A33K、A33P型，外形及安装尺寸，见表21-0-1。

表 21-6-43 ZBZ-1、ZBZ-2、DD-2型转子接地保护装置技术数据

型号	额定电压(V)		动作电流整定范围(mA)	灵敏度	返回系数	动作时间(s)	功率消耗		触点容量				生产厂
	交流	直流					交流(VA)	直流(W)	电压(V)	电流(A)	直流电路(W)	交流电路(VA)	
ZBZ-1			每个线圈70		0.5	1.2倍动作电流时0.25			≯220	≯2	50	250	阿城继电器厂
DD-2													许昌继电器厂
ZBZ-2	110 220 (50Hz)	110	10～40	整定在40mA时1000Ω，20mA时2500Ω	0.5		6	5					上海继电器厂

注 1. ZBZ-1型继电器外形及安装尺寸与DL-10相同，见图21-1-6。
2. ZBZ-1型继电器附件FY-1/K型扼流线圈阻抗：直流电阻8.5Ω；交流阻抗在50Hz、电流不大于0.04A时，不小于5000Ω。
3. ZBZ-1型继电器附件FY-1/B型变流器变比为1，电流不超过0.2A时变比误差不大于±3%。

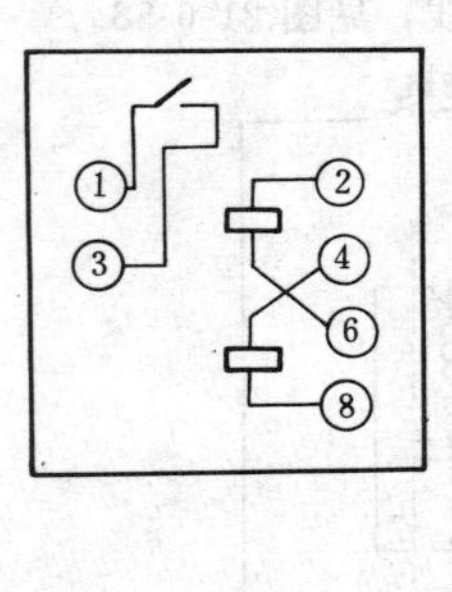

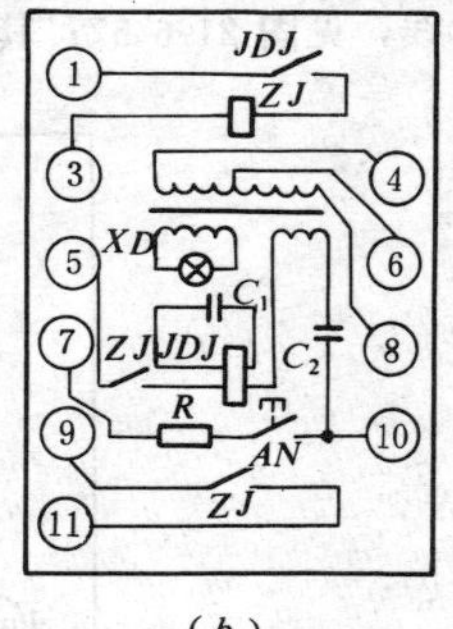

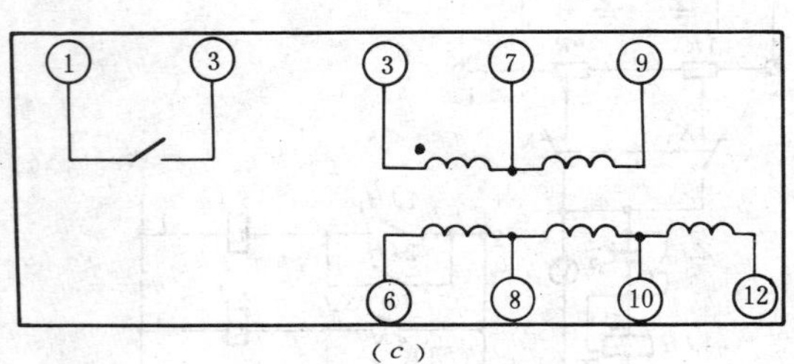

图21-6-58 ZBZ-1、ZBZ-2、DD-2型转子接地保护装置内部接线
(a) ZBZ-1型；(b) ZBZ-2型；(c) DD-2型

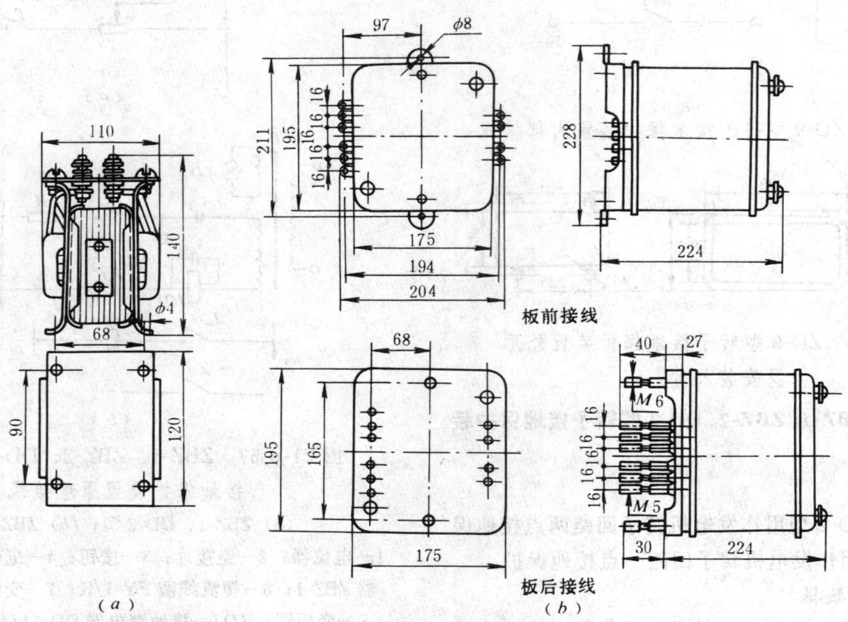

图21-6-59 ZBZ-2型转子接地保护装置、FY-1/K型扼流线圈、FY-1/B型变流器、外形及安装尺寸
(a) FY-1/K、FY-1/B型；(b) ZBZ-2型

二十八、ZYJ-1 型直流绝缘监察装置

（一）简介

ZYJ-1 型直流绝缘监察装置用于发电厂、变电所等直流系统，用来监察直流系统电压及绝缘状态。也可用于其它直流系统的绝缘状况监察。

正常运行时，利用电压表检测直流母线电压。当直流母线电压超过（或低于）工作电压的允许范围时，装置经延时发出"电压异常"信号，同时点亮本装置面板上"电压高"（或电压低）信号灯。

当系统接地或绝缘电阻低于允许值时，接地检查部分动作。发出"绝缘降低"信号。并点亮接地按钮顶部的指示灯。

该套装置一般装于直流屏上，发出的信号接至光字牌。经中间继电器（线圈 12V），触点可直接接到强电信号系统，也可与弱电信号配套。

（二）技术数据

（1）适用电压：48、110、220V。

（2）动作值可调。调节范围：正绝缘电阻与负绝缘电阻之比为 3∶1～10∶1。

（3）正、负极中一极对地绝缘电阻值在 2MΩ 以上，而另一极绝缘降低时，装置可调整到使绝缘电阻小于 400kΩ 时即发信号。

（4）正、负极对地绝缘电阻都下降时，装置的最大灵敏度为保证两极电阻比值大于 3 时发信号；最小灵敏度为两极绝缘电阻比值大于 10 时发信号。

（三）背后端子图

ZYJ-1 型直流绝缘监察装置背后端子图，见图 21-6-60。

（四）外形及安装尺寸

ZYJ-1 型直流绝缘监察装置外形尺寸：270×280×153（宽×深×高，mm）。其安装开孔尺寸，见图 21-6-61。

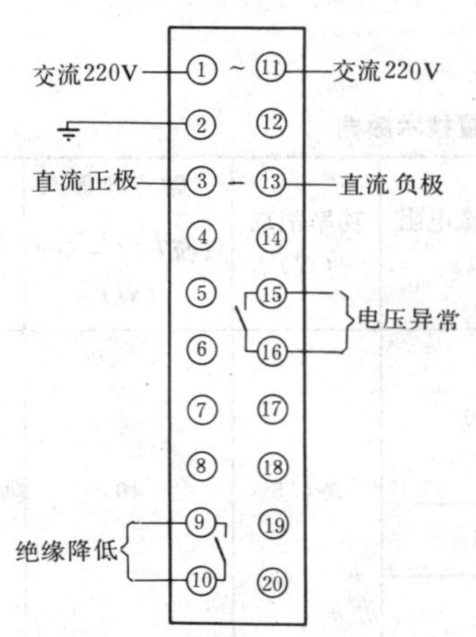

图 21-6-60　ZYJ-1 型直流绝缘监察装置背后端子图

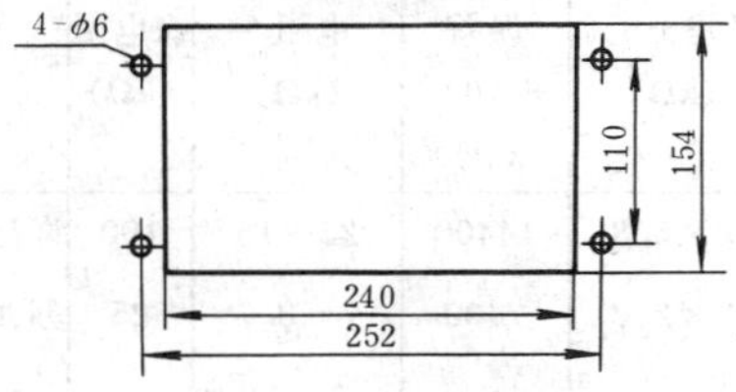

图 21-6-61　ZYJ-1 型直流绝缘监察装置安装开孔尺寸

（五）生产厂

南京自动化设备厂。

二十九、JJJ-1 型直流绝缘监察装置

（一）简介

该装置用于监视直流母线绝缘状况，当直流母线绝缘下降到一定程度时，装置动作发出报警信号。

该装置由平衡电阻 R_P、灵敏元件（极化继电器 JH）、出口元件（密封中间继电器 ZJ）组成。

（二）技术数据

JJJ-1 型直流绝缘监察装置技术数据，见表 21-6-44。

（三）内部接线

JJJ-1 型直流绝缘监察装置内部接线，见图 21-6-62。

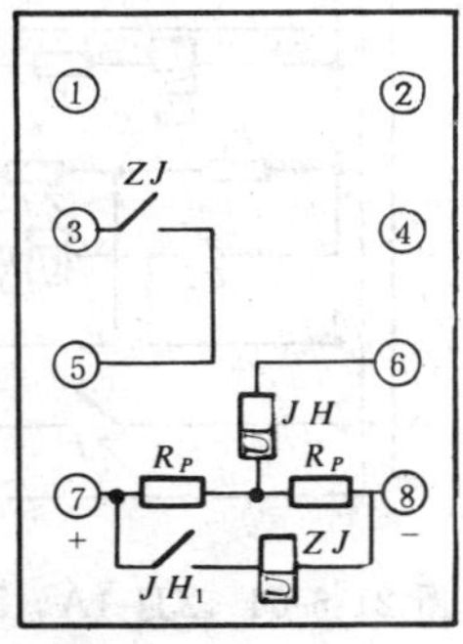

图 21-6-62　JJJ-1 型直流绝缘监察装置内部接线

（四）外形及安装尺寸

许昌继电器厂、长沙望城继电器厂生产的 JJJ-1 型直流绝缘监察装置壳体结构型式有 A11K、A11P、A11H、A11Q 型，外形及安装尺寸，见表 21-0-1；苏州继电器厂生产的 JJJ-1 型直流绝缘监察装置外形及开孔尺寸，见图 21-6-63。

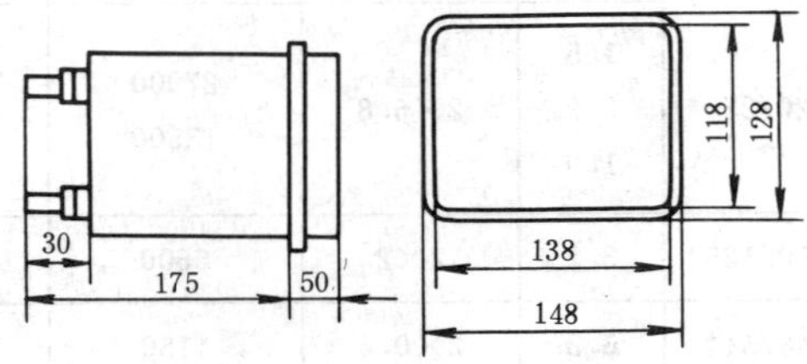

图 21-6-63　JJJ-1 型直流绝缘监察装置外形及开孔尺寸

表 21-6-44　　JJJ-1 型直流绝缘监察装置技术数据

直流额定电压 (V)	平衡电阻误差±5% (kΩ)	灵敏元件回路电阻误差±10% (Ω)	动作绝缘电阻* (kΩ)	额定绝缘电阻 (kΩ)	生产厂
220	2×6.8	14400	25～15	100	许昌继电器厂
110	2×2.2	7400	7～3.7	25	苏州继电器厂
48	2×390Ω	3600	1.7～0.85	6	长沙望城继电器厂

* 当母线任何一侧绝缘电阻下降到此值时，装置应可靠动作。

三十、ZJJ-1A、ZJJ-1B 型直流绝缘监察装置

（一）简介

本装置用于监视直流母线绝缘状况。当母线对地绝缘降低到一定值时，发出报警信号。

本装置由灵敏元件 CJ（单管干簧继电器）、出口元件 ZJ 和平衡电阻 R_1、R_2（$R_1=R_2$）组成。

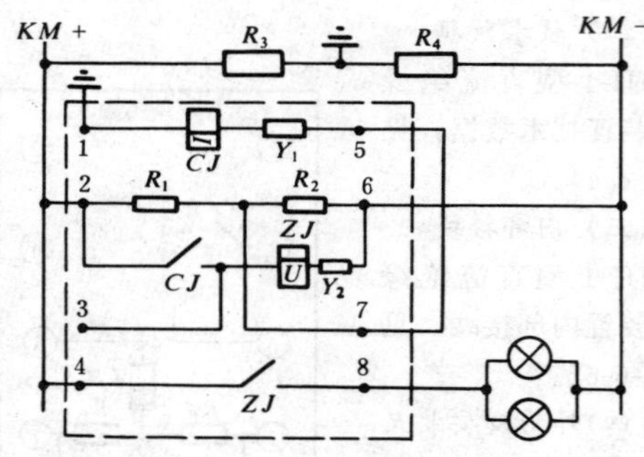

图 21-6-64　ZJJ-1A、ZJJ-1B 型直流绝缘监察装置使用接线图

ZJJ-1A、ZJJ-1B 型直流绝缘监察装置使用接线，见图 21-6-64；内部接线，见图 21-6-65。

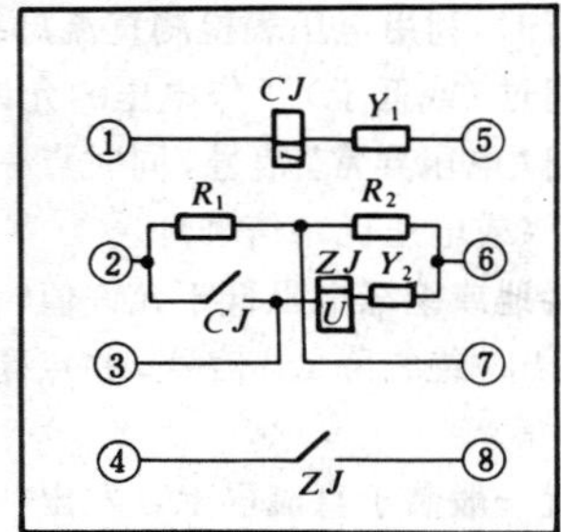

图 21-6-65　ZJJ-1A、ZJJ-1B 型直流绝缘监察装置内部接线图

R_3、R_4 为直流母线对地绝缘电阻。当 $R_3=R_4$ 时，CJ 无电流通过。当一侧绝缘电阻值下降时，即产生不平衡电流通过 CJ，两侧绝缘电阻值相差越大，不平衡电流就越大，达到一定值时，CJ 动作，接通 ZJ，发生报警信号。

（三）技术数据

ZJJ-1A、ZJJ-1B 型直流绝缘监察装置技术数据，见表 21-6-45。

（四）外形及安装尺寸

ZJJ-1A 型直流绝缘监察装置壳体结构型式采用 JK-2 型，外形及安装尺寸，见图 21-0-1 及图 21-0-4；ZJJ-1B 型直流绝缘监察装置安装方式为板后接线时，采用 JCK-11/3 型壳体；其他安装方式，接线形式及外形尺寸采用 JCK-10 型壳体，见图 21-0-9 及图 21-0-14。

表 21-6-45　　ZJJ-1A、ZJJ-1B 型直流绝缘监察装置技术数据

电压等级 (V)	电流值 (mA)	平衡电阻 ±5% (kΩ)	灵敏元件绕组电阻±10% (Ω)	动作绝缘电阻 (kΩ)	额定绝缘电阻 (kΩ)	功率消耗 (W)	触点容量 直流$T^{**}=5$ms (W)	生产厂
220/250*	1.5 2.2 1.0	2×6.8	27000 13500	25～15 45～25	100	≯4.5	40	阿城继电器厂
110/125*	3.1	2×2	6600	0.4～3.7	25			
48/54*	6.3	2×0.4	1150	1.5～0.85	6			

* ZJJ-1B 型直流绝缘监察装置有此规格。

** $T=L/R$，为回路时间常数。

三十一、WZJ 型微机直流系统绝缘监察装置

（一）简介

WZJ 型微机直流系统绝缘监察装置用于各发电厂、变电站的直流操作电源和其它具有直流操作电源的系统，用来监测直流系统绝缘和支路绝缘状况。其功能如下。

1. 长期监测部件

（1）数字分别显示正负母线对地电压值。

（2）数字显示直流系统母线电压及过高、过低报警。

（3）数字分别显示正负母线对地绝缘电阻及过低报警。

2. 支路扫查部件

（1）扫查时，不需切断支路电源。

（2）叠加信号源时，具有自检和保护措施。

（3）按下循环键，可快速连续循环扫查各条支路的绝缘电阻，数字显示阻值及支路序号。

（4）按下单步键，可单步检查各条支路的绝缘电阻，数字显示阻值及支路序号。

(5)在直流系统电源消失情况下，仍然可以完成扫查功能。

（二）技术数据

1. 装置工作电源

交流电压 220±10%；频率 50Hz±5%。

2. 最大功耗

常规监测最大功率消耗 20W，支路扫查时最大功率消耗 200W。

被测系统电压数据，见表 21-6-46～表 21-6-48；支路扫查数据，见表 21-6-49。

（三）工作原理

WZJ 型微机直流系统绝缘监察装置的逻辑回路图，见图 21-6-66；其原理接线，见图 21-6-67；外部接线及内部框图，见图 21-6-68。

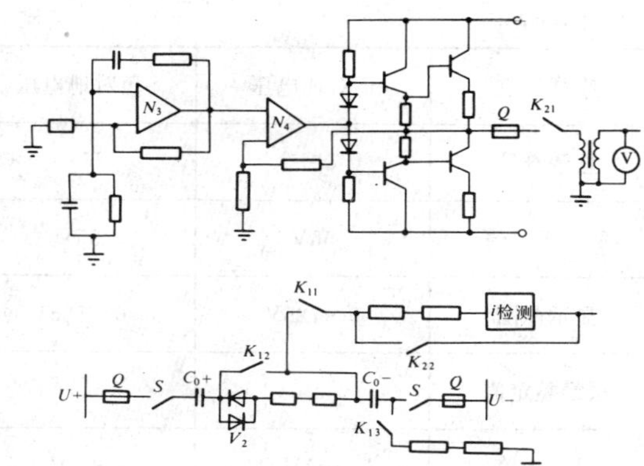

图 21-6-66　WZJ 型微机直流系统绝缘监察装置逻辑回路图

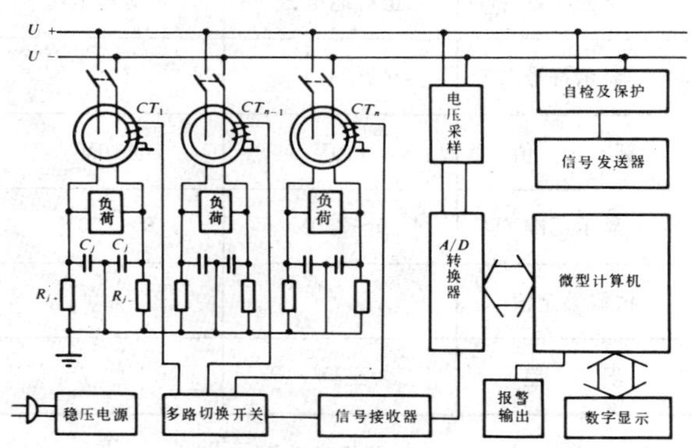

图 21-6-67　WZJ 型微机直流系统绝缘监察装置原理接线图

1. 支路扫查部分

用一低频信号源作为发送部件，通过两隔直耦合电容 C_{0+}、C_{0-}，向直流系统正负母线发送交流信号，用小电流互感器穿套在各支路的正负引出线上。由于穿过互感器的直流分量大小相等、相位相反，它们所产

表 21-6-46　直流 48V 检测数据

监测参数	正对地电压	负对地电压	母线电压	正对地电阻	负对地电阻
显示符号	$U+$	$U-$	U	$R+$	$R-$
额　定　值	24V	24V	48V	>40kΩ	>40kΩ
显示范围	0～55V	0～55V	$U+$加$U-$	0.5kΩ～2MΩ	0.5kΩ～2MΩ
报警整定值			<42V　>55V	<25kΩ 可调整	<25kΩ 可调整
误　　差	±0.5V	±0.5V	±1V	±5%	±5%

表 21-6-47　　直流 110V 检测数据

监测参数	正对地电压	负对地电压	母线电压	正对地电阻	负对地电阻
显示符号	$U+$	$U-$	U	$R+$	$R-$
额　定　值	55V	55V	110V	>40kΩ	>40kΩ
显示范围	0～125V	0～125V	$U+$加$U-$	0.5kΩ～2MΩ	0.5kΩ～2MΩ
报警整定值			<105V　>125V	<25kΩ 可调整	<25kΩ 可调整
误　　差	±1V	±1V	±2V	±5%	±5%

表 21-6-48　　直流 220V 检测数据

监测参数	正对地电压	负对地电压	母线电压	正对地电阻	负对地电阻
显示符号	$U+$	$U-$	U	$R+$	$R-$
额　定　值	110V	110V	220V	>40kΩ	>40kΩ
显示范围	0～250V	0～250V	$U+$加$U-$	0.5kΩ～2MΩ	0.5kΩ～2MΩ
报警整定值			<210V　>245V	<25kΩ 可调整	<25kΩ 可调整
误　　差	±1V	±1V	±2V	±5%	±5%

表 21-6-49　　支路扫查数据

信　号　源	低频，功率 120W
扫查支路数	24 路，可扩展至 256 路
显示符号	RF
显示范围	1～100kΩ，误差±10%
连续工作时间	不大于 4h

生的磁场相互抵消，而发送在正负母线的交流信号电压幅值相等、相位相同，在互感器二次侧可反应出正负极对地绝缘电阻和等值电容的泄漏电流相量和，然后取出阻性分量，送给 A/D 转换器，经微机作数据处理后数字显示。其特点是能在不切断支路电源情况下查找故障线路，精度高，测量无死区。

2. 常规监测部分

用两个分压器取出正对地电压和负对地电压，送给 A/D 转换器，经微机作数据处理后，数字显示电压值和绝缘电阻值。当电压过高或过低及电阻过低时，发出报警信号，报警整定值可自行选定。

3. 信号源与保护

WZJ 型装置内部有发送交流信号源的耦合电容 C_{0+}、C_{0-}漏电流自动检测闭锁电路。支路扫查时，采取人为拉偏 U_- 电压，在发送信号源的同时，又可对继电器引线接地起到保护作用。

由 N_3 组成低频振荡器，产生无畸变的正弦波，将此正弦波送入 N_4 和几个三极管组成的功率放大器，此功率放大电路的最大输出功率可达 120W，再经过 2.5A 的熔断器和继电器触点送入变压器初级，次级接 50V 电压表后送入自检保护隔直耦合电容回路。经自检回路检测，电容没有漏电现象时，信号源将叠加在直流系统上，这时可以进行支路扫查工作了。

4. 小电流互感器多路切换与信号接收

信号源投入直流系统后，所有的互感器二次侧感应出各支路的对地泄漏电流，由微机控制的译码器控制多路切换开关逐个进行扫查。所扫查的支路号与数码管显示的支路号对应，经切换开关采集信号通过 N_5 放大，送 N_6 取出有功分量，由 N_7 滤去交流成份，将直流分量送入 A/D 转换器。

5. A/D 转换器与微机控制、数字显示

由 N_1、N_2、N_7 送来的模拟量，经 A/D 转换送入

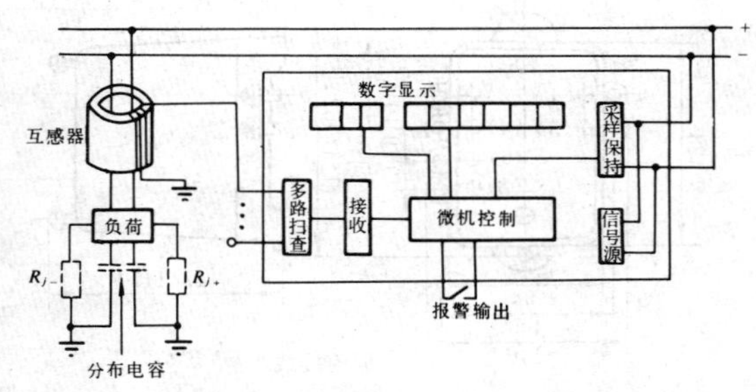

图 21-6-68　WZJ 型微机直流系统绝缘监察装置外部接线及内部框图

微型计算机，微机将这些数据作处理、判断后，作出报警和数字显示电压值和电阻值及支路编号。

（四）外形及安装尺寸

WZJ 型微机直流系统绝缘监察装置主机外形及安装尺寸，见图 21-6-69；其互感器外形及安装尺寸，见图 21-6-70；其端子接线，见图 21-6-71。

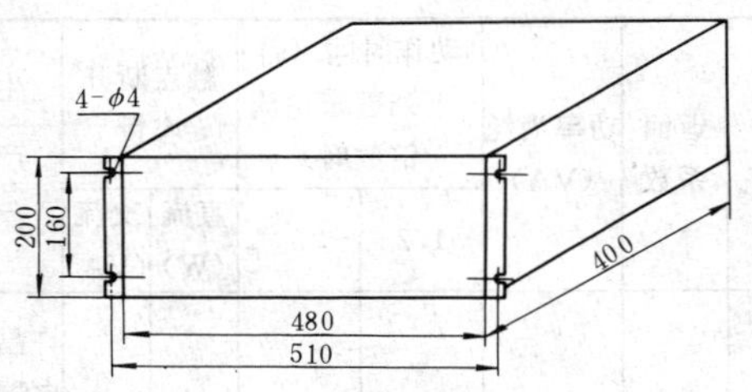

图 21-6-69　WZJ 型微机直流系统绝缘监察装置主机外形及安装尺寸

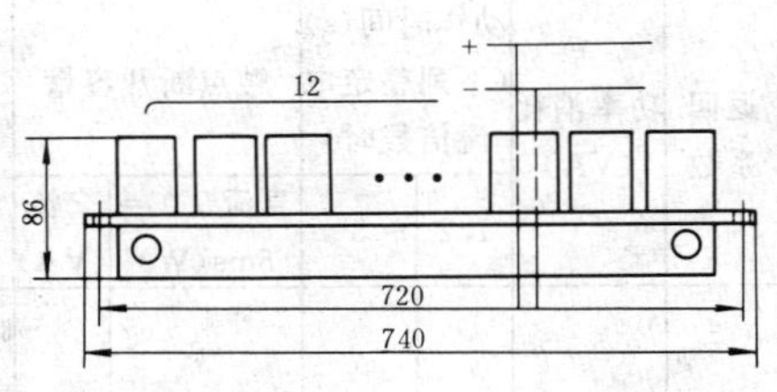

图 21-6-70　WZJ 型微机直流系统绝缘监察装置互感器外形及安装尺寸

（五）生产厂

武汉市琴台电子研究所。

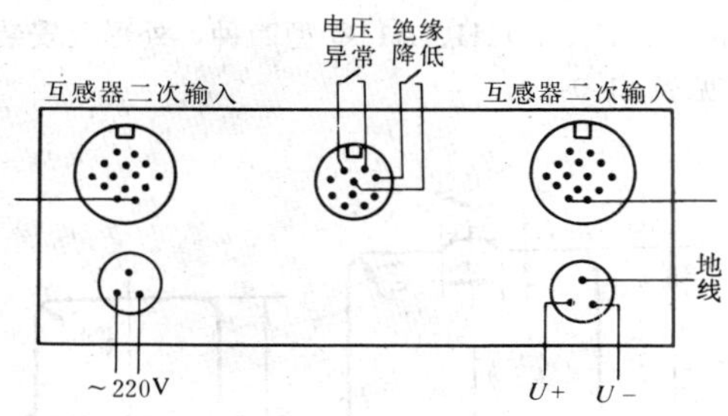

图 21-6-71　WZJ 型微机直流系统绝缘监察装置端子接线图

三十二、DD-1、DD-11、DD-11Q 型小接地电流系统接地监察继电器

（一）简介

该型继电器为瞬时动作的过电流继电器，用作小接地电流电力系统中，作为三相交流发电机和电动机的接地零序过电流保护。

该继电器线圈接入电缆型及母线型的零序电流互感器；也可接入由三个相电流互感器组成的零序电流滤过器。

DD-11Q 型接地监察继电器技术参数与 DD-11 型完全相同，区别在于安装方式不同，DD-11Q 为嵌入式安装，继电器的主体部分采用插拔式结构。DD-11Q 型仅上海继电器厂生产。

（二）技术数据

DD-1 型接地监察继电器技术数据，见表 21-6-50；DD-11 型接地监察继电器技术数据，见表 21-6-51。

（三）内部接线

DD-1、DD-11、DD-11Q 型小接地电流系统接地监察继电器内部接线，见图 21-6-72。

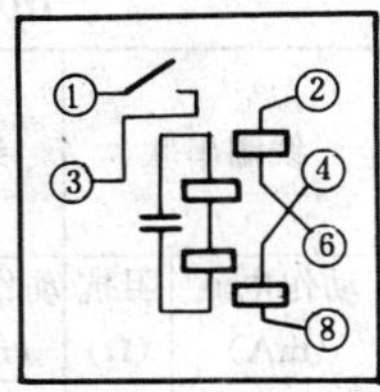

图 21-6-72　DD-1、DD-11、DD-11Q 型小接地电流系统接地监察继电器内部接线

（四）外形及安装尺寸

苏州继电器厂生产的 DD-1 型接地监察继电器开孔尺寸，见图 21-6-73；许昌继电器厂生产的 DD-1 型

小接地电流系统接地监察继电器壳体结构型式有A11K、A11P、A11H、A11Q型四种，外形及安装尺寸，见表21-0-1。

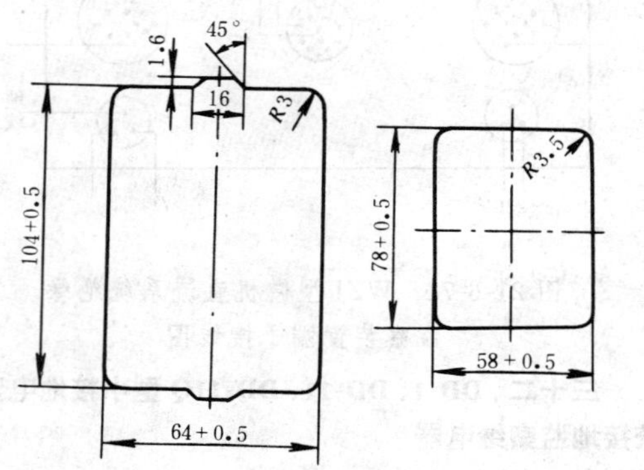

图 21-6-73 DD-1型小接地电流系统接地监察继电器开孔尺寸

DD-11型接地监察继电器开孔及安装尺寸，见图21-6-74。

DD-11Q型接地监察继电器外形及安装尺寸，与DL-10Q系列电流继电器相同。

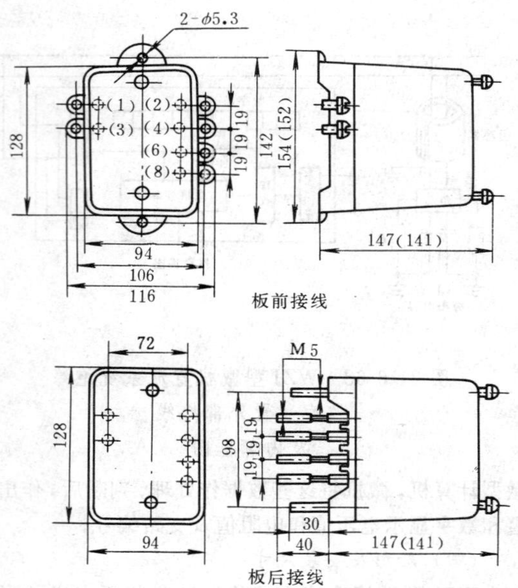

图 21-6-74 DD-11型小接地电流系统接地监察继电器开孔及安装尺寸

(括号内数字为阿城继电器厂和北京继电器厂产品)

表 21-6-50 **DD-1型小接地电流系统接地监察继电器技术数据**

额定值 (mA)	额定值 (Hz)	型号	整定范围 (mA)	线圈串联 动作电流 (mA)	线圈串联 阻抗 (Ω)	线圈并联 动作电流 (mA)	线圈并联 阻抗 (Ω)	阻抗角	返回系数	功率消耗 (VA)	动作时间(s)(下列整定电流倍数时) 1.2	动作时间(s) 3	触点断开容量 直流 (W)	触点断开容量 交流 (VA)	生产厂
100	50	DD-1/40 DD-1/50 DD-1/60	10～40 12.5～50 13～60	10～20 12.5～25 15～30	100 80 60	20～40 25～50 30～60	25 20 15	+35°	0.5	0.012	0.3	0.1	20	100	许昌继电器厂 苏州继电器厂

表 21-6-51 **DD-11型小接地电流系统接地监察继电器技术数据**

型号	整定范围 (mA)	线圈串联 动作电流 (mA)	线圈串联 阻抗 (Ω)	线圈并联 动作电流 (mA)	线圈并联 阻抗 (Ω)	额定电流 (mA)	额定电流 (Hz)	阻抗角	返回系数	功率消耗 (VA)	动作时间(s)(下列整定电流倍数时) 1.2	动作时间(s) 3	触点断开容量 直流 T^*=5ms(W)	触点断开容量 交流 (VA)	生产厂
DD-11/40 DD-11/50 DD-11/60	10～40 12.5～50 15～60	10～20 12.5～25 15～30	80 52 36	20～40 25～50 30～60	20 13 9	100	50	+35°	≯0.5	≯0.012	0.3	0.1	20	100	阿城继电器厂 上海继电器厂 北京继电器厂

* $T=L/R$，为回路时间常数。

第 21-7 节　整流型元件保护继电器（许昌继电器厂产品）

一、简述

本节着重介绍许昌继电器厂生产的整流型元件保护继电器，各继电器均能满足 200～300MW 发电机组及大容量变电所保护的需要。

二、LCD-4、LCD-14 型变压器差动继电器

（一）简介

该型差动继电器用于变压器差动保护线路中，作为主保护。继电器适用于双绕组电力变压器和三绕组电力变压器，实现一侧至四侧制动，LCD-4 型能在 20%～50%变压器额定电流动作，LCD-14 型能在 20%～100%变压器额定电流动作。继电器采用嵌入式插拔结构。

与之配套的 FY-14 型自耦变压器，订货时需提出数量。

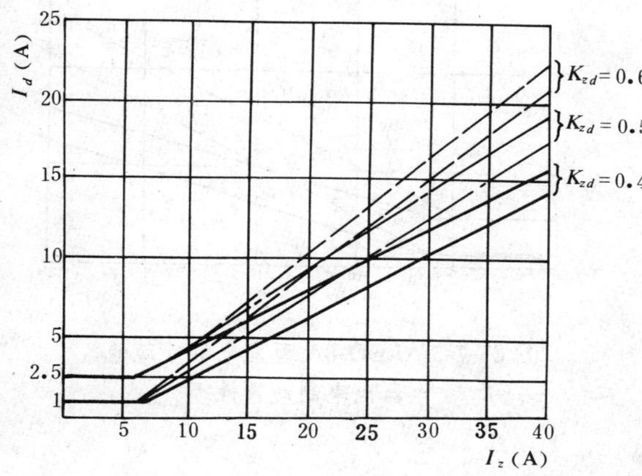

图 21-7-1　LCD-4 型变压器差动继电器 $\varphi=90°$时比率制动特性

I_d—工作电流；I_z—制动电流

（二）技术数据

LCD-4、LCD-14 型变压器差动继电器技术数据，见表 21-7-1。

LCD-4 型变压器差动继电器 $\varphi=90°$时，比率制动特性见图 21-7-1。

LCD-12 型变压器差动继电器比率制动特性，见图 21-7-2。

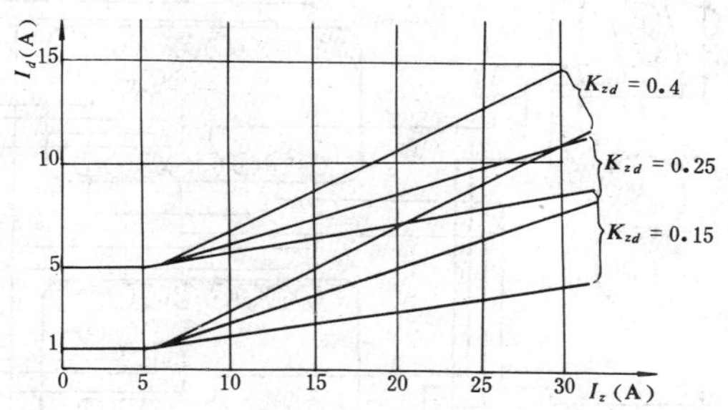

图 21-7-2　LCD-14 型变压器差动继电器比率制动特性

K_{zd}—制动系数

（三）应用接线

LCD-4、LCD-14 型变压器差动继电器用在双侧电源双绕组变压器的三相接线图，见图 21-7-3。

（四）外形及安装尺寸

LCD-4、LCD-14 型变压器差动继电器壳体结构型式有 A33K、A33P 型，外形及安装尺寸见表 21-0-1。

三、LCD-8、LCD-8A 型发电机差动继电器

（一）简介

该型发电机差动继电器用于大型交流发电机单相差动保护线路中，作为主保护。

LCD-8、LCD-8A 型继电器动作原理及基本接线是相同的，只是参数有所不同。但 LCD-8A 型继电器具有电流互感器断线闭锁功能，在电流互感器二次侧断线时可以制动，防止继电器误动作。

表 21-7-1　LCD-4、LCD-14 型变压器差动继电器技术数据

型号	额定电流（A）	动作整定值（A）	返回系数	制动电流小于 5～6A 时动作电流（A）	制动系数	动作时间（ms）		功率消耗（VA/相）		触点容量（W）
						差动元件	瞬动元件	差动回路	制动回路	
LCD-4	5	1、1.5、2、2.5	≮0.4	1、1.5、2、2.5	0.4、0.5、0.6	<60	<20	2	2.5	20
LCD-14	5	1、2、3.5、5	≮0.4	1、2、3.5、5	0.15、0.25、0.4	<55	<20	2	2.5	

（二）技术数据

LCD-8型发电机差动继电器技术数据，见表21-7-2。

LCD-8A型发电机差动继电器技术数据，见表21-7-3。

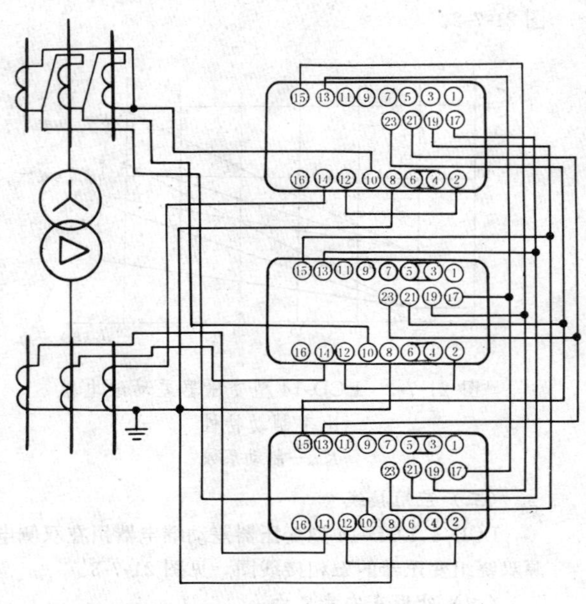

图 21-7-3 LCD-4、LCD-14型变压器差动继电器用在双侧电源双绕组变压器的三相接线图

LCD-8型发电机差动继电器比率制动特性，见图21-7-4。

LCD-8A型发电机差动继电器比率制动特性，见图21-7-5。

LCD-8A型发电机差动继电器断线闭锁制动特性，见图21-7-6。

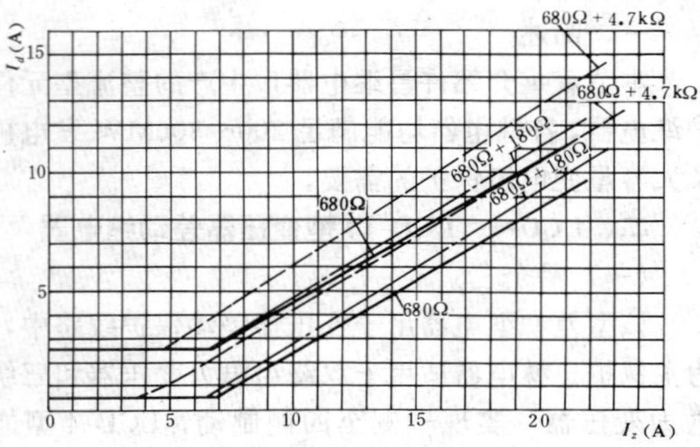

图 21-7-4 LCD-8型发电机差动继电器比率制动特性

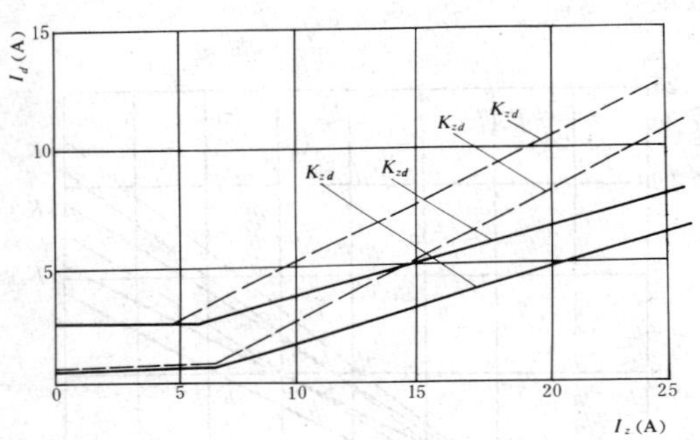

图 21-7-5 LCD-8A型发电机差动继电器比率制动特性

表 21-7-2 LCD-8型发电机差动继电器技术数据

额定电流 (A)	动作整定值 (A)	返回系数	制动系数	功率消耗 (VA)		3倍动作电流下动作时间 (s)	触点容量 (W)
				工作绕组	制动绕组		
5	0.5、1、1.5、2、2.5	≮0.4	0.5～0.7	5	5	≯0.03	20

表 21-7-3 LCD-8A型发电机差动继电器技术数据

额定电流 (A)	动作整定值 (A)	返回系数	制动系数	功率消耗 (VA)				3倍动作电流下动作时间 (s)	触点容量 (W)
				额定电流 (A)	工作绕组	制动绕组	断线绕组		
1	0.1、0.2、0.3、0.4、0.5	≮0.4	0.3～0.6	1	1	1	1	≯0.03	20
5	0.5、1、1.5、2.5			5	5	5	5		

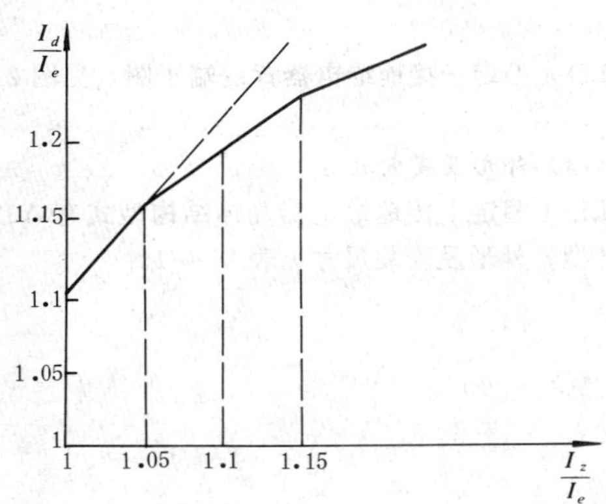

图 21-7-6　LCD-8A 型发电机差动继电器断线闭锁制动特性

$\frac{I_d}{I_e}$—工作电流倍数；$\frac{I_z}{I_e}$—制动电流倍数

（三）原理接线

LCD-8A 型发电机差动继电器原理接线，见图 21-7-7。

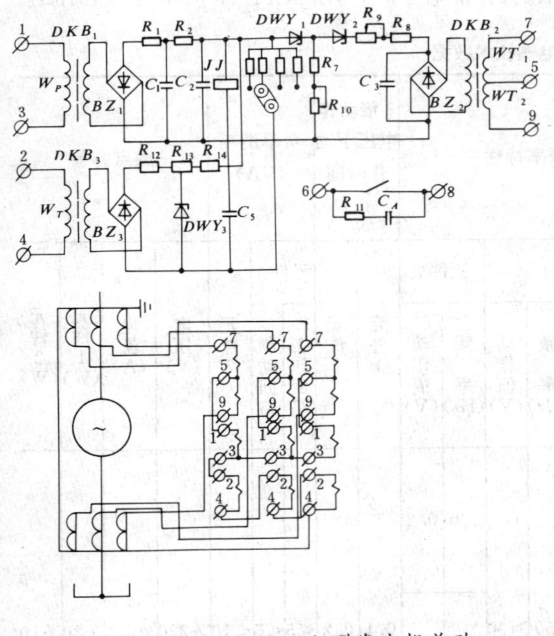

图 21-7-7　LCD-8A 型发电机差动继电器原理接线

（四）外形及安装尺寸

LCD-8 型发电机差动继电器壳体结构型式有 A32K、A32P 型，LCD-8A 型发电机差动继电器壳体结构型式有 A32K 型，外形及安装尺寸见表 21-0-1。

四、LD-3 型转子一点接地继电器

（一）简介

LD-3 型转子一点接地继电器用于监视发电机励磁回路对地绝缘之用，当发电机转子发生一点接地故障或某处绝缘下降到一定数值时，继电器立即动作发出故障信号或直接作用于跳闸。

该型继电器用转子绝缘电导作为测量判据，即测量转子接地电阻并进行监视，与转子的接地电容无关，继电器具有很高的灵敏度。

（二）技术数据

LD-3 型转子一点接地继电器技术数据，见表 21-7-4。

表 21-7-4　LD-3 型转子一点接地继电器技术数据

额定电压（V）	额定频率（Hz）	整定范围（kΩ）		返回系数	功率消耗（VA）
		接地电容 ≤1μF	接地电容 ≤2μF		
100 200	50	0.5～20	0.5～10	≯3	≯11

（三）原理接线

LD-3 型转子一点接地继电器原理接线，见图 21-7-8。

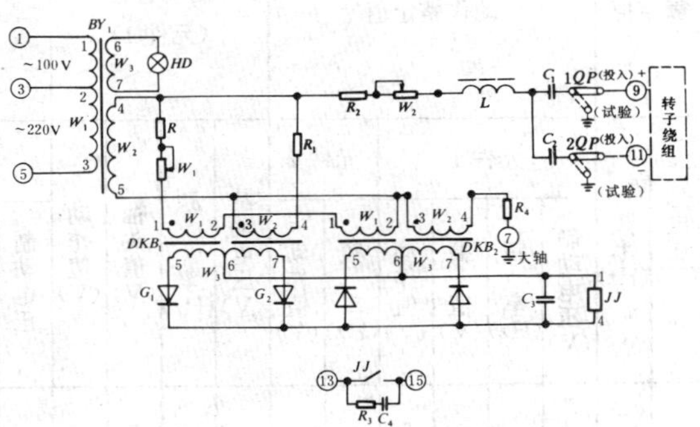

图 21-7-8　LD-3 型转子一点接地继电器原理接线

（四）外形及安装尺寸

LD-3 型转子一点接地继电器壳体结构型式有 A33K、A33P 型，外形及安装尺寸见表 21-0-1。

五、LD-4 型定子接地继电器

（一）简介

该型继电器用于直接接有主变压器的大容量发电机定子接地保护中，当定子绕组发生接地故障时，该继电器能实现 100%保护范围。

为了防止变压器高压侧单相接地故障时，窜入的电压引起定子接地保护误动作，采用变压器高压侧电压互感器的 $3U_0$ 给予制动。

（二）技术数据

LD-4 型定子接地继电器技术数据，见表 21-7-5。

（三）原理接线

LD-4 型定子接地继电器原理接线（100%），见图 21-7-9。

LD-4 型定子接地继电器背后端子图，见图 21-7-10。

（四）外形及安装尺寸

LD-4 型定子接地继电器壳体结构型式有 A33K、A33P 型，外形及安装尺寸见表 21-0-1。

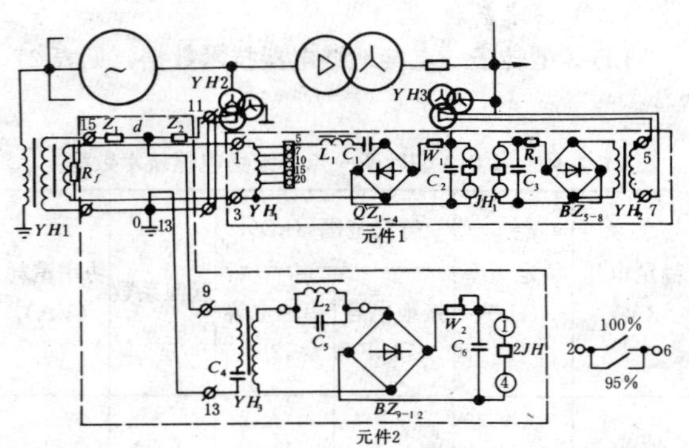

图 21-7-9 LD-4 型定子接地继电器原理接线（100%）

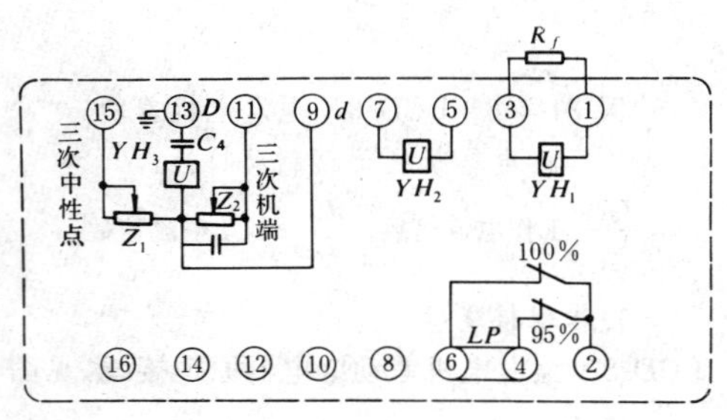

图 21-7-10 LD-4 型定子接地继电器背后端子图（R_f 为外附电阻，型号为 RXY-75～50，$R \leqslant 4000\Omega$）

表 21-7-5 LD-4 型定子接地继电器技术数据

额定值		动作整定值						制动特性（元件1）				频率特性						3倍动作电压下动作时间（s）		功率消耗（VA）			触点容量			
		元件1				元件2						元件1				元件2				元件1						
电压（V）	频率（Hz）	制动电压（V）	频率（Hz）	抽头值（V）	动作值（V）	频率（Hz）	动作值（V）	制动电压（V）	频率（Hz）	抽头值（V）	动作值（V）	制动电压（V）	抽头位置（V）	频率（Hz）	动作值（V）	频率（Hz）	动作值（V）	元件1	元件2	工作回路	制动回路	元件2	电压（V）	电流（A）	元件1（W）	元件2（W）
				5	5					5	35					150	0.2									
				7	7					7	49															
100	50	0	50	10	10	150	0.2	100	50	10	70	0	5	150	>30			0.1	0.2	<5	<5	<10	≯220	≯0.2	≯20	≯10
				15	15					15	105					50	≥15									
				20	20					20	140															

六、LL-35 型转子过负荷继电器

（一）简介

LL-2 型转子过负荷继电器应用于大型同步发电机的保护线路中，作发电机转子绕组的过负荷保护，兼作主励磁机的后备保护，接成三相式。

继电器动作特性按发电机转子绕组的过负荷能力确定，可调整到基本上满足以下方程式

$$t=\frac{K}{\left(\frac{I}{I_e}\right)^2-(1+\alpha)}$$

式中 I——转子绕组电流；

I_e——转子绕组额定电流；

α——与转子绕组温升裕度有关的常数；

K——转子绕组允许的发热时间常数。

（二）技术数据

LL-35 型转子过负荷继电器技术数据，见表 21-7-6。

LL-35 型转子过负荷继电器反时限特性，见图 21-7-11。

（三）原理接线

LL-35 型转子过负荷继电器原理接线，见图 21-7-12。

（四）外形及安装尺寸

LL-35 型转子过负荷继电器壳体结构型式有 A33K、A33P 型，外形及安装尺寸见表 21-0-1。

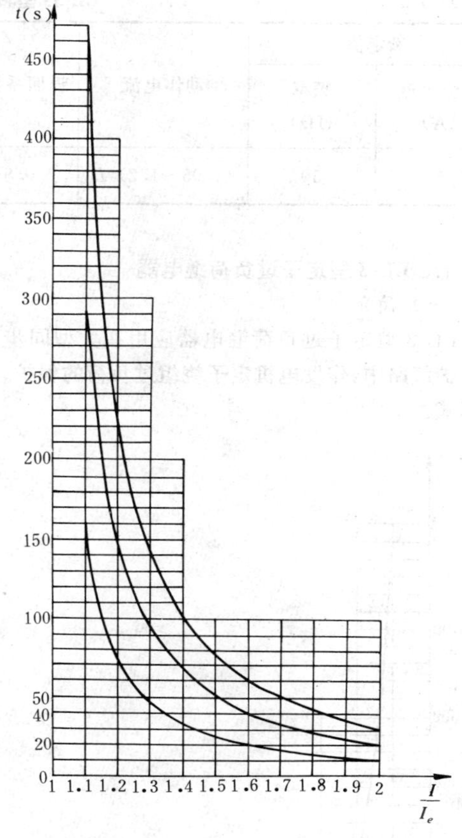

图 21-7-11　LL-35 型转子过负荷继电器反时限特性

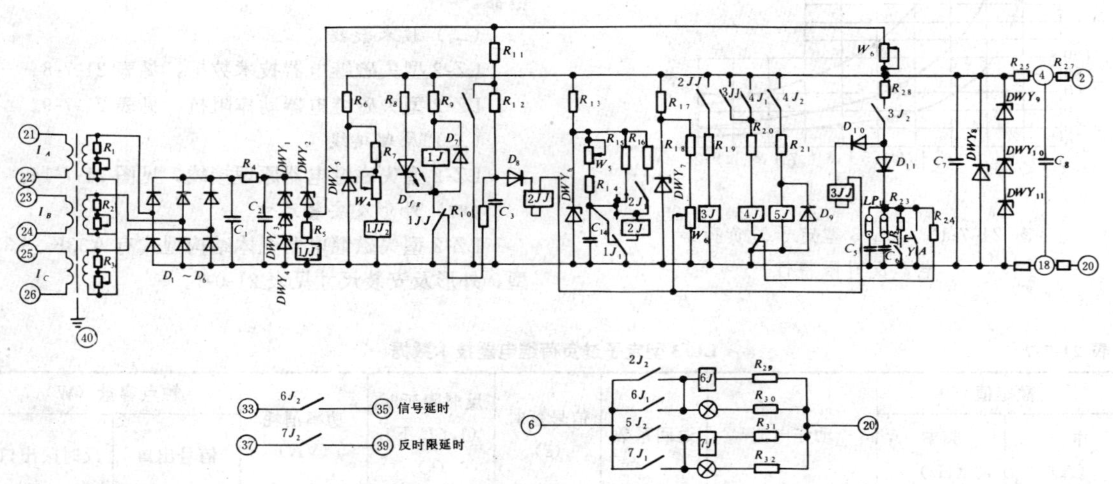

图 21-7-12　LL-35 型转子过负荷继电器原理接线

表 21-7-6 LL-35型转子过负荷继电器技术数据

额定值		动作电流	返回系数	信号延时(s)	反时限延时($2I_e$下)(s)	功率消耗(W)	触点容量(W)	
交流电流(A)	频率(Hz)						信号出口	反时限出口
5	50	(1.05～1.2) I_e	≮0.85	2～10	10～30	≯15	20	10

七、LL-3型定子过负荷继电器

（一）简介

LL-3型定子过负荷继电器应用在大型同步发电机保护线路中，作发电机定子绕组过负荷的保护，接成单相式。

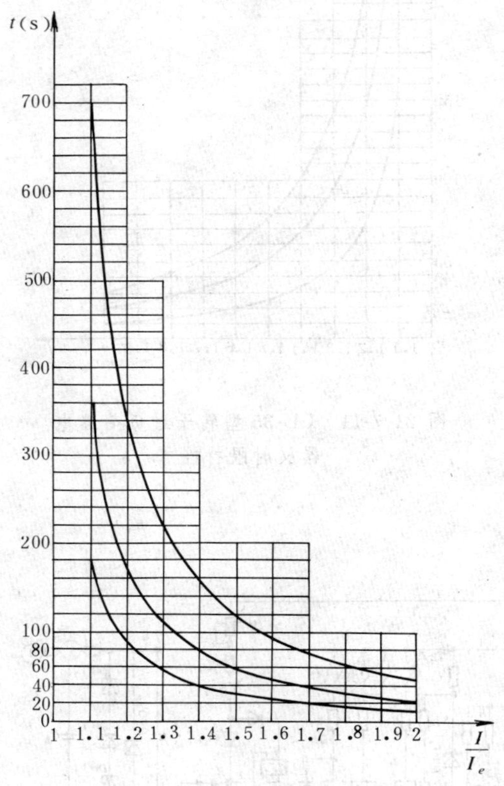

图 21-7-13 LL-3型定子过负荷继电器反时限特性

继电器由定时限和反时限两部分组成。定时限部分经延时发信号，反时限部分按反时限特性满足以下方程式

$$t_a=\frac{K}{\left(\frac{I}{I_e}\right)^2-1}$$

式中 I——定子绕组电流；

I_e——定子绕组额定电流；

K——定子绕组允许的发热时间常数。

（二）技术数据

LL-3型定子过负荷继电器技术数据，见表21-7-7。

LL-3型定子过负荷继电器反时限特性，见图21-7-13。

（三）外形及安装尺寸

LL-3型定子过负荷继电器壳体结构型式有A33K、A33P型，外形及安装尺寸见表21-0-1。

八、LZ-2型失磁继电器

（一）简介

LZ-2型失磁继电器主要用于同步发电机失励磁保护。

继电器为整流型、具有抛球和偏移特性的阻抗继电器。

（二）技术数据

LZ-2型失磁继电器技术数据，见表21-7-8。

LZ-2型失磁继电器动作阻抗，见表21-7-9。

（三）原理接线

LZ-2型失磁继电器原理接线，见图21-7-14。

（四）外形及安装尺寸

LZ-2型失磁继电器壳体结构型式有A33K、A33P型，外形及安装尺寸见表21-0-1。

表 21-7-7 LL-3型定子过负荷继电器技术数据

额定值		动作电流	返回系数	信号延时(s)	反时限延时($1.5I_e$下)(s)	功率消耗(VA)	触点容量(W)	
电流(A)	频率(Hz)						信号出口	反时限出口
5	50	1.1～1.25I_e	≮0.85	2～10	30～120	≯15	20	10

表 21-7-8　**LZ-2 型失磁继电器技术数据**

额定值			动作整定值（Ω）		整定误差		最大灵敏角	动作时间（ms）	返回系数		功率损耗		触点容量（W）
电压（V）	电流（A）	频率（Hz）	X_A（级差 0.5）	X_B 级差（0.5%～5%）	X_A（Ω）	X_B			X_B	X_A	电流回路（VA）	电压回路（VA）	
100	5	50	抛球圆 0～−10 偏移圆 0～+10	−15～−150	0.6	±10%	270° ±10°	≯50	−15～30Ω ≯1.15 −30～−60Ω ≯1.3	−2～−6Ω ≮0.9 +2～+6Ω ≯1.1	≯8	≯15	20

表 21-7-9　**LZ-2 型失磁继电器动作阻抗**

阻抗特性 \ 动作整定值	X_A		X_B	
抛球圆	0～−10Ω	级差 0.5Ω	−15～−150Ω	级差 0.5%～5%
偏移圆	0～+10Ω	级差 0.5Ω		

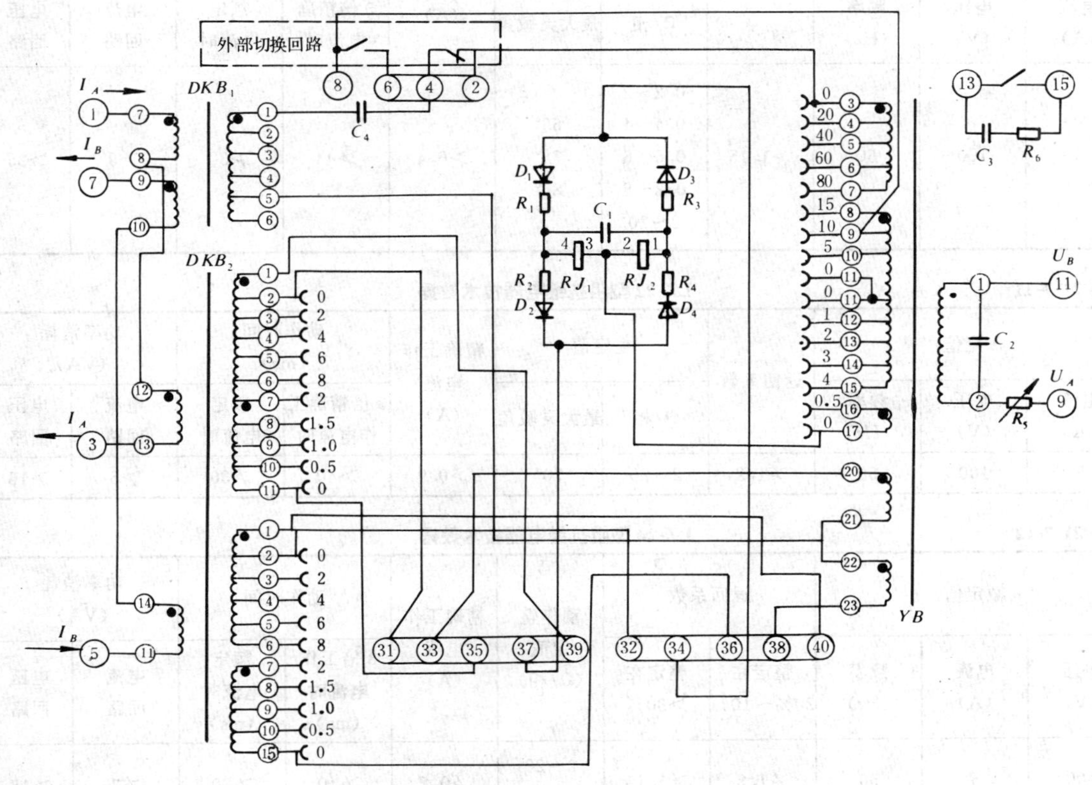

图 21-7-14　LZ-2 型失磁继电器原理接线

九、LZ-21、LZ-22型阻抗继电器

（一）简介

该型继电器为整流型方向阻抗继电器，用于大电流（或小电流）接地系统的距离保护中，作测量元件。

LZ-22型阻抗继电器为整流型向第Ⅲ象限偏移的阻抗继电器(改变连接片QP的位置,可改为向第Ⅰ象限偏移)。

（二）技术数据

LZ-21型阻抗继电器技术数据，见表21-7-10。

LZ-22型阻抗继电器技术数据，见表21-7-11。

（三）外形及安装尺寸

LZ-21、LZ-22型阻抗继电器壳体结构型式有A33K型，外形及安装尺寸见表21-0-1。

十、LZ-24型阻抗继电器

（一）简介

该型继电器为整流型全阻抗继电器，用于大电流及小电流接地系统的距离保护及发电机变压器组的后备保护。

（二）技术数据

LZ-24型阻抗继电器技术数据，见表21-7-12。

（三）外形及安装尺寸

LZ-24型阻抗继电器壳体结构型式有A33K型，外形及安装尺寸见表21-0-1。

十一、LGC-1型过励磁继电器

（一）简介

该继电器用于变压器保护中，防止过励磁时损坏变压器。继电器的整定值分为独立的两段，第一段用于发信号，第二段用于跳闸。该继电器还可兼作过电压保护。

（二）技术数据

LGC-1型过励磁继电器技术数据，见表21-7-13。

（三）外形及安装尺寸

LGC-1型过励磁继电器壳体结构型式有A33K、A33P型，外形及安装尺寸见表21-0-1。

表21-7-10 **LZ-21型阻抗继电器技术数据**

额定值			返回系数	动作整定值		精确工作电流(A)	动作时间(ms)		功率消耗(VA)	
电流(A)	电压(V)	频率(Hz)		Ω/相	最大灵敏角		3倍精确电流时	额定电流时	电流回路	电压回路
5	100	50	≯1.15	0.2～2 0.4～4 0.6～6 0.8～8 2～20	65° 72° 80°	≯0.4	≯44	≯30	≯5	≯25

表21-7-11 **LZ-22型阻抗继电器技术数据**

额定值			返回系数	整定值		精确工作电流(A)	动作时间(ms)		功率消耗(VA)	
电流(A)	电压(V)	频率(Hz)		Ω/相	最大灵敏角		3倍精确工作电流时	额定电流时	电流回路	电压回路
5	100	50	≯1.2	2～20	70°	≯0.9	≯40	≯30	≯5	≯16

表21-7-12 **LZ-24型阻抗继电器技术数据**

额定值			返回系数		动作整定值(Ω/相)	精确工作电流(A)	动作时间		功率消耗(VA)	
电压(V)	电流(A)	频率(Hz)	整定在20%～10%	整定在>30%			3倍工作电流时(ms)	额定电流时(ms)	电流回路	电压回路
100	5	50	≯1.2	≯1.15	2～20 R_0≯0.25	≯0.7	≯40	≯30	≯3	≯15

表 21-7-13　LGC-1 型过励磁继电器技术数据

额定值（V）		U_*/f_* 整定范围		返回系数	电压工作范围（V）	频率工作范围（Hz）	动作时间（ms）	功率消耗（VA）	触点容量（W）
交流电压	直流电压	第一段	第二段						
100	220、110、48	1.1～1.3 级差 0.05	1.3～1.5 级差 0.05	≮0.95	40～160	20～70	≯45	≯1	≮30

注　U_*—电压标么值；
　　f_*—频率标么值。

十二、LG-1 型逆功率继电器

（一）简介

LG-1 型逆功率继电器是判断发电机组运行状态的功率方向元件，当机组从发电机运行状态转入电动机运行状态时，为了防止汽轮机叶片可能过热损坏，继电器经延时动作使机组与系统解列。继电器采用平方器原理构成。

（二）技术数据

LG-1 型逆功率继电器技术数据，见表 21-7-14。

表 21-7-14　LG-1 型逆功率继电器技术数据

额定值		动作整定值	最大灵敏角
电压（V）	电流（A）		
100	5	（1%～5%）P_e	90°±5°

返回系数	功率消耗（VA）		触点容量（W）
	电流回路	电压回路	
≮0.4	≯20	≯30	≯20

（三）原理接线

LG-1 型逆功率继电器原理接线，见图 21-7-15。

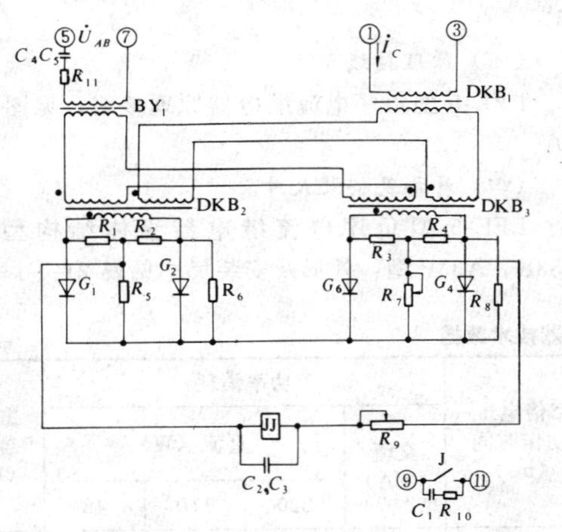

图 21-7-15　LG-1 型逆功率继电器原理接线

（四）外形及安装尺寸

LG-1 型逆功率继电器壳体结构型式有 A33K、A33P 型，外形及安装尺寸见表 21-0-1。

十三、LFG-3 型负序功率方向继电器

（一）简介

LFG-3 型负序功率方向继电器作为发电机匝间短路保护闭锁元件，用来保证 LY-3 型 100Hz 电压继电器的选择性，防止外部相间短路时误动作，同时也可兼作自耦变压器、线路保护的负序方向元件。

该继电器按整流原理构成，采用插拔结构，嵌入式安装。该电器由负序电流滤过器、负序电压滤过器及相敏回路、出口执行元件几部分组成。

（二）技术数据

LFG-3 型负序功率方向继电器技术数据，见表 21-7-15。

表 21-7-15　LFG-3 型负序功率方向继电器技术数据

额定值		最大灵敏角	动作时间（ms）	功率消耗（VA/相）		触点容量（W）
电流（A）	电压（V）			电压回路	电流回路	
5	100	−105°±10°	≯30	≯20	≯12	20

（三）原理接线

LFG-3 型负序功率方向继电器原理接线，见图 21-7-16。

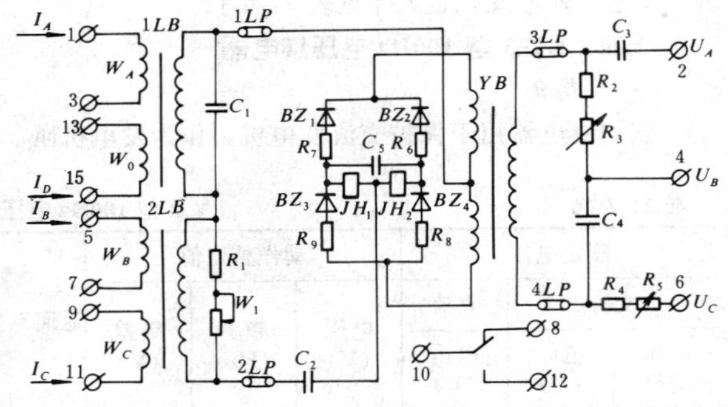

图 21-7-16　LFG-3 型负序功率方向继电器原理接线

LFG-3型负序功率方向继电器在系统中的应用接线，见图21-7-17。

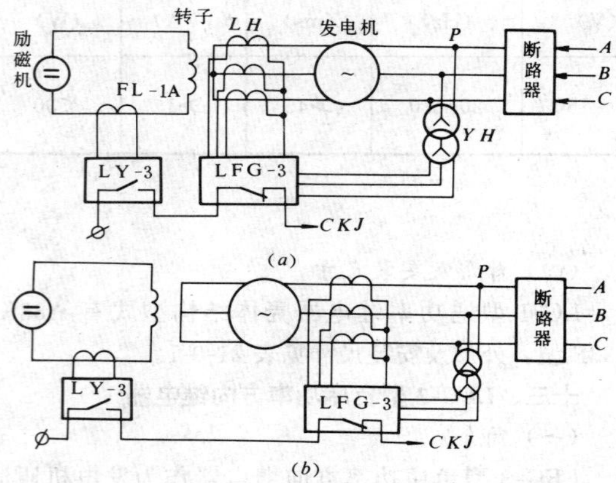

图 21-7-17　LFG-3型负序功率方向继电器在系统中的应用接线
(*a*) 电流互感器装于中性点侧；
(*b*) 电流互感器装于出口侧

LFG-3型负序功率方向继电器背后接线，见图21-7-18。

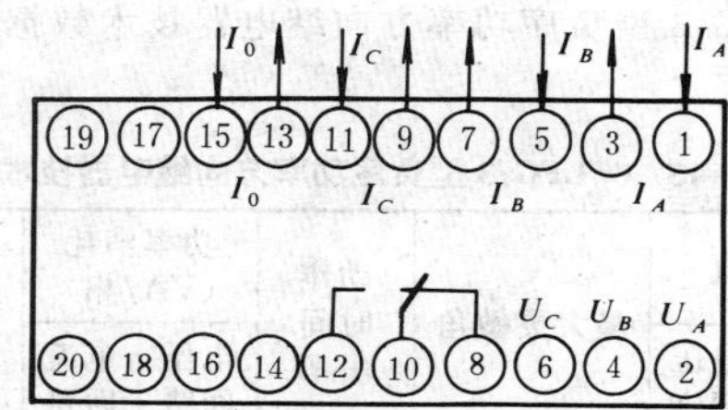

图 21-7-18　LFG-3型负序功率方向继电器背后接线

（四）外形及安装尺寸

LFG-3型负序功率方向继电器壳体结构型式有A33K型，外形及安装尺寸见表21-0-1。

十四、LY-3型100Hz电压继电器

（一）简介

该型继电器用于保护交流发电机，作为发电机匝间、分支间短路及内部相间短路的保护起动元件。继电器采用嵌入式插拔结构。

该元件与FL-2A型直流互感器、灵敏的LFG-3型负序功率方向继电器构成发电机匝间短路保护装置。

（二）技术数据

LY-3型100Hz电压继电器技术数据，见表21-7-16。

（三）背后端子图

LY-3型100Hz电压继电器背后端子图，见图21-7-19。

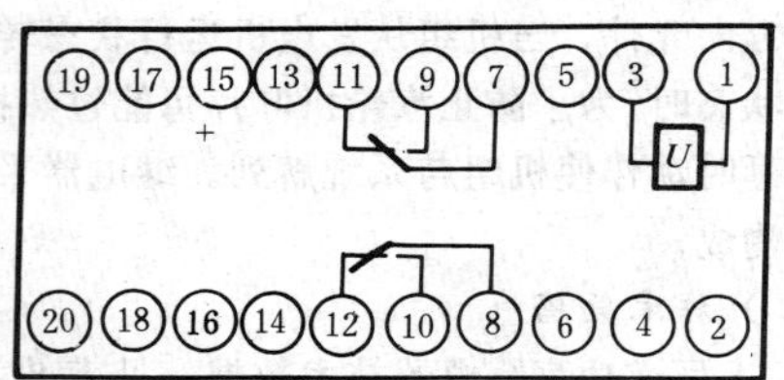

图 21-7-19　LY-3型100Hz电压继电器背后端子图

（四）外形及安装尺寸

LY-3型100Hz电压继电器壳体结构型式有A33K、A33P型，外形及安装尺寸见表21-0-1。

十五、LFL-5型负序电流继电器

（一）简介

该型继电器用于发电机和变压器的继电保护中作为起动元件，反应不对称故障电流的负序分量。

（二）技术数据

LFL-5型负序电流继电器技术数据，见表21-7-17。

（三）原理接线

LFL-5型负序电流继电器原理接线，见图21-7-20。

（四）外形及安装尺寸

LFL-5型负序电流继电器壳体结构型式有A33K、A33P型，外形及安装尺寸见表21-0-1。

表 21-7-16　**LY-3型100Hz电压继电器技术数据**

额定电压			动作整定值			返回系数	2倍电压动作时间 (ms)	功率消耗				触点容量 (W)
交流		直流	电压 (V)	频率 (Hz)	级差 (V)			交流 (VA)	直流 (W)			
电压 (V)	电流 (A)	电压 (V)							220	110	48	
100	50	220、110、48	2～8	100	1	≥0.85	50	≤6	≤6	≤4	≤2	20

表 21-7-17　　**LFL-5 型负序电流继电器技术数据**

额定电流 (A)	整定范围				返回系数	下列电流倍数时动作时间 (ms)		触点容量 (W)	触点型式	
	执行元件 2ZJ		执行元件 1ZJ							
	额定电流 1A	额定电流 5A	额定电流 1A	额定电流 5A		1.1 倍	2 倍		1ZJ	2ZJ
1 5	0.3～1.2 0.6～2.4	1.5～6 3～12	0.1～0.2	0.5～1	≮0.9	≯120	≯40	30	一副动合	一副动合

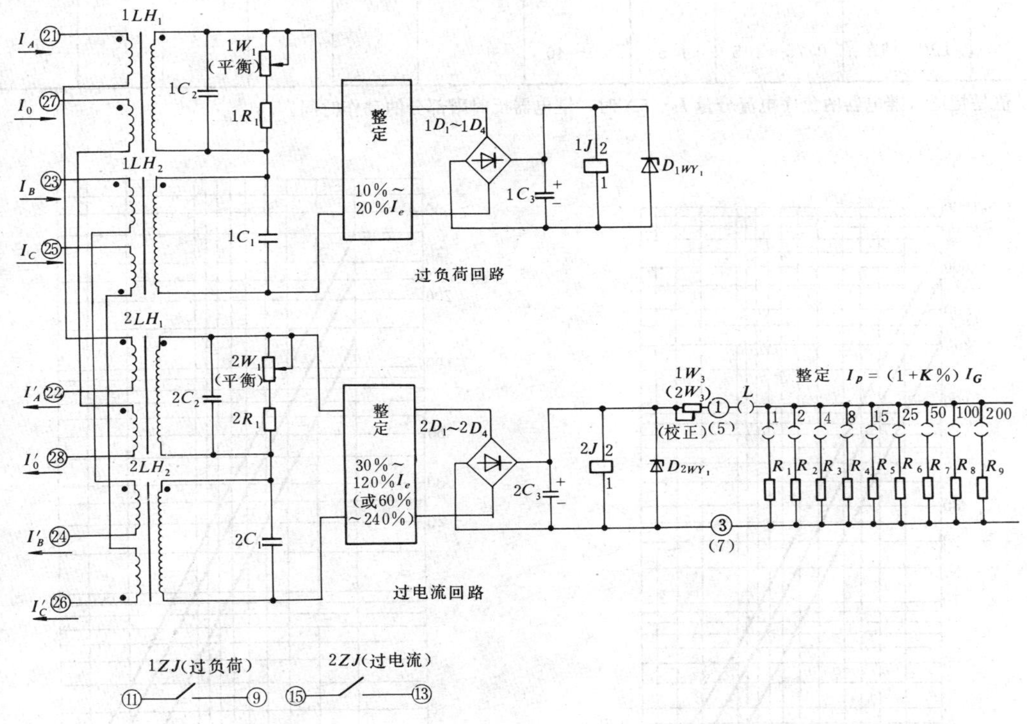

图 21-7-20　LFL-5 型负序电流继电器原理接线

十六、LFL-40A 系列负序电流延时继电器

（一）简介

该系列继电器用于大型同步发电机的保护线路中。当系统发生不对称短路或非全相运行时，发电机定子绕组中的负序电流产生的旋转磁场在发电机转子中产生感应电流，将引起转子发热，当危及发电机安全时，继电器动作起保护作用。继电器采用嵌入式插件结构。

（二）技术数据

LFL-40A 系列负序电流延时继电器技术数据，见表 21-7-18。

LFL-41A 型负序电流延时继电器反时限特性曲线，见图 21-7-21。

LFL-42A 型负序电流延时继电器反时限特性曲线，见图 21-7-22。

LFL-43A 型负序电流延时继电器反时限特性曲线见图 21-7-23。

（三）背后端子图

LFL-40A 系列负序电流延时继电器背后端子图，见图 21-7-24。

（四）外形及安装尺寸

LFL-40A 系列负序电流延时继电器壳体结构型式 A33K、A33P 型，外形及安装尺寸见表 21-0-1。

表 21-7-18　　**LFL-40A系列负序电流延时继电器技术数据**

交流额定值(A)	继电器动作值和整定范围					返回系数		功率消耗(VA/相)	V≮220V A≮0.5A 触点容量	
	型号规格	负序动作电流(A) 信号	负序动作电流(A) 反时限	K^*值整定范围(s)	信号延时范围(s)	信号回路起动元件	反时限起动元件		信号出口(W)	时间$T=5\times10^{-5}$s反时限出口(W)
5 (50Hz)	LFL-41A	0.25～0.5	0.5	2～6	2～10	≯0.7	≯0.8	≮20	20	10
	LFL-42A	0.5～1	1	5～15						
	LFL-43A	0.75～1.5	1.5	10～40						

*　K值是指通入继电器的负序电流分量$I_2=5$A时，继电器反时限部分的动作时间。

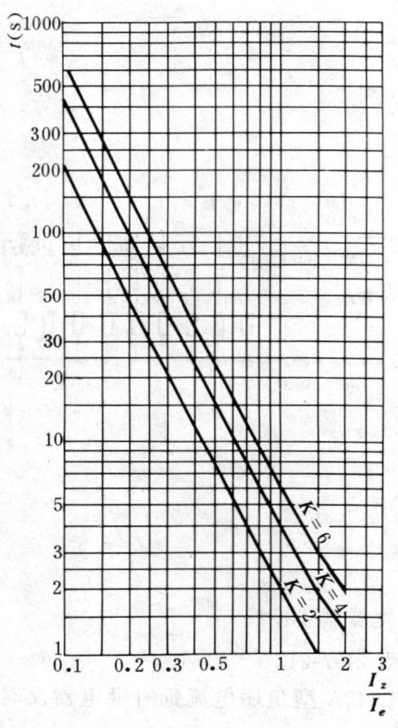

图 21-7-21　LFL-41A型负序电流延时继电器反时限特性曲线

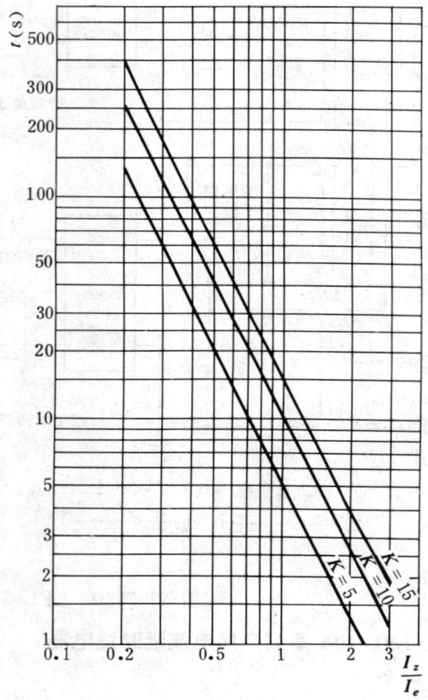

图 21-7-22　LFL-42A型负序电流延时继电器反时限特性曲线

十七、DB-1型电压回路断相闭锁继电器

(一) 简介

该型电压回路断相闭锁继电器，是在电压回路发生断线而可能引起继电保护误动作时，用以进行闭锁。

(二) 技术数据

DB-1型电压回路断相闭锁继电器技术数据，见表21-7-19。

表 21-7-19　**DB-1型电压回路断相闭锁继电器技术数据**

额定值			灵敏度	功率消耗(VA/相)	触点容量(W)
电压(V)	电流(A)	频率(Hz)	对3倍零序电压(V)		
100	5	50	6～12	≯10	≮40

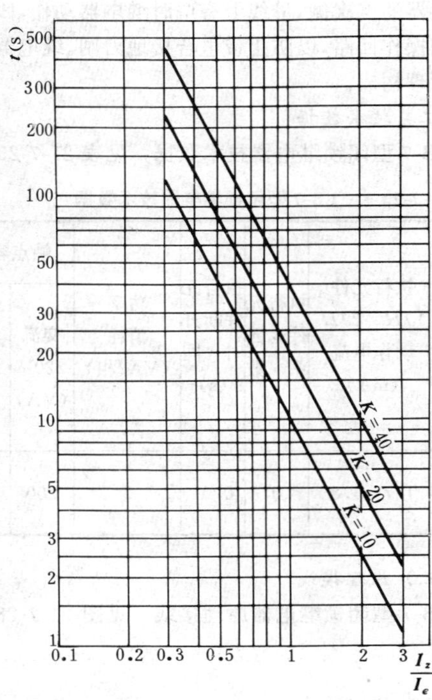

图 21-7-23　LFL-43A 型负序电流延时继电器反时限特性曲线

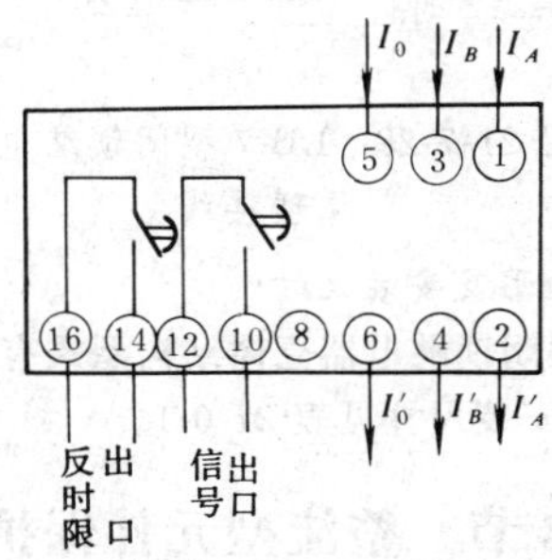

图 21-7-24　LFL-40A 系列负序电流延时继电器背后端子图

DB-1 型电压回路断相闭锁继电器各元件技术数据，见表 21-7-20。

（三）原理接线

DB-1 型电压回路断相闭锁继电器原理接线及背后端子图，见图 21-7-25。

（四）外形及安装尺寸

DB-1 型电压回路断相闭锁继电器壳体结构型式有 A32K、A32P、A32H、A32Q 型，外形及安装尺寸见表 21-0-1。

表 21-7-20　DB-1 型电压回路断相闭锁继电器各元件技术数据

展开线路图上代表符号	名称	规格
C_1，C_2，C_3	CZJD-1 电容器	$C_1=C_2=C_3=4\mu F$ $U_g=400V$
IJ_0	电流继电器	32/0.6
UJ	电压继电器	$Q=0.21var$ $W=2000$ 圈

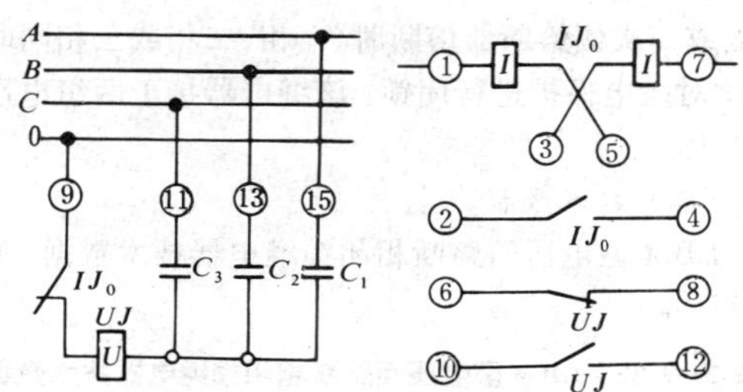

图 21-7-25　DB-1 型电压回路断相闭锁继电器原理接线及背后端子图

十八、LB-1A 型电压回路断相闭锁继电器

（一）简介

该型电压回路断相闭锁继电器用于交流回路断线而可能引起继电保护误动作时，对继电保护进行闭锁。

（二）技术数据

LB-1A 型电压回路断相闭锁继电器技术数据，见表 21-7-21。

表 21-7-21　LB-1A 型电压回路断相闭锁继电器技术数据

额定电压（V）	功率消耗（VA）	动作时间（s）	HJ 动作电流（mA）	HJ 返回系数	触点容量（W）
100	≯4	≯0.01	1.75±0.05	≮0.45	≮40

（三）原理接线

LB-1A 型电压回路断相闭锁继电器原理接线，见图 21-7-26。

（四）外形及安装尺寸

LB-1A 型电压回路断相闭锁继电器壳体结构型式有 A32K、A32P 型，外形及安装尺寸见表 21-0-1。

十九、LB-4 型电压回路断相闭锁继电器

（一）简介

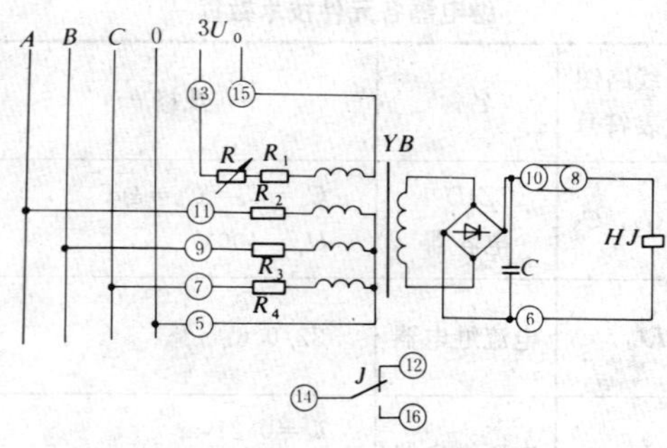

图 21-7-26 LB-1A 型电压回路断相闭锁继电器原理接线

该型电压回路断相闭锁继电器用于电压互感器一次侧或二次侧熔断器熔断时(一相、二相或三相同时熔断)，对继电保护进行闭锁。该继电器接于两组电压互感器上。

(二) 技术数据

LB-4 型电压回路断相闭锁继电器技术数据，见表 21-7-22。

表 21-7-22 LB-4 型电压回路断相闭锁继电器技术数据

额定值		三相额定电压 (V)		功率消耗 (VA/相)	动作时间 (s)	触点容量 (W)
电压 (V)	电流 (A)	不平衡电压 ≯	任一相断开直流电压 ≮			
100	50	0.3	3	≯4	≯0.01	≯20

(三) 原理接线

LB-4 型电压回路断相闭锁继电器原理接线，见图 21-7-27。

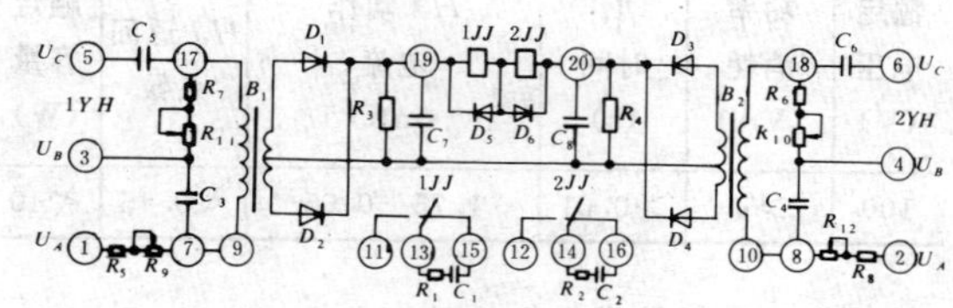

图 21-7-27 LB-4 型电压回路断相闭锁继电器原理接线

(四) 外形及安装尺寸

LB-4 型电压回路断相闭锁继电器壳体结构型式有 A33K、A33P 型，外形及安装尺寸见表 21-0-1。

二十、LB-7 型闭锁继电器

(一) 简介

该型继电器接于发电厂及变电所内高压母线上电压互感器的二次侧，母线上有电时继电器动作，闭锁接地刀闸操作回路，以防止带电合接地刀闸。继电器由整流型原理构成。

(二) 技术数据

LB-7 型闭锁继电器技术数据，见表 21-7-23。

表 21-7-23 LB-7 型闭锁继电器技术数据

额定电压 (V)	执行元件 1JH、2JH 动作电流 (mA)	执行元件返回系数	执行元件断开时间 (s)	功率消耗 (VA/相)	触点容量	
					交流 220V (VA)	直流 220V (W)
100	1.7~1.8	≮0.3	0.01	5	200	40

(三) 原理接线

LB-7 型闭锁继电器原理接线，见图 21-7-28。

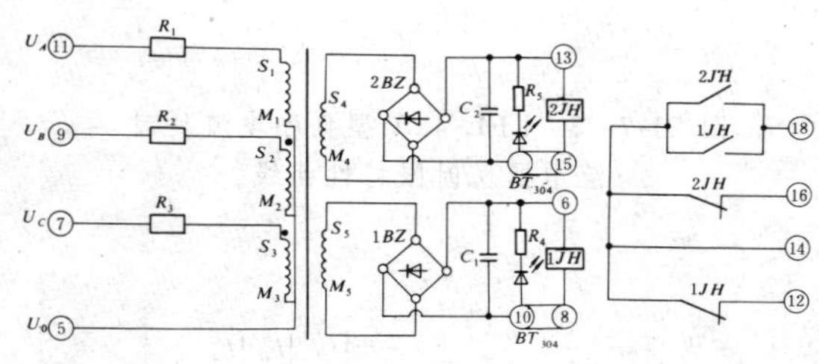

图 21-7-28 LB-7 型闭锁继电器原理接线

(四) 外形及安装尺寸

LB-7 型闭锁继电器壳体结构型式有 A33K、A33P 型，外形及安装尺寸见表 21-0-1。

第 21-8 节 整流型元件保护继电器(上海继电器厂产品)

一、简述

本节着重介绍上海继电器厂生产的整流型成套装置元件保护继电器，各继电器均能满足 200~300MW 发电机组及大容量变电所保护的需要。

二、LCD-5A 型变压器纵联差动保护继电器

(一) 简介

该型继电器用于发电厂变电所等主变压器纵联差动保护线路中作主保护。由于继电器采用比例制动和谐波制动原理，并能在变压器额定电流 20%时动作，

故能保护带有分接头的运行方式变化较大的大型变压器。

（二）技术数据

LCD-5A 型变压器纵联差动保护继电器技术数据，见表 21-8-1。

LCD-5A 型变压器纵联差动保护继电器穿越制动特性，见图 21-8-1。

（三）板后出线端子图

LCD-5A 型变压器纵联差动保护继电器板后出线端子图，见图 21-8-2。

（四）外形及安装尺寸

LCD-5A 型变压器纵联差动保护继电器（整流型元件保护继电器）外形及安装尺寸，见图 21-8-3、表 21-8-2，壳体编号为 2。

表 21-8-1　LCD-5A 型变压器纵联差动保护继电器技术数据

额定电流（A）	动作电流（A）	速断整定值（A）	制动系数	二次谐波制动比	动作时间（ms）	功率消耗（VA）		触点容量		
						差回路	制动回路	电压（V）	电流（A）	直流回路（W）
5	$0.2I_e$	（6～15）I_e	0.4	15%～25%	$3I_{dz}$时≯50 $1.1I_{dz}$时≯15	≯2.5	≯2	≯220	≯1	≯20
			0.5							
1	$0.4I_e$	连续可调	0.6							

注　I_{dz}为动作电流（下同）。

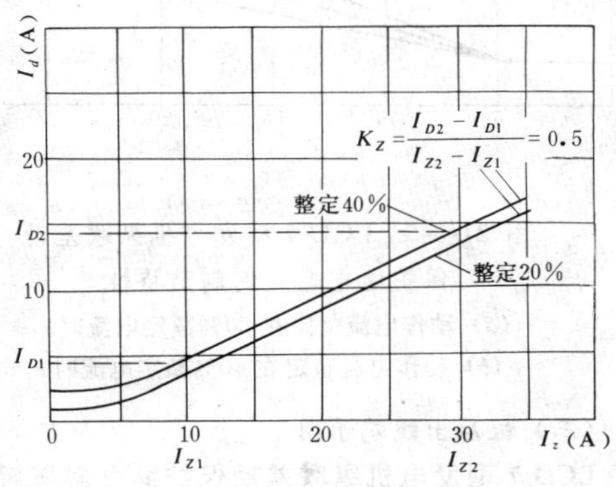

图 21-8-1　LCD-5A 型变压器纵联差动保护继电器穿越制动特性

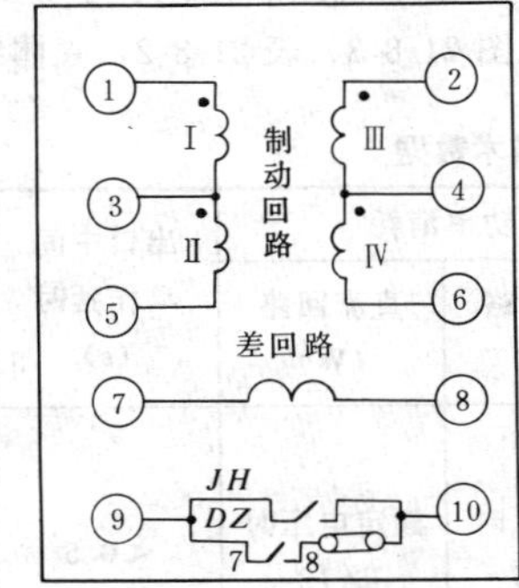

图 21-8-2　LCD-5A 型变压器纵联差动保护继电器板后出线端子图

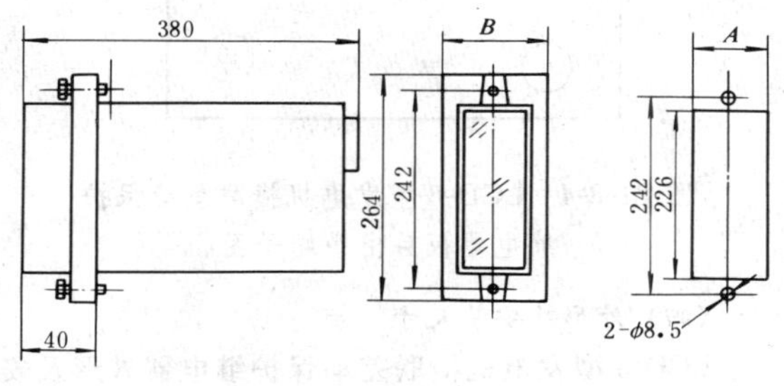

图 21-8-3　整流型元件保护继电器外形及安装尺寸

表 21-8-2　整流型元件保护继电器外形及安装尺寸

壳体编号	尺寸（mm）	
	A（开孔）	*B*（外形）
1	84	100
2	120	136
3	190	207

三、LCD-6型发电机横联差动保护继电器

（一）简介

该型继电器用于发电机定子绕组匝间保护，当定子绕组发生匝间短路或开焊故障时继电器动作。

使用该型继电器的发电机定子两星形绕组在中性点须有六个引出头。

（二）技术数据

LCD-6型发电机横联差动保护继电器技术数据，见表21-8-3。

（三）板后出线端子图

LCD-6型发电机横联差动保护继电器板后出线端子图，见图21-8-4。

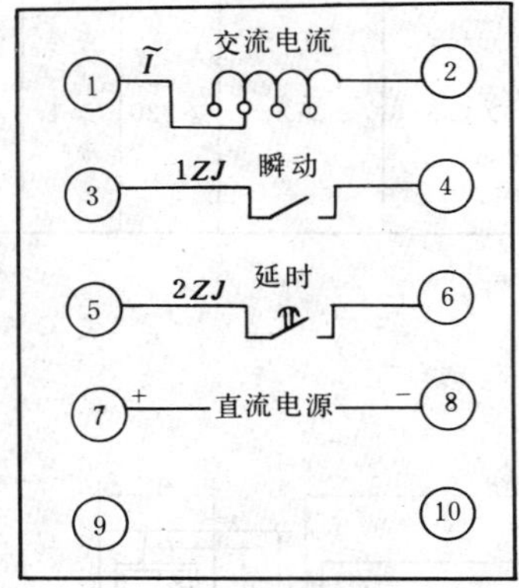

图21-8-4　LCD-6型发电机横联差动保护继电器板后出线端子图

（四）外形及安装尺寸

LCD-6型发电机横联差动保护继电器外形及安装尺寸，见图21-8-3、表21-8-2，壳体编号为1。

四、LCD-7型发电机纵联差动保护继电器

（一）简介

该型继电器用于发电机作为定子绕组相间短路主保护。

（二）技术数据

LCD-7型发电机纵联差动保护继电器技术数据，见表21-8-4。

LCD-7型发电机纵联差动保护继电器比例制动特性，见图21-8-5。

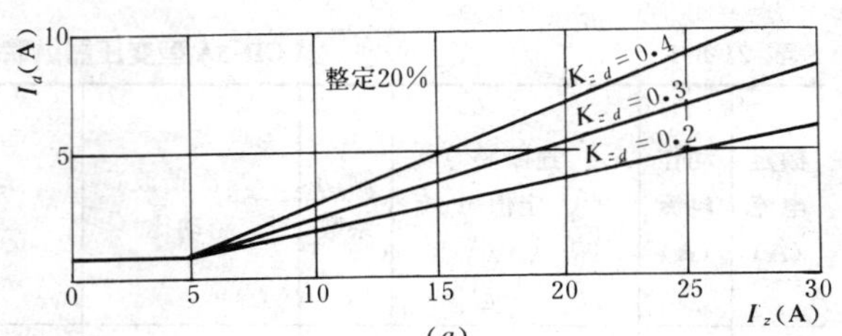

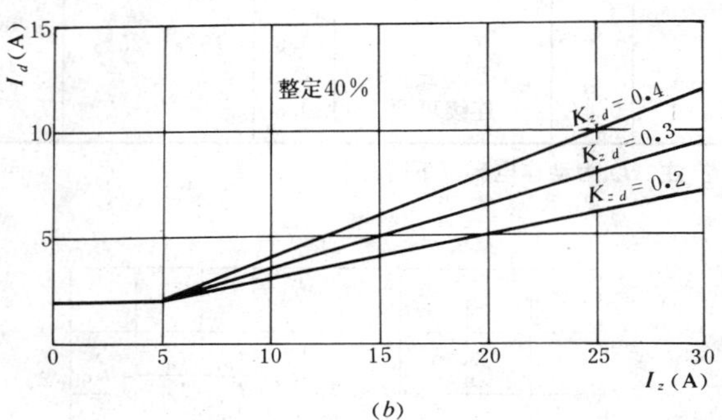

图21-8-5　LCD-7型发电机纵联差动保护继电器比例制动特性

(a) 动作电流整定在20%额定电流时；

(b) 动作电流整定在40%额定电流时

（三）板后出线端子图

LCD-7型发电机纵联差动保护继电器板后出线端子图，见图21-8-6。

（四）外形及安装尺寸

LCD-7型发电机纵联差动保护继电器外形及安装尺寸，见图21-8-3、表21-8-2，壳体编号为1。

表21-8-3　　LCD-6型发电机横联差动保护继电器技术数据

额定值			动作电流 (A)	返回系数	功率消耗		出口中间动作延时 (s)	动作电流比
交流电流 (A)	频率 (Hz)	直流电压 (V)			交流回路 (VA)	直流回路 (W)		
5	50	220 110	1 2 4 8	≮0.8	电流5A时 ≯3.5	额定电压时 ≯12	≮0.5	150Hz与50Hz动作电流比 ≮30

表 21-8-4　**LCD-7 型发电机纵联差动保护继电器技术数据**

额定值		动作电流（A）	返回系数	制动系数	动作时间（s）	功率消耗（VA）	
电流（A）	频率（Hz）					差回路	制动绕组
5	50	1 2	≮0.4	0.2 0.3 0.4	$3I_{dz}$时 ≯0.03	电流 5A 时 ≯3	电流 5A 时两个制动绕组 ≯3

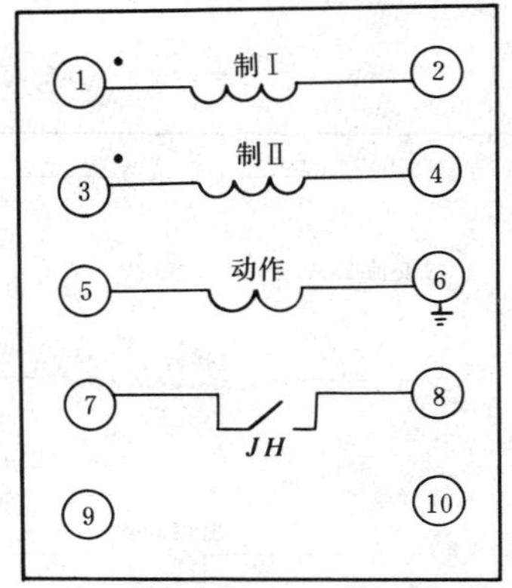

图 21-8-6　LCD-7 型发电机纵联差动保护继电器板后出线端子图

五、LD-1 型发电机定子接地保护继电器

（一）简介

该型继电器使用于发电机定子绕组接地保护，保护区为 95%（从机端算起）。

继电器动作于信号，当发电机电压网络接地电容电流大于 5A 时，应按规定装设消弧线圈进行补偿。150Hz 与 50Hz 动作电压之比不低于 8。

（二）技术数据

LD-1 型发电机定子接地保护继电器技术数据，见表 21-8-5。

（三）板后出线端子图

LD-1 型发电机定子接地保护继电器板后出线端子图，见图 21-8-7。

（四）外形及安装尺寸

LD-1 型发电机定子接地保护继电器外形及安装尺寸，见图 21-8-3、表 21-8-2，壳体编号为 2。

六、LD-1A 型发电机定子接地保护继电器

（一）简介

该型继电器使用于发电机定子绕组接地保护，保护区为 100%。

（二）技术数据

LD-1A 型发电机定子接地保护继电器技术数据，见表 21-8-6。

（三）板后出线端子图

LD-1A 型发电机定子接地保护继电器板后出线端子图，见图 21-8-8。

（四）外形及安装尺寸

LD-1A 型发电机定子接地保护继电器外形及安装尺寸，见图 21-8-3、表 21-8-2，壳体编号为 2。

表 21-8-5　**LD-1 型发电机定子接地保护继电器技术数据**

额定值			零序动作电压（V）	返回系数	时间继电器延时（s）	功率消耗	
频率（Hz）	零序电压（V）	直流电压（V）				交流回路（VA）	直流回路（W）
50	100	220 110	5 7 15 20	≮0.8	0.5～9	≯8	≯20

表 21-8-6　**LD-1A 型发电机定子接地保护继电器技术数据**

额　定　值					动作电压（V）		滤波特性	灵敏度	动作时间（s）
机端电压（V）	机端频率（Hz）	中性点电压（V）	中性点频率（Hz）	直流电压（V）	基波部分	三次谐波部分			
100	50	100	50	220 110	15～60	≯0.8	$\frac{U_{150}}{U_{50}}\geqslant 30$	在 $U_{NT}>3V$、$R_F=3k\Omega$ 电阻接地时可靠动作	$3I_{dz}$时 ≯0.05

注　U_{NT}—发电机三次谐波电压；R_F—中性点经 R_F 接地电阻。

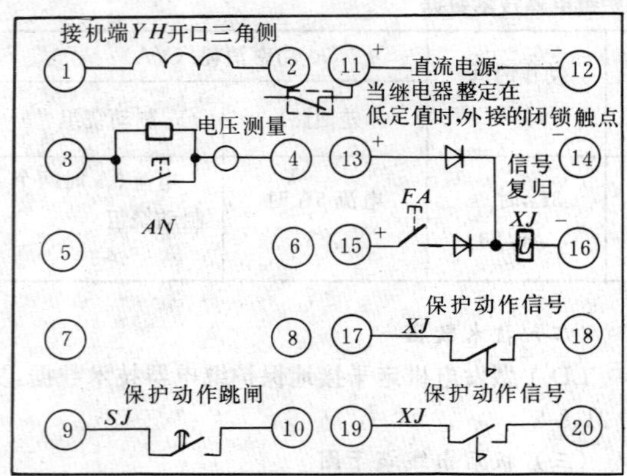

图 21-8-7 LD-1 型发电机定子接地保护继电器板后出线端子图

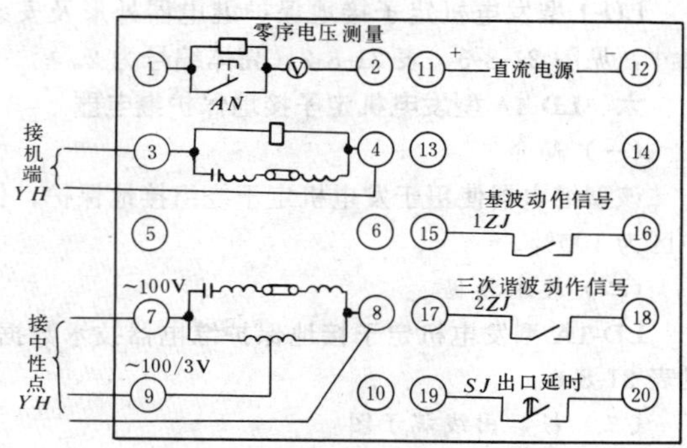

图 21-8-8 LD-1A 型发电机定子接地保护继电器板后出线端子图

七、LD-5 型转子一点接地保护继电器

(一) 简介

该型继电器用于监视发电机转子回路对地绝缘，当转子回路发生一点接地时继电器动作，发出故障信号，或作用于跳闸，继电器本身带有 0.5s 固定延时。

(二) 技术数据

LD-5 型转子一点接地保护继电器技术数据，见表 21-8-7。

(三) 板后出线端子图

LD-5 型转子一点接地保护继电器板后出线端子图，见图 21-8-9。

(四) 外形及安装尺寸

LD-5 型转子一点接地保护继电器外形及安装尺寸，见图 21-8-3、表 21-8-2，壳体编号为 2。

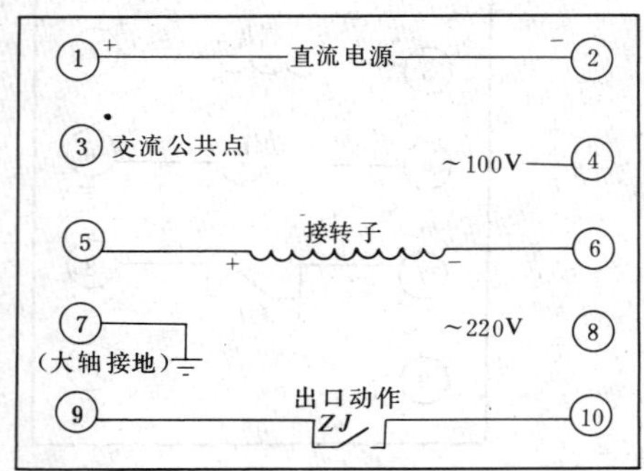

图 21-8-9 LD-5 型转子一点接地保护继电器板后出线端子图

八、ZBZ-2A 型转子一点接地保护继电器

(一) 简介

该型继电器用于监视发电机转子(励磁回路)对地绝缘，适于转子对地绝缘电阻整定值不大于 2.5kΩ 的中小型发电机。当发电机转子回路发生一点接地时，保护装置立即动作发出事故信号。

(二) 技术数据

ZBZ-2A 型转子一点接地保护继电器技术数据，见表 21-8-8。

表 21-8-7 LD-5 型转子一点接地保护继电器技术数据

额定值		动作电阻整定值(kΩ)	动作电阻返回系数	动作延时(s)	触点容量			功率消耗	
直流电压(V)	交流电压(V)				电压(V)	电流(A)	直流回路(W)	交流回路(VA)	220V 直流回路(W)
220 110	100 220	0.5 1 2 5 10 15 20	≯2	≮0.5	≯220	≯0.3	30	≯18	≯18

表 21-8-8　**ZBZ-2A 型转子一点接地保护继电器技术数据**

额定值			动作电流 (mA)	灵敏度	动作时间 (s)	功率消耗		触点容量		
交流电压 (V)	交流频率 (Hz)	直流电压 (V)				交流回路 (VA)	直流回路 (W)	电压 (V)	电流 (A)	直流电路 (W)
100 220	50	48 110 220	20～40	整定在 40mA 时 ≮1kΩ，整定在 20mA 时 ≮2.5kΩ	≯0.5	≯8	≯5	≮250	≮1	50

（三）板后出线端子图

ZBZ-2A 型转子一点接地保护继电器板后出线端子图，见图 21-8-10。

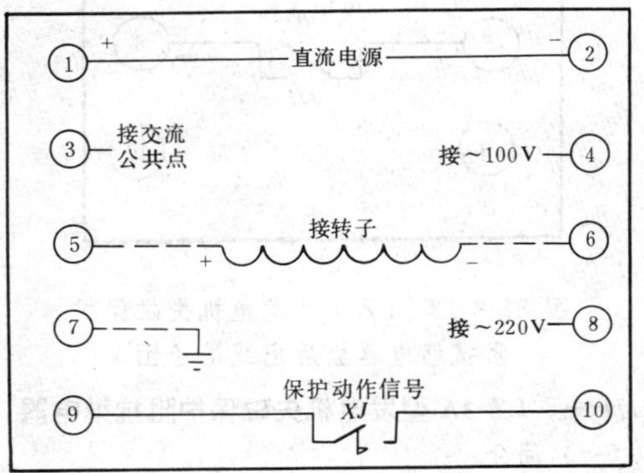

图 21-8-10　ZBZ-2A 型转子一点接地保护继电器板后出线端子图

（四）外形及安装尺寸

ZBZ-2A 型转子一点接地保护继电器外形及安装尺寸，见图 21-8-3、表 21-8-1，壳体编号为 2。

九、LD-2A 型发电机转子二点接地继电器

（一）简介

该型继电器用于汽轮发电机作为转子绕组二点接地保护，当转子绕组由一点接地发展成二点接地时继电器动作，跳开发电机。

该型继电器与 FZ-2 型附加电阻箱配套使用。

（二）技术数据

LD-2A 型发电机转子二点接地继电器技术数据，见表 21-8-9。

（三）板后出线端子图

LD-2A 型发电机二点接地继电器板后出线端子图，见图 21-8-11。

（四）外形及安装尺寸

LD-2A 型发电机转子二点接地继电器外形及安装尺寸，见图 21-8-3、表 21-8-2，壳体编号为 2。

配套使用的 FZ-2 型附加电阻箱，其外形及安装尺寸，与该型继电器相同。

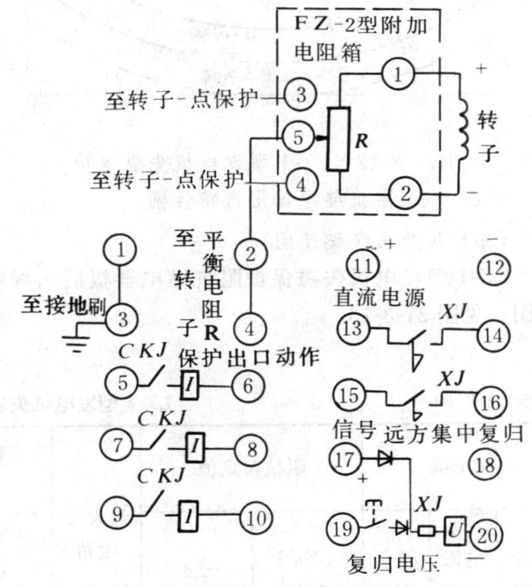

图 21-8-11　LD-2A 型发电机转子二点接地继电器板后出线端子图

表 21-8-9　**LD-2A 型发电机转子二点接地继电器技术数据**

直流额定电压 (V)	最小动作电压 (V)	灵敏度	返回系数	动作延时 (s)	电阻箱		功率消耗 (W)	触点容量		
					质量 (kg)	长期工作最高直流电压 (V)		电压 (V)	电流 (A)	直流回路 (W)
220	≯8	对应第一点转子中部接地，第二点灵敏度 ≮8%	≮0.8	≮0.8	≯6	450	≯15	≯220	≯1	≮50

十、LZ-1型发电机失磁保护阻抗继电器

（一）简介

该型继电器主要用作同步发电机失磁保护。

（二）技术数据

LZ-1型发电机失磁保护阻抗继电器技术数据，见表21-8-10。

LZ-1型发电机失磁保护阻抗继电器阻抗特性圆，见图21-8-12。

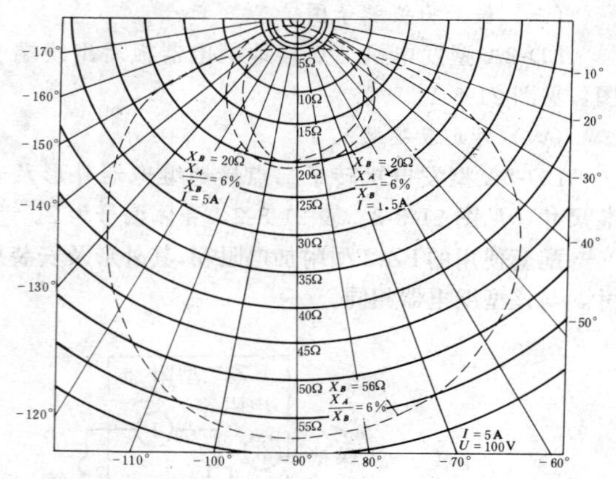

图 21-8-12　LZ-1型发电机失磁保护阻抗继电器阻抗特性圆

（三）板后出线端子图

LZ-1型发电机失磁保护阻抗继电器板后出线端子图，见图21-8-13。

（四）外形及安装尺寸

LZ-1型发电机失磁保护阻抗继电器外形及安装尺寸，见图21-8-3、表21-8-2，壳体编号为1。

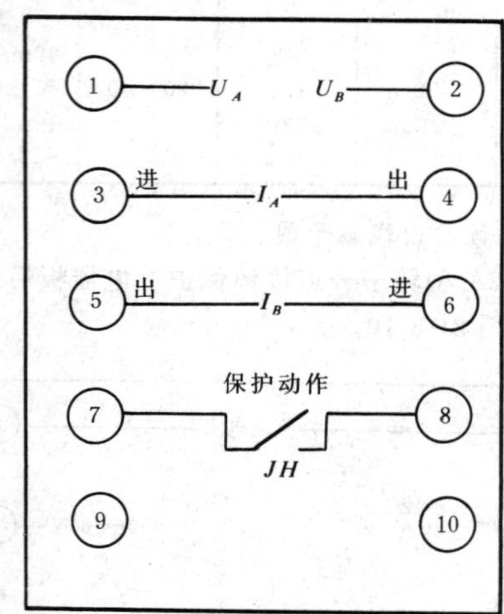

图 21-8-13　LZ-1型发电机失磁保护阻抗继电器板后出线端子图

十一、LZ-1A型发电机失磁保护阻抗继电器

（一）简介

该型继电器主要作同步发电机失磁保护用，继电器阻抗特性可从下抛圆切换到偏移圆。

（二）技术数据

LZ-1A型发电机失磁保护阻抗继电器技术数据，见表21-8-11。

表 21-8-10　LZ-1型发电机失磁保护阻抗继电器技术数据

额定值			阻抗整定值		最大灵敏角	精确工作电流（A）		动作时间（s）	功率消耗（VA）		触点容量		
电压（V）	电流（A）	频率（Hz）	X_B（Ω/相）	$\frac{X_A}{X_B}$		X_A	X_B		电流回路（每相）	电压回路	电压（V）	电流（A）	直流回路（W）
100	5	50	−20～−60	0～14.4%	−90°±5°	−2Ω时≯3.5	−20Ω时≯1.5	$2I_{jg}$、0.7倍阻抗特性圆半径处≯0.05	≯3	≯15	≯220	≯0.2	20

注　I_{jg}为精确工作电流。

表 21-8-11　　**LZ-1A 型发电机失磁保护阻抗继电器技术数据**

额定值		阻抗整定值		最大灵敏角	精确工作电流（A）		动作时间（s）	功率消耗			触点容量		
交流电流（A）	直流电压（V）	X_B（Ω/相）	X_A（Ω/相）		X_A	X_B		电流回路（VA）	电压回路（VA）	直流回路（W）	电压（V）	电流（A）	直流回路（W）
5	220 110	−20～−50	±（0～15）% X_B	−90° ±5°	X_A=2Ω 时 ≯3.5	X_B=20Ω 时 ≯1.5	2 倍精确工作电流、0.7 倍阻抗特性圆半径处 ≯0.1	≯3	≯10	220V ≯8	≯250	≯1	50

（三）板后出线端子图

LZ-1A 型发电机失磁保护阻抗继电器板后出线端子图，见图 21-8-14。

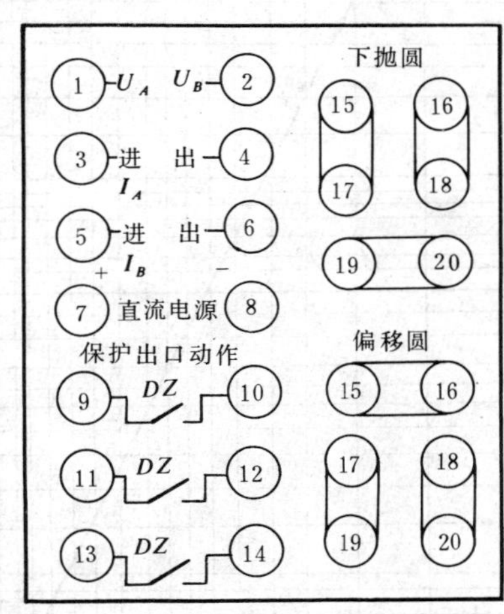

图 21-8-14　LZ-1A 型发电机失磁保护阻抗继电器板后出线端子图

（另有一 DZ 常开触点未从箱后引出）

（四）外形及安装尺寸

LZ-1A 型发电机失磁保护阻抗继电器外形及安装尺寸，见图 21-8-3、表 21-8-2，壳体编号为 1。

十二、LZ-13 型全阻抗继电器

（一）简介

该继电器用于发电机、变压器作为相间短路和三相对称短路的后备保护。

（二）技术数据

LZ-13 型全阻抗继电器技术数据，见表 21-8-12。

（三）板后出线端子图

LZ-13 型全阻抗继电器板后出线端子图，见图 21-8-15。

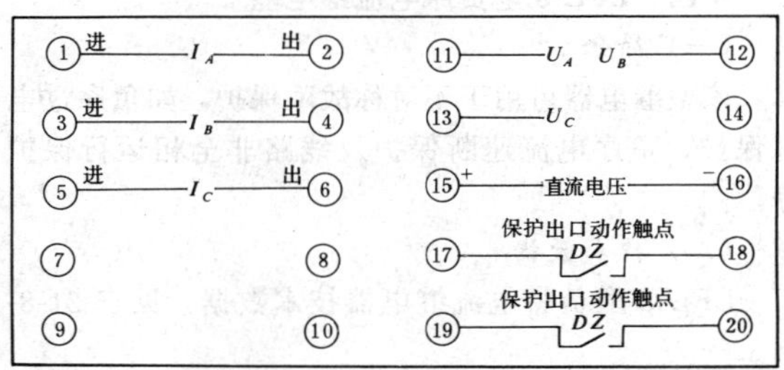

图 21-8-15　LZ-13 型全阻抗继电器板后出线端子图

（四）外形及安装尺寸

LZ-13 型全阻抗继电器外形及安装尺寸，见图 21-8-3、表 21-8-2，壳体编号为 1。

表 21-8-12 **LZ-13型全阻抗继电器技术数据**

额定值				阻抗整定值(Ω/相)	返回系数	精确工作电流(A)	动作时间(s)	功率消耗			触点容量		
直流电压(V)	交流频率(Hz)	交流电流(A)	交流电压(V)					交流回路(VA)	电压回路(VA)	直流回路(W)	电压(V)	电流(A)	直流回路(W)
220	50	5	100	2～20	≯1.15	Y_B抽头100%整定阻抗2Ω时，模拟两相短路情况≯0.5A，当I_e=1A时为10Ω，0.1A	0.8I_e 0.8Z_{zd} ≯0.06	≯2.5	≯15	≯7	≯220	≯0.3	30
110		1		10～100(1A)									

注 Z_{zd}为阻抗继电器整定阻抗。

十三、LFL-2型负序电流反时限继电器

（一）简介

该型继电器主要用作保护发电机转子免受不对称故障和长期不对称过负荷引起的过热，也可兼作系统不对称故障的后备保护。

（二）技术数据

LFL-2型负序电流反时限继电器技术数据，见表21-8-13。

LFL-2型负序电流反时限继电器反时限特性，见图21-8-16。

（三）板后出线端子图

LFL-2型负序电流反时限继电器板后出线端子图，见图21-8-17。

（四）外形及安装尺寸

LFL-2型负序电流反时限继电器外形及安装尺寸，见图21-8-3、表21-8-2，壳体编号为3。

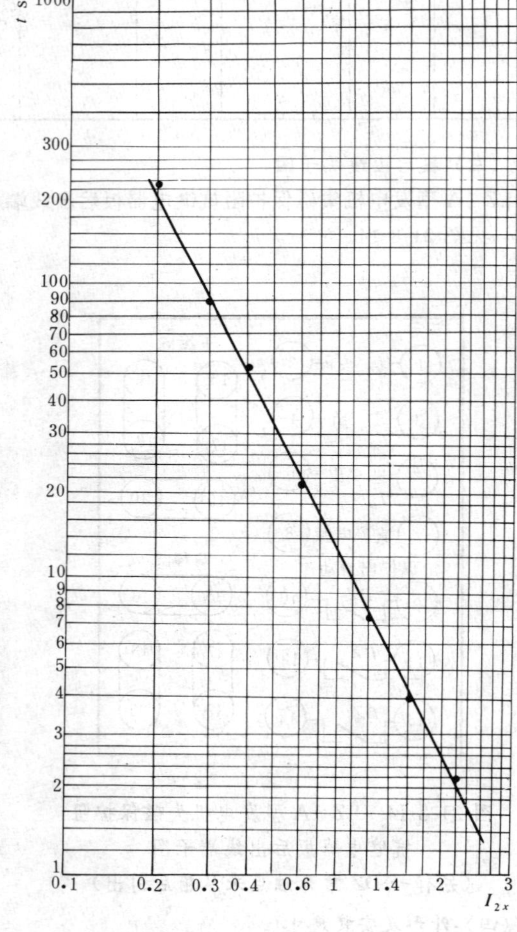

图 21-8-16 LFL-2型负序电流反时限继电器反时限特性

十四、LFL-8型负序电流继电器

（一）简介

该型继电器可用于不对称故障保护，如负序过电流保护、负序电流速断保护及线路非全相运行保护等。

（二）技术数据

LFL-8型负序电流继电器技术数据，见表21-8-14。

（三）板后出线端子图

LFL-8型负序电流继电器背后端子图，见图21-8-18。

（四）外形及安装尺寸

LFL-8型负序电流继电器外形及安装尺寸，见图21-8-3、表21-8-3，壳体编号为1。

表 21-8-13　**LFL-2 型负序电流反时限继电器技术数据**

额定值		动作电流		负序过负荷动作延时 (s)	负序过电流整定值 (A)	功率消耗				触点容量	
直流电压 (V)	交流电流 (A)	负序过电流 (I_z/I_e)	负序过负荷 (I_z/I_e)			直流回路 (W)	交流回路（VA） A 相	B 相	C 相	电压 (V)	电流 (A)
220 110	3.4 3.7 4.0 4.3 4.6 4.9	0.2	0.08	最大 9	6～12	≯35	≯8	≯3	≯3	220	0.1

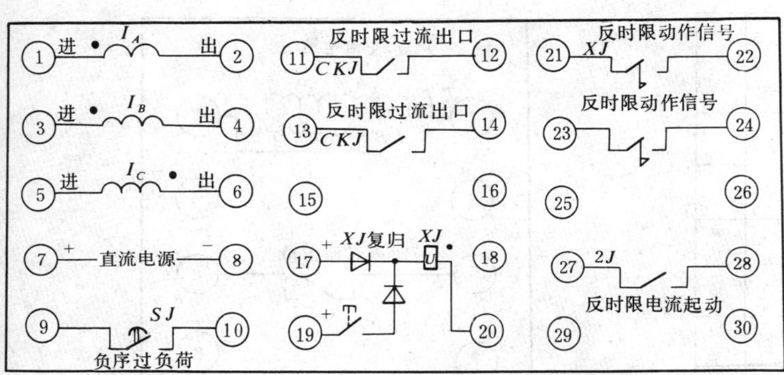

图 21-8-17　LFL-2 型负序电流反时限继电器背后端子图

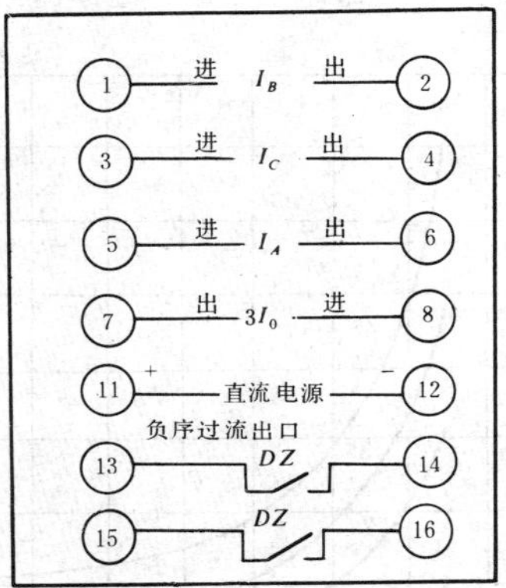

图 21-8-18　LFL-8 型负序电流继电器背后端子图

表 21-8-14　**LFL-8 型负序电流继电器技术数据**

额定值		负序电流整定值 (A)		动作时间 (s)		返回系数	功率消耗		触点容量		
直流电压 (V)	交流电流 (A)	Ⅰ档	Ⅱ档	Ⅰ档	Ⅱ档		交流回路 (VA/相)	直流回路 (W)	电压 (V)	电流 (A)	直流回路 (W)
220	5	0.2～2	2～10	2 倍动作电流下 ≯0.04	2 倍动作电流下 ≯0.03	≮0.85	≯2.5	≯5	≯250	≯1	50

十五、LL-4 型单相反时限过电流继电器

（一）简介

该型继电器主要用作变压器零序反时限过电流保护或电动机相电流过电流保护。

（二）技术数据

LL-4 型单相反时限过电流继电器技术数据，见表 21-8-15。

LL-4/4 型单相反时限过电流继电器延时特性，见图 21-8-19。

LL-4/16 型单相反时限过电流继电器延时特性，见图 21-8-20。

（三）板后出线端子图

LL-4 型单相反时限过电流继电器板后出线端子图，见图 21-8-21。

（四）外形及安装尺寸

LL-4 型单相反时限过电流继电器外形及安装尺寸，见图 21-8-3、表 21-8-2，壳体编号为 1。

表 21-8-15 **LL-4型单相反时限过电流继电器技术数据**

额定值		起动元件动作电流(A)	$10I_e$下继电器延时(s)		瞬动元件整定范围	触点容量	
频率(Hz)	电流(A)		LL-4/4型	LL-4/16型		电流(A)	交流回路(VA)
50	3.1 3.6 4.2 5.0 6.2 8.4	$1.5I_e$	0.5 1 2 3 4	2 4 8 12 16	(3～10) I_e	5	≯3

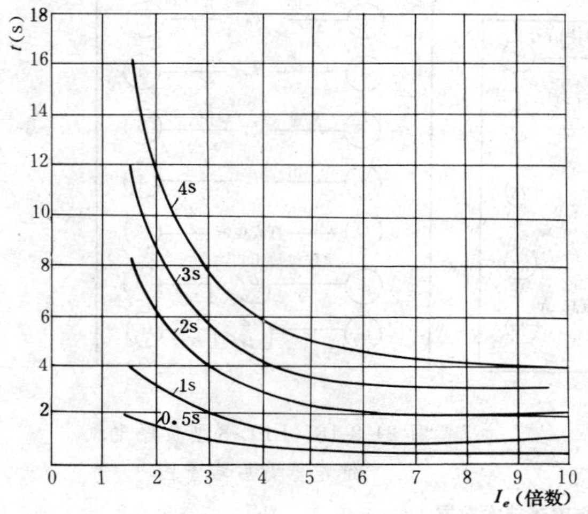

图 21-8-19 LL-4/4型单相反时限过电流继电器延时特性

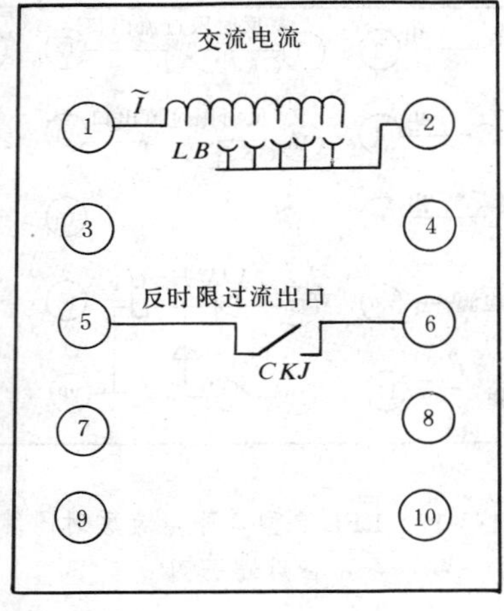

图 21-8-21 LL-4型单相反时限过电流继电器板后出线端子图

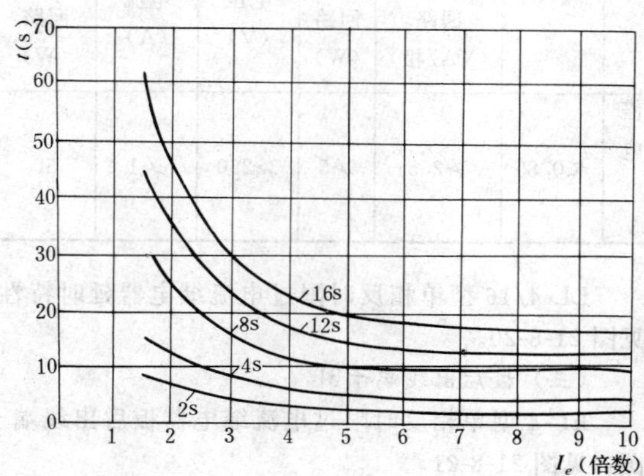

图 21-8-20 LL-4/16型单相反时限过电流继电器延时特性

十六、LL-8型转子过负荷继电器

(一) 简介

该型继电器主要用于发电机转子回路过负荷保护三相式接线，接到交流主励磁机回路。

(二) 技术数据

LL-8型转子过负荷继电器技术数据，见表21-8-16。

LL-8型转子过负荷继电器延时特性。见图21-8-22。

(三) 板后出线端子图

LL-8型转子过负荷继电器板后出线端子图，见图21-8-23。

(四) 外形及安装尺寸

LL-8型转子过负荷继电器外形及安装尺寸，见图21-8-3、表21-8-2，壳体编号为3。

表 21-8-16　**LL-8 型转子过负荷继电器技术数据**

额定值			动作电流		过负荷动作延时 (s)	返回系数	过电流延时特性	功率消耗		触点容量	
交流电流 (A)	频率 (Hz)	直流电压 (V)	过负荷	过电流				交流 (VA)	直流 (W)	电压 (V)	电流 (A)
5	50 100 150	220 110	$1.05I_e$	$1.1I_e$	≮0.5	≮0.85	$t=\frac{K}{I_*^2-1}$ $K=30\sim70$	≯2	≯25	≯220	≯0.1

注　I_*—电流标么值。

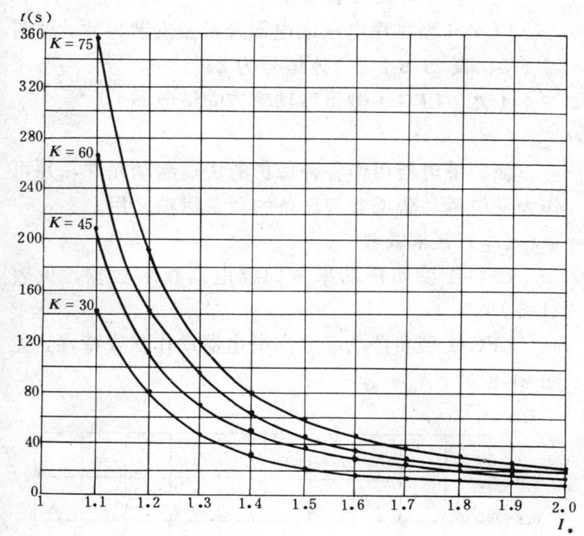

图 21-8-22　LL-8 型转子过负荷继电器延时特性

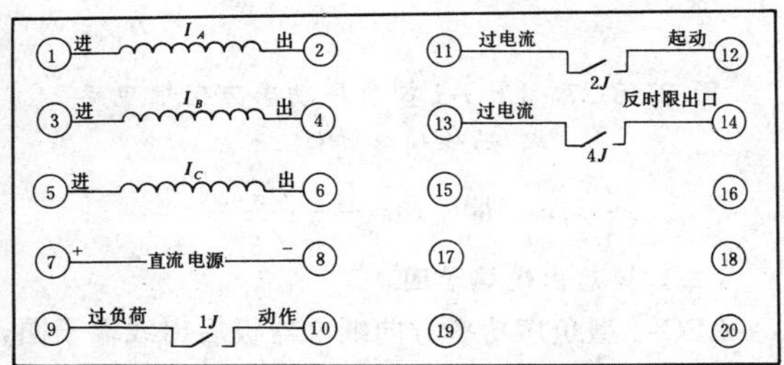

图 21-8-23　LL-8 型转子过负荷继电器板后出线端子图

十七、LL-9 型定子过负荷继电器

（一）简介

该型继电器用于发电机定子绕组过负荷保护单相式接线。

（二）技术数据

LL-9 型定子过负荷继电器技术数据，见表 21-8-17。

LL-9 型定子过负荷继电器延时特性，见图 21-8-24。

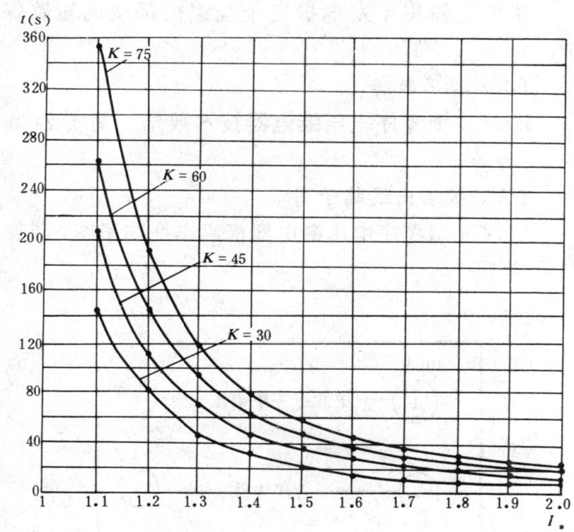

图 21-8-24　LL-9 型定子过负荷继电器延时特性

（三）板后出线端子图

LL-9 型定子过负荷继电器板后出线端子图，见图 21-8-25。

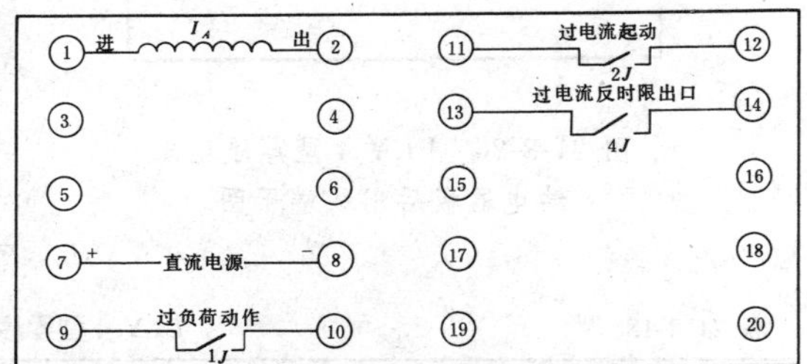

图 21-8-25　LL-9 型定子过负荷继电器板后出线端子图

（四）外形及安装尺寸

LL-9 型定子过负荷继电器外形及安装尺寸，见图 21-8-3、表 21-8-2，壳体编号为 3。

表 21-8-17 **LL-9 型定子过负荷继电器技术数据**

额定值			动作电流		过负荷动作延时(s)	返回系数	过电流延时特性	功率消耗		触点容量	
直流电压(V)	频率(Hz)	交流电压(A)	过负荷	过电流				交流(VA/相)	直流(W)	电压(V)	电流(A)
220 110	50	5	$1.05I_e$	$1.1I_e$	≮0.5	≮0.85	$t=\frac{K}{I_*^2-1}$ $K=30\sim75$	≯2	≯27	≯220	≯0.1

注 I_*—电流标么值。

K—定子绕组允许的发热时间常数。

十八、LLY-4 型零序电压继电器

(一) 简介

该继电器用于发电机定子绕组内部匝间短路保护。

(二) 技术数据

LLY-4 型零序电压继电器技术数据，见表 21-8-18。

(三) 板后出线端子图

LLY-4 型零序电压继电器板后出线端子图，见图 21-8-26。

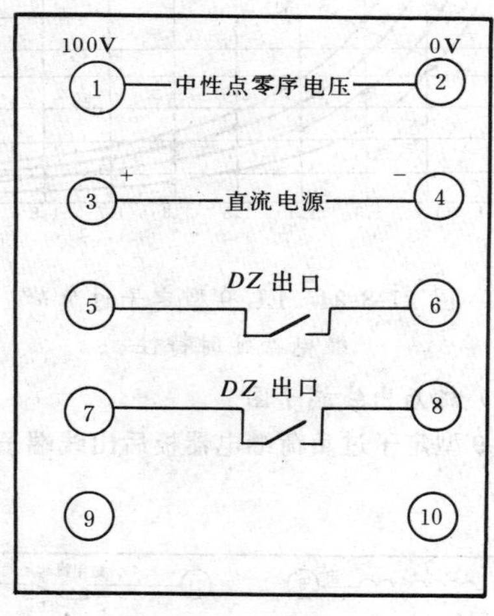

图 21-8-26 LLY-4 型零序电压继电器板后出线端子图

(四) 外形及安装尺寸

LLY-4 型零序电压继电器外形及安装尺寸，见图 21-8-3、表 21-8-2，壳体编号为 2。

十九、LFG-1 型负序功率方向继电器

(一) 简介

该型继电器用作各种保护的快速起动元件，并可作为发电机、变压器等设备的后备保护之用。

(二) 技术数据

LFG-1 型负序功率方向继电器技术数据，见表 21-8-19。

LFG-1 型负序功率方向继电器动作伏安特性，见图 21-8-27。

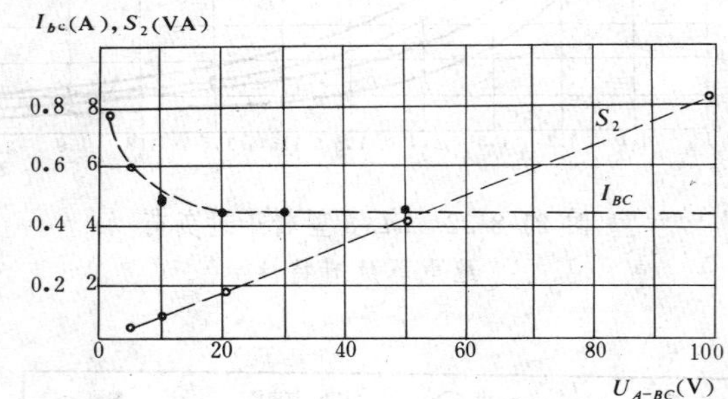

图 21-8-27 LFG-1 型负序功率方向继电器动作伏安特性

$$\left(\varphi_{LM}=160°;\ S_2=\frac{I_{BC}\cdot U_{A-BC}}{3\sqrt{3}}\right)$$

(三) 板后出线端子图

LFG-1 型负序功率方向继电器板后出线端子图，见图 21-8-28。

表 21-8-18 **LLY-4 型零序电压继电器技术数据**

额定值			零序动作电压(V)	返回系数	三次谐波电压滤波比	功率消耗		触点容量		
直流电压(V)	频率(Hz)	交流电压(V)				交流回路(VA)	直流回路(W)	电压(V)	电流(A)	直流回路(W)
220 110	50	100	1～8	≮0.85	>100	≯3	≯5	≯250	≯1	50

表 21-8-19　**LFG-1 型负序功率方向继电器技术数据**

额定值			最小负序动作功率（VA）	最大灵敏角	动作时间（s）	功率消耗		触点容量		
频率（Hz）	电流（A）	电压（V）				交流电流回路（VA/相）	交流电压回路（VA）	电压（V）	电流（A）	直流回路（W）
50	5	100	1.5	−100°～−120°	$5W_{dz}$时 ≯0.025	≯2	≯10	≯220	≯0.2	≯20

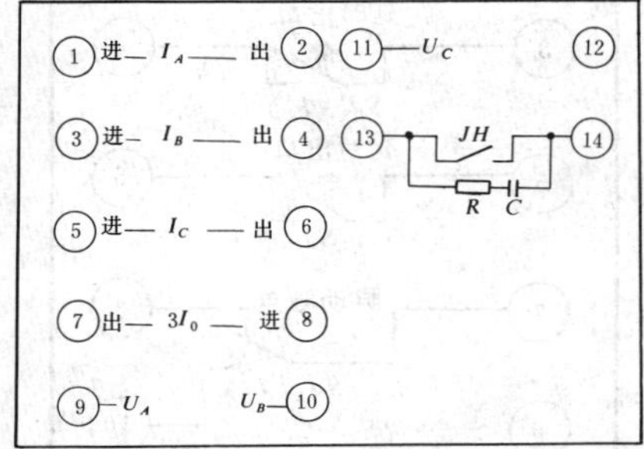

图 21-8-28　LFG-1 型负序功率方向继电器板后出线端子图

（四）外形及安装尺寸

LFG-1 型负序功率方向继电器外形及安装尺寸，见图 21-8-3、表 21-8-2，壳体编号为 2。

二十、LLG-3A 型功率方向继电器

（一）简介

该型继电器用于多绕组变压器方向过电流保护中，作为相间短路的功率方向元件。

（二）技术数据

LLG-3A 型功率方向继电器技术数据，见表 21-8-20。

（三）板后出线端子图

LLG-3A 型功率方向继电器板后出线端子图，见图 21-8-29。

（四）外形及安装尺寸

LLG-3A 型功率方向继电器外形及安装尺寸，见图 21-8-3、表 21-8-2，壳体编号为 1。

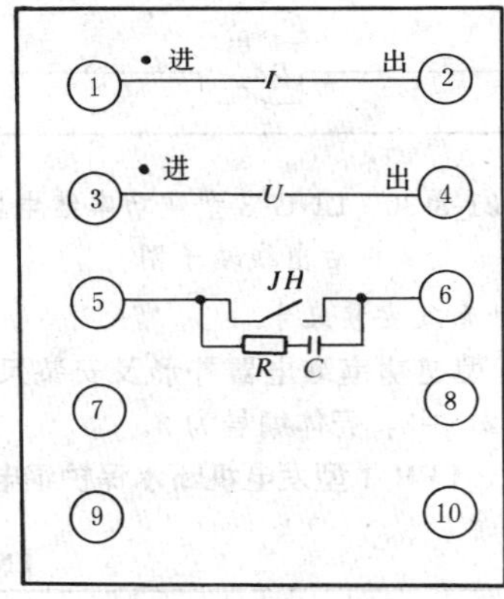

图 21-8-29　LLG-3A 型功率方向继电器板后出线端子图

表 21-8-20　**LLG-3A 型功率方向继电器技术数据**

额定值			最大灵敏角 φ_m	动作区	最小动作电压 $U_{dz.min}$（V）	动作时间（s）	返回系数	功率消耗（VA）		触点容量		
频率（Hz）	电流（A）	电压（V）						电压回路	电流回路	电压（V）	电流（A）	直流回路（W）
50	5	100	−45°±5°	≮160°	≯2	在 φ_m 下，电流从 0 升到 I_e，电压从 U_e 降到 U_{dzmin} ≯0.035	≮0.45	≯10	≯2.5	≯220	≯0.2	20

二十一、LNG-3型逆功率继电器

(一) 简介

该型继电器用作防止汽轮机尾部叶片过热损坏的保护装置。

(二) 技术数据

LNG-3型逆功率继电器技术数据，见表21-8-21。

(三) 板后出线端子图

LNG-3型逆功率继电器板后出线端子图，见图21-8-30。

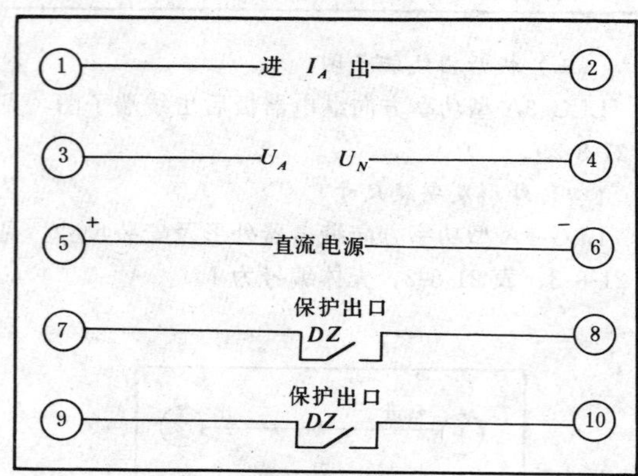

图 21-8-30 LNG-3型逆功率继电器板后出线端子图

(四) 外形及安装尺寸

LNG-3型逆功率继电器外形及安装尺寸，见图21-8-3、表21-8-2，壳体编号为2。

二十二、LFH-1型发电机断水保护继电器

(一) 简介

该型继电器用于发电机冷却水断水保护。

(二) 技术数据

LFH-1型发电机断水保护继电器技术数据，见表21-8-22。

(三) 板后出线端子图

LFH-1型发电机断水保护继电器板后出线端子图，见图21-8-31。

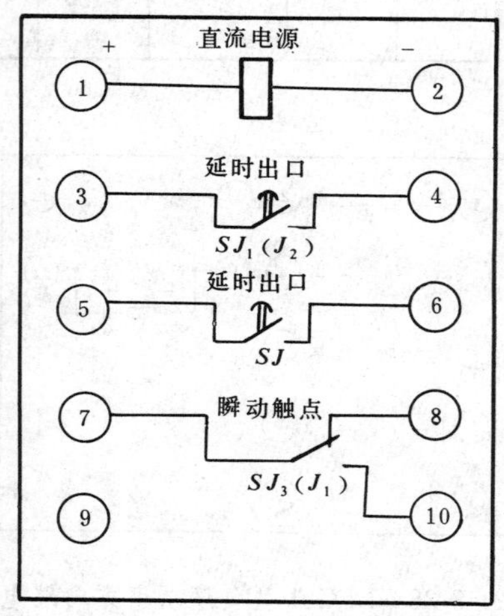

图 21-8-31 LFH-1型发电机断水保护继电器板后出线端子图

(四) 外形及安装尺寸

LFH-1型发电机断水保护继电器外形及安装尺寸，见图21-8-3、表21-8-2，壳体编号为1。

表 21-8-21 LNG-3型逆功率继电器技术数据

额定值				动作功率	最大灵敏角 φ_m	接线方式	动作区	动作时间 (s)	返回系数	功率消耗 (VA)		触点容量		
直流电压 (V)	交流									电压回路	电流回路	电压 (V)	电流 (A)	直流回路 (W)
	频率 (Hz)	电流 (A)	电压 (V)											
220 110	50	5	$\frac{100}{\sqrt{3}}$	在 φ_m 及 U_e 下 1%～5%P_e	180°±5°	0°接线方式	在 U_e、I_e 下动作功率整定在 180°～10°	$U=100V/\sqrt{3}$ $\varphi=\varphi_m$ 整定在1% RH 时 $I_o=3I_{dz}$ ≯0.08	≮0.04		≯7	≯250	≯2	≯50

表 21-8-22　　LFH-1 型发电机断水保护继电器技术数据

额定直流电压（V）	直流起动电压	返回电压	延时整定值（s）	误差	功率消耗（W）	触点容量	
						电压（V）	直流回路（W）
220 110	≯70%U_e	≮5%U_e	3～30 连续可调	直流电压在－20%～＋10%U_e变动时，变差≯0.5s，与U_e时比≯±5%	≯30	220	30

二十三、LB-2 型电压回路断线闭锁继电器

（一）简介

该型继电器用作电压互感器一次及二次回路断线闭锁继电保护。

（二）技术数据

LB-2 型电压回路断线闭锁继电器技术数据，见表 21-8-23。

（三）板后出线端子图

LB-2 型电压回路断线闭锁继电器板后出线端子图，见图 21-8-32。

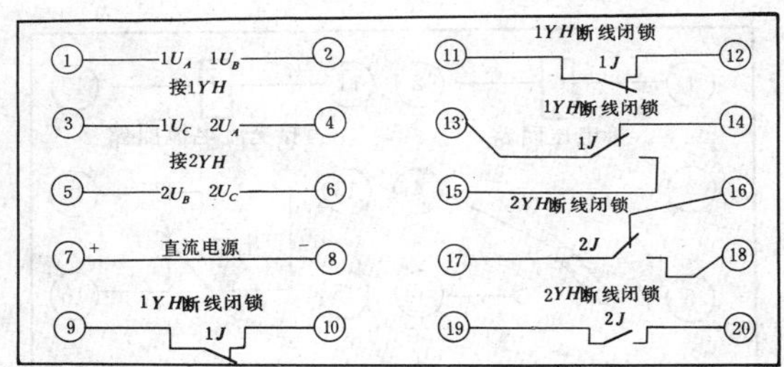

图 21-8-32　LB-2 型电压回路断线闭锁继电器板后出线端子图

（四）外形及安装尺寸

LB-2 型电压回路断相闭锁继电器外形及安装尺寸，见图 21-8-3、表 21-8-2，壳体编号为 2。

二十四、LB-3A 型断相闭锁继电器

（一）简介

该型继电器用于交流电压回路断线而可能引起继电保护误动作时，对继电保护进行闭锁之用。

（二）技术数据

LB-3A 型断相闭锁继电器技术数据，见表 21-8-24。

（三）板后出线端子图

LB-3A 型断相闭锁继电器板后出线端子图，见图 21-8-33。

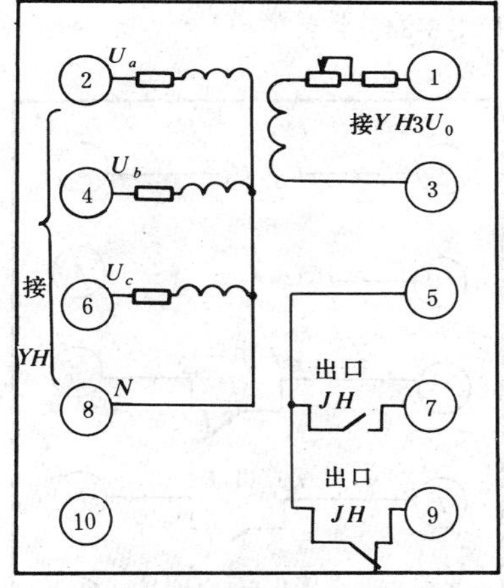

图 21-8-33　LB-3A 型断相闭锁继电器板后出线端子图

（四）外形及安装尺寸

LB-3A 型断相闭锁继电器外形及安装尺寸，见图 21-8-3、表 21-8-2，壳体编号为 1。

表 21-8-23　　LB-2 型电压回路断线闭锁继电器技术数据

额定值					灵敏度	返回系数	动作时间（s）	功率消耗		触点容量	
直流电压（V）	交流 1YH		交流 2YH					交流回路（VA/相）	直流回路（W）	电压（V）	电流（A）
	频率（Hz）	电压（V）	频率（Hz）	电压（V）							
220 110	50	100	50	100、173	≮4	≮0.85	≯0.02	4	7.5	≯220	≯0.1

表 21-8-24 **LB-3A 型断相闭锁继电器技术数据**

额定值		动作电流(mA)	返回系数	动作时间(s)	功率消耗(VA/相)	触点容量		
频率(Hz)	电压(V)					电压(V)	电流(A)	直流回路(W)
50	100	1.7	≮0.45	≯0.01	≯4	≯250	≯0.2	≯20

二十五、FY 型复合电压起动保护继电器

(一) 简介

该型继电器用在发电机或变压器的后备过电流保护中，作为起动元件。其中，负序电压继电器作为不对称短路的起动元件，低电压继电器作为对称短路的起动元件。

(二) 技术数据

FY 型复合电压起动保护继电器技术数据，见表 21-8-25。

(三) 板后出线端子图

FY 型复合电压起动保护继电器板后出线端子图，见图 21-8-34。

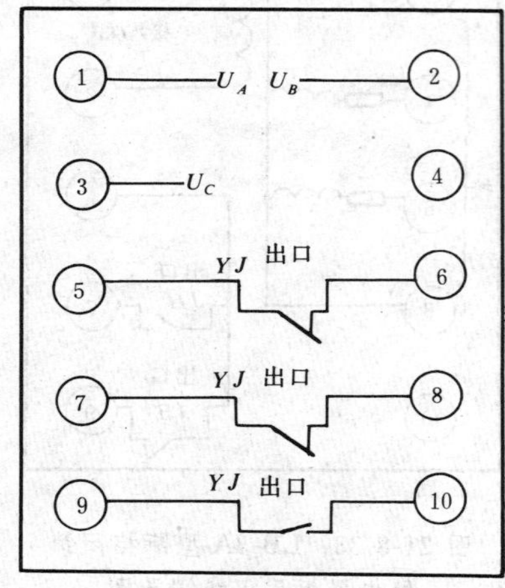

图 21-8-34 FY 型复合电压起动保护继电器板后出线端子图

(四) 外形及安装尺寸

FY 型复合电压起动保护继电器外形及安装尺寸，见图 21-8-3、表 21-8-2，壳体编号为 1。

二十六、LGG-11 型过功率继电器

(一) 简介

该型继电器用于系统切机自动装置中作为起动元件，不仅能判断线路输送功率的方向，而且能定量地判断出输送功率的大小。当线路输送功率超过某一整定允许数值时，起动切机装置，以保证系统的稳定和正常运行。

(二) 技术数据

LGG-11 型过功率继电器技术数据，见表 21-8-26。

(三) 板后出线端子图

LGG-11 型过功率继电器板后出线端子图，见图 21-8-35。

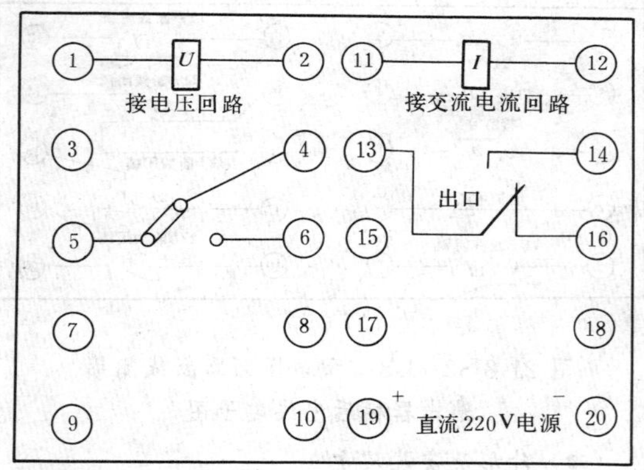

图 21-8-35 LGG-11 型过功率继电器板后出线端子图

(四) 外形及安装尺寸

LGG-11 型过功率继电器外形及安装尺寸，见图 21-8-3、表 21-8-2，壳体编号为 2。

表 21-8-25 **FY 型复合电压起动保护继电器技术数据**

额定值		负序电压继电器		低电压整定值(V)	功率消耗(VA)	触点容量					
						直流回路			交流回路		
频率(Hz)	电压(V)	动作电压整定值(V)	返回系数			电压(V)	电流(A)	容量(W)	电压(V)	电流(A)	容量(VA)
50	100	6～9	≮0.4	40～160	≯15	≯250	≯1	50	≯250	≯2.5	500

表 21-8-26 LGG-11 型过功率继电器技术数据

额定值			直流电压（V）	功率整定值（二次）（W）	返回系数	功率消耗（VA）		触点容量（W）
电压（V）	频率（Hz）	电流（A）				电流回路	电压回路	
100	50	5	220 110	100～450	0.85～0.95	≯2	≯5	50

二十七、LLG-3 型功率继电器

（一）简介

该型继电器用于电力系统中，作为相间短路或接地短路时的功率方向保护。

（二）技术数据

LLG-3 型功率继电器技术数据，见表 21-8-27。

（三）板后出线端子图

LLG-3 型功率继电器板后出线端子图，见图 21-8-36。

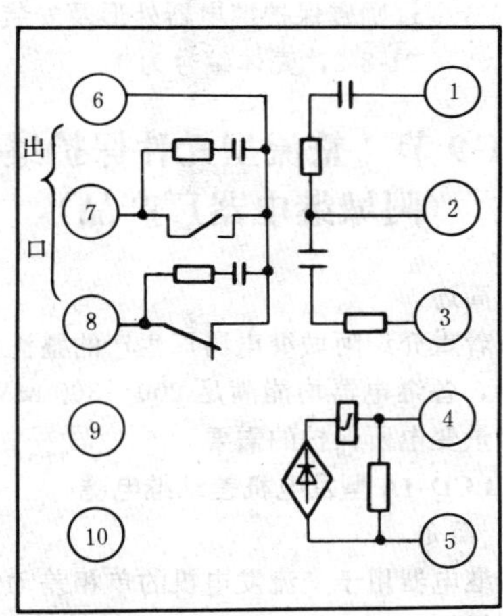

图 21-8-36 LLG-3 型功率继电器板后出线端子图

（四）外形及安装尺寸

LLG-3 型功率继电器外形及安装尺寸，见图 21-8-3、表 21-8-2，壳体编号为 2。

二十八、LFY-1A 型负序电压继电器

（一）简介

该型继电器用于发电机和变压器等保护装置中，作为电压闭锁元件，反映不对称短路时线路电压的负序分量。

（二）技术数据

LFY-1A 型负序电压继电器技术数据，见表 21-8-28。

（三）板后出线端子图

LFY-1A 型负序电压继电器板后出线端子图，见图 21-8-37。

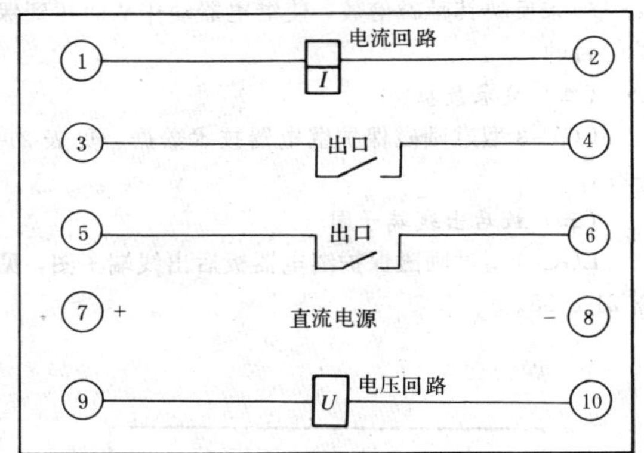

图 21-8-37 LFY-1A 型负序电压继电器板后出线端子图

（四）外形及安装尺寸

LFY-1A 型负序电压继电器外形及安装尺寸，见图 21-8-3、表 21-8-2，壳体编号为 1。

表 21-8-27 LLG-3 型功率继电器技术数据

额定值				最大灵敏角 φ_m	最小动作时间（ms）	最小动作功率（VA）	触点容量			长期通过电流（A）
交流			直流电压（V）				电压（V）	电流（A）	直流回路（W）	
电压（V）	电流（A）	频率（Hz）								
100	5	50	220 110	−45° −30°	10 倍动作功率时 $t\leqslant30$	$\varphi_m=-45°$时 $\leqslant2.5$	≯300	≯2	200	5

表 21-8-28　　**LFY-1A 型负序电压继电器技术数据**

额定值			动作时间 (ms)	功率消耗 (VA/每相)
电压 (V)	频率 (Hz)	负序动作电压 (V)		
100	50	2～12	当负序电压为 $2U_{dz}$时，元件动断触点断开时间＜15，元件动合触点闭合时间＜25	＜7

注　U_{dz}—动作电压。

表 21-8-29　　**LGC-3 型过励磁保护继电器技术数据**

额定值			U_*/f_*整定范　围	误差	返回系数	动作时间 (s)	功率消耗	
交流电压 (V)	频率 (Hz)	直流电压 (V)					交流回路 (VA)	直流回路 (W)
100	50	200 110	1.0～1.6 级差 0.05	≯±5%	≮0.90	1.2 倍过励动作倍数时≯0.15	≯2	≯8

注　U_*—电压标么值；

f_*—频率标么值。

二十九、LGC-3 型过励磁保护继电器

（一）简介

该型继电器可用于变压器的过励磁保护，由比值 U_*/f_*来反映其励磁倍数，使继电器动作从而达到保护的目的。

（二）技术数据

LGC-3 型过励磁保护继电器技术数据，见表 21-8-29。

（三）板后出线端子图

LGC-3 型过励磁保护继电器板后出线端子图，见图 21-8-38。

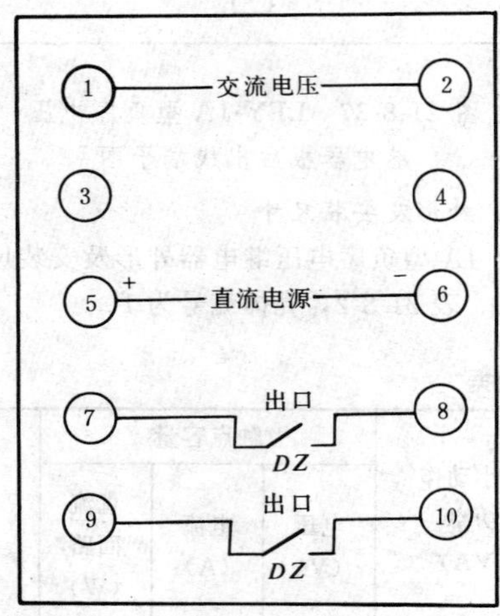

图 21-8-38　LGC-3 型过励磁保护继电器板后出线端子图

（四）外形及安装尺寸

LGC-3 型过励磁保护继电器外形及安装尺寸，见图 21-8-3、表 21-8-2，壳体编号为 1。

第 21-9 节　整流型元件保护继电器（阿城继电器厂产品）

一、简述

本节着重介绍阿城继电器厂生产的整流型元件保护继电器，各继电器均能满足 200～300 MW 发电机组及大容量变电所保护的需要。

二、LCD-1A 型发电机差动继电器

（一）简介

该型继电器用于交流发电机的单相差动保护线路中作为主保护。

（二）技术数据

LCD-1A 型发电机差动继电器技术数据，见表 21-9-1。

（三）原理接线

LCD-1A 型发电机差动继电器原理接线，见图 21-9-1。

三、LCD-11、LCD-15 型变压器差动继电器

（一）简介

该型继电器用于变压器或发电机—变压器组，作为内部短路故障的主保护。

（二）技术数据

LCD-11、LCD-15 型变压器差动继电器技术数据，见表 21-9-2。

LCD-11 型变压器差动继电器动作特性，见图 21-9-2。

表 21-9-1　　**LCD-1A 型发电机差动继电器技术数据**

额定值		电流整定范围	动作时间(ms)	制动系数	闭锁角	功率消耗(VA)	触点容量				外形尺寸(mm)
电流(A)	频率(Hz)						电压(V)	电流(A)	直流回路(W)	交流回路(VA)	
1 5	50～60	0.5～1I_e	3倍动作电流时≯35	＞3	＞±60°	≯1.5	220	0.5	30	40	122×106×165.5

表 21-9-2　　**LCD-11、LCD-15 型变压器差动继电器技术数据**

型号	额定电流(A)	整定值		返回系数	制动系数	二次谐波制动比	差电流速断整定值		动作时间(ms)	功率消耗(VA)		触点容量			
		I_e为5A时(A)	I_e为1A时(A)				I_e为5A时(A)	I_e为1A时(A)		差回路	制动回路	电压(V)	电流(A)	交流回路(VA)	直流回路(W)
LCD-11	1	1 1.5 2 2.5	0.2 0.3 0.4 0.5	+0.4	0.3 0.4 0.5 0.6	15%～25%	25 30 40 50 60 75	5 6 8 10 12 15	$2I_{dz}$时≯60 $3I_{dz}$时≯50 $10I_{dz}$时≯40	≯2	≯1	≯220	≯0.2	30	20
LCD-15	5								$1.5I_{dz}$时≯15						

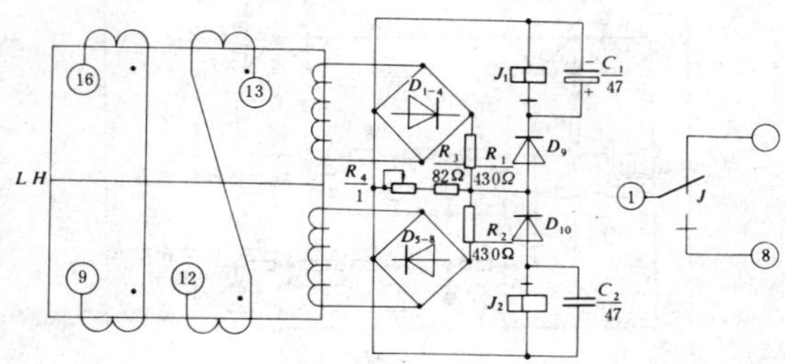

图 21-9-1　LCD-1A 型发电机差动继电器原理接线

LH—变流器

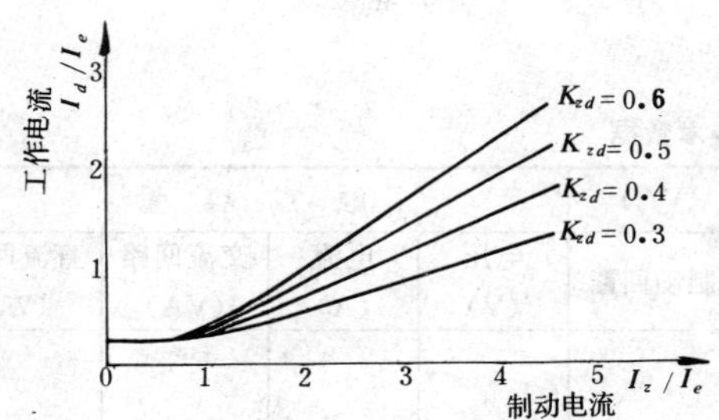

图 21-9-2　LCD-11 型变压器差动继电器动作特性

LCD-15 型变压器差动继电器动作特性，见图 21-9-3。

（三）原理接线

LCD-11 型变压器差动继电器原理接线，见图 21-9-4。

LCD-15 型变压器差动继电器原理接线，见图 21-9-5。

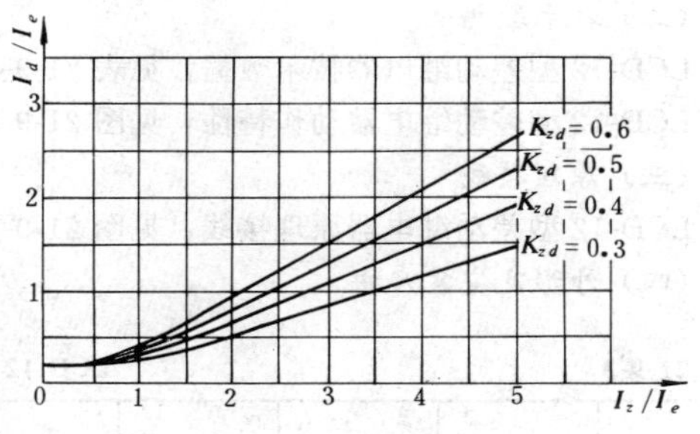

图 21-9-3　LCD-15 型变压器差动继电器动作特性

（四）外形及安装尺寸

LCD-11 型变压器差动继电器外形及安装尺寸，见图 21-0-21、表 21-0-10。

LCD-15 型变压器差动继电器外形及安装尺寸，见图 21-0-3。

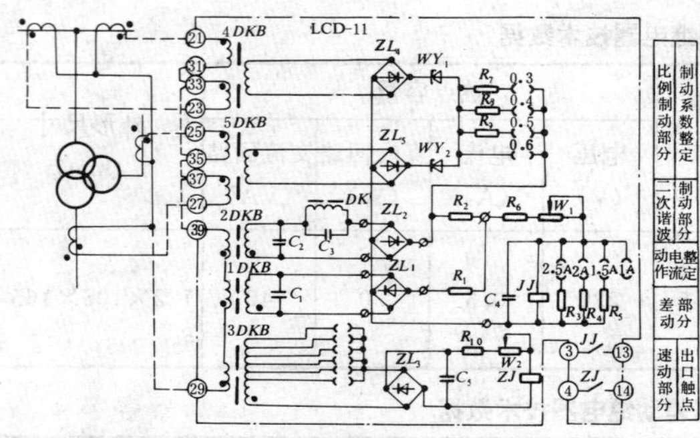

图 21-9-4　LCD-11 型变压器差动继电器原理接线

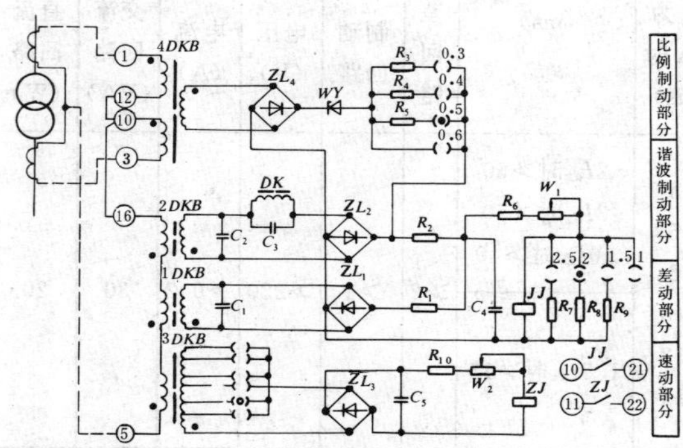

图 21-9-5　LCD-15 型变压器差动继电器原理接线

四、LCD-12 型差动继电器

（一）简介

该型继电器用于发电机、电抗器或高压引线，作为内部短路故障的主保护。

（二）技术数据

LCD-12 型差动继电器技术数据，见表 21-9-3。

LCD-12 型差动继电器动作特性，见图 21-9-6。

（三）原理接线

LCD-12 型差动继电器原理接线，见图 21-9-7。

（四）外形及安装尺寸

LCD-12 型差动继电器外形及安装尺寸，见图 21-0-21、表 21-0-10。

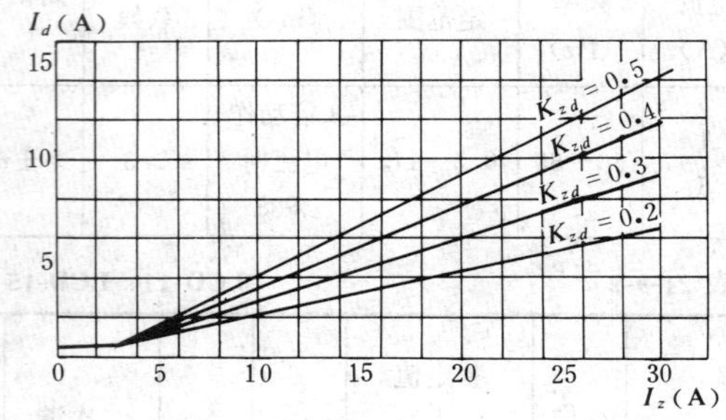

图 21-9-6　LCD-12 型差动继电器动作特性

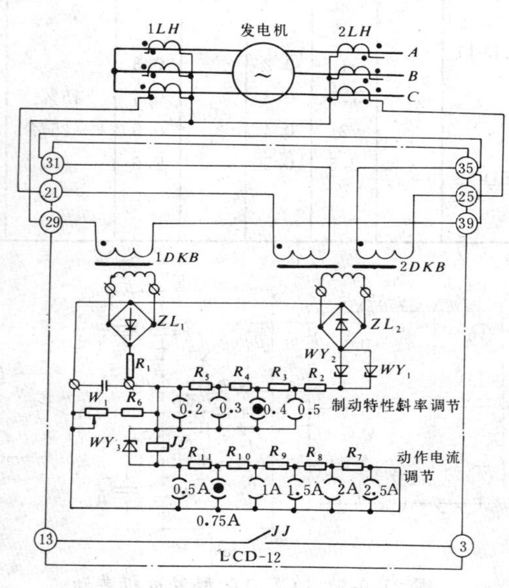

图 21-9-7　LCD-12 型差动继电器原理接线

表 21-9-3　　LCD-12 型差动继电器技术数据

额定电流（A）	动作电流（A）	返回系数	制动系数	动作时间（ms）	功率消耗（VA）		触点容量			
					差回路	制动回路	电压（V）	电流（A）	交流回路（VA）	直流回路（W）
5	0.5 0.75 1 1.5 2 2.5	≮0.4	0.2 0.3 0.4 0.5	$3I_{dz}$时≯20	≯2	≯1	≯220	≯0.2	30	20

五、LLY-3 型零序电压继电器

（一）简介

该型继电器用于电力系统中，作为变压器或系统接地保护的起动元件，也可作为发电机匝间、分支间短路或分支开焊的保护。

（二）技术数据

LLY-3 型零序电压继电器技术数据，见表 21-9-4。

（三）原理接线

LLY-3 型零序电压继电器原理接线，见图 21-9-8。

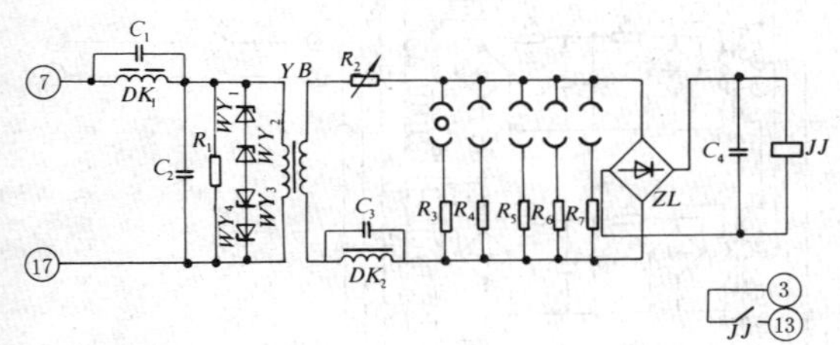

图 21-9-8　LLY-3 型零序电压继电器原理接线

（四）外形及安装尺寸

LLY-3 型零序电压继电器外形及安装尺寸，见图 21-0-21、表 21-0-10。

六、LB-5 型电压回路断相闭锁继电器

（一）简介

该型继电器用于电压互感器断线时对保护继电器闭锁。

（二）技术数据

LB-5 型电压回路断相闭锁继电器技术数据，见表 21-9-5。

（三）原理接线

LB-5 型电压回路断相闭锁继电器原理接线，见图 21-9-9。

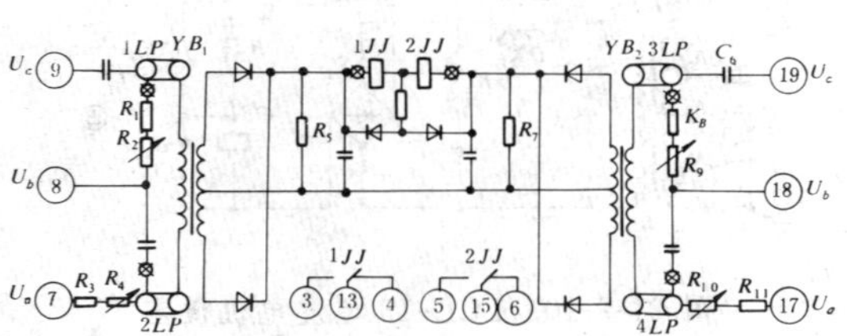

图 21-9-9　LB-5 型电压回路断相闭锁继电器原理接线

（四）外形及安装尺寸

LB-5 型电压回路断相闭锁继电器外形及安装尺寸，见图 21-0-21、表 21-0-10。

表 21-9-4　LLY-3 型零序电压继电器技术数据

额定电压 (V)	动作电压 (V)	返回系数	动作时间 (ms)	滤过比 $\frac{U_{dz}(150)}{U_{dz}(50)}$	功率消耗 (VA)	触点容量			
						电压 (V)	电流 (A)	交流回路 (VA)	直流回路 (W)
100	1 2 3 4 5	≮0.4	$2U_{dz}$时 50	≮150	输入电压 58V 时 ≯6	≯220	≯0.2	30	20

表 21-9-5　LB-5 型电压回路断相闭锁继电器技术数据

额定值 (V)	不平衡电压 (V)	动作时间 (ms)	灵敏系数	功率消耗 (VA/相)	触点容量			
					电压 (V)	电流 (A)	交流回路 (VA)	直流回路 (W)
100	≯0.3	≯10	4	3	≯220	≯0.2	30	20

七、LCD-13型发电机横差继电器

（一）简介

该型继电器主要用于发电机定子绕组匝间、分支间短路或分支开焊故障保护。

（二）技术数据

LCD-13型发电机横差继电器技术数据，见表21-9-6。

（三）原理接线

LCD-13型发电机横差继电器原理接线，见图21-9-10。

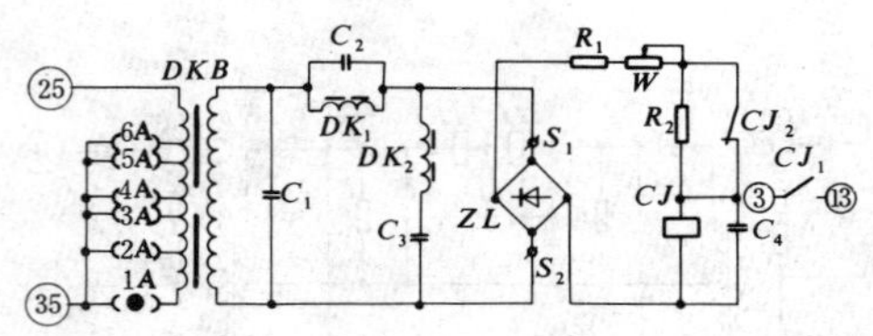

图21-9-10 LCD-13型发电机横差继电器原理接线

（四）外形及安装尺寸

LCD-13型发电机横差继电器外形及安装尺寸，见图21-0-21、表21-0-10。

八、LZ-14型阻抗继电器

（一）简介

该型继电器为全阻抗继电器，用于发电机—变压器组作为相间短路和三相对称短路的后备保护。

（二）技术数据

LZ-14型阻抗继电器技术数据，见表21-9-7。

（三）原理接线

LZ-14型阻抗继电器原理接线，见图21-9-11。

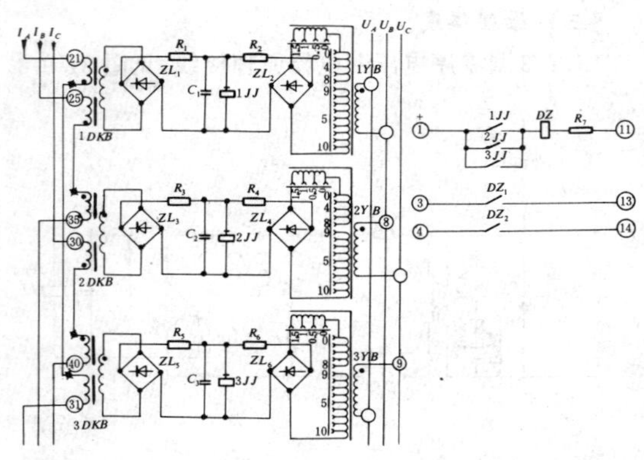

图21-9-11 LZ-14型阻抗继电器原理接线

（四）外形及安装尺寸

LZ-14型阻抗继电器外形及安装尺寸，见图21-0-21、表21-0-10。

表21-9-6 LCD-13型发电机横差继电器技术数据

额定值（A）	动作电流整定值（A）	返回系数	滤过比	动作时间（ms）	功率消耗（VA）	触点容量			
						电压（V）	电流（A）	交流回路（VA）	直流回路（W）
5	$20\%I_e$ $40\%I_e$ $60\%I_e$ $100\%I_e$ $120\%I_e$	≮0.7	≮50	$2I_{zd}$时 ≯35	最大整定电流时 ≯0.5	≯220	≯0.4	40	30

表21-9-7 LZ-14型阻抗继电器技术数据

额定值		阻抗整定值（Ω/相）	返回系数	精确工作电流（A）	动作时间（ms）	功率消耗			触点容量			
（A）	（V）					交流电流回路（VA/相）	交流电压回路（VA/相）	直流回路（W）	电压（V）	电流（A）	交流回路（VA）	直流回路（W）
5	100	2～20	≯1.15	$Z_{zd}=2\Omega$时 0.75	$0.72Z_{zd}$时 ≯50	≯2.5	≯7	≯1	≯220	≯0.4	40	30

九、LFL-6 型负序电流继电器

（一）简介

该型继电器适用于大型同步发电机，作为定子绕组负序电流反时限保护。

（二）技术数据

LFL-6 型负序电流继电器技术数据，见表 21-9-8。

（三）原理接线

LFL-6 型负序电流继电器原理接线，见图 21-9-12。

（四）外形及安装尺寸

LFL-6 型负序电流继电器外形及安装尺寸，见图 21-0-21、表 21-0-10。

十、LFL-7 型负序电流继电器

（一）简介

该型继电器反应不对称短路时故障电流的负序分量，在发电机、变压器的继电保护线路中作为起动或测量元件。

（二）技术数据

LFL-7 型负序电流继电器技术数据，见表 21-9-9。

（三）原理接线

LFL-7 型负序电流继电器原理接线，见图 21-9-13。

（四）外形及安装尺寸

LFL-7 型负序电流继电器外形及安装尺寸，见图 21-0-3。

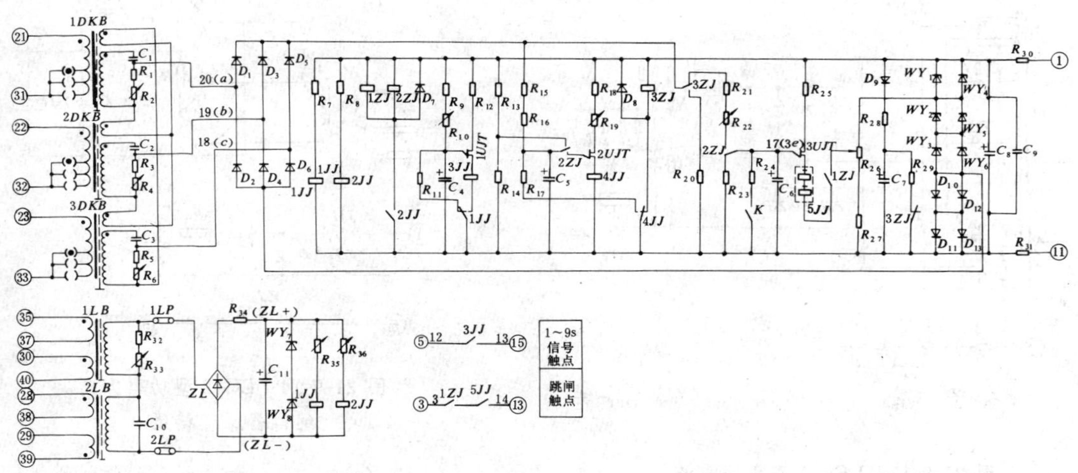

图 21-9-12　LFL-6 型负序电流继电器原理接线

表 21-9-8　LFL-6 型负序电流继电器技术数据

额定值		反时限特性	负序动作电流			功率消耗					触点容量			
(A)	直流电压 (V)		信号部分 I_{2*}	反时限部分 I_{2*}	信号延时部分 (s)	正序 I_e 下 (VA/相) 起动部分	正序 I_e 下 (VA/相) 反时限部分	直流回路 (W) 48V	直流回路 (W) 110V	直流回路 (W) 220V	电压 (V)	电流 (A)	交流回路 (VA)	直流回路 (W)
5 1	48 110 220	$t=\frac{A}{I_{2*}^2-a}$ $I_{2*}=0.08\sim220$ $A=4\sim10$ $a<0.0020$	0.08~0.10	0.08~0.20	1~9	≯3	≯7	≯4	≯8	≯15	≯220	≯0.2	30	20

注　I_{2*}—负序电流标么值。

表 21-9-9 LFL-7 型负序电流继电器技术数据

额定值		动作电流		返回系数	动作时间 (ms)	功率消耗				触点容量			
直流电压 (V)	交流电流 (A)	LFL-7/1 (A)	LFL-7/2 (A)			交流回路 (VA/相)	直流回路 (W)			电压 (V)	电流 (A)	交流回路 (VA)	直流回路 (W)
							48V	110V	220V				
48 110 220	5	0.3 0.4 0.5 0.6	1.0 1.5 2.0 2.5	≮0.75	$2I_{dz}$时 ≯60	≯2	≯0.6	≯1.2	≯1.6	≯220	≯0.4	40	30

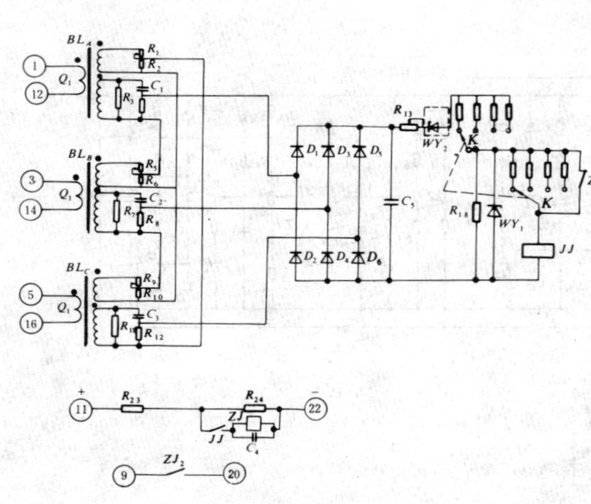

图 21-9-13 LFL-7 型负序电流继电器原理接线

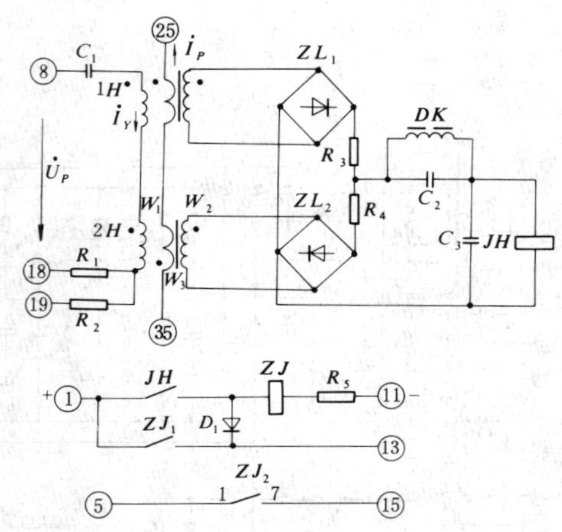

图 21-9-14 LG-2 型功率方向继电器原理接线

十一、LG-2、LG-3 型功率方向继电器

(一) 简介

该型继电器主要用于电力系统方向保护线路中，作为相间短路保护的功率方向元件。LG-2、LG-3 型外形结构不同。

(二) 技术数据

LG-2、LG-3 型功率方向继电器技术数据，见表 21-9-10。

(三) 原理接线

LG-2 型功率方向继电器原理接线，见图 21-9-14。

LG-3 型功率方向继电器原理接线，见图 21-9-15。

(四) 外形及安装尺寸

LG-2 型功率方向继电器外形及安装尺寸，见图 21-0-21、表 21-0-10。

LG-3 型功率方向继电器外形及安装尺寸，见图 21-0-3。

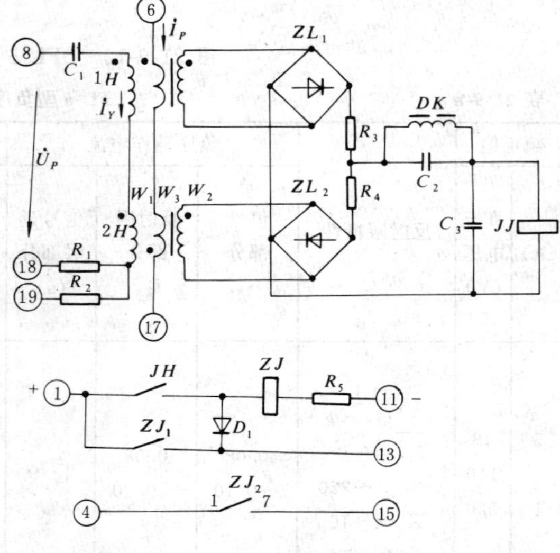

图 21-9-15 LG-3 型功率方向继电器原理接线

表 21-9-10　　LG-2、LG-3 型功率方向继电器技术数据

额定值			最大灵敏角	动作区	灵敏度	动作时间（ms）	返回系数	功率消耗			触点容量			
直流电压（V）	交流电流（A）	交流电压（V）						直流回路（W）	交流回路（VA）电流回路	交流回路（VA）电压回路	电压（V）	电流（A）	交流回路（VA）	直流回路（W）
220	5 1	100	−45°±5° −30°±5°	160°～180°	最小动作电压≯2V	≯30	≮0.45	≯1	≯1	≯7	≯220	≯0.4	40	30

十二、LFY-1 型负序电压继电器

（一）简介

该型继电器反应不对称短路故障电压的负序分量，在发电机、变压器的继电保护线路中作起动或测量元件。

（二）技术数据

LFY-1 型负序电压继电器技术数据，见表 21-9-11。

（三）原理接线

LFY-1 型负序电压继电器原理接线，见图 21-9-16。

（四）外形及安装尺寸

LFY-1 型负序电压继电器外形及安装尺寸，见图 21-0-3。

十三、LD-6 型接地继电器

（一）简介

该型继电器用于发电机转子回路对地绝缘的监视和保护。

（二）技术数据

LD-6 型接地继电器技术数据，见表 21-9-12。

（三）原理接线

LD-6 型接地继电器原理接线，见图 21-9-17。

（四）外形及安装尺寸

LD-6 型接地继电器外形及安装尺寸，见图 21-0-21、表 21-0-10。

表 21-9-11　　LFY-1 型负序电压继电器技术数据

额定值		动作电压（V）	返回系数	动作时间（ms）	功率消耗				触点容量			
直流（V）	交流（V）				交流电压回路（VA）	直流电压回路（W）48V	直流电压回路（W）110V	直流电压回路（W）220V	电压（V）	电流（A）	交流回路（VA）	直流回路（W）
48 110 220	100	4 8 12 16 20	≮0.75	在 $2U_{dz}$ 下≯5	6	0.4	0.8	1.8	≯220	≯0.4	40	30

表 21-9-12　　LD-6 型接地继电器技术数据

额定值		动作电阻（Ω）	返回系数	动作时间（s）	功率消耗（VA）	触点容量			
交流（V）	直流（V）					电压（V）	电流（A）	交流回路（VA）	直流回路（W）
100 220	220	0.5 1 2 5 10 15 20	≯2	$0.8Z_{dz}$ 时≯0.2	≯18	≯220	≯0.2	30	20

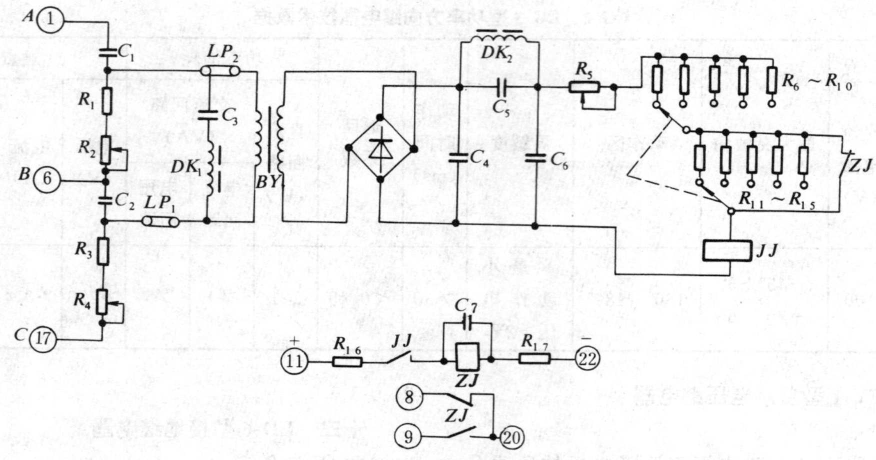

图 21-9-16　LFY-1 型负序电压继电器原理接线

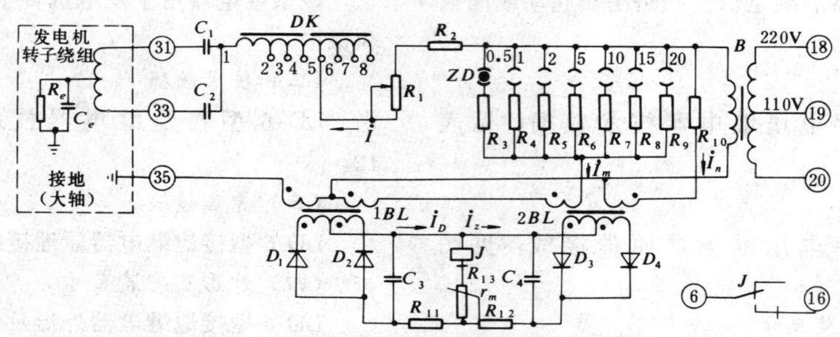

图 21-9-17　LD-6 型接地继电器原理接线

十四、LD-9 型转子两点接地保护继电器

（一）简介

该型继电器主要用于汽轮发电机转子(励磁)回路两点接地故障保护。

（二）技术数据

LD-9 型转子两点接地保护继电器技术数据，见表 21-9-13。

（三）原理接线

LD-9 型转子两点接地保护继电器原理接线，见图 21-9-18。

（四）外形及安装尺寸

LD-9 型转子两点接地保护继电器外形及安装尺寸，见图 21-0-21、表 21-0-10。

十五、LD-7 型定子接地继电器

（一）简介

该型继电器用于发电机定子保护中，反应机端侧 85%范围内的单相接地故障。该型继电器与 LD-8 型定子接地继电器配套构成 100%定子单相接地保护。

（二）技术数据

LD-7 型定子接地继电器技术数据，见表 21-9-14。

（三）原理接线

LD-7 型定子接地继电器原理接线，见图 21-9-19。

（四）外形及安装尺寸

LD-7 型定子接地继电器外形及安装尺寸，见图 21-0-21、表21-0-10。

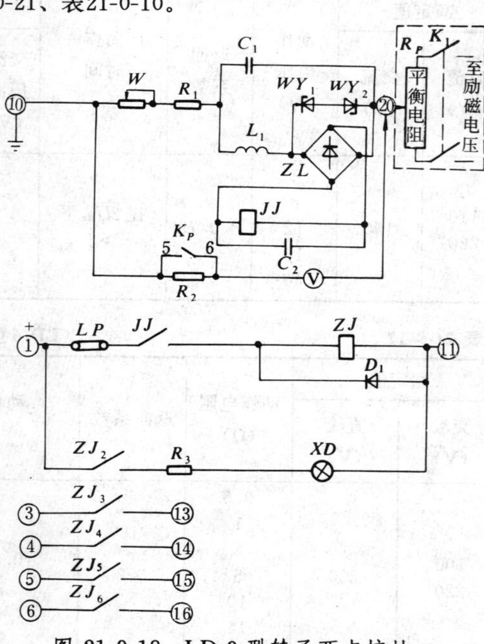

图 21-9-18　LD-9 型转子两点接地保护继电器原理接线

表 21-9-13　**LD-9 型转子两点接地保护继电器技术数据**

直流额定电压（V）	最高励磁直流电压（V）	动作电压（V）	返回系数	动作时间（s）	灵敏度	功率消耗（W）			触点容量			
						48V	110V	220V	电压（V）	电流（A）	交流回路（VA）	直流回路（W）
48 110 220	400	≯4	≯0.5	在 $2U_{dz}$ 时≯0.3	励磁电压为 220V，第一接地点在转子中部时，当第一接地点任一侧转子模拟电阻减小 5%时，应可靠动作	≯8	≯10	≯15	≯220	≯1	250	50

表 21-9-14　**LD-7 型定子接地继电器技术数据**

交流额定值（V）	动作电压整定值（V）	返回系数	动作时间（s）	滤过比	功率消耗（VA）	触点容量			
						电压（V）	电流（A）	交流回路（VA）	直流回路（W）
100	5 7 10 12 14 16 20	≮0.8	$2U_{dz}$时≯0.1	>20	≯5	≯220	≯0.2	30	20

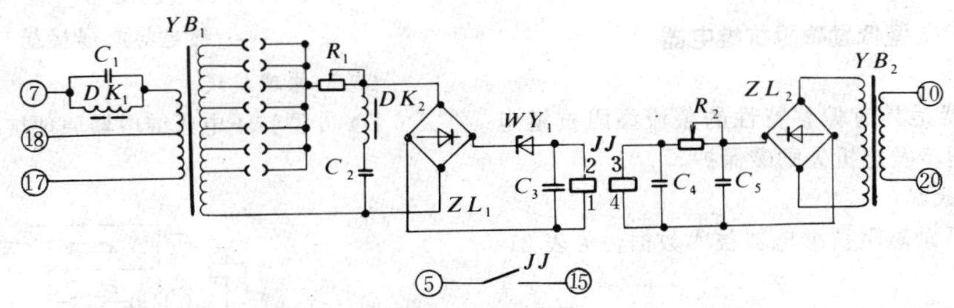

图 21-9-19　LD-7 型定子接地继电器原理接线

十六、LD-8 型定子接地继电器

（一）简介

该型继电器用于发电机定子保护中，反应中性点侧 20%范围内的单相接地故障。该型继电器与 LD-7 型定子接地继电器配套构成 100%定子单相接地保护。

（二）技术数据

LD-8 型定子接地继电器技术数据，见表 21-9-15。

（三）原理接线

LD-8 型定子接地继电器原理接线，见图 21-9-20。

（四）外形及安装尺寸

LD-8 型定子接地继电器外形及安装尺寸，见图 21-0-21、表 21-0-10。

表 21-9-15　　**LD-8型定子接地继电器技术数据**

额定值					动作电压(V)	动作时间(s)	对基波滤过比	功率消耗				触点容量			
直流电压(V)	交流		交流					交流回路(VA)	直流回路(W)			电压(V)	电流(A)	交流回路(VA)	直流回路(W)
	频率(Hz)	电压(V)	频率(Hz)	电压(V)					48V	110V	220V				
48 110 220	50	100	150	10	<0.7	$2U_{dz}$时 ≯0.2	>30 (当5*LP*打开时>50)	≯5	≯1.1	≯2.5	≯5	≯220	≯0.4	40	30

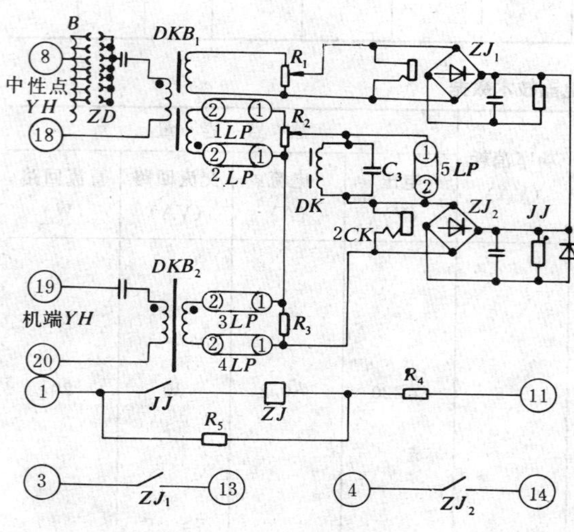

图 21-9-20　LD-8型定子接地继电器原理接线

十七、LDC-2型低励磁阻抗继电器

（一）简介

该型继电器是具有偏移特性的整流型阻抗继电器，主要用于同步发电机失励磁保护。

（二）技术数据

LDC-2型低励磁阻抗继电器技术数据，见表21-9-16。

（三）原理接线

LDC-2型低励磁阻抗继电器原理接线，见图21-9-21。

（四）外形及安装尺寸

LDC-2型低励磁阻抗继电器外形及安装尺寸，见图21-0-3。

十八、DY-6型转子电压继电器

（一）简介

该型继电器用作发电机低励磁失步保护的闭锁元件。

（二）技术数据

DY-6型转子电压继电器技术数据，见表21-9-17。

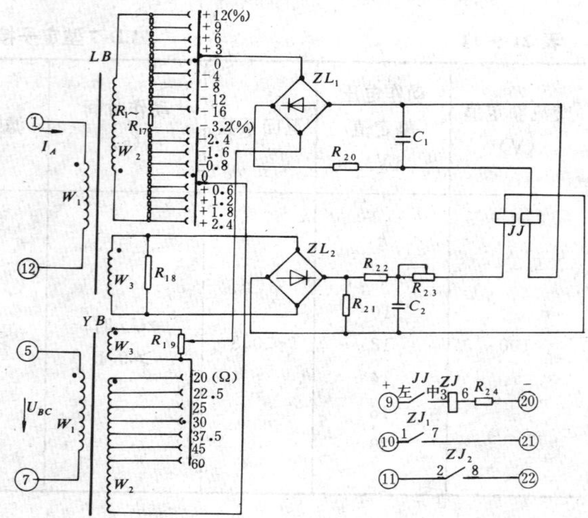

图 21-9-21　LDC-2型低励磁阻抗继电器原理接线

（三）原理接线

DY-6型转子电压继电器原理接线，见图21-9-22。

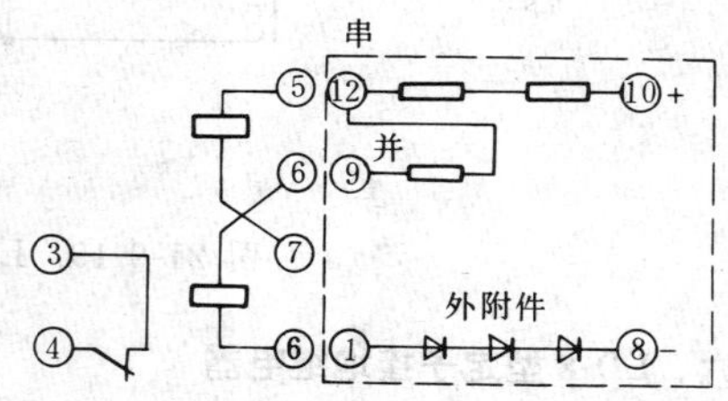

图 21-9-22　DY-6型转子电压继电器原理接线

（四）外形及安装尺寸

DY-6型转子电压继电器外形及安装尺寸，见图21-0-1；其外附件外形同LGC-2型继电器，见图21-0-2。

表 21-9-16　　**LDC-2 型低励磁阻抗继电器技术数据**

额定值			阻抗整定值		阻抗圆特性		最大灵敏角
直流电压（V）	交流		X_B（Ω/相）	X_A/X_B	下抛圆	偏移圆	
	电压（V）	电流（A）					
220	100	5	−20～−60	0～14.4% 14.4%～19.2%	X_B=−20～−60Ω X_A/X_B=3%～14.4%	X_B=20～−60Ω X_A/X_B=−4%～−19.2%	−90°±5°

精确工作电流（A）		动作时间（ms）	功率消耗			触点容量			
X_A=±2Ω	X_B=−20Ω		交流电流回路（VA）	交流电压回路（VA）	直流回路（W）	电压（V）	电流（A）	交流回路（VA）	直流回路（W）
≯3.5	≯15	$2I_{jg}$及$0.7R_z$时≯50	3	5	2	≯220	≯0.4	40	30

注　I_{jg}—精工电流；R_z—阻抗圆半径，$R_2=\left|\frac{X_B-X_A}{2}\right|$。

表 21-9-17　　**DY-6 转子电压继电器技术数据**

直流额定电压（V）	动作电压整定值（V）		返回系数	动作时间（s）	触点容量		
	两线圈串联	两线圈并联			电压（V）	电流（A）	直流回路（W）
450	40～80	80～160	≯1.25	$0.5U_{dz}$时≯0.15	≯220	≯2	30

十九、LGC-2 型过励磁继电器

（一）简介

该型继电器作为变压器或发电机的过励磁保护装置，以反应铁芯过励磁的倍数。

（二）技术数据

LGC-2 型过励磁继电器技术数据，见表 21-9-18。

（三）原理接线

LGC-2 型过励磁继电器原理接线，见图 21-9-23。

（四）外形及安装尺寸

LGC-2 型过励磁继电器外形及安装尺寸，见图 21-0-2。

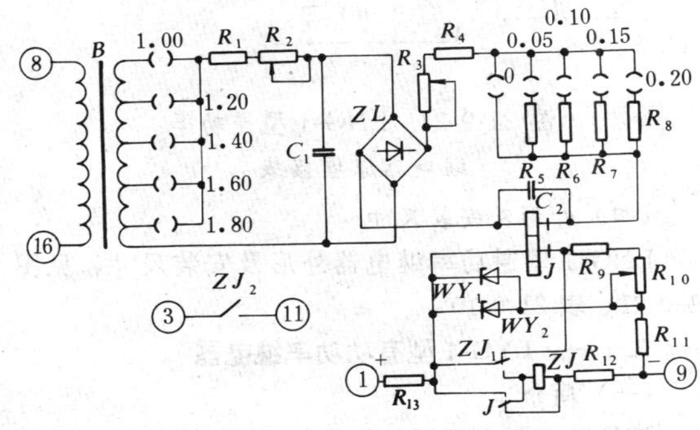

图 21-9-23　LGC-2 型过励磁继电器原理接线

表 21-9-18　　**LGC-2 型过励磁继电器技术数据**

额定值		整定值	返回系数	动作时间（s）	功率消耗				触点容量			
直流电压（V）	交流电压（V）				交流电压回路（VA）	直流电压回路（W）			电压（V）	电流（A）	交流回路（VA）	直流回路（W）
						48V	110V	220V				
48 110 220	110	*	0.8～0.97	$1.2n_{dz}$时≯0.1	≯1	≯1	≯2.4	≯4.8	≯220	≯0.4	40	30

* 过励磁动作倍数（n_{dz}）整定值：在 1.0、1.2、1.4、1.6、1.8 和 0.05、0.10、0.15、0.20 中分别各抽一点相加组合。

二十、LNG-1型逆功率继电器

（一）简介

该型继电器用于反应大型汽轮发电机与系统并列运行时，由于汽轮机快速停机或汽压消失，使发电机变为电动机运行状态的一种保护继电器。这种运行状态持续时间较长时，可能因汽轮机尾部叶片过热而使汽轮机遭到破坏。

（二）技术数据

LNG-1型逆功率继电器技术数据，见表21-9-19。

（三）原理接线

LNG-1型逆功率继电器原理接线，见图21-9-24。

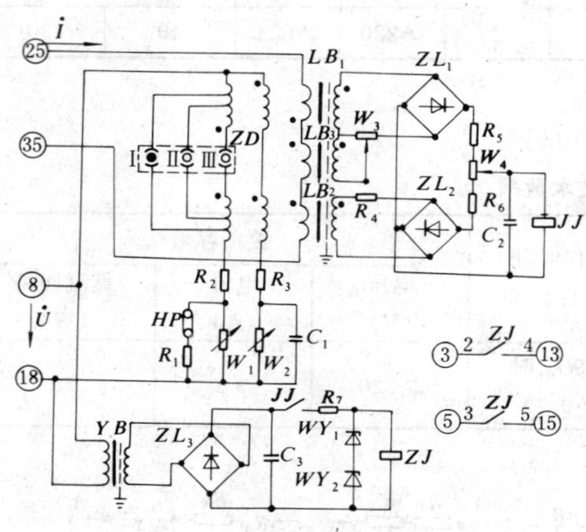

图21-9-24　LNG-1型逆功率继电器原理接线

（四）外形及安装尺寸

LNG-1型逆功率继电器外形及安装尺寸，见图21-0-21、表21-0-10。

二十一、LYG-1型有功功率继电器

（一）简介

该型继电器主要用于测量电力系统中有功功率的大小和方向，作为机组由调相运行自动转为发电运行的必要条件；或当输送的有功功率超过一定稳定的极限时，作为联锁切除一部分负荷的起动元件。

（二）技术数据

LYG-1型有功功率继电器技术数据，见表21-9-20。

（三）原理接线

LYG-1型有功功率继电器原理接线，见图21-9-25。

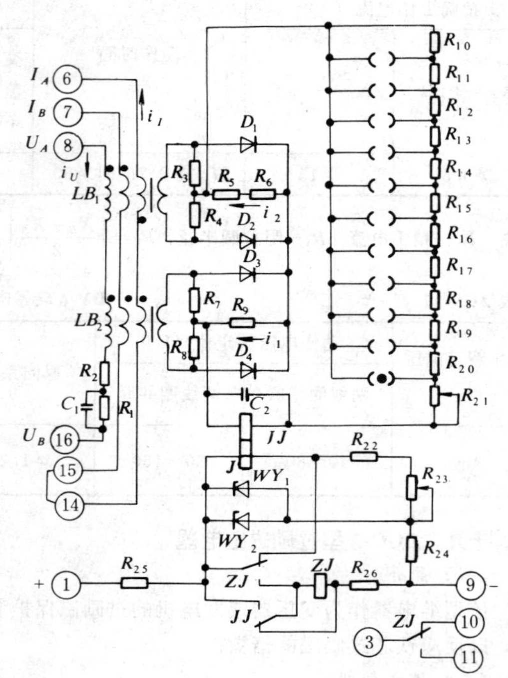

图21-9-25　LYG-1型有功功率继电器原理接线

（四）外形及安装尺寸

LYG-1型有功功率继电器外形及安装尺寸，见图21-0-2。

表21-9-19　LNG-1型逆功率继电器技术数据

交流额定值			动作功率	灵敏度	动作时间（ms）	功率消耗（VA）		触点容量			
电压U_e（V）	电流I_e（A）	功率P_e（W）				交流电压回路	交流电流回路	电压（V）	电流（A）	交流回路（VA）	直流回路（W）
58	5	290	(1%～5%) P_e	最小整定点的动作功率 ≯1%P_e	$4P_{dz}$时 ≯50	≯2	≯2	≯220	≯0.4	40	30

表 21-9-20　**LYG-1 有功功率继电器技术数据**

额定值			动作功率（W）	返回系数	最大灵敏角	动作时间（ms）	功率消耗			触点容量			
直流电压（V）	交流 电压（V）	交流 电流（A）					交流电流回路（VA）	交流电压回路（VA）	直流回路（W）	电压（V）	电流（A）	交流回路（VA）	直流回路（W）
48 110 220	100	5	350　400 450　500 550　600 650　700 750　800 850　900	≮0.7	0°±10°	$2P_{dz}$时 ≯100	≯2	≯3	≯3	≯220	≯0.4	40	30

二十二、LFL-9 型负序电流继电器

（一）简介

该型继电器在发电机、变压器和发电机—变压器组保护中作为后备保护的起动或测量元件，反应不对称短路故障电流的负序分量。

（二）技术数据

LFL-9 型负序电流继电器技术数据，见表 21-9-21。

（三）原理接线

LFL-9 型负序电流继电器原理接线，见图 21-9-26。

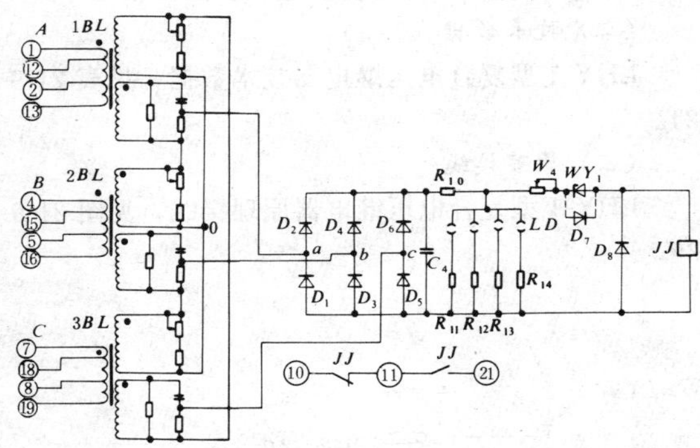

图 21-9-26　LFL-9 型负序电流继电器原理接线

（WY_1 与 D_7 不同时应用，WY_1 用于 1～10A 规格的产品，D_7 用于 0.3～0.6A 规格的产品）

（四）外形及安装尺寸

LFL-9 型负序电流继电器外形及安装尺寸，见图 21-0-3。

二十三、LLG-5 型零序方向继电器

（一）简介

该型继电器在大电流接地网中作为保护接地短路的方向元件。

（二）技术数据

LLG-5 型零序方向继电器技术数据，见表21-9-22。

（三）原理接线

LLG-5 型零序方向继电器原理接线，见图 21-9-27。

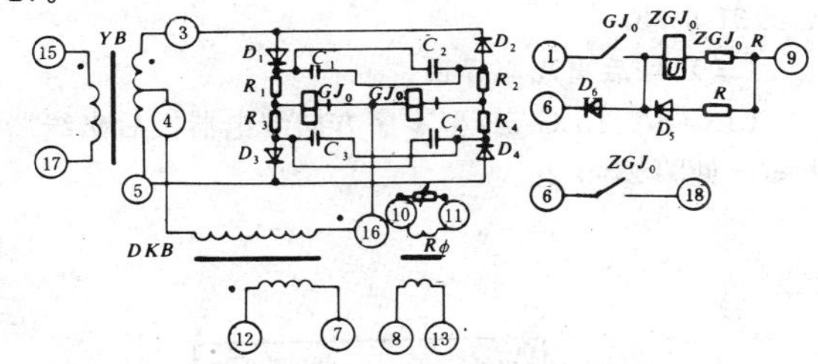

图 21-9-27　LLG-5 型零序方向继电器原理接线

（四）外形及安装尺寸

LLG-5 型零序方向继电器外形及安装尺寸，见图 21-0-3。

表 21-9-21　**LFL-9 型负序电流继电器技术数据**

额定电流（A）	动作电流（A）		返回系数		动作时间（ms）	功率消耗（VA/相）	触点容量			
	LFL-9/1 型	LFL-9/2 型	LFL-9/1 型	LFL-9/2 型			电压（V）	电流（A）	交流回路（VA）	直流回路（W）
5	0.3 0.4 0.5 0.6	1 1.5 2 2.5 3 4 5 6 8 10	≮0.7	≮0.8	$2I_{dz}$时 ≯60	≯2	≯220	≯0.4	40	30

表 21-9-22 **LLG-5 型零序方向继电器技术数据**

额定值			最大灵敏角	灵敏度	动作时间 (ms)	功率消耗(VA)		触点容量			
直流电压 (V)	交流					交流电流回路	交流电压回路	电压 (V)	电流 (A)	交流回路 (VA)	直流回路 (W)
	电压 (V)	电流 (A)									
110 220	100	1 5	80°±5°	最小动作电压≯1.5V	经二极管出口≯30 经中间继电器出口≯40	≯5	≯10	≯220	≯0.2	10	50

二十四、LLG-5A、LLG-5B 型零序方向继电器

（一）简介

该型继电器在大电流接地网中作为保护接地短路的方向元件。该型继电器与 LLG-5 型继电器不同之处是采用舌簧继电器作为出口元件，动作速度快。LLG-5A 型继电器除结构采用 LBK 系列机箱中的 100mm 宽插件外，其它均与 LLG-5B 型继电器相同。

（二）技术数据

LLG-5A、LLG-5B 型零序方向继电器技术数据，见表 21-9-23。

（三）板后出线端子图

LLG-5A、LLG-5B 型零序方向继电器板后出线端子图，见图 21-9-28。

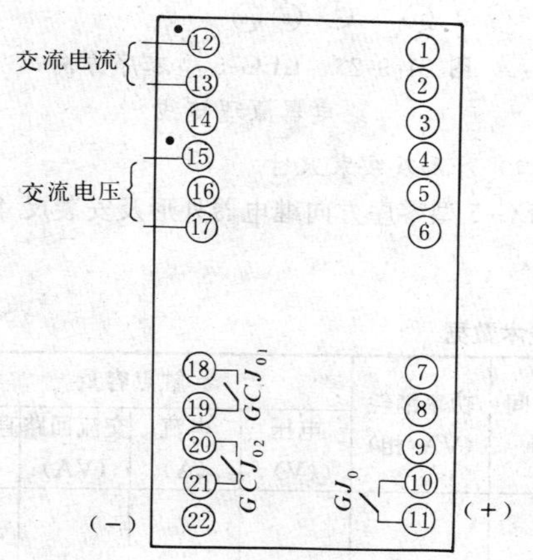

图 21-9-28 LLG-5A、LLG-5B 型零序方向继电器板后出线端子图

（四）外形及安装尺寸

LLG-5A 型零序方向继电器外形及安装尺寸见图 21-0-21、表 21-0-10。

LLG-5B 型零序方向继电器外形及安装尺寸见图 21-0-3。

二十五、LHY-1 型复合电压继电器

（一）简介

该型继电器可与其它保护装置配合作为发电机、变压器和发电机—变压器组的后备保护，反应对称或不对称故障；也可以用作为其它保护的闭锁元件。

（二）技术数据

LHY-1 型复合电压继电器技术数据，见表 21-9-24。

（三）原理接线

LHY-1 型复合电压继电器原理接线，见图 21-9-29。

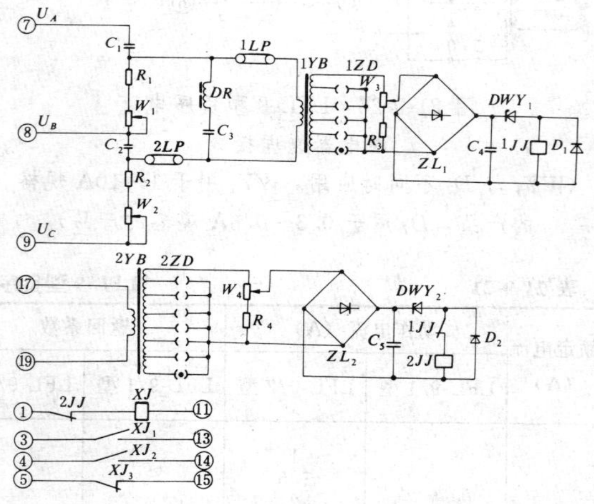

图 21-9-29 LHY-1 型复合电压继电器原理接线

（四）外形及安装尺寸

LHY-1 型复合电压继电器外形及安装尺寸，见图 21-0-21、表 21-0-3。

表 21-9-23　**LLG-5A、LLG-5B 型零序方向继电器技术数据**

额定值			最大灵敏角	灵敏度	动作时间（ms）	功率消耗（VA）	
直流电压（V）	交流					$3U_0$ 回路	$3U_0$ 回路
	电流（A）	电压（V）					
110 220	5 1	100	80°±5°	最小动作伏安≯1VA 最小动作电流≯0.5A 最小动作电压≯0.5V	≯25	≯20	≯1.5

表 21-9-24　**LHY-1 型复合电压继电器技术数据**

额定值		整定值		返回系数	动作时间（ms）	功率消耗			触点容量			
直流电压（V）	交流电压（V）	低电压部分（V）	负序电压部分（V）			低电压部分（VA）	负序电压部分（VA）	直流回路（W）	电压（V）	电流（A）	交流回路（VA）	直流回路（W）
220 110 48	100	40 60 80 100 120 140 160	6 7 8 9 10	低电压≯1.2 负序电压≯0.8	低电压部分 ≯50 负序电压部分 ≯50	≯2	三相 ≯10	≯4	≯220	≯0.4	40	40

二十六、LY-20 系列电压继电器

（一）简介

该系列继电器用于继电保护线路中，作为过电压保护或低电压闭锁的启动元件。

（二）技术数据

LY-20 系列电压继电器技术数据，见表 21-9-25。

（三）板后出线端子图

LY-20 系列电压继电器板后出线端子图，见图 21-9-30。

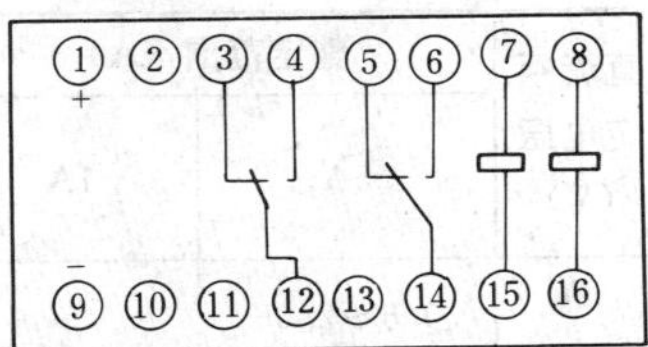

图 21-9-30　LY-20 系列电压继电器板后出线端子图

（四）外形及安装尺寸

LY-20 系列电压继电器外形及安装尺寸，见图 21-0-2。

表 21-9-25　**LY-20 系列电压继电器技术数据**

型号	动作类型	直流额定电压（V）	电压整定范围（V）	返回系数	动作时间（s）	功率消耗（VA）	触点容量		
							电压（V）	电流（A）	直流回路（W）
LY-21	过电压	48 110 220	50-200	≮0.8	2 倍动作值时 ≯0.04	≯1.5	≯220	≯0.2	≮10
LY-22	低电压		40-160	≮1.25	0.5 倍动作值时 ≯0.02				

二十七、LL-5A、LL-5D 型电流继电器

(一) 简介

该型继电器用于继电保护线路中，作为短路故障或过负荷保护。LL-5D 型继电器除抗高次谐波性能好以外，其余同 LL-5A 型继电器。

(二) 技术数据

LL-5A、LL-5D 型电流继电器技术数据，见表 21-9-26。

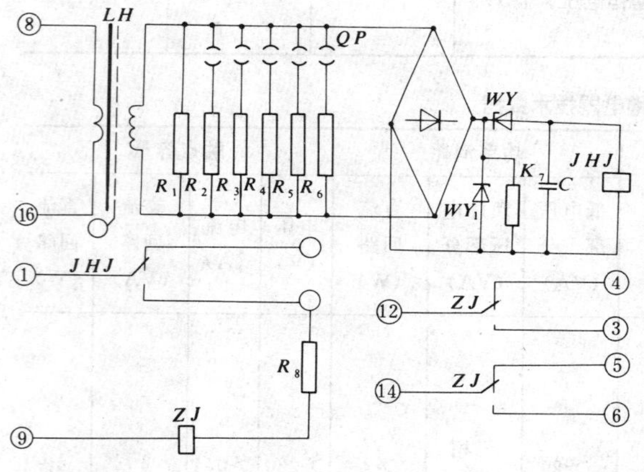

图 21-9-31　LL-5A 型电流继电器原理接线

(三) 原理接线

LL-5A 型电流继电器原理接线，见图 21-9-31。

(四) 外形及安装尺寸

LL-5A、LL-5D 型电流继电器外形及安装尺寸见图 21-0-2。

二十八、LL-5B 型电流继电器

(一) 简介

该型继电器用于电力系统中各种短路或过负荷保护。

(二) 技术数据

LL-5B 型电流继电器技术数据，见表 21-9-27。

(三)板后出线端子图

LL-5B 型电流继电器板后出线端子图，见图 21-9-32。

(四)外形及安装尺寸

LL-5B 型电流继电器外形及安装尺寸，见图 21-0-2。

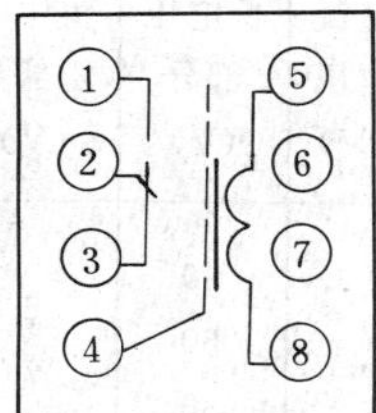

图 21-9-32　LL-5B 型电流继电器板后出线端子图

表 21-9-26　LL-5A、LL-5D 型电流继电器技术数据

交流额定值(A)	直流额定电压(V)	整定范围(A)		返回系数	动作时间(ms)	功率消耗(VA)	触点容量			
		5A	1A				电压(V)	电流(A)	交流回路(VA)	直流回路(W)
5 1	220 110 48	0.5～2.05 1.5～4.6 4～10.2 5～20.5 12.5～51.25	0.05～0.36 0.1～1.65	≮0.85	2 倍动作电流下 ≯30	额定电流时 ≯1	≯220	≯0.2	20	10

表 21-9-27　LL-5B 型电流继电器技术数据

交流额定值		整定范围(A)		返回系数	动作时间(ms)	功率消耗(VA)	触点容量	
电流(A)	频率(Hz)	5A	1A				交流回路(VA)	直流回路(W)
5 1	60 50	0.5～3.65 1.5～7.8 4～16.6 5～36.6 10～73	0.05～0.68 0.1～3.25	≮0.8	2 倍动作电流时 ≯20	1.5	20	10

二十九、LL-6B（6、6A、6C、6D）型电流继电器

（一）简介

该型继电器用于电力系统中，作为短路或过负荷保护。

LL-6、LL-6A 型继电器采用 BJK 型壳体，供 BJK 结构的保护装置配套使用。其中，LL-6 型为经小中间继电器出口，两副转换触点，动作时间不大于 30ms；LL-6A 型为极化继电器直接出口，一副转换触点，动作时间不大于 20ms，其它技术数据同 LL-6B 型。

LL-6C、LL-6D 及 LL-6B 型继电器采用 LBK 型壳体，供整流型发电机、变压器保护及四统一整流型线路保护配套使用。其中，LL-6C 型经小中间继电器出口，动作时间不大于 30ms，其它技术数据同 LL-6B 型；LL-6D 型在变压器二次侧加了滤波电容，抗高次谐波性能较好，其它技术数据同 LL-6B 型。

（二）技术数据

LL-6B 型电流继电器技术数据，见表 21-9-28。

（三）板后出线端子图

LL-6B 型电流继电器板后出线端子图，见图 21-9-33。

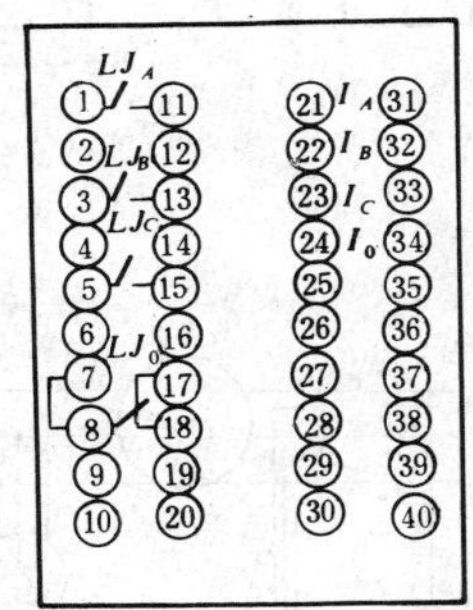

图 21-9-33　LL-6B 型电流继电器板后出线端子图

（四）外形及安装尺寸

LL-6B 型电流继电器外形及安装尺寸，见图 21-9-34。

三十、LL-34 型发电机过负荷继电器

（一）简介

该型继电器主要用于大型同步发电机的保护线路中，作为发电机定子（或转子）绕组的反时限过负荷保护。

（二）技术数据

LL-34 型发电机过负荷继电器技术数据，见表 21-9-29。

（三）原理接线

LL-34 型发电机过负荷继电器原理接线，见图 21-9-35。

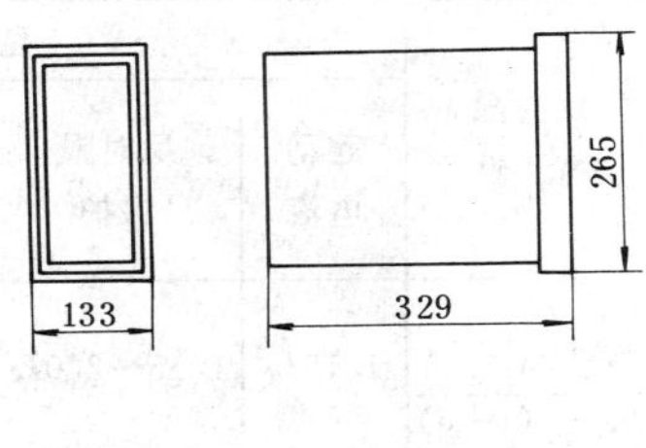

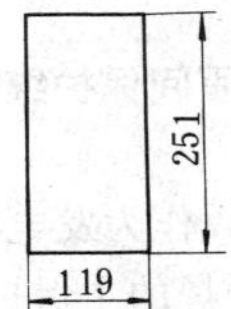

图 21-9-34　LL-6B 型电流继电器外形及安装尺寸

（四）外形及安装尺寸

LL-34 型发电机过负荷继电器外形及安装尺寸，见图 21-0-21。

表 21-9-28　**LL-6B 型电流继电器技术数据**

交流额定值		整定范围（A）		返回系数	动作时间（ms）	功率消耗（VA）	触点容量	
电流（A）	频率（Hz）	1A	5A				交流回路（VA）	直流回路（W）
5 1	50 60	0.5～0.68 0.1～3.25	0.5～3.65 1.5～7.8 4～16.6 5～36.6 10～73	≮0.85	两倍动作电流时≯20	≯1.5	20	10

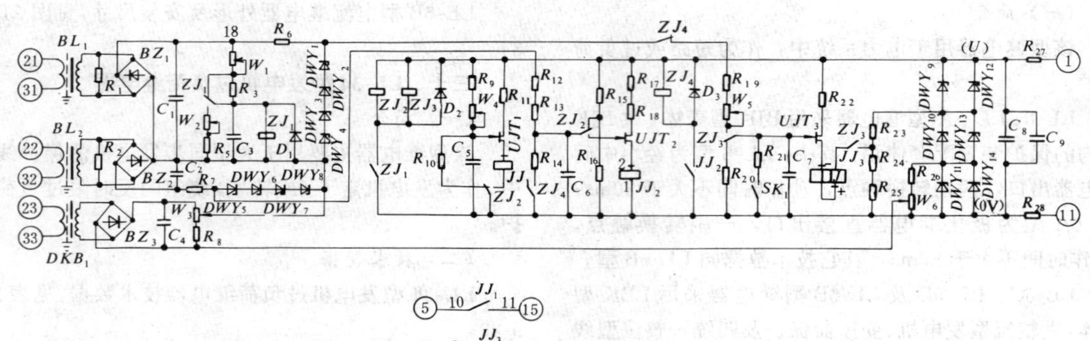

图 21-9-35　LL-34 型发电机过负荷继电器原理接线

表 21-9-29　　**LL-34 型发电机过负荷继电器技术数据**

额定值		反时限特性	整定范围					返回系数	功率消耗		触点容量			
交流电流(A)	直流电压(V)		起动电流	反时限保护	A 值	α 值	定时限信号(s)		交流(VA)	直流(W)	电压(V)	电流(A)	交流回路(VA)	直流回路(W)
5	220 110 48	$t=\dfrac{A}{I_*^2-(1+\alpha)}$	$1.15I_d$	$1.15\sim2.0I_d$	35～150	0～0.02	1～10	≮0.9	≯4	≯4	≯220	≯0.2	30	20

注　I_*—定子绕组电流标么值。

三十一、ZFH-1 型发电机匝间保护继电器

(一) 简介

该型继电器用于发电厂中，作为发电机定子绕组匝间短路、分支间短路和分支开焊的主保护，也可用于保护相间短路。

该型继电器与 FL-6 型电抗器及 BFG-40 系列负序方向闭锁继电器配套使用，以区别故障是发电机内部故障还是外部故障，是相间短路还是匝间短路。

(二) 技术数据

ZFH-1 型发电机匝间保护继电器技术数据，见表 21-9-30。

(三) 应用接线

ZFH-1 型发电机匝间保护继电器接线示意图，见图 21-9-36。

按使用需要，该继电器有两种接线方式，当按图 21-9-36 (a) 接线时，只保护匝间短路和分支匝间短路；当按图 21-9-36 (b) 接线时，除可保护匝间短路和分支匝间短路外，还可保护相间短路。

(四) 外形及安装尺寸

ZFH-1 型发电机匝间保护继电器外形及安装尺寸，见图 21-0-21、表 21-0-10。

FL-6 型电抗互感器外形及安装尺寸，见图 21-9-37。

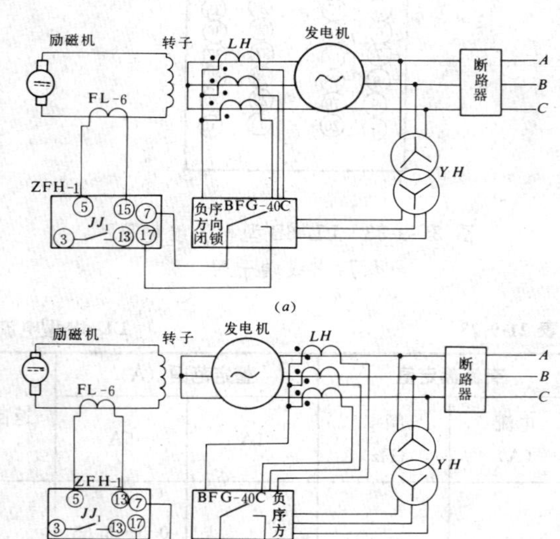

图 21-9-36　ZFH-1 型发电机匝间保护继电器接线示意图
(a) 接线方式 1；(b) 接线方式 2

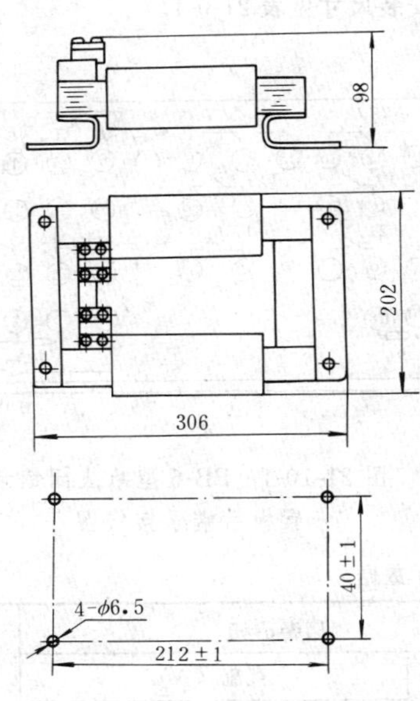

图 21-9-37　FL-6 型电抗互感器外形及安装尺寸

三十二、LB-9 型闭锁继电器

（一）简介

该型继电器用于发电厂及变电所内高压母线带电时防止误合接地刀闸。

（二）技术数据

LB-9 型闭锁继电器技术数据，见表 21-9-31。

（三）板后接线端子图

LB-9 型闭锁继电器板后接线端子图，见图 21-9-38。

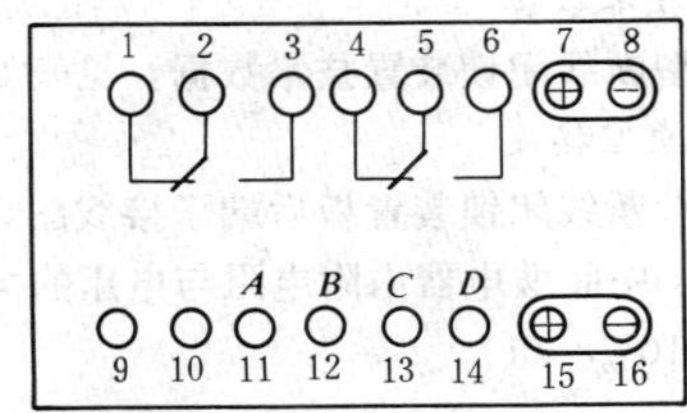

图 21-9-38　LB-9 型闭锁继电器板后接线端子图

（四）外形及安装尺寸

LB-9 型闭锁继电器外形及安装尺寸，见图 21-0-2。

表 21-9-30　**ZFH-1 型发电机匝间保护继电器技术数据**

额定值		动作电压（V）	返回系数	动作时间	滤过比		触点容量			
电压（V）	频率（Hz）				对基波	对三次谐波	电压（V）	电流（A）	交流回路（VA）	直流回路（W）
10	100	2、3、4、5、6、7、8	≮0.2	2 倍动作电压时 ≯50	≮60	≮20	≯220	≯0.2	30	20

表 21-9-31　**LB-9 型闭锁继电器技术数据**

额定电压（V）	执行元件动作电流（mA）	动作时间（ms）	功率消耗（VA）	触点容量			
				电压（V）	电流（A）	交流回路（VA）	直流回路（W）
100	5	45	5	≯220	≯0.2	30	20

第21-10节　晶体管继电器
（许昌继电器厂产品）

一、BB-6型断线闭锁装置

（一）简介

该装置用于发电机或发电机—变压器组成套保护装置中，当电压互感器断线时，将引起误动作的保护予以闭锁。当电压互感器三相同时断线时，保护不会动作。

（二）技术数据

BB-6型断线闭锁装置技术数据，见表21-10-1。

（三）原理接线

BB-6型断线闭锁装置板后端子接线图，见图21-10-1。其中，中间继电器内附电阻与电压的关系，见本节末表21-10-78（1）。

BB-6型断线闭锁装置原理接线，见图21-10-2。

（四）外形及安装尺寸

BB-6型断线闭锁装置壳体结构型式为A33K型，外形及安装尺寸见表21-0-1。

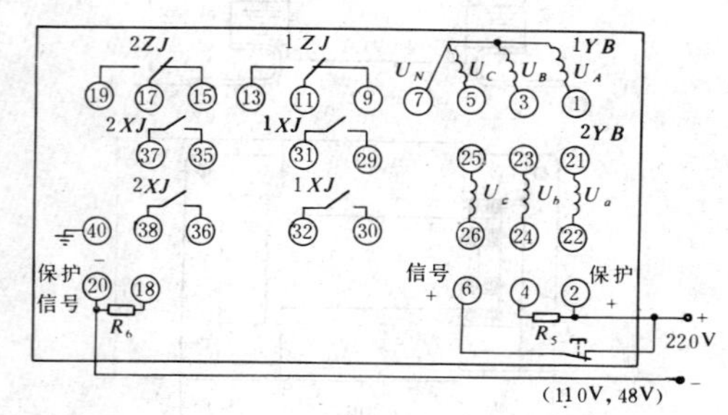

图21-10-1　BB-6型断线闭锁装置板后端子接线图

表21-10-1　　BB-6型断线闭锁装置技术数据

额定数据				灵敏度	功率消耗				触点容量（W）
交流电压（V）	直流电压允许变化范围				交流（VA/相）	直流（W）			
	220V	110V	48V			220V	110V	48V	
100	80%～110%		±10%	互感器三相电压不低于50V时，断一相或二相能可靠动作	≯1	≯4	≯2	≯1	U≯220V，I≯0.4A时≮20

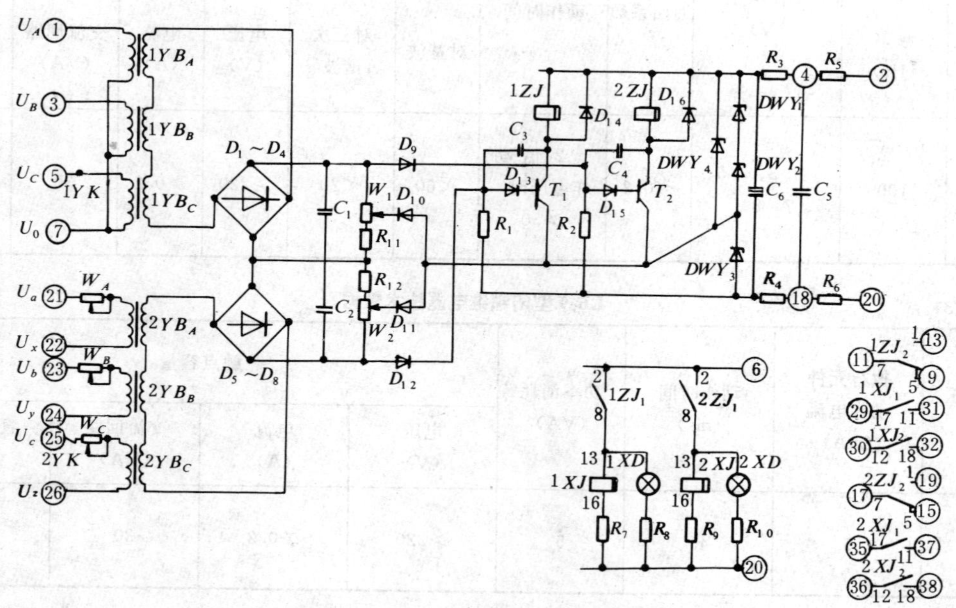

图21-10-2　BB-6型断线闭锁装置原理接线

二、BCD-23 型差动保护装置

（一）简介

该保护装置具有三侧制动，主要作为三绕组电力变压器纵差动保护，当电力变压器发生对称和非对称故障时，可迅速切除故障。该保护装置为单相式，保护具有一副跳闸出口触点和两副信号出口触点，并有灯光显示。

该保护主要利用比率制动特性躲过外部故障的不平衡电流，利用励磁涌流波形间断的特点及二次谐波分量制动躲过励磁涌流。保护装置本身的电抗变压器一次侧均有抽头，用来调节各侧电流的不平衡。

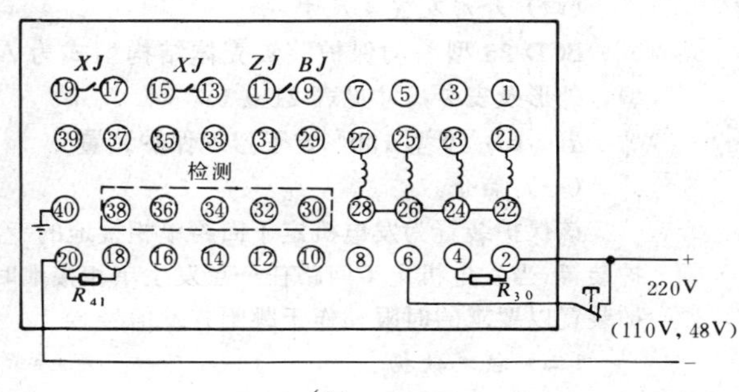

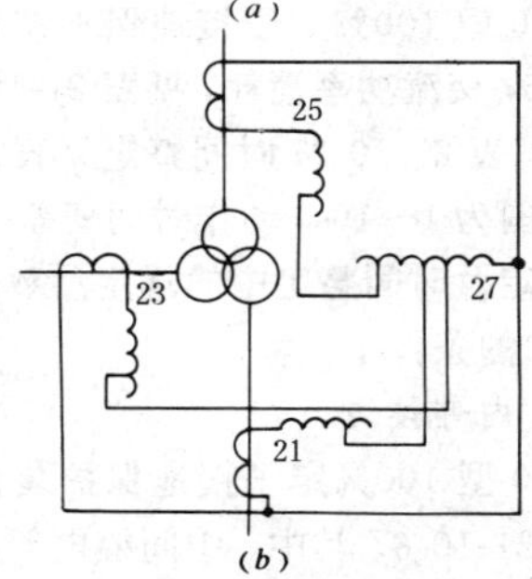

图 21-10-3　BCD-23 型差动保护装置板后端子接线图

（二）技术数据

BCD-23 型差动保护装置技术数据，见表 21-10-2。

（三）内部接线

BCD-23 型差动保护装置板后端子接线图，见图 21-10-3。其中，中间继电器内附电阻与电压关系，见表 21-10-78（2）。

（四）外形及安装尺寸

BCD-23 型差动保护装置壳体结构型式为 A33K 型，外形及安装尺寸见表 21-0-1。

三、BCD-24 型谐波制动差动保护装置

（一）简介

该保护装置用于 50000kVA 以上电力变压器的相间短路、高压侧单相接地短路以及匝间层间短路故障的主保护。该保护装置为单相式。保护具有一副跳闸出口触点和两副信号出口触点，并有灯光显示。

保护装置对因电流互感器二次侧变比不一致造成的不平衡电流，采用附加自耦变流器或中间变流器来平衡，保护本身没有平衡绕组。保护采用高次谐波制动，以闭锁由于涌流造成的误动及防止由于整定值低在变压器过激情况下造成的保护误动。利用比率制动防止外部故障不平衡电流造成误动。

（二）技术数据

BCD-24 型谐波制动差动保护装置技术数据，见表 21-10-3。

（三）内部接线

BCD-24 型谐波制动差动保护装置板后端子接线图，见图 21-10-4。其中，中间继电器内附电阻与电压关系，见表 21-10-78（2）。

（四）外形及安装尺寸

BCD-24 型谐波制动差动保护装置壳体结构型式为 A33K 型，外形及安装尺寸见表 21-0-1。

表 21-10-2　**BCD-23 型差动保护装置技术数据**

<table>
<tr><th colspan="4">额定数据</th><th rowspan="3">返回系数</th><th rowspan="3">动作时间(ms)</th><th rowspan="3">动作值整定范围(A)</th><th rowspan="3">最大制动系数</th><th colspan="4">功率消耗</th><th rowspan="3">触点容量(W)</th></tr>
<tr><th rowspan="2">交流电流(A)</th><th colspan="3">直流电压允许变化范围</th><th rowspan="2">交流(VA)</th><th colspan="3">直流（W）</th></tr>
<tr><th>220V</th><th>110V</th><th>48V</th><th>220V</th><th>110V</th><th>48V</th></tr>
<tr><td>5</td><td colspan="2">80%～110%</td><td>±10%</td><td>≮0.85</td><td>$2I_{dz}$时
≯40</td><td>1.5～5
变差
≯±5%</td><td>分三级
0.2（0.15～0.25）
0.35（0.3～0.4）
0.6（0.5～0.7）
间断角 60°～80°</td><td>≯2</td><td>≯8</td><td>≯4</td><td>≯2</td><td>U≯220V、
I≯0.4A 时
≮20</td></tr>
</table>

表 21-10-3 **BCD-24 型谐波制动差动保护装置技术数据**

额定数据								功率消耗					触点容量(W)
交流电流(A)	直流电压允许变化范围			返回系数	动作时间(ms)		动作整定电流(A)	交流回路(VA)		直流(W)			
	220V	110V	48V		$2I_{dz}$	$1.5I_{dz}$		制动	差动	220V	110V	48V	
5	80%～110%		±10%	≮0.85	≯35	≯20	0.5A 误差≯10% 1、1.5、2、2.5A 误差≯5% 速断整定范围 30～60	<1.3	<3	≯8	≯4	≯1.5	U≯220V、I≯0.4A 时 20

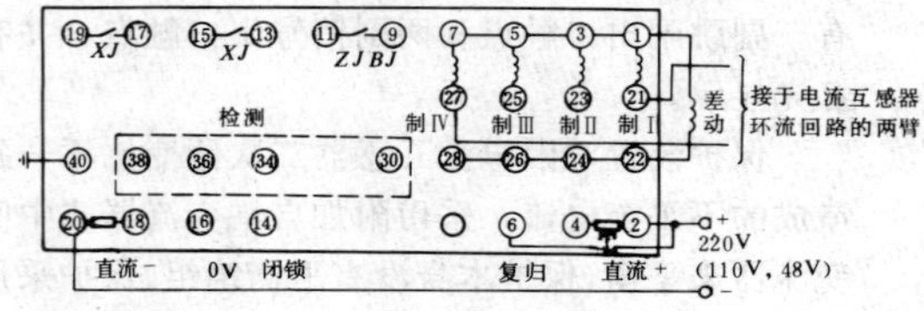

图 21-10-4 BCD-24 型谐波制动差动保护装置板后端子接线图

四、BCD-25 型差动保护装置

（一）简介

该保护装置主要用作发电机纵差动保护，当发电机发生内部两相或三相短路故障时，可迅速切除故障。该保护装置为单相式。保护具有一副跳闸出口触点及两副保持信号触点。

保护采用比率制动原理来躲过外部故障。

（二）技术数据

BCD-25 型差动保护装置技术数据，见表 21-10-4。

（三）内部接线

BCD-25 型差动保护装置板后端子接线图，见图 21-10-5。其中，中间继电器内附电阻与电压的关系，见表 21-10-78（3）。

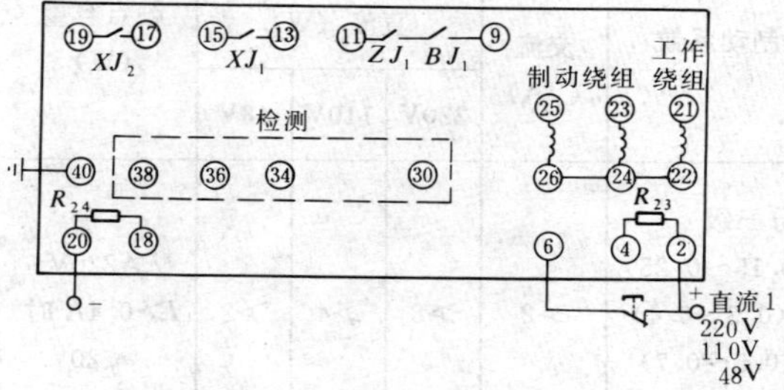

图 21-10-5 BCD-25 型差动保护装置板后端子接线图

（四）外形及安装尺寸

BCD-25 型差动保护装置壳体结构型式为 A33K 型，外形及安装尺寸见表 21-0-1。

五、BD-10 型 100%定子接地保护装置

（一）简介

该保护装置为发电机定子回路单相接地的专用保护装置，当发电机定子回路任一点发生单相接地时，保护装置以要求的时限动作于跳闸并发信号。

（二）技术数据

BD-10 型 100%定子接地保护装置技术数据，见表 21-10-5；交流功率消耗，见表 21-10-6；零序电压整定范围，见表 21-10-7；时间整定见表 21-10-8，其中时间整定范围为 1～10s，动作时间变差不大于 0.25s。零序电压整定及时间整定中的规定参数，指在环境温度为20±5℃的条件下。

（三）内部接线

BD-10 型 100%定子接地保护装置板后端子接线图，见图 21-10-6。其中，中间继电器内附电阻与电压的关系，见表 21-10-78（4）。

（四）外形及安装尺寸

BD-10 型 100%定子接地保护装置壳体结构型式为A33K 型。外形及安装尺寸，见表 21-0-1。

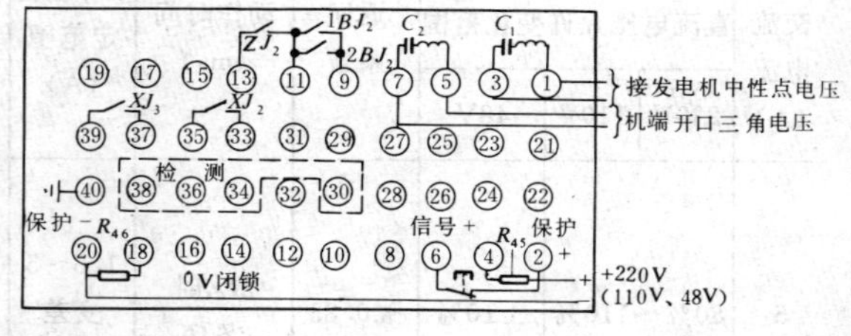

图 21-10-6 BD-10 型 100%定子接地保护装置板后端子接线图

表 21-10-4 **BCD-25型差动保护装置技术数据**

额定数据				返回系数	动作时间（ms）	动作整定电流（A）	制动系数	功率消耗					触点容量（W）
交流电流（A）	直流电压允许变化范围							交流回路（VA）		直流（W）			
	220V	110V	48V					制动	差动	220V	110V	48V	
5	80%～110%		±10%	≮0.85	在2倍动作电流下≯30	1、1.5、2、2.5误差≯±5% 0.5误差≯±10%	0.2（0.15～0.25） 0.35（0.3～0.4） 0.6（0.5～0.7）	≯3	≯2	≯8	≯4	≯1.5	U≯220V、I≯0.4A时≮20

表 21-10-5 **BD-10型100%定子接地保护装置技术数据**

额定数据				返回系数	三次谐波阻波器滤过比	三次谐波		零序电压		功率消耗				触点容量（W）
交流电压（V）	直流电压允许变化范围					动作电压（V）	动作值误差	整定值误差	动作值误差	交流（VA）	直流（W）			
	220V	110V	48V								220V	110V	48V	
100	80%～110%		±10%	对零序电压≮85%	≮10	≯0.5	≯±10%	≯5%	≯5%	见表21-10-6	≯7.5	≯4	≯2	U≯220V、I≯0.4A时20

表 21-10-6 **BD-10型100%定子接地保护装置交流功率损耗表**

机端	100V 50Hz 基波回路串联16VA（并联22VA）
	10V 150Hz 基波回路串联3VA（并联3VA）
中性点	100V 50Hz 15VA
	10V 150Hz 3VA

表 21-10-7 **BD-10型100%定子接地保护装置零序电压整定范围表**

型号	BD-10
绕组连接方式	并、串联
零序电压整定范围（V）	5～10 10～20
基准电压（V）	5 10

表 21-10-8 **BD-10型100%定子接地保护装置时间整定表**

整定时间（s）	1	2.5	5	10
整定值误差（s）	±0.1	±0.15	±0.25	±0.3

六、BD-13型转子一点接地保护装置

（一）简介

该保护装置作为监视大型发电机转子励磁回路对地绝缘之用。当发电机转子发生一点接地故障或某一处的绝缘下降到一定数值时，该装置保护延时动作，发出故障信号或直接作用于跳闸。

（二）技术数据

BD-13型转子一点接地保护装置技术数据，见表21-10-9。

表 21-10-9 **BD-13型转子一点接地保护装置技术数据**

额定电压（V）	整定范围（kΩ）	返回系数	保护动作延时整定范围（s）	动作延时允许刻度误差及动作变化	功率消耗（VA）	触点容量（W）
220	转子接地电阻 0.5～20	≯2（电阻值）	1～10	≯5%	≯5	U≯220V、I≯0.4A时20

（三）内部接线

BD-13 型转子一点接地保护装置板后端子接线图，见图 21-10-7。

（四）外形及安装尺寸

BD-13 型转子一点接地保护装置壳体结构型式为 A33K 型。外形及安装尺寸，见表 21-0-1。

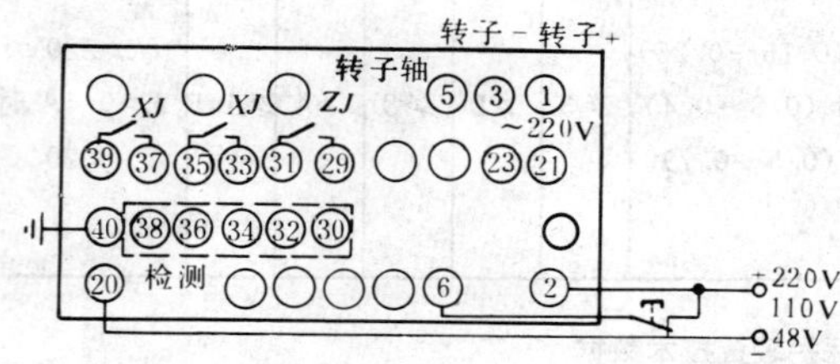

图 21-10-7 BD-13 型转子一点接地保护装置板后端子接线图

七、BD-14 型转子二点接地保护装置

（一）简介

该保护装置用作大型汽轮发电机转子绕组二点接地故障时的保护。转子绕组匝间短路时发出故障信号，同时与一点接地保护装置配合发出跳闸脉冲，作用于跳闸，此外，也可直接跳闸。

（二）技术数据

BD-14 型转子二点接地保护装置技术数据，见表 21-10-10；时间整定误差，见表 21-10-11。

（三）内部接线

BD-14 型转子两点接地保护装置板后端子接线图，见图 21-10-8。

（四）外形及安装尺寸

BD-14 型转子两点接地保护装置壳体结构型式为 A33K 型。外形及安装尺寸，见表 21-0-1。

八、BFG-5 型负序功率方向保护装置

（一）简介

该保护装置用于电力系统继电保护中作为负序方向元件，或用于利用转子二次谐波的匝间保护装置中作为闭锁元件。

该保护装置具有与保护巡检相配合的自动检测电路，设有元件损坏灯及出口跳闸显示灯，包括出口信号电路。

（二）技术数据

BFG-5 型负序功率方向保护装置技术数据，见表 21-10-12。

（三）内部接线

BFG-5 型负序功率方向保护装置板后端子接线图，见图 21-10-9。其中，中间继电器内附电阻与电压的关系，见表 21-10-78（5）。

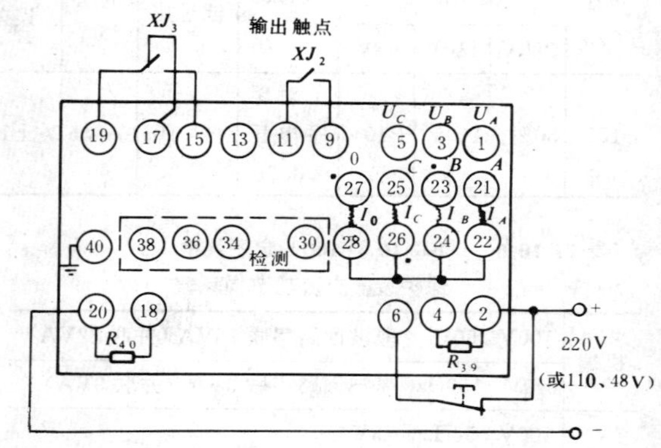

图 21-10-9 BFG-5 型负序功率方向保护装置板后端子接线图

表 21-10-10 BD-14 型转子二点接地保护装置技术数据

额定电压（V）	直流电压允许变化范围			功率消耗				触点容量（W）	返回系数	动作值整定范围（V）	延时整定范围（s）
				直流（W）			交流（VA）				
	220V	110V	48V	220V	110V	48V					
100	80%～110%	80%～110%	±10%	≯8	≯4	≯2	≯4	t≯5×10⁻³s、U≯220V、I≯0.4A 时 20	≮0.75	0.25～0.5 100Hz 变差≯5%	0.2～2

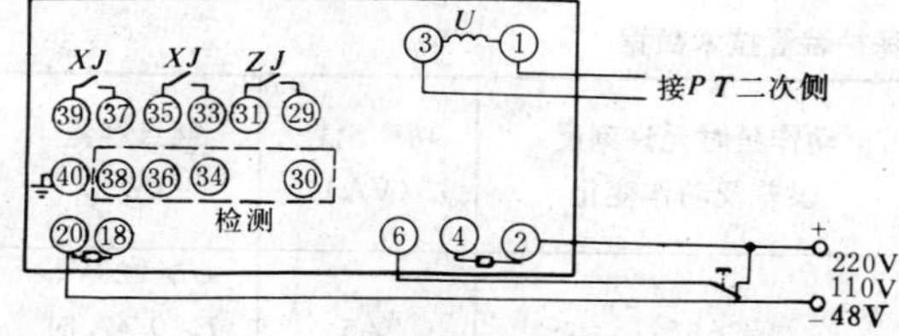

图 21-10-8 BD-14 型转子二点接地保护装置板后端子接线图

表 21-10-11 BD-14 型转子二点接地保护装置时间整定误差表

整定时间（s）	0.2	0.5	1	1.5	2
整定值误差（s）	±0.08	±0.06	±0.1	±0.13	±0.15

表 21-10-12　　BFG-5 型负序功率方向保护装置技术数据

额定数据					灵敏角（°）	动作区（°）	灵敏度（V）	动作时间（ms）	功率消耗					触点容量（W）
交流		直流电压允许变化范围							交流回路（VA）		直流（W）			
电压（V）	电流（A）	220V	110V	48V					电压	电流	220V	110V	48V	
100	5	80%～110%		±10%	额定条件下最大 −105±10	额定条件下 160±10	在最大灵敏角和负序电流≮0.25A 时，最小负序动作电压≯0.6	最大灵敏角及三倍以上动作功率时≯30	≯4	≯1	≯10	≯5	≯2	U≯250V，I≯0.5A 时≮20

（四）外形及安装尺寸

BFG-5 型负序功率方向保护装置，嵌入式安装的壳体结构型式为 A33K 型，拼块式安装的壳体结构型式为 A33P 型。外形及安装尺寸，见表 21-0-1。

九、BFL-7 型负序过电流保护装置

（一）简介

该保护装置由负序过电流和负序过负荷保护构成。负序过电流保护系防御发电机及相邻元件不对称短路的后备保护，带有两段时限。负序过负荷保护系监视发电机不对称运行的信号装置，带有一段时限。

（三）技术数据

BFL-7 型负序过电流保护装置技术数，见表 21-10-13；负序电流整定范围分为二段，见表 21-10-14；继电器具有三段延时，延时范围均为 1～10s。延时整定时间及误差，见表 21-10-15。其中，负序电流整定及延时整定中的规定参数，指在环境温度＋20°±5℃的条件下，保护动作时间变差不大于 0.25s。

（三）内部接线

BFL-7 型负序过电流保护装置板后端子接线图，见图 21-10-10。其中，中间继电器内附电阻与电压的关系，见表 21-10-78（6）。

（四）外形及安装尺寸

BFL-7 型负序过电流保护装置壳体结构型式为 A33K 型。外形及安装尺寸，见表 21-0-1。

表 21-10-13　　BFL-7 型负序过电流保护装置技术数据

额定数据				返回系数	功率消耗				触点容量（W）
交流电流（A）	直流电压允许变化范围				交流（VA/ϕ）	直流（W）			
	220V	110V	48V			220V	110V	48V	
5	80%～110%		±10%	≮0.85	≯2	≯14	≯7	≯3.5	U≯220V、I≯0.4A 时≮20

表 21-10-14　BFL-7 型负序过电流保护装置负序电流整定范围表

序　　号	负序电流整定范围（A）
Ⅰ（过负荷）	0.35～0.8
Ⅱ（过电流）	1～4

注　动作值变差不大于±5%。

表 21-10-15　BFL-7 型负序过电流保护装置延时整定时间表

整定时间（s）	1	2.5	5	10
整定值误差（s）	±0.1	±0.15	±0.25	±0.3

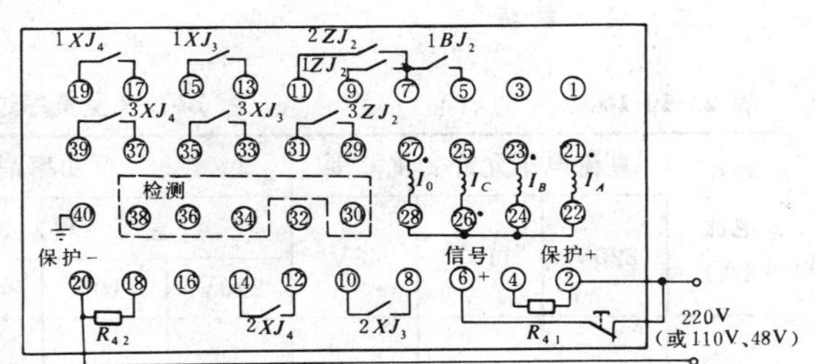

图 21-10-10　BFL-7 型负序过电流保护装置板后端子接线图

十、BFL-8型负序过电流保护装置

（一）简介

该保护装置系防御变压器及相邻元件不对称短路的后备保护，带有一段时限，并可与BFG-3型负序功率保护装置一起构成负序方向过电流保护。

（二）技术数据

BFL-8型负序过电流保护装置技术数据，见表21-10-16；继电器延时范围为1～10s，动作时间变差不大于0.25s，延时整定误差，见表21-10-17。其中，规定参数指在环境温度+20±5℃的条件下。

（三）内部接线

BFL-8型负序过电流保护装置板后端子接线图，见图21-10-11。其中，中间继电器内附电阻与电压的关系，见表21-10-78（7）。

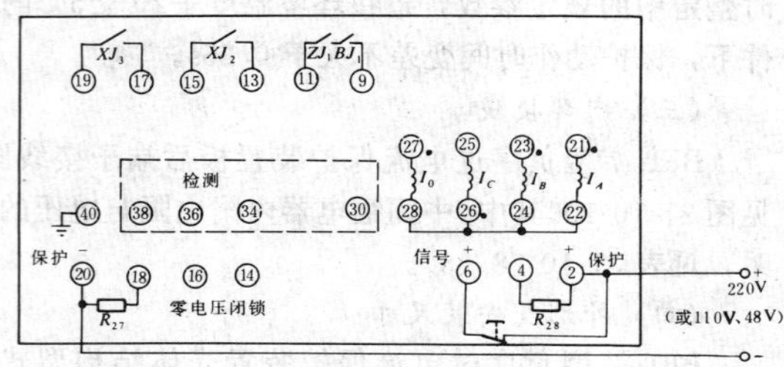

图21-10-11 BFL-8型负序过电流保护装置板后端子接线图

（四）外形及安装尺寸

BFL-8型负序过电流保护装置壳体结构型式为A33K型。外形及安装尺寸，见表21-0-1。

十一、BFL-9型负序过电流保护装置

（一）简介

该保护装置用于大型发电机作为不对称故障和不对称过负荷时防止负序电流引起发电机转子过热之用，主要是保护转子本体，可兼作系统不对称故障的后备保护。

（二）技术数据

BFL-9型负序过电流保护装置技术数据，见表21-10-18。

（三）内部接线

BFL-9型负序过电流保护装置板后端子接线图，见图21-10-12。其中，中间继电器内附电阻与电压的关系，见表21-10-78（8）。

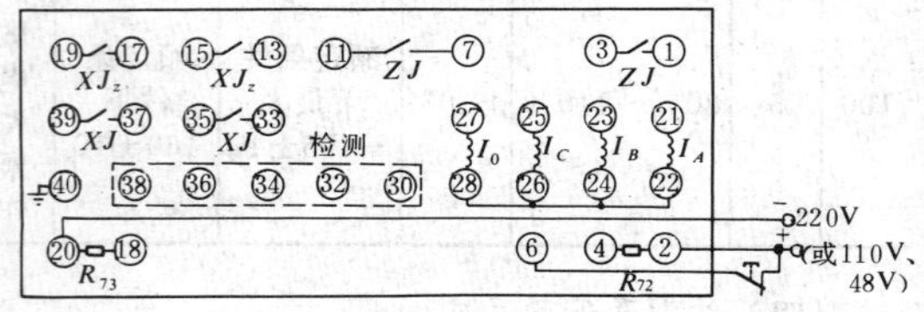

图21-10-12 BFL-9型负序过电流保护装置板后端子接线图

（四）外形及安装尺寸

BFL-9型负序过电流保护装置壳体结构型式为A33K型。外形及安装尺寸，见表21-0-1。

十二、BFY-1型复合电压保护装置

（一）简介

该保护装置用于发电机、变压器成套保护装置中，与BL-15、BL-17型过电流保护配合构成复合电压起动过流保护，作为发电机或变压器的后备保护，也可作为其他负序电压保护或低电压保护的起动和延时元件。

（二）技术数据

BFY-1型复合电压保护装置技术数据，见表21-10-19；延时整定时间，见表21-10-20。

（三）内部接线

BFY-1型复合电压保护装置板后端子接线图，见图21-10-13。

（四）外形及安装尺寸

BFY-1型复合电压保护装置，嵌入式安装的壳体结构型式为A33K型，拼块式安装的壳体结构型式为A33P型。外形及安装尺寸，见表21-0-1。

表21-10-16 BFL-8型负序过电流保护装置技术数据

额定电流（A）	直流电压允许变化范围			功率消耗				触点容量（W）	返回系数	负序电流整定范围（A）
	220V	110V	48V	直流（W）			交流（VA/φ）			
				220V	110V	48V				
5	80%～110%		±10%	≯5	≯3	≯1.5		t≯5×10^{-3}s、U≯220V、I≯0.4A时≮20	≮0.85	1～4 允许动作变差≯±5%

表 21-10-17　BFL-9 型负序过电流保护装置延时整定误差表

整定时间（s）	1	2.5	5	10
整定值误差（s）	±0.1	±0.15	±0.25	±0.3

表 21-10-18　BFL-9 型负序过电流保护装置技术数据

额定数据				整定范围					
交流电流（A）	直流电压允许变化范围			定时限部分		反时限部分			
	220V	110V	48V	负序动作电流（A）	预告信号延时（s）	负序动作电流（A）	反时限特性曲线	A 值范围	反时限上限时间（s）
5	80%～110%		±10%	0.2～0.5	1～10 定时限长延时为 1000	0.3～0.8	$t=\frac{A}{I_{2*}^2-K_2^2}$ $K_2^2=0.60I_{2(\infty)}^2$	10～20	1～10

注　t—在对应负序电流 I_2 下的允许发热时间，单位为秒；

I_{2*}—负序电流有效值的标么值；

A—发电机允许过热的时间常数；

$I_{2(\infty)}$—发电机允许长期运行的负序分量；K_2—修正系数。

表 21-10-19　BFY-1 型复合电压保护装置技术数据

额定数据				动作值整定范围及返回系数		延时整定范围（s）	功率消耗				触点容量（W）
交流电压（V）	直流电压允许变化范围			负序电压部分	低电压部分		交流（VA）	直流（W）			
	220V	110V	48V					220V	110V	48V	
100	80%～110%		±10%	动作线电压 5～15V，整定基准电压 5V，整定值误差≯±5%，返回系数≮0.85	30～90V 整定基准电压 30V，整定值误差≯±5%，返回系数≯1.15	0.5～5 1～10 整定误差见表 21-10-20	负序三相≯15 低电压≯0.5	≯7	≯3.5	≯2	U≯250V、I≯0.5A 时 20

表 21-10-20　BFY-1 型复合电压保护装置延时整定时间表

整定时间（s）	0.5	1	2.5	5	10
整定值误差（s）	±0.08	±0.1	±0.15	±0.25	±0.3

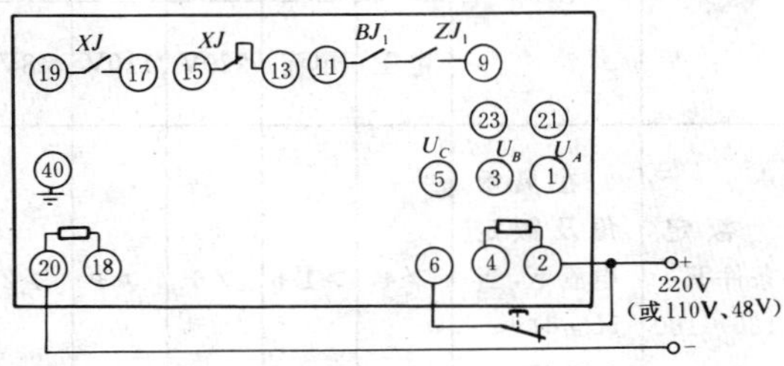

图 21-10-13　BFY-1 型复合电压保护装置板后端子接线图

十三、BG-3 型逆功率保护装置

（一）简介

当大型汽轮发电机变电动机运行时，从系统吸收有功功率，如果时间较长，将使机组遭到损坏，因此该保护装置用于汽轮机主汽门关闭后，从电网上断开汽轮发电机组的保护装置。该保护装置具有两副短延时的保持信号出口触点和两副长延时的跳闸出口触点。

（二）技术数据

BG-3 型逆功率保护装置技术数据，见表 21-10-21。

（三）内部接线

BG-3 型逆功率保护装置板后端子接线图，见图 21-10-14。其中，中间继电器内附电阻与电压的关系，见表 21-10-78（9）。

（四）外形及安装尺寸

BG-3 型逆功率保护装置外形及安装尺寸，见图 21-10-15。

表 21-10-21 BG-3型逆功率保护装置技术数据

<table>
<tr><th colspan="5">额定数据</th><th rowspan="3">最大灵敏角(°)</th><th colspan="2">功率消耗(VA)</th><th rowspan="3">触点容量(W)</th></tr>
<tr><th colspan="2">交流</th><th colspan="3">直流电压允许变化范围</th><th rowspan="2">电压回路</th><th rowspan="2">电流回路</th></tr>
<tr><th>电压(V)</th><th>电流(A)</th><th>220V</th><th>110V</th><th>48V</th></tr>
<tr><td>100</td><td>5</td><td colspan="2">80%～110%</td><td>±10%</td><td>−90
±5</td><td>≯7</td><td>≯4</td><td>U≯220V、I≯0.4A时20</td></tr>
</table>

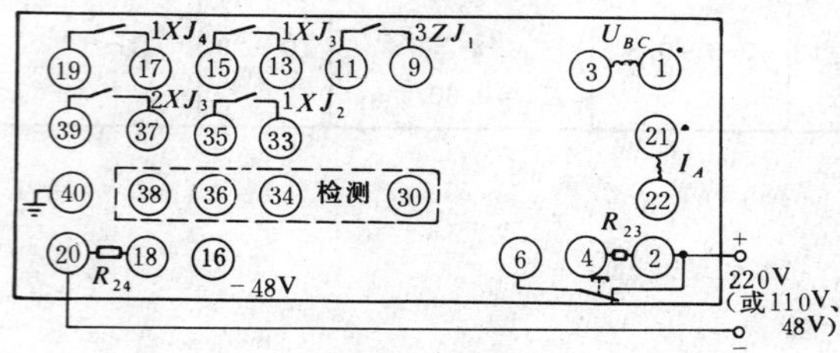

图 21-10-14 BG-3型逆功率保护装置板后端子接线图

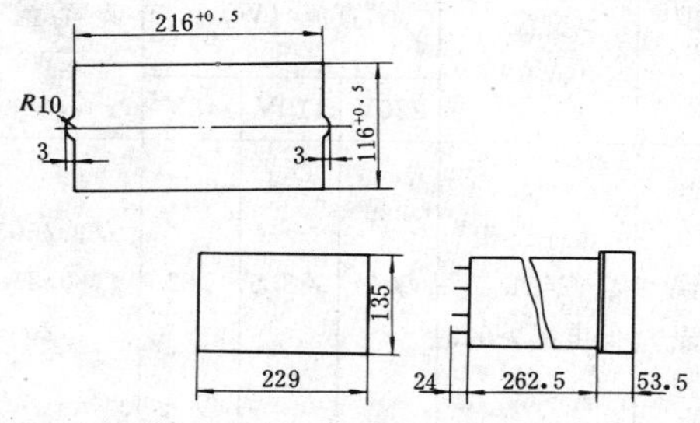

图 21-10-15 BG-3型逆功率保护装置外形及安装尺寸

十四、BG-4、5型功率方向保护装置

(一) 简介

该保护装置用于电力系统的二次继电保护线路中，作为功率方向元件。其中，BG-4型为正序方向，用于相间保护；BG-5型为零序方向，用于接地保护，并可通过触点与BL-14型单相过流配合构成正序方向过流保护、零序方向过电流保护。保护具有一副跳闸出口触点。

(二) 技术数据

BG-4型，BG-5型功率方向保护装置技术数据，见表21-10-22。

(三) 内部接线

BG-4型、BG-5型功率方向保护装置板后端子接线图，见图21-10-16。其中，中间继电器内附电阻与电压的关系，见表21-10-78 (10)。

(四) 外形及安装尺寸

BG-4型、BG-5型功率方向保护装置壳体结构型式为A23K型。外形及安装尺寸，见表21-0-1。

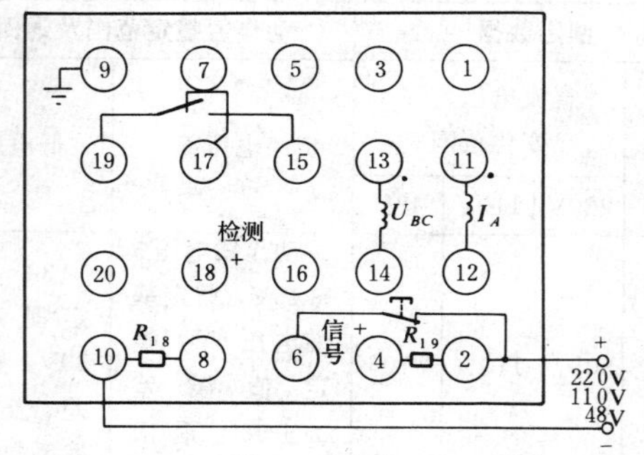

图 21-10-16 BG-4型、BG-5型功率方向保护装置板后端子接线图

表 21-10-22 BG-4、BG-5型功率方向保护装置技术数据

<table>
<tr><th colspan="5">额定数据</th><th colspan="2" rowspan="2">最大灵敏角(°)</th><th rowspan="3">动作电压(V)</th><th rowspan="3">动作区(°)</th><th rowspan="3">动作时间(ms)</th><th colspan="5">功率消耗</th></tr>
<tr><th colspan="2">交流</th><th colspan="3">直流电压允许变化范围</th><th colspan="2">交流回路(VA)</th><th colspan="3">直流(W)</th></tr>
<tr><th>电压(V)</th><th>电流(A)</th><th>220V</th><th>110V</th><th>48V</th><th>BG-4</th><th>BG-5</th><th>电压</th><th>电流</th><th>220V</th><th>110V</th><th>48V</th></tr>
<tr><td>100</td><td>5</td><td colspan="2">80%～110%</td><td>±10%</td><td>−45
−30</td><td>+70</td><td>最大灵敏角下额定电压时≯1</td><td>额定条件下160～180</td><td>在灵敏角及额定电流下，当5U_{dz}时≯40</td><td>≯4</td><td>≯1.5</td><td>≯6</td><td>≯3</td><td>≯2</td></tr>
</table>

十五、BL-11 型高次谐波过电流保护装置

（一）简介

该保护装置用于电气化铁道牵引变电所二次回路的继电保护中，作为测量流过并联补偿电容电流中高次谐波分量的动作及延时元件，可与 BL-12 型单相过电流保护装置、BY-18 型差电压保护装置等一起构成电容器成套保护装置，也可用于需要检测高次谐波电流的其它场所。

（二）技术数据

BL-11 型高次谐波过流保护装置技术数据，见表 21-10-23；延时整定误差见表 21-10-24；谐波电流整定范围（以 150Hz 电流考核），见表 21-10-25。

（三）内部接线

BL-11 型高次谐波过电流保护装置板后端子接线图，见图 21-10-17。

（四）外形及安装尺寸

BL-11 型高次谐波过电流保护装置，嵌入式安装的壳体结构型式为 A33K 型，拼块式安装的壳体结构型式为 A33P 型。外形及安装尺寸，见表 21-0-1。

十六、BL-12 型单相过电流保护装置

（一）简介

该保护装置由单相电流延时电路及速断电路构成，在继电保护接线中作为过电流速断和过负荷时的延时动作元件。保护具有一副跳闸输出触点及三副信号输出触点。

（二）技术数据

BL-12 型单相过电流保护装置技术数据，见表 21-10-26；时间整定值误差，见表 21-10-27；动作值整定范围，见表 21-10-28。20±2℃条件下，电流整定值误差不大于±5%。

（三）内部接线

BL-12 型单相过电流保护装置板后端子接线图，见图 21-10-8。

（四）外形及安装尺寸

BL-12 型单相过电流保护装置，嵌入式安装的壳体结构型式为 A33K 型，拼块式安装的壳体结构型式为 A33P 型。外形及安装尺寸，见表 21-0-1。

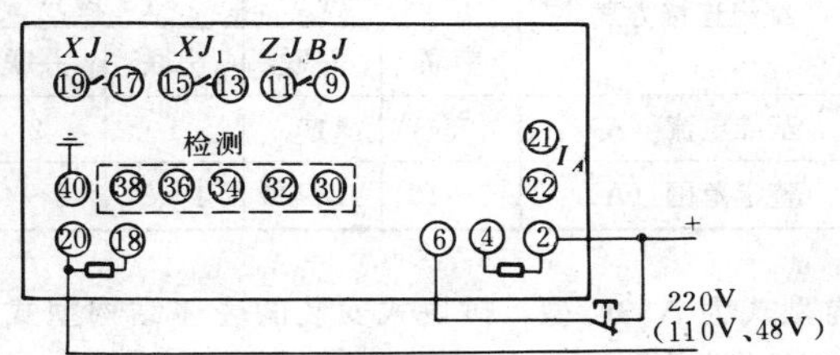

图 21-10-17　BL-11 型高次谐波过电流保护装置板后端子接线图

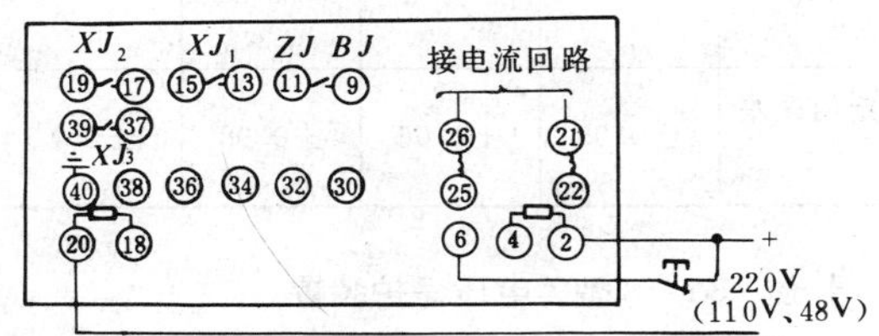

图 21-10-18　BL-12 型单相过电流保护装置板后端子接线图

表 21-10-23　**BL-11 型高次谐波过电流保护装置技术数据**

<table>
<tr><th colspan="4">额定数据</th><th rowspan="3">延时整定范围
(s)</th><th rowspan="3">高通滤波器幅频特性</th><th rowspan="3">返回系数</th><th rowspan="3">失真校正范围</th><th colspan="4">功率消耗</th><th rowspan="3">触点容量
(W)</th></tr>
<tr><th rowspan="2">交流电流
(A)</th><th colspan="3">直流电压允许变化范围</th><th rowspan="2">交流
(VA)</th><th colspan="3">直流
(W)</th></tr>
<tr><th>220V</th><th>110V</th><th>48V</th><th>220V</th><th>110V</th><th>48V</th></tr>
<tr><td>5</td><td colspan="2">80%～110%</td><td>±10%</td><td>0.2～2
误差见表
21-10-24</td><td>截止频率
130Hz±10Hz、
通带增益 0dB
±0.5dB、50Hz
增益≯−52dB</td><td>≮0.85</td><td>(0～5)%</td><td>5 倍额定
电流时
≯1.5</td><td>≯20</td><td>≯10</td><td>≯5</td><td>U≯220V、
I≯0.4A 时
20</td></tr>
</table>

表 21-10-24　BL-11 型高次谐波过电流保护装置延时整定误差表

整定时间 (s)	整定值误差 (s)	整定时间 (s)	整定值误差 (s)
0.2	±0.06	1	±0.1
0.5	±0.08	2	±0.15

表 21-10-25　BL-11 型高次谐波过电流保护装置谐波电流整定范围表

电流变换器一次绕组连接方式	串联	并联
整定范围 (A)	0.5～2.5	1～5

表 21-10-26　BL-12 型单相过电流保护装置技术数据

直流电压允许变化范围			返回系数	延时整定范围（Ⅱ段）(s)	功率消耗				触点容量 (W)
					交流 (VA)	直流 (W)			
220V	110V	48V				220V	110V	48V	
80%～110%		±10%	≮0.85	0.1～1 误差见表 21-10-27	≯2	≯10	≯5	≯2	U≯220V、I≯0.4A 时 ≮20

表 21-10-27　BL-12 型单相过电流保护装置时间整定值误差表

整定时间 (s)	0.1	0.25	0.5	1
整定值误差 (s)	±0.05	±0.06	±0.08	±0.1

表 21-10-28　BL-12 型单相过电流保护装置动作值整定范围表

电流变换器一次绕组连接方式	过电流速断部分（Ⅰ段）		延时动作部分（Ⅱ段）	
	串联	并联	串联	并联
基准电流 (A)	5	10	1	2
整定范围 (A)	5～10	10～20	1～2	2～4

十七、BY-18 型差电压保护装置

（一）简介

该保护装置用于电气化铁道牵引变电所二次回路的继电保护中，作为测量两组并联补偿电容间差电压的动作及延时元件。用作电力电容器的主保护，可以与 BL-11 型高次谐波过流保护装置、BL-12 型单相过电流保护装置、BY-8 型电压保护装置、BY-9 型电压保护装置等一起构成电容器的成套保护装置。保护具有一副跳闸输出触点及两副信号输出触点。

（二）技术数据

BY-18 型差电压保护装置技术数据，见表 21-10-29；延时整定值误差，见表 21-10-30；差电压整定范围 1～24V，见表 21-10-31。

（三）内部接线

BY-18 型差电压保护装置板后端子接线图 21-10-19。其中，YB 的输入与前段电容器的电压互感器次级相接；YB_2 的输入与后段电容器的电压互感器次级相接；中间继电器内附电阻与电压的关系，见表 21-10-78 (11)。

（四）外形及安装尺寸

BY-18 型差电压保护装置，嵌入式安装的壳体结构型式为 A33K 型，拼块式安装的壳体结构型式为 A33P 型。外形及安装尺寸，见表 21-0-1。

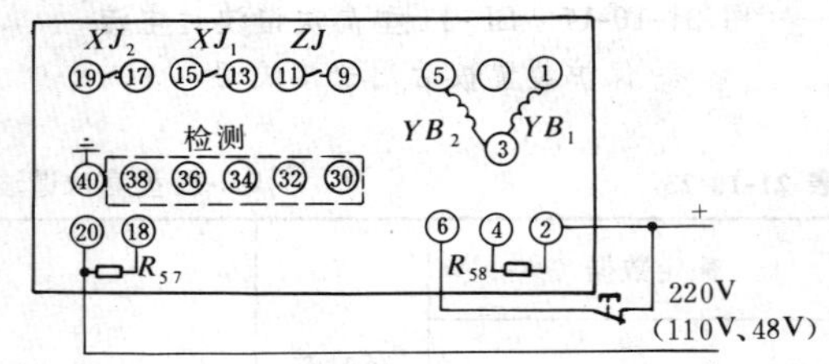

图 21-10-19　BY-18 型差电压保护装置板后端子接线图

十八、BL-14 型单相过电流保护装置

（一）简介

该保护装置由单相电流一段延时构成，用于继电保护装置中作为过电流或过负荷保护的动作延时元件，并可与 BY-9 型单相低电压保护装置、BG-4 型功率方向保护装置、BG-5 型功率方向保护装置，通过电位或触点配合构成低电压过电流保护装置、正序方向过电流保护装置、零序方向过电流保护装置。保护具有一副跳闸出口触点及两副保护信号出口触点。

表 21-10-29　**BY-18 型差电压保护装置技术数据**

额定数据				延时整定范围 (s)	电压平衡调整范围	返回系数	功率消耗				触点容量 (W)
交流电压 (V)	直流电压允许变化范围						交流 (VA)	直流（W）			
	220V	110V	48V					220V	110V	48V	
100	80%～110%		±10%	0.1～1 误差见表 21-10-30	≮±20%	≮0.85	≯2	≯6	≯3	≯2	U≯220V、 I≯0.4A 时 20

表 21-10-30　**BY-18 型差电压保护装置延时整定值误差表**

整定时间 (s)	0.1	0.25	0.5	1
整定值误差 (s)	±0.05	±0.06	±0.08	±0.1

表 21-10-31　**BY-18 型差电压保护装置差电压整定范围表**

基准值设定 (V)	1	2	4	8
整定范围 (V)	1～3	2～6	4～12	8～24

（二）技术数据

BL-14 型单相过电流保护装置技术数据，见表 21-10-32；时间整定误差，见表 21-10-33（在 1.2 倍动作电流下测量）；动作值整定范围，见表 21-10-34。

（三）内部接线

BL-14 型单相过电流保护装置板后端子接线图，见图 21-10-20。

（四）外形及安装尺寸

BL-14 型单相过电流保护装置壳体结构型式为 A23K 型。外形及安装尺寸，见表 21-0-1。

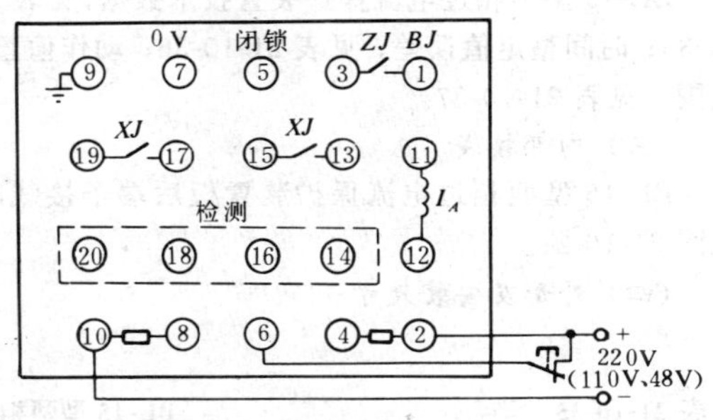

图 21-10-20　BL-14 型单相过电流保护装置板后端子接线图

表 21-10-32　**BL-14 型单相过电流保护装置技术数据**

直流电压允许变化范围			延时整定范围 (s)	返回系数	功率消耗				触点容量 (W)
					交流（VA）	直流（W）			
220V	110V	48V				220V	110V	48V	
80%～110%		±10%	0.1～1 0.2～2 0.5～5 1～10 误差见表 21-10-33	≮0.85	最小整定电流时 BL-14/2、BL-14/4、BL-14/8　≯0.25 BL-14/20、BL-14/40　≯0.3	≯7	≯3.5	≯2	t≯5×10^{-3}s、 U≯220V、 I≯0.4A 时 ≮20

表 21-10-33　**BL-14 型单相过电流保护装置时间整定误差表**

0.1～1s		0.2～2s		0.5～5s		1～10s	
整定时间 (s)	整定值误差 (s)	整定时间 (s)	整定值误差 (s)	整定时间 (s)	整定值误差 (s)	整定时间 (s)	整定值误差 (s)
0.1	±0.05	0.2	±0.06	0.5	±0.08	1	±0.1
0.25	±0.06	0.5	±0.08	1.25	±0.11	2.5	±0.15
0.5	±0.08	1	±0.1	2.5	±0.15	5	±0.25
1	±0.1	2	±0.15	5	±0.25	10	±0.30

表 21-10-34　　**BL-14型单相过电流保护装置动作值整定范围表**

型号＼最大整定电流	BL-14/2		BL-14/4		BL-14/8		BL-14/20		BL-14/40	
绕组连接方式	串	并	串	并	串	并	串	并	串	并
整定范围	0.5～1	1～2	1～2	2～4	2～4	4～8	5～10	10～20	10～20	20～40
基准电流	0.5	1	1	2	2	4	5	10	10	20

注　电流整定值误差不大于±5%。

十九、BL-15型两相过电流保护装置

（一）简介

该保护装置用作过电流或过负荷保护的动作及延时元件，并可与低电压保护通过电位配合构成低电压过电流保护。保护具有一副跳闸触点及两副保持信号触点。

（二）技术数据

BL-15型两相过电流保护装置技术数据，见表21-10-35；时间整定值误差，见表21-10-36；动作值整定范围，见表21-10-37。

（三）内部接线

BL-15型两相过电流保护装置板后端子接线图，见图21-10-21。

（四）外形及安装尺寸

BL-15型两相过电流保护壳体结构型式为A33K型。外形及安装尺寸，见表21-0-1。

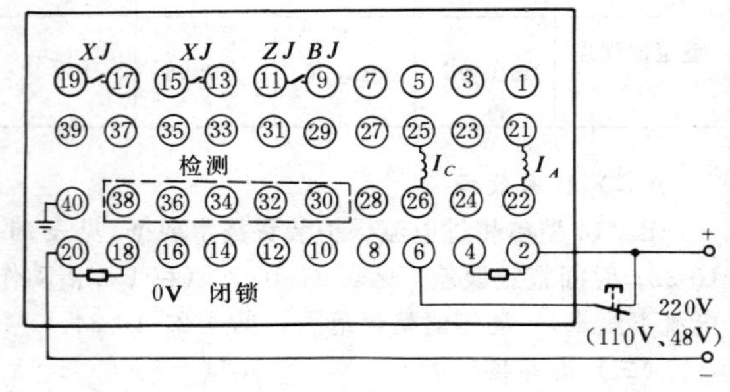

图 21-10-21　BL-15型两相过电流保护装置板后端子接线图

表 21-10-35　　**BL-15型两相过电流保护装置技术数据**

直流电压允许变化范围			延时整定范围(s)	返回系数	功率消耗				触点容量(W)
					交流(VA)	直流(W)			
220V	110V	48V				220V	110V	48V	
80%～110%		±10%	0.1～1、0.2～2 0.5～5、1～10 误差见表21-10-36	≮0.85	最小整定电流时 BL-15/2、BL-15/4、BL-15/8 ≯0.25 BL-15/20、BL-15/40 ≯0.3	≯20	≯10	≯5	t≯5×10⁻³s、U≯220V、I≯0.4A时≮20

表 21-10-36　　**BL-15型两相过电流保护装置时间整定值误差表**

0.1～1s		0.2～2s		0.5～5s		1～10s	
整定时间(s)	整定值误差(s)	整定时间(s)	整定值误差(s)	整定时间(s)	整定值误差(s)	整定时间(s)	整定值误差(s)
0.1	±0.05	0.2	±0.06	0.5	±0.08	1	±0.1
0.25	±0.06	0.5	±0.08	1.0	±0.1	2.5	±0.15
0.5	±0.08	1	±0.1	2.5	±0.15	5	±0.25
1	±0.1	2	±0.15	5	±0.25	10	±0.3

表 21-10-37　**BL-15 型两相过电流保护装置动作值整定范围表**

型号 基准电流	BL-15/2		BL-15/4		BL-15/8		BL-15/20		BL-15/40	
绕组连接方式	串	并	串	并	串	并	串	并	串	并
整定范围（A）	0.5～1	1～2	1～2	2～4	2～4	4～8	5～10	10～20	10～20	20～40

注　电流整定值误差不大于±5%。

二十、BL-16 型低电压过电流保护装置

（一）简介

该保护装置用作低电压闭锁过电流保护的动作和延时元件。

（二）技术数据

BL-16 型低电压过电流保护装置技术数据，见表 21-10-38；时间整定值误差，见表 21-10-39；动作值整定范围，见表 21-10-40。电流、电压整定值误差不大于±5%。

（三）内部接线

BL-16 型低电压过电流保护装置板后端子接线图，见图 21-10-22。其中，中间继电器内附电阻与电压的关系，见表 21-10-78（12）。

（四）外形及安装尺寸

BL-16 型低电压过电流保护装置壳体结构型式为 A33K 型。外形及安装尺寸，见表 21-0-1。

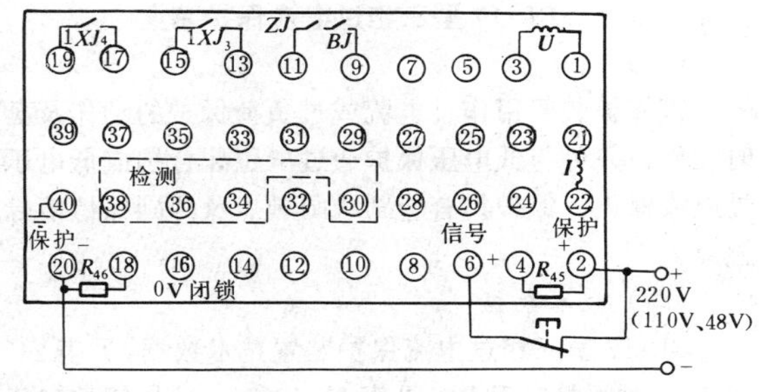

图 21-10-22　BL-16 型低电压过电流保护装置板后端子接线图

表 21-10-38　**BL-16 型低电压过电流保护装置技术数据**

额定数据						延时整定范围（s）	返回系数		功率消耗				触点容量（W）
交流			直流电压允许变化范围						直流（W）			交流（VA）	
电压（V）	电流（A） BL-16/2型	电流（A） 其余型号	220V	110V	48V		电流	低电压	220V	110V	48V		
100	1	5	80%～110%		±10%	0.2～2 0.5～5 1～10 误差见表 21-10-39	≮0.85	≯1.2	≯20	≯10	≯5	BL-16/2、BL-16/4、BL-16/8、BL-16/20、BL-16/40 最小动作电流时≯0.3 额定电压时电压回路≯0.5	t≯5×10^{-3}s、U≯220V、I≯0.4A 时≮20

表 21-10-39　**BL-16 型低电压过电流保护装置时间整定值误差表**

0.2～2s		0.5～5s		1～10s	
整定时间（s）	整定值误差（s）	整定时间（s）	整定值误差（s）	整定时间（s）	整定值误差（s）
0.2	±0.06	0.5	±0.08	1	±0.1
0.5	±0.08	1.25	±0.11	2.5	±0.15
1	±0.1	2.5	±0.15	5	±0.25
2	±0.15	5	±0.25	10	±0.3
动作时间变差为±0.09s		动作时间变差为±0.125s		动作时间变差为±0.25s	

表 21-10-40 **BL-16 型低电压过电流保护装置动作值整定范围表**

型　　号	BL-16/2		BL-16/4		BL-16/8		BL-16/20		BL-16/40	
绕组连接方式	串	并	串	并	串	并	串	并	串	并
电流整定范围（A）	0.5～1	1～2	1～2	2～4	2～4	4～8	5～10	10～20	10～20	20～40
基准电流（A）	0.5	1	1	2	2	4	5	10	10	20
电压整定范围（V）	30～90									
基准电压（V）	30									

二十一、BL-17 型三相过电流保护装置

（一）简介

该保护装置用作过电流或过负荷保护的动作及延时元件，并可与低电压保护通过电位配合构成低电压过电流保护。保护具有一副跳闸触点及两副保持信号触点。

（二）技术数据

BL-17 型三相过电流保护装置技术数据，见表 21-10-41；时间整定误差，见表 21-10-42；动作值整定范围，见表 21-10-43。电流整定值误差不大于±5%。

（三）内部接线

BL-17 型三相过电流保护装置板后端子接线图，见图 21-10-23。其中，中间继电器内附电阻与电压的关系，见表 21-10-78（13）。

（四）外形及安装尺寸

BL-17 型三相过电流保护装置壳体结构型式为 A33K 型。外形及安装尺寸，见表 21-0-1。

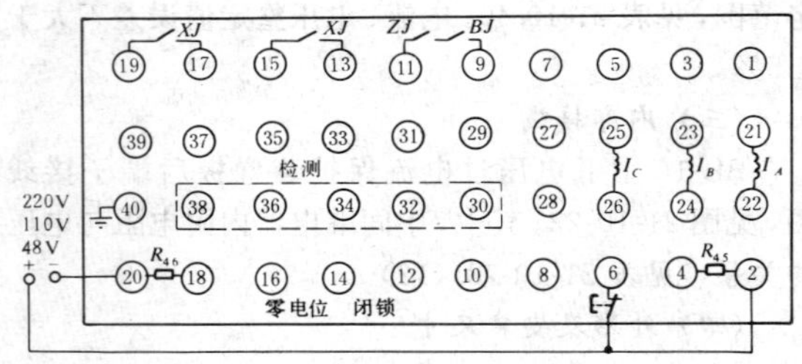

图 21-10-23　BL-17 型三相过电流保护装置板后端子接线图

表 21-10-41 **BL-17 型三相过电流保护装置技术数据**

直流电压允许变化范围			延时整定范围（s）	返回系数	功率消耗				触点容量（W）
					直流（W）			交流（VA）	
220V	110V	48V			220V	110V	48V		
80%～110%		±10%	0.1～1，0.2～2 0.5～5，1～10 误差见表 21-10-42	≮0.85	≯20	≯10	≯5	最小整定电流时 BL-17/2、BL-17/4、BL-17/8 ≯0.25 BL-17/20、BL-17/40 ≯0.3	t≯5×10^{-3}s、U≯220V、I≯0.4A 时 ≯20

表 21-10-42 **BL-17 型三相过电流保护装置时间整定误差表**

0.1～1s		0.2～2s		0.5～5s		1～10s	
整定时间（s）	整定值误差（s）	整定时间（s）	整定值误差（s）	整定时间（s）	整定值误差（s）	整定时间（s）	整定值误差（s）
0.1	±0.05	0.2	±0.06	0.5	±0.08	1	±0.1
0.25	±0.06	0.5	±0.08	1.25	±0.11	2.5	±0.15
0.5	±0.08	1	±0.1	2.5	±0.15	5	±0.25
1	±0.1	2	±0.15	5	±0.25	10	±0.30

表 21-10-43 **BL-17 型三相过电流保护装置动作值整定范围表**

型号 / 最大整定电流	BL-17/2		BL-17/4		BL-17/8		BL-17/20		BL-17/40	
绕组连接方式	串	并	串	并	串	并	串	并	串	并
整定范围（A）	0.5～1	1～2	1～2	2～4	2～4	4～8	5～10	10～20	10～20	20～40
基准电流（A）	0.5	1	1	2	2	4	5	10	10	20

二十二、BL-31 型过电流保护装置

（一）简介

该保护装置用于发电厂作为复励式发电机的后备保护装置。此保护在三相短路及相间短路情况下具有同样的灵敏度。保护由三相低电压来闭锁，即低电压动作后，此保护才能动作。保护一旦动作，只有系统电压恢复正常，低电压部分也返回，保护才能返回。保护具有二段延时，保护装置以要求的时限动作于跳闸及发信号。

（二）技术数据

BL-31 型过电流保护装置技术数据，见表 21-10-44；电流动作值整定范围，见表 21-10-45；时间整定值范围，见表 21-10-46。

（三）内部接线

BL-31 型过流保护装置板后端子接线图，见图 21-10-24。

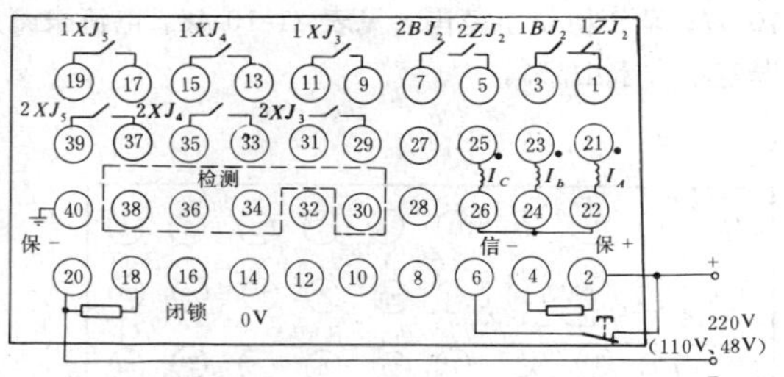

图 21-10-24 BL-31 型过流保护装置板后端子接线图

（四）外形及安装尺寸

BL-31 型过流保护装置壳体结构型式为 A33K 型。外形及安装尺寸，见表 21-0-1。

表 2-10-44 **BL-31 型过电流保护装置技术数据**

额定数据				功率消耗				触点容量（W）
交流电流（A）	直流电压允许变化范围			交流（VA）	直流（W）			
	220V	110V	48V		220V	110V	48V	
5	80%～110%		±10%	最小整定电流时 ≯0.35	≯14	≯7	≯3.5	t≯5×10^{-3}s、U≯220V、I≯0.4A 时 ≮20

表 21-10-45 **BL-31 型过电流保护装置电流动作值整定范围表**

型号	BL-31/4		BL-31/8	
绕组连接方式	串	并	串	并
整定范围（A）	1～2	2～4	2～4	4～8
基准电流（A）	1	2	2	4

表 21-10-46 **BL-31 型过电流保护装置时间整定值范围表**

0.5～5s		1～10s	
整定时间（s）	整定值误差（s）	整定时间（s）	整定值误差（s）
0.5	±0.08	1	±0.1
1.25	±0.11	2.5	±0.15
2.5	±0.15	5	±0.25
5	±0.25	10	±0.3
作动时间变差为 0.125s		动作时间变差为 0.25s	

二十三、BL-52型单相过电流保护装置

（一）简介

该保护装置由单相过电流两段延时元件构成。用作过电流或过负荷保护的动作和延时元件，并可与BY-9型单相低电压保护装置、BG-4型功率方向保护装置、BG-5型功率方向保护装置配合构成电压闭锁过电流保护装置、正序方向过电流保护装置、零序方向过电流保护装置。保护具有两副跳闸出口触点及两副保持信号出口触点。

（二）技术数据

BL-52型单相过电流保护装置技术数据，见表21-10-47；动作值整定范围，见表21-10-48。电流表刻度误差不大于±5%。

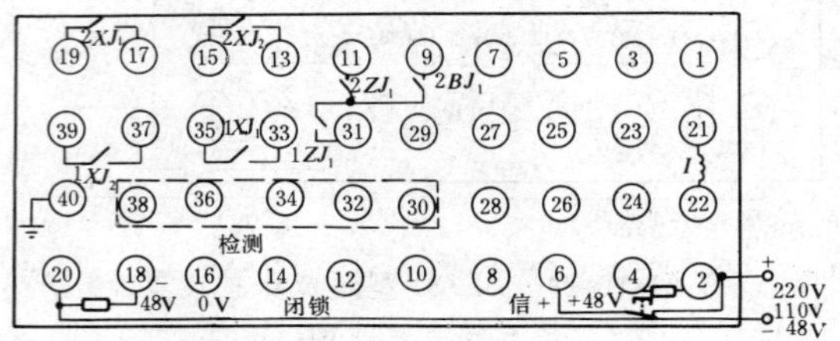

图21-10-25 BL-52型单相过电流保护装置板后端子接线图

（三）内部接线

BL-52型单相过电流保护装置板后端子接线图，见图21-10-25。其中，中间继电器内附电阻与电压的关系，见表21-10-78（14）。

（四）外形及安装尺寸

BL-52型单相过电流保护装置壳体结构型式与BG-3型逆功率保护装置相同，外形及安装尺寸，见图21-10-15。

二十四、BL-54型定子过负荷保护装置

（一）简介

该保护装置用于大型机组作为对称过电流和对称过负荷的保护，采用单相式，主要作为定子绕组的保护。

（二）技术数据

BL-54型定子过负荷保护装置技术数据，见表21-10-49。

（三）内部接线

BL-54型定子过负荷保护装置板后端子接线图，见图21-10-26。其中，中间继电器内附电阻与电压的关系，见表21-10-78（15）。

（四）外形及安装尺寸

BL-54型定子过负荷保护装置壳体结构型式为A33K型。外形及安装尺寸，见表21-0-1。

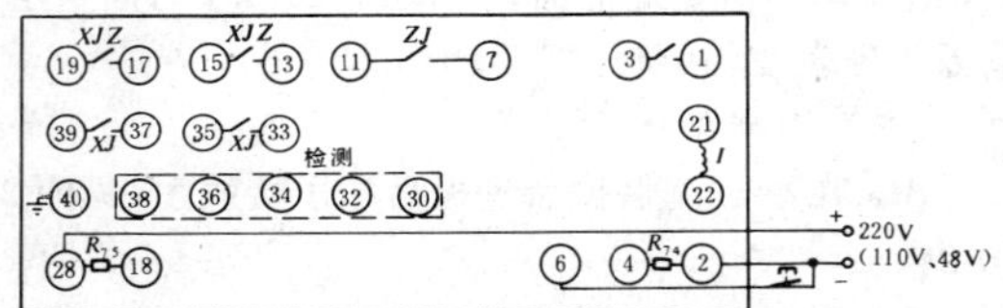

图21-10-26 BL-54型定子过负荷保护装置板后端子接线图

表21-10-47 BL-52型单相过电流保护装置技术数据

直流电压允许变化范围 220V	直流电压允许变化范围 110V	直流电压允许变化范围 48V	延时整定范围（s）	返回系数	功率消耗 交流（VA）	功率消耗 直流（W）220V	功率消耗 直流（W）110V	功率消耗 直流（W）48V	触点容量（W）
80%～110%		±10%	0.1～1 0.2～2 0.5～5 1～10	≮0.85	最小整定电流时 BL-52/2、BL-52/4、BL-52/8 ≯0.25 BL-52/20、BL-52/40 ≯0.3	≯6	≯3	≯2	$t≯5×10^{-3}$s、U≯220V、I≯0.4A时 20

表21-10-48 BL-52型单相过电流保护装置动作值整定范围表

最大整定值 \ 型号	BL-52/2		BL-52/4		BL-52/8		BL-52/20		BL-52/40	
	串联	并联	串联	并联	串联	并联	串联	并联	串联	并联
电流整定范围（A）	0.5～1	1～2	1～2	2～4	2～4	4～8	5～10	10～20	10～20	20～40
基准电流（A）	0.5	1	1	2	2	4	5	10	10	20

表 21-10-49　**BL-54 型定子过负荷保护装置技术数据**

额定数据				整定范围		返回系数
交流电流（A）	直流电压允许变化范围			定时限部分	反时限延时部分	
	220V	110V	48V			
5	80%～110%		±10%	过负荷动作电流 (1.05～1.1) I_e 预告信号延时 1～10s	反时限动作电流 $I_z=(1.15\sim1.2)I_e$ 反时限特性曲线 $t=\frac{K}{I^2-(1+\alpha)}$ K 范围 35～75、75～150 $\alpha=0.01\sim0.02$ 反时限上限时间 1～10s	≮0.9

注　I_e——额定电流；

I——定子电流的标么值；

K——定子绕组的允许发热时间常数；

α——常数，与定子绕组温升特性和温度裕度有关，大约为 0.01～0.02；

t——允许发热时间，单位为秒。

二十五、BL-55 型转子过负荷保护装置

（一）简介

该保护装置用于大型机组作为转子回路过流和过负荷保护，兼作交流励磁的后备保护，接成三相式。

（二）技术数据

BL-55 型转子过负荷保护装置技术数据，见表 21-10-50。

（三）内部接线

BL-55 型转子过负荷保护装置板后端子接线图，见图 21-10-27。

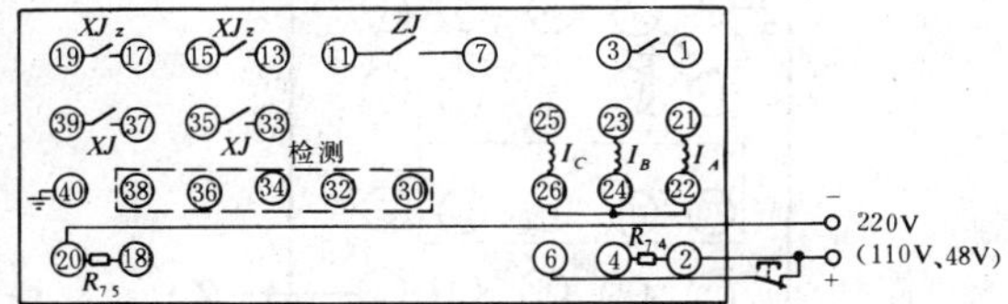

图 21-10-27　BL-55 型转子过负荷保护装置板后端子接线图

（四）外形及安装尺寸

BL-55 型转子过负荷保护装置，壳体结构型式为 A33K 型。外形及安装尺寸，见表 21-0-1。

二十六、BL-56 型横联差动保护装置

（一）简介

对于具有并列分支线圈的发电机，用 BL-56 型横联差动保护装置作为同一分支线圈内发生匝间短路或同相不同分支线圈内发生匝间短路等故障的主保护。保护具有一副出口跳闸触点，两副出口信号触点。

（二）技术数据

BL-56 型横联差动保护装置技术数据，见表 21-10-51。整定误差，见表 21-10-52。

（三）内部接线

BL-56 型横联差动保护装置板后端子接线图，见图 21-10-28。其中 11 号端子接于发电机定子绕组两中性点联线之电流互感器上，中间继电器内附电阻与电压的关系，见表 21-10-78（16）。

（四）外形及安装尺寸

表 21-10-50　**BL-55 型转子过负荷保护装置技术数据**

额定数据					整定范围		返回系数
交流		直流电压允许变化范围			定时限部分	反时限延时部分	
电流（A）	频率（Hz）	220V	110V	48V			
5	150	80%～110%		±10%	过负荷动作电流 (1.05～1.1) I_e 预告信号延时 1～10s	反时限动作电流 $I_z=(1.15-1.2)I_e$ 特性曲线 $t=\frac{K}{I_f^2-(1+\alpha)}$ K 范围 35～75 $\alpha=0.01\sim0.02$ 上限时间 1～10s	≮0.9

注　I_f—转子电流的标么值；

K—励磁绕组允许发热的时间常数。

表 21-10-51　　BL-56 型横联差动保护装置技术数据

直流电压允许变化范围			动作值整定范围		滤过比	返回系数	延时整定范围 (s)	功率消耗				触点容量 (W)
								交流 (VA)	直流 (W)			
220V	110V	48V	BL-56/4 (A)	BL-56/8 (A)					220V	110V	48V	
80%～110%		±10%	串联 1～2 并联 2～4 基准电流 1	串联 2～4 并联 4～8 基准电流 2	>50	≮0.85	0.5～5 1～10 误差见表 21-10-52	串联最小整定电流时 ≯1 并联最小整定电流时 ≯1	≯6	≯3	≯1.5	t≯5×10⁻³s、U≯220V、I≯0.4A 时 20

表 21-10-52　BL-56 型横联差动保护装置整定误差表

整定时间 (s)	0.5	1	2.5	5	10
允许误差 (s)	±0.08	±0.1	±0.15	±0.25	±0.3

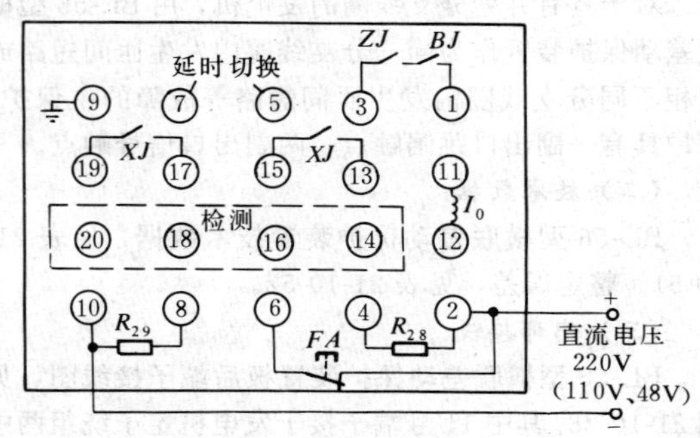

图 21-10-28　BL-56 型横联差动保护装置板后端子接线图

BL-56 型横差动保护装置壳体结构型式为 A23K 型。外形及安装尺寸，见表 21-0-1。

二十七、BL-57 型直流转子过负荷保护装置

(一) 简介

该保护装置配用 FS-18 型直流变送器用于发电机保护装置中，当发电机转子采用直流励磁机励磁时，作为转子回路过负荷保护。保护具有两副出口信号触点。

(二) 技术数据

BL-57 型直流转子过负荷保护装置技术数据，见表 21-10-53。

(三) 内部接线

BL-57 型直流转子过负荷保护装置板后端子接线图，见图 21-10-29；保护装置在系统中的接线，见图 21-10-30。其中，FL-27 是分流器。

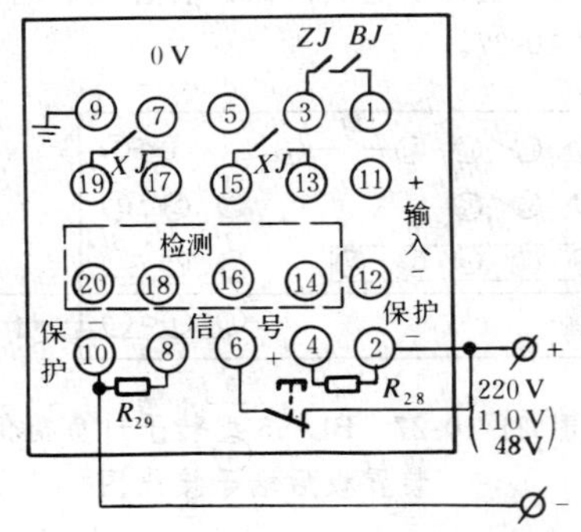

图 21-10-29　BL-57 型直流转子过负荷保护装置板后端子接线图

表 21-10-53　　BL-57 型直流转子过负荷保护装置技术数据

直流电压允许变化范围			整定范围		返回系数	功率消耗			触点容量 (W)
						直流 (W)			
220V	110V	48V	动作电流 (mA)	信号延时 (s)		220V	110V	48V	
80%～110%		±10%	I=0.6～1.2	t=1～10	≮0.9	≯7	≯3.5	≯2	t≯5×10⁻³s、U≯220V、I≯0.4A 时 ≮20

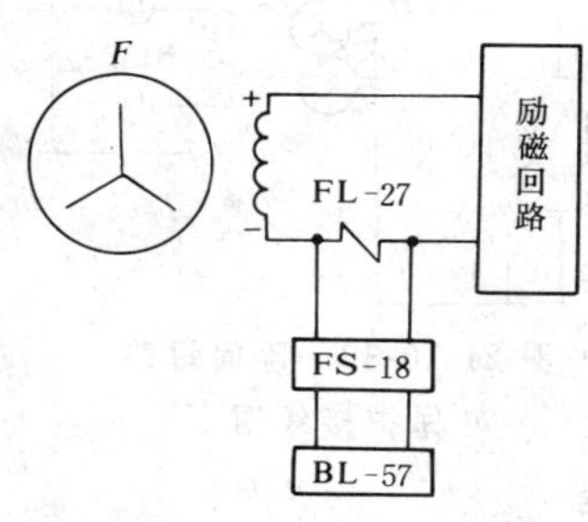

图 21-10-30　BL-57 型直流转子过负荷保护装置在系统中的接线

（四）外形及安装尺寸

BL-57 型直流转子过负荷保护装置壳体结构型式为 A23K 型。外形及安装尺寸，见表 21-0-1。

二十八、BLY-1 型零序电压保护装置

（一）简介

该保护装置用于发电机—变压器保护装置中作为零序过电压的起动元件和延时元件，也可作为其他的小定值过电压起动元件。保护具有一副出口跳闸触点，两副出口信号触点。

（二）技术数据

BLY-1 型零序电压保护装置技术数据，见表 21-10-54。整定误差，见表 21-10-55。

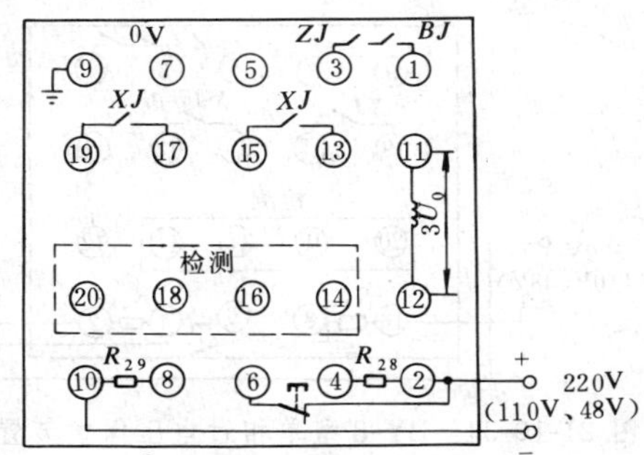

图 21-10-31　BLY-1 型零序电压保护装置板后端子接线图

（三）内部接线

BLY-1 型零序电压保护装置板后端子接线图，见图 21-10-31。其中，中间继电器内附电阻与电压的关系，见表 21-10-78（17）。

（四）外形及安装尺寸

BLY-1 型零序电压保护装置壳体结构型式为 A23K 型。外形及安装尺寸，见表 21-0-1。

二十九、BLY-2 型零序电压保护装置

（一）简介

该保护装置用于发电机保护装置中作为匝间短路的主保护，也可以作为低定值的过电压起动元件。保护具有一副出口跳闸触点，两副出口信号触点。

（二）技术数据

BLY-2 型零序电压保护装置技术数据，见表 21-10-56；整定误差，见表 21-10-57。

（三）内部接线

BLY-2 型零序电压保护装置板后端子接线图，见图 21-10-32。其中，中间继电器内附电阻与电压的关系，见表 21-10-78（17）；匝间短路保护接线图，见图 21-10-33。

（四）外形及安装尺寸

BLY-2 型零序电压保护装置的壳体结构型式为 A23K 型。外形及安装尺寸，见表 21-0-1。

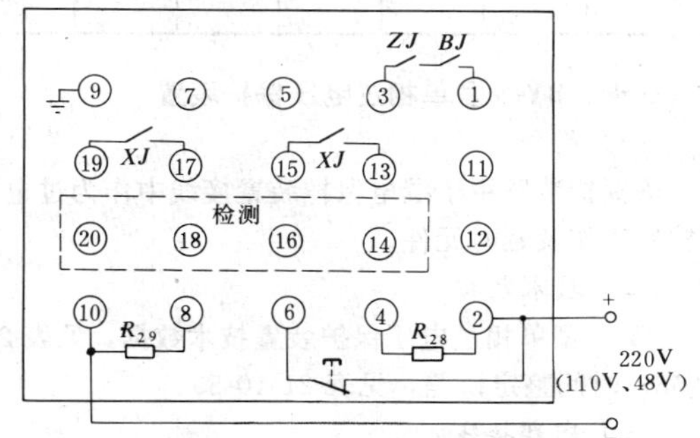

图 21-10-32　BLY-2 型零序电压保护装置板后端子接线图

表 21-10-54　**BLY-1 型零序电压保护装置技术数据**

直流电压允许变化范围			动作值整定范围		滤过比	返回系数	延时整定范围 (s)	功率消耗				触点容量 (W)
			BLY-1/20 (V)	BLY-1/40 (V)				交流 (VA)	直流 (W)			
220V	110V	48V							220V	110V	48V	
80%～110%		±10%	并 5～10 串 10～20 基准电压 5	并 10～20 串 20～40 基准电压 10	>10	≮0.85	0.5～5 1～10 误差见表 21-10-55	最大整定电压时 ≯1	≯6	≯3	≯1.5	t≯5×10⁻³s、U≯220V、I≯0.4A 时 20

表 21-10-55 BLY-1型零序电压保护装置整定误差表

整定时间(s)	0.5	1	2.5	5	10
允许误差(s)	±0.08	±0.1	±0.15	±0.25	±0.3

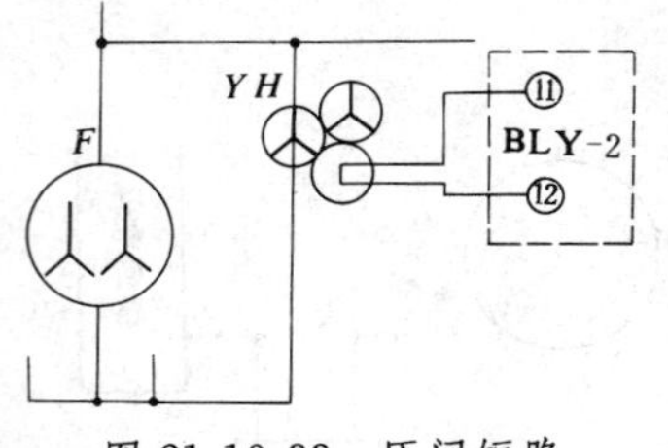

图 21-10-33 匝间短路保护接线图

表 21-10-56 BLY-2型零序电压保护装置技术数据

直流电压允许变化范围			电压动作值整定范围(V)	滤过比	返回系数	延时整定范围(s)	功率消耗				触点容量(W)
							交流(VA)	直流(W)			
220V	110V	48V						220V	110V	48V	
80%～110%		±10%	1～5 整定误差 ≯±5%	>80	≮0.85	0.1～1 0.5～5 误差见表21-10-57	最大动作电压下 ≯0.1	≯6	≯3	≯1.5	t≯5×10^{-3}s、U≯220V、I≯0.4A时 20

表 21-10-57 BLY-2型零序电压保护装置整定误差表

整定时间(s)	0.1	0.25	0.5	1	2.5	5
允许误差(s)	±0.05	±0.06	±0.08	±0.1	±0.15	±0.25

三十、BY-8型单相过电压保护装置

(一) 简介

该保护装置用于继电保护装置接线中作为过电压保护的动作及延时元件。

(二) 技术数据

BY-8型单相过电压保护装置技术数据，见表21-10-58；时间整定误差，见表21-10-59。

(三) 内部接线

BY-8型单相过电压保护装置板后端子接线图，见图21-10-34。其中，中间继电器内附电阻与电压的关系，见表21-10-78(18)。

(四) 外形及安装尺寸

BY-8型单相过电压保护装置壳体结构型式为A23K型。外形及安装尺寸，见表21-0-1。

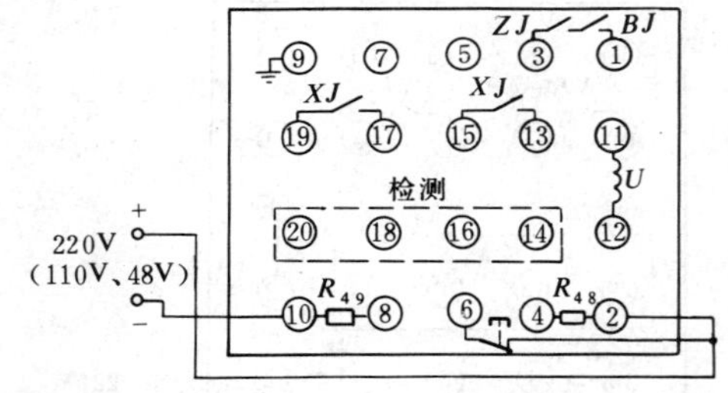

图 21-10-34 BY-8型单相过电压保护装置板后端子接线图

表 21-10-58 BY-8型单相过电压保护装置技术数据

额定数据				动作值整定范围(V)	延时整定范围(s)	返回系数	功率消耗				触点容量(W)
交流电压(V)	直流电压允许变化范围						交流(VA)	直流(W)			
	220V	110V	48V					220V	110V	48V	
110	80%～110%		±10%	100～200 误差 ≯±5%	0.1～1 0.5～5 误差见表21-10-59	≮0.85	≯0.1	≯6	≯3	≯1.5	t≯5×10^{-3}s、U≯220V、I≯0.4A时 20

表 21-10-59　BY-8 型单相过电压保护装置时间整定误差表

整定时间（s）	0.1	0.25	0.5	1
整定值误差（s）	±0.05	±0.06	±0.08	±0.1
整定时间（s）	0.5	1.25	2.5	5
整定值误差（s）	±0.08	±0.11	±0.15	±0.25

三十一、BY-9 型单相低电压保护装置

（一）简介

该保护装置用于继电保护装置中的低电压起动和闭锁的动作及延时元件，并可与过电流保护装置配合构成低电压起动的过电流保护。保护带有信号显示及输出。

（二）技术数据

BY-9 型单相低电压保护装置技术数据，见表 21-10-60；时间整定值误差，见表 21-10-61（在 0.8 倍动作电压下测试）。

（三）内部接线

BY-9 型单相低电压保护装置板后端子接线图，见图 21-10-35。

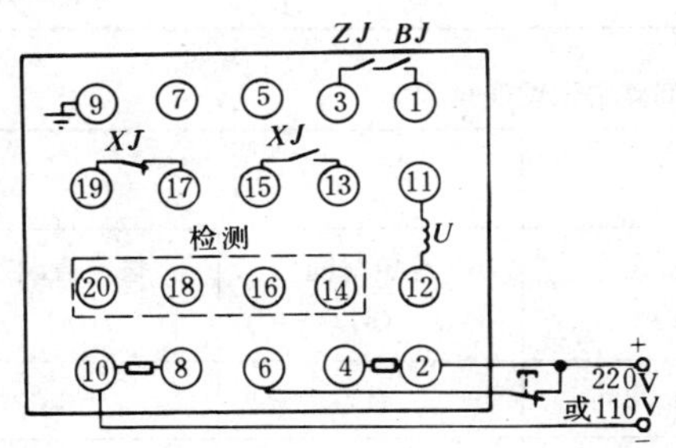

图 21-10-35　BY-9 型单相低电压保护装置板后端子接线图

（四）外形及安装尺寸

BY-9 型单相低电压保护装置壳体结构型式为 A23K 型。外形及安装尺寸，见表 21-0-1。

三十二、BY-10 型三相低电压保护装置

（一）简介

该保护装置用于继电保护装置中的三相或单相低电压起动和闭锁的动作及延时元件，并与过电流保护装置组合构成低电压起动的过电流保护。保护带有信号显示及输出。

（二）技术数据

BY-10 型三相低电压保护装置技术数据，见表 21-10-62；时间整定值误差，见表 21-10-63。

（三）内部接线

BY-10 型三相低电压保护装置板后端子接线图，见图 21-10-36。其中，中间继电器内附电阻与电压的关系，见表 21-10-78（19）。

（四）外形及安装尺寸

BY-10 型三相低电压保护装置壳体结构型式为 A33K 型。外形及安装尺寸，见表 21-0-1。

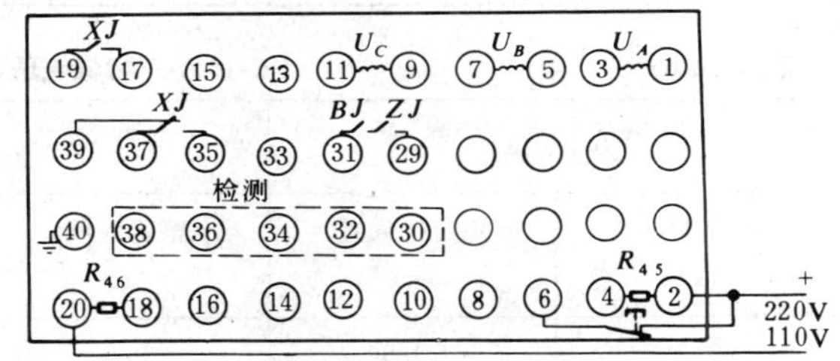

图 21-10-36　BY-10 型三相低电压保护装置板后端子接线图

表 21-10-60　BY-9 型单相低电压保护装置技术数据

额定数据				动作值整定范围（V）	延时整定范围（s）	返回系数	功率消耗				触点容量（W）
交流电压（V）	直流电压允许变化范围						交流（VA）	直流（W）			
	220V	110V	48V					220V	110V	48V	
110	80%～110%		±10%	30～90 误差≯±5%	0.1～1 0.2～2 0.5～5 1～10 误差见表 21-10-61	≯1.2	≯0.5	≯4	≯2	≯1	t≯5×10^{-3}s、U≯220V、I≯0.4A 时 20

表 21-10-61 **BY-9 型单相低电压保护装置时间整定误差表**

0.1～1s		0.2～2s		0.5～5s		1～10s	
整定时间 (s)	整定值误差 (s)	整定时间 (s)	整定值误差 (s)	整定时间 (s)	整定值误差 (s)	整定时间 (s)	整定值误差 (s)
0.1	±0.05	0.2	±0.06	0.5	±0.08	1	±0.1
0.25	±0.06	0.5	±0.08	1.25	±0.11	2.5	±0.15
0.5	±0.08	1	±0.1	2.5	±0.15	5	±0.25
1	±0.1	2	±0.15	5	±0.25	10	±0.3

表 21-10-62 **BY-10 型三相低电压保护装置技术数据**

<table>
<tr><td colspan="4">额定数据</td><td rowspan="3">动作值整定范围 (V)</td><td rowspan="3">延时整定范围 (s)</td><td rowspan="3">返回系数</td><td colspan="4">功率消耗</td><td rowspan="3">触点容量 (W)</td></tr>
<tr><td rowspan="2">交流电压 (V)</td><td colspan="3">直流电压允许变化范围</td><td rowspan="2">交流 (VA)</td><td colspan="3">直流 (W)</td></tr>
<tr><td>220V</td><td>110V</td><td>48V</td><td>220V</td><td>110V</td><td>48V</td></tr>
<tr><td>100</td><td colspan="2">80%～110%</td><td>±10%</td><td>30～90
误差
≯±5%</td><td>0.2～2
0.5～5
1～10
误差见表 21-10-63</td><td>≯1.2</td><td>≯1.5</td><td>≯20</td><td>≯10</td><td>≯5</td><td>t≯5×10^{-3}s、
U≯220V、
I≯0.4A时
20</td></tr>
</table>

表 21-10-63 **BY-10 型三相低电压保护装置时间整定误差表**

0.2～2s		0.5～5s		1～10s	
整定时间 (s)	整定值误差 (s)	整定时间 (s)	整定值误差 (s)	整定时间 (s)	整定值误差 (s)
0.2	±0.06	0.5	±0.08	1	±0.1
0.5	±0.08	1.25	±0.11	2.5	±0.15
1	±0.1	2.5	±0.15	5	±0.25
2	±0.15	5	±0.25	10	±0.3

三十三、BCY-1 型直流励磁电压保护装置

（一）简介

该保护装置为发电机直流励磁电压降低或消失时的保护。

（二）技术数据

BCY-1 型直流励磁电压保护装置技术数据，见表 21-10-64；时间整定误差，见表 21-10-65。

（三）原理接线

BCY-1 型直流励磁电压保护装置原理方框图，见图 21-10-37；BCY-1 型直流励磁电压保护装置板后端子接线图，见图 21-10-38。其中，* 表示直流励磁电压通过外附的励磁降压电阻分压得到。另外，中间继电器内附电阻与电压的关系，见表 21-10-78（20）。

（四）外形及安装尺寸

BCY-1 型直流励磁电压保护装置壳体结构型式为 A23K 型。外形及安装尺寸，见表 21-0-1。

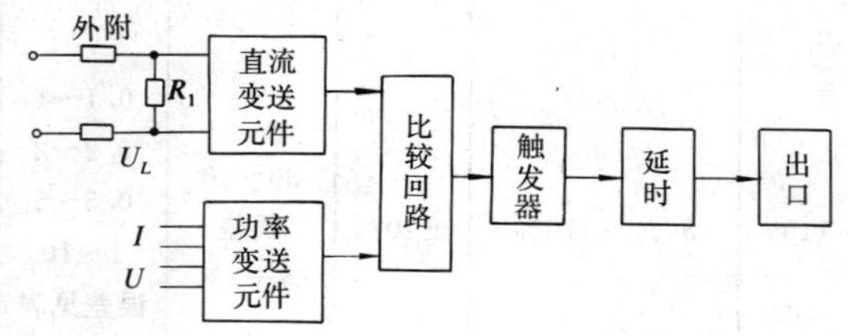

图 21-10-37 BCY-1 型直流励磁电压保护装置原理方框图

表 21-10-64　**BCY-1 型直流励磁电压保护装置技术数据**

额定数据					延时整定范围(s)	振荡器振荡频率(kHz)	励磁电压整定范围(V)		返回系数	功率消耗					触点容量(W)
交流		直流电压允许变化范围								交流(VA)		直流(W)			
电流(A)	电压(V)	220V	110V	48V			$P=0$	$P=1$		电流回路	电压回路	220V	110V	48V	
5	100	80%～110%		±10%	0.2～2 误差见表 21-10-65	16.5～17	100～200	250～500	≯1.2	≯2	≯1	≯20	≯10	≯5	$t=5\times10^{-3}$s、U≯250V、I≯0.5A 时≮20

表 21-10-65　**BCY-1 型直流励磁电压保护装置时间整定误差表**

0.2～2s	
整定时间（s）	整定值误差（s）
0.2	±0.06
0.5	±0.08
1	±0.1
2	±0.15

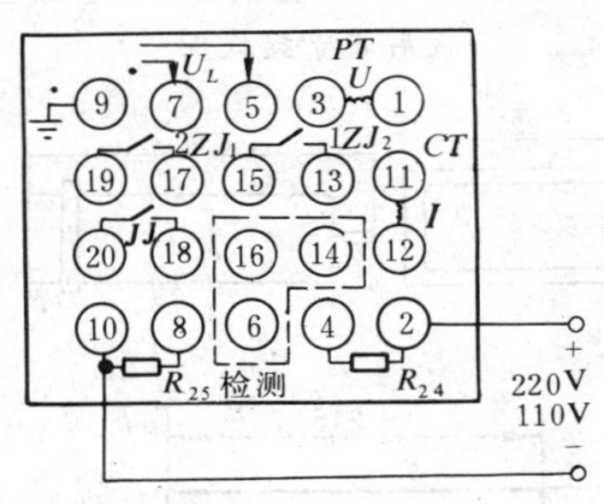

图 21-10-38　BCY-1 型直流励磁电压保护装置板后端子接线图

三十四、BY-25 型低电压保护装置

（一）简介

低电压保护是发电机失磁保护的辅助判据之一。该保护装置采用电流增量闭锁系统低电压，这样就可以有效的防止由于超高压输电线上发生三相短路，而线路主保护和开关拒动，造成系统电压降低引起全部切机的严重后果。该保护装置与 BZ-9 型静稳极限判据保护装置、BCY-1 型直流励磁电压判据保护装置配合，构成一套完整的失磁保护装置，它能保证在各种运行状态下，保护可靠动作。

（二）技术数据

BY-25 型低电压保护装置技术数据，见表 21-10-66。

（三）内部接线

BY-25 型低电压保护装置板后端子接线图，见图 21-10-39。其中，中间继电器内附电阻与电压的关系，见表 21-10-78（21）。

（四）外形及安装尺寸

BY-25 型低电压保护装置壳体结构型式为 A33K 型。外形及安装尺寸，见表 21-0-1。

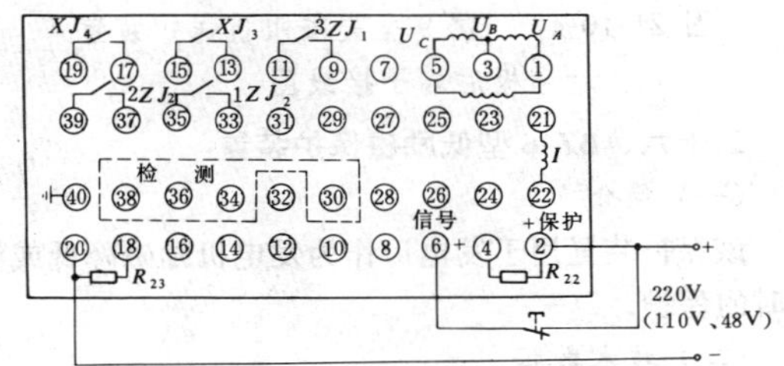

图 21-10-39　BY-25 型低电压保护装置板后端子接线图

表 21-10-66　**BY-25 型低电压保护装置技术数据**

额定数据					增量电流整定(A)		返回系数	功率消耗					触点容量(W)
交流		直流电压允许变化范围			基准量	最大整定值		交流(VA)		直流(W)			
电流(A)	电压(V)	220V	110V	48V				电流回路	电压回路	220V	110V	48V	
5	100	80%～110%		±10%	2	5	三相低电压≮1.2	≯0.5	≯0.5	≯20	≯10	≯5	$t=5\times10^{-3}$s、U≯250V、I≯0.5A 时≮20

三十五、BZ-9 型失磁阻抗保护装置

（一）简介

该保护装置用于发电机失磁保护。保护装置以测量机端阻抗变化是否达到静稳极限边界作为发电机失磁的主要判据。

（二）技术数据

BZ-9 型失磁阻抗保护装置技术数据，见表 21-10-67。

（三）内部接线

BZ-9 型失磁阻抗保护装置板后端子接线图，见图 21-10-40。其中，中间继电器内附电阻与电压的关系，见表 21-10-78（22）。

（四）外形及安装尺寸

BZ-9 型失磁阻抗保护装置，嵌入式安装的壳体结构型式为 A33K 型，拼块式安装的壳体结构型式为 A33P 型。外形及安装尺寸，见表 21-0-1。

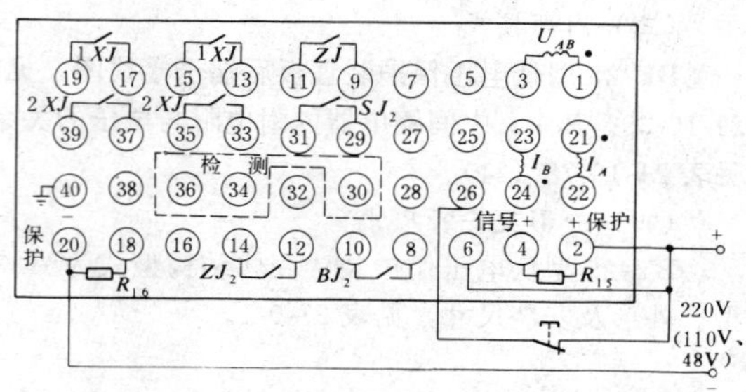

图 21-10-40　BZ-9 型失磁阻抗保护装置板后端子接线图

三十六、BZ-6 型低励磁保护装置

（一）简介

该保护装置用于发电厂作为发电机励磁降低或消失时的保护。

（二）技术数据

BZ-6 型低励磁保护装置技术数据，见表 21-10-68。

（三）内部接线

BZ-6 型低励磁保护装置板后端子接线图，见图 21-10-41。

（四）外形及安装尺寸

BZ-6 型低励磁保护装置外形及安装尺寸，见图 21-10-42。

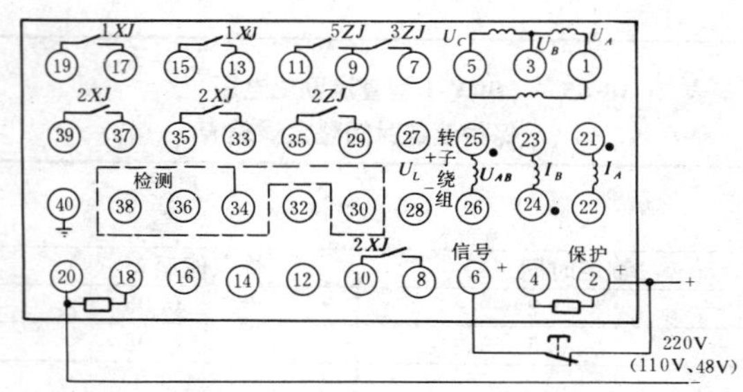

图 21-10-41　BZ-6 型低励磁保护装置板后端子接线图

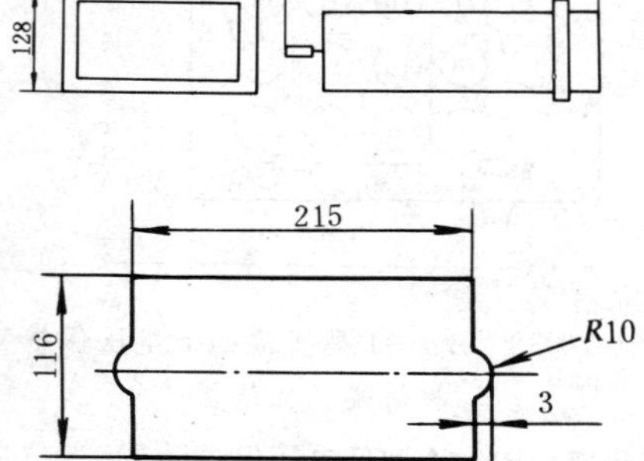

图 21-10-42　BZ-6 型低励磁保护装置外形及安装尺寸

表 21-10-67　　**BZ-9 型失磁阻抗保护装置技术数据**

额定数据					阻抗灵敏角(°)	阻抗整定（Ω）		精工电流(A)	延时整定范围(s)	功率消耗					触点容量(W)
交流		直流电压允许变化范围				基准值	范围			交流(VA)		直流（W）			
电流(A)	电压(V)	220V	110V	48V						电流回路	电压回路	220V	110V	48V	
5	100	80%～110%		±10%	−90±5	4	在灵敏角处 4～40	≯1	0.2～2 误差 ≯±5%	≯1.5	≯1	≯20	≯10	≯5	$t=5\times10^{-3}$s、U≯250V、I≯0.5A 时 ≮20

表 21-10-68　**BZ-6 型低励磁保护装置技术数据**

额定数据					阻抗元件整定范围				
交流		直流电压允许变化范围			基准值（Ω）	灵敏度（°）	整定范围	θ 角范围（°）	精工电流（A）
电流（A）	电压（V）	220V	110V	48V					
5	100	80%～110%		±10%	4	−90±5	在灵敏角处 4～40	−60～−90	≯2

三相低电压元件	转子低电压元件（V）	功率消耗						触点容量（W）
		交流（VA）			直流（W）			
		三相低电压每相	电压回路	电流回路	220V	110V	48V	
电压基准值 30V 整定值 30（1+x%） 误差±5%整定时间 0.5～1.5s 误差±0.1s	整定范围 150～450	0.5	1	0.5	20	10	5	$t=5\times10^{-3}$s、U≯220V、I≯0.4A 时 20

注　x%—阻抗的百分值。

三十七、BZ-33 型三相全阻抗保护装置

（一）简介

该保护装置用于发电机—变压器组保护，作为变压器高低压侧相间短路的后备保护。保护具有一副跳闸出口触点及两副保持信号触点。

（二）技术数据

BZ-33 型三相全阻抗保护装置技术数据，见表 21-10-69；延时整定误差，见表 21-10-70（加额定电流，0.8 倍整定阻抗值测量延时值）；整定阻抗分类，见表 21-10-71。

（三）内部接线

BZ-33 型三相全阻抗保护装置板后端子接线图，见图 21-10-43。其中，中间继电器内附电阻与电压的关系，见表 21-10-78（23）。

（四）外形及安装尺寸

BZ-33 型三相全阻抗保护装置外形及安装尺寸，与 BG-3 型逆功率保护装置外形及安装尺寸相同，见图 21-10-15。

表 21-10-69　**BZ-33 型三相全阻抗保护装置技术数据**

直流电压允许变化范围			精确工作电流（A）（在整定阻抗值下）				返回系数	延时整定范围（s）	功率消耗					触点容量（W）
									交流（VA）		直流（W）			
220V	110V	48V	2～20Ω	1～10Ω	0.4～4Ω	0.2～2Ω			电流	电压	220V	110V	48V	
80%～110%		±10%	≯0.5	≯1	≯2.5	≯5	≯1.15	0.5～5 1～10 误差见表 21-10-70	≯3.5	≯7	≯7	≯3.5	≯2	t≯5×10^{-3}s、U≯220V、I≯0.4A 时 20

表 21-10-70　**BZ-33 型三相全阻抗保护装置延时整定误差表**

0.5～5s		1～10s	
整定时间（s）	整定值误差（s）	整定时间（s）	整定值误差（s）
0.5	±0.08	1	±0.1
1.25	±0.11	2.5	±0.15
2.5	±0.15	5	±0.25
5	±0.25	10	±0.3

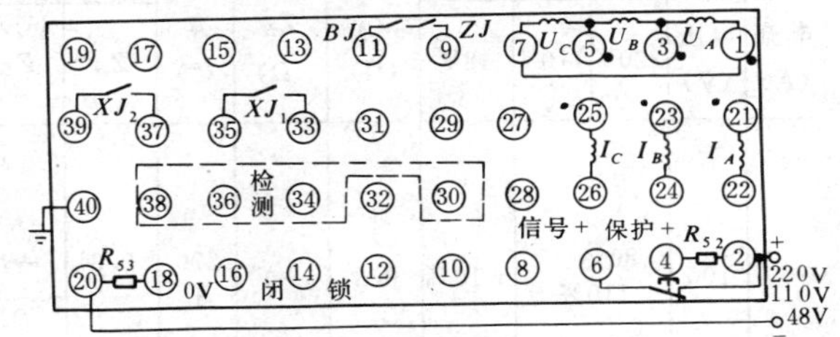

图 21-10-43　BZ-33 型三相全阻抗保护装置板后端子接线图

表 21-10-71　BZ-33型三相全阻抗保护装置整定阻抗分类表

最小整定值 \ 型号	BZ-33/0.2	BZ-33/0.4	BZ-33/1	BZ-33/2
整定范围	0.2～2Ω/相	0.4～4Ω/相	1～10Ω/相	2～20Ω/相

三十八、BZ-34型偏阻抗保护装置

（一）简介

该保护装置用于发电机—变压器组继电保护中，作为相间短路的后备保护。保护具有两段延时，均动作于跳闸，并有灯光显示。

（二）技术数据

BZ-34型偏阻抗保护装置技术数据，见表21-10-72。

（三）内部接线

BZ-34型偏阻抗保护装置板后端子接线图，见图21-10-44。其中，中间继电器内附电阻与电压的关系，见表21-10-78（24）。

（四）外形及安装尺寸

BZ-34型偏阻抗保护装置，嵌入式安装的壳体结构型式为A33K型，拼块式安装的壳体结构型式为A33P型。外形及安装尺寸，见表21-0-1。

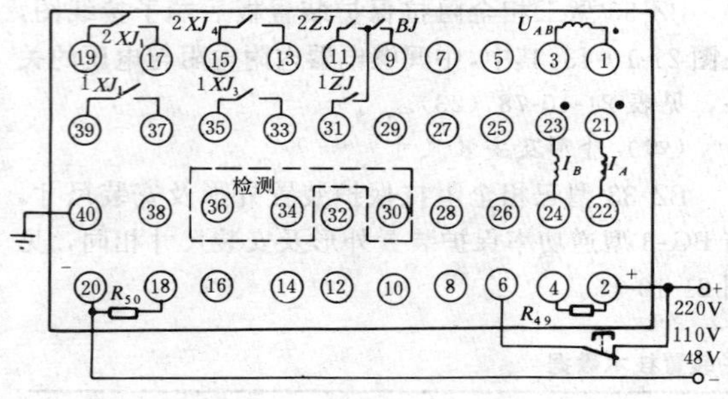

图 21-10-44　BZ-34型偏阻抗保护装置板后端子接线图

三十九、LB-8型断相闭锁保护装置

（一）简介

该保护装置用于发电机或发电机—变压器组成套保护设备中，作为在电压互感器二次侧发生断相时，对可能因此引起误动作的保护设备予以闭锁。当电压互感器的三相同时断相时，保护不动作。

（二）技术数据

LB-8型断相闭锁保护装置技术数据，见表21-10-73。

（三）原理接线

LB-8型断相闭锁保护装置原理接线图，见图21-10-45。其中，动作侧接于发电机出口的电压互感器的二次线圈上，制动侧接于发电机出口的开口三角形三相零序电压上。

（四）外形及安装尺寸

LB-8型断相闭锁保护装置，嵌入式安装的壳体结构型式为A33K型，拼块式安装的壳体结构型式为A33P型。外形及安装尺寸，见表21-0-1。

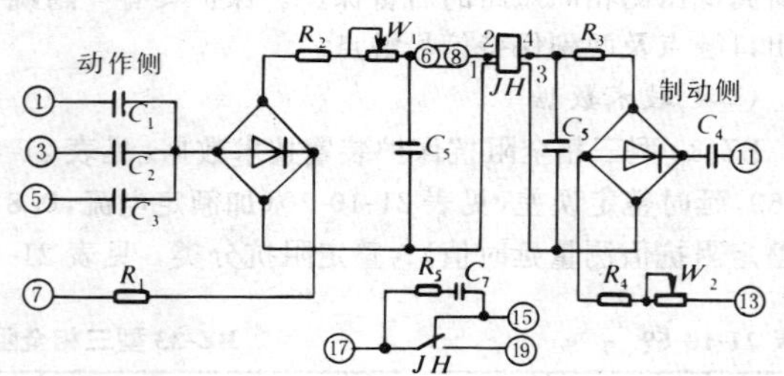

图 21-10-45　LB-8型断相闭锁保护装置原理接线图

表 21-10-72　BZ-34型偏阻抗保护装置技术数据

额定数据					基准阻抗整定值						延时整定范围（s）		功率消耗					触点容量（W）
交流		直流电压允许变化范围			正向阻抗	反向阻抗	最大灵敏角	整定范围（Ω）		精工电流（Z_B=−1Ω）（A）			交流（VA）		直流（W）			
电流（A）	电压（V）	220V	110V	48V	Z_A（Ω）	Z_B（Ω）	（°）	Z_A	Z_B		一段	二段	电流回路	电压回路	220V	110V	48V	
5	100	80%～110%		±10%	0.3	−1	270±	0.3～3	−1～−10	≯2.5	0.1～1	0.2～2	≯0.5	≯2	≯20	≯10	≯5	$t=5\times10^{-3}$s、U≯250V、I≯0.5A时≮20

表 21-10-73　LB-8 型断相闭锁保护装置技术数据

交流电压（V）	继电器灵敏度（mA）	功率消耗（VA）	触点容量（W）
100	加对称线电压 100V，其中一相或两相断路时，执行元件线圈中的电流≮3	在额定线电压 100V（或相电压 58V）时，继电器每相所消耗的功率 ≯3	U≯250V、I≯0.2A、t=5ms 时 20

四十、LNG-2 型逆功率保护装置

（一）简介

该保护装置用于燃汽轮机—发电机组，保护燃汽轮机。当主汽门误关闭或机炉保护误动作主汽门关闭，发电机变成电动机运行状态，此状态下汽轮机低压气缸排汽温度升高，汽轮机尾部叶片将出现过热，造成汽轮机事故。为了防止此类事故，装设该保护装置，再经过一定的延时后，使机组与系统解列。

（二）技术数据

LNG-2 型逆功率保护装置技术数据，见表 21-10-74。

表 21-10-74　LNG-2 型逆功率保护装置技术数据

交流		最大灵敏角（°）	最小动作功率（P_H）	动作区（°）	功率消耗（VA）		触点容量（W）
电流（A）	电压（V）				交流电流回路	交流电压回路	
5	100	90°±5°	≯1%	交流额定电流、电压下 0～180	≯8	≯8	t≯5×10⁻³s、U≯250V、I≯0.4A 时 20

（三）原理接线

LNG-2 型逆功率保护装置原理接线图，见图 21-10-46。

（四）外形及安装尺寸

LNG-2 型逆功率保护装置，嵌入式安装的壳体结构型式为 A33K 型，拼块式安装的壳体结构型式为 A33P 型。外形及安装尺寸，见表 21-0-1。

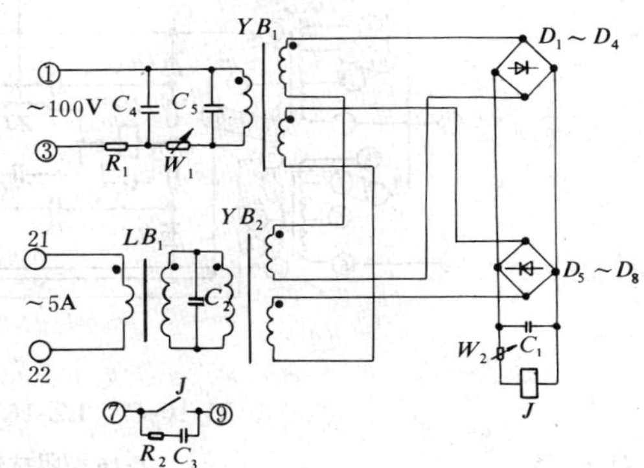

图 21-10-46　LNG-2 型逆功率保护装置原理接线图

四十一、LZ-16 型阻抗保护装置

（一）简介

该保护装置用于电力系统二次电路保护的继电保护线路中，作为发电机或变压器的后备保护。

（二）技术数据

LZ-16 型阻抗保护装置技术数据，见表 21-10-75；反向偏移量，见表 21-10-76。误差为±20%。表中括号内为 1A 规格，虚线连接片为 1A 规格时的位置。

（三）原理接线

LZ-16 型阻抗保护装置原理接线图，见图 21-10-47。

（四）外形及安装尺寸

LZ-16 型阻抗保护装置，嵌入式安装的壳体结构型式为 A33K 型，拼块式安装的壳体结构型式为 A33P 型。外形及安装尺寸，见表 21-0-1。

表 21-10-75　LZ-16 型阻抗保护装置技术数据

交流		动作阻抗（Ω）		最大灵敏角 ϕ_{LM}（°）	灵敏度（最小精工电流）（A）		动作时间（ms）	返回系数	功率消耗		触点容量（W）
电流（A）	电压（V）	对 5A 规格	对 1A 规格		对 5A 规格	对 1A 规格			电流回路（VA/ϕ）	电压回路（VA）	
5 1	100	2 在 2～20 内阶梯可调	10 在 10～100 内阶梯可调	75、80、85 误差±5	≯1	≯0.2	在 0.7 倍整定阻抗、2 倍精工电流下 ≯35	当 $\phi=\phi_{LM}$ 电抗变压器整定在 20%时 ≯1.1	≯3.5	≯20	t=5ms、U≯250V、I≯1A 时 20

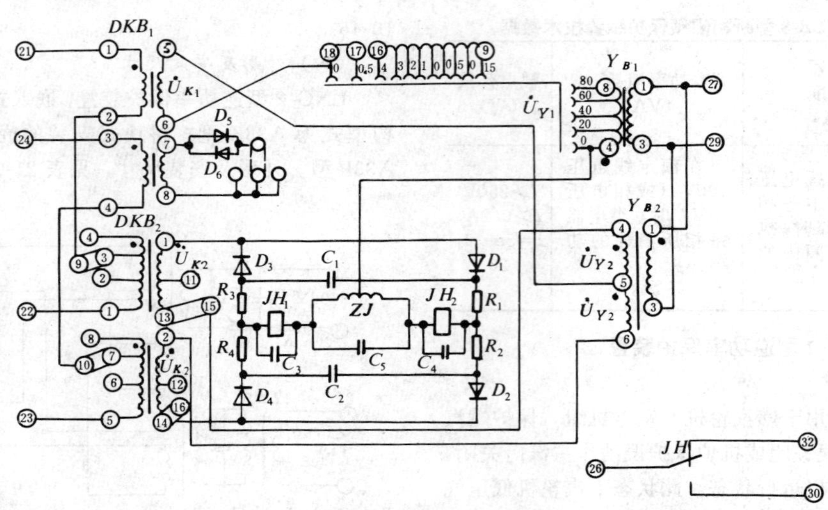

图 21-10-47 LZ-16 型阻抗保护装置原理接线图

表 21-10-76 **LZ-16 型阻抗保护装置反向偏移量表**

整定阻抗	QP 位置	DKB₂ 连接片位置
2Ω（10Ω）	2Ω（10Ω）	⑬——⑮ ⑪ ⑭——⑯ ⑫
1Ω（5Ω）	1Ω（5Ω）	⑬——⑮ ⑪ ⑭——⑯ ⑫
0.4Ω（2Ω）	1Ω（5Ω）	⑬——⑮——⑪ ⑭——⑯——⑫
0.2Ω（1Ω）	0.4Ω（2Ω）	⑬ ⑮——⑪ ⑭ ⑯——⑫

四十二、BJC-1 型过励磁保护装置

（一）简介

该保护装置用于发电机、变压器保护中，防止发电机、变压器由于过励磁造成铁芯过热引起线圈绝缘降低。

（二）技术数据

BJC-1 型过励磁保护装置技术数据，见表 21-10-77。

（三）原理接线

BJC-1 型过励磁保护装置原理方框图，见图 21-10-48。

（四）外形及安装尺寸

BJC-1 型过励磁保护装置，嵌入式安装的壳体结构型式为 A33K 型，拼块式安装的壳体结构型式为 A33P 型。外形及安装尺寸，见表 21-0-1。

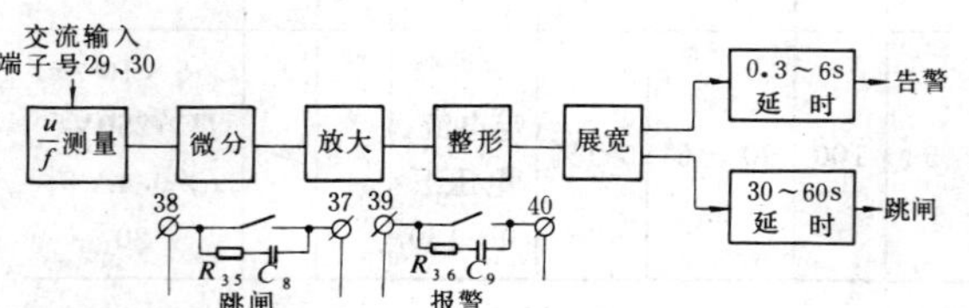

图 21-10-48 BJC-1 型过励磁保护装置原理方框图

表 21-10-77 **BJC-1 型过励磁保护装置技术数据**

额定数据		U_*/f_* 整定范围		返回系数	电压工作范围（V）	频率工作范围（Hz）	动作时间（s）		功率消耗（VA）		触点容量（W）
交流电压（V）	直流电压（V）	第一段	第二段				信号回路	跳闸回路	定值 2V/Hz 100V	定值 3V/Hz 210V	
100	220 110 48	1～2 级差 0.1	2～3 级差 0.1	0.96	10～210	10～70	0.3～6	30～60	＜0.35	＜1.3	$t=5\times10^{-3}$s、$U \ngtr 220$V、$I \ngtr 0.2$A 时 20

表 21-10-78　**中间继电器内附电阻与电压的关系**

序号	电阻号 \ 电阻值(kΩ) \ 电压等级	220V	110V	48V
1	R_{57}	20W 3.3	20W 1.2	不装电阻
	R_{58}	20W 3.3	20W 1.2	不装电阻
2	R_{30}	3	1	短接
	R_{31}	3	1	短接
3	R_{23}	3	1	短接
	R_{24}	3	1	短接
4	R_{45}	3	1.1	不装电阻
	R_{46}	3	1.1	不装电阻
5	R_{39}	3	1	不装电阻
	R_{40}	3	1	不装电阻
6	R_{41}	1.5	0.68	短接
	R_{42}	1.5	0.68	不装电阻
7	R_{27}	4.3	1.5	短接
	R_{28}	39	1.5	短接
8	R_{72}	20W 1	20W 0.51	短接
	R_{73}	20W 0.47	20W 0.24	短接
9	R_{23}	1	0.51	不装电阻
	R_{24}	0.82	0.15	不装电阻
10	R_{18}	3.9	1.6	不装电阻
	R_{19}	3.9	1.6	不装电阻
11	R_{57}	20W 3.3	20W 1.2	短接
	R_{58}	20W 3.3	20W 1.2	短接
12	R_{45}	3	0.68	不装电阻
	R_{46}	3	0.51	不装电阻
13	R_{45}	1.3	0.47	短接
	R_{46}	1.3	0.47	短接
14	R_{41}	3	1	不装电阻
	R_{42}	3	1	不装电阻
15	R_{74}	20W 1	20W 0.51	短接
	R_{75}	20W 0.407	20W 0.24	短接
16	R_{28}	3.3	1.5	不装电阻
	R_{19}	3.6	1.5	不装电阻
17	R_{28}	3.6	1.5	不装电阻
	R_{29}	3.3	1.5	不装电阻
18	R_{48}	3.6	1.5	不装电阻
	R_{49}	3.3	1.5	不装电阻
19	R_{45}	1.1	0.3	不装电阻
	R_{46}	1.1	0.3	不装电阻
20	R_{24}	1	0.47	不装电阻
	R_{25}	1.2	0.47	不装电阻
21	R_{22}	20W 1	20W 0.039	不装电阻
	R_{23}	20W 1	20W 0.039	不装电阻
22	R_{15}	20W 1.3	0.51	不装电阻
	R_{16}	20W 1.5	0.51	不装电阻
23	R_{52}	3	1	不装电阻
	R_{53}	3	1	不装电阻
24	R_{49}	1.5	0.51	不装电阻
	R_{50}	1.5	0.51	不装电阻

第 21-11 节　晶体管继电器（阿城继电器厂产品）

一、BCD-43 型变压器差动保护装置

（一）简介

该装置用作变压器内部短路故障主保护。该装置为三相式。

（二）技术数据

BCD-43 型变压器差动保护装置技术数据，见表 21-11-1。

（三）原理接线

BCD-43 型变压器差动保护装置原理方框图及信号回路（仅画出一相），见图 21-11-1；动作特性曲线，见图 21-11-2，其中，20%、32%、50%为动作电流；动作时间特性，见图 2-11-3；BCD-43 型变压器差动保护装置应用接线，见图 21-11-4。

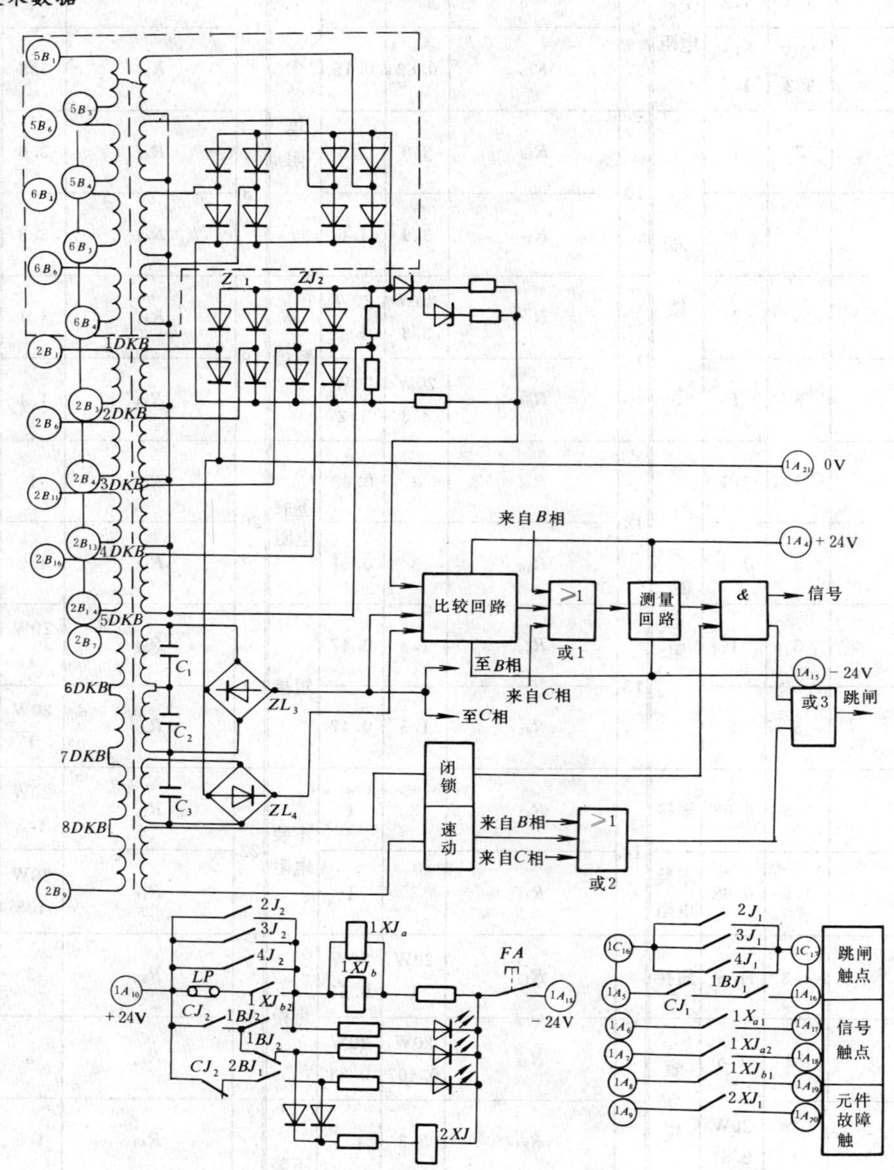

图 21-11-1　BCD-43 型变压器差动保护装置原理方框图及信号回路（仅画出一相）

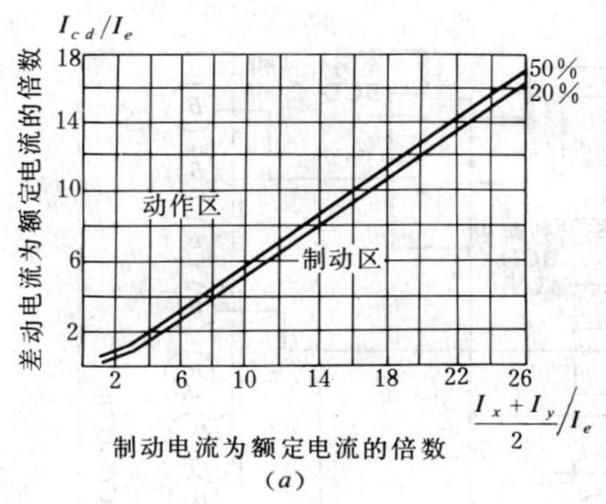

(a)

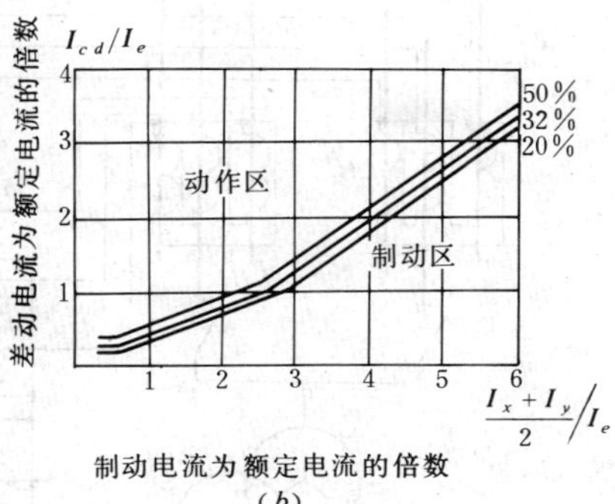

(b)

图 21-11-2　BCD-43 型变压器差动保护装置动作特性曲线

(a) 20%、50%动作特性曲线；(b) 20%、32%、50%动作特性曲线

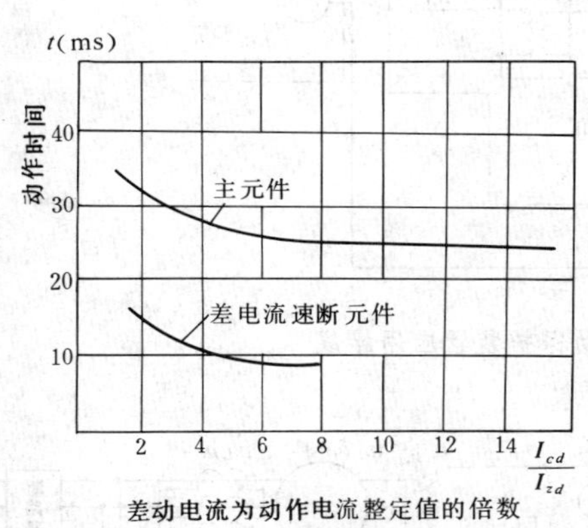

图 21-11-3　BCD-43 型变压器差动保护装置动作时间特性

(四) 外形及安装尺寸

BCD-43 型变压器差动保护装置外形及安装尺寸见表 21-0-1。

二、BFZ-2C 型发电机匝间保护装置

(一) 简介

该装置用来作为发电机匝间短路、分支间短路及内部相间短路保护。该装置可以用在任何型号机组上。

(二) 技术数据

BFZ-2C 型发电机匝间保护装置技术数据，见表 21-11-2。

(三) 原理接线

BFZ-2C 型发电机匝间保护装置原理方框图及信号回路，见图 21-11-5，其中，A5～A16 为出口跳闸端子；A9～A20 为元件故障信号端子；其余为跳闸信号端子；BFZ-2C 型发电机匝间保护装置应用接线，见图 21-11-6。

(四) 外形及安装尺寸

BFZ-2C 型发电机匝间保护装置壳体结构型式为 CB-9 型插件，外形及安装尺寸见表 21-0-8。

表 21-11-1　**BCD-43 型变压器差动保护装置技术数据**

额定数据			动作电流 I_{dz}		制动特性	谐波制动比		动作时间(ms)		差电流速断		功率消耗				触点容量	
交流电流(A)	直流(V)		整定范围	返回系数		二次	五次	$3I_{dz}$	$10I_{dz}$	I_{dz}整定范围	动作时间(ms)	交流回路(VA)		直流回路(W)		交流(VA)	直流(W)
	工作电压	信号电压										差动	制动	主回路	信号		
5 1	±24	48	I_{dz}为额定电流的 20% 25% 32% 40% 50%	≮0.85	制动比 35%～70% 见图 21-11-2	20%～25%	30% 35% 40% 可调	≯30	≯27	5、6、8、10、12、15 倍额定电流	$1.5I_{dz}$时≯20 特性曲线见图 21-11-3	≯1	≯0.5	≯3	≯3	≮40	≮30

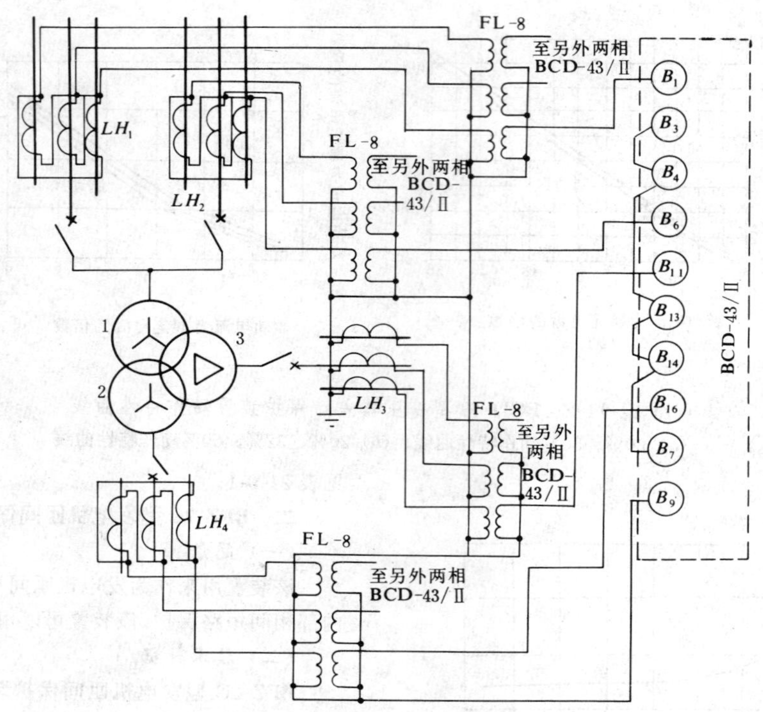

图 21-11-4 BCD-43型变压器差动保护装置应用接线

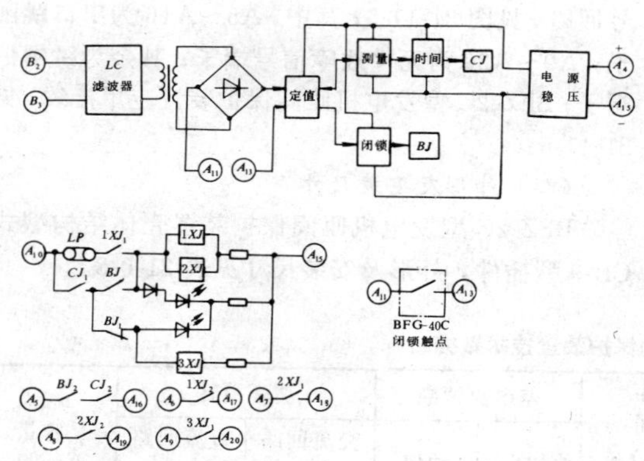

图 21-11-5 BFZ-2C型发电机匝间保护装置原理方框图及信号回路

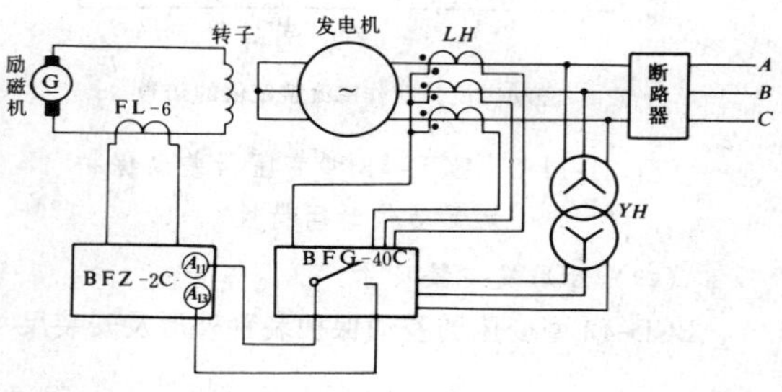

图 21-11-6 BFZ-2C型发电机匝间保护装置应用接线

三、BFG-40C型负序方向闭锁装置

(一)简介

该装置作为BFZ-2C型发电机匝间保护装置的闭锁元件,用来保证BFZ-2C型发电机匝间保护装置的选择性,防止外部相间短路时误动作;也可用于需要负序功率方向起动或闭锁的其它场合,作为负序方向元件。

(二)技术数据

BFG-40C型负序方向闭锁装置技术数据,见表21-11-3。

(三)原理接线

BFG-40C型负序方向闭锁装置原理方框图及信号回路,见图21-11-7;BFG-40C型负序方向闭锁装置应用接线,见BFZ-2C型发电机匝间保护装置应用接线图21-11-6。

(四)外形及安装尺寸

BFG-40C型负序方向闭锁装置壳体结构型式为CB-9型插件,外形及安装尺寸见表21-0-8。

表 21-11-2　**BFZ-2C 型发电机匝间保护装置技术数据**

额定数据				滤过比	整定范围		返回系数	功率消耗(W)		触点容量	
交流		直流(V)									
电压(V)	电流(A)	电源电压	信号电压		动作电压(V)	动作时间(s)		直流电源回路	信号回路	交流(VA)	直流(W)
100	10	48	48	在最小整定值(2V)下，对基波≮60 对三次谐波≮20	2～8	0.2～1.2	≮0.8	≯3	≯1.5	U≯250V、I≯0.5A 时≮40	U≯250V、I≯0.4A 时≮30

表 21-11-3　**BFG-40C 型负序方向闭锁装置技术数据**

额定数据				灵敏角(°)	动作区(°)	灵敏度(V)	动作时间(ms)	功率消耗				触点容量	
交流		直流(V)											
电压(V)	电流(A)	电源电压	信号电压					电源回路(W)	信号回路(W)	交流电压回路(VA)	交流电流回路(VA)	交流(VA)	直流(W)
100	5	48	48	−105 或 75	160	在最大灵敏角下，负序电流≮0.25A 时，最小负序动作电压(相电压)≯0.8	在最大灵敏角下，加三倍以上动作功率时≯30	≤3	≤3.5	≤7	≤2	U≯250V、I≯0.5A 时≮40	U≯250V、I≯0.5A 时≮30

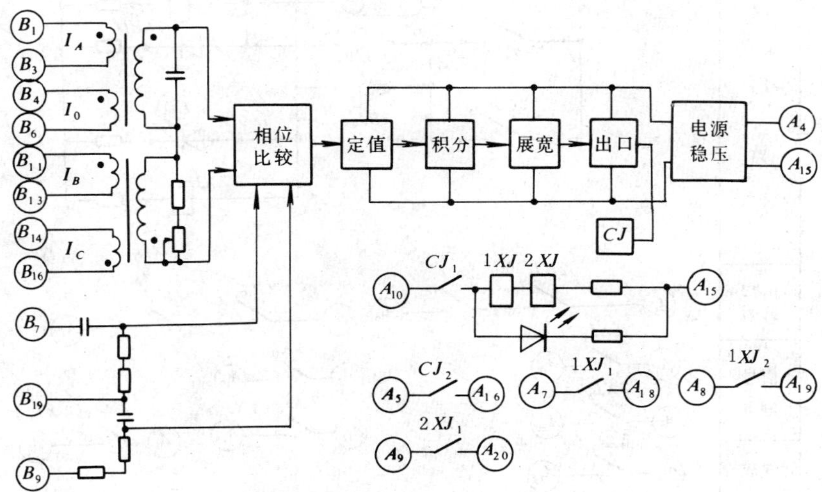

图 21-11-7　BFG-40C 型负序方向闭锁装置原理方框图及信号回路

四、BFL-1C型负序电流保护装置

(一) 简介

该装置用于发电机、变压器非对称故障的后备保护。装置是利用发电机或变压器三相在运行时产生的负序电流来反应其非对称故障的。

(二) 技术数据

BFL-1C型负序电流保护装置技术数据，见表21-11-4。

(三) 原理接线

BFL-1C型负序电流保护装置原理方框图，见图21-11-8；BFL-1C型负序电流保护装置信号回路及出口回路，见图21-11-9。

(四) 外形及安装尺寸

BFL-1C型负序电流保护装置壳体结构型式为CB-9型插件，外形及安装尺寸见表21-0-8。

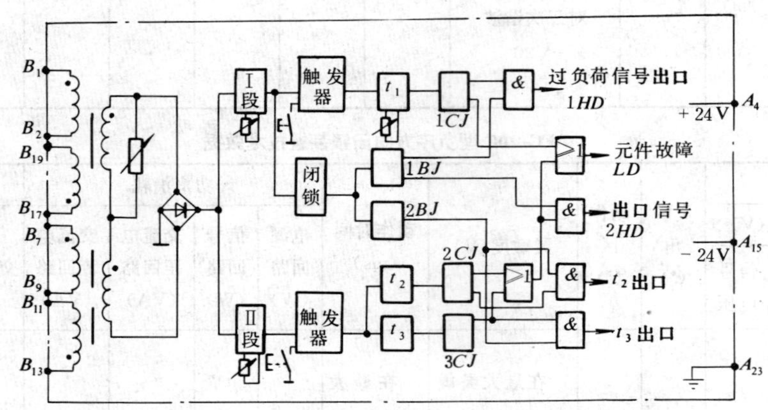

图 21-11-8　BFL-1C型负序电流保护装置原理方框图

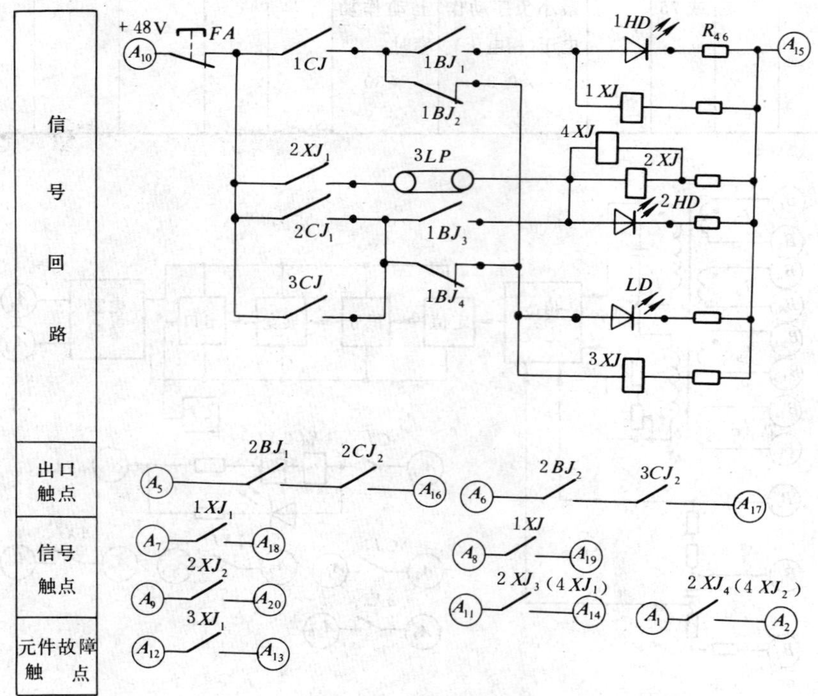

图 21-11-9　BFL-1C型负序电流保护装置信号回路及出口回路

表 21-11-4　**BFL-1C 型负序电流保护装置技术数据**

额定数据		整定范围(A)		返回系数	动作时间(s)	功率消耗			触点容量	
交流电流(A)	直流电压(V)	Ⅰ段	Ⅱ段			交流(VA/φ)	直流(W) 电源回路	直流(W) 信号回路	交流(VA)	直流(W)
1、5	48	0.35～0.6	1.5～3.5	≮0.85	1～10	≯1	≯4	≯8	U≯250V、I≯0.4A 30	U≯250V、I≯0.4A 时 20

五、BYL-1C 型低电压过电流保护装置

（一）简介

该装置与 BFL-1C 型负序过电流保护装置配合使用，作为发电机或发电机—变压器组的后备保护，反应对称短路、过负荷及低电压故障。

（二）技术数据

BYL-1C 型低电压过电流保护装置技术数据，见表 21-11-5。

（三）原理接线

BYL-1C 型低电压过电流保护装置原理方框图，见图 21-11-10。

（四）外形及安装尺寸

BYL-1C 型低电压过电流保护装置壳体结构型式为 CB-9 型插件，外形及安装尺寸见表 21-0-8。

六、BDD-3BC 型定子接地保护装置

（一）简介

该装置适用于保护发电机定子绕组在靠近机端侧 85%范围内发生的单相接地故障，还可与 BDD-3AC 型定子接地保护装置配套使用，构成 100%定子接地保护。

（二）技术数据

BDD-3BC 型定子接地保护装置技术数据，见表 21-11-6。

（三）原理接线

表 21-11-5　**BYL-1C 型低电压过电流保护装置技术数据**

额定数据 交流 电压(V)	额定数据 交流 电流(A)	额定数据 直流(V) 电源电压及信号电压	低电压延时整定范围(s)	过流及过负荷 延时整定范围(s)	过流及过负荷 返回系数	低电压返回系数	过载能力 长期额定值	过载能力 短时额定值	功率消耗 交流(VA) 电流	功率消耗 交流(VA) 电压	功率消耗 直流(W)	触点容量 交流(VA)	触点容量 直流(W)
100	5	48(±24)	0.5～6.0	1～9	≥0.85	≤1.2	$1.5U_e$ $1.5I_e$	$2U_e$ $30I_e$	≤0.3	≤0.4	≤5	U≤250V、I≤0.4A 时 40	U≤250V、I≤0.4A 时 30

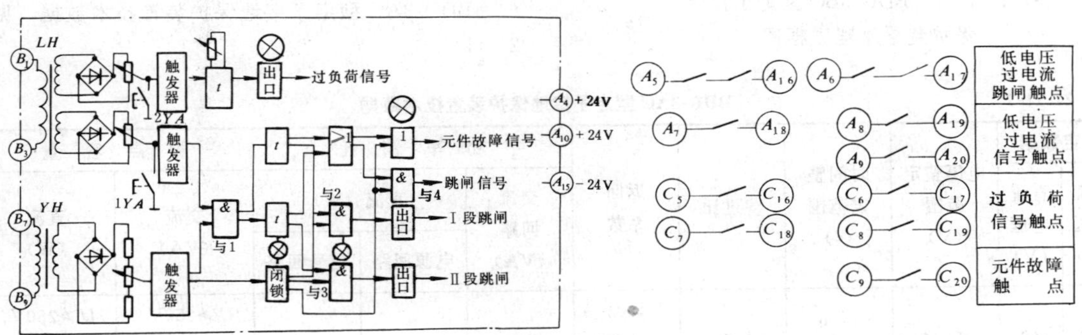

图 21-11-10　BYL-1C 型低电压过电流保护装置原理方框图

表 21-11-6 **BDD-3BC 型定子接地保护装置技术数据**

额定数据		电压整定范围（V）	时间整定范围（s）	返回系数	三次谐波滤过比	制动比	功率消耗			触点容量	
交流电压（V）	直流电压（V）						交流回路（VA）	直流（W） 电源回路	直流（W） 信号回路	交流（VA）	直流（W）
100	48	5～20（5、7、10、12、14、16、20）	1～9 连续可调	≮0.85	≮50	≮6.5	≯5	≯3	≯2	U≯250V、I≯0.4A 时 30	U≯250V、I≯0.4A 时 30

BDD-3BC 型定子接地保护装置原理方框图，见图 21-11-11。其中，B_1、B_3 的一次侧接在发电机机端电压互感器开口三角或中性点处消弧线圈二次侧上，也可接在中性点处电压互感器的二次侧上；B_2、B_9 接在高压侧电压互感器开口三角上。BDD-3BC 型定子接地保护装置信号回路及出口回路，见图 21-11-12。

（四）外形及安装尺寸

BDD-3BC 型定子接地保护装置壳体结构型式为 CB-9 型插件，外形及安装尺寸见表 21-0-8。

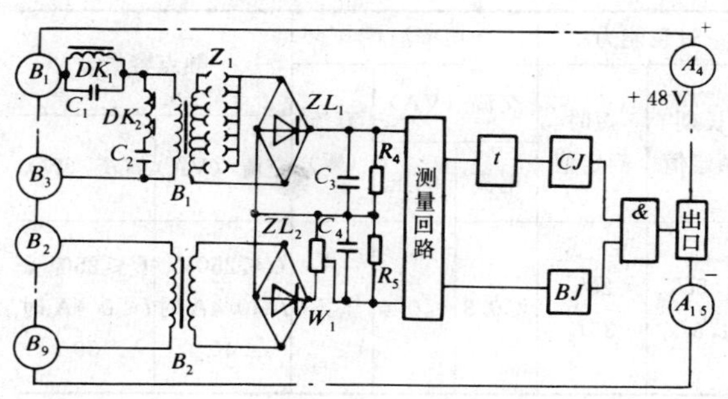

图 21-11-11 BDD-3BC 型定子接地保护装置原理方框图

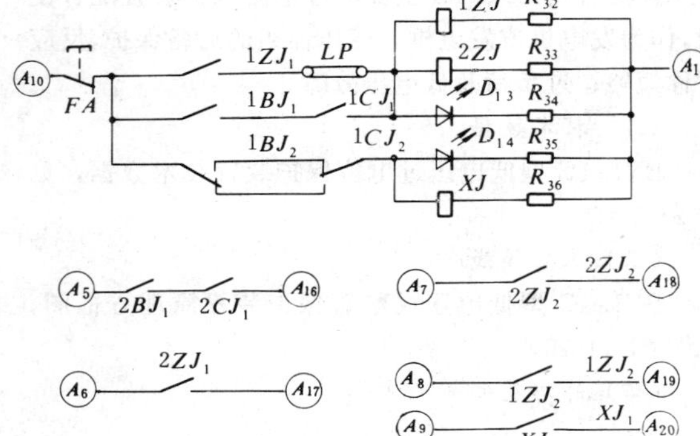

图 21-11-12 BDD-3BC 型定子接地保护装置信号回路及出口回路

七、BDD-3AC 型定子接地保护装置

（一）简介

该装置适用于保护发电机定子绕组在靠近中性点侧 20%范围内发生的单相接地故障，还可与 BDD-3BC 定子接地保护装置配套使用，构成 100%定子接地保护。

（二）技术数据

BDD-3AC 型定子接地保护装置技术数据，见表 21-11-7。

表 21-11-7 **BDD-3AC 型定子接地保护装置技术数据**

额定数据		电压整定范围（V）	时间整定范围（s）	滤过比	返回系数	功率消耗			触点容量	
交流电压（V）	直流电压（V）					交流回路（VA）	直流（W） 电源回路	直流（W） 信号回路	交流（VA）	直流（W）
100	48	≤0.7	1～9 连续可调	>50	≮0.75	≯5	≯3	≯2	U≯250V、I≯0.4A 时 30	U≯250V、I≯0.4A 时 30

（三）原理接线

BDD-3AC 型定子接地保护装置原理方框图见图 21-11-13，其中，B_1、B_3 端子接在发电机端电压互感器开口三角上；B_7、B_9 端子接在中性点处电压互感器的二次侧或消弧线圈二次侧上；BDD-3AC 型定子接地保护装置信号回路及出口回路，见图 21-11-14。

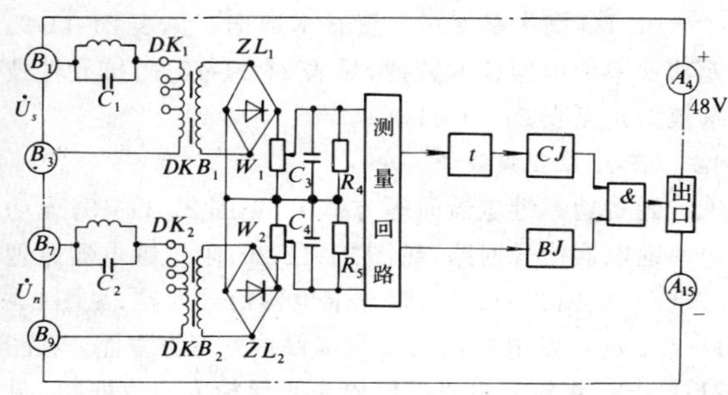

图 21-11-13　BDD-3AC 型定子接地保护装置原理方框图

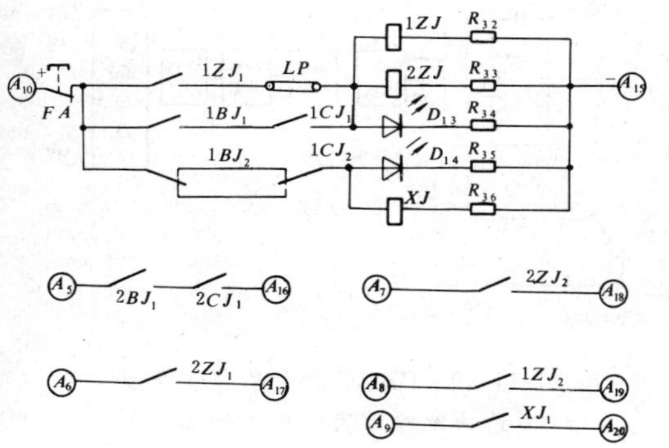

图 21-11-14　BDD-3AC 型定子接地保护装置信号回路及出口回路

（四）外形及安装尺寸

BDD-3AC 型定子接地保护装置壳体结构型式为 CB-9 型插件，外形及安装尺寸见表 21-0-8。

八、BD-20C 型转子一点接地保护装置

（一）简介

该装置是用来监视发电机转子(励磁)回路对地绝缘的转子一点接地保护。

（二）技术数据

BD-20C 型转子一点接地保护装置技术数据，见表 21-11-8。

（三）原理接线

BD-20C 型转子一点接地保护装置原理方框图，见图 21-11-15；BD-20 C 型转子一点接地保护装置信号回路，见图 21-11-16。

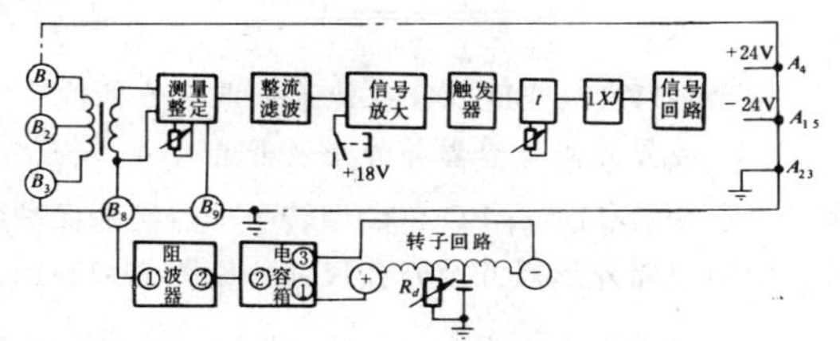

图 21-11-15　BD-20C 型转子一点接地保护装置原理方框图

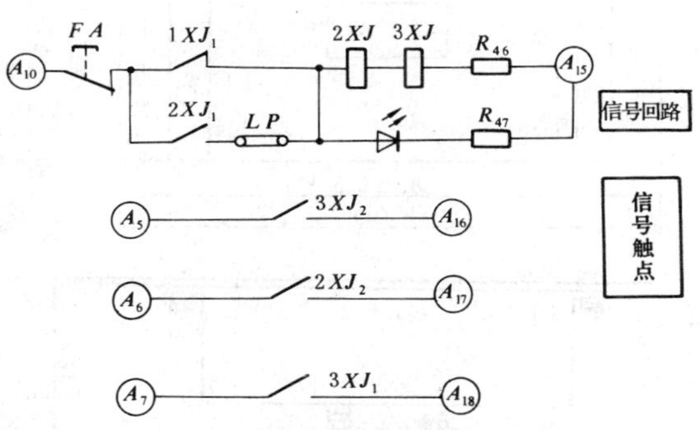

图 21-11-16　BD-20C 型转子一点接地保护装置信号回路

（四）外形及安装尺寸

BD-20C 型转子一点接地保护装置壳体结构型式为 CB-9 型，外形及安装尺寸，见表 21-0-8；BD-20C 型转子一点接地保护装置外附电容器箱外形尺寸及开孔

表 21-11-8　**BD-20C 型转子一点接地保护装置技术数据**

额定数据			整定电阻 (kΩ)	返回系数	动作时间整定 (s)	功率消耗		触点容量	
交流电压 (V)	直流 (V)					交流电压回路 (VA)	直流信号回路 (W)	交流 (VA)	直流 (W)
	工作电压	信号电压							
220/110	48	48	5～20	≯2.5	1～10	≯10	≯4	U≯250V、I≯0.4A 时 30	U≯250V、I≯0.4A 时 20

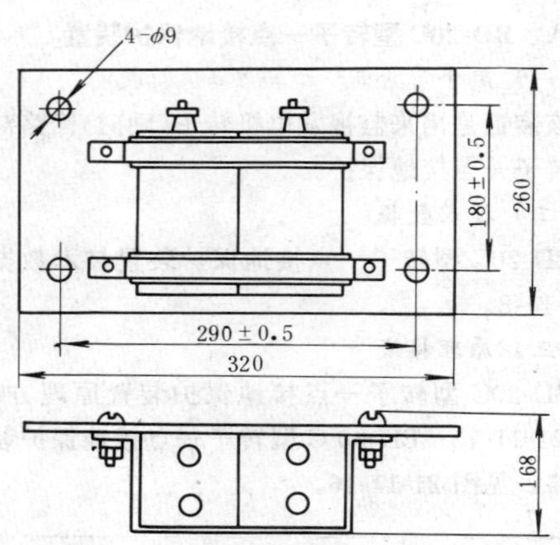

图 21-11-17　BD-20C 型转子一点接地保护装置外附电容器箱外形及开孔尺寸

尺寸，见图 21-11-17；BD-20C 型转子一点接地保护装置外附阻波器外形尺寸及开孔尺寸，见图 21-11-18。

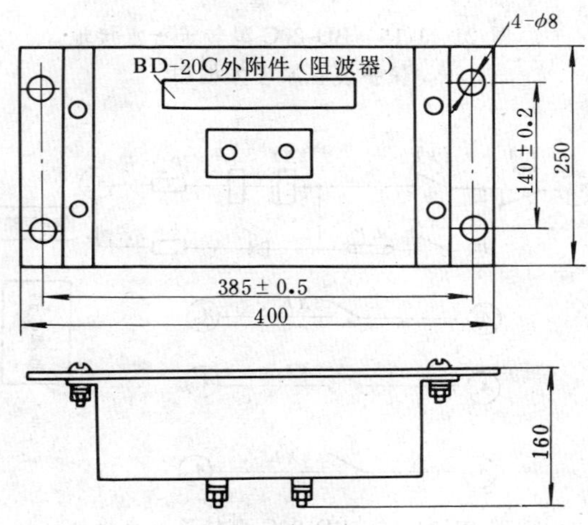

图 21-11-18　BD-20C 型转子一点接地保护装置外附阻波器外形及开孔尺寸

九、BZ-5C 型失磁保护装置

（一）简介

该装置由阻抗元件及无功功率继电器组成，用于同步发电机失励磁保护。与 BCY-2C 型发电机失磁保护装置、BYS-1C 型低电压负序电流保护装置组成成套的低励磁失步保护装置。

（二）技术数据

BZ-5C 型失磁保护装置技术数据，见表 21-11-9。无功功率继电器技术数据，见表 21-11-10。阻抗元件技术数据，见表 21-11-11。

（三）原理接线

无功功率继电器原理方框图，见图 21-11-19；无功功率继电器信号回路，见图 21-11-20；阻抗继电器原理方框图，见图 21-11-21；阻抗继电器信号回路，见图 21-11-22；汽轮发电机低励磁失步保护方案方框图，见图 21-11-23；水轮发电机低励磁失步保护方案方框图，见图 21-11-24；水轮发电机、汽轮发电机、大机对小系统低励磁失步保护方案框图，见图 21-11-25。

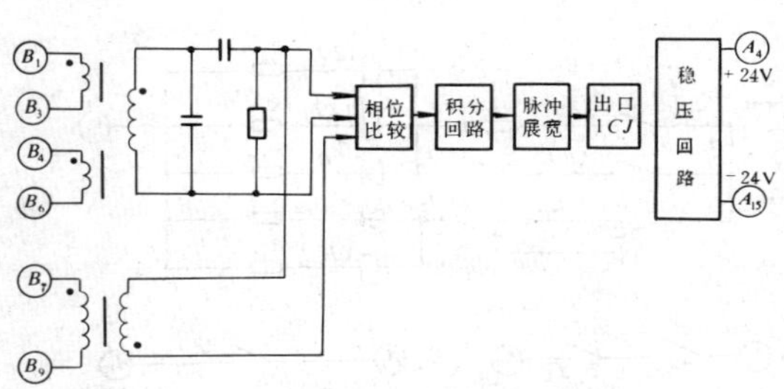

图 21-11-19　BZ-5C 型失磁保护装置无功功率继电器原理方框图

（四）外形及安装尺寸

BZ-5C 型失磁保护装置壳体结构型式为 CB-9 型插件，外形及安装尺寸，见表 21-0-8。

表 21-11-9　　BZ-5C 型失磁保护装置技术数据

额定数据				功率消耗			触点容量（W）
交流		直流（V）		交流（VA）		直流回路（W）	
电压（V）	电流（A）	电源电压	信号电压	电压回路	电流回路		
100	5	48	48	≯1	≯1	≯3	U≯250V、I≯0.4A 时 20

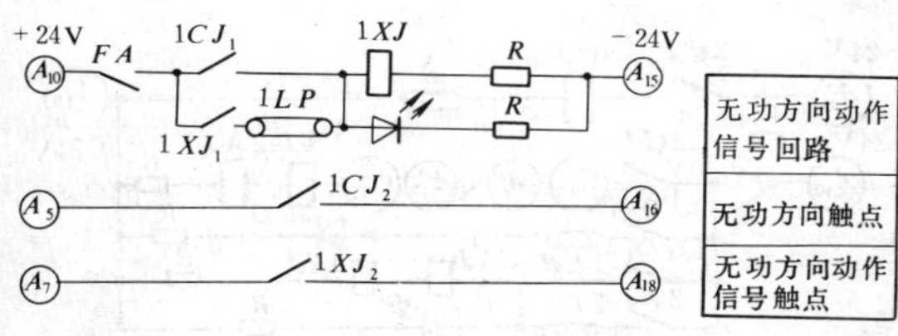

图 21-11-20　BZ-5C 型失磁保护装置无功功率继电器信号回路

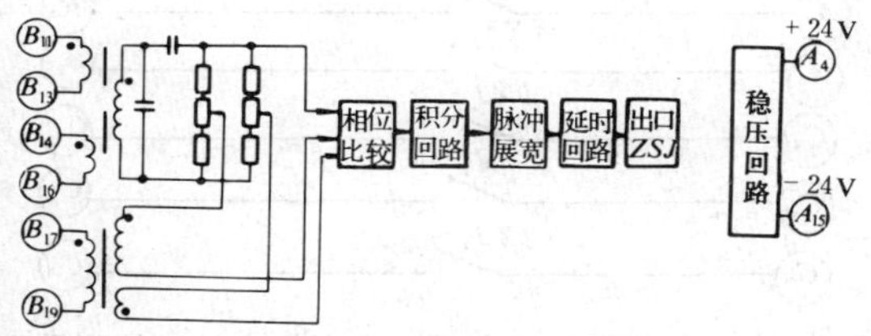

图 21-11-21　BZ-5C 型失磁保护装置阻抗继电器原理方框图

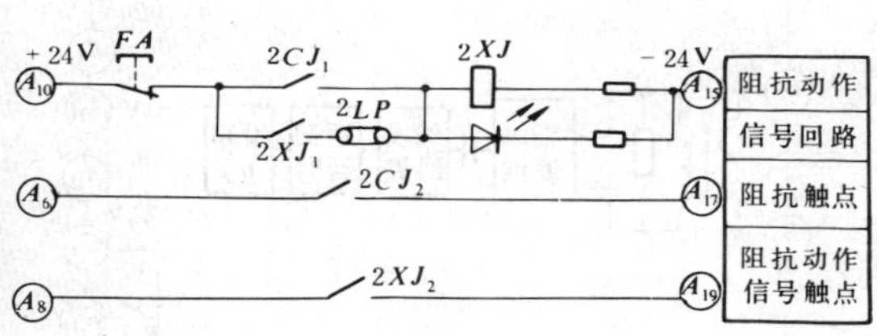

图 21-11-22　BZ-5C 型失磁保护装置阻抗继电器信号回路

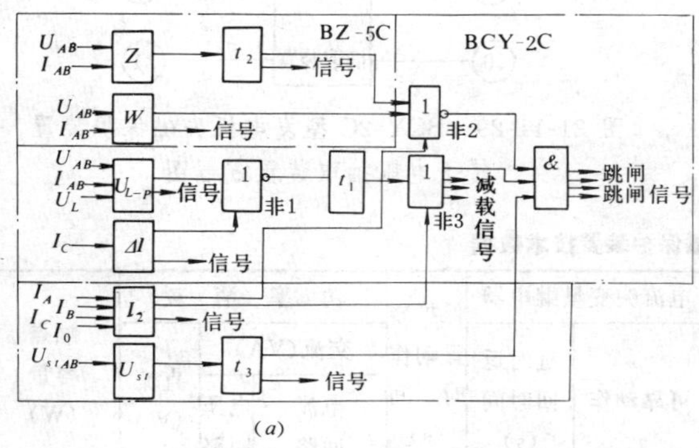

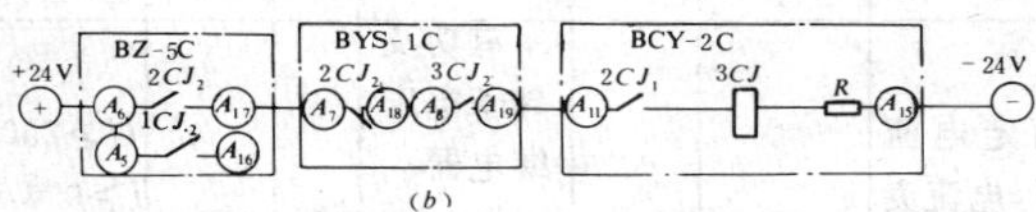

图 21-11-23　汽轮发电机低励磁失步保护方案方框图
(a) 原理方框图；(b) 接线图

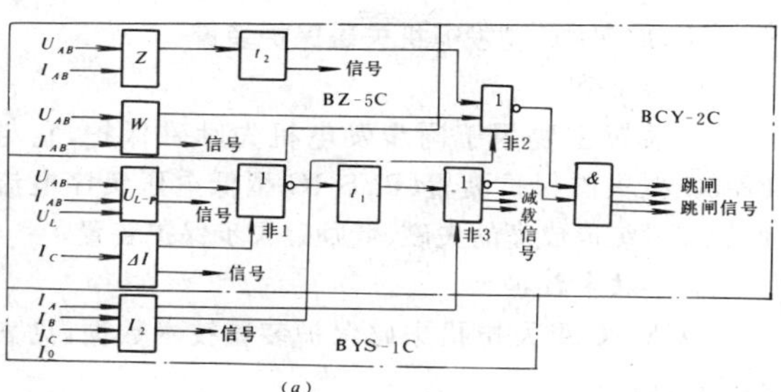

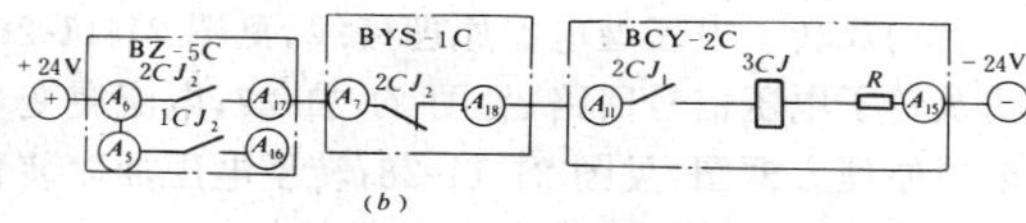

图 21-11-24　水轮发电机低励磁失步保护方案方框图
(a) 原理方框图；(b) 接线图

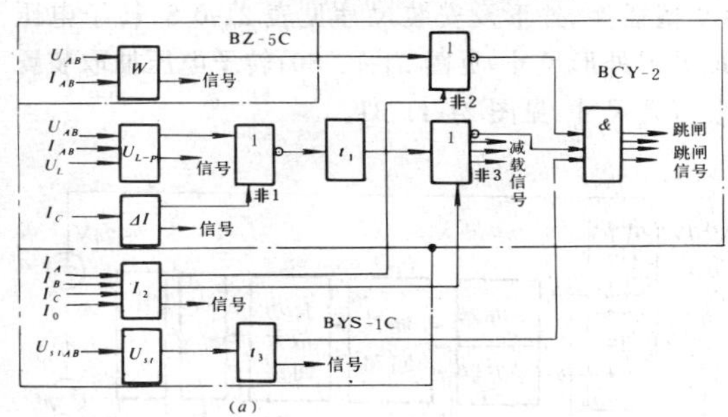

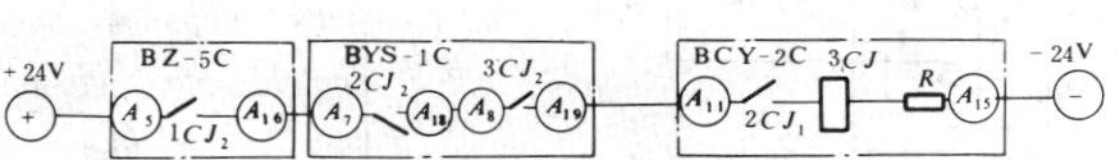

图 21-11-25　水轮发电机、汽轮发电机、大机对小系统低励磁失步保护方案方框图
(a) 原理方框图；(b) 接线图

表 21-11-10　BZ-5C 型失磁保护装置无功功率继电器技术数据

灵敏角(°)	动作区整定范围(°)	灵敏度(V)
最大为 −90±5	170±10、160±10、150±10、140±10、130±10	在最大灵敏角及额定电流下，最小动作电压≯1.5

表 21-11-11　BZ-5C 型失磁保护装置阻抗元件技术数据

灵敏角(°)	整定范围(Ω)	灵敏度(A)	延时时间(s)
最大为 −90±5	1～10 5～40 均匀调整	动作阻抗整定于 20Ω，且最大灵敏角下最小精工电流≯1.5	0.3、0.4、0.5、0.6、0.7、0.8、0.9、1.0、1.1、1.2、1.3、1.4、1.5

十、BCY-2C 型发电机失磁保护装置

(一)简介

该装置主要用于同步发电机失励磁保护，它与BZ-5C 型失磁保护装置、BYS-1C 型低电压负序电流保护装置组成成套的失磁、低励磁失步保护装置。

(二)技术数据

BCY-2C 型发电机失磁保护装置技术数据，见表 21-11-12。

(三)原理接线

有功及转子电压继电器原理接线，见图 21-11-26；有功及转子电压信号回路，见图 21-11-27；电流突变量继电器原理方框图，见图 21-11-28；转子电压抽取装置方框图，见图 21-11-29。

(四)外形及安装尺寸

BCY-2C 型发电机失磁保护装置壳体结构型式为 CB-9 型插件，外形及安装尺寸见表 21-0-8；转子电压抽取装置外形尺寸，见图 21-11-30；转子电压抽取装置安装开孔尺寸，见图 21-11-31。

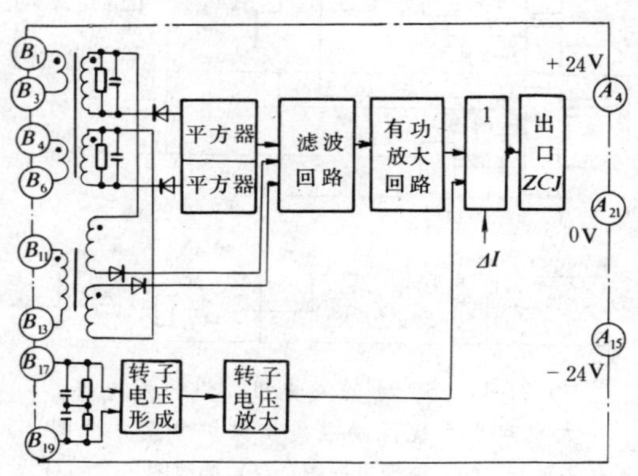

图 21-11-26 BCY-2C 型发电机失磁保护装置有功及转子电压继电器原理接线

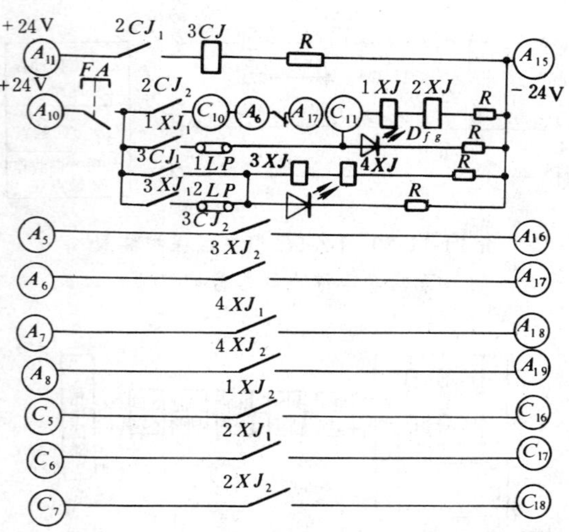

图 21-11-27 BCY-2C 型发电机失磁保护装置有功及转子电压信号回路

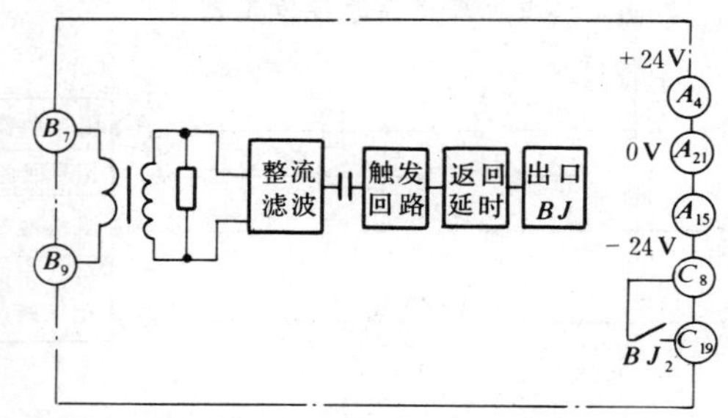

图 21-11-28 BCY-2C 型发电机失磁保护装置电流突变量继电器原理方框图

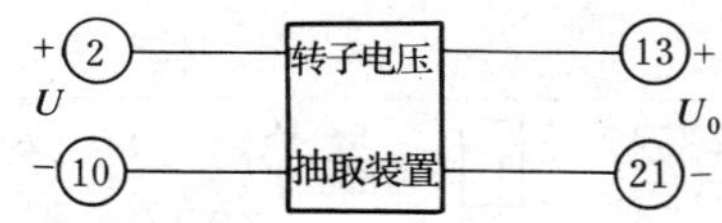

图 21-11-29 BCY-2C 型发电机失磁保护装置转子电压抽取装置方框图

表 21-11-12 **BCY-2C 型发电机失磁保护装置技术数据**

额定数据					有功及转子电压继电器		电流突变量继电器		保护装置动作时间(s)	功率消耗			触点容量(W)
交流		励磁电压(V)	转子电压抽取装置输出(V)	直流电压(V)	角度调整范围(°)	凸极功率调整范围(%)	可靠动作	延时返回时间(s)		交流(VA)		直流(W)	
电压(V)	电流(A)									电流回路	电压回路		
100	5	400	30	±24	30、35、40、45、55、60	10、15、20、25、30(额定功率百分比)	额定电流下，电流突变额定值的±30%	≮2	0.2	有功及转子电压继电器 ≯1.5 电流突变量继电器 ≯1	≯1	≯5	U≯250V、I≯0.4A 时 40

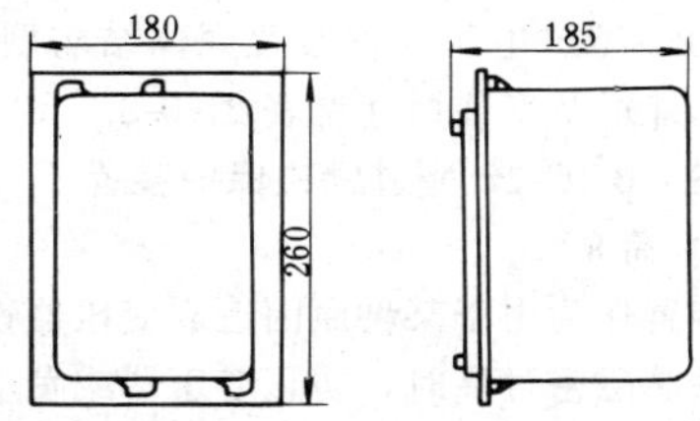

图 21-11-30　BCY-2C 型发电机失磁保护装置转子电压抽取装置外形尺寸

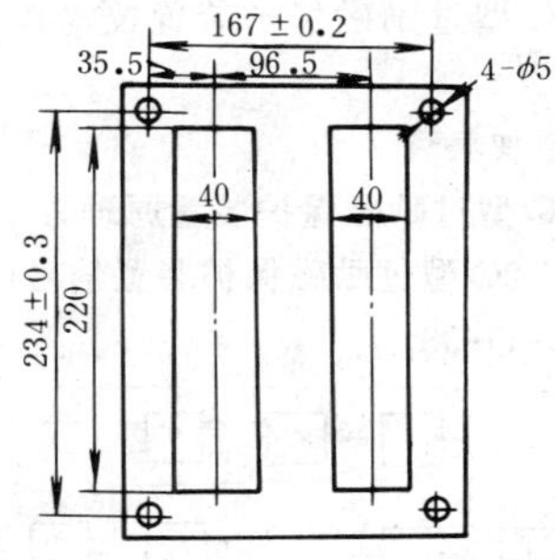

图 21-11-31　BCY-2C 型发电机失磁保护装置转子电压抽取装置安装开孔尺寸

十一、BYS-1C 型低电压负序电流保护装置

(一) 简介

该装置是 BCY-2 型发电机失磁保护装置必备的闭锁装置。它与 BZ-5C 型失磁保护装置、BCY-2C 型发电机失磁保护装置组成成套失磁保护装置。

(二) 技术数据

BYS-1C 型低电压负序电流保护装置技术数据，见表 21-11-13。

(三) 原理接线

低电压继电器原理方框图，见图 21-11-32；低电压继电器信号回路，见图 21-11-33；负序电流继电器原理方框图，见图 21-11-34；负序电流继电器信号回路，见图 21-11-35。

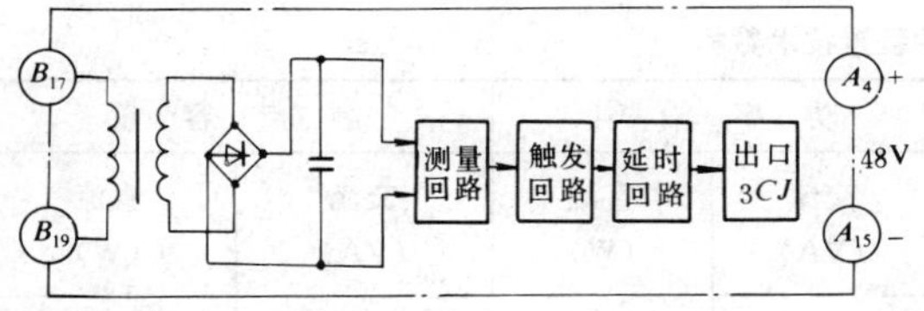

图 21-11-32　BYS-1C 型低电压负序电流保护装置低电压继电器原理方框图

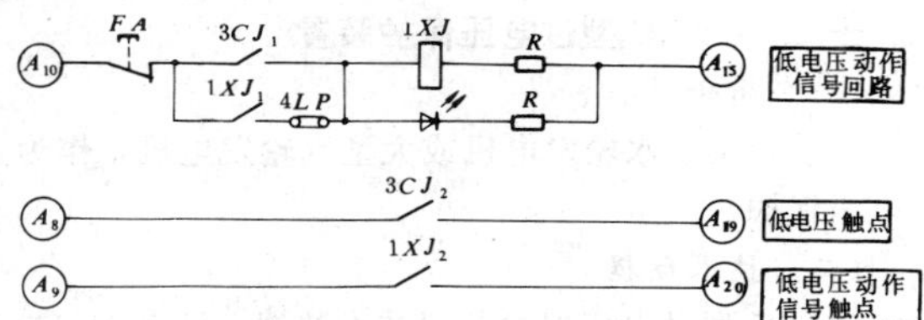

图 21-11-33　BYS-1C 型低电压负序电流保护装置低电压继电器信号回路

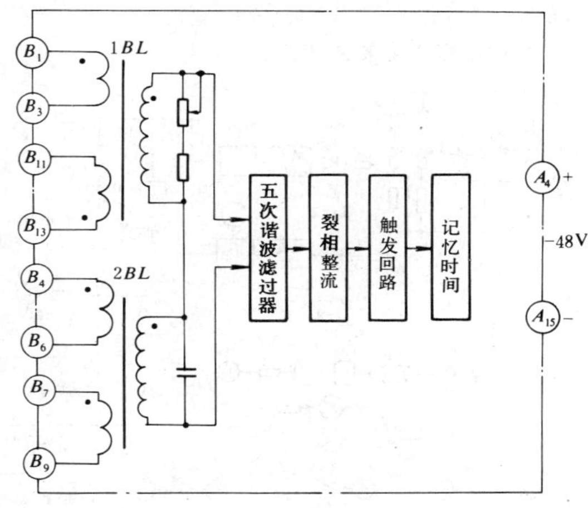

图 21-11-34　BYS-1C 型低电压负序电流保护装置负序电流继电器原理方框图

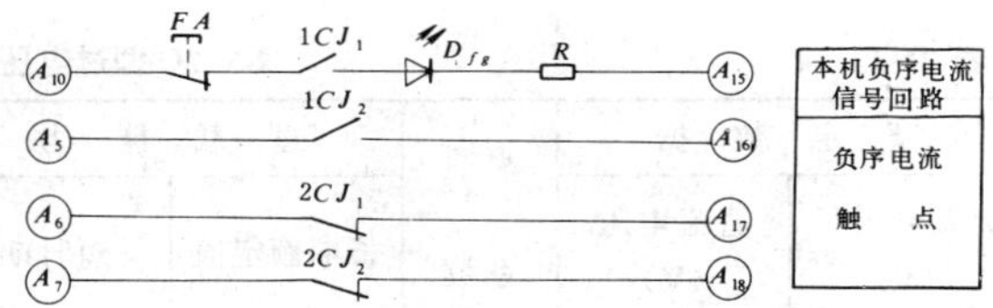

图 21-11-35　BYS-1C 型低电压负序电流保护装置负序电流继电器信号回路

表 21-11-13　**BYS-1C 型低电压负序电流保护装置技术数据**

额定数据		负序电流继电器				低电压继电器			功率消耗				触点容量(W)
交流		直流电压(V)	负序动作电流整定(A)	记忆时间(s)	动作时间(ms)	动作值整定(V)	返回系数	动作时间整定(s)	交流(VA)		直流电源回路(W)	其它直流电压回路均接通(W)	
电压(V)	电流(A)								电流回路	电压回路			
100	5	48	0.5、0.75、1、1.25、1.5、1.75、2	2	≯20	60、70、80、90	≯1.1	0.1、0.2、0.3、0.4、0.5、0.6	≯0.4	每相≯1.5	≯3	≯9	U≯250V、I≯0.4A 时 20

（四）外形及安装尺寸

BYS-1C型低电压负序电流保护装置壳体结构型式为CB-9型插件，外形及安装尺寸见表21-0-8。

十二、BY-2C型过电压保护装置

（一）简介

该装置用于水轮发电机或大型汽轮发电机，作为过电压保护。

（二）技术数据

BY-2C型过电压保护装置技术数据，见表21-11-14。

（三）原理接线

BY-2C型过电压保护装置原理方框图，见图21-11-36。

（四）外形及安装尺寸

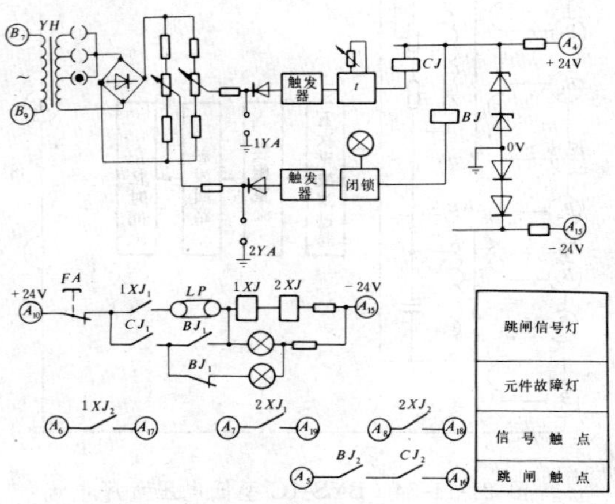

图21-11-36　BY-2C型过电压保护装置原理方框图

BY-2C型过电压保护装置壳体结构型式为CB-6型插件，外形及安装尺寸见表21-0-8。

十三、BGC-2C型过励磁保护装置

（一）简介

该装置作为由于某种原因造成变压器铁芯或发电机定子铁芯磁密过高时，防止变压器或发电机损坏的保护。

（二）技术数据

BGC-2C型过励磁保护装置技术数据，见表21-11-15。

（三）原理接线

BGC-2C型过励磁保护装置原理方框图，见图21-11-37；BGC-2C型过励磁保护装置信号回路及出口回路，见图21-11-38。

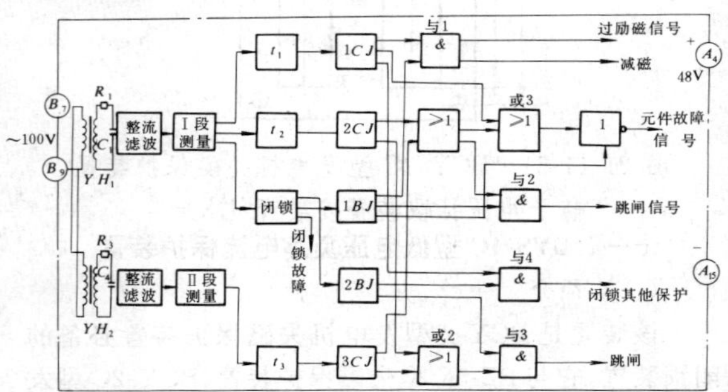

图21-11-37　BGC-2C型过励磁保护装置原理方框图

（四）外形及安装尺寸

BGC-2C型过励磁保护装置壳体结构型式为CB-9型插件，外形及安装尺寸见表21-0-8。

表21-11-14　**BY-2C型过电压保护装置技术数据**

额定数据		返回系数	过载能力		功率消耗		触点容量	
交流电压U_e（V）	直流电压（V）		长期额定值	短时期	交流（VA）	直流（W）	交流（VA）	直流（W）
100	±24	≥0.9	$2U_e$	$2.5U_e$	≤1	≤5	$U\not>250$V、$I\not>0.4$A时40	$U\not>250$V、$I\not>0.4$A时30

表21-11-15　**BGC-2C型过励磁保护装置技术数据**

额定数据		定值整定范围		时间整定范围（s）			返回系数	功率消耗			触点容量	
交流电压（V）	直流电压（V）	Ⅰ段（B/Be）	Ⅱ段（B/Be）	Ⅰ段		Ⅱ段		交流（VA）	直流（W）		交流（VA）	直流（W）
				t_1	t_2	t_3			电源回路	信号回路		
100	48	1～1.75可调	1.2～1.95可调	1～10	5～45	0.2～2	≮0.9	≯2	≯4	≯8	$U\not>250$V、$I\not>0.4$A时30	$U\not>250$V、$I\not>0.4$A时30

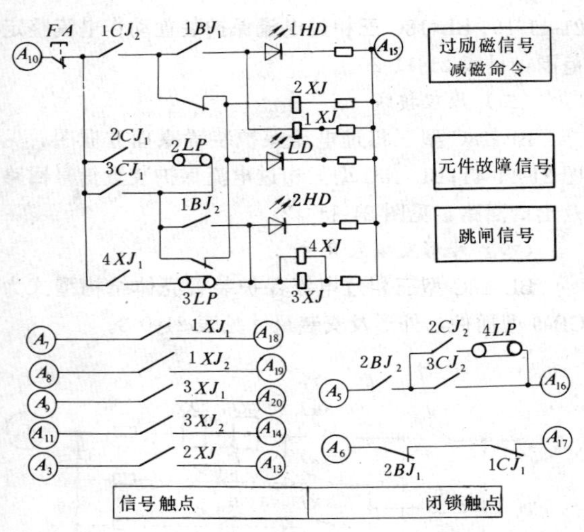

图 21-11-38　BGC-2C 型过励磁保护装置信号回路及出口回路

十四、BL-1C 型过电流保护装置

(一) 简介

该装置用于发电机、变压器或其它设备,作为单相过流或过负荷保护。

(二) 技术数据

BL-1C 型过电流保护装置技术数据，见表 21-11-16。

表 21-11-16　BL-1C 型过电流保护装置技术数据

额定数据		返回系数	触点容量	
交流电流 (A)	直流电压 (V)		交流 (VA)	直流 (W)
5、1	48	>0.85	U≯250V、I≯0.5A 时 30	U≯250V、I≯0.5A 时 20

BL-1C 型过电流保护装置整定范围及误差，见表 21-11-17。

BL-1C 型过电流保护装置功率消耗见表 21-11-18。额定条件下的功率消耗不大于表 21-11-18 规定的值。

(三) 原理接线

BL-1C 型过电流保护装置原理方框图，见图 21-11-39；BL-1C 型过电流保护装置信号回路及出口回路，见图 21-11-40。

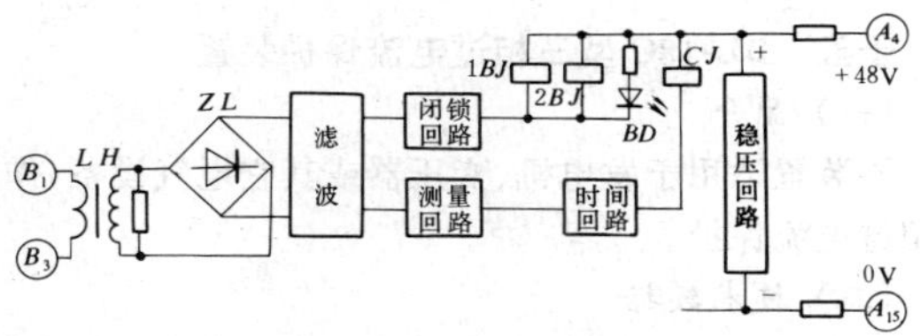

图 21-11-39　BL-1C 型过电流保护装置原理方框图

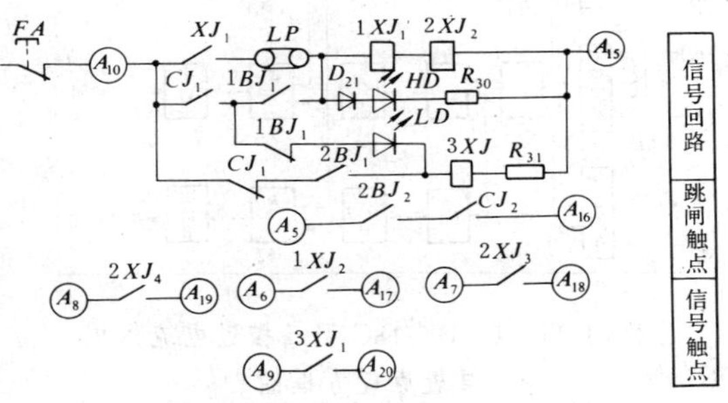

图 21-11-40　BL-1C 型过电流保护装置信号回路及出口回路

(四) 外形及安装尺寸

BL-1C 型过电流保护装置壳体结构型式为 CB-4 型插件，外形及安装尺寸见表 21-0-7。

表 21-11-17　BL-1C 型过电流保护装置整定范围及误差

型号	额定电流	动作电流		动作时间	
		整定值 (A)	刻度误差	整定范围	变差
BL-1C/10	5A	2、3、4、5、6、7、8、9、10	≤10%	0.5～9s	≤±10%
BL-1C/5		1、1.5、2、2.5、3、3.5、4、4.5、5			
BL-1C/2	1A	0.4、0.6、0.8、1、1.2、1.4、1.6、1.8、2			
BL-1C/0.5		0.1、0.15、0.2、0.25、3、0.35、0.4、0.45、0.5			

表 21-11-18　**BL-1C 型过电流保护装置功率消耗**

型　号	交流消耗(VA)	直流消耗(W)	
		直流回路	信号回路
BL-1C/10	≤1	≤2.5	≤0.7
BL-1C/5	≤3		
BL-1C/2	≤1		
BL-1C/0.5	≤2		

十五、BL-18C 型三相过电流保护装置

(一) 简介

该装置适用于发电机、变压器或其它电气设备，作三相过电流保护。

(二) 技术数据

BL-18C 型三相过电流保护装置技术数据，见表 21-11-19；BL-18C 三相过电流保护装置动作电流整定范围，见表 21-11-20。

(三) 原理接线

BL-18C 型三相过电流保护装置原理方框图，见图 21-11-41；BL-18C 型三相过电流保护装置信号回路及出口回路，见图 21-11-42。

(四) 外形及安装尺寸

BL-18C 型三相过电流保护装置壳体结构型式为 CB-9 型插件，外形及安装尺寸见表 21-0-8。

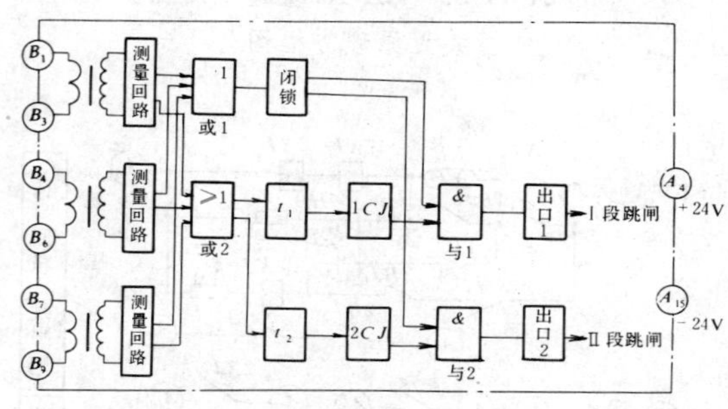

图 21-11-41　BL-18C 型三相过电流保护装置原理方框图

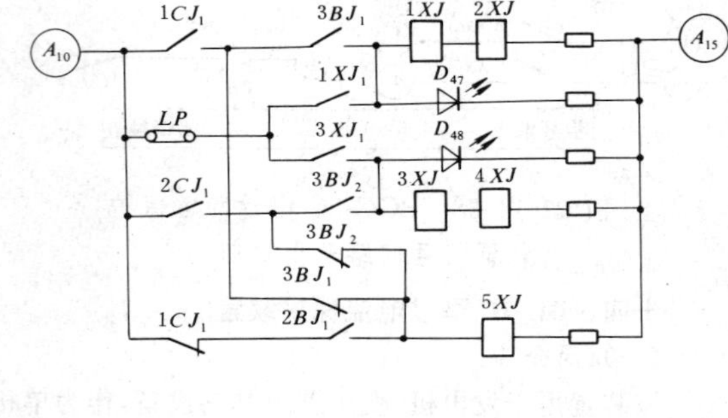

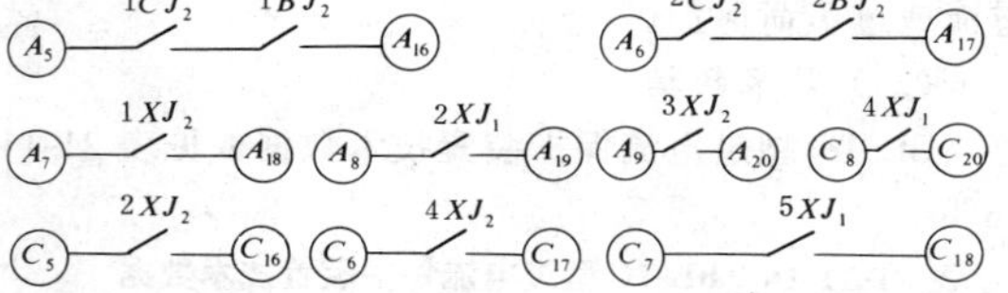

图 21-11-42　BL-18C 型三相过电流保护装置信号回路及出口回路

表 21-11-19　**BL-18C 型三相过电流保护装置技术数据**

额定数据		返回系数	动作时间整定范围(s)	功率消耗			触点容量	
交流电流(A)	直流及信号电源电压(V)			交流(VA)	直流(W)		交流(VA)	直流(W)
					电源回路	信号回路		
5、1	48	≮0.85	0.5～10	<1	<4	<5	U≯250V、I≯0.4A 时 40	U≯250V、I≯0.4A 时 30

表 21-11-20　**BL-18C 型三相过电流保护装置动作电流整定范围**

型　号	额定电流(A)	整定范围(A)	型　号	额定电流(A)	整定范围(A)
BL-18C/2	1	0.4～2	BL-18C/20	5	4～20
BL-18C/5	5	1～5	BL-18C/50	5	10～50
BL-18C/10	5	2～10			

十六、BL-36C 型转子过负荷保护装置

（一）简介

该装置与 BLZ-1C 型直流电流互感器及其附属装置配套，用于发电机作为励磁回路直流过负荷保护。

（二）技术数据

BL-36C 型转子过负荷保护装置技术数据，见表 21-11-21；动作电流整定值，见表 21-11-22；t_0 与 t_1 整定范围，见表 21-11-23。

（三）原理接线

BL-36C 型转子过负荷保护装置原理方框图，见图 21-11-43。

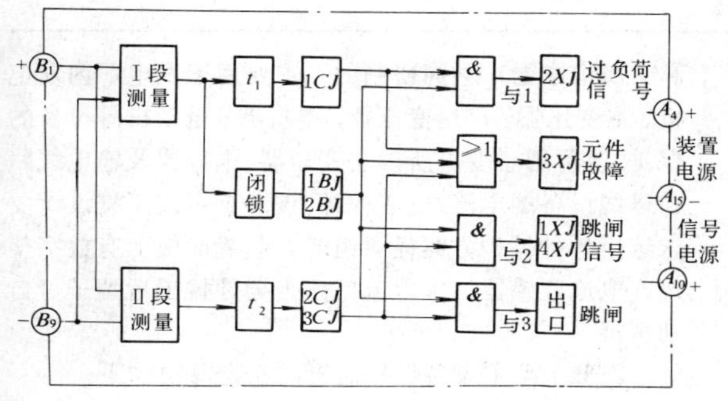

图 21-11-43　BL-36C 型转子过负荷保护装置原理方框图

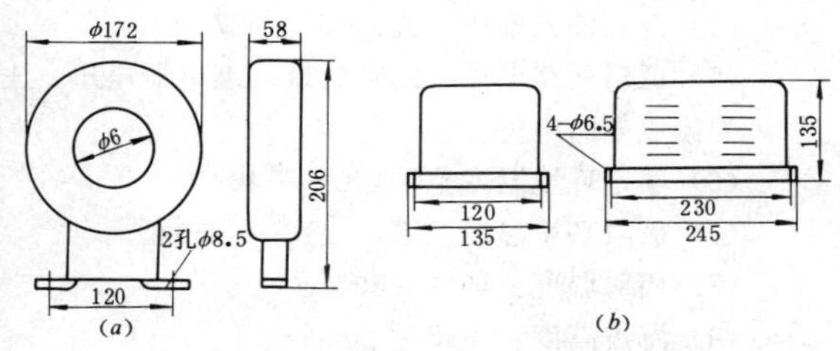

图 21-11-44　BLZ-1C 型直流电流互感器及附属装置

(*a*) BLZ-1C 型直流互感器；(*b*) BLZ-1C 型附属装置

（四）外形及安装尺寸

BL-36C 型转子过负荷保护装置壳体结构型式为 CB-9 型插件，外形及安装尺寸见表 21-0-8。BLZ-1C 型直流电流互感器及附属装置，见图 21-11-44。

表 21-11-22　BL-36C 型转子过负荷保护装置动作电流整定值

	Ⅰ段			
动作电流 I_1/I_e	0.8	1.025	1.05	1.1
	Ⅱ段			
动作电流 I_1/I_e	1.2	1.4	1.5	2.0

表 21-11-23　BL-36C 型转子过负荷保护装置 t_0 与 t_1 整定范围

	Ⅰ段	Ⅱ段
固有延时 t_0 (s)	0.5	0.2
可调延时范围 t_1 (s)	0.1～10.5	0.1～2.5

十七、BLL-1C 型主变压器零序电流保护装置

（一）简介

该装置主要用于电力系统变压器接地保护。

（二）技术数据

BLL-1C 型主变压器零序电流保护装置技术数据，见表 21-11-24。

（三）原理接线

BLL-1C 型主变压器零序电流保护装置原理方框图，见图 21-11-45。

（四）外形及安装尺寸

BLL-1C 型主变压器零序电流保护装置壳体结构型式为 CB-10 型插件，外形及安装尺寸见表 21-0-8。

表 21-11-21　BL-36C 型转子过负荷保护装置技术数据

额定数据				转子额定电流范围 I_e (A)	整定值		返回系数	功率消耗 (W)		触点容量 (W)
输入直流电压 (V)	分压器输入电流 (A)	辅助直流电源 (V)	信号直流电源 (V)		动作电流	动作延时		直流电源回路	直流信号回路	
15	1	48	48	1500～2000	见表 21-11-22	$t=t_0+t_1$ t_0 与 t_1 整定范围见表 21-11-23	≮0.9	≯5	≯2	U≯250V、I≯0.5A 时≮20

表 21-11-24 **BLL-1C型主变压器零序电流保护装置技术数据**

额定数据			整定值(A)		延时整定范围(s)		返回系数	过载能力及额定值		功率消耗			触点容量	
交流电流 I_e(A)	直流(V)									交流(VA)	直流(W)		交流(VA)	直流(W)
	电源电压	信号电压	Ⅰ段	Ⅱ段	Ⅰ段	Ⅱ段		长期	短时		电源回路	信号回路		
1	48 (+24~−24)		0.3~3	0.15~1.5	0.5~2 1~4	1~8	≥0.9	$2I_e$	$50I_e$	≤0.8	≤6	≤2.6	U≯250V、I≯0.4A时 40	U≯250V、I≯0.4A时 30

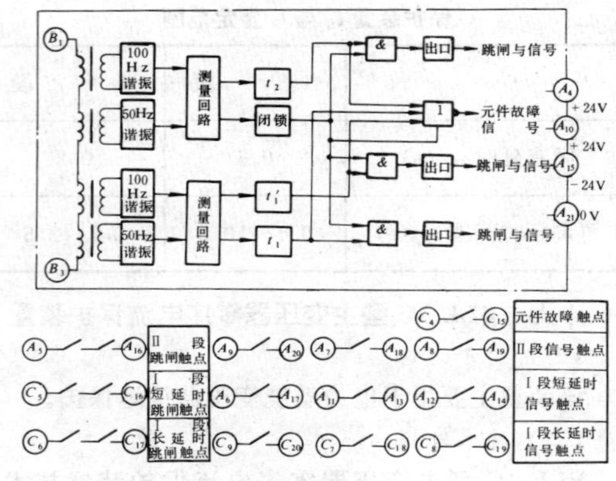

图 21-11-45 BLL-1C型主变压器零序电流保护装置原理方框图

第21-12节 主设备集成电路保护装置

一、简述

随着集成电路的迅速发展，国际上已普遍用由集成电路构成的保护装置来代替用分立电子元件构成的保护装置。国内主要的几个继电器制造厂也研制了集成电路保护装置，有的已在发电厂和变电所中采用。因集成电路保护装置具有运行可靠、工作稳定、消耗功率小、元件标准化、便于调试和检修、装置体积小等优点，故可望逐步推广使用。本节着重介绍几个制造厂生产的主要集成电路保护装置的简单原理、判据及主要技术数据，以供工程设计选用时参考。

二、ZFB-1型主设备集成电路保护装置

ZFB-1型主设备保护装置是由南京自动化研究所和上海继电器厂共同研制的。主要用于发电厂内发电机、主变压器、厂用变压器、电抗器、电动机等设备的保护，也可用于变电所内主变压器、电容器及输电线路和母线设备的电流、电压保护。该装置可按工程设计要求选用各种保护方案任意组合，装置面板上有数字整定，电流互感器二次电流回路当插件拔出后端子可自动短接。

ZFB-1型主设备保护装置的额定参数如下：

(1) 交流电流 I_e：5A或1A。

(2) 交流电压 U_e：100V。

(3) 额定频率：f_e：50Hz。

(4) 直流输入电压：220V或110V。

(5) 逻辑回路电压：24V为带动继电器电压，±12V为集成电路电压。

(6) 额定环境温度范围：0~+40℃。

(7) 极限环境温度范围：−10~+50℃。

(8) 相对湿度：45%~90%。

(9) 海拔高度：不超过2000m。

(一) 主要保护装置

1. 变压器差动保护继电器

(1) 型号：CD-1。

(2) 原理及用途：继电器由灵敏的比率差动元件、涌流判别元件、不灵敏的差动速断元件和闭锁元件等组成。涌流的判别原理为鉴定间断波的大小。

本装置用于双侧或多侧制动的变压器差动保护。

(3) 技术数据：

1) 各臂电流平衡调整范围：2~8A（ΔI=0.1A，ΔI为整定级差，下同）。

2) 比率差动元件动作电流：0.25~0.5I_e（ΔI=0.05A）。电流小于0.5I_e时，无制动作用；电流大于0.5I_e时，制动比为0.55。

3) 涌流判别元件的动作电流：≤0.25I_e。

4) 差动速断元件的动作电流：4、6、8、10、12、

$24I_e$。

5)速断电流闭锁元件兼作电流断线信号的动作电流：0.14～$0.16I_e$。

6）比率差动元件动作时间：≤20ms。

7）涌流判别元件动作时间：≤25ms。

8）差动速断元件动作时间：≤18ms。

9）功率消耗：交流电流，≤1VA/相。直流，±12V，<0.5W/相；24V，<0.5W。

2. 发电机差动保护继电器

（1）型号 CD-10。

（2）原理及用途：继电器采用比率制动原理，$\frac{I_1-I_2}{2}$为制动量，I_1-I_2为动作量（I_1、I_2为两臂的电流互感器二次电流）。A、B、C 三相差动采用循环闭锁方式，以防止保护误动。

本装置用于发电机和调相机的差动保护。

（3）技术数据：

1）动作电流：0.1、0.15、0.25、0.3、$0.35I_e$。

2）制动系数：0.3～0.5。

3）返回系数：≥0.8。

4）动作时间：≤20ms。

5）功率消耗：交流电流，≤1VA/相。直流，±12V，≤0.5W；24V，≤0.5W。

3. 反时限过激磁保护继电器

（1）型号：FGC-1。

（2）原理及用途：继电器既反应电压、频率的单独变化，也反应电压和频率同时变化时引起的过激磁。其中，尤以电压升高且频率降低时引起的过激磁最为严重，故继电器的动作是按过励磁倍数 N 为判据的。过励磁倍数 N 为

$$N=\frac{B}{B_e}=\frac{U/f}{U_e/f_e}=\frac{U_*}{f_*}\qquad(21\text{-}12\text{-}1)$$

式中：U——系统电压；

f——系统频率；

U_*——电压标么值U/U_e；

f_*——频率标么值f/f_e；

U_e——额定电压；

f_e——额定频率；

B——磁通量；

B_e——额定磁通量。

该装置用于大型变压器过激磁异常运行的过激磁保护。

（3）技术数据：

1）交流电压：100V 或 $100\sqrt{3}$V。

2）过激磁倍数 N：闭锁值，N=1.0～1.225（ΔN=0.025，ΔN 为整定级差，下同）。

下限动作值，N=1.0～1.225（ΔN=0.025）。

上限动作值，N=1.30～1.525（ΔN=0.025）。

3）上限动作时限：50、100、200、300、500、750ms，1.2、3.5s。

4）返回系数：≥0.95。

5）功率消耗：交流电压，≤1VA/相。直流，+12V，≤0.5W；24V，≤2W。

4. 电抗器匝间保护继电器

（1）型号：PGF-1。

（2）原理及用途：继电器由偏移功率方向继电器构成。本装置用作电抗器的匝间故障保护。

（3）技术数据：

1）过载能力：$1.2U_e$ 连续运行 $2I_e$ 连续运行；$10I_e$ 运行 10s；$40I_e$ 运行 1s。

2）最大灵敏角：90°±3°。

3）动作范围：≥80°。

4）补偿阻抗 Z_B：电流为 1A 时，Z_B=5～545Ω（ΔZ_B=5Ω）；电流为 5A 时，Z_B=10～109Ω（ΔZ_B=1Ω）。

5）最小精工电流：≤$10\%I_e$。

6）功率消耗：交流电压，≤1VA/相；交流电流，I_e=1A 时，≤0.5VA/相；I_e=5A 时，≤1VA/相。直流，±12V，≤0.4W；24V，≤0.4W。

5. 负序功率方向继电器

（1）型号：FGF-1。

（2）原理及用途：采用根据相位比较原理制成的方向继电器。用作发电机、变压器等两相短路保护的方向判别元件。

（3）技术数据：

1）过载能力：$1.2U_e$ 连续运行；$2I_e$ 连续运行；$10I_e$ 运行 10s；$40I_e$ 运行 1s。

2）最大灵敏角：-105°±3°。

3）动作范围：175°，-180°。

4）最小动作电压：≤400mV。

5）最小动作电流：≤$5\%I_e$。

6）动作时间：≤30ms。

7）返回时间：≤50ms。

8）功率消耗：交流电压，≤1VA/相；交流电流，I_e=5A 时，≤1VA/相；I_e=1A 时，≤0.5VA/相。直流，±12V≤0.4W，24V≤0.4W。

6. 功率方向继电器

（1）型号：GF-1L 型为零序功率方向继电器；GF-1X 型为相间功率方向继电器；GF-1Y 型为有功功率方向继电器；GF-1W 型为无功功率方向继电器。

（2）原理及用途：相位比较原理的方向继电器，用于变压器接地保护、相间短路保护、发电机逆功率保护

和失磁保护的判别元件。

(3) 技术数据：

1）过载能力：$1.2U_e$ 连续运行；$2I_e$ 连续运行；$10I_e$ 运行10s；$40I_e$ 运行1s。

2）最大灵敏角：GF-1L型为$-105°\pm3°$；GF-1X型为$-45°\pm3°$；GF-1Y型为$180°\pm3°$；GF-1W型为$-90°\pm3°$。

3）动作范围：175°～180°。

4）最小动作电压：≤400mV。

5）最小动作电流：≤5%I_e。

6）动作时间：≤30ms。

7）返回时间：≤30ms。

8）功率消耗：交流电压，≤1VA/相；交流电流，I_e=5A时，≤1VA/相；I_e=1A时，≤0.5VA/相。直流，±12V，≤0.4W；24V，≤0.4W。

7. 定子接地保护继电器

(1) 型号：DJ-1。

(2) 原理及用途：根据比较发电机机端和中性点的三次谐波电压绝对值及两者相位的原理构成。它与LGY-1型电压继电器一起，构成定子100%接地保护。该装置可作为发电机变压器组接线的发电机中性点不接地或经消弧线圈接地两种接地方式的定子100%保护。

(3) 技术数据：

1）滤过器滤过比（三次谐波与基波之比）：＞100%。

2）灵敏度：＞10kΩ。

3）制动系数：0.15、0.2、0.25、0.3、0.35、0.4、0.45、0.5。

4）相位角φ：15°、20°、25°、30°。

5）功率消耗：交流电压，≤1VA/相。直流±12V，≤0.5W；24V，≤1W。

8. 负序过电流保护继电器

(1) 型号：FGL。

(2)原理及用途：由负序电流滤过器和两套执行回路组成，作非对称短路故障的后备保护和负序过电流保护。

(3) 技术数据：

1）电流整定范围：I_e=5A时，0.2～10.1A（ΔI=0.1A）；I_e=1A时，0.04～2.02A（ΔI=0.02A）。

2）返回系数：≥0.95。

3）动作时间：≤25ms。

4）返回时间：≤30ms。

5）功率消耗：交流电流，I_e=5A时，≤1VA/相；I_e=1A时，≤0.5VA/相。直流±12V，≤0.3W；24V，≤0.5W。

9. 转子过电流保护继电器

(1) 型号：ZGL-1。

(2)原理及用途：通过转子回路的直流互感器反映转子的电流，作发电机转子过电流保护用。

(3) 技术数据：

1）直流电流互感器二次侧电流：0.5A，1A。

2）电流整定范围：0.5～5.45A（ΔI=0.05A）。

3）返回系数：≥0.95。

4）动作时间：≤20ms。

5）功率消耗：直流±12V，0.5W；24V，0.5W。

10. 负序电流增量继电器

(1) 型号：FLZ-1。

(2)原理及用途：利用故障瞬间突变量为动作量的原理制成。该装置可用于阻抗继电器的起动元件，以及振荡闭锁元件的电压回路断线闭锁元件。

(3) 技术数据：

1）电流整定范围：0.05、0.15、0.20、0.25、0.3、0.4A。

2）记忆时间：1～9s。

3）动作时间：≤15ms。

4）功率消耗：交流电流，I_e=5A时，＜1VA/相；直流±12V，≤0.25W；24V，≤0.5W。

11. 滤过式电流继电器

(1) 型号：LGL-1。

(2)原理及用途：装有三次谐波过滤器的电流继电器，作发电机的横差保护。

(3) 技术数据：

1）电流整定范围：0.5～10.5A（ΔI=0.1A）。

2）返回系数：≥0.95。

3）动作时间：≤20ms。

4）返回时间：≤30ms。

5）功率消耗：交流电流，≤1VA/相。直流，±12V，≤0.25W；24V，≤0.5W。

12. 过电流保护继电器

(1) 型号：GL-1，GL-3。

(2)原理及用途：GL-1为一段过电流继电器。GL-3设有两段电流值，小动作值段可闭锁大动作值段，构成保护双重化。它们可作为单相电流速断、过电流、过负荷保护及主变压器零序过电流保护继电器。

(3) 技术数据：

1）电流整定范围：I_e=5A时，0.2～10A，0.1～50.5A（ΔI=0.1、0.5A）；I_e=1A时，0.04～2.02A，0.2～10.1A（ΔI=0.02、0.1A）。

2）返回系数：≥0.95。

3）动作时间：≤20ms。

4）返回时间：≤25ms。

5）功率消耗：交流电流，I_e=5A时，≤1VA/相；

I_e=1A 时，≤0.5VA/相。直流，±12V，≤0.3W；24V，≤0.5W。

13. 电压记忆过电流保护继电器

(1) 型号：JGL-1。

(2)原理及用途：继电器将短路的初始状态瞬时值记忆下来，使保护可靠动作。该装置既可作为自并激励磁系统发电机的后备保护，也可作为三机励磁系统发电机和变压器的后备保护。

(3) 技术数据：见表 21-12-1。

功率消耗：交流电压，≤1VA/相；交流电流，I_e=5A 时，≤1VA/相；I_e=1A 时，≤0.5VA/相。直流，±12V，≤0.5W；24V，≤2W。

14. 负序电压保护继电器

(1) 型号：FGY-1。

(2) 原理及用途：采用两相短路故障的判别元件，可作为发电机、变压器的两相短路保护用继电器。

(3) 技术数据：

1) 电压整定范围：2～2.18V（ΔU=0.2V）。

2) 返回系数：≥0.95。

3) 动作时间：≤25ms。

4) 返回时间：≤30ms。

5)功率消耗：交流电压，≤1VA/相。直流，±12V，≤0.25/0.5W；24V，≤0.3W。

15. 低电压保护继电器

(1) 型号：DY-1。

(2) 原理及用途：采用故障时电压降低的判别元件。

(3) 技术数据：

1) 电压整定范围：4～103V（ΔU=1V）。

2) 返回系数：≤1.05。

3) 动作时间：≤30ms。

4) 返回时间：≤15ms。

5)功率消耗：交流电压，≤1VA/相。直流，±12V，≤0.2W；24V，≤0.3W。

16. 滤过式电压继电器

(1) 型号：LGY-1，LGY-2。

(2) 原理及用途：用于灵敏系数要求较高的过电压保护。继电器设两段，可互为闭锁。LGY-2 型可接在 220V 或 110V 回路。

(3) 技术数据：

1) 电压整定范围：1～1.09V（ΔU=0.1V）。

2) 返回系数：≥0.95。

3) 动作时间：≤20ms。

4) 返回时间：≤30ms。

5) 功率消耗：交流电压，≤1VA/相。直流，±12V，≤0.5W；24V，≤1W。

17. 过电压保护继电器

(1) 型号：GY-1。

(2)原理及用途：可用作发电机、变压器的过电压保护。

(3) 技术数据：

1) 电压整定范围：100～298V（ΔU=2V）。

2) 返回系数：≥0.95。

3) 动作时间：≤20ms。

4) 返回时间：≤25ms。

功率消耗：交流电压，≤1VA/相。直流，±12V，≤0.5W；24V，≤1W。

18. 动态失励磁保护继电器

(1) 型号：DSC-1。

(2) 原理及用途：反映失励磁故障，与阻抗或电流继电器共同构成失磁保护，而对短路、振荡、自同步投入和电压互感器断线等故障则不反映。

表 21-12-1　电压记忆过电流保护继电器的技术数据

继电器元件	额定值	整定范围	级差	返回系数	动作时间 (ms)	返回时间 (ms)
相电流	5A	0.2～10.1A	0.1A	≥0.95	≤20	≤25
		1～50.5A	0.5A			
	1A	0.04～2.02A	0.02A			
		0.2～10.1A	0.1A			
负序电流	5A	0.2～10.1A	0.1A	≥0.95	≤25	≤30
	1A	0.04～2.02A	0.02A			
低电压	100V	4～103V	1V	≤1.05	≤30	≤15
负序电压	100V	2～21.5V	0.2V	≥0.95	≤25	≤38

失磁后模拟电势 E_m 下降，而电流 I 则短暂下降后再上升，它们的关系见式（21-12-2）和式（21-12-3）

$$\frac{\Delta E_m}{\Delta t}=\frac{\Delta(U_g+\mathrm{j}IX_m)}{\Delta t}\leqslant C_1 \quad (21\text{-}12\text{-}2)$$

$$\frac{\Delta IX_m}{\Delta t}\geqslant C_2 \quad (21\text{-}12\text{-}3)$$

上两式中 $\frac{\Delta E_m}{\Delta t}$——模拟电势的变量；

$\frac{\Delta I}{\Delta t}$——模拟电流的变量；

X_m——模拟阻抗；

U_g——发电机电压；

C_1、C_2——选定的常数。

DSC-1 型继电器灵敏系数较高，可反映空载或部分失励磁，其所反映的电气量为定子电流和电压。它可适用于各种类型的发电机失磁保护。

（3）技术数据：

1）模拟阻抗 X_m：

汽轮机 $X_m=kX_d$（X_d—发电机纵轴同步电抗，$k=0.3\sim0.7$）。

水轮机 $X_m=X_q$（X_q—发电机横轴同步电抗）。

汽轮发电机和水轮发电机均应满足 $X_m>1.5X'_d$（X'_d—发电机纵轴暂态电抗）。

中间变压器二次整定电阻 R 为

$$R=15.5X_m\frac{U_e}{I_e}\times\frac{K_{LH}}{K_{YH}} \quad (21\text{-}12\text{-}4)$$

式中 X_m——模拟阻抗；

U_e——发电机额定电压；

I_e——发电机额定电流；

K_{LH}——电流互感器的变比；

K_{YH}——电压互感器的变比。

2）整定常数 C_1、C_2：$\frac{\Delta E_m}{\Delta t}$和$\frac{\Delta IX_m}{\Delta t}$可整定为 5%，300MW 及以上容量机组可取更小的数值。

19. 阻抗继电器（一）

（1）型号：ZK-10。

（2）原理及用途：偏移阻抗继电器，可用作发电机或发电机变压器组后备保护的阻抗保护。

（3）技术数据：

1）过载能力：$1.2U_e$ 连续运行；$2I_e$ 连续运行；$10I_e$ 运行 10s，$40I_e$ 运行 1s。

2）最大灵敏角：85°±3°。

3）阻抗整定范围：I_e=5A 时，0.2～20Ω（ΔZ=0.1Ω，ΔZ 为阻抗整定级差，下同）；I_e=1A 时，1～100Ω（ΔZ=0.5Ω）。

4）最小精工电流：≤10%I_e。

5）功率消耗：交流电压，≤1VA/相；交流电流，≤1VA/相。直流，±12V，0.2W；24V；0.4W。

20. 阻抗继电器（二）

（1）型号：ZK-1。

（2）原理及用途：继电器的动作圆可分为圆形、苹果形和橄榄形，它们可实现以下任何一种判据。

1）系统静稳边界判据。动作特性角 θ_{jx} 为 $\dot{E}_d$ 与 $\dot{U}_s$ 的夹角，且

$$\theta_{jx}=\delta_{jx} \quad (21\text{-}12\text{-}5)$$

2）发电机静稳边界判据。动作特性角 θ'_{jx} 为 E'_d 与 $\dot{U}_g$ 的夹角，且

$$\theta'_{jx}=\delta_{gjx} \quad (21\text{-}12\text{-}6)$$

上两式中 $\dot{E}_d$——纵轴同步电势；

$\dot{E}'_d$——纵轴瞬变电势；

$\dot{U}_s$——系统电压；

$\dot{U}_g$——发电机端电压；

δ_{jx}——系统静稳极限角；

δ_{gjx}——发电机静稳极限角。

3）异步边界判据。交流回路为 90°接线。

ZK-1 型阻抗继电器与 DSC-1 型失磁继电器构成发电机的失磁保护。

（3）技术数据：

1）过载能力：$1.2U_e$ 连续运行，$2I_e$ 连续运行。

2）最大灵敏角：±90°±3°。

3）阻抗整定范围：

X_A=0 或 X_A=0.4～20.2Ω（ΔZ=0.22Ω）；

X_B=10～109Ω（ΔZ=1Ω）。

4）动作特性角：60°～90°（$\Delta\delta$=5°）。

5）最小精工电流：0.5A（I_e=5A）。

6）功率消耗：交流电压，≤1VA/相；交流电流，≤1VA/相。直流，±12V，≤0.2W；24V，≤0.4W。

21. 转子一点接地保护继电器

（1）型号：ZJ-1。

（2）原理及用途：在转子中接入电阻和电容网络进行采样和比较，用以反映转子回路的对地电阻，继电器根据对地电阻值而动作，其动作值不受转子对地电容、转子电压和谐波成份的影响。该装置适用于转子电压≤500V 的发电机转子一点接地保护。

（3）技术数据：

1）灵敏系数整定范围：5～80kΩ。

2）辅助交流电压：100V。

保护可带延时或不带延时动作于信号或跳闸。

22. 电压互感器断线闭锁继电器

（1）型号：DXB-1。

（2）原理及用途：防止因电压互感器高、低压侧断线而引起保护误动的闭锁元件。

(3) 技术数据：

1) 动作时间：≤20ms。

2) 功率消耗：交流电压≤1VA/相。直流，±12V，≤0.5W；24V，≤1W。

23. 负序反时限过电流保护继电器

(1) 型号：FFS-1。

(2) 原理及用途：动作判据公式为

$$(I_2^2 - K_0 I_{2\infty}^2)t \geqslant A \qquad (21\text{-}12\text{-}7)$$

式中　A——发电机承受负序电流的能力，A=4～13。

I_2——发电机通过的负序电流；

$I_{2\infty}$——发电机允许长期通过的负序电流；

t——动作时间；

K_0——安全系数。转子为一绝缘体时，$K_0=0$；考虑转子散热时，一般 $K_0=0.6$。

当 $I_2 \geqslant I_{2\infty}$ 时发出信号，反时限部分动作于跳闸。

(3) 技术数据：

1) 电流整定范围：报警为 0.1～1A ($\Delta I=0.1$A)。

2) 反时限起动电流：2%～20%I_e ($\Delta I=2\%I_e$)。

3) 上限定时限起动电流：I_e、$2I_e$。

4) 动作时间：报警为 0～9.9s ($\Delta t=0.1$s)。

5) 上限定时限：0～9.9s ($\Delta t=0.1$s)。

6) 下限定时限：1000s。

7) 反时限元件的电流范围：0.1～$2I_e$。

8) 最大动作时间：1000s。

9) 返回系数：≥0.95。

10) 功率消耗：交流电流≤1VA/相。直流，±12V，≤1W；24V，≤3W。

24. 逆功率继电器

(1) 型号：NG-1。

(2) 原理及用途：用于逆功率保护的功率测量元件，可直接反映发电机的功率方向。

(3) 技术数据：

1) 功率整定范围：1%～10%P_e ($\Delta P=1\%P_e$)。

2) 测量精度：$I>0.1$A，$|\cos\varphi|>0.1$，误差≤0.2%P_e。

3) 最大灵敏角：90°±5°。

4) 接线方式：有功功率继电器 90°，无功功率继电器 0°。

5) 功率消耗：交流电压，≤0.5VA/相；交流电流，≤1VA/相($I_e=5$A)；直流电压±12V，≤0.25W；24V，≤1.5W。

25. 转子二点接地保护继电器

(1) 型号：ZJ-2。

(2) 原理及用途：利用电桥原理，构成二点接地保护，用于转子电压≤500V 的回路。

(3) 技术数据：

1) 最小动作电压：≤3V。

2) 返回系数：≥0.85。

3) 励磁电压：220V，当第一接地点在转子中部，当其任一侧的转子电阻减少 3%时，保护动作。

4) 功率消耗：直流±12V，≤0.3W；24V，≤0.5W。

26. 反时限过电流保护继电器

(1) 型号：FSL-1 (单相式)；FSL-2 (三相式)。

(2) 原理及用途：该装置可用作发电机、调相机和电动机的定子过电流保护。其动作判据为

$$t = \frac{A}{\left(\frac{I}{I_e}\right)^2 - (1-\alpha)} \qquad (21\text{-}12\text{-}8)$$

式中　t——动作时间；

A——机组允许的热容量值；

α——考虑散热时的修正系数，一般为 0.02。

I——通过定子的电流；

I_e——机组的额定电流。

(3) 技术数据：

1) 电流整定范围：2～5.1A ($\Delta I=0.1$A)。

2) 频率范围：50～400Hz。

3) 报警时间定值：1～15s ($\Delta t=1$s)。

4) 起动值整定范围：1.06～1.15I_e ($\Delta I=0.01I_e$)。

5) 长延时时间：200s/300s。

6) 速断电流整定值：1.6～2.5I_e ($\Delta I=0.01I_e$)。

7) 反时限保证精度工作电流整定范围：1.1～2.2I_e。

8) 机组热容量：$A=12$～78 (级差 $\Delta A=1$)。

9) 散热修正系数：2/0.02。

10) 散热时间常数整定范围：1～15s ($\Delta t=1$s)。

11) 返回系数：≥0.95。

12) 功率消耗：交流电流，≤1VA/相。直流，±12V，≤0.5W；24V，≤1W。

27. 失步保护继电器

(1) 型号：TSB-1。

(2) 原理及用途：由判断失步阻抗圆的阻抗继电器和动作于跳闸的区域阻抗圆的阻抗继电器构成。可作为发电机及同步电动机的失步保护。

(3) 技术数据：

1) 过载能力：1.2U_e 连续运行，2I_e 连续运行，10I_e 运行 10s。

2) 最大灵敏角：85°±3°。

3) 阻抗整定范围：0.05、0.1～25.6Ω ($\Delta Z=0.05\Omega$)。

4) 失步阻抗圆动作特性角：$\Phi=90°$～145° ($\Delta\Phi=5°$)。

5) 区域阻抗圆动作特性角：$\Phi_x=95°$～145° ($\Delta\Phi_x$

＝10°)。

6) 失步周期整定范围：2～16周，级差为1周。

7) 功率消耗：交流电压，≤1VA/相；交流电流，≤2VA/相。直流，±12V，≤0.5W；24V，≤0.5W。

28. 时间继电器

(1) 型号：SX-1，SX-2。

(2) 原理及用途：作保护的时间元件，外来信号采用光电隔离。

(3) 技术数据：

1) SX-1型的时间整定范围：10ms～9990ms (Δt＝10ms)。

2) SX-2型的时间整定范围：1～99min (Δt＝1min)。

3) 功率消耗：直流，±12V，≤0.5W；24V；≤1W。

29. 出口继电器

(1) 型号：CZ-1。

(2) 原理及用途：作断路器跳闸出口继电器；用JAG-5-2H型干簧继电器构成。

(3) 技术数据：

1) 电流自保持线圈的匝数：跳闸线圈电流为0.5～1A时，800匝；电流为1～2A时，400匝；电流为2～4A时，200匝；电流为4A以上时，100匝。

2) 触点容量：300V，2A。

30. 信号继电器

(1) 型号：XZ-1，XZ-2。

(2) 原理及用途：XZ-1型为保护动作信号用继电器；XZ-2型为轻、重瓦斯保护信号用继电器。JRX-20F为加强型中间继电器。

(3) 技术数据：

触点容量：≤220V，直流电感负载为60W。

31. 逆变稳压电源

(1) 型号：NW-24，NW-12。

(2) 原理及用途：它们是逆变兼开关稳压的直流电源装置。

(3) 技术数据：

1) NW-24型：输出电压24V，输出电流1A。

2) NW-12型：输出电压±12V，输出电流±500mA。

3) 输出电压允许波动范围：NW-24型为24V，ΔU≤0.24V；NW-12型为±12V，ΔU为≤50mV (12V时)、≤0.12V (−12V时)。

4) 输出电压纹波有效值：≤0.2%。

5) 效率：NW-24型为75%，NN-12型为60%。

(二) 外形及安装尺寸

保护装置由插件、插件箱和屏架构成，其外形及安装尺寸见图21-12-1。

图21-12-1 (a) 中插件的外形尺寸见表21-12-2。

表21-12-2 ZFB-1型主设备集成电路保护装置插件的外形尺寸

尺寸 (mm)	插件号			
	1号	2号	3号	4号
a	40	60.5	20	80.5

图21-12-1 (b)、(c) 中插件箱的外形及安装尺寸见表21-12-3。

表21-12-3 ZFB-1型主设备集成电路保护装置插件箱的外形及安装尺寸

尺寸 (mm)	插件箱编号	
	1号	2号
A	427	166
B	464	202.7
C	482.6	221.3
D	448	195.7

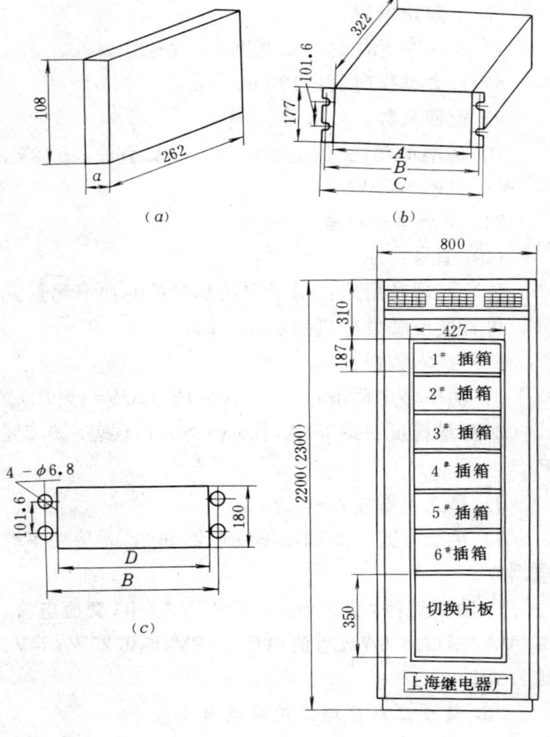

图21-12-1 ZFB-1型保护装置的外形及安装尺寸
(a) 插件外形尺寸；(b) 插件箱外形尺寸；(c) 插件箱安装尺寸；(d) 屏架

屏架的外形尺寸见图 21-12-1 (*d*)，它可采用 800×2300 (2000) ×550 (宽×高×深，mm) 的开关板式结构，或 800×2300 (2200) ×600 (宽×高×深，mm) 的前后带门封闭式结构。

三、PFH-1 型主设备集成电路保护装置

该装置是由阿城继电器厂生产的，它包括继电器、电源、信号、跳闸、逻辑电路、监视、检测等部分。PFH-1 型发电机—变压器组保护装置，是引进原 BBC 公司的 GSX5e 型发电机保护系统技术制造的。一般情况下，它用于 100MW 以下机组时，保护装置不配置检测装置；用于 200MW 以下机组时，保护装置配置手动检测装置；用于 300MW 机组时，保护装置配置自动检测装置。

保护继电器分成相互独立、双重化的左右两组，每组保护各由一套逆变电源供电，相互之间电气隔离。当任一套电源发生故障时，另一套电源可向两组保护同时供电。

保护系统设跳闸矩阵。该矩阵具有 2×13 个保护继电器输入电路和 2×12 个出口跳闸电路，可根据需要任意编程，实现双重化，并进行连续监视。

PFH-1 型装置的额定参数如下：

(1) 交流电压：100、110、200、220V。

(2) 交流电流：5A 或 1A。

(3) 额定频率：50Hz。

(4) 检测用辅助交流电源：电压为 380V，频率 50、60Hz。允许电压变化范围为±10%。

(5) 辅助直流电源：电压为 48、60、110、125、220、250V，允许电压变化范围为±25%，最大消耗功率 2×200W。

(6) 信号和跳闸触点容量：见表 21-12-4。

表 21-12-4　PFH-1 型主设备集成电路保护装置的信号和跳闸触点容量

连续通过电流 (A)	0.5s 接通电流 (跳闸触点，A)	断开容量	
		直流(W)	交流(VA)
5	30	50	1250
10		100	2500

(7) 起动信号触点容量：直流断开容量为 20W；交流断开容量为 50VA。

(8) 装置内逻辑回路电压：±24V。

(9) 环境温度：不用自检装置时 −10～55℃，使用自检装置时 0～40°。

(10) 相对湿度：40℃时为 95%。

(一) 主要保护装置

1. 发电机差动保护继电器

(1) 型号：BCD-53。

(2) 原理及用途：继电器为三相比率制动式，可作为发电机和调相机的差动保护。

(3) 技术数据：

1) 过载能力：$2I_e$ 连续运行，$80I_e$ 运行 1s。$150I_e$ 运行 10ms。

2) 电流整定范围：0.1、0.15、0.20、0.25I_e。

3) 制动系数：0.2～0.3。

4) 动作时间：≤20ms。

5) 功率消耗：交流电流，≤0.3VA/相，(差动线圈)，≤0.15VA/相 (制动线圈)。直流，≤0.8W (正常)，1.5W (跳闸)。

2. 变压器差动继电器

(1) 型号：BCD-54。

(2) 原理及用途：继电器由三相比率制动元件、涌流判别元件和不灵敏的速断元件等组成。涌流的原理判据为二次谐波制动。继电器可作为变压器和发电机变压器组的差动保护用。

(3) 技术数据：

1) 过载能力：与 BCD-53 型相同。

2) 电流整定范围：0.2、0.3、0.4、0.5I_e。

3) 动作时间：≤25ms。

4) 制动特性第二段斜率：0.45～0.55。

5) 二次谐波制动比：0.15～0.25。

6) 速断元件动作电流整定值：5、6、8、10、12、15I_e。

7) 速断元件动作时间：≤15ms。

8) 功率消耗：交流电流，≯0.6VA/相 (差动线圈)，≯0.3VA/相 (制动线圈)；直流，+24V，1W (正常)，1.8W (跳闸)。

3. 电流变换器

(1) 型号：FL-8。

(2) 原理及用途：作为差动保护等改变电流互感器变比用。

(3) 技术数据：

1) 额定变比：FL-8/1 型，初级 0.4～1.6A 可调，次级为 5、2.89、1、0.577A。FL-8/2 型，初级 1.2～8A 可调，次级为 5、2.89、1、0.577A。

2) 精度和容量：5P20，额定容量为 4VA。

1 级或 3 级，额定容量为 4VA。

4. 发电机匝间保护继电器

(1) 型号：BFZ-4A、BFZ-5、BFZ-6。

(2) 原理及用途：BFZ-4A 型作为定子中性点双星形接线用横差保护，BFZ-5 型作为零序电压判据的匝间保护，BFZ-6型作为二次谐波制动的匝间保护。

(3) 技术数据：

BFZ-4A型：

1) 电流整定范围：1～5A（$\Delta I=0.5A$）。

2) 返回系数：≥0.95。

3) 动作时间：瞬动40ms，延时0.5s。

4) 三次谐波滤过比：≥50（$I_e=1A$）。

5)功率消耗：交流电流，≤0.5VA/相。直流，24V，≤0.8W（正常），≤5.5W（跳闸）。

BFZ-5型：

1) 电压整定范围：1%～6%U_e（$\Delta U=0.1V$）。

2) 返回系数：≥0.9。

3) 动作时间：0.1～1s（$\Delta t=0.1s$）。

4) 三次谐波滤过比：≥50。

5) 功率消耗：交流电压，≯0.1VA/相。直流，<3W。

BFZ-6型：

1) 动作电压整定范围：2～8V（$\Delta U=1V$）。

2) 返回系数：≥0.9。

3) 动作时间：速断为0.04s，延时为0.2～1.2s（$\Delta t=0.2s$）。

4) 滤过比：对基波≥60，对三次谐波≥20，对12次谐波≥100。

4) 功率消耗：直流，≯3VA。

5. 负序功率方向继电器

(1) 型号：BFG-50。

(2) 原理及用途：利用方波比相原理，可作为负序方向功率元件。

(3) 技术数据：

1)过载能力：$2I_e$连续运行，$1.2U_e$连续运行，$50I_e$运行1s，$2U_e$运行10s。

2) 动作范围：165°±5°。

3) 灵敏角：+75°±5°。

4) 动作时间：≯15ms。

5) 灵敏系数：I_2≯0.1A，U_2≯0.6V。

6) 返回时间：≯30ms。

7) 返回系数：≥0.95。

8)功率消耗：交流电流，≯0.1VA/相；交流电压，≯1VA/相。直流，+24V，≯2W（正常），≯4W（跳闸）；−24V，≯1W（正常），≯2W（跳闸）。

6. 定子100%接地保护继电器

(1) 型号：BDD-4。

(2) 原理及用途：利用附加交流12.5Hz电源监视定子绝缘的原理，可用于100MVA及以上容量的发电机，实现100%接地保护。

(3) 技术数据：

1) 过载能力：$1.2U_e$连续运行，$2U_e$运行10s。

2) 动作电流整定范围（12.5Hz）：10～100mA（$\Delta I=10mA$）。

3) 返回系数：≥0.95。

4) 动作时间：0.1～10s（$\Delta t=0.1s$）。

5) 返回时间：<2s。

6) 功率消耗：交流，≯0.5W/相。直流，+24V，≯4W（正常），8W（跳闸）；−24V，≯2W（正常），≯3W（跳闸）。

7. 定子接地保护继电器（一）

(1) 型号：BDD-3D。

(2)原理及用途：采用比较机端和中性点三次谐波电压的原理构成，可反映中性点附近20%范围内的定子接地故障。

(3) 技术数据：

1) 过载能力：$1.2U_e$连续运行；$2U_e$运行10s。

2) 电压整定范围

$$|U_S|-|U_n|=0.5\sim0.7(V) \quad (21\text{-}12\text{-}9)$$

式中 U_S——机端三次谐波电压；

U_N——中性点侧三次谐波电压。

3) 返回系数：≥0.95。

4) 动作时间：0.5～10s（$\Delta t=0.1s$）。

5) 滤过比：≮50（中性点侧三次谐波电压与中性点侧基波电压之比）。

6) 功率消耗：交流电压，≯0.5VA/相。直流，±24V，1.5W（正常），2W（跳闸）。

8. 定子接地保护继电器（二）

(1) 型号：BDD-5。

(2) 原理及用途：利用零序电压原理，检测定子绕组机端95%内的接地故障，与BDD-3D型、BDD-4型继电器配合构成发电机定子100%接地保护。零序电压由机端三相五柱电压互感器开口三角形电压，经三次谐波滤过器接入。

(3) 技术数据：

1) 过载能力：$1.2U_e$连续运行，$2U_e$运行10s。

2) 电压整定范围：5%～20%U_e。

3) 动作时间：0.5～10s（$\Delta t=0.1s$）。

4) 返回系数：≥0.9。

5) 三次谐波滤过比：≥50。

6) 高压侧电压制动比：≥6。

7)功率消耗：交流电压，≯6VA/相。直流，±24V，≯1.5W（正常），≯3W（跳闸）。

9. 转子接地保护继电器

(1) 型号：BD-20D。

(2) 原理及用途：采用叠加50Hz交流电压（经阻波器和电容器等配合），检测转子回路对地电导值的原理构成。继电器可反映转子的任一点接地，且无死区，对任一点接地的灵敏系数一致，不受电容影响。因设 50Hz 带通滤波器，所以对高次谐波分量不敏感。该装置用于发电机和调相机的转子回路一点接地保护。

(3) 技术数据：

1) 电阻整定范围：5～20kΩ ($\Delta R=5k\Omega$)。

2) 返回系数：≯2.5。

3) 动作时间：0.5～9.5s ($\Delta t=1s$)。

4) 功率消耗：交流，≯7VA/相 (220V)。直流，±24V，≯1.5W。

10. 发电机低励磁失步保护继电器

(1) 型号：BSB-2。

(2)原理及用途：作为发电机部分或全部失磁而造成失步的保护。继电器配有励磁电压降压器(外附件)。

(3) 技术数据：

1)过载能力：$2I_e$ 连续运行，$1.2U_e$ 连续运行，$50I_e$ 运行 1s，$1.5U_e$ 运行 10s，$100I_e$ 运行 10ms。

2) 励磁电压：$U_e=48V$。

3) U_L-P 直线（励磁电压 U_P 和有功功率 P_1 的关系）斜率整定角：15°、16°、17°、19°、21°、24°、28°、35°、45°。

4) 凸极功率整定范围（凸极功率 P_T 和额定功率 P_e 之比，即 P_τ/P_e)：0.05、0.1、0.15、0.2、0.25、0.3。

5) 低电压整定范围：50～99V ($\Delta U=1V$)。

6) U_L-P 动作延时：$t_1=0.1s$，$t_2=0.8s$。

7) 低电压延时范围：0.1～1s ($\Delta t=0.1s$)。

8) 低滑差周期：10s。

9) 高滑差周期范围：0.5～10s，($\Delta t=0.1s$)。

10) 返回系数：U_L-P 触发器<1.12；低电压<1.0s。

11) 功率消耗：交流电压，≯0.45VA/相；交流电流，≯1.1VA/相。直流±24V，7W（正常），8.2W（跳闸）。

11. 无功功率方向保护继电器

(1) 型号：BG-44。

(2)原理及用途：依据判别发电机输出无功功率方向的原理构成，与 BSB-2、BFY-31 型继电器组成失磁保护。该装置接于发电机的相间电压和同名相电流上，当正常情况下——电压超前电流时不动作；当失磁后电压滞后电流时，继电器动作。

(3) 技术数据：

1) 过载能力：同 BSB-2。

2) 动作区整定角：

$\phi_1=-5°$、$-10°$、$-15°$、$-20°$、$-25°$、$-30°$。

$\phi_2=-150°$、$-155°$、$-160°$、$-165°$、170°、$-175°$。

3)功率消耗：交流电压，≯0.3VA/相；交流电流，≯0.2VA/相。直流，±24V，≯2W（正常），≯3W（跳闸）。

12. 负序电压继电器

(1) 型号：BFY-31。

(2)原理及用途：可反映发电机不对称运行或不对称故障时的负序电压，作 BSB-2 型失步保护的辅助元件。

(3) 技术数据：

1) 过载能力：$1.2U_e$ 连续运行；$2U_e$ 运行 10s。

2) 负序电压整定范围：2～20V ($\Delta U=2V$)。

3) 返回延时：$t_1=1s$，$t_2=4s$。

4) 功率消耗：交流电压，≯0.5VA/相。直流，±24V，2W（正常），≯2.5W（跳闸）。

13. 低励磁失步保护继电器

(1) 型号：BZ-35。

(2)原理及用途：由该继电器构成的保护方案有两种。第一种保护方案采用 BZ-35/I、BZ-35/Ⅱ 型继电器与 BDX-6 型断相闭锁继电器及 BFY-31 型负序电压继电器构成。第二种保护方案采用两个 BZ-35/Ⅰ型继电器、一个 BZ-35/Ⅱ 型继电器及 BDX-5 构成。

BZ-35/I.1 型以静稳边界为判据，静稳极限角 $\delta_{jst}=\dot{E}_d\wedge\dot{U}_{st}$为动作特性角；BE-35/I.2 型以静稳边界为判据，静稳界极限角 $\delta_j=\dot{E}_d\wedge U_f$ 为动作特性角；BZ-35/I.3 型以异步边界为判据，采用相位比较原理，比较 $\dot{U}_A$ 与 $\dot{U}_B$ 之间的夹角。

(3) 技术数据：

1)过载能力：$2I_e$ 连续运行，$1.2U_e$ 连续运行，$50I_e$ 运行 1s，$2U_e$ 运行 10s，$100I_e$ 运行 10ms。

2) 阻抗整定范围：$X_A=0.2\sim20\Omega$ ($\Delta Z=0.1\Omega$)，$X_B=10\sim99\Omega$ ($\Delta Z=1\Omega$)。

3) 特性角整定范围：50°～120°（均匀）。

4) 最大灵敏角：$-90°\pm30°$。

5) 阻抗刻度值误差：≮±5%。

6) 最小精工电流：≮0.5A。

7) 阻抗元件动作时间：$t_1=0.1s$，$t_2=0.5\sim2s$。

8) 低滑差周期：10s。

9) 高滑差周期：0.5～9s ($\Delta t=0.1s$)。

10) 低电压延时范围：0.1～1.0s ($\Delta t=0.1s$)。

11) 低电压整定范围：50～99U ($\Delta U=1U$)。

12) 返回系数：≥1.05。

13) 功率消耗：交流电压，≯0.5VA/相；交流电流，≯0.5VA/相。直流，±24V，≤3W（正常），≤4W（跳闸）。

14. 阻抗继电器

(1) 型号：BZ-37。

(2) 原理及用途：与BDX-6型断相闭锁继电器配合作发电机-变压器组的后备保护，或作发电机的后备保护，可具有方向阻抗、偏移阻抗和全阻抗特性，且两段延时可调。

(3) 技术数据：

1) 过载能力：$2I_e$连续运行，$1.2U_e$连续运行，$50I_e$运行1s，$100I_e$运行10ms，$1.5U_e$运行10s。

2) 阻抗整定范围：$Z_A=0.2\sim20\Omega$/相（$\Delta Z=0.1\Omega$），$Z_B=0.2\sim20\Omega$/相（$\Delta Z=0.1\Omega$）。

3) 动作时间：$t_1=0.1\sim1s$（$\Delta t=0.1s$），$t_2=0.5\sim10s$（$\Delta t=0.1s$）。

4) 最大灵敏角：60°～90°，连续可调。

5) 返回系数：≤1.10。

6) 最小精工电流：≯0.5A。

7) 功率消耗：交流电压，≯0.5VA/相；交流电流，≯0.5VA/相；直流，±24V，≤2.4W（正常），≤3.6W（跳闸）。

15. 失步保护继电器

(1) 型号：BCB-1。

(2) 原理及用途：可作为发电机-变压器组或电网失步保护用，可有选择地解列电网中失去同步的那部分。它的动作特性由在阻抗平面上的欧姆线、透镜形曲线和电抗线组成。阻抗轨迹必须从左面向右面进入透镜区，并继续穿过透镜区，且阻抗轨迹通过每个透镜区所经历的时间至少等于25ms作失步判据。

(3) 技术数据：

1) 过载能力：$5I_e$连续运行，$1.2U_e$连续运行，$100I_e$运行1s，$2U_e$运行1s。

2) 阻抗整定范围：$Z_i=\frac{5}{I_e}-\frac{100}{N_i}$（Ω/相）（式中$N_i=1\sim99$，$i=A、B、C$）。

3) 阻抗整定角：65°、75°、85°。

4) 阻抗整定内角：90°、95°、100°、105、110°、115°、120°、125°、130°、140°、150°。

5) 通过半透镜区时间：25ms。

6) 响应时间：≤10ms。

7) 返回时间：透镜曲线、欧姆线和曲线元件≤10ms，电抗线≤62ms。

8) 灵敏系数：$U=0.005U_e$，$I\geq0.15I_e$。

9) 功率消耗：交流电压，<0.55VA/相；交流电流，<0.1VA/相。直流，±24V，≤12W。

16. 过激磁保护继电器

(1) 型号：BGC-6。

(2) 原理及用途：以U/F表示的动作值连续可调，且设两段整定值，一段作用于跳闸，一段作用于信号或减励磁。该装置可作发电机或变压器的过激磁保护，频率范围为10～100Hz。

(3) 技术数据：

1) 过载能力：$2U_e$连续运行。

2) 动作值整定范围：

Ⅰ段为$N=U_*/F_*=2\sim3.9$（$\Delta N=0.1$）；

Ⅱ段为$N=U_*/F_*=2.1\sim4$（$\Delta N=0.1$）。

3) 返回系数：>0.95。

4) 动作时间：$t_1=0.1\sim1s$（$\Delta t=0.1s$）；
$t_2=1\sim10s$（$\Delta t=0.1s$）。

5) 功率消耗：交流电压，≯0.6VA/相。
直流，±24V，<3W。

17. 反时限过激磁保护继电器

(1) 型号：BGC-8。

(2) 原理及用途：原理、用途与BGC-6相同，具有反时限特性，频率范围为2～75Hz。

(3) 技术数据：

1) 过载能力：$2U_e$连续运行。

2) 起动回路动作值整定范围：$N=0.8\sim1.45$（$\Delta N=0.01$）。

3) 报警回路动作值整定范围：$N=0.8\sim1.45$（$\Delta N=0.01$）。

4) 上限定时限回路动作值整定范围：$N=1\sim1.65$（$\Delta N=0.01$）。

5) 1000s定时电路动作时间：1000s。

6) 报警时间：1～10s（$\Delta t=0.1s$）。

7) 动作时间：0.5～10s（$\Delta t=0.1s$）。

8) K值整定范围：$N=1\sim64$（$\Delta N=1$）（N为发电机或变压器的过激磁能力系数）。

9) 返回系数：≥0.95。

10) 功率消耗：交流电压，≤24VA/相。直流±24V，≯1.5W（正常），≤2W（跳闸）。

18. 主变压器零序电流保护继电器

(1) 型号：BBH-7A。

(2) 原理及用途：该继电器用作变压器中性点直接接地用接地保护，也可与BBH-7B、BBH-7D型继电器构成各种接地保护方案。

(3) 技术数据：

1) 过载能力：$2I_e$连续运行，$50I_e$运行1s，$100I_e$运行0.1s。

2) 电流整定范围：Ⅰ段为5～30A（$\Delta I=1A$）；Ⅱ段为1～10A（$\Delta I=0.3A$）。

3) 动作时间：$t_1=0.2\sim2s$（$\Delta t=0.05s$）；$t_2=0.5\sim5s$（$\Delta t=0.1s$），$t_3=t_4=0.5\sim10s$（$\Delta t=0.1s$）。

4) 返回系数：≥0.9。

5) 功率消耗：交流电流，≯1VA/相。直流，±24V，

≯1.5W（正常），≯3W（跳闸）。

19. 主变压器零序电压保护继电器

（1）型号：BBH-7B。

（2）原理及用途：用作主变压器中性点无放电间隙接地方式的保护，与 BBH-7A 型继电器构成接地保护方案。

（3）技术数据：

1）过载能力：$1.2U_e$ 连续运行，$2U_e$ 运行 10s。

2）电压整定范围：5～40V（$\Delta U=1V$）。

3）动作时间：0.5～10s（$\Delta t=0.1s$）

4）返回系数：≥0.9。

5）功率消耗：交流电压，≯1VA/相。直流，±24V，≯1W（正常），≯2W（跳闸）。

20. 主变压器零序保护继电器（无间隙）

（1）型号：BBH-7。

（2）原理及用途：用作主变压器中性点不经放电间隙接地方式的保护。

（3）技术数据：

1）过载能力：$2I_e$ 连续运行，$1.2U_e$ 连续运行，$5I_e$ 运行 1s，$100I_e$ 运行 10ms，$12U_e$ 运行 10ms。

2）动作值整定范围：$U=5\sim40V$（$\Delta U=1V$），$I=1\sim6A$（$\Delta I=0.1A$）。

3）动作时间：$t_1=t_2=t_3=0.5\sim5s$（$\Delta t=0.5s$）。

4）返回系数：≥0.9。

5）功率消耗：交流电压，≤2VA/相；交流电流，≤0.2VA/相。直流，±24V，≤1.5W（正常），≤3.5W（跳闸）。

21. 主变压器零序保护继电器（有间隙）

（1）型号：BBD-7D。

（2）原理及用途：用作主变压器中性点经放电间隙接地方式的保护，与 BBH-7A 型继电器构成接地保护方案。

（3）技术数据：

1）过载能力：同 BBH-7。

2）动作值整定范围：$U=100\sim200V$（$\Delta U=5V$），$I=1\sim6A$（$\Delta I=0.2A$）。

3）动作时间：0.5～5s（$\Delta t=0.1s$）。

4）返回系数：≥0.9。

5）功率消耗：交流电压，≯2VA/相；交流电流，≯1VA/相。直流，±24V，≯1.5W（正常），≯3W（跳闸）。

22. 低频率保护继电器

（1）型号：ZSDP-1、1/T。

（2）原理及用途：用作发电机低频保护。装置由 8051 系列 8031 芯片和运行时间存入掉电不丢失储存器等构成，组成频率继电器和累计。ZSDP-1 型时间元件无时间累计功能，ZCDD-1/T 型有时间累计功能。

（3）技术数据：

1）频率整定范围：40～65Hz，最多可同时整定 6 个频率值。

2）动作整定范围：ZSDP-1 型为 0.15～20s，ZSDP-1/T 型为 0.15～1h。最多可同时整定 6 个延时值。

3）返回时间：≯70ms。

4）低电压闭锁值：$0.6U_e$ 或（0.6～0.8）U_e，连续可调。

5）低电流闭锁值：0.5～5A，连续可调。

6）功率消耗：交流电压，≯2.3VA/相。直流，±24V，4W（正常），10W（跳闸）。

23. 轴电流保护继电器

（1）型号：BZL-1。

（2）原理及用途：利用检出的基波或三次谐波的大小来监视轴承绝缘，这是因为当绝缘击穿时，由于电流磁通不对应而在轴两端的感应电势将产生轴电流。继电器有基波或三次谐波动作两种方式，用于检查发电机大轴中的电流。

（3）技术数据：

1）轴直径：150～3000mm（轴电流互感器安装处）。

2）电流整定范围（基波或三次谐波）：Ⅰ、Ⅱ段为 0.25～1.6A（$\Delta I=0.15A$）。

3）动作时间：Ⅰ、Ⅱ段均为 2～38s（$\Delta t=2s$）。

4）返回系数：≥0.95。

5）输入阻抗：82Ω。

6）滤过比：≮80。

7）功率消耗：直流，+24V，≯2W（正常），≯4W（跳闸）；−24V，≯2W（正常），≯3W（跳闸）。

24. 反时限负序电流保护继电器

（1）型号：BFL-24。

（2）原理及用途：在发电机中用于防止由负序电流引起的转子表面过热。继电器的反时限特性由积分和计数器共同实现，其原理判据为

$$t=\frac{A}{\left(\frac{I_{2\infty}}{I_e}\right)^2-\alpha} \qquad (21\text{-}12\text{-}9)$$

式中　A——发电机允许发热的可调常数；

α——可调模拟散热系数，$\alpha=0.775\frac{I_{2\infty}}{I_e}$；

I_e——发电机额定电流；

I_2——负序电流；

$I_{2\infty}$——发电机长期允许负序电流；

t——继电器动作时限。

（3）技术数据：

1）过载能力：$2I_e$ 连续运行，$50I_e$ 运行 1s，$100I_e$

运行10ms。

2）可调常数：A＝4～10（ΔA＝1）。

3）散热系数：α＝0.02～0.2。

4）起动值范围：$\frac{I_2}{I_e}$＝0.02～0.2。

5）反时限测量范围：$\frac{I_2}{I_e}$＝0.1～2.44。

6）跳闸时间极限值：1000s。

7）起动信号延时范围及$\frac{I_{2\infty}}{I_e}$＝2.44以上时动作时间：0.5～10s（Δt＝0.1s）。

8）返回时间：5～45s。

9）返回系数：≥0.95。

10）功率消耗：交流电流，≤0.9VA/相。直流，±24V，≯4.5W（正常），≯7W（跳闸）。

25. 负序电流保护继电器

（1）型号：BFL-23。

（2）原理及用途：为发电机或发电机-变压器组作非对称故障的后备保护。

（3）技术数据：

1）过载能力：$4I_e$，连续运行；$50I_e$，运行1s。

2）电流整定范围：Ⅰ段为10％～200％I_e；Ⅱ段为10％～200％I_e（ΔI＝10％I_e）；Ⅲ段为6％～15％I_e（ΔI＝1％I_e）。

3）动作时间：Ⅰ段为≯100ms（1.2倍动作电流时）；Ⅱ、Ⅲ段为0.5～105（Δt＝0.1s）。

4）返回系数：≥0.98。

5）功率消耗：交流电流，≯0.6VA/相。直流，±24V，2W（正常），5W（跳闸）。

26. 反时限过负荷保护继电器

（1）型号：BL-46。

（2）原理及用途：用作发电机、调相机定子或转子绕组的过负荷保护。该装置用积分和计数器实现反时限特性，其原理判据与式（21-12-8）相同。

（3）技术数据：

1）过载能力：$2I_e$连续运行，$50I_e$运行1s，$100I_e$运行10ms。

2）可调常数：A＝30～150。

3）散热系数：α＝0～0.02。

4）过负荷调节范围：$\frac{I}{I_e}$＝1.04～4。

5）跳闸时间极限值：400s。

6）起动值范围：$\frac{I}{I_e}$＝1.04～1.16$\left(\Delta\frac{I}{I_e}=0.01\right)$。

7）反时限范围：$\frac{I}{I_e}$＝1.12～4。

8）返回时间范围：0.5～20min。

9）返回系数：≥0.95。

10）功率消耗：交流电流，≯0.6VA/相。直流，±24V，≯4.5W（正常）；≯7W（跳闸）。

27. 三相过电流保护继电器

（1）型号：BL-45。

（2）原理及用途：短路故障保护用。

（3）技术数据：

1）过载能力：$2I_e$连续运行；$50I_e$运行1s，$100I_e$运行10ms。

2）电流整定范围：I_e＝1A时为0.5～2.5A（ΔI＝0.01A）；I_e＝5A时为2.5～12.5A（ΔI＝0.05A）。

3）动作时间：0.5～10s（Δt＝0.1s）。

4）返回系数：≥0.95。

5）功率消耗：交流电流，≯0.4VA/相。直流，±24V，≯1.2W（正常），≯2.5W（跳闸）。

28. 单相过电流保护继电器

（1）型号：BL-43。

（2）原理及用途：单相过电流或过负荷保护用。

（3）技术数据：

1）过载能力：$2I_e$连续运行，$25I_e$运行1s。

2）电流整定范围：0.5～2.5I_e（ΔI＝0.1I_e）。

3）动作时间：0.5～10s（Δt＝0.1s）。

4）返回系数：≥0.9。

5）功率消耗：交流回路，≯0.3VA。直流，±24V，≯0.8W（正常），≯3W（跳闸）。

29. 过电流保护继电器

（1）型号：BLC-4。

（2）原理及用途：用作发电机-变压器组高阻抗接地故障保护、发电机高电阻接地保护、中性点直接接地或经阻抗接地保护。

（3）技术数据：

1）过载能力：$2I_e$连续运行，$25I_e$运行1s。

2）电流整定范围：动作电流整定范围为

$$I = k_1k_2I_e \qquad (21\text{-}12\text{-}10)$$

式中　k_1——调整系数，k_1＝0.1，0.2，…，10；

k_2——调整系数，k_2＝0.25，1，2.5。

3）动作时间：≤25ms（2倍动作值时）。

4）动作延时：延时，0.5～10.4s（Δt＝0.1s）；0.1～1.0s（Δt＝0.1s）。瞬动，≤25ms。

5）滤过比（对基波）：150Hz，≥50。

6）返回系数≥0.9。

7）功率消耗：交流电流，1A时，≯0.1VA/相；5A时，≯0.5VA/相。直流±24V，≯0.8W（正常），≯3W（跳闸）。

30. 过电压保护继电器

（1）型号：BY-26。

（2）原理及用途：采用峰值比较原理，作过电压保护用。

（3）技术数据：

1）过载能力：1.6U_e 连续运行。

2）电压整定范围：延时，1.0～1.9U_e（$\Delta U=10V$）。瞬动，1.1～2.0U_e（$\Delta U=10V$）。

3）动作时间：延时，0.5～10s（$\Delta t=0.1s$）；瞬时，<100ms（1.2U_e）。

4）返回系数：⩾0.95。

5）功率消耗：交流电压≯0.3VA/相。直流，±24V，≯3W。

31. 低电压保护继电器

（1）型号：BY-27。

（2）原理及用途：作低电压保护与其他保护的闭锁元件。

（3）技术数据：

1）过载能力：1.2U_e 连续运行，2U_e 运行 10s。

2）电压整定范围：0.3～1.0U_e（$\Delta U=5V$）。

3）动作时间：0.5～10s（$\Delta t=0.1s$）。

4）返回系数：⩽1.1。

5）功率消耗：交流电压，≯0.4VA/相。直流，±24V，≯2W。

32. 低电压过电流保护继电器

（1）型号：BYL-3。

（2）原理及用途：可测量过电流的起始值，且动作后记忆此值，并与低电压元件配合，起动延时回路。该装置由三相过电流，三相低电压及正序电压滤过器构成。

（3）技术数据：

1）过载能力：2I_e 连续运行，2U_e 连续运行，25I_e 运行 1s。

2）电流整定范围：延时跳闸为 1～5I_e；瞬时跳闸为 4～20I_e。

3）电压整定范围：0.4～1.0U_e。

4）动作时间：1～10s（$\Delta t=0.1s$）。

5）返回系数：电流继电器为⩾0.98；电压继电器为⩽1.02。

6）功率消耗：交流电流，≯0.2VA/相；交流电压，≯1VA/相。直流电流，±24V，≯1W（正常），≯4W（跳闸）。

33. 逆功率保护继电器

（1）型号：BNG-1。

（2）原理及用途：作由发电机变为电动机运行状态的异常运行保护，或作为程序跳闸出口的判据。

（3）技术数据：

1）过载能力：2I_e 连续运行，1.2U_e 连续运行，50I_e 运行 1s，100I_e 运行 10ms，2U_e 运行 10s。

2）功率整定范围：0.5%～5%P_e。

3）动作时间：$t_1=0.5$～5s（$\Delta t=0.1s$），$t_2=20$～180s（$\Delta t=20s$）。

4）返回系数：⩾0.9。

5）最大灵敏角：180°±5°。

6）电流对灵敏系数的影响：在额定电压 U_e 下，当电流由容性（0.4I_e）变为感性（I_e 范围内）时，最小整定点的动作功率应不大于 0.5%P_e。

7）功率消耗：交流电流，≯1.3VA/相；交流电压，≯0.8VA/相。直流，±24V，≯0.8W（正常），≯1.8W（跳闸）。

34. 断相闭锁继电器

（1）型号：BDX-5。

（2）原理及用途：作电压互感器一次或二次侧断线可能引起其他保护装置误动作的闭锁元件。

（3）技术数据：

1）过载能力：1.2U_e 连续运行，2U_e 运行 1s。

2）动作时间：≯20ms（2U_e 下）。

3）灵敏系数（最小零序动作电压 U_0）：15V。

4）返回系数：⩾0.9。

5）功率消耗：交流电压，≯1VA/相。直流，±24V，≯0.5W（正常），≯1.5W（跳闸）。

35. 断相闭锁继电器

（1）型号：BDX-6。

（2）原理及用途：作电压互感器二次侧断线可能引起其他保护装置误动作的闭锁元件。

（3）技术数据：

1）过载能力：1.2U_e 连续运行，2U_e 运行 1s。

2）动作时间：≯15ms。

3）返回系数：⩾0.9。

4）不平衡度（不平衡电压）：⩽1.5V。

5）灵敏系数（最小零序动作电压 U_0）：⩽15V。

6）功率消耗：交流电压，≯1VA/相。直流，±24V，≯2W（正常），≯3W（跳闸）。

36. 信号装置

（1）型号：BX-2。

（2）原理及用途：起动信号（电位或触点）综合一起，增加继电器触点，供顺序记忆、延时指示、可作为自动测试装置等用（常开触点）。

（3）技术数据：

1）适用的输入信号：逻辑“0”态，≯1.5V；逻辑“1”态，≮10V。

2）触点形式：常开或常闭。

3）功率消耗：直流，±24V，≯2W（正常），≯8W（跳闸）。

37. 数字脉冲计数元件

（1）型号：BJ-1。

(2) 原理及用途：与BSB-1失步继电器配合，构成失步保护装置，具有跳闸和显示信号的功能。

(3) 技术数据：

1) 计数整定范围：1～99个（任意整定）。

2) 功率消耗：直流，±24V，≯0.8W（正常），≯3W（跳闸）。

38. 延时继电器

(1) 型号：BYZ-1。

(2) 原理及用途：用于保护的时间段整定。

(3) 技术数据：

1) 动作时间：两路均为0.1～10s（$\Delta t=0.1$s）。

2) 适用的输入信号：逻辑"0"态，≯5V；逻辑"1"态，≯10V。

3) 触点形式：常开或常闭。

4) 功率消耗：直流，±24V，≯0.8W（正常），≯1.5W（跳闸）。

(二) 外形及安装尺寸

PFH-1型主设备保护装置由机箱、插件和屏架构成，其外形及安装尺寸分别见图21-12-2～图21-12-4。

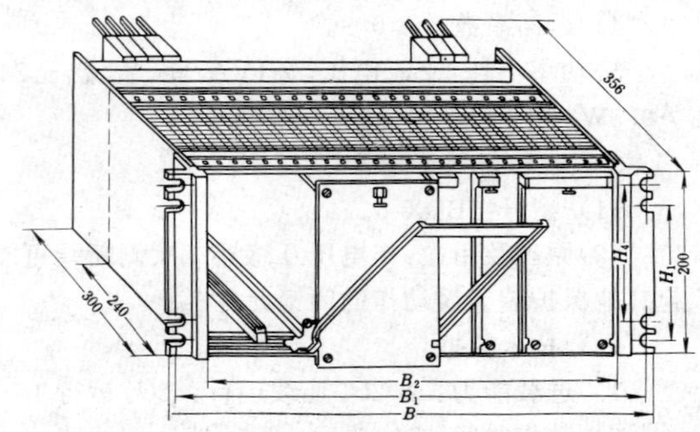

图 21-12-2 PFH-1型主设备集成电路保护装置机箱的外形及安装尺寸

1. 机箱

图21-12-2所示为XC-11系列机箱，其外形及安装尺寸中有关数据见表21-12-5。该系列三种机箱的深度均为240mm，加上转接端子凸出部分共计356mm，高度均为200mm。

表 21-12-5 PFH-1型主设备集成电路保护装置XC-11系列机箱的外形及安装尺寸

型号	H_1	B	B_1	B_2
XC-11/1	140	720	705	640
XC-11/2	146	480	465	420
XC-11/3	140	698	680	600

2. 插件

图21-12-3为插件的外形及安装尺寸。由图可见，插件的结构形式有四种，分别为CT-7/1～6型、CT-8/1～5型、CT-9/1～6型。插件面板的高度为187mm，面板的宽度基数$b=20$mm，n为插件个数。插件的尺寸规格见表21-12-6。

无论选用表21-12-6中哪一型号插件，其面板宽度总和必须等于机箱的内开挡B_2。例如，对于XC－11/1型机箱，须使$n\times b=B_2=640$mm；对于XC-11/2型机箱，须使$n\times b=B_2=420$mm；对于XC-11/3型机箱，须使$n\times b=B_2=600$mm。CT-9/4～8型插件，属于空位插件，可作为机箱补空位用。

表 21-12-6 PFH-1型主设备集成电路保护装置插件的尺寸规格

插件型号	面板宽度 $n\times b$ (mm)	插件型号	面板宽度 $n\times b$ (mm)	插件型号	面板宽度 $n\times b$ (mm)
CT-7/1	3×20	CT-8/1	4×20	CT-9/1	1×20
CT-7/2	4×20	CT-8/2	5×20	CT-9/2	2×20
CT-7/3	5×20	CT-8/3	6×20	CT-9/3	3×20
CT-7/4	6×20	CT-8/4	8×20	CT-9/4	1×20
CT-7/5	8×20	CT-8/5	10×20	CT-9/5	2×20
CT-7/6	10×20			CT-9/6	3×20

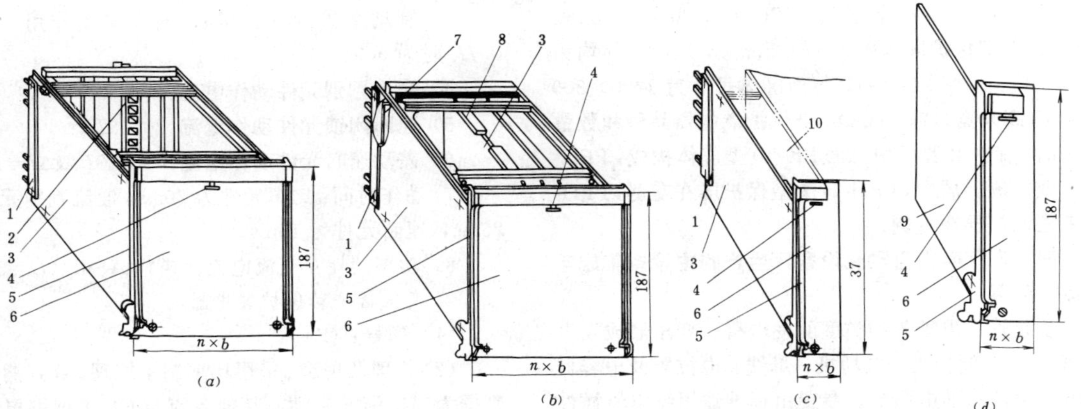

图 21-12-3　PFH-1 型主设备集成电路保护装置插件的外形及安装尺寸

(a) CT-7/1～6 型插件；(b) CT-8/1～5 型插件；(c) CT-9/1～3 型插件；(d) CT-9/4～6 型插件

1—电压插头；2—电流插头；3—印刷板；4—锁紧装置；5—定位杆；

6—面板；7—总线板；8—导轨；9—复箔板；10—安装板

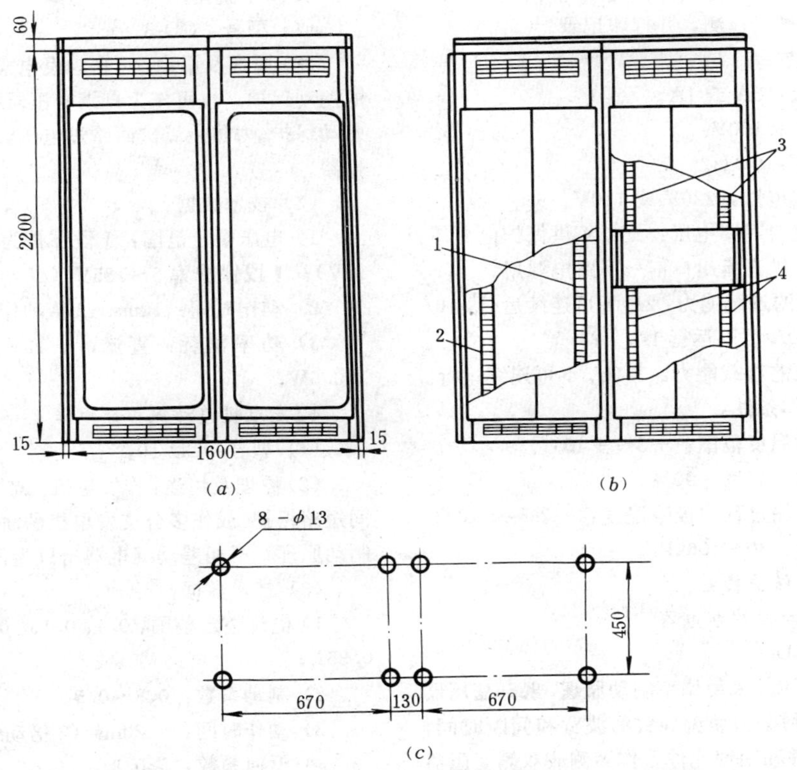

图 21-12-4　PFH-1 型主设备集成电路保护装置屏架的外形及安装尺寸

(a) 屏架正视图；(b) 屏架后视图；(c) 屏架安装图

1—电流端子排；2—电压端子排；3—左组信号与跳闸端子排；

4—右组信号与跳闸端子排

3. 屏架

PFH-1型保护装置由PFH-1/Ⅰ型检测屏和PFH-1/Ⅱ型保护屏构成。一般情况下，这两屏体均为PK-10型，见图21-12-4。每面屏体尺寸为2200×800×600（高×宽×深，mm）。当保护继电器品种和数量较多时，保护装置可由三面PK-10型屏体构成，PFH-1/Ⅰ型检测屏居中，PFH-1/Ⅱ型保护屏在左侧，PFH-1/Ⅲ型保护屏在右侧。

四、南京电力自动化设备厂生产的主设备集成电路保护装置

该装置适用于各种类型的发电机、变压器或发电机-变压组、调相机、电动机、母线、电抗器及电容器等电力设备的继电保护。装置由标准通用继电器插件组合而成，可根据工程设计需要配置成各种成套装置（包括单台装置和组成保护屏、柜）。保护装置采用交流集中的方式，以缩小装置体积，减少电流和电压互感器的负担，有利于保护继电器插件的模块化和标准化。

该装置配有WJC-01型全自动交流检测装置，可以自动或人工起动方式定期或不定期地对保护装置中各元件的动作值进行检测，并打印记录。

（1）额定参数：

1）交流电流：5A或1A。

2）交流电压：100V。

3）额定频率：50Hz。

4）直流输入电压：220V或110V。

5）装置内逻辑回路电压：±12V供保护电源用，24V（或±12V）供直流出口信号回路电源用。

6）交流电流的过载能力：$2I_e$下可连续运行，$10I_e$可以运行10s，$40I_e$可以运行1s。

7）交流电压的过载能力：$1.2U_e$下可连续运行。

（2）正常工作条件：

1）额定环境温度范围：－5～＋40℃。

2）相对湿度：45％～90％。

3）储存和运输过程中极限温度：－25～＋70℃。

4）大气压力：80～106kPa。

（一）主要的保护装置

1. 变压器差动保护继电器

（1）型号：CD-1。

（2）原理及用途：采用比率制动原理，躲开变压器空载合闸的涌流判据为涌流导致的波宽和间断时间，并有差动速断元件和闭锁元件。作多侧或双侧变压器制动的差动保护。

（3）技术数据：

1）电流整定范围：I_e＝5A时，2～11A（ΔI＝0.1A）。

2）比率差动元件动作电流：0.25～$0.70I_e$（ΔI＝$0.05I_e$）。

3）制动系数：小于$0.7I_e$时无制动作用，大于$0.7I_e$时为0.5。

4）涌流判别元件动作电流：$0.25I_e$。

5）速断闭锁元件动作电流：$0.15I_e$。

6）差动速断元件动作电流：4～$13I_e$（$\Delta I=I_e$）。

7）动作时间：比率元件为20ms，涌流判别元件为25ms，速断元件为15ms。

8）功率消耗：交流电流，≯1VA/相（I_e＝5A）。

2. 变压器差动保护继电器

（1）型号：CD-2。

（2）原理及用途：采用比率制动原理。躲开涌流的判据为二次谐波制动，其他各点与CD-1型继电器相同。

（3）技术数据：

1）涌流判别元件动作电流：≤$0.25I_e$。

2）谐波制动比：0.13、0.15、0.17、0.20。

其他技术数据与CD-1相同。

3. 高阻抗差动保护继电器

（1）型号：CD-3。

（2）原理及用途：可作为发电机、电抗器、电动机的差动保护，也可作为自耦变压器和单母线的高阻抗差动保护。为防止二次回路过电压，该装置装有电压限幅器。

（3）技术数据：

1）电压整定范围：Ⅰ段保护为10～110V（ΔU＝10V）；Ⅱ段保护为5～185V（ΔU＝20V）。

2）动作时间：10ms（2倍动作电压）。

3）功率消耗：直流，±12V，≯0.3W；24V，≯0.5W。

4. 发电机差动保护继电器

（1）型号：CD-10。

（2）原理及用途：作发电机、调相机和电动机的相间短路保护，或作多分支发电机的匝间保护。采用比率制动原理，三相差动继电器出口为循环闭锁方式。

（3）技术数据：

1）电流整定范围：0.1、0.15、0.20、0.25、0.30、$0.35I_e$。

2）制动系数：0.3～0.5。

3）动作时间：＜20ms（2倍动作电流）。

4）返回系数：≥0.8。

5）功率消耗：交流电流，≯1VA/相（I_e＝5A）。直流，±12V，≯0.5W；24V，≯0.25W。

5. 电流互感器断线闭锁继电器

（1）型号：CTB-1。

（2）原理及用途：作为闭锁变压器、发电机的负序电流保护，并监视电流互感器和辅助中间互感器的二次回路断线。闭锁方式为电流闭锁或触点闭锁。电流互感器二次侧开路时过电压的非线性元件，建议选用中国科学院等离子体物理研究所生产的CTB型电流互感器二次过电压保护器。

(3) 技术数据：

1) 电流整定范围：0.1～1.5I_e。

2) 动作时间：<12ms。

3) 功率消耗：交流电流，≯0.5VA/相。直流，±12V，≯0.5W；24V，≯1W。

6. 电流互感器断线闭锁继电器

(1) 型号：CTB-2。

(2)原理及用途：可作为变压器差动保护电流互感器断线闭锁用故障发生器，开放差动保护150ms，其余时间(包括电流互感器断线)则闭锁。闭锁方式可选择电位闭锁或触点闭锁。该装置利用负序增量检测器构成。

(3) 技术数据：

1) 电流整定范围：(0.02～0.2) I_e。

2) 动作时间：<15ms (2倍动作电流)。

3) 功率消耗：交流电流，≯1VA/相 (I_e=5A)。直流，±12V，≯0.3W；24V，≯0.5W。

7. 定子接地保护继电器

(1) 型号：DJ-1。

(2) 原理及用途：DJ-1型继电器与LGY-1型滤过式电压继电器一起构成100%定子接地保护。适用于发电机中性点不接地和经消弧线圈或配电变压器接地方式的保护。

(3) 技术数据：

1) 滤过器滤过比(三次谐波对基波)：>100。

2) 灵敏系数：>10kΩ。

3) 制动系数：0.1、0.15、0.2、0.25、0.3、0.35、0.4、0.45、0.5、0.55I_e。

4) 相位：15°、20°、25°、30°。

5) 功率消耗：交流电压，≯1VA/相。直流，±12V，≯0.5W；24V，≯1W。

8. 低频保护继电器(一)

(1) 型号：DP-1。

(2) 原理及用途：作为发电机低频保护用，由低频运行累计时间组成，采用集成运算放大器和CMOS数字集成电路。

(3) 技术数据：

1) 动作频率：0.00～99.9Hz (Δf=0.1Hz)。

2) 动作时间：0.1～99.9min (Δt=0.1min)；0.1～99.9s (Δt=0.1s)。

3) 返回系数：≤1.001。

4) 功率消耗：直流，±12V，≯0.5W；－12V，≯0.1W。

9. 低频保护继电器(二)

(1) 型号：DP-2。

(2) 原理及用途：系统频率降低的保护，用于低频率保护和低频率减载装置。

(3) 技术数据：

1) 动作频率：0.00～99.9Hz (Δf=0.1Hz)。

2) 返回系数：≤1.001。

3) 功率消耗：直流，±12V，≯0.5W；－12V，≯0.1W。

10. 动态失磁保护继电器

(1) 型号：DSC-1。

(2) 原理及用途：与ZFB-1型主设备保护装置的DSC-1型动态失励磁保护继电器相同。

(3) 技术数据：与ZFB-1型主设备保护装置的DSC-1型动态失励磁保护继电器相同。

11. 断线闭锁继电器

(1) 型号：DXB-2。

(2) 原理及用途：反映电压互感器二次侧断线，并闭锁有关保护。

(3) 技术数据：

1) 电压整定范围：100V，57V。

2) 动作时间：<20ms。

3) 功率消耗：交流电压，≯0.5VA/相；直流，±12V，≯0.5W，24V，≯1W。

12. 低电压保护继电器

(1) 型号：DY-1。

(2) 原理及用途：低电压判别或闭锁元件。

(3) 技术数据：

1) 电压整定范围：4～103V (ΔU=1V)。

2) 返回系数：≤1.05。

3) 动作时间：<30ms。

4) 返回时间：<15ms。

5) 功率消耗：交流电压，≯1VA/相。直流，±12V，≯0.2W；24V，≯0.3W。

13. 负序反时限过电流保护继电器

(1) 型号：FFS-1。

(2) 原理及用途：动作特性分上、下定时限和反时限三部分。反时限特性的判据公式同式(21-12-7)。

(3) 技术数据：

1) 电流整定范围：报警电流为0.1～1A (ΔI=0.1A)，反时限起动电流为2～20%I_e (ΔI=2%I_e)，上限定时限电流为2I_e。

2) 返回系数：≥0.95。

3) 动作时间：报警为0～9.9s (Δt=0.1s)，上限

定时限为0～9.9s（Δt=0.1s），下限定时限为1000s。

4）反时限电流整定范围：（0.1～2）I_e，最大动作时间为1000s。

5）功率消耗：交流电流，≯1VA/相（I_e=5A）。直流，±12V，≯0.5W；24V，≯3W。

14. 反时限过激磁保护继电器

（1）型号：FGC-1。

（2）原理及用途：反时限动作区$N=U/F$，由上、下限定时限和反时限三部分组成。作发电机和变压器的过激磁保护。

（3）技术数据：

1）整定值：闭锁值为N=1.0～1.225（ΔN=0.025），上限动作值为N=1.3～1.525（ΔN=0.025），下限动作值为N=1.0～1.225（ΔN=0.025）。

2）上限动作时间：50、100、200、300、500、750ms，1、2、3、5s。

3）使用范围：U=17～85V、30～150V；f=25～75Hz。

4）返回系数：≥0.95。

5）功率消耗：交流电压，＜1VA/相。直流，±12V，≯0.5W；24V，≯2W。

15. 负序功率方向保护继电器

（1）型号：FGF-1。

（2）原理及用途：作两相短路方向的判别元件，与负序电流继电器构成负序功率方向保护。

（3）技术数据：

1）动作范围：175°～180°。

2）最小灵敏角：－105°±3°。

3）最小动作电压：＜100mV。

4）最小动作电流：＜0.05I_e。

5）动作时间：＜30ms。

6）返回时间：＜30ms。

7）功率消耗：交流电压，≯1VA/相；交流电流，I_e=5A时，≯1VA/相，I_e=1A时，≯0.5VA/相。直流，±12V，≯0.2W；24V，≯0.2W。

16. 负序电流保护继电器

（1）型号：FGL-1。

（2）原理及用途：作负序过电流和过负荷保护，设两段保护，动作电流的小值可闭锁大值，构成双重化保护。

（3）技术数据：

1）电流整定范围：I_e=5A时，0.2～10.1A（ΔI=0.1A）；I_e=1A时，0.04～2.02A（ΔI=0.02A）。

2）返回系数：≥0.95。

3）动作时间：＜20ms。

4）返回时间：＜30ms。

5）功率消耗：交流电流，I_e=5A时，≯1VA/相；I_e=1A时，≯0.5VA/相。直流，±12V，＜0.25W；24V，＜0.5W。

17. 负序电流增量保护继电器

（1）型号：FLZ-1。

（2）原理及用途：可作为阻抗继电器的起动元件、振荡闭锁元件及电压回路断线闭锁元件。

（3）技术数据：

1）电流整定范围：（0.05～0.5）I_e（$\Delta I=5\%I_e$）。

2）记忆时间：1～9s。

3）动作时间：15ms。

4）功率消耗：交流电流，I_e=5A时，≯1VA/相；I_e=1A时，≯0.5VA/相。直流，±12V，≯0.25W；24V，≯0.5W。

18. 负序电压保护继电器

（1）型号：FGY-1（不带五次谐波带阻滤波器），FGY-2（带五次谐波带阻滤波器）。

（2）原理及用途：可作为反映两相短路的判别与闭锁元件。

（3）技术数据：

1）负序电压整定范围：2～21.8V（ΔU=0.2V）。

2）返回系数：≥0.95。

3）动作时间：＜25ms。

4）返回时间：＜30ms。

5）功率消耗：交流电流，I_e=5A时，≯1VA/相。直流，±12V，≯0.5W；24V，≯2W。

19. 反时限过电流保护继电器

（1）型号：FSL-1。

（2）原理及用途：作发电机和调相机的过热保护，动作判据为

$$t=\frac{K}{I_*^2-a} \tag{21-12-11}$$

式中 K——过热能力，K=10～109；

I_*——通过发电机的电流；

a——常数，a=1；

t——继电器动作时间。

（3）技术数据：

1）电流整定范围：报警为1～1.35I_e（ΔI=0.05I_e）；反时限为1～1.35I_e（ΔI=0.05I_e），速断为（2～6.5）I_e（ΔI=0.5I_e）。

2）动作时间：报警为t_1=0～9.9s，Δt=0.1s；长限时为t=1000s。

3）返回系数：≥0.95。

4）功率消耗：交流电流，I_e=5A时，≯1VA/相。直流，±12V，≯0.5W；24V，≯2W。

20. 功率方向保护继电器

(1) 型号：GF-1L、GF-1X、GF-1Y、GF-1W。

(2) 原理及用途：GF-1L 型的判据为零序功率方向（变压器零序方向），GF-1X 型为相间功率方向（相间故障方向），GF-1Y 型为有功功率方向（逆功率保护的方向元件），GF-1W 型为无功功率方向（发电机或调相机失励判据）。

(3) 技术数据：

1) 最大灵敏角：GF-1L 型为 105°±3°；GF-1X 型为－45°±3°；GF-1Y 型为 180°±30°；GF-1W 型为－90°±3°。

2) 动作范围：175°～180°。

3) 最小动作电压：＜400mV。

4) 动作时间：＜25ms。

5) 返回时间：＜25ms。

6) 功率消耗：交流电压，＜1VA/相；交流电流，I_e=5A 时，≯1VA/相，I_e=1A 时，≯0.5VA/相。直流，±12V，≯0.2W；24V，≯0.2W。

21. 过电流保护继电器

(1) 型号：GL-1、GL-3。

(2) 原理及用途：可作为单相电流速断、过电流、过负荷及变压器零序电流保护。GL-1 型为单相式保护；GL-2 型为三相式保护；GL-3 型带两段保护，小动作段闭锁大动作段，以实现保护双重化。

(3) 技术数据：

1) 电流整定范围：I_e=5A 时，0.2～10.1A（ΔI=0.1A），或 1～50A（ΔI=0.5A）；I_e=1A 时，0.04～2.02A（ΔI=0.02A），或 0.2～10.1A（ΔI=0.1A）。

2) 返回系数：≥0.95。

3) 动作时间：＜20ms。

4) 返回时间：＜25ms。

5) 功率消耗：交流电流，I_e=5A 时，≯1VA/相，I_e=1A 时，≯0.5VA/相。直流，±12V，≯0.3W；24V，≯0.5W。

22. 过电压保护继电器

(1) 型号：GY-1、GY-1A。

(2) 原理及用途：作发电机和变压器过电压保护、变压器零序过电压保护。

(3) 技术数据：

1) 电压整定范围：GY-1 型为 100～298V（ΔU=2V），GY-1A 型为 50～149V（ΔU=1V）。

2) 动作时间：＜20ms。

3) 返回时间：＜25ms。

4) 返回系数：≥0.85。

5) 功率消耗：交流电压，≯1VA/相。直流，±12V，≯0.5W；24V，≯1W。

23. 电压记忆过电流保护继电器

(1) 型号：JGL-1。

(2) 原理及用途：作发电机和发电机-变压器组的后备保护。

(3) 技术数据：

1) 各保护方式的技术数据，见表 21-12-1。

2) 功率消耗：交流电压，≯1VA/相；交流电流，I_e=5A 时，≯1VA/相，I_e=1A 时，≯0.5VA/相。直流，±12V，≯0.5W；24V，≯2W。

24. 滤过式电流继电器

(1) 型号：LGL-1、LGL-2。

(2) 原理及用途：作零序过电流保护。LGL-2 型为 LGL-1 型的双重化。

(3) 技术数据：

1) 电流整定范围：0.5～10.4A（ΔI=0.1A）。

2) 返回系数：≥0.95。

3) 动作时间：＜20ms。

4) 返回时间：＜30ms。

5) 双 T 滤波器的滤过比（基波对三次谐波）：＞50。

6) 功率消耗：交流电流，I_e=5A 时，≯1VA/相。直流，±12V，≯0.25W；24V，≯0.5W。

25. 滤过式电压继电器

(1) 型号：LGY-1、LGY-2、LGY-1A。

(2) 原理及用途：用于灵敏系数要求较高的零序过电压保护。LGY-1、2 型均设两段保护，可互为闭锁。LGY-2 型内有一个强电触点，可接 220V 或 110V 回路。

(3) 技术数据：

1) 电压整定范围：LGY-1、LGY-2 型为 1～10.9V（ΔU=0.1V）、LGY-1A 为 2～21.8V（ΔU=0.2V）。

2) 返回系数：≥0.95。

3) 动作时间：＜20ms。

4) 返回时间：＜30ms。

5) 双 T 滤波器的滤过比（基波对三次谐波）：＞50。

6) 功率消耗：交流电压，≯1VA/相。直流，±12V，≯0.5W；24V，≯1W。

26. 逆功率保护继电器

(1) 型号：NG-1。

(2) 原理及用途：可作为有功或无功功率的逆功率保护的测量元件。

(3) 技术数据：

1) 逆功率整定范围：（1%～10%）P_e（ΔP=1% P_e）。

2) 接线方式：90°（有功），0°（无功）。

3) 最大灵敏角：180°±5°（有功），270°±5°（无

功)。

4)功率消耗:交流电压,≯0.5VA/相;交流电流,I_e=5A时,≯1VA/相。直流,±12V,≯0.25W;24V≯1.5W。

27. 偏移功率方向保护继电器

(1)型号:PGF-1。

(2)原理及用途:可作为电抗器的匝间保护。

3)技术数据:

1)动作范围:175°~180°。

2)补偿阻抗Z_B整定范围:I_e=1A时,5~545Ω(ΔZ_B=5Ω);I_e=5A时,10~109Ω(ΔZ_B=1Ω)。

3)最小精确工作电流:<10%I_e。

4)最大灵敏角:90°±3°。

5)功率消耗:交流电压,≯1VA/相;交流电流,I_e=5A时,≯1VA/相,I_e=1A时,≯0.5VA/相。直流,±12V,≯0.2W;24V,≯0.4W。

28. 失步保护继电器

(1)型号:SB-1

(2)原理及用途:该装置由信号处理器、透镜、阻挡器、电抗线和低电流闭锁元件等构成,只反映失步运行状态,对系统振荡、短路故障等不会误动作。用于同步发电机和电动机的失步保护。

(3)技术数据:

1)信号处理器SB-1(1):0°接线,φ角整定范围为65°~85°,($\Delta\varphi$=5°)。

2)透镜SB-1(2):透镜的正、反向阻抗Z_A、Z_B的整定范围为0.2~20Ω(ΔZ=0.2Ω)。透镜内角α的整定范围为90°、95°、100°、105°、110°、115°、120°、130°、140°、150°。

3)阻挡器SB-1(3):将阻抗平面分成左、右两部分,它与水平轴的夹角φ为:左边,0°<φ<180°;右边,180°<φ<360°。

4)电抗线SB-1(4)Z_C整定范围:0.2~20Ω(ΔZ_C=0.2Ω)。

5)低电流闭锁元件SB-1(5)低电流闭锁整定范围:0.2~10.1A(ΔI=0.2A)。

6)从失步开始到跳闸之间的允许转差可以整定。

7)功率消耗:交流电压,≯1VA/相;交流电流,I_e=5A时,≯1VA/相。直流,±12V,≯0.5W;24V,≯1W。

29. 突变量保护继电器

(1)型号:TB-1。

(2)原理及用途:反映各种对称或不对称故障时的电流突变量,主要用于中断检测,也可作阻抗保护的起动元件。

(3)技术数据:

1)负序电流和零序电流突变量ΔI_2和ΔI_0的整定范围:0.5~2.5A(ΔI=0.25A)。

2)记忆时间:5s。

3)动作时间:≯5ms(触点);≯4ms(电位)。

4)输出方式:电位输出或触点输出。

30. 电压平衡保护继电器

(1)型号:YP-1。

(2)原理及用途:作电压互感器一次或二次侧断线时闭锁保护的电压回路。

(3)技术数据:

1)电压整定范围:与被比较电压之间相差20%时,继电器动作。

2)动作时间:<20ms。

3)功率消耗:交流电压,≯0.5VA/相。直流,±12V,≯0.5W;24V,≯1W。

31. 转子过电流保护继电器

(1)型号:ZGL-1。

(2)原理及用途:作发电机转子过电流或过负荷保护用。

(3)技术数据:

1)电流整定范围:0.5~5.45A(ΔI=0.05A)。

2)返回系数:≥0.95。

3)动作时间:<20ms。

4)功率消耗:直流,±12V,≯0.5W;24V,≯0.5W。

32. 转子一点接地保护继电器(一)

(1)型号:ZJ-1。

(2)原理及用途:当发电机转子回路绝缘电阻降低时,继电器发出信号或跳闸。该装置只反映转子回路对地电阻,而不需向转子迭加电压。装置原理为将一简单电阻、电容网络接在转子上,在此网络上按顺序切换,采样及比较,以确定转子回路的对地电阻。

(3)技术数据:

1)适用范围:转子回路电压小于500V。

2)灵敏度整定范围:5~50kΩ(ΔR=5kΩ)。

3)辅助交流电源电压:100V。

33. 转子一点接地保护继电器(二)

(1)型号:ZJ-2。

(2)原理及用途:作发电机转子回路一点接地保护。通过测量反映发电机励磁回路对地电导和电纳变化轨迹的等电导圆和电纳圆,来判断并测定转子的对地绝缘电阻。

(3)技术数据:

1)适用范围:转子回路电压小于500V。

2)励磁回路对地电容CJD≤3μF时的继电器整定范围:2、4、6、8、10、15、20、25、30、40kΩ。

3）交流额定电压为 100V 时的整定范围：当电压为 80%～110%U_e 时，整定值为 2～40kΩ；电压为 60%～110%U_e 时，整定值为 2～30kΩ；电压为 40%～110%U_e 时，整定值为 2～20kΩ。

4）返回系数（返回电阻与动作电阻之比）：<1.5。

5）功率消耗：交流电压，≯2VA/相。

34. 转子两点接地保护继电器

(1) 型号：ZJ-3。

(2)原理及用途：作发电机转子回路两点接地保护用，当一点接地后才投入运行状态，继电器利用电桥原理构成。

(3) 技术数据：

1）适用范围：转子回路电压小于 500V。

2）灵敏系数：第一点接地在转子绕组中部时，第二点死区小于 3%，且不受转子谐波影响，灵敏系数可调节。

3）动作时间：<30ms。

35. 阻抗继电器（一）

(1) 型号：ZK-1。

(2)原理及用途：为发电机失励磁保护的测量阻抗元件，其判据条件与式（21-12-5）和式（21-12-6）相同。

(3) 技术数据：

1）阻抗整定范围：$X_A=0.4\sim20.2\Omega$（$\Delta Z=0.2\Omega$），$X_B=10\sim109\Omega$（$\Delta Z=1\Omega$）。

2）动作特性点：60°～90°（$\Delta\theta=5°$）。

3）最小精工电流：≯0.5A（$I_e=5$A）。

4）交流回路接线：90°。

5）动作特性角：60°～90°（$\Delta\theta=5°$）。

6）最小精工电流：≯0.5A（$I_e=5$A）。

7）最大灵敏角：−90°±3°。

8）功率消耗：交流电压，≯1VA/相；交流电流，$I_e=5$A 时，≯1VA/相。直流，±12V，≯0.2W；24V，≯0.4W。

36. 阻抗继电器（二）

(1) 型号：ZK-2、ZK-10。

(2)原理及用途：作发电机-变压器组的后备保护。该装置利用相位比较原理和偏移阻抗圆，反映相间短路故障。ZK-2 型采用相电压差，ZK-10 型采用线电压差。

(3) 技术数据：

1）阻抗整定范围：$I_e=5$A 时，0.2～20Ω（$\Delta Z=0.2\Omega$）；$I_e=1$A 时，0～100Ω（$\Delta Z=1\Omega$）。

2）最大灵敏角：85°±3°。

3）最小精工电流：<10%I_e。

4）接线方式：0°。

5）功率消耗：交流电压，≯1VA/相；交流电流，$I_e=5$A 时，≯1VA/相。直流，±12V，≯0.2W；24V，≯0.4W。

37. 转子低电压保护继电器

(1) 型号：ZY-1。

(2)原理及用途：反映转子回路低电压，作失磁保护的辅助判据。继电器与转子电压之间用光电耦合器隔离，可不受转子谐波成分影响。

(3) 技术数据：

1）适用范围：转子回路电压小于 500V。

2）电压整定范围：100～298（$\Delta U=2$V）。

3）动作时间：<30ms。

4）返回系数：≤1.20。

38. 交流插件

(1) 型号：JL 系列。

(2)原理及用途：用于保护交流输入电压和电流变换，实现电子回路与外电路隔离。

(3) 技术数据：

每个中间变流器的次级最多可带 4 个继电器；每个中间变压器次级最多可带 6 个继电器。

JL 系列交流插件的输入、输出量见表 21-12-7。

功率消耗：交流电压，≯0.5VA/相；交流电流，≯0.5VA/相。

表 21-12-7 JL 系列交流插件的输入、输出量

型号	输入量	输出量
JL-1	I_A、I_B、I_C、I_N	I_a、I_b、I_c、I_n
JL-2	U_A、U_B、U_C、U_L	U_{ab}、U_{bc}、U_{ca}、U_l
JL-3	I_A、I_B、I_C、I_N、U_A、U_B、U_C、U_L	I_a、I_b、I_c、I_n、U_{ab}、U_{bc}、U_{ca}、U_{ln}
JL-4	U_A、U_B、U_C、U_L、U_N	U_a、U_b、U_c、U_l、U_{ab}、U_{bc}、U_{ca}、U_{ln}
JL-5	四个电流量、四个电压量	四个电流量、四个电压量
JL-6	六个电压量	六个电压量
JL-7	三个电流量、五个电压量	三个电流量、五个电压量

39. 逆变稳压电源

(1)型号：NW-12，NW-24。

(2)原理及用途：为逆变兼开关稳压直流电源，主要作静态继电保护装置配套之用。

(3)技术数据：

1）NW-12型为输出±12V，用于集成电路，稳定度0.3%。

2）NW-24型为输出24V，用于信号和出口电路。

3）输入电压：直流220V，电压波动范围为±20%。

4）波纹系数：<0.2%。

5）尖峰脉冲：<1%。

6）输出电流：NW-12型为±500mA，NW-24型为1A。

7）输出电压稳定性：NW-24型，≯0.24V。NW-12型，+12V，≯36mV；-12V，≯0.12V。

8）效率：NW-12型为60%，NW-24型为75%。

40. 通用逆变电源

（1）型号：NWT-1、NWT-2。

（2）原理及用途：作主设备保护和微机交流检测装置电源。具有逆功率保护和过电压保护等功能。

（3）技术数据：

1）输入电压：直流220V，ΔU为$+10\%U_e$、$-20\%U_e$；直流110V，ΔU为$+10\%U_e$、$-20\%U_e$。

2）输出电压：见表21-12-8。

3）稳定度：±1%～±8%。

4）响应时间：1ms（变化速率为1A/μs和负荷变化20%时）。

5）效率：80%。

41. 检测继电器

（1）型号：JC系列。

（2）原理判据及用途：用作微机型交流自动检测装置，与集成电路保护接口。自动检测时，断开出口回路和运行信号，输入检测信号。

JC-1型用于检测发电机和双绕组变压器的差动保护，JC-2型用于检测三绕组变压器的差动保护，JC-3型用于检测阻抗保护，JC-4型用于检测其他保护。

（3）技术数据：

1）电源电压：24V。

2）继电器的内阻：3.5kΩ。

3）功率消耗：每个继电器<0.2W。

42. 电源自投继电器

（1）型号：ZT-1。

（2）原理及用途：当工作电源故障时，可自动切换到备用电源上。

（3）技术数据：

1）电源切断波动幅度：≯0.7V。

2）波动时间：≯3ms。

3）各窗口回路允许偏差：电源电压下降范围为0.5V，升高为0～2V，一般也为0.5V。

43. 时间继电器（一）

（1）型号：SX1，SX-1A，SX-2，SX-3，SX-5，SX-6。

（2）原理及用途：采用多级BCD码计数回路，延时整定采用十进制拨轮开关整定。为提高抗干扰能力，外来信号采用光电隔离。

SX-1、SX-1A、SX-2、SX-6型为单时间元件，SX-3、SX-5型为双时间元件。SX-5型的动作信号为磁保持。

（3）技术数据：

1）时间整定范围：SX-1、SX-1A、SX-3、SX-5型为10～9999ms（Δt=10ms），SX-2型为1～99min（Δt=1min），SX-6型为1～90s（Δt=1s）。

2）功率消耗：直流，+12V，≯0.8W；24V，≯1.5W。

44. 时间继电器（二）

（1）型号：SX4。

（2）原理及用途：用于对时间精度要求不高的回路，继电器为电阻、电容充电式时间元件，对外来信号采用光电隔离。

（3）技术数据：

1）动作时间：100～9900ms（Δt=100ms）。

2）功率消耗：直流，±12V，≯0.5W；-12V，≯0.3W；24V，≯1W。

45. 出口继电器

（1）型号：CZ-1。

（2）原理及用途：作为保护继电器的出口，用JAG-5-2H型干簧继电器构成。

表21-12-8　NWT-1型逆变电源的输出电压

型　号	最大功率（W）	U_1	U_2	U_3	U_4
NWF-1	100	+5V，10A	+12V，1.5A	-12V，1.5A	24V，1A
NWT-2	100	+5V，10A	+15V，2A	-15V，2A	24V，1A

注　NWT-1的原型号为IM804—1225；NWT-2的原型号为IM904—1335。

(3) 技术数据：

1) 自保持线圈：CZ-1 型出口继电器的自保持线圈技术数据见表 21-12-9。

表 21-12-9　CZ-1 型出口继电器的自保持线圈技术数据

跳闸线圈电流	自保持线圈匝数
0.5～1A	800
1～2A	400
2～4A	200
4A 以上	100

2) 功率消耗：＋12V，≯0.5W；－12V，≯0.3W；＋24V，≯1W。

3) 触点断开容量：300V，2A。

46. 信号继电器

(1) 型号：XZ-1、XZ-2、XZC-1、XZC-11。

(2) 原理及用途：XZ-1、XZ-2 型用 JRX-30F 加强型中间继电器。XZC-1、XZC-11 型用 JMX-3M-137-5 型磁保持密封继电器及 JZX-26M-003 型密封继电器。

(3) 技术数据：

XZ-1、XZ-2 的触点断开容量：220V 直流互感负荷 60W。XZC-1、XZC-11 的触点断开容量：直流，220V，50W；交流，300V，2A。

47. 交流自动检测装置

(1) 型号：WJC-01。

(2) 原理及用途：该装置是以单片微机为核心构成的检测装置，适用于发电机、变压器和发电机-变压器组等继电保护装置的检测，主要功能有：①检测继电器的动作值，并与整定值比较，计算出相对误差。②当保护继电器超差或拒动时，发出报警信号。③打印检测结果。

(3) 技术数据：

1) 模拟量输入量数据：与保护装置的技术数据相同。

2) 装置电压：＋24V，－24V。

3) D/A 范围：0～±10V（峰峰值），＞0.5V 时最大误差≯10%，如提高精度可分档。

(二) 主设备集成电路保护装置的主要性能

(1)通过 JL 型检测继电器将被检测的电流、电压、阻抗和差动继电器等的输入端从中间变流器和中间变压器的副方切换到由 D/A 变换产生的信号源，该信号源便是利用计算机通过编程产生的正弦模拟电压。保护继电器的检测按顺序进行，检测到哪一种保护，就退出哪一种保护，其余保护仍照常工作。

(2) 装置具有中断措施。当检测装置正在检测过程中，而系统发生故障时，通过负序变量和零序变量继电器可将检测中断，在数毫秒时间内将被检测的继电器投入运行。

(3) 只有在确认被检测的继电器出口回路断开后才能对保护继电器进行检测，在某种保护装置检测完成时，只有在确认该保护的出口回路恢复以后，才能进行下一种保护的检测。同时，该装置能检测出口继电器线圈断线。

(4) 能定时自动对保护继电器进行检测，也可以随时由运行人员用手动起动的方式对保护继电器进行检测，并可以对某种保护进行反复多次的检测。

(5) 装置的电源与保护装置的电源相互独立，在不进行检测时，它们之间没有电的联系。

(6) 计算机的数字计算采用三字节浮点制较为准确，并且选用 12 位的 D/A 转换芯片，分辩率高，测试误差一般可控制在 1%以下。

(7) 软件的编制中，对继电器的定值测试采用了新方法，能对静态测试进行很好的模拟，测试精度高，测试速度快。

(8) 采用多 CPU 结构，主 CPU 及辅助 CPU 不仅具有自检功能，而且可以进行互检，利用这两者的结合，可以做到当任何部位电子器件发生故障时，都能方便地定位到插件的某一具体部位，从而大大提高了装置的可靠性。

(9)该装置经过编程扩展，能够仿真某些电力系统的暂态过程，因而可以对继电器进行某些必要的动态测试。如装置 D/A 插件的平滑滤波回路采用新技术，则装置具有线性的相移特性等。

(10) 继电器的测试软件，采用模块化结构，修改扩充很方便。装置具有较强的人—机会话功能，操作使用很方便。

(三) 主设备集成电路保护装置检测的工作过程

检测装置与保护装置的联系见图 21-12-5。

检测过程如下：

(1) 检测装置给端子 1 送出＋24V 电位，JC 中的 J_1 起动，J_1 的动触点从端子 7 切到端子 2。

(2) 检测装置从端子 2 检测到－24V，确认保护出口继电器已断开。

(3) 检测装置给端子 1 的＋24V 不变，再给端子 3 送出＋24V 电压，JC 中的 J_2 起动，电流继电器 GL 的输入端从中间变流器副边切到端子4。

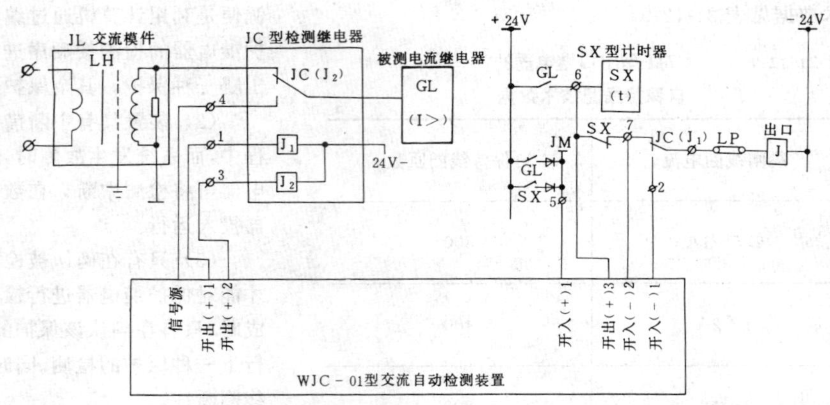

图 21-12-5　检测装置与保护装置的联系

(4) 检测装置从端子4输入递增的模拟交流信号，过流继电器GL动作时，检测装置从接到检测母线(JM)的端子5检测到＋24V，模拟信号停止增长，记下模拟信号的大小，并换算成从LH原边的电流。

(5) 检测装置给端子6送出＋24V，计时器SX开始计时，计到SX动作，端子5带＋24V为止。

(6) 撤去送到端子1和端子3的＋24V电压，检测继电器的所有触点恢复原位，检测装置从端子7检测到－24V。

(7) 开始进行另一种保护继电器的检测，过程同上。

(四) 检测装置结构

检测装置分硬件和软件两部分。

1. 硬件

装置共有11个插件。有主CPU插件、辅助CPU插件、D/A插件、逆变电源插件各一个，另有7个开入开出插件。硬件的总体框图见图21-12-6。

(1) 主CPU插件。主CPU为一片8031单片机。扩展有一片只读存贮器EPROM，存放程序；一片随机存取存贮器RAM，存放数据、结果；一片电可擦可写存贮器E^2PROM，存放各层继电保护名称表、试验顺序表，各层继电保护的继电器的动作定值表等。使用者可以利用装置面板上的各种功能键，确定所试继电保护的层(类)号、测试的顺序，修改定值越限范围和选择工作方式，例如是采用手控自动还是由计算机定时自动等。

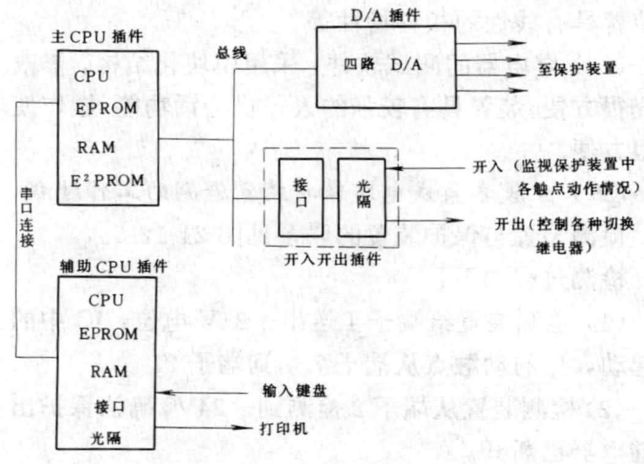

图 21-12-6　WJC-01型交流自动检测装置的硬件总体框图

主CPU插件面板上装设有复位按钮、工作方式开关(运行或调试)、运行监视和装置异常发光二极管等。

单片机内部还有一个双向通信串行口，引至人机对话插件，以便检查主CPU插件，使用该插件的人机对话设施(键盘及打印机接口)。

(2) 人机会话插件(MONJTOR)。人机对话插件即辅助CPU插件。该插件也设有一个单片机，其片内串行口同主CPU插件的串行口相联。本插件除设有打印机及键盘接口外，还设有一不经光隔的开出回路，用于对主CPU插件进行复位。

人机对话插件主要有人机对话和巡检两个功能。

主CPU和辅助CPU插件都设有自诊断程序，一般情况下如插件有硬件损坏，可由各自插件自诊断检出。如果主CPU插件在致命部位发生故障，致使CPU不能工作，使主CPU不能执行自诊断和报警，那么此时可由人机对话插件通过巡检发现而报警。人机对话插件在运行状态时不断地通过串行口向主CPU插件发出巡检命令，当主CPU正常时应做出回答，如果主CPU在预定时间内不回答，人机对话插件将通过上面所提到的开出回路复位主CPU，并再发巡检命令，仍无回答时报警并打印出该CPU异常的信息。采用先复位再报警是为了防止主CPU因干扰而程序出格但并无硬件损坏的情况，这时可使主CPU在复位后恢复正常工作，而不必报警。如人机对话插件发生致命的硬件故障，不能由本身自诊断报警，主CPU在预定时间收不到巡检命令后将驱动巡检中断继电器报警。人机对话插件上还有一个硬件自复位电路，在万一程序出格时自动恢复正常工作。

本插件面板上装设有复位按钮、4×4 键盘、工作方式开关（运行或调试）、运行监视和待打印发光二极管。

(3) D/A 插件。在 D/A 插件上设计有 4 个通道的模拟量输出，以满足继电器试验时同时对几个模拟量的需要。输出的模拟量为双极性。

D/A 插件的作用，是将计算机通过总线送来的代表着模拟信号的数据，经 D/A 转换首先变成阶梯状的模拟电压，再经放大器放大、平滑滤波而转换为波形良好的正弦模拟电压，供继电保护试验用。

(4) 开入开出插件。该插件共有 9 块，每块插件主要由并行口 8255 芯片和一些光耦器件组成，设计有 12 个开关量输入（简称开入）和 9 个开关量输出（简称开出）。

计算机通过开入监视被测继电器的状态，例如在对继电器进行测试时，继电器动作行为的信息，经该插件的开入位送到 CPU 插件，计算机便可根据这些信息做出相应的处理。

CPU 插件上的计算机可以利用该插件的开出，对 24V 直流电源进行控制，因为在对继电器的测试过程中，需要用 24V 直流电源起动设在继电保护装置内的切换继电器，以对保护的交直流回路进行切换；或者起动时间继电器，以便测量它的延时时间等。

在每个插件上的开出开入中，设有一路开入和一路开出分别用于检测装置内部的自检和对开出开入电源的控制，它们使用检测装置内部的 24V 电源。为了防止检测装置与继电保护装置的相互影响，其余与继电保护装置相关联的 8 路开出和 11 路开入则用继电保护装置内部的 24V 电源。

2. 软件

软件用 8051 汇编语言实现，软件系统总框图见图 21-12-7。

(1) 监控软件。将人机对话插件与 CPU 插件的方式开关置于“调试位置”，运行监控程序的各命令键的功能，可以对装置的有关插件进行调试，并且在该状态下可以填写、修改定值。本装置对于各种定值的修改较为容易，能够列表给出各层继电保护的名单，按层给出和修改定值，从而使查找方便、确定清楚。在这一方式下，还可以选择试验的方式、层数和顺序等，为装置在转至运行状态时对继电器进行测试做好必要的准备。

(2)运行软件。当装置处在运行状态而又未接到测试命令时，是处在对 CPU 等器件的不断自检的过程中。

装置可由使用者控制进行即时测试，亦可由计算机管理，按预先选定的时间周期进行定时自动测试，定时的周期可根据需要确定。

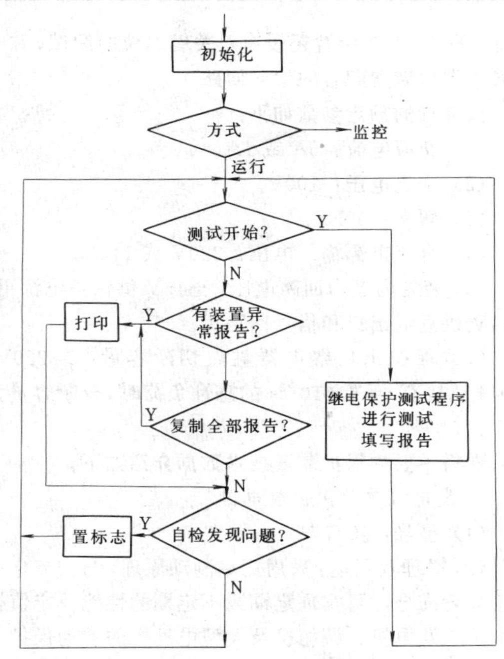

图 21-12-7　WJC-01 型交流自动检测装置的软件总体框图

装置的继电保护测试软件按继电器品种编制了测试的基本模块。并设计了继电保护测试的通用调用构架，可灵活、方便的调集继电器测试的基本模块，形成各柜、各层的继电保护测试的程序。测试方法采用了新思路，测试精度高，测试速度快，并采取措施使得在有干扰影响的情况下能确保测试的可靠性。

经检测装置测试后，如发现继电器有问题，计算机将出错报告自动地打印出来。为了醒目，没有问题的继电器的正常测试报告仍存在计算机内，并不打印出来。使用者如果想了解测试合格的继电器的情况，可操作装置面板上的相应键，即能将全部报告复制出来。

（五）外形及安装尺寸

该装置的插件和机箱均以西门子公司引进。插件的长为 224.5mm，高为 154.5mm，宽为 20、30、40、60、80mm 等；机箱的外形尺寸（单层）为 482.6×240×177（长×宽×高，mm），机柜的外形尺寸为 800×600×2200（长×宽×高，mm）。

五、许昌继电器厂生产的主设备集成电路保护装置

该装置用于发电机、变压器、发电机-变压器组、电动机和调相机等电力设备的继电保护。装置为功能组件插入式结构，由 MXC-114、NLG-101、NLG-103、NCK-103 等组件插入通用机箱 JJX-12 构成。根据工程设计需要，保护可为双重化配置、并设有必要的闭锁

元件。另外，保护装置还设有对关键电位的测试，并有与微机巡检装置配合的检测回路。

该装置的额定参数如下：

(1) 交流电流：5A或1A。

(2) 交流电压：100V。

(3) 频率：50Hz。

(4) 直流电源输入电压：220V或110V。

(5) 装置内逻辑回路电压：±15V供保护电源用，+24V供直流出口和信号回路用。

(6) 保护出口继电器触点切断容量：≯220V，≯0.4A。接有$\tau=5\times10^{-3}$s的感性负荷时，分断容量为20W。

现将主要的保护装置技术数据介绍如下。

1. 发电机差动保护继电器

(1) 型号：JCD-12。

(2) 原理及用途：采用比率制动原理，与交流定值巡检装置配合，可实现定期或不定期的性能及定值检测。用于发电机、调相机及大型电动机的差动保护。

(3) 技术数据：

1) 电流整定范围：0.1～0.9I_e。

2) 比率制动系数：0.3～0.7。

3) 动作时间：≯25ms（2倍动作电流）。

4) 返回系数：≥0.85。

5) 功率消耗：交流电流≯3VA/相，直流≯1.5W。

2. 变压器差动保护继电器

(1) 型号：JCD-11。

(2) 原理及用途：采用比率制动原理，为躲过变压器的励磁涌流而采用二次谐波制动方式，并设有差动速断回路。可作发电机—变压器组和变压器的差动保护。

(3) 技术数据：

1) 比率差动动作电流整定范围：(0.1～0.9) I_e。

2) 返回系数：≥0.85。

3) 比率制动系数：0.3～0.7。

4) 速断电流整定范围：(1～12) I_e。

5) 谐波制动比：0.15～0.25。

6) 动作时间：比率差动，≯25ms（2倍动作电流）；速断，≯20ms。

7) 功率消耗：交流电流，≯3VA/相。直流，≯1.5W。

3. 发电机横联差动保护继电器

(1) 型号：JHH-11。

(2) 原理及用途：作发电机定子绕组匝间短路和开焊故障的保护用。发电机中性点有6个引出线时装设此装置，并设三次谐波滤过器。

(3) 技术数据：

1) 电流整定范围：1～9.99A。

2) 返回系数：≥0.9。

3) 滤过比（三次谐波）：≮50。

4) 动作时间：0.5～5s。

5) 功率消耗：交流回路，≯3VA/相。直流，±15V，≯0.5W；+24V，≯1.5W。

4. 定子接地保护继电器

(1) 型号：JD-12。

(2) 原理及用途：利用基波和三次谐波电压比较原理，作发电机定子100%保护。

(3) 技术数据：

1) 基波零序电压：5～20V。

2) 三次谐波电压：中性点电压$U_{n3}=0$时，机端动作电压U_{s3}≯0.2V；当$U_{n3}\neq0$时，应使$\frac{U_{s3}}{U_{n3}}\geqslant a$，$a=0.9$～1.5。

3) 返回系数：对基波零序电压≥0.9。

4) 动作时间：1～9.99s。

5) 功率消耗：交流电流，≯2VA/相。直流，≯1.5W。

5. 功率方向保护继电器

(1) 型号：JG-11。

(2) 原理及用途：反映相间短路故障方向，与过流保护继电器配合，构成正序方向过流保护。该装置无电流和电压潜动。

(3) 技术数据：

1) 动作范围：180°－10°。

2) 最大灵敏角：－30°、－45°。

3) 最小动作功率：≯0.3VA。

4) 记忆时间：≮80ms。

5) 无电流和电压潜动。

6) 动作时间：≯30ms。

7) 功率消耗：交流电压，≯1VA/相；交流电流，≯2VA/相。直流，±15V，≯1W；24V，≯2W。

6. 主变压器零序保护继电器

(1) 型号：JBH-11。

(2) 原理及用途：由主变压器零序电压和电流保护构成变压器接地保护，同时作母线及线路的后备保护。

(3) 技术数据：

1) 零序电压整定范围：2～9.9V，10～40V。

2) 零序电流整定范围：JBH-11/1为0.1～2A（I_e=1A）；JBH-1/2为0.5～10A（I_e=5A）。

3) 返回系数：≥0.95。

4) 动作时间：0.5～5s。

5) 功率消耗：交流电压，≯3VA/相；交流电流，≯3VA/相。直流，≯5W。

7. 失步预测保护继电器

(1) 型号：WSY-1。

(2) 原理及用途：作发电机-变压器组的失步保护预测，采用李亚普诺夫稳定法作系统稳定判据。由 Intel 8086 单板机、数据采集、模拟信号输入及输出板、电源等构成。

(3) 技术数据：

功率消耗：交流电压，≯2VA；交流电流，≯2VA。直流，≯5W。

8. 负序过电流保护继电器

(1) 型号：JFL-12。

(2)原理及用途：作负序过负荷或不对称短路故障的后备保护。

(3) 技术数据：

1) 电流整定范围：I_e=5A 时，1～4A（ΔI=0.1A）；I_e=1A 时，0.2～0.8A（ΔI=0.01A）。

2) 返回系数：≥0.9。

3) 动作时间：1～9.99s（Δt=0.01s）。

4) 功率消耗：交流电流，≯2VA/相。直流，≯1.5W。

9. 负序功率方向保护继电器

(1) 型号：JFG-11。

(2)原理及用途：作线路或主变压器测量负序方向元件，或作转子二次谐波匝间保护的闭锁元件。

(3) 技术数据：

1) 动作范围：175°±5°。

2) 最大灵敏角：－105°±5°。

3) 灵敏系数：最小负序动作电压≯0.6V。

4) 动作时间：≯30ms。

5) 功率消耗：交流电压，≯1VA/相；交流电流，≯2VA/相。直流，±15V，≯1W；24V，≯2W。

10. 零序功率方向继电器

(1) 型号：JLG-11。

(2) 原理及用途：作零序功率方向的判别元件，与单相过电流保护配合，作零序方向过电流保护。

(3) 技术数据：

1) 动作范围：180°～10°。

2) 最大灵敏角：＋70°±3°。

3) 最小动作功率：≯0.2VA。

4) 动作时间：≯20ms。

5) 功率消耗：交流电压，≯1VA/相；交流电流，≯2VA/相。直流，±15V，≯1W；24V，≯2W。

11. 单相过电流继电器

(1) 型号：JL-11。

(2)原理及用途：作过电流和过负荷的灵敏起动及延时元件。与其他继电器构成低压过流、方向过流及过负荷保护等。

(3) 技术数据：

1) 电流整定范围：JL-11/0 型，0.1～2A，（ΔI=0.1A）；JL-11/1 型，0.5～10A（ΔI=0.1A）；JL-11/2 型，1～20A（ΔI=1A）；JL-11/3 型，2.5～50A（ΔI=1A）。

2) 返回系数：≥0.90。

3) 动作时间：1～9.99s。

4)功率消耗：交流电流，≯1VA/相。直流，±15V，≯2.5W；24V，≯1W。

12. 反时限过激磁保护继电器

(1) 型号：JGC-11。

(2) 原理及用途：作发电机-变压器组和变压器的过激磁保护。反时限特性为

$$t = 0.5 + \frac{0.18k}{(M-1)^2} \qquad (21\text{-}12\text{-}12)$$

$$M = \frac{B}{B_e} = \frac{U/f}{U_e/f_e}$$

式中　U、f——系统电压和频率；

U_e、f_e——系统的额定电压和频率；

t——继电器动作时间；

B——磁通量；

B_e——额定磁通量。

K-BCD 码计数器定值。

(3) 技术数据：

1) 动作值整定范围：M=1.0～1.6（ΔM=0.01）。

2) 返回系数：≥0.95。

3) 动作时间：上限定时限，5～10s；下限定时限，t≥200s。

4) 功率消耗：交流电压，≯1VA。直流，≯2W。

13. 低电压保护继电器

(1) 型号：JY-14。

(2) 原理及用途：反映单相电压的降低，作发电机低励磁保护的辅助判据。

(3) 技术数据：

1) 电压整定范围：30～90V。

2) 动作时间：0.2～2s。

3) 返回系数：≯1.1。

4) 功率消耗：交流电压，≯2VA；直流，≯2W。

14. 三相低电压保护继电器

(1) 型号：JY-13。

(2) 原理及用途：反映三相电压的降低，作低电压起动、闭锁元件。

(3) 技术数据：

1) 电压整定范围：30～90V。

2）动作时间：0.2～9.99s。

3）返回系数：≯1.1。

4）功率消耗：交流电压，≯2VA。直流，≯2W。

15. 电压回路断线闭锁装置

(1) 型号：JB-11。

(2) 原理及用途：作电压互感器一次、二次侧回路断线闭锁元件。

(3) 技术数据：

1）动作时间：≯10ms。

2)功率消耗：交流电压，≯1VA/相。直流，±15V，≯1W；24V，≯1W。

16. 负序反时限过电流保护继电器

(1) 型号：JFL-11。

(2) 原理及用途：反映不对称短路故障，防止负序电流引起的发电机转子表面过热，作负序后备保护。动作判据为

$$t=\frac{K}{I_{2*}^{2}-B} \tag{21-12-13}$$

式中 K——发电机承受负序电流的最大能力，$K=4\sim30$；

I_{2*}——通过发电机负序电流（有效值）标么值；

$B=0.6I_{2\infty}^{2}$——反映发电机长期允许电流（$I_{2\infty}$）的系数。

(3) 技术数据：

1）电流整定范围：定时限为0.2～1A（$\Delta I=0.01$A）；反时限为0.3～1A（$\Delta I=0.01$A）。

2）返回系数：≥0.90。

3）动作时间：定时限，$t_1=1\sim99.9$s（$\Delta t=0.01$s）；下限，$t_2=999$s（$\Delta t=1$s）；反时限上限，$t_3=1\sim9.99$s（$\Delta t=0.1$s）。

4）功率消耗：交流电流，≯2VA/相。直流：≯3.5W。

17. 直流励磁电压保护继电器

(1) 型号：JCY-11。

(2)原理及用途：发电机失磁时反映励磁电压的判据元件，与JZK-11型失磁阻抗继电器构成发电机失磁保护。

(3) 技术数据：

1）适用范围：转子回路电压小于500V。

2）凸极功率 P_T 的整定范围：$0.05\sim0.2P_e$ (p.u.)。

3）动作时间：0.2～0.8s。

4）返回时间：≤1.2。

5)功率消耗：交流电压，≯0.5VA/相；交流电流，≯1.5VA/相。直流，±15V，≯1W；24V，≯2W。

18. 转子两点接地保护继电器

(1) 型号：JD-13。

(2) 原理及用途：由电桥原理构成，为发电机励磁绕组发生两点接地故障的灵敏及延时元件。

(3) 技术数据：

1）动作灵敏系数：输入直流电压5V时，保护可靠动作。

2）动作时间：1～9.99s。

3）返回系数：≥0.9。

4）功率消耗：直流，±15V，≯2.5W；24V，≯1.5W。

19. 失磁阻抗继电器

(1) 型号：JZK-11。

(2)原理及用途：测量发电机机端阻抗变化是否进入静稳边界作失磁判据，与低电压元件等构成发电机的失磁保护。

(3) 技术数据：

1）基准阻抗 Z_0：4Ω。

2）最大灵敏角：270°±3°。

3）阻抗整定范围：4～60Ω。

4）角度 θ 整定范围：60°～90°（$\Delta\theta=1°$）。

5）精工电流：≯0.5A。

6）动作时间：0.2～9.99s。10～99.9s，100～999s。

7）功率消耗：交流电压，≯2VA/相；交流电流，≯2VA/相。直流，≯2W。

20. 单相低电压继电器

(1) 型号：JY-11。

(2) 原理及用途：作为有关保护的低电压起动、闭锁及延时元件。

(3) 技术数据：

1）电压整定范围：10～90V。

2）返回系数：≤1.1。

3）动作时间：1～99.9s。

4）功率消耗：交流电压，≯2VA/相。直流，≯2W。

21. 单相过电压继电器

(1) 型号：JY-12。

(2) 原理及用途：作为有关保护的低电压起动、闭锁及延时元件。

(3) 技术数据：

1）电压整定范围：100～200V。

2）返回系数：≥0.9。

3）动作时间：1～9.99s。

4）功率消耗：交流电压，≯2VA相。直流，≯2W。

22. 转子一点接地保护继电器

(1) 型号：JD-11。

(2) 原理及用途：转子一点绝缘下降或接地故障时动作于信号或跳闸。保护用转子绝缘电导作为测量判据。

(3) 技术数据：

1) 绝缘电阻整定范围：1～20kΩ。

2) 动作时间：1～9.99s。

3) 返回系数：≤1.5（电阻值之比）。

4) 交流额定电压：220V。

5) 功率消耗：交流，≯3VA/相。直流，≯1W。

23. 继电保护自动巡回检测装置

(1) 型号：WXY-3。

(2)原理及用途：为集成电路继电保护装置配套的检测工具。装置由 TP801C 型单板计算机和其他外围设备构成，检测保护动作值及动作时间。

(3) 技术数据：

1) 检测继电保护个数：不少于 80 个。

2) 测量回路精度：1.5%。

3) 测量时间：0～9999s。精度≯1ms，时间大于 1s 时，精度≯0.1%。

功率消耗：≯120VA。

第 21-13 节　主设备微机保护装置

一、简述

大容量发电机和变压器的微机保护装置，在国际上已广泛采用，国内有些科研、高等院校和制造厂也在研制中，可望近期在国内推广选用。微机保护装置除性能优越、工作可靠外，还具有人机对话功能，高度的智能化，完善的自检功能等是一般保护装置无法比拟的。

东南大学和南京电力自动化设备总厂研制的 WFBZ-1 型发电机-变压器组微机保护装置，适用于容量 600MW 及以下机组的发电机、主变压器、厂用变压器的保护，保护由差动、过电流等 32 种保护装置组成，这些保护分别设置在六个独立的微机系统（独立的含义为模拟输入通道独立、CPU 系统独立、出口信号跳闸回路独立、供 CPU 系统运行的直流电源独立）内运行。32 种保护可灵活选用，根据要求可任选配置，以适应于各种容量等级的发电机、变压器保护。

许昌继电器厂电气股份有限公司研制的 WFB-100、200 型微机发电机-变压器组成套保护装置和 WBH-100 型微机变压器成套保护装置，也于 1996 年 1 月通过机械工业部和电力工业部联合鉴定，可在工程中选用。

WFBZ-01 型保护装置可实现保护的双重化，满足主保护和后备保护的要求，同时，在接口设计上与目前采用的一般保护相兼容，适应于扩建改造工程和新建工程。该装置由保护、在线运行监控、保护整定、调试监控、自检设备和电源等组成。

二、技术数据

1. 额定数据

(1) 直流电压：220V 或 110V，允许电压波动范围为+10%，-20%。

(2) 交流电压：相电压 100 $\sqrt{3}$ V，开口三角形侧电压为 100V 或 100/3V。

(3) 交流电流：5A 或 1A。

(4) 额定频率：50Hz 或 60Hz。

(5) 转子直流电压：10～500V 空载转子电压。

(6) 转子直流电流：经直流变换器输出后为 75mV。

(7) 打印机用电源电压：交流 220V，频率 50Hz 或 60Hz。

2. 消耗功率

(1) 直流回路：不大于 25W/每层，75W/每柜。

(2) 交流电压回路：不大于 1VA/相（额定电压下）。

(3) 交流电流回路：不大于 1VA/相（额定电流下）。

(4) 转子直流电压回路：不大于 5W（额定电压下）。

3. 精确测量范围（10%误差）

考虑电压、电流互感器的饱和、模拟滤波器的传送误差、模/数变换器的转换误差及数字滤波数值计算的计算误差等。

(1) 相电压的精确工作范围：0.5～100V（有效值），有过电压要求的保护除外。

(2) 电流的精确工作范围（额定值为 5A 时）：

1) 0.22～50A（各电流互感器二次侧并联一个电阻）。

2) 0.44～100A（各电流互感器二次侧并联二个电阻）。

当额定电流为 1A 时，上述电流值相应除以 5。

三、保护装置简介

(一) 保护继电器的原理和技术数据

WFBZ-1 型保护装置的原理与第 21-12 节介绍的南京自动化设备厂生产的集成电路保护装置原理相似。现将 WFBZ-1 型保护装置配置的各项保护装置的技术性能指标、整定值及原理判据简要介绍如下。

1. 发电机纵联差动保护装置

该保护装置为比率制动原理，带电流差动速断及电流断线闭锁。

该保护装置技术数据为：

(1) 比率制动系数　K_z=0.1～0.9。

(2) 起动电流 $I_q=0.05\sim4.0$A ($I_N=5$A 时)。

(3) 差动速流电流倍数 $I_{cm}=4\sim13$ 倍。

(4) LH 断线电流倍数 $I_{ct}=0.1\sim3$ 倍。

(5)差动动作时间:从故障发生到出口干簧继电器闭合时间(1.2倍整定值时)不大于25ms。

保护装置原理逻辑框图见图21-13-1。

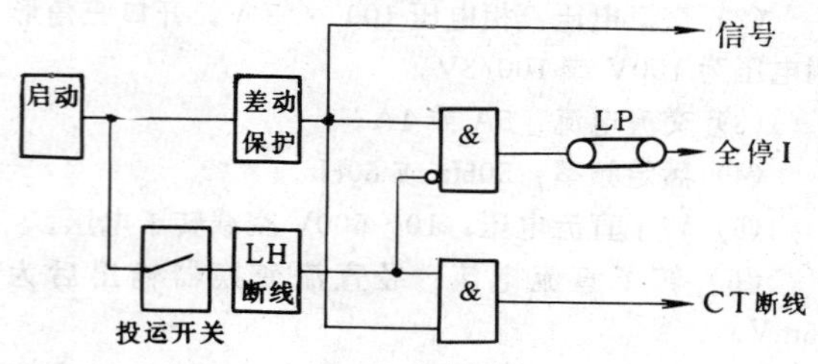

图 21-13-1 发电机纵联差动保护装置原理逻辑框图

2. 发电机定子接地保护装置

该保护装置由接于发电机出口电压互感器的开口三角形电压 $3U_o$ 和三次谐波式接地保护共同构成100%定子接地保护。三次谐波式接地保护有两个方案,一是采用模拟虚电位的方法,二是采用比较机端电压互感器开口三角侧和中性点电压互感器(或消弧线圈)的三次谐波电压的方法。

该保护装置技术数据为:

(1) 零序电压整定值 $3U_{o.dz}=1\sim50$V。

(2) 动作延时 $t_1=0.1\sim100$s。

(3)当零序电压 整定为5V时,可保护定子95%的接地故障。

(4)三次谐波式保护灵敏系数可自行在现场整定,发电机中性点的灵敏度可达20kΩ。

(5) 三次谐波保护动作延时 $t_2=0.1\sim100$s。

保护装置原理逻辑框图见图21-13-2。

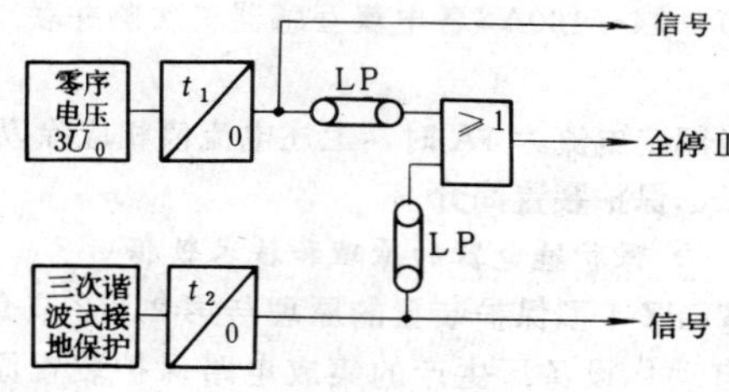

图 21-13-2 发电机定子接地保护装置原理逻辑框图

3. 发电机过激磁保护装置

该保护装置接于发电机出口电压互感器二次侧。继电器特性与发电机的过激磁特性相配合。动作特性由上限定时限、反时限和下限定时限三个部分构成。

该保护装置技术数据为:

(1) 过激磁倍数定值 $(U/\mathrm{Hz})_{dz}$: 1.01~2。

(2) 动作延时 t: 0.1~9999s。

(3)保护定时限部分可直接整定,反时限部分允许输入100组反时限曲线数据。

保护装置原理逻辑框图见图21-13-3。

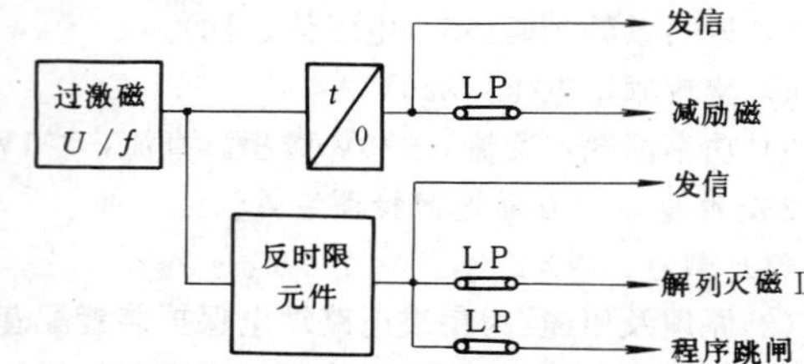

图 21-13-3 发电机过激磁保护装置原理逻辑框图

4. 发电机过电压保护装置

该保护装置接于发电机出口电压互感器二次侧,带延时动作发电机跳闸。

该保护装置技术数据为:

(1) 过电压整定值 $U_{dz}=50\sim150$V。

(2) 动作延时 $t=0.1\sim100$s。

保护装置原理逻辑框图见图21-13-4。

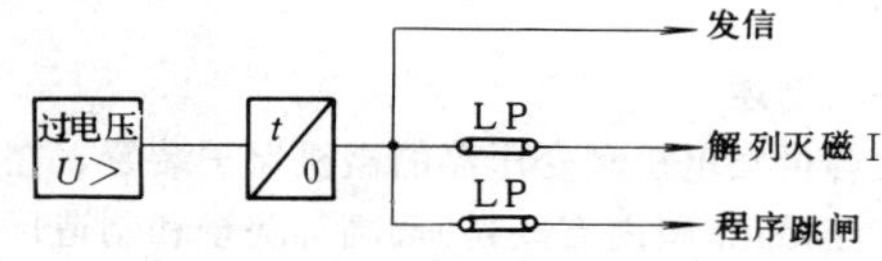

图 21-13-4 发电机过电压保护装置原理逻辑框图

5. 发电机失磁保护装置

该保护装置由取静态稳定边界条件的阻抗、发电机转子低电压、高压侧低电压、定子过电流为判据的元件和电压互感器断线闭锁等元件构成。当失磁危及系统及发电机安全时,则切除发电机;如短期内不会对系统及机组构成威胁时,可采取切换励磁等措施,以防止事故扩大,避免切机。

该保护装置技术数据为:

(1) 高压侧低电压定值 $U_{h1.dz}=20\sim110$V。

(2) 定子过电流定值 $I_{\infty.dz}=0.22\sim20$A。

(3) 转子低电压定值 $V_{fd1.dz}=0\sim2000$V。

(4) 阻抗圆圆心 $X_C=-128\sim0\Omega$。

(5) 阻抗圆半径 $X_r=0.1\sim128\Omega$。

(6) 发电机有功功率 $P_t=0\sim P_N$。

(7) 动作延时1 $t_1=0.005\sim60\times60$s。

(8) 动作延时2 $t_2=0.005\sim218$s。

(9) 动作延时3 $t_3=0.005\sim218$s。

保护装置原理逻辑框图见图 21-13-5。

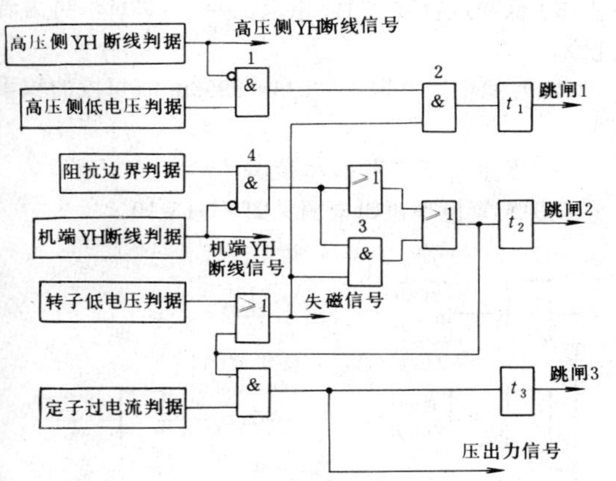

图 21-13-5　发电机失磁保护装置原理逻辑框图

6. 发电机失步保护装置

该保护装置动作特性为易于计算机实现的双遮档器原理特性。保护只反应发电机失步故障，对系统短路和稳定振荡不误动。在失步开始的摇摆过程中区分加速失步或减速失步，以降低或提高汽轮机出力。

该保护装置技术数据为：

(1) 系统阻抗 $X_T=0\sim128\Omega$。

(2) 动作特性整定电阻 $R_1=0\sim128\Omega$。

(3) 动作特性整定电阻 $R_2=0\sim128\Omega$。

(4) 动作特性整定电阻 $R_3=0\sim128\Omega$。

(5) 动作特性整定电阻 $R_4=0\sim128\Omega$。

(6) 断路器失步开断电流 $I_{b.dz}=0.22\sim20A$。

(7) 1 区停留时间整定 $t_1=0.005\sim218s$。

(8) 2 区停留时间整定 $t_2=0.005\sim218s$。

(9) 3 区停留时间整定 $t_3=0.005\sim218s$。

(10) 4 号停留时间整定 $t_4=0.005\sim218s$。

(11) 滑报次数 $N_o=1\sim256$。

保护装置原理逻辑框图见图 21-13-6。

7. 负序反时限过流保护装置

该保护装置反映发电机承受负序电流的能力并考虑散热因素。保护动作特性分上限速断、反时限和下限定时限三部分。

该保护装置技术数据为：

(1) 反时限系数 $K_{21}=1\sim60$。

(2) 反时限系数 $K_{22}=1\sim60$。

(3) 负序过电流保护起动 $I_{2m}=0.05\sim5A$。

(4) 负序过负荷信号起动 $I_{2ms}=0.05\sim5A$。

(5) 负序过电流上限速断电流 $I_{2\mu p}=1\sim20A$。

(6) 下限定时时间 $t_1=0.005\sim60\times60s$。

(7) 上限定时时间 $t_{\mu p}=0.005\sim218s$。

(8) 发信延时时间 $t_s=0.005\sim218s$。

(9) 反时限动作时间与计算值偏差<5%。

保护装置原理逻辑框图见图 21-13-7。

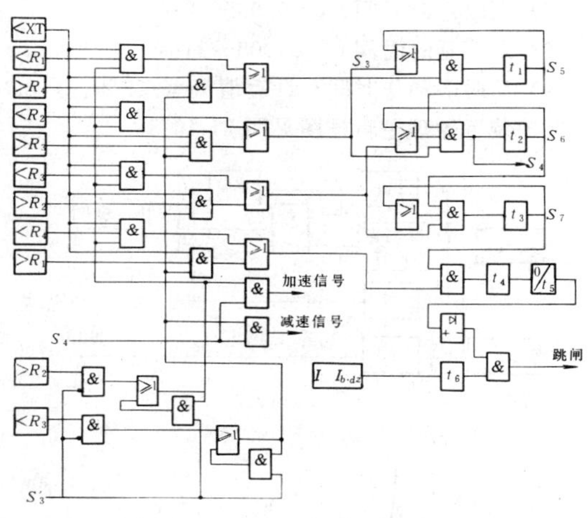

图 21-13-6　发电机失步保护装置原理逻辑框图

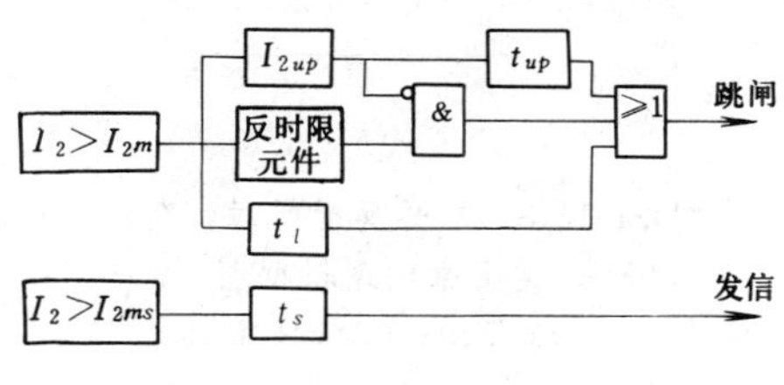

(a)

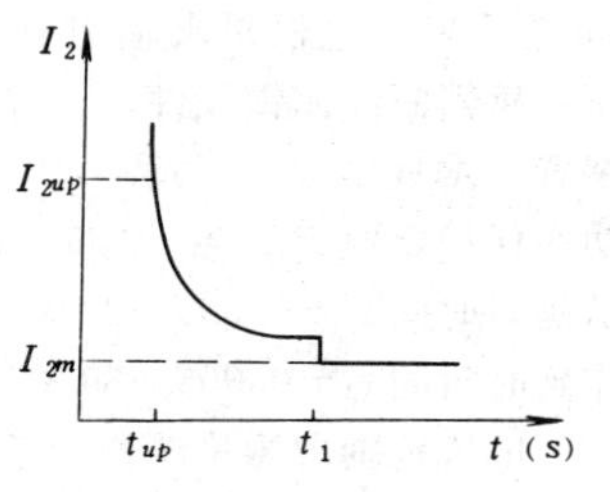

(b)

图 21-13-7　发电机负序反时限过电流保护装置原理逻辑框图

(a) 框图；(b) 动作特性

8. 对称反时限过负荷保护装置

该保护装置反映发电机承受正序电流的能力并考虑散热因素。保护动作特性分上限速断、反时限和下限定时限三部分。

该保护装置技术数据为：

(1) 反时限系数 $K_1=1\sim128$。

(2) 反时限系数 $K_2=1\sim60$。

(3) 对称过负荷保护起动 $I_m=0.22\sim10A$。

(4) 对称过负荷信号起动 $I_{ms}=0.22\sim10A$。

(5) 对称过负荷上限速断电流 $I_{\mu p}=5\sim30A$。

(6) 下限定时时间 $t_1=0.005\sim60\times60s$。

(7) 上限定时时间 $t_{\mu p}=0.005\sim218s$。

(8) 发信延时时间 $t_s=0.005\sim218s$。

(9) 反时限动作时间与计算值偏差<5%。

保护装置原理逻辑框图见图 21-13-8。

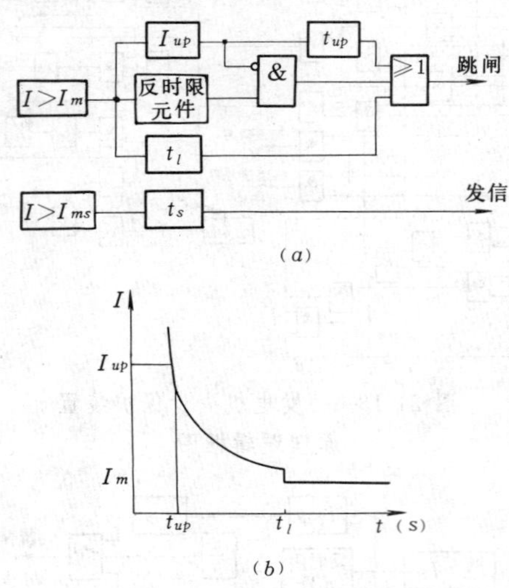

图 21-13-8 对称反时限过负荷保护装置原理逻辑框图

(a) 框图;(b) 动作特性

9. 逆功率保护装置

该保护装置反映发电机机端输出有功功率的方向，配有电压互感器断线闭锁元件。

该保护装置技术数据为：

(1) 逆功率保护定值 $P_{1.dz}=-100\sim100W$。

(2) 发信延时时间 $t_1=0.005\sim218s$。

(3) 动作延时时间 $t_2=0.005\sim60\times60s$。

(4) 在精工电流范围内测量误差<5%。

保护装置原理逻辑框图见图 21-13-9。

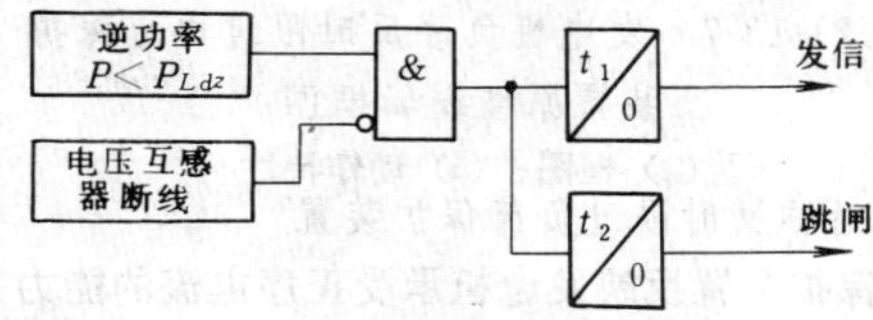

图 21-13-9 逆功率保护装置原理逻辑框图

10. 发电机低频保护装置

保护装置根据发电机不同频率下允许降低功率运行的时间积累，设置若干段，当任一积累时间达到发电机制造厂规定值时动作。设断路器辅助开关触点闭锁。时间积累采用倒计数方法，并可显示剩余积累时间。

该保护装置技术数据为：

(1) 低频运行频率上、下限 $f_d=5\sim99Hz$（可为若干段)。

(2) 时间积累整定 $t=0.1s\sim9999min$（每段的积累时间)。

(3) 保护精确工作频率范围 $f=45\sim49Hz$。

保护装置原理逻辑框图见图 21-13-10。

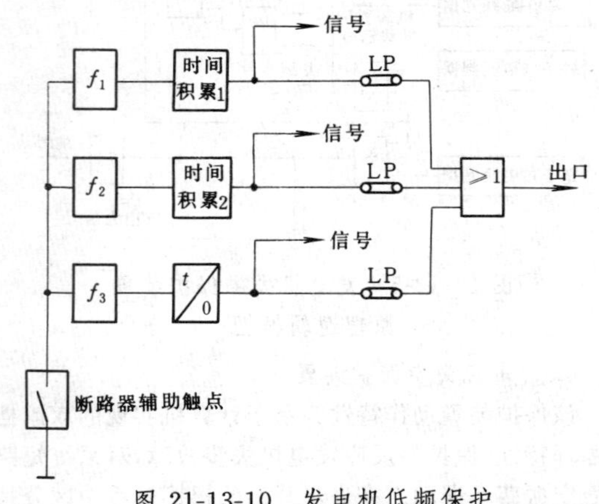

图 21-13-10 发电机低频保护装置原理逻辑框图

11. 定子匝间保护

保护装置反映定子纵向零序电压，采取数字滤波措施，并有三次谐波制动措施和电压互感器断线闭锁回路。

保护装置的技术数据为：

(1) 无制动时"零序"电压动作值：$U_{Dz}=1\sim5V$。

(2) 有制动时"零序"电压动作值：$U_{Dz}=0.1\sim1V$。

(3) 零序电压高定值：$U_{dz.h}<10V$。

(4) 零序电压低定值：$U_{dz.L}<2V$。

(5) 零序电压三次谐波额定值：$U_{3.min}<60V$。

(6) 电压互感器断线比较动作值：$U_{eh.Dz}<80V$。

(7) 制动系数：$K_z<1$。

(8) 动作时间：$t_{dz}<2s$。

保护装置原理逻辑框图见图 21-13-11。

12. 转子一点接地保护装置

该保护装置采用导纳原理，反映转子对地绝缘电

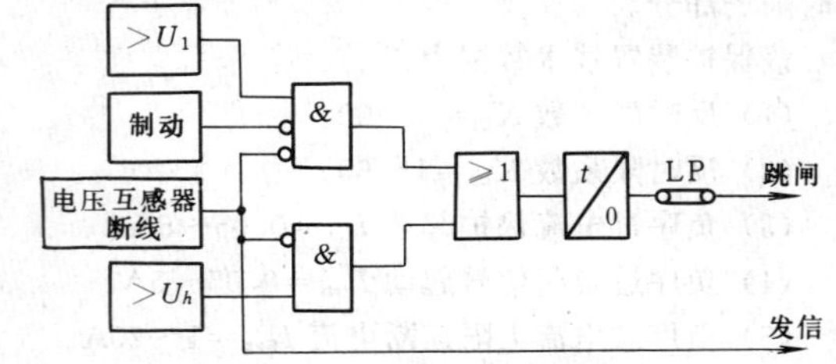

图 21-13-11 发电机匝间保护装置原理逻辑框图

阻，适用于转子分布电容 C_f 不大的机组，如 C_f 较大时，则可采用迭加直流型保护方案。保护装置的技术数据为：

(1) 导纳型 ($C_f<4\mu f$)：灵敏度 $>20k\Omega$。

(2) 迭加直流型：灵敏度 $>100k\Omega$。

(3) 转子一点接地发信动作值：$R_{js}<200k\Omega$。

(4) 接地电阻显示极限值：$R_{glimit}<200k\Omega$。

(5) 发信延时时间：$t_{D2.s}<20s$。

(6) 接地电阻计算调整值：$K_{tz}<100$。

保护装置原理逻辑框图见图 21-13-12。

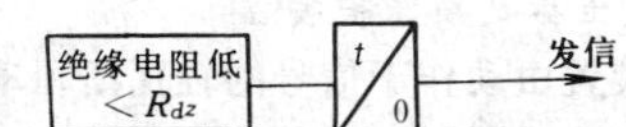

图 21-13-12　转子两点接地保护装置原理逻辑框图

13. 转子二点接地保护装置

保护装置选择反映转子不对称故障引起的定子二次谐波方案或反映发电机内参数变化的方案。

保护装置的技术数据为：

(1) 二次谐波电压动作值：$U_{2W.dz}<20V$。

(2) 可靠系数 (C 参数模拟法)：$K_k<1$。

(3) 负序电流闭锁定值：$I_{2.bs}<2.5A$。

(4) 定子不饱和直轴电抗：X_d (根据发电机制造厂提供的数据决定)。

(5) 定子和转子调整系数：$K_{sr}<1.0$。

(6) 两点接地保护动作时间：$t_{dz}<100s$。

保护装置原理逻辑框图见图 21-13-13。

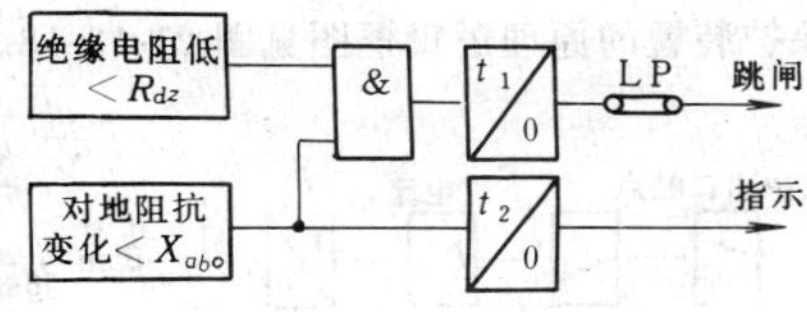

图 21-13-13　转子两点接地保护装置原理逻辑框图

14. 转子过负荷保护装置

保护装置的定时限部分用励磁交流侧电流为动作量，反映励磁回路的负荷状态；反时限部分用直流励磁电流为动作量，反映励磁绕组的热状态。

保护装置的技术数据为：

(1) 定时限励磁过负荷定值：$I_{f.dz.ac}<4.0$ 倍。

(2) 定时限励磁过负荷延时整定：$t_{dz.ac}<1000s$。

(3) 反时限励磁过负荷起动值：$I_{fdz.dc}<4.0$ 倍。

(4) 反时限励磁过负荷热值：$C<100$。

保护装置原理逻辑框图见图 21-13-14。

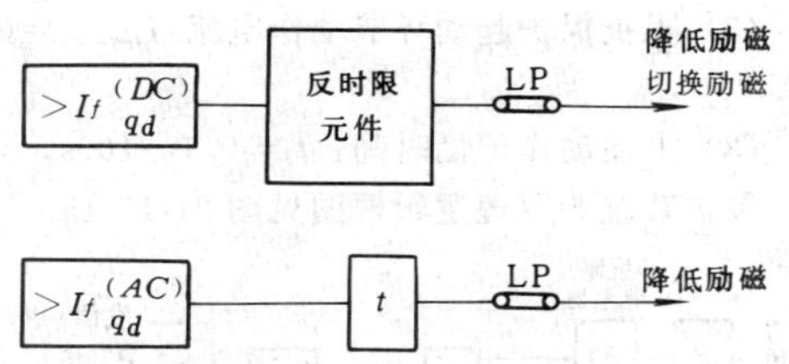

图 21-13-14　转子过负荷保护装置原理逻辑框图

15. 发电机断水保护

该保护装置反映发电机水冷却系统的断水状态，从该系统的断水触点引入。

断水保护的延时：$t_{ds}<100s$。

热工 (Ⅰ、Ⅱ、Ⅲ) 保护延时：$t_{rg}<100s$。

16. 主变压器差动保护装置

该保护装置采用比率制动及二次谐波制动原理，配差动速断元件和电流互感器断线闭锁。

保护装置的技术数据为：

(1) 比率制动系数：$K_z=0.1\sim0.9$。

(2) 二次谐波制动比：$N_{ec}=10\%\sim60\%$。

(3) 保护起动电流：$I_{dz}=0.05\sim4.0A$ ($I_e=5A$ 时)。

(4) 差动速断倍数：$I_{cm}=4\sim13I_e$。

(5) 电流互感器断线闭锁电流倍数：$I_{ct}=(0.1\sim3)I_e$。

(6) 差动保护动作时间 (无谐波制动)：$t\leqslant25ms$。

保护装置原理逻辑框图同图 21-13-1。

17. 发电机变压器组差动保护装置

该保护装置采用比率制动及二次谐波制动原理，配差动速断元件及电流互感器断线闭锁。保护装置的技术数据与主变压器差动保护相同。保护装置原理逻辑框图同图 21-13-1。

18. 主变压器阻抗保护装置

保护装置的正、反整定阻抗可任意整定，配电压互感器断线闭锁及起动元件。

保护装置的技术数据为：

(1) Ⅰ段阻抗正向定值 (系统侧)：$Z'_{1.dz}=0.2\sim110\Omega$。

(2) Ⅰ段阻抗反向定值 (主变压侧)：$Z'_{2.dz}=0.2\sim110\Omega$。

(3) Ⅱ段阻抗正向定值 (系统侧)：$Z''_{1.dz}=0.2\sim110\Omega$。

(4) Ⅱ段阻抗反向定值 (主变压器侧)：$Z''_{2.dz}=0.2\sim110\Omega$。

(5) Ⅰ段阻抗保护延时时间：$t_1=0.1\sim100s$。

(6) Ⅱ段阻抗保护延时时间：$t_2=0.1\sim100s$。

(7) 阻抗保护起动环节动作电流：$I_{zkqd.dz}=0.04\sim20A$。

(8) 上述动作记忆时间：$t_3=0.1\sim100s$。

保护装置的原理逻辑框图见图 21-13-15。

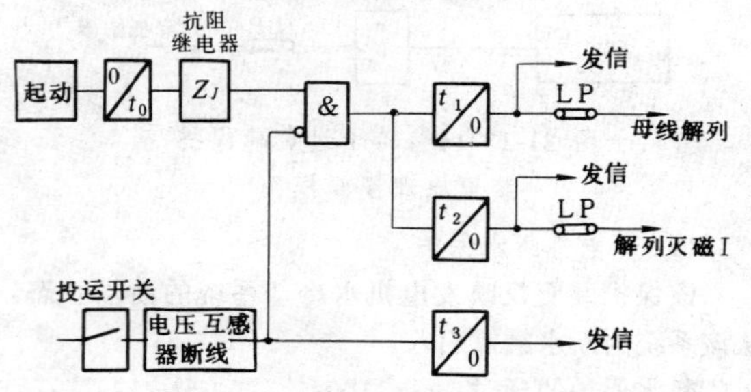

图 21-13-15　主变压器阻抗保护装置原理逻辑框图

19. 主变压器零序保护装置

主变压器高压侧中性点采用可直接接地与不接地两种方式，由零序电压和零序电流保护组成。

保护装置的技术数据为：

(1) 零序电流Ⅰ段定值：$3\dot{I}'_{o.dz}=0.04\sim15A$。

(2) 零序电流Ⅱ段定值：$3I''_{o.dz}=0.04\sim60A$。

(3) 零序电流Ⅰ段延时（母线解列）：$t'_1=0.1\sim100s$。

(4) 零序电流Ⅰ段延时（解列灭磁）：$t'_2=0.1\sim100s$。

(5) 零序电流Ⅱ段延时（母线解列）：$t''_1=0.1\sim100s$。

(6) 零序电流Ⅱ段延时（解列灭磁）：$t''_2=0\sim100s$。

保护装置的原理逻辑框图见图 21-13-16。

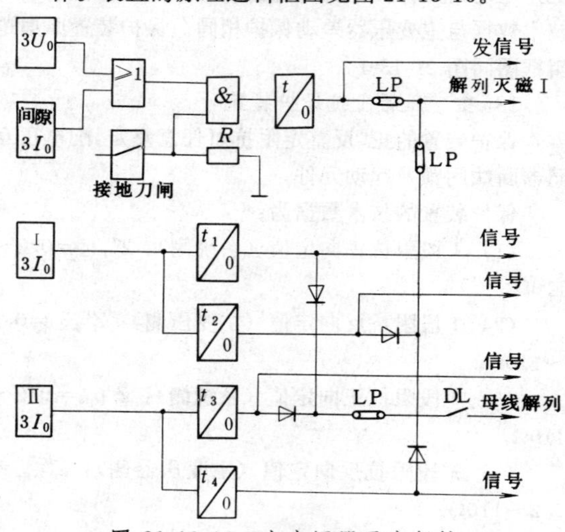

图 21-13-16　主变压器零序保护装置原理逻辑框图

20. 主变压器间隙零序电流和零序电压保护装置

主变压器的零序电压和零序电流保护同主变压器零序保护，基本相同增加主变压器中性点小间隙的电流保护共同构成。

保护装置的技术数据为：

(1) 零序电压定值：$3U_{o.dz}=50\sim300V$。

(2) 间隙零序电流定值：$3I_{ojx.dz}=0.2\sim20A$。

(3) 零序电流和电压的延时：$t=0.1\sim100s$。

其余电流数据和主变压器零序保护相同。

保护装置的原理逻辑框图同图 21-13-16。

21. 主变压器瓦斯保护装置

该保护装置由动作于信号的轻瓦斯和动作于跳闸的重瓦斯保护构成，保护由瓦斯继电器触点引入，其原理逻辑框图见图 21-13-17。

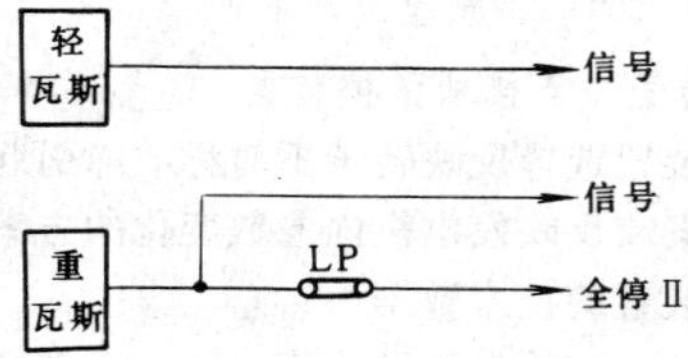

图 21-13-17　主变压器瓦斯保护装置原理逻辑框图

22. 断路器失灵保护装置

该保护装置由保护出口继电器触点、断路器辅助触点和过电流继电器等构成。

保护装置的技术数据为：

(1) 电流继电器的起动电流定值：$I_{dz}=0.2\sim20A$。

(2) 动作延时：$t=0.1\sim100s$。

保护装置的原理逻辑框图见图 21-13-18。

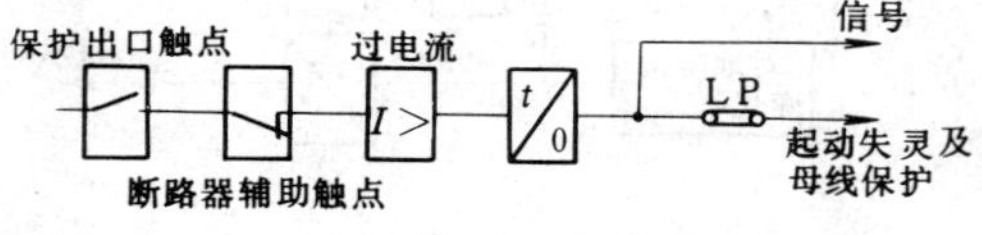

图 21-13-18　断路器失灵保护装置原理逻辑框图

23. 断路器非全相运行保护装置

保护装置由断路器不对应辅助触点回路和变压器的负序电流触点构成。

保护装置的技术数据为：

(1) 负序电流定值：$I_{2.D2}=0.04\sim15A$。

(2) 动作延时：$t=0.1\sim100s$。

保护装置的原理逻辑框图见图 21-13-19。

24. 主变压器温度、冷却器等保护装置

该保护装置主要有以下保护或信号，分别由有触

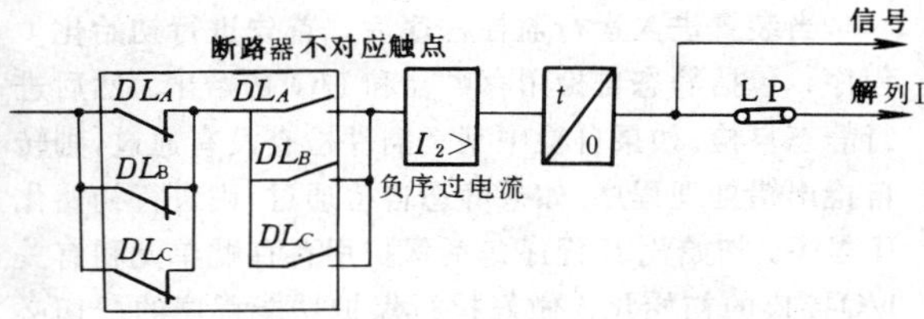

图 21-13-19　断路器非全相运行保护装置原理逻辑框图

点接入。

(1)主变压器通风保护，保护回路中的通风起动回路电流整定值 $I_{t.dz}$ 为 0.2～20A，延时 t 为 0.1～100s。其原理逻辑框图见图 21-13-20 (a)。

(2)压力释放保护，其原理逻辑框图见图 21-13-20 (b)。

(3)变压器油位保护，其原理逻辑框图见图 21-13-20 (c)。

(4)变压器冷却器停止运行保护，其原理逻辑框图见图 21-13-20 (d)

(5)变压器温度保护，其原理逻辑框图见图 21-13-20 (e)。

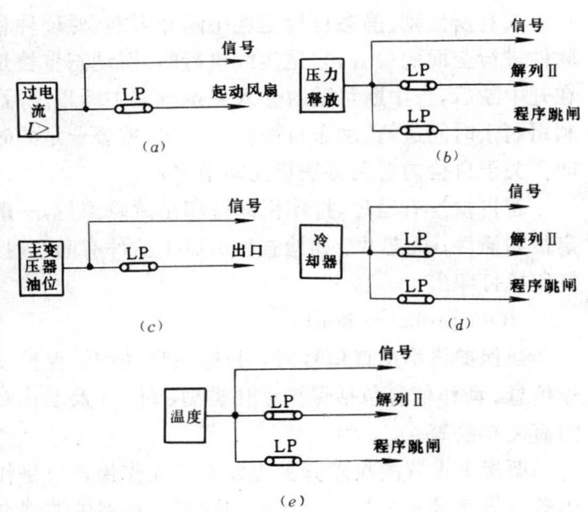

图 21-13-20　主变压器的温度、冷却器等保护装置原理逻辑框图
(a) 主变压器通风保护；(b) 压力释放保护；(c) 变压器油位保护；(d) 变压器冷却器停止保护；(e) 变压器温度保护

25. 厂用高压变压器差动保护装置

保护装置采用比率制动和二次谐波制动原理，其技术数据为：

(1) 比率制动系数：$K_z=0.1\sim0.9$。

(2) 二次谐波制动比：$N_{2c}=10\%\sim60\%$。

(3) 保护起动电流：$I_{dz}=0.05\sim4A$。

(4) 差动速断电流倍数：$I_{cm}=(4\sim13)\ I_e$。

(5) 电流互感器断线闭锁电流倍数：$I_{ct}=(0.1\sim3)\ I_e$。

保护装置原理逻辑框图见图 21-13-1。

26. 厂用高压变压器复合电压电流保护装置

该保护装置由负序电压、低电压和电流继电器构成。保护可分段，厂用高压变压器低压侧可有两分支。

保护装置的技术数据为：

(1) 分支 A 负序电压定值：$U_{2.adz}=1\sim60V$。

(2) 分支 B 负序电压定值：$U_{2.bdz}=1\sim60V$。

(3) 分支 A 的 AC 相间电压定值：$U_{ac.adz}=4\sim120V$。

(4) 分支 B 的 AC 相间电压定值：$U_{ac.bdz}=4\sim120V$。

(5) Ⅰ段延时时间：$t_1=0.1\sim100s$。

Ⅱ段延时时间：$t_2=0.1\sim100s$。

保护装置原理逻辑框图见图 21-13-21。

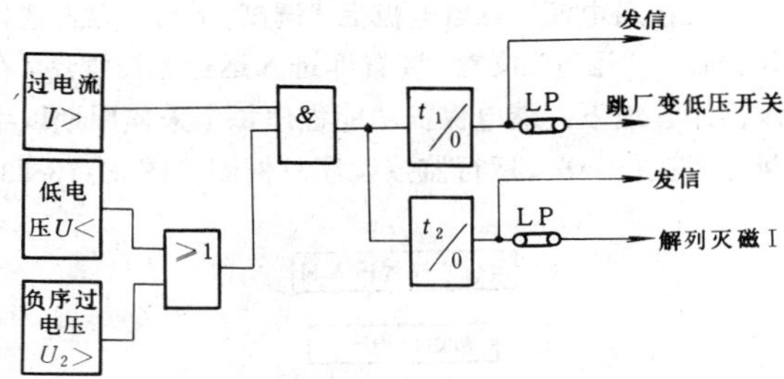

图 21-13-21　厂用高压变压器复合电压电流保护装置原理逻辑框图

27. 厂用高压变压器过电流保护装置

该保护装置可分段，变压器低压侧有两分支。

保护装置的技术数据为：

(1) 电流动作整定值：$U_{dz}=0.2\sim20A$。

(2) 延时时间：$t=0.1\sim100s$。

保护装置原理逻辑框图见图 21-13-22。

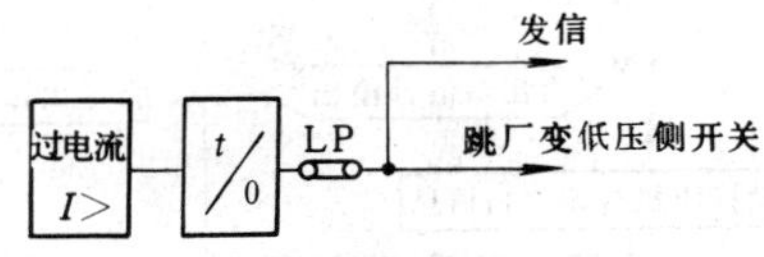

图 21-13-22　厂用高压变压器过电流保护装置原理逻辑框图

28. 厂用高压变压器瓦斯保护装置

该保护装置与主变压器的瓦斯保护相同。

29. 厂用高压变压器温度、冷却器等保护装置

该保护装置与主变压器的有关保护相同。

30. 发电机的热工保护

该保护装置引入热工保护触点，共输出三对触点，为信号、动作于解列和解列灭磁。

（二）保护出口方式

保护装置的出口方式如下：

全停Ⅰ：跳主变高压侧开关；跳厂变低压侧开关；跳灭磁开关；汽机锅炉甩负荷；关主汽门。

全停Ⅱ：跳主变高压侧开关；跳厂变低压侧开关；跳灭磁开关；汽机锅炉甩负荷；关主汽门。

全停Ⅲ：跳主变高压侧开关；跳厂变低压侧开关；跳灭磁开关；汽机锅炉甩负荷；关主汽门。

解列灭磁Ⅰ：跳主变高压侧开关；跳厂变低压侧开关；跳灭磁开关；汽机锅炉甩负荷。

解列Ⅱ：跳主变高压侧开关；汽机锅炉甩负荷。

程序跳闸：关主汽门，然后解列灭磁。

母线解列：经断路器辅助触点跳母联断路器。

四、运行监控

当接通电源，或当电板上“调试/运行”方式选择开关置于“运行”位置，装置即进入运行监控程序，在该程序管理下，继电保护功能程序每个采样周期以中断方式执行一次。运行监控程序总框图见图 21-13-23。

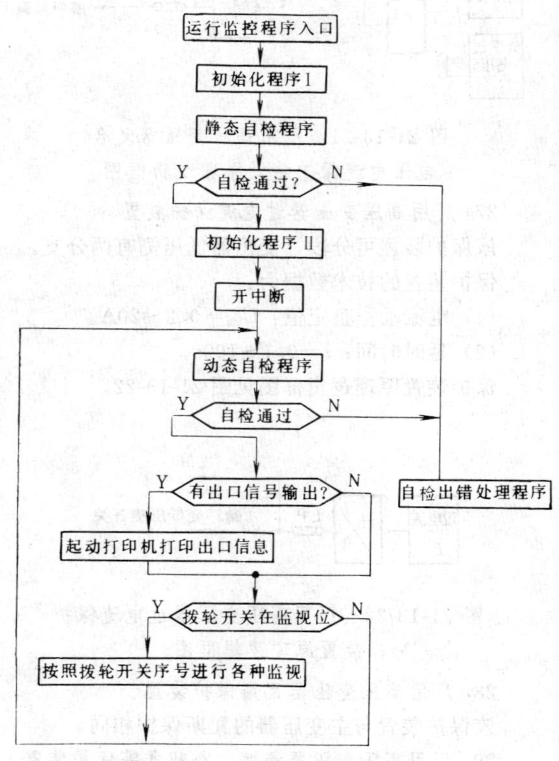

图 21-13-23　运行监控程序总框图

当装置进入运行监控程序后，首先进行初始化Ⅰ程序，包括静态自检用存贮器和I/O初始化。然后进行静态自检。如果自检中某一插件检查没有通过，则转自检出错处理程序。如果静态自检通过，则进行初始化II程序。初始化II程序包括保护用各存贮单元和有关I/O接口的初始化，做好执行保护功能程序的一切必要准备。然后打开NMI中断（即保护中断），以便让保护功能程序以采样频率周期性地执行。

在管理中断程序执行的时候，运行监控程序还在中断返回剩余时间内进行一些可行的十分必要的工作，主要有动态自检、保护出口自动打印管理、A/D采样通道的监视及有关保护信息的处理和监视。如果动态自检中某一插件检查没有通过，则转自检出错处理程序。

在自检出错处理程序中，CPU先关闭中断，闭锁所有的出口信号，然后打印出故障部位（一般定位到插件），发装置故障信号，提示运行人员进行详细的检查。

另外，在运行监控程序开中断后，面板上的“随机打印”按钮也可以以中断方式介入。随机打印按钮可打印出发变组当前运行参数。

静态自检和动态自检检查内容基本相同。只是执行方式有所区别。静态自检是在中断介入前，对硬件和软件进行全面的检查，它是连续执行的。而动态自检是在开中断后，各中断可随时介入并执行完中断程序后，利用剩余时间进行。动态自检检查一次，需要一定的时间。关于自检内容及方法详见本节之八。

若自检没有通过，打印机即打印出故障部位，一般定位到插件，或芯片。如检查出I/O-1插件有问题时，打印机打印出：

I/O-1 probably faults!

当保护送出出口信号时，打印机自动记录保护动作信息。动作信息包括保护动作类型、时间，及动作时的有关参数等。

面板上设置的拨轮开关主要有二大作用，一是作为整定值序号，二是作为保护调试或运行时的监视命令。当保护投入运行时，保护装置不再是传统保护装置那样的黑匣子，根据需要，通过拨轮开关可以把保护装置的输入信号情况、计算情况、计算结果、各判据中间比较结果、整定值等，一一显示在显示器上，使运行人员对保护装置的情况了如指掌。

拨轮开关监视功能的具体分配视保护配置而定。

保护装置运行时，揿下面板上的“随机打印”按钮，打印机可打印出一份随机打印报告，内容包括：

（1）随机打印标志（Random Print）。

（2）微机系统的层次。如WFBZ-01（A）-1（A柜第一层CPU系统）。

(3) 打印时间。如 1992.10.01　11：30（一九九二年十月一日十一点三十分)。

(4) 发变组运行参数（二次侧有效值)。

五、调试监控程序

当面板上“调试/运行”方式开关置于“调试”位置时，一经接通电源或按复位键，装置即进入调试监控程序，显示器显示“—dub”，标志着程序在扫描键盘，等待输入命令，这时可使用表 21-13-1 所列的键盘、显示器、拨动开关及打印机，进行装置的调试及整定。

表 21-13-1　“dub”键盘的功能

键名	调试“dub”状态功能	运行“run”状态功能
O/EB	修改存贮器字节单元	
1/PS	整定值打印	
2/GO	出口继电器检查	
3/AS	采样值及有效值打印	
4/IB	显示输入端口字节	
5/OB	输出字节到端口	
6/MV	在存贮器区进行数据块传送	
7/EW	修改存贮器字单元	
8/IW	显示输入端口字	
9/OW	输出字到端口	
A/AZ	A/D 各通道输入量显示	
B/PE	整定值修改	
C/TS	实时钟对时	
D/PM	打印一段存贮器内容	
E/EH	硬件检查	
F/		重复打印
，	重新整定月、日	中止暂停，继续打印
：	结束月、日输入	暂停打印
.	直接转到 B 状态	
END	结束命令	结束打印

显示器由 8 个八段码组成，可分为两组，上排四个组为“地址段”，下排四个组为“数据段”。显示一般为十六进制形式（整定 PE 命令除外)。

调试监控程序中共设 15 种命令，其使用方法分述如下。

1. 命令 EB：检查和修改存贮器中的字节内容

当在“—dub”状态时，按下 EB 键，地址段右边的一位小数点亮，说明可输入地址（用数键)，地址取最后输入的四位有效，然后按下“，”键，此时数据段就显示地址段上指定地址单元的内容，并且最右边一位小数点亮，接下去有四种选择。

(1) 按“END”键，结束本命令。

(2) 按“，”键，地址及数据段分别显示下一单元的地址及内容。

(3) 按“：”键，地址及数据段分别显示上一单元的地址及内容。

(4) 按数字键，数据段输入此数据，并取最后输入的 2 位有效，然后执行上述 1～3 中任何一种选择，此时上一次显示的地址中单元内容被修改成为所输入的数据，然后可再执行下去。

若修改的是不可改写的存贮单元，则显示出错标志“—Err”。

修改 E^2PROM 内存内容，须把固化开关按钮撤下。

举例，见表 21-13-2。

表 21-13-2　命令 EB 的显示说明

按键	地址段显示	数据段显示	说　明
RESET	—dub		
EB			按命令键
4/0/0/0	4000		输入地址 4000H
，	4000	44	显示 4000H 地址的内容 44H
D/D	4000	DD	修改成 DDH
，	4001	55	地址加 1
：	4000	DD	地址减 1
END	-		结束命令返回 dub

2. 命令 EW：检查和修改存贮器中的字内容

命令 EW 和命令 EB 操作基本一样。只是 EB 显示及修改存贮器的字节内容（1BYTE)，EW 是显示及修改存贮器的字内容（2BYTE）。EW中除显示指定地址的字节内容（数据段右边），还显示下一个单元的字节内容（数据段左边）。连续显示数据时，地址的增减为2，修改数据时需输入4位数键。

举例，见表21-13-3。

表 21-13-3　　命令 EW 的显示说明

按　键	地址段显示	数据段显示	说　明
RESET·	—dub		
EW	·		按命令键
4/0/0/0	4000		输入地址 4000H
,	4000	4567	显示 4000H 地址的内容 4567H
A/B/C/D	4000	ABCD	修改成 ABCDH
,	4002	1234	地址加 2
:	4000	ABCD	地址减 2
END	-		结束命令返回 dub

3. 命令 IB 和 IW：从端口输入字节和字

在“dub”状态时，按下IB或IW键，地址段最右边的一位小数点亮，表示可输入端口地址，端口地址取最后输入的4位有效；然后按下“,”键，此时数据段就显示从该端口输入的字节或字；再次按“,”键，数据段显示从该端口当前输入的字节或字。按“END”键，结束本命令。

IB命令是从端口输入字节。

IW命令是从端口输入字。

举例，见表21-13-4。

4. 命令 OB 和 OW：输出字节和字

在“dub”状态时，按下OB或OW键，地址段最右边的一位小数点亮，表示可输入端口地址，端口地址取最后输入的4位有效；然后按下“,”键，此时数据段最右边的一位小数点亮，表示可输入要往端口送数的字节或字，数据也取最后输入的2位或4位有效，然后按下“,”键，这样就把数据段显示的数（字节或字）送到了指定地址的端口中了，并且可再一次送数。也可按下“END”键，这样除完成往端口送数外，还结束了本命令。

表 21-13-4　　命令 IB 的显示说明

按　键	地址段显示	数据段显示	说　明
RESET	—dub		
IB	·		按命令键
F/F/D/6	FFD6		输入口址 FFD6H
,	FFD6	78	显示 FFD6H 口址的内容 78H
END	-		结束命令返回 dub

OB命令是往端口送字节。

OW命令是往端口送字。

举例，见表21-13-5。

表 21-13-5　　命令 OB 的显示说明

按　键	地址段显示	数据段显示	说　明
RESET	—dub		
OB	·		按命令键
F/F/F/E	FFFE		输入口址 FFFEH
,	FFFE	·	
8/5	FFFE	85	输入数据 85H
,	FFFE	·	数据 85H 即送到 FFFEH 端口
END	·		结束命令返回 dub

5. 命令 MV：实现某一地址段的存贮内容移到另一地址段

在“dub”状态时，按“MV”键，这时在地址段中有三位小数点亮，表示要输入三个地址，依次是：

(1) 需传送数据块的存贮器起始地址。然后按“,”键，地址段灭最左边的一位小数点。

(2) 需传送数据块的存贮器末地址。然后按“,”键，地址段灭最左边的一位小数点。

(3) 传送数据块到新存贮器首地址。然后按“,”

键。

此时 CPU 执行指定存贮区的数据移动。传送结束返回到 “dub”。

当指定的存贮区不可改写时，显示出错标志 “—Err”。若要往 E^2PROM 区传送数据，须把固化开关按钮撤下。

举例，见表 21-13-6。

表 21-13-6　　命令 MV 的显示说明

按　键	地址段显示	数据段显示	说　明
RESET	—dub		
MV	...		按命令键
4/0/0/0	40.0.0.		输入旧首址 4000
,	..		
4/1/0/0	410.0.		输入旧末址 4100
,	.		
5/0/0/0	5000		输入新首址 5000
,	.		旧址区数据送到新址区，并返回 dub

6. 命令 PM：打印一段存贮器内容

在 “dub” 状态时，按 “PM” 键，这时在地址段中有二位小数点，表示要输入二个地址，依次为：

(1) 需打印数据块的存贮器首址。然后按 “,” 键，地址段灭最左边一位小数点。

(2) 需打印数据块的存贮器末址。然后按 “,” 键，地址段灭一位小数点。

此时，打印机即打印出所指定存贮区的数据内容。打印结束后返回到 “dub”。

在打印过程中，按 “:” 键可暂停打印；按 “,” 键又可使暂停中止继续打印；按 “END” 键可结束命令，返回到 “dub”。

举例，见表 21-13-7。

表 21-13-7　　命令 PM 的显示说明

按　键	地址段显示	数据段显示	说　明
RESET	—dub		
PM	·		按命令键
4/0/0/0	4000		输入首址 4000H
,	.		
5/0/0/0	5000		输入末址 5000H
,	.		打印结束并返回 dub

7. 命令 TS：整定实时钟

在 “dub” 状态时，按下 “TS” 键，程序转到 A 状态。

(1) A 状态：上排显示器显示年，下排显示器显示月日，并且下排显示器的一位小数点亮，表示可以整定月日（年的整定放在整定值整定命令 PE 中）。这时，可以有三种操作可选择：

1）按 “:” 键，重新整定月、日。输入格式为下排显示器的最后 4 位数据（月日各二位），并以 “.” 键结束月日的输入。CPU 完成月日的初始化后，转到 B 状态。

2）按 “,” 键，直接转到 B 状态。

3）按 “END” 键，结束本命令，回到 “dub” 状态。

(2) B 状态：B 状态中，上排显示器显示时分（各二位数据），下排显示器显示秒毫秒（各二位数据），并且上下排各有一位小数点亮，表示可以重新整定时分和秒毫秒。这时，也有三种操作可选择：

1）按 “:” 键，重新整定时分秒毫秒。输入格式为各二位数据，并以 “.” 键结束数据输入。CPU 完成时间的初始化后，转到 A 状态。

2）按 “,” 键，直接转到 A 状态。

3）按 “END” 键，结束本命令，回到 “dub” 状态。

注意：所有日期和时间输入均为 2 位数据，如 4 月 1 日就输入为 0401。

举例，见表 21-13-8。

表 21-13-8　　命令 TS 的显示说明

按　键	上排显示器显示	下排显示器显示	说　明
RESET	—dub		
TS	1992	0831	1992 年 8 月 31
:	1992	.	
0/9/0/1	1992	0901	修改为 9 月 1 日
.	1130	2500	显示 11 时 30 分 25 秒 00 毫秒
0/9/0/5 3/0/0/0	0905	3000	修改为 9 时 5 分 30 秒 00 毫秒
.	1992	0901	1992 年 9 月 1 日
,	0905	3230	显示 9 时 5 分 32 秒 30 毫秒
END	.		结束并返回 dub

8. 命令AZ：A/D输入量显示

AZ命令进行各A/D输入量的显示，包括直流平均值及有效值。

在“dub”状态时，按AZ键及“.”键，显示器显示其通道号（上排）及该通道输入量的直流平均值（下排）；若按AZ键及“:”键，显示器显示其通道号（上排）及该通道输入量的有效值（下排）。首先显示的是最高通道号CH15及其输入量。按“,”键进行下一个通道号，到最低通道号CH0后又回到CH15，依次循环往复。若按“END”键，则结束本命令返回到“dub”。

举例，见表21-13-9。

表21-13-9 命令AZ的显示说明

按 键	上排显示器显示	下排显示器显示	说 明
RESET	—dub		
AZ	CH15		按命令键
:	CH15	57.55	CH15通道的有效值
,	CH14	50.23	下一个通道
END	.		结束并返回dub

用AZ命令可以对A/D通道进行零点调整和精度调整。

在调整各通道的零点时，先把输入接地（或接的是交流信号），用AZ键及“.”键显示各通道的零漂值，若需调整可分别对应调节有源滤波插件上各通道的调零电阻。在必要时也可调节A/D转换插件上的调零电阻。注意，此举会影响全部通道的零点。

在调整各通道的采样精度时，用AZ键及“:”键显示各通道输入量的有效值，若需调整，可分别对应调节有源滤波插件上各通道的调幅电阻。

9. 命令AS：打印一周波各通道的采样值

在“dub”状态时，按下AS键，CPU就进行一个周波（50Hz）全部通道的模拟量采集，采样频率为600Hz，这样共采集12点，然后由打印机打印出来。此时，上排显示器显示“AS”标志。此期间，按“:”键可暂停，按“,”可使暂停中止，按“END”键可结束本命令，返回到“dub”。

10. 命令PE：整定值修改命令

在“dub”状态时，按PE键，CPU转到A状态，即显示器分别显示拨轮序号(上排)及该序号对应的整定值（下排）。操作可以有以下几种选择。

(1) 按数键，输入数据（新整定值），并在下排显示器上显示。“,”键结束数据输入，这时下排显示器显示“OPEN”，提示需揿下固化开关按钮，以便使新定值写入E^2PROM中。若写入正确，下排显示器显示“good”。然后可执行2--3种任何一种选择。

(2) 按“:”键，回到A状态。

(3) 改变拨轮开关，转到A状态。

(4) 按“END”键，结束本命令，返回到“dub”。

各微机系统的整定值表见上述各继电器的技术数据，拨轮开关序号若无对应的整定值，下排显示器显示“nul”。数据输入为十进制形式，可带小数点，总共占四位。若操作有误，下排显示器显示“—Err”，但不退出PE命令。这一点与其它键盘命令不同。

举例，见表21-13-10。

11. 命令PS：打印整定值菜单

表21-13-10 命令PE的显示说明

按 键	拨轮号	上排显示器显示	下排显示器显示	说 明
RESET	01	—dub		
PE		01	80：00	显示拨轮序号（01）及其对应的整定值（80）
7/5/./5		01	075.5	整定值修改为75.5
,		01	OPEN	提示需揿下固化开关
		01	good	写入E^2PROM中
:		01	75.50	重新显示新的整定值
	11	11	2.550	显示拨轮序号（11）及其对应的整定值（2.55）
END		.		结束并返回dub

在“dub”状态时，按下“PS”键，上排显示器显示“PS”标志，打印机即把整定值按表格形式打印出来。此期间，按“:”键可暂停，按“,”可使暂停中止，按“END”键可结束本命令，返回到“dub”。

12. 命令 GO：出口继电器检查

在“dub”状态时，按下“GO”键，上排显示器显示“G.”，对出口信号继电器及出口跳闸继电器的检查可按如下操作：

(1) 出口信号继电器检查。若再按出口信号的序号（取最后输入的二位数据有效）及“:”键，上排显示器显示“G.S”，下排显示器显示出口信号序号，并出口该信号继电器。

(2) 出口跳闸继电器检查。若再按出口跳闸的序号（取最后输入的二位数据有效）及“,”键，上排显示器显示“G.Γ”，下排显示器显示出口跳闸序号，并出口该出口跳闸继电器。

(3) 结束本命令。按“END”键结束本命令并返回到“dub”。

出口信号序号见出口信号插件，共 16 路，其意义由各微机系统决定。

出口跳闸序号见出口跳闸插件，共 8 路，其意义由各微机系统决定。

举例，见表 21-13-11。

表 21-13-11　命令 PS 的显示说明

按　键	上排显示器显示	下排显示器显示	说　明
RESET	—dub		
GO	G		按命令键
0/5	G	05	检查 SG5 继电器
:	G.S	05	
0/1	G	01	检查 TR1 继电器
,	G.Γ	01	
END	.		结束并返回 dub

13. 命令 EH：硬件检查

在“dub”状态时，按下“EH”键，上排显示器显示“EH”，并接收随后敲入的检查序号，序号为最后输入的 2 位数据有效，然后再按下“,”键，这时在下排显示器上显示检查结果。“good”表示好，“bad”表示坏。按“END”键结束本命令。

硬件检查的序号及内容见表 21-13-12。

举例，见表 21-13-13。

六、保护软件程序

保护软件程序完成上述各保护装置的功能框图要求。保护软件的流程框图见图 21-13-24。

表 21-13-12　硬件检查序号及内容

序　号	检　查　插　件
01	CPU 插件
02	I/O-1 插件
03	I/O-2 插件
04	I/O-3 插件
05	I/O-4 插件
06	ADC 插件
07	OTR 插件
08	POWER 插件

表 21-13-13　命令 EH 的显示说明

按　键	上排显示器显示	下排显示器显示	说　明
RESET	—dub		
EH	G		按命令键
0/1	EH	01	检查 CPU 插件
,	EH.01	good	检查通过
0/3	EH	03	检查 I/O-1 插件
,	EH.03	good	检查通过
END	.		结束并返回 dub

各种保护装置的原理和判据不同，但一般均包括：输入信号的 A/D 转换，必要的数字滤波处理，电气参数的计算，各种判据的实现及出口信号输出及打印记录等。微机系统可实现若干种保护功能，一般将各保护功能放在一起，用不可屏蔽中断 NMI 实现，中断周期即为采样频率 600Hz。各种保护装置的具体情况，这里不予详述。

七、保护定值整定

该装置采用 4 位十进制实数整定方式，配于 2 位十进制拨轮开关作为定值选择，小键盘作为定值输入，两排 4 位显示器以显示和校核定值，另外加上定值写入开关以保证定值写入的安全性，其中显示器上排显示定值号，下排显示定值内容或操作提示。定值的最后写入必须操作写入开关才能有效，而这个开关平时处在“禁止”位置，以确保在长期的运行过程中不会因任何原因使保护定值被改写。定值一旦写入 E^2RROM，便可长期保存，不受断电的影响。

定值在调试态“dub”下可通过“PS”键由打印机打出定值表，以便校核或存档，在运行状态下则可通过显示器观察，以便校核（拨轮号0～49）。整定操作步骤见表21-13-14。

表21-13-14　　整定操作步骤

序号	步骤	操作及显示状态	显示图例
1	整入整定状态	在“dub”下按“PE”键。显示nn为当前定值号，xx，YY为当前定值数值	␣␣nn xxYY
2	选择定值	根据定值表找出定值号mm并拨动拨轮开关到相应号，这时该定值的当前值uu，VV显示在下段	␣␣mm uuVV
3	打入定值	从小键盘打入实数定值pp.QQ，同时监视显示器。如果打入有错欲修正，请连打4个0，然后重新输入	␣␣mm ppQQ
4	定值写入	按“，”键，这时显示器提示您打开“写入/禁止”开关	␣␣mm OPEN
5	写入允许	置“写入/禁止”开关到“写入”位置，提示您写好后随即返回	␣␣mm GOOD
6	结束写入	按任一键即结束定值的写入。当下排显示新的定值时，表明整定成功	␣␣mm ppQQ
7	重选定值或退出整定	重复序号2～6，或按“END”正常退出整定状态	

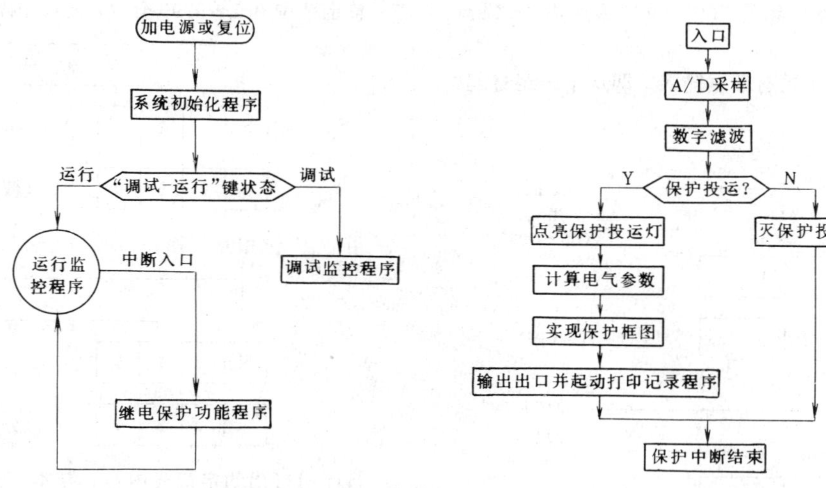

图 21-13-24　保护软件流程框图

现将几种特殊保护装置的定值整定介绍如下。

（一）三次谐波定子接地保护灵敏系数自动跟踪调整及参数整定

原则上应根据实际发电机参数进行现场整定。

1. 拨轮开关在 12 位，发电机三次谐波定子接地系数 K_1、K_2 整定

当 WFBZ-01（A）-1 的拨轮开关处于"12"且在"运行"态时，在显示器的上排显示三次谐波动作电压，下排显示制动电压。通过按表 21-13-15 的调整，理论上可以使得动作电压为零，当满足要求后转到"调试"态，并按"PE"键，然后用"，"键将 K_1、K_2 系数自动写入。

调整系数 K_1、K_2 有"自动"和"半自动"两种方式，当系统刚进入"运行"态调整时，为"半自动"方式；当按"，"键后为自动整定一次。如达成目的则自动转入"半自动"方式，此时可根据需要按表 21-13-15 的键功能进行调整。在"自动"方式时按"："键可中止"自动"方式，转为"半自动"。

（1）方程 $|U_N+k_1(U_T(n)+k_2U_T(n-1))|\geqslant k_3|U_N|$。

（2）键功能见表 21-13-15。

表 21-13-15　键功能

十进制开关号	调整的内容	特粗调		粗粗调		粗调		细调	
		－	＋	－	＋	－	＋	－	＋
12	$\pm k_2$	0	1	2	3	4	5	6	7
12	$+k_1$	8	9	A	B	C	D	E	F
13	k_3	0	1	2	3	4	5	6	7

（3）"，"键"自动"方式一次；"："键转"半自动"方式。

（4）若"12"功能不能使"动作电压"≈0，则检查 U_N、U_T 的极性是否接反。

（5）调整范围：调幅值 k_1：（0～7），调相位 k_2：（－7～＋7），调灵敏度 k_3：（0～2）。

（6）级差：特粗调：1.0；粗粗调：0.1；粗调：0.01；细调：1 位数字量。

（7）整定好需固化时须转到"调试"进行，此时不能按复位按钮。

2. 拨轮开关在 13 位，灵敏系数调整

只有"半自动"方式。

发电机运行正常后，最后带 20% 的负荷。此时按"a）"键调整好动作量，完毕后在发电机中性点挂一有足够灵敏系数的电阻 R_N'（根据用户而定），按表 21-13-15 调整键使保护刚好处于临界状态，然后转到"调试"态，像"a）"一样操作。

这样整定的灵敏系数即为实际三次谐波定子接地保护的灵敏系数。

（二）发电机过激磁曲线输入

在"调试"态拨轮开关为"30"时，可输入反时限过激磁曲线上点"100"组。

整定范围：U_*/f_*　　1.01～2.0 倍

延时 t　　0.1～9999s

要求输入数据组数不超过 100 组（组号 00～99）。U_*/f_* 要求由小到大存放（组号小 U_*/f_* 也小），时间由大到小存放。第一组为起动值，最后一组为上限。各键功能定义如下：

"："键：定值和时间之间切换

"C"键：前一组定值数据

"D"键：后一组定值数据

"E"键：输入新的组号"00～99"，最后用"E"键确认

"F"键：后面不再有数据输入，即从下一组号起以后的数值无效

显示器状态

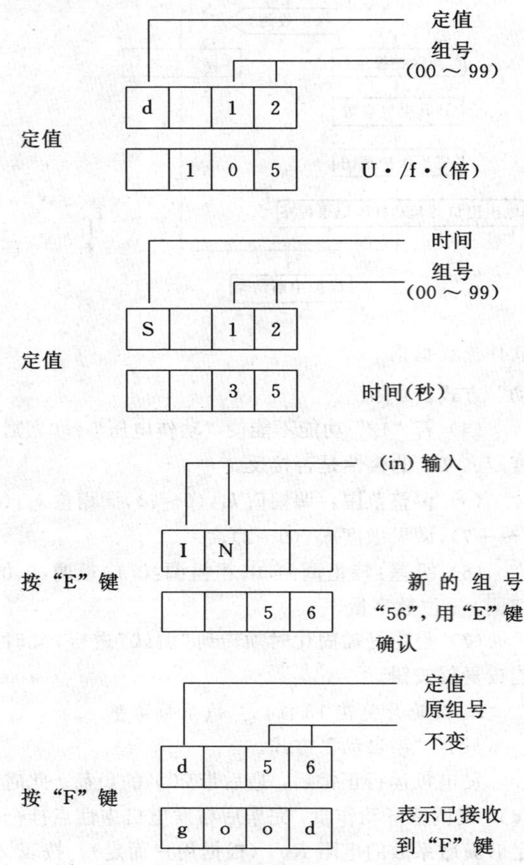

当出现"good"或"Err"时，任意按一键即可恢复正常整定。

（三）发电机空载特性曲线输入

该曲线参数安排在50～59号单元，限10组，并且规定50号单元对应最大的一组E_0～I_f，其余依次整定。若参数多于10组，则丢弃较小的（因为此时电机并未饱和）；若少于10组，则其余填"0"。整定操作步骤同（二），但每一单元代表一组E_0、I_f值。整定时用"："键相互切换。整定E_0时上排显示E，整定If时上排显示F。注意E_0的单位是kV，I_f的单位是kA。

（四）发电机低频保护积累时间的整定

WFBZ-01(A)-1的拨轮开关为19和22时整定低频保护时间积累。

整定时上排显示现在的属入单位，下排显示输入值。

单位有"秒"和"分"两种。

整定范围0.1～9999分（7天），内部可达80天。

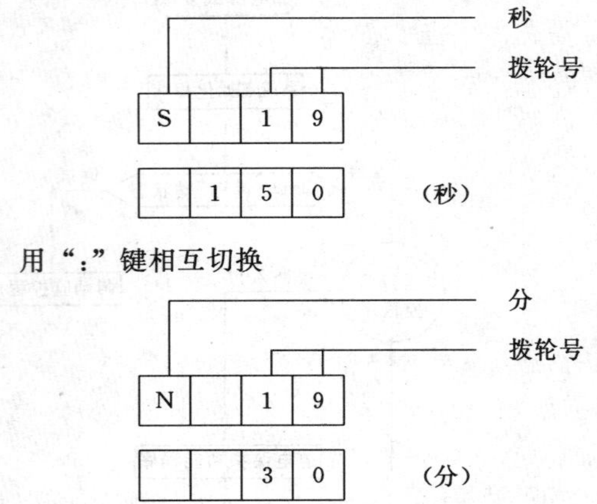

用"："键相互切换

打印机打出的定值表内容，与本节三的主要技术性能指标及整定值相似，不重复叙述。

八、自检及可靠性措施

该保护在运行过程中不断对装置各部分进行动态自检。自检是分时自动进行的，不影响保护的运行。当装置发生故障时，自检将告警，并立即闭锁有关保护的出口，以防误动；同时打印机将打印出有关故障插件及可能出错部位，以帮助检查和排除故障。

硬件自检功能及相应故障打印信息见表21-13-16。

表21-13-16 硬件自检功能及相应故障打印信息

自检功能	出错打印信息
CPU监视电路（Watch Dog）	
CPU-1插件自检功能	CPU-1 probably faults
I/O-1插件自检功能	I/O-1 Probably faults
I/O-2插件自检功能	I/O-2 Probably faults
I/O-3插件自检功能	I/O-3 Probably faults
I/O-4插件自检功能	I/O-4 Probably faults
ADC-1插件自检功能	ADC-1 probably faults
OTR-1插件自检功能	OTR-1 probably faults
POWER插件自检功能	POWER Probably faults

该装置具有以下可靠性措施：

(1) 出口防误动作多回路闭锁功能；

(2) 死机自复位功能；

(3) 定值校核功能；

(4) 抗高频电磁辐射干扰措施；

(5) 防工频强磁场干扰措施。

九、硬件

整个发电机-变压器组保护由两个独立的机柜组成，每个机柜的硬件组件模式相同，见图 21-13-25。各保护系统的组件模式也相同，都由几类插件组成，见图 21-13-26，所不同的只是微机系统执行的保护软件，一般对发电机的保护配置在一个柜的三个微机系统中（*A* 柜），主变压器及厂用变压器的保护在另一个柜（*B* 柜）的三个微机系统中，每个微机系统完成若干个保护（一般为 3～8 个保护）。

现将主要插件介绍如下。

（一）输入变换插件（AIN）

按输入信号不同设置以下几类变换回路：

(1) 交流电压，用中间变压器（YH）隔离变换。

(2) 交流电流，用中间变流器（LH）隔离变换。

(3) 直流电压电流，用霍尔传感器隔离转换。

（二）模拟滤波插件（AFI）

输入变换插件的各通道输出信号，经模拟滤波送到 ADC 插件，以防止频率混叠。由于采样频率为 600Hz，所有模拟低通滤波器应尽可能滤净 300Hz 以上的频率分量，同时又不能影响通带内信号的顺利通过。装置中采用的是过渡特性较好、结构较简单的两阶～4 阶切比雪夫有源低通滤波器。

（三）模数变换插件（ADC）

主要包括 16 片采样保持器、一片 16 路模拟多路转换开关 AD7506、一片十二位 A/D 变换器 AD574，以及一些辅助电路，见图 21-13-27。

由于 A/D 变换器价格昂贵，装置采用了十六路模拟量共用一个 A/D 的方法。为了保证各通道模拟采样量为同一时刻的值，十六个通道分别有自己的采样保持器，其采样脉冲控制输入端均来自 I/O-1 插件的 600Hz 采样频率信号，使各通道同时采样或保持。十六个采样保持器保持着同一时刻的十六个模拟量，经一个模拟多路转换开关 AD7506 逐个送到 AD574 去进行模数转换。A/D 转换采用软件控制方式，转换完成的数据经缓冲器读入 CPU。

AD574 为 32 位逐次逼近型 A/D 转换器，输入电压范围选择为±10V，分辨率达 4.8mV，转换的最大时间是 25μs，在插件上设置了增益调整和零点调整电阻，可以进行模/数转换的零点调整及增益调整。

（四）CPU 插件

CPU 插件框图见图 21-13-28，由下列电路构成。

1. 时钟发生器 8284A 电路

8284A 输入频率是外接的晶体振荡器（E），它的基频为 14.7456MHz，三分频后输出 5MHz 的时钟信号 CLK，供 8086CPU 用。把时钟信号 CLK 再二分频就得到了 PCLK 外围时钟信号 2.5MHz；同时同步复位信号，提供给 CPU 及外设。

2. 等待状态发生器电路

电路由一块 74LS164 移位寄存器及一些辅助电路

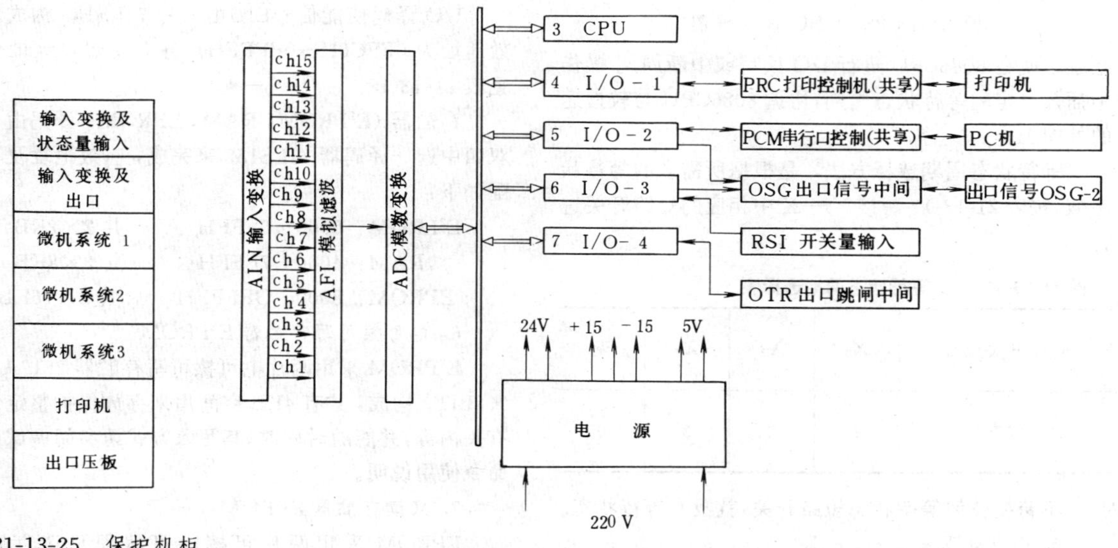

图 21-13-25　保护机柜的硬件组件模式（A 柜和 B 柜相同）

图 21-13-26　微机系统组件图

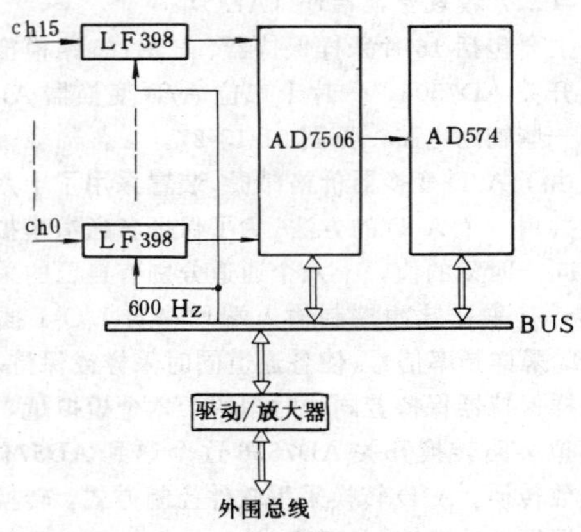

图 21-13-27　ADC 插件框图

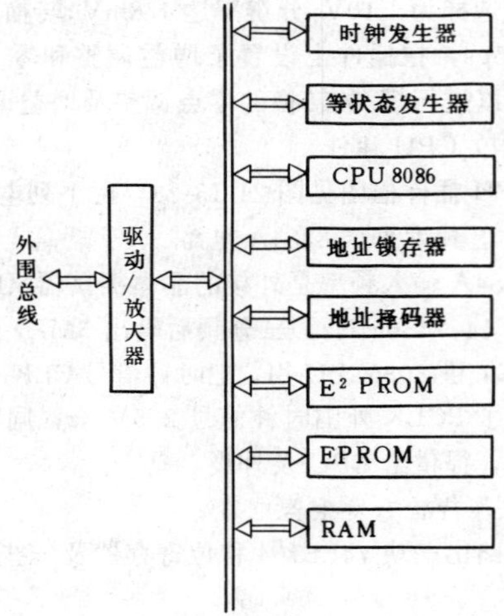

图 21-13-28　CPU 插件框图

组成，使在8086CPU进行I/O读写或中断周期操作中插入一定的等待状态周期，协调8086CPU与较慢速的外围工作。

等待状态周期选择方法，是根据所需求的等待状态数，按表21-13-17跨接X_2—X中相应的短路开关进行。

表 21-13-17　等待状态周期选择表

短路开关位置	X_2	X_3	X_4	无
等待状态数	1	2	3	0

不跨接任何等待状态短路开关，就没有等待状态。

3. 中央处理器8086CPU

CPU采用INTEL公司的8086。它有16位数据线，可作16位或8位运算；20根地址线，寻址能力达1MB。数据地址线是分时复用。17根控制线。关于其运行、功能及指令系统等请详看有关资料，这里仅介绍一下该装置使用8086CPU的情况。

(1) 装置中，8086用于最小系统方式(MN/MX端置逻辑高电平)。

(2) 输入端HOLD按低电平，8086不应用这种方式。

(3) 输入端TEST接E^2PROM的R/$\overline{B}$控制端，协调CPU与E^2PROM的写操作。

(4) 因装置所用内存不超过64KB，故只用16根地址线（A_0～A_{15}），高地址线（A_{16}～A_{19}）假定为零，则内存地址范围为（0～FFFFH）。

(5) 当装置复位，重投或第一次加电时，8086执行FFFOH单元的指令。

(6) 8086非屏蔽中断（NMI）输入来自采样中断。

(7) 8086可屏蔽中断（INTR）输入来自中断控制器8259A的INTR端。

(8) 8086内部除法错中断进行除法运算溢出后的处理。

(9) 以上所用的8086各中断的优先权从高到低为：除法出错→不可屏蔽中断→可屏蔽中断→(包含8级中断IR0～IR7)。各中断入口地址已放入各相应矢量地址中。

4. 地址锁存器

地址锁存电路由三块总线收发器74LS373构成，它们的作用是从复用的地址数据总线上捕捉地址信息，并锁存到一个总线周期结束为止。

5. 地址译码器

I/O译码使能信号$\overline{EIO}$由一片74LS133构成，有效地址为0FFC0H—0FFFFH。各I/O端口地址分配见表21-13-18。

存贮器（E^2PROM，RAM，EPROM）译码由一块双四中选一译码器74LS155来完成，有效地址及其分配如下：

E^2PROM：0000—0FFFH　　共2×2KB

RAM：4000—7FFFH　　共2×8KB

EPROM：8000—OFFFFH　　共2×16KB

6. 电可擦可写存贮器E^2PROM

E^2PROM采用两片电可擦可写存贮器2817A（2K×8BIT）构成，共有4KB空间用来存放保护整定值及有关内容，并能随时修改。其写入方式请参阅调试监控命令使用说明。

7. 只读存贮器EPROM

EPROM采用两片可擦除可编程只读存贮器27128（16K×8BIT），共占32KB，用来存放全部保护程序及其它定值常数。

表 21-13-18 I/O 端口地址分配表

口地址	插件号	芯片	功能
0FFF9,B,D,F	I/O-1	8255A	PA 输入,PB 打印机数据线,PC 输出,
0FFF8,A,C,E	I/O-2	8251A	异步通信口
0FFF0,2,4,6	I/O-2	8259A	中断芯片
0FFE0,2,4,6	I/O-2	MM58167	时钟读写
0FFE8,A,C,E	I/O-2	8255A	PA 为 SG 反码,PB 为 SG 正码,PC 为时钟地址
0FFE1,3,5,7	I/O-3	8279A	键盘输入,显示器输出
0FFE9,B,D,F	I/O-3	8255A	PA 为 TR 反码,PB 为 TR 正码,PC 开关量输入
0FFC1,3,5,7	I/O-4	8255A-1	PA 为拨轮开关,PA 为投运灯,PC 为投运开关
0FFC9,B,D,F	I/O-4	8255A-2	PA 为 SG 反码,PB 为 SG 正码,PC 为开关量输入
0FFD0	ADC-1	7475	选 A/D 通道
0FFD2	ADC-1	AD574	发 A/D 转换命令
0FFD4	ADC-1	74LS244	读 A/D 转换数

8. 随机存取存贮器 RAM

RAM 采用两片静态随机存取存贮器 6264（8K×8BIT），共有 16KB，用来存放采样值、各种标志、计算结果。

9. CPU 插件面板上装设的器件

□ E²PROM 写入允许和禁止按钮（即固化开关按钮）。

（五）I/O-1 插件

I/O-1 插件框图见图 21-13-29。它由以下电路构成。

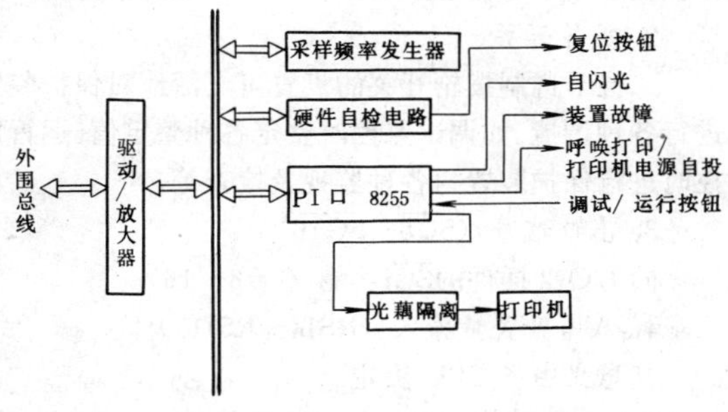

图 21-13-29 I/O-1 型插件硬件框图

1. 采样频率发生器

用二片二单元 16 位计数器 74LS393 将 PCLK 信号分频，即得到 600Hz 方波脉冲，作为采样脉冲及 NMI 输入。

2. 硬件自检电路

由计数器 74LS393 及双可再触发单稳态多谐振荡器 74LS123 构成，其重投脉冲（T）及硬件故障脉冲（2T）可由 CPU 清零。当保护装置投入运行时，CPU 若工作正常，每隔 T_z（<T）时间对硬件自检电路清零，使重投脉冲及硬件故障脉冲不能发出。CPU 若工作不正常，不对硬件自检电路清零，重投脉冲经 T 秒发出，若重投成功，CPU 恢复正常，装置故障信号不会发出。若重投不成功，CPU 仍无清零脉冲，则再经 Ts 后发装置故障信号$\overline{DE}$。

3. 并行输入输出接口 8255A

用可编程并行输入输出接口芯片 8255A，提供装置故障$\overline{DE}$及呼唤打印$\overline{CPR}$信号，并提供打印机的数据及控制线。

4. 打印机光耦隔离电路

采用光耦器隔离了打印机与装置的电气联系，有效地防止了打印机与装置的相互干扰。其输出可直接接至打印机。这样本微机系统就专用一个打印机；或接至打印机控制板，与其它微机系统共享打印机。

5. I/O-1 插件面板上装设的器件

□ 复位按钮

□ 工作方式开关（调试/运行）

□ 自检成功闪光灯（绿色）

□ 呼唤打印灯（绿色）

□ 装置故障灯（红色）

（六）I/O-2 插件

I/O-2 插件硬件框图见图 21-13-30。它由以下电路构成。

1. 中断控制器 8259A

8259A 可管理八级外部中断，包括数据打印中断（IR6）、随机打印中断（IR5）、PC 机通信中断（IR1）、

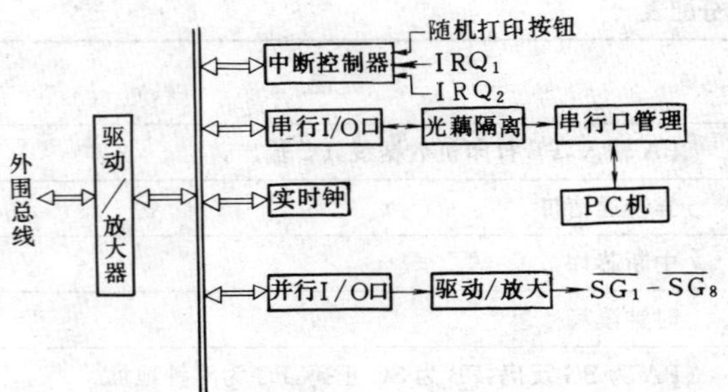

图 21-13-30　I/O-2 插件硬件框图

采样打印中断 (IRO)，另外，IR3 及 IR4 中断留用。外部的各中断经过 8259A 仲裁判决优先权后，由 8259A 向 CPU 发出中断请求。

2. 串行通信管理 8251A

8251A 用于 CPU 与 PC 机之间的数据传送（串行通信）管理。中间经光耦隔离，加强了抗干扰性能，串行口管理板（PCM）使 PC 机能管理多个 CPU 通信要求，这样 PC 机就能对多台运行着的保护装置进行监视和管理，实现了保护的更高层次的管理。

3. 实时钟 MM58167

MM58167 为硬件时钟，有月、日、星期、时、分、秒、毫秒输出，计时精度高。时间的年整定放在 E^2PROM 中。MM58167 配有后备充电电池，在电源断电时仍在继续。

4. 出口信号（$\overline{SG1}$—$\overline{SG8}$）

由并行接口 8255A 提供八路出口信号，其意义由微机系统决定。信号输出条件为 8255A 中 PA 口、PB 口均有效，即：

$$\overline{SGi}=\overline{PAi}\cdot PBi\ (i=1\sim8)$$

5. I/O-2 插件面板上装设的器件

□ 随机打印按钮

（七）I/O-3 插件

I/O-3 插件硬件框图见图 21-13-31。它由以下电路构成。

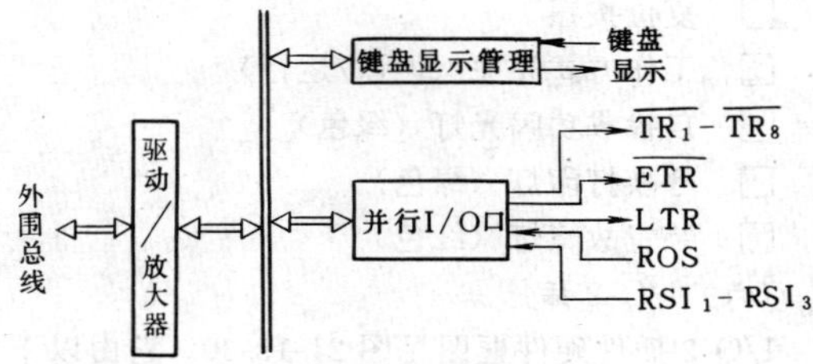

图 21-13-31　I/O-3 插件硬件框图

1. 键盘显示器电路

可编程键盘显示控制器 8279 管理面板上的 20 个键盘及 8 个八段数码显示器，实现调试监控程序中的各种命令。

2. 出口跳闸（$\overline{TR1}$—$\overline{TR8}$）及三个开关量输入

由 8255A 提供八路出口跳闸输出及三个开关量输入（RS1、2、3），其意义由各微机系统决定，每路出口跳闸输出条件为：

$$\overline{TRi}=LTR\cdot\overline{PAi}\cdot PBi\cdot\overline{ETR}$$
$$(i=1\sim8)$$

即除 A、B 口条件满足外，$\overline{ETR}$（出口使能位）和 LTR（出口闭锁位）均须有效（$\overline{ETR}=0$，LTR＝1）。ROS 用于出口自检。

3. I/O-3 插件面板上装设的器件

□ 20 个键盘

□ 8 个八段码显示器（上排 4 个，下排 4 个）

（八）I/O-4 插件

I/O-4 插件硬件框图见图 21-13-32。它由以下电路构成。

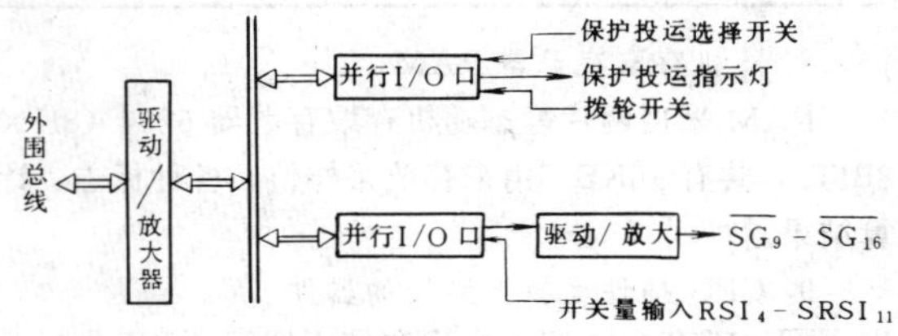

图 21-13-32　I/O-4 插件硬件框图

1. 保护投运选择及指示

一微机系统所包括的各个保护功能可单独地选择投运状态，用拨子开关投入或退出即可，灵活方便，且保护投运指示灯会显示所选择保护投运的情况。

2. 拨轮开关

二位十进制拨轮开关的设置可灵活地对保护装置进行各种调遣。如调试监控时整定各种整定值。运行监控时进行保护装置的各种监视及检查等。

3. 出口信号（$\overline{SG8}$—$\overline{SG16}$）

同 I/O-2 插件的$\overline{SGi}$功能（i＝8～16）。

4. 八路开关量输入（RSI4～RSI11）

其意义由各 CPU 决定。

5. I/O-4 插件面板上装设的器件

□ 八个保护投运选择开关

□ 八个保护投运指示灯（绿色）

□ 二个十进制拨轮开关

（九）出口中间插件（OTR）

每个 CPU 带 3 个 8255 并行口，共有 24 路输出，每一路就是保护的一个输出信号。它可以是跳闸（信号）或者发信。保护动作输出时从 8255 的 B 口送出正码，同时从 A 口送出反码，逻辑组合成一个输出信号，通过驱动器 74LS244 输出到跳闸中间继电器或信号中间继电器的驱动电路。驱动器受 LTS 控制，它来自保护自检输出和调试/运行开关。只有当软、硬件自检均通过，并且在运行状态时才允许驱动器输出，否则处于关闭状态。

整个电路由光耦隔离、出口驱动回路、闭锁电路、使能继电器和同步监视电路组成。

一个出口中间继电器插件有八个独立的跳闸回路，可分别或同时起动八个出口中间继电器。起动信号经光电隔离驱动小密封继电器，输出两对触点，其一对触点起动出口继电器，即接通出口继电器的＋24V 端；另一对触点接到同步监视回路，用来自检。

使能信号由 8255 的 C 口发出，经隔离后驱动使能继电器，其一对触点用来接通出口继电器电源的 0V 端，另一端接到同步监视回路，用来自检。

闭锁信号也由 8255 的 C 口发出，经隔离后直接闭锁跳闸驱动和使能驱动回路，以避免隔离回路和驱动回路元件损坏引起的误动，也使软件出口条件更加严格，防止软件误动。

同步监视回路是一个综合反映各回路和继电器动作情况的逻辑电路，它的输出可直接被 CPU 读到，通过检查其输出即可对出口回路进行自检。当装置正常运行时跳闸信号和使能信号是同步的，而出现异步时则说明不正常。同时，还可检查装置是否会拒动，这可以通过只发出一个起动命令而不使能或反之来实现。总之，我们完全可通过它来检查起动、闭锁、使能的动作是否正确，以保证出口回路的正常工作。

（十）信号中间插件（OSG-1）和出口信号插件（OSG-2）

信号中间继电器的起动回路与（九）相同，但没有闭锁回路和同步监视回路。每路输出三对信号触点，并有指示灯装于面板。

（十一）开关量输入插件（RSI-1）

开入量指的是发电机和变压器的一些非电量保护输出触点信号，它们可具有不同的直流电压等级。

开入量经限流后输入光耦，经过电气隔离后形成正、反码两个 5V 电平的开关量，以供 CPU 正确读入。CPU 分别校验这两个码后才判定状态，因此有较强的抗干扰能力。

（十二）电源插件（POWER）

本插件采用现成的逆变电源，有三组稳压电源输出，＋24V、5V 及±15V。接地方式用浮空法，同外壳绝缘。

十、保护配置举例

该保护装置由 A、B 两个柜组成，共 6 个完全独立的 8086 微机系统分担全部保护。A、B 柜的保护配置见表 21-13-19 和表 21-13-20。

表 21-13-19 A 柜保护（以发电机保护为主）

层次	保护	动作对象
CPU1	发电机纵联差动保护（配 CT 断线闭锁）	全停 I 和发信
	$3U_0$ 和 3ω 定子接地保护	延时全停 Ⅱ 和发信
	发电机过电压保护	延时程序跳闸或解列灭磁 I 和发信
	发电机过励磁保护（定时限）	减励磁和发信
	发电机过励磁保护（反时限）	解列灭磁 I 或程序跳闸和发信
	发电机低频保护（断路器触点闭锁）	信号
	厂用变分支过电流保护	跳厂变低压侧开关和发信
CPU2	发电机失磁保护（配 PT 断线闭锁）	U_h 高：切换励磁、减出力 U_h 低：程序跳闸或解列
	发电机失步保护	减出力或增出力，解列
	发电机逆功率保护 1（配 PT 断线闭锁）	Ⅰ段：发信，Ⅱ段：解列
	发电机逆功率保护 2	解列灭磁 1
	发电机不对称过负荷保护（定时限）	发信
	发电机不对称过负荷保护（反时限）	解列或程序跳闸
	发电机对称过负荷保护（定时限）	自动减出力
	发电机对称过负荷保护（反时限）	解列或程序跳闸

续表 21-13-19

层　次	保　护	动作对象
CPU3	发电机定子匝间保护（配PT断线闭锁）	出口跳闸（可带小延时）
	发电机转子一点接地保护	发信
	发电机转子两点接地保护	延时出口跳闸
	发电机励磁回路过负荷保护（定时限）	降低励磁
	发电机励磁回路过负荷保护（反时限）	降低励磁或切换励磁
	发电机断水保护	解列、发信
	发电机热工保护	解列、解列灭磁、发信

表 21-13-20　B柜保护（以变压器保护为主）

层　次	保　护	动作对象
CPU1	发电机-变压器组差动保护（配CT断线闭锁）	全停Ⅱ和发信
	主变压器零序间隙电流和零序电压保护（受接地刀闸闭锁）	解列灭磁Ⅰ和发信
	主变压器零序电流Ⅰ段保护	时间Ⅰ：解列母线和发信 时间Ⅱ：解列灭磁Ⅰ和发信
	主变压器零序电流Ⅱ段保护	时间Ⅰ：解列母线和发信 时间Ⅱ：解列灭磁Ⅰ和发信
	主变压器瓦斯保护	轻瓦斯：发信；重瓦斯：全停Ⅱ和发信
	启动失灵保护	起动失灵保护和发信
	断路器非全相保护	出口解列Ⅰ和发信
CPU2	主变压器纵联差动保护（配CT断线闭锁）	全停Ⅰ和发信
	厂用变压器复合电压过电流保护	Ⅰ段：低压分支跳闸和发信 Ⅱ段：解列灭磁Ⅰ和发信
	厂用变压器瓦斯保护	轻瓦斯：发信；重瓦斯：全停Ⅲ和发信
	厂用变压器温度保护	跳闸和发信
	厂用变压器压力释放保护	解列Ⅱ或程序跳闸和发信
	厂用变压器油位保护	跳闸和发信
CPU3	厂用变压器纵联差动保护（配CT断线闭锁）	全停Ⅰ和发信
	主变压器阻抗保护	Ⅰ段：解列母线 Ⅱ段：解列灭磁Ⅰ
	主变压器冷却器全停保护	解列Ⅱ或程序跳闸和发信
	主变压器压力释放保护	解列Ⅱ或程序跳闸和发信
	主变压器温度保护	解列Ⅱ或程序跳闸和发信
	主变压器油位保护	跳闸和发信
	主变压器通风保护	起动通风

十一、装置面板图

WFBZ-1型保护装置面板图，见图21-13-33。

十二、接线端子排图

WFBZ-1型保护装置接线端子排图，见图21-13-34及图21-13-35。

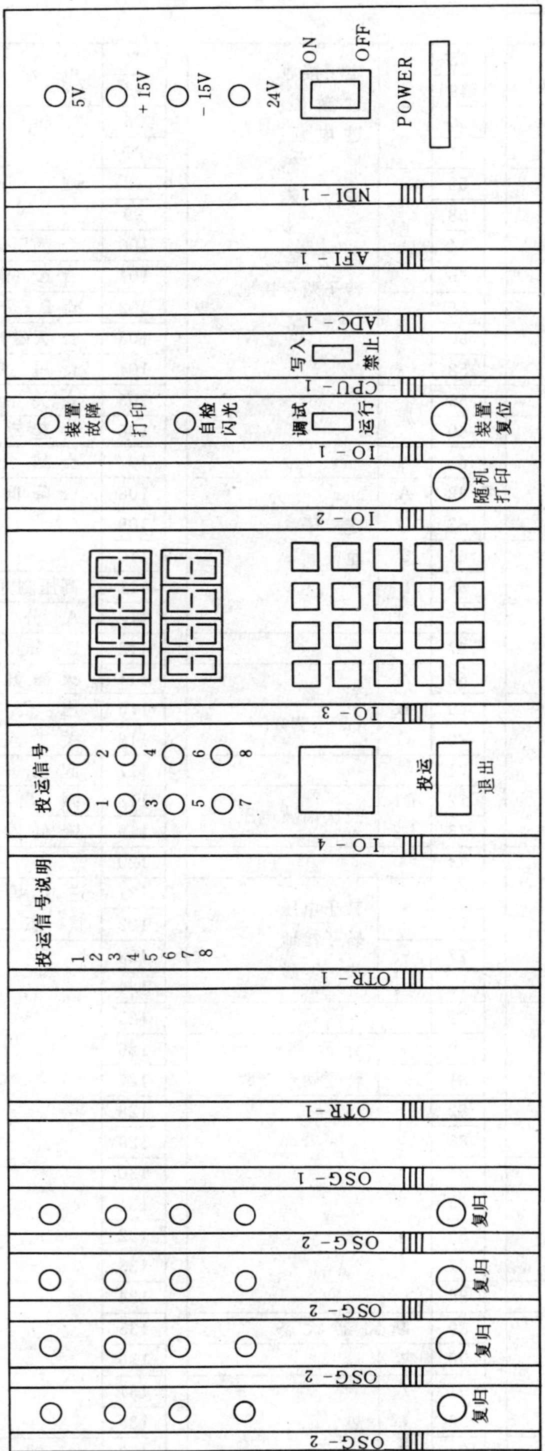

图 21-13-33　WFBZ-1 型保护装置面板图

1X		
2		
3		
4		
5	A	发电机
6	B	差　动
7	C	机端电流
8	N	
9	A	发电机差动
10	B	中性点电流
11	C	
12		
13		
14		1 XH
15		
16		
17	A	失　磁
18	B	失　步
19	C	逆功率 2
20	N	
21		
22	A	对称过负荷
23	B	不对称过负荷
24	C	逆功率 1
25	N	
26		
27	A	
28	B	励磁回路
29	C	过负荷
30	N	
31		
32	A	
33	B	转子两点
34	C	接　地
35	N	
36		
37	A	厂用变压器
38	C	A 分 支
39	N	过 电 流
40		
41		
42	A	厂用变压器
43	C	B 分 支
44	N	过 电 流
45		
46		
47		

48		定子接地
49	A	过激磁
50		过电压
51		低　频
52		失　磁
53		失　步
54	B	逆功率
55		转子两点接地
56		
57	C	
58		
59	属	
60		
61	N	
62	A	
63	B	定　子
64	C	匝　间
65	L	
66	N	
67		
68	A	失　磁
69	B	(高压侧)
70	C	
71		
72	L1	三次谐波电压
73	L2	
74		
75	+	转子电压
76		转子接地
77	−	失　磁
78		
79		
80	+	分流器
81	−	转子两点接地
82		
83		
84		
85		
86		
87		
88		
89	断路器状态	
90	断水	
91	Ⅰ	
92	Ⅱ	热　工
93	Ⅲ	

94	电　源　负
95	
96	
97	
98	
99	
100	☆ 高压侧开关
101	☆ A 分 支
102	☆ B 分 支
103	☆ 灭磁开关
104	☆ 甩 负 荷
105	☆ 关主汽门
106	☆ 起动失灵
107	☆ 减 出 力
108	☆ 降低励磁
109	
110	
111	高压侧开关
112	A 分 支
113	B 分 支
114	灭磁开关
115	甩 负 荷
116	关主汽门
117	起动失灵
118	减 出 力
119	降低励磁
120	
121	逆功率 2
122	状　态
123	
124	
125	
126	
127	
128	
129	
130	
131	
132	
133	
134	
135	
136	
137	
138	
139	大　轴
140	大　地

图 21-13-34　接线端子排图（一）

2X		
1	+	电源
2	—	
3		
4		
5		
6		
7		
8		
9		
10		
11		
12		
13		
14		
15		
16	发电机差动	
17	CT 断线	
18	零序	定子接地
19	三谐	
20	过电压	
21	f1	低频
22	f2	
23	f3	
24	定时限	过励磁
25	反时限	
26	A	厂用变压器过电流
27	B	
28	t1	失磁
29	t2	
30	t3	
31	PT 断线	
32	t1	逆功率 1
33	t2	
34	f 升	失步
35	f 降	
36	t	
37	逆功率 2	
38	定时限	对称过负荷
39	反时限	
40	定时限	不对称过负荷
41	反时限	
42	定子匝间	
43	PT 断线	
44	反时限	励磁回路过载
45	定时限	
46	一点	转子接地
47	两点	

48	断水	
49	热工 Ⅰ	
50	热工 Ⅱ	
51		
52	装置故障	
53	呼唤打印	
54		
55		
56	发电机差动	
57	CT 断线	
58	零序	定子接地
59	三谐	
60	过电压	
61	f1	低频
62	f2	
63	f3	
64	定时限	过励磁
65	反时限	
66	A	厂用变压器过电流
67	B	
68	t1	失磁
69	t2	
70	t3	
71	PT 断线	
72	t1	逆功率 1
73	t1	
74	f 升	失步
75	f 降	
76	t	
77	逆功率 2	
78	定时限	对称过负荷
79	反时限	
80	定时限	不对称过负荷
81	反时限	
82	定子匝间	
83	PT 断线	
84	定时限	励磁回路过载
85	反时限	
86	一点	转子接地
87	两点	
88	断水	
89	热工 Ⅰ	
90	热工 Ⅱ	
91		
92	装置故障	
93	呼唤打印	
94		

95	发电机差动	
96	CT 断线	
97	零序	定子接地
98	三谐	
99	过电压	
100	f1	低频
101	f2	
102	f3	
103	定时限	过励磁
104	反时限	
105	A	厂用变压器过电流
106	B	
107	t1	失磁
108	t2	
109	t3	
110	PT 断线	
111	t1	逆功率 1
112	t2	
113	f 升	失步
114	f 降	
115	t	
116	逆功率 2	
117	定时限	对称过负荷
118	反时限	
119	定时限	不对称过负荷
120	反时限	
121	定子匝间	
122	PT 断线	
123	反时限	励磁回路过载
124	定时限	
125	一点	转子接地
126	两点	
127	断水	
128	热工 Ⅰ	
129	热工 Ⅱ	
130		
131	装置故障	
132	呼唤打印	
133		
134		
135		
136		
137		
138		
139		
140		

图 21-13-34　接线端子排图（二）

3X			
1			
2			
3	A	发电机-变压器组差动中性点	
4	B		
5	C		
6	N		
7	A	发电机-变压器组差动主变压器高压侧	
8	B		
9	C		
10			
11	A	发电机-变压器组差动厂用变压器高压侧	
12	B		
13	C		
14			
15		1 XH	
16			
17			
18			
19	L1	主变压器零序	
20	L2		
21	L3		
22	L4		
23			
24	A	主变压器低压侧	主变压器差动
25	B		
26	C		
27	N		
28	A	主变压器高压侧	
29	B		
30	C		
31			
32	A	厂用变压器高压侧	
33	B		
34	C		
35			
36		2 XH	
37			
38			
39			
40	A	厂用变压器高压侧	厂用变压器差动
41	B		
42	C		
43	N		
44	A	A 分支 B 分支	
45	A		
46	B		
47	B		
48	C		
49	C		

端子		
50		
51		
52	A	阻抗
53	B	
54	C	
55	N	
56		
57		3 XH
58		
59		
60		
61		
62		
63	A	阻抗 主变压器零序 （高压侧）
64		
65	B	
66		
67	C	
68		
69	L	
70		
71	N	
72		
73		
74	A	复合电压过电流 A分支
75	B	
76	C	
77		
78	A	复合电压过电流 B分支
79	B	
80	C	
81		
82		
83		
84		电源＋
85		
86		电源－
87		
88		
89		
90		
91		
92		
93		
94		
95		
96		

端子		
97		
98		
99		
100	电源－	
101	轻瓦斯	主变压器
102	重瓦斯	
103	非全相	
104	断路器	失灵
105	保护出口	
106	中性点刀闸	
107	重瓦斯	厂用变压器
108	轻瓦斯	
109	温度	
110	油位	
111	压力释放	
112		
113	压力释放	主变压器
114	温度	
115	油位	
116	冷却器	
117		
118		
119		
120		
121	★高压侧开关	
122	★A分支开关	
123	★B分支开关	
124	★灭磁开关	
125	★机炉甩负荷	
126	★关主汽门	
127	高压侧开关	
128	A分支开关	
129	B分支开关	
130	灭磁开关	
131	机炉甩负荷	
132	关主汽门	
133	★起动失灵	
134		
135	★母联开关	
136		
137	★跳开关	
138		
139	★起动通风	
140		
141		
142	电源＋	
149		
150	大地	

图 21-13-35 接线端子排图（三）

4X		
1	Ⅰ	
2		
3		
4		
5		
6		
7		
8		
9		
10		
11		
12		
13		
14		
15		
16		
17		
18	发电机-变压器组差动	
19	CT 断线	
20	重瓦斯	主变压器
21	轻瓦斯	
22	t0	主变压器零序
23	t1	
24	t2	
25	t3	
26	t4	
27	非全相	
28	失灵起动	
29		
30	主变压器差动	
31	CT 断线	
32	重瓦斯	厂用变压器
33	轻瓦斯	
34	t1	复合电压过电流
35	t1	
36	t3	
37	压力释放	厂用变压器
38	温度	
39	油位	
40		
41		
42	厂用变压器差动	
43	CT 断线	
44	t1	阻抗
45	t2	
46	PT 断线	

端子	名称	分组
47	冷却器	主变压器
48	压力释放	
49	温度	
50	油位	
51	装置故障	
52	呼唤打印	
53	主变压器通风	
54	Ⅱ	
55		
56		
57		
58		
59	发电机-变压器组差动	
60	CT 断线	
61	重瓦斯	主变压器
62	轻瓦斯	
63	t0	主变压器零序
64	t1	
65	t2	
66	t3	
67	t4	
68	非全相	
69	失灵起动	
70		
71	主变压器差动	
72	CT 断线	
73	重瓦斯	厂用变压器
74	轻瓦斯	
75	t1 (A)	复合电压过电流
76	t1 (B)	
77	t2	
78	压力释放	厂用变压器
79	温度	
80	油位	
81		
82		
83	厂用变压器差动	
84	CT 断线	
85	t1	阻抗
86	t2	
87	PT 断线	
88	冷却器	主变压器
89	压力释放	
90	温度	
91	油位	
92	装置故障	
93	呼唤打印	
94	主变压器通风	

端子	名称	分组
95	Ⅲ	
96		
97		
98		
99		
100	发电机-变压器组差动	
101	CT 断线	
102	重瓦斯	主变压器
103	轻瓦斯	
104	t0	主变压器零序
105	t1	
106	t2	
107	t3	
108	t4	
109	非全相	
110	失灵起动	
111		
112	主变压器差动	
113	CT 断线	
114	重瓦斯	厂用变压器
115	轻瓦斯	
116	t1 (A)	复合电压过电流
117	t1 (B)	
118	t2	
119	压力释放	厂用变压器
120	温度	
121	油位	
122		
123		
124	厂用变压器差动	
125	CT 断线	
126	t1	阻抗
127	t2	
128	PT 断线	
129	冷却器	主变压器
130	压力释放	
131	温度	
132	油位	
133	装置故障	
134	呼唤打印	
135	主变压器通风	
136		
137		
138		
139		
140		

图 21-13-35　接线端子排图（四）

第21-14节 继电保护辅助设备

一、ZY-2、ZY-3型电压抽取装置

(一)简介

ZY-2、ZY-3型电压抽取装置用于110～220kV具有载波通信的环流电网中，通过OY(110/$\sqrt{3}$ kV－0.0066μF或220/$\sqrt{3}$ kV－0.0033μF)耦合电容器抽取电压，供检查同期、无电压重合闸及同期盘使用。

ZY-2型电压抽取装置，可以得到超前抽取电压30°、额定电压100V的输出电压，可代替ZY-1型电压抽取装置。

ZY-3型电压抽取装置，可以得到与抽取线路电压同相位、额定电压100V的输出电压。

(二)技术数据

(1)ZY-2、ZY-3型电压抽取装置输出二次额定电压100V±10V。

(2)ZY-2型电压抽取装置输出二次额定电压超前抽取相电压30°±4°。

ZY-3型电压抽取装置输出二次额定电压与抽取相电压同相位，其相位差小于±7°。

(三)内部接线

ZY-2、ZY-3型电压抽取装置的内部接线，见图21-14-1。

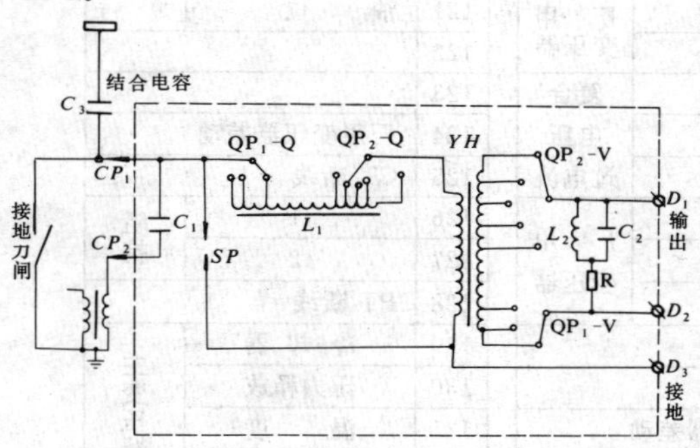

图21-14-1 ZY-2、ZY-3型电压抽取装置内部接线

QP_1-V、QP_2-V—电压调整端子；

QP_1-Q、QP_2-Q—角度调整端子

ZY-2、ZY-3型电压抽取装置，由电压变换器YH，高频瓷瓶CP_1、CP_2，移相电感L_1，低压阀式避雷器SP，电感L_2、电容器C_2、电阻R组成的铁磁回振吸收回路等组成。

本装置可以供多种负载使用，二次输出端D_1、D_2可同时接如下设备：DL-1/200型同步继电器、DY-32/60C型低电压继电器、MZ-10型组合式同期表。

(四)外形及安装尺寸

ZY-2、ZY-3型电压抽取装置全部元件装在铝制壳体内，壳体上有蝶形螺母固紧。壳体下部圆孔为电缆接线用，备有接地螺钉，通过M10六角螺钉安装在OY耦合电容器上，外形及安装尺寸，见图21-14-2。

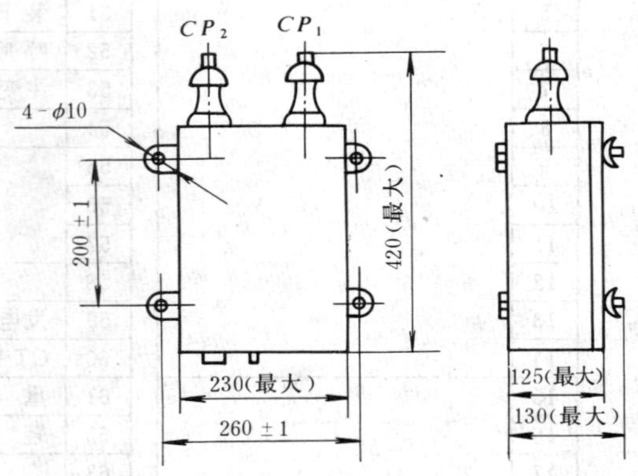

图21-14-2 ZY-2、ZY-3型电压抽取装置外形及安装尺寸

(五)生产厂

许昌继电器厂。

二、FY-1、FY-1A、FL-3型自耦变流器

(一)简介

FY-1、FY-1A、FL-3型自耦变流器应用在差动保护回路中，用以平衡被保护变压器高、低压侧的电流互感器变比不一致而产生的不平衡电流。自耦变流器是单相式，并具有三柱闭合形导磁体，线圈有很多抽头，连接到安装在绝缘板的螺杆上。

(二)技术数据

1. 变流比

变流器线圈次级额定电流为5A，初级额定电流为10～2.5A(FY-1A型)。为了获得必要的变流比，FY-1、FY-1A、FL-3型自耦变流器线圈初级和次级抽头的连接方法，分别见表21-14-1、表21-14-2和表21-14-3。当负载不大于10VA时，变流比的误差不大于±2%。

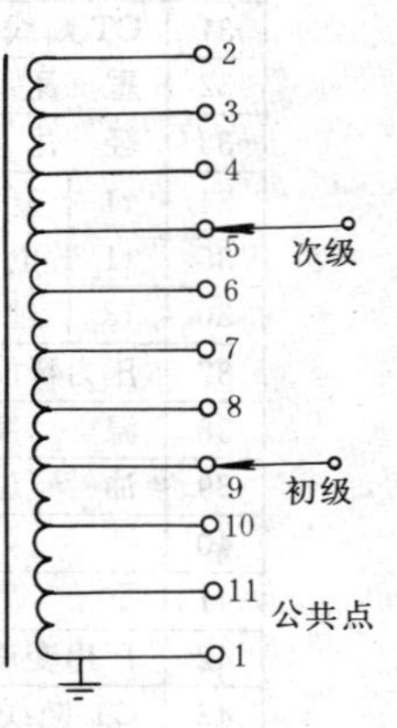

图21-14-3 FL-3型自耦变流器接线

FL-3型自耦变流器接线，见图21-14-3；其伏安特性，见图21-14-4。

2. 热稳定性

自耦变流器次级线圈长期允许通过电流为5.5A，1s允许通过电流为200A。

3. 消耗功率

当负载功率为 10VA 时，自耦变流器消耗功率不超过 14VA。

(三)外形及安装尺寸

FY-1 型自耦变流器的外形及安装尺寸，见图 21-14-5；FY-1A 型自耦变流器的外形及安装尺寸，见图 21-14-6；FL-3 型自耦变流器的外形及安装尺寸，见图 21-14-7。

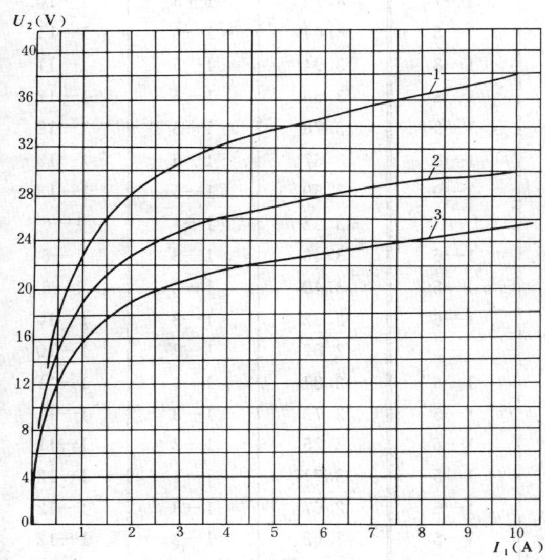

图 21-14-4　FL-3 型自耦变流器伏安特性
1—变流比为 8/5 或 5/3.12，8/5 漏抗 0.043Ω；
2—变流比为 5/5，漏抗 0.08Ω；
3—变流比为 3.07/5 或 5/8.13，3.07/5 漏抗 0.127Ω

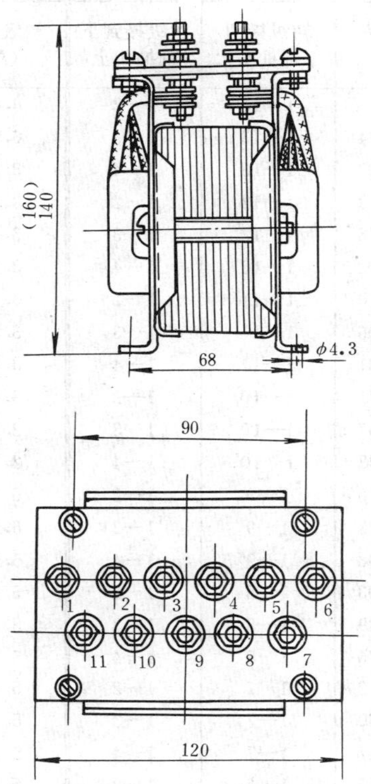

图 21-14-5　FY-1 型自耦变流器外形及安装尺寸
(括弧内尺寸为阿城继电器厂产品)

表 21-14-1　**FY-1 型自耦变流器抽头连接法**

初级电流 (A)	初级接到下列抽头上	次级接到下列抽头上	初级电流 (A)	初级接到下列抽头上	次级接到下列抽头上	初级电流 (A)	初级接到下列抽头上	次级接到下列抽头上
8.13	1—11	1—2	5.82	1—9	1—5	4.05	1—4	1—10
8.0	1—11	1—3	5.73	1—8	1—4	4.02	1—5	1—11
7.93	1—10	1—2	5.61	1—8	1—5	3.95	1—4	1—11
7.8	1—10	1—3	5.5	1—7	1—4	3.88	1—3	1—5
7.63	1—9	1—2	5.37	1—7	1—5	3.8	1—2	1—5
7.5	1—9	1—3	5.32	1—6	1—4	3.72	1—3	1—6
7.35	1—8	1—2	5.2	1—6	1—5	3.65	1—2	1—6
7.23	1—8	1—3	5.1	1—5	1—4	3.6	1—3	1—7
7.05	1—7	1—2	5.0	1—5	1—5	3.55	1—2	1—7
6.95	1—7	1—3	4.9	1—4	1—5	3.46	1—3	1—8
6.82	1—6	1—2	4.8	1—5	1—6	3.4	1—2	1—8
6.7	1—6	1—3	4.7	1—4	1—6	3.33	1—3	1—9
6.56	1—5	1—2	4.65	1—5	1—7	3.28	1—2	1—9
6.46	1—5	1—3	4.55	1—4	1—7	3.21	1—3	1—10
6.34	1—11	1—4	4.46	1—5	1—8	3.15	1—2	1—10
6.2	1—11	1—5	4.37	1—4	1—8	3.12	1—3	1—11
6.18	1—10	1—4	4.3	1—5	1—9	3.07	1—2	1—11
6.05	1—10	1—5	4.21	1—4	1—9			
5.94	1—9	1—4	4.15	1—5	1—10			

表 21-14-2 FY-1A型自耦变流器抽头连接法

初级电流(A)	初级接到下列抽头上	次级接到下列抽头上	初级电流(A)	初级接到下列抽头上	次级接到下列抽头上	初级电流(A)	初级接到下列抽头上	次级接到下列抽头上
10	1—13	1—2	6.48	1—12	1—6	4.47	1—5	1—8
9.84	1—13	1—3	6.34	1—11	1—5	4.40	1—6	1—9
9.67	1—13	1—4	3.35	1—4	1—7	4.29	1—5	1—9
9.53	1—12	1—2	3.29	1—3	1—7	4.22	1—6	1—10
9.38	1—12	1—3	3.24	1—2	1—7	4.12	1—5	1—10
9.22	1—12	1—4	3.22	1—4	1—8	4.04	1—6	1—11
9.10	1—11	1—2	3.17	1—3	1—8	3.94	1—5	1—11
8.96	1—11	1—3	3.11	1—2	1—8	3.86	1—6	1—12
8.81	1—11	1—4	3.09	1—4	1—9	3.76	1—5	1—12
8.71	1—10	1—2	3.04	1—3	1—9	3.67	1—6	1—13
8.57	1—10	1—3	2.99	1—2	1—9	3.59	1—5	1—13
8.43	1—10	1—4	2.97	1—4	1—10	3.52	1—4	1—6
8.36	1—9	1—2	6.19	1—11	1—6	3.46	1—3	1—6
8.22	1—9	1—3	6.07	1—10	1—5	3.40	1—2	1—6
8.08	1—9	1—4	5.93	1—10	1—6	2.92	1—3	1—10
8.03	1—8	1—2	5.82	1—9	1—5	2.87	1—2	1—10
7.89	1—8	1—3	5.68	1—9	1—6	2.84	1—4	1—11
7.76	1—8	1—4	5.59	1—8	1—5	2.79	1—3	1—11
7.72	1—7	1—2	5.46	1—8	1—6	2.75	1—2	1—11
7.60	1—7	1—3	5.38	1—7	1—5	2.71	1—4	1—12
7.47	1—7	1—4	5.25	1—7	1—6	2.67	1—3	1—12
7.35	1—6	1—2	5.12	1—6	1—5	2.62	1—2	1—12
7.23	1—6	1—3	5.0	1—6	1—6	2.58	1—4	1—13
7.11	1—6	1—4	4.88	1—5	1—6	2.54	1—3	1—13
6.97	1—13	1—5	4.76	1—6	1—7	2.50	1—2	1—13
6.80	1—13	1—6	4.65	1—5	1—7			
6.64	1—12	1—5	4.58	1—6	1—8			

表 21-14-3 FL-3型自耦变流器抽头连接法

初级电流(A)	初级接到下列抽头上	次级接到下列抽头上	初级电流(A)	初级接到下列抽头上	次级接到下列抽头上	初级电流(A)	初级接到下列抽头上	次级接到下列抽头上
8.13	1—11	1—2	5.94	1—9	1—4	4.21	1—4	1—9
8.0	1—11	1—3	5.82	1—9	1—5	4.15	1—5	1—10
7.93	1—10	1—2	5.75	1—8	1—4	4.05	1—4	1—10
7.8	1—10	1—3	5.61	1—8	1—5	4.02	1—5	1—11
7.63	1—9	1—2	5.5	1—7	1—4	3.95	1—4	1—11
7.5	1—9	1—3	5.37	1—7	1—5	3.88	1—3	1—5
7.35	1—8	1—2	5.32	1—6	1—4	3.8	1—2	1—5
7.23	1—8	1—3	5.2	1—6	1—5	3.72	1—3	1—6
7.05	1—7	1—2	5.1	1—5	1—4	3.65	1—2	1—6
6.95	1—7	1—3	5.0	1—5	1—5	3.55	1—2	1—7
6.82	1—6	1—2	4.9	1—4	1—5	3.46	1—3	1—8
6.7	1—6	1—3	4.8	1—5	1—6	3.4	1—2	1—8
6.56	1—5	1—2	4.7	1—4	1—6	3.33	1—3	1—9
6.46	1—5	1—3	4.65	1—5	1—7	3.28	1—2	1—9
6.34	1—11	1—4	4.55	1—4	1—7	3.21	1—3	1—10
6.2	1—11	1—5	4.46	1—5	1—8	3.15	1—2	1—10
6.18	1—10	1—4	4.37	1—4	1—8	3.12	1—3	1—11
6.05	1—10	1—5	4.3	1—5	1—9	3.07	1—2	1—11

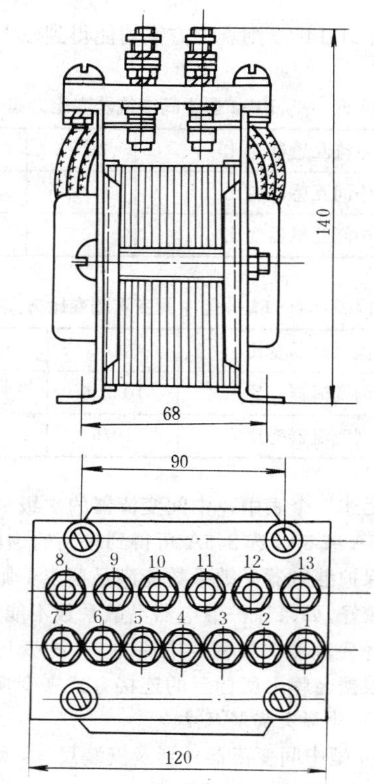

图 21-14-6　FY-1A 型自耦变流器外形及安装尺寸

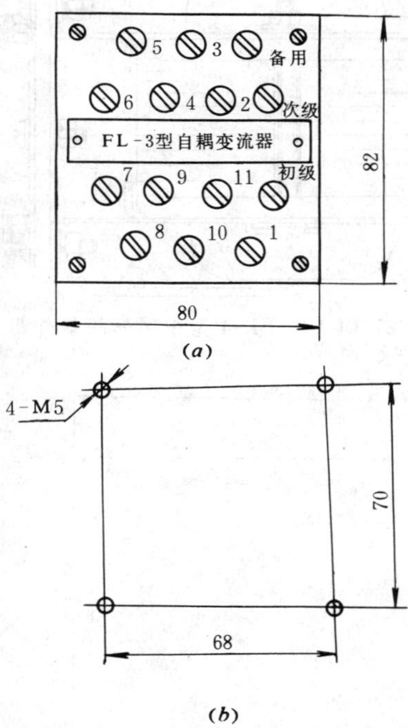

图 21-14-7　FL-3 型自耦变流器外形及安装尺寸
(a)外形尺寸;(b)安装尺寸

(四)生产厂

许昌继电器厂生产 FY-1、FY-1A 型,阿城继电器厂生产 FY-1 型,上海继电器厂生产 FL-3 型。

三、FL-1 型和差变流器

(一)简介

FL-1 型和差变流器作为线路保护组合装置中的一种附件,用于双回线路保护中,起增加电流互感器作用。

(二)技术数据

(1)FL-1 型和差变流器的额定电流为 5A,频率 50Hz。

(2)变流比等于 1。

1)当初级接端子 1—2 或端子 3—4 时,次级端子 5—6 感应电流为初级所接入的电流,其电流偏差允许为 5%。

2)当初级端子 2—3 连接、端子 1—4 接入电流时,次级端子 5—6 感应电流为初级电流的 2 倍,其电流偏差允许为 5%,即

$$\Delta I\%=\frac{次级感应电流}{2倍初级电流}-2倍初级电流\times 100$$

3)当初级端子 2—4 连接、端子 1—3 接入电流时,次级端子 5—6 感应电流为零,其电流偏差允许为 5%,即

$$\Delta I\%=\frac{次级感应电流}{初级电流}\times 100$$

(3)饱和电流倍数:当接入电流为额定电流 8 倍(即 40A)时,和差变流器不应饱和,即电流偏差值仍能满足 5%的要求。

(4)长期热稳定性:长期允许通过电流为 5A。

(5)绝缘强度:应能耐受交流 50Hz、电压 2000V,1min。

(三)外形及安装尺寸

FL-1 型和差变流器外形及安装尺寸,分别见图

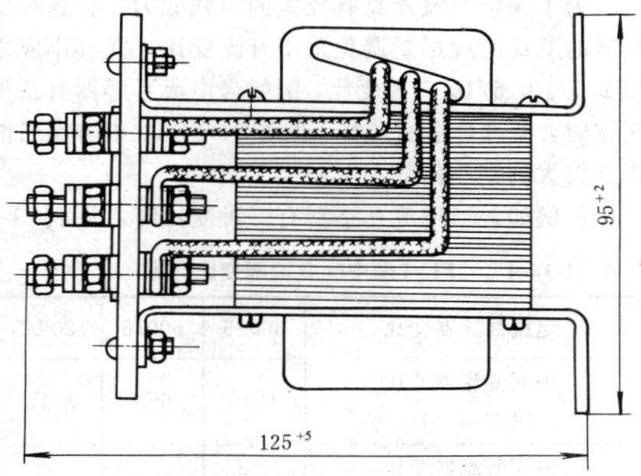

图 21-14-8　FL-1 型和差变流器外形尺寸

21-14-8、图21-14-9。

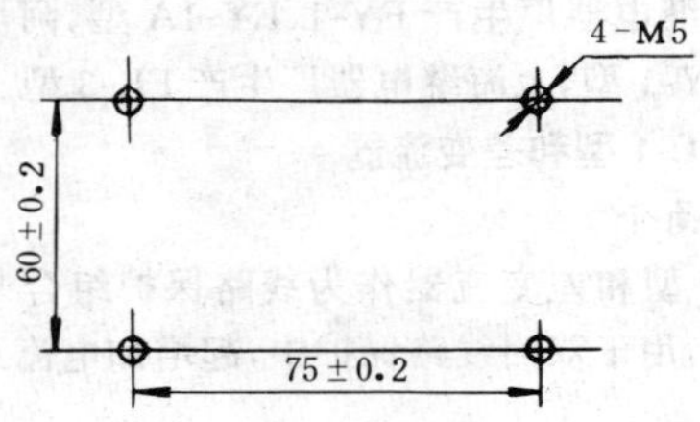

图21-14-9　FL-1型和差变流器安装尺寸

（四）生产厂

许昌继电器厂，阿城继电器厂。

四、FL-4型中间变流器

（一）简介

FL-4型中间变流器用于母线差动保护中，当所接电流互感器变比不一致时，经中间变换，使电流互感器二次侧达到平衡。

（二）技术数据

1. 额定电流

根据不同的连接方式，二次侧电流：2.5A、5A、10A。

2. 额定变比

额定变比：2.5/5、2.5/10、5/2.5、5/5、5/10、10/2.5、10/5。

3. 变比误差

在额定电流时其变比误差不大于2%。

4. 饱和倍数

当负载功率为10VA时，其饱和倍数不小于10倍。

5. 功率消耗

在负载功率为10VA时，其总消耗不大于20VA。

6. 长期热稳定性

变流器线圈长期允许通过1.1倍额定电流。

（三）使用条件

为了保证变流器具有较大的负载能力，在选择变流器的变比时应尽量避免采用升流变比，尤其不应采用2.5/10、5/10二种变比，例如当电流互感器有三种变比时，通过合适的选择，见表21-14-4，则方案二能得到较大的饱和倍数。

再例如，当电流互感器有二种变比时，见表21-14-5～表21-14-6，则表中方案均能得到较大的饱和倍数。

表21-14-4　FL-4型中间变流器变比方案

电流互感器变比	300/5	600/5	1200/5
中间变流器变比（方案一）	10/5	5/5	5/10
中间变流器变比（方案二）	10/2.5	5/2.5	5/5

表21-14-5　FL-4型中间变流器变比方案（一）

电流互感器变比	300/5	600/5
中间互感器变比	10/2.5	5/2.5
中间互感器变比	10/5	5/5

表21-14-6　FL-4型中间变流器变比方案（二）

电流互感器变比	600/5	1200/5
中间变流器变比	10/2.5	5/2.5
中间变流器变比	10/5	5/5

在上述二个表中，中间变流器的次级额定电流可选为2.5A或5A。选2.5A可得到较高的饱和倍数，如所接的保护继电器灵敏系数能满足要求，则选用此种变比比较好。如果保护继电器灵敏系数不能满足要求，则可选择变流器次级额定电流为5A的变比。变流器的变比根据名牌上所标示的连接方式来变换。

（四）外形及安装尺寸

FL-4型中间变流器外形及安装尺寸，见图21-14-10及图21-14-11。

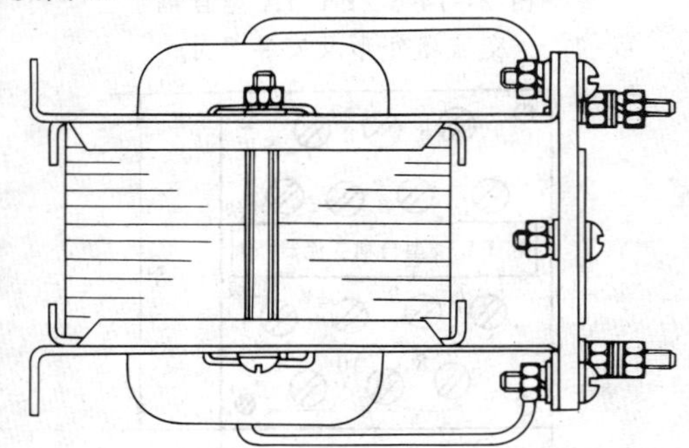

图21-14-10　FL-4型中间变流器外形

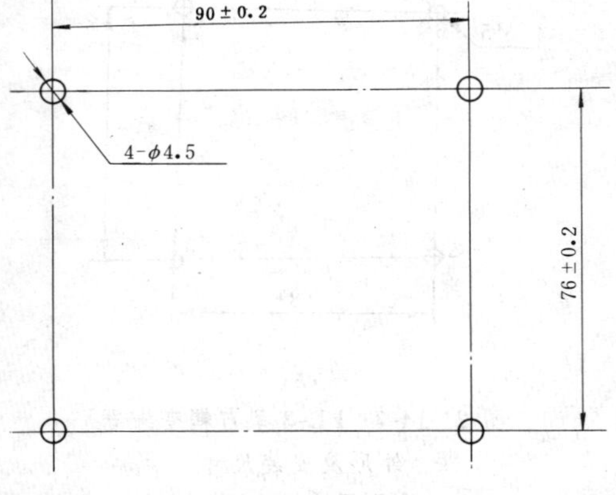

图21-14-11　FL-4型中间变流器安装尺寸

（五）生产厂

许昌继电器厂。

五、FL-8 型中间变流器

（一）简介

FL-8 型中间变流器与差动继电器配套使用，其主要作用如下：

（1）恢复由于绕组连接方式不同而形成的变压器初级和次级电流之间的相位移，使流入差动继电器各侧的电流同相位。

(2)进行电流匹配，即当变压器的两个绕组传输功率相同时，使两侧流入继电器的电流相等，并且当这些绕组满载时，使流入继电器的电流不小于继电器额定电流的 70%。

(3)当自耦变压器或变压器中性点接地时，滤去零序电流，为此变压器中性点接地的各侧所装的辅助电流互感器应接成 Y/Δ 形。

本变流器应尽量对称装设，即被保护变压器各侧均应装设，可以避免在区外故障时出现差电流。反之，如果仅在一侧装设时，由于两个回路暂态响应不同，区外故障时可能出现差电流，甚至使继电器误动。变流器以靠近差动继电器安装为宜，尽量减少所接负荷，这样可提高它的饱和倍数，减小过电流时的误差，保证继电器正确工作。

FL-8 型中间变流器也可用于控制系统和测量系统，其变比有上千种变化。

（二）技术数据

（1）最大工作电压：500V。

（2）使用频率：50Hz、60Hz、16 $\frac{2}{3}$Hz。

（3）额定变比范围，见表 21-14-7；内部功耗、变比的具体抽头数据，见表 21-14-8 及表 21-14-9。

表 21-14-7　FL-8 型中间变流器变比范围

型　号	初级额定电流 I_{1n}（A）	次级额定电流 I_{2n}（A）
FL-8/1	0.24～1.6 可调	5、2.89、1、0.577
FL-8/5	1.2～8 可调	5、2.89、1、0.577

表 21-14-8　FL-8 型中间变流器 FL-8/1 变比表

额定初级电流（A）	引出端（接至主电流互感器次级）	内部连接线（连在一起的端子）		内部总损耗 S_Σ（VA）			
				次级电流（A）			
		第 1 根	第 2 根	5	2.89	1	0.577
1.6	$F \cdot G$	—		3.1	2.9	2.6	2.65
1.545	$A \cdot G$	B—F		3.05	2.85	2.55	2.6
1.485	$C \cdot G$	D—F		3	2.8	2.5	2.55
1.435	$B \cdot G$	C—F		2.95	2.75	2.45	2.5
1.385	$A \cdot G$	C—F		2.9	2.7	2.4	2.45
1.34	$B \cdot G$	D—F		2.85	2.65	2.35	2.4
1.295	$A \cdot G$	D—F		2.8	2.6	2.3	2.35
1.255	$D \cdot G$	A—E		3.35	3.15	2.85	2.9
1.215	$D \cdot G$	B—E		3.15	2.95	2.65	2.7
1.18	$C \cdot G$	A—E		2.95	2.75	2.45	2.5
1.145	$C \cdot G$	B—E		2.8	2.6	2.3	2.35
1.115	$D \cdot G$	C—E		2.65	2.45	2.15	2.2
1.085	$B \cdot G$	A—E		2.55	2.35	2.05	2.1
1.055	$E \cdot G$	—		2.4	2.2	1.9	1.95
1.03	$A \cdot G$	B—E		2.4	2.2	1.9	1.95
1	$C \cdot G$	D—E		2.35	2.15	1.85	1.9
0.98	$B \cdot G$	C—E		2.35	2.15	1.85	1.9
0.955	$A \cdot G$	C—E		2.3	2.1	1.8	1.85

续表 21-14-8

额定初级电流(A)	引出端(接至主电流互感器次级)	内部连接线(连在一起的端子)		内部总损耗 S_Σ (VA)			
				次级电流(A)			
		第1根	第2根	5	2.89	1	0.577
0.935	*B*·*G*	*D*—*E*		2.3	2.1	1.8	1.85
0.912	*A*·*G*	*D*—*E*		2.25	2.05	1.75	1.8
0.89	*C*·*I*	*B*—*H*		3.2	3	2.7	2.75
0.873	*D*·*I*	*C*—*H*		3.1	2.9	2.6	2.65
0.855	*B*·*I*	*A*—*H*		3	2.8	2.5	2.55
0.835	*H*·*I*	—		2.9	2.7	2.4	2.45
0.82	*A*·*I*	*B*—*H*		2.85	2.65	2.35	2.4
0.802	*C*·*I*	*D*—*H*		2.8	2.6	2.3	2.35
0.786	*B*·*I*	*C*—*H*		2.75	2.55	2.25	2.3
0.772	*A*·*I*	*C*—*H*		2.7	2.5	2.2	2.25
0.757	*B*·*I*	*D*—*H*		2.65	2.45	2.15	2.2
0.743	*A*·*I*	*D*—*H*		2.65	2.45	2.15	2.2
0.73	*D*·*I*	*A*—*E*	*F*—*H*	2.8	2.6	2.3	2.35
0.716	*D*·*I*	*B*—*E*	*F*—*H*	2.7	2.5	2.2	2.25
0.705	*C*·*I*	*A*—*E*	*F*—*H*	2.65	2.45	2.15	2.2
0.692	*C*·*I*	*B*—*E*	*F*—*H*	2.55	2.35	2.05	2.1
0.68	*D*·*I*	*C*—*E*	*F*—*H*	2.5	2.3	2	2.05
0.67	*B*·*I*	*A*—*E*	*F*—*H*	2.45	2.25	1.95	2
0.657	*E*·*I*	*F*—*H*		2.35	2.15	1.85	1.9
0.648	*A*·*I*	*B*—*E*	*F*—*H*	2.35	2.15	1.85	1.9
0.638	*C*·*I*	*D*—*E*	*F*—*H*	2.35	2.15	1.85	1.9
0.628	*B*·*I*	*C*—*E*	*F*—*H*	2.3	2.1	1.8	1.85
0.618	*A*·*I*	*C*—*E*	*F*—*H*	2.3	2.1	1.8	1.85
0.608	*B*·*I*	*D*—*E*	*F*—*H*	2.25	2.05	1.75	1.8
0.6	*A*·*I*	*D*—*E*	*F*—*H*	2.25	2.05	1.75	1.8
0.59	*I*·*I*	*B*—*F*	*G*—*H*	2.3	2.1	1.8	1.85
0.582	*C*·*I*	*A*—*F*	*G*—*H*	2.25	2.05	1.75	1.8
0.574	*C*·*I*	*B*—*F*	*G*—*H*	2.2	2	1.7	1.75
0.565	*D*·*I*	*C*—*F*	*G*—*H*	2.2	2	1.7	1.75
0.558	*B*·*I*	*A*—*F*	*G*—*H*	2.15	1.95	1.65	1.7
0.55	*F*·*I*	*G*—*H*		2.1	1.9	1.6	1.65
0.543	*A*·*I*	*B*—*F*	*G*—*H*	2.1	1.9	1.6	1.65
0.535	*C*·*I*	*D*—*F*	*G*—*H*	2.05	1.85	1.55	1.6
0.528	*B*·*I*	*C*—*F*	*G*—*H*	2.05	1.85	1.55	1.6

续表 21-14-8

额定初级电流(A)	引出端(接至主电流互感器次级)	内部连接线(连在一起的端子)		内部总损耗 S_Σ (VA)			
				次级电流(A)			
		第1根	第2根	5	2.89	1	0.577
0.521	A·I	C—F	G—H	2.05	1.85	1.55	1.6
0.515	B·I	D—F	G—H	2	1.8	1.5	1.55
0.508	A·I	D—F	G—H	2	1.8	1.5	1.55
0.502	D·I	A—E	G—H	2.1	1.9	1.6	1.65
0.496	D·I	B—E	G—H	2.05	1.85	1.55	1.6
0.49	C·I	A—E	G—H	2	1.8	1.5	1.55
0.484	C·I	B—E	G—H	2	1.8	1.5	1.55
0.478	D·I	C—E	G—H	1.95	1.75	1.45	1.5
0.472	B·I	A—E	G—H	1.95	1.75	1.45	1.5
0.467	E·I	G—H		1.9	1.7	1.4	1.45
0.462	A·I	B—E	G—H	1.9	1.7	1.4	1.45
0.456	C·I	D—E	G—H	1.9	1.7	1.4	1.45
0.451	B·I	C—E	G—H	1.85	1.65	1.35	1.4
0.446	A·I	C—E	G—H	1.85	1.65	1.35	1.4
0.441	B·I	D—E	G—H	1.85	1.65	1.35	1.4
0.436	A·I	D—E	G—H	1.85	1.65	1.35	1.4
0.432	B·M	D—E	F—I	2.65	2.45	2.15	2.2
0.427	A·M	D—E	F—I	2.6	2.4	2.1	2.15
0.423	D·M	B—F	G—I	2.65	2.45	2.15	2.2
0.418	C·M	A—F	G—I	2.6	2.4	2.1	2.15
0.414	C·M	B—F	G—I	2.6	2.4	2.1	2.15
0.41	D·M	C—F	G—I	2.55	2.35	2.05	2.1
0.406	B·M	A—F	G—I	2.5	2.3	2	2.05
0.402	F·M	G—I		2.45	2.25	1.95	2
0.398	A·M	B—F	G—I	2.45	2.25	1.95	2
0.394	C·M	D—F	G—I	2.4	2.2	1.9	1.95
0.39	B·M	C—F	G—I	2.4	2.2	1.9	1.95
0.386	A·M	C—F	G—I	2.4	2.2	1.9	1.95
0.382	B·M	D—F	G—I	2.35	2.15	1.85	1.9
0.379	A·M	D—F	G—I	2.4	2.2	1.9	1.95
0.375	D·M	A—E	G—I	2.4	2.2	1.9	1.95
0.372	D·M	B—E	G—I	2.35	2.15	1.85	1.9
0.368	C·M	A—E	G—I	2.3	2.1	1.8	1.85
0.365	C·M	B—E	G—I	2.3	2.1	1.8	1.85

续表 21-14-8

额定初级电流（A）	引出端（接至主电流互感器次级）	内部连接线（连在一起的端子）		内部总损耗 S_Σ（VA）			
				次级电流（A）			
		第1根	第2根	5	2.89	1	0.577
0.362	$D \cdot M$	$C—E$	$G—I$	2.25	2.05	1.75	1.8
0.358	$B \cdot M$	$A—E$	$G—I$	2.25	2.05	1.75	1.8
0.355	$E \cdot M$	$G—I$		2.2	2	1.7	1.75
0.352	$A \cdot M$	$B—E$	$G—I$	2.2	2	1.7	1.75
0.349	$C \cdot M$	$D—E$	$G—I$	2.2	2	1.7	1.75
0.346	$B \cdot M$	$C—E$	$G—I$	2.15	1.95	1.65	1.7
0.343	$A \cdot M$	$C—E$	$G—I$	2.15	1.95	1.65	1.7
0.34	$B \cdot M$	$D—E$	$G—I$	2.15	1.95	1.65	1.7
0.337	$A \cdot M$	$D—E$	$G—I$	2.15	1.95	1.65	1.7
0.335	$C \cdot M$	$B—H$		2.25	2.05	1.75	1.8
0.332	$D \cdot M$	$C—H$		2.25	2.05	1.75	1.8
0.329	$B \cdot M$	$A—H$		2.2	2	1.7	1.75
0.326	$H \cdot M$	—		2.2	2	1.7	1.75
0.324	$A \cdot M$	$B—H$		2.15	1.95	1.65	1.7
0.321	$C \cdot M$	$D—H$		2.15	1.95	1.65	1.7
0.319	$B \cdot M$	$C—H$		2.15	1.95	1.65	1.7
0.316	$A \cdot M$	$C—H$		2.15	1.95	1.65	1.7
0.314	$B \cdot M$	$D—H$		2.1	1.9	1.6	1.65
0.311	$A \cdot M$	$D—H$		2.1	1.9	1.6	1.65
0.309	$D \cdot M$	$A—E$	$F—H$	2.15	1.95	1.65	1.7
0.306	$D \cdot M$	$B—E$	$F—H$	2.1	1.9	1.6	1.65
0.304	$C \cdot M$	$A—E$	$F—H$	2.1	1.9	1.6	1.65
0.302	$C \cdot M$	$B—E$	$F—H$	2.05	1.85	1.55	1.6
0.3	$D \cdot M$	$C—E$	$F—H$	2.05	1.85	1.55	1.6
0.297	$B \cdot M$	$A—E$	$F—H$	2.05	1.85	1.55	1.6
0.295	$E \cdot M$	$F—H$		2	1.8	1.5	1.55
0.293	$A \cdot M$	$B—E$	$F—H$	2	1.8	1.5	1.55
0.291	$C \cdot M$	$D—E$	$F—H$	2	1.8	1.5	1.55
0.289	$B \cdot M$	$C—E$	$F—H$	2	1.8	1.5	1.55
0.287	$A \cdot M$	$C—E$	$F—H$	2	1.8	1.5	1.55
0.285	$B \cdot M$	$D—E$	$F—H$	1.95	1.75	1.45	1.5
0.283	$A \cdot M$	$D—E$	$F—H$	1.95	1.75	1.45	1.5
0.281	$D \cdot M$	$B—F$	$G—H$	1.95	1.75	1.45	1.5
0.279	$C \cdot M$	$A—F$	$G—H$	1.95	1.75	1.45	1.5

续表 21-14-8

额定初级电流 (A)	引出端 (接至主电流互感器次级)	内部连接线 (连在一起的端子)		内部总损耗 S_Σ (VA) 次级电流 (A)			
		第 1 根	第 2 根	5	2.89	1	0.577
0.277	C·M	B—F	G—H	1.95	1.75	1.45	1.5
0.275	D·M	C—F	G—H	1.95	1.75	1.45	1.5
0.273	B·M	A—F	G—H	1.9	1.7	1.4	1.45
0.271	F·M	G—H		1.9	1.7	1.4	1.45
0.269	A·M	B—F	G—H	1.9	1.7	1.4	1.45
0.268	C·M	D—F	G—H	1.9	1.7	1.4	1.45
0.266	B·M	C—F	G—H	1.85	1.65	1.35	1.4
0.264	A·M	C—F	G—H	1.85	1.65	1.35	1.4
0.262	B·M	D—F	G—H	1.85	1.65	1.35	1.4
0.261	A·M	D—F	G—H	1.85	1.65	1.35	1.4
0.259	D·M	A—E	G—H	1.85	1.65	1.35	1.4
0.257	D·M	B—E	G—H	1.85	1.65	1.35	1.4
0.256	C·M	A—E	G—H	1.85	1.65	1.35	1.4
0.254	C·M	B—E	G—H	1.85	1.65	1.35	1.4
0.252	D·M	C—E	G—H	1.8	1.6	1.3	1.35
0.251	B·M	A—E	G—H	1.8	1.6	1.3	1.35
0.249	E·M	G—H		1.8	1.6	1.3	1.35
0.248	A·M	B—E	G—H	1.8	1.6	1.3	1.35
0.246	C·M	D—E	G—H	1.8	1.6	1.3	1.35
0.245	B·M	C—E	G—H	1.75	1.55	1.25	1.3
0.243	A·M	C—E	G—H	1.75	1.55	1.25	1.3
0.242	B·M	D—E	G—H	1.75	1.55	1.25	1.3
0.24	A·M	D—E	G—H	1.75	1.55	1.25	1.3

表 21-14-9　FL-8 型中间变流器 FL-8/5 变比表

额定初级电流 (A)	引出端 (接至主电流互感器次级)	内部连接线 (连在一起的端子)		内部总损耗 S_Σ (VA) 次级电流 (A)			
		第 1 根	第 2 根	5	2.89	1	0.577
8	F·G	—		3.15	2.95	2.65	2.7
7.73	A·G	B—F		3.15	2.95	2.65	2.7
7.43	C·G	D—F		3.1	2.9	2.6	2.65
7.17	B·G	C—F		3	2.8	2.5	2.55
6.92	A·G	C—F		3	2.8	2.5	2.55
6.7	B·G	D—F		2.95	2.75	2.45	2.5

续表 21-14-9

额定初级电流 (A)	引出端 (接至主电流互感器次级)	内部连接线 (连在一起的端子)		内部总损耗 S_{Σ} (VA)			
				次级电流 (A)			
		第1根	第2根	5	2.89	1	0.577
6.48	$A \cdot G$	$D—F$		2.9	2.7	2.4	2.45
6.27	$D \cdot G$	$A—E$		3.55	3.35	3.05	3.1
6.09	$D \cdot G$	$B—E$		3.3	3.1	2.8	2.85
5.9	$C \cdot G$	$A—E$		3.1	2.9	2.6	2.65
5.74	$C \cdot G$	$B—E$		2.95	2.75	2.45	2.5
5.58	$D \cdot G$	$C—E$		2.8	2.6	2.3	2.35
5.43	$B \cdot G$	$A—E$		2.65	2.45	2.15	2.2
5.28	$E \cdot G$	—		2.5	2.3	2	2.05
5.15	$A \cdot G$	$B—E$		2.7	2.5	2.2	2.25
5	$C \cdot G$	$D—E$		2.45	2.25	1.95	2
4.9	$B \cdot G$	$C—E$		2.45	2.25	1.95	2
4.78	$A \cdot G$	$C—E$		2.4	2.2	1.9	1.95
4.67	$B \cdot G$	$D—E$		2.4	2.2	1.9	1.95
4.56	$A \cdot G$	$D—E$		2.35	2.15	1.85	1.9
4.46	$C \cdot I$	$B—H$		2.75	2.55	2.25	2.3
4.36	$D \cdot I$	$C—H$		2.65	2.45	2.15	2.2
4.27	$B \cdot I$	$A—H$		2.55	2.35	2.05	2.1
4.18	$H \cdot I$	—		2.45	2.25	1.95	2
4.1	$A \cdot I$	$B—H$		2.75	2.55	2.25	2.3
4.02	$C \cdot I$	$D—H$		2.4	2.2	1.9	1.95
3.94	$B \cdot I$	$C—H$		2.4	2.2	1.9	1.95
3.86	$A \cdot I$	$C—H$		2.35	2.15	1.85	1.9
3.79	$B \cdot I$	$D—H$		2.35	2.15	1.85	1.9
3.72	$A \cdot I$	$D—H$		2.3	2.1	1.8	1.85
3.65	$D \cdot I$	$A—E$	$F—H$	2.55	2.35	2.05	2.1
3.59	$D \cdot I$	$B—E$	$F—H$	2.45	2.25	1.95	2
3.52	$C \cdot I$	$A—E$	$F—H$	2.4	2.2	1.9	1.95
3.46	$C \cdot I$	$B—E$	$F—H$	2.3	2.1	1.8	1.85
3.4	$D \cdot I$	$C—E$	$F—H$	2.25	2.05	1.15	1.8
3.35	$B \cdot I$	$A—E$	$F—H$	2.2	2	1.7	1.75
3.29	$E \cdot I$	$F—H$		2.15	1.95	1.65	1.7
3.24	$A \cdot I$	$B—E$	$F—H$	2.1	1.9	1.6	1.65

续表 21-14-9

额定初级电流 (A)	引出端 (接至主电流互感器次级)	内部连接线 (连在一起的端子)		内部总损耗 S_{Σ} (VA)			
				次级电流 (A)			
		第 1 根	第 2 根	5	2.89	1	0.577
3.19	$C \cdot I$	$D—E$	$F—H$	2.1	1.9	1.6	1.65
3.14	$B \cdot I$	$C—E$	$F—H$	2.1	1.9	1.6	1.65
3.09	$A \cdot I$	$C—E$	$F—H$	2.1	1.9	1.6	1.65
3.04	$B \cdot I$	$D—E$	$F—H$	2.05	1.85	1.55	1.6
3	$A \cdot I$	$D—E$	$F—H$	2.05	1.85	1.55	1.6
2.95	$D \cdot I$	$B—F$	$G—H$	2.1	1.9	1.6	1.65
2.91	$C \cdot I$	$A—F$	$G—H$	2.1	1.9	1.6	1.65
2.87	$C \cdot I$	$B—F$	$G—H$	2.05	1.86	1.55	1.6
2.83	$D \cdot I$	$C—F$	$G—H$	2	1.6	1.5	1.55
2.79	$B \cdot I$	$A—F$	$G—H$	1.95	1.75	1.45	1.5
2.75	$F \cdot I$	$G—H$	$G—H$	1.9	1.7	1.4	1.45
2.71	$A \cdot I$	$B—F$	$G—H$	1.9	1.7	1.4	1.45
2.68	$C \cdot I$	$D—F$	$G—H$	1.9	1.7	1.4	1.45
2.64	$B \cdot I$	$C—F$	$G—H$	1.9	1.7	1.4	1.45
2.61	$A \cdot I$	$C—F$	$G—H$	1.9	1.7	1.4	1.45
2.57	$B \cdot I$	$D—F$	$G—H$	1.85	1.65	1.35	1.4
2.54	$A \cdot I$	$D—F$	$G—H$	1.85	1.65	1.35	1.4
2.51	$D \cdot I$	$A—E$	$G—H$	1.95	1.75	1.45	1.5
2.48	$D \cdot I$	$B—E$	$G—H$	1.95	1.75	1.45	1.5
2.45	$C \cdot I$	$A—E$	$G—H$	1.9	1.7	1.4	1.45
2.42	$C \cdot I$	$B—E$	$G—H$	1.85	1.65	1.35	1.4
2.39	$D \cdot I$	$C—E$	$G—H$	1.85	1.65	1.35	1.4
2.36	$B \cdot I$	$A—E$	$G—H$	1.8	1.6	1.3	1.35
2.33	$E \cdot I$	$G—H$		1.8	1.6	1.3	1.35
2.31	$A \cdot I$	$B—E$	$G—H$	1.8	1.6	1.3	1.35
2.28	$C \cdot I$	$D—E$	$G—H$	1.75	1.55	1.25	1.3
2.26	$B \cdot I$	$C—E$	$G—H$	1.75	1.55	1.25	1.3
2.23	$A \cdot I$	$C—E$	$G—H$	1.75	1.55	1.25	1.3
2.21	$B \cdot I$	$D—E$	$G—H$	1.75	1.55	1.25	1.3
2.18	$A \cdot I$	$D—E$	$G—H$	1.75	1.55	1.25	1.3
2.16	$B \cdot M$	$D—E$	$F—I$	2.55	2.35	2.05	2.1
2.14	$A \cdot M$	$D—E$	$F—I$	2.5	2.3	2	2.05

续表 21-14-9

额定初级电流（A）	引出端（接至主电流互感器次级）	内部连接线（连在一起的端子）		内部总损耗 S_Σ（VA）			
				次级电流（A）			
		第1根	第2根	5	2.89	1	0.577
2.11	$D \cdot M$	$B—F$	$G—I$	2.5	2.3	2	2.05
2.09	$C \cdot M$	$A—F$	$G—I$	2.5	2.3	2	2.05
2.07	$C \cdot M$	$B—F$	$G—I$	2.45	2.25	1.95	2
2.05	$D \cdot M$	$C—F$	$G—I$	2.4	2.2	1.9	1.95
2.03	$B \cdot M$	$A—F$	$G—I$	2.4	2.2	1.9	1.95
2.01	$F \cdot M$	$G—I$		2.36	2.15	1.85	1.9
1.99	$A \cdot M$	$B—F$	$G—I$	2.35	2.15	1.85	1.9
1.97	$C \cdot M$	$D—F$	$G—I$	2.3	2.1	1.8	1.85
1.95	$B \cdot M$	$C—F$	$G—I$	2.3	2.1	1.8	1.85
1.93	$A \cdot M$	$C—F$	$G—I$	2.3	2.1	1.8	1.85
1.91	$B \cdot M$	$D—F$	$G—I$	2.25	2.05	1.75	1.8
1.895	$A \cdot M$	$D—F$	$G—I$	2.25	2.05	1.75	1.8
1.875	$D \cdot M$	$A—E$	$G—I$	2.3	2.1	1.8	1.85
1.86	$D \cdot M$	$B—E$	$G—I$	2.25	2.05	1.75	1.8
1.84	$C \cdot M$	$A—E$	$G—I$	2.25	2.05	1.75	1.8
1.825	$C \cdot M$	$B—E$	$G—I$	2.2	2	1.7	1.75
1.81	$D \cdot M$	$C—E$	$G—I$	2.2	2	1.7	1.75
1.79	$B \cdot M$	$A—E$	$G—I$	2.15	1.95	1.65	1.7
1.775	$E \cdot M$	$G—I$		2.15	1.95	1.65	1.7
1.76	$A \cdot M$	$B—E$	$G—I$	2.1	1.9	1.6	1.65
1.745	$C \cdot M$	$D—E$	$G—I$	2.1	1.9	1.6	1.65
1.73	$B \cdot M$	$C—E$	$G—I$	2.1	1.9	1.6	1.65
1.715	$A \cdot M$	$C—E$	$G—I$	2.1	1.9	1.6	1.65
1.7	$B \cdot M$	$D—E$	$G—I$	2.05	1.85	1.55	1.6
1.685	$A \cdot M$	$D—E$	$G—I$	2.05	1.85	1.55	1.6
1.675	$C \cdot M$	$B—H$		2.1	1.9	1.6	1.65
1.66	$D \cdot M$	$C—H$		2.1	1.9	1.6	1.65
1.645	$B \cdot M$	$A—H$		2.05	1.85	1.55	1.6
1.63	$H \cdot M$	—		2.05	1.85	1.55	1.6
1.62	$A \cdot M$	$B—H$		2.05	1.85	1.55	1.6
1.605	$C \cdot M$	$D—H$		2	1.8	1.5	1.55
1.595	$B \cdot M$	$C—H$		2	1.8	1.5	1.55

续表 21-14-9

额定初级电流 (A)	引出端（接至主电流互感器次级）	内部连接线（连在一起的端子）		内部总损耗 S_Σ (VA)			
				次级电流 (A)			
		第 1 根	第 2 根	5	2.89	1	0.577
1.58	*A*·*M*	*C*—*H*		2	1.8	1.5	1.55
1.57	*B*·*M*	*D*—*H*		2	1.8	1.5	1.55
1.555	*A*·*M*	*D*—*H*		1.95	1.75	1.45	1.5
1.545	*D*·*M*	*A*—*E*	*F*—*H*	2	1.8	1.5	1.55
1.53	*D*·*M*	*B*—*E*	*F*—*H*	2	1.8	1.5	1.55
1.52	*C*·*M*	*A*—*E*	*F*—*H*	1.95	1.75	1.45	1.5
1.51	*C*·*M*	*B*—*E*	*F*—*H*	1.95	1.75	1.45	1.5
1.5	*D*·*M*	*C*—*E*	*F*—*H*	1.95	1.75	1.45	1.5
1.485	*B*·*M*	*A*—*E*	*F*—*H*	1.9	1.7	1.4	1.45
1.475	*E*·*M*	*F*—*H*		1.9	1.7	1.4	1.45
1.465	*A*·*M*	*B*—*E*	*F*—*H*	1.9	1.7	1.4	1.45
1.455	*C*·*M*	*D*—*E*	*F*—*H*	1.9	1.7	1.4	1.45
1.445	*B*·*M*	*C*—*E*	*F*—*H*	1.9	1.7	1.4	1.45
1.435	*A*·*M*	*C*—*E*	*F*—*H*	1.65	1.65	1.35	1.4
1.425	*B*·*M*	*D*—*E*	*F*—*H*	1.85	1.65	1.35	1.4
1.415	*A*·*M*	*D*—*E*	*F*—*H*	1.85	1.65	1.35	1.4
1.405	*D*·*M*	*B*—*F*	*G*—*H*	1.85	1.65	1.35	1.4
1.395	*C*·*M*	*A*—*F*	*G*—*H*	1.85	1.65	1.35	1.4
1.385	*C*·*M*	*B*—*F*	*G*—*H*	1.85	1.65	1.35	1.4
1.375	*D*·*M*	*C*—*F*	*G*—*H*	1.8	1.6	1.3	1.35
1.365	*B*·*M*	*A*—*F*	*G*—*H*	1.8	1.6	1.3	1.35
1.355	*F*·*M*	*G*—*H*		1.8	1.6	1.3	1.35
1.345	*A*·*M*	*B*—*F*	*G*—*H*	1.8	1.6	1.3	1.35
1.34	*C*·*M*	*D*—*F*	*G*—*H*	1.8	1.6	1.3	1.35
1.33	*B*·*M*	*C*—*F*	*G*—*H*	1.8	1.6	1.3	1.35
1.32	*A*·*M*	*C*—*F*	*G*—*H*	1.75	1.55	1.25	1.3
1.31	*B*·*M*	*D*—*F*	*G*—*H*	1.75	1.55	1.25	1.3
1.305	*A*·*M*	*D*—*F*	*G*—*H*	1.75	1.55	1.25	1.3
1.295	*D*·*M*	*A*—*E*	*G*—*H*	1.8	1.6	1.3	1.35
1.285	*D*·*M*	*B*—*E*	*G*—*H*	1.75	1.55	1.25	1.3
1.28	*C*·*M*	*A*—*E*	*G*—*H*	1.75	1.55	1.25	1.3
1.27	*C*·*M*	*B*—*E*	*G*—*H*	1.75	1.55	1.25	1.3

续表 21-14-9

额定初级电流(A)	引出端(接至主电流互感器次级)	内部连接线(连在一起的端子)		内部总损耗S_Σ(VA)			
				次级电流(A)			
		第1根	第2根	5	2.89	1	0.577
1.26	$D\cdot M$	$C—E$	$G—H$	1.75	1.55	1.25	1.3
1.255	$B\cdot M$	$A—E$	$G—H$	1.75	1.55	1.25	1.3
1.245	$E\cdot M$	$G—H$		1.7	1.5	1.2	1.25
1.24	$A\cdot M$	$B—E$	$G—H$	1.7	1.5	1.2	1.25
1.23	$C\cdot M$	$D—E$	$G—H$	1.7	1.5	1.2	1.25
1.225	$B\cdot M$	$C—E$	$G—H$	1.7	1.5	1.2	1.25
1.215	$A\cdot M$	$C—E$	$G—H$	1.7	1.5	1.2	1.25
1.21	$B\cdot M$	$D—E$	$G—H$	1.7	1.5	1.2	1.25
1.2	$A\cdot M$	$D—E$	$G—H$	1.7	1.5	1.2	1.25

(4) 容量、准确级和过流比：当用于差动保护时额定容量为4VA。保证保护准确级时的最大输出容量和过流比，见表21-14-10。

表 21-14-10　保护级FL-8中间变流器输出容量和过流比

频率(Hz)	保护级输出容量(VA)				过流比n(近似值)			
	次级电流(A)				次级电流(A)			
	5	2.89	1	0.577	5	2.89	1	0.577
$16\frac{2}{3}$	0.7	0.9	1.2	1.1	$\frac{35}{S+1}$	$\frac{35}{S+0.8}$	$\frac{35}{S+0.5}$	$\frac{35}{S+0.55}$
50	4	4.2	4.5	4.4	$\frac{105}{S+1}$	$\frac{105}{S+0.8}$	$\frac{105}{S+0.5}$	$\frac{105}{S+0.55}$
60	5	5.2	5.5	5.4	$\frac{125}{S+1}$	$\frac{125}{S+0.8}$	$\frac{125}{S+0.5}$	$\frac{125}{S+0.55}$

注　表中S为实际所接负载(VA)。

当用准确级1级或3级时，额定电流下误差，见表21-14-11。

表 21-14-11　FL-8型中间变流器准确级为1、3级时的误差

级别	比误差(±%)	角误差(±′)	负载范围(VA)
1	≤1	≤60	1～4
3	≤3	不规定	1～4

FL-8中间变流器最大容量：在50Hz、$\cos\phi=0.8$时为65VA；50Hz、$\cos\phi=1$时为75VA。对初级电流为0.24～8A，次级电流为5、2.89、1、0.577A的变流器，在50Hz下的电流误差见图21-14-12。过流比，见表21-14-12。对倒过来用时，即初级电流为5、2.89、1、0.577A，次级电流为0.24～8A的情况，在50Hz时的电流误差，见图21-14-13，过流比，见表21-14-13。

表 21-14-12　FL-8型中间变流器次级电流为5、2.89、1、0.577A时的过流比

额定次级电流 I_{2n}(A)	过流比n(近似值)
5	$\frac{105}{S_n+1}$
2.89	$\frac{105}{S_n+0.8}$
1	$\frac{105}{S_n+0.5}$
0.577	$\frac{105}{S_n+0.55}$

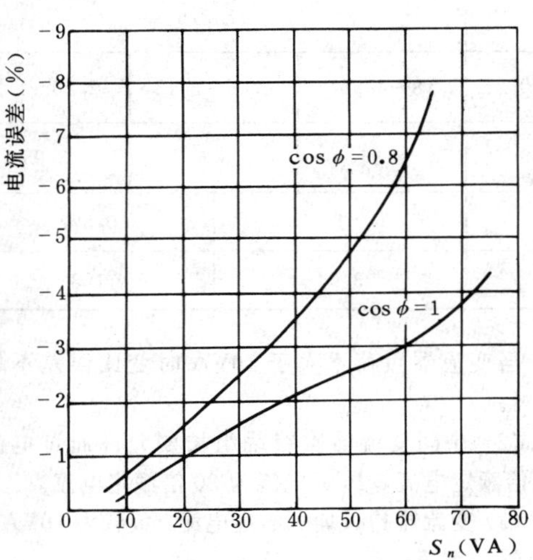

图 21-14-12　FL-8 型中间变流器初级电流为 0.24～8A 时的电流误差

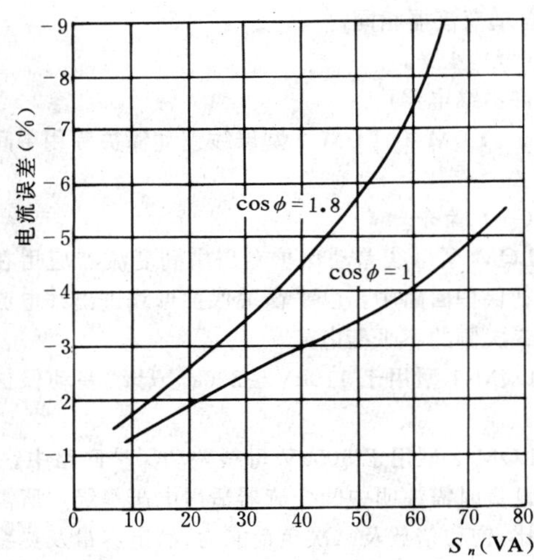

图 21-14-13　FL-8 型中间变流器初级电流为 5、2.89、1、0.577 时的电流误差

(5) FL-8 型中间变流器初、次级绕组过载能力，见表 21-14-14。

(三) 内部接线

FL-8 型中间变流器内部接线，见图 21-14-14 及表 21-14-8、表 21-14-9。

(四) 外形及安装尺寸

FL-8/1、FL-8/5 型中间变流器外形及安装尺寸，见图 21-14-15。

表 21-14-13　FL-8 型中间变流器初级电流为 5、2.89、1、0.577A 时的过流比

额定初级电流 I_{1n} (A)	过流比 n (近似值)
5	$\frac{105}{S_n+S_\Sigma-1}$
2.89	$\frac{105}{S_n+S_\Sigma-0.8}$
1	$\frac{105}{S_n+S_\Sigma-0.5}$
0.577	$\frac{105}{S_n+S_\Sigma-0.55}$

注　1. S_n 为额定输出容量 (VA)。
2. S_Σ 为变流器的内部总损耗。
3. I_n 为额定电流 (A)。

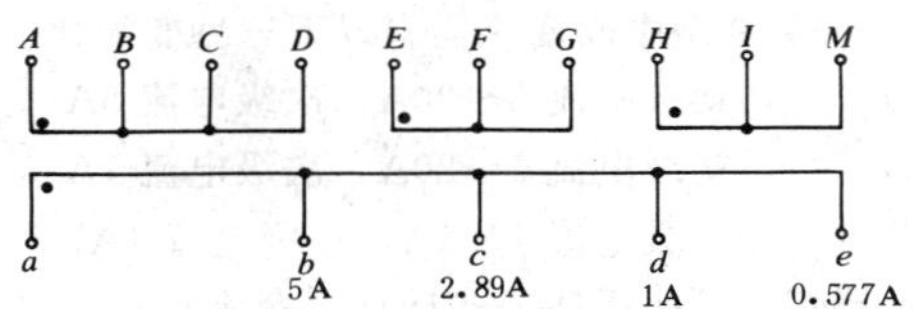

图 21-14-14　FL-8 型中间变流器内部接线 (* 为同极性端子)

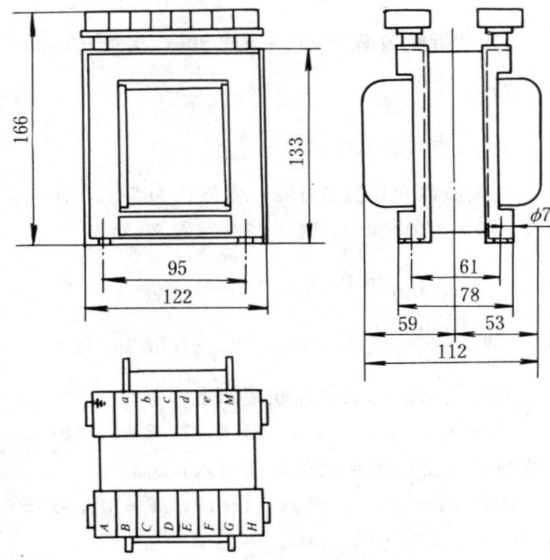

图 21-14-15　FL-8 型中间变流器外形及安装尺寸

(五) 生产厂

阿城继电器厂。

表 21-14-14　　**FL-8型中间变流器初、次级绕组过载能力**

<table>
<tr><td>型　号</td><td colspan="6">FL-8/1</td><td colspan="6">FL-8/5</td></tr>
<tr><td>额定电流 I_{1n}（A）</td><td colspan="2">1.6～0.912</td><td colspan="2">0.89～0.436</td><td colspan="2">0.432～0.24</td><td colspan="2">8～4.56</td><td colspan="2">4.46～2.18</td><td colspan="2">2.16～1.2</td></tr>
<tr><td>最大电流 I_{1max}（A）</td><td colspan="2">1.63</td><td colspan="2">1.02</td><td colspan="2">0.546</td><td colspan="2">8.11</td><td colspan="2">6.6</td><td colspan="2">3.05</td></tr>
<tr><td>额定电流 I_{2n}（A）</td><td colspan="3">5</td><td colspan="3">2.89</td><td colspan="3">1</td><td colspan="3">0.577</td></tr>
<tr><td>最大电流 I_{2max}（A）</td><td colspan="3">9.3</td><td colspan="3">4.43</td><td colspan="3">3.04</td><td colspan="3">1.3</td></tr>
</table>

六、FL-9型中间变流器

（一）简介

FL-9型中间变流器应用在变压器差动保护回路中，以平衡被保护变压器高、低压侧电流互感器二次侧的不平衡电流。中间变流器是单相式，并具有三柱闭合导磁体，可以通过安装板上切换片的不同切换位置获得所需电流变比。

（二）技术数据

（1）FL-9型中间变流器有以下三种变流比：

1）5/5，初级电流5～20A，次级电流5A。

2）5/1，初级电流5～20A，次级电流1A。

3）1/1，初级电流1～5A，次级电流1A。

不同变比可按下述公式计算出变流器初、次级匝数后，通过切换安装板上的连接片得到。举例说明如下。

已知被补偿侧电流变比为 n（以次级1A为例），试求：

1）初级匝数 $W_{\rm I}=400n$（或 $80n$，次级5A）。

2）$n'=\dfrac{W_{\rm I}}{400}$。

3）次级匝数 $W_{\rm II}=\dfrac{n'}{n}\times400$。

例如所需变比为0.192，变流比为5/1，则

$$W_{\rm I}=400\times0.192=76.8(\text{取76匝})$$

$$n'=\frac{76}{400}=0.19$$

则　$$W_{\rm II}=\frac{0.19}{0.192}\times400=395.83(\text{取395匝})$$

则安装板上的切换片联接如下：

初级 S_1－2，2－4，4－5，6－7，8－9，10－M_1，初级电流（由电流互感器次级引入）S_1M_1。

次级 S_1－12，12－13，14－15，16－M_2，次级电流（引入差动保护）S_2M_2。

误差验算

实际变比 $=\dfrac{76}{395}=0.192405$

误差 $S=\dfrac{0.192405-0.192}{0.192}\times100\%=0.2\%$

当变流器负荷不大于10VA时变比误差不超过±2%。

（2）中间变流器次级绕组长期允许通过电流为1.1倍额定电流，1s钟电流为20倍额定电流。

（3）变流器初级加入额定电流，负载为10VA时，变流器功率消耗不大于20VA。

（4）当变流器负载功率为10VA时，其饱和倍数不小于10倍额定电流值。

（三）外形及安装尺寸

FL-9型中间变流器安装方式及外形尺寸，与FY-1型自耦变流器相同。

（四）生产厂

许昌继电器厂。

七、LQM-1、LQM-2型母线差动保护专用中间变流器

（一）简介

LQM型母线差动保护专用中间变流器应用在母线差动保护回路中，以平衡被保护母线进出线电流互感器二次侧的不平衡电流。

LQM-1型用于110kV～220kV母线差动保护回路中。

LQM-2型用于500kV母线差动保护回路中。

订货时需注明中间变流器适用电压等级，所需电流变比，饱和倍数及二次负荷能力，额定容量及热稳定电流。

（二）型式结构

LQM型母线差动保护专用中间变流器的铁芯采用进口硅钢片绕制成环形，并经退火处理，这样铁芯间隙小，磁路短，磁阻小，漏抗小，励磁阻抗大。

绕组结构采用自耦方式，降流接线，在满足一次侧电流互感器的10%误差曲线前提下，二次侧能容许接入较大的负载。

LQM型母线差动保护专用中间变流器放置在户外母线保护端子箱内，运行环境条件较差，绝缘采用E级。

（三）使用条件

采用整组集中装设，把一次侧大电流互感器相同变比者二次侧并联后接入一组中间变流器。中间变流器每相一个，外包黄、绿、红三种颜色，以此区别不同相别。三相三个中间变流器须水平排列放置，不可三相垂直放置，以免由于互感作用带来不良影响。

LQM-2 型母线差动保护专用中间变流器绕组中在 1/4，1/3，1/2 处有抽头，接线时应注意极性的顺序关系。抽头位置，见图 21-14-16。

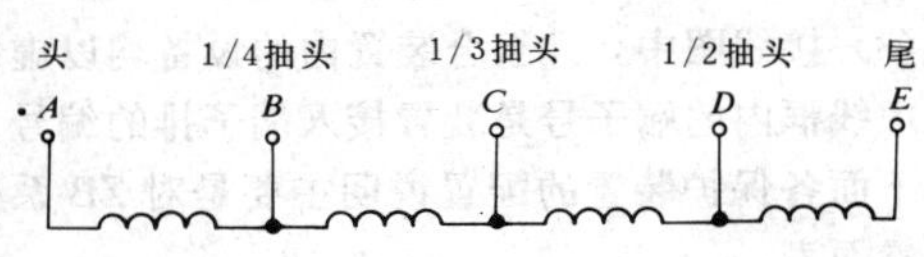

图 21-14-16　LQM-2 型母线差动保护专用中间变流器抽头位置

（四）技术数据

LQM-1、LQM-2 型母线差动保护专用中间变流器技术数据，见表 21-14-15。

（五）外形及安装尺寸

LQM-2 型母线差动保护专用中间变流器外形尺寸为 258×306×234（宽×深×高，mm）。

LQM-2 型母线差动保护专用中间变流器安装尺寸，见图 21-14-17。

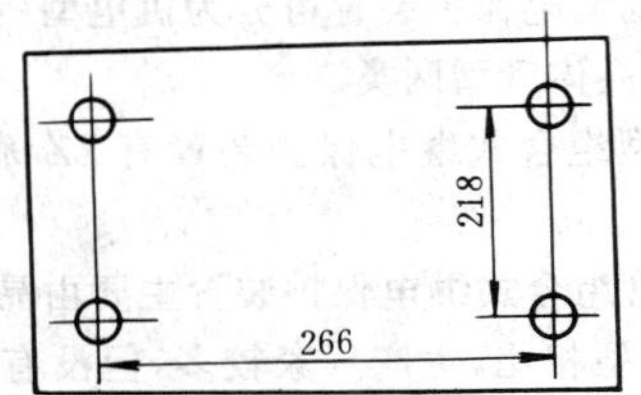

图 21-14-17　LQM-2 型母线差动保护专用中间变流器安装尺寸

表 21-14-15　LQM-1、LQM-2 型母线差动保护专用中间变流器技术数据

型　号	额定电流比 (A)	容量 (VA)	饱和倍数		二次负荷（Ω）		生产厂
			内部故障	外部故障	内部故障	外部故障	
LQM-1	20/10，5/1.25	10	5	30	4.5	0.233	山西电力开关厂
LQM-2	20/10，20/5，20/6.66	60	42	6	1	6.6	

第22章　组合式继电保护装置

刘纯韵　曹克勤

组合式继电保护装置可分为机电型(包括电磁型、整流型)及晶体管型两类。

机电型组合式继电保护装置有ZZ系列和ZB系列。

晶体管组合式继电保护装置主要由晶体管元件组成,与机电型相比,生产厂家较多,但没有形成独立的系列。

机电型和晶体管型组合式继电保护装置都具有体积小、接线较简单、使用方便、运行可靠等特点。

订货时需向制造厂提出装置型号及元件技术要求。

型号含义:

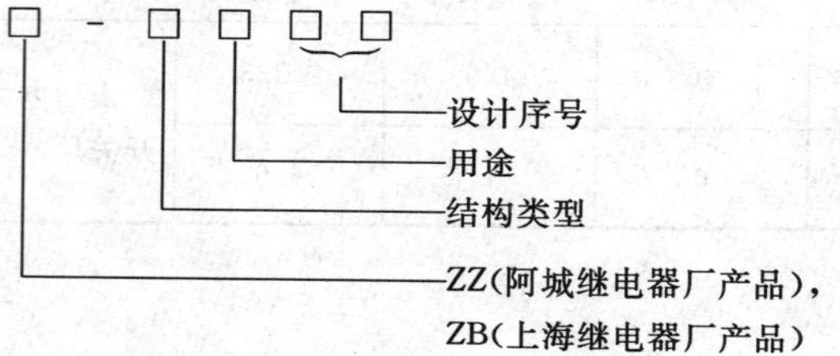

ZZ系列用途分类:

1——线路保护;

2——线路保护和自动重合闸;

3——自动装置;

4——母线保护;

5——元件(发电机、变压器、厂用电抗器等)保护;

6——其它装置。

ZB系列用途分类:

3——自动装置;

5——元件(发电机、变压器)保护。

装置的结构类型参见本章第3节。

第22-1节　机电型组合式继电保护装置

一、简述

(1) ZZ系列保护装置为阿城继电器厂(简称阿继厂)生产,ZB系列保护装置为上海继电器厂(简称上继厂)生产。

(2) ZZ系列保护装置的直流电压为48、110、220V。ZB系列保护装置的直流电压为220V。

(3) 接线图中,凡组合装置内的设备均以虚线框入,虚线框内的端子号是装置接入端子排的编号。

下面各保护装置的配置说明主要是对ZB系列保护装置而言。

(4) ZZ系列保护装置接线按采用远方复归的信号继电器绘制,图中接有远方复归按钮*FA*的端子,当需要远方复归时,尚需增加图22-1-1的接线。图中*FM*和*PM*为掉牌未复归信号小母线,*FA*可装在控制室中央信号屏上进行全部信号继电器的复归,也可装在保护装置屏上集中复归本屏的信号继电器。当不采用远方复归时,应选用手动复归的机械掉牌信号继电器。

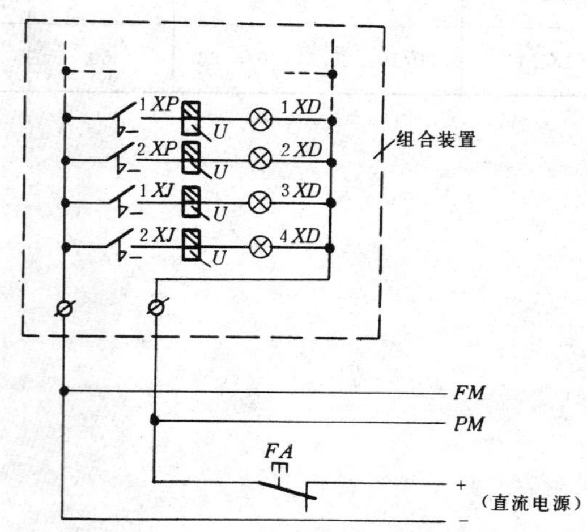

图22-1-1　ZZ系列远方复归信号继电器接线示意图

ZB系列保护装置的信号继电器具有动作机械掉牌和信号触点,以监查和分析装置的工作,信号继电器具有就地及远方复归条件。

二、ZB-1521、ZZ-1521型发电机电流横联差动保护装置

1. 保护装置接线图

(1) ZB-1521型保护装置接线图,见图22-1-2。

(2) ZZ-1521型保护装置接线图,见图22-1-3。

2. 保护装置配置说明

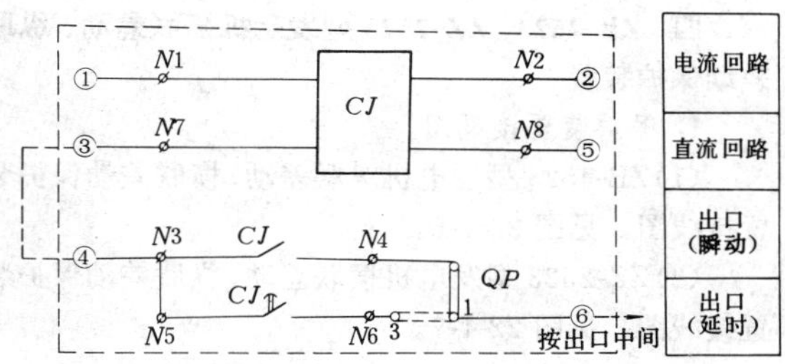

图 22-1-2　ZB-1521 型发电机电流横联差动保护装置接线图

CJ—发电机横差继电器，LCD-6 型；QP—切换片，QP-1 型

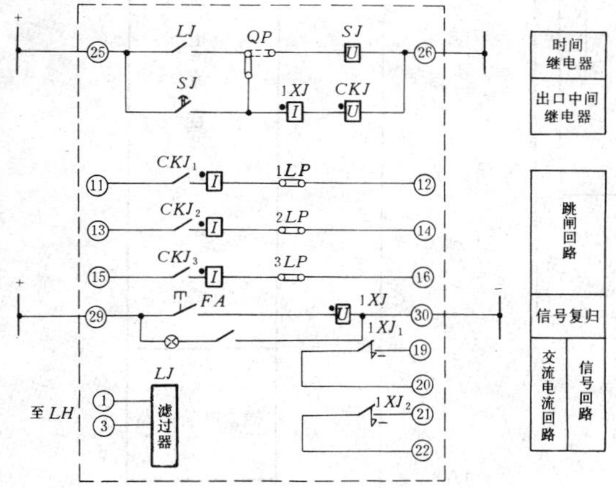

图 22-1-3　ZZ-1521 型发电机电流横联差动保护装置接线图

LJ—电流继电器，DL-21B 型；CKJ—中间继电器，DZB-12B 型；1XJ—信号继电器，DXM-2A 型；SJ—时间继电器，DS-20 型；QP—切换片，D-12 型；1～3LP—连接片；FA—按钮，AN-24-2 型

保护装置用于具有分支绕组的发电机保护。保护装置横差电流继电器 LJ 具有三次谐波滤波器。继电器输出一副瞬动常开触点、一副延时常开触点。在组合板上通过切换压板 QP 接到其它保护（如 ZB-4254 型差动保护）出口中间继电器电压线圈上进行跳闸。当发电机转子存在一点接地时，将切换压板 QP 投到延时触点位置，使跳闸带有一定时限，以免转子发生两点接地时可能与转子保护同时动作，而不利于分析和处理事故。

三、ZB-4522、ZZ-2522 型发电机（变压器）纵联差动保护装置

1. 保护装置接线图

（1）ZB-4522 型保护装置接线图，见图 22-1-4。

（2）ZZ-2522 型保护装置接线图，见图 22-1-5。

2. 保护装置配置说明

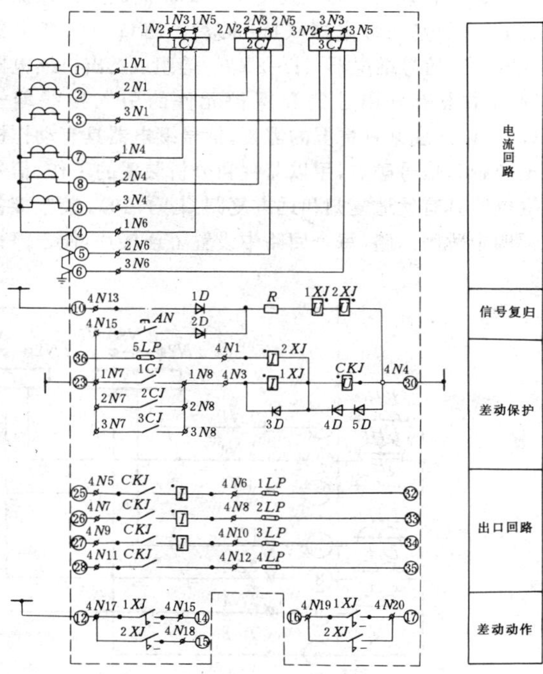

图 22-1-4　ZB-4522 型发电机纵联差动保护装置接线图

1～3CJ—差动继电器，LCD-7 型；1～2XJ—信号继电器，DX-51/0.0125A 型；CKJ—中间继电器，D2K-135/220V □A 型（□表示电流数值）；1～5D—二极管，2CP26 型；AN—按钮，AN-4 型；R—珐琊电阻，RXYC-15W-4.3 kΩ 型；1～4LP—连接片，LP-1 型

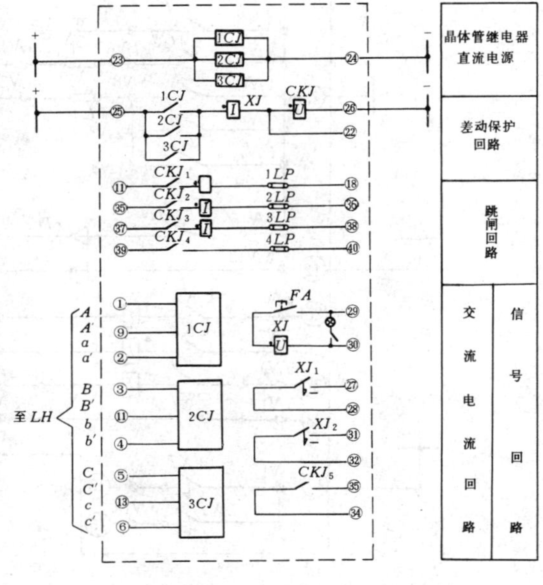

图 22-1-5　ZZ-2522 型发电机（变压器）纵联差动保护装置接线图

1～3CJ—差动继电器，BCD-51 型；CKJ—中间继电器，DZB-12B 型；XJ—信号继电器，DXM-2A 型；1～4LP—连接片，D-13 型；FA—按钮，AN-24-2 型

保护装置用作防止发电机内部相间故障。保护装置由三个差动继电器（1～3CJ）、出口中间继电器（CKJ）、信号继电器（1～2XJ）等组成。出口继电器回路中设有外附控制和保护元件的引入接线端子(36)，以适应某种情况的需要。信号继电器具有动作机械掉牌和信号触点，用以监视和分析装置的工作。信号继电器具有就地复归和远方复归（端子 10）。装置准备了四个跳闸回路，每个回路中设置了连接片，便于停止相应回路的工作。

四、ZB-4523、ZZ-2523 型发电机横联差动、纵联差动保护装置

1. 保护装置接线图

(1) ZB-4523 型发电机纵联差动、横联差动保护装置接线图，见图 22-1-6。

(2) ZZ-2523 型发电机横联差动、纵联差动保护装置接线图，见图 22-1-7。

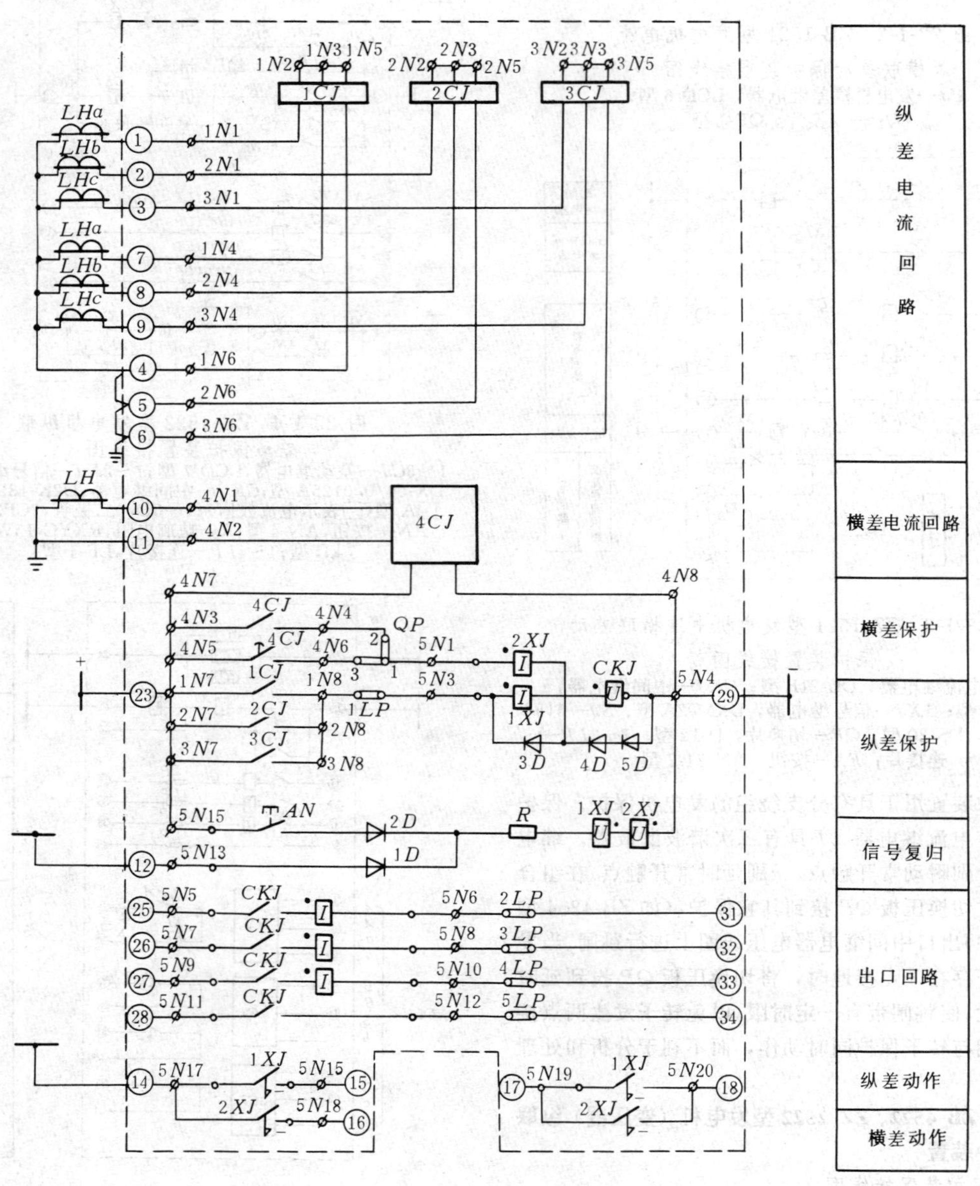

图 22-1-6　ZB-4523 型发电机纵联差动、横联差动保护装置接线图
1～3CJ—差动继电器，LCD-7 型；4CJ—横差继电器，LCD-6 型；AN—按钮，AN-4 型；CKJ—中间继电器，DZK-135/220V□A 型；1～2XJ—信号继电器，DX-51/0.0125A 型；1～5D—二极管，ZCP26 型；R—珐琅电阻，RXYC-15W-4.3kΩ 型；QP—切换片，QP-1 型；1～5LP—连接片，LP-1 型

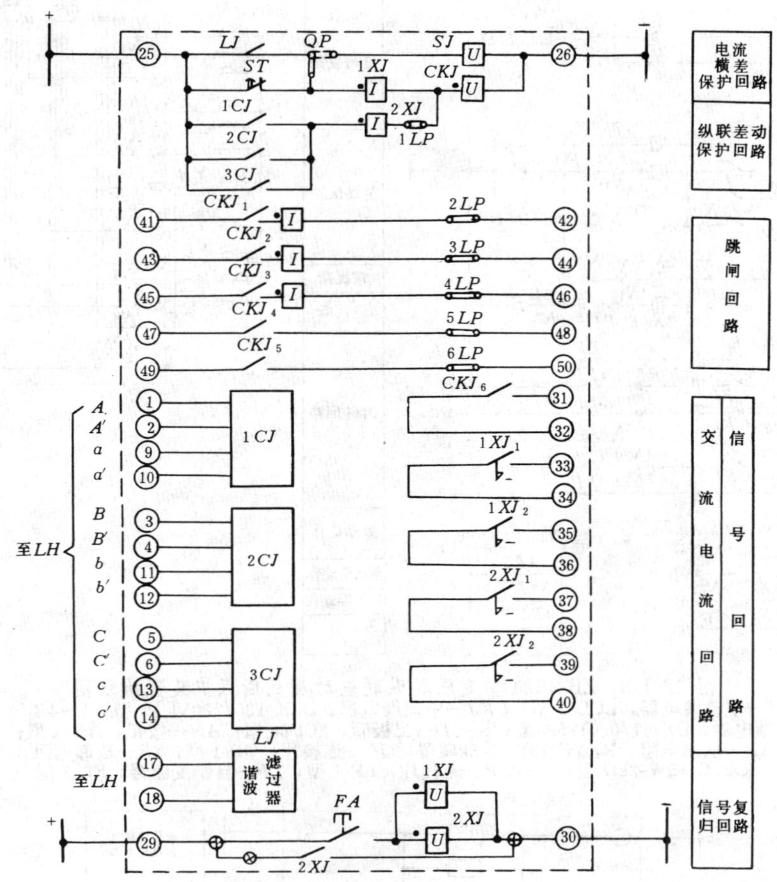

图 22-1-7　ZZ-2523 型发电机横联差动、纵联差动保护装置接线图

LJ—电流继电器，DL-21B 型；1～3*CJ*—差动继电器，LCD-1A 型；*SJ*—时间继电器，DS-20 型；*CKJ*—中间继电器，DZB-12B 型；*QP*—切换片，D-12 型；1～2*XJ*—信号继电器，DXM-2A 型；1～6*LP*—连接片，D-13 型；*FA*—按钮，AN-24-2 型

2. 保护装置配置说明

保护装置用以防止具有分支绕组的发电机定子绕组故障的保护。纵差保护由三个差动继电器（1～3*CJ*）、信号继电器（1*XJ*）等组成。横差保护由横差继电器（4*CJ*）、信号继电器（2*XJ*）等组成。当发电机转子已有一点接地时，利用切换片 *QP* 使横差继电器带一定的延时启动出口中间继电器，以免转子发生两点接地时可能与转子保护同时动作而不利于分析和处理事故。纵差与横差保护共用 *CKJ* 出口继电器。装置设了四个跳闸回路，每个回路中设置了连接片，便于停止相应回路的工作。

五、ZB-4524、ZZ-2524 型变压器纵联差动、瓦斯保护装置

1. 保护装置接线图

（1）ZB-4524 型变压器纵联差动及瓦斯保护装置接线图，见图 22-1-8。

（2）ZZ-2524 型变压器纵联差动及瓦斯保护装置接线图，见图 22-1-9。

2. 保护装置配置说明

保护装置用作防止发电机变压器组或变压器内部故障的保护。纵联差动保护由三个差动继电器（1～3*CJ*）、信号继电器（1～4*XJ*）及出口中间继电器（*CKJ*）等组成。LCD-5 型差动继电器需装设单独的自耦变流器平衡各侧电流。自耦变流器装于屏顶部，附有接线端子。变压器重瓦斯继电器触点经 2*XJ* 串联信号继电器起动出口中间继电器（*CKJ*）进行跳闸，利用切换片（*QP*）可将 2*XJ* 继电器改接至电阻 1*R* 上，以便进行重瓦斯继电器试验工作，变压器的轻瓦斯继电器触点起初 3*XJ* 串联信号继电器，以其触点发出事故信号。出口继电器回路中设有外附控制或保护元件的

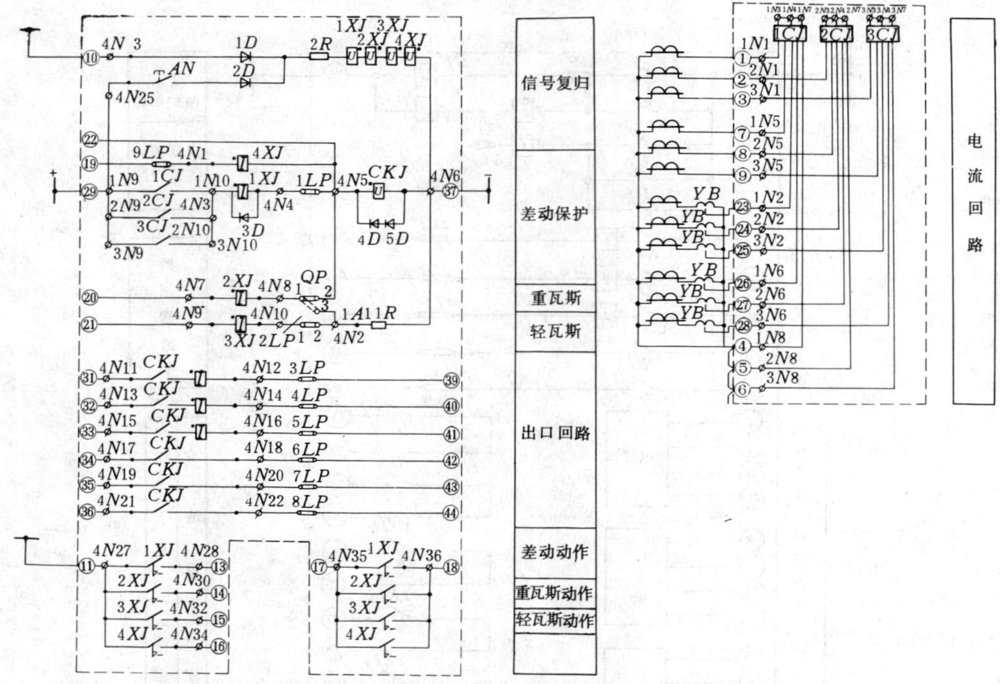

图 22-1-8 ZB-4524 型变压器纵联差动及瓦斯保护装置接线图

1～3*CJ*—差动继电器，LCD-5 型；*CKJ*—中间继电器，DZK-135/220V□A 型；1～4*XJ*—信号继电器，DX-51/0.0125A 型；1～5*D*—二极管，2CP26 型；*AN*—按钮，AN-4 型；1*R*—珐琊电阻，RXYC-15W-4.3kΩ 型；*QP*—连接片，QP-1 型；2*R*—珐琊电阻，RXYC-15W-2kΩ 型；1～9*LP*—连接片，LP-1 型；*YB*—自耦变流器，FL-3 型

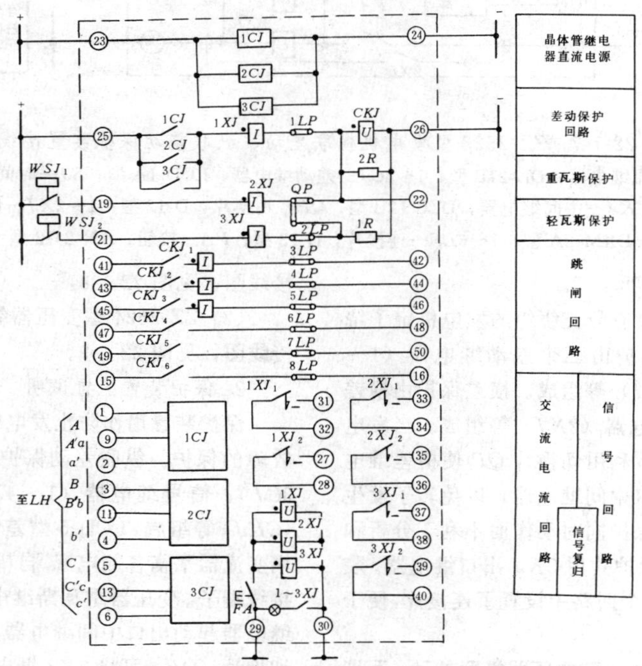

图 22-1-9 ZZ-2524 型变压器纵联差动及瓦斯保护装置接线图

1～3*CJ*—差动继电器，BCD-51 型；*CKJ*—中间继电器，DZB-12B 型；1～3*XJ*—信号继电器，DXM-2A 型；*QP*—切换片，D-12 型；1～8*LP*—连接片，D-13 型；1～2*R*—电阻，ZG-11 型；*FA*—按钮，AN-24-2 型

接线端子（22、19），以适应某些情况的需要。装置共设有六个跳闸回路，每个回路中各设置了连接片，便于停止相应回路的工作。

六、ZZ-1520 型变压器差动速断及瓦斯保护装置

ZZ-1520 型保护装置接线图，见图 22-1-10。

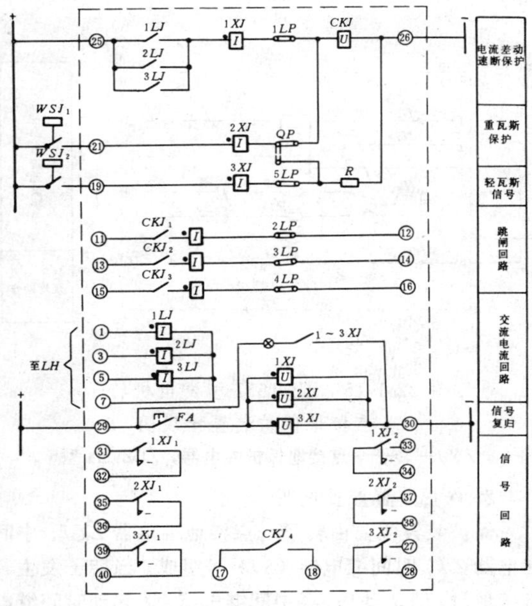

图 22-1-10 ZZ-1520 型变压器差动速断及瓦斯保护装置接线图

1～3*LJ*—电流继电器，DL-21C 型；*CKJ*—中间继电器，DZB-12B 型；1～3*XJ*—信号继电器，DXM-2A 型；*QP*—切换片，D-12 型；1～5*LP*—连接片，D-13 型；*R*—电阻，ZG11 型；*FA*—按钮，AN-24-2 型

七、ZZ-2525 型发电机变压器组横联差动、纵联差动、瓦斯保护装置

ZZ-2525 型保护装置接线图，见图 22-1-11。

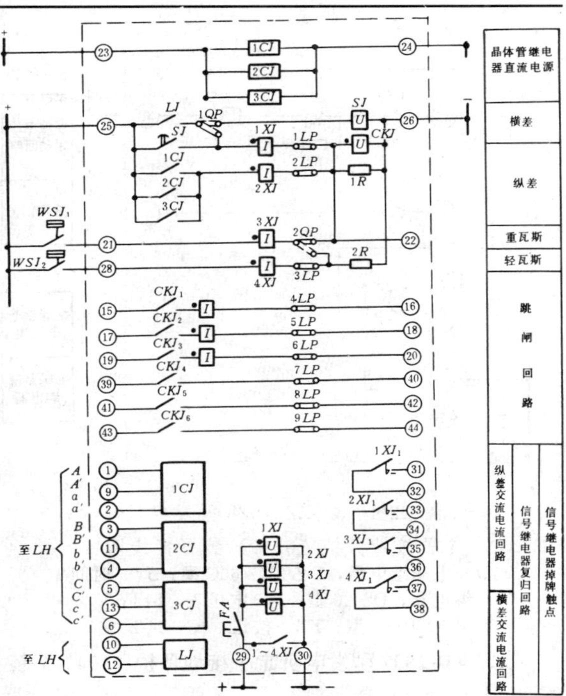

图 22-1-11 ZZ-2525 型发电机变压器组横联差动、纵联差动、瓦斯保护装置接线图

LJ—电流继电器，DL-21B 型；1～3*CJ*—差动继电器，BCD-51 型；*SJ*—时间继电器，DS-20 型；*CKJ*—中间继电器，DZB-12B 型；1～4*XJ*—信号继电器，DXM-2A 型；1～2*QP*—切换片，D-12 型；1～9*LP*—连接片，D-13 型；1～2*R*—电阻，ZG11 型；*FA*—按钮，AN-24-2 型

八、ZB-2528、ZZ-1528 型发电机定子接地保护（95%）装置

1. 保护装置接线图

（1）ZB-2528 型保护装置接线图，见图 22-1-12。

（2）ZZ-1528 型保护装置接线图，见图 22-1-13。

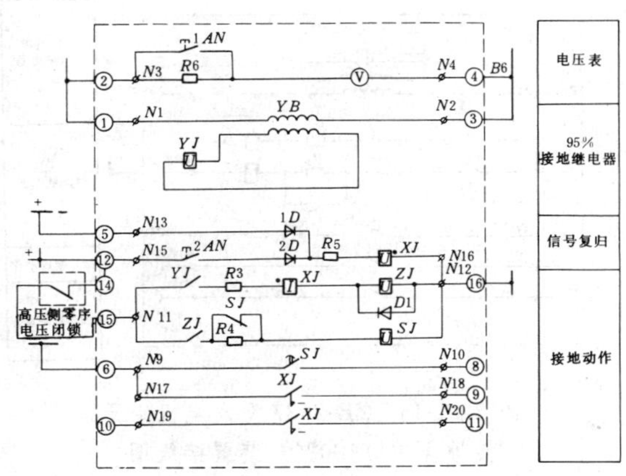

图 22-1-12 ZB-2528 型发电机定子接地保护（95%）装置接线图

LD-1—定子接地保护继电器

2. 保护装置配置说明

保护装置作为小电流接地系统发电机定子接地保护。装置由反应零序电压继电器（*YJ*）、时间继电器（*SJ*）、中间继电器（*ZJ*）、信号继电器（*XJ*）、检测零序电压值的具有两档量程的微型电压表和按钮（*AN*）等组成。反映零序电压的电压继电器（*YJ*），其保护范围可到 95%，动作后经时间继电器（*SJ*）延时动作信号或跳闸。该装置对高压侧接地故障有可能会误反应，可在 14、15 端子间引入高压侧接地继电器触点进行闭锁。为使电压继电器和电压表分别反应发电机出口两侧的电压，故分别设置了外部接线端子，便于分别接入不同的电压互感器的电源回路。

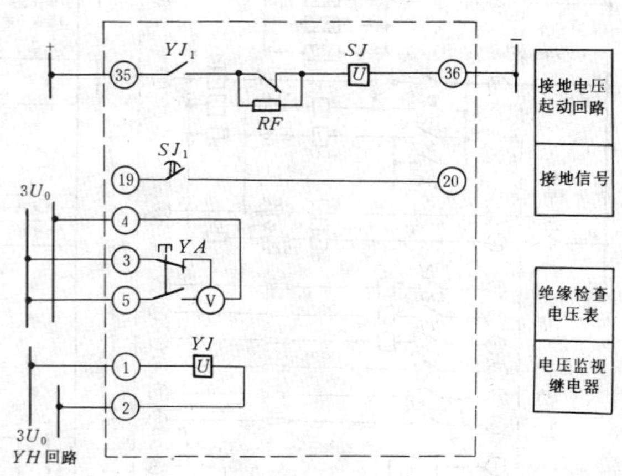

图 22-1-13　ZZ-1528 型发电机定子接地保护（95%）装置接线图

YJ—电压继电器，DY-21C/60C 型；*SJ*—时间继电器，DS-20 型；*V*—电压表，81T₁-V 0-50-100V 型；*YA*—按钮，AN-24-2 型

九、ZB-2537 型发电机定子接地保护（100%）装置

1. 保护装置接线图

ZB-2537 型保护装置接线图，见图 22-1-14。

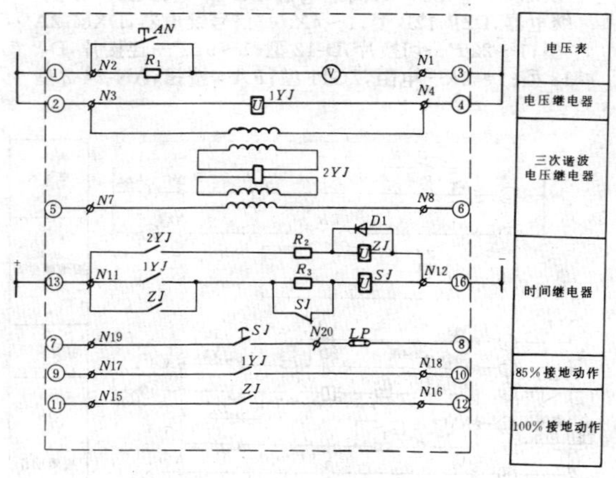

图 22-1-14　ZB-2537 型发电机定子接地保护（100%）装置接线图

LD-1A—定子接地保护继电器

2. 保护装置配置说明

保护装置作为小电流接地系统发电机定子接地保护。装置由反应三次谐波电压的电压继电器(2*YJ*)、反应基波零序电压值的具有两档量程的微型电压表以及按钮(*AN*)等组成。反应三次谐波电压的电压继电器 2*YJ*,能反应中性点及其附近的接地情况(极限值 1/2 定子绕组)。远离中性点的故障,2*YJ* 电压继电器不能反应,此时反应基波零序电压的电压继电器 1*YJ* 动作,故三次谐波电压继电器与基波零序电压继电器共同构成保护区为 100%的定子接地保护装置。电压继电器动作后,延时动作信号或跳闸,亦可直接发出信号。

十、ZB-1531 型发电机转子一点接地保护装置

1. 保护装置接线图

ZB-1531 型保护装置接线图，见图 22-1-15。

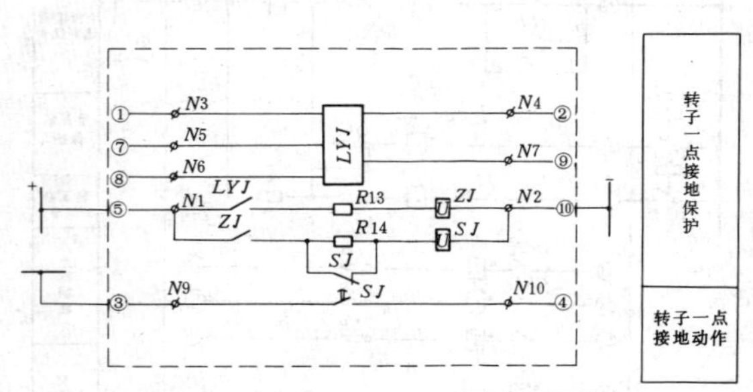

图 22-1-15　ZB-1531 型发电机转子一点接地保护装置接线图

LYJ—转子一点接地保护继电器，ZBZ-2A 型

2. 保护装置配置说明

保护装置主要由转子一点接地继电器 *LYJ*、中间继电器 *ZJ*、时间继电器（*SJ*）等组成。当转子发生一点接地时，*LYJ* 动作，经中间继电器 *ZJ* 起动时间继电器 *SJ*，经一定时限发出转子一点接地信号。

十一、ZB-2532 型发电机转子一点、两点接地保护装置

1. 保护装置接线图

ZB-2532 型保护装置接线图，见图 22-1-16。

2. 保护装置配置说明

保护装置主要由转子一点接地继电器(1*LYJ*)、转子两点接地继电器（2*LYJ*）、中间继电器（1～2*ZJ*）、时间继电器(1*SJ*)、出口中间继电器(*CKJ*)、信号继电器（*XJ*）、电位器（*W*）、电压表（*V*）等组成。当转子发生一点接地时，1*LYJ* 动作起动时间继电器 1*SJ*，其延时终止触点发出转子一点接地信号。转子两点接地保护装置根据直流电桥原理构成。电桥的两臂由励磁回路电阻组成，而另外的两臂则由专用的电位器 *W* 组成，当发生一点接地后，调节 *W*，使电桥平衡，利用开关 *ZK*（在 FZ-2 型附加电阻箱内）将转子两点接地保护投入，而断开转子一点接地保护。零点刻度在中间的电压表分两档刻度（用按钮切换），用来指示电桥平衡。当转子发生两点接地时，2*LYJ* 动作，启动出口中间继电器 *CKJ*，进行跳闸。利用切换片可使两点接地保护获得一定的时限。装置设了三个跳闸回路，每个

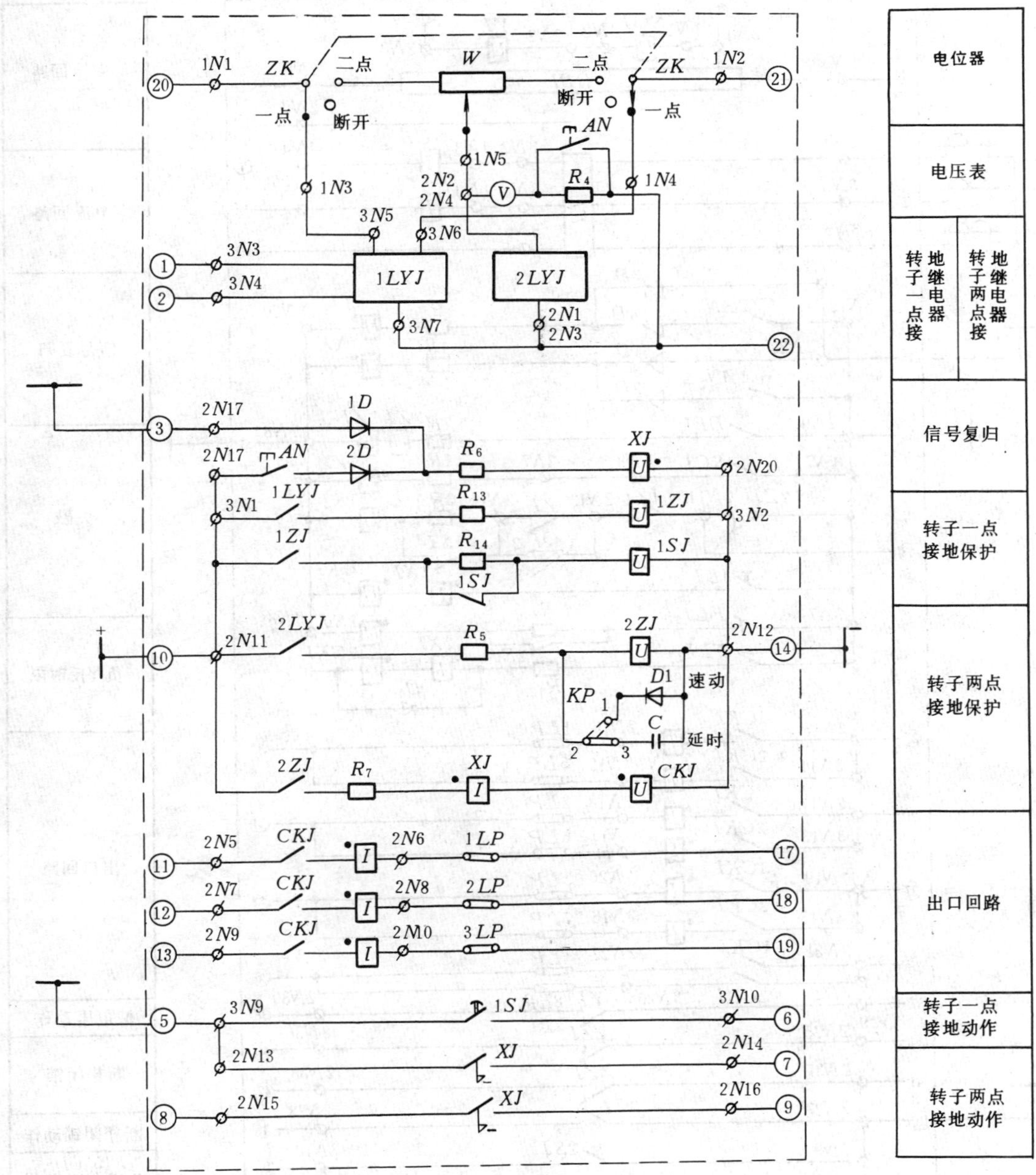

图 22-1-16　ZB-2532 型发电机转子一点、两点接地保护装置接线图

1*LYJ*—转子一点接地保护继电器，ZBZ-2A 型；*W*—附加电阻箱，FZ-2 型；
2*LYJ*—转子二点接地保护继电器，LD-2A 型；1～3*LP*—连接片，LP-1 型

跳闸回路中设置有连接片，便于停止相应回路的工作。

十二、ZB-4540 型发电机负序反时限过电流及失磁保护装置

1. 保护装置接线图

ZB-4540 型保护装置接线图，见图 22-1-17。

2. 保护装置配置说明

该保护装置作为大容量发电机负序反时限过电流和负序过负荷及作为同步发电机失励磁的保护。负序反时限过电流和负序过负荷保护装置主要由负序反时限继电器（*FLJ*）、信号继电器（2*XJ*）、时间继电器（2*SJ*）及出口中间继电器（2*CKJ*）等组成。当有不对称负荷而产生负序电流，且此负序电流数值达到 10% 额定电流时，*FLJ* 第一段启动，经 $t=0\sim9$s 时间动作，发出负序过负荷信号。当发生不对称短路或负荷不对

图 22-1-17　ZB-4540 型发电机负序反时限过电流及失磁保护装置接线图

SCJ—失磁阻抗继电器，LZ-1 型；*YJ*—电压继电器，DY-38/160 型；*DBJ*—断线闭锁元件；
1～2*XJ*—信号继电器，DX-51/0.0125A 型；1～2*CKJ*—中间继电器，DZB-535/110V□A 型；
1～2*SJ*—时间继电器，DS-113C/220V 型；*FLJ*—负序电流反时限继电器，LFL-2 型；
QP—切换片，QP-1 型；1～8*LP*—连接片，LP-1 型

称时，产生负序电流，此负序电流值达到 20%额定电流时，*FLJ* 第二段启动，经 $t=A/I^2_{*2}$ 时间动作，进行跳闸。装置设有四个跳闸回路，每个跳闸回路中设置了切换片，便于停止相应回路的工作。

同步发电机的失励磁保护装置主要由失磁继电器（*SCJ*）、断线闭锁继电器（*DBJ*）、电压继电器（*YJ*）、时间继电器（1*SJ*）、信号继电器（1*XJ*）、中间继电器（1～3*ZJ*）及出口中间继电器（1*CK*）等组成。当同步发电机失磁继电器 *SCJ* 动作时，经断线闭锁继电器常闭触点略带延时动作出口继电器。延时可按躲开振荡周期考虑，对于某些大系统，如系统有足够的备用无功容量而允许发电机无励磁运行时，可将切换片 QP 打开（接 1～3）位置。时间继电器启动回路中设有外附控制元件的引入接线端子（43），以适应某些情况需要。装置设了四个跳闸回路，每个跳闸回路设一只切换片，便于停止相应回路的工作。

十三、ZB-1536 型发电机（变压器）过负荷保护装置

1. 保护装置接线图

ZB-1536 型保护装置接线图，见图 22-1-18。

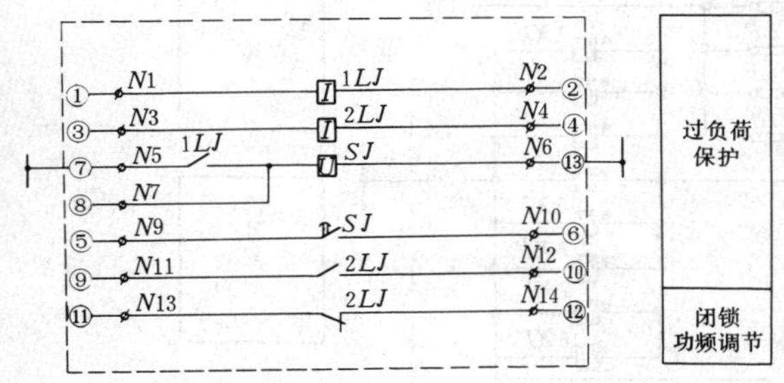

图 22-1-18　ZB-1536 型发电机（变压器）过负荷保护装置接线图
1*LJ*—电流继电器，DL-32/10 型；2*LJ*—电流继电器，DL-32/6 型；*SJ*—时间继电器，LS 型

2. 保护装置配置说明

该保护装置主要作为发电机或变压器过负荷保护。装置主要由电流继电器（1*LJ*，2*LJ*）、时间继电器（*SJ*）等组成。1*LJ* 动作后启动时间继电器，发出过负荷信号，时间继电器的启动回路中设有外附控制元件的引入接线端子（8），必要时可予以控制。2*LJ* 可作为三绕组变压器另一侧过负荷启动元件，此时将（9）号与（7）号端子并联，8 号与 10 号端子并联即可。2*LJ* 也可作为大型发电机功频调节闭锁元件，为此尚设有常闭触点以便引出。时间继电器采用 *RC* 延时回路，最大延时 9s。

十四、ZB-1534 型发电机断水保护装置

1. 保护装置接线图

ZB-1534 型保护装置接线图，见图 22-1-19。

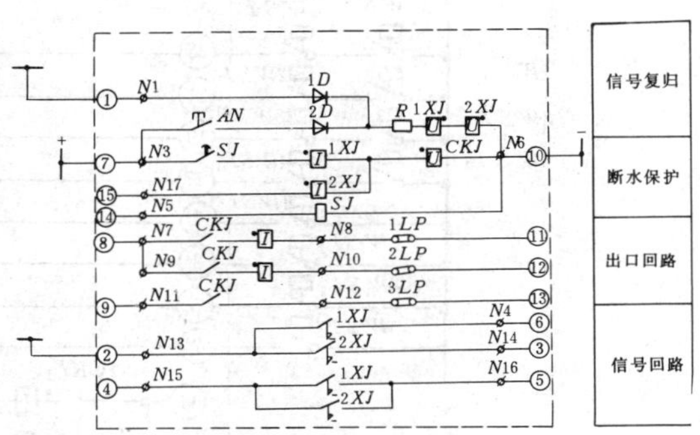

图 22-1-19　ZB-1534 型发电机断水保护装置接线图
SJ—时间继电器，LS 型；*CKJ*—中间继电器，DZB-535/□A 型；1～2*XJ*—信号继电器，DX-51/0.0125A 型；1～2*D*—二极管，2CP26 型；*AN*—按钮，AN-4 型；*R*—珐琊电阻，RXYC-15W-4.3kΩ 型；1～3*LP*—连接片，LP-1 型

2. 保护装置配置说明

保护装置作为水内冷发电机断水保护之用。装置主要由整流型时间继电器（*SJ*）、信号继电器（1～2*XJ*）及出口中间继电器（*CKJ*）等组成。当发电机断水时间继电器动作后，以 30s 的延时动作信号及出口中间继电器。装置设三个跳闸回路，每个回路中设有切换片，便于停止相应回路的工作。

十五、ZB-2547 型变压器瓦斯保护装置

ZB-2547 型保护装置接线图，见图 22-1-20。

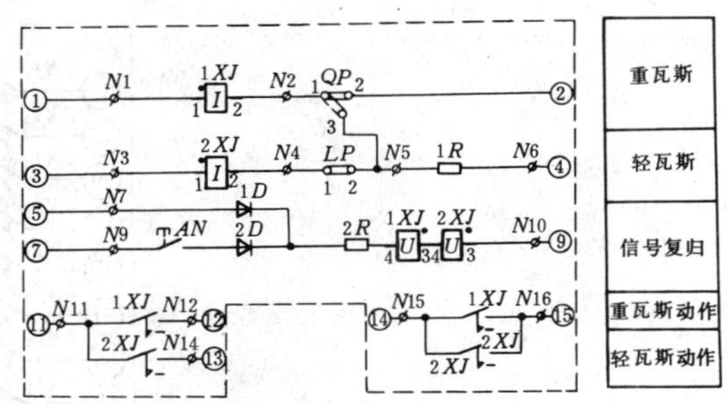

图 22-1-20　ZB-2547 型变压器瓦斯保护装置接线图
1～2*XJ*—信号继电器，DX-51/0.0125A 型；1～2*R*—珐琊电阻，RXYC-15W-4.3kΩ 型；1～2*D*—二极管，2CP-26 型；*QP*—切换片，QP-1 型；*LP*—连接片，LP-1 型；*AN*—按钮，AN-4 型

十六、ZZ-2529 型单相变压器瓦斯保护装置

ZZ-2529 型保护装置接线图，见图 22-1-21。

十七、ZB-2541 型变压器风扇启动及温度过高保护装置

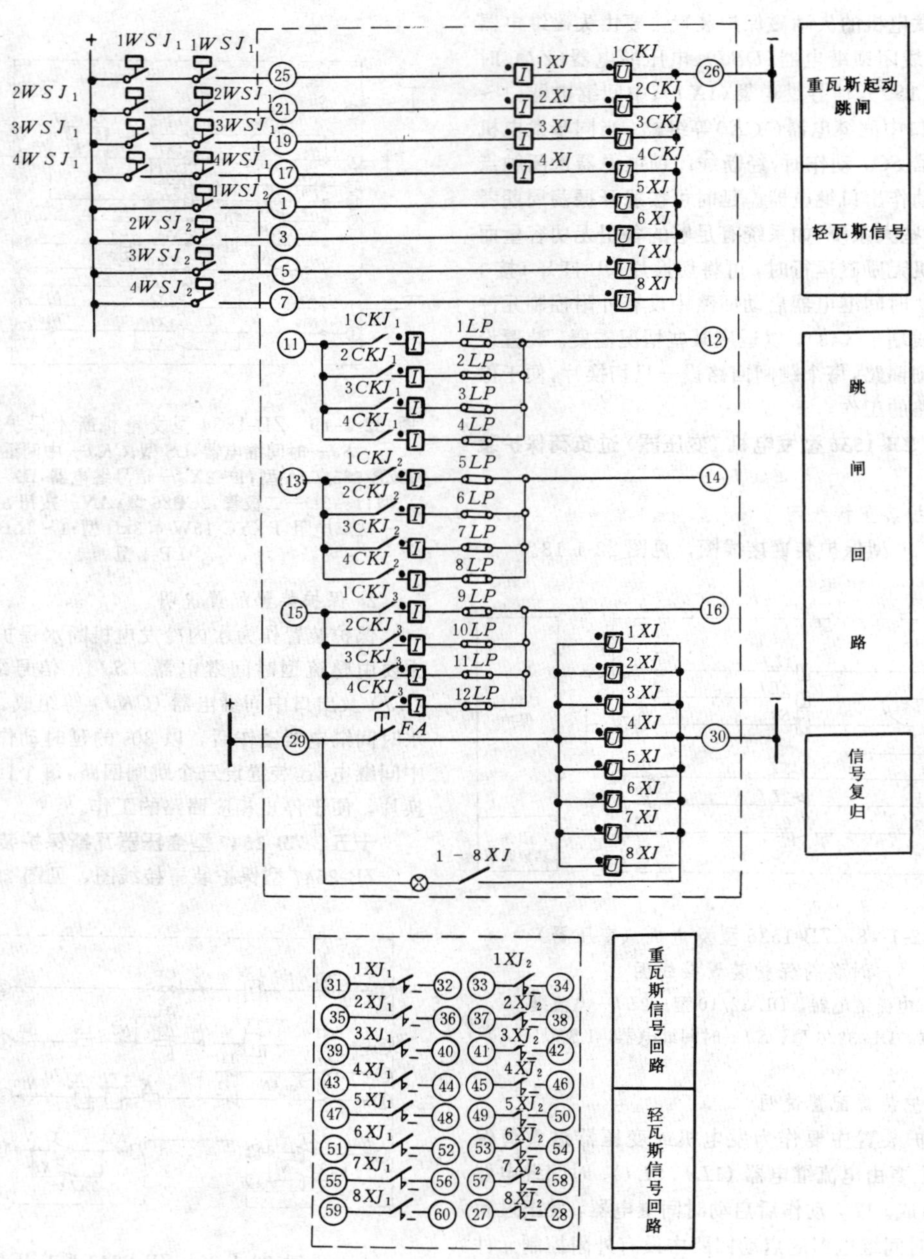

图 22-1-21　ZZ-2529 型单相变压器瓦斯保护装置接线图

1～4*CKJ*—中间继电器，DZB-12B 型；1～12*LP*—连接片，D-13 型；1～8*XJ*—信号继电器，DXM-2A 型；*FA*—按钮，AN-24-2 型

1. 保护装置接线图

ZB-2541 型保护装置接线图，见图 22-1-22。

2. 保护装置配置说明

该保护装置为风冷变压器风扇启动的控制。装置由电流继电器（*BFJ*）、时间继电器（*SJ*）、中间继电器（*ZJ*）、信号继电器（*XJ*）及出口中间继电器（*CKJ*）等组成。当电流超过某一数值时，*BFJ* 动作，起动时间继电器，经一定的延时起动出口中间继电器，以开启风扇；变压器温度过高触点，经 20 号端子亦可启动出口中间继电器，开启风扇。中间继电器 *CKJ* 经本身的常开触点及温度复归中间继电器 *ZJ* 的常闭触点进行自保持，当风扇启动后，变压器温度降到某一数值时，温度触点经 21 号端子起动 *ZJ*，以使 *CKJ* 复归。温度到达某一数值，可经 22 号端子启动串联信号继电器 *XJ*，以其触点发出温度过高信号。装置设有三个启动风扇回路。

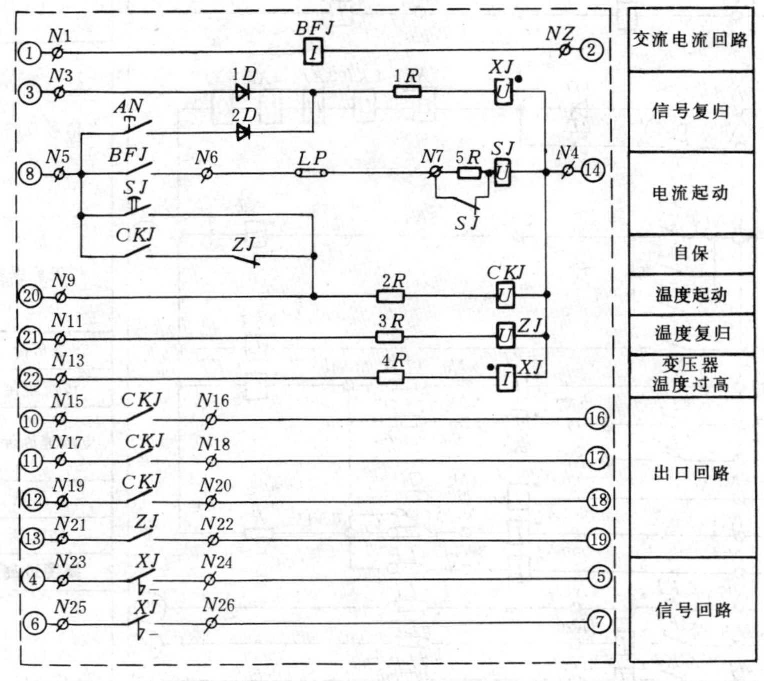

图 22-1-22　ZB-2541 型变压器风扇启动及温度过高保护装置接线图

BFJ—电流继电器，DL-32/6 型；*SJ*—时间继电器，DS-113S/220V 型；*XJ*—信号继电器，DX-51/0.0125A 型；*CKJ*—中间继电器，DZ-504/110 型；*ZJ*—中间继电器，DZ-502/110V 型；1～2*D*—二极管，2CP26 型；*AN*—按钮，AN-4 型；1*R*—珐琅电阻，RXYC-15W-5.6kΩ 型；*LP*—连接片，LP-1 型；2～3*R*—珐琅电阻，RXYC-15W-5.1kΩ 型；4*R*—珐琅电阻，RXYC-15W-8.2kΩ 型；5*R*—珐琅电阻，RXYC-15W-2kΩ 型

十八、ZB-4518、ZZ-2518 型变压器电流速断、定时限过电流、瓦斯及过负荷保护装置

1. 保护装置接线图

（1）ZB-4518 型保护装置接线图，见图 22-1-23。

（2）ZZ-2518 型保护装置接线图，见图 22-1-24。

2. 保护装置配置说明

该保护装置主要用于单相变压器组成的变压器组或其他中、小型容量变压器的保护。作为变压器后备保护的定时限电流保护，由电流继电器（1～3*LJ*）和时间继电器（1*SJ*）、信号继电器（1*XJ*）组成。为防止变压器电源侧套管闪络短路而设的两相式电流速断保护，由电流继电器（4～5*LJ*）及信号继电器（2*XJ*）组成。继电器（*CKJ*）为共用跳闸出口继电器。变压器重瓦斯继电器触点经串联信号继电器（3*XJ*）启动出口中间继电器（*CKJ*）进行跳闸，也可利用切换片（*QP*）可将继电器改接于电阻 *R* 上，进行重瓦斯继电器的试验工作；变压器轻瓦斯继电器触点启动串联信号继电器（4*XJ*），以其触点发出事故信号。

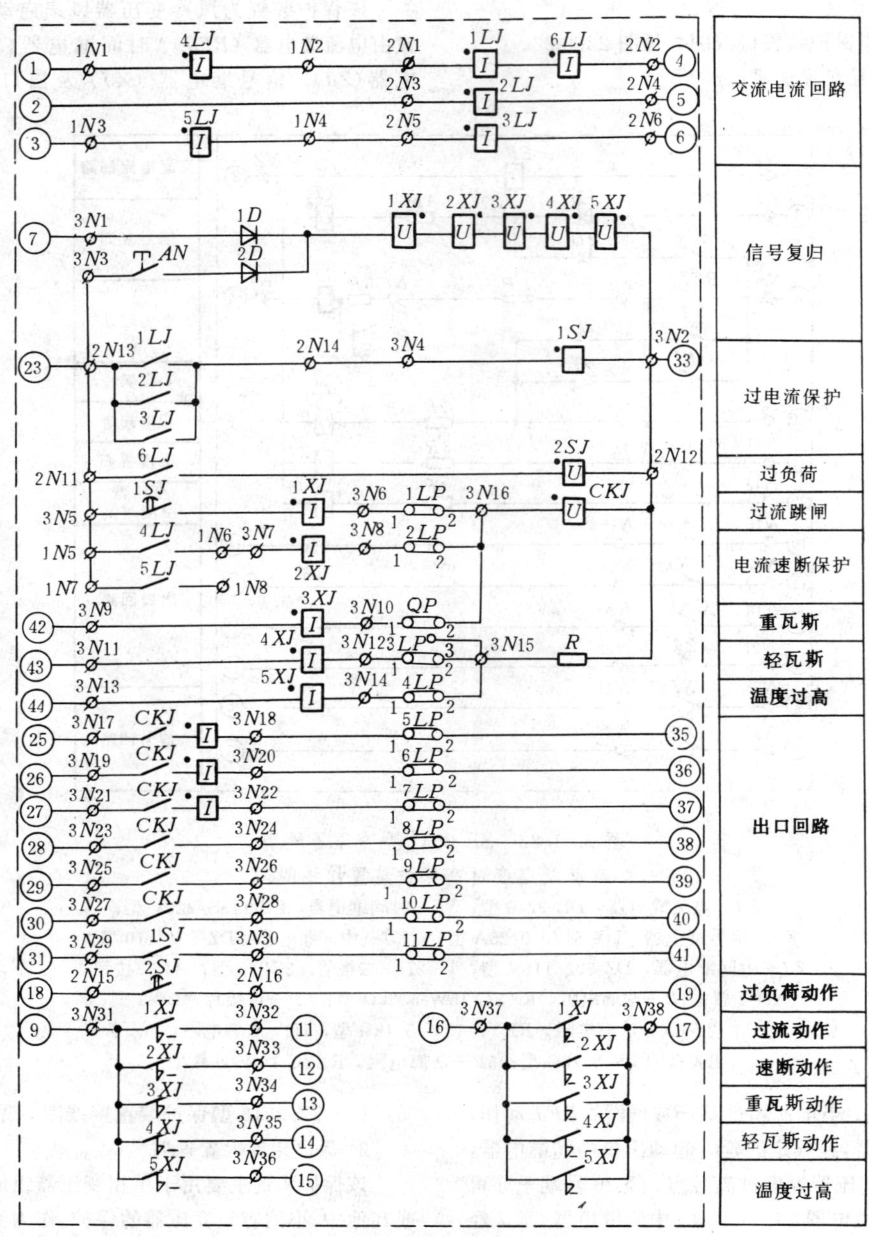

图 22-1-23　ZB-4518型变压器电流速断、定时限过电流、瓦斯及过负荷保护装置接线图

1～3*LJ*—电流继电器，DL-32/10型；4～5*LJ*—电流继电器，DL-32/50型；6*LJ*—电流继电器，DL-32/6型；1*SJ*—时间继电器；DS-116/220V型；2*SJ*—时间继电器，LS型；1～5*XJ*—信号继电器，DX-51/0.0125型；*CKJ*—中间继电器，DZB-525/110V□A型；1～2*D*—二极管，2CP26型；*AN*—按钮，AN-4型；*R*—珐琊电阻，RXYC-15W-43kΩ型；*QP*—切换片，QP-1型；1～11*LP*—连接片，LP-1型

十九、ZB-2514、ZZ-1514型变压器中性点接地保护装置

1. 保护装置接线图

（1）ZB-2514型保护装置接线图，见图22-1-25。

（2）ZZ-1514型保护装置接线图，见图22-1-26。

2. 保护装置配置说明

保护装置为变压器接地后备保护。装置主要由接于电流回路的电流继电器（*LJ*）、时间继电器（*SJ*）、两

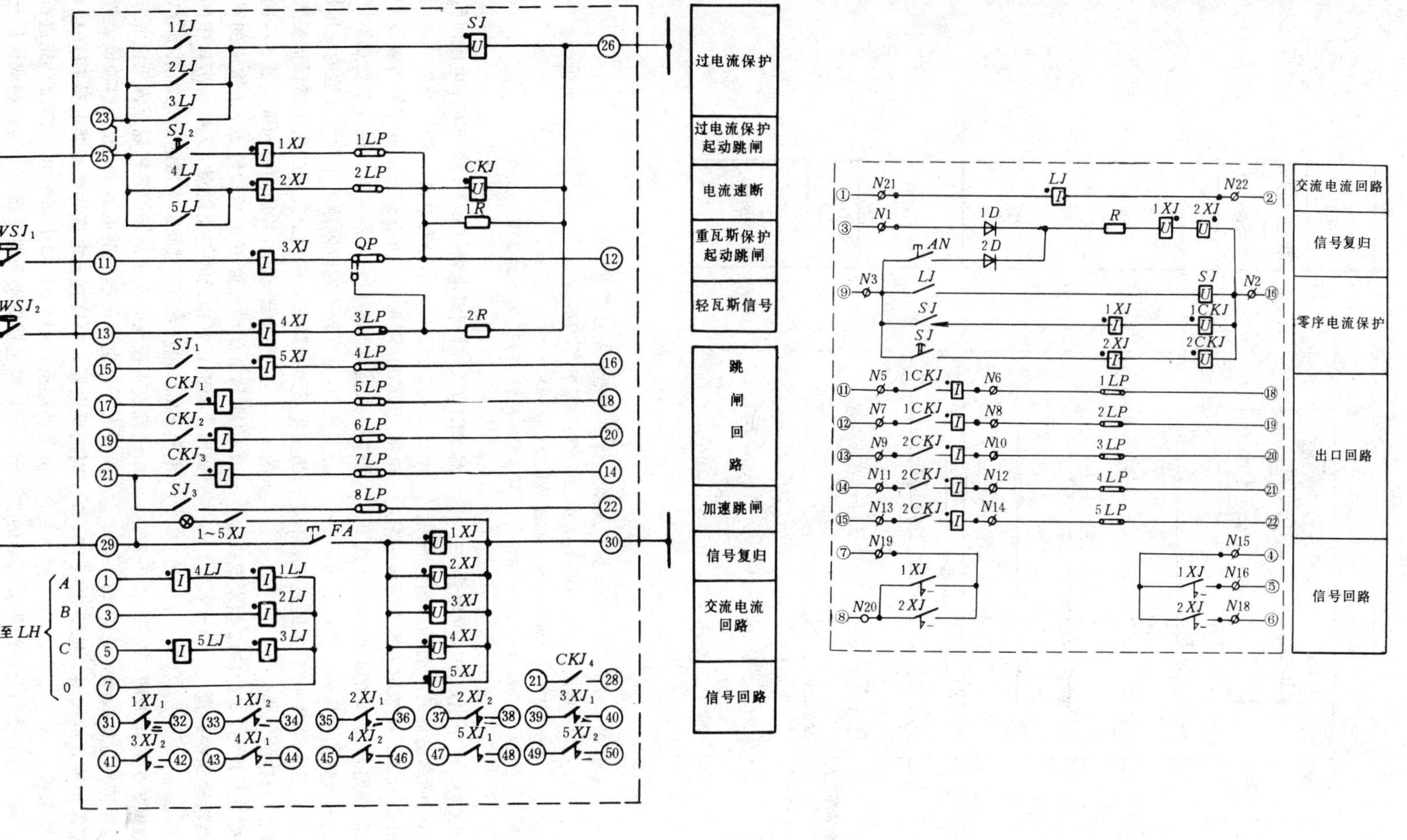

图 22-1-24 ZZ-2518 型变压器电流速断、定时限过电流、瓦斯及分支过负荷保护装置接线图

1～5LJ—电流继电器，DL-21C 型；SJ—时间继电器，DS-20 型；CKJ—中间继电器，DZB-12B 型；1～5XJ—信号继电器，DXM-2A 型；FA—按钮，AN-24-2 型；QP—切换片，D-12 型；1～8LP—连接片，D-13 型；1～2R—电阻，ZG11 型

图 22-1-25 ZB-2514 型变压器中性点接地保护装置接线图

LJ—电流继电器，DL-32/6 型；SJ—时间继电器，DS-116/220V 型；1～2CKJ—中间继电器，DZB-535/110V□A 型；AN—按钮，AN-4 型；1～2XJ—信号继电器，DX-51/0.0125A 型；1～2D—二极管，2CP26 型；R—珐琅电阻，RXYC-15W-4.3kΩ 型；1～5LP—连接片，LP-1 型

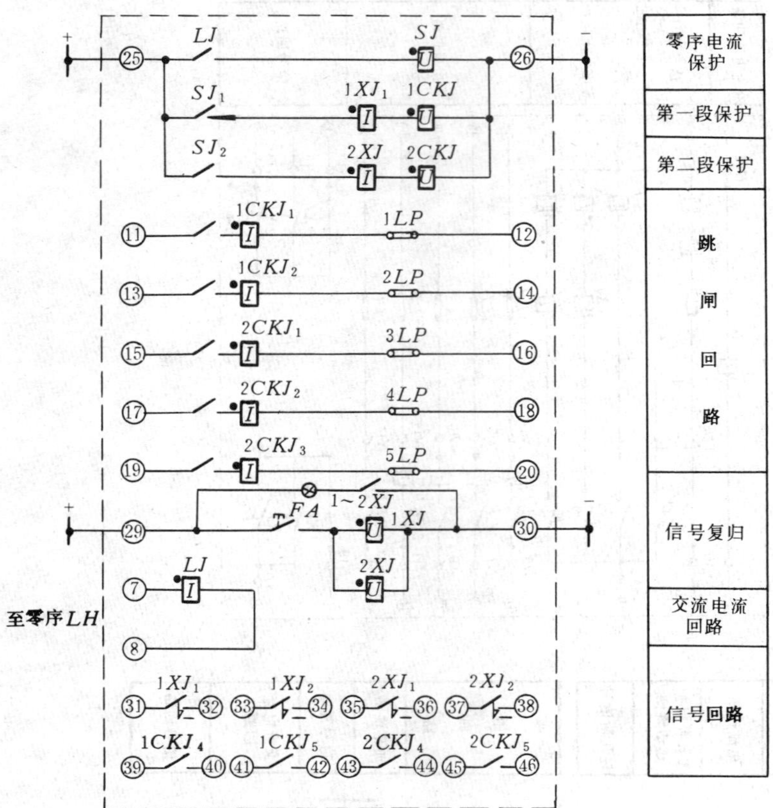

图 22-1-26 ZZ-1514 型变压器中性点接地保护装置接线图

LJ—电流继电器，DL-21C 型；*SJ*—时间继电器，DS-20 型；1～2*CKJ*—中间继电器，DZK-12B 型；1～2*XJ*—信号继电器，DXM-2A 型；1～5*LP*—连接片，D-13 型；*FA*—按钮，AN-24-2 型

个信号继电器（1～2*XJ*）、两个出口中间继电器（1～2*CKJ*）等组成。利用时间继电器的滑动触点和延时终止触点，与中间继电器 1*CKJ* 和 2*CKJ* 构成两段时限保护，分别跳开不同的断路器。较短的时限可用于跳开母联断路器和中性点不接地的变压器，较长的时限跳开本身变压器。装置共设五个跳闸回路，各回路均设有连接片，便于停止相应回路的工作。

二十、ZB-2513、ZZ-1513、ZZ-1512 型发电机变压器组变压器中性点接地保护装置

1. 保护装置接线图

(1) ZB-2513 型保护装置接线图，见图 22-1-27。

(2) ZZ-1513 型保护装置接线图，见图 22-1-28。

(3) ZZ-1512 型保护装置接线图，见图 22-1-29。

2. 保护装置配置说明

保护装置用作并联运行的绕组分段绝缘变压器的接地后备保护。装置主要由接于零序电流回路的继电器（*LDJ*）、时间继电器（*SJ*）、接于零序电压回路的电压继电器（*YJ*）、信号继电器（*XJ*）及出口中间继电器（*CKJ*）等组成。并联运行的变压器各装设一套装置，装置动作时以较短的时限先跳开中性点不接地的变压器，而以较长的时限跳开中性点接地的变压器。当发生接地故障时，中性点接地的变压器保护装置中的 *LDJ* 电流继电器动作，并启动时间继电器 *SJ*，同时以 *LDJ* 的常闭触点断开由活动触点 *SJ* 构成的跳闸回路，而准备好由延时终止触点 *SJ* 启动出口中间继电器 *CKJ*，进行跳闸。时间继电器的瞬动触点闭合，供给中性点不接地的变压器保护装置以直流正电源，经检查有零序电压的电压继电器 *YJ* 触点启动该装置的时间继电器，经检查无电流的电流继电器 *LDJ* 触点，由滑动触点 *SJ* 启动出口中间继电器 *CKJ*，先进行跳闸。出口继电器启动回路中设有外附控制或保护元件的引入接线端子（22），以适应某种情况需要。

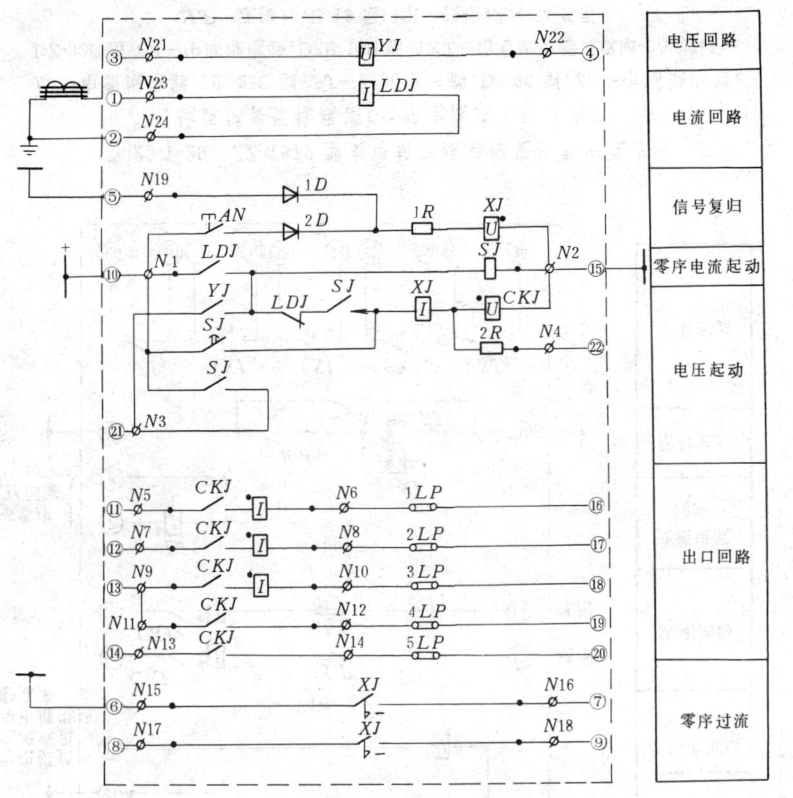

图 22-1-27 ZB-2513 型发电机变压器组变压器中性点接地保护装置接线图(零序电压方案)

LDJ—电流继电器,DL-32/6 型;*YJ*—电压继电器,DY-32/60C 型;*SJ*—时间继电器,DS-116/220V 型;*XJ*—信号继电器,DX-51/0.0125A 型;*CKJ*—中间继电器,DZB-535/110V□A 型;*AN*—按钮,AN-4 型;1～2*D*—二极管,2CP26 型;1*R*—珐琊电阻,RXYC-15W-5.6kΩ 型;2*R*—珐琊电阻,RXYC-15W-3.3kΩ 型;1～5*LP*—连接片,LP-1 型

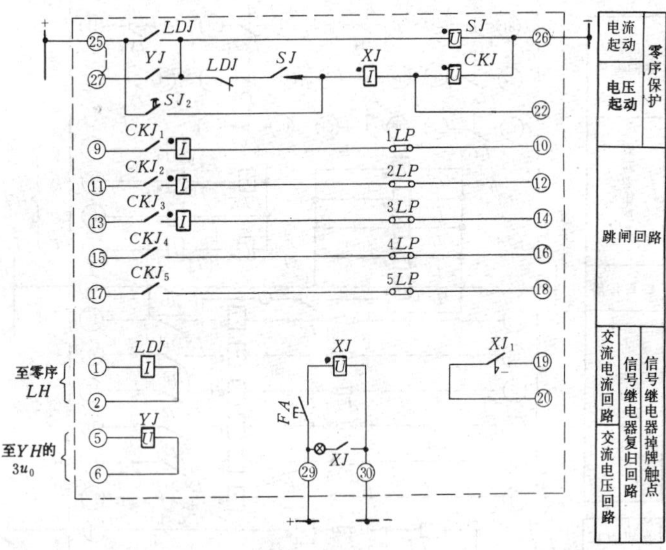

图 22-1-28 ZZ-1513 型发电机变压器组变压器中性点接地保护装置接线图(零序电压方案)

LDJ—电流继电器,DL-23C 型;*YJ*—电压继电器,DY-21C 型;*SJ*—时间继电器,DS-20 型;*CKJ*—中间继电器,DZB-12B 型;*XJ*—信号继电器,DXM-2A 型;1～5*LP*—连接片,D-13 型;*FA*—按钮,AN-24-2 型

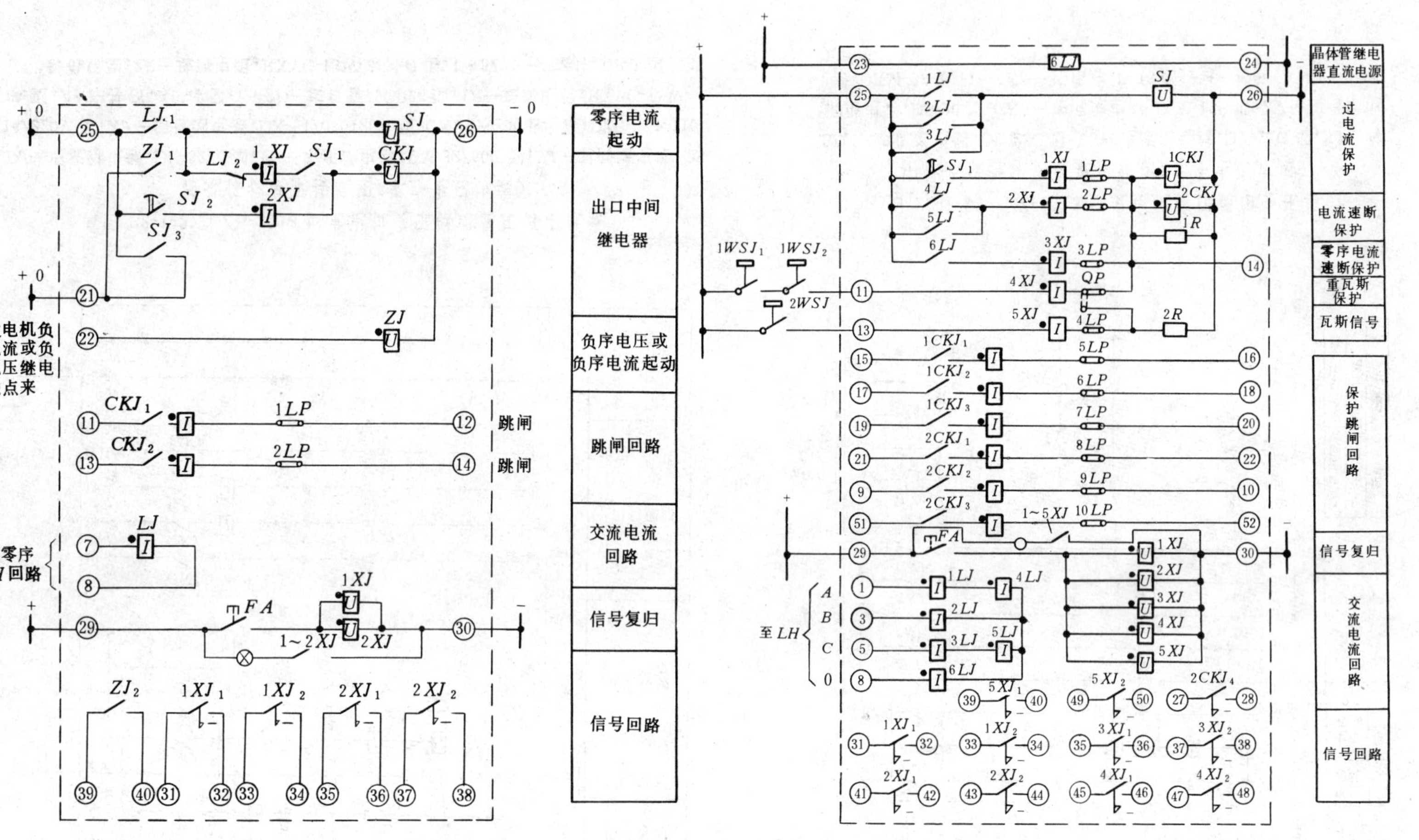

图 22-1-29 ZZ-1512 型发电机变压器组变压器中性点接地保护装置接线图(负序电流或电压方案)

LJ—电流继电器,DL-23C 型;*SJ*—时间继电器,DS-20 型;*ZJ*—中间继电器,DZ-32B 型;*CJ*—中间继电器,DZB-12B 型;1*XJ*—信号继电器,DXM-2A 型;1～2*LP*—连接片,D-13 型;*FA*—按钮,AN-24-2 型

图 22-1-30 ZZ-3519 型 110kV 备用厂用变压器两段定时限过电流、零序过电流和瓦斯保护接线图

1～5*LJ*—电流继电器,DL-21C 型;6*LJ*—差动继电器,BCD-9A 型;*QP*-切换片,D-12 型;*SJ*-时间继电器,DS-20 型;1～2*CKJ*—中间继电器,DZB-12B 型;*FA*-按钮,AN-24-2 型;1～5*XJ*—信号继电器,DXM-2A 型;1～10*LP*—连接片,D-13 型;1～2*R*—电阻,ZG11 型

二十一、ZZ-3519 型 110kV 备用厂用变压器两段定时限过电流、零序过电流、瓦斯保护装置

ZZ-3519 型保护装置接线图，见图 22-1-30。

二十二、ZZ-2511 型自耦变压器零序电流方向保护装置

ZZ-2511 型保护装置接线图，见图 22-1-31。

二十三、ZB-4511 型零序方向保护装置

1. 保护装置接线图

ZB-4511 型保护装置接线图，见图 22-1-32。

2. 保护装置配置说明

该保护装置为自耦变压器的接地后备保护或作其他设备保护。装置主要由两个电流继电器（1～2*LJ*）、时间继电器（1～2*SJ*）、功率方向继电器（*GJ*）、信号继电器（1～4*XJ*）及出口中间继电器（1～2*CKJ*）等组成，并构成两段零序保护，分别跳开不同断路器。由 1～2*LJ* 构成二段零序电流保护，通过零序功率方向继电器 *GJ* 触点进行控制。在每段零序保护中都具有两个时限。装置设有六副出口跳闸触点，每个回路都设有连接片，以便停止相应回路的工作。

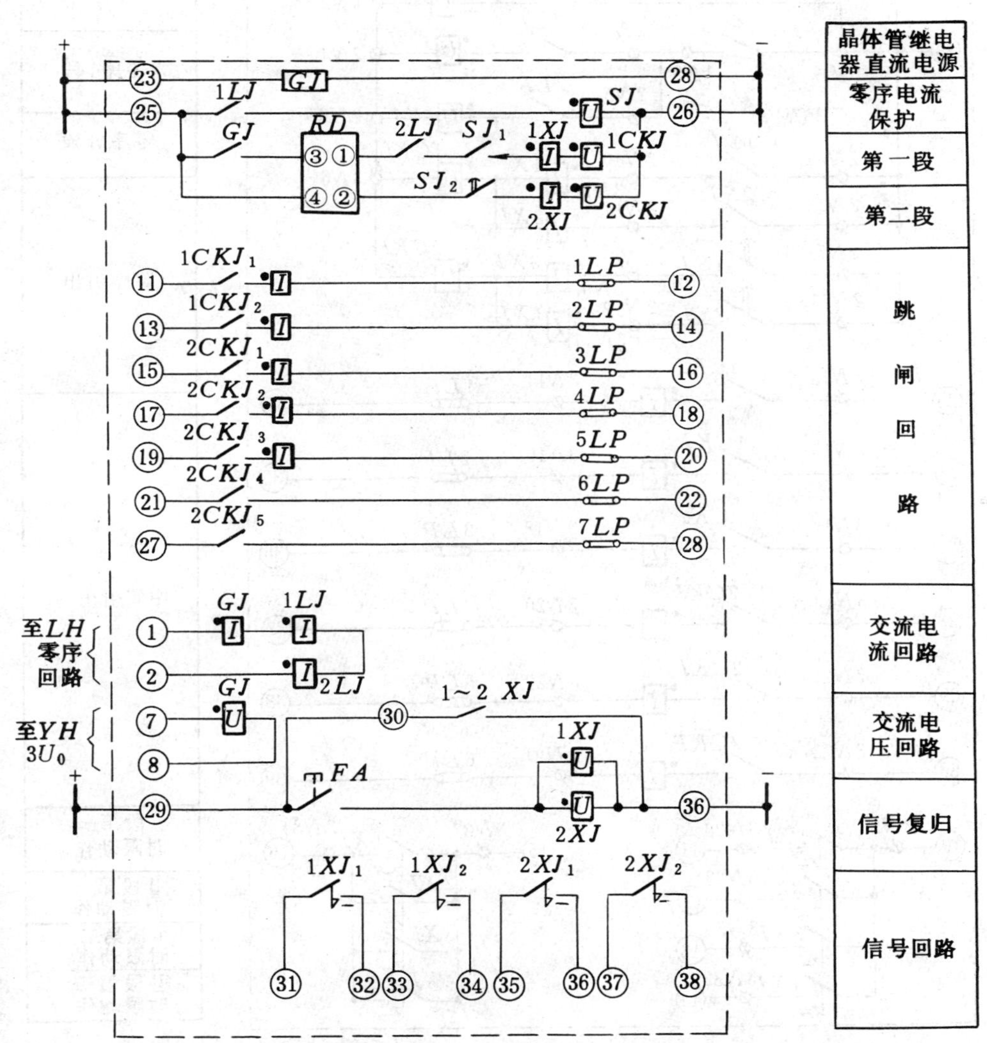

图 22-1-31 ZZ-2511 型自耦变压器零序电流方向保护装置接线图

1～2*LJ*—电流继电器，DL-21C 型；*GJ*—功率继电器，BG-13B 型；*SJ*—时间继电器，DS-20 型；1～2*CKJ*—中间继电器，DZB-12B 型；1～2*XJ*—信号继电器，DXM-2A 型；1～7*LP*—连接片，D-13 型；*KD*—跨线端子，KP-2(D_2)型

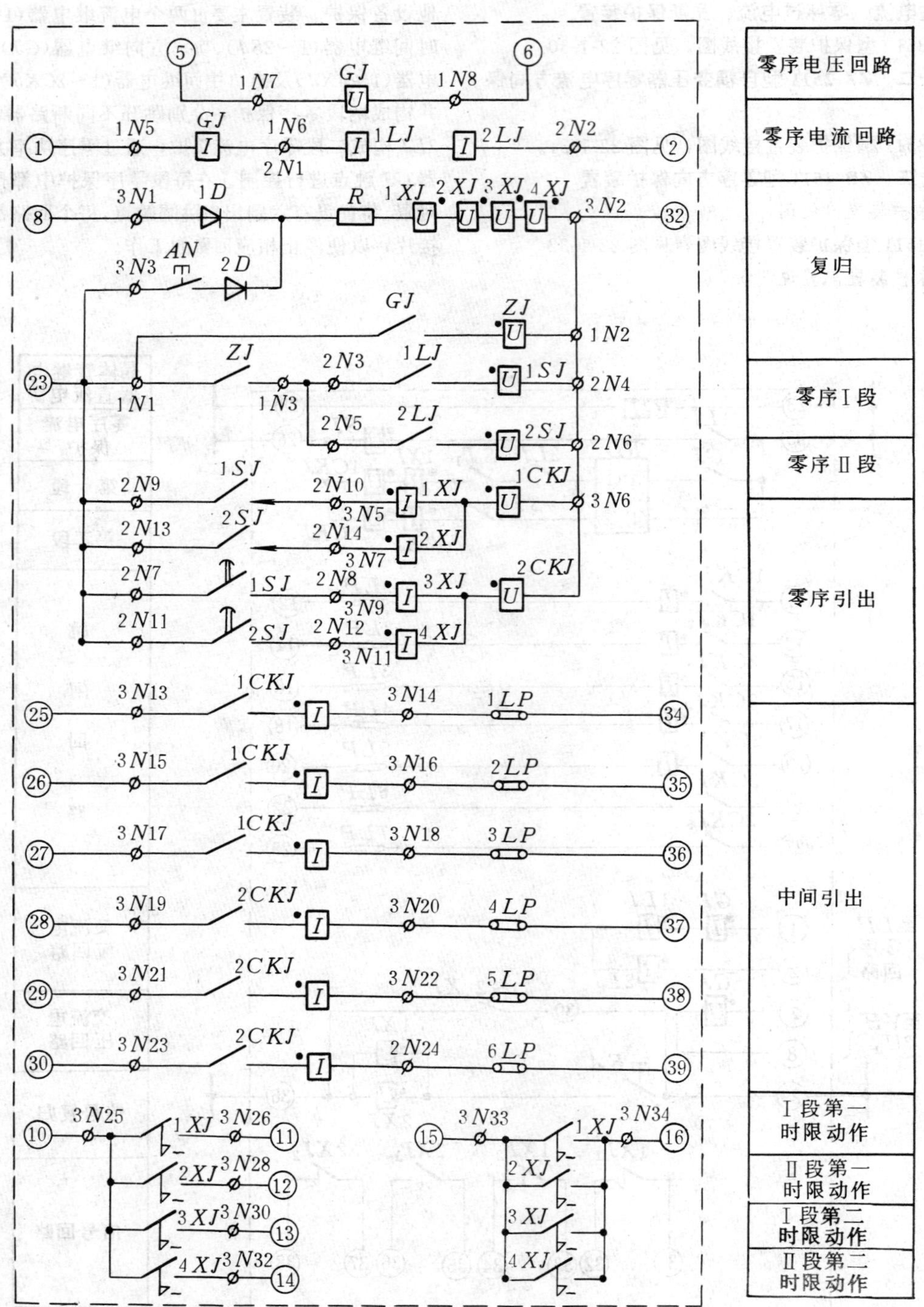

图 22-1-32　ZB-4511 型零序方向保护装置接线图

GJ—零序电流方向继电器，LLG-1A 型；1～2*LJ*—电流继电器，DL-32/6 型；1～2*SJ*—时间继电器，DS-116/220V 型；1～2*CKJ*—中间继电器，DZB-535/110V、□A 型；1～4*XJ*—信号继电器，DX-51/0.0125A 型；*AN*—按钮，AN-4 型；1～2*D*—二极管，2CP 26型；*R*—珐琅电阻，RXYC-15W-1.5kΩ 型；1～6*LP*—连接片，LP-1 型

二十四、ZB-4508、ZZ-3508 型变压器负序电压起动的方向过电流保护装置

1. 保护装置接线图

(1) ZB-4508 型保护装置接线图，见图 22-1-33。

(2) ZZ-3508 型保护装置接线图见图 22-1-34。

2. 保护装置配置说明

该保护装置为三绕组变压器后备保护。装置主要由反应不对称短路启动元件的负序电压继电器（*FYJ*）、反应对称性短路启动元件的低电压继电器（*YJ*）、三个电流继电器（1～3*LJ*）、两个功率方向继电器（1～2*GJ*）、时间继电器（*SJ*）、信号继电器（1～2*XJ*）、出口中间继电器（1～2*CKJ*）等组成。装置利用时间继电器的滑动触点和延时终止触点固定构成两段时限，鉴别出来的故障电流与设定的方向相同，则以

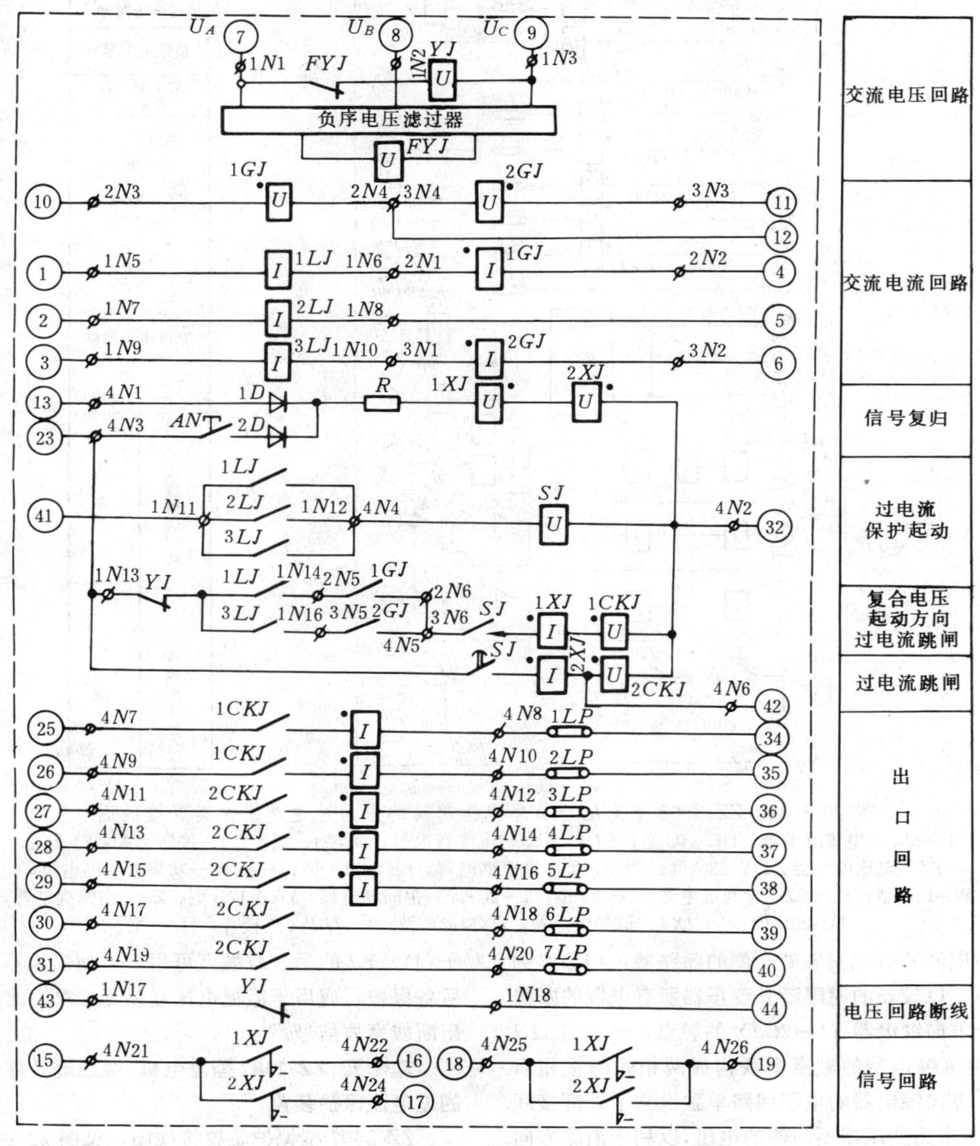

图 22-1-33　ZB-4508 型变压器负序电压起动的方向过电流保护装置接线图

YJ—电压继电器，DY-38/160 型；1～3*LJ*—电流继电器，DL-32/10 型；*FYJ*—负序电压元件；1～2*GJ*—功率方向继电器，LLG-3A 型；1～2*XJ*—信号继电器，DX-51/0.0125A 型；*SJ*—时间继电器，DS-116/220V 型；1～2*CKJ*—中间继电器，DZB-535/110V、□A 型；1～2*D*—二极管，2CP26 型；*AN*—按钮，AN-4 型；*R*—珐琅电阻，RXYC-15W-4.3kΩ 型；1～7*LP*—连接片，LP-1 型

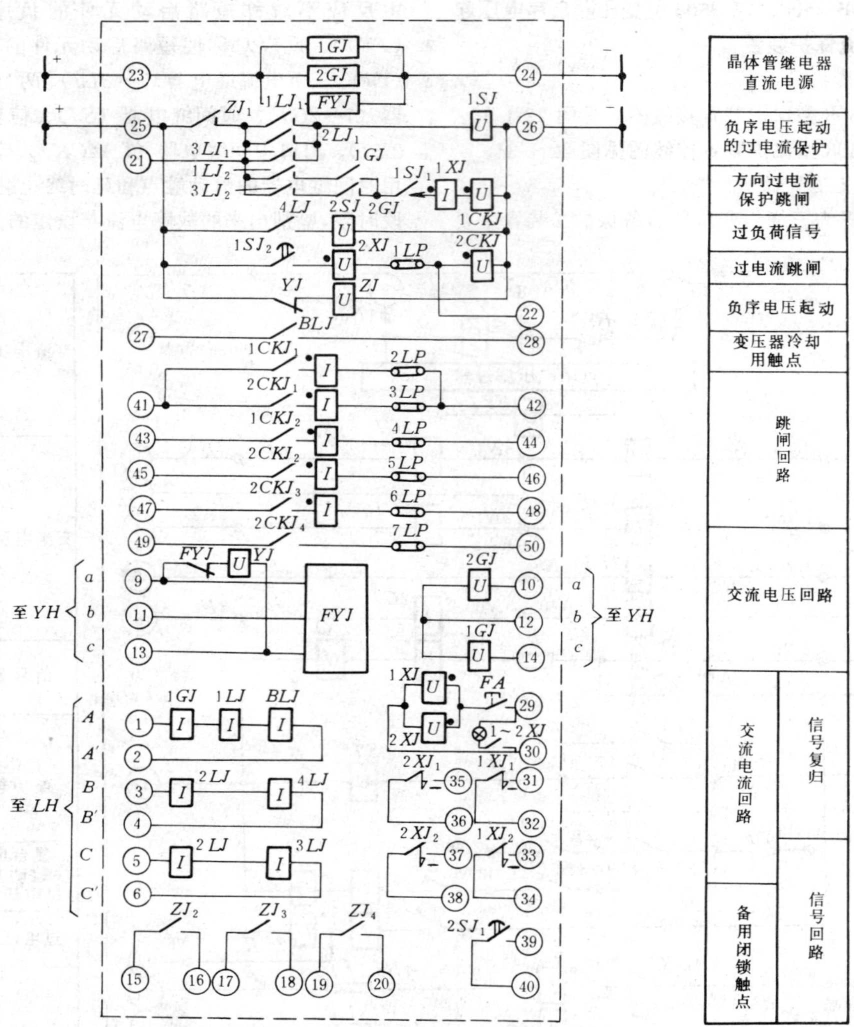

图 22-1-34　ZZ-3508 型变压器负序电压起动的方向过电流保护装置接线图
1～3*LJ*—电流继电器，DL-24C 型；*BLJ*、4*LJ*—电流继电器，DL-21C 型；*FA*—按钮，AN-24-2 型；*YJ*—电压继电器，DY-28C 型；*FYJ*—负序电压继电器，BFY-12A 型；1～2*GJ*—功率方向继电器，BG-12B 型；1～2*SJ*—时间继电器，DS-20 型；1～2*CKJ*—中间继电器，DZB-12B 型；*ZJ*—中间继电器，DZ-32B 型；1～2*XJ*—信号继电器，DXM-2A 型；1～7*LP*—连接片，D-13 型

较短的时限断开装置安装处一侧的断路器，切除本侧外部故障；以较长的时限断开变压器所有电源的断路器。两个方向继电器（1～2*GJ*）的触点，分别与 1*LJ* 和 3*LJ* 电流继电器的触点串联构成两相式的按相启动方式。方向继电器的电压回路单独设立了外部接线端子，便于采用变压器不同侧的电压，以利于消除方向继电器的电压死区。为提高对称性短路时低电压继电器 *YJ* 的灵敏度，以负序电压继电器的常闭触点（*FYJ*）控制继电器 *YJ* 的励磁回路。为提高装置对变压器其他侧故障的灵敏度，电流继电器启动时间继电器的直流回路，并设有引入其他侧电压启动的接线端子(41)。*YJ* 的另一对触点可用于启动变压器其他侧的后备保护，或用于监视电压互感器二次回路断线时发出断线事故信号。

二十五、ZZ-2507 型发电机、变压器负序电压起动的过电流保护装置

ZZ-2507 型保护装置接线图，见图 22-1-35。

二十六、ZB-4510、ZZ-3510 型发电机、变压器的负序过电流、负序方向两段时限保护装置

1. 保护装置接线图

（1）ZB-4510 型保护装置接线图，见图 22-1-36。

（2）ZZ-3510 型保护装置接线图，见图 22-1-37。

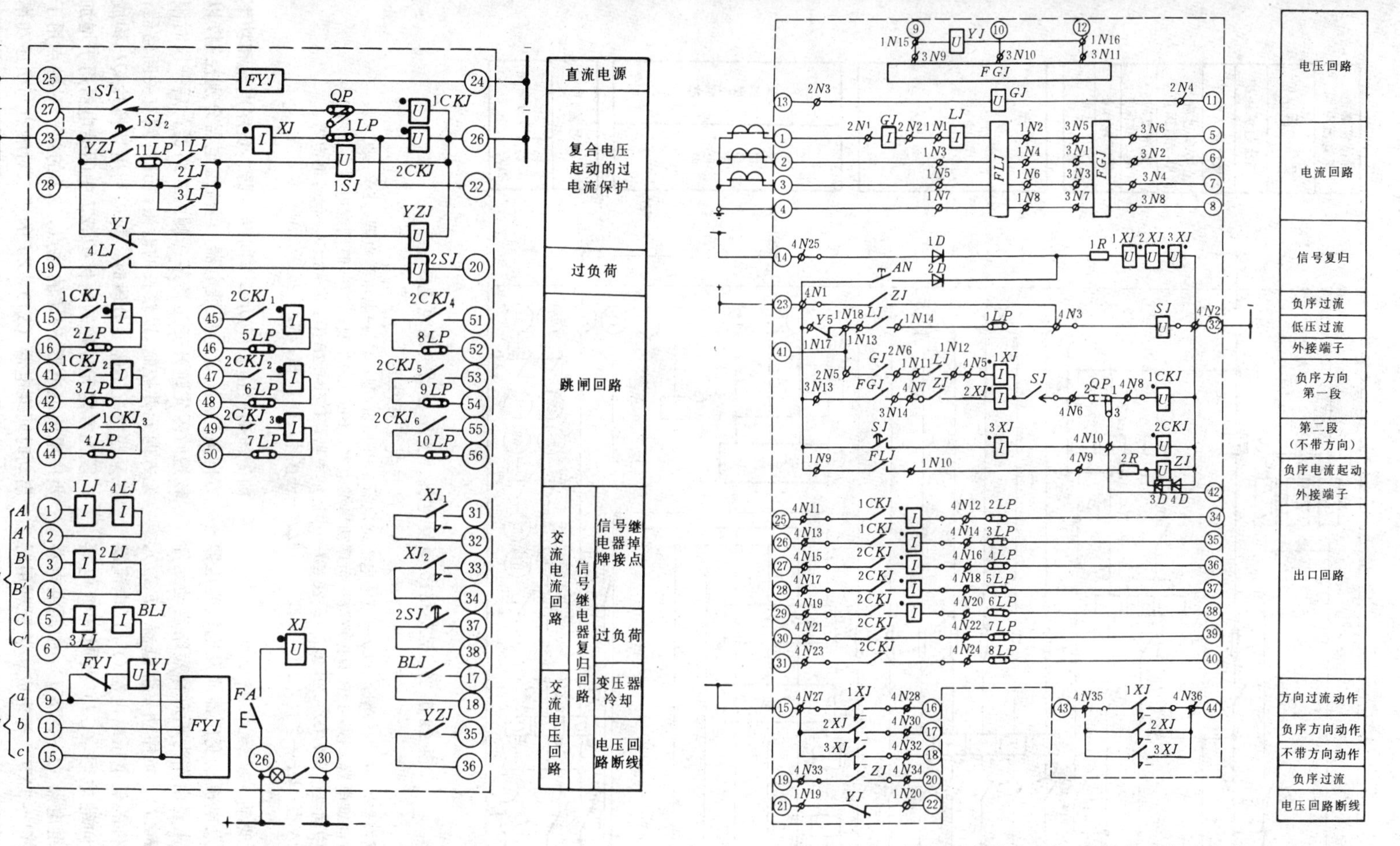

图 22-1-35 ZZ-2507 型发电机、变压器负序电压起动的过电流保护装置接线图

BLJ、1～3*LJ*—电流继电器，DL-21C 型；*YJ*—电压继电器，DY-28C/160 型；*FYJ*—负序电压继电器，BFY-12A 型；1～2*SJ*—时间继电器，DS-20 型；1～2*CKJ*—中间继电器，DZB-12B 型；*XJ*—信号继电器，DXM-2A 型；*QP*—切换片，D-12 型；1～10*LP*—连接片，D-13 型；*FA*—按钮，AN-24-2 型

图 22-1-36 ZB-4510 型发电机、变压器的负序电流、负序方向两段时限保护装置接线图

YJ—电压继电器，DY-38/160 型；*LJ*—电流继电器，DL-33/10 型；*FLJ*—负序电流元件，FLY 型；*GY*—功率方向继电器，LLG-3A 型；*FGJ*—负序功率方向继电器，LFG-1 型；1～3*XJ*—信号继电器，DX-51/0.0125A 型；1～2*CKJ*—中间继电器，DZB-535/110V□A 型；*SJ*—时间继电器，DS-116/220V 型；*ZJ*—中间继电器，DZ-504/110V 型；1*R*—珐琊电阻，RXYC-15W-2.7kΩ 型；2*R*-珐琊电阻，RXYC-15W-5.1kΩ 型；1～4*D*—二极管，2CP26 型；*AN*—按钮，AN-4 型，*QP*—切换片，QP-1 型；1～8*LP*—连接片，LP-1 型

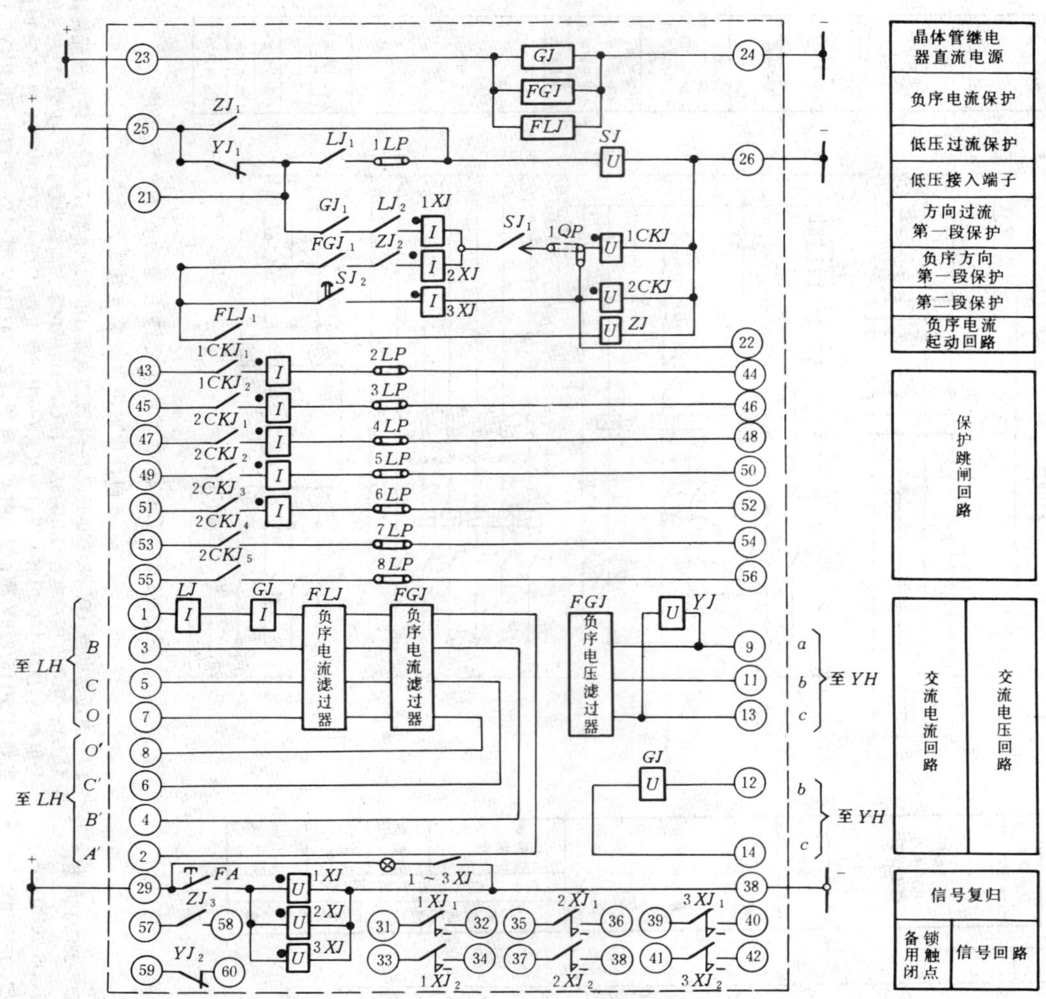

图 22-1-37　ZZ-3510 型发电机、变压器的负序电流、负序方向两段时限保护装置接线图

LJ—电流继电器，DL-24C 型；*FLJ*—负序电流继电器，BFL-2B 型；*YJ*—电压继电器，DY-28C 型；*GJ*—功率方向继电器，BG-12B 型；*FGJ*—负序功率继电器，BFG-20A 型；*SJ*—时间继电器，DS-20 型；*ZJ*—中间继电器，DZ-32B 型；1～2*CKJ*—中间继电器，DZB-12B 型；1～3*XJ*—信号继电器，DXM-2A 型；*QP*—切换片，D-12 型；1～8*LP*—连接片，D-13 型；*FA*—按钮，AN-24-2 型

2. 保护装置配置说明

该保护装置作为发电机、变压器或发电机变压器组的后备保护。装置主要由作为不对称短路启动元件的负序电流继电器（*FLJ*）、负序功率继电器（*FGJ*），作为对称短路启动元件的低电压继电器（*YJ*）、电流继电器（*LJ*）、功率方向继电器（*GJ*）及时间继电器（*SJ*）、两个出口中间继电器（1～2*CKJ*）、中间继电器（*ZJ*）及信号继电器（1～3*XJ*）等组成。装置利用时间继电器的滑动触点和延时终止触点构成两段时限，前一段时限由负序功率方向继电器、负序电流和功率方向继电器、低电压继电器、电流继电器分别控制，以较短时限先跳开变压器某一侧的断路器；后一段时限无方向元件控制，以较长的时限跳开各侧有关断路器；在某些情况不需要分段时，可以利用切换片 *QP* 构成一段无方向元件控制的保护。*ZJ* 中间继电器用于增加负序电流继电器 *FLJ* 的触点，*ZJ* 的第一对触点用于启动时间继电器（*SJ*），*ZJ* 的第二对触点与负序功率方向继电器（*FGJ*）串联构成第一段保护，*ZJ* 的第三

对触点可用于启动变压器中性点接地保护。为了提高装置对变压器其它侧对称性故障的灵敏度，在电流继电器启动时间继电器的直流回路中，设有引入其他侧电压启动元件的接线端子 (41)。出口继电器回路中设有外附控制或保护元件的引入接线端子 (42)，以适应某种情况的需要。低电压继电器的第一对触点经电流继电器的触点启动时间继电器，第二对触点用于监视电压互感器二次回路断线信号装置或用于启动变压器其他侧后备保护。

二十七、ZZ-2509 型发电机、变压器的负序过电流和低压过电流保护装置

ZZ-2509 型保护装置接线图，见图 22-1-38。

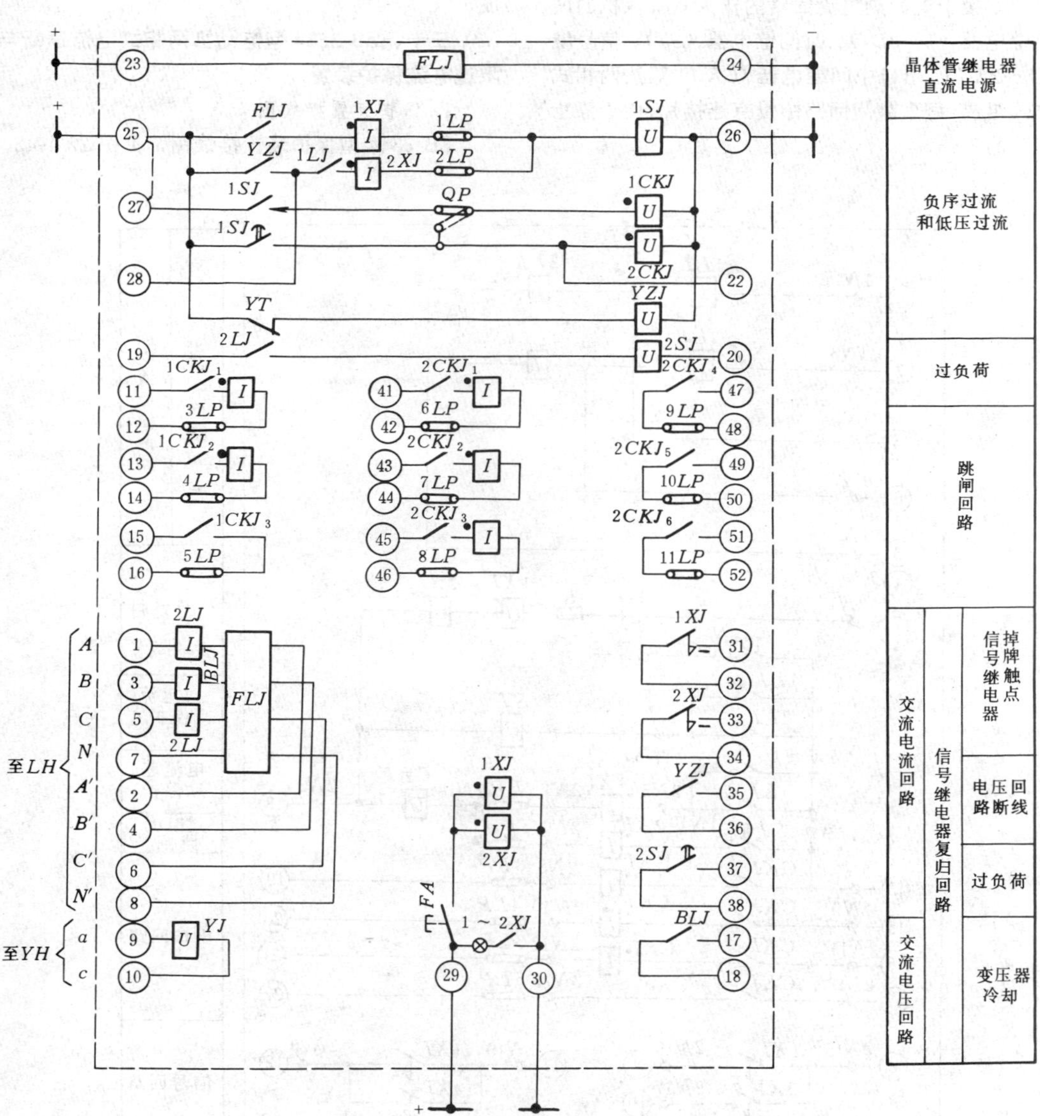

图 22-1-38　ZZ-2509 型发电机、变压器的负序过电流和低压过电流保护装置接线图

BLJ、1～2*LJ*—电流继电器，DL-21C 型；*FLJ*—负序电流继电器，BFL-2B 型；*YJ*—电压继电器，DY-28C/160 型；1～2*SJ*—时间继电器，DS-20 型；1～2*CKJ*—中间继电器，DZB-12B 型；1～2*XJ*—信号继电器，DXM-2A 型；*QP*—切换片，D-12 型；1～11*LP*—连接片，D-13 型；*FA*—按钮，AN-24-2 型

二十八、ZB-3503、ZZ-2503 型电抗器两相式电流差动与定时限过电流保护装置

1. 保护装置接线图

(1) ZB-3503 型保护装置接线图，见图 22-1-39。

(2) ZZ-2503 型保护装置接线图，见图 22-1-40。

2. 保护装置配置说明

该保护装置用于厂用电系统分支线中的电抗器保护。装置主要由接于差动电流回路的两个电流继电器（3～4*LJ*）、接于电源侧电流回路的作为后备保护的两个电流继电器（1～2*LJ*）、时间继电器（*SJ*）、信号继电器（1～2*XJ*）、出口中间继电器（*CKJ*）等按两相式接线方式组成，每个跳闸回路中设有连接片，便于停止相应回路的工作。

二十九、ZB-2545 型电动机两相式电流速断保护装置

1. 保护装置接线图

ZB-2545 型保护装置接线图，见图 22-1-41。

2. 保护装置配置说明

该保护装置用于电动机保护。装置由反应电流速断的电流继电器（1～2*LJ*）、中间继电器（*ZJ*）、信号继电器（*XJ*）、反应低电压的中间继电器（*YZJ*）等组成。

三十、ZB-3544 型电动机两相式电流速断与反时限过电流保护装置

1. 保护装置接线图

ZB-3544 型保护装置接线图，见图 22-1-42。

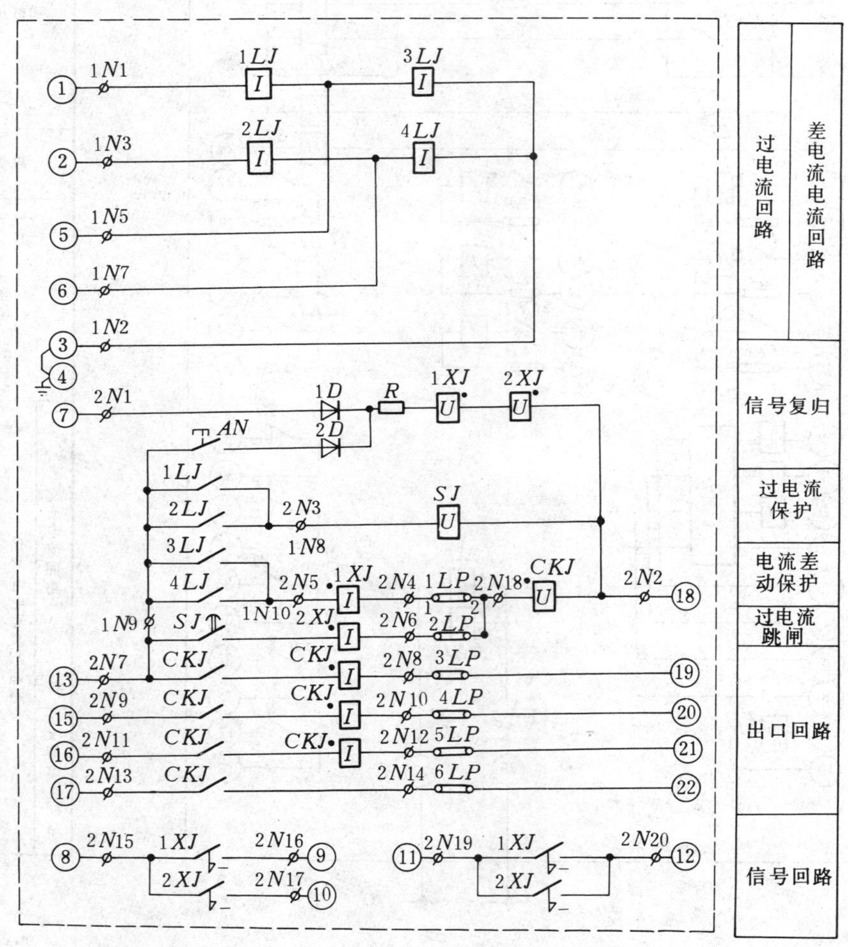

图 22-1-39　ZB-3503 型电抗器两相式电流差动与定时限过电流保护装置接线图

1～2*LJ*—电流继电器，DL-32/10 型；3～4*LJ*—电流继电器，DL-32/6 型；1～2*XJ*—信号继电器，DX-51/0.0125A 型；*SJ*—时间继电器，DS-113/220V 型；*CKJ*—中间继电器，DZB-535/110V□A 型；1～2*D*—二极管，2CP26 型；*AN*—按钮，AN-4 型；*R*—珐琅电阻，RXYC-15W-4.3kΩ 型；1～6*LP*—连接片，LP-1 型

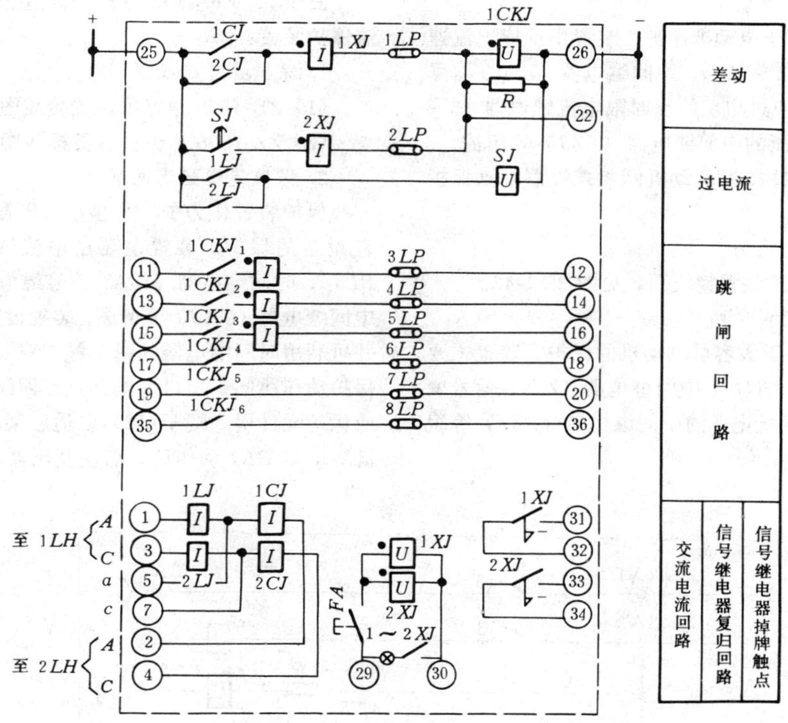

图 22-1-40　ZZ-2503 型电抗器两相式电流差动与定时限过电流保护装置接线图

1～2CJ、1～2LJ—电流继电器，DL-21C 型；1CKJ—中间继电器，DZB-12B 型；SJ—时间继电器，DS-20 型；1～2XJ—信号继电器，DXM-2A 型；1～8LP—连接片，D-13 型；FA—按钮，AN-24-2 型；R—电阻，2G-11 型

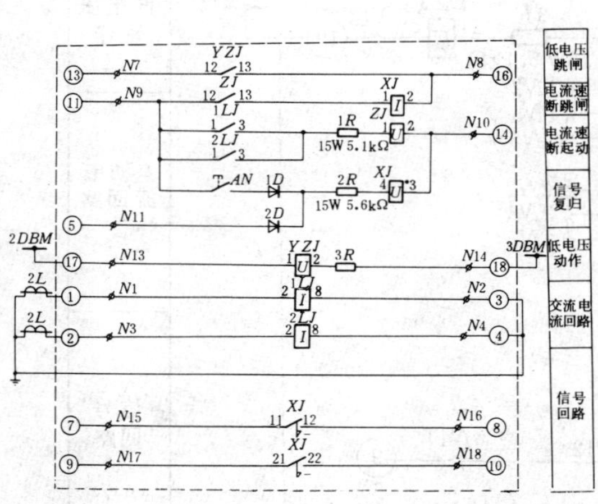

图 22-1-41　ZB-2545 型电动机两相式电流速断保护装置接线图

1～2LJ—电流继电器，DL-32/50 型；2J、YZJ—中间继电器，DZ-502/220V 型；XJ—信号继电器，DX-51/0.1A 型；1～2D—二极管，2CP26 型；1R、3R—珐瑯电阻，RXYC-15W-5.1kΩ 型；2R—珐瑯电阻，RXYC-15W-5.6kΩ 型

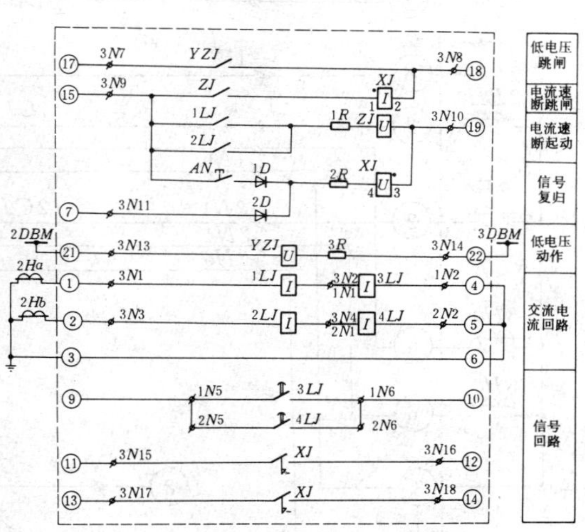

图 22-1-42　ZB-3544 型电动机两相式电流速断与反时限过电流保护装置接线图

1～2LJ—电流继电器，DL-32/50 型；3～4LJ—反时限过流继电器，LL-4/16 型；ZJ、YZJ—中间继电器，DZ-502/110V 型；XJ—信号继电器，DX-51/0.1A 型；1～2D—二极管，2CP26 型；AN—按钮，AN-4 型；1R、3R—珐瑯电阻，RXYC-15W-5.1kΩ 型；2R—珐瑯电阻，RXYC-15W-5.6kΩ 型

2. 保护装置配置说明

该保护装置用于电动机保护，装置由反应电流速断的电流继电器（1～2*LJ*）、中间继电器（*ZJ*）、信号继电器（*XJ*）、反应过电流的反时限电流继电器（3～4*LJ*）及反应低电压的中间继电器（*YZJ*）等组成。

三十一、ZB-2546 型电动机两相式纵联差动保护装置

1. 保护装置接线图

ZB-2546 型保护装置接线图，见图 22-1-43。

2. 保护装置配置说明

该保护装置用于大容量电动机的保护。装置主要由差动继电器（1～2*CJ*）、中间继电器（*ZJ*）、信号继电器（*XJ*）及反应低电压的中间继电器（*YZJ*）等组成。

三十二、ZB-4506、ZZ-1506 型三相式定时限过电流保护装置

1. 保护装置接线图

（1）ZB-4506 型保护装置接线图，见图 22-1-44。

（2）ZZ-1506 型保护装置接线图，见图 22-1-45。

2. 保护装置配置说明

保护装置作为中、小容量变压器的后备保护或其它设备的保护。装置主要由电流继电器（1～3*LJ*、*BLJ*）、时间继电器（*SJ*）、信号继电器（*XJ*）及出口中间继电器（*CKJ*）等组成。装置设有六个跳闸回路，并可利用时间继电器的瞬动触点对其中之一进行加速保护动作跳闸。出口继电器直流回路中设有外附控制或保护元件引入端子(12)，以适应某些情况的需要。电流继电器 *BLJ* 动作后，启动变压器冷却风扇。

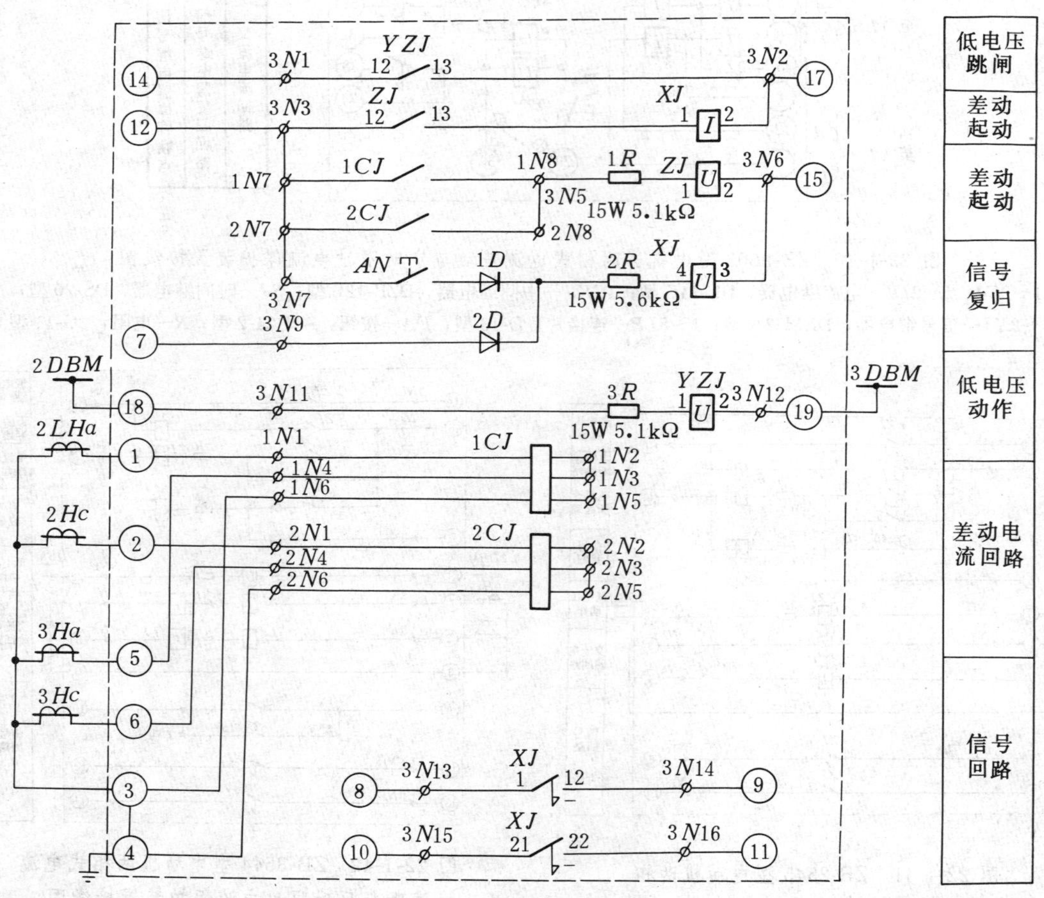

图 22-1-43　ZB-2546 型电动机两相式纵联差动保护装置接线图

1～2*CJ*—差动继电器，LCD-7 型；*XJ*—信号继电器，DX-51/0.1A 型；*ZJ*、*YZJ*—中间继电器，DZ-502/110V 型；1*R*、3*R*—珐瑯电阻，RXYC-15W-5.1kΩ 型；2*R*—珐瑯电阻，RXYC-1.5W-5.6kΩ 型；1*D*～2*D*—二极管，2CP26 型；*AN*—按钮，AN-4 型

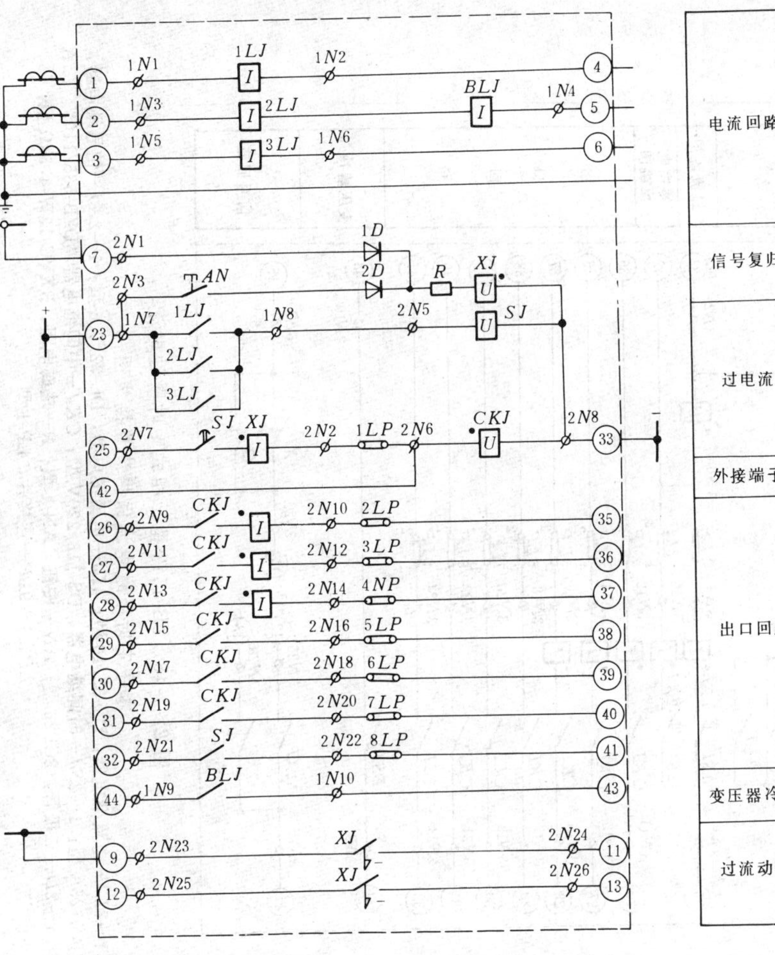

图 22-1-44　ZB-4506 型三相式定时限过电流保护装置接线图
1～3LJ—电流继电器，DL-32/10 型；BLJ—电流继电器，DL-32/10 型；SJ—时间继电器，DS-113/220V 型；XJ—信号继电器，DX-51/0.0125A 型；FA—按钮，AN-4 型；R—电阻，RXYC-15W-5.6kΩ 型；1～2D—二极管，2CP26 型；1～8LP—连接片，LP-1 型

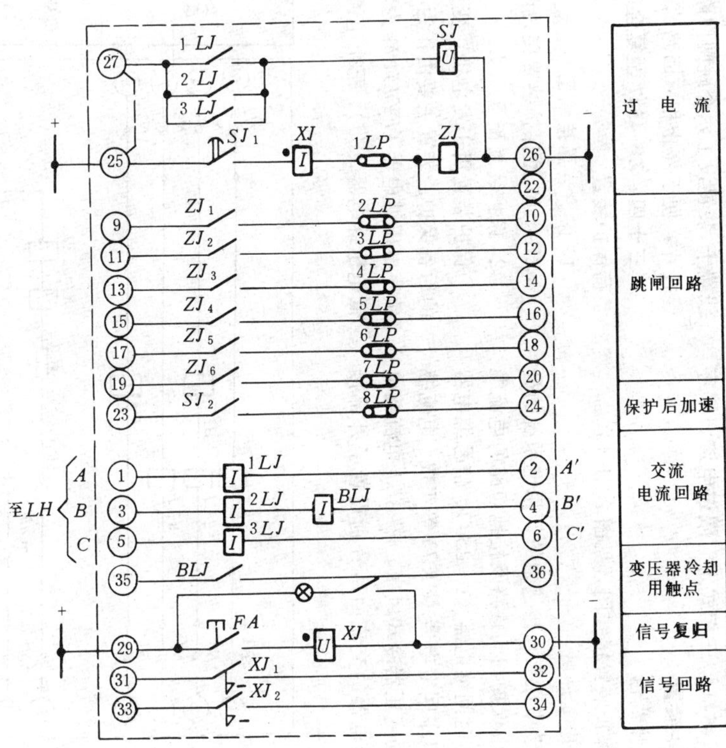

图 22-1-45　ZZ-1506 型三相式定时限过电流保护装置接线图
BLJ、1～3LJ—电流继电器，DL-21C 型；SJ—时间继电器，DS 型；ZJ—中间继电器，DZ-32B 型；XJ—信号继电器，DXM-2A 型；1～8LP—连接片，D-13 型；FA—按钮，AN-24-2 型

三十三、ZB-4543 型三相式定时限过电流、零序定时限过电流保护装置

1. 保护装置接线图

ZB-4543 型保护装置接线图，见图 22-1-46。

2. 保护装置配置说明

保护装置用于中性点直接接地的厂用电系统的分支线。装置主要由保护相间短路及接地短路的电流继电器（1～4*LJ*）、时间继电器（1～2*SJ*）、信号继电器（1～2*XJ*）及出口中间继电器（*CKJ*）等组成。电流继电器（*BLJ*）启动变压器冷却风扇。1～3*LJ* 电流继电器和 4*LJ* 电流继电器的交流回路分别设置了外部接线端子。装置设了六个跳闸回路，每个跳闸回路中设有连接片，便于停止相应回路的工作。

三十四、ZB-4507 型复合电压起动的过电流及过负荷保护装置

1. 保护装置接线图

ZB-4507 型保护装置接线图，见图 22-1-47。

2. 保护装置配置说明

保护装置用于发电机、变压器或发电机变压器组的后备保护。装置主要由作为不对称短路启动元件的负序电压继电器（*FYJ*）、作为对称性短路起动元件的低电压继电器（*YJ*）、三个电流继电器（1～3*LJ*）、时

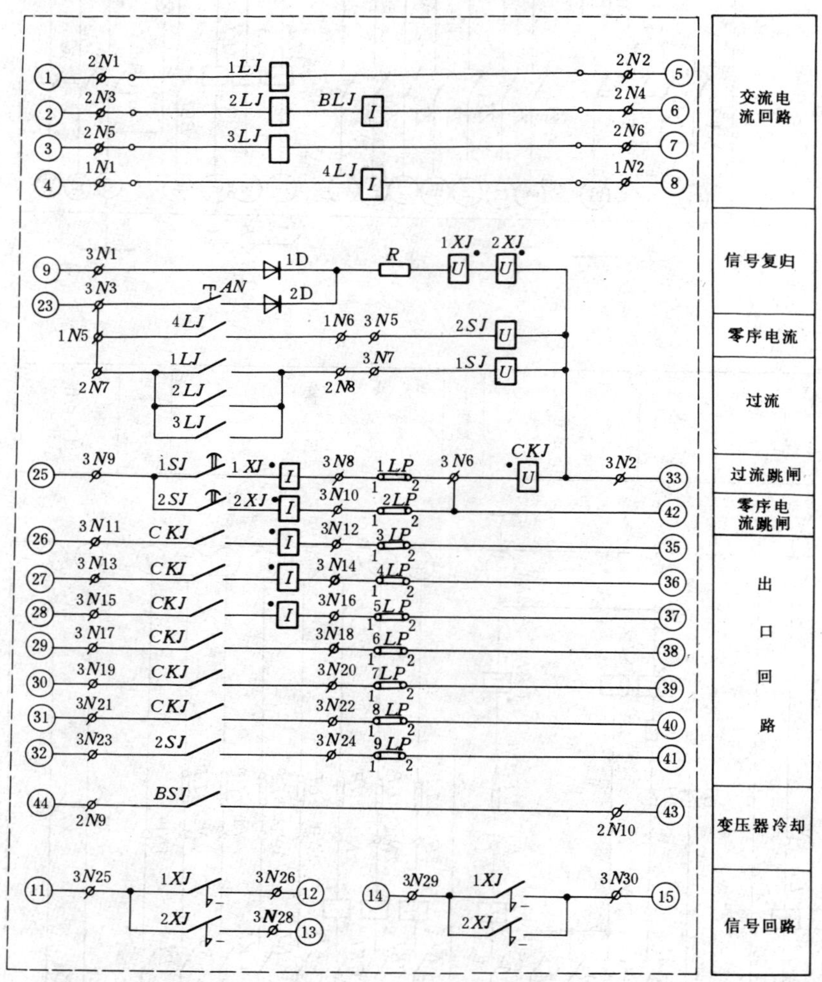

图 22-1-46 ZB-4543 型三相式定时限过电流、零序定时限过电流保护装置接线图

BLJ、1～3*LJ*—电流继电器，DL-32/10 型；4*LJ*—电流继电器，DL-32/0.6 型；1～2*XJ*—信号继电器，DX-51/0.0125A 型；1～2*SJ*—时间继电器，DS-113/220V 型；*CKJ*—中间继电器，DZB-535/110V、□A 型；1～2*D*—二极管，2CP26 型；*AN*—按钮，AN-4 型；*R*—珐瑯电阻，RXYC-15W-4.3kΩ 型；*LP*、1～9*LP*—连接片，LP-1 型

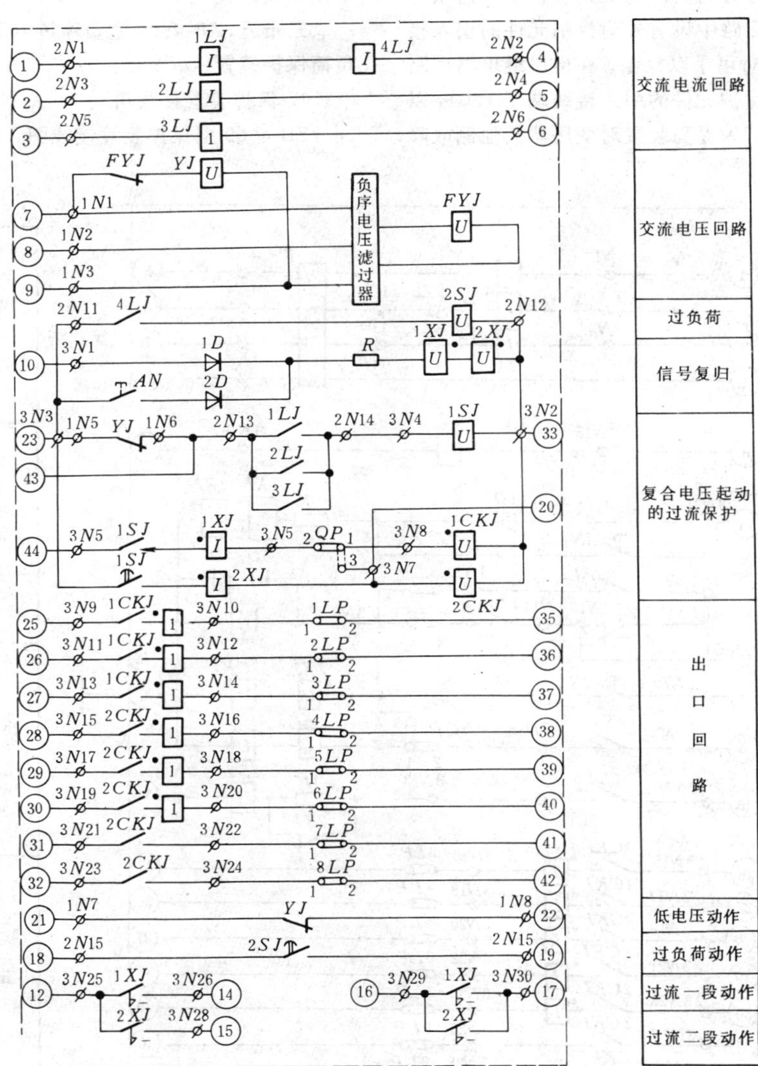

图 22-1-47　ZB-4507 型复合电压起动的过电流及过负荷保护装置接线图

1～3*LJ*—电流继电器，DL-32/10 型；4*LJ*—电流继电器，DL-32/6 型；*FYJ*—负序电压继电器，FY 型；*YJ*—电压继电器，DY-38/160V 型；1*SJ*—时间继电器，DS-116/220V 型；2*SJ*—时间继电器，LS 型；1～2*CKJ*—中间继电器，DZB-535/110V□A 型；1～2*XJ*—信号继电器，DX-51/0.0125A 型；1～2*D*—二极管，2CP26 型；*AN*—按钮，AN-4 型；*QP*—切换片，LP-1 型；1～8*LP*—连接片，LP-1 型；*R*—电阻，RXYC-15W-4.3kΩ 型

间继电器（*SJ*）、两个信号继电器（1～2*XJ*）、两个出口中间继电器（1～2*CKJ*）等组成。

为提高对称性短路时低电压继电器 *YJ* 的灵敏度，以负序电压继电器的常闭触点 *FYJ* 控制继电器 *YJ* 的励磁回路，借助于对称性短路瞬间的不对称性或负序电压滤过器的过渡过程的作用，触点 *FYJ* 瞬间断开继电器 *YJ* 的励磁回路而使其复归，从而提高灵敏度。

保护范围：不对称或对称性故障时，继电器 *YJ* 失磁并以其常闭触点接通电流继电器，启动时间继电器的直流励磁回路；*YJ* 的另一副触点可用于启动变压器其他侧的后备保护或用于监视电压互感器二次回路断线时发出断线事故信号。

时间继电器（*SJ*）延时终止触点可以同时启动中

间继电器 $1CKJ$ 和 $2CKJ$，但也可以利用时间继电器的滑动触点和切换片分为两段时限先跳开变压器某一侧的断路器，且该回路中设有外附控制元件的引入接线端子（44），必要时可予以控制。在出口继电器回路中设有外附控制或保护元件的引入接线端子（20），以满足某些特殊需要。为提高装置对变压器其他侧故障的灵敏度，在电流继电器启动时间继电器的直流回路中设有引入其他侧电压启动元件的接线端子（43）。

三十五、ZB-4509 型负序过电流、低压过电流及过负荷保护装置

1. 保护装置接线图

ZB-4509 型保护装置接线图，见图 22-1-48。

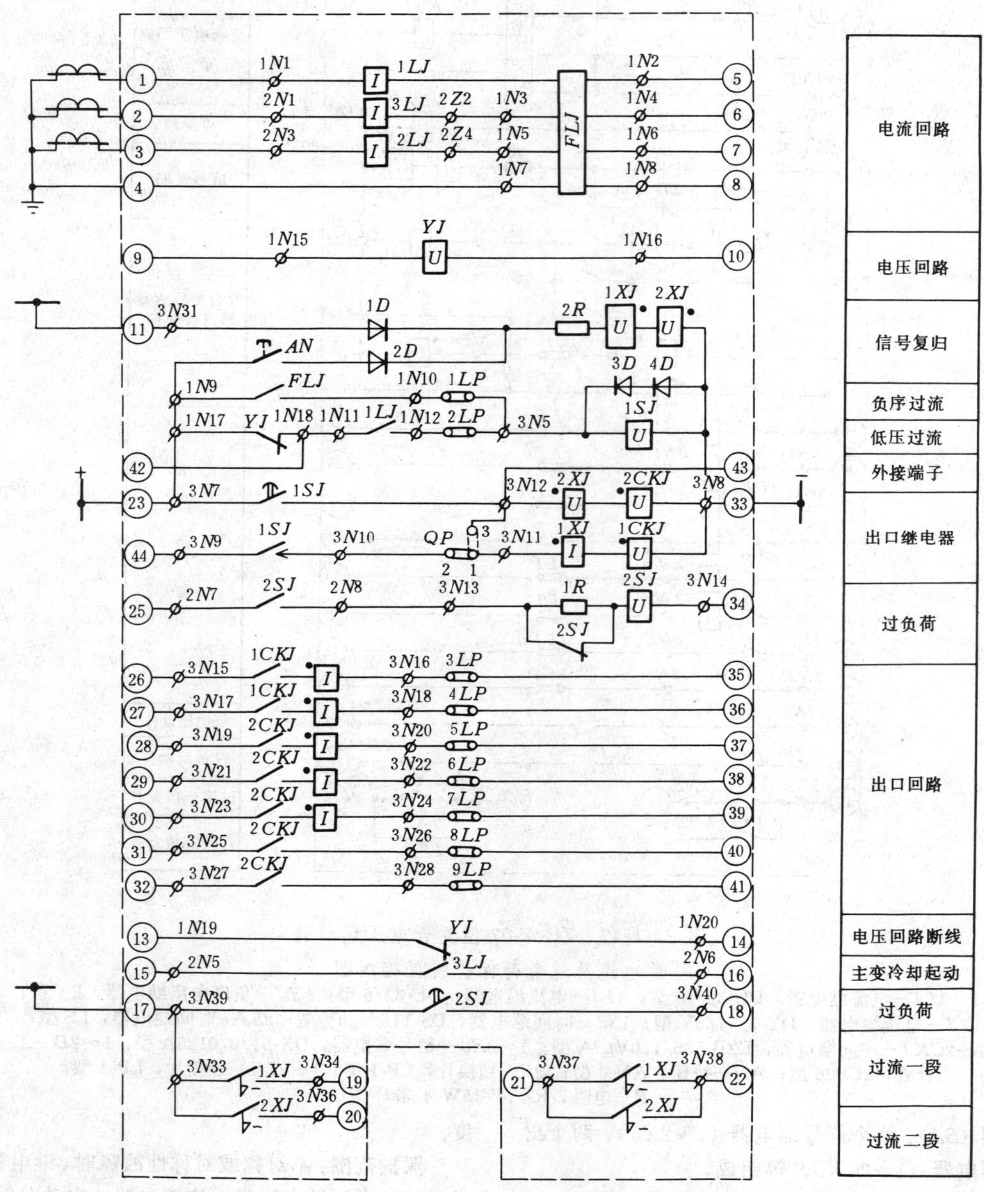

图 22-1-48　ZB-4509 型负序过电流、低压过电流及过负荷保护装置接线图

$1LJ$、BLJ—电流继电器，DL-32 型；$2LJ$—电流继电器，DL-32 型；FLJ—负序电流继电器，0.5-5A 型；YJ—电压继电器，DY-38/160V 型；$1SJ$—时间继电器，DS-116/220V 型；1～$2XJ$—信号继电器，DX-51/0.0125A 型；1～$2CKJ$—中间继电器，DZB-535/110V□A 型；FA—按钮，AN-4 型；1～$4D$—二极管，2CP26 型；$1R$—电阻，RXYC-20W-2.5kΩ 型；$2R$—电阻，RXYC-15W-4.3kΩ 型；QP—切换片，QP-1 型；1～$10LP$—连接片，LP-1 型

2. 保护装置配置说明

保护装置作为发电机、变压器或发电机变压器组的后备保护。装置主要由作为不对称短路起动元件的负序电流继电器（FLJ）、作为对称性短路启动元件的低电压继电器（YJ）和电流继电器（1～$2LJ$、BLJ）、时间继电器（1～$2SJ$）、两个出口中间继电器（1～$2CKJ$）等组成。

在保护范围内不对称短路时，负序电流继电器 FLJ 动作并启动时间继电器 $1SJ$ 进行跳闸；在保护范围内对称性短路时，低电压继电器和电流继电器 $1LJ$ 动作，并启动时间继电器 $1SJ$ 进行跳闸，时间继电器 $1SJ$ 延时终止触点可以同时启动中间继电器 $1CKJ$ 和 $2CKJ$，可同时断开七个断路器。但也可以利用时间继电器 $1SJ$ 的滑动触点和切换片 QP 分为两段时限，先跳开母联断路器或变压器某一侧的断路器。在出口继电器回路中设有外附控制或保护元件的引入接线端子（43），以满足某些特殊需要。为了提高装置对变压器其他侧对称性故障的灵敏度，电流继电器 $1LJ$ 的直流启动回路中设有引入其他侧低电压启动元件的接线端子（42）。电流继电器 $2LJ$ 启动时间继电器 $2SJ$，以其延时终止触点发出过负荷信号，电流继电器 BLJ 动作，启动主变压器冷却风扇。低电压继电器的第二对常闭触点，可用于启动变压器其他侧的后备保护或用于监视电压互感器二次回路断线的信号装置。

三十六、ZB-4538 型低阻抗保护装置

1. 保护装置接线图

ZB-4538 型保护装置接线图，见图 22-1-49。

2. 保护装置配置说明

保护装置为三相低阻抗保护，作为发电机及发电机-变压器组的后备保护，并可用于自励发电机。阻抗元件采用 LZ-13 型整流型三相全阻抗继电器。阻抗元件动作后，通过时间继电器 $1SJ$ 以两段时限启动出口中间继电器 1～$2CKJ$，跳开不同的断路器。LJ 及 $2SJ$ 构成发电机及变压器过负荷保护。电流继电器 BFJ 启动主变冷却风扇。装置设有七个跳闸回路，每个跳闸回路设有切换片，以便停止相应回路工作。

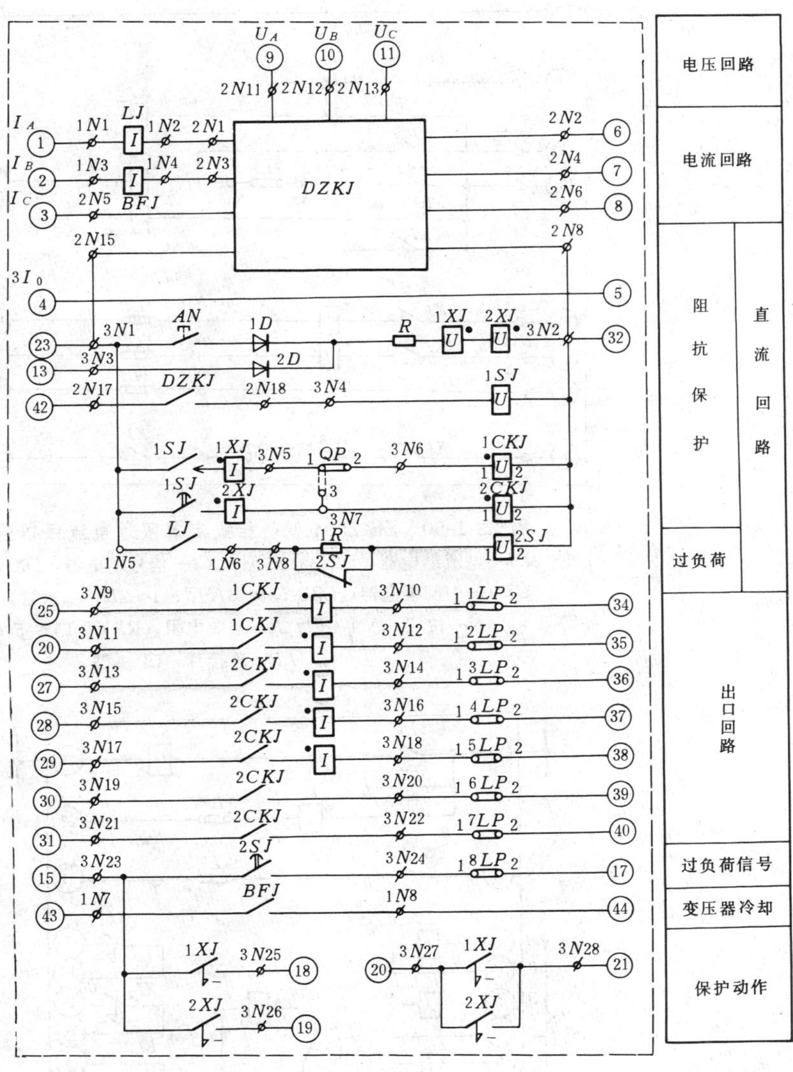

图 22-1-49　ZB-4538 型低阻抗保护装置接线图

LJ—电流继电器，DL-32/6 型；BFJ—电流继电器，DL-32/6 型；$DZKJ$—阻抗继电器，LZ-13 型；$1SJ$—时间继电器，DS-116/220V 型；$2SJ$—时间继电器，DS-113C/220V 型；1～$2CKJ$—中间继电器，DZB-535/110V、□A 型；1～$2XJ$—信号继电器，DX-51/0.0125A 型；AN—按钮，AN-4 型；1～$2D$—二极管，2CP26 型；R—珐琅电阻，RXYC-15W-4.3kΩ 型；$1R$—珐琅电阻，RXYC-20W-2kΩ 型；QP—切换片，QP-1 型；1～$8LP$—连接片，LP-1 型

三十七、ZB-2504、ZZ-1504 型两相式定时限过电流保护装置

1. 保护装置接线图

(1) ZB-2504 型保护装置接线图，见图 22-1-50。

(2) ZZ-1504 型保护装置接线图，见图 22-1-51。

2. 保护装置配置说明

保护装置用于中性点绝缘的厂用电系统中的分支线或电缆配电线路。装置主要由两个电流继电器（1—2*LJ*）、时间继电器（*SJ*）、信号继电器（*XJ*）、出口中间继电器（*CKJ*）等组成。

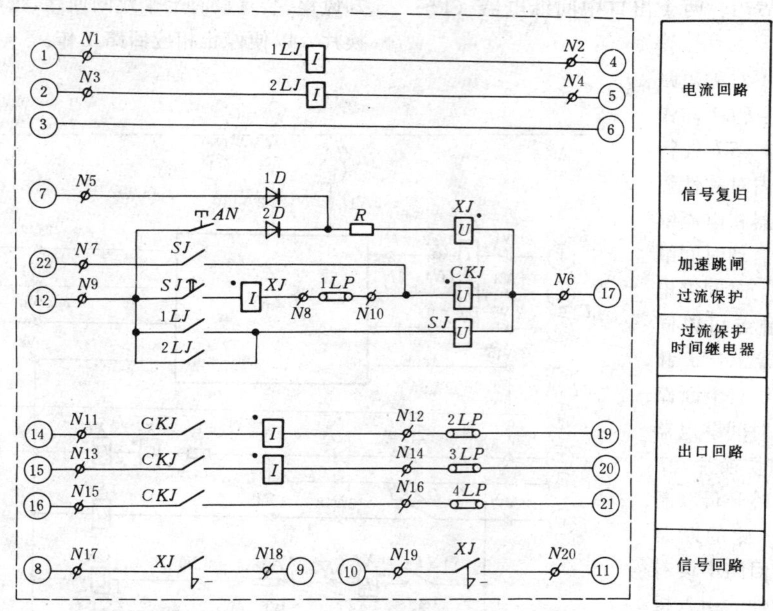

图 22-1-50 ZB-2504 型两相式定时限过电流保护装置接线图
1～2*LJ*—电流继电器，DL-32/20 型；*XJ*—信号继电器，DX-51/0.0125A 型；*CKJ*—中间继电器，DZB-535/□A 型；1～2*D*—二极管，2CP26 型；*AN*—按钮，AN-4 型；*R*—珐琊电阻，RXYC-15W-5.6kΩ 型；1～4*LP*—连接片，LP-1 型

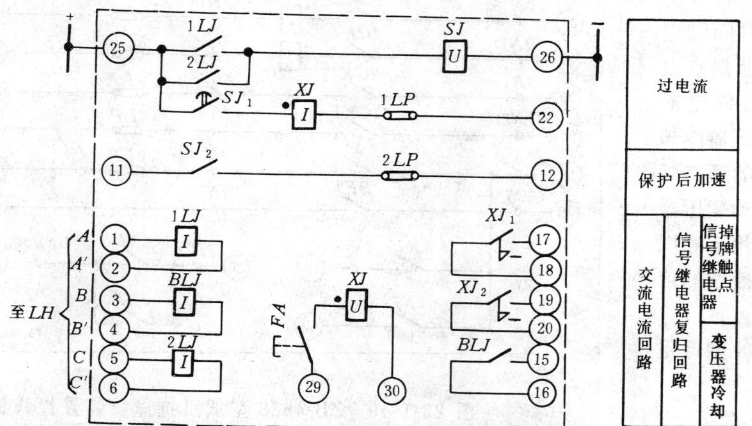

图 22-1-51 ZZ-1504 型两相式定时限过电流保护装置接线图
BLJ、1～2*LJ*—电流继电器，DL-21C 型；*SJ*—时间继电器，DS-20 型；*XJ*—信号继电器，DXM-2A 型；*FA*—按钮，AN-24-2 型；1～2*LP*—连接片，D-13 型

三十八、ZZ-2530 型两阶段定时限方向过电流保护装置

ZZ-2530 型保护装置接线图，见图 22-1-52。

三十九、ZB-3505、ZZ-2505 型两相式定时限过电流与零序反时限过电流保护装置

1. 保护装置接线图

(1) ZB-3505 型保护装置接线图，见图 22-1-53。

(2) ZZ-2505 型保护装置接线图，见图 22-1-54。

2. 保护装置配置说明

保护装置用于中性点直接接地的厂用电系统的分支线。装置主要由保护相间短路的两个电流继电器（1～2*LJ*）、保护接地短路的反时限特性的过流继电器（*LDJ*）、时间继电器（*SJ*）、信号继电器（1～2*XJ*）及出口中间继电器（*CKJ*）等组成。为适应三相电流互感器或两相电流互感器而另附零序电流互感器的不同情况的需要，电流继电器 1～2*LJ* 和过流继电器 *LDJ* 的交流回路分别设置了外部接线端子。出口继电器直流回路中设有外附控制或保护元件引入端子（22），以适应某些情况的需要。

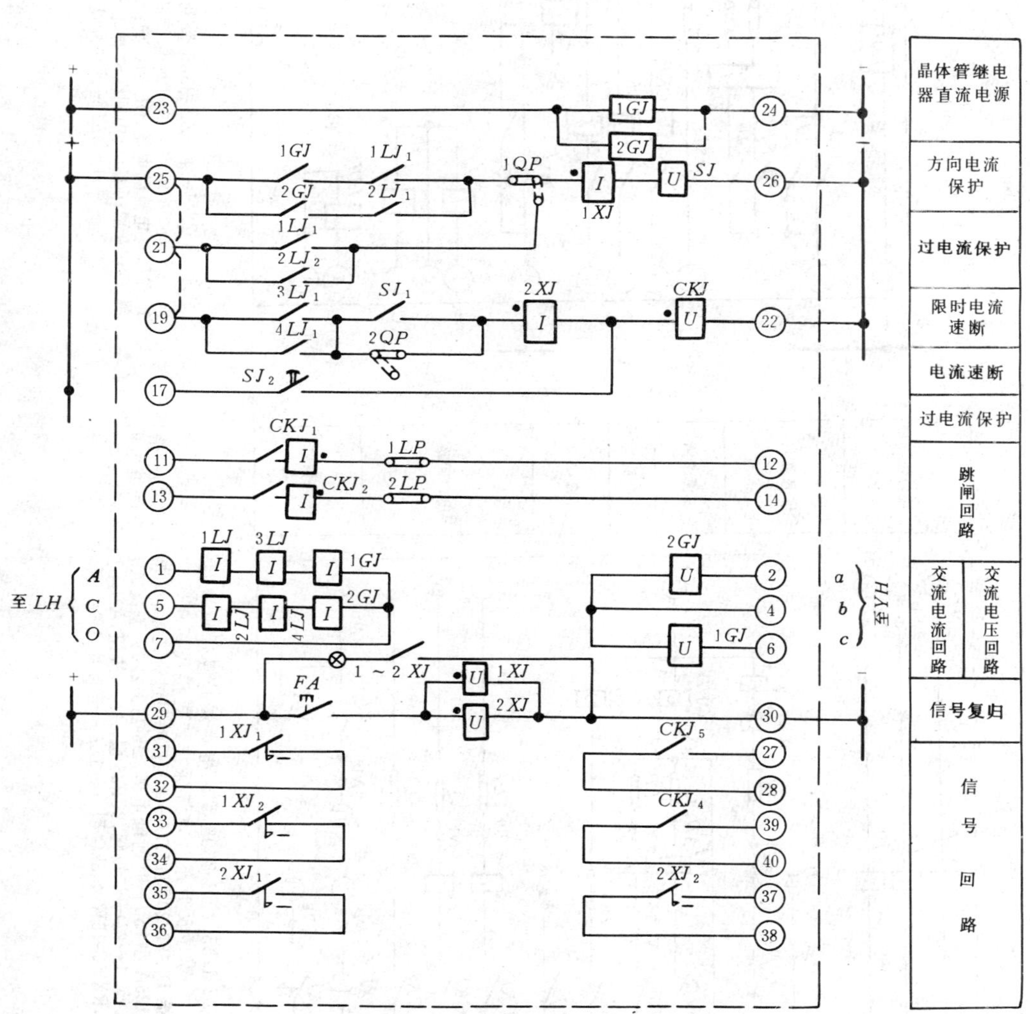

图 22-1-52 ZZ-2530 型两阶段定时限方向过电流保护装置接线图

1～2*LJ*—电流继电器，DL-24C 型；3～4*LJ*—电流继电器，DL-21C 型；1～2*GJ*—功率方向继电器，BG-12B 型；*SJ*—时间继电器，DS-20 型；*CKJ*—中间继电器，DZB-12B 型；1～2*XJ*—信号继电器，DXM-2A 型；1～2*QP*—切换片，D-12 型；1～2*LP*—连接片，D-13 型；*FA*—按钮，AN-24-2 型

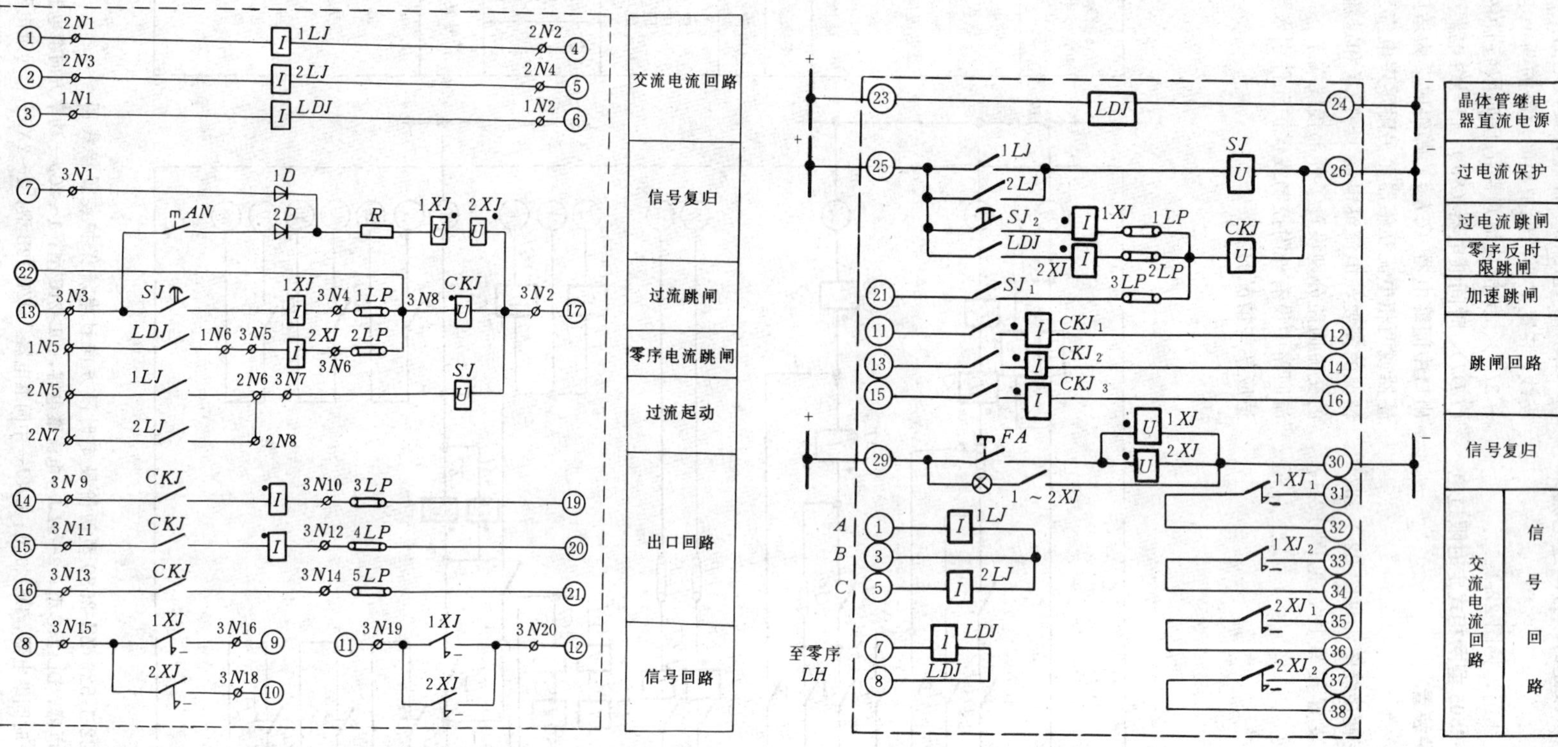

图 22-1-53　ZB-3505 型两相式定时限过电流与零序反时限过电流保护装置接线图

1～2*LJ*—电流继电器，DL-32/20 型；*LDJ*—单相反时限过流，LL-4/4 型；1～2*XJ*—信号继电器，DX-51/0.0125A 型；*SJ*—时间继电器，DS-113/220V 型；*CKJ*—中间继电器，DZB-535/110V、□A 型；1～2*D*—二极管，2CP26 型；*AN*—按钮，AN-4 型；*R*—珐瑯电阻，RXYC-15W-4.3kΩ 型；1～5*LP*—连接片，LP-1 型

图 22-1-54　ZZ-2505 型两相式定时限过电流与零序反时限过电流保护装置接线图

1～2*LJ*—电流继电器，DL-21C 型；*LDJ*—电流继电器，GL-10 型；*SJ*—时间继电器，DS-20 型；*CKJ*—中间继电器，DZB-12B 型；1～2*XJ*—信号继电器，DXM-2A 型；1～3*LP*—连接片，D-13 型；*FA*—按钮，AN-24-2 型

四十、ZB-4515、ZZ-3515、ZZ-3516 型两相式两段定时限过电流、零序反时限过电流、瓦斯保护装置

1. 保护装置接线图

（1）ZB-4515 型保护装置接线图，见图 22-1-55。

（2）ZZ-3515 型保护装置接线图，见图 22-1-56。

（3）ZZ-3516 型保护装置接线图，见图 22-1-57。

2. 保护装置配置说明

保护装置作为低压侧中性点直接接地的厂用变压

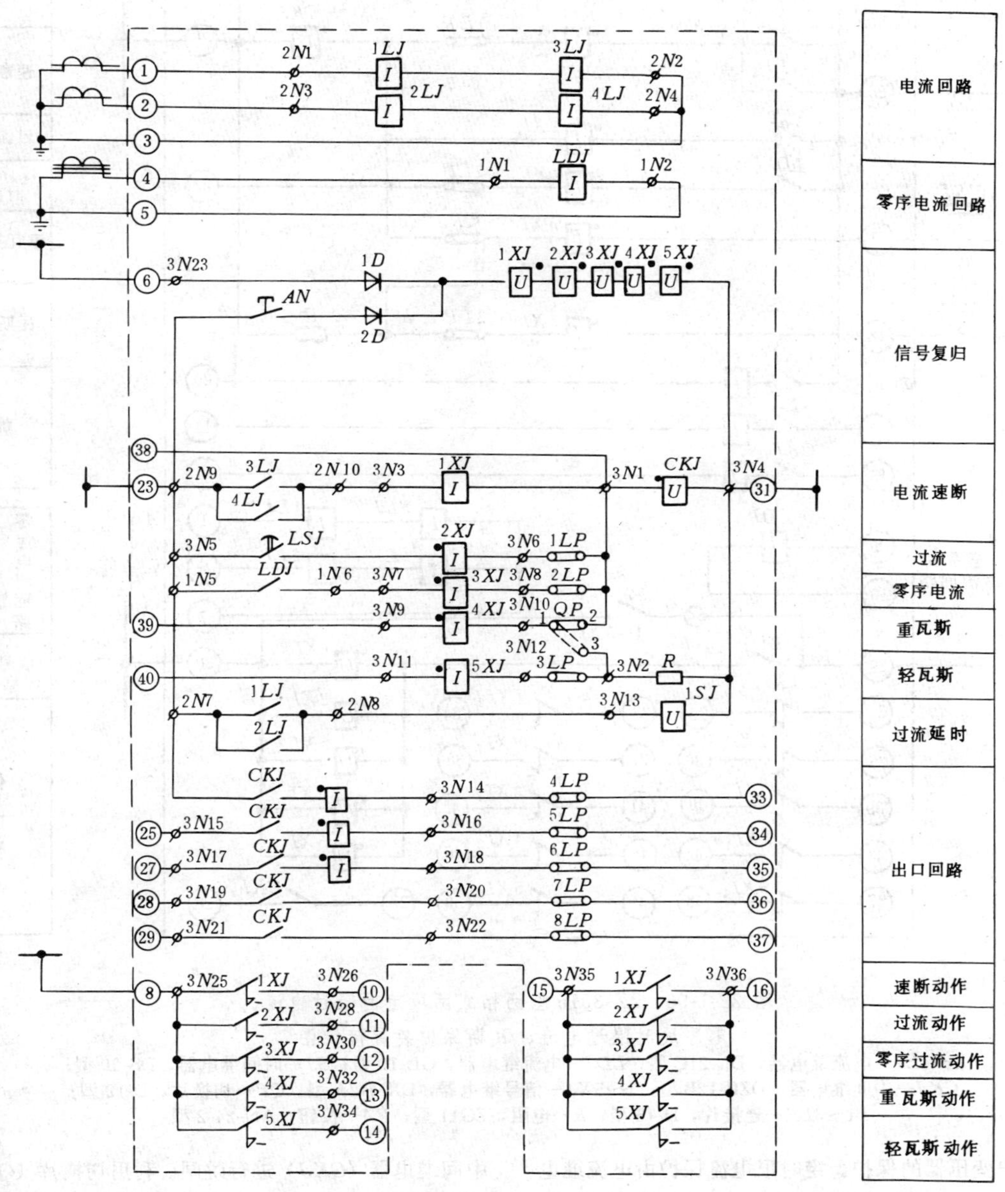

图 22-1-55　ZB-4515 型两相式两段定时限过电流、零序反时限过电流、瓦斯保护装置接线图

1～2*LJ*—电流继电器，DL-32/10 型；3～4*LJ*—电流继电器，DL-32/50 型；*AN*—按钮，AN-4 型；*LDJ*—单相过流反时限继电器，LL-4/4 型；1～5*XJ*—信号继电器，DX-51/0.0125A 型；*SJ*—时间继电器，DS-113/220V 型；*CKJ*—中间继电器，DZB-535/110V、□A 型；1～2*D*—二极管，2CP26 型；*R*—珐瑯电阻，RXYC-15W-4.3kΩ 型；*QP*—切换片，QP-1 型；1～8*LP*—连接片，LP-1 型

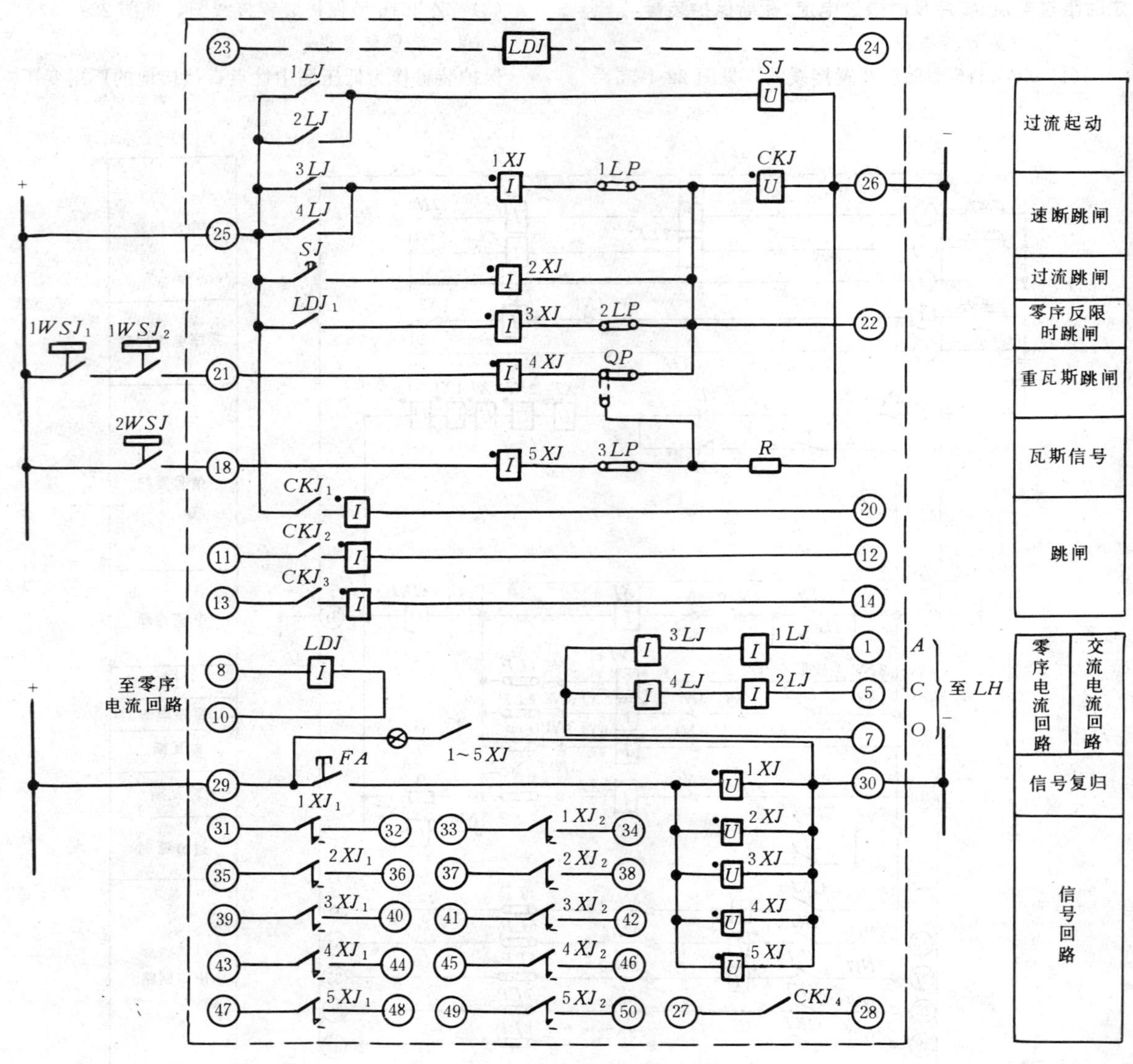

图 22-1-56　ZZ-3515 型两相式两段定时限过电流、零序反时限过电流、瓦斯保护装置接线图

1～4*LJ*—电流继电器，DL-21C 型；*LDJ*—电流继电器，GL-10 型；*SJ*—时间继电器，DS-20 型；*CKJ*—中间继电器，DZB-12B 型；1～5*XJ*—信号继电器，DXM-2A 型；*QP*—切换片，D-12 型；1～3*LP*—连接片，D-13 型；*R*—电阻，ZG11 型；*FA*—按钮，AN-24-2 型

器或用户变压器的保护。定时限电流保护由电流继电器（1～2*LJ*）和时间继电器（1*SJ*）、信号继电器（2*XJ*）组成；电流速断由电流继电器（3～4*LJ*）和信号继电器（1*XJ*）组成；零序反时限电流保护由反时限特性的过电流继电器（*LDJ*）、信号继电器（3*XJ*）组成。出口中间继电器（*CKJ*）共用进行跳闸，变压器的重瓦斯继电器触点经串联信号继电器（4*XJ*）启动出口中间继电器（*CKJ*）进行跳闸。利用切换片（*QP*）可将继电器改接于电阻 *R* 上进行重瓦斯继电器的试验工作。变压器的轻瓦斯继电器触点启动 5*XJ* 串联信号继电器，以其触点发出事故信号。出口继电器回路中设有外附控制或保护元件的引入接线端子（38），以适应某种情况需要。装置设有五个跳闸回路，每个回路中设置了连接片，便于停止相应回路的工作。

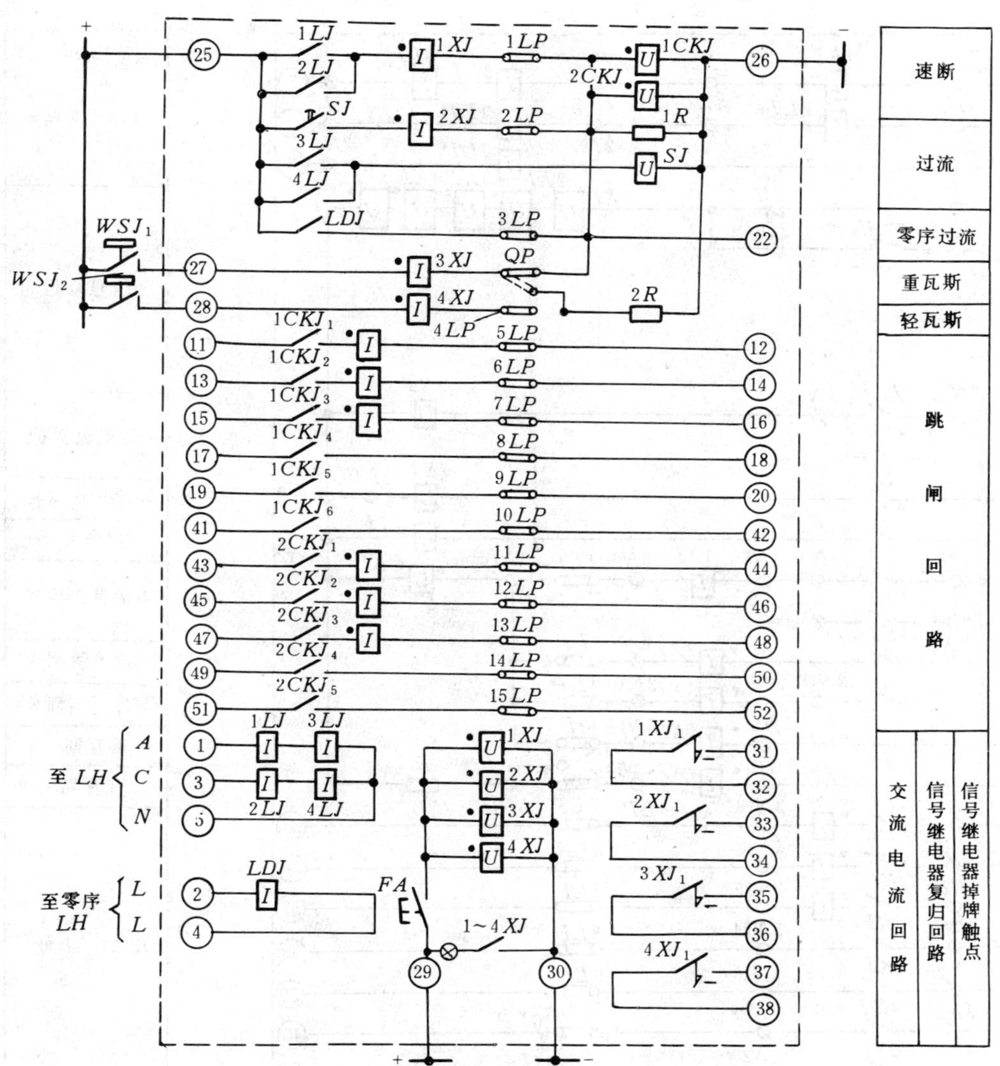

图 22-1-57　ZZ-3516 型两相式两段定时限过电流、零序反时限过电流、瓦斯保护装置接线图

1～4*LJ*—电流继电器，DL-21C 型；*LDJ*—电流继电器，GL-10 型；*SJ*—时间继电器，DS-20 型；1～2*CKJ*—中间继电器，DZB-12B 型；1～4*XJ*—信号继电器，DXM-2A 型；*QP*—切换片，D-12 型；1～5*LP*—连接片，D-13 型；1*R*、2*R*—电阻，ZG11 型；*FA*—按钮，AN-24-2 型

四十一、ZB-4517、ZZ-2517 型两相式两段定时限过电流、定时限零序过电流、瓦斯保护装置

1. 保护装置接线图

(1) ZB-4517 型保护装置接线图，见图 22-1-58。

(2) ZZ-2517 型保护装置接线图，见图 22-1-59。

2. 保护装置配置说明

保护装置用作中性点直接接地的厂用变压器或用户变压器的保护。定时限电流保护由电流继电器（3～4*LJ*）和时间继电器（1*SJ*）组成；定时限零序电流保护由电流继电器（5*LJ*）、时间继电器（2*SJ*）及信号继电器（3*XJ*）组成，共用出口中间继电器（*CKJ*）进行跳闸；变压器的重瓦斯继电器触点经串联信号继电器（4*XJ*）启动出口中间继电器（*CKJ*）进行跳闸。利用切换片（*QP*）可将继电器改接于电阻 *R* 上进行重瓦斯继电器的试验工作，变压器的轻瓦斯继电器触点启动串联信号继电器 5*XJ* 以其触点发出事故信号。电流继电器（6*LJ*）启动时间继电器 3*SJ*，以其延时终止触点发出过负荷信号。

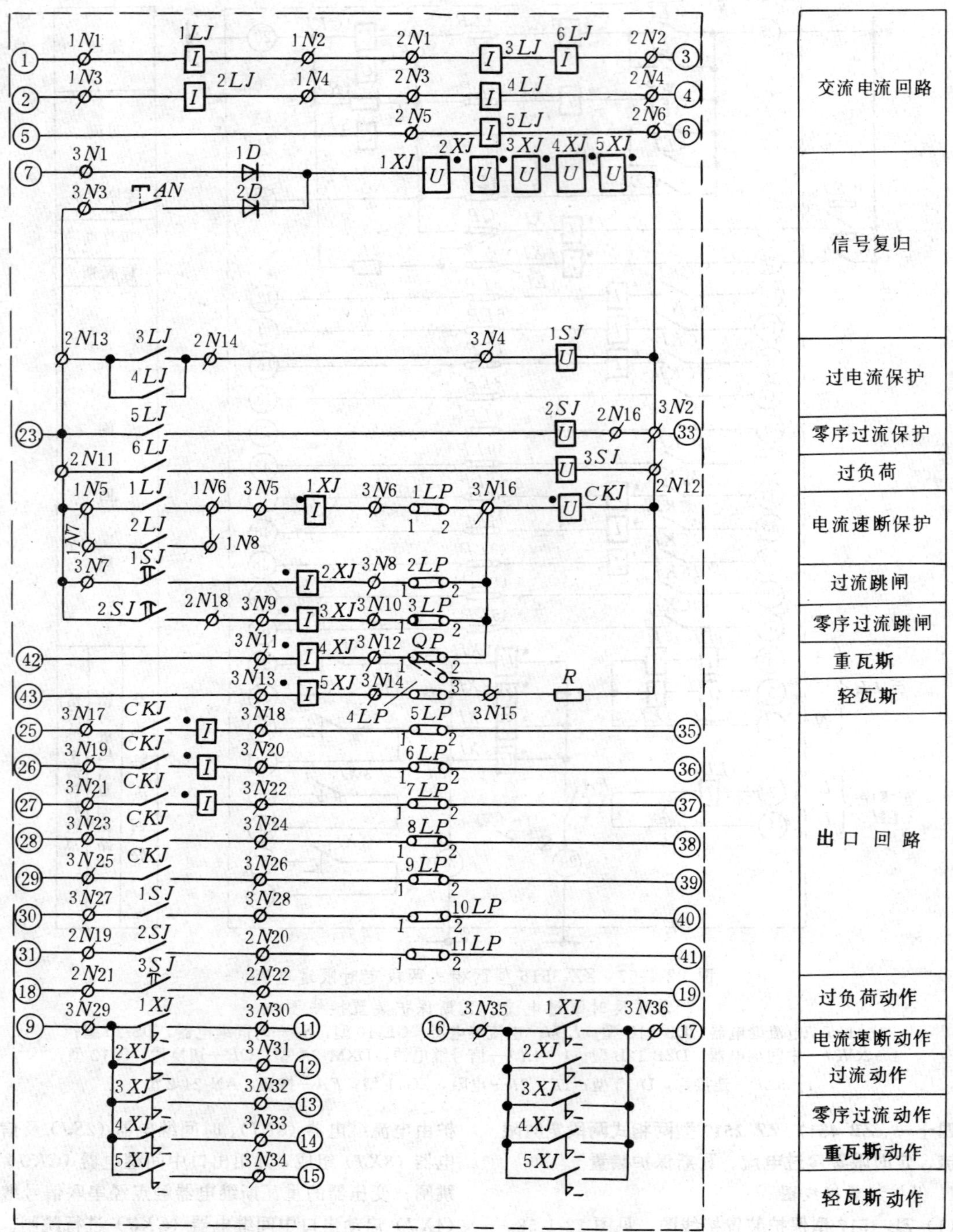

图 22-1-58　ZB-4517 型两相式两段定时限过电流、定时限零序过电流、瓦斯保护装置接线图

1～2*LJ*—电流继电器，DL-32/50 型；3～4*LJ*—电流继电器，DL-32/10 型；5～6*LJ*—电流继电器，DL-32/6 型；1*SJ*—时间继电器，DS-113/220V 型；2*SJ*—时间继电器，LS 型；1～5*XJ*—信号继电器，DX-51/0.0125A 型；*CKJ*—中间继电器，DZB-535/110V、□A 型；1～2*D*—二极管，2CP26 型；*AN*—按钮，AN-4 型；*R*—珐琊电阻，RXYC-15W-4.3kΩ 型；*QP*—切换片，QP-1 型；1～11*LP*—连接片

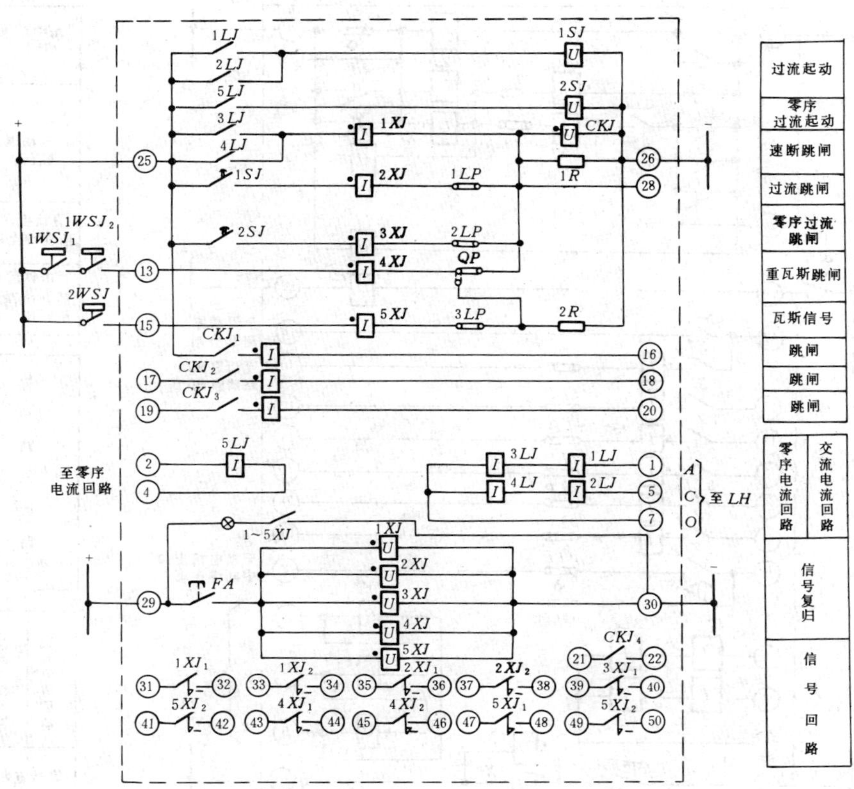

图 22-1-59 ZZ-2517 型两相式两段定时限过电流、定时限零序过电流、瓦斯保护装置接线图

1～5*LJ*—电流继电器，DL-21C 型；1～2*SJ*—时间继电器，DS-20 型；*CKJ*—中间继电器，DZB-12B 型；1～5*XJ*—信号继电器，DXM-2A 型；*QP*—切换片，D-12 型；1～3*LP*—连接片，D-13 型；1～2*R*—电阻，ZG11 型；*FA*—按钮，AN-24-2 型

四十二、ZB-2542 型母线单相接地信号装置

1. 保护装置接线图

ZB-2542 型保护装置接线图，见图 22-1-60。

2. 保护装置配置说明

保护装置作为小电流接地系统母线接地保护。装置由反应零序电压的电压继电器（*YJ*）、中间继电器（*ZJ*）及时间继电器（*SJ*）等组成。当母线系统发生单相接地故障时，零序电压继电器 *YJ* 动作，启动中间继电器 *ZJ* 及时间继电器 *SJ*，延时发出接地信号。*ZJ* 常闭触点为闭锁其他侧小电流接地系统用。

四十三、ZZ-3526 型发电机电压母线不完全差动过电流和低电压闭锁电流速断保护装置

ZZ-3526 型保护装置接线图，见图 22-1-61。

四十四、ZZ-3101 型反时限电流保护装置

ZZ-3101 型保护装置接线图，见图 22-1-62。

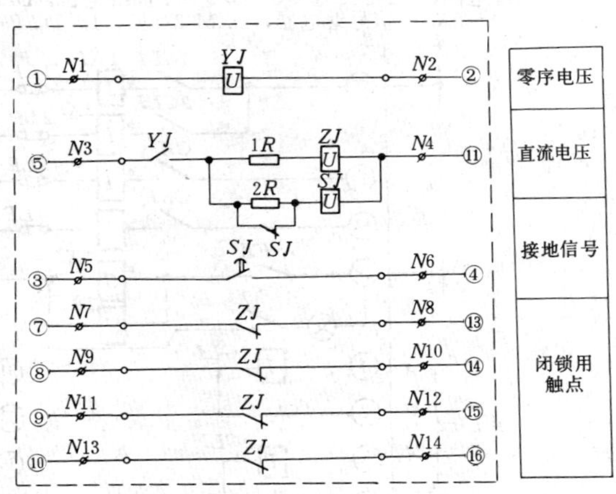

图 22-1-60 ZB-2542 型母线单相接地信号装置接线图

YJ—电压继电器，DY-32/60C 型；*SJ*—时间继电器，DS-113C/220V 型；*ZJ*—中间继电器，DZ-504/220V 型；1*R*—珐瑯电阻，RXYC-15W-5.1kΩ 型；2*R*—珐瑯电阻，RXYC-25W-2kΩ 型

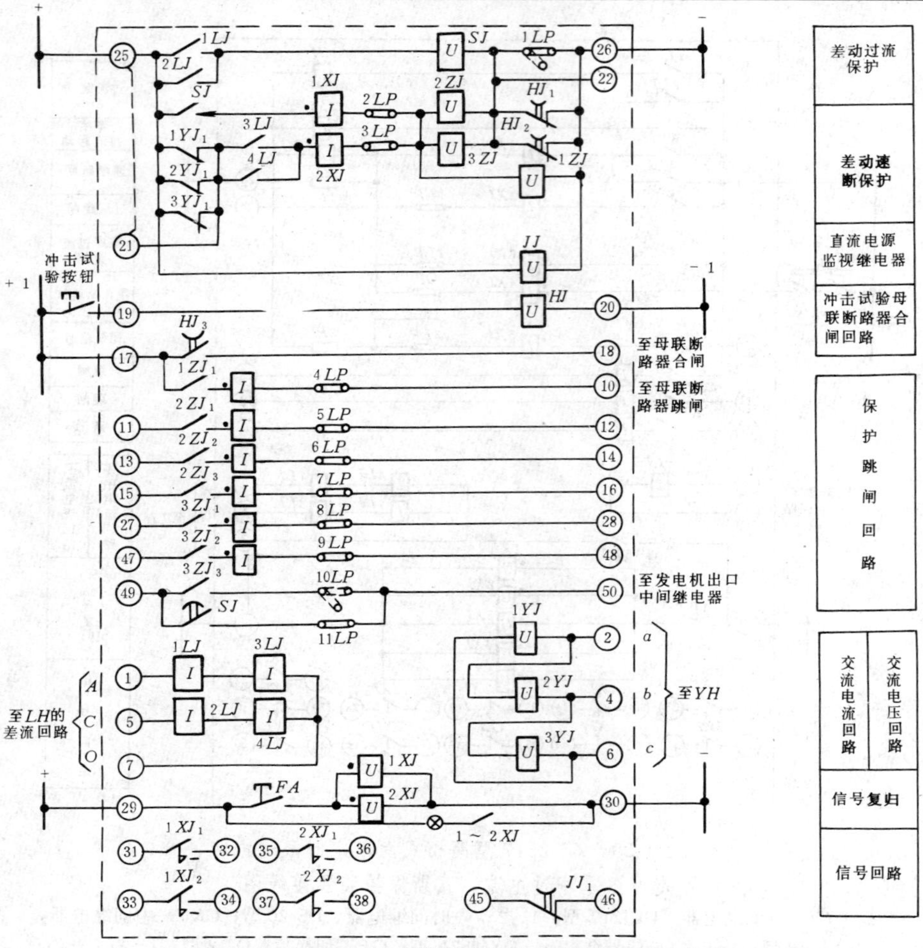

图 22-1-61 ZZ-3526 型发电机电压母线不完全差动过电流和低电压闭锁电流速断保护装置接线图

1～4*LJ*—电流继电器，DL-21C 型；*SJ*—时间继电器，DS-20 型；*FA*—按钮，AN-24-2 型；1～3*YJ*—电压继电器，DY-28C 型；1～3*ZJ*—中间继电器，DZB-12B 型；*HJ*、*JJ*—中间继电器，DZB-12B 型；1～2*XJ*—信号继电器，DXM-2A 型；1～11*LP*—连接片，D-13 型；*FA*—按钮，AN-24-2 型

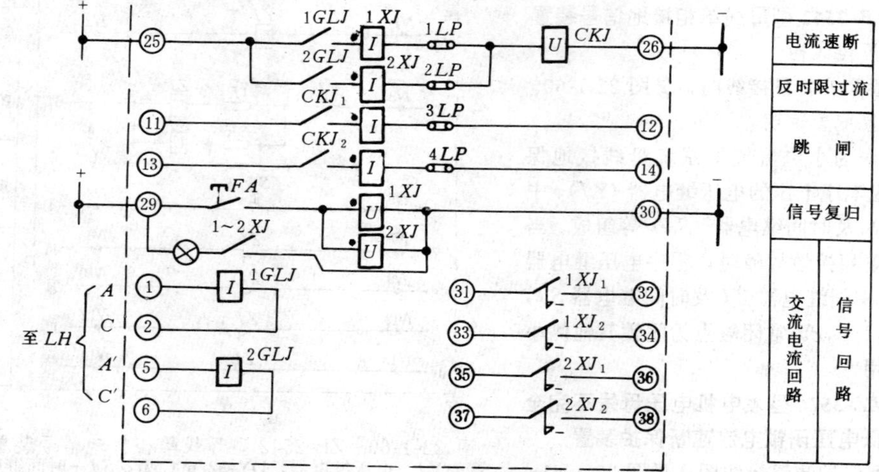

图 22-1-62 ZZ-3101 型反时限电流保护装置接线图

CKJ—中间继电器，DZB-12B 型；1～2*GLJ*—电流继电器，GL-10 型；1～2*XJ*—信号继电器，DXM-2A 型；1～4*LP*—连接片，D-13 型；*FA*—按钮，AN-24-2 型

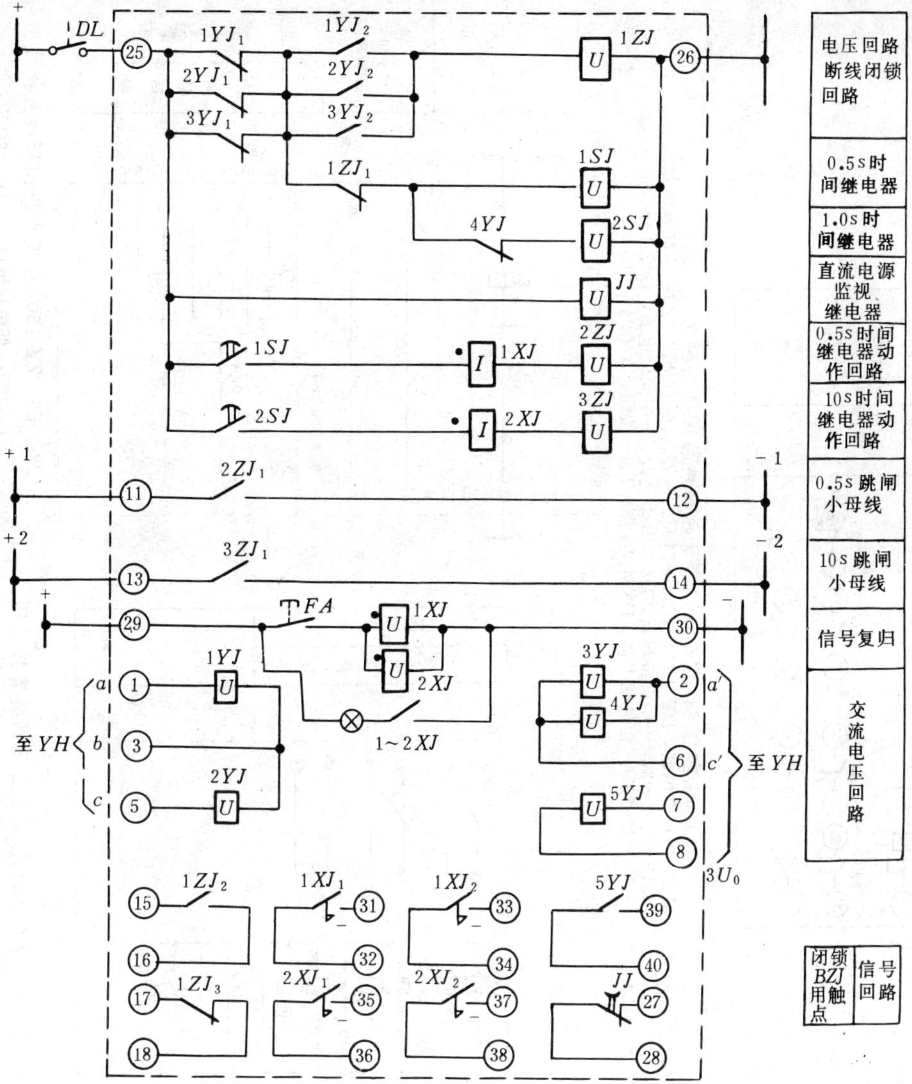

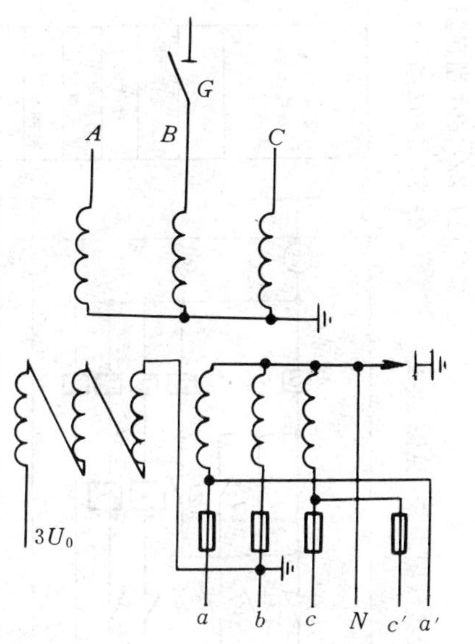

图 22-1-63 ZZ-2501 型无压释放装置接线图之一

1～3YJ—电压继电器，DY-23C 型；4YJ—电压继电器，DY-22C/60C 型；5YJ—电压继电器，DY-21C/60C 型；1～2SJ—时间继电器，DS-20 型；JJ—中间继电器，DZS-12B 型；1ZJ—中间继电器，DZ-31B 型；FA—按钮，AN-24-2 型；2～3ZJ—中间继电器，DZ-32B 型；1～2XJ—信号继电器，DXM-2A 型

四十五、ZZ-2501、ZZ-2502型无压释放装置

(1) ZZ-2501型保护装置接线图之一，见图22-1-63。

(2) ZZ-2502型保护装置接线图之二，见图22-1-64。

四十六、ZZ-1601、ZZ-1602型低电压闭锁装置

(1) ZZ-1601型保护装置接线图，见图22-1-65。

(2) ZZ-1602型保护装置接线图，见图22-1-66。

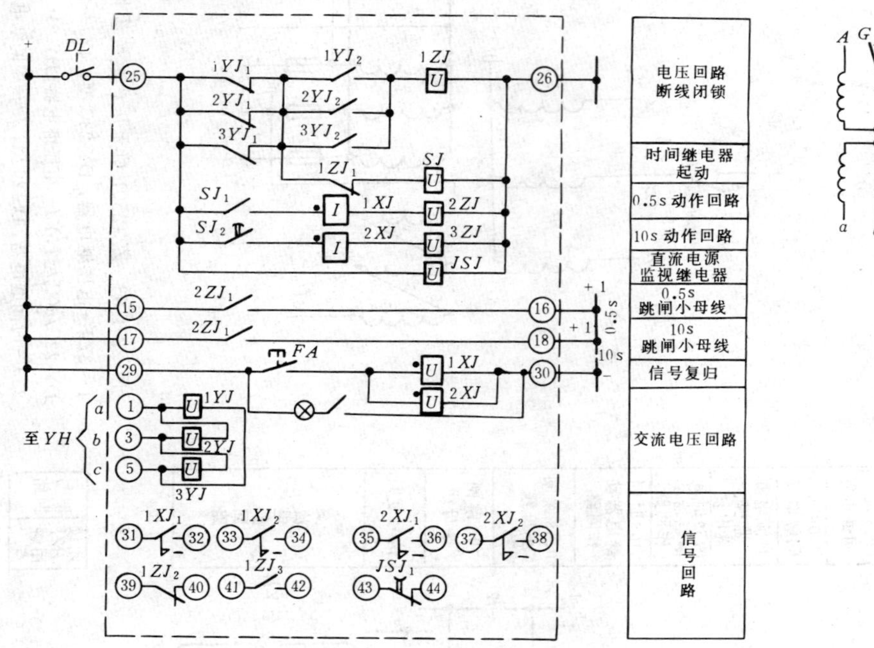

图22-1-64　ZZ-2502型无压释放装置接线图之二

1～3YJ—电压继电器，DY-28C型；SJ—时间继电器，DS-20型；1ZJ—中间继电器，DZ-31B型；2～3ZJ—中间继电器，DZ-32B型；JSJ—中间继电器，DZS-12B型；1～2XJ—信号继电器，DXM-2A型；FA—按钮，AN-24-2型

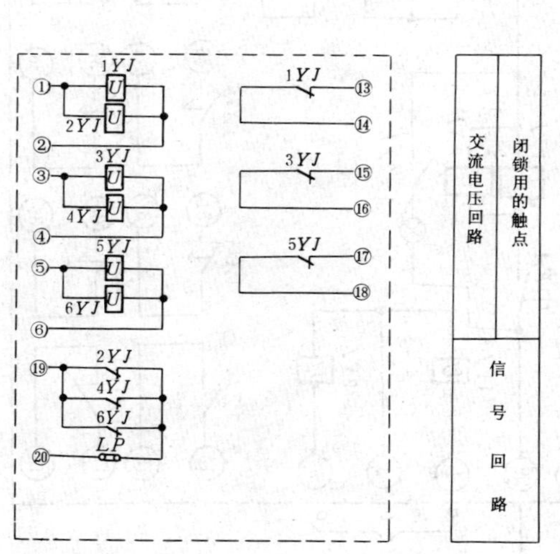

图22-1-65　ZZ-1601型低电压闭锁装置接线图

1～6YJ—低电压继电器，DY-28C型；

LP—连接片，D-13型

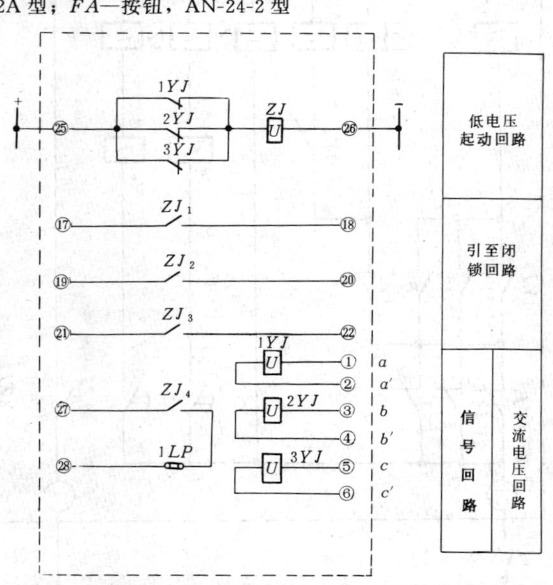

图22-1-66　ZZ-1602型低电压闭锁装置接线图

1～3YJ—低电压继电器，DY-28C型；

ZJ—中间继电器，DZ-32B型；

1LP—连接片，D-13型

四十七、ZZ-2401/Ⅰ-Ⅱ型两相式电流相位比较式母线差动保护装置

ZZ-2401/Ⅰ-Ⅱ型保护装置接线图，见图 22-1-67。

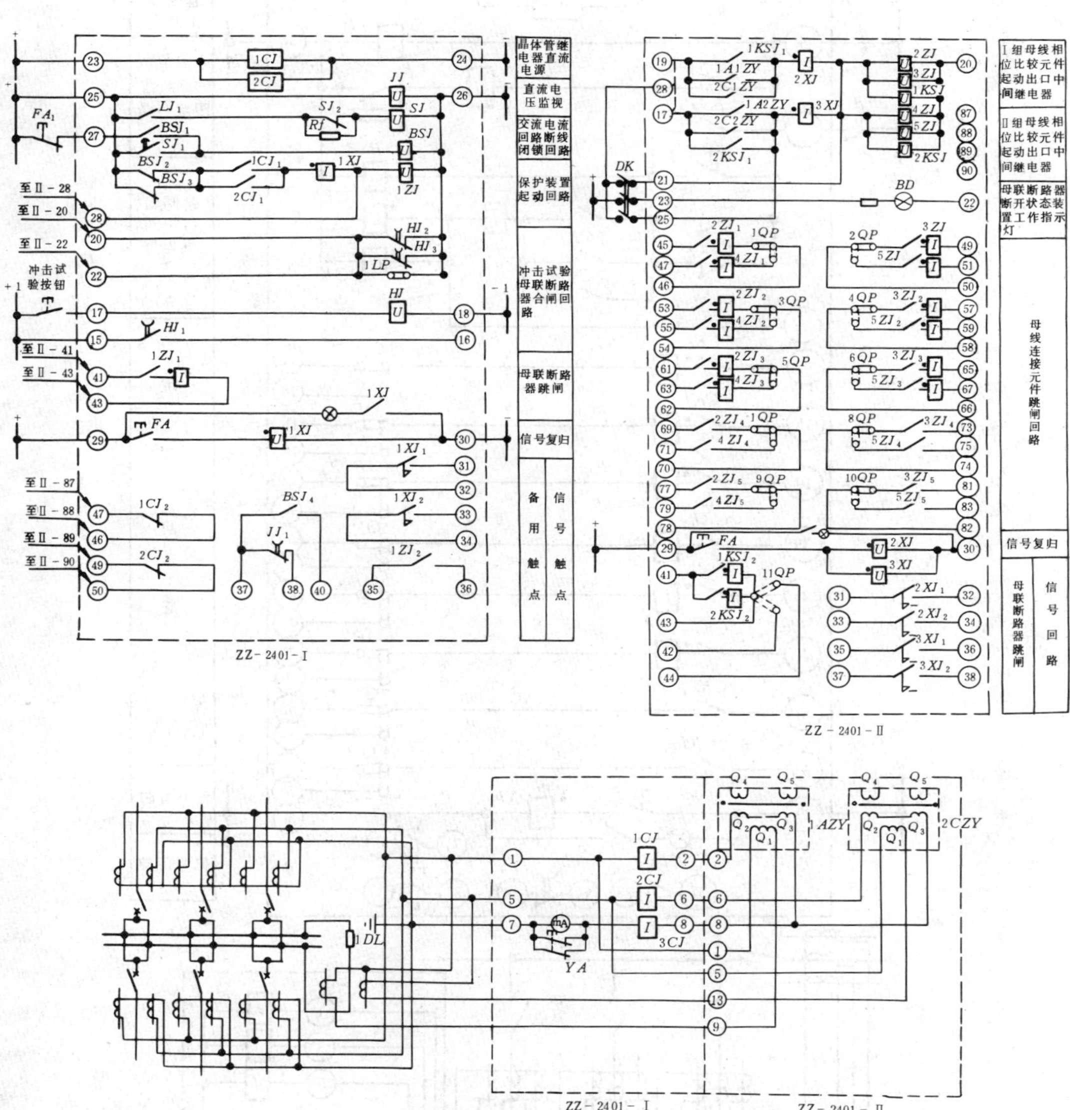

图 22-1-67 ZZ-2401/Ⅰ-Ⅱ型两相式电流相位比较式母线差动保护装置接线图

LJ—电流继电器，DL-24C 型；1～4*CJ*—差动继电器，BCD-9A 型；*SJ*—时间继电器，DS-20 型；*BSJ*—中间继电器，DZ-31B 型；*BD*—信号灯，XDX_1（F-2）型；*HJ*、*JJ*—中间继电器，DZS-12B 型；1～5*ZJ*—中间继电器，DZB-12B 型；1～2*KSJ*—中间继电器，ZJ3A 型；*AZY*、*CZY*—电流相位比较继电器，LXB-1A 型；mA—毫安表，$81T_1$-A 型；*YA*、*FA*、FA_1—按钮，AN-24-2 型；1～11*QP*—切换片，QP-1（D-12）型；*DK*—三极刀闸（外附）

四十八、ZZ-2403 型单母线分段的母线保护装置

ZZ-2403 型保护装置接线图，见图 22-1-68。

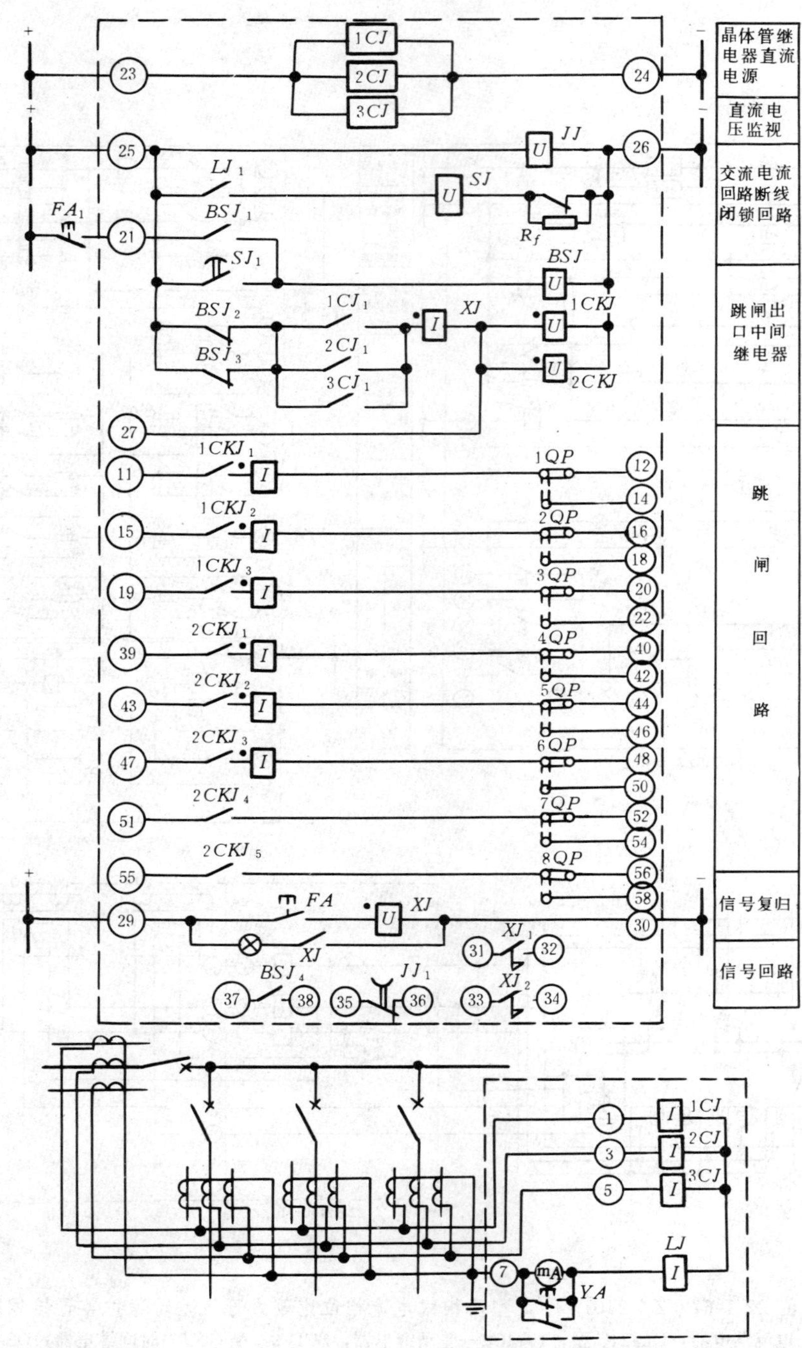

图 22-1-68　ZZ-2403 型单母线分段的母线保护装置接线图

1～3*CJ*—差动继电器，BCD-9A 型；*LJ*—电流继电器，DL-24C 型；*SJ*—时间继电器，DS-20 型；*BSJ*—中间继电器，DZ-31B 型；1～2*CKJ*—中间继电器，DZB-12B 型；*JJ*—中间继电器，DZS-12B 型；mA—毫安表，$81T_1$-A 型；*YA*、*FA*—按钮，AN-24-2 型；1～8*QP*—切换片，D-12 型

第 22-2 节　晶体管组合式继电保护装置

一、简述

本节主要介绍晶体管保护装置的用途、组成概况及回路配置原则、主要技术参数等部分。对于保护装置接线图，由于受章节篇幅的限制，未汇入进来，本节中仅介绍一些原理方框图。

订货时应提给制造厂直流电源电压，开关跳闸电流，以及与厂家提供技术参数不符合的参数。

二、JCD-2A、JCD-4A、JCD-62、JCD-63 型差动保护装置

（一）JCD-2A 型差动保护装置

1. 保护装置构成原理及用途

保护装置由间断角原理构成，具有两侧制动。主要用于双绕组变压器差动保护，也可用作其它设备差动保护。

2. 保护装置回路组成及主要作用

（1）两套逆变稳压电源，一套工作，一套备用。

（2）三个分相差动元件构成三相式差动，其出口回路采用循环闭锁方式，并带有分相保持信号。

（3）闭锁元件及差动速断元件。闭锁元件作解除差动元件出口回路循环闭锁之用。

（4）负序电压元件与闭锁元件并联，可作解除闭锁之用。

（5）两个出口信号继电器，可跳四个开关。

3. 保护装置主要技术参数

（1）额定电流 5A 或 1A，电流平衡调整范围 3～10A，长期热稳定电流 8A。

（2）差动元件整定范围为 25%～50%额定电流，差动速断元件整定范围为 8～15 倍额定电流。

（3）交流电流为 4A 时每相每侧消耗 0.7VA。

（4）正常运行情况直流电源消耗不超过 5W。

（5）直流电源电压 220V 或 110V，允许波动范围 +10%～-20%。

4. 生产厂

南京自动化设备厂。

（二）JCD-4A 型差动保护装置

1. 保护装置构成原理及用途

保护装置由间断角原理构成，具有四侧制动。主要作为三绕组变压器和自耦变压器差动保护，也可作为其它设备的差动保护。

2. 保护装置回路组成及主要作用

同 JCD-2A 型。

3. 保护装置主要技术参数

同 JCD-2A 型。

4. 生产厂

南京自动化设备厂。

（三）JCD-62 型差动保护装置

1. 保护装置构成原理及用途

保护装置由谐波制动原理构成，具有两侧制动功能。主要作为双绕组变压器差动保护，也可作为其他设备的差动保护。

2. 保护装置回路组成及主要作用

（1）一套逆变稳压电源。

（2）分相差动元件，带有分相信号指示，作用于出口回路，并带有出口保持信号。

（3）分相差动速断元件，分别设在各分相差动元件内，并具有出口保持信号。

（4）出口信号插件。

（5）时间信号插件。

3. 保护装置主要技术参数

（1）交流额定电流 5A 或 1A，电流平衡调节范围 3～10A。

（2）差动元件动作整定范围为 25%～50%额定电流，差动速断元件整定范围为 8～15 倍额定电流。

（3）当额定电流为 5A 时，每相每侧消耗功率 1VA。

（4）直流电源电压 220V 或 110V，允许波动范围 +10%～-20%。

（5）正常运行情况直流电源消耗不超过 4W。

4. 生产厂

南京自动化设备厂。

（四）JCD-63 型差动保护装置

1. 保护装置构成原理及用途

保护装置由谐波制动原理构成，具有多侧制动功能。主要作为三绕组变压器差动保护，也可作为其他设备差动保护。

2. 保护装置回路组成

保护装置由逆变稳压电源、分相差动元件、差动速断元件、出口信号插件、时间信号插件等组成。

3. 保护装置主要技术参数

差动速断元件整定范围为 6～12 倍额定电流。其他主要技术参数同 JCD-62 型差动保护装置。

4. 生产厂

南京自动化设备厂。

三、BBH-1A、BBH-5/A、BBH-5/B、BBH-3、BBH-6 型主变压器零序保护装置

（一）BBH-1A 型主变压器零序保护装置

1. 保护装置用途

该保护装置主要作为变压器的接地保护。

2. 保护装置组成

保护装置由零序电流元件、零序电压元件、闭锁元件及信号回路组成。

3. 保护装置方框图

BBH-1A 型零序保护装置方框图，见图 22-2-1。

4. 保护装置主要技术参数

BBH-1A 型保护装置技术参数见表 22-2-1。

5. 生产厂

表 22-2-1 **BBH 型主变压器零序保护装置技术参数**

名称 \ 数据 \ 型号		BBH-1A	BBH-5/A	BBH-5/B	BBH-$\frac{3}{4}$、BBH-$\frac{3}{8}$	BBH-6
交流额定电压（V）		100				
交流额定频率（Hz）		50				
交流额定电流（A）		5				
直流额定电压（V）		48、110、220	48	48	48、110、220	48、110、220
直流信号电压（V）		48、110、220	48	48		
零序电流整定范围（A）		1～6	0.5～3	Ⅰ段 5～10 Ⅱ段 1～6	1～4、2～8	0.5～2
零序电压整定范围（V）		5～40	100～200		5～20、10～40	150～300
装置延时范围（s）		三段延时 每段 0.5～6 连续可调	0.2～1.5 连续可调	$t_1=t_2=0.2\sim1.5$ 连续可调 $t_2=t_4=0.5\sim9$ 连续可调	三段延时 每段 0.5～ 5	0.1～1 0.2～2 0.5～5
功率消耗	交流电压回路（VA）	≯2	≯2		并联≯7 串联≯2	最小≯0.2 额定电压下≯1
	交流电流回路（VA）	≯1	≯1	≯1	最小≯0.25	
	直流回路	48V：≯4W 110V：≯8W 220V：≯16W	≯4VA	≯4W	48V：≯3W 110V：≯6W 220V：≯14W	48V：≯2.5W 110V：≯5W 220V：≯8W
	直流信号回路		≯6VA	6W		
触点断开容量	直流有感回路	电压≯220V、电流≯0.4A 时为 20W				
	交流回路	20VA				

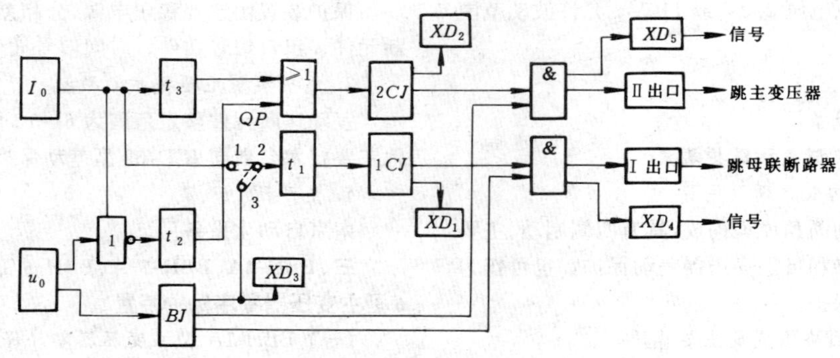

图 22-2-1 BBH-1A 型主变压器零序保护装置方框图

阿城继电器厂。

（二）BBH-5/A、BBH-5/B 型主变压器零序保护装置

1. 保护装置构成原理及用途

(1) BBH-5/A 与 BBH-5/B 型主变压器零序保护装置，构成变压器中性点为分级绝缘或部分变压器中性点不接地运行，且中性点装有放电间隙的双绕组变压器接地保护。

(2) BBH-5/B 与 BBH-1A 型主变压器零序保护装置，构成变压器中性点为分级绝缘或部分变压器中性点不接地运行，且中性点不装放电间隙的双绕组变压器接地保护。

(3) BBH-5/B 型主变压器零序保护装置用于变压器绕组为分级绝缘，而中性点又必须经常接地运行的双绕组变压器作接地保护。

2. 保护装置组成

(1) BBH-5/A 型保护装置由零序电流元件、零序电压元件、延时元件、闭锁元件和信号回路等组成。

(2) BBH-5/B 型保护装置由两段零序电流元件、延时元件、闭锁元件及信号回路等组成。

3. 保护装置方框图

(1) BBH-5/A 型零序保护装置方框图，见图 22-2-2。

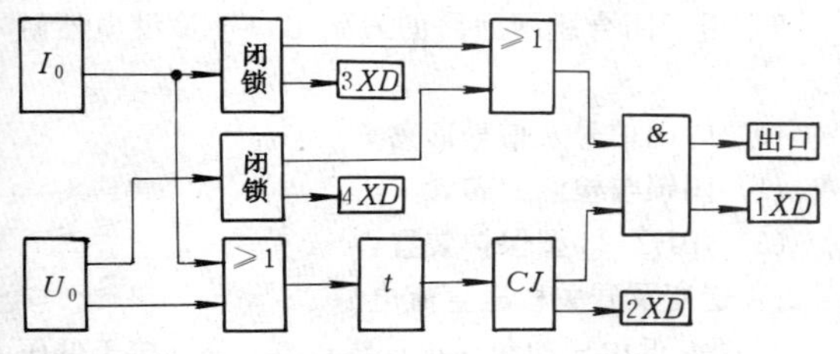

图 22-2-2　BBH-5/A 型主变零序保护装置方框图

(2) BBH-5/B 型零序保护装置方框图，见图 22-2-3。

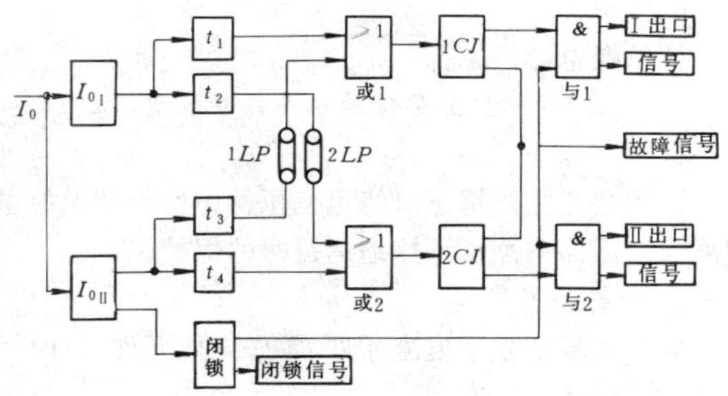

图 22-2-3　BBH-5/B 型主变压器零序保护装置方框图

4. 保护装置主要技术参数

BBH-5/A、BBH-5/B 型保护装置技术参数，见表 22-2-1。

5. 生产厂

阿城继电器厂。

（三）BBH-3 型主变压器零序保护装置

1. 保护装置用途

保护装置作为变压器高压侧的接地保护，同时作为相邻母线和线路接地故障的后备保护。保护带有信号显示及输出，并设有试验按钮、测试孔及可供保护巡检的检测部分。

2. 保护装置组成及结构

保护装置为盘面嵌入安装方式，采用半导体印刷电路抽屉插入式结构。保护装置由零序电流元件、零序电压元件（带有三次谐波滤波器）、整流滤波回路、触发器、延时回路、闭锁环节及灵敏继电器等组成。保护装置可单独装在一个小壳内，也可与其它保护一起装在一个大壳内，构成发变组成套保护。

3. 保护装置方框图

BBH-3 型主变压器零序保护装置方框图，见图 22-2-4。

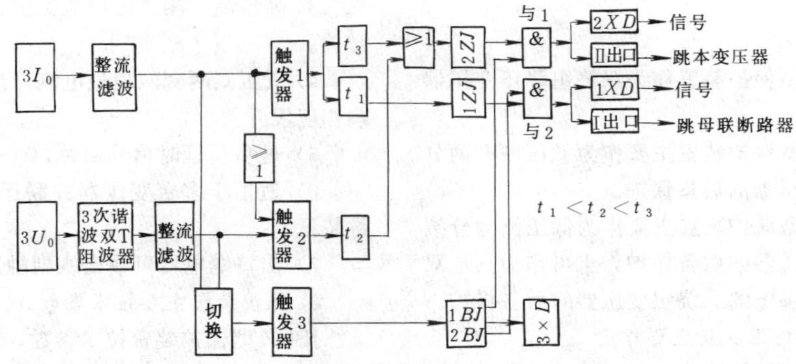

图 22-2-4　BBH-3 型主变压器零序保护装置方框图

4. 保护装置主要技术参数

BBH-3 型保护装置技术参数，见表 22-2-1。

5. 生产厂

许昌继电器厂。

(四) BBH-6 型主变压器零序保护装置

1. 保护装置用途

保护装置主要用于双绕组变压器中性点装设放电间隙及变压器中性点不接地运行时的保护。

2. 保护装置组成

保护装置由零序电流元件、零序电压元件、延时回路、闭锁回路等组成。

3. 保护装置主要技术参数

BBH-6 型保护装置技术参数，见表 22-2-1。

4. 生产厂

许昌继电器厂。

四、JBLX-11 型变压器零序选跳装置

1. 保护装置用途

保护装置用于双绕组变压器的零序保护，或作为多台变压器并联运行专用零序选跳装置。

2. 保护装置组成

保护装置由逆变稳压电源、零序电压闭锁的零序电流方向保护、零序电压闭锁的零序电流保护、出口回路、信号回路、闭锁与检测装置等组成。

3. 保护装置主要技术参数

(1) 直流电源电压为 220V 或 110V，允许波动范围为＋10%～－20%。

(2) 直流继电器整定范围为 0.1～1.3A。

(3) 时间继电器整定范围为 0.4～9.4s。

(4) 跳闸范围在 0.5～5A 以内，出口自保持线圈分为 0.5～1A、1～2A、2～5A、5A 以上四种规格，一般按 2～ 5A 配给。

4. 生产厂

南京自动化设备厂。

五、JBHZ-21、JBHZ-22、JBHZ-23 型双绕组变压器后备保护装置

1. 保护装置用途

(1) JBHZ-21 型保护装置作为双绕组降压变压器的后备保护。

(2) JBHZ-22 型保护装置主要作为低压侧有两分支的双绕组降压变压器的后备保护。

(3) JBHZ-23 型保护装置主要作为低压侧为分裂绕组的高压厂用变压器的后备保护，也可作为其他双绕组变压器或单侧供电的三绕组变压器的后备保护。

2. 保护装置回路组成及主要作用

(1) JBHZ-21 型保护装置：

1) 两套逆变稳压直流电源，一套工作，一套备用。

2) 带两段延时的复合电压闭锁过电流保护，第一段延时跳低压侧母线分段开关，第二段延时跳主变压器高低压侧开关。

3) 过负荷及时间信号回路。

4) 重瓦斯及出口信号动作跳主变压器高低压侧开关。

5) 低压侧接地信号回路。

6) 用于闭合跳闸回路的三副出口干簧继电器输出触点。

7) 信号回路。

8) 闭锁与检测回路。

(2) JBHZ-22 型保护装置：

1) 逆变及开关稳压直流电源。

2) 低压侧低电压、负序电压组成复合电压闭锁，作为全部过电流保护的闭锁。

3) 变压器高压侧三相式过电流经一段延时跳全部开关。

4) 低压侧两分支线的每条分支线上设三相过电流保护，皆为一段延时，分别跳相应开关。

5) 过负荷及信号回路。

6) 适用于多台变压器并联运行的零序电流、电压保护。

7) 高压侧零序过电压保护，经延时跳全部开关。

8) 重瓦斯及信号，重瓦斯作用于跳全部开关。

9) 用于闭合跳闸回路的三副出口干簧继电器触点。

10) 时间信号及信号回路。

11) 闭锁与检测回路。

(3) JBHZ-23 型保护装置：

1) 逆变及开关稳压直流电源。

2) 两套低电压和负序电压继电器，分别接于低压侧两分支上，其触点并联作为相间故障的后备保护闭锁。

3) 高压侧三相式过电流保护，经一段延时跳全部开关。

4) 低压侧两套两相过电流保护，分别带一段延时跳相应段开关。

5) 过负荷延时信号回路。

6) 适用于多台变压器并联运行的高压侧零序选跳装置。

7) 出口继电器可输出八副触点。

3. 保护装置主要技术参数

JBHZ 型保护装置技术参数，见表 22-2-2。

4. 生产厂

南京自动化设备厂。

表 22-2-2　**JBHZ 型双绕组变压器后备保护装置技术参数**

名称 \ 数据 \ 型号	JBHZ-21	JBHZ-22	JBHZ-23
直流电源电压（V）	220 或 110 容许波动范围＋10％～－20％		
交流额定电压（V）	100		
交流额定电流（A）	5		
电流继电器整定范围（A）	1～13	1～13	高压侧过电流零序过负荷 1～3低压侧过电流 10～30
时间继电器整定范围（s）	4.9～9.4	0.4～9.4	0.4～9.4
适用跳闸电流范围出口自保持线圈电流（A）	0.5～5A 以上一般按 2～5 配给		

六、JBHZ-36 型自耦变压器后备保护装置

1. 保护装置用途

JBHZ-36 型保护装置主要作为自耦变压器的后备保护，也可作多侧供电的三绕组变压器后备保护。

2. 保护装置回路组成及主要作用

（1）逆变及开关稳压直流电源。

（2）接于变压器三侧的三套低电压继电器，接于变压器高、中压侧的两套负序电压继电器，各侧引出的触点并联，作为全部相间故障后备保护的闭锁。

（3）高压侧一相电流方向和负序电流方向保护，带两段延时，一段延时跳母联，二段跳本侧开关。

（4）高压侧零序电流方向选跳装置设三段延时，一段跳母联，二段跳并联运行的不接地变压器，三段跳本变压器高压侧开关。

（5）高压侧零序电流保护，一段延时跳三侧开关。

（6）变压器中压侧一相电流和负序延时的一段跳母联断路器，二段跳中压侧开关。

（7）中压侧零序方向电流保护，两段延时，一段跳母联断路器，二段跳本侧断路器。

（8）中压侧零序电流保护，一段延时跳三侧开关。

（9）差接过流接在高、中压侧相电流之差上，作为内部故障和低压侧故障的后备保护，当主要负荷由高压侧向中压侧输送时，可提高灵敏度。保护设两段延时，一段跳母联断路器，二段跳本侧断路器。该保护也可接于低压侧，作为低压侧的过流保护。

（10）高、低压侧和公共线圈过负荷信号，瓦斯信号。

（11）通信电源故障切除变压器保护回路。

（12）出口、中间继电器输出共十六对出口触点。

3. 保护装置主要技术参数

（1）直流电源电压 220V，容许波动范围＋10％～－20％。

（2）交流额定电压 100V。

（3）交流额定电流 1A，动作电流整定范围 0.1～1.3A。

（4）动作时间整定范围 0.4～9.4s。

4. 生产厂

南京自动化设备厂。

七、JBHZ-31、JBHZ-32、JBHZ-33、JBHZ-36A、JBHZ-36B 型三绕组变压器后备保护装置

（一）JBHZ-31 型保护装置

1. 保护装置用途

保护装置主要作为单侧电源三绕组降压变压器的后备保护。

2. 保护装置回路组成及主要作用

（1）逆变及开关稳压直流电源。

（2）两套分别接于高低压侧的低电压和负序电压继电器，其触点并联作为相间故障的后备保护的闭锁。

（3）高压侧设二段延时过电流保护，第一段延时跳中压侧开关，第二段延时跳所有开关。

（4）低压侧设二段延时过电流保护，第一段延时跳本变压器低压侧母联开关，第二段延时跳低压侧开关。

（5）高压侧装设适用多台变压器并联运行情况的零序选跳装置，第一段延时跳所有并联运行的中性点不接地的变压器，第二段延时跳中性点接地变压器，另设有动作电压为 100～200V 零序过电压继电器，对中性点全绝缘的变压器可将零序过电压继电器触点接入跳闸。

（6）负序延时信号。

（7）交流继电器动作延时信号。

（8）重瓦斯信号。

（9）出口继电器。

3. 保护装置主要技术参数

JBHZ-31 型保护装置技术参数，见表 22-2-3。

表 22-2-3　　**JBHZ 型三绕组变压器后备保护装置技术参数**

名称＼数据＼型号	JBHZ-31	JBHZ-32	JBHZ-33	JBHZ-36A JBHZ-36B
直流电源电压（V）	220 或 110 波动范围＋10％～－20％	220 或 110	220 或 110　波动范围＋10％～－20％	
交流额定电压（V）	100			
交流额定电流（A）	5			
电流继电器整定范围（A）	1～13			
动作时间整定范围（s）	0.4～9.4			
适用跳闸电流范围出口自保持线圈电流（A）	0.5～5A 以上　一般 2～5			

（二）JBHZ-32 型保护装置

1. 保护装置用途

保护装置主要作为两侧电源三绕组降压变压器的后备保护。

2. 保护装置回路组成及主要作用

（1）逆变及开关稳压电源。

（2）高中压侧采用负序电压、低电压继电器，低压侧采用低电压继电器组成的复合电压闭锁，作全部过电流保护的闭锁。

（3）高压侧三相式过电流保护，设两段延时，第一段延时跳高压侧母联开关，第二段延时跳高压侧主变压器开关。

（4）中压侧两相式方向过电流保护，保护的方向指向中压侧母线。保护设两段延时，第一段跳中压侧母联开关，第二段跳中压侧主变开关。

（5）中压侧三相过流保护，一般延时，跳主变压器三侧开关。

（6）低压侧三相过流保护，设两段延时，第一段跳低压侧母联开关，第二段跳低压侧主变压器开关。

（7）三侧过负荷及信号继电器回路。

（8）用于多台并联运行的变压器，接于变压器中性点电流互感器的零序过电流继电器，与接于电压互感器开口三角形的零序过电压继电器，构成高压侧零序选跳装置。第一段延时跳所有并联运行不接地变压器，第二段延时跳本变压器（中性点接地）高压侧开关。

（9）高压侧零序过电压保护，跳主变压器三侧开关。

（10）出口干簧继电器，输出六对触点，跳主变压器三侧开关。

（11）重瓦斯出口及信号，跳主变压器三侧开关。

（12）信号回路。

（13）闭锁与检测回路。

3. 保护装置主要技术参数

JBHZ-32 型保护装置技术参数，见表 22-2-3。

（三）JBHZ-33 型保护装置

1. 保护装置用途

保护装置主要作为三侧电源三绕组升压变压器的后备保护。

2. 保护装置回路组成及主要作用

（1）逆变开关及稳压直流电源。

（2）高、中压侧的负序电压继电器及高、低压侧的低电压继电器组成复合电压闭锁，作为全部电流保护的闭锁。

（3）高压侧由负序电流继电器、过电流继电器组成复合电流保护，一段延时，跳高压侧开关。

（4）中压侧复合电流方向保护，两段延时，母线侧短路时，以第二段延时跳主变压器三侧开关及发电机灭磁开关。

（5）低压侧三相式过电流保护，一段延时，跳主变压器低压侧开关及发电机灭磁开关。

（6）高、低压过负荷及信号继电器。

（7）适用于多台变压器并联运行，接于中性点电流互感器的零序过电流继电器，与接于开口三角形侧的零序过电压继电器，构成的高压侧零序选跳装置。第一段延时跳所有并联运行不接地变压器，第二段延时跳本变压器（中性点接地时）高压侧开关。

（8）中压侧零序选跳装置构成原理同高压侧，第一段延时跳所有并联运行不接地变压器，第二段延时跳本变压器（中性点接地时）中压侧开关。

（9）重瓦斯及出口信号，跳主变压器三侧开关及发电机灭磁开关。

（10）出口干簧继电器，输出六对触点。

（11）信号回路。

（12）闭锁与检测装置。

3. 保护装置主要技术参数

JBHZ-33 型保护装置技术参数，见表 22-2-3。

(四) JBHZ-36A、JBHZ-36B 型保护装置

1. 保护装置用途

(1) JBHZ-36A 型保护装置主要作为多侧供电的三绕组变压器的后备保护。

(2) JBHZ-36B 型保护装置主要作为多侧供电的三绕组变压器或自耦变压器的后备保护。

2. 保护装置回路组成及主要作用

(1) 两套逆变及开关稳压直流电源，一套工作，一套备用。

(2) 三套低电压继电器分别接于变压器三侧，两套负序电压继电器分别接于变压器高、中压侧，各触点并联，作为全部相间故障后备保护的闭锁。

(3) 中压侧相间电流方向保护，设二段延时，第一段延时跳母联开关，第二段延时跳中压侧母联开关和中压侧开关。

(4) 中压侧零序方向电流选跳装置，设三段延时，第一段延时跳中压侧开关、中压侧旁路开关，第二段跳并联运行不接地变压器，第三段跳中压侧开关、中压侧旁路开关、高压侧旁路开关。

(5) 中压侧零序过流保护，一段延时，跳中压侧开关、中压侧旁路开关、高压侧旁路开关、高压侧开关。

(6) 高压侧三相过电流保护，设三段延时，第一段延时跳高压侧母联开关，第二段延时跳中压侧旁路开关、中压侧开关，第三段延时跳三侧开关。

(7) 高压侧零序方向电流保护、设二段延时，第一段延时跳高压侧母联开关，第二段延时跳高压侧开关。

(8) 低压侧三相过电流保护，一段延时，跳低压侧开关。

(9) 高、中、低压侧过负荷保护。

(10) 通风电源故障切除变压器。

(11) 出口回路。

3. 保护装置主要技术参数

JBHZ-36A、JBHZ-36B 型保护装置技术参数，见表 22-2-3。

4. 生产厂

南京自动化设备厂。

八、BYL-1 型低电压过电流保护装置

1. 保护装置用途

保护装置作为发电机或发电机变压器组的后备保护，反应对称短路、过负荷及低电压故障。

2. 保护装置回路组成

保护装置由低电压过电流元件、过负荷元件、低电压元件及电源组成。装置的每个元件由测量回路(包括电压形成)、时间回路、出口及信号回路组成。

3. 保护装置方框图

BYL-1 型低电压过电流保护装置方框图，见图 22-2-5。

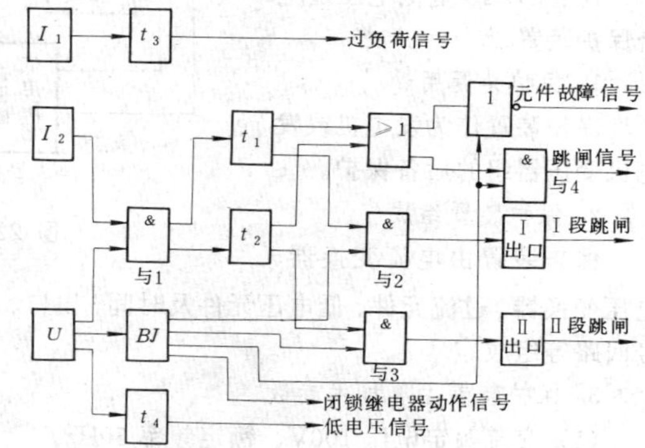

图 22-2-5　BYL-1 型低电压过电流保护装置方框图

4. 保护装置主要技术参数

(1) 交流额定电压 100V、额定频率 50Hz。

(2) 交流额定电流 5A。

(3) 直流额定电压 48V，当用于 110V 或 220V 时应外附降压电阻。

(4) 直流信号电压 48、110、220V。

(5) 整定范围及误差，见表 22-2-4。

(6) 过电流及过负荷部分返回系数不小于 0.85，低压部分返回系数不大于 1.2。

(7) 触点容量：当电压不高于 220V、电流不超过 0.4A 时，在直流回路中能断开有感负荷(时间常数为 5×10^{-3}s) 20W。

(8) 功率消耗见表 22-2-5。

表 22-2-4　BYL-1 型低电压过电流保护装置整定范围及误差

名称 \ 动作值	动作电压或动作电流			动作时间	
	整定范围	刻度误差	变差	整定范围	变差
低压过流	2～10A 30～100V	≤10%	≤5%	0.5～6s	≤0.12s
				1～9s	≤0.25s
低电压	30～100V	≤10%	≤5%	0.5～6s	≤0.12s
过负荷	1.2～6A	≤10%	≤5%	1～9s	≤0.25s

表 22-2-5　　BYL-1 型低电压过电流保护装置功率消耗

交流电流回路		≤0.3VA	交流电压回路		≤0.4VA
直流回路	48V 时	≤5W	直流信号回路	48V 时	≤7V
	110V 时	≤13W		110V 时	≤15V
	220V 时	≤25W		220V 时	≤30W

注　直流回路功率消耗包括外附降压电阻上的功率消耗。

5. 生产厂

阿城继电器厂。

九、BL-16 型低电压过电流保护装置

1. 保护装置用途

保护装置作为发电机或发电机变压器组的后备保护。

2. 保护装置组成

保护装置由电流变换器、电压变换器、过流元件、低电压元件及时间、出口、信号回路等组成。

3. 保护装置主要技术参数

(1) 交流额定电压 100V、额定频率 50Hz。

(2) 交流额定电流 5A。

(3) 直流额定电压 220、110、48V。

(4) 电压整定范围为 30～90V。

(5) 电流基准值分为 0.5、1、2、4、5、10、20、40A。

(6) 延时整定范围为 0.2～2、0.5～5、1～10s。

4. 生产厂

许昌继电器厂。

十、BFY-1、BHY-1A 型复合电压保护装置

1. 保护装置用途

保护装置作为发电机或变压器的后备保护。

2. 保护装置组成

保护装置由负序电压元件、低电压元件、时间元件、出口及信号回路等组成。

3. 保护装置方框图

(1) BFY-1 型复合电压保护装置方框图，见图 22-2-6。

(2) BHY-1A 型复合电压保护装置方框图，见图 22-2-7。

4. 保护装置主要技术参数

(1) 交流额定电压 100V、额定频率 50Hz。

(2) 直流电压 220、110、48V。

(3) 负序电压整定范围：BFY-1 型保护装置为 5～15V，BHY-1A 型保护装置为 2～24V。

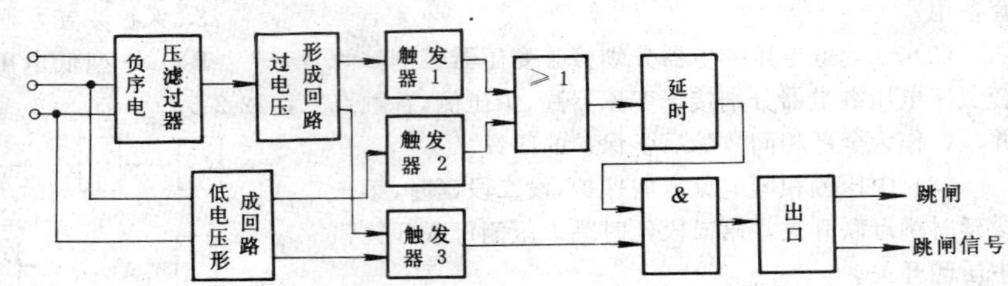

图 22-2-6　BFY-1 型复合电压保护装置方框图

(4) 低电压整定范围：BFY-1 型保护装置为 30～90V，BFY-1A 型保护装置为 30～100V。

(5) 时间整定范围：BFY-1 型保护装置为 0.5～5、1～10s。BFY-1A 型保护装置为 0.5～9s。

5. 生产厂

BFY-1 型保护装置为许昌继电器厂。

BFY-1A 型保护装置为阿城继电器厂。

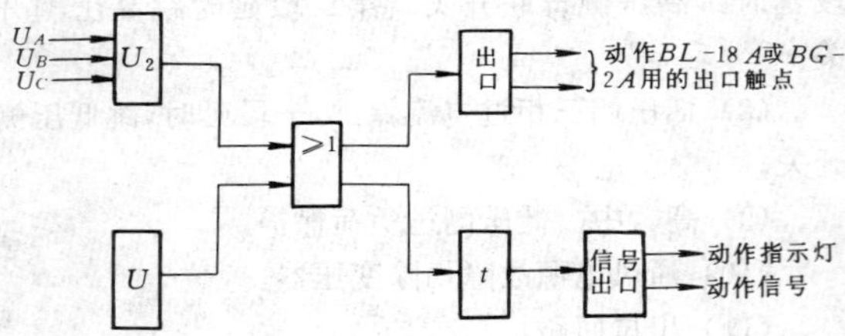

图 22-2-7　BFY-1A 型复合电压保护装置方框图

十一、JFG-2 型方向过电流保护装置

1. 保护装置用途

保护装置用于 35kV 及以下电压等级双侧有电源或环形供电保护，也可作为带有方向性要求的线路保护。

2. 保护装置组成

保护装置由电流元件、方向元件、时间元件、闭锁元件、重合闸回路、出口及信号回路等组成。

3. 保护装置方框图

JFG-2 型方向过电流保护装置方框图，见图 22-2-8。

4. 保护装置主要技术参数

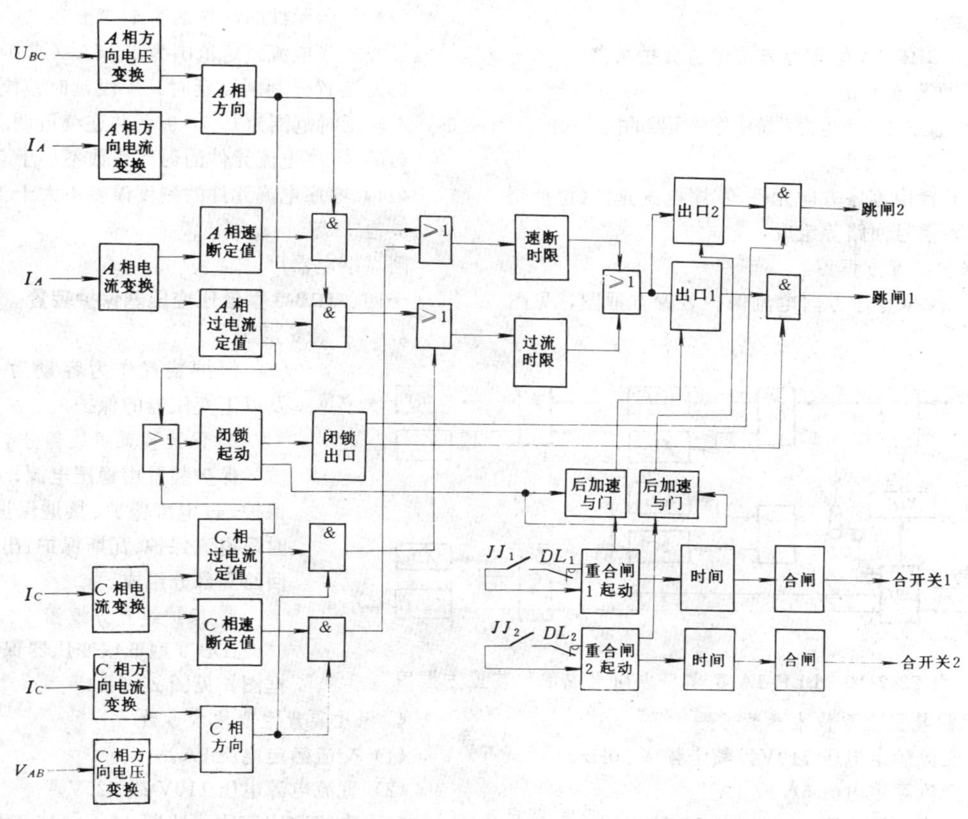

图 22-2-8　JFG-2 型方向过电流保护装置方框图

(1) 速断整定范围 10～50A，时间 0～0.2～2s，过电流整定范围 2.5～10A。

(2) 整组时间整定范围为 0.5～5s。

(3) 方向元件动作区为180°±5°，灵敏度－45°±5°。

(4) 重合闸动作时间 0.5～10s；充电时间 15～30s。合闸脉冲宽度 0.1～0.3s，后加速记忆时间 1s 左右。

5. 生产厂

北京自动化设备厂。

十二、BFG-10A 型负序方向电流保护装置

1. 保护装置用途

保护装置作为发电机、变压器或发电机变压器组的后备保护，反映不对称短路故障。

2. 保护装置组成

保护装置由负序方向元件、负序电流元件、信号回路等部分组成。

3. 保护装置方框图

BFG-10A 型保护装置方框图，见图 22-2-9。

4. 保护装置主要技术参数

(1) 交流额定电压 100V，额定频率 50Hz。

(2) 交流额定电流 5A 或 1A。

(3) 直流额定电压 48、110、220V。

(4) 最大灵敏角－105°±10°，动作区 160°±5°。

(5) 最小负序动作电压在最大灵敏角和负序电流不小于 1.5A（对 1A 规格应不小于 0.3A）情况下，不大于 1V。

(6) 负序电流元件整定范围为 1～5A（或 0.2～1A），Ⅰ段延时 0.5～6s，Ⅱ段延时 0.5～9s。

5. 生产厂

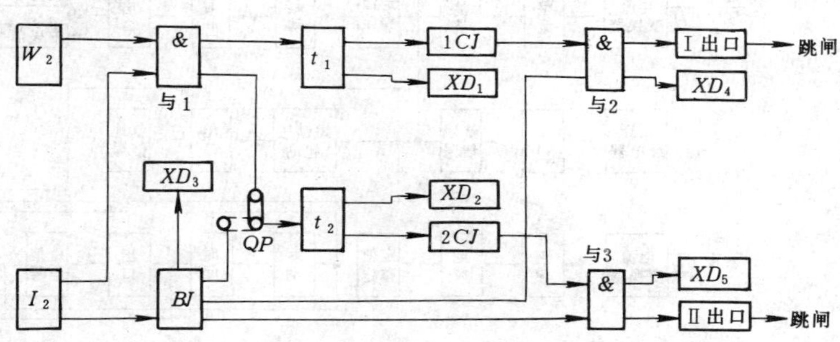

图 22-2-9　BFG-10A 型负序方向电流保护装置方框图

阿城继电器厂。

十三、BLF-1A 型零序方向电流保护装置

1. 保护装置用途

保护装置主要用于电力系统中作变压器的接地保护。

2. 保护装置组成

保护装置由零序方向元件、零序电流元件（包括闭锁元件）和信号回路等组成。

3. 保护装置方框图

BLF-1A 型零序方向电流保护装置方框图，见图 22-2-10。

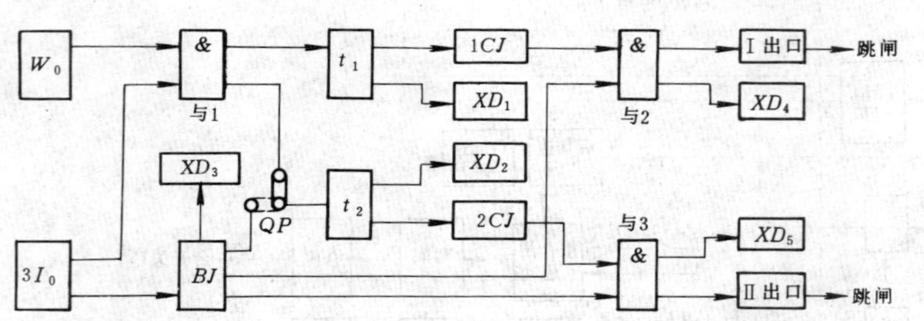

图 22-2-10　BLF-1A 型零序方向电流保护装置方框图

4. 保护装置主要技术参数

(1) 交流额定电压 110V，额定频率 50Hz。

(2) 交流额定电流 5A 或 1A。

(3) 直流电源电压 48、110、220V。

(4) 直流信号电压 48、110、220V。

(5) 方向元件的最大灵敏角 75°±5°。

(6) 在最大灵敏角与额定电流时，方向元件的最小动作电压不大于 1V。

(7) 方向元件的动作区为 160°±5°。

(8) 零序电流整定范围为 1～5A（或 0.2～1A）。

(9) 装置分为两段延时，Ⅰ段延时范围为 0.5～6s，Ⅱ段延时范围为 0.5～9s，并连续可调。

(10) 零序电流元件的返回系数不小于 0.85。

(11) 零序电流元件的刻度误差不大于 10%。

5. 生产厂

阿城继电器厂。

十四、JDB-3 型低压变压器保护装置

1. 保护装置用途

保护装置作为容量为 5600kVA 及以下变压器的保护。

2. 保护装置组成部分

保护装置由稳压电源、电流速断保护、过电流保护、接地保护、零序反时限电流保护、瓦斯保护、出口及信号回路等部分组成。

3. 保护装置方框图

JDB-3 型低压变压器保护装置方框图，见图 22-2-11。

4. 保护装置主要技术参数

(1) 交流额定电流 5A。

(2) 直流电源电压 110V 或 220V。

(3) 电流整定范围：速断 10～50A，过电流 5～25A，接地 1～5A，20～30ms；零序反时限电流 2～20A，一倍定值 2～4s，十倍定值 3～0.5s。

5. 生产厂

北京自动化设备厂。

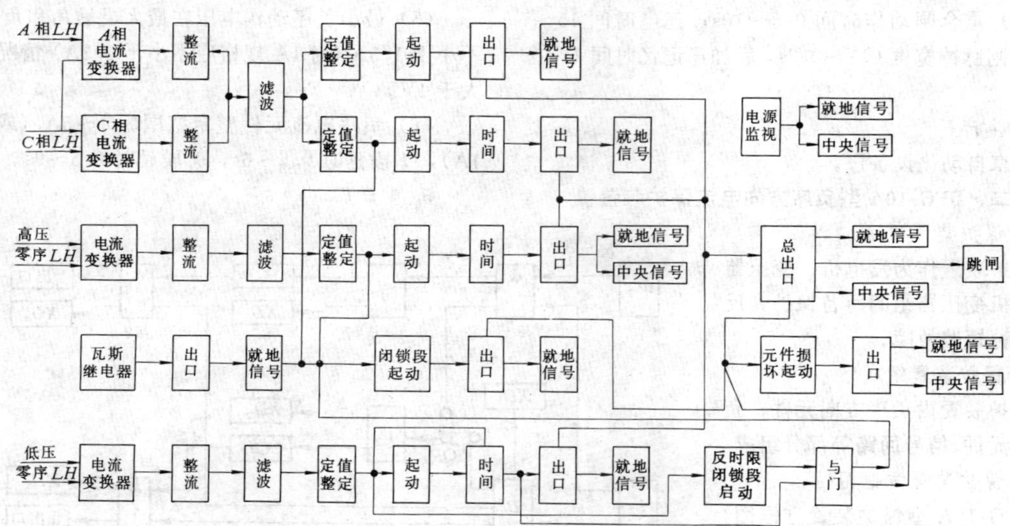

图 22-2-11　JDB-3 型低压变压器保护装置方框图

十五、JBZ-41A 型变压器相间保护装置

1. 保护装置用途

保护装置作为变压器相间主保护，所有时间元件用厚膜电路组成，一个插件具有二个时间元件功能。

2. 保护装置组成及工作状况

保护装置由 12 个单插件组成。电流保护和电流方向保护，均采用复合电压闭锁（低电压、负序电压触点并联）。电流保护一段设一个时限，跳各侧开关及启动断路器失灵保护。电流方向保护按相起动，一段二个时限，一段第一时限跳本侧母联开关，一段第二时限跳本侧母联或旁路开关，启动断路器失灵保护。各保护回路均设有闭锁，防止晶体管及其它回路元件损坏而误跳闸。

3. 保护装置主要技术参数

（1）电流继电器整定范围 1～13A。

（2）时间继电器整定范围 0.4～9.4s。

（3）功率方向继电器角度可在－45°与－30°间切换。

（4）交流电压 100V，电流 5A。

4. 生产厂

南京自动化设备厂。

十六、JBZ-42A 型变压器零序保护装置

1. 保护装置用途

保护装置作为大型变压器的接地保护。电流、时间及零序过电压元件均用厚膜电路组成，一个插件具有二个独立插件的功能。

2. 保护装置的配置及作用

保护装置由 12 个单插件组成，有零序电流保护、零序过电流方向保护，均用零序电压闭锁；还有零序过电压保护，带方向零序电流保护。

（1）零序电流保护一段设二个时限：一段第一时限出口启动回路，一段第二时限出口启动回路。

（2）零序过流方向保护二段，各设二个时限。

（3）零序过电压保护（与零序过电流保护一起组成变压器中性点接地时的保护）。

（4）信号回路。

3. 保护装置主要技术参数

（1）电流继电器整定范围 1～13A。

（2）时间继电器整定范围 0.4～9.4s。

（3）零序方向继电器内角－110°±5°。

（4）零序电压继电器整定范围 5～65V。

4. 生产厂

南京自动化设备厂。

十七、JBZ-43A 型变压器低压侧过电流保护装置

1. 保护装置的配置及作用

保护装置配有复合电压闭锁的三相过电流保护、低压侧接地保护、过负荷保护等，作为变压器低压侧后备保护。

过电流保护一段设二个时限，第一个时限跳低压侧开关，第二个时限可作备用。

2. 保护装置主要技术参数

（1）交流电压 100V，额定电流 5A。

（2）电流继电器整定范围 1～13A。

（3）时间继电器整定范围 0.4～9.4s。

（4）过电压继电器整定范围 100～200V。

（5）长延时继电器整定范围 10～610s。

（6）出口继电器跳闸电流为 0.5～1、1～2、2～5、5A 以上四种规格，无特殊要求一般按 2～5A 供货。

3. 生产厂

南京自动化设备厂。

十八、JFZ-11 型发电机保护装置

1. 保护装置组成及主要作用

（1）装置设两套逆变稳压直流电源，一套工作，外附一套备用。

（2）三只差动继电器构成三相差动保护，经循环闭锁跳发电机各开关。为防止差动拒动，采用负序电压继电器解除闭锁。

（3）三相过流保护，设两段延时，第一段延时跳母联开关，第二段跳发电机开关。

（4）由接于变压器高压侧的低电压继电器与接于发电机侧的低电压继电器构成上述（3）的复合电压闭锁过电流保护。

（5）由外加直流原理构成发电机转子一点接地保护，转子一点接地保护动作，延时发出信号，并经切换，投入电桥原理的转子两点接地保护，保护动作延时跳发电机各开关。

（6）过负荷及信号回路。

（7）出口回路。

（8）闭锁与检测回路。

2. 保护装置主要技术参数

（1）交流额定电压 100V，额定电流 5A。

（2）直流电源电压 220V 或 110V，允许波动范围＋10％～－20％。

（3）电流继电器整定范围 1～13A。

（4）时间继电器整定范围 0.4～9.4s。

（5）差动继电器整定范围为额定电流的 0.1～0.25 倍。

（6）转子一点接地整定范围 1～100kΩ。转子两点接地灵敏度在转子电压为 500V 时，死区小于 3％。

（7）开关跳闸电流分 0.5～1、1～2、2～5、5A 以上共四种规格，一般按 2～5A 规格供应。

3. 生产厂

南京自动化设备厂。

十九、JFFZ-12、JFFZ-13、JFFZ-14型发电机附加保护装置

1. 保护装置构成

(1) JFFZ-12型保护装置由逆变稳压直流电源、外加直流原理的定子接地保护、反时限过电流与过负荷、负序反时限过电流保护、过负荷信号、出口与信号、闭锁与检测回路等组成。

(2) JFFZ-13型保护装置由两套逆变稳压直流电源、滤过式电流继电器构成的横差保护、过电压保护、时间与出口回路、信号回路等组成。

(3) JFFZ-14型保护装置由逆变稳压直流电源、匝间短路保护、转子过电流定时限和反时限保护、出口及信号回路、闭锁与检测回路等部分组成。

2. 保护装置主要技术参数

JFFZ-12、JFFZ-13、JFFZ-14型保护装置技术参数，见表22-2-6。

3. 生产厂

南京自动化设备厂

二十、JSL-2型失励磁保护装置

1. 保护装置用途

保护装置可作为汽轮发电机、水轮发电机、同步调相机的失励磁保护。

2. 保护装置组成及主要作用

(1) 装置设两套逆变稳压电源，一套工作，一套备用。

(2) 两个偏移阻抗继电器，一个作工作元件，一个作启动元件（闭锁元件）；也可构成两段式保护，第一段用于减有功或恢复励磁，第二段用于跳闸。

(3) 负序电压继电器作电压回路断线闭锁。

(4) 时间信号及出口回路。

3. 保护装置主要技术参数

(1) 交流额定电压100V。

(2) 交流额定电流5A。

(3) 阻抗整定范围：$Z_A=1\sim4\Omega$，$Z_B=10\sim50\Omega$。

(4) 时间整定范围：一段及断线闭锁回路为0.2～4.15s，二段为0.4～6s。

(5) 低电压整定范围为20～100V。

(6) 负序电压继电器整定范围为2～10V。

(7) 直流电源电压220V或110V。

4. 生产厂

南京自动化设备厂

二十一、JFZ-21型发电机差动保护装置

1. 保护装置用途

该保护装置主要作为发电机、同步调相机、大型电动机主保护。

2. 保护装置构成及主要作用

(1) 装置有一套逆变稳压直流电源。

(2) 装置采用波宽鉴别原理构成分相式差动元件，其出口采用循环闭锁方式，并带有能自保持的分相

表22-2-6 JFFZ型发电机附加保护装置技术数据

名称 \ 数据 \ 型号	JFFZ-12	JFFZ-13	JFFZ-14
直流电源电压（V）	220或110波动范围+10%～-20%		
交流额定电压（V）	100		
交流额定电流（A）	5		
电流继电器整定范围（A）		0.1～0.7	转子过电流启动回路动作电流3～8
电压继电器整定范围（V）		100～200	2～10
定子接地整定范围（kΩ）	信号部分40～200 跳闸部分10～40		
负序反时限过电流整定范围	过负荷部分0.3～1A 过电流部分0.3～3A I_2^2t：4～13、10～32.5两种		
开关跳闸电流（A）	0.5～1、1～2、2～5、5A以上四种		

动作信号。

(3) 出口信号继电器用于闭合跳闸回路。信号回路由本地信号及中央信号构成。

(4) 闭锁与检测装置，在系统与被保护发电机无故障情况下，当装置内晶体管及其它回路损坏时，各保护能“闭锁”出口使之不误跳闸，同时发出信号。各继电器通过手动检测定期检查其工作状况。

3. 保护装置主要技术参数

(1) 直流电源电压为 220V 或 110V，容许波动范围＋10%～－20%。

(2) 差动继电器整定范围为 0.1～0.25 倍额定电流。

(3) 开关跳闸电流分为 0.5～1、1～2、2～5、5A 以上共四种规格。

4. 生产厂

南京自动化设备厂

二十二、JFZ-22 型发电机负序反时限电流保护装置

1. 保护装置用途

保护装置主要防止发电机转子受负序电流损害。

2. 保护装置的构成及主要作用

(1) 装置设一套逆变稳压电源。

(2) 保护装置分为负序过负荷、负序反时限过电流、负序速断三部分。过负荷经延时发信号，反时限过电流和速断保护跳全部开关。

(3) 出口信号继电器用于闭合跳闸回路，信号回路由本地信号及中央信号构成。

(4) 闭锁与检测回路。

3. 保护装置主要技术参数

(1) 直流电源电压为 220V 或 110V，允许波动范围＋10%～－20%。

(2) 负序反时限过电流、速断整定范围：过负荷部分 0.2～1A；过电流部分 0.3～3A，反应发电机允许过热的时间常数 K 值整定范围为 4～13 与 10～32.5；速断部分为 0.5～12.5A。

(3) 交流额定电压 100V，额定电流 5A。

(4) 开关跳闸电流分 0.5～1、1～2、2～5、5A 以上共四种。

4. 生产厂

南京自动化设备厂。

二十三、JFZ-27 型发电机定子接地保护装置

1. 保护装置工作原理及用途

该保护装置由附加直流原理构成的发电机定子 100%接地保护，适用于发电机变压器组。

2. 保护装置构成及主要作用

(1) 装置设有一套逆变稳压直流电源。

(2) 定子接地继电器本身有逻辑电源、绝缘电阻整定孔、执行回路、动作延时可调整部分。

(3) 出口信号继电器动作于跳闸或信号。

(4) 闭锁与检测回路。

3. 保护装置主要技术参数

(1) 直流电源电压为 220V 或 110V，允许波动范围＋10%～－20%。

(2) 交流额定电压为 100V。

(3) 定子接地继电器整定值：绝缘下降信号部分 40～100kΩ；定子接地保护部分 10～40kΩ；动作延时 0.5～16s。

(4) 开关跳闸电流分为 0.5～1、1～2、2～5、5A 以上共四种。

4. 生产厂

南京自动化设备厂。

二十四、JFZ-29 型发电机定子接地保护装置

1. 保护装置构成原理及用途

该保护装置由发电机的三次谐波电压和零序电压共同构成发电机定子 100%接地保护，适用于发电机变压器组接线方式。

2. 保护装置主要技术参数

(1) 直流电源电压为 220V 或 110V，允许波动范围＋10%～－20%。

(2) 交流额定电压为 100V。

(3) 开关跳闸电流分为 0.5～1、1～2、2～5、5A 以上共四种。

3. 生产厂

南京自动化设备厂。

二十五、JFZ-24 型发电机匝间保护装置

1. 保护装置用途

该保护装置用于发电机定子绕组中性点只有三个引出端子的定子绕组匝间或并联分支间的短路故障。该保护装置对定子绕组开焊亦有满意的保护灵敏度。

2. 保护装置的构成及主要作用

(1) 保护装置设一套逆变稳压直流电源。

(2) 装置由滤过式电压继电器作启动元件，负序方向和电压回路断线闭锁元件作闭锁元件，构成匝间短路保护。保护瞬时动作于跳闸，并发出信号。

(3) 出口信号回路。

(4) 闭锁与检测回路。

3. 保护装置主要技术参数

(1) 直流电源电压为 220V 或 110V，允许波动范围＋10%～－20%。

(2) 电压继电器整定范围 2～10V。

(3) 交流额定电压 100V，额定电流 5A。

(4) 开关跳闸电流 0.5～1、1～2、2～5、5A 以上

共四种，一般按 2～5A 规格供应。

二十六、JFZ-30 型发电机匝间保护装置

1. 保护装置构成原理及用途

保护装置由转子二次谐波电流原理构成，适用于大型发电机组。

2. 保护装置组成及主要作用

（1）装置设有一套逆变稳压直流电源。

（2）用滤过式电压继电器检测转子中二次谐波电流，用负序方向继电器和方向继电器作为方向闭锁元件，构成匝间短路保护。

（3）出口和回路监视继电器用于闭合跳闸回路。

（4）闭锁与检测回路。

3. 保护装置主要技术参数

与 JFZ-24 型发电机匝间保护装置主要技术参数（1)、(3)、(4）相同。

4. 生产厂

南京自动化设备厂。

二十七、JFZ-28、JFZ-31 型发电机转子接地保护装置

1. 保护装置构成原理及用途

（1）JFZ-28 型保护装置由附加直流原理构成转子一点接地保护和由电桥原理构成转子两点接地保护，适用于转子为空冷或氢冷的发电机。

（2）JFZ-31 型保护装置由测量转子对地导纳原理构成转子一点接地保护和由电桥原理构成转子两点接地保护，适用于各种类型发电机。

2. 保护装置组成

（1）装置设一套逆变稳压直流电源。

（2）转子一点接地保护由转子一点接地继电器和时间继电器构成。

（3）转子两点接地保护由转子两点接地继电器和时间继电器构成。

（4）出口和回路监视继电器。

（5）闭锁与检测回路。

3. 保护装置主要技术参数

（1）直流稳定电源电压 220V 或 110V，允许波动范围＋10%～－20%。

（2）额定交流电压 100V。

（3）一点接地灵敏度整定范围：JFZ-28 型保护装置为 1～100kΩ，JFZ-31 型保护装置为 0.5～30kΩ。

（4）开关跳闸电流分 0.5～1、1～2、2～5、5A 以上共四种，一般按 2～5A 供应。

4. 生产厂

南京自动化设备厂。

二十八、JFZ-25 型发电机转子过电流保护装置

1. 保护装置用途

保护装置主要反映励磁系统的短路故障，或为防止励磁系统故障以及强励时间过长而损坏发电机励磁绕组而装设。

2. 保护装置构成

（1）一套逆变稳压直流电源。

（2）转子过流保护由转子反时限过电流、转子过负荷、转子电流速断三部分组成。

（3）出口信号继电器。

（4）闭锁与检测回路。

3. 保护装置主要技术参数

（1）直流电源电压 220V 或 110V，允许波动范围＋10%～－20%。

（2）转子过电流：启动回路动作电流 3～8A；速断动作电流 10～30A。

（3）交流额定电压 100V，额定电流 5A。

（4）开关跳闸电流一般按 2～5A 规格供应。

4. 生产厂

南京自动化设备厂。

二十九、JFZ-26 型调相机保护装置

1. 保护装置构成原理

该保护装置由方向过电流保护和低频闭锁的逆功率保护构成调相机保护。

2. 保护装置组成及主要作用

（1）一套逆变稳压电源。

（2）功率方向和过电流继电器构成按相启动的方向过电流保护，经延时作用于出口继电器。

（3）低频和逆功率继电器构成低频闭锁的逆功率保护，经延时作用于出口继电器。

（4）出口和交流继电器动作于闭合跳闸回路。信号回路由本地信号及中央信号构成。

（5）闭锁与检测回路。

3. 保护装置主要技术参数

（1）直流电源电压 220V 或 110V，允许波动范围＋10%～－20%。

（2）交流额定电压 100V，额定电流 5A。

（3）动作频率整定范围 46～49Hz。

（4）逆功率继电器动作功率≤1%额定功率。

（5）开关跳闸电流一般按 2～5A 规格供应。

4. 生产厂

南京自动化设备厂。

三十、JDK-101、JDK-102 型并联电抗器保护装置

1. 保护装置用途

保护装置作为超高压系统并联电抗器的保护。

2. 保护装置构成及主要作用

（1）逆变及开关稳压直流电源，对过电流、差动、

重瓦斯、匝间保护各设一套独立电源，并备用一套。

(2) 分相差动元件由间断角原理构成，每相有分相自保持信号。考虑到电抗器的结构特点，可不考虑励磁涌流及外部故障时无穿越性短路电流。因此，间断角可不按65°整定，一般为90°左右；制动系数可低于普通变压器差动保护，通常取0.3～0.4。

(3) 三相式闭锁元件和三个分相差动速断元件。闭锁元件作解除差动出口循环闭锁用。

(4) 负序电压元件与闭锁元件并联，作解除闭锁用。

(5) 差动出口信号，两个出口继电器可跳四个开关。

(6) 匝间保护元件，采用零序电流闭锁，其定值取5%～20%额定电流。匝间保护采用补偿阻抗原理。

(7) 三相过电流带一段延时。

(8) 三相过负荷带一段延时。

(9) 瓦斯出口及信号。

(10) 出口中间信号。

(11) 温度信号。

(12) 为增加出口触点而增加中间继电器。

(13) 直流电源监视。

3. 保护装置主要技术参数

(1) 直流电源电压220V或110V，允许波动范围+10%～−20%。

(2) 差动电流整定范围3～10A（额定电流为5A时），0.6～2A（额定电流为1A时），差动动作电流为25%～50%，速断为8～15倍额定电流。

(3) 匝间短路补偿阻抗整定范围50～300Ω，电流互感器额定电流1A、电压为110V。

(4) 时间信号整定范围0.2～4.15s。

4. 生产厂

南京自动化设备厂。

三十一、JRZ-13、JRZ-15、JRZ-17、JRZ-17A型电容器保护装置

(一) 保护装置用途

(1) JRZ-13型电容器保护装置，主要作为10kV母线并联运行的单星形接线电容器组的一般保护。

(2) JRZ-15型电容器保护装置，是为保护母线上的并联电容器而设计。

(3) JRZ-17型电容器保护装置，作为母线并联电容器保护。

(二) 保护装置构成及主要作用

1. JRZ-13型电容器保护装置

(1) 保护电源由直流220V或110V经逆变、整流、串联调压稳压后供装置直流电源。

(2) 接于母线和电容器之间的三相电流互感器上的过电流继电器，作母线故障和谐波过电流保护，可经过延时到出口中间跳开关，并发信号。

(3) 接在电压互感器AB相电压上的过电压继电器，当母线电压超过电容器电压规定值时启动，经延时跳开关并发信号。

(4) 接在线电压BC相的低电压继电器，作为母线失压保护，失压动作切除开关并发信号，以免突然来电对电容器冲击。

(5) 接于电压互感器开口三角侧的零序过电压继电器，当电容器本身发生故障时，经一定延时切除开关和发信号。

2. JRZ-15型电容器保护装置

(1) 保护电源由直流220V或110V经逆变降压、整流、稳压后供保护装置。

(2) 三相过电流保护，设置了闭锁元件，闭锁元件的整定值为过电流整定值的90%～95%。三相过电流保护中任一相动作启动时间继电器回路，经延时动作出口元件。

(3) 母线过电压保护，经延时启动出口元件。

(4) 出口和中间转换元件，当过电流或过电压继电器动作时，经各自的延时继电器，输出一对跳闸触点、一对信号触点，发出装置动作信号。

3. JRZ-17型电容器保护装置

(1) 保护电源由直流220V经逆变降压、整流、稳压后供给保护装置。

(2) 三相过电流保护，保护动作经延时启动出口元件。

(3) 零序差动过电流保护由零序电流Ⅰ段和Ⅱ段分别构成零序差动电流及闭锁，保护动作后经延时启动出口元件。

(4) 过电压保护由过电压继电器、过电压闭锁继电器、延时继电器构成。过电压继电器动作后延时启动出口元件。

(5) 无压释放保护由低电压继电器、低电压闭锁继电器、延时回路构成。闭锁继电器的定值为低电压继电器定值的105%～110%，当电容器失压时低电压继电器动作，经延时启动出口元件将电容器切除。

(6) 出口及中间转换元件，当过电流、过电压、无压释放等保护其中之一动作时，均经各自的延时启动出口元件。出口继电器输出一对跳闸触点、一对信号触点，发装置动作信号。

(三) 技术数据

电容器保护装置技术数据，见表22-2-7。

表 22-2-7 **JRZ 型电容器保护装置技术数据**

数据名称 \ 型号	JRZ-13	JRZ-15	JRZ-17
直流电源电压（V）	220 或 110 允许波动范围＋10％～20％		
过电流继电器整定范围（A）	1～13		
过电压继电器整定范围（V）	100～200		
低电压继电器整定范围（V）	20～100		20～100
零序电压继电器整定范围（V）	5～65		
时间继电器整定范围（s）	0.4～9.4		
断线闭锁延时（s）			0.8～5 可调
适用跳闸电流范围（A）	0.5～5		

第 22-3 节 组合式继电保护装置的结构

一、机电型组合式继电保护装置的结构

各厂机电型保护装置的结构型式有所不同，介绍如下。

（1）阿城继电器厂（简称阿继）的 ZZ 系列保护装置采用小盘结构，因而可以单独使用，也可以组合成屏。每个继电器均有自己的外壳，嵌入式安装在小盘上。小盘有 ZJK-1、ZJK-2、ZJK-3 型三种，其外形及开孔尺寸见图 22-3-1、图 22-3-2。

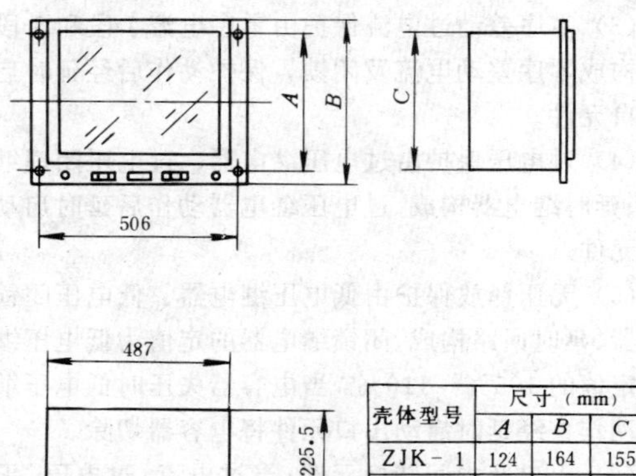

壳体型号	尺寸（mm） A	B	C
ZJK－1	124	164	155
ZJK－2	200	273	264
ZJK－3	328	401	392

图 22-3-1 ZZ 系列保护装置外形尺寸

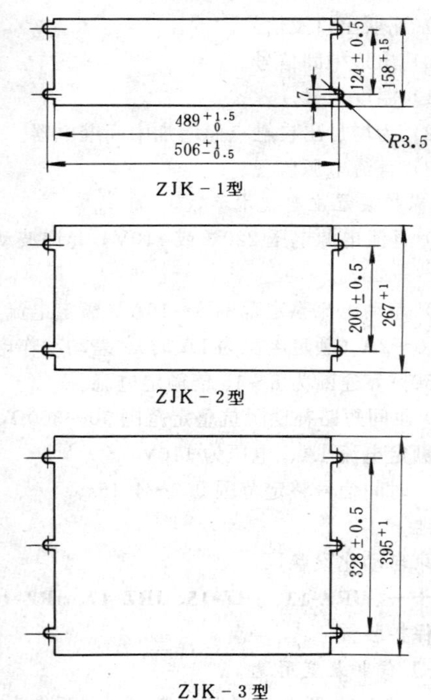

图 22-3-2 ZZ 系列保护装置安装尺寸

阿继生产的组合式装置屏外形为 600×550×2360（宽×深×高，mm）。在装置屏后两侧设有屏的总端子排。

（2）上海继电器厂（简称上继）的 ZB 系列保护装置由整流型继电器及机电型继电器混合组成。整流型继电器以单独的外壳嵌入组合板上，机电型继电器分别装入交流或直流插件后再以嵌入式装在组合板上。

组合板尺寸为 790×340（宽×高，mm）。每块板可装 1～4 种保护。

结构类型代号含义：1—该保护占组合板 1/4
2—该保护占组合板 1/2
3—该保护占组合板 3/4
4—该保护占整块组合板

上继生产的 PZB 型组合屏外形为 800×550×2360（宽×深×高，mm）。每块屏可装 5 块组合板，板后端子采用 B_1 型大端子，分为左右两侧固定在板后兼作屏后端子，屏后左、右侧不另设端子排，仅在屏下部（离地面高 430mm）装一条横向过渡端子排，作为屏间电缆转接端子。

二、晶体管型组合式继电保护装置的结构

各厂晶体管型保护装置的结构型式如下：

(1) 南京电力自动化设备厂（简称南自厂）的晶体管型组合式保护装置，采用机箱结构，可以单独使用，也可以组合成柜。

按插件数量的不同，可以分为 6、8、12、24 插件四种机箱，每种机箱的背面都配有端子排，机箱的安装尺寸见图 22-3-3～图 22-3-6。

南京电力自动化设备厂生产的保护柜，外形为 800×600×2200（宽×深×高，mm）。保护柜可放九层保护，每层可以安装宽 40mm 的单插件 12 个，除每层后面配有端子排外，保护柜后面的两侧还配有保护柜的总端子排。晶体管保护柜外形尺寸见图 22-3-7。

(2)阿继厂的晶体管保护装置为抽屉插入式结构，插件分别为 50mm 宽及 100mm 宽 2 种，可装入单独的小壳体，也可与其他保护装置同装在一个大壳体中。采用嵌入式安装，按插件数量的不同可分为 BJK-1、BJK-2、BJK-3、BJK-4、BJK-5、BJK-6 六种壳体，外形及安装尺寸见表 22-3-1 及图 22-3-8，插件背面端子图见图 22-3-9。

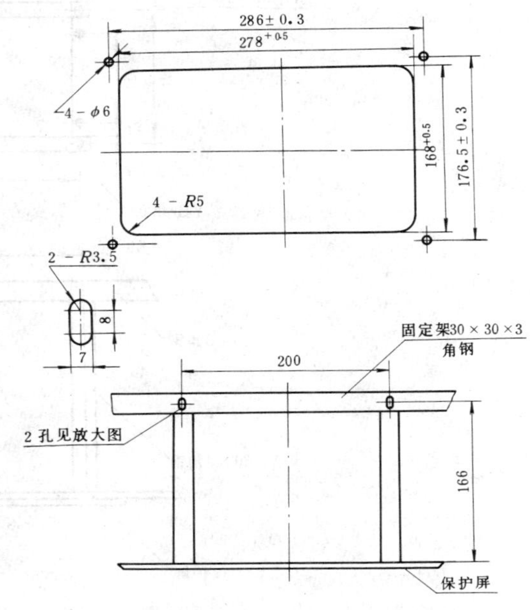

图 22-3-3 晶体管 6 插件保护装置安装尺寸

(3) 许继厂的晶体管保护装置主要分为嵌入式安装和拼块式安装两种结构，均为插入式，可以单独装在小壳内，也可以与其他保护元件一起装在一个壳内。嵌入式及拼块式结构的外形及安装尺寸，见图 22-3-10、图 22-3-11。

(4) 北京电力自动化设备厂的晶体管保护装置采用插件组合式结构，插件安装在机箱内，可按插件数量的不同配相应的机箱。

表 22-3-1 BJK-1～BJK-6 壳体外形及安装尺寸

壳体号	可装插件数量		尺寸（mm）					
	100 插件	50 插件	L	H	D	D_1	L_1	H_1
BJK-1	1	2	133	265	329	33	119	251
BJK-2	2	4	233	265	329	33	219	251
BJK-3	3	6	371	303	316	30	342	274
BJK-4	4	8	471	303	316	30	442	274
BJK-5	5	10	571	303	316	30	542	274
BJK-6	6	21	671	303	316	30	642	274

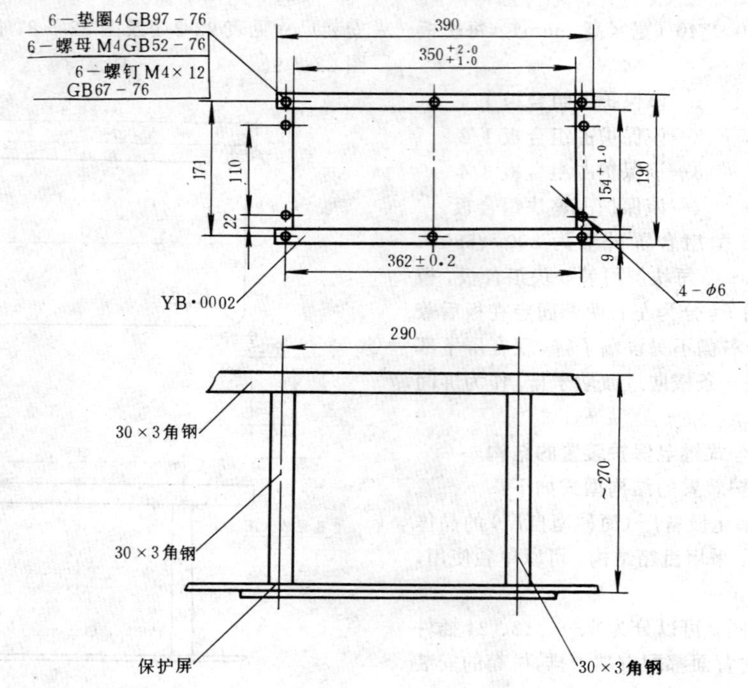

图 22-3-4　晶体管型 8 插件组合式继电保护装置安装尺寸

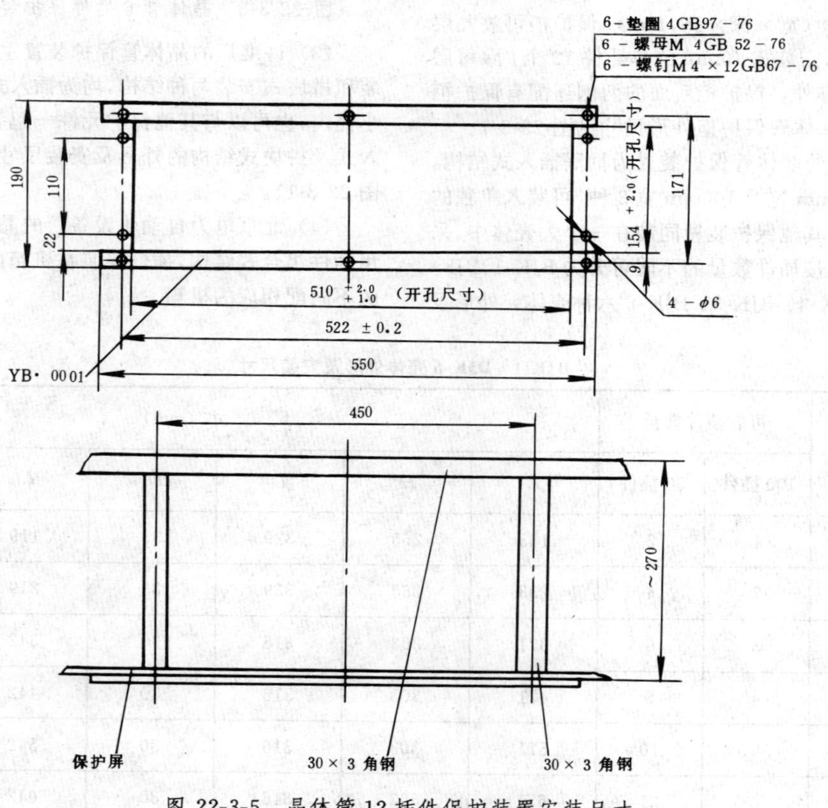

图 22-3-5　晶体管 12 插件保护装置安装尺寸

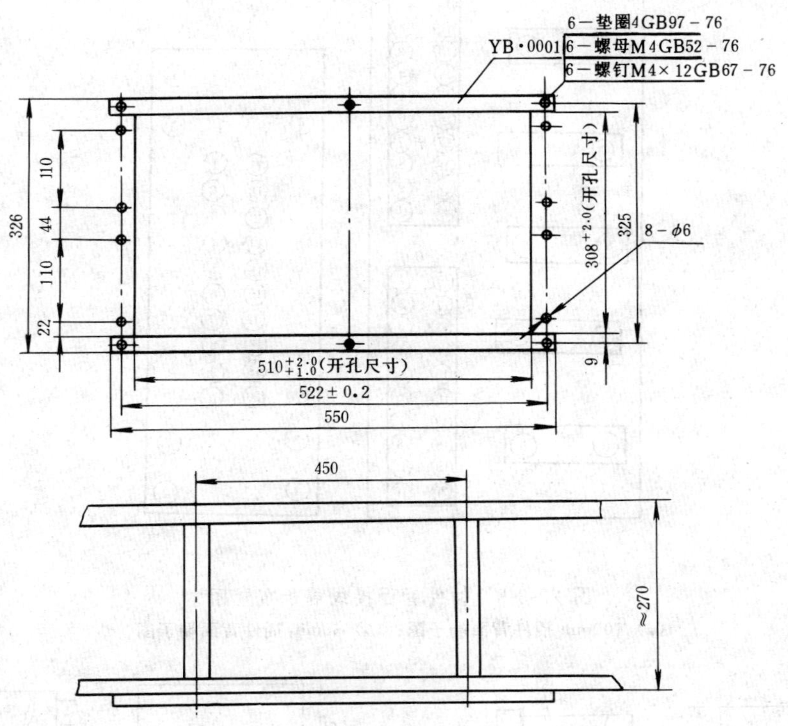

图 22-3-6　晶体管型 24 插件组合式继电保护装置安装尺寸

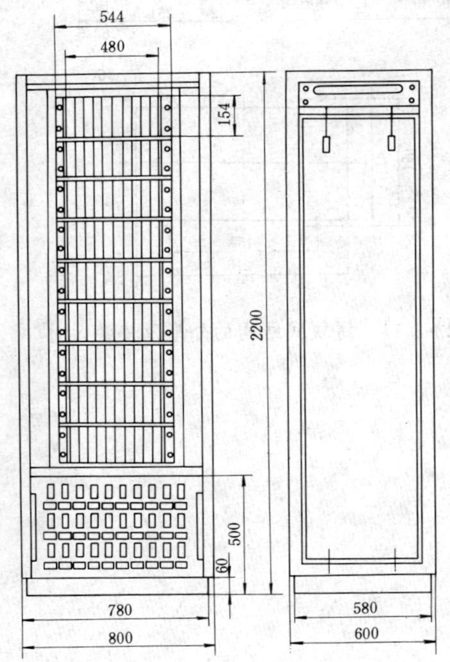

图 22-3-7　晶体管型保护柜外形尺寸

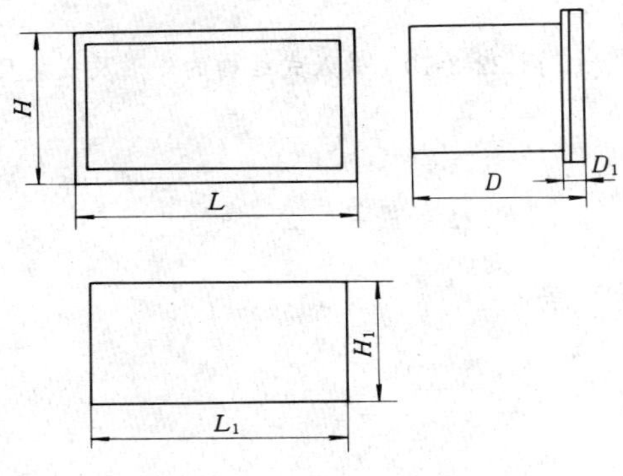

图 22-3-8　BJK-1～BJK-6 型壳体外形及安装尺寸

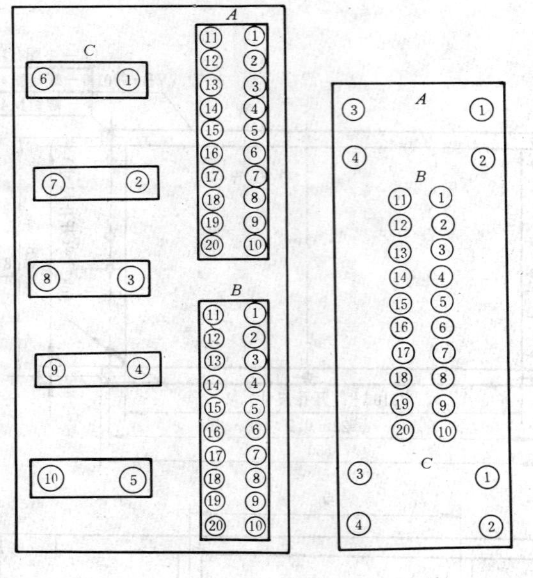

图 22-3-9　插件背面接线端子布置图

(a) 100mm 插件背面端子图；(b) 50mm 插件背面端子图

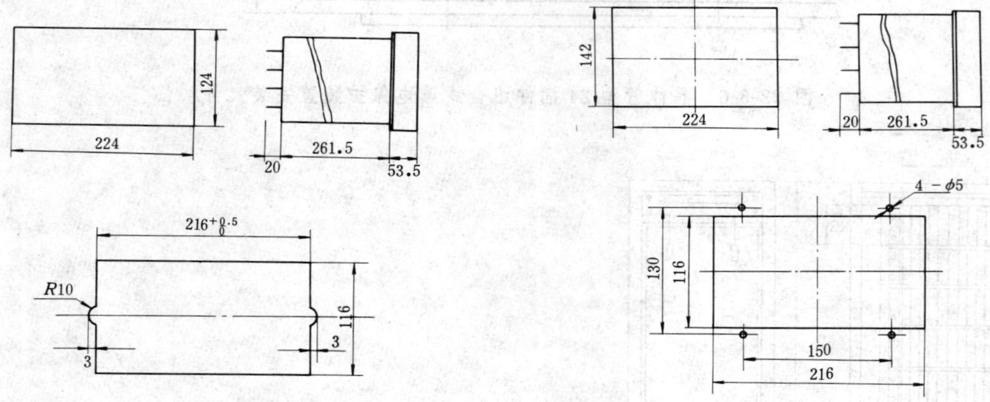

图 22-3-10　嵌入式结构的外形及安装尺寸

图 22-3-11　拼块式结构的外形及安装尺寸

第23章 高压线路、母线继电保护及系统安全自动装置

何战虎

概 述

本章内容包括各种类型的高压线路保护、母线保护及断路器失灵保护装置，高频收发信机及复用通道或复用电力载波机的接口设备，系统安全自动装置，故障录波测距装置及继电保护调试设备。

目前继电保护技术及相应设备发展很快，呈现出微机型、集成电路型、晶体管型及整流型产品几代同堂的局面。不同的制造厂家分别推出了各种类型的保护及自动装置，其技术性能及工艺结构都有很大程度的提高，从而为用户选择使用提供了更为广泛的途径。鉴于我国地域辽阔（使用的环境、电压等级以及习惯不同），各种类型的设备仍有选用的可能，所以本章内容的安排，除重点介绍新型保护及自动装置外，仍有选择地纳入了部分老的传统产品。

为便于使用，作如下说明。

(1) 本章编入的继电保护及自动装置，以及相应的标准屏柜，符合高压线路继电保护"四统一"设计，即统一技术标准、统一原理接线、统一符号、统一端子排布置的原则要求，具有一定的运行实践经验，并通过了产品的技术鉴定。

(2) 由于装置类型较多，本章只能对其主要功能特点、使用条件及技术数据作简要介绍，而不编入装置的有关图纸及原理说明。考虑到保护装置采用插件结构及一般整屏供货的情况，技术数据中未列入装置的尺寸数据。对于一些常用的字母代号也未作专门说明。使用时可参看制造厂家的产品技术说明书及原理接线图。

(3) 本章有重点地编入了一批典型设计的标准屏柜，并作简要说明，供使用参考。

(4) 对于各种静态保护，特别是微计算机型保护的使用，应注意使用环境条件，如环境温度、防尘及防干扰的要求。

(5) 标准的屏柜尺寸分别是 800×600×2260 和 800×600×2360（宽×深×高，mm），其中，如采用屏的结构，屏深可采用 550mm。要求在设计订货时，明确屏柜尺寸及颜色。

(6) 对于装置中与使用条件有关的技术参数，如交流电流、交流电压、直流电压、跳合闸电流、各类整定值及高频保护收发信机频率等数据，应在订货设计中明确。

第23-1节 微机型线路保护装置

一、简述

微机型线路保护装置的问世，受到普遍关注。经过多年来的研制和运行实践，已逐步进入工程推广实用阶段。

微机型线路保护装置的原理是利用先进的微计算机技术、对交流电流回路测量到的电气模拟量，通过模数(A/D)变换后，进行数字量的分析计算，因而其技术性能及检测手段可以通过软件实现，具有较高的可靠性和灵活性。显然，测量回路模数变换的准确性、可靠性以及硬件的可依赖性，则是微机型保护装置的基础。

微机型线路保护装置硬件回路有以下几方面的改进：

(1) 由单CPU发展为多CPU，提高了硬件的冗余度及动作速度；

(2) 测量回路模数（A/D）变换的原理采用VFC技术，并加装隔离措施；

(3) 对装置接口回路及隔离屏蔽作了进一步完善；

(4) 提高了自鉴功能，可检测故障定位到插件。

同时，软件程序的日臻完善和定型，使微机保护装置的安全性和可靠性进一步提高。

微机型线路保护装置由于技术指标先进，功能齐全，倍受用户偏爱。为推广使用，已完成微机保护系列定型屏设计，其中还包括部分辅助保护屏，现一并编入本节。这些辅助装置是集成电路型或电磁型继电器组成的。

二、微机型线路保护装置

微机型线路保护装置的生产厂家较多，按其硬件和软件的功能，可分类汇总如表23-1-1。对于不同类型的装置，有代表性的简要介绍如下。

表 23-1-1　**微机型线路保护装置一览表**

装置名称	型号	简要说明	生产厂	备注
微机型线路保护装置（01系列）	WXB-01	具有三段相间、二段接地距离保护，四段零序电流保护及综合重合闸功能。配合通道可构成高频闭锁保护	南京自动化设备厂	单 CPU
	WXH-1A		许昌继电器厂	
	WGXL-1		北京电力自动化设备厂	
	WXH-11		阿城继电器厂	
微机型线路保护装置（11系列）	WXB-11	具有三段相间、三段接地距离保护及多段零序电流保护。配合通道可构成高频闭锁保护。具有综合重合闸功能	南京自动化设备厂	多 CPU 可派生出适用于一个半断路器接线的系列装置，不带重合闸 采用液晶显示、菜单操作，可不需借助打印机，通过接口可实现就地联网，派生出新的系列产品
	WXH-11		许昌继电器厂	
	WXB-11		北京电力自动化设备厂	
	WXH-11A		阿城继电器厂	
	SWXB-11		上海继电器厂	
	WXH-11B		保定继电器厂	
微机型线路保护装置（22系列）	WXB-22	具有三段相间接地距离及四段零序方向电流保护。配合通道可构成高频方向及高频闭锁保护。具有综合重合闸功能	南京自动化设备厂	
	WXH-21		阿城继电器厂	
	WXH-22		许昌继电器厂	
微机型线路保护装置	WXB-41	具有三段距离保护，零序电流保护，三相重合闸，对不对称短路具有全线相继速动功能	南京自动化设备厂	双 CPU，适用于 220kV 及以下线路
	WXB-52	具有三段相间接地距离保护，四段零序电流保护及三相重合闸		双 CPU，适用于 110kV 线路
	WXB-51	具有相间和接地故障保护，由软件功能供选择		单 CPU，适用于小接地系统
	SWXB-61	具有三段相间接地距离保护三段零序电流保护及三相重合闸。可构成高频闭锁保护	上海继电器厂	适用于 110kV 及 220kV 用三相重合闸的线路
超高压线路成套快速保护装置	LFP-90	具有工频变化量快速方向保护及选相跳闸功能，具有三段相间接地距离保护及二段零序电流保护	南京自动化研究院	多 CPU，并具有多种系列产品
微机型线路保护装置（15系列）	WXB-15	具有高频方向保护功能，具有三段相间接地距离保护及零序电流保护，具有综合重合闸功能	南京自动化设备厂	
	WXH-15		许昌继电器厂	

（一）11 系列微机型线路保护装置

该系列保护装置软硬件设计属同一版本，功能及技术指标相同，只是各厂家的产品型号、工艺结构及具体细节有所不同，并且有按功能需要派生的系列型号，如适用于一个半断路器接线的保护装置。现仅以 SWXB-11 型微机线路保护装置（上海继电器厂产品）为例给予说明。

1. 简介

该系列保护装置适用于 110～500kV 各级电压的输电线路保护。具有三段相间和三段接地距离保护、四段零序电流方向保护及综合重合闸功能，配合收发信机可以构成高频保护（闭锁式或允许式）。该系列保护装置具有以下特点。

(1) 装置交流测量回路的模数变换(A/D)采用压频转换原理(VFC)及多单片机并行工作方式的硬件结构，提高了装置动作速度和容错能力。

(2) 装置使用维修方便。CPU1～CPU4 四个插件可以互换并进行自检和互检，元件损坏可检出报警到部位。装置可整定存储 10 套整定值，以便适应不同运行方式或用于旁路断路器选择不同线路的整定值。

(3) 装置中每个 CPU 插件上易受干扰的元件均不直接引出，提高了抗干扰能力。

(4) 装置具有测距及事故记录功能，并可打印出故障类型、短路点距离、故障时刻、动作情况及时间顺序。同时，还提供 1 个 RS-232C 串行接口，以便同站内其他计算机设备通信。

2. 技术数据

(1) 额定数据：

直流电压　220V 或 110V

交流电压　100V

交流电流　5A 或 1A

(2) 功率消耗：

直流电压回路　不大于 50W

交流电压回路　不大于 1VA/相

交流电流回路　不大于 1VA/相

(3) 模数转换精确工作范围（10%误差）：

交流相电压　0.5～80V

交流电流　I_H=5A　0.5～100A、1.0～200A 二档

I_H=1A　0.1～20A、0.2～40A 二档

(4) 整组动作时间及测定误差：

相间接地距离一段

（0.7 倍整定值时）　20ms

零序方向电流一段

（1.2 倍整定值时）　18ms

高频闭锁保护动作时间　不大于 30ms

距离保护一段暂态超越　不大于 5%

测距误差（金属性短路）　不大于±2%

（二）22 系列微机型线路保护装置

该系列保护装置分别由阿城继电器厂、许昌继电器厂和南京自动化设备厂生产，其软件和硬件设计属同一版本。也有按功能需要派生的适用于一个半断路器接线的微机保护装置。现以 WXB-22 型微机线路保护装置（南京自动化设备厂产品）为例给予说明。

1. 简介

该系列保护装置由双套高性能的 CPU 构成，适用于 110～500kV 各级电压的输电线路。该装置配合收发信机可同时实现反应正序故障分量的高频方向保护和高频闭锁距离保护，以作为线路主保护；后备保护有三段相间接地距离及四段零序方向电流保护，同时还有综合重合闸功能。

该系列保护装置具有以下特点：

(1) 采用多单片机并列工作方式，配置两个硬件软件相同的计算机插件，实现同样的保护功能，具有互为备用的双重化作用，提高了硬件的冗余度；

(2) CPU 运算速度高，整组动作时间快。易受干扰的元器件一般不直接引出插件，提高了抗干扰性能。

(3) 采用正序故障分量实现的新方向元件，对各种故障均具有明确的方向性，并具有较高的灵敏度而不存在电压“死区”，基本上不受负荷电流、过渡电阻及故障初始角的影响。

(4) 具有故障自检功能，可定位到插件，便于更换插件处理故障。

(5) 装置具有测距及事故记录功能，并可打印出故障类型、短路点距离、故障时刻、动作情况及时间顺序。同时配合专用接口回路可以远传至调度端。

2. 技术数据

(1) 额定数据：

直流电压　220V 或 110V

交流电压　100V

交流电流　5A 或 1A

(2) 功率消耗：

直流电压回路　<60W

交流电压回路　<0.5VA/相

交流电流回路　<0.5VA/相

(3) 精确工作范围（10%误差）：

交流电流回路　I_H=5A　0.5～125A

I_H=1A　0.1～25A

交流相电压　0.5～90V

(4) 动作时间及测定误差：

相间接地距离一段　<22ms

零序方向电流一段 <20ms

高频方向或闭锁保护 <30ms

距离一段暂态超越 <5%

金属性短路测距误差 <±2%

（三）LFP-901 型微机快速保护装置

该型保护装置系南京自动化研究院新研制生产的微机保护装置。

1. 简介

该型保护装置具有以工频变化量方向元件和零序方向元件保护为主体的快速主保护，以快速距离 I 段和三段相间接地距离保护以及二个延时段零序方向过电流保护组成的阶段式后备保护，并具有选相跳闸功能，适用于 220kV 及以上线路作主保护及后备保护。

装置由 3 个独立的高性能单片机构成，CPU1 用作快速方向保护、距离 I 段及二个延时零序过电流段保护；CPU2 用作三段相间接地距离保护；CPU3 作为起动和管理机，并兼作人机对话的通讯接口。

该型保护装置主要特点如下：

(1) 根据功能需要，装置中不同 CPU 采用不同的采样率及算法，以分别满足快速性和准确性的要求。

(2) 距离保护采用正序电压极化，允许有较大的过渡电阻短路，接地距离依赖零序电抗特性，可以防止接地故障末端超越。

(3) 起动元件以反应工频变化量为主，并配以零序电流元件相互补充，反应工频变化量的起动元件、选相元件及方向元件均采用浮动门坎，使正常运行及系统振荡伴随的不平衡输出自动构成自适应门坎，而不需要设置专门的振荡闭锁回路。

(4) 装置设有专门试验部件，便于定值校检及进行整组试验。

(5) 装置设有与打印机或后台机相联的接口，以便实现统一控制保护动作打印及信号传输。

2. 技术数据

(1) 额定数据：

直流电压 220V 或 110V

交流电压 100V

交流电流 5A 或 1A

(2) 功率消耗：

直流电压回路 正常时 <50W

动作时 <100W

交流电压回路 <0.5VA/相

交流电流回路 I_H=5A <1VA/相

I_H=1A <0.5VA/相

(3) 整组动作时间：

工频变化量距离保护 近端 4～10ms

末端 20ms

快速距离 I 段 20ms

高频方向保护 <25ms

(4) 起动元件整定范围：

ΔI 起动值 0.2I_H

零序过电流 0.1、0.2、0.3 I_H 可整定

(5) 方向保护整定范围：

突变量选相元件 0.2I_H

工频变化量方向元件 最小动作电流 0.2I_H

最小动作电压 5V

零序方向元件 最小动作电流 0.1I_H

最小动作电压 0.5V

(6) 距离保护整定范围：

整定阻抗 I_H=5A 0.05～30Ω

I_H=1A 0.25～150Ω

精确工作电流 (0.1～30)I_H

精确工作电压 <1V

（四）01 系列微机型线路保护装置

该系列保护装置是国内开发生产最早的微机保护装置，同时由各继电保护厂家生产，装置采用单 CPU 构成。各厂产品软硬件属同一版本，现以 WXB-01 型保护装置（南京电力自动化设备厂）为例作简要说明。

1. 简介

该系列保护装置具有三段相间距离保护、二段接地距离保护、四段零序方向电流保护和综合重合闸功能，适用于 110kV 及以上线路的成套保护。配合收发信机可构成高频闭锁保护。

2. 技术数据

(1) 额定数据：

直流电压 220V 或 110V

交流电压 100V

交流电流 5A 或 1A

(2) 功率消耗：

直流电压回路 <60W

交流电压回路 <1VA/相

交流电流回路 <1VA/相

(3) 精确工作条件及整定范围：

主要取决于模/数变换的精确工作范围，其精确工作电压的范围是固定的，约为 0.5～75V；精确工作电流可用改变变换器二次电阻的方法调整，如最大电流为 75A 时，相应最小精确工作电流为 0.2A。

整定范围，在满足精确工作条件时可以任意整定。

(4) 整组动作时间：

相间距离 I 段 0.7Z_Y 18ms

接地距离Ⅰ段　　40ms

零序方向电流Ⅰ段　　40ms

(5) 测距精度及时间误差：

测距误差不超过±2.5%。

Ⅱ、Ⅲ段时间最大偏差不大于 20ms、短延时定值基本无误差。

(五) WXB-41 型微机高压线路保护装置

1. 简介

该型保护装置具有三段相间接地距离保护、二段零序方向过电流保护和综合重合闸功能，适用于 220kV 及以下电压等级的输电线路。主要特点如下：

(1)具有全线相继动作，即Ⅱ段加速功能，可以在不利用高频通道的前提下，缩短保护动作时间。

(2)采用频率跟踪技术，消除了因频率变化产生的误差，具有自适应能力。

(3)具有自检功能，并可打印显示所需要的数据信息。

2. 技术数据

(1) 额定数据：

直流电压　　220V 或 110V

交流电压　　100V

交流电流　　5A 或 1A

(2) 功率消耗：

直流电压回路　　<50W

交流电压回路　　<1VA/相

交流电流回路　　<1VA/相

(3) 精确工作范围：

交流相电压　0.5～80V

交流电流　　I_H=5A　0.5～100A

　　　　　　1～200A

(4) 距离Ⅰ段暂态超越：<5%。

(5) 动作时间：

距离Ⅰ段　　<38ms

零序电流Ⅰ段　　<20ms

(6) 对端断开相继速动时间：40～50ms。

(7) 测距精度：<±3%。

(六) WXB-51、WXB-52 型微机线路保护装置

1. 简介

该型保护装置具有三段相间接地距离保护、四段零序方向电流保护及三相重合闸功能。由单 CPU 构成，可通过软件确定其功能，使该型保护装置分别适用于 35kV 及以下小电流接地系统和 110kV 大电流接地系统的线路保护。具有故障测距及打印功能。

2. 技术数据

(1) 额定数据：

直流电压　　220V 或 110V

交流电压　　100V

交流电流　　5A 或 1A

(2) 功率消耗：

直流电压回路　　<50W

交流电压回路　　<1VA/相

交流电流回路　　<1VA/相

(3) 精确工作范围：

交流相电压　　0.5～57.7V

精确工作电流　I_H=5A　　0.5～150A

(4) 整定范围：

最小整定阻抗　　0.05Ω

阻抗灵敏角　　60°～90°

电流整定　　>0.5A

(5) 动作时间：

相间距离Ⅰ段　$0.7Z_Y$ 时　30ms

接地距离Ⅰ段　$0.7Z_Y$ 时　38ms

零序电流Ⅰ段　1.2 倍定值时 25ms

(6) 金属性短路测距误差：<±3%。

(七) 其他微机型线路保护装置

目前，已经生产或正在开发的微机线路保护装置类型较多，如带有高频相差动保护功能的 02 系列、12 系列保护装置，具有高频方向保护功能的 WXB-91 型保护装置(南京电力自动化设备厂)，LFP-90 系列微机型线路保护装置（南京自动化研究院)、WXH-21B 型 110kV 线路微机保护装置（保定继电器厂）等都陆续生产使用。考虑到这些装置使用还不普遍，所以暂不纳入本章进行介绍说明。

三、微机型线路保护系列定型屏

根据工程需要，由电力规划设计总院组织，华东、东北、西北、华北电力设计院共同成立组屏设计工作组，分别对各制造厂、研究所的微机线路保护装置、集成电路线路保护装置进行组屏设计。下面按照组合屏完成的先后顺序分别给予介绍。配合线路保护组合屏设计，纳入的辅助保护装置组合屏也一并列入介绍。

(一)南京自动化设备厂微机型线路保护系列定型屏

该批组合屏可分别适用于 110～500kV 单、双断路器的各种主接线方式的线路保护及辅助保护。对于单跳闸线圈和双跳闸线圈断路器的功能要求，可由不同的辅助保护装置屏型来满足。

1. 微机型线路保护装置及辅助保护装置

该批组合屏所包含的装置，见表 23-1-2。

2. 微机型线路保护系列定型屏

(1) 组合屏命名的含义：

表 23-1-2 南京电力自动化设备厂生产的微机型线路保护装置及辅助保护配套装置（仅含组屏方案中的装置）

装置名称	型号	简要说明		备注
线路微机保护装置	WXB-01	具有相间接地距离保护及零序电流保护，配合通道可构成高频闭锁保护，具有打印输出功能	具有综合重合闸功能	单 CPU
	WXB-02		具有高频相差动保护及综合重合闸功能	
	WXB-11		具有综合重合闸功能	多 CPU
	WXB-11A		具有选相跳闸功能，适用于双断路器接线	
	WXB-12		具有高频相差动保护及综合重合闸功能	
	WXB-12A		具有高频相差动保护及综合重合闸功能，适用于双断路器接线	
远方保护信号传输装置	YBX-1	集成电路型收发信机，性能及箱端子符合“四统一”设计要求		可供设计选用
	BSF-3			
	GSF-6			
失灵起动装置	JCSS-11	附断路器三相不一致保护，用于单断路器接线的失灵保护起动		
失灵保护装置	JCSB-21D	附断路器三相不一致保护，用于双断路器接线作失灵保护装置		
综合重合闸装置	JCCH-21D	不含选相跳闸元件，主要用于双断路器接线		
短引线保护装置	JCDY-21D	用于一个半断路器接线的短引线保护		
交流电压切换箱	YQX-11D	用于双母线交流电压回路切换		
三相操作继电器箱	SCX-11	适用于110kV三相操作的断路器		
分相操作继电器箱	FCX-11	适用于单跳闸线圈、单断路器接线		
	FCX-12	适用于双跳闸线圈、单断路器接线		
	FCX-21	适用于单跳闸线圈、双断路器接线		
	FCX-22	适用于双跳闸线圈、双断路器接线		

各保护组合屏命名含义：

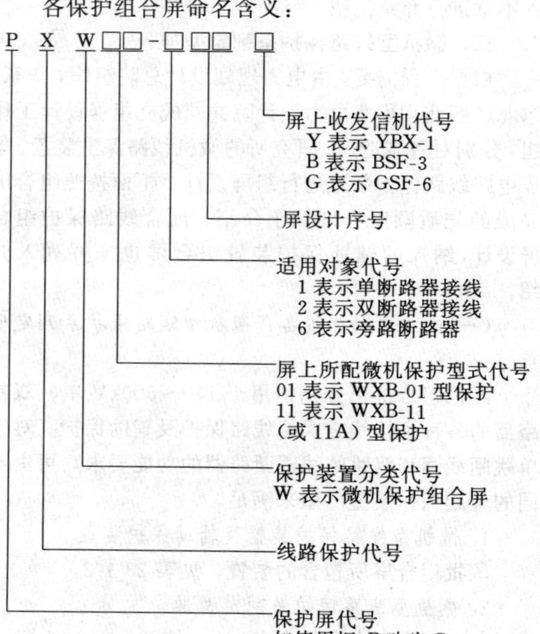

各辅助保护装置组合屏命名含义：

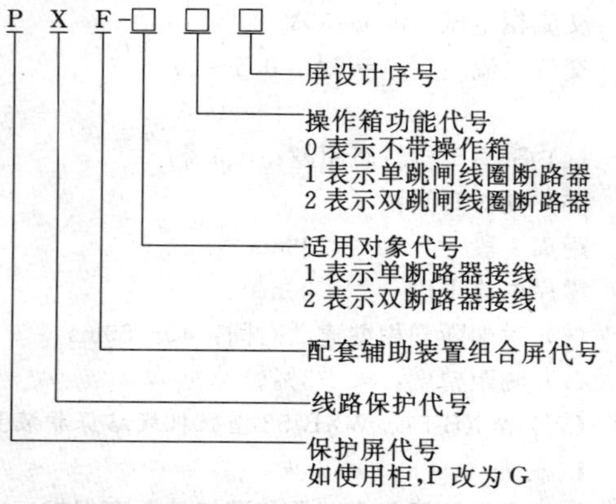

(2) 组合屏屏型方案，见表 23-1-3。本批组合屏共 40 面。

（二）上海继电器厂微机型线路保护系列定型屏

1. 微机型线路保护装置及辅助保护配套装置

该批组合屏所包含的装置，见表 23-1-4。这些屏主要适用于 110～220kV 单跳闸线圈单断路器主接线方式的线路保护。

表 23-1-3　南京电力自动化设备厂生产的微机型高压线路保护组屏方案

屏型	保护装置							失灵起动不一致	失灵不一致保护	重合闸	短引线保护	电压切换箱	操作箱					收信跳闸箱	备注	
	WXB-01	WXB-02	WXB-11	WXB-11A	WXB-12	WXB-12A	收发信机 YBX-1	JCSS-11D	JCSB-21D	JCCH-21D	JCDY-21D	YQX-11D	FCX-11	FCX-12	FCX-21	FCX-22	SCX-11	STX-21D		
PXW11A-201Y				●			●												适用于 220～500kV 一个半断路器接线	
PXW12A-201Y						●	●													
PXW11A-202				●																复用载波机
PXW01-101Y	●						●												适用于 220kV 双母线	YBX-1 可切到旁路
PXW02-101Y		●					●													
PXW01-102	●																			
PXW11-101Y			●				●													YBX-1 可切到旁路
PXW01-103Y	●						●					●	●							YBX-1 可切到旁路
PXW01-104Y	●						●	●												
PXW01-105	●							●				●	●							
PXW12-101Y					●		●	●												
PXW02-102Y		●					●	●												
PXW11-102Y			●				●					●	●							YBX-1 可切到旁路
PXW11-103Y			●				●	●												YBX-1 可切到旁路
PXW11-104			●					●				●	●							
PXW01-601	●							●				●	●						适用于 220kV 旁路断路器，可将线路 YBX-1 切来	
PXW01-602	●																			
PXW01-603	●							●												
PXW01-604	●											●	●							
PXW11-601			●					●				●	●							
PXW11-602			●																	
PXW11-603			●					●												
PXW11-604			●									●	●							

续表 23-1-3

屏型	保护装置							失灵起动不一致	失灵不一致保护	重合闸	短引线保护	电压切换箱	操作箱					收信跳闸箱	备注	
	WXB-01	WXB-02	WXB-11	WXB-11A	WXB-12	WXB-12A	收发信机 YBX-1	JCSS-11D	JCSB-21D	JCCH-21D	JCDY-21D	YQX-11D	FCX-11	FCX-12	FCX-21	FCX-22	SCX-11	STX-21D		
PXW01-106Y	●						●					●					●		适用于 110kV 双母线	
PXW01-107	●											●					●			
PXW02-106Y		●					●					●					●			
PXW02-107		●										●					●			
PXW11-106Y			●				●					●					●			
PXW11-107			●									●					●			
PXW12-106Y					●		●					●					●			
PXW12-107					●							●					●			
PXF-221									●	●	●					●			适用于 220～500kV 一个半断路器接线，线路断路器	
PXF-201																		●	适用于 220kV 一个半断路器接线	
PXF-222									●	●						●			适用于 220～500kV 一个半断路器接线	中间断路器
PXF-223									●		●					●				变压器断路器
PXF-211									●	●	●				●				适用于 220kV 一个半断路器接线	线路断路器
PXF-212									●	●					●					中间断路器
PXF-213									●		●				●					变压器断路器
PXF-121								●		●		●		●					适用于 220～500kV 双母线	
PXF-111								●				●	●						适用于 220kV 双母线	

注 表中●表示该屏内具有相对应的装置。微机型高频相差保护屏型尚不完善，请慎用。

表 23-1-4　上海继电器厂线路微机保护装置及辅助保护配套装置（仅含组屏方案中的装置）

装置名称	型号	简要说明	备注
线路微机保护装置	SWXB-11	具有相间接地距离保护及零序电流保护，具有综合重合闸功能，配合通道可构成高频保护，可打印输出	多 CPU
远方保护信号传输装置	YBX-1 BSF-3 GSF-6	集成电路型收发信机，性能及箱端子符合“四统一”设计要求	可供设计选用
失灵起动装置	ZDS-45S	附三相不一致保护，用于单断路器接线失灵保护起动	
交流电压切换箱	ZYQ-32S	适用于双母线交流电压回路切换	
分相操作继电器箱	ZFZ-32S	适用于单跳闸线圈、单断路器接线	
三相操作继电器箱	ZSZ-33S	适用于 110kV 三相操作的断路器	

2. 微机型线路保护系列定型屏

(1) 组合屏命名的含义：

各保护组合屏命名的含义

PXW□□-□□□□/S

各辅助保护装置组合屏命名的含义

PXF-□□□/S

上述屏型中的字符及序号含义同本节（一）中组合屏屏型中的含义，唯加 S 表示为上海继电器厂产品。

(2) 组合屏屏型方案，见表 23-1-5。本批组合屏共 8 面。

(三) 保定继电器厂微机型线路保护系列定型屏

1. 微机型线路保护装置及辅助保护装置

该批组合屏所包含的装置，见表 23-1-6。这些屏主要适用于 110～220kV 单跳闸线圈单断路器主接线方式的线路保护。

表 23-1-5　上海继电器厂高压线路微机型保护组合屏方案

屏型	微机保护装置 SWXB-11	收发信机 YBX-1	失灵起动装置 ZDS-45S	电压切换箱 ZYQ-32S	分相操作箱 ZFZ-32S	三相操作箱 ZSZ-33S	备注
PXW11-101Y/S	●	●					适用于 220kV 双母线接线，YBX-1 可切换至旁路
PXW11-102Y/S	●	●		●	●		
PXW11-104Y/S	●	●	●				
PXW11-104/S	●		●	●	●		适用于 220kV 双母线接线
PXW11-601/S	●		●	●	●		适用于 220kV 旁路断路器，可将线路 YBX-1 切来
PXW11-106Y/S	●	●		●		●	适用于 110kV 双母线接线
PXW11-107/S	●			●		●	
PXF-111/S				●	●		适用于 220kV 双母线接线

表 23-1-6　保定继电器厂生产的微机型线路保护装置及辅助保护配套装置（仅含组屏方案中的装置）

装置名称	型号	简要说明	备注
微机型线路保护装置	WXB-11B	具有相间接地距离保护、零序方向电流保护及综合重合闸功能。配合通道可构成高频保护	多 CPU
远方保护信号传输装置	YBX-1	集成电路型收发信机，性能及箱端子均符合“四统一”设计要求	可供设计选用
	BSF-3		
	GSF-6		
失灵起动装置	JCSS-11D	附断路器三相不一致保护，适用于单断路器接线的失灵保护起动	
交流电压切换箱	YQX-11D	用于双母线接线交流电压回路的切换	
分相操作继电器箱	FCX-11	适用于单跳闸线圈、单断路器的接线	
三相操作继电器箱	SCX-11	适用于 110kV 三相操作的断路器	

2. 微机型线路保护系列定型屏

(1) 组合屏命名的含义：

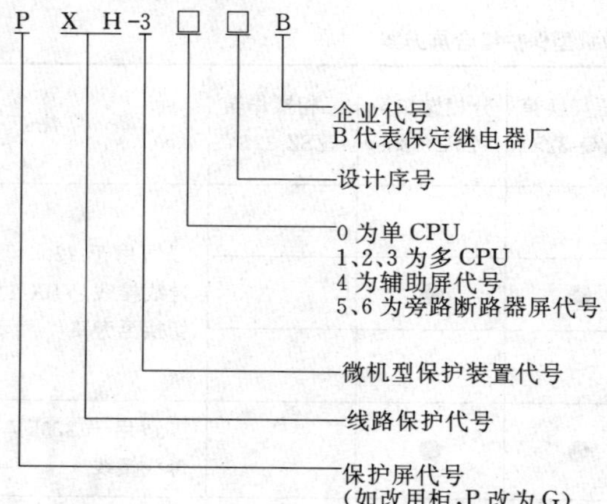

(2) 组合屏屏型方案，见表 23-1-7。该批组合屏共 6 面。

(四) 许昌继电器厂微机型、集成电路型线路保护系列定型屏

该批组合屏可分别适用于 110～500kV 单、双断路器的各种主接线方式的线路保护及辅助保护。对于单跳闸线圈和双跳闸线圈断路器的功能要求，可由不同的辅助保护屏型来满足。

由于该组合屏的设计同时包括微机型、集成电路型线路保护屏及相应的辅助保护屏，所以屏型在本节一并介绍，而关于集成电路型线路保护装置及辅助保护装置的说明，见第 23-2 节内容。

1. 微机型、集成电路型线路保护装置及辅助保护配套装置

该批组合屏所包含的装置，见表 23-1-8。

2. 微机型、集成电路型线路保护系列定型屏

(1)组合屏命名的含义。许昌继电器厂微机型组合屏采用 PXH-300 系列命名，集成电路型组合屏采用 PXH-400 系列命名。

组合屏具体命名如下：

PXH-301X～PXH-333X 系列适用于线路保护；

PXH-360X 系列适用于旁路断路器保护；

PXH-340X 系列适用于线路保护的配套辅助屏；

PXH-380X 系列适用于远方跳闸屏；

PXH-400X 系列集成电路型线路保护屏基本上与原“四统一”PXH-200X 系列组合屏对应，以方便更换。

上述装置和屏型注脚 X 为许昌继电器厂企业代号。当屏改用柜时，屏型中 P 相应改为 G。

(2) 组合屏屏型方案，见表 23-1-9。该批组合屏共 45 面。

表 23-1-7　保定继电器厂生产的微机型高压线路保护组合屏方案

屏　型	微机保护装置 WXH-11B	收发信机 YBX-1	失灵起动装置 JCSS-11D	电压切换箱 YQX-11D	分相操作箱 FCX-11	三相操作箱 SCX-11	备　注
PXH-312B	●	●					适用于 220kV 双母线接线，YBX-1 可切换至旁路
PXH-316B	●	●		●	●		
PXH-321B	●	●	●				
PXH-318B	●		●	●	●		适用于 220kV 双母线接线
PXH-368B	●		●	●	●		适用于 220kV 双母线旁路断路器，可将线路 YBX-1 切来
PXH-319B	●	●		●		●	适用于 110kV 双母线接线

表 23-1-8　许昌继电器厂生产的微机型、集成电路型线路保护装置及辅助保护配套装置

型　号	装置名称及简要说明	型　号	装置名称及简要说明
WXH-11x	微机型线路保护装置 (1) 具有三段相间、接地距离保护、零序电流方向保护等全套后备保护功能 (2) 配合通道可构成闭锁式或允许式保护 (3) 具有综合重合闸功能 (4) 多 CPU	ZCH-45	综合重合闸装置（不含选相元件）
		ZSC-45	三相重合闸装置（含操作继电器回路）
		ZDS-33x	断路器失灵起动箱（附三相不一致保护）
		ZDS-45	断路器失灵保护装置（附三相不一致保护）
WXH-11/Ax	同 WXH-11x，但无重合闸功能	ZDY-45	短引线保护装置
WXH-11/Bx	同 WXH-11x，但无高频闭锁功能	ZYQ-31x	交流电压切换箱
WXH-11/Ex	同 WXH-11x，但无重合闸及高频闭锁功能	ZFZ-11x	分相操作继电器箱，适用于单断路器接线方式、单跳闸线圈
WXH-15x	同 WXH-11x，但配合通道可构成闭锁式或允许式方向保护	ZFZ-31x	分相操作继电器箱，适用于单断路器接线方式、单跳闸线圈
WXH-15/Ax	同 WXH-15x，但无重合闸功能	ZFZ-12x	分相操作继电器箱，适用于单断路器接线方式、双跳闸线圈
ZCG-45	高频相差动保护装置	ZFZ-22x	分相操作继电器箱，适用于双断路器接线方式、双跳闸线圈
ZGF-45	高频方向保护装置	ZSZ-11x	三相操作继电器箱
ZXX-45	选相跳闸装置	SF-500B	高频收发信机（含高频闭锁逻辑）
ZJL-45	相间距离保护装置，三段式	SF-500C	高频收发信机（与 ZCG-45 及 ZGF-45 配用）
ZJL-46	接地距离保护装置，三段式	SF-500D	高频收发信机（与微机保护配用）
ZJL-47	相间距离保护装置，三段式，适用于短线路	YPC-500F6	音频接口装置
ZJD-1A	接地距离保护装置，三段式，适用于短线路	ZGQ-45	故障起动跳闸装置（附过电压保护）
ZLF-45	零序电流方向保护装置，四段式		
ZZC-45	综合重合闸装置（含选相元件）		
ZCH-31x	综合重合闸装置（不含选相元件）		

表 23-1-9 许昌继电器厂生产的微机型、集成电路型高压线路保护组合屏方案

屏 型	WXH-11$_x$	WXH-11/A$_x$	WXH-11/B$_x$	WXH-11/E$_x$	WXH-15$_x$	WXH-15/A$_x$	ZCG-45	ZGF-45	ZXX-45	ZJL-45	ZJL-46	ZJL-47	ZJD-1A	ZLF-45	ZZC-45	ZCH-31X	ZCH-45	ZSC-45	ZDS-33X	ZDS-45	ZDY-45	ZYQ-31X	ZFZ-11X	ZFZ-31X	ZFZ-12X	ZFZ-22X	ZSZ-11X	SF-500D	SF-500B	SF-500C	YPC-500F6	ZGQ-45	备 注	
PXH-301$_x$		●																										●					适用于220～500kV 一个半断路器接线	
PXH-302$_x$						●																						●						
PXH-303$_x$		●																													●			复用载波机
PXH-304$_x$						●																									●			复用载波机
PXH-305$_x$	●																											●					适用于220～500kV 双母线	SF-500D 可切到旁路
PXH-306$_x$	●																											●						高频电缆可切到旁路
PXH-307$_x$	●																											●						
PXH-308$_x$	●																					●	●					●						SF-500D 可切到旁路
PXH-309$_x$	●																					●	●					●						高频电缆可切到旁路
PXH-310$_x$	●																		●									●						
PXH-311$_x$					●																	●	●					●						
PXH-312$_x$					●														●									●						
PXH-313$_x$	●																		●			●	●											
PXH-314$_x$		●																										●						SF-500D 可切到旁路
PXH-315$_x$		●																										●						
PXH-316$_x$	●																														●			复用载波机
PXH-361$_x$	●																																适用于220～500kV 旁路断路器，可将线路 SF-500D 切来	
PXH-362$_x$	●																		●			●	●											
PXH-363$_x$	●																											●					适用于220～500kV 旁路断路器，可将线路高频电缆切来	
PXH-364$_x$	●																		●			●	●											
PXH-341$_x$																	●			●	●					●							适用于220～500kV 一个半断路器接线，线路断路器	

续表 23-1-9

屏型	WXH-11$_x$	WXH-11/A$_x$	WXH-11/B$_x$	WXH-11/E$_x$	WXH-15$_x$	WXH-15/A$_x$	ZCG-45	ZGF-45	ZXX-45	ZJL-45	ZJL-46	ZJL-47	ZJD-1A	ZLF-45	ZZC-45	ZCH-31X	ZCH-45	ZSC-45	ZDS-33X	ZDS-45	ZDY-45	ZYQ-31X	ZFZ-11X	ZFZ-31X	ZFZ-12X	ZFZ-22X	ZSZ-11X	SF-500D	SF-500B	SF-500C	YPC-500F6	ZGQ-45	备注
PXH-342$_x$																	●			●						●							适用于 220～500kV 一个半断路器接线，中间断路器
PXH-343$_x$																				●	●					●							适用于 220～500kV 一个半断路器接线，变压器断路器
PXH-344$_x$																			●			●	●										适用于 220～500kV 旁路断路器，但可兼作线路辅助屏
PXH-345$_x$																			●			●			●								
PXH-346$_x$																●			●			●	●										适用于 220～500kV 双母线
PXH-347$_x$																●			●			●			●								
PXH-381$_x$																															●	●	远方跳闸用，复用载波机
PXH-382$_x$																																●	远方跳闸用，可与 PXH-303$_x$ 或 PXH-316$_x$ 配用
PXH-331$_x$			●																			●					●						适用于 110kV 线路
PXH-332$_x$				●														●															
PXH-333$_x$				●										●				●				●											
PXH-401$_x$							●																							●			适用于 220kV 双母线
PXH-405$_x$							●								●				●					●						●			
PXH-409$_x$										●				●								●							●				
PXH-411$_x$										●				●								●											
PXH-416$_x$															●				●					●									
PXH-417$_x$										●	●											●											适用于 110kV 双母线
PXH-422$_x$										●	●							●				●											
PXH-423$_x$										●	●											●							●				
PXH-424$_x$										●				●				●				●											
PXH-425$_x$												●		●				●				●											
PXH-426$_x$												●	●					●				●											
PXH-427$_x$								●																						●			适用于 220～500kV 双母线
PXH-428$_x$								●	●																					●			

表 23-1-10 阿城继电器厂生产的微机型高压线路保护组合屏方案

屏型	WXH-11A/1 微机保护装置	WXH-11A/2 微机保护装置	SF-7 5 收发信机	ZDS-32 失灵起动装置	ZDS-33 失灵保护装置	ZDY-31 短引线保护	ZCH-31 重合闸装置	ZYQ-32 交流电压切换箱	ZFZ-11 分相操作箱	ZFZ-12 分相操作箱	ZFZ-21 分相操作箱	ZFZ-22 分相操作箱	ZSZ-31 三相操作相	备注	
PXW11-201/AJ		●	●											适用于一个半断路器接线,220～500kV	
PXW11-202/AJ		●													复用载波机
PXW11-101S/AJ	●		●											适用于220～500kV双母线,SF-7/5可切至旁路	
PXW11-102S/AJ	●		●					●	●						
PXW11-103S/AJ	●		●	●											
PXW11-104/AJ	●			●				●	●					适用于220kV双母线	
PXW11-105S/AJ	●		●												
PXW11-106S/AJ	●			●				●					●	适用于110kV双母线	
PXW11-107/AJ	●			●									●		
PXW11-601/AJ	●			●				●	●					适用于220～500kV双母线旁路断路器,SF-7/5可切来	
PXW11-602/AJ	●														
PXW11-603/AJ	●			●											
PXW11-604/AJ	●							●	●						
PXF-221/AJ					●	●	●					●		适用于一个半接线,断路器为双跳闸线圈	线路侧断路器
PXF-222/AJ					●		●					●			中间断路器
PXF-223/AJ					●	●						●			变压器侧断路器
PXF-211/AJ					●	●	●				●			适用于一个半接线,断路器为单跳闸线圈	线路侧断路器
PXF-212/AJ					●		●				●				中间断路器
PXF-213/AJ					●	●					●				变压器侧断路器
PXF-111				●				●	●					适用于双母线接线	

（五）阿城继电器厂生产的微机型线路保护系列定型屏

该批组合屏可分别适用于 110～500kV 单、双断路器的各种主接线方式的线路保护及辅助保护。对于单跳闸线圈和双跳闸线圈断路器的功能要求，可由不同的辅助保护装置屏型来满足。

1. 微机型线路保护系列定型屏

(1) 组合屏命名的含义。该批组合屏命名的含义，与本节三之（一）中组合屏（南京电力自动化设备厂屏型）的命名含义基本相同，唯屏型后加“/AJ”，为阿城继电器厂屏型标志，屏中高频收发信机型式代号用“S”，表示为该厂生产的 SF-7/5 型收发信机。

(2) 组合屏屏型方案，见表 23-1-10。该批组合屏共 20 面。

2. 微机型线路保护装置及辅助保护配套装置

该批组合屏所包含的装置，见表 23-1-11。

表 23-1-11　阿城继电器厂生产的微机型线路保护装置及辅助保护配套装置（仅含组屏方案中的装置）

装置名称	型　号	简要说明		备　注
微机型线路保护装置	WXH-11A/1	具有相间接地距离保护及零序电流保护，配合通道可构成高频闭锁保护，具有打印输出功能	具有综合重合闸功能，适用于双母线接线	多 CPU
微机型线路保护装置	WXH-11A/2		具有选相跳闸功能，适用于一个半断路器接线	多 CPU
高频收发信机	SF-7/5			
断路器失灵起动装置	ZDS-32	断路器失灵起动装置，适用于单断路器接线		
断路器失灵保护装置	ZDS-33	断路器失灵保护及三相不一致保护，适用于双断路器接线		
短引线保护装置	ZDY-31	用于一个半断路器接线的短引线保护		
重合闸装置	ZCH-31	不含选相跳闸元件，主要用于双断路器接线		
交流电压切换箱	ZYQ-32	用于双母线交流电压回路切换		
分相操作继电器箱	ZFZ-11	适用于单跳闸线圈、单断路器接线		
	ZFZ-12	适用于双跳闸线圈、单断路器接线		
	ZFZ-21	适用于单跳闸线圈、双断路器接线		
	ZFZ-22	适用于双跳闸线圈、双断路器接线		
三相操作箱	ZSZ-31	适用于 110kV 三相操作的断路器		

第 23-2 节　集成电路型线路保护装置

一、简述

集成电路保护是在晶体管分立元件保护的基础上，近年来开发研制出的新型保护，目前已在系统中广泛采用。由于其可靠性高、维护调试比晶体管保护方便而受到用户欢迎。其实现原理仍然是基于测量比较交流模拟量，与传统的保护原理没有本质区别，容易被用户接受，而且其技术性能和技术指标都有很大程度的提高。

考虑到各个厂家所开发的集成电路保护类型较多，不便综合介绍，故分别按厂家对其保护装置及屏型进行说明。

二、南京自动化研究院生产的集成电路型线路保护装置

（一）集成电路保护装置

1. CKF-1 型保护装置

(1) 简介。CKF-1 型快速方向保护配合高频收发信机（或光端机）可快速切除全线路的各种短路故障，适用于 220～500kV 输电线路作主保护，包括各种长短线路及具有串联电容补偿的线路。该装置基于工频变化量的原理，其主要特点如下：

1) 装置中方向元件灵敏度高，动作方向明确，速度快，同时设有工频变化量阻抗继电器，可以快速切除线路近处的故障。

2) 装置设有独立的选相出口回路，由相电流差突变量过流继电器作选相元件。

3) 装置中设置有正、反方向元件，保证了区内外

转换性故障和操作过程中的安全性。

4）装置不受负荷电流、振荡过程的影响，在线路非全相再故障时仍有完好的保护性能。

5)装置在原理上不受过渡电阻和串联电容补偿的影响。

6）装置带有三相模拟信号的试验插件，调整试验方便。

（2）技术数据：

1）额定数据：

直流电压　220V 或 110V

交流电流　1A 或 5A

交流电压　100V

2）方向元件：

补偿阻抗　I_H=5A　0.1～9.9Ω

正、反方向元件动作时间　5～12ms

最小动作电压　5V

最小动作电流　$0.1I_H$

允许过渡电阻　200Ω

3）阻抗元件：整定阻抗为方向元件补偿阻抗乘以2，动作离散值小于－10%，无正误差。

4）选相元件：

整定范围　0.1、0.2、0.3 I_H 三档

动作时间　1.5 倍动作值时 <10ms

5）起动元件：

综合变化量元件　整定值　0.1、$0.2I_H$ 二档

　　动作时间　<10ms

零序电流元件　整定值　$0.08～0.83I_H$

检线路电压元件　动作电压　30±5V

6）零序方向电流元件：

零序方向元件　最小动作电压　0.5V

　　最小动作电流　$0.1I_H$

零序电流元件　整定值　$0.02～1.98I_H$

7）功率消耗：

直流电压回路　正常时　<20W

　　动作时　<60W

交流电压回路　<0.5VA/相

交流电流回路　I_H=5A　<1VA/相

　　I_H=1A　<0.5VA/相

2. CKF-1A 型保护装置

该型保护装置是在 CKF-1 型保护装置的基础上，附加三段相间距离保护、二段接地距离保护及一段零序电流保护（可以是反时限或定时限的），这样可以同时满足主保护及后备保护的性能要求。

关于附加保护部分的技术性能及技术数据，参见 CKJ-1 型及 CKJ-4 型保护装置中的相同保护段别的技术性能及技术数据。

3. CKF-2 型保护装置

该型保护装置是在 CKF-1 型保护装置的基础上，配有光纤通道接口，可以用作短线路的光纤保护。其技术性能及技术数据同 CKF-1 型保护装置。

4. CKF-3 型保护装置

该型保护装置是在 CKF-1 型保护装置的基础上进行改造，专门适用于同杆并架双回线路的保护，其基本性能及技术数据同 CKF-1 型保护装置。

5. CKJ-1 型保护装置

（1）简介。该型保护装置配合高频收发信机可以快速切除全线路的各种短路故障，适用于 110～500kV 各种长、短输电线路的主保护和后备保护。该装置具有三段不切换的相间、接地距离保护，其主要特点如下：

1）阻抗元件对不对称故障及对称故障分别采用偏移圆和方向圆的特性，近处故障由工频变化量距离继电器快速切除故障。由零序和负序电抗特性保证经过渡电阻短路时距离元件不会超越。

2）采用了新的振荡闭锁原理，保证在系统振荡以及振荡又区外故障时可靠闭锁，而先振荡后区内不对称故障时快速切除故障，对先振荡后区内对称故障时也可经短延时切除故障。可以较好地适应电气化铁路供电线路的保护。

3）装置具有选相及分相跳闸功能，并适用于串联电容补偿的线路。

4）具有自检功能及对重要部件的长期监视，调试维护方便。

（2）技术数据：

1）额定数据：

直流电压　220V 或 110V

交流电压　100V

交流电流　1A 或 5A

2）功率消耗：

直流电压回路　正常时　<30W

　　动作时　<80W

交流电压回路　<0.5VA/相

交流电流回路　I_H=5A　<1VA/相

　　I_H=1A　<0.5VA/相

3）保护动作时间：

工频变化量距离　4～10ms

接地距离Ⅰ段　20ms

相间距离Ⅰ段　20ms

4）阻抗元件整定值：

阻抗继电器当 I_H=5A 时，（1A 时阻抗值扩大 5 倍），阻抗在 0.125～20Ω 间可分档整定，各档可利用

较小的固定级差方便地调整；

灵敏角整定在 65＋2.5x 可调（x＝1，…，8）；

接地距离零序补偿系数在 0.02～1.98 间可调（级差 0.02）；

灵敏度适用于系统阻抗与线路阻抗之比为 100/1 的情况。

5）过电流元件整定值：

高定值　I_H＝5A　0.1～9.9A

　　　　I_H＝1A　0.02～1.98A

低定值　$\frac{x}{5}$A　x＝1，2，3，4

6）零序电流元件整定值：

I_H＝5A　0.5～49.95A

I_H＝1A　0.1～9.99A

7）综合变化量电流元件整定值：

I_H＝5A　0.5A，1A

I_H＝1A　0.1A，0.2A

8）工频变化量距离元件整定值：

I_H＝5A　0.05～4.95Ω

I_H＝1A　0.1～9.9Ω

9）反时限零序方向过电流元件：

1L_0 定值范围 0～99x，其级差 x＝0.02(1＋Σn)（n＝0，1，2，4）；

反时限电流整定值（0.02～1.98）I_H，级差 0.02I_H；

反时限特性 $t=t_a/n-1$，t_a 取 1～10s，级差 1s。

6. CKJ-2 型保护装置

该型保护装置仅在 CKJ-1 型保护装置上增设光纤接口，配合光纤通道构成用于短线路的光纤距离保护。

7. CKJ-3 型保护装置

该型保护装置是在 CKJ-1 型保护装置上增加辅助功能，以适应同杆并架双回线路保护的特殊要求。简要说明如下。

1）利用工频变化量距离继电器，可有选择地快速切除近处故障的故障相，跨线故障时不会误选相。

2）由于相间和接地距离Ⅰ、Ⅱ段都有选相能力，在跨线故障时能有选择地切除故障相，即Ⅰ段范围内故障时有选择地瞬时切除，Ⅱ段范围内故障时有选择地延时切除，可达到单相故障仅切除该故障相，而二相故障则切除故障的二相。

3）与通道配合，可实现全线快速切除故障。当每条线路仅有一路通道，线路末端故障时，待对侧工频变化量距离元件先切除后再相继动作；如果每条线路设置有三路分相通道时，则可实现全线路快速有选择地切除故障。

8. CKJ-9 型保护装置

(1)简介。该型保护装置包括有不经切换的三段相间距离、四段零序方向过电流继电器和相继速动继电器。适用于 110kV 中长输电线路的主保护和后备保护，能快速切除各种类型的线路故障。其主要特点如下。

1）测量元件及公用模块与 CKJ-1 型基本相同。

2）采用相继速动继电器，当线路末端故障时，对端Ⅰ段动作三相跳闸后，本端可快速相继切除故障。

3）采用不选相的三相出口，满足 110kV 线路三相操作要求。

(2）技术数据：

1）阻抗测量元件、振荡闭锁元件的技术数据及装置的额定数据，同 CKJ-1 型保护装置。

2）零序方向电流元件：

方向元件	动作范围	－10°～155°
	动作电流	0.5A
	动作电压	0.5V
	动作功率	0.5VA
电流元件	I_H＝5A	0.05～49.9A 级差 0.05A
	I_H＝1A	0.01～9.99A 级差 0.01A

3）零序电流起动元件：在（0.08～0.83）I_H 内可调。

4)相继动作元件：当电流大于 0.15I_H 时判断为有电流，高值动作；当电流小于 0.05I_H 时判断为无电流，低值返回。

9. CKJ-4 型保护装置

该型保护装置是在 CKJ-1 型保护装置上，附加零序电流反（定）时限保护，并对选相出口回路作相应简化，使其适用于 110kV 线路。

10. CGZ-1 型光纤保护装置

(1）简介。该型保护装置配合光纤通道可作为 220kV 及以上电压短线路的主保护。装置工作原理基于比较线路两侧三相电流的综合量 $K_1\dot{I}_1+K_2\dot{I}_2$，并由相电流差突变量元件进行选相。主要特点如下。

1）正常运行时两侧不断互送信号进行比较，可对通道长期监视。

2）装置附带远方跳闸回路，可以直接起动对侧差动比较回路。

3）装置附加相电流元件做为选相跳闸的辅助判据，提高了装置的可靠性及电流互感器断线时的安全性。

4）装置还设有一段零序反时限过电流保护，作为后备保护。

5）装置具有正常监视回路及试验插件，调试维护方便。

(2) 技术数据:

1) 额定数据:

直流电压 220V或110V

交流电压 100V

交流电流 5A或1A

2) 功率消耗:

直流电压回路 正常时 <20W

动作时 <50W

交流电压回路 <0.5VA/相

交流电流回路 $I_H=5A$ <1VA/相

3) 整定范围:

差动回路制动系数 0.6、0.7、0.8三档

选相元件 (0.1、0.2、0.3) I_H

相电流元件 (0.02～1.98) I_H

(级差 $0.02I_H$)

4) 起动元件整定值:

综合变化量电压元件 $0.05U_H$、$0.1U_H$二档

零序电压元件 (0.02～0.2075) U_H

电压断线元件 约5V

5) 动作时间: <20ms。

11. CGZ-2型光纤差动保护装置

CGZ-2型保护装置配合光纤通道可作为110kV及220kV不进行单相重合闸的线路作为主保护,因此不必进行选相跳闸,其余性能及技术指标同CGZ-1型保护装置。

12. CDB-1型断路器失灵保护(附三相不一致保护)装置

(1) 简介。CDB-1型失灵保护装置应按断路器为单元配置,适用于1个半断路器或角形接线。其主要功能包括:

1) 断路失灵保护;

2) 断路器三相不一致保护;

3) 两相故障跳三相回路;

4) 重合闸沟通三相跳闸回路。

(2) 技术数据:

1) 额定数据:

直流电压 220V或110V

交流电压 100V

交流电流 1A或5A

2) 功率消耗:

直流电压回路 正常时 <20W

动作时 <50W

交流电压回路 <0.5VA/相

交流电流回路 $I_H=5A$ <1VA/相

$I_H=1A$ <0.5VA/相

3) 整定范围:

相电流元件 (0.02～1.98)I_H

零序电流元件 (0.1～1.0)I_H

负序零序电压元件 3～30V

低电压元件 10～55V

负序零序电流元件 (0.1～1)I_H

4)时间元件:

失灵保护延时 0.01～0.99s

三相不一致保护延时 0.1～8s

13. CSQ系列失灵保护起动装置

(1) CSQ-1型失灵保护起动装置,适用于线路断路器。

(2) CSQ-2型失灵保护起动装置,附三相不一致保护,适用于母联或分段断路器。

(3) CSQ-3型失灵保护起动装置,附三相不一致保护,适用于线路断路器。

(4) 技术数据:

1) 直流电压回路功率消耗:

正常时 <15W

动作时 <40W

2) 其余技术数据同CDB-1型失灵保护装置。

14. CSG-2型失灵保护公用装置

该装置附独立跳闸出口回路,相当于断路器失灵保护公用出口屏,适用于双母线单分段的主接线方式。其具体性能及技术数据比较简单,这里不作介绍。

15. CCH系列综合重合闸装置

(1)简介。该系列综合重合闸装置不包括选相跳闸元件,为一次式自动重合闸装置,可实现综合、单相、三相重合闸方式,特殊重合闸方式(单相故障跳三相重合,相间故障跳三相不重合)及停用方式。该系列有以下三种类型:

1) CCH-1型装置适用于一个半断路器接线。

2) CCH-2型装置适用于双母线接线。

3) CCH-2A型装置适用于双母线接线,并具有三相电压检定功能。

(2) 技术数据:

1) 额定数据:

直流电压 220V或110V

交流电压 100V

2) 功率消耗:

直流电压回路 <20W

交流电压回路 <0.2VA

3) 整定范围:

无压元件 (15%～90%) U_H

有压元件 $50\%U_H$、$70\%U_H$二档

相角差δ测量元件 10°～60°

单相重合时间 0.1～9.9s

三相重合时间　　0.1～9.9s

16. CCH-3 型三相重合闸

该型重合闸装置中，同时包含三相操作继电器箱及交流电压切换箱，适用于 110kV 输电线路。

17. CGQ-1 型故障起动装置

(1) 简介。该型故障起动装置与远方保护信号传输装置或其他装置配合，作为故障判别元件，用以保证远方跳闸回路正常运行的安全性。同时，要求其动作快速灵敏，以保证远方跳闸的可靠性。其主要特点如下。

1) 采用多种电气量判据作为起动元件，如 $\dot{I}_1+K\dot{I}_2$ 变化量和 $3I_0$ 大小，补偿电压 u' 是否越限等条件，动作可靠、灵敏度高。

2) 具有自检功能和监视报警回路。

(2) 技术数据：

1) 额定数据：

直流电压　220V 或 110V

交流电压　100V

交流电流　5A 或 1A

2) 功率消耗：

直流电压回路　正常时　$<$20W

　　　　　　　动作时　$<$40W

交流电流回路　I_H=5A　$<$1VA/相

　　　　　　　I_H=1A　$<$0.5VA/相

3) 整定范围：

I_1+KI_2 综合量　0.1、0.2I_H 二档

零序电流元件　0.08～0.83I_H

综合电压变化量　1、2V 二档

零序电压元件　(0.02～0.2075)U_H

补偿阻抗　I_H=1A　0.5～49.5Ω

电压元件　过压　1.1、1.2、1.3、1.4U_H 四档

　　　　　欠压　0.7、0.75、0.8、0.85U_H 四档

出口延时　0、0.2、0.4、0.6、0.8s 五档

18. CGQ-3 型故障起动装置

该型故障起动装置与 CGQ-1 型装置比较，增设了过电压保护，采用补偿到远端的电压，可分高、低两级整定值。该装置技术数据与 CGQ-1 型装置相同。

19. PD-31 型相间距离保护装置

(1)简介。该型装置为三段式不经切换的相间距离保护，适用于 110～500kV 线路的相间短路保护。配合收发信机或其他通道接口，可以实现全线快速保护。其主要特点如下。

1)阻抗测量元件具有与故障状态自相适应的可变姆欧特性，能最佳地匹配被保护线路的故障状态。

2)不对称相间短路、测量阻抗的动态和静态特性，均是具有方向性的偏移阻抗圆，三相短路动态特性为偏移阻抗的方向圆，静态特性为方向圆，保证了正反向短路的方向性和出口短路无死区。

3)起动元件采用两只不同相别接线的负序电流增量元件，保证三相短路能可靠起动，动作灵敏快速，且不受同期振荡的影响。

4)装置设有双重控制的同步振荡闭锁和失步闭锁电路，对振荡过程中的故障，能较快地有选择性切除。

5) 第二段阻抗元件瞬时动作后，自动扩大其姆欧特性，提高了反映电弧电阻的能力。

6)主要元件设有在线监视，并设有专用试验模件，调试维护方便。

(2) 技术数据：

1) 额定数据：

直流电压　220V 或 110V

交流电压　100V

交流电流　5A 或 1A

2) 功率消耗：

直流电压回路　$<$60W

交流电压回路　$<$0.1VA/相

交流电流回路　$<$0.8VA/相

3) 整定范围：

负序电流增量元件　0.1、0.2I_H 二档

阻抗元件　I_H=5A　0.05～19.95Ω

　　　　　I_H=1A　0.25～99.75Ω

　　　　　最大灵敏角　65°～85°

　　　　　动作时间　18ms

　　　　　暂态超越　$<$3.5%

20. CDJ-1 型接地距离保护装置

(1) 简介。该型保护装置为三段式接地距离和三段零序电流方向保护，适用于 110～500kV 线路接地短路的保护，配合收发信机或其他通道接口，可以实现全线快速保护。其主要特点如下。

1) 装置采用新原理的多相补偿式接地距离继电器，具有明确的方向性和良好的抗高次谐波能力，允许电弧电阻能力强。

2) 零序电流元件采用瞬时值测量原理，动作和返回速度快，暂态超越小。

3) 零序方向元件采用新的比相原理，可实现边界二次比相，正负半周比相依靠同一积分时间，方向性明确。

4) 装置设有长期监视和自诊断系统，调试维护方便。

(2) 技术数据：

1) 额定数据：

直流电压　220V 或 110V

交流电压　100V

交流电流 1A或5A

2）功率消耗：

直流电压回路 <30W

交流电压回路 <0.1VA/相

交流电流回路 <0.7VA/相

3）整定范围：

阻抗元件 整定阻抗 $I_H=5A$ 0.05～19.9Ω

$I_H=1A$ 0.25～99.9Ω

暂态超越 <4%

电流元件 整定电流 $I_H=5A$ 0.05～49.95A

$I_H=1A$ 0.01～9.99A

暂态超越 <3%

方向元件 动作区在0～160°可调，继电器内角80°

4）动作时间：

阻抗元件在0.7倍整定阻抗时 <25ms

电流元件在1.2倍动作电流时 <25ms

方向元件在1.5倍最小动作功率时<25ms

21. GD-41型接地距离保护装置

(1)简介。该型保护装置为三段式接地距离保护和一段带或不带方向的反时限零序电流后备保护，适用于110～500kV输电线路接地短路的保护。配合高频收发信机或其他通道接口，可实现全线路快速保护。该装置主要特点说明如下。

1)阻抗元件具有与故障状态自相适应的可变姆欧特性，能最好地反应故障状态。

2)阻抗元件的动态和静态特性，均为具有方向性的偏移阻抗圆，同时还具有防止经接地电阻短路而超越的折线形限制特性。单相接地短路Ⅰ、Ⅱ段尚具有选相能力。

3)采用零序电流增量和稳态零序电流双重化起动元件，灵敏度高，动作速度快。

4)主要元件设有在线监视，并设有专用试验模件，调试维护方便。

(2) 技术数据：

1）额定数据：

直流电压 220V或110V

交流电压 100V

交流电流 5A或1A

2）功率消耗：

直流电压回路 <60W

交流电压回路 <0.1VA/相

交流电流回路 <0.1VA/相

3）整定范围：

负序电流增量元件 $0.1I_H$、$0.2I_H$二档

阻抗元件 $I=5A$ 0.05～19.95Ω

$I=1A$ 0.25～99.75Ω

最大灵敏角 65°～85°

暂态超越 <3.5%

22. ZC-51型零序电流方向保护装置

(1)简介。该型保护装置为五段式零序电流方向保护，配合收发信机或其他通道接口可构成高频闭锁保护，适用于110～500kV线路接地短路的保护。其主要特点如下。

1)可实现四个独立段别和一个加速段的零序电流方向保护。电流元件采用幅值鉴别原理构成，暂态超越小，动作及返回快。

2）零序功率方向元件由内部形成$3u_0$，保证极性准确。在动作边界时实现两次比相的积分电路，动作可靠，动作边界明确。

3）时间元件采用脉冲数字原理，精度高，工作稳定。

4）主要元件设有在线监视和报警回路。装置设有专用试验模件，调试维护方便。

(2) 技术数据：

1）额定数据：

直流电压 220V或110V

交流电压 100V

交流电流 1A或5A

2）功率消耗：

直流电压回路 <40W

交流电压回路 <0.1VA/相

交流电流回路 <0.7VA/相

3）整定范围：

电流元件 $I_H=5A$ 0.05～49.95A

暂态超越 <3%

$1.2I_H$时最大动作时间 <20ms

方向元件动作区 0～160°

1.5倍最小动作功率时 <25ms

23. AR-311型综合重合闸装置

(1)简介。该型重合闸装置为具有选相跳闸功能的综合重合闸，可以实现单相、三相、综合、停用等各种重合闸方式。适用于110～500kV线路作为带选相跳闸功能的综合重合闸。其主要特点如下。

1）装置中设有独立的具有方向性的可变姆欧特性选相元件，对故障状态具有自适应能力。非全相过程可以独立工作。

2）设有相电流速断兼作辅助选相元件，亦可改为低电压辅助选相。

3）实现三相重合闸时，可进行无电压或同期检定。

4）设有 N、M、P、Q 端子，作为各种保护的接口。

5）可以实现保护和断路器位置不对应两种起动方式。装置保证只实现一次重合闸，并有完善的后加速输出回路。时间元件精度高，工作稳定。

6）主要元件设有在线监视和报警回路，装置设有专用试验模件，调试维护方便。

（2）技术数据：

1）额定数据：

直流电压　220V 或 110V

交流电压　100V

交流电流　1A 或 5A

2）功率消耗：

直流电压回路　＜25W

交流电压回路　＜0.1VA/相

交流电流回路　＜0.4VA/相

3）整定范围及动作时间：

阻抗选相元件　$I_H=5A$　0.05～19.95Ω

$I_H=1A$　0.25～99.75Ω

最大灵敏角　65°～85°

动作时间　10～18ms

电流速断或辅助选相元件　5～49.75A

低电压元件　5.77～40.4V

时间元件　0.1～9.9s

无电压判别定值　0.25、0.5U_H 二档

有电压判别定值　0.5、0.7U_H 二档

同期检定元件　20°、30°、40°、50°、60°五档

24. 操作继电器箱

各种类型的操作继电器箱，如 FCZ-11、FCZ-12、FCZ-22 型，其主要功能见表 23-2-1。

（二）集成电路型线路保护定型屏

该批屏型可分别适用于 110～500kV 单、双断路器的各种主接线方式的线路保护及辅助保护，对于单跳闸线圈和双跳闸线圈断路器的功能要求可由不同的辅助保护屏型来满足。

1. 集成电路型保护装置及辅助配套装置

该批组屏设计所包含的装置见表 23-2-1。

2. 集成电路型保护系列定型屏

（1）组合屏命名的含义：

表 23-2-1　南京自动化研究院生产的集成电路型保护装置及辅助保护配套装置（仅含组屏方案中的装置）

装置名称	型号	简要说明		备注
工频变化量快速方向保护装置	CKF-1	配合收发信机，可快速切除各种短路，整组动作 25ms 具有独立选相跳闸功能	附 I 段零序	适用于 220～500kV 线路
	CKF-1A		附三段相间、二段接地距离、I 段零序电流	
	CKF-2		配有光纤接口	
	CKF-3		可用于同杆双回线	
快速距离保护装置	CKJ-1	三段相间、接地距离保护，可构成高频闭锁保护 具有选相跳闸功能		适用于 220～500kV 线路
	CKJ-2		配有光纤接口	
	CKJ-3		可用于同杆双回线路	
	CKJ-4	三段相间、接地距离保护，附一段零序电流保护		适用于 110kV 线路
	CKJ-9	三段相间距离、四段零序电流保护		
光纤纵差保护装置	CGZ-1	三相电流综合量的差动原理	具有选相功能	适用于 220kV 线路
	CGZ-2			适用于 110kV 线路
高频收发信机	YBX-1	BSF-3、GSF-6 型与其性能、端子接线相同，可任选		
失灵保护起动装置	CSQ-1	失灵保护起动，适于线路断路器		
	CSQ-2	失灵保护起动，附三相不一致及充电保护		适用于母联断路器
	CSQ-3	失灵保护起动，附三相不一致保护，适用于线路断路器		
失灵保护装置	CDB-1	失灵保护及三相不一致保护		适用于一个半断路器接线
失灵保护公用装置	CSG-2	具有独立出口回路，适用于双母线单分段的主接线		
高频闭锁接口装置	CGJ-1			
短引线保护装置	CYB-1	适用于一个半断路器接线		

续表 23-2-1

装置名称	型号	简要说明		备注
故障起动装置	CGQ-1	越限量及突变量多判据起动，用于故障判别，灵敏度高		
	CGQ-3	越限量（含过电压）及突变量多判据起动，灵敏度高		
分相操作继电器箱	FCZ-11	含交流电压切换功能，用于单跳闸线圈单断路器接线		
	FCZ-12	含交流电压切换功能，用于双跳闸线圈单断路器接线		
	FCZ-22	用于一个半断路器接线、双跳闸线圈的断路器		
综合重合闸装置	CCH-1	可实现综合、单相、三相等重合闸方式。不含选相元件	适用于一个半断路器接线	
	CCH-2		适用于双母线接线	
	CCH-2A		适用于双母线接线	具有三相电压检定
三相重合闸	CCH-3	含三相操作箱及交流电压切换功能		适用于 110kV 线路
音频接口装置	CAT-22	复用载波机或微波通道接口，可二发二收		
远方跳闸发信机	YTX-1F	移频键控调制方式，正常发导频，起动后发跳频		
远方跳闸收信机	YTX-1S	外差接收原理，抗干扰性能好		

1）各保护组合屏命名的含义：

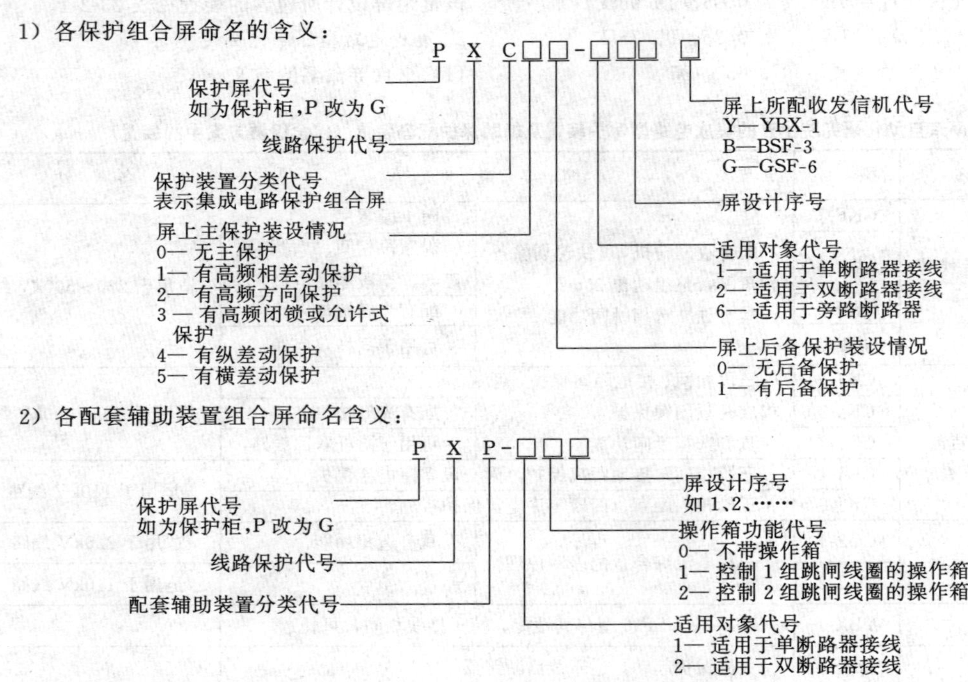

（2）组合屏屏型方案，见表 23-2-2。该批组合屏共 46 面，可根据工程中线路保护配置方案具体选用。

三、南京电力自动化设备厂生产的集成电路型线路保护装置

（一）集成电路保护装置

1. JCGX-1、JCGX-2 型高频相差动保护装置

（1）简介。该类型保护装置主要适用于 220kV 及以上电压等级、长度不超过 250km 的输电线路的主保护。其特点是不反应系统振荡，对各种故障，包括非全相运行时的再故障均能正确反应。相位比较回路采用二次工频比相，设有鉴频回路，安全可靠。装置设有在线监视回路，元件损坏可防止误动，并能报警。抗干扰性能强，调试维护方便。

（2）JCGX-1 型保护装置，具有独立的选相跳闸功能，可同时作用于两个断路器，适应于各种主接线方式，包括一个半断路器接线。选相元件采用相电流工频突变量之差原理，同时设有反时限零序电流保护，可作为接地故障的后备保护。

表 23-2-2 南京自动化研究院生产的集成电路型高压线路保护组合屏方案

序号	屏型	CKF-1	CKF-1A	CKF-2	CKF-3	CKJ-1	CKJ-2	CKJ-3	CKJ-4	CKJ-9	CGZ-1	CGZ-2	YBX-1	CDB-1	CSQ-1	CSQ-2	CSQ-3	CSG-2	CGJ-1	CYB-1	CCH-1	CCH-2	CCH-2A	CCH-3	FCZ-11	FCZ-22	FCZ-12	CGQ-1	CGQ-3	CAT-22	YTX-1F	YTX-1S	备注	
1	PXC21-201Y	●				●							●																					适用于220～500kV一个半断路器接线
2	PXC31-201Y					●							●																					
3	PXC20-201Y				●								●																				同杆双回线用	
4	PXC21-201	●				●																											复用载波机	
5	PXC31-201					●																												
6	PXC21-202		●																															
7	PXC21-202Y		●										●																					
8	PXC31-202Y							●					●																				同杆双回线用	
9	PXC21-101Y	●				●							●																					适用于220～500kV双母线接线
10	FXC31-101Y					●							●																				YBX 可切至旁路	
11	PXC21-101	●				●																											复用载波机	
12	PXC31-101					●																											复用载波机,通道可切旁路	
13	PXC21-102Y		●										●																					
14	PXC21-102																																复用载波机	
15	PXC21-103	●				●																					●							
16	PXC31-102					●											●					●											复用载波机,通道可切旁路	
17	PXC31-102Y					●							●				●					●											YBX 可切旁路	
18	PXC21-104		●																								●						复用载波机	
19	PXC31-104Y		●										●														●							
20	PXC20-101Y	●											●												●									
21	PXC20-101	●																							●								复用载波机	
22	PXC31-103Y							●					●				●						●										同杆双回用,YBX 可切旁路	

续表 23-2-2

序号	屏型	CKF-1	CKF-1A	CKF-2	CKF-3	CKJ-1	CKJ-2	CKJ-3	CKJ-4	CKJ-9	CGZ-1	CGZ-2	YBX-1	CDB-1	CSQ-1	CSQ-2	CSQ-3	CSG-2	CGJ-1	CYB-1	CCH-1	CCH-2	CCH-2A	CCH-3	FCZ-11	FCZ-22	FCZ-12	CGQ-1	CGQ-3	CAT-22	YTX-1F	YTX-1S	备注	
23	PXC20-102Y				●								●												●								同杆双回用	适用于 220～500kV 双母线接线
24	PXC40-101										●						●																配光纤通道	
25	PXC31-104						●															●			●									
26	PXC30-103			●													●																YBX 可切旁路	
27	PXC21-103Y		●										●																					
28	PXC31-105Y					●							●		●				●			●												
29	PXC01-601					●																●			●								适用于 220～500kV 旁路保护 YBX 可切来旁路	
30	PXC01-602					●											●					●					●							
31	PXC01-603							●									●						●		●									
32	PXC21-601		●																															
33	PXC01-101								●															●									适用于 110kV 双母线接线	
34	PXC01-102									●														●										
35	PXC41-101									●		●												●										
36	PXP-221													●						●	●					●							线路母线侧断路器	
37	PXP-222													●							●					●							线路中间侧断路器	
38	PXP-223													●						●						●							变压器母线侧断路器	
39	PXP-111																●					●			●								适用于 220～500kV 双母线接线	
40	PXP-121																●					●												
41	PXP-101															●		●															双母线失灵保护公用屏	
42	PXP-102															●		●															双母线单分段失灵保护公用屏	
43	PXP-201																												●	●			复用通道，远方跳闸	
44	PXP-202																											●			●	●	远方跳闸用	
45	PXP-203																											●				●		
46	PXP-204																														●	●		

(3) JCGX-2 型保护装置，与 JCGX-1 型装置的差别是无独立选相跳闸功能和反时限零序电流保护。

(4) 技术数据：

1) 额定数据：

直流电压　220V 或 110V

交流电压　100V

交流电流　5A 或 1A

2) 功率消耗：

直流电压回路　正常时　<10W

　　　　　　　动作时　<50W

交流电压回路　<0.4VA/相

交流电流回路　<1VA/相

JCGX-2 型功率消耗更小。

3) 整定范围：

起动元件$|\dot{I}_2|+K|3\dot{I}_0|$　高定值　$0.12\sim0.48I_H$

低定值　$\frac{1}{2}$高定值

$K=0\sim0.9$　级差 0.1

相电流元件 1　高定值　$1\sim4.96I_H$

低定值　$\frac{1}{2}$高定值

相电流元件 2　$0.3\sim2.28I_H$

阻抗元件　$(0.4\sim20.2)\frac{5}{I_H}\Omega$　灵敏角 80°±5°

操作元件 $\dot{I}_1+K\dot{I}_2$　$K=6$　三相全操作灵敏度电流　<0.2A

选相元件　突变量 0.1、0.2、$0.3I_H$ 三档

相电流零序电流元件　$0.1\sim2.08I_H$

反时限零序电流元件　$0.3\sim2.28I_H$

定时限电流倍数　10 倍起动电流

定时限定值　1.5～11.4s

4) 反时限特性：$t=\frac{10}{K}t_d$，$K=1\sim10$ 为起动电流倍数，t_d 为定时限定值。

5) 整组动作时间：30～50ms。

2. JCFB-01A、JCFB-02A 型高频方向保护装置

(1) 简介。该类型保护装置适用于 220kV 及以上电压中长距离输电线路的主保护，能够反应全相和非全相状态下的各种短路故障而不受系统振荡影响。其主要特点如下。

1) 采用电压补偿式方向元件，三相和非全相运行均能起到保护作用。

2)采用两相电流差的三相式电流速断和灵敏与不灵敏的两个零序电流速断，可快速切除近处故障，并可提高对侧方向元件允许过渡电阻的能力。

3) 利用$|\Delta I_2|+|\Delta I_0|$电流增量元件作为起动元件，灵敏度高，采用相电流差突变量元件作为选相元件。

4) 装置同时还可提供正序阻抗元件，主要反应三相短路及其他不对称短路，尚可作为方向元件的后备；非同期重合闸闭锁回路，防止非同期重合时误动作；低电压选相元件，用于弱电源端。

(2) JCFB-01A 型装置配合复用载波机构成允许式保护。

(3) JCFB-02A 型装置配合高频收发信机构成闭锁式保护。

(4) 技术数据：

1) 额定数据：

直流电压　220V 或 110V

交流电压　100V

交流电流　5A 或 1A

2) 功率消耗：

直流电压回路　<20W

交流电压回路　<0.5VA/相

交流电流回路　<0.5VA/相

3) 阻抗元件整定值：

整定阻抗　$I_H=1A$　7.5～75Ω/相

　　　　　$I_H=5A$　1.5～15Ω/相

阻抗角　65°、75°、85°三档 ($K=0.2\sim1$)

4) 电流速断元件整定值：

相电流速断　1～10A/相

不灵敏零序电流速断1～10A

灵敏零序电流速断　0.5～5A

5) $|\Delta I_2|+|\Delta I_0|$起动元件：0.05、0.1、$0.15I_H$。

6) 相电流差突变量选相元件：0.1、0.15、$0.2I_H$。

7) 反映断路器位置的电流元件：$0.02I_H$、$0.03I_H$、$0.04I_H$。

8) 正序距离元件：整定阻抗及灵敏角，与方向元件相同。

9) 低电压选相元件：$0.65U_H$/相。

10) 整组动作时间：<35ms。

3. GFC-1 型分相光纤差动保护装置

(1) 简介。该型保护装置适用于 220～500kV 电压的短线路 (10km 以内) 保护，具有选相跳闸功能。其主要特点如下。

1) 采用分相电流差动，具有选相功能。

2) 光纤通道 PCM 数字传输方式，抗干扰性强。

3) 设有 8 路传输通道，4 路模拟信号可传送 A、B、C 相电流和零序电流或其他交流信号，4 路键控信号通道可传送直跳命令或其他信号，如加速后备保护等。

4）起动元件采用负序突变量元件，灵敏度高。

5）具有故障检测、闭锁及报警回路。

（2）技术数据：

1）额定数据：

直流电压　220V或110V

交流电流　5A或1A

2）功率消耗：

直流电压回路　正常时　<25W

动作时　<50W

交流电流回路　<1VA/相

3）整定范围：

I_H=5A（1A时整定值除以5）时

差动元件　2.0、2.5、3.0A

起动元件　0.33、0.66、1.0A

电流检测元件　0.3A

4）整组动作时间：<30ms。

5）信号传输延时：<9ms。

6）允许光缆线路最大衰耗：<30dB。

4. GSC-1型光纤电流差动保护装置

该型保护装置为三相综合量电流光纤保护，适用于110kV三相同时操作的线路保护。

5. JCJ-11型距离保护装置

(1)简介。该型保护装置为三段式不经切换的相间和接地距离保护，其动作特性为四边形，并具有选相跳闸功能，配合收发信机可以构成高频闭锁距离保护，实现全线快速切除故障。适用于110～500kV线路的保护。其主要特点如下。

1）测量元件为四边形特性，其电抗和电阻特性可以分别整定。接地阻抗Ⅰ段以零序电流为补偿电压比相的参考量，允许有较大的过渡电阻，短路仍可保证动作。同时，使接地距离只保护单相短路，避免经过渡电阻短路超越等影响。阻抗元件采用方波平均值比相，抗干扰能力强。

2）具有独立选相跳闸功能，相电流差突变量元件灵敏度高。

3）振荡闭锁对滑差大小无要求。

4）对整机具有长期监视和寻找故障的诊断设施。

（2）技术数据：

1）额定数据：

直流电压　220V或110V

交流电压　100V

交流电流　1A或5A

2）功率消耗：

直流电压回路　正常时　<30W

交流电压回路　<2VA/相

交流电流回路　<3VA/相

3）阻抗元件整定值：

I_H=5A（1A时阻抗值乘以5）时

Ⅰ、Ⅱ段相间及接地电抗　0.125～1.25、0.25～2.5、0.5～5、1～10、2～20Ω/相

Ⅲ段相间及接地电抗　2～20Ω/相

相间阻抗电阻　2.5、2×2.5、3×2.5Ω/相

接地阻抗电阻　1.66、2×1.66、3×1.66Ω/相

4）零序补偿系数及暂态超越：

零序补偿系数　0.4～0.9

暂态超越　<3%

5）电流电压元件整定值：

相电流元件	$I_Ⅰ$	0.5～2.3I_H
	$I_Ⅱ$	0.2～1.1I_H
	$I_Ⅲ$	0.2I_H 不可调
零序电流元件		0.1～0.5I_H
零序电压元件		3、5、7V
相电流差突变量	灵敏档	0.2I_H
	不灵敏档	0.4I_H
相电流制动系数	弱制动	15%
	强制动	30%

6）整组动作时间：<25ms。

6. JCJ-13型保护装置

该型保护装置的保护功能及技术数据同JCJ-11型保护装置，配合复用载波机可构成允许式高频保护。

7. JCJ-01型保护装置

（1）简介。该型保护装置为三段式不经切换的相间、接地距离保护及二段零序方向电流保护，配合收发信机或其他通道接口可构成高频保护，快速切除全线故障，适用于110～500kV线路作主保护和后备保护。其主要特点如下。

1)相间阻抗Ⅰ、Ⅱ段为方向圆特性或透镜形特性，Ⅲ段为偏移圆特性。最小整定阻抗0.1Ω，适用于各种长短线路。

2)接地距离每段均采用三个单相式方向性零序电抗继电器，动作特性为一条直线，单相接地可容许300Ω的过渡电阻。

3)采用大圆套小圆的振荡闭锁，动作可靠快速。

4)采用负序和零序电流增量($\Delta I_2+\Delta I_0$)起动元件，能反应各种短路。阻抗元件利用异或门构成相位比较回路，灵敏度高。

5)非全相运行，健全相阻抗继电器仍可继续工作。

6）装置中设有专门的检测插件，调整试验方便。

（2）技术数据：

1）额定数据：

直流电压 220V 或 110V

交流电压 100V

交流电流 5A 或 1A

2）功率消耗：

直流电压回路 正常时 <20W

交流电压回路 <0.5VA/相

交流电流回路 <0.5VA/相

3）阻抗元件整定值：

I_H=5A（1A 时整定阻抗乘以 5）时

Ⅰ、Ⅱ段相间及接地阻抗 0.1～1、0.5～5、1～10Ω/相三档

Ⅲ段相间及接地阻抗 2～20Ω/相

最大灵敏角 70°、75°、80°

4）零序补偿系数及暂态超越：

零序电流补偿系数 0～0.99

暂态超越 <5%

5）零序电流元件整定值：

Ⅳ段 0.1～1I_H

Ⅱ段 0.2～2I_H

6）起动元件$|\Delta I_2|+|\Delta I_0|$整定值：

0.05、0.1、0.15I_H三档。

7）整组动作时间：<25ms

8. JCJ-02 型保护装置

(1) 简介。该型保护装置为三段式相间、二段式接地距离和四段式零序方向电流保护，配合收发信机或其他通道接口可以构成高频保护，适用于 110kV 的线路保护。选用专用起动元件后，可适用于电气化铁路和各种不对称负荷的输电线路。其主要特点如下。

1）相间距离为方向圆特性或透镜形特性，Ⅳ段为偏移圆特性。

2）接地距离以零序电流为极化量构成电抗特性，允许经较大过渡电阻短路仍能保护。为便于运行配合，装置还提供四段零序方向电流保护。

3）设有 3 个反应两相电流差的过电流辅助起动元件。

4）设有按相的低电流闭锁元件，可以在非全相时退出与断开相相关的阻抗继电器，而健全相继电器仍可正常工作。

装置其余性能，同 JCJ-01 型保护装置。

(2) 技术数据：

主要技术数据，同 JCJ-01 型保护装置，再补充如下数据。

1）过电流起动元件：

相电流差元件整定 0.5～5I_H

零序电流元件 0.2～2I_H

2）零序电流保护：

Ⅰ、Ⅱ段电流 1～10I_H

Ⅲ段电流 0.5～5I_H

Ⅳ段电流 0.2～2I_H

9. JCJ-03 型保护装置

该型保护装置功能和性能，同 JCJ-01 型保护装置，配合复用载波机可构成允许式高频保护，适用于 110～500kV 线路的保护。

10. JCZC-21A 型综合重合闸装置

(1) 简介。该型重合闸装置为带有选相跳闸功能的综合重合闸装置，可以与保护配合实现单相、三相、综合、停用等多种重合闸方式，适用于 220～500kV 输电线路，作为要求带选相跳闸功能的综合重合闸装置。装置主要特点是采取如下措施，可适应同杆双回线的选相要求。

1）对负序和零序电流相位电流比较选相元件，附加相电流（或相突变量电流差）参与比相，以保证线路末端异名相跨线故障时，不误将非故障相断开。

2）对突变量电流差选相元件，附加按相电流绝对值比较电流元件控制，以保证异名相单相接地故障时，不误将非故障相切除。

3）为了快速切除近端同名相相间或同名相三相跨线故障，可将装置中相电流速断保护改为相电流选相元件使用。

(2) 技术数据：

1）额定数据：

直流电压 220V 或 110V

交流电压 100V

交流电流 5A 或 1A

2）功率消耗：

直流电压回路 正常时 <4W

动作时 <10W

交流电流回路 $I=I_H$ <1VA/相

3）电流速断元件整定值：

I_H=5A 2.5～49.5A

I_H=1A 0.5～9.9A

4）相位比较选相元件 I_2 和 I_0 定值范围及动作时间：

I_H=5A 0.5～1.5A

I_H=1A 0.1～0.3A

动作时间 <30ms

5）相电流差突变量选相元件整定范围及动作时间：

I_H=5A 0.5～2A

I_H=1A 0.1～0.4A

动作时间 <15ms

6）非全相电流判别元件整定范围：

I_H=5A　　0.5～10A

I_H=1A　　0.1～2A

7）按相电流元件整定范围：

I_H=5A　　1～20A

I_H=1A　　0.2～4A

8)单相永久故障及非全相故障零序及负序电流判别元件整定范围：

I_H=5A　　1～13A

I_H=1A　　0.2～2.6A

9）无电压及同期检定元件整定值：

无电压检定元件　0.5、0.7U_H

同期检定元件　　角度20°、40°

5）时间元件：

单相重合闸时间　　0.5～3.1s

三相重合闸时间　　0.5～2.2s

选相元件拒动准备三跳时间　　0.25～0.3s

解除非全相会误动保护的时间　　0.1～0.15s

整组复归时间　　6～7s

11. JCCH-21D型综合重合闸装置

(1)简介。该型重合闸装置包括从重合闸起动到重合闸脉冲输出的全部功能,但不包括选相跳闸功能,配合具有选相跳闸功能的保护，可以实现单相、三相、综合、停用及其他特殊的各种重合闸方式。适用于220～500kV电压级一个半断路器接线的重合闸，宜按断路器为单元装设。主要特点如下。

1）重合闸设有两个不同的整定时间，便于实现两台断路器的先后顺序重合。并且通过配合保证,先重合的一组断路器重合于故障线路时，应将两组断路器三相永久跳闸;当先重合的一组断路器拒合时,后重合的一组断路器应按预定顺序进行重合；当先重合的断路器重合于无故障（瞬时故障）线路后,后重合的断路器仍按预定顺序进行恢复性的复合。

2）三相重合闸方式的跳闸回路，在操作箱内由保护动作触点BDJ经重合闸方式切换开关QK触点，起动允许三相重合的三相跳闸继电器TJQ实现。为适应双跳闸线圈断路器的需要，上述回路设置有两套。

3）为满足中间断路器的需要，对同一串相邻的两回线路，可分别采用不同的检无压或检同期的重合闸方式。

4)后加速回路通过操作箱内增设的判别元件加以实现。

(2）技术数据：

1）额定数据：

直流电压　　220V或110V

交流电压　　100V

2）整定范围：

电压检定元件　　0.5U_H、0.6U_H、0.7U_H

检同期元件　　30°、35°、40°

重合闸时间　　$t_{zH}=t_H+\Delta t$s

其中 $t_H=0.5+(N_1+0.1N_2)$

$\Delta t=N_3+0.1N_4$

(N_1=0，1，2，3；N_2=0，1，…，9；

N_3=0，1，2，3；N_4=0，1，…，9）

12. JCSB-21D型断路器失灵保护装置

(1)简介。该型装置为断路器失灵保护及三相不一致保护，适用于220～500kV电压级一个半断路器接线，宜按以断路器为单元装设。其主要特点如下。

1）采用相电流元件作为判别元件，应接于电流互感器不带气隙的二次绕组，按线末短路有灵敏度的条件整定。

2）可以同时实现分相起动及三相起动方式。起动之后可首先瞬时重跳本断路器一次，然后再经延时跳相邻断路器及本断路器的三相。

3）电流元件返回系数大于0.85，返回时间小于20ms。

4)三相不一致保护采用断路器三相位置不一致起动、零序电流判别的原理实现,并利用重合闸起动继电器触点进行闭锁控制。

(2）技术数据：

1）额定数据：

直流电压　　220V或110V

交流电流　　5A或1A

2）功率消耗：

直流电压回路　　<30W

交流电流回路　I_H=5A　　<0.1VA/相

3）整定范围：

相电流元件　　I_H=5A　0.2～100A

三相不一致保护延时　　0.2～5.9s

失灵保护延时跳闸时间　　0.2～1.0s

13. JCSS-11D型断路器失灵起动装置

该型装置为断路器失灵起动及三相不一致保护，适用于220～500kV电压级单断路器的接线方式。其交流元件的技术性能及数据，同JCSB-21D型保护，唯没有跳闸出口及相应逻辑，直流电压回路功率消耗小于20W。

14. JCDY-21D型短引线保护装置

(1)简介。该型保护装置为两组电流差动保护，用于220～500kV电压级一个半断路器接线每串的分叉处，当线路或变压器断开后通过其出口处隔离开关的辅助触点投入，用来保护分叉处的短路。

(2）技术数据：

1）额定数据：

直流电压　　220V 或 110V

交流电流　　5A 或 1A

2）功率消耗：

直流电压回路　＜30W

交流电流回路　＜2VA/相

3）整定范围：

电流元件　　0.2～50A

15. 操作继电器箱

各种类型操作继电器箱除少数交流元件外，均由继电器构成。主要有 FCZ-11、FCZ-12、FCZ-21、FCZ-22 及 SCX-11 等型号，其作用功能见本章表 23-1-2。

（二）集成电路型线路保护定型屏

该批屏型，或再与微机保护屏型配合，可分别适用于 110～500kV 不同电压等级的各种主接线方式的线路保护。

1. 集成电路型线路保护装置

该批组合屏设计所包含的装置，见表 23-2-3。

2. 集成电路保护系列定型屏

（1）组合屏命名的含义：

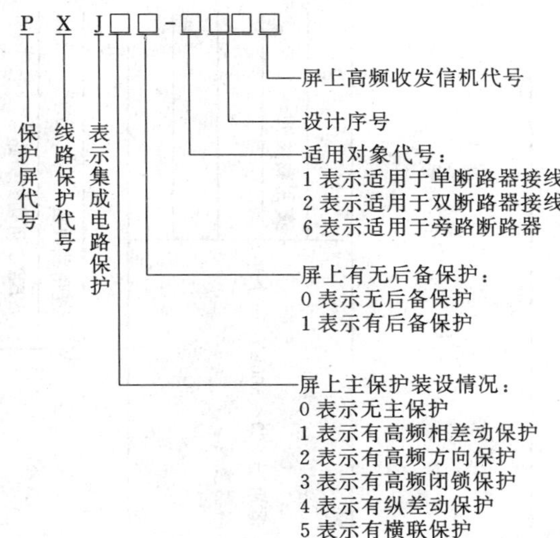

（2）配套辅助保护装置组合屏命名的含义，与该厂微机保护组合屏中的命名含义相同，见第 23-1 节。

（3）组合屏方案

该批集成电路型保护组合屏方案见表 23-2-4，共 40 面屏型。

表 23-2-3　南京电力自动化设备厂生产的集成电路型线路保护装置一览表（仅含组屏设计中的装置）

装置名称		型号	简要说明	备注
高频相差动保护装置		JCGX-1	具有选相跳闸功能，适用于 220kV 以上电压线路	
		JCGX-2	适用于 110kV 线路，或不要选相的 220kV 线路	
高频方向保护装置		JCFB-01A	具有选相跳闸功能，配合复用载波机构成允许式保护	适用于 220～500kV 中长线路
		JCFB-02A	具有选相跳闸功能，配合收发信机构成闭锁式保护	
光纤电流差动保护装置		GFC-1	分相电流差动，有选相跳闸功能，适用于 220kV 以上线路	
		GSC-1	综合量电流差动，用于 110kV	
横联保护装置		JCHL-1	含电流平衡及比相，按相构成，适用于同杆双回线	
		JCHL-2	适用于三相操作的线路	
距离保护装置		JCJ-11	三段相间、接地距离、零序二段，具有选相功能	
		JCJ-13	特性同 JCJ-11 型，配合复用载波机构成允许式	
		JCJ-01	三段相间、接地距离、零序二段，具有选相功能	
		JCJ-02	三段相间、二段接地距离、四段零序电流，适用 110kV 线路	
		JCJ-03	特性同 JCJ-01 型，配合载波机构成允许式保护	
高频收发信机		YBX-1 BSF-3 GSF-6A	三种收发信机端子接线相同，技术性能相近，可供使用选择	
故障起动装置		JCGQ-1	采用越限及突变量多种判据起动，灵敏度高	
		JCGQ-3	采用越限（含过电压）及突变量多种判据起动，灵敏度高	
远方跳闸装置	发信	YTX-1F	移频键控调制方式，正常发导频，起动后发跳频	
	收信	YTX-1S	外差接收，抗干扰能力强	

表 23-2-4 南京电力自动化设备厂生产的集成电路型高压线路保护组合屏方案

屏型	JCGX-1	JCGX-2	JCFB-01A	JCFB-02A	JCJ-01(或 11)	JCJ-03(或 13)	JCJ-02	YBX-1	GFC-1	GSC-1	JCHL-1	JCHL-2	JCSS-11D	JCSB-21D	JCCH-11D	JCCH-21D	JCDY-21D	YQX-11D	FCX-11	FCX-12	FCX-21	FCX-22	SCX-11	JCGQ-1	JCGQ-3	YTX-1F	YTX-1S	备注	
PXJ11-201Y	●				●			●																				适用于 220～500kV、一个半断路器接线	
PXJ21-201			●		●																								复用载波机
PXJ21-202Y				●	●			●																					
PXJ31-201Y					●			●																					
PXJ41-201					●				●																				
PXJ10-101Y	●							●					●			●												适用于 220～500kV 双母线	
PXJ20-101			●										●			●													复用载波机
PXJ20-102Y				●				●					●			●													YBX-1 可切到旁路
PXJ10-102Y		●						●																					
PXJ20-103Y				●				●																					YBX-1 可切到旁路
PXJ31-101Y					●			●										●	●										YBX-1 可切到旁路
PXJ31-102Y					●			●										●		●									YBX-1 可切到旁路
PXJ31-103						●												●	●										复用载波机
PXJ31-104						●												●		●									复用载波机
PXJ41-101					●				●																				
PXJ50-101											●																		
PXJ31-105						●																							复用载波机
PXJ01-101					●													●	●									适用于 220kV 双母线	
PXJ01-102					●													●		●									
PXJ21-601				●	●																							适用于 220～500kV 旁路断路器，可将线路 YBX-1 切来	
PXJ31-601					●																								

续表 23-2-4

屏　型	JCGX-1	JCGX-2	JCFB-01A	JCFB-02A	JCJ-01(或11)	JCJ-03(或13)	JCJ-02	YBX-1	GFC-1	GSC-1	JCHL-1	JCHL-2	JCSS-11D	JCSB-21D	JCCH-11D	JCCH-21D	JCDY-21D	YQX-11D	FCX-11	FCX-12	FCX-21	FCX-22	SCX-11	JCGQ-1	JCGQ-3	YTX-1F	YTX-1S	备　注
PXJ31-106Y							●	●							●				●				●					适用于 110kV 双母线
PXJ41-106							●			●					●			●					●					
PXJ01-106							●								●			●					●					
PXJ50-106												●																
PXF-112													●			●		●	●									适用于 220～500kV 双母线
PXF-113													●			●			●									
PXF-122													●			●				●								
PXF-201																									●			远方跳闸用，复用载波机
PXF-202																										●		远方跳闸用
PXF-203																								●			●	
PXF-204																								●		●	●	
PXF-221														●		●	●					●						适用于 220～500kV；一个半断路器接线，线路断路器
PXF-222														●		●						●						一个半断路器接线，中间断路器
PXF-223														●			●					●						一个半断路器接线，变压器断路器
PXF-211														●		●	●				●							一个半断路器接线，线路断路器
PXF-212														●		●					●							一个半断路器接线，中间断路器
PXF-213														●			●				●							一个半断路器接线，变压器断路器
PXF-111													●					●	●									适用于 220～500kV 双母线
PXF-121													●			●		●		●								

四、许昌继电器厂生产的集成电路型线路保护装置

（一）集成电路保护装置

1. ZJL-45型相间距离保护装置

（1）简介。该型保护装置为三段式相间距离保护，采用带记忆特性的方向圆特性，与收发信机配合可以构成高频闭锁距离保护，适用于110～500kV电压级的线路保护。其主要特点如下。

1)阻抗测量元件同时采用平均值比较和相位比较两种判据，动作可靠。

2)采用负序和零序电流增量元件作为整套装置的起动元件和振荡闭锁环节，能正确区分故障和振荡。

3）装置设有电压回路断线闭锁和手动、自动合闸后加速瞬时及延时动作回路。

4）装置设有元件损坏自动报警及闭锁保护的回路,通过试验按钮可对直流逻辑回路进行检查,调整维护方便。

（2）技术数据：

1）额定数据：

直流电压　220V或110V

交流电压　100V

交流电流　5A或1A

2）功率消耗：

直流电压回路　正常时　＜20W

　　　　　　　动作时　＜30W

交流电压回路　＜0.8VA/相

交流电流回路　＜0.8VA/相

3）阻抗元件：

整定阻抗　I_H=5A　0.1～25.55Ω、0.05～3.22Ω二档

　　　　　I_H=1A　0.5～127.75Ω、0.25～16.1Ω二档

最大灵敏角　65°、75°、85°

最小精确工作电流　I_H=5A　＜0.5A

动作时间　0.7ZY处短路　＜16ms

4）电流、电压元件整定值：

负序零序电流增量元件　I_H=5A　0.5、1A

　　　　　　　　　　　I_H=1A　0.1、0.2A

电流元件　0.01～16.6I_H

电压断线闭锁元件　3～7V

2. ZJL-46型接地距离保护装置

（1）简介。该型保护装置为三段式接地距离保护，配合高频收发信机可构成高频闭锁距离保护，适用于110～500kV电压级的线路保护。其特点如下。

1)阻抗元件采用以I_0为极化量的方案,其动作区由方向特性线、负荷特性线和电抗特性线组成,允许有较大的过渡电阻短路。

2)由零序电流元件和相电流差突变量元件作为起动元件,后者尚可作单相故障的选相元件,同时还配合有两相接地故障的判别元件。

3)装置设有手动和自动重合闸瞬时或延时后加速回路。

4)装置主要元件的工作状态均有在线监视，如有损坏可自动报警，并闭锁保护。

（2）技术数据：

1）额定数据：

直流电压　220V或110V

交流电压　100V

交流电流　5A或1A

2）功率消耗：

直流电压回路　正常时　＜20W

　　　　　　　动作时　＜60W

交流电压回路　＜1VA/相

交流电流回路　$I=I_H$　＜1VA/相

3）整定范围：

阻抗元件　阻抗整定　I_H=5A　0.1～20Ω

　　　　　　　　　　I_H=1A　0.5～100Ω

　　　　　灵敏角　65°、75°、85°

　　　　　零序电流补偿系数　0.5～1可调

　　　　　最小精确工作电流　I_H=5A　＜0.5A

　　　　　暂态超越　＜5%

电流元件　（0.01～16.6）I_H

相电流差突变量元件　0.2I_H

电压断线闭锁元件　3～7V

4）整组动作时间：0.7Z_Y时，＜25ms。

3. ZLF-45型零序电流方向保护装置

(1)简介。该型保护装置为四段式零序电流方向保护,配合高频收发信机可构成高频闭锁零序电流保护,适用于110～500kV电压级线路的接地保护。动作灵敏度高，速度快，简单可靠。

（2）技术数据：

1）额定数据：

直流电压　220V或110V

交流电压　100V

交流电流　5A或1A

2）功率消耗：

直流电压回路　正常时　＜10W

　　　　　　　动作时　＜20W

交流电压回路　＜0.5VA/相

交流电流回路　＜0.7VA/相

3）整定范围及动作时间：

电流元件　整定值　0.01～16.6I_H

暂态超越　<5%

动作时间　2 倍动作电流时　<20ms

方向元件　动作范围　0°～160°

最小动作电流　$0.1I_H$

最小动作电压　0.5V

最小动作功率　1VA

动作时间　5 倍最小动作功率时 <25ms

4. ZXX-45 型选相装置

(1) 简介。该型装置为独立的选相跳闸装置，配合不具备独立选相能力的保护，可以使其用于 220～500kV 电压的一个半断路器接线。该装置可提供相电流差突变量和阻抗型两种选相方式供选用。

(2) 技术数据：

1) 额定数据：

直流电压　220V 或 110V

交流电压　100V

交流电流　5A 或 1A

2) 功率消耗：

直流电压回路　正常时　<30W

交流电压回路　阻抗选相　<2VA/相

交流电流回路　$I=I_H$　<2VA/相

3) 整定范围：

相电流差突变量元件　$I_H=5A$　0.5、1.0、1.5A

$I_H=1A$　0.1、0.2、0.3A

方向阻抗元件　阻抗值 $I_H=5A$　0.1～25.55Ω

$I_H=1A$　0.5～127.75Ω

精确工作电流　$I_H=5A$　0.5A

灵敏角　85°±5°

相电流元件　$I_H=5A$　0.5～10A

$I_H=1A$　0.1～2A

零序电流元件　$I_H=5A$　0.5～20A

$I_H=1A$　0.1～4A

电流速断元件　$I_H=5A$　5～80A

$I_H=1A$　1.0～16A

4) 动作时间：0.7*ZY* 和 2 倍精确工作电流下，或二倍相电流差突变量动作值下，保护经该装置选相跳闸增加的时间不大于 10ms。

(二) 集成电路型线路保护定型屏

许昌继电器厂集成电路型线路保护装置与微机型线路保护装置组合屏设计是同时进行的，其组合屏方案见第 23-1 节表 23-1-9，供选型使用。

五、上海继电器厂生产的集成电路型线路保护装置

1. 简介

上海继电器厂开发的集成电路型线路保护装置，符合原"四统一"设计的技术要求，适用于 110～220kV 高压输电线路的主保护及后备保护。考虑到使用情况，这里仅对各套装置功能作简要说明，其技术数据等情况见厂家技术说明书。

该系列保护装置未进行组合屏设计，用户可直接联系厂家进行工程组屏。

2. ZJL-45S 型距离保护装置

该型保护装置具有三段式相间距离元件、二段式接地距离元件，配合高频收信机可构成高频闭锁距离保护；采用正序、负序、零序突变量起动，保证了三相故障起动的可靠性；振荡闭锁在振荡平息后才解除闭锁；装置最小整定阻抗 0.1Ω ($I_H=5A$)，最小精确工作电压 0.5V，动作时间小于 20ms (5 倍精确工作电流)，灵敏度高，动作速度快，适用于 110～220kV 线路保护。

3. ZLF-45S 型零序方向电流保护装置

该型保护装置为五段式零序电流方向保护装置，接线简单，段别使用灵活，装置功率消耗小（小于 1VA)，灵敏度高，动作速度快 (25ms)，适用于 110～220kV 线路的接地保护。

4. ZXX-45S 型独立选相装置

该型装置具有独立选相及分相跳闸功能，以及非全相判别闭锁功能，其选相元件可选择阻抗选相元件或突变量选相元件，接地和相间不接地故障的判别元件可选择 $3U_0$ 或 $3I_0$ 元件。阻抗选相元件动作时间 30ms，突变量选相元件动作时间 10ms，动作速度快，可以与不具备选相跳闸功能的保护装置配合使用。

5. ZDS-45S 型断路器失灵保护装置

(1) 简介。该型保护装置具有断路器失灵保护和三相不一致保护，由三个相电流元件和一个零序电流元件及时间元件等组成。适用于一个半断路器及角形接线。

(2) 技术数据：

1) 额定数据：

直流电压　220V 或 110V

交流电流　5A 或 1A

2) 电流元件：

整定范围　$0.1～12I_H$

动作时间　2 倍动作电流时　<20ms

返回时间　$20I_H$ 冲击动断时　<30ms

3) 时间元件整定范围：0.01～9.99s。

6. ZYQ-32S 型交流电压切换箱

ZYQ-32S 型装置用于双母线接线，当母线上连接的一次元件在两组母线间切换时对二次回路（电压及跳、合闸等)进行相应地切换，装置由电磁继电器构成。

该装置直流电压为 220V 或 110V，切换继电器同时动作时直流回路功率消耗小于 20W。

7. ZFZ-32S 型分相操作继电器箱

ZFZ-32S 型操作箱适用于单断路器接线、每相具有一个跳闸线圈的分相操作断路器，装置还具有一次合闸脉冲及重合闸出口回路。

该装置直流电压为 220V 或 110V，直流回路功率消耗，在正常运行时小于 35W，装置动作时小于 150W。

8. ZSC-33S 型三相操作继电器箱

ZSC-33S 型操作箱适用于只进行三相一次重合闸的线路。

该装置直流电压为 220V 或 110V，正常工作时直流回路功率消耗小于 40W。

六、阿城继电器厂生产的集成电路型线路保护装置

1. 简述

阿城继电器厂生产的集成电路型线路保护装置有距离保护装置、高频方向保护装置等，但实际使用不多，下面仅介绍集成电路型高频方向保护装置的有关性能。

2. ZFG-11 型高频方向保护装置

(1)简介。该型保护装置与高频收发信机配合构成闭锁式或允许式方向高频保护，用于 220～500kV 超高压线路作主保护，能瞬时切除被保护范围内各种相间及接地故障，并具有选相跳闸功能。在系统振荡时，特别在非全相运行状态下能正常工作。

该保护装置以负序方向和正序距离元件作为全相运行时的主要方向元件，以无触点切换的相电压补偿式方向元件和正序距离元件作为非全相运行时的方向元件。三种方向元件具有不同的工作原理和不同的动作特性，可以相互补充，互为备用。选相元件采用相电流差突变量元件，灵敏度高，动作速度快。当采用允许式保护方案时，装置提供了弱电源侧转发允许信号回路，以及相应的弱电源侧保护。如果区内故障伴随有通道破坏时，装置设有“解除闭锁回路”，使本侧保护动作后可直接跳闸。当元件损坏时，有较完善的监视和自动闭锁回路。

(2) 技术数据：

1) 额定数据：

直流电压 220V 或 110V

交流电压 100V

交流电流 5A 或 1A

2) 功率消耗：

直流电压回路 正常运行时 $<$20W

交流电压回路 $<$0.5VA/相

交流电流回路 $<$0.8VA/相

3) 正序距离元件：

整定阻抗 I_H=5A 0.125～10Ω

I_H=1A 0.65～50Ω

阻抗角 65°、75°、85°

精确工作电压 $<$0.5V

4) 相电压补偿式方向元件 F：

整定阻抗 I_H=5A 1.5～15Ω

I_H=1A 7.5～75Ω

阻抗角 65°、75°、85°

补偿系数 $n=0\sim0.7$ 级差 0.1

5) 相电流速断元件 $3I'_\varphi$：

整定范围 I_H=5A 5～50A

I_H=1A 1～10A

6) 不灵敏零序速断元件 $3I'_0$：

整定范围 I_H=5A 5～50A

I_H=1A 1～10A

7) 灵敏零序电流速断 $3I''_0$：

整定范围 I_H=5A 2.5～25A

I_H=1A 0.5～5A

8) 起动元件 $|\Delta I_2|+|\Delta I_0|$ 整定范围：

高定值 0.05、0.1、0.15I_H 三档

低定值 与高定值配合系数为 1.8、2 二档

9) 相电流差突变量选相元件 dI_{AB}、dI_{BC}、dI_{CA}：

整定范围 低定值 0.2、0.3、0.4I_H 三档

高定值 与低定值配合系数为 2、2.5、3 三档

10) 保护整组动作时间：$<$30ms。

第 23-3 节 晶体管型线路保护装置

一、简述

晶体管保护装置，我国从 70 年代开始采用，直到目前仍然在 110～220kV 系统中有一定的用户习惯采用。晶体管线路保护经过多年的实践和不断地改进完善，特别是按高压线路继电保护“四统一”设计整顿后生产出的装置及定型屏，运行情况良好，曾经很受用户欢迎。近年来，随着微机型、集成电路型线路保护装置的推广使用，晶体管型线路保护装置的采用自然减少，所以本节只对采用比较广泛的晶体管型线路保护装置及屏有选择地进行简单介绍。

二、南京电力自动化设备厂生产的晶体管 D 型线路保护装置

(一) 晶体管 D 型保护装置

1. JJ-11D 型晶体管相间距离保护装置

(1) 简介。JJ-11D 型保护装置适用于 110～220kV 大电流接地系统线路的相间短路保护。装置由六个方

向阻抗元件构成，第一、二段切换，第三段独立的三段式距离保护。配合高频收发信机，可构成高频闭锁距离保护。

（2）技术数据：

1）额定数据：

直流电压　220V 或 110V

交流电压　100V

交流电流　5A 或 1A

2）功率消耗：

直流电压回路　正常时　<15W

　　　　　　　动作时　<25W

交流电压回路　<15VA/相

交流电流回路　<6VA/相

3）阻抗元件：

整定阻抗　$I_H=5A$

0.2～2Ω/相、0.4～4Ω/相、1～10Ω/相

0.5～5Ω/相、1～10Ω/相、2～20Ω/相

　　　　$I_H=1A$

1～10Ω/相、2～20Ω/相、5～50Ω/相

2.5～25Ω/相、5～50Ω/相、10～100Ω/相

阻抗角　70°、75°、80°

精确工作电压　<1V

暂态超越　<5%

4）起动元件整定值：

负序电流（或增量）　$I_H=5A$　0.5A、1A

　　　　　　　　　　$I_H=1A$　0.1A、0.2A

零序电流（或增量）　$I_H=5A$　0.5A、1A

　　　　　　　　　　$I_H=1A$　0.1A、0.2A

相电流元件　$I_H=5A$　2.5～10A

　　　　　　$I_H=1A$　0.5～2A

5）整组动作时间：

当短路阻抗小于 0.7 倍整定阻抗时，距离保护动作时间不大于 30ms。

高频闭锁距离保护动作时间不大于 35ms。

2. JJ-22 型晶体管短线相间距离保护装置

（1）简介。JJ-22 型保护装置适用于 110～220kV 大电流接地系统短线路的相间短路保护。装置由六个阻抗元件构成，第一、二段特性为直线阻抗切换作为测量元件，第三段为独立的方向阻抗元件，并控制一、二段的方向性。配合高频收发信机可构成高频闭锁距离保护。

（2）技术数据：

1）额定数据：

直流电压　220V 或 110V

交流电压　100V

交流电流　5A 或 1A

2）功率消耗：

直流电压回路　正常时　<15W

　　　　　　　动作时　<25W

交流电压回路　<12VA/相

交流电流回路　<6VA/相

3）阻抗元件：

Ⅰ、Ⅱ段定值　$I_H=5A$

0.05～0.5Ω/相、0.1～1Ω/相、0.25～2.5Ω/相

　　　　$I_H=1A$

0.25～2.5Ω/相、0.5～5Ω/相、1.25～12.5Ω/相

Ⅲ段定值　$I_H=5A$

0.2～2Ω/相、0.4～4Ω/相、1.0～10Ω/相

　　　　$I_H=1A$

1～10Ω/相、2～20Ω/相、5～50Ω/相

阻抗角　70°、75°、80°

精确工作电压　<0.3V

4）起动元件整定值：

负序电流元件　$I_H=5A$　0.33A、0.66A、1A

　　　　　　　$I_H=1A$　0.066A、0.132A、0.2A

零序电流元件　（1～3）倍负序电流定值

相电流元件　$I_H=5A$　4～9A

　　　　　　$I_H=1A$　0.8～1.8A

5）整组动作时间：高频闭锁距离保护动作时间小于 35ms。

3. JL-11D 型晶体管零序电流方向保护装置

（1）简介。JL-11D 型保护装置适用于 110～220kV 大电流接地系统线路接地短路的保护。该保护装置由一个零序方向元件及五个零序电流元件构成，可以实现四个独立段和一个加速段的零序电流方向保护。

（2）技术数据：

1）额定数据：

直流电压　220V 或 110V

交流电压　100V

交流电流　5A 或 1A

2）功率消耗：

直流电压回路　正常运行时　<15W

　　　　　　　保护动作时　<30W

交流电压回路　<2VA/相

交流电流回路　<6VA/相

3）零序电流元件整定范围：

$I_H=5A$

$1LJ_0$　2.5～50.5A

$2LJ_0$　2.5～50.5A

$3LJ_0$　1～25.05A

$4LJ_0$　0.5～12.5A

$5LJ_0$　0.5～12.5A

4）暂态超越：＜5%。

5）零序功率方向元件：

最大灵敏角　80°±5°

最小动作功率　＜1VA

6）动作时间：

零序电流元件在1.5倍动作电流时，动作时间不大于15ms。

零序功率方向元件在5倍动作功率时，动作时间不大于15ms。

零序一段整组动作时间，在1.2倍动作电流下不大于25ms，在2倍动作电流下不大于10ms。

4. JJL-21型晶体管接地距离保护装置

（1）简介。JJL-21型接地距离保护装置由三段式接地距离保护和三段式零序方向电流保护构成，适用于110kV以上大电流接地系统线路接地短路的保护。采用了多相补偿原理的接地距离继电器作为测量元件，容许经较大过渡电阻的接地短路，暂态超越小，整定阻抗为每相0.05～20Ω，精确工作电压小，可适应于较短线路的接地保护。

配合高频收发信机可构成高频闭锁距离或零序方向电流保护。

（2）技术数据：

1）额定数据：

直流电压　220V或110V

交流电压　100V

交流电流　5A或1A

2）功率消耗：

直流电压回路	正常运行时	＜20W
	保护动作时	＜50W
交流电压回路		＜3VA/相
交流电流回路		＜4.5VA/(零序回路)
		＜1.5VA/相

3）阻抗元件：

Ⅰ、Ⅱ段定值

I_H=5A　0.05、0.1、0.2、0.6、2Ω/相

I_H=1A　0.25、0.5、1、3、10Ω/相

Ⅲ段定值　I_H=5A　0.1、0.4、2Ω/相

I_H=1A　0.5、2、10Ω/相

阻抗角　70°，75°，80°

零序电流补偿系数K　0.4～0.8可调

零序电抗特性δ　6°、8°、10°可调

精确工作电压　＜0.5V

暂态超越　＜5%

4）零序电流元件：

Ⅰ段定值　I_H=5A　1～97A

I_H=1A　0.2～19.4A

Ⅱ段定值　I_H=5A　0.5～96.5A

I_H=1A　0.1～19.3A

Ⅲ段定值　I_H=5A　0.25～48.3A

I_H=1A　0.05～9.6A

5）零序方向元件：

动作范围　160°～180°　不明区＜5°

最小动作电压　＜2V

最小动作电流　＜5%I_H

4）整组动作时间：距离保护在两倍精确工作电流和整定阻抗角下，短路阻抗为0.9倍整定阻抗时，动作时间不大于30ms；零序电流保护在1.2倍动作电流时，动作时间不大于20ms；在两倍动作电流时，动作时间不大于10ms。

5. JGB-11D型晶体管高频闭锁保护装置

（1）简介。JGB-11D型保护装置由接口继电器、逻辑电路及跳闸出口回路构成，与距离保护、零序电流方向保护及高频收发信机配合，可以实现高频闭锁距离、零序电流保护，适用于110～220kV线路的全线快速保护。

（2）技术数据：

1）直流电压：220V或110V。

2）直流电压回路功率消耗：＜8W。

3）整组动作时间（包括距离零序电流保护动作）：＜35ms。

6. JGX-11D型晶体管高频相差动保护装置

（1）简介。JGX-11D型保护装置适用于110～220kV长度不超过250km的输电线路作主保护，特别适应于具有串联电容补偿的线路和线路非全相运行的要求。主要起动元件负序电流元件采用三相对称式负序电流滤序器构成，可以反应各种故障，包括三相同时性短路故障。比相回路采用两次比相方式，可以防止故障转换和电流倒相时可能引起的误动。

（2）技术数据：

1）额定数据：

直流电压　220V或110V。

交流电压　100V

交流电流　5A或1A

2）功率消耗：

直流电压回路　＜25W

交流电压回路　＜3.5VA/相

交流电流回路　＜2.5VA/相

3）整定范围：

负序电流元件I_2

高定值　I_H=5A　0.8～2.2A

I_H=1A　0.16～0.44A

低定值　高定值/低定值＝2～3 倍数可调

零序电流元件 $3I_0$

高定值　I_H＝5A　1～2.4A

I_H＝1A　0.2～0.48A

低定值　高定值/低定值＝2～3 倍数可调

相电流元件 I_{X1}

高定值　I_H＝5A　5～20A

I_H＝1A　1～4A

低定值　高定值/低定值＝1.5～2 倍数可调

相电流元件 I_{X2}

高定值　I_H＝5A　1.5～9A

I_H＝1A　0.3～1.8A

阻抗元件　I_H＝5A　0.4～10Ω、0.75～20Ω 二档

I_H＝1A　2～50Ω、3.75～100Ω 二档

操作元件 I_1+KI_2　K 值　4～8 可调

闭锁角　60°～75°

4）整组动作时间：＜60ms。

7. JZC-11D 型综合重合闸装置

（1）简介。该型重合闸装置适用于 220kV 输电线路，可以实现单相、三相、综合及停用等各种重合闸方式，可以采用保护起动和“不对应”起动两种方式。

（2）技术数据：

1）额定数据：

直流电压　220V 或 110V

交流电压　100V

交流电流　5A 或 1A

2）功率消耗：

直流电压回路　装置动作时　＜100W

交流电压回路　＜6VA/相

交流电流回路　＜8VA/相

3）阻抗选相元件：

整定阻抗　I_H＝5A　0.5～10Ω、1～20Ω 二档

I_H＝1A　2.5～50Ω、5～100Ω 二档

动作时间　$I=I_H$ 及 $0.7Z_Y$ 时　＜20ms

精确工作电压　＜1V

4）相电流速断元件：

整定电流　I_H＝5A　2.5～50A

I_H＝1A　0.5～10A

动作时间　1.2 倍动作电流时　＜20ms

5）非全相判别电流元件整定范围：

I_H＝5A　0.5～12.5A

I_H＝1A　0.1～2.5A

6）零序电流元件：

整定电流　I_H＝5A　0.5～12.5A

I_H＝1A　0.1～2.5A

动作时间　1.5 倍动作电流　＜10ms

7）低电压辅助选相元件：

整定电压　10～40V

动作时间　0.7 倍动作电压 ＜30ms

8）无电压检定元件整定值：30、35、40、45、50V。

9）同期检定元件整定值：20°、25°、30°、35°、40°。

10）时间元件：

单相重合延时　0～2.6s

三相重合延时　0～1.6s

整组复归时间　6～9s

8. JC-11D 型晶体管三相一次重合闸装置

（1）简介。该装置适用于 220kV 及以下电压使用三相一次重合闸的线路，装置具有同期无压检定、相邻线路电流检定、重合闸后加速及三相一次重合闸的基本功能。重合闸检定方式及装置整定调试方便。

（2）技术数据：

1）额定数据：

直流电压　220V 或 110V

交流电压　100V 或 60V

交流电流　5A 或 1A

2）功率消耗：

直流电压回路　＜35W

交流电压回路　＜1.5VA

3）整定范围：

电压检定　30、35、40、45、50V

同期检定　20°、25°、30°、35°、40°

相邻线电流检定　0.2～6.2A

4）重合闸时间：0.5～5.8s

9. JCC-11D 型晶体管三相一次重合闸装置（带操作箱）

JCC-11D 型装置是在 JC-11D 型三相一次重合闸装置的基础上，增加了三相操作箱功能，主要用于 110kV 线路。

10. JSQ-11D 型晶体管断路器失灵保护起动装置

（1）简介。该装置采用三个分相电流继电器和简单的“门”电路组成，用于判别断路器的通断状态，再与保护动作触点连接构成起动断路器失灵保护的起动回路。装置具有动作和故障报警信号，调整试验方便。

（2）技术数据：

1）额定数据：

直流电压　220V 或 110V

交流电流　5A 或 1A

2）功率消耗：

直流电压回路　＜20W

交流电流回路　＜2VA/相

3）电流元件整定值：I_H=5A 时，0.5～12.5A。

4）动作时间：

电流元件动作时间　1.5 倍动作电流时＜20ms

电流元件返回时间　20 倍动作电流时＜25ms

11. FCX-11D 型分相操作继电器箱

（1）简介。该装置适用于 220kV 单断路器接线方式的输电线路进行分相控制操作的要求，只满足单跳闸线圈的断路器。装置除一般操作继电器箱的功能外，还辅加有一次重合闸脉冲回路。

（2）技术数据：

1）直流电压：220V 或 110V。

2）直流回路正常运行时功率消耗约 50W。

3）跳合闸回路自保持电流：0.5、1.0、2.0、4.0A。

（二）晶体管 D 型线路保护定型屏

该批定型屏主要用于 110～220kV 单断路器接线方式的线路保护，目前使用量逐步减少，而且屏中的装置如高频收发信机等都有所更换和调整。

该批定型屏屏型方案，见表 23-3-1，共 32 面屏。

三、许昌继电器厂生产的晶体管保护定型屏

（一）晶体管保护装置及辅助装置

纳入本批晶体管保护定型屏的装置包括：

（1）ZCG-21X 型晶体管高频相差动保护装置；

（2）ZJL-21X 型晶体管距离保护装置；

（3）ZLF-21X 型晶体管零序方向电流保护装置；

（4）ZZC-21X 型晶体管综合重合闸装置；

（5）ZSC-31X、ZSC-32X 型晶体管三相重合闸装置；

（6）ZDS-31X 型断路器失灵起动装置；

（7）ZFZ-31X 型分相操作继电器箱；

（8）ZYQ-31X 型交流电压切换箱；

（9）SF-21X 型高频收发信机。

上述装置的技术性能请看厂家的有关技术说明书。

（二）晶体管线路保护系列定型屏

该批定型屏组合方案，见表 23-3-2，共 16 面屏。

表 23-3-1　南京自动化设备厂生产的晶体管 D 型线路保护定型屏方案

屏型＼装置	JJ-11D	JL-11D	JZC-11D	JC-11D	JCC-11D	FCX-11D	JGX-11D GSF-3	JGB-11D GSF-3	YQX-11D	JSQ-11D	JJL-21	QK	备　注
PXD-01							●						
PXD-02							●	●				●	
PXD-03	●						●						
PXD-04		●					●		●				
PXD-05			●			●	●			●		●	
PXD-06												●	
PXD-07	●							●				●	"四统一"线路保护定型屏，适用于 110～220kV 线路保护
PXD-08		●						●	●			●	
PXD-09	●	●						●				●	
PXD-10	●							●	●				
PXD-11	●	●			●				●				
PXD-12	●	●							●				
PXD-13		●	●			●			●	●		●	
PXD-14		●		●		●				●			
PXD-15		●			●								
PXD-16			●			●				●		●	

续表 23-3-1

屏型 \ 装置	JJ-11D	JL-11D	JZC-11D	JC-11D	JCC-11D	FCX-11D	GSF-3 JGX-11D	GSF-3 JGB-11D	YQX-11D	JSQ-11D	JJL-21	QK	备　注
PXD-24							●				●		"四统一"线路保护定型屏，适用于110～220kV线路保护JJL-21代替JL-11D
PXD-28								●			●	●	
PXD-29	●							●	●		●	●	
PXD-31	●								●		●		
PXD-32	●				●				●		●		
PXD-33			●			●				●	●	●	
PXD-34				●		●				●	●		
PXD-35					●						●		
PXD-60	●								●				旁路保护用
PXD-61	●	●							●				
PXD-63		●	●			●				●		●	
PXD-64		●		●		●				●			
PXD-66			●			●				●		●	
PXD-81	●								●		●		旁路保护用JJL-21代替JL-11D
PXD-83			●			●				●	●		
PXD-84				●		●				●	●		

表 23-3-2　　许昌继电器厂生产的晶体管保护定型屏方案

屏型	屏名 \ 装置型号及名称	收发信机 SF-21X	高频相差保护 ZCG-21X	距离保护 ZJL-21X	零序电流保护 ZLF-21X	综合重合闸 ZZC-21X	三相重合闸 ZSC-31X、32X	分相操作箱 ZFZ-31X	失灵起动箱 ZDS-31X	电压切换箱 ZYQ-31X	备　用
PXH-201X	相差动高频屏	●	●								适用于 110～220kV
PXH-202X	相差动高频闭锁屏	●	●●								适用于 220kV
PXH-203X	相差动高频距离切换箱屏	●	●	●						●	适用于 110～220kV
PXH-204X	相差动高频零序屏	●	●		●						
PXH-205X	相差动高频综重分相操作失灵屏	●	●			●		●			适用于 220kV
PXH-206X	高频闭锁屏	●									
PXH-207X	高频闭锁距离切换箱屏	●		●						●	适用于 110～220kV
PXH-208X	高频闭锁零序屏	●			●						
PXH-209X	高频闭锁距离零序切换箱屏	●		●	●					●	适用于 220kV
PXH-210X	距离切换箱屏			●						●	适用于 110～220kV

续表 23-3-2

屏型 \ 装置型号及名称	屏名	收发信机 SF-21X	高频相差保护 ZCG-21X	距离保护 ZJL-21X	零序电流保护 ZLF-21X	综合重合闸 ZZC-21X	三相重合闸 ZSC-31X、32X	分相操作箱 ZFZ-31X	失灵起动箱 ZDS-31X	电压切换箱 ZYQ-31X	备　用
PXH-211X	距离零序切换箱屏			●	●					●	适用于 220kV
PXH-212X	距离零序三相重合闸操作切换箱屏			●	●		●			●	适用于 110kV
PXH-213X	零序综合重合闸分相操作箱失灵屏				●	●		●	●		适用于 220kV
PXH-214X	零序三相重合闸分相操作箱失灵屏				●		●	●	●		
PXH-215X	零序三相重合闸操作箱屏				●		●				适用于 110kV
PXH-216X	综合重合闸分相操作失灵屏					●		●	●		适用于 220kV

第 23-4 节　整流型线路保护装置

一、简述

整流型线路保护装置自 60 年代由上海继电器厂研制生产，发展到各继电器厂全面生产，代替了原有的感应型继电器装置。由于其技术指标和动作性能比感应型的有所提高，特别是调整试验较为方便，而得到了广泛采用，直到目前有的地区在 110kV 及以下电压的线路上仍然采用。为了适用这些用户的需要，本节对整流型线路保护装置及其定型屏作简要介绍。

目前生产整流型保护装置的厂家主要有上海继电器厂、许昌继电器厂、阿城继电器厂、保定继电器厂等，其生产的保护装置及定型屏均符合高压线路保护“四统一”设计的原理接线及技术要求，而且工艺结构都有较大程度的改进。整流型保护装置与微机型、集成电路型保护装置比较，价格相对便宜。

二、整流型线路保护装置

1. 简介

几个继电器厂生产的整流型线路保护装置类型见表 23-4-1。考虑到各厂生产的同类型装置，其用途功能相同，技术指标相近，所以只选择一个厂家的装置作简要介绍。

2. ZJL-31S 型相间距离保护装置

(1)简介。该型保护装置为三段式相间距离保护装置，适用于 110～220kV 高压线路作为相间短路故障的主保护和后备保护，可以与综合重合闸装置或三相重合闸装置配合使用。该装置配合高频收发信机可构成高频闭锁距离保护。

表 23-4-1　整流型线路保护装置类型一览表

装置名称 \ 厂家型号	上海继电器厂	阿城继电器厂	许昌继电器厂
相间距离保护装置	ZJL-31S	ZJL-31AJ	ZJL-31X
零序电流方向保护装置	ZLF-31S	ZLF-31AJ	ZLF-31X
综合重合闸装置	ZZC-31S	ZZC-31AJ	ZZC-31X
三相重合闸装置	ZSC-31S	ZSC-31AJ	ZSC-31X
	ZSC-32S	ZSC-32AJ	ZSC-32X
失灵保护起动装置	ZDS-31S	ZDS-31AJ	ZDS-31X
交流电压切换装置	ZYQ-31S	ZYQ-31AJ	ZYQ-31X
分相操作继电器箱	ZFZ-31S	ZFZ-31AJ	ZFZ-31X

(2) 技术数据：

1) 额定数据：

直流电压　220V 或 110V

交流电压　100V

交流电流　5A 或 1A

2) 功率消耗：

直流电压回路　正常时　40W

　　　　　　　动作时　150W

交流电压回路　<30VA/相

交流电流回路　<12VA/相

3) 阻抗元件：

整定阻抗　$I_H=5A$　0.5～20Ω

　　　　　$I_H=1A$　0.5～100Ω

阻抗角　65°、75°、85°

精确工作电流　$I_H=5A$　1.0A (DKB=2)

　　　　　　　$I_H=1A$　0.2A (DKB=10)

4) 整定时间范围：

二段时间　0.25～3.5s

三段时间　0.5～9s

整组复归时间　0.5～9s

一、二段切换　0.12～0.15s

振荡闭锁开放　0.25～0.3s

5）整组动作时间：<35ms（0.72 倍整定值，2 倍精确工作电流）。

6）负序电流元件：

整定值　I_H=5A　0.5、10A

　　　　I_H=1A　0.1、2A

动作时间　2 倍动作电流　15ms

　　　　　5 倍动作电流　10ms

7）相电流元件整定值：

I_H=5A　2.5～10A

I_H=1A　0.5～2A

8）断线闭锁 $3U_0$ 整定值：　3～7V。

3. ZLF-31S 型零序电流方向保护装置

(1) 简介。该型保护装置为三段式或四段式，必要时为五段式零序电流方向保护，适用于 110～220kV 大电流接地系统高压线路接地故障的主保护及后备保护。配合高频收发信机，可构成高频闭锁零序电流保护。

(2) 技术数据：

1）额定数据：

直流电压　220V 或 110V

交流电压　100V

交流电流　5A 或 1A

2）功率消耗：

直流电压回路　正常时　<40W

　　　　　　　故障时　<60W

交流电压回路　<20VA

交流电流回路　<12VA

3）零序电流元件整定值及动作时间：

I_H=5A（I_H=1A 时除以 5）时

$1LJ_0$　5～20A

$2LJ_0$　2.5～10A

$3LJ_0$　1.5～6A

$4LJ_0$　0.5～2A

LJ_0　0.5～2.0A

动作时间　<20ms（2 倍定值时）

4）零序功率方向元件：

最大灵敏角　80°±5°

最小动作电流　0.5A

最小动作电压　0.5V

最小动作功率　1VA

5）整组动作时间：二倍整定值时一段动作时间小于 30ms。

4. ZZC-31S 型综合重合闸装置

(1) 简介。该型装置适用于 220kV 高压线路作为综合重合闸装置，具有阻抗选相及分相跳闸功能，通过切换开关可以实现三相、单相、综合及停用等重合闸方式。

(2) 技术数据：

1）额定数据：

直流电压　220V 或 110V

交流电压　100V

交流电流　5A 或 1A

2）功率消耗：

直流电压回路　正常时　<60W

　　　　　　　动作时　<250W

交流电压回路　<10VA/相

交流电流回路　<12VA/相

3）阻抗选相元件：

整定阻抗　2～20Ω/相

阻抗角　85°±5°

精确工作电流　<1A

4）电流速断元件：

整定电流　12.5～50A

动作时间　20ms（2 倍整定值时）

5）相电流元件：

整定电流　0.5～2A

动作时间　25ms（2 倍整定值时）

5. ZSC-31S、ZSC-32S 型三相重合闸装置

(1) 简介。ZSC-31S 型装置适用于 110kV 大电流接地系统中，实现三相一次重合闸。ZSC-32S 型装置适用于 220kV 输电线路，实现三相一次重合闸。可以进行无电压或同步鉴定。

(2) 技术数据：

1）额定数据：

直流电压　220V 或 110V

交流电压　60V 或 100V

2）功率消耗：

直流电压回路　正常时　<30W

　　　　　　　动作时　<100W

3）重合闸时间：1～5s。

4）整组复归时间：9s。

6. ZDS-31S 型失灵保护起动装置

(1) 简介。ZDS-31S 型装置用于断路器失灵保护的起动回路，由三个相电流元件构成，目的是通过相电流元件判别断路器的通断位置。

(2) 技术数据：

1）额定数据：

直流电压　　220V 或 110V
交流电流　　5A 或 1A

2）功率消耗：

直流电压回路　　<20W
交流电流回路　　<1.5VA/相

3）电流元件整定范围：1.5～6A。

4）动作及返回时间：

动作时间　2倍动作值　　<20ms
返回时间　20倍额定电流　　<50ms

7. ZYQ-31S型交流电压切换箱

（1）简介。ZYQ-31S型装置用在双母线上，对二次交流电压及相应的回路进行切换，以保证每个电气元件的二次回路与其接入运行的母线位置相对应。

（2）技术数据：

直流电压　　220V 或 110V
直流电压回路功率消耗　<16W

8. ZFZ-31S型分相操作继电器箱

（1）简介。ZFZ-31S型装置适用于分相操作断路器，作为其操作的辅助控制回路。该装置仅满足一组每相具有一个跳（合）闸线圈的分相操作断路器，一次合闸脉冲及重合闸出口回路均设置在操作回路内。

（2）技术数据：

1）直流电压：220V 或 110V。

2）直流电压回路功率消耗：

正常时　　<35W
动作时　　<180W

3）重合闸继电器 ZHJ：

一次合闸脉冲充电时间　>15～25s
重合闸整定时间　　0.5～9s

三、整流型线路保护定型屏

1. 整流型线路保护定型屏（上海继电器厂）

（1）简介。该厂 PXH-100S 系列定型屏，适用于110～220kV 大电流接地系统高压输电线路，作为各种类型短路故障的主保护及后备保护，同时可以实现各种需要的重合闸方式。该批定型屏共有7种屏型，其技术性能见本节装置部分的介绍。

（2）PXH-100S 系列保护屏型方案：

1）PXH-110S型距离切换箱屏，屏中有 ZJL-31S型相间距离保护装置和 ZYQ-31S型交流电压切换箱。

2）PXH-111S型距离零序切换箱屏，屏中有 ZJL-31S型相间距离保护装置、ZLF-31S型零序电流方向保护装置及 ZYQ-31S型交流电压切换箱。

3）PXH-112S型距离零序三相重合闸操作箱（110kV 用）切换箱屏，屏中有 ZJL-31S型相间距离保护装置、ZLF-31S型零序电流方向保护装置、ZSC-31S型三相重合闸操作箱及 ZDS-31S型失灵保护起动装置。

4）PXH-113S型零序综合重合闸分相操作箱失灵保护起动箱屏，屏中有 ZLF-31S型零序电流方向保护装置、ZZC-31S型综合重合闸装置、ZDS-31S型失灵保护起动装置及 ZFZ-31S型分相操作继电器箱。

5）PXH-114S型零序三相重合闸（220kV 用）分相操作箱失灵箱屏，屏中有 ZLF-31S型零序电流方向保护装置、ZSC-32S三相重合闸装置、ZDS-31S型失灵保护起动装置及 ZFZ-31S型分相操作继电器箱。

6）PXH-115S型零序三相重合闸（110kV 用）三相操作箱屏，屏中有 ZLF-31S型零序电流方向保护装置及 ZSC-31S型三相重合闸三相操作箱装置。

7）PXH-116S型综合重合闸分相操作箱失灵保护起动箱屏，屏中有 ZZC-31S型综合重合闸装置、ZDS-31S型失灵保护起动装置及 ZFZ-31S型分相操作继电器箱。

2. 整流型线路保护定型屏（阿城继电器厂）

（1）简介。该厂 PXH-100AJ 系列定型屏，适用于110～220kV 大电流接地系统高压线路，作为各种类型短路故障的主保护及后备保护，同时可以实现各种需要的重合闸方式。该批屏还考虑了适应各种主接线方式的需要，并配合高频收发信机构成有高频闭锁保护，同时有的屏型还配置有晶体管型高频相差动保护装置 ZCG-21AJ。该批定型屏共有18种屏型，其装置技术性能参见本节装置部分的介绍。

（2）PXH-100AJ 系列保护屏型方案：

1）PXH-103AJ型高频相差动距离保护切换箱屏，屏中有 ZCG-21AJ型高频相差动保护装置、SF-7型高频收发信机、ZJL-31AJ型距离保护装置及 ZYQ-31AJ型交流电压切换箱。该屏功率消耗如下：

直流电压回路　正常时　<190W
　　　　　　　动作时　<330
交流电压回路　　　　　<30VA/相
交流电流回路　　　　　<17VA/相

2）PXH-104AJ型高频相差动零序电流方向保护屏，屏中有 ZCG-21AJ型高频相差动保护装置、SF-7型高频收发信机及 ZLF-31AJ型零序电流方向保护装置。该屏功率消耗如下：

直流电压回路　正常时　<190W
　　　　　　　动作时　<240W
交流电压回路　　　　　<30VA/相
交流电流回路　　　　　<17VA/相

3）PXH-107AJ、PXH-107AJ/T型高频闭锁距离保护切换箱屏，屏中有 ZJL-31AJ型距离保护装置、SF-7型高频收发信机及 ZYQ-31AJ型交流电压切换箱。PXH-107AJ/T型屏是在 PXH-107AJ型屏的基础上去掉旁路切换开关 $6QK_1$ 和 $6QK_2$，增加电流继电器 LJ_0 作为零序电流起动发信，同时增加零序功率继电器 GJ_0 与触点 $1LJ_0$ 串联作为零序电流停信回路，构成高频闭锁距离零序保护。该屏功率消耗如下：

直流电压回路　正常时　＜170W
　　　　　　　动作时　＜310W
交流电压回路　　　　　＜20VA/相
交流电流回路　　　　　＜12VA/相

4）PXH-108AJ 型高频闭锁零序电流方向保护屏，屏中有 ZLF-31AJ 型零序电流方向保护装置和 SF-7 型高频收发信机。该两面屏中功率消耗如下：

直流电压回路　正常时　＜170W
　　　　　　　动作时　＜220W
交流电压回路　　　　　＜20VA/相
交流电流回路　　　　　＜12VA/相

5）PXH-110AJ、PXH-160AJ、PXH-110AJ/T 型距离保护切换箱屏，屏中有 ZJL-31AJ 型距离保护装置和 ZYQ-31AJ 型交流电压切换箱。PXH-110AJ/T 型保护屏是在 PXH-110AJ 型保护屏的基础上去掉重合闸后加速切换片 $1QP_3$，增加连接片 1LP 作为距离保护第一段跳闸回路连接片。PXH-160AJ 型保护屏是在 PXH-110AJ 型保护屏的基础上增加端子接至高频闭锁发信和停信回路，构成 220kV 旁路断路器的保护屏。该几面屏的功率消耗如下：

直流电压回路　正常时　＜40W
　　　　　　　动作时　＜150W
交流电压回路　　　　　＜20VA/相
交流电流回路　　　　　＜20VA/相

6）PXH-111AJ、PXH-161AJ 型距离零序电流方向保护切换箱屏，屏中有 ZJL-31AJ 型距离保护装置、ZLF-31AJ 型零序电流方向保护装置及 ZYQ-31AJ 型交流电压切换箱。PXH-161AJ 型保护屏是在 PXH-111AJ 型保护屏的基础上增设部分端子排，构成旁路断路器的保护屏。该两面屏功率消耗如下：

直流电压回路　正常时　＜80W
　　　　　　　动作时　＜210W
交流电压回路　　　　　＜40VA/相
交流电流回路　　　　　＜24VA/相

7）PXH-112AJ 型距离零序电流方向保护三相重合闸操作箱切换箱屏，屏中有 ZJL-31AJ 型距离保护装置、ZLF-31AJ 型零序电流方向保护装置、ZSC-31AJ 型三相重合闸操作箱装置及 ZYQ-31AJ 型交流电压切换箱。该屏中功率消耗如下：

直流电压回路　正常时　＜80W
　　　　　　　动作时　＜240W
交流电压回路　　　　　＜40VA/相
交流电流回路　　　　　＜24VA/相

8）PXH-113AJ、PXH-163AJ、PXH-113AJ/T 型零序电流方向综合重合闸分相操作箱失灵保护起动屏，屏中有 ZLF-31AJ 型零序电流方向保护装置、ZZC-31AJ 型综合重合闸装置、ZFZ-31AJ 型分相操作继电器箱及 ZDS-31AJ 型断路器失灵保护起动箱。PXH-163AJ 型保护屏是在 PXH-113AJ 型保护屏的基础上增设部分端子构成用于旁路断路器的保护屏。PXH-113AJ/T 型保护屏是在 PXH-113AJ 型保护屏基础上，不设失灵保护起动箱，取消操作箱内三相跳闸不重合闸继电器 TJR 及三相跳闸继电器 TJQ，内部有可以短接的不外引端子，零序加速Ⅰ段。该屏主要用于东北电网。PXH-113AJ 型保护屏功率消耗如下：

直流电压回路　正常时　＜40W
　　　　　　　动作时　＜250W
交流电压回路　　　　　＜20VA/相
交流电流回路　　　　　＜25VA/相

9）PXH-114AJ、PXH-164AJ 型零序电流方向保护三相重合闸分相操作箱失灵保护起动箱屏，屏中有 ZLF-31AJ 型零序电流方向保护装置、ZSC-32AJ 型三相重合闸装置、ZFZ-31AJ 型分相操作继电器箱及 ZDS-31AJ 型断路器失灵保护起动箱。PXH-164AJ 型保护屏是在 PXH-114AJ 型保护屏的基础上增设部分端子排构成 220kV 旁路断路器保护屏。该两面屏功率消耗如下：

直流电压回路　正常时　＜40W
　　　　　　　动作时　＜120W
交流电压回路　　　　　＜20VA/相
交流电流回路　　　　　＜15VA/相

10）PXH-115AJ 型零序电流方向保护三相重合闸操作箱屏，屏中有 ZLF-31AJ 型零序电流方向保护装置及 ZSC-31AJ 型三相重合闸操作箱。该屏功率消耗如下：

直流电压回路　正常时　＜40W
　　　　　　　动作时　＜120W
交流电压回路　　　　　＜20VA/相
交流电流回路　　　　　＜12VA/相

11）PXH-116AJ、PXH-166AJ 型综合重合闸分相操作箱失灵起动箱屏，屏中有 ZZC-31AJ 型综合重合闸装置、ZFZ-31AJ 型分相操作继电器箱及 ZDS-31AJ 型断路器失灵保护起动箱。PXH-166AJ 型保护屏是在 PXH-116AJ 型保护屏的基础上增设部分端子排构成 220kV 旁路断路器保护屏。该两面屏功率消耗如下：

直流电压回路　正常时　＜40W
　　　　　　　动作时　＜250W
交流电压回路　　　　　＜20VA/相

交流电流回路　<13VA/相

3. 整流型线路保护定型屏（许昌继电器厂）

(1) 简介。该厂PXH-100X系列定型屏，适用于110～220kV大电流接地系统高压线路，作为各种类型短路故障的主保护及后备保护，同时可以实现各种需要的重合闸方式。该批屏还考虑了适应各种主接线方式的需要，并配合高频收发信机构成有高频闭锁保护，同时有的屏型还配置有晶体管型高频相差动保护装置ZCG-21X。对于不同地区不同运行习惯的需要，可另以特殊设计的屏型供货。

(2) PXH-100X系列保护屏型方案：

1) PXH-103X型高频相差动距离保护切换箱屏，屏中有ZCG-21X型高频相差动保护装置、SF-21X型高频收发信机、ZJL-31X型距离保护装置及ZYQ-31X型交流电压切换箱。该屏功率消耗如下：

直流电压回路　<300W

交流电压回路　<40VA/相($3U_0$回路<30VA)

交流电流回路　<18VA/相

2) PXH-104X型高频相差动零序电流方向保护屏，屏中有ZCG-21X型高频相差动保护装置、SF-21X型高频收发信机及ZLF-31X型零序电流方向保护装置。该屏功率消耗如下：

直流电压回路　正常时　<100W

动作时　<250W

交流电压回路　<10VA/相（$3U_0$回路<20VA）

交流电流回路　<18VA/相

3) PXH-105X型高频相差动保护综合重合闸分相操作箱失灵起动箱屏，屏中有ZCG-21X型高频相差动保护装置、SF-21X型高频收发信机、ZZC-31X型综合重合闸装置、ZFZ-31X型分相操作继电器箱及ZDS-31X型断路器失灵保护起动箱。该屏功率消耗如下：

直流电压回路　正常时　<150W

动作时　<500W

交流电压回路　<10VA/相

交流电流回路　<18VA/相

4) PXH-107X型高频闭锁距离保护切换箱屏，屏中有ZJL-31X型距离保护装置、SF-21X型高频收发信机及ZYQ-31X型交流电压切换箱。该屏功率消耗如下：

直流电压回路　正常时　<60W

动作时　<250W

交流电压回路　<30VA/相

交流电流回路　<13VA/相

5) PXH-108X型高频闭锁零序电流保护屏，屏中有ZLF-31X型零序电流方向保护装置及SF-21X型高频收发信机。该屏功率消耗如下：

直流电压回路　正常时　<80W

动作时　<210W

零序电压回路　<20VA

零序电流回路　<10VA

6) PXH-109X型高频闭锁距离零序电流保护电压切换箱屏，屏中有ZJL-31X型距离保护装置、ZLF-31X型零序电流方向保护装置、SF-21X型高频收发信机及ZYQ-31X型交流电压切换箱。该屏功率消耗如下：

直流电压回路　正常时　<100W

动作时　<300W

交流电压回路　<40VA/相（$3U_0$回路<30VA）

交流电流回路　<25VA/相

7) PXH-110X型距离保护电压切换箱屏，屏中有ZJL-31X型距离保护装置和ZYQ-31X型交流电压切换箱。该屏功率消耗如下：

直流电压回路　正常时　<50W

动作时　<150W

交流电压回路　<30VA/相（$3U_0$回路<15VA）

交流电流回路　<13VA/相

8) PXH-111X型距离零序电流电压切换箱屏，屏中有ZJL-31X型距离保护装置、ZLF-31X型零序电流方向保护装置及ZYQ-31X型交流电压切换箱。该屏功率消耗如下：

直流电压回路　正常时　<80W

动作时　<250W

交流电压回路　<40VA/相（$3U_0$回路<30VA）

交流电流回路　<23VA/相

9) PXH-112X型距离零序电流保护三相重合闸操作箱电压切换箱屏，屏中有ZJL-31X型距离保护装置、ZLF-31X型零序电流方向保护装置、ZSC-31X型三相重合闸操作箱装置及ZYQ-31X型交流电压切换箱。该屏中功率消耗如下：

直流电压回路　正常时　<60W

动作时　<120W

交流电压回路　<40VA/相（$3U_0$回路<30VA）

交流电流回路　<25VA/相

10) PXH-113X型零序电流保护综合重合闸分相操作箱失灵保护起动箱屏，屏中有ZLF-31X型零序电流方向保护装置、ZZC-31X型综合重合闸装置、ZFZ-

31X 型分相操作继电器箱及 ZYQ-31X 型交流电压切换箱。该屏功率消耗如下：

直流电压回路 正常时 <120W
动作时 <500W
交流电压回路 <10VA/相（$3U_0$ 回路 <20VA）
交流电流回路 <8VA/相（$3I_0$ 回路< 10VA）

11）PXH-114X 型零序电流保护三相重合闸分相操作箱失灵保护起动箱屏，屏中有 ZLF-31X 型零序电流方向保护装置、ZSC-32X 型零序电流方向保护装置，ZFZ-31X 型分相操作继电器箱及 ZDS-31X 型断路器失灵保护起动箱。该屏功率消耗如下：

直流电压回路 正常时 <120W
动作时 <500W
交流电压回路 <10VA/相（$3U_0$ 回路 <10VA）
$3I_0$ 回路 <1VA

12）PXH-115X 型零序电流保护三相重合闸操作箱屏，屏中有 ZLF-31X 型零序电流方向保护装置和 ZSC-31X 型三相重合闸操作箱装置。该屏功率消耗如下：

直流电压回路 正常时 <80W
动作时 <280W
交流电压回路 B 相回路 <10VA/相
$3U_0$ 回路 <20VA
交流电流回路 $3U_0$ 回路 <6VA

13）PXH-116X 型综合重合闸分相操作箱失灵保护起动箱屏，屏中有 ZZC-31X 型综合重合闸装置、ZFZ-31X 型分相操作继电器箱及 ZDS-31X 型断路器失灵保护起动箱。该屏功率消耗如下：

直流电压回路 正常时 <120W
动作时 <500W
交流电压回路 <10VA/相
交流电流回路 <12VA/相

第 23-5 节 高频保护专用收发信机及附属设备

一、简述

本节内容包括高频保护专用收发信机（亦称保护远方信号传输装置）、远方跳闸信号传输装置、复用载波机（含微波通道）音频接口装置、复用高频通道用的分频器及差桥网络。这些装置大多由集成电路实现，甚至向微机型发展，所以对系统中已经采用并逐步替换的晶体管型收发信机不再介绍。

二、高频保护专用收发信机

（一）YBX-1 型远方保护信号传输装置（扬州电讯仪器厂）

1. 简介

YBX-1 型装置专门用于通过电力线载波通道传送继电保护信号，构成各种类型的高频保护，如闭锁式距离零序电流保护、闭锁式方向比较保护、闭锁式相位比较保护，可用于 110～500kV 不同电压等级的高压和超高压线路。其主要特点如下。

（1）装置采用锁相式频率合成电路，频率精度高、稳定性好，在 40～400kHz 的使用频率范围内，可按 0.25kHz 的级差整定所需要的频率。YBX-1K 型装置可现场更换工作频率。

（2）装置收信回路中，采用了开关控制的方法，使高频收发信号差拍以及相位比较式高频方波“拖尾”问题得到较好的解决。

（3）装置采用特性良好的滤波器，满足了并机运行的要求。

（4）装置设有完善的接口回路，包括采用光电耦合器的无触点接口及快速继电器有触点接口。装置功能及箱端子安排符合“四统一”设计要求，可以与各种保护装置配合使用。

（5）装置主要回路设有监视指示，异常情况可发出报警信号，并有完善的调试回路，运行维护方便。YBX-1K 型装置完善了调试电话的功能。

2. 技术数据

（1）直流电压：220V 或 110V。

（2）直流回路功率消耗：发信时<140W。

（3）工作频率范围：40～400kHz；
频率误差：<±10Hz。

（4）中心工作频率：

$$f_0=(42+n)\text{kHz} \quad n=0,1,2,\cdots,356$$

每个中心频率占用传输带宽 4kHz，其中频接收带宽为 2kHz 和 1kHz 两种。

（5）发信输出电平：40dB$_m$/10W、43dB$_m$/20W 或 46dB$_m$/40W 三种类型。

（6）停信时外线残余电平：<−10dB$_m$。

（7）满功率发信时输出谐波电平：<−26dB$_m$。

（8）灵敏收信电平：+4dB$_m$。

（9）并机性能：允许并机间隔同相不小于 3B、邻相不小于 0B（其中 B＝4kHz），并机分流衰耗小于 1dB。

（10）输出阻抗：75Ω。

（11）传输时间（起动时间/返回时间）：当带宽 2kHz 时小于 3ms/3ms，带宽 1kHz 时小于 5ms/5ms。

（二）BSF-3 型高频收发信机（镇江华东列车电站

厂）

1. 简介

BSF-3型高频收发信机专门用于通过电力线载波通道发送和接收高频闭锁或高频相差动保护的高频信号，可用于110～500kV不同电压等级的高压和超高压线路。其主要特点如下。

(1) 装置采用锁相式数字频率合成技术，精度高，稳定好，频率调整方便，可在40～400kHz范围内按0.25kHz或1kHz频差整定所需要的频率。

(2) 装置具有远方起动、定时发信、通道衰耗增大3dB告警、收信裕度显示、电压表量程自动切换等功能。

(3) 装置采用性能良好的滤波回路，满足并机运行要求。

(4) 具有完善的接口回路，可以输入电位信号和触点信号。采用触点或光耦接口，与机箱内线路无电气联系。装置功能及箱端子排列符合“四统一”设计要求。

(5) 装置设有调试话务电路，对调联系方便。

2. 技术数据

(1) 直流电压：220V或110V。

(2) 直流回路功率消耗：发信时＜140W。

(3) 工作频率范围：40～400kHz，误差±3Hz。

(4) 工作中心频率f_0按以下条件确定：

$f_0=(40+0.25n)$kHz　$n=0,1,2,\cdots,1440$

或

$f_0=(40+n)$kHz　$n=0,1,2,\cdots,360$

间可调。

(5) 发信输出电平：+43dB$_m$/20W和40dB$_m$/10W两种类型。

(6) 输出谐波电平：＜−26dB$_m$。

(7) 收信电平：灵敏起始电平+4dB$_m$，正常收信电平+35～+20dB$_m$。

(8) 收信防卫度：

$f_0\pm2$kHz　≥33dB

$f_0\pm4$kHz　≥50dB

$f_0\pm14$kHz　≥65dB

(9) 并机性能：同相同道频率间隔大于14kHz，允许直接并机，其并机分流衰耗小于1dB。

(10) 输出阻抗：75Ω。

(11) 传输延时：收信输出延时小于3ms，收信输出消失延时也小于3ms。

(三) GSF-6A型高频收发信机（南京七三四厂）

1. 简介

GSF-6A型高频收发信机专门用于通过电力线载波通道传送高频保护信号，与各种类型高频保护装置配套使用，可用于110～500kV高压和超高压线路。

该收发信机主要特点如下。

(1) 装置采用标称工作频率，其收发频率采用相同的单频制工作方式，频率范围50～400kHz，$f_0=(50+4n)$ kHz　$n=0,1,2,\cdots,87$共88个单频可调。频率稳定，误差小，可以满足并机运行的基本要求。

(2) 采用外差式收信回路，提高了装置的防卫度，妥善地解决了相差保护中的“拖尾”问题。

(3) 收信回路采用门控电路，能够解决两侧发信频率形成的“差拍”问题，避免造成误动现象。

(4) 装置接口回路采用继电器触点和光耦管二种方式供选择，抗干扰能力强，使用灵活。

(5) 装置调试规范化，面板调试孔有明显标注，使调试人员一目了然。有测试附件，如可变衰耗器、50Hz方波发生器，调试维护方便。

(6) 装置功能及箱端子安排符合“四统一”设计要求。

2. 技术数据

(1) 直流电压：220V或110V。

(2) 直流回路功率消耗：

停信时　＜30W

发信时　＜100W

(3) 工作频率范围：50～400kHz。

(4) 发信输出电平：43dB$_m$（20W）。

(5) 输出阻抗：75Ω。

(6) 回波衰耗：＞10dB。

(7) 谐波电平小于−26dB$_m$。

(8) 收信电平：灵敏起动电平为+4dB$_m$，最大收信裕度为18dB。

(9) 收信回路防卫度：

$f_0\pm2$kHz　＞33dB

$f_0\pm4$kHz　＞35dB

$f_0\pm14$kHz　＞57dB（分流衰耗小于1dB）

(10) 传输延时：收/发延时小于5ms/5ms。

(11) 输出方波宽度（输入180°）：

裕量3dB　＞170°

裕量18dB　＜195°

(四) SF-500型高频收发信机（许昌继电器厂）

1. 简介

SF-500型收发信机专门用于通过电力线载波通道传送高频保护信号，可用于110～500kV高压和超高压线路。该装置通过不同的机型可以与各种类型的高频保护配合使用，其中：

SF-500A型收发信机配合晶体管高频相差动保护使用；

SF-500B型收发信机配合整流型、集成电路型保护使用；

SF-500C 型收发信机配合集成电路型高频相差动和高频方向保护使用；

SF-500D 型收发信机配合微机型保护使用。

该装置主要特点如下。

(1)装置载供电路采用锁相环频率合成器，保证了频率的精确度和稳定度。装置在全频段工作范围内，可以方便地在现场改变工作频率，特别适用于旁路断路器的高频保护。

(2)装置收发信回路采用性能良好的滤波器，收信回路还采用外差接收原理，提高了装置的防卫度，满足并机运行要求。

(3) 装置功能符合“四统一”设计要求，接口回路具有电位、触点、光电耦合等方式供选用，使用灵活，抗干扰性能好。

(4)装置具有自动检测数字显示和录波记录功能，并配有试验转接插板，调整试验、运行维护方便。

(5)装置设有试验电话专用插件，便于对调时通话联系。

(6)装置具有高频通道监视功能，当通道衰耗大于 3dB 时，除告警外，还有裕度告警显示功能。另外还具有高频通道录波功能，利于故障时保护动作性能分析。

2. 技术数据

(1) 直流电压：220V 或 110V。

(2) 直流回路功率消耗：

发信时 <120W

停信时 <60W

(3)工作频率范围：40～400kHz，可扩展到 35kHz 或 500kHz。

(4) 中心工作频率 f_0 按以下条件确定：

$f_0=(40+0.25n)$ kHz $n=0, 1, 2, \cdots, 1424$

或 $f_0=(42+4n)$ kHz $n=0, 1, 2, \cdots, 89$

(5) 发信频率误差和带宽：误差<±10Hz；带宽为 4kHz，两侧发信频率可相同或相差 0.25kHz。

(6)发信输出电平：37dB$_m$/5W～43dB$_m$/20W 可连续调整；当 f_0>400kHz 时，外线发信电平>40dB$_m$ (100W)。

(7) 输出阻抗：75Ω 或 100Ω。

(8) 收信防卫度：

$f_0\pm 2$kHz >35dB

$f_0\pm 4$kHz >45dB

$f_0\pm 14$kHz >60dB

(9) 并机性能：同相同道并机间隔大于 3B (其中 B=4kHz)，邻相通道并机间隔大于 0B，其并机分流衰耗不大于 1dB。

(10) 收信起动电平：0～16dB$_m$ 间可调。

(11) 传输时间：

从通道入口输入比灵敏起动电平高 3dB 的信号到收信机电位信号输出的延时，不大于 3ms。

停信时由通道入口信号消失到收信输出信号消失的延时，不大于 3ms。

(五) SF-7 型高频保护收发信机 (阿城继电器厂)

1. 简介

SF-7 型收发信机专门用于通过电力线载波通道传送高频保护信号，配合继电保护构成闭锁式和允许式高频保护，同时可以方便地替代老的收发信机，可用于 110～500kV 高压和超高压线路。其主要特点如下：

(1) 装置采用数字式锁相倍频技术合成的工作频率，精度高，稳定性好。

(2)收信机采用门控电路和外差式接收原理，防卫度高，抗干扰能力强，并能较好地解决高频保护中遇到的“差拍”和“拖尾”问题。

(3)装置接口回路灵活，可以与各种类型的高频保护配合使用。

(4)装置输出功率稳定，谐波电平低，输出输入阻抗稳定。

(5)装置具有完善的检测功能，包括定时检查高频通道，调试维护方便。

2. 技术数据

(1) 直流电压：220V 或 110V。

(2) 直流回路功率消耗：<120W。

(3) 工作频率范围：f_0=50～400kHz，误差±5Hz。

(4) 发信功率：10、20W。

(5) 收信灵敏起动电平：+4～+14dB$_m$，出厂整定+4dB$_m$ 收信机通频带宽为 1kHz，拖尾小于 1/10。

(6) 收信防卫度：

$f_0\pm 2$kHz 大于 30dB

$f_0\pm 4$kHz 大于 35dB

$f_0\pm 14$kHz 大于 55dB

(7)并机性能：同一线路邻相通道，允许频道紧邻使用。同相通道频道间隔 14kHz 允许直接并机，其分流衰耗小于 1dB。

(8) 传输延时：5ms (收信传输) /5ms (收信消失延时)。

三、远方跳闸装置

远方跳闸装置是用于远方传送直接跳闸命令或允许信号的装置。其正常运行一直发送一个载频监视通道、并用于闭锁跳闸回路的导频信号，当需要发送远方跳闸命令或允许信号时，装置将通过移频和提升功率送出相应命令的频率信号。远方跳闸装置主要用作远方跳闸、远方切机、远方切负荷和远方解列。这类装置实际上是一个移频式高频收发信机，早期产品为晶体管型 JYT-80、JYT-81 型远方跳闸装置，下面仅介绍改进后的集成电路型YTX-1远方跳闸信号传输装置(扬州电讯仪器厂生产)。

1. 简介

YTX-1型远方跳闸信号传输装置专门用于通过电力线载波通道传送继电保护及安全自动装置的远方跳闸命令或允许信号，可适用于110～500kV高压和超高压线路。该装置主要特点如下：

(1) 装置采用可编程锁相式频率合成技术，频率可按0.25kHz的级差任意整定，精度高，稳定性能好。

(2) 功率放大器采用准乙类深度混合负反馈技术，输出电平稳定，频率响应范围宽，谐波衰耗大，输出阻抗稳定。

(3) 采用性能良好的滤波器，使装置防卫度提高，具有直接并机运行能力。

(4) 装置采用了具有反时限特性的信杂比检测回路和尖脉冲干扰闭锁回路，提高了对接收信号的抗干扰能力。

(5)收信机设有导频独选闭锁回路，以防止通道虚假命令频率的出现而导致假命令输出。

(6)装置采用光耦接口和快速继电器接口，可以与各种保护装置配合使用。

(7) 装置主要回路设有监视信号，可以及时报警。

2. 技术数据

(1) 直流电压：220V或110V。

(2) 直流回路功率消耗：

正常运行时　<100W（发信机）

提升功率时　<150W

收信机功耗　<60W

(3) 工作频率范围：40～400kHz，误差<±10Hz。

(4) 中心工作频率：

$f_0=(42+4n)$ kHz　$n=0, 1, 2, \cdots, 89$。

基本带宽　4kHz

正常监视频率　f_0-250Hz

命令频率　f_0+250Hz

提升发信功率　6dB

(5) 允许并机间隔：同相>3B，邻相>0B（B=4kHz)。

(6) 并机分流衰耗：<1dB。

(7) 发信输出电平：

A型　正常运行　30dB_m（1W）

　　　命令提升　37dB_m（5W）

B型　37dB_m（5W）　43dB_m（20W）

C型　40dB_m（10W）　46dB_m（40W）

(8) 发信谐波电平：满功率发信时小于$-26dB_m$。

(9) 输出阻抗：75Ω。

(10) 收信灵敏度：0dB_m。

(11) 收信中频带宽：1kHz。

(12) 采用外差接收原理，解调后的命令频率和监视频率的中频信号分别为5.75kHz和6.25kHz。

(13) 传输时间（背对背)：<20ms。

(14) 回波衰耗：<10dB。

四、复用载波机（含微波通道）音频接口装置

(一) 简述

继电保护远方信号传输通常利用电力线载波通道，由保护专用收发信机来实现。但由于频道拥挤而难以满足要求，因此，必须藉助于复用电力载波机或利用其他通道，如微波通道、光纤通道和纵差电缆通道等途径来完成远方保护信号的传送，而这些通道的通信设备与继电保护的配合，一般都需要专门的接口装置。

继电保护与通信设备复用的终端口有两种：一种是模拟口，即0～4kHz的音频口。这种终端口，电网内用的通信设备，包括复用载波机都能提供。另一种是数字口，而这种接口只有PCM数字微波和数字光纤通信设备能提供，其数字口一般是速率为64kb/S的零次群接口。由于数字接口目前采用还不普遍，而且尚无标准的设备，所以只针对复用电力载波机介绍相关的音频接口装置。

国内采用较多的音频接口装置大都是随载波机一同引进的国外产品，如SWT-400、SWT-500型(Siemens公司)，NSD-41/45型(ABB公司)，NN-40、NN-45型(GE公司)的音频接口装置。目前，国内已有新开发生产的音频接口装置可供使用。

音频接口装置一般宜布置于载波机屏机架上，与载波机一并安放于载波机室内。

(二) CAT系列音频接口装置（南京自动化研究院)

1. 简介（主要介绍CAT-22型装置)

CAT系列音频接口装置包括有：

(1) CAT-20型装置是单路双频FSK式音频远方跳闸装置，可以通过音频通道专用及上音频复用方式复用载波机，仅用于传送一路远方命令信号，装置并具有本地故障判别功能，可以直接作用于远方跳闸。

(2) CAT-22型装置可以传送两路独立的双频FSK单命令，两路信号频率安排在同一4kHz音频带内，可通过音频通路专用及上音频方式复用通信设备。其中每一路命令通路可传送允许式，直跳式保护命令，并可提供两路独立的解除闭锁出口。复用载波机时，作为允许式信号的后备方式，尚可构成“二取二”远方跳闸方式。

该装置主要特点如下。

1)可根据通信设备给定的带宽范围和命令传送速度要求，分别选择各路信号移频频率偏移值，可选值为

250、100、50Hz。

2) 发送任一命令时，送出切除话音触点并提升发送功率（对复用载波机时采用）。

3) 接收鉴频采用相干解调和有源选频方式，两路命令信号分别鉴频，其每路的收信频率可按相应命令的发信中心频率，在“收信检测”面板上分别整定。

4) 收信回路具有尖脉冲干扰检测闭锁功能，每一路命令接收检测回路具有反时限信杂比闭锁功能，并具有抗杂音干扰的接收鉴频保护功能。

5)装置具有两路独立的命令输出及解除闭锁输出口。

6) 装置具有闭环检测功能及完善的监视、检测及报警闭锁措施。

(3)CAT-30 型装置是三频率音频接口装置，可分别传送正、负半周比相方波，用于构成双周比相式相差动保护。复用电力载波机时，能提供信号消失的解除闭锁信号。

(4) CAT-40 型装置是可以传送两个命令信号的多频 FSK 多命令装置(四频双命令方式)，可传送两个允许式或远方跳闸信号，也可提供“解除闭锁”信号。

(5) CAT-50 型装置是多频率 FSK 多命令音频接口装置，可切换频率有五个，有两种命令传送方式：一种是可分别传送四个不同的命令信号，用于传送允许式或远方跳闸命令；另一种是分别或同时传送三个命令，用于配合同杆双回线的保护，这种方式可提供收信信号消失后的“解除闭锁”信号输出。

2. 技术数据

仅以 CAT-22 型装置为例，介绍如下。

(1) 频率整定范围：

$f_{G1/2}$（导频）、$f_{T1/2}$（跳频）、$f_{01/2}$（中心频率）整定范围在 0.3～3.99kHz，按 10Hz 级差可调。

$f_{S1/2}$（移频）选择范围是 250、100、50Hz。

(2) 发送电平(单一音频)：－15～＋6dB_m/600Ω。其发送提升电平可在 0、＋6、＋10dB 值中选择。

(3)收信灵敏度：－20～＋6dB_m/600Ω。

(4)允许接收信杂比为－6dB。

(5)命令传输时间：

f_s=250Hz 时　　＜10ms

f_s=100Hz 时　　＜20ms

f_s=50Hz 时　　＜40ms

(三)YPC-500F6 型远方保护信号音频传输装置(许昌继电器厂)

1. 简介

YPC-500F6 型装置可用于快速可靠地传送电力系统中多个相互独立的继电保护信号(允许式或闭锁式)和远方跳闸信号。与载波机配合，可以传送两个三相系统或一个带有分相保护的三相命令信号；当需要送四个开关命令时，将按优先权编码方式依次发送。该装置同时可适用于微波、特高频通道、光纤通道及音频通道作为音频接口。该装置主要特点如下：

(1)采用键控移频(FSK)F6 调制方式，通过宽带滤波、限幅及窄带滤波可对脉冲型干扰信号进行有效地抑制。

(2)采用优先权编码方式，解决了多个命令信号的传送问题。

(3)在接收回路中，对选择组件经带通滤波、导频独选、放大限幅后进入中频变换。其音频信号与载频中频信号混频后，由低通滤波器取出下边频调制信号完成中频调制，再进行信号判别处理。对信号判别组件先经放大限幅、窄带滤波器分离后，进行噪声信号加权处理及编码检测。信号延时判别及环路检测码后再输出命令信号，可以有效地防止干扰造成误命令输出。

(4)装置设有环路检测电路，可以较快的测试整个传输通道及对端装置是否正常。当线路发生故障时，可以自动中断环路检测，保证装置正常工作。

(5)装置设有完善的监视回路，发生异常情况可以显示和报警。命令收发有计数器计数，便于事故分析。

2. 技术数据

(1)音频传输调制方式：移频式(FSK)，“四出一”或“五出一”可选择。

(2)音频传输路数：宽带机一个传输通路，单工或双工运行；窄带机可达三个传输通路，单工或双工运行。

(3)带宽：

1)宽带机对音频电缆或微波方式，一个通路占 3.1kHz 频带(即话音频带 0.3～3.4kHz)；对电力载波方式，一个通路占 2.5kHz 或 4kHz 频带。

2)窄带机对音频电缆或微波方式，三个通路共占 3.1kHz 频带；对电力载波机方式，在话音频带 0.3～2.4kHz 可安排二个通路，在上音频 2.1～3.6kHz 或 2.67～3.7kHz 内可安排一个通路。

(4)信号传输时间：

1)具有标准输出接口的宽带机(切合电流 2A)：

专用或同时复用方式时　＜10ms

交替复用方式时　＜15ms

2)具有标准输出接口的窄带机(切合电流 2A)：

专用或同时复用方式　＜15ms

与载波机配合使用时传输延时增加　＜2ms

(5)发送电平：－10、－6、＋15dB_m 可选择(阻抗

600Ω)。

(6)接收机电平：－32～4dB$_m$。

(7)工作电源：

1)交流电源为110V或220V，频率47～63Hz。

2)直流电源为48、60、110、220V。

3)功率消耗：宽带型或只有一个通路的窄带型小于15W(VA)；窄带型(三个通路)小于40W(VA)。

五、复用高频通道用的分频器(含差接网络)

(一)简介

电力线载波通道中普遍采用两套高频保护(含远方跳闸保护)或一套高频保护收发信机与通信载波机共用一相通道的复用方式。为了减小并机衰耗和相互间的影响，要求复用高频通道时加装分频滤波器或差接网络。

分频滤波器一般有高、低通分频器和带通带阻型分频器，前者适用两个频率各自偏向一边的情况，而后者适用于f_0(保护用)介于通信频率中间的情况。差接网络或汇接网络则是一种可替代分频滤波器的设备，其结构简单，使用方便，而且比较经济，但其相对衰耗较大，宜用于一般收信余量较大的中短线路。分频滤波器有户外式和户内式安装方式，但以靠近保护屏装设为宜，而差接网络则以安装于户外结合滤波器支持柱上为宜。

(二)分频滤波器

1. FL-50、FL-100、FL-200型分频滤波器(山东菏泽电信十厂)

(1)简介。该型分频滤波器承受的峰值包络功率分别为50、100、200W，与上述型号对应，每种型号均可提供带通带阻式和高低通式的接线方式，订货时应明确。

(2)技术数据：

1)工作频率：40～500kHz。

2)频率分隔比：>1.1。

3)工作衰耗：通带不大于1.3dB，阻带不小于26dB。

4)谐波衰耗：二次、三次谐波衰耗不小于80dB。

5)阻抗及回波衰耗：保护侧阻抗100±20Ω，通信侧阻抗100Ω；回波衰耗小于1.3dB。

6)性能：通信侧(或保护侧)发生短路，不影响保护侧(或通信侧)的正常工作。

7)外形尺寸：560×350×250(长×宽×高，mm)。

8)质量：20kg。

2. FL系列分频滤波器(北京电力设备总厂)

(1)型号含义：

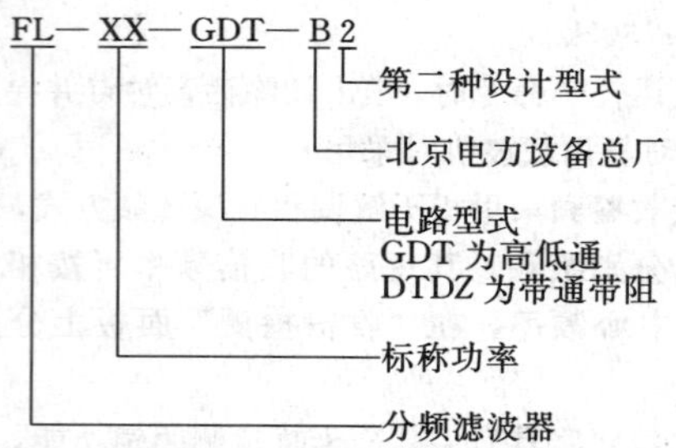

(2) 技术数据：

1) 工作频率：40～500kHz。

2) 频率分隔比：高低通型不小于1.1，带通带阻型不小于1.25 (f_0>150kHz) 或1.3 (f_0≤150kHz)。

3) 工作衰耗：通带内不大于2.2dB，阻带内不小于22dB。

4) 标称阻抗：75Ω或100Ω，阻抗波动范围±25～±30%。

5) 外形尺寸：471×361×195 (长×宽×高，mm)。

(三) 高频差接网络

1. 简介

高频差接网络虽有不同厂家的产品，但其电路原理和结构型式基本相同。其原理接线采用混合线圈及差动变压器，并接平衡电阻调节阻抗平衡的程度。与分频滤波器相比，简单实用。

2. DCW-100、BCW-100型高频差接网络(扬州电力通讯器件厂)

(1)简介。DCW-100型和BCW-100型分别为等臂式和不等臂式高频差接网络，可以分为户内式和户外式两种类型。

(2) DCW-100型差接网络技术数据：

1) 频率范围：40～500kHz。

2) 阻抗：75Ω或100Ω。

3) 承受功率：400W。

4) 回波衰耗：>20dB。

5) 邻端传输衰耗：<3.5dB。

6) 对端跨越衰耗：>26dB。

(3) BCW-100型差接网络技术数据：

1)邻端传输衰耗：不同侧有所不同，分别小于8dB或1.4dB。

2) 其余技术指标同DCW-100型。

3. GCW-600-B1型高频差接网络(北京电力设备总厂)

该型差接网络技术性能与DCW-100型差接网络相近，仅介绍其技术数据如下：

(1) 频率范围：40～500kHz。

(2) 阻抗：75Ω或100Ω。

（3）标称峰值包络功率：600W。

（4）回波衰耗：＞20dB。

（5）邻端传输衰耗小于 3.5dB，对端跨线衰耗大于 26dB。

（6）可分为户内式和户外式两种类型。

4. PGCW-400、BGCW-400 型高频差接网络（南京金山电气公司）

（1）简介。PGCW-400 型和 BGCW-400 型分别为平衡式和不平衡式高频差接网络，可以分为户外式和户内式两种。

（2）技术数据：

1）频率范围：40～500kHz。

2）阻抗：75Ω 或 100Ω。

3）标称峰值包络功率：400W。

4）回波衰耗：＞20dB。

5）邻端传输衰耗：

平衡式　＜3.5dB

不平衡式（各侧不同）　＞1.4dB 或＞8dB

6）对端跨接衰耗：＞26dB。

5. CH-1-1 型高频汇接网络（山东菏泽电信十厂）

该型汇接网络技术性能与 DCW-100 型差接网络相近，仅介绍其技术数据如下。

（1）工作频率：40～500kHz。

（2）阻抗：75Ω 或 100Ω。

（3）峰值包络功率：200W。

（4）回波衰耗：＞20dB。

（5）邻端传输衰耗：＜3.2dB。

（6）对端跨越衰耗：＞26dB。

（7）外形尺寸：420×270×160（长×宽×高，mm）。

第 23-6 节　母线及断路器失灵保护装置

一、简述

母线故障是电力系统中较为严重的故障，要求快速地有选择性地切除故障母线。而母线保护误动作跳闸元件多，对系统安全影响大，因此，对母线保护的可靠性和安全性都应提出较高的要求。

目前各厂生产的母线保护，按其动作原理可分为四种类型：

（1）比率制动原理的母线差动保护；

（2）母线各元件电流相位比较原理的母线差动保护；

（3）母联电流相位比较原理的母线差动保护；

（4）固定连接差动原理的母线保护。

上述各种原理的母线保护，其技术性能有所不同，可分别适用于不同电压等级不同主接线方式的母线保护。

断路器失灵保护是一种动作较快的近后备保护，其动作后跳闸元件多，影响面大，对其原理接线在保证可靠性的前提下，应特别强调其接线的安全性。

关于一个半断路器接线及多角形接线的断路器失灵保护，推荐采用按断路器为单元组屏装设的方案，其装置型号及相应的辅助保护屏型在本章第 23-1 节、第 23-2 节已作过介绍。

关于双母线（含分段双母线）及单母线的断路器失灵保护，通常由两部分构成，即失灵保护起动回路（箱）及公用跳闸回路（屏）。

（1）失灵保护起动箱的型号本章第 23-1 节～第 23-4 节已作过介绍，推荐装设于各元件的保护屏上。

（2）失灵保护公用跳闸回路，目前有独立成屏的，也有与母线保护共用跳闸回路共屏的，两种方案可供工程选用。关于共用跳闸回路的共屏方案，在介绍母线保护屏型时一并说明。

二、比率制动原理的母线差动保护屏

（一）简介

目前各厂生产的比率制动原理的母线差动保护，其原理接线、构成环节、技术性能及技术数据基本相同，下面仅以阿城继电器厂的 PMH-40 系列母线保护为例进行简要说明，其余各厂的同类母线保护只作一般介绍和提示性说明。比率制动原理的快速母线保护，主要适用于 220kV 及以上电压级的各种主接线方式的母线保护。

（二）PMH-40 系列母线保护（含失灵保护）屏（阿城继电器厂）

1. 简介

（1）PMH-40 系列母线保护由下列元件构成。

1）选择元件：中阻型比率制动差动元件。

2）起动元件：比率制动差动元件。

3）断线闭锁元件。

4）直流逻辑元件。

5）辅助变流器。

6）切换继电器（双母线接线用）。

7）快速低电压闭锁元件（单、双母线接线用）。

8）跳闸信号元件。

（2）比率制动原理的母线差动保护主要特点是：

1）动作灵敏度高，速度极快。

2）区内外故障动作性能不受电流互感器饱和影响。

3）适应于各连接元件电流互感器变比不一致及双母线各元件运行方式变化的情况。

4）接线简单，调试方便，具有断线监视闭锁功能。

2. PMH-40系列母线保护屏型方案

根据不同主接线方式的要求，如双母线（含分段双母线）要求有双位置切换继电器及快速低电压闭锁元件，单母线接线要求有快速低电压闭锁元件及母线连接元件数量不同的要求，及母线保护兼有断路器失灵保护共用出口回路的要求等，派生出各种不同的屏型方案，见表23-6-1，可供选用。

3. 技术数据

（1）额定数据：

直流电压　220V或110V

交流电压　100V

交流电流　5A或1A

（2）整定值：

选择元件最小动作电流　　0.5±0.1A

起动元件最小动作电流　I_H=5A　1.56±0.05A

　　　　　　　　　　　I_H=1A　1.3±0.05A

断线闭锁元件　　50mA

（3）整组动作时间：＜10ms。

（4）交流电流回路功率消耗：＜14VA/相。

（三）JMH-1型系列母线保护（含失灵保护）屏（许昌继电器厂）

1. JMH-1型母线保护组屏方案

该型母线保护为比率制动原理的快速母线差动保护，根据各种不同主接线方式的要求，有以下各种组屏方案。

（1）单母线接线：二面屏。

一面母线差动保护屏（含失灵保护和自检等功能），另一面辅助变流器屏。母线连接元件6个以下。

（2）单母线分段接线：二面屏。

两段母线各一面母线差动保护屏，其中每段母线连接元件6个以下。

（3）双母线接线：三面屏。

两条母线各一面母线差动保护屏，辅助变流器一面屏。

（4）双母线单分段接线：四面屏。

三条母线各一面母线差动保护屏，辅助变流器一面屏。

5）双母线双分段接线：五面屏。

四条母线各一面母线差动保护屏，辅助变流器一面屏。

（6）一个半断路器接线：三面屏。

两条母线各一面母线差动保护屏，辅助变流器一面屏。

上述组屏方案兼有充电保护，失灵保护及自检回路等功能。

2. 技术数据

（1）额定数据：

直流电压　220V或110V

交流电压　100V

交流电流　5A或1A

2）功率消耗：

直流电压回路

差动保护　220V　＜50W

　　　　　110V　＜30W

切换元件　220V　＜15W

　　　　　110V　＜8W

跳闸元件　　＜3W（单个元件）

电压闭锁　　＜3W

表23-6-1　PMH-40系列母线保护屏型

屏　型	适　用　范　围	组屏方式	备　注
PMH-41/6	单母线，连接元件6个以下	1柜	带低电压闭锁
PMH-41/9	单母线，连接元件9个以下	1柜1箱	带低电压闭锁
PMH-42/9Y	110kV双母线，连接元件9个以下，母联兼旁路	2柜或1柜1箱	兼有断路器失灵保护
PMH-42/13Y	110kV双母线，连接元件13个以下，母联兼旁路		
PMH-42/18Y	110kV双母线，连接元件18个以下，母联兼旁路	3柜或2柜1箱	
PMH-42/9	220kV以上双母线，连接元件9个以下，母联兼旁路	2柜或1柜1箱	
PMH-42/13	220kV以上双母线，连接元件13个以下，母联兼旁路		
PMH-42/18	220kV以上双母线，连接元件18个以下，母联兼旁路	3柜或2柜1箱	
PMH-43/19	220kV以上双母线，连接元件19个以下，两组母联及一组分段开关		
PMH-42两套	双母线双分段接线		分别含有上述保护功能

交流电压回路　　　　　　　　＜3VA/相
交流电流回路　　　　　　　　＜25VA/相

3）整定值：

制动系数范围　　0.5～0.8
断线闭锁元件　　0.05I_H
复合电压元件　　（0.5～0.8）U_H

4）允许电流互感器变比不一致范围：1∶2∶4。

（5）整组动作时间：＜10ms。

（四）JMZ-101 型及 HMZ-101 型快速母线保护屏（南京电力自动化设备厂）

1. 简介

该两种型号的母线保护为中阻型比率制动原理的快速母线差动保护，分别适用于单母线（含一个半断路器接线）及双母线（含分段双母线）接线的母线保护。

2. JMZ-101 型快速母线保护屏

该型母线保护屏适用于单母线及一个半断路器接线的母线保护，其标准设计为六个单元或六串，但根据用户要求可以任意增加。该型母线保护不设置切换继电器回路，其所需的辅助变流器集中装于保护柜内，电压闭锁元件是否设置可由用户确定。

3. HMZ-101 型快速母线保护屏

该型母线保护屏适用于双母线（含分段双母线）接线的母线保护，其标准设计为 14 个单元，可根据用户需要增加单元数，其辅助变流器装在线路电流互感器近处的端子箱内。二次回路切换继电器可选用双位置继电器或一般中间继电器。该型母线保护具有快速动作的低电压闭锁元件，同时可以提供与母线保护共用出口的失灵保护。

4. 技术数据

（1）额定数据：

直流电压　　220V 或 110V
交流电压　　100V
交流电流　　5A 或 1A

（2）交流电流回路功率消耗：＜4VA/相。

（3）差动元件：

制动系数　　0.5～0.8　可调（推荐 0.8）
动作值　　约 0.4I_H　最大可任意（推荐 1.2～1.5I_H）

故障测量时间　＜3ms

（4）快速低电压元件：

整定范围　　40～90V
动作时间　　＜8ms
记忆时间　　1～4s

（5）断线闭锁元件整定值：10～130mA。

（6）整组动作时间：＜10ms。

220kV 及以下电压双母线保护用复合电压闭锁时，其闭锁元件动作时间约 30ms。

（五）RADSS/S 系列快速母线保护屏（上海继电器厂）

1. 简介

RADSS/S 系列母线保护为比率制动原理中阻型快速母线差动保护，引进了 ABB 公司技术文件生产工艺及专用设备，采用插拔式模数结构，推拉轻巧方便，并增加了静态型复合电压闭锁元件（负序电压和低电压），适用于 220kV 及以上电压的各种主接线方式的母线保护，同时可兼有断路器失灵保护功能。

该母线保护有不同的屏型，当用于双母线分段主接线时，应按分段母线设置差动继电器（选择元件）及复合电压闭锁元件，并设置双位置切换继电器对二次回路进行母线间的切换。对分段断路器同母联断路器同样处理。

2. 技术数据

（1）额定数据：

直流电压　　220V 或 110V
交流电压　　100V
交流电流　　5A 或 1A

（2）整定值：

差动继电器 DR　　0.2～0.6A
起动继电器 SR　　0.88A
报警继电器 A　　30mA
复合电压继电器　　负序电压　3～10V
　　　　　　　　　低电压　　10～90V

（3）动作时间：

差动元件　　1～3ms
整组动作　　＜15ms（2 倍整定值时）

（六）JCMC-01 型集成电路母线差动保护屏（南京电力自动化设备厂）

1. 简介

该型母线保护也按比率制动的接线原理构成，但与上述几种母线保护的具体接线有所不同，相对比较复杂，主要适用于 220kV 及以上电压的各种主接线方式的母线保护。该型保护屏由以下部分组成。

（1）测量回路基于比较差电流和制动电流的大小，差电流为各连接元件电流的相量和（三相式或分相式），制动电流为各连接元件整流电流之和的 0.5～0.8 倍（制动系数），并采用“1 取 1”和“2 取 2”两种比较的运行方式及内部故障加速的措施，保证了区内外故障（即使电流互感器严重饱和的情况下）能正确快速动作。

（2）三相快速低电压闭锁元件，采用连续比较整流后三相或三线电压瞬时值的方法来检测母线故障，确定是否开放跳闸元件。

(3) 辅助变流器与切换继电器及其闭锁回路。

(4) 直流逻辑回路及跳闸信号回路。

(5) 断线闭锁回路。

JCMC-01 型母线保护屏典型设计为六单元，根据用户要求可增加单元数。辅助变流器集中安装在保护柜内。

2. 技术数据

(1) 额定数据：

直流电压 220V 或 110V

交流电压 100V

交流电流 5A 或 1A（经辅助变流器变为 0.1A）

(2) 制动系数：0.5、0.65、0.8 三档。

(3) 低电压元件整定值：

相电压时 45～65V（瞬时值）

线电压时 80～100V（瞬时值）

(4) 电流监视回路整定值：(0.1～0.45) I_H。

(5) 电流起动回路整定值：(0.5～1.0) I_H。

(6) 动作时间：

低电压测量时间 <5ms

整组动作时间 约 15ms（1.5 倍动作值时）

(七) PSM-1 型及 PDM-1 型母线差动保护屏（南京自动化研究院）

1. 简介

该类型母线保护为比率制动原理的母线差动保护，其动作量为各连接元件电流（三相综合量）的相量和，制动量为各连接元件整流后电流之和乘以制动系数。综合变流器将三相电流综合成一个电流，简化了保护接线，同时对主电流互感器变比不一致可以得到调整。该类型母线保护主要适用于 220kV 及以上电压的母线保护，可以保证区内外故障（即使电流互感器严重饱和的情况下）能正确快速动作。

2. PSM-1 型双母线差动保护屏

该型母线保护由 7SS13 型比率差动元件、CDY-1 型低电压闭锁元件、综合变流器、切换继电器、断线闭锁元件等构成，一般由两面柜组成，其原理与性能基本上与 JCMC-01 型母线保护相同。该型母线保护适用于双母线及分段双母线的母线保护，同时兼有充电保护及失灵保护的功能。

3. PDM-1 型单母线差动保护屏

该型母线保护由比率差动元件、低电压闭锁元件、综合变流器、断线闭锁元件等组成，适用于单母线及 1 个半断路器接线的母线保护。

4. 技术数据

(1) 额定数据：

直流电压 220V 或 110V

交流电压 100V

交流电流 5A 或 1A

(2) 制动系数：0.5、0.65、0.8 三档。

(3) 动作时间：<30ms。

(八) BP-1 型微机复式比率制动母线差动保护装置（南京自动化研究院）

1. 简介

该装置是由微计算机实现的母线差动保护，适用于各级电压各种主接线方式的母线保护，包括有复式比率差动继电器、突变量起动元件、低电压闭锁元件、断线闭锁元件、软硬件自检系统、交流量及开关量输入测量系统、故障信息及波形打印系统、实时时钟及串行通信系统。其主要特点如下。

(1) 复式比率差动原理用于母线选择元件，具有较高的灵敏度和可靠性。

(2) 运行方式自适应系统使装置在运行方式改变时不需任何人工切换操作。

(3) 适应于电流互感器变比不一致，并且可与其它装置共用电流互感器。

(4) 具有一定的录波功能。

(5) 具有自检功能，抗干扰性能强，调试方便。

(6) 通过 RS232 串行接口，可与计算机联网。

2. 技术数据

(1) 额定数据：

直流电压 220V 或 110V

交流电压 100V

交流电流 5A 或 1A

(2) 功率消耗：

直流电压回路 <50W

交流电压回路 <1VA/相

交流电流回路 <1VA/相

(3) 整定范围：

差电流 0.001～99.99A

复式比率差动斜率 0.25～2.00

电压闭锁元件 0.01～99.99V

电流互感器断线元件 0.01～99.99A

突变量电压元件 0.01～99.99V

(4) 整组动作时间：20～30ms。

三、相位比较式母线差动保护屏

1. 简介

相位比较式母线差动保护的动作原理是比较各连接元件电流的相位。理论上母线内部故障时各元件电流相位相同，而外部故障及正常运行时各元件电流相位不同，所以能正确区分母线区内、外故障而不受电流互感器饱和影响。对于母线内部故障有流出电流的情况，如一个半断路器接线及环形母线，这种原理的母线保护不能适用，所以这种母线保护类型较少。

2. BMH-1 型母线保护屏（许昌继电器厂）

(1) BMH-1 型母线保护屏适用于单母线、分段单母线及双母线接线的母线保护。其起动元件为带有制动特性的差动元件，选择元件为电流相位比较元件，另外还有复合电压闭锁元件、断线闭锁元件；具体实施还有电流变换元件、方波形成元件、电阻元件等。该装置适用于各连接元件电流互感器变比不一致的情况，同时还设置专用的保护巡检装置。

(2) 技术数据：

1) 额定数据：

直流电压　　220V 或 110V

交流电压　　100V

交流电流　　5A 或 1A

2) 差电流起动元件整定值：(0.5～2) I_H。

3) 相位比较元件闭锁角：60°±5°。

4) 断线闭锁元件整定值：(0.05～0.2) I_H。

5) 整组动作时间：<30ms。

6) 允许各电流互感器变比之比：2 或 4。

四、母联电流相位比较式双母线差动保护屏

(一) 简介

该系列母线保护屏适用于 220kV 及以下电压双母线接线的母线保护，由起动元件（差动继电器）、选择元件（相位比较继电器）、复合电压闭锁继电器、断线闭锁元件（电流继电器）及直流出口继电器等组成。其主要特点是接线简单，允许两条母线上的连接元件任意切换，但对于两条母线相继发生故障及母联断开分裂运行的情况不能进行保护，因此需采取完善措施，如增加母联断路器断开后投入序电压差原理的选择元件。

(二) PMH-9 型母联相位比较式母线差动保护屏（上海继电器厂）

1. 简介

PMH-9 型适用于 110kV 双母线接线的母线保护，由 BCH-2 型差动继电器作起动元件，LXB-3 型相位比较继电器比较总差动电流与母联断路器中电流的相位来选择故障母线作选择元件，LFY-2 型负序电压及低电压元件作电压闭锁元件，以及断线闭锁元件等组成。

2. 技术数据

(1) 额定数据：

直流电压　　220V 或 110V

交流电压　　100V

交流电流　　5A

(2) 功率消耗：

直流电压回路　正常时　≤20W

　　　　　　　动作时　≤120W

交流电压回路　　　　≤50VA/相

交流电流回路　　　　≤10VA/相

(3) 整定值：

起动元件　　>60±4 安匝

最小动作电流　1.5A

电流相位范围　120°<φ<180°

(4) 动作时间：

起动元件　<35ms（三倍动作电流时）

选择元件　≤40ms

整组动作　<100ms

该屏适用于 12 个单元（不含母联）的双母线接线，户外端子箱内留有两组试验端子，作为电流互感器变比不同时连接辅助电流互感器用。

(三) PMH-30 系列母联电流相位比较式母线保护屏（上海继电器厂）

1. 简介

该系列母线保护由母联电流相位比较继电器作选择元件，差动继电器作起动元件，并设有复合电压闭锁和电流回路断线闭锁元件。PMH-31S 型和 PMH-32S 型保护屏分别适用于 10 个单元或 18 个单元的双母线保护。

2. 技术数据

(1) 额定数据：

直流电压　　220V 或 110V

交流电压　　100V

交流电流　　5A

(2) 整定值：

相间电压元件　　15～60V

负序电压元件　　6～12V

相位比较闭锁角　120°<2φ<240°

(3) 整组动作时间：<80ms。

(四) SMC-X 系列母联电流相位比较式母线保护屏（阿城继电器厂，许昌继电器厂）

1. 简介

该系列母线保护由大差动继电器（1～3*CQJ*）作起动元件，电流相位比较继电器（1～3*LXB*）作选择元件及复合电压闭锁元件等组成，适用于 220kV 及以下电压的双母线保护，并且有加装序电压差选择故障母线（母联断路器断开后）的屏型。

2. 技术数据

(1) 额定数据：

直流电压　　220V 或 110V

交流电压　　100V

交流电流　　5A 或 1A

(2) 整定值：

起动元件　60±4安匝　(0.5～2) I_H

选择元件　电流相位　140°～180°

　　　　　起动电流　<0.5I_H

　　　　　灵敏角　0°±4°、180°±4°

(3) 整组动作时间：<80ms。

(五) PMH-5型母联电流相位比较式母线差动保护屏（保定继电器厂）

1. 简介

该型母线保护屏由起动元件、选择元件、电压闭锁元件等组成，适用于220kV及以下电压的双母线保护，同时兼有母联充电保护。

2. 技术数据

(1) 额定数据：

直流电压　220V或110V

交流电压　100V

交流电流　5A

(2) 功率消耗：

直流电压回路　正常时　<20W

交流电流回路　<14VA/相

(3) 动作时间：<45ms。

五、固定连接差动原理的母线保护屏

(一) 简介

该类型原理的母线保护适用于220kV及以下电压具有固定连接的各种主接线方式的母线保护，由差动原理的起动元件及选择元件、电压闭锁元件、断线闭锁元件及直流跳闸回路等组成。有的母线保护屏还兼有充电保护及失灵保护功能。

该类型母线保护一般采用电磁型差动继电器作为起动元件和选择元件，动作时间较慢，另外，由于限制母线连接元件的自由切换，所以使其实际采用受到限制。

(二) PMH-8型、PLM-100系列母线保护屏（上海继电器厂）

1. PMH-8型双母线固定连接式母线差动保护屏

(1) 简介。该型母线保护由BCH-2型差动继电器作为起动元件和选择元件，由LFY-2型复序电压及低电压元件作为闭锁元件，主要适用于110kV固定连接的双母线保护。该屏适用于12个单元（含母联）的双母线接线。

(2) 技术数据：

1) 额定数据：

直流电压　220V或110V

交流电压　100V

交流电流　5A

2) 功率消耗：

直流电压回路　正常时　≤20W

　　　　　　　动作时　≤120W

交流电压回路　≤15VA/相

交流电流回路　≤30VA/相

3) 动作电流：60±4安匝。

4) 动作时间：≤60ms。

2. PLM-100系列母线差动保护屏

(1)简介。该系列母线保护由大差动继电器作起动元件，分差动继电器作选择元件，并辅加有复合电压闭锁和电流回路断线闭锁元件。其中有的屏型同时设有断路器失灵保护。

1) 屏型命名的含义如下：

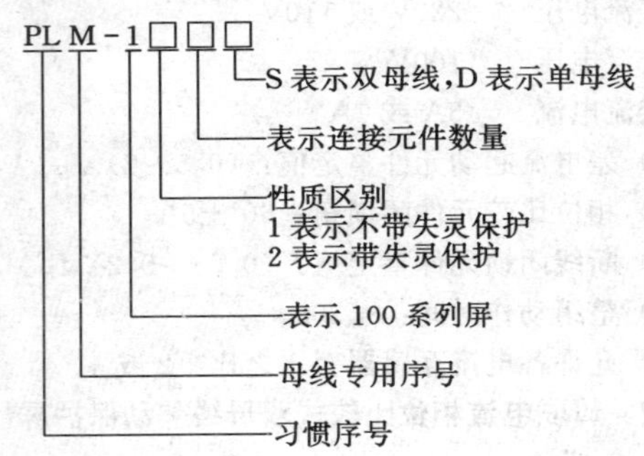

2) 屏型方案：

PLM-111S	110kV双母线差动保护屏	10个单元
PLM-112S	110kV双母线差动保护屏	18个单元
PLM-121S	220kV双母线差动保护屏	10个单元
PLM-122S	220kV双母线差动保护屏	18个单元
PLM-111D	110kV单母线差动保护屏	5个单元
PLM-112D	110kV分段单母线差动保护屏	8个单元
PLM-121D	220kV单母线差动保护屏	5个单元
PLM-122D	220kV分段单母线差动保护屏	8个单元

(2) 技术数据：

1) 额定数据：

直流电压　220V或110V

交流电压　100V

交流电流　5A

2) 整定值：

相间电压继电器　15～16V

负序电压继电器　2～4V

零序电压继电器　2～4V

断线电流继电器　1.5～6A

差动元件　60±4安匝

3) 整组动作时间：<100ms。

(三) BMH-2型母线保护屏（许昌继电器厂）

1. 简介

该型母线保护起动元件和选择元件采用相同的差动原理并具有制动特性，可以保证区内外故障正确动作，可适应于各种主接线方式的母线保护，包括各连接元件电流互感器变比不一致的情况。该型保护还设有专用的保护巡检装置。

2. 技术数据

（1）额定数据：

直流电压　220V 或 110V

交流电压　100V

交流电流　5A 或 1A

（2）整定值：

差电流起动选择元件　$0.5I_H$、$2I_H$

断线闭锁元件　$0.05I_H$、$0.2I_H$

（3）整组动作时间：<30ms（二倍动作值时）。

（4）允许电流互感器变比最大值与最小值之比：2 或 4。

（四）SMC-G 型和 SMC-F 型系列母线保护屏（阿城继电器厂，许昌继电器厂）

1. 简介

该系列母线保护是完全差动原理的母线保护屏，SMC-G 型和 SMC-F 型母线保护分别适用于固定连接的双母线接线和分段单母线接线。由差动元件（BCD 型）、复合电压闭锁元件、断线闭锁元件等组成。由于差动元件动作慢，一般只适用于 220kV 及以下电压级的母线保护，而且母线连接元件的运行位置受到限制。

2. SMC-G 型三相式固定连接双母线差动保护屏

该屏适用于 110～220kV 固定连接的双母线接线的母线保护。

3. SMC-F 型三相式分段单母线差动保护屏

该屏适用于 110～220kV 分段单母线接线的母线保护。

另外，还有 LMC-G 型和 LMC-F 型二相式母线差动保护屏，分别适用于 35kV 及以下电压级小接地系统的双母线和分段单母线保护。

六、断路器失灵保护屏

1. 简介

双母线或单母线的断路器失灵保护，采用独立成屏的方案时可用这类屏型，如 PSL-1、PSL-2 型断路器失灵保护屏（上海继电器厂）和 DSL-S、DSL-F 型断路器失灵保护屏（阿城继电器厂，许昌继电器厂），或者按照这些屏进行完善化的屏型。当采用失灵保护与母线保护共用出口的共屏方案时，可参见本章有关母线保护屏的介绍及厂家技术说明书。

2. 技术数据

（1）额定数据：

直流电压　220V 或 110V

交流电压　100V（单独加电压闭锁时）

交流电流　5A 或 1A

（2）电流元件：（0.5～2）I_H。

（3）时间元件：0.1～1.3s。

第 23-7 节　系统安全自动装置

一、简述

随着电力系统的快速发展，系统安全自动装置的开发和实际采用受到普遍重视。安全自动装置的功能是在系统发生故障的情况下，通过快速的大幅度调整（包括跳闸解列）来维护系统稳定运行，减小故障的影响和损失，严格地讲它是一种系统保护。

系统安全自动装置的实施应包括测量判断（含信息交换）的自动装置和稳定措施两个部分，涉及因素多，影响面大，实现相当困难。例如：

（1）稳定措施中，发电机快关或切机条件、电气制动条件、集中切负荷条件及解列点的选择等，常常难以确定和落实。

（2）快速的通道信息传递组织困难。

（3）电气量的测量判断受系统运行方式影响，使研究开发通用的定型化自动装置难度较大。

目前，系统安全自动装置的发展还处于初期起步阶段，尚无定型的综合功能的安全自动装置可以推荐，而一般采用的是功能简单的自动装置，进行就地测量就近控制的方案。对于微机智能型综合自动装置，有的系统已经或正在准备使用，通过积累经验，必将得到进一步发展和推广使用。

二、振荡预测及失步解列装置

（一）SBJ-1 型失步解列装置（南京自动化研究院）

1. 简介

SBJ-1 型失步解列装置用作电力系统振荡失步时的跳闸起动装置。当电力系统失步时，依据失步的性质是加速性或减速性失步作出相应的判断，可以送出解列、切机、切负荷命令。

该装置由失步继电器、起动元件及电压回路断线闭锁元件等组成。

（1）失步继电器为一个 6 重圆特性的阻抗继电器。采用阻抗循序判别方式，按 6 重圆动作 5 级后的 $\frac{5}{6}$ 方式出口，提高了可靠性和安全性。采用电压方波过零时的判别方式，可以取得最佳的配合效果，能够测量失步周期 150ms 的短周期失步振荡。该继电器还可区分加速失步和减速失步。

（2）起动元件为透镜形特性的阻抗继电器，正常运行时用于闭锁全套装置，保证其安全性，另外，当失步跳闸的作用区域需要与相邻的失步解列装置配合时，作为区域整定继电器，只允许振荡中心落于整定范围内时才出口。

装置内还设有振荡失步判别“一次”或判别“二次”的转换连线，供选用。

装置设有正常监视回路和专用调试插件。

2. 技术数据

(1) 额定数据：

直流电压 220V 或 110V

交流电压 100V

交流电流 5A 或 1A

(2) 功率消耗：

直流电压回路 ＜15W

交流电压回路 ＜0.2VA/相

交流电流回路 I_H=5A ＜1VA/相

I_H=1A ＜0.5VA/相

(3) 整定范围 (Z_M、Z_N、Z_X、Z_Y)：0.05～25.6Ω (I_H=5A)。

(4) 最大灵敏角：77°±3°。

(二) ZZJ-1、ZZJ-2 型振荡起动装置（许昌继电器厂）

1. ZZJ-1 型振荡起动装置

(1)简介：该型振荡起动装置由三个圆特性阻抗元件和直流逻辑回路构成，依照测量阻抗动作的先后程序，可以判断失步振荡、故障及其它运行状况，按加速失步和减速失步的性质送出解列、切机或切负荷命令。

(2) 技术数据：

1) 额定数据：

直流电压 220V

交流电压 100V

交流电流 5A 或 1A

2) 功率消耗：

直流电压回路 ＜30W

交流电压回路 ＜50VA/相

交流电流回路 ＜20VA/相

3) 整定值及动作时间：

1ZKJ 整定范围

I_H=5A 4～40Ω/相、2～20Ω/相

I_H=1A 20～200Ω/相、10～100Ω/相

用偏移阻抗圆偏移量 25%、50%、100%

用抛球阻抗圆抛球量 25%、50%

精确工作电流 I_H=5 1.5～20A

动作时间 0.7Z_Y 时 ＜60ms

2ZKJ、3ZKJ 整定范围

I_H=5A 2～20Ω/相、1～10Ω/相或 0.5～5Ω/相

I_H=1A 10～100Ω/相、5～50Ω/相或 2.5～25Ω/相

直线阻抗特性灵敏角 2ZKJ φ_m=−10°±5°

3ZKJ φ_m=170°±5°

精确工作电流 I_H=5A 2～25A

I_H=1A 0.4～5A

动作时间 0.7Z_Y 时 ＜60ms

2. ZZJ-2 型振荡起动装置

(1)简介。该型振荡起动装置由三个四边形阻抗继电器及直流回路构成，依照测量阻抗动作的先后程序，可以判断失步振荡、故障及其他运行状况，按加速失步和减速失步的性质送出解列、切机或切负荷命令。

(2) 技术数据：

1) 额定数据：

直流电压 220V 或 110V

交流电压 100V

交流电流 5A 或 1A

2) 功率消耗：

直流电压回路 动作时 ＜5W

动作时 ＜30W

交流电压回路 ＜5VA/相

交流电流回路 ＜2VA/相

3) 整定范围：

I_H=5A (I_H=1A 时乘以 5) 时

Z_1 电流绕组并联 0、2、4、6 Ω

电流绕组串联 0、4、8、12 Ω

Z_2 电流绕组并联 0、−2、−4、−6 Ω

电流绕组串联 0、−4、−8、−12 Ω

Z_R 电流绕组并联 0.7、1、1.5、2、3Ω

电流绕组串联 1.4、2、3、4、6 Ω

4) 精确工作电压：＜6V。

5) 阻抗继电器动作时间：＜40ms。

(三) 振荡预测装置及稳定控制屏（阿城继电器厂）

这些装置和屏的使用必须结合系统情况，应注意其使用条件。

1. ZZY-1 型振荡预测装置

(1) 简介。该装置基于测量电力系统振荡中心电压变化量 ΔU 和电压变化率 du/dt，来预测电力系统可能发生的失步振荡。

(2) 技术数据：

1) 额定数据：

直流电压 220V 或 110V

交流电压 100V

交流电流 5A 或 1A

2) 整定值：

补偿阻抗 I_H=5A 12Ω

$I_H=1A$ 60Ω

阻抗角 60°～80°可调

动作特性斜率 $\tau=0.4s$

短路闭锁 du/dt 整定 12～16V/s

2. ZZY-2 型振荡预测装置

(1)简介。该装置基于测量系统故障时功率变化量 ΔP 和频率突变量 df/dt 来预测电力系统可能发生的失步振荡。

(2) 技术数据:

1) 额定数据:

直流电压 220V 或 110V

交流电压 100V (永磁机电压 110V)

交流电流 5A 或 1A

2) 整定值:

ΔP 定值 (P_m)	高定值	0.1
	低定值	0.05
功率闭锁 (P_m)	$1P_0$	0.4～0.6
	$2P_0$	0.4～0.6
df/dt 定值	高定值	0.1～0.3Hz/s
	低定值	0.05Hz/s
	反向闭锁值	−0.1Hz/s
低定值延时闭锁时间		20ms

3. ZZY-3 型振荡预测装置

(1)简介。该装置基于测量系统故障时功率变化量 ΔP 来预测电力系统可能发生的失步振荡。

(2) 技术数据:

1) 额定数据:

直流电压 220V 或 110V

交流电压 100V

交流电流 5A

2) 整定值:

ΔP 定值 (P_m)	高定值	0.1
	低定值	0.05
低功率闭锁值 (P_m)		0.4～0.6
装置过渡时间		<40ms

4. PXWK-1 型系统稳定控制屏

(1) 简介。该屏由 ZZY-1、ZZY-2 型振荡预测装置、切机组合箱和压出力组合箱构成,适用于水电厂实现稳定控制,具有切机、减发电机组出力和投电气制动等功能。

(2) 技术数据:

1) 额定数据:

直流电压 220V

交流电压 100V

交流电流 5A 或 1A

2) 压出力时间整定范围:

长脉冲 0.5～10s

短脉冲 0.5～1s

短脉冲间隔 0.5～10s

5. PXWK-2 型系统稳定控制屏

(1) 简介。该装置由测量屏和功率放大屏组成,测量屏宜布置于网控室,功放屏宜布置于单元控制室,采用开关量传递信息,适用于火力发电厂进行稳定控制,可以实现调速汽门的快速控制、切机或减发电机出力。

(2) 技术数据:

1) 额定数据:

直流电压 220V

交流电压 100V

交流电流 5A

2) 瞬时快关:

闷缸时间 0.2～0.8s

缓开时间 5～15s

输出电压 0～10V

3) 持续快关输出电压: 0～10V。

4) 频率整定范围: 51～54Hz。

5) 过渡时间: <100ms。

6) 输出电流: 感性负载为 9Ω 时不小于 1.8A。

三、有功功率继电器及测功装置

1. 简介

电力系统进行稳定控制时,必须测量线路、发电机组乃至全厂的有功功率及其变化量,在综合稳定装置未广泛采用之前,常常利用一些单一功能的测功装置或有功功率继电器进行测功判断。

2. LYG-1、LYG-2 型有功功率继电器

(1)简介。该型有功功率继电器用于测量电力系统中有功功率的大小和方向,以便在进行自动控制时作为判断的一种依据。这两种继电器的原理性能基本相同。

(2)LYG-1 型有功功率继电器(阿城继电器厂)技术数据。

1) 额定数据:

直流电压 220V 或 110V

交流电压 100V

交流电流 5A

2) 功率消耗:

直流电压回路 <3W

交流电压回路 <3VA/相

交流电流回路 <2VA/相

3) 整定范围: 350～900W (级差 $\Delta P=50W$), 灵敏角 0°±10°。

4) 动作时间: <100ms (2 倍动作功率时)。

(3)LYG-2 型有功功率继电器(许昌继电器厂)技术数据。

1) 额定数据:

直流电压　　220V 或 110V

交流电压　　100V

交流电流　　5A 或 1A

2) 功率消耗:

直流电压回路　　<12W

交流电压回路　　<3VA/相

交流电流回路　　<2VA/相

3) 整定范围: 0.6~1.8 倍额定功率 ($I_H \cdot U_H$=500W),灵敏角 0°±10°。

4) 动作时间: <100ms (2 倍动作功率时)。

3. GCP 型功率测量及控制装置(南京自动化研究院)

(1)简介。该装置为一综合功能的功率测量及控制装置,根据不同的系统接线要求,可派生出 GCP-1、GCP-2 型系列装置。测功元件能在各种方式(包括故障方式)下准确快速地测出有功功率 P_0 及其变化量 ΔP,特别是能在电流、电压、频率发生较大变化的情况下测量,为此,装置采用先测得各相瞬时功率再进行综合的方法来取得平均功率。该装置除具有测功功能外,还可以针对系统情况进行逻辑判断,送出切机、切负荷和解列等控制命令。

该装置还具有电压回路断线闭锁、正常运行自动监视等功能,并设有整组试验按纽,调整试验方便。

(2) 技术数据:

1) 额定数据:

直流电压　　220V 或 110V

交流电压　　100V

交流电流　　5A 或 1A

2) 功率消耗:

直流电压回路　GCP-1　<30W

　　　　　　　GCP-2　<40W

交流电流回路　I_H=5A　<1.5VA/相

　　　　　　　I_H=1A　<1VA/相

交流电压回路　0.5VA/相 (每个测功元件)

3) 允许电气量变化范围:

交流电压　　$(0.2\sim\sqrt{3})U_H$

交流电流　　$(0.2\sim20)I_H$

频率　　45~55Hz

功率因素　　+1~-1

4) 测量精度:

正常范围〔$(0.5\sim1.2)I_H$、$(0.8\sim1.1)U_H$、49~51Hz、$\cos\varphi=0.8\sim1$〕内,综合误差≤±2%。

极限值范围内,综合误差≤±5%。

5) 动作时间:

1.2 倍整定值时本身动作时间　　≤20ms

短路开始到 90%稳态值时　　约 30ms

出口动作时间　　≤40ms

四、低周减载装置屏

1. 简介

低周减载装置屏是一种有效的维护系统安全运行的措施,在 110kV 及以下电压电网中得到普遍采用。当系统故障时,根据电网频率下降的严重程度,即 Δf 及 $\frac{df}{dt}$ 的变化大小,分层次按不同的时延切除部分非重要负荷线路,以保证系统安全运行,并维持对重要用户供电。

低周减载装置屏各继电器专业生产厂均可生产供货,目前的周率测量继电器大多用静态性的,测量精度及功能都有所提高,下面仅介绍部分生产厂家的产品。

2. PQJ-10 系列欠频减载屏(北京继电器厂、贵州长征电器八厂)

(1)简介。该系列屏型用于电力系统实现自动按频率减负荷及低频率解列,由 SQP-1B(SZH-1B)与 SQP-1C(SZH-1C)两种类型的继电器分别构成,有突出式、嵌入式、带低电压闭锁、带低电压低电流闭锁之分(长征电器八厂仅有嵌入式的)。其屏型命名含义如下:

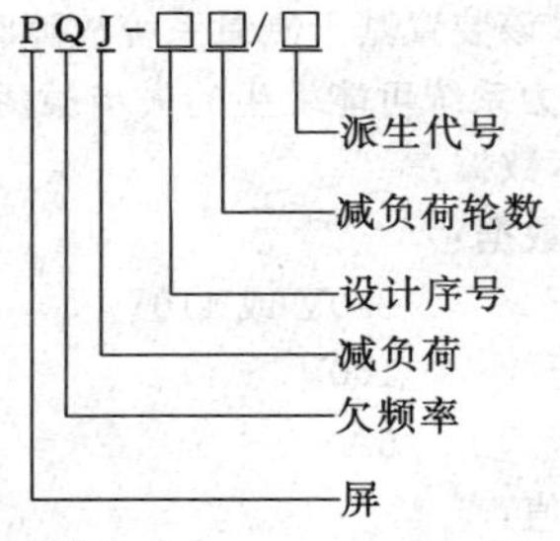

(2) 技术数据:

1) 额定数据:

直流电压　　220V 或 110V

交流电压　　100V

2) 整定范围:

频率整定　　45~49.5Hz,误差±0.015Hz

时间整定　　0.15s、0.5s、20s 三档

3) 屏型可切回路数:

PQJ-12　有 2 套装置　可切 9×2 路

PQJ-14　有 4 套装置　可切 (3~6) ×4 路

3. PQP-1 型欠频减负荷屏(保定继电器厂)

(1) 简介。该屏由 ZQP-1 集成电路型欠频率自动减负荷装置构成,可以分 5 个整定频率值,依次发出切负荷或解列等命令。

(2) 技术数据:

1）额定数据：

直流电压　220V 或 110V

交流电压　100V

交流电流　5A 或 1A

2）频率整定范围：　43～49.26Hz，

误差＜±0.015Hz。

3）闭锁电压：60V。

4）闭锁电流：0.5A。

5）输出延时：0.15～20s 可调。

6）可切回路数：五轮频率整定，每轮控制三路，共可切 15 路。

4. PQJ-$\frac{10}{20}$系列欠频率减载屏（上海华新电力自动化设备厂）

(1)简介。该系列屏型用于电力系统中自动按频率减负荷和低频解列，由 SQP-4E 型欠频率减载装置构成。屏型计有 PQJ-12A、PQJ-12B、PQJ-14A、PQJ-14B、PQJ-22、PQJ-24、PQJ-26 型等。

(2) 技术数据：

1）额定数据：

直流电压　220V 或 110V

交流电压　100V

交流电流　5A 或 1A

2）整定范围：

频率整定　45.5～50Hz，级差 0.0125Hz，误差 0.015Hz $\frac{df}{dt}$闭锁　0.2Hz/s

3）动作时间：0.05～49.95s。

5. PQJ-Ⅱ型低频减载屏（安徽滁州无线电厂）

(1) 简介。该屏由 SZH-2C 型低周波继电器等组成，用于电力系统自动按频率减负荷及低频解列。

PQJ-221 屏用作二轮减负荷。

PQJ-231 屏用作三轮减负荷。

(2) 技术数据：

1）额定数据：

直流电压　220V 或 110V

交流电压　100V

2）整定值：

频率整定　45～50Hz　级差 0.0125Hz

误差±0.015Hz

输出延时　0.08～25s

3）df/dt 闭锁时延 Δt：20、40、80、60ms 四档。

五、微机型安全稳定控制装置

1. 简述

目前，系统安全自动装置的开发设计，逐步由功能简单的局部测量控制装置向微机型综合功能的区域性稳定控制装置发展，其主要特点如下。

(1) 采用微机型稳定控制装置，具有在线计算（含逻辑判断）和智能化选择功能，可以尽量减少离线计算的工作量和对运行人员的操作要求。

(2) 测量功能多元化，如对电流、电压、功率、频率进行测量和在线计算，可以实现多条件综合控制，提高了装置动作的准确性和安全性。

(3)通过远方通道信息交换，可以实现区域性预防事故严重化的集中控制。

(4) 具有输出打印和远传功能，便于集中管理、快速分析和处理事故。

2. 微机型稳定控制装置

微机型稳定控制装置目前尚无成熟的产品可以介绍推广，下面仅对部分地区采用的装置作为信息动态给予简要提示。

(1)辽西系统安全稳定控制工程，属于区域性集中控制系统、涉及厂、站较多。由东北电业管理局和南京自动化研究院共同开发。

(2)华北神头地区安全稳定控制系统，主要解决联络线在故障情况下过功率问题。由山西电业管理局和南京自动化研究院等单位开发。

(3) WGP-1 型微机故障起动判别装置（南京自动化研究院），可检测各元件运行状态，判断故障跳闸、无故障跳闸，以及频率升高、进行发电机灭磁或关闭主汽门控制，作为故障检测装置或终端执行装置。

(4) PWK 型分布式稳定控制装置，用于云南系统，通过切机和解列等措施，控制联络线不应因过功率而失去稳定。

(5)WXK-51 型微机稳定控制装置，用于紧水滩电厂，主要功能是控制远方逻辑切机和高周切机，以及低周时控制发电机由调相改发电运行。

(6) 湖南云田变电所用的微机型稳定自动控制装置，用于控制 5 个变电所远方切负荷，由电力科学研究院开发。

(7) 其他系统和电厂还有很多微机型稳定控制装置在陆续投入使用，如四川系统的远方切负荷和解列装置、北仑港等电厂的发电机快关切机控制装置。

上述微机型稳定控制装置都有很多经验可以借鉴，也需要进一步完善和典型化。

第 23-8 节　电力系统故障录波器屏

一、简述

电力系统故障录波器是测量记录、分析电网故障的有效工具。随着微型计算机技术的发展，目前所生产的故障录波器均为微机型的，其技术指标先进，功能完善，可以直接输出打印结果，或通过接口进行远传，因而普遍受到运行部门的欢迎。已经运行的光电式或印刷式故障录波器，将很快被微机型故障录波器所替代。

微机型故障录波器普遍具有故障时模拟量录波、开关量记录、高频录波及故障测距等功能，有的装置还兼有P、Q功率测量记录功能，其录波的时间长短，包括故障前波形记忆时间及连续录波的次数，都可在一定范围内调整。

目前，研制生产微机型故障录波器的厂家及所能提供的录波器类型很多，而且尚未完全标准化，所以很难进行全面的介绍。对于成果转让出于同一版本的故障录波器，其主要技术性能将结合一套具体装置集中介绍，然后再分别对每个生产厂的产品进行补充说明。

二、微机型故障录波装置及屏柜

（一）WGL-12系列微机型故障录波装置

1. 简介

由华北电力学院研究生部研制开发的WGL-12系列微机型故障录波装置，符合1992年能源部委托电力科学研究院制定的对220～500kV变电所的故障记录要求。该系列装置同时由武汉电力仪表厂、保定继电器厂、上海虹浦仪器厂、许昌继电器厂、成都府河电气公司（WGL-12型）及南京电力自动化设备厂（WGL-18型）等单位生产，而各厂的具体屏型命名及辅助功能，结构工艺可能有所不同。

WGL-12型故障录波装置的主要功能特点如下。

(1) 装置具有故障录波，故障测距，开关量记录，高频信号记录，P、Q功率测量记录等功能。其记录时间可长达10min，满足动态长过程记录的需要。

(2) 装置容量可灵活配置，每块CPU插件可接受12路模拟量和18路开关量输入，其最大容量可配置到48路模拟量和72路开关量输入。高频信号如采用模拟量输入，则应配专门的高频变换器箱。

(3) 故障录波器可由内部自起动判据和外部起动方式同时起动。内部自起动判别因素有电流、电压突变量，中性点$3I_0$，序电压幅值变化，线路相电流在0.5s内的最大最小值之差大于10%，频率Δf和$\frac{df}{dt}$变化等。而外部起动则由保护跳闸触点或人为命令触点来起动。

(4) 数据记录时间、方式及采样率，可按图23-8-1所示的故障过程说明如下。

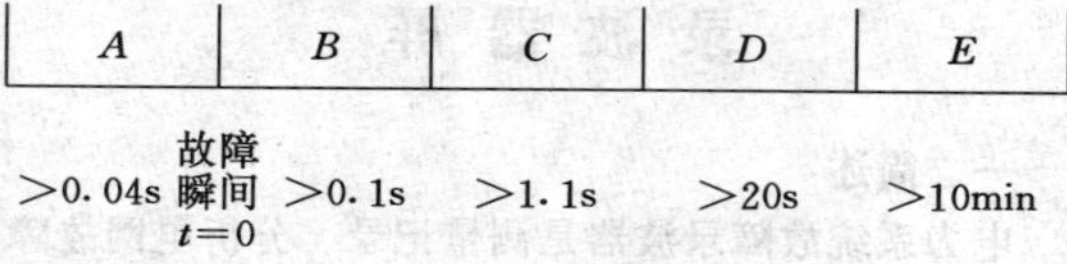

图 23-8-1　故障录波时间流程图

A、B时段为系统故障开始前、后瞬间的状态数据，直接记录每周20点的采样值（采样率为1000Hz），可观察到10次以内的谐波。

C段采样率不变，但VFC在积分5块面积的数值后送一个数，即每周记录并送出4个（面积）值。

D段每5周送出第1周的4个（面积）值。

E段每50周送出第1周的4个（面积）值。

分时段的目的是为了节省内存，但又能保证必要的信息、数据清晰地记录。

(5) 装置的故障记录可以通过不经召唤的紧急输出、事后的制表输出、电参量变化曲线输出等几种方式。上述输出结果可以存入软盘或打印以便存档保留，或者通过远传送至调度所处理。

(6)装置具备用户可编辑的能力，便于开发专用的软件包。装置设有完善的硬、软件自检和巡检功能，并有相应的报警回路。

2. 技术数据

(1) 额定数据：

直流电压	220V或110V
交流电压	100V或57V
交流电流	5A或1A
交流电源电压	220V

(2) 功率消耗：

直流电压回路	<80W
交流电压回路	<0.5VA/相
交流电流回路	<0.5VA/相
交流电源回路	<60W

(3) 模数变换保证线性的精确工作范围：

交流相电压　　0.5～80V（有效值）

交流电流　　I_H=5A　0.25～50A、0.5～100A、1.0～200A三档

　　　　　　I_H=1A　0.05～10A、0.1～20A、0.2～40A三档

(4) 开关量分辨率为1ms，谐波分辨率最高为10次。

（二）WGL-11系列微机型故障录波装置

1. 简介

WGL-11系列微机型故障录波装置，适用于110～500kV电力系统故障录波测距及事件记录，可以反映故障前后的动态过程。该装置由华北电力学院研究生部研制开发，同时由上海虹浦仪器厂（WGL-11型）、武汉电力仪表厂（DGL-11型）、保定继电器厂（WGL-11型）和南京自动化研究院等单位生产。

WGL-11型故障录波装置的主要功能特点如下。

(1)装置具有故障录波、故障测距、开关量记录及高频信号相应记录等功能。故障测距精度高，对金属性

短路测距误差小于 2%，对双回线测距算法程序可以考虑双回线互感带来的影响。

(2) 装置存储容量大，每个 CPU 中的 RAM 为 128K，可以连续贮存 5 次典型的故障，即每次故障为 2 次突变和 5s 的包络。

(3) 采用采样为 1200Hz 的较高频率，对谐波分析能力得到了提高。

(4) 装置的硬件采用了与 WXB-11 型微机线路保护相同的结构，软件也基本一致，抗干扰能力强，接口方便，便于运行维护管理。

(5)装置具有多种起动量回路，故障时能保证可靠起动录波，其起动方式有：相电压及相电流突变量起动，低电压起动，零序及负序电压起动，过电流起动，频率起动，开关量起动等多种方式。

(6) 装置可以输出打印结果，绘制曲线，也可通过 RS232 串行口，将故障信息远传。

(7) 装置具有自检功能，并可直接报警，调整试验方便。

2. 技术数据

(1) 额定数据：

直流电压	220V 或 110V
交流电压	100V
交流电流	5A 或 1A
交流电源电压	220V

(2) 功率消耗：

直流电压回路	＜80W
交流电压回路	＜0.5VA/相
交流电流回路	＜0.5VA/相

(3) 装置容量可以灵活配置，对应于 1～4CPU 时输入容量分别为：模拟量是 12、24、36、48 路（含高频通道），开关量是 22、44、66、88 路（含高频通道）。

(4) 开关量分辨率小于 1ms，谐波分量可观察 10 次以内的谐波波形。

(5) 故障记录时间最长可达 10min，时间间隔 40ms。

(三) GLQ2 微机型故障录波器

1. 简介

GLQ2 型故障录波器适用于 110～500kV 各级电力系统故障录波测距及事件记录。该装置由水利水电科学研究院自动化研究所研制生产，同时还有武汉电力仪表厂（PLW-2 型系列屏）、北京继电器厂（PLW 型系列屏）、许昌继电器厂、烟台奥特自控技术有限公司（PLW 型系列屏）等厂家生产。

该型故障录波器的主要功能特点如下。

(1) 装置功能完整，具有故障录波、开关量记录、高频信号相应记录等功能，特别是故障测距，配合数据远传利用两端数据进行计算可精确测距。装置容量可以灵活配置，具有扩展灵活、相对独立的特点。

(2) 通过软件起动录波器，具有人机对话功能，便于现场整定限值，也简化了硬件配置。每一模拟量通道均可起动录波，采用按键设定录波起动方式及起动限值。其起动方式有突变量起动、低限起动、过限起动及振荡起动，同时也可以通过开关量起动。

(3) 装置具有 3 个循环存放录波数据的存贮空间，每个存贮空间可以存放一次未经压缩的录波数据，每次录波时间为 4.2s，可录故障前 100ms。不间断录波（三次）时间为 12.6s，可以自动存盘让出数据存贮空间，以便连续录波。

(4)装置具有两个软盘驱动器，可以与 PC 机兼容，对录波数据进行离线处理，并具有智能化打印绘图功能，通过串行口（RS-232）可以与其它设备相联，传输录波数据。

(5) 装置人机对话功能强，运行调整维护方便，并设有掉电保护功能，保证实时时钟及录波数据在断电情况下不会丢失。

2. 技术数据

(1) 额定数据：

直流电压	220V 或 110V
交流电压	100V
交流电流	5A 或 1A
交流电源电压	220V

(2) 功率消耗：

直流电压回路	＜25W
交流电压回路	＜1.5VA/相
交流电流回路	＜0.3VA/相

(3) 记录容量：

模拟量	16 路
开关量	16 路

(4) 模拟量输入最大值：电压值 $1.5U_H$、电流值 $20I_H$。

(5) 高频量输入范围：1～100V（大于 50V 限幅）。

(6) 采样周期：1.25ms。

(7) 记录连续故障次数 12 次，每次 4.2s。振荡录波时间每次 67.2s。

3. 组屏方式

(1) 第一批组合屏共 5 种屏型：

PLW-1	单台 GLQ2 录波器屏型	16 线录波量
PLW-2	两台 GLQ2 录波器屏型	32 线录波量
PLW-3	三台 GLQ2 录波器屏型	48 线录波量

PLW-1P 、PLW-1 屏加 PC-286 微机屏型

PLW-2P 、PLW-2 屏加 PC-286 微机屏型

(2) 第二批由“高压线路组屏工作组”组合的 8 面

屏：

PWL2-10　单台GLQ2录波器屏型，16线录波量

PWL2-11　单台GLQ2录波器电压回路带切换屏型

PWL2-20　两台GLQ2录波器屏型，32线录波量

PWL2-21　两台GLQ2录波器电压回路带切换屏型

PWL2-10P、PWL2-10屏加PC-286微机屏型

PWL2-11P、PWL2-11屏加PC-286微机屏型

PWL2-20P、PWL-20屏加PC-286微机屏型

PWL2-21P、PWL-21屏加PC-286微机屏型

上述屏型水利电力科学院和有关合作厂家可生产供货。

（四）微机型录波装置及屏柜（南京自动化研究院）

1. 简介

南京自动化研究院研制生产的微机故障录波装置及屏柜在国内是比较早的，而且积累了很多经验，产品类型较多，计有：

(1) WDS-2型数字式故障录波测距装置系列。

(2) WDS-3型数字式故障录波测距装置系列。

(3) SJ-300型数字式故障录波器系列。

(4) WGL-11型微机故障录波器系列。

上述装置均可按屏柜方式供货，下面仅以WDS系列微机型故障录波器为例进行简要介绍。

2. WDS-2系列微机型故障录波装置

(1) 简介。该系列装置主要功能及特点（以WDS-2型微机录波装置为代表）具有数字分析功能强、容量大等特点，先后开发出2B、2C、2D、2E等类型装置，适用于110～500kV电力系统的故障录波及测距。

1）装置容量大，具有32线模拟量，72路开关量，并且可并机运行再扩大容量。

2）装置具有32个突变量起动，32个过限量起动，72路开关量起动，保障有足够的起动灵敏度和灵活的起动配置方案，并且可以连续多次起动记录故障，特别是可以记录长时间的振荡过程。

3）装置具有多种故障测距及故障分析功能。

4）装置具有数值化打印输出，硬、软磁盘后备存贮及数据远传功能（附RS-232C）。

5）人机对话功能强，整定调试方便。

(2) 技术数据：

1）额定数据：

直流电压	220V或110V
交流电压	100V
交流电流	5A或1A
交流工作电源	220V

2）记录容量：

模拟量	32路，电压输入0～100V，电流输入$20I_H$
开关量	72路
连续记录能力	8次主缓冲，255次磁盘缓冲
记录时间	起动点前120ms，起动后故障7s左右并能自适应变化，人工起动120ms

3）分辨率：

模拟量	故障前后120ms内为12bit，其余时间为8bit
开关量	1.25ms
响应频率	小于400Hz（8次谐波）

4）功率消耗：

直流电压回路	＜40W
交流电压回路	＜70VA/相
交流电流回路	＜70VA/相

3. WDS-3系列微机型故障录波装置

WDS-3型装置是在WDS-2型装置的基础上改进设计而成的新型高功能装置。

1）采用全CMOS技术，功耗小，可靠性高。

2)EEPROM存放起动定值及参数，提高了定值可靠性。

3)连续起动，连续录波，并全部自动打印输出，简化操作。

（五）微机型故障录波装置及屏柜（阿城继电器厂）

1. 简介

阿城继电器厂研制生产的WGJ系列微机型故障录波装置，具有故障录波、开关量记录等功能。配合WGF-1型故障分析装置，可分析计算、显示打印：

(1) 故障距离（测距）及随时间变化的阻抗值。

(2) 有功功率、无功功率及视在功率的有效值。

(3) 有功功率瞬时值。

(4) 谐波分量。

(5) 随时间变化的电流、电压有效值及频率值。

(6) 随时间变化的各序电压、电流的有效值。

(7) 各相电压、电流间相角差的变化。

为分析故障、评价继电保护提供科学依据，适用于110～500kV电力系统故障录波和测距。该装置可录取高频通道波形，但其信号需经二极管检波后接入高频通道插件。

2. 技术数据

(1) 额定数据：

直流电压	220V或110V
交流电压	100V

交流电流　　5A 或 1A

交流电源电压　220V

（2）录波长度 20s，故障切除后延时 1.2s，可采集 12 次故障，当第 11 次故障结束时发贮存器满信号。故障前时间 120ms。

（3）采样频率 1600Hz，0.24s 后变成 800Hz。

（4）故障测距误差在规定范围内不大于 3%。

3. WGJ 系列微机型故障录波器屏（柜）

（1）WGJ-1/1-2 型故障录波器屏：

24 路模拟量，48 路开关量，打印波形图。

（2）WGJ-1A/1-2 型故障录波器屏：

24 路模拟量，48 路开关量，打印波形，写入磁盘，由 WGF-1 型系统故障分析器计算分析。

（3）WGJ-1B/1-2 型故障录波器屏：

24 路模拟量，48 路开关量，打印波形图，写入磁盘，利用公用的 WGF-1 系统故障分析器进行系统故障分析。

（六）SZD-2 型微机型故障录波测距装置（深圳中电电力技术研究所）

1. 简介

SZD-2 型故障录波装置适用于电力系统故障录波、故障测距及开关量记录，以便为分析系统事故、评价继电保护动作提供科学依据。该装置由深圳中电电力技术研究所研制生产，其主要功能特点如下。

（1）录波记录通道容量大，模拟量 24～96 路，开关量 64～192 路可选。录波装置同电流电压变换器、前置机、后台机、校时装置及打印机安装于一面屏（柜）内。

（2）记录时间长，可以记录故障前 50ms 及故障后能连续记录多次故障。录波信息可以存贮和通过通信接口远传。

（3）具有统一的时间基准及对时功能。

（4）具有完善的自检功能，人机对话功能强，操作维护方便。

2. 技术数据

（1）额定数据：

直流电压　　220V 或 110V

交流电压　　100V

交流电流　　5A 或 1A

交流电源电压　220V

（2）记录容量：

模拟量　24～96 路（电压量 0～100V，电流量 0～5A）

开关量　64～192 路

（3）谐波分辨率：

Ⅰ型录波器采样频率 1000Hz，可分辨 9 次谐波。

Ⅱ型录波器采样频率 1800Hz，可分辨 18 次谐波。

（4）故障测距精度：2%～10%。

该型录波器可按其容量及功能，派生出多种系列屏型，如 SZD-2-24/64、SZD-2-36/64、SZD-2-48/64、SZD-2-48/128、SZD-2-60/128、SZD-2-72/128、SZD-2-84/128、SZD-2-96/128、SZD-2-96/196 型，其中□/□表示模拟量/开关量。

三、几个主要厂家生产的故障录波器屏型

（一）简介

前面着重介绍了目前应用较为广泛的几种微机型故障录波装置的技术性能及技术数据，以及研制单位所能提供的屏型，但其供货量有限，而且主要是由其合作的厂家生产。与研制单位比较，由专业厂家生产，其质量及售后服务受到用户信赖，而且批量较大。下面主要介绍几个厂家生产的故障录波器屏型，其技术性能及技术数据不再重复说明。

（二）武汉电力仪表厂故障录波器屏型

该厂主要生产 DGL-11（同 WGL-11 型）、WGL-12、PLW 或 PWL（装置为 GLQ2 型）系列屏型，见表 23-8-1、表 23-8-2。

表 23-8-1　DGL-11、WGL-12 系列故障录波器屏型

系列	屏　型	模拟量（路）	开关量	高频量（路）	备　　注
DGL-11 系列	DGL-11A	48	76		
	DGL-11B	24	38		
	DGL-11AG	48	57	12A	
	DGL-11BG	32	38	8A	
WGL-12 系列	WGL-12A	48	72		1. 高频量录波 12A 表示占 12 路模拟量，需经 HF 高频变换器 2. 高频量录波 8D 表示开关量录 8 路，每路高频量需占两个开关量
	WGL-12B	36	54		
	WGL-12C	24	36		
	WGL-12AG	48	72	8A8D	
	WGL-12BG	36	54	4A8D	
	WGL-12CG	24	36	8D	
	WGL-12D	48	72		
	WGL-12DG	48	72	8A6D	
	WGL-12E	48	72	自选	
	WGL-12F	36	54	自选	

表 23-8-2　　PLW（GLQ2）系列故障录波器屏型

屏　型	模拟量（路）	开关量	PC-286	备　注
PLW-1	16	16		根据要求可实现高频录波
PLW-1P	16	16	1	
PLW-2	32	32		
PLW-2P	32	32	1	
PLW-3	48	48		

（三）保定继电器厂故障录波器屏型

该厂主要生产 WGL-10 系列和 WGL-12 系列屏型。

1．WGL-10 系列故障录波器屏

该系列屏型以 WGL-10 型微机故障录波装置构成。WGL-10 型装置具有 16 路模拟量，24 路开关量，高频通道 4 路；延时记忆时间 40ms，故障测距精度±2.5%，采样频率 1000Hz；直流电压回路、交流电压回路、交流电流回路的功率消耗分别为 70W、1VA/相及 1VA/相。其屏型有两种：

(1) WGL-11 型屏为单屏单装置（16 路模拟量、24 路开关量）；

(2) WGL-12 型屏为单屏双装置（32 路模拟量、48 路开关量）。

订货时须注意区别装置及屏的型号。

2．WGL-12 系列故障录波器屏

该系列屏型以 WGL-12 型微机故障录波装置构成。WGL-12 型装置的容量主要取决于机箱中配置各功能插件的数量，以 12 路模拟量、18 路开关量为基数，可提供 4 种容量的屏型，即模拟量、开关量分别是：12，18；24，36；36，54；48，72 路。

（四）上海虹浦仪器厂故障录波器屏型

该厂主要生产 WGL-11 系列和 WGL-12 系列屏型。

1. WGL-11 系列故障录波器屏

该系列屏型见表 23-8-3。

表 23-8-3　　WGL-11 系列故障录波器屏

屏　型	CPU 模件	模拟量（路）	开关量	备　注
PWGL-11/A	1	12	22	
PWGL-11/B	2	24	44	含高频通道（开关量）
PWGL-11/C	3	36	66	
PWGL-11/D	4	48	88	
PWGL-11/E	4	48	88	2 台主机、2 台打印机

2．WGL-12 系列故障录波器屏

该系列屏型见表 23-8-4。

表 23-8-4　　WGL-12 系列故障录波器屏

屏　型	CPU 模件	模拟量（路）	开关量	备　注
PWGL-12/A	1	12	18	
PWGL-12/B	2	24	36	含高频通道（开关量）
PWGL-12/C	3	36	54	
PWGL-12/D	4	48	72	

（五）许昌继电器厂故障录波器屏型

该厂目前主要生产 WGL-12 系列和 PLW 系列屏型。

1．WGL-12 系列故障录波器屏

该系列屏型以 WGL-12 型微机故障录波装置构成，根据所配置的 CPU 组件的数量，可提供 4 种容量不同的屏型，参见表 23-8-1。

2．PLW 系列故障录波器屏

该系列屏型以 GLQ2 型微机故障录波装置构成，其屏型参见表 23-8-2（该厂亦称 PGL-20 系列微机故障录波屏）。

（六）南京自动化设备厂故障录波器屏型

该厂主要生产 WGL-18 型（同 WGL-12 型）系列微机故障录波器屏型，其屏型方案参见表 23-8-4。该厂还生产 WGL-21 及 WGL-22 型微机故障录波器屏，其具体技术性能见厂家技术说明书。

（七）上海继电器厂故障录波器屏型

该厂主要生产 WDS-2B 型微机故障录波器屏，其技术性能及数据见南京自动化研究院 WDS-2 型录波器屏。

（八）北京继电器厂故障录波器屏

该厂主要生产 PLW 系列（GLQ2 型）微机故障录波器屏，其屏型方案见表 23-8-2。

（九）成都府河电气公司故障录波器屏

该公司主要生产 WGL-11 系列和 WGL-12 系列微机故障录波器屏，其屏型方案分别见表 23-8-3 和表 23-8-4。

（十）烟台奥特自控技术有限公司故障录波器屏

该公司主要生产 PLW 系列（GLQ2 型）微机故障录波器屏，其屏型方案见表 23-8-2。

第 23-9 节　继电保护专用调试设备及公用电源柜

一、简述

微机型、集成电路型继电保护装置的开发和实际应用，对继电保护调整试验也起到推动作用。显然，再不能使用陈旧的电磁型仪表像摆地摊式的方法进行调整试验，因为这样工效低又不能保证调试精度和质量。目前，生产厂家已开发出多种类型的继电保护专用调试装置和一些新型的数字式测试仪表可供使用。这些专用测试装置有微计算机型的，有组合型的，可以模拟各种故障，调整试验方便。

根据"继电保护试验仪器仪表配置定额"的原则要求，对于发电厂和大型变电所均应配置适当数量的继电保护专用调试装置和相应的调试仪表，尤其是一些不宜搬动的装置和仪表（笨重的和易损坏的），应固定放置于厂、所内，如成套试验装置、高频调试仪器及随时需要的仪表。

为了保证调试电源的质量和安全，在保护屏集中的地方，应配置继电保护调试公用电源屏。

二、继电保护专用试验装置和仪表

继电保护试验装置和仪表类型很多，很难作详细介绍，请索取厂家产品技术说明书进一步了解。这里纳入介绍的产品如表 23-9-1 所示。应该说明，难免有遗漏的厂家和产品。

表 23-9-1　继电保护试验装置及试验仪表

仪表名称	型　号	主要技术指标	生　产　厂	备　注
高频振荡器	DZ-4F	0.2～620kHz　+26～70dB	武汉电力仪表厂	可用于宽频或选频
	YX-5061	0.2～620kHz　+10～60dB	南京 734 厂	
	UX21B	0.2～620kHz　+10～60dB	合肥无线电一厂	
	JH5064D	0.2～620kHz　−7～+1N	四川建华仪器厂	
选频电平表	DX-2F	0.2～620kHz　选频−80～+50dB	武汉电力仪表厂	
	YX-5011	0.2～620kHz　选频−80～+40dB	南京 734 厂	
	UD-26B	0.2～620kHz 选频　−50～+20dB	合肥无线电一厂	
	JH-5014D	0.2～620kHz　−14～+6N	四川建华仪器厂	
高频电压表	GB-10	10mV～300V	浙江绍兴仪表厂	
	DAG-2 DA-2	10～300mV　20Hz～1MHz	上海无线电 26 厂	
高频电流表	GP3-MA	20Hz～500kHz　10～1000mA±1%	北京电力科学研究院	
选频电压电流表	DX-1D	0.1mV～300V　3mA～1A	武汉电力仪表厂	
数字频率计	703-2	0.1～1MHz	南京自动化设备厂	
	DP-3		武汉电力仪表厂	
	Fe7011	10Hz～100MHz	上海无线电仪器厂	
高频毫伏表	JH2200	20Hz～2MHz　0.1mV～300V −75～+50dB	四川建华仪器厂	
	HFP-1	30Hz～10MHz	云南无线电厂	
双踪记忆示波器	SJ6	DC-30MHz	上海无线电 21 厂	
	COM7061	DC-60MHz	西安红华仪器厂	
通用示波器	XJ-1850	DC-10MHz 通用	上海无线电 21 厂	
	XJ-4241	二踪　DC-10MHz		
	ST16（H）	DC-7MHz	西安红华仪器厂	小型化
	SR8A	DC-15MHz　二通道		
多功能相位电压表	DHF-1	机械触点式	北京电力科学研究院	带合闸控制角
数字式钳形相位表	QX-1 QX-2	0.1～10A　5～500V　0～360°误差 1° QX-2 可测频率	衡阳红旗电器仪表厂	便携式
	DPX-1	0.1～5.0A　1～500V	武汉长江电气发展有限公司	
	WX-1	0.1～10A　1～500A　1.5 级，可测频率	成都府河电气公司	

续表 23-9-1

仪表名称	型号	主要技术指标	生产厂	备注
钳形相位表	MG-29	15～450V　1～10A　0～360°	天水长城精密电表厂	
工频试验电源	FPY-2	45～65Hz±0.01Hz df/dt　0.1～99.9Hz/s	北京继电器厂	
工频频率及时间测量	WPS-1	3～100V　20～99Hz±0.005 0～999.99s	北京继电器厂	
相位频率计	704-3	0～360°　20Hz～50MHz	南京自动化设备厂	
微机型多功能保护试验装置	MRT-02	0～75A/相　0～360° 600VA/相　0～1000Hz	北京华电电力自动化公司 上海虹浦仪器厂 深圳许继电子有限公司 南京自动化设备厂	可同 IBM 机接口，带模拟开关，01 型改进产品
微机型多功能保护试验装置	RT-1	0～20A/相　0～360° 200VA/相　0～1500Hz	南京自动化研究院 扬州电讯仪器厂	可同 IBM 机接口
计算机控制保护测试仪	JJC-Ⅱ JJC-1B JJC-1C	0～75A/相　0～360° 150VA/相　20～1000Hz	江西华东电力仪表厂 成都时代电子高新科技研究所 成都府河电气公司	JJC-1C 采用笔记本式 386 机可兼容任何微机
组合式保护多功能试验装置	ZJS-1	0～100V　0～50A 0～360°　可模拟各种故障	浙江湖州兴达电器厂	
便携式多功能试验装置		ZSY-1 试验器　ZYX-1 移相器 ZHX-1 换相器　ZBJ-1 表计箱	浙江湖州兴达电器厂	可单件供货
保护多功能试验装置	WTS-1	0～100V　0～50A 0～360°　可模拟各种故障	辽阳电业开关厂	
保护组合试验车	ZLS-02	0～100V　0～50A 0～360°　可模拟各种故障	青岛平度电子开关厂	
继电保护综合试验箱	JDS-2	0～250V（AC/DC） 0～50A～150A	青岛平度电子开关厂	便携式
继电保护试验装置	FS-1 FS-2	0～100V　0～360°　0～250V	许昌继电器厂	
继电保护试验装置	PT-1	移相电流 30A　负载 0.4Ω　移相电压 220V、0.5A　360°无级调节	珠海东方电气公司	
继电器综合试验装置	JZS-2	0～250V 0～100A	上海虹浦仪器厂	仿 ASEA 装置
继电保护综合试验装置	MTS-1A	0～100V　0～50A 0～360°　可模拟各种故障	浙江电力试验研究所	
多功能数字式继电保护仪	DSJB-9108 WJBC-ⅡB	0～250V　0～100A	武汉长江电气发展有限公司	便携式
继电保护综合试验台	JZT-Ⅱ	0～250V　0～100A 0～360°	银川红星无线电仪器厂	

续表 23-9-1

仪表名称	型　号	主要技术指标	生产厂	备　注
数字显示继电保护试验仪	SSJB	0～100V　0～50A 0～360°	许昌长葛电力电子测试仪器厂	
S 系列保护试验设备	SLY-1 SGY-1.2	电流电压发生器　0～200A　0～300V 故障电压发生器　0～100V　0～360°	嘉兴市城区电子电器厂	便携式
	SZL-1 SYX-1	直流电流发生器　0～15A 移相器　0～360°		
工频电源及频率时间测量仪	GPS-1	45～55Hz±0.0015 0.1ms～99.9999s df—dt 0.1～9.99Hz	安徽滁州无线电厂	
低频信号振荡器	XD7	1Hz～1MHz	上海无线电 26 厂	
	YM-1041	10Hz～1MHz		
工频振荡器	YS-17	20～30W	上海浦江电表厂	
	DY-150WC	45～55Hz　150～200W	江苏吴县电子仪器四厂	
数字毫秒计	702-2	0.01ms～99.99s	南京电力自动化设备厂	
	HDS-900	0.01ms～99999.9s　10Hz～1MHz 0.1～25.5Hz	成都府河电气公司	
	HDS870-1.2	0.01ms～99999.9s		
	HDS850-1.2 3.4	0.1ms～99999.9s		
	DM3-802	0.01ms～9999.9s　10Hz～100kHz	成都科学仪器厂	
	ZN-1	0.1ms～99999s	衡阳红旗电器仪表厂	
	413D	0.01ms～99999.9s	成都钟表厂	
数字式频率周期表	MFT-1	1-99999Hz　0.01ms～1s	衡阳红旗电器仪表厂	
直流稳压电源	ZDY-1	0～±15V　0～750mA	天木长城精密电表厂	
	WYJ-30	3～30V　3A	天津无线电三厂	
三相调压器	TSGC	6kVA380V/0～400V	上海电压调整器厂	
单相调压器	TDGC	5kVA1kVA　220V/0～400V		
隔离变压器		2kVA　220V/36、24、12V		升流用
移相器	TXSGA	1kVA　380V	辽源仪器厂	
	TXSB	1.5kVA　400V		
移相调压器	JZS-2YF	0.5kVA　0～360°	上海虹浦仪器厂	
相位表	MF-32	±1°（90°为上限量）	黑龙江五常电表厂	
	D3-cosφ	1.5 级　±180°	永恒精密电表厂	
数字相位表	PDPM-1	0.1～220V　0.1～25A　误差±1°～±2°	宝应县无线电一厂 哈尔滨电表仪器厂	

续表 23-9-1

仪表名称	型号	主要技术指标	生产厂	备注
三相相序表	X-1	110、220、380V	西安电表厂	
电缆探伤仪	QF1A	R　1～10kΩ±1% C　0.01～1μF±1.5%	上海交流仪器厂 哈尔滨电表厂	
直流接地探测仪			东北电力试验研究院	
载波通道测试仪	GTC-1	40～500kHz 可测线路通道衰耗、阻抗、杂音	武汉电力仪表厂	供电局可集中配置
合闸角控制器	KXH-1	0～360°　5°～10°　分±2°　可控三相	许昌继电器厂	
	JHK-1		南京自动化研究院	
电缆芯线对号器	LXH-2020	对路数 20 路　直流电阻≤50Ω	青岛平度电子开关厂	
直流电压表	C63-V	3～600V　0.5级		
	C65-V	600mV～600V		
直流电流表	C63-A	0.15～30A		
	C65-A	1、2、5、10、20A		
直流毫安表	C63mA	1.5～300mA	哈尔滨电表仪器厂 桂林电表厂 上海第二电表厂	或其他厂的同型表
交流电压表	T77-V	1.5～600V　0.5级		
	T51-V			
交流电流表	T69	0.5～50A　0.5级		
	T10	50～200mA		
数字万用表	DT930F	高内阻	上海第四电表厂	
指针式万用表	MF-10			
兆欧表	DI6200	500、1000、2500V	上海第六电表厂	
	ZG-7		北京电表厂	
标准变流器	HL-57	0.5～50A/5 0.1～100A　0.1级	哈尔滨电表仪器厂 桂林电表厂	
万能电桥	QS-18A	C　0.5PF～1100μF L　6.2μH～110H R　0.01Ω～11MΩ	上海交流仪器厂	
	XQS2		哈尔滨电表厂	
衰耗器	T-01	0～30dB　100Ω　0～3.1N 75Ω、100Ω　0～30dB、0～40dB	734厂 许昌继电器厂 扬州电子仪器厂	
	JSJ-25			
无感电阻 无感电阻箱	TR-30	75、100、300、400Ω	南京自动化设备厂	
电阻箱	ZX70	0.01～1111.1Ω　≯0.5A 0.1～11111　0.02级	上海沪光仪器厂 哈尔滨电表厂 上海电工仪表厂	
	ZX25-1			
滑线电阻	BX7	各种规格	上海艾镇电器厂	

下面仅就几种微机型继电保护试验装置作简要介绍。

1. MRT-02 型多功能继电保护测试仪

（1）简介。该装置是在原 MRT-01 型测试仪基础上改进后的产品，可适用于电磁型、整流型、晶体管型、集成电路型，特别是微机型的各类保护继电器和装置的调试。该装置主要特点如下。

1）由 PC 系列微机控制用数字合成试验波形，试验不受系统电源电压中谐波分量影响。可以同时提供 I_a、I_b、I_c、$3I_0$、U_a、U_b、U_c、$3U_0$ 等模拟量输出，并且可输出大的电流和功率。

2）具有很强的人机对话及在线求助功能，通过键盘可方便地控制任一试验量，测试结果可自动显示，绘制曲线和打印报告，使用高级语言编程，便于开发各种专用程序。

3）D/A 平滑滤波回路采用新型原理，解决了一般模拟低通滤过器产生的非线性相移问题，D/A 变换采用 12 位转换，配合自动量程切换，保证了模拟量输出范围内具有较高的精度。

4）电流源采用电源自动跟踪型直流宽带放大器，保证了精度和可靠性。专门设计的电压源功放，适用于阻性、感性及容性负载。

5）装置可以模拟电力系统各种类型的瞬时性、永久性及转换性故障，以及断路器跳闸、合闸的全过程。并可模拟各种短路暂态过程中的非周期分量、时间常数。

6）装置具有完善的自检和自保护功能，接线简单，操作方便。

（2）技术数据：

1）额定数据：

电源电压	220V（功放电源也可接 380V）
三相电流源 幅值	0～30A（有效值）/相
长期允许值	10A/相
短时允许值	75A（三相并联输出）
最大输出负载电压	<20V/相
频率范围	0～1000Hz
三相电压源 幅值	0～63.5V（有效值）/相
	0～110V（有效值）/相（$3U_0$）
输出功率	30～45VA/相
频率范围	20～1000Hz

2）精度：电流精度最大误差	<±0.5%
相电压精度最大误差	<±0.5%
频率精度 50Hz 时	<0.005Hz
相位精度	<1°
波形失真度 50Hz 时	<±0.5%
时间测量精度	<±0.1ms

3）带负载能力：电压回路电流不大于 0.5A。电流回路最大负载电阻的限制，主要是输出电压接近功放电源电压值后将出现削顶失真。因此，当负载电压小于 20V（有效值）时，保证电流精度。

4）可叠加各次谐波分量，与基波的相位、含量可任意给定。

5）开关量输入电平：跳 A、跳 B、跳 C、三跳，重合及电位Ⅰ、Ⅱ、Ⅲ的逻辑“0”不大于 0.5V，逻辑“1”不小于 3V。

6）输入阻抗：100kΩ。

7）被试保护电源：+15～+24V。

8）并行打印机接口 25 芯 D 型（孔），I/O 接口 25 芯 D 型（针）。

9）外形尺寸：

主机箱　460×220×440(宽×高×深,mm)20kg

电源箱　250×220×440(宽×高×深,mm)25kg

2. JJC-Ⅱ型计算机控制继电保护测试仪

（1）简介。该型装置是在原 JJC-Ⅰ型测试仪的基础上经改进后的产品，可适用微机型、集成电路型等各类型的继电保护和继电器的调试。该装置主要特点如下：

1）装置能产生三相电流和三相电压，其频率、相位和幅值可通过键盘进行调整，并可模拟叠加谐波分量。

2）可以模拟电力系统各种类型的短路故障，并具有动态功能。

3）装置由微机控制并配有必要的外部设备，可以显示打印测试结果，并绘出特性曲线。

4）采用高级编程语言，便于装置开发各种专用程序，不断扩大其用途。

5）装置功能较全，指标先进，操作使用方便。

（2）技术数据，分别见表 23-9-2、表 23-9-3、表 23-9-4。

3. RT-1 型继电保护试验装置

（1）简介。该装置能完成对各种继电保护装置和继电器的调试，适用于电磁型、晶体管型、集成电路型等各类型继电保护。该装置主要特点如下。

1）装置采用先进的原理构成任意波形信号发生器，每周可用很多点来拟合，产生波形失真小，对平滑滤波器的要求低，解决了暂态特性、幅频特性、相频特性等问题。

2）电流放大器采用直接放大方式，可以真实地仿真系统故障时的暂态过程。正弦波信号频率分辨率 0.0003Hz，特别适用于 df/dt 试验。

3）装置能显示打印试验结果，并绘制特性曲线。

表 23-9-2　JJC-Ⅱ型计算机控制继电保护测试仪三相电流源和三相电压源

基波指标		调节范围	级差	最大输出功率	误　差	备　注
基波频率		35～100Hz	0.1Hz		<±0.1Hz	
		100～400Hz	1Hz		<±1Hz	失真度： 典型<1% 最大<2%
基波相位		0～360°	1°		45～55Hz 时，<1°	
基波幅值	电压源	0～25V	0.2V	30VA/相	基波幅值在 50Hz 时较准，45～55Hz 时 幅值误差： 典型<0.5%额定值 最大<1%额定值	
		0～125V	1V	30VA/相		
	电流源	0～1.25A	0.01A	15VA/相		
		1～6.25A	0.05A	30VA/相		
		2～10A	0.1A	50VA/相		
		5～25A	0.25A	50VA/相		
谐波	基波频率为 35～100Hz 时，可叠加 2、3、5、7、9 次谐波					
动态输出	电压、电流源输出从第一状态突变到第二状态的幅值及相位可任意整定，合闸角可控					

表 23-9-3　JJC-Ⅱ型计算机控制继电保护测试仪单相电流源（三个单相电流源并联）

范　围	级　差	最大输出功率（VA）
0～30A	0.1A	150（20s）
5～75A	0.25A	150（20s）

表 23-9-4　JJC-Ⅱ型计算机控制继电保护测试仪频率、相位和时间的测量

项目	测试范围	测试精度	信号 电压(V)	幅值 电流(A)
频率	20～1000Hz	±0.01Hz	0.2～300	0.05～5
相位	0～360°	±1° 45～55Hz	0.5～300	0.05～5
时间	0.1ms～1000s	±0.1ms	0.5～300	0.05～5

4）装置采用微机编程来实现对各种试验的控制，可以模拟电力系统各种类型的短路故障和重合闸过程。通过软件开发可以扩大试验装置的更多功能。

（2）技术数据：

1）电流输出：

幅值范围　　0～20A/相，精度<0.5%整定值

分辨率　　1.5～5mA

相位精度　　小于 0.5°

频率范围　　0～1500Hz，精度 0.001Hz

最大输出功率　　150VA/相

电流三相并联输出　50A

2）电压输出：

幅值范围　　0～160V（A 相），

0～70V（B、C 相）

0～120V（$3U_0$），精度<0.5%

幅值分辨率　　5～50mV

频率范围　　30～1500Hz，精度小于 0.001Hz

最大输出功率　30VA/相

3）时间测量：0.1ms～9999s，精度小于 0.02%。

4）电位输入：8 对（路）。其中 1、2、3 三路电位输入最大值为 250V，其余各路电位输入最大值为 36V。

5）电源电压：AC，220V，50Hz。

三、继电保护试验公用电源柜

1. 简介

继电保护试验公用电源柜，可以提供保护试验用的交流电源和直流电源。目前有辽阳电业开关厂、武汉电力仪表厂（型号 JSD-1）和上海虹浦仪器厂（型号 GJSD-1）生产，其原理接线、技术性能基本相同，下面仅以其中之一为例进行介绍。另外南京自动化研究院和华东电力仪表厂也生产类似的产品。

该类型电源柜具有以下特点：

(1)交流、直流电源均经△/丫接线的变压器隔离，并削弱三次谐波，使输出的交流波形好，调试安全可靠。

(2) 直流电源又经三绕组自耦式变压器及Ⅱ型滤波电路，使输出的直流电压波形好，而且电压可调，适应于 220、110V 等各种电压等级，可在现场进行 80%

电压下的传动试验。

(3) 电源柜容量大，可同时供 2—3 组保护进行调整试验。

(4) 电源柜的输入、输出回路均接有快速控制开关，并设有监视用的表计，使用方便。

2. 技术数据

(1) 交流电源部分：

1) 输入电压：三相四线，380V，50Hz。

2) 输出电压：

三路三相四线　　380V、50Hz

二路三相　　220V、50Hz（或 110V）

三相不平衡度　　≤1%

三次谐波分量　　≤3%

并附有单相和三相插座供仪表电源用

3) 交流变压器容量：15kVA，连续工作。

(2) 直流电源部分：

1) 输入电源与交流部分为同一电源 380V，50Hz。

2) 输出直流电源：3 路，0～250V 连续可调。

3) 三相自耦变压器及整流变压容量：>5kVA。

4) 直流纹波系数：≤1.5%。

第24章　二　次　配　件

王书兰　冯　春

第24-1节　万能转换开关及主令开关

一、LW2系列万能密闭转换开关

(一) 简介

该系列转换开关用在交、直流220V及以下的电气设备中，作各种开关设备（如油断路器、隔离开关等）远距离控制之用，亦可作为各种电气仪表、伺服电机及微电机的转换开关。可装在配电箱、控制屏上或其他装置中的金属板及绝缘板上，可以垂直、水平及倾斜方向使用。

(二) 型号含义

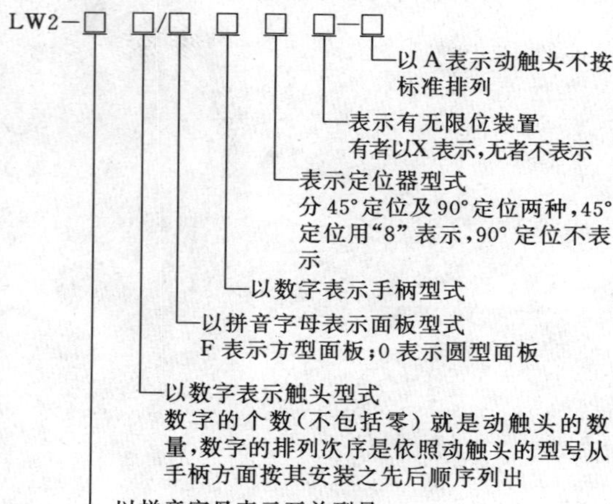

(三) 型式结构

1. 型式分类

该系列转换开关按用途不同分为表24-1-1列出的六种型式。

例如，LW2-8、8、8/F4-8X-A型表示有定位器的转换开关，有三个触头盒，动触头型号为8，有方型面板4型手柄，并带有45°定位及限位机构，其动触头按特殊形式排列。LW2-YZ-1a、4、6a、40、20、6a/F1型表示开关手柄带有信号灯，有自复机构及定位器，有六个触头盒，动触头型号为1a、4、6a、40、20、6a，方型面板和1型手柄。

LW2系列万能密闭转换开关面板及手柄形式见表24-1-2，触点型式及原始位置见表24-1-3，各型触头随手柄转动位置见表24-1-4。

表24-1-1　LW2系列万能密闭转换开关分类

型　号	开关型式	用　　途
LW2	普通型	作电气测量仪表及其它电路的转换开关
LW2-H	钥匙型	作为带有可取出手柄保护式的转换开关
LW2-Y	定位信号灯　型	传送各种配电设备接通或开断命令并把其情况反映到屏板上
LW2-W	自复型	作伺服电动机（转速、电压的调整）的控制开关
LW2-Z	定　位自复型	作远距离操作电动操作机构的配电设备
LW2-YZ	自复信号灯　型	作远距离操作电动操作机构的配电设备

2. 结构特点

封闭式万能转换开关，由手柄带号牌的触头盒、动触头、定位器、自复机构及限位机构等七种基本元件用螺杆连成一体。

(1)手柄和面板均用塑料粉压制而成，手柄共有九种型式，面板共有二种型式，分别用于各种型号的开关中（见表24-1-2)。

(2) 带号牌的触头盒是由四个静触头及四个字牌嵌装在隔室上组成的，各个触头盒与支架和端盖等一起用两条穿钉固定为一体，盒中动触头的位置与规定排列图（见表24-1-4）应符合。LW2-Y、LW2-YZ型开关中的信号灯盒外面标号（1、2、3、4）作为触头总号数的一部分，触头的编号从右上角开始沿逆时针方向排列，但安装时都是从屏后看的，故触头的编号从左上角开始沿顺时针方向排列。

(3)按动触头在主轴上的原始位置，分为十四种型式，见表24-1-3。

(4) 自复机构是使手柄能自动地从操作位置回复到原来的固定位置。定位器用来使手柄固定位置，分4个位置或8个位置两种型式。限位机构用来限制手柄的转动，LW2、LW2-W、LW2-H三种型号来用之。

(四) 技术数据

LW2系列万能密闭转换开关技术数据，见表24-1-5。

表 24-1-2　**LW2 系列万能密闭转换开关面板及手柄型式**

手柄型式	面板外形	开关型式	正视及侧视图
1	方型	LW2-YZ 型带有指示灯的手柄有自复机构及定位的开关	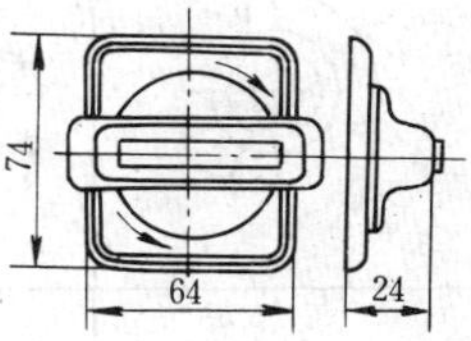 74; 64; 24
2	圆型		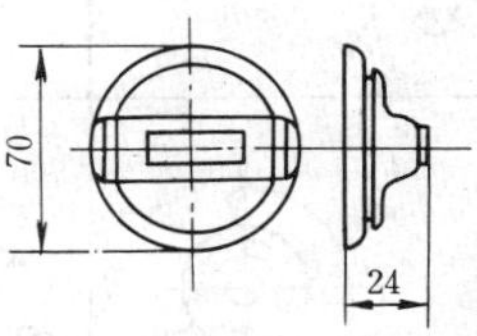 70; 24
2	方型		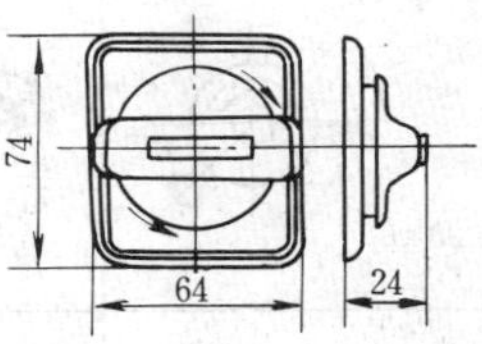 74; 64; 24
8	方型	LW2-Z 型带有自复机构及定位的开关	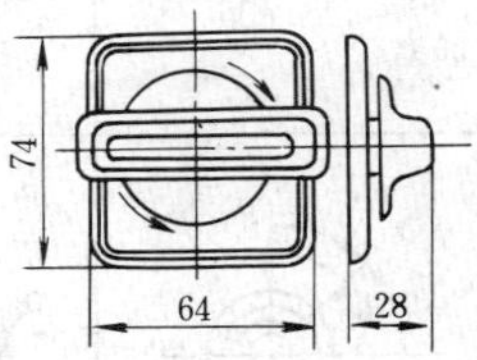 74; 64; 28
9	圆型		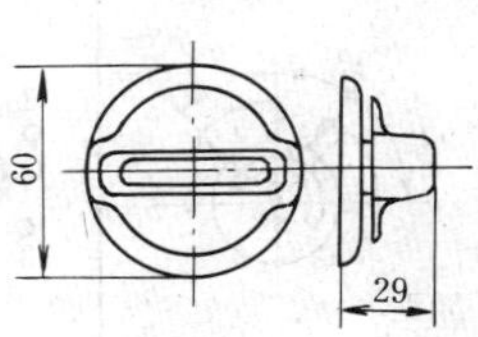 60; 29
3	圆型	LW2-Y 型带有指示灯的手柄及定位的开关	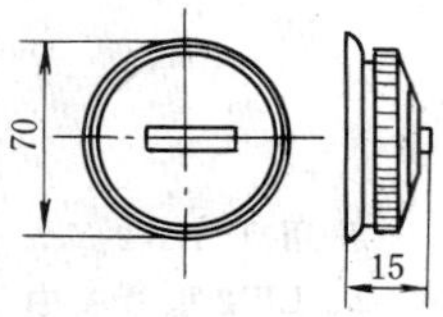 70; 15
2	圆型		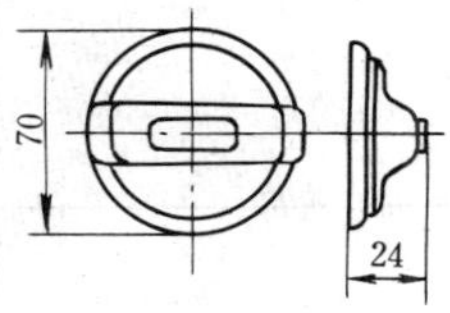 70; 24
4	方型	LW2 型带定位的开关	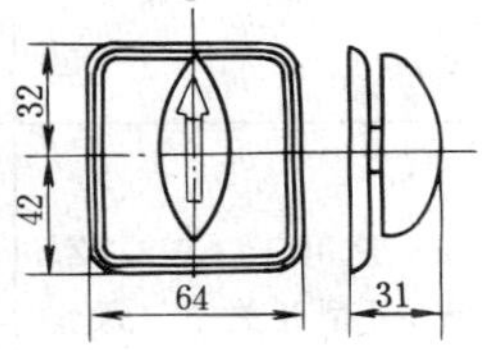 32; 42; 64; 31
7	方型	LW2-H 型带定位及可取出手柄的开关	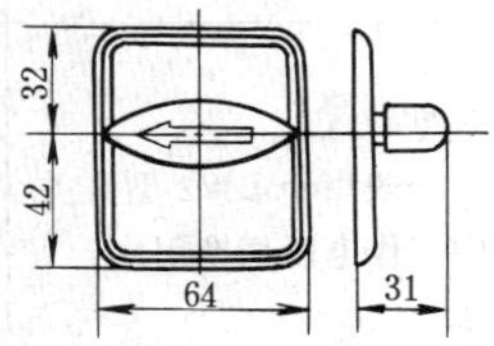 32; 42; 64; 31
5	方型	LW2-W 型带自复机构的开关	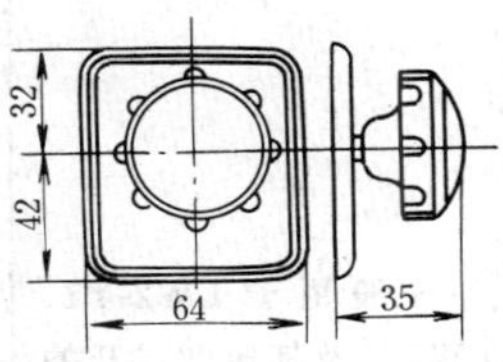 32; 42; 64; 35
6	方型		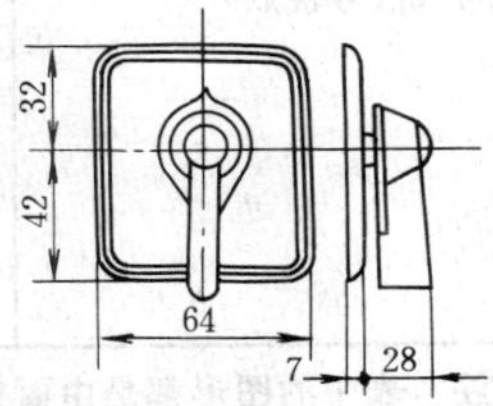 32; 42; 64; 7; 28

表 24-1-3　　　　**LW2系列万能密闭转换开关触点型式及原始位置**

用　途	线路图上的符号	点（转动片）的型式（原始位置）		线路图上的符号	用　途
一般用于LW2-YZ、LW2-Z、LW2型开关中（作为操作及信号触点）	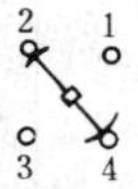	 1 型	 7 型	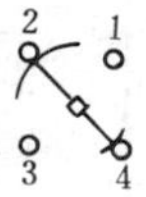	一般用于LW2-YZ型开关中（作电流切换用）
	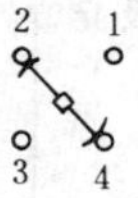	 1*a*型	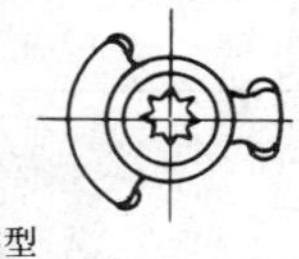 8型	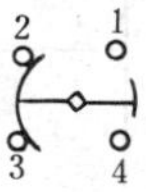	一般用于LW2型开关中（作电流切换用）
一般用于LW2-W型开关中（操作触点）	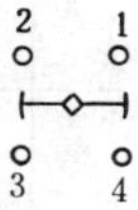	 2 型	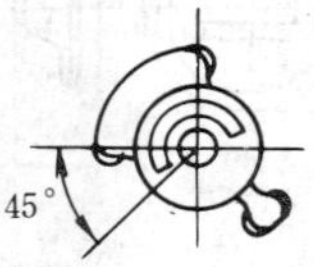 10型	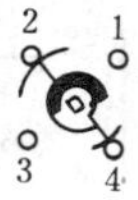	带45°角自由行程的触点（LW2-Z、LW2-YZ型开关）
一般用于LW2-YZ、LW2-Z型开关中（操作接点）	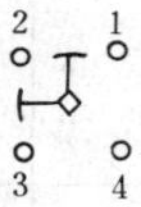	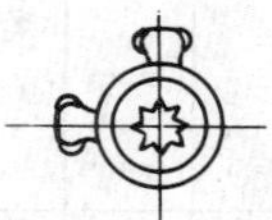 4 型	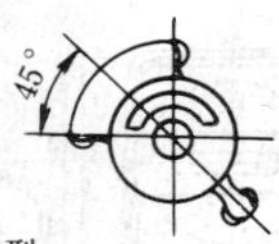 20型	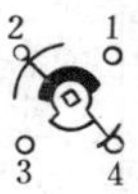	带90°角自由行程的触点（LW2-Z、LW2-YZ型开关）
一般用于LW2型开关中（作电压切换用）	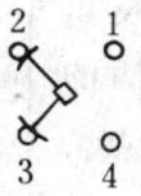	 5 型	 30型		带135°角自由行程的触点（LW2-Z、LW2-YZ型开关）
一般用于LW2-YZ、LW2-Z及其他型式开关内（信号触点）	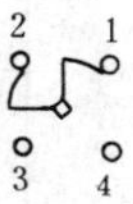	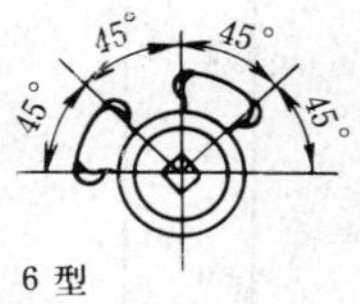 6 型	 40型		带45°角自由行程的触点（LW2-YZ、LW2-Z、LW2-W型开关）
	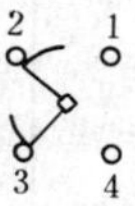	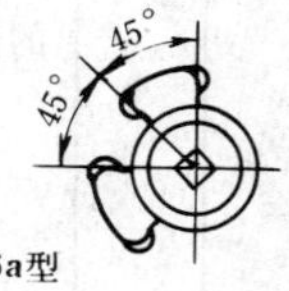 6a型	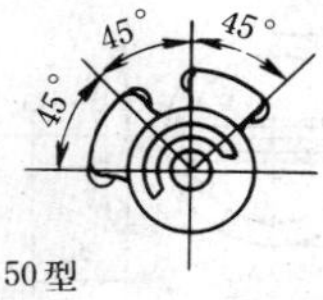 50型		

注　表中的图形都是由面板方向正视的，触点编号逆时针自面板至尾部依次顺序排列。当核对接线图时，应注意改为背视。

表 24-1-4　**LW2 系列万能密闭转换开关触点转动位置**

开关型式	手柄位置		灯	1 1a	2	4	5	6	6a	7	8	10	20	30	40	50
LW2-Z		←														
		↑														
		↗														
LW2-YZ		↑														
		←														
		↙														
LW2		←														
		↖														
		↑														
		↗														
LW2-H		→														
		↘														
LW2-Y		↓														
		↙														
LW2-W		↑														
		↗														
		↑														
		↖														
备注	从开关前视其触点顺序号为 2 1 / 3 4															

表 24-1-5　**LW2 系列万能密闭转换开关技术数据**

负荷性质	电压（V）		允许分断电流（A）		负荷性质	电压（V）		允许分断电流（A）	
			正常运行	事故状态				正常运行	事故状态
电阻性	交流	220	30	40	电感性	交流	220	12	15
		127	35	45			127	18	23
	直流	220	3	4		直流	220	1.5	2
		110	8	10			110	5	7

注　1. 额定电压 220V 常闭触头的长期允许接通电流为 10A，当电流不超过 0.1A 时，允许使用于 380V 的电路中。

2. 正常运行下转换频率不超过 10 次/h。当分、合次数达 10 次/h 时，断开电流不超过表中事故电流的 80%；当转换频率为 100 次/h 时，断开电流应不超过表中事故电流的 50%。

3. 带信号灯的手柄，其灯泡容量为 115V8W。

（五）外形及安装尺寸

LW2系列万能密闭转换开关外形及安装尺寸，见图24-1-1～图24-1-4及表24-1-6、表24-1-7。

（六）生产厂

北京第一低压电器厂，长沙电器控制设备厂，辽阳低压开关厂，重庆电器厂，天津低压电器厂，阿城继电器二厂。

（七）常用开关触点图表

LW2系列万能密闭转换开关触点图表见表24-1-8～表24-1-46。

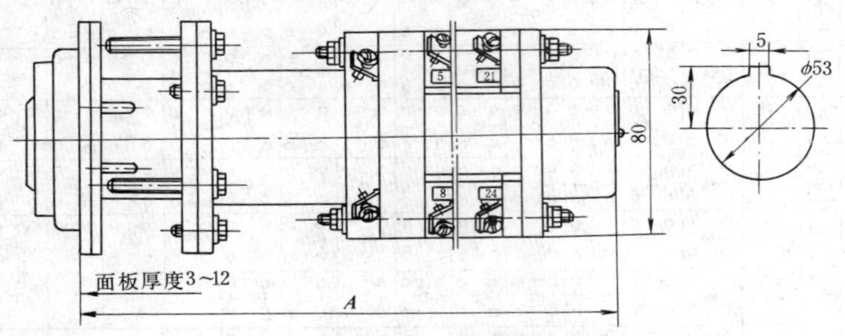

图24-1-1　LW2-Y、LW2-YZ型万能密闭转换开关外形及安装面板开孔图

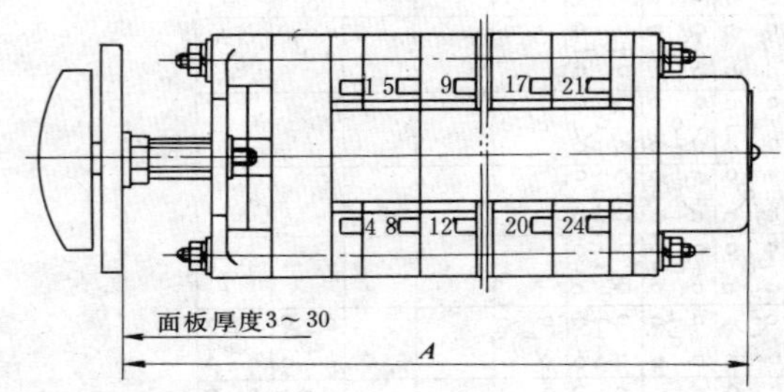

图24-1-2　LW2、LW2-H、LW2-W、LW-Z型万能密闭转换开关外形图

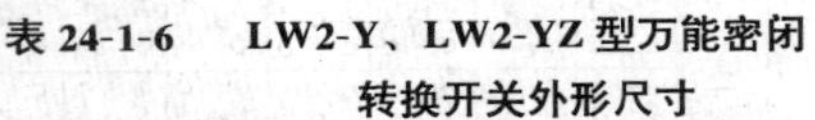

表24-1-6　LW2-Y、LW2-YZ型万能密闭转换开关外形尺寸

触头盒数量	A (mm)	触头盒数量	A (mm)
1	172	5	244
2	190	6	262
3	208	7	280
4	226	8	298

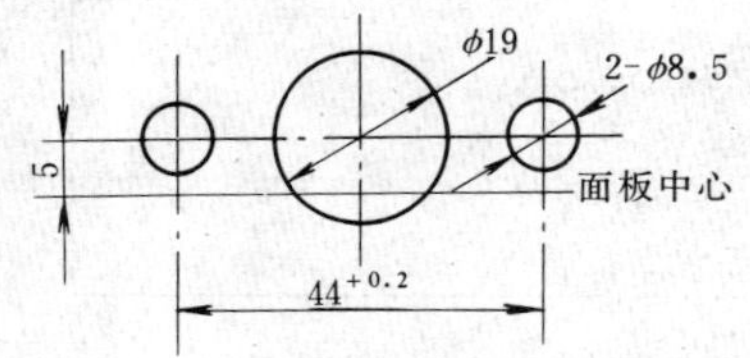

图24-1-3　LW2、LW2-H、LW2-W型万能密闭转换开关安装面板开孔图

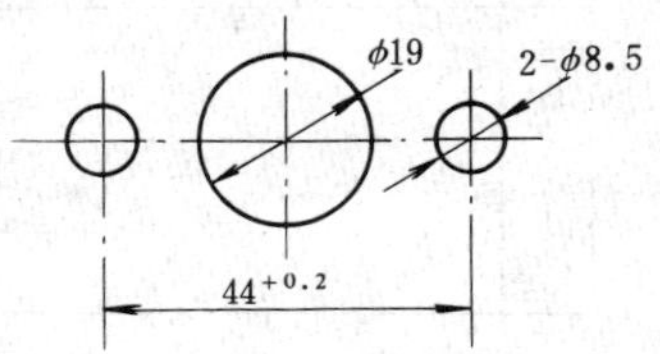

图24-1-4　LW2-Z型万能密闭转换开关安装面板开孔图

表24-1-7　LW2、LW2-W、LW2-H、LW2-Z型万能密闭转换开关外形尺寸

触头盒数量	LW2-W型	LW2、LW2-H、LW2-Z型	触头盒数量	LW2-W型	LW2、LW2-H、LW2-Z型
	A(mm)	A(mm)		A(mm)	A(mm)
1	117	133	5	189	205
2	135	151	6	207	223
3	153	169	7	225	231
4	171	187	8	243	249

表 24-1-8　　LW2-Z-1a、4、6a、40、20/F8 型万能密闭转换开关触点图表

在"跳闸后"位置的手把(正面)的样式和触点盒(背面)的接线图	合 / 跳	1 2 / 4 3		5 6 / 8 7		9 10 / 12 11			13 14 / 16 15			17 18 / 20 19		
手柄和触点盒的型式	F8	1a		4		6a			40			20		
触点号	—	1-3	2-4	5-8	6-7	9-10	9-12	10-11	13-14	14-15	13-16	17-19	17-18	18-20
位置 跳闸后		—	×	—	—	—	—	×	—	×	—	—	—	×
位置 预备合闸		×	—	—	—	×	—	—	×	—	—	—	×	—
位置 合闸		—	—	×	—	—	×	—	—	—	×	×	—	—
位置 合闸后		×	—	—	—	×	—	—	—	—	×	×	—	—
位置 预备跳闸		—	×	—	—	—	—	×	×	—	—	—	×	—
位置 跳闸		—	—	—	×	—	—	×	—	×	—	—	—	×

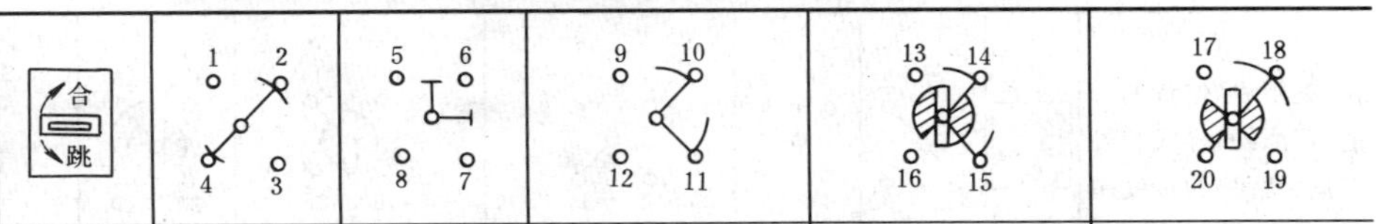

表 24-1-9　　LW2-Z-1a、4、6a、40、20、4/F8 型万能密闭转换开关触点图表

在"跳闸后"位置的手把(正面)的样式和触点盒(背面)的接线图	合 / 跳	1 2 / 4 3		5 6 / 8 7		9 10 / 12 11			13 14 / 16 15			17 18 / 20 19			21 22 / 24 23	
手柄和触点盒的型式	F8	1a		4		6a			40			20			4	
触点号	—	1-3	2-4	5-8	6-7	9-10	9-12	10-11	13-14	14-15	13-16	17-19	17-18	18-20	21-24	22-23
位置 跳闸后		—	×	—	—	—	—	×	—	×	—	—	—	×	—	—
位置 预备合闸		×	—	—	—	×	—	—	×	—	—	—	×	—	—	—
位置 合闸		—	—	×	—	—	×	—	—	—	×	×	—	—	×	—
位置 合闸后		×	—	—	—	×	—	—	—	—	×	×	—	—	—	—
位置 预备跳闸		—	×	—	—	—	—	×	×	—	—	—	×	—	—	—
位置 跳闸		—	—	—	×	—	—	×	—	×	—	—	—	×	—	×

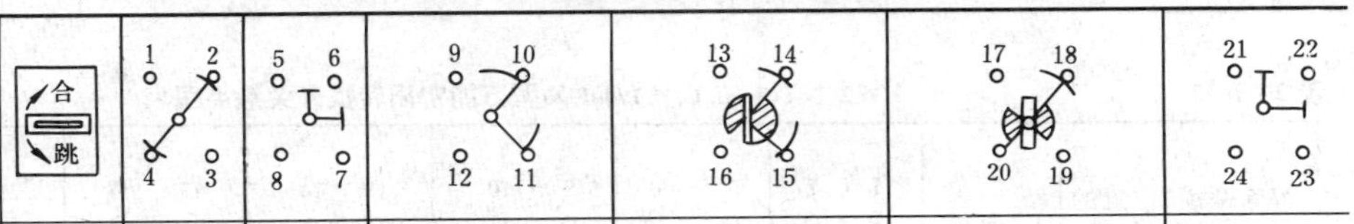

表 24-1-10　　LW2-Z-1a、4、6a、40、20、6a/F8 型万能密闭转换开关触点图表

在"跳闸后"位置的手把(正面)的样式和触点盒(背面)的接线图	合 / 跳	1 2 / 4 3		5 6 / 8 7		9 10 / 12 11			13 14 / 16 15			17 18 / 20 19			21 22 / 24 23		
手柄和触点盒的型式	F8	1a		4		6a			40			20			6a		
触点号	—	1-3	2-4	5-8	6-7	9-10	9-12	10-11	13-14	14-15	13-16	17-19	17-18	18-20	21-22	21-24	22-23
位置 跳闸后		—	×	—	—	—	—	×	—	×	—	—	—	×	—	—	×
位置 预备合闸		×	—	—	—	×	—	—	×	—	—	—	×	—	×	—	—
位置 合闸		—	—	×	—	—	×	—	—	—	×	×	—	—	—	×	—
位置 合闸后		×	—	—	—	×	—	—	—	—	×	×	—	—	×	—	—
位置 预备跳闸		—	×	—	—	—	—	×	×	—	—	—	×	—	—	—	×
位置 跳闸		—	—	—	×	—	—	×	—	×	—	—	—	×	—	—	×

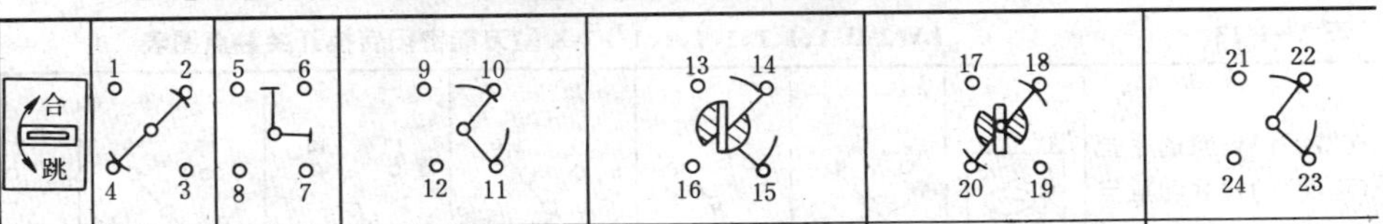

表 24-1-11　　**LW2-Z-1a、4、6a、20、20、4/F8 型万能密闭转换开关触点图表**

在"跳闸后"位置的手把(正面)的样式和触点盒(背面)的接线图		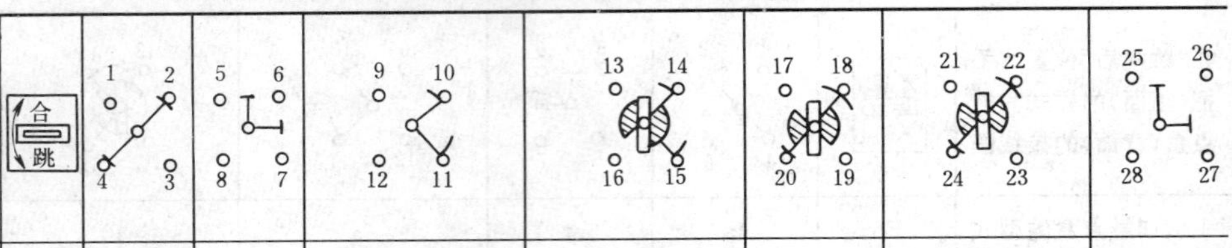 合 跳																
手柄和触点盒的型式		F8	1a		4		6a			40			20		20			4
触　点　号		—	1-3	2-4	5-8	6-7	9-10	9-12	10-11	13-14	14-15	13-16	17-19	18-20	21-23	21-22	22-24	25-28	26-27
位置	跳闸后		—	×	—	—	—	—	×	—	×	—	—	×	—	—	×	—	—
	预备合闸		×	—	—	—	×	—	—	×	—	—	—	—	—	×	—	—	—
	合　闸		—	—	×	—	—	×	—	—	—	×	×	—	×	—	—	×	—
	合闸后		×	—	—	—	×	—	—	—	—	×	×	—	×	—	—	—	—
	预备跳闸		—	×	—	—	—	—	×	×	—	—	—	—	—	×	—	—	—
	跳　闸		—	—	—	×	—	—	×	—	×	—	—	×	—	—	×	—	×

表 24-1-12　　**LW2-1、1、1、1、1、1、1/F4-X 型万能密闭转换开关触点图表**

在"解除联锁"位置的手把(正面)样式和触点盒(背面)的接线图		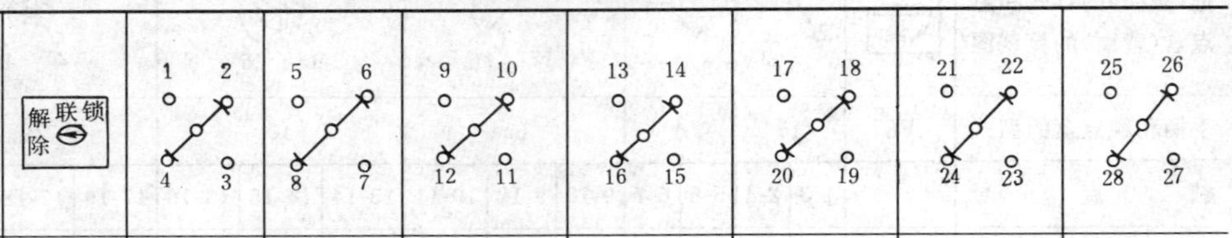 解除 联锁														
手柄和触点盒的型式		F4-X	1		1		1		1		1		1		1	
触　点　号		—	1-3	2-4	5-7	6-8	9-11	10-12	13-15	14-16	17-19	18-20	21-23	22-24	25-27	26-28
位置	解除联锁(断开)		—	×	—	×	—	×	—	×	—	×	—	×	—	×
	联锁(接入)		×	—	×	—	×	—	×	—	×	—	×	—	×	—

表 24-1-13　　**LW2-H-1、1、1、1、1、1、1/F7-X 型万能密闭转换开关触点图表**

在"断开"位置的手把(正面)的样式和触点盒(背面)的接线图		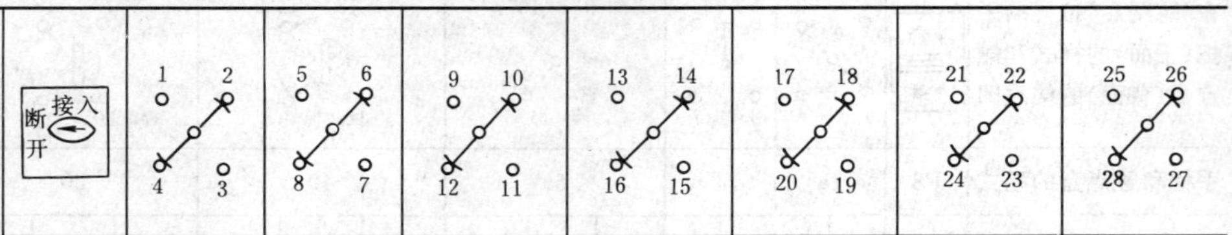 断开 接入														
手柄和触点盒的型式		F7-X	1		1		1		1		1		1		1	
触　点　号		—	1-3	2-4	5-7	6-8	9-11	10-12	13-15	14-16	17-19	18-20	21-23	22-24	25-27	26-28
位置	断　开		—	×	—	×	—	×	—	×	—	×	—	×	—	×
	接　入		×	—	×	—	×	—	×	—	×	—	×	—	×	—

表 24-1-14　LW2-H-1、1、1、1、1、1、1/F7-X 型万能密闭转换开关触点图表

在工作励磁机位置的手把（正面）样式和触点盒（背面）的接线图		备用 工作	1 2 / 4 3		5 6 / 8 7		9 10 / 12 11		13 14 / 16 15		17 18 / 20 19		21 22 / 24 23		25 26 / 28 27	
手柄和触点盒的型式		F7-X	1		1		1		1		1		1		1	
触点号		—	1-3	2-4	5-7	6-8	9-11	10-12	13-15	14-16	17-19	18-20	21-23	22-24	25-27	26-28
位置	工作励磁机		—	×	—	×	—	×	—	×	—	×	—	×	—	×
	备用励磁机		×	—	×	—	×	—	×	—	×	—	×	—	×	—

表 24-1-15　LW2-2、2、2、2/F4-8X 型万能密闭转换开关触点图表

在“断开”位置的手把（正面）的样式和触点盒（背面）的接线图		断开 I II	1 2 / 4 3		5 6 / 8 7		9 10 / 12 11		13 14 / 16 15	
手柄和触点盒的型式		F4-8X	2		2		2		2	
触点号		—	1-3	2-4	5-7	6-8	9-11	10-12	13-15	14-16
位置	第Ⅰ母线系统		—	×	—	×	—	×	—	×
	断开		—	—	—	—	—	—	—	—
	第Ⅱ母线系统		×	—	×	—	×	—	×	—

表 24-1-16　LW2-2、2、2、2、2/F4-8X 型万能密闭转换开关触点图表

在“断开”位置的手把（正面）的样式和触点盒（背面）的接线图		断开 不同期 同期	1 2 / 4 3		5 6 / 8 7		9 10 / 12 11		13 14 / 16 15		17 18 / 20 19	
手柄和触点盒的型式		F4-8X	2		2		2		2		2	
触点号		—	1-3	2-4	5-7	6-8	9-11	10-12	13-15	14-16	17-19	18-20
位置	断开		—	—	—	—	—	—	—	—	—	—
	同期		×	—	×	—	×	—	×	—	×	—
	不同期		—	×	—	×	—	×	—	×	—	×

表 24-1-17　LW2-2、2、2、2、2、2/F4-8X 型万能密闭转换开关触点图表

在“自动装置解除后”手把（正面）样式和触点盒（背面）的接线图		同期 Z T P	1 2 / 4 3		5 6 / 8 7		9 10 / 12 11		13 14 / 16 15		17 18 / 20 19		21 22 / 24 23	
手柄和触点盒的型式		F4-8X	2		2		2		2		2		2	
触点号		—	1-3	2-4	5-7	6-8	9-11	10-12	13-15	14-16	17-19	18-20	21-23	22-24
位置	自动装置解除		—	—	—	—	—	—	—	—	—	—	—	—
	自动周波调整		×	—	×	—	×	—	×	—	×	—	×	—
	同期		—	×	—	×	—	×	—	×	—	×	—	×

表 24-1-18 LW2-7、7/F4-X 型万能密闭转换开关触点图表

手柄型式(前面)及触点盒(背面)的接线图		 单双	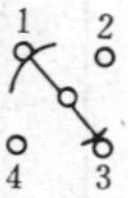		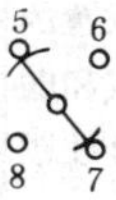	
手柄和触点盒的型式		F4-X	7		7	
触点号		—	1-3	2-4	5-7	6-8
位置	双母线工作时位置		×	—	×	—
	单母线工作时位置		—	×	—	×

表 24-1-19 LW2-W-1a、1a、2、2、2/F6 型万能密闭转换开关触点图表

在中间位置的手把(正面)的样式和触点盒(背面)的接线图		断开 接入										
手柄和触点盒的型式		F6	1a		1a		2		2		2	
触点号		—	1-3	2-4	5-7	6-8	9-11	10-12	13-15	14-16	17-19	18-20
位置	断开		—	—	—	—	—	×	—	×	—	×
	中间位置		—	×	—	×	—	—	—	—	—	—
	接入		—	—	—	—	×	—	×	—	×	—

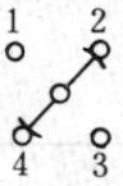

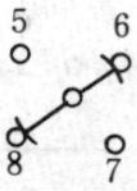

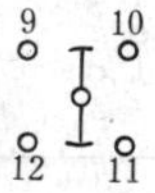

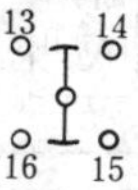

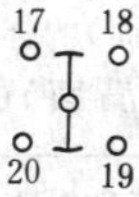

表 24-1-20 LW2-W-6、6、6、6/F6 型万能密闭转换开关触点图表

在有功功率位置的手把(正面)样式和触点盒(背面)的接线图		 var W	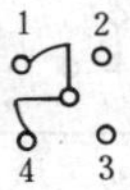				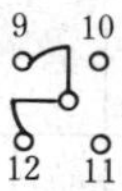		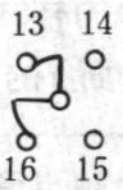	
手柄和触点盒的型式		F6	6		6		6		6	
触点号		—	1-4	1-2	5-8	5-6	9-12	9-10	13-16	13-14
位置	有功功率(W)		×	—	×	—	×	—	×	—
	无功功率(VAR)		—	×	—	×	—	×	—	×

表 24-1-21 LW2-W-6a、6a、6a、6a/F5 型万能密闭转换开关触点图表

在接入位置的手把(正面)样式和触点盒(背面)的接线图			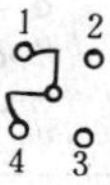				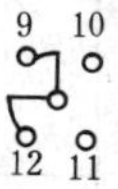		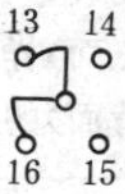	
手柄和触点盒的型式		F5	6a		6a		6a		6a	
触点号			1-2	1-4	5-6	5-8	9-10	9-12	13-14	13-16
位置	接入		—	×	—	×	—	×	—	×
	检查		×	—	×	—	×	—	×	—

表 24-1-22　　LW2-5、5/F4-X 型万能密闭转换开关触点图表

在"*B-C*"位置的手把(正面)样式和触点盒(背面)的接线图		 *BC* *AB* *CA* 电压表	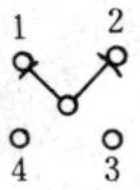 1 2 4 3			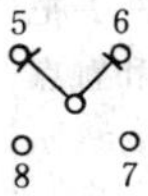 5 6 8 7		
手柄和触点盒的型式		F4-X	5			5		
触　点　号		—	1-2	3-2	1-4	5-6	7-6	5-8
位置	"*A-B*"相间电压		—	×	—	—	×	—
	"*B-C*"相间电压		×	—	—	×	—	—
	"*C-A*"相间电压		—	—	×	—	—	×

表 24-1-23　　LW2-5、5/F4-X 型万能密闭转换开关触点图表

在"母线"位置的手把(正面)的样式和触点盒(背面)的接线图		 母线 + − 地 地	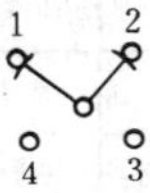 1 2 4 3			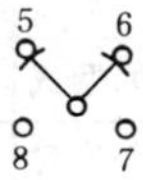 5 6 8 7		
手柄和触点盒的型式		F4-X	5			5		
触　点　号		—	1-2	2-3	1-4	5-6	6-7	5-8
位置	母　线		×	—	—	×	—	—
	正　地		—	×	—	—	×	—
	负　地		—	—	×	—	—	×

表 24-1-24　　LW2-4、5/F4-8X 型万能密闭转换开关触点图表

在"断开"位置的手把(正面)的样式和触点盒(背面)的接线图		 Ⅰ Ⅱ 备用 Ⅲ 0	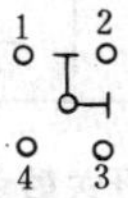 1 2 4 3		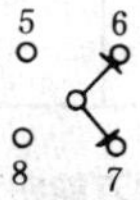 5 6 8 7	
手柄和触点盒的型式		F4-8X	4		5	
触　点　号		—	1-2	1-4	5-6	5-8
位置	断　开		—	—	—	—
	第Ⅰ母线段		×	—	—	—
	第Ⅱ母线段		—	—	×	—
	备用母线系统		—	×	—	—
	第Ⅲ母线段		—	—	—	×

表 24-1-25　　LW2-2、2/F4-8X 型万能密闭转换开关触点图表

在"断开"位置的手把(正面)的样式和触点盒(背面)的接线图		 二组 一组	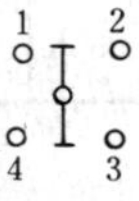 1 2 4 3		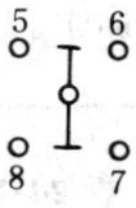 5 6 8 7	
手柄和触点盒的型式		F4-8X	2		2	
触　点　号		—	1-3	2-4	5-7	6-8
位置	第二组母线		—	×	—	×
	断　开		—	—	—	—
	第一组母线		×	—	×	—

表 24-1-26　　LW2-2、1、1、1/F4-8X 型万能密闭转换开关触点图表

在信号位置的手把（正面）的样式和触点盒（背面）的接线图		信号 测量								
手柄和触点盒的型式		F4-8X	2		1		1		1	
触　　点　　号		—	1-3	2-4	5-7	6-8	9-11	10-12	13-15	14-16
位置	信　　号		—	—	×	—	×	—	×	—
	测量位置-Ⅰ		×	—	—	—	—	—	—	—
	测量位置-Ⅱ		—	—	—	×	—	×	—	×

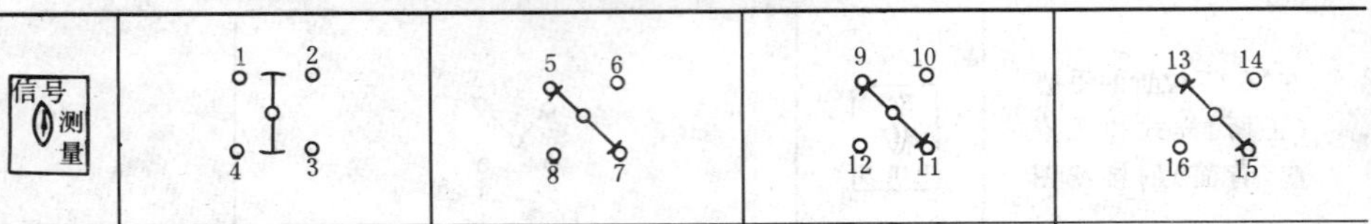

表 24-1-27　　LW2-W-6a、6a、6a、6a、6a、6a/F5 型万能密闭转换开关触点图表

在接入位置的手把（正面）的样式和触点盒（背面）的接线图														
手柄和触点盒的型式		F5	6a		6a		6a		6a		6a		6a	
触　　点　　号		—	1-2	1-4	5-6	5-8	9-10	9-12	13-14	13-16	17-18	17-20	21-22	21-24
位置	接　　入		—	×	—	×	—	×	—	×	—	×	—	×
	试　　验		×	—	×	—	×	—	×	—	×	—	×	—

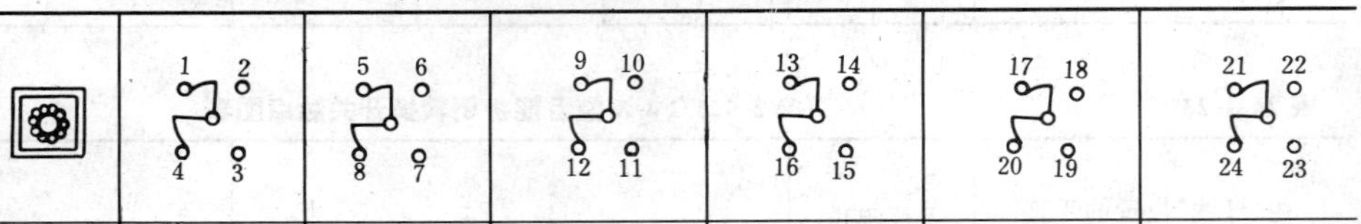

表 24-1-28　　LW2-W-6a、6a、6a、6a、6a、6a/F5 型万能密闭转换开关触点图表

在"全断开"位置的手把（正面）的样式和触点盒（背面）的接线图														
手柄和触点盒的型式		F4-8X	6a		6a		6a		6a		6		6	
触　　点　　号		—	1-2	2-3	5-6	6-7	9-10	10-11	13-14	14-15	17-18	17-20	21-22	21-24
位置	全　断　开		—	×	—	×	—	×	—	×	×	—	×	—
	试　　验		×	—	×	—	×	—	×	—	×	—	×	—
	全　接　入		×	—	×	—	×	—	×	—	—	×	—	×

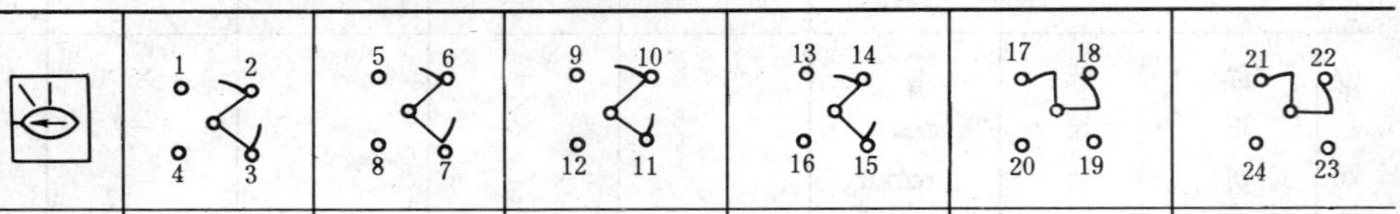

表 24-1-29　　LW2-6a、6a、6a、6a、6a、6、6/F4-8X 型万能密闭转换开关触点图表

在"全断开"位置的手把（正面）的样式和触点盒（背面）的接线图																
手柄和触点盒的型式		F4-8X	6a		6a		6a		6a		6a		6		6	
触　　点　　号		—	1-2	2-3	5-6	6-7	9-10	10-11	13-14	14-15	17-18	18-19	21-22	21-24	25-26	25-28
位置	全　断　开		—	×	—	×	—	×	—	×	—	×	×	—	×	—
	试　　验		×	—	×	—	×	—	×	—	×	—	×	—	×	—
	全　接　入		×	—	×	—	×	—	×	—	×	—	—	×	—	×

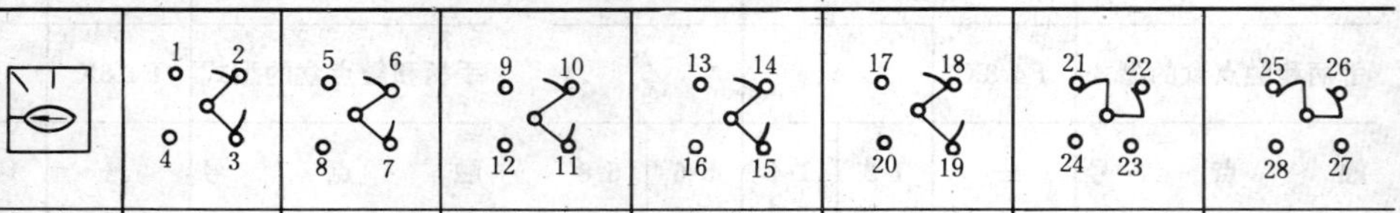

表 24-1-30　LW2-7、7、7/F4-X 型万能密闭转换开关触点图表

手柄型式(前面)及触点盒接线(背面)在一段工作位置								
手柄和触点盒的型式		F4-X	7		7		7	
触点号		—	1-3	2-4	5-7	6-8	9-11	10-12
位置	一段工作时		×	—	×	—	×	—
	二段工作时		—	×	—	×	—	×

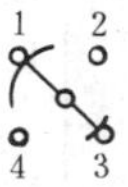

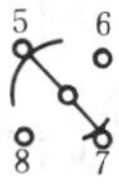

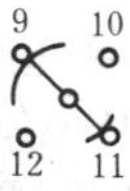

表 24-1-31　LW2-7、7、7、7、7/F4-X 型万能密闭转换开关触点图表

在"断开"位置的手把(正面)的样式和触点盒(背面)的接线图		 断 接入 开	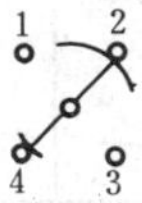		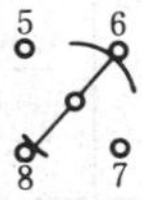				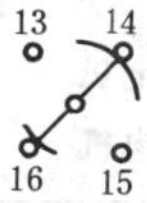		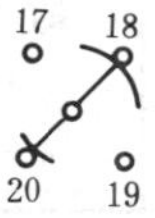	
手柄和触点盒的型式		F4-X	7		7		7		7		7	
触点号		—	1-3	2-4	5-7	6-8	9-11	10-12	13-15	14-16	17-19	18-20
位置	断开		—	×	—	×	—	×	—	×	—	×
	接入		×	—	×	—	×	—	×	—	×	—

表 24-1-32　LW2-1、7、7、7/F4-X 型万能密闭转换开关触点图表

手柄型式(前面)及触点盒接线(背面)在第一组母线位置										
手柄和触点盒的型式		F4-X	1		7		7		7	
触点号		—	1-3	2-4	5-7	6-8	9-11	10-12	13-15	14-16
位置	接于第一组母线时		—	×	—	×	—	×	—	×
	接于第二组母线时		×	—	×	—	×	—	×	—

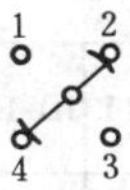

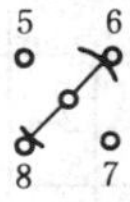

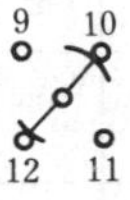

表 24-1-33　LW2-4、5/F4-8X 型万能密闭转换开关触点图表

手柄型式(前面)及触点盒接线(背面)在不测量位置		 A B C	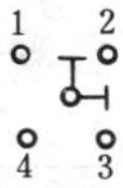		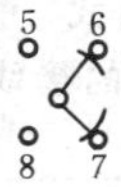	
手柄和触点盒的型式		F4-8X	4		5	
触点号		—	1-2	1-4	5-6	6-7
位置	不测量		—	—	—	×
	"A"相		×	—	—	—
	"B"相		—	—	×	—
	"C"相		—	×	—	—

表 24-1-34　　LW2-H-2、2、2、5、5、5/F7-8X 型万能密闭转换开关触点图表

在"断开"位置的手把(正面)的样式和触点盒(背面)的接线图			1 2 4 3		5 6 8 7		9 10 12 11		13 14 16 15		17 18 20 19		21 22 24 23	
手柄和触点盒的型式		F7-8X	2		2		2		5		5		5	
触点号		—	1-3	2-4	5-7	6-8	9-11	10-12	15-16	13-14	19-20	17-18	23-24	21-22
位置	2号(6号)发电机		—	—	—	—	—	—	—	×	—	×	—	×
	1号(5号)发电机		—	×	—	×	—	×	—	—	—	—	—	—
	断开		—	—	—	—	—	—	—	—	—	—	—	—
	3号(7号)发电机		×	—	×	—	×	—	—	—	—	—	—	—
	4号(8号)发电机		—	—	—	—	—	—	×	—	×	—	×	—

表 24-1-35　　LW2-H,2、2、2、2、2、2、2/F7-8X 型万能密闭转换开关触点图表

在"断开"位置的手把(正面)的样式和触点盒(背面)的接线图		断开 粗略 精确 同期	1 2 4 3		5 6 8 7		9 10 12 11		13 14 16 15		17 18 20 19		21 22 24 23		25 26 28 27	
手柄和触点盒的型式		F7-8X	2		2		2		2		2		2		2	
触点号		—	1-3	2-4	5-7	6-8	9-11	10-12	13-15	14-16	17-19	18-20	21-23	22-24	25-27	26-28
位置	断开		—	—	—	—	—	—	—	—	—	—	—	—	—	—
	精确同期(备用励磁)		×	—	×	—	×	—	×	—	×	—	×	—	×	—
	粗略同期(工作励磁)		—	×	—	×	—	×	—	×	—	×	—	×	—	×

表 24-1-36　　LW2-W-6a、1、6/F8 型万能密闭转换开关触点图表

在"母线"位置的手把(正面)的样式和触点盒(背面)的接线图		母线 +地 −地	1 2 4 3		5 6 8 7		9 10 12 11	
手柄和触点盒的型式		F6	6a		1		6	
触点号		—	1-2	1-4	5-7	6-8	9-10	9-12
位置	母线		×	—	×	—	—	×
	−对地		—	×	—	—	—	×
	+对地		×	—	—	—	×	—

表 24-1-37 LW2-W-1、1、1、1、1、1/F5 型万能密闭转换开关触点图表

在"接入"位置的手把(正面)的样式和触点盒(背面)的接线图	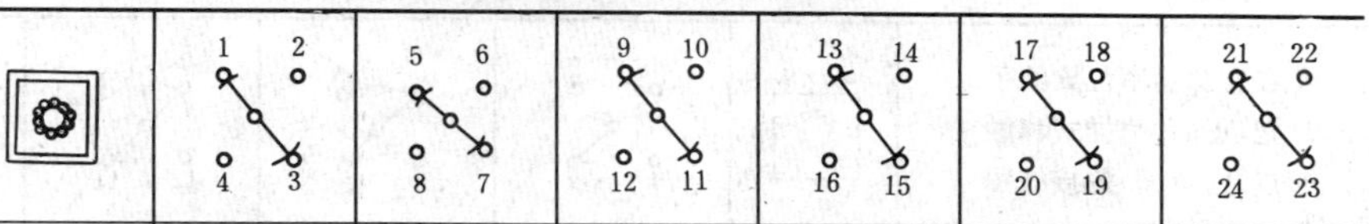						
手柄和触点盒的型式	F5	1	1	1	1	1	1
触点号	—	1-3	5-7	9-11	13-15	17-19	21-23
位置 接入		×	×	×	×	×	×
位置 断开		—	—	—	—	—	—

表 24-1-38 LW2-H-4、4、4、5、5、5/F7-8X 型万能密闭转换开关触点图表

在"断开"位置的手把(正面)的样式和触点盒(背面)的接线图	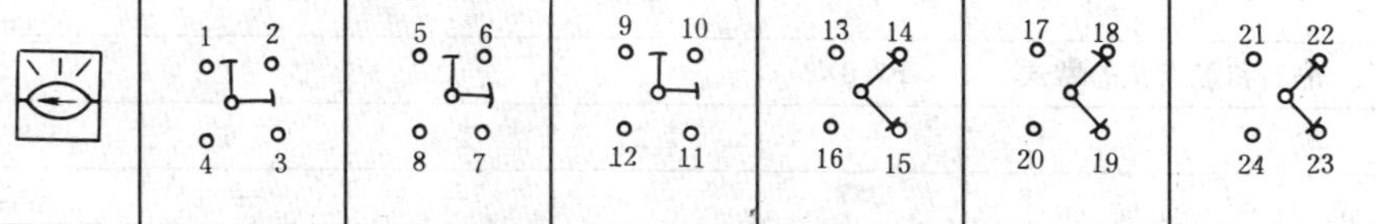												
手柄和触点盒的型式	F7-8X	4		4		4		5		5		5	
触点号	—	1-2	1-4	5-6	5-8	9-10	9-12	13-14	13-16	17-18	17-20	21-22	21-24
位置 断开		—	—	—	—	—	—	—	—	—	—	—	—
位置 第 Ⅰ 母线段		×	—	×	—	×	—	—	—	—	—	—	—
位置 第 Ⅱ 母线段		—	—	—	—	—	—	×	—	×	—	×	—
位置 备用母线		—	×	—	×	—	×	—	—	—	—	—	—
位置 第 Ⅲ 母线段		—	—	—	—	—	—	—	×	—	×	—	×

表 24-1-39 LW2-H-4、4、4、5、5、5/F7-8X 型万能密闭转换开关触点图表

在"断开"位置的手把(正面)的样式和触点盒(背面)的接线图	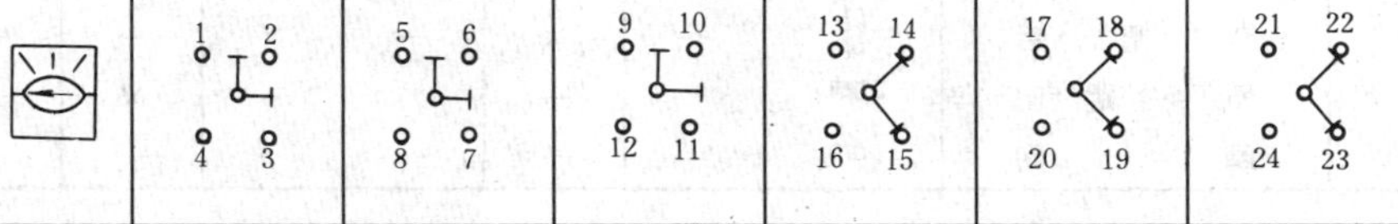												
手柄和触点盒的型式	F7-8X	4		4		4		5		5		5	
触点号	—	1-2	1-4	5-6	5-8	9-10	9-12	13-14	13-16	17-18	17-20	21-22	21-24
位置 断开		—	—	—	—	—	—	—	—	—	—	—	—
位置 第 Ⅰ (Ⅴ) 母线段		×	—	×	—	×	—	—	—	—	—	—	—
位置 第 Ⅱ (Ⅵ) 母线段		—	—	—	—	—	—	×	—	×	—	×	—
位置 第 Ⅲ 母线段		—	×	—	×	—	×	—	—	—	—	—	—
位置 第 Ⅳ 母线段		—	—	—	—	—	—	—	×	—	×	—	×

表 24-1-40　　LW2-W-7、7、7、7、7/F5 型万能密闭转换开关触点图表

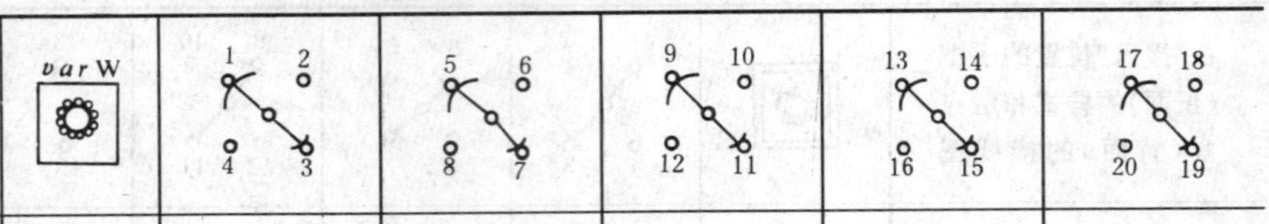

在有功功率位置的手把（正面）的样式和触点盒（背面）的接线图											
手柄和触点盒的型式		F5	7		7		7		7		7
触　点　号		—	1-3	1-4	5-7	5-8	9-11	9-12	13-15	13-16	17-19	17-20
位置	有功功率（W）		×	—	×	—	×	—	×	—	×	—
	无功功率（VAR）		—	×	—	×	—	×	—	×	—	×

表 24-1-41　　LW2-H-4、4、4/F7-8X 型万能密闭转换开关触点图表

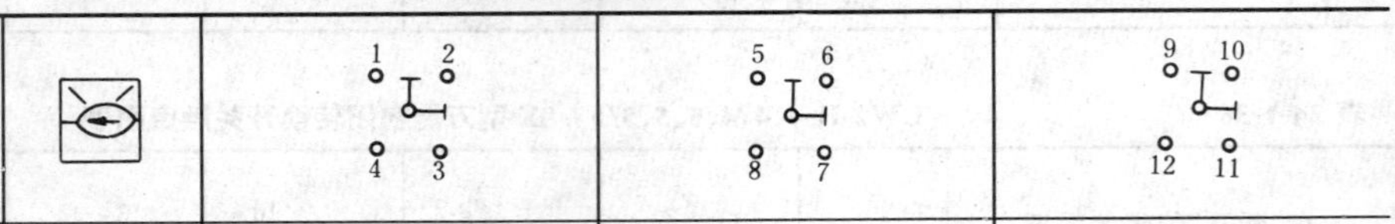

在"断开"位置的手把（正面）的样式和触点盒（背面）的接线图								
手柄和触点盒的型式		F7-8X	4		4		4	
触　点　号		—	1-2	1-4	5-6	5-8	9-10	9-12
位置	断开		—	—	—	—	—	—
	第Ⅰ段母线		×	—	×	—	×	—
	第Ⅱ段母线		—	×	—	×	—	×

表 24-1-42　　LW2-YZ-6、6、4、4/02 型万能密闭转换开关触点图表

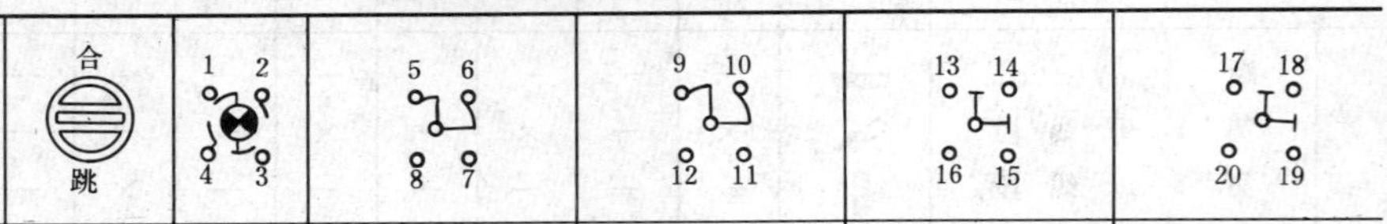

在"跳闸后"位置的手把（正面）的样式和触点盒（背面）的接线图		合 跳									
手柄和触点盒的型式		02	灯	6		6		4		4	
触　点　号		—	—	5-8	5-6	9-12	9-10	13-16	14-15	17-20	18-19
位置	跳闸后			—	×	—	×	—	—	—	—
	预备合闸			×	—	×	—	—	—	—	—
	合闸			×	—	×	—	×	—	×	—
	合闸后			×	—	×	—	—	—	—	—
	预备跳闸			—	×	—	×	—	—	—	—
	跳闸			—	—	—	—	—	×	—	×

表 24-1-43　　LW2-Y-7、7、7、7、7、7/02-X 型万能密闭转换开关触点图表

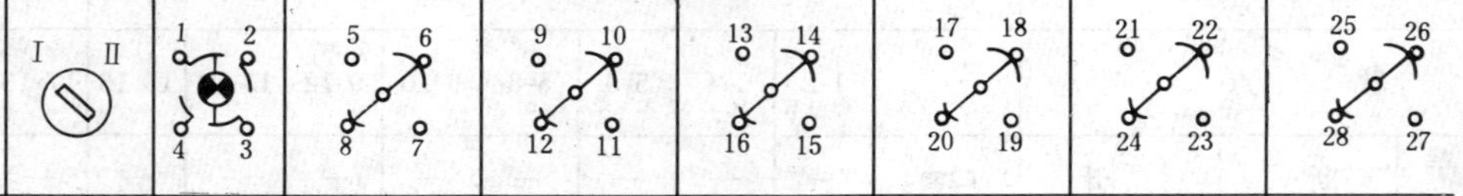

在第Ⅰ系统位置的手把（正面）的样式和触点盒（背面）的接线图		Ⅰ Ⅱ													
手柄和触点盒的型式		02-X	灯	7		7		7		7		7		7	
触　点　号		—	—	5-7	6-8	9-11	10-12	13-15	14-16	17-19	18-20	21-23	22-24	25-27	26-28
位置	第Ⅰ系统			—	×	—	×	—	×	—	×	—	×	—	×
	第Ⅱ系统			×	—	×	—	×	—	×	—	×	—	×	—

表 24-1-44　LW2-YZ-1a、4、6a、40、20/F1 型万能密闭转换开关触点图表

在“跳闸后”位置的手把（正面）的样式和触点盒（背面）的接线图																
手柄和触点盒的型式		F1	灯	1a		4		6a			40			20		
触点号		—	—	5-7	6-8	9-12	10-11	13-14	13-16	14-15	17-18	18-19	17-20	21-23	21-22	22-24
位置	跳闸后			—	×	—	—	—	—	×	—	×	—	—	—	×
	预备合闸			×	—	—	—	×	—	—	×	—	—	—	×	—
	合闸			—	—	×	—	—	×	—	—	—	×	×	—	—
	合闸后			×	—	—	—	×	—	—	—	—	×	×	—	—
	预备跳闸			—	×	—	—	—	—	×	×	—	—	—	×	—
	跳闸			—	—	—	×	—	—	×	—	×	—	—	—	×

表 24-1-45　LW2-YZ-1a、4、6a、40、20、20、4/F1 型万能密闭转换开关触点图表

在“跳闸后”位置的手把（正面）的样式和触点盒（背面）的接线图																			
手柄和触点盒的型式		F1	灯	1a		4		6a			40			20			20			4	
触点号		—	—	5-7	6-8	9-12	10-11	13-14	13-16	14-15	17-18	18-19	17-20	21-23	21-22	22-24	25-27	25-26	26-28	29-32	30-31
位置	跳闸后			—	×	—	—	—	—	×	—	×	—	—	—	×	—	—	×	—	—
	预备合闸			×	—	—	—	×	—	—	×	—	—	—	×	—	—	×	—	—	—
	合闸			—	—	×	—	—	×	—	—	—	×	×	—	—	×	—	—	×	—
	合闸后			×	—	—	—	×	—	—	—	—	×	×	—	—	×	—	—	—	—
	预备跳闸			—	×	—	—	—	—	×	×	—	—	—	×	—	—	×	—	—	—
	跳闸			—	—	—	×	—	—	×	—	×	—	—	—	×	—	—	×	—	×

表 24-1-46　LW2-YZ-1a、4、6a、40、20、6a/F1 型万能密闭转换开关触点图表

在“跳闸后”位置的手把（正面）的样式和触点盒（背面）的接线图																			
手柄和触点盒的型式		F1	灯	1a		4		6a			40			20			6a		
触点号		—	—	5-7	6-8	9-12	10-11	13-14	13-16	14-15	17-18	18-19	17-20	21-23	21-22	22-24	25-26	25-28	26-27
位置	跳闸后			—	×	—	—	—	—	×	—	×	—	—	—	×	—	—	×
	预备合闸			×	—	—	—	×	—	—	×	—	—	—	×	—	×	—	—
	合闸			—	—	×	—	—	×	—	—	—	×	×	—	—	—	×	—
	合闸后			×	—	—	—	×	—	—	—	—	×	×	—	—	×	—	—
	预备跳闸			—	×	—	—	—	—	×	×	—	—	—	×	—	—	—	×
	跳闸			—	—	—	×	—	—	×	—	×	—	—	—	×	—	—	×

二、LW5系列万能转换开关

(一) 简介

该系列万能转换开关适用于交、直流电压 500V 及以下的电路中，作为主令电器或电气测量仪表的转换开关及配电设备的遥远控制开关，亦可作为伺服电动机及容量 5.5kW 以下三相交流电动机的起动、换向、变速开关。

(二) 型号含义

LW5-15 □ □/□ □

- 额定电流(A)：15
- 定位特征代号：第一个□
- 接线图编号：第二个□
- 接触系统档数：第三个□
- 手柄型式代号：第四个□

(三) 型式结构

1. 型式分类

该系列转换开关按接触系统档数分为 16 种。按防护形式分为开启式和防护式两种。按手柄形式分为旋钮 (X)、普通 (P)、机床 (C) 和枪形 (Q) 手柄四种。按定位特征可分为 15 种，见表 24-1-47。

LW5 系列万能转换开关作为控制 5.5kW 及以下的三相交流电动机换向、变速开关时，其型号见表 24-1-48。

2. 结构特点

系列转换开关由接触系统、操作机构、转轴、面板等主要部件组成，用螺栓组装成整体。防护式转换开关具有金属外壳。

表 24-1-47　LW5 系列万能转换开关定位特征

操作方式	代号	操作手柄角度											
自复式	A						0° │←	45°					
	B					45°	0° →│←	45°					
定位式	C						0°	45°					
	D					45°	0°	45°					
	E					45°	0°	45°	90°				
	F				90°	45°	0°	45°	90°				
	G				90°	45°	0°	45°	90°	135°			
	H			135°	90°	45°	0°	45°	90°	135°			
	I			135°	90°	45°	0°	45°	90°	135°	180°		
	J		120°	90°	60°	30°	0°	30°	60°	90°	120°		
	K		120°	90°	60°	30°	0°	30°	60°	90°	120°	150°	
	L	150°	120°	90°	60°	30°	0°	30°	60°	90°	120°	150°	
	M	150°	120°	90°	60°	30°	0°	30°	60°	90°	120°	150°	180°
	N					45°		45°					
	P					90°	0°	90°					

表 24-1-48　　LW5 系列万能转换开关作为控制 5.5kW 及以下电动机时的分类

型　号	用　途
LW5-15/5.5N	可逆转换开关
LW5-15/5.5S	双速电动机变速开关
LW5-15/5.5SN	双速电动机变速可逆开关

（四）技术数据

LW5 系列万能转换开关的额定电压 500V，额定电流 15A，允许正常操作频率 120 次/h，机械寿命 100 万次，电寿命见表 24-1-49，通断能力见表 24-1-50。

表 24-1-49　　LW5 系列万能转换开关电寿命

开关用途	电流类别		可控线圈功率（W）	接通 电压（V）	接通 电流（A）	接通 功率因数	接通 时间常数（s）	分断 电压（V）	分断 电流（A）	分断 功率因数	分断 时间常数（s）	寿命（万次）	
主令电器	交流		1000	500	32	0.15	—	500	2	0.2	—	20	
				380	42			380	2.6				
				220	75			220	4.5				
	双断点	直流	60	500	0.36	—	0.03	500	0.12	—	0.15		
				220	0.9			220	0.3				
				110	1.8			110	0.6				
				48	4			48	1.3				
				24	8			24	2.7				
	四断点	直流	90	500	0.9	—	0.05	500	0.18	—	0.2		
				220	2			220	0.4				
				110	4			110	0.8				
				48	9.4			48	1.9				
				24	18.7			24	3.7				
控制 5.5kW 电动机	三相交流		—	380	6×12	0.55	—	0.17×380	12	0.55	—	19.6	共 20 万次
				380	6×12			380	6×12			0.4 频率≤1 次/min	

表 24-1-50　　LW5 系列万能转换开关通断能力

开关用途	电流类别		可控线圈功率（W）	接通和分断 电压（V）	接通和分断 电流（A）	接通和分断 功率因数	接通和分断 时间常数（s）	试验次数	每次通电时间（s）	两次试验时间间隔（s）
主令电器	交流		1000	1.1×500	35	0.15		50	＞0.2	10
				1.1×380	46					
				1.1×220	80					
	双断点	直流	60	1.1×500	0.4	—	0.03	20	＞0.12	10
				1.1×220	1					
				1.1×110	2					
				1.1×48	4.6					
				1.1×24	9					
	四断点	直流	90	1.1×500	1	—	0.05	20	＞0.2	10
				1.1×220	2.3					
				1.1×110	4.5					
				1.1×48	10					
				1.1×24	20					

开关用途	开断 电压（V）	开断 电流（A）	开断 功率因数	开断 试验次数	接通 电压（V）	接通 电流（A）	接通 功率因数	接通 试验次数	每次通电时间（s）	两次试验时间间隔（s）
控制 5.5kW 交流电动机	1.1×380	8×12	0.55	25	1.1×380	10×12	0.55	100	0.06～0.2	10

（五）外形及安装尺寸

LW5 系列单列、三列万能转换开关外形及安装尺寸，见图 24-1-5、图 24-1-6。

（六）生产厂

上海益精电器厂，沈阳电器开关厂，嘉兴电气控制设备厂，北京第一低压电器厂，苏州电气控制设备厂，柳州电器开关厂，广州第一电器厂，长沙电器控制设备厂，上海亚明电器厂，广州南洋电器厂，阿城继电器厂。

（七）常用开关触点图表

LW5 系列万能转换开关触点图表，见表 24-1-51～表 24-1-69。

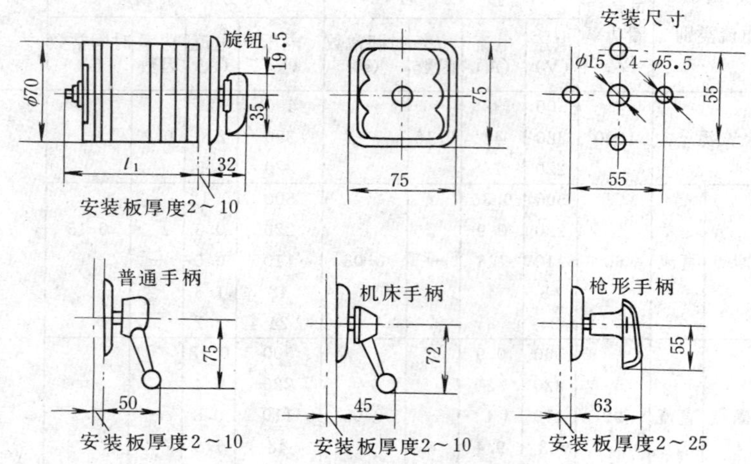

图 24-1-5 LW5 系列单列万能转换开关的外形及安装尺寸

（$l_1=43+16n$，式中 n 表示接触系统档数）

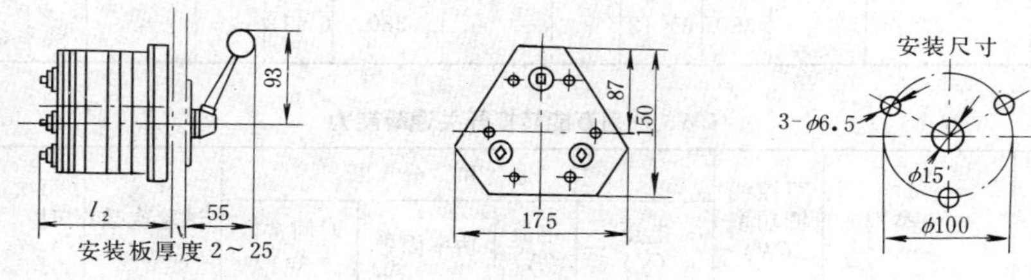

图 24-1-6 LW5 系列三列万能转换开关的外形及安装尺寸

$\left(l_2=69+\dfrac{16n}{3}，式中\ n\ 表示接触系统档数\right)$

表 24-1-51 **LW5-15□□/1 型万能转换开关触点图表**

定位特征、接线图编号及手柄位置		A0001		A0002		B0011			B0012			B0013			B0014		
		0°	45°	0°	45°	45°	0°	45°	45°	0°	45°	45°	0°	45°	45°	0°	45°
1o⟋o2	1-2	×			×			×			×	×			×		×
3o⟋o4	3-4		×		×	×				×	×			×	×		×

定位特征、接线图编号及手柄位置		C0071		D0081			D0082			D0083			D0084		
		0°	45°	45°	0°	45°	45°	0°	45°	45°	0°	45°	45°	0°	45°
1o⟋o2	1-2		×			×			×	×			×		×
3o⟋o4	3-4		×	×				×	×			×	×		×

表 24-1-52　　LW5-15□□/2 型万能转换开关触点图表

定位特征、接线图编号及手柄位置		A0321		B0331			B0332			B0333			B0334			B0335		
		0°	45°	45°	0°	45°	45°	0°	45°	45°	0°	45°	45°	0°	45°	45°	0°	45°
1○╱ ╱○2	1-2	×				×		×	×	×					×			×
3○╱ ╱○4	3-4	×		×					×	×			×					×
5○╱ ╱○6	5-6		×	×					×	×	×			×			×	×
7○╱ ╱○8	7-8		×			×			×			×		×			×	×

定位特征、接线图编号及手柄位置		B0336			B0337			B0338			B0339			B0340		
		45°	0°	45°	45°	0°	45°	45°	0°	45°	45°	0°	45°	45°	0°	45°
1○╱ ╱○2	1-2	×	×		×			×		×		×	×			×
3○╱ ╱○4	3-4	×					×	×		×		×	×	×	×	
5○╱ ╱○6	5-6			×			×	×		×			×	×		×
7○╱ ╱○8	7-8		×	×			×	×		×			×		×	

定位特征、接线图编号及手柄位置		B0341			B0342			B0343			C0391		D0401			D0402		
		45°	0°	45°	45°	0°	45°	45°	0°	45°	0°	45°	45°	0°	45°	45°	0°	45°
1○╱ ╱○2	1-2		×			×	×	×		×	×				×		×	×
3○╱ ╱○4	3-4	×		×		×		×			×		×					×
5○╱ ╱○6	5-6	×					×			×		×	×					×
7○╱ ╱○8	7-8		×		×			×		×		×			×			×

定位特征、接线图编号及手柄位置		D0403			D0404			D0405			D0406			D0407			D0408		
		45°	0°	45°	45°	0°	45°	45°	0°	45°	45°	0°	45°	45°	0°	45°	45°	0°	45°
1○╱ ╱○2	1-2	×					×			×	×	×		×			×		×
3○╱ ╱○4	3-4	×			×					×	×					×	×		×
5○╱ ╱○6	5-6	×	×			×			×	×			×			×	×		×
7○╱ ╱○8	7-8			×		×			×	×		×	×			×	×		×

定位特征、接线图编号及手柄位置		D0409			D0410			D0411			D0412			D0413				F0501			
		45°	0°	45°	45°	0°	45°	45°	0°	45°	45°	0°	45°	45°	0°	45°	90°	45°	0°	45°	90°
1○╱ ╱○2	1-2		×	×			×		×			×	×	×		×			×		
3○╱ ╱○4	3-4		×	×	×	×		×		×		×		×				×		×	
5○╱ ╱○6	5-6			×	×		×	×					×			×	×				×
7○╱ ╱○8	7-8			×		×			×		×			×		×			×		

定位特征、接线图编号及手柄位置		F0502				
		90°	45°	0°	45°	90°
1○╱ ╱○2	1-2				×	×
3○╱ ╱○4	3-4				×	×
5○╱ ╱○6	5-6	×	×			
7○╱ ╱○8	7-8	×				×

定位特征、接线图编号及手柄位置		E0491			
		45°	0°	45°	90°
1○╱ ╱○2	1-2			×	×
3○╱ ╱○4	3-4	×			×
5○╱ ╱○6	5-6	×	×		
7○╱ ╱○8	7-8		×	×	

定位特征、接线图编号及手柄位置		B0344			D0414		
		45°	0°	45°	45°	0°	45°
1○╱ ╱○2	1-2	×			×		
3○╱ ╱○4	3-4			×			×
5○╱ ╱○6	5-6	×			×		
7○╱ ╱○8	7-8			×			×

定位特征、接线图编号及手柄位置		B0345			D0415		
		45°	0°	45°	45°	0°	45°
1○╱ ╱○2	1-2	×		×	×		×
3○╱ ╱○4	3-4	×			×		
5○╱ ╱○6	5-6			×			×
7○╱ ╱○8	7-8	×		×	×		×

表 24-1-53 LW5-15□□/3 型万能转换开关触点图表

定位特征、接线图编号及手柄位置		B0651			B0652			B0653			B0654			B0655		
		45°	0°	45°	45°	0°	45°	45°	0°	45°	45°	0°	45°	45°	0°	45°
1 2	1-2		×			×	×	×					×	×		×
3 4	3-4	×		×	×	×				×			×	×		×
5 6	5-6			×			×	×				×		×		×
7 8	7-8	×			×					×		×		×		×
9 10	9-10		×				×	×			×				×	
11 12	11-12		×		×					×	×				×	

定位特征、接线图编号及手柄位置		B0656			D0721			D0722			D0723			D0724		
		45°	0°	45°	45°	0°	45°	45°	0°	45°	45°	0°	45°	45°	0°	45°
1 2	1-2		×			×			×	×	×					×
3 4	3-4			×	×		×	×	×				×			×
5 6	5-6	×					×			×	×				×	
7 8	7-8		×	×	×			×					×		×	
9 10	9-10	×	×			×				×	×			×		
11 12	11-12	×	×			×		×					×	×		

定位特征、接线图编号及手柄位置		D0725			D0726			D0727			F0821					F0822				
		45°	0°	45°	45°	0°	45°	45°	0°	45°	90°	45°	0°	45°	90°	90°	45°	0°	45°	90°
1 2	1-2	×		×		×		×					×			×				
3 4	3-4	×		×			×			×	×				×					×
5 6	5-6	×		×	×			×					×						×	×
7 8	7-8	×		×		×	×	×		×	×				×		×			
9 10	9-10		×		×	×			×				×						×	×
11 12	11-12		×		×	×		×		×	×				×				×	×

定位特征、接线图编号及手柄位置		F0823				
		90°	45°	0°	45°	90°
1 2	1-2					×
3 4	3-4				×	
5 6	5-6			×		
7 8	7-8			×		
9 10	9-10		×			
11 12	11-12	×				

定位特征、接线图编号及手柄位置		B0657			D0728		
		45°	0°	45°	45°	0°	45°
1 2	1-2		×	×		×	×
3 4	3-4		×	×		×	×
5 6	5-6	×	×		×	×	
7 8	7-8		×	×		×	×
9 10	9-10	×	×		×	×	
11 12	11-12		×	×		×	×

表 24-1-54 LW5-15□□/4 型万能转换开关触点图表

定位特征、接线图编号及手柄位置		A0961		A0962		B0971			B0972			B0973			B0974		
		0°	45°	0°	45°	45°	0°	45°	45°	0°	45°	45°	0°	45°	45°	0°	45°
1 2	1-2	×		×			×		×	×		×		×			×
3 4	3-4	×			×	×		×			×	×		×	×		
5 6	5-6	×		×				×			×	×		×			×
7 8	7-8	×			×	×					×	×		×	×		
9 10	9-10	×		×				×	×	×		×		×			×
11 12	11-12	×			×	×				×	×	×		×	×		×
13 14	13-14	×		×			×				×	×		×	×		
15 16	15-16	×			×		×		×			×		×			×

续表 24-1-54

定位特征、接线图编号及手柄位置		B0975			B0976			B0977			C1031		D1041			D1042		
		45°	0°	45°	45°	0°	45°	45°	0°	45°	0°	45°	45°	0°	45°	45°	0°	45°
1○╱╱○2	1-2			×		×			×		×			×		×	×	
3○╱╱○4	3-4			×		×			×		×		×		×			×
5○╱╱○6	5-6			×		×			×		×				×			×
7○╱╱○8	7-8		×		×		×		×		×		×					×
9○╱╱○10	9-10			×	×		×	×		×	×				×	×	×	
11○╱╱○12	11-12		×		×		×	×		×	×		×				×	×
13○╱╱○14	13-14		×			×		×		×	×			×				×
15○╱╱○16	15-16				×			×		×	×			×		×		

定位特征、接线图编号及手柄位置		D1043			D1044			D1045			D1046			D1047		
		45°	0°	45°	45°	0°	45°	45°	0°	45°	45°	0°	45°	45°	0°	45°
1○╱╱○2	1-2	×		×			×			×		×			×	
3○╱╱○4	3-4	×		×	×					×		×			×	
5○╱╱○6	5-6	×		×			×			×		×			×	
7○╱╱○8	7-8	×		×	×				×		×		×		×	
9○╱╱○10	9-10	×		×			×			×	×		×	×		×
11○╱╱○12	11-12	×		×	×		×		×		×		×	×		×
13○╱╱○14	13-14	×		×	×				×			×		×		×
15○╱╱○16	15-16	×		×			×				×			×		×

定位特征、接线图编号及手柄位置		D1048			D1049			F1141				
		45°	0°	45°	45°	0°	45°	90°	45°	0°	45°	90°
1○╱╱○2	1-2			×	×					×		
3○╱╱○4	3-4			×			×		×		×	
5○╱╱○6	5-6			×	×	×		×				×
7○╱╱○8	7-8			×			×		×	×	×	
9○╱╱○10	9-10			×	×					×		
11○╱╱○12	11-12			×		×	×		×		×	
13○╱╱○14	13-14			×	×					×		
15○╱╱○16	15-16			×		×	×	×				×

定位特征、接线图编号及手柄位置		F1142					H1196							H1197						
		90°	45°	0°	45°	90°	135°	90°	45°	0°	45°	90°	135°	135°	90°	45°	0°	45°	90°	135°
1○╱╱○2	1-2				×	×					×	×	×					×	×	×
3○╱╱○4	3-4				×	×					×	×	×					×	×	×
5○╱╱○6	5-6	×	×				×	×	×					×	×	×				
7○╱╱○8	7-8	×	×				×	×	×					×	×	×				
9○╱╱○10	9-10			×						×							×			
11○╱╱○12	11-12	×	×		×	×	×	×	×		×	×	×				×			
13○╱╱○14	13-14	×				×	×	×				×	×		×	×		×	×	
15○╱╱○16	15-16			×			×						×			×		×		

定位特征、接线图编号及手柄位置		B0978			D1050			E1131			
		45°	0°	45°	45°	0°	45°	45°	0°	45°	90°
1○╱╱○2	1-2	×			×					×	
3○╱╱○4	3-4			×			×			×	
5○╱╱○6	5-6	×			×			×			
7○╱╱○8	7-8			×			×	×			
9○╱╱○10	9-10	×			×						×
11○╱╱○12	11-12			×			×				×
13○╱╱○14	13-14	×			×			×			
15○╱╱○16	15-16			×			×	×			

定位特征、接线图编号及手柄位置		E1132			
		45°	0°	45°	90°
1○╱╱○2	1-2				×
3○╱╱○4	3-4		×		
5○╱╱○6	5-6			×	
7○╱╱○8	7-8	×			
9○╱╱○10	9-10	×			
11○╱╱○12	11-12			×	
13○╱╱○14	13-14		×		
15○╱╱○16	15-16				×

表 24-1-55 **LW5-15□□/5型万能转换开关触点图表**

定位特征、接线图编号及手柄位置		B1291			B1292			B1293			B1294			B1295			B1296		
		45°	0°	45°	45°	0°	45°	45°	0°	45°	45°	0°	45°	45°	0°	45°	45°	0°	45°
1○╱○2	1-2		×			×	×			×	×					×			×
3○╱○4	3-4	×		×	×					×	×					×			×
5○╱○6	5-6		×		×					×			×		×				×
7○╱○8	7-8		×		×		×	×			×		×			×			×
9○╱○10	9-10		×			×		×			×					×		×	
11○╱○12	11-12			×		×			×		×				×				×
13○╱○14	13-14			×	×	×		×		×	×		×			×			×
15○╱○16	15-16			×			×	×			×	×			×			×	
17○╱○18	17-18		×				×	×		×			×		×			×	
19○╱○20	19-20	×			×				×				×						

定位特征、接线图编号及手柄位置		D1361			D1362			D1363			D1364		
		45°	0°	45°	45°	0°	45°	45°	0°	45°	45°	0°	45°
1○╱○2	1-2	×		×		×		×		×		×	×
3○╱○4	3-4			×	×		×	×		×	×		
5○╱○6	5-6		×			×		×		×	×		
7○╱○8	7-8		×			×		×		×	×		×
9○╱○10	9-10			×		×			×			×	
11○╱○12	11-12			×			×		×			×	
13○╱○14	13-14	×	×				×		×		×	×	
15○╱○16	15-16	×		×			×		×				×
17○╱○18	17-18	×				×			×				×
19○╱○20	19-20			×	×				×		×		

定位特征、接线图编号及手柄位置		D1365			D1366			D1367			D1368		
		45°	0°	45°	45°	0°	45°	45°	0°	45°	45°	0°	45°
1○╱○2	1-2			×	×					×			×
3○╱○4	3-4			×	×					×			×
5○╱○6	5-6			×			×		×				×
7○╱○8	7-8	×			×		×			×			×
9○╱○10	9-10	×			×					×		×	
11○╱○12	11-12		×		×				×				×
13○╱○14	13-14	×		×	×		×			×			×
15○╱○16	15-16	×			×	×			×			×	
17○╱○18	17-18	×		×			×		×			×	
19○╱○20	19-20		×				×						

定位特征、接线图编号及手柄位置		F1461				
		90°	45°	0°	45°	90°
1○╱○2	1-2	×				
3○╱○4	3-4					×
5○╱○6	5-6		×			
7○╱○8	7-8				×	
9○╱○10	9-10			×		
11○╱○12	11-12			×		
13○╱○14	13-14				×	
15○╱○16	15-16		×			
17○╱○18	17-18					×
19○╱○20	19-20	×				

定位特征、接线图编号及手柄位置		D1369		
		45°	0°	45°
1○╱○2	1-2	×		
3○╱○4	3-4			×
5○╱○6	5-6	×		
7○╱○8	7-8			×
9○╱○10	9-10	×		
11○╱○12	11-12			×
13○╱○14	13-14	×		
15○╱○16	15-16			×
17○╱○18	17-18	×		
19○╱○20	19-20			×

表 24-1-56　　LW5-15□□/6 型万能转换开关触点图表

定位特征、接线图编号及手柄位置		B1611			B1612			B1613			B1614			B1615		
		45°	0°	45°	45°	0°	45°	45°	0°	45°	45°	0°	45°	45°	0°	45°
1○╱─╱○2	1-2		×			×		×		×		×		×		
3○╱─╱○4	3-4	×		×	×		×	×		×	×		×			×
5○╱─╱○6	5-6			×			×	×	×			×				×
7○╱─╱○8	7-8	×					×	×	×			×			×	
9○╱─╱○10	9-10			×			×		×	×		×			×	
11○╱─╱○12	11-12	×			×				×	×			×	×	×	
13○╱─╱○14	13-14		×		×				×				×			×
15○╱─╱○16	15-16		×		×				×			×		×	×	
17○╱─╱○18	17-18	×		×	×					×	×					×
19○╱─╱○20	19-20			×	×					×			×		×	
21○╱─╱○22	21-22		×	×	×			×				×		×		
23○╱─╱○24	23-24	×	×		×			×			×			×	×	

定位特征、接线图编号及手柄位置		B1616			B1617			D1681			D1682			D1683		
		45°	0°	45°	45°	0°	45°	45°	0°	45°	45°	0°	45°	45°	0°	45°
1○╱─╱○2	1-2			×	×				×			×		×		×
3○╱─╱○4	3-4			×	×			×		×	×		×	×		×
5○╱─╱○6	5-6			×	×					×			×	×	×	
7○╱─╱○8	7-8			×	×			×					×	×	×	
9○╱─╱○10	9-10			×	×					×			×		×	×
11○╱─╱○12	11-12			×		×	×	×			×				×	×
13○╱─╱○14	13-14			×		×	×		×		×				×	
15○╱─╱○16	15-16			×		×			×		×				×	
17○╱─╱○18	17-18		×				×	×		×	×					×
19○╱─╱○20	19-20		×				×			×	×					×
21○╱─╱○22	21-22	×					×		×	×	×			×		
23○╱─╱○24	23-24	×					×	×	×		×			×		

定位特征、接线图编号及手柄位置		D1365			D1366			D1367			D1368		
		45°	0°	45°	45°	0°	45°	45°	0°	45°	45°	0°	45°
1○╱─╱○2	1-2			×	×					×			×
3○╱─╱○4	3-4			×	×					×			×
5○╱─╱○6	5-6			×			×		×				×
7○╱─╱○8	7-8	×			×		×			×			×
9○╱─╱○10	9-10	×			×					×		×	
11○╱─╱○12	11-12		×		×				×				×
13○╱─╱○14	13-14	×		×	×		×			×			×
15○╱─╱○16	15-16	×			×	×			×			×	
17○╱─╱○18	17-18	×		×			×		×			×	
19○╱─╱○20	19-20		×				×						

定位特征、接线图编号及手柄位置		F1461				
		90°	45°	0°	45°	90°
1○╱─╱○2	1-2	×				
3○╱─╱○4	3-4					×
5○╱─╱○6	5-6		×			
7○╱─╱○8	7-8				×	
9○╱─╱○10	9-10			×		
11○╱─╱○12	11-12			×		
13○╱─╱○14	13-14				×	
15○╱─╱○16	15-16		×			
17○╱─╱○18	17-18					×
19○╱─╱○20	19-20	×				

定位特征、接线图编号及手柄位置		D1369		
		45°	0°	45°
1○╱─╱○2	1-2	×		
3○╱─╱○4	3-4			×
5○╱─╱○6	5-6	×		
7○╱─╱○8	7-8			×
9○╱─╱○10	9-10	×		
11○╱─╱○12	11-12			×
13○╱─╱○14	13-14	×		
15○╱─╱○16	15-16			×
17○╱─╱○18	17-18	×		
19○╱─╱○20	19-20			×

表 24-1-57　　LW5-15□□/7 型万能转换开关触点图表

定位特征、接线图编号及手柄位置		D2001		
		45°	0°	45°
1○╱─╱○2	1-2			×
3○╱─╱○4	3-4	×		
5○╱─╱○6	5-6			×
7○╱─╱○8	7-8	×		
9○╱─╱○10	9-10			×
11○╱─╱○12	11-12	×		
13○╱─╱○14	13-14			×
15○╱─╱○16	15-16	×		
17○╱─╱○18	17-18			×
19○╱─╱○20	19-20	×		
21○╱─╱○22	21-22			×
23○╱─╱○24	23-24	×		
25○╱─╱○26	25-26			×
27○╱─╱○28	27-28	×		

表 24-1-58　　　　LW5-15□□/8 型万能转换开关触点图表

定位特征、接线图编号及手柄位置		D2321			D2322			D2323		
		45°	0°	45°	45°	0°	45°	45°	0°	45°
1 ○╱ ╱○ 2	1-2	×			×				×	×
3 ○╱ ╱○ 4	3-4	×			×				×	×
5 ○╱ ╱○ 6	5-6	×			×				×	×
7 ○╱ ╱○ 8	7-8	×			×			×	×	
9 ○╱ ╱○ 10	9-10	×			×			×	×	
11 ○╱ ╱○ 12	11-12	×			×			×	×	
13 ○╱ ╱○ 14	13-14	×			×					×
15 ○╱ ╱○ 16	15-16		×	×	×					×
17 ○╱ ╱○ 18	17-18		×	×		×	×			×
19 ○╱ ╱○ 20	19-20		×			×	×			×
21 ○╱ ╱○ 22	21-22			×		×	×			×
23 ○╱ ╱○ 24	23-24			×		×		×		
25 ○╱ ╱○ 26	25-26			×			×	×		
27 ○╱ ╱○ 28	27-28			×			×	×		
29 ○╱ ╱○ 30	29-30			×			×	×		
31 ○╱ ╱○ 32	31-32			×			×	×		

定位特征、接线图编号及手柄位置		B2351			D2324		
		45°	0°	45°	45°	0°	45°
1 ○╱ ╱○ 2	1-2	×			×		
3 ○╱ ╱○ 4	3-4			×			×
5 ○╱ ╱○ 6	5-6	×			×		
7 ○╱ ╱○ 8	7-8			×			×
9 ○╱ ╱○ 10	9-10	×			×		
11 ○╱ ╱○ 12	11-12			×			×
13 ○╱ ╱○ 14	13-14	×			×		
15 ○╱ ╱○ 16	15-16			×			×
17 ○╱ ╱○ 18	17-18	×			×		
19 ○╱ ╱○ 20	19-20			×			×
21 ○╱ ╱○ 22	21-22	×			×		
23 ○╱ ╱○ 24	23-24			×			×
25 ○╱ ╱○ 26	25-26	×			×		
27 ○╱ ╱○ 28	27-28			×			×
29 ○╱ ╱○ 30	29-30	×			×		
31 ○╱ ╱○ 32	31-32			×			×

定位特征、接线图编号及手柄位置		H2476						
		135°	90°	45°	0°	45°	90°	135°
1 ○╱ ╱○ 2	1-2					×	×	×
3 ○╱ ╱○ 4	3-4					×	×	×
5 ○╱ ╱○ 6	5-6	×	×	×				
7 ○╱ ╱○ 8	7-8	×	×	×				
9 ○╱ ╱○ 10	9-10					×	×	×
11 ○╱ ╱○ 12	11-12					×	×	×
13 ○╱ ╱○ 14	13-14	×	×	×				
15 ○╱ ╱○ 16	15-16	×	×	×				
17 ○╱ ╱○ 18	17-18				×			
19 ○╱ ╱○ 20	19-20	×	×	×		×	×	×
21 ○╱ ╱○ 22	21-22	×	×				×	×
23 ○╱ ╱○ 24	23-24	×						×
25 ○╱ ╱○ 26	25-26				×			
27 ○╱ ╱○ 28	27-28				×			
29 ○╱ ╱○ 30	29-30	×	×	×		×	×	×
31 ○╱ ╱○ 32	31-32			×		×		

定位特征、接线图编号及手柄位置		I2486							
		135°	90°	45°	0°	45°	90°	135°	180°
1 ○╱ ╱○ 2	1-2								×
3 ○╱ ╱○ 4	3-4				×				
5 ○╱ ╱○ 6	5-6	×							
7 ○╱ ╱○ 8	7-8					×			
9 ○╱ ╱○ 10	9-10		×						
11 ○╱ ╱○ 12	11-12						×		
13 ○╱ ╱○ 14	13-14			×					
15 ○╱ ╱○ 16	15-16							×	
17 ○╱ ╱○ 18	17-18								×
19 ○╱ ╱○ 20	19-20				×				
21 ○╱ ╱○ 22	21-22	×							
23 ○╱ ╱○ 24	23-24					×			
25 ○╱ ╱○ 26	25-26		×						
27 ○╱ ╱○ 28	27-28						×		
29 ○╱ ╱○ 30	29-30			×					
31 ○╱ ╱○ 32	31-32							×	

表 24-1-59 **LW5-15□□/12 型万能转换开关触点图表**

定位特征、接线图编号及手柄位置		B3411			B3412			D3461			D3462		
		45°	0°	45°	45°	0°	45°	45°	0°	45°	45°	0°	45°
1○╱ ╱○2	1-2	×			×			×			×		
3○╱ ╱○4	3-4			×			×			×			×
5○╱ ╱○6	5-6			×	×					×	×		
7○╱ ╱○8	7-8	×					×	×					×
9○╱ ╱○10	9-10	×			×			×			×		
11○╱ ╱○12	11-12			×			×			×			×
13○╱ ╱○14	13-14			×	×					×	×		
15○╱ ╱○16	15-16	×					×	×					×
17○╱ ╱○18	17-18	×			×			×			×		
19○╱ ╱○20	19-20			×			×			×			×
21○╱ ╱○22	21-22			×	×					×	×		
23○╱ ╱○24	23-24	×					×	×					×
25○╱ ╱○26	25-26	×			×			×			×		
27○╱ ╱○28	27-28			×			×			×			×
29○╱ ╱○30	29-30			×	×					×	×		
31○╱ ╱○32	31-32	×					×	×					×
33○╱ ╱○34	33-34	×			×			×			×		
35○╱ ╱○36	35-36			×			×			×			×
37○╱ ╱○38	37-38			×	×					×	×		
39○╱ ╱○40	39-40	×					×	×					×
41○╱ ╱○42	41-42	×			×			×			×		
43○╱ ╱○44	43-44			×			×			×			×
45○╱ ╱○46	45-46			×	×					×	×		
47○╱ ╱○48	47-48	×					×	×					×

定位特征、接线图编号及手柄位置		H3621											
		210°	240°	270°	300°	330°	0°	30°	60°	90°	120°	150°	180°
1○╱ ╱○2	1-2						×						
3○╱ ╱○4	3-4												×
5○╱ ╱○6	5-6							×					
7○╱ ╱○8	7-8	×											
9○╱ ╱○10	9-10								×				
11○╱ ╱○12	11-12		×										
13○╱ ╱○14	13-14									×			
15○╱ ╱○16	15-16			×									
17○╱ ╱○18	17-18										×		
19○╱ ╱○20	19-20				×								
21○╱ ╱○22	21-22											×	
23○╱ ╱○24	23-24					×							
25○╱ ╱○26	25-26						×						
27○╱ ╱○28	27-28												×
29○╱ ╱○30	29-30							×					
31○╱ ╱○32	31-32	×											
33○╱ ╱○34	33-34								×				
35○╱ ╱○36	35-36		×										
37○╱ ╱○38	37-38									×			
39○╱ ╱○40	39-40			×									
41○╱ ╱○42	41-42										×		
43○╱ ╱○44	43-44				×								
45○╱ ╱○46	45-46											×	
47○╱ ╱○48	47-48					×							

表 24-1-60 **LW5-15/YH2 型线电压换相开关触点图表**

LW5-15/YH$_2$	0	U_{AB}	U_{BC}	U_{CA}
	0°	90°	180°	270°
1—2				×
3—4		×		
5—6		×	×	
7—8			×	×

表 24-1-61 **LW5-15/YH3 型线电压换相开关触点图表**

LW5-15/YH$_3$	0	U_{AB}	U_{BC}	U_{CA}
	0°	90°	180°	270°
1—2		×		
3—4				×
5—6			×	
7—8		×		
9—10				×
11—12			×	

表 24-1-62　LW5-15/LH1 型电流换相开关触点图表

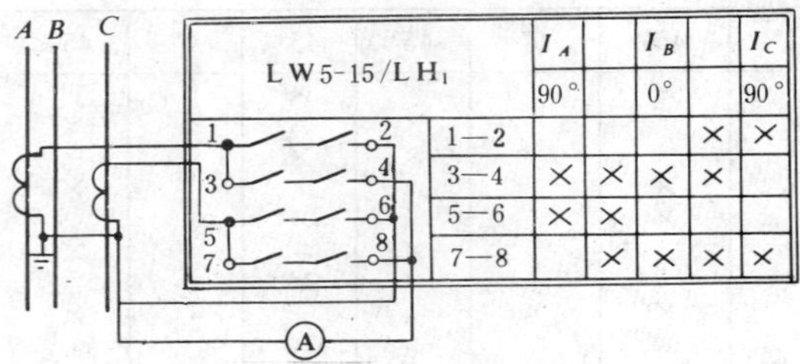

LW5-15/LH1	I_A		I_B		I_C
	90°		0°		90°
1—2				×	×
3—4	×	×	×	×	
5—6	×	×			
7—8		×	×	×	×

表 24-1-63　LW5-15/LH2 型电流换相开关触点图表

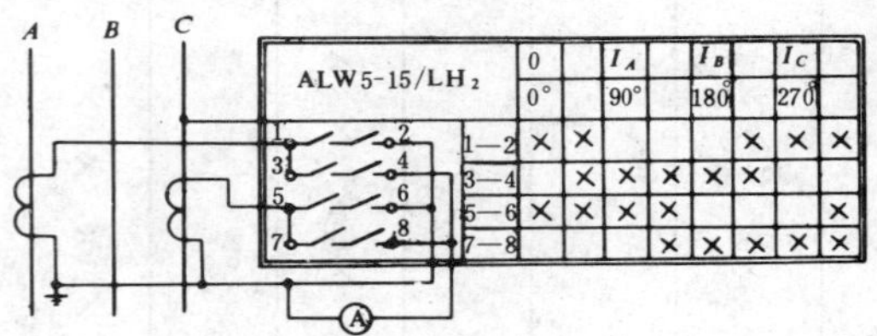

ALW5-15/LH2	0		I_A		I_B		I_C	
	0°		90°		180°		270°	
1—2	×	×				×	×	×
3—4		×	×	×	×	×		
5—6	×	×	×	×				×
7—8				×	×	×	×	×

表 24-1-64　LW5-15/LH3 型电流换相开关触点图表

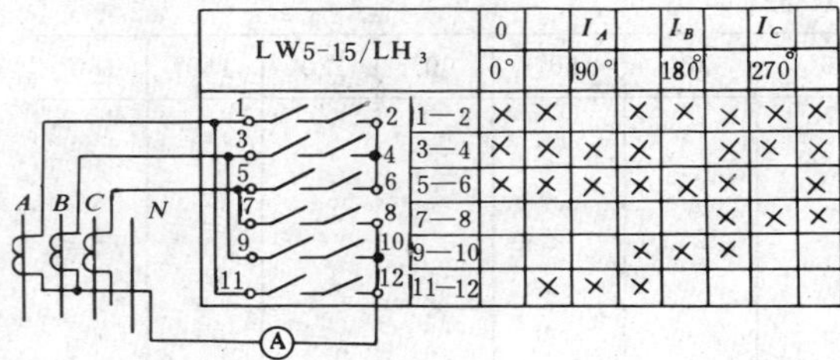

LW5-15/LH3	0		I_A		I_B		I_C	
	0°		90°		180°		270°	
1—2	×	×		×	×	×	×	×
3—4	×	×	×	×		×	×	×
5—6	×	×	×	×	×	×		×
7—8						×	×	×
9—10				×	×	×		
11—12		×	×	×				

表 24-1-65　LW5-15/LH4 型电流换相开关触点图表

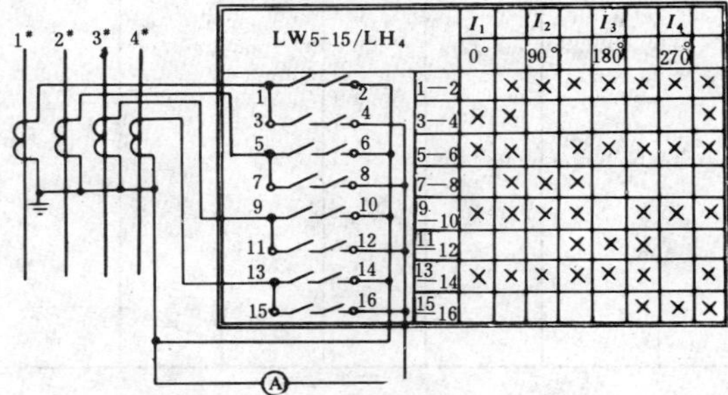

LW5-15/LH4	I_1		I_2		I_3		I_4	
	0°		90°		180°		270°	
1—2		×	×	×	×	×	×	×
3—4	×	×						×
5—6	×	×		×	×	×	×	×
7—8		×	×	×				
9—10	×	×	×	×		×	×	×
11—12				×	×	×		
13—14	×	×	×	×	×	×		×
15—16						×	×	×

表 24-1-66　LW5-15/LH5 型电流换相开关触点图表

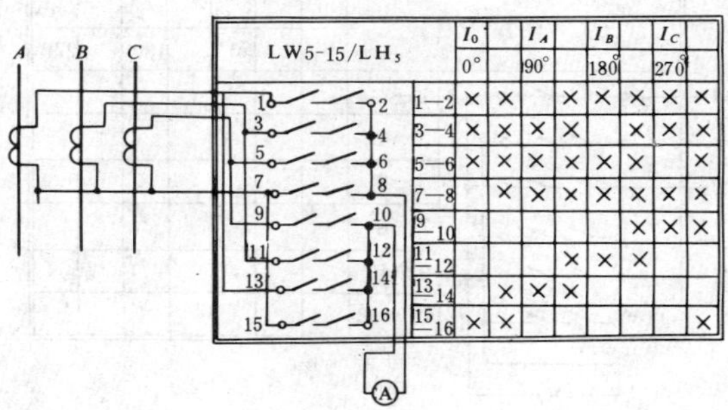

LW5-15/LH5	I_0		I_A		I_B		I_C	
	0°		90°		180°		270°	
1—2	×	×		×	×	×	×	×
3—4	×	×	×	×		×	×	×
5—6	×	×	×	×	×	×		×
7—8		×	×	×	×	×	×	×
9—10						×	×	×
11—12				×	×	×		
13—14		×	×	×				
15—16	×	×						×

表 24-1-67　LW5-15/5.5N 型电动机可逆转换开关触点图表

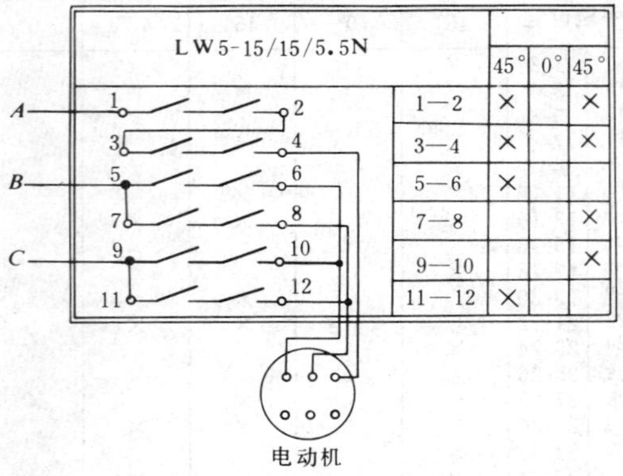

LW5-15/15/5.5N	45°	0°	45°
1—2	×		×
3—4	×		×
5—6	×		
7—8			×
9—10			×
11—12	×		

表 24-1-68　LW5-15/5.5S 型双速电动机变速开关触点图表

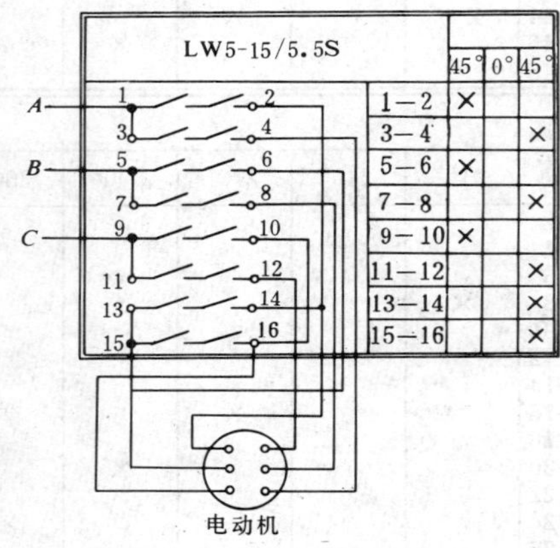

LW5-15/5.5S	45°	0°	45°
1—2	×		
3—4			×
5—6	×		
7—8			×
9—10	×		
11—12			×
13—14			×
15—16			×

表 24-1-69　LW5-15/5.5SN 型双速电动机变速可逆开关触点图表

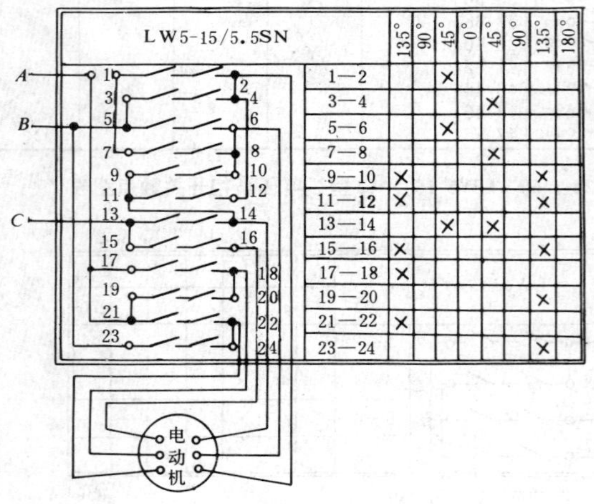

LW5-15/5.5SN	135°	90°	45°	0°	45°	90°	135°	180°
1—2			×					
3—4					×			
5—6			×					
7—8					×			
9—10	×						×	
11—12	×						×	
13—14			×		×			
15—16	×						×	
17—18	×							
19—20							×	
21—22	×							
23—24							×	

三、LW8 系列万能转换开关

（一）简介

该系列万能转换开关是在武钢引进的转换开关基础上设计试制成功的新产品。主要用于交流 50Hz、380V 及以下，直流 220V 及以下的电路中，作为电气控制线路的转换和配电设备的远距离控制，亦可作为各种电气仪表的转换和伺服电机微电机及小容量鼠笼型异步电动机的控制。该厂正在试制约定发热电流为 20A 的新规格，新规格外形尺寸除长度较 10A 规格稍有增加外，其他尺寸与 10A 规格相同。

（二）型号含义

1. 基本产品的型号及含义

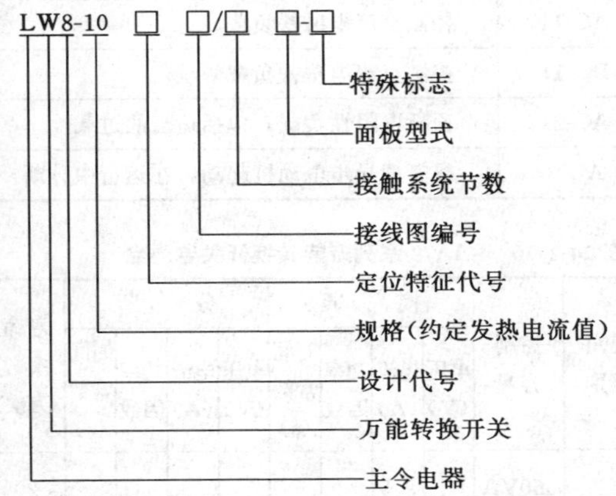

定位特征代号——由定位型式和手柄操作位置组合构成 10 种定位特征代号，见表 24-1-70。

表 24-1-70　LW8 系列万能转换开关定位特征

定位型式	定位特征代号	手柄操作位置	限位角度(°)
自复式	A	0°←30°	30
	B	30°→0°←30°	60
	C	0°、60°	60°
定位式	D	60°、0°、60°	120
	E	90°、30°、30°、90°	180
	F	120°、60°、0°、60°、120°	240
	G	120°、60°、0°、60°、120°、180°	无
	H	30°、0°、30°、60°	90
	I	60°、30°、0°、30°、60°	120
	J	60°、30°、0°、30°、60°、90°	150

注　手柄操作位置 0°为手柄垂直向上方向。

接线图编号——手柄在各个操作位置时，闭合触头数量的数字排列。数字采用二十一进制，编号相同时加注字母区分。

特殊标志——接线端子之间装有导电联结片时，联结片的不同位置用 A、B、C…字母区分。

2. 派生产品的型号及含义

(1) 电气测量仪表用的转换开关

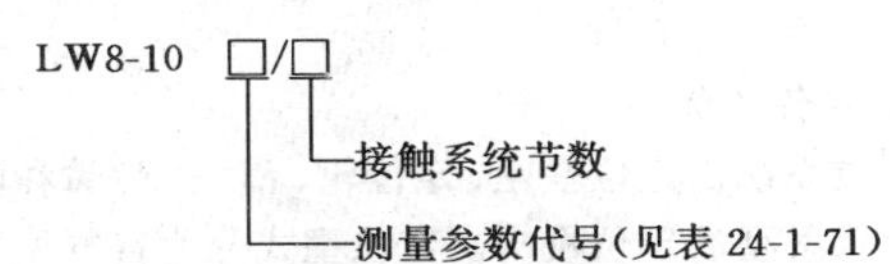

表 24-1-71　LW8 系列万能转换开关测量参数代号

测量参数代号	用途	接触系统节数
YH1	有零位三相相电压转换测量	3
YH2	有零位三相线电压转换测量	3
YH3	无零位三相相电压转换测量	3
YH4	无零位三相线电压转换测量	3
YH5	有零位三相相电压和线电压转换测量	3
LH1	两个互感器有零位三相电流转换测量	3
LH2	三个互感器三相四线电流转换测量	3
LH3	三个互感器有零位三相电流转换测量	3

(2) 直接操作电动机用的转换开关

LW8-□/2.2

——380V 时可控制电动机最大功率(kW)

——用途代号(见表 24-1-72)

表 24-1-72　LW8 系列万能转换开关用途代号

用途代号	用途	接触系统节数
Q_1	鼠笼型异步电动机直接起动、运转中断开	2
N_1	鼠笼型异步电动机正向和反向直接起动、运转中断开	3
S_1	鼠笼型双速电动机直接起动和变速	4
S_2	鼠笼型双速电动机直接起动和变速、可带指示灯	5

（三）型式结构

转换开关为手动旋转操作凸轮式开关，由接触系统、定位系统和安装系统三部分组成。

1. 接触系统

接触系统由绝缘的触头基座叠装组成。每节绝缘基座装二对相互绝缘的双断点触头。触头的通断动作由凸轮和触头弹簧配合作用完成。接触系统按触头基座节数分为1～10节。

2. 定位系统

定位系统由定位基座、定位轮、滑块、弹簧和限位件组成辐射型的定位机构。定位型式分为自复型和定位型二种。定位角度分为30°、60°、90°三种。定位位置分为二位、三位、四位、五位和六位五种。由定位型式、定位角度和定位位置组合成10种定位特征代号，见表24-1-70。

3. 安装系统

安装系统由手柄和面板组成。面板分为方型（F型）和圆型（Y型）二种。二种面板采用的手柄也不同，见表24-1-73。方形面板配有指示面板，指示面板上刻有指示手柄操作位置的标志，见表24-1-74。圆型面板设有手柄操作位置的标志，由用户自行在安装板上指示。

表24-1-73　LW8系列万能转换开关手柄型式

面板型式	标志符号	正视及侧视图
方型（F型）	不标志	1　2　49　26.5　49　34
圆型（Y型）	Y	$\phi39$　18

表24-1-74　LW8系列万能转换开关面板标志

定位角度（°）	指示面板的标志				
30	0 1	1 2	1 0 2	2 3 4 1 5	2 3 4 5 1 6
60	0 1	1 0 2	1 2 0 3	4 0 1 3 2	2 3 1 4 6 5
90	0 3 1 2	1 0 2 3	2 1 3 4	0 *C* *A* *B*	0 *CA* *AB* *BC*

（四）技术数据

（1）约定发热电流：16A。

（2）额定工作电压：交流380V、直流220V。

（3）额定绝缘电压：440V。

（4）机械寿命：手柄操作位置三个以上30万次，手柄操作位置三个以下100万次。

（5）使用类别及用途，见表24-1-75。

（6）开关电寿命和通断能力，见表24-1-76、表24-1-77。

表24-1-75　万能转换开关使用类别及用途

使用类别	用途
AC-11	控制交流电磁铁负载
DC-11	控制直流电磁铁负载
AC-21	通断电阻性负载，包括适当的过载
AC-3	鼠笼型异步电动机起动，在运行中分断

表24-1-76　LW8系列万能转换开关电寿命

使用类别	控制容量	接通				分断				寿命次数（万次）
		电压（V）	电流（A）	功率因数	时间常数（s）	电压（V）	电流（A）	功率因数	时间常数（s）	
AC-11	360VA	380	9.5	0.7		380	0.95	0.4		20
	720VA		19				1.9			10
DC-11	28VA	220	0.14		0.3	220	0.14		0.3	10
	56VA		0.28				0.28			5
AC-21	3.8kW	380	10	0.95		380	10	0.95		5
AC-3	2.2kW	380	30	0.65		64.6	5	0.65		5

表24-1-77　LW8系列万能转换开关通断能力

使用类别	接通				分断				试验次数	
	电压（V）	电流（A）	功率因数	时间常数（s）	电压（V）	电流（A）	功率因数	时间常数	接通	分断
AC-11	418	21	0.70		418	21	0.70		50	
DC-11	242	0.31		0.3	242	0.31		0.3	20	
AC-3	418	50	0.65		418	40	0.65		25	20

（五）外形及安装尺寸

LW8 系列万能转换开关外形及安装尺寸，见表 24-1-78、表 24-1-79。

表 24-1-78　LW8 系列万能转换开关外形尺寸

面板型式	开关侧视图	接触系统节数	L (mm)
F 型	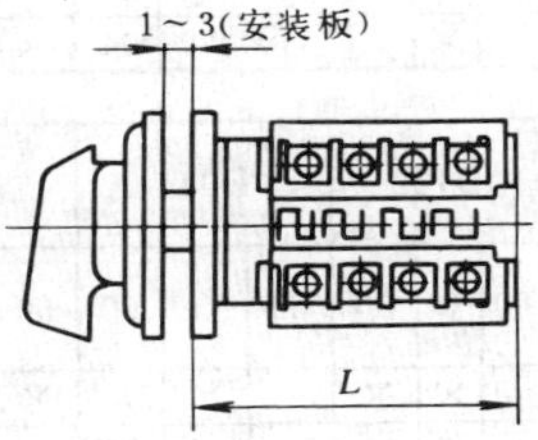 1～3(安装板)　L	1	33
		2	44
		3	54
		4	64
		5	74
		6	84
		7	94
		8	105
		9	115
		10	126
Y 型	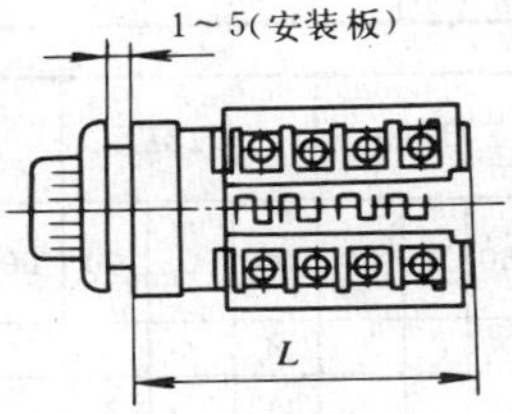 1～5(安装板)　L	1	43
		2	53
		3	63
		4	73
		5	83
		6	94
		7	104
		8	115
		9	125
		10	135

表 24-1-79　LW8 系列万能转换开关安装尺寸

面板型式	F 型	Y 型
安装开孔图	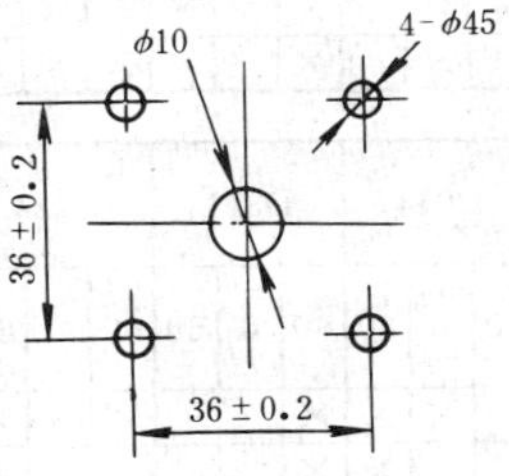 $\phi10$　4-$\phi45$　36 ± 0.2　36 ± 0.2　(a)	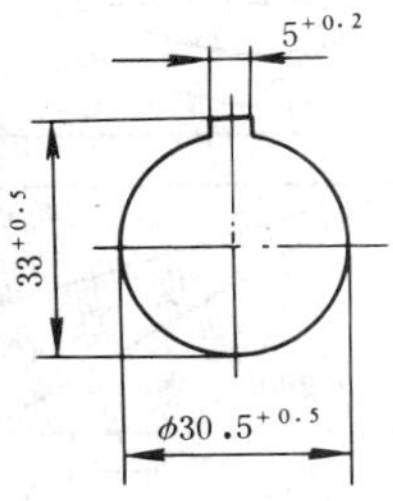 $5^{+0.2}$　$33^{+0.5}$　$\phi30.5^{+0.5}$　(b)

（六）生产厂

上海华一电器厂。

（七）常用开关触点图表

LW8 系列万能转换开关触点组合，见表 24-1-80～表 24-1-93。

表 24-1-80　LW8-10□□/1□型万能转换开关触点图表

型号	A11		A02		A20		B012			B101			B021			B121			C11		C02		D012		
度数(°) / 触点	0	30←	0	30←	0	30←	30→	0	30←	30→	0	30←	30→	0	30←	30→	0	30←	0	60	0	60	60	0	60
1—2	×			×	×				×	×				×	×	×	×		×			×			×
3—4		×		×	×			×	×			×		×			×	×		×		×		×	×

型号	D101			D111			D121			D201			D202			D022			I21012				
度数(°) / 触点	60	0	60	60	0	60	60	0	60	60	0	60	60	0	60	60	0	60	60	30	0	30	60
1—2			×	×		×	×	×		×			×		×		×	×	×	×			×
3—4	×				×			×	×	×		×	×		×		×	×	×			×	×

表 24-1-81　LW8-10□□/2□型万能转换开关触点图表

型号	A04		A13		A22		A34		B103			B122			B202			B303			B404			B222		
度数(°) / 触点	0	30←	0	30←	0	30←	0	30←	30→	0	30←	30→	0	30←	30→	0	30←	30→	0	30←	30→	0	30←	30→	0	30←
1—2		×	×		×			×	×				×	×			×	×		×	×		×			×
3—4		×		×	×		×	×			×		×		×			×			×		×	×	×	
5—6		×		×		×	×	×			×			×			×			×	×		×	×		×
7—8		×		×		×	×	×			×	×			×			×		×	×		×		×	

续表 24-1-81

型号	C04		C13		C22		C33		C40		D103			D111			D121			D202			D303			D420		
度数(°) 触点	0	60	0	60	0	60	0	60	0	60	60	0	60	60	0	60	60	0	60	60	0	60	60	0	60	60	0	60
1—2		×	×		×		×	×	×		×			×					×			×	×		×	×	×	
3—4		×		×	×		×		×				×		×		×			×			×			×	×	
5—6		×		×		×		×	×				×			×		×				×			×	×		
7—8		×		×		×	×	×	×				×					×		×			×		×	×		

型号	D014			D311			D024			D222			D404			D221			D122			D034			D204		
度数(°) 触点	60	0	60	60	0	60	60	0	60	60	0	60	60	0	60	60	0	60	60	0	60	60	0	60	60	0	60
1—2		×	×	×				×	×	×	×		×		×		×			×	×		×	×	×		×
3—4			×	×				×	×	×			×		×	×		×		×			×	×			×
5—6			×	×	×				×			×	×		×	×					×		×	×	×		×
7—8			×			×			×		×	×	×		×		×		×					×			×

型号	D213			D212			D040			D242			D232			D313			D310			D231			D033		
度数(°) 触点	60	0	60	60	0	60	60	0	60	60	0	60	60	0	60	60	0	60	60	0	60	60	0	60	60	0	60
1—2			×			×		×		×	×			×	×	×		×	×			×	×			×	×
3—4	×		×		×	×		×			×	×	×	×			×	×	×					×		×	×
5—6	×		×	×				×		×	×		×		×	×		×	×				×				×
7—8		×		×				×			×	×		×		×				×		×	×			×	

型号	D141			D023			D112			E0111				E1111				E2222				F11011				
度数(°) 触点	60	0	60	60	0	60	60	0	60	90	30	30	90	90	30	30	90	90	30	30	90	120	60	0	60	120
1—2	×	×			×	×		×			×			×				×	×			×				
3—4		×	×		×				×			×					×		×		×				×	
5—6		×				×	×						×		×					×	×		×			
7—8		×				×			×							×		×		×						×

型号	F11211					F22022					H0233				H0221				H1221				I21012				
度数(°) 触点	120	60	0	60	120	120	60	0	60	120	30	0	30	60	30	0	30	60	30	0	30	60	60	30	0	30	60
1—2			×			×	×					×	×	×		×			×	×						×	
3—4			×						×	×		×	×	×		×				×							×
5—6		×		×		×				×			×				×	×			×	×	×	×			
7—8	×				×		×		×					×			×				×		×				×

型号	I11211					I21023					I32023					I01234					I22033				
度数(°) 触点	60	30	0	30	60	60	30	0	30	60	60	30	0	30	60	60	30	0	30	60	60	30	0	30	60
1—2			×						×	×				×	×		×	×	×	×	×			×	×
3—4		×		×					×	×	×	×			×			×	×	×		×		×	×
5—6	×				×	×	×				×			×	×				×	×	×	×		×	
7—8			×			×				×	×	×								×					×

续表 24-1-81

型号	I11011					I21011					I11232					I21021					I22022				
度数(°) / 触点	60	30	0	30	60	60	30	0	30	60	60	30	0	30	60	60	30	0	30	60	60	30	0	30	60
1—2		×							×			×	×	×	×	×					×			×	
3—4	×									×			×	×		×	×		×			×			×
5—6				×		×	×							×	×				×		×	×			
7—8					×	×					×									×				×	×

型号	I42024					I01111					I12011					I20132					I02224				
度数(°) / 触点	60	30	0	30	60	60	30	0	30	60	60	30	0	30	60	60	30	0	30	60	60	30	0	30	60
—2	×	×			×		×					×		×		×							×	×	×
3—4	×			×	×			×				×						×	×	×		×			×
5—6	×	×			×				×						×	×			×	×		×		×	×
7—8	×			×	×					×	×								×				×		×

型号	I01212					I12023					I10112					I12421					I42020				
度数(°) / 触点	60	30	0	30	60	60	30	0	30	60	60	30	0	30	60	60	30	0	30	60	60	30	0	30	60
1—2		×			×	×							×		×	×	×	×			×	×			
3—4			×				×			×				×				×	×	×	×	×			
5—6				×					×	×	×						×	×			×			×	
7—8			×		×		×		×	×					×			×	×		×			×	

型号	I12221					I10101					I21112					I22012					I242042				
度数(°) / 触点	60	30	0	30	90	60	30	0	30	60	60	30	0	30	60	60	30	0	30	60	60	30	0	30	60
1—2			×					×					×			×	×			×	×	×		×	×
3—4		×		×						×	×	×									×	×		×	×
5—6	×				×	×								×	×	×			×	×		×		×	
7—8		×	×	×							×				×		×					×		×	

型号	I32112					I20202					I12211					I12030					I03230				
度数(°) / 触点	60	30	0	30	60	60	30	0	30	60	60	30	0	30	60	60	30	0	30	60	60	30	0	30	60
1—2			×			×					×								×					×	
3—4	×	×		×	×			×		×		×		×			×		×			×			
5—6	×				×	×		×					×		×	×	×		×			×	×	×	
7—8	×	×								×		×	×									×	×	×	

型号	I12021					J011114						J210112						J211011					
度数(°) / 触点	60	30	0	30	60	60	30	0	30	60	90	60	30	0	30	60	90	60	30	0	30	60	90
1—2	×	×									×					×	×	×				×	
3—4		×					×	×			×	×	×							×			×
5—6				×	×				×	×	×	×			×		×		×				
7—8				×							×							×					

续表 24-1-81

型号	J230111						K3220223							K2111112							K1220111						
触点 \ 度数(°)	60	30	0	30	60	90	90	60	30	0	30	60	90	90	60	30	0	30	60	90	90	60	30	0	30	60	90
1—2	×	×				×					×	×	×				×			×	×	×	×				
3—4	×				×		×	×	×					×	×	×											×
5—6		×		×			×	×			×		×					×	×	×			×		×		
7—8		×					×		×			×	×	×								×				×	

型号	L21121121								L12231213								L31202431							
触点 \ 度数(°)	90	60	30	0	30	60	90	120	90	60	30	0	30	60	90	120	90	60	30	0	30	60	90	120
1—2	×			×				×		×		×		×		×	×				×	×	×	
3—4		×			×		×				×	×				×	×				×	×	×	
5—6	×		×			×							×	×	×	×		×	×			×	×	
7—8				×			×		×	×	×	×					×		×			×		×

表 24-1-82　LW8-10□□/3□型万能转换开关触点图表

型号	A06		A15		A24		A33		B204			B222			B232			B242			B303			B323		
触点 \ 度数(°)	0	30 ←	0	30 ←	0	30 ←	0	30 →	30 →	0	30 ←	30 →	0	30 ←	30 →	0	30 ←	30 →	0	30 ←	30 →	0	30 ←	30 →	0	30 ←
1—2		×	×		×		×		×					×		×			×		×				×	×
3—4		×		×		×		×			×			×	×		×	×		×			×	×	×	
5—6		×		×	×		×				×		×				×		×	×	×					×
7—8		×		×		×		×			×		×		×			×					×	×		
9—10		×		×		×	×		×			×				×			×		×					×
11—12		×		×		×		×			×	×				×			×				×	×		

型号	B342			B404			B424			C06		C15		C24		C33		D036			C044			D046		
触点 \ 度数(°)	30 →	0	30 ←	30 →	0	30 ←	30 →	0	30 ←		60	0	60	0	60	0	60	60	0	60	60	0	60	60	0	60
1—2		×		×			×		×		×	×			×	×			×	×		×			×	×
3—4			×			×	×		×		×		×	×			×		×	×		×	×		×	×
5—6	×			×			×		×		×		×		×	×			×	×		×			×	×
7—8		×	×			×	×		×		×		×	×			×			×		×	×		×	×
9—10	×	×		×		×		×			×		×		×	×				×			×			×
11—12	×	×		×		×		×			×		×		×		×			×			×			×

型号	D114			D115			D134			D144			D133			D141			D213			D223			D224		
触点 \ 度数(°)	60	0	60	60	0	60	60	0	60	60	0	60	60	0	60	60	0	60	60	0	60	60	0	60	60	0	60
1—2			×		×	×	×		×		×	×			×		×		×			×				×	
3—4			×			×		×			×	×			×		×				×		×	×			×
5—6			×			×		×				×		×	×	×			×			×			×		×
7—8			×			×			×		×		×					×			×		×	×			×
9—10	×					×		×	×	×				×			×				×			×		×	×
11—12		×		×					×		×	×		×			×			×					×		

续表 24-1-82

型号	D222			D232			D204			D244			D242			D252			D264			D303			D304		
触点 \ 度数(°)	60	0	60	60	0	60	60	0	60	60	0	60	60	0	60	60	0	60	60	0	60	60	0	60	60	0	60
1—2			×		×		×				×		×	×			×	×		×	×			×			×
3—4			×	×		×	×					×		×	×	×	×			×	×	×			×		
5—6		×				×			×	×		×	×				×	×	×	×				×			×
7—8		×		×					×		×	×			×	×	×			×	×	×					×
9—10	×				×				×		×	×		×			×		×	×				×	×		×
11—12	×				×				×	×	×			×						×	×	×			×		

型号	D313			D323			D333			D342			D363			D404			D412			D424			D413		
触点 \ 度数(°)	60	0	60	60	0	60	60	0	60	60	0	60	60	0	60	60	0	60	60	0	60	60	0	60	60	0	60
1—2		×			×	×		×			×		×	×		×		×	×			×		×	×		
3—4	×		×	×	×		×		×			×		×	×	×			×		×	×		×			×
5—6						×	×		×	×			×	×		×			×			×		×	×		
7—8	×		×	×				×			×	×		×	×			×	×		×	×		×	×		×
9—10	×					×			×	×	×		×	×		×		×		×			×			×	
11—12			×	×			×	×		×	×			×	×	×		×					×		×		×

型号	D603			D606			H0222				H0244				H1023				H1113				H1222			
触点 \ 度数(°)	90	0	60	60	0	60	30	0	30	60	30	0	30	60	30	0	30	60	30	0	30	60	30	0	30	60
1—2	×			×		×		×				×	×	×			×					×		×		
3—4	×			×		×			×			×			×					×				×		
5—6	×			×		×				×			×					×			×				×	×
7—8	×		×	×		×		×						×				×	×						×	
9—10	×		×	×		×			×				×	×				×				×				×
11—12	×		×	×		×				×			×	×			×					×	×			

型号	H1223				H1203				H1234				H2022				H2220				H2222			
触点 \ 度数(°)	30	0	30	60	30	0	30	60	30	0	30	60	30	0	30	90	30	0	30	60	30	0	30	60
1—2	×					×				×	×	×				×			×		×			
3—4				×		×			×						×		×					×		
5—6			×	×				×		×	×	×	×				×						×	
7—8		×						×			×	×				×		×						×
9—10		×			×							×			×			×					×	×
11—12			×	×				×					×						×		×	×		

型号	H2033				H2223				H2422				H0336				H3022				H3036			
触点 \ 度数(°)	30	0	30	60	30	0	30	60	30	0	30	60	30	0	30	60	30	0	30	60	30	0	30	60
1—2	×				×	×			×	×				×		×	×				×			×
3—4			×		×			×	×	×				×		×			×	×			×	×
5—6			×	×		×				×	×			×		×				×	×			×
7—8	×						×	×		×	×				×	×	×						×	×
9—10				×			×					×			×	×			×		×			×
11—12			×	×				×				×			×	×	×						×	×

续表 24-1-82

型号	H3111				H3133				H3333				H4044				H4220				H4421			
触点 \ 度数(°)	30	0	30	60	30	0	30	60	30	0	30	60	30	0	30	60	30	0	30	60	30	0	30	60
1—2	×						×	×			×	×	×		×	×			×		×	×	×	
3—4	×				×				×	×			×		×	×	×		×			×		
5—6	×				×		×	×		×		×	×		×	×	×	×			×			
7—8		×			×			×	×		×				×		×				×	×		
9—10			×				×			×		×				×	×				×	×	×	
11—12				×		×			×		×		×											×

型号	I01234					I02224					I03021					I02235					I03111				
触点 \ 度数(°)	90	30	0	30	60	60	30	0	30	60	60	30	0	30	60	60	30	0	30	60	60	30	0	30	60
1—2		×	×				×	×	×	×				×			×	×	×	×		×			
3—4			×	×			×					×					×					×			
5—6				×	×			×							×			×	×	×		×			
7—8				×	×				×			×		×					×	×			×		
9—10					×					×		×								×				×	
11—12					×															×					×

型号	I11034					I11211					I12032					I12033					I12221				
触点 \ 度数(°)	60	30	0	30	60	60	30	0	30	60	60	30	0	30	60	60	30	0	30	60	60	30	0	30	60
1—2	×									×				×	×				×	×	×	×			
3—4					×				×		×					×						×			
5—6				×	×			×				×					×						×		
7—8		×						×							×					×				×	
9—10				×	×		×							×					×					×	×
11—12				×	×	×						×		×			×		×	×			×		

型号	I12222					I12346					I20202					I20133					I20214				
触点 \ 度数(°)	60	30	0	30	60	60	30	0	30	60	60	30	0	30	60	60	30	0	30	60	60	30	0	30	60
1—2	×					×	×	×	×	×	×							×	×	×				×	×
3—4		×					×	×	×	×	×					×					×				
5—6			×					×	×	×			×			×							×		×
7—8				×					×	×			×						×		×				
9—10					×					×					×				×	×			×		×
11—12		×	×	×	×					×					×					×					×

型号	I21033					I21212					I22062					I22242					I22222				
触点 \ 度数(°)	60	30	0	30	60	60	30	0	30	60	60	30	0	30	60	60	30	0	30	60	60	30	0	30	60
1—2	×			×	×					×				×	×				×		×				×
3—4				×	×				×	×				×	×	×	×	×	×			×		×	
5—6	×							×			×			×					×	×			×		
7—8		×						×			×			×				×		×			×		
9—10					×	×	×					×		×			×		×			×		×	
11—12				×		×						×		×		×					×				×

续表 24-1-82

型号	I22322					I21014					I14230					I21024					I22022				
触点　度数(°)	60	30	0	30	60	60	30	0	30	60	60	30	0	30	60	60	30	0	30	60	60	30	0	30	60
1—2				×	×				×			×	×	×			×								×
3—4	×	×					×					×	×	×					×	×	×	×			
5—6	×				×					×		×							×	×	×				×
7—8		×	×	×						×				×		×						×			
9—10			×			×				×		×								×				×	
11—12			×			×				×	×					×				×				×	

型号	I21212					I22011					I22023					I22026					I23032				
触点　度数(°)	60	30	0	30	60	60	30	0	30	60	60	30	0	30	60	60	30	0	30	60	60	30	0	30	60
1—2			×				×					×		×					×	×	×	×			
3—4			×			×					×						×			×	×	×			
5—6				×	×				×						×	×				×		×			
7—8					×					×					×				×	×				×	
9—10	×	×					×				×	×					×			×				×	×
11—12	×					×								×	×	×				×				×	×

型号	I31013					I24042					I30303					I32013					I32023				
触点　度数(°)	60	30	0	30	60	60	30	0	30	60	60	30	0	30	60	60	30	0	30	60	60	30	0	30	60
1—2		×		×		×	×		×				×			×				×				×	×
3—4	×				×		×		×	×	×				×		×							×	×
5—6					×	×	×						×			×	×			×	×				
7—8					×				×	×	×				×	×									×
9—10	×								×				×						×		×	×			
11—12	×						×				×				×					×	×	×			

型号	I31133					I33013					I33132					I32234					I33033				
触点　度数(°)	60	30	0	30	60	60	30	0	30	60	60	30	0	30	60	60	30	0	30	60	60	30	0	30	60
1—2	×			×	×	×				×	×	×						×			×	×		×	×
3—4	×	×		×	×		×							×	×	×	×		×	×		×			
5—6				×		×	×			×		×		×		×				×				×	
7—8					×	×					×	×		×	×	×	×								×
9—10	×								×		×								×	×	×				
11—12			×				×			×			×					×	×	×	×	×		×	×

型号	I32112					I33133					I33430					I40404					I41014				
触点　度数(°)	60	30	0	30	60	60	30	0	30	60	60	30	0	30	60	60	30	0	30	60	60	30	0	30	60
1—2	×							×			×	×	×			×		×		×	×	×			
3—4		×							×	×		×	×			×		×		×				×	×
5—6			×			×	×				×		×					×		×					×
7—8				×			×		×			×	×	×		×		×			×				
9—10	×				×	×				×	×			×						×	×				×
11—12	×	×			×	×	×		×	×				×		×					×				×

续表 24-1-82

型号	I36363					I42223					I43033					I43034					I43211				
触点　度数(°)	60	30	0	30	60	60	30	0	30	60	60	30	0	30	60	60	30	0	30	60	60	30	0	30	60
1—2	×	×		×		×	×	×	×			×		×		×	×								×
3—4		×	×	×	×	×				×		×		×		×	×				×	×	×	×	
5—6		×	×	×			×			×	×	×		×					×	×	×	×	×		
7—8	×	×		×	×	×		×			×				×				×	×	×	×			
9—10		×		×	×	×			×		×				×	×			×	×	×				
11—12	×	×	×	×						×	×				×	×	×			×					

型号	J111111						J112345						J123246						J20111					
触点　度数(°)	60	30	0	30	60	90	60	30	0	30	60	90	60	30	0	30	60	90	60	30	0	30	60	90
1—2	×							×	×	×	×	×	×	×	×	×	×	×			×			
3—4		×							×	×	×	×		×	×		×	×				×		
5—6			×							×	×	×			×			×					×	
7—8				×							×	×				×	×	×						×
9—10					×							×					×	×	×					
11—12						×	×											×	×					

型号	J211222						J220142						J303344						J320234					
触点　度数(°)	60	30	0	30	60	90	60	30	0	30	60	90	60	30	0	30	60	90	60	30	0	30	60	90
1—2			×				×	×									×	×	×	×		×	×	×
3—4		×		×	×	×	×	×								×		×	×					
5—6	×									×	×	×			×	×	×	×	×	×				
7—8				×							×	×	×				×	×					×	×
9—10					×						×		×		×	×								×
11—12	×					×					×		×		×		×					×	×	×

型号	J314201						J330132						J421012						J1110111						
触点　度数(°)	60	30	0	30	60	90	60	30	0	30	60	90	60	30	0	30	60	90	90	60	30	0	30	60	90
1—2	×		×			×	×	×					×	×	×										×
3—4		×		×			×	×									×	×	×						
5—6	×		×				×	×										×					×		
7—8	×		×							×	×	×	×	×							×				
9—10			×								×	×	×							×					
11—12				×							×		×											×	

型号	K1222221							K2210132							K3223223							K3221223						
触点　度数(°)	90	60	30	0	30	60	90	90	60	30	0	30	60	90	90	60	30	0	30	60	90	90	60	30	0	30	60	90
1—2				×						×				×	×	×	×					×	×	×				
3—4				×				×				×	×						×	×	×					×	×	×
5—6					×	×	×		×					×			×	×	×						×			
7—8	×	×	×					×					×			×		×		×				×		×		
9—10			×		×								×		×			×			×	×	×				×	×
11—12		×				×			×						×						×	×						×

续表 24-1-82

型号 / 度数(°) / 触点	K3222223							K3321133							K3233333						
	90	60	30	0	30	60	90	90	60	30	0	30	60	90	90	60	30	0	30	60	90
1–2	×	×	×								×			×					×		×
3–4					×	×	×	×	×	×		×			×		×	×		×	
5–6				×									×	×	×	×	×				
7–8			×	×	×			×	×	×			×				×			×	×
9–10	×	×				×	×	×	×				×		×	×		×	×		
11–12	×						×							×				×	×	×	×

型号 / 度数(°) / 触点	K3333333							K5321235							L11222112							
	90	60	30	0	30	60	90	90	60	30	0	30	60	90	90	60	30	0	30	60	90	120
1–2			×	×	×		×	×			×			×	×							×
3–4	×	×				×		×	×	×		×	×	×		×					×	×
5–6		×		×	×	×		×	×	×									×			
7–8		×	×		×							×	×	×				×				
9–10	×			×		×	×	×	×				×	×			×	×	×	×		
11–12	×		×				×	×						×			×					

型号 / 度数(°) / 触点	L13103313								L22111222								J444101444								
	90	60	30	0	30	60	90	120	90	60	30	0	30	60	90	120	120	90	60	30	0	30	90	60	120
1–2	×	×							×	×	×						×	×	×						
3–4						×		×					×	×	×	×							×	×	×
5–6					×	×		×				×					×	×	×	×					
7–8		×			×									×								×	×	×	×
9–10					×	×	×	×		×					×		×	×	×				×	×	×
11–12		×	×						×							×	×	×	×				×	×	×

表 24-1-83　LW8-10□□/4□型万能转换开关触点图表

型号 / 度数(°) / 触点	A44		B333			B335			B044			B323			B404			B434			B443			B444		
	0	30 ←	30 →	0	30 ←	30 →	0	30 ←	30 →	0	30 ←	30 →	0	30 ←	30 →	0	30 ←	30 →	0	30 ←	30 →	0	30 ←	30 →	0	30 ←
1–2	×			×		×	×				×		×		×			×				×			×	
3–4		×	×		×			×			×		×				×			×		×			×	
5–6	×				×			×			×	×					×	×	×			×			×	
7–8		×	×					×		×				×	×					×	×		×		×	
9–10	×				×	×	×				×	×			×			×			×		×	×		×
11–12		×	×				×	×		×				×			×		×	×	×		×	×		×
13–14	×			×				×		×		×					×	×				×		×		×
15–16		×		×		×				×				×	×				×	×	×			×		×

续表 24-1-83

型号	B445			C08		C44		C80		D048			D056			D035			D053			D134			D208		
度数(°) / 触点	30 →	0	30 ←	0	60	0	60	0	60	60	0	60	60	0	60	60	0	60	60	0	60	60	0	60	60	0	60
1–2			×		×	×		×			×	×		×	×		×			×		×					×
3–4	×		×		×		×	×			×	×		×	×		×			×			×				×
5–6		×	×		×	×		×			×	×		×			×			×			×				×
7–8	×	×			×		×	×			×	×			×			×		×			×				×
9–10			×		×	×		×				×		×	×			×		×				×			×
11–12	×				×		×	×				×		×				×			×			×			×
13–14		×	×		×	×		×				×			×			×			×			×	×		×
15–16	×	×			×		×	×				×			×			×			×			×	×		×

型号	D255			D242			D262			D282			D305			D314			D323			D333			D335		
度数(°) / 触点	60	0	60	60	0	60	60	0	60	60	0	60	60	0	60	60	0	60	60	0	60	60	0	60	60	0	60
1–2		×	×		×		×		×	×	×		×					×		×			×		×		
3–4	×	×			×		×		×	×	×		×					×		×		×		×			×
5–6			×		×			×			×		×					×	×					×			×
7–8		×			×			×			×				×		×		×			×					×
9–10	×	×		×				×			×				×			×	×					×	×	×	
11–12		×	×	×				×			×				×	×					×	×				×	×
13–14			×			×		×			×	×			×	×					×		×				×
15–16			×			×		×			×	×			×	×					×		×		×		

型号	D343			D405			D404			D424			D422			D414			D433			D443			D434		
度数(°) / 触点	60	0	60	60	0	60	60	0	60	60	0	60	60	0	60	60	0	60	60	0	60	60	0	60	60	0	60
1–2		×		×		×			×		×	×	×				×		×			×	×		×		
3–4		×		×			×			×			×			×		×	×			×					×
5–6		×		×					×			×	×			×			×			×			×	×	
7–8		×		×			×			×			×					×		×	×	×					×
9–10	×					×			×			×		×		×					×		×		×		
11–12			×			×	×			×	×			×				×		×				×	×	×	×
13–14	×		×			×			×			×			×	×				×			×	×	×		
15–16	×		×			×	×			×					×			×	×		×		×	×		×	×

型号	D443			D444			D464			D484			D505			D506			D514			D525			D533		
度数(°) / 触点	60	0	60	60	0	60	60	0	60	60	0	60	60	0	60	60	0	60	60	0	60	60	0	60	60	0	60
1–2		×			×		×	×		×	×				×	×		×			×	×		×	×	×	
3–4		×			×		×	×			×	×			×	×		×		×			×		×		
5–6		×			×			×	×	×	×				×			×			×		×				×
7–8	×		×		×			×	×		×	×	×					×	×		×	×		×		×	
9–10	×		×	×		×	×	×		×	×		×			×			×			×		×	×		×
11–12	×		×	×		×		×	×		×	×	×			×			×		×	×		×		×	
13–14		×		×		×			×	×	×		×		×			×	×					×	×		
15–16	×			×		×	×				×	×	×		×	×		×	×			×			×		×

续表 24-1-83

型号	D541			D544			D602			D605			D707			D803			E2222				E2233			
触点　度数(°)	60	0	60	60	0	60	60	0	60	60	0	60	60	0	60	60	0	60	90	30	30	90	90	30	30	90
1—2		×	×	×	×		×					×	×		×	×			×					×	×	×
3—4	×	×		×	×		×					×	×		×	×						×	×			
5—6	×			×	×				×	×		×	×		×	×			×	×					×	×
7—8	×			×	×				×	×			×		×	×		×				×	×			
9—10		×				×	×			×			×		×	×		×		×	×			×		
11—12	×			×		×	×			×			×		×	×		×								
13—14		×				×	×			×		×	×			×					×				×	×
15—16	×					×	×			×		×			×	×										

型号	E4544				H0278				H0468				H0366				H0224				H0466				H2204			
触点　度数(°)	60	30	30	90	30	0	30	60	30	0	30	60	30	0	30	60	30	0	30	60	30	0	30	60	30	0	30	60
1—2	×	×					×	×		×	×	×		×	×	×		×				×	×	×		×		
3—4				×			×	×		×	×	×		×	×	×		×				×	×	×		×		
5—6		×	×	×			×	×		×	×	×		×	×	×			×			×	×	×				×
7—8	×					×	×	×				×			×	×			×				×	×				×
9—10		×	×	×		×	×	×			×	×			×					×			×		×			
11—12	×	×					×	×		×	×	×			×					×			×		×			
13—14	×	×	×				×	×				×				×				×				×				×
15—16			×	×				×			×	×				×				×		×		×				×

型号	H2222				H2333				H2334				H3322				H3313				H3033				H3143			
触点　度数(°)	30	0	30	60	30	0	30	60	30	0	30	60	30	0	30	60	30	0	30	60	30	0	30	60	30	0	30	60
1—2				×		×			×	×		×			×				×		×				×			×
3—4		×					×				×					×		×		×			×				×	
5—6			×		×				×	×					×		×				×							×
7—8	×					×	×	×			×					×				×			×				×	
9—10	×							×				×	×	×			×							×	×			×
11—12			×				×	×				×	×							×				×			×	
13—14		×				×				×	×			×			×	×			×		×			×	×	
15—16				×	×							×	×	×				×						×	×			

型号	H3234				H3323				H3333				H3335				H4022				H4044				H4033			
触点　度数(°)	30	0	30	60	30	0	30	60	30	0	30	60	30	0	30	60	30	0	30	60	30	0	30	60	30	0	30	60
1—2	×	×					×	×	×				×						×				×				×	
3—4	×	×					×	×	×					×	×				×		×		×	×			×	
5—6			×			×						×			×		×							×	×			
7—8			×	×		×						×				×	×				×				×			×
9—10				×	×					×	×			×	×	×				×			×					×
11—12				×	×					×	×		×			×				×	×		×	×				
13—14	×		×			×		×	×	×			×	×		×	×							×	×			
15—16				×	×						×	×				×	×				×				×		×	×

续表 24-1-83

型号	H4048				H4242				H4256				H4542				H5121				H5332				H5541			
触点 \ 度数(°)	30	0	30	60	30	0	30	60	30	0	30	60	30	0	30	60	30	0	30	60	30	0	30	60	30	0	30	60
1—2	×			×		×			×	×		×	×	×					×			×	×		×			
3—4			×	×			×	×	×		×	×	×	×						×	×	×			×	×	×	
5—6	×			×	×						×			×	×		×	×			×			×			×	
7—8			×	×	×		×		×	×	×				×				×				×		×	×		
9—10	×			×		×			×		×	×	×	×			×				×					×	×	
11—12	×			×			×	×				×	×	×			×					×	×	×	×	×	×	
13—14			×	×	×						×	×			×	×	×				×				×	×		
15—16			×	×	×		×					×			×	×	×				×							×

型号	H6011				H8044				I10224				I12022				I02222				I02468							
触点 \ 度数(°)	30	0	30	60	30	0	30	60	60	30	0	30	60	60	30	0	30	60	60	30	0	30	60	60	30	0	30	60
1—2	×				×		×				×	×	×		×					×					×	×	×	×
3—4	×				×			×							×						×				×	×	×	×
5—6	×				×		×					×	×				×					×				×	×	×
7—8	×				×			×									×						×			×	×	×
9—10	×				×		×				×							×		×							×	×
11—12	×				×			×					×					×			×						×	×
13—14			×		×		×			×				×								×						×
15—16				×	×			×					×										×					×

型号	I02820					I16161					I22022					I22024					I23332				
触点 \ 度数(°)	60	30	0	30	60	60	30	0	30	60	60	30	0	30	60	60	30	0	30	60	60	30	0	30	60
1—2			×				×		×					×		×							×		
3—4			×				×		×		×									×		×		×	
5—6		×	×	×			×		×						×				×		×				×
7—8		×	×	×			×		×			×					×					×	×		
9—10			×				×		×					×					×	×			×	×	
11—12			×				×		×		×					×	×					×			
13—14			×					×							×					×				×	
15—16			×			×						×								×	×				×

型号	I23432					I23432					I24442					I32230					I40408				
触点 \ 度数(°)	60	30	0	30	60	60	30	0	30	60	60	30	0	30	60	60	30	0	30	60	60	30	0	30	60
1—2		×	×	×				×						×		×					×				×
3—4		×					×		×			×					×	×			×				×
5—6	×				×	×				×			×	×				×					×		×
7—8		×	×	×			×	×	×			×	×						×				×		×
9—10		×						×							×	×			×		×				×
11—12				×			×	×	×		×								×		×				×
13—14			×					×				×	×	×	×		×						×		×
15—16	×	×			×	×				×	×	×	×	×		×							×		×

续表 24-1-83

型号	I52225					I43234					I44045					I44044					I42016				
度数(°) / 触点	60	30	0	30	60	60	30	0	30	60	60	30	0	30	60	60	30	0	30	60	60	30	0	30	60
1—2			×						×	×		×			×	×				×				×	×
3—4			×						×	×	×			×					×			×			×
5—6	×					×	×				×				×	×			×	×	×				×
7—8					×	×	×					×		×			×				×				×
9—10	×				×			×							×	×	×								×
11—12	×				×	×	×		×	×	×	×		×		×	×					×			×
13—14	×	×		×	×	×				×					×				×	×	×				
15—16	×	×		×	×			×			×	×		×					×	×	×				

型号	I42224					I44045					I44048					I44153					I44312				
度数(°) / 触点	60	30	0	30	60	60	30	0	30	60	60	30	0	30	60	60	30	0	30	60	60	30	0	30	60
1—2				×	×	×				×		×		×	×	×					×	×	×		
3—4				×	×	×	×				×			×	×					×	×	×	×		
5—6	×	×							×	×	×				×		×		×		×	×	×		
7—8	×	×							×	×		×			×				×		×				
9—10	×				×	×	×				×	×			×	×	×					×			
11—12	×				×	×				×					×	×	×		×					×	
13—14			×				×		×			×		×	×			×	×	×					×
15—16			×				×		×	×	×			×	×	×	×		×	×					×

型号	I44143					I44444					I45034					I46046					J301432					
度数(°) / 触点	60	30	0	30	60	60	30	0	30	60	60	30	0	30	60	60	30	0	30	60	60	30	0	30	60	90
1—2	×						×				×	×				×	×		×	×			×	×	×	×
3—4					×			×						×	×	×	×		×	×				×	×	×
5—6		×							×		×	×					×			×				×	×	
7—8				×						×				×	×		×			×				×		
9—10	×	×				×	×		×	×	×	×							×	×	×					
11—12	×	×		×		×	×	×		×				×	×				×	×	×					
13—14			×	×	×	×	×	×	×		×	×				×	×				×					
15—16	×	×		×	×	×		×	×	×		×				×	×									

型号	J311125						J025555						J421112						J530111					
度数(°) / 触点	60	30	0	30	60	90	60	30	0	30	60	90	60	30	0	30	60	90	60	30	0	30	60	90
1—2				×	×	×		×	×	×	×	×		×	×					×		×		
3—4	×	×						×	×	×	×	×					×	×		×			×	
5—6					×	×			×	×	×	×						×		×				×
7—8	×								×	×	×	×	×	×					×					
9—10						×			×				×						×					
11—12						×				×			×						×					
13—14	×					×					×					×			×					
15—16			×									×	×						×					

续表 24-1-83

型号	J840422						K0450340							K1112111							K1111120						
触点 \ 度数(°)	60	30	0	30	60	90	90	60	30	0	30	60	90	90	60	30	0	30	60	90	90	60	30	0	30	60	90
1—2	×			×				×	×							×					×						
3—4	×	×									×	×			×												
5—6	×	×			×			×	×					×								×					
7—8	×			×		×					×	×								×			×				
9—10	×			×				×	×										×					×			
11—12	×	×									×	×						×							×		
13—14	×	×			×			×	×								×									×	
15—16	×			×		×			×			×					×									×	

型号	K2224222							K2332332							K2432432							K3212123						
触点 \ 度数(°)	90	60	30	0	30	60	90	90	60	30	0	30	60	90	90	60	30	0	30	60	90	90	60	30	0	30	60	90
1—2				×			×		×				×						×	×	×					×	×	×
3—4	×			×						×		×			×	×	×					×	×	×				
5—6	×	×						×		×									×	×	×							×
7—8						×	×					×		×	×	×	×					×						
9—10				×	×			×	×		×							×									×	×
11—12		×	×								×		×	×				×				×	×					
13—14			×	×					×	×						×	×		×	×					×			
15—16					×	×						×	×				×		×						×			

型号	K3330333							K3332333							K4010224						
触点 \ 度数(°)	90	60	30	0	30	60	90	90	60	30	0	30	60	90	90	60	30	0	30	60	90
1—2	×	×	×		×	×	×				×				×						
3—4	×	×	×		×	×	×				×								×		×
5—6	×											×	×	×	×						
7—8							×	×	×	×									×		×
9—10			×									×	×	×	×		×				
11—12					×			×	×	×										×	×
13—14						×						×	×	×						×	×
15—16		×						×	×	×					×						

型号	K464646							L11111111								L22332122							
触点 \ 度数(°)	90	60	30	0	30	60	90	90	60	30	0	30	60	90	120	90	60	30	0	30	60	90	120
1—2	×	×						×								×							
3—4		×	×	×	×	×	×							×								×	
5—6		×	×	×						×												×	×
7—8				×	×	×					×					×	×	×	×	×	×		
9—10	×	×		×	×	×	×					×											×
11—12	×	×	×	×		×	×						×				×	×	×	×			
13—14						×	×		×									×					
15—16	×	×	×	×	×	×									×				×				

表 24-1-84 LW8-10□□/5□型万能转换开关触点图表

型号	A55		B254			B333			B544			C0A		C73		D066			D119			D218			D254		
触点 \ 度数(°)	0	30←	30→	0	30←	30→	0	30←	30→	0	30←	0	60	0	60	60	0	60	60	0	60	60	0	60	60	0	60
1-2	×			×				×		×	×		×	×			×	×			×			×		×	
3-4		×	×		×		×		×				×		×		×	×			×			×	×		×
5-6	×			×		×			×				×		×		×	×			×			×		×	
7-8		×		×				×	×		×		×	×				×			×			×		×	
9-10	×			×			×			×			×	×			×				×			×		×	
11-12		×			×	×				×			×	×				×			×			×			×
13-14	×				×			×	×	×			×	×			×				×			×			×
15-16		×			×		×				×		×	×				×			×			×			×
17-18	×			×		×					×		×	×			×			×		×	×			×	
19-20		×	×						×				×		×				×		×	×			×		

型号	D307			D317			D363			D333			D505			D518			D525			D526			D506		
触点 \ 度数(°)	60	0	60	60	0	60	60	0	60	60	0	60	60	0	60	60	0	60	60	0	60	60	0	60	60	0	60
1-2	×					×		×				×			×			×			×	×					×
3-4			×	×			×				×		×			×					×			×	×		
5-6	×					×		×		×					×	×		×			×	×					×
7-8			×			×	×					×	×					×	×					×	×		
9-10	×					×		×			×				×			×	×			×					×
11-12			×			×	×			×			×					×		×				×	×		×
13-14			×			×		×				×			×	×		×	×		×	×		×	×		
15-16			×	×					×		×		×				×		×					×			×
17-18			×		×			×	×	×					×	×		×	×		×		×	×	×		
19-20			×	×		×		×	×				×			×		×		×		×	×				×

型号	D545			D464			D544			D595			D606			D654			D436			D646			D715		
触点 \ 度数(°)	60	0	60	60	0	60	60	0	60	60	0	60	60	0	60	60	0	60	60	0	60	60	0	60	60	0	60
1-2			×	×		×		×	×	×		×	×			×			×		×	×		×	×		
3-4		×		×		×	×			×	×		×			×	×				×	×		×	×		
5-6	×		×	×		×	×				×	×			×	×	×			×		×		×			×
7-8	×			×		×	×		×	×	×				×	×				×		×		×	×		×
9-10	×		×		×			×			×	×	×				×	×			×	×		×	×		
11-12		×			×			×		×	×		×					×			×	×		×	×		
13-14		×	×		×		×	×			×	×			×			×	×	×			×		×		×
15-16	×	×			×				×	×	×				×	×	×		×		×		×		×	×	
17-18			×		×				×		×	×	×		×	×		×	×				×				×
19-20	×				×		×				×		×		×		×				×		×				×

型号	D828			H0352				H0333				H055A				H0444				H2155				H0556			
触点 \ 度数(°)	60	0	60	30	0	30	60	30	0	30	60	30	0	30	60	30	0	30	60	30	0	30	60	30	0	30	60
1-2	×		×		×				×				×		×		×				×					×	
3-4	×		×			×			×					×	×		×					×					×
5-6	×		×		×				×				×		×		×			×			×		×		
7-8	×		×			×				×				×	×			×		×		×	×			×	
9-10	×		×		×					×			×		×			×					×				×
11-12	×		×			×				×				×	×			×				×			×		
13-14	×		×			×					×		×		×				×				×		×	×	×
15-16	×		×				×				×			×	×				×				×		×	×	×
17-18		×				×					×		×		×				×			×			×	×	×
19-20		×					×				×			×	×		×	×	×			×					×

续表 24-1-84

型号	H3077				H4243				H4444				H5045				H5355				H6068				H6466			
触点 \ 度数(°)	30	0	30	60	30	0	30	60	30	0	30	60	30	0	30	60	30	0	30	60	30	0	30	60	30	0	30	60
1—2	×		×		×				×	×			×				×				×			×	×		×	×
3—4	×		×				×		×	×					×	×			×				×	×	×		×	
5—6	×		×					×			×		×							×			×					×
7—8				×		×	×	×			×				×	×		×	×	×	×			×		×	×	×
9—10				×	×				×			×	×				×	×		×	×				×	×		
11—12				×	×				×			×			×	×	×	×	×				×	×	×		×	×
13—14			×	×	×	×				×		×	×				×				×		×	×	×		×	
15—16			×	×			×			×		×				×			×		×		×	×				×
17—18			×	×			×				×		×							×	×		×	×		×	×	×
19—20			×	×				×			×				×	×	×			×	×			×	×	×		

型号	I03137					I12346					I22222					I24688					I32223				
触点 \ 度数(°)	60	30	0	30	60	60	30	0	30	60	60	30	0	30	60	60	30	0	30	60	60	30	0	30	60
1—2				×	×	×					×					×	×	×	×		×				
3—4					×		×								×	×	×	×	×		×				
5—6				×	×		×	×	×	×		×					×	×	×	×		×			
7—8					×			×						×			×	×	×	×		×			
9—10				×	×			×	×	×			×					×	×	×	×		×		
11—12					×				×				×					×	×	×			×		×
13—14		×							×	×		×		×					×	×				×	
15—16		×	×							×									×	×				×	
17—18		×								×					×					×					×
19—20					×					×	×									×					×

型号	I33033					I43440					I440A4					I50304					I65043				
触点 \ 度数(°)	60	30	0	30	60	60	30	0	30	60	60	30	0	30	60	60	30	0	30	60	60	30	0	30	60
1—2	×	×			×	×	×	×						×	×	×		×		×				×	
3—4				×		×	×	×				×		×	×					×	×	×		×	
5—6					×	×								×	×					×	×	×		×	
7—8	×					×						×		×	×					×					×
9—10				×			×				×			×		×									×
11—12		×						×	×		×			×		×					×	×			
13—14					×				×		×			×		×					×	×		×	
15—16				×				×			×			×		×					×				
17—18	×								×			×		×				×							×
19—20		×							×			×		×				×			×	×			

型号	I53123					I52045					I56032					I55155					I54544				
触点 \ 度数(°)	60	30	0	30	60	60	30	0	30	60	60	30	0	30	60	60	30	0	30	60	60	30	0	30	60
1—2			×				×		×	×		×				×	×			×			×		
3—4	×	×		×		×			×	×	×	×		×					×				×		
5—6	×	×				×					×					×			×	×			×		
7—8					×				×	×	×	×					×						×		
9—10		×							×	×	×	×				×	×				×	×		×	×
11—12	×					×								×		×	×				×	×			×
13—14				×	×		×								×				×	×	×	×		×	
15—16	×					×					×	×							×	×	×			×	×
17—18	×					×						×		×				×					×		
19—20					×					×					×	×	×		×	×	×	×		×	×

续表 24-1-84

型号	I61056					I63043					I63077					I66662				
触点 \ 度数(°)	60	30	0	30	60	60	30	0	30	60	60	30	0	30	60	60	30	0	30	60
1—2		×		×	×	×	×		×	×		×		×		×		×		
3—4	×			×	×	×	×		×		×	×		×			×		×	
5—6	×			×	×	×					×	×		×			×	×		
7—8				×	×				×	×					×	×			×	
9—10				×	×				×	×					×	×	×	×	×	
11—12	×					×									×	×	×	×	×	
13—14	×						×				×			×	×					×
15—16	×					×					×			×	×					×
17—18	×					×					×			×	×	×	×	×	×	
19—20					×					×	×			×	×	×	×	×	×	

型号	J102222						J222233						J232578						J403544					
触点 \ 度数(°)	60	30	0	30	60	90	60	30	0	30	60	90	60	30	0	30	60	90	60	30	0	30	60	90
1—2						×					×	×			×		×	×				×		
3—4					×						×		×	×								×	×	×
5—6				×								×					×	×				×	×	
7—8			×				×								×		×	×			×			×
9—10						×		×								×	×	×	×					
11—12					×				×									×	×					
13—14				×						×			×	×		×	×	×	×					
15—16			×						×	×				×		×	×	×			×	×	×	×
17—18	×						×	×								×	×	×			×	×	×	×
19—20											×	×				×			×					

型号	J555555						K2320232							K4432344						
触点 \ 度数(°)	60	30	0	30	60	90	90	60	30	0	30	60	90	90	60	30	0	30	60	90
1—2		×	×	×	×	×						×	×				×			
3—4			×	×	×	×	×	×									×			
5—6				×	×	×					×	×						×	×	×
7—8					×	×		×	×					×	×	×				
9—10						×	×							×						×
11—12	×												×	×	×				×	×
13—14	×	×							×					×	×	×				
15—16	×	×	×								×							×	×	×
17—18	×	×	×	×								×						×		
19—20	×	×	×	×	×		×								×				×	

型号	K3533353							K6544346							K8420248						
触点 \ 度数(°)	90	60	30	0	30	60	90	90	60	30	0	30	60	90	90	60	30	0	30	60	90
1—2				×							×				×	×	×				
3—4				×						×	×	×							×	×	×
5—6	×	×		×		×	×				×	×	×	×	×	×	×				
7—8	×						×	×	×	×	×								×	×	×
9—10					×	×	×	×	×	×					×	×				×	×
11—12	×	×	×										×	×	×	×				×	×
13—14		×				×		×	×	×		×	×	×	×						×
15—16		×	×		×	×		×	×				×	×	×						×
17—18			×		×			×						×	×						×
19—20		×				×		×	×					×	×						×

表 24-1-85　　**LW8-10□□/6□型万能转换开关触点图表**

型号	C0C		C66		D08C			D228			D363			D444			D364			D336			D448			D536		
度数(°) / 触点	0	60	0	60	60	0	60	60	0	60	60	0	60	60	0	60	60	0	60	60	0	60	60	0	60	60	0	60
1—2		×	×			×	×			×		×		×				×		×			×			×		
3—4		×		×		×	×			×			×	×			×		×	×					×	×		
5—6		×	×			×	×			×		×			×			×		×			×			×		
7—8		×		×		×	×			×	×				×			×			×				×	×		
9—10		×	×			×	×			×		×				×		×			×		×			×		
11—12		×		×		×	×			×			×			×			×		×				×		×	
13—14		×	×			×	×			×		×		×					×			×	×				×	×
15—16		×		×		×	×			×	×			×				×				×			×		×	×
17—18		×	×				×		×			×			×		×					×		×	×			×
19—20		×		×			×		×				×		×				×			×		×	×			×
21—22		×	×				×	×				×				×		×				×		×	×			×
23—24		×		×			×	×			×					×	×					×		×	×			×

型号	D527			D507			D555			D084			D565			D567			D574			D564			D556		
度数(°) / 触点	60	0	60	60	0	60	60	0	60	60	0	60	60	0	60	60	0	60	60	0	60	60	0	60	60	0	60
1—2	×			×				×			×			×			×	×			×	×				×	
3—4	×			×			×				×		×		×		×	×	×					×	×		×
5—6	×			×					×		×				×		×	×			×			×			×
7—8	×			×				×			×		×			×			×				×		×		
9—10	×			×			×		×		×			×		×					×		×				×
11—12		×	×			×		×				×		×			×			×		×	×		×		
13—14		×	×			×	×		×			×	×		×		×			×				×		×	
15—16			×			×		×				×	×		×			×		×		×	×			×	
17—18			×			×	×		×		×		×		×			×		×	×			×	×		×
19—20			×			×		×			×			×		×		×	×	×			×				×
21—22			×			×	×				×			×		×	×	×	×	×		×				×	×
23—24			×			×			×			×		×		×			×	×		×	×		×	×	

型号	D534			D607			D606			D609			D666			D676			D636			D667			D675		
度数(°) / 触点	60	0	60	60	0	60	60	0	60	60	0	60	60	0	60	60	0	60	60	0	60	60	0	60	60	0	60
1—2	×			×		×			×	×			×		×	×		×		×		×	×				×
3—4	×			×			×					×	×		×		×				×			×	×		
5—6	×			×					×	×		×	×	×		×		×	×			×	×		×	×	
7—8	×			×			×			×		×	×	×			×				×			×		×	×
9—10	×			×					×			×		×	×	×		×	×			×	×				×
11—12		×		×		×	×			×				×	×		×				×			×	×		
13—14		×				×			×			×		×			×	×	×			×	×		×		
15—16		×				×	×			×				×		×	×			×				×		×	
17—18			×			×			×	×		×			×			×		×			×	×	×	×	
19—20			×	×			×					×			×	×	×		×		×	×				×	×
21—22			×			×			×			×	×					×	×		×		×	×	×	×	
23—24			×			×	×					×	×			×	×		×		×	×		×		×	×

续表 24-1-85

触点＼型号	D662			D754			D805			D814			D828			DA83			DB01			H0435			
度数(°)	60	0	60	60	0	60	60	0	60	60	0	60	60	0	60	60	0	60	60	0	60	30	0	30	60
1—2	×			×	×		×				×		×			×	×		×					×	
3—4		×				×	×			×		×	×			×	×		×						×
5—6	×			×			×					×			×	×	×		×				×		
7—8		×		×			×					×			×	×			×					×	
9—10	×			×	×				×			×		×		×	×		×						×
11—12		×				×	×			×				×		×			×				×		
13—14	×			×	×				×	×			×		×	×	×		×					×	
15—16		×		×	×		×			×			×		×			×	×						×
17—18	×	×				×			×	×			×		×	×	×		×				×		
19—20	×	×		×			×			×			×		×	×	×		×				×		
21—22			×		×				×	×			×		×		×	×	×						×
23—24			×			×	×		×	×			×		×	×		×			×				×

触点＼型号	H3333				H5065				H5106				H5506				H5155				H5655				H6066			
度数(°)	60	0	30	60	30	0	30	60	30	0	30	60	30	0	30	60	30	0	30	60	30	0	30	60	30	0	30	60
1—2	×				×		×	×				×				×	×		×	×	×						×	
3—4		×			×		×	×		×			×	×			×		×	×				×	×		×	
5—6			×		×				×							×				×			×		×			×
7—8				×	×				×				×	×						×	×							×
9—10	×				×				×							×				×				×			×	
11—12		×						×	×				×	×					×				×		×		×	
13—14			×					×			×					×			×		×	×			×			×
15—16				×				×			×		×						×			×	×	×				×
17—18	×						×				×					×	×					×	×				×	
19—20		×					×				×			×			×				×	×		×	×		×	
21—22			×				×		×							×	×					×		×	×			×
23—24				×			×				×		×	×				×			×	×	×					×

触点＼型号	H6067				H606C				H6360				H6660				H7760				H8664			
度数(°)	30	0	30	60	30	0	30	60	30	0	30	60	30	0	30	60	30	0	30	60	30	0	30	60
1—2	×				×			×	×				×				×						×	
3—4	×						×	×	×				×				×				×	×	×	
5—6	×				×			×	×				×				×				×	×	×	
7—8			×				×	×		×				×				×			×	×	×	
9—10			×		×			×		×				×				×			×			×
11—12			×	×	×			×		×				×				×			×			
13—14				×	×			×			×				×				×					×
15—16				×	×			×			×				×				×			×		
17—18				×			×	×			×				×		×	×	×		×		×	
19—20	×		×	×			×	×	×		×		×	×	×		×	×	×		×	×		×
21—22	×		×	×			×	×	×		×		×	×	×		×	×	×		×	×		×
23—24	×		×	×			×	×	×		×		×	×	×		×	×	×				×	

续表 24-1-85

触点 \ 型号 度数(°)	I03333					I03746					I25144					I22422					J32124				
	60	30	0	30	60	60	30	0	30	60	60	30	0	30	60	60	30	0	30	60	60	30	0	30	60
1—2		×								×		×								×				×	
3—4		×						×				×		×						×		×			
5—6		×								×				×					×						×
7—8			×					×				×							×		×				
9—10			×					×	×	×		×						×						×	
11—12			×				×				×			×	×			×				×			
13—14				×				×	×	×		×						×							×
15—16				×			×								×			×			×				
17—18				×				×	×	×			×				×						×		
19—20					×		×								×		×								×
21—22					×			×	×	×				×		×									×
23—24					×			×			×				×	×					×				

触点 \ 型号 度数(°)	I32655					I33033					I40406					I41025					I47074				
	60	30	0	30	60	60	30	0	30	60	60	30	0	30	60	60	30	0	30	60	60	30	0	30	60
1—2	×					×									×	×						×		×	
3—4	×									×					×					×		×		×	
5—6	×	×					×						×				×							×	
7—8			×						×						×				×			×			
9—10			×			×					×					×						×			
11—12			×							×					×					×	×			×	×
13—14			×	×	×		×						×							×		×			
15—16			×	×	×				×		×					×					×			×	×
17—18			×	×	×	×							×		×					×		×		×	
19—20				×	×					×	×		×			×					×				×
21—22				×	×		×								×					×		×		×	
23—24		×							×		×								×		×				×

触点 \ 型号 度数(°)	I530C5					I56066					I64246					I66056					I71217				
	60	30	0	30	60	60	30	0	30	60	60	30	0	30	60	60	30	0	30	60	60	30	0	30	60
1—2				×	×	×			×					×	×	×	×						×		
3—4				×	×		×		×		×	×	×	×						×	×				×
5—6				×	×				×	×				×	×					×	×				×
7—8				×	×		×				×	×				×	×		×		×				
9—10	×			×						×		×	×	×	×	×			×	×	×				
11—12	×			×		×	×			×	×	×				×			×	×				×	×
13—14	×			×			×								×		×		×	×			×		
15—16	×			×		×			×	×					×		×				×				×
17—18		×		×			×		×						×		×				×				×
19—20		×		×		×				×	×					×									×
21—22				×			×		×		×					×									×
23—24	×	×		×	×	×				×	×						×		×	×	×	×			

续表 24-1-85

型号	I76566					J030306						J059999						J122223					
触点 \ 度数(°)	60	30	0	30	60	90	30	0	30	60	90	60	30	0	30	60	90	60	30	0	30	60	90
1—2		×	×	×	×		×						×	×	×	×	×	×					
3—4	×		×	×	×				×				×	×	×	×	×		×				
5—6	×	×	×		×						×		×	×	×	×	×		×				
7—8	×	×	×	×			×						×	×	×	×	×			×			
9—10	×	×		×	×				×				×	×	×	×	×			×			
11—12	×	×		×	×						×			×	×	×	×				×		
13—14	×						×							×	×	×	×				×		
15—16		×							×					×	×	×	×					×	
17—18			×								×			×								×	
19—20				×							×				×								×
21—22					×						×					×							×
23—24	×										×						×						×

型号	J044767						J222222						J22468A						J2468AC					
触点 \ 度数(°)	60	30	0	30	60	90	60	30	0	30	60	90	60	30	0	30	60	90	60	30	0	30	60	90
1—2		×		×		×					×			×	×	×	×	×	×	×	×	×	×	×
3—4		×		×		×	×							×	×	×	×	×	×	×	×	×	×	×
5—6		×		×		×						×			×	×	×	×		×	×	×	×	×
7—8			×	×	×	×		×							×	×	×	×		×	×	×	×	×
9—10			×	×	×					×						×	×	×			×	×	×	×
11—12			×	×	×				×							×	×	×			×	×	×	×
13—14					×				×								×	×				×	×	×
15—16					×					×							×	×				×	×	×
17—18						×		×										×					×	×
19—20						×						×						×					×	×
21—22							×						×											×
23—24		×	×	×	×	×					×		×											×

型号	K2220222							K3333343							K6435346							K6552336						
触点 \ 度数(°)	90	60	30	0	30	60	90	90	60	30	0	30	60	90	90	60	30	0	30	60	90	90	60	30	0	30	60	90
1—2					×			×										×	×	×	×	×	×	×				×
3—4					×									×	×	×	×					×	×	×				×
5—6						×				×									×	×	×	×						×
7—8						×					×				×	×	×					×						×
9—10							×					×						×				×	×	×				
11—12	×												×					×								×	×	×
13—14								×	×	×	×	×	×					×							×			
15—16	×													×				×							×			
17—18		×							×						×			×			×			×		×		
19—20		×											×		×	×	×		×	×	×		×				×	
21—22			×											×	×	×				×	×					×	×	×
23—24			×					×	×	×	×	×	×		×						×	×	×	×				

表 24-1-86　　　　LW8-10□□/7□型万能转换开关触点图表

触点 \ 型号	C0E		CC2		D475			D645			D696			D707			D777			D809			D955		
度数(°)	0	60	0	60	60	0	60	60	0	60	60	0	60	60	0	60	60	0	60	60	0	60	60	0	60
1—2		×		×		×		×			×		×			×	×	×		×		×	×	×	
3—4		×		×		×		×			×		×	×					×	×					×
5—6		×	×			×		×			×	×				×	×	×				×			×
7—8		×	×				×	×			×	×		×					×			×	×		
9—10		×	×			×	×	×	×			×	×			×	×	×				×	×	×	
11—12		×	×		×			×	×			×	×	×					×			×	×	×	
13—14		×	×		×				×			×	×			×	×	×		×		×	×		
15—16		×	×			×	×		×			×	×	×					×	×					×
17—18		×	×				×			×						×	×	×				×	×	×	
19—20		×	×							×				×					×			×			×
21—22		×	×		×					×	×					×		×	×	×		×	×	×	
23—24		×	×							×	×	×		×			×			×			×		
25—26		×	×							×		×				×		×	×	×					×
27—28		×	×		×							×		×			×			×			×		

触点 \ 型号	H1347				H4640				H5446				H6646				H6660				H7447				H4264			
度数(°)	30	0	30	60	30	0	30	60	30	0	30	60	30	0	30	60	30	0	30	60	30	0	30	60	30	0	30	60
1—2	×						×			×			×				×	×	×			×		×		×		
3—4		×			×				×		×					×	×	×	×		×							×
5—6			×				×					×	×				×						×	×				×
7—8				×	×				×							×	×				×							×
9—10		×				×						×		×			×					×	×	×	×			
11—12			×		×					×						×	×				×				×			
13—14				×		×					×			×				×				×		×	×		×	
15—16		×					×		×							×		×			×						×	
17—18			×			×						×	×	×				×				×		×			×	
19—20				×		×			×	×					×	×		×			×						×	
21—22			×	×			×				×	×	×	×					×				×	×			×	
23—24				×		×			×	×					×	×			×		×							×
25—26				×	×						×	×	×	×	×				×				×	×	×		×	
27—28				×		×						×	×	×	×				×		×					×		

触点 \ 型号	H4357				H8666				I08422					I55055					I65556					I76567				
度数(°)	30	0	30	60	30	0	30	60	60	30	0	30	60	60	30	0	30	60	60	30	0	30	60	60	30	0	30	60
1—2	×							×					×	×	×		×	×			×		×	×	×	×	×	
3—4				×	×		×					×	×	×	×		×	×		×	×		×	×	×	×	×	
5—6	×	×						×				×		×					×								×	×
7—8		×			×	×								×								×					×	×
9—10			×	×	×		×				×			×					×	×		×			×	×	×	×
11—12			×		×	×					×				×					×	×	×			×	×	×	×
13—14			×	×				×		×					×				×					×	×			
15—16			×		×	×	×			×					×				×	×		×		×	×			
17—18	×							×		×	×						×				×		×	×				×
19—20				×	×	×	×			×	×						×				×	×	×			×		
21—22	×							×		×							×		×	×								×
23—24				×	×	×	×			×								×					×					×
25—26		×	×	×				×		×								×	×					×				
27—28				×	×	×	×			×								×					×	×				

续表 24-1-86

型号	J555566						K65661656							K2222222						
触点 \ 度数(°)	60	30	0	30	60	90	90	60	30	0	30	60	90	90	60	30	0	30	60	90
1-2	×			×							×	×	×	×						
3-4		×			×		×	×	×											×
5-6			×			×					×	×	×		×					
7-8	×	×	×				×	×	×						×					
9-10	×	×	×						×		×					×				
11-12	×			×					×		×					×				
13-14		×			×		×						×				×			
15-16			×			×	×						×				×			
17-18				×	×	×					×	×	×					×		
19-20				×	×	×	×	×	×									×		
21-22	×			×							×	×	×						×	
23-24		×			×		×	×	×										×	
25-26			×			×				×				×						
27-28					×	×		×				×								×

表 24-1-87　　LW8-10□□/8□型万能转换开关触点图表

型号	C88		D32D			D556			D655			D664			D718			D768			D808			D787		
触点 \ 度数(°)	0	60	60	0	60	60	0	60	60	0	60	60	0	60	60	0	60	60	0	60	60	0	60	60	0	60
1-2	×				×	×			×			×					×	×					×	×		×
3-4		×			×	×					×	×					×	×			×			×		×
5-6	×				×	×			×			×					×	×					×	×		
7-8		×			×	×					×	×					×	×			×					×
9-10	×				×	×			×			×					×	×	×				×		×	
11-12		×			×		×				×	×					×	×	×		×				×	
13-14	×				×		×			×			×				×	×	×				×		×	
15-16		×			×		×				×		×		×				×		×				×	
17-18	×				×		×			×			×		×				×	×			×	×	×	
19-20		×		×	×		×		×				×		×				×		×			×	×	
21-22	×		×					×		×			×		×					×			×		×	×
23-24		×	×					×			×		×		×					×	×				×	×
25-26	×		×					×		×				×	×					×			×	×		
27-28		×			×			×	×					×	×					×	×			×		
29-30	×				×			×		×				×			×			×			×			×
31-32		×		×	×			×	×					×		×				×	×					×

型号	D837			D867			D8G8			D907			DD3D			DE02			H3355			H7777				
触点 \ 度数(°)	60	0	60	60	0	60	60	0	60	60	0	60	60	0	60	60	0	60	30	0	30	60	30	0	30	60
1-2		×			×		×	×				×	×		×	×			×						×	×
3-4		×			×	×	×	×		×			×		×	×			×				×	×		
5-6		×			×	×		×	×			×	×		×	×			×				×	×		
7-8	×		×	×	×			×	×			×	×		×	×				×					×	×
9-10	×		×	×	×		×	×		×			×		×	×				×			×			
11-12			×	×	×		×	×				×	×		×	×				×				×	×	×
13-14			×			×		×	×			×	×		×	×					×					×
15-16			×			×		×	×	×				×		×					×		×	×	×	
17-18			×			×	×	×				×	×		×	×					×			×	×	
19-20			×			×	×	×		×				×		×					×		×			×
21-22	×					×		×	×			×	×		×	×					×			×		
23-24	×			×				×	×	×				×		×						×	×		×	×
25-26	×			×			×	×		×			×		×	×							×	×		
27-28	×			×			×	×		×			×		×	×						×		×		
29-30	×			×				×	×	×			×		×			×				×			×	
31-32	×			×				×	×	×			×		×			×				×				×

续表 24-1-87

型号	H8880				I04444					I22066					I33055					I33334				
触点 \ 度数(°)	30	0	30	60	60	30	0	30	60	60	30	0	30	60	60	30	0	30	60	60	30	0	30	60
1-2	×	×	×			×				×					×					×				
3-4	×	×	×			×				×						×					×			
5-6	×	×	×			×					×							×				×		
7-8	×	×	×			×					×								×				×	
9-10	×						×							×	×									×
11-12	×						×							×		×				×				
13-14	×						×							×				×			×			
15-16	×						×							×					×			×		
17-18		×						×						×	×								×	
19-20		×						×						×		×								×
21-22		×						×					×					×		×				
23-24		×						×					×						×		×			
25-26			×						×				×					×				×		
27-28			×						×				×					×					×	
29-30			×						×				×						×					×
31-32			×						×				×						×					

型号	I44044					I47047					I55055					I55659					I84267				
触点 \ 度数(°)	60	30	0	30	60	60	30	0	30	60	60	30	0	30	60	60	30	0	30	60	60	30	0	30	60
1-2	×									×	×	×				×					×	×		×	×
3-4					×				×		×	×						×		×	×	×		×	×
5-6		×					×				×						×					×		×	
7-8				×		×					×								×			×		×	
9-10	×									×	×									×	×				
11-12					×				×			×				×									×
13-14		×					×					×						×		×	×				
15-16				×			×					×					×								×
17-18	×					×								×					×	×	×				
19-20					×	×								×		×	×						×	×	
21-22		×								×				×				×	×	×			×	×	
23-24				×		×	×		×	×					×	×		×		×	×				
25-26	×									×					×		×		×	×					×
27-28					×		×			×					×	×		×		×	×				
29-30		×					×							×	×		×		×	×					×
31-32				×			×		×	×				×	×			×			×				×

型号	I86067					I88263					I99699					I9A090					J06080A					
触点 \ 度数(°)	60	30	0	30	60	60	30	0	30	60	60	30	0	30	60	60	30	0	30	60	60	30	0	30	60	90
1-2	×	×		×	×				×				×	×		×	×		×			×				×
3-4	×	×		×	×	×	×				×	×			×	×	×		×					×		
5-6		×		×			×						×		×	×	×					×				×
7-8		×		×		×					×	×		×					×					×		
9-10	×							×	×	×			×			×	×					×				×
11-12					×		×				×	×		×	×	×	×							×		
13-14	×					×							×			×						×		×		×
15-16					×		×				×	×		×	×				×							
17-18	×					×							×				×					×		×		×
19-20		×		×		×	×				×	×		×	×				×							
21-22		×		×				×	×	×	×	×		×	×				×			×		×		×
23-24	×					×	×		×		×	×		×	×		×									×
25-26					×	×	×		×	×	×	×		×	×	×								×		×
27-28	×								×			×					×		×					×		×
29-30					×	×					×					×	×		×							×
31-32	×				×		×						×	×	×	×	×		×							×

续表 24-1-87

型号	J078364						K0707090							K4666666							K5471855						
触点 \ 度数(°)	60	30	0	30	60	90	90	60	30	0	30	60	90	90	60	30	0	30	60	90	90	60	30	0	30	60	90
1—2						×				×							×						×			×	×
3—4		×	×		×	×		×									×				×	×			×		
5—6					×							×						×	×	×	×	×	×				
7—8				×	×	×		×		×		×		×	×	×									×	×	×
9—10			×					×		×		×						×	×	×					×		
11—12		×	×									×		×	×	×							×				
13—14			×					×						×						×					×	×	
15—16		×								×				×						×		×	×				
17—18				×	×	×				×					×				×				×				×
19—20		×										×			×				×		×				×		
21—22			×					×								×		×			×			×			
23—24		×	×		×			×		×		×				×		×							×	×	×
25—26		×						×				×			×	×	×	×	×						×	×	
27—28			×									×			×	×	×	×	×			×	×				
29—30		×	×		×							×					×						×				×
31—32				×						×							×				×				×		

表 24-1-88　　LW8-10□□/9□型万能转换开关触点图表

型号	C99		D489			D666			D667			D909			D0477				H5058				H4646			
触点 \ 度数(°)	0	60	60	0	60	60	0	60	60	0	60	60	0	60	30	0	30	60	30	0	30	60	30	0	30	60
1—2	×			×	×	×			×		×			×			×		×				×			
3—4		×		×	×		×		×			×						×	×				×			
5—6	×			×	×			×	×					×		×			×				×			
7—8		×		×			×			×		×					×		×				×			
9—10	×			×		×				×				×				×	×					×		
11—12		×		×				×		×		×				×					×			×		
13—14	×				×	×					×			×			×				×			×		
15—16		×			×		×				×	×						×			×			×		
17—18	×				×			×			×			×		×					×			×		
19—20		×			×		×		×			×				×					×			×		
21—22	×				×	×			×					×				×				×			×	
23—24		×		×				×	×			×						×				×			×	
25—26	×			×		×				×				×				×				×			×	×
27—28		×	×				×			×		×						×				×			×	×
29—30	×		×					×		×				×			×					×				×
31—32		×	×				×				×	×					×					×				×
33—34	×		×			×					×			×			×					×				×
35—36		×			×			×			×	×					×					×				×

续表 24-1-88

触点 \ 型号	H6066				H609A				H6660				I84066					I18274					I08442				
度数(°)	30	0	30	60	30	0	30	60	30	0	30	60	60	30	0	30	60	60	30	0	30	60	60	30	0	30	60
1-2	×				×				×					×								×					×
3-4			×				×	×	×				×			×	×	×	×		×	×					×
5-6				×	×				×								×	×								×	
7-8	×						×	×	×							×			×							×	
9-10			×		×				×								×				×					×	
11-12				×			×	×	×							×					×					×	
13-14	×				×					×							×			×	×	×			×		
15-16			×				×			×						×			×						×		
17-18				×	×					×				×				×	×						×		
19-20	×						×			×				×					×						×		
21-22			×		×					×			×	×				×						×			
23-24				×				×		×			×							×	×	×		×			
25-26	×							×			×		×					×						×			
27-28			×					×			×		×						×					×			
29-30				×			×	×			×		×					×						×			
31-32	×						×	×			×		×						×					×			
33-34			×				×	×			×					×	×				×			×			
35-36				×			×	×			×		×			×	×	×	×		×			×			

触点 \ 型号	J3333336						JC22444						K0987BE0							K2333342						
度数(°)	60	30	0	30	60	90	60	30	0	30	60	90	90	60	30	0	30	60	90	90	60	30	0	30	60	90
1-2	×						×							×	×						×					
3-4		×						×						×	×	×	×					×				
5-6			×						×						×	×	×						×			
7-8				×						×					×	×	×	×						×		
9-10					×		×			×							×								×	
11-12						×	×			×							×	×								×
13-14	×										×			×	×	×	×	×		×	×					
15-16		×					×				×			×	×	×	×	×				×				
17-18			×				×				×			×	×	×	×	×					×			
19-20				×								×		×	×	×	×	×						×		
21-22					×		×					×						×							×	
23-24						×	×					×						×								×
25-26	×						×											×		×	×					
27-28		×						×	×	×	×	×						×				×				
29-30			×				×							×				×					×			
31-32				×			×							×			×	×						×		
33-34					×		×										×	×							×	
35-36						×	×							×											×	

表 24-1-89　LW8-10□□/10□型万能转换开关触点图表

型号	CAA		CBC		D0E6			D29B			D767			D992			DB0B			DB6B			DC48			DC84		
触点 \ 度数(°)	0	60	0	60	60	0	60	60	0	60	60	0	90	60	0	60	60	0	60	60	0	60	60	0	60	60	0	60
1—2	×			×		×			×		×			×					×	×	×		×			×		
3—4		×		×		×				×	×				×		×				×	×			×	×		
5—6	×			×		×			×		×			×					×	×	×		×			×		
7—8		×		×		×				×	×				×		×				×	×			×	×		
9—10	×			×		×			×		×			×					×	×		×	×				×	
11—12		×		×		×				×	×				×		×			×		×			×		×	
13—14	×			×		×			×			×			×				×	×			×			×		
15—16		×		×		×				×		×			×		×					×			×		×	
17—18	×			×		×			×			×		×					×	×			×			×		
19—20		×		×		×				×		×		×			×					×			×			×
21—22	×			×		×			×			×			×				×	×	×		×			×	×	
23—24		×		×		×				×		×		×			×				×	×			×			×
25—26	×		×			×		×					×	×					×	×			×			×	×	
27—28		×	×			×			×	×			×	×			×					×			×			×
29—30	×		×				×	×					×		×				×	×			×			×	×	
31—32		×	×				×			×			×		×		×					×			×			×
33—34	×		×				×		×	×			×	×					×	×			×	×		×	×	
35—36		×	×				×			×			×		×		×					×	×	×		×		
37—38	×		×				×		×		×					×			×	×			×	×		×		
39—40		×	×				×			×			×			×	×					×	×	×			×	

型号	H0899				H0999				I04466					I55055				
触点 \ 度数(°)	30	0	30	60	30	0	30	60	60	30	0	30	60	60	30	0	30	60
1—2		×		×		×		×			×							×
3—4		×	×			×	×			×				×				
5—6			×				×				×				×			
7—8			×	×			×	×		×							×	
9—10				×				×			×						×	
11—12			×	×		×				×					×			
13—14		×		×		×		×			×			×				
15—16		×					×			×			×					×
17—18			×				×											×
19—20			×				×	×					×	×				
21—22				×				×							×			
23—24		×	×					×					×				×	
25—26		×						×									×	
27—28				×			×						×		×			
29—30			×			×	×	×				×		×				
31—32			×			×							×					×
33—34		×					×				×							×
35—36		×				×							×	×				
37—38				×		×						×			×			
39—40				×		×								×			×	

表 24-1-90 **LW8-10□/□型万能电压测量转换开关触点图表**

功 能	开关型号	面板标志	开 关 操 作 图
有零位三相相电压转换测量	YH1/3	0 C—A B	A B C N, V
有零位三相线电压转换测量	YH2/3	0 CA—AB BC	A B C, V
无零位三相相电压转换测量	YH3/3	B A—C	A B C N, V
无零位三相线电压转换测量	YH4/2	BC AB—CA	A B C, V

定位位置 / 触点编号	0	A	B	C
1—2		×		
3—4				×
5—6			×	
9—10		×	×	×

定位位置 / 触点编号	0	AB	BC	CA
1—2		×	×	
5—6				×
7—8		×		
11—12			×	×

定位位置 / 触点编号	A	B	C
1—2	×		
3—4			×
5—6		×	
9—10	×	×	×

定位位置 / 触点编号	AB	BC	CA
1—2	×	×	
3—4		×	×
5—6			×
7—8	×		

注 定位角为 90°。

表 24-1-91　**LW8-10YH5/3 型万能电压测量转换开关触点图表**

功　　能	面板标志	开　关　操　作　图
有零位三相相电压、三相线电压转换测量	 AB 0 A BC　B CA　C	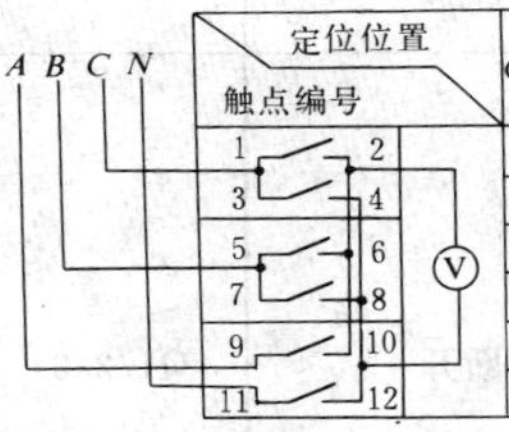 A B C N　V

触点编号＼定位位置	CA	BC	AB	0	A	B	C
1-2		×					×
3-4	×						
5-6						×	
7-8		×	×				
9-10	×		×		×		
11-12					×	×	×

注　定位角度 30°，定位位置七位。

表 24-1-92　**LW8-10□/□型万能电流测量转换开关触点图表**

功　　能	开关型号	面板标志	开　关　操　作　图
两个互感器有零位三相电流转换测量	LH1/2	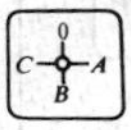 0 C　A B	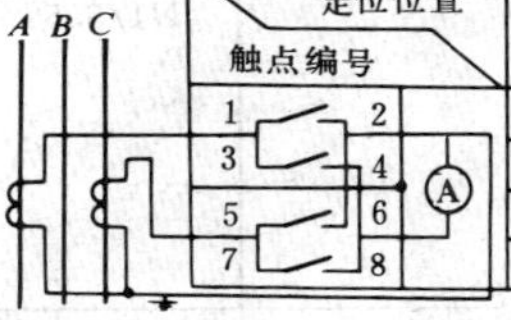 A B C　A
三个互感器三相四线电流转换测量	LH2/4		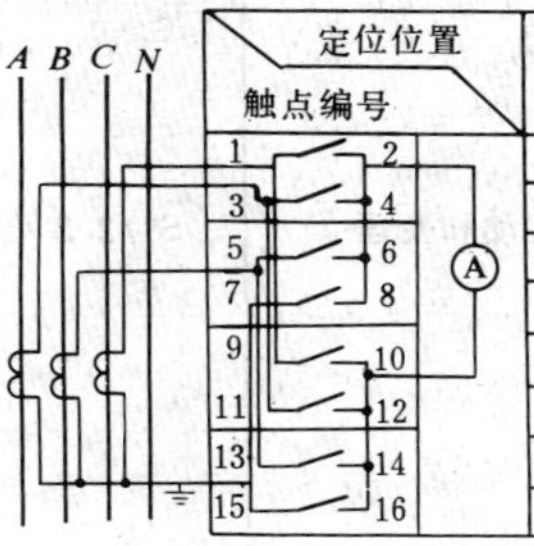 A B C N　A
三个互感器有零位三相电流转换测量	LH3/4		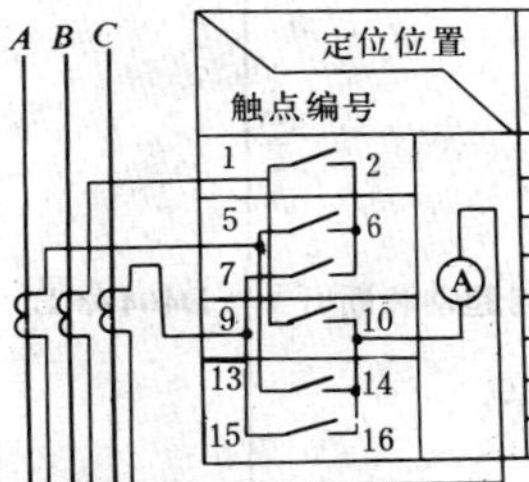 A B C　A

LH1/2：

触点编号＼定位位置	0	A	B	C
1-2	×			×
3-4		×	×	
5-6	×	×		
7-8			×	×

LH2/4：

触点编号＼定位位置	0	A	B	C
1-2	×	×	×	
3-4	×		×	×
5-6	×	×		×
7-8		×	×	×
9-10				×
11-12		×		
13-14			×	
15-16	×			

LH3/4：

触点编号＼定位位置	0	A	B	C
1-2	×	×		×
5-6	×		×	×
7	×	×	×	
9-10			×	
13-14		×		
15-16				×

注　定位角为 90°。

表 24-1-93 **LW8-10□/□型万能操作电动机转换开关触点图表**

功能	开关型号	面板标志	开关操作图
直接起动运转中断开	Q1/2.2	0 1	见下
正向和反向直接起动运转中断开	N1/2.2 N1/5.5		见下
双速电动机直接起动和变速	S1/2.2	1 0 2	见下
单向电动机正向或反向起动和断开	D404/3-B		见下

Q1/2.2（A B C）

触点编号 \ 定位位置	0	1
1—2		×
3—4		×
5—6		×

N1/2.2、N1/5.5（A B C）

触点编号 \ 定位位置	1	0	2
1—2			×
3—4	×		
5—6	×		
7—8			×
9—10	×		×
11—12	×		×

S1/2.2（A B C）

触点编号 \ 定位位置	1	0	2
1—2	×		
3—4			×
5—6			×
7—8	×		
9—10			×
11—12			×
13—14	×		
15—16			×

D404/3-B

触点编号 \ 定位位置	1	0	2
1—2			×
3—4	×		
5—6	×		
7—8			×
9—10	×		×
11—12	×		×

注 定位角为 60°。

四、LW12-16 系列小型万能转换开关

（一）简介

该系列开关适用于交流 50Hz（60Hz）380V 以下、直流 220V 以下的电路中作主令电器、电气测量仪表的转换开关以及控制伺服电动机及交直流辅助电路的转换开关，也可作 5.5kW 以下异步电动机的起动、变速与换向开关。

（二）型号含义

1. 主令控制用的转换开关型号及含义

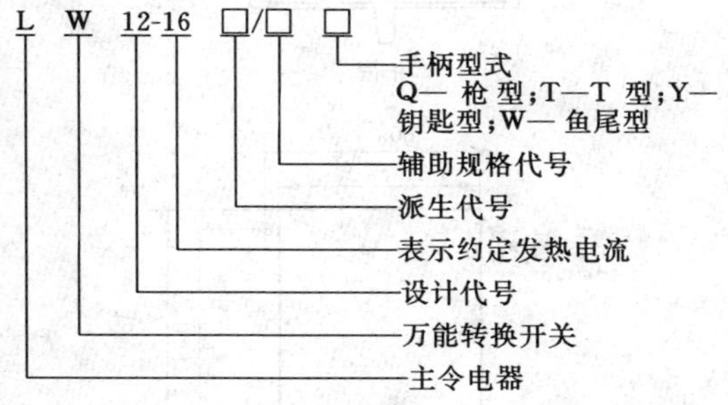

辅助规格代号—首位数代表操作角度，3（30°）、4（45°）、6（60°）、9（90°）；第二至第五位数为操作图编号；第六至第七位数为触头组件节数（每节两组触头）。

派生代号—D—— 表示定位～自复操作；

Z—— 自复操作，没有代号代表定位操作；

F—— 防护组合型；

K—— 开启组合型，无代号为基本型；

L—— 闭锁操作。

2. 直接控制三相鼠笼异步电动机用的转换开关型号及含义

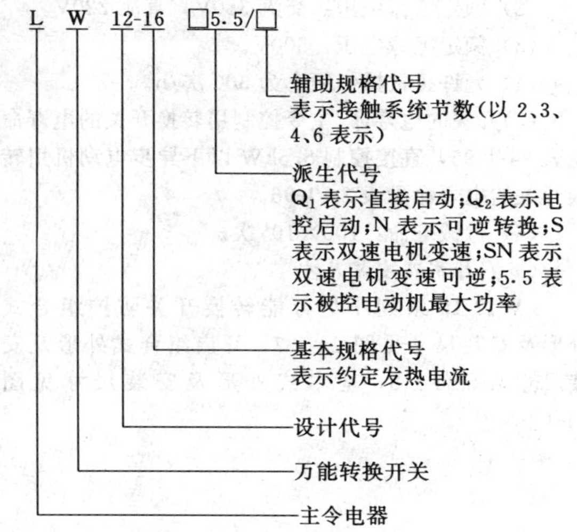

（三）型式结构

(1)该系列转换开关按外形分为防护组合式，开启组合式和基本式三种。防护组合式带 2～3 个指示灯、电缆插头座和板前装卸机构。开启组合式带 2～3 个指示灯，指示灯具有体积小、功耗小、寿命长特点，省去了变压器和大功耗电阻。

(2) 转换开关按触头系统档数分为 1、2、3…12 共 12 种。

(3) 按手柄型式可分为手枪型、T 型、鱼尾型、旋钮型和钥匙型五种。

(4) 转换开关按特征代号可分为三大类，见表 24-1-94。

表 24-1-94　LW12-16 系列小型万能转换开关定位特征

操作型式	特征代号	手柄工作位置											
自复型	Z						0°←	45°					
						45°→	0°←	45°					
定位型							0°	45°					
						45°	0°	45°					
						45°	0°	45°	90°				
					90°	45°	0°	45°	90°				
					90°	45°	0°	45°	90°	135°			
				135°	90°	45°	0°	45°	90°	135°			
				135°	90°	45°	0°	45°	90°	135°	180°		
			120°	90°	60°	30°	0°	30°	60°	90°	120°		
			120°	90°	60°	30°	0°	30°	60°	90°	120°	150°	
		150°	120°	90°	60°	30°	0°	30°	60°	90°	120°	150°	
		150°	120°	90°	60°	30°	0°	30°	60°	90°	120°	150°	180°
						90°	0°						
						45°		45°					
						90°	0°	90°					
定位自复型	D					90°	0°←	45°					
					90°	45°→	0°←	45°					
					135°→	90°	0°←	45°					

（四）技术数据

(1) 约定发热电流：16A。

(2) 额定工作电压：交流380V，直流220V。

(3) 额定绝缘电压：500V。

(4) 允许正常操作频率为300次/h。

(5)开关的电寿命：主令控制用转换开关的电寿命见表24-1-95，直接控制5.5kW以下异步电动机用转换开关的电寿命见表24-1-96。

(6) 机械寿命：100×10^4次。

（五）外形及安装尺寸

LW12-16系列小型万能转换开关防护组合式外形及安装尺寸见图24-1-7，开启组合式外形及安装尺寸见图24-1-8，基本式外形及安装尺寸见图24-1-9。

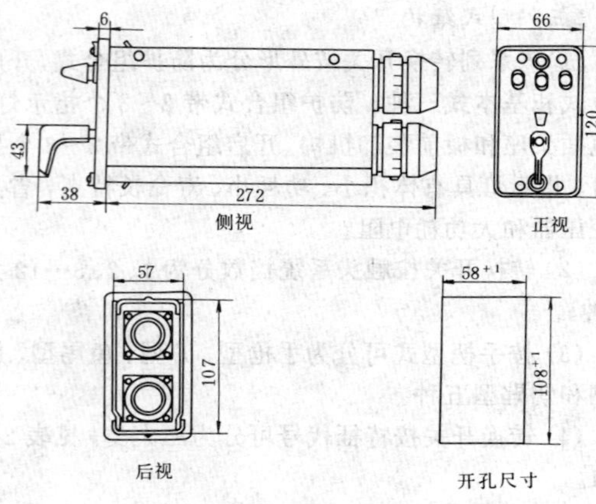

图24-1-7　LW12-16系列防护组合式小型万能转换开关外形及安装尺寸

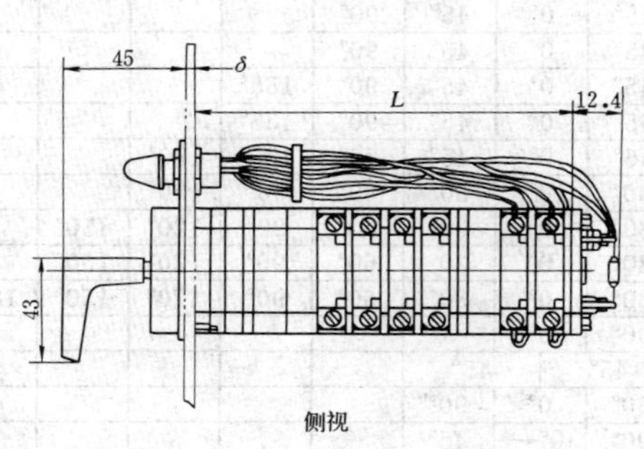

图24-1-8　LW12-16系列开启组合式小型万能转换开关外形及安装尺寸（一）

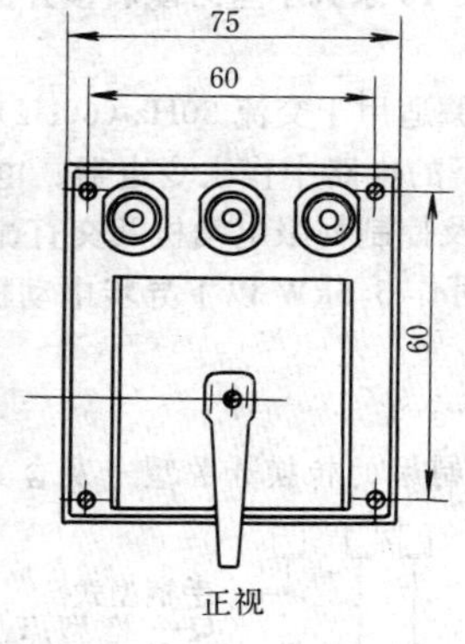

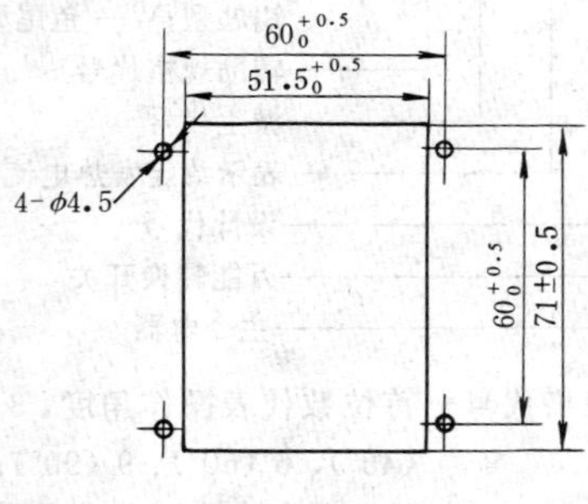

图24-1-8　LW12-16系列开启组合式小型万能转换开关外形及安装尺寸（二）

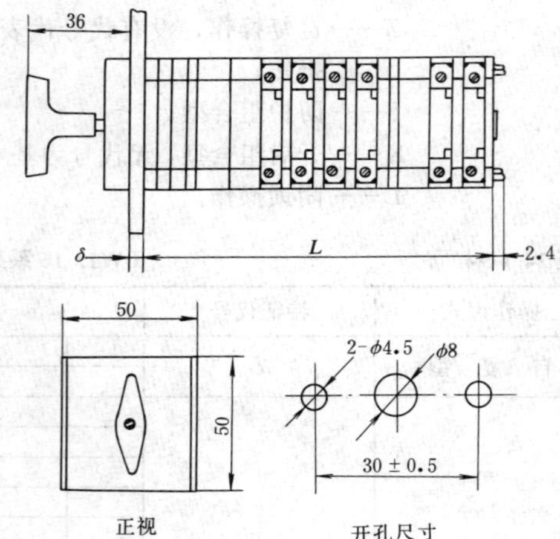

图24-1-9　LW12-16系列基本式小型万能转换开关外形及安装尺寸

$L=22+a+b+13.3\times n$；a—自复机构厚度15.8cm；b—拉制锁机构厚度21.5cm；n—接触系统节数

（六）生产厂

上海胶木电器厂，上海核工程研究院电气设备厂。

（七）常用开关触点图表

常用各型小型万能转换开关触点图表，见表24-1-97～表24-1-104。

表 24-1-95　　LW12-16 系列小型万能主令控制用转换开关电寿命

电流种类	分　类	可控功率（W）		接　通				分　断				寿命次数（次）
				U（V）	I（A）	$\cos\varphi$	$T_{0.95}$（ms）	U（V）	I（A）	$\cos\varphi$	$T_{0.95}$（ms）	
交流 AC	AC-11	1000		380	26	0.7		380	2.6	0.4		20×10^4
				220	46			220	4.6			
直流 DC	DC-11	双断点	60	220	0.27		300	220	0.27		300	
				110	0.55			110	0.55			
		四双点	90	220	0.41		300	220	0.41		300	
				110	0.82			110	0.82			

表 24-1-96　　LW12-16 系列小型万能直接控制 5.5kW 以下的异步电动机用转换开关电寿命

电流种类	分　类	接　通			分　断			寿命次数（次）	
		U（V）	I（A）	$\cos\varphi$	U（V）	I（A）	$\cos\varphi$	分项	总数
交流 AC	AC-3	1.0×380	6×12	0.65	0.17×380	12	0.65	19.5×10^4	20×10^4
	AC-4	1.0×380	6×12	0.65	1.0×380	6×12	0.65	0.5×10^4	

表 24-1-97　　LW12-16□/□·1 型小型万能转换开关触点图表

触点	0001		0002		0011			0012			0014			0015			5011		
	0°←	45°	0°←	45°	45°→	0°←	45°	45°→	0°←	45°	45°→	0°←	45°	45°→	0°←	45°	45°→	0°←	45°
1-2	×			×			×			×	×		×	×	×			×	×
3-4		×		×	×				×	×	×		×		×	×		×	

触点	4801				4802				5084			5088			5089		
	45°→	0°	←	45°	45°→	0°	←	45°	45°	0°	45°	0°	45°	90°	45°	0°	45°
1-2			×	×				×		×	×		×	×	×		
3-4			×	×			×	×		×	×			×	×		×

触点	0071		5071		0081			0082			0084			5081			5082		
	0°	45°	0°	45°	45°	0°	45°	45°	0°	45°	45°	0°	45°	45°	0°	45°	45°	0°	45°
1-2		×	×				×			×	×		×	×		×		×	
3-4		×		×	×				×	×	×		×		×			×	

表 24-1-98　　　　LW12-16□/□・2 型小型万能转换开关触点图表

触点	9831				0391		0392		5391		5393		5395		0401			0402		
	45°	→0°	←	45°	0°	45°	0°	45°	0°	45°	0°	45°	0°	45°	45°	0°	45°	45°	0°	45°
1-2				×	×		×			×	×	×	×				×		×	×
3-4	×				×			×		×	×		×		×					×
5-6	×			×		×		×		×		×	×		×					×
7-8			×	×		×		×		×	×	×	×				×			×

触点	0403			0404			0405			5401			5402			5403		
	45°	0°	45°	45°	0°	45°	45°	0°	45°	45°	0°	45°	45°	0°	45°	45°	0°	45°
1-2	×					×			×		×	×	×		×			×
3-4	×			×					×		×	×			×	×		×
5-6	×	×			×			×	×		×	×	×		×	×		×
7-8			×		×			×	×			×			×		×	

触点	0406			0407			0408			0410			0411			0412			0413		
	45°	0°	45°	45°	0°	45°	45°	0°	45°	45°	0°	45°	45°	0°	45°	45°	0°	45°	45°	0°	45°
1-2	×	×		×			×		×			×		×			×	×	×		×
3-4	×					×	×		×	×	×		×		×		×		×		
5-6			×			×	×		×	×		×	×					×			×
7-8		×	×			×	×		×		×			×		×			×		×

触点	5524					5525					5526					5527				
	90°	45°	0°	45°	90°	90°	45°	0°	45°	90°	90°	45°	0°	45°	90°	90°	45°	0°	45°	90°
1-2			×					×							×			×		
3-4		×		×						×			×			×	×			
5-6	×				×	×								×					×	×
7-8		×	×	×								×				×				×

续表 24-1-98

触点	5528					5529					5628			5629			5630		
	90°	45°	0°	45°	90°	90°	45°	0°	45°	90°	90°	0°	90°	90°	0°	90°	90°	0°	90°
1-2	×	×			×	×	×		×	×	×			×	×		×		×
3-4						×	×		×	×			×	×	×		×		×
5-6	×			×	×		×		×		×				×	×	×		×
7-8		×					×		×				×		×	×	×		×

触点	5576									0616		5616		0626			0627			5627		
	0°	30°	60°	90°	120°	150°	180°	210°	240°	45°	45°	45°	45°	90°	0°	90°	90°	0°	90°	90°	0°	90°
1-2		×		×		×		×			×		×	×		×		×			×	
3-4			×	×			×	×		×			×		×			×		×		
5-6					×	×	×	×			×		×		×		×		×			×
7-8									×	×			×		×		×		×			

表 24-1-99　LW12-16□/□·3 型小型万能转换开关触点图表

触点	4804				4805				4806				4807				4808			
	45°	→0°←		45°	45°	→0°←		45°	45°	→0°←		45°	45°	→0°←		45°	45°	→0°←		45°
1-2			×	×			×	×			×	×				×			×	×
3-4		×	×				×	×			×	×	×							×
5-6			×	×				×				×				×			×	×
7-8	×			×				×		×	×		×				×			
9-10	×				×				×						×	×	×	×		
11-12				×	×	×					×	×	×	×			×	×		

触点	4811				9804				9817				9818				9819			
	45°	→0°←		45°	45°	→0°←		45°	45°	→0°←		45°	45°	→0°←		45°	45°	→0°←		45°
1-2			×	×			×	×			×	×				×			×	×
3-4		×	×				×	×	×	×			×							×
5-6		×	×					×		×	×		×							×
7-8	×	×						×			×	×				×				×
9-10				×	×						×	×	×	×	×					×
11-12	×				×					×	×				×	×	×	×	×	

续表 24-1-99

触点	4809				4810				9826				9839			
	45°→	→0°	←	45°	45°→	→0°	←	45°	45°→	→0°	←	45°	45°→	→0°	←	45°
1-2			×	×	×						×	×				×
3-4			×	×				×			×	×			×	×
5-6			×	×	×	×						×		×	×	
7-8			×	×			×	×		×	×				×	×
9-10		×	×				×	×	×						×	×
11-12		×	×			×	×			×	×			×	×	

触点	0722			0723			0724			0727			0728			5721			5723		
	45°	0°	45°	45°	0°	45°	45°	0°	45°	45°	0°	45°	45°	0°	45°	0°	45°	90°	45°	0°	45°
1-2		×	×	×					×	×				×	×		×	×	×		×
3-4	×	×				×			×			×		×	×		×	×	×		×
5-6			×	×				×		×			×	×			×	×	×		×
7-8	×					×		×		×		×		×	×			×	×		×
9-10			×	×			×				×		×	×				×	×		×
11-12	×					×	×			×		×		×	×			×	×		×

触点	5730			5731			5732			5733			5735			5736			5737		
	45°	0°	45°	45°	0°	45°	0°	45°	90°	45°	0°	45°	45°	0°	45°	45°	0°	45°	45°	0°	45°
1-2	×		×		×			×				×	×	×			×			×	
3-4		×		×		×		×	×	×				×	×			×			×
5-6		×		×		×		×				×	×	×		×		×	×		×
7-8			×		×			×	×			×		×	×		×	×			×
9-10		×	×			×			×	×		×	×	×			×	×		×	×
11-12				×	×				×	×				×	×	×	×		×		

续表 24-1-99

触点	5742			5748			5749			5750			5751			5752			5753		
	45°	0°	45°	45°	0°	45°	45°	0°	45°	45°	0°	45°	45°	0°	45°	45°	0°	45°	45°	0°	45°
1-2	×			×					×			×	×				×			×	
3-4		×	×			×			×			×			×	×		×	×		
5-6	×		×	×				×	×			×	×			×			×		×
7-8		×		×		×	×					×			×			×			×
9-10	×	×			×			×		×					×	×			×	×	
11-12			×		×	×		×			×			×				×		×	×

触点	5754			5755			5831				5832			
	45°	0°	45°	45°	0°	45°	45°	0°	45°	90°	45°	0°	45°	90°
1-2	×			×						×	×			
3-4		×	×	×				×					×	×
5-6		×				×			×					×
7-8		×	×			×	×				×			
9-10			×			×				×			×	
11-12		×	×			×				×	×			

触点	0821					0822					0823					0950			0951		
	90°	45°	0°	45°	90°	90°	45°	0°	45°	90°	90°	45°	0°	45°	90°	90°	0°	90°	90°	0°	90°
1-2			×			×									×		×		×		
3-4	×				×					×				×			×		×		
5-6			×						×	×			×				×		×		
7-8	×				×		×						×				×		×		
9-10			×						×	×		×					×				×
11-12	×				×				×	×	×						×				×

续表 24-1-99

触点	0936		5936		5937			5938			0946		0947			0948			0949		
	0°	45°	0°	45°	45°	0°	45°	0°	45°	90°	0°	90°	90°	0°	90°	90°	0°	90°	90°	0°	90°
1-2	×			×	×	×		×		×		×	×		×		×		×		
3-4		×		×	×	×	×		×	×		×	×		×		×				×
5-6	×			×	×	×		×		×		×	×		×		×			×	
7-8		×		×		×	×		×	×		×	×		×		×			×	
9-10	×			×	×	×		×		×		×	×		×	×		×		×	
11-12	×			×		×	×		×	×		×		×		×		×	×		×

表 24-1-100　LW12-16□/□·4型小型万能转换开关触点图表

触点	1031		6031		6032		1041			1047			1048			1049			1050		
	0°	45°	0°	45°	0°	45°	45°	0°	45°	45°	0°	45°	45°	0°	45°	45°	0°	45°	45°	0°	45°
1-2	×			×	×			×			×				×	×			×		
3-4	×			×	×		×		×		×				×			×			×
5-6	×			×	×				×		×				×	×	×		×		
7-8	×			×	×		×				×				×			×			×
9-10	×			×		×			×	×		×			×	×			×		
11-12	×			×		×	×			×		×			×		×	×			×
13-14	×			×		×		×		×		×			×	×			×		
15-16	×			×		×		×		×		×			×		×	×			×

触点	6041			6042			6043			6044			6045			6047			6048		
	0°	45°	90°	0°	45°	90°	45°	0°	45°	45°	0°	45°	45°	0°	45°	45°	0°	45°	45°	0°	45°
1-2		×		×				×			×		×			×	×				×
3-4		×		×				×			×		×			×	×				×
5-6		×		×				×		×			×				×	×			×
7-8		×		×				×		×					×		×	×	×		
9-10		×			×		×			×					×	×	×		×		
11-12			×		×				×			×			×		×	×	×		
13-14			×			×	×		×			×			×			×	×		×
15-16			×			×	×		×			×			×	×			×		×

续表 24-1-100

触点	6062			6063			6064			6072			6076		
	45°	0°	45°	45°	0°	45°	45°	0°	45°	45°	0°	45°	45°	0°	45°
1-2		×		×	×			×		×		×		×	
3-4		×		×			×			×		×	×		
5-6		×		×					×		×				×
7-8		×		×					×		×			×	
9-10	×				×		×		×		×		×		×
11-12	×					×	×				×			×	
13-14			×		×	×		×	×		×		×		
15-16			×		×	×	×				×				×

触点	6080			6081			6068			1131				1132			
	45°	0°	45°	45°	0°	45°	45°	0°	45°	45°	0°	45°	90°	45°	0°	45°	90°
1-2		×	×	×		×			×			×					×
3-4	×			×		×		×				×			×		
5-6			×	×					×	×						×	
7-8	×			×					×	×				×			
9-10			×		×			×					×	×			
11-12	×	×			×			×					×			×	
13-14			×			×			×	×					×		
15-16	×					×		×	×	×							×

触点	1266			6269			6270			6134				6212							
	90°	0°	90°	90°	0°	90°	90°	0°	90°	0°	45°	90°	135°	0°	45°	90°	135°	180°	225°	270°	315°
1-2		×			×		×		×	×				×							
3-4	×		×		×		×		×		×				×						
5-6		×			×			×				×				×					
7-8	×		×		×			×					×				×				
9-10		×			×			×			×	×	×					×			
11-12	×		×		×			×		×		×	×						×		
13-14		×			×			×		×	×		×							×	
15-16	×		×	×	×			×													×

表 24-1-101 **LW12-16□/□·5型小型万能转换开关触点图表**

触点	9823				9828				1370			6363			6351		6352		6370		
	45°→	0°	←	45	45°→	0°	←	45	45°	0°	45°	45°	0°	45°	0°	45°	0°	45°	45°	0°	45°
1-2	×				×				×			×		×		×		×		×	
3-4				×				×			×	×		×		×		×	×		
5-6	×	×			×	×			×			×		×		×		×		×	
7-8	×	×			×	×	×				×	×		×		×		×	×		
9-10	×	×				×	×	×	×			×		×		×		×		×	
11-12			×	×			×	×			×	×		×		×		×	×		
13-14			×	×			×	×	×			×		×		×		×		×	
15-16			×	×			×	×			×	×		×		×		×			×
17-18	×						×	×		×	×		×			×		×		×	×
19-20		×	×			×	×		×	×			×			×	×			×	×

触点	6378			6451				6452				6453				6454			
	45°	0°	45	45°	0°	45°	90°	0°	45°	90°	135°	45°	0°	45°	90°	45°	0°	45°	90°
1-2	×			×					×				×			×		×	
3-4	×	×	×			×			×					×		×		×	
5-6	×	×	×				×		×			×			×	×		×	
7-8	×				×		×			×		×		×	×				×
9-10		×	×	×	×		×			×					×				×
11-12			×	×	×	×				×				×					×
13-14			×	×							×				×			×	×
15-16	×	×				×					×				×			×	×
17-18	×		×				×				×			×				×	×
19-20				×		×	×				×			×				×	×

续表 24-1-101

触点	6463					6549										6375			6377		
	0°	45°	90°	135°	180°	0°	30°	60°	90°	120°	150°	180°	210°	240°	270°	45°	0°	45°	45°	0°	45°
1-2	×					×										×		×		×	
3-4		×					×									×		×			×
5-6		×	×	×	×			×								×		×		×	
7-8			×						×							×		×			×
9-10			×	×	×					×						×		×		×	
11-12				×							×					×		×			×
13-14				×	×							×					×		×		
15-16					×								×				×		×		
17-18					×									×			×		×		
19-20															×		×		×		

表 24-1-102　　**LW12-16□/□·6 型小型万能转换开关触点图表**

触点	9825				9833				1689			6681			6683			6685		
	45°	→0°←		45°	45°	→0°←		45°	45°	0°	45°	0°	45°	90°	45°	0°	45°	45°	0°	45°
1-2	×				×				×			×			×			×		
3-4											×	×			×			×		
5-6	×	×			×	×			×			×			×			×		
7-8	×	×			×	×					×		×		×			×		
9-10	×	×			×	×			×				×		×			×		
11-12			×	×			×	×			×		×		×					×
13-14			×	×			×	×	×					×	×					×
15-16			×	×			×	×			×			×	×					×
17-18			×	×			×	×	×					×	×					×
19-20		×	×			×	×				×			×	×					×
21-22			×	×			×	×	×					×	×					×
23-24			×	×		×	×				×			×			×			×

表 24-1-103 LW12-16□/□·7型小型万能转换开关触点图表

触点	6991		2001		
	0°	45°	45°	0°	45°
1-2		×			×
3-4		×	×		
5-6		×			×
7-8		×	×		
9-10		×			×
11-12		×	×		
13-14		×			×
15-16		×	×		
17-18		×			×
19-20		×	×		
21-22		×			×
23-24		×	×		
25-26		×			×
27-28		×	×		

表 24-1-104 LW12-16□/□·8型小型万能转换开关触点图表

触点	7241		2251		
	0°	45°	45°	0°	45°
1-2	×		×		
3-4		×			×
5-6	×		×		
7-8		×			×
9-10	×		×		
11-12		×			×
13-14	×		×		
15-16		×			×
17-18	×		×		
19-20		×			×
21-22	×		×		
23-24		×			×
25-26	×		×		
27-28		×			×
29-30	×		×		
31-32		×			×

（八）几种常用的专用开关触点图表

几种常用的专用小型万能转换开关触点图表见表24-1-105～表24-1-109。

表 24-1-105 LW12-16□/□·2型小型万能电压换相开关触点图表

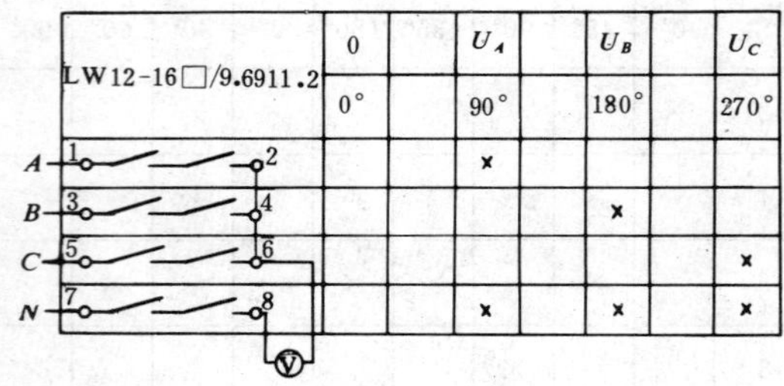

LW12-16□/9.6911.2	0		U_A		U_B		U_C
	0°		90°		180°		270°
A 1-2			×				
B 3-4					×		
C 5-6							×
N 7-8			×		×		×

LW12-16□/9.6912.2	0		U_{AB}		U_{BC}		U_{CA}
	0°		90°		180°		270°
A 1-2							×
3-4			×				
B 5-6			×		×		
C 7-8					×		×

LW12-16□/9.6912.3	0		U_{AB}		U_{BC}		U_{CA}
	0°		90°		180°		270°
A 1-2			×				
3-4							×
B 5-6					×		
7-8			×				
C 9-10							×
11-12					×		

注 无限位装置。

表 24-1-106 LW12-16□/□·2型小型万能电流换相开关触点图表

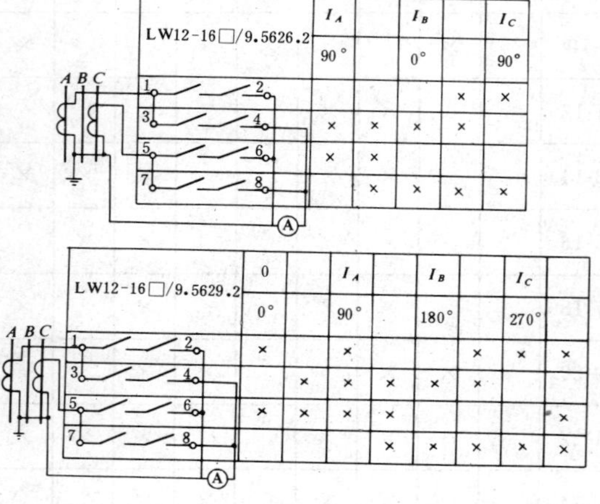

LW12-16□/9.5626.2	I_A		I_B		I_C
	90°		0°		90°
1-2				×	×
3-4	×	×	×	×	
5-6	×	×			
7-8		×	×	×	×

LW12-16□/9.5629.2	0		I_A		I_B		I_C	
	0°		90°		180°		270°	
1-2	×		×			×	×	×
3-4		×	×	×	×	×		
5-6	×	×	×	×				×
7-8				×	×	×	×	×

续表 24-4-106

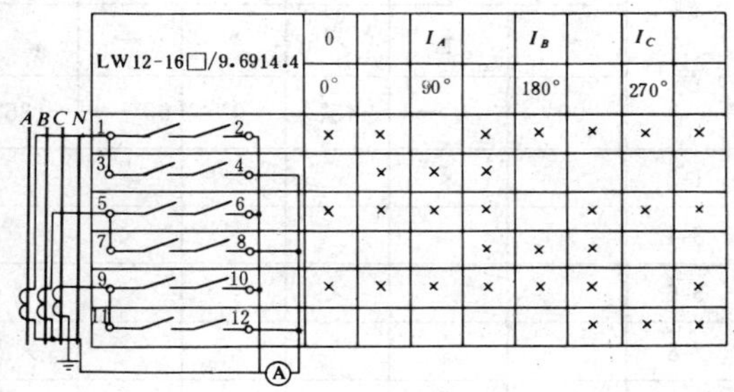

LW12-16□/9.6914.4	0		I_A		I_B		I_C	
	0°		90°		180°		270°	
1—2	×	×		×	×	×	×	×
3—4		×	×	×				
5—6	×	×	×	×		×	×	×
7—8				×	×	×		
9—10	×	×	×	×	×	×		×
11—12						×	×	×

LW12-16□/9.6915.4	I_0		I_A		I_B		I_C	
	0°		90°		180°		270°	
1—2				×	×	×	×	×
3—4		×	×	×		×	×	×
5—6		×	×	×	×	×		
7—8	×	×				×	×	×
9—10	×	×		×	×	×		×
11—12	×	×	×	×				×

注　无限位装置。

表 24-1-107　　LW12-16N5.5/3 型可逆转换开关触点图表

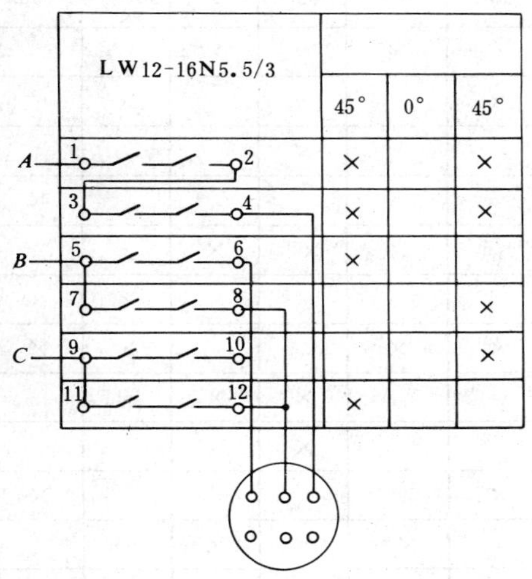

LW12-16N5.5/3	45°	0°	45°
A 1—2	×		×
3—4	×		×
B 5—6	×		
7—8			×
C 9—10			×
11—12	×		

表 24-1-108　　LW12-16S5.5/4 型双速电动机变速开关触点图表

LW12-16S5.5/4	45°	0°	45°
A 1—2	×		
3—4			×
B 5—6	×		
7—8			×
C 9—10	×		
11—12			×
13—14			×
15—16			×

表 24-1-109　　LW12-16SN5.5/6 型双速电动机变速可逆开关触点图表

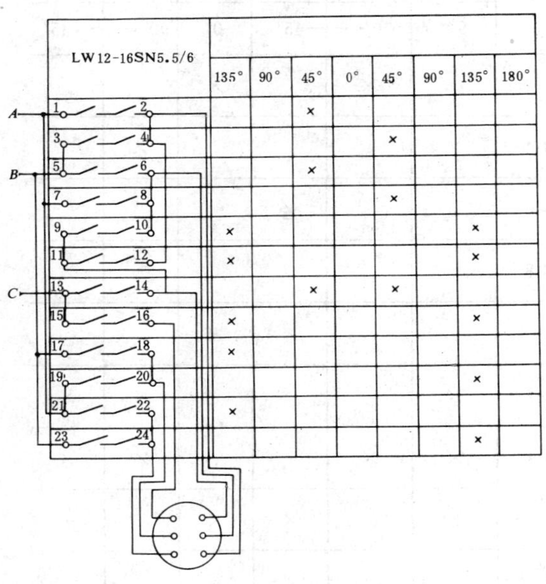

LW12-16SN5.5/6	135°	90°	45°	0°	45°	90°	135°	180°
A 1—2			×					
3—4					×			
B 5—6			×					
7—8					×			
9—10	×						×	
11—12	×						×	
C 13—14			×		×			
15—16	×						×	
17—18	×							
19—20							×	
21—22	×							
23—24							×	

（九）几种常用的控制开关触点图表

几种常用的小型万能转换开关触点图表，见表 24-1-110～表 24-1-124。

表 24-1-110　　LW12-16□/9.6033.4 型小型万能转换开关触点图表

触点	←	↑
	90°	0°
1-2		×
3-4	×	
5-6		×
7-8	×	
9-10		×
11-12	×	
13-14		×
15-16	×	

表 24-1-111　　LW12-16□/49.6780.5 型小型万能转换开关触点图表

触点	掉闸后	预备合闸	合闸	合闸后	预备掉闸	掉闸
	←	↑	↗	↑	←	↙
	90°	0°←	—45°	0°	90°←	—135°
1-2		×		×		
3-4	×				×	
5-6			×			
7-8						×
9-10		×	×	×		
11-12	×				×	×
13-14	×	×			×	×
15-16			×	×		
17-18			×	×		
19-20	×					×

表 24-1-112　　LW12-16□/49.6781.7 型小型万能转换开关触点图表

触点	掉闸后	预备合闸	合闸	合闸后	预备掉闸	掉闸
	←	↑	↗	↑	←	↙
	90°	0°←	—45°	0°	90°←	—135°
1-2		×		×		
3-4	×				×	
5-6			×			
7-8						×
9-10		×		×		
11-12			×			
13-14	×				×	×
15-16						×
17-18		×			×	
19-20	×					×
21-22			×	×		
23-24			×	×		
25-26		×			×	
27-28	×					×

表 24-1-113　　LW12-16□/49.6786.6 型小型万能转换开关触点图表

触点	掉闸后	预备合闸	合闸	合闸后	预备掉闸	掉闸
	←	↑	↗	↑	←	↙
	90°	0°←	—45°	0°	90°←	—135°
1-2		×		×		
3-4	×				×	
5-6			×			
7-8						×
9-10		×	×#	×		
11-12	×				×	×
13-14	×	×			×	×
15-16			×	×		
17-18			×	×		
19-20	×					×
21-22		×#	×	×	×#	
23-24	×					×

注　用户需要时，可说明将×#接通点去掉。

表 24-1-114　　LW12-16□/49.6782.6 型小型万能转换开关触点图表

触点	掉闸后	预备合闸	合闸	合闸后	预备掉闸	掉闸
	←	↑	↗	↑	←	↙
	90°	0°←	—45°	0°	90°←	—135°
1-2		×		×		
3-4	×				×	
5-6			×			
7-8						×
9-10		×	×	×		
11-12	×				×	×
13-14			×			
15-16						×
17-18	×	×			×	×
19-20			×	×		
21-22			×	×		
23-24	×					×

表 24-1-115　　LW12-16□/49.6787.8 型小型万能转换开关触点图表

触点	掉闸后	预备合闸	合闸	合闸后	预备掉闸	掉闸
	←	↑	↗	↑	←	↙
	90°	0°←	—45°	0°	90°←	—135°
1-2		×		×		
3-4	×				×	
5-6			×			
7-8						×
9-10		×		×		
11-12			×			
13-14					×	×
15-16						×
17-18		×			×	
19-20	×					×
21-22			×	×		
23-24			×	×		
25-26	×					×
27-28			×	×		
29-30		×			×	
31-32	×					×

表 24-1-116　　LW12-16□/49.6783.8 型小型万能转换开关触点图表

触点	掉闸后	预备合闸	合闸	合闸后	预备掉闸	掉闸
	←	↑	↗	↑	←	↙
	90°	0°←	—45°	0°	90°←	—135°
1-2		×		×		
3-4	×				×	
5-6			×			
7-8						×
9-10		×		×		
11-12			×			
13-14	×				×	×
15-16		×	×	×		
17-18			×			
19-20						×
21-22		×			×	
23-24	×					×
25-26			×	×		
27-28			×	×		
29-30		×			×	
31-32	×					×

表 24-1-117　　LW12-16□/49.6785.8 型小型万能转换开关触点图表

触点	掉闸后	预备合闸	合闸	合闸后	预备掉闸	掉闸
	←	↑	↗	↑	←	↙
	90°	0°←	—45°	0°	90°←	—135°
1-2		×		×		
3-4	×				×	
5-6			×			
7-8						×
9-10		×		×		
11-12			×			
13-14	×				×	×
15-16		×		×		
17-18			×			
19-20	×				×	×
21-22		×			×	
23-24	×					×
25-26			×	×		
27-28			×	×		
29-30		×			×	
31-32	×					×

表 24-1-118 LW12-16□/49.6784.6 型小型万能转换开关触点图表

触点	掉闸后	预备合闸	合闸	合闸后	预备掉闸	掉闸
	←	↑	↗	↑	←	↗
	90°	0°←	—45°	0°	90°←	—135°
1-2		×		×		
3-4	×				×	
5-6			×			
7-8						×
9-10		×	×	×		
11-12	×				×	×
13-14		×	×	×		
15-16	×				×	×
17-18	×	×			×	×
19-20			×	×		
21-22			×	×		
23-24	×					×

表 24-1-119 LW12-16□/49.6788.7 型小型万能转换开关触点图表

触点	掉闸后	预备合闸	合闸	合闸后	预备掉闸	掉闸
	←	↑	↗	↑	←	↙
	90°	0°←	—45°	0°	90°←	—135°
1-2		×		×		
3-4	×				×	
5-6			×			
7-8						×
9-10		×	×	×		
11-12	×				×	×
13-14			×			
15-16						×
17-18	×	×			×	×
19-20			×	×		
21-22			×	×		
23-24	×					×
25-26		×	×	×	×	
27-28	×					×

表 24-1-120 LW12-16□/49.6794.7 型小型万能转换开关触点图表

触点	掉闸后	预备合闸	合闸	合闸后	预备掉闸	掉闸
	←	↑	↗	↑	←	↙
	90°	0°←	—45°	0°	90°←	—135°
1-2		×		×		
3-4	×				×	
5-6			×			
7-8						×
9-10		×	×	×		
11-12	×				×	×
13-14		×	×	×		
15-16	×				×	×
17-18	×	×			×	×
19-20			×	×		
21-22	×	×			×	×
23-24			×	×		
25-26	×	×			×	
27-28			×	×		

表 24-1-121 LW12-16/49.6792.6 型小型万能转换开关触点图表

触点	掉闸后	预备合闸	合闸	合闸后	预备掉闸	掉闸
	←	↑	↗	↑	←	↙
	90°	0°←	—45°	0°	90°←	—135°
1-2		×		×		
3-4	×				×	
5-6			×			
7-8						×
9-10	×				×	×
11-12		×	×	×		
13-14		×		×		
15-16	×				×	×
17-18	×	×			×	×
19-20			×	×		
21-22	×	×			×	×
23-24			×	×		

表 24-1-122　LW12-16□/49.6789.9 型小型万能转换开关触点图表

触点	掉闸后	预备合闸	合闸	合闸后	预备掉闸	掉闸
	←	↑	↗	↑	←	↙
	90°	0°←	45°	0°	90°←	135°
1-2		×		×		
3-4	×				×	
5-6			×			
7-8						×
9-10		×		×		
11-12			×			
13-14	×				×	×
15—16						×
17-18			×			
19-20						×
21-22		×			×	
23-24	×					×
25-26			×	×		
27-28			×	×		
29-30	×					×
31-32			×	×		
33-34		×			×	
35-36	×					×

表 24-1-123　LW12-16□/49.6789.9 型小型万能转换开关触点图表

触点	掉闸后	预备合闸	合闸	合闸后	预备掉闸	掉闸
	←	↑	↗	↑	←	↙
	90°	0°←	45°	0°	90°←	135°
1-2		×		×		
3-4	×				×	
5-6			×			
7-8						×
9-10	×				×	
11-12						×
13-14		×	×	×		
15-16		×		×		
17-18	×				×	×
19-20			×			
21-22		×			×	
23-24	×					×
25-26			×	×		
27-28		×			×	
29-30	×					×

续表 24-1-123

触点	掉闸后	预备合闸	合闸	合闸后	预备掉闸	掉闸
	←	↑	↗	↑	←	↙
	90°	0°←	45°	0°	90°←	135°
31-32			×	×		
33-34		×			×	
35-36	×					×
37-38			×	×		
39-40		×			×	

表 24-1-124　LW12-16/49.6793.8 型小型万能转换开关触点图表

触点	掉闸后	预备合闸	合闸	合闸后	预备掉闸	掉闸
	←	↑	↗	↑	←	↙
	90°	0°←	45°	0°	90°←	135°
1-2		×		×		
3-4	×				×	
5-6			×			
7-8						×
9-10	×				×	
11-12						×
13-14		×	×	×		
15-16		×		×		
17-18	×				×	×
19-20			×			
21-22		×			×	
23-24	×					×
25-26			×	×		
27-28		×			×	
29-30	×					×
31-32			×	×		

五、LS2 型主令开关

（一）简介

该开关适用于电压 380V 及以下的电路中作控制接触器，或继电器线圈及其它控制电路的各种非自动换接电气装置，并且可作为机床控制电路的转换开关及磁力主令元件。

（二）型式结构

LS2 型主令开关的动触头均为黄铜圆柱体，动触头和弹簧装在凸轮内，依靠弹簧的压力与静触头接触，扭动旋钮通过方轴带动凸轮转动，动触头也随之转动，从而完成接通不同回路或控制其他电器的动作。

（三）技术数据

LS2 型主令开关技术数据，见表 24-1-125。

表 24-1-125　　**LS2 型主令开关技术数据**

型　号	额定电压 U_e(V)	额定电流 I_e(A)	电路数	结构型式	极限接通与分断能力	电寿命（万次）	手柄位置数
LS2-2 LS2-3	380	10	2 3	开启式 板后接线	$105\%U_e$,$\cos\varphi=0.3\sim0.4$ 接通 30A,分断 6A,各 20 次	2	2 3

（四）触点接线图

LS2 型主令开关触点图表，见表 24-1-126、表 24-1-127。

表 24-1-126　LS2-2 型主令开关触点图表

触点编号 \ 手柄位置	24°	24°
①　②	×	
③　④		×

表 24-1-127　LS2-3 型主令开关触点图表

触点编号 \ 手柄位置	48°	0°	48°
①　②	×		
③　④		×	
⑤　⑥			×

（五）外形及安装尺寸

(1) 北京机床电器厂生产的 LS2 型主令开关外形及安装尺寸，见图 24-1-10。

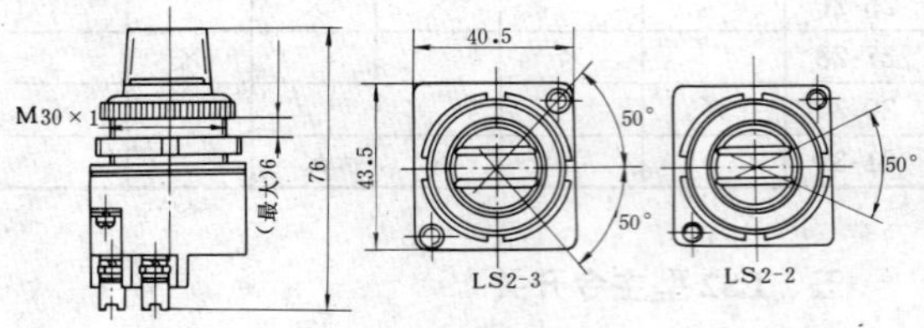

图 24-1-10　LS2 型主令开关外形及安装尺寸

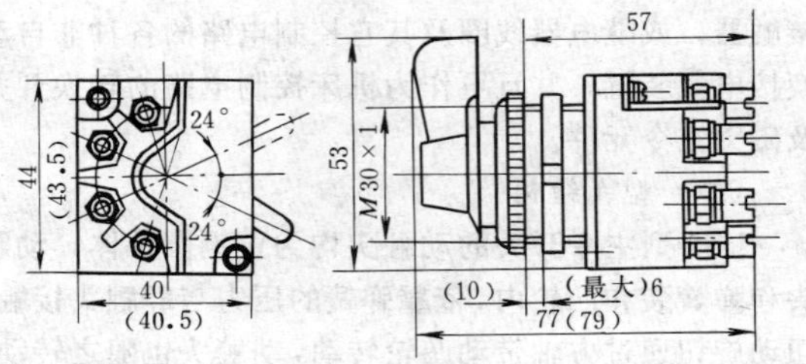

图 24-1-11　LS2 型主令开关外形及安装尺寸（括号内数据为安阳机床电器厂、营口机床电器厂的产品）

(2) 上海长江电器厂、河南安阳机床电器厂、山东潍坊电器元件厂、营口机床电器厂、杭州机床电器厂生产的 LS2 型主令开关外形及安装尺寸，见图 24-1-11。

六、KN3-A、B 型钮子开关

（一）简介

该产品为钮子式瞬时作用的断路和换向开关，供无线电电子仪器设备与有线电设备中作通断电源或换接线路用。KN3-A 型钮子开关的板柄材料是铜的，KN3-B 型钮子开关的板柄材料是塑料的。

该开关分为单刀单掷、双刀单掷、单刀双掷、双刀双掷四种，其产品规格见表 24-1-128。

表 24-1-128　　**KN3-A、B 型钮子开关产品规格**

型　号　标　志		掷　数	刀　数	备　注
KN3-A	1Z1D	1	1	1×1
	1Z2D	1	2	2×1
KN3-B	2Z1D	2	1	1×2
	2Z2D	2	2	2×2

（二）技术数据

KN3-A、B 型钮子开关技术数据，见表 24-1-129。

表 24-1-129　　**KN3-A、B 型钮子开关技术数据**

电　源　类　别	电压（V）	电流（A）
直　　流	27	6
直　　流	300	0.5
交流（50Hz）	220	3
交流（50Hz 或 400Hz）	110	3

注　该开关正常条件下绝缘电阻不小于 1000MΩ，换向力为 1.96～14.7N，机械寿命为 10000 次。

（三）外形及安装尺寸

KN3-A、B 型钮子开关外形及安装尺寸，见图 24-1-12。

（四）生产厂

宁波无线电九厂，上海无线电十六厂。

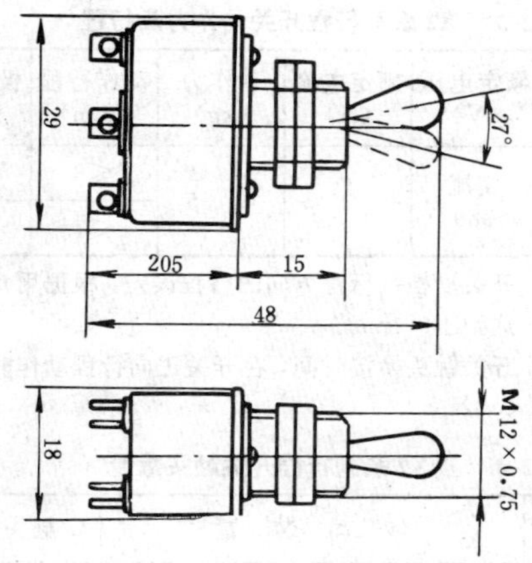

图 24-1-12　KN3-A、B 型钮子开关外形及安装尺寸

第 24-2 节　行程开关及微动、接近开关

一、JLXK1 系列行程开关

（一）概述

该开关适用于交流 50 或 60Hz、电压 500V 及以下或直流电压 440V 及以下的电路中，作机床自动控制、限制运动机构动作、行程或程序控制用。

（二）结构简介

当运动机构制子的移动压到行程开关滚轮上时，传动杠杆带动轴一起转动并推动撞块；当撞块压到相当位置时，推动钮使瞬动开关快速转接；当滚轮上的制子移开后，各部分自动复位。该开关触头数量为 1 常开、1 常闭。

该开关具有体积小、动作可靠、寿命长、调整方便等优点，一般用来代替 LX2 系列行程开关。

（三）技术数据

该开关适用于长期工作制。用于反复短时工作制时其技术数据见表 24-2-1。开关动作力、行程、重量，见表 24-2-2。

表 24-2-1　JLXK1 系列行程开关反复短时工作制技术数据

交流 380V			直流 220V		操作频率（次/h）	通电持续率（%）
接通电流（A）	分断电流（A）	功率因数	接通及分断电流（A）	时间常数（s）		
5	0.5	⩾0.4	0.12	⩽0.04	1200	40

表 24-2-2　JLXK1 系列行程开关动作力及行程

型　号	型　式	动作力（kg）	动作角度	角度超行程	动作行程（mm）	超行程（mm）
JLXK1-111	单轮防护式	>1	12°～15°	⩽30°		
JLXK1-211	双轮防护式	>1.5	≈45°	⩽45°		
JLXK1-311	直动防护式	>2			1～3	2～4
JLXK1-411	直动滚轮防护式	>2			1～3	2～4

注　1. 密封式在型号后加 M。
2. 密封耐冲击式在型号后加 M/H，湿热带型在型号后加 TH。

动作力 1kg≈9.8N，全书同。

（四）外形及安装尺寸

JLXK1 系列行程开关外形及安装尺寸，见图 24-2-1～图 24-2-4，括号内数据为上海机床电器厂数据。

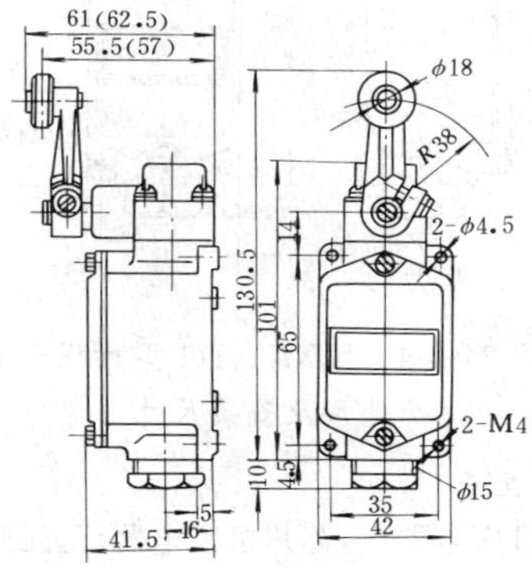

图 24-2-1　JLXK1-111 型行程开关外形及安装尺寸

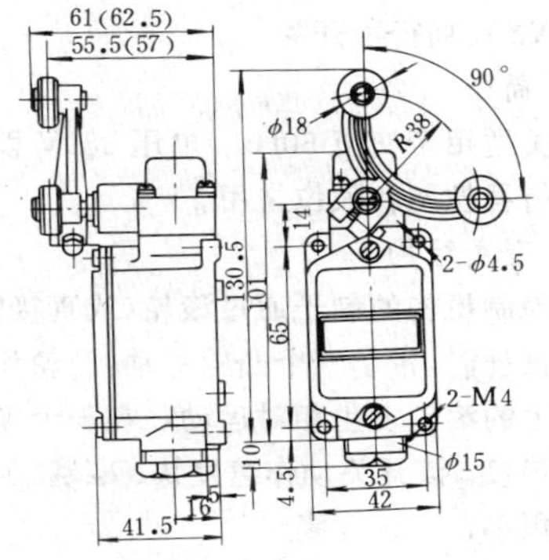

图 24-2-2　JLXK1-211 型行程开关外形及安装尺寸

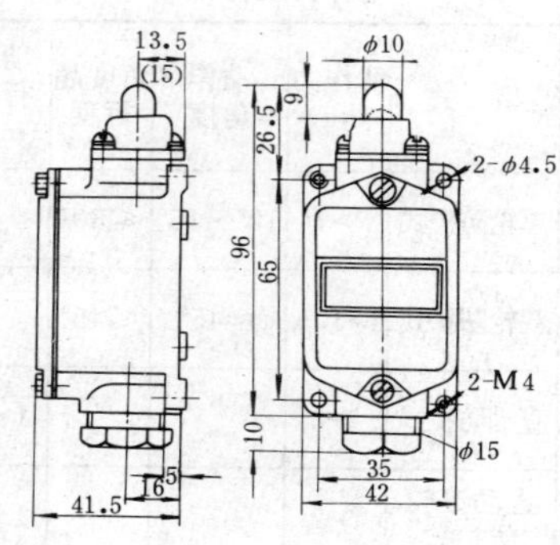

图 24-2-3 JLXK1-311 型行程开关外形及安装尺寸

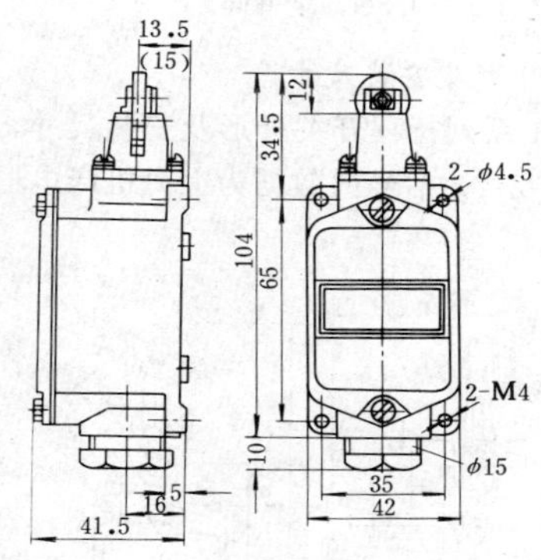

图 24-2-4 JLXK1-411 型行程开关外形及安装尺寸

（五）生产厂

上海机床电器厂，苏州机床电器厂，江西机床电器厂，广州机床电器厂，桂林机床电器厂，西安机床电器二厂，无锡低压电器厂，天津曙光电器厂，鞍山铁西电器厂，山东张店机床电器一厂。

二、X2 系列行程开关

（一）简介

该开关适用于交流 50Hz、电压 380V 以下的电路中，作为行程控制和限位之用。

（二）型式结构

当被控制机构的制子通过滚轮（或直接的作用）推动开关的推杆时，带动一个凸轮移动，凸轮和装于活动接点系统上的滚轮发生相对运动，在一个确定的位置产生快速换接。该开关动作速度快、准确、可靠、结构紧凑、体积小、灵敏度高。

（三）技术数据

X2 系列行程开关技术数据，见表 24-2-3、表 24-2-4。

表 24-2-3 X2 系列行程开关动作力及行程

型 号	额定电压 (V)	额定电流 (A)	动作力 (kg)	动作行程 (mm)	极限行程 (mm)
X2	交流 380	2	⩽1.5	⩽8	⩾9
X2-N				⩽7	⩾8

注 1. 开关沿档铁行程方向的行程误差，根据用户需要可达到±0.1mm。

2. 开关触头换接时间，在开关正向行程动作时不大于 0.02s。

表 24-2-4 X2 系列行程开关触头数量

型 号	传 动 装 置	触头数量
X2	无固定基座，外力沿推杆轴向作用	二常开、二常闭
X2-N	有固定基座及传动滚轮，外力沿推杆径向或轴向作用	二常开、二常闭

（四）外形及安装尺寸

X2 系列行程开关外形及安装尺寸，见图 24-2-5、图 24-2-6。

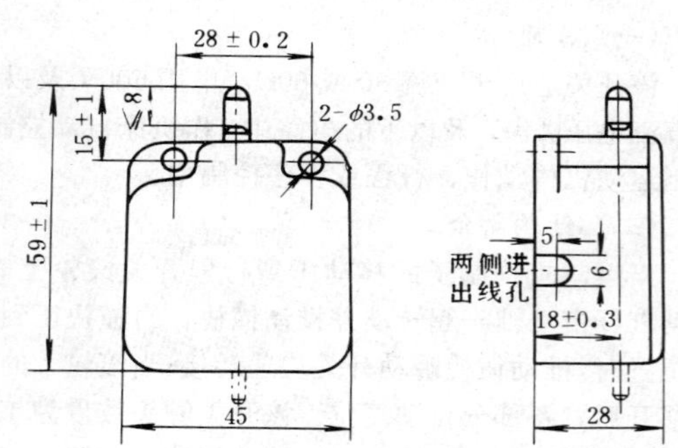

图 24-2-5 X2 系列行程开关外形及安装尺寸

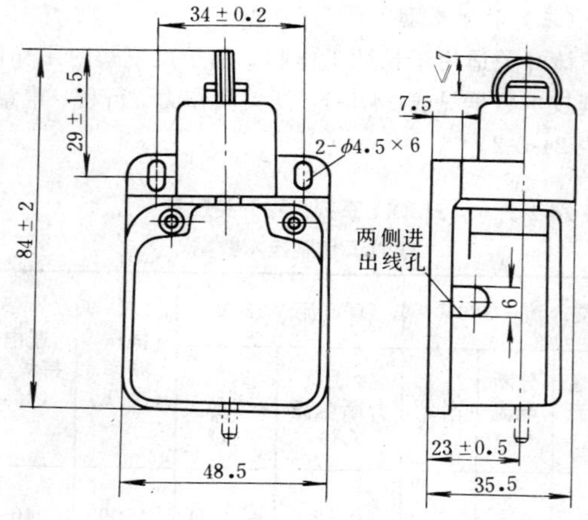

图 24-2-6 X2-N 型行程开关外形及安装尺寸

（五）生产厂

沈阳213机床电器厂，北京第一机床电器厂，苏州机床电器厂。

三、LX21 型双轮行程开关

（一）简介

LX21 型双轮行程开关主要用于交流电压 380V 及直流电压 220V 的控制线路中，作为控制运动机构的行程和变换其运动方向或速度之用。

型号含义

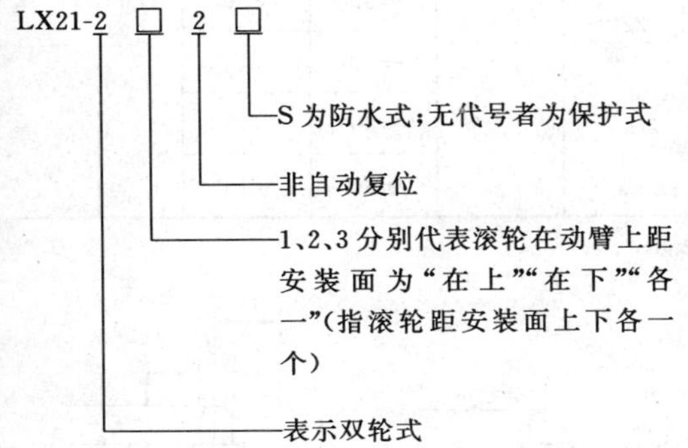

行程开关可制成防水式和保护式两种，保护式又可分为普通型、湿热带型和海洋性湿热带型三种。

（二）型式结构

开关由触头系统、传动系统及外壳三部分组成，触头系统由一个 LX24 微动开关构成单独部件，具有一常开、一常闭触头。触头为双断点型式，其接通与分断速度快，与传动系统的转速无关。

传动系统由传动臂、转轴和"秋千"式的翻动机构组成。为适应各种场合安装，滚轮可固定在传动臂上，距安装面为"在上"、"在下"、"各一"三种方式。传动臂上用弹性定位，以保证触头动作后传动臂尚有 15±5°极限转角。

（三）技术数据

LX21 型双轮行程开关技术数据，见表 24-2-5、表 24-2-6。

表 24-2-5　LX21 型双轮行程开关技术数据

额定电压(V)	额定电流(A)	动作角度	传动臂极限角度	传动臂摆角超程	动作力(kg)	机械寿命(万次)
交流 380 直流 220	5	≤30°	40°±5°	≥8°	≤2	200

表 24-2-6　LX21 型双轮行程开关触头的接通与分断能力

电　压(V)	接通电流(A)	分断电流(A)	cosφ	时间常数(s)
交流 380	25	5	0.3～0.4	—
直流 220	0.3	0.3	—	0.05～0.1

（四）外形及安装尺寸

LX21 型双轮行程开关外形及安装尺寸见图 24-2-7。

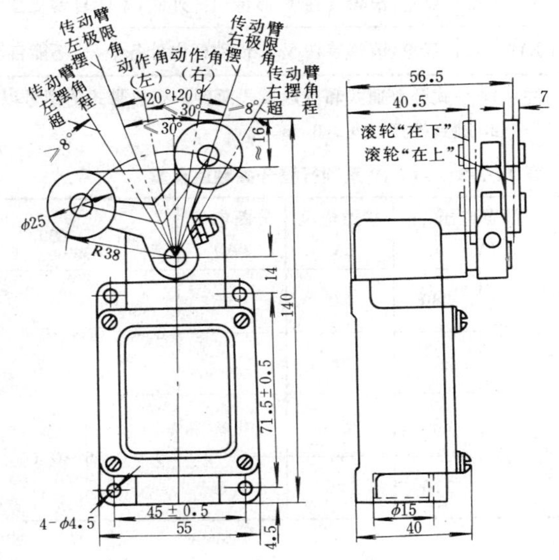

图 24-2-7　LW21 型双轮行程开关外形及安装尺寸

（五）生产厂

广州第四电器厂。

四、LX19 系列行程开关

（一）简介

该开关适用于交流 50 或 60Hz、电压 380V 或直流电压 220V 及以下、电流 5A 及以下的控制电路中，将机械信号转变为电气信号，作控制机械动作或程序之用。

（二）型式结构

行程开关元件有一对常开触头、一对常闭触头。其基座用塑料制成，保护外壳有金属和塑料两种，可组成单轮、双轮及径向传动杆等形式的行程开关。

（三）技术数据

LX19 系列行程开关技术数据及触点容量，见表 24-2-7、表 24-2-8。

表 24-2-7　　LX19系列行程开关技术数据

型　号	型　　式	额定电压（V）	额定电流（A）	动作行程	超行程	触头数量	
						常开	常闭
LX19K	元　件	380（交流） 220（直流）	5	3mm	1mm	1	1
LX19-001	无滚轮，反径向传动杆，能自动复位			＜4mm	＞3mm		
LX19-111	单轮，滚轮装在传动杆内侧，能自动复位			≈30°	≈20°		
LX19-121	单轮，滚轮装在传动杆外侧，能自动复位			≈30°	≈20°		
LX19-131	单轮，滚轮装在传动杆中间，能自动复位			≈30°	≈20°		
LX19-212	双轮，滚轮装在V形传动杆内侧，不能自动复位			≈30°	≈15°		
LX19-222	双轮，滚轮装在V形传动杆外侧，不能自动复位			≈30°	≈15°		
LX19-232	双轮，滚轮装在V形传动杆内外各一只，不能自动复位			≈30°	≈15°		

注　1. 型式分普通式和湿热带式两种，湿热带式的型号以“TH”表示。
2. 触点换接时间≯0.4s。

表 24-2-8　　LX19系列行程开关触点容量

额定电压（V）		接通电流（A）	分断电流（A）	备　注
交　流	380	20	5	cosφ=0.3～0.4
	220	25	5	
直　流	220	0.8	0.8	T=0.05～0.1s
	110	1.6	1.6	

（四）外形及安装尺寸

LX19系列行程开关外形及安装尺寸，见图24-2-8～图24-2-13。

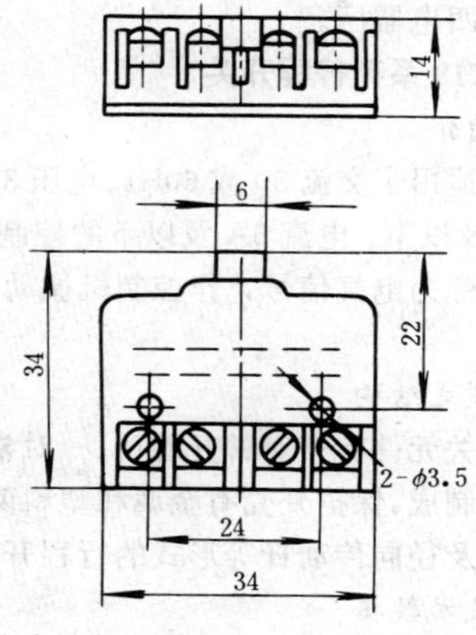

图 24-2-8　LX19K型行程开关外形及安装尺寸

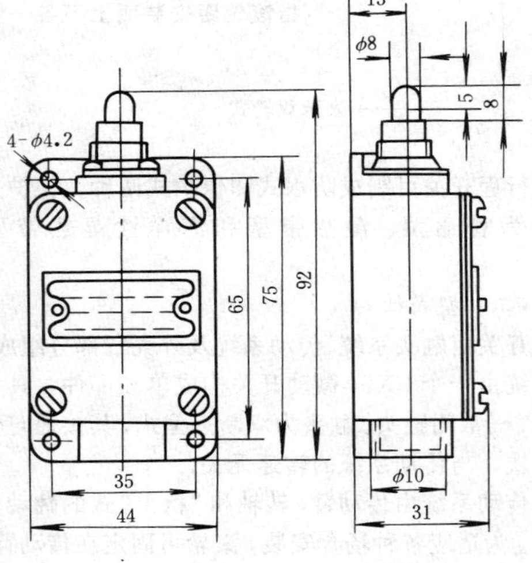

图 24-2-9　LX19-001型行程开关外形及安装尺寸

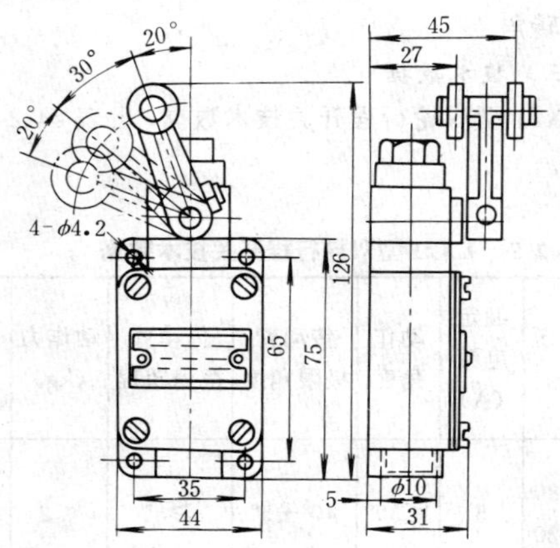

图 24-2-10　LX19-$\frac{111}{121}$型行程开关外形及安装尺寸

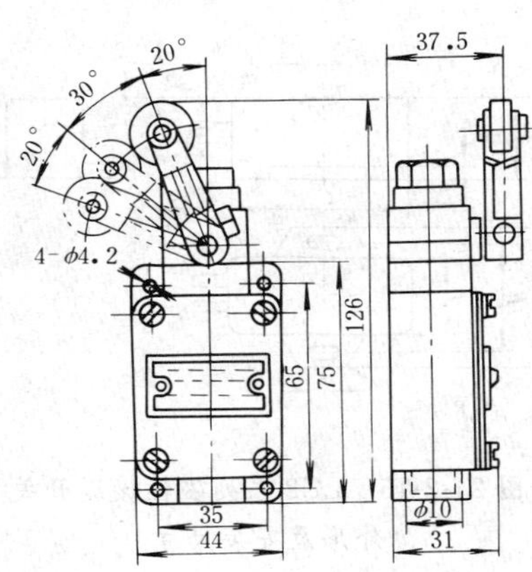

图 24-2-11　LX19-131 型行程开关外形及安装尺寸

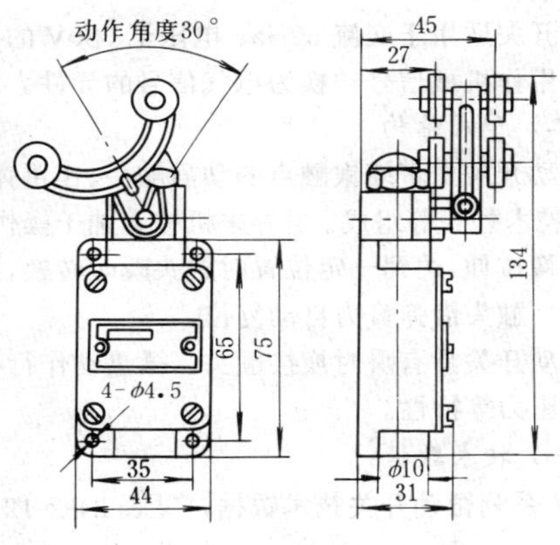

图 24-2-12　LX19-$\frac{212}{222}$型行程开关外形及安装尺寸

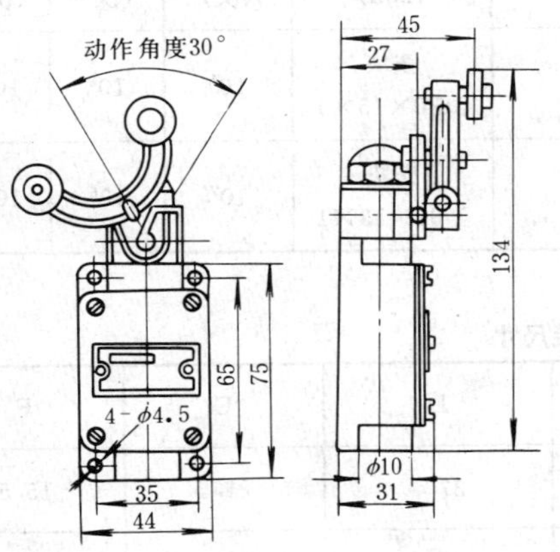

图 24-2-13　LX19-232 型行程开关外形及安装尺寸

（五）生产厂

北京第二机床电器厂。

五、LC0-11 型磁行程开关

（一）简介

LC0-11 型磁行程开关是内带永久磁场的一种接近开关，用在机床、自动线或其它设备上作为限位或计数之用。

（二）型式结构

磁行程开关带塑料外壳、密封触点及永磁材料等几部组成，密封触点带一对转换触头。当动铁片伸入到开关中缝隙时，开关内触点即发生转换，发出控制信号。为避免密封触点的玻璃管损坏，采用泡沫塑料防震。由永磁铁氧体组成磁场。开关内部有专用的接线板，出线部分有橡胶垫圈作密封防尘，开关中间留有作用缝隙。开关的动作铁片应大于 2mm×20mm（宽×厚）。开关中间采用了密封触点，并不需直接机械碰撞，所以比一般机械式行程开关具有较高的寿命与操作频率。开关动作由磁场作用的变化而动作，所以不受电路变化的影响。

（三）技术数据

LC0-11 型磁行程开关主要技术数据，见表 24-2-9。

表 24-2-9　LC0-11 型磁行程开关技术数据

触点电压（V）	触点电流（A）	铁片伸入深度（mm）	操作频率（次/min）	触头数量
380	2	≥30	120	一常开 一常闭

（四）外形及安装尺寸

LC0-11 型磁行程开关外形及安装尺寸，见图 24-2-14。

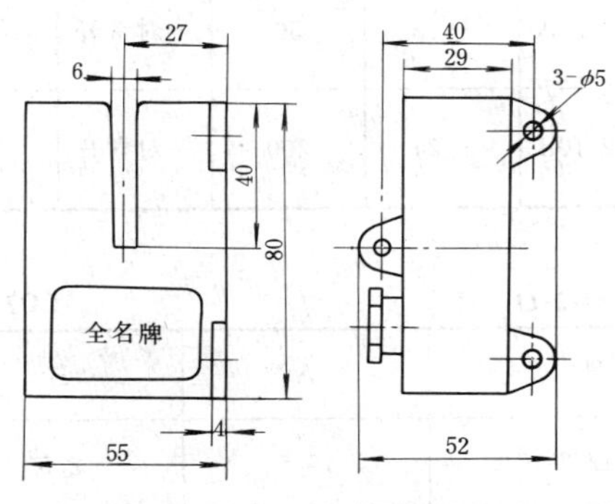

图 24-2-14　LC0-11 型磁行程开关外形及安装尺寸

（五）生产厂

无锡电器开关厂。

（六）使用注意事项

该开关结构中使用密封触点，所以应防止受到强烈的撞击，以致玻璃管损坏。开关是由磁场变化使其动作，所以开关周围若有磁场或铁磁材料存在时会影响其动作值，严重时会使开关失灵。

六、LC2系列磁性接近开关

（一）简介

LC2型磁性接近开关用于直流12V的线路中，可以在各种装置中作为非直接碰撞的行程控制。该开关将机械位移转变成电量进行控制，在机床、自动线或其它设备上作为限位，不需要直接碰撞就能发信号控制执行继电器等元件，不受电源干扰。

（二）型式结构

该开关由外壳、磁钢、平衡磁铁、舌簧继电器、引出触头等组成。内部连接均由环氧树脂固定，耐震性好、体积小、安装方便。在其内部装有四块磁铁和一个舌簧继电器，舌簧继电器的触点设在平衡的磁路内，成常闭状态。当接近体（铁块）与开关的感应面接近时，磁平衡破坏，舌簧继电器的触点断开；当接近体（铁块）移远时，磁场恢复平衡，舌簧继电器复位到闭合状态。

（三）技术数据

LC2系列磁性接近开关技术数据，见表24-2-10。

（四）外形及安装尺寸

LC2系列磁性接近开关外形及安装尺寸，见图24-2-15及表24-2-11。

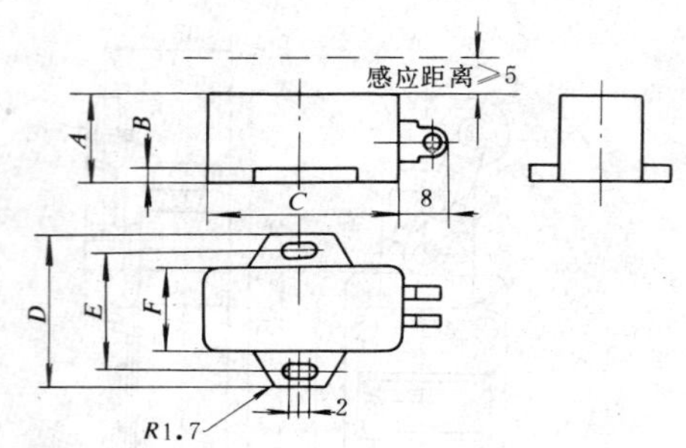

图24-2-15 LC2系列磁性接近开关外形及安装尺寸

（五）生产厂

无锡电器开关厂。

七、JW系列微动开关

（一）简介

该开关适用于交流50Hz、电压至380V的控制电路中，用作机械信号转换为电气信号的元件。

（二）型式结构

微动开关由带纯银触点的动静触头、作用弹簧、操作钮、胶木外壳等组成。当外来机械力加于操作钮后，作用弹簧拉伸，达到一定位置时触头瞬时转换。当外力除去后，触头借弹簧力自动复位。

微动开关具有瞬时换接触头、微量动作行程和很小动作压力等特性。

（三）技术数据

JW系列微动开关技术数据，见表24-2-12。

表24-2-10 LC2系列磁性接近开关技术数据

开关型号	额定电压（V）	额定电流（mA）	开关触头数量	感应动作距离（mm）	重复定位精度（mm）	感应介质及尺寸（mm）	机械寿命（次）	电寿命（次）	操作频率（次/h）
LC2-10A	−12	50	一对常开	≥5	0.03	铁块 ≥30×15×1	10^7	10^6	10000
LC2-10B	−24	200	一对常开	≥5	0.03	铁块 ≥30×15×1	10^7	10^6	10000

表24-2-11 LC2系列磁性接近开关安装尺寸

型　号	A	B	C	D	E	F
LC2-10A	16.5	2.5	36.5	27.5	21.5	15.5
LC2-10B	17	2.5	55	29.5	23.5	17.5

表 24-2-12　　　　JW 系列微动开关技术数据

型　号	型　式	额定电压（V）	额定电流（A）	工作压力（kg）	工作行程（mm）	触头数量	
						常　开	常　闭
JW-11	基　型	380	3	0.15～0.35	0.8～1.25	1	1
JWL1-11	带　轮	380	3	0.2～0.4	0.8～1.25	1	1
JWL2-11	带　轮	380	3	0.04～0.08	4.3～6.8	1	1
JWL2-22	带轮，二个基型	380	3	0.08～0.16	4.3～6.8	2	2

注　工作压力 1kg≈9.8N，全书同。

微动开关机械寿命不低于 100 万次，反复短时工作技术数据见表 24-2-13。

表 24-2-13　JW 系列微动开关反复短时工作技术数据

交　流　380V			操作频率（次/h）	通电持续率（%）
接通电流（A）	分断电流（A）	cosφ		
2	0.2	0.3～0.4	1200	40

（四）外形及安装尺寸

JW 系列微动开关外形及安装尺寸，见图 24-2-16～图 24-2-19。

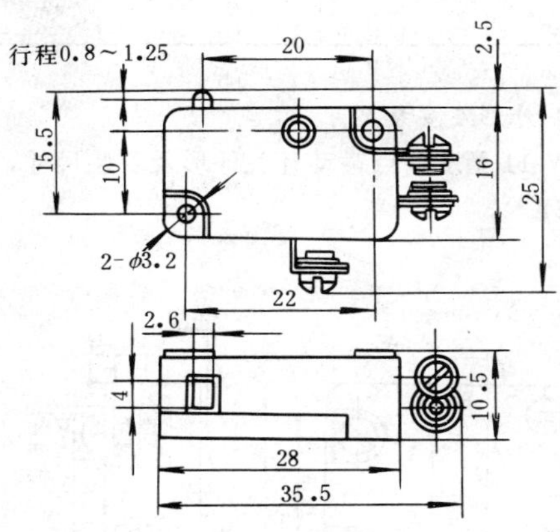

图 24-2-16　JW-11 型微动开关外形及安装尺寸

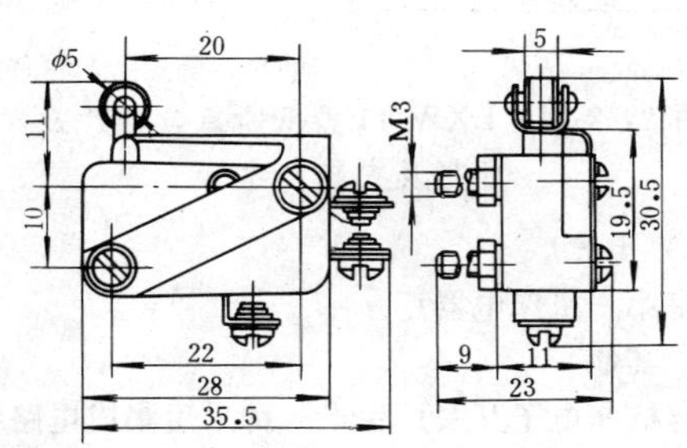

图 24-2-17　JWL1-11 型微动开关外形及安装尺寸

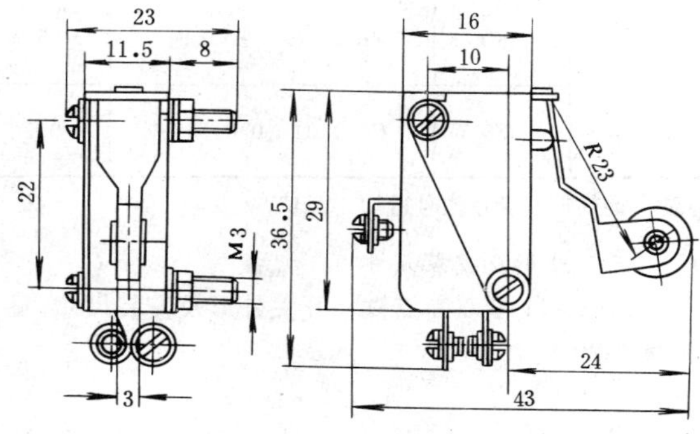

图 24-2-18　JWL2-11 型微动开关外形及安装尺寸

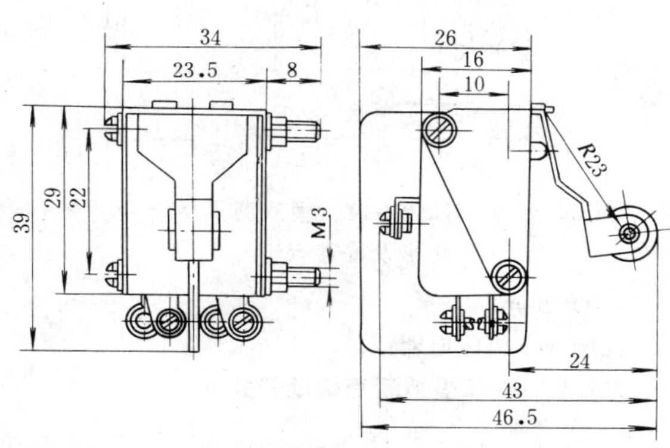

图 24-2-19　JWL2-22 型微动开关外形及安装尺寸

（五）生产厂

无锡机床电器厂。

八、JLXS3-11 型双断点微动开关

（一）简介

该开关适用于交流 50Hz、电压可以至 500V 的控制电路中，用作控制运动机构的行程和变换其运动方向及速度。

（二）技术数据

JLXS3-11 型双断点微动开关技术数据，见表 24-2-14。触点容量见表 24-2-15。

表 24-2-14　　JLXS3-11 型双断点微动开关技术数据

型　号	额定电压 (V)	额定电流 (A)	动作行程 (mm)	极限行程 (mm)	动作力 (N)	触点数量	
						常　开	常　闭
JLXS3-11	～500	5	1.5	2.5	2.45～4.9	1	1

表 24-2-15　　JLXS3-11 型双断点微动开关触点容量

种　类	电　压 (V)	闭合电流 (A)		切断电流 (A)		触点换接时间
交　流	380	cosφ＝0.6～0.7 时	5	cosφ＝0.3～0.4 时	0.5	≯0.04s
直　流	220	T＝0.01～0.015s 时	0.2	T＝0.01～0.015s 时	0.2	

注　湿热带型者在型号后加“TH”。

（三）外形及安装尺寸

JLXS3-11 型双断点微动开关外形及安装尺寸，见图 24-2-20。

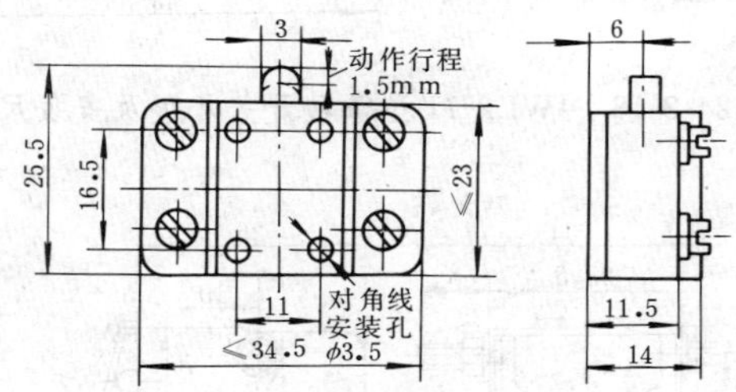

图 24-2-20　JLXS3-11　型双断点微动开关外形及安装尺寸

（四）生产厂

沈阳 213 机床电器厂。

九、LXW-11 型双断点微动开关

（一）简介

该开关适用于交流 50 及 60Hz、电压 500V 及以下，直流电压 440V 及以下的控制电路中，作为机械信号转换为电气信号的元件，具有瞬时换接触头、微量动作行程和很小动作压力等特点。

（二）型式结构

该开关为半开启式，具有一对常开一对常闭触头，触桥与推杆之间用两只片状弹簧连接。当开关的动作部分达到一定位置时，触桥就以极快的速度产生换接。开关的所有零件安装在一个胶木基座上。

（三）技术数据

LXW-11 型双断点微动开关技术数据，见表 24-2-16。

表 24-2-16　LXW-11 型双断点微动开关技术数据

额定值		工作压力 (kg)	动作行程 (mm)	行程余量 (mm)	操作频率 (次/小时)	触点对数
电压 (V)	电流 (A)					
交流 500 直流 400	5	≥0.5	≥1.5	≥1	1200	一常开 一常闭

（四）外形及安装尺寸

LXW-11 型双断点微动开关外形及安装尺寸，见图 24-2-21。

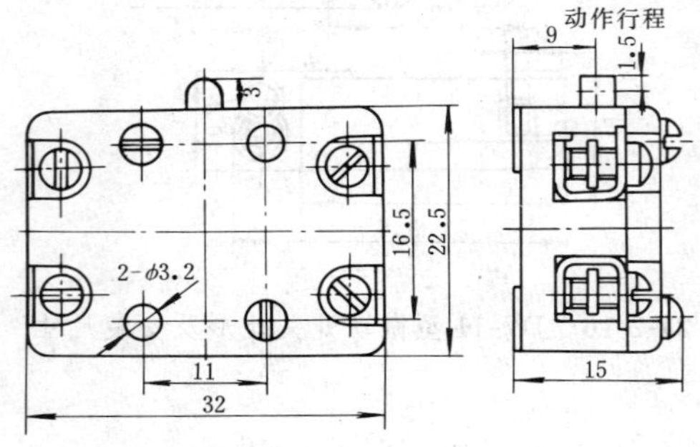

图 24-2-21　LXW-11 型双断点微动开关外形及安装尺寸

（五）生产厂

北京第一机床电器厂。

十、其他

国营杭州电子开关厂生产一种采用集成电路组装的 JWK 型无接触开关。开关分为交直流两大类。各类中按不同电压和负载又分为多种类别。

第 24-3 节　控 制 按 钮

一、简述

目前国内生产的控制按钮品种较多，本手册仅编入几种常用的产品，即：

LA2 系列按钮，虽属老产品，但结构坚固，经久耐用，仍在普遍使用。

LA10 系列按钮，形式比较齐全（开启式、保护式、防水式及防腐式）。

LA18 系列按钮，采用积木式拼装结构，触头数量可根据需要拼接，最多可达六常开、六常闭。

LA19 系列按钮，特点是信号灯元件与按钮元件合装在一起，信号灯泡装在按钮的颈部，钮头兼作信号灯罩。

LA20 系列按钮，综合了 LA18 及 LA19 两个系列产品的优点，由二个或三个按钮元件组合，单钮按钮的颈部可装指示灯泡。

LAY1 系列按钮，是新产品，按钮基底组件可通用，触头可根据需要组合，最多为四常开，四常闭。

SFAN-1 型消防按钮，用于控制消防水泵或报警系统。由按钮、指示灯、敲击锤及铸铝外壳等组成。

LA53 型防爆按钮。

LA1、LA3、LA5、LA6、LA7、LA8、LA9、LA11、LA13、LA15、LA16 型按钮为淘汰产品，可由 LA18 系列产品代用。

型号含义

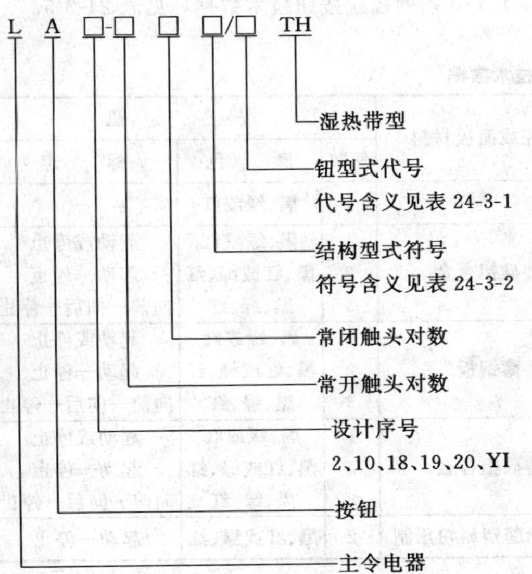

表 24-3-1　LA 系列控制按钮型式代号含义

代号	型　式	含　义
1	高护罩	用于一般钮和带灯钮
2	ϕ40 磨菇头	用于紧急钮和带灯紧急钮
3	ϕ60 磨菇头	用于紧急钮和带灯紧急钮
4	ϕ80 磨菇头	用于紧急钮
5	高　帽	用于 ϕ60 紧急钮
6	高　帽	用于 ϕ80 紧急钮
7	三　位	用于旋钮和点动旋钮
8	1　型	用于选择钮
9	2　型	用于选择钮
10	3　型	用于选择钮

表 24-3-2　LA 系列控制按钮结构型式符号含义

符　号	含　义	符　号	含　义
	一般揿式	SX	点动旋钮
J	紧急式	XZ	选择钮
D	带灯式	Y	钥匙钮
DJ	带灯紧急式	ZS	自锁式
X	旋钮		

二、LA2（J）型控制按钮

（一）简介

LA2（J）型控制按钮适用于交流 50Hz、电压 380V，直流 440V，额定电流不大于 5A 的控制电路中，作接通或分断起动器、接触器、继电器及其它电气线路遥控用。

（二）型式结构

按钮做成开启式结构，其中包括一个常开触头、一个常闭触头及带有公共桥式动触头等。当按钮揿下时，常闭触头先开断，常开触头后接通。按钮的复位靠复位弹簧的作用恢复正常位置。按钮颜色分为黑、红、绿三种。

（三）技术数据

LA2（J）型控制按钮技术数据见表24-3-3，控制容量、机械寿命、电寿命见表24-3-4。

表24-3-3　LA2(J)型控制按钮技术数据

型　号	结构型式	按钮数	触头对数		按钮颜色
			常开	常闭	
LA2	开启式	1	1	1	黑、绿、红
LA2J	紧急式	1	1	1	红

表24-3-4　LA2(J)型控制按钮控制容量、机械寿命、电寿命

额定电压 (V)	额定电流 (A)	控制容量	机械寿命 (万次)	电寿命（万次）		操作频率 (次/h)
				交流	直流	
交流380	5	300VA	100	50	—	1200
直流440		60W		—	20	

（四）外形及安装尺寸

LA2型控制按钮外型及安装尺寸，见图24-3-1。

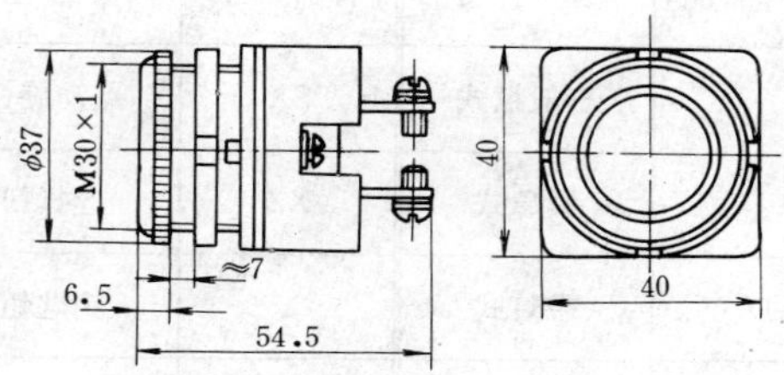

图24-3-1　LA2型控制按钮外形及安装尺寸

LA2(J)型控制按钮外形及安装尺寸，见图24-3-2。

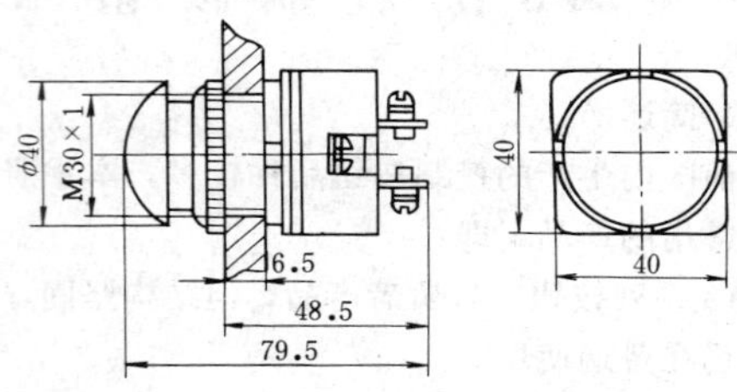

图24-3-2　LA2(J)型控制按钮外形及安装尺寸

（五）生产厂

无锡第二机床电器厂，宁波机床电器厂，北京第一机床电器厂，沈阳人民电器厂，长沙第二机床电器厂，长春机床电器厂，成都机床电器厂，哈尔滨市低压电器厂等。

三、LA10系列控制按钮

（一）简介

LA10系列控制按钮适用于交流50Hz、电压380V，直流440V，额定电流不大于5A的控制电路中，接通或开断起动器、接触器、继电器及其它电气线路遥控之用。

（二）型式结构

LA10系列控制按钮的结构型式分为以下几种：开启式（K），适用于嵌装在控制柜、控制台的面板上，不能防止偶然触及带电的部分；保护式（H），具有保护外壳，可以防止按钮元件受到外来的机械损伤和偶然触及带电部分；防水式（S），具有密封的外壳，可以防止雨水的浸入；防腐式（F）能防止腐蚀气体侵入。该系列按钮还可制成单独的元件。

（三）技术数据

LA10系列控制按钮技术数据，见表24-3-5。

表24-3-5　LA10系列控制按钮技术数据

型　号	额定电压 (V)	额定电流 (A)	结构型式	触头数量		外壳或面板材料	按　钮		
				常开	常闭		钮数	颜　色	标　志
LA10-1	交流380 直流440	5	元　件	1	1	—	1	黑、绿或红	—
LA10-1K			开启式	1	1	铸硅铝合金	1	黑、绿或红	起动或停止
LA10-2K				2	2		2	黑、红或绿、红	起动—停止
LA10-3K				3	3		3	黑、绿、红	向前—向后—停止
LA10-1H			保护式	1	1	薄钢板	1	黑、绿或红	起动或停止
LA10-2H				2	2		2	黑、红或绿、红	起动—停止
LA10-3H				3	3		3	黑、绿、红	向前—向后—停止
LA10-1S			防水式	1	1	铸硅铝合金	1	黑、绿或红	起动或停止
LA10-2S				2	2		2	黑、红或绿、红	起动—停止
LA10-3S				3	3		3	黑、绿、红	向前—向后—停止
LA10-2F			防腐式	2	2	黑色酚醛塑料粉压制	2	黑、红或绿、红	起动—停止

（四）外形及安装尺寸

LA10系列控制按钮外形及安装尺寸，见图 24-3-3～图 24-3-12。

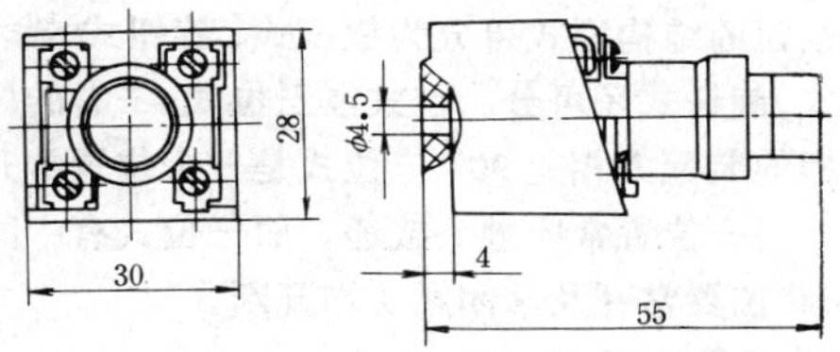

图 24-3-3　LA10-1 型控制按钮外形及安装尺寸

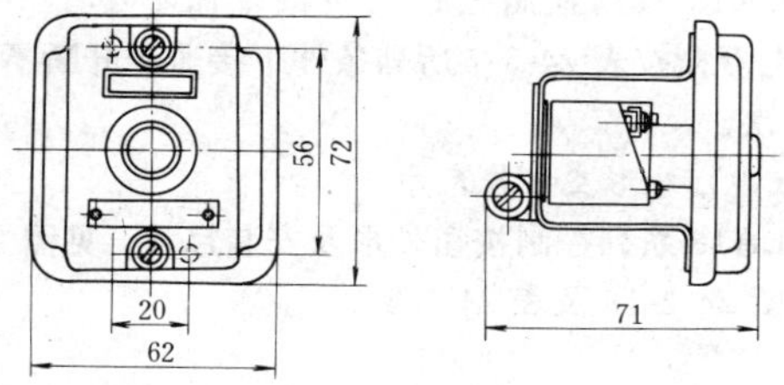

图 24-3-4　LA10-1K 型控制按钮外形及安装尺寸

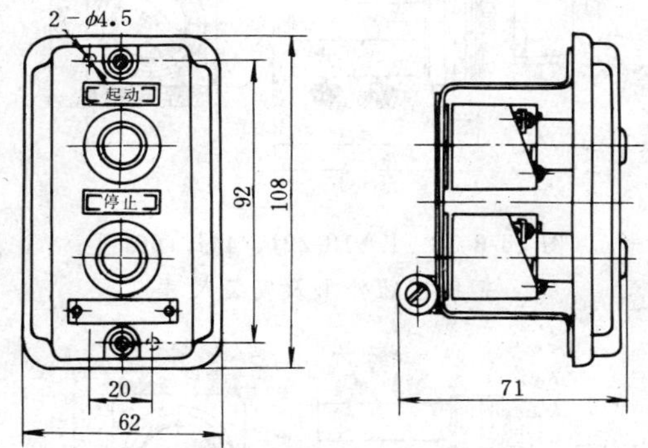

图 24-3-5　LA10-2K 型控制按钮外形及安装尺寸

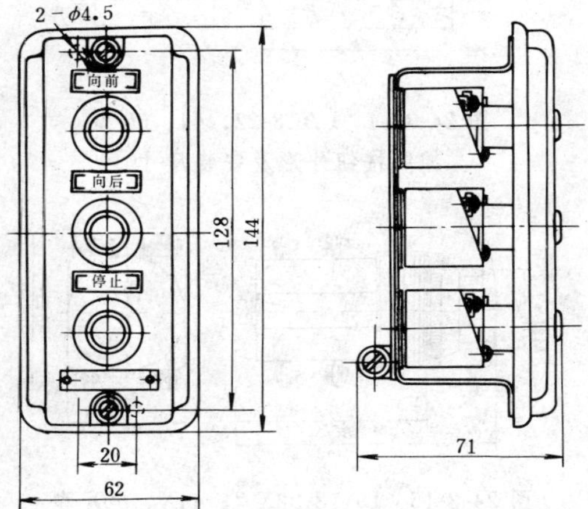

图 24-3-6　LA10-3K 型控制按钮外形及安装尺寸

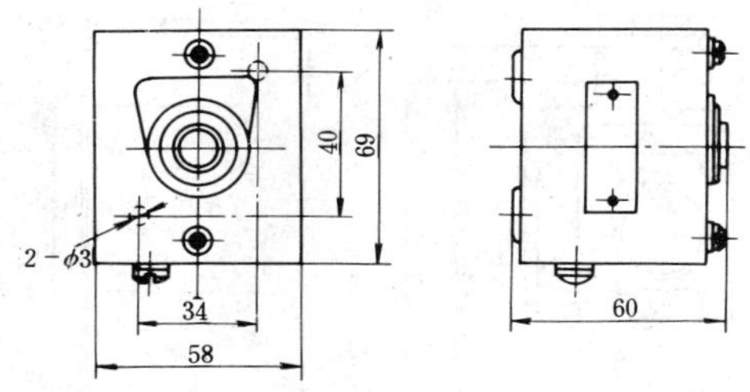

图 24-3-7　LA10-1H 型控制按钮外形及安装尺寸

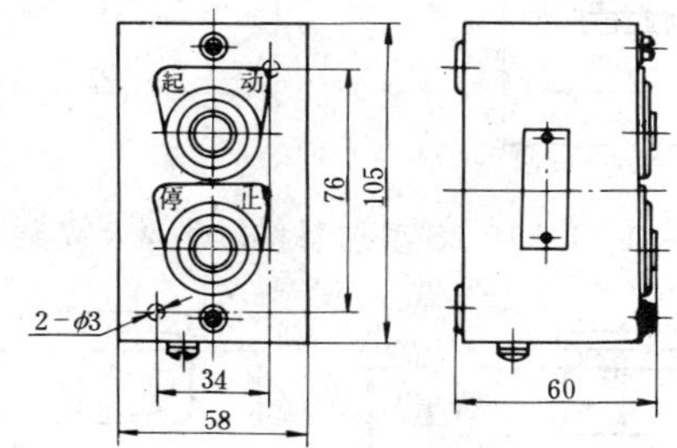

图 24-3-8　LA10-2H 型控制按钮外形及安装尺寸

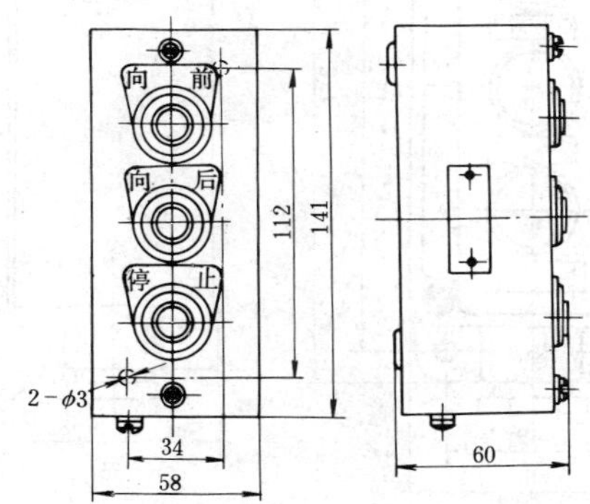

图 24-3-9　LA10-3H 型控制按钮外形及安装尺寸

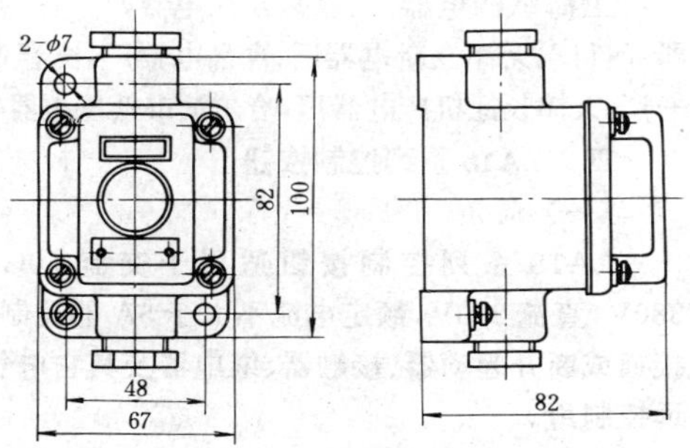

图 24-3-10　LA10-1S 型控制按钮外形及安装尺寸

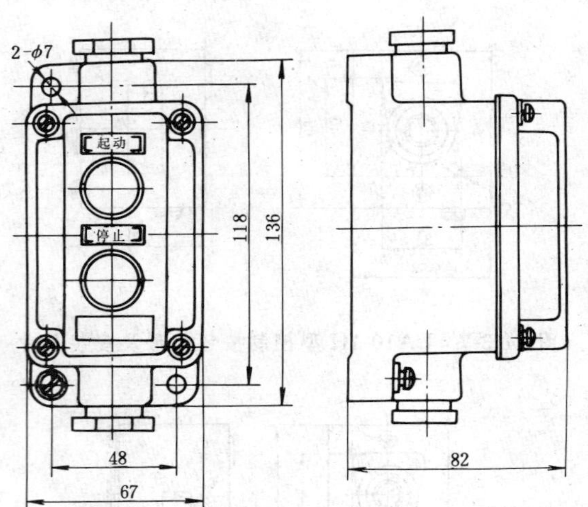

图 24-3-11 LA10-2S 型控制按钮外形及安装尺寸

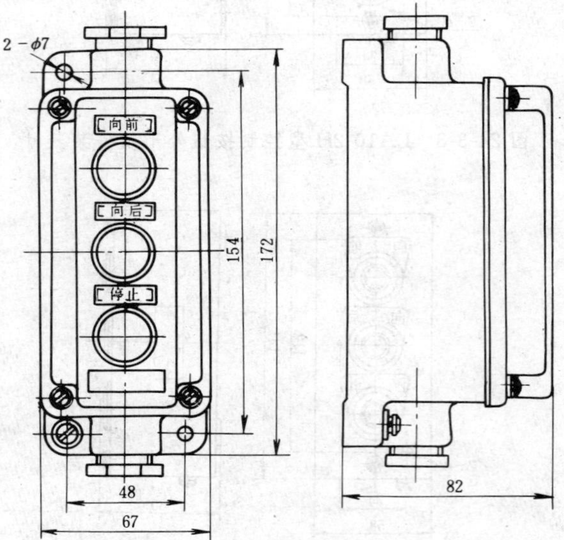

图 24-3-12 LA10-3S 型控制按钮外形及安装尺寸

（五）生产厂

上海练江电器厂，遵义长征电器四厂，广州东升电器元件厂，天津立新电器厂，青岛电器厂，长春低压电器一厂，天津长征机床电器厂，哈尔滨市低压电器厂等。

四、LA18 系列控制按钮

（一）简介

LA18 系列控制按钮适用于交流 50Hz、电压 380V，直流 220V，额定电流不大于 5A 的控制电路中，接通或断开起动器、接触器、继电器及其它电气线路遥远控制用。

（二）型式结构

LA18 系列控制按钮采用积木式二面拼接装配基座，触头数量可按需要拼接，一般拼装成二常开、二常闭，可根据需要装成一常开、一常闭至六常开、六常闭多种组合。积木式拼接装配基座加工工艺简单，装配方便。触头系统采用双断点双触桥对接式接触。

按钮的结构型式可分为撳压式、旋钮式、紧急式、钥匙式。旋钮式还可分二位式或三位式，二者的区别只在手柄的装配上相差 90°。二位式是一个位置常开触头接通，另一位置常闭触头接通。而三位式有中间位置 0，在此位置常开及常闭触头均开断。

（三）技术数据

LA18 系列控制按钮技术数据，见表 24-3-6。

LA18 系列控制按钮的机械寿命不小于 100 万次，电寿命按表 24-3-7 所列条件下接通和开断不小于 20 万次。

（四）外形及安装尺寸

LA18 系列控制按钮外形及安装尺寸，见图 24-3-13～图 24-3-16 及表 24-3-8。

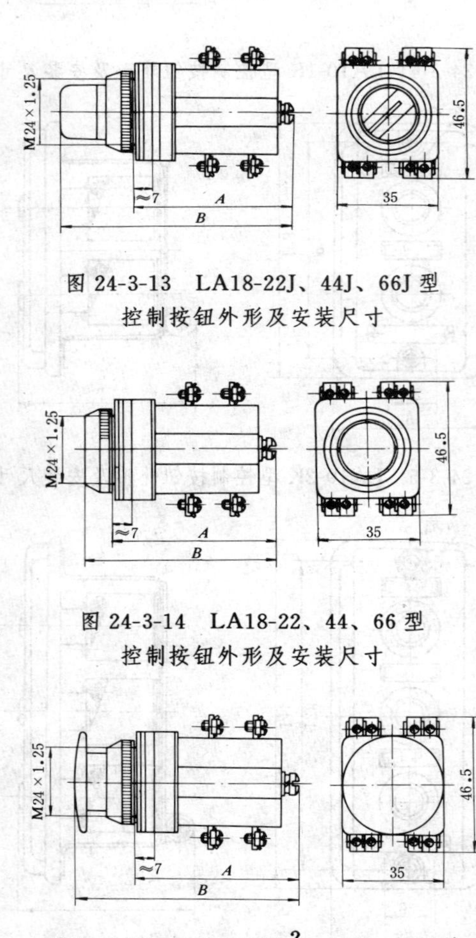

图 24-3-13 LA18-22J、44J、66J 型控制按钮外形及安装尺寸

图 24-3-14 LA18-22、44、66 型控制按钮外形及安装尺寸

图 24-3-15 LA18-22X $\frac{2}{3}$、44X、60X 型控制按钮外形及安装尺寸

表 24-3-6 **LA18 系列控制按钮技术数据**

型 号	额定电压 (V)	额定电流 (A)	结构型式	触头数量		按 钮		备 注
				常 开	常 闭	钮 数	颜 色	
LA18-22	交流 380 直流 220	5	揿压式	2	2	1	红、绿、黑或白	
LA18-44				4	4	1		
LA18-66				6	6	1		
LA18-22J			紧急式	2	2	1	红	
LA18-44J				4	4	1		
LA18-66J				6	6	1		
LA18-22Y			钥匙式	2	2	1	金属件	
LA18-44Y				4	4	1		
LA18-66Y				6	6	1		
LA18-22X 2* 3			旋钮式	2	2	1	黑	* 2为二位式 3为三位式
LA18-44X				4	4	1		
LA18-66X				6	6	1		

表 24-3-7 **LA18 系列控制按钮电寿命的接通、分断条件**

额定电压 (V)	额定电流 (A)	接 通		分 断		操作频率 (次/h)	通电持续率 (%)
		电流 (A)	cosφ	电流 (A)	cosφ		
500	5	5	0.4	0.5	0.4	1200	40

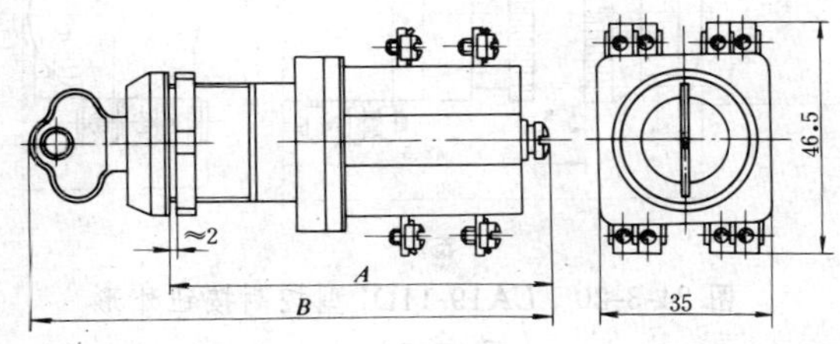

图 24-3-16 LA18-22Y、44Y、66Y 型控制按钮外形及安装尺寸

表 24-3-8 **LA18 系列控制按钮外形尺寸**

型 号	外形尺寸(mm) A	外形尺寸(mm) B	型 号	外形尺寸(mm) A	外形尺寸(mm) B
LA18-22	55	64	LA18-44Y	103	≈116
LA18-44	91	100	LA18-66Y	139	≈152
LA18-66	127	136	LA18-22X2	55	80
LA18-22J	55	76	LA18-22X3	55	80
LA18-44J	91	112	LA18-44X	91	116
LA18-66J	127	148	LA18-66X	127	152
LA18-22Y	77	≈107			

（五）生产厂

上海亚明电器厂，宁波机床电器厂，青岛机床开关厂，遵义长征电器四厂，天津长征机床电器厂，重庆电器厂，长沙第二机床电器厂，沈阳人民电器厂，成都机床电器厂，西安机床电器厂等。

五、LA19 系列控制按钮

（一）简介

LA19 系列控制按钮适用于交流 50Hz 或 60Hz、电压 380V，直流 220V，额定电流不大于 5A 的控制电路中，作为磁力起动器、接触器、继电器的远距离控制用。带信号灯的按钮，其信号灯用于交、直流电压为 6V 的信号电路中，作各种灯光信号指示用。

（二）型式结构

LA19 系列控制按钮是一种组合式电器，由按钮元件与信号灯组合而成。按钮有一对常开触头、一对常闭触头和一副接触桥，信号灯装在按钮的颈部，钮头兼作信号灯的灯罩，用红、绿、黄、白、蓝等多种颜色的透明聚苯乙烯塑料制成，作区别信号之用。

（三）技术数据

LA19 系列控制按钮技术数据，见表 24-3-9。

表 24-3-9 **LA19 系列控制按钮技术数据**

型号	额定电压（V）	额定电流（A）	结构型式	触头数量		信号灯		按钮	
				常开	常闭	电压（V）	功率（W）	钮数	颜色
LA19-11	交流 380	5	揿压式	1	1	—	—	1	红、黄、蓝、白、绿
LA19-11J			紧急式	1	1	—	—	1	红
LA19-11D	直流 220		带信号灯	1	1	6	1	1	红、黄、蓝、白、绿
LA19-11DJ			带灯紧急式	1	1	6	1	1	红

LA19 系列控制按钮的机械寿命不小于 100 万次，电寿命按表 24-3-10 所列条件下接通和开断次数不小于 20 万次。

表 24-3-10 **LA19 系列控制铵钮电寿命的接通、分断条件**

额定电压（V）	额定电流（A）	接通		分断		操作频率（次/h）	通电持续率（%）
		电流（A）	cosφ	电流（A）	cosφ		
380	5	5	0.4	0.5	0.4	1200	40

（四）外形及安装尺寸

LA19 系列控制按钮外形及安装尺寸，见图 24-3-17～图 24-3-20。

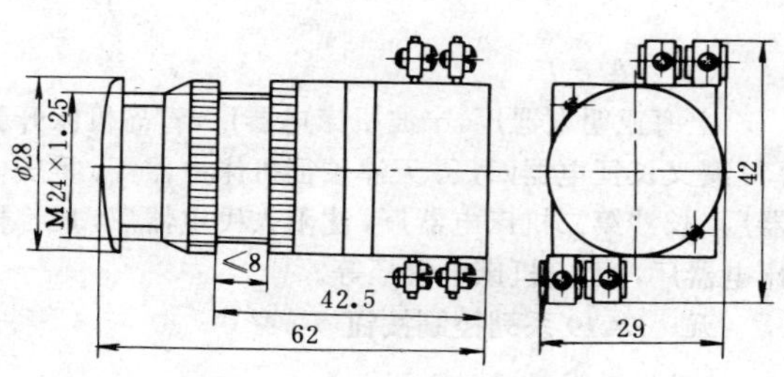

图 24-3-17 LA19-11 型控制按钮外形及安装尺寸

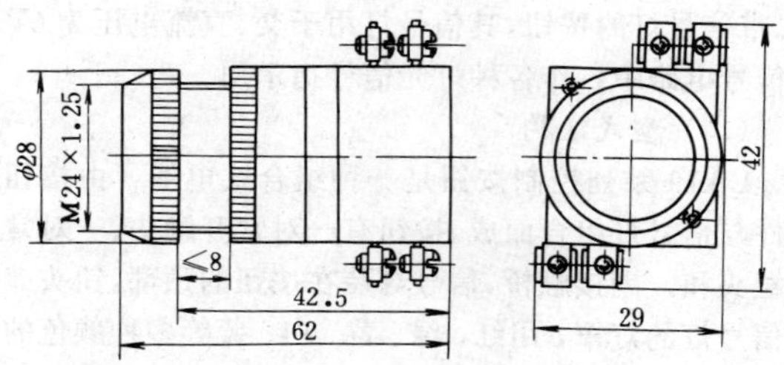

图 24-3-18 LA19-11J 型控制按钮外形及安装尺寸

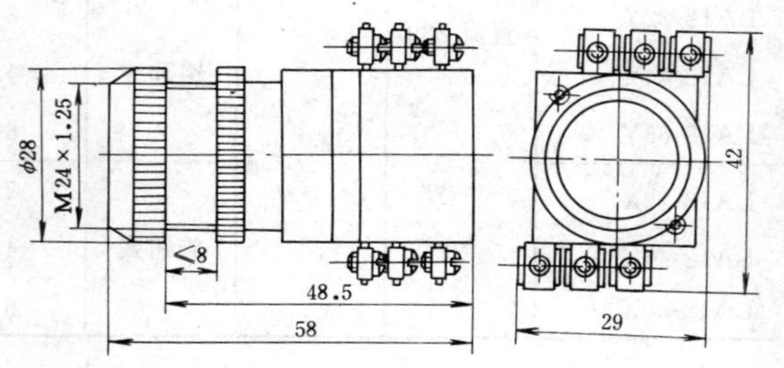

图 24-3-19 LA19-11D 型控制按钮外形及安装尺寸

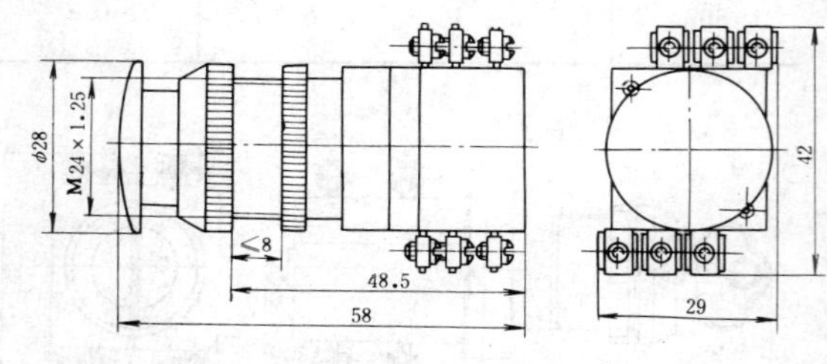

图 24-3-20 LA19-11DJ 型控制按钮外形及安装尺寸

（五）生产厂

西安机床电器厂，上海第二机床电器厂，宁波机床电器厂，温州机床电器厂，朝阳机床电器厂，青岛机床开关厂，邯郸机床电器厂，第二机床电器厂，天津长征机床电器厂，遵义长征电器四厂，北京宣武低压电器厂，广州东升电器元件厂，重庆电器厂，沈阳人民电器厂等。

六、LA20 系列控制按钮

（一）简介

LA20 系列控制按钮适用于交流 50Hz 或 60Hz、电压 380V，直流 220V，额定电流不大于 5A 的控制电路中，作为磁力起动器、接触器、继电器的远距离控制用。带信号灯的按钮，其信号灯用于交、直流电压为6V的信号电路，作各种灯光信号指示用。

（二）型式结构

LA20 系列按钮是一种组合式电器，由按钮元件与信号灯组合而成。由两个或三个按钮元件组合成二组或三组开启式或保护式按钮。其每个按钮元件具有一对常开触头、一对常闭触头和一副接触桥。信号灯装在按钮的颈部，钮头兼作信号灯的灯罩，灯罩用红、绿、黄、白、蓝等颜色的透明聚苯乙烯制成，作区别信号之用。开启式按钮与保护式按钮的外壳，均采用黑色酚醛塑料压制而成。

（三）技术数据

LA20 系列控制按钮技术数据，见表 24-3-11。

（四）外形及安装尺寸

LA20 系列控制按钮外形及安装尺寸，见图 24-3-21～图 24-3-28。

表 24-3-11 **LA20 系列控制按钮技术数据**

型号	额定电压（V）	额定电流（A）	结构型式	触头数量		信号灯		按钮		
				常开	常闭	电压（V）	功率（W）	钮数	颜色	标志
LA20-11	交流 380 直流 220	5	揿压式	1	1	—	—	1	红、绿、黄、蓝、白	—
LA20-11J			紧急式	1	1	—	—	1	红	—
LA20-11D			带信号灯	1	1	6	1	1	红、绿、黄、蓝、白	—
LA20-11DJ			带灯紧急式	1	1	6	1	1	红	—
LA20-22			揿压式	2	2	—	—	1	红、绿、黄、蓝、白	—
LA20-22J			紧急式	2	2	—	—	1	红	—
LA20-22D			带信号灯	2	2	6	1	1	红、绿、黄、蓝、白	—
LA20-22DJ			带灯紧急式	2	2	6	1	1	红	—
LA20-2K			二组开启式	2	2	—	—	2	红—白	起动—停止
LA20-3K			三组开启式	3	3	—	—	3	红—绿—白	向前—向后—停止
LA20-2H			二组保护式	2	2	—	—	2	红—白	起动—停止
LA20-3H			三组保护式	3	3	—	—	3	红—绿—白	向前—向后—停止

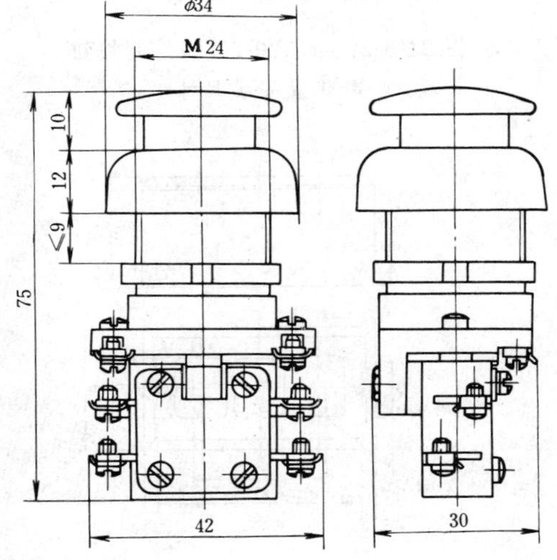

图 24-3-21 LA20-11J、11DJ 型控制按钮外形及安装尺寸

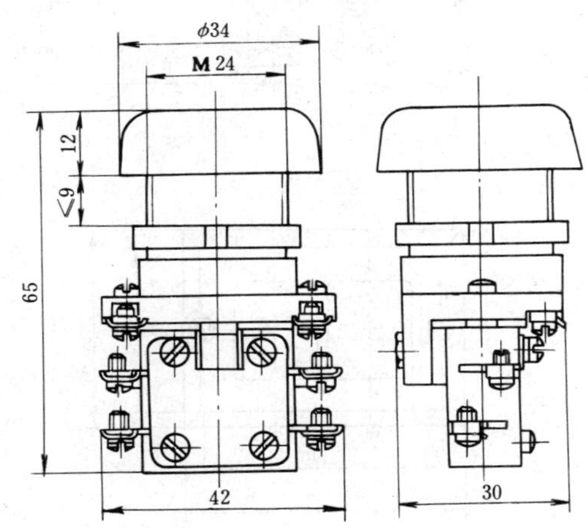

图 24-3-22 LA20-11、11D 型控制按钮外形及安装尺寸

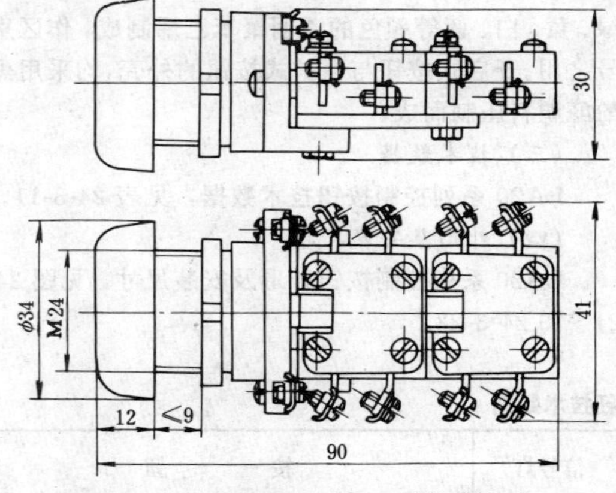

图 24-3-23　LA20-22、22D 型控制按钮
外形及安装尺寸

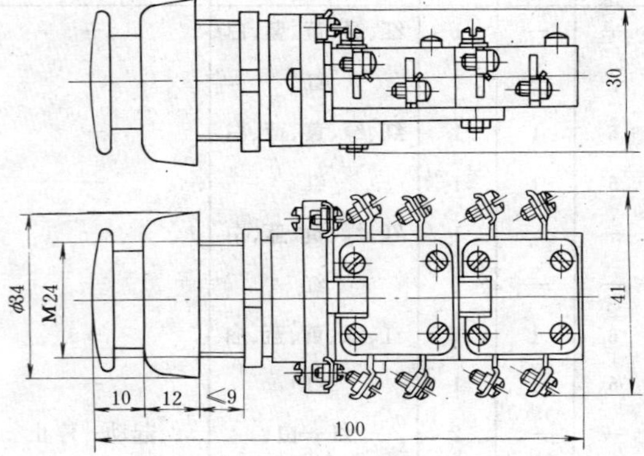

图 24-3-24　LA20-22J、22DJ 型控制按钮
外形及安装尺寸

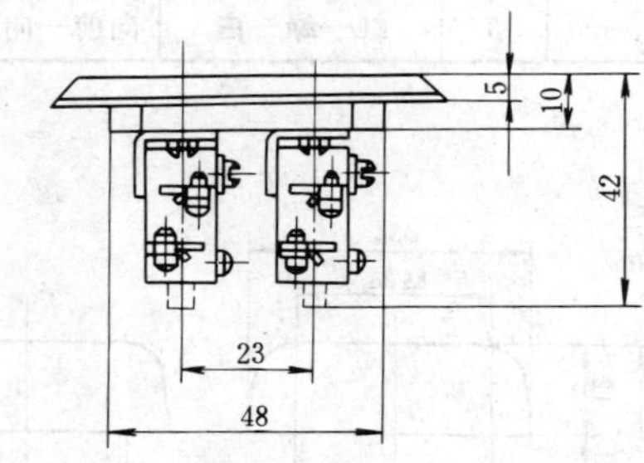

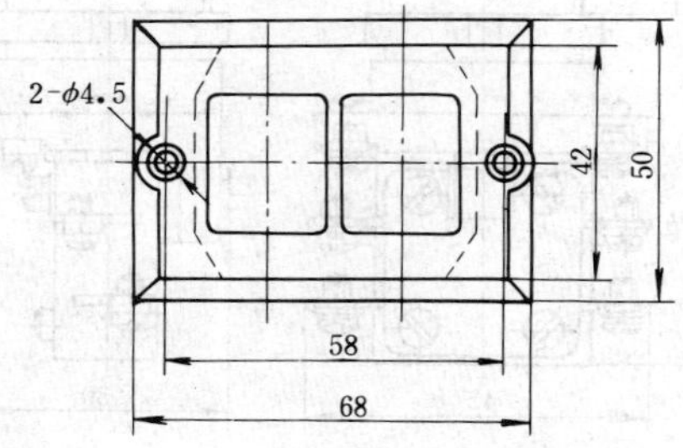

图 24-3-25　LA20-2K 型控制按钮
外形及安装尺寸

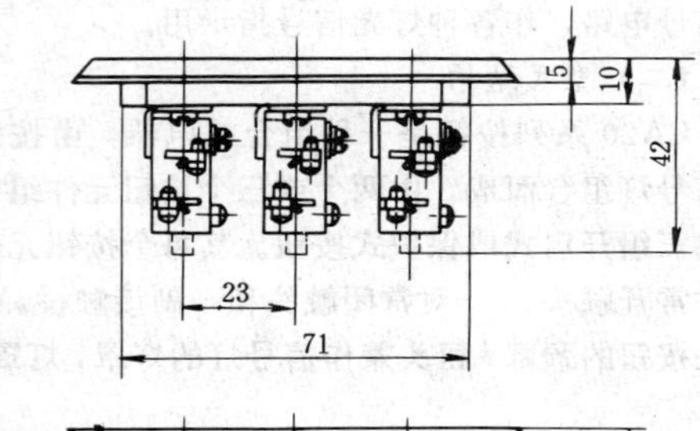

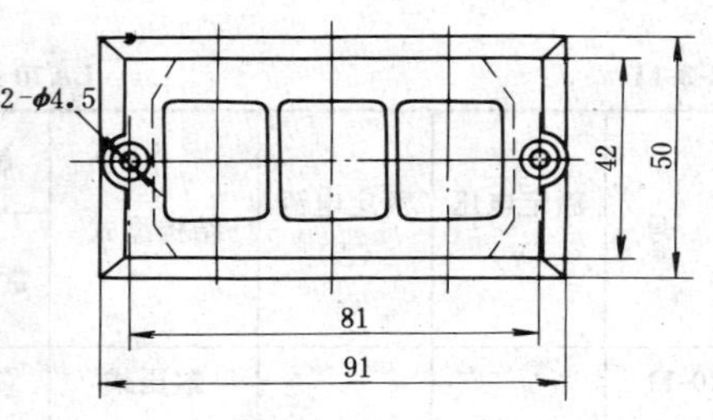

图 24-3-26　LA20-3K 型控制按钮
外形及安装尺寸

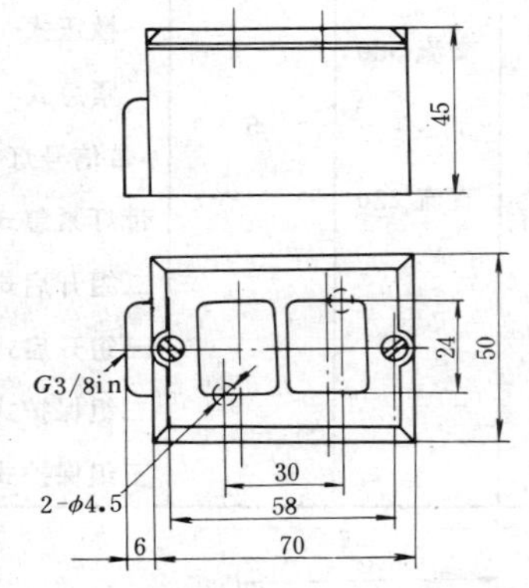

图 24-3-27　LA20-2H 型控制按钮
外形及安装尺寸

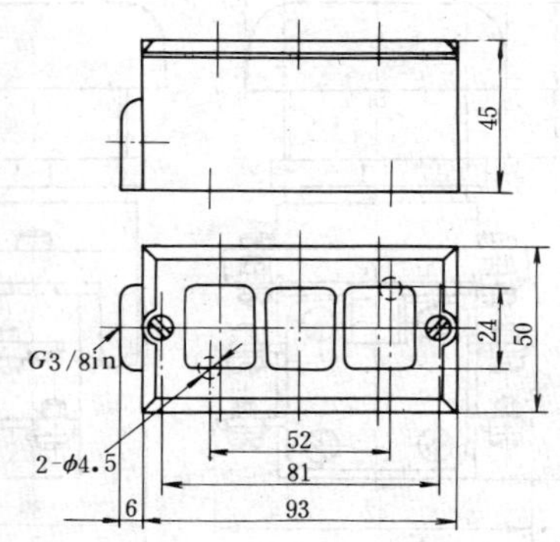

图 24-3-28　LA20-3H 型控制按钮
外形及安装尺寸

（五）生产厂

上海亚明电器厂，上海第二机床电器厂，宁波机床电器厂，温州机床电器厂，沈空后机电开关厂等。

七、SFAN-1 型消防按钮

（一）简介

SFAN-1 型消防按钮适用于交流 50Hz、电压 380V 或直流 220V 的电气控制线路中，主要用作消防水泵的主令控制元件，亦可作其它报警系统的主令控制元件。

（二）型式结构

SFAN-1 型消防按钮，由 LA10-1 型按钮、XD-13 型信号灯、敲击锤及铸铝外壳等组成。信号灯及其外壳均为红色，外壳内外各设置一个接地螺钉，供接地用。按钮外壳正面有一个圆形玻璃窗，玻璃压住 LA10-1 型按钮，使其常开触头接通，常闭触头开断；当遇火情而报警时，用敲击锤击碎玻璃，按钮在弹簧作用下自动复位，常开触头开断，常闭触头接通，起动消防水泵或报警系统，信号灯亮。每台成品出厂时均带两块备用圆玻璃。

（三）技术数据

SFAN-1 型消防按钮技术数据，见表 24-3-12。

表 24-3-12 SFAN-1 型消防按钮技术数据

额定电压（V）	额定电流（A）	控制容量	指示灯额定电压（V）
交流 380	5	300VA	220
直流 220		70W	

SFAN-1 型消防按钮使用注意事项：

(1) 该型消防按钮安装时进出导线宜采用外径为 13～14mm 的橡胶绝缘电缆。当采用穿管导线时，管口连接处应作防水处理。

(2) 因事故使用一次后，应及时更换新玻璃，以保证再次使用，更换玻璃时，先将按钮盖卸下，取出密封圈，把残留的碎玻璃清理干净，把新玻璃（划痕向外）嵌入密封圈，再把整个密封圈装入盖内，最后将四个紧固螺钉拧紧。

(3) 消防按钮应定期检查，以防弹簧长时间受压失效，检查期限按消防规范的要求进行。

（四）外形及安装尺寸

SFAN-1 型消防按钮外形及安装尺寸，见图 24-3-29。

（五）生产厂

北京第一低压电器厂，广州东升电器元件厂等。

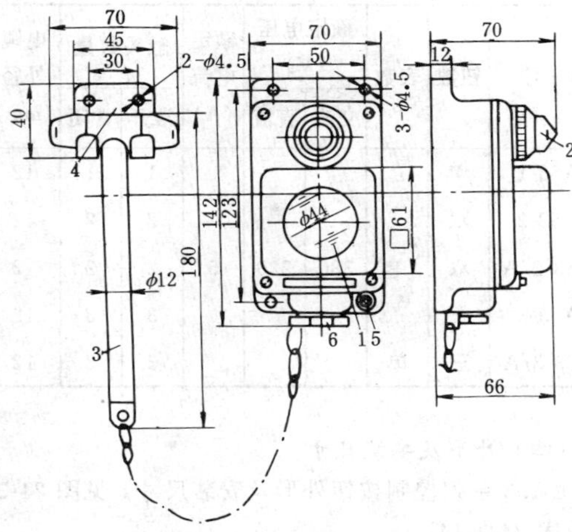

图 24-3-29 SFAN-1 型消防按钮外形及安装尺寸
1—圆形玻璃窗；2—信号灯；3—敲击锤；4—挂架；5—接地螺钉；6—导线进出口

八、LA53 系列防爆控制按钮

（一）简介

LA53 系列防爆控制按钮，仅适用于事故情况下才会含有 3 级 d 组爆炸性气体的企业中，安装于户内或户外有遮蔽的生产车间，但其周围介质中不得含有破坏金属和绝缘的活动性化学物质；主要用于交流 50Hz、电压 380V，直流 220V，额定电流不大于 5A 的控制电路中，接通或开断起动器、接触器、继电器及其它电气线路遥控之用。

（二）型式结构

LA53 系列按钮是由铸铝合金铸成的安全型外壳和进出线装置等组成，内装隔爆型陶瓷按钮元件及安全型电流表。

按钮的结构型式分为下列五种，其用途分别如下：

(1) LA53-1 型（单钮）适用于信号设备及紧急分断电源线路。

(2) LA53-2 型（双钮）适用于控制不可逆磁力起动器等电磁电器。

(3) LA53-2/A 型（双钮带电流表）适用于控制不可逆磁力起动器等电磁电器，并能监视电动机的运行状态。

(4) LA53-3 型（三钮）适用于控制可逆磁力起动器等电磁电器。

(5) LA53-3/A 型（三钮带电流表）适用于控制可逆起动器等电磁电器，并能监视电动机的运行状态。

（三）技术数据

LA53 系列防爆控制按钮技术数据，见表 24-3-13。

表 24-3-13 LA53系列防爆控制按钮技术数据

型 号	钮数	表数	额定电压(V) 交流	直流	额定电流(A)	触头数量 常开	常闭	电缆外径(mm)
LA53-1	单					1	1	12
LA53-2	双					2	2	12
LA53-2/A	双	单	380	220	5	2	2	12
LA53-3	三					3	3	12
LA53-3/A	三	单				3	3	12

（四）外形及安装尺寸

LA53 系列控制按钮外形及安装尺寸，见图 24-3-30 及表 24-3-14。

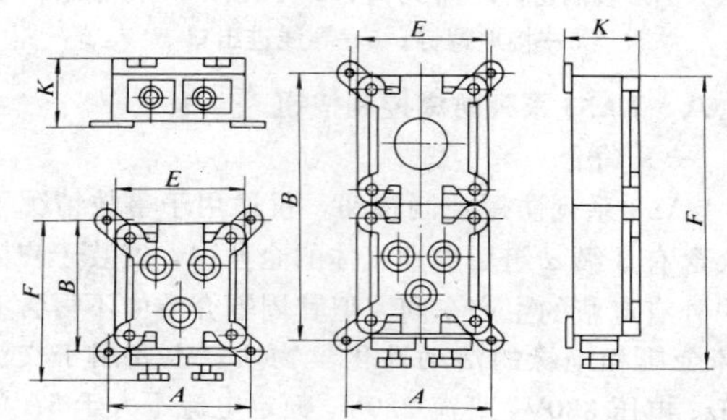

图 24-3-30 LA53系列防爆控制按钮外形及安装尺寸

表 24-3-14 LA53系列防爆控制按钮外形及安装尺寸

型号 \ 尺寸(mm)	A	B	E	F	K
LA53-1	88	88	84	122	97
LA53-2	146	86	138	122	97
LA53-2/A	146	226	138	262	97
LA53-3	146	146	138	182	97
LA53-3/A	146	304	138	322	97

九、LAY1系列控制按钮

（一）简介

LAY1 系列控制按钮适用于交流 50Hz、电压 380V，直流 220V，额定电流不大于 5A 的控制电路中，作为磁力起动器、接触器、继电器的远距离控制用。

控制按钮分为一般钮(包括平按钮、高护罩按钮)、紧急式钮、带灯钮、带灯紧急式钮、旋钮、点动旋钮、选择钮等多种型式。

型号含义

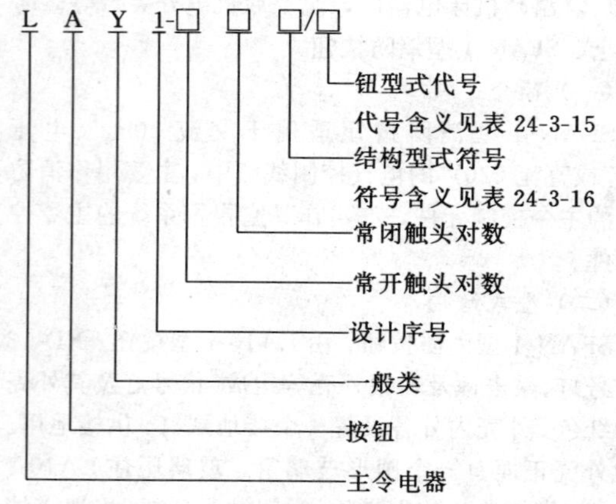

表 24-3-15 LAY1系列控制按钮型式代号含义

代号	型 式	含 义
1	高护罩	用于一般钮和带灯钮
2	ϕ40 磨菇头	用于紧急钮和带灯紧急钮
3	ϕ60 磨菇头	用于紧急钮和带灯紧急钮
4	ϕ80 磨菇头	用于紧急钮
5	高 帽	用于 ϕ60 紧急钮
6	高 帽	用于 ϕ80 紧急钮
7	三 位	用于旋钮和点动旋钮
8	1 型	用于选择钮
9	2 型	用于选择钮
10	3 型	用于选择钮

表 24-3-16 LAY1系列控制按钮符号含义

符 号	含 义	符 号	含 义
无字母	一般揿式	SX	点动旋钮
J	紧急式	XZ	选择钮
D	带灯式	Y	钥匙式
DJ	带灯紧急式	ZS	自锁式
X	旋 钮		

（二）型式结构

（1）按钮基座组件通用，除选择钮需变换推杆外，其余各型按钮都通用一种基座组件。

（2）触头可任意组合，从一对常开触头或一对常闭触头的组合，到四对常开触头和四对常闭触头的组合。

（3）一般钮、紧急钮、带灯钮等，当锹下按钮时，常闭触头先行开断，然后常开触头接通。释放按钮时由复位弹簧把触桥和按钮回复到原始位置。

（4）旋钮和点动旋钮分二位置和三位置两种。当扭矩施加在旋钮上时，常闭触头先行开断，然后常开触头接通；当旋钮失去扭矩时，不能自动复位。当三位置旋钮在中间位置时，使常闭触头开断，常开触头不接通，全部处于零位。点动旋钮在其初始位置及三位置的零位时，都能进行点动。

（5）选择钮可根据选择的位置进行点动。按触头的不同组合可分成 1 型、2 型和 3 型。

（6）带灯钮更换灯泡方便，在更换时，只需旋下板前一只螺母和钮罩即可。

（三）技术数据

LAY1 系列控制按钮技术数据，见表 24-3-17。

LAY1-11～44 型平按钮的技术数据，见表24-3-18。

LAY1-11/1～44/1 型带高护罩按钮的技术数据，见表 24-3-19。

LAY1-10J/2～04J/4 型紧急式按钮技术数据，见表 24-3-20。

LAY1-11D～44D 型带灯按钮技术数据，见表 24-3-21。

LAY1-01DJ/2～04DJ/3 型带灯紧急式按钮技术数据，见表 24-3-22。

LAY1-11X～44X/7 型旋钮技术数据见表 24-3-23。

LAY1-11SX～44SX/7 型点动旋钮技术数据，见表 24-3-24。

LAY1-22XZ/8～44XZ/10 型选择按钮技术数据，见表 24-3-25。

表 24-3-17 **LAY1 系列控制按钮技术数据**

额定电压（V）	额定电流（A）	控制容量	接通开断能力			机械寿命（万次）	电寿命（万次）	操作频率（次/h）	通电持续率（%）
			电压（V）	电流（A）	cosφ或时间常数				
交流 380	5	300VA	220×1.1 380×1.1	15 8.7	cosφ=0.2	300	60	1200	40
直流 220		60W	110×1.1 220×1.1	1.8 0.9	T=30ms		30		

表 24-3-18 **LAY1-11～44 型平按钮技术数据**

型号	基座级数	触头盒数	触头对数		钮的颜色	型号	基座级数	触头盒数	触头对数		钮的颜色
			常开	常闭					常开	常闭	
LAY1-11	1	1	1	1	红、黄、绿、黑	LAY1-31	2	3	3	1	红、黄、绿、黑
LAY1-01	1	1	0	1		LAY1-23	2	3	2	3	
LAY1-10	1	1	1	0		LAY1-32	2	3	3	2	
LAY1-22	1	2	2	2		LAY1-44	2	4	4	4	
LAY1-02	1	2	0	2		LAY1-04	2	4	0	4	
LAY1-20	1	2	2	0		LAY1-40	2	4	4	0	
LAY1-12	1	2	1	2		LAY1-14	2	4	1	4	
LAY1-21	1	2	2	1		LAY1-41	2	4	4	1	
LAY1-33	2	3	3	3		LAY1-24	2	4	2	4	
LAY1-03	2	3	0	3		LAY1-42	2	4	4	2	
LAY1-30	2	3	3	0		LAY1-34	2	4	3	4	
LAY1-13	2	3	1	3		LAY1-48	2	4	4	3	

表 24-3-19　　**LAY1-11/1～44/1型带高护罩按钮技术数据**

型　号	基座级数	触头盒数	触头对数		钮的颜色	型　号	基座级数	触头盒数	触头对数		钮的颜色
			常开	常闭					常开	常闭	
LAY1-11/1	1	1	1	1	红、黄、绿、黑	LAY1-31/1	2	3	3	1	红、黄、绿、黑
LAY1-01/1	1	1	0	1		LAY1-23/1	2	3	2	3	
LAY1-10/1	1	1	1	0		LAY1-32/1	2	3	3	2	
LAY1-22/1	1	2	2	2		LAY1-44/1	2	4	4	4	
LAY1-02/1	1	2	0	2		LAY1-04/1	2	4	0	4	
LAY1-20/1	1	2	2	0		LAY1-40/1	2	4	4	0	
LAY1-12/1	1	2	1	2		LAY1-14/1	2	4	1	4	
LAY1-21/1	1	2	2	1		LAY1-41/1	2	4	4	1	
LAY1-33/1	2	3	3	3		LAY1-24/1	2	4	2	4	
LAY1-03/1	2	3	0	3		LAY1-42/1	2	4	4	2	
LAY1-30/1	2	3	3	0		LAY1-34/1	2	4	3	4	
LAY1-13/1	2	3	1	3		LAY1-43/1	2	4	4	3	

表 24-3-20　　**LAY1-01J/2～04J/4型紧急式按钮技术数据**

型　号	基座级数	触头盒数	蘑菇头直径ϕ (mm)	触头对数		钮的颜色
				常　开	常　闭	
LAY1-01J/2	1	1	40	0	1	红
LAY1-02J/2	1	2	40	0	2	
LAY1-03J/2	2	3	40	0	3	
LAY1-04J/2	2	4	40	0	4	
LAY1-01J/3	1	1	60	0	1	
LAY1-02J/3	1	2	60	0	2	
LAY1-03J/3	2	3	60	0	3	
LAY1-04J/3	2	4	60	0	4	
LAY1-01J/4	1	1	80	0	1	
LAY1-02J/4	1	2	80	0	2	
LAY1-03J/4	2	3	80	0	3	
LAY1-04J/4	2	4	80	0	4	

表 24-3-21　　**LAY1-11D～44D型带灯按钮技术数据**

型　号	基座级数	触头盒数	触头对数		灯泡规格	钮头颜色	型　号	基座级数	触头盒数	触头对数		灯泡规格	钮头颜色
			常开	常闭						常开	常闭		
LAY1-11D	1	1	1	1	6.3V、0.15A	红、绿、黄、蓝、无色	LAY1-31D	2	3	3	1	6.3V、0.15A	红、绿、黄、蓝、无色
LAY1-01D	1	1	0	1			LAY1-23D	2	3	2	3		
LAY1-10D	1	1	1	0			LAY1-32D	2	3	3	2		
LAY1-22D	1	2	2	2			LAY1-44D	2	4	4	4		
LAY1-02D	1	2	0	2			LAY1-04D	2	4	0	4		
LAY1-20D	1	2	2	0			LAY1-40D	2	4	4	0		
LAY1-12D	1	2	1	2			LAY1-14D	2	4	1	4		
LAY1-21D	1	2	2	1			LAY1-41D	2	4	4	1		
LAY1-33D	2	3	3	3			LAY1-24D	2	4	2	4		
LAY1-03D	2	3	0	3			LAY1-42D	2	4	4	2		
LAY1-30D	2	3	3	0			LAY1-34D	2	4	3	4		
LAY1-13D	2	3	1	3			LAY1-43D	2	4	4	3		

表 24-3-22　**LAY1-01DJ/2～04DJ/3 型带灯紧急式按钮技术数据**

型　号	基座级数	触头盒数	蘑菇头直径 ϕ (mm)	触头对数		灯泡规格	钮头颜色
				常开	常闭		
LAY1-01DJ/2	1	1	40	0	1	6.3V、0.15A	红
LAY1-02DJ/2	1	2	40	0	2		
LAY1-03DJ/2	2	3	40	0	3		
LAY1-04DJ/2	2	4	40	0	4		
LAY1-01DJ/3	1	1	60	0	1		
LAY1-02DJ/3	1	2	60	0	2		
LAY1-03DJ/3	2	3	60	0	3		
LAY1-04DJ/3	2	4	60	0	4		

表 24-3-23　**LAY1-11X～44X/7 型旋钮技术数据表**

型　号	旋钮位置数	基座级数	触头盒数	触　头　对　数	
				常　开	常　闭
LAY1-11X	2	1	1	1	1
LAY1-22X	2	1	2	2	2
LAY1-33X	2	2	3	3	3
LAY1-44X	2	2	4	4	4
LAY1-11X/7	3	1	1	1	1
LAY1-22X/7	3	1	2	2	2
LAY1-33X/7	3	2	3	3	3
LAY1-44X/7	3	2	4	4	4

表 24-3-24　**LAY1-11SX～44SX/7 型点动旋钮技术数据**

位　置	型　号	基座级数	触头盒数	触头对数		钮　操　作				
				常开	常闭	不点动	点　动	不点动	点　动	不能点动
	LAY1-11SX	1	1	1	1			—	—	
	LAY1-22SX	1	2	2	2			—	—	
120°	LAY1-33SX	2	3	3	3			—	—	
	LAY1-44SX	2	4	4	4			—	—	
	LAY1-11SX/7	1	1	1	1					
	LAY1-22SX/7	1	2	2	2					
60° 60°	LAY1-33SX/7	2	3	3	3					
	LAY1-44SX/7	2	4	4	4					

表 24-3-25　　LAY1-22XZ/8～44XZ/10型选择按旋钮技术数据

位 置	型 号	基座级数	触头盒数	触头对数		操作方式	钮 操 作			
				常开	常闭		左	右	左	右
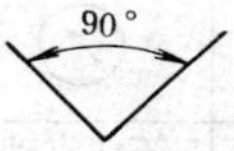	LAY1-22XZ/8	1	2	2	2	不点动	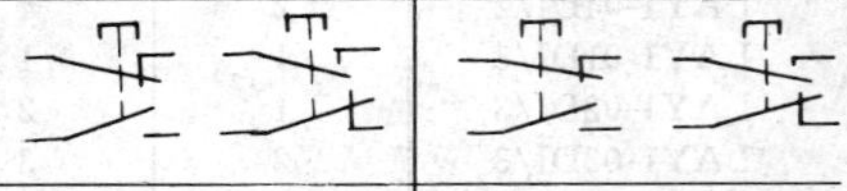			
						点动	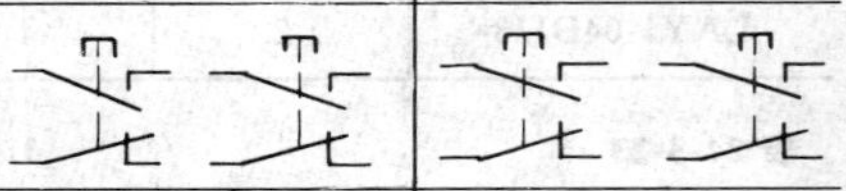			
	LAY1-44XZ/8	2	4	4	4	不点动	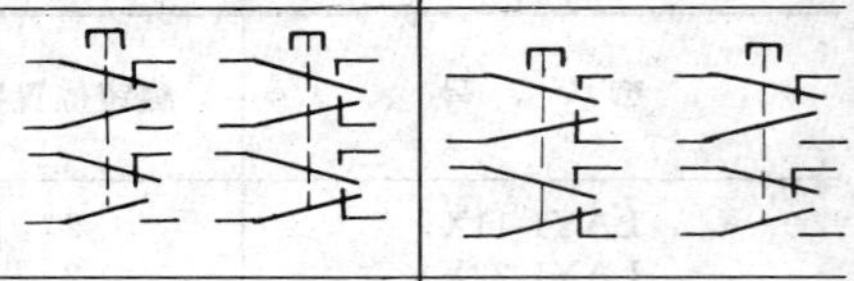			
						点动	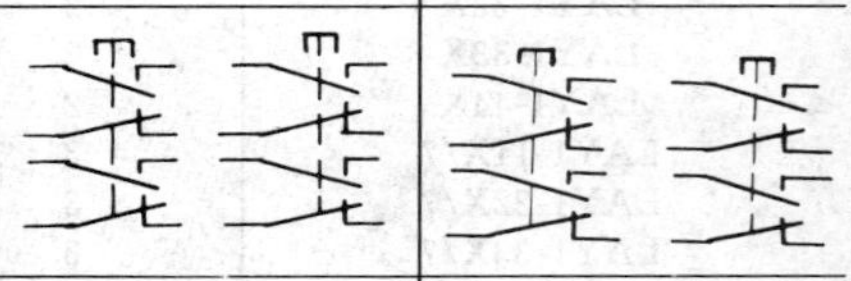			
	LAY1-22XZ/9	1	2	2	2	不点动	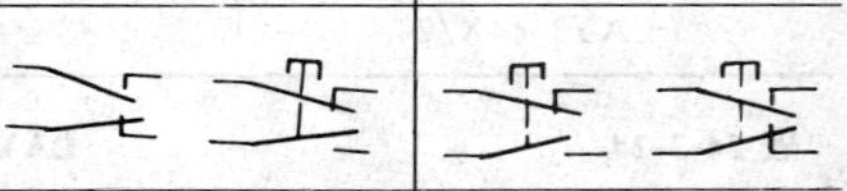			
90°						点动				
	LAY1-44XZ/9	2	4	4	4	不点动	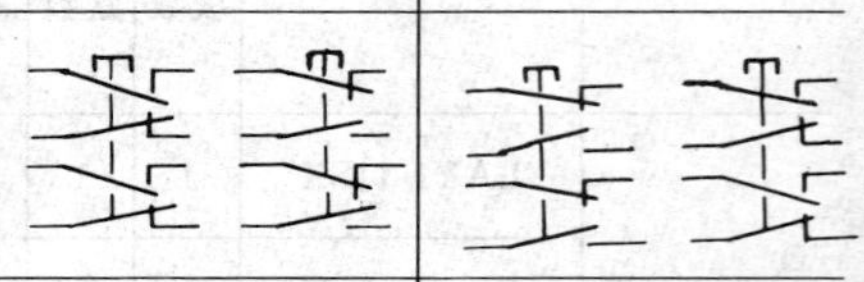			
						点动	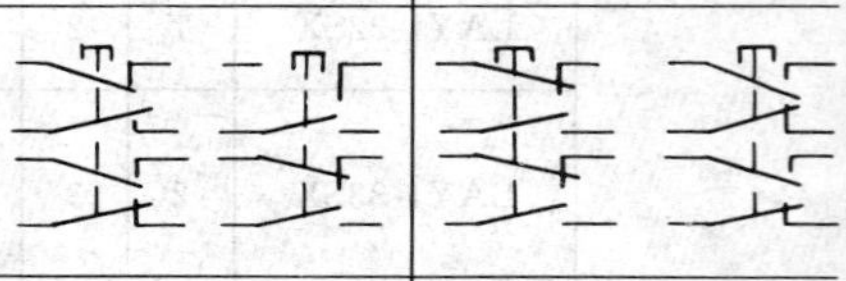			
	LAY1-22XZ/10	1	2	2	2	不点动	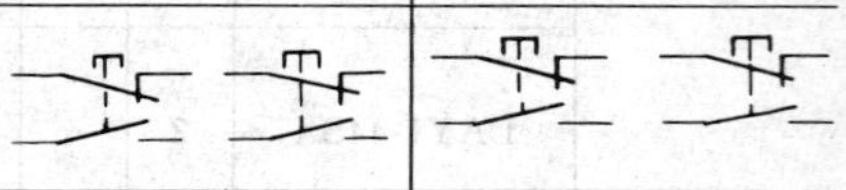			
						点动	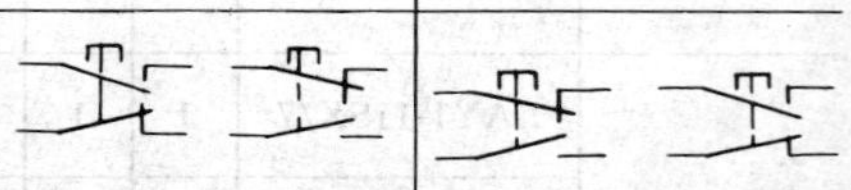			
	LAY1-44XZ/10	2	4	4	4	不点动	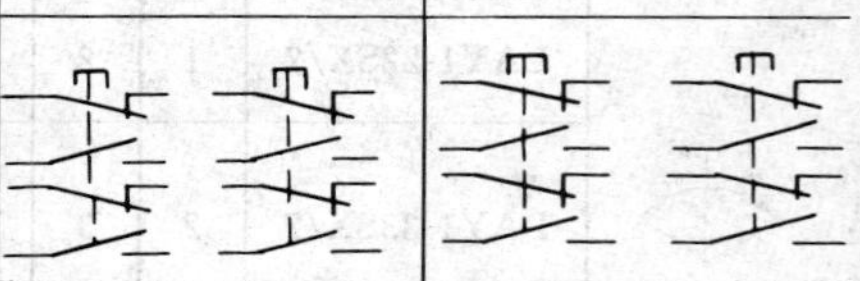			
						点动	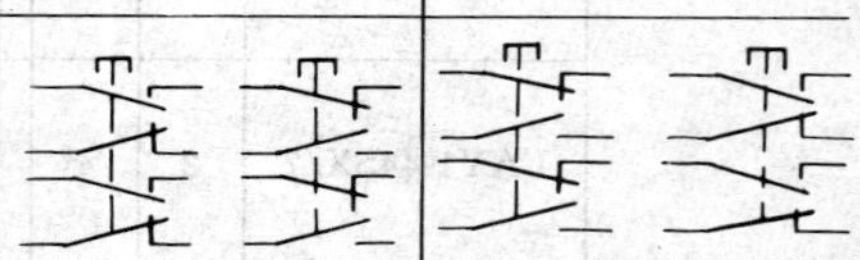			

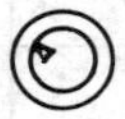

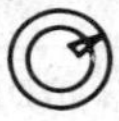

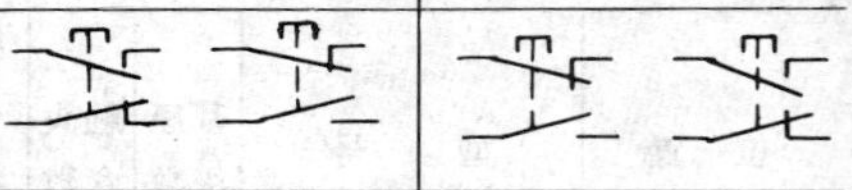

(四) 外形及安装尺寸

LAY1-11～44 型平按钮的外形及安装尺寸，见图 24-3-31、图 24-3-32。

LAY1-11/1～44/1 型带高护罩按钮外形及安装尺寸，见图 24-3-33 及图 24-3-34。

LAY1-01J/2～04J/4 型紧急式按钮外形及安装尺寸，见图 24-3-35、图 24-3-36 及表 24-3-26。

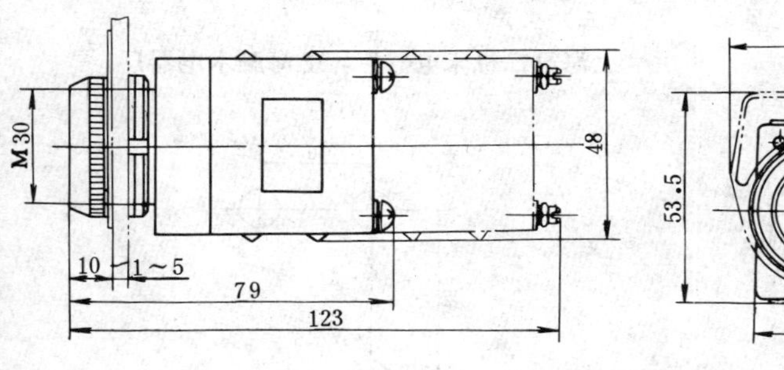

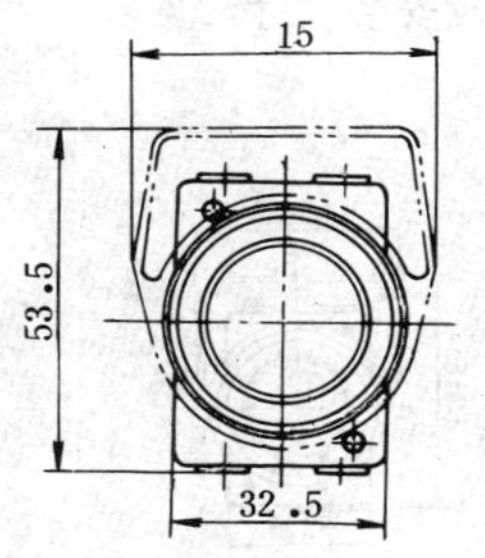

图 24-3-31　LAY1-11～44 型平按钮外形尺寸

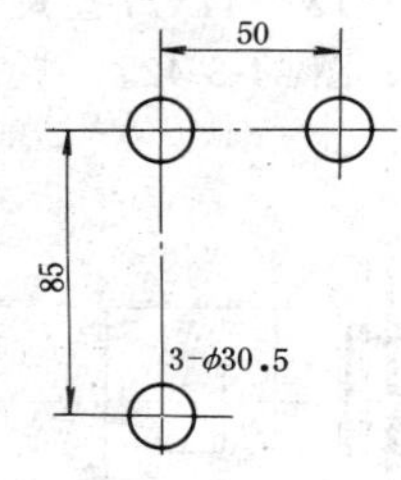

图 24-3-32　LAY1-11～44 型平按钮安装尺寸

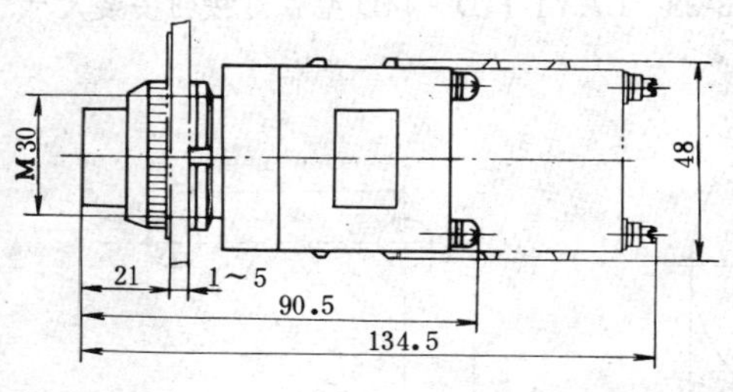

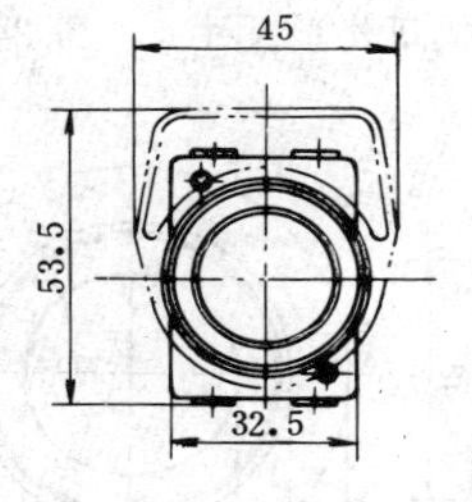

图 24-3-33　LAY1-11/1～44/1 型带高护罩按钮外形尺寸

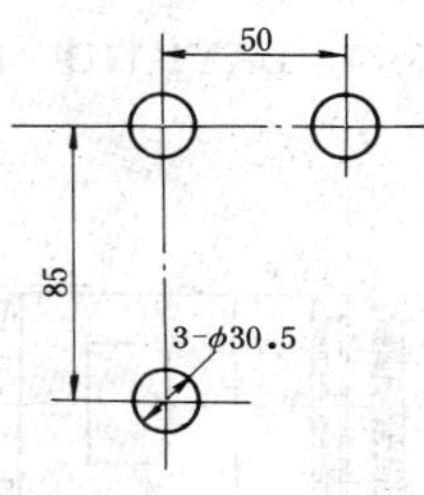

图 24-3-34　LAY1-11/1～44/1 型带高护罩按钮安装尺寸

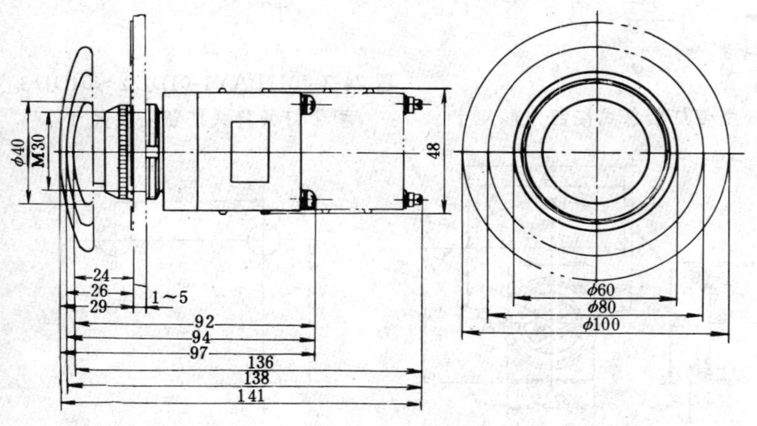

图 24-3-35　LAY1-01J/2～04J/4 型紧急式按钮外形尺寸

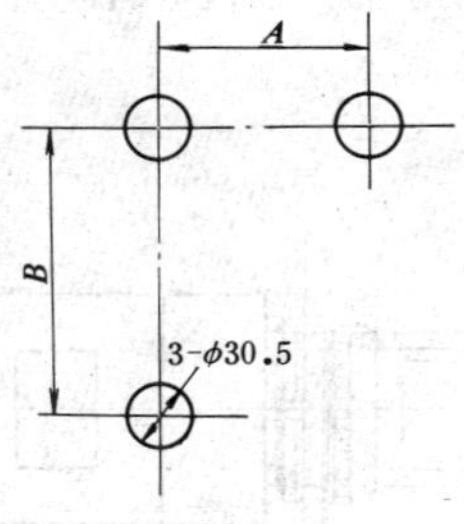

图 24-3-36　LAY1-01J/2～04J/4 型紧急式按钮安装尺寸

表 24-3-26　LAY1-01J/2～04J/4 型紧急式按钮安装尺寸

型　号	安装尺寸 (mm)		型　号	安装尺寸 (mm)	
	A	B		A	B
LAY1-01J/2 LAY1-02J/2 LAY1-03J/2 LAY1-04J/2	70	85	LAY1-03J/3 LAY1-04J/3	90	90
LAY1-01J/3 LAY1-02J/3	90	90	LAY1-01J/4 LAY1-02J/4 LAY1-03J/4 LAY1-04J/4	110	110

LAY1-11D～44D 型带灯按钮外形及安装尺寸，见图 24-3-37、图 24-3-38。

LAY1-01DJ/2-04DJ/3 型带灯紧急式按钮外形及安装尺寸，见图 24-3-39、图 24-3-40 及表 24-3-27。

LAY1-11X～44X/7 型旋钮外形及安装尺寸，见图 24-3-41、图 24-3-42。

LAY1-11SX-44SX/7 型点动旋钮外形及安装尺寸，见图 24-3-43、图 24-3-44。

LAY1-22XZ/8～44XZ/10 型选择钮外形及安装尺寸，见图 24-3-45、图 24-3-46。

（五）生产厂

上海第二机床电器厂，上海胶木电器厂。

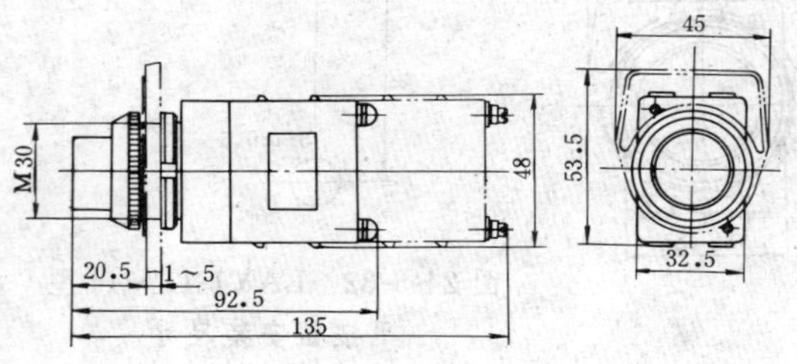

图 24-3-37 LAY1-11D～44D 型带灯按钮外形尺寸

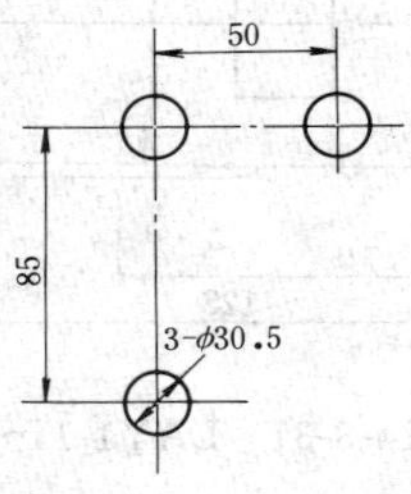

图 24-3-38 LAY1-11D～44D 型带灯按钮安装尺寸

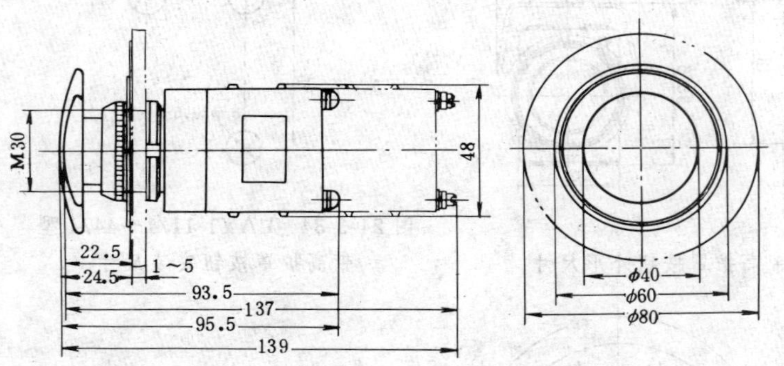

图 24-3-39 LAY1-01DJ/2～04DJ/3 型带灯紧急式按钮外形尺寸

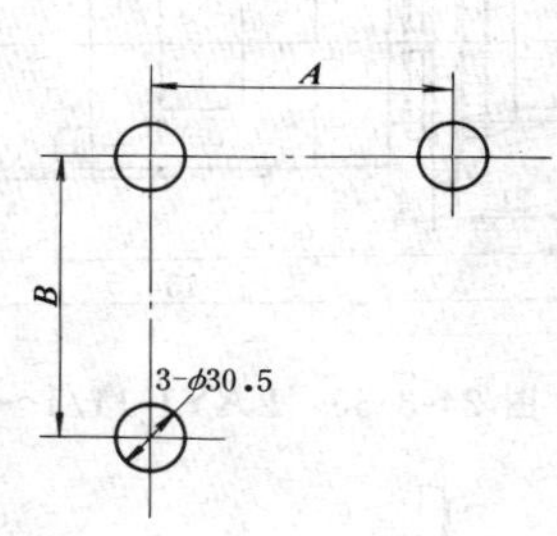

图 24-3-40 LAY1-01DJ/2～04DJ/3 型带灯紧急式按钮安装尺寸

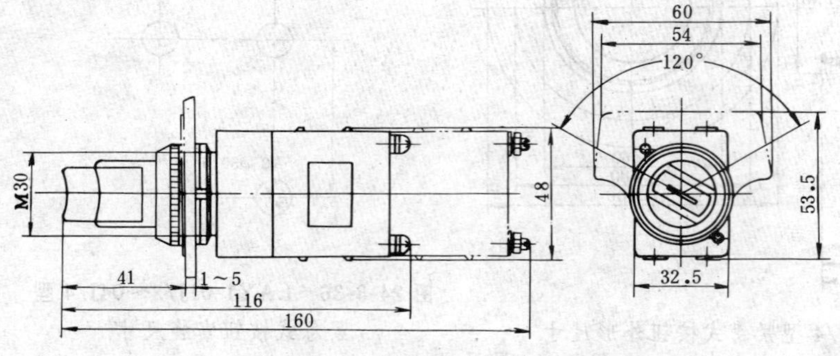

图 24-3-41 LAY1-11X～44X/7 型旋钮外形尺寸

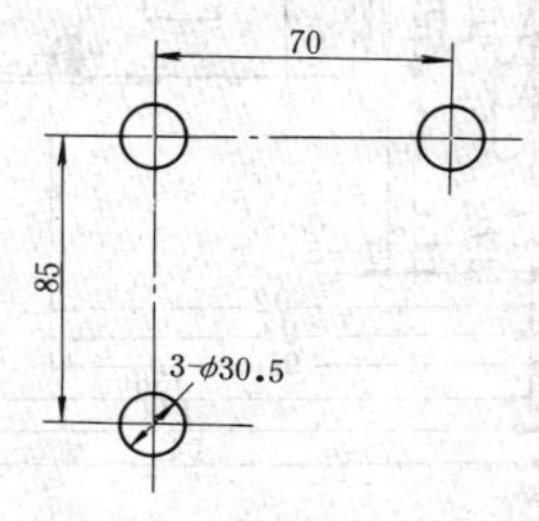

图 24-3-42 LAY1-11X～44X/7 型旋钮安装尺寸

表 24-3-27 LAY1-01DJ/2～04DJ/3 型带灯紧急式按钮安装尺寸

型 号	安装尺寸（mm）		型 号	安装尺寸（mm）	
	A	*B*		*A*	*B*
LAY1-01DJ/2 LAY1-02DJ/2 LAY1-03DJ/2 LAY1-04DJ/2	70	85	LAY1-01DJ/3 LAY1-02DJ/3 LAY1-03DJ/3 LAY1-04DJ/3	90	90

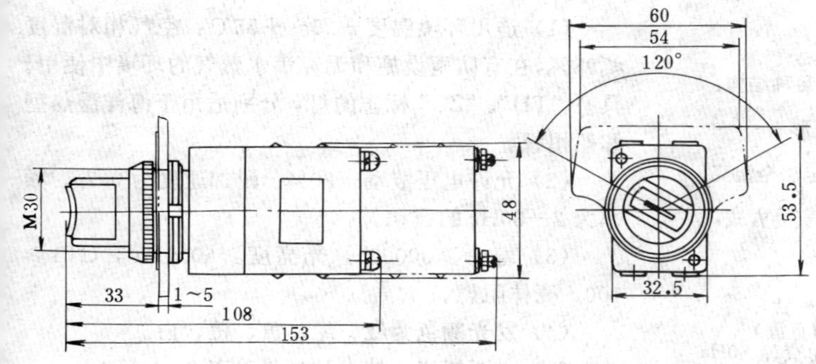

图 24-3-43　LAY1-11SX～44SX/7 型点动旋钮外形尺寸

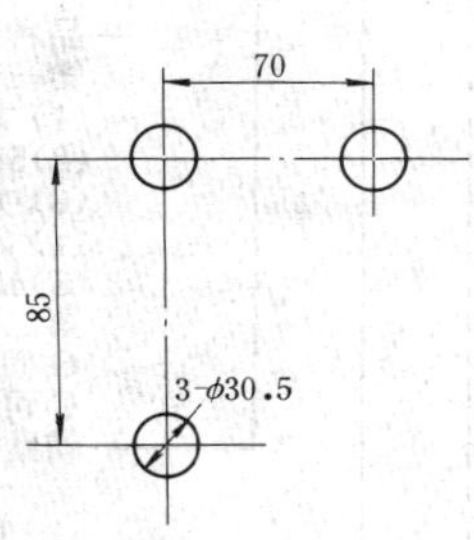

图 24-3-44　LAY1-11SX～44SX/7 型点动旋钮安装尺寸

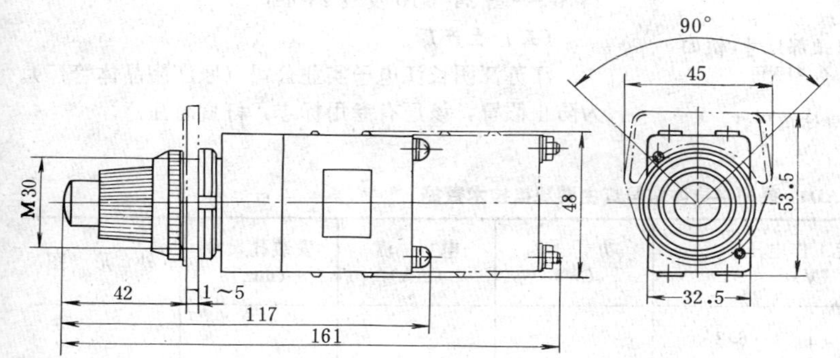

图 24-3-45　LAY1-22XZ/8～44XZ/10 型选择钮外形尺寸

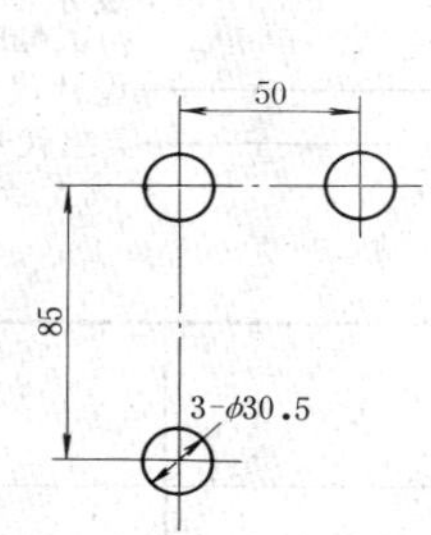

图 24-3-46　LAY1-22XZ/8～44XZ/10 型选择钮安装尺寸

第 24-4 节　信号灯、光字牌和信号报警装置

一、简述

目前国内生产的供交直流电压 380V 以下电路中用的信号灯，有 AD11、XD、NXD、AD1、XDS13 等系列。

AD11 系列半导体信号灯，是利用半导体 LED 发光器件作为光源的节能型机电一体化的新型信号灯产品，由于它具有功耗低、寿命长、耐震动等特点，性能优于目前普遍使用的 XD、NXD、AD1 型各类白炽灯和氖灯信号灯。

XD 系列信号灯已被普遍使用在指挥信号、预告信号、事故信号及其它指示用。XD13、XD14 型采用 E10 螺口氖灯，并在基本电路中串入限流电阻，去除了变压器，故体积小、重量轻、耗电少、寿命长、允许电压波动范围宽，但只有在交流 380V、220V、110V 线路中可取代 XD7、XD8 型信号灯。XD 系列信号灯订货时须注明型号、名称、额定电压、信号色别及数量。对气候防护有特殊要求须注明，湿热带型在额定电压末端加注“TH”，海洋性湿热带型在额定电压末端加注“TH/H”。

NXD 系列信号灯是一种新的信号灯，全部以氖灯为指示光源，因此具备 XD13、XD14 型信号灯优点，不仅能用于交流线路，其中 NXD7、NXD8 型可直接用于直流线路中。

AD1 系列信号灯是 1985 年完成的全国统一设计产品，它的各项性能指标均符合国际电工委员会（IEC）有关标准，且具有体积小、重量轻等特点。

XDS13 型信号灯是双灯式的，可安装在各种控制台、控制屏面板上作各种指示信号。

二、AD11 系列半导体信号灯

（一）简介

AD11 系列半导体信号灯适用于交直流电压 6.3～380V 范围的电路中，作为电信、仪表、机床、电气设备的指挥信号、预告信号、事故信号及其它显示信号用。由于它具有功耗低、寿命长（使用寿命>30000h）、壳体阻燃、维护简单等优点，目前是白炽灯、氖灯的最佳换代产品。

（二）型号含义

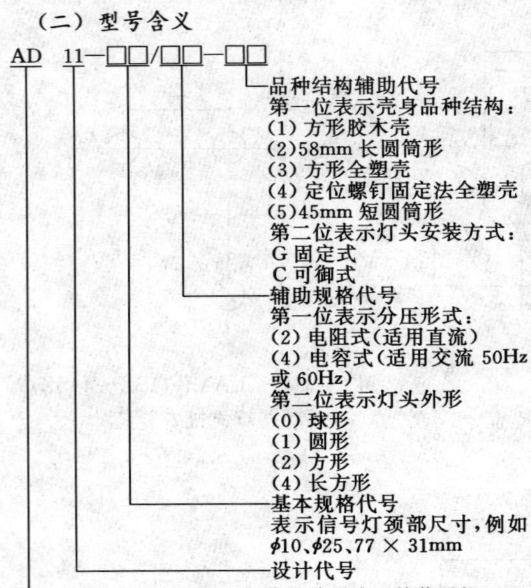

（三）技术数据

(1) 适用环境温度－25～＋55℃，空气相对湿度≤98%，在有防雨设施和无充满水蒸气的环境中使用。具有“TH”、“ZC”标志的灯，分别适用于海洋湿热型和船用级。

(2) 允许电压波动±20%。耐加速度为0.7g、频率为2—80Hz的震动。

(3) 寿命≥30000h，光亮度≥60cd/m²，CT1≥100，壳体阻燃。

(4) 发光颜色为红、绿、黄、橙、白。

(5) 主要规格、技术数据，见表24-4-1。

（四）外形及安装尺寸

AD11系列半导体信号灯外形及安装尺寸，见图24-4-1～图24-4-10及表24-4-1。

（五）生产厂

江苏江阴长江电子实业公司（原江阴晶体管厂）。为防止假冒，该厂有专用标志，订货时注意。

表 24-4-1 AD11系列半导体信号灯主要规格技术数据

型号	额定工作电压 (V)		功率 (W)	电流 (mA)	安装孔尺寸 (mm)	外形图
AD11-10/20	交流 直流	6.3	0.14～0.96	≤20	φ10.1	图 24-4-1
AD11-10/21		12				
AD11-10/22		24				
AD11-12/21	交流、直流	6.3、12、24	0.14～0.96	≤20	φ12.1	图 24-4-2
AD11-16/24	交流 直流	6.3	0.38	≤80	φ16.2	图 24-4-3
		12	0.36	≤40		
		24	0.72	≤40		
		48	1.4	≤40		
AD11-22/41-5G	交流	220	0.59	≤20	φ22.3	图 24-4-4
		380				
AD11-22/21-5G	交流 直流	6.3	0.38	≤70	φ22.3	图 24-4-4
		12	0.72			
		24	0.36	≤20		
		48	0.72			
		110	1.65			

续表 24-4-1

型　号	额定工作电压 (V)		功　率 (W)	电　流 (mA)	安装孔尺寸 (mm)	外形图
AD11-22/42-4C AD11-22/41-4C	交流	220 380	0.59	≤20		
AD11-22/22-4C AD11-22/21-4C	交流 直流	6.3	0.38	≤70	ϕ22.3	图 24-4-5
		12	0.72			
		24	0.36	≤20		
		48	0.72			
		110	1.65			
		220	3.3			
AD11-25/40-1G AD11-25/41-1G AD11-25/41-5G	交流	220 380	0.59	≤20	ϕ25.5	图 24-4-6 图 24-4-7
AD11-25/20-1G	交流 直流	6.3	0.38	≤70	ϕ25.5	图 24-4-6
		12	0.72			
AD11-25/21-1G		24	0.36	≤20		
		48	0.72			
AD11-25/21-5G		110	1.65			图 24-4-7
		220	3.3			
AD11-25/21(0)-3G AD11-25/21(0)-3C	在无功补偿装置中,作 10～40kvar 电容器的泄放电用					图 24-4-8
AD11-25/42-2G AD11-25/44-2G	交流	220 380	0.59	≤20	ϕ25.5	图 24-4-9
AD11-25/22-2G	交流 直流	6.3	0.76	≤120	ϕ25.5	
		12	1.44	≤120		
AD11-25/22-2G AD11-25/24-2G		24	0.72	≤40		
		48	1.08			
		110	1.65	≤20		
		220	0.59			
AD11-25/24-2G		6.3	0.95	≤150		
		12	1.8	≤150		
AD11-30/41-5G AD11-30/42-5G	交流	220 380	0.59	≤20	ϕ30.5	图 24-4-10
AD11-30/21-5G	交流 直流	6.3	0.88	≤140		
		12	1.68			
AD11-30/21-5G		24				
		48				
AD11-30/22-5G		110				
		220				
AD11-30/22-5G		6.3 12	0.76 1.44	≤120		

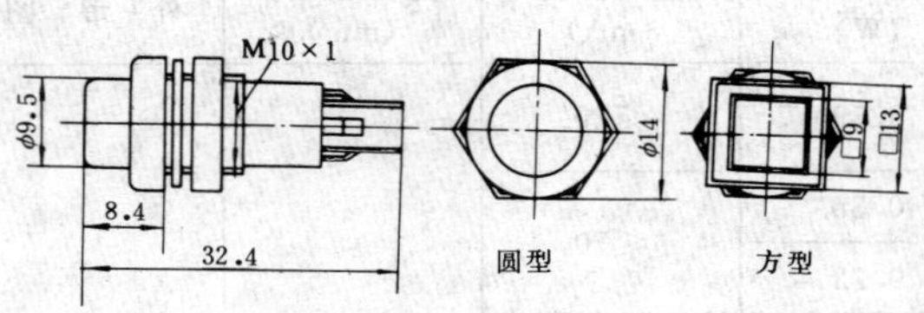

图 24-4-1　AD11-10 型半导体信号灯外形尺寸

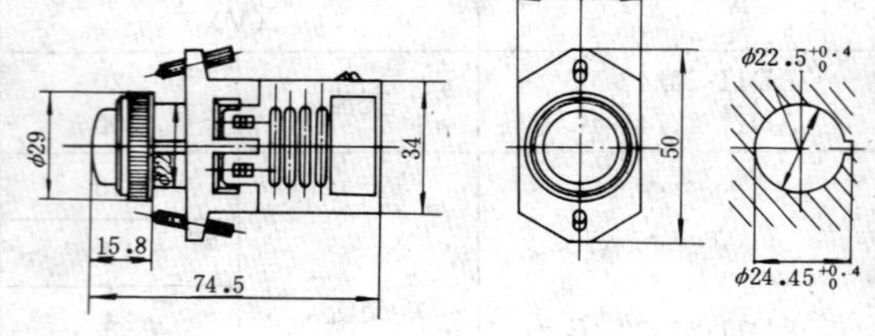

图 24-4-5　AD11-22 4C 型半导体信号灯外形尺寸

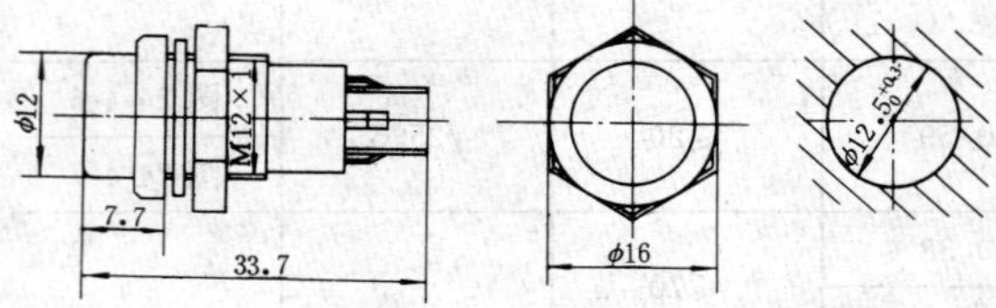

图 24-4-2　AD11-12/21 型半导体信号灯外形尺寸

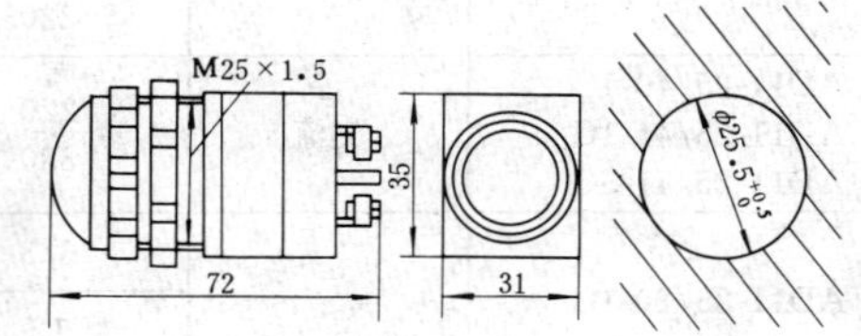

图 24-4-6　AD11-25 1G 型圆（球）形半导体信号灯外形尺寸

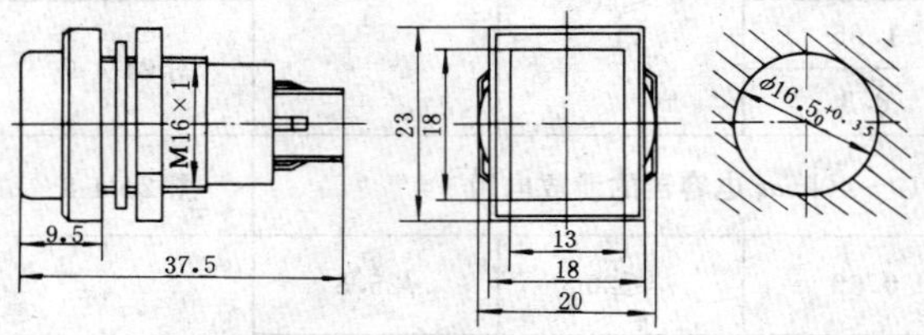

图 24-4-3　AD11-16/24 型半导体信号灯外形尺寸

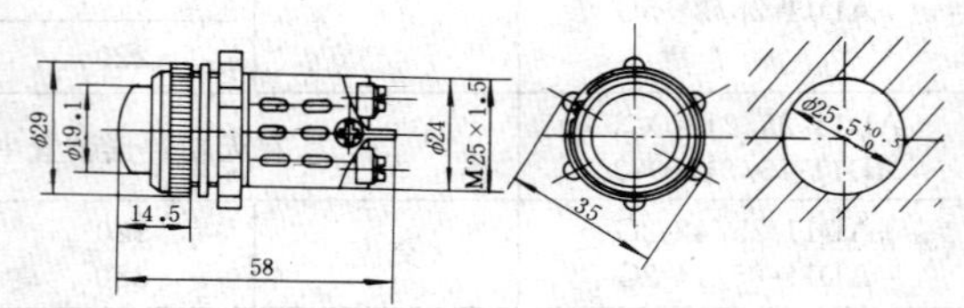

图 24-4-7　AD11-25 5G 型圆（球）形半导体信号灯外形尺寸

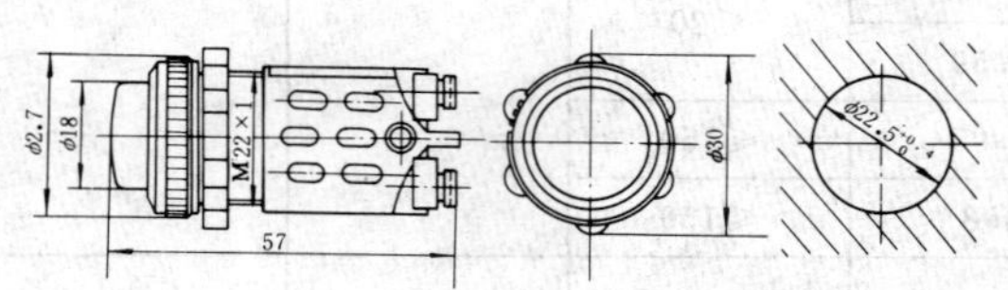

图 24-4-4　AD11-22 5G 型半导体信号灯外形尺寸

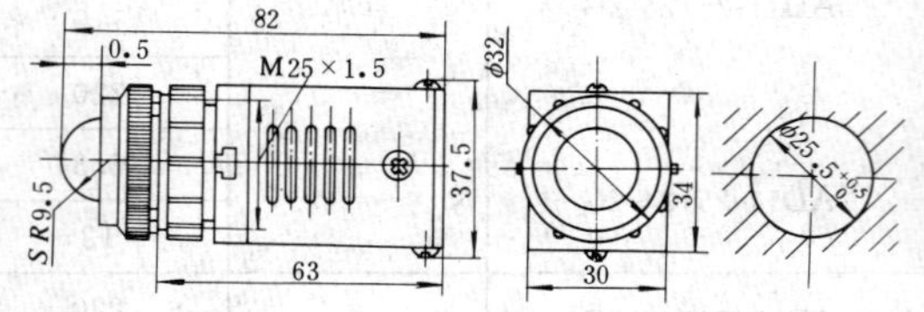

图 24-4-8　AD11-25 3G 型半导体信号灯外形尺寸

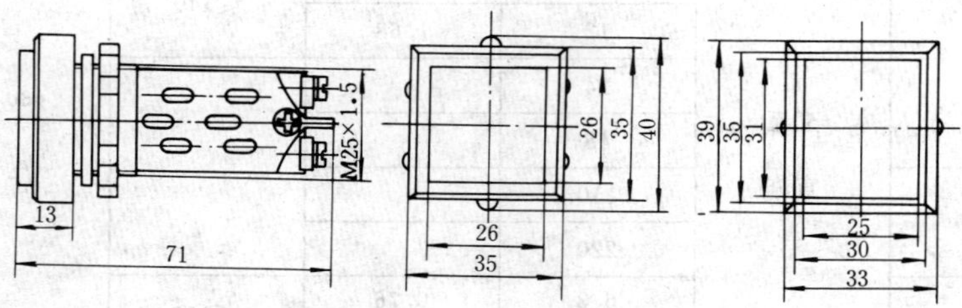

图 24-4-9　AD11-25 2G 型正方形、长方形半导体信号灯外形尺寸

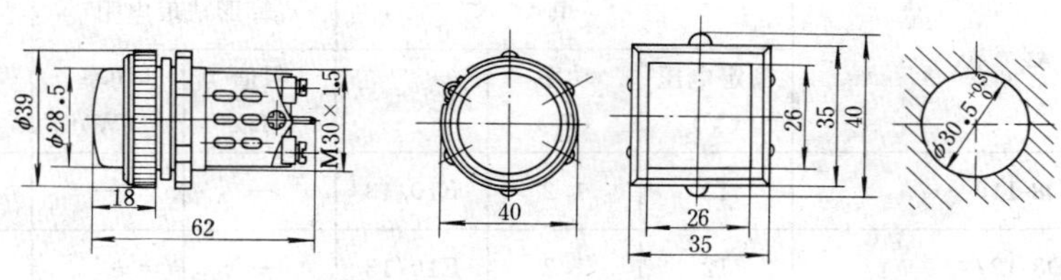

图 24-4-10　AD11-30 5G 型圆形、正方形半导体信号灯外形尺寸

三、XD 系列信号灯

（一）简介

XD 系列信号灯适用于交直流电压 6.3～380V 的电路中，作为电气设备的指示信号及其它信号用。

（二）型式结构

XD 系列信号灯由金属外壳、安装螺帽、罩壳、灯座、支架、变压器或管形珐琅电阻及绝缘件、接线柱、接触片、螺口或插口式白炽灯泡、氖气灯等零件组成。根据接入电路的方式分为四种：XD0、XD1、XD2、XD9、XD10 型为直接式；XD5、XD6 型为电阻式；XD7、XD8 型为变压器式；XD13、XD14 型采用氖气灯泡。信号灯颜色除 XD13、XD14 型为红、黄、乳白、绿色外，其余均为红、黄、蓝、绿、乳白、无色。

（三）技术数据

XD 系列信号灯技术数据，见表 24-4-2、表 24-4-3。

表 24-4-2　XD0～12 型信号灯技术数据

型号	白炽灯			管形珐琅电阻		变压器规格
	额定电压（V）	功率（W）	灯头型号	阻值（Ω）	功率（W）	
XD0-6.3、XD1-6.3	6.3	1	E10/13	—	—	
XD0-12、XD1-12	12	1.2	E10/13	—	—	
XD2-24	24	8	E14/25-2	—	—	
XD2-48	48	8	E14/25-2	—	—	
XD2-110	110	8	E14/25-2	—	—	
XD2-127	127	8	E14/25-2	—	—	
XD2-220	220	15	E14/25-2	—	—	
XD5-24、XD6-24	12	1.2	E10/13	150	25	
XD5-48、XD6-48	12	1.2	E10/13	400	25	
XD5-110、XD6-110	12	1.2	E10/13	1000	30	
XD5-220、XD6-220	12	1.2	E10/13	2200	30	
XD5-380、XD6-380	24	1.5	E10/13	6000	30	
XD7-24、XD8-24	12	1.2	E10/13	—	—	24/10V，1.5VA
XD7-36、XD8-36	12	1.2	E10/13	—	—	36/10V，1.5VA
XD7-48、XD8-48	12	1.2	E10/13	—	—	48/10V，1.5VA

续表 24-4-2

型号	白炽灯			管形珐琅电阻		变压器规格
	额定电压(V)	功率(W)	灯头型号	阻值(Ω)	功率(W)	
XD7-110、XD8-110	12	1.2	E10/13	—	—	110/10V，1.5VA
XD7-127、XD8-127	12	1.2	E10/13	—	—	127/10V，1.5VA
XD7-220、XD8-220	12	1.2	E10/13	—	—	220/10V，1.5VA
XD7-380、XD7-380	12	1.2	E10/13	—	—	380/10V，1.5VA
XD9-24、XD10-24	24	8	E14/25-2	—	—	—
XD9-48、XD10-48	48	8	E14/25-2	—	—	—
XD9-110、XD10-110	110	8	E14/25-2	—	—	—
XD9-220、XD10-220	220	15	E14/25-2	—	—	—
XD11-6.3、XD12-6.3	6.3	1	E10/13	—	—	—
XD11-12、XD12-12	12	1.2	E10/13	—	—	—

表 24-4-3　XD13～XD16 型信号灯技术数据

型号	额定电压(V)	氖气灯			限流电阻		
		色别	额定电流(mA)	灯头型号	型号	阻值(kΩ)	功率(W)
XD13 XD14	110	红 绿	3 2.8	E10/13-2	RJ	20	0.5
	220				RJ	30	0.5
	380				RJ	80	1
XD15 XD16	660				RJ	180	1

（四）外形及安装尺寸

XD系列信号灯外形及安装尺寸，见图 24-4-11～图 24-4-25。

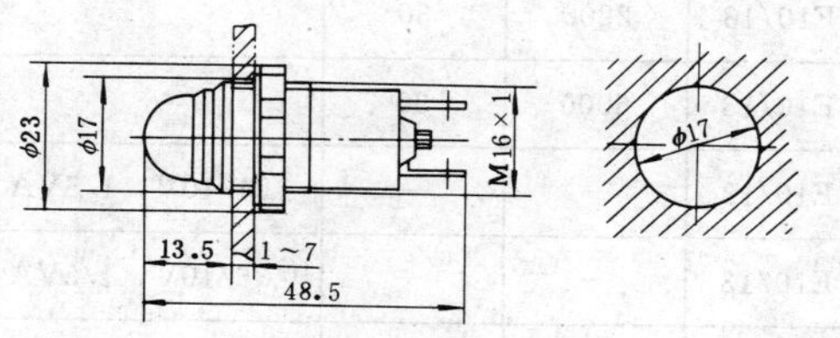

图 24-4-11　XD0 型信号灯外形及安装尺寸

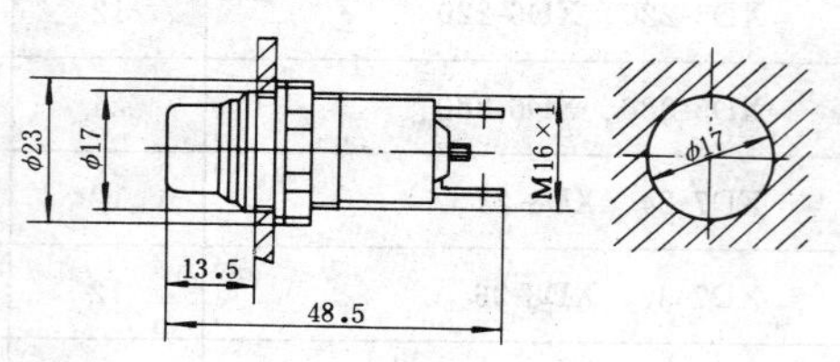

图 24-4-12　XD1 型信号灯外形及安装尺寸

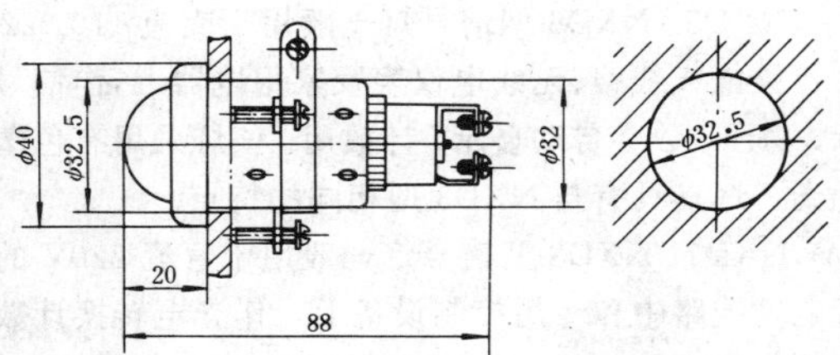

图 24-4-13　XD2 型信号灯外形及安装尺寸

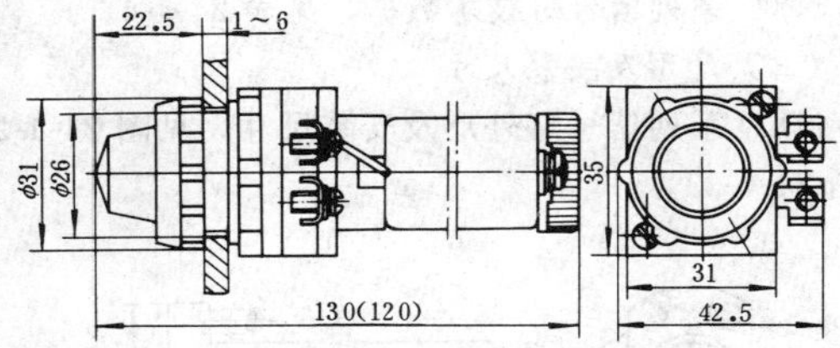

图 24-4-14　XD5 型信号灯外形及安装尺寸

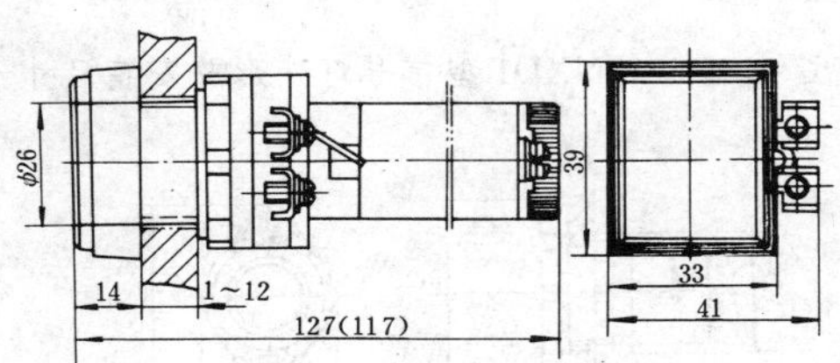

图 24-4-15　XD6 型信号灯外形及安装尺寸

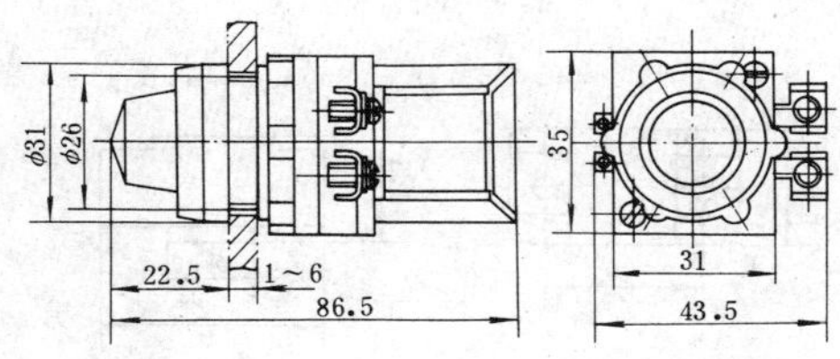

图 24-4-16　XD7 型信号灯外形及安装尺寸

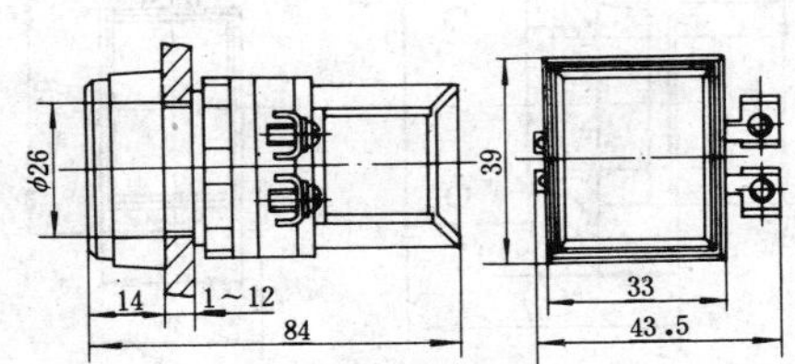

图 24-4-17　XD8 型信号灯外形及安装尺寸

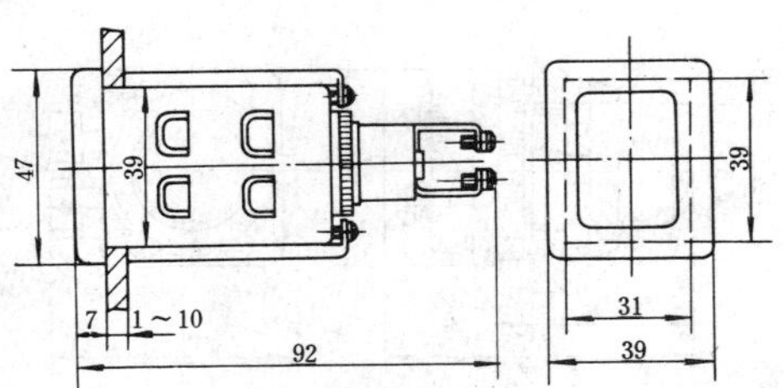

图 24-4-18　XD9 型信号灯外形及安装尺寸

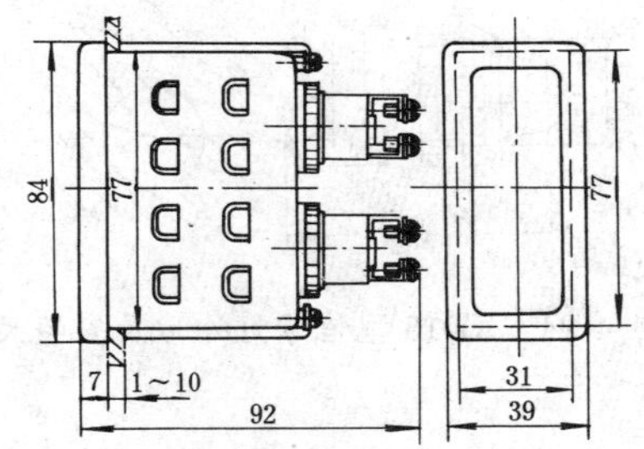

图 24-4-19　XD10 型信号灯外形及安装尺寸

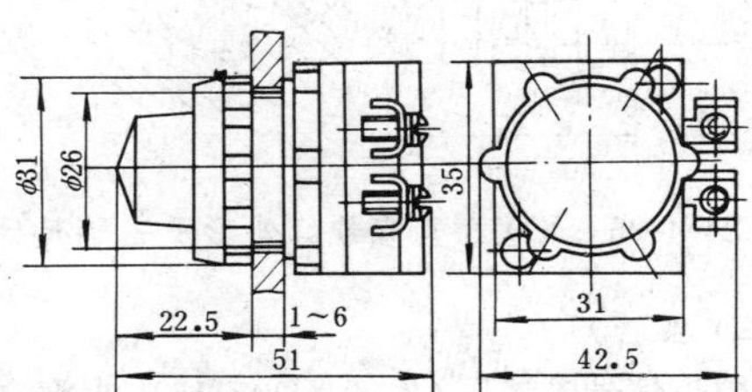

图 24-4-20　XD11 型信号灯外形及安装尺寸

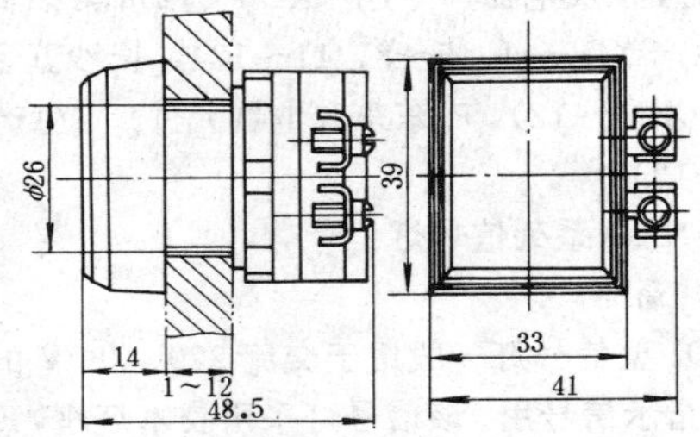

图 24-4-21　XD12 型信号灯外形及安装尺寸

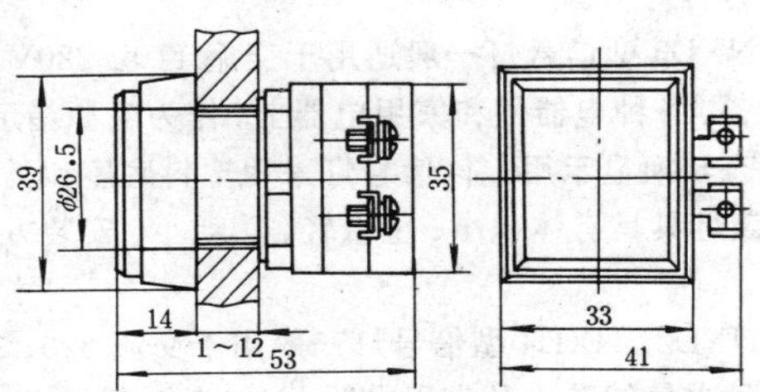

图 24-4-22　XD13 型信号灯外形及安装尺寸

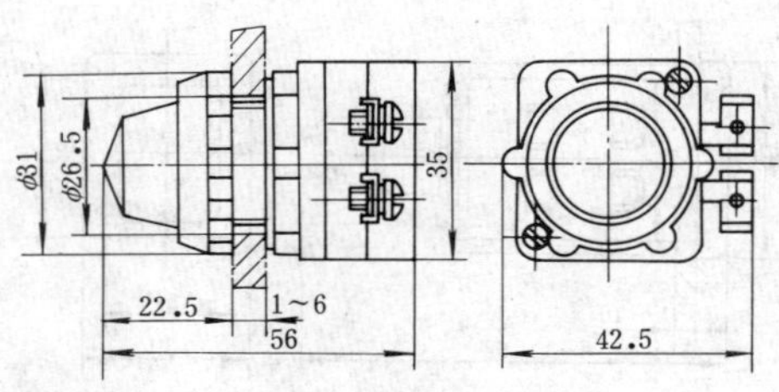

图 24-4-23 XD14 型信号灯外形及安装尺寸

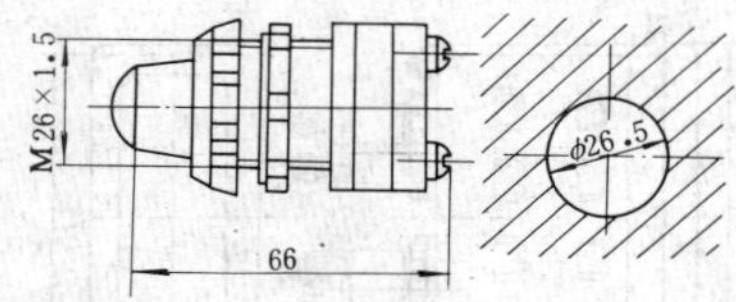

图 24-4-24 XD15 型信号灯外形及安装尺寸

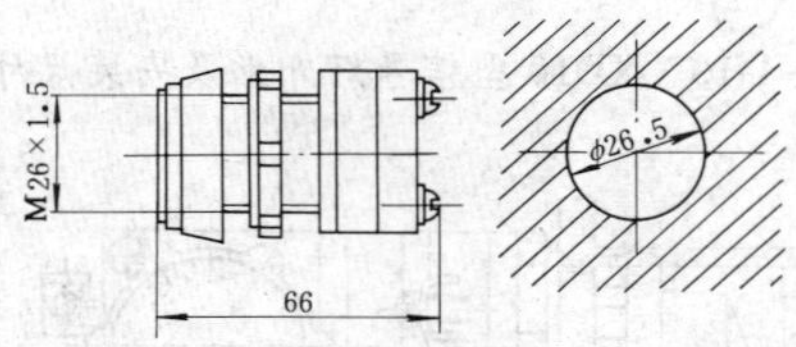

图 24-4-25 XD16 型信号灯外形及安装尺寸

（五）生产厂

沈阳市信号电器厂（生产 XD0～15），上海立新电器厂（生产 XD0～14），北京第三低压电器厂（生产 XD0～14），重庆电器厂（生产 XD0～12），常熟低压开关厂（生产 XD0～1、5～8、11～12），长沙五金电器厂（生产 XD0～12），广东东升电器元件厂（生产 XD0～1、3～12）等。

四、NXD 系列信号灯

（一）简介

NXD1 型信号灯一般用于交流 220、380V 的线路中，作为指示信号用。该信号灯采用胶木灯座，E14 螺口氖灯（限流电阻装于灯头内），用户可根据需要设计配制各种灯罩。

NXD3 型信号灯一般适用于交流 110、220V 的仪表设备、各种电器件和家用电器上，作为电源指示、工作状态转换显示用。该信号灯采用塑料底座和外壳组成。该灯具具有体积小、重量轻、功耗小、安装方便等特点。

NXD2、NXD4 型信号灯一般用于交流 220、380V 的各种电气线路中及家用电器上，作为电源指示、工作状态转换显示用。该信号灯采用塑料灯具，内装 ZC15 型插口氖灯（限流电阻装于灯头内）。

NXD5、NXD6 型信号灯一般用于交流 110、220V 的各种电气线路、无线电仪表及家用电器上，作信号指示、稳压、数字自动显示、计数用。该灯采用有色塑料外壳、灯具具有与 NXD3 型相同的特点。

NXD7、NXD8 型信号灯一般用于直流 220V 的各种电气线路中和专用控制设备上，作光电转换计数或光信号指示用。该灯采用塑料灯具，内装 1C15 型插口灯头（限流电阻装于灯头内）。

（二）技术数据

NXD 系列信号灯技术数据，见表 24-4-4。

（三）外形及安装尺寸

NXD 系列信号灯外形及安装尺寸，见图 24-4-26～图 24-4-33。

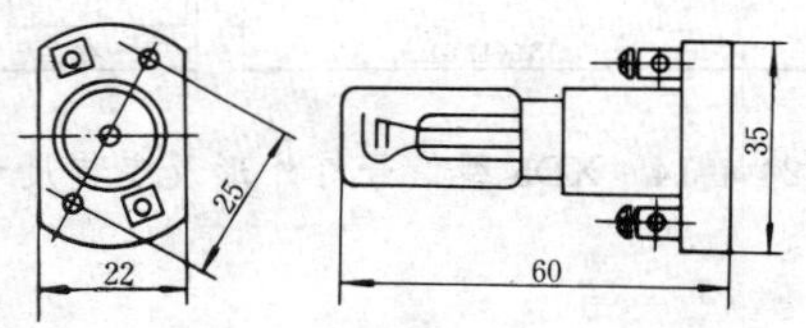

图 24-4-26 NXD1 型信号灯外形及安装尺寸

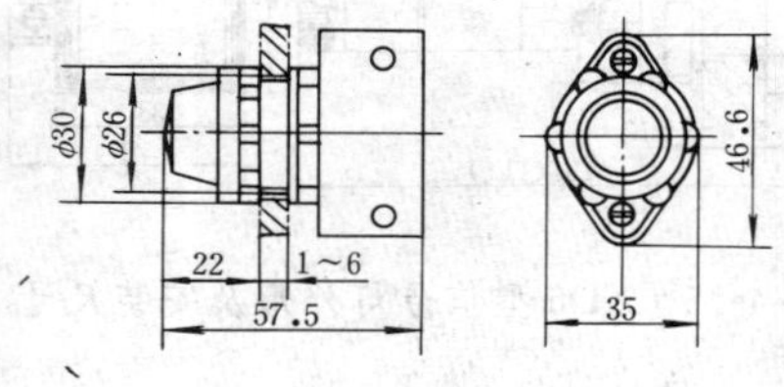

图 24-4-27 NXD2 型信号灯外形及安装尺寸

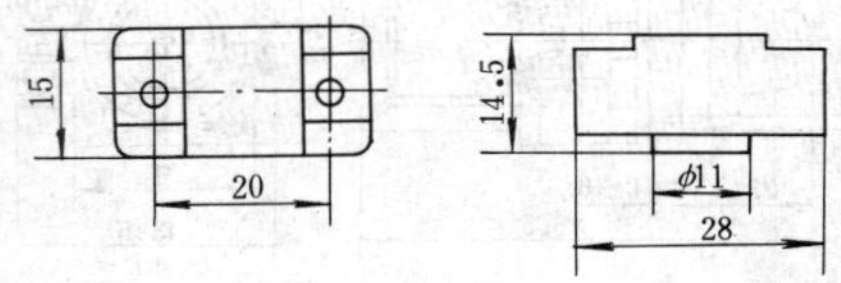

图 24-4-28 NXD3 型信号灯外形及安装尺寸

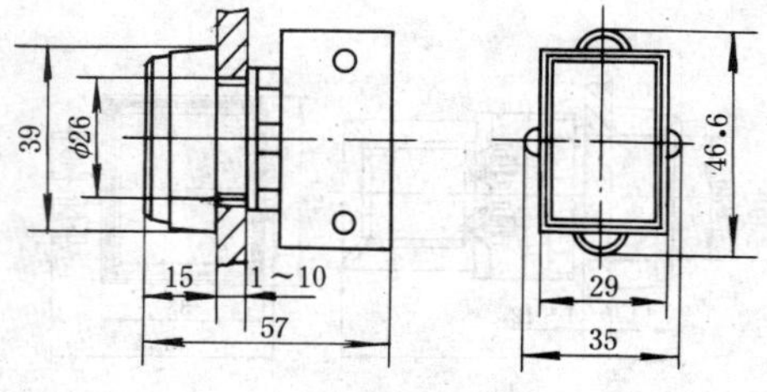

图 24-4-29 NXD4 型信号灯外形及安装尺寸

表 24-4-4　**NXD 系列信号灯技术数据**

型　号	额定电压（V）		工作电流（mA）	灯头型号	色　别	配用氖泡*颜色
	直　流	交　流				
NXD1-3/220	—	220	3	E14	桔红、绿	红配桔红罩绿配绿罩
NXD1-2/380	—	380	2	E14		
NXD2-2.5/110	—	110	2.5	2C15	红、黄、绿、乳白	红配红、黄、乳白罩绿配绿罩
NXD2-3/220	—	220	3	2C15		
NXD2-2.5/380	—	380	2.5	2C15		
NXD3-0.5/110	—	110	0.5	—	红、黄、透明	红配红、黄透明、乳白罩绿配绿罩
NXD3-0.5/220	—	220	0.5	—		
NXD4-2.5/110	—	110	2.5	2C15	红、黄、绿、乳白	
NXD4-3/220	—	220	3	2C15		
NXD4-2.5/380	—	380	2.5	2C15		
NXD5-0.5/110	—	110	0.5	—	红、黄、透明	灯泡、灯具整套更换
NXD5-0.5/220	—	220	0.5	—		
NXD6-0.5/110	—	110	0.5	—		
NXD6-0.5/220	—	220	0.5	—		
NXD7-3/110	110	—	3	1C15	红、黄、绿、乳白	
NXD7-3/220	220	—	3	1C15		
NXD8-3/110	110	—	3	1C15		
NXD8-3/220	220	—	3	1C15		

* 灯泡均由无锡市电器开关厂生产、配套供货。

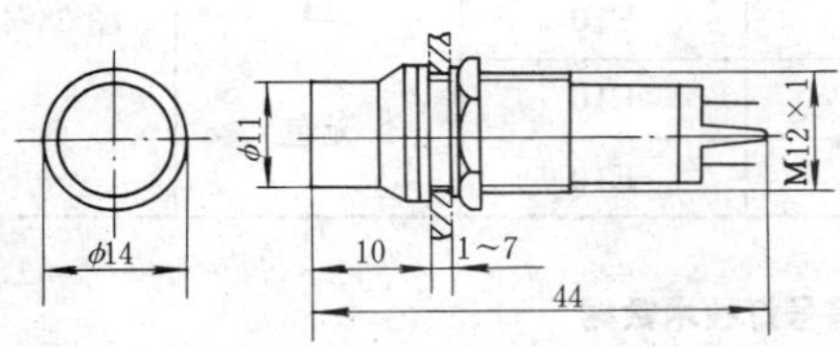

图 24-4-30　NXD5 型信号灯外形及安装尺寸

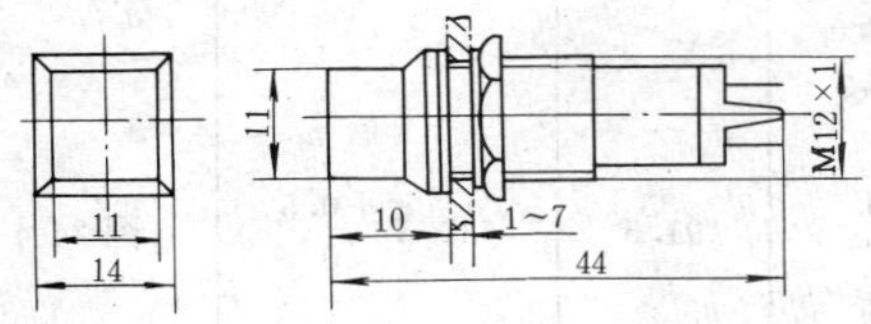

图 24-4-31　NXD6 型信号灯外形及安装尺寸

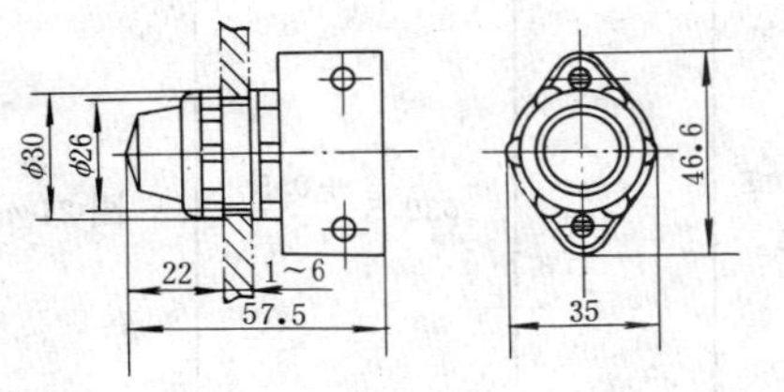

图 24-4-32　NXD7 型信号灯外形及安装尺寸

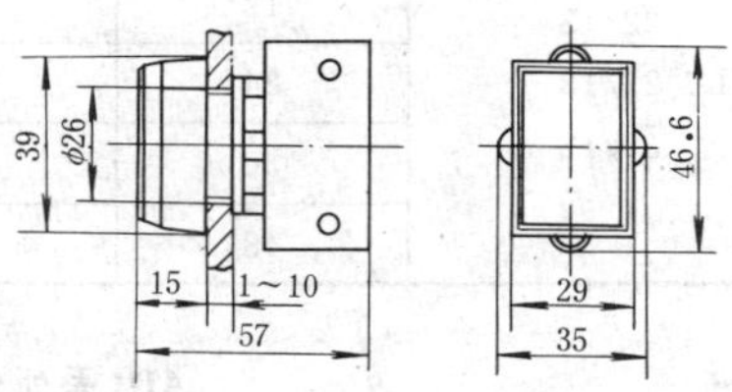

图 24-4-33　NXD8 型信号灯外形及安装尺寸

五、AD1 系列信号灯

（一）简介

AD1 系列信号灯是统一设计产品，适用于交流 50Hz（或 60Hz）380V 以下、直流 220V 及以下的电气控制系统中，作指挥信号、预告信号、事故信号及其他指示之用。

（二）型号含义

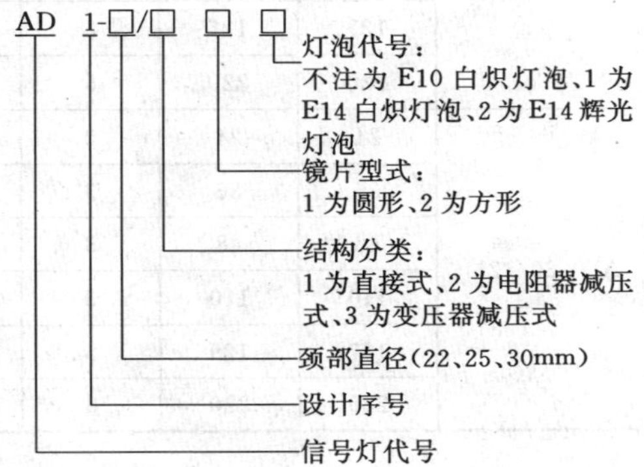

（三）型式结构

AD1系列信号灯以结构形式分为48V及以下直接式、220V及以下直接式、电阻器减压式、变压器减压式、辉光式信号灯五类，每类分别有ϕ22、ϕ25、ϕ30三种安装孔径（220V直接式只有ϕ30一种），有圆形和方形两种镜片形式，以白炽灯和氖氩辉光灯作为发光器件，用新型阻燃工程塑料外壳并采用接插式接线方式。

（四）技术数据

（1）48V及以下直接式信号灯技术数据，见表24-4-5。

（2）220V及以下直接式信号灯技术数据，见表24-4-6。

（3）电阻器减压式信号灯技术数据，见表24-4-7。

（4）变压器减压式信号灯技术数据，见表24-4-8。

（5）辉光式信号灯技术数据，见表24-4-9。

（6）上海立新电器厂变压器式、电阻器式信号灯技术数据，与宁波市光电器材厂产品有所不同，上海立新电器厂变压器式、电阻器式信号灯技术数据见表24-4-10。

表24-4-5 AD1系列48V及以下直接式信号灯技术数据

信号灯型号	额定电压（V）	灯泡规格			指示颜色	外形图
		额定电压（V）	功率（W）	灯头型号		
AD1-22/11 AD1-25/11 AD1-30/11	6	6	1	E10	红 绿 黄 蓝 白 无色	图24-4-34
	12	12	1.2	E10		
	24	24	1.5	E10		
	36	36	1.5	E10		
	48	48	1.5	E10		
AD1-22/12 AD1-25/12 AD1-30/12	6	6	1	E10		图24-4-35
	12	12	1.2	E10		
	24	24	1.5	E10		
	36	36	1.5	E10		
	48	48	1.5	E10		

表24-4-6 AD1系列220V及以下直接式信号灯技术数据

信号灯型号	额定电压（V）	灯泡规格			指示颜色	总长（mm）	安装孔径（mm）	外形图
		额定电压（V）	功率（W）	灯头型号				
AD1-30/111	24	24		E14	红 绿 黄 蓝 白 无色	91.5	$\phi30.5^{+0.5}_{0}$	图24-4-36
	36	36	3	E14				
	48	48	3	E14				
	110	110	3	E14				
	127	127	5	E14				
	220	220	5	E14				
AD1-30/121	24	24	3	E14			$\phi30.5^{+0.5}_{0}$	图24-4-37
	36	36	3	E14				
	48	48	3	E14				
	110	110	3	E14				
	127	129	5	E14				
	220	220	5	E14				

表 24-4-7　**AD1 系列电阻器减压式信号灯技术数据**

信号灯型号	额定电压（V）	电阻器规格	灯泡规格			指示颜色	外形图
			额定电压（V）	功率（W）	灯头型号		
AD1-22/21 25/21 30/21	110	1.2k，3W，2 只	60	1.5	E10	红 绿 黄 白 无色	图 24-4-38
	220	3k，7W，2 只					
	380	6.6k，10W，2 只					
AD1-22/22 25/22 30/22	110	1.2k，3W，2 只	60	1.5	E10		图 24-4-39
	220	3k，7W，2 只					
	380	6.6k，10W，2 只					

表 24-4-8　**AD1 系列变压器减压式信号灯技术数据**

信号灯型号	额定电压（V）	变压器规格	灯泡规格			指示颜色	外形图
			额定电压（V）	功率（W）	灯头型号		
AD1-22/31 25/31 30/31	110	110/6V	8	1	E10	红 绿 黄 蓝 白 无色	图 24-4-38
	220	220/6V					
	380	380/6V					
AD1-22/32 25/32 30/32	110	110/6V	8	1	E10		图 24-4-39
	220	220/6V					
	380	380/6V					

表 24-4-9　**AD1 系列辉光式信号灯技术数据**

信号灯型号	额定电压（V）	辉光灯泡规格	串联电阻	并联电阻	指示颜色	外形图
AD1-22/212 25/212 30/212	110	ND1,85V,红色 NDL1,85V,绿色	15k,1W	100k,W	红 黄 绿 白	图 24-4-40
	220	ND1,176V,红色 NDL1,176V,绿色	27k,1W	200k,1W		
	380	ND1,85V,红色 NDL1,85V,绿色	75k,1W	350k,1W		
AD1-22/222 25/222 30/222	110	ND1,85V,红色 NDL1,85V,绿色	15k,1W	100k,1W		图 24-4-41
	220	ND1,176V,红色 NDL1,176V,绿色	27k,1W	200k,1W		
	380	ND1,176V,红色 NDL1,176V,绿色	75k,1W	350k,1W		

注　1. AD1-$\frac{22/212}{25/212}$、AD1-$\frac{22/222}{25/222}$两种信号灯可通用于 ϕ22.5 和 ϕ25.5 两种安装孔。

2. 红、黄、白颜色信号灯配用红色辉光灯泡，绿色信号灯配用绿色辉光灯泡。

表 24-4-10　AD1 系列变压器式、电阻器式信号灯技术数据

信号灯型号	额定电压(V)	灯头型号	指示颜色
AD1-22/31 25/31 30/31 22/32 25/32 30/32	110 220 380	XZ8-1W E10/13	红 黄 绿 蓝 白 无色透明
AD1-22/21 25/21 30/21 22/22 25/22 30/22	110 220 380	XZ8-1W E10/13	

（五）外形及安装尺寸

AD1 系列信号灯外形及安装尺寸，见图 24-4-34～图 24-4-41 及表 24-4-11～表 24-4-14。

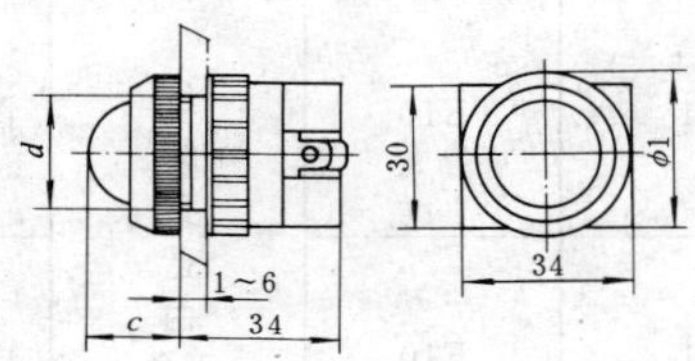

图 24-4-34　AD1-□/11 型信号灯外形及安装尺寸

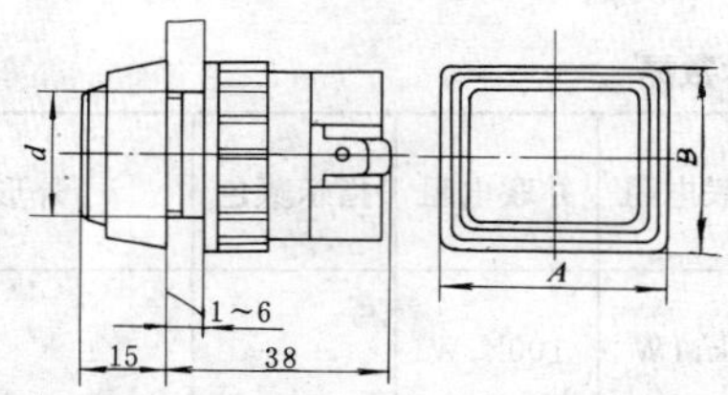

图 24-4-35　AD1-□/12 型信号灯外形及安装尺寸

表 24-4-11　AD1 系列 48V 及以下直接式信号灯外形尺寸

信号灯型号	外形尺寸(mm)				
	d	ϕ_1	A	B	C
AD1-22/11	22	31			19.5
AD1-25/11	25	33			19.5
AD1-30/11	30	39			24.5
AD1-22/12	22		37	31	
AD1-25/12	25		39	33	
AD1-30/12	30		47	39	

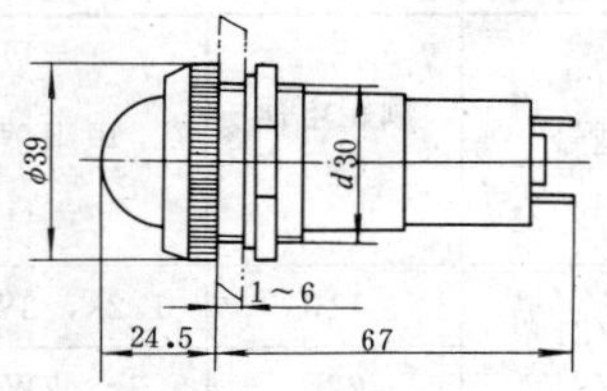

图 24-4-36　AD1-30/111 型信号灯外形及安装尺寸

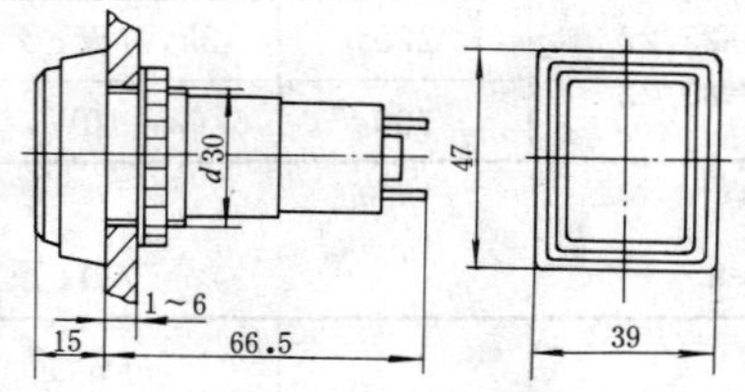

图 24-4-37　AD1-30/121 型信号灯外形及安装尺寸

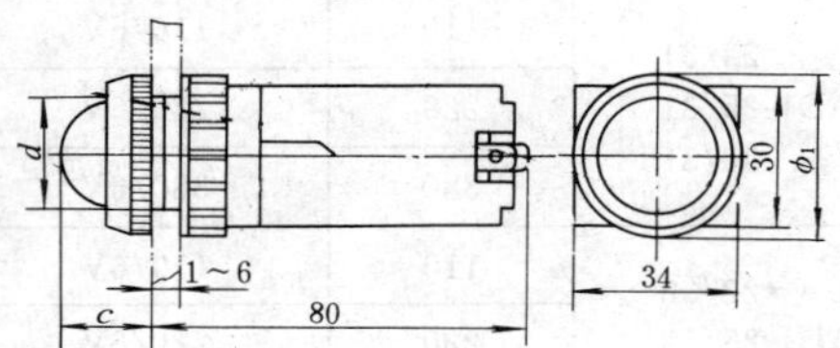

图 24-4-38　AD1-□/21、AD1-□/31 型信号灯外形及安装尺寸

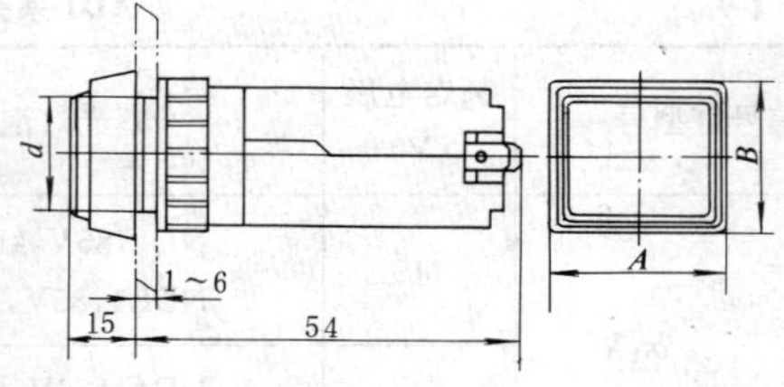

图 24-4-39　AD1-□/22、AD1-□/32 型信号灯外形及安装尺寸

表 24-4-12　AD1 系列电阻器减压式信号灯外形尺寸

信号灯型号	外形尺寸(mm)				
	d	ϕ_1	A	B	C
AD1-22/21	22	31			19.5
AD1-25/21	25	33			19.5
AD1-30/21	30	39			24.5
AD1-22/22	22		37	31	
AD1-25/22	25		39	33	
AD1-30/22	30		47	39	

表 24-4-13　AD1 系列变压器减压式信号灯外形尺寸

信号灯型号	外形尺寸 (mm)				
	d	ϕ_1	*A*	*B*	*C*
AD1-22/31	22	31			19.5
AD1-25/31	25	33			19.5
AD1-30/31	30	39			24.5
AD1-22/33	22		37	31	
AD1-25/33	25		39	33	
AD1-30/33	30		47	39	

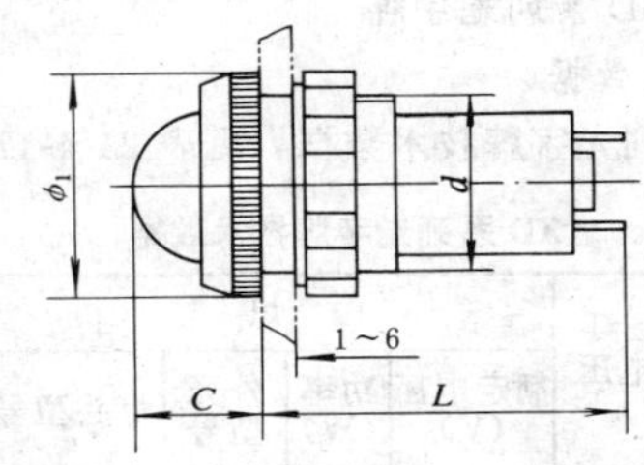

图 24-4-40　AD1-□/212 型信号灯外形及安装尺寸

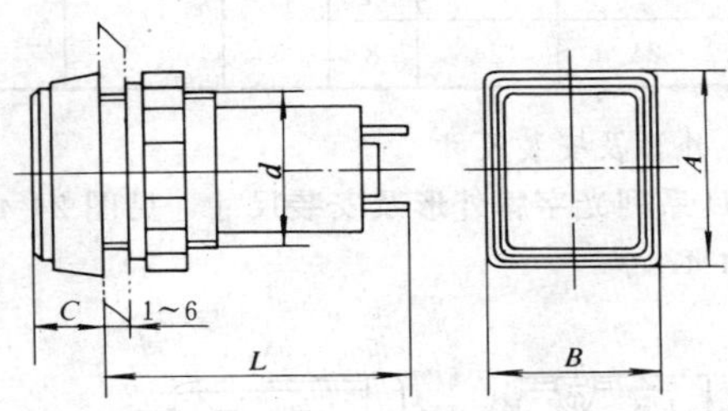

图 24-4-41　AD1-□/222 型信号灯外形及安装尺寸

表 24-4-14　AD1 系列辉光式信号灯外形尺寸

信号灯型号	外形尺寸 (mm)					
	d	ϕ_1	*A*	*B*	*C*	*L*
AD1-22/212 25/212	22	33			19.5	55
AD1-30/212	30	39			24.5	57
AD1-22/222 25/222	22		39	33	18	55.5
AD1-30/222	30		47	39	15	57.5

（六）生产厂

宁波市光电器材厂，上海立新电器厂。

六、XDY1、XDF1 系列信号灯

（一）简介

XDY1、XDF1 系列信号灯适用于电压为 6、24V 的直流或交流 50 (60) Hz 信号回路，也适用于交流 50 (60) Hz、电压 380V 的控制电路。

（二）型号含义

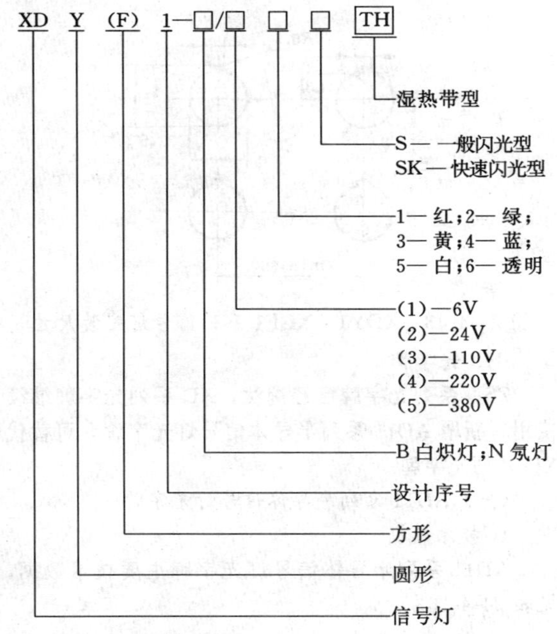

（三）技术数据

XDY1、XDF1 系列信号灯主要技术数据，见表 24-4-15。

表 24-4-15　XDY1、XDF1 系列信号灯技术数据

额定电压 (V)		额定功率 (W)	最大允许温升 (K)		灯头型式
			灯罩表面	接线端子	
直流	6 24	<1.5	40	65	卡口式 B9S/14
交流	110 220 380	<0.5			

（四）外形及安装尺寸

XDY1、XDF1 系列信号灯外形及安装尺寸，见图 24-4-42、图 24-4-43。

（五）生产厂

西安市通达电器厂。

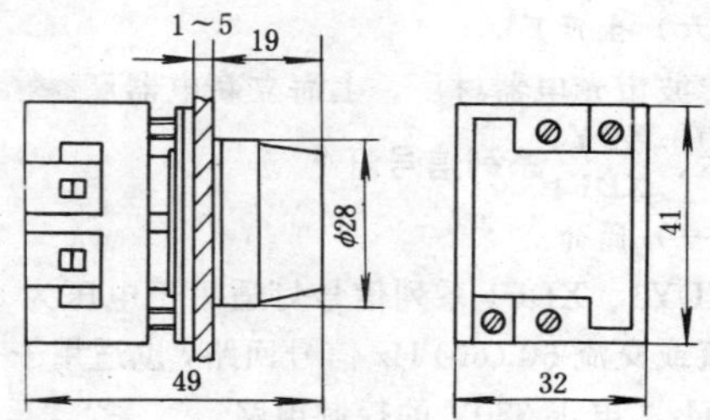

图 24-4-42　XDY1、XDF1 系列信号灯外形尺寸

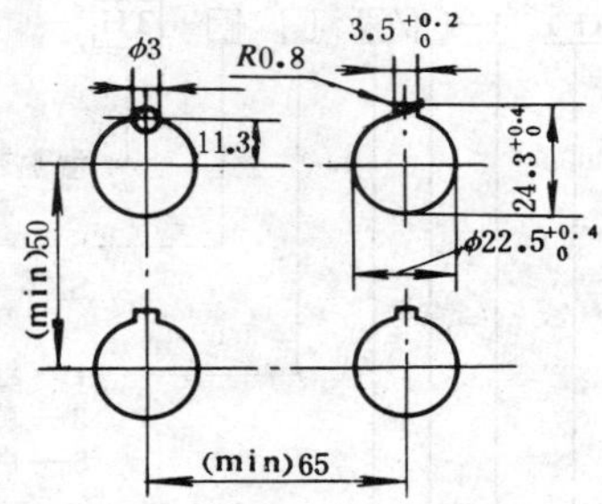

图 24-4-43　XDY1、XDF1 系列信号灯安装尺寸

七、光字牌

ZSD 系列光字牌已经淘汰，XD 系列光字牌继续使用，新增 AD11 系列半导体信号灯光字牌，可替代 XD 系列光字牌。

(一) AD11 系列半导体信号灯光字牌

1. 技术数据

AD11 系列半导体信号灯光字牌主要技术数据，见表 24-4-16。

表 24-4-16　AD11 系列半导体信号灯光字牌主要技术数据

型　号		额定电压(V)	电流(mA)	安装孔尺寸(mm)	外形图
单灯光字牌 AD11-39×31/34	交流	24、48	≤40	ϕ40.5×32.5	图 24-4-44
	直流	110、220、380	≤20		
双灯光字牌	交流	24、48	≤40	ϕ79×32.5	图 24-4-45
	直流	110、220、380	≤20		

2. 外形尺寸

AD11 系列半导体信号灯光字牌外形尺寸，见图 24-4-44、图 24-4-45。

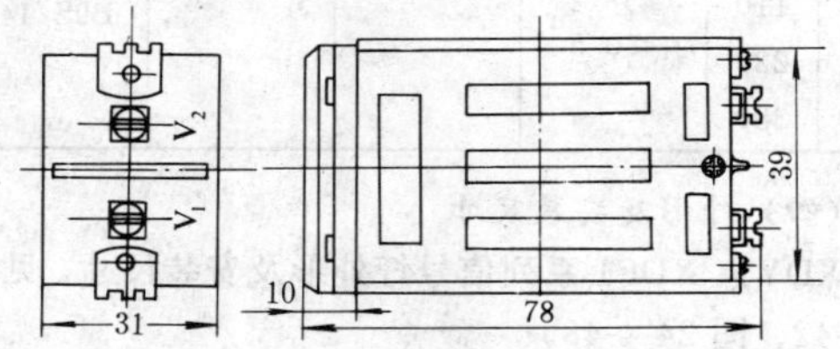

图 24-4-44　AD11-39×31/24 型单灯光字牌外形尺寸

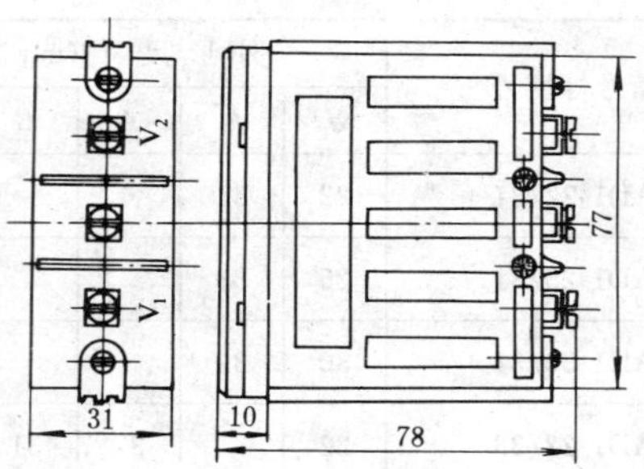

图 24-4-45　AD11-77×31/24 型双灯光字牌外形尺寸

3. 生产厂

江苏江阴长江电子实业公司（原江阴晶体管厂）。

(二) XD 系列光字牌

1. 技术数据

XD 系列光字牌技术数据，见表 24-4-17。

表 24-4-17　XD 系列光字牌技术数据

型号	信号灯额定电压(V)	白炽灯 额定电压(V)	功率(W)	外壳型号	灯头型号	色别
XD9 XD10	220	220	15	A25	E14/25-2	红、黄、蓝、绿、乳白、无色
	110	110	8			
	48	48	8			
	24	24	8			

2. 外形及安装尺寸

XD 系列光字牌外形及安装尺寸，见图 24-4-46、图 24-4-47。

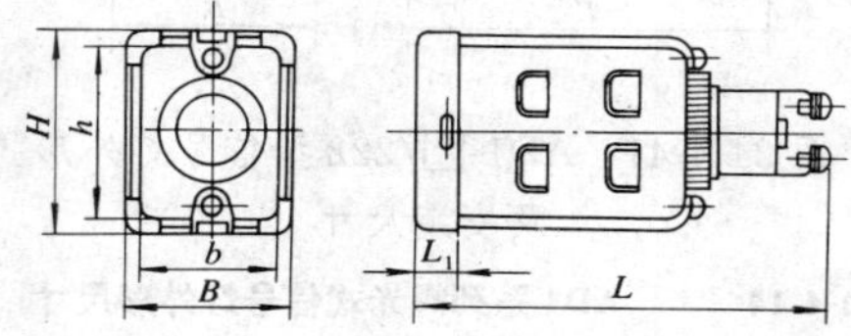

图 24-4-46　XD9 型光字牌外形及安装尺寸

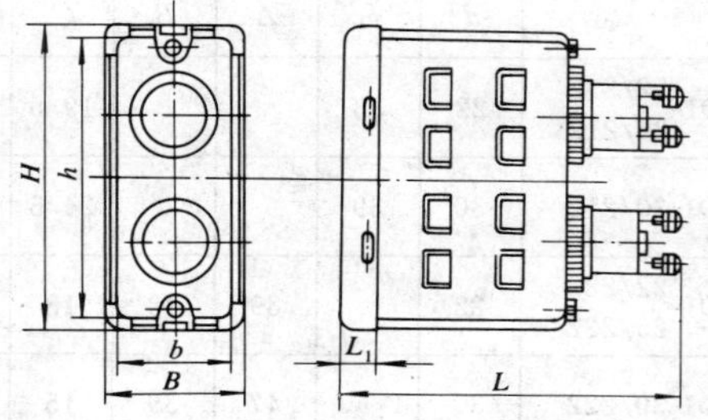

图 24-4-47　XD10 型光字牌外形及安装尺寸

3. 生产厂

上海立新电器厂。

八、EXZ-1 型组合式信号报警装置

(一) 简介

EXZ-1 型组合式信号报警装置是电气、热工、化工等自动化系统配套的声光报警装置。该装置可方便灵活地组成任意规模的中央信号报警系统。在元器件选用上采用了 CMOS 集成电路和小密封继电器，采用有触点和无触点相结合的方式。考虑了装置分散自检和集中同检的功能，提供了与远动、事件记录等装置连接的空接点。音响冲击回路采用电容冲击，克服了原来电磁冲击继电器饱和的缺点，重复音响路数不受限制。该装置自带直流稳压电源，整机允许波动±10%，单板±15%。

(二) 型式结构

该装置采用组合结构。有灯光盒 (FGP) 和音响盒 (FYX) 两种。每个灯光盒内装有四块印刷板，每块板上装有四个信号，即每个盒可接 16 个信号。每块板上装有继电器、集成电路、阻容元件及指示灯，板上插拔更换方便，且可互换。如某一元件发生故障时，可在运行的情况下更换新的备件，便于维护检修。根据工程规模的大小，选取盒的数量及组合方式。音响盒属公用部分，包括事故和预报音响，每个光字牌罩为 20×40mm，正面刻字。

(三) 装置基本功能

1. 预报信号

(1) 音响：当主设备发生故障，如“变压器过负荷”、“温度升高”等，其信号继电器触点启动信号系统的音响回路，经延时 (0～8s 可调) 后发出 1000Hz 左右的预报音响，提醒值班人员，以便及时检查。重复音响路数不受限制，音响时间在 0～8s 可调，可自动复归，亦可手动复归。

(2) 灯光：当有信号输入时，主设备的信号继电器触点闭合，启动该装置的隔离继电器，其触点启动逻辑回路，信号灯闪光。当值班人员确认后，手动按下“平光”按钮，信号灯电闪光转为平光。在此信号未消失前又有新信号来，新的信号灯仍闪光，重复上述过程，以分辨信号的先后次序，重复路数不受限制。

2. 事故信号

(1) 音响：音响过程同预报信号，但不带延时，有事故停钟及停钟解除功能，且可发远动事故总信号。音响频率 280Hz 左右。

(2) 灯光：同预报信号，还可引出一副动合触点至其它自动装置，灯光板及灯光盒事故、预报通用。

3. 自检功能

(1) 查灯：分就地查灯 (在灯光盒上) 和远方查灯，用来检查灯泡有无损坏，逻辑功能是否正常，元器件是否完好等。查灯闭锁音响。

(2) 平灯：分就地平光和远方平光，便于运行人员响应。

(3) 音响试验：分预报音响试验按钮 (YBA)、事故音响按钮 (SYA) 和总复归按钮 (FCA)，用于手动检查音响系统功能。

停钟解除按钮 (JCA)，当事故信号来时，时钟停止，故障处理完毕后，将钟表核对到正确时间后，按下 JCA，时钟恢复走时。

(四) 主要电路原理

1. 灯光逻辑回路

每个灯光板 (EGP) 上装有四路信号，逻辑原理完全相同。灯光板逻辑原理框图，见图 24-4-48。

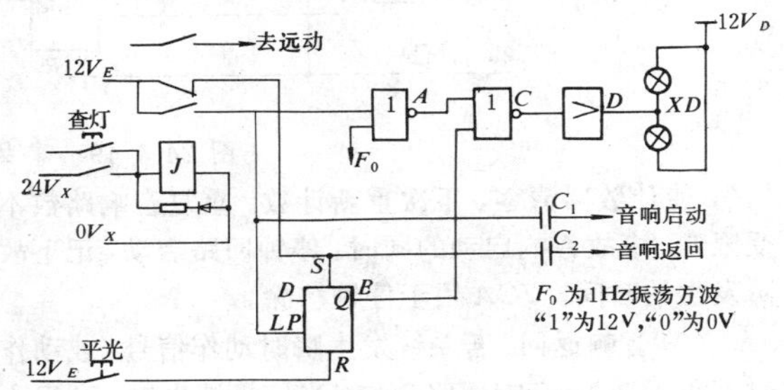

图 24-4-48 灯光板逻辑原理框图

(1) 正常情况下 (即无信号输入) 继电器 J 未启动，$A=$“1”、$B=$“1”、$C=\overline{A\cdot B}=$“0”、$D=\overline{C}=$“1”，信号灯不亮。

(2) 动作情况 (即有信号输入) 继电器启动，动合触点闭合。$A=\overline{F}_0$、$B=1$、$C=F_0$、$D=\overline{F}_0$，信号灯闪光，通过 C_1 发出一个尖脉冲至音响启动回路。当运行人员发现后，手动按“平光”按钮，$A=\overline{F}_0$、$B=$“0”、$C=$“1”、$D=\overline{C}=$“0”，信号转平光。

(3) 信号复归：当故障消失后，继电器释放 (状态同正常情况)，触点返回通过 C_2 送出尖脉冲至音响返回回路，使音响停止。若属瞬时动作信号，灯光会闪亮一下，瞬时即逝，音响停止。事故、预报灯光板逻辑相同，事故、预报灯光板件通用。

2. 音响逻辑回路

音响分事故和预报两种板，基本原理相同，以事故音响板为例。事故音响板逻辑原理框图，见图 24-4-49。

(1) 音响启动：保护动作触点首先启动灯光回路，通过电容冲击至音响启动输入门，尖脉冲使 D 触发器翻转，Q 端输出“1”电平，经音频调制、放大至输出变压器，喇叭即响；同时按 F_0 的频率启动计数器计数，计数至整定值发出“1”电平，使 D 触发器置“0”，Q 端由“1”变为“0”电平，音响停止，Q 端又从“0”变

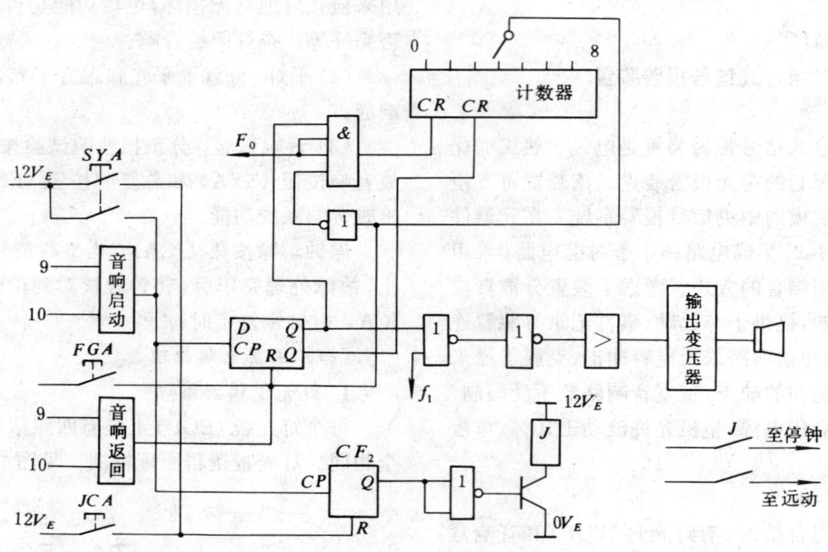

图 24-4-49　事故音响板逻辑原理框图

“1”，使计数器清零，下次重新计数。重复音响路数不受限制。事故音响启动的同时，停钟回路启动，记下故障发生的时间。*JCA* 用于停钟解除。

(2) 音响返回：若系统发生瞬时动作信号（或动作时间小于 8s），音响回路动作。当信号消失时，利用小密封继电器常闭触点发脉冲信号至音响返回回路，使触发器置“0”，音响立即停止。对于预报音响，增加了音响启动延时（0～8s 可调），小于延时的瞬时信号不发音响。

3. 振荡

闪光振荡 F_0、事故音响 f_1、预报音响 f_2 用集成电路 1555 及阻容元件组成，逻辑原理见图 24-4-50 所示。只要改变 R_3、C_2 的参数，就可得到不同的振荡频率。此振荡源属于公用部分，安装在事故音响板和预报音响板上。

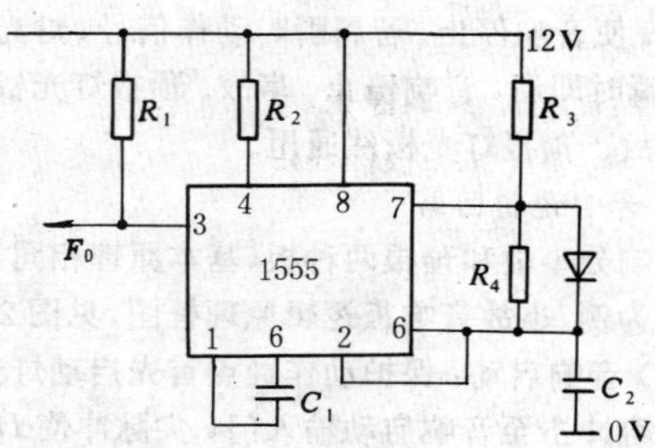

图 24-4-50　振荡逻辑原理图

(五) 技术数据和装置接线

1. 技术数据

(1) 装置容量：每个灯光盒可按 16 个信号，根据工程需要，可由数个至数十个灯光盒及一至二个音响盒组成信号报警系统。

(2) 逻辑电路采用正逻辑形式，“1”电平表示 10～12V，“0”电平表示 0～2V。

(3) 电源：交流 220V，允许偏差±10%，供稳压电源用；直流 220V，允许偏差±10%，供逆变电源用。该装置内部配有四个直流稳压电源及一个逆变电源。稳压电源 12V、24V 各两个。

2. 装置接线

音响单元盒外部接线见图 24-4-51，灯光单元盒外部接线见图 24-4-52。信号系统接线见图 24-4-53、图 24-4-54。系统接线图仅供设计参考，详见厂家说明书。

3. 外形尺寸

每个灯光盒外形尺寸为 150×225×230（高×宽×深，mm）

(六) 安装、订货注意事项

(1) 订货时用户需提供单元盒的数量及组装方式、工程中的信号总数，分别列出事故、预报的数量及刻字清单。

(2) 灯光盒避免装于阳光直射处，以提高信号灯发光时的清晰度。

(3) 各灯光盒到音响盒的“音响启动”、“音响返回”回路连线超过 5m 时，应采用屏蔽线，屏蔽层两端接地。

(七) 生产厂

南京电力自动化设备厂。

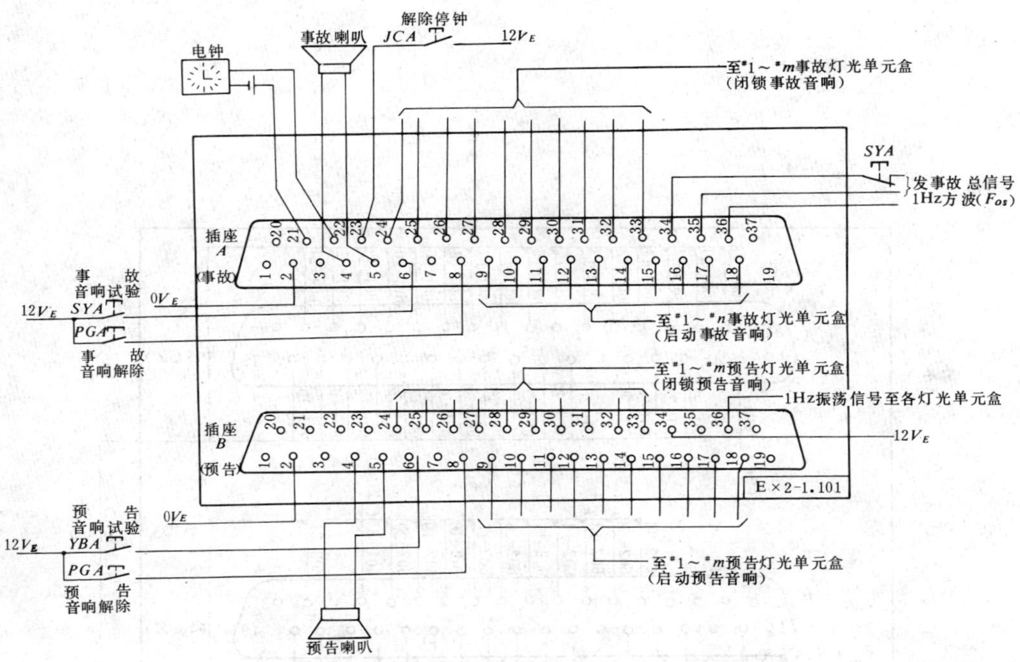

图 24-4-51　EXZ-1 型音响单元盒外部接线图

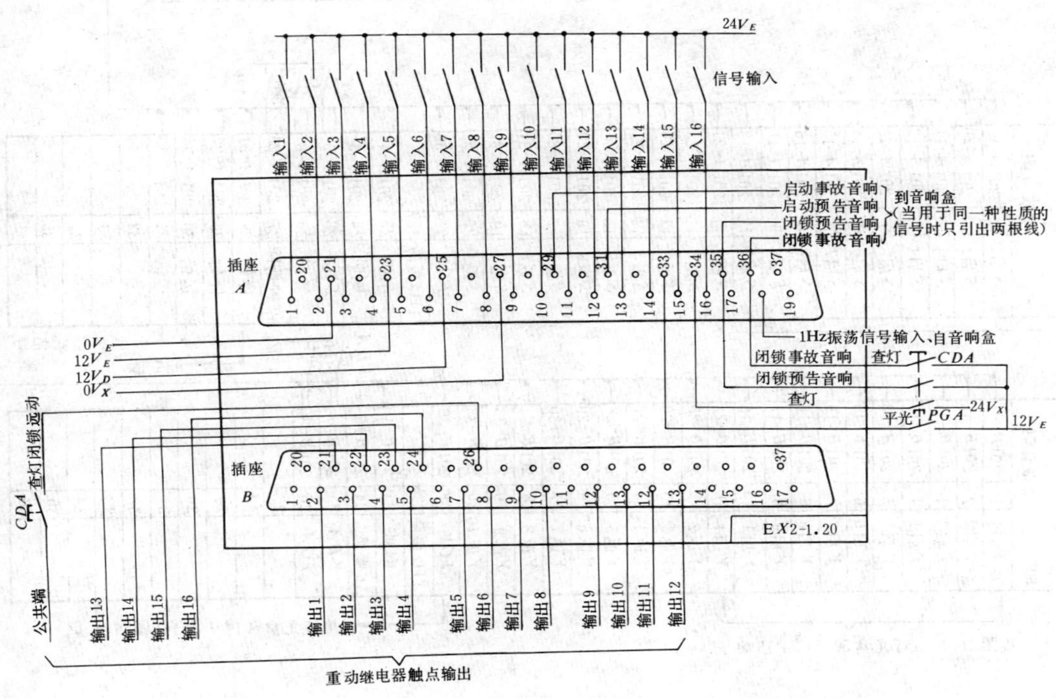

图 24-4-52　EXZ-1 型灯光单元盒外部接线图

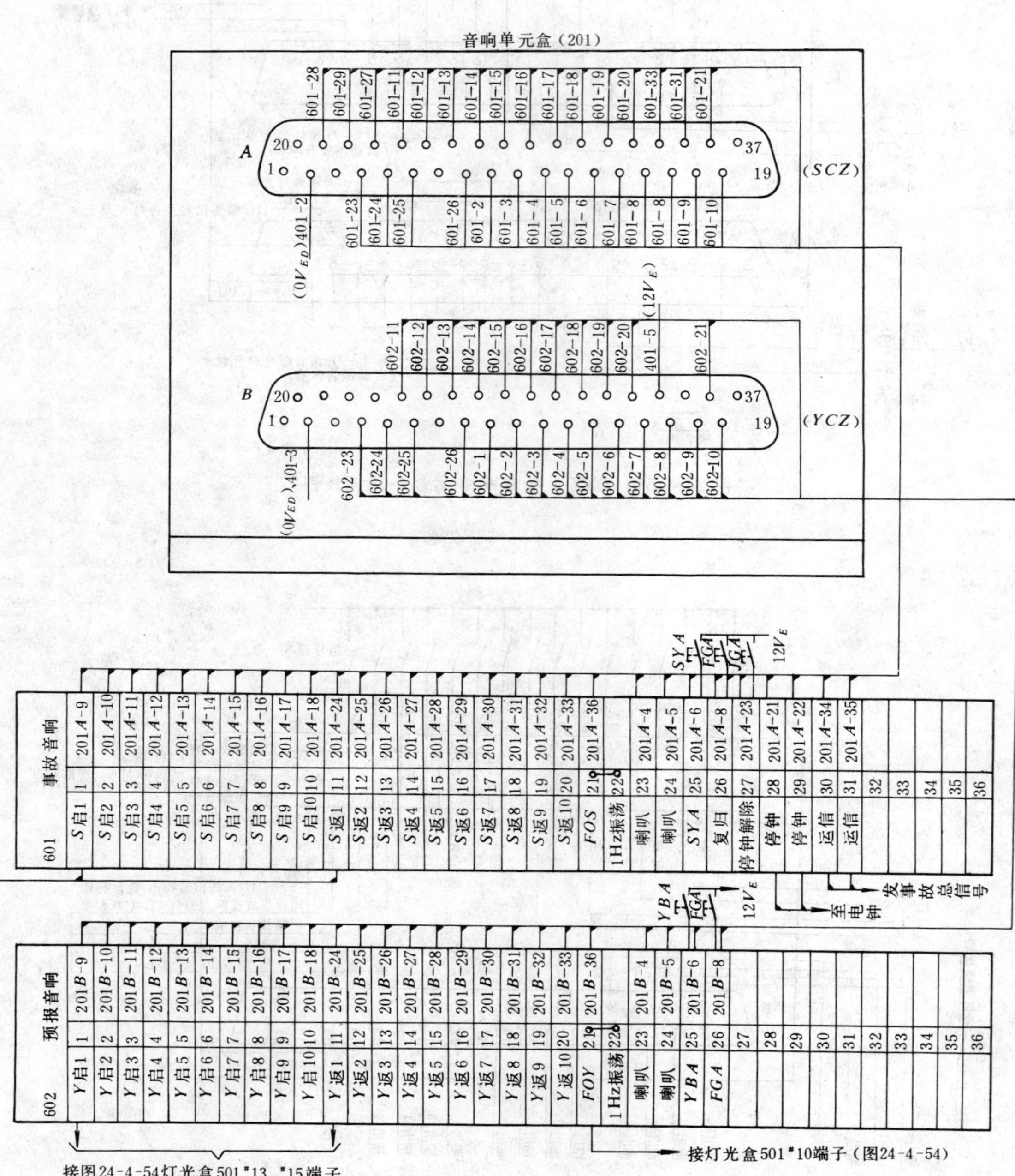

图 24-4-53　EXZ-1型信号系统接线图（一）

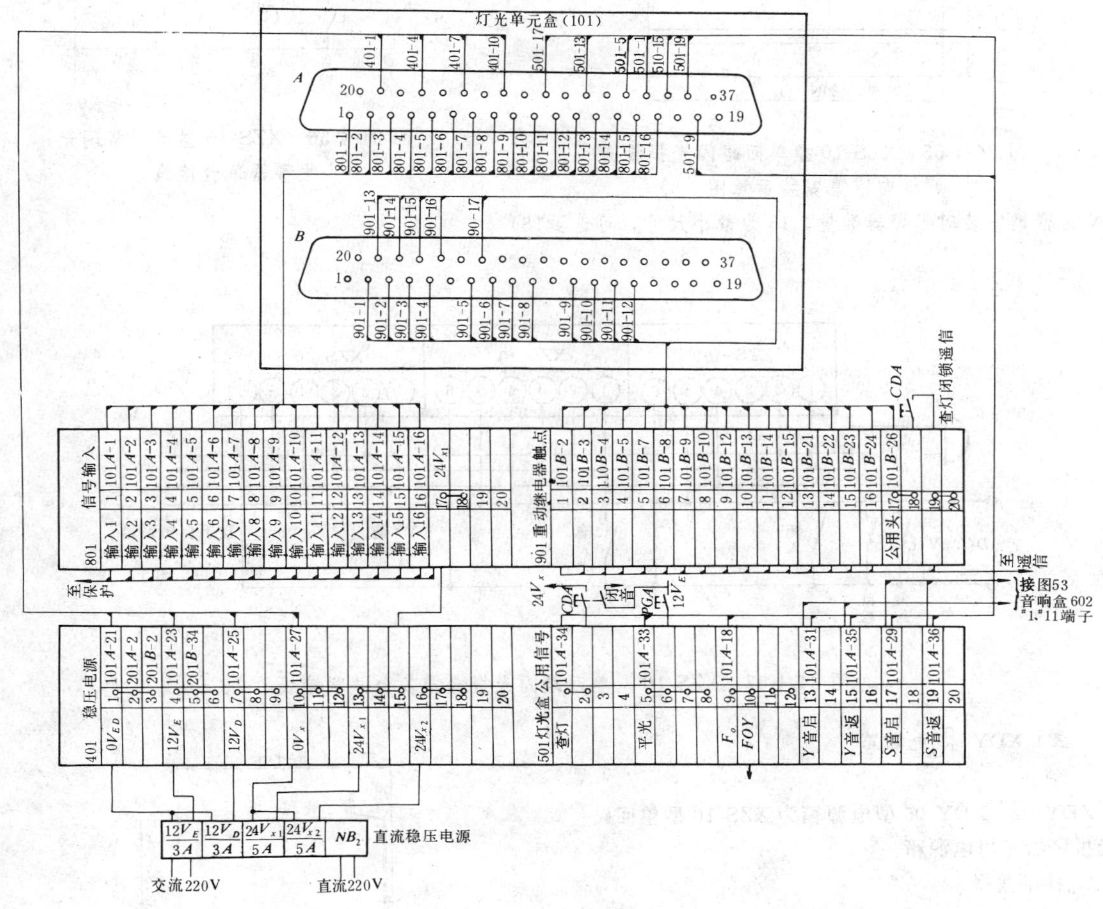

图 24-4-54　EXZ-1 型信号系统接线图（二）

九、XZS-10 型单回路闪光报警器及 XDY-$^{02}_{05}$型电源箱

（一）简介

XZS-10 型单回路闪光报警器为盘式拼装结构，光字牌显示，与外接音响器、控制按钮及电源组成闪光报警系统。电路采用 CMOS 集成电路，并用电位触发。通常与热工仪表、其它开关量配合报警。报警时能发出闪光音响报警信号。

（二）技术性能

(1) 工作原理：XZS-10 型单回路闪光报警器平时工作在监视状态，即灯光和音响均不工作。当按动自检按钮时，灯光及外接音响同时工作，再按复位按钮，一切复原。

当报警信号输入时，即常开触点接通，报警器立即发出报警信号，灯光和音响同时工作，此时按复位按钮，音响消失，而灯光继续闪烁，说明报警信号存在。当故障排除后，再按复位按钮，灯光熄灭，系统进入正常工作状态。

(2) 工作电源：DC24V±15%。

(3) 输入信号：触点输入，常开、常闭均可。电平输入：5V≤高电平≤12V，低电平<0.5V。

(4) 具有自检功能，当自检按钮按下时，声光同时报警。按复位按钮，声光均消失。

(5) 消耗功率≤5W。

(6) 24V、0.1A 灯泡 2 只。

（三）外形及安装尺寸

(1) 外形尺寸：40mm×80mm。

(2) 单台开孔尺寸为 36^{+1}mm×66^{+1}mm。

(3) 横向密集安装尺寸为 $36^{+1}\times(80N-14)^{+1}$，安装示意图见图 24-4-55。

（四）接线

单台接线见图24-4-56，多台并联接线见图24-4-57。

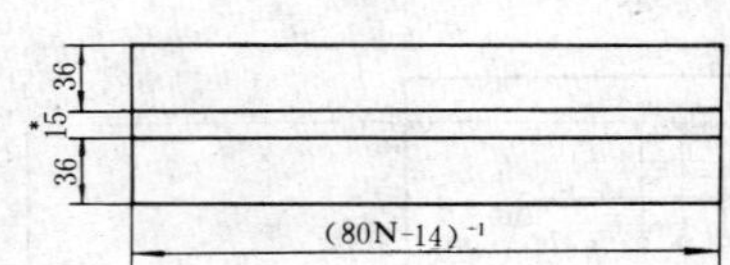

图 24-4-55 XZS-10型单回路闪光报警器横向密集安装示意图

（N为密集安装时报警器数量，15为最小尺寸，可选≥15）

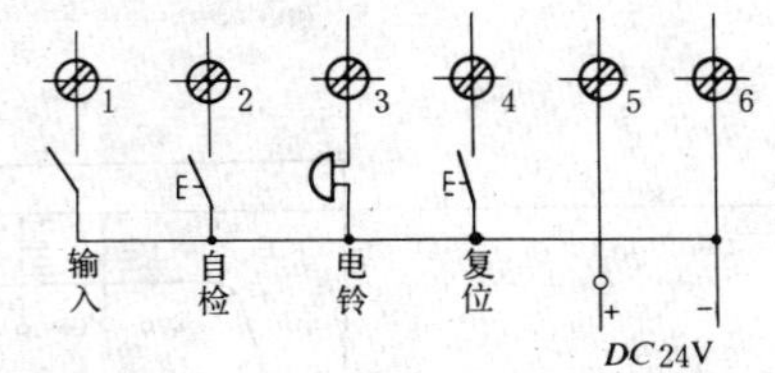

图 24-4-56 XZS-10型单回路闪光报警器单台接线

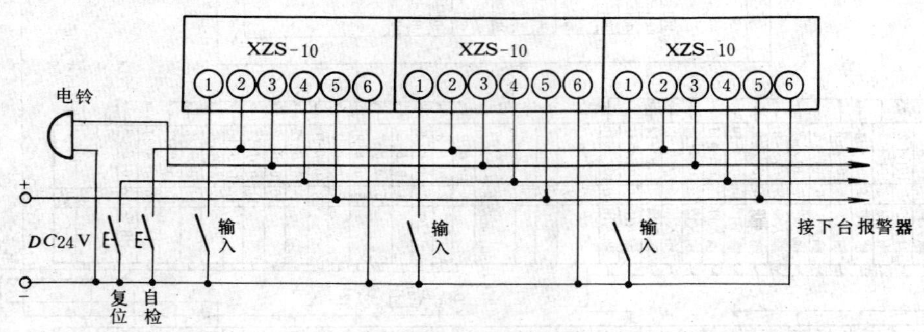

图 24-4-57 XZS-10型单回路闪光报警器多台并联接线

（五）XDY $^{-02}_{-05}$电源箱

1. 简介

XDY-02、XDY-05型电源箱为XZS-10型单回路闪光报警器专用电源箱。

2. 技术数据

(1) 输入：AC220V±10%，50Hz。

(2) 输出：XDY-02型DC24V，0.25A；DC12V，0.25A。XDY-05型DC24V，5A；DC12V，0.5A。

(3) 功率：XDY-02型≤75W；XDY-05型≤150W。

(4) 工作环境：0～50℃，相对湿度≤85%。

(5) 使用条件：XDY系列电源箱DC24V输出与XZS-10型单回路报警器配套使用时，当回路数在20路及以下时采用XDY-02型电源箱，当回路数在20路以上时采用XDY-05型电源箱。XDY-05型电源箱可配用最多点数为50路，即与50台XZS-10型单回路报警器配套使用。

3. 外形、安装尺寸及内部接线

采用架装式结构、一般装于控制仪表屏后，外形尺寸见图24-4-58，安装尺寸见图24-4-59，外部接线见图24-4-60。

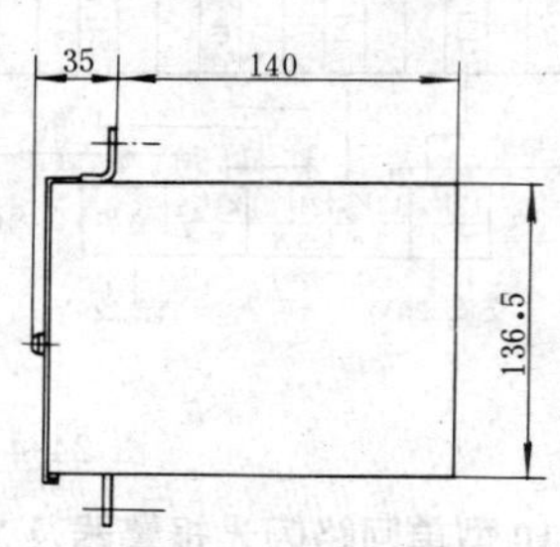

图 24-4-58 XDY-02、XDY-05型电源箱外形尺寸

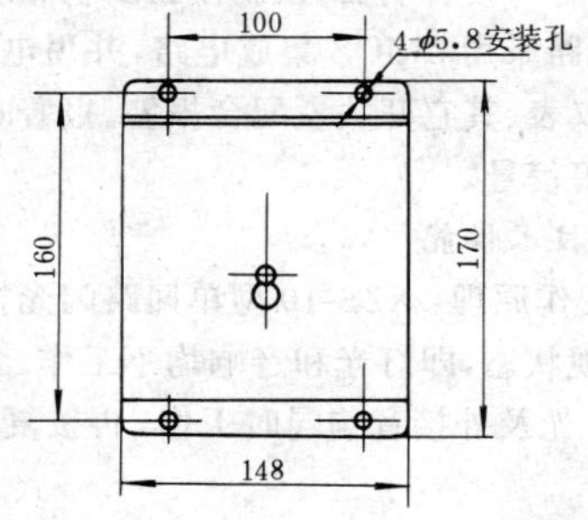

图 24-4-59 XDY-02、XDY-05型电源箱安装尺寸

（六）生产厂

西安市浐河电子设备厂。

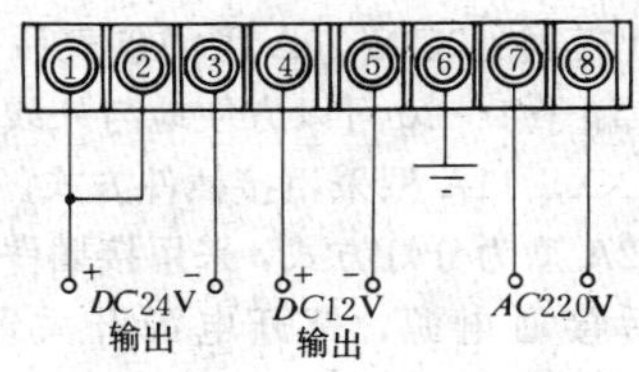

图 24-4-60　XDY-02、XDY-05 型电源箱外部接线图

十、CHB-89 型集中控制报警器

(一) 简介

CHB-89 型集中控制报警器系采用 CMOS 集成电路构成，为代替老式冲击继电器式中央信号系统而设计的信号装置，能实现中央复归重复动作，可用于发电厂和变电所的中央信号。

该报警器具有功能强、功耗低、无触点、寿命长、抗干扰能力强、工作稳定可靠、负载能力大等优点，可以带任意个光字牌，内装有隔离二极管，普通光字牌不能使用。

该装置可控制两种不同音质的音响装置，同时还具有事故停钟和短路检查等功能。

控制单元采取了多种保护措施，不会因一时疏忽而导致控制单元损坏。电源采用交流或直流均可。报警器内部直流 12V 电源也采取了保护措施，不会因外接线短路而损坏电源。

(二) 技术性能

1. 工作条件

(1) 供电电压：交流 220V±10%，频率 50Hz；直流 220V±10%。

(2) 环境温度：0～50℃。

(3) 相对湿度：90%。

(4) 消耗功率：≤20W（无信号输入时）。

(5) 输入信号为常开触点。

2. 技术性能

(1) 报警器设有二条小母线、事故信号小母线 SYM 和瞬时预告小母线 YBM。凡是断路器掉闸信号均接到 SYM 上，所有预告信号（如变压器温度高、断路器弹簧未拉紧等）均接到 YBM 上。接的信号数量可以任意多个，但同时动作光字牌不超过 20 个。

(2) 断路器事故掉闸时，能及时发出音响信号，并使相应的光字牌闪光，同时停事故电钟，记录事故发生时间。发生故障信号时，能及时发出区别于事故音响的另一种音响，相应光字牌闪光并显示故障性质。如果事故和故障信号同时发生时，只发事故音响信号，但两者光字牌都亮，事故光字牌闪光，故障信号光字牌平光。

(3) 报警器设有试灯按钮，按下后自动锁住，以屏为单位进行自动切换（无触点切换开关），每屏同时试验不得超过 50 个光字牌（若多于 50 个可分为两路进行试验）。共转换 8 块屏，需要时可扩展到 9 块屏。如再需扩大，订货时需写明。试灯速率为 2～5s 连续可调。

(4) 报警器具有自检功能，通过自检按钮检查装置本身工作情况。

(5) 报警器内部工作电压及光字牌工作电压，均由报警器内部供电。

(6) 报警器面板上装有一个事故电钟，电钟为 12 小时制，分上午（*AM*）、下午（*PM*），以指示灯亮表示，校钟时通过校钟按钮进行。

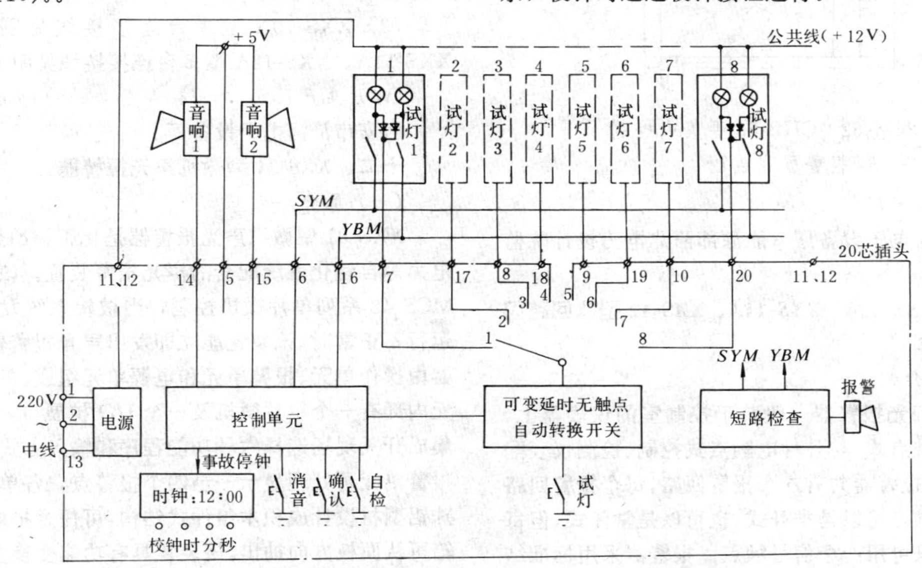

图 24-4-61　CHB-89 型集中控制报警器接线框图

(7) 报警器具有消音和确认按钮，其功能见表24-4-18。

(8)报警器备有短路检查功能，它能对各条小母线作短路检查，如果公共母线对地短路时报警器自动保护，显示器无显示。如果两条小母线中的任意一条对地短路，报警器本身自动发出报警，但不会影响其它回路工作。

(9) 接线框图见图24-4-61。

表24-4-18 **CHB-89型集中控制报警器消音、确认按钮功能**

功能	信号触点状态			消音	确认	
	正常	故障	事故		信号解除	信号保留
事故报警音响1	无	无	◁	无	无	无
故障预告音响2	无	◁	无	无	无	无
灯光	无	☼	☼	☼	无	⊙
时钟	不停钟	不停钟	停钟			

注 ⊙—平光；☼—闪光；◁—音响发声。

(三) 外形及安装尺寸

报警器外形尺寸285mm×155mm，开孔尺寸278mm×148mm，安装方式见图24-4-62。

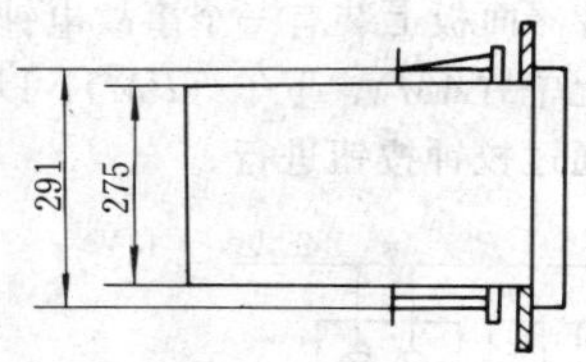

图24-4-62 CHB-89型集中控制报警器安装图

(四) 生产厂

西安浐河电子设备厂（能源部西北电力设计院监制）。

十一、XXS-10A、XXS-11A、XXS-12型八回路闪光信号报警器

(一) 简介

八回路闪光报警器一般装于控制室的仪表盘上，输入信号是触点式，与各种电触点式控制、检测仪表配套使用。每台报警器共有八个报警回路，每个报警回路的信号引入触点可以是常开式，也可以是常闭式，但每个报警回路只可用一个信号触点。报警器采用标准结构，线路采用集成电路，装于一块印刷板上。

八回路闪光报警器有XXS-10A型、XXS-11A型，XXS-12A型三种。XXS-10A型的仪表后面顺序排列五块端子，端子1～20可以方便地与外线和输入信号触点相连。XXS-11A型采用接插件方式。与外电路连接。XXS-12A型为分灯方式，采用接插件与外电路连接，连接后接通电源，打开电源开关即可正常工作。

(二) 技术性能

(1) 电源：交流220V±10%、50Hz±5%。

(2) 环境温度－10～55℃。

(3) 相对湿度≤85%。

(4) 输入信号：常开触点或常闭触点。

(5) 报警音响：音响器可用220V8W电铃或DDJ、DDZ系列电笛。

(6) 消耗功率≤20W（不包括音响器）。

(7) 报警器工作状态见表24-4-19。

表24-4-19 **XXS-10A、XXS-11A、XXS-12型八回路闪光信号报警器工作状态**

外接信号触点状态	信号灯状态	音响状态
正常	不亮	不响
事故	闪光	响
事故确认	平光	不响
事故消除（正常）	不亮	不响

(三) 外形尺寸及接线

(1)整机外形尺寸160mm×80mm×200mm，开孔尺寸152^{+1}mm×76^{+1}mm。

(2) XXS-10A型多台连接接线见图24-4-63，XXS-11A、XXS-12A型多台连接接线见图24-4-64。

(四) 生产厂

西安市浐河电子设备厂。

十二、XXS-31型微机声光报警器

(一) 简介

XXS-31型微机声光报警器是化工、冶金、石油、电力等自动化系统配套的声光报警装置。该装置采用MCS-48系列单片微机控制，当被检系统发生故障或运行不正常时，该装置能立即发出声光报警信息。报警器由操作单元、报警单元和电源单元组成。每个报警单元内部有一个单片微机及一个I/O扩展口，并可通过集成开关现场选择六种功能程序和输入方式等。每个报警单元可处理显示一至四个报警点，各单元采用特殊铝型材设计成积木组件式结构，可任意扩展，显示灯箱可从面板方向抽出。该装置具有功能变换方便，扩展灵活、操作简便等特点。

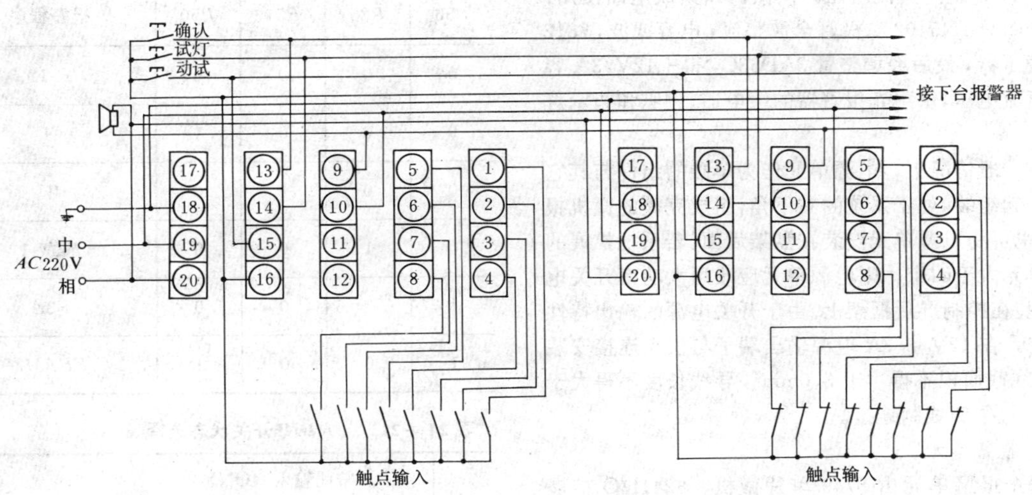

图 24-4-63　XXS-10A 型八回路闪光信号报警器多台连接接线图

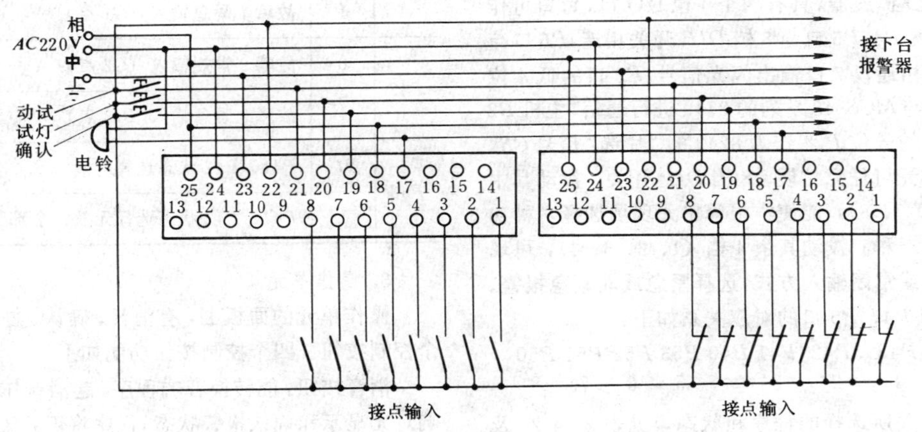

图 24-4-64　XXS-11A XXS-12A 型八回路闪光信号报警器多台连接接线图

(二)技术数据

1. 工作条件

工作电压交流 220V±22V、50Hz±2Hz；容量：每单元≤100mA；光耦电源直流 24V（或 48V、125V)；消耗功率每单元≤6.5W；环境温度－10～＋50℃；相对湿度≤85%。

2. 输入参数

以 I/O 扩展器四口十六通道“0”、“1”状态传输。

3. 报警输出

声报警音响：紧急、非紧急、回铃；声报警状态：有声、无声；光报警状态：常亮、常熄、闪光；有声音量：＞85dB 音响连续；闪光形式：慢闪、快闪、断续快闪；闪光频率：慢闪 1.5Hz、快闪 2Hz。

4. 报警继电器容量

故障音响、回铃音响、紧急音响，交流 220V、1A；直流 24V、3A。

(三) 功能原理

1. 电源单元

电源单元是微机报警器的电源部分，有线性电源（集装式）和开关电源（架装式）两种。线性电源安装在一个单独的组件中，从单元后面板接线柱输入交流 220V 电源，经电源变压器得到两组交流电压。一组经桥堆全波整流，电容滤波，7805 三端集成稳压器，得＋5V/1A 容量的直流电压，供微机和集成电路使用；一组经四只 1N5402 二极管全波整流，电容滤波，7812 三端稳压器，最后经调整管 3AD53C，得＋12V/3A 容量的直流电压，供声光报警器的继电器、喇叭和指示灯使用。

在一般情况下，电源单元作为单独的组件与其它单元一起组装，处于系统的右下角，组成完整的微机报警器，也可将电源单元安装在盘架后面。若系统扩展的报警单元大于四个，则电源单元应改用大功率开关电源，安装在控制屏后框架上。由于开关电源的输出特性所决定，在 12V/8.3A 电源输出端子与仪表连接安装时，导线截面积不得小于 3.0mm²，导线长度不得大于 3.0m，且须四线制连接。

2. 报警单元

每个报警单元由 8749 单片微机、8241I/O 扩展器、8 档 DIP 开关、报警点输入电路、显示电路和显示窗组成。灯箱组件在单元前端面，适当组合隔离窗和显示灯，单元可作一至四点显示。

8243I/O 扩展器，具有四个 4 位 I/O 口，每口可作输入或输出。*P*4、*P*5 口与 8 档 *DIP* 开关相连，*P*6 口与 4 个报警点相连，*P*7 口输出闪光信号。*P*2 口的低 4 位 *P*20～*P*23 与 *MCS*-48 系列的 8749 进行通信，主机 *P*2 口高 4 位中的一位 *P*24 作为 8243 的“片选”信号 *CS*，因而报警单元可任意扩展。8 档 *DIP* 开关，拨动其中 4 档（5、6、7、8），能使本报警单元现场选择六种功能程序中的一种；拨动其余 4 档（1、2、3、4），可现场选择常开或常闭输入方式，选择紧急或非紧急报警。*DIP* 开关与 *P*4、*P*5 口的对应关系如下：

*P*4、*P*5 口	*P*43	3*P*42	*P*41	*P*40	*P*53	*P*52	*P*51	*P*50
DIP 开关	1	2	3	4	5	6	7	8

DIP 开关所选择的程序和状态，见表 24-4-20 及表 24-4-21。表中“0”表示 *DIP* 开关通，“1”表示 *DIP* 开关断；常规输入时作常规音响报警，紧急输入时作紧急音响报警，但需自配紧急外接声响。

报警点输入电路的 *G*1、*G*2、*G*3、*G*4 是被检测系统状态开关的输入端，根据需要在现场可任意选用，每单元容量可增可减，最多可达四点，选用点数与本单元显示窗一一对应。

显示电路和显示窗，每单元的显示电路共有四组，每组电路与报警点相对应。具有足够亮度的指示灯安装在显示窗内，每组之间用活动的灯箱隔板相互分离。显示窗可组合成 1、1/2、1/3、1/4 单元，只要配备红、黄、白、绿四色大小不一的显示色板即可。现场安装后，根据报警点的变化，在不增加外形尺寸、不增加逻辑板、不改变系统内部接线条件下，可作灵活的内部扩展。

表 24-4-20　　*DIP* 开关程序选择表

*P*53	*P*25	*P*51	*P*50	报警程序
0	0	0	0	*R*-12
0	0	0	1	*A*
0	0	1	0	*W*
0	1	0	0	*F*2*M*-1
1	0	0	0	*F*3*A*
1	0	0	1	*FFAM*2

表 24-4-21　　*DIP* 开关状态选择表

*P*40	0	常闭输入（ON）
	1	常开输入（OFF）
*P*41	0	故障 1 常规输入（*G*1 点）
	1	故障 1 紧急输入（*G*1 点）
*P*42	0	故障 2 常规输入（*G*2 点）
	1	故障 2 紧急输入（*G*2 点）
*P*43	0	*P*41、*P*42 状态选择有效
	1	*P*41、*P*42 状态选择无效，全部紧急输入

3. 操作单元

操作单元的面板上，有消音、确认、复位、试验四个控制按钮。四个控制按钮功能如下。

消音按钮：能转换音响程序，起消音作用，但不影响灯光显示和确认报警状态，程序将仍处于报警状态，新的报警可重新发出音响。

确认按钮：能完成从报警到确认状态的程序转换，发出操作人员对报警状态的确认信号。

复位按钮：处于手动复位程序时，如果状态已回复到正常，它能完成从确认到正常状态的程序转换；就回铃程序而言，它用于从确认回复到正常状态。

试验按钮：试验程序一开始，对所有报警点模拟瞬时的不正常工作状态，试验过程中可存储新收到的报警，试验结束后再显示。

操作单元一般处于集中安装系统的左下角，若有需要可放在右下角，也可远距离墙装或盘装。

4. 音响单元

音响单元分报警音响、回铃音响和紧急音响三种。报警音响为音乐音响，壳体与报警单元采用同系列铝型材，可与报警单元一起合并安装，亦可分散架装。选用 R-12 程序时，则提供双音响单元报警音响和回铃音响，每只音响输出功率约 2W。多台微机报警系统可合并使用一只公共的音响单元。用户亦可利用紧急音响，通过 J_3 继电器输出的触点信号外接电铃，但在外接电铃时，必须增设一个 *JTX*（*DC*24V）型继电器。

（四）操作程序

报警器有 *A*、*M*、*R*-12、*F2M*-1、*FFAM*2、*F3A* 六种报警程序。其中 *A* 程序为一般报警程序，若故障存在于生产过程中，即进行闪光报警；人工确认后闪光转为常亮，音响消失；故障消除后，灯光自动熄灭。M 程序除 A 程序功能外，还带手动复位。*R*-12 程序除 M 程序功能外，还有回铃音响和慢闪光，当故障消除后，有回铃音响和慢闪光则表示故障已消除，按一下复位键，状态恢复至正常。*F2M*-1、*FFAM*2、*F3A* 等程序还有首出和后续的功能，以区别两个相关参数的故障发生先后。六种典型报警程序状态见表 24-4-22～表 24-4-27。

（五）重复继电输出

在报警器原有功能基础上，增加了任选的附加继电器功能，以实现触点信号的再传输。报警单元中任何一点或所有点都可以有选择地配用重复继电器功能。继电器输出的常开、常闭触点端子接线，见图 24-4-65

表 24-4-22　　*A* 程序状态表

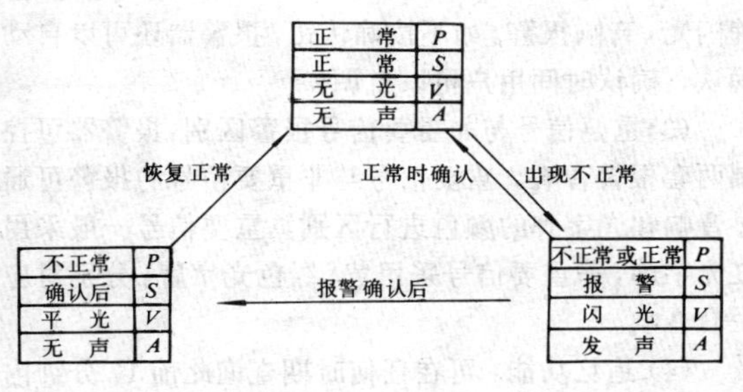

注　*P*—过程；*S*—程序；*V*—灯光；*A*—声响。

表 24-4-23　　*M* 程序状态表

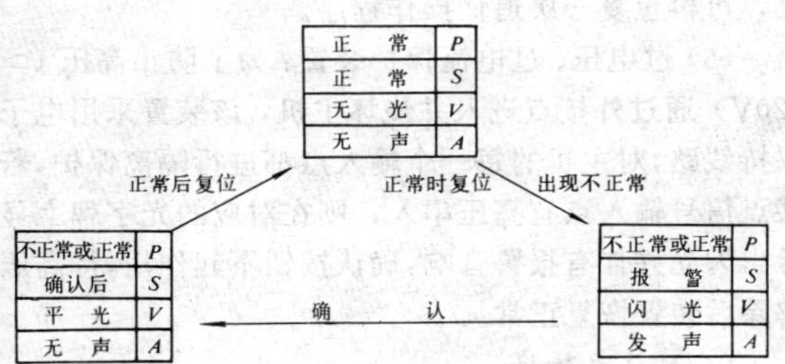

表 24-4-24　　*R*-12 程序状态表

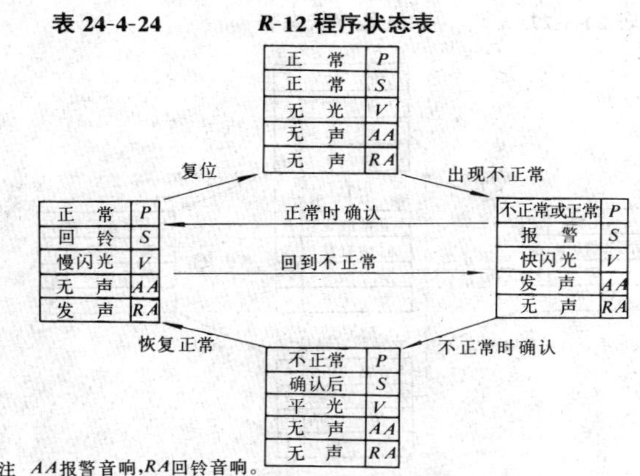

注　*AA* 报警音响，*RA* 回铃音响。

表 24-4-25　　首出程序 *FZM*1 状态表

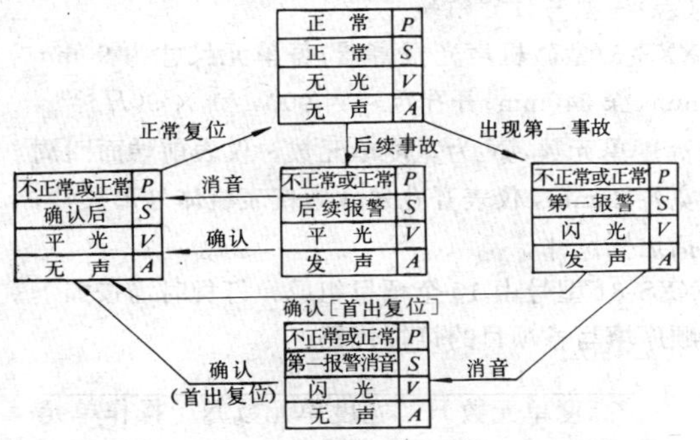

表 24-4-26　　首出程序 *FFAM*2 状态表

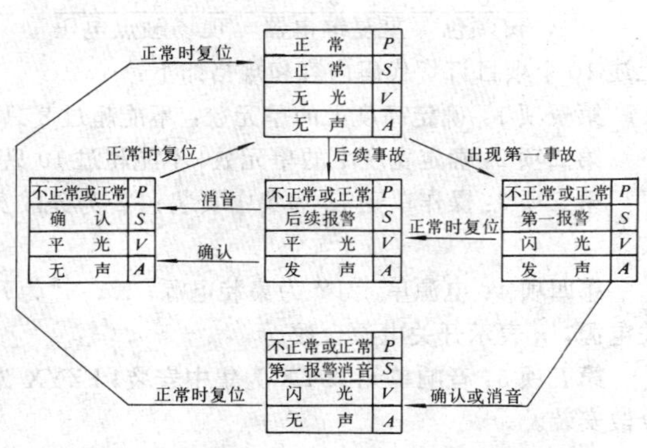

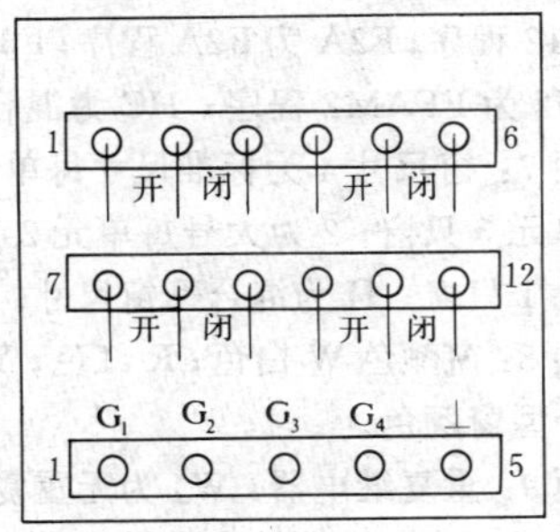

图 24-4-65　重复继电器输出接线图

表 24-4-27　　*F3A* 程序状态表

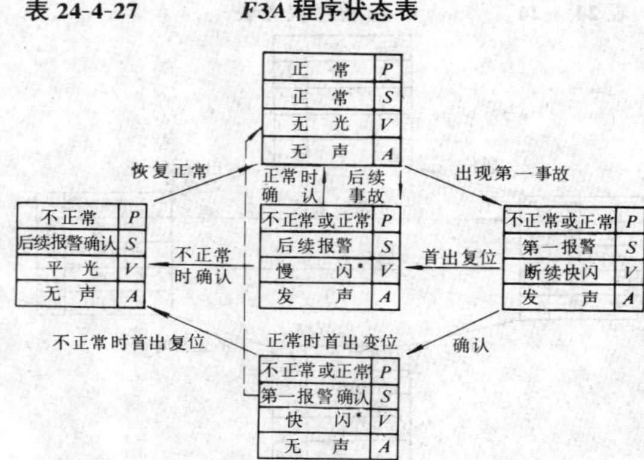

注 * 慢闪和快闪可互换，由用户改变公用组件的跨接件选定。

（六）选型与订货须知

XXS-3/型微机声光报警器，每单元尺寸为 90mm ×90mm，深 240mm；开孔尺寸为 $90N^{+5.0} \times 90H^{+5.0}$，$H$ 为高度单元数，N 为宽度单元数。仪表前端面四周边框宽各 25mm，仪表开孔尺寸为仪表机体外形尺寸，不包括边框尺寸。

XXS-31 型号由 10 个项目组成，订货时需按如下项目顺序填写各项目的订货代码：

$$\text{XXS-31}-\frac{1}{\text{高度单元数 H}}-\frac{2}{\text{宽度单元数 N}}-\frac{3}{\text{操作单元}}-\frac{4}{\text{电源单元}}-\frac{5}{\text{音响单元}}-\frac{6}{\text{操作程序}}-\frac{7}{\text{窗尺寸}}-\frac{8}{\text{窗颜色}}-\frac{9}{\text{重复继电器}}-\frac{10^{\#}}{\text{现场触点电压}}$$

上述 10 个项目订货代码内容和规格如下：

第一项 1：确定高度上的单元数，不能超过 8 只。

第二项 2：确定宽度上的单元数，不能超过 10 只。

第三项 3：操作单元 JZ 为集中安装；FZ 为分散安装。

第四项 4：电源单元 JY 为集装电源；KY-$n^{\#}$ 为开关电源，n 表示开关电源台数。

第五项 5：音响单元 JZYX 为集中安装；FZYX 为分散安装。

第六项 6：操作程序 A 为 A 程序；M 为 M 程序；R-12 为 R-12 程序；F2A 为 F2A 程序；F3A 为 F3A 程序；FFAM2 为 FFAM2 程序；HC 为混合程序。

第七项 7：窗尺寸 4 为标准尺寸每单元 4 只窗；3 为中等每单元 3 只窗；2 为大号每单元 2 只窗；1 为特大号每单元 1 只窗；H 为混合型窗尺寸。

第八项 8：窗颜色 W 白色；R 红色；Y 黄色；G 绿色，H 混合型窗颜色。

第九项 9：重复继电器，WJ 为无重复继电器输出卡件，YJ-n 为需要 n 个继电器输出卡件。

第十项 10：现场触点电压，024 为 DC24V 由厂家供货，048 为 DC48V 用户自备，125 为 DC125V 用户自备。

（七）生产厂

余姚市化工仪表厂。

十三、XXS-2A 系列微机闪光报警器

（一）简介

XXS-2A 系列微机闪光报警器是电力、石油、化工、冶炼等行业生产过程状态监视报警装置。控制部分采用了微处理器、程序存贮器、数据存贮器、时钟源、输入输出接口及光电耦合器组成微机专用系统。光字牌采用固体发光平面管。

（二）工作原理

报警器由中央控制单元、信号输入单元、信号输出单元、电源单元及发光显示单元组成。当输入信号触点未闭合时，中央处理单元从输入单元取来的信号为高电平，判断为不报警；当信号触点闭合时，中央处理单元从输入单元取来的信号为低电平，判断为报警。即由输出单元发出报警信号，光字牌闪光，音响报警。其中 XXS-2A-30D 型除上述功能外，还有以下特殊功能，用户可根据需要选用。

(1) 自锁：当信号为短脉冲时，报警装置有记忆功能，保留其闪光和音响信号，确认后保持平光，为此功能还增加了复归键。按复归键后，如信号已消失，则光字牌熄灭，反之则仍保持平光。

(2) 自动确认：当外接信号处于事故状态时，光字牌闪光，音响报警。如不按确认钮，报警器还可以自动确认，确认时间用户可以自调。

(3)重要信号与非重要信号报警区别：报警器可控制两套报警音响。重要信号与非重要信号的报警可通过音响和光字牌的颜色进行区别，重要信号一般采用红光字牌，非重要信号采用黄、绿色光字牌，分别对应一套音响。

(4) 追忆功能：可在任何时期查询此前 17 分钟内的报警信号，其记忆密度为 1s，即可追忆持续时间大于或等于 1s 的信号。在追忆过程中不会影响系统报警。若有报警，则追忆自动停止，优先报警，如仍需追忆，可再重复一次追忆操作程序。

(5) 过电压、过电流保护装置：为了防止高压（≃220V）通过外接点进入并烧坏主机，该装置采用电子保持线路，对主机的每一个输入点都进行隔离保护，若某点信号输入点有高压串入，则在对应的光字牌上显示出闪光并伴有报警音响，确认按钮不起作用，待高压解除后装置恢复正常。

（三）技术数据

主要技术数据见表 24-13-1。光字牌为固体发光平面管，具有红、绿两种颜色。

表 24-4-28　**XXS-2A 系列微机闪光报警器技术数据**

名称 \ 技术参数 \ 型号	XXS-2A-08X	XXS-2A-08D	XXS-2A-30D
工作电源	外接电源 220V，AC，50Hz 允许偏差±15%	外接电源 220V，AC，50Hz 允许偏差±15%	外接电源 220V，AC，50Hz 或 220V，DC，允许偏差±15%
信号输入通道	0～8 个	0～8 个	0～30 个
信号输入方式	无源触点输入（全常开或全常闭）	无源触点输入（全常开或全常闭）	无源触点输入（全常开）
工作环境温度	−10～65℃	−10～65℃	−10～65℃
信号多于额定输入通道情况	可多台并联使用，共用一套音响和试验、确认按钮	可多台并联使用，共用一套音响和试验、确认按钮	可多台并联使用，共用一套音响和试验、确认、恢复按钮

（四）外形尺寸及接线图

XXS-2A-8X 型外形及安装尺寸见图 24-4-66，XXS-2A-8D 型外形及安装尺寸见图 24-4-67，XXS-2A-30D 型外形及安装尺寸见图 24-4-68。XXS-2A-08X/08D 型单台输入插座接线见图 24-4-69，XXS-2A-30D 型单台输入插座接线见图 24-4-70。光字牌面板尺寸见图 24-4-71。光字牌箱尺寸，长为 H—20，宽为 L—20，控制屏面开孔尺寸为（$L-20^{+}$）×（$H-20^{+}$）。

（五）生产厂

西安宏庆电子器材厂。

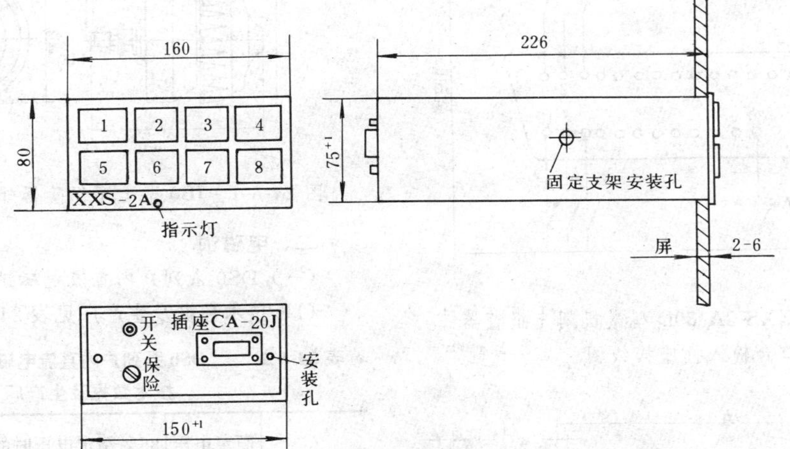

图 24-4-66　XXS-2A-8X 型微机闪光报警器外形及安装尺寸

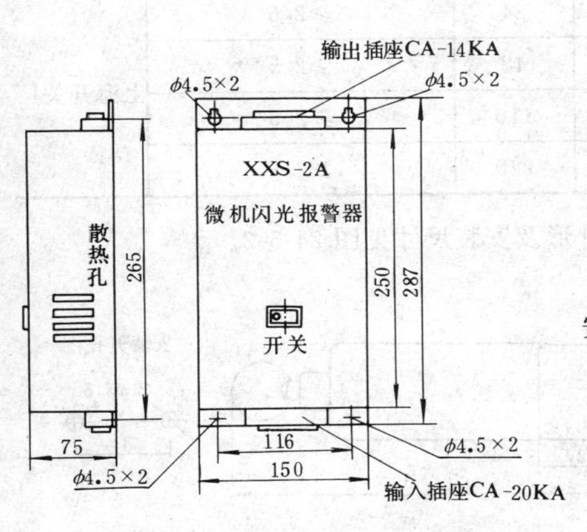

图 24-4-67　XXS-2A-8D 型微机闪光报警器外形及安装尺寸

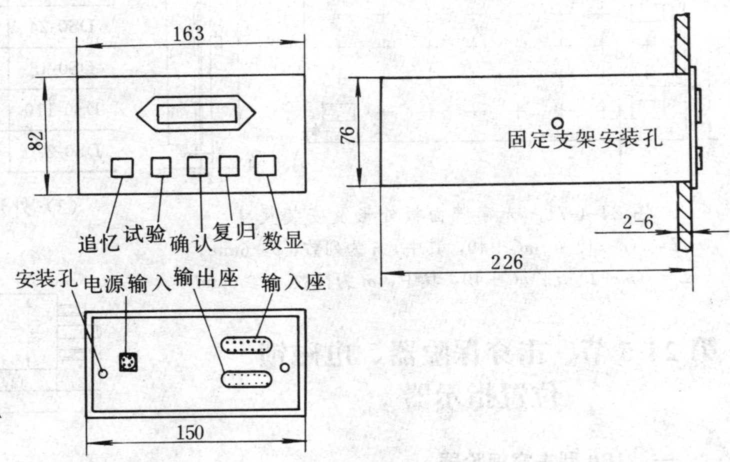

图 24-4-68　XXS-2A-30D 型微机闪光报警器外形及安装尺寸

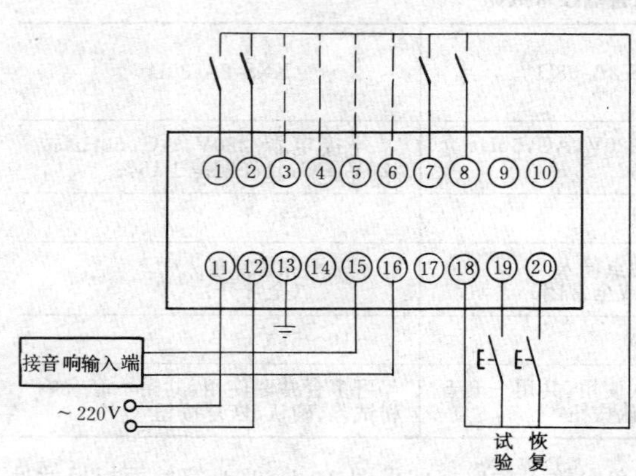

图 24-4-69 XXS-2A-$\frac{08X}{08D}$型微机闪光报警器单台输入插座接线图

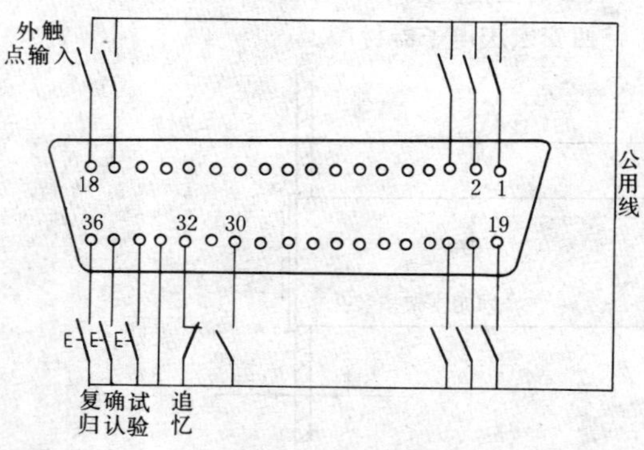

图 24-4-70 XXS-2A-30D 型微机闪光报警器单台输入插座接线图

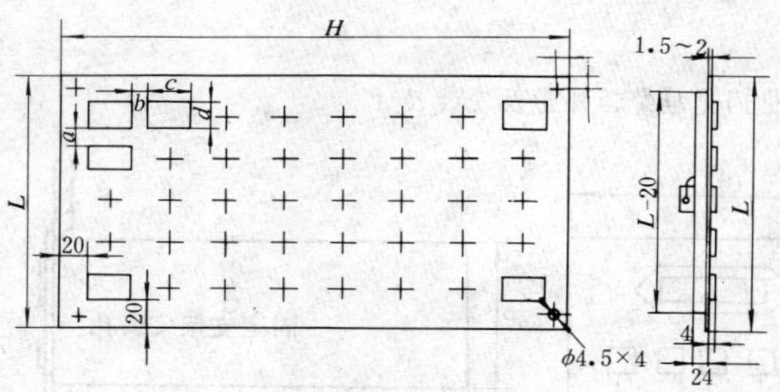

图 24-4-71 光字牌面板外形及安装尺寸

$H=(n-1)b+nC+40$，其中，n 为列数，$b\geqslant 6$mm；

$L=(m-1)a+mC+40$，其中，m 为行数，$a\geqslant 6$mm

第 24-5 节 击穿保险器、电磁锁、位置指示器

一、JB0 型击穿保险器

（1）技术数据见表 24-5-1。

表 24-5-1 JB0 型击穿保险器技术数据

额定电压（V）	工频放电电压（V）	特 性	生产厂
220	351～500	在击穿后30min 内，通过 200A 电流不发生任何能引起电路断开的脱落、脱焊或熔断现象	上海电瓷厂
380	501～600		
500	801～1000		

注 保险器为密封式，放电极板密封在盖与座的内腔中。

（2）外形及安装尺寸见图 24-5-1。

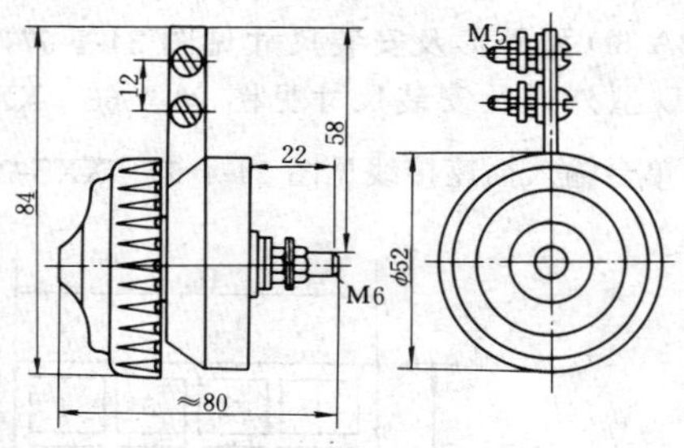

图 24-5-1 JB0 型击穿保险器外形及安装尺寸

二、电磁锁

（一）DS0 系列户内直流电磁锁

（1）技术数据及生产厂见表 24-5-2。

表 24-5-2 DS0 系列户内直流电磁锁技术数据及生产厂

型 号	额定电压（V）	85%额定电压时的牵引力（kg）	生产厂
DS0-24	24	≥2.5	上海开关厂
DS0-48	48	≥2.5	
DS0-110	110	≥2.5	
DS0-220	220	≥2.5	

（2）外形及安装尺寸见图 24-5-2。

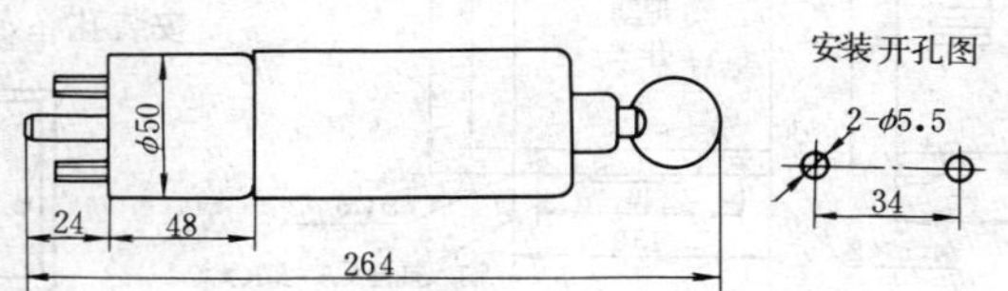

图 24-5-2 DS0 系列户内直流电磁锁外形及安装尺寸

（二）S2 型户外直流电磁锁

(1) 技术数据及生产厂见表 24-5-3。

表 24-5-3 S2 型户外直流电磁锁技术数据及生产厂

型号	额定电压（V）	允许使用电压范围	电磁锁闩的动作行程（mm）	生产厂
S2	24	85%～105%U_e	约 16	上海开关厂
	48			
	110			
	220			

注 1. 锁与钥匙可以分开订购。
2. 线圈为短时工作制，通电时间一般不大于 5min。

(2) S2 型电磁锁接线示意图见图 24-5-3，外形及安装尺寸见图 24-5-4。

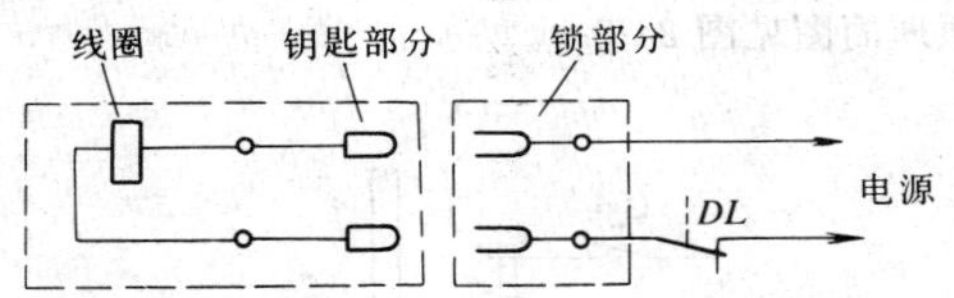

图 24-5-3 S2 型户外直流电磁锁接线示意图

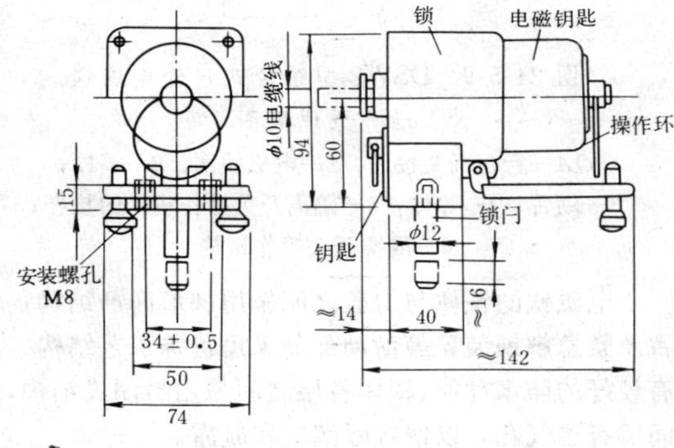

图 24-5-4 S2 型户外直流电磁锁外形及安装尺寸

（三）DSW1 系列电磁锁

1. 简介

DSW1 系列电磁锁是一种户外用的电磁机械联锁装置。主要用于采用手力操作机构操作的高压隔离开关、接地开关，实现它们与断路器之间的电气联锁，可以防止电气设备误操作的发生。

该产品机械寿命达一万次以上，可以很方便地配装在各种手力操作机构上。适用于环境温度±40℃、海拔高度不超过 2500m 的地区。且有防潮、防腐、防霉等性能，因而可使用在寒冷及湿热带等地区，适用于各种网络电气设备之间的联锁，并设有应急解锁装置。

(1) DSW1-Ⅰ型为间接控制式电磁锁。它由锁头和控制箱两个独立部分组成。在手力操动机构上装上一把锁头，由控制箱控制一把钥匙，再由钥匙间接控制锁头。控制箱与锁头之间不需要敷设电缆，而且可以在条件允许的情况下用一把钥匙同时控制几把锁头。

(2) DSW1-Ⅱ型为直接控制式电磁锁。它的控制部分与锁头构成一整体，由电磁铁直接控制锁头，不需要钥匙，操作方便，体积小。

2. 技术数据

DSW1 系列电磁锁技术数据见表 24-5-4。

表 24-5-4 DSW1 系列电磁锁技术数据

参数 ＼ 分类	间接控制式			直接控制式		
	DSW1-Ⅰ			DSW1-Ⅱ（左开或右开）		
	直流		交流	直流		交流
额定电压（V）	220	110	220、380	220	110	220、380
额定电流（A）	0.25	0.4	0.3	0.25	0.4	0.3

3. 外形及接线

(1) DSW1-Ⅰ型电磁锁钥匙控制箱外形及接线，见图 24-5-5、图 24-5-6。

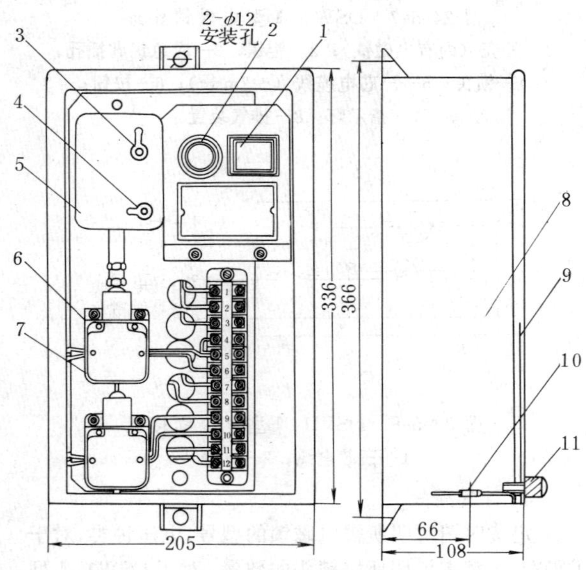

图 24-5-5 DSW1-Ⅰ型电磁锁钥匙控制箱外形
1—指示灯；2—按钮；3—钥匙 A 插孔；4—钥匙 B 插孔；5—电磁机械装置；6—辅助开关（反闭锁接点）；7—接线板；8—铁壳；9—透明盖板；10—出线孔；11—锁钉

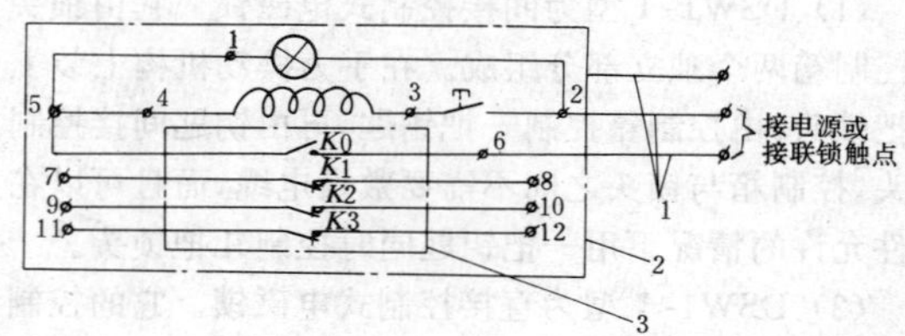

图 24-5-6　DSW1-Ⅰ型电磁锁钥匙控制箱接线

1—三芯电缆；2—钥匙控制箱；3—辅助开关

（2）DSW1-Ⅱ型电磁锁外形及接线，见图 24-5-7、图 24-5-8。

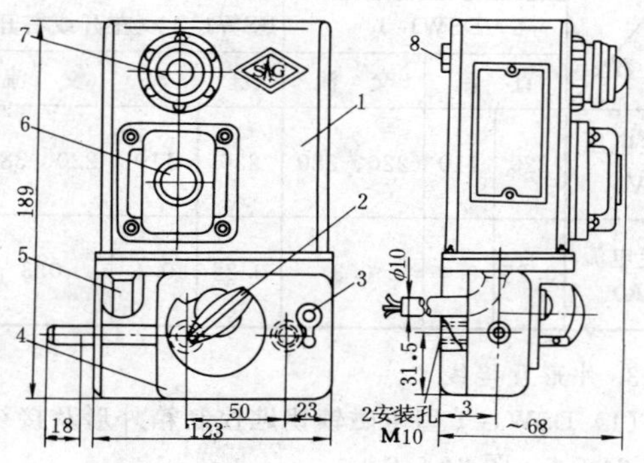

图 24-5-7　DSW1-Ⅱ型电磁锁外形

1—外壳（内有电磁铁）；2—旋钮；3—应急钥匙插孔；4—锁头；5—三芯电缆线（～2m 长）；6—按钮；7—指示灯；8—排气装置

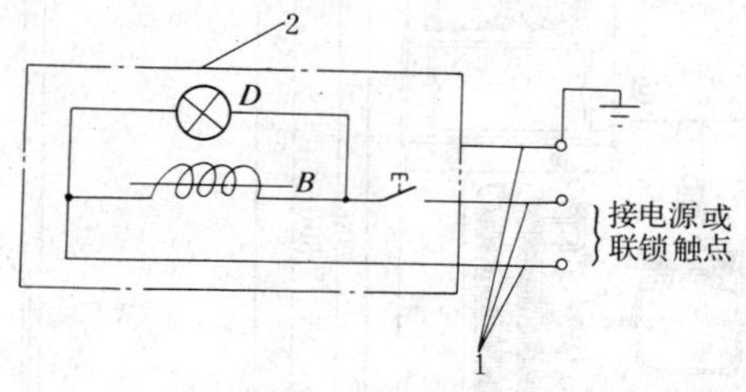

图 24-5-8　DSW1-Ⅱ型电磁锁接线

1—三芯电缆；2—外壳

4. 订货须知

定货时请写明所需电磁锁的型号、电压种类，对于 DSW1-Ⅰ型需说明所需锁头的数量，对于 DSW1-Ⅱ型尚需说明锁头是左开或右开。

5. 生产厂

沈阳高压开关厂。

（四）DSW2 型组合式户外电磁锁

1. 简介

DSW2 型组合式户外电磁锁装于隔离开关和接地刀闸的手动操作机构上，适用于海拔高度不超过 3000m，周围空气温度不高于 40℃、不低于－35℃，相对湿度 90%，周围介质无爆炸危险、无导电尘埃、无腐蚀金属和破坏绝缘气体的场所。按结构分为单机构电磁锁、双机构电磁锁和加长型电磁锁三种。单机构电磁锁宜适用 CS11G、CS14G 型手动操作机构。双机构电磁锁用于 CS、CS8 型等操作机构。对老设备改造也可采用加长型电磁锁。

2. 结构及动作原理

DSW2 型组合式户外电磁锁由 DSW2 型电磁锁和户外辅助开关箱体两大部分组成，二者既可组合使用，也可分装单独使用。户外辅助开关箱体内有 F4—I/L 型四档和六档辅助开关一台。

电磁锁采用间吸式动作原理，由行程开关控制电磁铁的吸合，并通过御铁控制锁栓，锁栓控制一厚度为 8mm 的铜质锁舌，再由锁舌控制手动操作机构，其动作原理简图见图 24-5-9。

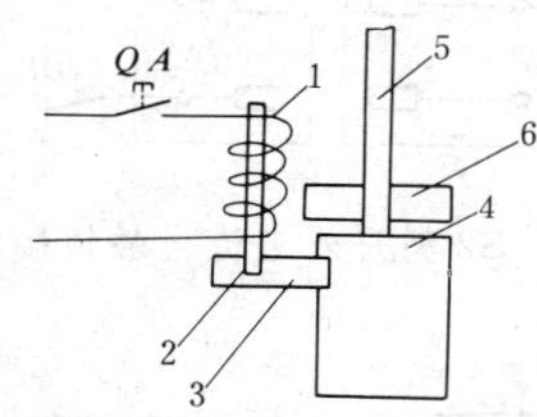

图 24-5-9　DSW2 型组合式户外电磁锁动作原理简图

QA—行程开关按钮；1—电磁线圈；2—锁栓；3—锁舌；4—箱体；5—隔离开关操作机构的拉杆；6—隔离开关操作机构

电磁铁的锁体与上盖之间采用梯形凹凸结构；锁舌及紧急解锁装置等活动部分采用特殊工艺结构，具有较好的防水性能；锁体各层之间采用封闭式结构，层间留有透气孔，以便排除潮气和凝露。

当符合操作条件时，回路带电，操作人员用食指揿压电磁锁操动杆的下部，再用母指扳动操作杆的压板，即可将锁舌拉出，同时转动操作机构的手柄，隔离开关分（合）闸后，锁舌被卡块或壳体挡住，不能继续动作。为处理紧急情况，锁体正前部有一紧急解锁孔，只需将配用的钥匙插入孔内，逆时针转动 15 度即可操作拉杆，达到解锁的目的。

3. 技术数据

DSW2 型电磁锁技术数据见表 24-5-5。

4. 外形及安装尺寸

DSW2 型单机构电磁锁安装尺寸见图 24-5-10，双机构电磁锁安装尺寸见图 24-5-11，加长型电磁锁安装尺寸见图 24-5-12。

表 24-5-5　DSW2 型组合式户外电磁锁技术数据

电压等级 (V)	交流			直流		
	(28)	(48)	220	(28)	110	220
电流 (A)	2.5	—	0.39	—	0.39	0.24

注　带（　）者订货时商定。

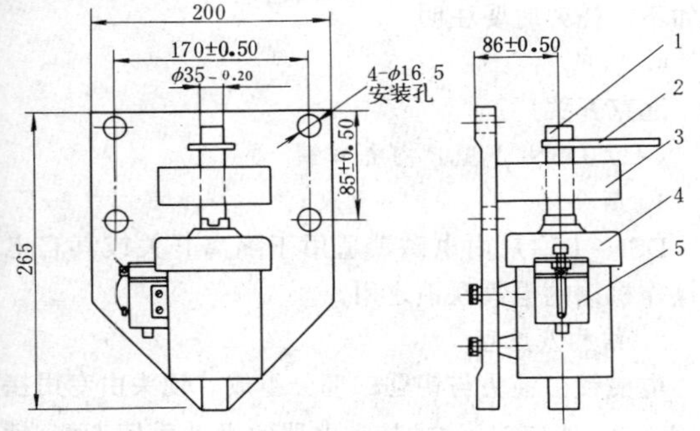

图 24-5-10　DSW2 型单机构组合式户外电磁锁安装尺寸

1—转轴；2—手柄；3—底座；4—辅助开关箱体；5—电磁锁

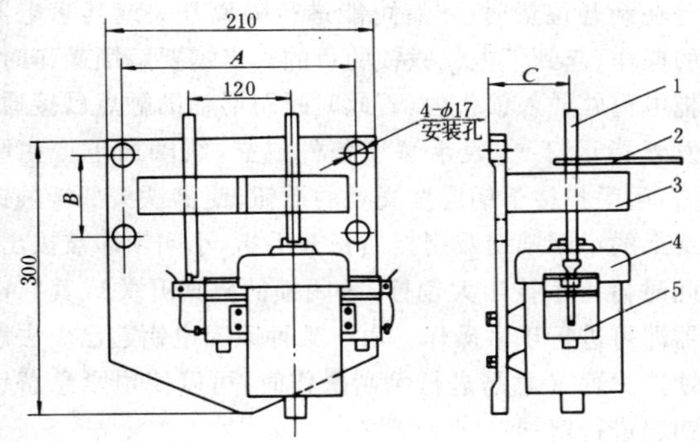

图 24-5-11　DSW2 型双机构组合式户外电磁锁安装尺寸

1—转轴；2—手柄；3—底座；4—辅助开关箱体；5—电磁锁

5. 生产厂

浙江省江山开关厂。

（五）DSW3 型户外电磁锁

1. 结构及原理

DSW3 型电磁锁由锁头、电磁铁、按钮和指示灯组成，所有元件一起组装入整体箱内，达到防雨、防尘要求。使用时安装到所需联锁的手力操动机构上，同时操作机构的输出轴上安装一个相应附件，当锁栓插入附件孔内时便达到锁紧作用。由于锁机构采用电磁铁直

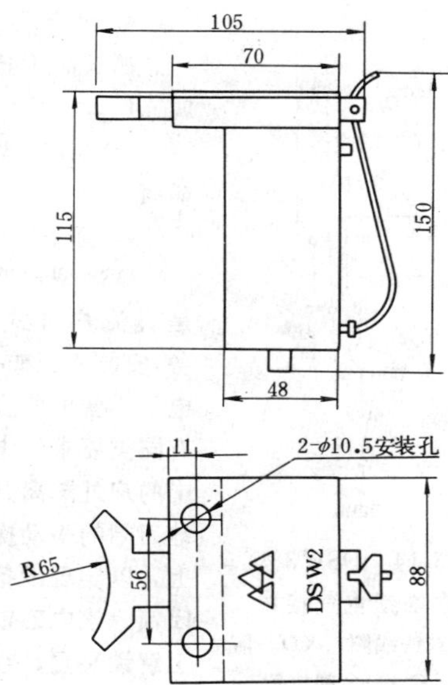

图 24-5-12　DSW2 型加长型组合式户外电磁锁安装尺寸

接控制锁头的开闭，所以与外部联锁设计接线配合共同达到防误操作的目的。锁头设计中采取了特殊结构，以达到满足操作条件，开锁后锁栓不自动复归，而在隔离开关操作完毕后，锁栓自动复归。这既方便了操作，又可在操作后锁栓自动复归，避免了下次产生误操作的可能性。

2. 技术数据

额定电压：交流 220V，直流 110V、220V，锁杆长 19.5mm，行程 15mm。

3. 外形及接线

DSW3 型户外电磁锁外形及安装尺寸见图 24-5-13，电气接线见图 24-5-14。

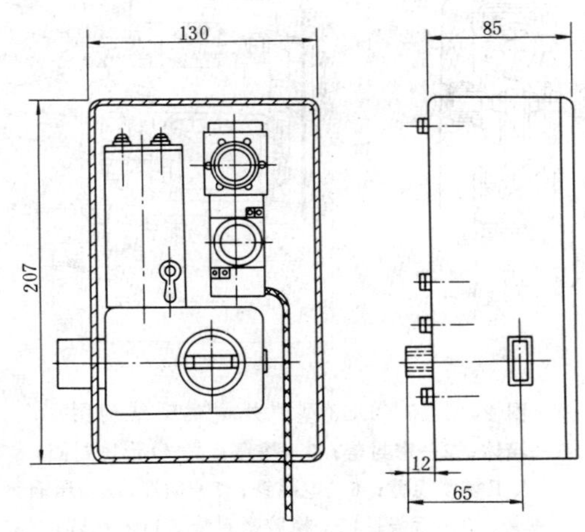

图 24-5-13　DSW3 型户外电磁锁外形及安装尺寸

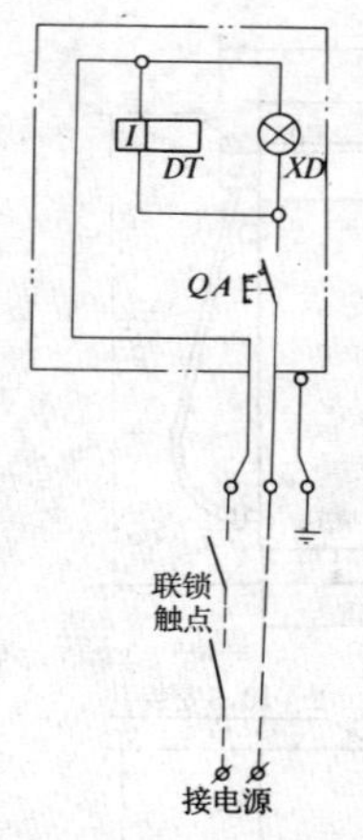

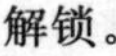

图 24-5-14 DSW3 型户外电磁锁电气接线
DT—电磁铁线圈；*XD*—信号灯；*HA*—合闸按钮

4. 生产厂

西安高压开关厂附属二厂。

(六)DS3 型户外电磁锁

1. 简介

DS3 型户外电磁锁是直流户外式闭锁设备，安装于工矿企业、发电厂、变电所及其他具有同类要求的电力系统中的户外隔离开关和接地刀闸的手动操作机构上，以实现设备的电气闭锁。该电磁锁设有人工解锁装置，在故障失电的条件下可进行人工解锁。

该电磁锁按额定电压分为直流 110V 和 220V 两种。一般用于 CS-G 型手力操动机构上。

2. 结构及电气接线图

户外电磁锁电铝合金外壳、按钮、电磁铁及锁杆等部分组成。电磁锁的外壳电箱体、密封盖、后盖组成，其结合部位都有橡胶密封垫、O 形密封圈，使该电磁锁具有良好的防雨性能。由于箱体、后盖采用高强度铸铝合金，因而使电磁锁的外壳强度高而重量轻。箱体上有 $\phi2\sim\phi3$ 排潮孔，以利于外壳的内外空气对流，使电磁锁在夏季时锁壳内温度不会过高。电磁锁的外形及电气接线，见图 24-5-15、图 24-5-16。

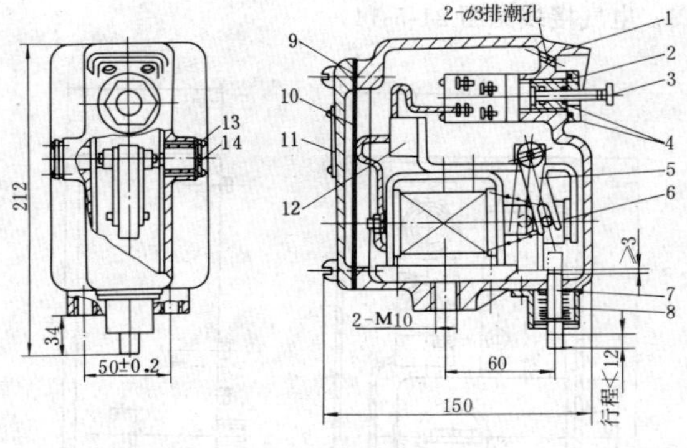

图 24-5-15 DS3 型户外电磁锁结构图
1—箱体；2—密封盖；3—按钮；4—O 形密封圈；5—人工解锁拐臂；6—电磁铁；7—锁杆；8—压缩弹簧；9—后盖；10—橡胶密封垫；11—铭牌；12—接线端子板；13—密封盖；14—橡胶密封

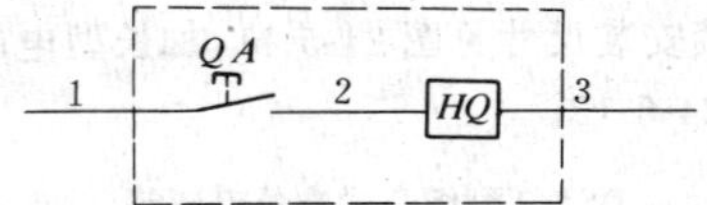

图 24-5-16 DS3 型户外电磁锁电气接线
QA—按钮；*HQ*—电磁铁线圈

3. 订货须知

生产厂已根据 CS-G 型操动机构的接地型式的不同制造了 DS3 型户外电磁锁与不同托架的组合，订货时如不需托架时要注明。

4. 生产厂

北京开关厂。

(七) DSN-Ⅰ型户内电磁锁

1. 简介

DSN-Ⅰ型户内电磁锁适用于隔离开关或其它电器操作机构的电气联锁之用。

2. 结构及原理

电磁锁由锁头与钥匙二部分组成。锁头由专用接盘固定装于隔离开关或其它电器的操动手柄旁侧，锁头上的大锁栓将操动手柄锁住，限制隔离开关或其它电器准确地处于“合”或“分”位置上，同时锁头上插孔的电气引出端经高压断路器等被联锁电器的辅助常闭触点与交、直流电源构成回路，因此只有当高压断路器等在断开位置时，才有可能进行隔离开关或其它电器的操作，起到了电气联锁的目的。当需要解锁操作时，把电钥匙插入锁头内，若此时断路器辅助触点已接通，发光指示灯亮，表示解锁条件成立，线圈通电产生吸力，用手指按下钥匙发光处的撳钮，使御铁头部接触锁头上的小闭锁销吸引板后松开手指，小闭锁即被拔出，此时再用手拔出大销栓，被闭锁的隔离开关或其它电器即可进行正常操作。由于某种原因电钥匙已失去解锁能力而又急需进行倒闸操作时，可以使用紧急解锁钥匙进行解锁。

3. 技术数据

DSN-Ⅰ型电磁锁技术数据见表 24-5-6。

表 24-5-6 DSN-Ⅰ型户内电磁锁技术数据

名 称	操动电源额定电压(V)	钥匙线圈电阻(Ω)	备 注
直流电源钥匙	DC220	6500±300	钥匙线圈电压范围为额定电压的 80%～110%；110% 额定电压时，历时不超过 5min。
直流电源钥匙	DC110	2600±100	
交流电源钥匙	AC220	65000	
紧急解锁钥匙			靠永久磁铁工作

注 订货时需注明接盘数量。

4. 外形及接线图

DSN-Ⅰ型电磁锁外形及安装尺寸见图 24-5-17，电气接线见图 24-5-18。

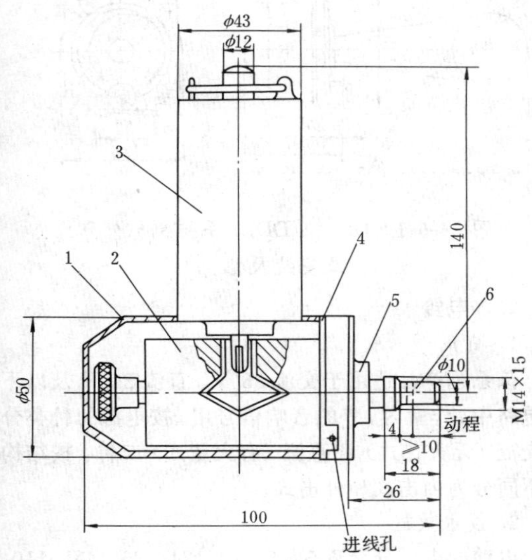

图 24-5-17　DSN-Ⅰ型户内电磁锁外形及安装尺寸
1—罩；2—锁头；3—钥匙；4—密封圈；5—安装接盘（与隔离开关手柄座连接）；6—大销栓

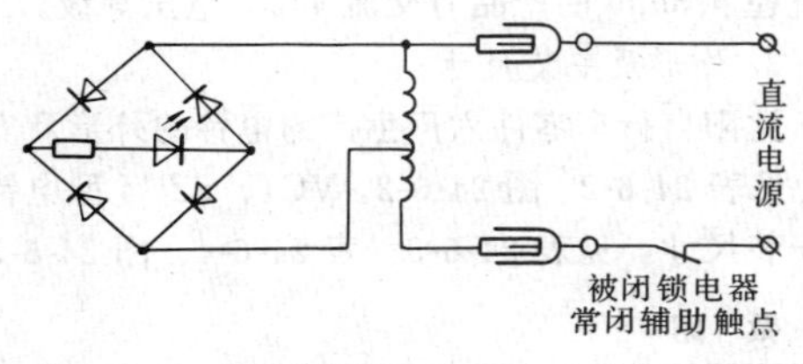

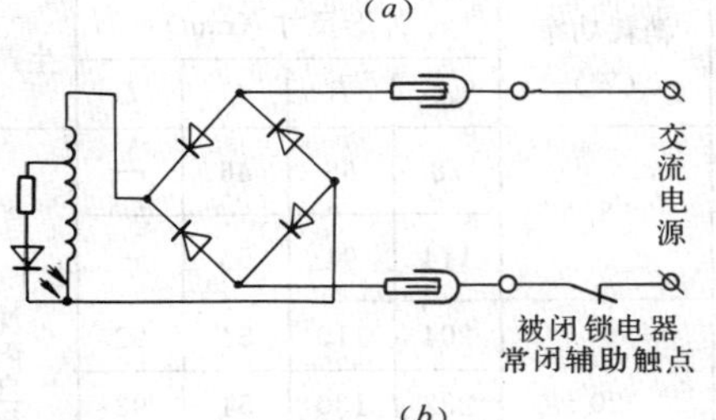

图 24-5-18　DSN-Ⅰ型户内电磁锁电气接线
(a) 直流电源电磁锁电气接线图；
(b) 交流电源电磁锁电气接线图

5. 生产厂

南京电力电表厂。

三、隔离开关位置指示器

（一）MK-9 型电动位置指示器

1. 技术数据

MK-9 型电动位置指示器技术数据，见表 24-5-7。

表 24-5-7　MK-9 型电动位置指示器技术数据

额定直流电压（V）	线圈参数			附加电阻		生产厂
	额定电压（V）	额定电流（mA）	电阻值（Ω）	阻值（Ω）	容量（W）	
24	＜24	＜6	4100	510	0.5	上海电熔铁厂
48	＜24	＜6		5.1k		
110	＜24	＜6		36k		
220	＜24	＜6		82k		

注　1. 指示标线有直线形、垂直形、直角形三种。
2. 热带型产品为 MK-9T。

2. 接线、外形及安装尺寸

MK-9 型位置指示器接线示意图见图 24-5-19，外形及安装尺寸见图 24-5-20。

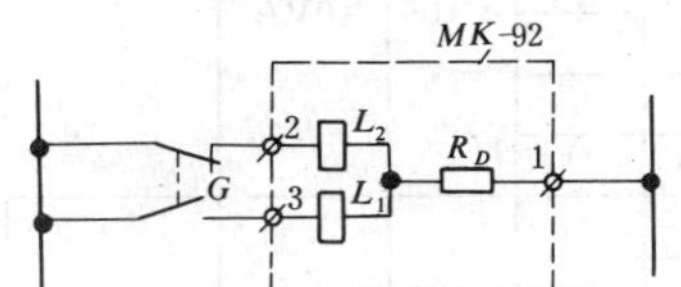

图 24-5-19　MK-9 型电动位置指示器接线示意图

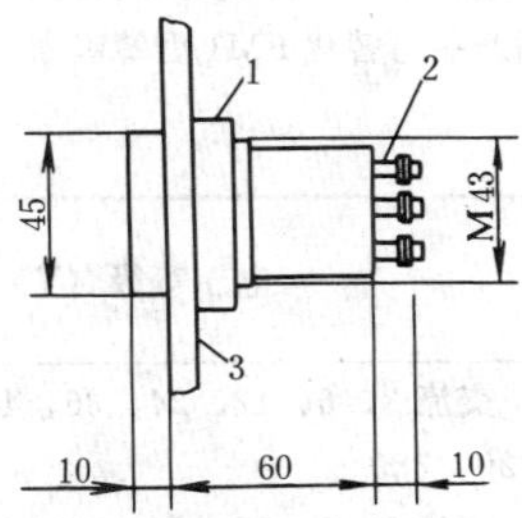

图 24-5-20　MK-9 型电动位置指示器外形及安装尺寸
1—胶木螺帽；2—接线柱；3—控制屏

（二）手动位置指示器

隔离开关手动位置指示器外形及安装尺寸，见图 24-5-21。

（三）生产厂

上海开关厂。

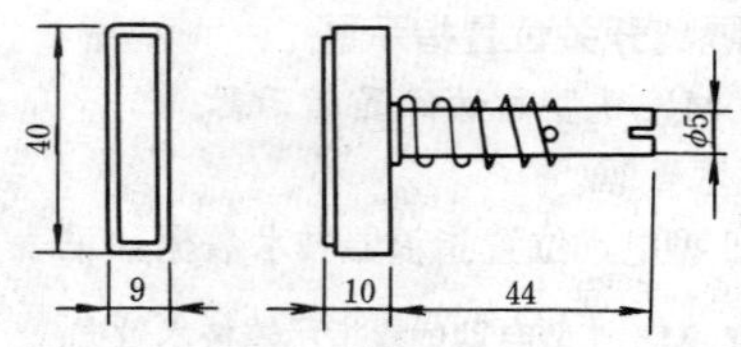

图 24-5-21 隔离开关手动位置指示器外形及安装尺寸

第24-6节 喇叭、电铃

一、DDJ1、DDZ1系列喇叭

1. 技术数据

DDJ1、DDZ1系列喇叭技术数据及生产厂见表24-6-1。

表 24-6-1 DDJ1、DDZ1系列喇叭技术数据及生产厂

系列号	额定电压(V) 交流	额定电压(V) 直流	音量(dB)	消耗功率	持续通电时间(min)	生产厂
DDJ1	24		≮105	40VA	5	上海电器成套厂 沈阳市信号灯厂
	36					
	110					
	127					
	220					
	380					
DDZ1		24	≮105	20W	5	
		48				
		110				
		220				

注 1. 若使用于有防水要求的场合时，需选用适当外径的橡皮软线，以保证进线处的密封。
2. 该系列产品可替代FM1型蜂鸣器。

2. 外形及安装尺寸

DDJ1、DDZ1系列喇叭外形及安装尺寸，见图24-6-1。

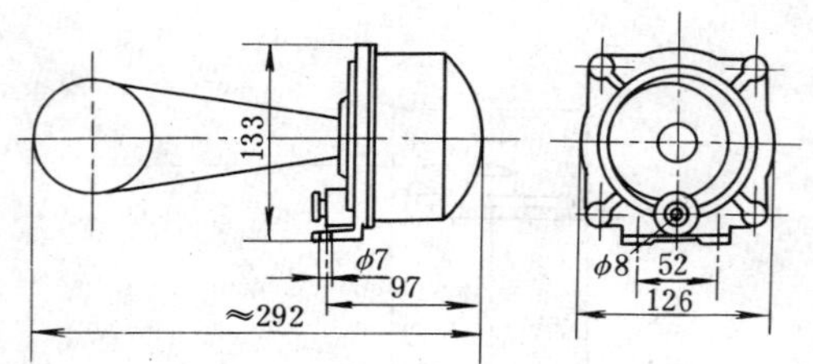

图 24-6-1 DDJ1、DDZ1系列喇叭外形及安装尺寸

二、电铃

1. 简介

该系列产品适用于交流380V、直流220V及以下的电路中，作室内、外的音响信号用。按电源的种类分为交流（无火花式）和直流（有火花式）二种，按结构的不同分为内击式和外击式。

2. 技术数据

电铃的电压分交流3、6、12、24、36、48、110、127、220、380V，直流3、6、12、24、36、48、110、220V，持续通电时间不大于10min。

表24-6-2所列电铃的技术数据为沈阳自行车零件六厂产品。表24-6-3所列电铃的技术数据为上海立新电器厂产品（无3Vϕ55的产品），产品为内击式，铃碗直径ϕ75mm的产品有交流440V电压等级。

3. 外形及安装尺寸

沈阳自行车零件六厂生产的电铃的外形及安装尺寸，见表24-6-2、图24-6-2。VC4、VZC4型电铃外形及安装尺寸，见表24-6-3、表24-6-4、图24-6-3。

表 24-6-2 电铃的技术数据

型式	电压等级（V）	铃碗直径(mm)	消耗功率(W)	外形尺寸(mm) A	B	C	L	生产厂
内击式	交流3、6、12、24、36、48、110、127、220、380 直流3、6、12、24、36、48、110、220	ϕ55*	8	78	69	46	—	沈阳自行车六厂
		ϕ75		114	94	55	—	
外击式	交流3、6、12、24、36、48、110、127、220、380 直流3、6、12、24、36、48、110、220	ϕ100	20	204	110	54	92	
		ϕ125		232	130	54	92	
		ϕ150		260	150	63	92	
		ϕ200	35	345	215	57	127.5	
		ϕ250		409	255	57	127.5	
		ϕ300		434	300	57	127.5	

* 只有交流220V及以下（除36V外）八个等级、直流24V及以下四个等级。

表 24-6-3 UC4、UZC4 型电铃的技术数据

型号	电压等级（V）	铃碗直径（mm）	消耗功率（W）	生产厂
UC4-2	交流	ϕ75	8	上海立新电器厂
UC4-3	6、12、24、36、48	ϕ100	20	
UC4-4	110、127、220、380	ϕ150	30	
UZC4-2	直流	ϕ75	8	
UZC4-3	6、12、24、48	ϕ100	20	
UZC4-4	110、220	ϕ150	30	

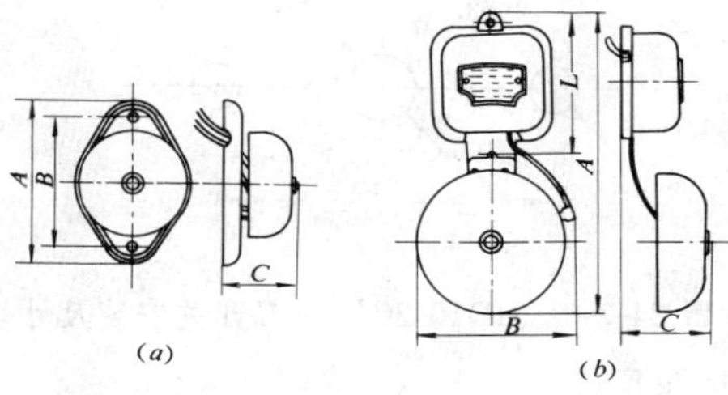

图 24-6-2 电铃外形及安装尺寸
(*a*) 内击式；(*b*) 外击式

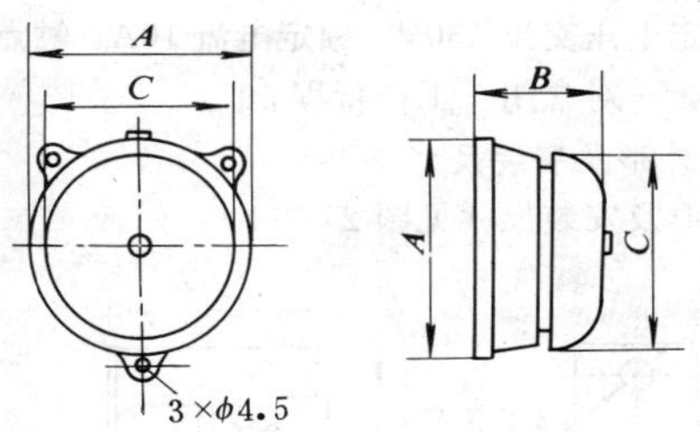

图 24-6-3 UC4、UZC4 型电铃外形及安装尺寸

表 24-6-4 UC4、UZC4 型电铃外形尺寸

型 号	外形尺寸 (mm)		
	A	*B*	*C*
UC4-2	102	53	75
UC4-3	142	62	100
UC4-4	208	85	150
UZC4-2	102	53	75
UZC4-3	142	62	100
UZC4-4	208	85	150

三、701、701-2 型讯响器

1. 简介

该讯响器又称蜂鸣器或电蝉，通电时发出灯光及音响。该产品适用于车辆、船舶、机械仪表、家用电器上，作故障报警和信号指示。

该产品为电磁式发声装置，并作间断或持续指示，连续鸣响不得超过 3min。701-2 型讯响器体积小，外壳由塑料制成。

2. 技术数据

701、701-2 型讯响器技术数据，见表 24-6-5。

表 24-6-5 701、701-2 型讯响器技术数据

额定电压(V) 交流、直流	额定电流(A)		直流电阻 (Ω)	声级(dB)	
	不带电珠	带电珠		701	701-2
6±15%	＜0.25	＜0.45	3～3.5	90±15%	85±15%
12±15%	＜0.22	＜0.40	13～15		
24±15%	＜0.15	0.32	45～50		

3. 外形及安装尺寸

701、701-2 型讯响器外形及安装尺寸，见图 24-6-4、图 24-6-5。

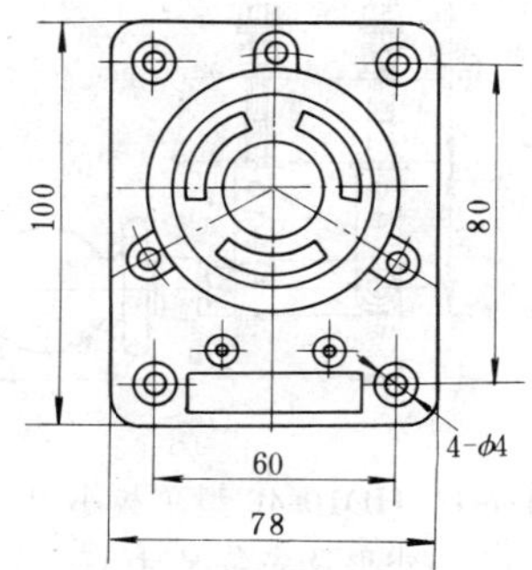

图 24-6-4 701 型讯响器外形及安装尺寸
(高为 67.5mm)

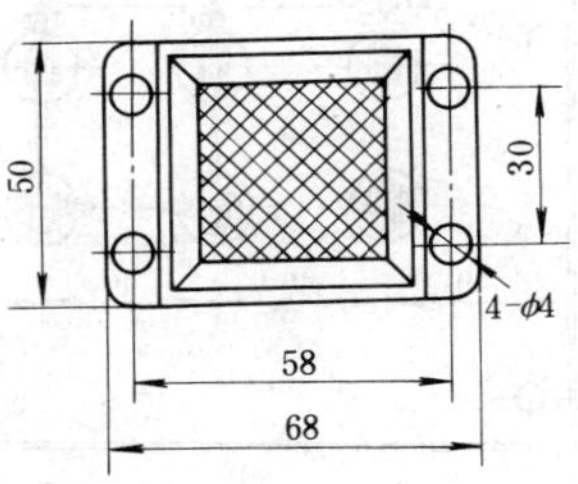

图 24-6-5 701-2 型讯响器外形及安装尺寸
(高为 45mm)

4. 生产厂

上海桅灯厂、上海徐江五金厂等。

第24-7节　小刀开关、标签框、小母线夹

一、HD10-40型小刀开关

1. 技术数据

额定电压为交流或直流250V，额定电流为40A，极数为1～7。

2. 外形及安装尺寸

HD10-40型单极小刀开关外形及安装尺寸见图24-7-1，多极组合小刀开关外形及安装尺寸见图24-7-2。

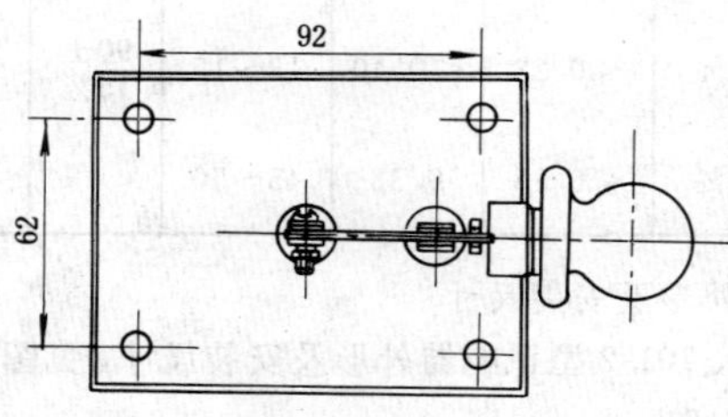

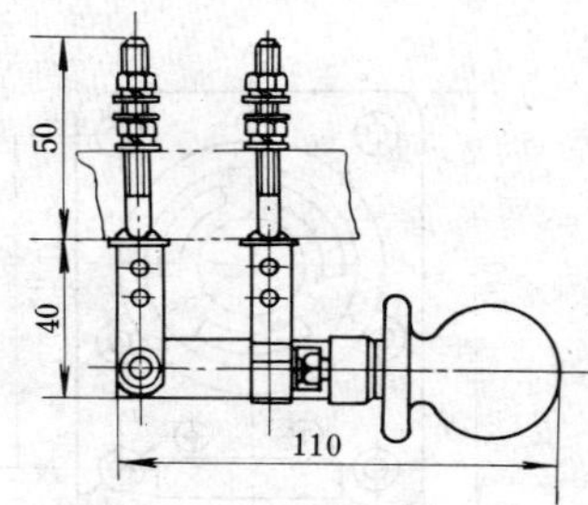

图24-7-1　HD10-40型单极小刀开关外形及安装尺寸

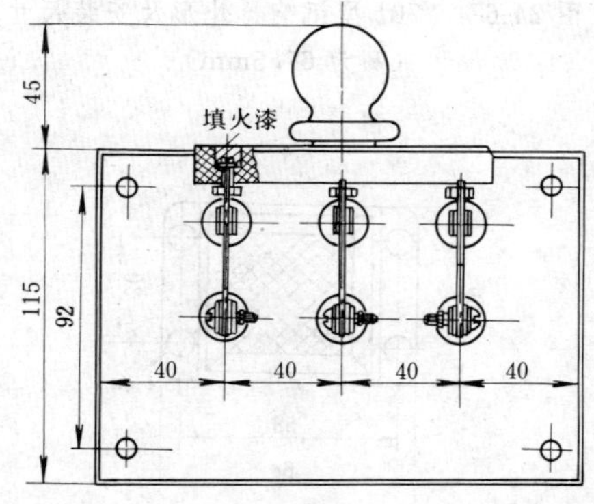

图24-7-2　HD10-40型多极组合小刀开关外形及安装尺寸

3. 生产厂

上海电器成套厂。

二、HD10-20/1型单刀开关

1. 简介

HD10-20/1单刀开关适用于控制屏、台及配电设备接通和分断交、直流电路之用。单刀开关由底座、接触刀片、接触极及接线螺钉组成。

2. 技术数据

额定电压380V，额定电流20A，单极。

3. 外形及安装尺寸

外形尺寸为100×30×38.5（长×宽×高，mm）。安装尺寸见图24-7-3。

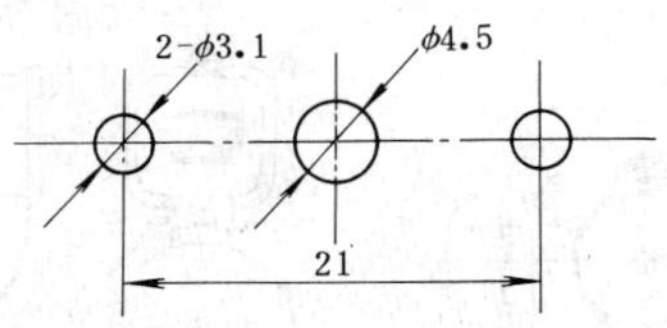

图24-7-3　HD10-20/1单刀开关安装尺寸

4. 生产厂

阿城继电器二厂。

三、带指示灯小刀开关

1. 技术数据

额定电压交流250V，额定电流10A。触点数：一对常开，一对常闭。工作行程50°。

2. 外形及安装尺寸

外形及安装尺寸见图24-7-4。

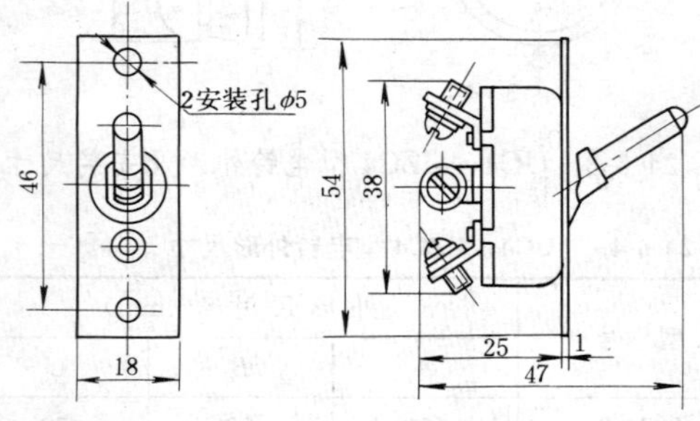

图24-7-4　带指示灯小刀开关外形及安装尺寸

3. 生产厂

上海第二机床电器厂。

四、ZX72型双投小刀开关

1. 技术数据

断开容量：直流电压60V、电流1A，交流电压100V、电流0.6A。

极数：一极、二极、四极三种。

2. 外形及安装尺寸

外形及安装尺寸见图 24-7-5 及表 24-7-1。

表 24-7-1　ZX72 型双投小刀开关安装尺寸

极数	1	2	4
A（mm）	15	30	66

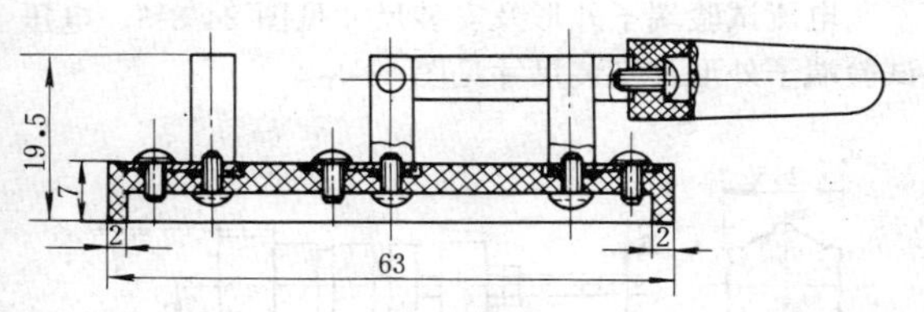

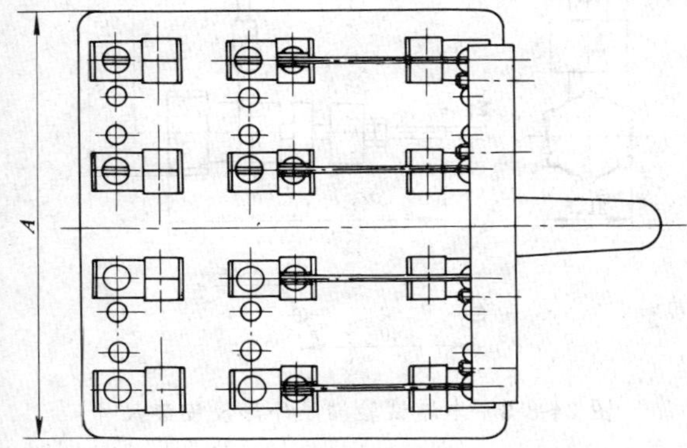

图 24-7-5　ZX72 型双投小刀开关外形

3. 生产厂

上海中星电器五金厂。

五、PH、KT1 型标签框

1. 外形及安装尺寸

外形及安装尺寸见图 24-7-6、图 24-7-7 及表 24-7-2。

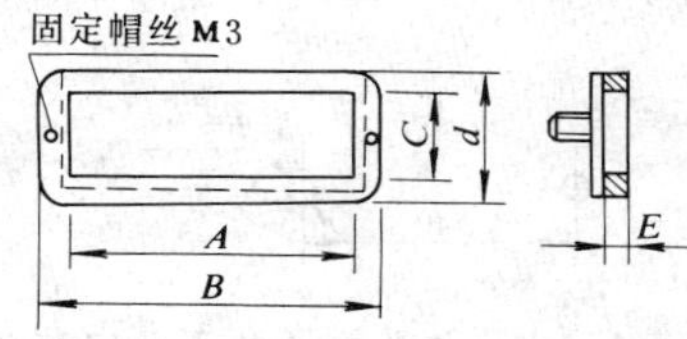

图 24-7-6　PH 型标签框外形及安装尺寸

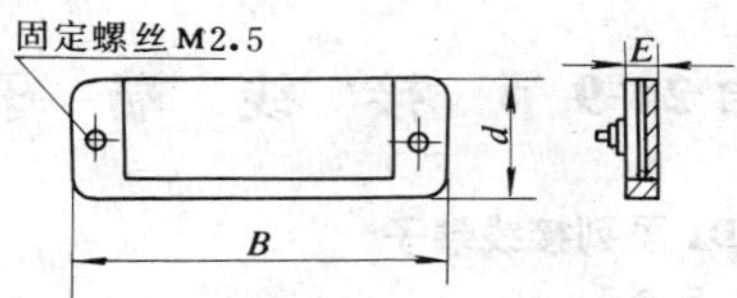

图 24-7-7　KT1 型标签框外形及安装尺寸

表 24-7-2　PH、KT1 型标签框安装尺寸

型　号	安　装　尺　寸　（mm）				
	A	B	C	d	E
PH-15	43	60	10	15	4.5
PH-30	63	82	22	30	4.5
KT1-1		60		18	
KT1-2		85		26	

2. 生产厂

PH 型为上海开关厂、苏州延安胶木电器厂生产，KT1 型为北京开关厂生产。

六、XK1-1、XK1-2 型标志牌

1. 外形及安装尺寸

XK1-1、XK1-2 型标志牌外形及安装尺寸见图 24-7-8。

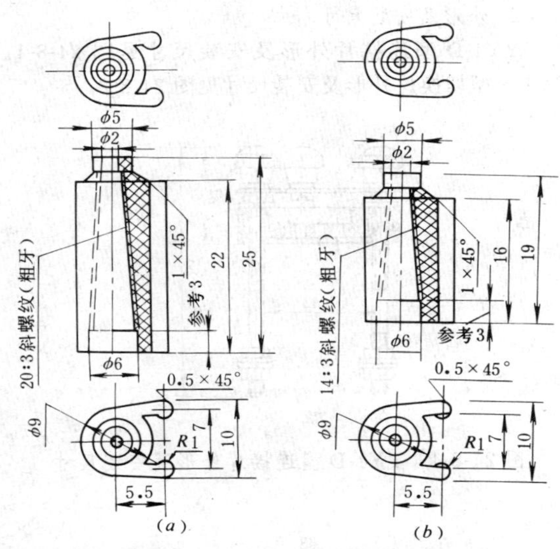

图 24-7-8　XK1-1、XK1-2 型标志牌外形及安装尺寸

(*a*) XK1-1 型；(*b*) XK1-2 型

2. 生产厂

苏州延安胶木电器厂。

七、小母线夹

1. 技术数据

额定电压 250V。固定小母线规格为 $\phi10$。

2. 外形及安装尺寸

外形及安装尺寸见图 24-7-9。

3. 生产厂

苏州延安胶木电器厂，阿城继电器厂。

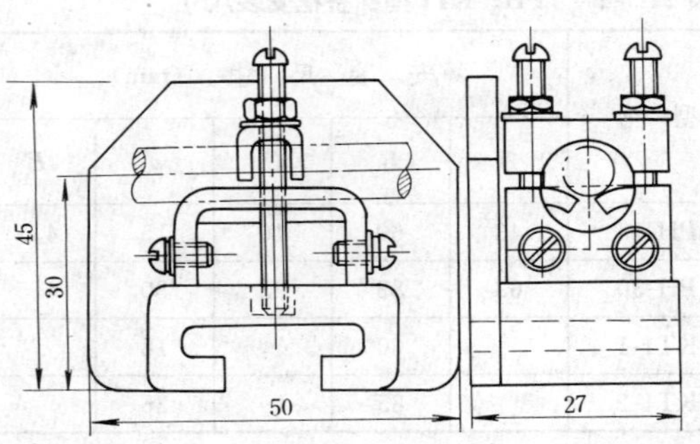

图 24-7-9 小母线夹外形及安装尺寸

第24-8节 连接片和试验端子

一、YY1-D 型连接片和 YY1-S 型切换片

1. 技术数据

额定电压 380V，额定电流 20A。

2. 外形及安装尺寸

YY1-D 型连接片外形及安装尺寸见图 24-8-1。YY1-S 型切换片外形及安装尺寸见图 24-8-2。

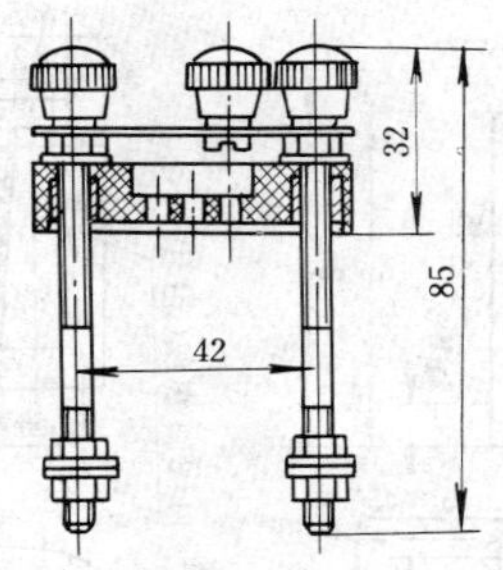

图 24-8-1 YY1-D 型连接片外形及安装尺寸

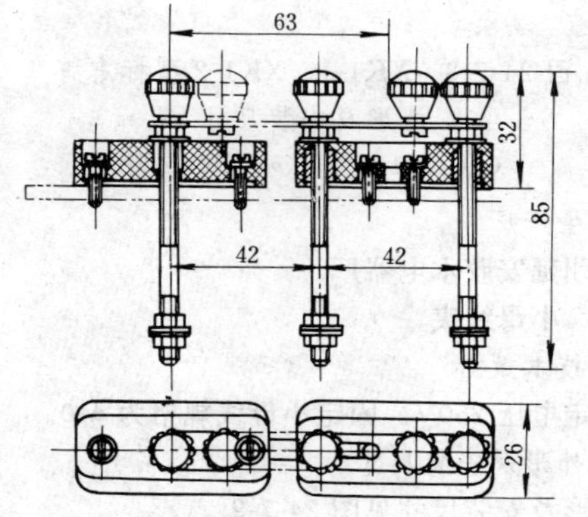

图 24-8-2 YY1-S 型切换片外形及安装尺寸

3. 生产厂

苏州延安胶木电器厂。

二、试验端子

1. 技术数据

额定电压 380V，额定电流 20A。该端子代替试验盒用。

2. 外形及安装尺寸

电流试验端子外形及安装尺寸见图 24-8-3。电压试验端子外形及安装尺寸见图 24-8-4。

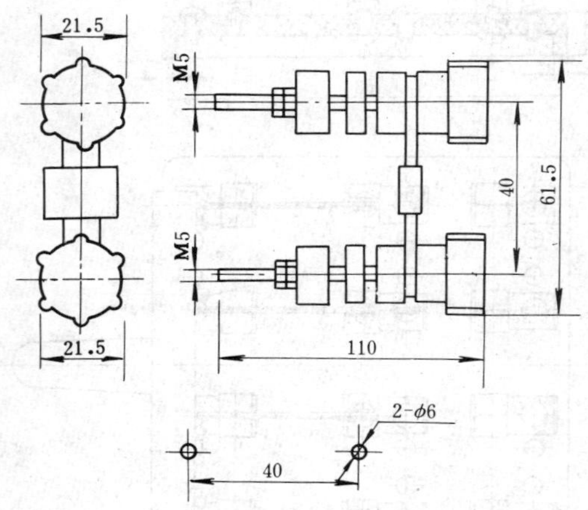

图 24-8-3 电流试验端子外形及安装尺寸

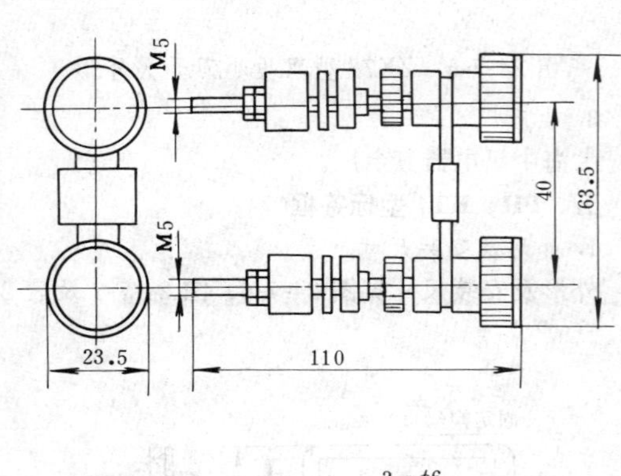

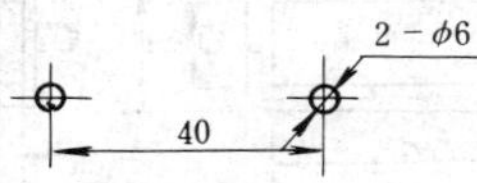

图 24-8-4 电压试验端子外形及安装尺寸

3. 生产厂

苏州延安胶木电器厂。

第24-9节 接 线 端 子

一、D1 系列接线端子

（一）简介

该系列接线端子，使用于高低压配电屏、控制、保

护屏内作导线连接用。

（二）技术数据

额定电压 500V，额定电流等级有 10、20、60、100、150A 五种，压接导线范围 0～35mm²（其中北京第一低压电器厂、苏州电气控制设备厂无 100、150A 产品，压接导线范围为 0～10mm²；苏州电表厂仅有 10A 产品）。

（三）分类及用途

D1 系列接线端子分类及用途见表 24-9-1。

（四）外形及安装尺寸

D1 系列接线端子外形见图 24-9-1～图 24-9-9 及表 24-9-2，安装尺寸见图 24-9-10 及表 24-9-3。

（五）生产厂

上海精益电器厂，北京第一低压电器厂，苏州电气控制设备厂，苏州电表厂，成都低压电器厂。

表 24-9-1 D1 系列接线端子分类表

型 号	名 称	用 途
D1-□	普通型	用于连接电气装置不同部分导线
D1-□L_1	联络型	用于联络型端子的终端（绝缘件无缺口）
D1-□L_2	联络型	用于联络型端子的始端，与 L1 型或 S 型及 SL 型端子相连接（绝缘件有缺口）
D1-□S	试验型	用于互感器二次回路中接入试验仪表以对回路中表计进行试验
D1-□SL	试验联络型	将两个以上试验端子连接在一起，也可使试验型端子与其它联络端子相连接
D1-□B	标记型	放在端子排的终端或中间位置，作安装组别标记之用
D1-□G	隔 板	在不需标记的情况下作绝缘隔板，并作增加绝缘强度和增加爬电距离之用
D-6	电阻端子	用于仪表外接电阻，作调整线路电阻之用，其总电阻值分 5、15、25Ω 三种，电阻端子分可调 D-6 型和不可调 D-6K 型
D-7	开关端子	用于仪表或电器设备中，作为隔离开关用
D-8	熔断器端子	作为仪表或电器元件的短路保护用。熔断体的额定电流分 0.5、1、2、3、5、8、10A 七种

注 1. 仅 20A 有试验型、试验联络型及标记型端子。

2. 仅 60A 以下有联络型接线端子。

3. D-6、D-7、D-8 型接线端子仅苏州电表厂生产。

表 24-9-2 D1 系列接线端子外形尺寸

型 号	名 称	压接导线范围 (mm²)	外形尺寸 (mm)					备 注
			h	h'	b	b'	c	
D1-10	10A 普通型接线端子	0～2.5	41	35	39	36	7	
D1-10L_1	10A 联络 Ⅰ 型接线端子	0～2.5	41	35	39	36	7	中间加螺钉
D1-10L_2	10A 联络 Ⅱ 型接线端子	0～2.5	41	35	39	36	7	
D1-10G	10A 隔板	—	39	35	—	36	25	
D1-20	20A 普通型接线端子	0～6	51	45	51	48	9	
D1-20L_1	20A 联络 Ⅰ 型接线端子	0～6	51	45	51	48	9	中间加联接管及螺钉
D1-20L_2	20A 联络 Ⅱ 型接线端子	0～6	51	45	51	48	9	
D1-20S	20A 试验型接线端子	0～6	51	45	51	48	16	
D1-20SL	20A 试验联络型接线端子	0～6	51	45	51	48	16	
D1-20B	20A 标记型端子	—	49	45	—	48	12	

续表 24-9-2

型　号	名　　称	压接导线范围 (mm²)	外形尺寸 (mm) h	h′	b	b′	c	备　注
D1-20G	20A 隔板	—	49	45	—	48	3	
D1-60	60A 普通型接线端子	2.5～10	58	52	55	52	12	
D1-60L_1	60A 联络Ⅰ型接线端子	2.5～10	58	52	55	52	12	中间加联接螺钉
D1-60	60A 联络Ⅱ型接线端子	2.5～10	58	52	55	52	12	
D1-60G	60A 隔板	—	56	52	—	52	4	
D1-100	100A 普通型接线端子	6～25	66	60	63	60	14	
D1-100G	100A 隔板	—	64	60	—	60	4	
D1-150	150A 普通型接线端子	10～35	72	66	69	66	17	
D1-150G	150A 隔板	—	70	66	—	66	4	

注　各厂家尺寸不同，表中尺寸为上海精益电器厂产品。

表 24-9-3　　**D1 系列接线端子基座安装尺寸**

端子型号 / 节数 / 基座代号	D1-10 D1-10L_1 D1-10L_2	D1-20 D1-20L_1 D1-20L_2	D1-20S D1-20SL	D1-60 D1-60L_1 D1-60L_2	D1-100	D1-150	基座长度 L (mm)
4JY8·024·000	20	15	18	12	10	8	200
4JY8·024·001	35	26	15	20	17	14	300
4JY8·024·002	6	4	2	3	3	2	100
4JY8·024·003	13	10	5	7	6	5	150
4JY8·024·004	27	21	12	16	13	11	250

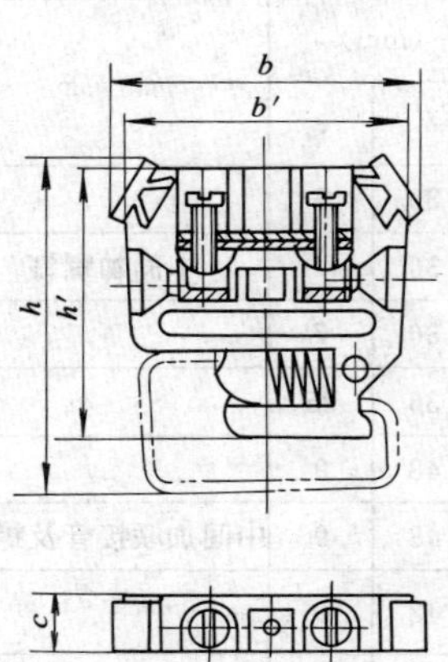

图 24-9-1　D1-10、10L_1 型接线端子外形及安装尺寸

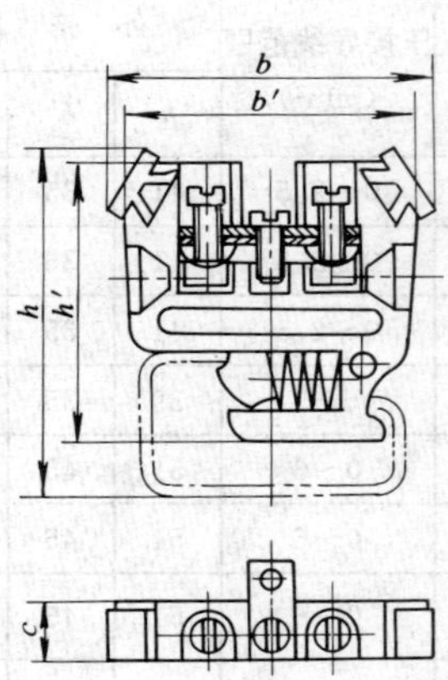

图 24-9-2　D1-10L_2 型接线端子外形及安装尺寸

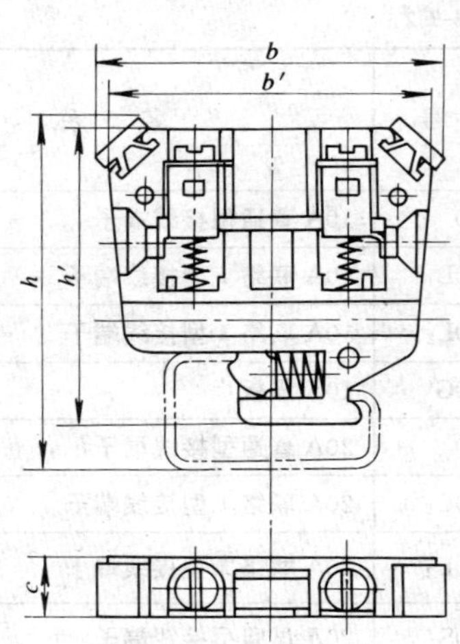

图 24-9-3　D1-20、20L_1、60、60L_1 型接线端子外形及安装尺寸

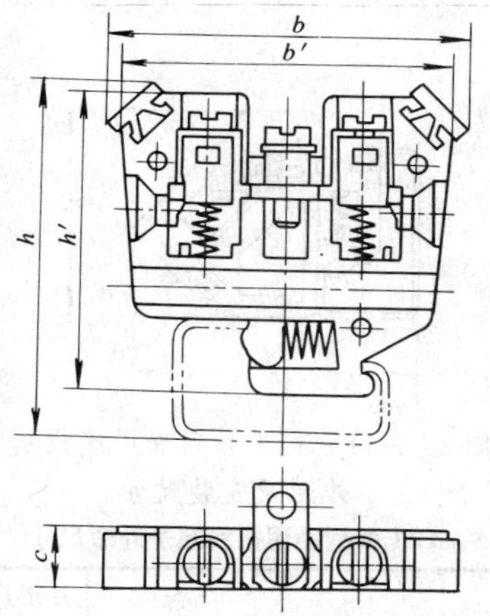

图 24-9-4 D1-20L_2、60（联络Ⅱ型）型接线端子外形及安装尺寸

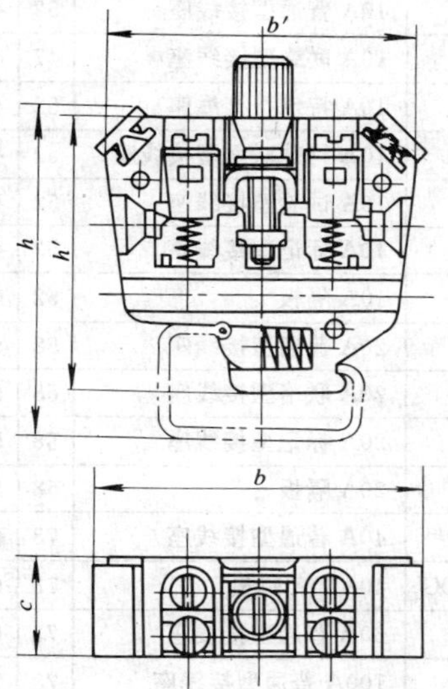

图 24-9-5 D1-20S 型接线端子外形及安装尺寸

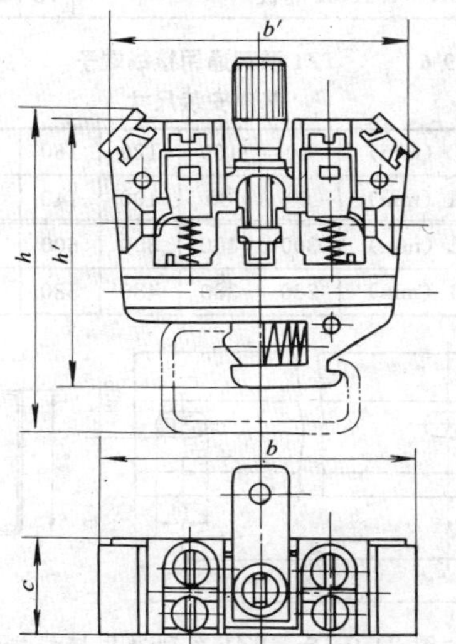

图 24-9-6 D1-20SL 型接线端子外形及安装尺寸

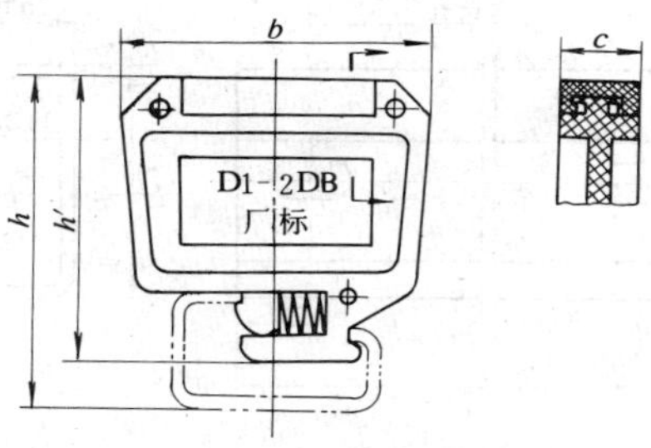

图 24-9-7 D1-20B 型接线端子外形及安装尺寸

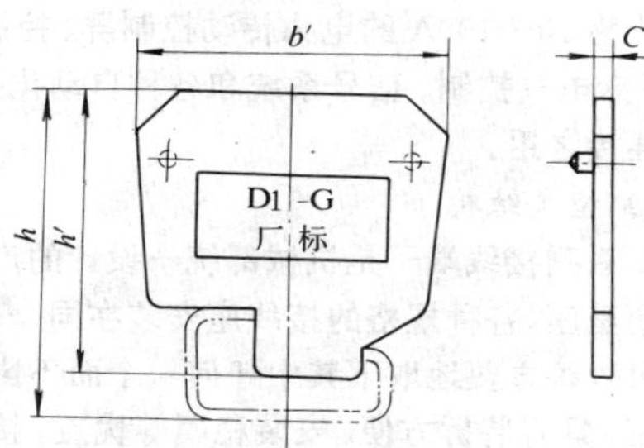

图 24-9-8 D1-10G、20G、60G、100G、150G 型接线端子外形及安装尺寸

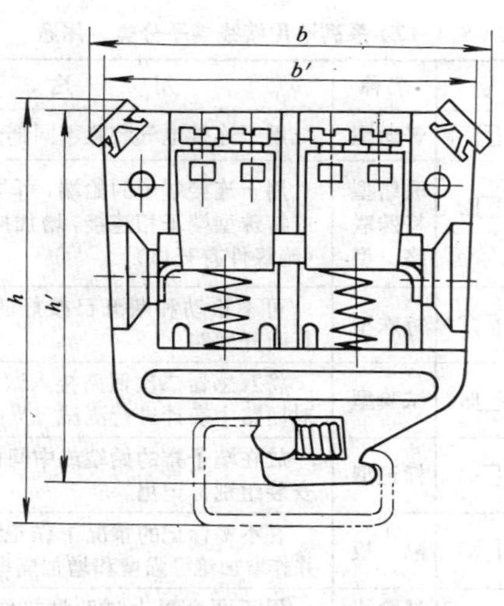

图 24-9-9 D1-100、150 型接线端子外形及安装尺寸

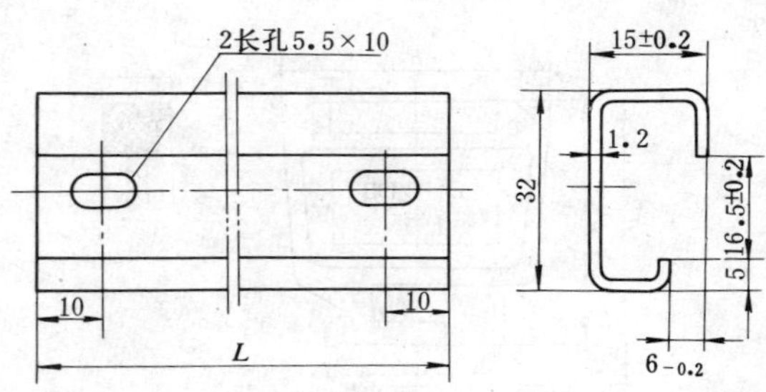

图 24-9-10 D1系列接线端子基座安装尺寸

二、TZ1系列通用接线端子

(一) 简介

TZ1系列接线端子使用于额定电压不超过500V、额定电流为10～100A的电力传动控制屏、控制台、控制柜、机床电气控制、信号系统和各种自动化装置内，作导线连接之用。

(二) 型式结构

TZ1系列接线端子是机械部统一设计的产品。采用高低槽基座，各种规格的接线座安装在同一基座上，组装后可以很方便地取下其中任何一个而不影响相邻的接线座，具有装拆方便、安装稳固等优点。接线方式应用冷挤压技术，可配用VT或OT型端头，保证接触可靠、导电性能好。考虑到电气控制屏、台、柜的接线方便，该系列端子设计为45°角。

(三) 分类及用途

TZ1系列接线端子分类及用途见表24-9-4。

表 24-9-4 TZ1系列通用接线端子分类、用途

型号	名称	用途
TZ1-□	普通型	用于连接电气装置不同部分导线
TZ1-□L TL	联络型 特殊联络型	用于连接端子的始端，可与普通型或特殊型端子相连接，增加接线数量(绝缘件有开口)
TZ1-□T	特殊型	可不松动和断开已接好的导线进行断开回路
TZ1-□S	试验型	将互感器二次回路接入试验仪表，对回路中表计进行测试
TZ1-□B	标记型	放在端子排的始端或中间位置，作安装组别标记用
TZ1-□G	隔板	在不需标记的情况下作绝缘隔板，并作增加绝缘强度和增加爬电距离用
TZ1-□SL	试验连接型	用于两个以上试验型接线端子的连接

注 TZ1-□SL型仅上海精益电器厂生产。

(四) 外形及安装尺寸

TZ1系列接线端子和基座外形及安装尺寸，见图24-9-11、图24-9-12及表24-9-5、表24-9-6。

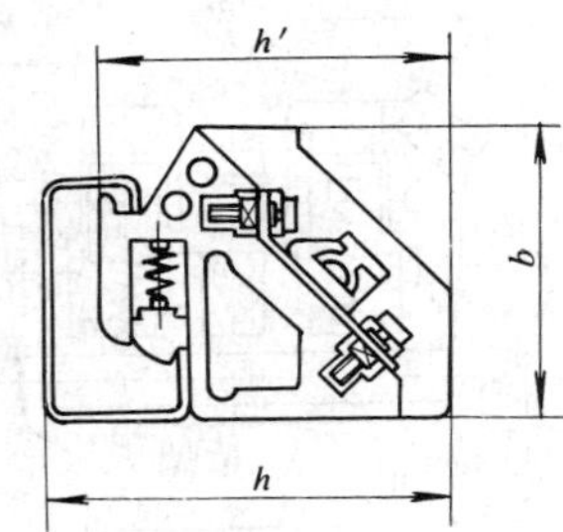

图 24-9-11 TZ1系列通用接线端子外形及安装尺寸

表 24-9-5 TZ1系列通用接线端子外形尺寸

型号	名称	外形尺寸 (mm)			
		h	h'	b	c
TZ1-10	10A普通型接线座	52	45	39	8
TZ1-10L	10A联络型接线座	47	40	39	8
TZ1-10T	10A特殊型接线座	52	45	39	10
TZ1-10TL	10A特殊联络型接线座	52	45	39	10
TZ1-10S	10A试验型接线座	52	45	39	18
TZ1-10B	10A标记型接线座	52	45	39	10
TZ1-10G	10A隔板	52	45	39	3
TZ1-20	20A普通型接线座	58	51	44	10
TZ1-20L	20A联络型接线座	58	51	44	10
TZ1-20B	20A标记型接线座	58	51	44	10
TZ1-20G	20A隔板	58	51	44	3
TZ-40	40A普通型接线座	73	66	63	15
TZ1-40 60G	40A60A隔板	73	66	63	4
TZ1-60	60A普通型接线座	73	66	63	18
TZ1-100	100A普通型接线座	78	71	70	24
TZ1-100G	100A隔板	78	71	70	4

表 24-9-6 TZ1系列通用接线端子基座安装尺寸

长度 L (mm)	80	100	120	160	200	240
孔距 A (mm)	60	80	100	140	180	220
长度 L (mm)	300	400	500	600	800	1000
孔距 A (mm)	280	380	480	580	780	980

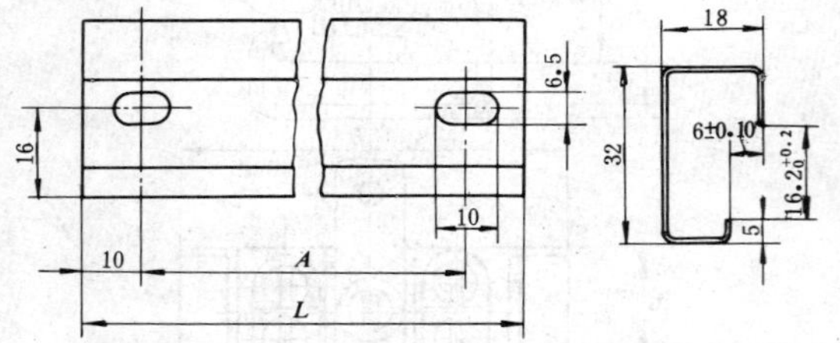

图 24-9-12 TZ1系列通用接线端子基座外形及安装尺寸

（五）订货须知

该系列接线端子一般以单节、单件供货，在作特别说明时，才成排供货。订货时应注明型号、名称、需订节数或件数。

（六）生产厂

天津市电器工业公司，上海通用电器总厂，上海精益电器厂，苏州电气控制设备厂，成都低压电器厂。

三、JT1 系列通用接线座

（一）简介

JT1 系列接线座用于额定电压不超过 500V 的电力传动控制屏、控制台、控制柜以及机床电气控制、信号系统和各种自动化装置内作导线连接之用。

（二）型号含义

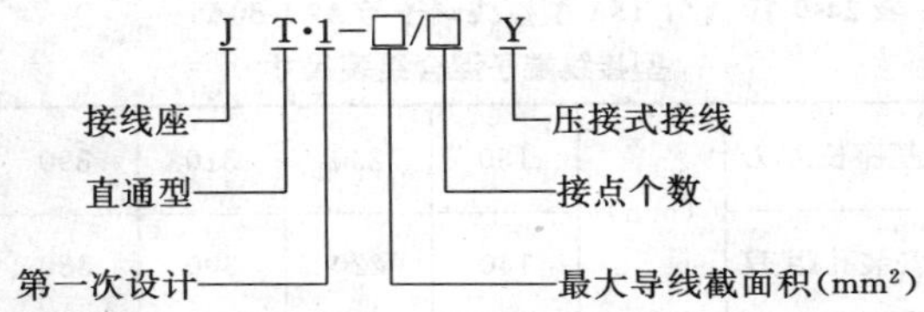

（三）型式结构

绝缘件采用高分子聚碳酸酯，抗冲击强度高、不易碎裂、绝缘性能好、色泽鲜艳。基座的安装尺寸及长度规格符合 JB3975—85 标准。采用高低槽基座，装拆方便，安装稳固（基座长度规格 80～100mm）。每节均有防尘罩，可防止积灰引起爬电击穿事故。

采用组合螺钉，垫圈可随螺钉移动，接线方便。螺钉头一字型、十字型槽都有，二种常用螺丝刀均可操作。

（四）外形及安装尺寸

JT1 系列通用接线座外形及安装尺寸，见图 24-9-13 及表 24-9-7。

表 24-9-7　JT1 系列通用接线座外形尺寸

型　号	名　称	额定电流（A）	外形尺寸（$A\times B\times C$，mm）
JT1-1.5/10Y	普通型	10	47×33×31
JT1-1.5/10S	试验型接线座	10	23×33×41
JT1-1.5/4LY	二联联络型	10	47×38×31
JT1-1.5/6LY	三联联络型	10	47×38×31
JT1-1.5B	标记型	10	32×14×31
JT1-5.5/10Y	普通型	25	62×36×36
JT1-5.5/4LY	二联联络型	25	62×41×36
JT1-5.5/6LY	三联联络型	25	62×41×36
JT1-5.5B	标记型	25	35×13×22
JT1-16/10Y	普通型	60	96×50×54

（五）生产厂

上海通用电器总厂。

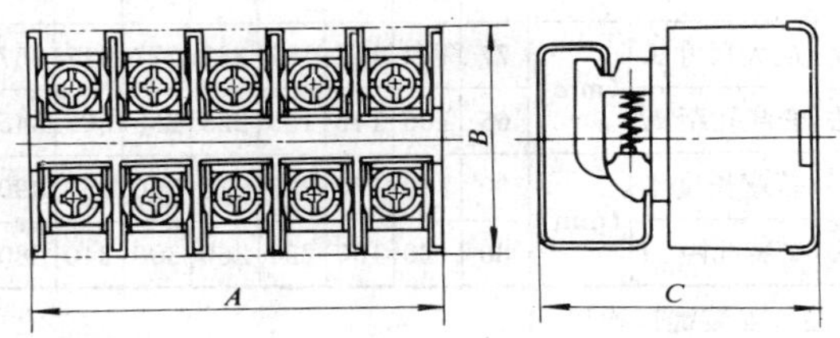

图 24-9-13　JT1 系列通用接线座外形及安装尺寸

四、AZ1 系列接线端子

（一）简介

AZ1 系列接线端子使用额定电压 660V、额定电流 15、30A 的电力控制屏、台、柜、机床电气控制、矿山机械电气控制、信号系统和各种自动化装置内，作导线连接之用。

AZ1 系列普通型接线端子选用高级材料作绝缘件，有很高的耐热性，离火后能自灭，耐化学腐蚀等。接线方式可用 UT 型冷压接端头。透明罩（防尘）可直接用于硬撤上或板下，不会碎裂。

该接线端子，用户可根据需要选择基座（正装法）或固定座（简装法）。不同规格的接线端子可安装在同一基座上。

（二）外形及安装尺寸

（1）AZ1-15A 型接线端子外形及安装尺寸，见图 24-9-14、图 24-9-15 及表 24-9-8。

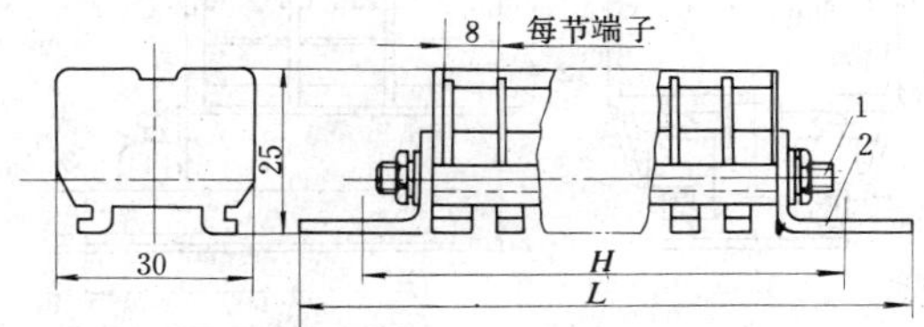

图 24-9-14　AZ1-15A 型接线端子简装法外形及安装尺寸

1—串心杆；2—固定座

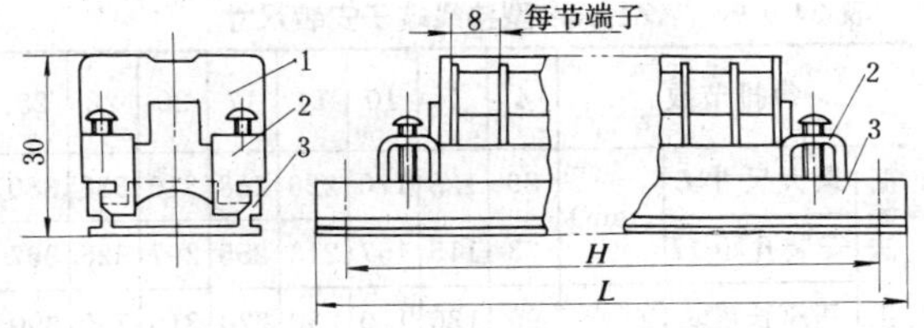

图 24-9-15　AZ1-15A 型接线端子正装法外形及安装尺寸

1—端子；2—固定件；3—基座

表 24-9-8　AZ1-15A 型接线端子安装尺寸

每排节数			5	10	15	20	25	30	35	40
简装法	最大尺寸 L	(mm)	77	117	157	197	237	277	317	357
	安装孔距 H		65	105	145	185	225	265	305	345
正装法	基座长度 L	(mm)	90	130	170	230	270	310	350	390
	安装孔距 H		80	120	160	224	260	300	340	380

注　安装螺钉均用 M4。

(2) AZ1-30A 型外形及安装尺寸见图 24-9-16、图 24-9-17 及表 24-9-9。

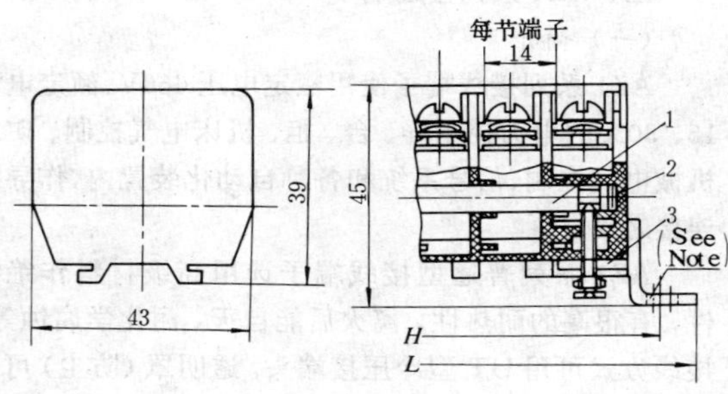

图 24-9-16　AZ1-30A 型接线端子简装法外形及安装尺寸

1—串心杆；2—旁绝缘件；3—固定座

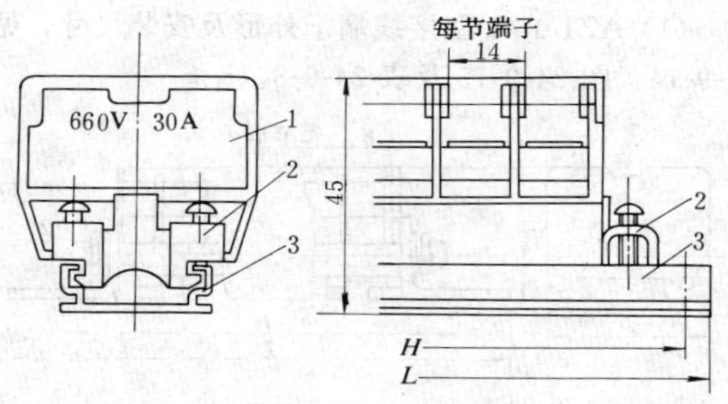

图 24-9-17　AZ1-30A 型接线端子正装法外形及安装尺寸

1—端子；2—固定件；3—基座

表 24-9-9　AZ1-30A 型接线端子安装尺寸

每排节数			4	7	10	14	17	20	22	25
简装法	最大尺寸 L	(mm)	86	128	170	226	268	310	338	380
	安装孔距 H		73	115	157	213	255	297	325	367
正装法	基座长度 L	(mm)	90	130	170	230	270	310	350	390
	安装孔距 H		84	124	164	224	264	306	334	380

注　安装螺钉均用 M4。表中简装法安装孔距 H 系两个固定座间的数值，每一固定座上每对孔间中心距为 22。

(3) AZ1-15A 型接线端子与 AZ1-30A 型接线端子用基座混合组装，见图 24-9-18 及表 24-9-10。

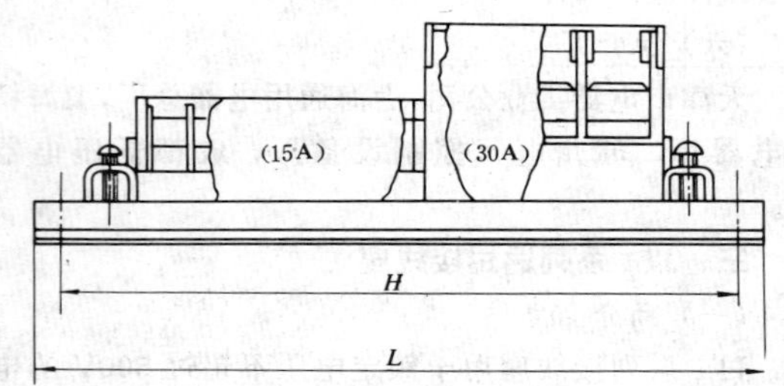

图 24-9-18　AZ1-15A 型接线端子与 AZ1-30A 型接线端子混合组装

表 24-9-10 AZ1-15A 型接线端子与 AZ1-30A 型接线端子混合组装尺寸

基座长度 L	(mm)	150	230	310	390
安装孔距 H		140	220	300	380
混合组装节数	15A	7	12	16	21
	30A	4	7	10	13

(三) 订货须知

(1) 该接线端子一般成排供货。每排节数见表 24-9-8 (AZ1-15A 型)、表 24-9-9 (AZ1-30A 型)、表 24-9-10 (AZ1-15A、AZ1-30A 型混合)，用户如有特殊要求，可在订货时说明，但基座长度以 90mm 为基数递增，递增数为 20mm。

(2) 对于军工、出口、湿热带等特殊条件下使用之产品，需注明“TH”字样。

(四) 生产厂

上海精益电器厂。

五、JD0-10 系列接线端子

(一) 简介

该系列接线端子一般适用额定电压 380V 及以下，额定电流 60A 及以下的接线电路中，作高低压配电设备、信号系统及保护装置的导线连接之用。

(二) 型式结构

该系列接线端子由绝缘件、导电件及卡板等零件组成。在绝缘件的顶部中央插有聚氯乙烯标号牌，供编号之用。接线端子安装在基座上，组装后可方便地取下其中任一端子，而不影响相邻的端子。端子接线采用压接式，具有接线方便、不损导线等优点。

(三) 技术数据

JD0-10 系列接线端子技术数据，见表 24-9-11。

表 24-9-11 JD0-10 系列接线端子技术数据

型号	名称	压接导线范围 (mm²)	外形尺寸 (mm)			
			h	h'	b	c
JD0-10	10A 普通型接线端子	≤2.5	37	33	30	7
JD0-10L_1	10A 联络Ⅰ型接线端子		37	33	30	7
JD0-10L_2	10A 联络Ⅱ型接线端子		37	33	30	7
JD0-10G	10A 隔板			33	30	2
JD0-25	25A 普通型接线端子	≤6	49	45	48	10
JD0-25L_1	25A 联络Ⅰ型接线端子		49	45	48	10
JD0-25L_2	25A 联络Ⅱ型接线端子		49	45	48	10
JD0-25G	25A 隔板		49	45	48	3
JD0-60	60A 普通型接线端子	2.5～10	56	52	52	13
JD0-60L_1	60A 联络Ⅰ型接线端子		56	52	52	13
JD0-60L_2	60A 联络Ⅱ型接线端子		56	52	52	13
JD0-60G	60A 隔板		56	52	52	4

(四)外形及安装尺寸

JD0-10 系列接线端子外形及安装尺寸，见图 24-9-19 及表 24-9-11。基座长度 L 与 D1 系列相同。最多安装节数：额定电流 10A、52 节，25A、37 节，60A、28 节。端子有普通型及湿热带型，订货时应注明。

(五) 生产厂

上海精益电器厂（生产 10、25、60A），苏州电控设备厂（生产 10A），常熟低压开关厂（生产 10A），沈阳人民电器厂（生产 10、25、60A），沈阳电器元件厂（生产 10、25A），遵义长征电器四厂（生产 10A），长沙东方红胶木电器厂（生产 10、25、60A），福建泉州人民电器厂（生产 10、25A）等。

六、JH4-4-25/2JD 系列接地接线座

(一) 简介

JH4-4-25/2JD 系列接地接线座，主要用于电力传动机床控制和其它用电设备装置。压接导线额定截面 1.5～25mm² 支路接地和以安装轨为汇流的总接地装置，并用以连接控制柜外总接地网的接地接线座。接线座按连接导体的额定截面积分 4、10、25mm² 三种。

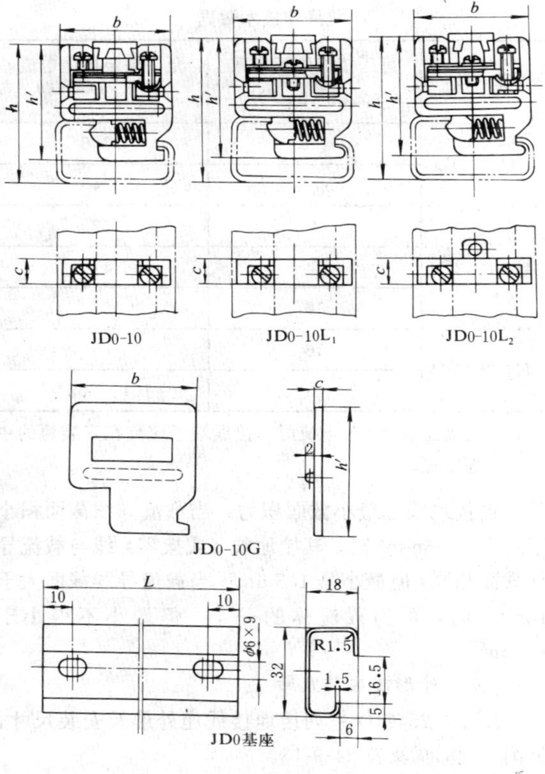

图 24-9-19 JD0-10 系列接线端子外形及安装尺寸

(二) 型号含义

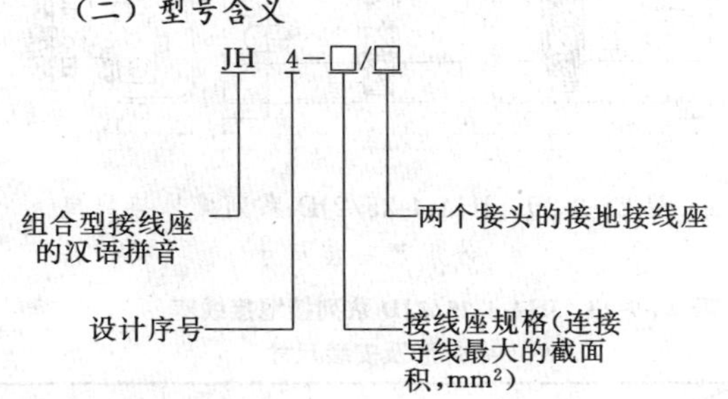

(三)型式结构

JH4-4-25/2JD 系列接地接线座，采用国际标准，G 型安装轨，各种规格接线端子，可装在同一安装轨上，也可与其它系列接线座并用，如 D1、TZ1、JH1、JH2 等接线座。

G、C 型安装轨（即基座）用铜材压制，因此可作接地汇流使用，也可与其它接线座装在同一安装轨上。接线座小巧，接线方便可靠。

(四) 技术数据

JH4-4-25/2JD 系列接地接线座技术数据，见表 24-9-12。

表 24-9-12 JH4-4-25/2JD 系列接地接线座技术数据

型 号	可压接导体额定截面积（mm^2）	允许额定接地电流（A）
JH4-4/2JD	1.5	17.5
	2.5	24
JH4-10/2JD	4	32
	6	41
	10	57
JH4-25/2JD	16	76
	25	101，202*

* 当需通以 202A 电流时，接线端子应装在安装轨的中部位置。

铜接地线的最小截面积为：当载流导线截面积小于或等于 $16mm^2$ 时，其接地线（或接零）线与载流导线截面相同，但最小是 $1.5mm^2$；当载流导线截面大于 $16mm^2$ 时，可为载流体的一半，但最小不得小于 $16mm^2$。

（五）外形及安装尺寸

JH4-4-25/2JD 系列接地接线座外形及安装尺寸，见图 24-9-20 及表 24-9-13。

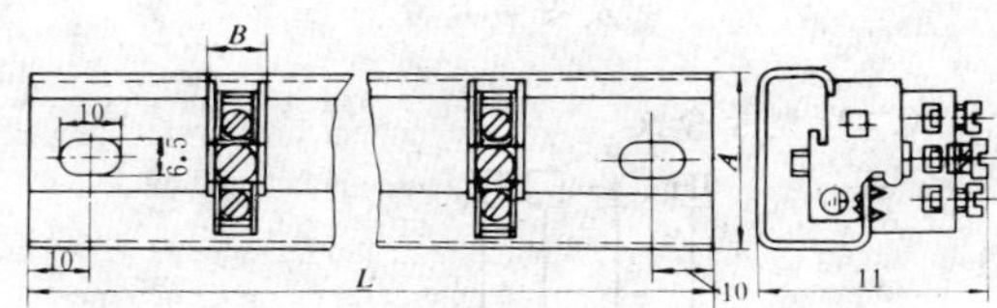

图 24-9-20 JH4-4-25/2JD 系列接地接线座外形及安装尺寸

表 24-9-13 JH4-4-25/2JD 系列接地接线座外形及安装尺寸

规格 / 外形尺寸(mm)	JH4-4	JH4-10	JH4-25
A	32	32	33
B	9	11	15.5
H	8	41	50
L	100、120、160、200、300		

（六）生产厂

天津市塘沽电器厂。

七、JH 系列组合接线座

（一）简介

JH 系列组合接线座有 JH1、JH2、JH6、JH9 系列四种。全系列采用 G 型安装轨。

JH1 系列接线座用于额定电压交流 500V、直流 440V。额定连接截面 1.5、2.5、6、25、$35mm^2$ 五个等级。接线座连接型式采用组合螺钉，便于接线和维修。导线端应压接 O 型或 U 型端头，连接后接触电阻小，接触可靠。

JH2 系列接线座用于额定电压交流 550V、直流 440V。额定连接截面 1.5、2.5、6、16 和 $35mm^2$ 五个等级。接线座采用步进锁紧的筒式螺钉连接机构，压线牢固，抗振防松。多股导线应压接管状端头后与接线端子连接。

JH6、JH9 系列接线座用于额定电压交流 660V。JH6 系列采用管状端头压接。JH9 系列接线座采用螺钉压接连接，导线端须压接 U 型或 O 型端头后才能与接线端子连接。全系列接线座均有防护罩。

（二）型号含义

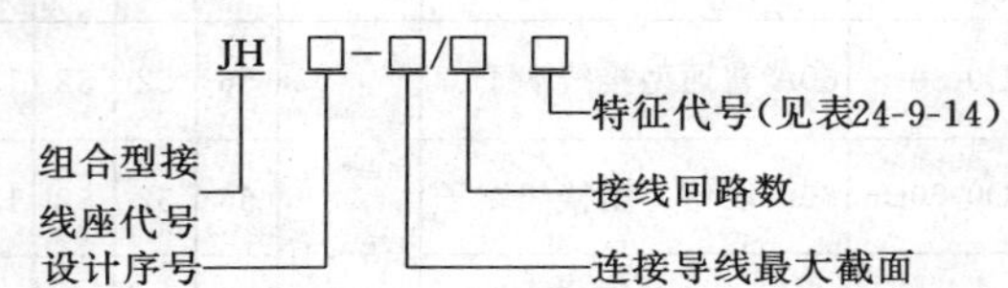

表 24-9-14 JH 系列组合接线座特征代号

特征代号	名 称
—	基型接线座
L	联络型接线座
S	试验型接线座
SL	试验联络型接线座
T	特殊型接线座
TL	特殊联络型接线座
RD	熔断器型接线座
K	开关型接线座
H	焊接型接线座
X2	双层基型接线座
LX	零线型接线座
JD	接地型接线座
Z	终端型接线座
B	标记板
G	隔板

（三）外形及安装尺寸

(1) HJ1 系列接线座外形及安装尺寸，见图 24-9-21～图 24-9-27 及表 24-9-15。

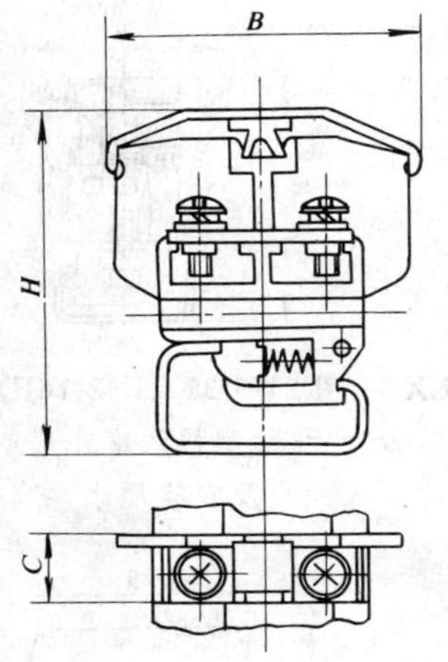

图 24-9-21　JH1-□基型接线座外形及安装尺寸

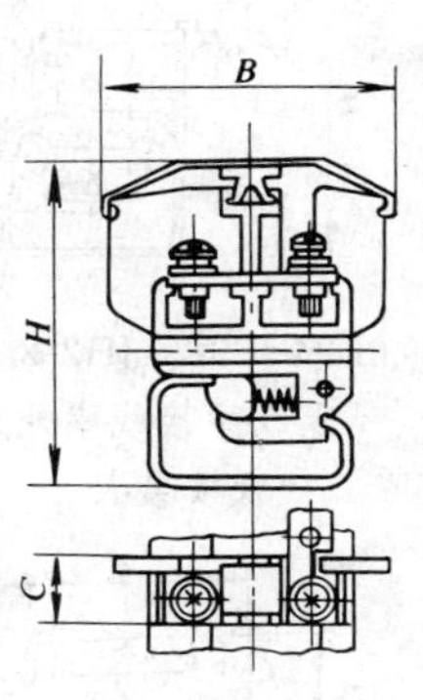

图 24-9-22　JH1-□L 联络型接线座外形及安装尺寸

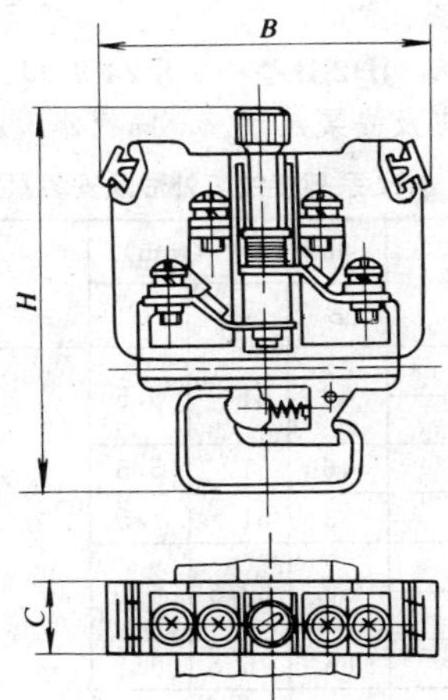

图 24-9-23　JH1-2.5S 试验型接线座外形及安装尺寸

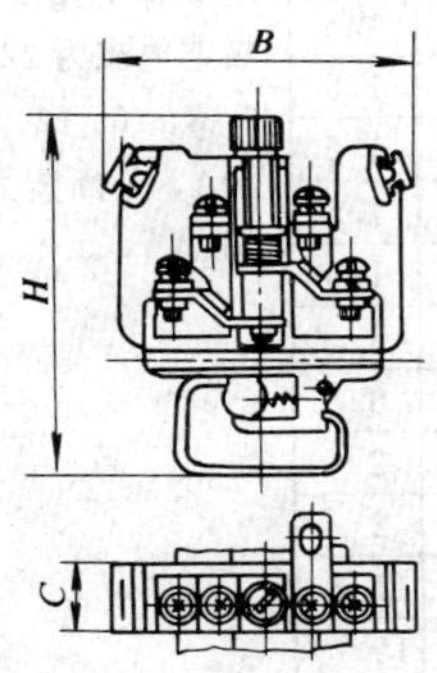

图 24-9-24　JH1-2.5SL 试验联络型接线座外形及安装尺寸

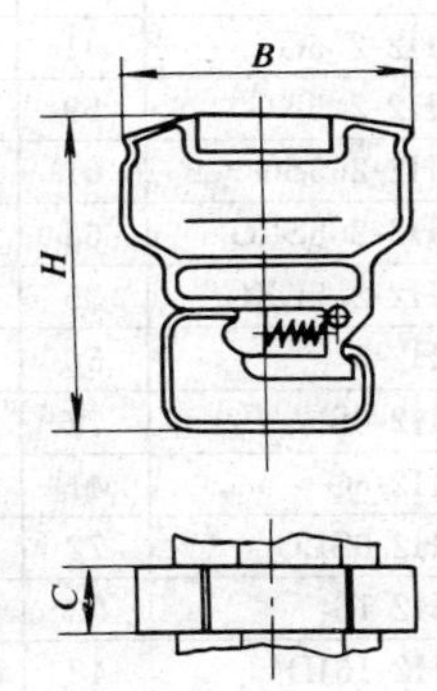

图 24-9-25　JH1-□B 型标记座外形及安装尺寸

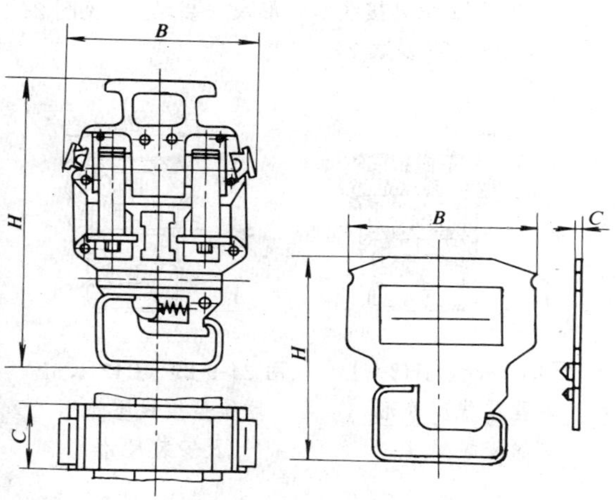

图 24-9-26　JH1-2.5RD 熔断器型接线座外形及安装尺寸

图 24-9-27　JH1-□G 型隔板外形及安装尺寸

表 24-9-15　JH1 系列接线座外形及安装尺寸

型　号	外形尺寸 (mm)			备　注
	B	*H*	*C*	
JH1-15	44.5	48.5	7.5	熔断器型接线座熔体为 gf1 型，额定电流为 2、4、6、8、10、12、16、20A，分断能力 50kA
JH1-1.5L				
JH1-1.5B	42	45	10	
JH1-1.5G			1.5	
JH1-2.5	46.5	51.5	9.5	
JH1-2.5L				
JH1-2.5RD	49	70.5	16	
JH1-2.5S	59	68.5	12	
JH1-2.5SL				
JH1-2.5B	44	48	10	
JH1-2.5G			1.5	
JH1-2.5SG	54	62	2	
JH1-2.5RDG	44	57.5	1.5	
JH1-6	52.5	54	13.5	
JH1-6L				
JH1-6B	50	50.5	10	
JH1-6G			1.5	
JH1-25	60.5	63	20	
JH1-25L				
JH1-25B	58	59.5	10	
JH1-25G			2	
JH1-35	66.5	59.5	26	

(2) JH2 系列接线座外形及安装尺寸，见图 24-9-28～图 24-9-39 及表 24-9-16。

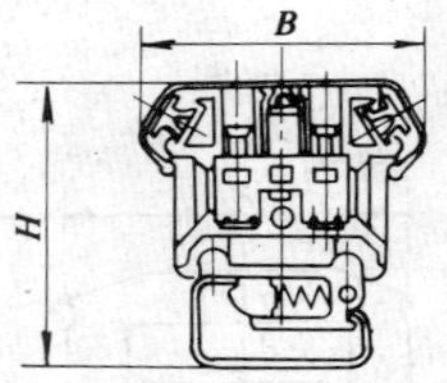

图 24-9-28　JH2-□ 基型接线座外形及安装尺寸

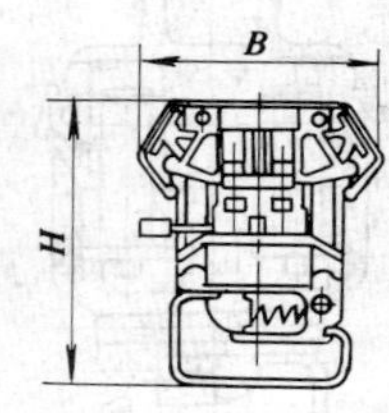

图 24-9-29　JH2-1.5L 联络型接线座外形及安装尺寸

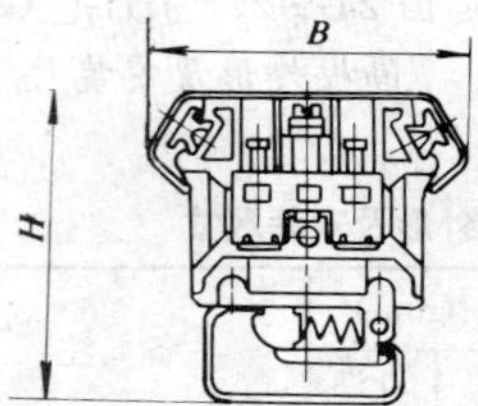

图 24-9-30　JH2-2.5L 联络型接线座外形及安装尺寸

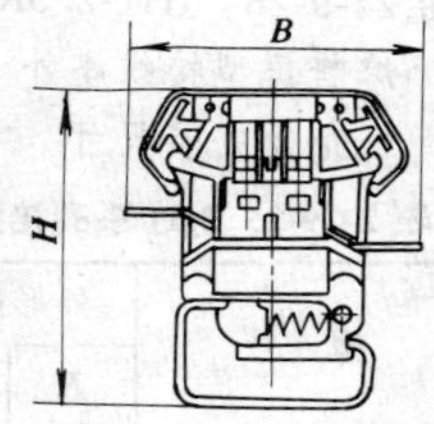

图 24-9-31　JH2-1.5H 焊接型接线座外形及安装尺寸

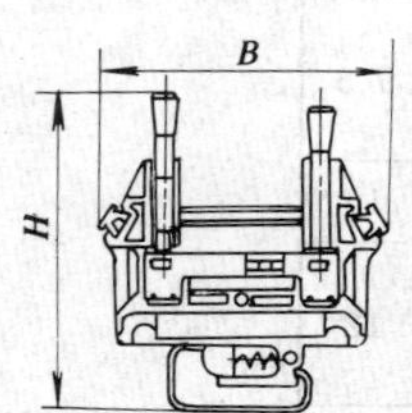

图 24-9-32　JH2-2.5S 试验型接线座外形及安装尺寸

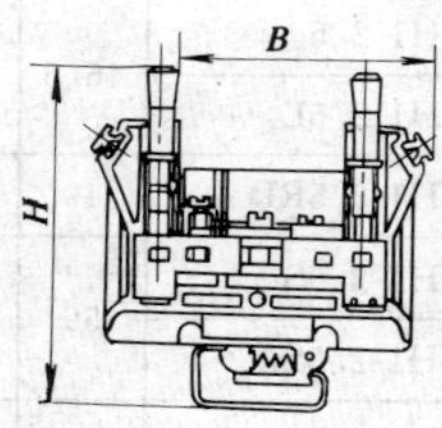

图 24-9-33　JH2-□SL 试验联络型接线座外形及安装尺寸

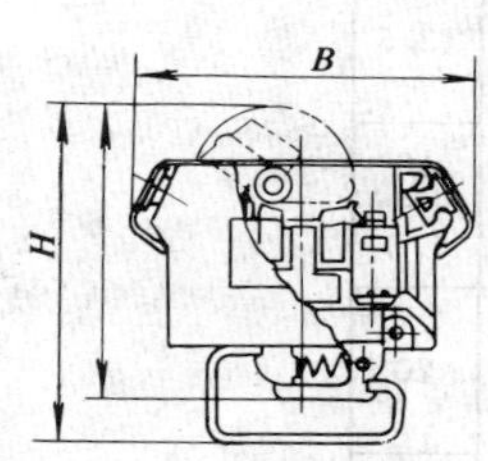

图 24-9-34　JH2-2.5K 开关型接线座外形及安装尺寸

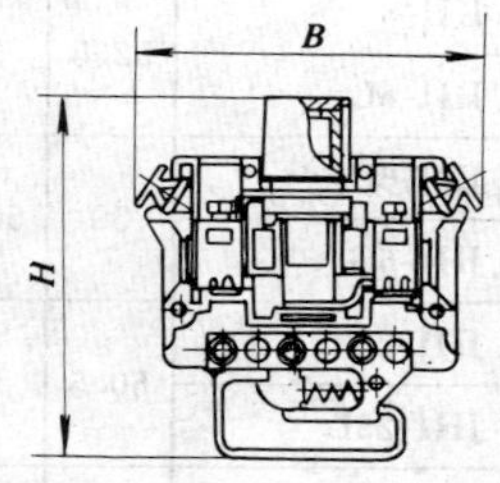

图 24-9-35　JH2-2.5RD 熔断器型接线座外形及安装尺寸

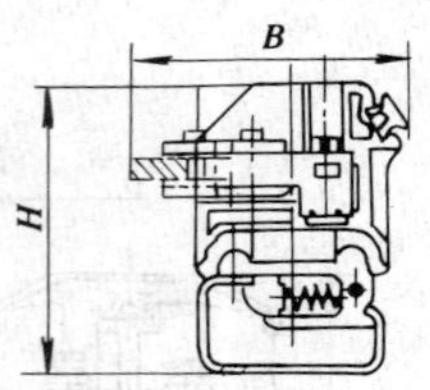

图 24-9-36　JH2-2.5LX 零线型接线座外形及安装尺寸

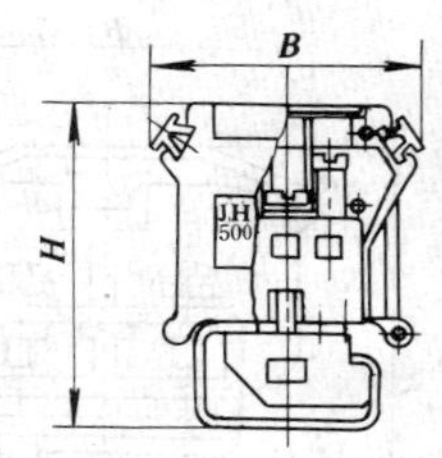

图 24-9-37　JH2-16JD 接地型接线座外形及安装尺寸

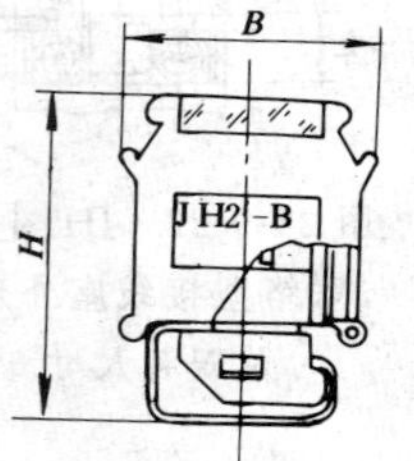

图 24-9-38　JH2-B 型标记座外形及安装尺寸

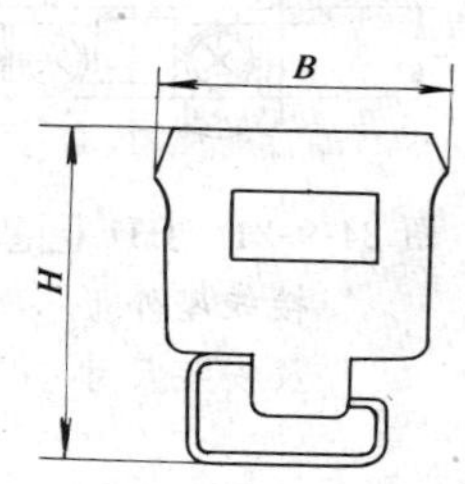

图 24-9-39　JH2-□G 型隔板外形及安装尺寸

表 24-9-16　JH2 系列接线座外形及安装尺寸

型　号	外形尺寸 (mm)			备　注
	B	H	C	
JH2-1.5	42	51	5.5	
JH2-1.5L				
JH2-1.5H	46	51	5.5	
JH2-1.5G	33	51	1.5	
JH2-2.5	50	52.5	6	
JH2-2.5L				
JH2-2.5	66	76.5	6	
JH2-2.5SL	73	76.5	6	
JH2-2.5LX	50	51.5	6	
JH2-2.5K	59	61	7.5	
JH2-2.5RD	60	66	18	熔断器型接线座熔体为 gf1 型，额定电流为 22、4、6、8、10、12、16、20A，分断能力为 50kA
JH2-2.5G	41	52.5	1.5	
JH2-2.5KG	59	52.5	1.5	
JH2-2.5SG	61	61.5	1.5	
JH2-2.5SLG	68	61.5	1.5	
JH2-2.5LXG	35	51.5	1.5	
JH2-6	50	56	8	
JH2-6SL	77	83	8	
JH2-6G	41	55	2	
JH2-6SLG	72	70	2	
JH2-16	52	64	11.5	
JH2-16JD	48	57	15	
JH2-16G	43	63	2	
JH2-35	58	75	17	
JH2-13	43	57	15	

(3) JH6 系列接线座外形及安装尺寸，见图 24-9-40～图 24-9-53 及表 24-9-17。

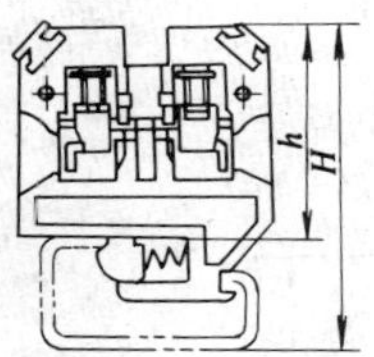
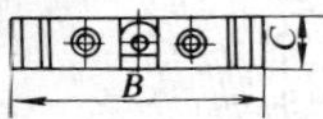

图 24-9-40 JH6-□ 基型接线座外形及安装尺寸

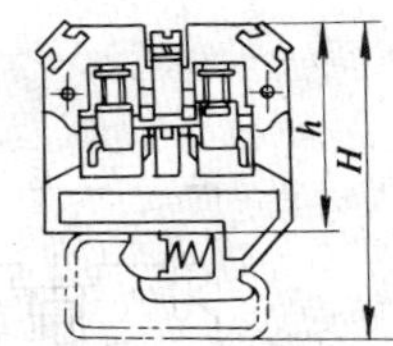
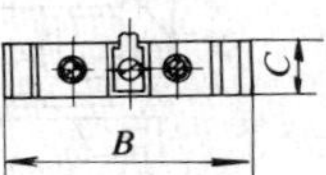

图 24-9-41 JH6-□L 联络型接线座外形及安装尺寸

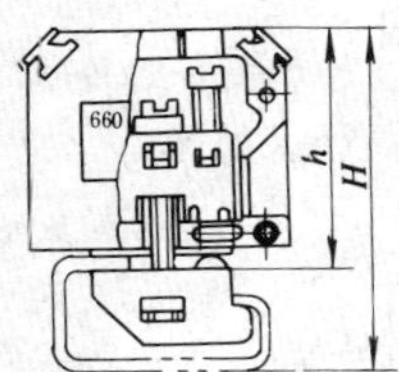
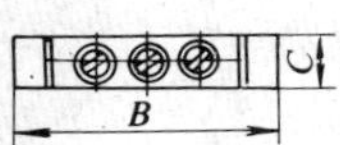

图 24-9-42 JH6-□JD 型接线座外形及安装尺寸

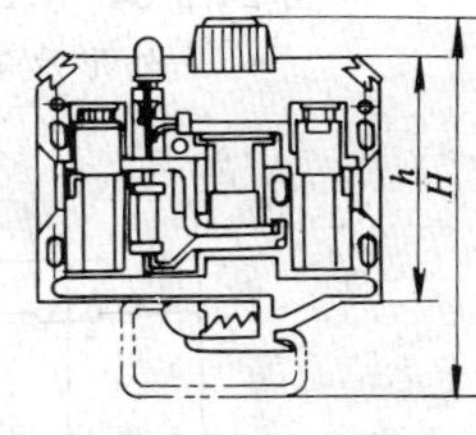
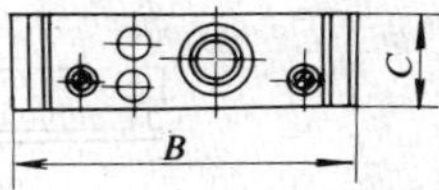

图 24-9-43 JH6-2.5RD1 熔断器型带有信号指示灯接线座外形及安装尺寸

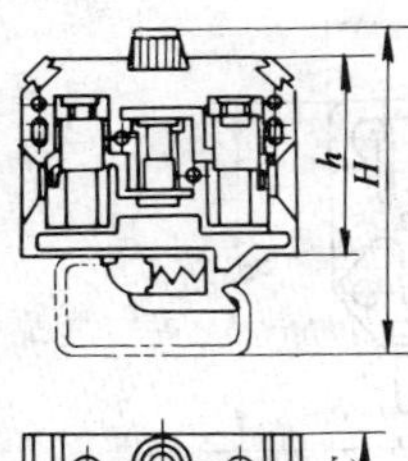
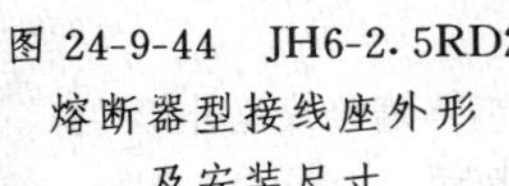

图 24-9-44 JH6-2.5RD2 熔断器型接线座外形及安装尺寸

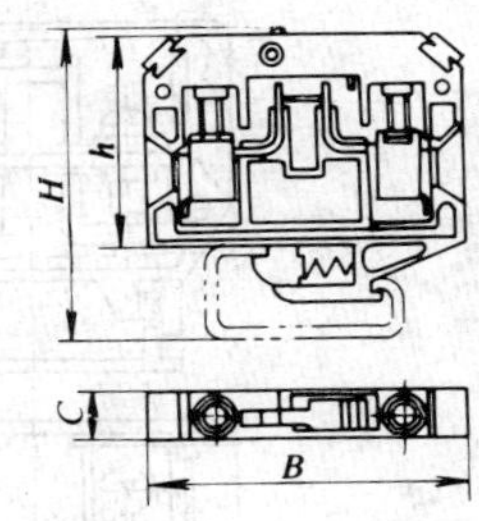

图 24-9-45 JH6-2.5K 开关型接线座外形及安装尺寸

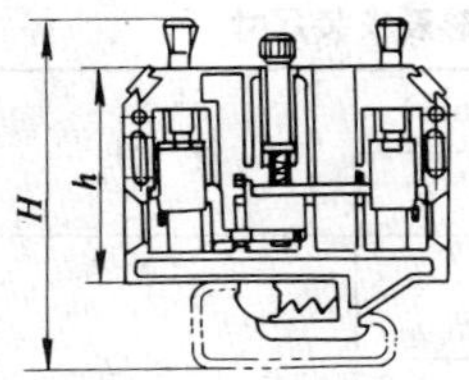
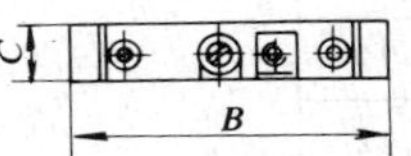

图 24-9-46 JH6-2.5S 试验型接线座外形及安装尺寸

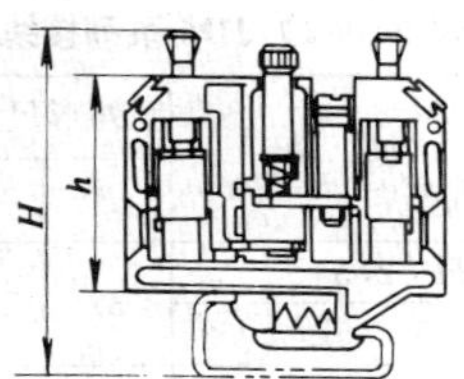
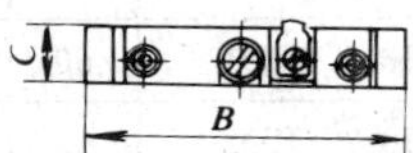

图 24-9-47 JH6-2.5SL 试验联络型接线座外形及安装尺寸

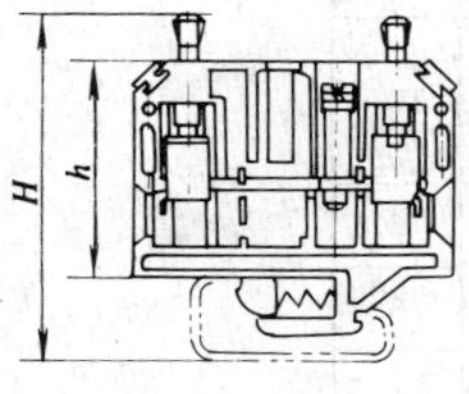
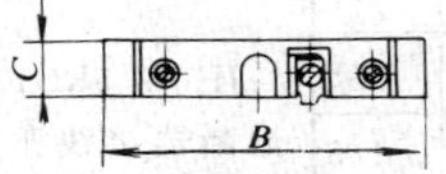

图 24-9-48 JH6-2.5T 特殊型接线座外形及安装尺寸

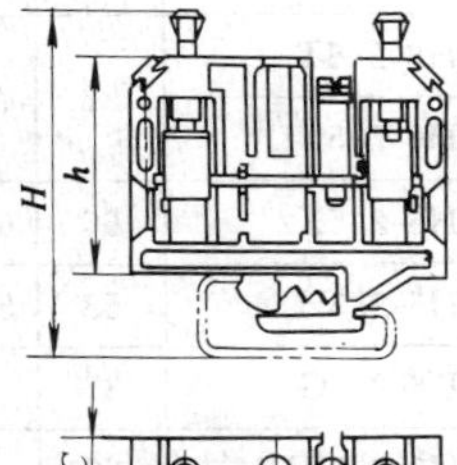
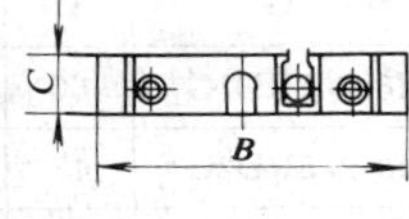

图 24-9-49 JH6-2.5TL 特殊联络型接线座外形及安装尺寸

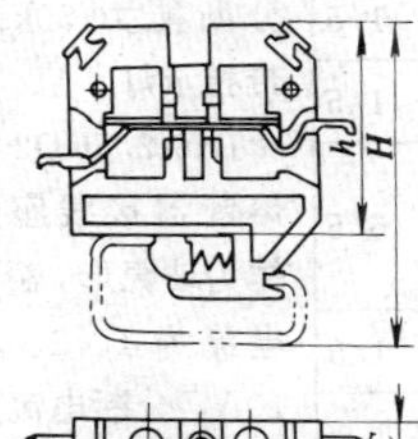
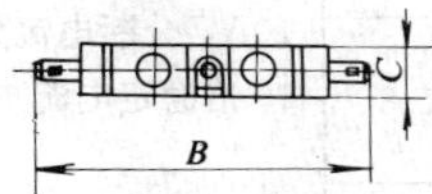

图 24-9-50 JH6-2.5H 焊接型接线座外形及安装尺寸

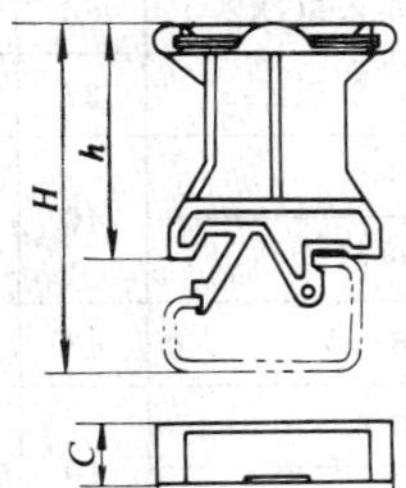
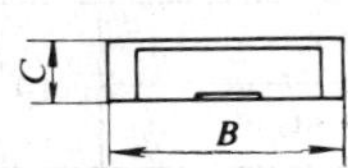

图 24-9-51 JH6-B 型标记座外形及安装尺寸

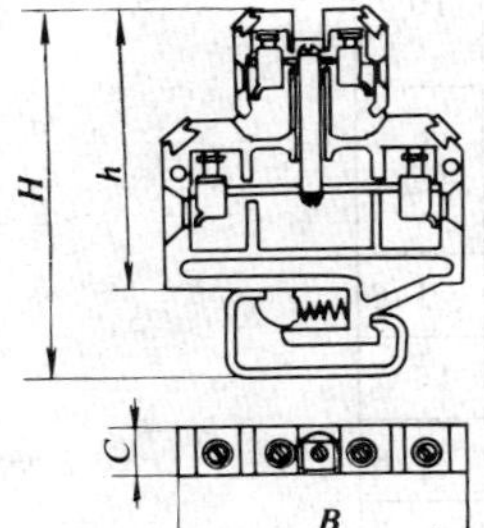

图 24-9-52 JH6-2.5X2 双层基型接线座外形及安装尺寸

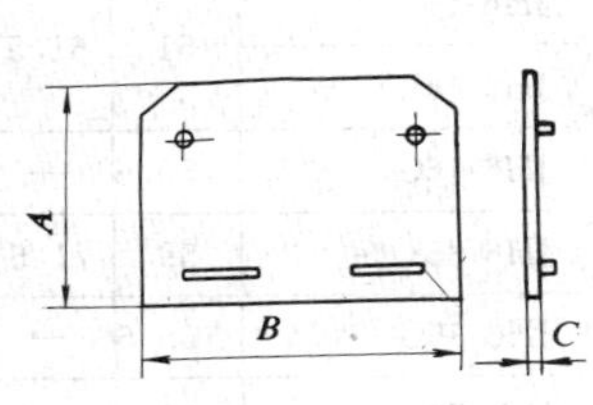

图 24-9-53 JH6-□G 型隔板外形及安装尺寸

表 24-9-17　JH6 系列接线座外形及安装尺寸

型　号	外形尺寸（mm）			备　注
	B	H	C	
JH6-2.5 JH6-2.5L	37	50.5	6	
JH6-2.5JR	37	50.5	6.5	
JH6-2.5RD1	60	71.5	17	
JH6-2.5RD2	47	62	12	
JH6-2.5K	52	56.5	8	
JH6-2.5S JH6-2.5SL	56	75	10	
JH6-2.5T JH6-2.5TL	56	75	10	
JH6-2.5X2	60	61	6.5	
JH6-2.5H	58	50.5	6	
JH6-2.5G	37	—	1.5	
JH6-2.5RD1G	60	—	1.5	JH6-2.5RD1 型熔断器接线座熔体为 gf1 型，额定电流为 2、4、6、8、10、12、16、20A，分断能力 50kA，带指示灯 JH6-2.5RD2 型熔断器接线座熔体为玻壳形，额定电流为 1、2、5、10A，分断电流为 10 倍额定电流
JH6-2.5RD2G	47	—	1.5	
JH6-2.5KG	52	—	1.5	
JH6-2.5SG	56	—	1.5	
JH6-2.5GX2	60	—	1.5	
JH6-2.5HG	37	—	1.5	
JH6-4 JH6-4L	40	55.5	6.5	
JH6-4G	40	—	1.5	
JH6-6 JH6-6L	40	55.5	8	
JH6-6JD	40	56	8	
JH6-$\frac{6}{10}$G	40	—	1.5	
JH6-10 JH6-10L	40	55.5	10	
JH6-16 JH6-16L	51	61.5	12	
JH6-16G	50.5	—	1.6	
JH6-35	59	71.5	16	
JH6-35G	58.5	—	1.8	
JH6-70	76	86.5	22	
JH6-70G	76	—	2.5	
JH6-B	37	56	10	

(4) JH9 系列接线座外形及安装尺寸，见图 24-9-54～图 24-9-57 及表 24-9-18。

（四）生产厂

成都低压电器厂，上海胶木电器厂。

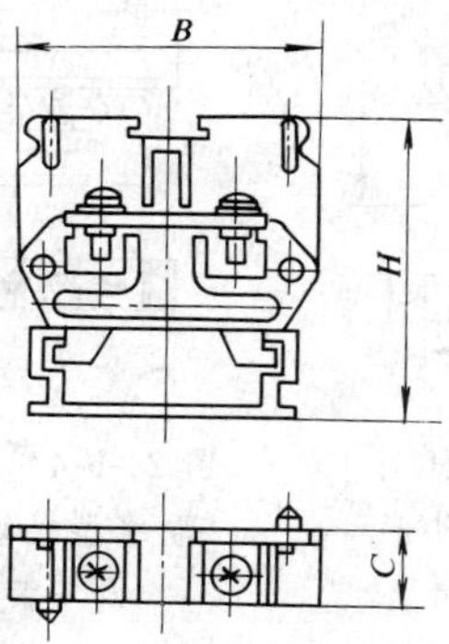

图 24-9-54　JH9-□基型接线座外形及安装尺寸

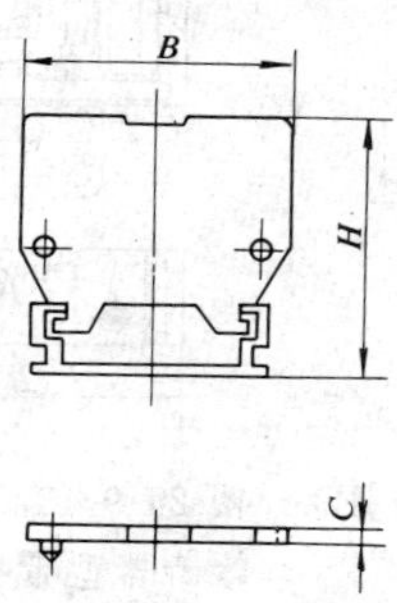

图 24-9-55　JH9-1.5ZG 型终端隔板外形及安装尺寸

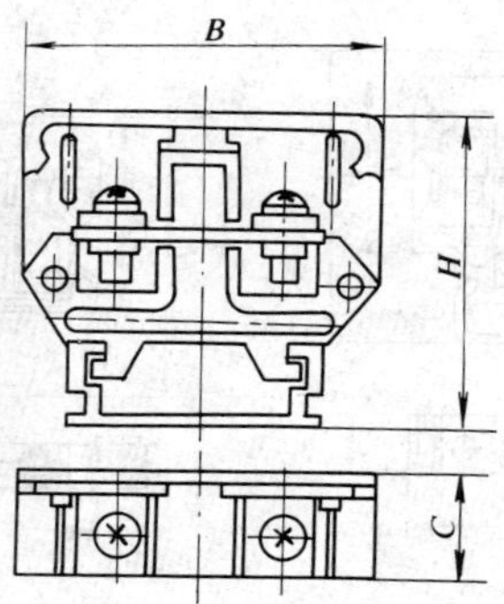

图 24-9-56　JH9-□Z 型终端接线座外形及安装尺寸

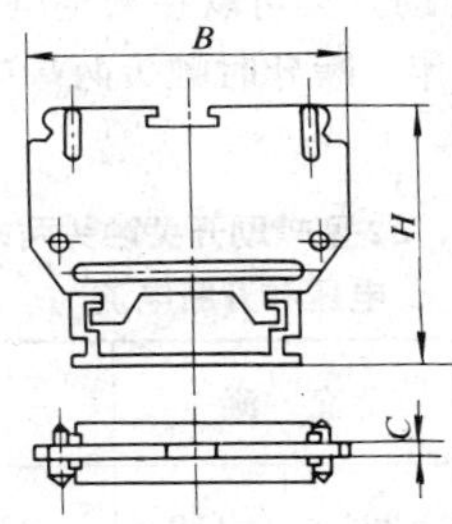

图 24-9-57 JH9-□ZG 型终端隔板外形及安装尺寸

表 24-9-18 JH9 系列接线座外形及安装尺寸

型 号	外形尺寸（mm）		
	B	H	C
JH9-1.5	32	31.5	8
JH9-1.5ZG		32.5	2
JH9-2.5	40	33.5	11
JH9-2.5Z		35	12
JH9-2.5ZG		33.5	2
JH9-6	43	36.5	14
JH9-6Z		38	15
JH9-6ZG		36.5	2
JH9-10	50	38.5	16.5
JH9-10Z		40	17.5
JH9-10ZG		38.5	2
JH9-25	50	41.5	18.5
JH9-25Z		43	19.5
JH9-25ZG		41.5	2

八、NJD-7 型接线端子

（一）简介

该端子适用于高低压配电屏、控制屏、保护屏内作导线连接用。端子座为带阻燃绝缘材料制，明火后离开火焰自熄。端子适用额定电压 500V、额定电流 20A。正常工作条件下绝缘电阻不小于 500MΩ。在湿热条件下湿度 $93\%^{+2}_{-3}$、温度 +40℃时，绝缘电阻不小于 20MΩ。接触电阻不大于 0.01Ω。

（二）分类及用途

NJD-7 型接线端子分类及用途见表 24-9-19。

（三）外形及安装尺寸

NJD-7 型接线端子外形及安装尺寸，见图 24-9-58～图 24-9-60 及表 24-9-20。

表 24-9-19 NJD-7 型接线端子分类及用途

型 号	名 称	用 途
NJD-7P NJD-7P-1	普通型	用于连接电气装置不同部分导线
NJD-7L	联络型	用于需要抽头分线的接线上
NJD-7S	试验型	用于互感器电流回路设备试验用，可以方便的短接和断开电流回路
NJD-7B	标记型	固定在端子终端或中间位置，作安装组别标记之用
NJD-7G	隔板	与试验端子配用，当作隔板用

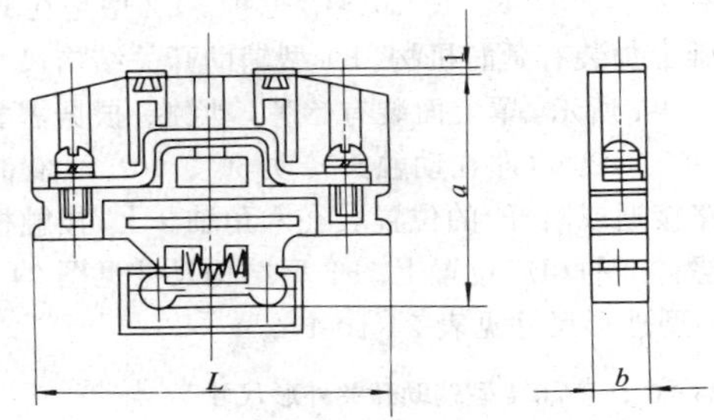

图 24-9-58 NJD-7P 普通型接线端子外形及安装尺寸

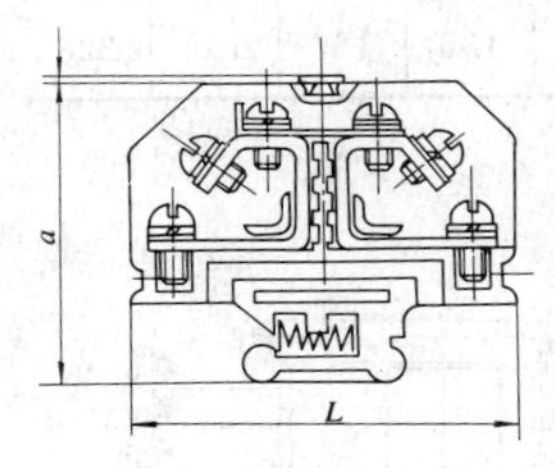

图 24-9-59 NJD-7S 试验型接线端子外形及安装尺寸

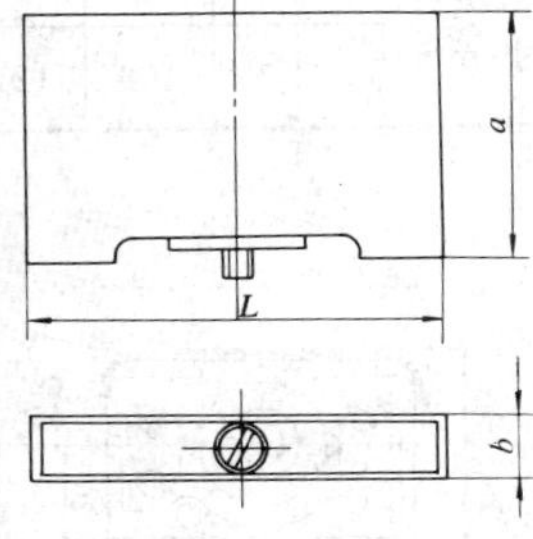

图 24-9-60 NJD-7B 标记型接线端子外形及安装尺寸

表 24-9-20 NJD-7 型接线端子外形及安装尺寸

型 号	外形尺寸（mm）			功能分色
	L	a	b	
NJD-7P	62	42	10	绿色
NJD-7P-1	62	42	10	绿色
NJD-7L	62	42	10	桔黄色
NJD-7S	62	50	12	红色
NJD-7B	62	38	10	天酞蓝色
NJD-7G	62	50	12	红色

（四）生产厂

南京电力自动化设备厂。

第24-10节 F系列辅助开关

1. 简介

F系列辅助开关用于高压断路器、高压隔离开关、低压空气断路器和低压刀开关等操作机构中，作为辅助电器使用，主要用于接通和断开信号、控制测量、保护和联锁装置之电路。

2. 型式结构

F系列辅助开关有F1和F2两种型式，F1型回路对数有2、4、5、6、8、10、12七种。F2型是在F1-2型基础上加装有延时机构。F1型辅助开关结构尺寸如图24-10-1所示，罩上面装有铭牌，动触头根据需要按60°、90°、120°（即在动触头转动60°、90°、120°时可使电路接通或断开）的位置装在六角轴3上，接触板装在绝缘件2的相应位置上。F2型结构尺寸见图24-10-2。F1型外形尺寸见表24-10-1。

表24-10-1 F1型辅助开关外形尺寸

回路对数		2	4	5	6	8	10	12
外形尺寸(mm)	*A*	58	88	103	118	148	178	208
	B	75	106	121	136	167	197	228

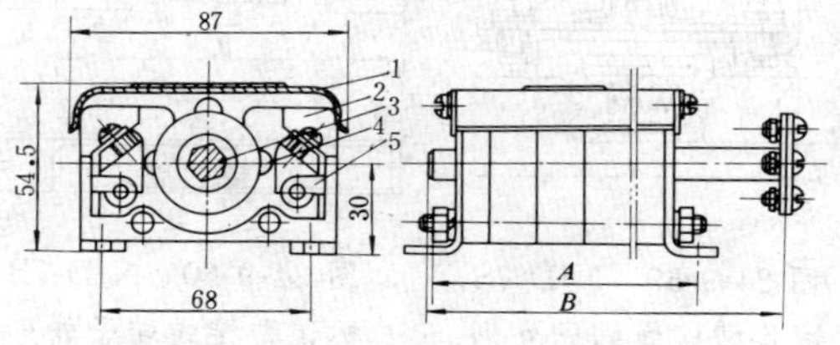

图24-10-1 F1型辅助开关结构尺寸图
1—罩；2—绝缘件；3—六角轴
4—动触头；5—接触板

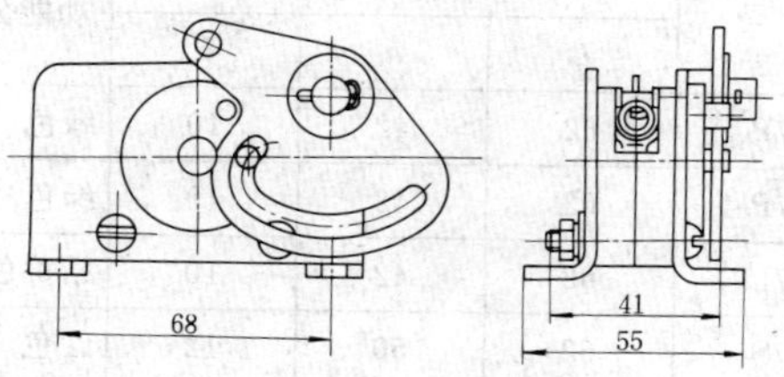

图24-10-2 F2型辅助开关结构尺寸图

3. 技术数据

F1、F2型辅助开关可以在额定电压250V和电流10A以下长期工作，断开时触头两端电压和开断电流见表24-10-2。

表24-10-2 F1、F2型辅助开关触头两端电压和开断电流

触头、两端电压(V)	交流		直流	
	220	110	220	110
开断电流（A）	5	10	1	1.5

4. 生产厂

北京第一低压电器厂

第24-11节 辅助电压互感器

一、简述

辅助电压互感器主要用于同期回路中，作移相或隔离两个中性点接地方式不同的电气回路用。目前辅助电压互感器没有定型产品，由制造厂根据设计要求生产，主要有以下几种规格。

二、△/Y-1转角辅助电压互感器

1. 技术要求

容量为50VA，变比为$100/\sqrt{3}/100$。

准确度：0.5级，角误差±20′。

2. 绕组的接线及矢量图

△/Y-1转角辅助电压互感器的接线及矢量图，见图24-11-1。

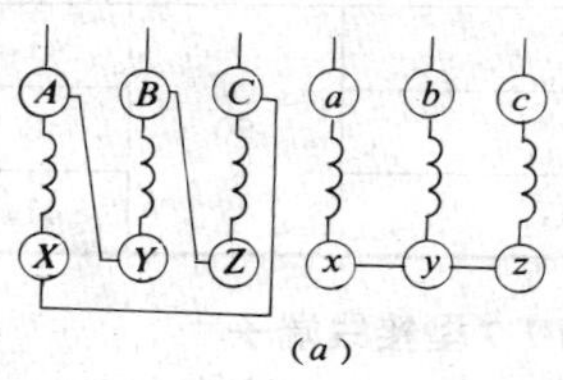

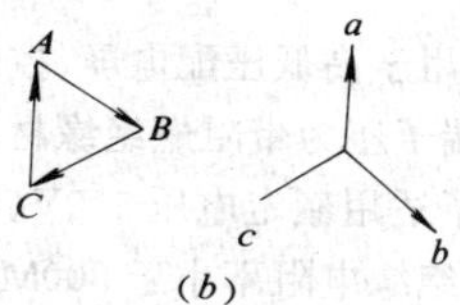

图24-11-1 △/Y-1转角辅助电压互感器的接线及矢量图
(a) 接线图；(b) 矢量图

三、Y/Y_0-12辅助隔离电压互感器（一）

1. 技术要求

（1）容量为50VA，变比为100/100。

(2) 准确度：0.5 级，角误差±20′。

2. 绕组的接线及矢量图

Y /Y_0-12 辅助隔离电压互感器的接线及矢量图，见图 24-11-2。

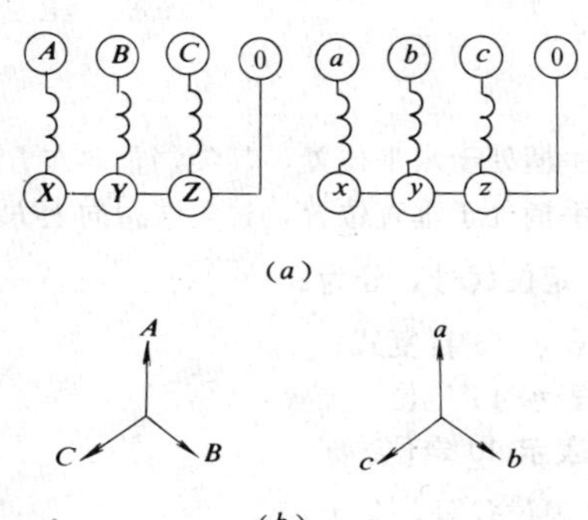

图 24-11-2　Y /Y_0-12 辅助隔离电压互感器的接线及矢量图
(a) 接线图；(b) 矢量图

四、Y /Y_0-12 辅助隔离电压互感器（二）

1. 技术要求

变比为 100/100。

容量及准确度：1 级 500VA，角误差±20′；3 级 1000VA，角误差±20′。

2. 绕组的接线及矢量图

绕组的接线及矢量图，参见图 24-11-2。

五、单相 100/100 辅助隔离电压互感器

1. 技术要求

容量为 50VA，变比为 100/100。

准确度：0.5 级，角误差±20′。

2. 绕组的接线及矢量图

单相 100/100 辅助隔离电压互感器接线及矢量图，见图 24-11-3。

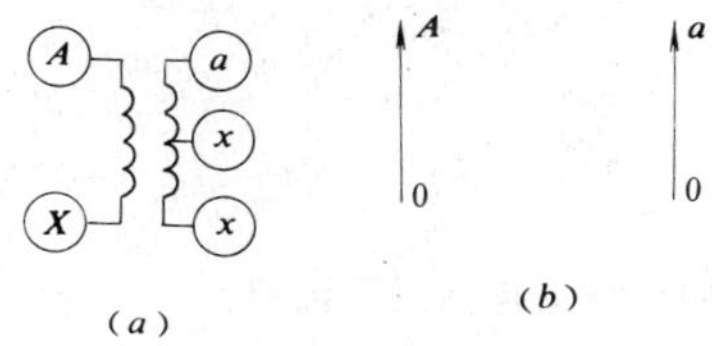

图 24-11-3　单相 100/100 辅助隔离电压互感器的接线及矢量图
(a) 接线图；(b) 矢量图

六、单相 100/$\sqrt{3}$/100 辅助隔离电压互感器

1. 技术要求

容量为 50VA，变比为 100/$\sqrt{3}$/100。

准确级：0.5 级，角误差±20′。

2. 绕组的接线及矢量图

单相 100/$\sqrt{3}$/100 辅助隔离电压互感器的接线及矢量图，见图 24-11-4。

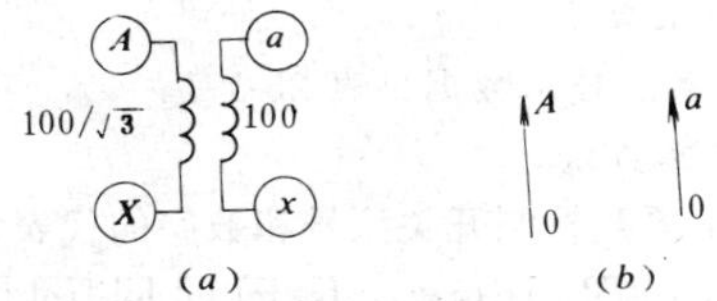

图 24-11-4　单相 100/$\sqrt{3}$/100 辅助隔离电压互感器的接线及矢量图
(a) 接线图；(b) 矢量图

第25章　弱　电　设　备

卓乐友

本章弱电设备包括以下内容：

(1) 弱电二次设备的技术性能参数。

(2) 电子器件（含电阻、电容、二极管、三极管及集成电路器件）的技术性能参数。

第25-1节　弱电二次设备

一、RLW系列弱电控制开关

1. 用途

RLW系列控制开关，可作发电厂和变电所弱电控制、选控、选测时各种开关的远距离控制、信号监视、电气测量仪表的切换以及电压、频率等自动调整装置的操作之用。上海华通开关厂等已用作弱电屏配套的主要设备供应。

2. 技术数据

该设备的技术数据见表25-1-1。

3. 选择方法

RLW系列控制开关型号和数字的代表含义：

RLW[1]/[2]　[3]　[4]规格[5][6][7][8][9][10][11][12]—[13][14][15][16]

[16]——凸轮安装时其顶部的数字

[15]——“2”号位置上的凸轮代号

[14]——凸轮安装时其顶部的数字

[13]——“1”号位置上的凸轮代号

[5]～[12]——顺序安装的触点组编号

[4]——限位代号

[3]——定位代号

[2]——手柄位置代号

[1]——开关型式代号

现将上述代号的选择方法介绍如下：

[1]：开关型式代号，分为：

1—表示带灯90°垂直和水平定位，在垂直和水平位置上分别按45°转动的自复开关；

2—表示不带灯圆形面板转换开关；

3—表示不带灯方形面板转换开关；

4—表示不带灯自复操作、调整开关；

5—表示不带灯自复控制、测量开关；

6—表示钥匙式手柄转换开关。

各种开关的面板及外形，见图25-1-1。

[2]：手柄位置代号，分为：

1—手柄处于水平位置，其尖端指向左方；

2—手柄处于垂直位置，其尖端指向上方。

[3]：定位代号，分为：

Z—表示45°自复式；

B—表示45°定位；

D—表示90°定位。

[4]：限位代号，分为：

X—表示有限位装置；

不写则表示无限位装置。

[5]～[12]：顺序安装的触点组编号：

触点组分为4组型式。见表25-1-2。

每个开关可装8组触点，其安装简图见图25-1-2。选用时力求左右对称（即1·2·3·4与5·6·7·8对称）；若有特殊需要时，也允许不对称，但必须注意由于受到结构限制，外档两个触点组之间需要同时动作或复位，内档两个触点组也有同样的要求，即1组与4组，2组与3组，5组与8组，6组与7组同步。

编号原则：采用双位数字编号，“十”位数为触点组排列序号，“个”位数为该触点组每片簧片的编号，自内向外编号，参见图25-1-2。

例如1·2·2·1·1·2·2·1表示：

第1组：代号为1的触点型式；

第2组：代号为2的触点型式；

第3组：代号为2的触点型式；

其余类推。

[13][15]：1·2号位置上的凸轮代号。

凸轮有9种型式，各种凸轮的原始位置和外形见表25-1-3。

每个凸轮以45°为单位转动，每个开关上可以任选两个。“1”号位置的凸轮即外凸轮是推动图25-1-2序号为1·4·5·8的触点组。“2”号位置的凸轮即内凸

表 25-1-1　**RLW 系列弱电控制开关技术数据**

额定电压（V）	额定电流（A）	断开电流（A）（电阻负载）	每分钟操作最高次数	内附灯泡		机械和电气寿命	生产厂
				型号	电压（V）		
直流 60	1	0.2	30	HJ-5 HJ-6 HJ-8	24 48 60	≥100000 次	上海长江电器厂
交流 100	1	0.2	30				

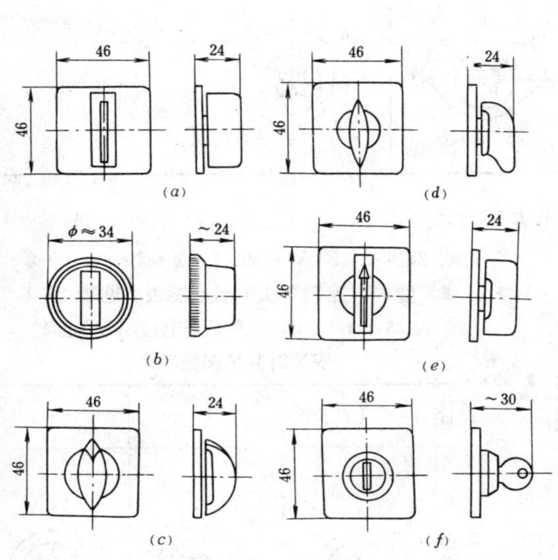

图 25-1-1　RLW 系列弱电控制开关面板及外形
(*a*) RLW1 型；(*b*) RLW2 型；(*c*) RLW3 型；(*d*) RLW4 型；(*e*) RLW5 型；(*f*) RLW6 型

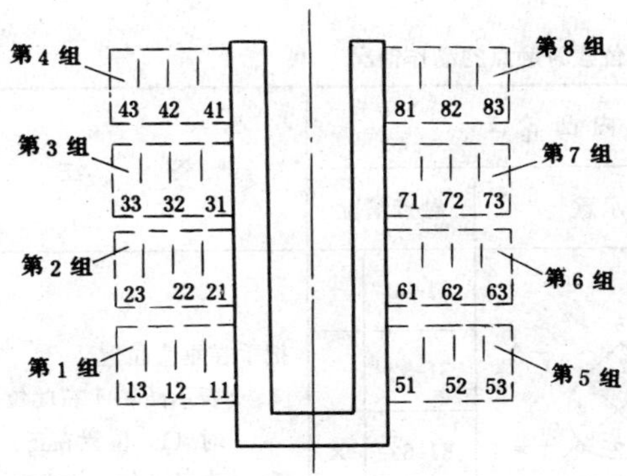

图 25-1-2　RLW 系列弱电控制开关的触点组安装简图（背视）

表 25-1-2　**RLW 系列弱电控制开关的触点型式**

代号	触 点 型 式
1	
2	
3	
4	

轮是推动序号为 2・3・6・7 的触点组。

14 16：分别为 1 号及 2 号位置上的凸轮安装时其顶部的数字。

以“Ⅰ”凸轮为例，凸轮顶部数字含义见表 25-1-4。“$Ⅰ_1$”表示凸轮Ⅰ的触点“1”在正顶部的位置；“$Ⅰ_2$”表示凸轮Ⅰ的触点“2”在正顶部的位置；“$Ⅰ_3$”表示凸轮Ⅰ的触点“3”在正顶部的位置；其余类推。

表 25-1-3　　RLW系列弱电控制开关的推动凸轮型式

代　号	Ⅰ	Ⅱ	Ⅲ	Ⅳ	Ⅴ
凸轮型式		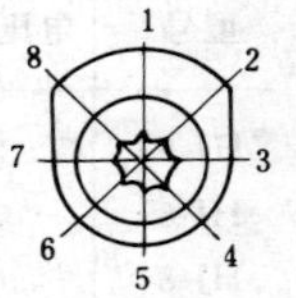	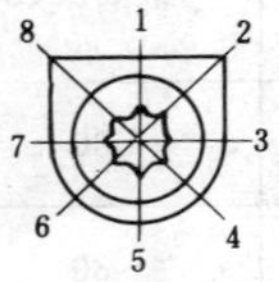	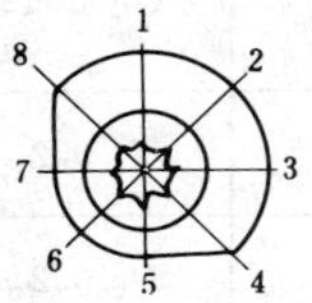	
代　号	Ⅵ	Ⅶ	Ⅷ	Ⅸ	
凸轮型式	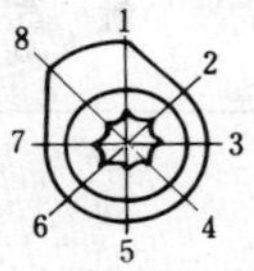	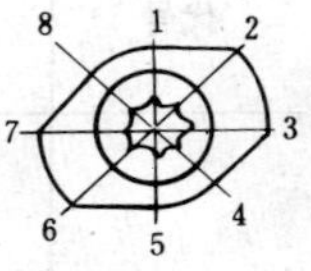		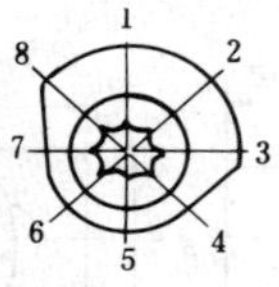	

当操作把手向左转（指从正面看），内、外凸轮则往右转（指从背面看）。

例如：

RLW3—/2　B　□—1·2·2·1·1·2·2·1/Ⅱ$_1$、Ⅲ$_2$

- Ⅲ$_2$——外凸轮（Ⅲ号）安装时“2”位置在顶部
- Ⅱ$_1$——内凸轮（Ⅱ号）安装时“1”位置在顶部
- 1·2·2·1·1·2·2·1——触点组的编号
- □——无限位装置(无表示)
- B——带45°定位
- /2——手柄处于垂直位置，其尖端指向上方
- RLW3——图25-1-1(*c*)所示型式的圆形开关

内、外凸轮安装时位置Ⅱ$_1$、Ⅲ$_2$的触点动作情况，见表25-1-5。

综合表25-1-5，RLW3/2B-1·2·2·1·1·2·2·1-Ⅱ$_1$、Ⅲ$_2$型弱电控制开关的触点图表，见表25-1-6。

表 25-1-4　　RLW系列弱电控制开关凸轮安装时其顶部数字含义

代号	Ⅰ$_1$	Ⅰ$_2$	Ⅰ$_3$
凸轮位置	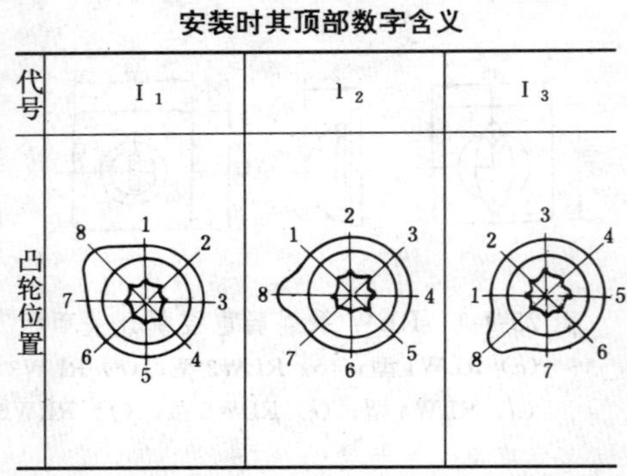		

表 25-1-5　　RLW系列弱电控制开关Ⅱ$_1$、Ⅲ$_2$位置时触点的动作情况

把手位置	外凸轮Ⅱ$_1$ 位置示意	外凸轮Ⅱ$_1$ 接触情况		内凸轮Ⅲ$_2$ 位置示意	内凸轮Ⅲ$_2$ 触点情况		备　注
	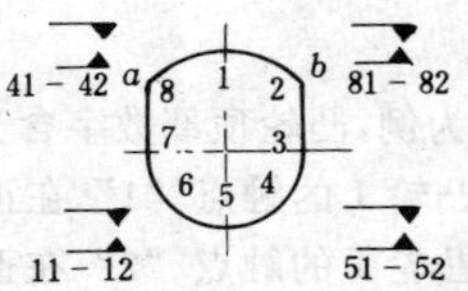 41-42、81-82、11-12、51-52	11-12	—	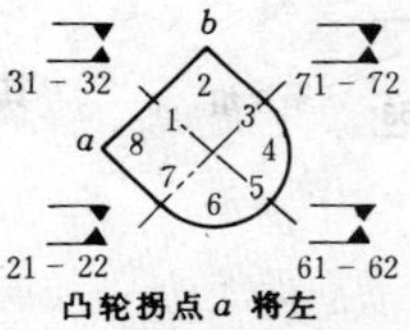 31-32、71-72、21-22、61-62；凸轮拐点*a*将左触点顶动	21-22	—	把手在垂直位置 Ⅱ$_1$—表示凸轮Ⅱ在此位置时（1）位置在正顶方 Ⅲ$_2$—表示凸轮Ⅲ在此位置时（2）位置在正顶方
		41-42	—		31-32	—	
		51-52	—		61-62	×	
		81-82	—		71-72	×	

续表 25-1-5

把手位置	外凸轮 $Ⅱ_1$			内凸轮 $Ⅲ_2$			备　注
	位置示意	接触情况		位置示意	触点情况		
	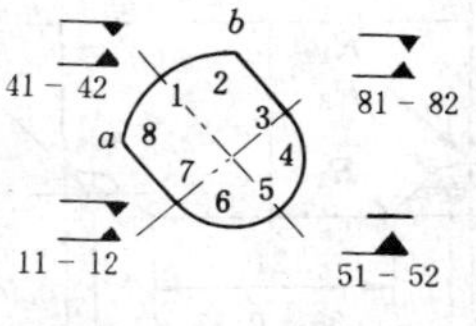 凸轮拐点 a 将左触点顶动	11-12	×	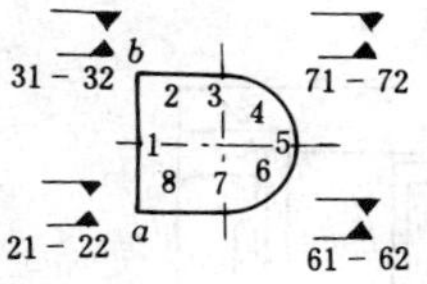	21-22	×	把手向右转 45° 凸轮向左转 45°
		41-42	×		31-32	×	
		51-52	—		61-62	×	
		81-82	—		71-72	×	
	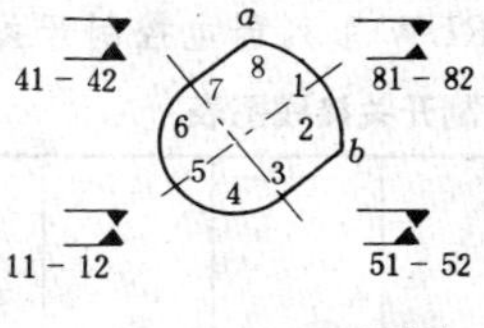 凸轮拐点 b 将右触点顶动	11-12	—	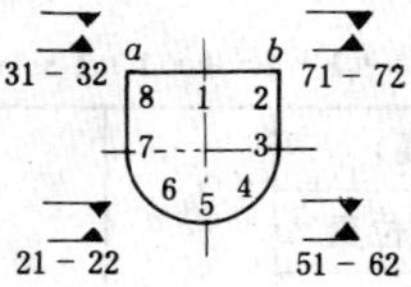	21-22	×	把手向左转 45° 凸轮向右转 45°
		41-42	×		31-32	×	
		51-52	×		61-62	×	
		81-82	×		71-72	×	
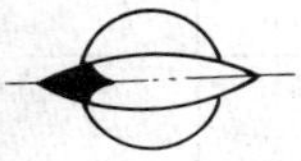	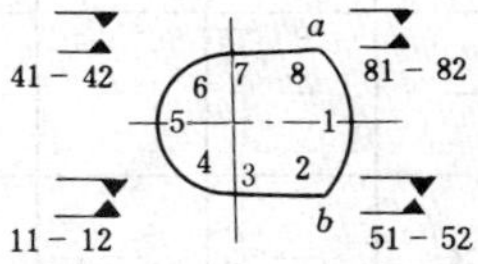 凸轮顶部（即 1 位置）将右触点顶动	11-12	—	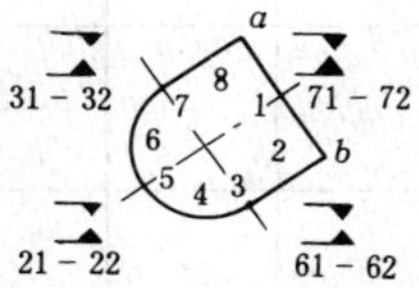 凸轮拐点 b 将右触点顶动	21-22	×	把手在水平位置
		41-42	—		31-32	×	
		51-52	×		61-62	—	
		81-82	×		71-72	—	

注　符号"×"表示触点闭合；符号"—"表示触点断开。

表 25-1-6　　RLW3/2B-1·2·2·1·1·2·2·1-$Ⅱ_1$、$Ⅲ_2$型弱电控制开关触点图表

手柄位置及外型	凸轮位置（背视）		11-12	21-22	31-32	41-42	51-52	61-62	71-72	81-82
	1 号位置	2 号位置								
		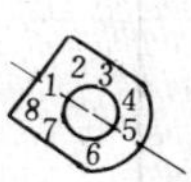								
垂直位置			—	—	—	—	—	×	×	—
右　转　45°			×	×	×	×	—	×	×	—
左　转　45°			—	×	×	—	×	×	×	×
水平位置			—	×	×	—	×	—	—	×

4. 外形及安装尺寸

RLW 系列弱电控制开关的外形见图 25-1-3，安装尺寸见图 25-1-4。

5. 接线图表

RLW 系列弱电控制开关的接线图表，见表 25-1-7～表 25-1-21。

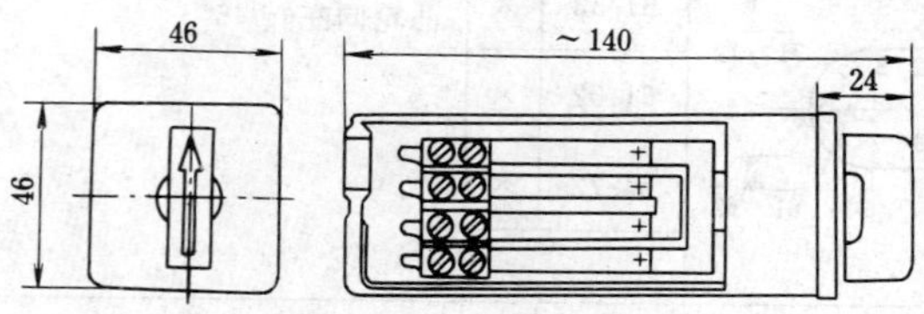

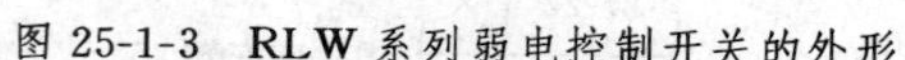
图 25-1-3 RLW 系列弱电控制开关的外形

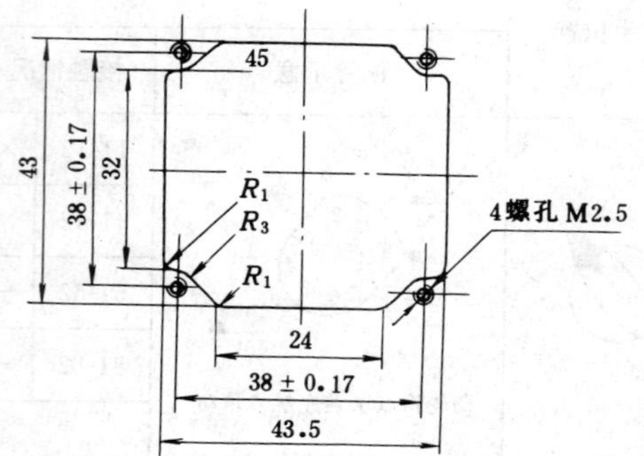

图 25-1-4 RLW 系列弱电控制开关的安装尺寸

表 25-1-7 RLW3/2BX-1·1·1·1·1·1·1·1-Ⅱ$_1$Ⅱ$_1$型弱电控制开关接线图表

手柄位置及外形	凸轮位置（背视） 1号位置	2号位置	11-12	21-22	31-32	41-42	51-52	61-62	71-72	81-82
	8 1 2 7 3 6 5 4	8 1 2 7 3 6 5 4								
自动装置解除			—	—	—	—	—	—	—	—
自动调整频率			×	×	×	×	—	—	—	—
同　　步			—	—	—	—	×	×	×	×

表 25-1-8 RLW3/1BX-1·1·1·1·1·1·1·1-Ⅲ$_4$Ⅲ$_7$型弱电控制开关接线图表

手柄位置及外形	凸轮位置（背视） 1号位置	2号位置	11-12	21-22	31-32	41-42	51-52	61-62	71-72	81-82
	3 4 5 2 6 1 8 7	6 7 8 5 1 4 3 2								
不　测　量			×	—	—	×	—	—	—	×
A　　相			—	—	—	—	—	×	×	—
B　　相			—	—	—	—	×	—	—	×
C　　相			—	×	×	—	—	—	—	—

表 25-1-9　RLW4/2Z-1·2·2·1·1·2·2·1-$\mathrm{II}_1\mathrm{II}_1$型弱电控制开关接线图表

手柄位置及外形	凸轮位置（背视）		11-12	21-22	31-32	41-42	51-52	61-62	71-72	81-82
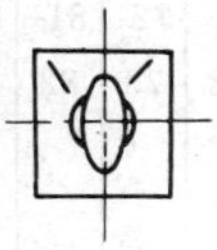	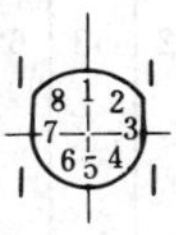 1号位置	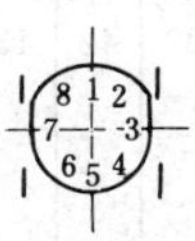 2号位置								
断　开	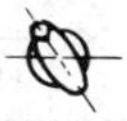		—	×	×	—	×	—	—	×
中间位置	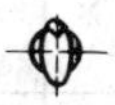		—	×	×	—	—	×	×	—
接　入	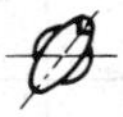		×	—	—	×	—	×	×	—

表 25-1-10　RLW3/1DX-1·1·1·1·1·1·1·1-$\mathrm{III}_2\mathrm{III}_2$型弱电控制开关接线图表

手柄位置及外形	凸轮位置（背视）		11-12	21-22	31-32	41-42	51-52	61-62	71-72	81-82
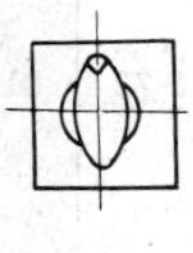	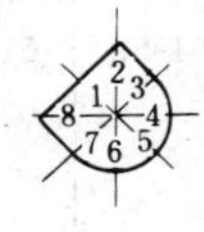 1号位置	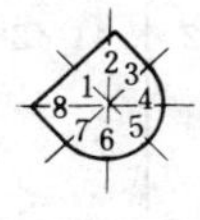 2号位置								
有功电力	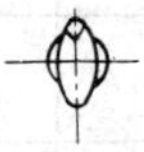		×	×	×	×	—	—	—	—
无功电力	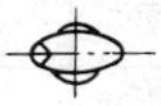		—	—	—	—	×	×	×	×

表 25-1-11　RLW3/2Z-2·2·2·2·2·2·2·2-$\mathrm{III}_1\mathrm{III}_5$型弱电控制开关接线图表

手柄位置及外形	凸轮位置（背视）		11-12	21-22	31-32	41-42	51-52	61-62	71-72	81-82
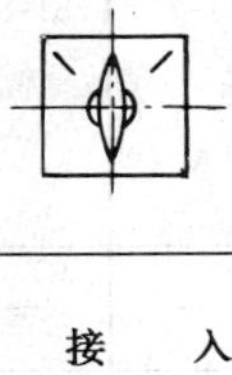	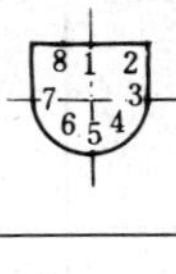 1号位置	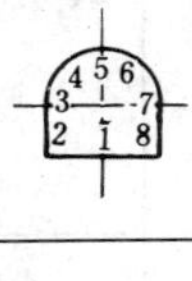 2号位置								
接　入	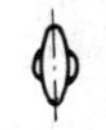		×	×	×	×	×	×	×	×
断　开	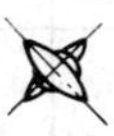		—	—	—	—	—	—	—	—

表 25-1-12　　RLW5/2BX-3·3·3·3·3·3·3·3-Ⅶ$_3$Ⅵ$_1$型弱电控制开关接线图表

手柄位置及外形	凸轮位置（背视）		11-12	12-13	21-22	22-23	31-32	32-33	41-42	42-43	51-52	52-53	61-62	62-63	71-72	72-73	81-82	82-83
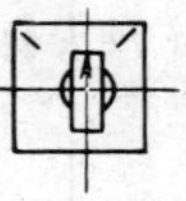	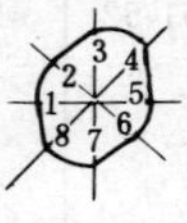 1号位置	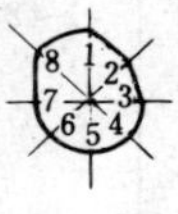 2号位置																
全　断　开	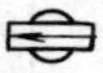		—	×	×	—	×	—	—	×	—	×	—	×	—	×	—	×
强励投入			—	×	×	—	×	—	—	×	—	×	×	—	×	—	—	×
全　投　入	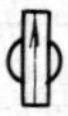		×	—	×	—	×	—	×	—	×	—	×	—	×	—	×	—
校正器投入			×	—	—	×	—	×	×	—	×	—	×	—	×	—	×	—

表 25-1-13　　RLW3/2DX-1·1·1·1·1·1·1·1-Ⅰ$_8$Ⅰ$_8$型弱电控制开关接线图表

手柄位置及外形	凸轮位置（背视）		11-12	21-22	31-32	41-42	51-52	61-62	71-72	81-82
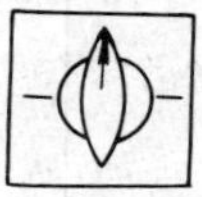	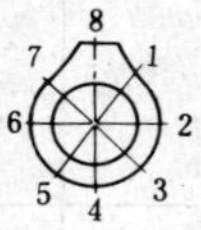 1号位置	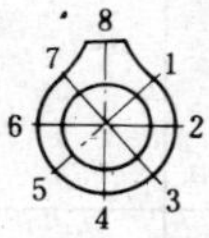 2号位置								
BZT 投 入	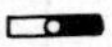		×	×	×	×	—	—	—	—
解　　除			—	—	—	—	—	—	—	—
			—	—	—	—	×	×	×	×

表 25-1-14　　RLW3/2DX-1·1·1·1·1·1·1·1-Ⅰ$_4$Ⅰ$_6$型弱电控制开关接线图表

手柄位置及外形	凸轮位置（背视）		11-12	21-22	31-32	41-42	51-52	61-62	71-72	81-82
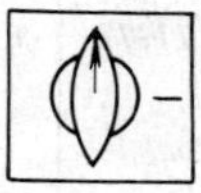	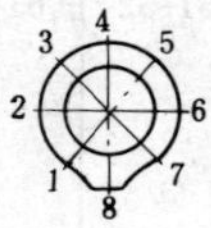 1号位置	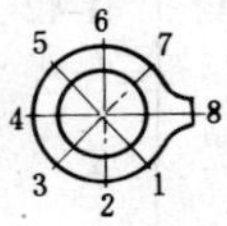 2号位置								
试　　验			—	×	×	—	—	—	—	—
断　　开	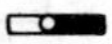		×	—	—	×	—	—	—	—
投　　入			—	—	—	—	—	×	×	—

表 25-1-15　RLW3/2DX-1·1·1·1·1·1·1·1-$\mathrm{I}_4\mathrm{I}_8$型弱电控制开关接线图表

手柄位置及外形 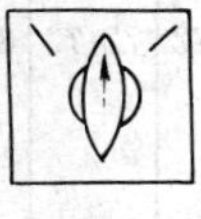	凸轮位置（背视）1号位置 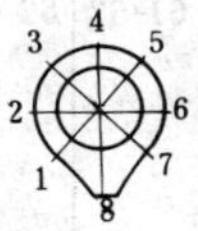	2号位置 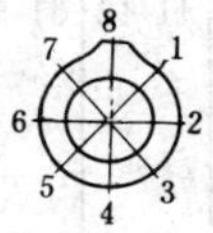	11-12	21-22	31-32	41-42	51-52	61-62	71-72	81-82
A-B			×	—	—	×	—	—	—	—
B-C			—	×	×	—	—	—	—	—
C-A			—	—	—	—	—	×	×	—

表 25-1-16　RLW3/2BX-1·1·1·1·1·1·1·1-$\mathrm{III}_1\mathrm{III}_1$型弱电控制开关接线图表

手柄位置及外形 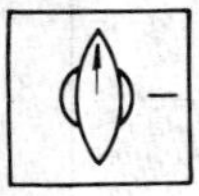	凸轮位置（背视）1号位置 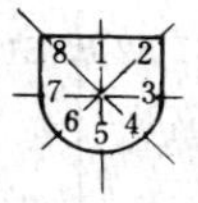	2号位置 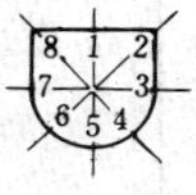	11-12	21-22	31-32	41-42	51-52	61-62	71-72	81-82
工作励磁机			—	—	—	—	×	×	×	×
断　　开			—	—	—	—	—	—	—	—
备用励磁机			×	×	×	×	—	—	—	—

表 25-1-17　RLW4/2BX-1·2·2·1·1·2·2·1-$\mathrm{II}_1\mathrm{II}_5$型弱电控制开关接线图表

手柄位置及外形 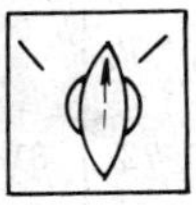	凸轮位置（背视）1号位置 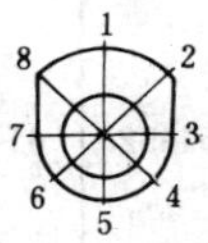	2号位置 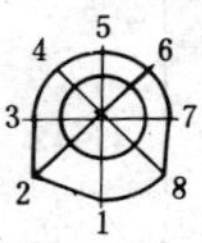	11-12	21-22	31-32	41-42	51-52	61-62	71-72	81-82
+ 对 地			×	×	×	×	—	—	—	—
母　线			—	×	×	—	—	×	×	—
− 对 地			—	—	—	—	×	×	×	×

表 25-1-18 RLW5/2ZX-1·1·1·1·1·3·3·1-Ⅱ$_1$Ⅲ$_7$型弱电控制开关接线图表

手柄位置及外形	凸轮位置（背视）		11-12	21-22	31-32	41-42	51-52	61-62	62-63	71-72	72-73	81-82
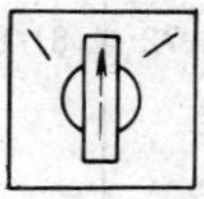	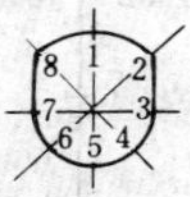 1号位置	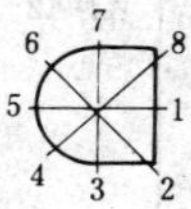 2号位置										
合 闸			×	—	—	×	—	—	×	—	×	—
断 开			—	—	—	—	—	×	—	×	—	—
跳 闸			—	—	—	—	×	—	×	×	—	×

表 25-1-19 RLW3/2BX-1·1·1·1·1·1·1·1-Ⅷ$_3$Ⅷ$_3$型弱电控制开关接线图表

手柄位置及外形	凸轮位置（背视）		11-12	21-22	31-32	41-42	51-52	61-62	71-72	81-82
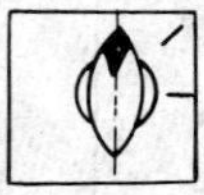	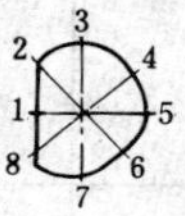 1号位置	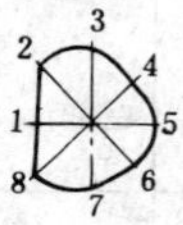 2号位置								
断 开			—	—	—	—	—	—	—	—
粗 略 同 期			×	×	×	×	—	—	—	—
精 确 同 期	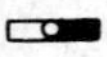		×	×	×	×	×	×	×	×

表 25-1-20 RLW3/2BX-1·1·1·1·1·1·1·1-Ⅴ$_1$Ⅴ$_1$型弱电控制开关接线图表

手柄位置及外形	凸轮位置（背视）		11-12	21-22	31-32	41-42	51-52	61-62	71-72	81-82
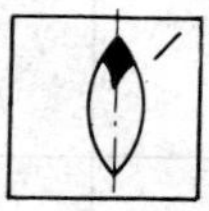	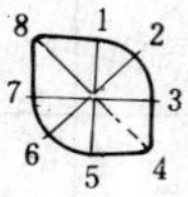 1号位置	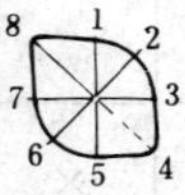 2号位置								
断 开			—	—	—	—	—	—	—	—
自动准同期			×	×	×	×	×	×	×	×

表 25-1-21　RLW3/1DX-1·1·1·1·1·1·1·1-V_8V_8型弱电控制开关接线图表

手柄位置及外形	凸轮位置（背视）		11-12	21-22	31-32	41-42	51-52	61-62	71-72	81-82
	1号位置	2号位置								
投　入			×	×	×	×	×	×	×	×
解　除			—	—	—	—	—	—	—	—

二、RA 系列弱电按钮

1. 分类

RA 系列按钮分成以下几类：

(1) 带灯自复式。发光部分和按钮部分组合在一起。揿按钮手离开后，按钮自己复归。

(2)带灯自锁式。在带灯自复式按钮的基础上加装自锁机构而成。第一次揿按钮手离开后，按钮自锁不复归，再次揿按钮手离开后，按钮才可复归。

(3)带灯多钮联锁式。由多个带灯自复式按钮组合而成。在每个自复式按钮上加装联锁机构，并借连杆使各个按钮之间起机械联锁作用。按钮的正面附有装饰性面板。按钮的一端可装设一个自复式按钮，作为其余按钮复位用。钮数分2钮、4钮、6钮、8钮、10钮、12钮等6种。

(4)不带灯电锁式。结构与自复式按钮相似，仅在原装灯泡和灯座的位置装电磁系统。

2. 技术数据

RA 系列按钮的技术数据，见表 25-1-22。

该按钮的触点数量及切断容量，见表 25-1-23。

3. 外形及安装尺寸

RA 系列弱电按钮的外形及安装尺寸，见图 25-1-5。安装尺寸，见表 25-1-24。

表 25-1-22　RA 系列弱电按钮技术数据

额定电压（V）	额定电流（A）	指示灯泡		电锁按钮的电磁线圈		颜　色	生产厂
		电压（V）	功率（W）	电压（V）	功率（W）		
交流 100	1	24	2.5	24	1.8	白、红、橙、	上海人民电器厂
		48	2.4	48	1.8		
直流 60		60	2.7	60	1.8	淡绿、天蓝	

注　1. 目前因材料关系只供应白色。

2. 指示灯泡和电锁式按钮的电磁线圈只适用于反复短时工作制，其连续最长工作时间应不超过 30min。

表 25-1-23　RA 系列弱电按钮的触点数量及切断容量

触点数		接通和分断电流（A）（电阻负载）	每分钟最高操作次数
常开	常闭		
2	2	0.2	30

注　1. 表中触点数量指单个按钮的数量，多钮联锁式按钮的触点数量由组合的钮数而定。

2. 触点适宜于长期工作制。

表 25-1-24　RA 系列弱电按钮的安装尺寸

钮数	*A*	*B*	*C*
2	75	67	93
4	125	117	143
6	175	167	193
8	225	217	243
10	275	267	293
12	325	317	343

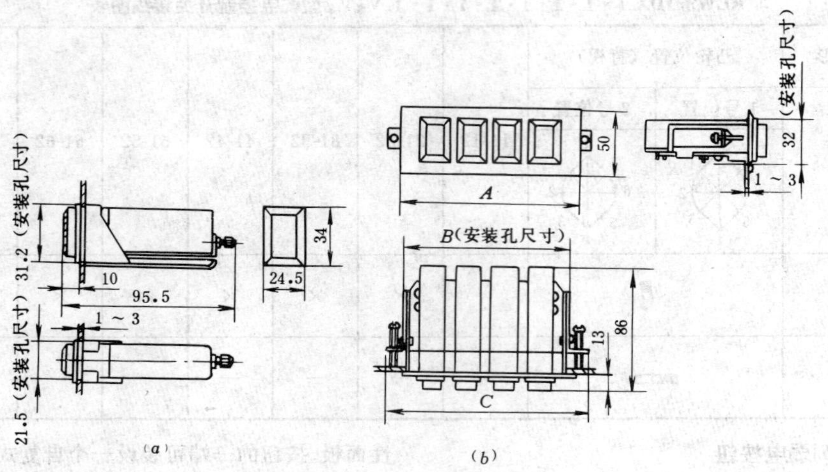

图 25-1-5 RA 系列弱电按钮外形

(*a*) 带灯自复式、带灯自锁式和不带灯电锁式按钮；(*b*) 带灯多钮联锁式按钮

三、双灯按钮

1. 用途

双灯按钮用于弱电控制屏台上作断路器或隔离开关远方操作及位置信号。

2. 技术数据

该按钮的技术数据，见表 25-1-25。

3. 原理接线

双灯按钮的原理接线，见图 25-1-6。

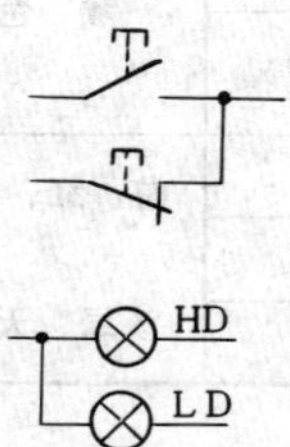

图 25-1-6 双灯按钮的原理接线

4. 外形及安装尺寸

双灯按钮的外形及安装尺寸，见图 25-1-7。

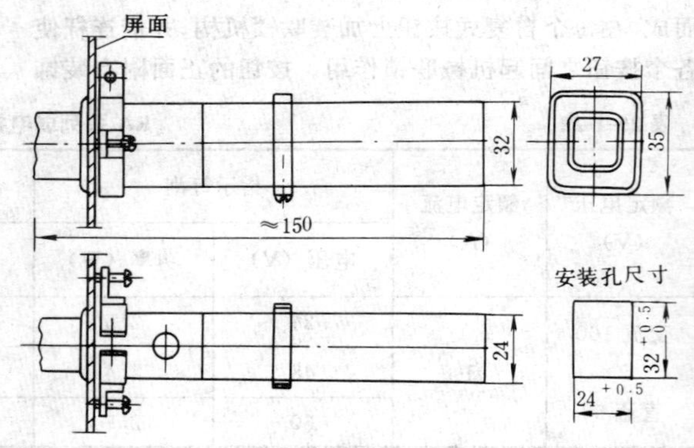

图 25-1-7 双灯按钮的外形及安装尺寸

表 25-1-25 双灯按钮技术数据

额定电压 (V)	指示灯泡			附加电阻			触点数量	生产单位
	型号	电压 (V)	功率 (W)	型号	电阻 (Ω)	功率 (W)		
48	GE	24	1.5	RJ	400	2	一对转换	天津电气传动设计研究院

注 1. 灯泡和附加电阻均放在按钮内部；其引线在尾部一孔引出。

2. 触点切断容量与 RA 系列弱电按钮相同。

四、灯光模拟指示器和光字牌

1. 用途

按不同的反映元件，其用途分为：

(1)FM1 型发电机模拟指示器，用于反映发电、准备、调相状态的红、黄、蓝三色灯光信号。

(2) DM1 型断路器模拟指示器，用于反映断路器合闸、跳闸状态的红、绿色灯光信号。

(3) LM1 型隔离开关模拟指示器，用于利用灯泡的燃亮或熄灭表示隔离开关的通或断的状态。

(4) GM1 型隔离开关模拟指示器，用两个灯点燃显示隔离开关的跳、合闸位置的光带。

(5) MK9 型隔离开关模拟指示器。指示器有二个线圈，以模拟线一致的标牌表示合闸；与模拟线垂直的标牌表示跳闸；二个线圈均不带电时，标牌成 45°。

(6) GP1、GP2 型弱电光字牌及信号灯，用于反映设备或系统的故障性质及各种显示信号。

2. 技术数据

FM1、DM1、LM1 和 GP1、GP2 型模拟指示器和光字牌的指示灯泡的技术数据，见表 25-1-26。

GM1 和 MK9 型隔离开关模拟指示器的技术数据见表 25-1-27。

3. 原理接线

GM1 型和 MK9 型隔离开关的模拟指示器的原理接线，见图 25-1-8。

4. 外形及安装尺寸

模拟指示器光字牌的外形及安装尺寸，见图25-1-9。

表 25-1-26　模拟指示器和光字牌的指示灯泡的技术数据

信号模拟元件额定电压 (V)	指示灯泡			
	灯泡型号	额定电压 (V)	最大电流 (mA)	适用范围
24	HJ-5	24	105	DM1、LM1、GP1、GP2
48	HJ-6	48	50	
	HJ-7		90	FM1
60	HJ-8	60	45	DM1、LM1、GP1　GP2
	HJ-9		75	FM1

表 25-1-27　隔离开关模拟指示器的技术数据

型号	技术数据					生产厂
GM1	额定交、直流电压：48V，指示灯光带 8mm					阿城继电器厂
MK9	线圈参数			附加电阻		上海电烙铁厂
	额定电压 (V)	额定电流 (mA)	电阻 (Ω)	阻值 (Ω)	容量 (W)	
	24	<6	4100	510	0.5	
	48	<6	4100	1.5k	0.5	

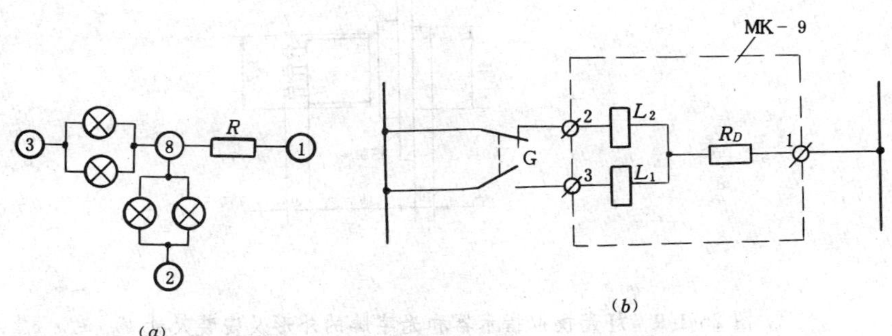

图 25-1-8　隔离开关模拟指示器的原理接线

(a) GM1 型；(b) MK9 型

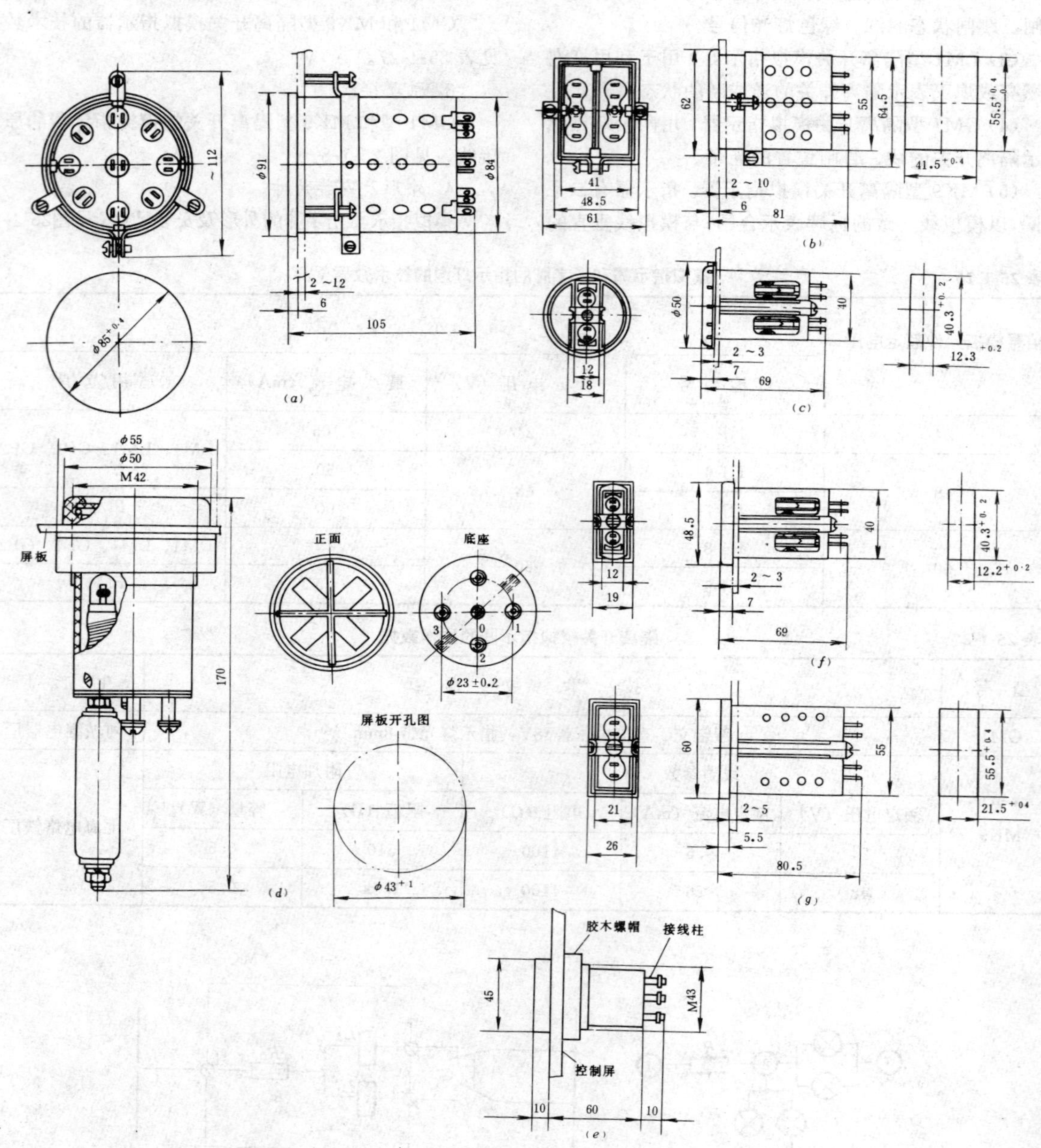

图 25-1-9 灯光模拟指示器和光字牌的外形及安装尺寸

(*a*) FM1 型发电机模拟指示器；(*b*) DM1 型断路器模拟指示器；(*c*) LM1 型隔离开关模拟指示器；(*d*) GM1 型隔离开关模拟指示器；(*e*) MK-9 型隔离开关模拟指示器；(*f*) GP1 型光字牌；(*g*) GP2 型光字牌

表 25-1-28 **XD 系列信号灯技术数据**

型 号	额定电压(V)	指 示 灯 泡			颜色	生产厂
		规格	型号	灯头型号		
XD0，XD1	6.3	6.3V，0.15A	GZ6-2B	E10/13	红、黄、绿、蓝、乳白	上海立新电器厂 上海无线电十厂
XD11-6.3 XD12-6.3	6.3	6.3V，1W	T10/15	E10/13		上海立新电器厂
XD11-12 XD12-12	12	12V，1.2W	T10/15	E10/13		

注 对 XD0、XD1 型信号灯，湿热带型在额定电压末端加注“TH”，海洋性湿热带型在额定电压末端加注“TH/H”。

五、信号灯

(一) XD 系列信号灯

1. 技术数据

该系列信号灯技术数据，见表 25-1-28。

2. 外形及安装尺寸

XD0、XD1 型信号灯外形见图 25-1-10，其安装尺寸见表 25-1-29。

XD11、XD12 型信号灯外形见图 25-1-11，其安装尺寸见表 25-1-30。

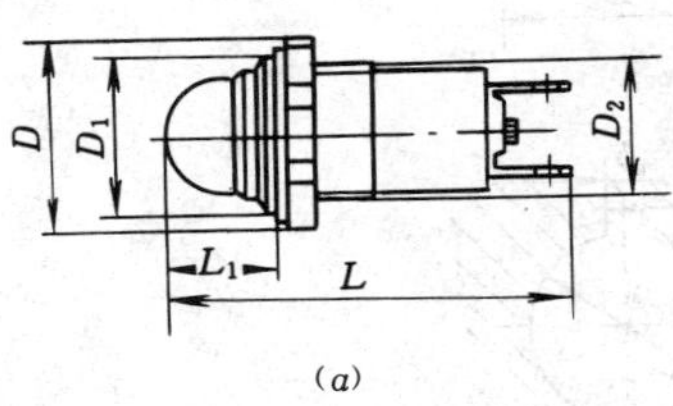

(a)

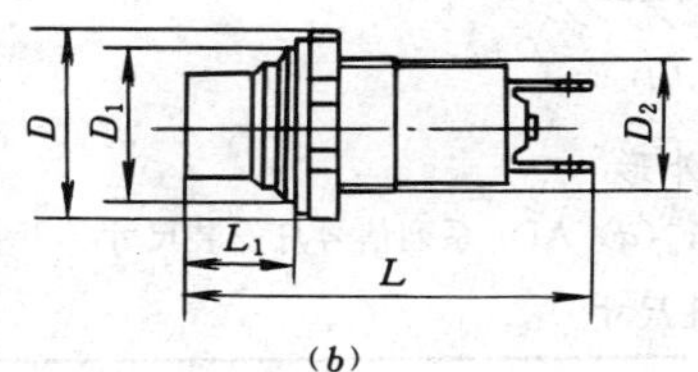

(b)

图 25-1-10 XD0、XD1 型信号灯外形
(a) XD0 型；(b) XD1 型

表 25-1-29 **XD0、XD1 型信号灯安装尺寸**

型号	尺 寸					安装孔 ϕ (mm)
	L	L_1	*D*	D_1	D_2	
XD0 XD1	48.5±1	13.5	ϕ23	ϕ20	16.5	17

(二) AD1 系列信号灯

1. 技术数据

AD1 系列信号灯的技术数据，见表 25-1-31。

2. 外形及安装尺寸

AD1 系列信号灯外形，见图 25-1-12。

AD1 系列信号灯安装尺寸，见表 25-1-32、表 25-1-33。

表 25-1-30 **XD11、XD12 型信号灯安装尺寸**

型号	尺 寸 (mm)							安装孔 ϕ (mm)
	L	L_1	*D*	D_1	*A*	*B*	A_1	
XD11	52	21	30	26	41	34		27
XD12	50	11		26	43	39	33	27

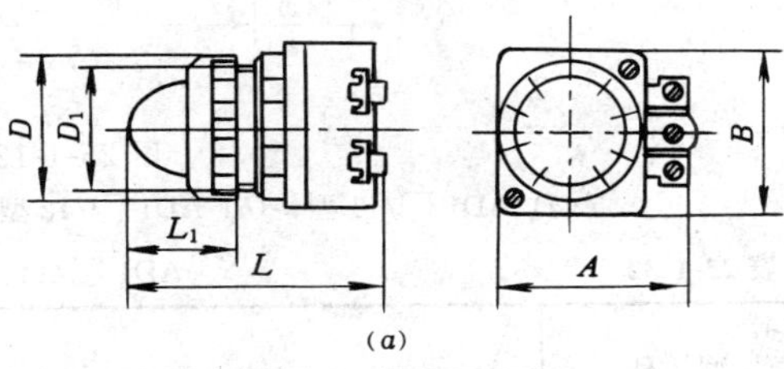

(a)

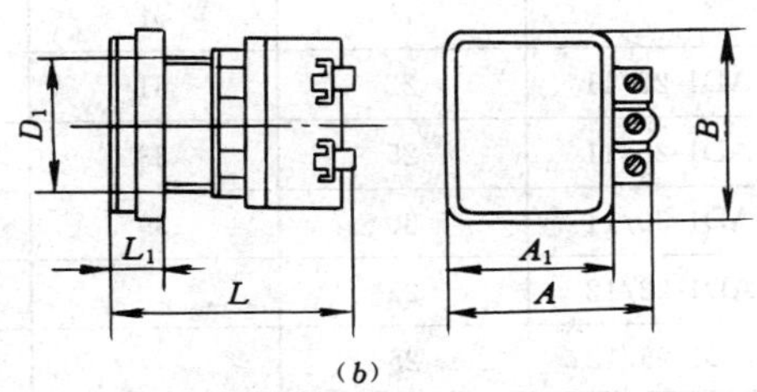

(b)

图 25-1-11 XD11、XD12 型信号灯外形
(a) XD11 型；(b) XD12 型

表 25-1-31 **AD1系列信号灯技术数据**

型 号	额定电压（V）	灯头型号	结构形式	信号灯颜色	外形图	生产厂
AD1-22/11 AD1-25/11 AD1-30/11	6	XZ8-1W E10/13	直接式	红、黄、蓝、绿、白、无色透明	图 25-1-27 (*a*)	上海立新电器厂 沈阳市信号电器厂 宁波市光电器材厂 常熟开关厂
	12	XZ12-1.2W E10/13				
	24	XZ24-1.5W E10/13				
	36	XZ36-1.5W E10/13				
	48	XZ48-1.5W E10/13				
AD1-22/12 AD1-25/12 AD1-30/12	6	XZ8-1W E10/13	直接式	红、黄、蓝、绿、白、无色透明	图 25-1-27 (*b*)	
	12	XZ12-1.2W E10/13				
	24	XZ24-1.5W E10/13				
	36	XZ36-1.5W E10/13				
	48	XZ48-1.5W E10/13				
AD1-30/111	24	24V 3W E14	直接式	红、黄、蓝、绿、白、无色透明	图 25-1-27 (*c*)	
	36	36V 3W E14				
	48	48V 3W E14				

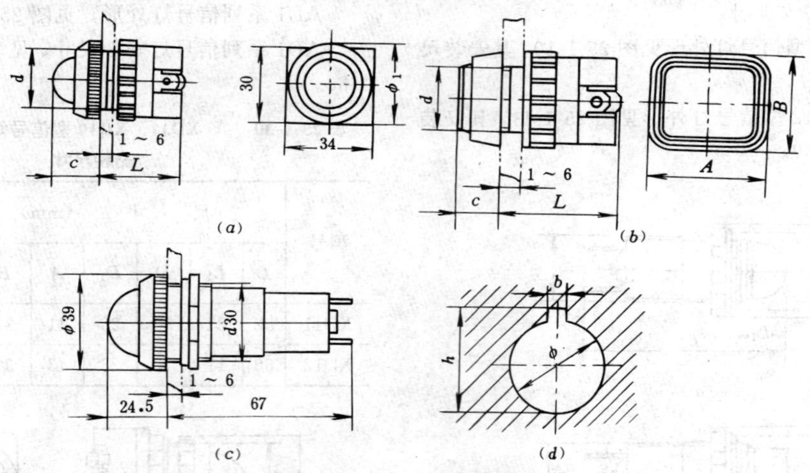

图 25-1-12 AD1 系列信号灯外形

(*a*) AD1-□/11 型；(*b*) AD1-□/12 型；(*c*) AD1-30/111 型；(*d*) AD1 系列信号灯安装尺寸

表 25-1-32 **AD1-□/11、□/12 型信号灯安装孔尺寸**

型 号	尺 寸 (mm)					
	d	ϕ1	*A*	*B*	*C*	*L*
AD1-22/11	22	31			19.5	34
AD1-25/11	25	33			19.5	34
AD1-30/11	30	39			24.5	34
AD1-22/12	22		37	31	15	38
AD1-25/12	25		39	33	15	38
AD1-30/12	30		47	39	15	38

表 25-1-33　**AD1 系列信号灯安装孔尺寸**

安装孔直径(mm)	键凹口 (mm)	
ϕ	h	b
$\phi30.5^{+0.5}_{0}$	$33^{+0.5}_{0}$	$5^{+0.2}_{0}$
$\phi25.5^{+0.5}_{0}$	$27.5^{+0.5}_{0}$	$4^{+0.2}_{0}$
$\phi22.5^{+0.4}_{0}$	$24.3^{+0.4}_{0}$	$3.5^{+0.2}_{0}$

注　安装孔如果需要键凹口，可参照安装孔尺寸表，如不需要可不开。

(三)XDJ1 系列信号灯

1. 技术数据

XDJ1 系列信号灯使用发光二极管为光源，并用新型降压线路及结构材料，符合 IEC 有关标准，其技术数据见表 25-1-34。

2. 外形及安装尺寸

XDJ1 系列信号灯外形见图 25-1-13，其安装尺寸见表 25-1-35。

表 25-1-34　**XDJ1 系列信号灯技术数据**

型　号	电　压　(V)		灯头尺寸 (mm)	形　式	颜　色	生 产 厂
	交　流	直　流				
XDJ 1-22	6、12、24、36、127、220、380、660	6、12、24、48、110、220	22	球面形 棱体形 箭头形 方　形 圆柱形	红、绿、黄、白、橙	邯郸机床电器厂
XDJ 1-30	6、12、24、36、127、220、380、660	6、12、24、48、110、220	30			

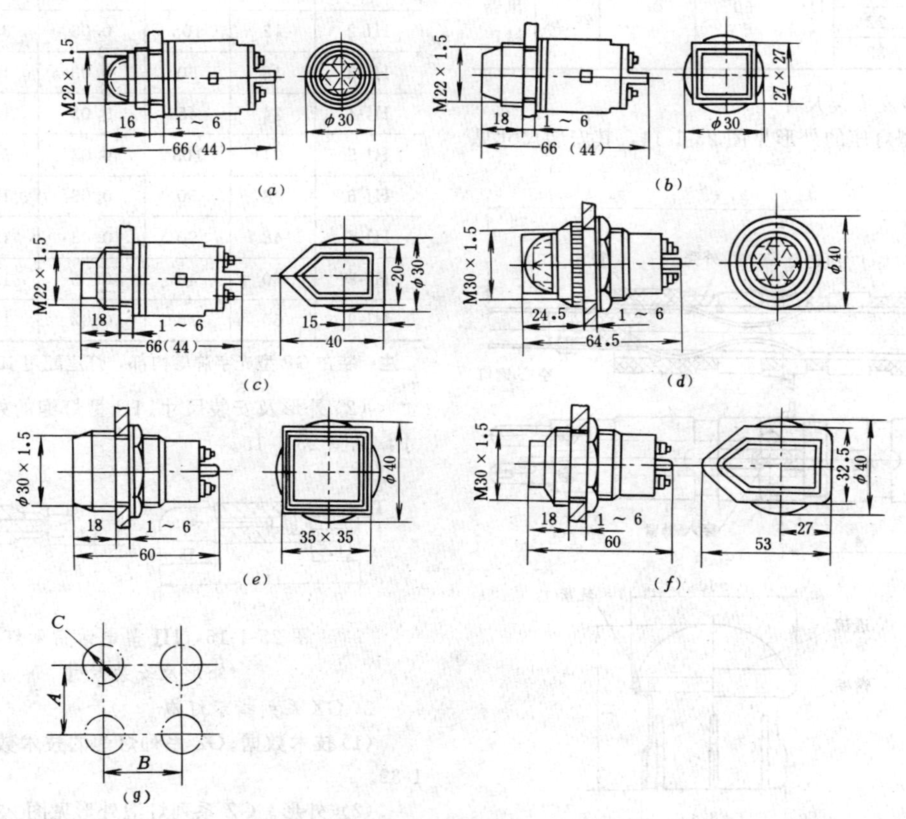

图 25-1-13　XDJ1 系列信号灯外形

(*a*)XDJ1-22Q、22L、22Y 型；(*b*)—XDJ1—22F 型；(*c*)XDJ1-22J 型；(*d*)XDJ1—30Q、30L、30Y 型；(*e*)XDJ1—30F 型；(*f*)XDJ1—30J 型；(*g*)XDJ1 系列信号灯安装尺寸

表 25-1-35 XDJ1 系列信号灯安装尺寸

型 号	尺 寸 (mm)		
	A	*B*	*C*
XDJ 1-30Q XDJ 1-30L XDJ 1-30F XDJ 1-30Y	45	45	ϕ30.5
XDJ 1-30J	70	45	ϕ30.5
XDJ 1-22Q XDJ 1-22L XDJ 1-22F XDJ 1-22Y	35	35	ϕ22.5
XDJ 1-22J	55	35	ϕ22.5

(四)JDZ1 型灯座

1. 技术数据

JDZ1 型灯座的技术数据，见表 25-1-36。

表 25-1-36 JDZ1 型灯座技术数据

型号	装置面板厚度 (mm)	指示灯泡				
		型号	额定电压 (V)	额定电流 (A)	颜色	生产厂
JDZ1-5	5	HJ	60	0.1	乳白、红、绿	上海电讯器材厂
JDZ1-15	15					
JDZ1-22	22					
JDZ1-32	32					

2. 外形及安装尺寸

JDZ1 型灯座的外形见图 25-1-14，其安装尺寸见表 25-1-37。

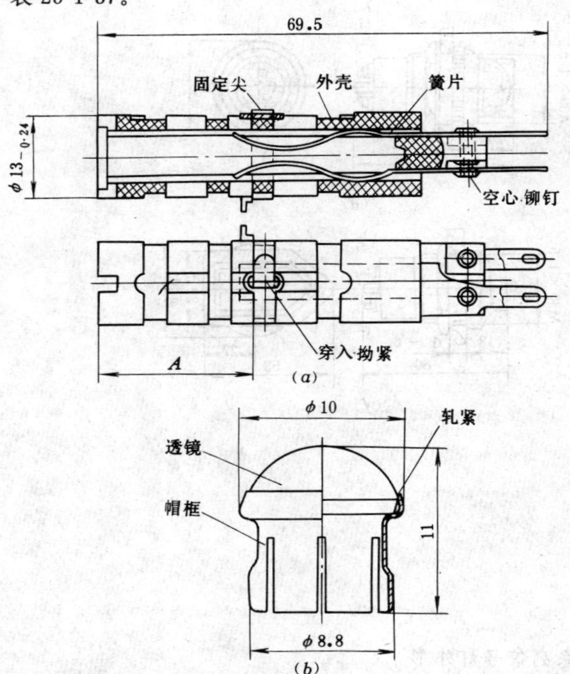

图 25-1-14 JDZ1 型灯座外形

(*a*) JDZ1 型灯座外形；(*b*) JDZ1 型灯座配用的灯帽外形

表 25-1-37 JDZ1 型灯座安装尺寸

型 号	*A* (mm)	装置孔径
JDZ1-5	7	ϕ13
JDZ1-15	17	
JDZ1-22	24	
JDZ1-32	34	

(五) 指示灯泡

1. HJ 型电话指示灯泡

(1) 技术数据。HJ 型灯泡的技术数据，见表 25-1-38。

表 25-1-38 HJ 型电话指示灯泡技术数据

型号	额定电压 (V)	电流 ≯ (mA)	在灯轴方向的光度 ≮ (c)	平均点燃寿命 (h)	生产厂
HJ-1	6	65	0.03	350	上海无线电十厂
HJ-2	12	105	0.03	350	
HJ-3	18	50	0.03	150	
HJ-4	24	45	0.03	150	
HJ-5	24	105	0.03	350	
HJ-6	48	50	0.03	150	
HJ-7	48	90	0.03	150	
HJ-8	60	45	0.03	150	
HJ-9	60	75	0.03	150	

注 装在 GP 型光字牌等内部，灯座配用 JDZ1 型。

(2) 外形及安装尺寸。HJ 型灯泡的外形及安装尺寸，见图 25-1-15。

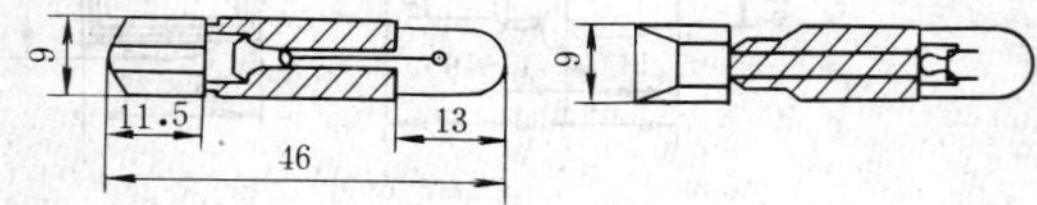

图 25-1-15 HJ 型电话指示灯泡外形及安装尺寸

2. GZ 系列指示灯泡

(1) 技术数据。GZ 系列灯泡的技术数据，见表 25-1-39。

(2) 外形。GZ 系列灯泡外形见图 25-1-16。

(六) 小型或微型信号灯

1. 技术数据

小型或微型信号灯技术数据，见表 25-1-40。

表 25-1-39　**GZ 系列指示灯泡技术数据**

厂编号	额定数值				平均点燃寿命 (h)	外形尺寸			灯头型式	图号 (图 25-1-16)	生产厂
	电压 (V)	电流 (A)	功率 (W)	光通 (lm)		泡形	*D* (mm)	*D* (mm)			
GZ12-1A	12，16	0.15		13	500	T	10	29	1C-9/13	3	上海灯泡三厂
GZ12-1B	12，16	0.15		13	500	T	10	29	E10/13	4	
GZ12-2	12		1.2	6	1500	T	7.8	25	1C-9/13B	25	
GZ12-3A	12，16	0.28		26	500	T	10	29	1C-9/13	13	
GZ12-3B	12，16	0.28		26	500	T	10	29	E10/13	4	
GZ12-4A	12		5	40	500	G	20	37	1C-15	8	
GZ12-4B	12		5	40	500	G	20	37	2C-15	8	
GZ12-6	12		1.2	7	700	T	7.2	23	1C-7/11B	24	
GZ12-7	12		5	38	500	G	17.5	33	1C-15/20		
GZ24-1A	24		5	32	800	G	20	37	1C-15	9	
GZ24-1B	24		5	32	800	G	20	37	2C-15	9	
GZ24-2A	24		10	65	800	T	20	65	1C-15	12	
GZ24-2B	24		10	65	800	T	20	65	2C-15	12	
GZ24-2C	24		10	65	800	T	20	65	E12/16	12	
GZ24-2D	24		10	65	800	T	20	65	E14/25×16	12	
GZ24-3A	24		5	32	800	T	20	65	1C-15	12	
GZ24-3B	24		5	32	800	T	20	65	2C-15	12	
GZ24-3C	24		5	32	800	T	20	65	E12/16	12	
GZ24-4A	24		10	89	800	G	20	37	1C-15	9	
GZ24-4B	24		10	89	800	G	20	37	2C-15	9	
GZ24-5A	24		5	32	800	P	25	50	1C-15	10	
GZ24-5B	24		5	32	800	P	25	50	2C-15	10	
GZ24-5C	24		5	32	800	P	25	50	E12/16	10	
GZ24-7	24		15	120	800	T	20	65	1C-15	12	
GZ24-10	24		5	25	250	G	12	24	E10/13	2	
GZ24-12	24		1.5	8	1000	T	6.5	24	1C-7/11B		
GZ24-13	24		3.5	17		TT	7	60			
GZ36-1	36		5	27	1000	T	20	55	2C-15	16	
GZ36-2	36	0.15		12	100	T	11	30	1C-9	13	
GZ48-1A	48		10	60	800	T	20	65	1C-15	21	
GZ48-1B	48		10	60	800	T	20	65	2C-15	21	
GZ48-1C	48		10	60	800	T	20	65	E12/16	21	
GZ48-1D	48		10	60	800	T	20	69	E14/25×16	21	
GZ55-1B	55/60		10	55	1000	T	20	65	2C-15	20	
GZ55-1D	55/60		10	55	1000	T	20	69	E14/25×16	22	
W24-1	24	0.04				T	5	17	E5/8		
W48-1	48	0.04				T	5～5.5	21～22	E5/8		

表 25-1-40 **小型或微型信号灯技术数据**

型号	额定电压（V）	额定功率（W）	灯头型号	安装孔直径（mm）	外形尺寸（mm）圆形灯罩	矩形灯罩	灯具长度	灯罩颜色分类	备注	生产厂
DH16-1	6.3 12 24	<2	BA9、E10	φ16	φ19		灯头为BA9时为58 灯头为E10时为53	U型(半透明)红、绿、蓝、黄、白	DH16-3型信号灯内装乳白衬板，可供书写或刻写标记，其他灯型，主要是灯罩式样不同	①
DH16-1A					φ22					
DH16-2						24×19				
DH16-3						19×19		T型(全透明)红、绿、蓝、黄、无色		
DH16-3A						19×19				
DH16-4					φ19					
DH16-5					φ19					
DH10-1	6.3 12 24	<1.5	E5	φ10	φ12		32	U型(半透明)红、绿、蓝、黄、白 T型(全透明)红、绿、蓝、黄、无色	DH10-2型信号灯内装乳白衬板，可供书写或刻写标记	①
DH10-2						17×12				
DH10-2A						17×12				
DH10-3						12×12				
DH10-4					φ12					
DH10-5					φ12					
DH6	6.3、12、24		E5	φ6			35	T型	灯罩形式有：正方形、长方形、菱形、五角形	①
DH6-7W	6.3						23	U型		
DH8-1	6.3、12、24	<1.5	E5	φ8	φ11		37	T型		①
DH14-1	6.3、12、24	<1.5	E5	φ14	φ18		32	T型		
LDDH8-1 LDDH8-1A LDDH8-1B				φ8	φ10 φ10 φ9.8		31.4	红、绿、黄、橙	光源为发光二极管，使用时应注意其主要光电参数和注意事项	①
LDDH5-1 LDDH5-1A				φ5	φ6.5		21.4	红、绿、黄、橙	光源为发光二极管	①
NDDH16-5	AC220			φ16	φ19		46	红、绿、黄、无色	发光器件为阴极辉光氖灯	①
NDDH10-5	AC220			φ10	φ13		44	红、绿、黄、无色		①
XDX1	6.3～24		E5/9	φ10.5	φ14		31	红、黄、蓝、绿、乳白	光源为小型白炽灯泡	②③
XDX3	6.3～24			φ10.5		11.7×17.7	26.6			③
XDX6	6.3～24			φ6.2		8×8.3	35.5			③
DGR-1 DGR-2 DGR-3					φ10 φ9 φ10		18 15 16	红、绿、黄、橙	光源为发光二极管	③
DX-1 DX-2	220			φ10.2	φ12 φ11		34 36			③
XDC1	6.3			φ5.2	φ8.5		11	红、黄、蓝、绿、乳白	光源为插口式小型白炽灯泡	②
DHF-1	6.3			φ6.2		7.5×10	13	红、黄、橙、绿、乳白	光源为MZ6.3-0.04m式灯泡	②

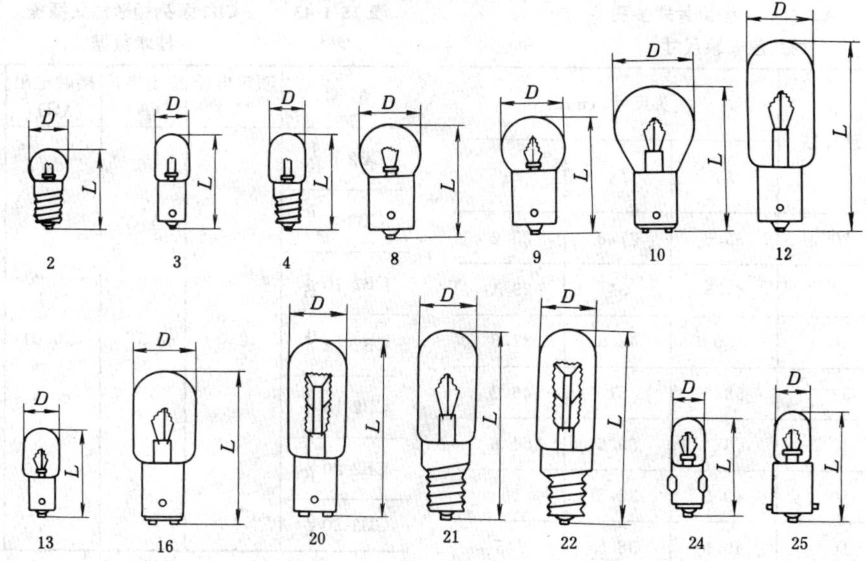

图 25-1-16　GZ 系列灯泡外形

（灯泡下的图号为制造厂编号，见表 25-1-39）

2. 生产厂及代号

①上海仪表元件厂，②天津市微型开关厂，③三门峡仪表元件厂。

六、插接元件

（一）2CA、2CA-1 型簧片式多孔插头座

1. 技术数据

2CA、2CA-1 型插头座技术数据，见表 25-1-41。

表 25-1-41　2CA、2CA-1 型簧片式多孔插头座技术数据

型号	名　称	接触片数	工作电压(V)	额定电流(A)	接触电阻(Ω)	生产厂
2CA-10Z	10 线带圆形电缆夹插头座	10	220	1	≯0.01	上海无线电九厂
2CA-16Z	16 线带圆形电缆夹插头座	16				
2CA-24Z	24 线带圆形电缆夹插头座	24				
2CA-32Z	32 线带圆形电缆夹插头座	32				
2CA-40Z	40 线带圆形电缆夹插头座	40				
2CA-1-10Z	10 线带扁形电缆夹插头座	10				
2CA-1-16Z	16 线带扁形电缆夹插头座	16				
2CA-1-24Z	24 线带扁形电缆夹插头座	24				
2CA-1-32Z	32 线带扁形电缆夹插头座	32				
2CA-1-40Z	40 线带扁形电缆夹插头座	40				

2. 外形及安装尺寸

2CA、2CA-1 型插头座的外形及安装尺寸，见图 25-1-17 及表 25-1-42。

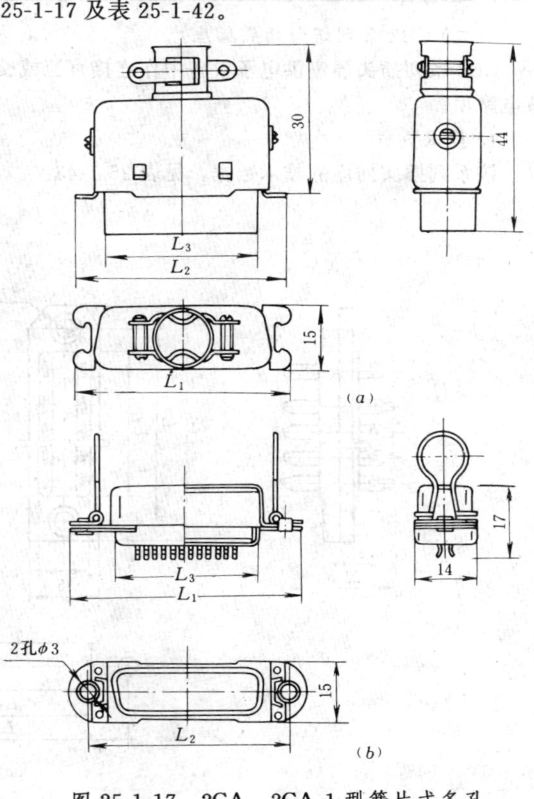

图 25-1-17　2CA、2CA-1 型簧片式多孔插头座外形

(*a*) 2CA 型；(*b*) 2CA-1 型

表 25-1-42　2CA、2CA-1 型簧片式多孔插头座安装尺寸

型号	接触片数	插头尺寸（mm）		
		L_1	L_2	L_3
2CA	10	35.5	27.8	23.2
	16	41.5	34	29.4
	24	50	42.5	37.8
	32	58.5	51	46.2
	40	67	59.5	54.6
2CA-1	10	40.5	32.5	19
	16	46.5	38.5	2.5
	24	55	47	33.5
	32	63.5	55.5	42
	40	72	64	50.5

（二）CB2 系列矩形插头插座

CB2 系列插头插座供电子设备中作连接直流或交流电路用。

1. 技术数据

该系列插头插座的技术数据，见表 25-1-43。

表 25-1-43　CB2 系列矩形插头插座技术数据

型 号	额定电压（V）	额定电流（A）	接触电阻（Ω）	插头插座数量
CB2-6 J/K	250	3	≤0.01	6 线
CB2-8 J/K				8 线
CB2-10 J/K				10 线
CB2-12 J/K				12 线
CB2-16 J/K				16 线
CB2-20 J/K				20 线
CB2-30 J/K				30 线

注　J 表示插头，K 表示插座。

2. 外形及安装尺寸

CB2 系列插头插座的外形及安装尺寸，见图 25-1-18 及表 25-1-44。

（三）A 型插接元件

1. 技术数据

该元件的技术数据见表 25-1-45。

2. 外形及安装尺寸

A 型插接元件的外形及安装尺寸，见图 25-1-19 及表 25-1-46。

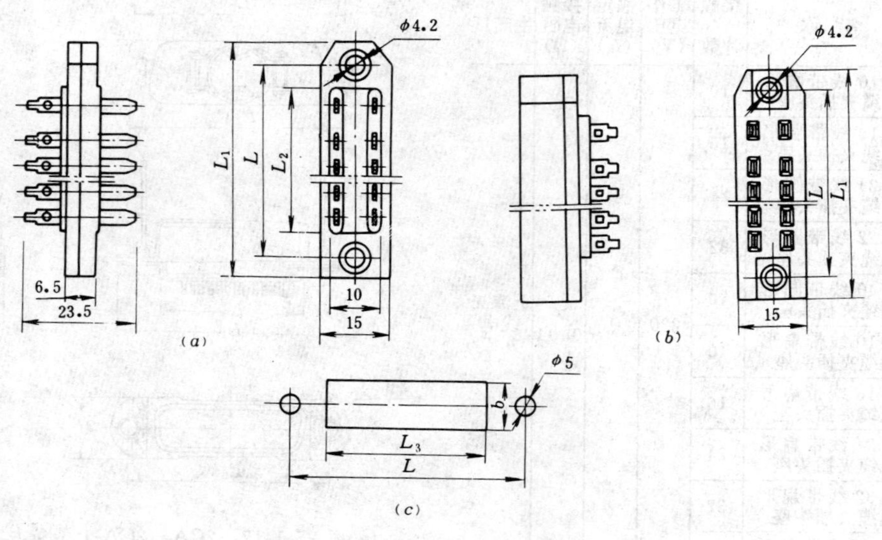

图 25-1-18　CB2 系列矩形插头插座外形

(a) CB2-□J 型；(b) CB2-□K 型；(c) 安装开孔尺寸

表 25-1-44　CB2 系列矩形插头插座安装尺寸

型　号	尺　寸　(mm)				
	L	L_1	L_2	L_3	b
CB2-6 $^{J}_{K}$	29±0.1	40	20	21	12
CB2-8 $^{J}_{K}$	35±0.1	46	26	27	12
CB2-10 $^{J}_{K}$	41±0.1	52	31	32	12
CB2-12 $^{J}_{K}$	50±0.2	61	39	40	12
CB2-16 $^{J}_{K}$	62±0.2	73	54	55	12
CB2-20 $^{J}_{K}$	74±0.2	85	65	66	12
CB2-30 $^{J}_{K}$	74±0.2	85	63.4	64	17

表 25-1-45　A 型插接元件技术数据

型号	触头数	工作电压 (V)	额定电流 (A)	接触电阻 (Ω)	生产厂
A $^{T}_{Z}$-14	14	500	6	≯0.01	四川绵阳华丰无线电器材厂
A $^{T}_{Z}$-20	20				

注　1. T 表示插头，Z 表示插座。

2. 工作电压按原技术条件为 50V，制造厂试验电压为 1000V。目前多用于 220V 及以下回路。

表 25-1-46　A 型插接元件安装尺寸

型号	尺　寸　(mm)			
	L	L_1	L_2	L_3
A $^{T}_{Z}$-14	57	50	40	42
A $^{T}_{Z}$-20	73.5	66.5	56.5	58

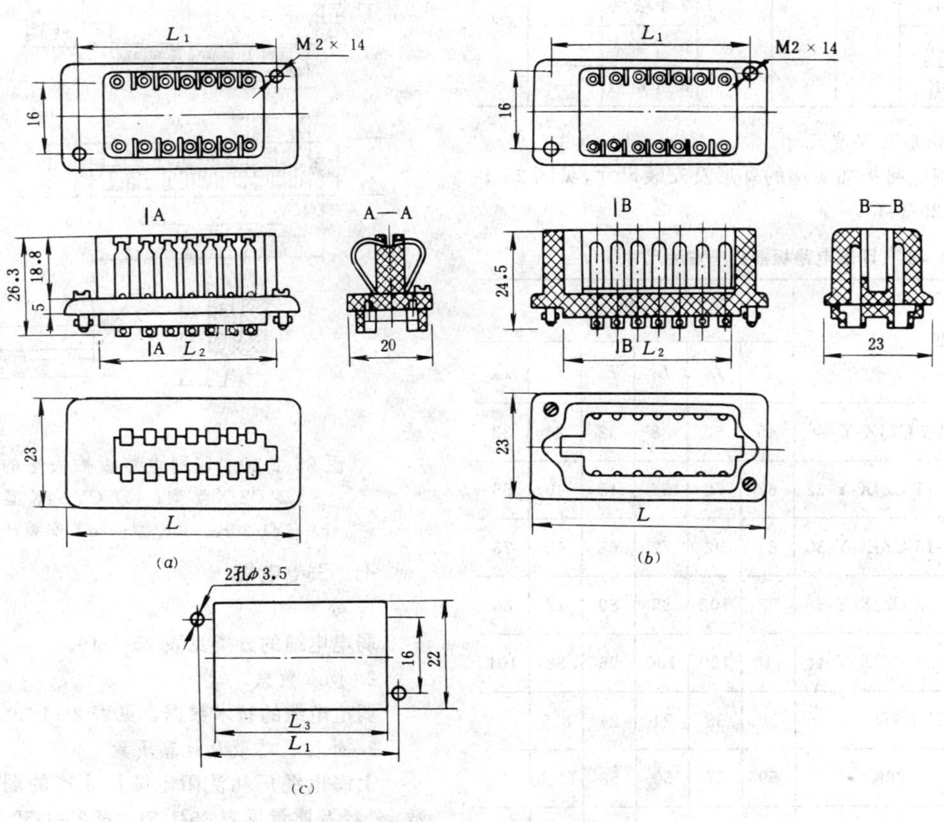

图 25-1-19　A 型插接元件外形
(*a*) AT 型插头；(*b*) A2 型插座；(*c*) 安装开孔尺寸

（四）印刷电路板插头座

1. 技术数据

印刷电路板插头座的技术数据，见表 25-1-47。

表 25-1-47 印刷电路板插头座技术数据

型号	额定电压（V）	额定电流（A）	接触电阻（Ω）	插头座数量	排列形式	备注
CZJX-Y-7	300	3	≤0.01	7	单排	无定位
CZJX-Y-14				14	双排	
CZJX-Y-11				11	单排	
CZJX-Y-22				22	双排	
CZJX-Y-15				15	单排	
CZJX-Y-30				30	双排	
CZJX-Y-18				18	单排	
CZJX-Y-36				36	双排	
CZJX-Y-22				22	单排	
CZJX-Y-44				44	双排	
CY1-7K				7 个触点	—	
CY1-20K				20 个触点	—	
CY-30K				30 个触点	—	

2. 外形及安装尺寸

印刷电路板插头座的外形及安装尺寸，见图 25-1-20 及表 25-1-48。

表 25-1-48 印刷电路板插头座安装尺寸

型号	尺寸					
	L	L_1	L_2	L_3	L_4	L_5
CZJX-Y-7 CZJX-Y-14	45	50	38	32	24	33
CZJX-Y-11 CZJX-Y-22	62	72	54	48	40	55
CZJX-Y-15 CZJX-Y-30	82	92	72	68	60	73
CZJX-Y-18 CZJX-Y-36	92	102	85	80	72	86
CZJX-Y-22 CZJX-Y-44	110	120	100	96	88	101
CY1-7K	30	38	21	24	8.5	
CY1-20K	59	67	50	53	14.5	
CY1-30K	82	90	73	76	14.5	

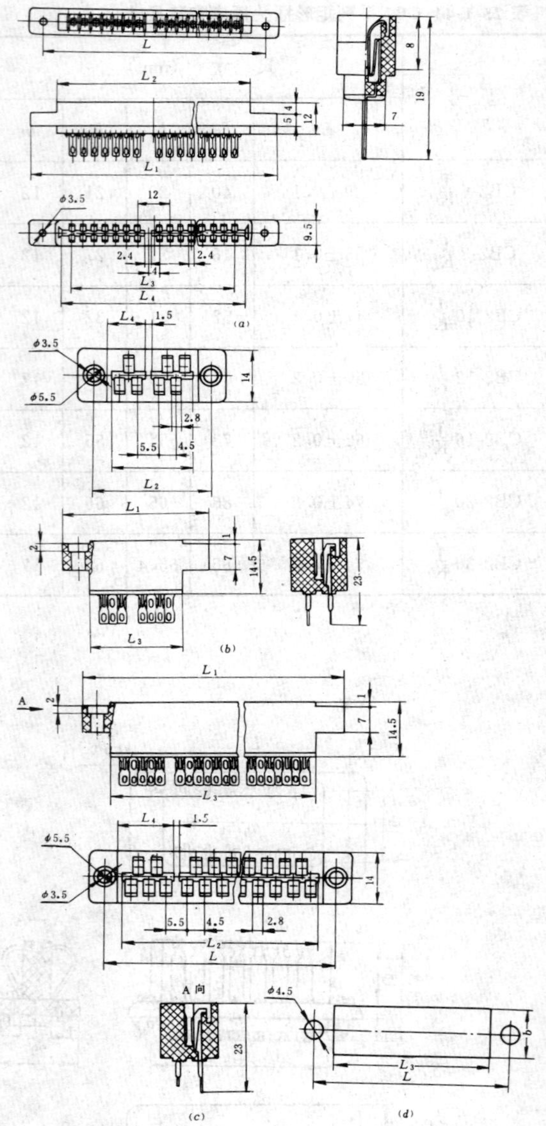

图 25-1-20 印刷电路板插头座的外形
(*a*) CZJX-Y 型；(*b*) CY1-7K 型；
(*c*) CY1-20K、30K 型；(*d*) 安装开孔图

七、弱电电缆

1. 分类

弱电电缆的分类见表 25-1-49。

2. 技术数据

弱电电缆的技术数据，见表 25-1-50。

3. 外径、芯数及计算质量

上海电缆厂和沈阳电缆厂生产的弱电电缆的芯数、外径及质量见表 25-1-51、表 25-1-52，其他弱电电缆的芯数、外径及计算质量见表 25-1-53。

表 25-1-49 弱电电缆分类

型号	名称	生产厂
PVV PVV2 PVV 20	铜芯聚氯乙烯绝缘及护套信号电缆 铜芯聚氯乙烯绝缘及护套钢带铠装信号电缆 铜芯聚氯乙烯绝缘及护套裸钢带铠装信号电缆	上海电缆厂，沈阳电缆厂，湘潭电缆厂，西安电缆厂等
KYJV KYJV-FR KYJVP KYJVP-FR KYJ22 KYJ22-FR KYJ32 KYJ32-FR	交联聚乙烯绝缘聚氯乙烯护套控制电缆 交联聚乙烯绝缘聚氯乙烯护套阻燃控制电缆 交联聚乙烯绝缘铜丝编织屏蔽聚氯乙烯护套控制电缆 交联聚乙烯绝缘铜丝编织屏蔽聚氯乙烯护套阻燃控制电缆 交联聚乙烯绝缘钢带铠装聚氯乙烯护套控制电缆 交联聚乙烯绝缘钢带铠装聚氯乙烯护套阻燃控制电缆 交联聚乙烯绝缘细钢丝铠装聚氯乙烯护套控制电缆 交联聚乙烯绝缘细钢丝铠装聚氯乙烯护套阻燃控制电缆	上海电缆厂
DJYP2V DJYP2VP2 DJYP3V DJYP3VP3	聚乙烯绝缘对绞铜带绕包屏蔽、聚氯乙烯护套计算机用控制电缆 聚乙烯绝缘对绞铜带绕包屏蔽、铜带绕包总屏蔽、聚氯乙烯护套计算机用控制电缆 聚乙烯绝缘对绞铝箔聚脂薄膜复合带绕包屏蔽，聚氯乙烯护套计算机用控制电缆 聚乙烯绝缘对绞铝箔聚脂薄膜复合带绕包屏蔽，铝箔聚脂薄膜复合带绕包总屏蔽，聚氯乙烯护套计算机用控制电缆	苏州电缆厂
KEYH KEPYH ZR-KEYH ZR-KEPYH	乙炳绝缘氯磺化聚乙烯护套控制电缆 乙炳绝缘铜丝编织全屏蔽氯磺化聚乙烯护套控制电缆 乙炳绝缘氯磺化聚乙烯护套阻燃控制电缆 乙炳绝缘铜丝编织全屏蔽氯磺化聚乙烯护套阻燃控制电缆	上海电缆厂
ZR-YEPH	乙炳橡皮绝缘线组屏蔽阻燃橡皮护套电缆	上海电缆厂

表 25-1-50 弱电电缆的技术数据

电缆型号	额定电压(V)	芯数	截面	敷设条件	
				温度不低于(℃)	弯曲半径不小于
PVV、PVV2、PVV20	250（沈阳电缆厂为500V）	2、4、5、7、9、12、14、16、19、21、24、27、30、33、37、42、44、48、56、61(如用户要求100芯也可)	线芯 1mm²(上海电缆厂为 0.8mm²,如用户需要也可生产 1mm² 及 0.5mm²)		铠装为25倍电缆外径,非铠装为15倍电缆外径
KYJV、KYJV-FR KYJVP、KYJVP-FR	600/1000	4、5、6、7、8、10、12、14、16、19、24、27、30、33、37	线芯 1mm²		
KYJ22、KYJ22-FR	600/1000	6、7、8、10、12、14、16、19、24、27、30、33、37	线芯 1mm²		
KYJ32、KYJ32-FR	600/1000	19、24、27、30、33、37	线芯 1mm²		
DJYP2V、DJYP3V DJYP2VP2、DJYP3VP3	300/500	1、2、3、4、5、7、8、9、10、12 对	单线直径 1.01mm	0℃	电缆外径的10倍
KEYH、KEPYH ZR-KEYH、ZR-KEPYH	600	2、3、4、5、6、7、8、10、12、14、16、19、24、27、30、33、37	0.75、1.0mm²	−15℃	电缆外径的4倍

续表 25-1-50

电缆型号	额定电压(V)	芯数	截面	敷设条件	
				温度不低于(℃)	弯曲半径不小于
ZR-YEPH	300	主线芯(二线组)1、4、7、10组通信线1芯	1:(2×1.5mm²+1×1mm²) 4:(2×1.5mm²+1×1mm²) 7:(2×1.5mm²+1×1mm²) 10:(2×1.5mm²+1×1mm²)	-15℃	电缆外径的10倍
		主线芯(三线组)1组	1.5mm²		

表 25-1-51　上海电缆厂生产的弱电用电缆(线径为0.8mm/1.0mm)的芯数、外径及质量

线芯数	铜质量(kg/km)	PVV型		PVV2型		PVV20型	
		外径(mm)	质量(kg/km)	外径(mm)	质量(kg/km)	外径(mm)	质量(kg/km)
3	13.6/21.2	8.67/9.1	86/98	18.07/18.5	450.5/475	14.07/14.5	368.5/392
4	18.1/28.3	9.19/9.67	97/114	18.57/19.07	476.5/507	14.57/15.07	391.2/419
5	22.4/35.0	9.76/10.3	111/131	19.16/19.77	506.5/542	15.16/15.77	418/450
7	30.1/47	10.36/10.96	130/158	19.76/20.37	543/591	15.76/16.36	450/492
9	40.3/63	11.58/12.32	163/200	20.98/21.77	610.5/669	16.98/17.72	511/565
12	54.3/84.7	12.67/13.5	190/235	22.87/23.7	669/862.5	18.87/19.7	562/769.5
14	63.2/99	13.19/14.07	211/262	23.39/24.27	827.7/909.5	19.39/20.27	736.5/813
16	72.3/113	13.76/14.7	232/290	23.96/24.9	868.6/959.5	19.96/20.9	774/859.4
19	85.9/134	14.36/15.36	260/328	24.56/25.56	917.6/1018.3	20.56/21.56	819.5/416.5
21	94.7/148.3	14.98/16.03	285/359	25.18/26.23	964.6/1075	21.18/22.23	862.5/967
24	108/169.5	16.36/18.56	318/439	26.56/28.76	1046/1244	22.56/24.76	936/1120
27	122/191	16.67/18.9	344/475	26.87/29.1	1083/1292	22.87/25.10	971/1167
30	136/212	18.19/19.47	408/514	28.39/29.67	1200/1340	24.39/25.67	1078/1222
33	149/233	18.76/20.1	439/554	28.96/30.3	1272/1412	24.96/26.30	1144/1281
37	178/275	19.36/20.76	473/605	29.56/30.96	1306/1486	25.56/26.96	1178/1350
42	190/296	22.36/23.96	583/732	32.56/34.16	1520/1725	28.56/30.16	1375/1570
44	198/310	22.36/23.96	599/754	32.56/34.16	1536/1745	28.56/30.16	1391/1592
48	217/339	22.67/24.30	635/802	32.87/34.5	1582/1807	28.87/30.5	1435/1650
56	252/394	23.76/25.50	714/906	33.96/35.7	1699/1954	29.96/31.7	1544/1790
61	274/428.9	24.36/26.16	760/969	34.56/36.36	1769/2039	30.56/32.36	1610/1871

注　当需要61芯以上至100芯的规格时，制造厂也可以制造。

表 25-1-52 沈阳电缆厂等生产的弱电电缆的芯数、外径及质量

线芯数	铜质量 (kg/km)	PVV型		PVV2型		PVV20型	
		外径 (mm)	质量 (kg/km)	外径 (mm)	质量 (kg/km)	外径 (mm)	质量 (kg/km)
2	14.12	10.00	139.68	17.9	424.88	14.9	383.08
3	21.2	10.43	160.25	18.3	446.95	15.3	401.85
4	28.3	11.16	183.16	19.1	480.56	16.1	435.85
5	35.0	11.95	207.19	19.9	536.34	16.9	489.64
7	47	12.80	244.94	20.7	586.23	17.7	538.33
9	63	14.76	300.41	24.5	832.75	20.5	752.75
12	84.7	16.08	359.41	25.8	1104.51	21.8	1013.51
16	113	18.56	477.27	28.3	1141.97	24.3	1052.17
19	134	19.40	529.77	29.1	1198.92	25.1	1106.92
21	148.3	20.20	572.72	29.9	1259.72	25.9	1154.22
24	169.5	23.20	666.14	32.9	1467.64	28.9	1362.64
27	191	23.68	747.43	33.4	1506.83	29.4	1395.83
30	212	24.38	802.52	34.1	1568.92	30.1	1458.22
33	233	25.16	858.44	34.9	1650.23	30.9	1537.93
37	278	26.00	930.20	35.7	1712.90	31.7	1597.70
42	296	28.80	1047.05	38.5	1943.90	34.5	1719.10
44	310	—	—	—	—	—	—
48	339	29.22	1141.95	38.9	2049.30	34.9	1923.10

注 当需要时，沈阳电缆厂可生产至100芯的规格。

表 25-1-53 KYJV等型弱电电缆的外径及计算质量

芯数×截面(mm^2)	KYJV、KYJV-FR型		KYJVP、KYJVP-FR型		KEYH、ZR-KEYH型		KEPYH、ZR-KEPYH型	
	计算外径 (mm)	计算质量 (kg/km)	计算外径 (mm)	计算质量 (kg/km)	计算外径 (mm)	计算质量 (kg/km)	计算外径 (mm)	计算质量 (kg/km)
2×0.75					10.98	137	14.78	277
3×0.75					11.46	151	15.26	297
4×0.75					12.30	178	16.10	333
5×0.75					13.23	212	17.03	378
6×0.75					14.19	245	17.99	423
7×0.75					14.19	251	17.99	429
8×0.75					15.15	279	19.26	493
10×0.75					17.40	348	21.40	589
12×0.75					17.89	379	21.89	627
14×0.75					18.73	424	22.73	682
16×0.75					19.65	475	23.65	746
19×0.75					20.61	532	24.61	816
24×0.75					23.82	665	27.82	985
27×0.75					24.31	714	28.54	1061
30×0.75					25.15	776	29.37	1134
33×0.75					26.07	845	30.29	1216
37×0.75					27.03	920	31.47	1321

续表25-1-53

芯数×截面(mm^2)	KYJV、KYJV-FR型		KYJVP、KYJVP-FR型		KEYH、ZR-KEYH型		KEPYH、ZR-KEPYH型	
	计算外径(mm)	计算质量(kg/km)	计算外径(mm)	计算质量(kg/km)	计算外径(mm)	计算质量(kg/km)	计算外径(mm)	计算质量(kg/km)
2×1					11.34	150	15.14	294
3×1					11.86	165	15.66	316
4×1	10.1	122	13.3	241	12.74	196	16.54	356
5×1	10.8	142	14.0	268	13.71	233	17.51	406
6×1	11.6	168	14.8	303	14.73	273	18.53	476
7×1	11.6	176	14.8	311	14.73	280	18.53	484
8×1	12.8	200	16.0	348	15.75	312	19.84	533
10×1	14.2	239	17.4	402	18.12	391	22.12	641
12×1	14.6	270	17.8	438	18.64	428	22.64	685
14×1	15.3	304	19.5	518	19.52	479	23.52	748
16×1	16.0	338	20.2	561	20.49	538	24.49	823
19×1	16.8	386	21.0	620	21.51	606	25.51	901
24×1	20.4	518	23.6	745	24.90	759	29.12	1113
27×1	20.8	564	24.0	795	25.42	816	29.64	1178
30×1	21.5	614	24.7	614	26.30	889	30.90	1267
33×1	22.2	663	25.4	663	27.27	969	32.11	1377
37×1	23.0	727	26.2	727	28.51	1074	33.13	1481

芯 线	DJYP2V型		DJYP3V型		DJYP2VP2型		DJYP3VP3型	
	电缆最大外径(mm)	计算质量(kg/km)	电缆最大外径(mm)	计算质量(kg/km)	电缆最大外径(mm)	计算质量(kg/km)	电缆最大外径(mm)	计算质量(kg/km)
1对	8.9	91.5	8.9	72.3				
2对	15.2	200.6	15.2	161.0	16.2	243.5	16.2	190.9
3对	16.1	261.0	16.1	202.5	17.1	319.3	17.1	234.0
4对	17.6	325.5	17.6	248.0	18.6	407.7	18.6	281.7
5对	19.2	391.7	19.2	295.1	21.3	521.8	21.3	329.5
7对	22.0	544.2	220	409.5	23.0	644.7	23.0	450.6
8对	23.9	626.0	23.9	474.0	24.7	744.8	24.7	518.0
9对	25.5	714.4	25.5	542.3	26.5	833.7	26.5	589.3
10对	27.6	763.0	27.6	570.2	28.6	891.5	28.6	620.5
12对	28.5	877.0	28.5	619.3	29.5	1009.7	29.5	698.3

芯 线	ZR-YEPH型 电缆外径(mm)
二线组	
1:($2\times1.5mm^2$+$1\times1mm^2$)	10.5
4:($2\times1.5mm^2$+$1\times1mm^2$)	18.5
7:($2\times1.5mm^2$+$1\times1mm^2$)	22.3
10:($2\times1.5mm^2$+$1\times1mm^2$)	28.1
三线组 1组	11.0

八、弱电端子排

(一) JDR 系列弱电端子排

1. 技术数据

JDR 系列端子排的技术数据，见表25-1-54。

2. 外形及安装尺寸

JDR 系列端子排的外形及安装尺寸，见图25-1-21。

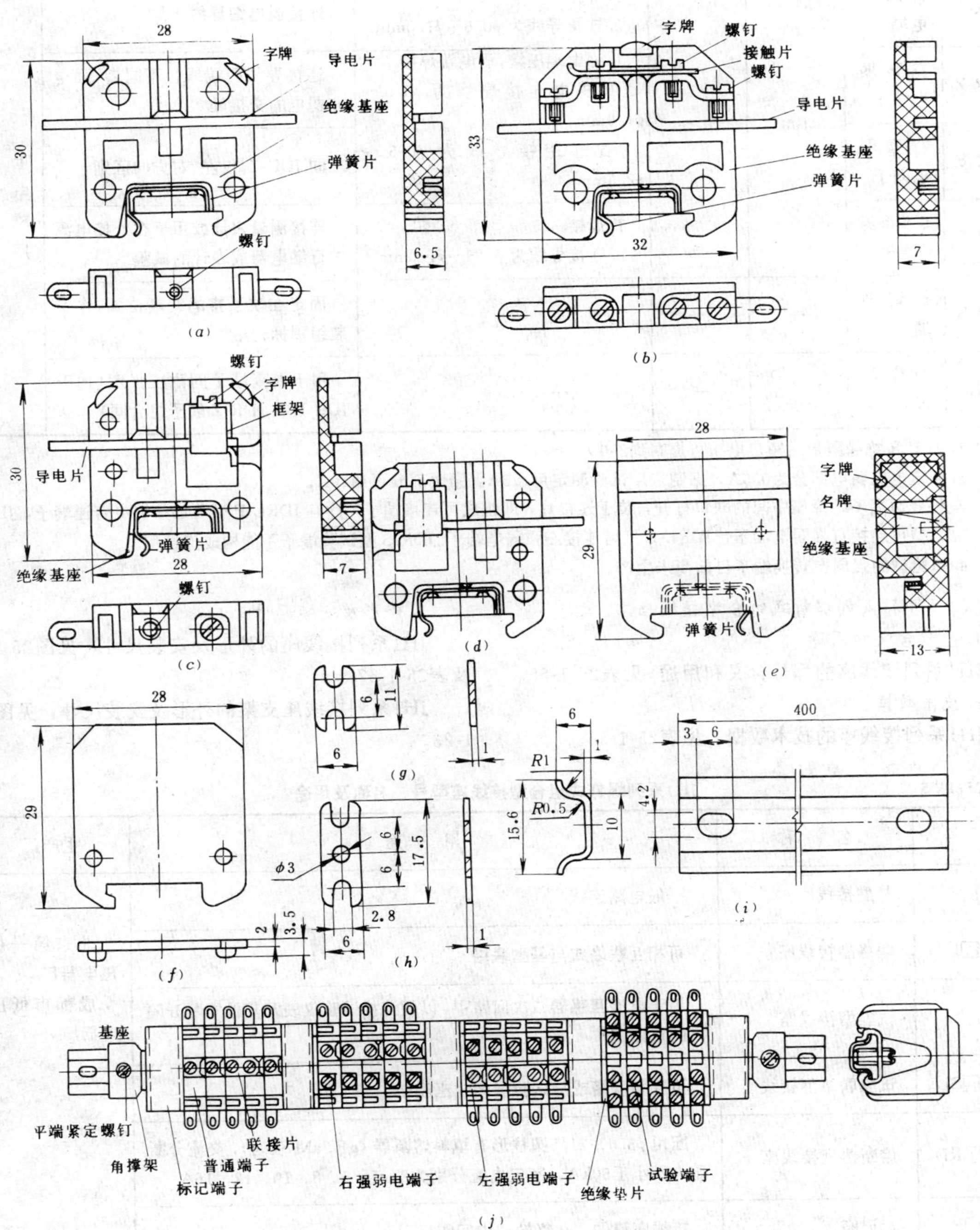

图25-1-21　JDR 系列弱电端子排的外形及安装尺寸

(*a*) JDR-P 型；(*b*) JDR-S 型；(*c*) JDR-Y 型；(*d*) JDR-Z 型；(*e*) JDR-B 型；(*f*) JLR 型；(*g*) 连接片（连接两个端子）；(*h*) 连接片（连接三个端子）；(*i*) 安装基座；(*j*) 端子排组装示意图

表 25-1-54　　**JDR 系列弱电端子排技术数据**

型号	名称	额定电压(V)	额定电流(A)	规格	用途	生产厂
JDR-P	普通弱电端子	100	0.5	1.焊接 2.连接导线为ϕ0.5～ϕ1.0mm	连接弱电细导线	上海电器胶木厂
JDR-Z	左强弱电端子			1.强电端压接,弱电端焊接 2.弱电连接导线为ϕ0.5～ϕ1.0mm 强电连接导线为ϕ0.5～ϕ2.5mm	连接导线两端线径不同者,强电和弱电的交接处	
JDR-Y	右强弱电端子				同JDR-Z,仅左、右方向区别	
JDR-S	试验型弱电端子			1.焊接 2.连接导线为ϕ0.5～ϕ1.0mm	连接测量表计或用于在外接电源进行继电器或表计的试验	
JDR-B	标记型端子	—	—	—	固定在端子排的终端位置,作安装组别标记用	
JLR	绝缘隔板	—	—	—	用于提高端子间耐压强度(加于JDR-P和JDR-Z端子组合间)	

注　1.加JLR绝缘隔板后额定电压可提高到250V。

2.额定电流弱电部分为0.5A，据制造厂试验测定可通5A，强电部分可通10A。

3.将普通端子绝缘座中间的缺口打开，装于连接片，即组成可连接端子，计有JDRL-P型可连接弱电普通端子，JDRL-Y型可连接右强弱电端子，JDRL-Z型可连接左强弱电端子。JDR-S型试验端子不能构成连接型。

4.试验型的强弱电转换端子目前尚未生产。

（二）JH1系列螺钉式组合型接线座

1.型号含义和用途

JH1系列接线座的型号含义和用途，见表25-1-55。

2.技术数据

JH1系列接线座的技术数据，见表25-1-56。

3.外形及安装尺寸

JH1系列接线座的外形及安装尺寸，见图25-1-22及表25-1-57。

JH1系列接线座支架的外形及安装尺寸，见图25-1-23。

表 25-1-55　　**JH1系列螺钉式组合型接线座型号、名称及用途**

型号	名称	用途	生产厂
JH1-□	基型接线座	一般电路连线	北京第一低压电器厂 成都市低压电器厂
JH1-□L	联络型接线座	可相互联络或与基型联络	
JH1-□S	试验型接线座	用于电流互感器二次回路中，以便连接试验仪表及其他需断开隔离的电路中	
JH1-□SL	试验联络型接线座	可互相联络或与试验型接线座联络	
JH1-□RD	熔断器型接线座	配用ϕ8.5×31.5圆柱形有填料熔断器(gF、aM系列)，交流分断能力不小于50kA，额定电流分别为2、4、6、8、10、12、16A	
JH1-□B	标记座	接线座辅件，在终端或中间作标记	
JH1-□G	隔板	接线座辅件，在终端或中间作绝缘之用	

表 25-1-56　**JH1系列螺钉式组合型接线座技术数据**

型　号	主要技术数据			配用端头型号	备　注
	额定电压（V）	额定电流（A）	导线截面（mm²）		
JH1-1.5 JH1-1.5L	AC 至500V DC 至440V	17.5	0.75～1.5	UT1.5-3　OT1.5-3 UT1-3　OT1-3	
JH1-2.5 JH1-2.5L		24	1～2.5 (下部端子允许至4)	UT2.5-4　OT2.5-4 UT1.5-4　OT1.5-4 UT1-4　OT1-4	
JH1-2.5S JH1-2.5SL				UT2.5-4　OT2.5-4 UT1.5-4　OT1.5-4 UT1-4　OT1-4	下部端子允许用 UT4-4、OT4-4型
JH1-2.5RD		16	1～2.5	UT2.5-4　UT1.5-4　UT1-4	
JH1-6 JH1-6L		41	2.5～6	UT6-5　OT6-5 UT4-5　OT4-5 UT2.5-5　OT2.5-5	
JH1-25 JH1-25L		101	10～25	OT25-6　OT16-6　OT10-6	
JH1-35		150	16～35	OT35-8　OT25-8　OT16-8	

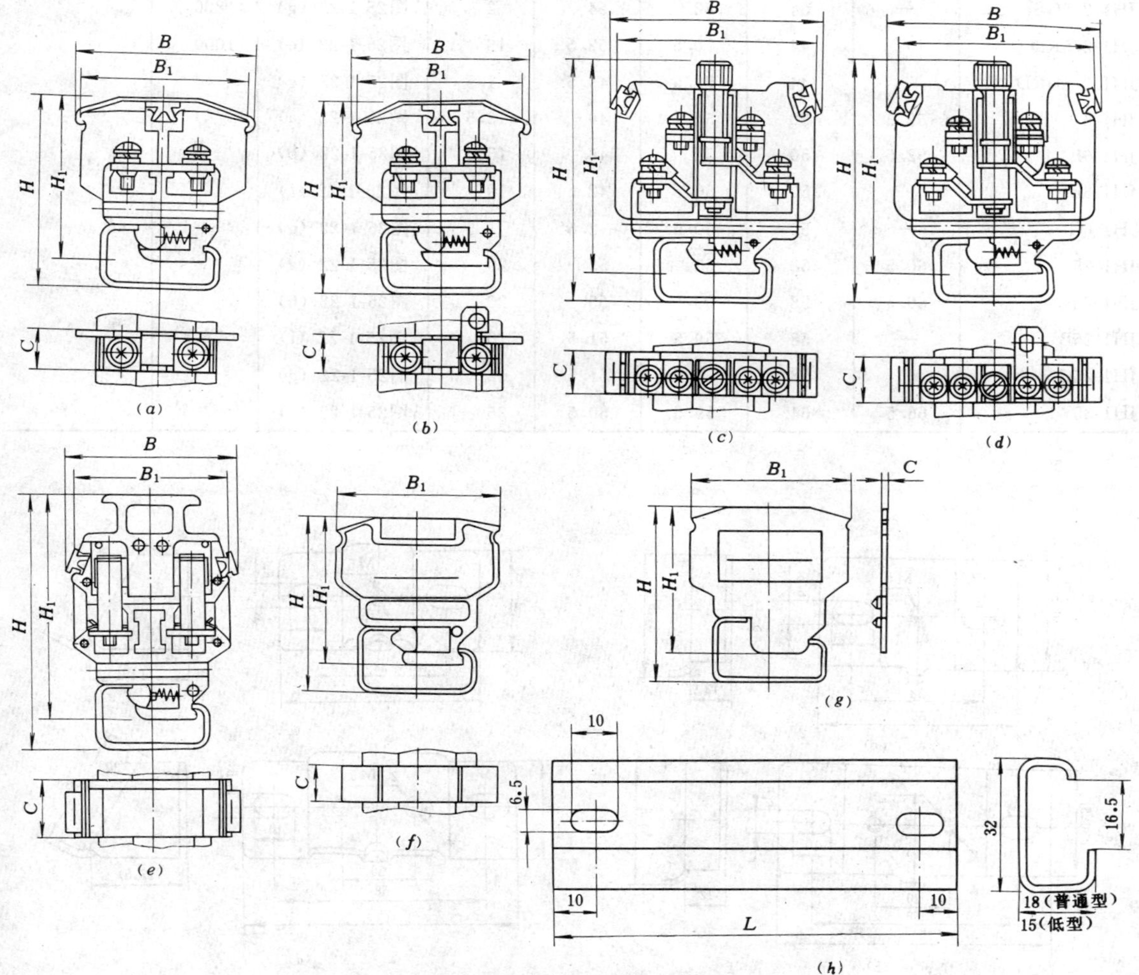

图 25-1-22　JH1系列螺钉式组合型接线座外形

(a) 基型接线座；(b) 联络型接线座；(c) 试验型接线座；(d) 试验联络型接线座；(e) 熔断器型接线座；(f) 标志座；(g) 隔板；(h) G 型安装轨

表 25-1-57　　　　JH1系列螺钉式组合型接线座安装尺寸

型　号	尺　寸（mm）						安装轨尺寸（mm）	
	B	B_1	H	H_1	C	外形图	L	外形图
JH1-1.5	44.5	42	48.5	40.5	7.5	图25-1-22（a）	80	图25-1-22（h）
JH1-1.5L	44.5	42	48.5	40.5	7.5	图25-1-22（b）	100	
JH1-1.5B	—	42	45	37	10	图25-1-22（f）	120	
JH1-1.5G	—	42	45	37	1.5	图25-1-22（g）	160	
JH1-2.5	46.5	44	51.5	43.5	9.5	图25-1-22（a）	200	
JH1-2.5L	46.5	44	51.5	43.5	9.5	图25-1-22（b）	240	
JH1-2.5B	—	44	48	40	10	图25-1-22（f）	300	
JH1-2.5G	—	44	48	40	1.5	图25-1-22（g）	400	
JH1-2.5S	59	54	68.5	60.5	12	图25-1-22（c）	500	
JH1-2.5SL	59	54	68.5	60.5	12	图25-1-22（d）	600	
JH1-2.5GS	—	54	62	54	2	图25-1-22（g）	800	
JH1-2.5RD	49	44	70.5	62.5	16	图25-1-22（e）	1000	
JH1-2.5GRD	—	44	57.5	49.5	1.5	图25-1-22（g）		
JH1-6	52.5	50	54	46	13.5	图25-1-22（a）		
JH1-6L	52.5	50	54	46	13.5	图25-1-22（b）		
JH1-6B	—	50	50.5	42.5	10	图25-1-22（f）		
JH1-6G	—	50	50.5	42.5	1.5	图25-1-22（g）		
JH1-25	60.5	58	63	55	20	图25-1-22（a）		
JH1-25L	60.5	58	63	55	20	图25-1-22（b）		
JH1-25B	—	58	59.5	51.5	10	图25-1-22（f）		
JH1-25G	—	58	59.5	51.5	2	图25-1-22（g）		
JH1-35	66.5	64	59.5	50.5	26	图25-1-22（a）		

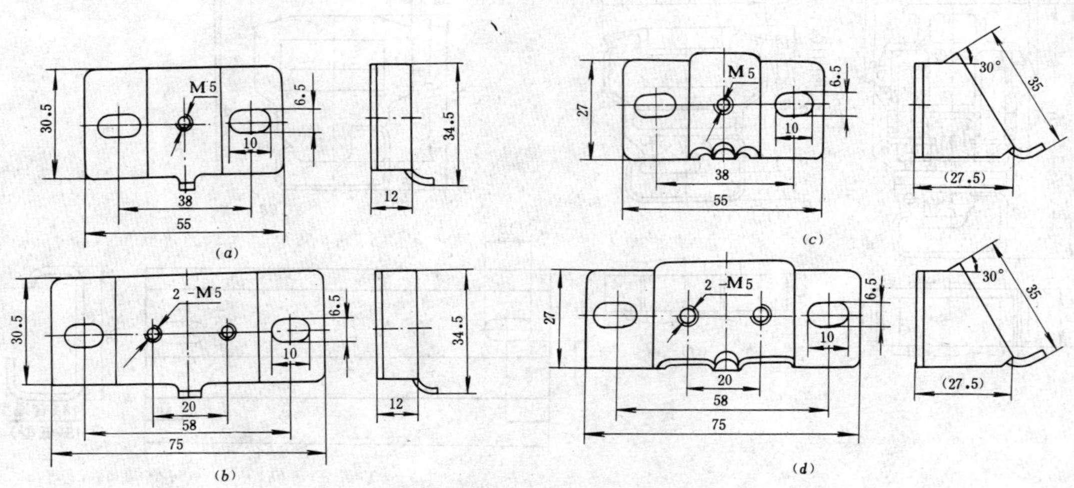

图 25-1-23　JH1系列接线座支架外形及安装尺寸

（*a*）窄型平支架；（*b*）宽型平支架；（*c*）窄形斜支架；（*d*）宽型斜支架

九、弱电电源装置

（一）WZ2型弱电电源稳压器

WZ2型弱电电源稳压器输出稳定的直流电压，供弱电控制系统、继电保护和自动装置等作直流稳压电源之用。

1.技术数据

额定容量：1kW。

输入电压：50Hz，三相，380V。

输入电压波动范围：380±10%V。

输出直流额定电压：48、60V。

输出额定电流：20、60A。

负载变化范围（允许突变）：10%～100%。

稳压精度：±5%。

当输出额定电压为48V和负载或输入电压在允许范围内变化时，稳定范围为45.6～50.4V。

当输出额定电压为60V时，则稳定范围为57～63V。

当温度每变化20℃时允许对调整电阻作微小调整，以便确保精度。

2.原理接线图

WZ2稳压器的原理接线，见图25-1-24。

3.外形及安装尺寸

WZ2型稳压器的外形及安装尺寸，见图25-1-25。

4. 生产厂

上海长江电器厂。

（二）JWD、JWY 系列半导体稳压电源

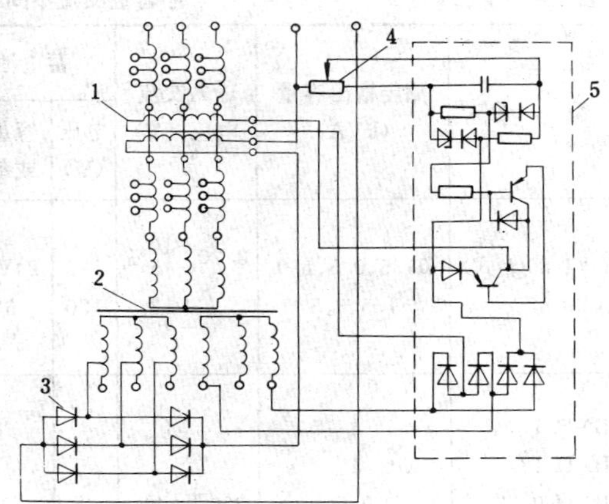

图 25-1-24　WZ2型弱电电源稳压器原理接线
1—可控扼流圈；2—电力变压器；3—三相桥式硅整流器；4—负载电阻；5—测量控制回路

1.技术数据

JWD、JWY 系列稳压电源的技术数据，见表25-1-58。

2.生产厂

上海电压调整器厂。

（三）小容量交流不间断电源装置（UPS）

UPS 广泛用于保护、控制及自动装置中，它具有稳定度高、可靠性高及准确等优点。

UPS 的技术数据见表25-1-59。

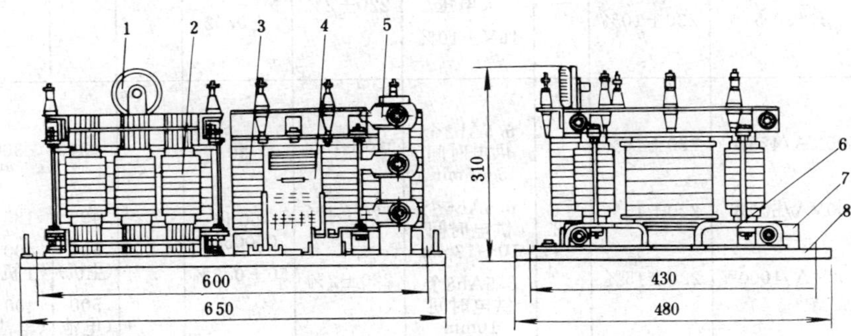

图 25-1-25　WZ2型弱电电源稳压器外形及安装尺寸
1—*RH*10%负载电阻；2—可控扼流圈；3—电力变压器；4—测量控制回路板；5—三相桥式硅整流器；6—把手；7—接线端子；8—底板

表 25-1-58　**JWD、JWY 系列半导体稳压电源技术数据**

型　号	输入交流电压（V）	输出直流电压（V）	输出额定直流电流（mA）	电源调整率（%）	交流纹波电压（mV）	负载调整率（%）	保护方式
JWD-5	220	1.5～6	70～100	≤3	≤5	≤10	限流式
JWD-2B		9	500	≤5	≤10	≤5	切断式
JWY-3		1.5～6	150	≤5	≤3	≤8.3	限流式
JWY-3A		9	200	≤3.4	≤5	≤7.8	限流式

表 25-1-59 小容量交流不间断电源装置（UPS）技术数据

型号	额定输出容量（kVA）	输入交流电压（V）	蓄电池电源		交流输出		切换时间（ms）	外形尺寸（mm）			生产厂
			电压（V）	容量×个数或备用时间	额定电压（V）	频率（Hz）		长	宽	高	
BDY1-80(台式) BXY3-87	0.35、0.5、1.0 1.5、3、5	$2.20^{+10}_{-15}\%$ $2.20^{+13}_{-20}\%$	192 120	24V8Ah×8 6V×20	$220^{+5}_{-15}\%$ 220±1%	50/60±1% 50±1%	2～15 <4	280 480	188 710	360 970	南京无线电厂
BJD-H-1 BJD-H-18 BJD-H-0.58 DJD+1－0.5A BJD－5	1 1 0.5 0.5 5	$220^{+10}_{-15}\%$		8min 8h 10min 8h 30min	220V±7V	50±0.5		526 650 420 650 480	212 420 180 420 650	392 1300 330 700 1200	天津无线电七厂
KDA	1、1.5、2 3、5 7、10	220±10% 380/220 ±10%			220±3%	50±0.25%		440 600 —	640 800 —	1400 2000 —	青岛整流器厂
JBD-1000	1	220±10%	96	120Ah 放电时间≥8h	220±3%	50±0.5%		480	600	1000	山东莱芜市无线电一厂
UPS	1、2 3、5、7.5	220±15% 220±10%	—	直流输入电压 16V±10%	220±2%	50/60 ±0.02					苏州电器设备厂
UPS-500JH	500VA/425W	220±10%	12	6.5Ah2个 供电时间 5～6min	220±15%	50		340	300	145	京海计算机集团公司
UPS-800JH	800VA/600W	220±15%	12	6.5Ah6个 供电时间 10～12min	220±4%	50± 0.005%		495	185	375	京海计算机集团公司
UPS-1200JH	1200VA/1000W	220±15%	12	6.5Ah8个 供电时间 10min	220±2%	50±0.5%		500（主机） 500（电池箱）	400（主机） 400（电池箱）	250（主机） 150（电池箱）	京海计算机集团公司
HDUPS-1000 HDUPS-2000	1 2	$220^{+10}_{-15}\%$	48 96	15.24Ah 15.24Ah	220±2%	50±0.25	≤ 40ms	500 620	265 345	680 840	深圳华达电子有限公司

十、弱电用中间互感器

上海电流互感器厂生产的弱电电流互感器和弱电电压互感器，适用于弱电测量回路。

1.技术数据

弱电用中间互感器的技术数据，见表25-1-60。

2.外形及安装尺寸

表 25-1-60　　弱电用中间互感器技术数据

型　号	名　称	额定电压 (V)	额定电流 (A)	变　比	准确级	二次负荷 (cosφ=0.8) (VA)
LQR	弱电电流互感器		5	5/0.5	0.5	40
JDR	弱电电压互感器	500		100/50	0.5	30
—	弱电单相中间电压互感器	500		$50/\sqrt{3}/50$	0.5	40

LQR 型弱电电流互感器的外形及安装尺寸，见图 25-1-26。

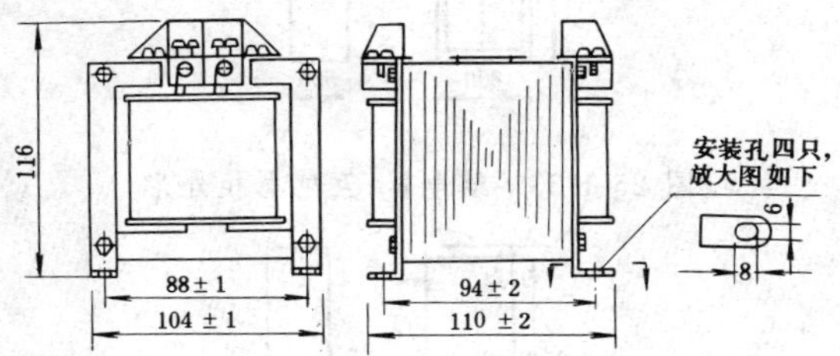

图 25-1-26　LQR 型弱电电流互感器外形及安装尺寸

JDR 型弱电电压互感器和弱电单相中间电压互感器的外形及安装尺寸，见图25-1-27。

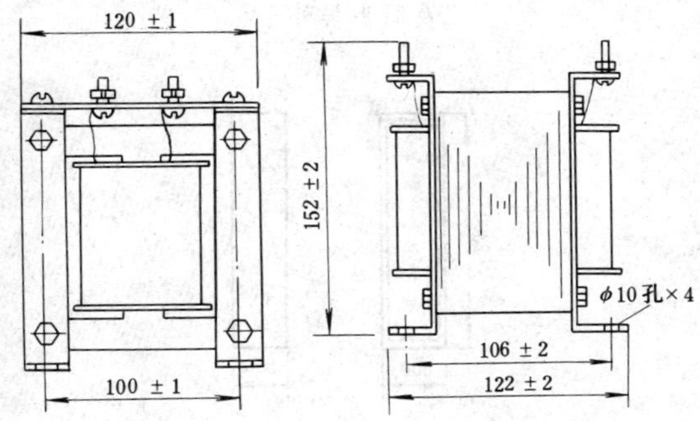

图 25-1-27　JDR 型弱电电压互感器和弱电单相中间电压互感器外形及安装尺寸

十一、ZKR 型弱电设备屏

上海华通开关厂生产的 ZKR 型弱电设备屏有集中控制台、信号返回屏、48V 弱电电源屏、弱电继电器屏、互感器屏和弱电总端子柜等。

1. 基本技术数据

控制电压：48V。

交流二次电压：100V 或50V。

交流二次电流：1A 或0.5A 或变送器的输出电流。

2. 型号含义

ZKR 型弱电设备屏的型号含义为：

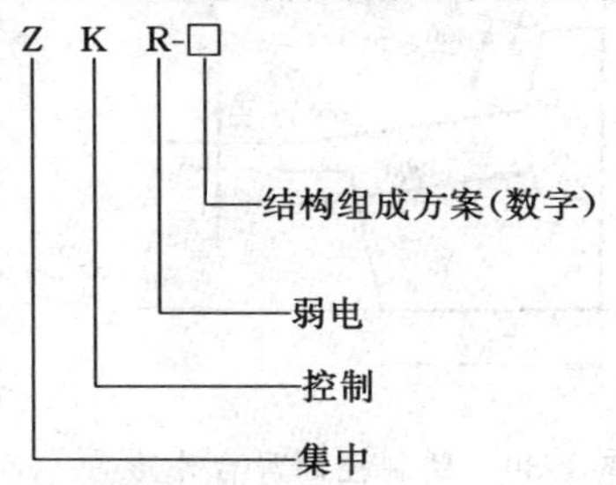

结构组成方案：

1—表示屏台分开方案，木制控制台，台面可分块翻起。

2—表示屏台分开方案，铁制控制台，台面不分块，不可翻起。

3—表示屏台合一方案，铁结构，台面整块翻起。

3. 结构特点

(1) 集中控制台：

1) 木制控制台，见图25-1-28操作面由250×500(长×宽，mm) 钢板单元拼合而成，每一单元可单独翻起进行检修，台后有门，台的长度可根据用户需要按250mm 单元增减。

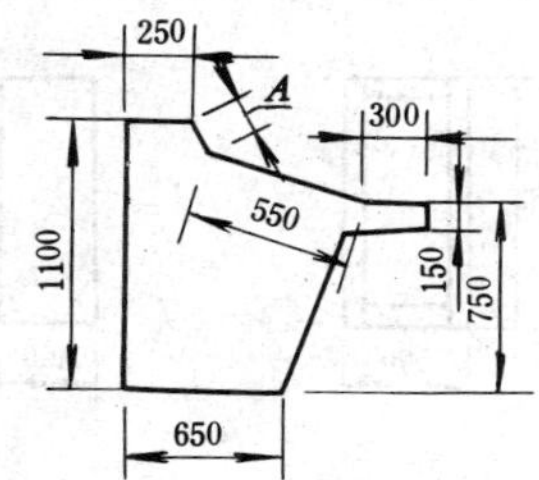

图 25-1-28　木制控制台外形

(注：A=190、250mm)

2) 铁制控制台，见图25-1-29。台后、操作面底部及台脚均可开门，检修方便，但操作面不分块也不可翻起。本台一般适用于水电站或变电所。

3) 铁制控制屏台，见图25-1-30。为宽800mm 的定型结构，台后有门，操作面可翻起，台前下部也可开门。本台适用于大型火电厂、机炉电集中单元控制室。

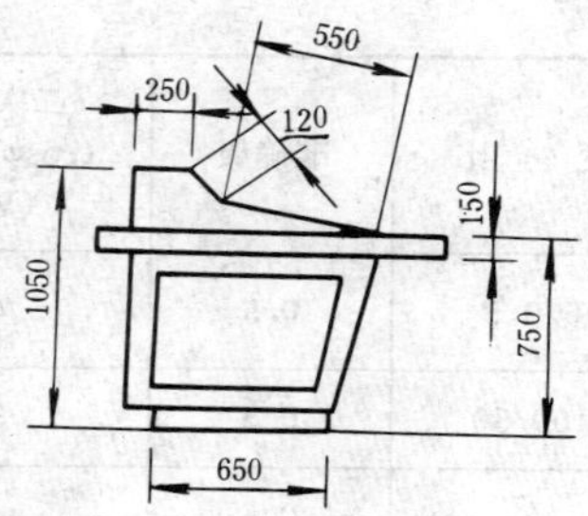

图 25-1-29　铁制控制台外形

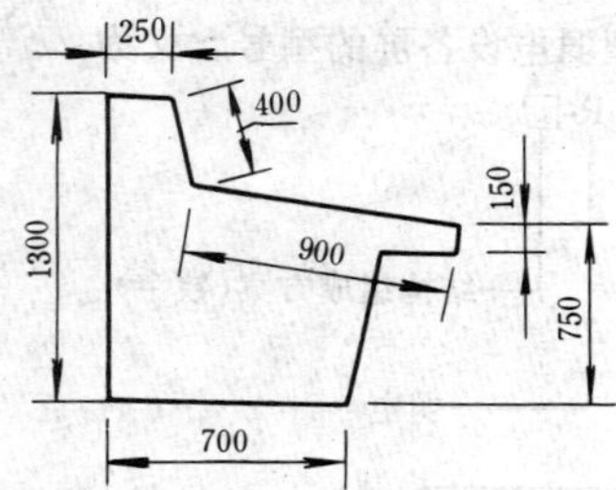

图 25-1-30　铁制控制屏台外形

(2)返回信号屏，见图25-1-31屏的排列可直排，亦可排成弧形，目前仅供应 R=6000mm 的一种弧度。可根据需要供给返回屏垫高的底箱，见图25-1-32，底箱高有700、750、800、900、1000mm 等五种。

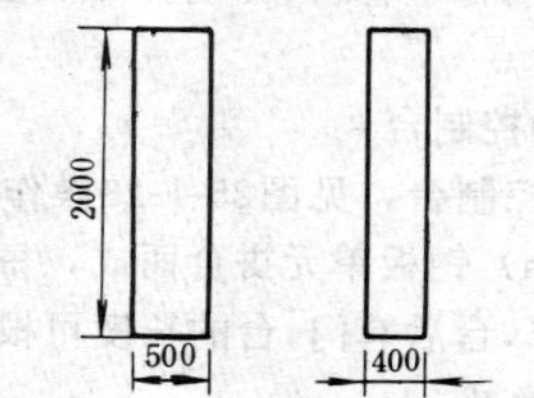

图25-1-31　返回信号屏外形

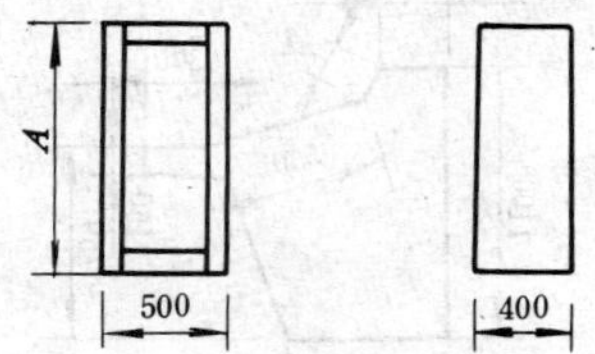

图 25-1-32　返回信号屏垫高的底箱
(A=700、750、800、900、1000mm)

(3) 继电器、互感器柜，见图25-1-33。柜前、后可开门。柜内装的继电器盒根据一次出线回路及继电器数量而定，每柜最多可装36个继电器盒，每盒内最多可装5个 JR2型电话继电器或3个 JQ-2型电磁继电器，但出线头不得超过40个。柜内尚可装设一定数量的中间继电器或弱电互感器。柜后两侧装设弱电端子排，每侧最多可装250只。柜顶有盖板，并可与 PK-1型保护屏排列使用。

(4) 中央信号屏、弱电电源屏、记录及同步屏。目前均采用 PK-1型屏架结构，见图25-1-34。

(5) 机旁屏及辅助屏，见图25-1-35屏面及屏内均可装设各种继电器、表计作各种自动控制及机旁操作监视之用。本屏可与一般保护屏排列使用。屏面结构分不开门、全开门、半开门（上部开门或下部开门）等几种形式。

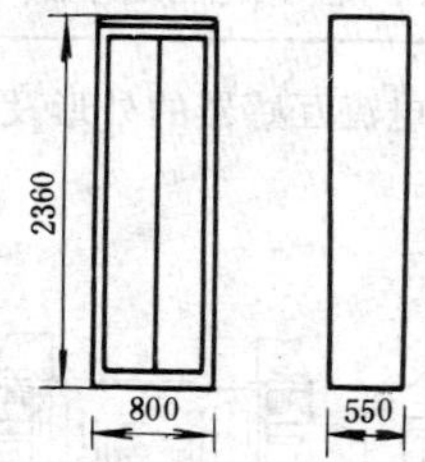

图 25-1-33　继电器、互感器柜外形

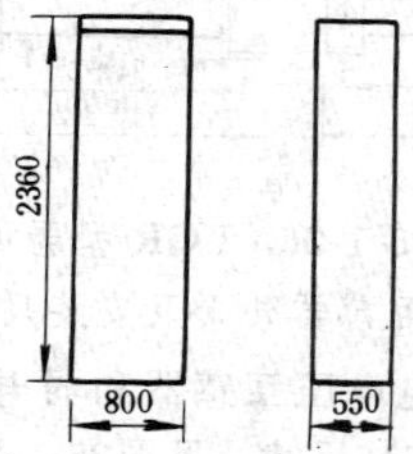

图 25-1-34　中央信号屏、弱电电源屏、记录及同步屏外形

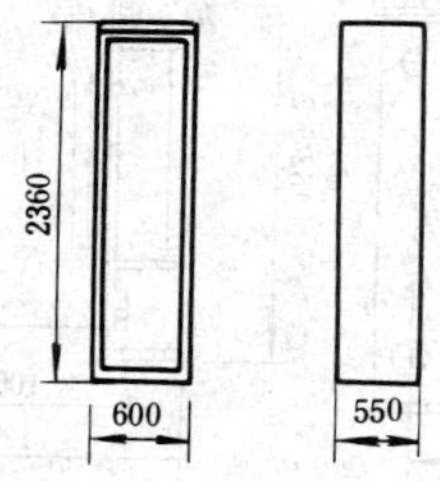

图 25-1-35　机旁屏及辅助屏外形

十二、弱电回路保护设备

(一) 螺旋式熔断器

该熔断器的技术数据，见表25-1-61。

(二) 热线轴

热线轴由热线圈及其安装支架（保险器架）组成，作为弱电回路过载短路保护之用。

1. 技术数据

热线圈的技术数据见表25-1-62。

2. 外形及安装尺寸

热线轴的外形及安装尺寸，见图25-1-36。

表 25-1-61 螺旋式熔断器技术数据

型号	额定电压 (V)	熔断器额定电流 (A)	熔体额定电流 I_{er} (A)	$1.1I_{er}$ 不熔断时间 (h)	$6I_{er}$ 熔断时间 (s)	约定不熔断电流 (A)	约定熔断电流 (A)	极限分断电流 (kA) 交流	极限分断电流 (kA) 直流	断开过电压（峰值）(V)
RLS1	500	10	3、5、10	≤4	≤0.02			50		$<2U_e$
RL1	AC380	15	2、4、5、6、10、15			$1.5I_{er}$	$2.1I_{er}$	25	5	
	DC440					$1.4I_{er}$	$1.75I_{er}$			
RL5	660	16	1、2、4、6、10、16			$1.5I_{er}$	$2.1I_{er}$	7		
	1140					$1.4I_{er}$	$1.75I_{er}$	5		

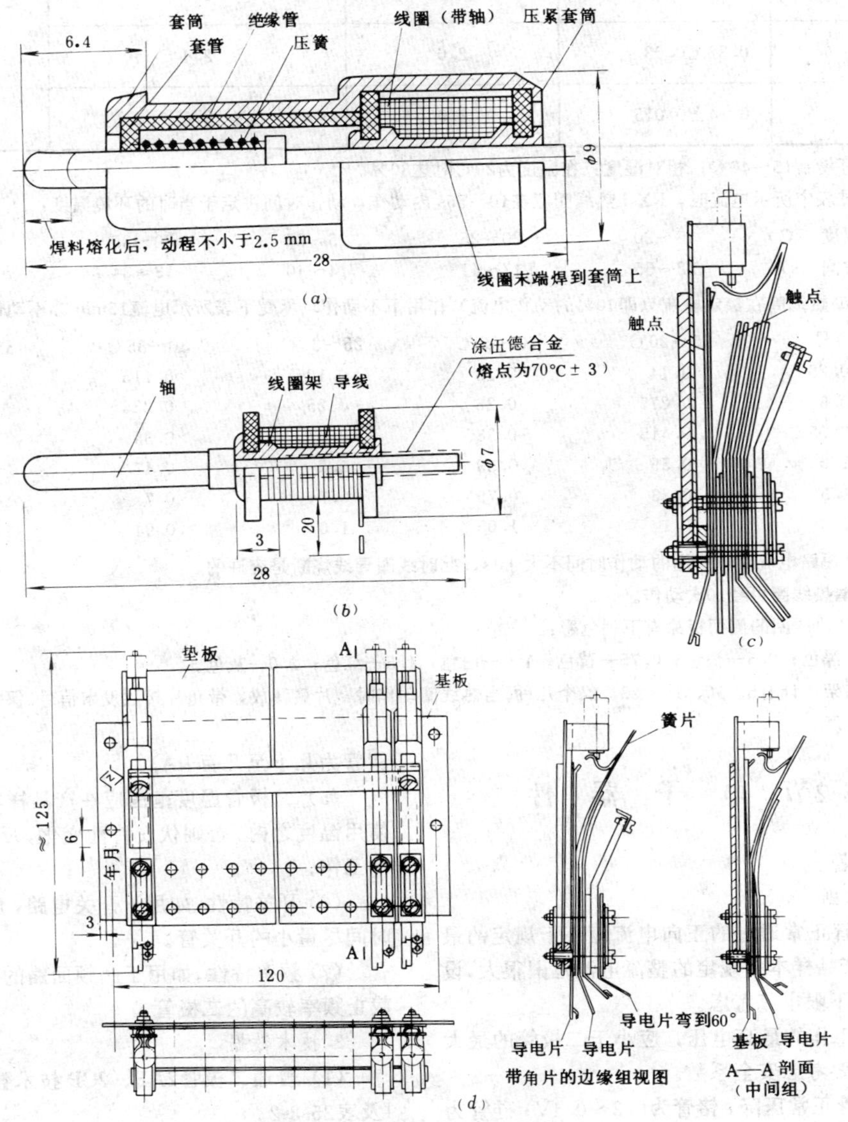

图 25-1-36 热线轴的外形及安装尺寸

(a) RX-1型热线圈的外形及安装尺寸；(b) 线圈（带轴）外形及安装尺寸；(c) 带有触点的保险器架；(d) 保险器架组装图

表 25-1-62　热线圈技术数据

型号	电阻 (Ω)	动作电流 (A)	修复时容许电流≯ (A)	生产厂
RX-I-0.25	24±2	0.25	0.3	常州东方红微型电机厂
RX-I-0.5	6±0.5	0.5	0.6	
RX-I-0.75	2.25±0.2	0.75	0.9	
RX-I-1.0	1.25±0.1	1.0	1.2	
RX-I-1.5	0.55±0.05	1.5	1.8	
RX-I-2.0	0.32±0.03	2.0	2.4	
RX-I-3.0	0.14±0.015	3.0	3.6	

注　1.使用环境：15～40℃；相对湿度：在温度为20℃时达80%。

2.当通过表中所示电流时，RX-I热线圈应在10～55s内动作，动作时间决定于当时的环境温度：

环境温度（℃）	15～20	20～25	25～30	30～35	35～40
动作时间（s）	22～55	17～47	14～40	13～34	10～29

RX-I型热线圈在额定电流（即40%的动作电流）作用下不动作，承受下表所示电流15min亦不动作：

型号	15～20℃	20～25℃	25～30℃	30～35℃	35～40℃
RX-I-0.25	0.14	0.13	0.125	0.115	0.11
RX-I-0.5	0.275	0.26	0.25	0.235	0.22
RX-I-0.75	0.415	0.385	0.37	0.35	0.325
RX-I-1.0	0.55	0.53	0.5	0.47	0.43
RX-I-1.5	0.83	0.79	0.74	0.7	0.65
RX-I-2.0	1.1	1.05	1.0	0.94	0.86

当通过短路电流时，线圈的动作时间不大于1s，此时线圈导线烧断是容许的。

3.RX-I型热线圈可经10次动作。

4.RX-I型热线圈的侧面板涂有下列色彩：

0.25—黑色；0.5—褐色；0.75—黄色；1.0—白色；1.5—红色；2.0—灰色。

保险器架：计有5、10、15、23、24个几种。当热线圈动作时，片簧释放，带角片接触发出信号。保险器架由北京有线电厂生产。

第25-2节　电　子　器　件

一、二极管

1. 设计原则

(1) 二极管正常通过的正向电流应小于规定的最大整流电流。产品样本中规定的整流电流范围很大，设计时一般应按下限电流考虑。

(1) 正常工作的最高电压，应小于二极管的最大反向电压，且要考虑安全系数。

(3) 二极管正常压降，锗管为0.2～0.4V；硅管为0.6～0.8V。

(4) 最大反向电流应越小越好，硅管约几个μA；锗管为几十至几百μA。

(5) 二极管温度范围应在产品样本中规定的最高使用温度之内，否则伏安特性变化，反向电流增大，影响工作。

(6) 开关特性。如用于开关电路，应选用反向恢复时间尽量小的开关管。

(7) 频率特性。如用于高频回路的二极管，应选用截止频率较高的二极管。

2. 技术数据

(1) 普通二极管2AP、2CP技术数据，见表25-2-1及表25-2-2。

(2) 开关管2AK、2CK技术数据，见表25-2-3及表25-2-4。

表 25-2-1　　普通二极管2AP 技术数据

型号	正向电流 I_F(mA)	反向电压 U_R(V)	反向电流 I_R(V)	最高反向工作电压 U_{RM}(V)	单相半波整流电流 I_O(mA)	反向击穿电压 U_B(V)	结电容 C_f(pF)	外形尺寸 (mm)	
								D	L
2AP1	≥2.5	≥10		20	16	≥40	≤1		
2AP2	≥1.0	≥25		30	16	≥45	≤1		
2AP3	≥7.5	≥25		30	25	≥45	≤1		
2AP4	≥5.0	≥50		50	16	≥75	≤1		
2AP5	≥2.5	≥75		75	16	≥110	≤1		
2AP6	≥1.0	≥100		100	12	≥150	≤1		
2AP7	≥5.0	≥100		100	12	≥150	≤1		
2AP8	≥2		≤100		≥3	≥20	≤1		
2AP8A	≥4		≤200		≥5	≥20	≤1		
2AP8B	≥6		≤200		≥8	≥20	≤1		
2AP9 (1Z1)	≥8		≤200	15	5		0.5		
2AP10 (1Z2)	≥8		≤40	30	5		0.5		
2AP11	≥10		≤250	10	25				
2AP12	≥90		≤250	10	40				
2AP13	≥10		≤250	30	20				
2AP14	≥30		≤250	30	30				
2AP15	≥60		≤250	30	30				
2AP16	≥30		≤250	50	20			3	10
2AP17	≥10		≤250	100	15				
2AP18-1	100		≤100	50	100				
2AP18-2	150		≤100	75	120				
2AP18-3	200		≤100	100	150				
2AP21	>50			10	50	15			
2AP22	5～10			30	16	45			
2AP23	>10			40	25	60			
2AP24	2～5			50	16	100			
2AP25	5～10			50	16	100			
2AP26	5～10			100	16	150			
2AP27	5～10			150	8	200			
2AP28	2～5			100	16	150			
2AP29	8～13			75	25	100			
2AP30A			≤53	10		15	≤1		
2AP30B			≤250	10		15	≤1		
2AP30C			≤100	15		20	≤1		
2AP30D			≤100	15		20	≤1		
2AP30E			≤110	25		35	≤1		

注　D 为外径，L 为长度。

表 25-2-2 **普通二极管2CP技术数据**

型号	额定工作电压 U_{FM}(峰值)(V)	额定整流电流 I_F(平均值)(mA)	正向电压降 U_F(平均值)(V)	反向电流 I_R(平均值)(μA)25℃	使用环境(℃)	外形尺寸(mm)		
						D	H	M
2CP1A	50	500	≤1	≤5	－55～125℃(在80～125℃时,工作电流应降到200mA)	16	32±2	5
2CP1	100							
2CP2	200							
2CP3	300							
2CP4	400							
2CP5	500							
2CP1E	600							
2CP1F	700							
2CP1G	800							
2CP1H	900							
2CP1I	1000							
2CP33	25							
2CP33A	50							
2CP33B	100							
2CP33C	150							
2CP33D	200							
2CP33E	250							
2CP33F	300							
2CPG	350							
2CPH	400							
2CPI	500							
2CP10	25	100	≤1	≤5(25℃) ≤20(70℃)	－40～70℃	4*	9*	
2CP11	50							
2CP12	100					3**	10**	
2CP13	150							
2CP14	200							
2CP15	250							
2CP16	300							
2CP17	350							
2CP18	400							
2CP19	500							
2CP20	600							
2CP20A	800							
2CP21A	50	300	≤1	≤100	－55～100℃(在80～100℃时,工作电流应降到100mA)	4.5*	8*	
2CP21	100					3**	10**	
2CP22	200							
2CP23	300							
2CP24	400							
2CP25	500							
2CP26	600							
2CP21F	700							
2CP21G	800							
2CP21H	900							
2CP21I	1000							

注 D为外径,H为高度,M为螺栓外径。*为塑料封装;**为玻璃外壳。

表25-2-3　　开关管2AK技术数据

型号	正向电流 I_F(mA) 当正向电压(V)为					反向电压 U_R(V)	最高反向工作电压 U_{RM}(V)	反向击穿电压 U_B(V)	反向恢复时间 T_{RR}(ns)	结电容 C_J(pF)	外形尺寸(mm)	
	1	0.8	0.45	0.35	0.32						D	L
2AK1	≥100					≥10	10	30	≤200			
2AK2	≥150					≥20	20	40				
2AK3	≥200					≥30	30	50				
2AK4	≥200					≥35	35	55				
2AK5	≥200					≥40	40	60		≤1	2.6	8
2AK6	≥200					≥50	50	75	≤150			
2AK7			≥10			≥30	30	50				
2AK8			≥10			≥35	35	55				
2AK9			≥10			≥40	40	60				
2AK10			≥10			≥50	50	70				
2AK11		≥250				≥30	30	50				
2AK12		≥250				≥35	35	55	≤150			
2AK13		≥250				≥40	40	60		≤1		
2AK14		≥250				≥50	50	70				
2AK15					≥2	≥12	12	40			2.6	8
2AK16				≥3		≥12	12	40	30～80			
2AK17			≥10			≥20	20	45	≤120			
2AK18		≥250				≥35	35	60				
2AK19		≥250				≥40	40	70	≤100	≤3		
2AK20		≥250				≥50	50	75				

注　D 为外径，L 为长度。

表 25-2-4　　开关管2CK技术数据

型号	正向电压降 U_F(V)	最高反向工作电压 U_{RM}(V)	反向主击穿电压 U_B(V)	反向漏电流 I_R (μA)	正向电流 I_F(mA)	反向恢复时间 T_{RR}(ns)	结电容 C_j(pF)	外形尺寸(mm)	
								D	H
2CK9		10	15						
2CK10		20	30						
2CK11		30	45	≤1					
2CK12		40	60				≤3		
2CK13		50	75						
2CK14	≤1	20	≥60	0.03	30	≤5		4	1.8
2CK15		10	15						
2CK16		20	30						
2CK17		30	45	≤1			≤5		
2CK18		40	60						
2CK19		50	75						

续表25-2-4

型号	正向电压降 U_F(V)	最高反向工作电压 U_{RM}(V)	反向击穿电压 U_B(V)	反向漏电流 I_R (μA)	正向电流 I_F(mA)	反向恢复时间 T_{RR}(ns)	结电容 C_j(pF)	外形尺寸 (mm)	
								D	H
2CK21		20	⩾30						
2CK21A		30	⩾45						
2CK21B		40	⩾60				⩽20		
2CK21C		50	⩾75						
2CK21D		60	⩾90						
2CK21E	⩽1	20	⩾30	⩽1	150	⩽50		3	12
2CK21F		30	⩾45						
2CK21G		40	⩾60				⩽30		
2CK21H		50	⩾75						
2CK21I		60	⩾90						
2CK43A		10	⩾15						
2CK43B		20	⩾30						
2CK43C	⩽0.8	30	⩾45	⩽100	10	⩽2	⩽1.5	4	1.8
2CK43D		40	⩾60						
2CK43E		50	⩾75						
2CK44A		10	⩾15						
2CK44B		20	⩾30						
2CK44C	⩽1	30	⩾45	⩽500	10	⩽6	⩽5	4	1.8
2CK44D		40	⩾60						
2CK44E		50	⩾75						

注　D 为外径，H 为高度。

二、稳压二极管

1.设计原则

设计选择原则与常用二极管相同，尚有以下要求：

(1) 稳定电压。考虑稳定电压的分散性，应根据实际需要的稳定电压值选择，使用时应以实测电压为准。

(2)稳定电流与最大稳定电流。稳定电流是指具有稳压特性的最小稳定电流，稳压管实际工作电流应大于此值。最大稳定电流是指稳压管允许通过的最大电流。

(3) 温度特性。温度系数 α_{TV} 为

$$\alpha_{TV} = \frac{\dfrac{\Delta U_2}{U_2}}{\Delta T}$$

式中　U_2、ΔU_2 —— 稳压管的稳定电压和电压变化值；

ΔT —— 温度变化值。

一般稳定电压低于5～6V 的稳压管，α_{TV}为负值，这是齐纳效应；高于5～6V 的 α_{TV}为正值，这是雪崩击穿效应。6V 左右的稳压管，稳定电压受温度影响较小，因此，稳定度要求高的稳压管选用6V 左右稳压管为好，也可将具有相反温度系数的稳压管串联使用；或选用标准稳压管（即由二个稳压管反接。

(4) 动态电阻。动态电阻 R_Z 为

$$R_Z = \frac{\Delta U_2}{\Delta I_2}$$

式中　ΔU_2 —— 稳压管两端的电压变化值；

ΔI_2 —— 通过稳压管的电流变化值。

设计应尽量选用 R_Z 小的稳压管，稳定性能较好。

2.技术数据

常用的硅稳压二极管有2CW 型和2DW 型两种，其技术数据见表25-2-5及表25-2-6。

表 25-2-5 **2CW 型硅稳压二极管技术参数**

型号	稳定电压 U_Z（V）	动态电阻 R_Z（Ω）	电压温度系数 α_{TV}（10^{-4}/℃）	正向压降 U_F（V）	最大工作电流 I_{ZM}（mA）	最大耗散功率（mW）	外形尺寸（mm） D	L	d
2CW1	7～8.5	≤6	+7	—	29	250	3.9*	10*	
2CW2	8～9.5	≤10	+8	—	26	250	3.9*	10*	
2CW3	9～10.5	≤12	+9	—	23	250	3.9*	10*	
2CW4	10～12	≤15	+9.5	—	20	250	3.9*	10*	
2CW5	11.5～14	≤18	+9.5	—	17	250	3.9*	10*	
2CW6A	7～8.5	≤6	≤+7	≤1	29	250	7**	13**	4.5**
2CW6B	8～9.5	≤10	≤+8	≤1	26	250	7**	13**	4.5**
2CW6C	9～10.5	≤12	≤+9	≤1	23	250	7**	13**	4.5**
2CW6D	10～12	≤15	≤+9.5	≤1	20	250	7**	13**	4.5**
2CW6E	11.5～14	≤18	≤+9.5	≤1	17	250	7**	13**	4.5**
2CW7	2.5～3.5	≤80	−7～+2	≤1	71	250	3.9*	10*	—
2CW7A	3.2～4.5	≤70	−5～+3	≤1	55	250	3.9*	10*	—
2CW7B	4～5.5	≤50	−4～+4	≤1	45	250	3.9*	10*	—
2CW7C	5～6.5	≤30	−3～+5	≤1	38	250	3.9*	10*	—
2CW7D	6～7.5	≤15	≤+6	≤1	33	250	3.9*	10*	—
2CW7E	7～8.5	≤15	≤+7	≤1	29	250	3.9*	10*	—
2CW7F	8～9.5	≤20	≤+8	≤1	26	250	3.9*	10*	—
2CW7G	9～10.5	≤25	≤+9	≤1	23	250	3.9*	10*	—
2CW7H	10～12	≤30	≤+9.5	≤1	20	250	3.9*	10*	—
2CW7I	11.5～14	≤40	≤+9.5	≤1	17	250	3.9*	10*	—
2CW7J	13.5～17	≤50	≤+9.5	≤1	14	250	3.9*	10*	—
2CW7K	16.5～20	≤60	≤+10	≤1	12	250	3.9*	10*	—
2CW7L	19.5～23	≤70	≤+10	≤1	10	250	3.9*	10*	—
2CW7M	22.5～26	≤85	≤+11	≤1	9	250	3.9*	10*	—
2CW7N	25.5～30	≤100	≤+11	≤1	8	250	3.9*	10*	—
2CW9 (2CWA)	1～2.5	≤30	—	—	100	250	7**	13**	4.5**
2CW10 (2CWB)	2～3.5	≤50	—	—	71	250	7**	13**	4.5**
2CW11 (2CWC)	3～4.5	≤70	—	—	55	250	7**	13**	4.5**
2CW12 (2CWD)	4～5.5	≤50	—	—	45	250	7**	13**	4.5**
2CW13 (2CWE)	5～6.5	≤30	−3～+5	—	38	250	7**	13**	4.5**
2CW14 (2CWF)	6～7.5	≤10	+1～+7	—	33	250	7**	13**	4.5**

续表25-2-5

型号	稳定电压 U_Z (V)	动态电阻 R_Z (Ω)	电压温度系数 α_{TV} (10^{-4}/℃)	正向压降 U_F (V)	最大工作电流 I_{ZM} (mA)	最大耗散功率 (mW)	外形尺寸 (mm)		
							D	*L*	*d*
2CW15 (2CWG)	7～8.5	≤10	+1～+8		29				
2CW16 (2CWH)	8～9.5	≤10	+1～+8		26				
2CW17 (2CWI)	9～10.5	≤20	+1～+9		23				
2CW18 (2CWJ)	10～12	≤25	+1～+9		20				
2CW19 (2CWK)	11.5～14	≤35	+1～+9	—	17	250	7	13	4.5
2CW20 (2CWL)	13.5～17	≤45	+1～+9		14				
2CW20A (2CWM)	16.5～20.5	≤50	+1～+10		12				
2CW20B (2CWN)	20～24.5	≤60	+1～+10		10				
2CW21P	1～2.5	≤15	≥−9		400				
2CW21S	2～3.5	≤41	≥−9		280				
2CW21	3～4.5	≤40	≥−8		220				
2CW21A	4～5.5	≤30	−6～+4		180				
2CW21B	5～6.5	≤15	−3～+5		150		6*	14*	—
2CW21C	6～7.5	≤7	−2～+6		130				
2CW21D	7～8.5	≤5	≤7		115				
2CW21E	8～9.5	≤7	≤8		105				
2CW21F	9～10.5	≤9	≤9	—	95	1000			
2CW21G	10～12	≤12	≤9.5		80				
2CW21H	11.5～14	≤16	≤9.5		70				
2CW21I	13.5～17	≤20	≤9.5		55				
2CW21J	16.5～20.5	≤26	≤10		45		9.6**	14.5**	6.2**
2CW21K	20～24.5	≤32	≤10		40				
2CW21L	23～29.5	≤38	≤10		33				
2CW21M	27～34.5	≤48	≤10		29				
2CW21N	32～40	≤60	≤10		25				
2CW22	3～4.5	≤20	≥−8		660				
2CW22A	4～5.5	≤15	−6～+4		540				
2CW22B	5～6.5	≤12	−3～+5		460				
2CW22C	6～7.5	≤6	−2～+6		400				
2CW22D	7～8.5	≤4	≤7		350				
2CW22E	8～9.5	≤5	≤8		315				
2CW22F	9～10.5	≤7	≤9		280				
2CW22G	10～12	≤10	≤9.5	—	250	3000	15	33	5
2CW22H	11.5～14	≤12	≤9.5		210				
2CW22I	13.5～17	≤16	≤9.5		175				
2CW22J	16.5～20.5	≤22	≤10		145				
2CW22K	20～24.5	≤26	≤10		120				
2CW22L	23～29.5	≤32	≤10		100				
2CW22M	27～34.5	≤38	≤10		86				
2CW22N	32～40	≤48	≤10		75				

注 1. 2CW22、2CW 2A～22N型使用时应加60×60×1.5（长×宽×厚，mm）的铝散热板。

2. *D*为最大外径，*H*为高度，*d*为壳体外径。

*为塑料封装；**为金属壳封装

表 25-2-6 **2DW 型硅稳压二极管技术数据**

名 称	型 号		稳定电压 U_Z (V)	动态电阻 R_Z (Ω)	温度系数 α_{TV} (10^{-4}/℃)	最大工作电流 I_{ZM} (mA)	最大耗散功率 (mW)	外形尺寸 (mm)		
								D	H	d
硅双向限幅二极管	2DWφ6		5.5~6.5	≤30		31				
	2DWφ7		6.5~7.5	≤25		27				
	2DWφ8		7.5~8.5	≤15		24				
	2DWφ9		8.5~9.5	≤20		21	200	9.4	6.4	8.4
	2DWφ10		9.5~11	≤20		18				
	2DWφ12		11~13	≤25		15				
	2DWφ14		13~15	≤30		15				
硅标准稳压二极管	2DW7A		5.8~6.6	≤25	≤50	10				
	2DW7B		5.8~6.6	≤15	≤50	10				
	2DW7C	管顶色标 红	5.9~6.5	≤10	≤5	5		9.4	6.4	8.4
		黄				7.5				
		无色				10				
		绿				12.5				
		灰				15				
硅稳压二极管	2DW8A 2DW8B 2DW8C		5~6	≤25 ≤15 ≤5	<8 <8 ≤5	30	200	9.4	6.4	8.5

注 D 为最大外径，H 为高度，d 为壳体外径。外形均为金属壳封装

三、变容二极管

PN 结具有本身的电容随外加电压而变化的特性，采用不同材料和工艺使这一特性更为显著而制成变容二极管。变容二极管多用于微波波段作放大和振荡之用。硅变容二极管2CC 型的技术数据见表25-2-7。

表 25-2-7 **2CC 型硅变容二极管技术参数**

型 号	色 标	最高反向工作电压 U_{BM} (V)	结电容－4V 时 C_j (pF)	电容量变化范围		中心电压 U_n (V)	品质因数 Q	外形尺寸 (mm)	
				$U_R=0$	$U_R=U_{BM}$			D	H
2CC12A	红	10		≥10	≤1.8	1~3			
2CC12 B	黄	10		20±5	≤2.5	1~3			
2CC12C	绿	10		30±5	≤3	2~4			
2CC12D	白	12		40±5	≤4	2~8		4	1.8
2CC12E	棕	15		≥45	≤5	2~8			
2CC12F	黑	10		50~75	≤15	—			
				0~10V 时					
2CC13A	棕	≥10	50±20	125~30					
2CC13B	红	≥10	100±30	230~60					
2CC13C	橙	≥20	50±20	125~30			500~1500	5	1.8
2CC13D	黄	≥20	100±30	230~60					
2CC13E	绿	≥30	50±20	125~30					
2CC13F	蓝	≥30	100±30	230~60					

注 D 为容片外径，H 为厚度。外形均为陶瓷片环氧树脂封装。

四、隧道二极管

隧道二极管在小的正向电压下呈负阻现象，可在很高的频率下工作，开关时间达2ns，故用在高频和开关电路中。同时，它具有很好的温度和耐辐射特性。2BS 和 2BS 系列隧道二极管技术数据见表 25-2-8。

表 25-2-8　　2BS 系列隧道二极管技术数据

型　号	峰值电流 (mA)	峰值电压 (mV)	峰值电流比	谷值电压 (mV)	谷点电容 (pF)	串联电阻 (Ω)	负阻截止频率(GHz)	引线电感 (mH)	管壳电容 (pF)
2BS1	0.9～1.9	≤100	≥4	≤400	<0.3	≤12			
2BS2					0.3～0.6				
2BS3					0.6～1				
2BS4					1～2				
2BS1A	1±0.1	45～75	≥6	280～400	≤25			≤0.3	≤0.4
2BS1B	1±0.1		8～14		≤25				
2BS1C	2.5±0.2		≥6		≤25				
2BS1D	2.5±0.2		8～14		≤25				
2BS1E	4.5±0.3		≥6		2～25				
2BS1F	4.5±0.3		8～14		2～25				
2BS1G	5±0.25		≥6		2～25				
2BS1H	5±0.25		8～14		2～25				
2BS1I	10±0.5		≥6		2～25				
2BS1J	10±0.5		8～14		2～25				
2BS2A	0.6～1.4	60	≥4		≤4	≤7	≥2		
2BS2B	0.6～1.4	65			≤2.5	≤8	≥5		
2BS2C	1.1～1.9	60			≤4.5	≤7	≥2		
2BS2D	1.1～1.9	65			≤3	≤8	≥5		
2BS2E	1.6～2.4	60			≤5	≤7	≥2		
2BS2F	1.6～2.4	65			≤3.5	≤8	≥5		
2BS3A	0.6～1.4	75			≤1.5	≤10	≥8		
2BS3B	0.6～1.4	85			≤1	≤12	≥12		
2BS3C	1.1～1.9	75			≤2	≤10	≥8		
2BS3D	1.1～1.9	85			≤1.5	≤12	≥12		
2BS3E	1.6～2.4	75			≤2.5	≤10	≥8		
2BS3F	1.6～2.4	85			≤2	≤12	≥12		
2BS4A	1±0.2	≤80	≥5	≥280	≥25				
2BS4B	2.5±0.2	≤80	≥5						
2BS4C	5±0.4	≤80	≥6						
2BS4D	10±0.4	≤80	≥6						

续表25-2-8

型 号	峰值电流 (mA)	峰值电压 (mV)	峰值电流比	谷值电压 (mV)	谷点电容 (pF)	串联电阻 (Ω)	负阻截止频率(GHz)	引线电感 (mH)	管壳电容 (pF)
2BS4	4				5～10				
2BS5	5				5～10				
2BS6	6				5～10				
2BS7	7				5～15				
2BS8	8	50～70		300～380	5～20				
2BS9	9				5～20				
2BS10	10				5～20				
2BS11	11				5～25				
2BS12	12				5～25				
2BS16	10±2.5				＜10				
2BS17	10±2.5	60～80	6～9	300～400	10～20				
2BS18	10±2.5				20～30				
2ES1	2～4				＞1				
2ES2	2～4	100～180	5～10	500～650	≤1				
2ES3	4.1～6				＞2				
2ES4	4.1～6				≤2				
2ES5	6.1～10		6～10		＞2				
2ES6	6.1～10		6～10		≤2				
2ES7	15.1～25	120～200	7～12	520～680	＞4				
2ES8	15.1～25		7～12		≤4				
2ES9	25.1～35		7～15		＞5				
2ES10	25.1～35		7～15		≤5				
2ES11	35.1～45				＞7				
2ES12	35.1～45		7～15		≤7				
2ES13	45.1～55	220～220		550～700	＞9				
2ES14	45.1～55				≤9				
2ES15	55.1～100		8～15		≤9				

五、单结晶体管

单结晶体管有两个基极 B_1 和 B_2，故也叫双基极二极管。发射极 E 与 B_1 和 B_2 间的电阻分别为 R_{B1} 和 R_{B2}，基极间的电阻 $R_{BB}=R_{B1}+R_{B2}$，在发射极开路时，R_{BB} 一般为3～10kΩ。用单结晶体管构成弛张振荡器等，产生电流脉冲去触发可控硅整流器。BT 系列单结晶体管技术数据见表25-2-9。

表 25-2-9　　**BT系列单结晶体管技术数据**

型号	分压比 η	基极电阻 R_{BB} (kΩ)	发射极 E 与 B_1 间击穿电压 BU_{EB10} (V)	反向电流 I_{EO} (μA)	饱和压降 U_E (V)	峰点电流 I_P (μA)	谷点电流 I_V (mA)	基极 B_2 调变电流 I_{B2} (mA)	耗散功率 P_{B2} (mW)	外形尺寸 (mm) D	H
BT32A	0.3～0.55	3～6									
BT32B	0.3～0.55	5～10									
BT32C	0.45～0.75	3～6	≥60	≤1	≤5	<4	>1	2～35	300	5.6	5.5
BT32D	0.45～0.75	5～10									
BT32E	0.65～0.85	3～6									
BT32F	0.65～0.85	5～10									
BT33A	0.3～0.55	3～6									
BT33B	0.3～0.55	5～10									
BT33C	0.45～0.75	3～6	≥60	≤1	≤5	<4	>1	2～45	500	9.4	6.5
BT33D	0.45～0.75	5～10									
BT33E	0.65～0.85	3～6									
BT33F	0.65～0.85	5～10									

注　D 为外径，H 为高度。外形均为金属壳封装。

六、三极管

1.设计原则

(1) 最大集电极电压：相当于PN结的最大反向电压。共基极联结时，击穿电压取决于集电结的反向击穿电压。共发射极连结时，击穿电压要比共基极时低一些，一般要降到共基极时的½～⅓。通常发射极—基极反向击穿电压 BU_{EBO} 值较低，应特别注意。

(2) 三极管的集电极最大耗散功率 P_{cM} 和最大允许工作电流 I_{cM}，加在集电极的功率和电流不得超过制造厂的规定值。

(3) 反向饱和电流 I_{CBO} 和击穿透电流 I_{CEO}：I_{CBO} 随温度上升呈指数上升。通常锗管温度每升高12℃，I_{CBO} 增加一倍；硅管温度每升高8℃，I_{CBO} 增加一倍。$I_{CEO}=(1+\beta)I_{CBO}$，故 I_{CEO} 与温度关系很大。I_{CEO} 大的三极管，稳定性能极差，寿命也短，故选择时，如温度变化大时，宜选用硅管，同时设计电路时要注意加温度补偿措施。锗管的使用环境温度为－55～＋55℃；硅管为－55～＋100℃。

(4) 电流放大倍数 β：温度升高，β 增大，它的工作点与信号频率有关，因此，使用时要严格筛选，β 值太高则工作性能不稳定，一般 $\beta=30\sim90$ 为宜。

(5) 开关特性：在设计选择三极管时，应缩短延迟和上升时间，基极负偏压应小些，基极注入电流应大一些，同时使三极管工作在深度饱和区内。

(6) 频率特性：频率高时，三极管放大作用可能大些，同时 I_C 和 I_B 之间有一定的相位差，故选择时要视回路的频率情况选择不同截止频率及特征频率的三极管。

2. 技术数据

根据三极管的工作特性，通常可分低频三极管、高频三极管、开关三极管及场效应三极管等。

低频三极管的技术数据见表25-2-10。高频三极管的技术数据见表25-2-11。开关三极管的技术数据见表25-2-12。

表 25-2-10 **低频三极管技术数据**

型式	型号	交直流参数					极限参数					外形尺寸(mm)	
		反向截止电流		共发射极放大倍数	共基极截止频率	噪音系数	反向击穿电压		集电极最大允许电流	集电极最大耗散功率	最大结温		
		I_{CBO} (μA)	I_{CEO} (μA)	K_{fe}(β)	f_a(MHz)	(db)	C-B BV_{CBO} (V)	C-E BV_{CEO} (V)	I_{CM} (mA)	P_{CM} (mW)	T_{jM} (℃)	D	H
锗PNP三极管	3AX1	≤30	≤300	≥10	0.1			10					
	3AX2	≤15	≤300	≥10	0.465			10					
	3AX3	≤15	≤300	≥10	0.465			10			75		
	3AX4	≤15	≤500	≥10	1			10					
	3AX5	≤15	≤350	≥10	0.465	≤12	30	10	10	150			
	3AX6	≤12			0.465							9.4	6.5
	3AX7	≤12			0.465								
	3AX8	≤10			0.465	≤12					95		
	3AX9	≤12			1								
	3AX10	≤12			1.6								
锗PNP三极管	3AX31A 3AX71A	≤20	≤1000	30~200		≤15	20	12	125	125	75	5	15
	3AX31B 3AX71B	≤10	≤750	50~150		≤15	30	18	125	125	75	6	15
	3AX31C 3AX71C	≤6	≤500	50~150	≥0.008	≤85	40	25	125	125	75	5	15
	3AX31D 3AX71D	≤12	≤750	30~150		≤85	30	12	30	100	75	6	12
	3AX31E 3AX71E	≤12	≤500	20~85	≥0.015	≤8	30	12	30	100	75	6	12
硅NPN三极管	CF101	≤0.1	≤0.1	10~250		≤5	≥20	≥15	30	300	150		
	CF102	≤0.1	≤0.1	20~250		≤5	≥30	≥25	30	300	150	5.6	5.5
	CF103	≤0.1	≤0.1	20~250		≤4	≥20	≥15	30	300	150		
	CF104	≤0.1	≤0.1	20~250		≤4	≥30	≥25	30	300	150		
	CF105	≤0.1	≤0.1	20~250		≤3	≥25	≥20	30	300	150	3.5	1.56
	CF106	≤0.1	≤0.1	20~250		≤2.5	≥25	≥20	30	300	150	*****	*****
锗PNP低频中功率三极管	3AX61	≤80		≥30	≥20		50	30**	500	500	85	19	10
	3AX62	≤80		≥50	≥50		50	30**	500	500	85	19	10
	3AX63	≤80		≥30	≥20		80	60**	500	500	85	19	10
	3AX83A 2Z800A	≤80	≤2	40~150	≥5*		40	18	500	1000***	85	13	18
	3AX38B 2Z800B	≤60	≤1.5	40~150	≥5*		50	25	500	1000***	85	13	18
	3AX83C 2Z800C	≤60	≤1.3	40~150	≥5*		80	30	500	1000***	85	13	18
	3AX83D 2Z800D	≤40	≤0.8	40~150	≥5*		90	45	500	1000***	85	13	18
硅NPN高反压大功率三极管	D74A						≥150	≥100					
	D74B	≤0.2 mA	≤0.5 mA				≥200	≥150					
	D74C						≥250	≥200					
	D74D			≥40			≥300	≥250	1500	25000	130	15	9
	D74E						≥350	≥300					
	3AD18A						80	40					
	3AD18B	≤1000 mA	≤1200 mA				50	20					
	3AD18C						80	60		****			
	3AD18D						120	60					

注 *为共发射极截止频率 f_B 值；**为基一射间串接电阻 BV_{CED}；***为不加散热片500mW；****不加散热片2000mW。*****为塑料封装，其余外形均为金属壳封装。

表 25-2-11 高频三极管技术数据

型式	型号	交直流参数				极限参数					外形尺寸(mm)	
		反向截止电流		共发射极放大倍数	特征频率	反向击穿电压		集电极最大允许电流	集电极最大耗散功率	最大结温		
		I_{CBO} (μA)	I_{CEO} (μA)	K_{fe} (β)	f_T (MHz)	C—B BV_{CBO} (V)	C—E BV_{CEO} (V)	I_{CM} (mA)	P_{CM} (mW)	T_{jm} (℃)	D	H
锗 PNP 小功率高频三极管	3AG6A	≤15	≤100	≥20	≥10	20	10	10	50	75	6.5	12
	3AG6B (2Z305)	≤10		30~250	≥25		10		50			
	3AG6C (2Z306)	≤10		30~250	≥40		10		50			
	3AG6D (2Z307)	≤10		30~250	≥65		10		50			
	3AG6E (2Z308)	≤10		30~250	≥100		10		50			
	3AG7	≤10		20~250	≥10		10		60			
	3AG8	≤5		30~250	≥20		10		60			
	3AG9	≤5		30~250	≥20		10		60			
	3AG10	≤5		30~250	≥30		10		60			
	3AG11	≤10		≥0.95*	≥20		15		100			
	3AG12	≤5		≥0.96*	≥30		15		100			
	3AG13	≤5		≥0.97*	≥40		15		100			
	3AG14	≤5		≥0.98*	≥50		15		100			
硅 NPN 高频小功率三极管	3DG6A (2G200A)	≤0.1	≤0.1	30~200	≥100	≥30	≥15	20	100	150	5.8	5.5
	3DG6B (2G200B)	≤0.01	≤0.01		≥150	≥45	≥20					
	3DG6C (2G200C)	≤0.01	≤0.01		≥250	≥45	≥20					
	3DG6D (2G200D)	≤0.01	≤0.01		≥150	≥45	≥30					
	3DG13A	≤1	≤1	≥20	≥100	15	15	20	75	125	3	5
	3DG13B	≤5	≤5	≥30	≥150	40	25	20				
	3DG13C	≤5	≤5	≥30	≥250	40	25	20				
	3DG13D	≤5	≤5	≥30	≥250	40	60	20				
	3DG14A	≤5	≤5	≥20	≥300	15	9	30				
	3DG14B	≤5	≤5	≥30	≥500	15	9	30				
硅 NPN 高频中功率三极管	3DG12A	≤1	≤10	≥20	≥100	40	30	300	700	175	9.4	6.5
	3DG12B	≤1	≤10	≥20	≥200	60	45	300	700	175		
	3DG12C	≤1	≤10	≥20	≥300	40	30	300	700	175		
	3G711	≤10	≤100	≥20	≥300	15	15	50	500	175		
	3G711A	≤1	≤10	≥20	≥500	18	18	50	500	175		
	3G711B	≤1	≤10	≥20	≥750	30	30	50	500	175		
	3G711C	≤1	≤10	≥20	≥1000	30	30	50	500	175		
	3G711D	≤1	≤10	≥20	≥750	45	45	50	500	175		
	3G711E	≤1	≤10	≥20	≥1000	18	18	50	500	175		
	3DG7A	≤0.5	≤0.5	20~200	≥100	20	15	100	500	150		
	3DG7B	≤0.1	≤0.1	20~200	≥200	45	25	100	500	150		
	7DG7C	≤0.1	≤0.1	20~200	≥100	60	45	100	500	150		
硅 PNP 高频大功率三极管	3CA1A		≤100	≥20	≥20	≥40	≥4	500	5000 **	175	31	20
	3CA1B					≥60						
	3CA1C					≥80						
	3CA1D					≥100						
	3CA1F					≥120						
	3CG1G					≥140						

* 为共基极电流放大系数 K_{+b} 值参数。* * 为不加铝散热片时。外形均为金属壳封装。

表 25-2-12 **开关三极管技术数据**

型式	型号	交直流参数 反向截止电流 I_{CBO} (μA)	交直流参数 反向截止电流 I_{CEO} (μA)	交直流参数 共发射极电流放大倍数 K_{fe} (β)	交直流参数 特征频率 f_T (MHz)	开关参数 开启时间 t_{on} (ns)	开关参数 关断时间 t_{off} (ns)	极限参数 反向击穿电压 BV_{CBO} (V)	极限参数 反向击穿电压 BV_{CEO} (V)	极限参数 集电极最大允许电流 I_{CM} (mA)	极限参数 集电极最大耗散功率 P_{CM} (mW)	极限参数 最大允许结温 (℃)	外形尺寸 (mm) D	外形尺寸 (mm) H
	3AK1 (3K2100) 3AK11 (3K2110)	≤30	≤150	30～150	≥8	超量存贮电荷 QS (10^{-12}库仑) ≤1800		30	25	50 70	60 120	85	6.5 7.5	12 10
锗 PNP 开关小功率三极管	3AK20A	≤5	≤100	30～150	≥150	40	150	≥25	≥12	20	50	85	6.5	12
	3AK20B	≤5	≤50	30～150	≥150	40	150	≥25	≥15	20	50		6.5	12
	3AK20C	≤5	≤50	30～150	≥210	40	150	≥25	≥15	20	50		6.5	12
	3AK21 (GK101)	≤8	≤100	25～150	≥100	≤80	≤140	20	12	30	100		7.5	10
	3AK22 (GK102)	≤5	≤80	25～150	≥100	≤60	≤110	25	15	30	100		7.5	10
	3AK23 (GK103)	≤5	≤60	25～150	≥150	≤60	≤110	25	15	30	100		7.5	10
	3AK24 (GK104)	≤5	≤50	25～150	≥100	≤70	≤110	25	15	30	100		7.5	10
	3AK25 (GK105)	≤5	≤50	25～150	≥150	≤60	≤110	25	15	30	100		7.5	10
	3AK26 (GK106)	≤5	≤50	25～150	≥150	≤60	≤80	25	15	30	100		7.5	10
	3AK27 (GK107)	≤5	≤50	25～150	≥150	≤60	≤60	25	15	30	100		7.5	10
硅 NPN 小功率开关三极管	3DK2A (K2A) 3DK2B (K2B) 3DK2C (K2C) 3DK3A 3DK3B	≤0.1	≤0.1	30～150 30～150 30～150 30～200 30～200	≥150 ≥200 ≥150 ≥200 ≥300	≤30 ≤20 ≤15 20 15	≤60 ≤40 ≤30 ≤30 ≤20	30 30 30 10 15	20 20 20 6 9	30	200 200 200 200 100 100	175 175 175 175 150 150	5.8 5.8 4.5** 5.8 5.8	5.5 5.5 4.5** 5.5 5.5
	CK74-2A	≤0.5	≤1	≥30	≥150	≤40	≤150	≥15	≥4	100	500	150	150	9.4
	CK74-2B							≥15						
	CK74-2C							≥25						
	CK74-2D							≥25						
	CK74-2E							≥40						
	CK74-2F							≥40						
硅 PNP 中功率开关三极管	CK74-4A	≤10	≤20	≥30	≥150	≤40	≤200	≥15	≥4	800	1000*	150	9.4	6.5
	CK74-4B							≥25						
	CK74-4C							≥35						
	CK74-4D							≥35						
	CK74-4E							≥50						
	CK74-4F							≥50						
	CK74-4G							≥65						
	CK74-4H							≥65						
	3DK4A	≤1	≤10	20～200	≥100	50	100	40	30	800	700	175	9.4	6.5
	3DK4B							60	45					
	3DK4C							40	80					

* 为加散热帽 14mm×7mm。* * 为塑料封装，其余外形均为金属壳封装。

七、场效应三极管（FET）

1. 设计原则

FET 具有阻抗高、噪声系数低（可到 0.5～1dB）、耐辐射能力强、制造工艺简单和便于大面积集成等特点。选择场效应管时，应注意不要超过额定漏源电压、栅源电压、耗散功率和最大电流。对于绝缘栅场效应管应防止感应电压过高产生击穿现象，可在栅源两极间接一电阻或稳压管，保持直流通路，避免栅极悬空。

场效应管的使用范围：

(1) 场效应管是电压控制元件，适用于小电流信号源的情况。

(2) 噪声系数小，用于噪音要求严格的地方较合适，如用于低噪音放大器的前级。

(3) 场效应管有一个零温度系数工作点，在环境条件变化比较剧烈处应用较合适。

2. 技术数据

FET 的技术数据见表 25-2-13。

表 25-2-13 **场效应三极管（FET）技术数据**

型式	型号	主要参数							高频特性		极限参数				外形尺寸(mm)	
		饱和漏源电流 I_{DSS} (mA)	夹断电压 U_P (V)	栅源绝缘电阻 R_{OS} (Ω)	共源小信号低频跨导 g_m (1/μΩ)	输入电容 C_{GS} (pf)	反馈电容 C_{GD} (pf)	低频噪声 (dB)	功率增益 K_{ps} (dB)	最高振荡频率 f_M (MHz)	最大漏源电压 BV_{DS} (V)	最大栅源电压 BV_{GS} (V)	最大耗散功率 P_{DM} (MW)	最大漏源电流 I_{DSM} (mA)	D	H
N沟道结型场效应管	3DJ2D 3DJ2E 3DJ2F 3DJ2G 3DJ2H	<0.35 0.3～1.2 1～3.5 3～6.5 6～10	≤|−9|	≥10^7	>2000	≤3	≤1	≤5	≥10	≥300	>20	>20	100	15	5.6	5.5
	3DJ4D 3DJ4E 3DJ4F 3DJ4G 3DJ4H	≤0.35 0.3～1.2 1～3.5 3～6.5 6～10	≤|−9|	≥10^7	>2000	≤3	≤1	≤1.5	≥10	≥300	>20	>20	100	15	5.6	5.5
	3DJ6D 3DJ6E 3DJ6F 3DJ6G 3DJ6H	≤0.35 0.3～1.2 1～3.5 3～6.5 6～10	≤|−9|	≥10^7	>1000	≤5	≤2	≤5	≥10	>90	20	20	100	15	5.6	5.5
	3DJ7F 3DJ7G 3DJ7H 3DJ7I 3DJ7J	1～3.5 3～11 10～18 17～25 24～35	≤|−9|	≥10^7	>3000	≤8	≤3	≤5	≥10	≥90	20	20	100	15	5.6	5.5
	3DJ8F 3DJ8G 3DJ8H 3DJ8I 3DJ8J 3DJ8K	1～3.5 3～11 10～18 17～25 24～35 34～70	≤|−9|	≥10^7	>6000	≤6	≤3	≤5	≥10	≥90	20	20	100	15	5.6	5.5
	3DJ9F 3DJ9G 3DJ9H 3DJ9I	1～3.5 3～6.5 6～11 10～18	≤|−7|	≥10^7	>4000	≤2.8	≤0.9		≥10	≥800	20	20	100	15	5.6	5.5

续表 25-2-13

型式	型号	主　要　参　数							高频特性		极限参数				外形尺寸(mm)	
		饱和漏源电流 I_{DSS} (mA)	夹断电压 U_P (V)	栅源绝缘电阻 R_{OS} (Ω)	共源小信号低频跨导 g_m (1/μΩ)	输入电容 C_{GS} (pf)	反馈电容 C_{GD} (pf)	低频噪声 (dB)	功率增益 K_{ps} (dB)	最高振荡频率 f_M (MHz)	最大漏源电压 BV_{DS} (V)	最大栅源电压 BV_{GS} (V)	最大耗散功率 P_{DM} (MW)	最大漏源电流 I_{DSM} (mA)	D	H
耗尽型MOS场效应管	3D01D 3D01E 3D01F 3D01G 3D01H	≤0.35 0.3～1.2 1～3.5 3～6.5 6～10	≤|－9|	≥10⁹	＞1000	≤5	≤1.5	≤5	≥10	≥90	20	40	100	15	5.6	5.5
	3D02E 3D02F 3D02G 3D02H	＜1.2 1～3.5 3～11 10～25	≤|－9|	≥10⁹	＞4000	≤2.5	≤0.7		≥8	≥1000	12	25	100	15	5.6	5.5
	3D04D 3D04E 3D04F 3D04G 3D04H 3D04I	＜0.35 0.3～1.2 1～3.5 3～6.5 6～10.5 10～15	≤|－9|	≥10⁹	＞2000	≤2.5	≤0.9	≤5	≥10	≥300	20	25	100	15	5.6	5.5
P(N)沟道增强型MOS场效应管	3C01 3D06A 3D06B	≤1000nA ≤1μA ≤1μA		≥10⁷ ≥10⁹ ≥10⁹	＞500 ＞2000 ＞2000						15 20 20	20 20 20	100 100 100	15	5.6 5.6 5.6	5.5 5.5 5.5
耗尽型双栅场效应管	4D01A 4D01B 4D01C 4D01D 4D01E 4D01F 4D01G	5～35 ≤10 9～20 19～35 ≤20 ≤20 5～35	≤|－5| ≤|－5| ≤|－5| ≤|－5| ≤|－2| |－0.8| ～|－5| ＜|－5|	10⁸	≥10000 ≥7000 ≥7000 ≥7000 ≥5000 ≥5000 ≥7000	＜6 ≤7 ≤7 ≤7 ≤8 ≤8 ≤8	≤0.05 ≤0.1 ≤0.1 ≤0.1 ≤0.1 ≤0.1 ≤0.1		≥15 ≥12 ≥12 ≥12 ≥12 ≥12 ≥12	250 100 100 100 30 30 30	≥18	±15	100	30	9.4	6.5

注　外形均为金属壳封装。

八、晶闸管（可控硅元件）

1. 设计原则

（1）工作电压。制造厂提供的正向或/和反向阻断峰值电压，是指在额定结温下加于 50Hz 正弦半波电压时，测得的正向或/和反向转折时所对应的 50Hz 正弦半波电压的最大值各减去 100V 的值，因此，在选择时应取 1.5～2 的可靠系数。由于其过电压特性较差，一般应设过电压保护措施。

（2）额定工作电流。制造厂规定的是指额定正向平均电流 I_F，也就是在规定的环境温度和散热条件下可连续通过的工频正弦半波电流的平均值。如导前角 θ 不是 180°，也就是电流波形不是正弦半波时，允许通过的正向平均电流要经换算。当散热条件不符合规定时，要降低通过电流的平均值。

（3）控制极特性。加在控制极的电压，不允许超过最大值 U_{gm}，电流不允许超过最大值 I_{gm}。同时，加在控制极的功率，即 I_g 和 U_g 的乘积，不能超过规定的平均值。

（4）导通和关断特性。可控硅本身的导通时间约为 0～10μs。当回路中电感较大时，导通时间与外电路的时间常数 L/R 有关，可达到几十到几百 μs。如果导通时的电流增长很快，可使可控硅损耗。为防止电流上升速 $\frac{di}{dt}$，不要太大，可串一个空芯电感来保护，一般 $\frac{di}{dt}$ 不大于 10～20A/μs。

晶闸管关断时，当正向电流下降到零后的一个短时间内，因可控硅尚未恢复阻断能力，将有一个相当大的反向电流通过可控硅。随后反向电流逐渐减少，达到正常漏电流值，又经过一段时间后可控硅才恢复正向阻断能力。通常采用的关断方法是对导通的可控硅施加一个反向电压或反向电流，使之关断，关断时间约为 20μs。

对可控硅两端突然加上电压的上升率 $\frac{d\mu}{dt}$ 值应加限制，一般应不大于 20V/μs。

（5）对可控硅触发电路的要求主要有以下几点：

1）触发信号具有一定数值的触发电压和电流，具体数值可在器件手册中查得。一般触发电压应在 4～

10V范围。控制极上的平均功率损耗要小于表25-2-14的允许值。

表 25-2-14　晶闸管控制极允许的平均功率

正向额定电流（A）	5	10～50	100～200
允许平均功率（W）	<0.5	<1	<2

2）触发脉冲应有足够的宽度，脉冲宽度一般可选为20～50μs。对电感性负载，脉冲宽度还应加长。触发脉冲的上升前沿要陡，一般上升时间在10μs以下。

3）触发电路有较好的抗干扰性能。当不触发时，控制极上的电压应小于0.15～0.2V。一般可在控制极上加适当负偏压，一般负偏压为1～2V。

4）触发电路的输出特性应不受电源电压波动或负载变化的影响。

2. 技术数据

晶闸管技术数据的字母代号含义如下：

U_{DRM}——正向阻断峰值电压。控制极断开，在额定结温下，可以重复施加在元件上的正向峰值电压。在此电压作用下，晶闸管正向呈阻断状态。一般规定正向阻断峰值电压低于$U_{DO}-100V$，其中U_{DO}为正向转折电压。

U_{RRM}——反向阻断峰值电压。控制极断开，在额定结温下，可以重复施加在元件上的反向峰值电压，在此电压作用下，晶闸管反向呈阻断状态。一般规定反向阻断峰值电压低于$U_{RO}-100V$，其中U_{RO}为反向转折电压。

U_P——正向通态平均压降。在规定的环境温度、标准散热条件、元件导通情况下，通以工频正弦半波额定平均正向电流时（导通角大于170°），阳极与阴极间的平均压降。

I_T——额定正向平均电流。在规定的环境温度、标准散热条件、元件导通的情况下，阳极和阴极间可以连续通过的工频正弦半波（导通角大于170°）电流的平均值。

I_{DR}——断态重复平均电流。控制极开路，在规定的环境温度下，阴、阳极间加上正向阻断电压，通过阴、阳极间的平均电流。

I_{RR}——反向重复平均漏电流。控制极开路，在规定环境温度下，阴、阳极间重复加上反向阻断电压，通过阴、阳极间的反向平均漏电流。有些产品将反向平均漏电流不超过规定数值时的反向电压，定为反向转折电压。

du/dt——正向电压上升率。控制极开路，在额定结温和晶闸管阻断的条件下，允许在单位时间内上升的正向电压（从0上升至阻断峰值电压），通常以V/μs表示。

di/dt——通态正向电流上升率。在规定的环境温度、标准散热条件下，允许的正向电流上升速度（从0上升至额定电流），通常以A/μs表示。

I_W——维持电流。在规定的环境温度下，控制极断开，元件导通，保持导通状态的最小正向电流。

U_{GT}——控制极触发电压。在规定的环境温度下，阴、阳极间加一小电压（通常为6V直流电压），使元件由阻断变为导通的最小控制极电压。有时也给出控制极最大和不触发电压。所谓最大控制极电压，是指该触发电压能使该类产品的所有元件都导通的控制极电压。而控制极不触发电压，是指该触发电压下，同型产品的所有元件都不能触发导通。

I_{GT}——控制极触发电流。在规定的环境温度下，阴、阳极间加以固定电压（通常为6V直流电压），使元件从阻断到导通的最小控制极电流。有时也给出控制极最大触发电流，是说明该型产品在此控制极触发电流下，全部能触发导通。而控制极不触发电流，则不能使同型产品中的任何一个元件触发导通。

U_{GR}——控制极最大允许反向电压。在额定结温条件下，控制极与阴极间允许施加的最大反向峰值电压。大部分晶闸管规定为5V。

T_{jM}——额定结温。在正常条件下允许的PN结的温度。为保证元件工作时结温不超过允许值，一定要满足散热条件的要求。

I_{TSM}——浪涌电流。在规定散热条件下，在工频几个周期内所允许通过元件的正向电流。也有的用允许过载电流倍数表示，见表25-2-15。

t_g——晶闸管额定关断时间。

t_{gT}——控制极触发时间。

f_m——最高工作频率。

晶闸管技术数据见表25-2-16。

双向晶闸管为两个方向都能导通的晶闸管，其技术数据见表25-2-17。

逆导通晶闸管是一种反向能承受大电流的晶闸管，其特性相当于一个二极管和一个普通晶闸管反向并联，它具有高电压大电流、关断时间短等特点。逆导通晶体管的技术数据见表25-2-18。

表 25-2-15　晶闸管短期过载倍数

额定电流（A）	电流过载倍数				铝散热器面积（cm²）	冷却方式
	一个周波	三个周波	六个周波	十五个周波		
5	5	4	3.5	3	350	自然冷却
20	5	4	3.5	3	1200	自然冷却
50	5	4	3.5	3	900	强迫风冷
200	3	2.1	2.2	2	2200	强迫风冷
300	3	2.1	2.2	1		液体冷却

表 25-2-16　　**晶闸管技术数据**

名称	型号	I_T (A)	f_m (kHz)	t_q (μs)	U_{DRM} U_{RRM} (V)	I_{DR} I_{RR} (mA)	t_{gt} (μs)	du/dt (V/μs)	U_T (V)	di/dt (A/μs)	I_{TSM} (A)	I_{GT} (mA)	U_{GT} (V)	T_{jM} (℃)
普通晶闸管	KP1	1			100～2000						20	3～30	≤2.5	
	KP5	5				<1					90	5～70		
	KP10	10						30			190	5～100		100
	KP20	20									380		≤3.5	
	KP30	30				<2					560	8～150		
	KP50	50								30	940			
	KP100	100				<4				50	1880	10～250	≤4	
	KP200	200			100～2500						3770			
	KP300	300				<8				80	5650			
	KP400	400									7540	20～300		
	KP500	500						100			9420		≤5	115
	KP600	600				<9					11160	30～350		
	KP800	800								100	14920			
	KP1000	1000				<10					18600	40～400		
低频快速晶闸管	KK1	1		≤5		<1					20	3～30	<2.5	
	KK5	5		<10							90	5～70		自冷 115℃
	KK10	10								750	190	5～100	<3.5 <4	
	KK20	20		<20		<2					380			
	KK50	50				<3					940	8～150		强制空冷 115℃
	KK100	100		<30	100～2000	<5		>100			1900	10～250		
	KK200	200		<40							3800			
	KK300	300		<60		<8				>100	5600			
	KK400	400									6300	20～300	<5	强制空冷或液冷 100℃
	KK500	500				<10					7900			
高频晶闸管	3CT201□1		10	≤20										
	3CT201□2		20	≤10										
	3CT231□1	1	10	≤20	200～1200	≤1	≤1.4	≥200	≤1.5	≥100	20	5～50	≤3	115
	3CT231□2		20	≤10										
	3CT202□1		10	≤20										
	3CT202□2	3	20	≤10	200～1200	≤2	≤1.4	≥200	≤1.5	≥100	60	5～80	≤3	115
	3CT232□1		10	≤20										
	3CT232□2		20	≤10										
	3CT203□1		10	≤20										
	3CT203□2	5	20	≤10	200～1200	≤3	≤1.4	≥200	≤1.5	≥100	100	10～100	≤3	115
	3CT233□1		10	≤20										
	3CT233□2		20	≤10										
	3CT204□1	10	10	≤20	200～1200	≤4	≤1.8	≥200	≤1.5	≥200	150	10～150	≤3	115
	3CT204□2		20	≤10										
	3CT205□1		10	≤20										
	3CT205□2	20	20	≤10	200～1200	≤4	≤1.8	≥200	≤1.5	≥200	300	10～150	≤3	115
	3CT235□1		10	≤20										
	3CT235□2		20	≤10										
	3CT206□1		10	≤20										
	3CT206□2	30	20	≤10	200～1200	≤5	≤2.3	≥200	≤1.2	≥200	350	10～150	≤3	115
	3CT236□1		10	≤20										
	3CT236□2		20	≤10										

续表 25-2-16

名称	型号	I_T (A)	f_m (kHz)	t_q (μs)	U_{DRM} U_{RRM} (V)	I_{DR} I_{RR} (mA)	t_{gt} (μs)	du/dt (V/μs)	U_T (V)	di/dt (A/μs)	I_{TSM} (A)	I_{GT} (mA)	U_{GT} (V)	T_{jM} (℃)
高频晶闸管	3CT207□1	50	10	≤20	200～1200	≤5	≤2.3	≥200	≤1.2	≥200	750	10～150	≤3	115
	3CT207□2		20	≤10										
	3CT237□1		10	≤20										
	3CT237□2		20	≤10										
	3CT208□1	100	10	≤20	200～1200	≤6	≤2.8	≥200	≤1.2	≥200	1000	10～200	≤7	115
	3CT208□2		20	≤10										
	3CT238□1		10	≤20										
	3CT238□2		20	≤10										
	3CT239□1	20	10	≤20	200～1200	≤8	≤3.5	≥200	≤1.2	≥200	1500	10～150	≤4	115
	3CT239□2		20	≤10										

表 25-2-17 双向晶闸管技术数据

型 号	I_T (*RMS*) (A)	U_{DRm} (V)	I_{DRm} (mA)	T_{jM} (℃)	du/dt (V/μs)	I_{GT} (mA)	U_{GT} (V)	di/dt (A/μs)
KS1	1	100～1500	<1	115	20	3～100	≤2	—
KS10	10	100～1500	<10	115	20	5～100	≤3	—
KS20	20	100～1500	<10	115	20	5～200	≤3	—
KS50	50	100～1500	<15	115	20	8～200	≤4	10
KS100	100	100～1500	<20	115	50	10～300	≤4	10
KS200	200	100～2000	<20	115	50	10～400	≤4	15
KS400	400	100～2000	<25	115	50	20～400	≤4	30
KS500	500	100～2000	<25	115	50	20～400	≤4	30

表 25-2-18 逆导通晶闸管技术数据

型 号	I_T (A)	U_T (V)	U_{DRM} (V)	I_{DR} (mA)	I_R (A)	U_R (V)	T_{jM} (℃)	I_{GT} (mA)	U_{GT} (V)	di/dt (A/μs)	du/dt (V/μs)	di/dt (A/μs)	t_q (μs)
3CTN300/100	300	≤1.2	100～2000	≤8	100	≤1.2	115	20～300	≤5	>200	>300	≥15	<50
3CTN400/150	400	≤1	100～2500	≤10	150	<1	115	20～450	≤5	>200	>300	≥15	<50

九、电容器

1. 分类

电容器通常分固定和可变两大类。

固定电容器按介质材料分为空气(或真空)、云母、瓷介质、纸介质、薄膜、混合介质、玻璃釉、漆膜、电解电容器等。

可变电容器有可变和半可变两种，按介质材料可分空气和固体介质两类。

2. 型号和代号的含义

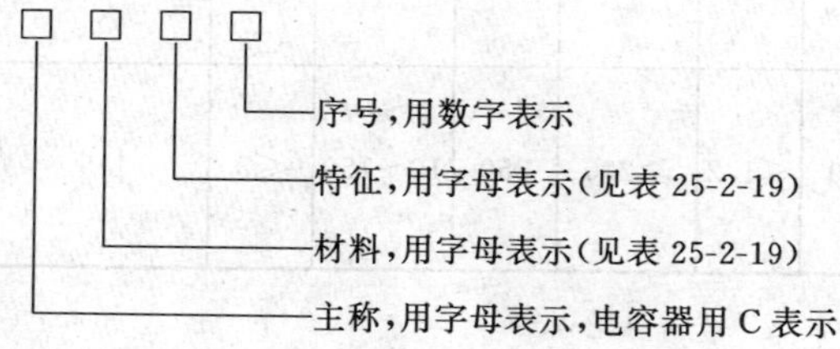

表 25-2-19 电容器的特征和材料代号的含义

材料代号及含义	特征代号及含义
C—瓷介；Y—云母；I—玻璃釉；O—玻璃膜；B—聚苯乙烯；F—聚四氟乙烯；L—涤纶；S—聚碳酸酯；Q—漆膜；Z—纸介；H—混合介质；A—钽；N—铌；T—钛；M—压敏	T—铁电；W—微调；J—金属化

3. 基本系列及规格标志

电容器按电压、容量、电容温度系数及正负温度等系列分类如下：

(1)按额定直流工作电压系列分类，见表 25-2-20。

(2) 按标称容量系列分类为无机介质电容器（瓷介、玻璃介、云母电容器）和有机介质电容器（纸介、金属化纸介、纸膜混合介质、有机薄膜介质、金属化膜介质电容器），见表 25-2-21 及表 25-2-22。

表 25-2-20　电容器的额定工作电压系列

额定直流工作电压＊＊（V）				
1.6	4	6.3	10	16
25	32＊	40	50	63
100	125＊	160	250	300＊
400	450＊	500	630	1000
1600	2000	2500	3000	4000
5000	6300	8000	10000	15000
20000	25000	30000	35000	40000
45000	50000	60000	80000	100000

＊　只限电解电容器采用。

＊＊　系指电容器在最高允许环境温度下的工作电压。在此电压下电容器应能长期正常地工作。对于钽、钛、铌、固体铝电解电容器的直流数值下有"—"者，建议优先采用。

表 25-2-21　无机介质电容器标称容量系列

允许偏差	±5%	±10%	±20%
电容器系列	E24	E12	E6
标称容量	1.0	1.0	1.0
	1.1		
	1.2	1.2	
	1.3		
	1.5	1.5	1.5
	1.6		
	1.8	1.8	
	2.0		
	2.2	2.2	2.2
	2.4		
	2.7	2.7	
	3.0		
	3.3	3.3	3.3
	3.6		
	3.9	3.9	
	4.3		
	4.7	4.7	4.7
	5.1		
	5.6	5.6	
	6.2		
	6.8	6.8	6.8
	7.5		
	8.2	8.2	
	9.1		

注　1. 标称容量的数值应符合表列数值或表中所列数值再乘以 10^n，其中 n 为正整数或负整数。

2. 标称容量小于 10pF 的电容器，允许偏差分为±0.2pF、±0.4pF、±1pF 三种，其中大于 4.7pF 的电容器标称容量值采用 E24 系列，小于和等于 4.7pF 的电容器的标称容量值采用 E12 系列。

3. 允许偏差为 $^{+80\%}_{-20\%}$ $^{+\text{不规定}}_{-20\%}$ 其标称容量值采用 E6 系列。

表 25-2-22　有机介质电容器标称容量系列

允许偏差	±5%、±10%、±20%			
容量范围	100pF～1μF		1μF～50μF	
标	1.0	3.3	1 2	15 20
称	1.5	4.7	4 6	30 50
容	2.2	6.8	8	60 80
量			10	100

注　1. 标称容量应符合表中所列数值，当小于或等于 1μF 者，为表中所列数值再乘以 10^n，其中 n 为正整数或负整数。

2. ±5%的允许偏差仅于必要时采用。

3. 高频（无极性）有机薄膜介质电容器的标称容量应符合表 25-2-21 中所列数值之一（或表列数值再乘以 10^n，其中 n 为正整数或负整数）。

钽、铌、钛、铝等电解电容器的标准容量应符合表 25-2-23 所列数值之一，或表 25-2-23 中所列数值再乘以 10^n，其中 n 为正整数或负整数。

表 25-2-23　钽、铌、钛、铝等电解电容器的标称容量

标称容量（μF）	1；1.5；(2)；2.2；(3)；(3.3)；4.7；(5)；6.8
允许偏差	±10%；±20%；$^{+50}_{-20}\%$；$^{+100}_{-10}\%$

注　括号里的数值新设计时不允许采用。

(3) 电容器的电容温度系数的级别见表 25-2-24，组别见表 25-2-25。

4. 技术数据

使用较广泛的瓷介、云母和纸介电容器的技术数据，见表 25-2-26 及表 25-2-27。

表 25-2-24　瓷介电容器电容温度系数系列

电容器温度系数（10^{-6}/℃）	代　号	色　别
+120±30	A	蓝　色
+33±30	U	灰　色
0±30	O	黑　色
−33±30	K	褐　色
−47±30	Q	浅蓝色
−75±30	B	白　色
−150±40	D	橙底白点
−220±40	N	黄　色
−330±60	J	绿底黄色
−470±90	I	青　色
−750±100	H	红　色
−1，300±200	L	绿　色
不规定	C	橙　色

表 25-2-25 云母电容器温度系数和容量温度稳定度的组别

组别	电容温度系数（1/℃）	容量温度稳定度（%）	组别	电容温度系数（1/℃）	容量温度稳定度（%）
	不大于			不大于	
A	不规定	不规定	C	$\pm100\times10^{-6}$	0.2
B	$\pm200\times10^{-6}$	0.5	D	$\pm50\times10^{-6}$	0.1

注 1. B组和C组只生产标称容量＞47pF者。

2. D组只生产标称容量＞100pF者。

表 25-2-26 瓷介和云母电容器技术数据

型式及型号	标准容量	工作电压	容量偏差（%）	绝缘电阻（MΩ）	损耗角正切值	外形尺寸（mm）	用途
CCX1高频瓷介电容器	2.2～470pF	60V	±10～±20	≥10000	≤0.0015	直径4～10 高2	电信设备的槽路或隔直电路
CCX1铁电瓷介电容器	680～4700pF	40V	+80～−30	≥1000	≤0.05	直径8～15 高3～4	
CCX-Y CCX-G CCX-D	1～15000pF 1～33000pF 33～330000pF	150V 150V 100V	CCX型高频瓷介电容器			直径4～5 长10～12, 宽4.5，高5	
			±10～±20	≥10000	≤0.0015		
			CCX型铁电瓷介电容器				
			+80～−20	≥1000	≤0.04		
CCDG-1～5管形低压瓷介电容器	2.2～1000pF	250V	±2～±20	≥10000	≤0.0018	直径4， 长12～50	振荡槽路中作隔直流、温度补偿及旁路等
C402-5、10、15、20、25、30高压铁电瓷介电容器	180、510、680、820、1000、2200、2700、3300、4700、5100、6800、10000pF	5、10、15 20、25 30kV	+80～−20	≥1000	≤0.04	长35～55 直径12～32	直流电源滤波
C403铁电瓷介电容器	0.022、0047 0.1μF	63～100V	+不规定 −20	≥10000	≤0.05	厚4～5 直径12～16	滤波和旁路
C404-1、2、3、4、5高压铁电瓷介电容器	680、1000、1500、2200、3300、4700、6800、10000、15000、22000pF	2、3、4、5kV	+不规定 −20	≥1000	≤0.04	厚5～7 直径12～24	直流电源滤波、倍压
C409穿心式铁电瓷介电容器	3300、4700pF	160V	+10、−20	≥1000	≤0.04	长15、直径7	隔直和旁路
C410穿心式铁电瓷介电容器	200～300pF 200～510pF	160V	±10～±20	≥10000	≤0.0015	长15，直径7	隔直和旁路
CCY7-2、3、4、5圆片形高压瓷介电容器	10～820pF	1、2、3、4、5、6.3、8kV	±10～±20	≥10000	≤0.0012	高3～5， 直径12～24	槽路及馈电回路

续表 25-2-26

型式及型号	标准容量	工作电压	容量偏差（%）	绝缘电阻（MΩ）	损耗角正切值	外形尺寸（mm）	用 途
CCP 超高频瓷介电容器	1～180ppF	500V（250V 高频）	±10～±20	≥10000	≤0.0018	长 14，直径 10	500MHz 超高频中作交链、补偿和旁路
CY-0、1、2、3、4.5、6、7、8、9、10 云母电容器	4、7～5100pF	100～700V	0.2 级：±2 Ⅰ级：±5 Ⅱ级：±10 Ⅲ级：±20 CY-0 为±1pf	≥10000	47pF：17.5×10^{-4} 50pF：16.25×10^{-4} 50～60pF：15×10^{-4} 75pF：13.75×10^{-4} 82～81pF：12.5×10^{-4} 100～150pF：11.35×10^{-4} 160～200pF：10×10^{-4} ＞200pF：10×10^{-4}	长 10～64 宽 7～40 高 4～19	交流、直流、高频或脉冲电路中作振荡槽路电容、旁路、耦合或退耦等
CYX-1、2、3 小塑压塑云母电容器	47～10000pF	100V	0.2 级：±2 Ⅰ级：±5 Ⅱ级：±10 Ⅲ级：±20	≥7500	0.001～0.0075	长 10～18 宽 7～11 高 4～5.5	

表 25-2-27 纸介电容器技术数据

型式及型号	标准容量	工作电压	容量偏差（%）	绝缘电阻（MΩ）	损耗角正切值	外形尺寸（mm）	用 途
CZ31-1.2 小型密封油浸电容器	1000～9100pF 0.01～0.047μF	400V	±5 ±10 ±20	≥5000	＜0.01	直径 6～11 长 18	作旁路、耦合、脉冲扫描等用
CZT 纸介电容器	100、150、220、330、470、680、1000、1500、2200、3300、4700、6800pF 0.01、0.015、0.022、0.033、0.039、0.047、0.056、0.068、0.082、0.1μF	400V	±10 ±20	≥5000	≤0.015	直径 7～18 长 23～40	作隔直、旁路、耦合、退耦等用

续表 25-2-27

型式及型号	标准容量	工作电压	容量偏差(%)	绝缘电阻(MΩ)	损耗角正切值	外形尺寸(mm)	用　途
CZM-C 密封纸介电容器	470～6800pF 0.01～0.1μF	250～630V	±5、±10、±20	≤0.15μF 时 ≥10000 ≥0.022μF 时 ≥2000	≤0.01	直径 7.5～16 长 15～50	作旁路、退耦、隔直等用
CZ-11、CZ-12 小型纸介电容器	1000～6800pF 0.01～0.068μF	160、250 400V	±5 ±10 ±20	≥2000	≤0.015	直径 5.5～10 长 13～17	作旁路、耦合断流用
CZM-J_1、J_2 金属密封纸介电容器	0.01～0.22μF	250～630V	±5、±10、±20	≤0.15μF 时 ≥10000 ≥0.22μF 时 ≥2000	≤0.01	直径 7.5～17 长 15～50	
CZ40 密封油浸电容器	0.22～10μF 2×0.22μF～2×2μF	250～1600V	±5、±10、±20	≥2000	≤0.01	长 36～110 宽 19～85 高 60～115	作滤波、旁路、退耦、耦合等用(立式矩形)
CZ41 密封油浸电容器	0.01～2μF 2×0.047～2×0.47μF 3×0.047～3×0.22μF	250～1600V	±5、±10、±20	≥2000	≤0.01	长 26～70 宽 26～51 高 18～25	作滤波、旁路、退耦、耦合等用(卧式矩形)
CZ82 高压密封油浸电容器	0.01～10μF	2～15kV	±5、±10、±20	≥2000	≤0.01	长 45～140 宽 32～112 高 44～205	滤波、退耦、耦合、隔直和旁路等用
CJ10(CZJX) 小型金属化纸介电容器	0.01～1μF	160～400	±5、±10、±20	≤0.1μF 时 ≥3000; ≥0.15μF 时 ≥300	≤0.015	直径 6～14 长 18～31	
CZ11(CZJZ) 小型金属化纸介电容器	0.01～0.47μF	160V	±5、±10、±20	≤0.1μF 时 ≥3000; ≥0.15μF 时 ≥300	<0.015	直径 4.5～13 高 12～14	旁路、隔直、退耦等用
CZJ8 环氧包封金属化纸介电容器	0.01～1.0μF	63V	±5、±10、±20	≤0.1μF 时 ≥1000 ≥0.15μF 时 ≥100	0.015	长 11～15 宽 4～8	
CZJ10 低压大容量金属化纸介电容器	2～100μF	63V	±5、±10、±20	≥100	≤0.015	长 22～46 宽 9～41 高 20～50	旁路滤波、退耦等,可代替电解电容器
CB10、CB11 聚苯乙烯电容器	47～47000pF 0.0056～0.47μF	100～1600V	±5、±10、±20	≥20000	0.001～0.0015	直径 3.5～40 长 9～55	振荡、槽路、旁路隔直、耦合、退耦

十、电阻器

1. 分类

电阻器可分固定式和可变式两类。按其材料结构可分膜式（包括炭膜、金属膜）和绕线式两种。膜式电阻的阻值范围大（自几十欧到几十兆欧），功率不大（一般为 1/20W 至 1W、3W，最大到 10W）。绕线式电阻的阻值范围小（十分之几欧到数万欧），功率较大（最大可达几百瓦）。

2. 型号和代号的含义

根据部标准（SJ—73）规定，由以下方式组成：

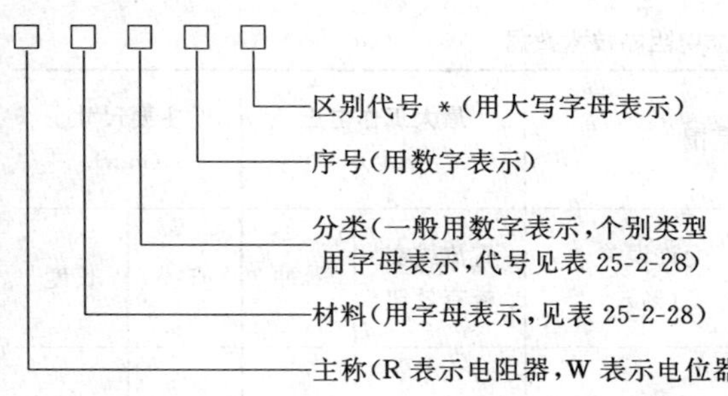

其中，* 为区别代号，表示主称、材料特征相同，而尺寸性能指标有差别，因此在序号后再加 A、B…予以区别。

3. 技术数据

固定式炭膜电阻器的技术数据见表 25-2-29，金属膜、氧化膜、实芯炭质电阻器的技术数据见表 25-2-30，压敏电阻器、热敏电阻器的技术数据见表 25-2-31。

表 25-2-28　　电阻器的材料、分类（数字及字母）代号及其含义

材料		分类					
代号	含义	数字代号	含义		字母代号	含义	
			电阻器	电位器		电阻器	电位器
T	碳膜	1	普通	普通	G	高功率	—
H	合成碳膜	2	普通	普通	T	可调	—
S	有机实芯	3	超高频	—	W	—	微调
N	无机实芯	4	高阻	—	D	—	多圈
J	金属膜	5	高温	—	说明：新型产品的分类根据发展情况予以补充		
Y	氧化膜	6	—	—			
C	沉积膜	7	精密	精密			
I	玻璃釉膜	8	高压	特种函数			
X	线绕	9	特殊	特殊			

注　产品的全型号在型号后面加上功率数。

表 25-2-29　　固定式炭膜电阻器技术数据

名称	型号	额定功率（W）	标准阻值范围		最大工作电压（V）		主要尺寸（mm）	
			阻值（Ω）	允许偏差（%）	直流或交流有效值	脉冲	直径	长度
小型炭膜电阻器	RTX-0.05 RTX-0.125	0.05 0.125	5.1Ω～501kΩ 5.1Ω～2MΩ	±5、±10、±20	100 150	— —	2.5 3.9	8 11
炭膜电阻器	RT-0.25	0.25	10Ω～5.1MΩ	±5 ±10	350	750	5.5	18.5
	RT-0.5	0.5	10Ω～10MΩ		500	1000	5.5	28
	RT-1	1	27Ω～10MΩ		700	1500	7.2	30.5
	RT-2	2			1000	2000	9.2	48.5
	RT-5	5	47Ω～10MΩ		1500	5000	16	75
	RT-10	10			3000	16000	27	120
小型测量用炭膜电阻器	RTL-X-0.125	0.125	5.1Ω～10MΩ	±0.5 ±1	150	—	3.9	11
测量用炭膜电阻器	RTL-0.25	0.25	1.0Ω～5.1MΩ	<1mΩ：	400	500	5.5	18.5
	RTL-0.5	0.5	5.1Ω～10MΩ	±0.5，±1 ±2、±3	500	700	5.5	28
	RTL-1	1	5.1Ω～20MΩ	≤10MΩ： ±1、±2、±3	750	1000	7.2	30.5
	RTL-2	2	5.1Ω～51MΩ	≤51MΩ： ±3、±5、±10	1000	1500	9.5	48.5

表 25-2-30 **金属膜、氧化膜、实芯炭质电阻器技术数据**

名称	型号	额定功率(W)	标称阻值范围		最大工作电压(V)		主要尺寸(mm)	
			阻值	允许误差(%)	直流或交流有效值	脉冲	直径	长度
小型金属膜电阻器	RJX-0.25	0.25	100Ω～1MΩ	±2、±5、±10	250	500	2.9	8.1
金属膜电阻器	RJ-0.125	0.125	30Ω～510kΩ	±5、±10	200	350	2.2	7
	RJ-0.25	0.25	30Ω～1MΩ		250	500	2.6	8
	RJ-0.5	0.5	30Ω～5.1MΩ	±5、±10 ±20	350	750	4.2	10.8
	RJ-1	1	30Ω～10MΩ		500	1000	6.6	13
	RJ-2	2	30Ω～10MΩ		750	1200	8.6	18.5
	RJ-3	3	10kΩ～10MΩ		1000	1500	8.6	30
	RJ-5	5	10kΩ～20MΩ		1500	3000	11.5	42
	RJ-10	10	10kΩ～30MΩ		2000	4000	11.5	102
氧化膜电阻器	RY-0.125	0.125	1Ω～1kΩ	±5、±10	180	350	2.2	7
	RY-0.25	0.25	1Ω～51kΩ		250	500	2.6	7.8
	RY-0.5	0.5	1Ω～200kΩ		350	750	4.2	10.8
	RY-1	1	1Ω～200kΩ		500	1000	6.6	13
	RY-2	2	1Ω～200kΩ		700	1200	8.6	18.5
	RY-3	3	1Ω～9.1kΩ		1000	1500	8.6	30
	RY-5	5	1Ω～9.1kΩ		1500	3000	11.5	42
	RY-10	10	1Ω～9.1kΩ		2000	4000	11.5	102
实芯炭质电阻器	RS-0.5	0.5	47Ω～10MΩ	±10、±20	300		5.3	18.5
	RS-1	1			450		6.9	24.5
	RS-2	2			600		8.3	35

表 25-2-31　　压敏电阻器、热敏电阻器技术数据

名称	型　号	色标	额定功率(W)	标称电压		标称电阻		参考电流(mA)	固有电容(pF)	电压温度系数	非线性系数	用途
				电压(V)	允许误差	阻值	误差(%)					
压敏电阻器	RM1-3-22		3	22	±20				≤100	-25×10^{-4}/℃	≥2.5	自动消磁回路
	RM1-3-27			27								
	RM1-3-33			33								
	RM1-3-39			39								
	RM1-3-47			47								
	RM1-3-52			52								
	RM1-3-68			68								
	RM1-3-82			82								
	RM2-1-330 Ⅲ	蓝	1	330	±20 ±10			1	≤10	−0.25%/℃	≥3.6	稳压、稳流及保护回路
	RM2-1-470 Ⅲ	黄		470				10				
	RM2-1-680 Ⅲ	紫		680				10				
	RM2-1-820 Ⅲ	灰		820				10				
	RM2-1-910 Ⅲ	红		910				10				
	RM2-1-950 Ⅱ	绿		950				2				
	RM2-1-1000 Ⅱ	黑		1000				10				
	RM2-1-1200 Ⅱ	棕		1200				10				
热敏电阻器	R501					47～100Ω	±20					温度补偿（环境温度－10～55℃）
	RRC1					1kΩ～220kΩ				−2.2%/℃ —4%/℃ (25℃)		温度补偿（环境温度－55～125℃）
	RRZ					480Ω～47kΩ	±20			68～1kΩ ≥2%/℃ 1k～47kΩ ≥4%/℃ (20℃)		温度补偿（环境温度－40～1100℃）
	RRZ1					30Ω				50Ω±2%/℃ (25℃) 300Ω～3kΩ (65℃) >100kΩ (125℃)		温度补偿（环境温度－10～55℃）

十一、集成电路

由集成电路构成远动通信、继电保护和自动装置等，具有可靠性高、工作稳定、反映速度快、装置体积小、便于调试和维护检修等优点。集成电路发展迅速，种类繁多，总的可分为数字集成电路和模拟集成电路两大类。

数字集成电路又可分成组合电路（即门电路）、时序电路、触发器及由它构成的计数器和寄存器等。数字集成电路的分类见表 25-2-32。

模拟集成电路是以线性电子电路为基础的混合型电路，品种很多，如运算放大器、稳定器、定时电路、A/D 和 D/A 变换器等。

（一）数字集成电路

在电厂应用较广泛的为 CMOS 型集成电路。其技术数据的字母代号含义如下：

表 25-2-32　　数字集成电路的分类

晶 体 管 型	MOS 型
DTL（二极管—晶体管逻辑电路）	NMOS（N 沟道金属—氧化物—半导体集成电路）
TTL（晶体管—晶体管逻辑电路）	PMOS（P 沟道金属—氧化物—半导体集成电路）
ECL（超高速数字集成电路）	CMOS（互补型集成电路）
HTL（高抗干扰数字集成电路）	

U_{scg}——输出高电平电压。

U_{scd}——输出低电平电压。

U_{Ng}——高电平噪声容限电压。指电路输入为高电平时，不使电路逻辑状态改变所允许输入电平变化的数值。有时也用输入逻辑高电平的最小值表示（$U_{Id\min}$）。

U_{Nd}——低电平噪声容限电压。指没有输入信号的情况下，允许输入电平变化的最大值，此时输出状态不变。有时也用$U_{IL\max}$表示。

P——允许功耗。有时用最大允许功耗 P_m 表示，有时用静态功耗 P_D 表示。

f_m——最高工作频率。

t_{pgd}、t_{pdg}——传输延迟时间。是指输出电平变化（由高变低或由低变高）滞后于输入电平变化的时间。

N——扇出系数。指输出端能推动同类产品的个数。对 TTL 电路尤其应注意。而 CMOS 电路的输入电流很小，所以一般不给出此参数。

CMOS 门电路、触发器、计数器、译码器、移位寄存器和模拟开关的技术数据，见表 25-2-33～表 25-2-38。

（二）模拟集成电路

国产的主要模拟集成电路的技术数据见表 25-2-39。该表中的字母代号含义如下：

U_{sr0}——输入失调电压。指输入信号为 0 时，输出端的电压折合到输入端的电压。

I_{sr0}——输入失调电流。指输入信号为 0 时，运算放大器两个输入端基极偏流之差它反映输入端两个差动管的电流放大系数 β 失配的程度。当输入端外接电阻较大时，输入失调电流及其漂移，是引起运算误差的主要原因。

αU_{sr0}——输入失调电压温漂。指输入失调电压随温度变化的大小。

αI_{sr0}——输入失调电流温漂。指输入失调电流随温度变化的大小。

I_{IB}——输入偏置电流。指输入信号为 0 时，两个输入端的基极偏置电流的平均值。

A_{VD}——开环电压增益。指没有外部反馈时，集成运放的差模直流电压增益。

R_{ID}——输入电阻。指运算放大器在开环情况下，测得的动态差模输入电阻。

R_{OS}——输出电阻。当运算放大器在开环状态下，由输出端测得的动态电阻。输出电阻是衡量运算放大器负载能力的重要参数。

K_{CMR}（$CMRR$）——共模抑制比。说明运算放大器对同相位干扰电压（共模干扰电压）的抑制能力。通常以差模电压增益 A_{VD}对共模电压增益 A_{VC}之比来定义，即

$$K_{CMR}=\frac{A_{VD}}{A_{VC}}$$

U_{ICR}——单端输入电压范围。指输入端最大允许的差模输入电压。

I_S——静态电源电流。

P_C——静态功耗。说明集成运算放大器本身的功耗，是设计电源时应考虑的重要参数。也有用 P_D 表示集成运算放大器的允许功耗，它说明集成运算放大器的负载能力。

t_s——上升时间。指输出电压上升的速度。

SR——压摆率。指输出电压变化的速度，它和 t_s、f_m 一样，说明集成运算放大器在交流状态下工作时的特性。

（三）继电保护装置用集成电路

1. 概述

构成集成电路保护装置的基本电路主要为起动测量电路和逻辑电路，采用运算放大器和 CMOS 或 HTL 等数字集成电路组成。考虑到有些生产厂的产品说明书及资料中已有详细介绍，这里只将保护装置的有关电路示意图及主要的原理、技术数据作简单介绍。

2. 保护常用电路

集成电路保护装置的常用电路见表 25-2-40。

3. 保护装置用滤波器

（1）保护用有源滤波器。有源滤波器具有输入阻抗高（从几千欧至几十兆欧）、输出阻抗低、频率范围宽、信号可不衰减（甚至可放大）、体积小和重量轻等优点，故在工程中得到广泛应用。但有源滤波器要有正、负电源，不能象无源滤波器那样浮地使用，它的输入和输出电压有一定范围，输出电流也有限制，有输出失调和随温度变化而漂移等缺点。在电路设计中要采取一些措施，使它的优点更显著，又能保证电路的可靠。保护装置用有源滤波器的常用电路见表25-2-41。

（2）其他滤波器。常用的滤波器的电路示意图见表 25-2-42。

（3）保护用滤序器。保护用正序、负序、零序滤序器的电路示意图见表 25-2-43。

（4）保护装置的基本电路。保护装置用的电压形成电路、电流整定电路、比较电路等见表25-2-44。

表 25-2-33 CMOS门电路技术数据

型号	名称		功能特点	主要电气数据								国外同类产品型号
				U_{scg} (V)	U_{scd} (V)	U_{srg} (V)	U_{srd} (V)	t_{PLH} (ns)	U_{Ng} (V)	U_{Nd} (V)	t_{PHL} (ns)	
CC4002	双四输入	或非门	$U_{DD}=3\sim18V$						≥3	≥3		CD4002 MC14002
CC4025	三三输入			9.95 (U_{DD} =10V)	0.05	7	3	120				CD4025 MC14025
CC4001	四二输入											CD4001 MC14001
CC4078	八输入或非/或											CD4078 MC14078
C037	双四输入		$U_{DD}=7\sim15V$	A、B:≤9.9 C:9.99	A、B:≤0.1 C:≤0.01			A:≤300 B:≤150 C:≤50				
C038	三三输入											
C039	四二输入											
CC4012	双四输入	与非门	$U_{DD}=3\sim18V$	9.95	0.05	7	3	120				CD4012 MC14012
CC4023	三三输入											CD4023 MC14023
CC4011	四二输入											CD4011 MC14011
CC4068	八输入非/与											CD4068 MC14068
C034	双四输入		$U_{DD}=7\sim15V$	A、B:≤9.9 C:9.99	A、B:≤0.1 C:≤0.01			A:≤300 B:≤150 C:≤50	≥3	≥3		
C035	三三输入											
C036	四二输入											
CC4072	双四输入	或门	$U_{DD}=3\sim18V$	9.95 9.95	0.05 0.05	7 7	3 3	120 120				CD4072 MC14072
CC4075	三三输入											CD4075 MC14075
CC4071	四二输入											CD4071 MC14071
C032	双四输入		$U_{DD}=7\sim15V$	≤9.99	≤0.01			≤50	≥3	≥3		
CC4082	双四输入	与门	$U_{DD}=3\sim18V$	9.95	0.05	7	3	120				CD4082 MC14082
CC4073	三三输入											CD4073 MC14073
CC4081	四二输入											CD4081 MC14081

续表 25-2-33

型号	名称	功能特点	主要电气数据								国外同类产品型号
			U_{scg} (V)	U_{scd} (V)	U_{srg} (V)	U_{srd} (V)	t_{PLH} (ns)	U_{Ng} (V)	U_{Nd} (V)	t_{PHL} (ns)	
C031	双四输入	$U_{DD}=7\sim15V$	≤9.99	≤0.01			≤50	≥3	≥3		
CC4069	六反相器	$U_{DD}=3\sim18V$	9.95	0.05	8	2	60				CD4069 MC14069
CC4007	双互补对加反相器										CD4007 MC14007
C042		$U_{DD}=7\sim15V$	A、B:≤9.9 C:≤9.99	A、B:≤0.1 C:≤0.01			A:≤300 B:≤150 C:≤50	≥3	≥3		CD4007 MC14007
C033	六反相器										CD4069 MC14069
C4009	六反相缓冲/变换器	$U_{DD}=3\sim18V$	9.95	0.05	7	2	80				CD4009
CC4049			9.95	0.05	7	2	65			40	CD4049 MC14049
CC4010			9.95	0.05	7	2	100			70	
CC4050			9.95	0.05	7	2	80			55	CD4050 MC14050
CC4041	四同相/反相缓冲器	同相/反相输出	9.95	0.05	8	2	70			40	CD4041
CC4502	可选通三态输出六反相/缓冲器		9.95	0.05	7	3	180			120	CD4502 MC14502
CC40107	双二输入与非缓冲/驱动器				7	3	120			90	CD40107
CH906	六漏极开路缓冲/变换器	输出MOS管漏极开路	9	1			A:800 B:400 C:250			A:300 B:150 C:50	
CC40109	四低一高电平位移器	三态输出	9.95	0.05	3.5	1.5	260			600	CD40109
CC4085	双二～二输入与或非门	$U_{DD}=3\sim18V$	9.95	0.05	7	3	250			180	CD4085
CC4086	四二输入可扩与或非门		9.95	0.05	7	3	250			120	CD4086
CC4048	八输入端可扩展多功能门		9.95	0.05	7	3	300			300	CD4048
C041		$U_{DD}=7\sim15V$	A、B:≤9.9 C:≤9.99	A、B:≤0.1 C:≤0.01			A:≤300 B:≤150 C:≤50	≥3	≥3		CD4048
C040	四、三、三可扩与或非门										

表 25-2-34 CMOS 触发器技术数据

型号	名称	功能特点		主要电气数据 U_{scg} (V)	U_{scd} (V)	U_{srg} (V)	U_{srd} (V)	t_{PLH} (ns)	t_{PHL} (ns)	U_{Ng} (V)	U_{Nd} (V)	国外同类产品型号
C420	四三态 *R-S* 锁存触发器	或非门结构，引出端功能相同		9.9	0.1			500	500	≥3	≥3	CD4043、MC14043
CC4043				9.95	0.05	7	3	140	140			CD4043、MC14043
CC4044		与非门结构										CD4044、MC14044
C043	双主从 *D* 触发器	二组独立单元，引出端功能不同		9.9	0.1	7	3	500	500	≥3	≥3	
CC4013				9.95	0.05			300	300			CD4013、MC14013
CC4508	双 4 位锁存 *D* 触发器	三态输出				7	3	120	120			CD4508、MC14508
C421	四锁存 *D* 触发器	有时钟控制和极性选择功能		9.9	0.1			500	500	≥3	≥3	CD4042、MC14042
CC4042				9.95	0.05	7	3	110	110			CD4042、MC14042
CC40174	六锁存 *D* 触发器	有公共时钟和复位端						140	140			CD40174、MC14174
C044	双 *J-K* 触发器	二组独立单元，引出端功能不同		9.9	0.1			500	500	≥3	≥3	
CC4027				9.95	0.05	7	3	130	130			CD4027、MC14027
CC4095	3 输入 *J-K* 触发器	*J*、*K* 端	$J_1J_2J_3$, $K_1K_2K_3$									
CC4096			$J_1J_2\overline{J_3}$, $K_1K_2\overline{K_3}$									CD4096
CC4098	双单稳态触发器	D 型结构		9.95	0.05	7	3	500	500			CD4098、MC14098
CC14528		R-S 型结构		9.95	0.05	7	3	650	650			MC14528
J210		和 CC4098 或 CC14528 同		9.9	0.1			500	500	≥3	≥3	CD4098、MC14528
CC4093	四二输入施密特	双端输入		9.95	0.05			380	380			CD4093、MC14093
CC40106	六施密特触发器	单端输入						280	280			CD40106、MC14584

表 25-2-35 CMOS计数器技术数据

型号	名称	功能特点	触发方式	清零	置数	主要电气数据									国外同类产品型号
						U_{scg} (V)	U_{scd} (V)	U_{srg} (V)	U_{srd} (V)	t_{PLH} max (ns)	t_{PHL} max (ns)	U_{Ng} (V)	U_{Nd} (V)	f_m (MHz)	
C186	四位二进(2-16)制		前或后沿	有	无	9.9	0.1			1000	1000	≥3	≥3	2	
CC4024	七位二进制		后沿			9.95	0.05	7	3	160	160			8	CD4024 MC14024
CC4040	十二位二进制														CD4040 MC14040
CC4060	十四位二进制	内含振荡器	后沿	有	无	9.95	0.05	7	3	300	300			8	CD4060 MC14060
C180	BCD制	功能相同	前或后沿	有	无	9.9	0.1			800	800	≥3	≥3	2	
CC4518	双BCD制					9.95	0.05	7	3	230	230			3	CD4518 MC14518
C183	四位二进制	功能相同	前或后沿	有	无	9.9	0.1			800	800				
CC4520	双四位二进制					9.95	0.05	7	3	230	230				CD4520 MC14520
C182	BCD制	功能相同	前或后沿	有	有	9.9	0.1			1000	1000	≥3	≥3	≥0.5	MC14522
CC14522						9.95	0.05	7	3	450	450			3	MC14522
C185	四位二进制	功能相同	前或后沿	有	有	9.9	0.1			1000	1000	≥3	≥3	≥3	MC14526
CC14526						9.95	0.05	7	3	450	450				MC14526

续表 25-2-35

型号	名称	功能特点	触发方式	清零	置数	主要电气数据									国外同类产品型号
						U_{scg} (V)	U_{scd} (V)	U_{srg} (V)	U_{srd} (V)	t_{PLH} max (ns)	t_{PHL} max (ns)	U_{Ng} (V)	U_{Nd} (V)	f_m (MHz)	
C188	BCD 制	功能相同	前沿	有	有	9.9	0.1			1000	1000	≥3	≥3	2	CD4510、MC14510
CC4510						9.95	0.05	7	3	200	200			3	CD4510、MC14510
C189	四位二进制	功能相同	前沿	有	有	9.9	0.1			1000	1000	≥3	≥3	2	CD4516、MC14516
CC4516						9.95	0.05	7	3	200	200			3	CD4516、MC14516
C181	BCD 制	功能相同	前沿	有	有	9.9	0.1			1000	1000	≥3	≥3	2	CD40192
CC40192						9.95	0.05	7	3	240	240			4	CD40192
C184	四位二进制	功能相同	前沿	有	有	9.9	0.1			1000	1000			2	CD40193
CC40193						9.95	0.05	7	3	240	240			4	CD40193
CC40160	BCD 制	异步清除	前沿	有	有	9.95	0.05	7	3	160	160			5.5	
CC40161	四位二进制					9.95	0.05	7	3	160	160			5.5	CD40161、MC14161
CC4022	八进制计数/分配器	约翰逊码带译码输出	前沿	有	有	9.95	0.05			270	270			5	CD4022、MC14022
CC4017	十进制计数/分配器					9.95	0.05			270	270			5.5	CD4017、MC14017
C187	十进制计数/分配器					9.9	0.1			1000	1000			9.5	CD4017、MC14017

表 25-2-36　　CMOS 译码器技术数据

型号	名称	功能特点	主要电气数据									国外同类产品型号
			U_{scg} (V)	U_{scd} (V)	U_{srg} (V)	U_{srd} (V)	t_{PLH} max (ns)	t_{PHL} max (ns)	U_{Ng} (V)	U_{Hd} (V)	f_m (MHz)	
C302	BCD—八段显示译码器	驱动 12V 荧光数码管	9.9	0.1			800	800	≥3	≥3		
C305		驱动 20V 荧光数码管	9.9									
CC14547	BCD—七段译码/大电流驱动器	大电流输出	8.7	0.05	7	3	500	580				MC14547
C306	BCD—七段译码/液晶驱动器	无电平位移	9.9	0.1	5	3						
CC4055		含电平位移	9.95	0.05	7	3	1150	1150				CD4055
CC4511	BCD—锁存/七段译码/驱动器	反相器输出,有消隐输入	9.1	0.05	7	3	520	420				CD4511、MC14511
CC14513		反相器输出,自消零	9.95	0.05	7	3	500	580				MC14513
CC14543		异或门输出,有消隐输入	9.95	0.05	7	3	500	660				MC14543
CC14544		异或门输出,自消零										MC14544
CH266	六进制计数/锁存/七段译码/液晶驱动器	工作电压 3～6V	U_{DD}=5V 4.9	U_{DD}=5V 0.1			800	800	1.5	1.5		
CH267	十进制计数/锁存/七段译码/液晶驱动器											
CC40110	十进制加/减计数/锁存/七段译码/驱动器	含进位、借位功能	8.85	0.05	7	4	285	285				CD40110
CC4026	十进制计数/七段译码器	含不受控的"C"段输出	9.95	0.05	7	3	200	200				CD4026
CC4033		含灯测试功能										CD4033
C301	BCD 码—十进制译码器	含 3 位二进制输入,八进制码输出	9.9	0.1			800	800	≥3	≥3		CD4028、MC14028
CC4028			9.95	0.05	7	3	160	160				CD4028、MC14028
C304	十进制码—BCD 码译码器	"0～9"操作编码	9.9	0.1			500	500	≥3	≥3		
CC4514	四位锁存/四线—十六线译码器		9.95	0.05	7	3	370	370				MC14514
C300			9.9	0.1			1000	1000	≥3	≥3		CD4514、MC14514
CC4515			9.95	0.05	7	3	370	370				CD4515、MC14515
CC4555	双二进制四送—译码器/分离器	输出"1"电平有效	9.95	0.05	7	3	190	190				CD4555、MC14555
CC4556		输出"0"电平有效										CD4556、MC14556

表 25-2-37　　CMOS 移位寄存器技术数据

型号	时钟边沿	移位方向	功能特点		清除端	并入端	主要电气数据 U_{scg} (V)	U_{scd} (V)	U_{srg} (V)	U_{srd} (V)	U_{Ng} (V)	U_{Nd} (V)	f_{CP} (MHz)	t_{pdg} (ns)	t_{pgd} (ns)	国外同类产品型号
C424	上升沿	右移	串入—串出、引出端功能图相同、位数相同，十八位		无	无	9.9	0.1			≥3	≥3	1	1000	1000	MC14006
CC14006	下降沿						9.95	0.05	7	3			7	220	220	MC14006
C423	上升沿		串入—并出/串出，双四位，功能相同，引出端功能端相同		有	无	9.9	0.1			≥3	≥3	1	1000	1000	CD4015、MC14015
CC4015							9.95	0.05	7	3			6	160	160	CD4015、MC14015
CC4014			串入/并入—串出一位	同步并入、同步串出	无	有	9.95	0.05	7	3			6	160	160	CD4014、MC14014
CC4021				异步并入、同步串出			9.95	0.05	7	3				160	160	CD4021、MC14021
C422		左、右移	并入/串入—并出/串出（左移、右移），双向通用移位寄位器		有	有	9.90	0.10			≥3	≥3	1	1000	1000	CD40194、MC140194
CC40194							9.95	0.05	7	3			6	200	200	CD40194
CC40195			并入/串入—并出/串出，左移要外连线		有	有	9.95	0.05	7	3			6	200		
CC4035				源码/反码输出			9.95	0.05	7	3				200	200	CD4035、MC14035
CC4034			并入/串入—并出/串出（左移、右移），双向总线结构、可完成所有寄存器功能		无	有	9.95	0.05	7	3			6	240	240	CD4034、MC14034

表 25-2-38 CMOS 模拟开关技术数据

型号	名称	功能特点	主要电气数据											国外同类产品型号
			R_{ON} max (kΩ)	R_{OFF} min (MΩ)	THD (%)	t_{pd} max (ns)	f_m (MHz)	U_{Nd} (V)	U_{Ng} (V)	U_{scg} (V)	U_{scd} (V)	U_{srg} (V)	U_{srd} (V)	
C544	四双向模拟开关	四组独立开关,双向传输	100	50	5	300	0.5	≥3	≥3					CD4066、MC14066
CC4066	四双向模拟开关	四组独立开关,双向传输	400Ω									7	2	CD4066、MC14066
C541	单八路模拟开关	电平位移,双向开关,地址选择	1	50	5	300	0.5	≥3	≥3					CD4051、MC14051
CC4051	单八路模拟开关	电平位移,双向开关,地址选择	400Ω			320						7	3	CD4052、MC14052
C542	双四路模拟开关	电平位移,双向开关,地址选择	1	50	5	300	0.5	≥3	≥3					CD4052、MC14052
CC4052	双四路模拟开关	电平位移,双向开关,地址选择	400Ω			320						7	3	CD4052、MC14052
C543	三组二路模拟开关	电平位移,双向开关,地址选择	1	50	5	300	0.5	≥3	≥3					CD4053、MC14053
CC4053	三组二路模拟开关	电平位移,双向开关,地址选择	400Ω			320						7	3	CD4053、MC14053
CC4067	单十六路模拟开关	双向传输,地址选择	400Ω			270						7	3	CD4067
CC4097	双八路模拟开关	双向传输,地址选择	400Ω			270						7	3	CD4097
CC14529	双四路/单八路模拟开关	双向传输,地址选择	400Ω			270						7	3	MC14529
C540	四与或选择器	双选一				300		≥3	≥3	9.9	0.1			CD4019、MC14019
CC4019	四与或选择器	双选一				300				9.95	0.05	7	3	CD4019、MC14019
CC4512	八路数据选择器	地址译码				280				9.95	0.05	7	3	CD4512、MC14512
CC14539	双四路数据选择器	地址译码				420				9.95	0.05	7	3	MC14539

表 25-2-39 部分国产集成运算放大器的技术数据

型 号	名 称	功能特点	主要电气数据														电源电压范围 (V)	工作温度范围 (℃)	国外同类产品型号	类似产品	
			U_{sro} (mV)	aU_{sro} (μV/℃)	I_{sro} (nA)	aI_{sro} (nA/℃)	I_{srB} (μA)	R_{srD} (kΩ)	U_{srcR} (V)	K_{CMR} (dB)	A_{VD} (dB)	R_{scs} (Ω)	I_s (mA)	P_C (mW)	t_r (ns)	SR (V/μs)				国内	国外
F702			0.5		180		2.0	40	−0.4 ~ +0.5	100		200	5.0	120	25		+12V −6V	−55 ~ +125	μA702	F002	
F001	通用Ⅰ型		5	20	500	16	2.5	8		80	66	500		150						7XC1	μA702
F709	通用Ⅰ型		1.0	6	50		200	400		90	100	150		80	0.3		±9 ~ ±18	−55 ~ +125			
FC3 F003			8	5	400		2	250		65	80	200		150			±18				
F709 4E304 F005	通用Ⅱ型		8		300		2			80	80			150			±18	−55 ~ +125		F008、 FC3 8FC2	μA709
DL792 F004 5G23			8	10	1000	3	3	100			86	2000		200			±6 ~ ±16	−10 ~ +70			
FC52			10	5~15	3000	10		20		90	80	20		200			±5 ~ ±18			X52	
F741			1		20		80	2000			94	75	1.7	50	300	0.5	±22	−55 ~ +125			
F741 BG318 F007 5G24 DL7418	通用Ⅲ型		10	20	300	1	1	1000	±12	70	86	200		120			±9 ~ ±18		μA741	(FSC)	
F006 DL741 I	通用Ⅲ型		10	20	300	1	0.8	500	±12	70	86	200		120							μA741
F008			5	10	50	0.5	0.3	500	±12	100	110	500	1.5	45		2				4E322 BG303 FC4	
F009			2		50		0.5			80	90									8FC4	

续表 25-2-39

型号	名称	功能特点	主要电气数据														电源电压范围(V)	工作温度范围(℃)	国外同类产品型号	类似产品	
			U_{sro} (mV)	aU_{sro} (μV/℃)	I_{sro} (nA)	aI_{sro} (nA/℃)	I_{srB} (μA)	R_{srD} (kΩ)	U_{srcR} (V)	K_{CMR} (dB)	A_{VD} (dB)	R_{scs} (Ω)	I_s (mA)	P_C (mW)	t_r (ns)	SR (V/μs)				国内	国外
F148		四运放	1		4		0.03	2500	±12	90	104		2.4	P_d=670		0.5	±22	−55～+125	LM148 μA148		
F248		四运放	1		4		0.03	2500	±12	90	104		2.4	P_d=670			±18	−55～+125			
F348		四运放	1		4		0.03	2500	±12	90	104		2.4	P_d=670			±18				
F107 F207			<3	3	<20	0.01	<0.1	4000	±15	96	87		1.2	P_d=500			±22	−25～+85	LM107 MLM107 μA107 CA107		
F307			2	6	3	0.01	70	500	±12	70	124		1.0	500			±22				
F101 SG101	通用Ⅲ		0.7	3	1.5	0.01	0.03	4000	±15	96	84		1.8				±22		LM101		
F301			2	6	3	0.01	0.07	2000		90	84		1.8	P_d=500			±22V				
F158 F258 F358	双运放	可用单电源，也可用双电源	1		2	0.02				85	80						+5V～±15V		LM158 MLM158 CA158 LM124		
F124 F224		四运放	±2	7	3	10pA	−0.045			85	80		1.5						μA124		
F324			±2	7	±5	10	−0.045		V₊−1.5V	70	100		1.5				±16				
F253		低功耗运放	1	3	4		0.02	6MΩ		100	110		40				±18	−20～+80	μPC253		
F011 DL253		低功耗运放	<8	10	<300	1	<0.5	1MΩ	±12	70	80	250		6			±3～+18		(NEC) μPC253	FC54	

续表 25-2-39

型号	名称	功能特点	主要电气数据														电源电压范围 (V)	工作温度范围 (℃)	国外同类产品型号	类似产品	
			U_{sro} (mV)	aU_{sro} (μV/℃)	I_{sro} (nA)	aI_{sro} (nA/℃)	I_{srB} (μA)	R_{srD} (kΩ)	U_{srcR} (V)	K_{CMR} (dB)	A_{VD} (dB)	R_{scs} (Ω)	I_s (mA)	P_C (mW)	t_r (ns)	SR (V/μs)				国内	国外
F010		低功耗运放	<8	10	<300	1	<0.6	0.5MΩ		70	80	200		<15			±18V			FC54 7XC4 XFC75 DL791	μPC 253
FC54		低功耗运放	<10	3～10	<1000			1MΩ	±12	>80	80	<250		15			±18		X54		
F012 5G26			1	5	10	0.5	0.1	800	±14	96	110	200		6			±1.5～±16V				
F013 FC6			6	5	200		0.75	500		70	80	200		6			±3～±15V			KD203	
FC72 4E325	高精度运放		<5	1	<20		<0.1		≥±7	>120	>110			<120						F030	AD508
FC74			<5		<20		<0.05				>80			<45							
F032			3	5	100	0.2	0.3			100	120		3				±18			BG312	
F725 F033			0.5	2	2	0.035	0.042	1.5MΩ		120	130			80			±18				
F714		V_{10}时漂 0.2 μV/月	10	0.2	0.3	0.005	0.7nA			110	114					0.25			OP07		
F073 F080 F081	高输入阻抗运放	JFET-BJT 结构	6	10	100pA			10^{10}Ω	±12	86	106		1.4			13			(TII) TLD81		
BG313 F074			10		1		1nA		±12	86	92		5			40					
5G28 F076			10				1nA	10^{10}Ω		80	86			<100		20					

续表 25-2-39

型号	名称	功能特点	主要电气数据														电源电压范围 (V)	工作温度范围 (℃)	国外同类产品型号	类似产品	
			U_{sro} (mV)	aU_{sro} (μV/℃)	I_{sro} (nA)	aI_{sro} (nA/℃)	I_{srB} (μA)	R_{srD} (kΩ)	U_{srcR} (V)	K_{CMR} (dB)	A_{VD} (dB)	R_{scs} (Ω)	I_s (mA)	P_C (mW)	t_r (ns)	SR (V/μs)				国内	国外
F071 F155 F156 F157			3	5	3	30pA		10^{12}Ω		100	106					>5	±22		LF157 μAF157		
F355 F356 F357																	±18				
F715	高速集成运放		2		70		0.4	1MΩ	±12	74	89	75	5.5	165	30	70	±15		μA715	F055	
FC92			8		5		8			80	70			240	t_s=600ns		±15			4E321	
F772 F051			2	10	20		0.15			96	110				35	65	±15				
F318 F052			4		30			3MΩ		100	106			P_D=500		70	±20	−25~85	LM318 SFC2318	X55 XFC-76	
FC9			5		100		1			85	60			120			±8			F1520	
F733 SG012 BG323					400		9	0.25 MΩ	±1	60	110						±8		μA733 RC933 MC1733	FC91 XFC-79	
FC91			5		<3μA		<6			80	40			200			±8			μA733	
F507	高速宽带		3	15	40	0.5		300 MΩ	±11	100	100					20			AD507 HA2620		
F1536 FC10	高压运放		5.0		4.5		8nA	10MΩ	±25	110	114						±40		MC1536		
F143 F343			2		1		8nA		±26	80	105						±40		LM143		
BG315			5	10	50	0.5	0.3	500		100	110	500	1.5			2					

表 25-2-40 集成电路保护装置的常用电路示意图

序号	电路名称	电路示意图	序号	电路名称	电路示意图
1	运算放大器	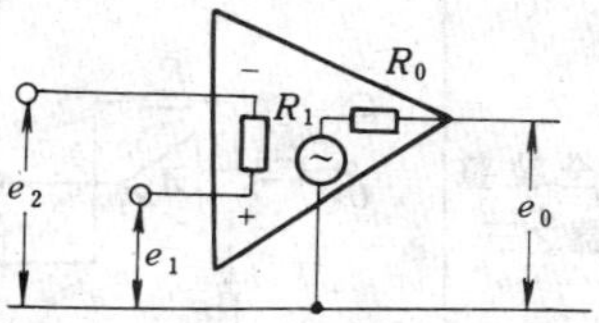	8	方波电路	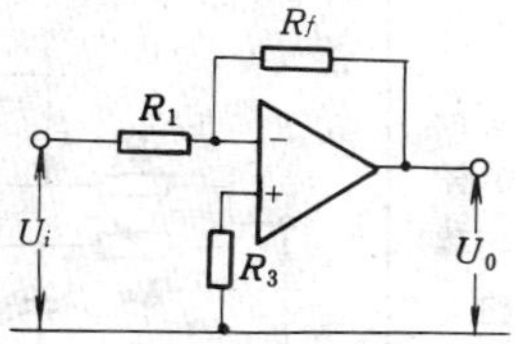
2	反相输入放大器	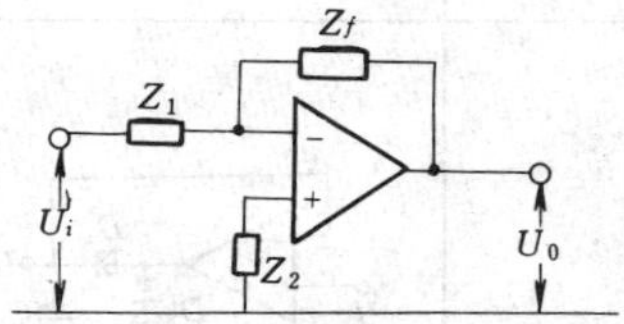	9	时间电路	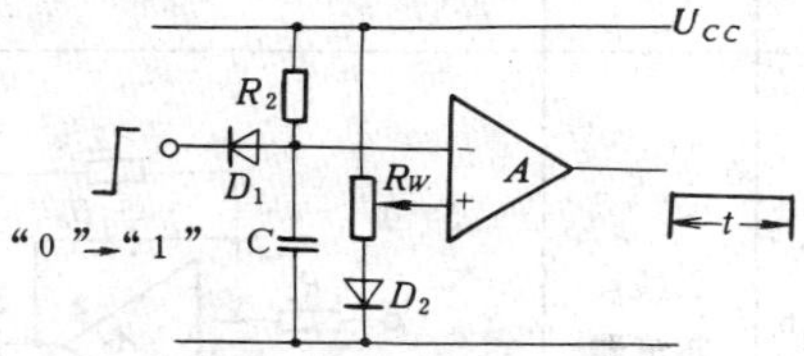
3	同相输入放大器	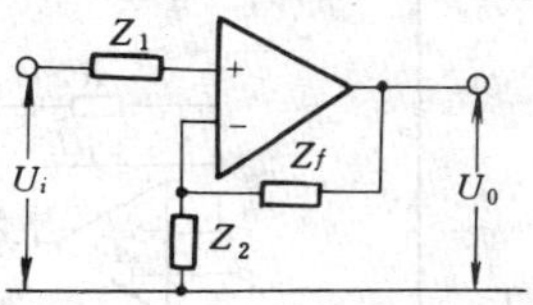	10	0°～90°的相移电路	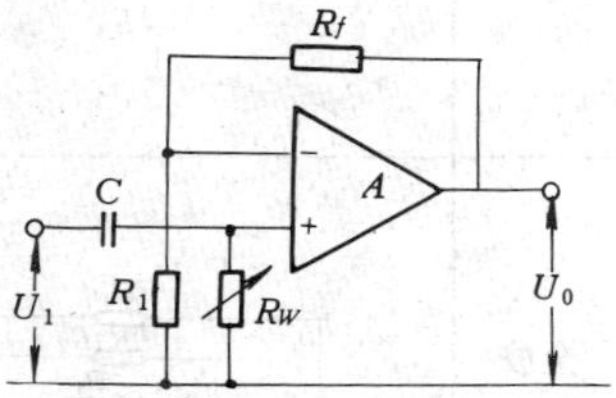
4	电压跟随器	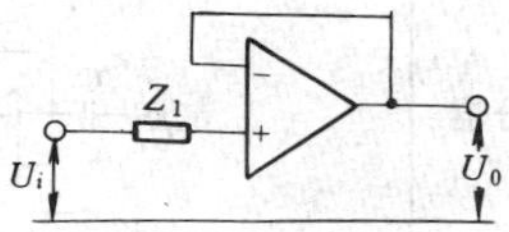	11	90°～180°的相移电路	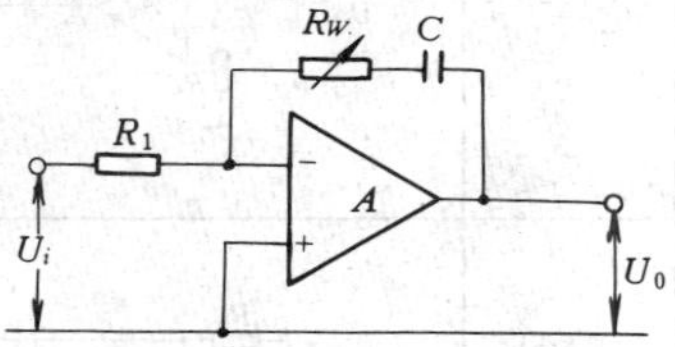
5	加法器	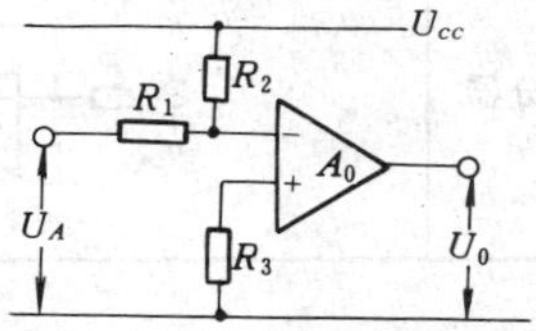	12	180°～270°的相移电路	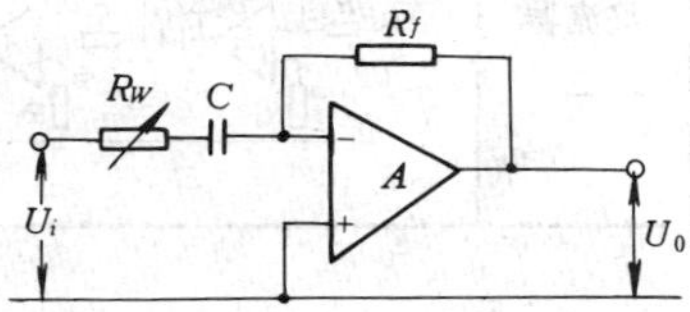
6	减法器	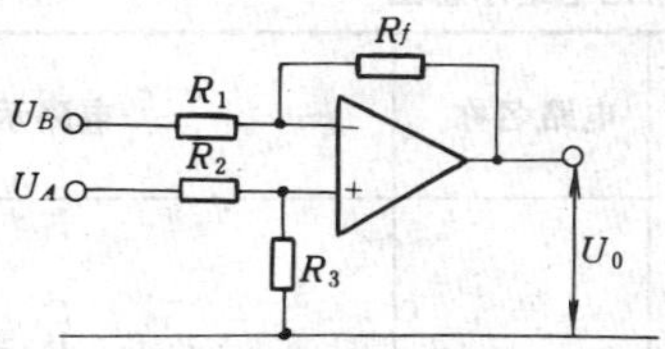	13	270°～360°的相移电路	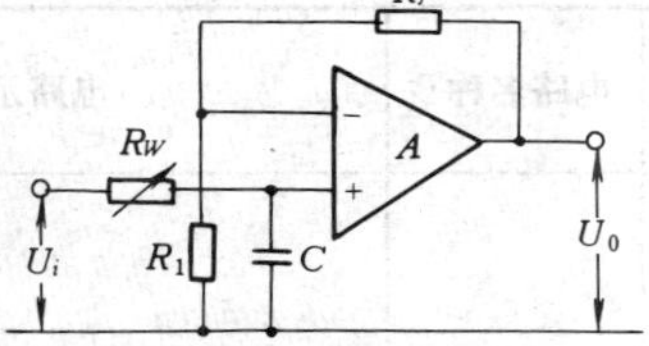
7	电平检测器	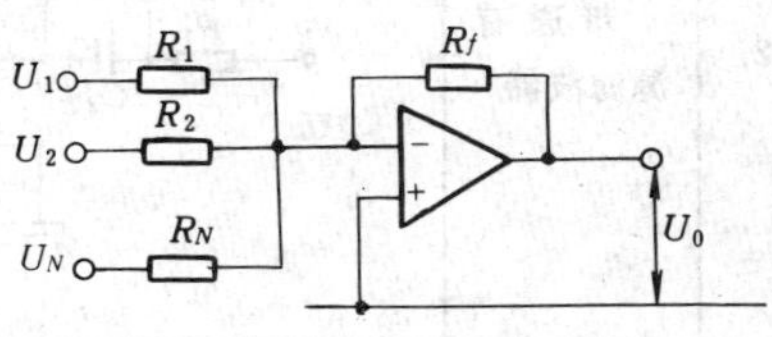	14	0°～180°超前相移电路	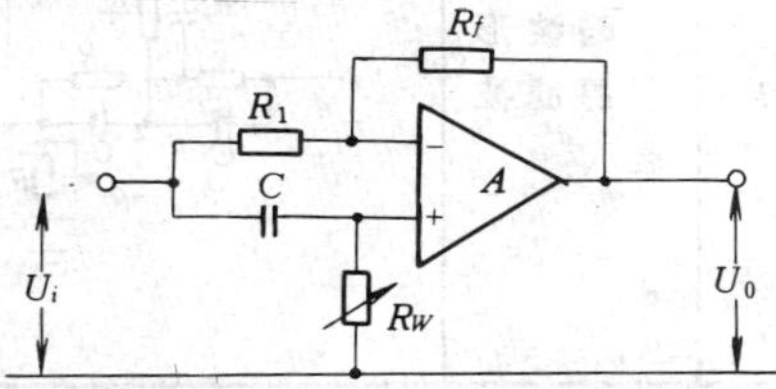

续表 25-2-40

序号	电路名称	电路示意图	序号	电路名称	电路示意图
15	0°～180°滞后相移电路	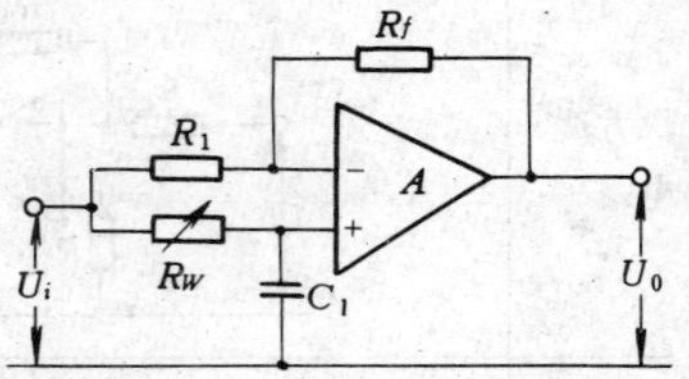	19	全波整流器之三	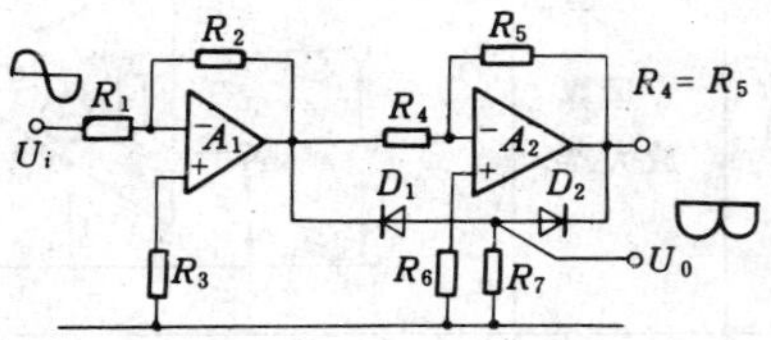
16	线性整流器	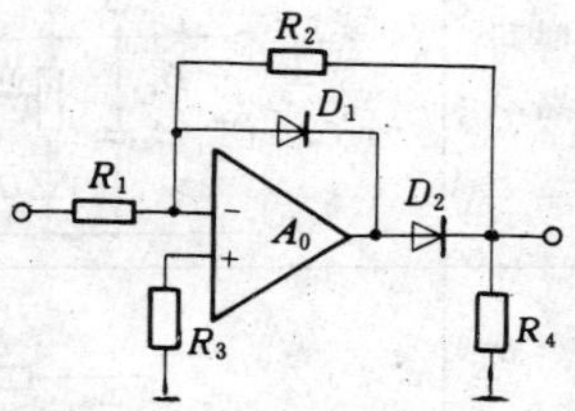	20	峰值检波器	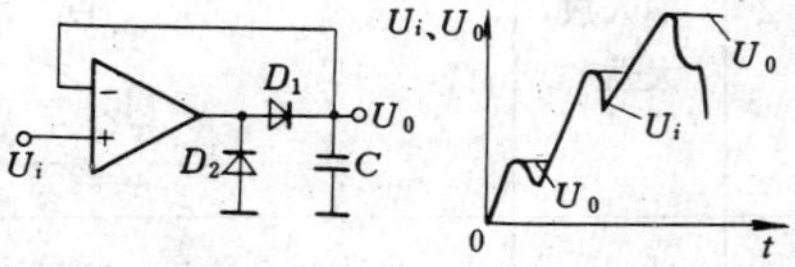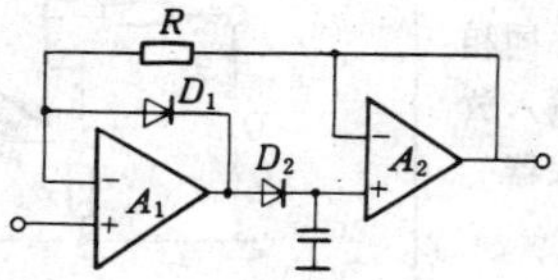
17	全波整流器之一	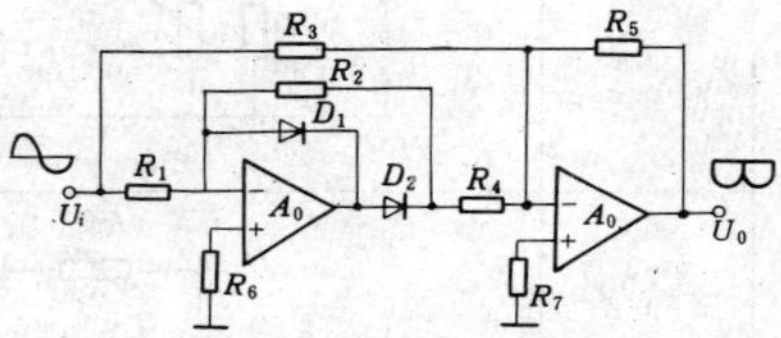	21	微分器	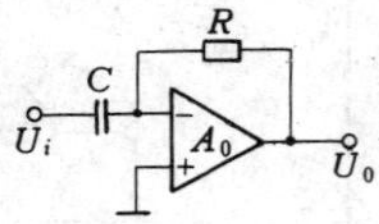
18	全波整流器之二	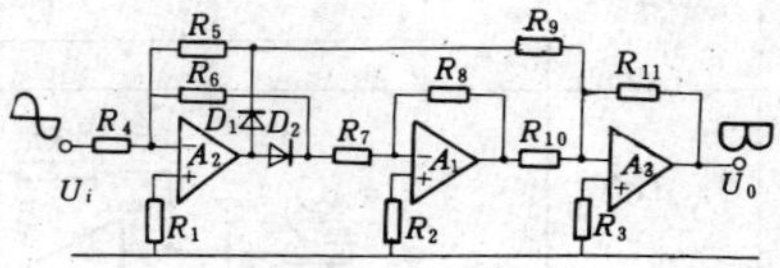	22	积分器	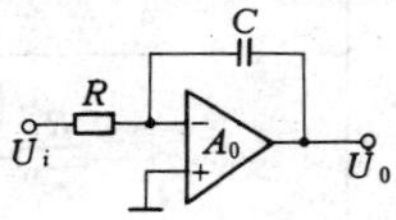

表 25-2-41　　　　保护装置用有源滤波器的常用电路示意图

序号	电路名称	电路示意图	序号	电路名称	电路示意图
1	陷波形有源滤波器	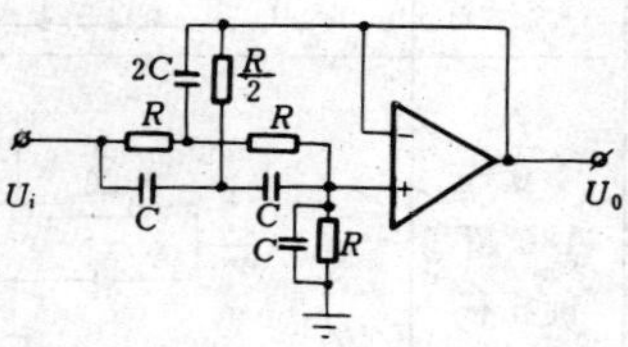	2	带通有源滤波器	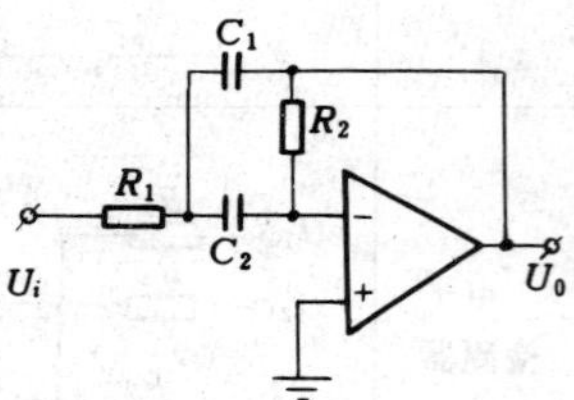

表 25-2-42　　保护用滤波器电路图

序号	电路名称	电路示意图
1	带通滤波器	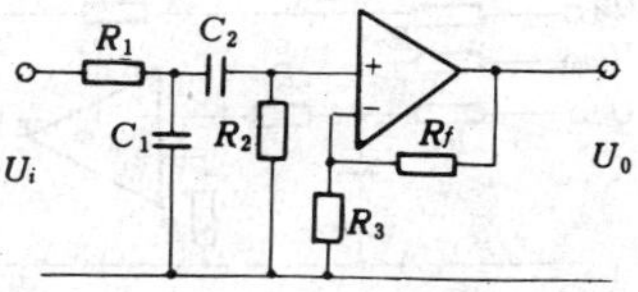
2	单端正反馈低通滤波器	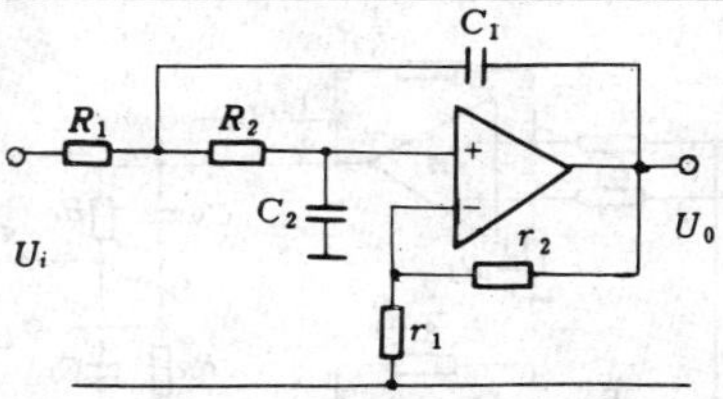
3	单端正反馈高通滤波器	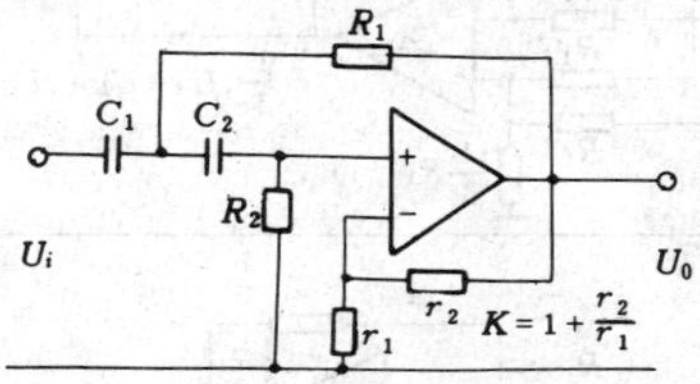 $K=1+\frac{r_2}{r_1}$
4	单端正反馈带通滤波器	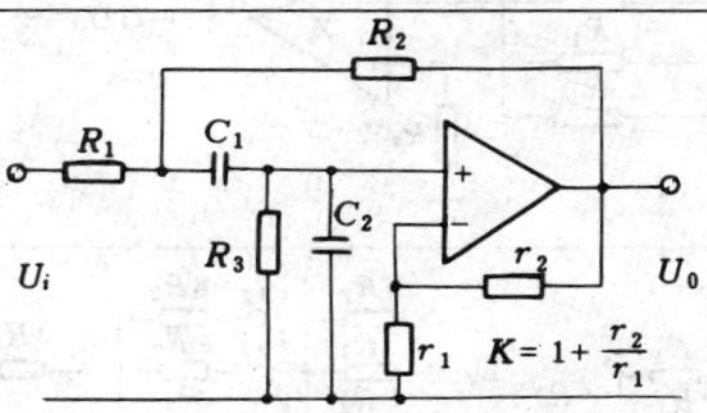 $K=1+\frac{r_2}{r_1}$
5	多端负反馈低通滤波器	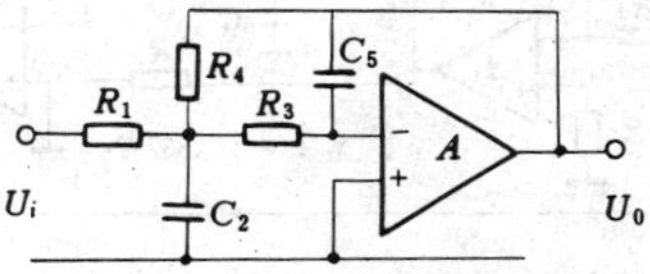
6	多端负反馈高通滤波器	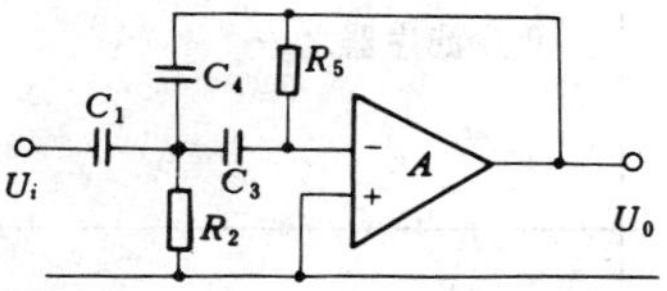
7	多端负反馈带通滤波器	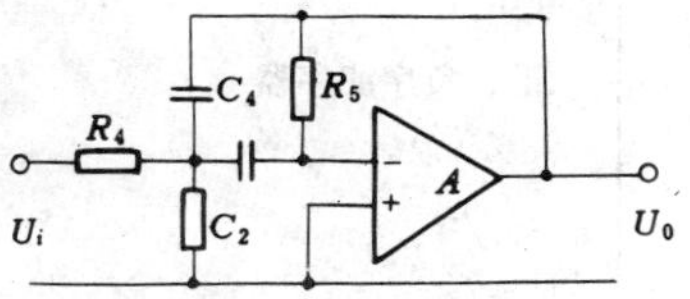
8	零、极点能分别控制的低通滤波器	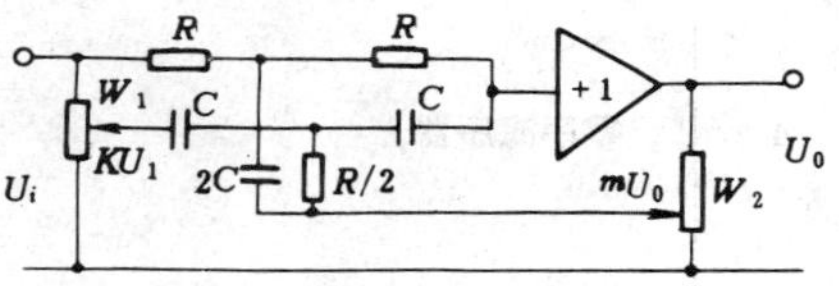
9	零、极点能分别控制的高通滤波器	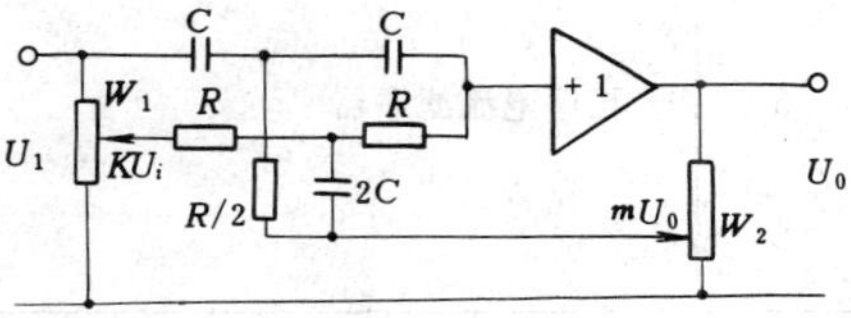

表 25-2-43　　保护装置用滤序器电路示意图

序号	电路名称	电路示意图
1	正序滤序器（将 U_B 和 U_C 输入端子互换即得负序滤序器）	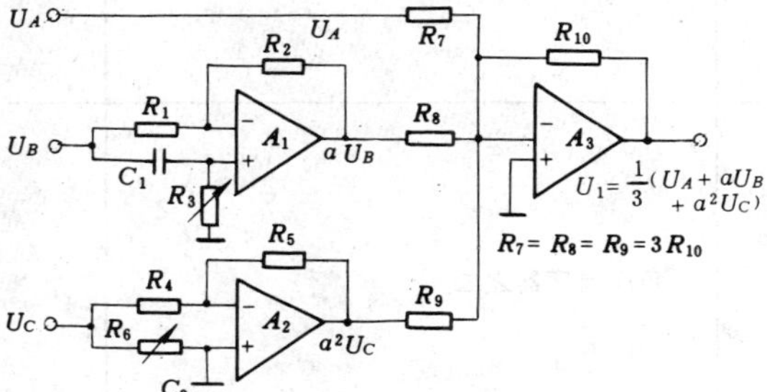 $U_1=\frac{1}{3}(U_A+aU_B+a^2U_C)$ $R_7=R_8=R_9=3R_{10}$

续表 25-2-43

序号	电路名称	电路示意图
2	负序滤序器之一	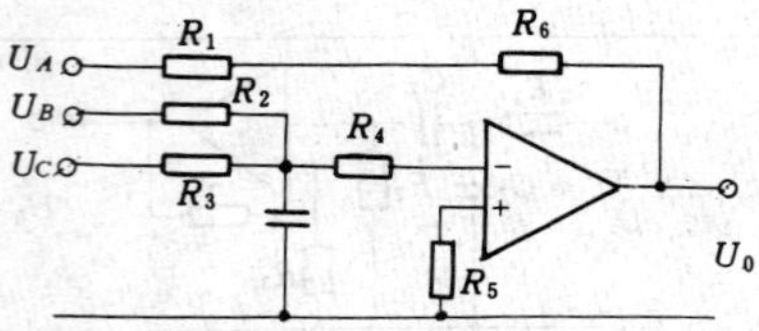 U_A R_1 R_6 U_B R_2 R_4 U_C R_3 R_5 U_0
3	正、负序滤序器	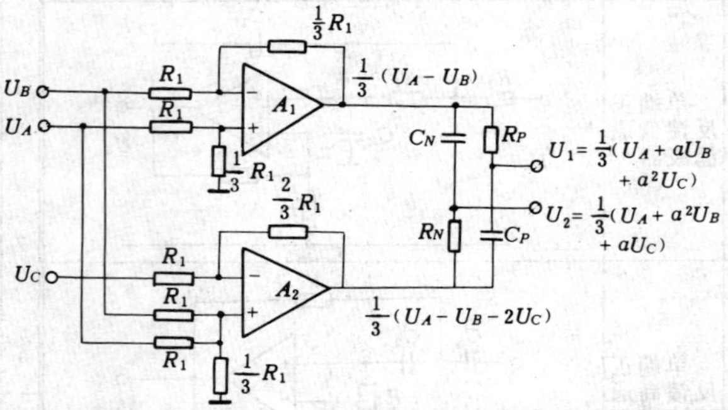 U_B U_A R_1 $\frac{1}{3}R_1$ A_1 $\frac{1}{3}(U_A-U_B)$ C_N R_P $U_1=\frac{1}{3}(U_A+aU_B+a^2U_C)$ $U_2=\frac{1}{3}(U_A+a^2U_B+aU_C)$ R_N C_P $\frac{2}{3}R_1$ U_C A_2 $\frac{1}{3}(U_A-U_B-2U_C)$
4	零序滤序器	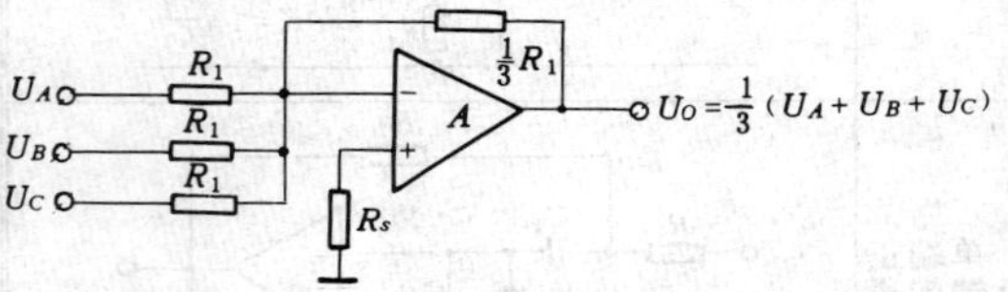 U_A U_B U_C R_1 $\frac{1}{3}R_1$ A R_s $U_O=\frac{1}{3}(U_A+U_B+U_C)$
5	正序电流滤序器	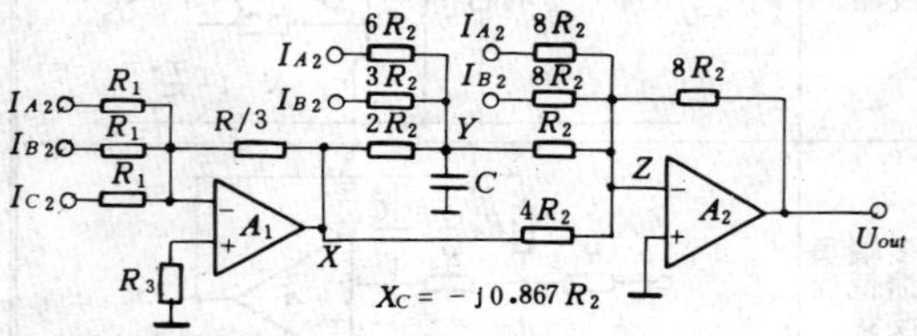 I_{A2} I_{B2} I_{C2} R_1 $R/3$ $6R_2$ $3R_2$ $2R_2$ $8R_2$ R_2 $4R_2$ Y C Z X A_1 A_2 R_3 U_{out} $X_C=-j0.867R_2$
6	正序电压滤序器	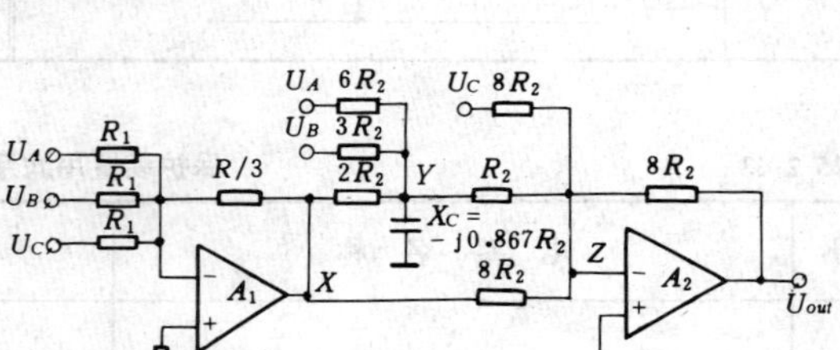 U_A U_B U_C R_1 $R/3$ $6R_2$ $3R_2$ $2R_2$ $8R_2$ R_2 Y $X_C=-j0.867R_2$ X Z A_1 A_2 R_3 U_{out}
7	负序滤序器之二	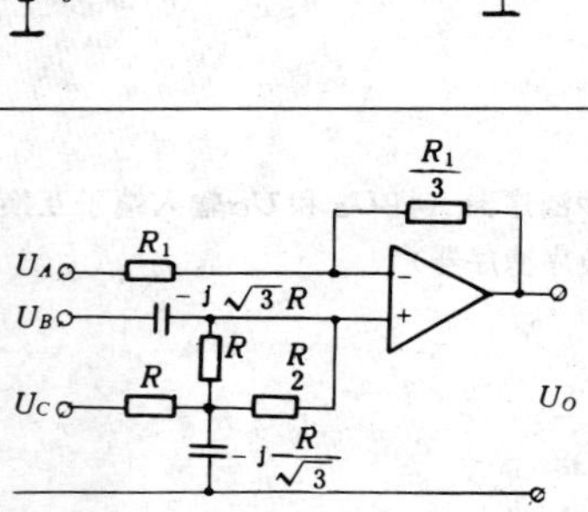 U_A U_B U_C R_1 $\frac{R_1}{3}$ $-j\sqrt{3}R$ R $\frac{R}{2}$ $-j\frac{R}{\sqrt{3}}$ U_O

表 25-2-44 保护装置基本电路示意图

序号	电路名称	电路示意图
1	$U\cos\varphi$ 形成电路	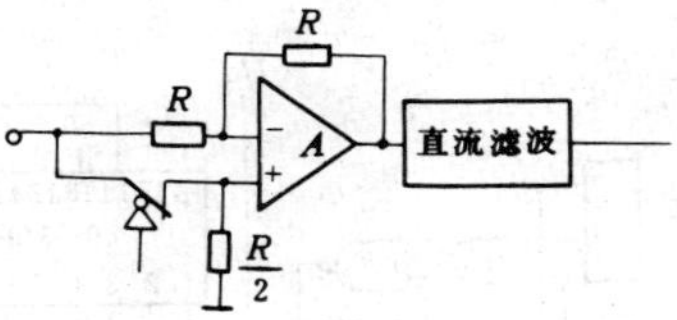
2	电流继电器的整定电路	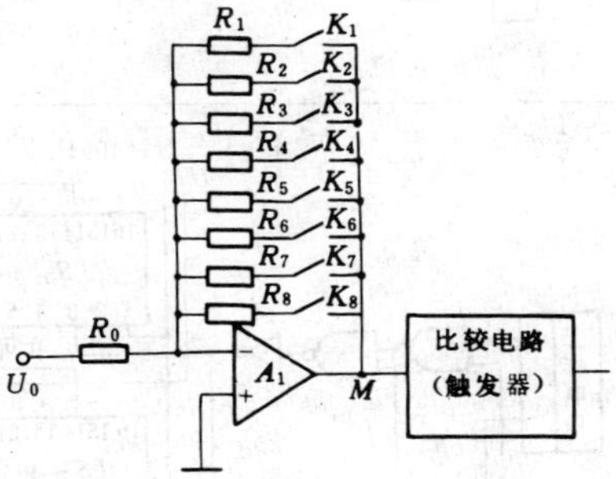
3	相电流差突变量 $\Delta L_{\phi\phi}$ 触发器	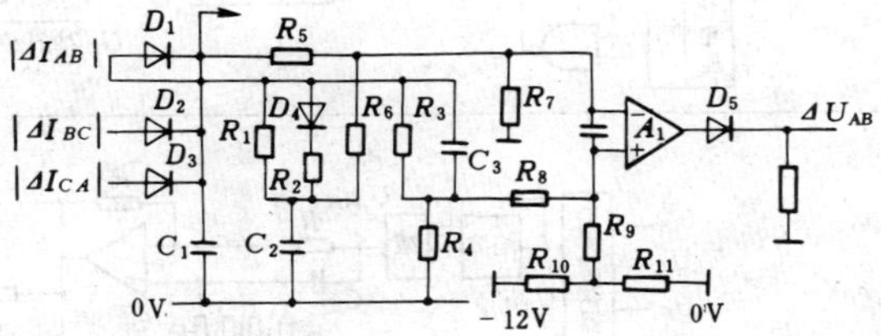
4	时钟脉冲发生回路	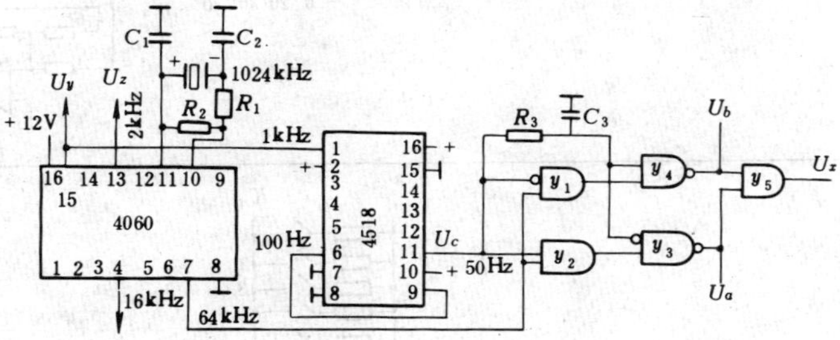 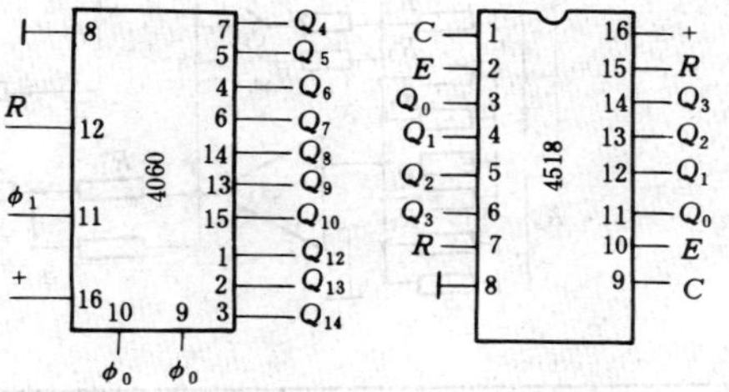

续表 25-2-44

序号	电路名称	电路示意图
5	零序方向比相回路	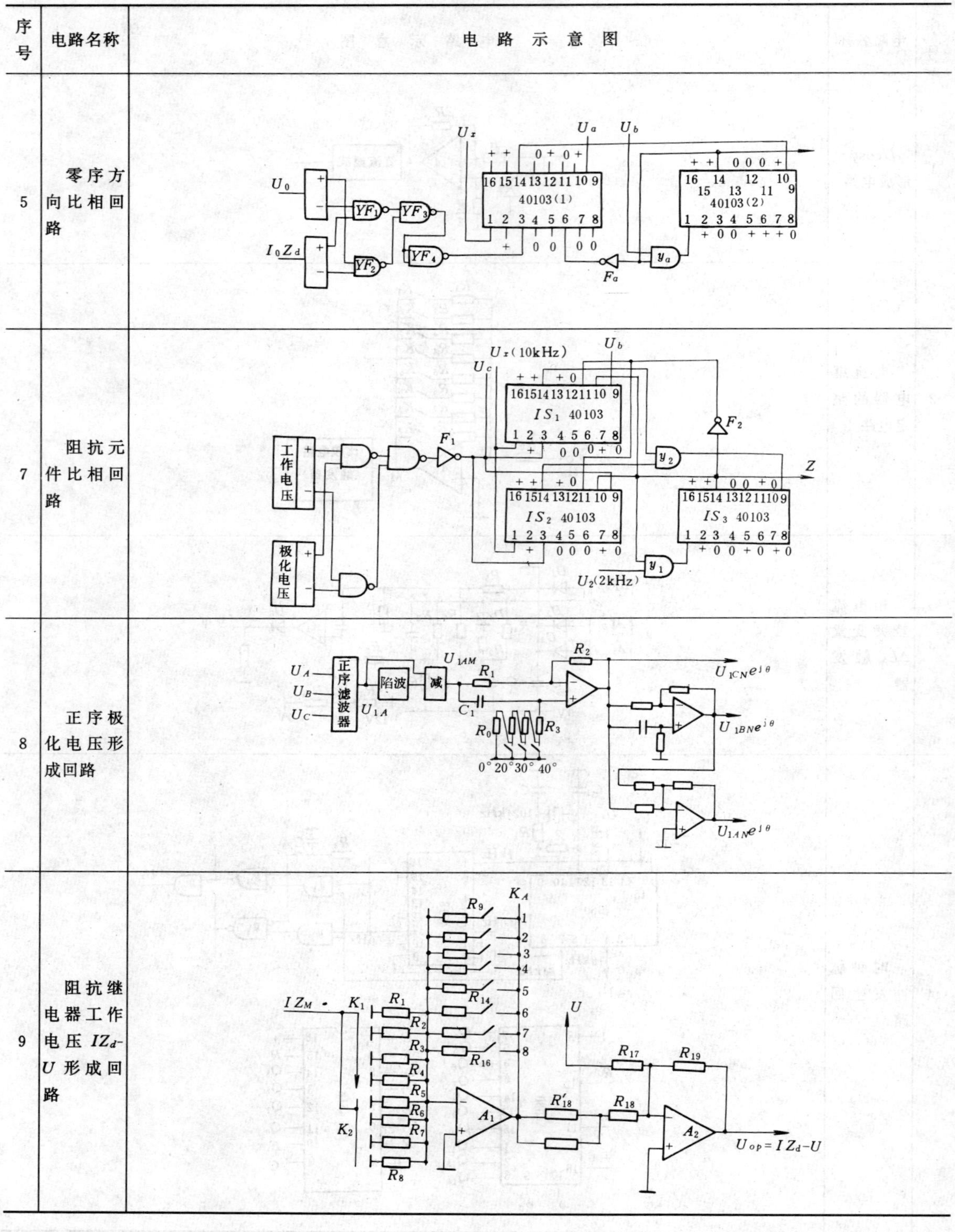
7	阻抗元件比相回路	
8	正序极化电压形成回路	
9	阻抗继电器工作电压 IZ_d-U 形成回路	

续表 25-2-44

序号	电路名称	电路示意图
10	方波形成回路	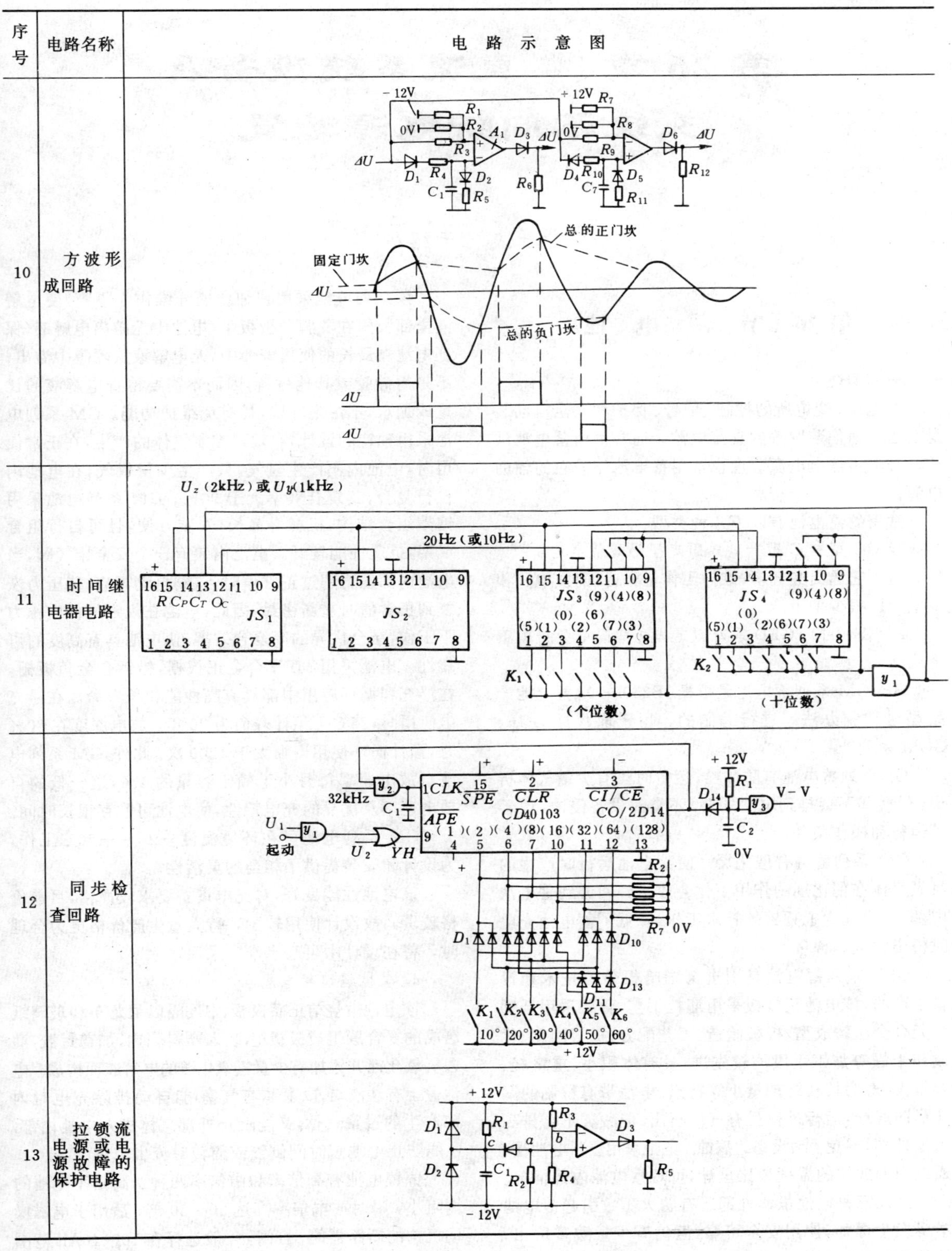
11	时间继电器电路	
12	同步检查回路	
13	拉锁流电源或电源故障的保护电路	

第26章　直流系统设备及交流不间断电源装置

卓乐友　朱绍祖

第26-1节　蓄　电　池

一、概述

发电厂、变电所的控制、信号、保护和安全自动装置及远动通信装置等的直流电源，通常都由蓄电池供给。交流不停电电源装置也常用蓄电池作为它的辅助电源。

常用的蓄电池有以下几种类型：

1. GG型和G型开口式固定型铅酸蓄电池

由于它逸出酸气多，维护工作量大，目前发电厂和变电所已很少采用。

2. GF、GM、GFD系列固定式防酸隔爆型铅酸蓄电池

GF、GM系列蓄电池是根据JB2599-79《蓄电池产品型号编制办法》进行编制的，用于取代原GGF、GGM系列产品。

GF系列蓄电池有防酸栓，运行时虽有少量气体析出，但酸雾不会排到电池外部，不会对设备侵蚀，改善了运行和操作条件。

GM系列蓄电有催化栓，使蓄电池运行时产生的氢氧气体在催化剂的作用下化合成水，回流到蓄电池内部，因而减少了频繁的补水工作，降低了蓄电池充电时析出的气体含量。

GFD系列蓄电池是引进德国哈根公司技术和设备生产的。该电池正极板采用灌粒工艺，骨架采用低锑多元合金压铸成型，极板制造、工艺配方、极板固化、化成和干燥等加工手段均较先进，具有体积小、重量轻、容量大、寿命长和维护量小等特点。电池带有特制的漏斗形防酸栓，运行过程虽有气体析出，但酸雾不会排到电池外部，避免了对设备的腐蚀。电池采用塑料电池槽，通过内部放置的温度和比重计，可观察电池内部情况。

上述三种电池虽然外部遇有明火不致引起蓄电池本身发生爆炸，使用安全可靠，但仍有少量酸雾析出，故蓄电池室仍要有必要的防酸设施及通风采暖措施。

3. GM系列等密封少维护铅酸蓄电池

该系列电池采用超细玻璃纤维作为隔膜，使电解液全部吸附在隔膜和极板中，电池中无游离电解液，保证电池在最长的使用寿命中，无电解液从隔膜中溢出；不采用硅胶或其他材料，因而不需要检查电解液的比重或加水，不污染环境，具有免维护功能。GM系列电池采用独特的设计，有效地控制气体的产生，在正常使用时，电池内不产生氢气，只产生少量氧气，在电池内自行复合，其复合效率大于90%。GM系列电池采用钢架组合结构，机械寿命长，安装方便，且可自行组合成架，抗震性能较好。电池内装有一个安全排气阀，当电池内部压力超过正常值时，该阀自动开启，待压力恢复到正常值时重新密封。因此，电池在规定的低内压力下工作，结合优异的高复合效率，使电池具有高度的可靠性。电池采用MFX合金正板栅，铅钙合金负板栅，在浮充和循环应用中都具有高性能和长寿命。在浮充电使用时，25℃下预计寿命为20年。放电深度在80%时，预计循环使用寿命大于1200次。此外，GM系列电池自放电速率每月小于额定容量的4%，这一低的自放电速率及优异的充电特性，使电池可贮存很长时间。

GM系列电池可在环境温度－20～＋50℃工作，为设计和安装提供了相当的灵活性。

该电池性能良好，对充电设备要求较严格，目前价格较贵，故设计使用较少，待大量生产价格更为合理时，将在设计中可逐步推广采用。

4. 碱性镉镍蓄电池

该电池由烧结正负极板、中间隔以尼龙布和玻璃纸迭成的复合膜组成极板组，装入塑料壳内，加盖封胶，灌入氢氧化钾并添加有少量氢氧化锂的电解液而构成。电池盖上有注液口，口上装有气塞，能自动排除充电时内部产生的过量气体，又能阻止外部气体进入电池内部，还能防止电池短时间倒置或翻转时流出电解液。

镉镍电池有高倍率和中倍率两种。高倍率电池的内阻小，瞬时放电倍率高达20～30倍，适用于电磁操动机构的断路器跳、合闸，一般选择在10～40Ah范围内。中倍率电池的极板较薄，制造极板的钢带孔率较高，适用于较大电流的放电使用，能以(0.5～3.5)C_5A

的倍率放电。目前中倍率蓄电池组容量一般选择在 30～800Ah 范围内。

镉镍蓄电池具有机械强度高，维护方便，腐蚀性小等优点。使用温度较广，可在－40～＋45℃环境温度下使用，自放电小，寿命长，浮充使用寿命可达 15～20 年，充放电循环不少于 900 次。目前高倍率镉镍电池在变电所和远离主厂房的辅助设施中，当断路器电磁操动机构的合闸电源较大时选用。中倍率电池目前容量不大（800Ah 以下），且价格较贵，故只在有特殊要求的地方选用。

5. 其他小容量起动用汽车蓄电池

在电厂中作为柴油机起动点火和照明用。

二、固定型铅酸蓄电池

（一）技术数据

目前国内生产蓄电池的制造厂较多，GF、GM、GFD 系列蓄电池的技术特性数据详见《电力工程电气设计手册・2・电气二次部分》的表 24-16～表 2-18。

电力部电力规划设计总院主持以华北院、华东院为主编制的《直流设计技术规定》中，对蓄电池选择的"阶梯负荷计算法"收集补充了一些新的曲线和系数，为便于今后设计选择，现将其作简单介绍。

1. GF 系列蓄电池的容量换算系数及曲线

按上海蓄电池研究所 1990 年 5 月提供的资料作为设计依据。GF 系列有 10、25、50、100Ah 四种容量的正极板，试验证明，由 10、25Ah 组成的蓄电池（250Ah 以下）的裕度较大，50Ah 和 100Ah 基本相同，GF-2000Ah 及以下容量的换算曲线见图 26-1-1 及图 26-1-2。

GF-2000Ah 及以下容量蓄电池的不同时间放电率及不同放电终止电压的容量换算系数见表 26-1-1。

表 26-1-1　GF-2000Ah 及以下容量蓄电池不同时间放电率及不同放电终止电压时的容量换算系数

放电时间 (min) / 换算系数 (1/h) / 蓄电池终止电压 (V)	1	10	29	30	59	60	90	120	150	180	300	420	450	480
	$K_c=\frac{I}{C_{10}}$													
1.75	0.90	0.78	0.59	0.58	0.47	0.46	0.40	0.33	0.29	0.26	0.18	0.14	0.13	0.12
1.80	0.78	0.64	0.53	0.52	0.42	0.41	0.35	0.30	0.27	0.24	0.17	0.13	0.12	0.11
1.85	0.60	0.50	0.43	0.42	0.36	0.35	0.32	0.26	0.23	0.21	0.16	0.12	0.11	0.10
1.90	0.40	0.36	0.33	0.32	0.29	0.28	0.26	0.22	0.20	0.18	0.14	0.11	0.10	0.09
1.95		0.26	0.23	0.22	0.20	0.19	0.18	0.16	0.14	0.13	0.11	0.10	0.09	0.08

注　蓄电池终止电压为 1.80V，放电时间为 5s，其容量换算系数 $K_c\approx0.9$。

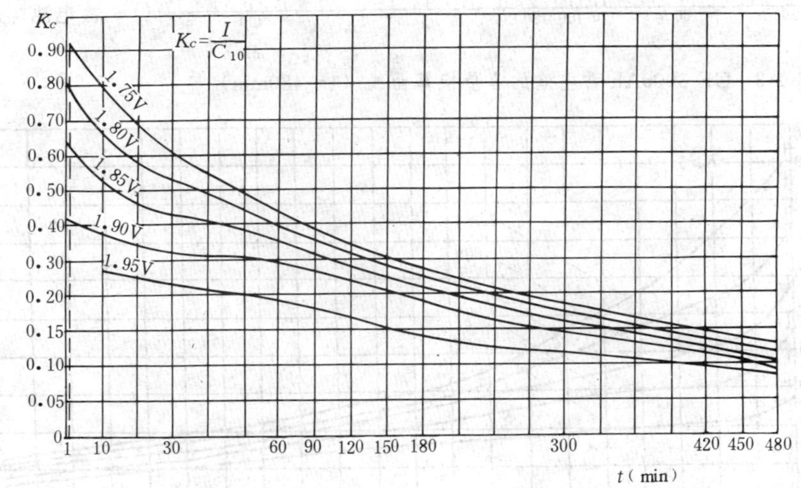

图 26-1-1　GF-2000Ah 及以下容量蓄电池的容量换算曲线（1～480min）

K_c—容量换算系数；t—放电时间；C_{10}—蓄电池 10 小时放电率额定容量（Ah）；I—放电电流（A）

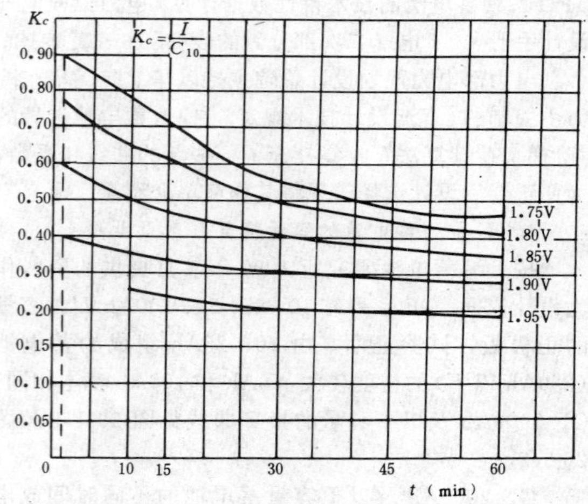

图 26-1-2　GF-2000Ah 及以下容量蓄电池的容量换算曲线（1～60min）

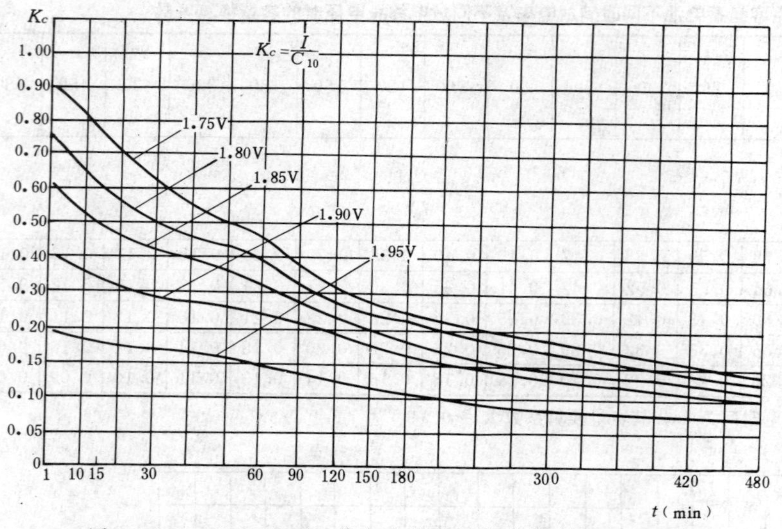

图 26-1-3　GF-3000Ah 蓄电池的容量换算曲线（1～480min）

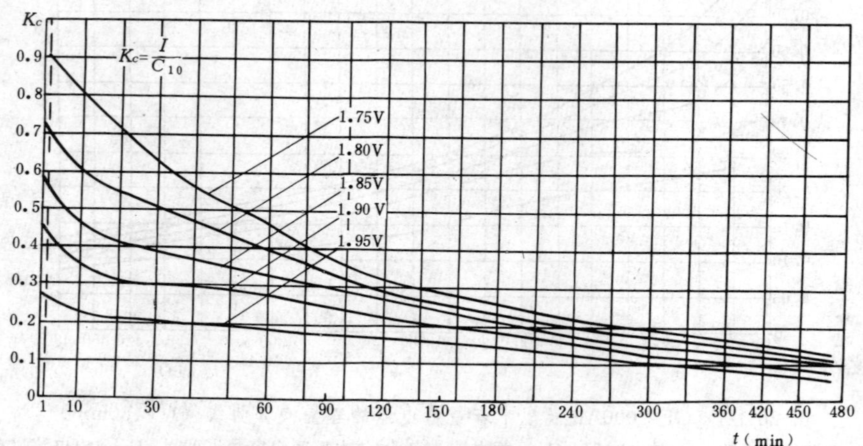

图 26-1-4　GFD-3000Ah 及以下容量蓄电池的容量换算曲线（1～480min）

目前，GF 系列 3000Ah 及以上容量的蓄电池，有一些制造厂已试制或投产，但其试验曲线及参数尚未经有关部门审查认可。上海蓄电池厂提供的容量换算曲线见图 26-1-3，容量换算系数见表 26-1-2，可供设计参考。

2. GFD 系列蓄电池的容量换算系数及曲线

沈阳蓄电池研究所于 1988 年提供的 3000Ah 及以下容量蓄电池的容量换算系数及曲线，见表 26-1-3 和图 26-1-4、图 26-1-5。

（二）外形及安装尺寸

GF、GM、GFD 系列蓄电池的外形及安装尺寸，见图 26-1-6、图 26-1-7 及表 26-1-4～表 26-1-6。

GFD 系列蓄电池架外形尺寸见表 26-1-7。

上述表 26-1-4～表 26-1-6 所列蓄电池的外形尺寸、质量等，各生产厂均有差异，表中数据是按沈阳蓄电池厂的资料列出，设计时若采用其他生产厂的产品，应按该厂的产品资料设计。

生产厂随蓄电池配套供应连接条和连接螺栓，电池组正负两端的母线由用户自备。

（三）生产厂

GF 系列蓄电池：沈阳蓄电池厂，上海蓄电池厂，重庆蓄电池厂，长江蓄电池厂，淄溥蓄电池厂等。

GM 系列蓄电池：淄溥蓄电池厂，重庆蓄电池厂等。

GFD 系列蓄电池：沈阳蓄电池厂。

表 26-1-2 GF-3000Ah 蓄电池的不同时间放电率及不同放电终止电压时的容量换算系数

放电时间(min) / 换算系数(1/h) / 蓄电池终止电压(V)	1	10	15	29	30	59	60	90	120	150	180	300	420	479	480	600	1200
	$K_c=\frac{I}{C_{10}}$																
1.75	0.90	0.83	0.76	0.63	0.62	0.47	0.46	0.37	0.32	0.28	0.25	0.185	0.15	0.135	0.132	0.115	0.065
1.80	0.75	0.66	0.61	0.51	0.50	0.41	0.40	0.32	0.28	0.25	0.235	0.165	0.135	0.13	0.125	0.105	0.063
1.85	0.61	0.53	0.50	0.44	0.43	0.34	0.33	0.28	0.24	0.21	0.19	0.14	0.125	0.115	0.11	0.095	0.060
1.90	0.41	0.36	0.33	0.30	0.29	0.26	0.25	0.22	0.20	0.18	0.17	0.13	0.11	0.105	0.10	0.085	0.055
1.95	0.195	0.185	0.18	0.175	0.17	0.15	0.145	0.13	0.125	0.12	0.11	0.085	0.075	0.073	0.07	0.06	0.045

表 26-1-3 GFD-3000Ah 及以下容量蓄电池的不同时间放电率及不同放电终止电压时的容量换算系数

放电时间 / 换算系数(1/h) / 蓄电池终止电压(V)	0.5 (s)	1 (s)	2 (s)	4 (s)	8 (s)	10 (s)	1 (min)	10 (min)	15 (min)	29 (min)	30 (min)	59 (min)	60 (min)	89 (min)	90 (min)	120 (min)	150 (min)	179 (min)	180 (min)	300 (min)	390 (min)	420 (min)	450 (min)	479 (min)	480 (min)
	$K_c=\frac{I}{C_{10}}$																								
1.75	1.36	1.28	1.20	1.05	0.92	0.90	0.89	0.72	0.69	0.63	0.62	0.48	0.47	0.40	0.39	0.32	0.30	0.27	0.27	0.19	0.16	0.15	0.13	0.12	0.12
1.80	1.18	1.10	1.00	0.90	0.78	0.75	0.74	0.59	0.57	0.53	0.52	0.42	0.41	0.36	0.35	0.29	0.27	0.25	0.25	0.17	0.14	0.13	0.12	0.11	0.11
1.85	1.00	0.92	0.83	0.75	0.65	0.62	0.61	0.47	0.45	0.42	0.41	0.35	0.34	0.29	0.28	0.27	0.25	0.22	0.22	0.14	0.13	0.12	0.11	0.10	0.10
1.90	0.85	0.78	0.70	0.60	0.52	0.49	0.47	0.35	0.33	0.32	0.31	0.28	0.27	0.25	0.25	0.22	0.20	0.19	0.19	0.12	0.10	0.09	0.08	0.07	0.07
1.95	0.65	0.59	0.52	0.46	0.42	0.39	0.28	0.24	0.23	0.22	0.21	0.19	0.18	0.17	0.17	0.17	0.16	0.15	0.15	0.10	0.08	0.07	0.06	0.05	0.05

表 26-1-4 **GF 系列固定型防酸隔爆式蓄电池的外形及安装尺寸**

型　号	额定电压（V）	单格极板额定容量（Ah）	外形尺寸（mm）				相邻蓄电池中心距离 l（mm）	质量（不带电解液）（kg）
			长 L	宽 B	槽高 h	总高 H		
GF-30	2	10	98	123	185	221	122	3.5
GF-50	2	10	138	123	185	221	162	4.5
GF-100	2	25	120	158	309	367	143	7.7
GF-150	2	25	157	158	309	367	180	11.5
GF-200	2	25	194	158	309	367	217	15
GF-250	2	50	162	207	474	543	185	20
GF-300	2	50	162	207	474	543	185	23
GF-350	2	50	199	207	474	543	222	26
GF-400	2	50	199	207	474	543	222	29
GF-450	2	50	236	207	474	543	259	33
GF-500	2	50	236	207	474	543	259	36
GF-600	2	100	159	277	650	735	182	48
GF-700	2	100		277	650	735	219	54
GF-800	2	100	196	277	650	735	219	60
GF-900	2	100	233	277	650	735	260	69
GF-1000	2	100	233	277	650	735	260	77
GF-1200（C、D型）	2	100	322	277	650	735	315（C型） 350（D型）	95
GF-1400（C、D型）	2	100	322	277	650	735	315（C型） 350（D型）	106
GF-1600（C、D型）	2	100	439	277	650	740	315（C型） 471（D型）	122
GF-1800（C、D型）	2	100	439	277	650	740	315（C型） 471（D型）	133
GF-2000（C、D型）	2	100	439	277	650	740	315（C型） 471（D型）	145
GF-1600（A型）	2	100	439	277	650	740	315（A型）	122
GF-1800（A型）	2	100	439	277	650	740	315（A型）	133
GF-450	2	50	339	183	369	425	—	51.5
GF-2000（A型）	2	100	439	277	650	700	315（A型）	

注 表中A型为软胶圈密封，有4个极柱；C、D型为封口剂密封；GF-1200～1400型为4个极柱，GF-1600～2000型为6个极柱。

表 26-1-5 **GM 系列固定型防酸隔爆式蓄电池外形及安装尺寸**

型　号	额定电压（V）	单格极板额定容量（Ah）	外形尺寸（mm）				相邻蓄电池中心距离 l（mm）
			长 L	宽 B	槽高 h	总高 H	
GM-100	2	25	120	158	309	395	143
GM-150	2	25	157	158	309	395	180
GM-200	2	25	194	158	309	395	217

续表 26-1-5

型　号	额定电压 (V)	单格极板额定容量 (Ah)	外形尺寸 (mm)				相邻蓄电池中心距离 l (mm)
			长 L	宽 B	槽高 h	总高 H	
GM-300	2	50	162	207	474	587	185
GM-400	2	50	199	207	474	587	222
GM-500	2	50	236	207	474	587	259
GM-600	2	100	159	276	650	770	182
GM-800	2	100	196	276	650	770	219
GM-1000	2	100	233	276	650	780	260

表 26-1-6　GFD 系列固定型防酸隔爆式蓄电池外形及安装尺寸

型　号	额定电压 (V)	10h 放电率容量 (Ah)	外形尺寸 (mm)			相邻蓄电池间距离 l (mm)	质量（不带电解液）(kg)
			长 L	宽 B	总高 H		
GFD-200		200					16
GFD-250		250	147	208	444	32	18
GFD-300		300					20
GFD-350		350					24
GFD-420		420	168	208	555		27
GFD-490		490					30
GFD-600		600	147	208	730	32	36
GFD-800	2	800	212	193	730		48
GFD-1000		1000	212	277	730		59
GFD-1200		1200					71
GFD-1500		1500					103
GFD-1875		1875	214	399	850		125
GFD-2000		2000				31	135
GFD-2500		2500	214	578	850		164
GFD-3000		3000					191

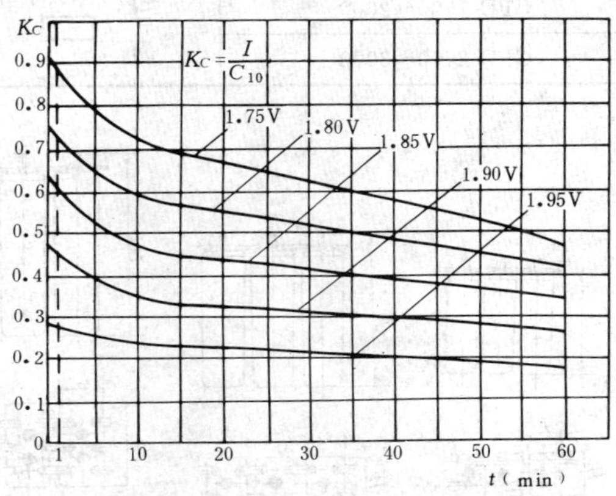

图 26-1-5　GFD-3000Ah 及以下容量蓄电池的容量换算曲线（1～60min）

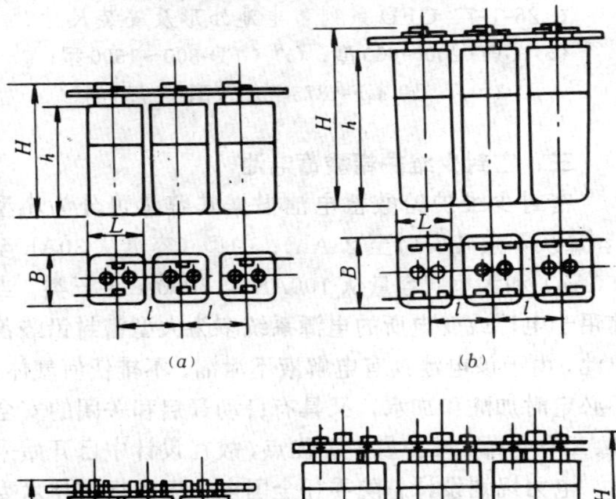

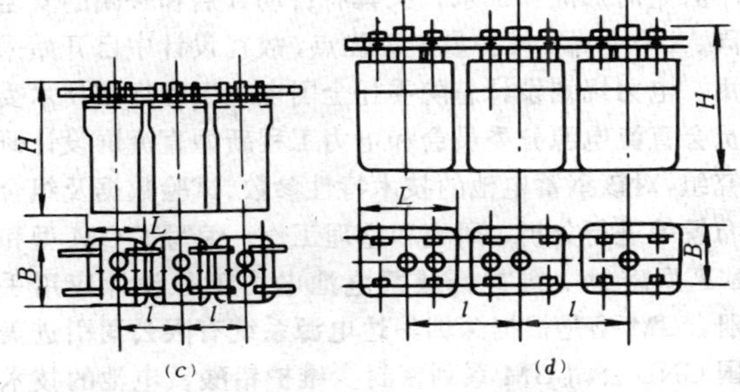

图 26-1-6　GF 系列蓄电池外形及安装尺寸

(*a*) GF-30～900 型；(*b*) GF-1000～1400 型；(*c*) GF-1200～2000（A、C 型）；(*d*) GF-1200～2000（D）型

表 26-1-7　　GFD 系列蓄电池架外形尺寸

型　号	单列布置（m）				双列布置（m）			
	示意图	长 *L*	宽 *B*	高 *H*	示意图	长 *L*	宽 *B*	高 *H*
GFD-200～300		2.2		0.3		1.1		0.3
GFD-350～490		2.4	0.35	0.37		1.2	0.6	0.37
GFD-600		2.2		0.48		1.1		
GFD-800			0.34	0.48			0.55	0.48
GFD-1000～1200			0.42				0.75	
GFD-1500～2000		2.8	0.54	0.56		1.4	1.0	0.56
GFD-2500～3000			0.72				1.4	

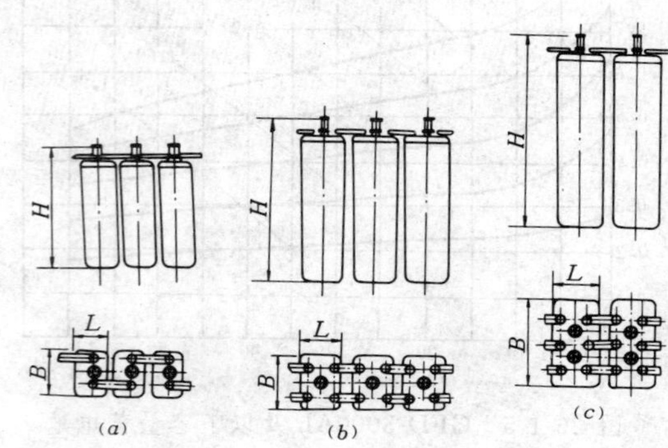

图 26-1-7　GFD 系列蓄电池外形及安装尺寸
(*a*) GFD-200～600 型；(*b*) GFD-800～1500 型；(*c*) GF-1875～3000 型

三、密封少维护铅酸蓄电池

密封少维护铅酸蓄电池根据其容量可分为小型（容量从零点几安时至 25Ah）、中型（容量从 30Ah 至 250Ah）和大型（容量从 100Ah 至 3000Ah）三类。当前用于电厂或变电所的电源系统多为大型密封铅酸蓄电池。由于该电池具有电解液不泄漏、不排任何气体、不必定时加酸和加水，又具有自动开启和关闭的安全阀、工作可靠、维护量少等优点，故在设计中已开始采用。电力规划设计总院委托全国电气工程标准技术委员会直流电源分委员会和电力工程新型直流屏设计研究组，对该型蓄电池的技术特性参数、试验数据及组合布置等进行分析、研究和整理工作，编写了 GM 型和 MF 型密封少维护铅酸蓄电池电力工程设计应用手册，GM 型是根据深圳华达电源系统有限公司引进美国 GNB 公司 GM 系列密封少维护铅酸蓄电池的技术及生产流水线生产的蓄电池进行编制的，MF 型是根据成都电源厂研制的 MF 系列阀控式密封少维护铅酸蓄电池进行编制的，两种型式的产品技术性能参数相近，本手册重点介绍该型电池的技术数据及其选择计算用的曲线，其他厂的产品可根据介绍的内容进行选择。

（一）GM 系列密封少维护铅酸蓄电池

1. 技术性能

(1) 浮充电压：2.25～2.28V，建议取 2.25V（温度 25℃）。当温度变化时，修正值为±1℃时 3mV。

(2) 均衡充电电压：均衡充电采用定电流恒电压两阶段充电方式，充电电流为 $0.1\sim0.25C_{10}A$（建议取 $0.1C_{10}A$），充电电压为 2.35～2.40V，对动力专用蓄电池组可取 2.4V，对混合供电和控制专用蓄电池可取 2.35V。

(3) 放电容量与温度关系：GM 系列蓄电池标称容量是以25℃为基础的。如图 26-1-8 所示，蓄电池放电容量随温度升高而增大。长期运行温度若升高10℃，蓄电池寿命约降低一半。蓄电池在 25～0℃区间内，温度每下降 1℃，其放电容量约下降 1%。建议蓄电池室的环境温度在 10～30℃范围内为宜。

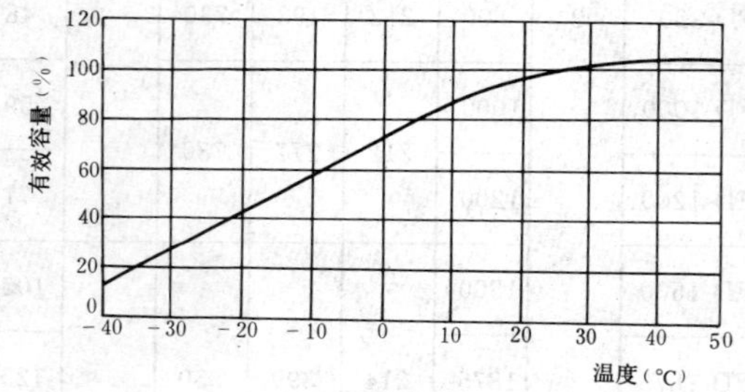

图 26-1-8　GM 系列密封少维护铅酸蓄电池放电容量与温度关系曲线

(4) 浮充电流：<2mA/Ah，建议取 2mA/Ah。

(5) 短路电流及内阻，见表 26-1-8。

(6) 不同放电深度后均衡充电所需时间，见表 26-1-9。充电特性见图 26-1-9。

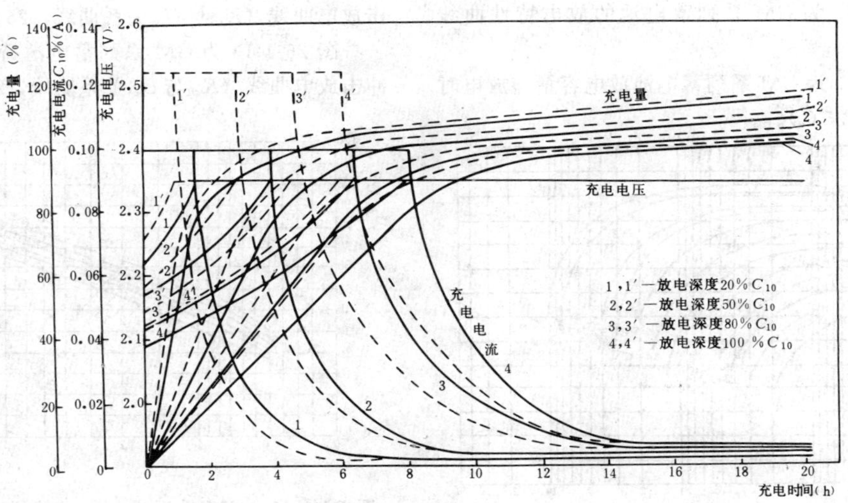

图 26-1-9　GM 系列密封少维护铅酸蓄电池在不同放电深度下充电特性曲线（25℃）

表 26-1-8　GM 系列密封少维护铅酸蓄电池短路电流及内阻

开路电压（V）		2.170			
放电时间（s）		0.02	0.20	0.50	1.00
放电电流（A）	GM_1-370	425	422	420	418
	GM_2-1015	953	945	924	914
放电电压（V）	GM_1-370	1.898	1.868	1.855	1.848
	GM_2-1015	1.966	1.960	1.950	1.947
电池内阻（mΩ）	GM_1-370	0.640	0.716	0.750	0.770
	GM_2-1015	0.214	0.222	0.238	0.244
短路电流（A）	GM_1-370	3390	3030	2893	2818
	GM_2-1015	10140	9775	9118	8893

(7)连接条的压降：蓄电池单体电池之间或组件与组件之间，采用不锈钢螺帽、螺栓、镀铅铜连接条和平垫圈连接时，连接条的压降如表 26-1-10 所列。

经计算，220V 蓄电池组连接条总压降约为 1V；110V 蓄电池组约为 0.5V。

表 26-1-9　GM 系列密封少维护铅酸蓄电池不同放电深度后均衡充电所需时间

放电深度（%）	恒流充电电流（A）	恒流转恒压时间（h）	恒压充电电压（V）	充足电时间（h）
20	$0.1C_{10}$	1.5	2.35	12
	$0.125C_{10}$	1.0	2.35	10
50	$0.1C_{10}$	3.8	2.35	18
	$0.125C_{10}$	2.8	2.35	16
80	$0.1C_{10}$	6.3	2.35	22
	$0.125C_{10}$	4.5	2.35	20
100	$0.1C_{10}$	8	2.35	26
	$0.125C_{10}$	6	2.35	24

注　充电时间是指环境温度为 25℃时的时间，当环境温度在 21℃～32℃，充电时间可参考表中数据；当环境温度在 10℃～20℃时，充电时间加倍。

表 26-1-10　连接条压降表

放电电流（A）	100	200	300	400	500
连接条压降（mV）	4.6	9.0	13.6	18.0	23.6

2. 特性曲线和系数

选择 GM 型密封少维护铅酸蓄电池时，采用的曲线和系数如下：

(1) 放电特性曲线：

图 26-1-10 为 GM 系列蓄电池的放电特性曲线（25℃）。

图 26-1-11 为 GM 系列蓄电池放电容量与放电时间关系曲线（25℃）。

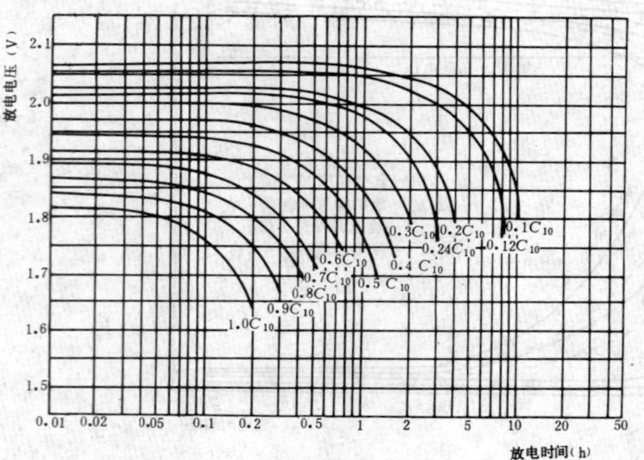

图 26-1-10　GM 系列密封少维护铅酸蓄电池放电特性曲线（25℃）

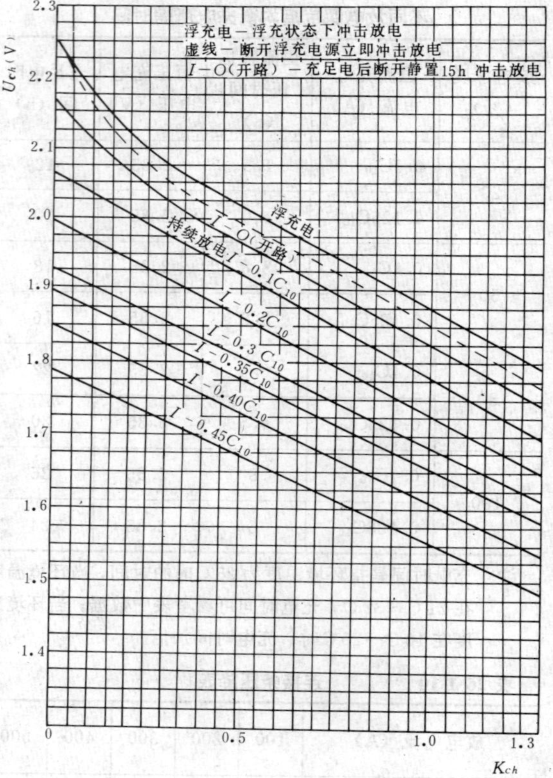

图 26-1-12　GM 系列密封少维护铅酸蓄电池持续放电 1h 后冲击放电曲线（25℃）

K_{ch}—事故放电冲击系数；

U_{ch}—每个电池事故冲击放电后的电压

图 26-1-12 为 GM 系列蓄电池持续放电 1h 后冲击放电曲线（K_{ch}与U_{ch}关系曲线，25℃）。

图 26-1-13 为 GM 系列蓄电池持续放电 0.5h 后冲击放电曲线（K_{ch}与U_{ch}关系曲线，25℃）。

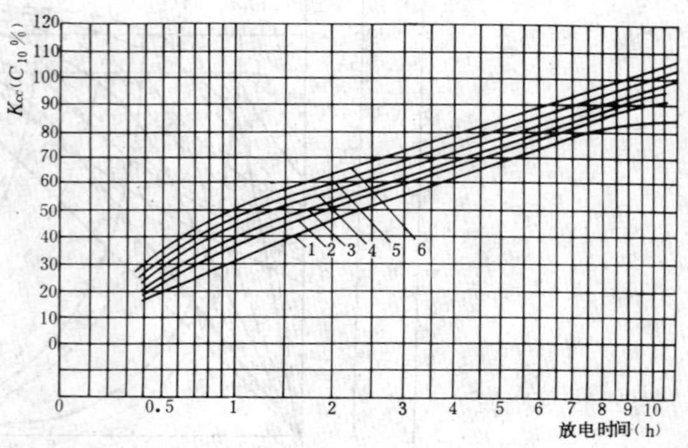

图 26-1-11　GM 系列密封少维护铅酸蓄电池放电容量与放电时间关系曲线（25℃）

曲线 1—终止电压 1.93V；曲线 2—终止电压 1.90V；

曲线 3—终止电压 1.87V；曲线 4—终止电压—1.83V；

曲线 5—终止电压 1.80V；曲线 6—终止电压 1.75V；

K_{cc}—容量系数（不同放电率的容量占 10h 容量的百分数）

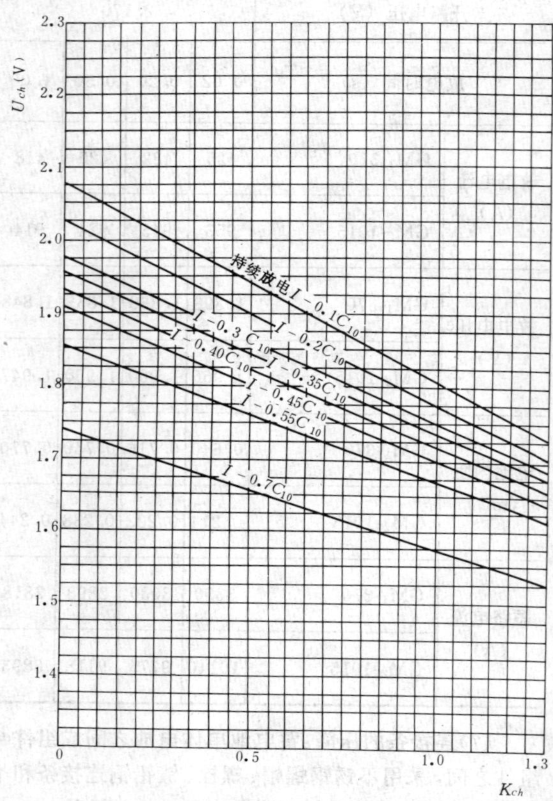

图 26-1-13　GM 系列密封少维护铅酸蓄电池持续放电 0.5h 后冲击放电曲线（25℃）

图 26-1-14 为 GM 系列蓄电池 1min 放电特性曲线。

图 26-1-15 为 GM 蓄电池 5s 放电特性曲线（25℃）。

（2）容量换算系数及曲线：

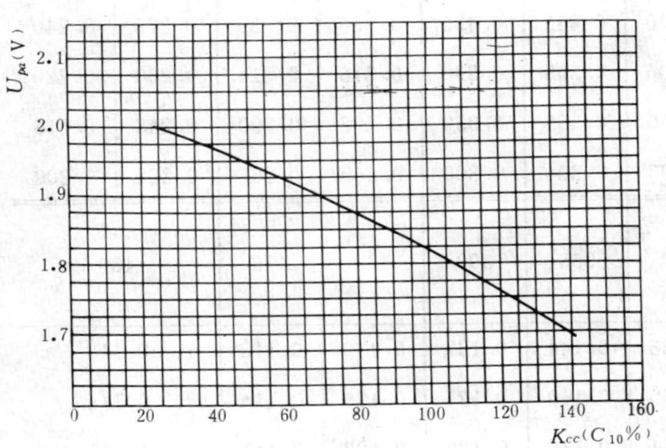

图 26-1-14　GM 系列密封少维护铅酸蓄电池 1min 放电特性曲线（25℃）

表 26-1-11 为 GM 系列蓄电池不同时间放电率及不同放电终止电压容量换算系数（25℃）。

图 26-1-16 为 GM 系列蓄电池容量换算曲线之一（10h 放电率，25℃）。

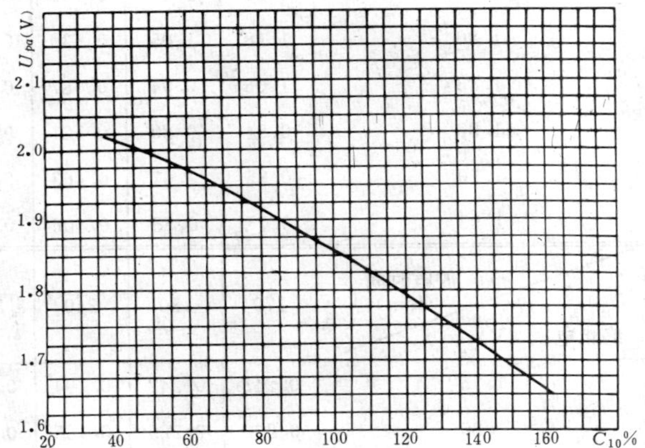

图 26-1-15　GM 系列密封少维护铅酸蓄电池 5s 放电特性曲线（25℃）

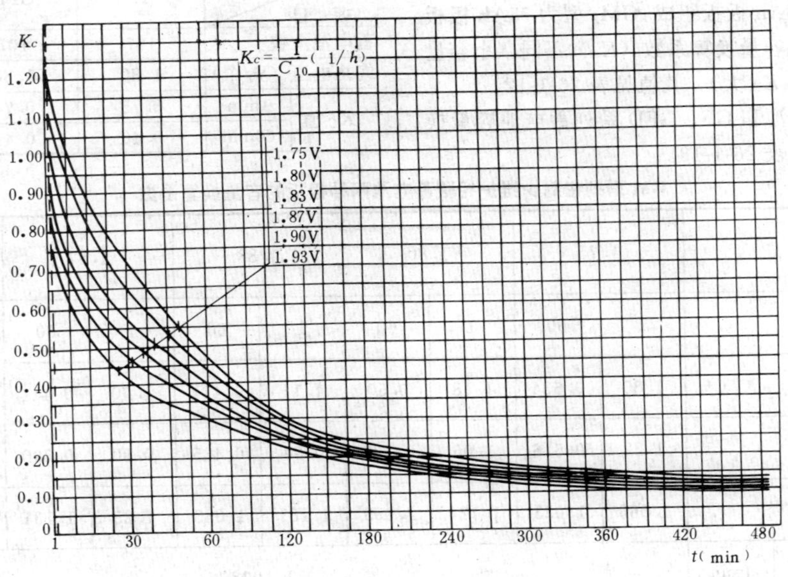

图 26-1-16　GM 系列密封少维护铅酸蓄电池容量换算曲线之一（10h 放电率，25℃）

K_C—容量换算系数；t—放电时间；C_{10}—蓄电池 10 小时放电率额定容量（Ah）

表 26-1-11 GM 系列密封少维护铅酸蓄电池不同时间放电率及不同放电终止电压时容量换算系数（25℃）

终止电压（V） \ 放电时间（min）	5s	1	29	30	59	60	89	90	120	150
1.75	1.30	1.22	0.701	0.680	0.523	0.516	0.379	0.376	0.316	0.270
1.80	1.18	1.05	0.639	0.620	0.478	0.472	0.360	0.357	0.296	0.259
1.83	1.06	0.94	0.587	0.570	0.441	0.435	0.336	0.333	0.275	0.240
1.87	0.94	0.80	0.521	0.506	0.395	0.390	0.316	0.314	0.260	0.220
1.90	0.85	0.67	0.463	0.450	0.355	0.350	0.292	0.290	0.243	0.216
1.93	0.74	0.55	0.406	0.395	0.304	0.300	0.269	0.267	0.229	0.200

终止电压（V） \ 放电时间（min）	179	180	240	300	360	390	420	479	480
1.75	0.243	0.242	0.194	0.166	0.144	0.137	0.130	0.118	0.118
1.80	0.230	0.229	0.185	0.160	0.140	0.131	0.125	0.114	0.114
1.83	0.214	0.214	0.177	0.154	0.136	0.129	0.122	0.111	0.111
1.87	0.204	0.204	0.170	0.148	0.131	0.123	0.118	0.106	0.106
1.90	0.195	0.195	0.162	0.142	0.426	0.120	0.114	0.104	0.104
1.93	0.181	0.181	0.153	0.136	0.121	0.115	0.109	0.098	0.098

注 本表是按 GM_2 型（75Ah 极板）的试验数据制成，当用于 GM_1 型（45Ah 极板）蓄电池时要进行修正。

图 26-1-17 为 GM 系列蓄电池容量换算曲线之二（10h 放电率，25℃）。

GM 系列蓄电池由 45Ah 和 75Ah 两种极板组合而成，GM_1 型为 45Ah 极板组成，GM_2 型为 75Ah 极板组成，两种极板的容量换算系数（K_C）不同（小容量极板组成的蓄电池 K_C 大），其值见表 26-1-12。

GM 系列蓄电池和 GF、GFD 系列蓄电池容量换算系数比较表，见表 26-1-13。

表 26-1-13 GM、GF、GFD 系列蓄电池容量换算系数比较表

项目 \ 型号		GF	GFD	GM
蓄电池个数		107	107	103
终止电压（V/个）		1.80	1.80	1.87
K_C 值	1min	0.75	0.74	0.80
	60min	0.40	0.41	0.39

表 26-1-12 GM 系列密封少维护铅酸蓄电池两种极板的容量换算系数

终止电压（V）		1.75		1.80		1.83		1.87		1.90	
放电时间（min）		1	60	1	60	1	60	1	60	1	60
GM_1（45Ah 极板）		1.30	0.534	1.18	0.50	1.11	0.471	1.00	0.441	0.90	0.421
GM_2（75Ah 极板）		1.22	0.516	1.05	0.472	0.94	0.435	0.80	0.390	0.67	0.350
GM_1/GM_2 比值		1.066	1.035	1.124	1.059	1.181	1.083	1.25	1.131	1.343	1.202
GM_1/GM_2 平均值	1min	1.1928									
	60min	1.102									

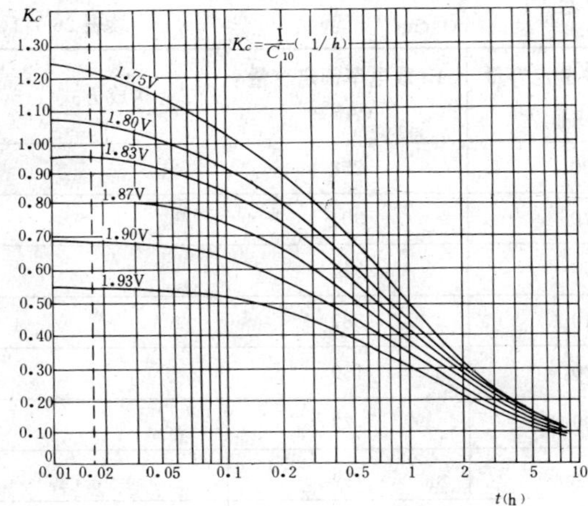

图 26-1-17 GM 系列密封少维护铅酸蓄电池容量换算曲线之二（10h 放电率，25℃）

3. 技术数据

GM 系列少维护铅酸蓄电池的单体电池 10h 放电率容量从 100Ah 到 12840Ah 共 42 种，常用容量 21 种；基本电池组共 24 种，常用组件共 6 种。电池组件分 6V 和 12V 两种，可方便地组合成 24、36、48、110、220V 系统。

单体电池和基本电池组的技术数据，见表 26-1-14、表 26-1-15。

根据《GM 型密封少维护铅酸蓄电池电力工程设计应用手册》的推荐，考虑正常运行时单体电池浮充电压按 2.25V 计算，220、110、48V 直流系统所需电池个数分别为 103、51 或 52、22 个，对于混合供电方案的 220V 直流系统，当不采用降压措施时，所需电池数量为 107 个。不同电压等级和容量等级所需的组件数，见表 26-1-16。

4. 外形图

CM 系列蓄电池基本组件外形及组件组合示意图，见图 26-1-18、图 26-1-19。

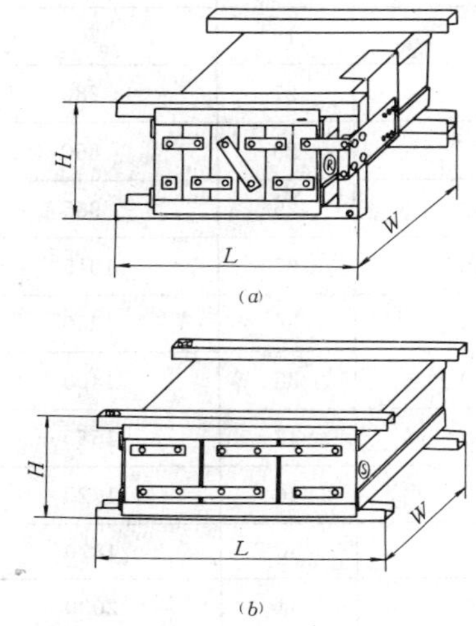

图 26-1-18 GM 系列密封少维护铅酸蓄电池基本组件外形图
(*a*) 6GM 组件（适用于 GM1-95、185、275 型，GM2-470、545 型）；(*b*) 3GM 组件（适用于 GM1-370、460、550 型，GM2-780、935、1015 型）
（图中代号的尺寸见表 26-1-15）

表 26-1-14 **GM 系列密封少维护铅酸单体蓄电池技术数据**

型 号	极板数	8h 放电率额定容量 (Ah)	10h 放电率额定容量 (Ah)	1h 放电率额定容量 (Ah)	构成方式
GM1-95*	5	95	100	51	
GM1-140	7	140	145	76	
GM1-185*	9	185	200	101	
GM1-230	11	230	250	126	
GM1-275*	13	275	300	152	
GM1-320	15	320	290	177	
GM1-370	17	370	390	202	
GM2-155	5	155	170	86	
GM2-235	7	235	240	129	
GM2-310	9	310	330	172	
GM2-390	11	390	420	215	

续表 26-1-14

型　号	极板数	8h 放电率额定容量 (Ah)	10h 放电率额定容量 (Ah)	1h 放电率额定容量 (Ah)	构成方式
GM2-470*	13	470	500	258	
GM2-545*	15	545	570	301	
GM2-625	17	625	650	344	
GM2-700	19	700	740	387	
GM2-780*	21	780	820	430	
GM2-860	23	860	900	473	
GM2-935*	25	935	980	516	
GM2-1015*	27	1015	1070	559	
GM2-1250	34	1250	1300	688	GM2-625×2
GM2-1400	38	1400	1480	774	GM2-700×2
GM2-1560*	42	1560	1640	800	GM2-780×2
GM2-1720	46	1720	1800	946	GM2-860×2
GM2-1870*	50	1870	1960	1032	GM2-935×2
GM2-2030*	54	2030	2140	1118	GM2-1015×2
GM2-2340*	63	2340	2460	1290	GM2-780×3
GM2-2580	67	2580	2700	1419	GM2-860×3
GM2-2805*	75	2805	2940	1548	GM2-935×3
GM2-3045*	81	3045	3210	1677	GM2-1015×3
GM2-3270	90	3270	3420	1806	GM2-545×6
GM2-3750	102	3750	3900	2064	GM2-625×6
GTM2-4200	114	4200	4440	2322	GM2-700×6
GM2-4680*	126	4680	4920	2580	GM2-780×6
GM2-5160	138	5160	5400	2838	GM2-860×6
GM2-5610*	150	5610	5880	3096	GM2-935×6
GM2-6090*	162	6090	6420	3354	GM2-1015×6
GM2-6540	180	6540	6840	3612	GM2-545×12
GM2-7500	204	7500	7800	4128	GM2-625×12
GM2-8400	228	8400	8880	4644	GM2-700×12
GM2-9360*	252	9360	9840	5160	GM2-780×12
GM2-10320	276	10320	10800	5676	GM2-860×12
GM2-11220*	300	11220	11760	6192	GM2-935×12
GM2-12180*	324	12180	12840	6708	GM2-1015×12

注　1h 放电电流是在单体终止电压为 1.75V 条件下。* 为常用的设备。

表 26-1-15 **GM 系列密封少维护铅酸蓄电池基本电池组组件的技术数据**

序号	组件型号	额定电压 (V)	8h 放电率额定容量 (Ah)	10h 放电率额定容量 (Ah)	外形尺寸 (mm)			质量 (kg)
					H	*W*	*L*	
1	6GM1-95*	12	95	100	216.6	317.5	437.6	67
2	6GM1-140	12	140	140	216.6	317.5	550.4	81
3	6GM1-185*	12	185	200	216.6	317.5	664.7	94
4	6GM1-230	12	230	250	216.6	317.5	779.0	118
5	6GM1-275*	12	275	290	216.6	317.5	893.3	139
6	6GM1-320	12	320	340	218.1	317.5	1007.6	160
7	3GM1-370*	6	370	390	218.1	317.5	622.8	93
8	3GM1-415	6	415	440	218.1	317.5	680.0	104
9	3GM1-460	6	460	500	218.1	317.5	737.1	114
10	3GM1-505	6	505	540	218.1	317.5	794.3	124
11	3GM1-550	6	550	590	218.1	317.5	851.4	134
12	3GM1-600	6	600	640	218.1	317.5	908.6	145
13	6GM2-155	12	155	170	216.6	503.2	437.6	123
14	6GM2-235	12	235	240	216.6	503.2	550.4	137
15	6GM2-310	12	310	330	216.6	503.2	664.7	150
16	6GM2-390	12	390	420	216.6	503.2	779.0	187
17	6GM2-470*	12	470	500	216.6	503.2	893.3	220
18	6GM2-545*	12	545	570	218.1	503.2	1007.6	253
19	3GM2-625	6	625	650	218.1	503.2	622.8	146
20	3GM2-700	6	700	740	218.1	503.2	6800	163
21	3GM2-780*	6	780	820	218.1	503.2	737.1	179
22	3GM2-860	6	860	900	218.1	503.2	794.3	196
23	3GM2-935*	6	935	980	218.1	503.2	851.4	212
24	3GM2-1015*	6	1015	1070	218.1	503.2	908.6	229

注 *为常用的设备。

5. 生产厂

广东深圳华达电源系统有限公司。

(二) JXKD 系列密封少维护铅酸蓄电池组（晋翔牌）

该系列蓄电池组采用 MF 型电池，是按照日本的《SBA3018—1987 固定型密封少维护铅酸蓄电池》标准生产和检验的。

1. 技术数据

蓄电池的型号及技术数据见表 26-1-17。

由表 26-1-17 所列的单体电池经串、并联后，用钢架组合成 12、24、36、48、60V 等直流系统蓄电池组。各电压等级系列的技术数据、外形尺寸和质量，见表 26-1-18～表 26-1-22。

表 26-1-16　　GM 系列密封少维护铅酸蓄电池不同电压等级和容量等级所需组件配置表

序　号	电压等级(V)	10h 放电率额定容量等级(Ah)	组件数		假单体数		备　　注
			不降压	降压	不降压	降压	
1	220	100(95) 200(185) 290(275) 500(470) 570(545)	18	18	5	1	
2	110		9		2 (3)		当采用 51 个电池时，用 3 个假单体
3	48		4		2		
4	220	390(370),500(460), 590(550) 820(780) 980(935) 1070(1015)	35		2		
5	110		18 (17)		2 (0)		当采用 51 个电池时，用 17 个组件数，不需假单体
6	48						
7	220	1640(1560) 1960(1870) 2140(2030)	35 (70)		2 (4)		括号中数为单体组件数
8	110		18(17) (36)(34)		2(0) 4(0)		同序号 5 备注和序号 7 备注
9	48						
10	220	2460(2340) 2940(2805) 3210(3045)	35 (105)	2 (6)			同序号 7 备注
11	110						
12	48						

注　1. 容量等级中括号内数值为 8h 放电率容量。

2. 在动力控制混合供电的中小型变电所中，控制回路可能采用降压措施。

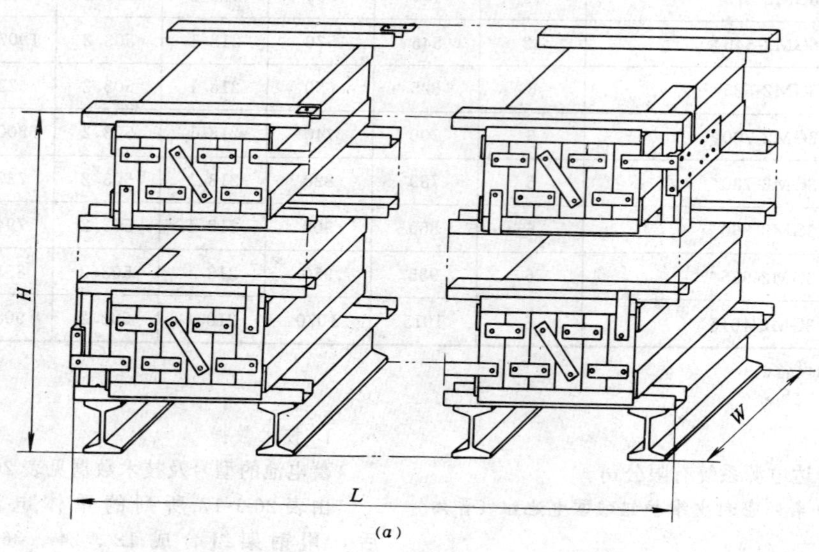

图 26-1-19　GM 系列密封少维护铅酸蓄电池组件组合示意图（一）

(a) 单极柱电池组件（适用于 GM1-95、185、275 型，GM2-470、545 型）

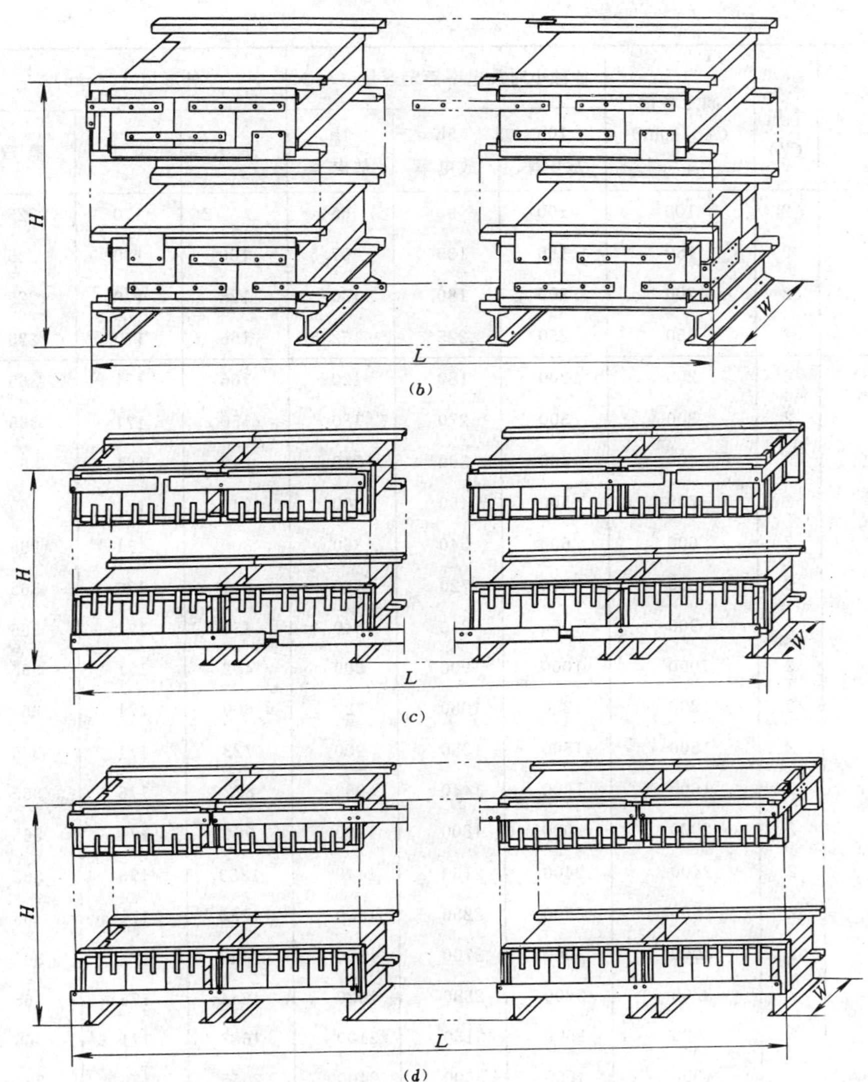

图 26-1-19 GM 系列密封少维护铅酸蓄电池组件组合示意图（二）
(b) 双极柱电池组件（适用于 GM1-370、460、550 型，GM2-780、935、1015 型）；(c) 双极柱、双并联电池组件（适用于 GM2-1560、1870、2080 型）；
(d) 双极柱、三并联电池组件（适用于 GM2-2340、2805、3045 型）
（图中代号的尺寸根据选择的电池型式决定）

表 26-1-17 **JXKD 系列密封少维护铅酸蓄电池组（晋翔牌）型号及技术数据**

电池型号	额定电压(V)	额定容量(Ah/10hr)	各种小时放电率额定容量（Ah）			外形尺寸（mm）			质量(kg)
			10h 放电率	5h 放电率	1h 放电率	长 L	宽 W	高 H	
6MF40	12	40	40	36	26	299	128	220	16.50
6MF60	12	60	60	54	39	282	165	178	25.00
6MF100	12	100	100	90	65	370	170	251	37.70
3MF200	6	200	200	180	130	370	170	251	37.00

续表 26-1-17

电池型号	额定电压（V）	额定容量（Ah/10hr）	各种小时放电率额定容量（Ah）			外形尺寸（mm）			质量（kg）
			10h放电率	5h放电率	1h放电率	长 L	宽 W	高 H	
MF100 Ⅰ	2	100	100	90	65	72	170	225	4.00
MF150 Ⅰ	2	150	150	135	97.5	100	170	225	6.00
MF200 Ⅰ	2	200	200	180	130	128	170	225	8.00
MF250 Ⅰ	2	250	250	225	162.5	156	170	225	10.00
MF200 Ⅱ	2	200	200	180	120	106	171	365	16.00
MF300 Ⅱ	2	300	300	270	180	150	171	365	21.0
MF400 Ⅱ	2	400	400	360	240	212	171	365	32.0
MF500 Ⅱ	2	500	500	450	300	241	171	365	35.00
MF600 Ⅱ	2	600	600	540	360	300	171	365	42
MF800 Ⅱ	2	800	800	720	480	411	176	365	60.0
MF900 Ⅱ	2	900	900	810	540	450	171	365	63
MF1000 Ⅱ	2	1000	1000	900	600	482	171	365	70.00
MF1200 Ⅱ	2	1200	1200	1080	720	600	171	365	84
MF1500 Ⅱ	2	1500	1500	1350	900	723	171	365	105.00
MF1600 Ⅱ	2	1600	1600	1440	960	822	176	365	120.00
MF2000 Ⅱ	2	2000	2000	1800	1200	964	171	365	140.00
MF2400 Ⅱ	2	2400	2400	2160	1440	1233	176	365	180.00
MF2500 Ⅱ	2	2500	2500	2250	1500	1250	171	365	175.00
MF3000 Ⅱ	2	3000	3000	2700	1800	1446	171	365	210.00
MF3200 Ⅱ	2	3200	3200	2880	1920	1644	176	365	240.00
MF3500 Ⅱ	2	3500	3500	3150	2100	1687	171	365	245.00
MF4000 Ⅱ	2	4000	4000	3600	2400	2055	176	365	300.00
MF4500 Ⅱ	2	4500	4500	4050	2700	2169	171	365	315.00
MF4800 Ⅱ	2	4800	4800	4320	2880	2466	176	365	360.00
MF5000 Ⅱ	2	5000	5000	4500	3000	2410	171	365	350.00

表 26-1-18　JXKD 系列密封少维护铅酸蓄电池（晋翔牌）12V 系列电池组基本参数

序号	电池组型号	额定电压（V）	额定容量（Ah/10hr）	外形尺寸（mm）			质量（kg）		
				长 L	宽 W	高 H	电　池	钢　架	总　重
1	6MF200	12	200	736	375	300	96	22	118
2	6MF300	12	300	1000	375	300	126	24	150
3	6MF400	12	400	736	375	524	192	31	223
4	6MF500	12	500	823	375	524	210	31	241
5	6MF600	12	600	1000	375	524	252	34	286

续表26-1-18

序号	电池组型号	额定电压(V)	额定容量(Ah/10hr)	外形尺寸(mm)			质量(kg)		
				长L	宽W	高H	电池	钢架	总重
6	6MF800	12	800	922	375	748	360	42	402
7	6MF900	12	900	1000	375	748	378	48	426
8	6MF1000	12	1000	1064	375	748	420	48	468
9	6MF1200	12	1200	700	375	1420	504	75	579
10	6MF1500	12	1500	823	375	1420	630	76	706
11	6MF1600	12	1600	922	375	1420	720	78	798
12	6MF1800	12	1800	1000	375	1420	756	93	849
13	6MF2000	12	2000	1064	375	1420	840	86	926
14	6MF2400	12	2400	1333	375	1420	1080	91	1171
15	6MF2500	12	2500	1305	375	1420	1050	95	1145
16	6MF3000	12	3000	823×2	375	1420	1260	152	1412
17	6MF3200	12	3200	922×2	375	1420	1440	156	1596
18	6MF4000	12	4000	1064×2	375	1420	1680	172	1852
19	6MF4800	12	4800	1333×2	375	1420	2160	182	2342
20	6MF5000	12	5000	1305×2	375	1420	2100	190	2290

表26-1-19　JXKD系列密封少维护铅酸蓄电池组（晋翔牌）24V系列电池组基本参数

序号	电池组型号	额定电压(V)	额定容量(Ah/10hr)	外形尺寸(mm)			质量(kg)		
				长L	宽W	高H	电池	钢架	总重
21	12MF200	24	200	736	375	524	180	31	211
22	12MF300	24	300	1000	375	524	252	34	286
23	12MF400	24	400	736	370	972	384	55	439
24	12MF500	24	500	823	375	972	420	53	473
25	12MF600	24	600	1000	375	972	504	60	564
26	12MF800	24	800	922	375	1420	720	78	798
27	12MF900	24	900	1000	375	1420	756	93	849
28	12MF1000	24	1000	1064	375	1420	840	86	926
29	12MF1200	24	1200	1400	375	1420	1008	150	1158
30	12MF1500	24	1500	823×2	375	1420	1260	152	1412
31	12MF1600	24	1600	922×2	375	1420	1440	156	1596
32	12MF1800	24	1800	1000×2	375	1420	1512	186	1698
33	12MF2000	24	2000	1064×2	375	1420	1680	172	1852
34	12MF2400	24	2400	1333×2	375	1420	2160	182	2342
35	12MF2500	24	2500	1305×2	375	1420	2100	190	2290
36	12MF3000	24	3000	823×4	375	1420	2520	304	2824
37	12MF3200	24	3200	922×4	375	1420	2880	312	3192
38	12MF4000	24	4000	1064×4	375	1420	3360	344	3704
39	12MF4800	24	4800	1333×4	375	1420	4320	364	4684
40	12MF5000	24	5000	1305×4	375	1420	4200	380	4580

表 26-1-20 **JXKD 系列密封少维护铅酸蓄电池组（晋翔牌）36V 系列电池组基本参数**

序号	电池组型号	额定电压(V)	额定容量(Ah/10hr)	外形尺寸（mm）			质量（kg）		
				长 L	宽 W	高 H	电 池	钢 架	总 重
41	18MF200	36	200	736	375	748	288	46	334
42	18MF300	36	300	1000	375	748	420	48	468
43	18MF400	36	400	736	375	1420	576	82	658
44	18MF500	36	500	823	375	1420	630	76	706
45	18MF600	36	600	1000	375	1420	756	93	849
46	18MF800	36	800	1333	375	1420	1080	91	1171
47	18MF900	36	900	1650	375	1420	1134	208	1342
48	18MF1000	36	1000	823×2	375	1420	1260	152	1412
49	18MF1200	36	1200	700×3	375	1420	1512	225	1737
50	18MF1500	36	1500	823×3	375	1420	1890	228	2118
51	18MF1600	36	1600	922×3	375	1420	2160	234	2394
52	18MF1800	36	1800	1000×3	375	1420	2268	279	2549
53	18MF2000	36	2000	1064×3	375	1420	2520	258	2778
54	18MF2400	36	2400	1333×3	375	1420	3240	273	3513
55	18MF2500	36	2500	1305×3	375	1420	3150	285	3435
56	18MF3000	36	3000	823×6	375	1420	3780	456	4236
57	18MF3200	36	3200	922×6	375	1420	4320	468	4788
58	18MF4000	36	4000	1064×6	375	1420	5040	516	5556
59	18MF4800	36	4800	1333×6	375	1420	6480	546	7036
60	18MF5000	36	5000	1305×6	375	1420	6300	570	6870

表 26-1-21 **JXKD 系列密封少维护铅酸蓄电池组（晋翔牌）48V 系列电池组基本参数**

序号	电池组型号	额定电压(V)	额定容量(Ah/10hr)	外形尺寸（mm）			质量（kg）		
				长 L	宽 W	高 H	电 池	钢 架	总 重
61	24MF200	48	200	736	375	972	384	55	439
62	24MF300	48	300	1000	375	972	504	60	564
63	24MF400	48	400	736×2	375	972	768	110	878
64	24MF500	48	500	823×2	375	972	840	106	946
65	24MF600	48	600	1000×2	375	972	1008	120	1128
66	24MF800	48	800	922×2	375	1420	1440	156	1596
67	24MF900	48	900	1000×2	375	1420	1512	186	1698
68	24MF1000	48	1000	1064×2	375	1420	1680	172	1852
69	24MF1200	48	1200	700×4	375	1420	2016	300	2316
70	24MF1500	48	1500	823×4	375	1420	2520	304	2824
71	24MF1600	48	1600	922×4	375	1420	2880	312	3192
72	24MF1800	48	1800	1000×4	375	1420	3024	372	3396
73	24MF2000	48	2000	1064×4	375	1420	3360	344	3704
74	24MF2400	48	2400	1333×4	375	1420	4320	364	4684
75	24MF2500	48	2500	1305×4	375	1420	4200	380	4580
76	24MF3000	48	3000	823×8	375	1420	5040	608	5648
77	24MF3200	48	3200	922×8	375	1420	5760	624	6384
78	240MF4000	48	4000	1064×8	375	1420	6720	688	7408
79	24MF4800	48	4800	1333×8	375	1420	8640	728	9368
80	24MF5000	48	5000	1305×8	375	1420	8400	760	9160

表 26-1-22　**JXKD 系列密封少维护铅酸蓄电池组（晋翔牌）60V 系列电池组基本参数**

序号	电池组型号	额定电压(V)	额定容量(Ah/10hr)	外形尺寸（mm）			质量（kg）		
				长 L	宽 W	高 H	电　池	钢　架	总　重
81	30MF200	60	200	736	375	1196	480	70	550
82	30MF300	60	300	1000	375	1196	630	76	706
83	30MF400	60	400	736×2	375	1196	960	140	1100
84	30MF500	60	500	823×2	375	1196	1050	151	1201
85	30MF600	60	600	1000×2	375	1196	1260	152	1412
86	30MF800	60	800	922×3	375	1196	1800	192	1992
87	30MF900	60	900	1000×3	375	1196	1890	228	2118
88	30MF1000	60	1000	1064×3	375	1196	2100	222	2322
89	30MF1200	60	1200	700×5	375	1420.0	2520	375	2895
90	30MF1500	60	1500	823×5	375	1420.0	3150	380	3530
91	30MF1600	60	1600	922×5	375	1420.0	3600	390	3990
92	30MF1800	60	1800	1000×5	375	1420.0	3780	465	4245
93	30MF2000	60	2000	1064×5	375	1420	4200	430	4630
94	30MF2400	60	2400	1333×5	375	1420.0	5400	455	5855
95	30MF2500	60	2500	1305×5	375	1420.0	5250	475	5725
96	30MF3000	60	3000	1646×5	375	1420	6300	760	7060
97	30MF3200	60	3200	1844×5	375	1420	7200	780	7980
98	30MF4000	60	4000	1064×10	375	1420	8400	860	9260
99	30MF4800	60	4800	1333×10	375	1420	10800	910	11710
100	30MF5000	60	5000	1305×10	375	1420.0	10500	950	11450

2. 特性曲线

图 26-1-20 为 MF 系列蓄电池的放电特性曲线。

图 26-1-21 为 MF 系列蓄电池的放电容量与温度的关系曲线。

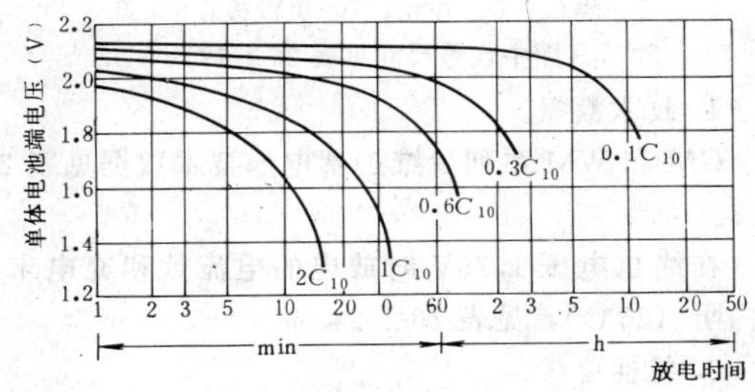

图 26-1-20　MF 系列蓄电池的放电特性曲线（25℃）

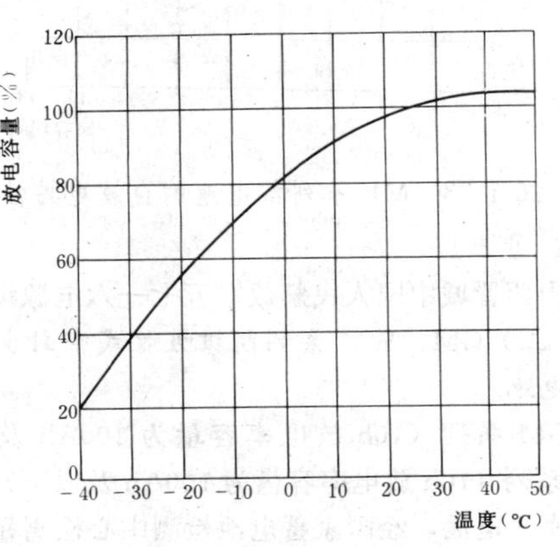

图 26-1-21　MF 系列蓄电池的放电容量与温度的关系曲线

图 26-1-22 为 MF 系列蓄电池的充电特性曲线。

图 26-1-23 为 MF 系列蓄电池自放电特性曲线。

图 26-1-24 为 MF 系列蓄电池开路电压与剩余容量关系曲线。

图 26-1-24 为 MF 系列蓄电池循环寿命与放电深度关系曲线。

3. 外形图

MF 单体电池和多格电池的外形见图 26-1-26。根据电池组的电压等级及容量可任意组合成各种结构。

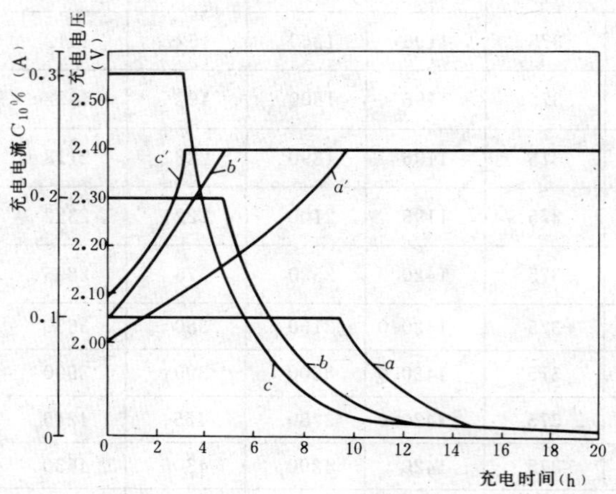

图 26-1-22 MF 系列蓄电池的充电特性曲线

a、a′—0.1C_{10}A 限流，2.4V 恒压充电曲线；

b、b′—0.2C_{10}A 限流，2.4V 恒压充电曲线；

c、c′—0.3C_{10}A 限流，2.4V 恒压充电曲线

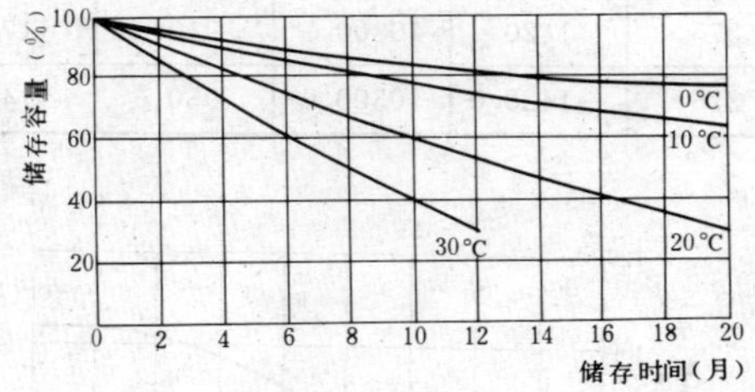

图 26-1-23 MF 系列蓄电池的自放电特性曲线

4. 生产厂

山西晋城中国人民解放军五七一六电源设备厂。

（三）GM、WM 系列阴极吸收式密封少维护铅酸蓄电池

GM 系列（10h 放电率容量为 100Ah 及以上）、WM 系列（10h 放电率容量为 100Ah 及以下）阴极吸收式密封电池，经国家蓄电池检测中心检测和专家鉴定，符号 IEC896-2（91）、日本 JISC8702-88 和 SBA3018-87 等标准。

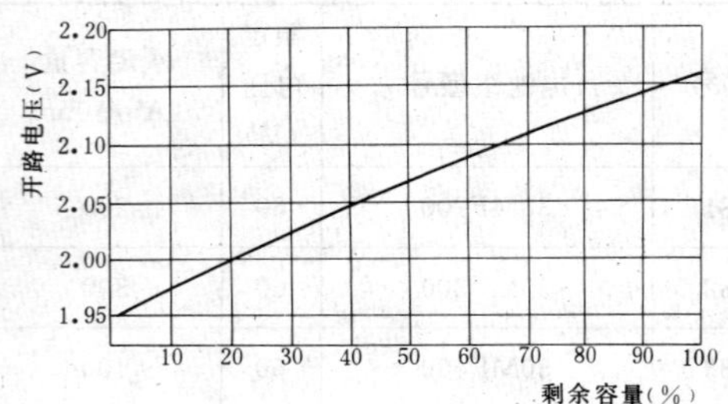

图 26-1-24 MF 系列蓄电池开路电压与剩余容量的关系曲线

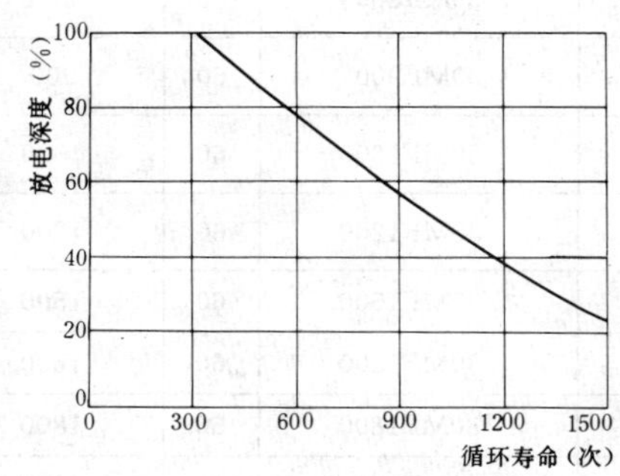

图 26-1-25 MF 系列蓄电池循环寿命与放电深度的关系曲线

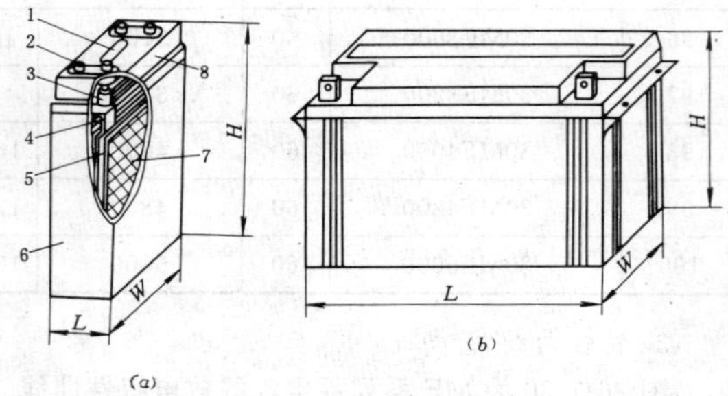

图 26-1-26 MF 系列蓄电池的外形图

（a）单体电池；（b）多格电池

1—密封盖；2—端子；3—极柱；4—正极板；5—隔板；6—外壳；7—负极板；8—盖

（图中代号尺寸见表 26-1-17）

1. 技术数据

GM 和 WM 系列少维护蓄电池技术数据见表 26-1-23。

在终止电压 1.75V 时放电的电流数和充电末期的内阻（25℃），见表 26-1-24。

2. 特性曲线

GM 和 WM 系列少维护蓄电池的特性曲线，见图 26-1-27。

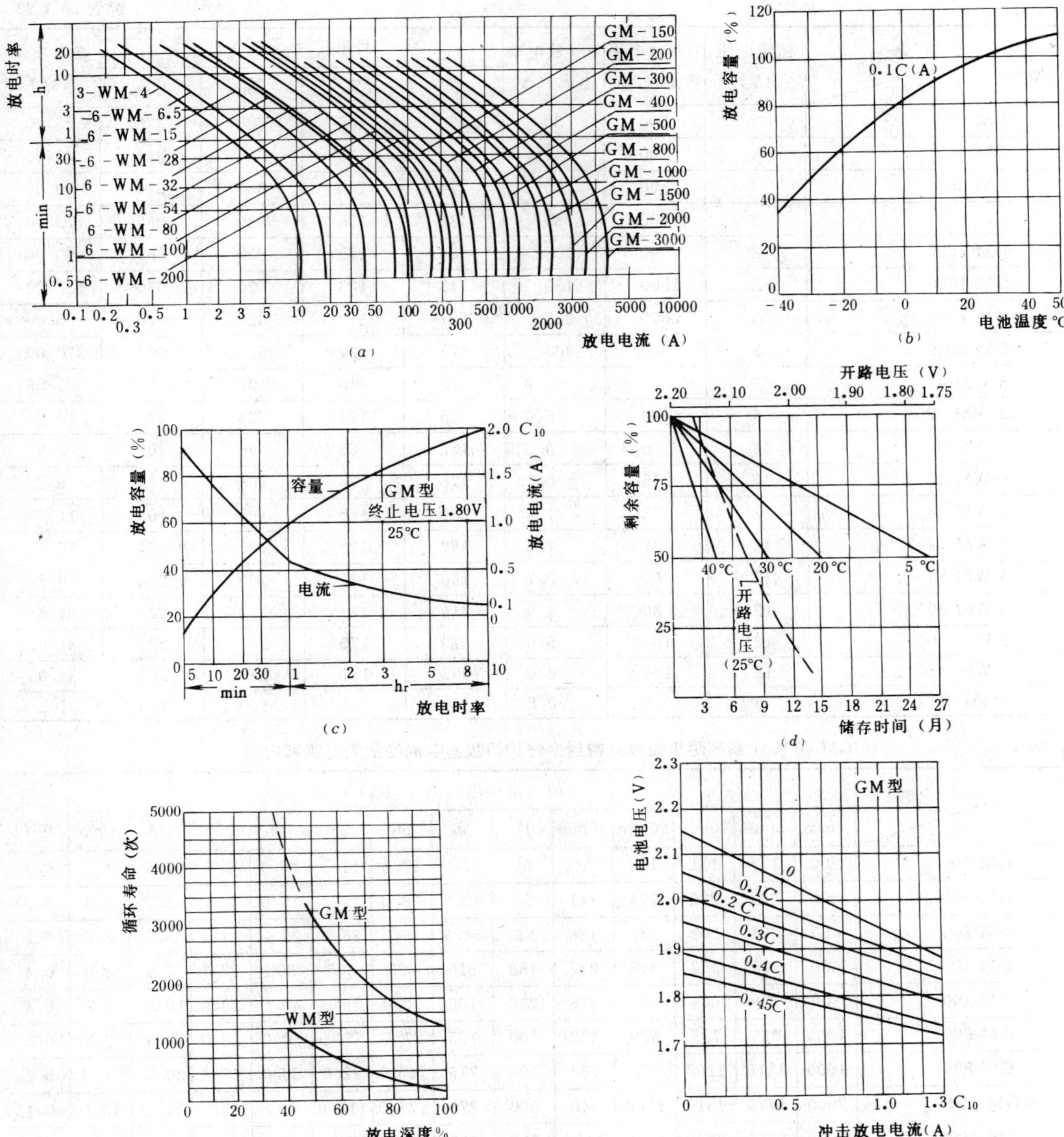

图 26-1-27 GM 和 WM 系列阴极吸收式密封少维护铅酸蓄电池的特性曲线

(*a*) 放电时率与放电电流关系；(*b*) 放电容量和温度关系；(*c*) 放电时率、电流和容量关系；(*d*) 自放电特性；(*e*) 循环寿命和放电深度关系；(*f*) 不同持续电流 1h 后冲击电流和电压关系

表 26-1-23 GM 和 WM 系列阴极吸收式密封少维护铅酸蓄电池技术数据

参数 型号	额定电压（V）	10h 放电率容量（Ah）	10h 放电率电流（A）	外形尺寸（mm）				参考质量（kg）
				长	宽	高	总高	
GM-100	2	100	10	170	72	206	236	9.5
GM-150	2	150	15	170	100	206	236	10.03
GM-200	2	200	20	170	120	206	236	13.00

续表 26-1-23

型号＼参数	额定电压 (V)	10h 放电率容量（Ah)	10h 放电率电流（A)	外形尺寸（mm）				参考质量 (kg)
				长	宽	高	总高	
GM-300	2	300	30	170	150	326	376	25.00
GM-400	4	400	40	412	175	330	365	73.00
GM-500	2	500	50	170	240	330	376	40.00
GM-800	2	800	80	412	175	330	365	73.00
GM-1000	2	1000	100	480	175	330	365	90.00
GM-1500	2	1500	150	318	183	620	670	135.00
GM-2000	2	2000	200	327	319	620	670	180.00
GM-3000	2	3000	300	473	321	620	670	270.00
3-WM-4	6	4	0.2	70	48	102	111	1.05
3-WM-120	6	120	6.0	275	174	223	243	19.0
6-WM-6.5	12	6.5	0.325	152	65	96	105	2.5
6-WM-15	12	15	0.75	176	76	168	172	6.2
6-WM-28	12	28	1.4	182	110	190	193	11
6-WM-32	12	32	1.6	192	122	180	195	12
6-WM-54	12	54	2.7	260	134	204	208	19.2
6-WM-80	12	80	4.0	315	174	212	225	24.6
6-WM-100	12	100	5.0	376	170	212	225	31.6
6-WM-120	12	120	6.0	403	171	240	260	38.0
ks8M（A）	4	8	0.8	140	56	130	165	1.9

表 26-1-24　GM 和 WM 系列阴极吸收式密封少维护铅酸蓄电池的放电电流和内阻

型号＼参数	放 电 电 流 (A)													内阻 (mΩ)
	1min	5min	10min	20min	30min	1h	3h	5h	8h	10h	20h	50h	100h	
GM-100	200	177	151	116	94	60	27.0	17.5	11.5	10.0	5.7	2.5	1.3	0.9
GM-150	300	265	226	174	141	90	40.5	26.0	17.2	15.0	8.5	3.7	1.9	0.85
GM-200	400	354	302	232	188	120	54.0	35.0	23.0	20.0	11.4	5.0	2.6	0.5
GM-300	600	531	453	348	282	180	810	525	345	300	17.1	7.5	3.9	0.4
GM-400	800	708	604	464	376	240	108	70.0	46.0	40.0	23.0	10.0	5.2	0.4
GM-500	1000	885	755	580	470	300	135	87.5	57.5	50.0	28.0	12.5	6.5	0.3
GM-800	1600	1416	1208	928	752	480	216	140.0	92.0	80.0	45.6	20.0	10.4	0.2
GM-1000	2000	1770	1510	1160	940	600	270	175.0	115.0	100	57	25.0	13.0	0.15
GM-1500	3000	2655	2265	1740	1410	900	405	262.0	172.0	150	85.5	37.5	19.5	0.09
GM-2000	4000	3540	3020	2320	1880	1200	540	350.0	230.0	200	114	50.0	26.0	0.08
GM-3000	6000	5310	4530	3480	2820	1800	810	525.0	345.0	300	171	75.0	39.0	0.07
3-WM-4	11.1	9.7	7.2	5.0	3.96	2.16	0.97	0.6	0.4	0.36	0.20	0.10	0.052	4.6
3-WM-120	216.0	191.1	163.0	125.2	101.5	64.8	29.1	18.9	12.4	10.8	6.00	3.00	1.56	2.9
6-WM-6.5	18.1	15.7	11.7	8.1	6.4	3.5	1.57	1.0	0.6	0.58	0.325	0.16	0.085	9.5
6-WM-15	41.8	36.4	27.0	18.9	14.8	8.1	3.64	2.3	1.5	1.35	0.75	0.37	0.20	8.1
6-WM-28	78.1	68.0	50.4	35.2	27.7	15.1	6.80	4.4	2.9	2.52	1.40	0.70	0.36	7.9
6-WM-32	89.2	77.7	57.6	40.3	31.6	17.2	7.77	5.0	3.3	2.88	1.60	0.80	0.42	7.4
6-WM-54	97.2	86.0	73.3	56.3	45.6	29.1	13.1	8.5	5.6	4.86	2.70	1.35	0.70	7.0
6-WM-80	144.0	127.4	108.7	83.5	67.6	43.2	19.4	12.6	8.3	7.20	4.00	2.00	1.04	6.7

续表 26-1-24

参数 型号	放电电流 (A)													内阻 (mΩ)
	1min	5min	10min	20min	30min	1h	3h	5h	8h	10h	20h	50h	100h	
6-WM-100	180.0	159.3	135.9	104.4	84.6	54.0	24.3	15.7	10.0	9.00	5.00	2.50	1.30	6.5
6-WM-120	216.0	191.1	163.0	125.2	101.5	64.8	29.1	18.9	12.4	10.8	6.00	3.00	1.56	6.0

（四）XMF、GMF 系列阴极吸收式密封少维护铅酸蓄电池

XMF 系列（100Ah 以下）和 GMF 系列（200Ah 以上）阴极吸收式密封免维护铅酸蓄电池，按日本 JISC8702-1988 制造标准制造。

1. 技术数据

XMF 系列少维护蓄电池的技术数据见表26-1-25。GMF 系列单体蓄电池及由其组合成的 GMF 系列电池柜的技术数据，见表 26-1-26。

2. 特性曲线

XMF 系列蓄电池的特性曲线见图 26-1-28。

GMF 系列蓄电池的特性曲线见图 26-1-29。

3. 生产厂

成都华能密封蓄电池厂。

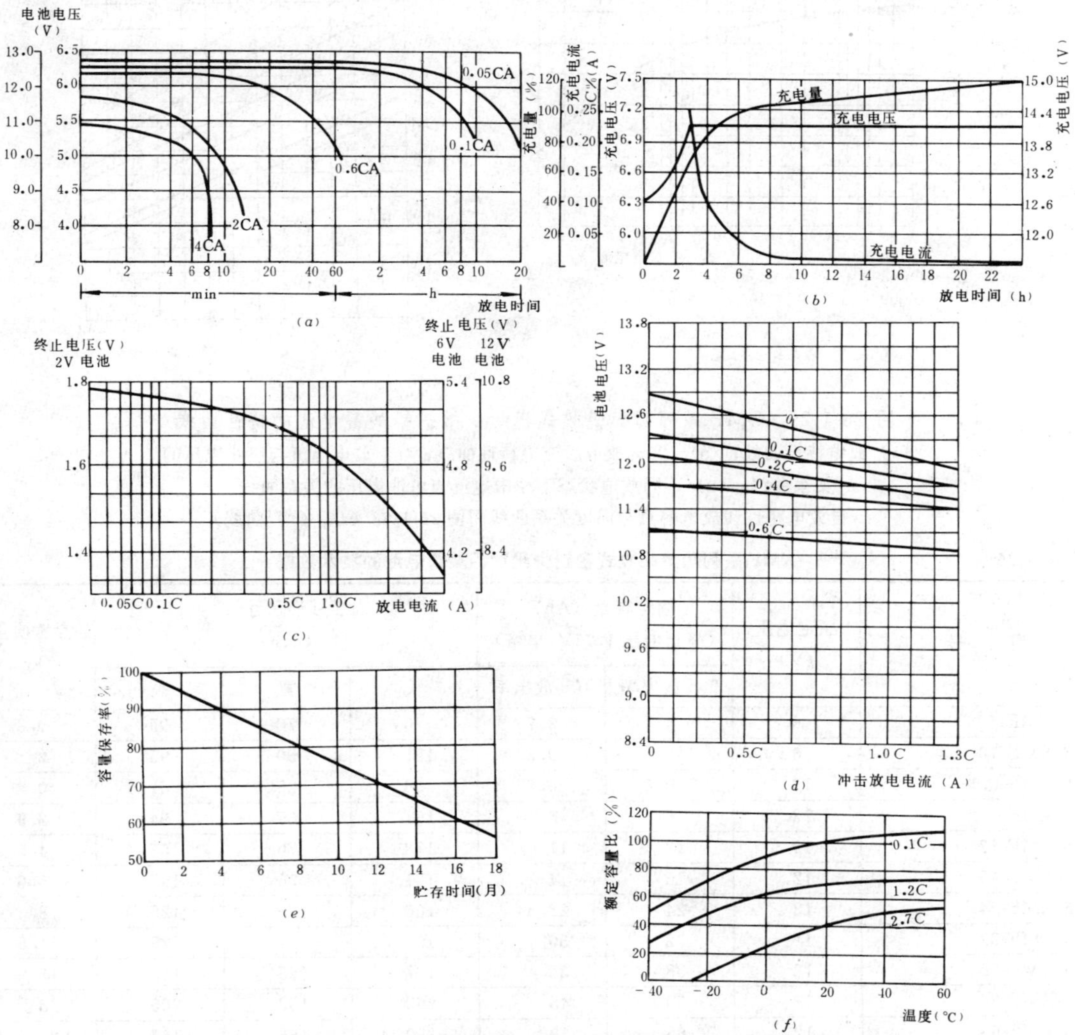

图 26-1-28 XMF 系列阴极吸收式密封少维护铅酸蓄电池的特性曲线

(*a*) 放电特性曲线；(*b*) 100%放电后充电特性曲线；(*c*) 放电电流与终止电压关系曲线；(*d*) 不同放电状态下冲击放电电流与电池电压关系曲线；(*e*) 自放电特性曲线 (20℃)；(*f*) 放电容量与温度关系曲线

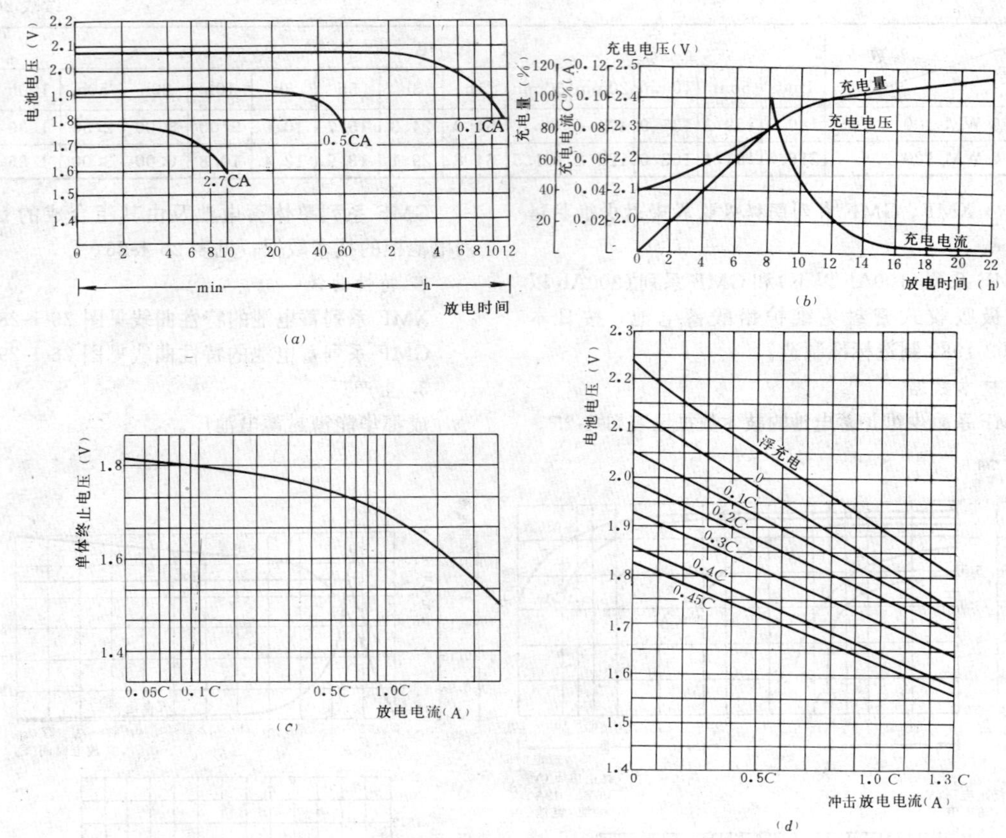

图 26-1-29　GMF 系列阴极吸收式密封少维护铅酸蓄电池的特性曲线
(*a*) 放电特性曲线；(*b*) 100%放电后充电特性曲线；(*c*) 放电电流与终止电压的关系曲线；(*d*) 不同放电状态下冲击电流与电池电压的关系曲线
(自放电特性和放电容量与温度关系曲线同图 26-1-28 (*e*)、(*f*) 曲线)

表 26-1-25　　XMF 系列阴集吸收式密封少维护铅酸蓄电池的技术数据

型　号	额定电压 (V)	额定容量（Ah）（终止电压 1.75V/单格）		外形尺寸 (mm)			参考质量 (kg)
		20h 放电率	10h 放电率	长	宽	高	
3-XMF-4	6	4	3.7	70	70	95	0.8
3-XMF-10	6	10	9.3	151	50	95	2
6-XMF-0.8	12	0.8	0.75	96	25	61.5	0.4
6-XMF-6.5	12	6.5	6	151	65	94	2.9
6-XMF-12	12	12	11	178	76	167	4.5
6-XMF-15	12	15	14	181	76	167	5.6
6-XMF-24	12	24	22.3	166	175	125	8
6-XMF-32	12	32	30	192	121	179	11.5
6-XMF-38	12	38	35.4	197	165	175	13
6-XMF-50	12	50	45	260	133	205	18
6-XMF-65	12	65	59	350	166	167	25
6-XMF-80	12	80	75	315	175	212	30
6-XMF-100	12	100	86	378	170	212	35

表 26-1-26　GMF 系列阴极吸收式密封少维护铅酸蓄电池单体电池和电池柜的技术数据

型　号	额定电压 (V)	10h 放电率放电 (终止电压 1.80V)		1h 放电率放电 (终止电压 1.75V)		外形尺寸 (mm)			参考质量 (kg)
		电流 (A)	容量 (Ah)	电流 (A)	容量 (Ah)	长	宽	高	
GMF-200	2	20	200	109	109	170	107	350	18
GMF-300	2	30	300	166	166	170	151	350	23
GMF-500	2	50	500	275	275	241	170	350	42
GMF-600	2	60	600	330	330	300	174	350	48
GMF-800	2	80	800	441	441	411	175	350	65
GMF-1000	2	100	1000	550	550	479	175	350	80
GMF-1500	2	150	1500	825	825	300	157	660	130
GMF-2000	2	200	2000	1120	1120	300	300	660	195
GMF-3000	2	300	3000	1680	1680	440	300	660	258
12GMF-200	24		200			750	450	1100	
12GMF-300	24		300			750	450	1100	
12GMF-500	24		500			930	500	1100	
12GMF-800	24		800			1440	500	1100	
12GMF-1000	24		1000			1640	500	1100	
12GMF-2000	24		2000			1220	726	1680	
24GMF-200	48		200			950	450	1550	
24GMF-300	48		300			950	450	1550	
24GMF-500	48		500			1190	500	1550	
24GMF-800	48		800			1880	500	1550	
24GMF-1000	48		1000			2150	500	1550	
24GMF-2000	48		2000			1570	720	2260	

（五）MF 型密封少维护铅酸蓄电池

成都金牛电源厂 1991 年生产 MF 型蓄电池，1993 年 9 月通过鉴定。电力规划设计总院电力工程新型直流屏设计研制组于 1995 年对该产品的技术特性、参数等进行试验、分析，提出有关计算应用曲线，现将其技术数据列表 26-1-27 示，其曲线等可参照研制组编制的有关资料。

（六）圣阳牌 GM 系列密封少维护铅酸蓄电池

山东曲阜圣阳电源有限公司采用美国 90 年代先进技术、检测设备等，生产的“圣阳”牌 GM 系列密封少维护铅酸蓄电池，符合日本 JISC8707—1992 和该公司的标准，经国家铅酸蓄电池检测中心、电力部电力科学研究院和邮电部邮电工业产品测试中心和邮电设计院等检测认证合格，已广泛应用于能源、电力和通信等领域的电源系统，其主要技术数据见表 16-1-20。

（七）MF、GMF 型密封少维护蓄电池

天津津海新型蓄电池厂生产的 MF、GMF 型蓄电池，执行日本 JIS8702—1988 和 SBA3018—1987 国际先进标准，产品经电子工业部化学物理电源检测中心、北京电力科学院、邮电部设计院等单位检测符合上述标准。电力部电力规划设计总院于 1995 年 12 月组织有关专家对该产品进行了评议。MF、GMF 型电池的主要技术数据见表 21-1-29。

（八）新乡八达电源有限公司的 GM 型密封少维护蓄电池

该公司是新乡 755 厂和一外国公司于 1993 年共同投资成立，生产的 GM 型蓄电池经河南省经贸委组织鉴定合格。该产品的主要技术数据见表 21-1-30。

表 26-1-27 **MF型密封少维护铅酸蓄电池技术数据**

型 号	额定电压(V)	正极板数量(个)	正极柱个数(个)	额定容量(Ah)		外形尺寸(mm)				质量(kg)
				10h放电率	1h放电率	总高H	槽高	宽W	长L	
MF—540	2	18	2	540	351	378	333	173	298	56
MF—600	2	20	2	600	390	378	333	173	298	64
MF—660	2	22	4	660	429	378	333	173	410	68
MF—720	2	24	4	720	468	378	333	173	410	76
MF—780	2	26	4	780	507	378	333	173	410	80
MF—800	2	27	4	800	520	378	333	173	410	84
MF—1000	2	34	4	1000	650	378	333	173	476	112
MF—1200	2	10	4	1200	780	648	605	326	272	155
MF—1500	2	13	4	1500	1040	648	605	326	272	170
MF—1800	2	15	4	1800	1170	648	605	326	333	205
MF—2000	2	17	4	2000	1300	648	605	326	333	218
MF—2400	2	20	4	2400	1560	648	605	326	478	235
MF—2800	2	24	4	2800	1820	648	605	326	478	285
MF—3000	2	25	4	3000	1950	648	605	326	478	325
6—MF—80	12		1	80	52	244	218	175	345	
6—MF—100	12		1	100	65	244	218	175	405	
MF—120	2	4	1	120	78	375	333	173	110	13
MF—150	2	5	1	150	98	375	333	173	110	16
MF—180	2	6	1	180	117	375	333	173	110	18
MF—210	2	7	1	210	137	375	333	173	110	20
MF—240	2	8	1	240	156	375	333	173	151	23
MF—270	2	9	1	270	176	375	333	173	151	25
MF—300	2	10	1	300	195	375	333	173	151	28
2—MF—300	4	20	4	300	195	375	333	173	410	64
2—MF—330	4	22	4	330	215	378	333	173	410	68
2—MF—360	4	24	4	360	234	378	333	173	410	74
2—MF—390	4	26	4	390	254	378	333	173	410	78
2—MF—480	4	28	4	480	312	378	333	173	476	95
2—MF—500	4	34	4	500	325	378	333	173	476	112
MF—420	2	14	2	420	273	375	333	173	240	39
MF—450	2	15	2	450	293	375	333	173	240	45
MF—480	2	16	2	480	312	375	333	173	240	48
MF—510	2	17	2	510	332	375	333	173	240	53

注 10h放电率额定容量的终止电压为1.80V，1h放电率额定容量的终止电压为1.65V。

表 21-1-28　圣阳牌 GM 系列密封少维护铅酸蓄电池技术数据

型　号	额定电压 (V)	额定容量 (Ah)		外形尺寸 (mm)				质量 (kg)
		10h 放电率	3h 放电率	长	宽	高	总高	
1GM－200	2	200	162	170	106	330	373	14.0
1GM－300	2	300	243	170	150	330	373	22.0
1GM－400	2	400	324	208	172	330	373	30.0
1GM－500	2	500	405	241	171	330	373	37.0
1GM－600	2	600	486	302	174	330	373	44.0
1GM－800	2	800	648	410	175	330	373	60.0
1GM－1000	2	1000	810	478	171	330	373	74.0
1GM－1500	2	1500	1215	476	337	340	372	110.0
1GM－2000	2	2000	1620	476	337	340	372	146.0
1GM－3000	2	3000	2430	696	340	340	372	220.0
1GMH－1500	2	1500	1215	318	183	620	655	120.0
1GMH－2000	2	2000	1620	327	320	620	655	160.0
1GMH－3000	2	3000	2430	474	320	620	655	240.0
3GM－200	6	200	168	375	170	211	240	37.0
6GM－80	12	80	68	315	175	212	220	30.0
6GM－100	12	100	85	410	170	215	240	40.5

表 21-1-29　MF、GMF 密封少维护铅酸蓄电池技术数据

型　号	额定电压 (V)	额定容量 (Ah)		外形尺寸 (mm)				连接方式	质量 (kg)
		20h 放电率	10h 放电率	长	宽	高	总高		
3MF-3	6	3	2.8	66	43	92	98	接线片	0.65
3MF-4	6	4	3.7	70	47	102	107	接线片	0.9
3MF-10	6	10	9.2	150	50	96	100	接线片	1.9
3MF-200	6	200	184	375	170	214	244	螺栓和螺母	33
6MF-6.5	12	6.5	6	152	65	95	100	接线片	2.9
6MF-10	12	10	9.2	150	97	95	100	接线片	4
6MF-15	12	15	13.8	180	77	167	167	接线片	6
6MF-24	12	24	22	166	125	176	176	接线片	10.4
6MF-38	12	38	35	197	166	170	170	螺栓和螺母	13
6MF-50	12		50	260	133	204	208	螺栓和螺母	19
6MF-65	12		65	351	165	176	180	螺栓和螺母	24
6MF-80	12		80	344	175	213	215	螺栓和螺母	30
6MF-100 Ⅰ	12		100	406	175	218	253	螺栓和螺母	37
6MF-100 Ⅱ	12		100	400	170	215	231	螺栓和螺母	34
6MF-150	12		150	482	170	255	295	螺栓和螺母	58
6MF-200	12		200	520	240	220	255	螺栓和螺母	65
1GMF-80	2		80	170	72	207	229	螺栓和螺母	5.5
1GMF-100	2		100	170	72	207	229	螺栓和螺母	6.2
1GMF-150	2		150	170	100	207	234	螺栓和螺母	9.3
1GMF-200	2		200	170	106	330	360	螺栓和螺母	16
1GMF-250	2		250	170	156	207	236	螺栓和螺母	15
1GMF-300	2		300	170	150	330	360	紫铜板和螺栓螺母	24
1GMF-400	2		400	240	170	330	360	紫铜板和螺栓螺母	35
1GMF-500	2		500	241	170	330	360	紫铜板和螺栓螺母	40
1GMF-600	2		600	280	170	330	360	紫铜板和螺栓螺母	49
1GMF-800	2		800	411	175	330	360	紫铜板和螺栓螺母	70
1GMF-1000	2		1000	478	173	330	360	紫铜板和螺栓螺母	80

续表 26-1-29

型 号	额定电压(V)	额定容量（Ah）		外形尺寸（mm）				连接方式	质量(kg)
		20h 放电率	10h 放电率	长	宽	高	总高		
1GMF-2000	2		2000	490	350	340	370	紫铜板和螺栓螺母	160
1GMF-3000	2		3000	710	350	340	370	紫铜板和螺栓螺母	240
1GMF-1200*	2		1200	183	320	620	670	紫铜板和螺栓螺母	110
1GMF-2000*	2		2000	328	320	620	670	紫铜板和螺栓螺母	178
1GMF-300*	2		3000	475	320	620	670	紫铜板和螺栓螺母	250

* 为高型电池。

表 21-1-30 GM 型密封少维护铅酸蓄电池技术数据

型 号	额定电压(V)	额定容量（Ah）			外形尺寸（mm）				质量(kg)
		10h 放电率	3h 放电率	1h 放电率	长	宽	高	总高	
GM-150	2	150	112	90	106	170	330	365	14
GM-200	2	200	150	120	106	170	330	365	16
GM-300	2	300	225	180	150	170	330	365	24
GM-500	2	500	375	300	241	170	330	365	39
GM-800	2	800	600	480	471	171	330	365	60
GM-1000	2	1000	750	600	471	171	330	365	75
GM-1500	2	1500	1125	900	476	337	340	375	110
GM-2000	2	2000	1500	1200	476	337	340	375	146
GM-3000	2	3000	2250	1800	696	340	340	375	220
3-GM-120	6	120	90	72	275	174	223	255	20
3-GM-200	6	200	150	120	350	170	212	245	35
6-GM-32	12	32	24	19.2	192	122	179	190	11.5
6-GM-38	12	38	28	22.8	197	165	170	181	13
6-GM-50	12	50	38	30	260	133	203	220	18
6-GM-65	12	65	48	39	350	166	176	206	25
6-GM-80	12	80	60	48	343	175	210	240	30
6-GM-100	12	100	75	60	402	171	217	250	35
6-GM-120	12	120	90	72	403	171	240	270	40
6-GM-150	12	150	112	90	480	170	254	285	47.5

四、镉镍碱性蓄电池

镉镍碱性蓄电池具有寿命长、产生腐蚀性气体少、使用维护方便、高低温性能好、体积小、机械强度高等优点，已广泛使用于发电厂和变电所中。其中，高倍率放电型蓄电池，瞬时放电倍率高达 20～30 倍，适用于电磁操动机构的断路器跳、合闸用。高倍率蓄电池宜选择在 10～40Ah 范围内使用。中倍率镉镍电池的特性与一般铅酸蓄电池特性相似，目前生产量较小，且价格较贵，故较少采用。中倍率蓄电池组容量宜选择在 30～800Ah 范围内。

镉镍蓄电池的主要特性及选择方法，在《电力工程电气设计手册·2·电气二次部分》第24-10节中已详作介绍，这里只选择国内几个主要生产厂的产品作介绍。

（一）GNG、GNZ 系列镉镍碱性蓄电池

河南新乡 755 厂生产 GNG 系列高倍率烧结式镉镍电池和 GNZ 系列中倍率镍镉电池。

1. GNG 型高倍率镉镍电池

(1) 技术数据：GNG 型单体电池和由它组成的蓄电池组的技术数据，见表 26-1-31。

(2) 特性曲线：GNG 系列单体电池的特性曲线见图 26-1-30，蓄电池组特性曲线见图 26-1-31。

(3) 外形尺寸及质量：见表 26-1-32。

(4) 生产厂：河南省新乡市第七五五厂。

2. GNZ 系列中倍率镉镍电池

(1) 技术数据：见表 26-1-33。

(2) 特性曲线：见图 26-1-32。

(3) 外形尺寸及质量：见表 26-1-34。

表 26-1-31　GNG 系列高倍率镉镍碱性蓄电池单体电池和蓄电池组技术数据

电池型号	额定电压(V)	额定容量(Ah)	瞬时输出功率(kW)	恒压充电电压(V)	正常充电制		4h 放电率			1h 放电率			电池结构
					电流(A)	时间(h)	电流(A)	时间(h)	终压(V)	电流(A)	时间(min)	终压(V)	
GNG5-(2)	1.20	5			1.25	7	1.25	⩾4	1.0	5	⩾60	0.9	半烧
GNG10-(2)	1.20	10			2.5	7	2.5	⩾4	1.0	10	⩾60	0.9	半烧
GNG10-(5)	1.20	10			2.5	7	2.5	⩾4	1.0	10	⩾60	0.9	全烧
GNG20-(4)	1.20	20			5	6	5	⩾4	1.0	20	⩾60	0.9	半烧
GNG20-(5)	1.20	20			5	6	5	⩾4	1.0	20	⩾60	0.9	全烧
GNG20-(6)	1.20	20			5	6	5	⩾4	1.0	20	⩾60	0.9	全烧
GNG35-(2)	1.20	35			9	6	9	⩾4	1.0	35	⩾60	0.9	半烧
GNG40-(5)	1.20	40			10	6	10	⩾4	1.0	40	⩾60	0.9	全烧
19GNG5	22.8	5	2.7	27.5									
20GNG10	24	10	3.6	28.5									
20GNG20	24	20	11	28.5									
20GNG40	24	40	15	28.5									

表 26-1-32　GNG 系列高倍率镉镍碱性蓄电池单体电池及蓄电池组外形尺寸及质量

型　号	外形尺寸(mm)			最大质量(g)	
	长	宽	高	不带电解液	带电解液
GNG5-(2)	55.4	24	123	265	295
GNG10-(2)	80	24	155	520	580
GNG10-(5)	80	24	167	560	620
GNG20-(4)	81	32.5	242	960	1060
GNG20-(5)	80	26.8	224	900	980
GNG20-(6)	81	32.5	242	960	1060
GNG35-(2)	81	42	263	1430	1560
GNG40-(5)	81	42	263	1650	1780
19GNG5	365+2	127+2	154+2		7500
20GNG10	290+2	194+2	169+2		1300
20GNG20	268+2	254+2	222+2		24500
20GNG40	411+2	208+2	266+2		36500

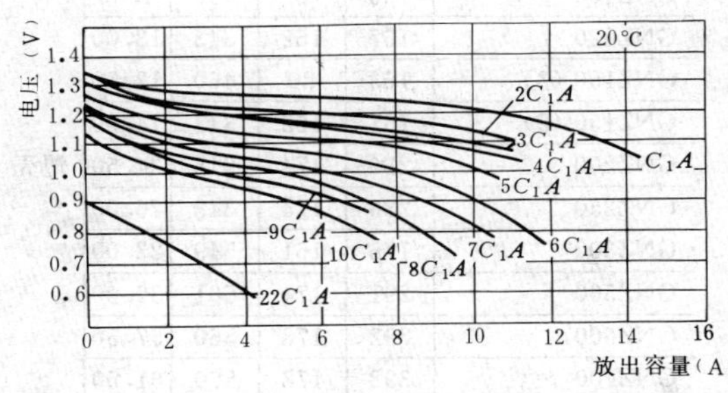

图 26-1-30　GNG 系列高倍率镉镍碱性蓄电池单体电池不同放电率的放电特性曲线
C_1A—表示放电电流，数值取额定容量值

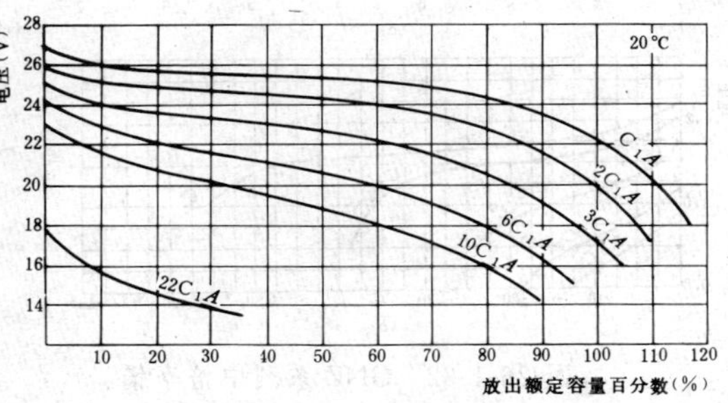

图 26-1-31　GNG 系列高倍率镉镍碱性蓄电池组不同放电率的放电特性曲线
C_1A—放电电流，数值取额定容量值

表 26-1-33　　**GMZ 系列中倍率镉镍碱性蓄电池技术数据**

型　号	额定电压 (V)	额定容量 (Ah)	标准充电制		标准放电制					
			电流 (A)	时间 (h)	0.25C_5A		1C_5A		2C_5A	
					终止电压 (V)	放电时间 (h)	终止电压 (V)	放电时间 (min)	终止电压 (V)	放电时间 (min)
GNZ30	1.2	30	0.2C_5	8	1.0	≥5.0	0.9	≥40	0.9	≥10
GNZ75	1.2	75	0.2C_5	8	1.0	≥5.0	0.9	≥40	0.9	≥10
GNZ100	1.2	100	0.2C_5	8	1.0	≥5.15	0.9	≥54	0.9	≥20
GNZ120	1.2	120	0.2C_5	8	1.0	≥5.0	0.9	≥40	0.9	≥10
GNZ150-(3)	1.2	150	0.2C_5	8	1.0	≥5.0	0.9	≥40	0.9	≥10
GNZ150-(2)	1.2	150	0.2C_5	8	1.0	≥5.15	0.9	≥54	0.9	≥20
GNZ200	1.2	200	0.2C_5	8	1.0	≥5.0	0.9	≥40	0.9	≥10
GNZ250	1.2	250	0.2C_5	8	1.0	≥5.0	0.9	≥40	0.9	≥10
GNZ300	1.2	300	0.2C_5	8	1.0	≥5.15	0.9	≥54	0.9	≥20
GNZ500	1.2	500	0.2C_5	8	1.0	≥5.0	0.9	≥40	0.9	≥10
GNZ600	1.2	600	0.2C_5	8	1.0	≥5.0	0.9	≥40	0.9	≥10
GNZ700	1.2	700	0.2C_5	8	1.0	≥5.0	0.9	≥40	0.9	≥10
GNZ800	1.2	800	0.2C_5	8	1.0	≥5.0	0.9	≥40	0.9	≥10
5GNZ30	6.0	30	0.2C_5	8	5.0	≥5.0	4.5	≥40	4.5	≥10
3GNZ150-(3)	3.6	150	0.2C_5	8	3.0	≥5.0	2.7	≥40	2.7	≥10

注　C_5 为蓄电池的额定容量，即在 20℃下 5h 放电倍率放电到终止电压 1V 的容量。

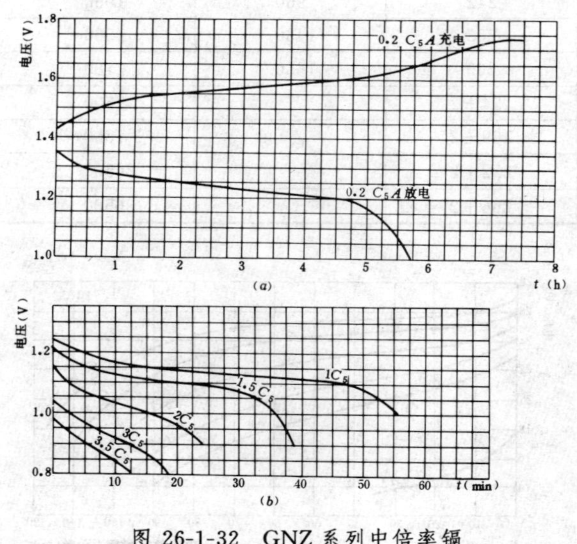

图 26-1-32　GNZ 系列中倍率镉镍碱性蓄电池特性曲线

(*a*) 充放电曲线 (20±5℃)；

(*b*) 不同放电倍率的放电曲线 (20±5℃)

表 26-1-34　**GNZ 系列中倍率镉镍碱性蓄电池的外形尺寸及质量**

型　号	最大外形尺寸 (mm)			最大质量 (kg)	外壳材料
	长	宽	高		
GNZ30	144	67	227	3.50	塑壳
GNZ75	139	79	359	6.50	塑壳
GNZ100	166	106	350	9.50	塑壳
GNZ120	167	162	343	13.00	塑壳
GNZ150-(3)	163	80	460	12.50	塑壳
GNZ150-(2)	167	162	343	14.00	塑壳
GNZ200	286	174	348	24.50	塑壳
GNZ250	286	174	348	26.00	塑壳
GNZ300	176	161	549	23.00	塑壳
GNZ500	291	174	501	39.00	塑壳
GNZ600	392	178	560	57.50	塑壳
GNZ700	392	178	560	61.50	塑壳
GNZ800	392	178	560	67.00	塑壳
5GNZ30	375	153	260	19.50	铁壳
3GNZ150-(3)	284	186	465	40.00	铁壳

（4）生产厂：河南省新乡市第七五五厂。

（二）GNG、GNC 系列高倍率镉镍碱性蓄电池

GNG、GNC 系列镉镍电池为上海新宇电源厂研制成功的烧结式和全烧结式矩形镉镍电池。GNG 型允许 40 倍率放电，充放电循环次数大于 300 次，价格较便宜。GNC 系列允许 50 倍率放电，充放电循环次数大于 500 次。

1. GNG 系列镉镍电池

（1）技术数据：见表 26-1-35。

（2）特性曲线：见图 26-1-33。

（3）外形尺寸及质量：见表 26-1-36。

（4）生产厂：上海新宇电源厂。

2. GNC 系列镉镍电池

（1）技术数据：见表 26-1-37。

（2）特性曲线：见图 26-1-34。

（3）外形尺寸及质量：见表 26-1-38。

（4）生产厂：上海新宇电源厂。

3. GNG 系列全烧结式镉镍电池

（1）技术数据：见表 26-1-39。

（2）特性曲线：见图 26-1-35。

（3）外形尺寸及质量：见表 26-1-40。

（4）生产厂：四川绵阳七五六厂。

表 26-1-35　**GNG 系列镉镍碱性蓄电池技术数据**

型　号	额定电压（V）	额定容量（Ah）	5h 放电率			1h 放电率			高倍率放电		正常充电		浮充电		循环寿命（次）
			电流（A）	终止电压（V）	时间（h）	电流（A）	终止电压（V）	时间（h）	电流（A）	0.3s 电压（V）	电流（A）	时间（h）	电流（A）	电压（V）	
GNG10-（5）	1.2	10	2	1.0	5.5	10	1.0	≥54	120	≥1.12	2	7			300
GNG10-（6）	1.2	10	2	1.0	5.5	10	1.0	≥54	120	≥1.12	2	7			300
GNG20-（3）	1.2	20	4	1.0	5.5	20	1.0	≥54	240	≥1.10	4	7			300
GNG20-（6）	1.2	20	4	1.0	5.5	20	1.0	≥54	240	≥1.10	4	7			300
GNG20-（7）	1.2	20	4	1.0	5.5	20	1.0	≥54	240	≥1.10	4	7			300
GNG40-（2）	1.2	40	8	1.0	5.5	40	1.0	≥54	400	≥1.08	8	7			300
GNG40-（6）	1.2	40	8	1.0	5.5	40	1.0	≥54	400	≥1.08	8	7			300
GNG60-（2）	1.2	60	12	1.0	5.5	60	1.0	≥54	600	≥1.06	12	7	4～5 mA/Ah	1.37～1.38V/个电池（20～25℃）	300
GNG80	1.2	80	16	1.0	5.5	80	1.0	≥54	800	≥1.06	16	7			300
GNG100	1.2	100	20	1.0	5.5	100	1.0	≥54	1000	≥1.06	20	7			300
GNG120	1.2	80	24	1.0	5.5	120	1.0	≥54	1200	≥1.04	24	7			300
GNG150	1.2	150	30	1.0	5.5	150	1.0	≥54	1500	≥1.04	30	7			300
GNG200-（2）	1.2	200									40	7			300
GNG300	1.2	300									60	7			300
GNG400	1.2	400									80	7			300

表 26-1-36 GNG 系列镉镍碱性蓄电池的外形尺寸及质量

型号	最大外形尺寸(mm) 长	宽	高 不带极柱	高 带极柱	极柱螺纹	液面线高度(mm)	最大质量(有电液)(kg)
GNG10-(5)	66	28	142	157	M10	82/102	0.85
GNG10-(6)	81	29	200	218	M8	120/158	0.85
GNG20-(3)	81	29	200	218	M8	120/158	0.95
GNG20-(6)	104	48	197	225	M10	120/150	1.35
GNG20-(7)	81	41	222	246	M10	130/180	1.35
GNG40-(2)	81	41	222	246	M10	150/190	1.70
GNG40-(6)	136	58	230	260	M16	140/180	2.10
GNG60-(2)	136	58	230	260	M16	140/180	3.00
GNG80	136	58	230	260	M16	140/180	3.80
GNG100	136	69	230	260	M16	140/1801	4.80
GNG120	136	96	230	260	M18	140/190	6.00
GNG150	136	96	230	260	M18	140/190	8.00
GNG200-(2)	169	158	314	354	M20	195/260	10.00
GNG300	169	158	314	354	M20	195/260	15.00
GNG400	169	158	314	354	M20	195/260	20.00

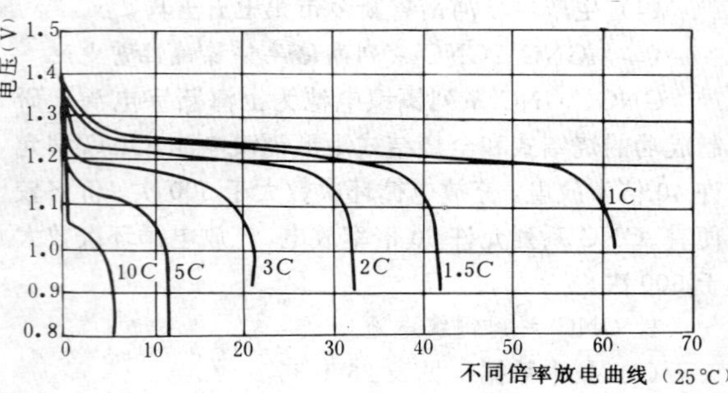

(a)

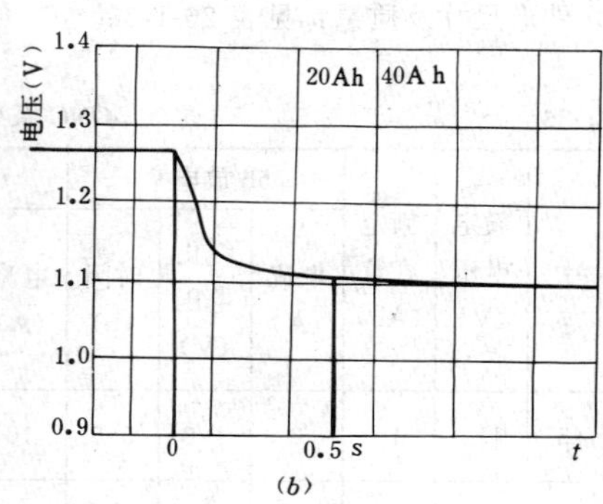

(b)

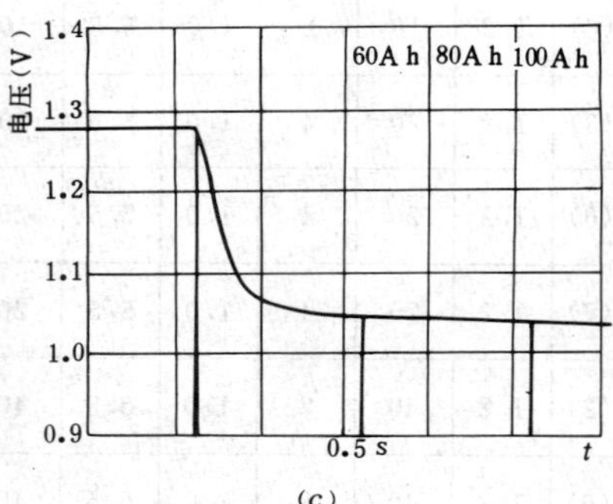

(c)

图 26-1-33 GNG 系列镉镍碱性蓄电池的特性曲线
(a) 不同放电倍率放电曲线(25℃);(b) 20、40Ah 电池 50%容量 6C 冲击负荷曲线;(c) 60、80、100Ah 电池 50%容量 6C 冲击负荷曲线

表 26-1-37 GNC 系列镉镍碱性蓄电池技术数据

电池型号	额定电压(V)	额定容量(Ah)	5h放电率 电流(A)	5h放电率 终止电压(V)	5h放电率 时间(h)	1h放电率 电流(A)	1h放电率 终止电压(V)	1h放电率 时间(h)	高倍率放电 电流(A)	高倍率放电 0.3s时电压(V)	正常充电 电流(A)	正常充电 时间(h)	正常放电 电流(A)	正常放电 终止电压(V)	循环寿命(次)
GNC10-(3)															
GNC10-(4)	1.2	10	2	1.0	5.5	10	1.0	>60	120	>1.12	2	7	2	1.0	500
GNC10-(6)															
GNC15-(2)		15	3			15			180		3		3		

续表 26-1-37

电池型号	额定电压(V)	额定容量(Ah)	5h 放电率			1h 放电率			高倍率放电		正常充电		正常放电		循环寿命(次)
			电流(A)	终止电压(V)	时间(h)	电流(A)	终止电压(V)	时间(h)	电流(A)	0.3s 时电压(V)	电流(A)	时间(h)	电流(A)	终止电压(V)	
GNC20-(2)								＞54		≥1.06					
GNC20-(3)								＞60		≥1.12					
GNC20-(5)		20	4			20			240		4		4		
GNC20-(6)															
GNC20-(7)															
GNC35		35	7			35					7		7		
GNC40								＞54		＞1.06					
GNC40-(2)		40	8			40		＞60	480	＞1.10	8		8		
GNC40-(6)															
GNC50		50	10			50			600		10		10		
GNC50-(2)															
GNC60	1.2	60	12	1.0	5.5	60	1.0	＞54	600	＞1.06	12	7	12	1.0	500
GNC60-(2)															
GNC70		70	14			70					14		14		
GNC80		80	16			80		＞54	800	＞1.06	16		16		
GNC80-(2)															
GNC100		100	20			100		＞54	1000	＞1.06	20		20		
GNC100-(2)															
GNC120		120	24			120			1200		24		24		
GNC150		150	30			150			1500		30		30		
GNC150-(2)															
GNC200		200	40			200			2000		40		40		
GNC300		300	60			300			3000		60		60		
GNC400		400	80			400			4000		80		80		

表 26-1-38 **GNC 系列镉镍碱性蓄电池外形尺寸及质量**

型号	最大外形尺寸(mm)				极柱螺纹	最大质量(有电液)(kg)	型号	最大外形尺寸(mm)				极柱螺纹	最大质量(有电液)(kg)
	长	宽	高					长	宽	高			
			不带极柱	带极柱						不带极柱	带极柱		
GNC10 (3)	64	34	129	152	M8	0.54	GNC50 (2)	136	58	230	260	M10	2.10
GNC10 (4)	87	40	136	152	M8	0.56	GNC60	103	65	197	225	M14	2.52
GNC10 (6)	81	29	200	218	M8	0.56	GNC60 (2)	136	58	230	260	M12	2.54
GNC15 (2)	81	29	200	218	M8	0.7	GNC70	136	58	230	260	M16	3.20
GNC20 (2)	87	40	136	152	M8	0.86	GNC80	136	58	230	260	M16	3.60
GNC20 (3)	81	29	200	218	M8	0.92	GNC80 (2)	136	69	230	260	M10	3.60
GNC20 (5)	81	41	222	246	M10	0.94	GNC100	136	69	230	260	M16	4.50
GNC20 (6)	104	48	197	225	M12	0.94	GNC100 (2)	135	96	230	260	M18	4.50
GNC20 (7)	81	41	222	246	M12	0.94	GNC120	135	96	230	260	M18	5.50
GNC35	80	35	222	248	M10	1.0	GNC150	135	96	230	260	M18	6.70
GNC40	104	48	197	225	M12	1.68	GNC150 (2)	169	92	314	354	M18	6.70
GNC40 (2)	81	41	222	250	M10	1.70	GNC200	169	92	314	354	M18	7.8
GNC40 (6)	136	58	230	260	M16	1.70	GNC300	169	158	314	354	M20	14.6
GNC50	104	57	197	225	M12	2.10	GNC400	169	158	314	354	M20	19

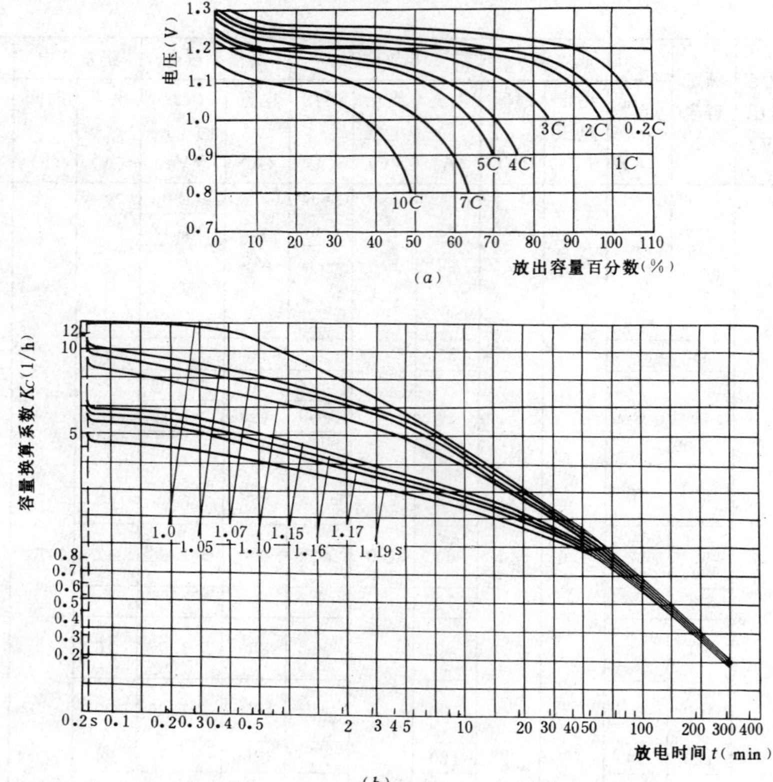

图 26-1-34　GNC 系列镉镍碱性蓄电池特性曲线

(*a*) 不同倍率放电曲线(20℃)；(*b*) 容量换算系数与放电时间关系

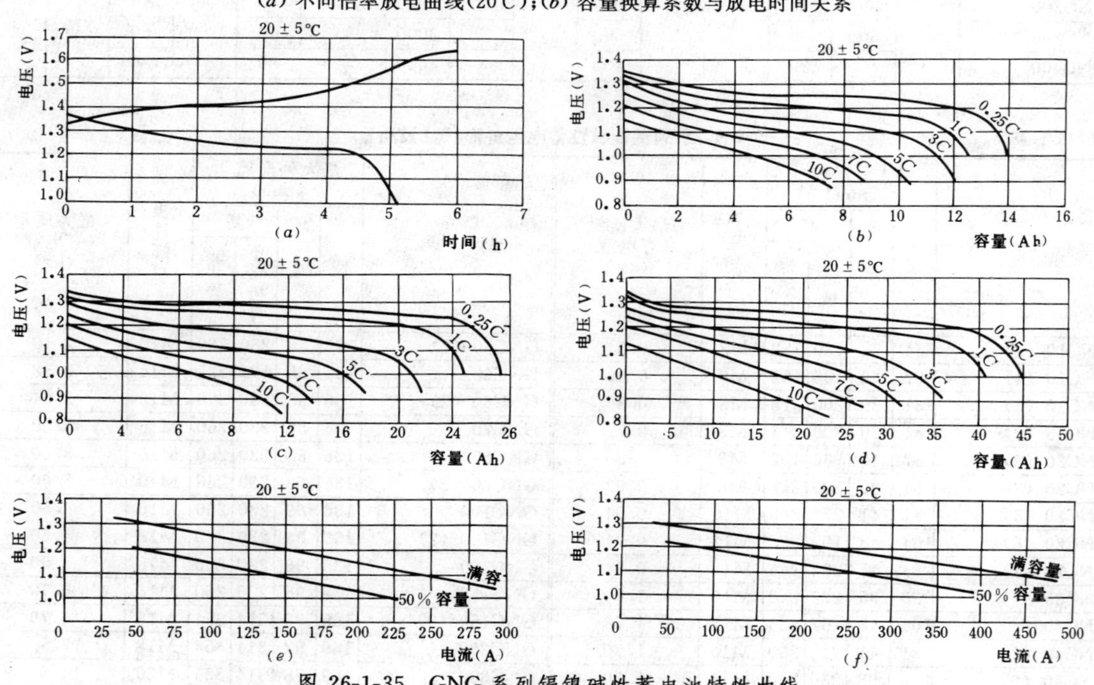

图 26-1-35　GNG 系列镉镍碱性蓄电池特性曲线

(*a*)典型充放电曲线；(*b*)不同倍率放电曲线之一；(*c*)不同倍率放电曲线之二；(*d*)不同倍率放电曲线之三；(*e*)不同合闸电流与电压关系曲线之一(合闸时间 0.3s)；(*f*)不同合闸电流与电压关系曲线之二(合闸时间 0.3s)

表 26-1-39　**GNG 系列全烧结式镉镍碱性蓄电池技术数据**

电池型号	额定电压(V)	额定容量(Ah)	标准充电		标准放电			1倍率放电			应急放电		合闸放电		
			电流(A)	时间(h)	电流(A)	时间(h)	终止电压(V)	电流(A)	时间(min)	终止电压(V)	最大电流(A)	时间(min)	合闸电流(A)	合闸电压(V/180个)	合闸时间(s)
GNG10		10	2.5	6	2.5	≥4	1.0	10	≥50	1.0					
GNG10-(2)		10	2.5	6	2.5	≥4	1.0	10	≥54	1.0	10	30	120	≥198	0.3
GNG20		20	5	6	5	≥4	1.0	20	≥50	1.0					
GNG20-(2)	1.2	20	5	6	5	≥4	1.0	20	≥54	1.0	20	30	240	≥198	0.3
GNG20-(3)		20	5	6	5	≥4	1.0	20	≥54	1.0	20	30	240	≥198	0.3
GNG40		40	10	6	10	≥4	1.0	40	≥50	1.0					
GNG40-(2)		40	10	6	10	≥4	1.0	40	≥54	1.0	40	30	420	≥198	0.3

表 26-1-40　**GMG 系列镉镍碱性蓄电池外形尺寸及质量**

电池型号	外形尺寸(mm)			最大质量(g)		极柱螺纹	电池型号	外形尺寸(mm)			最大质量(g)		极柱螺纹
	长	宽	高	不带电解液	带电解液			长	宽	高	不带电解液	带电解液	
GNG10	80	24	135	420	520	M8	GNG20-(3)	80	27	215	820	1020	M8
GNG10-(2)	80	24	155	460	580	M8	GNG40	80	35	235	1300	1500	M10
GNG20	80	35	135	650	756	M8	GNG40-(2)	80	38	247	1350	1700	M10
GNG20-(2)	80	27	215	800	990	M8							

五、其他蓄电池

发电厂变电所的柴油发电机组起动用或远动、通信、仪器仪表、自动装置等要求体积小并可靠的蓄电池电源，常用的有以下几种。

（一）Q 系列汽车起动用铅酸蓄电池

常用的 Q 系列汽车起动用铅酸蓄电池，技术数据见表 26-1-41。

（二）QA 系列干荷电塑料槽铅蓄电池

QA 系列铅蓄电池的技术数据见表 26-1-42。

（三）锌银蓄电池

XY、XYG 系列锌银蓄电池，体积小、重量轻，工作电压平稳，可大电流短时放电，低温时性能差，寿命短，一般用于短时工作的直流电源。

XY、XYG 系列电池的技术数据见表 26-1-43。

表 26-1-41　**Q 系列汽车起动用铅酸蓄电池技术数据**

蓄电池型号	额定电压(V)	20h 放电率			起动放电						充电接受能力(A)	自放电(充足后搁置28天)	寿命(充放电循环次数)*	贮存期(a)
					电流(A)	+30℃起动放电		−18℃起动放电						
		C_{20}(Ah)	电流(A)	终止电压(V)		持续时间(min)	终止电压(V)	持续时间(min)	5～7s电压(V)	终止电压(V)				
3-Q-75		75	3.75		225						7.5			
3-Q-90		90	4.5		270						9			
3-Q-105		105	5.25		315						10.5			
3-Q-120		120	6.00		360						12			
3-Q-135	6	135	6.75	5.25	405	3	4	2.5	4.2	3	13.5	容量损失20%	3	2
3-Q-150		150	7.50		450						15			
3-Q-165		165	8.25		495						16.5			
3-Q-180		180	9.00		540						18			
3-Q-195		195	9.75		585						19.5			

续表 26-1-41

蓄电池型号	额定电压(V)	20h 放电率			起动放电						充电接受能力(A)	自放电(充足后搁置 28 天)	寿命(充放电循环次数)*	贮存期(a)
		C_{20}(Ah)	电流(A)	终止电压(V)	电流(A)	+30℃起动放电		−18℃起动放电						
						持续时间(min)	终止电压(V)	持续时间(min)	5～7s 电压(V)	终止电压(V)				
6-Q-60		60	3		180						6			
6-Q-75		75	3.75		225						7.5			
6-Q-90		90	4.50		270						9			
6-Q-105		105	5.25		315						10.5			
6-Q-120	12	120	6.00	10.5	360	3	8	2.5	8.4	6	12		3	2
6-Q-135		135	6.75		405						13.5			
6-Q-150		150	7.50		450						15			
6-Q-165		165	8.25		495						16.5			
6-Q-180		180	9.00		540						18			
6-Q-195		195	9.75		585						19.5			
6-Q-40G		40	2.0		160									
6-Q-60G	12	60	3.0	10.5	240	3	8	2.5	8.4	6			3	2
6-Q-80G		80	4.0		320									

* 按 IEC 标准，电池寿命用循环耐久能力单元数来表示，单元数≥3.

表 26-1-42　　QA 系列干荷电塑料槽铅蓄电池技术数据

型　号	额定电压(V)	单格电池极板片数(片)	20h 放电率 电解液温度 30±2℃		起动放电电流及容量				外形尺寸 (mm)				质量(不带电解液时)(kg)
					常温起动放电 电解液温度 30±2℃		低温起动放电 电解液温度 −18±2℃		长	宽	槽高	总高	
			电流(A)	容量(Ah)	电流(A)	容量(Ah)	电流(A)	容量(Ah)					
6-QA-36S		9	1.8	36	108	5.4	108	4.5	195	127	200	225	8.5
6-QA-40S		9	2.0	40	120	6.0	120	5.0	226	131	200	225	8.6
6-QA-60S		11	3.0	60	180	9.0	180	7.5	262	160	206	225	13.5
6-QA-70S		11	3.5	70	210	10.5	210	8.75	306	170	206	—	15.5
6-QA-75S		13	3.75	75	225	11.25	225	9.38	313	160	203	225	15.6
6-QA-90S	12	17	4.5	90	270	13.5	270	11.25	365	175	232	—	—
6-QA-100S		17	5.0	100	300	15	300	12.5	407	172	208	230	21
6-QA-105S		21	5.25	105	315	15.75	315	13.13	405	175	232	—	—
6-QA-120S		21	6.0	120	360	18.0	360	15.0	500	175	207	255	25
6-QA-150S		25	7.5	150	450	22.5	450	18.75	502	218	206	254	32
6-QA-200S		27	10	200	600	30	600	25	515	266	213	262	—
3-QA-105S	6	15	5.25	105	315	15.75	315	13.13	222	166	240	—	12
3-QA-120S		11	6.0	120	360	18.0	360	15.0	500	180	257	—	30

注　1. 20h 放电时，单个电池终止电压为 1.7V，6V 电池的终止电压为 5.25V，12V 电池的终止电压为 10.5V。

2. 常温起动放电时，持续放电时间为 3min 时，6V 电池的终止电压为 3V；12V 电池的终止电压为 6V。

3. 低温起动放电时，持续放电时间为 1min 时，6V 电池的终止电压为 4.2V；12V 电池的终止电压为 8.4V。

表 26-1-43　XY、XYG 系列锌银蓄电池的技术数据

电池型号	额定容量(Ah)	额定电压(V)	充电				放电						外形尺寸(mm)			质量(kg)		
			正常充电电流(A)	小电流充电电流(A)	快速定时充电		5h 放电率			1h 放电率								
					电流(A)	时间(h)	电流(A)	时间(min)	终止电压(V)	电流(A)	时间(min)	容量检查时放电电流(A)	长	宽	高	干态	湿态	电解液
XY-8	8	1.5	0.8	0.4	1.2	7	1.6	30	1.30	8	15	1.6	35	27	74	<0.3	<0.38	48
XY-20	20		2.0	1.0	3.0	7	4.0		1.52	20	12	4.0	40	38.5	120	<0.3	<0.38	45～57
XYG-45	45		4.5	3.0	7.0	7	9.0		1.52	45	10	9.0	39.5	76	158	<0.62	<0.8	120～125
XY-60	60		6.0	3.0	8.0	8	12.0		1.52	60	10	12.0	56	52	158	<0.72	<0.9	120～125
XYG-25	25												56	28	138	<0.33	<0.41	约 100

第 26-2 节　直流屏（柜）

原能源部电力规划设计总院组织华北院、中南院编制的《火力发电厂直流系统及直流屏典型设计》和《220～500kV 变电所直流系统及直流屏典型设计》，各设计院已普遍采用，有许多生产厂也按照该典型设计制造成套直流屏，该典型设计已在《电力工程电气设计手册·2·电气二次部分》第二十四章详细介绍。

根据原能源部电力司电供［1991］122 号《关于成立电力系统直流电源柜联合设计工作组的通知》，由电力科学院开关所、北京供电局、四川电力科学试验研究所等单位组建的“能源部直流柜联合设计组”，进行全国的调查研究工作，提出 GZD 系列镉镍电池直流电源柜和 GZS 系列少维护蓄电池直流电流柜新产品的设计，制造出样机并通过样机鉴定。现国内已有许多制造厂可成套供应 GZD 和 GZS 系列直流电源柜。

一、GZD 系列直流电源柜技术数据

（一）基本数据

（1）额定输入交流电压：三相 380V±10%，频率 50Hz±2%。

（2）额定输出直流电压：110V、220V。

（3）充电浮充电装置：额定直流电流 10、20、30、50、80、100A。

（4）蓄电池额定容量：10、20、40、80、100、150、200、250、300Ah（其中 80Ah 及以上均为中倍率镉镍电池）。

（5）设备负载等级：Ⅰ级，即连续运行。

（6）外壳防护等级：不低于 IP20。

（7）控制母线电压范围：额定直流电压±10%。

（二）镉镍电池的数据

（1）额定电压 110V 时：中倍率电池 87 个，高倍率电池 90 个。

（2）额定电压 220V 时：中倍率电池 174 个，高倍率电池 180 个。

（3）放电末期电池最低电压：中倍率电池电压不低于 1.14V，高倍率电池电压不低于 1.10V。

蓄电池的事故电流和冲击事故电流，见表 26-2-1。

表 26-2-1　镉镍电池的事故电流和冲击事故电流

蓄电池型号	事故电流(A)	冲击事故电流(A)
GNG10	4	35
GNC10	4	40
GNG20	8	65
GNC20	8	70
GNG40	16	100
GNC40	16	125
GNZ80	16	80
GNZ100	20	110
GNZ150	30	130
GNZ200	40	170
GNZ250	50	210
GNZ300	60	250

（三）充电、浮充电装置

1. 充电装置

（1）稳流特性：交流输入电压 380±10%，充电电压在蓄电池额定电压的 90%～145%范围内，充电电流在额定值 20%～100%范围内，稳流精度不大于

±5%。

(2) 纹波系数：不大于2%。

(3) 充电装置最低、最高电压：见表26-2-2。

表26-2-2　充电装置的最低和最高电压值

系统电压等级(V)	电池型式	电池个数	最低电压(V)	最高电压(V)
110	中倍率电池	87	99	157
220		174	198	313
110	高倍率电池	90	103	162
220		180	205	324

2. 浮充电装置

(1) 稳压特性：交流输入电压为380±10%V、负载电流为0～100%额定电流，在蓄电池额定电压和稳压调节范围内，稳压精度为±2%。

(2) 稳压调节范围：不小于蓄电池组额定电压的－5%～30%。

(3) 纹波系数：不大于2%。

(4) 浮充装置最低、最高电压：见表26-2-3。

表26-2-3　浮充电装置的最低和最高电压值

系统电压等级(V)	电池型式	电池个数	最低电压(V)	最高电压(V)
110	中倍率电池	87	99	125
220		174	198	250
110	高倍率电池	90	103	130
220		180	205	260

3. 均充电压

均充电压的最低和最高电压值见表26-2-4。

表26-2-4　均充电压的最低和最高电压值

系统电压等级(V)	电池型式	电池个数	最低电压(V)	最高电压(V)
110	中倍率电池	87	125	136
220		174	250	272
110	高倍率电池	90	130	140
220		180	260	280

综合表26-2-2～表26-2-4，充电浮充电装置的电压调整范围，见表26-2-5。

表26-2-5　充电浮充电装置电压调整范围

额定直流电压(V)	充电电压范围(V)	浮充电电压范围(V)	均充电电压范围(V)
110	99～162	99～130	125～140
220	198～324	198～260	250～280

4. 充电浮充电装置的输入功率

充电电流按额定直流电流的1.1倍，充电电压按充电电压的上限，考虑充电装置的效率，输入功率的计算结果，见表26-2-6。

表26-2-6　充电装置的输入功率

额定直流电压(V)	额定直流电流(A)	功率(kW)	
		电抗器调压整流器	晶闸管调压整流器
110	10	2.74	2.55
	20	5.48	5.09
	30	8.22	7.64
	50		11.88
	80		19.0
	100		22.28
220	10	5.48	5.09
	20	10.18	9.50
	30	15.27	14.26
	50		22.28
	80		35.64
	100		41.93

二、GZD系列直流电源柜接线方案

按直流母线是单母线或双母线、蓄电池是一组或两组、控制母线有无降压装置等原则，共11个方案，各方案的容量见表26-2-7。

接线方案示意图见图26-2-1～图26-2-6，各方案的特点见表26-2-8。

降压回路有两个方案，一是在直流母线上合闸母线经降压回路(降压硅堆降压)接至控制母线的供电方式(接线见图26-2-7)，二是控制母线由浮充电装置供电，事故后由合闸母线经降压回路(降压硅堆降压)供电方式(接线见图26-2-8)。两个降压供电方式的降压硅堆电压值见表26-2-9。

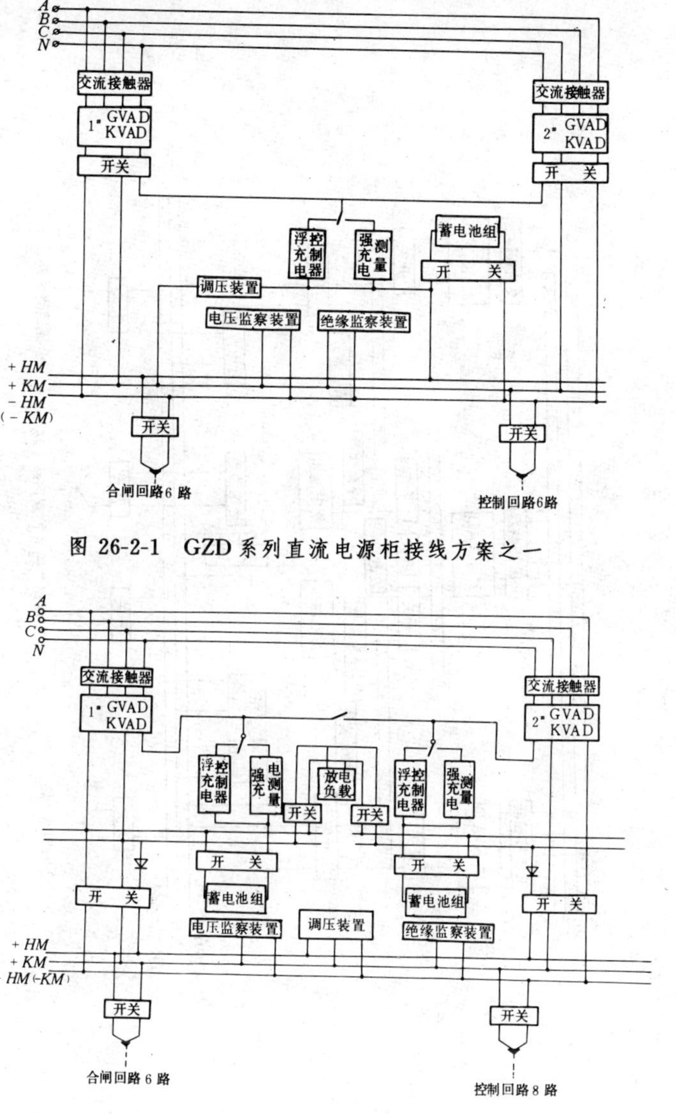

图 26-2-1　GZD 系列直流电源柜接线方案之一

图 26-2-3　GZD 系列直流电源柜接线方案之三

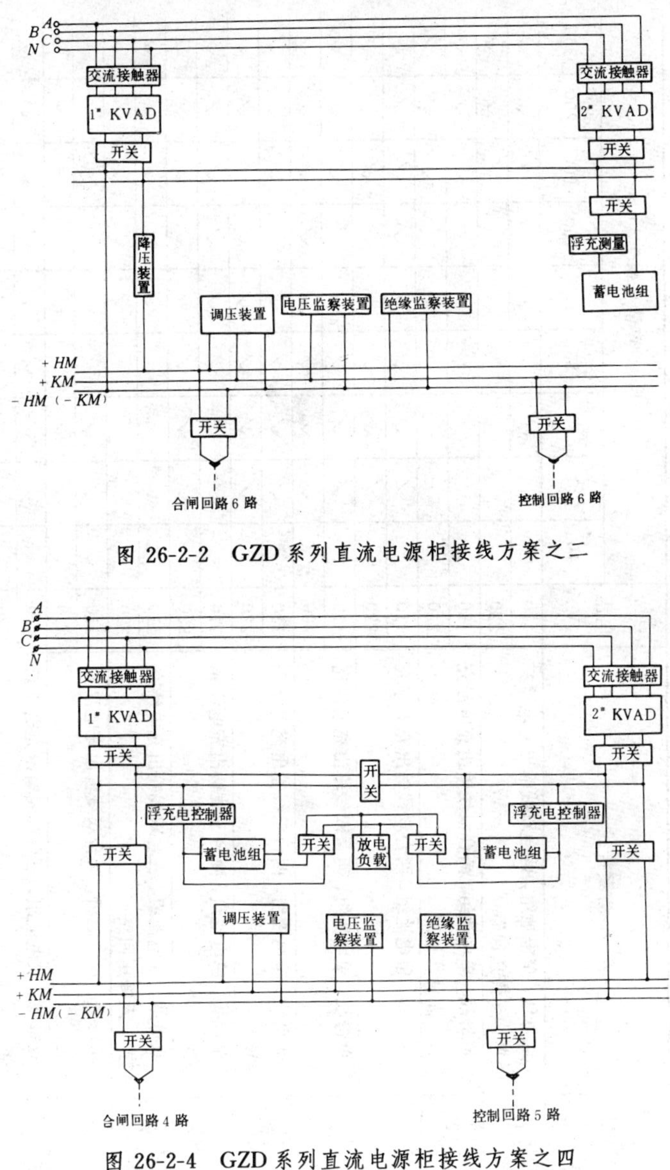

图 26-2-2　GZD 系列直流电源柜接线方案之二

图 26-2-4　GZD 系列直流电源柜接线方案之四

表 26-2-7　　**GZD 系列直流电源柜的接线方案和容量**

序号	方案接线	系统电压（V）	容量（Ah） 10	20	40	80	100	150	200	250	300
1	双母线、单电池组，两台双线输出充电浮充装置，无降压回路	110							✓	✓	✓
		220							✓	✓	✓
2	单母线、单电池组，两台双线输出充电浮充装置，无降压回路	110							✓	✓	✓
		220							✓	✓	✓
3	双母线、单电池组，两台双线输出充电浮充装置	110		✓	✓	✓	✓	✓	✓	✓	✓
		220		✓	✓	✓	✓	✓	✓	✓	✓
4	单母线、单电池组，两台双线输出充电浮充装置	110		✓	✓	✓	✓	✓	✓	✓	✓
		220		✓	✓	✓	✓	✓	✓	✓	✓
5	双母线、单电池组，两台三线输出充电浮充装置	110		✓	✓	✓	✓	✓	✓	✓	✓
		220		✓	✓	✓	✓	✓	✓	✓	✓
6	单母线、单电池组，两台三线输出充电浮充装置	110		✓	✓	✓	✓	✓	✓	✓	✓
		220		✓	✓	✓	✓	✓	✓	✓	✓
7	双母线、双电池组，三台双线输出充电浮充装置，无降压回路	110					✓	✓	✓	✓	✓
		220					✓	✓	✓	✓	✓
8	单母线、双电池组，两台双线输出充电浮充装置	110	✓	✓	✓						
		220	✓	✓	✓						
9	双母线、双电池组，三台双线输出充电浮充装置	110		✓	✓	✓	✓	✓	✓	✓	✓
		220		✓	✓	✓	✓	✓	✓	✓	✓
10	单母线、双电池组，二台三线输出充电浮充装置	110	✓	✓	✓						
		220	✓	✓	✓						
11	双母线、双电池组，三台三线输出充电浮充装置	110		✓	✓	✓	✓	✓	✓	✓	✓
		220		✓	✓	✓	✓	✓	✓	✓	✓

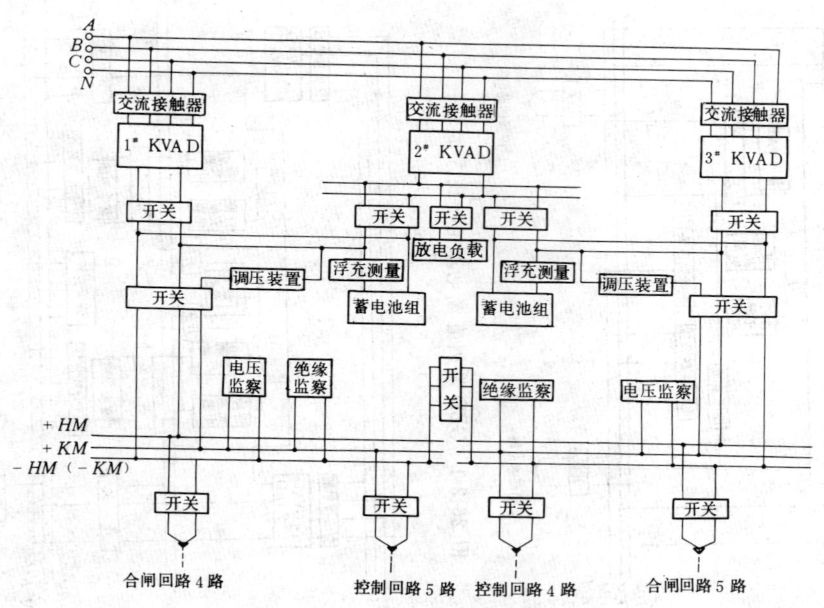

图 26-2-5　GZD 系列直流电源柜接线方案之五

表 26-2-8　**GZD 系列直流电源柜接线方案特点**

序号	方案图号	直流母线	蓄电池组数量	充电设备数量	降压回路	蓄电池负载放电
1	图 26-2-1	单母线	1 组	2 台，能强充电	图 26-2-8 降压回路	无
2	图 26-2-2	单母线	1 组	2 台，不能强充电	图 26-2-7 降压回路	—
3	图 26-2-3	单母线	2 组	2 台，能强充电	图 26-2-7 降压回路	有
4	图 26-2-4	单母线	2 组	3 台，不能强充电	图 26-2-7 降压回路	有
5	图 26-2-5	双母线	2 组	3 台，不能强充电	图 26-2-8 降压回路	有
6	图 26-2-6	双母线	2 组	3 台，不能强充电	图 26-2-7 降压回路	有

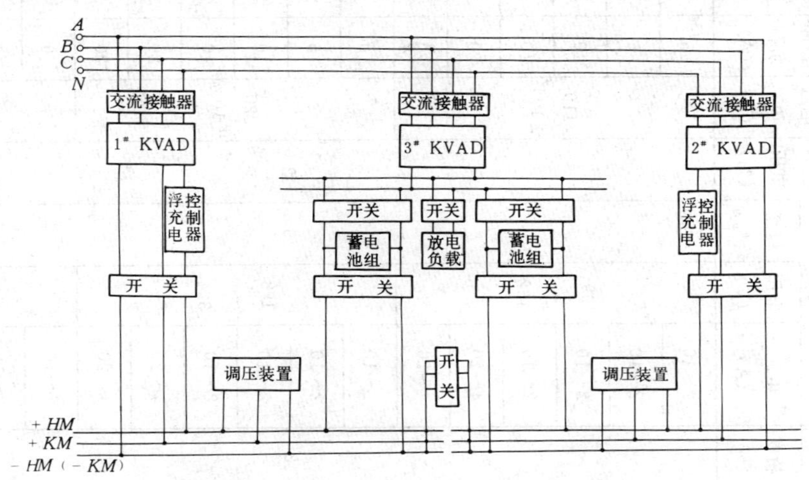

图 26-2-6　GZD 系列直流电源柜接线方案之六
（合闸母线、控制母线、保护回路设置与图 26-2-5 相同）

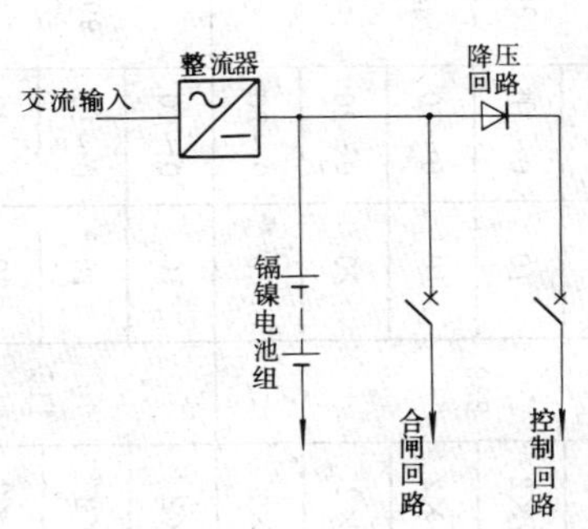

图 26-2-7　直流母线经降压回路的供电方式

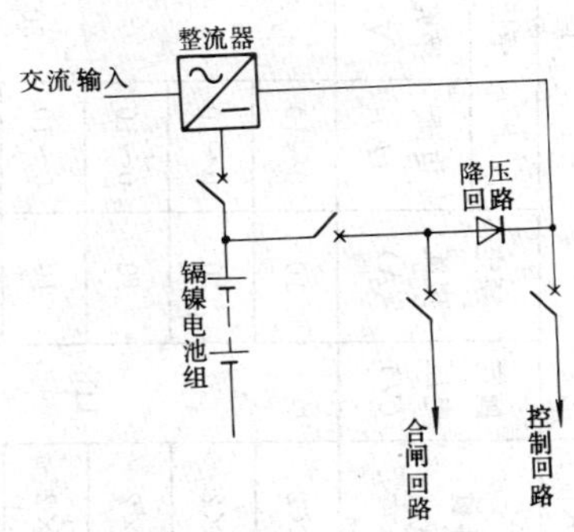

图 26-2-8　由浮充装置和合闸母线经降压回路的供电方式

表 26-2-9　**降压回路的降压硅堆电压值**

额定直流电压（V）	图 26-2-7 降压供电方式（V）	图 26-2-8 降压供电方式（V）
110	18	23
220	35	45

三、GZD 系列直流电源柜型号及技术数据

GZD 系列直流电源柜由充电浮充电柜、馈线柜和蓄电池柜组成，工程设计中可根据实际情况任意组合，柜的型号及技术数据见表 26-2-10。

蓄电池柜的技术数据见表 26-2-11。

表 26-2-10 GZD系列直流电源柜型号及技术数据

型号	充电浮充电柜												馈线柜					蓄电池柜	
	交流输入		直流输出										输出直流负荷						
	电压（V）	容量（kVA）	额定电压（V）	额定电流（A）	稳压范围 电流（A）	稳压范围 浮充（V）	稳压范围 均充（V）	稳压范围 精度（%）	稳流范围 电流（A）	稳流范围 电压（V）	稳流范围 精度（%）	纹波电压（%）	电压（V）	经常负荷（A）	事故负荷（A）	最大冲击电流（A）	事故放电时间（h）	蓄电池型号	数量（个）
GZD43-10/110G	380±10%	3×2	115	10	0～10	99～130	125～140	2	2～10	99～162	5	2	110±10%	5	8	60	1	GNG-10	180
GZD43-10/110C		3×2		10	0～10				2～10					5	9	60		GNC-10	180
GZD43-20/110G		3×2		10	0～10				2～10					10	16	125		GNG-20	180
GZD43-20/110C		3×2		10	0～10				2～10					10	18	125		GNC-20	180
GZD43-40/110G		5.5×2		20	0～20				4～20					20	28	220		GNG-40	180
GZD43-40/110C		5.5×2		20	0～20				4～20					20	30	250		GNC-40	180
GZD43-10/220G		5.5×2	230	10	0～10	198～260	250～280		2～10	198～324			220±10%	5	8	60		GNG-10	360
GZD43-10/220C		5.5×2		10	0～10				2～10					5	9	60		GNC-10	360
GZD43-20/220G		5.5×2		10	0～10				2～10					10	16	125		GNG-20	360
GZD43-20/220C		5.5×2		10	0～10				2～10					10	18	125		GNC-20	360
GZD43-40/220G		10×2		20	0～20				4～20					20	28	220		GNG-40	360
GZD43-40/220C		10×2		20	0～20				4～20					20	30	250		GNC-40	360
GZD34-20/110G		3×2	115	10	0～10	99～130	125～140		2～10	99～162			110±10%	6	8	65		GNG-20	90
GZD34-20/110C		3×2		10	0～10				2～10					6	8	70		GNC-20	90
GZD34-40/110G		5.5×2		20	0～20				4～20					12	16	100		GNG-40	90
GZD34-40/110C		5.5×2		20	0～20				4～20					12	16	125		GNC-40	90

续表 26-2-10

型号	充电浮充电柜												馈线柜					蓄电池柜	
	交流输入		直流输出										输出直流负荷						
	电压 (V)	容量 (kVA)	额定电压 (V)	额定电流 (A)	稳压范围 电流 (A)	稳压范围 浮充 (V)	稳压范围 均充 (V)	稳压范围 精度 (%)	稳流范围 电流 (A)	稳流范围 电压 (V)	稳流范围 精度 (%)	纹波电压 (%)	电压 (V)	经常负荷 (A)	事故负荷 (A)	最大冲击电流 (A)	事故放电时间 (h)	蓄电池型号	数量 (个)
GZD34-80/110Z	380 ±10%	8×2	115	30	0～30	99～130	125～140	2	6～30	99～162	5	2	110 ±10%	14	16	80	1	GNZ-80	87
GZD34-100/110Z		8×2		30	0～30				6～30					16	20	110		GNZ-100	87
GZD34-150/110Z		12×2		50	0～50				10～50					20	30	130		GNZ-150	87
GZD34-200/110Z		19.5×2		80	0～80				16～80					25	40	170		GNZ-200	87
GZD34-250/110Z		19.5×2		80	0～80				16～80					30	50	210		GNZ-250	87
GZD34-300/110Z		225×2		100	0～100				20～100					40	60	250		GNZ-300	87
GZD34-20/220G		5.5×2	230	10	0～10	198～260	250～280		2～10	198～324			220 ±10%	6	8	65		GNG-20	180
GZD34-20/220C		5.5×2		10	0～10				2～10					6	8	70		GNC-20	180
GZD34-40/220G		1.0×2		20	0～20				4～20					12	16	100		GNG-40	180
GZD34-40/220C		1.0×2		20	0～20				4～20					12	16	125		GNC-40	180
GZD34-80/220Z		14.5×2		30	0～30				6～30					14	16	80		GNZ-80	174
GZD34-100/220Z		14.5×2		30	0～30				6～30					16	20	110		GNZ-100	174
GZD34-150/220Z		225×2		50	0～50				10～50					20	30	130		GNZ-150	174
GZD34-200/220Z		36×2		80	0～80				16～80					25	40	170		GNZ-200	174
GZD34-250/220Z		36×2		80	0～80				16～80					30	50	210		GNZ-250	174
GZD34-300/220Z		42×2		100	0～100				20～100					40	60	250		GNZ-300	174

表 26-2-11　　**蓄电池柜的技术数据**

蓄电池型号	数量	交流输入					直流输出			输出直流负荷		
		电压(V)	容量		进线电流		稳压范围		稳流范围	事故负荷(A)	最大冲击电流(A)	事故放电时间(h)
			磁饱和(kVA×2)	晶闸管(kVA×2)	磁饱和(A)	晶闸管(A)	浮充(V)	均充(V)	电压(V)			
GNG-20	90	220	2.74	2.55	13.8	12.9	99～130	125～140	99～162	8	65	1
GNC-20											70	
GNG-40			5.48	5.09	27.7	25.7				16	100	
GNC-40											125	
GNG-20		380	2.74	2.55	4.6	4.3				8	65	
GNC-20											70	
GNG-40			5.48	5.09	9.3	8.6				16	100	
GNC-40											125	
GNZ-80	87		8.22	7.64	—	12.9					80	
GNZ-100										20	110	
GNZ-150			—	11.88		20.1				30	130	
GNZ-200				19.0		32.1				40	170	
GNZ-250										50	210	
GNZ-300				22.28		37.6				60	250	
GNG-20	180	220	5.48	5.09	27.7	25.7	198～260	250～280	198～324	8	65	1
GNC-20											70	
GNG-40			10.18	9.50	51.4	48.0				16	100	
GNC-40											125	
GNG-20		380	5.48	5.09	9.3	8.6				8	65	
GNC-20											70	
GNG-40			10.18	9.50	17.2	16.0				16	100	
GNC-40											125	
GNZ-80	174		15.27	14.26	—	24.1					80	
GNZ-100										20	110	
GNZ-150			—	22.28		37.6				30	130	
GNZ-200				35.64		60.2				40	170	
GNZ-250										50	210	
GNZ-300				41.93		70.8				60	250	

续表 26-2-11

蓄电池型号	数量	交流输入					直流输出			输出直流负荷		
		电压(V)	容量		进线电流		稳压范围		稳流范围	事故负荷(A)	最大冲击电流(A)	事故放电时间(h)
			磁饱和(kVA×2)	晶闸管(kVA×2)	磁饱和(A)	晶闸管(A)	浮充(V)	均充(V)	电压(V)			
GNG-10	180	220	2.74	2.55	13.8	12.9	99～130	125～140	99～162	8	60	1
GNC-10										9		
GNG-20										16	125	
GNC-20										18		
GNG-40			5.48	5.09	27.7	25.7				28	220	
GNC-40										30	250	
GNG-10		380	2.74	2.55	4.6	4.3				8	60	
GNC-10										9		
GNG-20										16	125	
GNC-20										18		
GNG-40			5.48	5.09	9.3	8.6				28	220	
GNC-40										30	250	
GNZ-80	174		8.22	7.64	—	12.9				40	140	
GNZ-100										50	180	
GNZ-150			—	11.88		20.1				80	265	
GNZ-200				19.0		32.1				105	285	
GNZ-250										135	360	
GNZ-300				22.28		37.6				160	420	
GNG-10	360	220	5.48	5.09	27.7	25.7	198～260	250～280	198～324	8	60	1
GNC-10										9		
GNG-20										16	125	
GNC-20										18		
GNG-40			10.18	9.50	51.4	48.0				28	220	
GNC-40										30	250	
GNG-10		380	5.48	5.09	9.3	8.6				8	60	
GNC-10										9		
GNG-20										16	125	
GNC-20										18		
GNG-40			10.18	9.50	17.2	16.0				28	220	
GNC-40										30	250	
GNZ-80	348		15.27	14.26	—	24.1				40	140	
GNZ-100										50	180	
GNZ-150			—	22.28		37.6				80	265	
GNZ-200				35.64		60.2				105	285	
GNZ-250										135	360	
GNZ-300				41.93		70.8				160	420	

四、GZD 系列直流电源柜外形及安装尺寸

GZD 型直流电源柜由充电柜、馈线柜、蓄电池柜拼接组成，具体排列顺序及柜的个数由工程设计决定，外形及安装尺寸见图 26-2-9。

五、GZS 系列少维护铅酸电池直流电源柜

GZS 系列电源柜由蓄电池、充电装置、母线和馈线等组成，按电气单元组合，分别装于密封式柜体内，其工作原理见图 26-2-10。

该柜配少维护铅酸电池，可为 GM、FM、GF、GZ、GG 等型号。配两台性能相同的全自动充电装置，互为备用，即自起动、自动补充电、限流、稳流、稳压等功能，这些功能均由充电装置自动选配，值班人员的操作只需投切交流、直流开关（1QF、2QF 或 3QF、4QF）。

主接线有两种基本方式，即有、无母线调压装置。有调压装置者，蓄电池容量可充分利用；无调压装置者，接线比较简单。

该直流系统的绝缘监察有智能型和简易型两种，供用户选择，推荐 500Ah 及以上电池配智能型。蓄电池自动监测仪可对蓄电池的电压进行在线监视，发现异常自动报警。自动监测仪用户可自选。对 500Ah 及以上蓄电池，主回路设有限流装置，可控制直流短路电流。GZS 系列电源柜的技术数据见表 26-2-12。

电源柜由用户根据发电厂或变电所的直流系统设计要求，选用几个功能柜组成。每个柜的外形尺寸可为 800×600(550)×2200(2300)(宽×深×高，mm)任选。

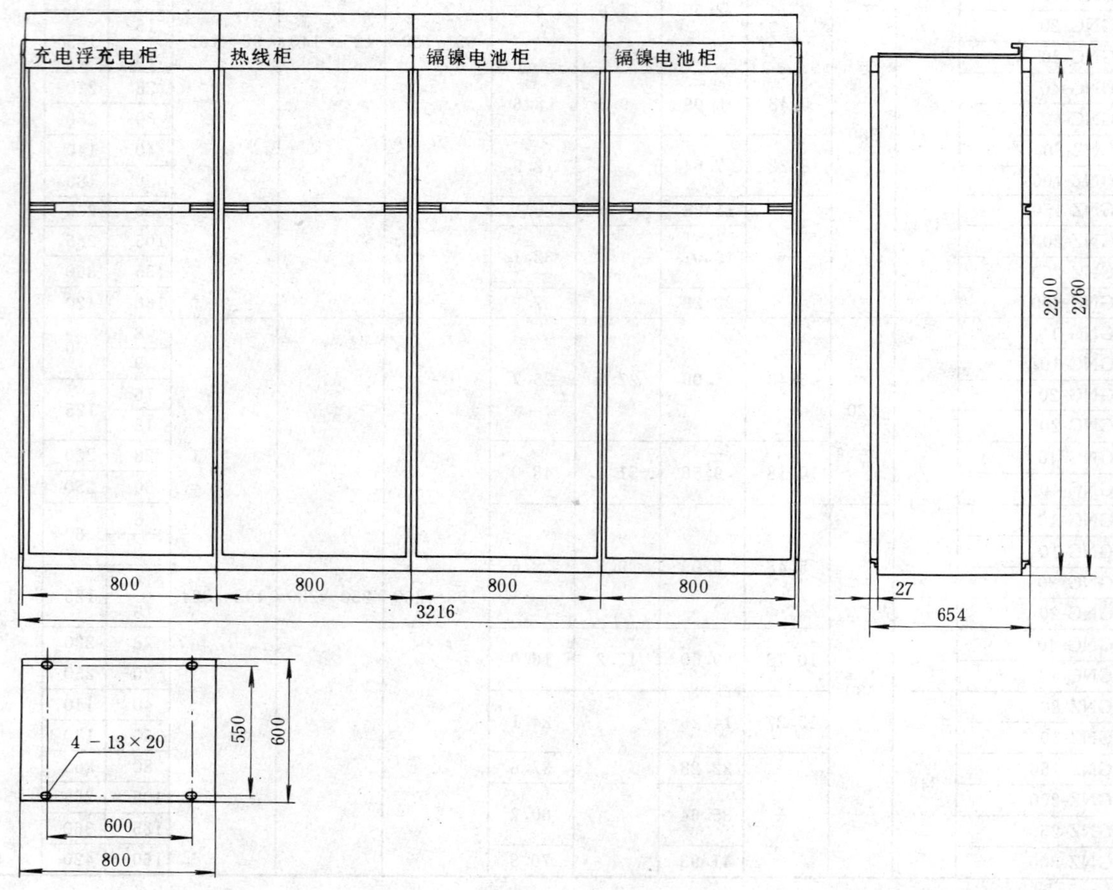

图 26-2-9 GZD 系列直流电源柜外形及安装尺寸

表 26-2-12　　**GZS 系列少维护铅酸电池直流电源柜技术数据**

<table>
<tr><th rowspan="4">型　号</th><th colspan="12">充电浮充柜</th><th colspan="5">馈电柜</th><th colspan="2">蓄电池柜</th></tr>
<tr><th colspan="2">交流输入</th><th colspan="10">直流输出</th><th colspan="5">输出直流负荷</th><th rowspan="3">蓄电池型　号</th><th rowspan="3">数量</th></tr>
<tr><th rowspan="2">电压(V)</th><th rowspan="2">容量(kVA)</th><th rowspan="2">额定电压(V)</th><th rowspan="2">额定电流(A)</th><th colspan="4">稳压范围</th><th colspan="3">稳流范围</th><th rowspan="2">纹波系数</th><th rowspan="2">电压(V)</th><th rowspan="2">经常负荷(A)</th><th rowspan="2">事故负荷(A)</th><th rowspan="2">事故放电1h后最大冲击电流(A)</th><th rowspan="2">事故放电时间(h)</th></tr>
<tr><th>电流(A)</th><th>浮充(V)</th><th>均充(V)</th><th>精度(%)</th><th>电流(A)</th><th>电压(V)</th><th>精度(%)</th></tr>
<tr><td>GZS1121-60/110FM</td><td rowspan="12">380
±
10%</td><td>3×2</td><td rowspan="3">115</td><td>10</td><td>0～10</td><td rowspan="3">100
～
125</td><td rowspan="3">100
～
130</td><td rowspan="12">2</td><td>1～10</td><td rowspan="3">100
～
130</td><td rowspan="12">5</td><td rowspan="12">2</td><td rowspan="3">110
±
10%</td><td>5</td><td>7</td><td>120</td><td rowspan="12">1</td><td>6FM-60</td><td>9</td></tr>
<tr><td>GZS1121-100/110FM</td><td>4×2</td><td>20</td><td>0～20</td><td>1.5
～15</td><td>5</td><td>15</td><td>200</td><td>6FM-100</td><td>9</td></tr>
<tr><td>GZS1121-200/110FM</td><td>7×2</td><td>30</td><td>0～30</td><td>3～30</td><td>10</td><td>30</td><td>400</td><td>3FM-200</td><td>18</td></tr>
<tr><td>GZS1121-60/220FM</td><td>4×2</td><td rowspan="9">230</td><td>10</td><td>0～10</td><td rowspan="9">198
～
270</td><td rowspan="9">198
～
285</td><td>1～10</td><td rowspan="9">198
～
285</td><td rowspan="9">220
±
10%</td><td>5</td><td>7</td><td>120</td><td>6FM-60</td><td>19</td></tr>
<tr><td>GZS1121-80/220FM</td><td>6×2</td><td>20</td><td>0～20</td><td>2～20</td><td>10</td><td>6</td><td>160</td><td>6FM-80</td><td>19</td></tr>
<tr><td>GZS1121-100/220FM</td><td>8×2</td><td>20</td><td>0～20</td><td>3～30</td><td>10</td><td>10</td><td>200</td><td>6FM-100</td><td>19</td></tr>
<tr><td>GZS1121-200/220FM</td><td>12×2</td><td>30</td><td>0～30</td><td>5～50</td><td>10</td><td>30</td><td>400</td><td>3FM-200</td><td>37</td></tr>
<tr><td>GZS1121-300/220FM</td><td>19×2</td><td>50</td><td>0～50</td><td>5～50</td><td>20</td><td>40</td><td>300</td><td>GM-300</td><td rowspan="5">108
～
114</td></tr>
<tr><td>GZS1121-400/220FM</td><td>30×2</td><td>80</td><td>0～80</td><td>8～80</td><td>30</td><td>50</td><td>400</td><td>GM-400</td></tr>
<tr><td>GZS1121-500/220FM</td><td>30×2</td><td>80</td><td>0～80</td><td>8～80</td><td>30</td><td>70</td><td>500</td><td>GM-500</td></tr>
<tr><td>GZS1121-800/220FM</td><td>50×2</td><td>125</td><td>0～125</td><td>12.5
～125</td><td>40</td><td>100</td><td>800</td><td>GM-800</td></tr>
<tr><td>GZS1121-1000/220FM</td><td>60×2</td><td>160</td><td>0～160</td><td>16～
160</td><td>50</td><td>150</td><td>1000</td><td>GM-1000</td></tr>
</table>

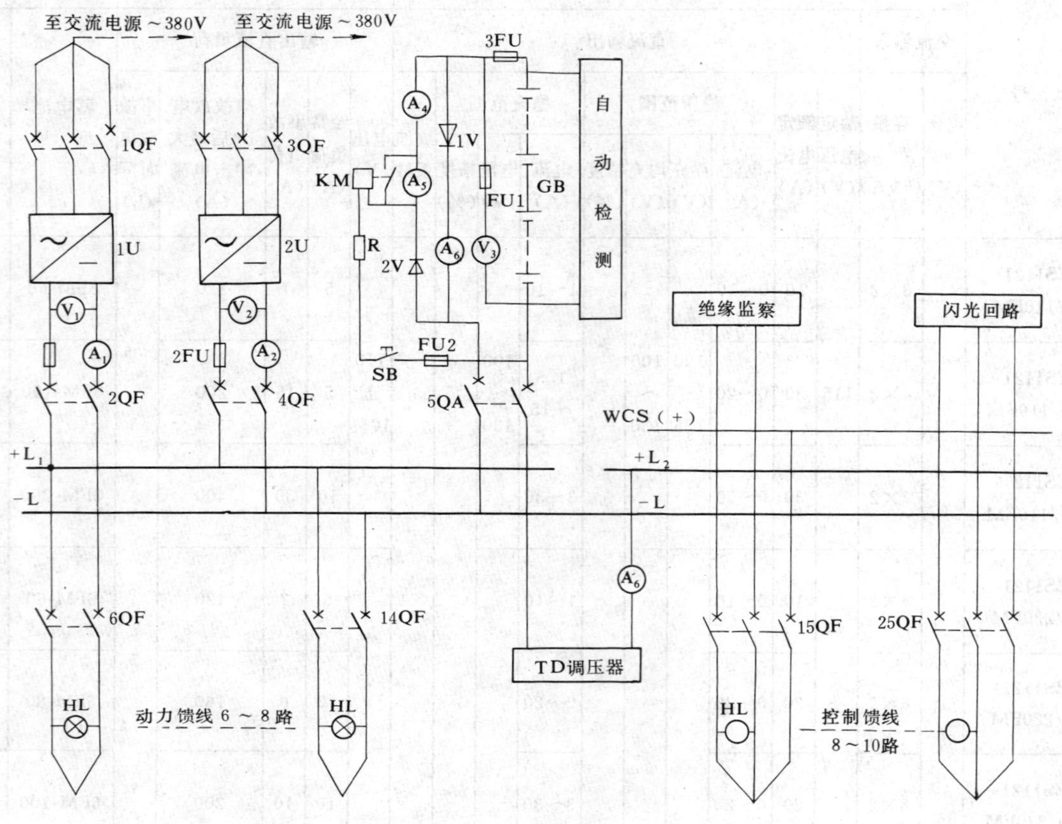

图 26-2-10　GZS 系列直流电源柜原理图

第 26-3 节　充电和浮充电装置

硅整流充电装置的生产厂很多，型号、技术数据和屏柜结构型式都不断改进更新，用于发电厂和变电所较多的设备在《电力工程电气设计手册·2·电气二次部分》第二十四章 24-3 节中已作了介绍，本节重点介绍第 26-2 节的 GZD 型直流柜配套的充电和浮充电装置，同时介绍为配合该直流柜制造的 KZCVA 系列全自动充电装置及 KZVA 系列浮充电装置，供设计参考。

一、GZD 型直流电源柜配套的充电和浮充电装置

GZD 型直流电源柜配套的充电和浮充电装置，有饱和电抗器调压整流器和晶闸管调压整流器两种型式。饱和电抗器调压整流器接线较简单，调试方便，但容量较小，一般用于直流输出电流 20A 及以下的直流系统。晶闸管调压整流器接线较复杂，容量较大，目前可用于直流输出电流 100A 及以下。

（一）技术数据

充电、浮充电装置的技术数据见表 26-2-10。

（二）原理接线

GZD 型直流电源柜配套的充电和浮充电装置均为二套或三套完全相同的装置，可单独或同时输出直流电压供蓄电池充电、浮充电用。充电时以恒流方式向蓄电池供给稳定的直流电流。浮充电是充电、浮充电装置的主要供电方式。浮充电时采用恒压方式供电，输出两路电压，一路为控制母线电压，一路为浮充电压，二路电压共用一个负极。

饱和电抗器调压整流器又有两个方案，一个是整流变压器有两个二次绕组，另一个是整流变压器有三个二次绕组。后者输出电压经两套全波整流器串联输出，其直流电压波形较好。原理接线框图见图 26-3-1、图 26-3-2。

晶闸管调压整流器的原理接线框图见图 26-3-3。

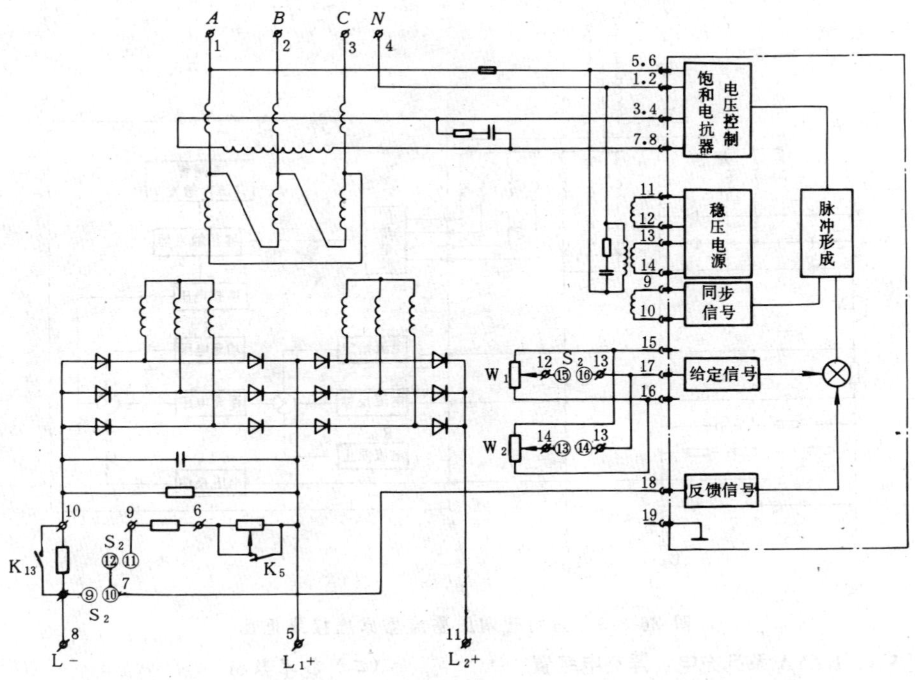

图 26-3-1　饱和电抗器调压整流器原理接线框图之一（两个二次绕组）

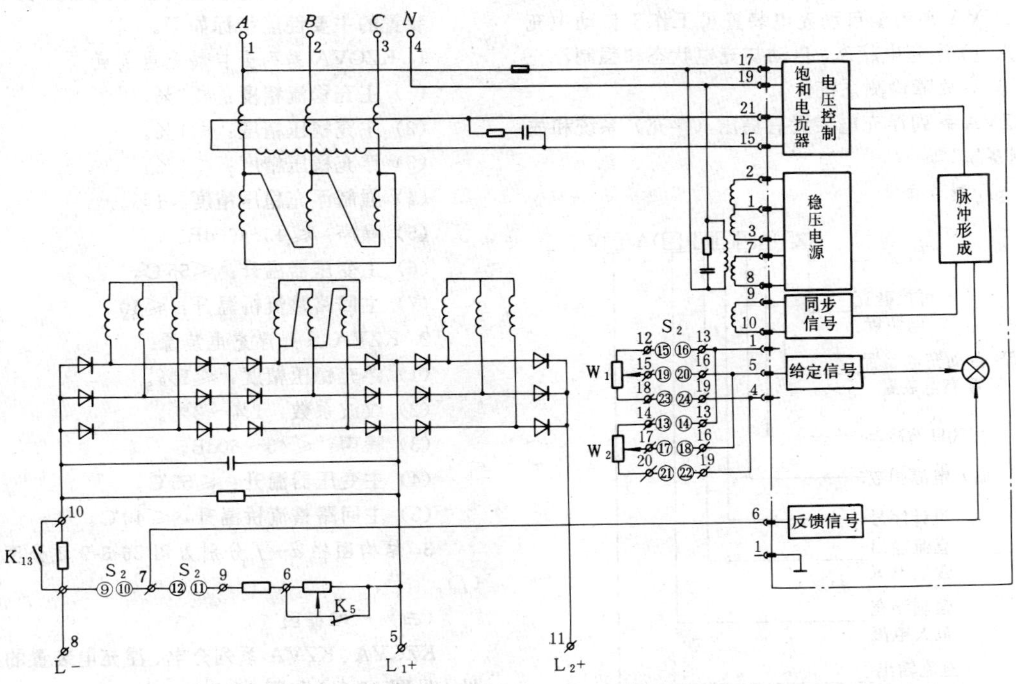

图 26-3-2　饱和电抗器调压整流器原理接线框图之二（三个二次绕组）

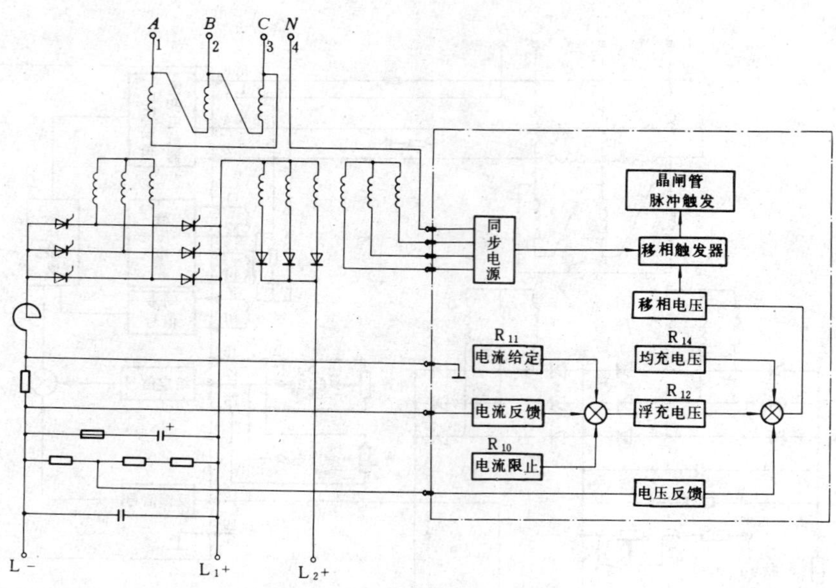

图 26-3-3　晶闸管调压整流器原理接线框图

二、KZCVA、KZVA 系列充电、浮充电装置

KZCVA 系列全自动充电装置、KZVA 系列浮充电装置是引进国外技术，经改进专用直流合闸电源设计制造，与各种规格镉镍电池屏配套使用。

KZCVA 系列全自动充电装置可工作于自动主充（均衡充电）浮充电状态、自动初充电状态和强制浮充状态，具有故障检测系统。

KZVA 系列浮充电装置有稳压（浮充）系统和故障检测系统。

（一）型号含义

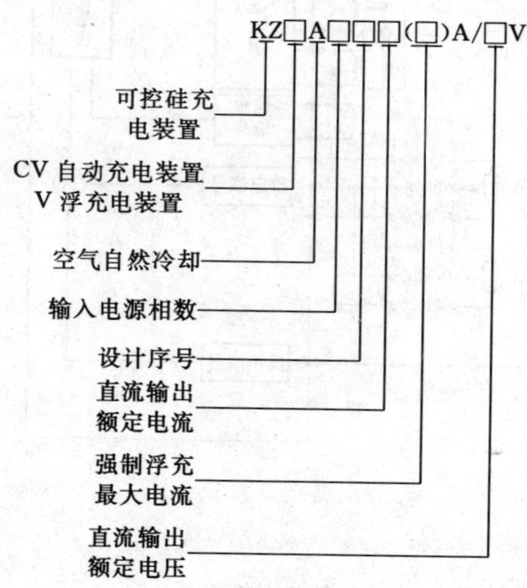

（二）技术数据

KZCVA 系列全自动充电装置的技术数据见表 26-3-1。

KZVA 系列浮充电装置的技术数据见表 26-3-2。

装置的主要性能指标如下。

1. KZCVA 系列全自动充电装置

（1）主充稳流精度：≤2%。

（2）主充稳压精度：≤1%。

（3）浮充稳压精度：≤1%。

（4）强制浮充稳压精度：1%。

（5）噪声：≤45～60dB。

（6）主变压器温升：≤55℃。

（7）主回路整流桥温升：≤40℃。

2. KZVA 系列浮充电装置

（1）浮充稳压精度：≤1%。

（2）纹波系数：1%～2%。

（3）噪声：≤45～60dB。

（4）主变压器温升：≤55℃。

（5）主回路整流桥温升：≤40℃。

3. 结构图栏 $a\cdots f$ 分别为图 26-3-9 之分图 $(a)\cdots(f)$。

（三）原理框图

KZCVA、KZVA 系列充电、浮充电装置的原理框图，见图 26-3-4 和图 26-3-5。

表 26-3-1 KZCVA 系列全自动充电装置的技术数据

型号规格		配用电池 $\left(\frac{Ah}{格数}\right)$	交流输入			直流输出		出厂整定参数							噪声 (dB)	主回路电路形式	外形结构图 26-3-9	备注
								自动充电状态			初充电状态		强制浮充状态					
			相数	电压 (V) +10% −15%	容量 (kVA)	电流 (A)	电压 (V)	主充电流 I_{0z} (A)	主充电压 U_{0z} (V)	浮充电压 U_{0F} (V)	初充电流 I_{0C} (A)	初充电压 U_{0C} (V)	浮充电流 I_{0F} (A)	浮充电压 U_{0F} (V)				
KZCVA$^{12}_{32}$(31)(33)	8A/110V	$\frac{10}{90}$	1 3	220 380	1.5	8	100～160	0.25C	140	126	0.25C	155	8	126	≤45	单相半控桥 三相全控桥	a、b、c、e	(12)代替磁饱和式10Ah主充电装置
KZCVA$^{12}_{32}$(31)(33)	8A/220V	$\frac{10}{180}$	1 3	220 380	3	8	200～330	0.25C	280	252	0.25C	310	8	252	≤45	单相半控桥 三相全控桥		
KZCVA$^{12}_{32}$(31)(33)	12A/110V	$\frac{20}{90}$	1 3	220 380	2.5	12	100～160	0.25C	140	126	0.25C	155	12	126	≤45	单相半控桥 三相全控桥		(12)代替磁饱和式20Ah主充电装置
KZCVA$^{12}_{32}$(31)(33)	12A/220V	$\frac{20}{180}$	1 3	220 380	5	12	200～330	0.25C	280	252	0.25C	310	12	252	≤45	单相半控桥 三相全控桥		
KZCVA$^{12}_{32}$(31)(33)	15A/110V	$\frac{40～60}{90}$	3	380	3	15	100～160	0.25C	140	126	0.25C	155	15	126	≤45	单相半控桥 三相全控桥		(12)代替磁饱和式40～60Ah主充电装置
KZCVA$^{12}_{32}$(31)(33)	15A/220V	$\frac{40～60}{180}$	3	380	6	15	200～330	0.25C	280	252	0.25C	310	15	252	≤45	单相半控桥 三相全控桥		
KZCVA32(33)	20A/110V	$\frac{60～80}{90}$	3	380	4	20	100～160	0.2C	140	126	0.2C	155	20	126	≤45	三相全控桥	b、e	
KZCVA32(33)	20A/220V	$\frac{60～80}{180}$	3	380	7.5	20	200～330	0.2C	280	252	0.2C	310	20	252	≤48	三相全控桥		
KZCVA23(33)	30A/110V	$\frac{80～150}{90}$	3	380	5.5	30	100～160	0.2C	140	126	0.2C	155	30	126	≤48	三相全控桥		
KZCVA32(33)	30A/220V	$\frac{80～150}{180}$	3	380	11	30	200～330	0.2C	280	252	0.2C	310	30	252	≤48	三相全控桥		

续表 26-3-1

型号规格		配用电池 (Ah/格数)	交流输入			直流输出		出厂整定参数							噪声 (dB)	主回路电路形式	外形结构图 26-3-9	备注
								自动充电状态			初充电状态		强制浮充状态					
			相数	电压 (V) +10% −15%	容量 (kVA)	电流 (A)	电压 (V)	主充电流 I_{0z} (A)	主充电压 U_{0z} (V)	浮充电压 U_{0F} (V)	初充电流 I_{0c} (A)	初充电压 U_{0c} (V)	浮充电流 I_{0F} (A)	浮充电压 U_{0F} (V)				
KZCVA32(33)	40A/110V	150～200/90	3	380	7.5	40	100～160	0.2C	140	126	0.2C	155	40	126	≤48	三相全控桥	b、e	
KZCVA32(34)	40A/220V	150～200/180	3	380	15	40	200～330	0.2C	280	252	0.2C	310	40	252	≤50	三相全控桥	f	
KZCVA34	60A/110V	200～300/90	3	380	12.5	60	100～160	0.2C	140	106	0.2C	155	60	126	≤50	三相全控桥		200Ah以上可增设逆变放电4
KZCVA34	60A/220V	200～300/180	3	380	25	60	200～330	0.2C	280	252	0.2C	310	60	252	≤55	三相全控桥		
KZCVA35	100A/110V	300～500/90	3	380	20	100	100～160	0.2C	140	126	0.2C	155	100	126	≤55	三相全控桥		
KZCVA35	100A/220V	300～500/180	3	380	40	100	200～330	0.2C	280	252	0.2C	310	100	252	≤60	三相全控桥	d	
KZCVA35	120A/110V	500～600/90	3	380	25	120	100～160	0.2C	140	126	0.2C	155	120	126	≤60	三相全控桥		逆变放电
KZCVA35	120A/220V	500～600/180	3	380	50	120	200～330	0.2C	280	252	0.2C	310	120	252	≤60	三相全控桥		

注　1. 主浮充转换电流 $I_{0z}-I_{of}=0.2-0.3I_{0z}$。

2. 浮主充转换电流 $I_{0f}-I_{0z}=0.85-0.95I_{0z}$。

表 26-3-2　**KZVA 系列浮充电装置的技术数据**

型号规格		交流输入			直流输出		出厂整定参数					配用滤波电容		噪声	主回路电气原理图	外形结构图 26-3-9	备　注
							额定输出		故障检测								
		相数	电压(V) +10% −15%	容量(kVA)	电流(A)	电压(V)	浮充电流 I_{0F}(A)	浮充电压 U_{0F}(V)	过压 U_{0g}(V)	欠压 U_{0g}(V)	欠流 I_{0g}(A)	纹波1%(μF)	纹波2%(μF)	(dB)			
KZVA$^{12}_{32}$(31)(33)	8A/110V	1 3	220 380	1.5	8	100～150	8	126	132	113	0.4A	1000	2000 500	≤45	单相半控桥 三相全控桥	a、b、c、e	(12)代替磁饱和式 10Ah 浮充电装置
KZVA$^{12}_{32}$(31)(33)	8A/220V	1 3	220 380	3	8	200～300	8	252	264	226	0.4	1000	2000 500	≤45	单相半控桥 三相全控桥		
KZVA$^{12}_{32}$(31)(33)	12A/110V	1 3	220 380	2.5	12	100～150	12	126	132	113	0.6	1000	2000 500	≤45	单相半控桥 三相全控桥		(12)代替磁饱和式 20Ah 浮充电装置
KZVA$^{12}_{32}$(31)(33)	12A/220V	1 3	220 380	5	12	200～300	12	252	264	226	0.6	1000	2000 500	≤45	单相半控桥 三相全控桥		
KZVA$^{12}_{32}$(31)(33)	15A/110V	1 3	220 380	3	15	100～150	15	126	132	113	0.8	100	2000 500	≤45	单相半控桥 三相全控桥		(12)代替磁饱和式 40～60Ah 浮充电装置
KZVA$^{12}_{32}$(31)(33)	15A/220V	1 3	220 380	6	15	200～300	15	252	264	226	0.8	1000	2000 500	≤45	单相半控桥 三相全控桥		
KZVA32(33)	20A/110V	3	380	4	20	100～150	20	126	132	113	1.0	1000	500	≤45	三相全控桥	b、e	
KZVA32(33)	20A/220V	3	380	7.5	20	200～300	20	252	264	226	1.0	1000	500	≤48	三相全控桥		
KZVA32(33)	30A/110V	3	380	5.5	30	100～150	30	126	132	113	1.5	2000	1000	≤48	三相全控桥		
KZVA32(33)	30A/220V	3	380	11	30	200～300	30	252	264	226	1.5	2000	1000	≤48	三相全控桥		
KZVA32(33)	40A/220V	3	380	7.5	40	100～150	40	126	132	113	2.0			≤48	三相全控桥		
KZVA34	40A/220V	3	380	15	40	200～300	40	252	264	226	2.0			≤50	三相全控桥	f	
KZVA34	60A/110V	3	380	12.5	60	100～150	60	126	132	113	3.0			≤50	三相全控桥		
KZVA34	60A/220V	3	380	25	60	200～300	60	252	264	226	3.0			≤55	三相全控桥	d	
KZVA35	100A/110V	3	380	20	100	100～150	100	126	132	113	5			≤55	三相全控桥		
KZVA35	100A/220V	3	380	40	100	200～300	100	252	264	226	5			≤60	三相全控桥		
KZVA35	120A/110V	3	380	25	120	100～150	120	126	132	113	6			≤55	三相全控桥		
KZVA35	120A/220V	3	380	50	120	200～300	120	252	264	229	6			≤60	三相全控桥		

注　结构图栏 $a\cdots f$ 分别为图 26-3-9 之分图(a)…(f)。

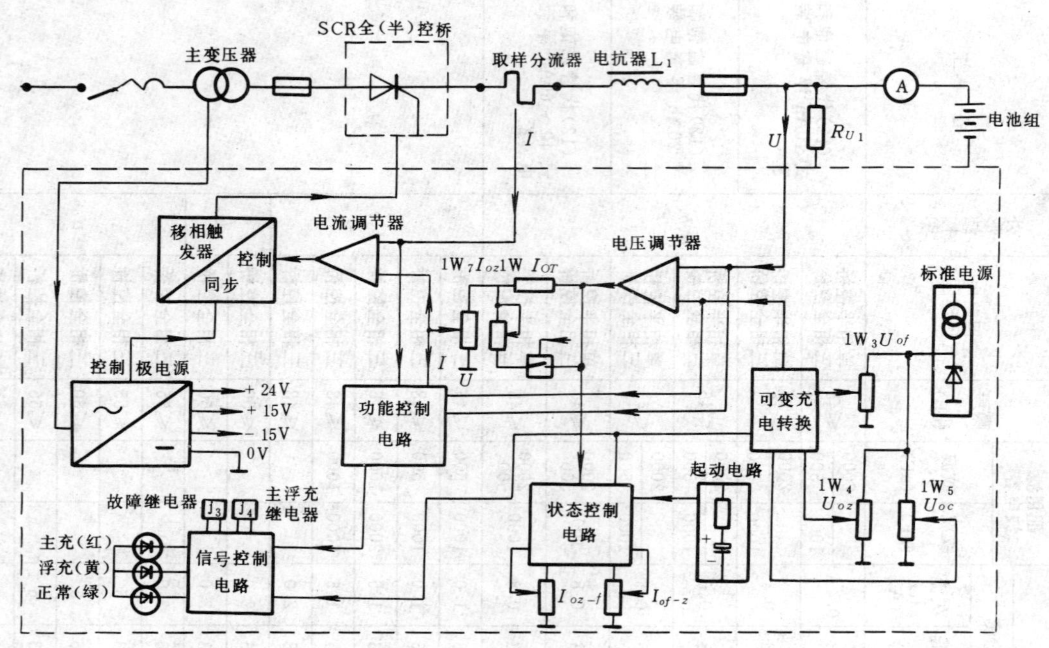

图 26-3-4　KZCVA 系列全自动充电装置原理框图

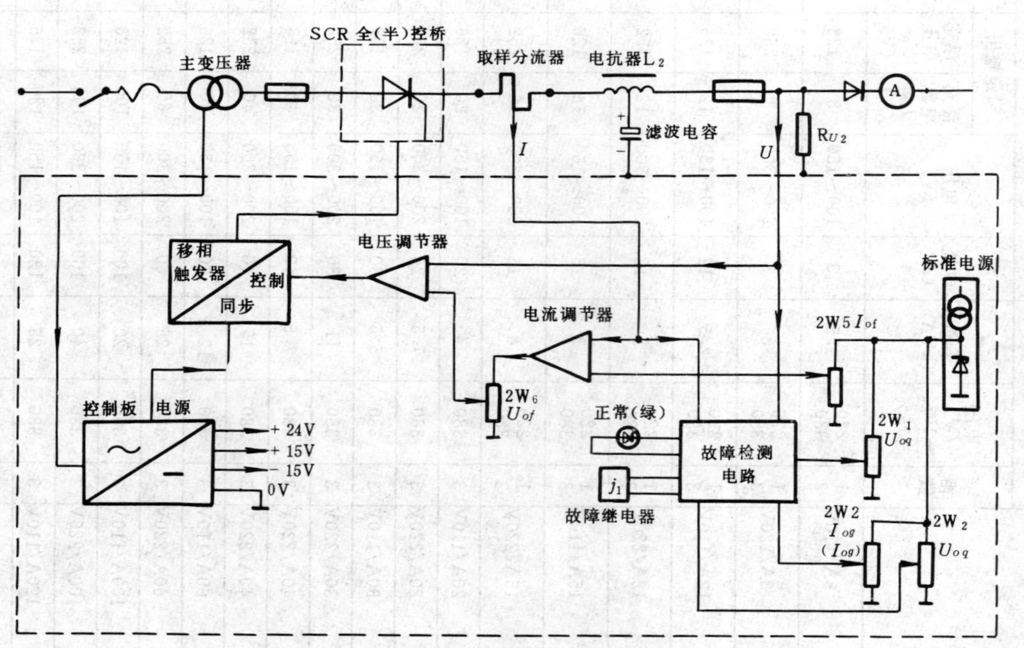

图 26-3-5　KZVA 系列浮充电装置原理框图

(四) 特性曲线

KZCVA、KZVA 系列充电、浮充电装置的输出特性曲线，见图 26-3-6 和图 26-3-7。蓄电池的充电曲线见图 26-3-8。

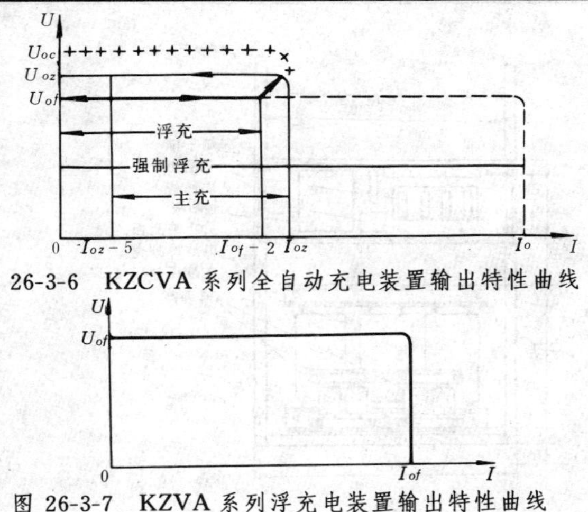

26-3-6　KZCVA 系列全自动充电装置输出特性曲线

图 26-3-7　KZVA 系列浮充电装置输出特性曲线

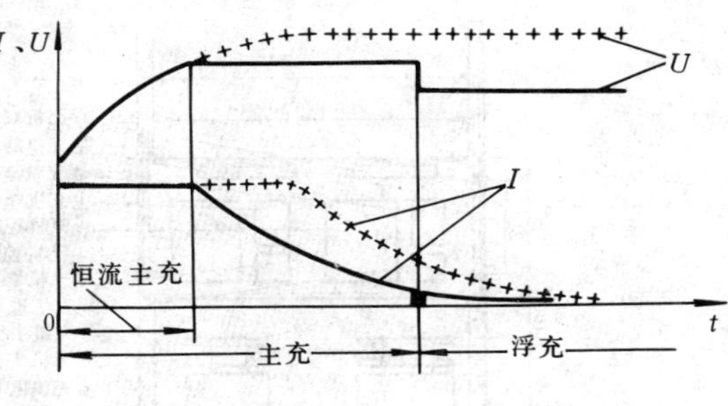

图 26-3-8　蓄电池充电曲线

（五）外形图

KZCVA、KZVA 系列充电、浮充电装置的外形结构图，见图 26-3-9。

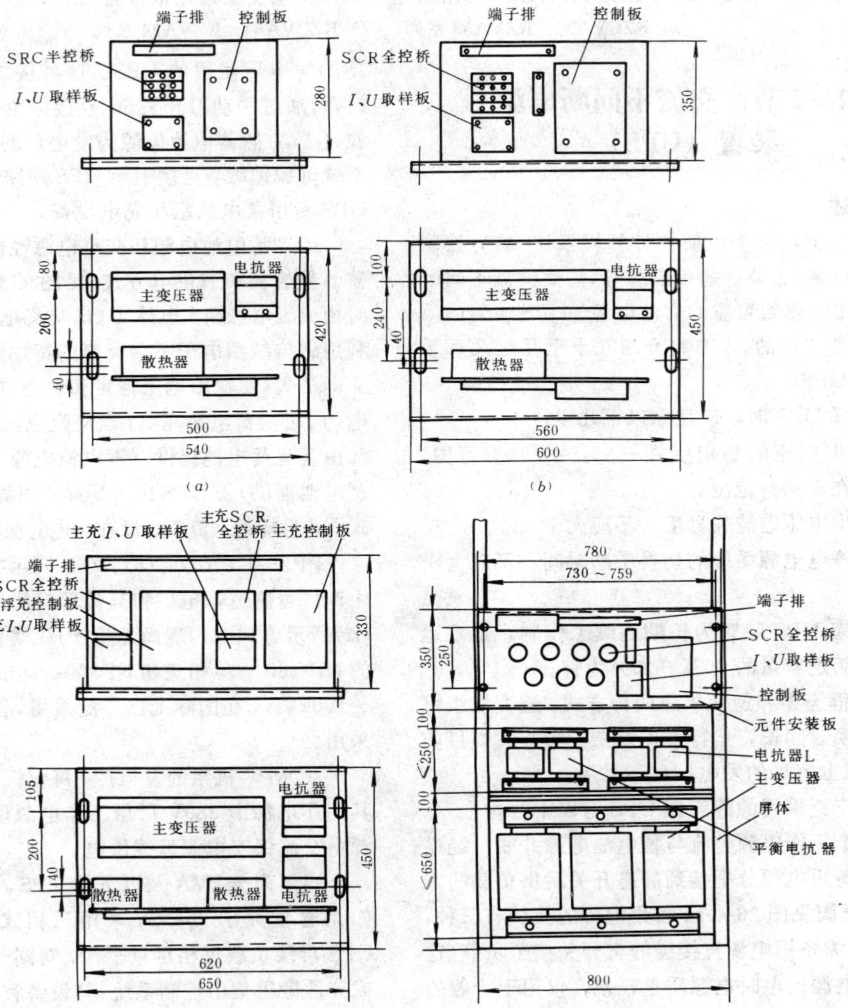

图 26-3-9　KZCVA、KZVA 系列充电、浮充电装置的外形结构图（一）
(a) KZCVA12、KZVA12 系列；(b) KZCVA32、KZVA32 系列；
(c) KZCVA31、KZVA31 系列；(d) KZCVA35、KZVA35 系列

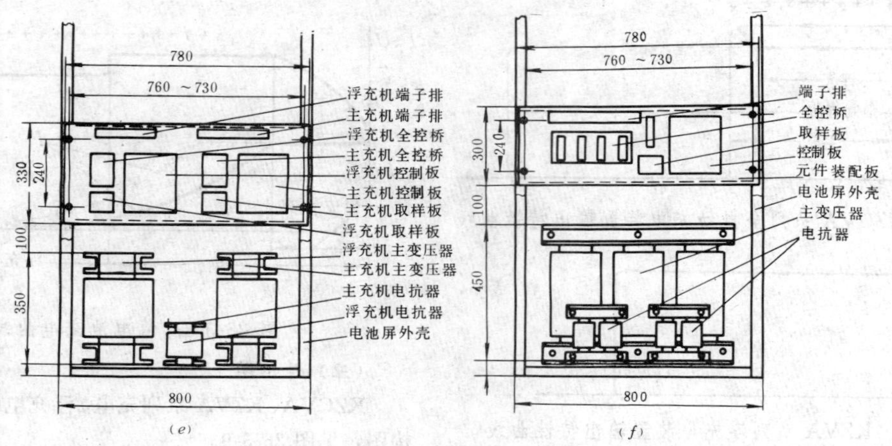

图 26-3-9　KZCVA、KZVA 系列充电、浮充电装置的外形结构图（二）
(*e*) KZCVA33、KZVA33 系列；(*f*) KZCVA34、KZVA34 系列

第 26-4 节　交流不间断电源装置（UPS）

一、概述

大容量发电厂和变电所的计算机系统、热力控制仪表和调节设备、重要的通信设施等，需要交流不间断电源装置(UPS)供给可靠的交流电源。UPS 装置的原理接线大致是相同的，本节将介绍几十千瓦至几百千瓦的大容量 UPS。

设计选择 UPS 时，应注意以下几点：

(1) 输出电压的稳定度在＋5%～－10%范围，频率稳定度在±20%范围。

(2) 输出电压谐波失真度：不应大于 3%。

(3) 不停电电源系统的切换中断时间：不应大于 5ms。

(4) 静态 UPS 装置为长期连续工作制，正常运行负载在其额定容量的 60%～70%为宜。

UPS 有静态型和逆变机组两种方式。逆变机组可靠性差，切换时间长，运行维护复杂，噪声大，目前 300MW 及以上容量的发电厂已不采用。

国际上广泛采用的静态型 UPS 有以下两种：

(1) 一个工作电源整流与蓄电池电源并联，经逆变器和一个备用电源分别接到静态开关后供负载的方式，其原理框图见图 26-4-1。备用电源的接线有三种，图 26-4-1(*a*)为备用电源直接经静态开关接至负载，这种方式备用电源供电时电源质量较差，仅用于一般的 UPS。图 26-4-1 (*b*) 和 (*c*) 为备用电源经隔离变压器 *B* 和自动调压变压器 *TB* 后经静态开关接至负载。这种方式备用电源质量高，可以自动调压，适用于要求较高的发电厂使用的 UPS。这种接线当静态开关检修时，可通过手动刀开关 3*G* 直接接至 UPS 输出母线。图 26-4-1(*b*)的蓄电池电源为发电厂的 220V 蓄电池直流系统母线馈线，直接引至 UPS 回路；图 26-4-1 (*c*) 为 UPS 专用蓄电池组和充电设备。

(2) 蓄电池电源和交流电源经静态开关通过变压器 B 耦合向负载供电方式，见图26-4-1(*d*)。正常工作时由交流电源经大电感 *L*(当交流电源波动和停电时，利用感抗线圈电压不会突变的特性保证交流电源不会立即消失，使输出电压稳定和暂态过程衰减)向负载供电，同时向蓄电池充电；当交流电源消失时，逆变器电源由直流蓄电池提供（蓄电池电源可由电厂直流系统蓄电池提供）。UPS 也可配置专用蓄电池组供电，此方式同步性能好，负载电源在供电电源切换时不间断。

图 26-4-1 (*a*)、(*b*)、(*c*) 所示方式，国内有许多生产厂可制造，电厂和其他部门使用较多。图 26-4-1 (*d*)所示方式国内现尚无生产厂。美国 NIFE 公司制造的 NP-160 一单相式和 NP300-三相式 UPS，容量为 10～100kVA，在国际上已广泛采用，国内也有不少单位采用。

300MW 机组的发电厂，每台机组配置一台 UPS，其工作电源由 380V 厂用工作电源母线供电，备用电源由交流保安电源母线供电。

容量为 75kVA 及以下的 UPS，尽量采用单相式，如果容量大于 75kVA 采用三相式时，设计时应使 UPS 母线负载每相尽量平衡，对同一计算机监控系统或分散微机集中控制系统，其设备宜接在同一相上，以保证设备运行的同步性。

UPS 交流输出接至母线，各负载由母线上引接，生产厂根据设计要求提供馈线屏（柜）。

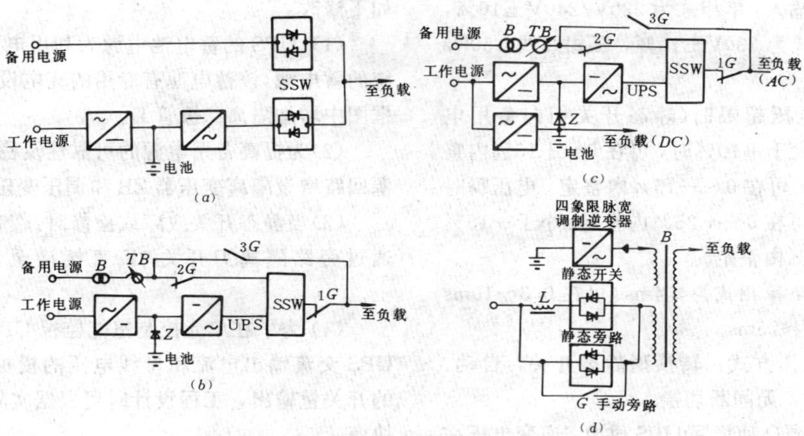

图 26-4-1　交流不间断电源装置（UPS）电源原理框图

（*a*）备用电源直接接至静态开关方式；（*b*）备电电源经隔离变压器和调压变压器，由电厂直流系统供电方式；（*c*）备用电源经隔离变压器和调压变压器，自带蓄电池方式；（*d*）蓄电池电源和交流电源经静态开关通过变压器耦合向负载供电方式

B—隔离变压器；*TB*—自动调压变压器；*SSW*—静态开关；

Z—整流管；*L*—电感器；*G*—隔离开关

二、JUF 系列交流不间断电源装置（UPS）

JUF 系列 UPS 是青岛整流器厂引进丹麦秀康公司（SILGON）技术制造的大容量 UPS。该 UPS 有单相式和三相式两种，单相式容量为 75kVA 以下，三相式容量可达 150kVA。

（一）技术性能指标

1. 正常交流输入部分

（1）额定电压：380V±10%三相三线。

（2）频率：50Hz±5%。

（3）额定负载下功率因数：0.7。

（4）交流系统短路电流：≤50kA。

2. 备用交流输入部分

（1）额定电压：单相式为 220V±10%，三相式为 380VAC±10%三相四线式。

（2）频率：50Hz±5%。

3. 蓄电池直流输入部分

（1）额定电压：220V 或 110V±10%。

（2）电压调整范围：220V 为 176～286V，110V 为 88～143V。

4. 交流输出部分

（1）电压：单相 220V，三相 380/220V。

（2）电压稳定精度：静态为 1%；动态在 100%负载变化时为±8%，恢复时间单相式＜40ms，三相式＜30ms。

（3）频率：50Hz±0.5%。

（4）同步范围：±0.5%（±0.5%～±5%可调）。

（5）频率变化率：0.1Hz/s。

（6）单谐波失真：＜5%。

（7）单个谐波失真：＜3%。

（8）功率因数范围：0.7（滞后）～0.9（超前）。

（9）噪声：＜65dB（A）。

（10）射频干扰（RFI）：符合 BS800/VDE0875-N。

5. 整流器部分

（1）额定输出电压：*DC*220V。

（2）浮充电压调整范围：－20%～＋30%额定输出电压，即 DC176～286V 可调。

（3）浮充电压出厂整定值：*DC*241V。

（4）升压充电电压调整范围：－20%～＋30%额定输出电压，即 *DC* 176～286V 可调。

（5）升压充电电压出厂整定值：*DC* 259V。

（6）自动升压充电时间调整：7min 为一可调单位，0～58h 可调，出厂整定在 0.5h。

（7）自动升压充电的起动：蓄电池充电限流超过 0.5min（10s～7min 可调）时起动。

6. 逆变器部分

（1）额定直流输入电压：*DC*220V。

（2）工作电压范围：*DC*187～264V。

（3）极限工作电压范围：*DC*165～275V。

（4）停机电压极值：最高*DC*286V，最低*DC*163V。

7. 静态开关部分

(1) 瞬变保护：4kV/10μs（电源 R＝40Ω）。

(2) 交流电源输入：单相式为 220V/240V±10%，50Hz±5%；三相式为 380V±10%，三相四线，50Hz ±5%。

(3) 逆变器电压超限时（静态开关切向备用电源）：电压平均值大于＋10%时，可在 0～＋15%内整定；小于－10%时，可在 0～－15%内整定。电压瞬时值大于＋15%时，可在 0～＋25%内整定；小于－15%时，可在 0～－25%内整定。

(4) 转换时间：单相式为≤4ms（可在 0.3～10ms 内整定）；三相式为≤5ms。

(5) 功能及工作方式：转换型静态开关，自动、手动两种工作方式，无间断切换。

(6) 由备用电源自动切回 UPS 供电：逆变电压在±10%额定输出电压内，同步后延迟 8s 后切回。

（二）技术数据

单相式 JUF-220 系列（UPS100-220 系列）UPS 的技术数据见表 26-4-1。

三相式 JUF-3・380 系列（UPS380-220 系列）UPS 的技术数据见表 26-4-2。

表 26-4-1 及表 26-4-2 所列的 UPS，未将备用电源回路的隔离变压器和自动调压变压器的技术数据编入，制造厂将根据工作电源回路相同的技术要求设计配置，随 UPS 成套供应。

（三）原理接线图

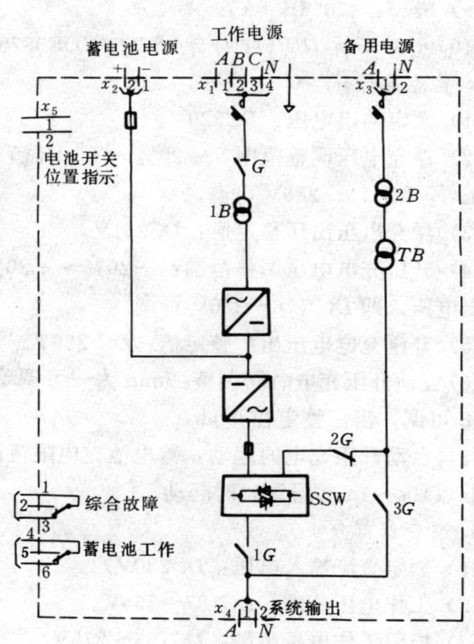

图 26-4-2　单相式 JUF-220 系列 UPS 原理接线框图

根据发电厂 UPS 的特点，将生产厂提供的接线作如下修改：

(1) UPS 的蓄电池电源为利用电厂 220V 直流系统的蓄电池，该蓄电池有专用的充电设备，在原理接线框图中增加隔离二极管 D。

(2) 为提高备用电源的可靠性及稳定性，在备用电源回路增设隔离变压器 ZB 和调压变压器 TB。

(3) 当静态开关故障或检修时，临时可由备用电源通过旁路隔离刀开关 3K 直接接至 UPS 输出母线上。

(4) 为了在单元控制室能监视 UPS 的工况，增加 UPS 交流输出电流和母线电压的模拟量输出及必要的开关量输出，工程设计时可根据实际情况与生产厂协商。

以上几点修改，已征求生产厂的意见，他们表示可以根据设计需要在具体工程中实现。

单相式 UPS 原理接线框图见图 26-4-2。

三相式 UPS 原理接线框图见图 26-4-3。

（四）外形尺寸及质量

单相式 JUF-220 系列 UPS 的外形及安装尺寸和质量见表 26-4-3。安装图见图 26-4-4。

三相式 JUF-3・380 系列 UPS 的外形尺寸及质量见表 24-4-4，安装图见图 26-4-5。

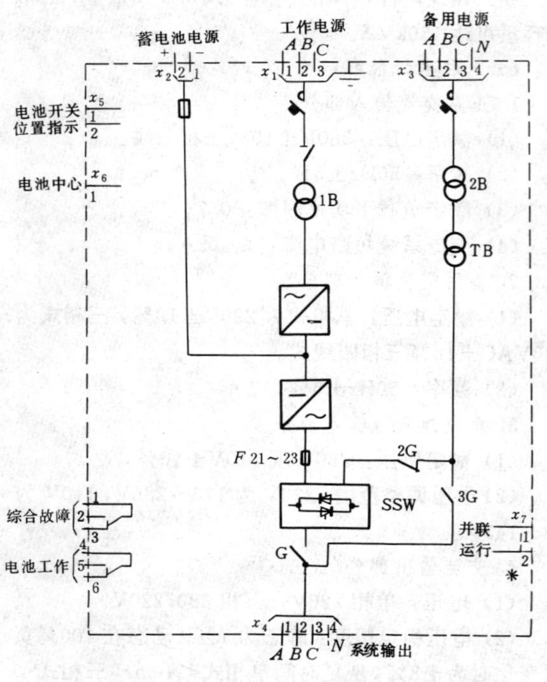

图 26-4-3　三相式 JUF-3・380 系列 UPS 原理接线框图

表 26-4-1　**单相式 JUF-220 系列（UPS100-220 系列）UPS 的技术数据**

项目	容量（kVA）	3	5	7.5	10	12	15	20	25	30	40	50	60	75
交流电源输入	额定负载时的输入电流（A）	8.5	10.7	15.9	20.9	25.1	31.0	40.7	50.9	60.6	80.6	100	120	149
	带电池充电最大电流（A）	7.5	12.2	17.9	23.4	27.6	34.5	44.6	55.8	66.5	88.4	110	132	163
	外部熔断器（A）	16	20	25	35	50	50	63	63	80	100	125	160	200
备用电源外部熔断器（A）		20	35	50	63	80	100	125	160	200	225	225	350	400
系统输出	功率因数为 0.8(滞后)时输出容量（kVA）	3	5	7.5	10	12	15	20	25	30	40	50	60	75
	功率因数为 0.9(滞后)时输出容量（kVA）	2.7	4.6	6.9	9.2	11	13.7	18.3	22.9	27.5	36.6	45.8	55	68.7
	功率因数为 1 时输出容量（kVA）	2.2	3.6	5.4	7.2	8.7	10.8	14.4	18.1	21.7	28.9	36.1	43.3	54.2
	功率因数为 0.8(滞后)时最大连续输出电流（A）	13.6	22.7	34.1	45.5	54.5	68.2	91	114	136	182	227	273	341
	功率因数为 0.8(滞后)时 1～10min 最大输出电流（A）	17.0	28.4	42.6	56.8	68.2	85.5	114	142	170	227	284	341	426
	功率因数为 0.8(滞后)时 0～1min 最大输出电流（A）	20.5	34.1	51.1	68.2	81.2	102.3	136	170	205	273	341	409	511
整流器	限流总值（A）	15	25	36	48	56	70	92	115	137	182	225	272	335
	蓄电池充电限流（A）	2	3	4	5	5	7	8	10	12	16	20	25	30
	额定负载时的效率（%）	93	93	93	94	94	94	94	94	94	94	94	94	94
逆变器	额定负载时的输入电流（A）	13.0	21.3	32.0	42.5	50.7	63.0	83.5	104.4	124.6	165	205	247	305
	额定负载时的效率（%）	83.5	85.0	85.0	85.5	86.0	86.5	87.0	87.0	87.5	88.0	88.5	88.5	89.5
	85%电池标称电压时的输入电流（A）	15.4	25	37.50	49.7	59.3	73.7	97.7	122.2	146	193	240	288	356
静态开关	浪涌电流（10ms）（kA）	2.0	2.0	2.0	2.0	2.0	4.2	4.2	4.2	4.2	12.7	12.7	12.7	12.7
	晶闸管 I^2t（A^2s）													
接线规格	$X1$：工作电源输入（三线）（mm^2）	2.5	4	6	6	10	10	16	16	25	35	50	70	95
	$X2$：蓄电池（二线）（mm^2）	4	6	16	25	25	35	35	50	70	95	120	2×70	2×95
	$X3$：备用电源（二线）（mm^2）	4	6	10	16	25	35	50	70	95	120	120	2×95	2×95
	$X4$：系统输出（二线）（mm^2）	4	6	10	16	25	35	50	70	95	120	120	2×95	2×95
	$X5$：蓄电池开关（二线）（mm^2）	0.75												
总效率（额定负载）（%）		77.6	79	79.0	80.4	80.8	81.3	81.8	81.8	82.3	82.7	83.2	83.2	84.1
热耗散（额定负载）（kW）		0.7	1.1	1.6	2.0	2.3	2.8	3.6	4.4	5.2	6.7	8.1	9.7	11.3
保护接地（单线）（mm^2）		2.5	4	6	6	10	10	10	16	25	35	35	70	70
外部电池熔断器（A）		35	35	50	63	80	100	125	160	200	225	250	315	355

表 26-4-2　三相式 JUF-3·380 系列（UPS380-220 系列）UPS 的技术数据

项　目	容量（kVA）	10	15	20	30	50	75	100	150
工作电源输入	额定负载时的输入电流（A）	18.1	27.0	35.2	52.3	86.2	122	169	256
	带电池充电最大电流（A）	20.2	29.6	35.6	57.3	94.4	140	185	280
	外部熔断器（A）	20	32	50	50	100	160	200	315
	备用电源外部熔断器（A）	20	32	50	50	100	160	200	315
系统输出	功率因数为 0.8（滞后）时输出容量（kVA）	10	15	20	30	50	75	100	150
	功率因数为 0.9（滞后）时输出容量（kVA）	9.2	13.7	18.3	27.5	45.8	68.7	92	137
	功率因数为 1 时输出容量（kVA）	7.2	10.8	14.4	21.7	36.1	54.2	72	108
	功率因数为 0.8（滞后）时最大连续输出电流（A）	15.2	22.7	30.3	45.5	75.8	114	152	227
	功率因数为 0.8（滞后）时 1～10min 最大输出电流（A）	18.9	28.4	37.9	56.8	94.7	142	189	284
	功率因数为 0.8（滞后）时 0～1min 最大输出电流（A）	22.7	34.1	45.5	68.2	114	170	227	341
整流器	限流总值（A）	44	64	84	124	205	303	399	600
	蓄电池充电限流（A）	4	6	8	11	19	28	36	55
	额定负载时的效率（%）	94	94	94	94	94	94	94	94
逆变器	额定负载时的输入电流（A）	44	64.2	84	124	204	303	400	599
	额定负载时的效率（%）	83	85	87	88	89	90	91	91
	85%电池标称电压时的输入电流（A）	52.2	76.4	99.5	148	243	361	475	713
静态开关	浪涌电流（10ms）（kA）			1.9				4.2	
	晶闸管 I^2t（A^2s）			18×10^3				107×10^3	
接线规格	$X1$：工作电源输入（三线）（mm^2）	4	6	6	10	25	50	70	2×50
	$X2$：蓄电池（二线）（mm^2）	10	16	25	50	95	2×70	2×95	3×95
	$X3$：备用电源（三线）（mm^2）	4	6	10	10	35	70	95	2×70
	$X4$：系统输出（三线）（mm^2）	4	6	10	10	35	70	95	2×70
	$X5$、$X6$：控制线　（mm^2）					0.75			
总效率（额定负载）	（%）	75	78	80	84	85	85	86	86
热耗散	（kW）	2.7	3.2	4	4.6	7	10.6	13	20
保护接地	（mm^2）		2.5		4	10	16	25	50
外部电池熔断器	（A）	50	80	100	160	225	350	500	630

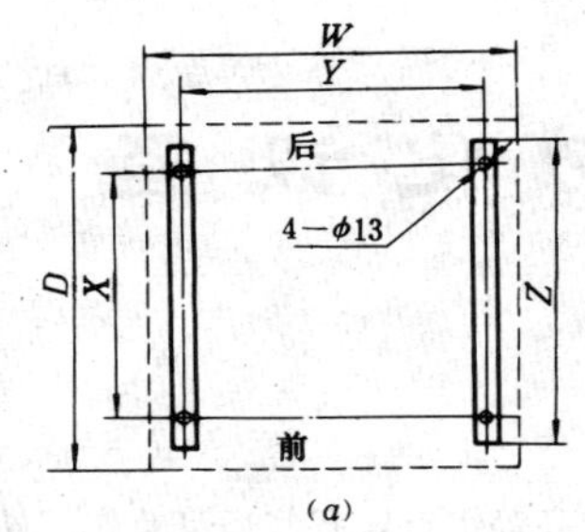

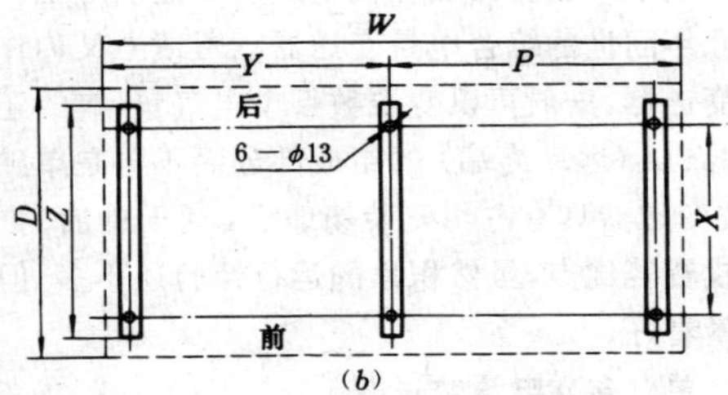

图 26-4-4　单相式 JUF-220 系列 UPS 屏安装图

（a）3～30kVA 屏安装孔；（b）40～75kVA 屏安装孔

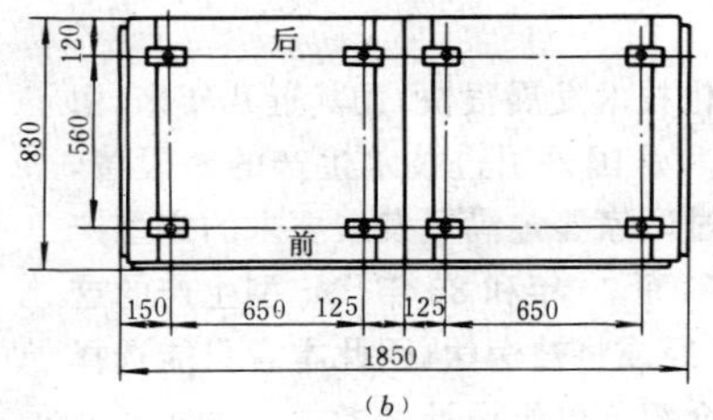

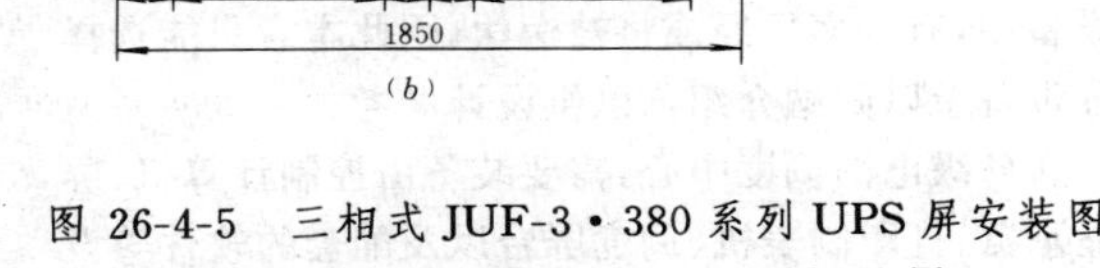

图 26-4-5　三相式 JUF-3·380 系列 UPS 屏安装图

（a）10～50kVA 屏；（b）75～150kVA 屏；（c）底脚螺栓示意图

表 26-4-3　单相式 JUF-220 系列 UPS 外形及安装尺寸和质量

项目＼容量（kVA）		3	5	7.5	10	12	15	20	25	30	40	50	60	75
外形尺寸（$W\times D\times H$）(mm)		650×750×1890						820×750×1890			1405×750×1890			
质量（kg）		400	450	525	600	650	725	825	875	925	1125	1200	1300	1400
安装尺寸（mm）	W	650						820			1400			
	D	750						750			750			
	X	500						500			500			
	P										668			
	Y	580						750			668			
	Z	700						700			700			

表 26-4-4　三相式 JUF-3·380 系列 UPS 外形尺寸及质量

项目＼数据＼容量（kVA）	10	15	20	30	50	75	100	150
外形尺寸（$W\times D\times H$，mm）	950×830×1900					1850×830×1900		
质量（kg）	700	850	950	1250	1400	1650	1850	2100

第27章 调度自动化设备

邢若海

概 述

电网调度自动化技术发展很快，尤其近几年来，由国内自行研制开发和从国外引进技术生产的新设备，为数不少，但是通过国家鉴定满足发展要求的定型产品，目前为数尚不多，而70年和80年代定型生产的这类设备中，有许多已经或将被淘汰，因此本章只能选择部分设备予以归纳介绍，以供设计参考。

在各级电网调度中心，需要装备由控制计算机、屏幕显示器、打印制表机、调度屏台以及配套的软件等设施组成的主站系统。

在发电厂与变电所端，需要装备由远动终端、被测量变送器等组成的分站系统。

还有一些设备，例如电能量计费，电力负荷控制，自动调频、调功、调压，以及图像传输等设施，也是系统两端的组成部分，须根据实际需要配置。

调度自动化系统所需之通信道、不停电电源、常用测试仪器与仪表等，均已在本书的有关章节中作了介绍，本章中不再重复。调度自动化主站配套所需的空调及自动报警与灭火系统，则不属于本书的介绍范围。

第27-1节 变 送 器

一、简述

在发电厂、变电所及其他厂站，应根据电网调度自动化的要求，装备与调度主站配套的分站端设备。其中电量变送器是基础设施，其输出是电网调度自动化及厂站当地监控自动化系统工作的依据，而且使用的数量很多，因此对变送器的技术与经济指标都有较高的要求。

为电网调度监控及厂站当地电气监控所需的被测量变送器，主要是电量变送器。为便于一机多用和适应采集数据接口的需要，电量变送器一般都具有多组恒流或同时具有恒流与恒压源输出。

在厂站中使用得最多的是单电量变送器（例如电流、电压、有功功率等），或多电量变送器（有功功率/无功功率等），这类变送器具有使用可靠、灵活、方便、稳定及精度较高等优点，有些还可兼作厂站当地的指示仪表（数字）被直接装在机组或线路控制屏上。

近几年问世的综合电量变送器，习惯上又称作微机电量变送器，一般可以变送数百个电气量，有的还将它作为RTU（远动终端）的组成部分而不再是单独产品。这类变送器具有占用安装场地少，利于总加、繁殖和节省投资等优点，虽然积累的运行经验还不多，但其开发前景看好。

二、单（多）电量变送器

单一电量变送器和多个电量变送器都是厂站端常用的变送器。多电量变送器是几个相同或不同单电量变送器的组合，其结构形式、工作原理、技术规范、使用方法以及上屏安装的方式等方面，与单电量变送器一般是相同的。

这类变送器，在厂站中可以集中装在一至几面配电屏上，也可以分散装在相应机组或线路的控制屏上。一般将各电量变送器屏与RTU或与厂站当地电气监控自动化设备放在一起。

单（多）电量变送器的用途十分广泛，不但大量用于电力部门，而且还大量用于能源、交通等其它部门。在各类发电厂、变电所中，这些变送器用作电网调度自动化分站实现电气量的变送，也可以作为厂站当地实现对电气被测量的变送。有些产品还可以兼作厂站当地的运行监视指示仪表。

此类变送器国内供货厂家较多，据不完全统计也在二十家以上，因此，本书只对其中几种系列产品进行介绍。

三、银燕S3系列变送器

该系列电量变送器，为北京国际银燕电脑控制工程有限公司推向市场的新产品，采用了新型电子元器件、新材料、新工艺及新的安装与接线方式，因此使得变送器的量测与变送精度、可靠与稳定性能、长距离的传送能力、对突发波的保护能力、阻燃能力、固定方法等方面性能和指标都得到提高，并已取得电力工业部电力设备及仪表质量检验测试中心电工测量变送器质检站的检验合格证书。

（一）S3-AD系列交流电流变送器

1. 系列型号

S3-AD-1 单相电流变送器，平均值（AVG）型

S3-AD-3 三相电流变送器，平均值（AVG）型
S3-AD-1T 单相电流变送器，有效值（TRMS）型
S3-AD-3T 三相电流变送器，有效值（TRMS）型

2. 工作原理

该系列变送器适应两种不同的需要，按下述原理工作。

(1) 正弦波形—平均值（AVG）型。S3-AD-1、S3-AD-3 型变送器将正弦交流电流转换成直流输出，其值正比于输入的有效值。图 27-1-1（*a*）为其原理方框图。输入信号通过整流器与滤波器转换成直流电压，因此变送器变送的是被测信号的平均值，再经放大器放大，产生正比于输入信号有效值的直流输出。

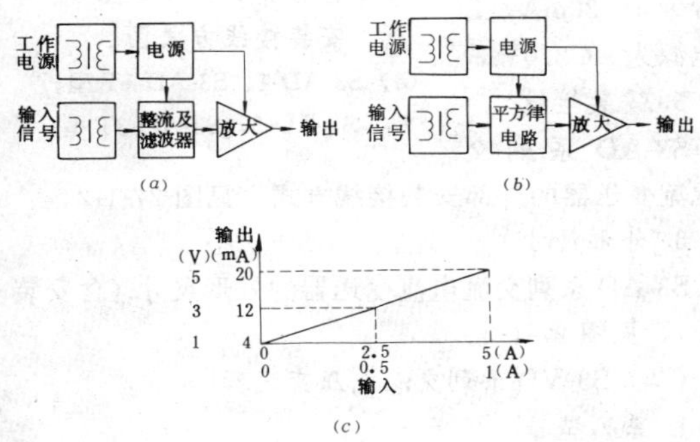

图 27-1-1 S3-AD 系列交流电流变送器原理方框图及特性曲线
(*a*) S3-AD-1、S3-AD-3 型；(*b*) S3-AD-1T、S3-AD-3T 型；(*c*) 输入—输出特性曲线

(2) 非正弦波形——有效值（TRMS）型。S3-AD-1T、S3-AD-3T 型变送器可用于输入波形三次谐波含量达 30% 非正弦波的变送，其原理方框图见图 27-1-1（*b*）。输入信号通过平方律电路后检出有效值，所产生的直流电压是输入波形有效值的线性函数，这个直流电压被转换成毫安电流，通过放大器电路输出。

(3) 特性曲线。S3-AD 系列变送器输入—输出特性曲线，见图 27-1-1（*c*）。该系列变送器具有以下主要特点：

1）精确度可达±0.2%满量程（RO）。

2）具有长距离传送能力（4～20mA，750Ω）。

3）可精确量测失真波形（S3-AD-1T、S3-AD-3T 型）。

4）具有对雷击波和突发波的保护能力。

5）固定方式，符合 DIN46277 规定，可安装于 35mm 的铝轨上。

3. 技术规范

1）输入参数见表 27-1-1。

2）输出参数见表 27-1-2。

表 27-1-1 S3-AD 系列交流电流变送器输入参数

输入范围（A）	输入负荷（VA）	输入频率（Hz）	输入过载能力
0～1	≤0.1	50±3 或 60±3	3 倍额定 连续 10 倍额定 10s 50 倍额定 1s
0～5			

表 27-1-2 S3-AD 系列交流电流变送器输出参数

直流输出范围	输出负荷能力（Ω）	输出阻抗	输出纹波	响应速度
0～1V	≥500	≤0.05Ω	≤0.5%RO（峰值）	≤400ms 0～99%
0～5V				
1～5V				
0～10V				
0～1mA	0～15000	≥20MΩ		
0～10mA	0～1500	≥5MΩ		
0～20mA	0～750			
4～20mA				

注 如果工作电源是直流，输出负荷为：
电压输出（≥1kΩ）；电流输出：0～1mA（0～10kΩ），0～10mA（0～1kΩ），0～20mA，4～20mA（0～500Ω）。

3）变送精确度：±0.2%满量程（RO）。

4）工作电源：AC110V±15%，50/60Hz；AC220V±15%，50/60Hz；DC24V，48V，110V，±15%。

5）电源负荷：≤2.5VA，≤DC3W。

6）电源变动影响：≤0.1%RO。

7）波形变动影响：≤0.2%RO（三次谐波为 30% 时，S3-AD-1T、S3-AD-3T 型）。

8）输出负荷影响：≤0.05%RO。

9）电磁干扰影响：≤0.2%RO，400A/M。

10）满量程调整范围：≥5%RO。

11）归零调整范围：≥1%RO。

12）环境温度：0～60℃。

13）贮存温度：−10～70℃。

14）温度系数：≤100ppm，0～60℃。

15）环境湿度：95%。

16）隔离能力：输入/输出/电源/外壳间全隔离。

17）绝缘阻抗：≥100MΩ，DC500V。

18）耐压：输入/输出/电源/外壳间，AC2.6kV，50Hz，1min。

19）耐突发波：5kV，$1.2\times50\mu s$。

20）安全要求：按 IEC414，BS5458。

21）性能依据：IEC688。

4. 型号含义及选型方式

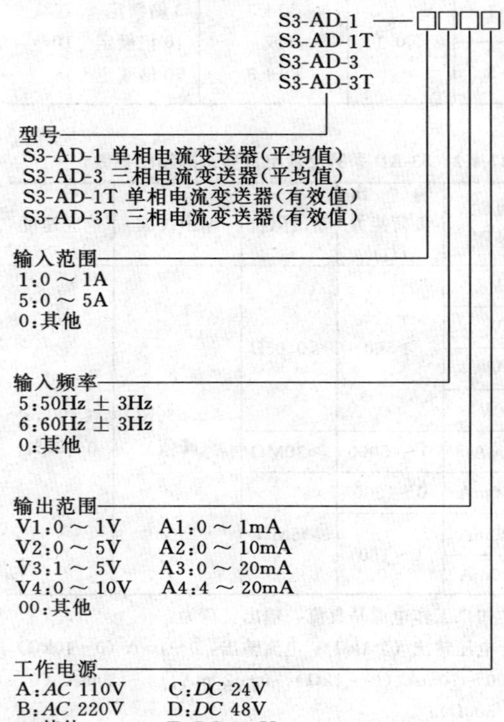

选型时，应按系列型号、输入范围、输入频率、输出范围及工作电源的顺序写，后四位代号占用方框的位置。

例如，选用 S3-AD-1-15A4B 型，其序列含义如下：S3-*AD* 单相（1ϕ）交流电流变送器（平均值型），其输入信号电流为 0—1A，输入频率为 50Hz±3Hz，输出信号为 4－20mA，工作电源为 *AC*220V。

5. 安装接线

S3-AD 系列交流电流变送器的外部安装接线方式，见图 27-1-2。

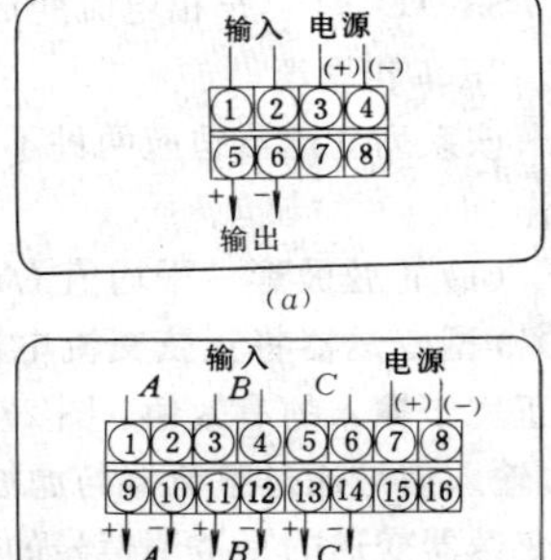

图 27-1-2　S3-AD 系列交流电流变送器外部安装接线方式图
(*a*) S3-AD-1、S3-AD-1T 型；(*b*) S3-AD-3，S3-AD-3T 型

6. 外形尺寸

S3-AD 系列交流电流变送器的外形尺寸（含安装尺寸），见图 27-1-3。

（二）S3-VD 系列交流电压变送器

1. 系列型号

S3-VD-1　单相电压变送器，平均值（AVG）型

S3-VD-3　三相电压变送器，平均值（AVG）型

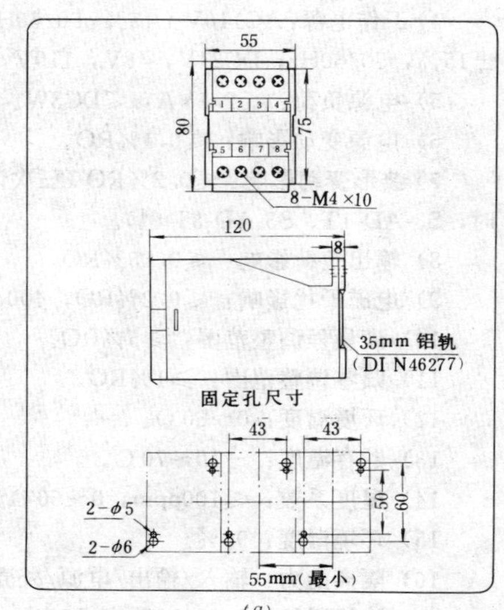

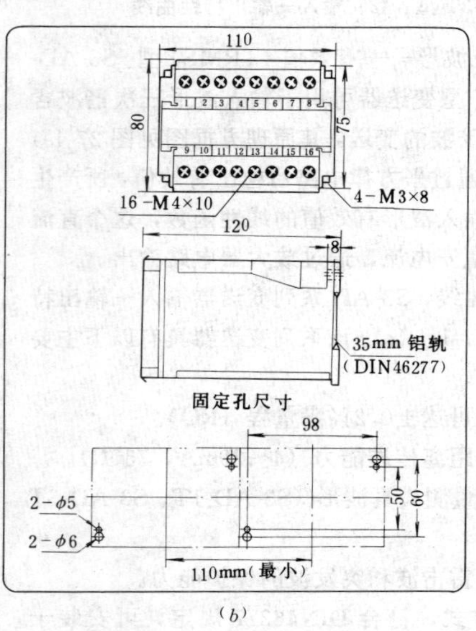

图 27-1-3　S3-AD 系列交流电流变送器外形尺寸图
(*a*) S3-AD-1、S3-AD-1T 型；(*b*) S3-AD-3、S3-AD-3T 型

S3-VD-1T　单相电压变送器，有效值（TRMS）型

S3-VD-3T　三相电压变送器，有效值（TRMS）型

2. 工作原理

该系列变送器适应两种不同的需要，按下述原理工作。

(1) 正弦波形—平均值（AVG）型。S3-VD-1、S3-VD-3 型变送器将正弦交流电压转换成直流输出，其值正比于输入的有效值。图 27-1-4（*a*）为其原理方框图。输入信号通过整流器与滤波器转换成直流电压，因此变送器量测的是被测信号的平均值，再经放大器电路放大，产生正比于输入信号有效值的直流输出。

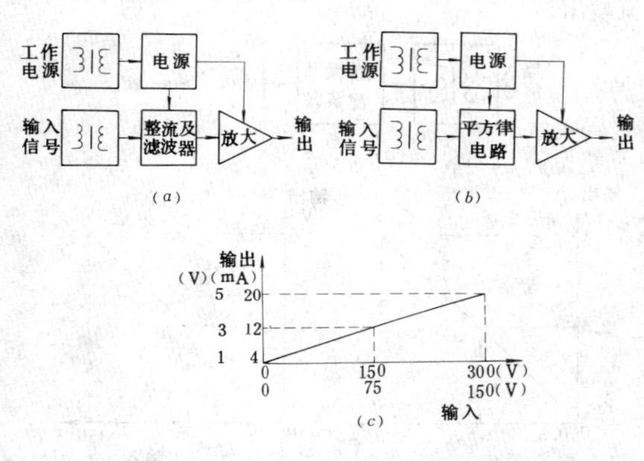

图 27-1-4　S3-VD 系列交流电压变送器原理方框图及特性曲线

（*a*）S3-VD-1、S3-VD-3 型；（*b*）S3-VD-1T、S3-VD-3T 型；（*c*）输入输出特性曲线

(2) 非正弦波形—有效值（TRMS）型。S3-VD-1、S3-VD-3 型变送器可用于输入波形三次谐波含量达 30%非正弦波的变送，其原理方框见图 27-1-4（*b*）。输入信号通过平方律电路后检出有效值，所产生的直流电压是输入波形有效值的线性函数，这个直流电压被转换成毫安电流，通过放大器电路输出。

(3) 特性曲线。S3-VD 系列变送器输入—输出特性曲线见图 27-1-4（*c*）。该系列变送器具有以下主要特点：

1）精确度可达±0.2%满量程（RO）。

2）具有长距离传送能力（4-20mA，750Ω）。

3）可精确测量失真波形（S3-VD-1T、S3-VD-3T 型）。

4）具有对雷击波和突发波的保护能力。

5）固定方式符合 DIN46277 规定，可安装于 35mm 的铝轨上。

3. 技术规范

1）输入参数见表 27-1-3。

2）输出参数见表 27-1-4。

表 27-1-3　S3-VD 系列交流电压变送器输入参数

输入范围（V）	输入负荷（VA）	输入频率（Hz）	输入过载能力
0～150	≤0.2	50±3 或 60±3	2 倍额定连续（110V 或 220V）
0～300			

3）变送精确度：±0.2%满量程（RO）。

4）工作电源：*AC*110V±15%，50/60Hz。

*AC*220V±15%，50/60Hz。

*DC*24、48、110V，±15%。

5）电源负荷：≤2.5VA，≤DC3W。

表 27-1-4　S3-VD 系列交流电压变送器输出参数

直流输出范围	输出负荷能力	输出阻抗	输出纹波	响应速度
0～1V	≥500Ω	≤0.05Ω	≤0.5% RO（峰值）	≤400ms 0～99%
0～5V				
1～5V				
0～10V				
0～1mA	0～15kΩ	≥20MΩ		
0～10mA	0～1500Ω	≥5MΩ		
0～20mA	0～750Ω			
4～20mA				

注　如果工作电源是直流，输出负荷为：

电压输出（≥1kΩ）；电流输出：0～1mA（0～10kΩ），0～10mA（0～1kΩ），0～20mA，4～20mA（0～500Ω）。

6）电源变动影响：≤0.1%RO。

7）波形变动影响：≤0.2%RO（三次谐波为 30%时，S3-AD-1T、S3-AD-3T）。

8）输出负荷影响：≤0.05%RO。

9）电磁干扰影响：≤0.2%RO，400A/M。

10）满量程调整范围：≥5%RO。

11）归零调整范围：≥1%RO。

12）环境温度：0～60℃。

13）贮存温度：－10～70℃。

14）温度系数：≤100ppm，0～60℃。

15）环境湿度：95%。

16）隔离能力：输入/输出/电源/外壳间全隔离。

17）绝缘阻抗：≥100MΩ，DC500V。

18）耐压：输入/输出/电源/外壳间，*AC*2.6kV，50Hz，1min。

19）耐突发波：5kV，1.2×50μs。

20）安全要求：按 IEC414，BS5458。

21）性能依据：IEC688。

4. 型号含义及选型方式

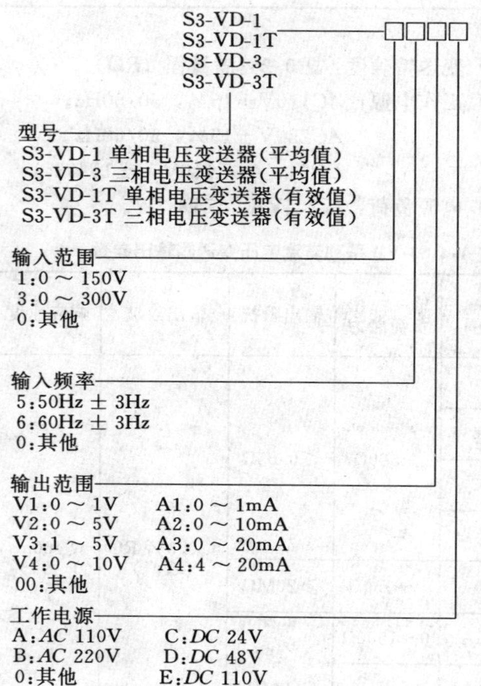

选型时，应按系列型号、输入范围、输入频率、输出范围及工作电源的顺序写，后四位代号占用方框的位置。

例如，选用S3-VD-3-15A4B型，其序列含义如下：S3-VD三相（3ϕ）交流电压变送器（平均值型），其输入信号电压为0～150V，输入频率为50Hz±3Hz，输出信号为4～20mA，工作电源为AC220V。

5. 安装接线

S3-VD系列交流电压变送器的外部安装接线方式，见图 27-1-2，其中图(*a*)为 S3-VD-1 及 S3-VD-1T 型的接线方式；图(*b*)则用于S3-VD-3及S3-VD-3T型。

6. 外形尺寸

S3-VD系列交流电压变送器的外形尺寸，见图 27-1-3，其中图(*a*)为 S3-VD-1 及 S3-VD-1T 型的外形尺寸(含安装尺寸)，图(*b*)则用于 S3-VD-3 及 3-VD-3T 型。

（三）S3-ASD、S3-VSD 系列电流、电压变送器

1. 系列型号

S3-ASD-1　单相电流变送器，平均值型

S3-ASD-3　三相电流变送器，平均值型

S3-VSD-1　单相电压变送器，平均值型

S3-VSD-3　三相电压变送器，平均值型

该系列各型变送器为无电源式(无辅助工作电源)。

2. 工作原理

该系列各型变送器都是将正弦交流电流或电压转换成直流输出，其值正比于输入的有效值。图 27-1-5(*a*)为其原理方框图。输入信号通过整流器与滤波器转换成直流电压，因此变送器变送的是被测信号的平均值，再经放大器放大，产生正比于输入信号有效值的直流输出。

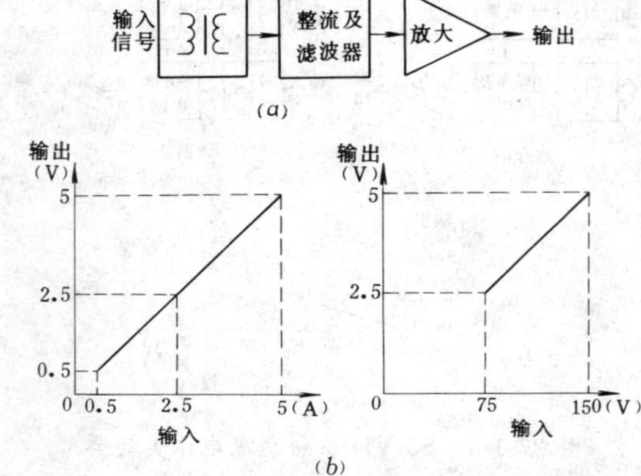

图 27-1-5　S3-ASD、S3-VSD 系列电流、电压变送器原理方框图及特性曲线

(*a*) 原理方框图；(*b*) 输入-输出特性曲线

图 27-1-5(*b*)为其输入—输出特性曲线，其中 S3-ASD 系列的输入信号为交流电流，S3-VSD 系列的输入信号为交流电压。该系列变送器具有以下主要特点：

(1) 精确度可达±0.25%RO。

(2) 不需要工作电源。

(3) 具有对雷击波和突发波的保护能力。

(4) 固定方式符合 DIN46277 规定，可安装于 35mm 之铝轨上。

3. 技术规范

(1) 输入参数见表 27-1-5。

(2) 输出参数见表 27-1-6。

(3) 变送器精度：±0.25%满量程（RO）。

(4) 量测范围：S3-ASD 型 10%～100%，S3-VSD 型 50%～100%。

(5) 输出负荷影响：电流输出≤0.1%RO，电压输出≤0.05%RO。

(6) 电磁干扰影响：≤0.2%RO，400A/M。

(7) 满量程调整范围：≥5%RO。

表 27-1-5　S3-A（V）系列电流（电压）变送器输入参数

型号	输入范围	测量范围	输入负荷	输入频率范围
S3-ASD	0～1A	0.1～1A	≤1.5VA	50Hz±2Hz 或 60Hz±2Hz
	0～5A	0.5～5A		
S3-VSD	0～150V	75～150V	≤1.5VA	
	0～300V	150～300V		

注　输入过负荷能力：
（电流输入）3 倍额定连续
10 倍额定 10s
50 倍额定 1s
（电压输入）2 倍额定连续（110V 或 220V）

表 27-1-6　S3-A(V)SD 系列电流(电压)变送器输出参数

直流输出范围	输出负荷能力	输出阻抗	输出纹波	响应速度
0～1V	≥1kΩ	≤4Ω	≤0.5%RO（峰值）	≤800ms 0～99%
0～5V	≥5kΩ	≤20Ω		
0～10V	≥10kΩ	≤40Ω		
0～1mA	0～5kΩ	≥5mΩ		

（8）归零调整范围：≥1%RO。
（9）环境温度：0～60℃。
（10）贮存温度：－10～70℃。
（11）温度系数：≤200ppm，0～60℃。
（12）环境湿度：95%。
（13）隔离能力：输入/输出/外壳间全隔离。
（14）绝缘阻抗：≥100mΩ，DC500V。
（15）耐压：输入/输出/外壳间，AC2.6kV，50Hz，1min。
（16）耐突发波：5kV，1.2×50μS。
（17）安全要求：按 IEC414，BS5458。
（18）性能依据：IEC688。

4. 型号含义及选型方式

S3-ASD 型及 S3-VSD 型的型号含义如下：

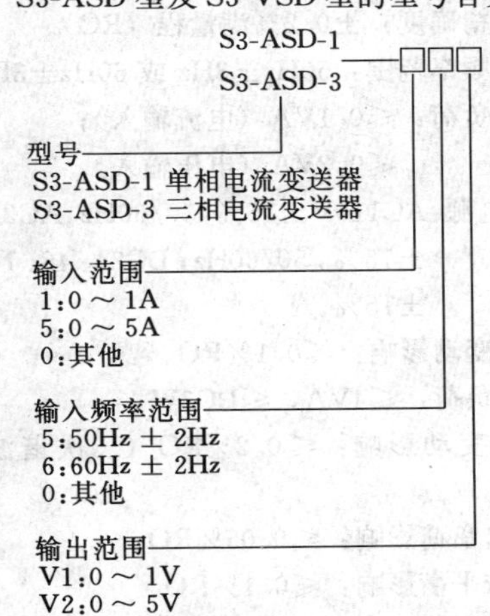

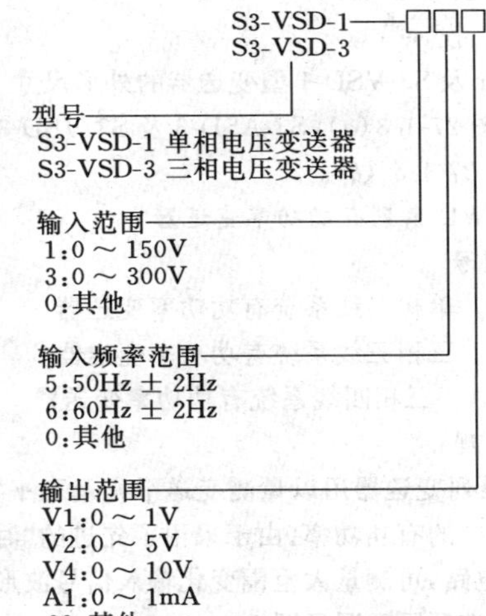

选型时，应按系列型号、输入范围、输入频率范围、输出范围的顺序写成，后三位代号占用方框的位置。

例如，选用 S3-ASD-3-15V2 型，其序列含义如下：S3-ASD 三相(3ϕ)交流电流变送器，其输入信号电流为 0～1A，输入频率为50Hz±2Hz，输出信号为0～5V。

又如，选用 S3-VSD-3-15V4 型，其序列含义如下：S3-VSD 三相（3ϕ）交流电压变送器，其输入信号电压为 0～150V，输入频率为 50Hz±2Hz，输出信号为 0～10V。

5. 安装接线

S3-ASD-1、S3-VSD-1 型的外部安装接线方式见图 27-1-6（*a*），S3-ASD-3、S3-VSD-3 型的外部安装接

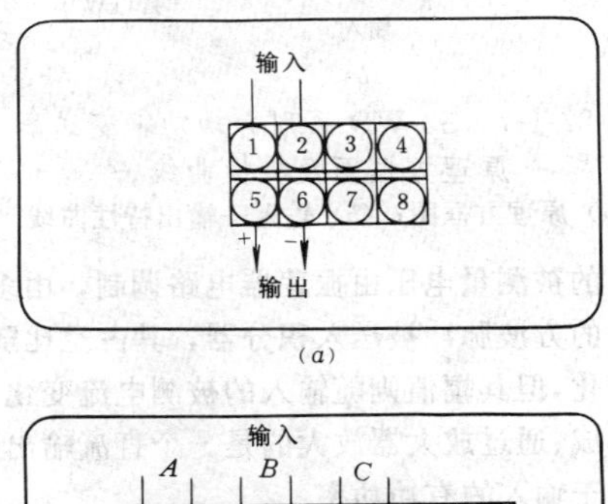

（*a*）

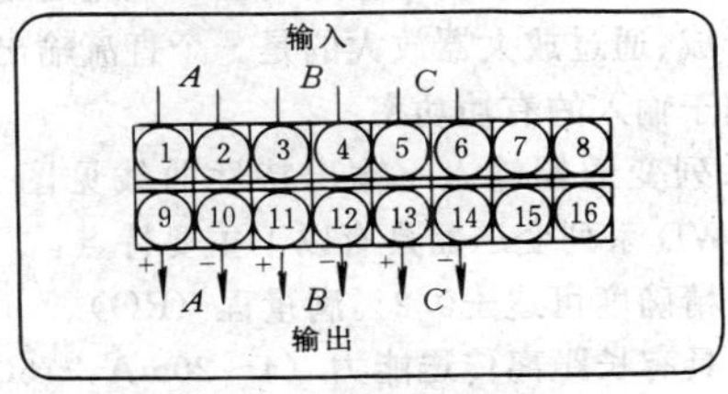

（*b*）

图 27-1-6　S3-ASD、S3-VSD 系列电流、电压变送器外部安装接线方式图
（*a*）S3-ASD-1、S3-VSD-1 型；
（*b*）S3-ASD-3、S3-VSD-3 型

线方式则见图 27-1-6 (*b*)。

6. 外形尺寸

S3-ASD-1 及 S3-VSD-1 型变送器的外形尺寸（含安装尺寸）见图 27-1-3(*a*)，S3-ASD-3 及 S3-VSD-3 型变送器则见图 27-1-3 (*b*)。

(四) S3-WD 系列有功功率变送器

1. 系列型号

S3-WD-1　单相二线系统有功功率变送器

S3-WD-3　三相三线系统有功功率变送器

S3-WD-3A　三相四线系统有功功率变送器

2. 工作原理

S3-WD 系列变送器用以量测变送平衡及不平衡、单相或三相系统的有功功率。由于采用了先进的“时间分割倍权法”电路，可测量大范围变化输入信号波形的瞬时功率，其方框原理图见图 27-1-7 (*a*)。

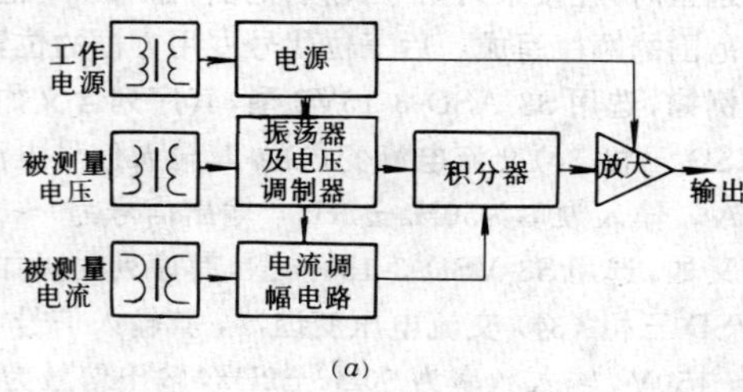

(*a*)

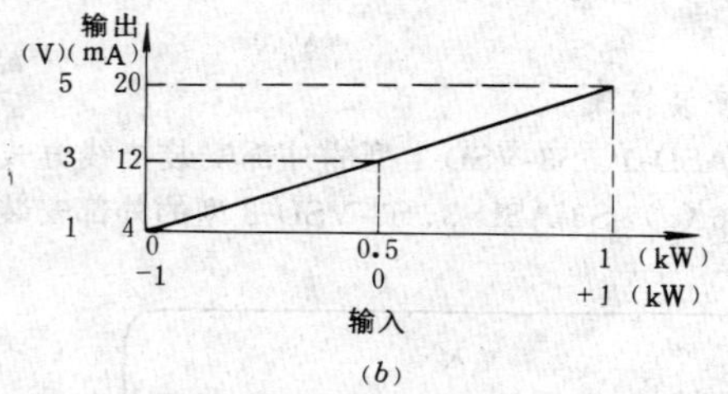

(*b*)

图 27-1-7　S3-WD 系列有功功率变送器原理方框图及特性曲线

(*a*) 原理方框图；(*b*) 输入—输出特性曲线

输入的被测量电压由振荡器电路调制，由多谐振荡器产生的方波脉冲被送入积分器，其占空比随被测电压而变化，但其幅值则随输入的被测电流变化，经过积分器合成、通过放大器放大的是一个直流输出信号，即正比例于输入的有功功率。

该系列变送器输入—输出特性曲线见图 27-1-7 (*b*)。S3-WD 系列变送器具有以下主要特点：

(1) 精确度可达±0.2%满量程 (RO)。

(2) 具有长距离传送能力 (4～20mA，750Ω)。

(3) 可精确量测不平衡系统。

(4) 可精确量测谐波失真波形。

(5) 具有量测逆功率之能力。

(6) 具有对雷击波和突发波的保护能力。

(7) 固定方式符合 DIN46277 规定，可安装于 35mm 的铝轨上。

3. 技术规范

(1) 输入参数见表 27-1-7。

(2) 输出参数见表 27-1-8。

表 27-1-7　S3-WD 系列变送器输入参数

输入范围				输入过载能力
系统	电流	电压	基本功率	
单相二线	5A	110V (120V)	0～0.5kW	电流:3 倍额定连续 10 倍额定 10s 50 倍额定 1s 电压:2 倍额定连续
		220V (240V)	0～1kW	
三相三线	5A	110V (120V)	0～1kW	
		220V (240V)	0～2kW	
三相四线	5A	$\sqrt{3}$ /110V ($\sqrt{3}$ /120V)	0～1.5kW	
		$\sqrt{3}$ /220V ($\sqrt{3}$ /240V)	0～3kW	

表 27-1-8　S3-WD 系列变送器输出参数

直流输出范围	输出负荷能力	输出阻抗	输出纹波	响应速度
0～1V	≥500Ω	≤0.05Ω	≤0.5% RO (峰值)	≤400ms 0～99%
0～5V				
1～5V				
0～10V				
0～1mA	0～15kΩ	≥20mΩ		
0～10mA	0～1500Ω	≥5mΩ		
0～20mA	0～750Ω			
4～20mA				

注　如果工作电源是直流，输出负荷请参照 S3-AD 系列。

(3) 变送精确度：±0.2%满量程 (RO)。

(4) 输入频率范围：50Hz±3Hz 或 60Hz±3Hz。

(5) 输入负荷：≤0.1VA (电流输入)；
≤0.2VA (电压输入)。

(6) 工作电源：AC110V±15%，50/60Hz；AC220V ±15%，50/60Hz；DC24、48、110V ±15%。

(7) 电源变动影响：≤0.1%RO。

(8) 电源负荷：≤4VA，≤DC3W。

(9) 波形变动影响：≤0.2%RO (三次谐波为15%时)。

(10) 输出负荷影响：≤0.05%RO。

(11) 电磁平衡影响：≤0.1%RO。

(12) 相间影响：≤0.1% RO (相对相之间)。

(13) 电磁干扰影响：≤0.2%RO，400A/M。

(14) 满量程调整范围：≥5% RO。

(15) 归零调整范围：≥1%RO。

(16) 环境温度：0～60℃。

(17) 贮存温度：－10～70℃。

(18) 温度系数：≤100ppm，0～60℃。

(19) 环境湿度：95%。

(20) 隔离能力：输入/输出/电源/外壳间全隔离。

(21) 绝缘阻抗：≥100MΩ，*DC*500V。

(22) 耐压：输入/输出/电源/外壳间，*AC*2.6kV，60Hz，1min。

选型时，应按系列型号、输入电流、输入电压、输入频率、输出范围、工作电源、逆功率是否需要的顺序写，后六位代号占用方框的位置。

例如，选用 S3-WD-3A-515A4BY 型，其序列含义如下：S3-WD 三相四线制有功功率变送器，其输入交流电流为 5A，输入交流电压为 120V，输入频率为 50Hz±3Hz，输出电流范围为 4～12～20mA，工作电源为 AC220V，需逆功率。

5. 安装接线

S3-WD 系列有功功率变送器的外部安装接线方式，见图 27-1-8。

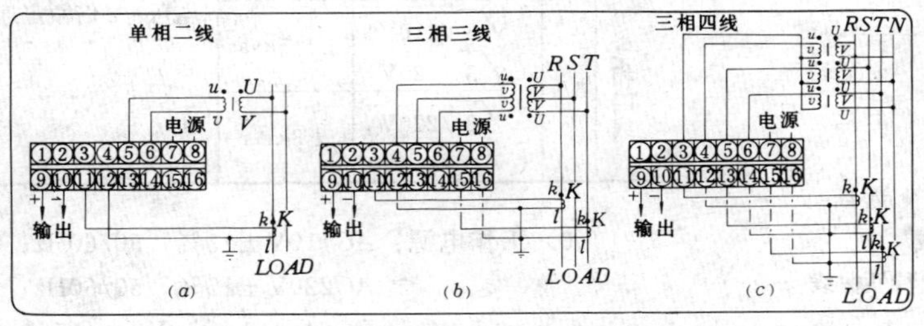

图 27-1-8　S3-WD 系列有功功率变送器的外部安装接线方式
(*a*) S3-WD-1 型；(*b*) S3-WD-3 型；(*c*) S3-WD-3A 型

(23) 耐突发波：5kV，1.2×50μs。

(24) 安全要求：按 IEC414，BS5458。

(25) 性能依据：IEC688。

4. 型号含义及选型方式

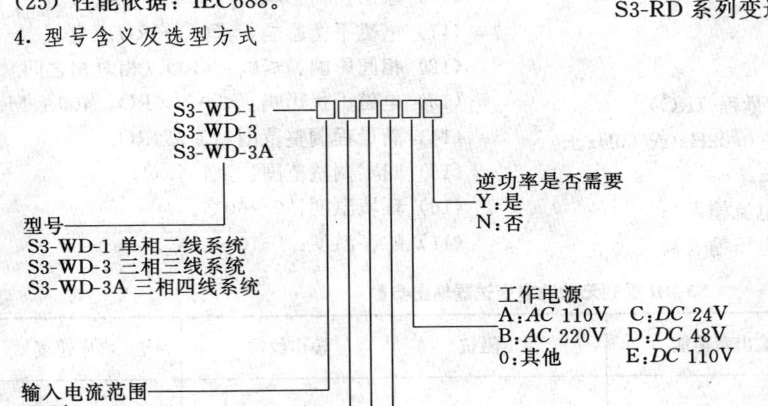

6. 外形尺寸

S3-WD 系列有功功率变送器的外形尺寸，见图 27-1-3 (*b*)。

(五) S3-RD 系列无功功率变送器

1. 系列型号

S3-RD-1　单相二线系统无功功率变送器

S3-RD-3　三相三线系统无功功率变送器

S3-RD-3A　三相四线系统无功功率变送器

2. 工作原理

S3-RD 系列变送器用以量测变送平衡及不平衡、单相或三相系统的无功功率。由于采用了先进的“时间分割倍权法”电路，可量测大范围变化输入信号波形的瞬时功率，其原理方框见图 27-1-9 (*a*)。

输入的被测量电压由振荡器电路调制，由多谐振荡器产生的方波脉冲被送入积分器，其占空比随被测电压而变化，但其幅值则随输入的被测电流变化，经过积分器合成、通过放大器放大的是一个直流输出信号，即正比例于输入的无功功率。

图 27-1-9 (*b*) 为其输入—输出特性曲线。该系列变送器具有以下特点：

(1) 精确度可达±0.2% RO。

(2) 具有长距离传送能力 (4～20mA，750Ω)。

(3) 可精确量测不平衡系

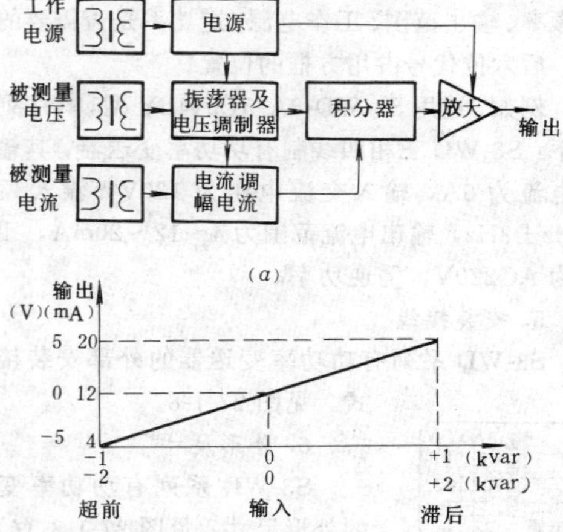

图 27-1-9　S3-RD 无功功率变送器原理方框图及特性曲线

(a) 原理方框图；(b) 输入—输出特性曲线

统。

(4) 可精确量测谐波失真波形。

(5) 具有对雷击波和突发波的保护能力。

(6) 固定方式符合 DIN46277 规定，可安装于 35mm 的铝轨上。

3. 技术规范

(1) 输入参数见表 27-1-9。

(2) 输出参数见表 27-1-10。

(3) 变送精确度：±0.2%满量程 (RO)。

(4) 输入频率范围：50Hz±0.02Hz 或 60Hz±0.02Hz。

(5) 输入负荷：≤0.1VA (电流输入)；≤0.2VA (电压输入)。

表 27-1-9　S3-RD 系列无功功率变送器输入参数

输入范围				输入过载能力
系统	电流	电压	基本功率	
单相二线	5A	110V (120V)	±0.5kvar	电流：3 倍额定连续 10 倍额定 10s 50 倍额定 1s 电压：2 倍额定连续
		220V (240V)	±1kvar	
三相三线	5A	110V (120V)	±1kvar	
		220V (240V)	±2kvar	
三相四线	5A	$\sqrt{3}$/110V ($\sqrt{3}$/120V)	±1.5kvar	
		$\sqrt{3}$/220V ($\sqrt{3}$/240V)	±3kvar	

(6) 工作电源：AC110V±15%，50/60Hz；AC220V±15%，50/60Hz；$DC$24、48、110V、±15%。

(7) 电源变动影响：≤0.1%RO。

(8) 电源负荷：≤4VA，≤DC3W。

(9) 波形变动影响：≤0.2%RO (三次谐波为 15% 时)。

(10) 输出负荷影响：≤0.05%RO。

(11) 电磁平衡影响：≤0.1%RO。

(12) 相间影响：≤0.1%RO (相对相之间)。

(13) 电磁干扰影响：≤0.2%RO，400A/M。

(14) 满量程调整范围：≥5%RO。

(15) 归零调整范围：≥1%RO。

(16) 环境温度：0～60℃。

(17) 贮存温度：−10～70℃。

表 27-1-10　S3-RD 系列无功功率变送器输出参数

直流输出范围	输出负荷能力	输出阻抗	输出纹波	响应速度
−1～0～1V	≥500Ω	≤0.05Ω	≤0.5% RO (peak)	≤400ms 0～99%
−5～0～5V				
1～3～5V				
0～5～10V				
−1～0～1mA	0～15kΩ	≥20MΩ		
−10～0～10mA	0～1500Ω	≥5MΩ		
0～10～20mA	0～750Ω			
4～12～20mA				

注　如果工作电源是直流，输出负荷请参照 S3-AD 系列。

(18) 温度系数：≤100ppm，0～60℃。

(19) 环境湿度：95%。

(20) 隔离能力：输入/输出/电源/外壳间全隔离。

(21) 绝缘阻抗：≥100MΩ，*DC*500V。

(22) 耐压：输入/输出/电源/外壳间，*AC*2.6kV，50Hz，1min。

(23) 耐突发波：5kV，1.2×50μs。

(24) 安全要求：按 IEC414，BS5458。

(25) 性能依据：IEC688。

4. 型号含义及选型方式

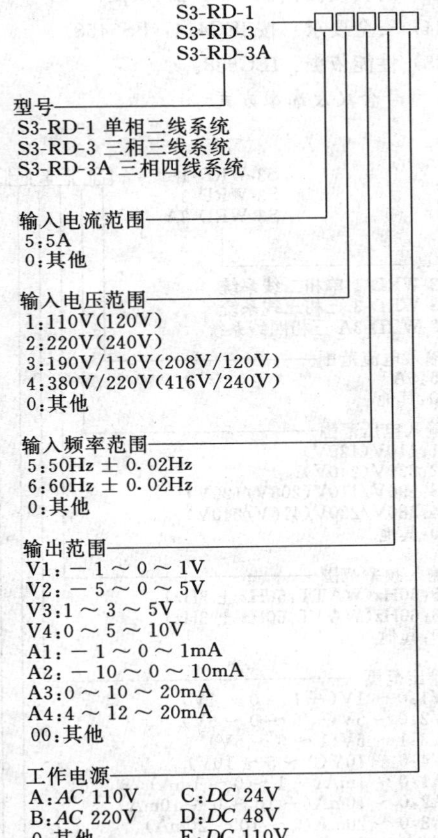

选型时，应按系列型号、输入电流、输入电压、输入频率、输出范围、工作电源的顺序写，后五位代号占用方框的位置。

例如，选用 S3-RD-3-015V3C 型，其序列含义如下：S3-RD 三相三线制无功功率变送器，其输入交流电流为其他值（例如 1A），输入交流电压为 120V，输入频率为 50Hz±0.02Hz，输出电压范围为 1～3～5V，工作电源为 *DC*24V。

5. 安装接线

S3-RD 系列无功功率变送器的外部安装接线方式，见图 27-1-8。

6. 外形尺寸

S3-RD 系列无功功率变送器的外形尺寸，见图 27-1-3 (*b*)。

（六）S3-WRD 系列有功功率/无功功率变送器

1. 系列型号

S3-WRD-1　单相两线系统有功功率/无功功率变送器

S3-WRD-3　三相三线系统有功功率/无功功率变送器

S3-WRD-3A　三相四线系统有功功率/无功功率变送器

2. 工作原理

S3-WRD 系列用以量测变送平衡及不平衡、单相或三相系统的有功功率/无功功率。由于采用了先进的"时间分割倍权法"电路，可量测大范围变化输入信号波形的瞬时功率，其工作原理同 S3-WD 及 RD 系列变送器，原理方框图见图 27-1-10 (*a*)。

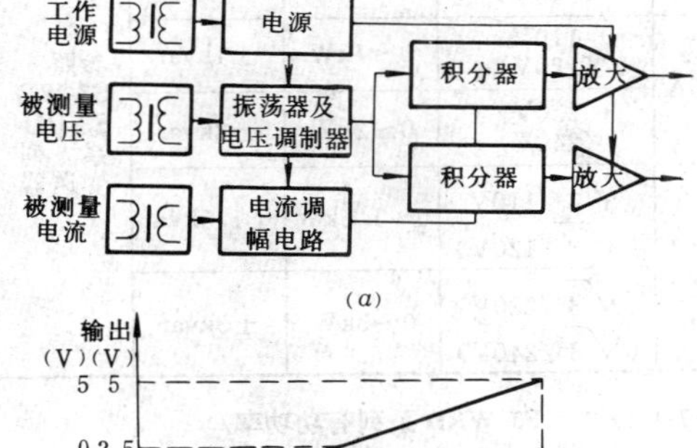

(*a*)

输出 (V) (V)　5 5　0 2.5　−5 0　0 −1　0.5 0　1 1 (kW) (kvar)　输入

(*b*)

图 27-1-10　S3-WRD 系列有功功率/无功功率变送器原理方框图及特性曲线

(*a*) 原理方框图；(*b*) 输入—输出特性曲线

S3-WRD 系列变送器的输入—输出特性曲线，见图 27-1-10 (*b*)。该系列变送器具有以下主要特点：

(1) 精确度可达±0.2%满量程（RO）。

(2) 具有长距离传输能力（4～20mA，750Ω）。

(3) 具有有功功率、无功功率双输出。

(4) 可精确量测不平衡系统。

(5) 可精确量测谐波失真波形。

(6) 具有量测逆功率之能力。

(7) 具有对雷击波和突发波的保护能力。

(8) 固定方式符合 DIN46277 规定，可安装于 35mm 的铝轨上。

3. 技术规范

(1) 输入参数见表27-1-11。

(2) 输出参数见表27-1-12。

(3) 变送精确度：±0.2%满量程（RO）。

(4) 输入频率范围：有功功率50Hz±3Hz或60Hz±3Hz，无功功率50Hz±0.02Hz或60Hz±0.02Hz

(5) 输入负荷：≤0.1VA（电流输入），≤0.2VA（电压输入）。

(6) 工作电源：*AC*110V±15%，50/60Hz；*AC*220V±15%，50/60Hz；*DC*24、48、110、±15%。

(7) 电源变动影响：≤0.1%RO。

(8) 电源负荷：≤4VA，≤*DC*3W。

表27-1-11　S3-WRD系列有功功率/无功功率变送器输入参数

输入范围					输入过载能力
系统	电流	电压	基本有效功率	基本无效功率	
单相二线	5A	110V (120V)	0～0.5kW	±0.5kvar	参照S3-WD S3-RD系列变送器
		220V (240V)	0～1kW	±1kvar	
三相三线	5A	110V (120V)	0～1kW	±1kvar	
		220V (240V)	0～2kW	±2kvar	
三相四线	5A	$\sqrt{3}$/110V ($\sqrt{3}$/120V)	0～1.5kW	±1.5kvar	
		$\sqrt{3}$/220V ($\sqrt{3}$/240V)	0～3kW	±3kvar	

表27-1-12　S3-WRD系列有功功率/无功功率变送器输出参数

直流输出范围	输出负荷能力	输出阻抗	输出纹波	响应速度
0～1V	≥500Ω	≤0.05Ω	≤0.5% RO（峰值）	≤400ms 0～99%
0～5V				
1～5V				
0～10V				
0～1mA	0～15kΩ	≥20MΩ		
0～10mA	0～1500Ω	≥5MΩ		
0～20mA	0～750Ω			
4～20mA				

注　如果工作电源是直流，输出负荷请参照S3-AD系列。

(9) 波形变动影响：≤0.2%RO（三次谐波为15%时）。

(10) 输出负荷影响：≤0.05%RO。

(11) 电磁平衡影响：≤0.1%RO。

(12) 相间影响：≤0.1%RO（相对相之间）。

(13) 电磁干扰影响：≤0.2%RO，400A/M。

(14) 满量程调整范围：≥5%RO。

(15) 归零调整范围：≥1%RO。

(16) 环境温度：0～60℃。

(17) 贮存温度：－10～70℃。

(18) 温度系数：≤100ppm，0～60℃。

(19) 环境湿度：95%。

(20) 隔离能力：输入/输出/电源/外壳间全隔离。

(21) 绝缘阻抗：≥100MΩ，*DC*500V。

(22) 耐压：输入/输出/电源/外壳间，*AC*2.6kV，50Hz，1min。

(23) 耐突发波：5kV，1.2×50μs。

(24) 安全要求：按IEC414，BS5458。

(25) 性能依据：IEC688。

4. 型号含义及选型方式

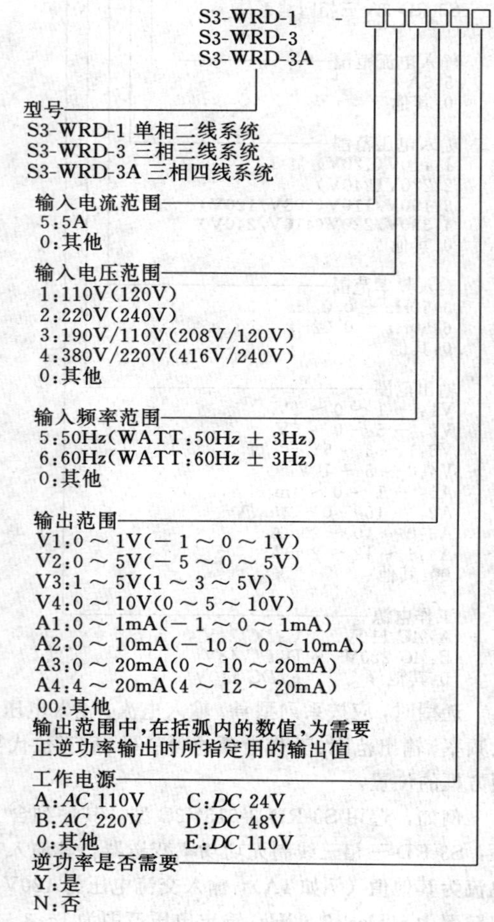

选型时，应按系列型号、输入电流、输入电压、输入频率、输出范围、工作电源、逆功率是否需要的顺序写，后六位代号占用方框的位置。

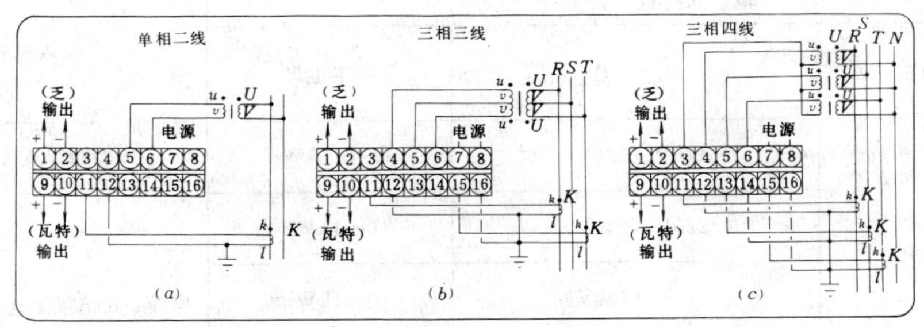

图 27-1-11 S3-WRD 系列有功功率/无功功率变送器外部安装接线方式图
(*a*) S3-WRD-1 型；(*b*) S3-WRD-3 型；(*c*) S3-WRD-3A 型

例如，选用 S3-WRD-3-515A4EY 型，其序列含义如下：S3-WRD 三相三线制有功功率/无功功率变送器，其输入交流电流为 5A，输入交流电压为 120V，输入频率为 50Hz±3Hz（有功功率），输出电流范围为 4-12-20mA，工作电源为 *DC*110V，需逆功率。

5. 安装接线

S3-WRD 系列有功功率/无功功率变送器的外部安装接线方式，见图 27-1-11。

6. 外形尺寸

S3-WD 系列有功功率/无功功率变送器的外形尺寸，见图 27-1-3 (*b*)。

（七）S3-WHD 有功电能量（电度）变送器

1. 系列型号

S3-WHD-1 单相二线系统有功电能量变送器

S3-WHD-3 三相三线系统有功电能量变送器

S3-WHD-3A 三相四线系统有功电能量变送器

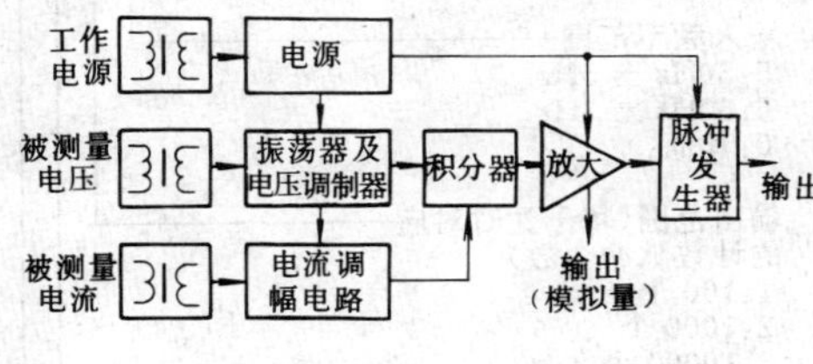

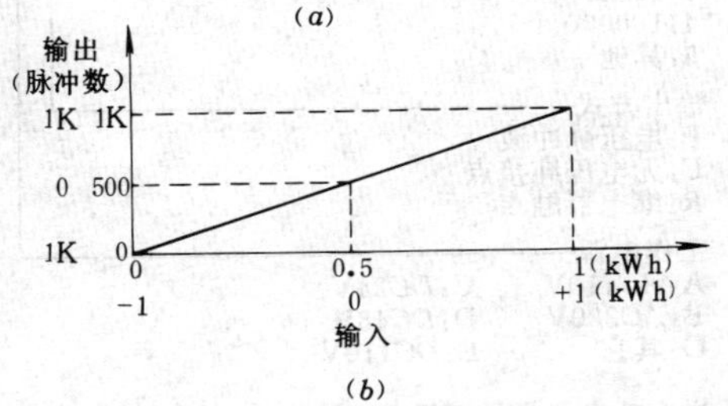

图 27-1-12 S3-WHD 系列有功电能量（电度）变送器原理方框图及特性曲线
(*a*) 原理方框图；(*b*) 输入—输出特性曲线

2. 工作原理

S3-WHD 系列变送器为量测和变送有功功率的原理同 S3-WD 系列，为了完成量测有功电能量，在电路中配置了线性积分电路，接收已转换为有功功率的信号，对时间积分，产生一个电压隔离的脉冲信号输出，其脉冲个数正比于有功电能量（kW·h）。变送器的原理方框图见图 27-1-12 (*a*)。

该系列变送器的输入—输出特性曲线见图 27-1-12 (*b*)。S3-WHD 系列变送器具有以下主要特点：

（1）精确度可达±0.2%读出值（RD）。

（2）可精确量测不平衡系统。

（3）可精确量测谐波失真波形。

（4）具有量测逆有功电能量之能力。

（5）具有对雷击波和突发波的保护能力。

（6）固定方式符合 DIN46277 规定，可安装于 35mm 的铝轨上。

3. 技术规范

（1）输入参数见表 27-1-13。

（2）输出参数见表 27-1-14。

（3）变送精确度：±0.2%读出值（RD）。

（4）输入频率范围：50Hz±3Hz 或 60Hz±3Hz。

（5）输入负荷：≤0.1VA（电流输入）；
≤0.2VA（电压输入）。

（6）工作电源：*AC*110V±15%，50/60Hz；
*AC*220V±15%，50/60Hz；
*DC*24、48、110、±15%。

（7）电源变动影响：≤0.1%RO。

（8）电源负荷：≤4VA，≤*DC*3W。

（9）波形变动影响：≤0.2%RO（三次谐波为 15%时）。

（10）输出负荷影响：≤0.05%RO。

（11）电磁平衡影响：≤0.1%RO。

（12）相间影响：≤0.1%RO（相对相之间）。

表 27-1-13　　S3-WHD系列有功电能量（电度）变送器输入参数

输入范围				输入过载能力
系　统	电　流	电　压	基本电度	
单相二线	5A	110V（120V）	0～0.5kWh	电流：3倍额定连续 10倍额定10s 50倍额定1s 电压：2倍额定连续
		220V（240V）	0～1kWh	
三相三线	5A	110V（120V）	0～1kWh	
		220V（240V）	0～2kWh	
三相四线	5A	$\sqrt{3}$/110V（$\sqrt{3}$/120V）	0～1.5kWh	
		$\sqrt{3}$/220V（$\sqrt{3}$/240V）	0～3kWh	

表 27-1-14　S3-WHD系列有功电能量（电度）变送器输出参数

输出范围（计数脉冲）		输出型式		
每千瓦时	100个	电压脉冲	无电压纯触点	SPDT继电器触点
	1000个			
	10000个	DC15V 10mA	DC30V 100mA	AC110V，0.5A DC24V，1A
	100000个			

（13）电磁干扰影响：≤0.2%RO，400A/M。

（14）满量程调整范围：≥5%RO。

（15）归零调整范围：≥1%RO。

（16）环境温度：0～60℃。

（17）贮存温度：－10～70℃。

（18）温度系数：≤100ppm，0～60℃。

（19）环境湿度：95%。

（20）隔离能力：输入/输出/电源/外壳间全隔离。

（21）绝缘阻抗：≥100MΩ，DC500V。

（22）耐压：输入/输出/电源/外壳间，AC2.6kV，50Hz，1min。

（23）耐突发波：5kV，1.2×50μs。

（24）安全要求：按IEC414，BS5458。

（25）性能依据：IEC688。

4. 型号含义及选型方式

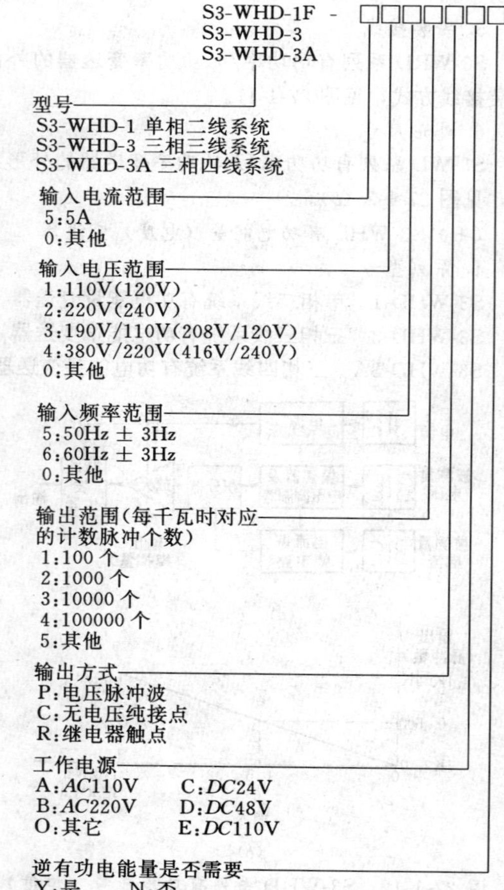

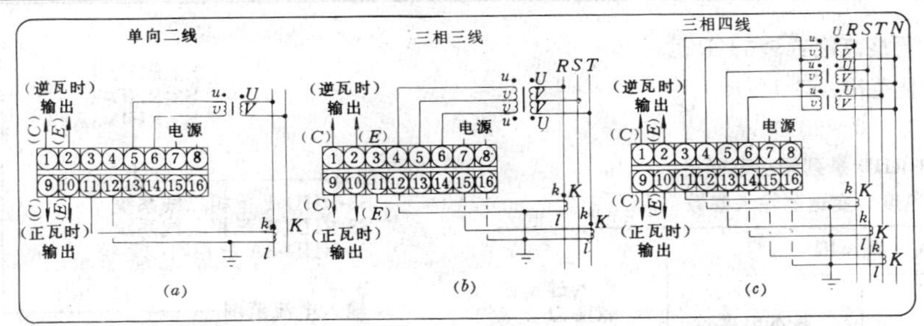

图 27-1-13　S3-WHD 系列有功电能量（电度）变送器的外部安装接线方式图
(*a*) S3-WHD-1 型；(*b*) S3-WHD-3 型；(*c*) S3-WHD-3A 型
（如只用方向瓦时时，①②无输出）

选型时，应按系列型号、输入电流、输入电压、输入频率、输出范围、输出方式、工作电源、逆有功电能量是否需要的顺序写，后七位代号占用方框的位置。

例如，选用 S3-WHD-3A-5153CAY 型，其序列含义如下：S3-WHD 三相四线制有功电能量变送器，其输入交流电流为 5A，输入交流电压为 120V，输入频率为 50Hz±3Hz，输出脉冲范围为每千瓦小时 10000 个脉冲，输出为无电压纯接点方式，工作电源为 *AC*110V，需逆有功电能量。

5. 安装接线

S3-WHD 系列有功电能量变送器的外部安装接线方式，见图 27-1-13。

6. 外形尺寸

S3-WHD 系列有功电能量变送器的外形尺寸，见图 27-1-3 (*b*)。

（八）S3-RHD 系列无功电能量（电度）变送器

1. 系列型号

S3-RHD-1　单相二线系统无功电能量变送器

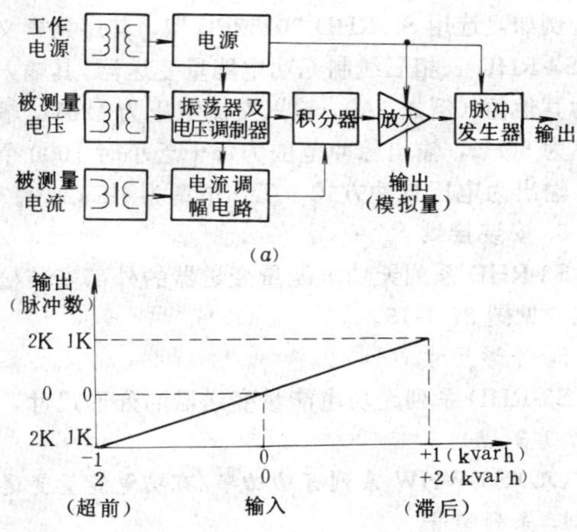

图 27-1-14　S3-RHD 系列无功电能量（电度）变送器原理方框图及特性曲线
(*a*) 原理方框图；(*b*) 输入—输出特性曲线

S3-RHD-3　三相三线系统无功电能量变送器

S3-RHD-3A　三相四线系统无功电能量变送器

2. 工作原理

S3-RHD 系列变送器为量测和变送无功功率的原理同 S3-RD 系列，为了完成量测无功电能量，在电路中配置了线性积分电路，接受来自无功功率口的信号，对时间积分，产生一个电压隔离的脉冲输出，其脉冲个数正比于无功电能(kvar·h)。变送器的原理方框图见图 27-1-14 (*a*)。

该系列变送器的输入—输出特性曲线，见图 27-1-14 (*b*)。S3-RHD 系列变送器具有以下主要特点：

(1) 精确度可达±0.2%读出值 (RD)。

(2) 可精确量测不平衡系统。

(3) 可精确量测谐波失真波形。

(4) 具有对雷击波和突发波的保护能力。

(5) 固定方式符合 DIN46277 规定，可安装于 35mm 的铝轨上。

3. 技术规范

(1) 输入参数见表 27-1-15。

(2) 输出参数见表 27-1-16。

(3) 变送精确度：±0.2%读出值 (RD)。

(4) 输入频率范围：50Hz±0.02Hz 或 60Hz±0.02Hz。

(5) 输入负荷：≤0.1VA (电流输入)，≤0.2VA (电压输入)。

(6) 工作电源：*AC*110V±15%，50Hz/60Hz；*AC*220V±15%，50Hz/60Hz。

(7) 电源变动影响：≤0.1%RO。

(8) 电源负荷：≤4VA，≤*DC*3W。

(9) 波形变动影响：≤0.2%RO (三次谐波为 15%时)。

(10) 输出负荷影响：≤0.05%RO。

(11) 电磁平衡影响：≤0.1%RO。

(12) 相间影响：≤0.1%RO (相对相之间)。

(13) 电磁干扰影响：≤0.2%RO，400A/M。

(14) 满量程调整范围：≥5%RO。

(15) 归零调整范围：≥1%RO。

(16) 环境温度：0～60℃。

表 27-1-15 S3-RHD系列无功电能量（电度）变送器输入参数

输入范围				输入过载能力
系统	电流	电压	基本电度	
单相二线	5A	110V (120V)	0～±0.5kvarh	电流：3倍额定连续 10倍额定10s 50倍额定1s 电压：2倍额定连续
		220V (240V)	0～±1kvarh	
三相三线	5A	110V (120V)	0～±1kvarh	
		220V (240V)	0～±2kvarh	
三相四线	5A	$\sqrt{3}$/110V ($\sqrt{3}$/120V)	0～±1.5kvarh	
		$\sqrt{3}$/220V ($\sqrt{3}$/240V)	0～±3kVarH	

表 27-1-16 S3-RHD系列无功电能量（电度）变送器输出参数

输出范围（计数脉冲）		输出型式		
		电压脉冲	无电压纯触点	SPDT继电器触点
每一千乏时	100个			
	1000个			
	10000个	DC15V 10mA	DC30V 100mA	AC110V，0.5A DC24V，1A
	100000个			

(17) 贮存温度：−10～70℃。

(18) 温度系数：≤100ppm，0～60℃。

(19) 环境湿度：95%。

(20) 隔离能力：输入/输出/电源/外壳间全隔离。

(21) 绝缘阻抗：≥100MΩ，DC500V。

(22) 耐压：输入/输出/电源/外壳间，AC2.6kV，50Hz，1min。

(23) 耐突波：5kV，1.2×50μs。

(24) 安全要求：按IEC414，BS5458。

(25) 性能依据：IEC688。

4. 型号含义及选型方式

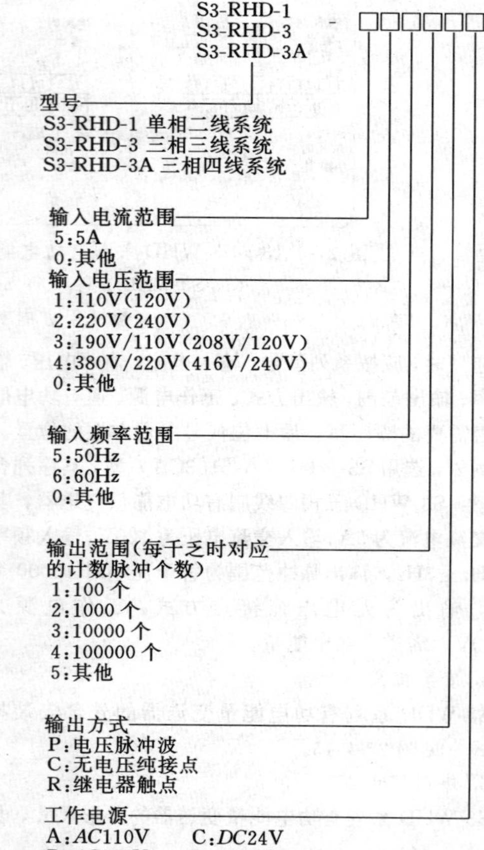

选型时，应按系列型号、输入电流、输入电压、输入频率、输出范围、输出方式、工作电源的顺序写，后六位代号占用方框的位置。

例如，选用S3-RHD-30152PB型，其序列含义如下：S3-RHD三相三线制无功电能量变送器，其输入电流为其他值（例如1A），输入交流电压为120V，输入频率为50Hz，输出脉冲范围为每千乏小时1000个脉冲，输出为电压脉冲方式，工作电源为AC220V。

5. 安装接线

S3-RHD系列无功电能量变送器的外部安装接线方式，见图27-1-15。

6. 外形尺寸

S3-RHD系列无功电能量变送器的外形尺寸，见图27-1-3 (b)。

(九) S3-WHW系列有功功率/有功电能量变送器

1. 系列型号

S3-WHW-1 单相二线系统有功功率/有功电能量变送器

S3-WHW-3 三相三线系统有功功率/有功电能量变送器

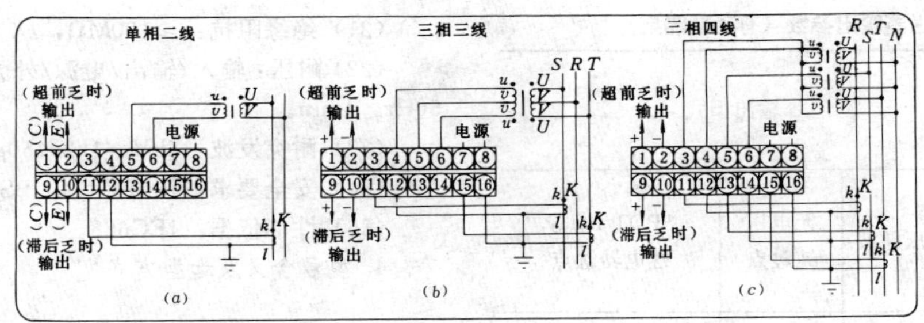

图 27-1-15　S3-RHD 系列无功电能量（电度）变送器外部安装接线方式图
(*a*) S3-RHD-1 型；(*b*) S3-RHD-3 型；(*c*) S3-RHD-3A 型

S3-WHW-3A　三相四线系统有功功率/有功电能量变送器

2. 工作原理

S3-WHW 系列变送器为量测和变送有功功率的原理同 S3-WD 系列，为完成量测有功电能量，在电路中配置了线性积分电路，接受来自有功功率口的信号，对时间进行积分，产生一个电压隔离的脉冲输出，其脉冲个数正比例于有功电能量（kW・h)。变送器的原理方框图见图 27-1-16。

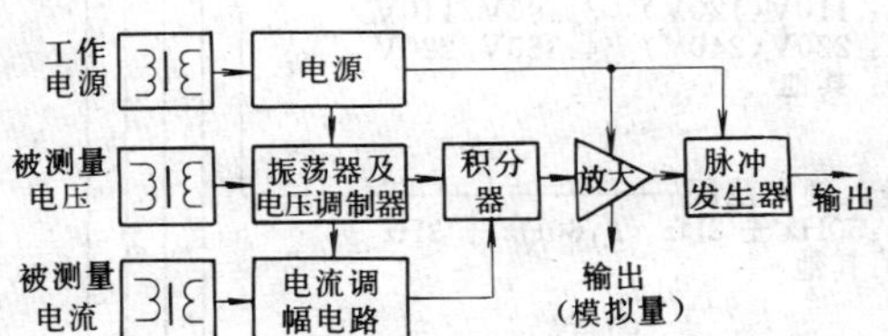

图 27-1-16　S3-WHW 系列有功功率/有功电能量变送器原理方框图

S3-WHW 系列变送器具有以下主要特点：

(1) 精确度可达±0.2%满量程（RO)。

(2) 具有有功功率、有功电能量双输出。

(3) 可精确量测不平衡系统。

(4) 可精确量测谐波失真波形。

(5) 具有对雷击波和突发波的保护能力。

(6) 固定方式符合 DIN46277 规定，可安装于 35mm 的铝轨上。

3. 技术规范

(1) 输入参数见表 27-1-17。

(2) 输出参数（有功电能量）见表 27-1-18。

(3) 输出参数（有功功率）见表 27-1-19。

(4)变送精确度：±0.2%RO(有功功率)，±0.2% RD（有功电能量）。

(5) 输入频率范围：50Hz±3Hz 或 60Hz±3Hz。

(6) 输入负荷：≤0.1VA（电流输入)，≤0.2VA（电压输入)。

(7) 工作电源：*AC*110V±15%，50Hz/60Hz；*AC*220V±15%，50Hz/60Hz；*DC*24、48、110V，±15%。

表 27-1-17　**S3-WHW 系列有功功率/有功电能量变送器输入参数**

输入范围				
系统	电流	电压	基本电度	基本功率
单相二线	5A	110V（120V）	0～0.5kWh	0～0.5kW
		220V（240V）	0～1kWh	0～1kW
三相三线	5A	110V（120V）	0～1kWh	0～1kW
		220V（240V）	0～2kWh	0～2kW
三相四线	5A	$\sqrt{3}$ /110V（$\sqrt{3}$ /120V）	0～1.5kWh	0～1.5kW
		$\sqrt{3}$ /220V（$\sqrt{3}$ /240V）	0～3kWh	0～3kW

表 27-1-18　S3-WHW 系列有功功率/有功电能量变送器输出参数（有功电能量）

输出范围（计数脉冲）		输出型式		
每一千瓦·时	100 个	电压脉波	无电压纯触点	SPDT Relay 继电器触点
	1000 个			
	10000 个	*DC*15V 10mA	*DC*30V 100mA	*AC*110V，0.5A *DC*24V，1A
	100000 个			

表 27-1-19　S3-WHW 系列有功功率/有功电能量变送器输出参数（有功功率）

直流输出范围	输出负荷能力	输出阻抗	输出纹波	响应速度
0～1V	≥1kΩ	≤0.05Ω	≤0.5% RO（峰值）	≤400ms 0～99%
0～5V				
1～5V				
0～10V				
0～1mA	0～10kΩ	≥20MΩ		
0～10mA	0～1kΩ			
0～20mA	0～500Ω	≥5MΩ		
4～20mA				

（8）电源变动影响：≤0.1%RO。

（9）电源负荷：≤4VA，≤*DC*3W。

（10）波形变动影响：≤0.2%RD（三次谐波为15%时）。

（11）电磁平衡影响：≤0.1%RO。

（12）相间影响：≤0.1%RO（相对相之间）。

（13）电磁干扰影响：0.2%RO，400A/M。

（14）满量程调整范围：≥5%RO。

（15）归零调整范围：≥1%RO。

（16）环境温度：0°～60℃。

（17）贮存温度：－10°～70℃。

（18）温度系数：≤100ppm，25℃±10℃。

（19）环境湿度：95%。

（20）隔离能力：输入/输出/电源/外壳间全隔离。

（21）绝缘阻抗：≥100MΩ，*DC*500V。

（22）耐压：输入/输出/电源/外壳间，*AC*2.6kV，50Hz，1min。

（23）耐突发波：5kV，1.2×50μs。

（24）安全要求：按 IEC414，BS5458。

（25）性能依据：1EC688。

4. 型号含义及选型方式

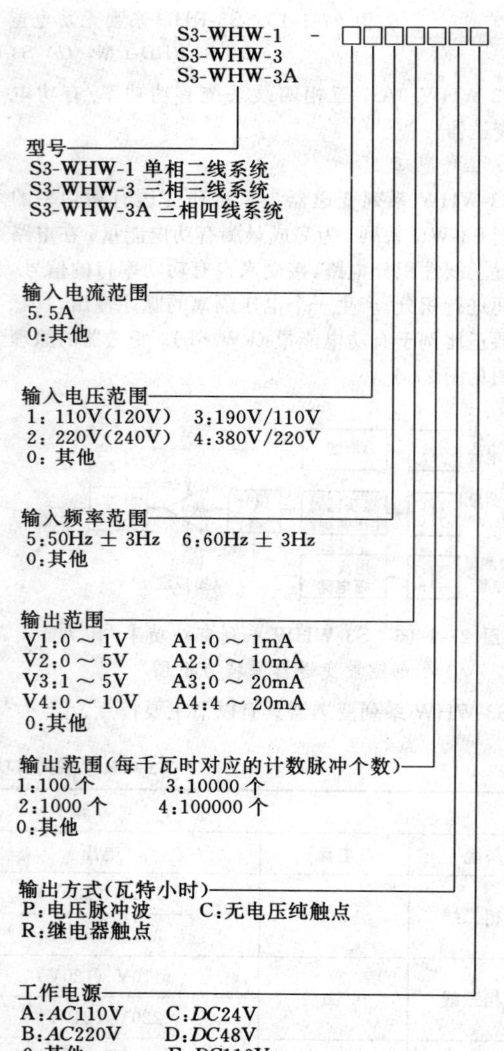

选型时，应按系列型号、输入电流、输入电压、输入频率、有功功率输出范围、有功电能量输出范围、有功电能量输出方式、工作电源的顺序写，后七位代号占用方框的位置。

例如，选用 S3-WHW-3-515A43RD 型，其序列含义如下：S3-WHW 三相三线制有功功率/有功电能量变送器，其输入交流电流为 5A，输入交流电压为 110V，输入频率为 50Hz±3Hz，有功功率的输出电流范围为 4～20mA，有功电能量每千瓦小时输出脉冲个数为 10000 个，有功电能量的输出方式用继电器触点，工作电源为 *DC*48V。

5. 安装接线

S3-WHW 系列有功功率/有功电能量变送器的外部安装接线方式，见图 27-1-17。

图 27-1-17　S3-WHW 系列有功功率/有功电能量变送器外部安装接线方式
(*a*) S3-WHW-1 型；(*b*) S3-WHW-3 型；(*c*) S3-WHW-3A 型

6. 外形尺寸

S3-WHW 系列有功功率/有功电能量变送器的外形尺寸，见图 27-1-3 (*b*)

(十) S3-PD 系列功率因数变送器及 S3-UD 系列相位变送器

1. 系列型号

S3-PD-1　　单相二线功率因数 (cosφ) 变送器
S3-PD-3　　三相三线功率因数 (cosφ) 变送器
S3-PD-3A　 三相四线功率因数 (cosφ) 变送器
S3-UD-1　　单相二线相位 (φ) 变送器
S3-UD-3　　三相三线相位 (φ) 变送器
S3-UD-3A　 三相四线相位 (φ) 变送器

2. 工作原理

两个系列变送器皆具有在四个象限高精度地量测输入参数相位的功能，其原理方框图见图 27-1-18(*a*)。

电路对辅助工作电源及被测量的输入源吸收负荷很小，其输出是两个输入量 (可以是电流或电压) 相位差的线性函数，在增加一个 cosφ 集成电路块后，即可由相位 (φ) 变送器改变为功率因数 (cosφ) 变送器。

由于通过输出放大器可提供恒压源或恒流源输出，在该系列技术规范内，其输出不受负载电阻的影响。

S3-PD 系列及 S3-UD 系列变送器的输入—输出特性曲线，见图 27-1-18 (*b*)。该两系列变送器具有以下主要特点：

(1) 精确度可达±0.5%RO (S3-PD)，±1° (S3-UD)。

(2) 具有长距离传送能力 (4～20mA，750Ω)。

(3) 可精确量测失真波形。

(4) 具有对雷击波和突发波的保护能力。

(5) 固定方式符合 DIN46277 规定，可安装于 35mm 的铝轨上。

3. 技术规范

(1) 输入参数见表 27-1-20。

(2) 输出参数见表 27-1-21。

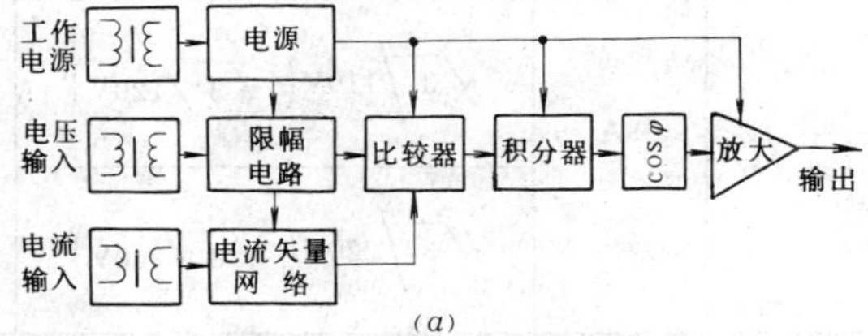

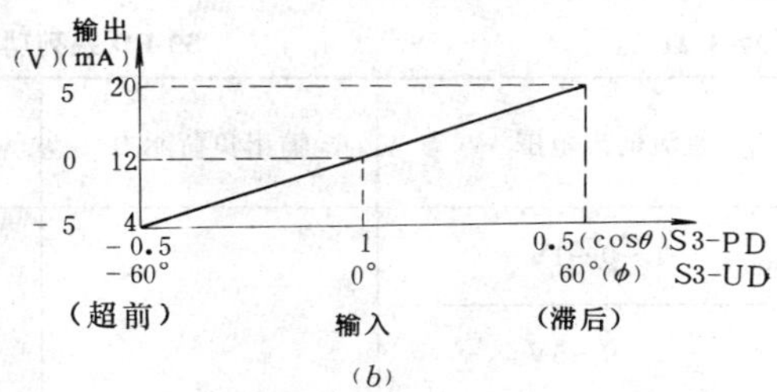

图 27-1-18　S3-PD 系列功率因数变送器及 S3-UD 系列相位变送器原理方框图及特性曲线
(*a*) 原理方框图；(*b*) 输入—输出特性曲线

(3) 变送精确度：±0.5%满量程，±0.3° (S3-PD)，±1° (S3-UD)。

(4) 输入频率范围：50Hz±3Hz 或 60Hz±3Hz。

(5) 输入负荷：≤0.1VA (电流输入)，≤0.2VA (电压输入)。

(6) 工作电源：*AC*110V±15%，50Hz/60Hz；*AC*220V±15%，50Hz/60Hz；*DC*24、48、110V，±15%。

(7) 电源变动影响：≤0.01pF (S3-PD)，≤1° (S3-UD)。

(8) 电源负荷：≤4VA，≤DC3W。

(9) 波形变动影响：≤0.02pF (S3-PD)，≤1° (S3-UD) (三次谐波为 15%时)。

(10) 输出负荷影响：≤0.05%RO。

(11) 电磁干扰影响：≤0.02pF (S3-PD)，≤1° (S3-UD) 400A/M。

表 27-1-20 **S3-PD系列功率因数变送器输入参数**

输入范围				输入过载能力
系统	电流	电压	范围	
单相二线	5A	110V（120V）	（超前）（滞后） 0.5～1～0.5 或 （超前）（滞后） 60°～0～60°	电流： 3倍额定连续 10倍额定10s 50倍额定1s 电压：2倍额定连续
		220V（240V）		
三相三线	5A	110V（120V）		
		220V（240V）		
三相四线	5A	$\sqrt{3}\Big/110V\left(\sqrt{3}\Big/120V\right)$		
		$\sqrt{3}\Big/220V\left(\sqrt{3}\Big/240V\right)$		

表 27-1-21 **S3-PD系列功率因数变送器输出参数**

直流输出范围	输出负荷能力	输出阻抗	输出纹波	响应速度
−1～0～1V	⩾500Ω	⩽0.05Ω	⩽0.5%RO（峰值）	⩽400ms 0～99%
−5～0～5V				
1～3～5V				
0～5～10V				
−1～0～1mA	0～15kΩ	⩾20MΩ		
−10～0～10mA	0～1500Ω	⩾5MΩ		
0～10～20mA	0～750Ω			
4～12～20mA				

注 如果工作电源是直流，输出负荷请参照S3-AD系列。

（12）满量程调整范围：⩾5%RO。

（13）归零调整范围：⩾1%RO。

（14）环境温度：0～60℃。

（15）存贮温度：−10～70℃。

（16）温度变动影响：⩽0.02pF（S3-PD），⩽1°（S3-UD）。

（17）环境湿度：95%。

（18）隔离能力：输入/输出/电源/外壳间全部隔离。

（19）绝缘阻抗：⩾100MΩ，*DC*500V。

（20）耐压：输入/输出/电源/外壳间，*AC*2.6kV，50Hz，1min。

（21）耐突发波：5kV，1.2×50μs。

（22）安全要求：按IEC414，BS5458。

(23) 性能依据：IEC688。

4. 型号含义及选型方式

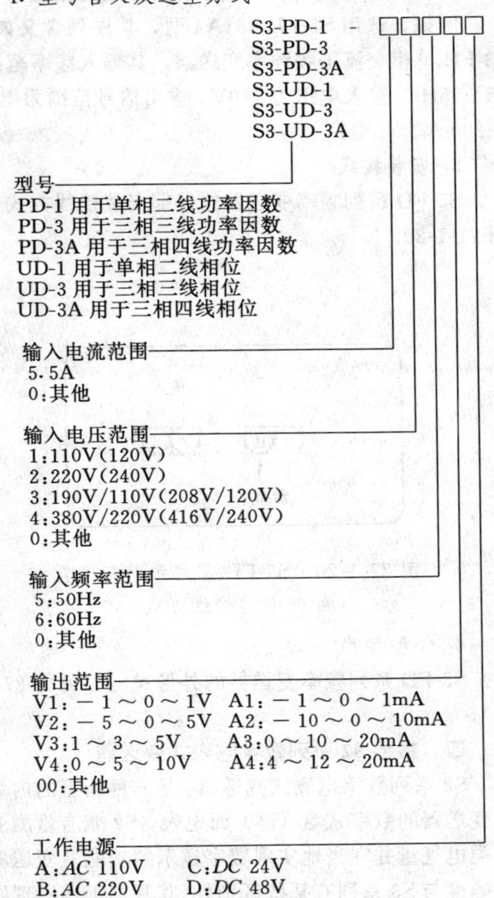

选型时，应按系列型号、输入电流、输入电压、输入频率、输出范围、工作电源的顺序写，后五位代号占用方框的位置。

例如，选用 S3-PD-1-515V2C 型，其序列含义如下：S3-PD 单相二线功率因素变送器，其输入电流为 5A，输入电压为 110V，输入频率为 50Hz，输出电压为－5～0～5V，工作电源为 *DC*24V。

5. 安装接线

S3-PD 系列及 S3-UD 系列变送器的外部安装接线方式，见图 27-1-8 (*a*)、(*b*)、(*c*)。

6. 外形尺寸

S3-PD 系列及 S3-UD 系列变送器的外形尺寸，见图 27-1-3 (*b*)。

(十一) S3-FD 系列频率变送器

1. 系列型号

S3-FD 单相交流工频频率变送器

2. 工作原理

S3-FD 系列变送器用于量测变送电网交流工频频率，其直流输出在规定的量程内，正比于输入频率的变化。电路的原理方框图见图 27-1-19 (*a*)。输入信号由波形整形电路整形为方波。方波的占空比随输入信号的频率而变化，方波送入积分器，产生的直流电压或电流输出正比于输入频率。

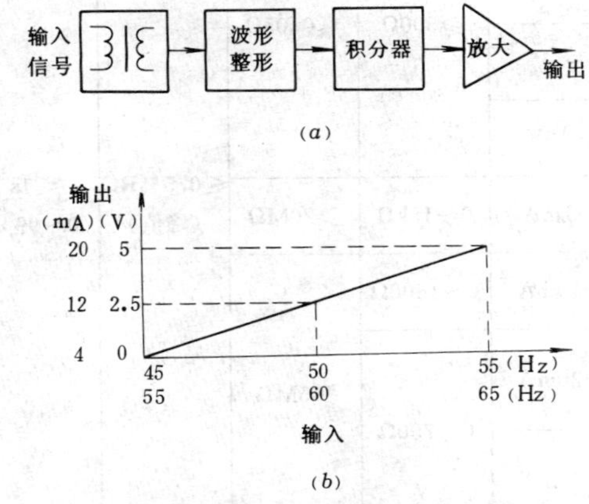

图 27-1-19　S3-FD 系列频率变送器原理方框图及特性曲线

(*a*) 原理方框图；(*b*) 输入—输出特性曲线

S3-FD 系列变送器的输入—输出特性曲线，见图 27-1-19 (*b*)。该变送器具有以下主要特点：

(1) 精确度可达±0.025%满量程 (RO)。

(2) 不需要辅助工作电源。

(3) 具有长距离传送能力 (4～20mA，750Ω)。

(4) 具有对雷击波和突发波的保护能力。

(5) 固定方式符合 DIN46277 规定，可安装于 35mm 的铝轨上。

3. 技术规范

(1) 输入参数见表 27-1-22。

(2) 输出参数见表 27-1-23。

表 27-1-22　**S3-FD 系列频率变送器输入参数**

输入范围		输入负荷	输入过载能力
频率范围	电压范围		
45～55Hz	110V±20% 或 220V±20%	≤3.5VA	1.2 倍额定电压连续 2 倍额定电压 10s 4 倍额定电压 20s
55～65Hz			
45～65Hz			

(3) 变送精确度：±0.025%RO。

(4) 输出负荷影响：≤0.025%RO。

(5) 电磁干扰影响：≤0.025%RO，400A/M。

表 27-1-23　　S3-FD 系列频率变送器输出参数

输出范围	输出负荷能力	输出阻抗	输出纹波	响应速度
0～1V	≥500Ω	≤0.05Ω	≤0.5%RO（峰值）	≤1s 0～99%
0～5V				
1～5V				
0～10V				
0～1mA	0～15kΩ	≥20MΩ		
0～10mA	0～1500Ω	≥5MΩ		
0～20mA	0～750Ω			
4～20mA				

(6) 满量程调整范围：≥5%RO。

(7) 归零调整范围：≥1%RO。

(8) 环境温度：0～60℃。

(9) 贮存温度：－10～70℃。

(10) 温度系数：≤100ppM，0～60℃。

(11) 环境湿度：95%。

(12) 隔离能力：输入/输出/外壳间全部隔离。

(13) 绝缘阻抗：≥100MΩ，*DC*500V。

(14) 耐压：输入/输出/外壳间。

(15) 耐突发波：5kV，1.2×50μs。

(61) 安全要求：IEC414，BS5458。

(17) 性能依据：IEC688。

4. 型号含义及选型方式

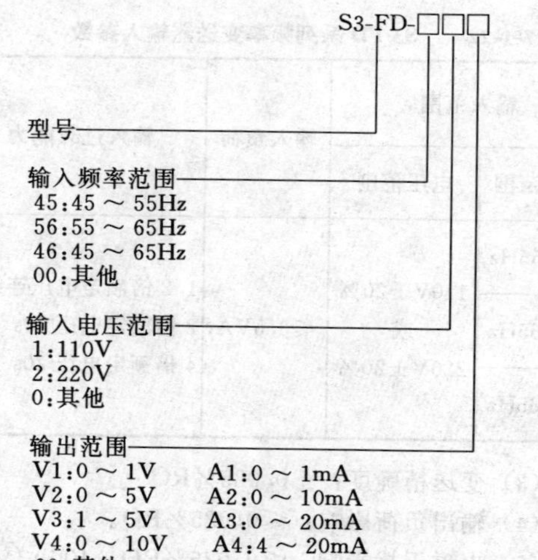

选型时，应按系列型号、输入频率、输入电压、输出范围的顺序写，后四位代号占用方框的位置。

例如，选用 S3-FD-451A4 型，其序列含义如下：S3-FD 单相交流工频频率变送器，其输入频率范围为 45～55Hz，输入电压为 110V，输出信号范围为电流 4～20mA。

5. 安装接线

S3-FD 系列频率变送器的外部安装接线方式，见图 27-1-20。

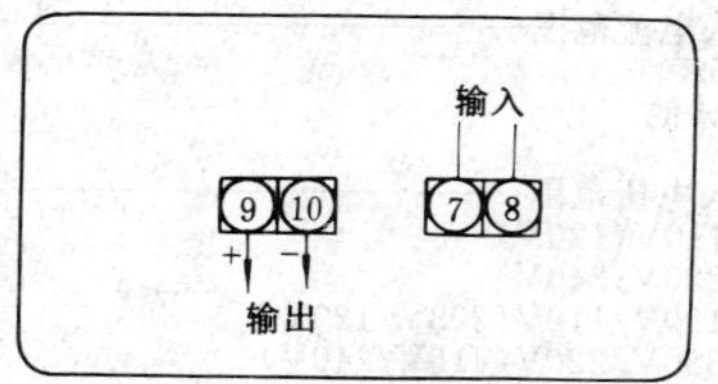

图 27-1-20　S3-FD 系列频率变送器外部安装接线方式

6. 外形尺寸

S3-FD 系列频率变送器的外形尺寸，见图 27-1-3 (*b*)。

四、银燕 S2 系列数字电表式变送器

S2 系列数字电表式变送器，是一种新型的内装电量变送器的数字式盘（屏）面电表。S2 兼有量测变送各类电气量并在当地实现数字显示的功能。变送器除精确度与 S3 系列有某些区别外，其基本工作原理则是一致的。

1. 主要特点

(1) 高稳定、高精度。

(2) 高辉度 LED 显示（14.2mm 红色）。

(3) 高耐压保护（按 IEC688 标准，*AC*2kV。

(4) 恒压、恒流、低纹波输出。

(5) 易安装，符合标准 DIN 尺寸（96mm×48mm）。

(6) 满足广角面板的使用要求。

2. 技术规范

S2 系列变送器的技术数据见表 27-1-24。

3. 安装接线

S2 系列变送器的外部安装接线方式，见图 27-1-21，分图中各型号的含义详见表 27-1-24。

4. 外形尺寸

S2 系列变送器的外形尺寸（含开孔尺寸），见图 27-1-22，分图中（a）、（b）两类的含义对照表 27-1-23 中外形尺寸一栏。

表 27-1-24　　**S2 系列变送器技术数据**

名称	型　号	最大指标	精确度	输入范围	输出范围	外形尺寸	备　注
交流电流 (A)	S2-334AT	3999	±0.25%	AC0～5A X/5A (LH)	直流电压 0～1V 0～5V 1～5V 0～10V 直流电流 0～1mA 0～10mA 0～20mA 4～20mA 脉冲个数 1000 个/1kWh 10000 个/1kWh 100000 个/1kWh	A	可程式显示
交流电压 (V)	S2-334VT	3999		AC150V AC300V X/110V 或 220V (YH)		A	可程式显示
有功功率 (W)	S2-334WT-12 S2-334WT-33 S2-334WT-34	3999		1ϕ2 线 AC110V5A AC220V5A 3ϕ3 线 AC110V5A AC220V5A 3ϕ4 线 $AC$110/63V5A $AC$190/110V5A $AC$380/220V5A		B	可程式显示
无功功率 (VAR)	S2-334RT-12 S2-334RT-33 S2-334RT-34	3999				B	可程式显示
功率因数	S2-334PT-12 S2-334PT-33 S2-334PT-34	−0.5～1～0.5	±0.5%			B	
有功电能量 (kWh)	S2-600HT-12 S2-600HT-33 S2-600HT-34	999999	±0.3%			B	可程式显示
频率	S2-334FT	9999	±0.15%	55～65Hz 45～55Hz		A	

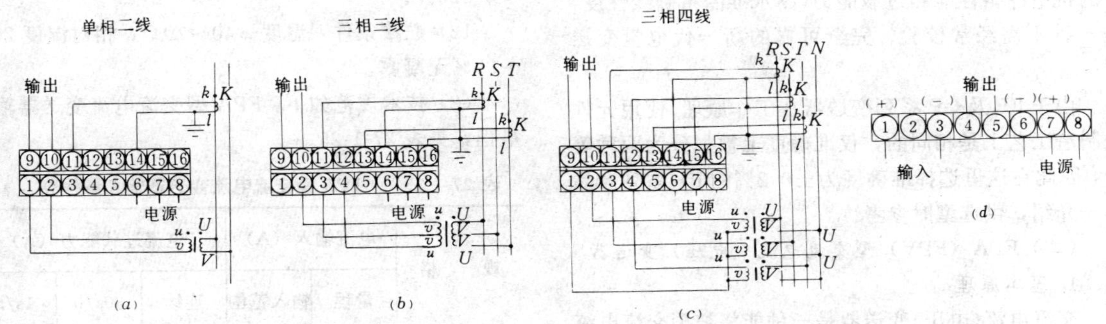

图 27-1-21　S2 系列变送器安装接线图

(电源端子⑦-⑧AC110V，⑥-⑧AC220V，⑥-⑦DC110V)

(a) S2-334WT-12、S2-334RT-12、S2-334PT-12、S2-600HT-12 型；

(b) S2-334WT-33、S2-334RT-33、S2-334PT-33、S2-600HT-33 型；

(c) S2-334WT-34、S2-334RT-34、S2-334PT-34、S2-660HT-34 型；

(d) S2-334AT、S2-334VT、S2-334FT 型

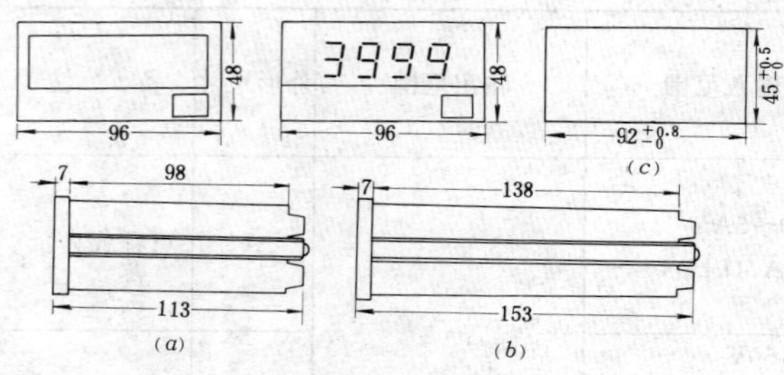

图 27-1-22　S2 系列变送器外形尺寸图

(a) A类电表；(b) B类电表；(c) 盘面开孔尺寸

五、普博 FP 及 GP 系列变送器

(一) 简述

FP 及 GP 系列变送器由海盐普博电机有限公司引进国际新一代电子技术，采用 ASIC 芯片（一种特制的变送器厚膜电路），超线性电压、电流互感器等全套元器件，配以引进的生产设备和电脑检测校验系统，按国际质量保证体系 ISO-9000 组装生产的高品质 FP 系列（0.2级）、GP 系列（0.5级）电压、电流、有功功率、无功功率、有功电能、无功电能、频率、功率因数、直流电压、直流电流等各种规格的电量变送器。

ASIC 技术是 80 年代末迅速发展起来的一项高新技术，他是将超大规模集成电路（ULSI）的工艺技术、计算机辅助设计（CAD）、自动测试技术（ATE）三者结合的成果。

FP、GP 系列变送器正是采用了 ASIC 技术成果及特殊的电气保护措施，因此产品的集成化程度很高，工作稳定可靠，具有优异的温度特性和长期稳定性，良好的抗电冲击性能和过载能力，高水准的精确线性度，是一种不需经常校验、完全可靠的新一代电量变送器。

由于 FP 及 GP 系列变送器在工作原理、使用元件及制造工艺上是相同的，仅准确度上被划分为两种等级，因此在这里选择准确度为±0.2%的 FP 系列产品作一介绍，供选型时参考。

(二) FPA (FPV) 型交流电流（电压）变送器

1. 基本原理

交流电流(电压)变送器是一种能将被测交流电流（电压）转换成按线性比例输出的直流电流（电压）的设备。配以相应的指示仪表或装置，可接入交流电路中实现对电流（电压）的测量和控制。

FPA、FPV 型变送器的准确度高，输出纹波小，过载能力强，抗电冲击性能优良，可靠性高；其温度性能和长期工作稳定性优异，可免于定期校验。

该电流、电压变送器的输出对应于输入被测量的平均值，但输出值按有效值标定。

FPA、FPV 型变送器的基本电路原理图，见图 27-1-23。

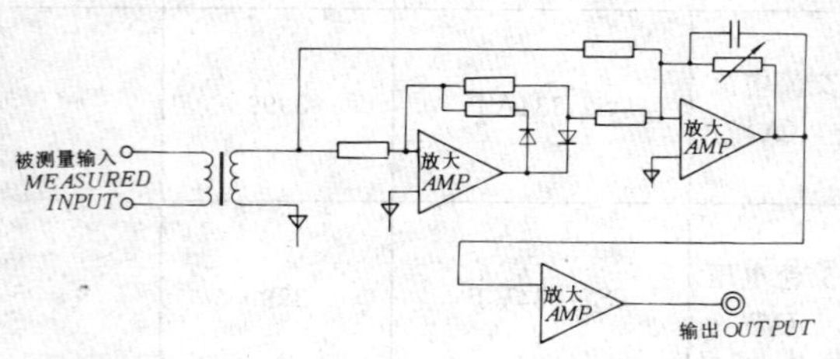

图 27-1-23　FPA、FPV 型变送器基本电路原理图

2. 技术性能规范

(1) FPA、FPV 型变送器的技术性能如下：

1) 准确度：±0.2%。

2) 长期稳定性：年变化最大±0.2%。

3) 工作温度：0～+40℃。

4) 相对湿度：20%～99%无凝露。

5) 响应时间：<400ms。

6) 输出纹波峰值：<0.4%。

7)绝缘强度：2000V 加于输入/输出/辅助电源/外壳之间。

8)冲击试验：ANSIC37，90a/1973，DIN IEC255-4 标准（5kV1.2×50μs 脉冲电压）。

9)电涌试验：IEC 255-4 标准（2.5kV—0.25ms/1MHz）。

10) 校正幅度：满度最小±3%，零点最小±1%。

11) 磁场影响：100 安匝 25cm 中心变化<0.025%。

12) 贮藏条件：温度-40～70℃，相对湿度 20%～99%无凝露。

(2) 技术规范如下：FPA 型交流电流变送器输入量程，见表 27-1-25。

表 27-1-25　FPA 型交流电流变送器输入量程表

规　格	电流输入 (A)		电流过载能力 (A)		
	量程	输入范围	连续	30s/h	1s/h
A1	1	0～1.2	3	10	50
A2	5	0～6	15	50	250

FPA 型交流电压变送器输入量程，见表 27-1-26。

表 27-1-26　FPV 型交流电压变送器输入量程表

规　格	电压输入（V）		电压过载能力(V)
	量　程	输入范围	连　续
V1	0～150	0～180	600
V2	0～300	0～360	600
V3	0～400	0～480	600

FPA、FPV 型变送器输出直流规范，见表 27-1-27。

表 27-1-27　FPA、FPV 型交流电流、交流电压变送器输出直流规范表

规　格	输　出	
	范　围	负载电阻（Ω）
01	0～1mA	0～10k
02	0～20mA	0～500
03	4～20mA	0～500
04	0～5mA	0～2k
05	0～10mA	0～1k
06		
07	0～1V	≥200
08	0～5V	≥1k
09	0～10V	≥2k
010	2～10V	≥2k
011	1～5V	≥1k
012		

FPA、FPV 型变送器辅助电源规范，见表 27-1-28。

表 27-1-28　FPA、FPV 型交流电流、交流电压变送器辅助电源规范表

规　格	辅助电源输入	
	量程（V）	功耗（VA）
P1	100	3.5
P2	220	3.5

FPA、FPV 型变送器输入频率规范，见表 27-1-29。

表 27-1-29　FPA、FPV 型交流电流、交流电压变送器输入频率规范表

规　格	输入频率（Hz）	
	量　程	范　围
F1	50	50±5
F2	60	60±5

3．型号含义及选型方式

在签定订货合同后，应详细说明型号、规范。对所选的型号、规范，按下列格式要求将上述相应表格中的代号填入，如有特殊要求需用文字说明。

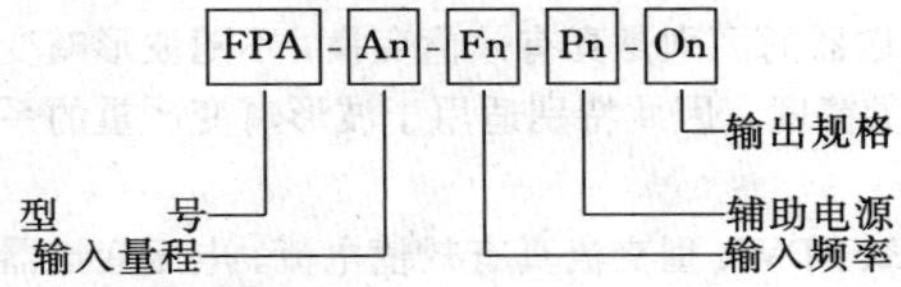

举例说明如下：

FPA-A2-F1-P2-03

电流变送器——输入 0～5A——频率 50Hz——辅助电源 220V——输出 4～20mA/0～5A。

FPV-V1-F1-P2-08

电压变送器——输入 0～150V——频率 50Hz——辅助电源 220V——输出 0～5V/0～150V。

FPV-V1-F1-P2-08（需按 0～120V 校正）

电压变送器——输入 0～120V——频率 50Hz——辅助电源 220V——输出 0～5V/0～120V。

4．安装接线

FPA、FPV 型变送器的安装接线（包括端子编号及用途），见图 27-1-24。

1　2　3　4
输入 Input　电源 Power
+　-
5　6
输出 Output

图 27-1-24　FPA、FPV 型交流电流、交流电压变送器安装接线图（适用于 FPV、FPA、FPVR 及 FPAR 各型号）

5．外形尺寸

FPA、FPV 型变送器的外形及安装尺寸，见图 27-1-25。

（三）FPAR（FPVR）型交流真有效值电流（电压）变送器

1．基本原理

FPAR（FPVR）型真有效值电流（电压）变送器是一种能将被测交流电流（电压）转换成按线性比例输出的直流电流（电压）的设备。配以适当的指示仪表或装置，可实现对电流（电压）的测量和控制。与 FPA、

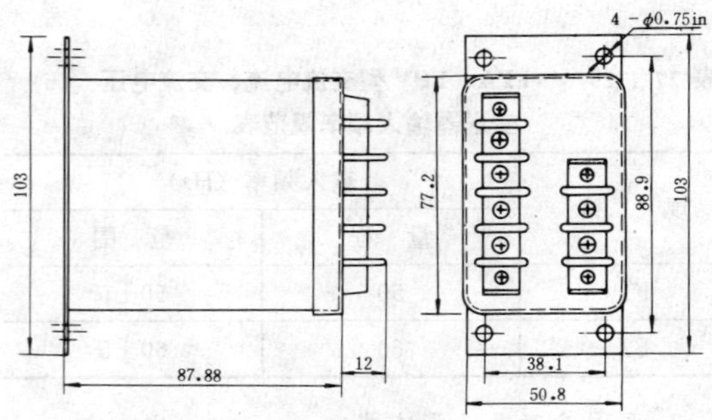

图 27-1-25　FPA、FPV 型交流电流、交流电压变送器外形及安装尺寸图（适用于 FPAR、FPVR 型）

FPV 型变送器的区别是真有效值变换，不随波形畸变而影响测量精度，因此特别适用于波形畸变严重的系统。

FPAR、FPVR 型交流真有效值电流、电压变送器的特点是：准确度高，能对波形失真严重的系统进行准确的测量，输出纹波小，过载能力强，并具有优良的抗电冲击能力。因采用了真有效值转换专用集成电路，结构简单，工作可靠，其温度性能和长期工作稳定性好，可免于定期校验。

FPAR、FPVR 型变送器的基本电路原理图，见图 27-1-27。

2. 技术性能规范

(1) FPAR、FPVR 型变送器的技术性能如下：

1) 准确度：±0.2%。

2) 长期稳定性：年变化最大±0.2%。

3) 工作温度：0～＋40℃。

4) 相对湿度：20%～99%无凝露。

5) 响应时间：＜400ms。

6) 输出纹波峰值：＜0.4%。

7) 绝缘强度：2000V 加于输入/输出/辅助电源/外壳之间。

8) 冲击试验：ANSI C37、90a/1973，DIN IEC255-4（5kV 1.2×50μs 脉冲电压）。

9) 电涌试验：IEC 255-4（2.5kV—0.25ms/1MHz）。

10) 校正幅度：满度最小±3%，零点最小±1%。

11) 磁场影响：100 安匝 25cm 中心变化＜0.025%。

12) 贮藏条件：温度－40～70℃，相对湿度 20%～99%无凝露。

(2) 技术规范如下：FPAR 型交流电流变送器输入量程，见表 27-1-30。

表 27-1-30　FPAR 型交流真有效值电流变送器输入量程表

规格	电流输入（A）		电流过载能力（A）		
	量程	输入范围	连续	30s/h	1s/h
A1	1	0～1.2	3	10	50
A2	5	0～6	15	50	250

FPVR 型交流电压变送器输入量程，见表 27-1-31。

表 27-1-31　FPVR 型交流真有效值电压变送器输入量程表

规格	电压输入（V）		电压过载能力（V）
	量程	输入范围	连续
V1	0～150	0～180	600
V2	0～300	0～360	600
V3	0～400	0～480	600

FPAR、FPVR 型变送器输出直流规范，见表 27-1-32。

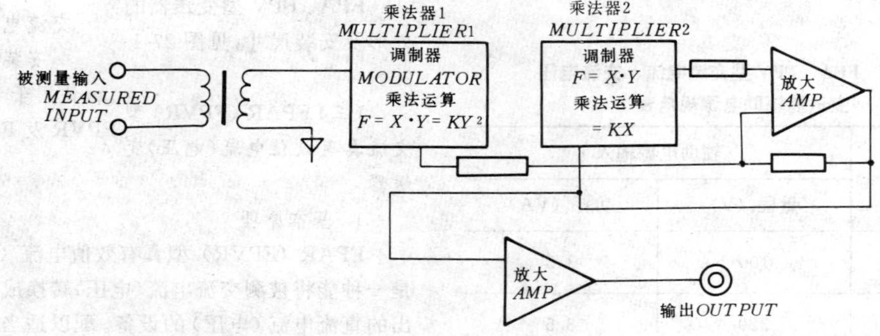

图 27-1-26　FPAR、FPVR 型交流真有效值电流、电压变送器基本电路原理图

表 27-1-32 FPAR、FPVR 型交流真有效值电流、电压变送器输出直流规范表

规 格	输 出	
	范 围	负载电阻（Ω）
01	0～1mA	0～10k
02	0～20mA	0～500
03	4～20mA	0～500
04	0～5mA	0～2k
05	0～10mA	0～1k
06		
07	0～1V	⩾200
08	0～5V	⩾1k
09	0～10V	⩾2k
010	2～10V	⩾2k
011	1～5V	⩾1k
012		

FPAR、FPVR 型变送器辅助电源规范，见表 27-1-33。

表 27-1-33 FPAR、FPVR 型交流真有效值电流、电压变送器辅助电源规范表

规 格	辅助电源输入	
	量程（V）	功耗（VA）
P1	100	3.5
P2	220	3.5

FPAR、FPVR 型变送器输入频率规范，见表 27-1-34。

表 27-1-34 FPAR、FPVR 型交流真有效值电流、电压变送器输入频率规范表

规 格	输入频率（Hz）	
	量程	范围
F1	50	50±5
F2	60	60±5

3. 型号含义及选型方式

在签订货合同后，应详细说明型号、规范，对所选的型号、规范按下列格式要求，将上述表格中的代号填入，如有特殊要求需用文字说明。

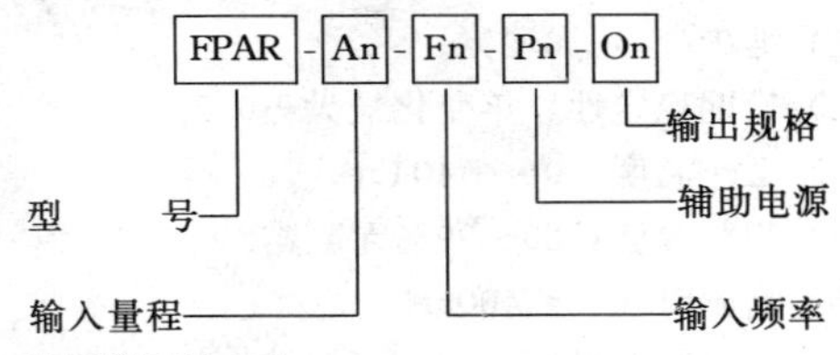

举例说明如下：

FPAR-A2-F1-P2-03

真有效值电流变送器——输入 0～5A——频率 50Hz——辅助电源 220V——输出 4～20mA/0～5A

FPVR-V1-F1-P2-08

真有效值电压变送器——输入 0～150V——频率 50Hz——辅助电源 220V——输出 0～5V/0～150V

FPVR-V1-F1-P2-08（需按 0～120V 校正）

真有效值电压变送器——输入 0～120V——频率 50Hz——辅助电源 220V——输出 0～5V/0～120V

4. 安装接线

FPAR、FPVR 型变送器的安装接线方式同图 27-1-25。

5. 外形尺寸

FPAR、FPVR 型变送器的外形及安装尺寸同图 27-1-25。

（四）FPAX（FPVX）型三合一组合式交流电流（电压）变送器

1. 基本原理

FPAX（FPVX）型三合一组合式交流电流（电压）变送器由三个转换单元组成，能同时输入三路被测交流电流（电压），并能独立地按比例输出三路直流电流或电压，配以相应的指示仪表或装置，即可在电网的三相电路中实现对三相电流（电压）的测量及控制。

FPAX、FPVX 型变送器的准确度高，输出纹波小，过载能力强，抗电冲击性能好，可靠性高；其温度性能及长期工作稳定性能优良，可免于定期校验。

该变送器的输出对应于输入被测量的平均值，但输出值则按有效值标定。变送器的基本电路原理图，见图 27-1-27。

2. 技术性能规范

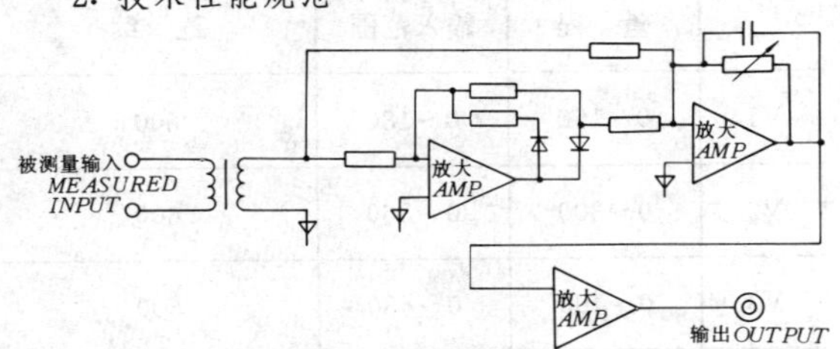

图 27-1-27 FPAX、FPVX 型三合一组合式交流电流、电压变送器基本电路原理图

(1) FPAX、FPVX 型变送器的技术性能如下：

1）准确度：±0.2%。

2）长期稳定性：年变化最大±0.2%。

3）工作温度：0～+40℃。

4）相对湿度：20～99%无凝露。

5）响应时间：<400ms。

6）输出纹波峰值：<0.4%。

7）绝缘强度：2000V 加于输入/输出/辅助电源/外壳之间。

8）冲击试验：ANSI C37,90a/1973,DIN IEC255-4（5kV1.2×50μs 脉冲电压）。

9）电涌试验：IEC 255-4（2.5kV－0.25ms/1MHz）。

10）校正幅度：满度最小±3%，零点最小±1%。

11）磁场影响：100 安匝 25cm 中心变化<0.025%。

12）贮藏条件：温度－40～70℃，相对湿度 20%～99%无凝露。

(2)技术规范如下：FPAX 型交流电流变送器输入量程，见表 27-1-35。

表 27-1-35 FPAX 型三合一组合式交流电流变送器输入量程表

规格	电流输入（A）		电流过载能力（A）		
	量程	输入范围	连续	30s/h	1s/h
A1	1	0～1.2	3	10	50
A2	5	0～6	15	50	250

FPVX 型交流电压变送器输入量程，见表 27-1-36。

表 27-1-36 FPVX 型三合一组合式交流电压变送器输入量程表

规格	电压输入（V）		电压过载能力（V）
	量程	输入范围	连续
V1	0～150	0～180	600
V2	0～300	0～360	600
V3	0～400	0～480	600

FPAX、FPVX 型变送器输出直流规范，见表 27-1-37。

表 27-1-37 FPAX、FPVX 型三合一组合式交流电流、电压变送器输出直流规范表

规格	输出	
	范围	负载电阻（Ω）
01	0～1mA	0-10k
02	0～20mA	0-500
03	4～20mA	0-500
04	0～5mA	0-2k
05	0～10mA	0-1k
06		
07	0～1V	⩾200
08	0～5V	⩾1k
09	0～10V	⩾2k
010	2～10V	⩾2k
011	1～5V	⩾1k
012		

FPAX、FPVX 型变送器辅助电源规范，见表 27-1-38。

表 27-1-38 FPAX、FPVX 型三合一组合式交流电流、电压变送器辅助电源规范表

规格	辅助电源输入	
	量程（V）	功耗（VA）
P1	100	3.5
P2	220	3.5

FPAX、FPVX 型变送器输入频率规范，见表 27-1-39。

有 27-1-39 FPAX、FPVX 型三合一组合式交流电流、电压变送器输入频率规范表

规格	输入频率（Hz）	
	量程	范围
F1	50	50±5
F2	60	60±5

3. 型号含义及选型方式

在签定订货合同时，应详细说明型号、规范，对所选的型号、规范按下列格式要求，将上述各相应表格中的代号填入，如有特殊要求需用文字说明。

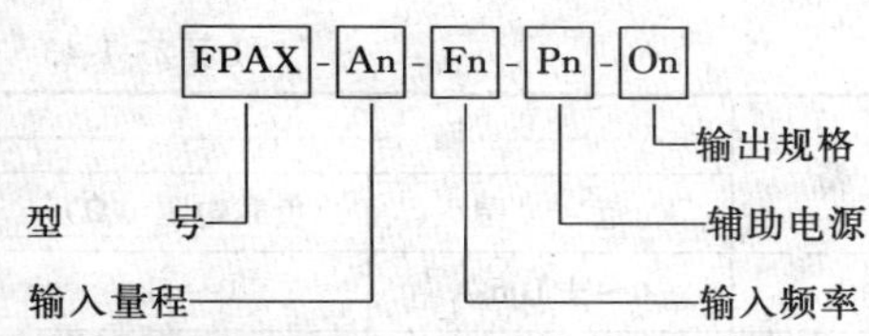

举例说明如下：

FPAX-A2-F1-P2-03

电流变送器——输入 0～5A——频率 50Hz——辅助电源 220V——输出 4～20mA/0～5A

FPVX-V1-F1-P2-08

电压变送器——输入 0～150V——频率 50Hz——辅助电源 220V——输出 0～5V/0～150V

FPVX-V1-F1-P2-08（需按 0～120V 校正）

电压变送器——输入 0～120V——频率 50Hz——辅助电源 220V——输出 0～5V/0～120V

4. 安装接线

FPAX、FPVX 型变送器的安装接线（包括端子编号及用途），见图 27-1-28。

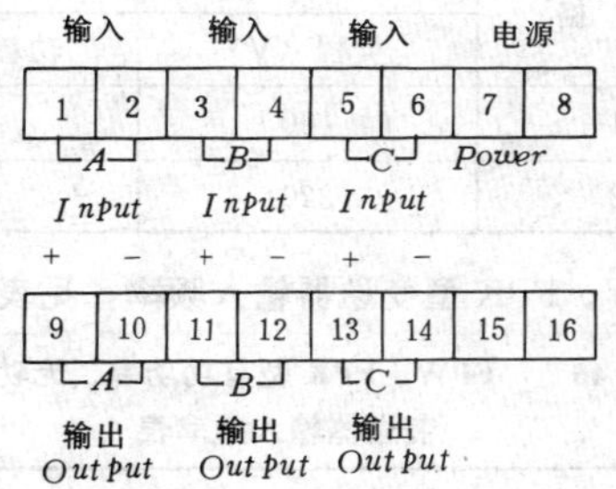

图 27-1-28 FPAX、FPVX 型三合一组合式交流电流、电压变送器安装接线图

5. 外形尺寸

FPAX、FPVX 型变送器的外形及安装尺寸，见图 27-1-29。

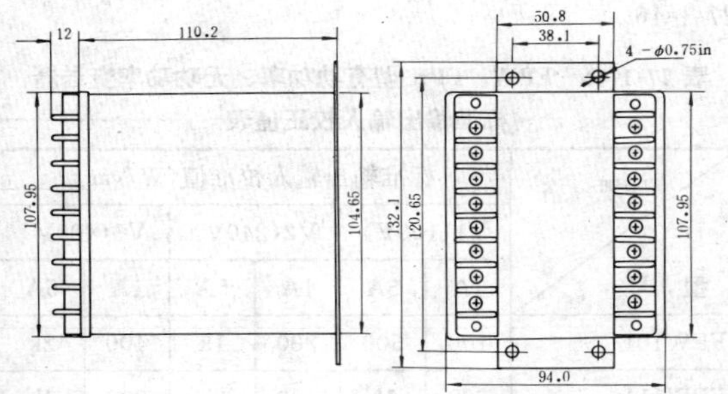

图 27-1-29 FPAX、FPVX 型三合一组合式交流电流、电压变送器外形尺寸图（适用于 FPW、FPK、FPPF、FPF、FPWH、FPKH 型）

（五）FPW 型有功功率及 FPK 型无功功率变送器

1. 基本原理

FPW、FPK 型变送器是一种能将被测有功功率和无功功率转换成直流信号输出的变送器，经转换成的直流信号为线性比例输出，并能反映被测功率在线路中的传输方向。当功率因数为正时，有功变送器为正极性输出；当功率因数为负时，无功变送器为正极性输出。FPW、FPK 型变送器适用于频率为 50Hz、60Hz 的各种单相、三相（平衡或不平衡）电路的功率变送。

FPW、FPK 型变送器的准确度高，输出纹波小，通用性强，品种齐全，适用于多种选择；其电流输出为恒流源，因此负载在规定范围内能保证长距离传输的准确性；电压输出为恒压源，可保证负载在规定范围内的准确性。

由于采用了专用的厚膜电路，因此集成化程度高，结构简单，并具有良好的过载能力和抗电冲击性能，温度性能优异，工作稳定可靠，可免于定期校验。

变送器的基本电路原理图，见图 27-1-30。

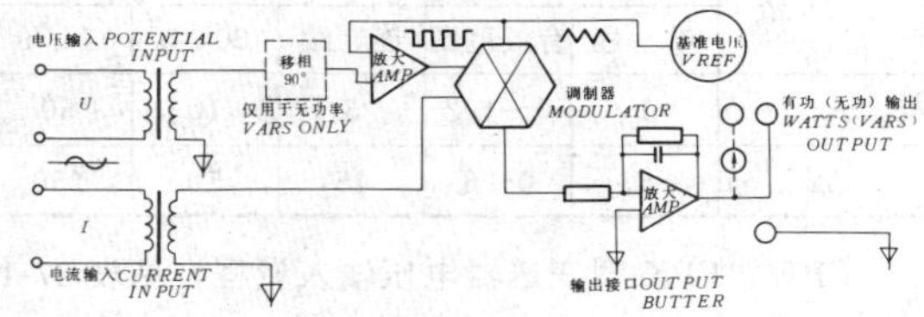

图 27-1-30 FPW、FPK 型有功功率、无功功率变送器基本电路原理图

2. 技术性能规范

(1) FPW、FPK 型变送器的技术性能如下：

1) 准确度：±0.2%。

2) 长期稳定性：年变化最大±0.2%。

3) 工作温度：0～+40℃。

4) 相对湿度：20%～99%无凝露。

5) 响应时间：<400ms。

6) 输出纹波峰值：<0.4%。

7) 绝缘强度：2000V 加于输入/输出/辅助电源/外壳之间。

8) 冲击试验：ANSI C37，90a/1973，DIN IEC255-4（5kV 1.2×50μs 脉冲电压）。

9) 电涌试验：IEC 255-4（2.5kV—0.25ms/1MHz）。

10) 校正幅度：满度最小±3%，零点最小±1%。

11) 磁场影响：100 安匝 25cm 中心变化<0.025%。

12) 贮藏条件：温度－40～+70℃，相对湿度 20%～99%无凝露。

(2) 技术规范如下：FPW、FPK型变送器的型号选择方式，见表27-1-40。

表27-1-40 FPW、FPK型有功功率、无功功率变送器型号选择方式表

型号			适用范围	电压	负载
有功	无功	元件			
FPW101	—	1	单相	不限制	不限制
FPW111	—	2	单相三线	平衡	平衡
FPW201	FPK201	2	三相三线	不限制	不限制
FPW211	FPK211	2.5	三相四线	平衡	平衡
FPW301	FPK301	3	三相四线	不限制	不限制

FPW、FPK型变送器电流输入量程，见表27-1-41。

表27-1-41 FPW、FPK型有功功率、无功功率变送器电流输入量程表

规格	电流输入（A）		电流过载能力（A）		
	量程	有效范围	连续	30s/h	1s/h
A1	1	0～1.2	3	10	50
A2	5	0～6	15	50	250

FPW、FPK型变送器电压输入量程，见表27-1-42。

表27-1-42 FPW、FPK型有功功率、无功功率变送器电压输入量程表

规格	电压输入（V）		电压过载能力（V）
	量程	有效范围	连续
V1	100	85～135	600
V2	240	170～280	600
V3	400	320～450	600

FPW、FPK型变送器输出直流规范，见表27-1-43。

表27-1-43 FPW、FPK型有功功率、无功功率变送器输出直流规范

规格	输出	
	范围	负载电阻（Ω）
01	0～±1mA	0～10k
02	0～±20mA	0～500
03	4～20mA	0～500
04	0～±5mA	0～2k

续表27-1-43

规格	输出	
	范围	负载电阻（Ω）
05	0～±10mA	0～1k
06	4～12～20mA	0～500
07	0～±1V	≥200
08	0～±5V	≥1k
09	0～±10V	≥2k
010	2～10V	≥2k
011	1～5V	≥1k
012	1～3～5V	≥1k

FPW、FPK型变送器辅助电源量程，见表27-1-44。

表27-1-44 FPW、FPK型有功功率、无功功率变送器辅助电源量程表

规格	辅助电源输入	
	量程（V）	功耗（VA）
P1	100	3.5
P2	220	3.5

FPW、FPK型变送器输入频率，见表27-1-45。

表27-1-45 FPW、FPK型有功功率、无功功率变送器输入频率表

规格	量程（Hz）	输入频率（Hz）	
		有功或跨相无功	移相无功
F1	50	50±5	50±0.02
F2	60	60±5	60±0.02

FPW、FPK型变送器标准输出输入校正值，见表27-1-46。

表27-1-46 FPW、FPK型有功功率、无功功率变送器标准输出输入校正值表

规格 / 型号	标准输出输入校准值（W/var）					
	V1(100V)		V2(240V)		V3(400V)	
	1A	5A	1A	5A	1A	5A
FPW101	100	500	200	1k	400	2k
FPW111	200	1k	400	2k	800	4k
FPW201、FPK201	200	1k	400	2k	800	4k
FPW211、FPK211	300	1.5k	600	3k	1.2k	6k
FPW301、FPK301	300	1.5k	600	3k	1.2k	6k

表 27-1-45 在使用中应注意以下两点：

标准满幅度校正双向 0～±1mA 对应于 0～±D（数值）W/var，4～12～20mA 对应于－D～0～＋D W/var；

跨相无功输入校正值应有 0.866 接线系数。

3. 型号含义及选型方式

在签定订货合同时，应详细说明型号、规范，对所选的型号、规范按下列格式要求，将上述各相应表格中的代号填入，如有特殊要求需用文字说明。

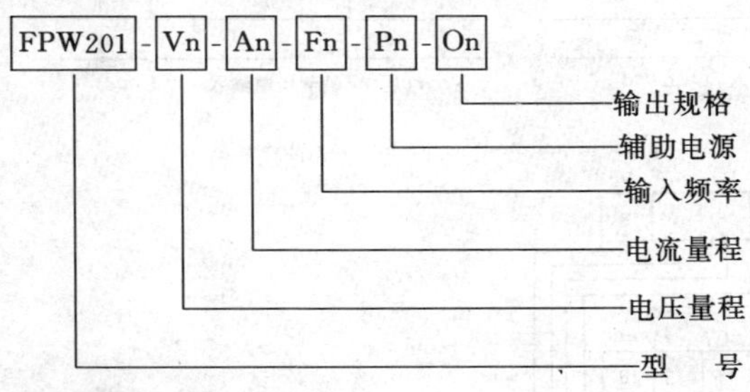

举例说明如下：

FPW201-V1-A2-P2-F1-08

三相三线有功变送器——输入 100V——5A——50Hz——电源 220V——输出 0～±5V/0～±1000W

FPW201-V1-A2-P2-F1-01（需按 750var 校正）

三相三线无功变送器——输入 100V——5A——50Hz——电源 220V——输出 0～±1mA/0～±750var

4. 安装接线

(1) FPW 型有功功率变送器安装接线，见图 27-1-31。

(2) FPK 型无功功率变送器安装接线，见图 27-1-32。

5. 外形尺寸

FPW、FPK 型变送器的外形尺寸同图 27-1-29。

（六）FPWH 型有功电能量及 FPKH 型无功电能量变送器

1. 基本原理

FPWH 型有功电能量变送器及 FPKH 型无功电能量变送器是一种测量变送有功、无功电能量的计量设备，也是电能计量、节能自动化和计算机电费结算系统的配套设备。

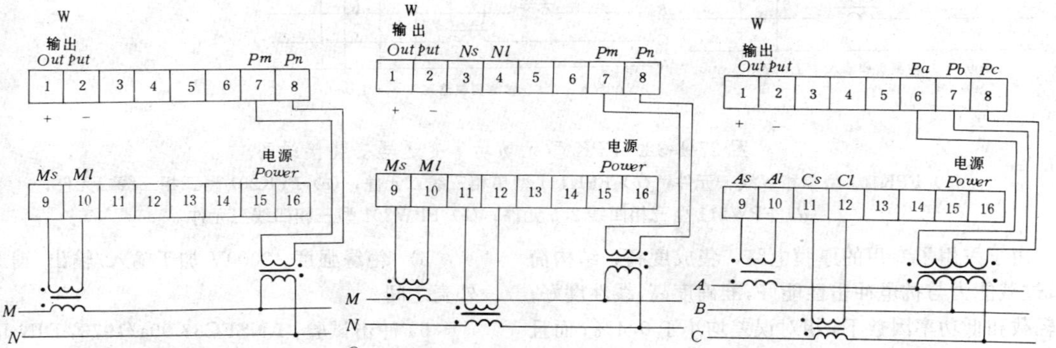

图 27-1-31　FPW 型有功功率变送器安装接线图

(*a*) FPW101 型单相双线一元件；(*b*) FPW111 型单相三线二元件；(*c*) FPW201 型三相三线二元件；(*d*) FPW211 型三相四线 2.5 元件；(*e*) FPW301 型三相四线三元件

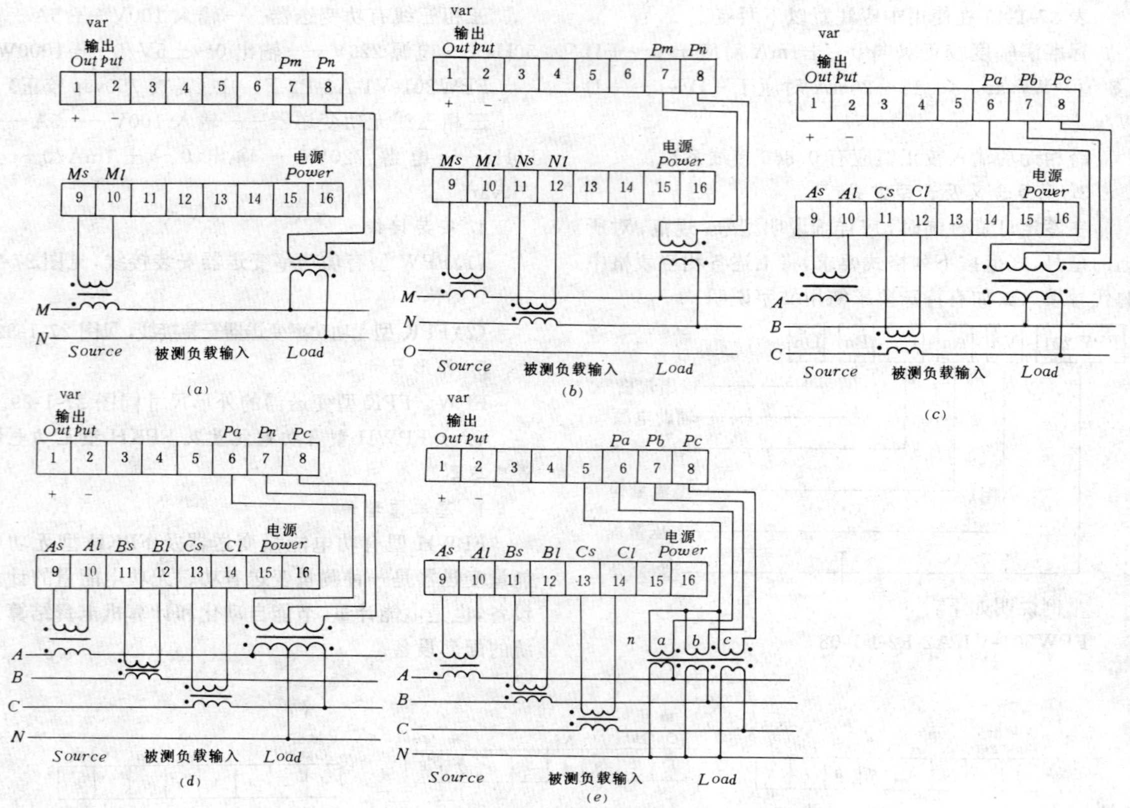

图 27-1-32　FPK 型无功功率变送器安装接线图

(a) FPK101 型单相双线一元件；(b) FPK111 型单相三线二元件；(c) FPK201 型三相三线二元件；(d) FPW211 型三相四线 2.5 元件；(e) FPW301 型三相四线三元件

由于采用了专用的厚膜电路，集成度高，结构简单，过载能力与抗电冲击性能好，准确度高，线性度好；在轻载和低功率因数下，相对误差均小于 0.4%；而且温度特性优异，工作可靠，配以脉冲电度表，既能用于电网调度系统，又是固态电能表。

该变送器适用于频率为 50Hz、60Hz 及特殊频率下的单相、三相(平衡和不平衡负载)电路的电能计量。

无功电能采用 90°电子移相专用电路来达到，输出脉冲的形式包括继电器触点输出和光耦集电极开路输出型两种，以适应不同的 RTU 和电能量记录装置。

FPWH 及 FPKH 型变送器的基本电路原理图，参见图 27-1-35 中有功电能量及无功电能量的基本电路原理图。

2. 技术性能规范

(1) FPWH、FPKH 的技术性能如下：

1) 准确度：±0.5%相对误差。

2) 长期稳定性：年变化最大±0.2%。

3) 工作温度：0～+40℃。

4) 相对湿度：20%～99%无凝露。

5) 绝缘强度：2000V 加于输入/输出/辅助电源/外壳之间。

6) 冲击试验：ANSI C37 90a/1973，DIN IEC255-4 (5kV 1.2×50μs 脉冲电压)。

7) 电涌试验：IEC255-4 (2.5kV—0.25ms/1MHz)。

8) 校正幅度：满度最小±3%，零点最小±1%。

9) 磁场影响：100 安匝 25cm 中心变化<0.025%。

10) 贮藏条件：温度－40～＋70℃，相对湿度 20%～99%无凝露。

(2) 技术规范如下：FPWH、FPKH 型变送器的型号选择方式，见表 27-1-47。

FPWH、FPKH 型变送器电流输入量程，见表 27-1-48。

FPWH、FPKH 型变送器电压输入量程，见表 27-1-49。

FPWH、FPKH 型变送器输出方式选择，见表 27-1-50。

表 27-1-47　FPWH、FPKH 型有功电能量、无功电能量变送器型号选择方式表

型号			适用范围	电压	负载
有功	无功	元件			
FPWH101	—	1 元件	单相	不限制	不限制
FPWH111	—	2 元件	单相三线	平衡	平衡
FPWH201	FPKH201	2 元件	三相三线	不限制	不限制
FPWH211	FPKH211	2.5 元件	三相四线	平衡	平衡
FPWH301	FPKH301	3 元件	三相四线	不限制	不限制

表 27-1-48　FPWH、FPKH 型有功电能量、无功电能量变送器电流输入量程表

规格	电流输入（A）		电流过载能力（A）		
	量程	有效范围	连续	30s/h	1s/h
A1	1	0～1.2	3	10	50
A2	5	0～6	15	50	250

表 27-1-49　FPWH、FPKH 型有功电能量、无功电能量变送器电压输入量程表

规格	电压输入（V）		电压过载能力（V）
	量程	有效范围	连续
V1	100	85～135	600
V2	240	170～280	600
V3	400	320～450	600

表 27-1-50　FPWH、FPKH 型有功电能量、无功电能量变送器输出方式选择表

规格	有功	无功	输出方式
X1	1Wh/脉冲	1varh/脉冲	光耦集电极开路
X2	10Wh/脉冲	10varh/脉冲	光耦集电极开路
Y1	1Wh/脉冲	1varh/脉冲	继电器触点
Y2	10Wh/脉冲	10varh/脉冲	继电器触点

FPWH、FPKH 型变送器辅助电源量程，见表 27-1-51。

表 27-1-51　FPWH、FPKH 型有功电能量、无功电能量变送器辅助电源量程表

规格	辅助电源输入	
	量程（V）	功耗（VA）
P1	100	3.5
P2	220	3.5

FPWH、FPKH 型变送器输入频率，见表 27-1-52。

表 27-1-52　FPWH、FPKH 型有功电能量、无功电能量变送器输入频率表

规格	量程（Hz）	输入频率（Hz）	
		有功或跨相无功	移相无功
F1	50	50±5	50±0.02
F2	60	60±5	60±0.02

3. 型号含义及选型方式

在签定订货合同时，应详细说明型号、规范，对所选的型号、规范按下列格式要求，将上述各相应表格中的代号填入。

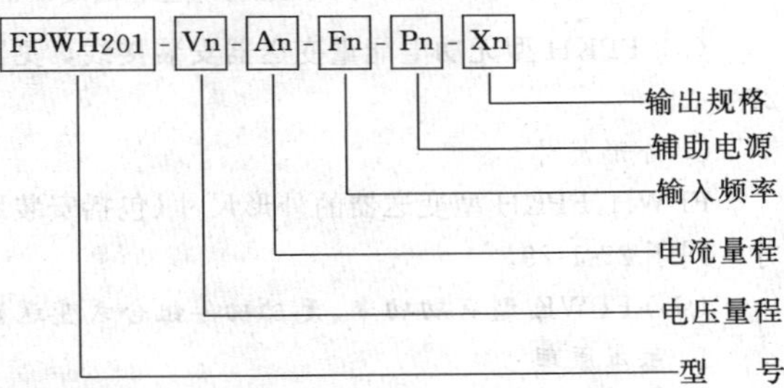

举例说明如下：

FPWH201-V1-A2-F1-P2-Y1

三相三线有功电能量变送器——输入 100V——5A——50Hz——辅助电源 220V——输出 1PLUSE/Wh 继电器触点方式

FPKH201-V1-A2-F1-P2-Y1（要求 1kvarh 输出 2000 脉冲）

三相三线无功电能量变送器——输入 100V——5A——50Hz——辅助电源 220V——输出 2 脉冲/varh 继电器触点方式

4. 安装接线

(1) FPWH 型有功电能量变送器安装接线，见图 27-1-33。

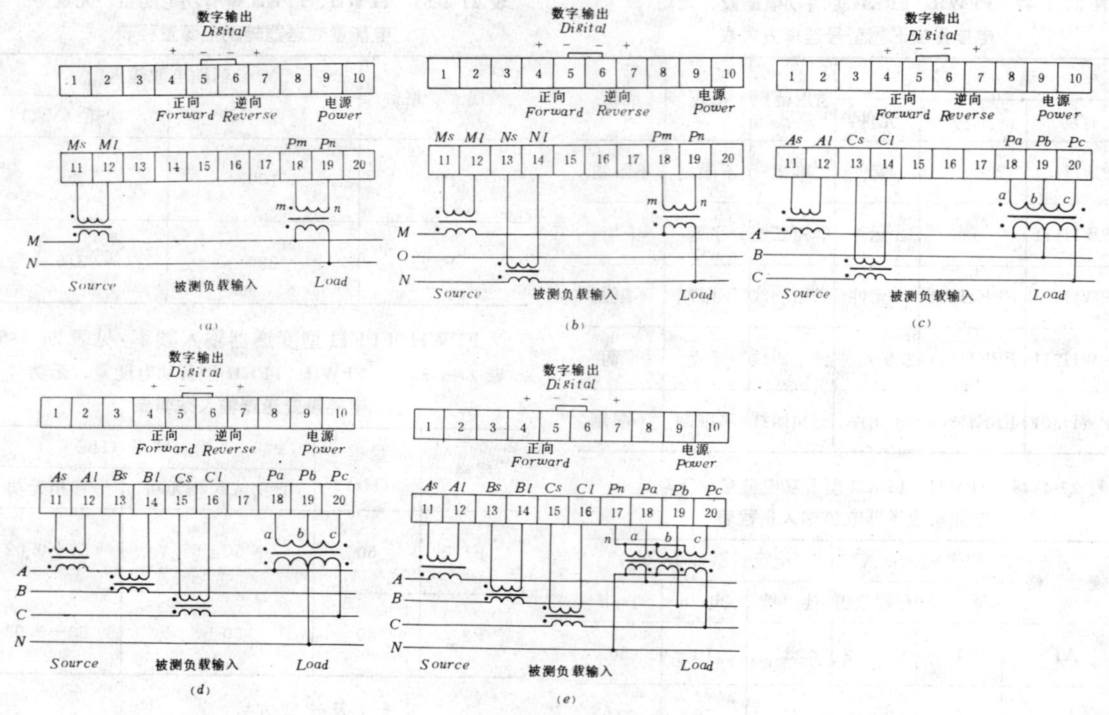

图 27-1-33　FPWH 型有功电能量变送器安装接线图

(*a*) FPWH101 型单相双线一元件；(*b*) FPWH111 型单相三线 1.5 元件；(*c*) FPWH201 型三相三线二元件；(*d*) FPWH211 型三相四线 2.5 元件；(*e*) FPWH301 型三相四线三元件

(2) FPKH 型无功电能量变送器安装接线，见图 27-1-34。

5. 外形尺寸

FPWH、FPKH 型变送器的外形尺寸（包括安装尺寸）同图 27-1-29。

(七) FPWK 型有功功率、无功功率组合式变送器

1. 基本原理

FPWK 型变送器是将有功功率变送器和无功功率变送器合二为一的组合式变送器。比之单一的有功功率或无功功率变送器，其体积和占用的空间减少了一半，一组输入可获得两个独立的各成线性比例于有功功率和无功功率的直流输出，能以较小的投资取得同样的测量或监控效果。因此，这种类型的变送器被广泛用于电网有功功率与无功功率的测量和变送。

FPWK 型变送器由于只需一组输入，便可同时完成测量变送有功功率及无功功率的功能，因此这类组合式变送器输出具有以下特点：

(1) 有功功率、无功功率对应的两个直流输出是相互隔离的。

(2) 当被测量功率因数为正时，有功功率的输出为正极性；当被测量功率因数为负时，无功功率变送器输出为正极性。

(3) 电流输出为恒流源，保证了输出负载在规定范围时测量变送的准确性，由于采用了专用厚膜电路，集成度高，结构简单，过载及抗电冲击性能好，工作稳定性高，可免于定期校验。

FPWK 型变送器的基本电路原理，见图 27-1-35。

2. 技术性能规范

(1) FPWK 型变送器的技术性能如下：

1) 准确度：±0.2%。

2) 长期稳定性：年变化最大±0.2%。

3) 工作温度：0～+40℃。

4) 相对湿度：20%～99%无凝露。

5) 响应时间：<400ms。

6) 输出纹波峰值：<0.4%。

7) 绝缘强度：2000V 加于输入/输出/辅助电源/外壳之间。

8) 冲击试验：ANSI C37,90a/1973，DIN IEC 255-4（5kV1.2×50μs 脉冲电压）。

9) 电涌试验：IEC 255-4（2.5kV—0.25ms/1MHz）。

10) 校正幅度：满度最小±3%，零点最小±1%。

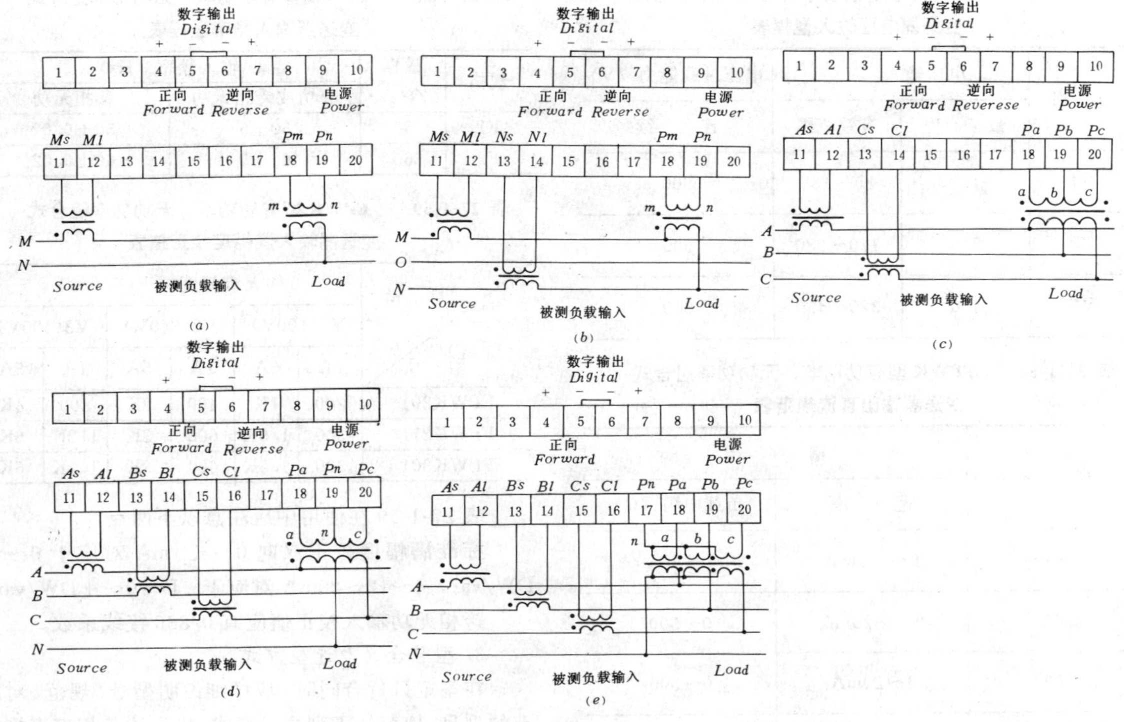

图 27-1-34　FPKH 型无功电能量变送器安装接线图

(*a*) FPKH101 型单相双线一元件；(*b*) FPKH111 型单相三线 1.5 元件；(*c*) FPKH201 型三相二线二元件；(*d*) FPKH211 型三相四线 2.5 元件；(*e*) FPKH301 型三相四线三元件

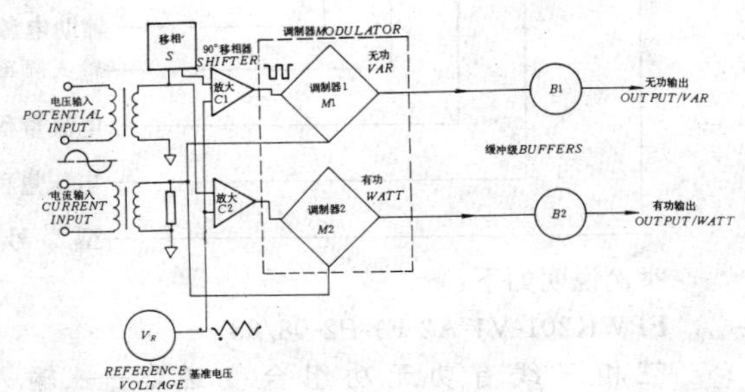

图 27-1-35　FPWK 型有功功率、无功功率组合式变送器基本电路原理图

11) 磁场影响：100 安匝 25cm 中心变化<0.025%。

12) 贮藏条件：温度－40～＋70℃，相对湿度 20%～99%无凝露。

(2) 技术规范如下：FPWK 型变送器型号选择方式，见表 27-1-53。

FPWK 型变送器电流输入量程，见表 27-1-54。

FPWK 型变送器电压输入量程，见表 27-1-55。

FPWK 型变送器输出直流规范，见表 27-1-56。

FPWK 型变送器辅助电源量程，见表 27-1-57。

FPWK 型变送器输入频率量程，见表 27-1-58。

FPWK 型变送器输入满幅度校正值，见表 27-1-59。

表 27-1-53　FPWK 型有功功率、无功功率组合式变送器型号选择方式表

型　号	适用范围	电　压	负　载
FPWK201	三相三线	不限制	不限制
FPWK211	三相四线	平　衡	平　衡
FPWK301	三相四线	不限制	不限制

表 27-1-54　FPWK 型有功功率、无功功率组合式变送器电流输入量程表

规　格	电流输入（A）		电流过载能力（A）		
	量　程	输入范围	连　续	10s/h	1s/h
A1	1	0～1.2	3	10	50
A2	5	0～6	15	50	250

表 27-1-55 FPWK 型有功功率、无功功率组合式变送器电压输入量程表

规格	电压输入（V）		电压过载能力（V）
	量程	有效范围	连续
V1	100	85～135	600
V2	240	170～280	600
V3	400	320～450	600

表 27-1-56 FPWK 型有功功率、无功功率组合式变送器输出直流规范表

规格	输出	
	范围	负载电阻（Ω）
01	0～±1mA	0～10k
02	0～±20mA	0～500
03	4～20mA	0～500
04	0～±5mA	0～2k
05	0～±10mA	0～1k
06	4～12～20mA	0～500
07	0～±1V	≥200
08	0～±5V	≥1k
09	0～±10V	≥2k
010	2～10V	≥2k
011	1～5V	≥1k
012	1～3～5V	≥1k

表 27-1-57 FPWK 型有功功率、无功功率组合式变送器辅助电源量程表

规格	辅助电源输入	
	量程（V）	功耗（VA）
P1	100	7
P2	220	7

表 27-1-58 FPWK 型有功功率、无功功率组合式变送器输入频率量程表

规格	量程（Hz）	输入频率（Hz）	
		有功或跨相无功	移相无功
F1	50	50±5	50±0.02
F2	60	60±5	60±0.02

表 27-1-59 FPWK 型有功功率、无功功率组合式变送器输入满幅度校正值表

规格 / 型号	输入满幅度校正（W/var）					
	V1(100V)		V2(240V)		V3(400V)	
	1A	5A	1A	5A	1A	5A
FPWK201	200	1K	400	2K	800	4K
FPWK211	300	1.5K	600	3K	1.2K	6K
FPWK301	300	1.5K	600	3K	1.2K	6K

表 27-1-59 在使用中应注意以下两点：

标准满幅度校正双向 0～±1mA 对应于 0～±DW/var，4～12～20mA 对应于－D～0～＋DW/var。

跨相无功输入校正值应有 0.866 接线系数。

3. 型号含义及选型方式

在签定订货合同时，应详细说明型号、规范，对所选的型号、规范按下列格式要求，将上述各相应表格中的代号填入。

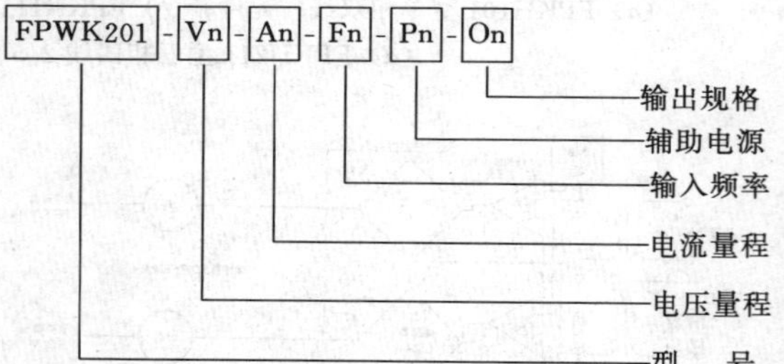

举例说明如下：

FPWK201-V1-A2-F1-P2-08/08

三相三线有功无功组合变送器——输入 100V——5A——50Hz——辅助电源 220V——输出 0～±5V/0～±1000（W/var）

FPWK201-V1-A2-F1-P2-03/03（要求输出为 800W/var 时）

三相三线有功无功组合变送器——输入：100V——5A——50Hz——辅助电源 220V——输出 0～±5V/0～±800（W/var）

4. 安装接线

FPWK 型有功功率、无功功率组合式变送器的安装接线，见图 27-1-36。

5. 外形尺寸

FPWK 型变送器的外形及安装尺寸，见图27-1-37。

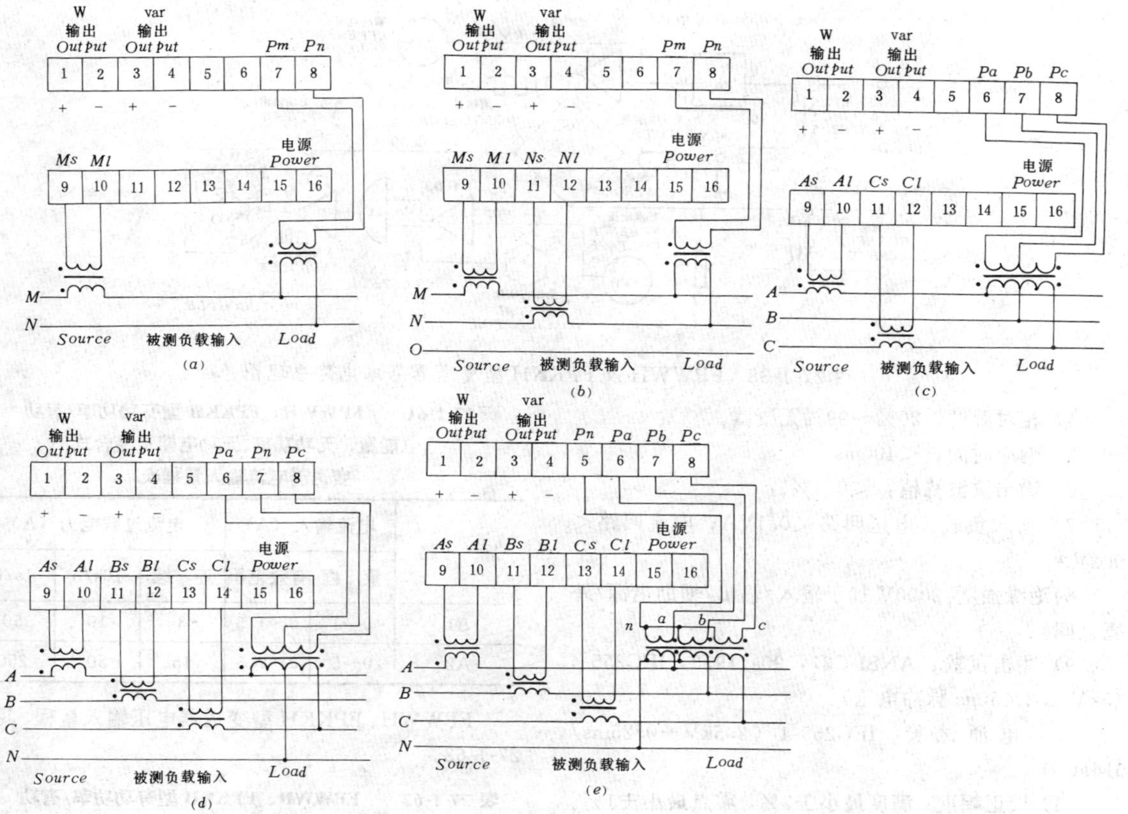

图 27-1-36　FPWK 型有功功率、无功功率组合式变送器安装接线图

(*a*) FPWK101 型单相双线一元件；(*b*) FPWK111 型单相三线二元件；(*c*) FPWK201 型三相三线二元件；
(*d*) FPWK211 型三相四线 2.5 元件；(*e*) FPWK301 型三相四线三元件

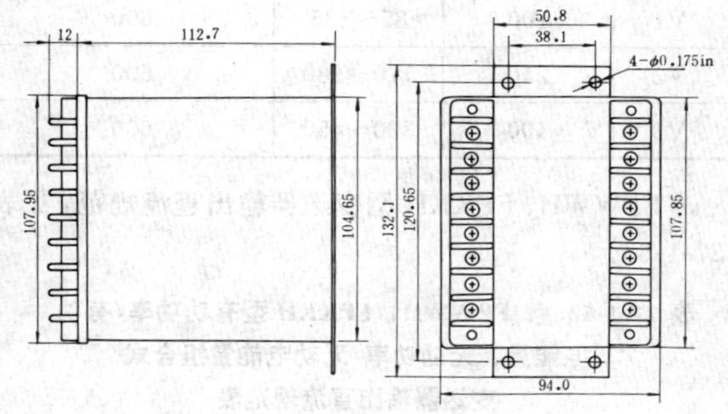

图 27-1-37　FPWK 型变送器外形及安装尺寸图

（八）FPWWH 型有功功率/有功电能量组合式变送器、FPKKH 型无功功率/无功电能量组合式变送器

1. 基本原理

FPWWH、FPKKH 型两类组合式变送器是一种既能测量变送有功（或无功）功率，又能计量有功（或无功）电能量，具有双重功能的设备，也是节能自动化监控配套的设备。

这两类组合式变送器用四种规格供货，它的数字量输出与输入的被测量有功（或无功）电能量相对应，其输出为三根线、双向数字输出，用以测量正、负两个方向的电能量。

有功功率、无功功率部分类同 FPW 及 FPK 型变送器；电能测量部分则类同 FPWH 及 FPKH 型变送器。由于采用了专用的厚膜电路，集成度高，结构简单，工作稳定可靠，可免于定期校验。

FPWWH、FPKKH 型变送器的基本电路原理，见图 27-1-38。

2. 技术性能规范

(1) FPWWH、FPKKH 型变送器的技术性能如下：

1）准确度：功率±0.2%，电能±0.5%相对误差。

2）长期稳定性：年变化最大±0.2%。

3）工作温度：0～＋40℃。

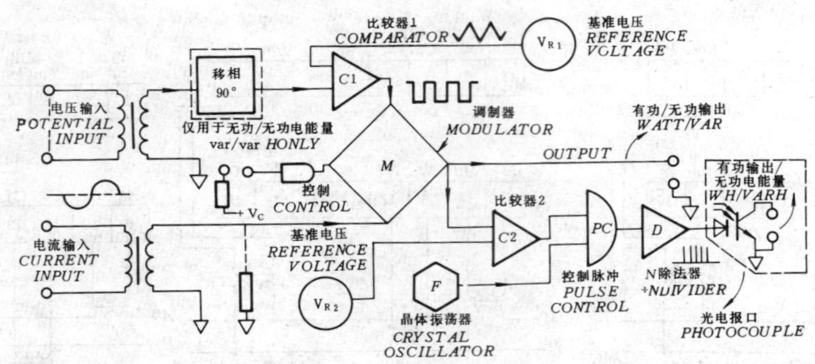

图 27-1-38 FPWWH 及 FPKKH 型变送器基本电路原理图

4）相对湿度：20%～99%无凝露。

5）响应时间：＜400ms。

6）输出纹波峰值：＜0.4%。

7）输入负载：电压回路＜0.1VA；电流回路＜0.2VA。

8)绝缘强度：2000V 加于输入/输出/辅助电源/外壳之间。

9）冲击试验：ANSI C37，90a/1973，IEC255-4（5kV 1.2×50μs 脉冲电压）。

10）电涌试验：IEC255-4（2.5kV—0.25ms/1MHz）。

11）校正幅度：满度最小±3%，零点最小±1%。

12）磁场影响：100 安匝 25cm 中心变化＜0.025%。

13）贮藏条件：温度－40～＋70℃，相对湿度 20%～99%无凝露。

（2）技术规范如下：FPWWH、FPKKH 型变送器型号选择方式，见表 27-1-60。

表 27-1-60 FPWWH、FPKKH 型有功功率/有功电能量、无功功率/无功电能量组合式变送器型号选择方式表

型号		适用范围	电压	负载
有功功率/有功电能量	无功功率/无功电能量			
FPWWH101	FPKKH101	单相	不限制	不限制
FPWWH111	FPKKH111	一相三线	平衡	平衡
FPWWH201	FPKKH201	三相三线	不限制	不限制
FPWWH211	FPKKH211	三相四线	平衡	平衡
FPWWH301	FPKKH301	三相四线	不限制	不限制

FPWWH、FPKKH 型变送器电流输入量程，见表 27-1-61。

表 27-1-61 FPWWH、FPKKH 型有功功率/有功电能量、无功功率/无功电能量组合式变送器电流输入量程表

规格	电流输入（A）		电流过载能力（A）		
	量程	有效范围	连续	10s/h	1s/h
A1	0～1	0～1.5	3	10	50
A2	0～5	0～7.5	15	50	250

FPWWH、FPKKH 型变送器电压输入量程，见表 27-1-62。

表 27-1-62 FPWWH、FPKKH 型有功功率/有功电能量、无功功率/无功电能量组合式变送器电压输入量程表

规格	电压输入（V）		电压过载能力（V）
	量程	有效范围	连续
V1	100	85～135	600
V2	240	170～280	600
V3	400	320～450	600

FPWWH、FPKKH 型变送器输出直流规范，见表 27-1-63。

表 27-1-63 FPWWH、FPKKH 型有功功率/有功电能量、无功功率/无功电能量组合式变送器输出直流规范表

规格	输出	
	范围	负载电阻（Ω）
01	0～±1mA	0～10k
02	0～±20mA	0～500
03	4～20mA	0～500
04	0～±5mA	0～2k
05	0～±10mA	0～1k
06	4～12～20mA	0～500

续表 27-1-63

规　格	输　出	
	范　围	负载电阻（Ω）
07	0～±1V	≥200
08	0～±5V	≥1k
09	0～±10V	≥2k
010	2～10V	≥2k
011	1～5V	≥1k
012	1～3～5V	≥1k

FPWWH、FPKKH 型变送器辅助电源量程，见表 27-1-64。

表 27-1-64　FPWWH、FPKKH 型有功功率/有功电能量、无功功率/无功电能量组合式变送器辅助电源量程表

规　格	辅助电源输入	
	量程（V）	功耗（VA）
P1	100	10
P2	220	10

FPWWH、FPKKH 型变送器输入频率量程，见表 27-1-65。

表 27-1-65　FPWWH、FPKKH 型有功功率/有功电能量、无功功率/无功电能量组合式变送器输入频率量程表

规格	量程（Hz）	输入频率（Hz）	
		有功或跨相无功	移相无功
F1	50	50±5	50±0.02
F2	60	60±5	60±0.02

FPWWH 及 FPKKH 型变送器电能输出方式选择，见表 27-1-66。

表 27-1-66　FPWWH、FPKKH 型有功功率/有功电能量、无功功率/无功电能量组合式变送器电能输出方式选择表

规格	有　　功	无　　功	输　出　方　式
X1	1Wh/脉冲	1varh/脉冲	双向光耦集电极开路
X2	10Wh/脉冲	10varh/脉冲	
Y1	1Wh/脉冲	1varh/脉冲	双向继电器触点
Y2	10Wh/脉冲	10varh/脉冲	

FPWWH、FPKKH 型变送器输入满幅度校正值，见表 27-1-67。

表 27-1-66 在使用中应注意以下两点：

标准满幅度校正双向 0～±1mA 对应于 0～±DW/var，4～12～20mA 对应于－D～0～＋DW/var。

跨相无功输入校正值应有 0.866 接线系数。

3. 型号含义及选型方式

在签定订货合同时，应详细说明型号、规范，对所选的型号、规范按下列格式要求，将上述各相应表格中的代号填入，特殊规格需用文字说明。

表 27-1-67　FPWWH、FPKKH 型有功功率/有功电能量、无功功率/无功电能量组合式变送器输入满幅度校正值表

规格 型号	输入满幅度校正（W/var）					
	V1（100V）		V2（240V）		V3（400V）	
	1A	5A	1A	5A	1A	5A
FPWWH101	100	500	200	1k	400	2k
FPWWH111	200	1k	400	2k	800	4k
FPWWH201、FPKKH201	200	1k	400	2k	800	4k
FPWWH211	300	1.5k	600	3k	1.2k	6k
FPWWH301、FPKKH301	300	1.5k	600	3k	1.2k	6k

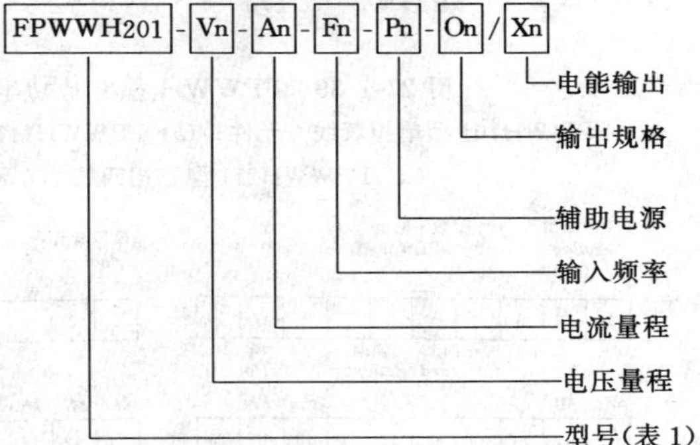

举例说明如下：

FPWWH201-V1-A2-F1-P2-01/Y1

三相三线有功功率电能组合变送器——输入 100V——5A——50Hz——电源 220V——功率输出 0～1mA/0～±1000W——电能输出 1 个脉冲/Wh 继电器触点，单向。

FPWWH201-V1-A2-F1-P2-08/Y1（当按功率 800W 校正时，电能量为 1800 个脉冲/kWh）

三相三线有功功率电能组合变送器——输入 100V——5A——50Hz——电源 220V——功率输出 0～±5VDC/0～±800W——电能输出 1800 个脉冲/kWh 继电器触点，双向

4. 安装接线

FPWWH、FPKKH 型变送器的安装接线图，分别见图 27-1-39 及图 27-1-40。

5. 外形尺寸

FPWWH、FPKKH 型变送器的外形及安装尺寸，见图 27-1-41。

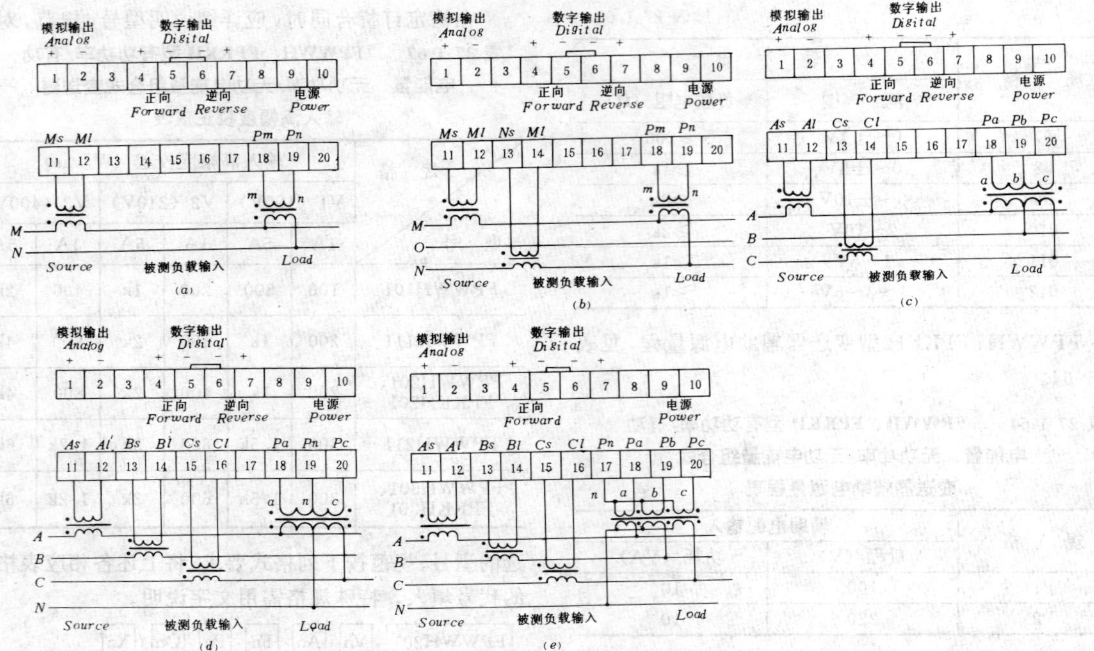

图 27-1-39　FPWWH 型有功功率/有功电能量组合式变送器安装接线图

(*a*) FPWWH101 型单相双线一元件；(*b*) FPWWH111 型单相三线 1.5 元件；(*c*) FPWWH201 型三相三线二元件；(*d*) FPWWH211 型三相四线 2.5 元件；(*e*) FPWWH301 型三相四线三元件

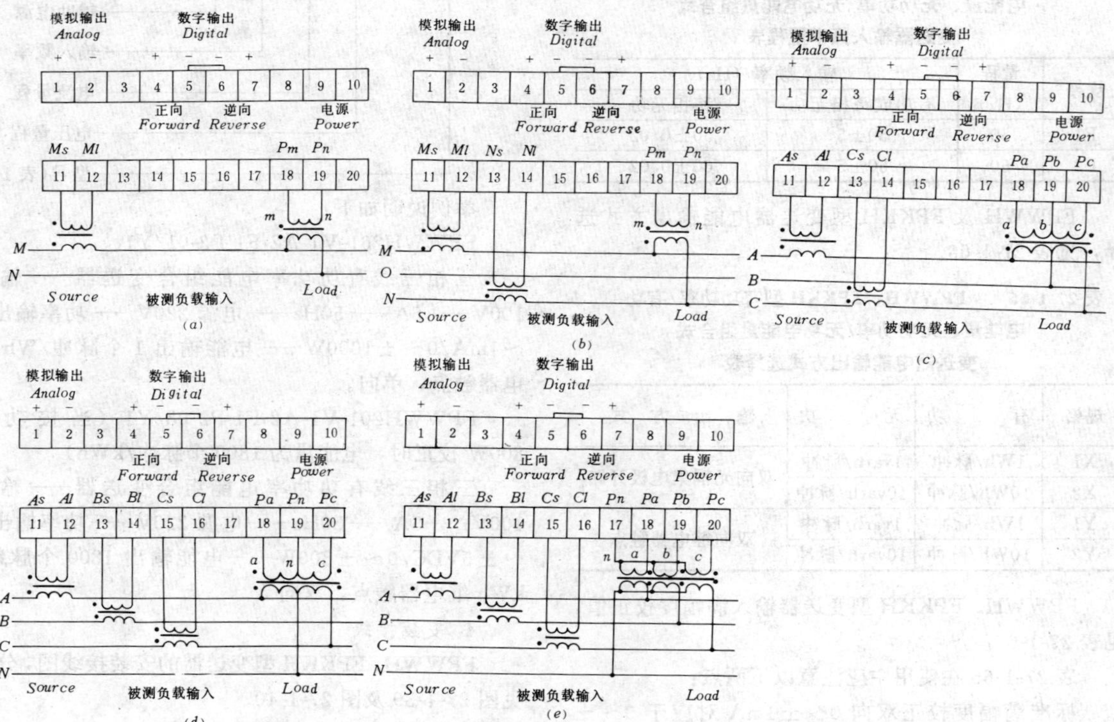

图 27-1-40　FPKKH 型无功功率/无功电能量组合式变送器安装接线图

(*a*) FPKkH101 型单相双线一元件；(*b*) FPKKH111 型单相三线 1.5 元件；(*c*) FPKKH201 型三相三线二元件；(*d*) FPKKH211 型三相四线 2.5 元件；(*e*) FPKKH301 型三相四线三元件

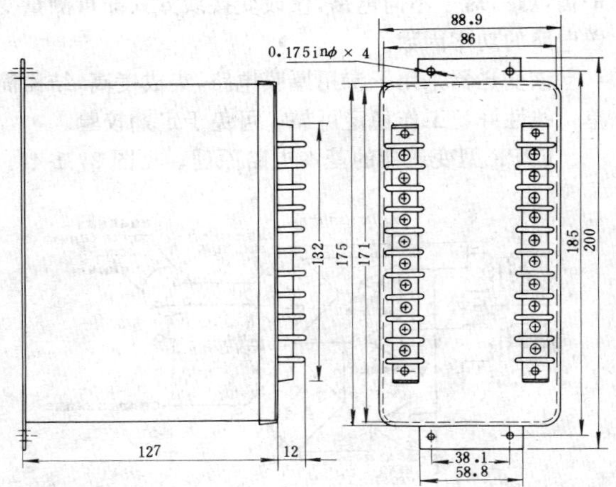

图 27-1-41　FPWWH、FPKKH 型有功功率/有功电能量、无功功率/无功电能量组合式变送器外形及安装尺寸图

（九）FPF 型频率变送器

1. 基本原理

FPF 型变送器用以将被测频率转换成按线性比例输出的直流电压，配以相应指示仪表或监控装置供用户使用。

该变送器采用新型电子技术，其输入端以石英晶体产生标准频率，与被测频率进行比较后的差值转换为直流模拟量输出。由于使用了石英晶体和无漂移数字电路，因此测量的准确度高，温度性能好，工作稳定可靠。

该变送器可精确测量 50Hz、60Hz 为中心的频率偏移量，又能在一个很窄的频率范围内实现高分辨率的频率测量，其输入、输出具有多种规范供用户选择，并能与 RTU 等装置实现方便地配套。

FPF 型变送器的基本电路原理，见图 27-1-42。

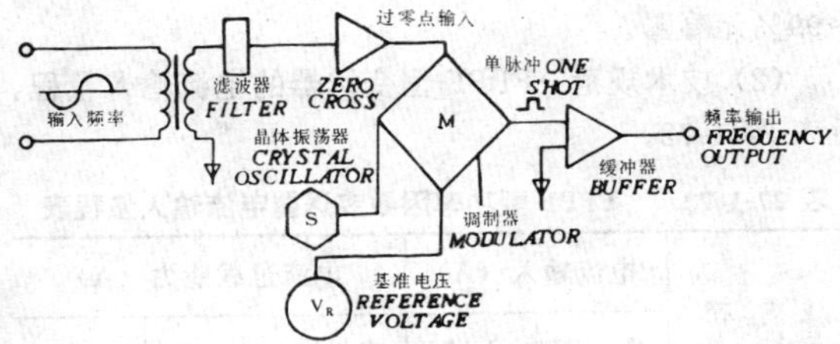

图 27-1-42　FPF 型频率变送器基本电路原理图

2. 技术性能规范

(1) FPF 型变送器的技术性能如下：

1）长期稳定性：年变化最大±0.2%。

2）工作温度：0～+40℃。

3）相对湿度：20%～99%无凝露。

4）响应时间：<400ms。

5）输出纹波峰值：<0.4%。

6）输入负载：电压回路<0.1VA。

7）输入电压：50～450V。

8）绝缘强度：2000V 加于输入/输出/辅助电源/外壳之间。

9）冲击试验：ANSI C37.90a/1973，DIN IEC 255-4（5kV1.2×50μs 脉冲电压）。

10）电涌试验：IEC 255-4（2.5kV－0.25ms/1MHz）。

11）校正幅度：满度最小±3%，零点最小±1%。

12）磁场影响：100 安匝 25cm 中心变化<0.025%。

13）贮藏条件：温度－40～＋70℃，相对湿度 20%～99%无凝露。

(2) 技术规范如下：FPF 型变送器输出直流规范，见表 27-1-68。

表 27-1-68　FPF 型频率变送器输出直流规范表

规　格	输　出	
	范　围	负载电阻（Ω）
01	0～1mA	0～10k
02	0～20mA	0～500
03	4～20mA	0～500
04	0～5mA	0～2k
05	0～10mA	0～1k
06	—	—
07	0～1V	≥200
08	0～5V	≥1k
09	0～10V	≥2k
010	2～10V	≥2k
011	1～5V	≥1k
012	—	—

FPF 型变送器辅助电源量程，见表 27-1-69。

表 27-1-69　FPF 型频率变送器辅助电源量程表

规　格	辅助电源输入	
	量程（V）	功耗（VA）
P1	100	3.5
P2	220	3.5

FPF 型变送器输入频率量程，见表 27-1-70。

表 27-1-70　　FPF 型频率变送器输入频率量程表

规　格	输入频率 (Hz)	
	量　程	范　围
F1	50	50±5
F2	60	60±5

FPF 型变送器测量频率范围，见表 27-1-71。

表 27-1-71　　FPF 型频率变送器测量频率范围表

规格	偏移标定频率幅度 (Hz)	规格	偏移标定频率幅度 (Hz)
B1	±0.5	B4	±10
B2	±1	B5	±3
B3	±2	B6	±5

3. 型号含义及选型方式

在签定订货合同时，应详细说明型号、规范，对所选的型号、规范按下列格式要求，将上述各相应表格中的代号填入：

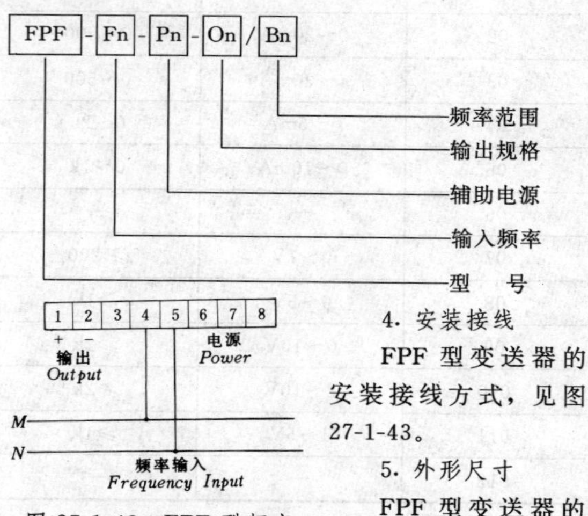

图 27-1-43　FPF 型频率变送器安装接线图

4. 安装接线

FPF 型变送器的安装接线方式，见图 27-1-43。

5. 外形尺寸

FPF 型变送器的外形及安装尺寸同图 27-1-29。

(十) FPPF 型功率因数变送器

1. 基本原理

FPPF 型功率因数变送器用以将同一负载的交流电流和电压之间的相位差，转换为按线性比例输出的直流电流或电压，配以相应的指示仪表或监控装置，供用户使用。

该变送器适用于单相电路及三相三线、三相四线平衡电路，对于不同电路，仅改变接线方式即可测量变送电路的功率因数。

该变送器采用了专用厚膜电路，集成度高，结构简单，线性好，工作稳定可靠，可免于定期校验。

FPPF 型变送器的基本电路原理，见图 27-1-44。

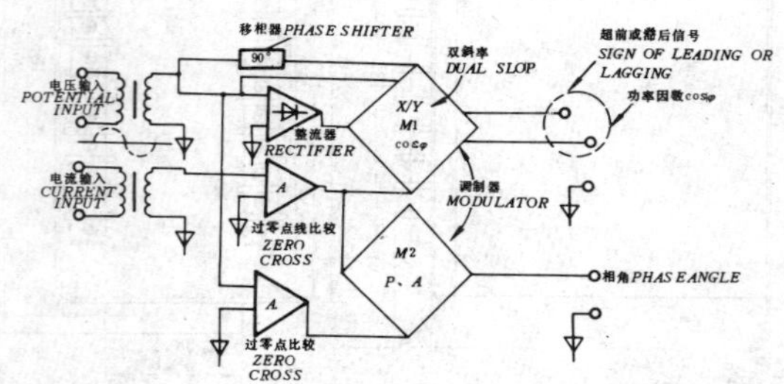

图 27-1-44　FPPF 型变送器基本电路原理图

2. 技术性能规范

(1) FPPF 型变送器的技术性能如下：

1) 准确度：±0.2%。

2) 长期稳定性：年变化最大±0.2%。

3) 工作温度：0～+40℃。

4) 相对湿度：20%～99%无凝露。

5) 输入频率：47～63Hz。

6) 响应时间：<400ms。

7) 输出纹波峰值：<0.4%。

8) 绝缘强度：2000V 加于输入/输出/辅助电源/外壳之间。

9) 冲击试验：ANSI C37.90a/1973，DIN IEC 255-4 (5kV1.2×50μs 脉冲电压)。

10) 电涌试验：IEC 255-4 (2.5kV－0.25ms/1MHz)。

11) 校正幅度：满度最小±3%，零点最小±1%。

12) 磁场影响：100 安匝 25cm 中心变化<0.025%。

13) 贮藏条件：温度－40～+70℃，相对湿度 20%～99%无凝露。

(2) 技术规范：FPPF 型变送器的电流输入量程，见表 27-1-72。

表 27-1-72　　FPPF 型功率因数变送器电流输入量程表

规　格	电流输入 (A)		电流过载能力 (A)		
	量　程	输入范围	连　续	30s/h	1s/h
A1	1	0～1.2	3	10	50
A2	5	0～6	15	50	250

FPPF 型变送器的电压输入量程，见表 27-1-73。

表 27-1-73　FPPF 型功率因数变送器电压输入量程表

规　格	电压输入（V）		电压过载能力（V）
	量　程	输入范围	连　续
V1	100	0～150	600
V2	240	0～300	600
V3	400	0～450	600

FPPF 型变送器输出直流规范，见表 27-1-74。

表 27-1-74　FPPF 型功率因数变送器输出直流规范表

规　格	输　出	
	范　围	负载电阻（Ω）
01	0～1mA	0～10k
02	0～20mA	0～500
03	4～20mA	0～500
04	0～5mA	0～2k
05	0～10mA	0～1k
06		
07	0～1V	≥200
08	0～5V	≥1k
09	0～10V	≥2k
010	2～10V	≥2k
011	1～5V	≥1k
012	—	—

FPPF 型变送器辅助电源量程，见表 27-1-75。

表 27-1-75　FPPF 型功率因数变送器辅助电源量程表

规　格	辅助电源输入	
	量程（V）	功耗（VA）
P1	100	3.5
P2	220	3.5

FPPF 型变送器输入频率量程，见表 27-1-76。

表 27-1-76　FPPF 型功率因数变送器输入频率量程表

规　格	输入频率（Hz）	
	量　程	范　围
F1	50	50±5
F2	60	60±5

FPPF 型变送器功率因数分段规格，见表 27-1-77。

表 27-1-77　FPPF 型功率因数变送器功率因数分段规格表

规　格	功 率 因 数
D1	0.5(容性)～1～0.5(感性)
D2	0(容性)～1～0(感性)
D3	0.5(容性)～1～0.5(感性)
D4	0(容性)～1～0(感性)

3. 型号含义及选型方式

在签定订货合同时，应详细说明型号、规范，对所选的型号、规范按下列格式要求，将上述各相应表格中的代号填入：

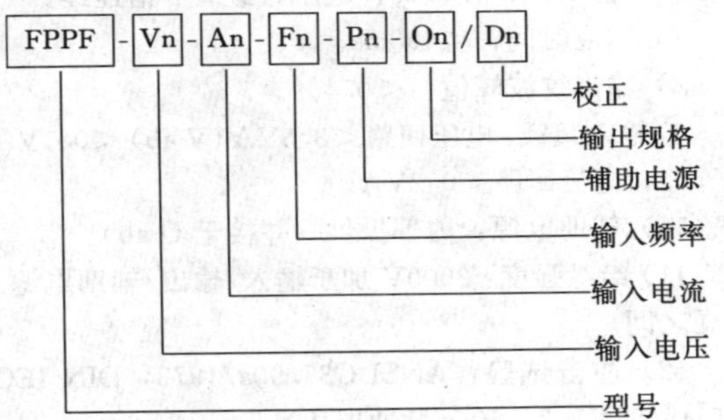

4. 安装接线

FPPF 型功率因数变送器安装接线，见图 27-1-45。

5. 外形尺寸

FPPF 型功率因数变送器的外形及安装尺寸同图 27-1-29。

（十一）FP-15 型有功功率及无功功率变送器

1. 基本原理

FP-15 型有功功率及无功功率变送器采用 FP 机芯、FS-10 系列外壳与安装接线方式，为习惯使用 FS 系列变送器的部门更新换代带来方便。

FP-15 型变送器的工作原理及电路原理与前述 FPW 及 FPK 型变送器相同，由于其性能优良，工作稳定，同样可免于定期校验。

2. 技术性能规范

(1) FP-15 型变送器的技术性能如下：

1）准确度：±0.2%。

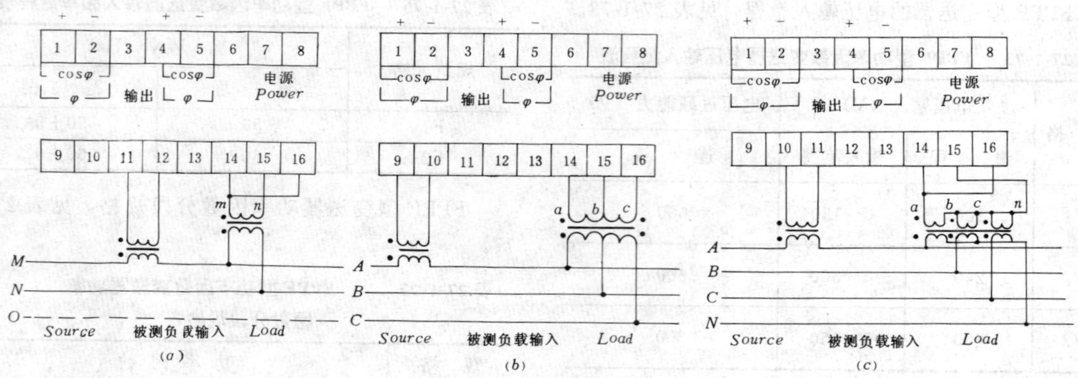

图 27-1-45　FPPF 型功率因数变送器安装接线图

(*a*) FPPF1 型单相双线或三线；(*b*) FPPF3 型三相三线平衡负载；(*c*) FPPF30 型三相四线平衡负载

2）长期稳定性：年变化最大±0.2%。

3）工作温度：0～+40℃。

4）相对湿度：20%～99%无凝露。

5）输入参数：电压，3×100V；电流，3×5A。

6）输入过载能力：电压，3 倍连续/10 倍 30s/15 倍 3s/50 倍 1s/80 倍 0.5s；电压，最大 2 倍连续。

7）响应时间：<400ms。

8）输出纹波峰值：<0.4%。

9）输入负载：电压回路<3.5VA (V ab) <0.1VA (V cb)；电流回路<0.2VA。

10）辅助电源：内部提供（并接于 U ab）。

11）绝缘强度：2000V 加于输入/输出/辅助电源/外壳之间。

12）冲击试验：ANSI C37.90a/1973，DIN IEC 255-4（5kV1.2×50μs 脉冲电压）。

13）电涌试验：IEC 255-4（2.5kV－0.25ms/1MHz）。

14）校正幅度：满度最小±3%，零点最小±1%。

15）磁场影响：100 安匝 25cm 中心变化<0.025%。

16）贮藏条件：温度－40～+70℃，相对湿度 20%～99%无凝露。

（2）技术规范如下：FP-15 型变送器电量输入量程，见表 27-1-78。

表 27-1-78　FP-15 型有功功率及无功功率变送器电量输入量程表

输入电量	电量输入		过载能力
	量　程	输入范围	连　续
电流 A	5A	0～6A	15A
电压 V	100V	85～135V	600V

FP-15 型变送器输入频率量程，见表 27-1-79。

表 27-1-79　FP-15 型有功功率及无功功率变送器输入频率量程表

规格	量程 (Hz)	输入频率（Hz）	
		有功或跨相无功	移相无功
F1	50	50±5	50±0.02
F2	60	60±5	60±0.02

FP-15 型变送器输入校正值，见表 27-1-80。

表 27-1-80　FP-15 型有功功率及无功功率变送器输入校正值表

规格	标准输出输入校准值（W/var）	
	A（3×5A）	V（3×100V）
D1	1000	
D2	866	
D3	特殊规格另定校准值	

表 27-1-80 中标准幅度校正为：双向 0～±1mA 对应 0～±DW/var；4～12～20mA 对应－D～0～+DW/var。

FP-15 型变送器输出直流规范，见表 27-1-81。

3. 型号含义及选型方式

在签定订货合同时，应详细说明型号、规范，对所选的型号、规范按下列格式要求，将上述各相应表格中的代号填入：

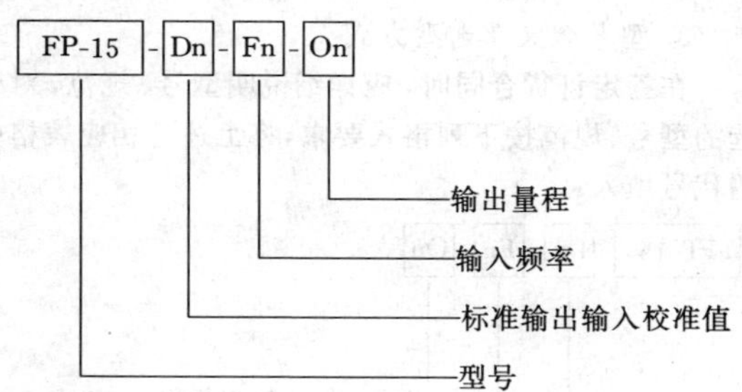

表 27-1-81 FP-15 型有功功率及无功功率变送器输出直流规范表

规 格	输 出	
	范 围	负载电阻（Ω）
01	0～±1mA	0～10k
02	0～±20mA	0～500
03	4～20mA	0～500
04	0～±5mA	0～2k
05	0～±10mA	0～1k
06	4～12～20mA	0～500
07	0～±1V	⩾200
08	0～±5V	⩾1k
09	0～±10V	⩾2k
010	2～10V	⩾2k
011	1～5V	⩾1k
012	1～3～5V	⩾1k

4. 安装接线

FP-15 型变送器使用 FS 系列变送器机壳与相应接线板，其安装接线方式见图 27-1-46。

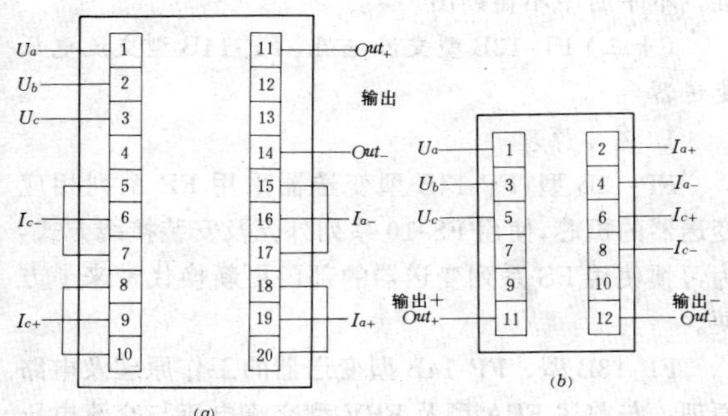

图 27-1-46 FP-15 型有功功率及无功功率变送器安装接线图

(a) AZ-20 型端子接线图；(b) 外部接线板接线示意图

5. 外形尺寸

FP-15 型变送器外形尺寸同 FS-10 系列标准，在本手册中不再列出。

(十二) FP-15 型有功功率/无功功率组合式变送器

1. 基本原理

FP-15 型有功功率/无功功率组合式变送器采用 FP 系列相应变送器的机芯，而使用 FS-10 系列外壳及安装接线方式，为已习惯使用 FS 系列变送器的部门更新换代带来了方便。

FP-15 型组合式变送器的工作原理及电路原理，与前述 FPWK 型相同，其性能也毫不逊色。

2. 技术性能规范

(1) 技术性能如下：

1) 准确度：±0.2%。

2) 长期稳定性：年变化最大±0.2%。

3) 工作温度：0～+40℃。

4) 相对湿度：20%～99%无凝露。

5) 输入参数：电压，3×100V；电流，3×5A。

6) 输入过载能力：电流，3 倍连续/10 倍 30s/15 倍 3s/50 倍 1s/80 倍 0.5s；电压，最大 2 倍连续。

7) 响应时间：＜400ms。

8) 输出纹波峰值：＜0.4%。

9) 输入负载：电压回路＜7VA (V ab)、＜0.1VA (V cb)；电流回路＜0.2VA。

10) 辅助电源：内部提供（并接于 U ab）。

11) 绝缘强度：2000V 加于输入/输出/辅助电源/外壳之间。

12) 冲击试验：ANSI C37.90a/1973，DIN IEC 255-4（5kV 1.2×50μs 脉冲电压）。

13) 电涌试验：IEC 255-4（2.5kV－0.25ms/1MHz）。

14) 校正幅度：满度最小±3%，零点最小±1%。

15) 磁场影响：100 安匝 25cm 中心变化＜0.025%。

16) 贮藏条件：温度－40～+70℃，相对湿度 20%～99%无凝露。

(2) 技术规范如下：FP-15 型组合式变送器电量输入量程，见表 27-1-82。

表 27-1-82 FP-15 型有功功率/无功功率组合式变送器电量输入量程表

输入电量	电量输入		过载能力
	量 程	输入范围	连 续
电流 A	5A	0～6A	15A
电压 V	100V	85～135V	600V

FP-15 型组合式变送器输入频率量程，见表 27-1-83。

表 27-1-83　　FP-15 型有功功率/无功功率组合式变送器输入频率量程表

规格	量程 (Hz)	输入频率 (Hz)	
		有功或跨相无功	移相无功
F1	50	50±5	50±0.02
F2	60	60±5	60±0.02

FP-15 型组合式变送器标准输出输入校正值见表 27-1-84。

表 27-1-84　　FP-15 型有功功率/无功功率组合式输出输入校正值表

规格	标准输出输入校准值 (W/var)	
	A (5A)	V (100V)
D1	1000	
D2	866	
D3	特殊规格另定校正值	

表 27-1-84 中标准幅度校正为：双向 0～±1mA 对应 0～±DW/var；4～12～20mA 对应 −D～0～+DW/var。

FP-15 型组合式变送器输出直流规范，见表 27-1-85。

表 27-1-85　　FP-15 型有功功率/无功功率组合式变送器输出直流规范表

规　格	输　出	
	范　围	负载电阻 (Ω)
01	0～±1mA	0～10k
02	0～±20mA	0～500
03	4～20mA	0～500
04	0～±5mA	0～2k
05	0～±10mA	0～1k
06	4～12～20mA	0～500
07	0～±1V	≥200
08	0～±5V	≥1k
09	0～±10V	≥2k
010	2～10V	≥2k
011	1～5V	≥1k
012	1～3～5V	≥1k

3. 型号含义及选型方式

在签定订货合同时，应详细说明型号、规范，对所选的型号、规范按下列格式要求，将上述各相应表格中的代号填入：

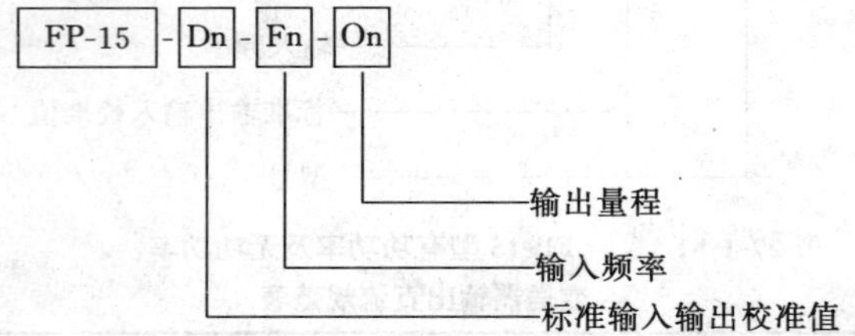

4. 安装接线

FP-15 型组合式变送器使用 FS-10 系列变送器机壳及相应接线板，其安装接线方式见图 27-1-47。

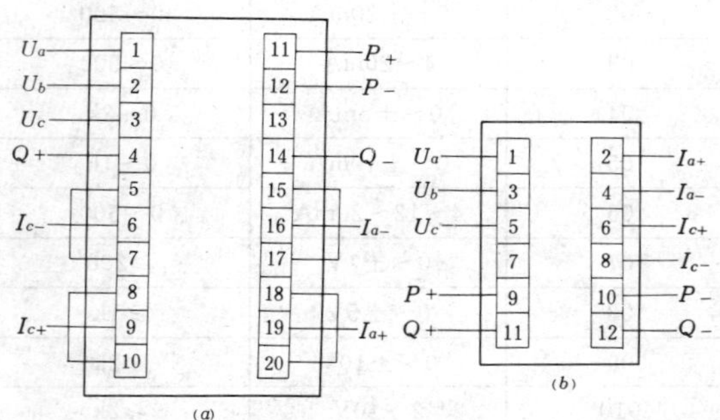

图 27-1-47　FP-15 型有功功率/无功功率组合式变送器安装接线图

(*a*) AZ-20 型端子接线图；(*b*) 外部接线板接线示意图

5. 外形尺寸

FP-15 型组合式变送器外形尺寸同 FS-10 系列标准，本手册中不再列出。

（十三）FP-13B 型交流电流、FP-14B 型交流电压变送器

1. 基本原理

FP-13B 型、FP-14B 型变送器采用 FP 系列相应变送器的机芯，使用 FS-10 系列外壳及安装接线方式，为习惯使用 FS 系列变送器的部门更新换代带来了方便。

FP-13B 型、FP-14B 型变送器的工作原理及电路原理，与前述 FPA 型及 FPV 型交流电流与交流电压变送器相同，其性能也达到了同样的水平。

2. 技术性能规范

(1) 技术性能如下：

FP-13B 型、FP-14B 型变送器的性能与 FPA 型及 FPV 型变送器完全相同，另增加以下两项技术性能。

1）输入负载：电压回路＜0.1VA，电流回路＜0.2VA。

2）辅助电源：100V 或 220V，可通过内部电源开关选定。

(2) 技术规范如下：FP-13B 型变送器输入电流量程，见表 27-1-86。

表 27-1-86　FP-13B 型交流电流变送器输入电流量程表

规　格	电流输入（A）		电流过载能力（A）		
	量　程	输入范围	连　续	30s/h	1s/h
A1	1	0～1.2	3	10	50
A2	5	0～6	15	50	250

FP-14B 型变送器输入电压量程，见表 27-1-87。

表 27-1-87　FP-14B 型交流电压变送器输入电压量程表

规　格	电压输入（V）		电压过载能力（V）
	量　程	输入范围	连　续
V1	100	0～150	600
V2	240	0～300	600
V3	400	0～450	600

FP-13B 型及 FP-14B 型变送器输出直流规范，见表 27-1-88。

表 27-1-88　FP-13B、FP-14B 型交流电流、交流电压变送器输出直流规范表

规　格	输　出	
	范　围	负载电阻（Ω）
01	0～1mA	0～10k
02	0～20mA	0～500
03	4～20mA	0～500
04	0～5mA	0～2k
05	0～10mA	0～1k
06		
07	0～1V	≥200
08	0～5V	≥1k
09	0～10V	≥2k
010	2～10V	≥2k
011	1～5V	≥1k
012		

FP-13B 型及 FP-14B 型变送器辅助电源量程，见表 27-1-89。

表 27-1-89　FP-13B、FP-14B 型交流电流、交流电压变送器辅助电源量程表

规　格	辅助电源输入	
	量程（V）	功耗（VA）
P1	100	35
P2	220	3.5

FP-13B 型及 FP-14B 型变送器输入频率量程，见表 27-1-90。

表 27-1-90　FP-13B、FP-14B 型交流电流、交流电压变送器输入频率量程表

规　格	输入频率（Hz）	
	量　程	范　围
F1	50	50±5
F2	60	60±5

3. 型号含义及选型方式

在签定订货合同时，应详细说明型号、规范，对所选的型号。规范按下列格式要求，将上述各相应表格中的代号填入：

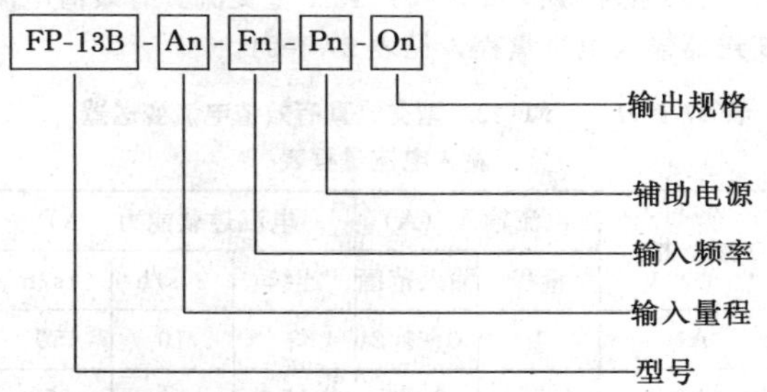

4. 安装接线

FP-13B 型及 FP-14B 型变送器使用 FS-10 系列变送器机壳及相应接线板，其安装接线方式见图 27-1-48。

5. 外形尺寸

FP-13B 型及 FP-14B 型变送器外形尺寸同 FS-10 系列标准，本手册中不再列出。

(十四) FP-13A 型交流真有效值电流及 FP-14A 型交流真有效值电压变送器

1. 基本原理

FP-13A 型及 FP-14A 型变送器采用 FP 系列相应变送器的机芯，使用 FS-10 系列外壳及安装接线方式，为习惯使用 FS 系列变送器的部门更新换代带来

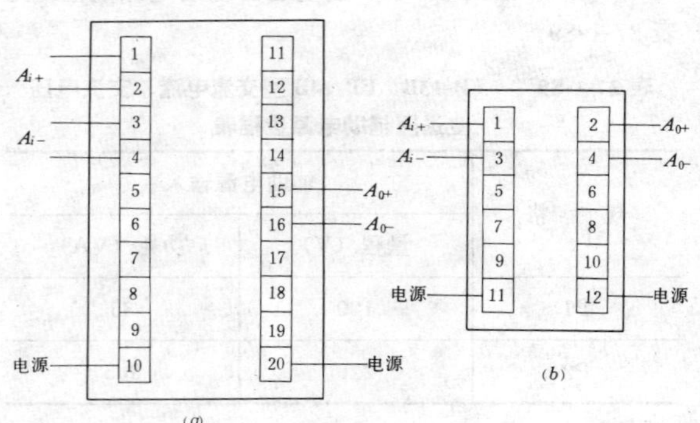

图 27-1-48　FP13B 及 FP14B 型变送器安装接线图

(a) AZ-20 型端子接线图；(b) 外部接线板接线示意图

了方便。

FP-13A 型及 FP-14A 型变送器的工作原理及电路原理，与前述 FPAR 型及 FPVR 型交流真有效值电流、真有效值电压变送器相同，其性能也达到了同样水平。

2. 技术性能规范

(1) 技术性能如下：FP-13A 型及 FP-14A 型变送器的性能与 FPAR 型及 FPVR 型完全相同，另增加了输入负载性能，其电压回路＜0.1VA，电流回路＜0.2VA。

(2) 技术规范如下：FP-13A 型交流真有效值电流变送器输入电流量程，见表 27-1-91。

表 27-1-91　FP-13A 型交流真有效值电流变送器输入电流量程表

规　格	电流输入（A）		电流过载能力（A）		
	量程	输入范围	连续	30s/h	1s/h
A1	1	0～1.2	3	10	50
A2	5	0～6	15	50	250

FP-14A 型交流真有效值电压变送器输入电压量程，见表 27-1-92。

表 27-1-92　FP-14A 型交流真有效值电压变送器输入电压量程表

规　格	电压输入（V）		电压过载能力（V）
	量程	输入范围	连续
V1	100	0～150	600
V2	240	0～300	600
V3	400	0～450	600

FP-13A、FP-14A 型变送器输出直流规范，见表 27-1-93。

表 27-1-93　FP-13A、FP-14A 型交流真有效值电流、电压变送器输出直流规范表

规　格	输　出	
	范　围	负载电阻（Ω）
01	0～1mA	0～10k
02	0～20mA	0～500
03	4～20mA	0～500
04	0～5mA	0～2k
05	0～10mA	0～1k
06		
07	0～1V	≥200
08	0～5V	≥1k
09	0～10V	≥2k
010	2～10V	≥2k
011	1～5V	≥1k
012		

FP-13A、FP-14A 型变送器辅助电源量程，见表 27-1-94。

表 27-1-94　FP-13A、FP-14A 型交流真有效值电流、电压变送器辅助电源量程表

规　格	辅助电源输入	
	量程（V）	功耗（VA）
P1	100	3.5
P2	220	3.5

FP-13A、FP-14A 型变送器输入频率量程，见表 27-1-95。

表 27-1-95　FP-13A、FP-14A 型交流真有效值电流、电压变送器输入频率量程表

规　格	输入频率（Hz）	
	量程	范围
F1	50	50±5
F2	60	60±5

3. 型号含义及选型方式

在签定订货合同时，应详细说明型号、规范，对所选的型号、规范按下列格式要求，将上述各相应表格中的代号填入：

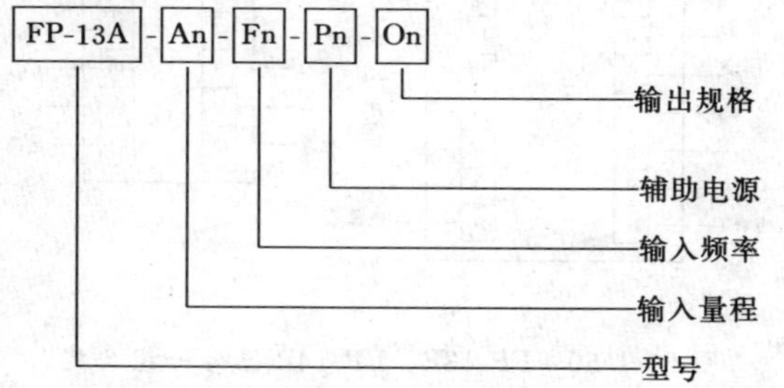

4. 安装接线

FP-13A 型及 FP-14A 型变送器使用 FS-10 系列变送器机壳及相应接线板，其安装接线方式见图 27-1-

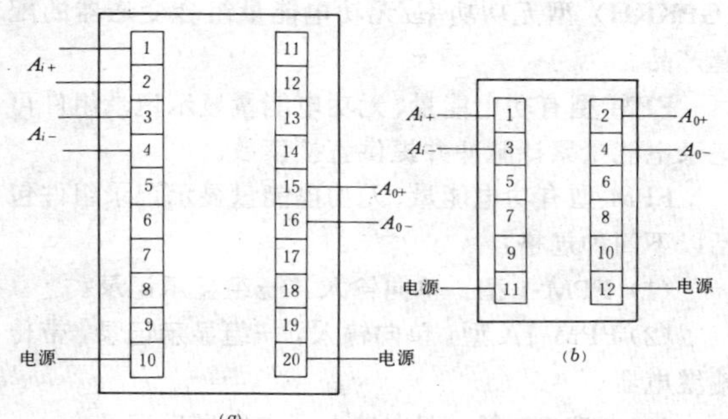

图 27-1-49　FP-13A、FP-14A 型交流真有效值电流、电压变送器安装接线图

(a) AZ-20 型端子接线图；(b) 外部接线板接线示意图

5. 外形尺寸

FP-13A 型及 FP-14A 型变送器外形尺寸同 FS-10 系列标准，本手册中不再列出。

（十五）FP-13B 型三合一组合式交流电流及 FP-14B 型三合一组合式交流电压变送器

1. 基本原理

FP-13B 型及 FP-14B 型三合一组合式变送器采用 FP 系列相应变送器的机芯，使用 FS-10 系列外壳及安装接线方式，为习惯使用 FS 系列变送器的部门更新换代带来了方便。

FP-13B 型及 FP-14B 型三合一组合式变送器的工作原理及电路原理，与前述 FPAX 型及 FPVX 型三合一组合式变送器相同，其性能也达到了相同的水平。

2. 技术性能规范

(1) 技术性能如下：FP-13B 型及 FP-14B 型变送器的性能与 FPAX 型及 FPVX 型完全相同，另增加了输入负载性能，其电压回路＜0.1VA，电流回路＜0.2VA。

(2) 技术规范如下：FP-13B 型三合一组合式变送器输入电流量程，见表 27-1-96。

表 27-1-96　FP-13B 型三合一组合式交流电流、电压变送器输入电流量程表

规　格	电流输入（A）		电流过载能力（A）		
	量程	输入范围	连续	30s/h	1s/h
A1	1	0～1.2	3	10	50
A2	5	0～6	15	50	250

FP-14B 型三合一组合式变送器输入电压量程，见表 27-1-97。

表 27-1-97　FP-14B 型三合一组合式交流电流、电压变送器输入电压量程表

规　格	电压输入（V）		电压过载能力（V）
	量程	输入范围	连续
V1	100	0～150	600
V2	240	0～300	600
V3	400	0～450	600

FP-13B 型及 FP-14B 型三合一组合式变送器输出直流规范，见表 27-1-98。

表 27-1-98　FP-13B 型及 FP-14B 型三合一组合式交流电流、电压变送器输出直流规范表

规　格	输　出	
	范　围	负载电阻（Ω）
01	0～1mA	0～10k
02	0～20mA	0～500
03	4～20mA	0～500
04	0～5mA	0～2k
05	0～10mA	0～1k
06		
07	0～1V	≥200
08	0～5V	≥1k
09	0～10V	≥2k
010	2～10V	≥2k
011	1～5V	≥1k
012		

FP-13B 型及 FP-14B 型三合一组合式变送器辅助电源量程，见表 27-1-99。

表 27-1-99　FP-13B、FP-14B 型三合一组合式交流电流、电压变送器辅助电源量程表

规　格	辅助电源输入	
	量程（V）	功耗（VA）
P1	100	3.5
P2	220	3.5

FP-13B 型及 FP-14B 型三合一组合式变送器输入频率量程，见表 27-1-100。

表 27-1-100　FP-13B、FP-14B 型三合一组合式交流电流、电压变送器输入频率量程表

规　格	输入频率（Hz）	
	量程	范围
F1	50	50±5
F2	60	60±5

3. 型号含义及选型方式

在签定订货合同时，应详细说明型号、规范，对所选的型号、规范按下列格式要求，将上述各相应表格中的代号填入：

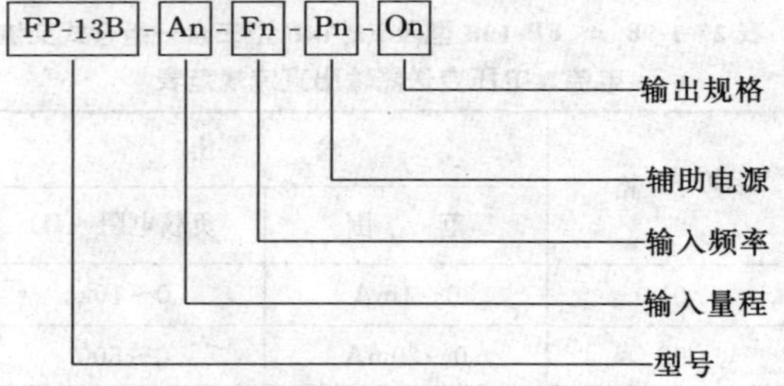

4. 安装接线

FP-13B 型及 FP-14B 型三合一组合式变送器使用 FS-10 系列变送器机壳及相应接线板，其安装接线方式见图 27-1-50。

5. 外形尺寸

FP-13B 型及 FP-14B 型三合一组合式变送器外形尺寸同 FS-10 系列标准，本手册不再列出。

（十六）FPM 型有功电能量、无功电能量显示记录组件

1. 用途

FPM 型有功电能量、无功电能量显示记录组件，是用于 FPWH（GPWH）型有功电能量变送器、FPWWH（GPWWH）型有功功率/有功电能量组合式

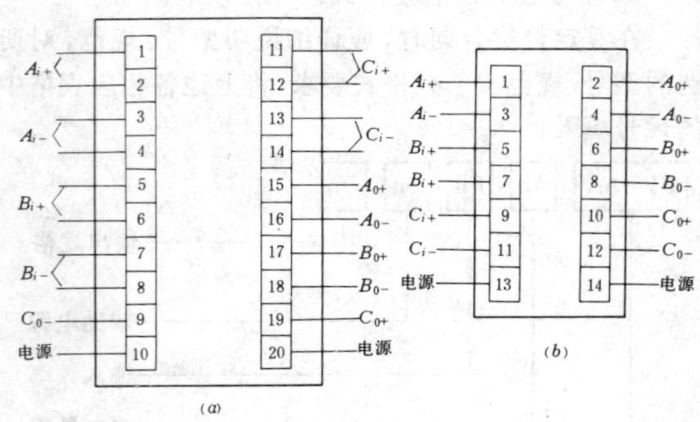

图 27-1-50　FP-13B、FP-14B 三合一组合式交流电流、电压变送器安装接线图

(*a*) AZ-20 型端子接线图；(*b*) 外部接线板接线示意图

变送器、FPKH（GPKH）型无功电能变送器、FPKKH（GPKKH）型无功功率/无功电能量组合变送器的配套产品。

FPM 型有功电能量、无功电能量显示记录组件可记录电能量累计脉冲并提供直接读数。

FPM 型有功电能量、无功电能量显示记录组件包括以下四种规格：

（1）FPM-1 型：单向输入，一组显示记录。

（2）FPM-1A 型：单向输入，一组显示记录，带传输继电器。

（3）FPM-2 型：双向输入，二组显示记录。

（4）FPM-2A 型：双向输入，二组显示记录，带传输继电器。

2. 技术性能

（1）脉冲累计采用机械式记数器，停电时不丢失数据。

（2）最大累计数值：99999.9。

（3）输入信号方式：光电耦合器，集电极开路方式（OC）；继电器触点方式。

（4）辅助电源：$P1$（100V）/$P2$（220V）±10%，50Hz/60Hz±10%；

（5）工作温度：－20～＋70℃。

3. 安装接线

FPM 型显示记录组件的安装接线方式，见图 27-1-51。

4. 外形尺寸

FPM 型显示记录组件的外形尺寸，同 FPW 型变送器。

（十七）PK/800F 型变送器屏

1. 用途

PK/800F 型变送器屏，可用于安装各型变送器，亦可用作遥信转接屏。该屏采用了屏柜结合的封闭式

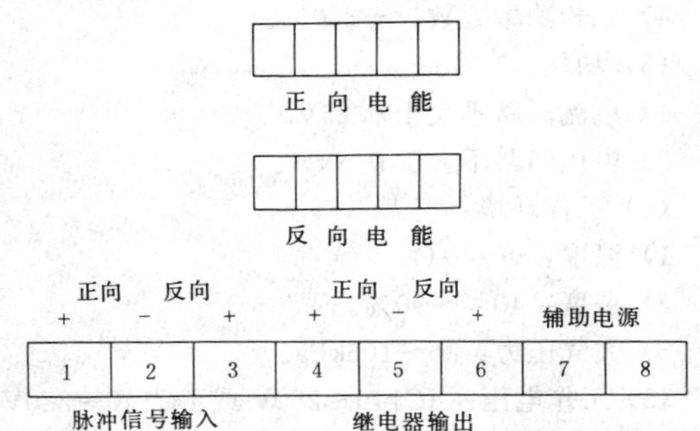

图 27-1-51　FPM 型有功电能量、无功电能量显示记录组件安装接线方式图

钢板结构，屏体前后加门（前门装玻璃观察窗），密封防尘、牢固美观、走线整齐，便于运行维护和检修。

2. 外形尺寸

PK/800F-1 型变送器屏的外形尺寸为 2360×800×550（高×宽×深，mm）。

PK/800F-2 型变送器屏的外形尺寸为 2360×800×600（高×宽×深，mm）。

PK/800F-3 型变送器屏的外形尺寸为 2200×800×600（高×宽×深，mm）。

非标准型变送器屏可按用户要求定制。

六、东方 WDB-1 型及湘南 JC-1 型微机电量变送器

（一）简述

由我国自行开发生产的微机电量变送器已取得可喜的进展。由于其性能优越，价格较低，已为广大用户所接受，为实现变电所无人值班远动化及综合自动化，尤其受到广大供电部门的欢迎。

微机电量变送器比之常规电量变送器，无论测量精度、可靠性、稳定性及其它各项性能指标，都毫不逊色，完全可以逐步取代常规电量变送器，而且由于其体积小，还减少了在变电所及发电厂中的占用面积。

WDB-1 系列微机变送器为烟台东方电子信息产业集团总公司推出的产品；JC-1 型微机变送器则是湖南长沙湘南电气设备厂的产品，在国内同类供货厂商的产品中，其覆盖面较大，颇具代表性，可供选用时参考。

（二）WDB-1 型微机电量变送器

1. 基本原理及特点

微机电量变送器是基于对被测电量实现交流采样，以微处理机为核心，对电路的交流电流、电压进行瞬时采样、运算，得到各种所需电气量的数字量，通过接口接入 RTU。

WDB-1 型微机电量变送器的基本特点如下：

（1）测量精度高。WDB-1 型变送器的精度是指输出数字量的精度，在使用范围内任一点皆不增加附加误差（常规变送器通过 RTU 的 A/D 转换和运算将产生 0.25%以上的使用误差）。

（2）性能稳定。由于直接对被测量实现交流采样，省去了直流化等中间环节不稳定因素，因此变送器受温度变化的影响极小，不需定期校验即可长期保证运行精度。

（3）安全可靠。由于微机部分与测量回路经过多级隔离，其电流输入可承受 60A、历时 3s 的过载能力，因此其平均无故障可用小时 MTBF>9000h。

（4）在不增加硬件成本的条件下，可增加电能量变送功能，而且具有失电保护，失电后，电能量数据可保存 8h 以上。

（5）容量较大，安装维修简单，操作使用方便。

WDB-1 型变送器的结构原理框图见图 27-1-52。

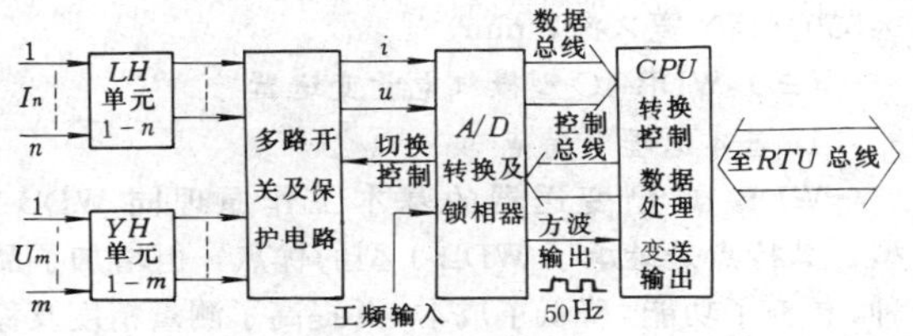

图 27-1-52　WDB-1 型微机电量变送器结构原理框图

2. 主要性能指标

（1）变送容量：

1）模拟输入量：16 路三相电流（0～5A），16 路三相电压（$100/\sqrt{3}\pm 50\%$V），功率因数（$\cos\varphi$）的变化范围 −1～+1，频率变化范围 50±1Hz。

2）数字输出量：

电流量	48 个（四位有效数字）
电压量	48 个（四位有效数字）
单相有功功率量	48 个（四位有效数字加两位符号位）
单相无功功率量	48 个（四位有效数字加两位符号位）
三相有功功率量	16 个（四位有效数字加两位符号位）
三相无功功率量	16 个（四位有效数字加两位符号位）
三相绝对有功电能量（正、负分计）	各 16 个（8 位有效数字）
三相相对有功电能量（正、负分计）	各 16 个（8 位有效数字）
三相功率因数	16 个（根据用户需要可扩）

(2) 基本精度（即数字量化后的精度）：

1) 电流：±0.5%。

2) 电压：±0.5%。

3) 有功功率：±0.5%。

4) 无功功率：±1.0%。

5) 有功电度：±2.0%。

(3) 功耗：

1) 电流回路小于0.5VA。

2) 电压回路小于0.3VA。

(4) 工作环境：

1) 温度：0～40℃。

2) 湿度：40%～90%。

3) 大气压力：86～106kPa。

3. 外形尺寸

符合电力工业部及国标，立柜式结构，2260×800×550（高×宽×深，mm）

（三）WDB-1C型微机电量变送器

1. 基本原理及特点

WDB-1C型变送器的基本工作原理同WDB-1型，其特点是继承了WDB-1型的优点，但增加了品种，扩充了功能，降低了成本，并提高了测量精度及稳定性。

WDB-1C型的配置灵活，包括8路、12路、16路三种，因此对中小型的110kV及35kV变电所采集数据、取代常规电量变送器是一种值得选用的设备。

2. 主要性能指标

(1) 变送容量包括16路、12路、8路三种配置。按16路配置时的容量如下。

1) 模拟输入量：

16路三相电流：i_a、i_c—0～5A（0～6A）。

8路三相电压：V_{ab}、V_{cb}—0～100V（0～120V）。

功率因数cosφ的变化范围：－1～＋1。

频率f的变化范围：50±1Hz。

2) 数字输出量：2个。

3) 单相电流量：32个。

4) 线电压量：16个。

5) 三相有功功率量：16个。

6) 三相无功功率量：16个。

7) 三相有功电能量（正、负分计）：各16个。

8) 三相无功电能量（正、负分计）：各16个。

9) 三相功率因数：16个。

10) 可扩容量单相电流量：24个。

(2) 基本精度（量化后精度）：

1) 电流、电压、有功、无功：±0.5%。

2) 三相有功电能量：±1.0%。

3) 三相无功电能量：±3.0%。

4) 三相功率因数：±3.0%。

(3) 功耗：

1) 电流回路不大于0.25VA。

2) 电压回路不大于0.5VA。

(4) 工作环境：

1) 温度：0～40℃。

2) 湿度：40%～90%。

3) 大气压力：86～106kPa。

(5) 工作电压：$AC$140～280V或$DC$140～280V。

3. 外形尺寸

WDB-1C型微机电量变送器外形尺寸，同WDB-1型微机电量变送器为2260×800×550（高×宽×深，mm)。

（四）WDB-1E型微机电量变送器

1. 基本原理及特点

WDB-1E型变送器的基本工作原理同WDB-1型及WDB-1C型，但在他们的基础上改进了计算处理方法和结构形式，使其性能价格比进一步提高，其基本特点如下。

(1) 能与多种RTU配套使用。由于备有8255并行口和RS232串行口，数据按规定格式传送，因此可以与任何带有并行输入输出或串行口的RTU接口。

(2) 容量大，但体积不增大，一个变送器柜最大可满足采集变送48路被测量群。每路被测量包括I、U、P、Q、cosφ等，共可采集变送的被测量达300多个。

(3) 测量精度高、稳定性好。由于中间环节少，又选用稳定性好的新型元器件，以及改进了运算方法，因此确保了在0～40℃范围内测量精度符合要求。

(4) 安装校验方便。

WDB-1E型变送器的结构原理框图见图27-1-53。

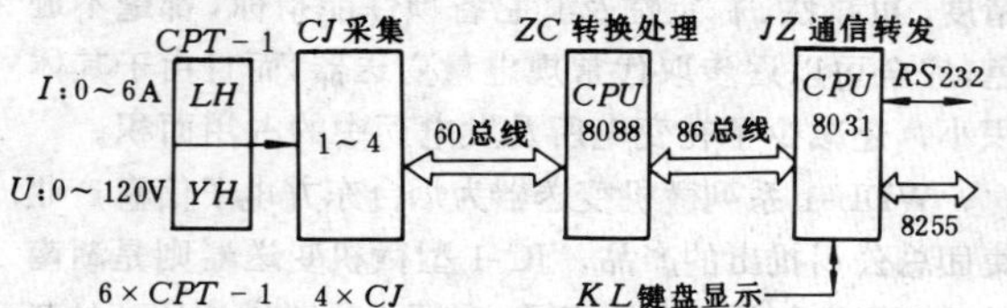

图27-1-53 WDB-1E型微机电量变送器结构原理框图

2. 主要性能指标

(1) 变送器容量分为24、36、48路三种，分别完成采集变送24、36、48路三相电路的I、U、P、Q、cosφ等电气量。其容量如下。

1) 输入量：

二相电流（i_a、i_c）24～48路：0～6A。

三相电压（U_{ab}、U_{cb}）24～48路：0～120V。

2) 输出量：

I、U、P、Q、$\cos\varphi$ 等共 24～48 个。

kWh、kvarh（正负分计）共 24～48 个。

（2）基本精度

1）电流 I：0.5%。

2）电压 U：0.5%。

3）有功功率 P：0.5%。

4）无功功率 Q：0.5%。

5）有功电能量：2.0%。

6）无功电能量：3.0%。

（3）输入量频率：50±2Hz。

（4）功耗：LH、YH 回路均不大于 0.5VA。

（5）工作电源：$AC$180～250V 或 $DC$210～380V。

3. 外形尺寸

标准立柜式结构，2360×600×800（高×宽×深，mm）。

（五）JC-1 型微机电量变送器

1. 基本原理及特点

JC-1 型变送器以 8098 微型单片机为 CPU，用锁相环同步信号，实时同步地采集厂站各电路 PT、CT 二次侧交流信号 U_{ab}、i_a、U_{bc}、i_c，用以实时计算各路电流、电压的有效值及有功功率、无功功率、功率因数等，并经标准 RS-232 串行口与 RTU 通信。JC-1 型变送器的基本特点如下。

（1）厂站各路 CT 二次侧电流信号 i_a、i_c 经装置的电流互感器转变为峰—峰值 5V 的电压信号，经过程通道送到多路开关。

（2）厂站各路 PT 二次侧电压信号 U_{ab}、U_{bc}经装置的电压互感器转变为峰—峰值 5V 的电压信号，经过程通道送到多路开关。

（3）以电压等级选通电路选母线电压，以通道选通电路选电流通道和相应的电压通道，经运放电路隔离后分别对两种采样保护电路同时采样，并同时保持。在采集数据时，电流通道按电压等级顺序选通 i_a、i_c 通道，电压通道则在选定的电压等级状态下同时选通相应的 U_{ab}、U_{bc}通道，从而保证了所计算的瞬时功率用同一时刻的瞬时电压及瞬时电流。

（4）因 A/D 的输入范围为单极性 0～5V，所以在运放隔离电路中用 2.5V 基准电源将－2.5～＋2.5V 的交流输入信号变换成 0～5V 交流输出信号。

（5）两路采样保护输出分别作为 A/D、0CH 及 1CH 通道的输入信号，由 CPU 轮流实现采集。

（6）系统频率输入锁相环电路，以 8 倍频的脉冲信号输出，作为数据采集的同步脉冲，CPU 每接受一次中断，就顺序地将所有模拟量采集一遍，一个周波(20ms)内 8 等分地采集 8 点进行运算，从而避免了由于系统频率不稳定所带来的误差。

（7）CPU 采集完成后，其计算结果存入数据区，供 RTU 访问，8098 与 RTU 经 RS-232 串行接口连接，其通信方式采用问答式（polling）。

JC-1 型微机电量变送器的结构原理框图见图 27-1-54。

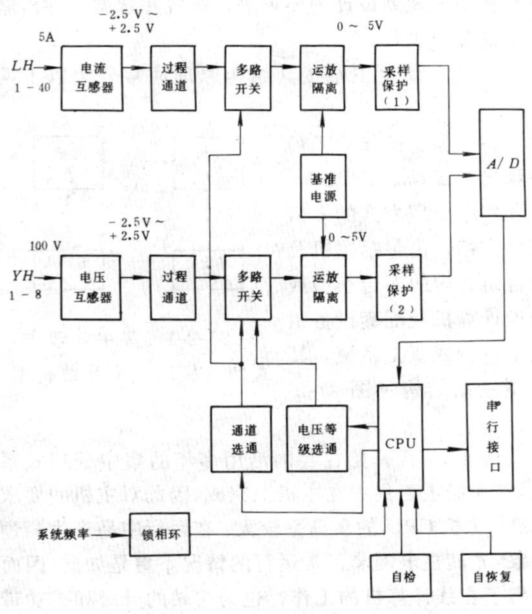

图 27-1-54 JC-1 型微机电量变送器结构原理框图

2. 主要性能指标

（1）模拟量输入 48 路，每路包括 I、U、P、Q、$\cos\varphi$。

（2）综合误差：<1.5%。

（3）A/D 误差：<0.5%。

（4）传送方式：问答式（polling）。

（5）通信接口：RS-232。

（6）CPU：8098，16bit。

（7）电路结构：STD 总线结构。

（8）数学模型：

$$U=\sqrt{\frac{1}{8}\sum_{j=1}^{8}u_j^2}=\frac{1}{2}\sqrt{\frac{1}{2}\sum_{j=1}^{8}u_j^2}$$

$$I=\sqrt{\frac{1}{8}\sum_{j=1}^{8}i_j^2}=\frac{1}{2}\sqrt{\frac{1}{2}\sum_{j=1}^{8}i_j^2}$$

$$P=\frac{1}{8}\left(\sum_{j=1}^{0}u_{abj}i_{aj}+\sum_{j=1}^{0}u_{bcj}i_{cj}\right)$$

$$S=(u_{ab}I_a+u_{bc}I_c)\frac{\sqrt{3}}{2}$$

$$Q=\sqrt{S^2-P^2}$$

$$\cos\varphi=\frac{P}{S}$$

第27-2节 调度自动化主站

一、简述

各级电网调度中心的调度自动化主站，应按调度自动化系统规划设计的要求进行配置和选型，并由制造厂商配套供货。

调度自动化主站按其结构原理通常分为以下两类。

（一）集中处理方式的多机冗余主站

集中处理方式的多机冗余主站，由包括主机及前置机在内的多台小型或微型计算机及配套设备组成主—备或双工系统，其典型主站结构见图27-2-1。

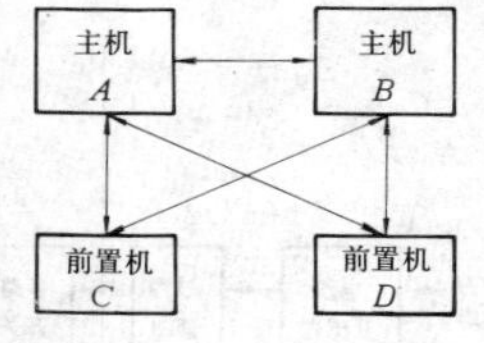

图27-2-1 集中处理方式的多机冗余主站结构图

从80年代开始在我国沿用多年的集中处理式系统，其功能主要集中在主机上完成，因此对主机的要求较高。主机CPU的负荷率较大，在运行中易产生瓶颈现象，尤其在电网非正常运行的情况下更是如此，因而妨碍了在线计算机的工作，也为主站的升级和扩功带来麻烦。当发展需要增加主站功能或升级时，常导致在开发过程中或不久后又需更新，形成不断开发而实效甚少的循环。所以，无论从实用效果和投入资金效益来看都不合理，因此这类产品及用户已呈下降趋式，正在被新一代分布式处理系统的主站所代替。

（二）分布式处理的多机网络主站

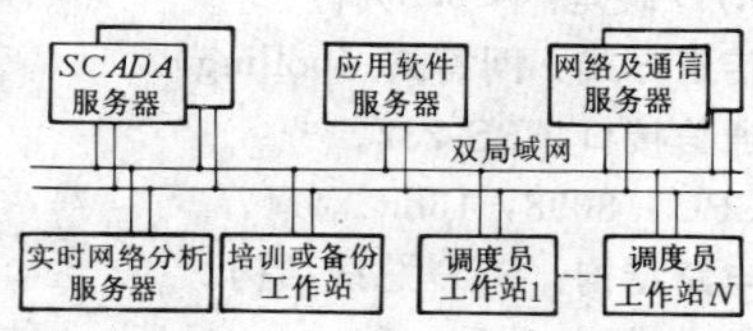

图27-2-2 分布式处理多机网络主站结构图

由于在分布式处理的主站中，计算机一般是通过局域网络来形成系统的，主站系统的扩充和功能的增强，可以用增加由相应计算机做成的工作站或服务器作为新的结点接入网络中。其典型主站结构见图27-2-2。使用相同系列计算机开发的工作站，或在面向开放的系统中使用不同计算机开发的工作站，接入网络都是可行的，只要按照同一标准的接口原则，使他们在分布式系统中处于平等的地位，就不会引起系统发生大的变化，更不会报废或另起炉灶，因而为用户在不同发展阶段健全和使用调度自动化系统带来很大方便。此外，在分布式系统中，由于将功能分配到各机，因此不象集中式系统那样对主机提出太多或过高的要求，主机及各工作站CPU的负荷率皆可以减小，使得系统的运转较易达到合理而可靠的状态，从而为系统的不断扩充和完善开辟了广阔的途径。

当然对于一个具有很高性能价格比、面向开放的分布式的调度自动化系统，无论在计算机的性能、操作系统及其接口标准上，都有新的要求。在分布式系统中，使用得最多也是最成功的首推新一代32位的RISC系列机种及相应的工作站，其中SPARC系列工作站，在我国的调度自动化系统中已经开始并得到成功的应用。RISC精简指令的新型计算机配用了先进的UNIX操作系统及POSIX1003可移植操作系统接口标准，由RISC/UNIX计算机开发的各种系列的工作站及服务器（包括上述SPARC系列工作站），将成为我国用以开发生产电网调度自动化系统的主要计算机种；此外，由性能价格比更高、字长达64位、由新型ALPHA及ULTRA/SPARC系列机构成的分布式开放系统及其主站，在我国也已进入应用开发阶段。

由于调度自动化计算机系统的结构已转向分布式系统，因此调度自动化系统及其主站的生产开发厂家，也已经将产品转为分布式结构产品。

但在集中式系统结构中，已经使用的常规系列的32位微型机种，尤其是那些优质工业控制微机，例如386、486等系列机，都得到了广泛成功的应用。使用这类微机及其工作站，通过联入局域网，形成一个系统功能趋于分布的、但不面向开放的分布式调度自动化系统。比之以往常用的集中式系统，既能将集中在主机的功能向多机多工作站转移和分担，又通过局域网互通有无，因此为系统的功能扩展、为方便用户使用以及为提高性能价格比等方面，创造了比集中式主站更为有利的条件。

（三）选择主站产品的原则

根据（一）、（二）两部分的简述，今后国内外厂商将全力开发供应分布式主站，而不再是集中式主站，因此今后各级调度中心，不论是新建、扩建或改建调度自动化主站，皆宜择优选用分布式主站系统。

对于许多中小型的地、市、县级调度中心，为了节省投资且又能满足要求的情况下，择优使用由386、486等系列机型开发的分布式调度主站系统是值得推广的。

对于网、省及大中型地调中心，从发展的需要出发，择优使用由RISC/UNIX精简指令型计算机以及具有64位字长的ALPHA系列机所开发的面向开放的、新型分布式调度自动化主站系统，是完全可能和必要的，这也是今后的主要发展方向，需要大量用户及供货厂商共同做好工作。

分布式调度自动化系统主站的供货厂商，在国内已有多家，其中电力工业部南京电力自动化设备厂、南京自动化研究院、北京电力科学研究院电网自动化研究所以及烟台东方电子信息产业集团公司（简称东方公司）、珠海赛西系统集成有限公司等厂商，开发生产了多种产品，但产品模式基本相近，功能规范也大同小异，因此在本章中仅以烟台东方公司的部分产品为例予以介绍。

二、WDZ-8 型调度自动化主站

（一）简述

WDZ-8 型主站是一种功能与结构趋于分布的调度自动化主站，其型号含义如下：

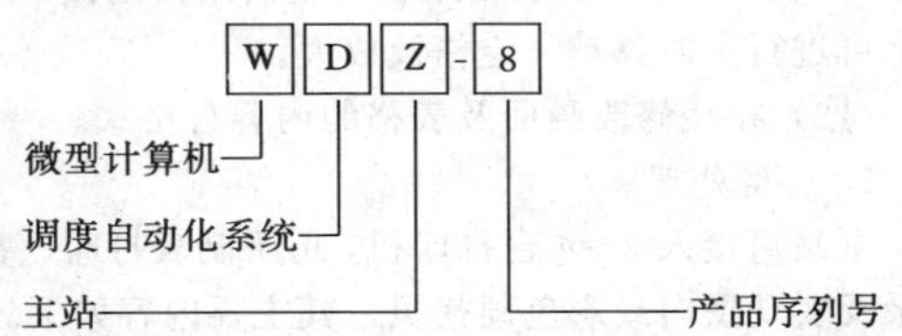

该主站以 INTEL 公司 SYSTEM320 工业控制微型计算机的分布式处理模式及冗余结构原理为基础，采用远动专用网络（YD-NET）将多机连接，可支持多台主机、图形工作站、网络工作站及管理网等局域网（LAN）连入系统，因而提高了系统配置的灵活性，减轻了主机 CPU 的负担，以及在系统扩充时可不更换主机等优点。在图形工作站与主机之间用工业控制网 BitBUS 连接，使用 RS-485 的接口标准，因而解决了显示器、打印机长距离传输的问题；主—备机间采用自动/手动切换方式，使系统可用率提高；前置机采用工业标准多 CPU（80286）数据采集处理系统，可以提高接收和处理信息的能力（容量）；系统的图形分辨率高，人机接口完善，为使用和维护提供了有利条件；为远动终端提供了 64 路全双工串行通道，可以用 300、600、1200bps 三种速率实现对信息的传送，通信规约可变。因此，WDZ-8 型主站是一种硬件与软件皆较成熟的调度自动化主站。

WDZ-8 型调度自动化主站系统结构图，见图 27-2-3。

（二）功能规范

1. 计算机性能

主机采用 32 位工业控制机 Intel system320，配用 Multibus 总线，主 CPU 为 80386，带 64K 高速缓存 80387 协处理器，主频 16MHz，内存 2～16MB，并具有智能外设接口。

主机具有浮点处理器，能处理多级中断，并具有软件故障的保护能力。

前置机为专用数据采集处理系统，由多个 80286CPU 组成，可支持 64 路全双工串行通道。每块模板可以采集 16 台 RTU 送来的数据，共可扩至 8 块模板 128 路。

该型主站继承了集中式冗余结构的特点，具有动态冗余的主机之间可实现自动/手动切换，完成切换的时间可达 10s。

计算机主存贮器 2～16MB，外存贮器硬盘 40（80）MB，磁带机 60（150）MB。

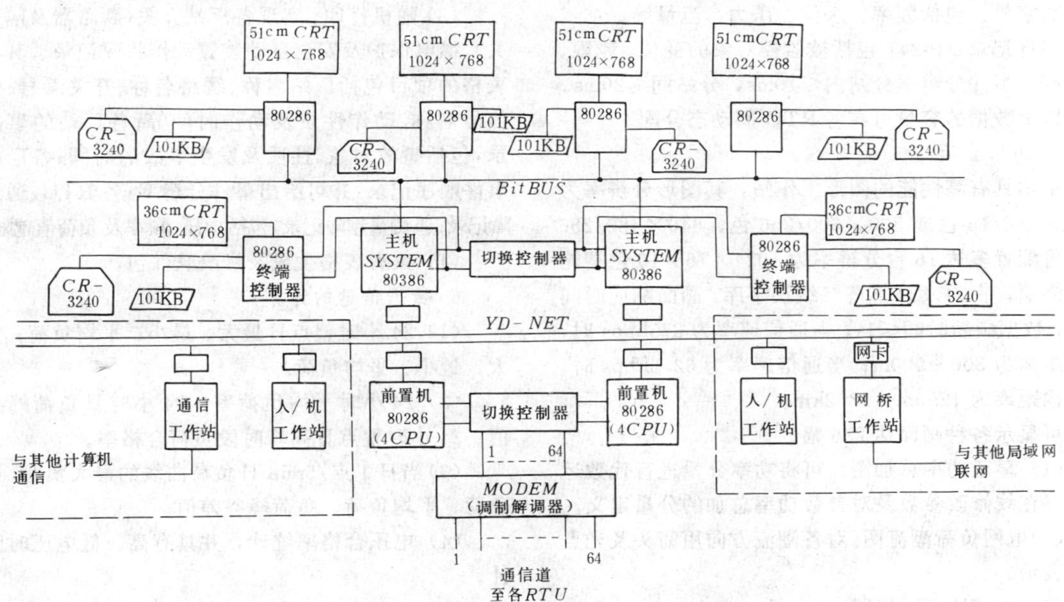

图 27-2-3　WDZ-8 型调度自动化主站系统结构图

2. 网络与接口

主机与前置机间、主一备双机间及与终端维护管理工作站（终端控制器）之间，由YD-NET连接，图形工作站与主机间则通过工业控制总线Bit BUS连接，从而形成弱耦合的、功能趋于分布的分布式处理主站系统。

系统可与3^{+}、NOVELL、DECNET等局域网，以及与负荷控制系统实现联网，用以扩大信息交换范围。

与系统配套的RTU可以按CDT或polling方式通信，可用型号较多，例如WYZ、YDZ、SZY、JSC、WSZ-1、DCF-5、WDF-7、MWY-CO1、MWY-CO2、SC1801、WYDF-2及μ4F等，信息的收发处理程序以库的形式管理，并随时调入常驻内存，用户只需根据菜单提示给出设备型号即可。

主站可与各种模拟屏接口，可以选用并行口、串行口、RS-422等接口方式。

3. 数据信息采集

遥测量：64×64=4096个，例如有功、无功、电压、电流等。

遥信量：128×64=8192个，例如断路器、隔离开关、继电保护与自动装置的动作状态信号等。

电能量：32×64=2048个，包括有功电能（电度）及无功电能（电度）量。

遥控量：32×64=2048个，包括断路器、隔离开关等双位状态设施。

遥调量：16×64=1024个，包括对机组功率、变压器电压分接点的调节。

数字量：包括频率、水位、压力、流量等。

事件记录：1024，包括被监控对象的变位、越限、故障等。事件分辨率分站内≤10ms，分站间≤20ms。

以上数据的容量可在各RTU间动态分配。

4. 图形显示

主站具有高性能的图形工作站，其图形分辨率为1024×768/16色或800×600/256色、640×480/256色。可配置多达16台分辨率为1024×768/16色智能显示终端，带24×24点阵二级汉字库，画面响应时间≤2s，数据刷新时间≤1s。当通信速率为375kbps时，传输距离为300～900m；当通信速率为62.5kbps时，其传输距离为1200m～13.2km。

可显示各种画面达256幅。

(1) 显示功率总加图。可将功率分量进行代数运算，可在线修改参数及对参数功率总加的分量定义。

(2)电网负荷潮流图。对各潮流方向用箭头及光点移动表示。

(3) 电网地理网架图。

(4) 系统主接线图。可以上下左右移动及窗口显示。

(5) 母线电压棒图。棒形分为单、双、三棒可选，电压上、下限值可在线调整。

(6) 显示日负荷曲线。曲线点密度为每点/5min，每点/10min，每点/15min，每点/30min，在线任选。

(7) 显示各类表格。例如各定义越限遥测表格图、各厂站遥信序列图表、各厂站电流互感器变比变动图表等。

(8) 画面菜单显示及日事项一览表显示。

(9) 开关动作、遥测越限告警显示。

(10) 各RTU运行状况显示图。可以扩展至RTU的通道接口及与前后台计算机接口的运行工况。

(11) 显示接线及表格组合的电网结构全图，在屏幕上可进行实时移动、定格及放大。

(12) 在线修改画面及表格的内容与格式。

5. 表格处理

主站可接入2～4台打印机，用于制表打印、事件记录及实现黑白或彩色硬拷贝。其主要内容如下。

(1) 定时打印，以及存入硬盘后随后调出打印。包括24小时整点日负荷报表（每小时整点有功负荷、无功负荷、总加负荷及周波等数据），24小时负荷曲线报表（每幅曲线包括当日、昨日及计划的曲线），各厂站24小时整点日报表（包括电压、周波、功率、电能量、水位等数据），每日事件一览表（包括遥信动作记录）。

(2)召唤打印以及画面显示拷贝。包括各厂站实时遥测数据表、历史负荷曲线报表、日负荷报表、历史事件一览表。

(3) 随机打印。实现各厂站开关(断路器及隔离开关)、继电保护及安全自动装置动作状况记录。其打印表格的项目包括厂站名称、线路名称、开关编号、保护信号名称、动作性质及动作时间等；各厂站的事故记录，包括事故对象、性质及发生事故的时间；各厂站的事件顺序记录，并可给出事件分辨率；各RTU、通道故障记录；遥测量越限记录，包括电压、频率及负荷值越限。

(4) 具有表格生成及修改软件包。

6. 数据信息的计算

(1) 24小时整点日最大、最小、平均负荷；月最大、最小、平均负荷。

(2) 24小时平均负荷率、24小时日负荷峰谷差值、24小时整点日高峰时段负荷合格率。

(3)当日1点/5min日负荷曲线的最大负荷、最小负荷、平均负荷、负荷峰谷差值。

(4) 电压合格率统计，并具有高、低电压时间累计。

(5) 电网事故状态情况下运行方式计算。

(6) 功率总加计算及电度量总加。

(7) 开关动作次数统计。

(8) 开关停运时间统计。

(9) 日总供电量统计。

(10) 最高、最低周波及其合格率计算。

(11) 网损计算。

7. 其它

(1) 主站具有统一的时钟系统，运行误差≤5ms，并可由上级调度系统对时。

(2) 具有自启动、自诊断及停机报警功能。

(3) 监视 RTU 及其通道正常及异常状况的提示告警。

(4) 主站具有事故追忆功能，可实现追忆电网事故前、后各 5 点数据。

(5) 可实现电网频率偏离规定值，超负荷，电压监视点越上、下限值的提示告警。

(6) 具有模拟式系统的生成、维护和测试工具软件包。

(7) 主站系统的平均无故障可用小时，MTBF≥10000h。

三、WDZ-9 型调度自动化主站

(一) 简述

WDZ-9 型主站是分布式调度自动化主站，其型号含义如下：

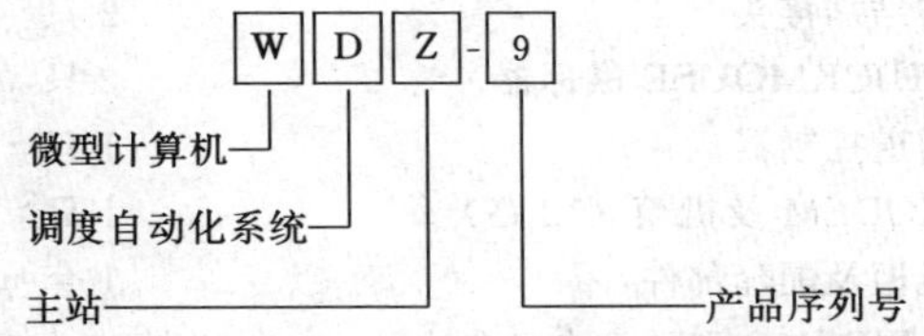

该主站使用 AST386SX/20 或与其兼容的高档工业控制微机及成熟的网络技术，构成一种结构灵活、易于扩充、性能价格比更高的分布式调度自动化系统。该主站的硬件设备在更新换代中自然升级，不会作废；在软件系统结构上，则兼顾了系统由低级向高级发展的需要按模块化结构设计，因而为系统从低层次向管理信息系统及决策支持系统的高层次过渡，以及为应用人工智能和决策技术，创造了十分有利的条件。

WDZ-9 型调度自动化主站系统结构图，见图 27-2-4。

1. WDZ-9A 型调度自动化主站

WDZ-9A 型主站采用双前置机及双后台机联入以太网的分布式系统，其结构图见图 27-2-4。其基本硬件配置如下：

AST386SX/20 或用兼容机（可由用户自选）以及配套的外存 80MHD、4MRAM	各 4 台
SVGA 1024×768 显示器	2 台
RTU 串行接口板（16 路）	2 块
AST 386PPⅢ/25 或用兼容机（可由用户自选）以及配套的外存 210MHD、4MRAM	各 2 台
SVGA 1024×768 显示器	2 台
显示卡 TVGA（1024×768，IMDRAM，256 色）	6 块
显示器 NEC5D（1024×768 或 1280×1024，256 色）	2 台
CR3240 打印机	2 台
3C503 网卡	6 块
T 型连接器	6 只
细缆绝缘头	6 只
以太网用 50Ω 同轴细缆	长度由现场确定
终结端接头	2 只
QUICKMOUSE 鼠标器	4 只
通道控制器	1 只
MODEM 及机箱（12 路）	1 只
机柜及配套部件	1 套

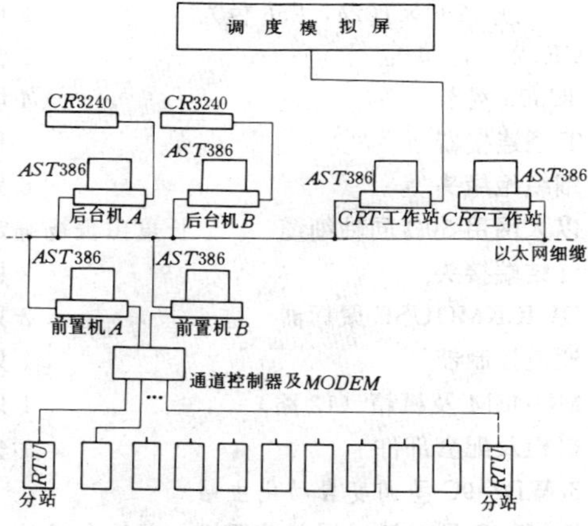

图 27-2-4　WDZ-9A 型调度自动化主站系统结构图

2. WDZ-9B 型调度自动化主站

WDZ-9B 型主站是采用单前置机及单后台机联入以太网的分布式系统，其结构图见图 27-2-5。其基本硬件配置如下：

AST 386SX/20 或用兼容机（可由用户自选）以及配套的外存 80MHD、4MRAM	各 3 台
SVGA 1024×768 显示器	1 台
RTU 串行接口板（16 路）	2 块
AST 386PPⅢ/25 或用兼容机（可由用户自选）以及配套的外存 210MHD、4MRAM	各 1 台

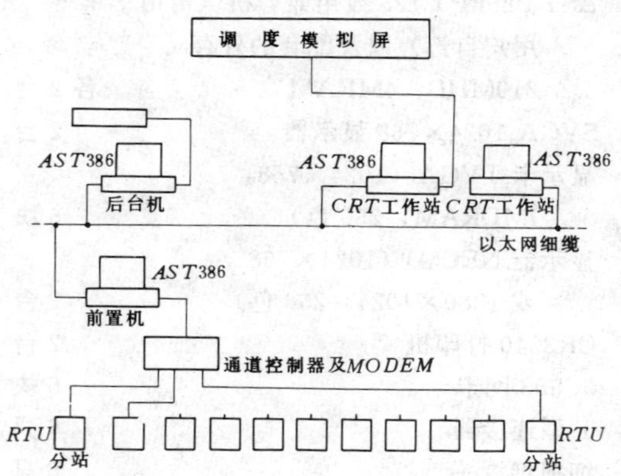

图 27-2-5　WDZ-9B 型调度自动化主站系统结构图

SVGA 1024×768 显示器　　1 台
显示卡 TVGA（1024×768，IMDRAM，256 色）　　4 块
显示器 NEC5D（1024×768 或 1280×1024，256 色）　　2 台
CR3240 打印机　　1 台
3C503 网卡　　4 块
T 型连接器　　4 只
细缆绝缘头　　6 只
以太网用 50Ω 同轴细缆　　长度由现场确定
终结端接头　　2 只
QUICKMOUSE 鼠标器　　2 只
通道控制器　　1 只
MODEM 及机箱（12 路）　　1 只
机柜及配套部件　　1 套

3. WDZ-9C 型调度自动化主站

WDZ-9C 型主站采用单前置机、单后台机及单工作站联入以太网的分布式系统，其结构图见图 27-2-6，其基本硬件配置如下：

AST 386SX/20 或用兼容机（可由用户自选）以及配套的外存 80MHD、4MRAM　　各 2 台
SVGA 1024×768 显示器　　1 台
RTU 串行接口板（16 路）　　1 块
AST 386PPⅢ/33 或用兼容机（可由用户自选）以及配套的外存 210MHD、4MRAM　　各 1 台
SVGA 1024×768 显示器　　1 台
显示卡 TVGA（1024×768，IMDRAM，256 色）　　3 块
显示器 NEC5D（1024×768

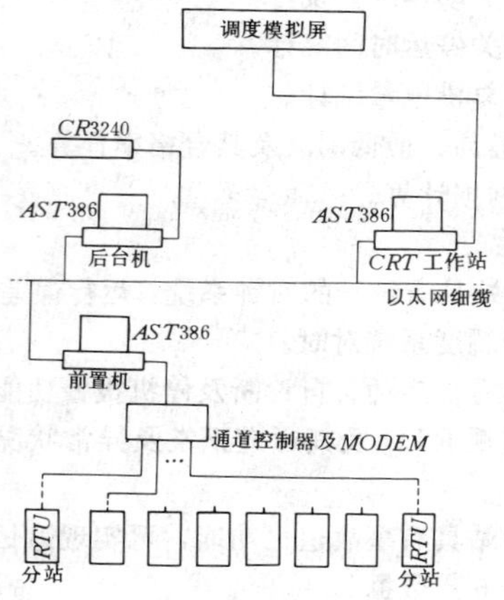

图 27-2-6　WDZ-9C 型调度自动化主站系统结构图

或 1280×1024，256 色）　　1 台
CR3240 打印机　　1 台
3C503 网卡　　3 块
T 型连接器　　3 只
细缆绝缘头　　4 只
以太网用 50Ω 同轴细缆　　长度由现场确定
终结端接头　　2 只
QUICKMOUSE 鼠标器　　2 只
通道控制器　　1 只
MODEM 及机箱（12 路）　　1 只
机柜及配套部件　　1 套

4. WDZ-9D 型调度自动化主站

WDZ-9D 型主站采用单前置机及单工作站联入以太网的分布式系统，为 WDZ-9 型主站中的基础系统，其结构图见图 27-2-7。

其基本硬件配置如下：

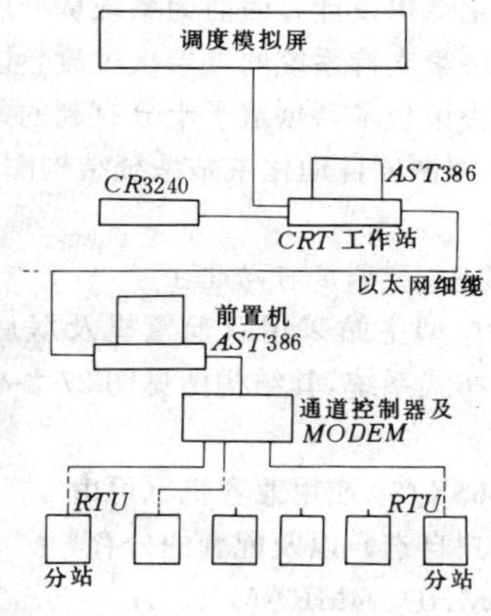

图 27-2-7　WDZ-9D 型调度自动化主站系统结构图

AST 386SX/20 或用兼容机（可由用户自选）以及配套的外存 80MHD、4MRAM　各 2 台
SVGA 1024×768 显示器　2 台
RTU 串行接口板（16 路）　1 块
显示卡 TVGA（1024×768，IMDRAM，256 色）　2 块
CR3240 打印机　1 台
3C503 网卡　2 块
T 型连接器　2 只
细缆绝缘头　2 只
以太网用 50Ω 同轴细缆　长度由现场确定
终结端接头　2 只
通道控制器　1 只
MODEM 及机箱（12 路）　1 只
机柜及配套部件　1 套

（二）功能规范

1. 分布式结构的性能特点

(1) AST-386 高性能的工业控制微机及工作站，连接在总线型以太网基础上建立起物理层和链路层，从 IPX (Internetwork Packet Exchange) 层开发网络通信软件，因而提高了大容量调度自动化系统数据传输速度，即提高了系统工作的实时性、通用性和系统扩充的灵活性。

(2) 使用了新型的高速缓存（CACHE）和扩充内存（XMS）技术，加快了系统读写磁盘的速度和暂存数据的速度。

(3) 采用独立的模块化程序结构，因此系统的软件功能扩充简单易行，功能模块可以相互隔离，所以特别适用于大系统的开发。

(4) 系统透明度高，用户可在不了解其它程序模块的情况下，使用本系统程序的友好界面及功能进行二次开发。

(5) 系统数据结构灵活，数据项可按需要任意增减，而不需变动系统程序。此外，驻留内存的数据容量，可根据用户需要自动调整，因此可以节省内存开销。

(6) 开发了封闭式事务链管理“黑盒子”，传送事务的模块只需将事务送入封闭型的“黑盒子”，处理事务的模块则可伸入“黑盒子”随意抽取处理。

(7) 开发了在 DOS 软件环境下模拟实时多任务处理方式的模块，有效地解决了多任务分时处理的问题。

(8) 画面显示与操作多样化，能在弹出菜单的基础上，实现弹出式画面显示和全屏幕修改遥信状态和发送遥控命令，以及实现立体图形显示。

(9) 联网的各机、各工作站能共享系统资源，灵活调用。但为每台机设置一定权限，以限制使用权限外资源，保证系统安全。

(10) 为应用人工智能及决策支持系统，创造了开发升级的条件。

2. 主站基本功能

(1) 信息采集：模拟量、脉冲量、数字量及状态量。

(2) 通信：按照各种 polling 和 CDT 方式的通信规约，对分站 RTU 实现上下行信息通信及对上下级 RTU 实现信息通信或信息转发。

(3) 数据处理：实现厂站的功率、电能量总加；小时整点数据值及日最大、日最小、日平均、月最大、月最小、月平均数据值计算；日负荷峰谷的最大值、最小值、负荷率及合格率计算；日供电量计算；网损计算；电压合格率计算；周波越限时间累计；开关动作次数统计；事件（数据）告警处理。

(4) 画面显示与操作：画面类型包括电网结构图、电压棒形图、负荷曲线图、调度自动化系统工作状况图等；显示内容包括设备汉字名称、编号、遥测、遥信、电能量、频率和开关状态量等；画面显示器分辨率包括 1280×1024、1024×768、640×480 三种；画面调用方式可按图名、站名、翻页等方式；画面操作可使用键盘或鼠标器完成画面调用、移动光标、修改遥信状态及发送遥控及遥调命令等。

(5) 打印制表：定点打印各种报表，而且打印间隔可调；随机打印各种操作记录、事件顺序记录、召唤打印各种异常和事故状态；定时和随机的完成画面拷贝。

(6) 模拟屏控制：可按串行和并行方式与调度模拟屏接口，用以控制屏上的信号灯，实现开关的事故变位、遥测越限时信号闪光音响报警，并实现定时或人工不下位操作以及实现模拟屏故障检测等。

(7) 双机切换方式：备用机故障只报警不切换；主机故障报警并自动切换。

(8) 数据库管理：历史数据库数据保存期一年以上；可对实时和历史数据库进行增删与修改；历史数据包括日与月报表、曲线、事项等数据。

3. 主要技术指标

(1) 工作站：多于 6 个，每个工作站配用一台键盘和一只鼠标器，可以带一台以上大屏幕显示器。

(2) 系统容量：遥测 4096 个、遥信 6144 个、遥测量及电能量总加 256 个、电能量 1024 个、事件记录 2048 个以及时间标准 64 个。

(3) 通道：全双工 32 路（可扩充为 64 路）；信息传送速率 300bps、600bps、1200bps 任选。

(4) 打印：可配置不少于 2 台打印机，一台用于报表打印，一台用于事件打印。

(5) 系统事件顺序记录分辨率＜10ms。

(6) 开关变位传送至工作站时间<3s。

(7) 遥测越死区传送时间<3s。

(8) 遥控命令传送时间<3s。

(9) 遥调命令传送时间<4s。

(10) 传送画面 1000 幅。

(11) 画面响应时间<3s。

(12) 画面刷新时间 5～10s。

(13) 双机切换时间<30s。

(14) 网络电缆总长不大于 200m。

4. 系统软件

WDZ-9 型调度主站系统软件如下：

(1) 网络管理软件。在 IPX 基础上开发，用以实现网络各节点间的通信。

(2) 通信管理软件。开发的软件模块用以实现 WDZ-9 与各分站 RTU 的通信。

(3) 操作台管理软件。用以实现系统资源管理及操作台权限管理。

(4) 实时数据管理软件。可实现系统实时数据的交互应用。

(5) 历史数据管理软件。实现各种历史数据的读取及存盘等功能。

(6) 数据处理软件。用以处理各类数据计算及事项的统计等。

(7) 图形管理软件。用于管理同图形显示有关的各种任务。

(8) 打印管理软件。实现报表打印及事件打印。

(9) 模拟屏驱动软件。将主站的实时数据接入模拟屏并实现显示。

(10) 双机切换软件。实现对双机运行状态监视及其自动切换。

(11) 事务链管理软件。用以实现各类事务功能模块间的信息传送。

(12) 多任务内核软件。实现分时多任务调度的执行。

(13) 人机接口软件。具有管理全部人机交互应用的功能。

四、WDZ-10 型调度自动化主站

(一) 简述

WDZ-10 型又称 SED-Ⅱ型，是分布式调度自动化主站，其型号含义如下：

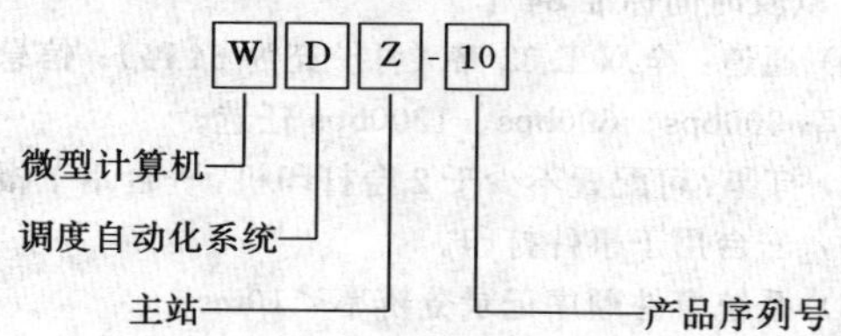

该主站使用 HP 系列或兼容的 AST、COMPAQ、LX 等系列中高性能的工业控制机—486 或 386 微机作主机或人机联系工作站；使用 PC-386 高档 32 位机或采用 INTEL3021 工业控制微机作为前置机，联入以太网，按大、中、小的规模构成分布式的主站系统，并可由 SCADA 系统扩展升级为 EMS 系统。

该主站系统中采用高速以太网作为信息传输通道，使用高档 PC 机及工业控制机管理系统任务分配及信息传输枢纽，又通过合理的网络协议减低了各 CPU 的负荷及网络通信的负荷率，从而提高了系统的实时与可用性。

在功能及人机界面上，采用了国际上流行的汇编、C 语言及 WINDOWS 操作系统，并采用了多媒体技术，增多了功能又给用户提供了友好的人机界面。

WDZ-10 型主站的总体结构为系统的提高和扩展创造了有利条件，首先从规约保证了工作站软件相对独立性，在发生系统主站主机更新的情况下，原有工作站软件则不必更新，退役主机亦可方便地开发为工作站，又由于使用了 WINDOWS 操作系统，更体现了该系统主站易于更新升级的优越性。

WDZ-10 型主站是一种新的但不面向开放的分布式系统，便于在各级电网调度中使用。该系统由前置机、后台机及工作站组成，通过以太网连接。

前置机用以接收处理分站 RTU 的数据，并具有一定的在线计算与存贮能力。

后台机主机用以存贮历史数据，并调度网络的运行。

工作站用以实现人机联系的各项功能。

WDZ-10 型主站按大、中、小三个档次配置供货，各档配置图见图 27-2-8 中 WDZ-10A 型调度自动化主

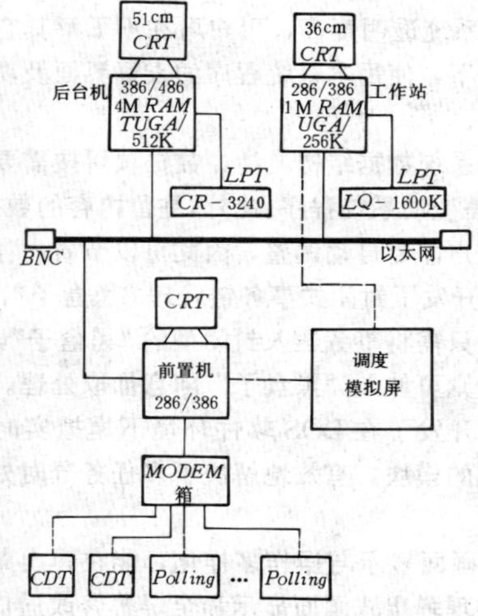

图 27-2-8　WDZ-10A 型调度自动化主站系统结构图

站系统结构图；图 27-2-9 中 WDZ-10B 型调度自动化主站系统结构图；以及图 27-2-10 中 WDZ-10C 型调度自动化主站系统结构图。其中 WDZ-10B 型中型系统，在地、市、县级调度中心内使用较多。

WDZ-10 型主站的基本配置要求如下。

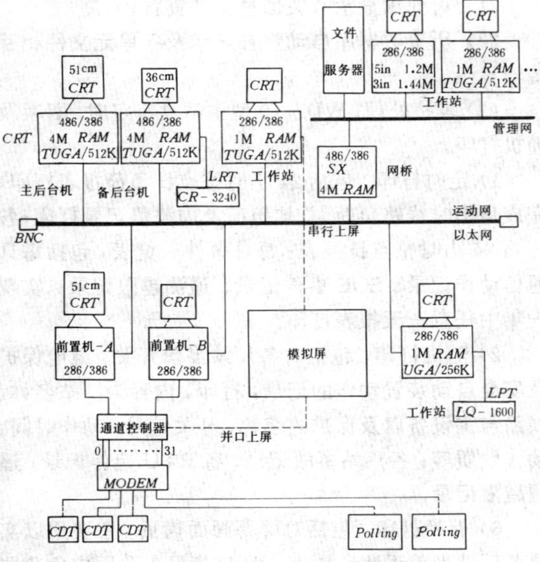

图 27-2-9　WDZ-10B 型调度自动化主站系统结构图

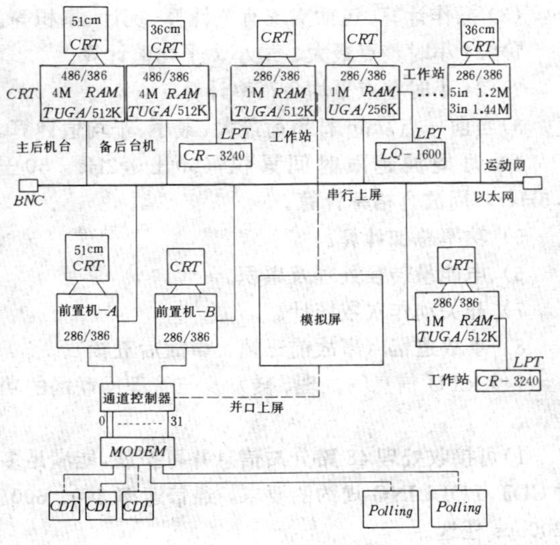

图 27-2-10　WDZ-10C 型调度自动化主站系统结构图

前置机部分：

机柜　VAX 标准

解调器箱部分：

解调器板　TJB-11，2 路 4 线全双工/每块

串行通道板　CTK，16 路带周波/每块

　　CTK-1，16 路/每块

通道控制板　TK，16 路/每块

网卡　3C503

前置机　286 机或以上的机型，包括 4M 内存、CVGA 卡、1.44M+1.2MFD 及 40M 以上 HD。可用以下机型：YH 工控 386/33、Intel3201、ASTPP3、LX386/33

后台机　386 机或以上的机型，包括 4M 内存、1.2M+1.44FD、200MHD 及 TVGA（8900 卡）的工控机。可用以下机型：HP486、HP386、LX486、LX386、ASTPP4、ASTPP3、Intel3021

打印机　CR3240

高显　NEC5D 20″

鼠标器　QUICKMOUSE

语言卡　四达语言系统

汉卡　中文之星

控显　36cm 或 51cm

（二）功能规范

1. WDZ-10 型主站系统的特点

(1)所有微型机皆联入以太网。以太网作为网络总线，其传输数据速度为 10Mbps，且与 Novell 网在物理层和链路层完全兼容，便于系统扩充。因此，网络编程既可采用 IPX/SPX 协议，又可采用针对寄存器的编程方式。

(2) 采用了专用的远动数据库及其与 DBASE 数据之间的转换程序，既保证了系统的实时性及可靠性，又便于用户在工作站上或其它微型机单元上实现单独操作。

(3) 系统的任一结点，皆可实现双机热备用，并实施软切换，因此系统不必增设硬件，又可人为地干予双机切换的时间。

(4) 系统模块化程度高，各程序可共享库函数，程序按用户要求组合，因此能发挥汇编、C 语言和 WINDOWS 操作系统的特长。

前置部分以汇编为主、C 语言为辅，有利于提高前置系统的实时性；后台机则以 C 语言为主、汇编为辅，既有利于系统功能扩展，又提高了实时性；工作站中除常规工作站外，还配备了高性能的 WINDOWS 工作站，为用户使用提供了方便。

(5) 系统组合配置灵活。前置机既可采用一般 PC 机，又可采用工业控制微型机，例如 YH386、INTEL3021 机等；后台及工作站 既可采用 HP386、486

型微机，又可采用AST、COMPAQ、LX等高性能微型工业控制机。组网的系统可大可小，大型配置可以多达20台以上，而小型配置仅需一前置及一后台机。

(6)可方便地接入各种工作站，包括报表打印、负荷监控、潮流计算等工作站，也可以与管理网联接。

(7)可使用多种卡编程，显示画面精美，例如显示立体棒图、负荷曲线的平滑处理、图形可上下漫游等。

(8)能完成全功能的人机会话，例如在线数据库的生成与维护、在线画面生成及在线报表生成等。

(9)后台主备机的历史数据自动统一，因此只保存一种历史数据，而且所有数据文件可自动修补、各工作站数据文件可相互传输，从而保证了历史数据的可靠性。

(10)前置机系统的功能强，允许进行部分在线计算，在后台主机退出工作时，仍可保留各项实时数据直至主机重新投入为止，为用户在线监测修改数据和参数带来方便。

2. 主站基本功能

(1)图形处理。WDZ-10型主站具有以下图形画面处理功能：

1)显示1000幅电网运行工况画面。

2)功率总加图显示，包括功率分量代数和运算，在线修改参数及对参加功率总加的分量定义。

3)负荷潮流图。图中带箭头代表潮流方向。

4)系统主接线图。

5)系统保护配置图。

6)厂站电压棒图，用立体棒图形显示。

7)日负荷曲线图，最多显示50幅，每幅图上标有最大值、最小值、平均值，并可在线修改计划值。曲线按10min/每点生成。

8)地理接线图，图上有工况显示与画面调用标志。

9)画面菜单，采用友好的下拉及弹出式菜单，汉字提示，分类选择，为在线操作提供了方便。

10)开关动作动态显示，可实时有声报警及存贮。

11)遥测越限时，可声光报警。

12)事故信息及事件显示及声光报警，所有被存贮信息可保留一年，历史信息随机调用。

13)画面上的遥测、遥信值使用光标选点，全屏幕操作，实现在线人工修改。

14)画面选择方便，可按热键调图、关联调图、特殊画面调图及常用画面选择等四种方式调用。

15)主站系统运行监视图，可显示前置机、后台机、工作站、RTU及通信道运行状态。

16)在线人工修改系统时钟及全系统对时画面校核显示。

17)在线调用昨日曲线画面。

18)手动或自动画出开关、线路检修的接地符号及旁路替代功能。

19)可在彩色显示器上显示多幅窗口画面，且图形可上下左右移动。

20)在线修改报表与历史数据画面。

21)可弹出显示开关信息文件资料。

22)历史数据库自动修补显示及各单元文件相互传输显示。

(2)表格处理。WDZ-10型主站具有定时、召唤及随机打印。

1)定时打印。包括24小时整点日负荷报表打印，完成每小时线路负荷、总加负荷及周波值记录打印；各厂站24小时整点日报表；每日事件一览表，包括每日遥信动作记录、SOE事件记录、遥测越限记录；实现一年中任意一天报表打印。

2)随机打印。包括对各厂站当前开关、继电保护及安全自动装置动作的记录，打印，内容为厂站名称、线路与主设备以及保护的名称、开关编号、动作时间、动作性质等；各厂站事故记录；各RTU启停记录；遥测越限记录。

3)召唤打印。包括对屏幕画面拷贝，主要用以实现各厂站当前遥测参数表、日负荷报表及历史负荷曲线的记录打印与拷贝；提供全屏幕编辑制表软件包；可将历史数据库转换成标准DBASE数据库，便于用户进行各种统计操作。

(3)操作计算。包括实现有关计算、统计、累积等。

1)24小时整点最大、最小、平均值计算。

2)24小时整点平均负荷率计算。

3)当前一点/min日负荷最大、最小、平均值计算。

4)月周波越限时间累积（50±0.2Hz、50±0.5Hz)，周波合格率计算。

5)功率总加计算。

6)电能量转换处理及累积。

7)开关动作次数统计。

8)事故追忆（事故前三帧、事故后五帧)。

(4)RTU信息的处理、转发及与管理网联网的功能：

1)可接收处理48路分站信息并可扩展，能满足多种CDT/POLLING规约的要求，通信速率300、600、1200bps任选。

2)可向上级调度转发信息，CDT/POLLING多种规约任选。

3)可实现遥控、遥调功能。

4)能方便地与管理网联接。

(5)WINDOWS工作站功能：

1)对多画面可同时监控。

2）图形可任意移动，能固定在任意位置。

3）图形可任意放大缩小。

4）在画面上实现遥控与遥调操作简单方便。

5）周波偏移及越限时间可任意大小。

6）满足标准多任务系统多窗口工作的要求。

7）实现语言报警。

（6）能满足主站串行或并行上模拟屏的要求。

3. 主要技术指标

（1）主站总容量可采集处理所有分站的遥测量、电能量、遥信量及事件。

（2）可采集处理 48 路 RTU 的数据，传送速率 300、600、1200bps 任选。

（3）画面生成 1000 幅，图形分辨率 800×600、256 色及 1024×768、16 色。

（4）调用画面响应时间<3s，画面刷新时间 3～5s。

（5）遥信变位优先传送，变位传送至工作站的时间<3s。

（6）主备机自动切换时间可调，不大于 30s。

（7）使用 3C503 网卡，网卡干线段距离 300m，网络干线段最大为 8 段。

五、GDZ-1 型调度自动化主站

（一）简述

GDZ-1 型主站是面向开放的分布式调度自动化主站，其型号含义如下：

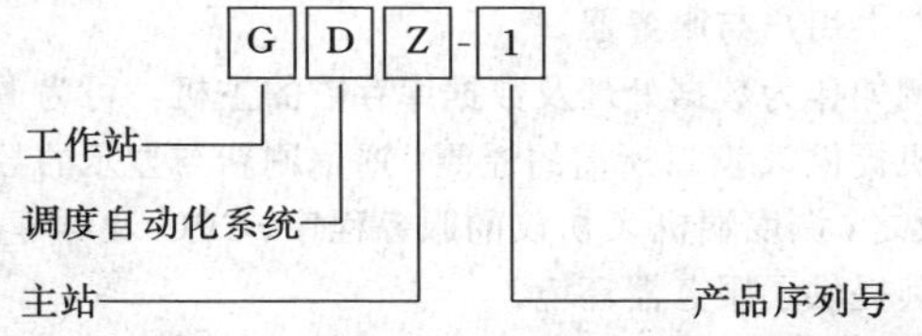

GDZ-1 型主站不同于前述各型主站，他是在国内率先推出的新型分布式调度自动化系统主站。他能支持分布式体系结构的开放系统，由于采用了 RISC/UNIX新型机种及相应的国际标准和工业标准，从而形成了面向开放的分布式系统主站。

新一代主站的成功开发，为各级电网调度中心提供了能够立足于长期使用，便于扩充升级，而已开发软件及硬件资源又不会报废的换代产品。

GDZ-1 型主站的基本特点如下。

1. GDZ-1 型主站是符合国际标准、工业标准的开放系统

GDZ-1 型主站采用了当今计算机四大核心技术（OS、硬件、网络、图形接口），全面立足于开放工业标准上，从而使其具有独立于厂商并遵循国际标准的开放环境，具有良好的系统更新及拓广性。GDZ-1 系统开放平台的构成见表 27-2-1，其中：

（1）SUN/OS 为 UNIX 操作系统产品的主力版，符合公认的 POSIX 国际标准。

（2）SUN/SPARC 工作站基于先进的精减指令型的 RISC 计算机结构，因此具有很高的性能价格比。

（3）图形用户接口（GUI）采用最新国际标准 X Window 系统，成为基于网络的多任务的窗口和图形系统。

（4）立足于 TCP/IP、NFPS 网络环境，为 GDZ-1 提供了一种开放的分布式计算环境。

（5）使用国际图形标准 GKS 和 PHIGS。

（6）网络通信数据表示按规范 XDR。

（7）具有分布式计算环境 Solaris。

2. 提高了系统性能

（1）由于 RISC 计算机的处理速度高，为系统的数据提供了先进可靠的实时响应指标。在完成相同功能的条件下，GDZ 型主站性能价格比高于其他同类产品六倍以上。

（2）任务分配到各高性能工作站/服务器，面向开放、分布，使任务方便可靠地并行运行。

（3）实现开放的运行环境，为系统扩展提供了十分方便的条件。

（4）系统的存贮容量增加，使实时数据的动态存贮量增大。

（5）图形用户界面更精美、更方便、更友好，生成及调用时间更短。

（6）为多窗口、多任务及画面显示环境增加了透明度。

表 27-2-1　GDZ-1 型调度自动化主站开放平台构成表

<table>
<tr><td colspan="5">GDZ-1 应用软件</td></tr>
<tr><td>TCP/IP，NFS，XDP</td><td>OPENWIN</td><td rowspan="2">GKS
PHIGS</td><td>SQL</td><td>C，C++</td></tr>
<tr><td>ETHERNET</td><td>X/OPENLOOK</td><td>INTFREACE</td><td>FORTRAN</td></tr>
<tr><td>NETWORK
（网络环境）</td><td>GUI
（用户接口）</td><td>GRAPHICS
（图形标准）</td><td>DBMS
（数据库）</td><td>LANGUAGE
（语言）</td></tr>
<tr><td colspan="5">OS/UNIX</td></tr>
<tr><td colspan="5">RISC/SPARC</td></tr>
</table>

3. 系统价格适配性能好

系统配置可使用单主机/服务器/调度端机系统，亦可采用多机/多工作站系统，并构成机间独立的冗余系统。其中，调度端机还可采用开放的多座位方式，以X协议为基础的图形显示工作站（简称X—图形工作站），以满足用户的多种系统价格/配置的指标要求。

4. 实现了多任务/多进程系统运行/操作的全新概念

以全新的系统运行及X窗口多画面模式，反映多任务/多进程的工作方式；工作站多画面并行任务处理/显示的一机多屏面效应，完全摆脱了以往常规调度自化系统的模式。

5. 高可靠性

使用允许连续工作的工业控制型高档微机构成的工作站，其故障率甚至低于0.01%，可靠性极高，因而使得系统的可靠性大为提高，其MTBF值大于10000h也是容易达到的。

（二）系统总体结构

1. 系统模式

GDZ-1型主站采用分布式节点配置模式，也是一种拓扑结构形式，其结构示意图见图27-2-11。

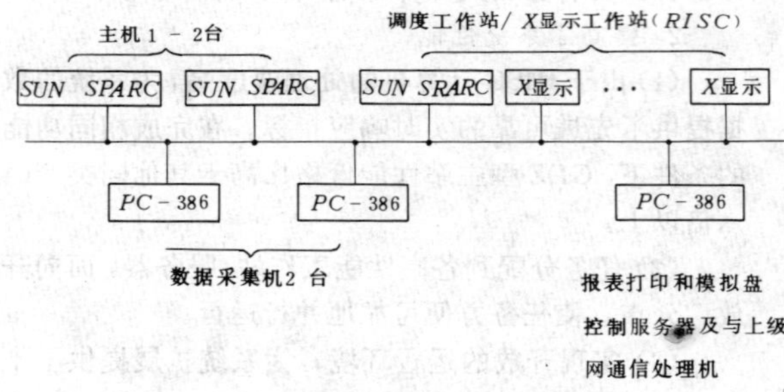

图27-2-11　GDZ-1型调度自动化主站系统结构示意图

由于GDZ-1系统按拓扑网络节点配置，因此系统规模可大可小，价格可高可低，品质可升可降，但其基本配置相同。

(1) 主机使用SUN/SPARG工作站：

1）高性能RISC结构，其处理能力可达28.5MIPS，4.2MFLOPS。

2）3.2MB RAM，424/双424 MB HD（硬盘）。

3）GX图形加速器。

4）150MP卡式磁带机。

5）36、41、48cm单色、灰色、彩色图形显示器（根据用户需要可选）。

(2) 调度端机：根据配置需要，调度端机提供三种方式可选。

1）20″SUN/SPARC　STATION Ⅱ系列工作站。

2）X—图形工作站（51cm彩色，1280×1024图形显示器）。

3）1～2台SPARC STATION，数台X—图形工作站。

X—图形工作站（窗口多画面显示）是当前先进的支持X协议的图形设备，它是为使用X协议为窗口的图形系统实施网络联结而优化设计的。由于X协议为一开放的公共标准，因而X—图形工作站具有适合于调度计算机应用领域追求友好用户界面的良好条件。

(3) 数据采集机及信关机，均采用与IBM PC386兼容系列微机或工业控制机。

2. 用户—服务器网络通信模式

GDZ-1型主站的网络通信结构建立在用户—服务器通信模式的基础上，它利用了拥有RISC技术的工作站/服务器及其UNIX操作系统的Solaris；利用了X—图形工作站和图形用户接口OPENLOCK；利用网络文件系统NFS和开放网络计算环境ONC，连接不同厂家计算机资源，形成一个功能很强的计算机网络。其优越性还表现在可由多厂家硬件集成，形成相容的异种机环境；任务划分可实现高效处理；网上资源可实现透明访问；资源集成的成本低，以及便于解决复杂性高的课题等。

网络节点包括：SUN/SPARC工作站；调度端机；X—图形工作站；数据采集机及报表打印/信关机，皆互为网上用户与服务器。

例如作为数据处理及数据库存贮的主机，可为调度端机提供X窗口所需的遥测、遥信刷新与显示的数据；反之，调度端机X协议的服务程序、CPU及屏幕，又为其提供了服务器环境。

用户—服务器结构，为本系统的资源共享、网络传输速率、系统规模与配置的可变性以及为保护投资诸多方面，创造了十分有利的条件。从逻辑链路及冗余的角度看，系统网络上的节点又互为一对二的关系，一对二的逻辑链路关系图见图27-2-12。

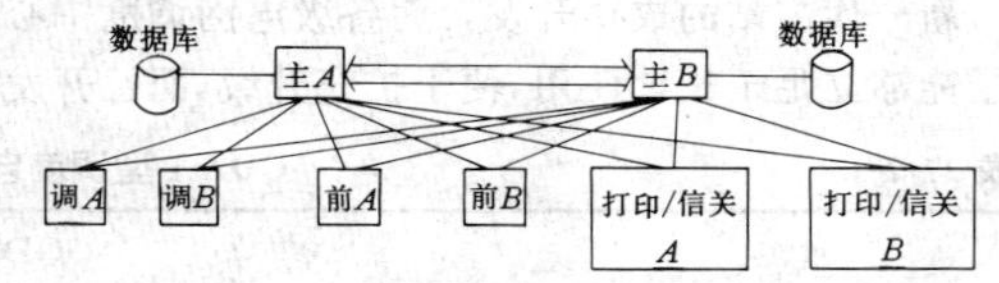

图27-2-12　GDZ-1型调度自动化主站一对二逻辑链路关系图

一对二及前、后双机热备用，可以大大提高网上通信的安全性、可靠性及其健康程度，并可提高切换速度及实现无挠动切换。

3. 任务（进程）分布模式

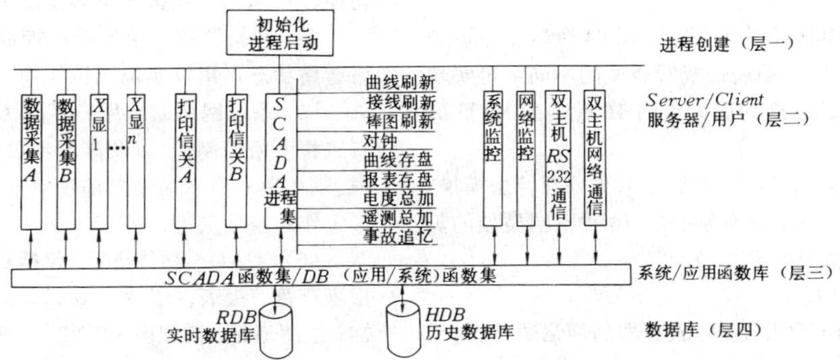

图 27-2-13　GDZ-1 型调度自动化主站系统的数据处理/通信进程结构图

用户—服务器结构不仅是用户与服务器在网络上的连接与通信，更是一种优化模式。优化的核心是应用程序、数据和处理任务在网络上的分布，这种用户与服务器间的逻辑关系比物理连接更有意义。

从外部看，用 PC 机或 SPARC 工作站作为用户，可运行应用程序，共享服务器，且每个用户运行相互独立。

从内部看，用户与服务器上各自进程，主机有数据库的服务器进程和数据库；其它用户节点上有应用程序进程和数据库的用户进程；调度端机上的显示服务进程将随时接纳主机及打印端机的用户请求。

从单个系统诸进程看，进程间又构成用户—服务器结构模式。在主机系统中，多任务环境内可由多进程协同处理一个任务。服务进程等待用户进程请求，服务进程按叠代方式设计，如系统中的 SCADA 的定时进程或并发服务方式，即用以激活其它进程完成服务请求。进程间的功能可相互独立。

GDZ-1 型主站系统采用 UNIX 最流行的通信协议的应用程序接口，即 SOCKET 通信接口。

系统采用 UNIX 域与 INTERNET 域允许同一节点中任意两进程、或不同节点间进程进行通信，并使用面向连接的、可靠的 TQ/IP 数据流的通信格式。

系统不采用简单肯定确认的机制，以保持网络传输报文分组的饱和状态，获得大的吞吐量，从而大大增加了系统运行实时性的响应效率。

为使报文内容本身发送正确，还具有网络信息的出错进程，一旦报文信息出错，则在窗口左下角立即显示“网络信息错”信号。GDZ-1 的数据处理/通信进程结构图见图 27-2-13。

4. 系统软件模块

根据系统结构及功能要求，GDZ-1 型主站系统配置以下软件功能模块：

(1) 主控模块。管理系统各进程的运行状态，包括进程生成与死区处理、消息传递及模块之间的协调。

(2) 图形用户界面。采用 X 窗口技术，在最终用户、应用程序和操作系统之间提供一种可视化接口。

(3) 图形库。可完成电网运行显示文件管理与存贮，图形元件基于国际图形标准 GKS、PHIGS 构造。

(4) 数据库管理系统（DBMS）。根据电网特点开发的实时关系型 DBMS，可提供国际标准数据库语言 SQL 接口，又借助于窗口管理技术，提供了数据维护的人机界面，可用于对数据库 DB 实现各种操作。

(5) 网络支持。网络拓扑结构采用总线型，网络通信协议则基于国际标准传输层协议 TCP/IP，网络支持模块具有的主要功能为：提供网络上各机间数据传输接口；对网上数据正确性、有效性进行检测；以及数据流向管理。

此外，还采用开放网络文件系统 NFS，用以实现各机之间的文件传递，并共享软件资源与外设。而对网络通信软件，则采用客户—服务器网络通信机制开发。

(6) 数据处理。包括实现数据采集及通信；报表打印及信关机数据处理；主机、服务器数据处理及通信（网络监控及系统进程监控、各种计算与统计、数据过滤及排错、报警与信息通知）；实现调度端机图形用户接口及网上通信。

(7) 系统工具软件。实现系统性能监视；网络进程监控的人机界面；系统进程监控的人机界面；绘图；制表；数据定义。

（三）数据采集与通信子系统

数据采集与通信子系统，完成前置机与厂站端的数据通信及数据采集机与处理机间的网络通信。

1. 数据采集与通信子系统主模块

主模块内 IRQ4、IRQ5 分别为两个硬中断模块。

IRQ4 实现数据采集机与厂站端数据通信功能。

IRQ5 实现数据采集机接收数据处理，发送数据组帧及系统状态（包括网络运行状态、周波处理、时钟、主备机状态）的显示功能。

FERT 被 IRQ4 模块调用，实现 64 个数据通道的收发功能，根据厂站端通信规约类型的不同，可实现 polling 规约和 CDT 规约两大类的 16 种类型 RTU 的要求。

FEP 被 IRQ5 所调用，为数据采集处理算法模块，对 64 个通道接收的数据分别提供 16 种不同类型的算法（对应 16 种型号的 RTU）。

2. 网络通信模块

数据采集机与数据处理/服务器的网络通信，是依靠 TCP/IP/PC—NFS 的 ETHERNET 网（以太网）来实现的。在传输层上，则使用 API 的 Socket 技术，用以实现数据采集机与数据处理机之间的实时数据通信。

3. 系统初始化模块

用于系统运行前改写微机的中断向量表，并初始化 CTK 板的 8253 芯片。

4. 通用子程序模块

用以实现遥测量统一数据格式处理；统一遥信开关状态；遥测量有效性处理；遥信变位 SOE（事件顺序记录）；遥测值越限 SOE；通道故障 SOE；电能量的数据处理；生成报表及通道复位处理等。

（四）主机/服务器数据处理

1. 系统具有的主要数据空间

(1) 进程信息控制表。包括进程名、进程状态、错误码、进行次数、越时时间等，用以实现系统启动、系统进程监控、双后台及双前置机切换、进程间通信唤醒等功能。

(2) 网络信息控制表。包括节点名、节点 INET 地址、连接状态进程间通信任务标志，用以实现网络通信及进程间任务处理。

(3)实时与历史数据库。包括存贮全系统所需之参数及数据。

2. 主要功能进程

(1) 初始化进程。建立进程及网络控制表，并根据进程控制表启动各进程并等待死区后再调度。

(2) 网络进程。根据网络控制表建立服务器接受用户请求，实现高速数据传输，调用 SCADA、实时及历史数据库参数，实现数据处理。主要包括接收前置机的全数据、存入实时库实现遥测越限检查、死区计算、数字滤波、事项处理以及计算最大与最小值等。此外还根据进程间通信任务标志，接受其它进程任务并加以处理。网络进程包括双后台机通信进程、前置调度及信关通信进程。

(3) 系统进程监控。根据进程控制表内的数据得到进程运行状态，可实现死循环处理、错误处理、双机切换、唤醒初始化进程及再调度等进程。

(4) 网络监控。根据网络控制表内数据得到各网络链路状态，用以实现双机切换。

(5) 系统网络监控用户界面（监检工具）。用以查看进程网络控制表，以及修改参数、停止及运行某一进程。例如单后变双后及单前变双前或反之；增减 X—图形工作站及信关等。

(6) SCADA 功能进程。包括实现曲线 5min 存盘；报表存盘、报表打印及 X 显示；遥测总加及电能量总加；遥测追忆；接线图、棒图、全日曲线图刷新及对钟定时。

（五）打印/信关机数据处理显示系统

打印/信关机采用商用或工业用 80386PC 机，配置两台打印机，用于系统的事项及报表打印，同时实现调度模拟屏的控制，管理网通信及负荷控制。

（六）X—图形工作站用户的界面及图形子系统

采用了基于图形和窗口信息通信规程上的工业标准网络窗口系统，即新一代的 X 窗口技术系统。该系统的用户图形应用界面及图形系统则按此国际图形标准 GRS 开发而成，其特点如下：

(1) 提供了一个可重新设计窗口层次及能支持高性能的且不依赖于设备的图形。

(2) 该系统是建立在异步网络协议上，而不是建立在过程与系统调用的基础上。

(3) 支持 TCP/IP 网络协议。

因此，这是适应性很强的窗口系统，便于资源共享，利于软件移植，并与所使用的机型和 OS 无关。

（七）数据库管理及应用

数据库管理系统是专为远动系统开发的，针对远动的特点，该数据库分为两种：一种是历史数据库，数据被存放在磁盘上；另一种是实时数据库，数据存入内存。数据库为关系型数据库，共分为以下三个部分。

1. 词典管理

主要用于数据库词典的建立、修改和信息查询。

2. 数据库管理

主要用来对数据库的操作，包括对数据库的查寻、修改、删除、插入等。

3. 数据库用户界面

可以用他提供一个用户操作数据库的友好人机界面，使用户能够很方便地对数据库进行操作。

（八）系统及网络监控用户界面

1. 系统及网络进程监控人机界面

用以实现用户监视进程、网络运行情况及网络的管理进程，使用户可在线改变进程运行参数和网络参数，及增减配置改变系统状态。如修改进程定时启动时间、监控时间、网络链路口地址、节点名、任务标，以及增加调度端机信关和在改变单前为双前、单后台机变双后台机时，不停止系统运行。该系统的主要功能如下：

(1) 可动态监视系统各进程运行情况，包括运行状态、运行次数、监控超时时间，并可进行修改。

(2) 可动态监视网络情况，包括链路状态、任务标志、断链次数，并可进行修改。

(3) 可监视及修改系统状态，包括主后台机和前置机状态。

(4) 可方便地增减配置，如运行/停止一个调度通信进程，运行后台机通信进程可使单后变双后，再运行一个前置机通信进程，可使单前变双前，且实现热备用。

2. 系统性能监视图形人机界面

(1) CPU。

(2) SWAP 区。

(3) 硬盘交换率。

(4) 运行进程平均数。

(5) 网上数据个数/s。

(九) 系统主要功能

1. 数据采集

(1) 模拟量：电流、电压、有功、无功、功率因数及主变压器温度等。

(2) 数字量：频率、电能量、水位等。

(3) 脉冲量：脉冲电能量。

(4) 状态量：断路器、隔离开关、有载调压变压器抽头位置，主保护及安全自动装置动作状态，厂站事故总信号、下行通道故障信号，GDZ-1 的主电源停电、机组发电或调相运行状态及机组自动操作器或自动调节器位置状态等。

2. 数据处理

(1) 系统的及各厂站的有功总加、无功总加及电能量总加。

(2) 电压合格率、周波越限时间累计。

(3) 开关动作次数统计。

(4) 各类事件告警（电网运行事件、主站系统事件及其它事件）。

(5) 日总供电量、本网供电量和网损计算。

(6) 对 24 小时整点数据以及日/月最大、最小及平均值的处理计算。

(7) 连续模拟量输出记录：包括各类遥测值、负荷曲线、周波曲线。

(8) 遥测值追忆。

3. 屏幕显示

(1) X—图形工作站提供的画面类型：包括厂站接线图、网络潮流图、负荷曲线图、周波曲线图、主站系统总图、电流/电压/有功与无功历史/实时曲线图、动态棒图、系统窗口图、棒图越限对比色彩刷新、实时/历史数据报表、事件追忆重演曲线图、电网地理位置图、实时事件弹出、遥测/遥信/电能量/潮流设计窗口图、网络节点切换窗口图、报表修改、DB-TTY 窗口图及各类 ICON 画面。

(2) 显示方式：多窗口、事故时自动屏幕显示，定时显示、实时显示及随机调显，多画面实时比较、系统性能 ICON 常驻屏幕、模拟屏不下位操作用画面。

4. 打印输出

(1) 定点打印日、月报表。

(2) 召唤打印实时、历史报表。

(3) 随机打印异常及事故状态与参数（开关变位、遥测越限、监控对象状态等）、各种操作记录（遥控操作记录、交接班记录等）。

5. 数据库管理

(1) 历史数据库：包括磁盘文件中的日、月报表数据、曲线数据、历史事件数据、系统参数数据，保存一年。

(2) 实时数据库：锁定于内存实现高速访问。

6. 网络通信

(1) 用各种规约实现与各相应 RTU 通信。

(2) 实现各节点主机与工作站的网络数据收发。

(3) 实现模拟屏（并行与串行接口）的控制。

(4) 实现报表打印、事件打印的实时控制。

7. 网络通信监控

(1) 对网上各节点网络通信状态的监视。

(2) 形成事件及对前置主、备机实现切换。

8. 系统监控

(1) 实现对工作站主机中各进程状态监视。

(2) 实现对工作站主机运行状态监视。

(3) 完成双工作站主机切换。

9. 系统高层的功能软件

可实现下列功能模块逐项开发：状态估计（SE)、最佳潮流计算（OLF)、自动发电控制（AGC)、安全分析（SA)、短路电流分析（SCA)、经济调度控制(EDC) 及其它用户所需的高层功能模块。

10. 绘图工具

(1) 具有绘图元素库：包括各类曲线、填充、拖动工具、接线图的常用符号图形，以及遥测、遥信、电能量、TIDE 设计窗口的地理位置。

(2) 图形参数：包括颜色库、字符尺寸及线型等。

(3) 读图及存图。

(4) 查询：查看当前图上遥测、遥信等量值的属性信息。

(5) 存库：可存图于历史数据库 DB 内。

11. DB 操作

(1) 主控台 X—图形工作站人机界面。

(2) 字符终端人机界面。

(十) 系统主要技术指标

1. 最大数据采集量

(1) 遥测量：6144。

(2) 遥信量：8192。

(3) 电能量：2560。

(4) 事件记录：2048。

(5) 总加量：768。

(6) 水位量：128。

(7) 频率量：128。

(8) 4bit 工作状态：256。

2. 通道

与 RTU 或下级调度通信，可实现 64 路串行全双工，传输速率为 300、600、1200bps 可选。

3. 通信规约

满足各类 POLLING 方式或 CDT 方式的要求。

4. 冗余

后台机及前置数据采集机可实时自动切换。

5. 画面显示

(1) 画面分辨率：1152×900 及 1280×1024。

(2) 画面响应时间：OPENWINDOW 画面响应时间≤1s。

(3) 窗口显示：可同时多窗口显示，各窗口之间可以重叠，窗口可流动。

6. OPENLOOK GUI 风格

(1) 框架、面板、油画、文本、TTY。

(2) 按钮、通知板、菜单、滚动条、游标、ICON。

7. 各类接线图

可以以所选图形中心为基点，无限镜像伸缩，可一次恢复原尺寸。

8. 数据采集双机事故自动切换时间。

数据采集双机事故自动切换<4s。

9. 开关量变位传送至主站时间

开关量变位传送至主站≤1s。

10. 实时事件窗口弹出到 X—图形工作站的屏幕最上层时间

实时事件窗口弹出到 X—图形工作站的屏幕最上层<6s。

11. 事件追忆返演曲线画面

可同时追忆返演 20 个事件图。

第 27-3 节 远动终端（RTU）

一、简述

电网调度自动化系统主要由主站、分站及信道三部分组成。分站习惯上又称为远动终端，即 RTU (Renote terminal unit)。

RTU 是用来实现 SCADA 系统数据采集与监控功能的基本设施，现代 RTU 毫无例外地采用了微型计算机，从 8 位机到 32 位的高档微机皆得到了广泛的应用。

RTU 的硬件、软件及其功能不尽相同，但系统主站与各分站的通信规约必须一致。当 RTU 与主站的通信规约不一致时，需要在主站（或分站）实现规约转换，方能实现数据采集与传输。

远动通信规约分为两大类，即循环传送（CDT）与问答传送（polling）两类。在我国由于历史的原因，两类传送方式的规约将在今后相当长时期内继续并存使用，因此 RTU 产品需同时满足两种或其中之一的要求。

(一) 循环传送式远动规约（CDT）

主站与分站之间，上行信息由分站不断循环传送到主站以实现信息数据的采集与传送。为了提高信息数据的传输效率及实时性，具有中国特色的 CDT 方式是按帧分类和插入传送的方式，但数据码与 IEC 国际标准取得一致；此外，还增加了系统对时功能，改进了同步码，对电能量脉冲采用了多种传送方法，以及增加了命令类型等，在这些改进的基础上，制定了我国电力行业标准的 DL451—91 CDT 规约。CDT 方式易于实现一发多收，但每台 RTU 需占用通道。

(二) 问答传送式远动规约（polling）

主站与分站之间，按主站主动对各分站依次实现有问则答的问答式传送，因此 RTU 接入通道的方式比较灵活，多台 RTU 可以共用一个通道，易实现主站与各分站的对时。

按 polling 传送方式的 RTU，起初多属舶来品，在 80 年代中期引进消化的基础上认识到，要想制订一个我国自己的问答式规约或套用某一引进产品的规约都不现实，唯采用 IEC870 国际标准，为此我国的 polling 规约已确定使用 IEC870—5、IEC870—6 版本的相应规定，并将随 IEC870 国际标准的更新而不断更新。

(三) 国产 RTU 的简要情况

国内 RTU 的供货厂商较多，但其产品基本上可以分为以下两种。

(1) 一是由国内自行研制开发生产的产品，例如：

1)由电力工业部南京电力自动化设备总厂生产的 SZY 系列 RTU。

2)由电力工业部南京自动化研究院所属企业公司生产的 MWY-C 系列 RTU。

3）由烟台东方信息产业集团总公司生产的 DCF 系列及 WDF 系列 RTU 等。

（2）一是引进技术或国外产品生产的 RTU，例如：

1）由电力工业部南京电力自动化设备总厂引进英国西屋系统公司的 μ4F 型 RTU 生产的 N4F 型 RTU。

2）由电子工业部第六研究所等研究所或公司引进美国 SCI 公司的 SC-1801 型 RTU 生产的 HS·IAS-1801 型 RTU。

在国内十多个厂商中共生产了数十种 RTU，在本书中不能一一介绍，仅列举以下几种，供设计中参考。

二、MWY-C3 型多功能远动终端装置

（一）简述

MWY-C3 型 RTU（以下简称 C3）以 Intel 公司 OEM 标准模板为主体硬件，采用高级过程控制语言编写主体软件；使用了先进的接插件联结技术，全面实现了遥测、遥信、遥控、遥调、电能量采集及当地集控等多种功能的 RTU。

C3 已在国内的水电站、火电厂、变电所中得到广泛应用，也在引水排灌、铁道运输、港口码头、公用事业、冶金石化等各类行业中得到推广使用。由于 C3 还具有与进口 RTU 相当的 MTBF 值与功能指标，以及兼容的通信规约，因此其性能价格比较高，在许多情况下可用来代替进口 RTU。该产品由南京自动化研究院南瑞电网控制公司开发生产供货。

（二）基本技术特点

C3 以 Intel 公司 OEM 标准模件为核心部件，配置自行开发的标准系列接口模件构成。接口模件包括模拟量输入扩展、数字量输入扩展、继电器触点输出、模拟量输出、脉冲量及数字量输入扩展、电容滤波与调制解调器以及语音报警等。

在配置中通常还包括一台黑白字符显示终端（CRT），二台针式打印机，用以打印事件记录及日报表，以及遥控执行柜、变送器屏等。此外，用户还可根据需要选配 IBM/PC 机及汉字打印机、大屏幕彩色显示器等组成多功能的当地监控系统。MWY-C3 型 RTU 的结构框图见图 27-3-1。

MWY-C3 型 RTU 的基本特点如下。

（1）C3 具有与同类引进 RTU 相当的 MTBF 值，但结构更简单，并具有组合灵活、容量可扩、维护方便、稳定可靠以及当地功能强等特点，因此性能价格比优于引进的同类 RTU。

（2）C3 除少量实时性要求很高的软件模块采用汇编语言进行编制外，其他所有模块均采用高级过程控制语言编制，因而具有结构化模块、数据结构通用、易写易读、修改方便等优点，从而使开发周期比起汇编语言缩短了 80%～90%。

（3）C3 具有实现同步或异步通信，CDT 或 polling 规约，以及二者兼容的各种模式。适用于我国电力行业标准的 DL451—91 规约、IEC—870 国际标准规约以及引进的 SCADA 系统 RTU 的其他规约。

（4）C3 具备 Intel 公司系列化产品向上兼容的性能，能满足较高层次用户的需要，可方便地升级为 16 位高档机，除原有功能外，还能对多达 16 个子站实现数据采集与监控，可构成一个完整的实时监控系统。

（5）装置采用了接插件联结方式，取消了柜内的人工配线和焊接等工作量，因而缩短了装配及调试周期，提高了运行可靠性。由于采用了超薄型端子排，有效地扩大了装置的接口能力。

（6）C3 型 RTU 抗干扰能力强。经专用干扰仪测试表明，在 2500V、100kHz（交流电源对大地）及 1000V、100kHz（交流电源火线与中线之间）的强干扰条件下可保证正常运转。

（三）主要技术指标

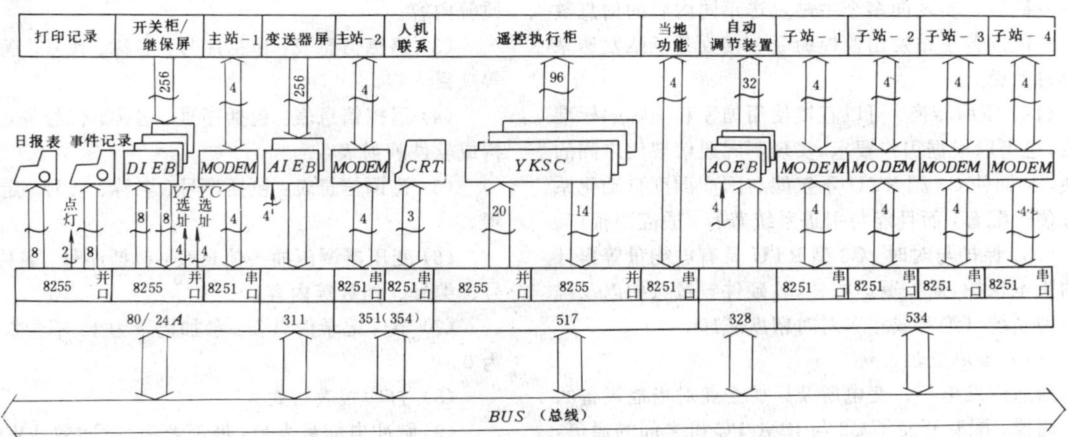

图 27-3-1　MWY-C3 型远动终站总结构框图

（1）典型配置容量：

遥信（YX）　128/256（可扩）

遥测（YC）　64/128（可扩）

遥控（YK）　16/32/64（可扩）

遥调（YT）　2/4/8（可扩）

事件记录（SOE）256（在遥信容量内任选）

（2）事件分辨率：站内±3.3ms。

（3）A/D、D/A精度：

A/D　<0.05%（±0.025%）

D/A　<0.1%（±0.05%）

（4）脉冲量输入、数字量输入数量任选，需占用遥信容量。

（5）继电器触点输出数量任选，需占用遥控容量。

（6）通信道：

通道方式　有线、电力线及电缆载波、微波等（双工/单工）

传送速率　300/600/1200bps（任选）

（7）传送方式：同步、异步（有或无同步字头）可变帧长循环传送（CDT）或问答式传送（polling）。

（8）诊断测试：可在线测试装置运行工况、画面修改、在线人工置数（修改YC系数值，脉冲电能量，总加量，制表打印周期）、人工校时等，具有自诊断、自恢复、自生成的功能。

（9）上位机接口：配备一个RS232C标准串行接口，可实现与IBM/PC机的通信，并能实现彩色画面、负荷曲线和各类表格的调用以及汉字打印制表。

（10）转发与监控：可以接收处理多达6个子站的信息数据，经再编辑转发至上一级主站，并能对这些子站进行实时监控。当CPU板改用16位微机单板时，则可接收处理8～16个子站的信息数据，并能对这些子站进行实时监控，从而构成一个实时监控系统。

（11）多发多收：可根据用户的要求，编制不同内容的发码表，实现向多个主站发送不同内容的信息数据，并能向各子站发出监控命令和接收各子站发送来的信息数据。

（12）规约转换：可以直接使用国家和国际的标准规约，也可以根据用户要求，实现不同通信规约之间的转换，从而使C3型RTU不仅能与国产调度自动化系统方便的配套，而且能与引进系统兼容，适应面很广。

（13）保护与对时：C3型RTU具有电能量等累计量的失电保护，遥控返送校核，软硬件数量保护以及统一时钟系统（绝对或相对对时精度≤10ms）。

（四）当地监控系统

为适应发电厂、变电所及厂矿企业对当地设备的监控需要，配套开发了C3与IBM/PC机之间的通信，并编制了相应的接收处理、显示打印及键盘测试等软件，从而使C3与IBM/PC机以及外设共同构成了当地监控系统。

C3与PC机间通过一个串行接口连接，不仅可将C3的所有实时信息全部传送至IBM/PC机形成实时数据库，供显示画面及制表打印之用，还能在IBM/PC机的键盘上发令实现对C3型RTU运行工况的实时监测、调试诊断；也可以直接对C3进行遥控、遥调命令操作，从而使C3的当地监视功能升级为当地集控功能。MWY-C3型机与IBM/PC机联机框图见图27-3-2。

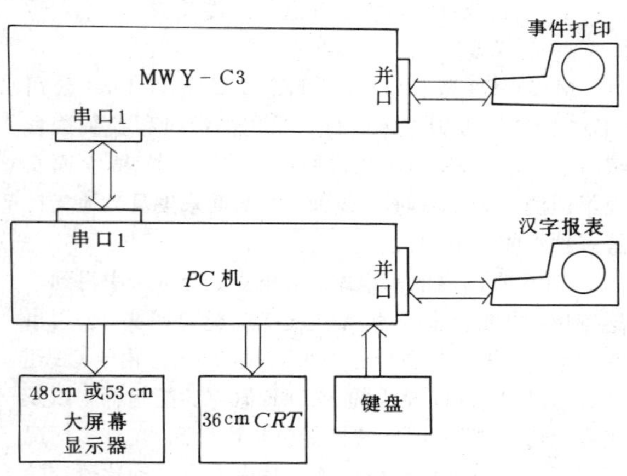

图27-3-2　MWY-C3型多功能远动终端装置与IBM/PC机联机框图

（五）订货指南

用户须根据工程的使用环境和技术要求，向制造厂家提供以下参数资料，即可配合用户选定装置的规模、硬件配置、建立数据文件等。

（1）遥信、遥测、遥控、遥调、脉冲量、数字量数目。

（2）遥信信息表：包括序号、名称、代号、触点性质等内容。

（3）遥测信息表：包括序号：名称、代号、满码值等项目内容。

（4）遥控信息表：包括序号、名称、代号等，用以构成软件映射表。

（5）遥调信息表：包括序号、名称、代号、定值等项。

（6）变压器调压抽头信息表：包括序号、名称、代号、编号、档数等内容。

（7）事件记录信息表：参加记录为1，不参加记录为0。

（8）打印报表格式。

（9）脉冲电能量表数：带否光耦、脉冲数/kWh、最大脉冲数/s。

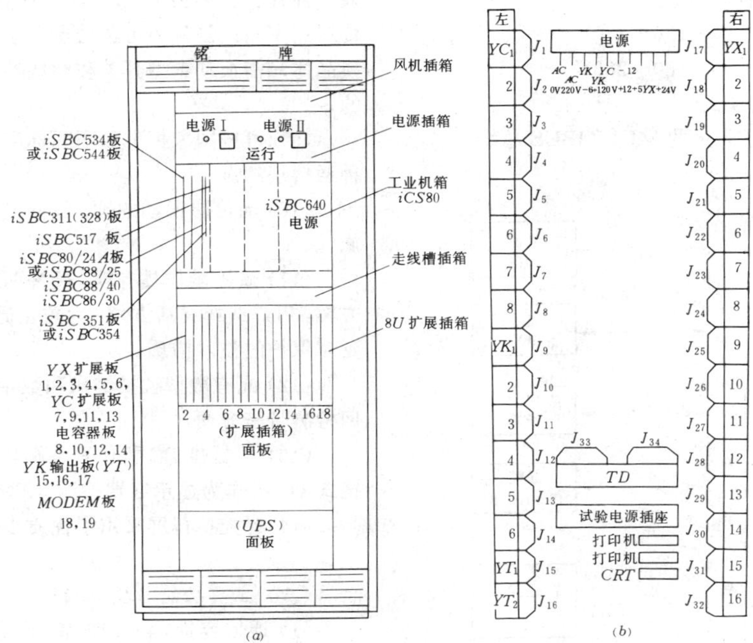

图 27-3-3　MWY-C3 型远动终端机柜布置图

(a) 正面布置；(b) 背面布置

YX—遥信；YC—遥测；YK—遥控；YT—遥调；TD—通道；J_1～J_{32}—16 线梳状转插板

(10) 遥信回路的工作电压。

(11) 通道传送速率、通信模式及通信规约。

(12) 多发多收对象、路数，转发路数。

MWY-C3 型 RTU 机柜的正面布置及背面布置图，见图 27-3-3。

机柜尺寸：800×2620×600（宽×高×深，mm）及符合国家或国际标准的其它规范。此外，遥控执行屏也可配套供应。

三、WDF-8 型微机远动终端装置

(一) 简述

WDF-8 型微机远动分站（以下简称 8 型 RTU），系针对电力系统和其他工矿企业无人值班遥控变电所而开发生产，是东方电子信息产业集团总公司推出的一种新型 RTU。

8 型 RTU 既适用于无人值班遥控变电所，也可用于有人值班的变电所和发电厂，用来与调度主站系统配套对厂站端进行实时数据采集与监控。为了提高 RTU 的性能价格比，满足无人值班变电所建设和运行的要求，采用了高性能的单片微型计算机 Intel8096。因此，WDF-8 型 RTU 在结构上具有以下特点。

(1) 使用 16 位中央处理器（CPU）。不用以往的累加器结构，改用寄存器—寄存器结构，因而消除了累加器的瓶颈效应，提高了操作速度和数据的吞吐能力。

(2) 具有高效的指令系统。拥有 16 位×16 位、32 位÷16 位的乘除指令，其中许多指令可用双操作数或三操作数，因而大大提高了编程的效率。

当采用外接 12MHz 晶体时，一条指令的最短执行时间为 1μs、最长 9.5μs。

(3) 具有全双口串行口、高速输入/输出器、8 个中断源、2 个 16 位定时器、4 个软件定时器，为开发多种系统功能提供了可靠的硬件与软件基础。

(4) 具有 16 位监视定位器。当系统发生软、硬件故障时，监视定时器具有排除软、硬件故障并可将系统复位的能力。

WDF-8 型 RTU 的结构框图见图 27-3-4。

(二) 主要技术特点

(1) 为提高运转的可靠性，电源的元器件全部采用工业控制机的模式。

1) 采用了屏蔽性好、抗干扰性能强的 R 型变压器，当电网产生高压脉冲时可被变压器吸收而不致发热，对供电回路起到了保护作用，从而避免由于现场切换或电网产生高压而烧毁电源的现象，因此提高了可靠性。

2) 新型 R 型变压器效率高达 98%，比常规工频变压器电源的效率高约 60%，使 RTU 的整机性能得到改善。

3）供电电源的输入端电压：

交流 180～280V

直流 180～280V

交直流可自动切换。

（2）RTU使用了先进的MULTIBUS总线。

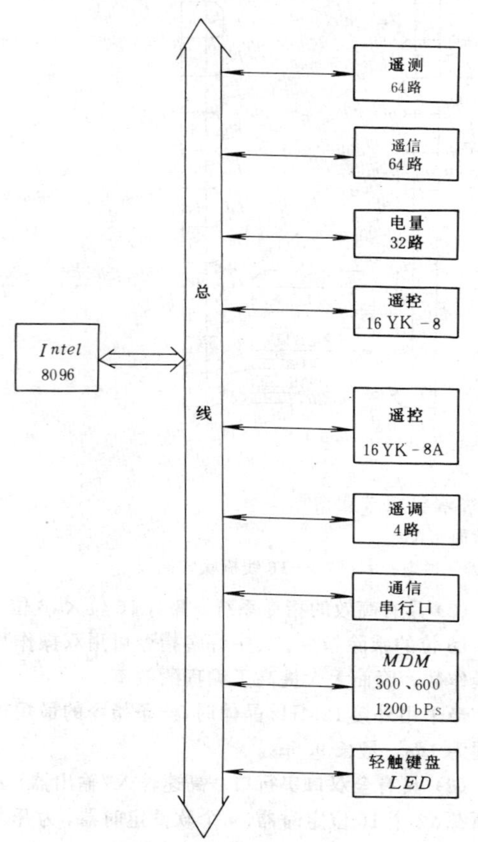

图27-3-4 WDF-8型微机远动终端结构框图

（3）采用了高性能的Intet/8096 16位单片微型计算机，由于功能增强，可实现多个微处理器技术。

（4）采用了高集成的专用微机时钟芯片。其时间可读到年、月、星期、日、时、分、秒、毫秒。因此，对时可精确到毫秒级，并具有失电保护记忆的功能。

（5）RTU失电时，其电能量插件可继续对电能量实现采集和计算。

（6）电能量窗口值可在RTU端置入或在主站置入再发送到RTU。

（7）数据采集与监控的容量大；数据采集与监控发送的数量可由CPU自动检测，不必更改程序和参数，使无人值班变电所RTU的工作量减少。

（8）调制解调器采用了新型的集成电路元器件，稳定性好、可靠性高，每一插件双通道；调制解调器的传送速率和调制频率可覆盖所有用户的要求，不需更换晶体只需扳动微型开关和跳线器即可完成改速的目的。

（9）可按国家标准和国际标准实现与主站间的多种通信规约。

（10）遥信防误动的硬、软件全部采取了防抖动措施。

（11）遥控操作具有软、硬件两套可靠的遥控操作方案，用户选择灵活方便；为防止遥控误动作，采取了延时保护的技术措施。

（12）配有微型触摸键盘和数字显示器，为用户巡回检测带来方便。

（13）可提供PC机仿真终端程序，用户可使用便携式PC机作为显示终端检测RTU的工作状态。

（14）遥控执行屏采用了优质小型继电器及标准柜架。

（三）主要功能与技术指标

（1）遥信容量64—512路，采用光电隔离，输入具有保护和滤波功能。

（2）遥测容量64—512路，使用模拟量恒流和恒压源的电流和电压值输入均可。

遥测采集方式按重要遥测、一般遥测和次要遥测分类完成。

（3）遥控容量16—128路，具有软、硬件两种可靠的遥控操作方式，并实现遥控对象、性质、执行三级操作，具有软、硬件返校功能和防误动电路。

（4）遥调4—16路，具有模拟量和脉冲量两种类型的输出。

（5）电能量32—96路，可接无源触点和有源触点的电能量变送器和脉冲电能量表。当RTU失电时，电能量插件可对电能量继续进行采集和计算。

（6）事件记录，站内分辨率＜10ms，分辨率指标可任选。

（7）可以实现一发两收、两发两收；可以作为二级主站接收多个子站的数据信息和按需要实现转发。

（8）满足国家标准的CDT规约和国际标准的polling规约，以及其他规约。

（9）通信速率250、300、600、1200bps任选。

（10）通信道方式为四线全双工、同步或异步工作。

发送电平幅度 −20～0dB

接收灵敏度 −40dB

码元失真 ≤15%

误码率 $\leqslant 10^{-4}$

（11）具有周波检测和记时功能。

(12) 具有自诊断功能，包括调制解调器在内，可以诊断到板上的某个部分，可将故障发送到调度主站，因此主站可即时监视 RTU 的工作状态。

（四）系统的总体配置

1. 系统配置

(1) RTU 主机柜一台 800×2260×600（宽×高×深，mm）。

(2) 微机插件箱一个。

(3) 微机开关电源一台（输出＋5V，电流 12A；±12V，电流各为 1A）。

(4) 遥信、遥控微机开关电源一台（＋24V，电流 5A；＋30V，电流 1A）。

(5) 可扩外接 CRT 显示终端一台。

(6) 可扩外接微型触摸键盘和数码显示器一台。

2. 基本配置

(1) WCQ-8 型微处理插件一块（时钟、周波、串行口）。

(2) 64YC-8 型遥测插件一块。

(3) 64YX-8 型遥信插件一块。

(4) TX-8 型通信插件一块（两个串行口及键盘显示口）。

(5) TJB-13 型调制解调器插件一块。

3. 扩充配置

(1) 32DD-8 型电能量插件一块。

(2) 16YK-8 型遥控插件一块。

(3) JDQ-8 型继电器板一块。

(4) 遥调插件一块。

(5) 单色 CRT 显示终端一台。

(6) 触摸键盘和数码显示器一台。

四、N4F 型多微机远动终端装置

（一）简述

N4F 型多微机远动装置（以下简称 N4F 型 RTU），是引进英国西屋系统有限公司技术及产品推出的新型远动数据终端，具有多微机模块化分层管理等特点，各种功能和容量配置灵活。该产品由南京电力自动化设备总厂引进生产。

N4F 型 RTU 是英国 μ4F 型 RTU 的国产化产品。在完全具备 μ4F 基本功能的基础上，又根据我国电力调度的实际需要，对装置性能作了一定的改进提高，成为国内先进产品之一，并在国内各级电网的许多发电厂和变电所中得到应用。

（二）基本功能

(1) 具有遥测（YC）、遥信（YX）、遥控（YK）及遥调（YT）等功能。

1) 遥测：实现模拟量和脉冲量的遥测。

2) 遥信：实现开关量遥信及事件顺序记录。

3) 遥控：实现开关合、跳遥控，可返送校核。

4) 遥调：用模拟量和脉冲量实现被调对象的遥调。

(2) 实现与多个主站的通信。可与二个主站及当地功能系统（或第三主站）通信，可分别作到三个主站对 N4F 的同步对时；时标数据的召唤和对脉冲计数输入的冻结、解冻、置数等操作。

(3) 通信规约及规约转换。N4F 采用与 μ4F 完全相同的 polling 方式规约；同时可根据主站要求转换成其它种类的 polling 规约，例如 SCI、CAE、C3000 等的 polling 规约；还可以转换为 CDT 方式的规约后实现与主站的通信。

(4) 使用新型开关电源，可交直流同时供电，交、直流输入电压为 220V 或 110V。当交流输入停电时，内部自动切换到直流供电。

（三）主要技术指标

(1) 装置容量：

1) 模拟量输入：16 路×N，精度≤0.2%；N≤8。

2) 开关量输入：128×N；N=1。

3) 脉冲计数输入：16×N；N≤8。

4) BCD 码输入：4×N；N≤2。

5) 遥控输出：16×N；N≤3。

6) 设定值模拟量输出：2×N；N=1。

7) 脉冲量输出：16×N；N=1。

8) 表计驱动输出：4×N；N=4。

9) 灯驱动输出：32×N，N=2。

(2) 传送速度：200、300、600、1200bps。

(3) 事件分辨率：当地 5ms，系统 10ms。

(4) 功耗：<300VA。

厂家备有各种模拟量、状态量、遥控和脉冲量模拟盒，N4F 型装置的原理、使用、调试及维修的录像带，可供用户选用。

N4F 型机柜尺寸为：800×2000（或 2200）×600（宽×高×深，mm）。

五、YZG（P）- I 型遥控执行柜（屏）

1. 简述

YZG(P)- I 型遥控执行柜（屏）是将厂站端 RTU 的控制命令转换成所需的执行动作，用以对发电厂、变电所的断路器、隔离开关等被控对象进行操作，以完成主站对厂站的遥控，是分站端与 RTU 配套的重要设施之一。

YZG(P)- I 型遥控执行柜(屏)的容量为 32 个遥控对象，既适用于引进 μ4F 型 RTU，也适用于 N4F 型 RTU 的遥控输出执行。其型号含义是 Y—遥控、Z—执行、G—柜、P—屏、I—设计顺序号。YZG(P)- I 型遥控执行柜(屏)由南京电力自动化设备总产生产。

2. 主要功能

(1) YZG (P) - Ⅰ型遥控执行柜（屏）可使用交流或直流 220 电源，经隔离转换为直流＋24V 电源供柜（屏）使用。

(2)每一路 YK 输出配有一个功能选择开关，当某路 YK 需要投入使用时，可将对应的组合开关切换在“运行”位置；需进行现场调试时，将组合开关切换在“自调”位置；当对某路 YK 输出回路进行检查、更换继电器或停止使用时，则可将组合开关切换在“停用”位置。

(3)在接收 RTU 的遥控执行命令后，对应的某路遥控性质继电器的线圈接通 24V 电源，合闸或跳闸继电器动作，面板上的对应遥控指示灯点亮，表示该路 YK 执行正常及继电器起动正常。

因此，YZG (P) - Ⅰ型遥控执行柜（屏）具有遥控输出投入与切除及自调的功能、遥控继电器输出触点的保护功能及 32 路遥控输出状态信号灯指示功能，从而提高了运行的可靠性。

3. 结构特征

YZG-Ⅰ型为带玻璃门的柜形结构。

YZP-Ⅰ型为配电屏式结构。

两种型号的外形尺寸皆按国家标准制造，由用户选定，其柜（屏）尺寸为：800×2060（或 2260）×600（宽×高×深，mm）。

第 27-4 节　调度模拟屏

一、简述

调度模拟屏是调度自动化系统主站端重要的配套设施，也可以作为厂所分站端当地监控系统的配套设施。

在各级电网调度中心，调度模拟屏一般皆装设在电网的调度指挥中心—调度室内。对于其它调度中心，例如铁道、公交、石化、冶金等系统或企业的调度与监控中心，也都广泛的使用了调度模拟屏。

现代调度模拟屏从广义的角度来讲区分为硬屏与软屏两大类。

硬屏—泛指柜架列式结构加屏面板的调度模拟屏。可以拼装的列架式结构主要采用金属组合屏架，屏面面板少数使用了金属拼装面板，大多数则采用了现代的镶嵌式（马赛克）工程塑料组装面板，形成大面积的动态模拟屏。

软屏—泛指屏幕式调度模拟屏，部分直接使用与调度主站接口的 CRT 彩色屏幕显示器，既可以使用大尺寸屏幕的 CRT，也可以使用多台组合的 CRT 系统；大部分则采用现代的大尺寸画面的投影屏幕显示（通常软屏幕的对角线尺寸为 254～762cm）。

我国现阶段的调度模拟屏主要采用镶嵌式硬屏，其生产厂达十家以上，产品大同小异，例如镶嵌元件毫无例外地使用尺寸为 25×25（mm×mm）工程塑料模块，列式屏架结构方式与材料也基本相同，其中上海新光显示器厂、浙江宁海调度自动化成套设备厂、电力工业部南京电力自动化设备总厂申港模拟盘分厂等厂家，都能提供符合国家规定的产品，以上厂家也是为电力工业部所确认的定点生产厂。因此，这里仅以宁海调度自动化成套设备厂开发生产的 DF-DMDS 型调度模拟屏成套产品为例予以介绍供设计参考。

二、DF-DMDS 型调度模拟屏成套装置

（一）简介

DF-DMDS 型调度模拟屏成套装置由以下部分组成：

(1) DF-91 型调度模拟屏。

(2) DF-DMDS 型调度模拟屏控制系统。

(3) 模拟屏主控微机与主站的通信规约。

该调度模拟屏成套装置可广泛用于电力、交通、石化、冶金、供水等系统及厂矿，用以实现对生产运行的实时监控。调度模拟屏成套装置系统框图见图 27-4-1。

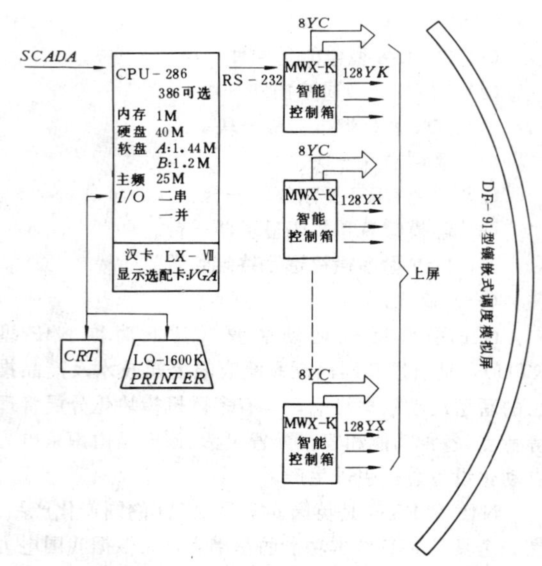

图 27-4-1　DF-DMDS 型调度模拟屏成套装置系统框图

（二）DF-91 型调度模拟屏

1. 屏面技术特点

(1) 基本特点：组成屏面的镶嵌式模块，通过注塑而成为十二种不同图形模拟块，根据电网接线或其它系统图形，以菜单选择方式可一次拼组成型，整个屏面

的模拟块均采用可脱卸的双体结构，组装与变换十分方便。

每个模拟块尺寸为 25×25（长×宽，mm），在 N 列调度屏面进行镶嵌组合，各类仪表与元器件亦均以 25mm 为模数镶嵌在屏面上，从而组成一个包括所需的各种图形、符号、数字、汉字、信号与操作元器件、各种数字仪表在内的完整镶嵌屏面。

（2）主要技术规范：

1）模块材料：ABS 工程塑料。

2）阻燃性能：阻燃无滴落，达到 UL 94V-0 标准。

3）镶嵌屏面对水平面垂直度：<0.5mm/m。

4）塑料模块质量：耐老化、高强度、小收缩。

5）单个塑料模块平面度：<0.05mm。

6）相邻塑料模块间缝隙：<0.05mm。

7）塑料模块的外观：颜色一致、无反光、无缩痕、无伤痕。

8）模拟符号线条直线度：<0.5mm/m。

9）模块符号宽度系列：母线 6～9mm、线路 3～6mm。

10）模块底色：国际流行灰色，对地理模拟屏使用淡黄、粉红、淡绿、湖蓝等能与中性灰色相融合的淡雅大方色调，保证了图形分界逼真、色调淡雅、可视度高。

11）模块组合：屏面由模块组合，屏面模块板、座、梢均用 ABS 塑料，自然拼接转弧由梢子和屏架保证。材料及其加工方法保证了模块在温度、湿度、老化、收缩等外部条件及内在因素的变化条件下无色差现象。

12）模拟屏屏面镶嵌有效尺寸：宽 800×（N）(mm)，N 为屏列数任选，高 2000～5000（mm）任选。

13）元器件上屏尺寸：元器件及显示仪表尺寸皆为 25mm 的整倍数，可任意镶嵌在弧形屏面的相应位置。各类元器件的尺寸见表 27-4-1。

表 27-4-1　DF-91 型调度模拟屏各类镶嵌元器件尺寸系列表

元器件名称	尺寸 (mm)	备　　注
遥信灯、对位灯等	25×25	
厂站光字牌	25×75	
DF-203 型三位数显器	25×100	
DF-204 型四位数显器	25×125	
DF-253 型三位数显器	50×125	
DF-254 型四位数显器	50×150	

续表 27-4-1

元器件名称	尺寸 (mm)	备　　注
DF-S 型石英数字钟	50×200	
DF-HZ 型频率计	50×200	
DF-AT-Ⅱ型安全运行综合显示仪	75×550	弧型屏采用弧面面框
外接表计：DF-604Hz 系统频率表	75×375	弧型屏采用弧面面框
DF-604MW 系统总功率表	75×375	弧型屏采用弧面面框
DF-606 时钟	75×550	弧型屏采用弧面面框
DF-120 安全运行日累计表	75×950	弧型屏采用弧面面框

2. 屏架技术特点

（1）基本特点：屏架由各单列屏组合而成，单列屏的基本尺寸为 800×500×h（宽×深×高，mm），屏架采用钢架拼结，屏架高度 2～5m 任选；屏架按使用要求可分为直屏、转角屏、弧度屏、挂壁屏等，DF-91 型为推出的新产品—全弧度模拟屏，比已有的转角屏适应范围广、元器件安装方便、造型美观，可实现屏面不同曲率的自然转弧。

边屏及顶、底屏采用了亚光高级漆面，并可使用新型铝合金装修及普兰胶合板装修。DF-91 型调度模拟屏的总体组合尺寸图见图 27-4-2。

弧度屏规格参数见表 27-4-2。

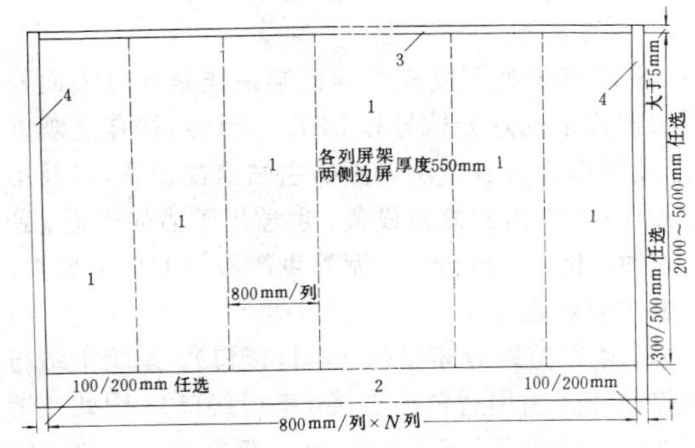

图 27-4-2　DF-91 型调度模拟屏总体组合尺寸图

1—镶嵌模块屏架；2—底屏架；3—顶屏；4—左右边屏

表 27-4-2　　DF-91 型调度模拟屏弧度屏规格参数表

半径 R（m）	弧度 $\frac{m\ (°)}{b\ (mm)}$	列数（推荐值）	备　注
6	$m=7.64511°$ $b=73.3$	4～7 列	$R=6$m 以下值未用
9	$m=5.0946°$ $b=48.9$	8～22 列	$R=9$m 最常用
12	$m=3.82043°$ $b=36.7$	15～25 列	$R=12$m 最常用
15	$m=3.05614°$ $b=29.3$	18～30 列	—
18	$m=2.54669°$ $b=24.4$	28 列左右	—
7、8、11、13 14、16、17	一般未用	主要用于未全弧拼接的特殊屏	—

（2）结构特点：

1）屏架结构使用 U 型钢架拼结成型。

2）屏架与屏面的联结方式采用吊杆吊装方式。

3）屏架接地用地脚螺栓将联结架与地盘连接。

4）屏架、后门、左右边屏不反光涂膜。

5）屏架与模拟屏系统各配套设备的联结方式：其中智能控制箱、电缆线、五芯线、端子板、电源箱等安装在屏架上；每列屏上安装端子板，将屏上总线与远动总线、人工操作总线、仪表总线连接实现总线上屏。

（三）DF-DMDS 型调度模拟屏控制系统

1．主要特点

DF-DMDS 型调度模拟屏控制系统是通过画面控制模拟屏面上的灯光信号和 LED 显示器，操作直观方便，因此可作为各级电网调度的主站监控设备，以及用作厂站（分站）内的监控设备，也适用于诸如铁道、公交、石油、化工、冶金、水泥等生产部门的调度监控。系统的主要特点如下。

（1）串行链路分布结构（串行接口）。系统主站与智能控制箱采用串行链路连接（串行接口），因此在增加屏上灯光信号及 LED 显示器时，仅需增加链路上的智能控制箱，使用户扩展系统极为方便。

（2）锁存驱动电路：从模拟屏主控微机到智能控制箱，均采用锁存驱动电路，因而提高了系统的稳定性与抗干扰能力。

（3）数据库软件：为便于系统扩充或重构，开发了功能齐全的数据库生成软件。

（4）高分辨率的画面显示：利用画面进行操作，达到方便地实现遥信、遥测及监控操作的目的。调用画面可以使用命令键，也可使用功能键。

（5）并行上屏：DF-DMDS 型调度模拟屏控制系统的所有 LED 显示器均采用并行驱动方式上屏，因而具有速度快、实时性强的优点。

2．主要功能和指标

（1）遥信和遥测量上屏：DF-DMDS 型调度模拟屏控制系统主控微机可以控制屏上所有遥信和遥测量的变化；同远动主站连接时，可自动刷新。

控制上屏遥信的最大容量为 128×63；控制上屏遥测最大容量为 8×63。

（2）模拟屏的灯光状态：

1）亮屏方式：屏面上所有灯光全亮，可实现 8 级调光（亮度）。

2）暗屏方式：屏上所有遥信灯全暗（不包括遥测的 LCD 显示）。

3）局部亮屏方式：暗屏运行，事故或变位时，局部遥信灯亮。

（3）遥信变位处理：

1）遥信变位时，屏上遥信灯闪烁。

2）正常变位时：信号灯闪烁 45s 自动解除或经确认后解除。

3）事故变位时：信号灯及对应厂站灯同时闪烁，经确认后解除。事故变位时，报警音响报警，音响经 30s 自动解除或经确认后解除。

（4）系统工作状态：

1）在线状态：模拟屏主控微机与远动主站联机。

2）离线状态：模拟屏主控微机与远动主站脱机。

3）后台状态：系统处于不停机状态，用户可以使用主控微机进行其他工作。

（5）画面生成与拷贝：系统的画面可在线或离线生成，可进行脱机画面拷贝。

（6）故障检测：可随机操作键盘，对模拟屏系统的硬件进行检测，维护检修十分方便。

（7）与远动主站通信方式：串行异步通信，传输速率 300～9600bps 任选。

（8）画面显示：主要用来显示电力系统接线图。画面显示的接线图中包括遥测数据、潮流方向、功率总加值、断路器与隔离开关状态、设备编号及汉字名称等。厂站接线的示意图见图 27-4-3。还可以通过画面调用及移动光标改变画面上遥信状态等功能。

（9）遥信画面刷新：

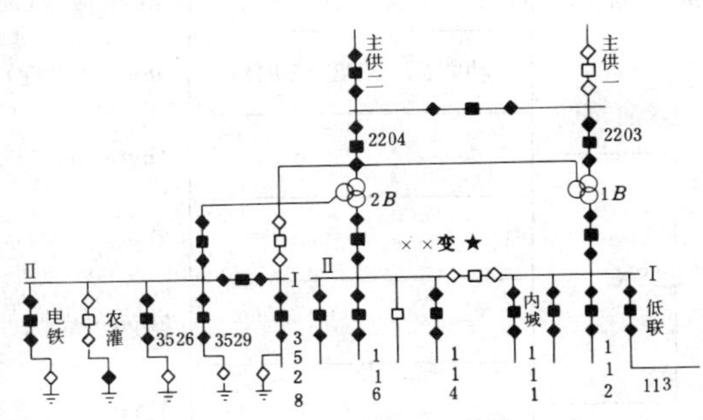

图 27-4-3 厂站接线画面示意图

1）手动刷新：键盘操作移动光标至相应遥信对象，再操作功能键即可改变画面上的遥信状态。同时，模拟屏上遥信对象灯改变颜色。

2）自动刷新：由远动主站输出信息自动刷新画面上的遥信，模拟屏上同时刷新。

（10）遥测画面刷新：

1）手动刷新：移动光标，在提示菜单上写入遥测值，即可改变画面上的遥测量，模拟屏上对应的遥测值同时刷新。

2）自动刷新：远动主站信息自动刷新画面上的遥测量，模拟屏上同时刷新。

3．系统组成

DF-DMDS 型调度模拟屏控制系统采用串行链路连接，主要由主控微机、智能控制箱、告警器、串行连接电缆等组成。控制系统组成图见图 27-4-4。

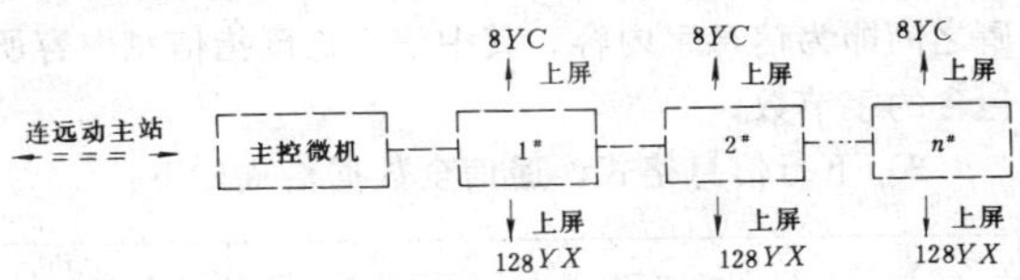

图 27-4-4 DF-DMDS 型调度模拟屏控制系统组成图

（1）主控微机（DF-DMDS-286）：286、386 型任选，是模拟屏控制系统的核心控制部件，其硬件配置如下。

1）内存：1M，可扩至 4M。

2）硬盘：40M。

3）软盘：1.2M＋1.2M 或 1.44M＋1.2M。

4）显示器：640×480 彩色显示器。

5）打印机：LQ1600K。

6）联想Ⅶ型汉卡，内存 1M。

7）标准 RS-232 串行接口板，2 个串行接口。

（2）智能控制箱（DF-MWX-K-Ⅲ）：智能控制箱接受主控微机的信息，执行遥信、遥测选点上屏，执行调光、变位、告警等功能，并锁存驱动上屏信息。具有以下特点及主要技术指标。

1）采用 INTEL8 位单片机 8031、低功耗高速 HCMOS、LSTTL集成电路及大功率集成稳压电源等高质量部件。

2）按 56 芯总线设计方式，具有通用模板互换性好、可扩充性强、维护方便等优点。

3）使用分布式交流 220V 电源、光电隔离电路，因此可靠性高、抗干扰能力强。

4）串行接口：全双工、异步规程、传输速度 1200～9600bps 可选，接口用 RS-232C 或 20mA 电流环/光电隔离可选。

5）灯光元件接口：VOH≥4.6V、IOH≥4mA，HCMOS输出驱动，VIL≤0.3V、IIL≥4mA。

6）数字显示器接口：提供 8 位地址、6 位 BCD 码，因此可接 3 位至 6 位数字显示器，其 VOH≥11V、VOC≤0.8V。

7）电源：交流 220V±10％，≤0.56A，50Hz±10％。

8）工作环境：温度 0℃～40℃，相对湿度 10％～90％。

9）显示单元可靠性：MTBF 下限不小于 1700h。

10）体积：465×270×220（高×长×宽，mm）。

（3）串行显示器转接盒箱（DF-WD-16）：用以转发控制箱送来的信息至串行显示器，并提供串行显示器 12V 电源。其主要技术指标如下：

1）输入电源：交流 220V±10％，≤0.3A，50Hz±10％。

2）输出电源：直流 12V、＜3A。

3）工作环境：温度 0℃～40℃，相对湿度 10％～90％，大气压力 86～106kPa。

4）显示单元可靠性：MTBF 下限值不小于 1700h。

4．主控微机与远动主站的接口

主控微机与主站接口范围如下：

1）支持 TXD、RXD、RTS、CTS、DSR、DTR、GND 信号。

2）可选地址 COM1、COM2。

3）异步全双工通信。

4）停止位 1 或 2。

5）数据位 7 或 8。

6）通信速率 300～9600bps。

7）支持 MODEN 作转换信号传输。

5．主控微机与远动主站的规约

接口软件支持 polling 或 CDT 传送方式，可适应国内、国际规约各项要求。由于具有灵活的接口软、硬件，因而较好地解决了远动主站与模拟屏主控微机间的数据与信息传送。已设计供货的两种常用的循环式（CDT）和问答式（polling）规约，可供设计及订货时参考。

（1）循环式通信规约：

1）通信方式。使用 RS-232 串行异步通信方式，传送速率 600～9600bps 可选，包括启始位及停止位各 1 位、奇偶校验位 1 位和数据位 8 位。

2）通信格式。使用可变帧长格式，包括可变帧同步字、控制字、帧类别、帧长、源地址、目的地址、BCH 校验码、信息字等。同步字使用 3×EB90；控制字的 70H 为正常信息，否则为错误信息而不予处理；帧类别的 F4H 为 YX（遥信）全数据、61H 为 YC（遥测）A 帧、C2H 为 YCB 帧、而 B2H 则为 YC 值的 C 帧；帧长为信息长度（指信息字数）；源地址为厂站名以及目的地址为空格。

在通信格式中 BCH 校验码的多项生成式为 G（X）＝107H的反码传送；信息字的 0 字节为功能码，1—4 字节为信息码，5 字节为 BCH 码。

帧类别 F4H（遥信全数据）如下：

帧类别 61H、C2H、B2H（遥测的 A、B、C 帧）低位在前，高位在后。符号位为最高位，“1”为负，“0”为正。

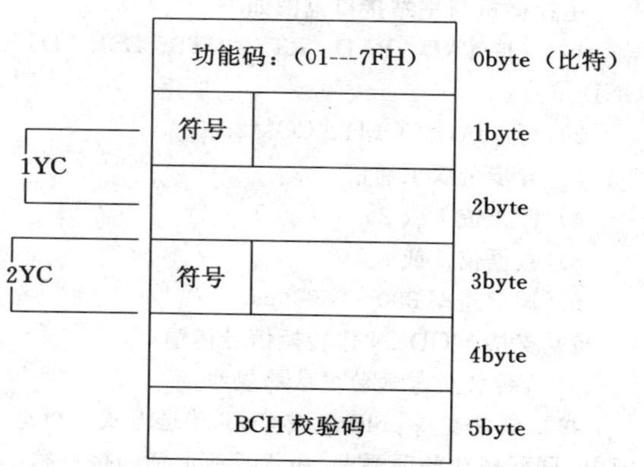

YX 变位的事故总信号在 F8H 组中为最低位，事故时为“1”插入 YC 帧传送三遍，并清除相应 YC 量。

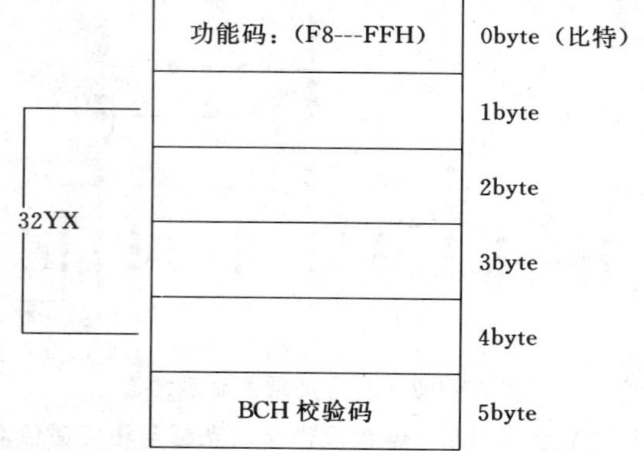

有关 YX、YC 的实时编码表，需由用户在订货时提供。

（2）问答式通信规约。规约中的下行信息，指调度主站至模拟屏主控机的信息传输；上行信息，指模拟屏主控机至调度主站的传输。

1）通信方式。使用 RS-232 串行异步通信方式，传送速率 600～9600bps 可选，包括起始位及停止位各 1 位、奇偶校验位 1 位和数据位 8 位。

2）帧格式。信息帧的格式如下：

EB	90	命令码	信息长度高位	信息长度低位	信息内容	LPC

帧字头为两个字节构成的 EB90 帧同步码，帧尾的 1 个字节 LPC 构成纵向奇偶校验码，同步码和校验码之间即为信息字内容。其中信息长度指信息内容所包含的字节数。

3）下行信息格式。遥信全数据格式如下：

EB	byte1
90	byte2
03	byte3
字长高位	byte4
字长低位	byte5
站号	byte6
遥信量	byte7
遥信量	byte8
…	…
LPC	byteN

遥信状态数据格式如下：

B7	B0
D7	D0
D15	D8
…	

遥信状态“1”—跳（分），“0”—合（投）。

遥信变位格式如下：

EB
90
04
字长高位
字长低位
站　号
遥信量
站　号
遥信量
…
LPC

遥信状态数据格式如下：

遥信点号
遥信状态

遥信点号为 1—255，遥信状态 0FH—跳（分），00H—合（投），遥信状态的最高位为事故标志位，“1”—事故变位，“0”—正常变位。

遥测数据格式如下：

EB
90
06
字长高位
字长低位
站　号
遥测量
遥测量
…
LPC

遥测量数据格式如下：

遥测点号	
状态量	
十万 BCD	万 BCD
千　BCD	百 BCD
十　BCD	个 BCD

状态量字节格式如下：

B_7	B_6	B_5	B_4	B_3	B_2	B_1	B_0

B_1B_0 为小数点设置状态，00—无小数点，01—1 位小数，10—两位小数，11—三位小数；B_7 为符号位，0—正，1—负；B_6 为标志位，0—正常，1—越限。

时间格式如下：

EB
90
07
时间
LPC

时间量数据格式如下：

时十　BCD	时个　BCD
分十　BCD	分个　BCD
秒十　BCD	秒个　BCD

4）上行信息格式。申报命令的格式如下：

EB
90
00
LPC

接收正确，允许下一帧信息传送的格式如下：

EB
90
02
LPC

接收错误，请求重发的格式如下：

EB
90
03
LPC

(3) 问答式通信规约的有关约定：

1) 模拟屏控制机向调度系统发出申报信息后，调度主站应发出所有厂站遥信的全数据。如申报后5s内未收到任何下行信息，则再次申报。重复三次未收到下行信息，则视为通道故障。

2) 调度系统带电或自恢复后，首先应向模拟屏控制机发出遥信全数据信息。

3) 调度系统遥测命令定时3～5s传送一遍。遥测量送6个BCD码，实际位数不足六位时，从最低位BCD开始有效。

4) 调度系统的每帧信息传送完成后，等待模拟屏的应答信息。当应答为接收正确时，将继续下面的信息传送；当应答信息错误时，将重发信息帧三遍。只要重发中有一遍应答为正确即停止重发，继续完成以后的信息传送。

当等待模拟屏应答的时间超过3s仍无应答信息，或重发三遍仍得到错误应答时，即认为信息出错。待通道消除故障并恢复后，已变位遥信帧不必重复。

(四) 调度模拟屏的灯光元器件

DF系列灯光元器件是实现不下位操作的必备器件，他们被安装在调度模拟屏上，以对应原理有效地模拟电网中厂站名称、断路器、隔离开关等的实时运行状态，并在其变位时发光或闪光。

1. 分类与特点

各种灯光元器件均采用优质LED电致光点封装，可显示红、绿二色。外形均为25mm的整倍数，可直接镶嵌在模拟屏上，分为厂站光字牌、方灯和圆灯、遥信灯对位开关、电磁式模拟断路器及隔离开关、电磁翻牌元件等多种类型。

(1) 厂站光字牌：长方形显示面板上可刻制中、英文厂站名称，发光或闪光时，在一定距离内可清晰辨认。

(2) 方灯和圆灯：方灯显示发光面为正方形，规格为17×17 (mm)，可显示红、绿二色；圆灯显示发光面为圆形，有ϕ13mm及ϕ16mm等品种，可显示红、绿二色。

(3) 遥信对位开关：开关的手柄采用无触点的红外光闸元件，具有体积小、寿命长、功耗低等优点。对位开关直接安装在镶嵌式模拟屏上，接入主站遥信信号，实现遥信对位操作并可输出电平信号。

(4) 电磁式模拟断路器及隔离开关：这类开关采用电磁翻转方式，与智能遥信执行盒配套，接入主站系统，可实现不下位操作。电网事故时，开关作360°快速旋转，在确认后停止旋转；正常变位时，开关作360°顺时针慢转，隔离开关则作90°往复转动，45s后自动停止。当系统发生故障或停电时，可进行人工下位操作。

用电磁翻转状态模拟方式代替传统的灯光显示模拟方式，具有反应灵敏、模拟直观、性能可靠等优点，从而解决了灯光模拟屏亮屏满天星的缺点。

(5) 电磁翻牌元件：电磁翻牌是利用线圈电流改变方向时极性随之改变的原理，使翻牌从一种状态变换为另一种状态，并用改变翻牌的结构形状和尺寸来达到各种显示的目的。电磁翻牌镶嵌式元件直接安装在镶嵌式调度模拟屏上，常用以模拟断路器、隔离开关、接地状态及有关图形符号，其主要优点是耗电省、寿命长、动作灵敏，因此是实现不下位操作的一种新型元件。

2. 主要技术指标

(1) 遥信灯：

1) 工作电压：直流24V。

2) 工作电流：20mA。

3) 输入电平：CMOS或TTL电平。

(2) 遥信对位开关：

1) 电源电压：直流12V±10%。

2) 器件功耗：0.4W。

3) 输入电平：S“1”电平，8～24V。

4) 输出电平：L“1”电平，11～12V。

(3) 电磁式模拟开关（断路器、隔离开关）：

1) 工作电压：直流24V。

2) 输入电平：CMOS电平或TTL电平。

3) 工作电流：40mA。

(4) 电磁翻牌：

1) 工作电压：直流24V。

2) 工作电流：<25mA。

3) 信号电平：“1”电平3.5～5V，“0”电平0～0.5V。

4) 信号电流：<0.3mA。

5) 输出电压：2.4～2.8V。

(五) 调度模拟屏的显示器与表计

DF系列显示器与表计可直接镶嵌在调度模拟屏上，用以完成遥测量的数字显示

1. 显示器

显示器输入12V直流电源供内部电路和LED数码管使用，能与CMOS和TTL电平匹配。机内设有8只二输入异或门与机后8只开关做成可选址编码电

路，条件符合后选通。也可接远动的步条件、点条件、零步等，根据有效电平拨动选通。

例如，厂站地址是“0000”、“1111”，对应开关为 K1—K8，D1—D4 皆为“0”，只需将 K1—K4 向上拨；D5—D8 皆为“1”，需将 K5—K8 向下拨即可选通。

显示器的符号位根据需要可挑选焊点。能组成三种六类显示状态。例如显示“+”、“−”符号；上、下、左、右箭头方向等，符号位同时具有闪光功能。当输入故障、数据不更新、符号一位不闪光，将会向调度操作人员发出信号，以防止记录不正确数据。

(1) 品种与规范：DF 系列显示器的规范见表 27-4-3。

表 27-4-3　DF 系列显示器规范表

型　号	字高 (mm)	尺寸 (高×宽×深,mm)
DF-203（三位数）	20	25×100×110
DF-204（四位数）	20	25×125×110
DF-253（三位数）	25	50×125×110
DF-254（四位数）	25	50×125×110
DF-604（四位数）	60	75×375×160
DF-606（六位数）	60	75×550×160

(2) 输入电压：

1) 直流 12V（适用于 DF—203、204、253、254 型）。

2) 交流 220V±10%、50Hz±10%（适用于 DF-604、606 型）。

(3) 工作电压与电流：

直流 5V、12V；200mA（适用于 DF-203、204、253、254 型）。

(4) 备用电源：

直流 24V±1.5V（适用于 DF-604、606）

(5) 整机功耗：

DF-604 10W；DF-606 13W

(6) 工作环境：

1) 温度：0℃～40℃。

2) 相对湿度：10%～90%

3) 大气压力：86～106kPa。

2. DF-S 石英数字钟

采用了国际通用标准的高精度石英晶体振荡器和 CMOS 集成电路，整机可直接镶嵌入模拟屏。时、分、秒显示采用 LED，可靠地实现 24h 连续显示，面板上设有校验时、分、秒环节，机后设有 6 位数字量输出接口，具有计时准确、体积小、使用方便等优点。

外形尺寸：50×200×140（高×宽×深，mm）。

3. DF-HZ 工频频率计

采用 CMOS 集成电路，电路简单、功能齐全、精度高、体积小并具有四位数字量输出接口，可方便地上屏。

外形尺寸：50×200×140（高×宽×深，mm）。

4. DF-AT-Ⅲ型安全运行日综合显示仪

由时钟、日历、安全运行累计日等三个单元组合而成，均采用大规模专用集成电路。可直接镶嵌在 DF-91 型调度模拟屏上，也可向用户提供专用的安全工况显示屏，用以自动记录显示安全运行的累计天数。该显示仪的电路简单、运行可靠、显示直观清晰，其主要技术规范如下：

(1) 电源电压：交流 220V±10%、50Hz±10%。

(2) 整机功耗：30W。

(3) 显示误差：小于 1s/月。

(4) 显示方式：17 位 LED 数码管连续显示。

外形尺寸：(75×550×130) ×3（高×宽×长，mm）。

5. 外接表计

根据调度监控的需要还可外接其他 LED 数码管显示的表计，全部均采用 CMOS 集成电路，其外形尺寸皆为 25mm 的整倍数，可以直接嵌入 DF-91 型模拟屏，机后皆设有输入接口，用于接收主机送来的 BCD 码，以实现同步显示。

外接表计品种见表 27-4-4。

表 27-4-4　外接表计品种表

型　号	字高(mm)	尺寸(高×宽×深,mm)
DF-604Hz	60	75×375×130
DF-604MW	60	75×375×130
DF-606	60	75×560×130
DF-120	120	310×950×170

上述表计皆使用交流 220V±10%、50Hz±10% 电源供电。

第28章　厂内通信设备

赵玉琴

第28-1节　自动电话交换机

一、纵横制自动电话交换机

（一）30/60/90门纵横制小交换机

1. 简介

该类交换机适合机关、工厂等单位作内部电话通信用。配有出中继和入中继设备，可与电话局相接。

2. 结构

30/60/90门纵横制小交换机各型设备外形尺寸见表28-1-1。

3. 技术数据

30/60/90门纵横制小交换机技术数据见表28-1-2。

表 28-1-1　**30/60/90门纵横制小交换机各型设备外形尺寸**

机型	HJ901			HJ963			30～90JZX JZX-2A HJZ-30		
容量或门数（门）	30	60	90	30	60	90	30	60	90
机架 外形尺寸（宽×深×高，mm）	650×350×2000			650×350×2000			890×320×2000		
机架 数量（个）	2	3	4	1	2	3	1	2	3
转话盒 外形尺寸（宽×深×高，mm）	540×300×210			600×560×970			540×320×220		
转话盒 数量（个）	1	1	1	1	1	1	1	1	1
总信号盒 外形尺寸（宽×深×高，mm）	120×105×290			263×72×121			263×72×121		
总信号盒 数量（个）	1	1	1	1	1	1	1	1	1
绳路（条）	6	12	18	6	12	18	6	12	18
记发器（套）	2	4	6	2	4	6	2	4	6
出中继器（套）	2	4	6	2	4	6	3	5	6
入中继器（套）	2	4	6	2	4	6	2	4	6
信号源（套）	2	2	2	2	2	2	1	1	1
整流电源（套）	2	2	2						

表 28-1-2　**30/60/90门纵横制小交换机技术数据**

参数名称 \ 型号	HJ901			HJ963			30～90JZX JZX-2A HJZ-30		
输入电压（V）	-60^{+6}_{-4}或～220$^{+10\%}_{-20\%}$			−60±4			-60^{+4}_{-2}或～220±10%		
用户线环路电阻（Ω）	1000			1000			1000		
本机通话回路衰耗（NP）	0.08			0.08			0.09		
回路串音衰耗（NP）	9			9			9		
用户线间电容（μF）	0.5			0.5			0.5		
耗电量（W）	30门	60门	90门	30门	60门	90门	30门	60门	90门
	240 400*	360 600*	480 800*	240	420	600	240	450	540

* 均为～220V的耗电量。

4. 生产厂

HJ901 型：河北省电话机厂。

HJ963 型：四川七〇一厂。

其它类型：镇江有线电厂、湖南常德地区无线电厂、上海电信设备五厂。

（二）200 门、400 门 HJ905 型纵横制交换机

1. 简介

该系列交换机适用于机关及工厂等内部通信，配有出中继和入中继设备，可与电话局用户或其它交换机用户通话。

交换机容量为两个系列，一个系列起始容量为 200 门（6 个机架的），交换机的容量可以 200 门为单元，叠加到 800 门。另一个系列起始容量为 100 门（5 个机架的），只能扩充到 200 门。

2. 结构

HJ905 型机架、设备数量见表 28-1-3。

表 28-1-3　HJ905 型纵横制交换机机架、设备数量

名称 / 型号	机架名称（架）							绳路(条)	出中继(条)	入中继(条)	转接台(个)
	AX	BX	CX	YJF	BZ	RZ	SL				
200 门*	2	1		1	1			24	8	8	1
200 门	2	1	1	1	1			24	8	8	1
400 门	4	1	1	1	1	1	1	25	16	15	1

* 此种 200 门为 5 个机架的，不能再扩容。

3. 主要功能及组成原理

(1) 用户号码制度为三位数，每一百个用户为一组，分单百号组及双百号组，上海电信设备五厂已改为四位数。

(2) 可与自动局、供电局、磁石局配合工作。出局呼叫为全自动，入局呼叫需经转接台话务员转接。出中继可采用单向或双向二种。出局方向可分为 3 个。

(3) 内部通话时，其控制复原方式为互不控制方式。入中继通话采用由被叫控制机键复原，出中继通话采用由主叫控制机键复原。通话过程中，通话回路中断 100ms 以内机键不会复原。入局呼叫时，转接台具有长途插入及回叫和保留功能，并可监听。另外还设有夜间服务性能，可由指定的代答用户（200 号码）来完成回叫和转接性能。

4. 技术数据

(1) 工作环境：温度为 0～40℃；湿度为 45%～75%。

(2) 电源：直流为 56～66V。

(3) 功耗：200 门为 900W，400 门为 1440W，600 门为 1900W，800 门为 2700W。

(4) 用户线路环阻：≤1000Ω。

(5) 本机通话回路衰耗：≤0.06Np。

5. 外形尺寸

650×360×2560（宽×深×高，mm）。

6. 生产厂

镇江有线电厂、常州控制电器器材厂、上海邮电器材二厂、上海电信设备五厂及一厂、苏州有线电厂、天津电讯器材厂、辽宁省七〇五厂、陕西省邮电器材厂、洛阳电话设备厂、河北电话机厂。

（三）HJ905A 型纵横制交换机

1. 简介

HJ905A 型交换机是在 HJ905 型机的基础上改进的。以 200 门为单元叠加，可递增到 800 门，不需另加扩充架。如超过 800 门可以增加扩充架，其容量可扩到 1600 门。出局方向一般为 3 个，特殊情况最多达 10 个；通过增加扩充设备可增到 40 个局向。如增加适量的出中继和入中继扩充设备，可按听两次拨号音方式组成点对点的本企业地区通信。增加长途中继设备后可配合 JDKT-A 型长途自动交换机纳入长途自动电话网。市话或邻局出中继器，用听两次拨号音方式，采用直流回路与纵横制或步进制等电话局配合工作。长话出中继器，用听两次拨号音方式，采用三线直流控制方式与长途台连接。另外还增加了远距离用户、直插与三方通话用户、连选用户组性能。

2. 结构

HJ905A 型机架、设备数量配置见表 28-1-4。

3. 技术数据

(1) 工作环境：温度为 0～40℃；湿度为 45%～75%。

(2) 电源：直流为 56～66V。

(3) 功耗：200 门为 15A，400 门为 30A，600 门为 35A，800 门为 45A。

(4) 用户线线路环阻：≤1000Ω。

(5) 远距离用户电阻：≤2500Ω。

(6) 本机通话回路衰耗：≤0.06Np。

4. 生产厂

苏州有线电厂。

（四）120/720 系列纵横制交换机

1. 简介

该系列交换机型号主要有 JZHQ-1 型、JZHQ-3A 型、JZHQ-3B 型，均以 120 门为起始容量，交换机容量以 120 门为单元，叠加到 720 门。主要技术性能与 HJ905 型相似，属小交换机性质；不同的是出局方向数为 4 个，配有远距离用户设备。

JZHQ-3A 型、JZHQ-3B 型纵横制交换机以 60 门为递增单元。它们与 JZHQ-1 型的主要区别是，JZHQ-3A 型通过直达中继线和邻近交换机（非市话局）相联

接组成多站；JZHQ-3B 型可与 JZHT-1 型长途交换机配合组成专用长途或本地汇接交换网。

2. 结构

JZHQ-1 型交换机结构，见表 28-1-5。

JZHQ-3A 型交换机结构，见表 28-1-6。

JZHQ-3B 型交换机结构，见表 28-1-7。

3. 主要技术数据

JZHQ 系列交换机主要技术数据见表 28-1-8。

表 28-1-4　　**HJ905A 型纵横制交换机机架、设备数量配置**

名称 \ 数量 \ 容量		200 门	400 门	600 门	800 门
基本架（个）	AX	2	4	6	8
	BX	1	1	2	2
	CX	1	1	2	2
	SL	1	1	2	2
	RZ		1	2	2
	BZ	1	1	2	2
	YJF	1	1	2	2
	话务台	1 单席	1 单席	1 双席	1 双席
中继设备（套）	出中继	8	16	24	32
	入中继	8	15	30	30
配合架（个）	用户 J 机架	根据需要选配			
	扩充入中继架				
	扩充出中继架				
	长途自动中继架				
	长途人工中继架				
外形尺寸（宽×深×高，mm）		650×360×2560			

表 28-1-5　　**JZHQ-1 型纵横制交换机结构**　　（个）

名称 \ 规格	容量 120 门	180 门	240 门	300 门	360 门	420 门	480 门（一）	480 门（二）	540 门	600 门	720 门
机架总数	5	7	8	10	11	14	15	19	21	22	25
SV2.104.013 用户机架	2	3	4	5	6	7	8	8	9	10	12
SV2.104.014 标志器机架	1	1	1	1	1	1	1	2	2	2	2
SV2.104.015 绳路机架 Ⅰ	1	1	1	1	1	1	1	2	2	2	2
SV2.104.016 绳路机架 Ⅱ	1	2	2	3	3	4	4	4	5	5	6
SV2.104.017 群间机架								2	2	2	2
SV2.104.018C 极入中继机架						1	1	1	1	1	1
SV2.115.030 转接台	1	1	1	1	1	1	1	1	1	1	1
SV2.106.043 总信号设备	1	1	1	1	1	1	1	2	2	2	2
SV2.108.000 用户配线架（一节）	1	1	1							2	1
SV2.108.003 用户配线架（二节）				1	1	1	1	1	1		1
SV2.115.001 保安器座板及成套安装件	2	3	3	4	5	5	6	6	7	7	8
SV4.075.015 二列接线排及成套安装件	8	12	15	18	21	25	28	28	31	34	40

表 28-1-6　　**JZHQ-3A 型纵横制交换机结构**　　（个）

规格 / 名称	容量									
	90 门	120 门	180 门	240 门	300 门	360 门	420 门	480 门	540 门	900 门
机架总数	3	5	7	10	11	13	14	16	17	19
053 用标机架（Ⅰ）	1	1	1	1	1	1	1	1	1	1
054 用标机架（Ⅱ）				1	1	1	1	1	1	1
055 用户机架	1	2	3	4	5	6	7	8	9	10
090 绳路（Ⅰ）机架	1	2	3	4	4	5	5	4	4	5
091 绳路（Ⅱ）机架								2	2	2
092 出中继接线器机架				(1)	(1)	(2)	(2)	(2)	(2)	(2)
SV2.115.029 转接台	1	1	1	1	1	1	1	1	1	1
109.068 总信号盒	1	1	1	1	1	1	1	1	1	1

表 28-1-7　　**JZHQ-3B 型纵横制交换机结构**　　（个）

规格 / 名称	容量									
	60 门	120 门	180 门	240 门	300 门	360 门	420 门	480 门	540 门	600 门
机架总数	6	9	14	18	19	23	24	28	29	32
053 用户标志器机架（Ⅰ）	1	1	1	1	1	1	1	1	1	1
054 用户标志机架（Ⅱ）				1	1	1	1	1	1	1
055 用户机架	1	2	3	4	5	9	7	8	9	10
056 绳路—出/入中继器机架（Ⅰ）	1	2	3	4	4	5	5	9	9	7
057 绳路—出/入中继器机架（Ⅱ）	(1)	(2)	(3)	(4)	(4)	(5)	(5)	(6)	(6)	(7)
058 用户记发器-发码器机架	1	2	3	4	4	5	5	6	6	7
059 发码器—收码机架	1	1	1	1	1	2	2	2	2	2
090 多频—双频发生器机架	1	1	1	1	1	1	1	1	1	1
091 出/入中继接线器机架（Ⅰ）			2	2	2	1	1	3	3	2
092 出/入中继接线器机架（Ⅱ）						1	1			1

表 28-1-8　　**JZHQ 系列纵横制交换机主要技术数据**

型号 / 参数 / 名称	JZHQ-1					JZHQ-3A					JZHQ-3B				
用户线线路环阻　(Ω)	1200（不包括话机电阻）														
用户线允许线间电容　(μF)	0.5														
本机内部通信传输衰耗　(Np)	0.08														
串音衰耗　(Np)	9														
工作电压　(V)	58～64														
远距离用户电阻　(Ω)	2500（不包括话机电阻）														
耗电量　(A)	120 门	180 门	240 门	360 门	420 门	120 门	180 门	240 门	360 门	420 门	120 门	180 门	240 门	360 门	420 门
	15	19	22	29	33	15	19	22	29	33	25	35	45	58	60
外形尺寸（宽×深×高，mm）	640×320×2200														

4. 生产厂

北京七三八厂。

（五）JZHQ-4 型纵横制交换机

1. 简介

该机除有一般常规性能外，还设有优先用户、远距离用户、限制打外线用户、夜间值班、代拨外线、回叫、长途插入、转接台并席、用户号连选等性能，作一般小交换机使用。出局方向数根据不同容量的交换机分别为6～24个，每个方向的出线数为1～15线，但总的出线数应视不同的交换机容量而定。交换机容量以90门为单元，可叠加到1800门，适用于出站方向要求较多的单个电话站的电话网。

2. 结构

JZHQ-4型纵横制交换机设备数量见表28-1-9。

表28-1-9 JZHQ-4型纵横制交换机设备数量 (个)

名称 \ 规格	容量					
	90门	180门	270门	360门	450门	450门
机架总数	4	5	8	10	11	12
SV 2.104.145用户中继器机架	1	2	3	4	5	5
146绳路机架	1-2	2	3	4	4	5
147标志器机架	1	1	1-2	2	2	2
148并捧出机架						
160绳路机架						
161千间机架						
SV 2.115.035转接台	1	1	1	1	1	1
106.069总信号箱	1	1	1	1	1	1
SV 4.063.001成套调整工具	1	1	1	1	1	1
成套安装件	1	1	1	1	1	1
SV 4.060.045成套备附件	1	1	1	1	1	1
用户配线架	120	240	360	480	600	600
SV2.702.113线路测试器	1	1	1	1	1	1
185交换机测试器	1	1	1	1	1	1
106.077灯架	1	1	1	1	1	1

3. 技术数据

(1) 工作环境：温度为0～40℃；湿度为45%～75%。

(2) 电源：直流为60 $^{+6}_{-4}$V。

(3) 普通用户回路电阻应：≤1500Ω。

(4) 远距离用户回路电阻：≤3000Ω。

(5) 通话电路工作衰耗：≤0.06Np。

4. 生产厂

北京七三八厂。

(六) JZHZ-1型纵横制自动电话交换机

1. 简介

该机用于机关、工厂组网用，它可灵活方便地组成3位、4位和5位号码（等位或不等位）的单局或多局制电话网。可用于需要进行区域性组网的发电厂、调度所。

2. 技术数据

(1) 采用10×30纵横接线器作通话接续元件，用JR-4圆形继电器作主要控制元件。此外，在控制和信号电路中，采用了半导体二极管、三极管等。

(2) 最小容量为90门，可扩充至180门、270门、360门，最终可达到1620门。如只有2～3个出局方向时，可达1800门。

不同容量的机器分别具有9～24个出局方向。如果用JZHZ-2型机作出局选组级时，则出局方向可达44个。

(3) 在多局制电话网中，本机能与JZB-1A、JZBQ-1A、A-29、A-40、52C型等步进制和JZH-1、HJ-921、HJ-941型等纵横制电话局配合工作。

(4) 本机在多局制电话网中使用时，具有汇接性能。如用JZHZ-2型机作出局选组级时，还具有迂回性能。

(5) 适应3～5位号的电话网，用户号码允许采用3位、4位和5位拨号。

(6) 特种服务号码允许采用01～00(或11～10)两位拨号方式，亦可采用111～110三位拨号方式。

(7) 通话电路的复原方式，当普通用户间通话时，采用互不控制方式；当被叫用户为小交换机用户时，采用主叫控制方式；当被叫用户加装特种用户电路时，为被叫控制方式。在人工长途呼叫接续中，交换机的复原由长途台话务员控制。

(8) 本机的下面还可以带小交换机。这些小交换机的代表号码，可选用具有连选性能的引示线用户号码(拨非引示线号码，无连线性能)。

(9) 可设用户通话记次性能，记录用户通话次数，但在用户呼叫特种服务台时不计次。

(10) 设有长途入中继器，能和JT-24、JT-501型长途接续台配合工作。

(11) 作为一般企业用户交换机使用时，出局呼叫一般采用听二次拨号音自动拨号方式，亦可采取受话务员控制方式（即征得话务员同意后，方可拨号）。入局呼叫可以直接接收对方局转发来的脉冲，实现全自动拨号，即为直拨小交换机。亦可以采取人工转接方式，由话务员通过无绳式转接台接通至内部用户。采用人工转接时，具有回叫性能、夜间值班性能、并席性能、代拨外线性能、插入或强拆非长途通话用户性能。

(12) 设有远距离用户、优先用户、限制打外线用户、长途有权用户和特种用户。

3. 结构及技术数据

JZHZ-1型纵横制交换机结构及技术数据，见表28-1-10。

表 28-1-10　**JZHZ-1 型纵横制交换机结构及技术数据**

机架名称	设备名称、代号	容量																	外形尺寸（宽×深×高，mm）
		90门	180门	270门	360门	450门	450门	540门	630门	720门	810门	810门	810门	900门	900门	1080门	1440门	1620门	
用户机架 YH(1)、(2)	SV2.104.$\frac{149}{163}$MX	1	2	3	4	5	5	6	7	8	9	9	9	10	10	12	16	18	640×320×2200
绳路机架 SL(1)、(2)、(3)	SV2.104.150/164/166MX	2	3	4	5	5-6	6	8	8	10	10	10	10	11-12	11-12	15	16-20	20	
记发器机架 JF	SV2.104.151MX	1	2	3	3	3-4	4	5	5	6	6	6	6	7-8	7-8	9	12	14	
标志器机架 BZ	153MX	1	1	2	2	2	2	4	4	4	4	4	4	4	4	6	8	8	
并棒出机架 BC	SV2.104.148MX						1					2		2					
AB 级机架 AB	SV2.104.155MX												4		4				
汇接标志器机架 BZH	SV2.104.158MX												1		1				
千间机架 QJ	SV2.104.161MX															3	4	4	
汇接入中继器机架	SV2.104.152MX	选购																	
远户机架	SV2.104.154MX	选购																	
成套调整工具	SV4.063.001MX	1	1	1	1	1	1	1	1	1	1	1	1	1	1	1	1	1	
成套安装件	SV4.075.$\frac{163}{175}$MX	1	1	1	1	1	1	1	1	1	1	1	1	1	1	1	1	1	
成套备附件	SV4.060.046MX	1	1	1	1	1	1	2	2	2	2	2	2	2	2	3	4	4	
总信号箱	SV2.106.078MX	1	1	1	1	1	1	1	1	1	1	1	2	1	2	2	2	2	
转接台	SV2.115.035MX	1	1	1	1	1	1	1	1	1	1	1	1	1	1	2	2	2	1200×600×955
用户配线架		选购																	
线路测试器	SV2.702.113MX	选购																	
交换机测试器	185MX	选购																	
忙时最大放电电流(A)		19	28	40	44	47	47	64	64	83	83	83	91	95	99	124	158	168	
忙时平均放电电流(A)		9	15	21	27	33	33	42	48	54	60	60	60	66	66	81	108	120	
供电电压(V)	60±4																		
用户回路电阻(Ω)	≤1500																		
远距离用户电阻(Ω)	1500～3000																		

4. 外形及安装尺寸

JZHZ-4、JZHZ-1、JZHZ-2 型纵横制交换机外形及安装尺寸，见图 28-1-1。

（七）HJ905J 型纵横制交换机

1. 简介

HJ906J 型交换机是在 HJ905 型基础上改进的，增加的性能如下：

(1)增加用户分机示忙灯箱，分机用户的忙闲状态用指示灯显示，很直观，可以节省话务员的无效操作时间。

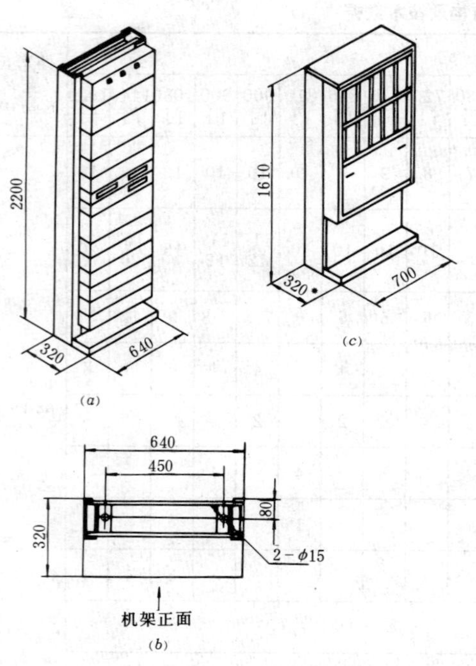

图 28-1-1　JZHZ-4、JZHZ-1、JZHZ-2 型纵横制交换机外形图
(a) 机架外形图；(b) 机架底座安装尺寸图；(c) 灯架外形图

(2) 对于内部话务量较低而外线话务量较高的单位,可以增加出中继和入中继的数量。例如,400 门机原出中继为 16 套,入中继为 15 套,如需要可将出、入中继增加到各18套。端子板上面有跳接端子,改接方便。

(3) 交换机通话电路的复原控制方式，可为主叫控制、被叫控制或互不控制,供用户自由选用,有端子可供跳接。

(4)用户呼叫出中继时,从主叫用户到出中继电路各线通话机键的 C 线直通，以便使分机用户可以开放长途全自动拨号按分机计费业务。

(5) 每百号组用户中可允许 1 个用户号码连选用户，连接的号码可以到 50，也可到 10 个。

2. 结构

以 200 门为单元，可扩到 800 门，见表 28-1-11。

表 28-1-11　　HJ905J 型纵横制交换机设备数量及外形尺寸

门数	出中继数	入中继数	机架数	外形尺寸 (mm)		
				宽	深	高
200	10	11	6	650	360	2560
400	18	18	10			
600	28	29	18			
800	36	36	22			

3. 技术数据

(1) 工作环境：温度为 0℃～40℃；湿度为 45%～75%。

(2) 传输衰耗：用户与用户之间应使其≤0.5dB；中继与中继之间≤0.4dB。

(3) 电源：直流为 54～66V。

(4) 功耗：200 门为 15A，400 门为 24A，600 门为 35A，800 门为 45A。

4. 生产厂

邮电部上海电话设备厂。

二、准电子、全电子自动电话交换机

准电子、全电子交换机设备功能及技术数据见表 28-1-12。

表 28-1-12　　准电子、全电子自动电话交换机设备功能及技术数据

型号 / 名称	100JZD 准电子 100门	100/200 JZD 准电子 100门	100/200 JZD 准电子 200门	BXD-201 准电子 120门	JZD-200 准电子 200门	JDKQ-3 准电子 200门	JDKQ-1 全电子 20门	JDKQ-2 全电子 50门	SDZ-50 全电子 50门	JDSQ-2 全电子 200门
用户环路电阻(Ω)	2000	2000	2000	1500	1000	1000	1200	2000		2000
用户线间电容(μF)	1	1	1		0.5	0.5	1	0.5		0.25
通话回路衰耗(Np)	0.15	0.15	0.15	0.08		0.15	0.15	0.15		0.25
输入电源(V)	−48	−48	−48	～220 −48	−24	−24	～220 ±10%	～220 ±10%	～220	～220 ±10%
耗电量 (W)	300	300	600	200	600	600	100	183	400	1500
出中继 (条)	7	5	11	8	12		2	4	5	10
入中继 (条)	7	5	11	8	10		2	4	5	10

续表 28-1-12

型号 / 名称	100JZD 准电子 100门	100/200 JZD 准电子 100门	100/200 JZD 准电子 200门	BXD-201 准电子 120门	JZD-200 准电子 200门	JDKQ-3 准电子 200门	JDKQ-1 全电子 20门	JDKQ-2 全电子 50门	SDZ-50 全电子 50门	JDSQ-2 全电子 200门
机柜数量（个）	1	1	2	1	2	2	1	1	1	2
机架外形尺寸 宽×深×高（mm）	770×500×2140	770×500×2140	770×500×2140	1100×500×2200		915×350×2160	578×366×1100	578×366×1660	710×400×1260	682×400×1755
机架质量（kg）	200	200	200	300					140	170
普通局向（个）	1	1	1	1	1	1	1	1	1	3
专用局向（个）		3	3							
电源柜（个）						1	1	1	1	1
生产厂	镇江有线电厂	镇江有线电厂	镇江有线电厂	北京宣武电讯厂	哈尔滨共乐继电器厂	湖南郴州地区无线电厂	湖南郴州地区无线电厂	湖南郴州地区无线电厂	辽宁丹东无线电二厂	湖南郴州地区无线电厂

三、HJW-01 型微机控制纵横制用户电话交换机

1. 简述

该机为小容量半电子程控用户交换机，适合机关、工矿等单位作内部电话通信用。配有中继设备，能与市话自动局、供电局、磁石局以及其它小交换机用户通话。

本机初装容量为 60 门，容量的扩充为叠加式，只需增加用户机架就可以扩为 120 门、180 门、240 门。

本机用微机代替了纵横制用户交换机的公共控制部分（标志器、记发器等），它不仅加快了接续速度，体积也有所减小，耗电有所下降，而且还增加了原纵横制交换机难以实现程控交换机才具备的许多性能，扩大了适应用户的范围。

2. 结构

本机由中继控制架、用户架、话务控制台三部分组成。在各种容量时所包括的机架数，参见表 28-1-13。所配备的出中继、入中继、绳路等数量，见表 28-1-14。

表 28-1-13　HJW-01 型微机控制纵横制用户电话交换机各种容量的机架数量

名称	容量 60门	容量 120门	容量 180门	容量 240门
中继控制架（架）	1	1	1	1
用户架（架）	1	2	3	4
话务控制台（架）	1	1	1	1

3. 主要功能

(1)分机之间呼叫为全自动接续，机键复原控制方式为互不控制。

(2) 入局呼叫由话务员转接，半自动接续，复原方式为本机被叫用户控制。

(3)出局呼叫为全自动接续，复原方式由本机主叫用户控制。

(4) 可与市话局、供电局、磁石局用户通话。

表 28-1-14　HJW-01 型微机控制纵横制用户电话交换机设备配备

序号	名称	容量 60门	容量 120门	容量 180门	容量 240门
1	微　机（台）	1	1	1	1
2	接口设备（套）	1	1	1	1
3	绳　路（条）	15	20	25	30
4	出中继器（套）	5	8	11	13
5	入中继器（套）	5	8	11	13
6	信号电路（套）	2	2	2	2

(5) 具有长途插入通知被叫用户的性能。

(6) 内部用户可转呼话务员。

(7)主叫用户久不拨号或拨号不全超过时限，机键自动复原性能。

(8)铃流和信号音设备、电源故障时，熔断器熔断均设有相应的告警信号（铃、灯）。

(9) 三方会议。

(10) 遇忙自动转接。

(11) 遇忙自动回叫。

(12) 呼叫自动转接。

(13) 免打扰。

(14) 用户号和房间号同号。

(15) 叫醒服务。

(16) 热线电话。

(17) 夜间话务员离开话务台时，入局接续由代答用户完成。

四、模拟式程控用户电话交换机

(一) CS-A 型程控用户电话交换机

1. 简介

该机属空分模拟程控机，采用 Z80A 型微处理器进行交换控制。主要程序皆经固化，接续元件为 CMOS 集成电路。本机分机数为 64 门，局线或中继线为 10 条，同一时间内的通话路数可为 40 路。主要功能

有分机直拨、分机代接、会议电话、呼叫转移、免打扰服务、忙中提醒、连号操作、三方通话、分机线代替局线电话、夜间服务、转接台缩位拨号、自动回叫性能等。

2. 结构

由三个箱体组成，即主机、转接台、室内分线盒。可随机供应主要部件的备份板（例如CPU板、分机板等）。适应脉冲拨号制，双音多频拨号制。

3. 技术数据

(1)工作环境：温度为0～40℃；湿度为80%以内。

(2)电源：主供交流为220±10%V、50/60Hz；备用直流为48 $^{+6}_{-4}$V。

(3) 功耗：40路全开通约100W（直流负荷电流2A）。

(4) 分机环路电阻：≤1000Ω（包括话机电阻）。

4. 外形尺寸

CS-A型交换机外形尺寸见表28-1-15。

表28-1-15 CS-A型程控用户电话交换机外形尺寸

名称	外形尺寸（宽×深×高，mm）	生产厂
主机	352×345×490	苏州有线电厂
转接台	245×165×335	
室内分线盒	345×62×500	

（二）HJD05型程控用户电话交换机

1. 简介

该机采用存储程序控制，CMOS交换矩陈，EPROM固化基本程序。其容量等级可为72个分机线、8条中继线，或32个分机线、8条中继线。

话务员话机具有保持呼入的中继线、广播通知、夜间服务等功能。分机具有遇忙自动回叫、来话代答、跟踪转移、无应答转移、遇忙转移、缩位拨号、外线号码重发（普通话机）等功能。

2. 结构

采用柜式结构，附有电源设备，安装方便。

3. 技术数据

(1) 工作环境：温度为0～40℃；湿度为45%～80%。

(2) 电源：交流220±10%V、50Hz。

(3) 用户线路环阻≤1500Ω（包括话机）。

4. 生产厂

邮电部上海电话设备厂。

（三）BH-01G型程控用户交换机

1. 简介

该机采用存贮程序控制以及大规模集成电路，可接8条市话中继线和32条分机用户线；增加一个副机时，分机用户可扩到72条。

本机具有外线保留、夜间值班、扩音播送、播入分机、音乐等待、代接来话、来话转移、自动回叫、离位转移、忙线转移、缩位拨号、停电直通、会议电话等功能。

2. 技术数据

(1) 工作环境：温度为0～40℃；湿度为10%～90%。

(2) 电源：交流220±10%V。

(3) 功耗：忙时≤200W。

(4) 用户线路环阻≤2000Ω（包括话机）。

3. 生产厂

邮电部桂林通信机械厂。

（四）BH-01型程控电子交换机

1. 简介

该机系中国邮电工业总公司按照中国小型程控电子交换机进网标准，与国外公司共同研制和引进的机型。本机用存贮程序控制和大规模集成电路。目前，容量有三种：

(1) 40门：4条或8条中继线，32条分机用户线。

(2) 80门：8条中继线，72条分机用户线。

(3) 120门：12条中继线，108条分机用户线。

2. 结构

本机主要由整机和话务台二部分组成。整机由稳压电源、微处理板、信号板、中继板、用户板组成。

3. 主要功能

(1) 具有一般小型程控交换机的30多种功能，例如外线保留、夜间服务、扩音播送、插入分机、代接来话、来话转移、自动回叫、离位转移、忙线转移、应答转移、缩位拨号、停电直通、会议电话、音乐等待、用户自编程改变服务功能等，使用比较灵活。

(2)接入市话后，内外线用户可直接自动拨号，如本系列机型自已联网亦有直拨功能，不用专职总机话务员，节省人力，使用方便。

4. 技术数据

(1) 工作环境：温度为0～40℃；湿度为10%～90%。

(2) 电源：交流220±10%V。

(3) 功耗：<200W。

(4) 用户线路环阻：≤2500Ω（包括话机）。

5. 生产厂

中国邮电工业总公司。

（五）HJD-02型程控用户电话交换机

1. 简介

HJD-02型交换机采用微机控制，容量为112门及224门两种。该机除具有一般电话通信接续功能外，还有一些特殊服务功能，例如热线、优先、自动回叫、会议电话、选择同播、转移呼叫、忙线转移、叫醒电话、禁止打入、缩位拨号、夜间服务等。

2. 技术数据

(1) 话路数 30 条，记发器 8 个，中继线 16 条，出局方向 1～3 个。

(2) 电源：交流 220±10%V、50Hz；直流 60±10%V。

(3) 功耗：＜300VA。

(4) 用户线路环阻：≤2000Ω（不包括话机）。

3. 生产厂

邮电部第四实验工厂（北京）。

(六) HJD03 型程控用户交换机

1. 简介

该机容量为 200～1000 条线，局向最多可达 9 个，中继线最多可达 128 条线。可半自动进入公用网，中继方式为单向、双向或部分双向。

主要功能有热线、遇忙转移、无人转移、定点转移、跟随转移、免打扰转移、定闹、代答、三方通话、协商通话、代答转接、查对方号码、自动回叫、外线缩位拨号、外线号码重发、日间应答分机申请、话务台封锁分机、插入防护等。

分机电话号码长 4 位，首码 2～8，用户自选，出局呼叫时，单局向拨 1 位码“0”出局，多局向时，用“0×”作出局方向码（×取 1～9）。

2. 结构

本机 512 条线以下，用一个机柜，大于 512 线为 2 个机柜。双机应用扩容时为 2048 条线，最多 4 个机柜（不包括电源机柜）。

单机应用时话务台最多 2 个，双机时最多 4 个。兼作维修台用，话务员可互助，话务台采用人—机会话方式及键盘通信等。

3. 技术数据

(1) 工作环境：温度为 0～40℃；湿度为 45%～80%。

(2) 电源：交流 220 $^{+10\%}_{-15\%}$V、50Hz。

(3) 用户线路环阻：＜1200Ω（远距离用户达 2500Ω）。

(4) 传输衰耗：内部通话≤1dB；中继线间≤0.8dB。

4. 外形尺寸

800×600×2000（宽×深×高，mm）。

5. 生产厂

邮电部洛阳电话设备厂。

(七) SX-200 程控交换机

1. 简介

该机采用存贮程控和电子空分交换技术，PROM (160K 字节)、RAM（48K 字节、34K 字节有输入保护），微处理机（6809）构成操作软件；COMS4×8 矩阵片组成 31＋1 条全利用度一级交换话路。能与现有的小交换机、市话局设备配合。容量为 256 门，用户及中继占 208 门。用户、中继器可按需要配置，典型供应用户配置为 176 条用户线、12 条中继线，可拼机扩大容量。转盘、双音多频按键话机都能使用。编号方案 1～4 位任选。

本机是加拿大麦特尔公司 SX 系列产品之一，现已成套引进该机散件组装生产，可满足用户订货。

本机具有二百种服务功能，例如自动回叫、自动叫醒、呼叫转移、呼叫代答、夜间服务、电话会议、快速呼叫、客房管理、不受打扰、通话记录、长途通话控制、预占、留言、搜寻、阻截、广播等，用户可任选。具有许多诊断程序检测(诊断程序自动进行，不影响用户使用，能自动显示故障性质及失效部件位置)；12 条停电转换电路，标准 RS232C 输出接口。

2. 结构

该机为单柜结构，体积小、重量轻，插件品种少，耗电低，功能全，环境适应性强(对机房无严格要求)。

3. 技术数据

(1) 工作环境：温度为 0～40℃；湿度为 10%～90%。

(2) 电源：交流 220V、50Hz。

(3) 功耗：小于 400W。

(4) 线路条件：用户回路电阻≤1200Ω；中继回路电阻≤1600Ω。

(5) 通话指标：工作衰耗≤5dB(用户—用户)；工作衰耗≤0.5dB（用户—中继）；串音衰耗＞75dB。

4. 外形尺寸

700×600×960（宽×深×高，mm）。

5. 生产厂

北京有线电厂。

五、数字程控交换机

(一) 简述

目前国内采用的数字程控交换机，主要为引进国外散件或生产线组装，少量为利用国外进口元件自己生产的。本节对于引进的数字程控交换机设备不作详细的介绍，只采用表格形式列出其主要性能、功能，以便供给用户设备选型时作参考。

(二) 主要机型主要性能

各定点单位选定的主要机型及主要性能，见表 28-1-16。

(三) 五种数字程控用户交换机功能

五种数字程控用户交换机功能表，见表 28-1-17。

表 28-1-16 数字程控交换机各定点单位选定的主要机型及主要性能

公司名称	德国西门子	荷兰 PHILIPS	美国 哈里斯	瑞典 ERICSSON	英国 PLESSEY	加拿大 北方电讯
产品型号	HICOM180，600/3000，3000E	SOPHO-S 系列 S-2500，1000，250，10，50	HARRIS 20-20	MD-110	ISDX	MSL-1
最大容量 用户线/中继线	208 用户线/24 中继线 800 用户线/76 中继线 4096 用户线/512 中继线 16384 用户线/2048 中继线	单点 2816 端口，多点 20000 线	1920 端口	全分散控制，每单元为 256 线，组网可达 10000 线(用户线、中继线可任意配置)	2448 用户线/352 中继线	4550 用户线/450 中继线
引进单位	北京二三九厂 上海新光电讯厂	苏州有线电厂 常德有线电厂 贵州振华公司	广州有线电厂 石家庄五十四所	北京有线电厂	上海 520 厂	江西 834 厂 深圳通广有限公司
单局使用为主	可作 PABX 用	可作 PABX 使用	不是	不是	不是	不是
能组网使用	能	能	能	能	能	能
有远端模块	有	有，可 128 端口/也可 256 端口	无	有(单一机柜就是)	有	有(无独立交换能力)
有旅馆功能	有	有	有	有(但需附加设备)	有(但需附加设备)	有
有 B+D	有	有 B+D，在信令上处理	有	有	没有	无
有 2B+D	有	有 2B+D 接口	1988 年有	没有	有	有
有分组交换	有	有 X25 接口	无	无	有	有

续表 28-1-16

公司名称	德国西门子	荷兰　PHILIPS	美　国 哈里斯	瑞　典 ERICSSON	英　国 PLESSEY	加 拿 大 北方电讯
话务量/用户线	0.21erl/用户线	S-2500 型　0.25erl/用户线 S-1000 型　0.32erl/用户线	1　erl/用户线	0.2erl/用户线	0.18erl/用户线	0.14erl/用户线
呼　损	0%HICOM180,600 0.196%HICOM3000,3000E	S-2500 型　0.5% S-1000 型　1%	0	未给出	0.1%	0.4%
话务量/中继线	0.8erl/中继线	0.8erl/中继线	1 erl	0.8erl/中继线	0.8erl/中继线	0.7erl/线
BHCA/××线数	10500/HICOM180,600 28700/HICOM3000 51250/HICOM3000E	12500/2000 线 97200/10000 线	25000/1920 线	2160/200 线	20000/2000 线	25000/5000 线
进公用网要求	按规范书要求	按规范书要求,愿作改动,模拟 DID 已有	愿改为全部符合要求	符合	愿改为满足要求	愿改为满足要求
交换网络	T/HICOM180,600 T-T-T /HICOM3000,3000E	T-T-T	T	T	T	S-T-S
CPU 型号	80286,80386	Z8001,Z80	80286	6809　6803	4 片 2901 位片机拼成 16 位	AMD2901
主存储器	8M,12M,16M	2M				
高级语言名称	CHILL	CHILL	PL/M	PLEX-M	C 语言	SL-1 专用语言
专用 IC	3.9%	共 7 种,在 S-2500 中占 1.8%,S-1000 中占 2%	没有专用 IC	9 种	3%	5%
印刷板最多层数	一般为 4 层,有一种 16 层	10 层,S-2500 中 CPU 部分为双层	6 层	4 层	6 层	6 层

表 28-1-17 五种数字程控用户交换机功能表

序号	功能 \ 型号	荷兰菲利浦 SOPHO-S2500	加拿大北电 MSL-IXT	加拿大敏迪 SX-2000SG	英国裴利斯 ISDX-L	德国西门子 HICOM390
1	系统采用的先进技术及典型技术特征	(1) 系统采用了时分多路复用技术 (2) 主处理机采用 4/2 冗余原理，提高容错性 (3) 采用了集中与分散控制方式 (4) 采用了 2B+D 技术，同步传输话音数据、速率达到 64kbit/s (5) 硬件互换性较高 (6) 通过外接服务器可实现分组交换、规约转换、电子信箱话音邮递	(1) 系统采用了时分多路复用技术 (2) 硬件接口灵活，互换性好 (3) 软件模块化程度高 (4) 主处理机能力强 (5) 采用了“无代演变”工艺技术，提高了功能 (6) 采用了 2B+D 技术但话音、数据只能异步传输 (7) 通过外接模块及设备可实现规约转换、电子邮箱、话音邮递	(1) 系统采用了时分多路复用技术 (2) 主处理机采用 68020，处理能力强 (3) 硬件接口灵活，互换性强 (4) 专用的硬件技术，集成化高，硬件技术先进 (5) 采用分层处理技术 (6) 交换网络先进，实现无阻塞传输 (7) 采用 2B+D 技术，同步传输话音，数据速率均达 64kbit (8) 结构合理先进，功耗低，提高使用寿命	(1) 系统采用了时分多路复用技术 (2) 采用了 2B+D 技术同步传输话音，数据、速率均可达到 64kbit (3) 分组交换模块作为系统的内部部件 (4) 系统首先采用了数字公共信道信令 DPNSS	(1) 系统采用了时分多路复用技术 (2) 主处理机能力较强，可配 386 主处理机 (3) 采取了功能分担分级控制技术 (4) 器件集成比较高，采用了专用通信电路 (5) 制造工艺先进，部分电路采用了表面贴装工艺 (6) 采用了 2B+D 技术，话音、数据同步传输，速率均为 64kbit (7) 通过服务器，可实现电子邮箱、话音邮递
2	系统硬件结构的合理性及先进性 (1) 采用的硬件标准化程度及互换性高低	(1) 系统硬件标准化程度较高，外围电路板可任意配置，互换性好	(1) 系统硬件标准化程度高，互换性好	(1) 系统硬件标准化程度高，互换性好	(1) 系统硬件标准化程度低，互换性差，变更配置及扩容都必须同时变动硬件和软件，这是本系统致命的缺点	(1) 系统硬件标准化程度高，互换性好
	(2) 系统采用的控制方式及网络	(2) 控制方式是分布控制，控制方式先进	(2) 控制方式为集中控制方式，不先进	(2) 采用了分层分布控制方式，控制方式先进	(2)采用集中控制方式，不先进	(2) 采用了功能分担多级处理方式，方法先进
	(3) 系统的主处理机处理能力	(3) 系统交换网络属于单 T 交换，是分散形式的	(3)系统交换网络是S-T-T方式,先进	(3) 系统交换网络采用 T-S-T 方式，先进	(3) 采用的交换网络是单 T 结构，不先进	(3) 系统交换网络采用了 T-T-T 方式，比较先进

续表 28-1-17

序号	型号 功能	荷兰菲利浦 SOPHO-S2500	加拿大北电 MSL-IXT	加拿大敏迪 SX-2000SG	英国裴利斯 ISDX-L	德国西门子 HICOM390
2	(4) 采用的元器件，工艺技术先进程度	(4) 采用的是 Z8016 位片处理机，不够先进	(4) 采用的中央处理机为专用通信处理机，24 位，内存为 2M，比较先进	(4) 中央处理机采用 6802032 位处理机，内存 8M，处理能力强，还配有线路交换信息交换处理机	(4) 采用的处理机是专用 16 位处理机，内存可达 4M	(4) 中央处理机可采用 386 型 32 位处理机，内存 4M，比较先进
	(5) 系统告警方式	(5) 元器件集成化程度不高，模拟用户电路板上集成电路模块近 70 块，继电器有触点	(5) 元器件集成化程度不高，采用的仍是机械式继发器	(5) 采用了专用元器件技术，厚膜电路等集成化程度高，一个用户板上集成电路模块为 32 块	(5) 元器件集成化程度低，一个用户板上有 77 个集成电路模块，激发器为机械式的	(5) 元器件集成化程度较高，采用了厚膜电路，一个用户板集成电路块为 60 个
	(6) 系统是否具备完善的自检测及记忆，打印功能	(6) 工艺技术水平一般	(6) 制造工艺技术水平一般，质量控制不严密	(6) 制造工艺技术先进	(6) 工艺制造技术一般	(6) 制造工艺技术先进，采用了表面贴装工艺
	(7) 用户电路的平衡网络是否可调，是否具有自适应性能	(7) 用户电路具有自动平衡网络，但为电感式，不够先进	(7) 具有自动告警系统，但不能直接指明故障位置，故障电路可以自动闭塞	(7) 测试诊断系统先进，指示明显、直观，指示定位到单个电路，告警系统完善	(7) 用户电路平衡是电感式的，自动平衡能力差	(7) 用户电路平衡网络采用电子式自感应方式，先进
	(8) 中继线电路是否具有自测及路由分配	(8) 不具备中继电路路由自动分配功能	(8) 用户电路采用电感性平衡电路，不先进	(8) 采用电子式用户电路平衡方式，先进可靠	(8) 具备自诊断及测试系统，告警显示不明显、不直观	(8) 具有自检测及诊断功能，发生故障有告警，故障显示不完备，话务台不能显示
	(9) 用户电路能否实现人工闭塞及故障自动闭塞（单个电路）	(9) 用户电路板单板容量低	(9) 具备中继线自动来话分配功能，但不具备指定路由功能	(9) 具备自动路由分配及指定路由分配功能	(9) 不具备路由自动分配功能	(9) 不具备路由自动分配功能
	(10) 话务员至交换机的最大距离，话务台是否需外接电源	(10) 话务台功能较强，话务台与程控机间连线为 6 根	(10) 用户板单板容量低	(10) 单板用户容量高	(10) 外围电路板单板容量低	(10) 采用的话务台功能较完善，话务台距离 200m，6 线连接
	(11) 最大装机容量	(11) 最大装机容量 2200 线	(11) 话务台不能进行程序修改及维护管理，话务台至程控主机最大距离 762m	(11) 话务台最远距离 1000m，2 线连接，功能强	(11) 话务台功能较强，最大距离 800m，2 线连接，有告警可视、可闻信号显示	(11) 外围用户板容量较高
			(12) 系统最大容量 7000 线	(12) 系统最大容量 4500 线	(12) 系统最大容量 2448 线	(12) 系统最大容量可以达到 4200 线

续表 28-1-17

序号	型号 功能	荷兰菲利浦 SOPHO-S2500	加拿大北电 MSL-IXT	加拿大敏迪 SX-2000SG	英国裴利斯 ISDX-L	德国西门子 HICOM390
3	系统软件的先进性及读、写软件时的操作性能 (1)系统软件的模块化程度以及输入输出方式 (2)软件编写采用的语言，读写应用软件时的简易程度 (3)应用软件的汉化程度 (4)软件是否具备容错、纠错性能 (5)软件编写、制做的国产化程度	(1)软件实现了模块化，系统软件由多个软件包构成，软件输入、输出简单方便 (2)软件的编写采用标准语言,人机对话简单方便,比较容易掌握 (3)维护与故障分析软件是菜单式，已实现汉话 (4)系统软件具有较强的容错、纠错性能 (5)软件编写、制作国外完成	(1)软件的模块化程度高，共有200个软件包，实现400余种功能,软件输出、输入简单方便 (2)软件语言采用了类似于PASCAL语言,人机对话比较简单 (3)计费系统已汉话 (4)系统软件具有很强的容错、纠错性能 (5)软件编写在国外完成，软件制做在国内完成	(1)软件实现了模块化，软件输入、输出方便简单 (2)软件采用了标准语言，用户数据采用了菜单表格方式，人机对话简单方便，容易掌握 (3)计费系统已汉化 (4)软件的容错、纠错性能较强 (5)属全套进口机型，软件完全在国外完成	(1)软件实现了模块化，软件输入、输出简单方便 (2)软件采用的是非标准语言，维护终端是化码式的使用，掌握都不方便 (3)所有软件都末汉化 (4)软件具有容错、纠错性能 (5)全部软件都需要在国外完成	(1)软件已模块化，软件输入不够灵活，用户程序输入要用磁带机 (2)软件编写采用了标准语言，人机对话采用了菜单式,比较方便简单,易掌握 (3)维护终端93年上半年可实现汉化，话务台已汉化 (4)系统软件具有容错、纠错性能 (5)全部软件包要在国外完成
4	系统运行的可靠性 (1)系统平均故障间隔时间：MTBF (2)系统忙时呼叫处理能力：BHCA (3)系统硬件的冗余能力 (4)系统故障率	(1)系统平均故障间隔时间:MTBF为25年，系统寿命15年 (2)话务处理能力：0.25E/分机，0.8E/中继线 (3)系统主控部分有冗余 (4)故障率：1.8次/年·百线	(1)系统平均故障间隔时间:43年(在50%用户一次性中断情况下) (2)忙时呼叫处理能力：7000线，28000/H (3)系统主控部分有冗余 (4)时钟精度10^{-3}	(1)系统平均故障间隔时间：1/20年 (2)系统忙时呼叫处理能力：2000线，47900/H (3)主控部分有冗余，外围部分冗余可选配 (4)故障率10^{-11} 0.305次/月·百线，时钟精度：10^{-6} 误码率：点对点时10^{-8}	(1)系统忙时呼叫处能力：2448线，20000/H (2)系统主控有冗余 (3)系统故障率：4.2次/年·百线，时钟精度10^{-6} (4)用户电路发生故障对系统无影响，但电路不能自动闭塞	(1)系统平均故障间隔时间:5分钟/10年(系统中30%用户一次性中间) (2)系统忙时呼叫处理能力：4200线，28700/H (3)系统主控有冗余 (4)局部故障不影响系统的运行，故障电路能自动闭塞

续表 28-1-17

序号	型号 功能	荷兰菲利浦 SOPHO-S2500	加拿大北电 MSL-IXT	加拿大敏迪 SX-2000SG	英国裴利斯 ISDX-L	德国西门子 HICOM390
4	（5）局部故障对系统运行的影响程度	（5）系统局部故障对系统运行无影响	（5）一个用户电路故障影响一块用户板	（5）用户电路故障对系统运行无影响	（5）系统交换网络采用集中式，电源配置是分散式供电	（5）系统交换网络及电源配置都是分散式的
	（6）交换网络及电源系统采用的方式	（6）系统交换网络及电源配置都是分散式的	（6）系统交换网络及电源配置都是集中配置	（6）交换网络及电源配置采用分散式	（6）系统不具有在线式不间断功能	（6）系统具备在线式不间断功能，间断时间100ms
	（7）系统是否具备在线式不间断转换功能，时间为多长	（7）系统具备在线式不间断转换功能，交流中断时间为25ms	（7）系统具备在线式不间断转换功能，间隔100ms	（7）系统具备在线式不间断转换功能，时间250ms	（7）系统具有过压保护，但无过流保护	（7）系统具有二级过压及过流保护措施
	（8）系统是否有过压过流保护措施	（8）系统中有2级过压保护措施，但无过流保护	（8）系统具备过压及过流二级保护措施	（8）系统具备过压、过流二级保护	（8）系统具备容错、纠错功能	（8）系统具有容错、纠错功能
	（9）系统是否具备容错纠错功能	（9）系统具备容错、纠错功能	（9）系统具备容错、纠错能力	（9）系统具备容错、纠错功能	（9）系统具有故障自动诊断系统，但对主控无监控功能	（9）系统具有故障自动诊断系统，对主控部分有监控功能
	（10）系统是否具有故障自动诊断功能，对主控系统能否进行监控	（10）系统具有故障自动诊断功能，但对主控无监控措施	（10）系统具有故障自动诊断功能，对主控无监控措施	（10）系统具有故障自动诊断系统，对主控有监控功能	（10）系统具有自动测试功能，方式、时间可任选	（10）系统具有自动测试功能，方式、时间可任选
	（11）系统是否具有自动测试功能，采用的方式是怎样的	（11）系统有自动测试功能，测试可以通过人机命令设定	（11）系统具有自动测试功能，每天只能进行一次	（11）系统具有自动测试功能，方式、时间任选	（11）系统采用集中控制方式	（11）系统中采用的机械式、电感式元器件多
	（12）系统处理机采用的控制方式	（12）系统采用了多机分散控制处理方式	（12）系统是集中控制方式	（12）系统采用多级分散处理方式	（12）系统内机械式电感性元器件多	（12）系统控制可靠性指数：24×10^{-9}
	（13）系统处理机采用的机械式、电感式元器件	（13）系统中采用的机械式、电感式元器件较多	（13）系统采用的机械式电感式元器件较多	（13）采用的机械式、电感式元器件少	（13）系统控制可靠性指数 2×10^{-9}	（13）系统功耗在2500用户线时：6.25kW
	（14）系统控制系统的可靠性指标	（14）控制系统可靠性指数：2×10^{-9}	（14）系统控制可靠性指数：2×10^{-9}	（14）系统控制可靠性指数：720×10^{-9}	（14）系统功耗在2448个用户线时：4.7kW	（14）工艺制造技术较先进，元器件集成化程度不高
	（15）系统功耗大小及对元器件寿命，可靠性的影响	（15）系统功耗在2200用户线时：4.25kW	（15）系统功耗在2500用户线时：7.4kW	（15）系统功耗在2500线时：2.5kW	（15）工艺制造技术一般	
	（16）系统工艺技术及元器件集成化程度	（16）系统工艺制造一般	（16）工艺制造技术一般	（16）系统工艺制造技术及元器件集成化程度高		

续表 28-1-17

序号	型号 / 功能	荷兰菲利浦 SOPHO-S2500	加拿大北电 MSL-IXT	加拿大敏迪 SX-2000SG	英国裴利斯 ISDX-L	德国西门子 HICOM390
5	系统的组网能力及接口灵活程度 （1）系统的各类接口是否齐全及灵活程度 （2）系统能否支持DPNSS公共信令系统 （3）是否具备灵活、兼容的EM接口 （4）能否支持中国1#信令 （5）能否与计算机挪尔网进行联网 （6）能否提供各类数据通道 （7）能否与中小计算机联网	（1）系统具备的接口比较灵活、齐全 （2）系统支持DPNSS公共信令系统 （3）EM接口2/4线不兼容 （4）不支持计算机挪尔网 （5）完全支持中国1#信令 （6）能够提供数据通道，但不完善 （7）不能与各种中、小型计算机联网	（1）系统具备的接口比较灵活、齐全 （2）系统支持DPNSS公共信令系统 （3）EM接口2/4线不能兼容 （4）支持中国1#信令 （5）不能与计算机挪尔网联网 （6）能与各种中、小型计算机联网 （7）能提供数据通道，接口比较完善	（1）系统提供的各类接口灵活、齐全 （2）支持DPNSS公共信令系统 （3）EM接口2/4线兼容 （4）加适配器后可以与计算机挪尔网联网 （5）95年以前还不能支持中国1#信令 （6）提供的各类数据通道比较齐全 （7）能与各类中小型计算机联网	（1）系统提供的接口比较灵活、齐全 （2）DPNSS公共信令系统由该公司首先开发的 （3）EM接口2/4线不能兼容 （4）不能支持计算机挪尔网 （5）支持中国1#信令 （6）提供的各种数据通道不齐全 （7）能与各种中小型计算机联网	（1）系统提供的接口比较灵活、齐全 （2）系统采用的是专用公共信令系统（康那特公共信令 （3）EM接口2/4线不能兼容 （4）支持中国1#信令 （5）不能支持计算机挪尔网 （6）提供的数据通道不完善 （7）能与各种中小型计算机联网
6	非话音业务传输交换性能 （1）能否完全实现2B+D （2）能否实现分组交换 （3）实现2B+D的同异步传输速率 （4）应用2B+D技术的传输距离 （5）能否实现宽带传输	（1）系统可以实现完全的2B+D （2）通过服务器可以实现分组交换，但在系统外 （3）2B+D同步传输速率可以达到64kbit （4）应用2B+D传输距离为1km （5）不能实现宽带传输	（1）系统不能实现完全的2B+D （2）能实现分组交换，要外加服务器 （3）2B+D不能实现同步传输，异步速率19.2kbit （4）应用2B+D传输距离为1.5km （5）能实现宽带传输	（1）系统可以实现完全的2B+D （2）能实现分组交换，但要加服务器 （3）2B+D可以同步传输，速率可以达到64kbit （4）应用2B+D传输距离为4km （5）能实现宽带传输	（1）系统可以实现完全的2B+D （2）能实现分组交换，模块在系统内 （3）2B+D可以同步传输，速率为64kbit （4）应用2B+D传输距离为1km （5）不能实现宽带传输	（1）系统能实现完全的2B+D （2）可以实现分组交换，但要外加服务器 （3）2B+D能同步传输，速率为64kbit （4）应用2B+D传输距离为1km （5）不能实现宽带传输

续表 28-1-7

序号	型号 功能	荷兰菲利浦 SOPHO-S2500	加拿大北电 MSL-IXT	加拿大敏迪 SX-2000SG	英国裴利斯 ISDX-L	德国西门子 HICOM390
7	电源及环境要求 (1)对外接电源条件的适应性能 (2)是否可以提供专门的辅助电源系统 (3)系统外围设备是否需要再提供外接电源 (4)对外部环境的适应性 (5)系统电源配置是否冗余 (6)系统对接地电阻要求 (7)对机房地面承重要求 (8)系统占地面积	(1)对外接电源要求 220V ±10%，中断<25ms，48V±12.5%，中断<6ms 50Hz±5% (2)不能提供专门的辅助电源系统 (3)系统外围设备必须提供外接电源 (4)对外部环境要求：温度要求−5～45℃，湿度要求10%—80%，对防尘无特殊要求 (5)系统内电源为分散式配置，但无冗余 (6)对接地电阻要求 8Ω，一般不大于 3Ω (7)对机房地面要求：450kg (8)终局占地面积：6 个机柜 1.92m²	(1)对外接电源要求情况：220V±5%，电源中断<100ms (2)系统提供专用的辅助电源系统 (3)系统外接设备必须提供外接电源 (4)对外部环境要求：温度要求 0～37℃，湿度要求20%～80%，对防尘有特殊要求 (5)系统内电源为集中式 (6)对接地电阻要求 0.5～2Ω (7)对机房地面承重要求：244kg (8)终局占地面积：3 个机柜 2.85m²	(1)对外接电源的要求：220V±10%，中断<250ms，48V±10%，中断<250ms，50Hz±3% (2)系统配有专用的辅助电源系统 (3)系统外围设备不需要外接电源 (4)对外部环境要求：温度要求 0～50℃，湿度要求5%～95%，对防尘无特殊要求 (5)系统内电源为分散式供电方式 (6)对接地电阻要求 5Ω，一般不大于 3Ω (7)对机房地面承重要求：250kg 8：终局占地面积 3 个机柜 1.91m²	(1)对外接电源的要求：48V $^{+20\%}_{-10\%}$，不能断电 (2)系统没有专用的辅助电源系统 (3)系统外围设备不需要外接电源 (4)对外部环境要求：温度 5～40℃，湿度 20%～80%，对防尘无特殊要求 (5)系统内电源为分散式供电方式 (6)对接地电阻要求 4Ω (7)终局占地面积：4 个机柜 1.74m²	(1)对外接电源的要求：48V $^{+10\%}_{-15\%}$，断电<100ms，50Hz±5% (2)系统内配备专用的辅助电源系统 (3)系统外围设备需要外接电源 (4)对外部环境要求：温度 10～40℃，湿度 20%～80%，对防尘有特殊要求 (5)系统内电源配置为分散式供电 (6)对接地电阻要求 5Ω，一般为 3Ω (7)对机房地面承重要求：450kg (8)终局占地面积：9 个机柜 31m²
8	编号的长度及编号方式 (1)分机用户编号长度 (2)能否进行不等位编号及重复性编号 (3)系统收发号位数	(1)用户分机编号位数为 4 位 (2)可以进行不等位编号，但不能重复 (3)系统收发号位数为 22 位	(1)用户分机编号常设 4 位，增加功能可达 7 位 (2)分机不能不等位数编号 (3)系统收发号码位数最长为 22 位	(1)用户分机编号为 7 位 (2)分机号码可不等位编号，也可重复编号 (3)系统收发号位数为 26～32 位	(1)用户分机编号最长为 6 位 (2)分机号码可重复编号及不等位编号 (3)系统收发号码最长为 24 位	(1)用户分机编号最长为 6 位 (2)分机可以不等位编号，但不能重复编 (3)系统收发号位数为 22 位

续表 28-1-17

序号	型号 / 功能	荷兰菲利浦 SOPHO-S2500	加拿大北电 MSL-IXT	加拿大敏迪 SX-2000SG	英国斐利斯 ISDX-L	德国西门子 HICOM390
9	系统的维护、管理、诊断及测试功能					
	(1)系统是否具备自诊断功能、故障定位性能，能否自动闭塞	(1)系统具有自诊断功能，用户板可诊断到单个电路，其它可到电路板故障，电路可自动闭塞	(1)系统具有自诊断功能，用户板可定位到单个电路，其余到电路板，故障电路可实现自动闭塞	(1)系统具有自动诊断功能，用户板可以定位到集成线路块，故障电路可以自动闭塞	(1)系统具有自动诊断功能，用户板可定位到单个电路，能自动闭塞	(1)系统具有自动诊断功能，故障可以定位到用户板单个电路，其余到板位故障电路，可自动闭塞
	(2)系统是否具备自动检测功能，能否自动记录、打印	(2)系统具有自动测试功能，检测结果能存储、记录、打印	(2)系统具备自动测试功能，检测结果能存储、记录、打印	(2)系统具有自动测试功能，测试结果可以存储、记录、打印	(2)系统具有自动测试功能，测试结果可以自动存诸、记录、打印	(2)系统具有自动测试功能，测试结果可以存储、记录、打印
	(3)系统故障诊断的方式及简易程度	(3)故障诊断为菜单形式，通过人机命令进行层层分解、分析、判断	(3)故障诊断为代码式，要借助于手册来分析判断故障	(3)故障诊断是菜单表格形式，直观简单	(3)故障诊断是代码式，必须借助于手册分析、判断	(3)故障诊断是菜单式，通过人机命令进行层层分解、分析、判断
	(4)系统是否具有告警系统，告警的显示方式	(4)系统具有告警功能，告警分2级，除维护终端外，话务台也有显示，并有可视信号（灯光显示）	(4)系统具有告警功能，告警不分级别，维修终端、话务台都可显示，每一机柜有一个告警灯	(4)系统具有告警功能，告警分3级，终端及话务台都有显示，有可闻可视信号，可以到单个电路	(4)系统具有告警功能，告警分2级，终端及话务台都有显示，有可视、可闻信号，告警灯一个，机柜一个	(4)系统具有告警功能，但不分级别，在终端及话务台上都有显示，电路板上也有灯光显示
	(5)系统维修方便简易程度	(5)维修时必须关掉电源，通过人机命令后方可进行	(5)维修方便简单，不需采取保护措施	(5)维护方便简单，不需采取其它保护措施	(5)维修时，必须采取保护性措施方可进行	(5)话务台上可以进行维护功能
	(6)话务台能否完成维修管理功能	(6)通过话务台可以进行维修	(6)话务台不能完成维护管理功能	(6)话务台上可以进行维修及管理	(6)话务台不具备维护管理功能	(6)可以进行话务量的统计、分析、记录
	(7)能否进行话务量统计、分析	(7)可以进行话务量的统计、分析、记录	(7)具有远端维护功能，资料未充话	(7)可以进行话务量的统计、分析、记录	(7)可以进行话务量的统计、分析、记录	(7)具有远端维护功能，维修资料1993年上半年可以实现汉化
	(8)是否具备了远端维护，维护操作资料汉话程度	(8)具有远端维护功能，维修资料已汉化	(8)可以进行话务量统计、分析、记录	(8)具有远端维护功能，资料未汉化	(8)具有远端维护功能，维修资料未汉化	
10	供方提供的技术支持和维修服务					
	(1)供方是否建立了维修服务机构	(1)在西安已设立了办事处，可就近提供配件及服务	(1)在西安已建立了维修中心，可就近提供维修服务	(1)在西安设立了办事处，可就近提供配件及服务	(1)在西安未建立正规维修服务机构	(1)在西安未设立维修服务机构

续表 28-1-17

序号	型号 / 功能	荷兰菲利浦 SOPHO-S2500	加拿大北电 MSL-IXT	加拿大敏迪 SX-2000SG	英国裴利斯 ISDX-L	德国西门子 HICOM390
10	(2) 需要安装开通的条件及时间	(2) 供方可提供安装调试服务，安装开通时间为 3 周	(2) 供方可提供系统安装调试服务，安装开通时间为 9 周	(2) 供方提供安装、调试，安装开通时间为 1 周	(2) 供方提供安装、调试，安装开通时间为 2 周	(2) 供方提供安装调试服务，安装开通时间为 4 周
	(3) 供方是否建立了远端维护服务	(3) 目前还不能提供远端维修服务	(3) 供方可以提供远端维修服务，24h 值班	(3) 供方提供远端维护服务，因路程远效果不好	(3) 供方设立了专门运端维护服务	(3) 供方未设立正规的运端维护服务
	(4) 提供的技术服务及时程度	(4) 提供技术及维修服务一般	(4) 提供技术及维修服务较好	(4) 提供的技术及维修服务较好	(4) 供方提供技术及维修服务一般	(4) 供方提供的技术及维修服务较好
	(5) 供方拥有的技术服务水平	(5) 供方拥有的技术服务力量较强	(5) 供方拥有的技术服务力量一般	(5) 供方拥有的技术服务力量较强	(5) 供方拥有的技术服务力量一般	(5) 供方拥有的技术 服务力量较强
	(6) 供方是否建立了正规培训中心	(6) 供方已建立了正规的操作维护培训中心	(6) 供方已设立了正规的操作维护培训中心	(6) 供方设有正规操作维护培训部	(6) 供方设立了正规操作维护培训部	(6) 供方未建立正规的操作维护培训部门
	(7) 提供的技术文件汉化程度	(7) 提供的技术文件已基本汉化	(7) 提供的技术文件未汉化	(7) 提供的技术文件未汉化	(7) 提供的技术文件未汉化	(7) 提供的技术文件中维护资料 1993 年上半年可实现汉化
11	系统一次投资有效性 (1) 系统终局容量大小	(1) 系统终局总容量为 2200 用户线，再增容需重新增加新的系统	(1) 系统终局容量可以达到 7000 用户线	(1) 系统终局容量可以达到 4500 线	(1) 系统终局容量为 2448 线，再扩容需增加新系统	(1) 系统终局容量为 4200 用户线
	(2) 系统耗电量及配置后备电源容量	(2) 系统终局耗电量为 4.25kW，配备的后备电源容量为 708AH/8H/48V	(2) 系统在用户线为 2500 线时耗电量为 7.4kW，配备电源容量为 1000AH/8H/48V	(2) 系统在 2500 用户线时耗电量为 2.5kW，配备的后备电源为 416AH/8H/48V	(2) 系统在 2448 线时耗电量为 4.7kW，配备的后备电源为 784AH/8H/48V	(2) 系统在 2500 用户线时耗电量为 6.25kW，需配备后备电源为 1240AH/8H/48V
	(3) 一次投资后再增容到 2500 用户时需要增加的部件	(3) 一次性投资后可以提供 1792 个端口，再增容至终局 2200 用户线，除增加用户板外，还必须再增加一个外围机柜及交换控制功能板	(3) 一次投资后可以提供 1536 用户线，增容至 2500 用户线时，除增加用户板外，还需增加一个机柜及电源、整流器	(3) 一次性投资可以提供 2304 线用户，在 2300 线内仅需增加用户板就可以扩容	(3) 一次性投资后可以提供 1264 用户线，扩容到 2448 用户线时，除需增加用户板外，还需增加一个机柜。该系统由于互换性差，所以各类插板及支持软件都已预先确定，不能更改，因而不论变更配置或扩容都要变更硬件及软件，而且软件还必须到国外完成	(3) 一次性投资后可以达到 1440 线，扩容到 2500 端口时需要增加用户板外，还需增加二个机柜及支持辅助电源、交换网络和外围处理机系统
	(4) 系统中包含功能板、插件种类及备件储备量大小	(4) 系统中除备份外，包含有 21 种功能插板，需储备的备件数量大	(4) 系统中除备份外，还包含有 18 种功能插件，需储备的备件较多	(4) 系统中除备份外，还有 15 种功能插件，需储备的备件较少	(4) 系统中除备份外，公共插件有 19 种需要储备的备件较多	(4) 系统中除备份外，还有 22 件公共插件，储备备件需要量大
	(5) 一次性投资所提供的服务功能多少	(5) 一次性投资所提供的基本功能较多	(5) 一次性投资提供的基本功能较少，选配功能需再增加费用	(5) 一次性投资后提供的基本功能较多，选用功能，除增加硬件需收费外，软件不收费	(5) 一次性投资提供的基本功能较多	(5) 一次性投资提供的基本功能较少

（四）ZX-500数字程控交换机

1. 简介

该机采用存储式程序控制技术（SPC），选用高速微处理器进行时分多路复用处理（TDM）和脉冲编码调制（PCM），话务处理能力强，传输性能好。普通标准型号盘、按键、多频话机及带显示的多功能键控电话机，均可配接。本机中继线≥1erl，内线用户≥0.3erl，这标明话务处理能力强。本系统全部元件均采用高可靠性的大规模集成电路器件（LS1）；系统所有主要部件，如主处理器（MCPU）、电源供给器（PWRA PWRB）、时钟发生器（CKG）、数字信号音发生器（DTS）、时分交换网（TSW）、多路转换器（MDX）等，均系双份热备用，出现故障时主备份可以自动切换，这就大大地提高了工作的可靠性。

该机由于采用了最新的制造和测试技术，并采用插板式设计布局，系统具有自诊断能力，从而可使整个系统安装调试周期缩短，维修保养费用降低。

该机具有RS232C接口，能实现数据传输功能而不需另加专门的转接装置（MODEM），另外，除具一般功能外，还可提供打印计费等专用设备接口。

2. 结构

ZX-500交换机采用1个机架，其容量可以从128线扩展到560线。该机架由1个控制机框、5个用户/中继单元机框、一个电源机框组成。如用双机并联工作，可以扩充到1000线以上。

3. 技术数据

（1）工作环境：温度为0～35℃；湿度为10%～70%。

（2）电源：交流190～250V、50/60Hz，或直流48±5V、20A。

（3）用户线路环阻≤1600Ω；中继线路环阻≤1800Ω。

4. 主要功能

（1）系统功能如下：

1）话务员话务处理自动分配。

2）服务等级限制。

3）长途限制。

4）数字式语音提示。

5）音乐候听。

6）中继/分机区别振铃。

7）即时振铃。

8）可转换音调控制。

9）脉冲/双频拨号。

10）缩位编号。

11）分机详情记录。

12）可变超时限制。

13）自动电路锁定。

14）最优路选择。

15）在线诊断。

16）预置夜间服务。

17）后备电源。

18）中继线停电自动转换。

19）数据设备服务。

20）中继/专线分组。

21）直入线路。

22）直接拨入（DID）。

23）专用线业务。

24）键控多功能电话。

25）房间—分机号码对应。

26）分机号码方案灵活。

（2）用户分机功能如下：

1）分机直接呼叫分机。

2）多方会议电话。

3）自动呼叫转移。

4）呼叫代接。

5）遇忙保留及自动回叫。

6）呼叫驻留。

7）来话转接。

8）呼出转接。

9）分机召集会议电话。

10）分组寻呼。

11）热线电话。

12）缩位拨号。

13）请勿打扰。

14）叫醒服务。

15）跟踪服务。

16）直接拨出（DOD）。

（3）话务台功能如下：

1）呼叫类型显示。

2）服务等级显示。

3）实际时间显示。

4）呼叫等待显示。

5）分机/中继线号显示。

6）主叫号显示。

7）被叫号显示。

8）分机组群状态显示。

9）中继线组群状态显示。

10）占线显示。

11）中继线呼叫计时显示。

12）话务员工作转移。

13）呼叫自动再分配。

14）自动回叫。

15）插话服务。

16）呼叫排队。

17）呼叫监听。

18）呼叫分割。

19）直接选取中继线。

20）入中继线呼叫传送。

21）中继线强拆。

22）多话务台操作。

23）预置夜间应答。

24）分机与分机的接续。

25）分机服务等级变更。

26）呼叫话务台。

27）免打扰。

28）交换功能紊乱报警。

29）数据更改。

(4) 数据功能如下：

1）人机对话呼叫的建立。

2）自动等候繁忙的数据通道。

3）可与话音分机兼用。

4）数据包服务。

5）线路锁定。

6）自由的话音选择。

7）可编程终端通信参数。

(5) 高级功能如下：

1）远端维护。

2）在线系统测试。

5. 生产厂

深圳中兴半导体有限公司。

六、交换机接口架

(一) ZP-2 型电力线载波机与自动电话交换机接口架

1. 简介

ZP-2 型接口架为电力线载波机与自动电话交换机之间的接口设备（简称载波交换接口设备，这样，自动电话交换机的用户就可通过各电力线载波通道，与对端的电力线载波用户或自动电话交换机用户（当对端也同样加了接口架时）进行行政方面的通话，实行长途自动通信组网。

2. 结构

ZP-2 型接口架尺寸参见表 28-1-18。

ZP-2 型接口架分 *A* 端机和 *B* 端机，*A* 端机与纵横制交换机三线连接，*B* 端机与电力线载波机三线连接，*A* 端机与 *B* 端机之间用二线相连。接线端子在机器背面（4 路及 12 路台式）或在机器顶端（12 路柜式及 24 路），电源进线在机架下方背面。每端机每路设有 7 芯航空插座、插头，实用 5 根芯。

3. 技术数据

ZP-2 型接口架技术数据表 28-1-19

表 28-1-18　ZP-2 型载波交换接口架尺寸

规　格	结构形式	外形尺寸（宽×深×高，mm）	生产厂
4 路	台　式	190×364×398	江苏海安电子仪器厂
12 路	台　式	650×370×518	
	柜　式	650×370×1350	
24 路	柜　式	650×370×1350	

表 28-1-19　ZP-2 型载波交换接口架技术数据

规　格	供电电源（V）	耗电量（W）
4 路	交流 220±10%	20
12 路	交流 220±10%	50
24 路	交流 220±10%	100

(二) ZFP-$\begin{matrix}04\\05\\06\end{matrix}$ 型电力线载波机与自动电话交换机接口架

1. 简介

载波交换接口设备，可用作局间中继线接口，延伸用户线接口。利用邮电载波电路、接口设备、自动交换机，通过有线或无线通道，可以组成企业内部自动通信网。该机由基本架和接口行单元组成。

2. 结构

接口设备的基本架用来安排各种接口单元，同时还包括电源、杂项、测试设备，详见表 28-1-20。

表 28-1-20　ZFP-04、05、06 型载波交换接口架特点

型　号	高度（m）	特　　点
ZFP-04	2.6	1. 装有齐备的杂项、维护测试机盘及电源稳压盘 2. 可装 15 个接口行单元
ZFP-05	2.0	1. 装有齐备的杂项、维护测试机盘及电源稳压盘 2. 可装 10 个接口行单元
ZFP-06	0.38	1. 装有必要的杂项、测试电源盘 2. 可装 2 个接口行单元

3. 各种接口行单元功能及特点

各种接口行单元功能如下：

(1) 音终接口，把 *M* 线或 *C* 线来的地信号、或二线来的 25Hz 铃流信号，变换成 2.1kHz 信号送到载波通路；把载波通路来的 2.1kHz 信号变换成地信号，从 *E* 线或 *C* 线送出，或变换成 25Hz 铳流信号从二线送出，同时把 *a*、*b* 二线变换成四线。

(2)调度直通接口，在主叫时，把调度话机的摘机信号，变换成1″或2″断续2600Hz呼叫信号送到通路，并且在收到对方应答信号后停送呼叫信号；被叫时，接收对方呼叫信号，变换成1″或2″断续450Hz回铃音，再把被叫摘机变换成500ms、2600Hz应答信号送到通路，并停止接收呼叫信号。此外(主叫或被叫时)，把*a*、*b*二线变换成四线接到载波通路，还向调度话机供电。

(3)暂送制主站音终接口，把自动电话机的摘机、拨号、挂机信号，变换成加上时间标志的2600Hz信号送到通路；同时，把*a*、*b*二线变成四线接到载波通路；并向自动电话机供电，将接收的2100Hz振铃信号转换成25Hz铃流信号向用户振铃，它应与暂送制副站接口配合使用。

(4) 暂送制副站音终接口，把载波通路送来的按本制式加上时间标志的2600Hz信号，相应变换成适合自动交换机用户电路的摘机占用、拨号、挂机拆线信号；同时，把载波通路四线变成*a*、*b*二线；还把自动交换机来的25Hz铃流信号变换成2100Hz振铃信号送到载波通路。

(5)步进制出中继接口，把有关自动交换机出中继的线路信号、拨号信号，变换成加上时间标志的2600Hz信号送到载波通路；同时，把*a*、*b*二线变成四线，接到载波通路等。

(6)步进制入中继接口，把载波通路送来的按本制式加上时间标志的2600Hz信号，相对应变换成适合上述入中继器的线路信号、拨号信号；同时，把载波通路四线变成*a*、*b*二线等。

(7)小交换机出中继接口，把有关自动交换机出中继的线路信号、拨号信号，变换成加上时间标志的2600Hz信号（按国标规定）送到载波通路；同时，把*a*、*b*二线变成四线，接到载波通路等。

(8)小交换机入中继接口，把载波通路送来的按本制式加上时间标志的2600Hz信号，相应变换成适合上述入中继器的线路信号、拨号信号；同时，把载波通路四线变成*a*、*b*二线等。

各种接口行单元特点，见表28-1-21。

4. 生产厂

广州通信设备厂

表28-1-21　　ZFP-04、05、06型载波交换接口架各种接口行单元特点

名　称	特　　点	每行单元容量（路）
步进制出中继接口（简称步出）	1. 适用于JZB-A及JZBQ-1A的JXZ、HJ921的BCL作出中继接口 2. *a*、*b*、*c*三线连接	6
步进制入中继接口（简称步入）	1. 适用于JZB-1A及JZBQ-1A的ⅡXZ、HJ921的BRZ作入中继接口 2. *a*、*b*、*c*三线连接 3. 不用听二次拨号音	6
小交换机出中继接口（简称小出）	1. 适用于JZBQ-1A的CZ、HJ905的CZ、HJ921的SCJ、JZHQ-1的CJh作出中继接口 2. *a*、*b*、*c*、*d*四线连接（*c*、*d*控制示闲）	6
小交换机入中继接口（简称小入）	1. 适用于JZB-1A及JZBQ-1A的IYX、HJ921及HJ905的YL、JZHZ-1的YH及JZHZ-1的RJh作入中继接口 2. *a*、*b*二线连接 3. 要听二次拨号音	6
暂送制立站音终接口（简称主站）	1. 适合于各种自动话机（直流脉冲拨号）及共电式话机，作延伸用户线接口 2. *a*、*b*二线连接	6
普通音终接口（简称普通）	1. 适用于和邮电520厂接口架配套作HJ921采用多频制拨号的入中继接口，四线连接 2. 亦可作人工磁石音终	12
EM接口	1. 适应程控交换机采用EM信号方式：程控⇄程控，程控⇄纵横、步进 2. 采用载波作局间中继线接口	
暂送制副站音终接口（简称副站）	1. 适用于各种自动交换机或共电式交换机的用户电路，作延伸用户接口 2. *a*、*b*二线连接	6
调度及直通接口（简称调度接口）	1. 利用载波电路作调度专线电话 2. 适用于调度话机、调度台、共电式话机或自动电话机（不适于磁石话机）	6

第 28-2 节　调　度　总　机

一、一般调度总机

(一) DT、DT-L、DT-Q 型调度总机

1. 简介

该系列机专供电力系统的调度所、发电厂、变电站及工矿企业作生产调度通信指挥用。DT 型调度总机按门数分为 40 门、60 门两种；DT-L 型调度总机按门数分为 20 门、40 门、60 门、80 门、100 门、120 门六种；DT-Q 型调度总机按门数分为 40 门、60 门、80 门、100 门、120 门五种。

2. 结构

DT 型调度总机由晶体管电子电路组成，DT-L 及 DT-Q 型调度总机由微型继电器及晶体管电子电路组成。在结构上，除 DT-L 型中的 20 门主机与操作台为一体外，其它主机和操作台均为金属制造的独立机柜。

3. 主要功能

(1) 总机用户分中继用户及直通用户两种。

(2) 中继用户适用范围为：自动电话、载波电话、磁石电话及其它电话总机。

(3) 直通用户即为共电式电话。

(4) 中继和直通用户数量均可任意按双向组合。

(5) 操作台配置盒式录音机。

(6) 可以配装 1～3 个座席。

(7) DT-Q 型调度总机内装有扩音设备。

(8) DT-Q 型调度总机具有会议电话性能。

4. 技术数据

DT 型、DT-L 型、DT-Q 型调度总机技术数据见表 28-2-1。

5. 生产厂

苏州东风通信设备厂。

(二) DT-J 型调度总机

1. 简介

本机为键盘控制式，适用于大中城市的现代化调度通信联络用。

2. 结构

由主机、接口和操作键盘组成。采用逻辑电路作为控制部件，操作部件以按键替代了扳键，与现代化调度室的其它设备相协调。

3. 主要功能

除具有 DT 型机的性能外，还具有互清及总清的性能。录音方式有自动录音和控制录音两种，操作键盘内装有扩音设备，调度员可根据需要配置 2 个或 4 个座席的操作键盘。

4. 技术数据

DT-J 型调度总机技术数据见表 28-2-2。

表 28-2-1　　DT 型、DT-L 型、DT-Q 型调度总机技术数据

型　号		DT		DT-L						DT-Q				
容　量（门）		40	60	20	40	60	80	100	120	40	60	80	100	120
中继用户（户）		10	20	10	10	20	20	24	30	10	14	20	24	30
直通用户（户）		30	40	10	30	40	60	76	90	30	46	60	76	90
操作台	座席数量（席）	2	2	1		2				1	2 或 3			
	外形尺寸（宽×深×高，mm）	680×450×210	770×450×210	930×800×990		1260×800×990				930×800×990	1260×800×990			
机架（柜式）	座席数量（席）	1		1						1				
	外形尺寸（宽×深×高，mm）	400×422×610	670×440×450	400×422×610		620×460×1450				400×422×610	620×460×1450			
交流电源耗电		～220V、120W												
直流电源耗电		－24V、52.8W												
通话回路电阻（Ω）		≯2000		≯2000						≯2000				

表 28-2-2　　**DT-J 型调度总机技术数据**

<table>
<tr><th colspan="2">型　　号</th><th>DT-20J</th><th>DT-40J</th><th>DT-60J</th><th>DT-80J</th><th>DT-100J</th><th>DT-120J</th></tr>
<tr><td colspan="2">中继用户（户）</td><td>6</td><td>10</td><td>20</td><td>20</td><td>24</td><td>30</td></tr>
<tr><td colspan="2">直通用户（户）</td><td>14</td><td>30</td><td>40</td><td>60</td><td>76</td><td>90</td></tr>
<tr><td rowspan="2">操作台
（键盘）</td><td>座席数（席）</td><td>2</td><td>2或4</td><td>2或4</td><td>2或4</td><td>2或4</td><td>2或4</td></tr>
<tr><td>外形尺寸
（宽×深×高，mm）</td><td colspan="6">520×320×90</td></tr>
<tr><td rowspan="2">主　机
（柜式）</td><td>座席数（席）</td><td colspan="6">1</td></tr>
<tr><td>外形尺寸
（宽×深×高，mm）</td><td colspan="6">620×450×1450</td></tr>
<tr><td rowspan="2">接　口
（柜式）</td><td>座席数（席）</td><td></td><td colspan="5">1</td></tr>
<tr><td>外形尺寸
（宽×深×高，mm）</td><td></td><td colspan="5">620×450×1450</td></tr>
<tr><td colspan="2">通话回路电阻（Ω）</td><td colspan="6">2000</td></tr>
<tr><td colspan="2">电　源（V）</td><td colspan="6">～220、－24</td></tr>
</table>

5. 生产厂

苏州东风通信设备厂。

（三）DT-D 型多功能调度总机

1. 简介

该多功能调度总机是DT系列产品的发展，它保持DT系列的全部性能，采用组合式结构方式，可根据用户需要任意选择有线与无线转接系统、无线呼叫铃系统、电视监视系统。专供水利电力、石油、化工、冶金、煤炭等企业单位作生产调度和会议通话之用。

2. 接口特点

（1）有线与无线转接系统：实现有线用户与无线用户之间的转接，无需调度员传话就可使有线用户与无线对讲机直接通话。无线用户间可自行组网，调度员可对无线通话进行监听与插话。通话距离、通话频率、无线用户数量可根据用户的需要而定。

（2）无线呼叫铃系统：该系统可供调度员呼叫室外或移动位置人员用。使用无线铃的人员被呼叫时可听到呼叫铃声及调度员的话音。呼叫范围及无线铃系统用户总数可由用户选定。

（3）电视监视系统：本系统可供调度员对现场进行实时监视，通过普通电话电缆进行传输，无需另设同轴电缆。不加中继器传输距离为2km，加中继器可达10km。

3. 生产厂

苏州东风通信设备厂。

（四）20/120-DDH 型调度电话会议总机

1. 简介

该系列为二线制共电式设备，分20门、40门、60门、80门、120门五种。适于各类型工矿企业单位和部队作通信指挥、生产调度及内部用户交换用。40门到120门的还可召开会议电话。

2. 结构

本系列采用硅晶体管与小型继电器相结合的半电子电路，采用整体落地式结构和座席分开。内部电路采用可插拔的印刷板，便于维护。

3. 主要功能

（1）具有扬声放大电路一套，可供调度员在噪声较大的环境中与用户双工对讲或单工收听。

（2）具有会议电话一套，可供调度员随时按选择呼叫方式或总呼叫方式进行通知，召集数个或全体内部用户开生产调度会议。

（3）中继线路可与任何程式共电局、自动局进行通话，并可录音。

（4）设有录音电路，可随机配套录音机，供调度员在手机通话或召开会议时随时启动录音。

4. 技术数据

20/120-DDH-1 型调度电话总机技术数据见表28-2-3。

表 28-2-3　　**20/120-DDH-1 型调度总机技术数据**

型　　号		20-DDH-1	20-DDH-3	40-DDH-4	60-DDH-1	80-DDH-1	120-DDH-2
总机用户（户）		20	20	40	60	80	120
直通用户（户）		18		34	52	70	110
首长用户（户）				2	2	2	2
中继用户（户）		2	4	3	6	6	8
磁石用户（户）			16	1		2	
绳　路（条）	调　度	2	2	2	2	2	2
	交　换	2	2	2	2	2	2
会议电话				有	有	有	有
外形尺寸（宽×深×高，mm）		945×575×1100	945×575×1100	座　席 440×280×570 主　机 535×240×1275	1260×680×1300	座　席 1100×714×1100 主　机 535×240×1275	1200×750×1800
用户回路电阻（Ω）		1000～2000					
电　源　（V）		～220、－48					
耗电量　（A）		1.5	1.5	3	5	6	15

（五）XDT-67/X 型、DX-B 型调度总机

1. 简介

XDT-67/X 型调度总机由主机及操作台组成，为继电器式。操作台为落地式，根据需要可以分为单席、双席、三席。主机由公用机箱、用户机箱组成。用户机箱为叠加式，以 20 门为基础可叠加成 40 门、60 门。可以与 XDT-67/P 型镶嵌式模拟盘和 XDT-67/T 型调度台配套使用，也可单独作为调度通信用。

DX-B 型调度总机除了具有 XDT-67/X 型调度总机的特点外，还具有下述特点：采用了小型中间继电器和半导体元件，增加了话音放音环节，增加了电源环节（可直接使用交流 220V 供电）。

2. 主要功能

（1）适用于直通用户、自动用户与磁石用户，其中中继用户（磁石用户、自动用户）和直通用户各为一半。

（2）*A*、*B*、*C* 三座席调度员可同时与不同用户通话。

（3）直通用户和中继用户都只需要一次操作即可通话，磁石用户需按磁石振铃电键，分二次操作，才可通话。

（4）具有录音性能。

（5）具有保留用户性能。

（6）直通和中继比例可以任意调节。

3. 技术数据

（1）电源电压：XDT-67/X 型机为直流 60V；DX-B 型机为交流 220V。

（2）通话回路最大环路电阻：≤1500Ω。

4. 外形尺寸

（1）XDT-67/X 型机：主机 20 门为 800×400×1130（宽×深×高，mm）；40 门为 800×400×1590（宽×深×高，mm）；60 门为 800×400×2060（宽×深×高，mm）。

（2）DX-B 型机：主机为 730×430×284（宽×深×高，mm）；操作台为 650×350×720（宽×深×高，mm）。

4. 生产厂

上海继电器厂。

（六）JHD-01/08-H80 型调度总机

1. 简介

该机是在 JH401 型调度总机的基础上改型的，其容量分为 15 门、30 门、45 门、60 门、75 门、90 门、105 门、120 门八种。适用于以下电信局或电力系统及厂矿等调度部门。

2. 结构

有台式、架式两种，可配两个座席。台式的主机与操作台（座席）联为一体，架式主机与座席分开。

3. 主要功能

（1）磁石用户盘适用于外接磁石话机或一般载波

终端机；共电用户盘适用于外接共电话机或DH201型两用机，也适用于外接WTD4型及WTD 24型特高频通信机。专用共电用户盘，则专用于与某些微波终端机接口以及用于替代主用户盘，实现调度总机的联级应用。这些用户盘在机架上可以随意换插而不需更改机内布线。

(2) 中继回路盘分磁石中继盘、自动中继盘两种，可以随意换插。

(3) 该机与共电话机相通时，为了延伸通话距离，加添了60V直流电源（由整流稳压电源盘或DXZL型电源箱供给），专向话机馈电。

(4) 两座席可一次对全部用户呼叫，也可对相关的一组用户呼叫。

(5)可兼作人工交换台，以实现用户之间的个别对讲联系，75门以下设备具有4条交换绳路，允许同时接通8对用户，90门及以上设备具有2条交换绳路。

(6) 会议电话汇接装置可用来组织全部用户或部分用户参加电话会议，此时除一个调度员可承担相关的控制操作外，另一个调度员仍可对其它未参加会议的用户进行调度或交换。

(7)具有对广播室进行遥控的能力，利用广播室进行广播。

(8) 具有录音性能。

(9) 备有业务中继联络电路，可与非直属单位的专线用户或经过市内交换机与其它单位联系。容量在45门以上时，设6个业务中继回路；30门及以下时，设4对线。

(10) 可以并机扩容。

(11) 通过实线电路、载波电路、微波电路、特高频电路组成多级调度网，也可组织全网的电话会议。

3. 技术数据

JHD-01/08-H80调度总机技术数据见表28-2-4。

4. 生产厂

杭州通信设备厂。

(七) DYD-1型调度总机

1. 简介

DYD-1型调度总机为键盘式操作型。采用计算机按键，对应于每一个“用户键”有发光二极管作“用户”灯指示。每个“用户”灯上贴有用户地址，可以很方便地找到各用户所对应的键。对于“用户类别”的安排可以任意组合，不但具有灵活方便的优越性，还可将同一方向不同用户类别的用户紧邻安排，便于调度记忆。

2. 技术数据

(1) 供电电源：交流220V、50Hz；直流48V。

(2) 用户电话类别：

1) 直通用户为共电电话。

2) 中继用户为自动电话、电力线载波电话。

3) 磁石用户为磁石电话、邮电载波电话。

(3) 用户电路容量：40门、60门、80门、100门、120门。上述均可提供单席、双席、三席、四席座席回路。20门只能供一体化单机。

(4) 话路数：每个操作台具有两条话路。

(5) 功能：具有扩音、转接、会议、录音、保持、警铃、闭塞、告警等特点。

3. 安装及端子连接

(1) 控制架与操作台安装接线，见表28-2-5。

(2) 控制架安装尺寸，见图28-2-1。

(3) 操作台安装尺寸，见图28-2-2。

表 28-2-4 **JHD-01/08-H80型调度总机技术数据**

型号		JHD-01-H81	JHD-02-H81	JHD-03-H81	JHD-04-H81	JHD-05-H81	JHD-06-H81	JHD-07-H81	JHD-08-H81
用户容量（门）		15	30	45	60	75	90	105	120
结构形式		台式	台式	架式	架式	架式	架式	架式	架式
环路电阻（Ω）		2000							
最大耗电量（W）	−24V	48	62.4	79.2	100.8	125	177.6	199.2	226.8
	−60V	42	60	78	96	120	144	162	180
	～220V	200	250	350	450	550	650	750	850

表 28-2-5　**DYD-1 型调度总机控制架与操作台安装接线**

位置　名称 数量（线） 门数（门）	呼叫控制线缆数	位置号码	用户灯线缆数	位置号码	杂项线缆数	位置号码
40	2	Ⅱ、Ⅲ	2	Ⅵ、Ⅶ	2	Ⅰ、Ⅹ
60	2	Ⅱ、Ⅲ	2	Ⅵ、Ⅶ	2	Ⅰ、Ⅹ
80	3	Ⅱ、Ⅲ、Ⅳ	3	Ⅵ、Ⅶ、Ⅷ	2	Ⅰ、Ⅹ
100	4	Ⅱ、Ⅲ、Ⅳ、Ⅴ	4	Ⅵ、Ⅶ、Ⅷ、Ⅸ	2	Ⅰ、Ⅹ
120	4	Ⅱ、Ⅲ、Ⅳ、Ⅴ	4	Ⅵ、Ⅶ、Ⅷ、Ⅸ	2	Ⅰ、Ⅹ

4. 生产厂

南京紫金山信息工业公司分公司。

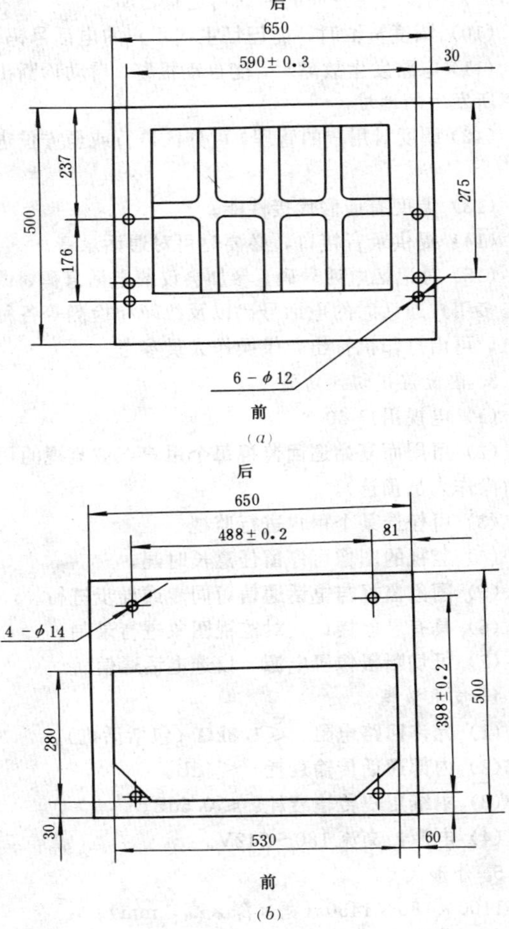

图 28-2-1　DYD-1 型调度总机控制架安装尺寸
(*a*) 上顶俯视图；(*b*) 底座俯视图

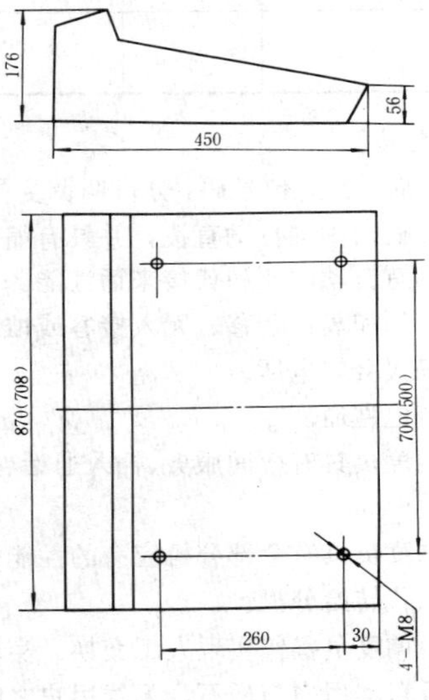

图 28-2-2　DYD-1 型调度总机操作台安装尺寸

二、程控调度总机

(一) JHD02 型程控调度总机

1. 简介

该机具有自动交换、调度电话和会议电话等三种主要性能。适合多种通信接口，可与多种终端设备和传输设备组成指挥调度通信网。本设备装有小型无线电台及有线——无线接口设备，可以在企业内部组成以有线为主、无线非固定用户为辅的有线无线结合调度通信网。

本设备自动交换部分采用 Z80 微机控制，必要时也可采用人工操作完成两用户间的电话交换，既减轻了指挥调度人员的劳动强度（交换为自动），又可保证通信不间断（自动与人工双备份）。本设备自动交换部分可由机柜中单独取出，如使用单位已备有交换设备（任何程式的自动交换机均可），则本设备自动交换部分可拆除，但此时本设备自动交换的一些特殊功能，如自动回叫、转移、代接来话、缩位拨号就无法实现。

2. 结构特点

(1) 设备外形80门为台式结构，操作机件在机架前方上部，中部为宽350mm的平台，平台下面为机柜。

(2) 其容量分40门和80门两种，每种容量可根据用户需要设立无线电台、不设无线电台两种规格。

(3) 40门和80门配备情况，见表28-2-6。

表28-2-6 JHD02型程控调度总机设备配置

容量（门）＼名称	自动分机（部）	磁石分机（条）	市话中继线（条）	共电分机（条）
40	31	1	8	1
80	71	1	8	1

3. 主要功能

(1) 内部交换3位号码，分机叫调度员1位号码。

(2) 分机出中继自动直拨，并具有缩号功能。

(3) 具有自动回叫和代接来话性能。

(4) 来话和离位转移、无人接答或忙线转移。

(5) 三人会议电话。

(6) 停电直通。

(7) 调度员具有夜间服务、插入通话、外线保留等特种功能。

(8) 调度员具有全部分机应有的性能外，还承担将外线来话代转给分机。

(9) 由调度员操作实现人工交换，实现自动用户相互之间及自动用户与磁石、无线用户之间的交换。

(10) 具有2条调度员座席电路，2条调度绳路。

(11) 调度员呼叫分机不必拨号，可直接进行呼叫。

(12) 可召开部分用户或全体用户参加会议电话，汇接网中的任一个用户可主持会议，召开会议时占用调度绳路，来参加会议的用户仍具有交换功能。

(13) 具备分机运用状态的显示性能。

(14) 具备录音、放音接口。

(15) 外供工作电源为交流220±10%，功耗350VA。

4. 生产厂

杭州通信设备厂。

(二) DDQ-1型程控电话、电视调度机

1. 简介

DDQ-1型程控电话、电视调度机，是适用于各大中型企事业单位生产调度和现场监视的专用通信设备。该机将微型计算机技术、工业电视、调度电话有机地结合在一起，除具备传统人工调度机的性能外，还具有会议电话、图像监视、自动检测、记忆、打印等特殊功能，使生产调度和现场监视更加形象、及时、有效。

2. 主要功能

(1) 具有4条绳路及28条出入中继供用户任选，可与任何制式电话总机、话局兼容。

(2) 可完成各调度（4个）与各用户（60～80个）之间的相互通话。

(3) 可完成各用户之间的通话（同时可有4对）。

(4) 可完成每个调度与多个用户同时通话。

(5) 调度员可召开部分用户或全体用户电话会议。

(6) 在召开电话会议和某一调度与多个用户通话时，其它空间调度仍可进行通信调度。

(7) 紧急请求具有除会议外的最高优先强行插入功能。

(8) 各调度之间可任意转换接续。

(9) 调度对用户间的通话可进行监听。

(10) 调度员忙时，能记忆主叫用户的电话号码。

(11) 电路发生故障时，能自动报警，自动诊断出故障所发生的地址。

(12) 调度对用户的管理，可分区进行或全方位进行。

(13) 调度有请假代接性能。

(14) 提供录音接口，必要时可对通话录音。

(15) 对记忆电话号码，参加会议的电话号码、调度与多用户通话时的电话号码以及故障和检测等各种信息，可由打印机打出，供操作人员参考。

3. 图像监视切换功能

(1) 电视用户60个。

(2) 可周而复始巡回监视每个用户（被监视的用户由操作人员预选）。

(3) 可任选某个用户进行监视。

(4) 监视的图像可停留任意长时间。

(5) 图象监视与电话通信可同步或异步进行。

(6) 具有录象接口，对监视图象进行录制。

(7) 可切断摄像机电源，仅选电话通信。

4. 技术数据

(1) 允许回路电阻：≤1.8kΩ（包括话机）。

(2) 内部通话传输衰耗：≤1dB。

(3) 中继用户传输衰耗：≤0.5dB。

(4) 电源：交流180～242V。

5. 外形尺寸

1100×780×1450（宽×深×高，mm）。

6. 生产厂

苏州东风通信设备厂。

(三) HJD-100D型程控调度机

1. 简介

该机交换回路为电子空分式，采用 Z80A-CPU 作微处理器。主要指令系统皆固化于 EPROM，用户电路部分采用模块结构，安装维护方便。适用于工矿企业作为生产调度、电力调度指挥，也适合机关、学校、宾馆等作为电话通信用。

2. 结构

该机分主机与调度台两个部分，容量分为 40 门、80 门、120 门三种。调度台为触摸式按键，外形美观大方。主机为柜式结构，40 门、80 门、120 门均采用一个机架即可。调度台可根据需要用一个或二个。

3. 技术数据

(1) 工作环境：温度为 5～40℃；湿度为 20%～80%。

(2) 电源：交流 220±10%V、50Hz，直流 48 $^{+4}_{-6}$V。

(3) 功耗：≤1500W。

(4) 用户线路环阻：≤1000Ω（包括话机）。

(5) 采用脉冲拨号方式。

(6) 每线平均话务量：0.146erl。

4. 主要功能

(1) 调度直呼（优先级）。

(2) 紧急呼叫。

(3) 调度录音。

(4) 市话循环振铃。

(5) 会议电话。

(6) 夜间服务。

(7) 分机代接。

(8) 转移呼叫。

(9) 局线选择。

(10) 分组连号。

(11) 控拨外线。

(12) 三方通话。

(13) 缩位拨号。

(14) 忙中提醒。

(15) 自动录音。

5. 生产厂

苏州东风通信设备厂

(四) HJD-200D 型调度总机

1. 简介

该机集交换及调度功能于一体，采用 COMS 集成电路，分级模块结构。电源、CPU、信号音等关键部件采用双备份热备用。本机有故障诊断程序，故障诊断倒板，接口多，能与各种通信设备配接。记发器信令采用标准 MFC 信令，能与其它交换机联网。多台联网统一编号，网内统一调度，调度席位灵活，可达 5 个席位，尤其适用于各专业系统组网。

2. 结构

该机由主机与调度台二部分组成，调度席位可任意配置 1～5 席。容量有 80 门、128 门、200 门三种。用户种类分直通用户、自动出入中继、载波中继、DID 中继、四线 E/M 中继。直通用户适应性为脉冲式话机和 DTMF 话机。

3. 生产厂

苏州东风通信设备厂。

(五) ZKD 系列现代程控调度通信成套设备

1. 简介

该系列程控调度总机采用了国际上可靠稳定的中大规模及其它进口先进器材，确保了产品质量可靠、稳定。采用了以电子计算机技术为主的控制系统，充分发挥了软件编程的优势。该产品从 A 型机到 E 型机，有五种类型。从单键盘发展到双键盘以及三键盘，从一般的按键发展到触摸键盘，从单 CPU 发展到双 CPU，从单稳压电源发展到双电源热备份自动切换。

2. 主要功能

(1) 调度台设有大型"用户按键"，取代过去"扳键"。调度员只要按一个用户键，即可快速通话。

(2) 调度台有 4 门厂级专用电话，它具有强制插话、监听、自动选呼、直拨外线及跟踪转移等功能。

(3) 调度员可同时接受 1～8 个方面来的电话，在紧急调度、处理事故的关键时刻尤其重要，可允许四个指挥人员同时处理问题。

(4) 调度台有二套电话录音系统（具自动录音功能）。

(5) 调度台设有自由分组呼叫、选呼、组呼及全呼功能。

(6) 根据不同用户需要可增设中型和大型会议功能。

(7) 有四组小型会议功能，每组 2～8 个用户参加。

(8) 中继线可设定向和双向中继。

(9) 外线电话可自动转入调度台各分机。

(10) 外线可通过调度台转接其它中继外线。

(11) 分机对分机之间有直接选呼功能，分机对调度台有热线功能，根据用户需要自由设定。

(12) 分机对外线有直接拨号功能，也有被禁止拨外线功能。

(13) 规格与容量参见如下：

1) 规格分 ZKD-C 型、ZKD-D 型、ZKD-E 型。

2) 容量分 40 门、60 门、80 门、100 门、120 门、160 门、180 门。

3. 技术数据

(1) 电源：交流 220±10%V、50Hz。

(2) 分机环路电阻：2kΩ。

(3) 局间环路电阻：2kΩ。

(4) 传输衰耗：中继与用户间<1dB；用户与用户间<1.5dB。

4. 结构及原理图

(1) 外形结构，见图 28-2-3。

(2) 原理方框图，见图 28-2-4。

(3) 端子连接，见图 28-2-5。

5. 生产厂

厦门华昌电子通信有限公司。

(六) PDS 型程控调度交换机

1. 简介

PDS 系列型程控调度交换机通信设备是专门为电力调度通信网和其它专用通信网设计的长市合一模拟制程控交换机。它配有电力调度通信网中采用的各种电路接口和信令方式，能够配接智能调度控制终端，具有适合电力调度通信的一系列专用功能。它可以配接电力载波机、微波机以及邮电载波、电缆、无线等通道，组成多路迂回无阻塞的专用自动通信网。除电力系统外，也适用于铁路、石油、机关等专用网使用，还可作一般交换使用。

其内部交换采用四线汇接、二线交换方式。四线汇接电平可适合多种标准。编号方式可以采用等位和不等位方式。多局制等位统一编号可以选用三位、四位和六位三种。不等位编号最长号码为 16 位。设备的局向、连选、迂回数不受限制。

设备的设计全部采用模块化硬件和软件，可选用双机备用控制系统，具有较高的可靠性。各种接口模块在总门数内可灵活组合。

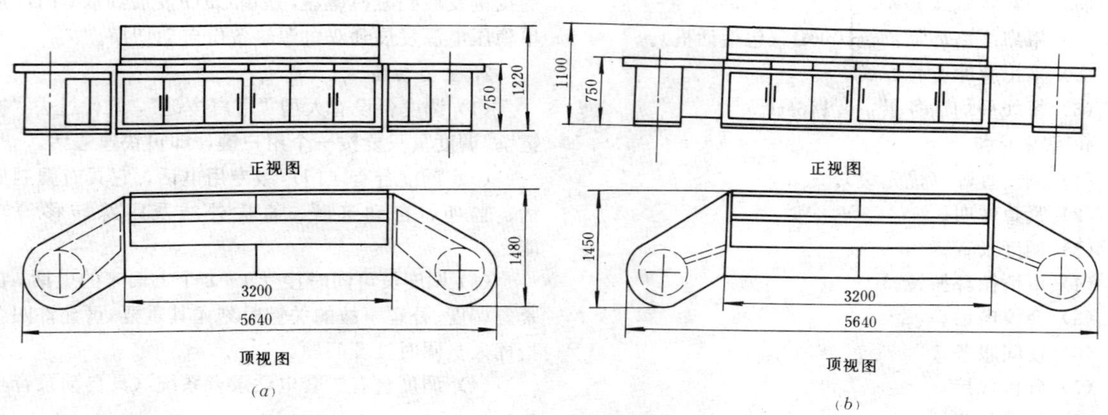

图 28-2-3 ZKD 系列调度总机外形
(a) 双座席高台半圆形有柜；(b) 双座席低台半圆形无柜

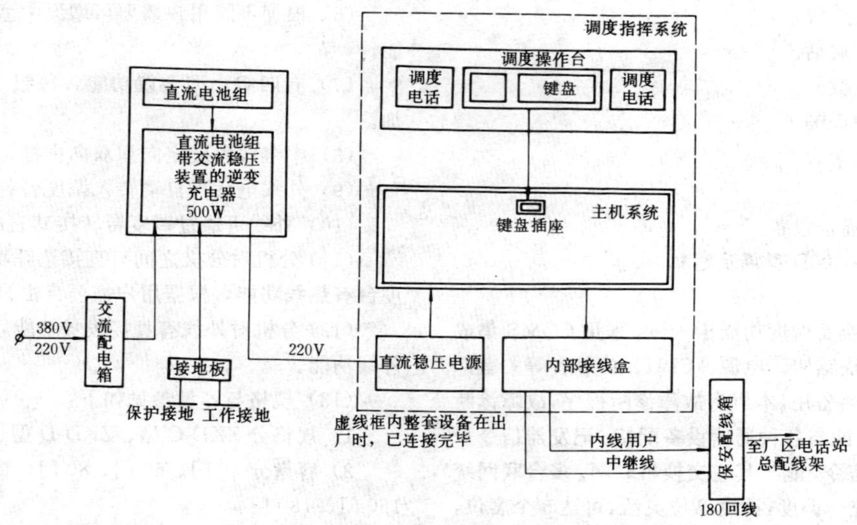

图 28-2-4 ZKD 系列调度总机原理方框简图

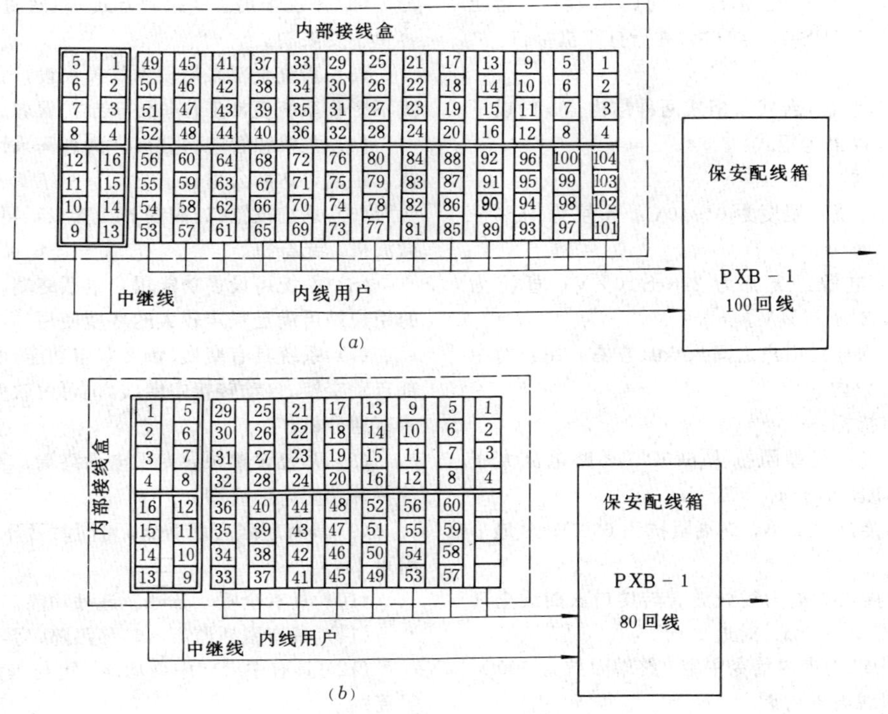

图 28-2-5　ZKD 系列程控调度总机接线盒接线图

(*a*) 120～180 门内部接线盒与外部保安配线箱接线图；(*b*) 40～60 门内部接线盒与外部保安配线箱接线图

2. 主要功能

(1) 用户功能参见如下：

1) 拨号脉冲和双音频两用。

2)几个用户之间可以相互连选，组成一个用户群。

3) 分三种优先用户：一级、二级、临时优选。一级与二级优先用户在全网范围内有效，临时优先只适用本局，且一次有效。

4) 强拆与强插。

5) 长途限制。

6) 可在全网内召开电话会议，参加会议的用户(包括长途) 不能超过 8 个。

7) 对于只需要指定用户发生联系的电话，可设置为热线电话。

8) 拨功能码“9”进行紧急呼叫，直接同调度员通话。

9) 同一局的用户可以代替其它正在振铃的用户接受呼叫。

10) 用户离位时可以将本机的呼叫转移到指定的分机。

11) 可设置遇忙回叫功能，当被叫空闲时可立即给本机振铃。

12) 用户可在分机上设置一个时间，届时交换机向分机振铃叫醒。

13) 同一局向的中继，可以自动连选。

14) 具有中继迂回路由功能。

(2) 话务台功能如下：

1) 转接市话中继、长途市话中继或长途分机至网内分机。

2) 转接市话中继、局内分机或长途市话，分别至外局市外中继、长途市话或局内市话。

3) 话务台具有保留/取保留功能。

4) 为保证交换机时钟同本地时间相吻合，设置年、月、日、时、分、秒的功能。

(3)维护管理和监测功能：对交换机所配置的模板可进行自动检测，对各局向中继可进行通道测试，将话务台的信息记录和多种计费话务信息打印输出，能用示波器 CRT 等设备进行维修。

(4) 智能调度控制台：用 PDS 型程控调度交换机相配接的智能调度控制台可配置 1～8 席，每 4 席进行呼叫量均分及循环分配。每席的用户对象键为 54 个，在复用时还可增加 36 个对象，最多达 90 个。调度台具有显示对象号码、时标录音、时钟显示、广播呼叫、缩位拨号、保持转接、代接、音响切除等功能。

(5) 具有多种接口，例如用户接口、市话接口、二线E/M接口、PLT中继接口、四线E/M接口、智能调度控制台接口、RS-232接口、并行打印机接口。

2. 结构

PDS型交换机分台式及柜式两种结构，80门以下为台式，80门以上为柜式。

3. 技术数据

(1) 工作环境：温度为0～40℃；湿度为45%～90%。

(2) 外供电源：交流为220±10%V；直流为48±10%V或24±10%V。

(3) 插入损耗：用户之间为6dB左右；用户对中继之间为1dB以内。

(4) 接口指标：

1) 用户接口终端阻抗为600Ω，环路电流大于15mA，环路电阻小于1.5kΩ。

2) E/M接口为I类，终端阻抗为600Ω，对地平衡。

3) PLT接口为电力线载波音转接口（四线全环路），终端阻抗为600Ω，对地平衡。

4) 长途中继为带内信令中继，终端阻抗为600Ω，对地平衡，四线电平可调。

5) 市话中继为二线（振铃监视、呼出环路），直流电阻200Ω，终端阻抗600Ω，对地平衡。

4. 生产厂

南京自动化研究所。

（七）PCEC-D型程控调度总机

1. 简介

PCEC-D型程控调度总机以微电脑为控制核心，采用日本、美国的大规模集成电路，用COMS模拟电子开关取代有触点的机械开关和继电器。由于软件编程的灵活性，可提供许多特殊的调度功能。并可根据用户的要求，随时增减有关功能方面的硬件设施，以便适用于各个不同场合的调度通信的需要，例油田、矿山、冶金、电力、机械、化工、交通、港口、烟草、船舶、部队以及国防工程试验基地等。

2. 结构

根据用户需要，本机可以做成主机与调度座席合为一体的台式结构形式；也可以将主机与调度座席分开成独立式结构，主机可做成柜式，调度座席可做成键盘式。主机所带的调度座席的数量可视用户要求而定，一般可为2～4个。机件结构为插板模块形式。

3. 主要功能

(1) 系统的控制方式分为集中控制和分散控制两种方式，对于调度方式简单的单位可采用集中控制；对于调度方式复杂的单位可采用集中管理、分散控制的方式。

(2) 系统采用总线控制方式，组网简单灵活，网内容量不受限制。

(3) 系统全部采用积木式模块设计，每一模块故障不影响系统正常工作，便于维护保养、组网扩容。

(4) 主机和智能台分离，两者间采用数据通信方式，距离可达两公里。

(5) 系统设置二/四线EM接口，可配接载波机、微波机、光纤机。

(6) 系统可设多功能用户电话终端，带广播终端的用户站可满足噪声较大的环境使用。

(7) 系统具有交换、调度双重功能，所有用户可全部自动交换，自动转接中继线，也可由软件固定某些键为直通分机。

(8) 系统设置领导专用电话终端、重要岗位分机等特殊功能电话终端。

(9) 具有超强会议功能，可同时召开6组会议，每组可15人。

(10) 具有全呼、分呼、选呼功能。

(11) 具有强插监听、转移跟随、强撤等功能。

(12) 具有中继转中继功能，可与市话、邮电微波等连网。

(13) 系统设有线—无线转接功能，根据用户需要组成无线调度通信网。

(14) 系统预留丰富的接口，可扩展有线广播寻呼系统、工业电视监视系统、工业报警与控制系统，计算机数据传输网络系统，与整个调度系统配合使用。

4. 技术数据

(1) 工作环境：温度为5～35℃；湿度为45%～80%。

(2) 电源：输入为交流220V±10%、50Hz。

(3) 功耗：最大为450W。

(4) 用户线路环阻：600Ω。

(5) 中继线路环阻：2.5kΩ。

5. 生产厂

西安亚美金融电子技术公司。

三、播叫/会议调度总机

（一）M-FIC型多功能调度通信装置

1. 简介

该装置吸收了国外调度通信方式的优点，结合我国对工矿企业生产管理通信的要求而设计的。该装置的主要特点是具有低电平播叫及会议的功能，适用于发电厂、矿山、冶炼等大型工矿企业单位作生产指挥通信用。在90dB左右的噪声环境下能迅速传达生产调度指令。

2. 结构

本装置主要由控制台、班长控制台、电话站、总端子箱（附电源箱）、分区端子箱组成。

（1）厂级调度用控制台斜面设置按钮、送受话器手机、话筒、信号指示灯。录音机布置在正面上，整体造型新、美观。控制台上面板可开启至固定位置，便于检修。台后侧开门，上部布置端子板，供与外部连接用。下部分左右两侧，一侧为调度系统插件板，一侧为转接装置插件板。机架可水平旋转 90°，在维修时可旋出台子外，便于工作。斜面上，转接装置及调度装置分列两边。转接装置设有两只送受话器手机、两个拨号盘、用户选择按钮、用户指示灯、外线保留按钮、保留指示灯及转接指定通道用按钮及信号灯。调度装置有三只送受话器手机及一话筒，六个专用车间用户的呼叫选择按钮以及六个专用车间用户的监听选择按钮，20 路直通电话按钮，还有报警、录音等按钮。

(2)车间调度用控制台与厂级调度台相同，为钢质结构。斜面上设置四只送受话器手机及一个话筒，其中一只送受话器接入厂级调度装置系统，两只作本系统调度呼叫通话用，另一只作直通用户。呼叫及通话通道选择按钮、直通用户选择按钮为对称布置，并设有告警及分支系统合并按钮、话筒投入录音等按钮及相应指示灯。上述两控制台上的按钮根据其功能性质合并成一组，并有复归按钮。

(3)班长控制台为钢质结构，斜面板设置有呼叫和通话选择按钮、直通用户选择按钮；内侧设有插件板及电源。

(4) 用户站如下：

1）户内型墙机采用薄钢板组成的箱体，灰色烤漆。面板上装设送受话器手机及呼叫和通话通道选择按钮(电气联锁)。箱内设有端子排、插件板及电源。面板与外壳间用氯丁橡胶卷密封，并装有通用锁。送受话器用端子联接，为弹簧型手机连线。端子排上标明用途。

2）户外型墙机是在户内型机的基础上外加防风雨金属外罩，罩壳面板上装有拉手及锁，门上的箱体间用氯丁橡胶卷密封。

3）户内型桌机由放大器箱及桌机组成。放大器箱用薄钢板制成可挂式，内设插件板、电源及端子排。端子排上有其用途的明显标志。单机采用 820P 新型全塑机壳。

4）扬声器选用 YH10-2 型，并用木质制成的封闭式喇叭箱，面板装饰有喇叭布、尼龙网格和金属网格三种型式。

5）所有端子箱均用薄钢板制成，门上配有通用锁。

6）总端子箱为落地式安装，电源箱组装在内。电源箱在上部，两者间有绝缘隔离，下部为接线端子排，各端子排的内部连接线出厂时应标明用途标志。

7）分区端子箱为悬挂安装式，内设端子排，内部连接线接好并有用途标志。

3. 各装置的结构及原理图

(1) 户内墙机安装示意图，见图 28-2-6。

(2) 户外墙机安装示意图，见图 28-2-7。

(3) 厂级调度用控制台外形尺寸，见图 28-2-8。

(4) 车间调度用控制台外形尺寸，见图 28-2-9。

(5)厂级调度用控制台原理方框图，见图 28-2-10。

(6)车间调度用控制台原理方框图，见图 28-2-11。

4. 使用特点

(1)直通用户的门数有一定规定(车间级每个支系统 9 个，调度级设 20 个)，普通用户的门数不受限制，在需要扩充电话站时，只要用一根多芯电缆从附近的电话站端子排上并联到相应端子上即可，施工方便，调试简单。

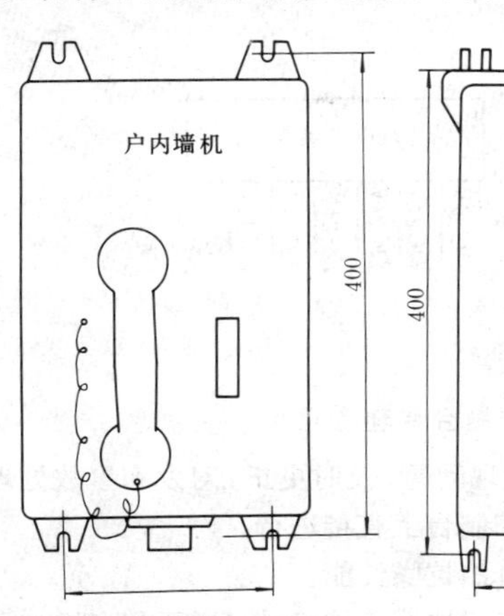

图 28-2-6　M-FIC 型多功能调度通信装置户内墙机安装示意图

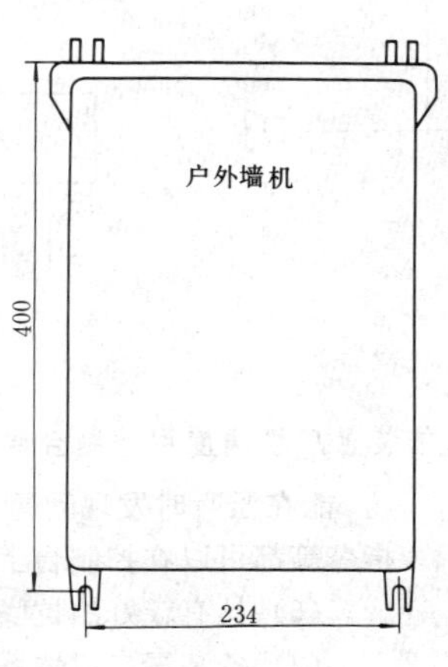

图 28-2-7　M-FIC 型多功能调度通信装置户外墙机安装示意图

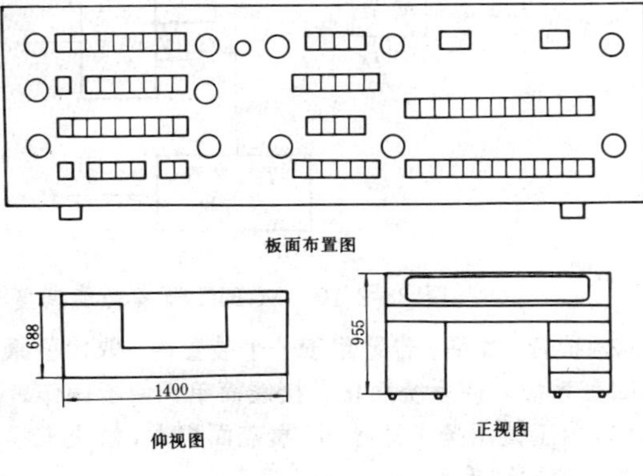

图 28-2-8　M-FIC 型多功能调度通信装置厂级调度用控制台外形尺寸

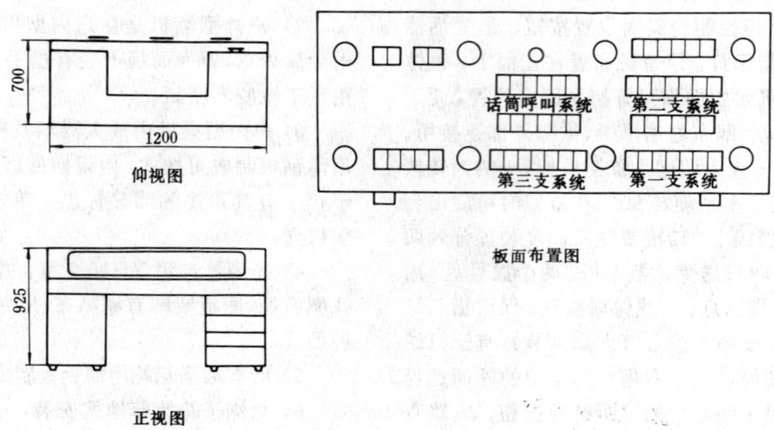

图 28-2-9 M-FIC型多功能调度通信装置车间调度用控制台外形尺寸

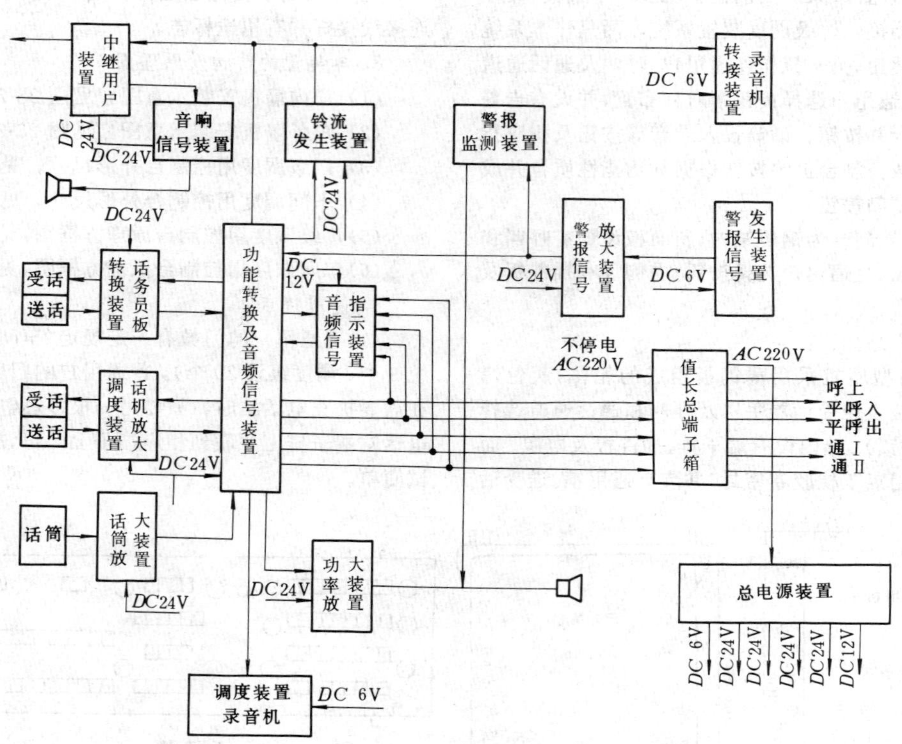

图 28-2-10 M-FIC型多功能调度通信装置厂级调度用控制台原理方框图

(2) 扩音、通话、告警集于一个装置内，取代了原有的四套系统，使系统简化，接线简单，便于操作。

(3) 由于使用扬声器呼叫，覆盖面积大，解决了移动设备通信的困难。

(4) 录音方式简单，并对异常的录音状态能发出声光信号。

(5) 具有监听功能，对重要操作不需值长亲临现场。能在监听时发现问题，及时更正，对发布事故处理指令等都可以在控制台上直接进行。

(6) 具有较好的抗噪性能。

(7) 各装置自成体系，扩建时只需要相应增加一套装置，其相互间牵涉很少，对装置的原有连接及设备不需作任何更改。

5. 生产厂

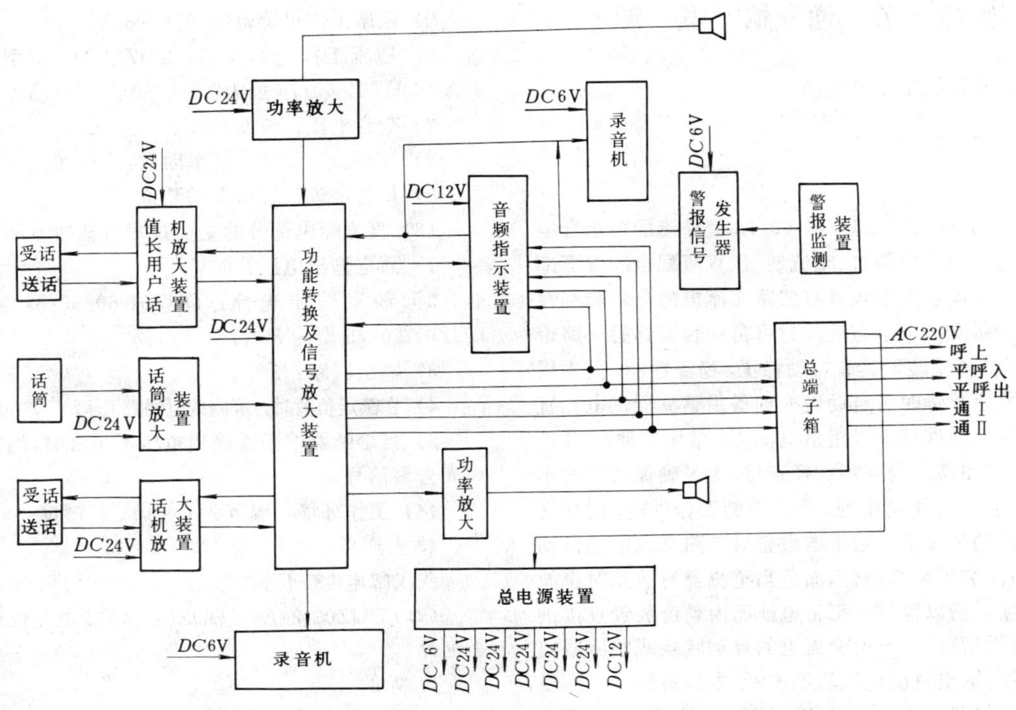

图 28-2-11 M-FIC 型多功能调度通信装置车间调度用控制台原理方框图

江西玉山通信设备厂。

(二) PDC-A 型程控扩音调度通信装置

1. 简介

该装置是在 M-FIC 型多功能调度通信装置的功能及其原理的基础上，开发的新一代调度通信装置。该装置逻辑控制与微机控制相结合，集调度、扩音呼叫、事故告警、分离、合并、会议电话、电话录音、固体循环放音、自动电话交换为一体，具有与微波、载波、有线转无线等多种通信设备接口，适应电力、冶金、矿山、化工、铁路、码头等工矿企业现代化生产管理的需要。

2. 结构

PDC-A 型程控调度控制台的结构为办公桌式，用户站为固定悬挂式或标准自动电话桌式。

3. 外形尺寸

调度台为 1200×800×1100（宽×深×高，mm）；用户站为 320×120×220（宽×深×高，mm）。

4. 主要功能

(1) 平时处于自动电话状态。

(2) 调度员绝对优先。

(3) 调度员根据需要可以对所有用户站进行合并或部分合并。

(4) 用户电话站具有自动电话功能；摘机亦可直呼调度员，当进入扩音时，摘机自动消音，防止啸叫。

(5) 扩音时播放事故、火警信号。

(6) 扩音时播放摧接电话信号。

(7) 自动循环播放开停机指令。

(8) 可按任意组合召开会议电话。

(9) 备有多种制式通信设备接口。

(10) 扩音呼叫时低电平传输。

5. 技术数据

(1) 在 8Ω 负载上，扩音输出不失真功率分 3W、5W、15W 三种。

(2) 用户线采用 4 线连接。

(3) 采用抗噪声送话器，适用于环境噪声 90dB 以上的场合。

(4) 频带：300～2400Hz。

(5) 外线环路电阻：2.5kΩ。

(6) 杂音防卫度：≥65dB。

(7) 串音防卫度：≥70dB。

(8) 调度台消耗功率：<200W。

(9) 用户站消耗功率：<45W。

(10) 工作条件：温度为 10～40℃；湿度为 80%。

(11) 外供电源：交流 220±10%V、50Hz。

(12) 标准话机配接 10W、8Ω 号筒式扬声器或 5W、8Ω 盒式扬声器。

第28-3节 通 信 电 源

一、整流配电组合电源

（一）DUZ01-60/30、DUZ01-60/75型整流配电组合电源

1. 简介

DUZ01-60/30、DUZ01-60/75型整流配电组合电源设备由交流配电装置、整流装置、直流配电装置三部分组成。交流配电装置具有二路交流电的自动转换性能，当一路交流市电有故障时可自动转换到另一路市电上去。该整流装置具有自动稳压、稳流性能，当主用整流器发生故障时可自动转换到备用整流器供电。直流配电装置允许接入二组蓄电池（不带尾电池），并可与主用、备用整流器互相倒换连接。为了确保通信的不中断，应接入二组蓄电池，作浮充制工作供电。但在交流电可靠的情况下，由于本设备对二路交流电能自动切换，整流装置杂音很低，而且当整流器有故障时也能自动切换，所以也可不用蓄电池而由整流装置直接供电。在直供情况下，不论交流电的自动转换或整流器的自动转换，输出直流电压均不中断。本设备还特别适用于只有一组蓄电池的情况，平时可采用浮充工作，而在电池需要充电时，可由本设备中的一台整流器对电池进行充电，而由另一台整流器对交换机进行直供工作。

2. 结构

该设备共分为二个机架，交流配电部分和一套整流器装在一个架内，直流配电部分与另一套整流器装在另一个架内。机架的前后均有可启闭的门，必要时可取下。整流器控制盘可从机内拆下进行检查和修理。侧板可以取下，以便从侧面和前后二面同时方便地进行维修。设备内各个元件及接插件均有编号，可以与生产厂有关附图对照，以便于检修。

3. 技术数据

（1）交流配电部分的主要技术数据如下：

1）输入：二路市电，能相互自动转换，其容量为50Hz三相380V、40A，二路市电均装有断相告警。

2）输出：共分为六路，其中二路为380V、25A，一路为380V、10A，三路为220V、5A。每路均设有分路开关，总输出容量不得超过40A。

（2）整流器部分的主要技术数据如下：

1）输入交流电压：三相四线制380V、50Hz。

2）输入交流电流：DUZ01-60/30型为7A，DUZ01-60/75型为18A。

3）输出直流额定电压：60V。

4）输出直流额定电流：DUZ01-60/30型为30A，DUZ01-60/75型为75A。

5）稳压工作可调范围：56～66V。

6）稳流工作可调范围：DUZ01-60/30型为6～30A，DUZ01-60/75型为15～75A。

7）杂音电压：≤2.4mV。

8）效率：≥80%；功率因数：≥0.6。

9）具有过流、过压保护装置。

（3）直流配电部分的主要技术数据如下：

1）额定输出电压：60V。

2）额定输出电流：DUZ01-60/30型为40A，DUZ01-60/75型为80A。

3）输出回路：2个。

4）在额定负荷时，屏内放电回路压降：≯500mV。

5）当熔断器熔断或输出电压不正常时，均能发出声光告警信号。

（4）工作环境：温度为0～40℃；湿度<85%。

4. 生产厂

武汉邮电535厂。

（二）DUZ02-24/30、DUZ02-24/75型整流配电组合电源

1. 简介

与DUZ01型整流配电组合电源基本相同，不再重述。

2. 结构

与DUZ01型整流配电组合电源基本相同，不再重述。

3. 技术数据

（1）交流配电部分的技术数据如下：

1）输入为二路市电并能相互自动切换，其容量为50Hz交流三相380V、40A，二路市电均有断相告警。

2）输出共分为六路，其中二路为380V、25A，一路为380V、10A，三路为220V、5A。每路均设有分路开关，总输出容量不得超过40A。

（2）整流器部分的技术数据如下：

1）输入电压：交流三相四线制380V、50Hz。

2）输入电流：DUZ02-24/30型为3A，DUZ02-24/75型为75A。

3）输出直流电压：24V。

4）输出直流电流：DUZ02-24/30型为30A，DUZ02-24/75型为75A。

5）稳压工作可调范围：22.8～28.8V。

6）稳压偏差值：≤2%（静态）。

7）稳流工作可调范围：DUZ02-24/30型为6～30A，DUZ02-24/75型为15～75A。

8）稳流偏差值：≤5%（静态）。

9）效率：≥80%。

10）杂音电压：⩽2.4mV。

11）功率因数：⩾0.6。

12）在稳压工作状态下，当输出电流超过额定值的105%时，自动进入限流工作。

13）具有过流、过压保护。

14）可以进行遥控开机与停机。

15）具有工作和故障两种遥信信号。

（3）直流配电部分技术数据如下：

1）额定输出电压：24V。

2）额定输出电流：DUZ02-24/30 型为 40A，DUZ02-24/75 型为 80A。

3）输出回路：2 路。

4）在额定负荷时，屏内放电回路压降：≯500mV。

5）当熔断器熔断或输出电压不正常时，均能发出声光和告警信号。

4. 生产厂

武汉邮电 535 厂。

（三）FZT 型直流不间断电源成套设备

1. 简介

它由整流屏、直流自动调压屏、交流屏、直流分配屏、蓄电池组等组成，适用于发电厂与变电站的开关操作、通信、继电保护等自动化控制系统作为稳定的不停电电源使用。

交流切换屏，具有二路交流电源输入自动切换性能。整流屏稳压精度高，且设有软启动措施，防止启动瞬间的过冲。可实现两台冗余并联运行，自动平均分担对蓄电池组充电和对负载供电，若其中某一台整流器发生故障，则负荷由另一台整流器屏承担。直流自动调压屏允许接入两组蓄电池（不带尾电池），并可与整流器屏并联，根据蓄电池的容量自动选择充电工作方式，在对蓄电池充电的同时，仍能确保负载供电电压要求。蓄电池组是保证直流不间断的主要手段，它的充电方式分为稳压浮充和衡充两种，在市电失电时，蓄电池即自动转入对负载放电。

FZT 型直供成套电源的控制电路，以集成元件为主，控制精度高，性能稳定。系统工作和保护环节均有发光二极管显示，能一目了然地掌握该成套设备所处的运行状态。设备内部还设有故障诊断点，对于输出电流在 200A 以上的成套设备，该厂还可向用户提供具有微机操作的控制系统，它具有全自动操作、故障诊断、远方控制、数字显示等功能。

2. 主要功能

（1）交流切换屏主要技术功能如下：

1）输入为 2 路 50Hz 三相四线制 380V 电源，2 路电源之间具有自动及人工转换方式。

2）屏内设有缺相、欠压、过流保护，并有声光信号显示。

3）对二路输入的三相电压及电流，均可实现显示。

4）输出单相 220V、50Hz，可以分为 20～30 路。

（2）整流器屏主要技术性能如下：

1）输入电压：三相四线制 380 $^{+10\%}_{-15\%}$V、50Hz。

2）输出直流电压精度：2%。

3）输出电话衡重杂音：⩽2.4mV；波纹系数：⩽500mV。

4）有限制启动瞬间电压、电流过冲环节。

5）二台并联时，均分负荷不平衡度：⩽±5%。

6）稳压工作时，当输出市电电流超过额定值的5%时，自动限流工作。

7）当输出电流超过额定值的 20%时，自动停机，由另一台整流器承担全部负载，并发出声光信号。

8）当输出电压超过稳压上限值的 10%时，自动停机，由另一台整流器承担全部负载，并发出声光信号。

9）功率因数：⩾0.7。

（3）直流调压屏主要技术功能如下：

1）可接入二台整流器及二组蓄电池，并同时适应对二组蓄电池的不同充电方式。

2）屏内可实现对浮充与均衡充电的自动转接，当市电失电后又恢复供电时，根据蓄电池的放电时间自动选择均衡充电或浮充工作方式。如选择均衡充电，则在整定时间内作运行后又自动转入到浮充方式。

3）在对蓄电池进行充电的同时，能满足对负载供电的要求。

4）当 2 路市电都失电，且电池放电终止时，屏内会发出声光告警信号。

5）本屏有电表显示各路电压、电流指示。

6）在额定负荷时，屏内放电回路压降：≯500mV。

7）输出负荷回路一般为 2～7 路，亦可根据用户要求进行分路。

（4）直流配电屏主要技术功能如下：

1）屏内压降不大于 500mV。

2）直流输出回路一般为 15～35 路，亦可根据用户要求进行分路。

3）对每输出回路，设有自动空气开关、指示灯、标签框。

4）具有过流及短路保护功能。

3. 技术数据

FZT 型交流切换屏、整流屏主要技术数据，见表 28-3-1；FZT 型直流调压屏、直流分配屏技术数据，见表 28-3-2；FZT 型直流调压配电整流组合屏技术数据，见表 28-3-3；FZT 型交流配电整流组合屏技术数据，见表28-3-4。

4. 外接线图

FZT型外接线图（一），见图28-3-1；FZT型外接线图（二），见图28-3-2。

表 28-3-1 FZT型交流切换屏、整流屏技术数据

屏面名称	交流切换屏（Q）			整流屏（Z）					
类别 / 规格	二路三相交流输入	交流输出		交流输入	直流输出	输出电流	稳压工作范围	输出最高电压	效率
(A/V)	(A/V)	(A/V)	分路	(A/V)	(V)	(A)	(V)	(V)	(%)
120/48	50/380	25/380 5/220	2 20	25/380	48	120	46～58	65	80
150/48	50/380	30/380 5/220	2 20	30/380	48	150	46～58	65	80
200/48	100/380	40/380 5/220	2 20	40/380	48	200	46～58	65	80
300/48	120/380	40/380 5/220 10/220	2 20 5	40/380	48	300	46～58	65	85
500/48	150/380	70/380 5/220 10/220	2 25 5	70/380	48	500	46～58	65	85
80/220	100/380	50/380 5/220	2 20	50/380	220	80	210～265	295	85
100/220	120/380	60/380 5/220 10/220	2 20 5	60/380	220	100	210～265	295	85
120/220	150/380	70/380 5/220 10/220	2 25 5	70/380	220	120	210～265	295	85

表 28-3-2 FZT型直流调压屏、直流分配屏技术数据

屏面名称	直流调压屏（D）							直流分配屏（P）		
类别 / 规格	输入电流	输入电压	调整范围	稳压浮充电压	稳压均衡电压	直流输出		直流输入容量	直流输出分路	
(A/V)	(A)	(V)	(V)	(V)	(V)	(A/V)	分路	(A/V)	(A/V)	分路
120/48	120	48～58	0～10	54	58	60/48	2	120/48	5/48 10/48	15 5
150/48	150	48～58	0～10	54	58	50/48	3	120/48	5/48 10/48	15 8
200/48	200	48～58	0～10	54	58	50/48	4	200/48	5/48 10/48	25 5
300/48	300	48～58	0～10	54	58	150/48	2	300/48	10/48 15/48	30 5
500/48	500	48～58	0～10	54	58	150/48 60/48	2 5	500/48	10/48 15/48	30 5
120/220	120	220～265	0～18	247	265	60/220	2	120/220	5/220 10/220	15 5
100/220	100	220～265	0～18	247	265	50/220	4	100/220	5/220 10/220	15 5
80/220	80	220～265	0～18	247	265	5/220 10/220	10 4			

表 28-3-3 FZT 型直流调压配电整流组合屏技术数据

类别 规格	直流输入	调整范围	直流输出		交流输入容量	稳压浮充输出	稳压均衡输出	额定输出电流	输出最高电压	效率
(A/V)	(V)	(V)	(A/V)	分路	(A/V)	(V)	(V)	(A)	(V)	(%)
30/24	24～32	0～5	5/24	5	2/380	27	29	30	32	70
50/24	24～32	0～5	5/24	10	4/380	27	29	50	32	70
75/24	24～32	0～5	5/24	15	5/380	27	29	75	32	75
30/48	48～65	0～10	5/48	6	4/380	54	58	30	65	70
50/48	48～65	0～10	5/48	10	7/380	54	58	50	65	75
75/48	48～65	0～10	5/48	10	10/380	54	58	75	65	75
30/60	60～80	0～13	5/60	5	5/380	68	73	30	80	80
50/60	60～80	0～13	5/60	10	8/380	68	73	50	80	80
75/60	60～80	0～13	5/60	15	12/380	68	73	75	80	85

表 28-3-4 FZT 型交流配电整流组合屏技术数据

类别 规格	二路三相交流输入	交流输出		直流输出电压	直流输出电流	稳压工作范围	稳流时输出电压范围	输出最高电压	效率
(A/V)	(A/V)	(A/V)	分路	(V)	(A)	(V)	(V)	(V)	(%)
30/24	20/380	2/380 5/220	2 10	24	30	22～29	21.6～36	32	70
50/24	20/380	4/380 5/220	2 10	24	50	22～29	21.6～36	32	70
75/24	40/380	5/380 5/220	2 15	24	75	22～29	21.6～36	32	75
30/48	20/380	4/380 5/220	2 10	48	30	46～58	44～68	65	70
50/48	40/380	7/380 5/220	2 15	48	50	46～58	44～68	65	75
75/48	40/380	10/380 5/220	2 15	48	75	46～58	44～68	65	75
30/60	40/380	5/380 5/220	2 15	60	30	58～73	54～84	80	80
50/60	40/380	8/380 5/220	2 15	60	50	58～73	54～84	80	80
75/60	40/380	2/380 5/220	2 15	60	75	58～73	54～84	80	85

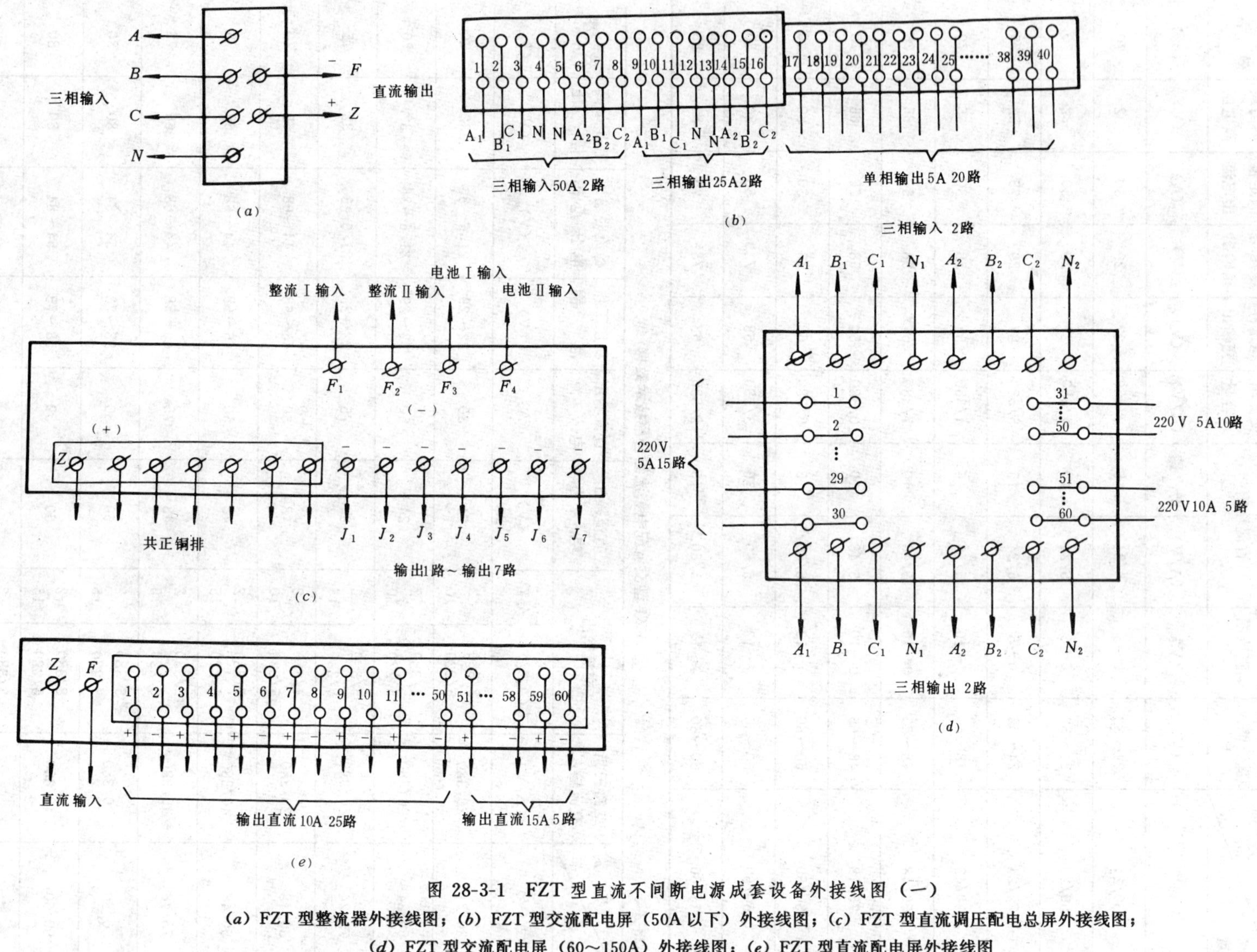

图 28-3-1　FZT 型直流不间断电源成套设备外接线图（一）

(a) FZT 型整流器外接线图；(b) FZT 型交流配电屏（50A 以下）外接线图；(c) FZT 型直流调压配电总屏外接线图；(d) FZT 型交流配电屏（60～150A）外接线图；(e) FZT 型直流配电屏外接线图

Z—+端；F—-端；J—输出端

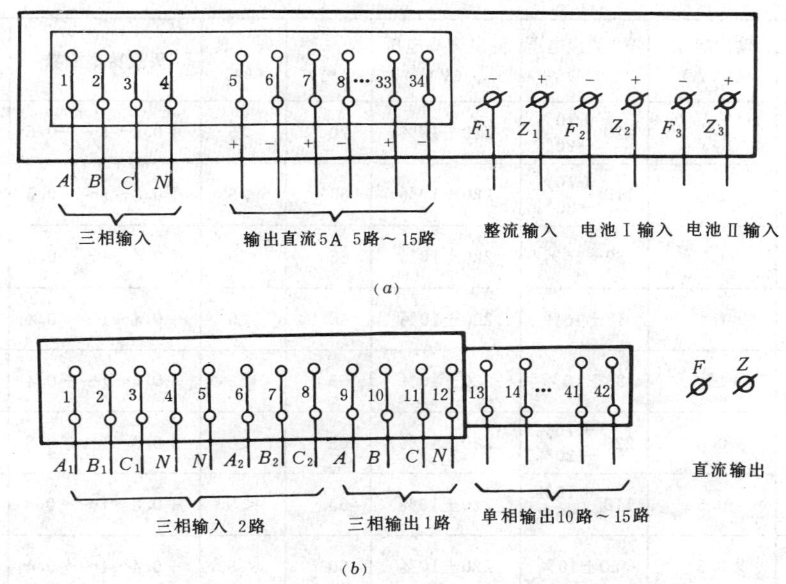

图 28-3-2　FZT 型直流不间断电源成套设备外接线图（二）

(a) FZT 型直流调压配电整流组合屏外接线图；(b) FZT 型交流配电整流组合屏外接线图

5. 生产厂

江苏靖江变流设备厂。

二、逆变器

(一) GNQ 系列逆变电源设备

1. 简介

GNQ 系列逆变电源设备是一种将直流电变换为交流电的设备。它具有工作可靠、使用寿命长、无转动部分、维修方便、体积小、噪声低等特点。本装置与整流设备、蓄电池组成不停电电源系统，广泛应用于电力、石油、邮电、矿山、交通运输等部门。逆变器可以长期连续运行，当它处于常用状态时，其自动切换时间为“0”；当它处于备用状态时，其切换时间约为 10ms。

2. 结构

金属立柜结构，通风条采用镀铬工艺，面板采用喷砂氧化，前后门采用大开门方式并可装卸，两侧板采用滚花螺钉紧固，装卸、检修、维护、测试十分方便。机器采用防蚀处理和锟纹喷漆。

本系列产品的主要元件可控硅及触发电路，均装于可活动的纤维板或印刷电路板，便于检修测量。

3. 技术数据

GNQ 系列逆变电源设备技术数据见表 28-3-5。

表 28-3-5　GNQ 系列逆变电源设备技术数据

型　号	输出容量 (kVA)	输入直流电压 (V)	输出交流电压 (V)	效　率 (%)	失　真 (%)	负载功率因数	外形尺寸 (宽×深×高，mm)
GNQ-2F220	2	220 +10% −20%	220±10%	75	<5	+0.8～1～−0.5	690×450×1500
GNQ-2E220	2	110 +10% −20%	220±10%	75	<5	+0.8～1～−0.5	690×450×1500
GNQ-3F220	3	220 +10% −20%	220±10%	80	<8	+0.8～1～−0.5	690×450×1500
GNQ-3E220	3	110 +10% −20%	220±10%	80	<8	+0.8～1～−0.5	690×450×1500
GNQ-5F220	5	220 +10% −20%	220±10%	85	<10	+0.8～1～−0.5	690×450×1500

续表 28-3-5

型　　号	输出容量 (kVA)	输入直流电压 (V)	输出交流电压 (V)	效率 (%)	失真 (%)	负载功率因数	外形尺寸 (宽×深×高，mm)
GNQ-1F220	1	$220^{+10\%}_{-20\%}$	220±10%	70	<5	+0.8～1～−0.5	650×400×1200
GNQ-1E220	1	$110^{+10\%}_{-20\%}$	220±10%	65	<5	+0.8～1～−0.5	650×400×1200
GNQ-1D220	1	60±10%	220±10%	65	<5	+0.4～1～−0.4	650×400×1200
GNQ-1C220	1	48±10%	220±10%	60	<5	+0.4～1～−0.4	650×400×1200
GNQ-1B220	1	36±10%	220±10%	55	<5	+0.4～1～−0.4	650×400×1200
GNQ-0.5F220	0.5	$220^{+10\%}_{-20\%}$	220±10%	65	<5	+0.8～1～−0.8	650×400×1200
GNQ-0.5E220	0.5	$110^{+10\%}_{-20\%}$	220±10%	65	<5	+0.8～1～−0.8	650×400×1200
GNQ-0.5D220	0.5	60±10%	220±10%	60	<5	+0.4～1～−0.4	650×400×1200
GNQ-0.5C220	0.5	48±10%	220±10%	60	<5	+0.4～1～−0.4	650×400×1200
GNQ-0.5B220	0.5	36±10%	220±10%	55	<5	+0.4～1～−0.4	650×400×1200
GNQ-0.5A220	0.5	24±10%	220±10%	55	<5	+0.4～1～−0.4	650×400×1200

4. 安装尺寸

GNQ系列逆变电源设备安装尺寸及安装孔图，见图 28-3-3。

1500　650　690　正视图

390　450　侧视图

390　200　598　650　安装孔图

图 28-3-3　GNQ-2F 型逆变电源设备外形尺寸及安装孔图

5. 原理框图

GNQ 系列逆变器原理框图（一），见图 28-3-4；GNQ 系列逆变器原理框图（二），见图 28-3-5。

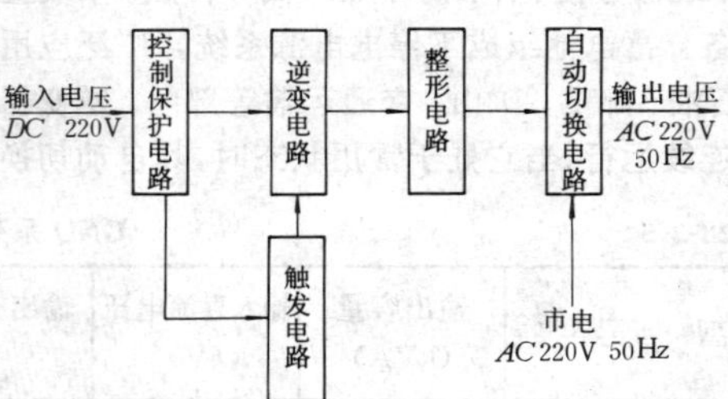

图 28-3-4　GNQ 系列逆变器原理框图（一）

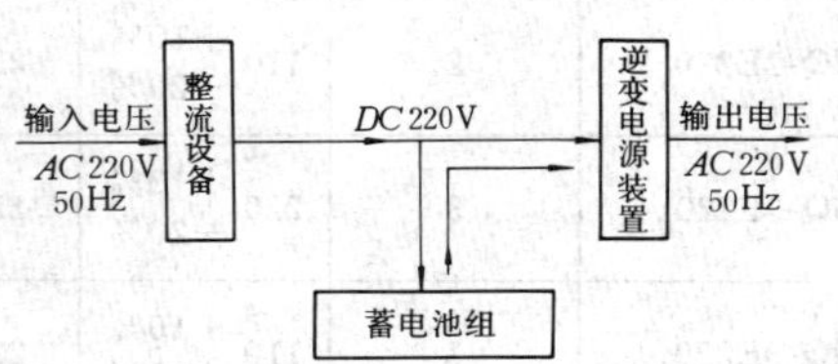

图 28-3-5　GNQ 系列逆变器原理框图（二）

6. 生产厂

江苏靖江变流电源设备厂。

(二) KGNA 系列逆变电源设备

1. 简介

本系列逆变器是一种将直流变换成交流的设备，按其特点可分为下述几类：

第一类　KGNA——（0.5、1、2）——Ⅱ型

第二类　KGNW——（1、2）型

第三类　KGNA——2——K 型

第四类　KGNA——（1、2）——S 型

第五类　KGNA——2——Ⅲ型

第二类逆变器的主要特点是带有晶体管交流稳压器，对市电稳压。第三类逆变器的主要特点是交流输出带有分路开关，并可分为重要用户与非重要用户二种供电方式。第四类逆变器的主要特点是逆变器可以连续长期运行。第五类逆变器的主要特点是逆变器带有自动稳压调压系统。

2. 技术数据

KGNA 系列逆变器技术数据见表 28-3-6。

3. 外接线介绍

(1) 交流进线Ⅰ、Ⅱ采用二相电源进线，因此不能接同相电源，否则主保险 RD_1（RD_3）短路。

表 28-3-6　KGNA 系列逆变器技术数据

型　号	输出容量 (kVA)	输入直流电压 (V)	输出交流电压 (V)	效率 (%)	失真 (%)	负载功率因数	外形尺寸 (宽×深×高，mm)
KGNA-0.5-Ⅱ220/220	0.5	220	220±5%	60	<12	0.8～1	650×400×1400
KGNA-0.5-Ⅱ110/220	0.5	110	220±5%	60	<12	0.8～1	650×400×1400
KGNA-0.5-Ⅱ60/220	0.5	60	220±5%	60	<12	0.8～1	650×400×1400
KGNA-0.5-Ⅱ48/220	0.5	48	220±5%	60	<12	0.8～1	650×400×1400
KGNA-1-Ⅱ220/220	1	220	220±5%	65	<12	0.8～1	650×400×1400
KGNA-1-Ⅱ110/220	1	110	220±5%	65	<12	0.8～1	650×400×1400
KGNA-1-Ⅱ60/220	1	60	220±5%	65	<12	0.8～1	650×400×1400
KGNA-1-Ⅱ48/220	1	48	220±5%	65	<12	0.8～1	650×400×1400
KGNA-2-Ⅱ220/220	2	220	220±5%	70	<12	0.8～1	650×400×1400
KGNA-2-Ⅱ110/220	2	110	220±5%	70	<12	0.8～1	650×400×1400
KGNA-2-Ⅲ220/220	2	220	220±5%	70	<12	0.8～1	650×400×1400
KGNW-1　220/220	1	220	220±5%	70	<12	0.8～1	650×400×1400
KGNW-2　220/220	2	220	220±5%				650×400×1400
KGNA-0.5-Z*	0.5						550×350×700
KGNA-1-Z*	1						650×400×1400
KGNA-2-K220/220	2	220					800×460×2000
KGNA-1-S220/220	1	220					650×400×1400
KGNA-2-S220/220	2	220					650×400×1400

* KGNA-0.5-Z、KGNA-1-Z 型可控硅逆变器为直流变换器，变换电压可与制造厂临时协商。

(2) 交流输出负载 6～13 为重要负载，市电断靠逆变供电。交流输出负载 14～21 为一般负载，市电断无逆变供电。

(3) 负载 21 上部短路片去掉后，可安装晶体管交流稳压器。

(4) 每组负载最大输出容量不超过 1kW，但总负载容量不能超过 2kW。

(5)机内中部欠压继电器 JLC_4 为 DY-36 型，交流市电欠压动作（低于 180V），由逆变器投入工作。

(6) 直流熔断器在整机正面左下方电压调节开关的下部。

(7) 接线铭牌见图 28-3-6。

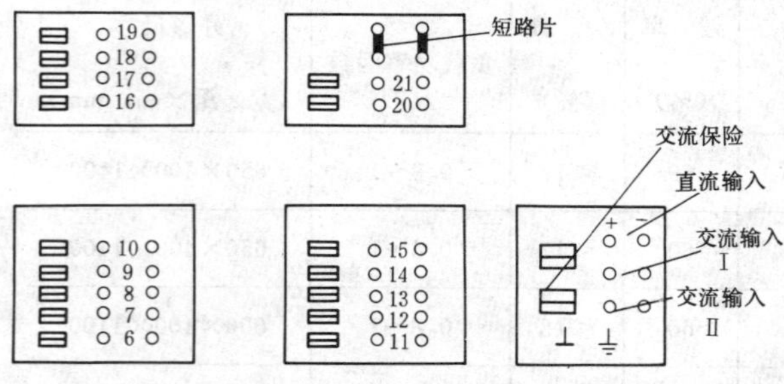

图 28-3-6　KGNA-2-K 型逆变电源接线铭牌图

4. 生产厂

重庆市西南游丝厂。

(三) DND01-220/4.5 型单相逆变器

1. 简介

该系列单相逆变器是将 24V（或 48V、130V、220V）直流电压变换成单相 220V 交流电压，在市电停电时作为设备的备用电源。

2. 结构原理

单相逆变器转换开关是一个单独的部件，可以人工转换，亦可由继电器转换或通过电子开关转换。用户可根据用电对象对于转换时间的要求来进行选择。其原理结构见图 28-3-7。

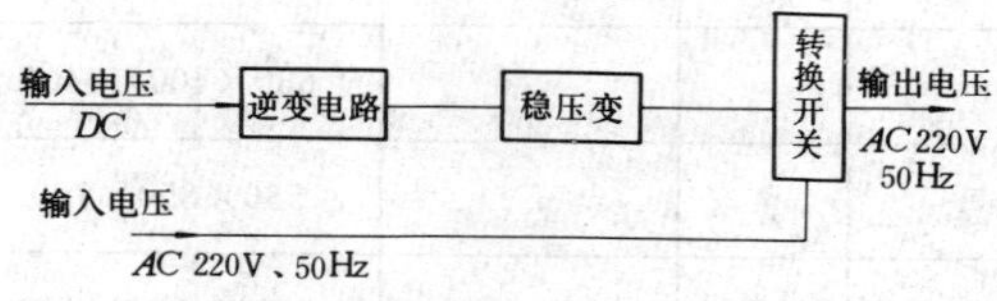

图 28-3-7　DND01-220/4.5 型单相逆变器原理结构

3. 技术数据

(1) 输入电压：直流 24、48、60、130、220V。

(2) 输出电压：交流 220V、50Hz。

(3) 输出波形失真度：≤5%。

(4) 输出功率：1kW。

4. 外形尺寸

550×400×1000（宽×深×高，mm）。

5. 生产厂

武汉通信电源厂。

(四) KGNP-1B 型可控硅逆变器

1. 简介

该逆变器是一种直流变交流的装置，主电路利用可控硅开关特性将直流电逆变为工频交流，触发器采用全硅管他激式电路，SCR 换流失误时由重合装置自动重合。

2. 技术数据

(1) 直流输入电压：220±10%V。

(2) 交流输出电压：220±10%、50Hz。

(3) 波形失真度：<10%。

(4) 输出功率：500W 和 1000W 两种。

3. 外形尺寸

576×400×1350（宽×深×高，mm）。

4. 制造厂

武汉电力仪表厂。

(五) KGNP-1B 2/220 型可控硅逆变器

1. 简介

为提高通信电源的可靠性，本装置采用两个机芯积木组成输入端交流、直流公共，输出端交流、各自分组的逆变器。两路逆变系统各自均能自动重合，且互为备用。

2. 技术数据

(1) 输入电压：直流 220±10%V。

(2) 输出电压：交流 220±10%V、50Hz。

(3) 波形失真度：<10%。

(4) 输出功率 2kW。

3. 外形尺寸

650×500×2000（宽×深×高，mm）。

4. 制造厂

武汉电力仪表厂。

三、直流—直流变换器

(一) DH003—Ⅰ系列晶体管直流—直流变换器

1. 简介

该系列变换器是将 24V 或 60V 直流电压分别变换成几种规格的稳定直流电压。

2. 结构

该系列变换器采用抽屉式分盘结构，每个分盘为一台变换器，每架装相同型号的 2 个分盘。

3. 技术数据

DH003 系列直流—直流变换器技术数据见表 28-3-7。

表 28-3-7　**DH003 系列直流—直流变换器技术数据**

型　号	输入电压 (V)	输入电流 (A)	输出电压 (V)	输出电流 (A)	输出杂音电压 (mV)
DH003-[24] 24/4 I	24±10%	6.8	24	4	≤300
DH003-[24] 60/1.5 I	24±10%	7	60	1.5	≤300
DH003-[24] 130/0.8 I	24±10%	7.6	130	0.8	≤300
DH003-[24] 220/0.45 I	24±10%	7	220	0.45	≤300
DH003-[60] 24/4 I	60^{+6}_{-4}	2.5	24	4	≤300
DH003-[60] 60/1.5 I	60^{+6}_{-4}	2.5	60	1.5	≤300
DH003-[60] 130/0.8 I	60^{+6}_{-4}	2.7	130	0.8	≤300
DH003-[60] 220/0.45 I	60^{+6}_{-4}	2.5	220	0.45	≤300
DH003-[24] 12/8 I	24±10%	7.7	12	8	≤150
DH003-[60] 12/8 I	60^{+6}_{-4}	3	12	8	≤150

3. 外形尺寸

550×500×2000（宽×深×高，mm）。

4. 生产厂

武汉邮电 535 厂。

（二）NZT 系列直流变换器和直流斩波器

1. 简介

NZT 系列直流变换器可以替代蓄电池组使用，稳压精度高，杂音电压低（≤2.4mV）。它既可由市电整流，也可直流直接变换。二种工作状态均可长期连续运行，还可输出不停电交流。二台以上可以实现冗余并联供电，自动分配负荷。屏内设有可靠的电子保护功能，整机工作稳定，噪声低，维护方便，使用寿命长。

NZT 系列直流斩波器是无变压器隔离的直流变换器，其特点除与 NZT 型系列直流变换器相同外，并有效率高（提高 1%～15%）、价格低（低 30%）的特点。

2. 原理及接线

NZT 系列直流变换器原理方框图见图 28-3-8；NZT 系列直流变换器外接线图见图 28-3-9。

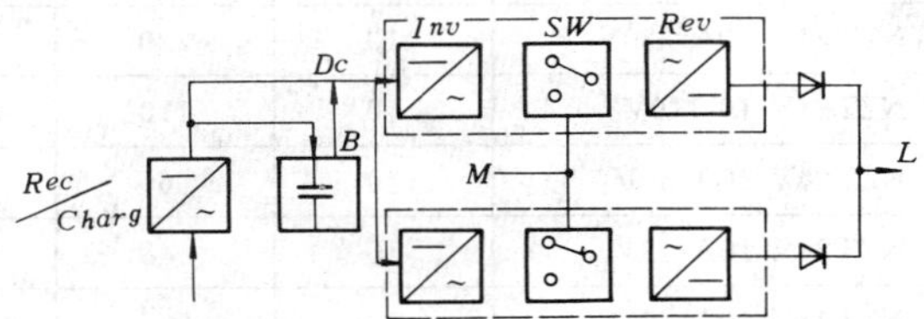

图 28-3-8　NZT 系列直流变换器原理方框图
Rec/Charg—整流充电机；*B*—蓄电池；*M*—电网母线
Inv—逆变器；*L*—负载；*Rev*—整流器；
SW—切换开关

J_1　J_2　J_3　J_4　J_5　J_6　J_7　J_8

图 28-3-9　NZT 系列直流变换器外接线图
J_1、J_2—直流输入；J_5、J_6—交流输出；
J_3、J_4—交流输入；J_7、J_8—直流输出

3. 技术数据

NZT 系列直流变换器、直流斩波器技术数据见表 28-3-8。

4. 生产厂

江苏靖江变流设备厂。

表 28-3-8　**NZT 系列直流变换器、直流斩波器技术数据**

型　号	输出直流电流 (A)	输入直流电压 ±10% (V)	输入交流电压 ±10% (V)	输出直流电压 ±3% (V)	效率 (%)	电压调整范围 (%)	安装孔及外形尺寸代号
NZT24V-100A-220V	100	220	220	24	70	22～27	A
NZT24V-100A-110V	100	110	220	24	70	22～27	A
NZT24V-60A-220V	60	220	220	24	65	22～27	A
NZT24V-60A-110V	60	110	220	24	65	22～27	A
NZT24V-40A-220V	40	220	220	24	60	22～27	A

续表 28-3-8

型　号	输出直流电流 (A)	输入直流电压 ±10% (V)	输入交流电压 ±10% (V)	输出直流电压 ±3% (V)	效　率 (%)	电压调整范　围 (%)	安装孔及外形尺寸代号
NZT24V-40A-110V	40	110	220	24	60	22～27	A
NZT24V-20A-220V	20	220	220	24	55	22～27	B
NZT24V-20A-110V	20	100	220	24	55	22～27	B
NZT24V-20A-60V	20	60	220	24	55	22～27	B
NZT24V-20A-48V	20	48	220	24	55	22～27	B
NZT24V-10A-220V	10	220	220	24	60	22～27	B
NZT24V-10-110V	10	110	220	24	60	22～27	B
NZT24V-10A-60V	10	60	220	24	60	22～27	B
NZT24V-10A-48V	10	48	220	24	55	22～27	B
NZT48V-60A-220V	60	220	220	48	65	46～54	A
NZT48V-40A-220V	40	220	220	48	65	46～54	A
NZT48V-40A-110V	40	110	220	48	65	46～54	A
NZT48V-20A-220V	20	220	220	48	60	46～54	A
NZT48V-20A-110V	20	110	220	48	60	46～54	A
NZT48V-10A-220V	10	220	220	48	55	46～54	B
NZT48V-10A-110V	10	110	220	48	55	46～54	B
NZT48V-10A-60V	10	60	220	48	55	46～54	B
NZT48V-10A-24V	10	24	220	48	50	46～54	B
NZT60V-60A-220V	60	220	220	60	75	57～65	A
NZT60V-40A-220V	40	220	220	60	70	57～65	A
NZT60V-40A-110V	40	110	220	60	70	57～65	A
NZT60V-20A-220V	20	220	220	60	60	57～65	A
NZT60V-20A-110V	20	110	220	60	60	57～65	A
NZT60V-10A-220V	10	220	220	60	50	57～65	B
NZT60V-10A-110V	10	110	220	60	50	57～65	B
NZT60V-20A-48V	20	48	220	60	60	57～65	B
NZT60V-10A-24V	10	24	220	60	50	57～65	B
NZT110V-40A-220V	40	220	220	110	75	105～115	A
NZT110V-20A-60V	20	60	220	110	60	105～115	A
NZT110V-20A-48V	20	48	220	110	60	105～115	A
NZT110V-20A-24V	20	24	220	110	60	105～115	A
NZT220V-40A-110V	40	110	220	220	65	214～226	A
NZT220V-20A-110V	20	110	220	220	65	214～226	A
NZT220V-20A-60V	20	60	220	220	55	214～226	A

续表 28-3-8

型　号	输出直流电流(A)	输入直流电压±10%(V)	输入交流电压±10%(V)	输出直流电压±3%(V)	效率(%)	电压调整范围(%)	安装孔及外形尺寸代号
NZT220V-20A-48V	20	48	220	220	55	214～226	A
NZT220V-10A-110V	10	110	220	220	65	214～226	A
NZT220V-10A-60V	10	60	220	220	55	214～226	A
NZT220V-10A-48V	10	48	220	220	55	214～226	A
NZT220V-10A-24V	10	24	220	220	55	214～226	A

四、整流器

(一) DZ603 系列自动稳压稳流硅整流器

1. 简介

本设备用可控硅作整流和控制元件，具有自动稳压稳流性能，可与蓄电池并联浮充供电，也可单独对蓄电池充电。具有自动控制及人工调整装置。当采用一台整流器容量不足时，允许按一台稳压、数台按稳流并联工作。

2. 结构

根据高度不同分为D、G、I三种机架。D型电源的仪表信号指示装在控制盘面板上；G与I型电源正面上部装有仪表信号指示板，其下为控制盘。控制盘上装有操作元件、手动调整电位器、自动—手动转换开关、电流调整电位器、稳压—稳流转换开关及电压调整电位器。控制盘以下，门内装有硅元件板、熔断器板，背面装有电容器板、滤波扼流圈和电力变压器。二部D型低架可分别与交流配电屏和直流配电屏低架组成积木式充、配电设备。

3. 控制原理

DZ603 系列整流器原理框图见图 28-3-10。

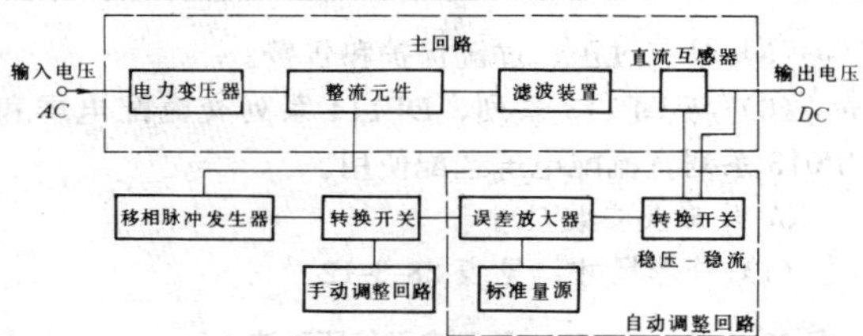

图 28-3-10　DZ603 系列自动稳压稳流硅整流器原理方框图

4. 技术数据

(1) DZ603 系列整流器主要技术数据，见表 28-3-9。

表 28-3-9　**DZ603 系列自动稳压稳流硅整流器技术数据**

型　号	架　型	输出功率(kW)	三相交流输入 电压(V)	三相交流输入 电流(A)	直流输出 标称电压(V)	直流输出 最高输出电压(V)	直流输出 额定输出电流(A)	稳压工作范围(V)	稳流工作电压范围(V)
DZ603　24/30	DGI	1	380	3	24	35	30	24～28	24～35
DZ603　24/75	DGI	2.5	380	7	24	35	75	24～28	24～35
DZ603　24/120	DGI	4	380	11	24	35	120	24～28	24～35
DZ603　48/30	DGI	2	380	6	48	72	30	48～58	48～72
DZ603　48/75	DGI	5	380	14	48	72	75	48～58	48～72
DZ603　48/120	GI	8	380	20	48	72	120	48～58	48～72
DZ603　48/200	GI	14	380	35	48	72	200	48～58	48～72
DZ603　48/300	GI	21	380	52	48	72	300	48～58	48～72
DZ603　60/30	DGI	2.5	380	7	60	90	30	58～71	58～90
DZ603　60/75	DGI	6.5	380	18	60	90	75	58～71	58～90
DZ603　60/120	GI	11	380	25	60	90	120	58～71	58～90
DZ603　60/300	GI	27	380	55	60	90	300	58～71	58～90

(2)交流输入电源为交流50Hz三相四线制380V。

(3) 杂音电压，见表28-3-10。

表 28-3-10　DZ603系列自动稳压稳流硅整流器杂音电压数据

整流器类型	杂音值(mV)
48V各型整流器	≤36
24V各型整流器	≤24
60V各型整流器	≤50

(4) 各型整流器的效率及功率因数，见表28-3-11。

表 28-3-11　DZ603系列自动稳压稳流硅整流器效率及功率因数

整流器类型	效率(%)	功率因数
1kW各型整流器	>70	0.6
2～4kW各型整流器	>75	0.7
6.5～27kW各型整流器	>80	0.7

(5) 具有过压、过流保护和告警。

(6) 与DP113系列、DP114系列交流配电屏和DP013系列直流配电屏选配使用。

5. 外形及安装尺寸

(1) 外形尺寸，见表28-3-12。

表 28-3-12　DZ603系列自动稳压稳流硅整流器机架外形尺寸

架　型	D　型	G　型	I　型
外形尺寸(宽×深×高,mm)	550×400×1000	650×500×1700	650×500×2000

(2) 安装尺寸见图28-3-11。

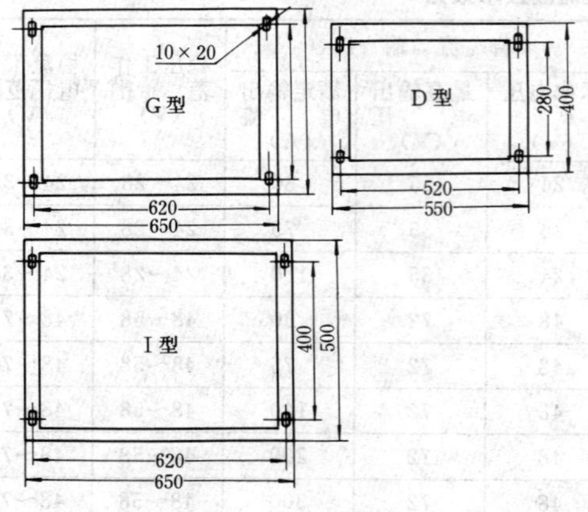

图 28-3-11　DZ603系列自动稳压稳流硅整流器安装尺寸

6. 生产厂

邮电部535厂，苏州有线电三厂及四厂，苏州南方通信设备厂，广西兴安通信设备厂。

(二) TWYI系列通信整流器

1. 简介

本设备可与蓄电池并联浮充供电，也可用来对蓄电池单独充电。具有稳压、稳流及自动控制与人工调整装置。

本设备允许并机运行，当一台设备额定电流满足不了需要时，可将几台设备并联使用，一台按稳压工作，其余几台按稳流工作。

为便于无人值守，本设备还具有市电重新恢复时自动开机功能。主机发生故障停机时，备用机可自动投入工作，还可遥控操作等。

2. 结构

设备的正上部是整流器面板，中部是信号灯面板和控制盘面板，下部是可开启的门。

3. 控制原理

见图28-3-12。

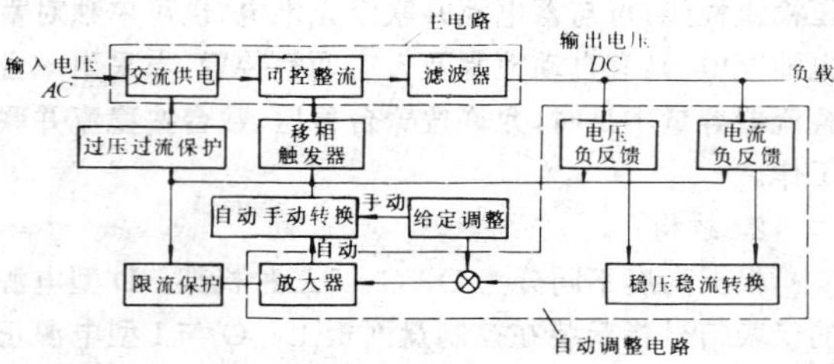

图 28-3-12　TWYI系列通信整流器原理方框图

4. 技术数据及主要功能

(1) 各系列的主要技术数据，见表28-3-13。

(2) 具有过压、过流、限流、缺相保护的功能。

(3) 具有遥控功能，本机的开机、停机、状态转换、调压告警复原等操作及电压指示，均可由远控接线单元接出相应的信号，配接远控台进行操作和指示。

5. 外形及安装尺寸

见图28-3-13。

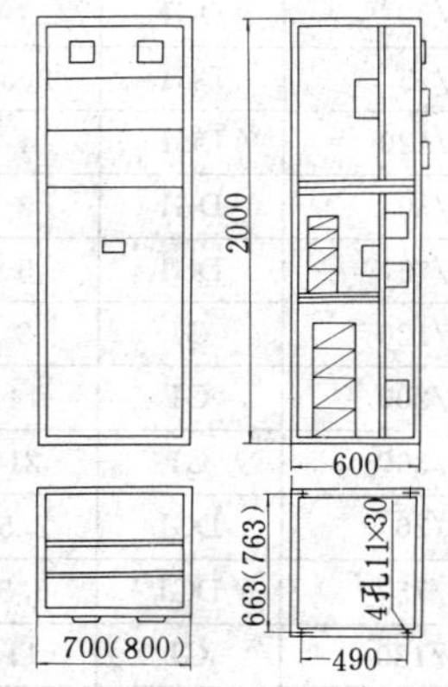

图 28-3-13　TWYI系列通信整流器外形及安装尺寸图

表 28-3-13　　**TWYI 系列通信整流器技术数据**

型 号 规 格	输出功率 (kW)	直 流 输 出			稳压工作范围 (V)	稳流工作电压范围 (A)	输出杂音电压 (mV)
		标称电压 (V)	最高输出电压 (V)	额定电流 (A)			
TWYI-24/30	1.08	24	36	30	22～28	22～36	≤24
TWYI-24/50	1.8	24	36	50	22～28	22～36	≤24
TWYI-24/100	3.6	24	36	100	22～28	22～36	≤24
TWYI-24/200	7.2	24	36	200	22～28	22～36	≤24
TWYI-24/400	14.4	24	36	400	22～28	22～36	≤24
TWYI-48/100	7.2	48	72	100	44～56	44～72	≤44
TWYI-48/200	14.4	48	72	200	44～56	44～72	≤44
TWYI-48/300	21.6	48	72	300	44～56	44～72	≤44
TWYI-48/400	28.8	48	72	400	44～56	44～72	≤44
TWYI-60/30	2.7	60	90	30	58～71	58～90	≤44
TWYI-60/50	4.5	60	90	50	58～71	58～90	≤44
TWYI-60/100	9.0	60	90	100	58～71	58～90	≤44
TWYI-60/200	18	60	90	200	58～71	58～90	≤44
TWYI-60/400	36	60	90	400	58～71	58～90	≤44
TWYI-220/15	4.95	220	330	15	200～300	200～330	≤44
TWYI-220/30	9.9	220	330	30	200～330	200～330	≤44

6. 生产厂

福州无线电二厂。

（三）DZW-1 系列 48V/200A、24V/200A、48V/120A 可控硅整流器

1. 简介

与蓄电池并联浮充供电，具有自动稳压性能，具有自动与手动调节系统。两台设备各具有互投和自投的能力，作为 BTDY 不停电电源成套设备组成部分之一。

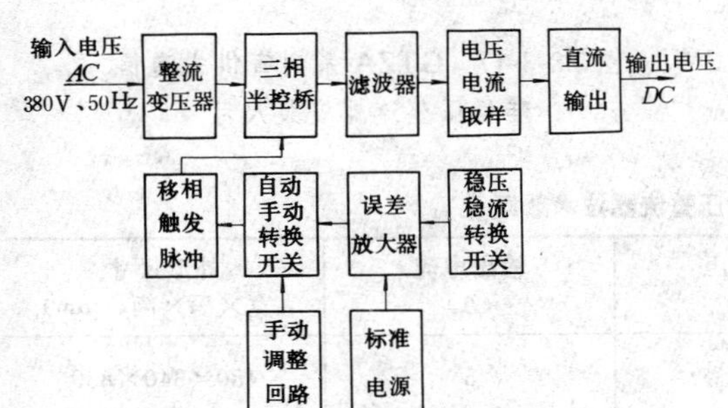

图 28-3-14　DZW-1 系列通信整流器原理方框图

2. 控制原理

见图 28-3-14。

3. 技术数据及主要功能

(1) 输入电源：交流 50Hz 三相四线制 380V。

(2) 输出电压：直流 24V、48V 二种。

(3) 输出电流：24V、200A；48V、120A；48V、200A。

(4) 杂音电压：<24mV。

(5) 效率：>70%。

(6) 功率因数：0.7。

(7) 具有过压、过流、限流保护功

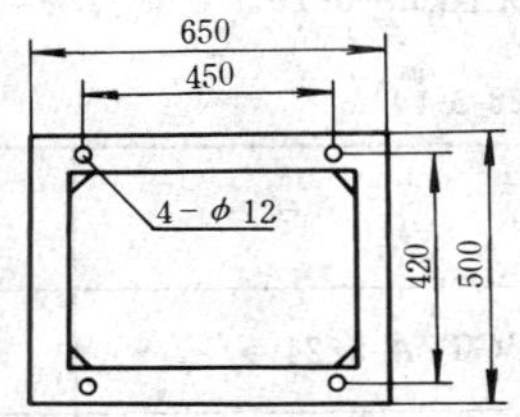

图 28-3-15　DZW-1 系列通信整流器安装尺寸

能。

4. 安装尺寸

DZW-1系列通信整流器安装尺寸见图28-3-15。

5. 生产厂

能源部武汉电力仪表厂。

(四) DZW10-24/5、DZW11-24/5、DZW12-60/8型自动稳压稳流整流器

1. 简介

用可控硅管作整流和控制元件，可与蓄电池并联浮充供电，也可单独对蓄电池充电。同时，由于该设备输出杂音低，故可单独向通信设备供电。

2. 技术数据及主要功能

(1) 输入电源：单相交流220V、50Hz。

(2)额定输出电流、电压：DZW10-24/5型为24V、5A；DZW11-24/15型为24V、15A；DZW12-60/8型为60V、8A。

(3) 杂音电压：≤24mV。

(4) 具有过压、过流及限流保护性能。

3. 设备外形尺寸

DZW10-24/5型为450×300×220（宽×深×高，mm）。

DZW11-24/15型为540×400×650(宽×深×高，mm)。

DZW12-60/8型为540×400×650（宽×深×高，mm)。

4. 生产厂

邮电部535厂。

(五) GTZA系列直供式通信硅稳压整流器

1. 简介

直供式通信硅稳压整流器具有较好的稳压精度和较低的等值杂音电压，所以可代替蓄电池直接供给各种人工电话台、自动电话台、调度台等使用，也可与蓄电池并联浮充供电，或用在需大功率直流稳压电源的场所。

2. 控制原理

整流器采用单相输入及三相输出的交流稳压变压器，见图28-3-16。

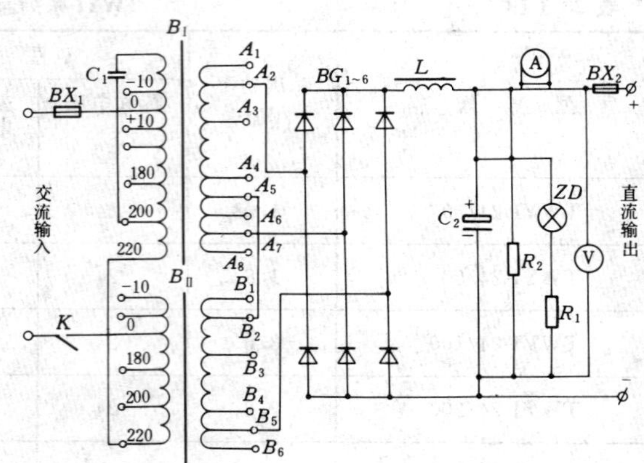

图28-3-16　GTZA系列直供式通信硅稳压整流器原理图

3. 技术数据

(1) 等值杂音电压：≤2.4mV。

(2) 整机效率：≥73%。

(3) 规格及技术数据，见表28-3-14。

4. 安装尺寸

GTZA系列直供式硅稳压整流器安装尺寸，见图28-3-17。

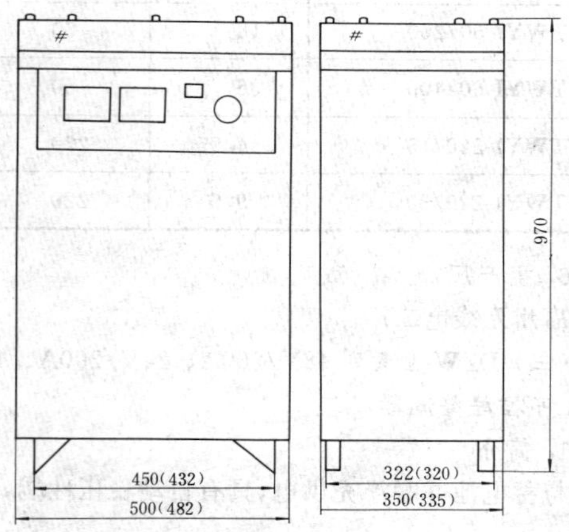

图28-3-17　GTZA系列直供式通信硅稳压整流器安装尺寸

表28-3-14　GTZA系列直供式通信硅稳压整流器技术数据

型　号	输入电流(A)	输出电压(V)	输出电流(A)	外形尺寸(宽×深×高，mm)
GTZA-5/24	1	24^{+2}_{-1}	5	480×340×830
GTZA-5/48	1.5	48^{+4}_{-2}	5	480×340×830

续表 28-3-14

型 号	输入电流 (A)	输出电压 (V)	输出电流 (A)	外形尺寸 (宽×深×高，mm)
GTZA-5/60	2	60^{+4}_{-2}	5	480×340×830
GTZA-10/24	1.5	24^{+2}_{-1}	10	480×340×830
GTZA-10/48	3	48^{+4}_{-2}	10	480×340×830
GTZA-10/60	3.7	60^{+4}_{-2}	10	480×340×830
GTZA-20/24	3	24^{+2}_{-1}	20	
GTZA-20/60	7.5	60^{+4}_{-2}	20	
GTZA-30/60	11.5	60^{+4}_{-2}	30	

5. 生产厂

天津无线电十三厂。

五、直流配电屏

（一）DP013 系列直流配电屏

1. 简介

DP013 系列直流配电屏系通信用机房电源设备的一部分，与 DP113、DP114 系列交流配电屏及 DZ603 系列自动稳压稳流通信电源组成通信用成套电源设备。

2. 结构

DP013 系列直流配电屏的结构形式分为 D、G、I 三种。D 架直流配电屏和 DP113 系列交流配电屏及两台 DZ603D 架自动稳压稳流整流器组合在一起，两台整流器上分别叠装交流屏或直流屏，在配电屏与整流器之间及配电屏两侧均有四个直径 10mm 的并机安装孔，供装机时紧固联接。G、I 架直流配电屏分别和 DP114 系列 G、I 架交流配电屏及 DZ603 系列 G、I 架自动稳压稳流整流器并列组装在一起，侧面与底部均有四个直径 10mm 的并机安装孔，供安装时并机联接和固定基础用。

3. 技术数据

（1）额定电压分为 24、48、60V 三种。

（2）输出负载为八路，其中主分路为四路，小分路为四路，同时使用的最大电流不得超过额定电流值，主要参数见表 28-3-15。

（3）可接入三路电源，分别对二组蓄电池进行充电或浮充供电。

（4）有尾电池开关，根据电压监测元件发出的信号人工加入或切除尾电池。

（5）在额定负荷时，屏内放电回路压降不大于 500mV。

表 28-3-15 **DP013 系列直流配电屏技术数据**

型 号	额定电流（A）	额定电压 (V)	主分路电流		小分路电流	
DP013-24/100D. G. I	100	24	100A 2 路	50A 2 路	30A 1 路	15A 3 路
DP013-48/100D. G. I		48				
DP013-60/100D. G. I		60				
DP013-24/200D. G. I	200	24	200A 2 路	100A 2 路	30A 1 路	15A 3 路
DP013-48/200D. G. I		48				
DP013-60/200D. G. I		60				
DP013-24/400G. I	400	24	400A 2 路	200A 2 路	60A 1 路	30A 3 路
DP013-48/400G. I		48				
DP013-60/400G. I		60				

(6) 输出端装有电压监测元件，在熔断器或电压不正常时，均能发出告警信号。

4. 外形及安装尺寸

DP013系列（D架）直流配电屏外形及安装尺寸，见图28-3-18；DP013系列$\left(\begin{matrix}\text{I架}\\\text{G架}\end{matrix}\right)$直流配电屏外形及安装尺寸，见图28-3-19。

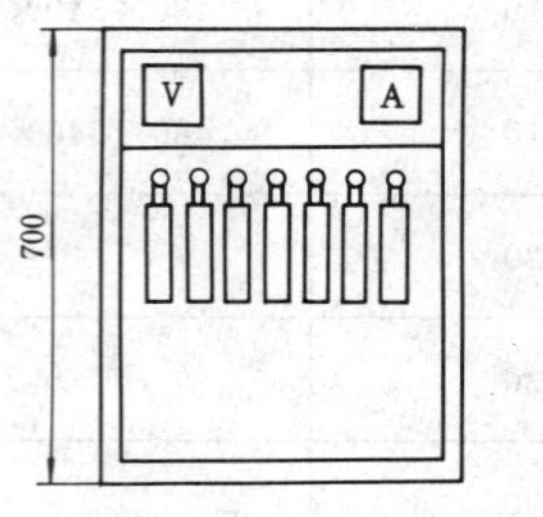

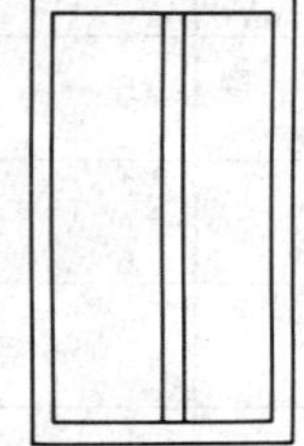

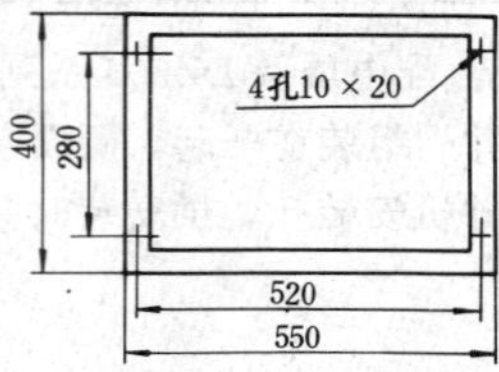

图28-3-18 DP013系列（D架）直流配电屏外形及安装尺寸

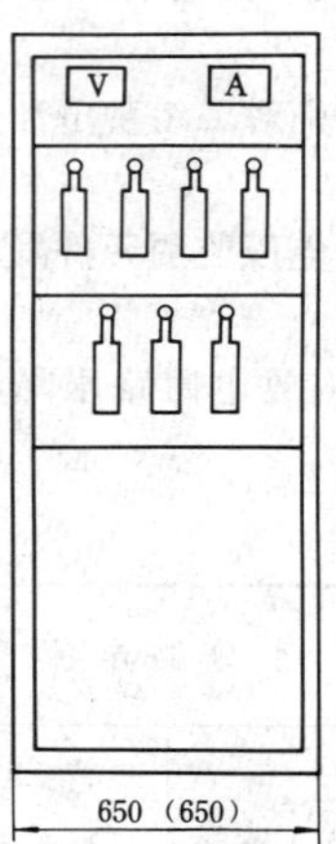

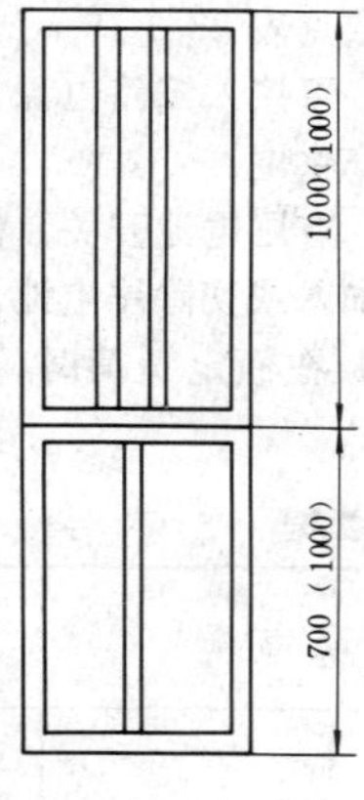

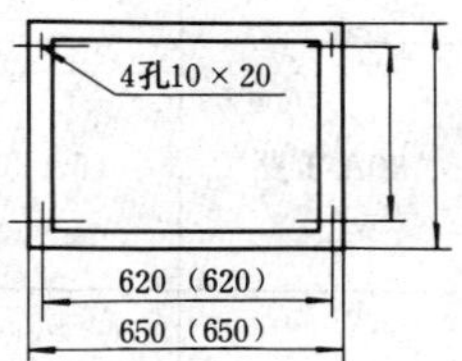

图28-3-19 DP013系列$\left(\begin{matrix}\text{I架}\\\text{G架}\end{matrix}\right)$直流配电屏外形及安装尺寸

5. 生产厂

武汉535厂、苏州有线电三厂等。

（二）TZP1系列通信直流控制屏

1. 简述

TZP1系列通信直流控制屏作直流电源配电和控制用，它可与TJP1系列交流控制屏、TWY1系列通信整流设备配套使用，成为通信电源成套设备。具有高电压、低电压告警。

2. 结构

TZP1系列直流屏，底座有四个地脚螺丝孔，框架二侧各装六个安装孔作并机用，输出端子均在屏的上部。当安装远控台时，相应的接线从CZ_1端子引出；不设远控台时，不必从CZ_1另外引出。

3. 技术数据

见表28-3-16。

表28-3-16 TZP1系列通信直流控制屏技术数据

规 范	额定容量（A）	输出分路
24/48/60 / 50	50	50A、2路；15A、2路
24/48/60 / 100	100	100A、2路；30A、2路
24/48/60 / 200	200	200A、2路；30A、2路
24/48/60 / 400	400	400A、2路；60A、2路
24/48/60 / 600	600	600A、2路；60A、2路
220/30	30	30A、2路；5A、2路

4. 安装孔尺寸

763×490（宽×深，mm）。

5. 生产厂

福州无线电二厂。

（三）DPZ系列直流电源屏

1. 简介

可接入两台整流器、两组蓄电池，可以实现整流器分别对蓄电池进行充电、浮充供电及电池放电等多种工作方式。它是BTDY不停电电源成套设备组成部分之一，亦可单独使用。装有硅二极管调压元件，可以人工调压，并装有熔断保护、电压检测和信号电路。

2. 技术数据

见表28-3-17。

表 28-3-17　　DPZ 系列直流电源屏技术数据表

型　号	规　范	输　　入	输　　出	供电方式	外形尺寸（宽×深×高，mm）
DPZ-1A	48V/120A	二台 48V/120A 整流器 二组 48V 蓄电池、尾电池 一组 220V 蓄电池	48V/40A、2 分路 48V/10A、20 分路 220V/25A、2 分路	单母线	650×500×2000
DPZ-1B	48V/120A	二台 48V/120A 整流器 二组 48V 蓄电池	48V/25A、8 分路	双母线分　段	650×500×2000
DPZ-2A	24V/200A	二台 24V/200A 整流器 二组 24V 蓄电池、尾电池	24V/100A、2 分路 24V/10A、12 分路	单母线	650×500×2000

3. 生产厂

武汉电力仪表厂。

六、交流配电屏

（一）DP113、DP114 系列交流配电屏

1. 简介

DP113、DP114 系列交流配电屏，系通信用机房电源设备的一部分，与 DP013 系列直流配电屏及 DZ603 系列自动稳压稳流通信电源组成成套电源设备。

2. 结构

DP113 系列交流配电屏与 DP013(D 架)系列直流配电屏及 DZ603 系列（D 架）自动稳压稳流整流器组合在一起。

DP114 系列交流配电屏 G 架、I 架与 DP013 系列 G 架、I 架及 DZ603 系列 G 架、I 架自动稳压稳流整流器并列安装在一起。

屏顶 X_1～X_6 端子分别为市电电源与油机电源 A、B、C 三相的引入线接线端子，交流输出及事故照明进出线可由屏顶或屏底引出。

3. 技术数据

见表 28-3-18。

（1）输入为交流三相 380V、50Hz，一路市电，一路油机自动转换。

（2）单相 220V、15A 的为低架；三相 380V、60A 的为高架。

（3）交流电源停电能自动接通事故照明电路，并用人工拆除事故照明电源。事故照明电路容量为 24V 或 60V、20A 的为低架；24V 或 60V、60A 的为高架。

（4）市电及油机电源具有指示灯信号。市电电源停电或来电具有铃信号。

（5）具有电压测量及总输出电流的指示电表。

4. 外形及安装尺寸

DP114（D 架）交流配电屏外形及安装尺寸，见图 28-3-20；DP114（I 架／G 架）交流配电屏外形及安装尺寸，见图 28-3-21。

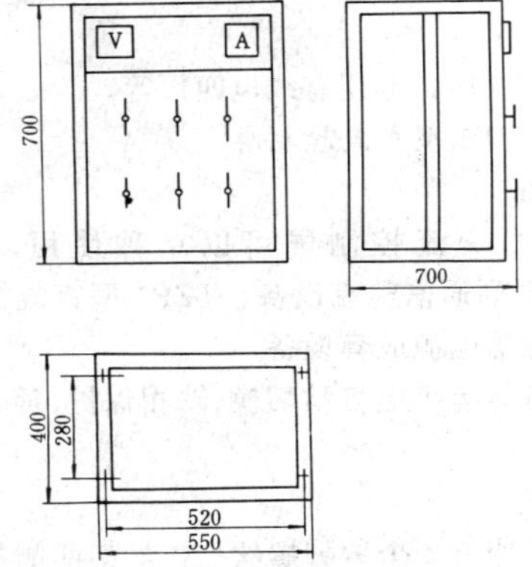

图 28-3-20　DP114（D 架）交流配电屏外形及安装尺寸图

表 28-3-18　　DP113 系列交流配电屏技术数据表

型　号	规　范	输入额定容量	输出分路容量
DP113-D	380V/50A	AC 380V、50A	AC380V、15A、4 路；AC380V、10A、3 路
DP113-D	380V/100A	AC 380V、100A	AC 380V、30A、4 路；AC 380V、15A、3 路
DP114-G	380V/100A	AC 380V、100A	AC 380V、60A、7 路；AC 380V、15A、3 路
DP114-I	380V/100A		
DP114-G	380V/200A	AC 380V、200A	AC 380V、60A、7 路；AC 380V、3A、2 路
DP114-I	380V/200A		

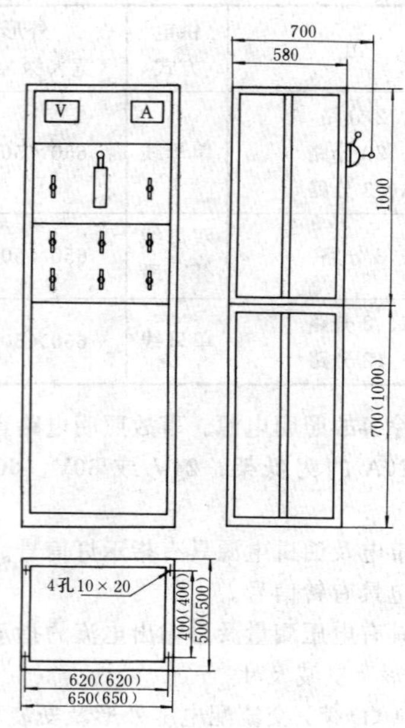

图 28-3-21　DP114（I架 / G架）交流配电屏外形及安装尺寸图

5. 生产厂

武汉535厂，苏州有线电四厂等。

（二）TJP1型交流控制屏

1. 简介

TJP1型交流控制屏可以单独使用，也可与TWY1型系列通信整流设备、TZP1型直流控制屏配套，组成通信电源成套设备。

本设备具有市电自动切换、缺相保护、延时投入及告警性能。

2. 结构

框架底座有4个地脚螺丝孔，框架两侧各有6个拼机螺丝孔，屏的底座内可接地。设有JX1S远控台复接端子，可与远控台连接，实行远距离（200m内）操作和监视。

3. 技术数据

见表28-3-19。

4. 外形尺寸

容量50～200A机架为700×600×2000（宽×深×高，mm）；容量400A机架为800×600×2000（宽×深×高，mm）。

5. 生产厂

福州无线电厂。

（三）JZD型交直流电源分配屏

1. 简述

表 28-3-19　TJP1型交流控制屏技术数据

规　范	额定容量	分路输出容量（带自动空气开关）	
380V/50A	50A	15A、4路	10A、4路
380V/100A	100A	30A、4路	10A、4路
380V/200A	200A	60A、4路	30A、4路
380V/400A	400A	100A、4路	30A、4路

该屏为电力系统载波室、调度室、总机房、远动房等场合使用的电源设备中的一个部分，可以配合逆变器屏、可控硅整流器屏、UPS不停电电源使用。

2. 主要技术性能

（1）输入电压交流为三相四线制380V、直流为48V。

（2）输出电压交流为三相380V、250A、3路；单相220V、15A、15路；直流48V、5A、15路。

（3）具有自动切换功能，当主供电消失时，备用电自动投入；当主供电恢复时，自动返回主供电。

3. 外形尺寸

650×350×2000（宽×深×高，mm）。

4. 生产厂

西安市户县电讯设备厂。

（四）DPJ型380V/50A交流电源屏

1. 简述

DPJ-1B型交流电源屏与逆变器电源设备组成交流不停电供电系统，也可以单独使用。它属于BTDY型不停电电源成套设备的组成部件之一，具有保护、指示、告警、自动切换系统的功能。

2. 控制原理。

见图28-3-22。

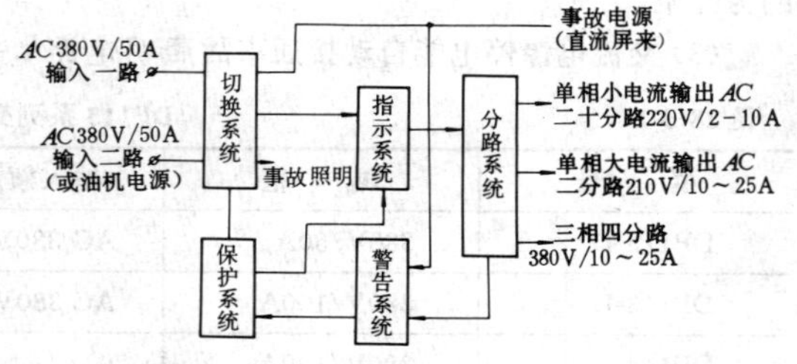

图 28-3-22　DPJ-1型380V/50A交流电源屏原理方框图

3. 技术数据

见表28-3-20。

表 28-3-20　DPJ-1 型 380V/50A 交流配电屏技术数据

型号	规范	输入	输出	电压波动范围（%）	外形尺寸（宽×深×高，mm）
DPJ-1B	380V/50A	2 路 AC 380V/50A	380V/25A、4 路 220V/25A、1 路 220V/10A、20 路	$220\,{}^{+15}_{-20}\,V$	650×500×2000
DPJ-1	380V/50A	2 路 AC 380V/50A	380V/50A、4 路 220V/25A、2 路 220V/10A、20 路	$220\,{}^{+15}_{-25}\,V$	650×500×2000

第 28-4 节　总配线架(箱)、分线盒(箱)等配线设备

（一）HPXX04 型 300 回线配线箱、HPX07 型 300 回线及 600回线总配线架

1. 简述

该类设备具有结构紧凑、安装使用方便、体积小等特点，宜于程控交换机等配套使用。主要用来接续内外线电缆、配线及保护交换设备之用。接线端子采用绕线式结构。

2. 结构

HPXX04 型 300 回线配线箱采用箱式结构，箱体由薄钢板压制组成。箱内装有 FA804 型 100 回线保安器及 64 回线接线器。具有告警信号装置。

HPX07 型总配线架采用单面直列式机架，机架由钢板压制而成。机架靠墙安装，每架以 2 直列为一制造单位。列距为 25mm。每直列容量为 300 回线。直列上部装有 128 回线（或 64 回线）接线器，直列下部装有 FA804 型 100 回线保安器。具有四级告警信号系统，即为总信号、列信号、保安器信号、回线信号。当线路发生故障时，可顺着灯亮铃响方向迅速地查找到故障线路予以排除。

3. 外形尺寸

见表 28-4-1。

表 28-4-1　HPXX04 型配线箱、HPX07 型总配线架外形尺寸

型号	容量（回线）	外形尺寸（宽×深×高，mm）
HPXX04	300	520×340×1200
HPX07	300	498×410×1936
	600	

4. 生产厂

邮电部景德镇通信设备厂。

（二）HPX-01型 240～720 回线总配线架

1. 简述

HPX-01 型总配线架分 240、360、480、600、700 回线五个品种，适用于小容量的长话市话局及工矿企业事业单位，用以接续内外电缆进行测试、配线和保护局内设备。

2. 结构

该架主体结构为直列与横列两面，直列间距 328.5mm，横列间距 167mm。横列上部三层装设接线排，便于接线与跳线，其余六层装有试验排。该架设有接地装置和告警指示。每架空直列上均备有跳线圈、穿线板和信号装置。用户可根据需要增加 120 回线的容量，也可选用 ST402A 型（直标）试验排作接续中继线和专线用。

3. 外形尺寸

见表 28-4-2。

表 28-4-2　HPX-01 型总配线架外形尺寸

容量（回线）	外形尺寸（宽×深×高，mm）
240	759×910×2133
360	1087×910×2133
480	1414×910×2133
600	1744×910×2133
720	2070×910×2133

4. 生产厂

邮电部景德镇通信设备厂。

（三）HPX-02型 300、600、900 回线总配线架

1. 简介

HPX-02 型总配线架适用于小容量的长话或市话局，用以接续内外电缆进行测试、配线和保护设备。

2. 结构

HPX-01 型总配线架每直列 101 回线（与成端电缆匹配），实际容量分别为 303、606、909 回线。每架备有空直列，既可用于扩充容量（101 回线），也可配用直标试验排（ST402A、ST402C 型）作中继线及专

线用。该架不仅具备HPX-01型总配线架的同种性能，而且占地面积小，结构紧凑并且具有如下特点：

(1) 设有局内电缆走道，并有电缆升降托架。

(2) 同型号总配线架可以任意拼接，既适宜近期建设，又适宜远期扩建。

(3) 设有地气汇接铜条和卡固气压表构件。

(4) 设有告警信号盘，便于维护。

3. 外形尺寸

见表28-4-3。

表28-4-3　HPX-02型总配线架外形尺寸

容量（回线）	外形尺寸（宽×深×高，mm）
300	800×910×2200
600	1400×910×2200
900	2000×910×2200

4. 生产厂

邮电部景德镇通信设备厂。

(四) PJB-1型保安配线架

1. 简介

PJB-1型保安配线架用于用户电路与交换机之间，使布线整齐，接头固定，并可进行跨接及跳线。遇有障碍时可在试验排上测试。架上装有保安设备，在外线遭受雷击、与电力线相碰或超过规定的电流电压时能自动旁路接地，保护交换机及人身安全。

2. 结构

采用钢架构成，每120回线组成一列。保安排组成直列装在后面，试线排及接线排组成横列装在前面，后面上端横向装有告警信号灯及警铃，以使保安排动作时告警用。

3. 外形尺寸

见表28-4-4。

表28-4-4　PJB-1型保安配线架外形尺寸

型　号	容　量（回线）	外形尺寸（宽×深×高，mm）
PJB-1-240	240	759×904×2133
PJB-1-360	360	1087×904×2133
PJB-1-480	480	1464×904×2133
PJB-1-600	600	1744×904×2133
PJB-1-720	720	2070×904×2133
PJB-1-840	840	
PJB-1-960	960	
PJB-1-1200	1200	

4. 生产厂

上海无线电三十五厂。

(五) BPJ-X-$\begin{matrix}2\\3\\4\end{matrix}$型保安配线架

1. 简介

BPJ-X-2型保安配线架是绕线式的接线端子，它主要采用BZ-2型或BZ-3型保安座，SZ-1型试线座，C-11或C-11A、C-11B型保安插头，C-12型试线插头，C-13型短路插头等主要部件组成。

BPJ-X-3型保安配线架，采用了绕接式及卡接式二种端子。直列面全部为绕接式，横列面全部用卡接式，主要采用BZ-2型或BZ-3型保安座，SZ-2型试线座，C-11或C-11A、C-11B型保安插头，C-13型短路插头，C-32型开路插头，C-33型重要用户标志插头，C-34型四线测试插头，C-35型二线测试插头等部件组成。

BPJ-X-4型保安配线架，全部采用卡接式端子。主要采用BZ-4型保安座、SZ-2型试线座、C-31型开路插头、C-33型重要用户标志插头、C-34型四线测试插头、C-35型二线测试插头等部件组成。

上述所述保安配线架均为拼接式结构，便于扩容。其特点是体积小，适用于程控交换机，用以连接交换机和用户电缆，起到保安、配线、测试作用。

2. 结构及外形尺寸

见表28-4-5。

表28-4-5　BPJ-X-$\begin{matrix}1\\2\\3\end{matrix}$型保安配线架结构及外形尺寸

容　量（回线）	每直列容　量（回线）	配线架形　式	列架数（列）	列　距（mm）	外形尺寸（宽×深×高，mm）
1200	600	拼接架	2	250	500×925×2177
1800		拼接架	3	250	750×925×2177
3000		基本架	6	250	1350×925×2177
4000	800	基本架	5	250	1590×2000×3000
6000	1200	基本架	5	250	1590×2000×3530

3. 生产厂

上海无线电三十五厂。

(六) BPJ-X-$\begin{matrix}2B\\3B\\4B\end{matrix}$型保安配线柜

1. 简介

BPJ-X-2B型保安配线柜与BPJ-X-2型保安配线

架采用的组件相类似。

BPJ-X-3B 型保安配线柜与 BPJ-X-3 型保安配线架采用的组件相类似。

BPJ-X-4B 型保安配线柜与 BPJ-X-4 型保安配线架采用的组件相类似。

上述保安配线柜适用于各种市话交换机，用以连接交换机和用户电缆，起到保安、配线、测试作用。

2. 结构及外形尺寸

见表 28-4-6。

表 28-4-6　BPJ-X-2B/3B/4B 型保安配线柜结构及外形尺寸

型　号	最大容量（回线）	外形尺寸（宽×深×高，mm）	安装尺寸（宽×深，mm）
300BPJ-X-（2B、3B、4B）	300	665×350×1420	460×290
600BPJ-X-（2B、3B、4B）	600	665×350×1988	460×290
1200BPJ-X-（2B、3B、4B）	1200	695×600×1980	460×530
2000BPJ-X-（2B、3B、4B）	2000	1100×600×1988	960×530

3. 生产厂

上海无线电三十五厂。

（七）WJ-2 型室外电缆交接箱

1. 简介

该设备用于电话网的干线电缆与配线电缆间的连接，是一种大容量的新型交接设备。该交接箱的干、配线电缆连接不用端子，而直接用扣式接线子将二线穿进接线子孔，用压接钳压紧连成。

2. 结构

该交接箱分为箱体与内部组件二部份。箱体采用 1.5mm 钢板、角钢制成，内外采用烘漆，箱顶处有水漏管道，门封四周装有密封橡皮围框。

内部组件有穿线板、挂线板、成对平排安装在固定立架上。每一列为 100 对，列架后面及顶上有跳线环，供穿跳线用。干线电缆与配线电缆用扣式接线子连接。最大容量为 600 线。

3. 外形尺寸

WJ-2 型室外电缆交接箱外形尺寸为 1200×270×1400（宽×深×高，mm）

4. 生产厂

上海无线电三十五厂。

（八）XF582 型电缆交接箱

1. 简介

用于市内电话网或厂、矿、大厦电话网干线电缆与配线电缆的交接。容量在 300 对以上，接线端子板采用工程塑料压铸成形，内端接线柱可适应电缆芯线的压、焊、绕三种接线方式。交换跳线压接在梯形端子板的外端，设有透明防尘罩，可防止灰尘与有害体的直接侵蚀。

2. 外形尺寸

XF582 型电缆交接箱外形尺寸见表 28-4-7。

表 28-4-7　XF582 型电缆交接箱外形尺寸

型　号	列数	外形尺寸（宽×深×高，mm）	安装尺寸（宽×深，mm）
XF582-300	3	650×250×1104	560×210
XF582-600	6	1100×250×1104	1000×210
XF582-1200	12	1100×400×1104	1000×360
XF582-1200	6	1100×250×1804	1000×210

3. 生产厂

江西南昌电信器材厂。

（九）NQFH-1 型、NQFH-2 型室内嵌入式分线盒

1. 简介

该分线盒主要为新建大楼、宾馆等建筑物内作暗配线用，盒体主要部分嵌入墙内，盒的内外面进行烘漆。

2. 结构

（1）盒体采用 1～1.5mm 厚薄钢板制成，盒的面框与盒体可以拆卸，施工时将盒体埋于墙内，待土建完工后装上面框，保持面框清洁美观。上下端面、侧面下端均开有敲落孔，上下端面的敲落孔为盖板形式，可拆卸以适用不同粗细的管子引入盒内。

（2）盒内装有接线装置、穿线板和穿线环，盒体较大的还装有线夹，以固定电缆线。

（3）1 型盒体较大，可安装铅包电缆和电缆分支头，同时还可以使上升电缆在盒内通过。

（4）2 型盒体较小，适用于塑料电缆，不能安放电缆接头和通过上升电缆。

（5）安装孔分别置于盒体的二侧，在预留墙孔和安放部位间应预埋木榫，安装时用木螺钉紧固。

3. 外形尺寸、安装孔

NQFH-1 型、NQFH-2 型室内嵌入式分线盒外形尺寸、安装孔见表 28-4-8。

表 28-4-8　　NQFH-$\frac{1}{2}$型室内嵌入式分线盒外形及安装孔尺寸

型　号	容　量（回线）	外形尺寸（宽×深×高，mm）	嵌入墙内尺寸（宽×深×高，mm）	安装孔尺寸	
				孔数和孔径	孔距（mm）
NQFH-1	10	380×137×305	300×127×225	4—ϕ5	140
NQFH-1	20	600×137×480	500×127×380	4—ϕ8.5	300
NQFH-1	30	700×167×550	600×157×450	4—ϕ8.5	450
NQFH-1	50	920×167×720	800×157×600	6—ϕ8.5	500
NQFH-2	10	310×107×270	220×97×180	4—ϕ5	100
NQFH-2	20	450×107×270	360×97×180	4—ϕ8.5	240
NQFH-2	30	590×107×340	500×97×250	4—ϕ8.5	300
NQFH-2	50	600×107×400	500×97×300	4—ϕ8.5	300

4. 生产厂

上海无线电三十五厂。

（十）NF-3 型室内壁嵌式分线盒

1. 简介

NF-3 型室内壁嵌式分线盒适用于电话通信线路，主要为新建大楼、宾馆等建筑物内作暗配线用。盒体主体部分嵌入墙内，采用压接式端子。

2. 外形及安装尺寸

NF-3 型室内壁嵌式分线盒外形及安装尺寸见表 28-4-9。

表 28-4-9　　NF-3 型室内壁嵌式分线盒外形及安装尺寸

规　格（对）	嵌入墙内尺寸（宽×深×高，mm）	安装尺寸（mm）		外形尺寸（宽×深×高，mm）
		孔数和孔　径	孔距	
10～50	380×127×500	4—ϕ8.5	300	480×137×600
60～100	450×157×600	4—ϕ8.5	480	550×167×700

3. 生产厂

上海无线电三十五厂。

（十一）NJ-1 型室内壁挂式交接箱

1. 简介

该设备是电话通信网的干线电缆与配线电缆间连接用的一种中容量交接设备，可在箱内利用跳线使二对线任意连通，以达到灵活调度线对和便于分割测试障碍等目的。本产品采用 JJ-1 型夹接式接线装置，体积小、施工方便，适于安装在墙上，规格有 100、200、300、400 对线等四种。

2. 外形及安装尺寸

NJ-1 型室内壁挂式交接箱外形及安装尺寸见表 28-4-10。

表 28-4-10　　NJ-1 型室内壁挂式交接箱外形及安装尺寸

规　格（对）	外形尺寸（宽×深×高，mm）	安装尺寸（宽×高，mm）
100	405×146×520	317×380
200	405×146×520	317×380
300	405×146×795	317×685
400	405×146×795	317×685

3. 生产厂

上海无线电三十五厂。

（十二）高频、高低频分配屏

1. 简介

高频分配屏是近几年才出现的一种通信设备，它主要用于大中型电力载波机房，将以往无规则的进出电缆汇于一屏，在屏内对来自各个方向的电缆进行合理的汇集与分配。机器并联也在屏内实现。这样，便于对高频电缆和电力线载波机进行集中管理、检修、测试。若某通道发生故障，还可以通过跳线方式，实现迂回通信。

高低频分配屏是将高频屏与音频配线架合二为一的产品。机柜的上端装音频配线装置，下端装高频分配装置。音频可以采用焊接、绕接或卡接式，由用户自选。

2. 技术数据

高频、高低频配线架技术数据见表 28-4-11。

表 28-4-11　　高频、高低频配线架技术数据

性能 \ 型号	GF-12	GF-16	GF-30	GDF-2
允许高频电缆汇集数（条）	12	16	32	12
允许汇集载波机台数（台）	32	48	64	32
两台并联组数	4	8	（非标准）	4
四台并联组数	8	8		8
话际防卫度（dB）	>75	>75	>75	>75
高频电缆阻抗（Ω）	75、100	75、100	75、100	75、100
对地绝缘电阻（MΩ）	>500	>500	>500	>500
机架尺寸（宽×深×高，mm）	1300×650×350	2000×650×350	2000×650×350	2000×650×350
音频配线回数				100 回或根据用户要求

3. 生产厂

西安户县电讯设备厂。

（十三）YP 系列音频分配屏

1. 简介

YP 系列配线架分为 YP-06、YP-07、YP-08、YP-09、YP-10、YP-20 型共六种。YP-06 型为绕接式端子、YP-07 型为卡接式端子、YP-08 型为窄条配线柜，端子焊接式、绕接式或卡接式由用户自选。YP-09 型为音频试验柜，每一对回线串接一只四芯插头、插座。YP-20 型总配线架是由数台 YP 音频分配屏组合而成的，端子卡接或绕接用户自选。YP-10 型为配线箱，室内墙式，端子为卡接或绕接式两种。

2. 结构

采用铝合金框架的封闭式机柜，前后均开门，正面选用进口耐冲击茶色有机玻璃。具有良好的过压、过流保护功能，一旦热线圈熔断即发出光报警信号。接线端子采用国内较先进的卡接式或绕接式端子。YP-08 型在结构上独具一格，专门为配合窄条型微波或光纤机用。

3. 技术数据

YP 系列音频分配屏技术数据见表 28-4-12。

4. 生产厂

西安户县电讯设备厂。

（十四）其它类型分线盒（箱）

各类分线盒（箱）参见表 28-4-13。

表 28-4-12　　YP 系列音频分配屏技术数据

型　号	外形尺寸（宽×深×高，mm）	规格（对）	端子类别
YP-06	650×350×2000	100、200、300、400、500、600、700	绕接
YP-07	650×350×2000	100、200、300、400、500、600	卡接
YP-08	350×350×2000	自选	焊接、绕接、卡接自选
YP-09	650×350×2000	200、400	四芯测试试验端子
YP-10	600×300×（110～900） 600×250×（110～900）	100、200、300	绕接或卡接
YP-20	650×台数×350×2000	根据用户需要定	绕接或卡接

表 28-4-13

各类分线盒（箱）

名称	型号	规格（对）	名称	型号	规格（对）
室外电缆保安分线箱	WFB-1	12	电缆分线盒	XF-801	15
室外电缆保安分线箱	WFB-1	22	电缆分线盒	XF-801	20
室外电缆保安分线箱	WFB-1	32	电缆分线盒	XF-801	30
室内分线盒	NF-1	5	小型密封分线盒	XF001-1	5
室内分线盒	NF-1	10	小型密封分线盒	XF001-1	10
室内分线盒	NF-1	20	小型密封分线盒	XF001-1	15
室内分线盒	NF-1	30	小型密封分线盒	XF001-1	20
室内分线盒	NF-1	50	小型密封分线盒	XF001-1	30
室外电缆分线盒	WF-1	10	防爆一对接线盒	LJB-1-1	1
室外电缆分线盒	WF-1	20	防爆二对接线盒	LJB-1-2	2
室外电缆分线盒	WF-1	30	防爆五对接线盒	LJB-1-5	5
室外圆形分线箱	XF-601	10	防爆十对接线盒	10PXB-1	10
室外圆形分线箱	XF-601	20	高频分线盒	XF6×4	
室外圆形分线箱	XF-601	30	高频分线盒	XF702	
室外圆形分线箱	XF-601	50	高频分线盒	XF702-2	
电缆分线盒	XF-801	5	高频分线盒	XF702-3	
电缆分线盒	XF-801	10			

第29章 电力系统通信

张仁永　唐雪影

概　　述

目前我国的电力系统通信网中，采用了电力线载波通信、数字微波通信、数字光纤通信、卫星通信、特高频移动通信及集群通信、一点多趾微波通信以及程控交换等多种通信方式。考虑到目前电力线载波通信和数字微波通信被广泛采用，而光纤通信、卫星通信、移动通信及集群通信等虽在电力系统通信网中也得到日益广泛的应用，但是这些通信方式由于新技术、新工艺、新器件不断出现和应用，发展也较迅速，设备不断更新，国产和国产化设备为数不多，此外，本手册的篇幅有限，仅编入了电力线载波通信和数字微波通信及其配套设备、测试仪表等，其它通信设备待本手册修订时，将根据设备的生产情况酌情编入。

现阶段我国生产的电力线载波机机型较多，性能不一，设备价格相差较大，此外，配套设备也日益增多，为满足我国不同地区、不同使用条件的用户要求，本手册将目前生产量较多的部分设备编入，使用时用户可根据具体情况选用。

数字微波设备部分编入了国产的主要微波设备及配套设备、测试仪表等，也编入了少量的国外散件组装的设备，用户可根据自己的使用要求选用。

由于篇幅所限，本手册仅编入了设备的主要性能指标等数据，供选型时参考。如要全面了解设备，应参阅制造厂的设备说明书。

第29-1节　电力线载波机

一、简述

电力线载波通信是利用电力线路作为信息传输媒介的载波通信，它不需要另外架设通信线路，是电力系统特有的一种通信方式。这种通信方式具有可靠性高、价格低的特点，因此是目前电力系统的主要通信方式之一。

电力线载波机（简称载波机）与线路阻波器、结合滤波器、耦合电容器（或电容式电压互感器）等设备配套构成电力线载波通信通道。

电力线载波机分为单路机和多路机，目前我国一般采用单路机。现阶段电力线载波机的主要元器件已由晶体管等分离元件电路发展到集成电路，而且又引进并消化吸收了国外的先进技术，形成了从低压到高压、超高压线路的系列产品，产品质量也有了很大的提高。下面介绍我国生产的电力线载波机（排列次序按产品型号的拼音字母表的先后及数字的数序先后为序）。

二、ESB500X型电力线载波机

（一）简介

ESB500X型载波机为单边带载频抑制式电力线载波机，适用于110kV及以上超高压电力线路上传输话音、远动、电报、继电保护及数据信号等信息。在复用保护时，配合SWT500F6或YPC500F6（仿西门子公司的SWT500F6）型音频接口。复用保护有三种工作方式，即专用式、同时复用式（频分制）和交替复用式（时分制），与保护装置接口配合可构成允许式、闭锁式及远方跳闸等型式的保护。

ESB500X型电力线载波机是引进德国西门子公司许可证转让制造技术而逐步国产化生产的产品。该产品是西门子公司80年代研制的先进的集成电路型电力线载波机。

ESB500X型电力线载波机全部性能均符合IEC 495《单边带电力线载波机输入输出特性推荐值》、GB 7255—87《单边带电力线载波机技术条件》，并具有以下主要特点。

(1) 主振频率准确度及稳定度高，各载频频率偏差小于1Hz。

(2) 自动电平调节范围宽，允许通道衰减变化范围为40dB。

(3) 根据现场运行的需要，在不更换零部件的情况下，方便地变更收发信频率。

(4) 供电电源适应范围大，当输入直流电压由−40V变化至−60V时，载波机直流输出电压变化小于1%。

(5) 为适应国内使用要求，增设微机自动盘，用户数量增加到5个，并增加了本地用户通话功能、优先方式和用户号码可由用户任意选择。

(6) 整机国产化率已达75%以上。

（二）技术数据

1. 系统参数及要求

(1) 载波频率：40～500kHz（可下扩至35kHz)。

(2) 载波机路数：单路或双路。

(3) 传输通道的基本载波频带及运行方式如下：

1) 每个单方向传输通道的基本载波频带为4kHz或2.5kHz。

2) 单路机和双路机均可按单工或双工运行，双工运行时发送与接收之间必须有频率间隔。

(4) 频率准确度：$\Delta f/f \leqslant \pm 2\times 10^{-6}$。

(5) 频率稳定度：$\Delta f/f \leqslant \pm 5\times 10^{-7}$。

(6) 标称输出阻抗及回波损耗如下：

1) 同轴电缆或高频电缆的匹配阻抗为75Ω（不平衡式）或150Ω（平衡式）。

2) 回波损耗：≥10dB。

(7) 中、高频载频外线载漏电平如下：

1) 中频载漏电平：≤－70dB。

2) 高频载漏电平：≤－60dB。

(8) 告警输出功能有以下几种：

1) 发送支路输出电平监视。

2) 接收支路自动电平调节控制电平监视。

3) 数据传输信噪比监视。

4) 在双路机运行时，对端机故障，双路机的两路可以切换。

5) 监视信号与故障信号均通过空转触点输出，触点容量为：额定电压直流150V，交流125V（最大)；额定电流最大值为2A；额定功率直流35W，交流60W。

2. 发送支路技术参数及要求

(1) 输出功率，在最高工作频率为500kHz时，单音键控和多音键控的功放输出功率有下列等级可供选用：

1) 10W，≥＋40dB_m，PEP。

2) 40W，≥＋46dB_m，PEP。

3) 80W，≥＋49dB_m，PEP。

(2) 乱真信号抑制度指标如下：

1) 无用边带衰减：≥80dB。

2) 谐波衰减：≥80dB。

3) 交调衰减：≥60dB（相对峰值包络功率)。

(3) 音频输入阻抗为600Ω（平衡，浮接)，回波损耗≥17dB。

(4) 音频有效带宽为2.5kHz（0.3～2620kHz）及4kHz（0.3～3840kHz)。

(5) 音频带宽如下：

1) 音频带宽为2.5kHz规格的载波机，单路机话音信号为300～2000Hz（另有叠加频带）或300～2400Hz。

双路机远动或数据信号为300～2400Hz（第二路可到2620Hz）含导频控制信号，或380～2700Hz含有复合控制信号或任一电报通路的控制信号，或2180～2490Hz作为话音通路的叠加频带。

单路机继电保护信号为710～3030Hz专用机，或300～2620Hz交替复用或同时复用机。如果交替或同时复用机平时不传送继电保护信号，则可用来传送远动数据信号。

音频带宽2.5kHz频谱配置方案见图29-1-1。

2) 音频带宽为4kHz规格的载波机，单路机话音信号为300～2000Hz（另有叠加频带)，或300～2400Hz（另有叠加频带)，或300～3600Hz。

双路机远动信号数据为300～3600Hz（包括导频、复合控制信号和任一电报通路的控制信号)，或2100～3600Hz另有话音通路叠加频带，或2670～3700Hz另有话音叠加频带。

单路机继电保护信号为300～2620Hz交替或同时复用机，另有叠加的远动信号频带。

音频带宽4kHz频谱配置方案见图29-1-2。

(6)音频电平范围如下：二线话音电平为－22～＋5dB_m(配用BSE试验电话时)，四线话音电平为－26～＋1dB_m。远动/数据信号总电平为－22～＋5dB_m。继电保护信号电平为－25～＋3.5dB_m。

3. 接收支路技术数据及要求

(1)高频输入灵敏度，不同类型载波机高频输入端导频信号的最低接收电平值如下：

1)有频率间隔但不复用高频保护信号的单路机和双路机为－38dB，在交替复用继电保护信号时为＋7dB。

2)无频率间隔又不复用继电保护信号的单路机为－34dB(配用20W、80W功率放大器)，在交替复用继电保护信号时为＋7dB。

3)有频率间隔又用于传输高频保护信号的时分制专用机为－6dB。

(2) 自动电平调整（AGC）范围为40dB，在AGC范围内，音频输出电平变化不超过±0.3dB。

(3) 音频输出阻抗为600Ω，平衡式或浮接地。回波损耗≥17dB。

(4) 音频电平范围：二线话音电平为－11～＋10dB_m(配用BSE试验电话时)，四线话音电平为－7～＋14dB_m。

远动/数据信号总电平：－7～＋14dB_m。

继电保护信号电平：0dB_m（专用机和同时复用机)，或－6dB_m（交替复用机)。

4. 乱真输出

乱真输出满足GB7255—87标准中第2.6项要求。

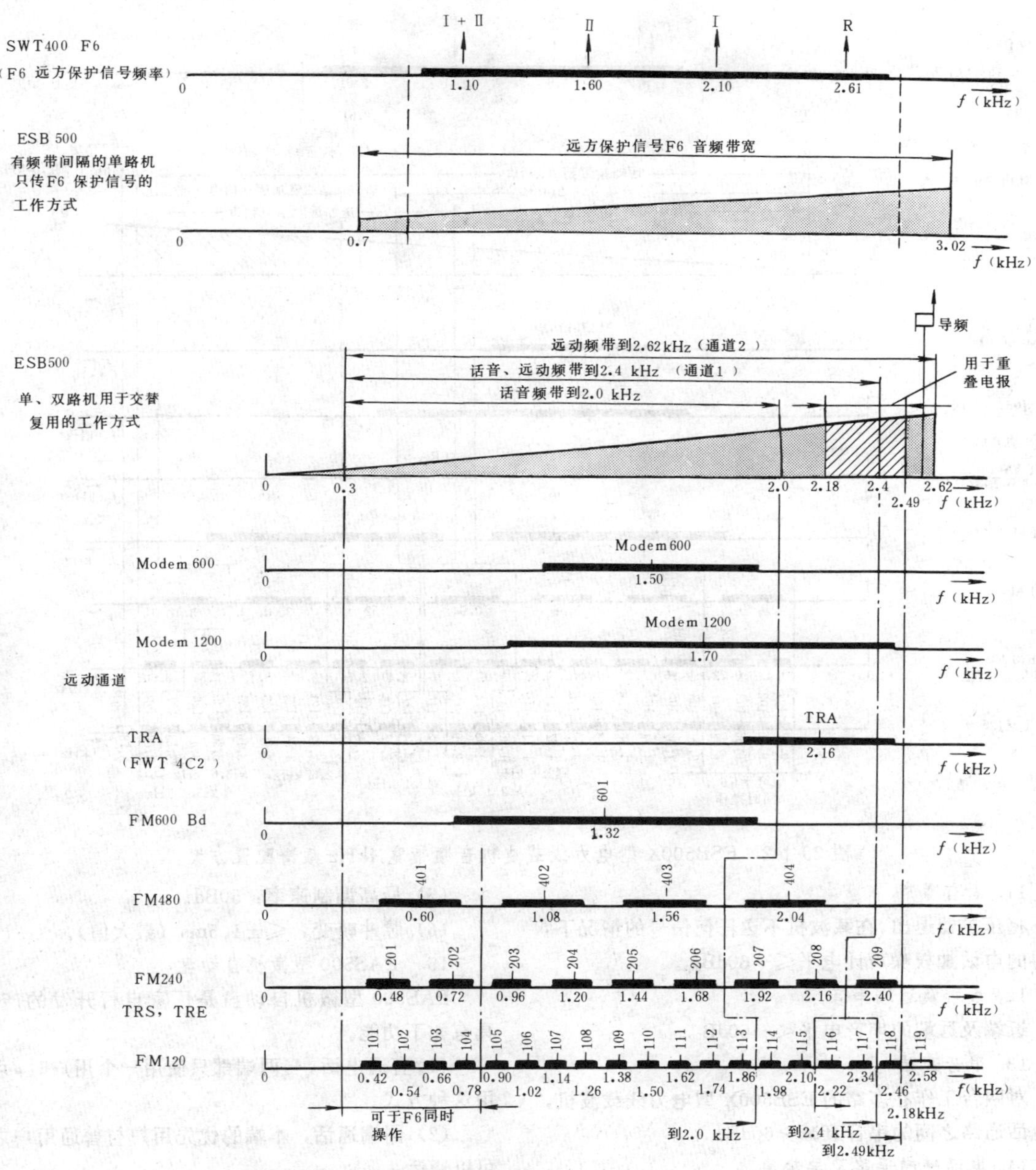

图 29-1-1　ESB500X 型电力线载波机音频带宽 2.5kHz 频谱配置方案

5. 标称传输衰减

标称传输衰减为 40dB。

6. 选择性

满足 GB7255—87 标准中第 2.41 项的要求。

7. 四线通路总衰减

四线通路总衰减随频率变化的允许值，满足 GB7255—87 标准中第 2.12 项要求。

8. 群时延失真

群时延失真满足 GB7255—87 标准中第 2.14 项要求。

9. 通路幅度特性

将载波机的压扩器退出，在 F_2 上测试电话通路的总衰减，当输入电平在 $-10\sim0dB_{m0}$ 之间变化时，与 -14dB 点的总衰减的偏差不超过 ±0.3dB，测试频率为 800Hz。

10. 限幅作用

限幅作用满足 GB7255—87 标准中第 2.17 项要求。

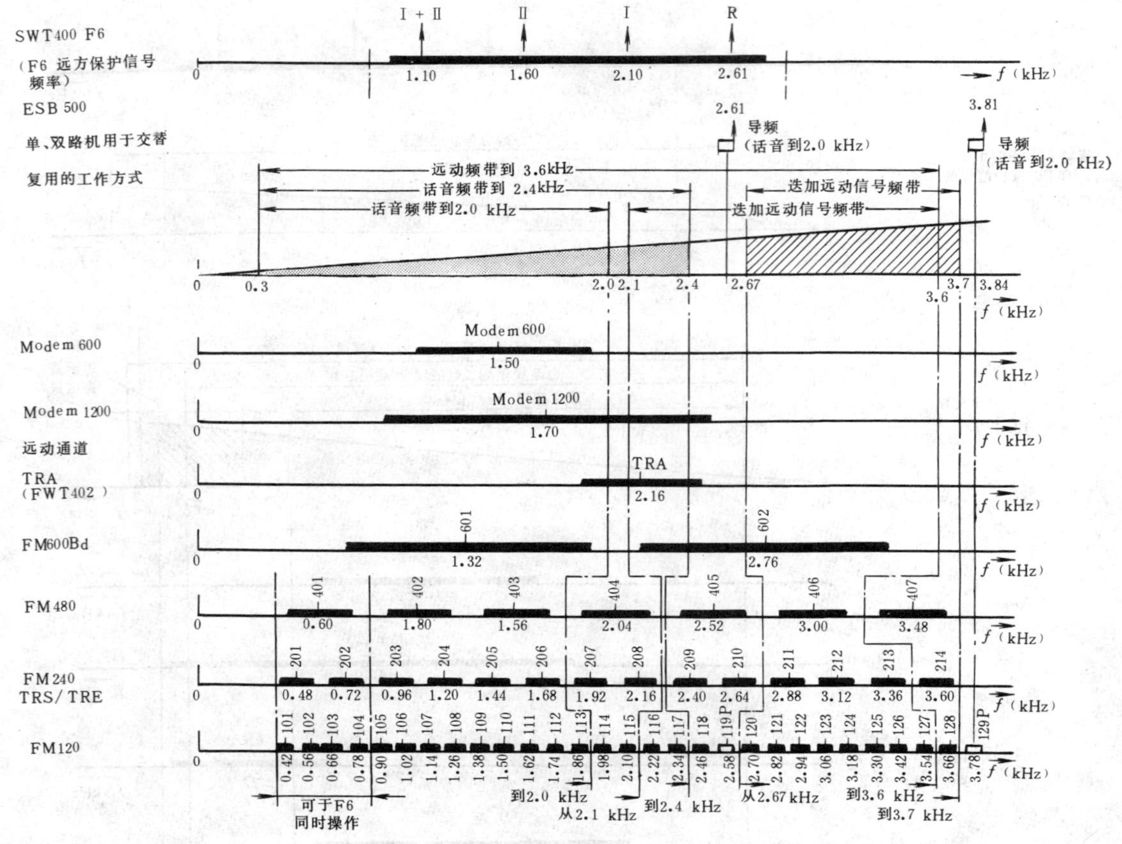

图 29-1-2 ESB500X 型电力线载波机音频带宽 4kHz 频谱配置方案

11. 固有噪声

将压扩器退出，在载波机不送任何信号的情况下，测得的电话加权噪声计电平≤$-60dB_{mp}$。

12. 近端及远端串音

近端及远端的串音电平<$-60dB_{0p}$。

13. 串音衰减

对两台工作在多路的 ESB500X 型电力线载波机，各电话通路之间的串音衰减≥60dB。

14. 电话呼叫通路及导频通路

ESB500X 型电力线载波机的呼叫信号和导频信号占用同一频率。

(1) 导频频率为 2550、2580、2610Hz（通路 119），3750、3780、3810Hz（通路 129）。

(2) 以移频键控导频方式传送拨号脉冲时的频率为 2550、2610Hz（通路 119），3750、3810Hz（通路 129）。

(3) 空闲状态信号频率为 2550Hz（通路 119），3750Hz（通路 129）。

(4) 占线状态信号频率为 2610Hz（通路 119），3810Hz（通路 129）。

(5) 最高调制速率：50Bd。

(6) 脉冲畸变：≤±1.5ms（最大值）。

15. PAS500 型微机自动盘

PAS500 型微机自动盘是厂家自行开发的产品，具有如下功能。

(1) 直通电话，当两端都只使用一个用户时，可采用这种方式。

(2) 同端通话，本端的优先用户与普通用户之间可以通话。

(3) 优先用户具有优先级别。

(4) 强拆，优先用，具有强拆功能，也可以进行协商强拆。

(5) 自动延时强拆，为防止由于虚挂话机或其它原因导致长期占线，设有 30s 延时自动强拆功能。

(6) 用户数量为 5 个，其中优先用户 1 个，普通/音转用户 3 个，维护电话/普通用户 1 个。

(7) 音频转接，3 个普通用户均能作为音频转接用户。

(8) 改号，用户号码可根据用户需要用软件任意设置。

(9) 配接交换机，该自动盘备用的交换机接口可以使 ESB500X 型电力线载波机与各种型式的电话交换机相配接。

16. 交换机接口

为便于系统进行组网，ESB500X 型电力线载波机备有交换机接口单元 BSE 或 EKP。

(1) BSE 与 EKP 的共同点如下：

1) 具有标准的 4W、E/M 接口。

2) 与交换机相连采用光电耦合器进行隔离，或采用继电器触点进行隔离。

(2) BSE 与 EKP 的不同点如下：

BSE 具有服务电话单元，可利用通道 1 或通道 2 进行两端通话，EKP 不具备该功能。

17. 耐压要求

电源端子、载波输入输出端子以及音频、呼叫和告警端子的耐压，均符合国标 GB7255—87 标准中第 2.24～第 2.26 条要求。

18. 供电电源

(1) 直流电源标称电压为 48V/60V，允许范围为 40～80V。

(2) 交流电源标称电压为 110V/127V/220V/240V $^{+10\%}_{-15\%}$，允许频率范围为 47～63Hz。

(3) 功耗：ESB500X 型电力线载波机的功耗见表 29-1-1。

表 29-1-1　ESB500X 型电力线载波机功耗表

电源类型	20W 功放		80W 功放	
	单路机 (W)	双路机 (W)	单路机 (W)	双路机 (W)
直流电源	单音键控≤90	≤90	单音键控≤200	≤200
	多音键控≤80		多音键控≤180	
交流电源	单音键控≤110	≤110	单音键控≤200	≤230
	多音键控≤100		多音键控≤210	

(三) 外形尺寸

440×220×880 (80W 机)，440×220×640 (20W 机) (宽×深×高，mm)。

(四) 生产厂

许昌继电器厂通信设备分厂。

三、RTC-1 型电力线载波机

(一) 简介

RTC-1 型电力线载波机是电力科学研究院和美国西屋电气公司合作开发的新一代全集成化载波通信设备。适用于 110kV 及以下电压等级的输电线路，亦可用于 220kV、100km 以内的线路。

该机采用部分抑制载频单边带传输制，基本载波频带 4kHz，载波频率范围 40～500kHz。发信和收信载频应用数字锁相频率综合器分别产生，通过可预置分频器任意整定。高频收、发信滤波器采用分段可调结构。

该机可以同时传送话音和远动信号，其中远动频带可传送一路 600Bd 远动信号。另外，还可以作为话音或远动信号专用机。

微机程控自动盘设有 4 个用户，具有优先强拆、转接、汇接交换机等功能，并备有 4W、E/M 接口盘，可替换自动盘，直接与相应程控交换机连接，便于组网使用。

该机体积小，集成化程度高。整机只有六个分盘，使用方便，易于维护。

(二) 技术数据

1. 载波侧技术性能

(1) 载波频率范围：40～500kHz。

(2) 基本载波频带：4kHz。

(3) 标称阻抗 75Ω (不平衡)，回波损耗≥10dB。

(4) 乱真输出：>70dB (距标称频带边缘 12kHz 处测量)。

(5) 高频外线载漏电平：相对 800Hz 测试音输出电平低 40dB。

(6) 镜象抑制：>80dB。

(7) 谐波抑制：>80dB。

(8) 各种信号的载波电平见表 29-1-2。

(9) 频率准确度：5×10^{-6}。

表 29-1-2 **RTC-1型电力线载波机各种信号载波电平表**

外线输出电平(dB_m) 复用情况 信号	电话专用	复用50波特				复用200波特		复用600波特
		1路	2路	3～6路	7～8路	1路	2路	
话音	+36	+35	+34	+33	+32	+33	+32	+32
导频	+21	+20	+19	+18	+17	+18	+17	+17
铃频	+21	+20	+19	+18	+17	+18	+17	+17
远动		+22	+21	+20	+19	+25	+24	+29

(10) 频率间隔：12kHz；并机分流衰减<1dB。

(12) 标称载波功率：4W（36dB_m）。

(13) 标称传输衰减：45dB。

(14) 选择性：距标称频带边缘大于0.3～4.0kHz处大于80dB，距标称频带边缘于大于4.0kHz处大于90dB。

2. 音频侧技术性能

(1) 电话信号有效传输频带如下：

1) 话音专用时，有效传输频带为300～3400Hz。

2) 话音、远动复用，话音有效传输频带为300～2000Hz，远动有效传输频带为2300～3400Hz。

3) 远动专用时，远动信号有效传输频带为300～3400Hz。

频率分配见图29-1-3。

(2) 四线通路总衰减频率特性，话音和远动频响均满足3/5CCITT建议和我国国家标准。

复用远动时通路衰耗频率特性见图29-1-4。

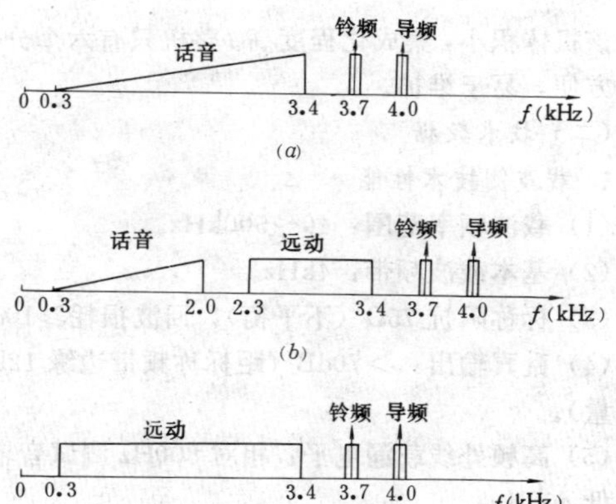

图 29-1-3 RTC-1型电力线载波机频率分配图
(a) 话音专用；(b) 话音、远动复用；
(c) 远动专用

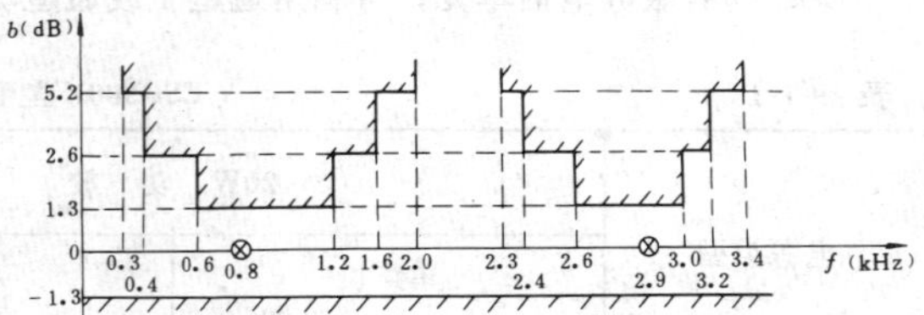

图 29-1-4 RTC-1型电力线载波机复用远动时通路衰减频率特性

(3) 电话信号电平如下：

1) 话音输出信号为－7dB_m，600Ω对地平衡(800Hz)。

2)远动信号输出为－30～＋6dB_m连续可调，600Ω平衡。

(4) 标称阻抗和回波损耗：标称阻抗600Ω，平衡式；回波损耗>14dB。

(5)自动增益控制特性如下：标称线路衰减45dB，在线路衰减增加20dB，减小10dB范围内，话音输出电平变化≤±1dB。

(6) 通路幅度特性如下：二线输入电平变化－10～0dB，通路净衰减偏差≤±0.6dB（实测≤±0.5dB）。

(7) 限幅特性如下：二线输入电平变化从0～＋15dB，高频输出增加量≤3dB（实测值≤1.5dB）。

(8) 固有噪声：≤－60dB（实测≤－70dB）。

(9) 近端及远端串音衰减如下：

1) 近端串音衰减：≥60dB。

2) 远端串音衰减：≥60dB。

(10) 电话通路非线性失真：≤5%。

(11) 净衰减持恒度：≤±1dB/24h。

3. 电话呼叫通路

(1) 调制方式及频带：脉冲调幅方式，铃频为3700Hz。

(2) 转接方式为音频四线转接。

4. 自动交换系统

(1) 微机自动盘可实现的功能如下：优先、强拆用户；音转用户；普通用户；汇接交换机用户；自检等。

(2) 任一用户摘机占用绳路，应封锁本方其它用户，除优先用户外，其它任一用户摘机听忙音。

(3) 通话完毕，一方挂机，另一方听忙音，此时不影响其它用户摘机。

(4) 用户端为平衡式，当用户线环阻≤1.5kΩ（不包括话机），绝缘电阻≥20kΩ，线间电容≤0.7μF，拨号脉冲速率为 9～11 个/s 时，拨号系统应可靠动作，拨通率≥98%。

(5) 信号音如下：

1) 拨号音为 425Hz 连续。

2) 忙音为 425Hz，0.4s 通/0.4s 断。

3) 回铃音为 425Hz，1s 通/4s 断。

5. 音频接口方式

话音二线，远动四线。

6. 告警系统

(1) 告警时发出可见可闻告警信号。告警切断，告警音停，告警灯仍亮，故障排除，告警系统恢复正常。

(2) 出现下列情况时告警：导频中断，功放过载。

7. 供电电源

(1) 直流电源：$48V^{+15\%}_{-10\%}$ 保证指标。

(2) 交流电源：$220V^{+10\%}_{-10\%}$ 保证指标。

当交流 220V 电源断电或低于 180V 时，自动切换，由直流 48V 电源供电。

(3) 电源功耗：≤90W。

(三) 外形尺寸及质量

(1) 外形尺寸：550×420×1330（宽×深×高，mm）。

(2) 质量：90kg。

(四) 生产厂

电力部电力科学研究院通信所，西北电力通信自动化工程公司。

四、S-2 型电力线载波机

(一) 简介

S-2 型电力线载波机为集成化单边带电力线载波机，适用于 110kV 及以下电压等级的电力线路上传输话音和数据（远动）信号。该机采用预调制技术和锁相分频集中载供，电路集成度高。该机应用多种厚、薄膜电路，数字电路采用了 CMOS 器件和单片机。

(二) 型号含义

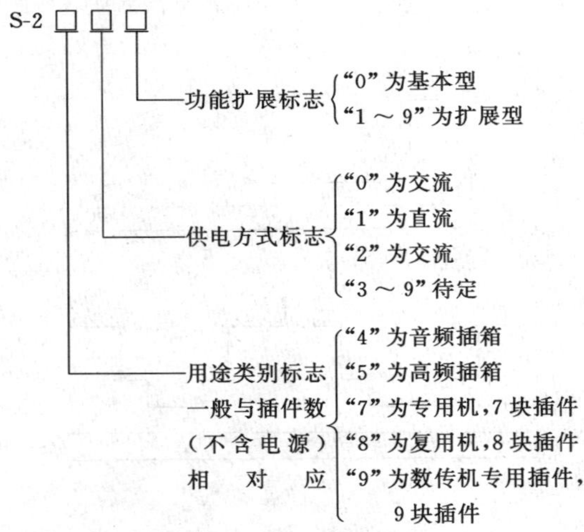

例如"S-2800"，为电话、远动频分复用，交流供电，除电源插件外还包括 8 块插件板的基本型 S-2 型载波机。

(三) 技术数据

1. 载波侧技术条件

(1) 载波频率范围：40～500kHz。

(2) 基本载波频带：4kHz。

(3) 标称阻抗和回波损耗：标称阻抗 75Ω，回波损耗≥10dB。

(4) 中、高频外线载漏电平如下：

1) 中频载漏<－30dB。

2) 高频载漏<－60dB。

(5) 各种信号的载波电平如下：

1) 电话为＋32dB。

2) 导频为＋22dB。

3) 远动为＋28dB。

(6) 频率准确度，实测值与标称值相差不应超过±20Hz。一对载波机发信端至收信端的音频信号频率偏差不应大于 2Hz。

(7) 频率间隔：本机收发信频率间隔 352kHz 以下≥12kHz（3B），352kHz 以上≥16kHz（4B）。

(8) 并机分流衰减：两台机并机线路频带间隔在 3B/4B 条件下≤1dB。

(9) 标称传输衰减：40dB。

(10) 最大传输衰减：60dB。

(11) 标称载波功率：$1W/30dB_m$。

2. 音频侧技术性能

(1) 音频信号有效传输频带，电话专用时为 300～3600Hz；频分复用远动时，话音为 300～2000Hz，远动为 2600～3600Hz。

(2) 四线通路总衰减频率特性：两端机间接 40dB 衰减时，四线通路总衰减频率特性见图 29-1-5。

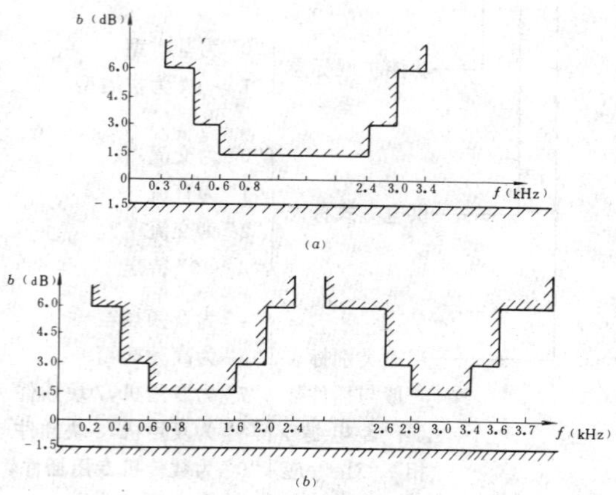

图 29-1-5　S-2型电力线载波机四线通路总衰减频率特性曲线

(a) 宽带电话通路；(b) 电话远动复用通路

(3) 电话信号电平如下：

1) 二线发送 0dB，二线接收－7dB。

2) 四线发送－14dB，四线接收＋4dB。

(4) 标称阻抗：600Ω。

(5) 回波损耗：≥10dB。

(6) 自动增益控制特性，当载波信号的收信电平在自动增益控制范围内变化 30dB 时，音频信号输出变化≤1dB。

(7) 通路幅度特性，当输入电平为－10dB 至 0dB 之间的任意值时和 0dB 时，通路净衰减的偏差不应大于±0.5dB。

(8) 限幅特性：应于输入信号电平为－3～$0dB_{m0}$时开始，当二线端输入电平提高到＋$15dB_{m0}$时，载波信号输出电平不应超过＋$3dB_{m0}$

(9) 电话通路非线性失真：≤5%。

(10) 通路稳定度：≥5dB。

3. 电话呼叫通路

两端机间为带内双音频信号 (DTMF)。用户端为脉冲 (DP) 与 DTMF 两用。

(四) 外形及质量

(1) 外形尺寸：444/483×340×220 (宽×深×高，mm)。

(2) 质量：15kg。

(五) 生产厂

湖南省津市市无线电厂。

五、YESB500型单边带电力线载波机

(一) 简介

YESB500 型单边带电力线载波机是引进德国西门子公司的 ESB500 型技术生产的载波通信设备。型号定为 YESB500 型 (Y—扬州)。

该机可用于高压、超高压架空电力线和电缆等线路上传输电话、远动、电报、远方保护和数信号。

该机分为单路机、双路机和多路 (3～6 路) 机，它们皆能以单工或双工的方式工作。单路机双工运行时，发送与接收的载波频带可以紧邻。

该机设有峰值包络功率为 20W、80W 和 160W (2×80W) 的硅晶体功率放大器供选用。

该机可作为专用机或复用机。传输远方保护信号时，有专用式、复用式和交替复用式三种工作方式。该机可与同时引进西门子公司 SWT400F6 型技术生产的 YSWT400F6 型音频传输终端机配合传输远方保护信号。

由于使用了高质量的电路元件和电子器件，并在电路设计上采取了频率均衡、高稳定度载供以及宽范围自动增益控制等措施，因此具有良好的电气性能。

该机的中频和高频调制频率及高频滤波器、线路滤波器的带宽频率，都可以在现场方便地变换频率，而不需要更换盘内任何元件。

该机采用导频、呼叫信号频率和保护监护信号频率合用的方式等措施，保证了传输远方保护信号的可靠性和最佳传输距离。

机内设有监视电路，能迅速判断各种故障的部位，为日常维护工作提供了方便。

由于音频接口电平能在较大范围内作调整，而且该机的工作环境温度可高达 55℃，因此该机能适应世界各地运行的需要，包括热带地区。

该机是多功能系列机，有各种变型型式，以满足各种可能的需要。当设备的功能不同时，变型机的型号也不同。可变换的内容包括：功率等级、供电电源、载波频带、频带间隔、通道数量、电话信号有效传输频带、工作方式 (专用式或复用式)、收发频段 (125kHz 以下或以上)、运行方式 (单工或双工)。

该机各项技术参数符合 IEC 标准 (出版物 495—1974) 和 VDEW (电力企业联合体 231.1-1) 标准及国家标准 (GB7255—87)。

(二) 型号含义

Y　ESB 500

ESB 500 —— 引进德国西门子公司的载波机型号

Y —— 扬州电讯仪器厂

(三) 技术数据

1. 载波侧技术性能

(1) 载波频率范围为 35～500kHz (2.5kHz 带宽) 或 36～500kHz (4kHz 带宽)，基本载波频带为 2.5kHz 或 4kHz。

（2）载波机路数：单路机、双路机和 3～6 路机。

（3）标称阻抗为 60/75Ω、125/150Ω 或 250Ω，回波损耗≥10dB。

（4）乱真输出：无用边带衰减≥80dB，谐波衰减≥80dB，交调衰减≥60dB（相对于 PEP）。

（5）频率稳定度：$\Delta f/f \leqslant \pm 5\times10^{-7}$。

（6）频率长期稳定度：$\Delta f/f \leqslant \pm 2\times10^{-6}$。

（7）载波频带间隔：当邻相跨越衰减≥13dB 时，频率间隔见表 29-1-3（表中 B 为基本载波频带）。

（8）标称载波功率：配备不同功率的放大器，有不同的输出功率等级，见表 29-1-4。

（9）标称传输衰减：需要按不同机型的输出和接收灵敏度进行核算。

2. 音频侧技术性能

（1）2.5kHz 或 4kHz 音频频带内各种可能频率分配方式，见表 29-1-5。

表 29-1-3　YESB500 型单边带电力线载波机载波频带间隔

种　类	发　收			发　发		收　收	
	本　机	并　机	邻　相	并　机	邻　相	并　机	邻　相
单路机与单路机	≥0B	≥1B	≥1B	≥2B	≥0B	≥1B	≥0B
单路机与双路机		≥3B	≥1B	≥2B	≥0B	≥2B	≥0B
双路机与双路机	≥3B	≥3B	≥2B	≥2B	≥0B	≥3B	≥0B

表 29-1-4　YESB500 型单边带电力线载波机不同功率放大器的标称载波功率表

20W　功　放		80W　功　放		160W　功　放
35kHz	500kHz	35kHz	500kHz	
15W（$+42dB_m$）	10W（$+40dB_m$）	65W（$+48dB_m$）	40W（$+46dB_m$）	100W（$+50dB_m$，特殊需要）

表 29-1-5　YESB500 型单边带电力线载波机 2.5kHz 或 4kHz 音频频带内频率分配表（适用于 1～6 路机的每一通路）

频　带 (kHz)	电　话 (kHz)	远动/数据 (远方保护)	数据通路最多路数 50 (Bd)	100 (Bd)	200 (Bd)	600 (Bd)	1200～9600 (bit/s)	远 方 保 护	接收控制信号*
2.5	0.3～2.0	2.18～2.49	3	1	—	—	—	交替复用机，配用 SWT400F6 或 SWT500F6 型 单路机及双路机的第 1 路能以交替方式运行，通常以 2.58kHz 导频通路作为自动电平调整的控制信号	导频通路 2.58kHz (CCITT 通路 119)
	0.3～2.4		—	—	—	—	—		
	—	0.3～2.4	17	8	4	1	—		
	—	0.3～2.62**	19	9	4	1	1***	复用机，配用 SWT400F6 或 SWT500F6 型双路机的第 2 路能以复用方式运行	—
	—	0.38～2.7	18	8	5	1	—	—	复合信号控制或音频电报通路
	—	0.71～3.03	—	—	—	—	—	专用机，配用 SWT400F6 或 SWT500F6 型，有间隔的单路机能用作保护专用机	

续表 29-1-5

频　带 (kHz)	电　话 (kHz)	远动/数据 (远方保护)	数据通路最多路数					远方保护	接收控制信号*
			50 (Bd)	100 (Bd)	200 (Bd)	600 (Bd)	1200～9600 (bit/s)		
4	0.3～2.0	2.1～3.6	12	5	2	1	1	交替复用机	导频通路3.78kHz（CCITT通路129）
	0.3～2.4	2.67～3.7	9	4	2	1	1	交替复用机，配用SWT400F6或SWT500F6型 单路机及双路机的第1路能以交替方式运行，通常以2.58kHz导频通路作为自动电平调整的控制信号	导频通路2.58kHz或3.78kHz
	0.3～3.6	—	—	—	—	—	—	—	导频通路3.78kHz（CCITT通路129）
	—	0.3～3.6	27	13	6	2	1	—	

注　1. 在双路、4路和6路机中，自动电平调整的导频通路只安排在第1路，由组合信号或任一电报通路电平作导频的自动电平调整方式仅用于远动/数据传输专用机。

2. 用于传送远动/数据信号的双路机，由于第2路没有导频通路，第2路带宽为2.62kHz，而不是2.4kHz。

3. 用于传送远动/数据信号的双路机，第2路可以接1200Bd调制解调器，条件是电力线载波通道只转接一次。

(2) 四线通路总衰减频率特性，符合国标GB7255—87图4的要求)。

(3) 电话信号电平、远动/数据信号总电平及远方保护信号电平，见表29-1-6。

(4) 标称阻抗为600Ω（平衡式），回波损耗≥17dB。

(5) 群时延失真，符合国标GB7255—87图5的要求。

(6) 自动增益控制特性：载波信号的收信电平在自动增益控制范围内变化40dB时，音频信号输出电平的变化不超过±0.3dB。

(7) 通路幅度特性：压扩器退出，测试通路总衰减，当输入电平在－10～0dB_{m0}之间变化时，与0dB_{m0}点的总衰减不超过±0.3dB，测试频率800Hz。

(8) 限幅作用：符合国标GB7255—87第2.17条要求。

(9) 固有噪声：不超过－60dB_{m0p}。

(10) 近端及远端串音：不超过－60dB_{m0p}。

(11) 串音衰减：≥60dB。

3. 电话呼叫通路

机内装设有BSE维护电话盘供测试联络用，盘内设有呼叫信号发送电路和信号识别电路，呼叫信号是不发码的，直接经载波机发送到对方。

(1) 调制方式及频带：移频制，2580±30Hz、3780±30Hz。

(2) 脉冲失真：不超过±1.5ms。

(3) 转接方式：中频转接。

4. 自动交换系统

机内可装配YESB500-WZ型微机自动盘（WZ盘）。

(1) 控制方式：交换逻辑为程序控制，控制器采用

表 29-1-6　　YESB500型单边带电力线载波机电话信号、远动/数据信号、远方保护信号电平表

类　别	电话信号电平 (dB_m)		远动/数据信号总电平 (dB_m)	远方保护信号电平 (dB_m)	
	二　线	四　线		专用机/复用机	交替复用机
输　入	－22～＋5	－26～＋1	－22～＋5	－25～＋3.5	
输　出	－11～＋10	－7～＋14	－7～＋14	0	－6

单片机，制式与现有自动交换系统完全兼容。

(2) 接续方式：选用日生产 DS2Y 高可靠性继电器空分接续。

(3) 容量：四门用户话机。

(4) 绳路：一条，既可供端到端使用，又可供本地两用户之间相互通话使用。

(5) 话机的要求如下：

1) 号盘速率：10±1 脉冲/s。

2) 脉冲断续比：1.6±0.3：1。

(6) 用户线路要求：环路电阻≤2000Ω（不包括电话机），绝缘电阻≥20kΩ，线间电容≥0.5μF。

(7) 优先权的级别分为 A 级、B 级和 C 级，A>B>C。

A 级以 1 号用户话机为优先用户，具有强插协商通话和拨号强拆功能。B 级为端到端通话回路。C 级为本端通话回路。

(8) 服务信号如下：

1) 拨号音：连续的 450Hz 信号音。

2)回铃音：断续比为 4s：1s 的 450Hz 信号音。

3)忙音：断续比为 1s：1s 的 450Hz 信号音。

4) 铃流：25～50Hz（方波），80V。

5) WZ 盘与 ZJ 系列电力线载波机的自动盘完全兼容，它除了具有 ZJ 系列自动盘的所有功能外，还具有检测、号码设置、本方通话、优先强插强拆、复位、自动截铃等功能。

5. 音频接口方式

(1) 音频输入、输出端为平衡式。载波机可以与远方音频架一起工作，采用四线连接，允许传输衰减 10dB。

(2) 该机可与自动交换机连接，提供话音输入输出四线接口（F_z）和信令接口（S_3）。

6. 告警系统

告警电路分为直接告警、间接告警及远程返回告警三类状态。直接告警和间接告警为本机的故障告警，远程返回告警专指对方机接收故障时的告警。本机故障告警电路又可分为发送告警、接收告警和信噪比告警三种状态。

(1) 发送告警：当导频发送过低、功放电平过低或过载时告警。

(2) 接收告警：接收导频过低告警，本机导频发送器发中心频率告警信号至对端机完成远程返回报警，表示本机接收回路故障。

(3) 信噪比告警：传输通路信噪比超差告警。

(4) 间接告警，当发生下列情况时，发出间接告警。

1) 由于电源电压不正常而引起发送或接收告警。

2) 载供盘内中频载供或高频载供无输出时，将引起发送或接收告警。

7. 耐压要求

电源端子、载波端子以及音频、呼叫和告警电路端子的耐压，符合国标 GB7255—87 第 2.24～2.26 条的要求。

8. 供电电源

(1) 直流电源：48/60V，允许范围 40～80V。

(2) 交流电源：110/220/240V $^{-15\%}_{+10\%}$，47～63Hz。

(3) 功耗：不同功放的功耗见表 29-1-7。

表 29-1-7 YESB500 型电力线载波机不同功率放大器的载波机功耗表

电源类别	20W 功放		80W 功放	
	单路机	双路机	单路机	双路机
交流电源最大功耗	110VA		220VA	
60V 直流电源最大功耗	90W		210W	

(四) 外形尺寸及质量

机箱外形尺寸见表 29-1-8，机柜外形尺寸为 600×400×2000（宽×深×高，mm)。

机柜重 115kg，20W 机重 37kg，80W 机重42kg。

(五) 生产厂

电力部扬州电讯仪器厂。

表 29-1-8　YESB500 型电力线载波机机箱外形尺寸表（宽×深×高，mm）

载频部分			四/六路机附加电源	音频机箱	功放部分		
单/双路机	四路机	六路机			20W	80W	160W
440×220×440	440×220×880	440×220×1320	440×220×200	440×220×440	440×220×200	440×220×440	440×220×880

六、ZBD-2型单边带电力线载波机

(一) 简介

ZBD-2型单边带电力线载波机是参照IEC和CCITT的建议值进行设计的，适用于110kV及以下的输电线路开通载波通信，可传输电话、远动和高频继电保护信号等。

该机具有完整的复合功能，可通过更换机盘派生出电话专用机或远动专用机。

该机具有一架一机或一架二机二种型式。电路硬件采用了CMOS集成电路和机械滤波器，功耗低，可靠性高。

(二) 型号含义

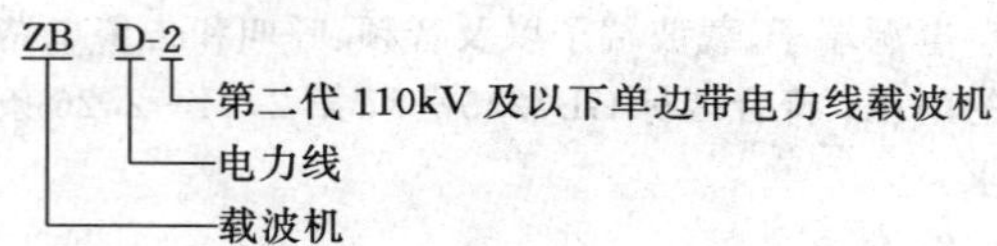

(三) 技术数据

1. 载波侧技术性能

(1) 载波频率范围为40～500kHz，基本载波频带为4kHz。

(2) 标称阻抗为75Ω（不平衡），回波损耗≥10dB（在标称发送频带内）。

(3) 乱真输出限额见图29-1-6。

(4) 中频外线载漏电平：≤－36dB_{m0}。

(5) 高频外线载漏电平：≤－69dB_{m0}。

(6) 各种信号的载波电平如下：

1) 话音信号载波电平：＋30dB_m。

2) 导频信号载波电平：＋18dB_m。

3) 呼叫信号载波电平：＋17dB_m。

(7) 频率准确度：优于2×10^{-6}（$f_0\pm2Hz$）。

(8) 频率间隔见表29-1-9。

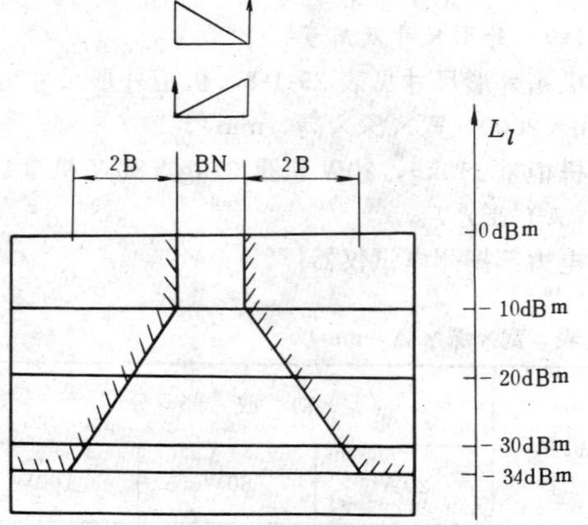

图29-1-6　ZBD-2、ZBD-3型单边带电力线载波机乱真输出限额

B—基本载波频带（4kHz）；B_N—标称载波频带；L_l—乱真输出电平

表29-1-9　ZBD-2型单边带电力线载波机频率间隔表

收	发		收	收	发	发
本　机	并　机	邻　相	并　机	邻　相	并机	邻相
≥1B	≥2B	≥1B	≥1B	≥0B	≥3B	≥1B

(9) 并机分流衰减：≤1.5dB。

被测机架停送一切信号，当被测机架不接入时，振荡器送被测机架发送中心频率的±14kHz（高频放宽到±16kHz）信号，用选频表选出该信号电平，当被测机架接入时，选频表指示跌落≤1.5dB。

(10) 标称载波功率：＋33dB_m（＋35dB_m）。

(11) 标称传输衰减：额定值为40dB，352kHz以上≤35dB。

(12) 选择性：标称收信频带以外的干扰信号的衰减，满足表29-1-10要求。

表29-1-10　ZBD-2型单边带电力线载波机选择性性能表

频带以外频率 (kHz)	衰　减 (dB)
0.3	≥70
0.3～4.0	70～90
≥4.0	≥90

2. 音频侧技术性能

(1) 电话信号有效传输频带：0.3～3.7kHz。

在有效传输频带内，可提供四种组合供使用选择。通路传输频带的分配见图29-1-7。

(2) 四线通路总衰减频率特性见图29-1-8，调整机内均衡器可达到如图要求的特性。

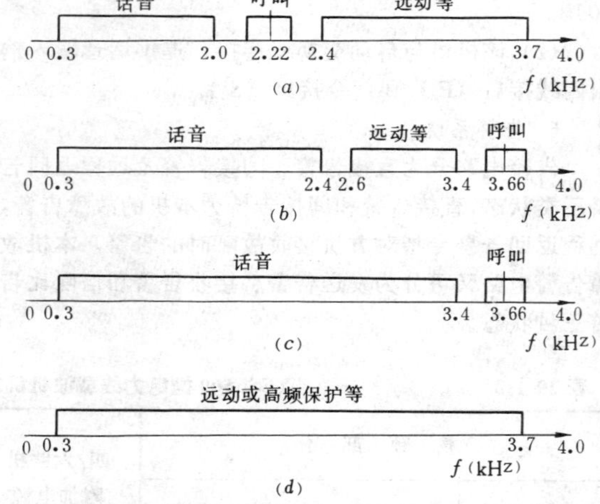

图29-1-7　ZBD-2、ZBD-3型单边带电力线载波机传输频率的分配图

(*a*) 话音、远动复用，呼叫频率为2.22kHz；(*b*) 话音、远动复用，呼叫频率为3.66kHz；(*c*) 话音专用；(*d*) 远动或高频保护专用

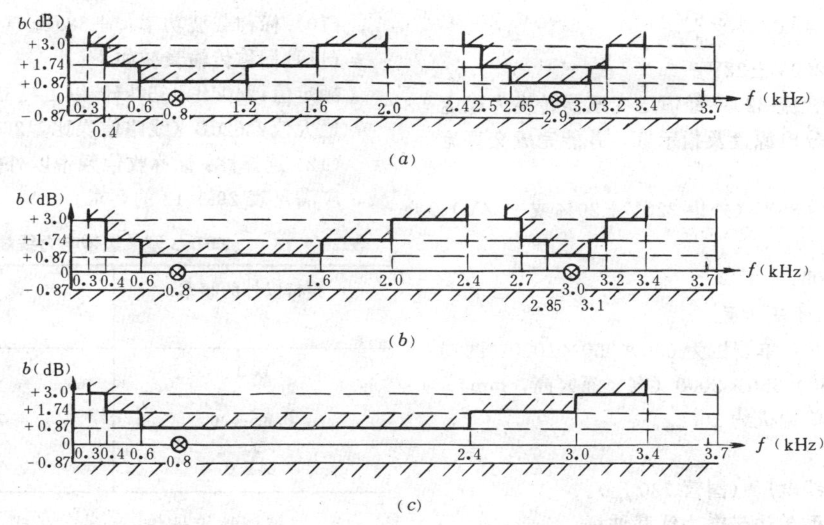

图 29-1-8　ZBD-2、ZBD-3 型单边带电力线载波机通路衰减频率特性
(*a*) 话音、远动复用，呼叫频率为 2.22kHz；(*b*) 话音、远动复用，呼叫频率为 3.66kHz；(*c*) 话音专用

(3) 电话信号电平见表 29-1-11。

表 29-1-11　ZBD-2、ZBD-3 型单边带电力线载波机电话信号电平表

类别	二线端电平 (dB_r)	四线端电平 (dB_r)
发信	0	−14 或 −3.5（通路衰减为 $0dB_r$ 时）
收信	−7	+4 或 −3.5（通路衰减为 $0dB_r$ 时）

(4) 标称阻抗和回波损耗：标称阻抗为 600Ω（平衡式），回波损耗≥14dB（在有效传输频带内）。

(5) 群时延失真，符合国标 GB7255—87 第 2.14 条。

(6) 自动增益控制特性：调节范围为 30dB，调节偏差≤±1dB。收端导频信号中断应送出告警信号。

(7) 通路频率特性：二端机间接 40dB 衰减器时，通路特性应优于 2/5CCITT 的推荐值。

(8) 限幅作用，接入限幅器的电力线载波机，在退出压扩器的条件下，当输入信号增加到 $+15dB_{m0}$ 时，外线端的载波输出电平增加不超过 $+30dB_{m0}$，测试频率为 1.5kHz 正弦波。

(9) 固有噪声：二线端固有噪声≤ $-59dB_{mp}$ (0.9V)。

(10) 近端及远端串音：二线端串音电压≤ $-59dB_{m0p}$。

(11) 串音衰减：二线端串音衰减≤60dB。

(12) 话音非线性失真系数：一对常接压扩器不接限幅器的电力线载波机，其电话通路非线性失真系数≤5%。

(13) 通路稳定度：在话音频段内≥5.6dB。

3. 电话呼叫通路

(1) 呼叫通路采用带外移频键控方式，空号为 2250Hz 或 3690Hz，传号为 2190Hz 或 3630Hz。

(2) 呼叫通路脉冲畸变不应超过 5ms。

(3) 收铃灵敏度：≥ $-37dB_m$。

4. 自动交换系统

(1) 每端机可接 6 门用户，其中 4 门为 2 线用户（必要时，其中 1 门可改为 2 线制出中继），另 2 门为 4 线用户，作为音频转接用户接口。根据用户需要，6 门用户中的任一用户均可设置为优先用户或直通用户。

(2) 任一用户摘机占用绳路时，应封锁本端的其他用户，除优先用户外，其他任一用户摘机则听忙音。

(3) 用户线为平衡式，绝缘电阻>20kΩ，线间电容≤0.5μF。用户线环阻≤1.5kΩ。

(4) 呼通率：拨号脉冲速率为 9～11 次/s；脉冲断续比为 60/40 时，呼通率不低于 95%。

5. 音频接口方式

音频盘用 2W 和 4W、E/M 接口端子与本机自动交换系统连接，该端子也可以跟其它汇接交换机及多路通信系统连接，接口电平均可调整。

6. 告警系统

电源和载频故障、导频偏差、呼叫中断均能发出可见告警信号，并送出“地”电位，供机外的总告警使用。

7. 供电电源

(1) 直流：$-24V^{+3.6V}_{-2.4V}$。

(2) 交流：220V±22V。

电源盘可将交流220V经恒压变压器转换为稳定的交流低压供给分电源盘及指示灯，并能完成交直流供电自动转换。

(3) 功耗：约36W（外供220V±20%或－24V）。

8. 可靠性指标

MTBf≥3500h。

(四) 外形尺寸及质量

(1) 外形尺寸：单端机为650×350×1000，两端机重叠安装为650×350×2000（宽×深×高，mm）。

(2) 质量：单端机约100kg。

(五) 生产厂

国营涪江有线电厂（国营730厂）。

七、ZBD-3型单边带电力线载波机

(一) 简介

ZBD-3型单边带电力线载波机是参照IEC和CCITT建议进行设计的，适用于220kV及以下的输电线路开通载波通信，可传输电话、远动和高频继电保护信号等。

载波架具有完整的复合机功能，并能构成电话专用机、远动专用机、高频架、音频架等机架，以满足不同场合的要求。

(二) 技术数据

1. 载波侧技术性能

(1) 载波频率范围：40～500kHz。

(2) 基本载波频带：4kHz。

(3) 标称阻抗：75Ω（不平衡式）。

(4) 回波损耗：≥10dB（在标称发送频带内）。

(5) 乱真输出:乱真输出最高允许电平见图29-1-6。

(6) 中频外线载漏电平：≤－36dB_{m0}。

(7) 高频外线载漏电平：≤－69dB_{m0}。

(8) 各种信号的载波电平如下：

1) 话音信号载波电平为＋35dB_m。

2) 导频信号载波电平为＋23dB_m。

3) 呼叫信号载波电平为＋22dB_m。

(9) 频率准确度：优于2×10^{-6}（f_o±2Hz）。

(10) 频率间隔见表29-1-12。

表29-1-12 ZBD-3型单边带电力线载波机频率间隔表

收 发			收 收		发 发	
本 机	并 机	邻 相	并 机	邻 相	并机	邻相
≥1B	≥2B	≥1B	≥1B	≥0B	≥3B	≥1B

(9) 并机分流衰减：≤1.5dB。

(10) 标称载波功率：＋38dB_m

(11) 标称传输衰减如下：

额定值：40dB，352kHz以上≤35dB。

最大值：62dB（线路信噪比≥26dB）。

(12) 选择性：标称收信频带以外的干扰信号的衰减，应满足表29-1-13的要求。

表29-1-13 ZBD-3型单边带电力线载波机选择性

频带以外的频率 (kHz)	衰 减 (dB)
0.3	≥70
0.3～4.0	70～90
≥4.0	≥90

2. 音频侧技术性能

(1) 电话信号有效传输频带如下：

有效传输频带：0.3～3.7kHz。

电话信号有效传输频带为300～3400Hz/300～2400Hz/300～2000Hz/300～3700Hz，可供选择，见图29-1-7。

(2) 四线通路衰减频率特性，见图29-1-8。

(3) 电话信号电平，见表29-1-14。

表29-1-14 ZBD-3型单边带电力线载波机电话信号电平表

类别	发 信 (dB_r)	收 信 (dB_r)
二线	0	－14或－3.5（通路总衰减为0dB_r时）
四线	－7	－14或－3.5（通路总衰减为0dB_r时）

(4) 群时延失真：符合国标GB7255-87第2.14条。

(5) 标称阻抗和回波损耗：标称阻抗为平衡600Ω，回波损耗在有效传输频带内不小于14dB。

(6) 自动增益控制特性：调节范围为30dB，调节偏差≤±1dB。

(7) 告警特性：导频标称电平±3.5dB以内不告警，若偏差超过±5.5dB时，则延时15±5s发出告警信号。

(8) 通路幅度特性：一对不投压扩器的电力线载波机，当输入信号电平比额定输入电平低10dB时，输出线路偏差不大于±0.3dB，测试频率为800Hz。

(9) 限幅作用：接入限幅器的电力线载波机，在退出压扩器的条件下，当输入信号增加到 $+15dB_{m0}$ 时，外线端的载波输出电平增加不超过 $+3dB_{m0}$，测试频率 1.5kHz 正弦。

(10) 固有噪声：一对不投压扩器的电力线载波机，其话音输出端的电话加权杂音计电平不超过 $-60dB_{m0p}$，测试时载波机间不传递任何信号。

(11) 串音衰减：远动串音 $\leqslant -60dB_{m0p}$，呼叫串音 $\leqslant -60dB_{m0p}$。

(12) 电话通路非线性失真系数：一对常投压扩器不接限幅器的电力线载波机，其通路非线性失真系数 ≤5%。

(13) 通路稳定度，在话音频段内 ≥5.6dB。

3. 呼叫系统

(1) 采用带外移频键控方式，空号为 2250Hz 或 3690Hz，传号为 2190Hz 或 3630Hz。

(2) 呼叫通路脉冲畸变不应超过 5ms。

(3) 收铃灵敏度：$\geqslant -27dB_m$。

(4) 告警特性：收铃信号中断，应发出告警信号。

4. 自动交换系统

(1) 每端机可接 6 门用户，其中 4 门为二线用户 (其中 1 门可改为二线制出中继线)，另 2 门为四线用户，作为音转用户接口。根据用户需要，6 门用户中的任一用户均可设置为优先用户或直通用户。

(2) 任一用户摘机占用绳路时，应封锁本端的其他用户，除优先用户外，其它任一用户摘机则听忙音。

(3) 用户线为平衡式，绝缘电阻 >20kΩ，线间电容 ≤0.5μF，用户线环阻 ≤1.5Ω。

(4) 呼通率：拨号脉冲速率为 9～11 次/s，脉冲断续比为 60/40 时，呼通率不低于 95%。

5. 音频接口方式

(1) 载波机音频侧 (无自动盘) 接口如下：

1) 2W、E/M 接口 1 条。

2) 4W、E/M 接口 1 条。

(2) 载波机音频侧 (有自动盘) 接口如下：

1) 4W、E/M 接口 2 门。

2) 2 线制自动电话端口共 4 门，其中 1 门可变换为 2 线制出继线或 2 线制出入自动中继线。

6. 告警系统

(1) 告警输出特性：发出可见可闻信号并送出"地"电位。

(2) 告警切断特性：铃声停，告警灯应保持明亮。

(3) 故障排除后特性：告警系统应恢复正常状态。

(4) 告警种类：电源输出超差、载波信失锁、导频信号超差、呼叫信号中断。

7. 供电电源

直流电源：−48V。

交流电源：220V，50Hz。

平时以交流供电为主，当交流电压中断后，设备可自动转换为 −48V 直流供电。

电源功耗 ≤96W。

8. 可靠性指标

MTBF ≥3500h。

(三) 外形尺寸及质量

(1) 外形尺寸：400×340×2000 (宽×深×高，mm)。

(2) 质量：约 100kg。

(四) 生产厂

国营涪江有线电厂 (国营 730 厂)。

八、ZDD-5A 型电力线载波机

(一) 简介

ZDD-5A 型电力线载波机适用于 110～220kV 高压电力线路上传输调度电话及非电话业务信号。

该机采用载频抑制单边带传输方式。工作频段为 40～500kHz，每隔 4kHz 为一种频道，可提供 115 种不同的频道，以满足整个大区电网内组织通信网时避免相互间通信串音干扰，在 4kHz 的频道内提供一个有效传输带宽为 0.3～2.3kHz 的音频电话通路和有效传输带宽为 2.65～3.4kHz 的高频远动通路。

该机装有一套有 4 门用户的自动交换系统，可自拨号选叫对方用户并通话。自动交换系统具有优先功能，可满足调度员电话优先的特殊要求。

为了延长通信距离，中间站可用 2 台载波机相连接组或中频转接或音频转接方式来达到目的。

(二) 型号含义

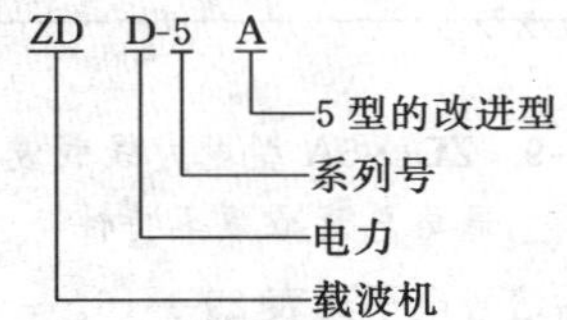

(三) 技术数据

1. 载波侧技术性能

(1) 载波频率范围：40～500kHz。

(2) 基本载波频带：4kHz。

(3) 标称阻抗：75Ω 不平衡式。

(4) 回波损耗：≥10dB。

(5) 乱真输出：满足 IEC495 号文件推荐值。

(6) 中频外线载漏电平：$\leqslant -10dB_m$。

(7) 高频外线载漏电平：$\leqslant -40dB_m$。

(8) 各种信号的载波电平如下：

中频载波电平为 +3.5dB。

高频载波电平为 +3.0dB。

(9) 中频频率准确度：12kHz，$\Delta f \leqslant 1$Hz。

(10) 高频频率准确度：高频频率为（56＋4n），304kHz以下时，$\Delta f \leqslant \pm 2$Hz；304～512kHz时，$\Delta f \leqslant \pm 4$Hz；其中n＝0、1、2…114。

(11) 频率间隔：ZDD-5A型电力线载波机可供应2种收发信频率间隔的设备。

1) 收发信频率紧邻频率间隔见表29-1-15。

表29-1-15　ZDD-5A型电力线载波机收发信频率紧邻间隔表

运行状态	同相使用	邻相使用
本机收发	0B	0B
并机收收	0B	0B
并机收发	1B	0B
并机发发	3B	0B

2) 收发信频率间隔：≥8%。

(12) 并机分流衰减：＜1dB。

(13) 标称载波功率：5W。

(14) 标称传输衰减：40dB。

2. 音频侧技术性能

(1) 电话信号有效传输频带：0.3～2.3kHz。

(2) 四线通路总衰减频率特性见图29-1-9。

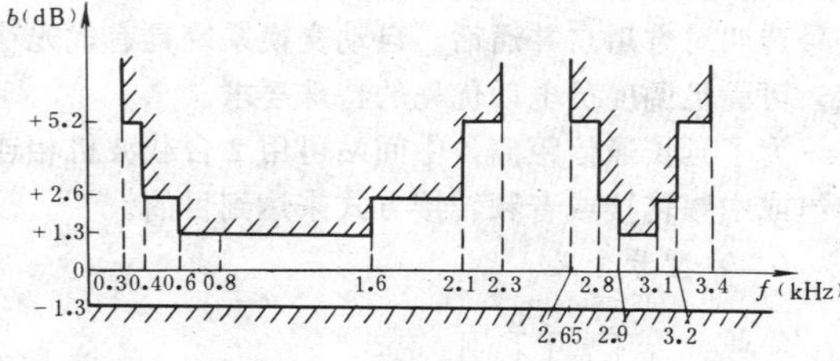

图29-1-9　ZDD-5A型电力线载波机四线通路总衰减频率特性

(3) 电话信号电平见表29-1-16。

表29-1-16　ZDD-5A型电力线载波机电话信号电平表

类　别	发送电平 (dB_r)	接收电平 (dB_r)
二　线*	0	−7
四　线	−7	−7

*　阻抗为600Ω。

(4) 标称阻抗：600Ω。

(5) 回波损耗：≥14dB。

(6) 自动增益控制特性：当线路衰减变化$^{-10}_{+22}$dB时，话音电平波动≤1dB。

(7) 通路幅度特性：当输入电平为－10～0dB_m，线性偏差≤±0.3dB。

(8) 限幅作用：当二线输入电平提高＋15dB_{m0}，载波信号输出电平不应超过＋3dB_{m0}。

(9) 固有噪声：音频二线端固有噪声≤2mV。

(10) 近端及远端串音：≤－55dB_{m0p}。

(11) 串音衰减：＞55dB_{m0p}。

(12) 电话通路非线性失真：≤5%。

(13) 通路稳定度：≥5.6dB。

(14) 净衰减持恒度：不超过±1dB_m/24h。

3. 电话呼叫通路

(1) 调制方式：二次调幅方式。

(2) 频带：2460～2540Hz。

(3) 脉冲失真：脉宽偏差允许≤±5ms。

(4) 转接方式：中频及音频转接。

4. 自动交换系统

机上配有一套自动交换系统，每套有4个用户，具有直通电话方式、自动拨号方式、音频转接方式、中频转接方式、优先强拆方式及自环检查方式。

5. 音频接口方式

二线接口或四线接口。

6. 告警系统

当熔丝熔断、±24V电源过载保护、载频振荡器停振、导频电平调节偏差≥2.6±0.8dB并延长15±5s、无220V交流市电输入时，相应机盘上红灯亮，机架上总告警红灯亮铃响。

7. 供电电源

(1) 直流电源：$-48V\ ^{+20\%}_{-15\%}$，亦可采用－24V电源。

(2) 交流电源：220V±10%。

交直流电源能自动倒换。平时常用市电电源，当市电停电或故障时，直流电源能接入供电。

(3) 电源功耗：200W。

（四）外形尺寸及质量

(1) 外形尺寸：650×350×1300（宽×深×高，mm）。

(2) 质量：150kg。

（五）生产厂

国营南京有线电厂（国营734厂）。

九、ZDD-5J型电力线载波机

（一）简介

ZDD-5J型电力线载波机为全晶体管载波机，设备用于110～220kV高压输电线路上传输电话和远动信号。

（二）型号含义

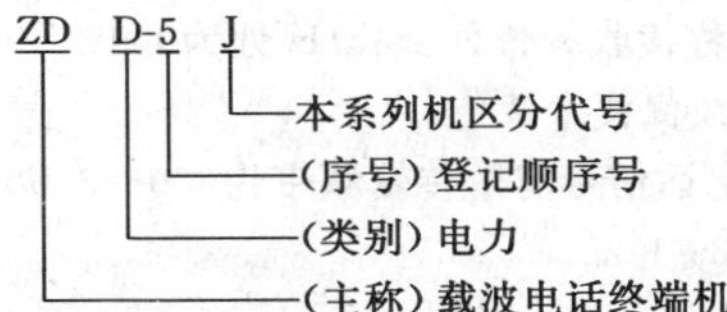

（三）技术数据

1. 载波侧技术性能

(1) 载波频率范围：40～500kHz。

(2) 基本载波频带：4kHz。

(3) 标称阻抗为100Ω(不平衡式)，在标称载波频带内，发信方向的回波损耗≥10dB (1.15N)。

(4) 乱真输出：符合国标 GB7255—87 的要求。

(5) 中频外线载漏电平：$-10dB_m$ (−1.15N)。

(6) 高频外线载漏电平：$-34dB_m$ (−3.9N)。

(7) 各种信号的载波电平见表 29-1-17。

表 29-1-17　ZDD-5J 型电力线载波机各种信号的载波电平表

话音信号 (dB_m/N)	导频信号 (dB_m/N)	呼叫信号 (dB_m/N)	远动信号 (dB_m/N)
+35/+4	+22/+2.5	+22/+2.5	+18/+2

(8)频率准确度：载频的实际值与标称值不超过±20Hz。一对载波机的发信端至收信端的音频信号频率偏差小于 2Hz。

(9) 频率间隔：本机收发及并机间隔大于 8%（不小于 8kHz)。增加高频差接网络等部件，本机收发频率可以紧邻。

(10) 并机分流衰减：当满足频率间隔大于 8%（不小于 8kHz）时，并机分流衰减不大于 1dB (0.115N)。

(11) 标称载波功率：5W/$+37dB_m$。

(12) 标称传输衰减：35dB (4N)。

2. 音频侧技术性能

(1) 电话信号有效传输频带：话音为 300～2300Hz，远动为 2650～3720Hz，呼叫信号为 2500Hz。

(2) 电话信号电平见表 29-1-18。

表 29-1-18　ZDD-5J 型电力线载波机电话信号电平表

端　口	发信电平 (dB_r/N)	收信电平 (dB_r/N)
四　线	−7/−0.8	−7/−0.8
二　线	0/0	−7/−0.8

(3) 标称阻抗：电话和远动端均为 600Ω（平衡式)。

(4) 回波损耗：>14dB (1.6N)。

(5) 自动增益控制特性：载波信号的收信电平在自动增益控制范围内变化 30dB (3.5N) 时，音频信号输出电平的变化不大于 1dB (0.1N)。

(6) 通路幅度特性符合国标 GB7255—87 的要求。

(7) 限幅作用符合国标 GB7255—87 的要求。

(8) 固有噪声：$<-55dB_{m0p}$。

(9) 电话通路非线性失真符合 GB7255—87 的要求。

(10) 通路稳定度：电话通路稳定度≥5 dB (0.6N)。

3. 电话呼叫通路

(1)调制方式及频带：呼叫时送出2500Hz 铃频，收铃带宽80Hz。

(2) 转接方式：中频转接及音频转接。

4. 自动交换系统

设置4门用户、具有自动拨号、优先强拆、音转和自检功能。

根据用户要求亦可配用微机自动盘，其功能与ZDD-28型电力线载波机的微机自动盘功能相同。

5. 端子耐压

电源端子、载波端子、音频端子、呼叫端子、告警电路及告警电路端子耐压符合国标 GB7255—87的要求。

6. 供电电源

(1) 直流电源：$-48V\begin{matrix}+15\%\\-10\%\end{matrix}$，正极接地，通过电源内部跳线也可以使用−24V 供电。

(2) 交流电源：220V±15%。

(3) 电源功耗：≤150W。

（四）外形尺寸

外形尺寸为650×350×1300 (宽×深×高，mm)。

（五）生产厂

清江无线电总厂（江苏淮阴市解放路89号)。

十、ZDD-12系列电力线载波机

（一）简介

ZDD-12系列电力线载波机是依照 IEC495号文件《单边带电力线载波机载波输入输出特性指标建议值》和有关 CCITT 建议而设计制造的，适用于110～500kV 及以上不同电压等级的高压电力线上构通发电厂、变电所、开关站及调度所之间的电力系统专用信息网，可以可靠地传输电话、远动、保护信号。

该系列机共有 ZDD-12A、ZDD-12B、ZDD-12C、ZDD-12D、ZDD-12E 五种机型，每种机型都有相应型

号的载波架和高频架，音频架有ZDD-12型音频架及ZDD-12C型音频架二种。

载波架和音频架上的每一音频通路上有一套自动交换系统。

（二）型号含义

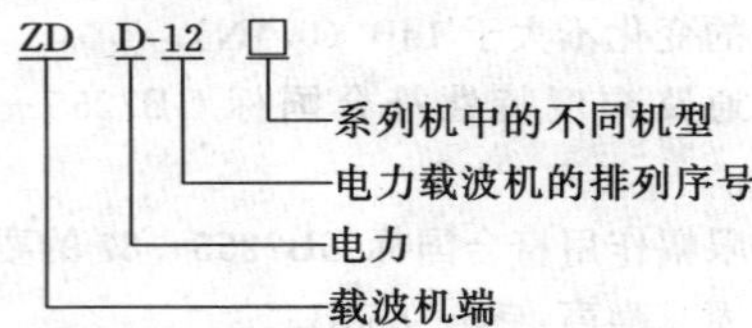

（三）技术数据

1.载波侧技术性能

（1）载波频率范围：40～500kHz。

（2）基本载波频带：4kHz。

（3）标称阻抗为75Ω不平衡式，回波损耗≥10dB。

（4）乱真输出：满足IEC495号文件推荐值。

（5）中频外线载漏电平：≤－13dB。

（6）高频外线载漏电平：≤－40dB。

（7）各种信号的载波电平见表29-1-19。

（8）中频频率准确度：12kHz，$\Delta f\leqslant\pm1$Hz。

（9）高频频率准确度：$(56+4n)$ kHz，(n=0、1、2…114)，$\Delta f\leqslant4$kHz。

（10）频率间隔见表29-1-20。

（11）并机分流衰减：≤1dB。

（12）标称载波功率和标称传输衰减见表29-1-21。

表 29-1-19　ZDD-12系列电力线载波机各种信号的载波电平表

机　型	电话电平 (dB_m/Ω)	导频电平 (dB_m/Ω)	呼叫电平 (dB_m/Ω)
ZDD-12A	＋35/75	＋25/75	＋22/75
ZDD-12B	＋38/75	＋28/75	＋25/75
ZDD-12C	＋46/75	＋36/75	＋33/75
ZDD-12D	＋40/75	＋30/75	＋27/75
ZDD-12E	＋33/75	＋23/75	＋20/75

（13）选择性：标称接收频带外≥0.3kHz处为70dB，标称接收频带外≥4kHz处为90dB。

2.音频侧技术性能

（1）电话信号有效传输频带为300～3700Hz，频带划分见表29-1-22。

表 29-1-20　ZDD-12系列电力线载波机频率间隔表

频率间隔＼机型 同相、邻相	ZDD-12A ZDD-12B		ZDD-12C ZDD-12D ZDD-12E
同相—本机收、发	3B		0B
同相—并机收、发	40～352kHz	3B	1B
	352～500kHz	7B	
同相—并机发、发	7B		3B
同相—并机收、收	7B		0B
邻相—本机发、邻相收	1B		0B
邻相—本机发、邻相发	0B		0B
邻相—本机收、邻相收	0B		0B

注　B为一个基本载波频带，即4kHz。

表 29-1-21　ZDD-12系列电力线载波机标称载波功率和标称传输衰减表

机　型	标称载波功率 (W/dB_m)	标称传输衰减 (dB)
ZDD-12A	5/＋37	43
ZDD-12B	20/＋43	40
ZDD-12C	100/＋50	40*
ZDD-12D	20/＋43	40*
ZDD-12E	5/＋37	40*

*　收发频率紧邻时＜30dB。

表 29-1-22　ZDD-12系列电力线载波机有效传输频带划分表

种　类	话音信号 (Hz)	呼叫信号 (Hz)	远动信号 (Hz)	呼叫信号 (Hz)	保护信号 (Hz)
复用机	300～2000	2220±30	2400～3400		3500～3700
复用机	300～2400		2600～3400	3360±30	
专用机	300～3400				
专用机	300～3700				

（2）四线通路总衰减频率特性见图29-1-10。

（3）电话信号电平如下：

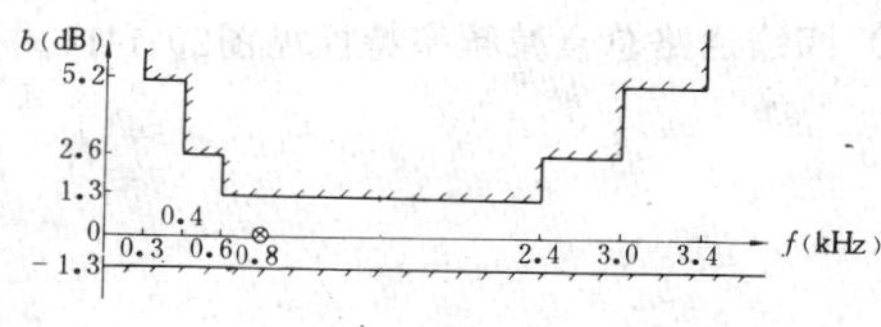

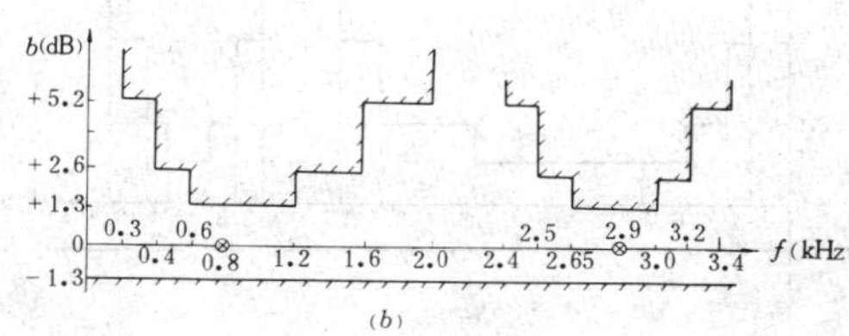

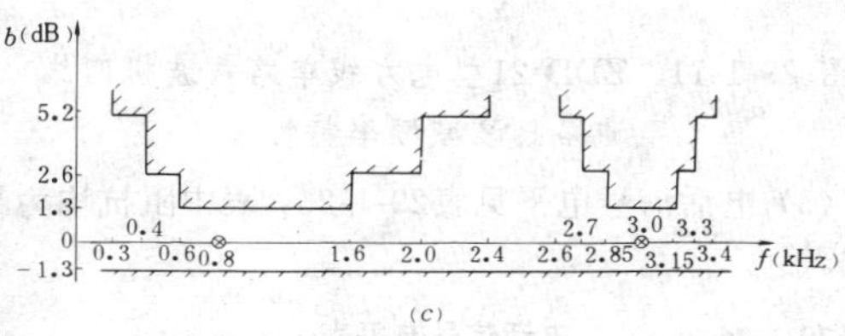

图 29-1-10　ZDD-12系列电力线载波机四线通路总衰减频率特性

(*a*) 专用机；(*b*) 复用机（0.3～2.0kHz）；(*c*) 复用机（0.3～2.4kHz）

1）二线发送电平为0dB/600Ω，二线接收电平为－7dB/600Ω。

2）四线发送电平为0dB/600Ω，四线接收电平为0dB/600Ω。

（4）标称阻抗：600Ω，回波损耗≥14dB。

（5）自动增益控制特性：当线路衰减变化$^{-9}_{+22}$dB时，话音电平波动≤1dB。

（6）通路幅度特性：输入电平为－10dB_{m0}～0dB_{m0}，线性偏差≤±0.3dB。

（7）限幅作用：当输入信号电平提高＋15dB_{m0}，载波输出电平不超过＋3dB_{m0}。

（8）固有噪声：≤－55dB_{m0p}。

（9）近端及远端串音：≤－55dB_{m0p}。

（10）串音衰减：＞55dB_{m0p}。

（11）电话通路非线性失真：≤5%。

（12）通路稳定度：≥5.6dB。

（13）净衰减持恒度：≤＋1dB_m/24h。

3. 电话呼叫通路

（1）调制方式及频带：移频制，平时常送2250Hz（3690Hz）信号，摘机时发送2190Hz（3630Hz）信号。

（2）脉冲失真：不超过5ms。

（3）转接方式：音频转接。

4. 自动交换系统

每个载波架及音频架的每一个通路上有一套自动交换系统，相当于一个4门用户的交换机，具有直通电话方式、自动拨号方式、音频转接方式、优先强拆方式及自环检查方式。

5. 音频接口方式

具有二线接口方式及四线接口方式。

6. 告警系统

当熔丝熔断、±24V电源过载保护、载频振荡器停振、导电平调节偏差≥2.6±0.8dB并迟延15±5s、无220V交流市电输入时，相应机盘上红灯亮、机架上总告警红灯亮、铃响。

7. 供电电源

（1）直流电源：－48V±10%。

（2）交流电源：220V±10%。

平时常用交流市电220V供电，当市电停电或故障时，直流电源能自动接入供电。

（3）电源功耗：ZDD-12系列电力线载波机各型机功率消耗见表29-1-23。

表 29-1-23　ZDD-12系列电力线载波机功率消耗表

功耗（W）／机型／架别	ZDD-12A	ZDD-12B	ZDD-12C	ZDD-12D	ZDD-12E
载波架	220	300	400	300	250
高频架	180	240	325	245	200
音频架	300	300	300	300	300

（四）外形尺寸及质量

（1）外形尺寸：650×350×2020（宽×深×高，mm）。

（2）质量：200kg。

（五）生产厂

国营南京有线电厂，国营734厂。

十一、ZDD-21型电力线单路载波机

（一）简介

ZDD-21型电力线单路载波机是根据我国电力系统的实际情况设计制造的，适用于35kV电网中的调度和业务通信，上音频可以复用远动通路。

（二）型号含义

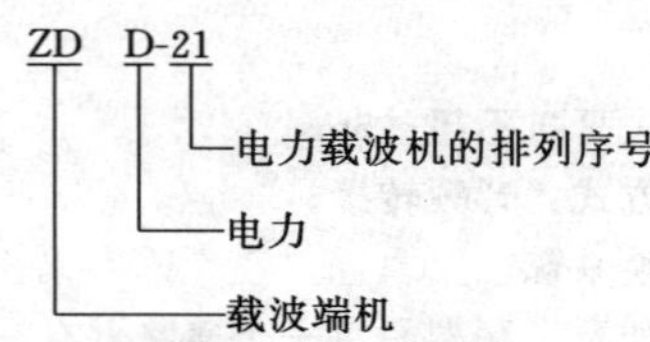

（三）技术数据

1. 载波侧技术性能

（1）载波频率范围：40～500kHz。

（2）基本载波频带：4kHz。

（3）标称阻抗为75Ω不平衡式，回波损耗≥10dB。

（4）乱真输出：满足IEC495号文件推荐值。

（5）中频外线载漏电平：≤－13dB。

（6）高频外线载漏电平：≤－39dB。

（7）各种信号的载波电平见表29-1-24。

表 29-1-24　ZDD-21型电力线单路载波机各种信号的载波电平表

复用远动（路/Bd）	电话电平（dB_m）	导频电平（dB_m）	呼叫电平（dB_m）	远动电平（dB_m）
—	＋30	＋17	＋13	
1/200	＋29	＋16	＋12	＋18
2/100	＋28	＋15	＋11	＋14
4/50	＋27	＋14	＋10	＋10

（8）中频频率准确度：$\Delta f \leqslant \pm 1$Hz。

（9）高频频率准确度：高频$(56+4n)$kHz，304kHz以下，$\Delta f \leqslant \pm 2$Hz；304～512kHz，$\Delta f \leqslant \pm 4$kHz；其中$n=0$、1、2…114。

（10）频率间隔见表29-1-25。

表 29-1-25　ZDD-21型电力线单路载波机收发信频率间隔表

运行状态		同相使用	邻相使用
并机收、发	352kHz以下	3B	1B
	352～500kHz	7B	1B
并机发、发		7B	0B
并机收、收		7B	0B

（11）并机分流衰减：＜1dB。

（12）标称载波功率为5W，标称传输衰减为34dB。

2. 音频侧技术性能

（1）电话信号有传输频带：0.3～2.3kHz。

（2）四线通路总衰减频率特性见图29-1-11。

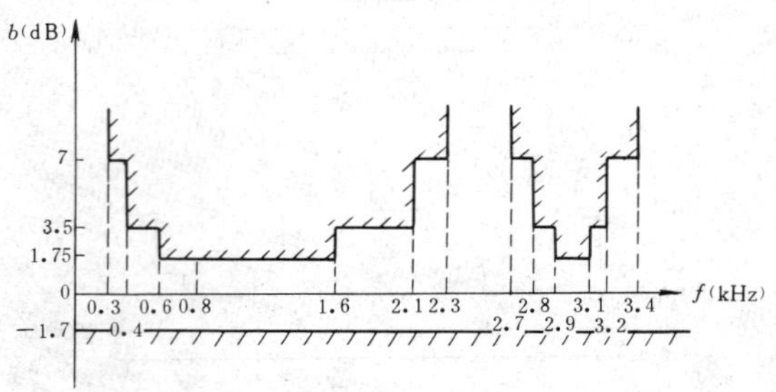

图 29-1-11　ZDD-21型电力线单路载波机四线通路总衰减频率特性

（3）电话信号电平见表29-1-26，表中阻抗均为平衡式。

表 29-1-26　电话信号电平表

接　口	发送电平（dB_r/Ω）	接收电平（dB_r/Ω）
二　线	0/600	－7/600
四　线	－7±1/600	－7/600

（4）标称阻抗：600Ω。

（5）回波损耗：≥14dB。

（6）通路幅度特性：输入电平为－10～0dB_{m0}间的任意值时，两端机通路线性偏差≤±0.5dB。

（7）自动增益控制特性：当线路衰减变化$^{-8.7}_{+22}$dB时，音频通路电平＜1.5dB。

（8）限幅作用：在二线端输入电平增加＋15dB_{m0}，高频端输出电平≤＋3dB。

（9）固有噪声：＜－52dB。

（10）近端及远端串音：＜50dB。

（11）串音衰减：＞60dB。

（12）电话通路非线性失真：≤5%。

（13）通路稳定度：＞5dB。

（14）净衰减持恒度：≤±1dB_m/24h。

3. 电话呼叫通路

（1）调制方式及频带：二次调幅方式，频带为2520

±30Hz。

(2) 脉冲失真：脉宽误差允许≤±5ms。

(3) 转接方式：音频转接。

4. 自动交换系统

每一端机配有一套自动交换系统，设有3门用户，其中1号用户为转接用户，2号用户为普通用户，3号用户为优先用户。该系统具有直通电话、自动拨号、优先强拆、音频转接及自环检查五种工作方式。

5. 音频接口方式

二线及四线。

6. 告警系统

当熔丝熔断、±24V 电源过载保护、载频振荡器停振、导频电平调节偏差≥2.6±0.8dB 并迟延15±5s、无220V 交流市电输入时，相应机盘上红灯亮、机架上告警红灯亮、铃响。

7. 供电电源

(1) 直流电源：$-48V\,{}^{+20}_{-15}\%$。

(2) 交流电源：220V±10%。

交直流电源能自动倒换，平时常用市电电源，当市电停电或故障时，直流电源能自动接入。

(3) 电源功耗：≤120W。

(四) 外形尺寸及质量

(1) 外形尺寸：650×350×1342（宽×深×高，mm)。

(2) 质量：一架一端质量为100kg。

(五) 生产厂

国营南京有线电厂，国营七三四厂。

十二、ZDD-27系列电力线载波机

(一) 简介

ZDD-27系列电力线载波机采用国标 GB7255—87《单边带电力线载波机技术条件》和参照 IEC495《单边带电力线载波机输入输出特性指标建议值》及有关 CCITT 建议而设计的。适用在电力线、架空电缆及其它相适应的电力传输媒介中传输电话、远动、继电保护、数传等信息。

该机采用部分抑制载频的单边带三级幅度调制方式，利用高中频580～584kHz，使高频调制的有用边带均在500kHz 以下，无用边带均高于500kHz 以上的特点，因而只用500kHz 低通滤波器就可以选出线路频谱，从而省去了高频带通滤波器。在40～152kHz 和152～500kHz 两个频段内改变频谱无须更换元件。

该机的载供系统采用频率合成和锁相倍频技术，主振频率4096kHz，通过不同的分频可以得到中频载频，通过编制锁相倍频的反馈支路分频比来得到高频载频。

该机可配 YFB-1型或 YFB-2型复用保护信号设备，可以构成远方复用继电保护通道，用以传输允许、闭锁和直跳等方式的保护信号。

该机设置了微机监测系统，它可以实时处理所设置的工作电压、工作交变量等，并能在本机的面板上用数码管显示和串行输出机外，以便联网监测。被处理的量包括工作电压（－40、＋24、－24、＋15V），工作交变量（呼导发、呼导收、保护命令电平等工作开关量）。

电源系统采用 PWM（脉宽调制的开关稳压器）技术。

该机可提供载波架、高频架和音频架。

载波架和音频架的每一路音频通路均备有交换系统，该系统具有 E&M 接口，音频转接可以通过 E&M 接口来实现。

(二) 型号含义

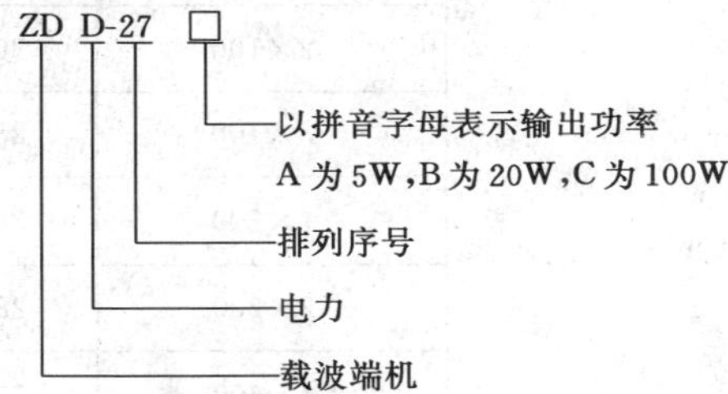

(三) 技术数据

1. 载波侧技术性能

(1) 载波频率范围：40～500kHz。

(2) 基本载波频率：4kHz。

(3) 标称阻抗：75Ω 不平衡式。

(4) 回波损耗：≥10dB。

(5) 乱真输出：满足 IEC495号文件推荐值。

(6) 通路载频外线载漏电平：＞110dB。

(7) 中频载频外线载漏电平：＞110dB。

(8) 高频载频外线载漏电平：＞110dB。

(9) 各种信号的载波电平见表29-1-27。

(10) 频率准确度：载频＜±14Hz，音频为0Hz。

(11) 频率间隔见表29-1-28。

(12) 并机分流衰减：＜1dB。

(13) 标称载波功率有如下3种。A 型5W，B 型20W，C 型100W。

(14) 标称传输衰减：40dB，紧邻时30dB。

(15) 选择性，接收支路选择性如下：

1) 频带外≥0.3kHz 为70dB_{m0}。

2) 频带外≥0.3～4.0kHz 为70～90dB_{m0}。

3) 频带外≥4kHz 为＞90dB_{m0}。

表 29-1-27 **ZDD-27系列电力线载波机各种信号的载波电平表**

机型	复用远动量（路×Bd）	发信电平 (dB)						
		电话	呼叫	辅载	50Bd	100Bd	200Bd	600Bd
	不复用远动	33	20	20				
	1×50	32	19	19	19			
	2×50	31	18	18	18			
	3×50	30	17	17	17			
	4×50	29	16	16	16			
	5×50	28	15	15	15			
ZDD-27A	6×50	27.5	14.5	14.5	14.5			
	1×100	31	18	18		21		
	2×100	30	17	17		20		
	3×100	28.5	15.5	15.5		18.5		
	1×200	30.5	17.5	17.5			23.5	
	2×200	28.5	15.5	15.5			21.5	
	1×600	28.5	15.5	15.5				24.5
	不复用远动	40	27	27				
	1×50	39	26	26	26			
	2×50	38	25	25	25			
	3×50	37	24	24	24			
	4×50	36	23	23	23			
	5×50	35.5	22.5	22.5	22.5			
ZDD-27B	6×50	35	22	22	22			
	1×100	38	25	25		28		
	2×100	37	24	24		27		
	3×100	36	23	23		26		
	1×200	37	24	24			31	
	2×200	36	23	23			30	
	1×600	36	23	23				34

表 29-1-28 ZDD-27系列电力线载波机频率间隔表

本 机	同 相	邻 相
收发≥0B	并机收发≥1B	本机发邻相收≥0B
	并机发发≥3B	本机发邻相发≥0B
	并机收收≥0B	本机收邻相收≥0B

2.音频侧技术性能

(1) 电话信号有效传输频带安排如下：

1) 0.3～2.0kHz 电话、远动复用机。

2) 0.3～2.4kHz 电话、远动复用机。

3) 0.3～3.4kHz 电话专用机。

4kHz 频带频率分配见图29-1-12。

(2) 四线通路总衰减频率特性见图29-1-13。

(3) 电话信号电平见表29-1-29。

(4) 标称阻抗为600Ω平衡式，回波损耗≥14dB。

表 29-1-29 ZDD-27系列电力线载波机电话信号电平表

接 口	发信电平 (dB_r)	收信电平 (dB_r)
二 线	0	－7
四 线	－14	＋4

(5) 群时延失真见图29-1-14。

(6) 自动增益控制特性：收信电平的自动增益控制范围40dB，音频信号输出电平的变化≤1dB。

(7) 通路幅度特性：输入电平在－10～0dB_{m0}之间变化时，其输出的线性偏差＜±0.3dB。

(8) 限幅作用：输入信号的电平由0dB_{m0}提高到＋15dB_{m0}时，载波信号电平增加＜3dB。

(9) 固有噪声：≤－60dB_{m0p}。

(10) 近端及远端串音：≤－60dB_{m0p}。

(11) 串音衰减：＞60dB。

(12) 电话通路非线性失真：≤5%。

(13) 通路稳定度：≥5.6dB。

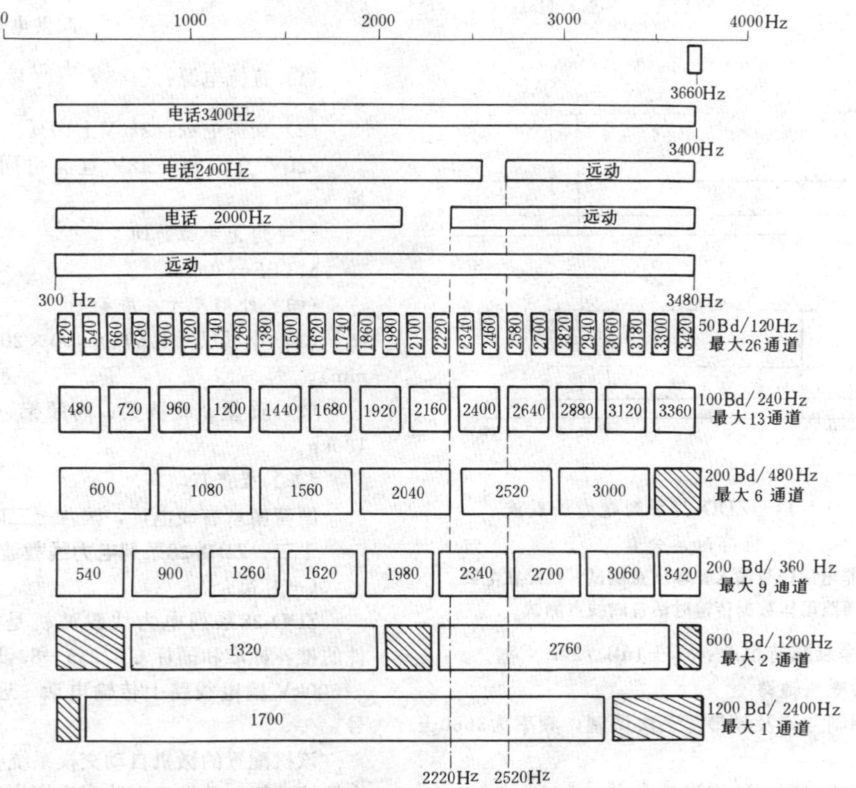

图 29-1-12 ZDD-27系列电力线载波机4kHz 频带频率分配图

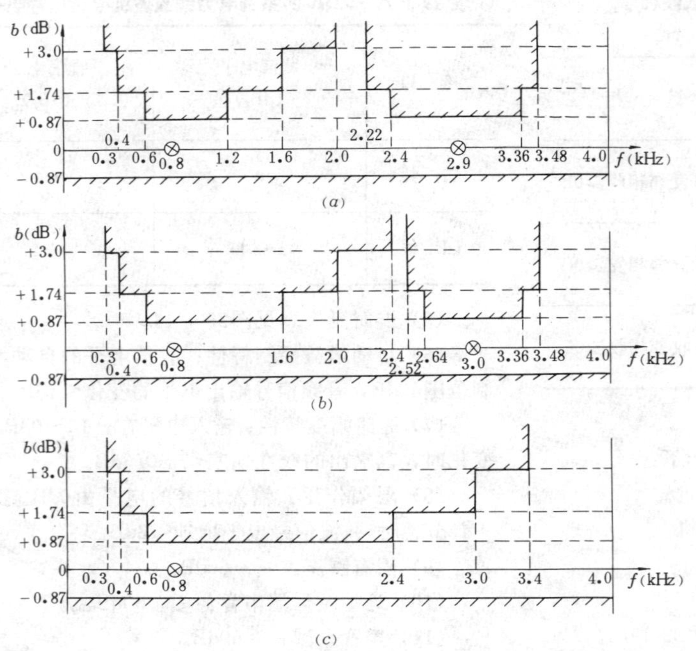

图 29-1-13　ZDD-27系列电力线载波机四线通路总衰减频率特性
(*a*) 复用机（话音0.3～2.0kHz）；(*b*) 复用机
（话音0.3～2.4kHz）；(*c*) 专用机

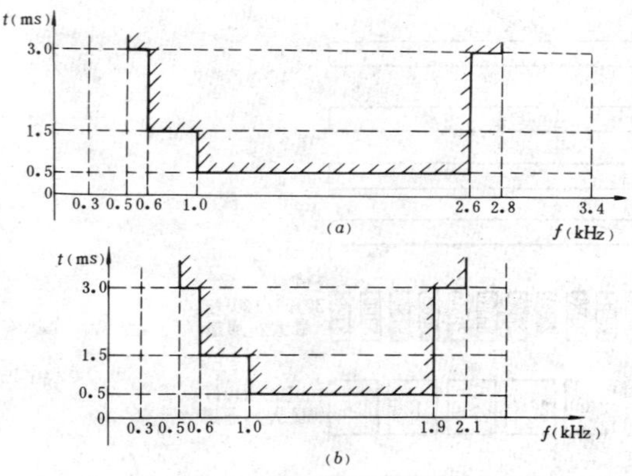

图 29-1-14　ZDD-27系列电力线载波
机群时延失真
(*a*) 在非电话信号输入、输出点测试；(*b*) 在电话
通路用作数据传输时话音四线点测试

(14) 净衰减持恒度：≤±1dB$_m$/24h。

3. 电话呼叫通路

(1) 调制方式及频带：三次调制，频率为3660±30Hz。

(2) 脉冲失真：脉宽误差允许<±5ms。

(3) 转接方式：音频转接方式。

4. 自动交换系统

载波架的音频通路和音频架的每一通路均备有自动交换系统，有4门用户，其中2门为音转用户及与程控相联的E.M接口，具有直通电话、自动拨号电话、音频转接、优先强拆（可置为拨号优先或取机优先）、E.M接口（可提供2个E.M中继的接口）及自环检测等功能。高频架设有4门普通用户的交换系统，可以构成与本端及对端的正常呼叫。

5. 音频接口方式

二线及四线方式。

6. 告警系统

当载供系统和电源系统发生故障、发信和收信支路信号消失、呼/导信号跌落或消失、熔丝熔断以及保护系统有故障时，告警系统发出可见可闻的告警信号。

7. 供电电源

(1) 直流电源：$-48V\begin{matrix}+20\\-15\end{matrix}\%$。

(2) 交流电源：220V±10%。

220V交流和-48V直流可同时并供，平滑切换。

8. 平均无故障时间

MTBF=3000h。

（四）外形尺寸及质量

(1) 外形尺寸：600×400×2000（宽×深×高，mm）。

(2) 质量：载波架、高频架、音频架各架均为180kg。

（五）生产厂

国营南京有线电厂，国营七三四厂。

十三、ZDD-28系列电力线载波机

（一）简介

ZDD-28系列电力线载波机是根据IEC495号文件的推荐标准和国标GB7255—87设计的，适用于110～500kV输电线路上传输电话、远动和高频保护信号。

该机配置的微机自动交换系统备有E.M接口，具有遥控功能，并设置有监测系统（具有监控和监测功能）。

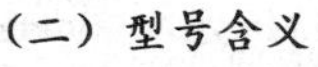

（二）型号含义

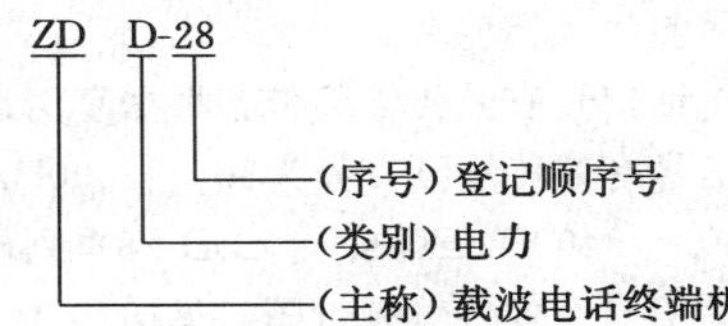

（三）技术条件

1. 载波侧技术性能

（1）载波频率范围：40～500kHz。

（2）基本载频频带：4kHz。

(3)标称阻抗和回波损耗：载波输出端的标称阻抗75Ω（不平衡式），在标称载波频带内，发信方向的回波损耗不小于10dB。

（4）乱真输出：符合国标GB7255—87的要求。

（5）中频外线载漏电平：≤－19dBu/75Ω。

（6）高频外线载漏电平：≤－43dBu/75Ω。

（7）各种信号的载波电平：按国标GB 7255—87附录A电平分配方法计算。如ZDD-28B不复用远动，话音带宽为300～2000Hz时，话音电平为＋40dB_m，导频和呼叫信号及辅助载频信号均为＋27dB_m。

（8）频率准确度：载波机的频率实际值与标称值相差不超过±20Hz。采用收发频率同步时，一对载波机发信端至收信端的音频信号频率偏差为0Hz。

（9）频率间隔如下：本机收发≥0B，并机收发≥1B，并机发发≥3B，并机收收≥0B。

（10）标称载波功率如下：ZDD-28A型为5W/＋37dB_m，ZDD-28B型为20W/＋43dB_m，ZDD-28C型为100W/＋50dB_m。

（11）标称传输衰耗如下：ZDD-28A型为35dB，ZDD-28B型为40dB，ZDD-28C型为45dB。频率紧邻时均为30dB。

（12）选择性：标称收信频带以外的干扰信号衰减，在≥0.3kHz处，≥70dB；≥4kHz处，≥90dB。

2. 音频侧技术性能

（1）电话信号有效传输频带：根据复用远动的要求，电话有效传输频带分300～2000Hz、300～2400Hz和300～3400Hz三种，见图29-1-15。

（2）四线通路衰减频率特性：符合国标GB7255—87的要求。

（3）电话信号电平：见表29-1-30。

（4）标称阻抗为600Ω平衡式（电话及远动输入输出），回波损耗≥14dB（有效传输频带内）。

（5）群时延失真：符合国标GB 7255—87的要求。

（6）自动增益控制特性：在自动增益控制范围内，高频信号收信电平变化＋14～－26dB时，音频输出电平的变化≤1dB。

表29-1-30　ZDD-28系列电力线载波机电话信号电平表

接　口	发送电平 (dB_r/Ω)	接收电平 (dB_r/Ω)
二　线	0	－7
四　线	－19～＋10/600（可调）	－15～＋10/600（可调）

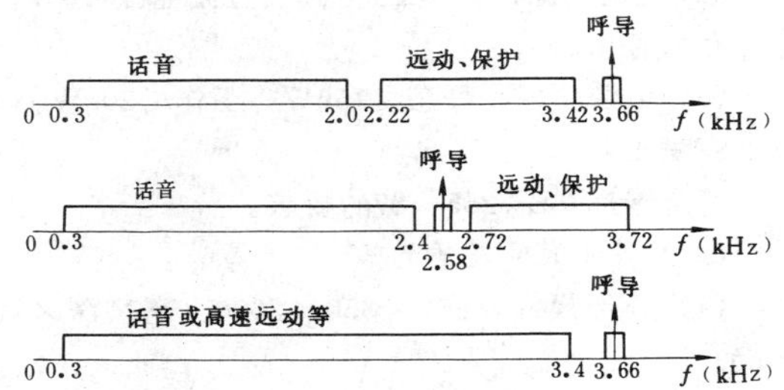

图 29-1-15　ZDD-28系列电力线载波机电话信号有效传输频带图

（7）通路幅度特性：符合国标GB 7255—87的要求。

（8）限幅作用：符合国标GB 7255—87的要求。

（9）固有噪声：符合国标GB 7255—87的要求。

（10）近端及远端串音：符合国标GB 7255—87的要求。

（11）串音衰减：符合国标GB 7255—87的要求。

（12）电话通路非线性失真：符合国标GB 7255—87的要求。

3. 电话呼叫通路

（1）调制方式及频带：呼叫与导频共用一组f_0±30Hz频率，采用移频键控（FSK）选用3660±30Hz或2580±30Hz，导频和呼叫频率的带宽为80Hz。

（2）脉冲失真：符合国标GB 7255—87的要求。

（3）转接方式：音频四线或二线转接。

4. 自动交换系统

该机配有以MCS51单片机为主体的微机自动盘，具有直通、自动拨号、音频转接、优先强拆和自检功能。可与纵横制交换机或程控交换机一个小号用户二线连接，并备有与程控交换机出E.M中继线连接的E.M接口，实现拨号脉冲自动接续。

5. 遥控功能

该机具有本端微机自动盘遥控对端机自动盘回送800Hz测试信号，在本端完成日常通路电平的测试工作。

6. 监测系统

利用音频呼导频率 $f_0\pm30$Hz，对通路发信电平、收信电平和通道信噪比低于规定范围以及脉冲突发信号干扰进行监控，同时对供电系统电压变化进行监测，并将监测结果送入集中控制屏或数据采集中心，从而实现机房集中监控无人值守。

7. 供电电源

(1) 直流电源：−48V (−42～−60V)，正极接地。

(2) 交流电源：220V±10%。交直流电源可同时供电并互为备用。

(3) 电源功耗：静态≤150W，工作≤200W。

8. 耐压要求

符合国标 GB 7255—87的要求。

(四) 外形尺寸及质量

(1) 外形尺寸：665×350×2000 (宽×深×高，mm)。

(2) 质量：约200kg。

(五) 生产厂

清江无线电总厂 (江苏省淮阴市解放西路89号)。

十四、ZDD-33型电力线载波机

(一) 简介

ZDD-33型电力线载波机是参照 IEC 495号文件推荐值和国标GB7255—87设计的，适用于35～110kV 输电线路上传输电话、远动信号，配有微机自动盘，具有遥控等功能。

(二) 技术数据

1. 载波侧技术性能

(1) 载波频率范围：40～500kHz。

(2) 基本载波频带：4kHz。

(3) 标称阻抗为75Ω (不平衡式)，回波损耗≥10dB。

(4) 中频外线载漏电平：≤−19dBu/75Ω。

(5) 高频外线载漏电平：≤−43dBu/75Ω。

(6) 各种信号的载波电平：按国标 GB 7255—87 附录 A 电信号的电平分配方法计算，不复用远动时话音带宽为300～2400Hz 时，话音电平为+30dB_m，呼导信号电平为+16dB_m。

(7) 频率准确度：载波机的载频实际值与标称值相差不超过±20Hz。一对载波机的发信端至收信端的音频信号频率偏差<2Hz。

(8) 频率间隔：40～300kHz 时≥3B，300～500kHz 时≥7B。

(9) 标称载波功率：2W/33dB_m。

(10) 标称传输衰减：40dB。

(11)选择性：标称收信频带以外的干扰信号衰减，在>0.3kHz 处，≥70dB；在≥4kHz 处，≥90dB。

2. 音频侧技术性能

(1) 电话信号有效传输频带：根据复用远动的要求，电话信号有效传输频带分为300～2000Hz、300～2400Hz、300～3400Hz 三种，同 ZDD-28系列电力线载波机的电话信号有效传输频带图，见图29-1-15。

(2) 四线通路衰减频率特性：符合国标 GB7255—87的要求。

(3) 话音信号电平见表29-1-31。

表 29-1-31　ZDD-33型电力线载波机电话信号电平表

接　口	发信电平 (dB_r/Ω)	接收电平 (dB_r/Ω)	发信电平 (dB_r)	接收电平 (dB_r)
二　线			0	−7
四　线	−14～0/600 (可调)	0～+4/600 (可调)		

(4) 标称阻抗为600Ω 平衡式 (电话、远动端标称阻抗)，有效传输频带内的回波损耗≥14dB。

(5) 自动增益控制特性：在自动增益控制范围内，当高频信号收信电平变化+14～−26dB 时，音频输出端电平的变化≤1dB。

(6) 通路幅度特性：符合国标 GB 7255—87的要求。

(7) 限幅特性：符合国标 GB 7255—87的要求。

(8) 固有杂音：符合国标 GB 7255—87的要求。

(9) 近端及远端串音：符合国标 GB 7255—87的要求。

(10) 电话通路非线性失真：符合国标 GB 7255—87的要求。

3. 电话呼叫通路

(1) 调制方式及频带：呼叫与导频共用一组 $f_0\pm30$Hz 频率，采用移频键控(FSK)，选用2580±30Hz 或3600±30Hz。呼导频率带宽为80Hz。

(2) 脉冲失真：符合国标 GB 7255—87的要求。

(3) 转接方式：音频四线转接。

4. 自动交换系统

微机自动盘是以 Mes51单片机为主体，具有直通、自动拨号、音频转接、优先强拆和自检功能，可与纵横制交换机或程控交换机一个小号用户二线连接。

5. 遥控功能

具有本端微机自动盘遥控对端机自动盘回送800Hz 测试信号，在本端完成日常通路电平的测试工作。

6. 供电电源

(1) 直流电源：−48V（−30～−60V）正极接地。

(2) 交流电源：220V±15%。

(3) 电源功耗：静态≤50W，工作≤100W。

7. 耐压要求

符合国标 GB 7255—87的要求。

(三) 外形尺寸及质量

(1) 外形尺寸：280×350×1400（宽×深×高，mm）。

(2) 质量：75kg。

(四) 生产厂

清江无线电总厂（江苏省淮阴市解放西路89号）。

十五、ZJ-3A、ZJ-3（3B）型电力线复合载波机

(一) 简介

ZJ-3A、ZJ-3（3B）型电力线复合载波机是适用于110～330kV 电力线上传输电话和远动信号的载波通信设备。

该机可以二次音频转接或一次音频转接一次中频转接，满足技术指标。进行三次转接时可以通话。

该机可传输最高速率为600Bd 的远动信号。

ZJ-3A 及 ZJ-3B 型为交直流供电，ZJ-3型为交流供电。

(二) 型号含义

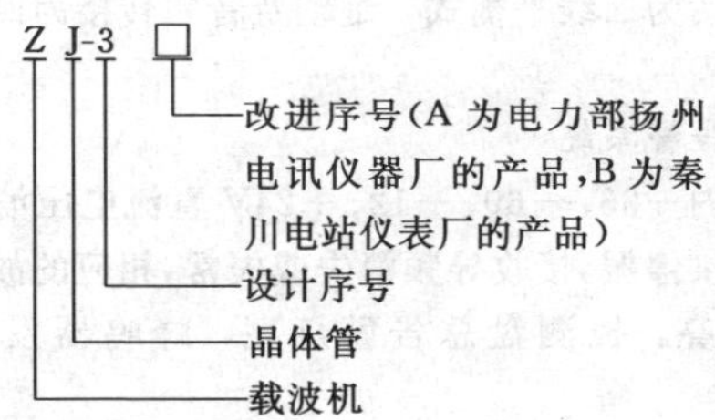

(三) 技术数据

1. 载波侧技术性能

(1) 载波频率范围：40～500kHz。

(2) 基本载波频带：4kHz。

(3) 标称阻抗：100Ω（不平衡式）。

(4) 中频外线载漏：≤−9dB_m。

(5) 高频外线载漏：≤−44dB_m。

(6) 各种信号的载波电平见表29-1-32。

表 29-1-32　ZJ-3A、ZJ-3（3B）型电力线复合载波机各种信号的载波电平表

工作方式	电话信号 (dB_m)	呼叫信号 (dB_m)	导频信号 (dB_m)	远动信号 (dB_m)
不开放远动	+36.5	+23.5	+23.5	
开放全路远动	+30.4	+23.5	+23.5	+30.4

(7) 频率稳定度：中载频不超过±200×10^{-6}，高载频不超过±200×10^{-6}。

(8) 频率间隔：并机及本机收发间隔≥5%F（F 为频带中心频率），两边频最近频距应≥8kHz。

(9) 并机分流衰减：≤0.9dB。

(10) 标称传输衰减：45dB。

2. 音频侧技术性能

(1) 信号有效传输频带，ZJ-3A 型机有两种方式，见图29-1-16。ZJ-3（3B）型机只提供方式一。

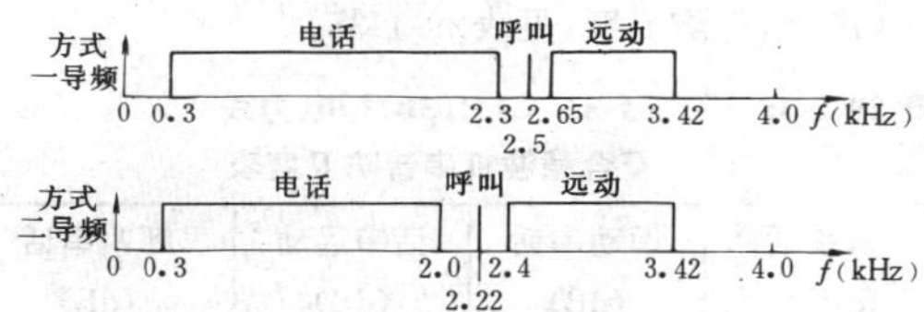

图 29-1-16　ZJ-3A、ZJ-3（3B）型电力线复合载波机信号有效传输频带分配方式图

(2) 净衰减频率特性：见表29-1-33。

(3) 远动通路频率特性：见表29-1-34。

表 29-1-33　ZJ-3A、ZJ-3(3B)型电力线复合载波机电话通路净衰减频率特性

频率(kHz)	0.3	0.4	0.6	0.8	1.2	1.6	2.1	2.3
偏差*(dB)	+5 −1.6	+3 −1.6	+1.6 −1.6	0 0	+1.6 −1.6	+2.4 −1.6	+3 −1.6	+5 −1.6
频率(kHz)	0.3	0.4	0.6	0.8	1.2	1.6		2.0
偏差**(dB)	+5 −1.6	+3 −1.6	+1.6 −1.6	0 0	+1.6 −1.6	+2.4 −1.6		+5 −1.6

*　话音频带为0.3～2.3kHz。

**　话音频带为0.3～2.0kHz。

表 29-1-34 ZJ-3A、ZJ-3(3B)型电力线复合载波机远动通路频率特性

频率(kHz)	2.65		2.8	2.9	3.0	3.2	3.42
偏差*(dB)	+5 −1.3		+2.6 −1.3	+1.3 −1.3	0 0	+2.6 −1.3	+5 −1.3
频率(kHz)	2.4	2.65	2.8	2.9	3.0	3.2	3.4
偏差**(dB)	+5 −1.3	+2.6 −1.3	+2.6 −1.3	+1.3 −1.3	0 0	+2.6 −1.3	+5 −1.3

* 远动频带为2.65～3.42kHz。

** 远动频带为2.4～3.4kHz。

(4)电话信号电平：二线发为0dB_r，二线收为−7dB_r。

(5)远动信号电平：输入为−18dB_m，输出为0dB_m。

(6)标称阻抗：600Ω(平衡式)；远动部分为300、600、1400Ω(平衡式)。

(7)自动增益控制特性：当载波通道衰减较标称值(45dB)变化$^{+22}_{-13}$dB时，二线端电话信号输出电平的变化不超过±1.5dB。

(8)通路幅度特性：当二线端电话信号输入电平提高3.5dB时，输出与0dB_{m0}点的净衰减的偏差不超过±0.5dB。

(9)固有噪声：≤2mV。

(10)串音防卫度：见表29-1-35。

表 29-1-35 ZJ-3A、ZJ-3(3B)型电力线复合载波机串音防卫度表

并机串话 (dB)	远动串话 (dB)	话串远动 (dB)	呼叫串话 (dB)
≥30.4	≥30.4	≥26	≥43.4

(11) 电话通路非线性失真系数：≤5%。

(12) 通路稳定度：≥4.8dB。

(13) 净衰减持恒度：24h内净衰减变化不超过±0.9dB。

3.电话呼叫通路

(1) 调制方式及频带：带外单频制，2.5kHz或2.22kHz。

(2) 转接方式：音频、中频。

4.自动交换系统

(1)用户数目及用途：一个话路具有4门用户，其中一个可作为优先用户，两个可作为音频转接之用。

(2)用户编号：采用一位数，从0～9共10个用户号，可根据需要自由选择编号。出厂时用户1、2、3、4编号分别为2、3、4、5，用户3为优先用户。通过印制板上的线条短接，也可不设置优先用户及将用户1、2作为音频转接之用。

(3) 服务信号如下：

1) 拨号音为连续的450Hz信号音。

2) 回铃音为断续比为4s∶1s的450Hz信号音。

3) 忙音为断续比为0.3s∶0.3s的450Hz信号音。

4) 铃流为50Hz、80V，断续比为4s∶1s。

(4) 呼通率：不低于95%。

(5) 话机号盘速率为10±1脉冲/s，脉冲断续比为1.6±0.3∶1。

(6) 用户线路性能：环路电阻≤1500Ω(不包括电话机)，绝缘电阻≥20Ω，线间电容≤0.7μF。

5.音频接口方式

电话为二线平衡式，远动及音频转接为四线平衡式。

6.告警系统

机内−36、−60、−12、+24V直流电压消失，中、高频载供停振，接收导频消失或失常，相应的故障分盘告警灯亮，控测盘总告警灯亮，蜂鸣器发出报警音。

7.供电电源

(1) 直流电源：−48V。

(2) 交流电源：220V±5%。

(3)交直流电源供给：交直流两用，平时以交流供电为主，当交流中断时，自动切换为直流供电。

(4) 功耗：ZJ-3A型机<120W，ZJ-3(3B)型约200W。

(四) 外形尺寸及质量

(1)ZJ-3A型：外形尺寸为650×350×1300(宽×深×高，mm)，墩式安装，底脚不需固定。质量为200kg。

(2) ZJ-3(3B)型：外形尺寸为620×350×1300(宽×深×高，mm)。

(五) 生产厂

ZJ-3A型为电力部扬州电讯仪器生产。ZJ-3(3B)型为秦川电站仪表厂生产。

十六、ZJ-5系列电力线载波机

(一) 简介

ZJ-5系列电力线载波机是适用于110～500kV 电力线上的载波通信设备。

该系列机按标称载波功率分为A、B、C三种等级的型号，每种型号均有载波架、高频架、高频下话路架、低转架、低转下话路架、低频二/四话路架六大类十七种机架供选择使用，以满足不同的需要。

按用户要求，该系列机可配置微机程控自动交换装置，并可配备各种交换设备连接的接口。

该系列机能确保长距离多次音转及低转时对全程通信性能的要求，以及调度用户的优先权。

该系列机具有保证远动通道及远方保护信号传输可靠性的措施，并可配备专用的"ZJ5-YB型远方保护信号复用装置"。

(二) 型号含义

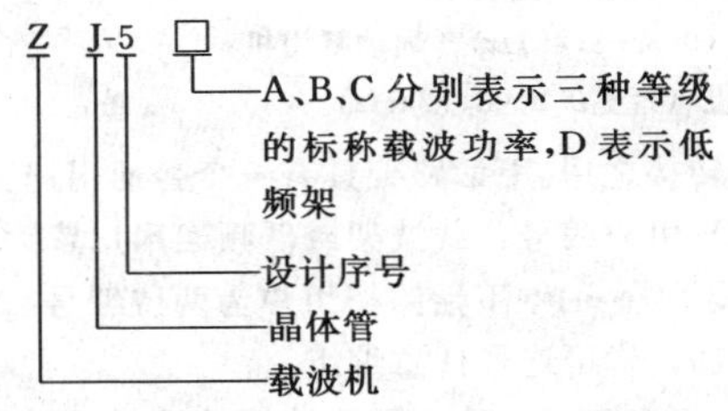

(三) 技术要求

1. 载波侧技术性能

(1) 载波频率范围：40～500kHz。

(2) 基本载波频带：4kHz。

(3) 标称阻抗为75Ω不平衡式，回波损耗≥10dB。

(4) 乱真输出：符合国标GB7255—87图3的要求。

(5) 中、高频外线载漏电平见表29-1-36。

表 29-1-36　ZJ-5系列电力线载波机中、高频外线载漏电平表

机　型	中频载漏电平 (dB_m)	高频载漏电平 (dB_m)
ZJ-5A	≤－7	≤－70
ZJ-5B	≤－1	≤－64
ZJ-5C	≤＋5	≤－58

(6) 中、高频镜像频率抑制度：≥80dB。

(7) 各种信号的载波电平：不复用远动信号时见表29-1-37，复用远动信号时，各种信号的载波电平分配，按国标GB 7255—87附录A的方法计算。

(8) 频率准确度：≤±20Hz。

(9) 载波频带间隔：见表29-1-38。

(10) 并机分流衰减：≤1dB。

(11) 标称载波功率：ZJ-5A型机为6.25W，ZJ-5B型机为25W，ZJ-5C型机为100W。

(12) 载波电话信号输入、输出电平：见表29-1-39。

表 29-1-37　ZJ-5系列电力线载波机不复用远动信号时各种信号的载波电平表

机　型	电话信号 (dB_m)	呼叫信号 (dB_m)	导频信号 (dB_m)
ZJ-5A	＋36	＋18	＋23
ZJ-5B	＋42	＋24	＋29
ZJ-5C	＋48	＋30	＋35

表 29-1-38　ZJ-5系列电力线载波机载波频带间隔表

运行状态	发　收			发　发		收　收	
	本机间	并机间	邻相间	并机间	邻相间	并机间	邻相间
间隔要求	≥0B	≥1B	≥0B	≥3B	≥0B	≥0B	≥0B

表 29-1-39　ZJ-5系列电力线载波机载波端电话信号输出、输入电平

机　型	不复用时输出电平 (dB_m)	输入电平 (dB_m)	最低输入电平 (dB_m)
ZJ-5A	＋36	－12	－32
ZJ-5B	＋42	－6	－26
ZJ-5C	＋48	0	－20

(13)标称传输衰减：48dB。

2. 音频侧技术性能

(1)信号有效频带：见图29-1-17。

(2)电话信号电平：见表29-1-40。

表 29-1-40　ZJ-5系列电力线载波机电话信号电平表

接　口	发信电平 (dB_r)	收信电平 (dB_r)
二　线	0	－7
四　线	－14	＋4

(3) 标称阻抗和回波损耗：见表29-1-41。

(4) 群时延失真：符合国标GB 7255—87图5*a*要求。

(5) 自动增益控制特性：当载波通道衰减较标称值（48dB）变化$^{+20}_{-10}$dB时，音频信号输出电平的变化≤1dB。

(6) 通路幅度特性：当输入电平在－10～0dB_{m0}之间变化时，与0dB_{m0}点的总衰减的偏差≤±0.3dB，测试频率为800Hz。

(7) 限幅作用：符合国标GB 7255—87第2.17条。

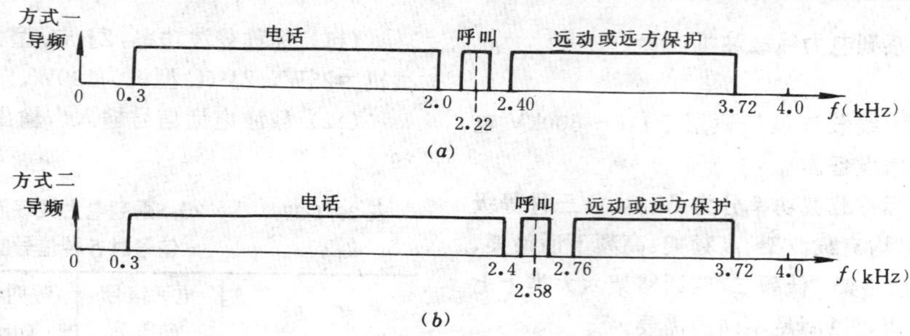

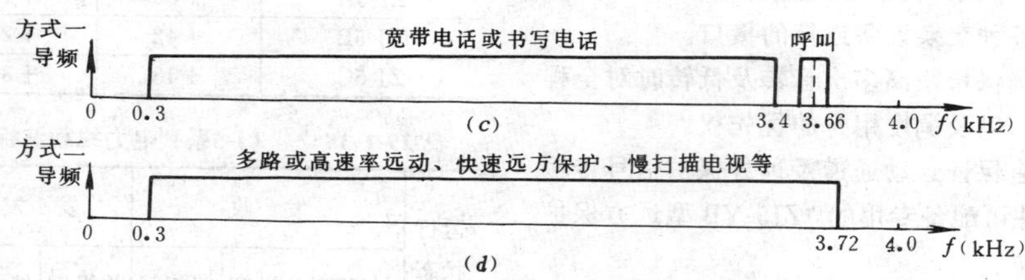

图 29-1-17　ZJ-5系列电力线载波机信号频带划分图

(*a*) 话音（0.3～2.0kHz)、远动复用机；(*b*) 话音（0.3～3.4kHz)、远动复用机；
(*c*) 专用机（带宽0.3～3.4kHz)；(*d*) 专用机（带宽0.3～3.72kHz)

表 29-1-41　ZJ-5系列电力线载波机音频侧标称阻抗和回波损耗表

部　分	标称阻抗 (Ω)	回波损耗 (dB)
电话部分	600（平衡式）	≥14
远动部分	600 （输入不平衡式，输出平衡式）	
远方保护部分	600 （输入不平衡式，输出平衡式）	

(8) 固有噪声：≤−60dB_{m0p}。

(9) 近端及远端串音：≤−60dB_{m0p}。

(10) 串音衰减：≥60dB。

(11) 电话非线性失真系数：≤5%。

(12) 通路稳定度：5～7dB。

(13) 净衰减持恒度：24h 内变化不超过±1dB。

3. 电话呼叫通路

(1) 调制方式及频带：移频制，2220±30Hz、2580±30Hz、3660±30Hz。

(2) 脉冲失真：不超过5ms。

(3) 转接方式：音频、低频转接。

4. 自动交换系统

(1) 直通电话：起动话机即可呼通对方进行通话。若对方是多用户的自动盘，亦可进行选号呼叫。

(2) 用户数目及用途：载波架及低频架的一个话路具有4门用户，一个为优先用户（可插入已通话的用户中进行协商和强拆），三个普通用户，其中二个可改为音频转接之用。下话路架具有三个普通用户。

(3) 用户编号：载波架或低频架用户皆为一位编号，2、3、4……9，下话路架用户为两位编号，11、12、13……19，皆可连号任意编组。

(4) 呼通率：一对机间不低于98%，每增加一次转接，呼通率的下降不大于2%。

(5) 话机的要求：号盘速率为10±1脉冲/s，脉冲断续比为1.6±0.3:1。

(6) 用户线路的要求：环路电阻≤1500Ω（不包括电话机)，绝缘电阻≥2kΩ，线间电容≤0.7μF。

5. 音频接口方式

电话为二线平衡式，远动及转接为四线平衡式。

6. 告警系统

机内−48、±18V 直流电压消失或故障，中、高频载频停振，导频消失或失常，呼叫信号导频消失，相应的故障分盘告警灯亮，总告警灯（机架上方）亮，控测盘内扬声器发出报警音。按告警切断按钮(自动复原)，声音停止，告警灯仍亮。故障排除后灯熄灭（报警音不再响)。若故障再发生，则再次告警。

7. 供电电源

(1) 直流电源：−48V±15%，−24V（低频架可用)。

(2) 交流电源：220V±10%。

(3) 交直流电源供给：可交流供给，亦可直流供给，或交直流并联供给，平时以一种为主，另一种备用，自动切换。

(4) 功耗：载波架及低频架的功耗见表29-1-42。

表 29-1-42 ZJ-5系列电力线载波机载波架及低频架功耗表

机型		运行状态	电流/功率 (A/W)	
			交流220V	直流－48V
载波架	A	静态、送800Hz	≤0.45/100、0.54/120	≤1.6/77、2.1/100
	B	静态、送800Hz	≤0.58/130、0.85/190	≤2.2/106、3.5/170
	C	静态、送800Hz	≤0.75/165、1.5/330	≤3.0/150、6.2/300
低频架	1路		≤0.25/55	≤0.6/30
	2路		≤0.35/80	≤0.8/40
	3路		≤0.6/130	≤1.4/70
	4路		≤0.7/166	≤1.6/80

(四) 外形尺寸及质量

(1) 外形尺寸：600×400×2000（宽×深×高，mm)。

(2) 质量：A 型机235kg，B 型机249kg，C 型机256kg，4路低频架247kg。

(五) 生产厂

电力部扬州电讯仪器厂。

十七、ZJ-6（F）型电力线载波机

(一) 简介

ZJ-6（F）型电力线载波机是适用于110kV 以下电力线上传输电话和远动信号的载波通信设备。

ZJ-6型机专用于传输宽带电话信号，可以组成中央通信方式，ZJ-6F 型机是传输电话信号和远动信号的复用机，可传输最高速率为600Bd 的远动信号。

(二) 型号含义

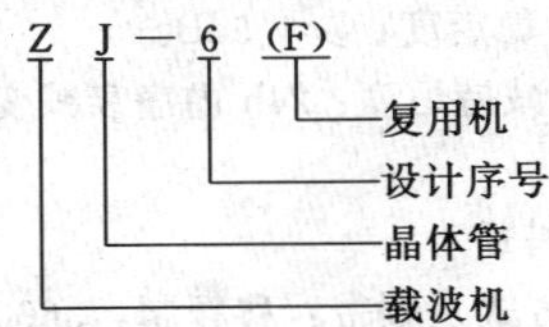

(三) 技术数据

1. 载波侧技术性能

(1) 载波频率范围：40～500kHz。

(2) 基载波频带：4kHz。

(3) 标称阻抗：75Ω（不平衡式）。

(4) 中频外线载漏电平：≤－9dB_m。

(5) 高频外线载漏电平：≤－48dB_m。

(6) 各种信号的载波电平：见表29-1-43。

(7) 中载频频率稳定度：≤±200×10^{-6}。

(8) 高载频频率稳定度：≤±200×10^{-6}。

表 29-1-43 ZJ-6（F）型电力线载波机各种信号的载波电平表

机型	远动	电话信号 (dB_m)	呼叫信号 (dB_m)	导频信号 (dB_m)	远动信号 (dB_m)
ZJ-6 ZJ-6(F)	不复用	+35	+11	+22	
ZJ-6(F)	复用	+30	+11	+22	+28

(9) 载波频率间隔：见表29-1-44。

表 29-1-44 ZJ-6（F）型电力线载波机载波频带间隔

运行状态	发收			发发		收收	
	本机间	并机间	邻相间*	并机间	邻相间*	并机间	邻相间*
间隔要求	≥3B	≥3B	≥1B	≥3B	≥0B	≥0B	≥0B

* 在相间高频跨越衰减≥15dB 时。

(10) 标称传输衰减：39dB。

2. 音频侧技术性能

(1) 信号有效传输频带：见图29-1-18。

(2) 净衰减频率特性：ZJ-6型机净衰减频率特性见表29-1-4，ZJ-6（F）型机净衰减频率特性见表29-1-45。

表 29-1-45　ZJ-6型电力线载波机净衰减频率特性

频率（kHz）		0.3	0.4	0.6	0.8	2.4	3.0	3.4
偏差（dB）	无转接时	−1.5 +5	−1.5 +3	−1.5 +1.5	0	−1.5 +1.5	−1.5 +3	−1.5 +5
	一次音转后	−2 +9	−2 +4	−2 +2	0	−2 +2	−2 +4	−2 +9

表 29-1-46　ZJ-6F 型电力线载波机净衰减频率特性

频率（kHz）		0.3	0.4	0.6	0.8	1.6 (1.2)*	2.0 (1.6)*	2.4 (2.0)*
偏差（dB）	无转接时	−1.5 +5	−1.5 +3	−1.5 +1.5	0	−1.5 +1.5	−1.5 +3	−1.5 +5
	一次音转后	−2 +9	−2 +4	−2 +2	0	−2 +2	−2 +4	−2 +9

* 括号中数表示频率为0.3～2.0kHz。

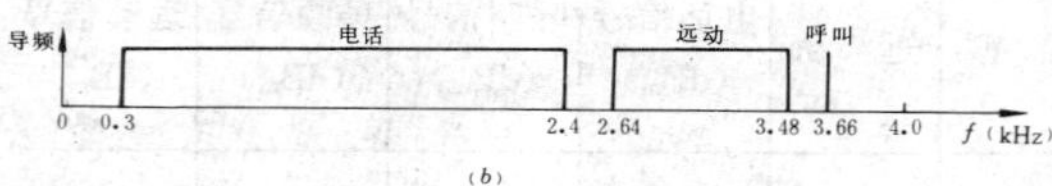

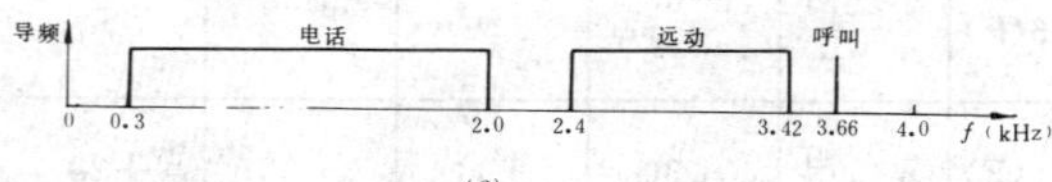

图 29-1-18　ZJ-6（F）型电力线载波机信号有效传输频带划分图

(*a*)ZJ-6型机；(*b*)ZJ-6(F)型机(话音0.3～2.4kHz)；(*c*)ZJ-6(F)型机(话音0.3～2.0kHz)

(3) 远动通路频率特性：见表29-1-47。

(4) 远动通路频率特性：见表29-1-47。

表 29-1-47　ZJ-6（F）型电力线载波机远动通路频率特性

频率（kHz）	2.64 (2.4)*	2.8	2.9	3.0	3.2	3.48
偏差（dB）	−1.5 +5	−1.5 +3	−1.5 +1.5	0	−1.5 +3	−1.5 +5

* 括号中数表示频率为2.4～3.48kHz。

(5) 电话信号电平：二线发为$0dB_r$，二线收为$-7dB_r$。

(6) 远动信号电平：输入为$-20dB_m$，输出为$0dB_m$。

(7) 标称阻抗：600Ω（平衡式）；远动部分为300Ω、600Ω、1400Ω（平衡式）。

(8) 自动增益控制特性：当载波通道衰减较标称值（39dB）变化$^{+20}_{-10}$dB时，二线端电话信号输出电平的变化不超过±1.5dB。

(9) 通路幅度特性：当二线端电话信号输入电平在$-20\sim0dB_{m0}$之间变化时，与$0dB_{m0}$点的净衰减的偏差≤±0.5dB。

(10) 固有噪声：≤2mV。

(11) 串音防卫度：可懂串音≥60dB，不可懂串音≥43dB。

(12) 电话通路非线性失真系数：≤5%。

(13) 通路稳定度：≥4.5dB。

(14) 净衰减持恒度：24h内净衰减变化不超过±1dB。

3. 电话呼叫通路

(1) 调制方式及频带：移频制，3660±30Hz。

(2) 转接方式：音频转接。

4. 自动交换系统

(1) 用户数目及用途：1个话路具有3门用户，其中1个可作为优先用户，1个可作为音频转接用户。

(2) 用户编号：采用1位数，从2～0共9个用户号，可根据需要自由选择编号。

(3) 呼通率：≥95%。

(4) 话机要求及用户线要求同ZJ-5型机。

5. 音频接口方式：电话为二线平衡式，远动及音频转接为四线平衡式。

6. 告警系统

机内±18V、−60V 直流电压消失，中、高频载供停振、接收导频消失或失常，相应的故障分盘告警灯亮，控测盘总告警灯亮，蜂鸣器发出报警音。

7. 供电电源

(1) 直流电源：−24V。

(2) 交流电源：220V±5%。

(3) 交直流电源供给：交直流两用，交流供电中断时，自动切换为直流供电。

(4) 功耗：≤100W。

(四) 外形尺寸及质量

(1) 外形尺寸：620×350×1300（宽×深×高，mm)。墩放，底脚不需固定。

(2) 质量：<200kg。

(五) 生产厂

电力部扬州电讯仪器厂。

十八、ZJ-8型电力线载波机

(一) 简介

ZJ-8型电力线载波机是适用于35～110kV 电力线上传输电话和远动信号的载波通信设备。不复用远动信号时，可以组成1对2、1对3的中央通信方式。

该机载供系统采用频率合成技术，主振晶体的频率为1152kHz。发、收高频载供的频率可通过短接载供盘内不同跳线的方法改变。改变机器标称载波频带时，只需要更换几只滤波器即可，比较方便。

该机具有自环测试功能。在"自环"状态下，同一端机的发信支路可向收信支路单独或同时送出电话、呼叫、导频、远动信号。这样，不需对端配合，就可以进行整机的主要测试和全面检查，为现场维护和检修提供了方便。

该机为交直流两用，内部可配备蓄电池组。

(二) 型号含义

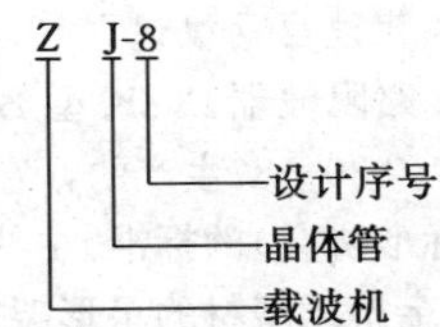

(三) 技术数据

1. 载波侧技术性能

(1) 载波频率范围：40～500kHz。

(2) 基本载波频率：4kHz。

(3) 标称阻抗：75Ω（不平衡式）。

(4) 中频外线载漏电平：<−9dB$_m$。

(5) 高频外线载漏电平：<−48dB$_m$。

(6) 各种信号的载波电平：见表29-1-48。

表 29-1-48　ZJ-8型电力线载波机各种信号的载波电平表

远　动	电话信号 (dB$_m$)	呼叫信号 (dB$_m$)	导频信号 (dB$_m$)	远动信号 (dB$_m$)
不开放	+30	+14	+20	
开放1路600Bd	+28	+12	+18	+15

(7) 频率准确度：不超过±20Hz。

(8) 载波频带间隔：见表29-1-49，表中邻相运行系指当相间跨越衰减不小于15dB 时的频带间隔。

(9) 标称传输衰减：39dB。

表 29-1-49　ZJ-8型电力线载波机载波频带间隔

运行状态	发收			发发		收收	
	本机间	并机间	邻相间	并机间	邻相间	并机间	邻相间
间隔要求	≥3B	≥3B	≥1B		≥0B		≥0B

2. 音频侧技术性能

(1) 信号有效传输频带：电话信号0.3～2.0kHz，呼叫信号2250±1Hz，远动信号2.4～3.36kHz。

(2) 电话通路净衰减频率特性及远动通路频率特性见表29-1-50。

表 29-1-50　ZJ-8型电力线载波机电话通路净衰减频率特性及远动通路频率特性表

频率 (kHz)	0.3	0.4	0.6	0.8	1.2	1.6
偏差 (dB)	−1.5 +5	−1.5 +3	−1.5 +1.5	0	−1.5 +1.5	−1.5 +5
频率 (kHz)	2.0	2.40	2.60	2.90	3.20	3.36
偏差 (dB)	−1.5 +3	−1.5 +5	−1.5 +3	0	−1.5 +3	−1.5 +5

(3) 电话信号电平：二线发0dB$_r$，二线收−7dB$_r$。

(4) 远动信号电平：输入为−25dB$_m$，输出为0dB$_r$。

(5) 标称阻抗：600Ω（平衡式）。

(6) 自动增益控制特性：当载波通道衰减较标称值（39dB）变化$^{+20}_{-10}$dB 时，二线端电话信号输出电平的变化不超过±1.5dB。

(7) 通路幅度特性：当二线端电话信号输入电平在−20～0dB$_{m0}$之间变化时，与0dB$_{m0}$点的净衰减的偏差不超过±0.5dB，测试频率800Hz。

（8）固有噪声：≤2mV。

（9）串音防卫度：见表29-1-51。

表 29-1-51　ZJ-8型电力线载波机串音防卫度表

呼叫串话 (dB)	远动串话 (dB)	话串呼叫 (dB)	话串远动 (dB)
≥43	≥43	≥26	≥18

（10）电话通路非线性失真系数：≤5%。

（11）通路稳定度：≥4.8dB。

3. 电话呼叫通路

（1）调制方式及频带：单频脉冲式，2250±1Hz。

（2）转接方式：音频转接。

4. 自动交换系统

（1）用户数目及用途：1个话路具有3门用户，1个为优先用户，2个为普通用户，其中1个可作为音频转接之用。

（2）用户编号：采用1位数，从2～9、0共9个用户号，可根据需要自由选择编号。

（3）服务信号：同 ZJ-6（F）型机的服务信号。

（4）呼通率：不低于98%。

（5）话机：采用普通自动话机。

（6）用户线路要求：同ZJ-5型机对用户线的要求。

5. 音频接口方式

电话为二线平衡式，远动及音频转接为四线平衡式。

6. 供电电源

（1）直流电源：－24V。

（2）交流电源：220V±5%。

（3）交直流电源供给：交直流两用，机内可配备－24V、5Ah 碱性蓄电池组并处于浮充状态，平时由交流供电，交流中断时，自动切换为直流供电。

（4）功耗：≤100W。

（四）外形尺寸

520×340×1200（宽×深×高，mm），墩放，底脚不需固定。

（五）生产厂

电力部扬州电讯仪器厂。

第29-2节　电力线载波通信的配套设备及测试仪表

一、简述

我国目前生产的电力线载波通信的配套设备及测试仪表的品种、规格较多。本节编入的电力线载波通信的配套设备有线路阻波器、结合滤波器、高频差接滤波器、高频引入架及高频分配屏、高低频引入架及高低频分配屏、高频电缆、微机自动盘及接地刀闸等设备。编入的测试仪表有通道测试仪、电平振荡器、选频电平表、扫频仪及频率计等仪器仪表。

耦合电容器及电容式电压互感器见本手册的电力电容器及互感器部分。分频滤器及高频差接网络见继电保护装置部分。

目前我国生产的线路阻波器分为开放式（K 型）及封闭式（F 型）两种。K 型线路阻波器生产厂较多，为便于查阅，本手册按厂家分别编入 K 型线路阻波器条目中。

结合滤波器的生产厂家也较多，本手册按型号分别编入不同的条目中。

目前可供电力线载波测试用的仪表品种和制造厂家均很多，由于篇幅所限，本手册仅编入了部分厂家生产的仪表，邮电部等部属厂家生产的仪表可参阅有关手册。

二、XZK 型 B、N、T、J 系列线路阻波器

（一）简介

线路阻波器是电力线载波通信的主要配套设备，它串联在电力线路上，连接在载波信号的引入点和相邻电力系统元件（如母线、变压器等）之间，阻止载波信号流向通道以外的区段，以减少载波功率的损耗。

1. 组成

线路阻波器一般由主线圈、调谐装置和保护装置三部分组成。当系统电压较高时还带有电晕环，为防止鸟类进入线路阻波器，还可以配备防鸟栅。

2. 电路型式

线路阻波的常用电路有单频调谐、双频调谐、带频（或宽频）调谐及高通调谐电路，其电路及电路特性见图29-2-1。

3. 各系列线路阻波器的概述

（1）B 系列线路阻波器。XZK 型 B 系列线路阻波器是按照国标 GB 7330—87生产的，它也满足 IEC 及 ANSI（美国国家标准协会）的标准。主线圈用裸铝扁线绕制，两端为铝合金挤压型材的星形架，用玻璃钢拉杆压紧或拉紧。它提供符合国标的额定连续电流和额定短时电流。目前生产的 B3系列阻波器能承受高于 GB 7330—87系列Ⅱ规定的短时电流值。B4系列阻波器具有较高防电晕的能力。

（2）N 系列线路阻波器。XZK 型 N 系列线路阻波器的技术条件符合 GB 7330—87和 IEC353标准。其主线圈用裸铝扁线绕制，线匝间用垫块支撑，内外穿插环

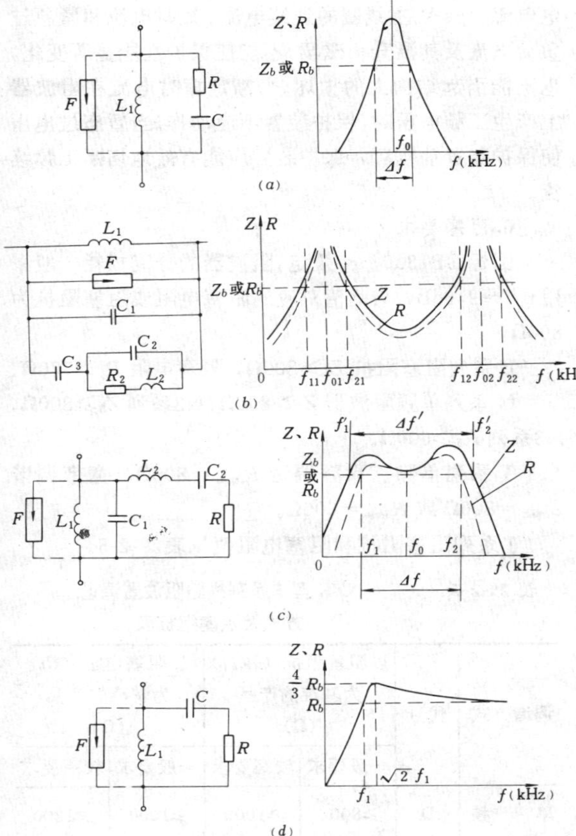

图 29-2-1　XZK 型线路阻波器的电路图及特性曲线

(a) 单频调谐；(b) 双频调谐；(c) 带频调谐；(d) 高通调谐

L_1—主线圈；R、R_2、L_2、C、C_1、C_2、C_3—调谐元件；F—避雷器；f_0、f_{01}、f_{02}—中心频率；Z_bR_b—阻塞阻抗及其电阻分量；f_1、f_2、f'_1、f'_2、f_{11}、f_{12}、f_{21}、f_{22}—阻塞阻抗及电阻分量的上、下限频率；Δf、$\Delta f'$—以阻塞阻抗及其电阻分量为基础的阻塞频带

氧玻璃布板，经浸渍处理，线圈用上下端架夹持，用多根玻氧玻纤绝缘杆和无磁性钢联接固紧。具有 N2（阻抗型）及 N3（电阻型）两种型式。

(3) T 系列及 J 系列线路阻波器。XZK 型 T 系列及 J 系列线路阻波器的技术性能全面达到 IEC353和国标 GB 7330—87的要求。主线圈采用框架式半开放式结构，机械强度高散热性能好，体积小、质量轻。应用非磁性材料和特殊制造工艺，工频损耗小，运行费用低。采用有弹性半圆的内部引线，免除了引线发生故障的可能性。

（二）型号含义

国产的线路阻波器已采用统一命名，型号含义如下：

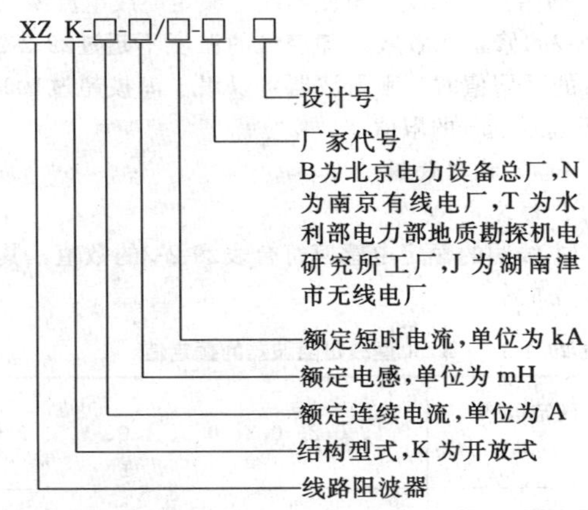

（三）使用条件

1. 正常工作条件

(1) 户外使用。阻波器能耐受日光、雨、雾、霜、雪、冰等条件，并能实现自身功能。对恶劣的大气条件，如盐、工业污秽等，用户要与厂方另行商定。

(2) 环境温度范围：－40～＋45℃ 。若按 ANSI 或 IEC 标准，环境范围可放宽为－40～＋55℃。

(3) 海拔高度：≤1000m。

(4) 工业频率：50Hz，电压、电流波形应接近正弦波。若工业频率为60Hz 或其它频率用户，应向厂家提出。

(5) 载波频率范围：40～500kHz。

2. 异常工作条件

(1) 环境温度：当阻波器装设地点的环境温度超过表29-2-1的规定时，环境温度超过值即为容许温升降低值。

表 29-2-1　XZK 型线路阻波器极限情况的最高环境温度

平均1小时	平均24小时	平均1年
45℃	40℃	30℃

(2) 海拔高度：当海拔高度超过1000m 使用时，主线圈的绝缘是由空气形成的，则绝缘强度应按表29-2-2进行修正。

表 29-2-2　XZK 型线路阻波器海拔高度与电流、温升、绝缘强度的关系

海拔高度 (m)	电流修正系数	冷却空气24小时最高平均温度 (℃)	绝缘强度的修正系数
1000	1.00	40	1.00
1500	0.99	37	0.95
3000	0.96	30	0.80

当阻波器承受的电流不超过额定连续电流乘以表29-2-2的修正系数或冷却空气的温度不超过29-2-2中24h的平均值时，则阻波器可以用于海拔超过1000m而不超过温升的限值。

（四）技术数据

1. 额定电感

主线圈的额定电感应符合表29-2-3的数值，其偏差≤±5%。

表 29-2-3　XZK 型线路阻波器的额定值

额定电感 (mH)	0.1、0.2、0.3、0.5、1.0、1.5、2.0
额定连续电流 (A)	100、200、400、630、800、1000、1250、1600、2000、2500、3150、4000
额定短时电流 (kA)	2.5、5.0、10.0、16.0、20.0、25.0、31.5、40.0、50.0、63.0、80.0

2. 品质因数

主线圈在频率为100kHz 的品质因数≥30。

3. 电流额定值及其配合

连续电流和短时电流的额定值及其配合应符合表29-2-4规定。

表 29-2-4　XZK 型线路阻波器连续电流与短时电流的配合

额定连续电流 (A)	额定短时电流 (kA)		额定连续电流 (A)	额定短时电流 (kA)	
	系列 I	系列 II		系列 I	系列 II
100	2.5	5.0	1250	31.5	40.0
200	5.0	10.0	1600	40.0	50.0
400	10.0	16.0	2000	40.0	50.0
630	16.0	20.0	2500	40.0	50.0
800	20.0	25.0	3150	50.0	63.0
1000	25.0	31.5	4000	63.0	80.0

4. 调谐装置

调谐装置应能承受主线圈在额定连续电流、额定短时电流或紧急过负荷电流时的温升或磁场的影响，不致引起阻波器阻塞性能的显著变化或结构上的损坏。

5. 保护装置

保护装置为交流非线性电阻型避雷器，其标称放电电流≥5kA。主线圈的连续电流、短时电流和紧急过负荷电流及其温升和磁场，不能使保护性能显著变化，也不能引起结构上的损坏。当额定短时电流在阻波器上产生工频电压时，保护装置不应动作。当暂态过电压使保护装置动作后，保护装置应能有效地切断工频续流。

6. 阻塞要求

国标GB7330—87规定，阻波器的分流损耗一般采用1.7～2.6dB，与此值对应的阻塞电阻或阻塞阻抗为800Ω。

B系列阻塞阻抗 $Z_b>800\Omega$，阻塞电阻 $R_b>570\Omega$。

N系列单频阻波器 $Z_b>800\Omega$，N2系列 $Z_b\geqslant800\Omega$，N3系列 $R_b\geqslant600\Omega$。

T系列单频、双频调谐 $R_{b\min}=800\Omega$，宽带调谐 $Z_{b\min}=800\Omega$ 或 $R_{b\min}=600\Omega$。

J系列阻塞阻抗和阻塞电阻值见表29-2-5。

表 29-2-5　XZK 型 J 系列线路阻波器调谐方式及阻塞指标表

调谐方式	代号	以阻塞阻抗（$\lvert Z_b\rvert$）为基准的产品 (Ω)		以阻塞电阻（R_b）为基准的产品 (Ω)	
		一般要求	较高要求	一般要求	较高要求
单频	D	≥800	≥1000	≥1000	≥1200
双频	S	≥600	≥800	≥800	≥1200
半节高通	G	≥600	≥800	≥800	≥1200
双频展宽	K	≥600	≥800	≥800	≥1200
三频展宽	T	≥600	≥800	≥800	≥1200

7. 紧急过负荷电流

在特殊情况下，阻波器可以短时过负荷，其紧急过负荷特性见图29-2-2。

8. 承受额定短时电流的能力

XZK-B系列阻波器承受额定短时电流的能力见表29-2-3中的额定短时电流值，包括机械强度和热性能。

(1) 机械强度：短时电流的不对称峰值 I_{km} 产生的机械破坏力，不应使阻波器产生任何位置变形。

(2) 热性能：阻波器应能承受短时热稳定电流，短时的过热不应使阻波器产生任何位置变形。

9. 绝缘水平

(1) 阻波器两端间的绝缘：阻波器两端间的绝缘依保护装置的额定电压而定。主线圈和调谐装置的绝缘应满足国标GB7330—87的规定。

(2) 系统电压绝缘：阻波器的系统电压绝缘决定于悬挂式或支持式绝缘子的绝缘水平，应与电站其它高压设备一致。

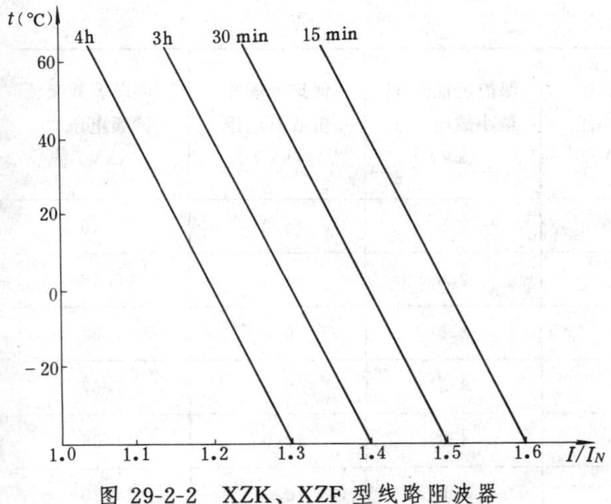

图 29-2-2　XZK、XZF 型线路阻波器紧急过负荷曲线

(3) 高海拔地区的阻波器：对于运行在海拔高度为1000～3000m 之间的阻波器，由于在海拔1000m 以下进行试验，其绝缘是由空气距离形成的，则其工频试验电压应按表29-2-2提高。

10. 无线电干扰电压

阻波器的电晕，会产生无线电干扰电压，起晕电压至少要比阻波器所在电力线的最高运行相电压高15％。

11. 抗拉强度

阻波器悬挂系统的抗拉强度，至少要达到阻波器质量的2倍再加5000N，加重时间为1h，应永无变形。

12. 工频损耗

阻波器工频损耗的大小与产品的设计结构和材料有关，损耗的试验和计算应校正到参考温度75℃。阻波器损耗在国标GB7330—87中暂不作规定，如用户要求损耗值，则由用户和厂方商定。

(四) 规格性能

由于各系列阻波器的规格性能不同，其规格性能将分别列出。

1. B 系列阻波器

(1) B 系列阻波器主要元件参数见表29-2-6。

(2) B 系列阻波器阻塞性能见表29-2-7。

(3) B3系列阻波器的技术数据见表29-2-8，外形及安装尺寸见图29-2-3。

(4) B4系列阻波器（系列Ⅰ、Ⅱ）的技术数据见表29-2-9和表29-2-10，外形尺寸见图29-2-4，接线端子尺寸见图29-2-5，利用耦合电容器作支持的技术数据见表29-2-11和图29-2-6。用于500kV 线路的阻波器配有电晕环。

表 29-2-6　**XZK 型 B 系列线路阻波器主要元件参数表**

额定电感 (mH)	额定短时电流 (kA/2s)	主线圈端部短时电流电压 (kV)	保护装置额定熄灭电压 (kV)	保护装置50Hz最小放电电压 (kV)	保护装置冲击放电电压 (kV)	5s 调谐装置交流试验电压* (kV)
0.1	10	0.346	0.5	1.15	3.0	2.2
	16	0.553	1.0	2.3	6.0	4.3
	20	0.691	1.0	2.3	6.0	4.3
	25	0.864	1.0	2.3	6.0	4.3
	31.5	1.089	1.9	2.5	4.3	5.46
	40	1.383	1.9	2.5	4.3	5.46
	50	1.728	1.9	2.5	4.3	5.46
	63	2.177	2.8	3.5	6.5	7.67
	80	2.765	3.8	4.9	10.0	11.05
0.2	10	0.691	1.0	2.3	6.0	3.0
	16	1.106	1.9	2.5	4.3	5.46
	20	1.382	1.9	2.5	4.3	5.46
	25	1.728	1.9	2.5	4.3	5.46
	31.5	2.177	2.8	3.5	6.5	7.67
	40	2.765	3.8	4.9	10.0	11.05
	50	3.456	3.8	4.9	10.0	11.05
	63	4.354	4.7	6.0	10.5	14.30
	80	5.529	6.0	7.5	16.0	16.90

续表29-2-6

额定电感 (mH)	额定短时电流 (kA/2s)	主线圈端部短时电流电压 (kV)	保护装置额定熄灭电压 (kV)	保护装置50Hz最小放电电压 (kV)	保护装置冲击放电电压 (kV)	5s调谐装置交流试验电压* (kV)
0.3	10	1.037	1.9	2.5	4.3	5.46
	16	1.659	1.9	2.5	4.3	5.46
	20	2.073	2.8	3.5	6.5	7.67
	25	2.592	2.8	3.5	6.5	7.67
	31.5	3.266	3.8	4.9	10.0	11.05
	40	4.147	4.7	6.0	10.5	14.30
	50	5.184	6.0	7.5	16.0	16.90
	63	6.531	7.6	9.5	19.0	23.14
	80	8.294	9.5	12.0	23.0	28.60
0.5	10	1.739	1.9	2.5	4.3	7.67
	16	2.765	3.8	4.9	10.0	11.05
	20	3.456	3.8	4.9	10.0	11.05
	25	4.320	6.0	7.5	16.0	16.90
	31.5	5.443	7.6	9.5	19.0	23.14
	40	6.912	7.6	9.5	19.0	23.14
	50	8.639	9.5	12.0	23.0	28.60
	63	10.886	12.0	15.0	28.0	36.40
	80	13.823	15.0	18.8	40.0	40.3
1.0	10	3.456	3.8	4.9	10.0	11.05
	16	5.530	6.0	7.5	16.0	16.90
	20	6.912	7.6	9.5	19.0	23.14
	25	8.639	9.5	12.0	23.0	28.60
	31.5	10.886	12.0	15.0	28.0	36.40
	40	13.823	15.0	18.8	40.0	40.30
	50	17.279	19.0	23.7	47.0	55.90
	63	21.771	24.0	30.0	60.0	78.00
	80	27.646	30.0	38.0	75.0	91.00

续表29-2-6

额定电感 (mH)	额定短时电流 (kA/2s)	主线圈端部短时电流电压 (kV)	保护装置额定熄灭电压 (kV)	保护装置50Hz最小放电电压 (kV)	保护装置冲击放电电压 (kV)	5s 调谐装置交流试验电压* (kV)
1.5	10	5.184	6.0	7.5	16.0	16.9
	16	8.294	9.5	12.0	23.0	28.6
	20	10.367	12.0	15.0	28.0	36.4
	25	12.959	15.0	18.8	40.0	40.3
	31.5	16.328	19.0	23.7	47.0	55.9
	40	20.735	24.0	30.0	60.0	78.0
	50	25.918	30.0	38.0	75.0	91.0
	63	32.657	38.0	53.0	115.0	104.0
2.0	10	6.912	7.6	9.5	19.0	23.14
	16	11.058	12.0	15.0	28.0	36.40
	20	13.823	15.0	18.8	40.0	40.30
	25	17.279	19.0	23.7	47.0	55.90
	31.5	21.771	24.0	30.0	60.0	78.00
	40	27.646	30.0	38.0	75.0	91.00
	50	34.558	38.0	53.0	115.0	104.00

* 用户如果提出调谐装置工频耐压按10s 试验，则试验电压取短时跨接电压的1.3倍。

表 29-2-7　XZK、XZF 型 B 系列线路阻波器阻塞性能表（阻塞电阻 $R\geqslant570\Omega$，阻塞阻抗 $Z\geqslant800\Omega$）

主线圈		带频宽度 (kHz)						单频最低频率 (kHz)	
额定电流 (A)	电感 (mH)	段号						$\Delta f=6$kHz	$\Delta f=4$kHz
		1	2	3	4	5	6		
200～4000	0.1	340～500	295～400	260～340	240～300	220～275	200～245	133	109
200～500	0.2	260～500	220～380	185～290	165～235	145～195	130～170	95	79
630～4000	0.2	260～500	224～360	192～280	168～228	145～195	130～170		
200	0.3	200～500	170～315	145～240	125～195	115～170	105～145	78	65
400～4000	0.3	208～500	172～300	148～228	128～184	120～164	108～140		
200	0.5	155～500	125～270	100～175	85～130			62	51
400～4000	0.5	160～500	124～268	100～168	84～124	70～106			
200～4000	1.0	84～500	72～208	64～126	54～84	40～64		45	40
200～4000	1.5	64～500	40～84					32	30
200～4000	2.0	48～500	40～152						

表 29-2-8 **XZK 型 B3系列线路阻**

序号	型号	额定电感 (mH)	连续电流 (A)	短时电流 (kA)		垂直抗拉强度 (kg)	避雷器规格	对应图29-2-3图号
				1s 有效值	第 1 个半波峰值			
1	XZK-200-0.1/5-B3	0.1	200	5	12.8	800	FS-0.5	(*b*)、(*e*)
2	XZK-200-0.2/5-B3	0.2	200	5	12.8	800	FS-0.5	
3	XZK-200-0.3/5-B3	0.3	200	5	12.8	800	FS-0.5×2	
4	XZK-200-0.5/5-B3	0.5	200	5	12.8	800	FS-0.5×2	
5	XZK-200-1.0/5-B3	1.0	200	5	12.8	800	YG_1-2/5	
6	XZK-200-2.0/5-B3	2.0	200	5	12.8	1200	YG_1-2/5	(*a*)、(*e*)
7	XZK-400-0.1/10-B3	0.1	400	10	25.5	800	FS-0.5	(*b*)、(*e*)
8	XZK-400-0.2/10-B3	0.2	400	10	25.5	800	FS-0.5×2	
9	XZK-400-0.3/10-B3	0.3	400	10	25.5	800	YG_1-1/5	
10	XZK-400-0.5/10-B3	0.5	400	10	25.5	800	YG_1-2/5	
11	XZK-400-1.0/10-B3	1.0	400	10	25.5	1200	YG_1-3/5	(*a*)、(*e*)
12	XZK-500-0.1/12.5-B3	0.1	500	12.5	32	800	FS-0.5	(*b*)、(*e*)
13	XZK-500-0.2/12.5-B3	0.2	500	12.5	32	800	FS-0.5×2	
14	XZK-500-0.3/12.5-B3	0.3	500	12.5	32	800	YG_1-1/5	
15	XZK-500-0.5/12.5-B3	0.5	500	12.5	32	1200	YG_1-2/5	(*a*)、(*e*)
16	XZK-500-1.0/12.5-B3	1.0	500	12.5	32	1200	YG_1-4/5	
17	XZK-630-0.1/16-B3	0.1	630	16	40.8	800	FS-0.5×2	(*b*)、(*e*)
18	XZK-630-0.2/16-B3	0.2	630	16	40.8	800	YG_1-1/5	
19	XZK-630-0.3/16-B3	0.3	630	16	40.8	800	YG_1-2/5	
20	XZK-630-0.5/16-B3	0.5	630	16	40.8	1200	YG_1-3/5	(*a*)、(*e*)
21	XZK-630-1.0/16-B3	1.0	630	16	40.8	1200	YG_1-6/5	
22	XZK-630-2.0/16-B3	2.0	630	16	40.8	1200	YG_1-10/5	
23	XZK-800-0.1/20-B3	0.1	800	20	51	800	FS-0.5×2	(*b*)、(*e*)
24	XZK-800-0.2/20-B3	0.2	800	20	51	800	YG_1-2/5	
25	XZK-800-0.3/20-B3	0.3	800	20	51	1200	YG_1-2/5	(*a*)、(*e*)
26	XZK-800-0.5/20-B3	0.5	800	20	51	1200	YG_1-3/5	
27	XZK-800-1.0/20-B3	1.0	800	20	51	1200	YG_1-6/5	
28	XZK-800-2.0/25-B3	2.0	800	20	51	2200	YG_1-15/5	(*D*)、(*f*)
29	XZK-1000-0.1/25-B3	0.1	1000	25	63.8	1200	YG_1-1/5	(*c*)、(*e*)
30	XZK-1000-0.2/25-B3	0.2	1000	25	63.8	1200	YG_1-2/5	
31	XZK-1000-0.3/25-B3	0.3	1000	25	63.8	1200	YG_1-3/5	
32	XZK-1000-0.5/25-B3	0.5	1000	25	63.8	1200	YG_1-4/5	
33	XZK-1000-1.0/25-B3	1.0	1000	25	63.8	2200	YG_1-10/5	(*D*)、(*f*)
34	XZK-1000-2.0/25-B3	2.0	1000	25	63.8	2200	YG_1-15/5	
35	XZK-1250-0.1/31.5-B3	0.1	1250	31.5	80.5	1200	YG_1-1/5	(*c*)、(*e*)
36	XZK-1250-0.2/31.5-B3	0.2	1250	31.5	80.5	1200	YG_1-3/5	
37	XZK-1250-0.3/31.5-B3	0.3	1250	31.5	80.5	1200	YG_1-3/5	
38	XZK-1250-0.5/31.5-B3	0.5	1250	31.5	80.5	1200	YG_1-6/5	
39	XZK-1250-1.0/31.5-B3	1.0	1250	31.5	80.5	2200	YG_1-10/5	(*D*)、(*f*)
40	XZK-1250-1.5/31.5-B3	1.5	1250	31.5	80.5	2200	YG_1-15/5	
41	XZK-1250-2.0/31.5-B3	2.0	1250	31.5	80.5	2200	YG_1-18/5	

注 供国内使用的座式阻波器，其支持绝缘子由用户自备；供出口使用的座式阻波器，其支持绝缘子按要求提供。

* XP为西安高压电瓷厂。

** 未注型号的绝缘子，用ZS-□/400型，其中□为线路电压（kV）。

波器技术数据

挂式					座式				
E (mm)	D (mm)	H (mm)	B (mm)	质量 (kg)	F (mm)	C (mm)	d (mm)	D_1 (mm)	支持绝缘子
	423	383	18	15	16	140	14		
	423	457	18	20	16	140	14		
	423	571	18	28	16	140	14		
	523	600	18	33	16	140	14		
	523	909	18	55	16	140	14		
	673	1095	18	76	16	140	14		
	438	463	18	27	16	140	14		
	438	615	18	40	16	140	14		
	540	630	18	50	16	140	14		
	550	950	18	90	16	140	14		
	700	984	18	130	16	140	14		* *
	550	478	18	40	16	140	14		
	550	640	18	60	16	140	14		
	550	784	18	80	16	140	14		
	700	842	18	90	16	140	14		
	700	1277	18	140	16	140	14		
	570	494	18	50	16	140	14		
	570	694	18	75	16	140	14		
	570	874	18	100	16	140	14		
	722	905	18	130	16	140	14		
	722	1413	18	200	16	140	14		
	852	1806	18	300	20	225	18		110kV,XP,2236*
	570	603	25	75	16	140	14		
	570	922	25	115	16	140	14		* *
	722	912	25	130	16	140	14		
	852	993	25	190	20	225	18		220kV,XP,2236+2235A*
	850	1512	25	300	20	225	18		220kV,XP,2236+2235A*
250	1110	1874		450				640	
	700	752		65	16	140	14		* *
	700	1160		115	16	140	14		
	830	1196		150	20	225	18		220kV,XP,2236+2235A*
	830	1664		250	20	225	18		220kV,XP,2236+2235A*
300	1140	1872		380				884	
300	1350	2484		610				884	* *
	722	753		100	16	140	14		
	722	1160		180	16	140	14		
	852	1334		230	20	225	18		220kV,XP,2236+2235A*
	852	1770		315	20	225	18		220kV,XP,2236+2235A*
300	1150	2160		480				884	
300	1360	2322		650				884	* *
300	1360	2556		750				884	

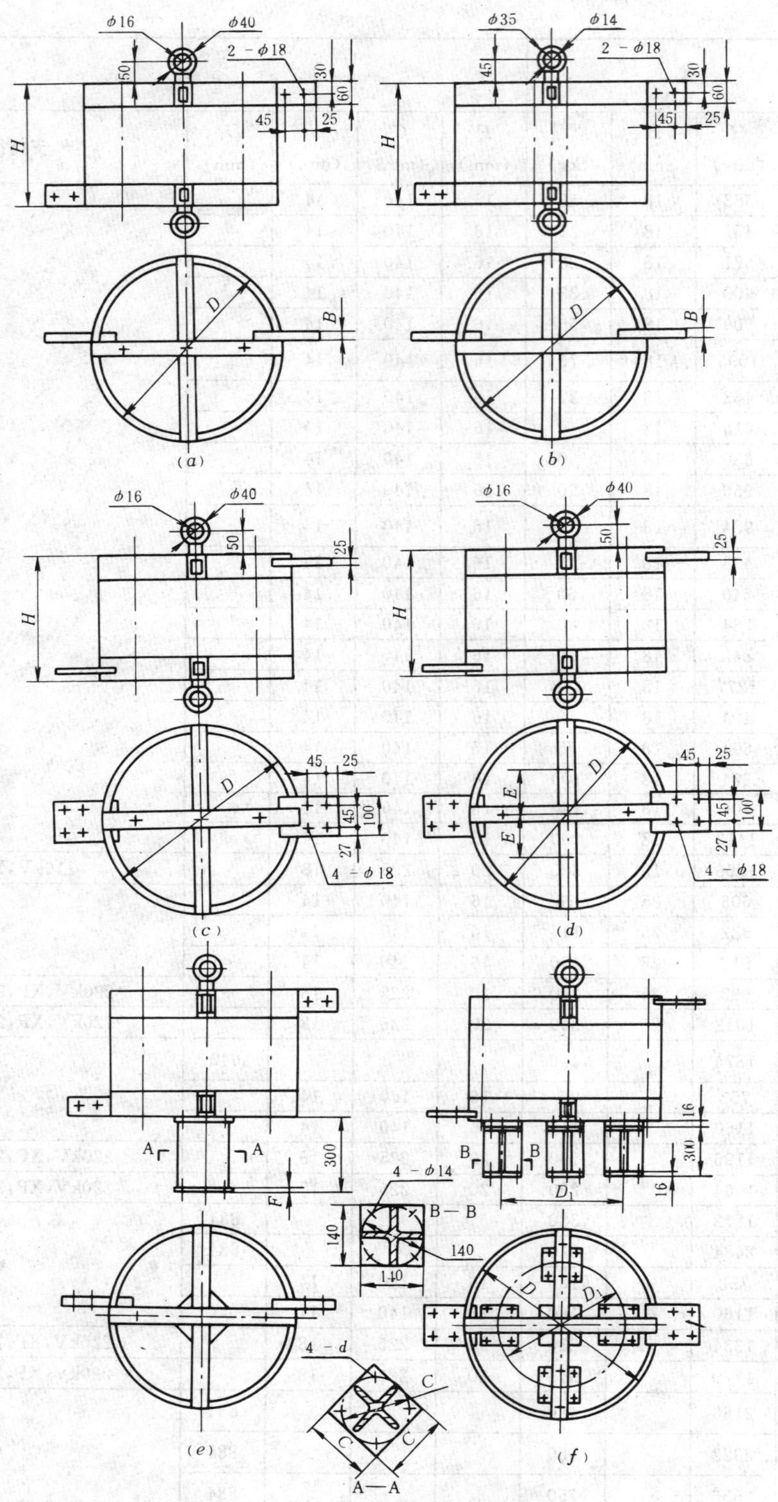

图 29-2-3 XZK 型 B3系列阻波器外形尺寸图

(a)双臂单挂(工作电流≤800A,直径 D 为673～852mm);(b)双臂单挂(工作电流≤800A,直径 D≤570mm);(c)双臂单挂(工作电流为1000～1250A);(d)双臂双挂;(e)双臂单支座;(f)双臂三支座

表 29-2-9　**XZK 型 B4系列（系列 I）线路阻波器技术数据**

序号	型　号	额定电流(A)	额定电感(mH)	短时电流(kA)		避雷器规格	外形尺寸(mm)				垂直抗拉强度(kg)	质量(kg)	对应图29-2-4图号
				2s有效值	第1个半波峰值		*d*	*L*	*D*	*H*			
1	XZK-200-0.2/5-B4		0.2			FS-0.5			349	513		19	
2	XZK-200-0.3/5-B4		0.3			FS-0.5×2				518		22	
3	XZK-200-0.5/5-B4		0.5			FS-0.5×2			352	520		24	
4	XZK-200-1.0/5-B4	200	1.0	5*	12.8	YG_2-1.9/5			412	670		33	
5	XZK-200-1.5/5-B4		1.5			YG_2-2.8/5				898		45	
6	XZK-200-2.0/5-B4		2.0			YG_2-3.8/5			512	818	1550	52	(*a*)
7	XZK-400-0.1/10-B4		0.1			FS-0.5			376	500		30	
8	XZK-400-0.2/10-B4		0.2			FS-0.5×2				588		35	
9	XZK-400-0.3/10-B4		0.3			YG_2-1.9/5				490		44	
10	XZK-400-0.5/10-B4	400	0.5	10	25.5	YG_2-1.9/5			556	627		56	
11	XZK-400-1.0/10-B4		1.0			YG_2-4.7/5				975		92	
12	XZK-400-1.5/10-B4		1.5			YG_2-6/5				1185		120	
13	XZK-400-2.0/10-B4		2.0			YG_2-7.6/5	14	140	706	1096	1800	140	(*b*)
14	XZK-500-0.1/12.5-B4		0.1			FS-0.5			399	535		41	
15	XZK-500-0.2/12.5-B4		0.2			FS-0.5×2				592		48	
16	XZK-500-0.3/12.5-B4		0.3			YG_2-1.9/5				500	1550	57	(*a*)
17	XZK-500-0.5/12.5-B4	500	0.5	12.5	32	YG_2-2.8/5			579	620		76	
18	XZK-500-1.0/12.5-B4		1.0			YG_2-6/5				970		123	
19	XZK-500-1.5/12.5-B4		1.5			YG_2-7.6/5				1185		160	
20	XZK-500-2.0/12.5-B4		2.0			YG_2-9.5/5			729	1114	1800	191	(*b*)
21	XZK-630-0.1/16-B4		0.1			FS-0.5×2			376	552		39	
22	XZK-630-0.2/16-B4		0.2			YG_2-1.9/5			556	533	1550	57	(*a*)
23	XZK-630-0.3/16-B4		0.3			YG_2-1.9/5				680		71	
24	XZK-630-0.5/16-B4	630	0.5	16	40.8	YG_2-3.8/5			706	705		103	
25	XZK-630-1.0/16-B4		1.0			YG_2-6/5				1157	1800	160	(*b*)
26	XZK-630-1.5/16-B4		1.5			YG_2-9.5/5			836	1208		199	
27	XZK-630-2.0/16-B4		2.0			YG_2-12/5	18	225	848	1466		288	

续表29-2-9

序号	型号	额定电流(A)	额定电感(mH)	短时电流(kA) 2s有效值	短时电流(kA) 第1个半波峰值	避雷器规格	外形尺寸(mm) d	L	D	H	垂直抗拉强度(kg)	质量(kg)	对应图29-2-4图号
28	XZK-800-0.1/20-B4	800	0.1	20	51	FS-0.5×2	14	140	399	672	1550	58	(*a*)
29	XZK-800-0.2/20-B4		0.2			YG_2-1.9/5			579	650		85	
30	XZK-800-0.3/20-B4		0.3			YG_2-2.8/5				840		112	
31	XZK-800-0.5/20-B4		0.5			YG_2-3.8/5			729	843	1800	149	(*b*)
32	XZK-800-1.0/20-B4		1.0			YG_2-7.6/5	18	225	859	1160		232	
33	XZK-800-1.5/20-B4		1.5			YG_2-12/5	14	140	1119	1095		285	(*c*)
34	XZK-800-2.0/20-B4		2.0			YG_2-15/5				1380		369	
35	XZK-1000-0.1/25-B4	1000	0.1	25	63.8	YG_2-1.9/5			579	545	1500	65	(*a*)
36	XZK-1000-0.2/25-B4		0.2			YG_2-2.8/5				810		101	
37	XZK-1000-0.3/25-B4		0.3			YG_2-3.8/5			729	817	1800	135	(*b*)
38	XZK-1000-0.5/25-B4		0.5			YG_2-6/5				1105		186	
39	XZK-1000-1.0/25-B4		1.0			YG_2-12/5	18	225	859	1503		294	
40	XZK-1000-1.5/25-B4		1.5			YG_2-15/5	14	140	1119	1863		434	(*c*)
41	XZK-1000-2.0/25-B4		2.0			YG_2-19/5				2290		547	
42	XZK-1250-0.1/31.5-B4	1250	0.1	31.5	80.5	YG_2-1.9/5			579	756	1550	109	(*a*)
43	XZK-1250-0.2/31.5-B4		0.2			YG_2-2.8/5			718	855	1800	146	(*b*)
44	XZK-1250-0.3/31.5-B4		0.3			YG_2-3.8/5				1147		193	
45	XZK-1250-0.5/31.5-B4		0.5			YG_2-6/5	18	225	848	1276		243	
46	XZK-1250-1.0/31.5-B4		1.0			YG_2-12/5	14	140	1119	1588		458	(*c*)
47	XZK-1250-1.5/31.5-B4		1.5			YG_2-15/5			1349	1994	2500	678	(*d*)
48	XZK-1250-2.0/31.5-B4		2.0			YG_2-18/5				2400		833	
49	XZK-1600-0.1/40-B4	1600	0.1	40	102	YG_2-1.9/5			718	935	1800	158	(*b*)
50	XZK-1600-0.2/40-B4		0.2			YG_2-3.8/5	18	225	848	1227		243	
51	XZK-1600-0.3/40-B4		0.3			YG_2-4.7/5	14	140	1108	1130		292	(*c*)
52	XZK-1600-0.5/40-B4		0.5			YG_2-7.6/5				1568		404	
53	XZK-1600-1.0/40-B4		1.0			YG_2-15/5			1349	2050	2500	770	(*d*)
54	XZK-2000-0.1/40-B4	2000	0.1	40	102	YG_2-1.9/5			729	1215	1800	214	(*b*)
55	XZK-2000-0.2/40-B4		0.2			YG_2-3.8/5	18	225	859	1670		336	
56	XZK-2000-0.3/40-B4		0.3			YG_2-6/5	14	140	1119	1631		422	(*c*)
57	XZK-2000-0.5/40-B4		0.5			YG_2-9.5/5			1349	1832	2500	602	(*d*)

* 短时电流为1s 有效值。

表 29-2-10　　**XZK 型 B4系列（系列Ⅱ）线路阻波器技术数据**

序号	型　号	额定电流(A)	额定电感(mH)	短时电流（kA）		避雷器规格	外形尺寸(mm)				垂直抗拉强度(kg)	质量(kg)	对应图29-2-4图号
				2s 有效值	第1个半波峰值		d	L	D	H			
1	XZK-200-0.1/10-B4		0.1			FS-0.5			376	500		30	
2	XZK-200-0.2/10-B4		0.2			FS-0.5×2				588		35	
3	XZK-200-0.3/10-B4		0.3			YG_2-1.9/5				490		48	
4	XZK-200-0.5/10-B4	200	0.5	10	25.5	YG_2-1.9/5			556	627	1550	56	(*a*)
5	XZK-200-1.0/10-B4		1.0			YG_2-4.7/5				975		92	
6	XZK-200-1.5/10-B4		1.5			YG_2-6/5				1185		120	
7	XZK-200-2.0/10-B4		2.0			YG_2-7.6/5	14	140	706	1095	1800	140	(*b*)
8	XZK-400-0.1/16-B4		0.1			FS-0.5×2			376	552		39	
9	XZK-400-0.2/16-B4		0.2			YG_2-1.9/5			556	533	1550	57	(*a*)
10	XZK-400-0.3/16-B4		0.3			YG_2-1.9/5				556		71	
11	XZK-400-0.5/16-B4	400	0.5			YG_2-3.8/5			706	705		103	
12	XZK-400-1.0/16-B4		1.0			YG_2-6/5				1157	1800	160	(*b*)
13	XZK-400-1.5/16-B4		1.5			YG_2-9.5/5	18	225	836	1208		199	
14	XZK-400-2.0/16-B4		2.0	16	40.8	YG_2-12/5			848	1466		288	
15	XZK-500-0.1/16-B4		0.1			FS-0.5×2			376	552		39	
16	XZK-500-0.2/16-B4		0.2			YG_2-1.9/5			556	533	1550	57	(*a*)
17	XZK-500-0.3/16-B4		0.3			YG_2-1.9/5	14	140		556		71	
18	XZK-500-0.5/16-B4	500	0.5			YG_2-3.8/5			706	705		103	
19	XZK-500-1.0/16-B4		1.0			YG_2-6/5				1157	1800	160	(*b*)
20	XZK-500-1.5/16-B4		1.5			YG_2-9.5/5	18	225	836	1208		199	
21	XZK-500-2.0/16-B4		2.0			YG_2-12/5			848	1466		288	
22	XZK-630-0.1/20-B4		0.1			FS-0.5×2			399	552		56	
23	XZK-630-0.2/20-B4		0.2			YG_2-1.9/5			579	533	1550	84	(*a*)
24	XZK-630-0.3/20-B4		0.3			YG_2-2.8/5				680		108	
25	XZK-630-0.5/20-B4	630	0.5	20	51	YG_2-3.8/5	14	140	729	705		145	(*b*)
26	XZK-630-1.0/20-B4		1.0			YG_2-7.6/5				1163	1800	212	
27	XZK-630-1.5/20-B4		1.5			YG_2-12/5			1119	1095		285	(*c*)
28	XZK-630-2.0/20-B4		2.0			YG_2-15/5				1380		369	

续表29-2-10

序号	型　号	额定电流(A)	额定电感(mH)	短时电流(kA)		避雷器规格	外形尺寸(mm)				垂直抗拉强度(kg)	质量(kg)	对应图29-2-4图号
				2s有效值	第1个半波峰值		*d*	*L*	*D*	*H*			
29	XZK-800-0.1/25-B4	800	0.1	25	63.8	YG_2-1.9/5	14	140	579	545	1550	65	(*a*)
30	XZK-800-0.2/25-B4		0.2			YG_2-2.8/5				810		101	
31	XZK-800-0.3/25-B4		0.3			YG_2-3.8/5			729	817	1800	135	(*b*)
32	XZK-800-0.5/25-B4		0.5			YG_2-6/5				1105		186	
33	XZK-800-1.0/25-B4		1.0			YG_2-12/5	18	225	859	1503		294	
34	XZK-800-1.5/25-B4		1.5			YG_2-15/5			1119	1863		434	(*c*)
35	XZK-800-2.0/25-B4		2.0			YG_2-19/5				2290		547	
36	XZK-1000-0.1/31.5-B4	1000	0.1	31.5	80.5	YG_2-1.9/5	14	140	579	756	1550	109	(*a*)
37	XZK-1000-0.2/31.5-B4		0.2			YG_2-2.8/5			718	855	1800	146	(*b*)
38	XZK-1000-0.3/31.5-B4		0.3			YG_2-3.8/5				1147		193	
39	XZK-1000-0.5/31.5-B4		0.5			YG_2-6/5	18	225	848	1276		243	
40	XZK-1000-1.0/31.5-B4		1.0			YG_2-12/5			1119	1588		458	(*c*)
41	XZK-1000-1.5/31.5-B4		1.5			YG_2-19/5	14	140	1349	1994	2500	678	(*d*)
42	XZK-1000-2.0/31.5-B4		2.0			YG_2-18/5				2400		833	
43	XZK-1250-0.1/40-B4	1250	0.1	40	102	YG_2-1.9/5			718	935	1800	158	(*b*)
44	XZK-1250-0.2/40-B4		0.2			YG_2-3.8/5	18	225	848	1227		243	
45	XZK-1250-0.3/40-B4		0.3			YG_2-4.7/5			1108	1130		292	(*c*)
46	XZK-1250-0.5/40-B4		0.5			YG_2-7.6/5	14	140		1568		404	
47	XZK-1250-1.0/40-B4		1.0			YG_2-15/5			1349	2050	2500	770	(*d*)
48	XZK-1600-0.1/50-B4	1600	0.1	50	127.5	YG_2-1.9/5			729	1215	1800	214	(*b*)
49	XZK-1600-0.2/50-B4		0.2			YG_2-3.8/5	18	225	859	1670		336	
50	XZK-1600-0.3/50-B4		0.3			YG_2-6/5			1119	1631		422	(*c*)
51	XZK-1600-0.5/50-B4		0.5			YG_2-9.5/5	14	140	1349	1832	2500	602	(*d*)
52	XZK-2000-0.1/50-B4	2000	0.1			YG_2-1.9/5			729	1215	1800	214	(*b*)
53	XZK-2000-0.2/50-B4		0.2			YG_2-3.8/5	18	225	859	1670		336	
54	XZK-2000-0.3/50-B4		0.3			YG_2-6/5	14	140	1119	1631		422	(*c*)
55	XZK-2000-0.5/50-B4		0.5			YG_2-9.5/5			1349	1832	2500	602	(*d*)

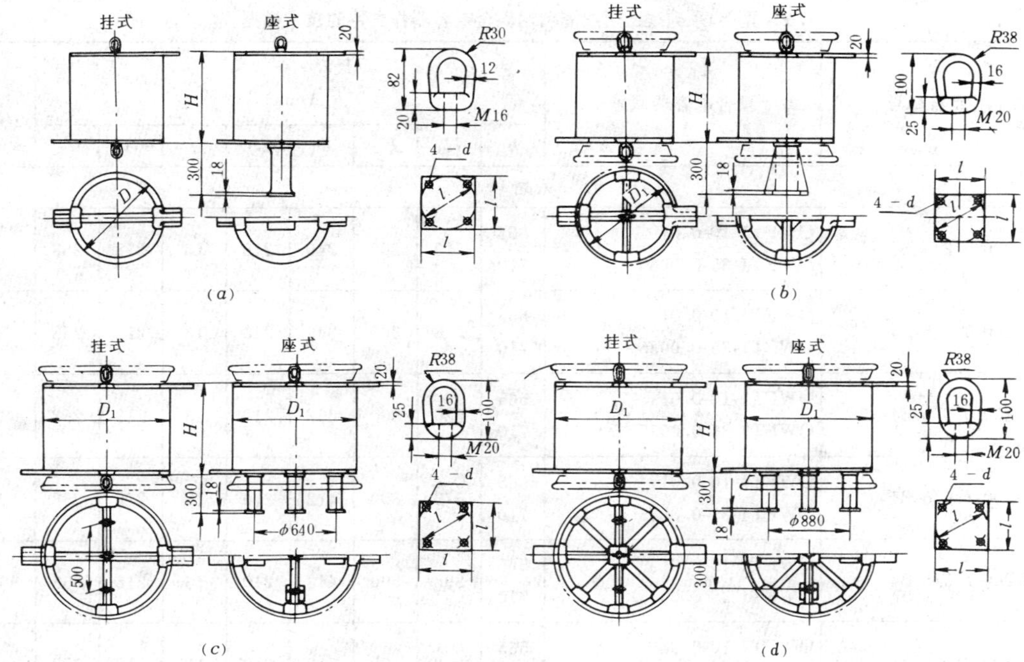

图 29-2-4　XZK 型 B4系列线路阻波器外形尺寸图

(*a*) 单臂 (外径 $D<650$mm)；(*b*) 双臂 (外径 $D=650\sim1040$mm)；
(*c*) 双臂 (外径 $D=1040\sim1250$mm)；(*d*) 四臂 (外径 $D>1250$mm)

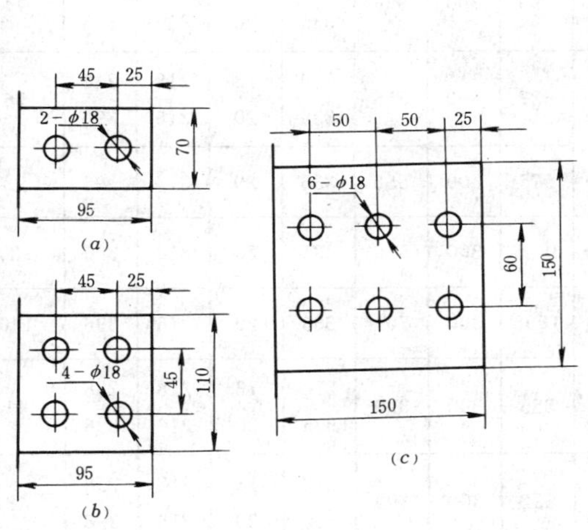

图 29-2-5　XZK 型 B4系列线路阻波器接线端子尺寸图

(*a*) 双孔接线端子(系列 Ⅰ 为200～800A，系列 Ⅱ 为200～630A)；(*b*) 四孔接线端子(系列 Ⅰ 为1000～1600A，系列 Ⅱ 为800～1250A)；(*c*) 六孔接线端子 (系列 Ⅰ 为2000～1250A，系列 Ⅱ 为1600～2500A)

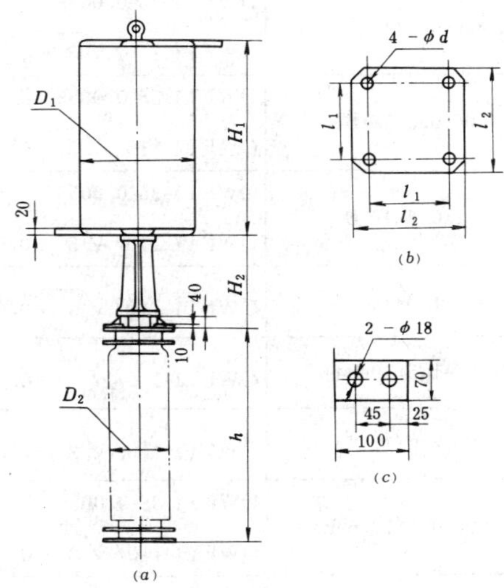

图 29-2-6　利用耦合电容器作支持的 XZK 型 B 系列线路阻波器安装图

(*a*) 安装尺寸图；(*b*) 耦合电容器底座尺寸图；(*c*) 阻波器接线板尺寸图

2. N 系列阻波器

(1) N 系列阻波器阻塞频带带宽见表29-2-12。

(2) N 系列阻波器技术数据见表29-2-13，外形尺寸见图29-2-7。N2为阻抗型，N3为电阻型。

表 29-2-11　　**XZK 型 B4系列线路阻波器利用耦合电容器作支持的技术数据**

线路阻波器型号	耦合电容器型号	尺寸 (mm)								质量 (kg)
		h	H_1	H_2	D_1	D_2	d	l_1	l_2	
系列 I										
XZK-200-0.2/5-B4	OWFT1-10-0.01 OWFT1-35-0.0035	565 710	513	300	349	210	13	218	258	19
XZK-200-0.3/5-B4	OWFT1-10-0.01 OWFT1-35-0.0035	565 710	518	300	349	210	13	218	258	22
XZK-200-0.5/5-B4	OWFT1-10-0.01 OWFT1-35-0.0035	565 710	520	300	352	210	13	218	258	24
XZK-200-1.0/5-B4	OWFT1-10-0.01 OWFT1-35-0.0035	565 710	670	300	412	210	13	218	258	33
XZK-200-1.5/5-B4	OWFT1-10-0.01 OWFT1-35-0.0035	565 710	898	300	412	210	13	218	258	45
XZK-200-2.0/5-B4	OWFT1-10-0.01 OWFT1-35-0.0035	565 710	818	300	512	210	13	218	258	52
XZK-400-0.1/10-B4	OWFT1-35-0.0035 OWFT1-110/$\sqrt{3}$ −0.0066	710 1350	500	300	376	210 335	13 20	218 316	258 396	30
XZK-400-0.2/10-B4	OWFT1-35-0.0035 OWFT1-110/$\sqrt{3}$ −0.0066	710 1350	588	300	376	210 335	13 20	218 316	258 396	35
XZK-400-0.3/10-B4	OWFT1-35-0.0035 OWFT1-110/$\sqrt{3}$ −0.0066	710 1350	490	300	556	210 335	13 20	218 316	258 396	44
XZK-400-0.5/10-B4	OWFT1-35-0.0035 OWFT1-110/$\sqrt{3}$ −0.0066	710 1350	627	300	556	210 335	13 20	218 316	258 396	56
XZK-400-1.0/10-B4	OWFT1-110/$\sqrt{3}$ −0.0066	1350	975	300	556	335	20	316	396	92
XZK-400-1.5/10-B4	OWFT1-110/$\sqrt{3}$ −0.0066	1350	1185	300	556	335	20	316	396	120
XZK-400-2.0/10-B4	OWFT1-110/$\sqrt{3}$ −0.01	1350	1096	300	706	335	20	316	396	140
XZK-500-0.1/12.5-B4	OWFT1-35-0.0035 OWFT1-110/$\sqrt{3}$ −0.0066	710 1350	535	300	399	210 335	13 20	218 316	258 396	41
XZK-500-0.2/12.5-B4	OWFT1-35-0.0035 OWFT1-110/$\sqrt{3}$ −0.0035	710 1350	592	300	399	210 335	13 20	218 316	258 396	48
XZK-500-0.3/12.5-B4	OWFT1-35-0.0035 OWFT1-110/$\sqrt{3}$ −0.0066	710 1350	500	300	579	210 335	13 20	218 316	258 396	57
XZK-500-0.5/12.5-B4	OWFT1-110/$\sqrt{3}$ −0.0066	1350	620	300	579	335	20	316	396	76
XZK-500-1.0/12.5-B4	OWFT1-110/$\sqrt{3}$ −0.0066	1350	970	300	579	335	20	316	396	123

续表 29-2-11

线路阻波器型号	耦合电容器型号	尺寸 (mm)								质量 (kg)
		h	H_1	H_2	D_1	D_2	d	l_1	l_2	
XZK-500-1.5/12.5-B4	OWFT1-110/$\sqrt{3}$－0.0066	1350	1185	340	579	335	20	316	396	160
XZK-500-2.0/12.5-B4	OWFT1-110/$\sqrt{3}$－0.01	1350	1114	340	729	335	20	316	396	191
XZK-630-0.1/16-B4	OWFT1-110/$\sqrt{3}$－0.01	1350	552	340	376	335	20	316	396	39
XZK-630-0.2/16-B4	OWFT1-110/$\sqrt{3}$－0.0066	1350	533	340	556	335	20	316	396	57
XZK-630-0.3/16-B4	OWFT1-110/$\sqrt{3}$－0.0066	1350	680	340	556	335	20	316	396	71
XZK-630-0.5/16-B4	OWFT1-110/$\sqrt{3}$－0.0066	1350	705	340	706	335	20	316	396	103
XZK-630-1.0/16-B4	OWFT1-110/$\sqrt{3}$－0.0066	1350	1157	340	706	335	20	316	396	160
XZK-800-0.1/20-B4	OWFT1-110/$\sqrt{3}$－0.0066	1350	672	340	399	335	20	316	396	58
XZK-800-0.2/20-B4	OWFT1-110/$\sqrt{3}$－0.0066	1350	650	340	579	335	20	316	396	85
XZK-800-0.3/20-B4	OWFT1-110/$\sqrt{3}$－0.0066	1350	840	340	579	335	20	316	396	112
XZK-800-0.5/20-B4	OWFT1-110/$\sqrt{3}$－0.0066	1350	843	340	729	335	20	316	396	149
XZK-800-1.0/20-B4	OWFT1-110/$\sqrt{3}$－0.0066	1350	1160	340	859	335	20	316	396	232
系列Ⅱ										
XZK-630-0.1/20-B4	OWFT1-110/$\sqrt{3}$－0.0066	1350	552	340	399	335	20	316	396	56
XZK-630-0.2/20-B4	OWFT1-110/$\sqrt{3}$－0.0066	1350	533	340	579	335	20	316	396	84
XZK-630-0.3/20-B4	OWFT1-110/$\sqrt{3}$－0.0066	1350	680	340	579	335	20	316	396	108
XZK-630-0.5/20-B4	OWFT1-110/$\sqrt{3}$－0.0066	1350	705	340	729	335	20	316	396	145
XZK-630-1.0/20-B4	OWFT1-110/$\sqrt{3}$－0.0066	1350	1286	340	729	335	20	316	396	235

注　1. 表中所列耦合电容器为天津双环电容器厂的产品，订货时要注明耦合电容器型号。

2. 若采用其它厂家生产的耦合电容器时，可在该耦合电容器上盖装一过渡座，上孔4-$M$12均布在ϕ140圆周上。

表 29-2-12　**XZK 型 N 系列线路阻波器阻塞频带带宽表**

主线圈额定电感 (mH)	调谐方式	频带带宽（$\|Z_b\|\geqslant800\Omega$，$R_b\geqslant600\Omega$）(kHz) 频段号						单频最低频率（$\|Z_b\|\geqslant800\Omega$）(kHz)	
		1	2	3	4	5	6	$\Delta f=6$kHz	$\Delta f=4$kHz
0.2	N2，N3	260～500	224～360	192～280	168～228	144～196	130～172	95	79
0.3	N2，N3	208～500	172～300	148～228	128～184	120～164	108～140	78	65
0.5	N2	160～500	124～268	100～168	84～124			62	51
	N3	140～500	100～170	84～140					
1.0	N2，N3	84～500							
2.0	N2	48～500	40～152						

表 29-2-13

XZK 型 N 系列线路阻波器技术数据

编号	型号	设计号	额定电流(A)	额定电感(mH)	短时电流(kA) 1s 有效值		第一半波峰值		外形尺寸(mm)		接线端子尺寸(mm)						吊孔(mm)	座式安装尺寸(mm)			质量(kg)	支持绝缘子	对应图29-2-7图号
					系列Ⅰ	系列Ⅱ	系列Ⅰ	系列Ⅱ	D	H	L	B	δ	a	c	ϕ	ϕ	d	ϕ	f			
1	XZK-100-0.5/2.5-N2(3)		100	0.5	2.5		6.4		408	462	45	25	15	20	10	9	35				14		(b)
2	XZK-100-1.0/2.5-N2(3)			1.0					447	582											18		
3	XZK-200-0.2/5-N2(3)	B		0.2					412	440											14		
4	XZK-200-0.3/5-N2(3)	B		0.3					412	460											15		
5	XZK-200-0.5/5-N2(3)	B	200	0.5	5		12.8		450	465	45	25	15	20	10	9	35				19		(b)
6	XZK-200-1.0/5-N2(3)	B		1.0					450	703											27		
7	XZK-200-2.0/5-N2(3)	B		2.0					556	868	64	40	14	30	15	11	35				55		
8	XZK-400-0.2/10-N2(3)	A		0.2					440	558											32		
9	XZK-400-0.3/10-N2(3)	A		0.3					476	649	64	40	14	30	15	11	35				45		(b)
10	XZK-400-0.5/10-N2(3)	A	400	0.5	10		25.5		550	720											62		
11	XZK-400-1.0/10-N2(3)	A		1.0					584	1035											94		
12	XZK-400-2.0/10-N2(3)	A		2.0					690	1350	64	50	18	40	20	13	40	140	14	16	140		(b)、(d)
13	XZK-630-0.2/16(20)-N2(3)			0.2					572	678											66		
14	XZK-630-0.3/16(20)-N2(3)			0.3					572	798	84	50	18	40	20	13	40	140	14	16	81		(b)、(d)
15	XZK-630-0.5/16(20)-N2(3)		630	0.5	16	20	41	51	712	843											118		
16	XZK-630-1.0/16(20)-N2(3)			1.0					712	1284											160		
17	XZK-630-2.0/16(20)-N2(3)			2.0					858	1658	84	64	18	30	17	14	40	225	18	20	224	XP.2236	(c)、(d)

续表 29-2-13

编号	型号	设计号	额定电流(A)	额定电感(mH)	短时电流(kA) 1s有效值 系列Ⅰ	1s有效值 系列Ⅱ	第一半波峰值 系列Ⅰ	第一半波峰值 系列Ⅱ	外形尺寸(mm) D	H	接线端子尺寸(mm) L	B	δ	a	c	φ	吊孔(mm) φ	座式安装尺寸(mm) d	φ	f	质量(kg)	支持绝缘子	对应图29-2-7图号
18	XZK-800-0.2/20(25)-N2(3)	A		0.2					712	675											86		(b)、(d)
19	XZK-800-0.3/20(25)-N2(3)	A		0.3					712	832	84	50	22	40	20	13	40	140	14	16	110		
20	XZK-800-0.5/20(25)-N2(3)	A	800	0.5	20	25	51	64	858	930											160	XP.2236+2235A	(c)、(d)
21	XZK-800-1.0/20(25)-N2(3)	A		1.0					858	1390	64	64	22	30	17	14	40	225	18	20	240	XP.2236+2235A	
22	XZK-1000-0.2/25-N2(3)			0.2					712	905								140	14	16	132		
23	XZK-1000-0.3/25-N2(3)		1000	0.3	25		64		712	1137	84	80	33	40	20	14	40				160		(c)、(d)
24	XZK-1000-0.5/25-N2(3)			0.5					858	1280								225	18	20	200	XP.2236+2235A	
25	XZK-1000-1.0/25-N2(3)			1.0					1322	1262										16	285	XP.2231+2236	(c)、(e)
	1000/31.5用1250/31.5																						
26	XZK-1250-0.2/31.5(40)-N2(3)			0.2					712	1166											156		
27	XZK-1250-0.3/31.5(40)-N2(3)			0.3					858	1235								140	14	16	190		(c)、(d)
28	XZK-1250-0.5/31.5(40)-N2(3)		1250	0.5	31.5	40	80.5	102	858	1706	84	80	33	40	20	14	40	225	18	20	275	XP.2236+2235A	
29	XZK-1250-1.0/31.5(40)-N2(3)			1.0					1322	1638										16	405	XP.2231+2236	(c)、(e)

注 1. 质量系指悬挂式产品净重，不包括座式支架。

2. 生产的500A、600A系列阻波器，在未明确废型前，仍可供用户选用。

3. 阻波器的外形、安装尺寸及接线端子等见图29-2-7。

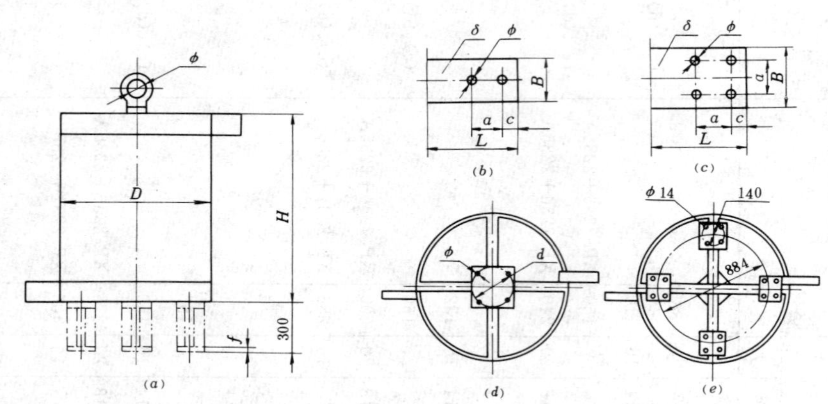

图29-2-7　XZK型N系列阻波器外形及安装尺寸图

(a) 外形尺寸；(b) 双孔接线端子板；(c) 四孔接线端子板；

(d) 单点座式结构底视图；(e) 四点座式结构底视图

3. T系列阻波器

(1) T系列线路阻波器阻塞频率范围见表29-2-14。

(2) T3系列阻波器的技术数据见表29-2-15，外形尺寸见图29-2-8。

表 29-2-14　　**XZK型T系列线路阻波器阻塞频率表**

主线圈电感 (mH)	宽带调谐的频段 ($R_{min}=600\Omega$ 或 $\lvert Z\rvert_{min}=800\Omega$) (kHz) 频段号						单频允许最低频率 $R_{min}=800\Omega$ (kHz)		双频允许最低频率 $R_{min}=800\Omega$ (kHz)
	1	2	3	4	5	6	$\Delta f=6$kHz	$\Delta f=4$kHz	$\Delta f=4$kHz
0.1	340～500	292～400	260～340	236～300	220～276	200～244	152	130	150
0.2	260～500	220～360	188～290	164～236	144～196	130～172	108	90	106
0.3	200～500	168～316	144～240	128～196	116～168	104～148	88	70	90
0.5	152～500	124～280	100～180	84～126	76～120		68	58	70
1.0	84～500	72～240	68～108	52～80			46	42	50
2.0	48～500	40～152	30～72				32	28	36

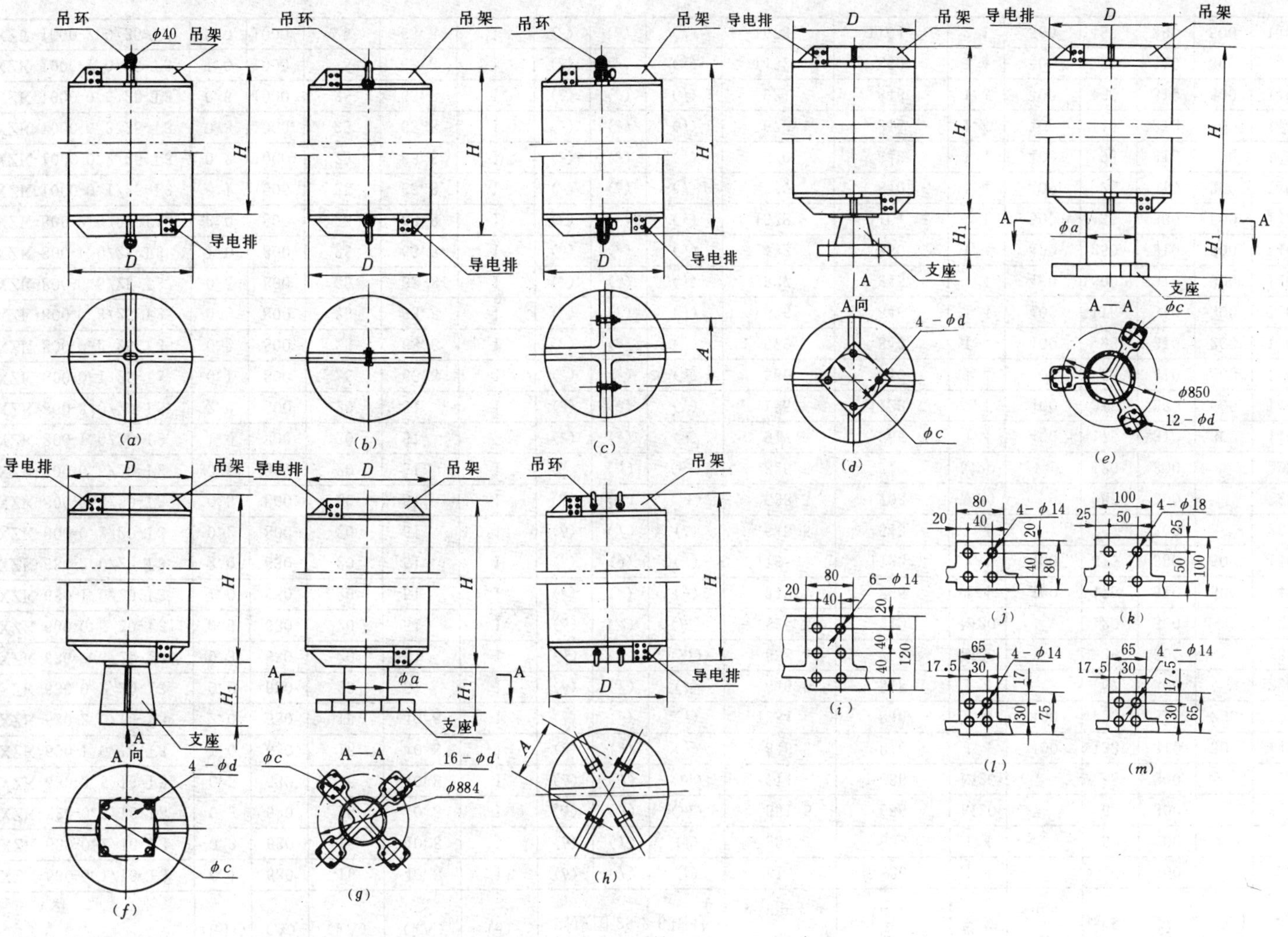

图29-2-8　XZK型T系列线路阻波器外形及接线端子尺寸图

(*a*) 双臂单吊挂式；(*b*) 单臂单吊挂式；(*c*) 双臂双吊挂式；(*d*) 双臂单支座式；(*e*) 三支座式；
(*f*) 单臂单支座式；(*g*) 四支座式；(*h*) 三臂四吊挂式；(*i*) 六孔接线板；(*j*) 四孔接线板 (60×80)；
(*k*) 四孔接线板 (100×100)；(*l*) 四孔接线板 (65×75)；(*m*) 四孔接线板 (65×65)

表 29-2-15 XZK 型 T3 系列线路阻波器技术数据

序号	型号	标称电感 (mH)	额定电流 (A)	热稳定电流 (kA)	动稳定电流 (kA)	热稳定时间 (s)	吊式	座式	导电排	阻波器最大高度 H (mm)	阻波器最大直径 D (mm)	吊环型号	吊环距离 A (mm)	质量 (kg)	座式尺寸			
							对应图 29-2-8 图号								H_1	Φ_a	Φ_c	Φ_d
1	XZK-630-0.1/16-T3	0.1	630	16	40.8	1	(*b*)	(*f*)	(*l*)	413	526	1.4		40	300		225	18
2	XZK-630-0.2/16-T3	0.2	630	16	40.8	1	(*b*)	(*f*)	(*l*)	594	532	1.4		53	300		225	18
3	XZK-630-0.3/16-T3	0.3	630	16	40.8	1	(*a*)	(*d*)	(*m*)	551.5	686	M20		65	300		225	18
4	XZK-630-0.5/16-T3	0.5	630	16	40.8	1	(*a*)	(*d*)	(*m*)	714	686	M20		88	300		225	18
5	XZK-630-1.0/16-T3	1.0	630	16	40.8	1	(*c*)	(*e*)	(*j*)	846.5	840	1.4	400	133	310	300	140	14
6	XZK-630-2.0/16-T3	2.0	630	16	40.8	1	(*c*)	(*e*)	(*j*)	1334	846	1.4	400	220	310	300	140	14
7	XZK-630-0.2/20-T3	0.2	630	20	51	1	(*b*)	(*f*)	(*l*)	645.5	548	1.4		67	300		225	18
8	XZK-630-0.3/20-T3	0.3	630	20	51	1	(*a*)	(*d*)	(*m*)	638.5	708	M20		86	300		225	18
9	XZK-630-0.5/20-T3	0.5	630	20	51	1	(*a*)	(*d*)	(*m*)	825.5	712	M20		120	300		225	18
10	XZK-630-1.0/20-T3	1.0	630	20	51	1	(*c*)	(*e*)	(*j*)	917	866	1.4	400	175	310	300	140	14
11	XZK-630-2.0/20-T3	2.0	630	20	51	1	(*c*)	(*e*)	(*j*)	1155	1122	2.1	400	315	380	500	140	14
12	XZK-800-0.2/20-T3	0.2	800	20	51	1	(*b*)	(*f*)	(*l*)	645.5	548	1.4		67	300		225	14
13	XZK-800-0.3/20-T3	0.3	800	20	51	1	(*a*)	(*d*)	(*m*)	638.5	703	M20		86	300		225	14
14	XZK-800-0.5/20-T3	0.5	800	20	51	1	(*a*)	(*d*)	(*m*)	825.5	712	M20		120	300		225	14
15	XZK-800-1.0/20-T3	1.0	800	20	51	1	(*c*)	(*e*)	(*j*)	917	866	1.4	400	175	310	300	140	14
16	XZK-800-2.0/20-T3	2.0	800	20	51	1	(*c*)	(*e*)	(*j*)	1155	1122	2.1	400	315	380	500	140	14
17	XZK-800-0.1/25-T3	0.1	800	25	63.8	1	(*c*)	(*e*)	(*j*)	560	840	1.4	400	75	310	300	140	14
18	XZK-800-0.2/25-T3	0.2	800	25	63.8	1	(*c*)	(*e*)	(*j*)	570	842	1.4	400	93	310	300	140	14
19	XZK-800-0.3/25-T3	0.3	800	25	63.8	1	(*c*)	(*e*)	(*j*)	676	846	1.4	400	115	310	300	140	14
20	XZK-800-0.5/25-T3	0.5	800	25	63.8	1	(*c*)	(*e*)	(*j*)	927	846	1.4	400	1600	310	300	140	14
21	XZK-800-1.0/25-T3	1.0	800	25	63.8	1	(*c*)	(*e*)	(*j*)	1432	850	1.4	400	250	310	300	140	14
22	XZK-800-2.0/25-T3	2.0	800	25	63.8	1	(*c*)	(*e*)	(*j*)	1578	1104	2.1	500	435	380	500	140	14
23	XZK-1000-0.1/25-T3	0.1	1000	25	63.8	1	(*c*)	(*e*)	(*j*)	560	840	1.4	400	75	310	300	140	14
24	XZK-1000-0.2/25-T3	0.2	1000	25	63.8	1	(*c*)	(*e*)	(*j*)	570	842	1.4	400	93	310	300	140	14
25	XZK-1000-0.3/25-T3	0.3	1000	25	63.8	1	(*c*)	(*e*)	(*j*)	676	846	1.4	400	115	310	300	140	14
26	XZK-1000-0.5/25-T3	0.5	1000	25	63.8	1	(*c*)	(*e*)	(*j*)	927	846	1.4	400	160	310	300	140	14
27	XZK-1000-1.0/25-T3	1.0	1000	25	63.8	1	(*c*)	(*e*)	(*j*)	1432	850	1.4	400	250	310	300	140	14
28	XZK-1000-2.0/25-T3	2.0	1000	25	63.8	1	(*c*)	(*e*)	(*j*)	1573	1104	2.1	500	435	380	500	140	14

续表 29-2-15

序号	型号	标称电感 (mH)	额定电流 (A)	热稳定电流 (kA)	动稳定电流 (kA)	热稳定时间 (s)	吊式	座式	导电排	阻波器最大高度 H (mm)	阻波器最大直径 D (mm)	吊环型号	吊环距离 A (mm)	质量 (kg)	座式尺寸			
							对应图 29-2-18 图号								H_1	Φ_a	Φ_c	Φ_d
29	XZK-1000-0.2/31.5-T3	0.2	1000	31.5	80.4	1	(*c*)	(*e*)	(*i*)	782.5	840	1.4	400	215	310	300	140	14
30	XZK-1000-0.3/31.5-T3	0.3	1000	31.5	80.4	1	(*c*)	(*e*)	(*i*)	977.5	842	1.4	400	150	310	300	140	14
31	XZK-1000-0.5/31.5-T3	0.5	1000	31.5	80.4	1	(*c*)	(*e*)	(*i*)	1301.5	842	1.4	400	215	310	300	140	14
32	XZK-1000-1.0/31.5-T3	1.0	1000	31.5	80.4	1	(*c*)	(*e*)	(*i*)	1598.5	1104	2.1	500	330	380	500	140	14
33	XZK-1000-2.0/31.5-T3	2.0	1000	31.5	80.4	1	(*i*)	(*e*)、(*g*)	(*i*)	1677	1516	2.7	850	540	520	500	140	14
34	XZK-1250-0.2/31.5-T3	0.2	1250	31.5	80.4	1	(*c*)	(*e*)	(*i*)	782.5	840	1.4	400	215	310	300	140	14
35	XZK-1250-0.3/31.5-T3	0.3	1250	31.5	80.4	1	(*c*)	(*e*)	(*i*)	977.5	842	1.4	400	150	310	300	140	14
36	XZK-1250-0.5/31.5-T3	0.5	1250	31.5	80.4	1	(*c*)	(*e*)	(*i*)	1301.5	842	1.4	400	215	310	300	140	14
37	XZK-1250-1.0/31.5-T3	1.0	1250	31.5	80.4	1	(*c*)	(*e*)	(*i*)	1598.5	1104	2.1	500	330	380	500	140	14
38	XZK-1250-2.0/31.5-T3	2.0	1250	31.5	80.4	1	(*i*)	(*e*)、(*g*)	(*i*)	1677	1516	2.7	850	540	520	500	140	14
39	XZK-1250-0.1/40-T3	0.1	1250	40	102	1	(*c*)	(*e*)	(*i*)	651	862	1.4	500	115	310	300	140	14
40	XZK-1250-0.2/40-T3	0.2	1250	40	102	1	(*b*)	(*f*)	(*i*)	891.5	866	1.4	400	167	310	300	140	14
41	XZK-1250-0.3/40-T3	0.3	1250	40	102	1	(*c*)	(*d*)	(*i*)	981.5	870	1.4	400	205	310	300	140	14
42	XZK-1250-0.5/40-T3	0.5	1250	40	102	1	(*c*)	(*d*)	(*i*)	1163	1124	2.1	500	310	380	500	140	14
43	XZK-1250-1.0/40-T3	1.0	1250	40	102	1	(*c*)	(*e*)	(*i*)	1509	1128	2.1	500	450	380	500	140	14
44	XZK-1250-2.0/40-T3	2.0	1250	40	102	1	(*h*)	(*e*)、(*g*)	(*i*)	2000	1536	2.1	850	750	520	500	140	14
45	XZK-1600-0.2/40-T3	0.2	1600	40	102	1	(*c*)	(*e*)	(*i*)	891	866	1.4	400	167	310	300	140	14
46	XZK-1600-0.3/40-T3	0.3	1600	40	102	1	(*c*)	(*e*)	(*i*)	1131	870	1.4	400	220	310	300	140	14
47	XZK-1600-0.5/40-T3	0.5	1600	40	102	1	(*c*)	(*e*)	(*j*)	1163	1124	2.1	500	310	380	500	140	14
48	XZK-1600-1.0/40-T3	1.0	1600	40	102	1	(*c*)	(*e*)	(*j*)	1939	1126	2.1	500	534	330	500	140	14
49	XZK-1600-2.0/40-T3	2.0	1600	40	102	1	(*h*)	(*e*)、(*g*)	(*i*)	2011	1536	2.7	850	781	520	500	140	14

4．J系列阻波器

（1）J系列单频、双频阻波器最低频率见表29-2-16。

（2）J系列宽频线路阻波器阻塞频率范围见表29-2-17。

（3）J系列阻波器主要技术数据见表29-2-18，外形及支座法兰盘尺寸见图29-2-9。阻波器底座安装尺寸见图29-2-10，图中H为300、500mm两种，阻波器与底座采用U型抱箍联结或按用户要求承制。

表29-2-16　　XZK型J系列单频、双频线路阻波器最低频率表

调谐方式	频宽（kHz）	最低中心频率（kHz）					
		0.1mH	0.2mH	0.3mH	0.5mH	1.0mH	2.0mH
单频	10	160/196	113/139	94/113	72/88	51/60	
	6	124/152	88/108	72/88	56/68	40/46	
	5	113/139	80/98	66/80	51/62	36/42	
	4	101/124	72/88	59/65	46/56	32/38	
双频	4	121/150	86/160	70/90	54/70	40/50	

注　每格内两频率分别表示：$\frac{\text{一般要求}（R_b \geqslant 600\Omega \text{或} |Z_b| \geqslant 800\Omega）\text{产品的最低中心频率}}{\text{较高要求}（R_b \geqslant 800\Omega \text{或} |Z_b| \geqslant 1200\Omega）\text{产品的最低中心频率}}$。

表29-2-17　　XZK型J系列宽频线路阻波器阻塞频率范围表

额定电感（mH）	阻塞频率范围（kHz）						
	Z_1	Z_2	Z_3	Z_4	Z_5	Z_6	Z_7
0.1	340～500	292～400	260～340	232～300	220～276	200～244	
0.2	260～500	220～380	188～290	164～236	144～196	130～172	116～146
0.3	200～500	168～316	144～240	128～196	116～168	104～148	
0.5	152～500	124～280	100～180	84～136	76～120		
1.0	84～500	72～240	63～108	52～80			
2.0	48～500						

表 29-2-18　**XZK 型 J 系列线路阻波器技术数据**

型号	额定电流 (A)	额定电感 (mH)	额定短时电流			悬挂系统抗拉强度 (kgf)	外形尺寸 (mm)					端子安装尺寸 (mm)			支座安装尺寸 (mm)				质量 (kg)
			有效值 (kA)	持续时间 (s)	半波峰值 (kA)		对应图 29-2-9 图号	D	H_1	k	A	B	c	a	H_p	D_p	ϕ_p	d_p	
XZK-200-0.1/5-J3	200	0.1	5	1	12.75		(*b*)、(*e*)	423	330			55		16			140	14	15
XZK-200-0.2/5-J3	200	0.2	5	1	12.75		(*b*)、(*e*)	423	445			55		16			140	14	20
XZK-200-0.3/5-J3	200	0.3	5	1	12.75		(*b*)、(*e*)	423	549			55		16			140	14	28
XZK-200-0.5/5-J3	200	0.5	5	1	12.75		(*b*)、(*e*)	523	584			55		16			140	14	33
XZK-200-1.0/5-J3	200	1.0	5	1	12.75		(*b*)、(*e*)	523	909			55		16			140	14	55
XZK-200-2.0/5-J3	200	2.0	5	1	12.75		(*b*)、(*e*)	673	1095			55		16			140	14	76
XZK-400-0.1/10-J3	400	0.1	10	1	25.5		(*b*)、(*e*)	438	427			55		16			140	14	27
XZK-400-0.2/10-J3	400	0.2	10	1	25.5		(*b*)、(*e*)	438	600			55		16			140	14	40
XZK-400-0.3/10-J3	400	0.3	10	1	25.5		(*b*)、(*e*)	540	600			55		16			140	14	50
XZK-400-0.5/10-J3	400	0.5	10	1	25.5		(*b*)、(*e*)	550	804			55		16			140	14	80
XZK-400-1.0/10-J3	400	1.0	10	1	25.5		(*b*)、(*e*)	700	1007			55		16			140	14	125
XZK-500-0.1/12.5-J3	500	0.1	12.5	1	32		(*b*)、(*e*)	550	442			55		20			140	14	40
XZK-500-0.2/12.5-J3	500	0.2	12.5	1	32		(*b*)、(*e*)	550	604			55		20			140	14	60
XZK-500-0.3/12.5-J3	500	0.3	12.5	1	32		(*b*)、(*e*)	550	764			55		20			140	14	80
XZK-500-0.5/12.5-J3	500	0.5	12.5	1	32		(*b*)、(*e*)	700	827			55		20			140	14	90
XZK-500-1.0/12.5-J3	500	1.0	12.5	1	32		(*b*)、(*e*)	700	1277			55		20			140	14	110
XZK-630-0.1/16-J3	630	0.1	16	1	40.8	750	(*a*)、(*e*)	538	400	100		65	75	30	250	270	140	14	40
XZK-630-0.2/16-J3	630	0.2	16	1	40.8	750	(*a*)、(*e*)	538	540	100		65	75	30	250	270	140	14	55
XZK-630-0.3/16-J3	630	0.3	16	1	40.8	750	(*a*)、(*e*)	536	680	100		65	75	30	250	270	140	14	71
XZK-630-0.5/16-J3	630	0.5	16	1	40.8	750	(*a*)、(*e*)	536	946	100		65	75	30	250	270	140	14	103
XZK-630-1.0/16-J3	630	1.0	16	1	40.8	1000	(*b*)、(*e*)	842	894	240	400	80	80	40	375	350	180	18	145
XZK-630-2.0/16-J3	630	2.0	16	1	40.8	1000	(*b*)、(*e*)	846	1327	240	400	80	80	40	375	350	180	18	230

续表 29-2-18

型号	额定电流 (A)	额定电感 (mH)	额定短时电流			悬挂系统抗拉强度 (kgf)	外形尺寸 (mm)					端子安装尺寸 (mm)			支座安装尺寸 (mm)				质量 (kg)
			有效值 (kA)	持续时间 (s)	半波峰值 (kA)		对应图 29-2-9 图号	D	H_1	k	A	B	c	a	H_p	D_p	ϕ_p	d_p	
XZK-800-0.1/20-J3	800	0.1	20	1	51	660	(*a*)、(*e*)	556	469	100		65	75	30	250	270	140	14	48
XZK-800-0.2/20-J3	800	0.2	20	1	51	660	(*a*)、(*e*)	562	645	100		65	75	30	250	270	140	14	69
XZK-800-0.3/20-J3	800	0.3	20	1	51	750	(*a*)、(*e*)	562	805	100		65	75	30	250	270	140	14	83
XZK-800-0.5/20-J3	800	0.5	20	1	51	750	(*a*)、(*e*)	562	1157	100		65	75	30	250	270	140	14	122
XZK-800-1.0/20-J3	800	1.0	20	1	51	1000	(*b*)、(*e*)	870	1033	240	400	80	80	40	375	350	180	18	200
XZK-800-2.0/20-J3	800	2.0	20	1	51	1500	(*b*)、(*e*)	870	1585	240	400	80	80	40	375	350	180	18	315
XZK-1000-0.1/25-J3	1000	0.1	25	1	64	1000	(*c*)、(*e*)	842	463	240	400	65	75	30	250	270	140	14	77
XZK-1000-0.2/25-J3	1000	0.2	25	1	64	1000	(*c*)、(*e*)	842	563	240	400	65	75	30	250	270	140	14	95
XZK-1000-0.3/25-J3	1000	0.3	25	1	64	1000	(*c*)、(*e*)	842	668	240	400	65	75	30	375	350	225	18	114
XZK-1000-0.5/25-J3	1000	0.5	25	1	64	1000	(*c*)、(*e*)	846	920	240	400	65	75	30	375	350	225	18	160
XZK-1000-1.0/25-J3	1000	1.0	25	1	64	1500	(*d*)、(*f*)	850	1422	365	500	80	80	40	375	350	225	18	250
XZK-1000-2.0/25-J3	1000	2.0	25	1	64	2000	(*d*)、(*f*)	1104	1578	565	700	80	80	40	375	350	225	18	435
XZK-1250-0.1/31.5-J3	1250	0.1	31.5	2	80.4	1000	(*c*)、(*e*)	838	587	240	400	80	80	40	375	350	180	18	91
XZK-1250-0.2/31.5-J3	1250	0.2	31.5	2	80.4	1000	(*c*)、(*e*)	840	789	240	400	80	80	40	375	350	180	18	114
XZK-1250-0.3/31.5-J3	1250	0.3	31.5	2	80.4	1000	(*c*)、(*e*)	842	971	240	400	80	80	40	357	350	180	18	157
XZK-1250-0.5/31.5-J3	1250	0.5	31.5	2	80.4	1000	(*c*)、(*e*)	844	1343	240	400	80	80	40	375	350	180	18	218
XZK-1250-1.0/31.5-J3	1250	1.0	31.5	2	80.4	1500	(*c*)、(*e*)	1104	1599	365	500	80	80	40	500	450	225	18	356
XZK-1250-2.0/31.5-J3	1250	2.0	31.5	2	80.4	2000	(*d*)、(*f*)	1516	1648	565	700	80	120	40	750	270	140	14	515
XZK-1600-0.1/40-J3	1600	0.1	40	2	102	1000	(*c*)、(*e*)	866	651	240	400	80	80	40	375	350	180	18	125
XZK-1600-0.2/40-J3	1600	0.2	40	2	102	1000	(*c*)、(*e*)	866	891	240	400	80	80	40	375	350	180	18	167
XZK-1600-0.3/40-J3	1600	0.3	40	2	102	1000	(*c*)、(*e*)	870	1131	240	400	80	80	40	375	350	180	18	222
XZK-1600-0.5/40-J3	1600	0.5	40	2	102	1500	(*c*)、(*e*)	1124	1167	365	500	80	80	40	500	450	225	18	314
XZK-1600-1.0/40-J3	1600	1.0	40	2	102	2000	(*c*)、(*e*)	1126	1939	365	500	80	80	40	500	450	225	18	534
XZK-1600-2.0/40-J3	1600	2.0	40	2	102	2500	(*d*)、(*f*)	1546	1898	565	700	80	120	40	750	270	140	14	781

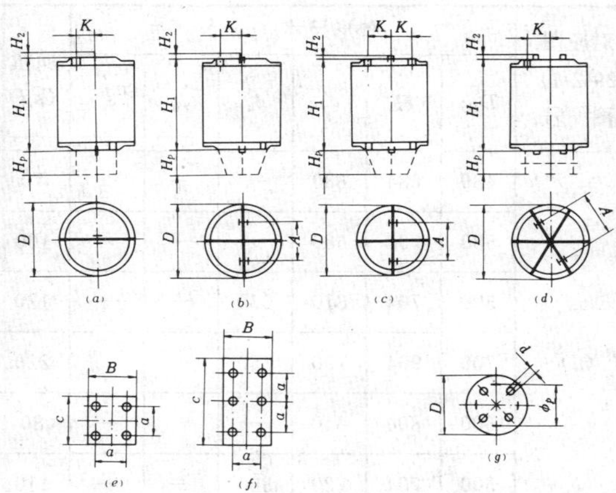

图 29-2-9　XZK 型 J 系列阻波器外形及支座法兰盘尺寸图

(*a*) 单梁对称单端子结构；(*b*) 十字梁对称单端子结构；(*c*) 十字梁对称双端子结构；(*d*) 六臂梁对称单端子结构；(*e*) 4孔接线端子；(*f*) 6孔接线端子；(*g*) 支座法兰盘

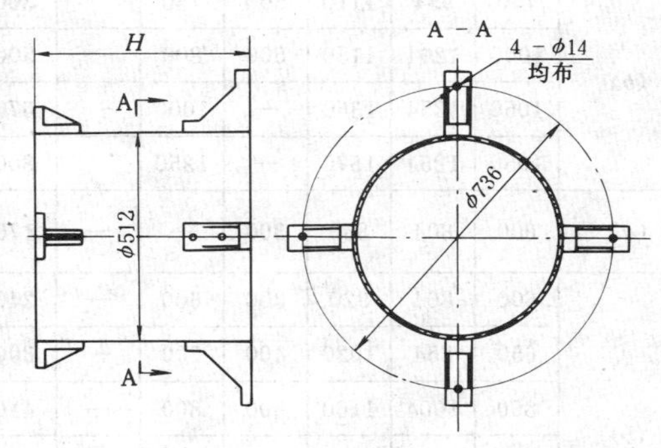

图 29-2-10　XZK 型 J 系列阻波器座座安装尺寸示意图

(五) 生产厂及代号

北京电力设备总厂，代号为 B。国营南京有线电厂，代号为 N。水利部、电力部地质勘探机电研究所工厂，代号为 T。湖南津市市无线电厂，代号为 J。

三、XZF 型 B 系列线路阻波器

(一) 简介

XZF 型 B 系列线路阻波器是引进加拿大传奇电气公司技术开发的封闭式阻波器。其主线圈为多层筒式线圈，每层筒式绕组由绝缘铝铰线紧密缠绕，绕组外用适当厚度的树脂预浸玻璃纤维密封，各层绕组间设有通风道，用以充分冷却各层绕组。该产品的主线圈体积小、损耗低、机械强度高、承受短路电流大，尤其适用于短路容量较大的220kV 以上各级电网的电力线载波通道。

(二) 型号含义

XZF 型为封闭式线路阻波器，其余符号及字母含义同 XZK 型。

(三) 使用条件

XZF 型阻波器的使用条件同 XZK 型阻波器。

(四) 技术数据

(1) XZF型阻波器的技术数据同 XZK 型阻波器。

(2) XZF 及 XZK 型 B 系列阻波器损耗对比见表 29-2-19。

(3) XZF 型 B 系列阻波器的阻塞频率范围见表 29-2-7。

(4) XZF 型 B 系列阻波器的主要技术数据见表 29-2-20和表29-2-21，外形尺寸见图29-2-11，接线板尺寸见图29-2-12。

表 29-2-19　XZF 及 XZK 型 B 系列线路阻波器损耗对比表（75℃）

连续电流 (A)	电感 (mH)	损耗 (kW)	
		XZF 型	XZK 型
630	1.0	4.36	8.4
800	1.0	5.6	12.0
1000	1.0	7.7	14.0
1000	2.0	12.2	19.2
1250	0.2	3.7	7.8
1250	0.3	4.8	9.7
1250	0.5	6.7	16.7
1250	1.0	11.9	20.6
1250	2.0	14.6	33.7
1600	0.2	4.8	9.2
1600	1.0	12.5	30.2

表 29-2-20 **XZF型（系列Ⅱ）线路阻波器技术数据**

序号	型号	额定电感 (mH)	额定电流 (A)	短时电流			对应图 29-2-11 图号	外形尺寸 (mm)						质量 (kg)
				时间 (s)	有效值 (kA)	峰值 (kA)		D_{BS}	H	ϕ_y	ϕ_a	ϕ_b	ϕ_c	
1	XZF630-0.1/20-B1	0.1	630	1.0	20	51		480	684	630	—	—	—	70
2	XZF630-0.2/20-B1	0.2	630	1.0	20	51		550	702	680	—	—	—	100
3	XZF630-0.5/20-B1	0.5	630	1.0	20	51		500	704	810	230	—	—	120
4	XZF630-1.0/20-B1	1.0	630	1.0	20	51	(*a*)	700	904	790	250	—	—	220
5	XZF800-0.1/25-B1	0.1	800	1.0	25	63.8		600	804	640	—	—	—	80
6	XZF800-0.2/25-B1	0.2	800	1.0	25	63.8		500	704	720	380	—	—	110
7	XZF800-0.3/25-B1	0.3	800	1.0	25	63.8		800	1004	730	—	—	—	140
8	XZF800-0.5/25-B1	0.5	800	1.0	25	63.8	(*b*)	950	1154	860	300	500	—	200
9	XZF800-1.0/25-B1	1.0	800	1.0	25	63.8		700	1006	920	420	700	—	300
10	XZF1000-0.1/31.5-B1	0.1	1000	1.0	31.5	80.3		450	654	750	200	—	—	120
11	XZF1000-0.2/31.5-B1	0.2	1000	1.0	31.5	80.3	(*a*)	600	804	850	300	—	—	180
12	XZF1000-0.3/31.5-B1	0.3	1000	1.0	31.5	80.3		650	854	950	400	—	—	220
13	XZF1000-0.5/31.5-B1	0.5	1000	1.0	31.5	80.3		750	954	1110	500	750	—	300
14	XZF1000-1.0/31.5-B1	1.0	1000	1.0	31.5	80.3	(*b*)	1000	1204	1150	500	800	—	500
15	XZF1000-1.5/31.5-B1	1.5	1000	1.0	31.5	80.3		1050	1254	1360	—	1000	—	670
16	XZF1000-2.0/31.5-B1	2.0	1000	1.0	31.5	80.3		1050	1254	1570	—	1250	—	800
17	XZF1250-0.1/50-B1	0.1	1250	1.0	50	127.5	(*a*)	600	804	850	300	—	—	170
18	XZF1250-0.2/50-B1	0.2	1250	1.0	50	127.5		600	804	920	300	600	—	240
19	XZF1250-0.3/50-B1	0.3	1250	1.0	50	127.5		650	854	1020	400	700	—	300
20	XZF1250-0.5/50-B1	0.5	1250	1.0	50	127.5	(*b*)	800	1004	1160	500	800	—	410
21	XZF1250-1.0/50-B1	1.0	1250	1.0	50	127.5		1000	1306	1230	500	900	—	630
22	XZF1250-1.5/50-B1	1.5	1250	1.0	50	127.5		1000	1306	1490	—	1100	—	850
23	XZF1250-2.0/50-B1	2.0	1250	1.0	50	127.5		1050	1356	1640	—	1300	—	1050
24	XZF1600-0.1/50-B1	0.1	1600	1.0	50	127.5	(*a*)	550	754	920	300	—	—	220
25	XZF1600-0.2/50-B1	0.2	1600	1.0	50	127.5		550	856	1040	350	700	—	300
26	XZF1600-0.3/50-B1	0.3	1600	1.0	50	127.5		650	956	1090	350	700	—	400
27	XZF1600-0.5/50-B1	0.5	1600	1.0	50	127.5	(*b*)	800	1106	1140	400	800	—	500
28	XZF1600-1.0/50-B1	1.0	1600	1.0	50	127.5		1000	1306	1410	600	1000	—	830
29	XZF1600-1.5/50-B1	1.5	1600	1.0	50	127.5		1050	1356	1660	—	1300	—	1100
30	XZF1600-2.0/50-B1	2.0	1600	1.0	50	127.5		1100	1508	1820	—	1500	—	1380

续表29-2-20

序号	型　　号	额定电感 (mH)	额定电流 (A)	短时电流 时间 (s)	短时电流 有效值 (kA)	短时电流 峰值 (kA)	对应图 29-2-11 图号	外形尺寸 (mm) D_{BS}	H	ϕ_y	ϕ_a	ϕ_b	ϕ_c	质量 (kg)
31	XZF2000-0.1/50-B1	0.1	2000	1.0	50	127.5	(*c*)	600	906	962	300	650	1222	300
32	XZF2000-0.2/50-B1	0.2	2000	1.0	50	127.5		700	1006	1112	450	800	1372	400
33	XZF2000-0.3/50-B1	0.3	2000	1.0	50	127.5		600	906	1252	450	950	1522	500
34	XZF2000-0.5/50-B1	0.5	2000	1.0	50	127.5		750	1056	1302	500	950	1522	650
35	XZF2000-1.0/50-B1	1.0	2000	1.0	50	127.5		1000	1306	1472	—	1100	1672	1000
36	XZF2000-1.5/50-B1	1.5	2000	1.0	50	127.5		1000	1408	1792	—	1500	2072	1400
37	XZF2000-2.0/50-B1	2.0	2000	1.0	50	127.5	(*d*)	1150	1558	1842	—	1500	2072	1700
38	XZF2500-0.1/50-B1	0.1	2500	3.0	50	127.5	(*c*)	600	906	1032	300	650	1222	380
39	XZF2500-0.2/50-B1	0.2	2500	3.0	50	127.5		750	1056	1242	450	900	1472	600
40	XZF2500-0.3/50-B1	0.3	2500	3.0	50	127.5		850	1156	1342	550	1000	1572	700
41	XZF2500-0.5/50-B1	0.5	2500	3.0	50	127.5		850	1156	1522	650	1200	1722	900
42	XZF2500-1.0/50-B1	1.0	2500	3.0	50	127.5		1000	1408	1672	—	1300	1872	1450
43	XZF2500-1.5/50-B1	1.5	2500	3.0	50	127.5	(*d*)	1000	1408	1932	—	1600	2172	1800
44	XZF2500-2.0/50-B1	2.0	2500	3.0	50	127.5		1100	1508	2092	—	1800	2372	2150
45	XZF3150-0.1/63-B1	0.1	3150	3.0	63	161	(*c*)	400	728	1450	500	1150	1722	450
46	XZF3150-0.2/63-B1	0.2	3150	3.0	63	161		550	878	1570	550	1250	1872	750
47	XZF3150-0.3/63-B1	0.3	3150	3.0	63	161		650	978	1730	700	1400	1972	900
48	XZF3150-0.5/63-B1	0.5	3150	3.0	63	161		750	1078	1930	900	1600	2172	1150
49	XZF3150-1.0/63-B1	1.0	3150	3.0	63	161		980	1410	2130	1100	1800	2372	1700
50	XZF3150-1.5/63-B1	1.5	3150	3.0	63	161	(*d*)	1200	1630	2210	1100	1900	2472	2400
51	XZF3150-2.0/63-B1	2.0	3150	3.0	63	161		1400	1830	2400	1350	1900	2472	3360
52	XZF4000-0.1/80-B1	0.1	4000	3.0	80	204	(*c*)	450	778	1440	450	1100	1672	550
53	XZF4000-0.2/80-B1	0.2	4000	3.0	80	204		600	928	1540	550	1200	1772	850
54	XZF4000-0.3/80-B1	0.3	4000	3.0	80	204		650	978	1760	650	1400	1972	1100
55	XZF4000-0.5/80-B1	0.5	4000	3.0	80	204		750	1180	2010	900	1600	2172	1500
56	XZF4000-1.0/80-B1	1.0	4000	3.0	80	204	(*d*)	1150	1580	2140	1000	1800	2372	2600
57	XZF4000-1.5/80-B1	1.5	4000	3.0	80	204		1600	2030	2230	1100	1800	2372	3600
58	XZF4000-2.0/80-B1	2.0	4000	3.0	80	204		1600	2030	2540	1400	2000	2572	4450

表 29-2-21 **XZF型（系列Ⅲ）线路阻波器技术数据**

序号	型号	额定电感(mH)	额定电流(A)	短时电流			对应图29-2-11图号	外形尺寸(mm)						质量(kg)
				时间(s)	有效值(kA)	峰值(kA)		D_{BS}	H	ϕ_y	ϕ_a	ϕ_b	ϕ_c	
1	XZF-630-0.1/25-B1	0.1	630	1	25	64		500	652	630	—	—	—	70
2	XZF-630-0.2/25-B1	0.2	630	1	25	64		550	702	680	—	—	—	100
3	XZF-630-0.3/25-B1	0.3	630	1	25	64	(a)	500	704	680	—	—	—	120
4	XZF-630-0.5/25-B1	0.5	630	1	25	64		500	704	810	230	—	—	140
5	XZF-630-1.0/25-B1	1.0	630	1	25	64		700	904	790	250	—	—	220
6	XZF-630-1.5/25-B1	1.5	630	1	25	64	(b)	800	1004	920	360	750	—	330
7	XZF-630-2.0/25-B1	2.0	630	1	25	64		800	1004	1020	460	850	—	370
8	XZF-800-0.1/31.5-B1	0.1	800	1	31.5	81		600	804	640	—	—	—	80
9	XZF-800-0.2/31.5-B1	0.2	800	1	31.5	81		650	854	680	—	—	—	110
10	XZF-800-0.3/31.5-B1	0.3	800	1	31.5	81	(a)	800	1004	660	—	—	—	140
11	XZF-800-0.5/31.5-B1	0.5	800	1	31.5	81		500	704	850	260	—	—	200
12	XZF-800-1.0/31.5-B1	1.0	800	1	31.5	81		750	1056	880	260	—	—	300
13	XZF-800-1.5/31.5-B1	1.5	800	1	31.5	81	(b)	850	1156	940	310	750	—	420
14	XZF-800-2.0/31.5-B1	2.0	800	1	31.5	81		800	1106	1085	460	850	—	500
15	XZF-1000-0.1/40-B1	0.1	1000	1	40	102		450	654	750	200	—	—	120
16	XZF-1000-0.2/40-B1	0.2	1000	1	40	102	(a)	600	804	850	300	—	—	180
17	XZF-1000-0.3/40-B1	0.3	1000	1	40	102		650	854	950	400	—	—	220
18	XZF-1000-0.5/40-B1	0.5	1000	1	40	102		750	954	1110	500	750	—	300
19	XZF-1000-1.0/40-B1	1.0	1000	1	40	102	(b)	1000	1204	1150	500	800	—	500
20	XZF-1000-1.5/40-B1	1.5	1000	1	40	102		1050	1254	1360	—	1000	—	670
21	XZF-1000-2.0/40-B1	2.0	1000	1	40	102		1050	1254	1570	—	1250	—	800
22	XZF-1250-0.1/50-B1	0.1	1250	1	50	128	(a)	600	804	850	300	—	—	170
23	XZF-1250-0.2/50-B1	0.2	1250	1	50	128		600	804	920	300	600	—	240
24	XZF-1250-0.3/50-B1	0.3	1250	1	50	128		650	854	1020	400	700	—	300
25	XZF-1250-0.5/50-B1	0.5	1250	1	50	128	(b)	800	1004	1160	500	800	—	410
26	XZF-1250-1.0/50-B1	1.0	1250	1	50	128		1000	1306	1230	500	900	—	630
27	XZF-1250-1.5/50-B1	1.5	1250	1	50	128		1000	1306	1490	—	1100	—	850
28	XZF-1250-2.0/50-B1	2.0	1250	1	50	128		1050	1356	1640	—	1300	—	1050
29	XZF-1600-0.1/63-B1	0.1	1600	1	63	161	(a)	550	754	920	300	—	—	220

续表29-2-21

序号	型号	额定电感 (mH)	额定电流 (A)	短时电流			对应图29-2-11图号	外形尺寸 (mm)						质量 (kg)
				时间 (s)	有效值 (kA)	峰值 (kA)		D_{BS}	H	ϕ_y	ϕ_a	ϕ_b	ϕ_c	
30	XZF-1600-0.2/63-B1	0.2	1600	1	63	161		550	856	1040	350	700	—	300
31	XZF-1600-0.3/63-B1	0.3	1600	1	63	161		650	956	1090	350	700	—	400
32	XZF-1600-0.5/63-B1	0.5	1600	1	63	161	(*b*)	800	1106	1140	400	800	—	500
33	XZF-1600-1.0/63-B1	1.0	1600	1	63	161		1000	1306	1410	600	1000	—	830
34	XZF-1600-1.5/63-B1	1.5	1600	1	63	161		1050	1356	1660	—	1300	—	1100
35	XZF-2000-0.1/63-B1	0.1	2000	2	63	161		600	906	962	300	650	1222	300
36	XZF-2000-0.2/63-B1	0.2	2000	2	63	161		700	1006	1112	450	800	1372	400
37	XZF-2000-0.3/63-B1	0.3	2000	2	63	161		600	906	1252	450	950	1522	500
38	XZF-2000-0.5/63-B1	0.5	2000	2	63	161		750	1056	1302	500	950	1522	650
39	XZF-2000-1.0/63-B1	1.0	2000	2	63	161		1000	1306	1472	—	1100	1672	1000
40	XZF-2000-1.5/63-B1	1.5	2000	2	63	161	(*c*)	1000	1408	1792	—	1500	2072	1400
41	XZF-2500-0.1/63-B1	0.1	2500	3	63	161		600	906	1032	300	650	1222	380
42	XZF-2500-0.2/63-B1	0.2	2500	3	63	161		750	1056	1242	450	900	1472	600
43	XZF-2500-0.3/63-B1	0.3	2500	3	63	161		850	1156	1342	550	1000	1572	700
44	XZF-2500-0.5/63-B1	0.5	2500	3	63	161		850	1156	1522	650	1200	1722	900
45	XZF-2500-1.0/63-B1	1.0	2500	3	63	161		1000	1408	1672	—	1300	1872	1450
46	XZF-2500-1.5/63-B1	1.5	2500	3	63	161	(*d*)	1000	1408	1932	—	1600	2172	1800
47	XZF-3150-0.1/80-B1	0.1	3150	3	80	204		400	728	1450	500	1150	1722	450
48	XZF-3150-0.2/80-B1	0.2	3150	3	80	204		550	878	1570	550	1250	1822	750
49	XZF-3150-0.3/80-B1	0.3	3150	3	80	204		650	978	1730	700	1400	1972	900
50	XZF-3150-0.5/80-B1	0.5	3150	3	80	204		750	1078	1930	900	1600	2172	1150
51	XZF-3150-1.0/80-B1	1.0	3150	3	80	204	(*c*)	980	1410	2130	1100	1800	2372	1700
52	XZF-4000-0.1/100-B1	0.1	4000	2	100	255		450	778	1440	450	1100	1672	550
53	XZF-4000-0.2/100-B1	0.2	4000	3	100	255		600	928	1540	550	1200	1772	850
54	XZF-4000-0.3/100-B1	0.3	4000	3	100	255		650	978	1760	650	1400	1972	1100
55	XZF-4000-0.5/100-B1	0.5	4000	3	100	255		750	1180	2010	900	1600	2172	1500
56	XZF-4000-1.0/100-B1	1.0	4000	3	100	255	(*d*)	1150	1580	2140	1000	1800	2372	2600

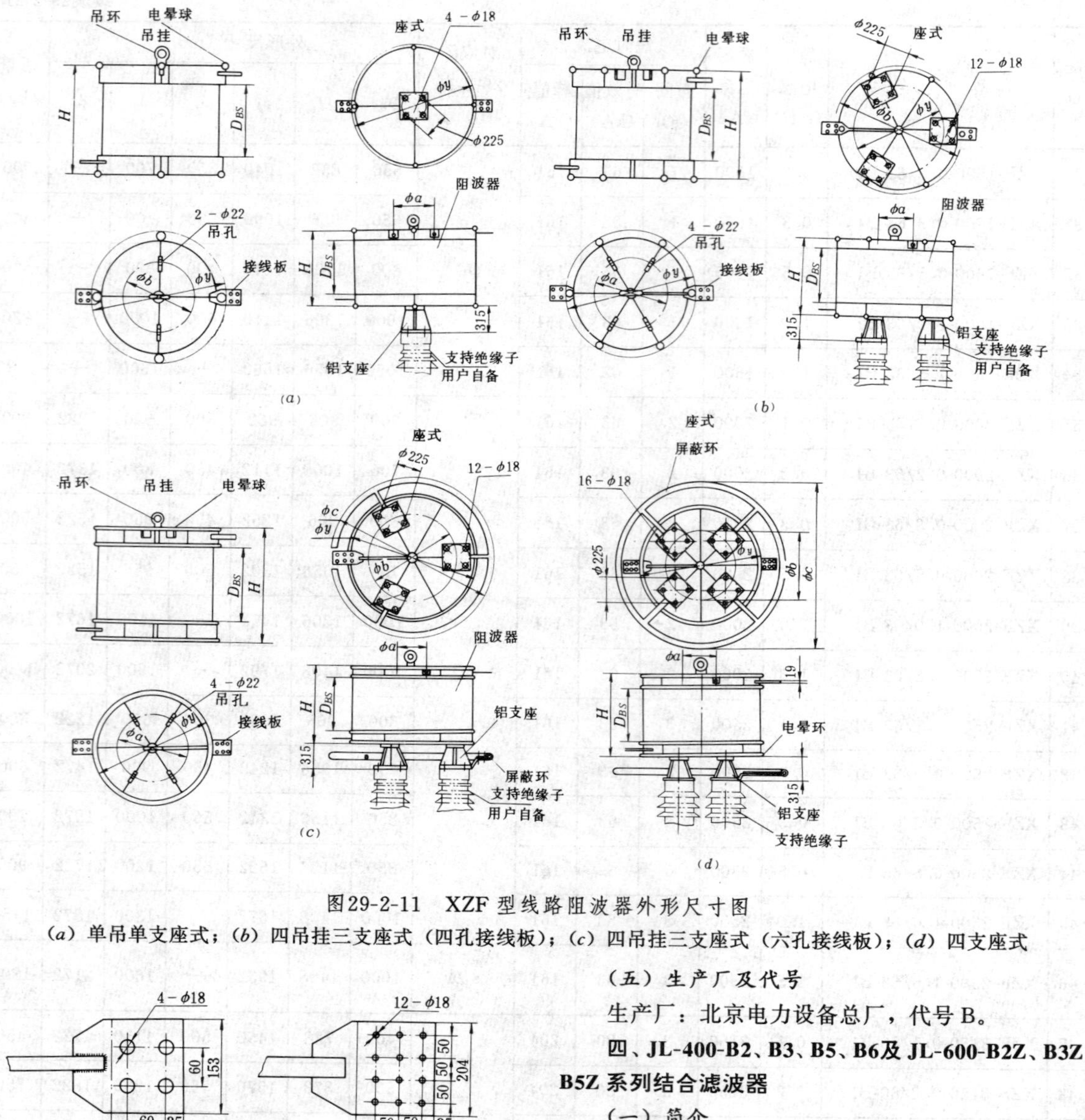

图29-2-11　XZF 型线路阻波器外形尺寸图

(*a*) 单吊单支座式；(*b*) 四吊挂三支座式（四孔接线板）；(*c*) 四吊挂三支座式（六孔接线板）；(*d*) 四支座式

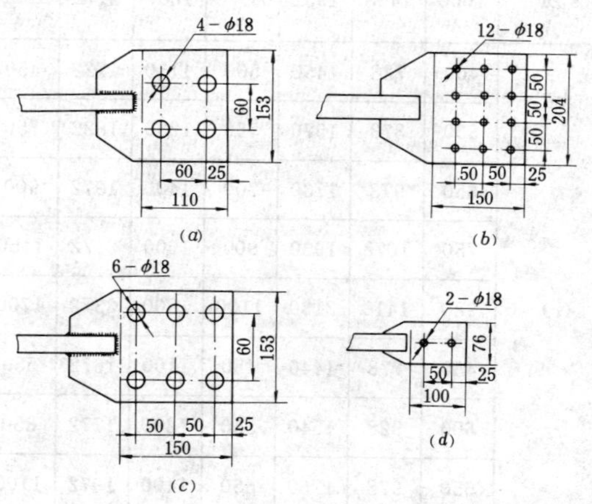

图29-2-12　XZF 型线路阻波器接线板尺寸图
(*a*) 四孔接线板（1000～1600A）；(*b*) 12孔接线板（3150～4000A）；(*c*) 六孔接线板（2000～2500A）；(*d*) 双孔接线板（630～800A）

（五）生产厂及代号

生产厂：北京电力设备总厂，代号 B。

四、JL-400-B2、B3、B5、B6及 JL-600-B2Z、B3Z、B5Z 系列结合滤波器

（一）简介

JL-400-B2、B3、B5系列结合滤波器的技术指标均符合国际电工委员会（IEC-481）《电力线载波结合设备》的要求。

JL-400-B6系列结合滤波器是专为无调谐线路阻波器应用而开发的一种新型电力线载波结合装置。它与适当电感量的无调谐阻波器及耦合电容器相互配合，形成组合式Ⅱ形高通滤波器网络，并充任该网络的调谐器件，实现电力线与高频电缆的匹配连接。

JL-600-B2Z、B3Z、B5Z 系列结合滤波器的技术指标符合国标 GB7329—87及 ANSI（美国国家标准协会）C93.4—84《电力线载波结合设备》标准的要求。

JL-400-B2、B3、B5及JL-600-B2Z、B3Z、B5Z系列结合滤波器使用在耦合电容量为3300、3500、4500、5000、6600、7500、8000、10000、15000、20000pF的电力线载波通信线路上。

JL-400-B6系列结合滤波器使用在耦合电容量为3300、3500、6600pF的电力线载波通信线路上。

JL-400-B2、B5及JL-600-B2Z、B5Z系列结合滤波器适用于电力线载波通信系统及电力线载波通信与继电保护合用结合相的电力线载波系统。其中JL-400-B5及JL-600-B5Z系列结合滤波器线路侧带300Ω及400Ω抽头。

JL-400-B3及JL-600-B3Z系列结合滤波器适用于继电保护专用电力线载波系统。

JL-400-B2、B3、B5、B6系列结合滤波器的峰值包络功率为400W。

JL-600-B2Z、B3Z、B5Z系列结合滤波器的峰值包络功率为600W。

结合滤波器的工作频率范围、适应的线路侧阻抗见技术性能部分。

JL-600-B2Z、B3Z、B5Z系列结合滤波器能补偿耦合电容器低压端头杂散电容（200pF）及杂散电导（20μS）的影响。

JL-400-B及JL-600-B系列结合滤波器的电路原理图见图29-2-13和图29-2-14。

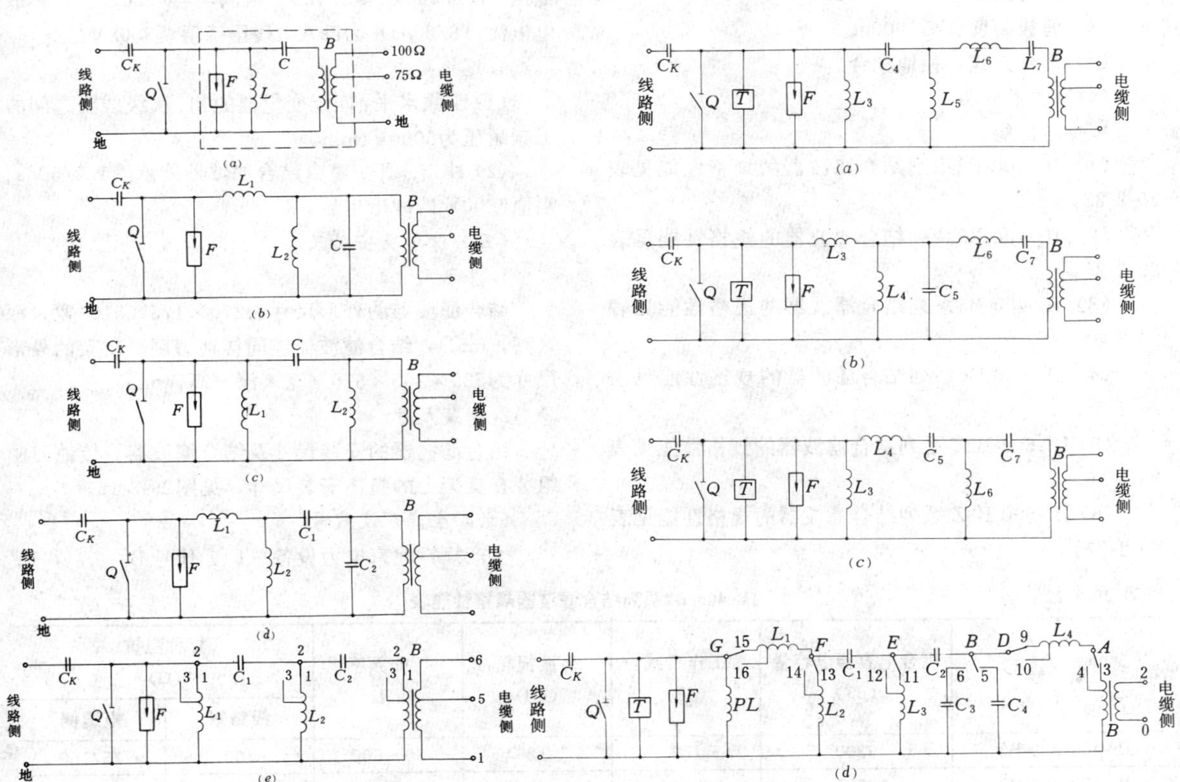

图29-2-13　JL-400-B系列结合滤波器电路原理图

(*a*) JL-400-B2型；(*b*) JL-400-B3型（带通）；(*c*)JL-400-B5型(高通)；(*d*)JL-400-B5型(带通)；(*e*)JL-400-B5型(高通)

C_k—耦合电容器；L、L_1、L_2—电感器；C、C_1、C_2—电容器；T—匹配变量器；F—避雷器；Q—接地刀闸

图29-2-14　JL-600-B系列结合滤波器电路原理图

(*a*)JL-600-B2Z型；(*b*)JL-600-B3Z型(带通上截止频率500kHz)；(*c*)JL-600-B3Z型(带通下截止频率40kHz)；(*d*)JL-600-B5Z型

C_k—耦合电容器；T—杂散电容及杂散电导等效网络；F—避雷器；PL—排流线圈；L_1、L_2、L_3、L_4—电感器；C_1、C_2、C_3、C_4—电容器；T—匹配变量器；Q—接地刀闸

（二）型号含义

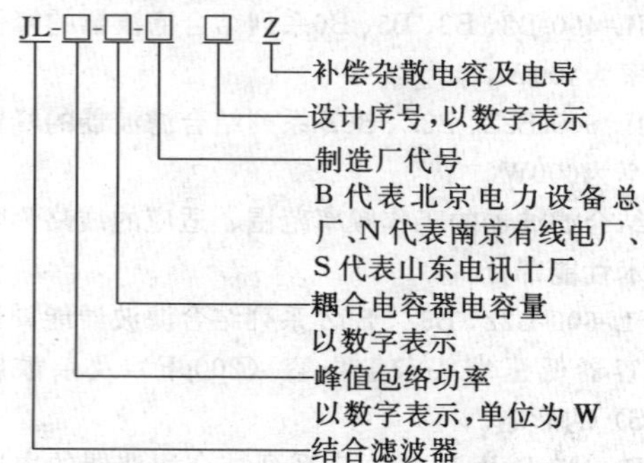

（三）使用条件

(1) 工作条件：结合滤波器处在日光、雨、雾、冰雹、雪和冰等环境中能正常运行。

(2) 环境温度：－40～＋45℃。

(3) 海拔高度：≤1000m。

(4) 耦合方式：相地耦合。

（四）技术数据

1. 规格性能

(1) JL-400-B2系列结合滤波器的规格性能见表29-2-22。

(2) JL-400-B3系列结合滤波器的规格性能见表29-2-23。

(3) JL-400-B5系列结合滤波器的规格性能见表29-2-24。

(4) JL-400-B6系列结合滤波器的规格性能见表29-2-25。

(5) JL-600-B2Z系列结合滤波器的规格性能见表29-2-26。

(6) JL-600-B3Z系列结合滤波器的规格性能见表29-2-27。

(7) JL-600-B5Z系列结合滤波器的规格性能见表29-2-28。

2. 失真和交调

JL-400-B2、B3、B5及JL-600-B2Z、B3Z、B5Z系列结合滤波器引起的各个失真和交调产物的电平，至少比相应的峰值包络功率电平低80dB。

3. 安全和保护

(1) 排流线圈。JL-400-B5及JL-600-B2Z、B3Z系列结合滤波器排流线圈的工频阻抗≤20Ω，短时电流的有效值（0.2s，50Hz）为50A，连续电流的有效值（50Hz）为1A。

(2) 过电压保护。JL-400-B2、B3、B5及JL-600-B2Z、B3Z、B5Z系列结合滤波器避雷器的额定电压有效值为1kV，工频放电电压为1.8～2.2kV，冲击放电电压（1.2/50μs）≤3.4kV，极间电容<20pF，标称放电电流（8/20μs）为5kA，残压峰值≤3.0kV。

4. 绝缘要求

(1) 工频水平：匹配变量器的初、次级线圈之间的工频耐压为5000V1min。

(2) 冲击水平：整台结合滤波器能承受1.2/50μs、幅值6800V的冲击电压。

（五）外形及安装尺寸

1. 外形尺寸

结合滤波器的外形尺寸为270×175×510（宽×深×高，mm），结合滤波器连同接地刀闸、支架的外形尺寸为525×255×510（宽×深×高，mm）。

2. 安装尺寸

结合滤波器的安装尺寸及结合滤波器、接地刀闸组装在支架上的整体安装尺寸，见图29-2-15。

（六）生产厂及代号

生产厂：北京电力设备总厂，代号B。

表29-2-22　　JL-400-B2系列结合滤波器规格性能表

型　号	耦合电容器电容量 (pF)	工作衰减 (dB)	回波损耗 (dB)	工作频率 (kHz)	标称阻抗 (Ω)	
					线路侧	电缆侧
JL-400-3.3-B2	3300	1.3	12	80～500	400	75/100
JL-400-3.5-B2	3500	1.3	12	80～500	400	75/100
JL-400-4.5-B2	4500	1.3	12	60～500	400	75/100
JL-400-5-B2	5000	1.8	12	55～500	400	75/100
JL-400-6.6-B2	6600	1.3	12	40～500	400	75/100
JL-400-7.5-B2	7500	1.3	12	40～500	400	75/100
JL-400-8-B2	8000	1.3	12	40～500	400	75/100
JL-400-10-B2	10000	1.3	12	40～500	400	75/100
JL-400-15-B2	15000	1.3	12	40～500	400	75/100
JL-400-20-B2	20000	1.3	12	40～500	400	75/100

表 29-2-23　**JL-400-B3系列结合滤波器规格性能表**

型　号	耦合电容器电容量(pF)	工作衰减(dB)	回波损耗(dB)	工作频率(kHz)					
				线路侧阻抗240Ω	对应图29-2-13图号	线路侧阻抗300Ω	对应图29-2-13图号	线路侧阻抗400Ω	对应图29-2-13图号
JL-400-3.3-B3	3300	≤1.0	≥20	40～44		40～46		40～46	
				44～48		44～48		45～55	
				46～52		54～66		54～72	(*b*)
				52～58		66～84	(*b*)	70～100	
				58～68	(*b*)	84～114		98～156	
				68～82		114～180		154～500	(*c*)
				82～104		180～500	(*c*)		
				104～144					
				144～230					
				230～500	(*c*)				
JL-400-3.5-B3	3500	≤1.0	≥20	40～44		40～46		40～46	
				44～50		46～54		45～55	
				48～54		54～66		54～72	(*b*)
				54～64		66～84	(*b*)	70～100	
				64～78	(*b*)	84～114		98～156	
				78～100		114～180		154～500	(*c*)
				100～136		180～500	(*c*)		
				136～218					
				218～500	(*c*)				
JL-400-4.5-B3	4500	≤1.0	≥20	40～46		40～48		40～50	
				46～54		48～62	(*b*)	48～66	(*b*)
				52～62		62～86		64～95	
				62～78	(*b*)	86～140		90～130	
				78～106		140～500	(*c*)	120～500	(*c*)
				106～170					
				170～500	(*c*)				

续表29-2-23

型　号	耦合电容器电容量(pF)	工作衰减(dB)	回波损耗(dB)	工作频率(kHz)					
				线路侧阻抗240Ω	对应图29-2-13图号	线路侧阻抗300Ω	对应图29-2-13图号	线路侧阻抗400Ω	对应图29-2-13图号
JL-400-5-B3	5000	≤1.0	≥20	40～46	(*b*)	40～48	(*b*)	40～50	(*b*)
				46～56		48～62		48～66	
				56～70		52～86		64～96	
				70～96		86～140		90～130	
				96～152		140～500	(*c*)	120～500	(*c*)
				152～500	(*c*)				
JL-400-6.6-B3	6600	≤1.0	≥20	40～50	(*b*)	40～50	(*b*)	40～60	(*b*)
				44～56		50～68		58～85	
				54～72		68～100		80～500	(*c*)
				72～116		100～500	(*c*)		
				116～500	(*c*)				
JL-400-7.5-B3	7500	≤1.0	≥20	40～52	(*b*)	40～56	(*b*)	40～65	(*b*)
				48～64		56～90		60～90	
				64～102		90～500	(*c*)	90～500	(*c*)
				102～500	(*c*)				
JL-400-8-B3	8000	≤1.0	≥20	40～52	(*b*)	40～56	(*b*)	40～70	(*b*)
				48～68		56～90		60～90	
				60～96		90～500	(*c*)	90～500	(*c*)
				96～500	(*c*)				
JL-400-10-B3	10000	≤1.0	≥20	40～56	(*b*)	40～65	(*b*)	40～75	(*b*)
				48～76		65～500	(*c*)	70～500	(*c*)
				76～500	(*c*)				
JL-400-15-B3	15000	≤1.0	≥20	40～68	(*b*)	40～500	(*c*)	40～500	(*c*)
				68～500	(*c*)				
JL-400-20-B3	20000	≤1.0	≥20	40～500	(*c*)	40～500	(*c*)	40～500	(*c*)
JL-400-D-B3	用户提供			用户提供		用户提供		用户提供	

注　单频结合滤波器（JL-400-D-B3）的通带宽度不小于±1kHz。

表 29-2-24　**JL-400-B5系列结合滤波器规格性能表**

型　号	耦合电容器电容量(pF)	峰值包络功率(W)	工作衰减(dB)	回波损耗(dB)	种类	标称阻抗(Ω)		工作频率范围(kHz)	对应图29-2-13图号
						线路侧	电缆侧		
JL-400-3.3-B5	3300	400	≤1.3	≥12	1	300	75	40～60	(*d*)
					2	300	75	56～108	
					3	400	75	40～72	
					4	300	75	92～500	(*e*)
						400	75	68～500	
JL-400-3.5-B5	3500				5	300	75	40～60	(*d*)
					6	300	75	56～108	
					7	400	75	40～72	
					8	300	75	92～500	(*e*)
					9	400	75	68～500	
JL-400-4.5-B5	4500				10	300	75	40～72	(*d*)
					11	400	75	40～100	
					12	300	75	68～500	(*e*)
						400	75	50～500	
JL-400-5-B5	5000				13	300	75	40～76	(*d*)
					14	400	75	40～120	
					15	300	75	60～500	(*e*)
						400	75	45～500	
JL-400-6-B5	6600				16	300	75	40～120	(*d*)
					17	300	75	46～500	(*e*)
						400	75	40～500	
JL-400-7.5-B5	7500				18	300	75	40～500	(*e*)
						400	75		
JL-400-8-B5	8000				19	300	75	40～500	(*e*)
						400	75		
JL-400-10-B5	10000			≥16	20	300	75	40～500	(*e*)
						400	75		
JL-400-15-B5	15000				21	300	75	40～500	(*e*)
						400	75		
JL-400-20-B5	20000				22	300	75	40～500	(*e*)
						400	75		

表 29-2-25 **JL-400-B6系列结合滤波器规格性能表**

<table>
<tr><th rowspan="3">型号</th><th rowspan="3">耦合电容器电容量
(pF)</th><th rowspan="3">峰值包络功率
(W)</th><th rowspan="3">工作衰减
(dB)</th><th rowspan="3">回波损耗
(dB)</th><th colspan="2">标称阻抗
(Ω)</th><th colspan="4">工作频率范围
(kHz)</th></tr>
<tr><th rowspan="2">线路侧</th><th rowspan="2">电缆侧</th><th colspan="4">无调谐阻波器电感量</th></tr>
<tr><th>0.3mH</th><th>0.5mH</th><th>1.0mH</th><th>2.0mH</th></tr>
<tr><td>JL-400-3.3-B6</td><td>3300</td><td>400</td><td>≤2</td><td>≥12</td><td>400</td><td>75/100</td><td>144～500</td><td>120～500</td><td>84～500</td><td>84～500</td></tr>
<tr><td>JL-400-3.5-B6</td><td>3500</td><td>400</td><td>≤2</td><td>≥12</td><td>400</td><td>75/100</td><td>140～500</td><td>116～500</td><td>80～500</td><td>80～500</td></tr>
<tr><td>JL-400-6.6-B6</td><td>6600</td><td>400</td><td>≤2</td><td>≥12</td><td>400</td><td>75/100</td><td></td><td>116～500</td><td>54～500</td><td>44～500</td></tr>
</table>

注 工作衰减包括阻波器的分流衰减，回波损耗指在阻波器介入时。

表 29-2-26 **JL-600-B2Z 系列结合滤波器规格性能表**

<table>
<tr><th rowspan="3">型号</th><th rowspan="3">耦合电容电容量
(pF)</th><th rowspan="3">峰值包络功率
(W)</th><th rowspan="3">工作衰减
(dB)</th><th rowspan="3">回波损耗
(dB)</th><th colspan="3">工作频率范围
(kHz)</th><th rowspan="3">电缆侧阻抗
(Ω)</th></tr>
<tr><th colspan="3">线路侧标称阻抗</th></tr>
<tr><th>240Ω</th><th>300Ω</th><th>400Ω</th></tr>
<tr><td>JL-600-3.3-B2Z</td><td>3300</td><td rowspan="10">600</td><td rowspan="10"><1.3</td><td rowspan="10">>12</td><td>124～500</td><td>92～500</td><td>72～500</td><td rowspan="10">75/100</td></tr>
<tr><td>JL-600-3.5-B2Z</td><td>3500</td><td>116～500</td><td>88～500</td><td>68～500</td></tr>
<tr><td>JL-600-4.5-B2Z</td><td>4500</td><td>92～500</td><td>72～500</td><td>56～500</td></tr>
<tr><td>JL-600-5-B2Z</td><td>5000</td><td>84～500</td><td>64～500</td><td>48～500</td></tr>
<tr><td>JL-600-6.6-B2Z</td><td>6600</td><td>64～500</td><td>48～500</td><td rowspan="6">40～500</td></tr>
<tr><td>JL-600-7.5-B2Z</td><td>7500</td><td>56～500</td><td>44～500</td></tr>
<tr><td>JL-600-8-B2Z</td><td>8000</td><td>52～500</td><td rowspan="4">40～500</td></tr>
<tr><td>JL-600-10-B2Z</td><td>10000</td><td>44～500</td></tr>
<tr><td>JL-600-15-B2Z</td><td>15000</td><td rowspan="2">40～500</td></tr>
<tr><td>JL-600-20-B2Z</td><td>20000</td></tr>
</table>

表 29-2-27 **JL-600-B3Z 系列结合滤波器规格性能表**

<table>
<tr><th rowspan="3">型号</th><th rowspan="3">耦合电容器电容量
(pF)</th><th rowspan="3">峰值包络功率
(W)</th><th rowspan="3">工作衰减
(dB)</th><th rowspan="3">回波损耗
(dB)</th><th colspan="4">工作频率
(kHz)</th><th rowspan="3">电缆侧阻抗
(Ω)</th></tr>
<tr><th colspan="4">线路侧标称阻抗及对应原理图图号</th></tr>
<tr><th>300Ω</th><th>对应图
29-2-14图号</th><th>400Ω</th><th>对应图
29-2-14图号</th></tr>
<tr><td rowspan="7">JL-600-3.3-B3Z</td><td rowspan="7">3300</td><td rowspan="7">600</td><td rowspan="7"><1</td><td rowspan="7">>20</td><td>40～46</td><td rowspan="5">(b)</td><td>40～48</td><td rowspan="3">(b)</td><td rowspan="7">75/100</td></tr>
<tr><td>46～52</td><td>48～60</td></tr>
<tr><td>52～60</td><td>60～84</td></tr>
<tr><td>60～76</td><td>84～140</td><td rowspan="2">(c)</td></tr>
<tr><td>76～100</td><td>140～500</td></tr>
<tr><td>100～160</td><td rowspan="2">(c)</td><td rowspan="2"></td><td rowspan="2"></td></tr>
<tr><td>160～500</td></tr>
</table>

续表29-2-27

型　　号	耦合电容器电容量(pF)	峰　值包络功率(W)	工作衰减(dB)	回波损耗(dB)	工作频率(kHz) 线路侧标称阻抗及对应原理图图号 300Ω	对应图29-2-14图号	400Ω	对应图29-2-14图号	电缆侧阻抗(Ω)
JL-600-3.5-B3Z	3500	600	<1	>20	40～46	(*b*)	40～48	(*b*)	75/100
					46～52		48～64		
					52～60		64～96		
					60～76		96～214	(*c*)	
					76～100		140～500		
					100～160	(*c*)			
					160～500				
JL-600-4.5-B3Z	4500	600	<1	>20	40～48	(*b*)	40～56	(*b*)	75/100
					48～56		56～100		
					56～76		100～500	(*c*)	
					76～124				
					124～500	(*c*)			
JL-600-5-B3Z	5000	600	<1	>20	40～52	(*b*)	40～56	(*b*)	75/100
					52～68		56～98		
					68～116		98～500	(*c*)	
					116～500	(*c*)			
JL-600-6.6-B3Z	6600	600	<1	>20	40～56	(*b*)	40～72	(*b*)	75/100
					52～80		68～500	(*c*)	
					80～500	(*c*)			
JL-600-7.5-B3Z	7500	600	<1	>20	40～60	(*b*)	40～80	(*b*)	75/100
					48～80		80～500	(*c*)	
					80～500	(*c*)			
JL-600-8-B3Z	8000	600	<1	>20	40～64	(*b*)	40～88	(*b*)	75/100
					44～76		60～500	(*c*)	
					76～500	(*c*)			
JL-600-10-B3Z	10000	600	<1	>20	40～90	(*c*)	40～60	(*c*)	75/100
					60～500		52～500		
JL-600-15-B3Z	15000	600	<1	>20	40～500	(*c*)	40～500	(*c*)	75/100
JL-600-20-B3Z	20000	600	<1	>20	40～500	(*c*)	40～500	(*c*)	75/100

表 29-2-28 **JL-600-B5Z 系列结合滤波器规格性能表**

型号	耦合电容器电容量 (pF)	峰值包络功率 (W)	工作衰减 (dB)	回波损耗 (dB)	标称阻抗 (Ω)		工作频率范围 (kHz)
					线路侧	电缆侧	
JL-600-3.3-B5Z	3300	600	≤1.3	≥12	300	75	92-500
					400		68-500
JL-600-3.5-B5Z	3500				300		68-500
					400		50-500
JL-600-5-B5Z	5000				300		60-500
					400		46-500
JL-600-6.6-B5Z	6600				300		46-500
					400		40-500
JL-600-7.5-B5Z	7500				300		40-500
					400		40-500
JL-600-10-B5Z	10000			≥16	300		40-500
					400		40-500

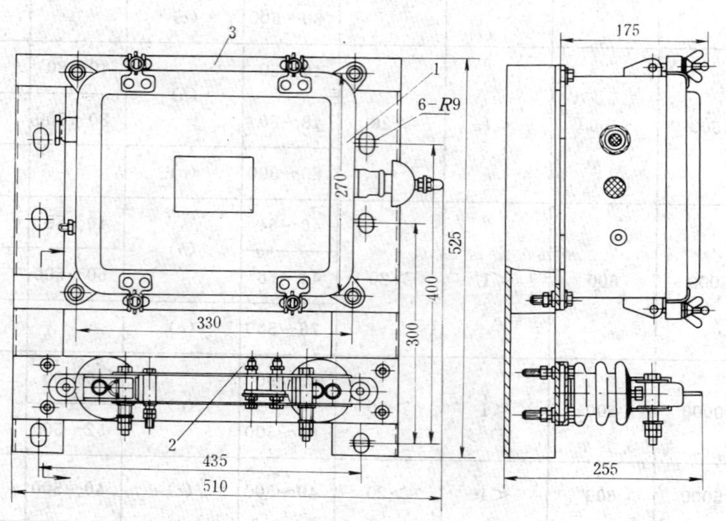

图 29-2-15 JL-400-B 及 JL-600-B 系列结合滤波器和接地刀闸安装图

1—结合滤波器；2—接地刀闸；3—支架

五、JL-200-N1型及JL-400-N系列结合滤波器

（一）简介

JL-200-N1型及JL-400-N系列结合滤波器是按照国际电工委员会（IEC）出版物的有关规定设计的，各项指标均符合IEC出版物第481号《电力载波结合设备》的要求。

JL-400-N2系列结合滤波器是参照IEC358-71《耦合电容器及电容分压器》标准，计及耦合电容器低压端子杂散电容及杂散电导的影响设计的，各项指标均符合国标GB7329—87《电力载波结合设备》的要求。

结合滤波器采用圆柱立式倒置自然防雨结构，防水性能强。

JL-200、400-N型结合滤波器原理图见图29-2-16。

（二）型号含义

同JL-400、600-B型结合滤波器型号含义。

（三）使用条件

同JL-400、600-B型结合滤波器。

（四）技术数据

1. 规格性能

（1）JL-200-N1及JL-400-N1型结合滤波器的规格性能见表29-2-29。

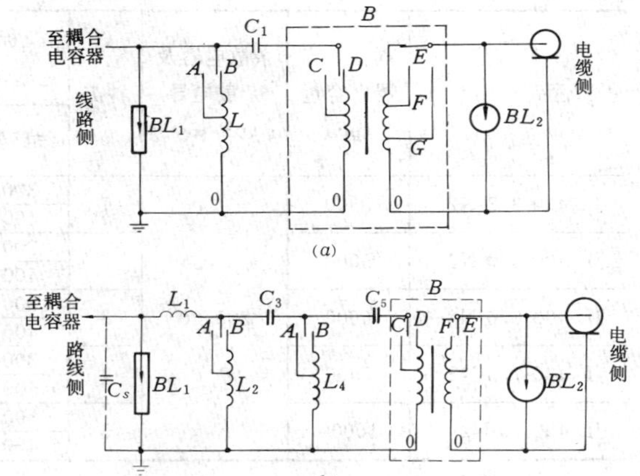

图 29-2-16　JL-200-N1型及JL-400N系列结合滤波器原理图

(a) JL-200-3.5-N型；(b) JL-400-N1、N2型

L、L_1、L_2、L_4—电感器；C_1、C_3、C_5—电容器；T—阻抗变换器；F_1—避雷器；F_2—放电器

（2）JL-400-N2型结合滤波器的规格性能见表29-2-30。

表 29-2-29　JL-200-N1及JL-400-N1型结合滤波器规格性能表

型号	耦合电容器电容量 (pF)	种类	标称阻抗 (Ω) 线路侧	标称阻抗 (Ω) 电缆侧	工作频率范围 (kHz)	峰值包络功率 (W)	回波损耗 (dB)	工作衰耗 (dB)	对应图 29-2-16图号	质量 (kg)
JL-200-3.5-N1	3500	1	300	75/100	92～500	200	≥12	≤1.3	(a)	4
			400	75/100	68～500					
JL-400-3.3-N1	3300	2	300	75/100	92～500	400	≥12	≤1.3	(b)	5
			400	75/100	68～500					
JL-400-5.0-N1	5000	3	300	75/100	60～500					
			400	75/100	45～500					
JL-400-6.6-N1	6600	4	300	75/100	46～500					
			400	75/100	40～500					
JL-400-10-N1	10000	5	300	75/100	40～500		≥16	≤1.3		
			400	75/100	40～500					

表 29-2-30　　**JL-400-N2型结合滤波器的规格性能表**

型　　号	耦合电容器电容量(pF)	杂散电容及杂散电导(pF/μv)	种类	标称阻抗(Ω) 线路侧	标称阻抗(Ω) 电缆侧	工作频率范围(kHz)	峰值包络功率(W)	工作衰减(dB)	回波损耗(dB)	质量(kg)
JL-400-3.3-N2	3300	200/20	1	300	75/100	92～500	400	≤1.3	≥12	5
				400	75/100	72～500				
JL-400-5.0-N2	5000		2	300	75/100	64～500				
				400	75/100	48～500				
JL-400-6.6-N2	6600		3	300	75/100	48～500				
				400	75/100	40～500				
JL-400-7.5-N2	7500		4	300	75/100	42～500				
				400	75/100	40～500				
JL-400-10-N2	10000		5	300	75/100	44～500			≥16	
				400	75/100	40～500				

2. 失真和交调

由结合滤波器引起的各个失真和交调产物的电平，应比相应的峰值包络功率电平低80dB。

3. 安全和保护

（1）高压侧：6kV。

（2）低压侧：210V。

（3）排流线圈：排流线圈的工频载流，持续电流有效值1A，短时电流有效值50A、0.2s。

（4）内部连接线：结合滤波器内所有通过接地电流的连接线都采用足够截面的铜线，用机械连接方式连接（符合国标 GB7329—87标准）。

4. 绝缘要求

（1）绝缘水平：变换器线圈间工频耐压为5kV 持续1min。

（2）冲击水平：整台结合滤波器能承受1.2/50μs的冲击电压，其幅值等于避雷器冲击放电电压的2倍。

接地刀闸的耐压水平≥3kV（工频），工频额定电流≥1000A（符合 GB7329—87标准）。

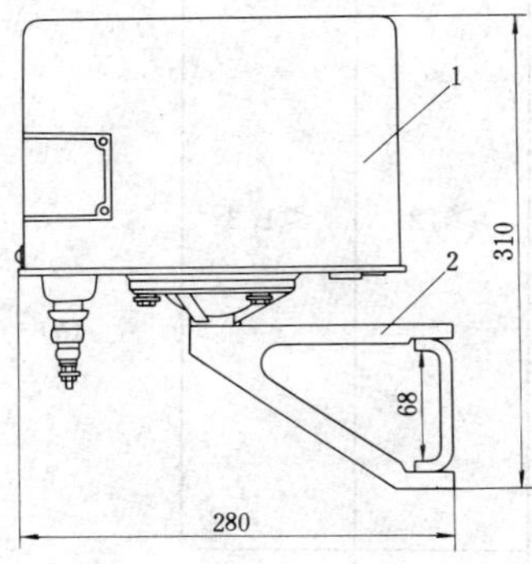

图 29-2-17　JL-200-N1型、JL-400-N1及 N2型结合滤波器装配图

1—结合滤波器；2—安装支架

（五）外形及安装尺寸

1. 外形尺寸

JL-200-N1、JL-400-N1及 N2型结合滤波器连同安装角架的外形尺寸为280×310（宽×高，mm）结合滤波器直径为263mm。

2. 安装尺寸

JL-200-N1、JL-400-N1及 N2型结合滤波器连同安装角架的安装尺寸见图29-2-17。

（六）生产厂及代号

生产厂：南京金山电气公司，代号 N。

六、JL-S 系列结合滤波器

（一）简介

JL-S 系列结合滤波器是按照国标电工委员会（IEC）出版物的有关规定设计的，各项技术指标均符合 IEC 出版物481号《电力载波结合设备》的要求，并考虑了耦合电容器低压端子杂散电容和杂散电导的影响，峰值包络功率可达600W。

JL-S 系列结合滤波器的电路原理见图29-2-18。

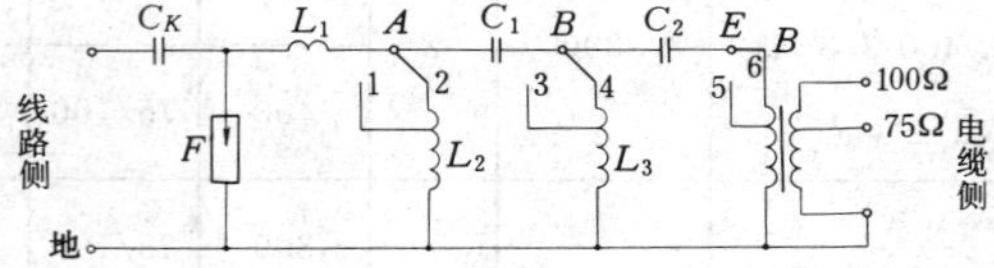

图 29-2-18　JL-S 系列结合滤波器电路原理图

C_K—耦合电容器；C_1、C_2—电容器；L_1、L_2、L_3—电感器；T—匹配变量器；F—避雷器

（二）型号含义

同 JL-400、600-B 型结合滤波器型号含义。

（三）使用条件

同 JL-400、600-B 型结合滤波器。

（四）技术数据

1. 规格性能

JL-S 系列结合滤波器的规格性能见表29-2-31。

表 29-2-31　　**JL-S 系列结合滤波器规格性能表**

型　　号	耦合电容器电容量 (pF)	峰　值包络功率 (W)	标称阻抗 (Ω) 线路侧	标称阻抗 (Ω) 电缆侧	工作频率范围 (kHz)	回波损耗 (dB)	工作衰耗 (dB)	谐波衰耗 (dB)	质 量 (kg)
JL—100—3—S7		100	300	75/100	92～500				
JL—200—3—S7	3300	200				≥12	≤1	≥80	
JL—400—3—S7		400	400	75/100	68～500				
JL—600—3—S7		600							
JL—100—4—S7		100	300	75/100	68～500				
JL—200—4—S7	4500	200				≥12	≤1	≥80	
JL—400—4—S7		400			50～500				
JL—600—4—S7		600	400	75/100					
JL—100—5—S7		100	300	75/100	60～500				
JL—200—5—S7	5000	200				≥12	≤1	≥80	
JL—400—5—S7		400							
JL—600—5—S7		600	400	75/100	45～500				
JL—100—6—S7		100	300	75/100	56～500				
JL—200—6—S7	6600	200				≥12	≤1	≥80	
JL—400—6—S7		400							
JL—600—6—S7		600	400	75/100	40～500				
JL—100—10—S7		100	300	75/100	40～500				
JL—200—10—S7	10000	200							
JL—400—10—S7		400				≥12	≤1	≥80	
JL—600—10—S7		600	400	75/100	40～500				

2. 绝缘要求

(1) 工频水平：结合滤波器的初级与次级之间、匹配变量器初、次级之间及对地工频耐压 5000V，持续 1min。

(2) 避雷器工频放电电压：1100～1600V。

(3) 冲击水平：整台结合滤波器能承受 1.2/50μs 幅值为 5000V 的冲击电压。

(五) 外形及安装尺寸

(1) 外形尺寸为 267×144×514（宽×深×高，mm)。

(2) 安装尺寸：JL-S 系列结合滤波器的安装尺寸见图 29-2-19。

(六) 生产厂及代号

生产厂：山东电讯十厂，代号 S。

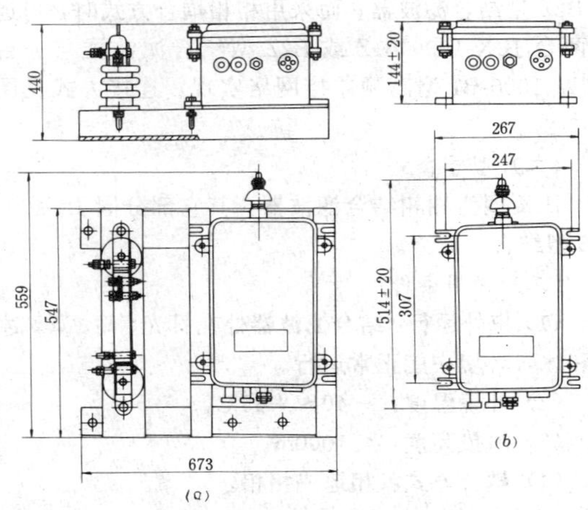

图 29-2-19　JL-S 系列结合滤波器安装尺寸图
(a) 带接地刀闸；(b) 不带接地刀闸

七、JLX-1000-B1Z、B2Z 系列结合滤波器

(一) 简介

JLX-1000-B1Z、B2Z 系列结合滤波器的技术指标均符合国标 GB 7329—87、国际电工委员会 IEC 481-74 及美国国家标准协会 ANSI C93.4-84《电力线载波结合设备》标准的要求。

该系列结合滤波器可适用于 500kV 电力线路载波通信系统，可适用于各种容量的耦合电容器、电容式电压互感器及各种高压输电线路阻抗。其中，B1Z 型可以克服耦合电容器低压端头的杂散电容及杂散电导的影响，B2Z 型可以克服电容式电压互感器低压端头的杂散电容及杂散电导的影响。可供相地耦合或相相耦合电力线载波通道使用，峰值包络功率为 600W 或 1000W。

结合滤波器的电路经计算机优化设计，能满足用户的各种特殊需要。

TLX-1000-B1Z、B2Z系列结合滤波器的电路原理见图29-2-20。

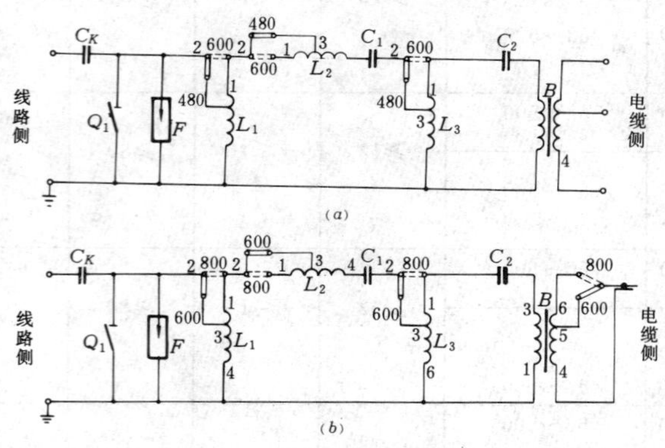

图 29-2-20 JLX-1000-B1Z、B2Z系列结合滤波器电路原理图

(a) JLX-1000-B1Z系列；(b) JLX-1000-B2Z系列

C_K—耦合电容器；L_1、L_2、L_3—电感器；C_1、C_2—电容器；T—匹配变量器；F—避雷器；Q_1—接地刀闸

用于相地耦合方式时，可选用单台JLX-1000-B1Z或B2Z型结合滤波器；而采用相相耦合方式时，可选用两台JLX-1000-B1Z或B2Z型结合滤波器与一台GCW-1000-B1型高频差接网络实现，连接方式见图29-2-21。

（二）型号含义

JLX型为相相结合滤波器，其它部分同JL-400、600型结合滤波器。

（三）使用条件

(1) 户外运行：结合滤波器处在日光、雨、雾、冰雹和冰等环境中能正常运行。

(2) 环境温度：－40～＋45℃。

(3) 海拔高度：≤1000m。

(4) 耦合方式：相地或相相。

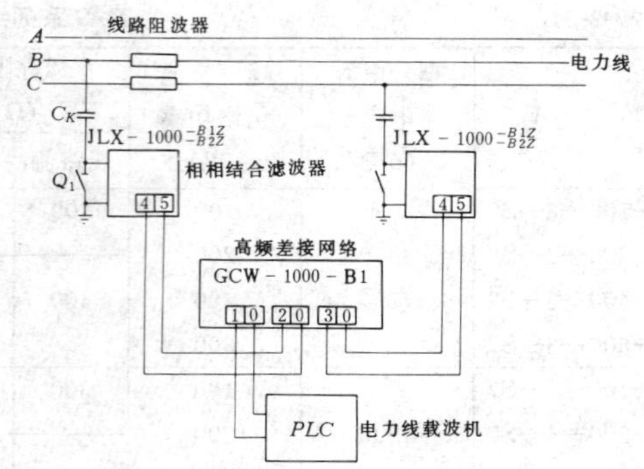

图 29-2-21 JLX-1000-B1Z、B2Z系列相结合滤波器连接图

（四）技术数据

1. 规格性能

(1) 载波频率范围：40～500kHz。

(2) 标称线路阻抗为240/300/400Ω（相地），480/600/800Ω（相相）。标称设备阻抗（电缆侧阻抗）为75Ω。

(3) 耦合电容器电容量范围：3.3～20nF。

(4) 电容式电压互感器电容量范围：4.5～10nF。

(5) 工作衰减：相相耦合≤2dB，相地耦合≤1.3dB。

(6) 回波损耗：≥12dB。

工作衰减与回波损耗均应在模拟耦合电容器（电容式电压互感器）低压端头接入杂散电容与并联电导的条件下考核。

(7) 标称峰值功率：相地为600W，相相为1000W。

(8) 交调和失真：在达到标称峰值包络功率时非线性失真，三次和五次交调失真及诸波失真≥80dB。

JLX-1000B1Z及B2Z系列结合滤波器的规格性能分别见表29-2-32～表29-2-33。不同容量的耦合电容器及电容式电压互感器的低压端头杂散电容及杂散电导，按国规GB4705-84（电容器及电容分压器）规定值考虑或参见表29-2-34。

2. 安全和保护

(1) 排流线圈的工频阻抗≤20Ω，短时电流的有效值≤50A，0.2s，连续电流有效值为1A。

表 29-2-32 **JLX-1000-B1Z系列结合滤波器规格性能表**

型号	耦合电容器电容量(pF)	种类	标称阻抗(Ω) 线路侧相相/相地	标称阻抗(Ω) 电缆侧	工作频率范围(kHz)	质量(kg)
JLX-1000-3.3-B1Z	3300	1	480/240	75	120～500	10
		1	600/300		100～500	
		2	600/300		100～500	
		2	800/400		80～500	

续表 29-2-32

型　　号	耦合电容器电容量 (pF)	种　类	标称阻抗 (Ω) 线路侧相相/相地	电缆侧	工作频率范围 (kHz)	质量 (kg)
JLX-1000-3.5-B1Z	3500	3	480/240	75	116～500	10
			600/300		96～500	
		4	600/300			
			800/400		76～500	
JLX-1000-4.5-B1Z	4500	5	480/240	75	92～500	
			600/300		76～500	
		6	600/300			
			800/400		60～500	
JLX-1000-5-B1Z	5000	7	480/240	75	84～500	
			600/300		64～500	
		8	600/300			
			800/400		48～500	
JLX-1000-6.6-B1Z	6600	9	480/240	75	84～500	
			600/300		72～500	
		10	600/300			
			800/400		52～500	
JLX-1000-7.5-B1Z	7500	11	480/240	75	56～500	
			600/300		48～500	
		12	600/300			
			800/400		40～500	
JLX-1000-8-B1Z	8000	13	480/240	75	52～500	
			600/300		44～500	
		14	600/300			
			800/400		40～500	
JLX-1000-10-B1Z	10000	15	480/240	75	40～500	
			600/300			
		16	600/300			
			800/400			
JLX-1000-15-B1Z	15000	17	480/240	75	40～500	
			600/300			
		18	600/300			
			800/400			
JLX-1000-20-B1Z	20000	19	480/240	75	40～500	
			600/300			
		20	600/300			
			800/400			

表 29-2-33　　JLX-1000-B2Z 系列结合滤波器规格性能表

型号	耦合电容器电容量 (pF)	种类	标称阻抗 (Ω)		工作频率范围 (kHz)	质量 (kg)
			线路侧相相/相地	电缆侧		
JLX-1000-4.5-B2Z	4500	1	480/240	75	108～500	10
			600/300		96～500	
		2	600/300			
			800/400		80～500	
JLX-1000-5-B2Z	5000	3	480/240	75	100～500	
			600/300		84～500	
		4	600/300			
			800/400		72～500	
JLX-1000-7.5-B2Z	7500	5	480/240	75	72～500	
			600/300		64～500	
		6	600/300			
			800/400		60～500	
JLX-1000-8-B2Z	8000	7	480/240	75	68～500	
			600/300		60～500	
		8	600/300			
			800/400		56～500	
JLX-1000-10-B2Z	10000	9	480/240	75	60～500	
			600/300		52～500	
		10	600/300			
			800/400		56～500	

表 29-2-34　JLX-1000-B1Z、B2Z 系列结合滤波器耦合电容器及电容式电压互感器低压端头的杂散电容及杂散电导值

设备名称	电容量 (pF)	杂散电容 (pF)	杂散电导 (μV)
耦合电容器	3300～20000	＜200	＜20
电容式电压互感器	4500	＜525	＜50
	5000	＜550	
	7500	＜675	
	8000	＜700	
	10000	＜800	

(2) 接地刀闸的连续电流有效值为 200A。

(3) 过电压保护：避雷器的额定电压为 1000V，工频放电电压为 1.8～2.2kV（有效值），冲击放电电压（1.2/50μs）≤2.8kV（峰值），标准放电电流（8/20μs）为 5kA（峰值），残压为 3kV（有效值）。

3. 绝缘要求

(1) 工频水平：匹配变量器的初次级线圈之间的工频耐压 5000V，持续 1min。

(2) 冲击水平：整台结合滤波器能承受 1.2/50μs、幅值为 6800V 的冲击电压。

(五) 外形及安装尺寸

单台 JLX-1000-B1Z 或 B2Z 系列结合滤波器的外形尺寸以及与 JD1-6 型接地刀闸、支架的组合尺寸，与 JL-400、600-B 型结合滤波器相同。构成相相耦合时另一台 JLX-1000-B1Z 或 B2Z 系列结合滤波器及 JD2-6 型接地刀闸和 1 台 GCW-1000-B1 型高频差接网络装配在支架上的整体外形尺寸，为 794×485×225（宽×深×高，mm），安装尺寸见图 29-2-22。GCW-1000-B1 型质量为 8kg。

(六) 生产厂及代号

生产厂：北京电力设备总厂，代号 B。

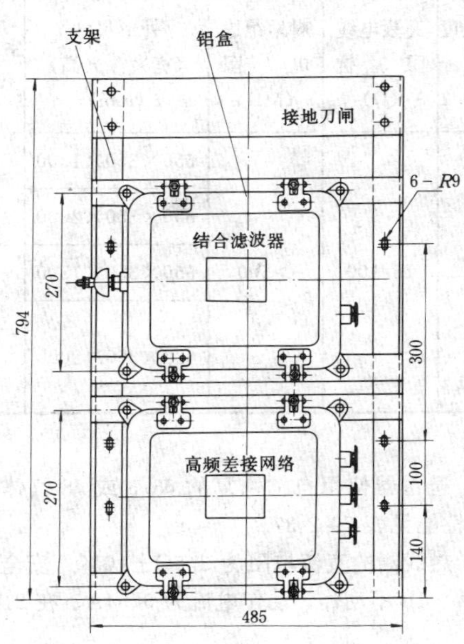

图 29-2-22　结合滤波器、高频差接网络和接地刀闸安装图

八、GCL-400 型高频差接滤波器

（一）简介

高频差接滤波器是由高频差接网络和结合滤波器两者合成的一种结合设备，它兼有两者的所有功能，减少了设备的品种，安装使用方便。

高频差接滤波器的主要作用是解决电力线载波机与高频保护收发信机并机合用结合相时的隔离问题，匹配高频电缆与电力线之间的阻抗，使经耦合电容器泄漏的工频电流可靠接地，减小高频电流在设备内的衰减以及保证人身和设备的安全。

GCL-400 型高频差接滤波器的电路原理见图 29-2-23。

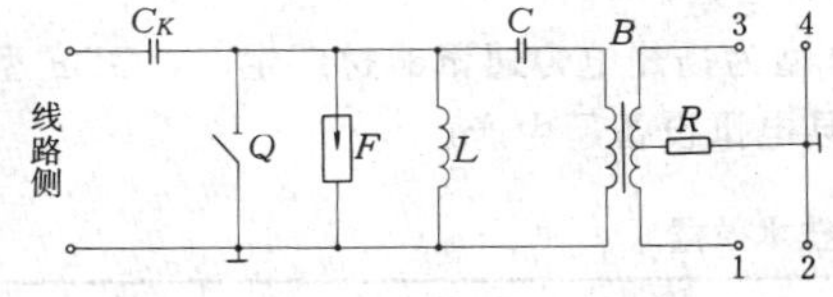

图 29-2-23　GCL-400 型高频差接滤波器的电路原理图

C_K—耦合电容器；C—电容器；L—排流线圈；R—平衡电阻；T—高频差接变量器；F—避雷器；Q—接地刀闸

（二）型号含义

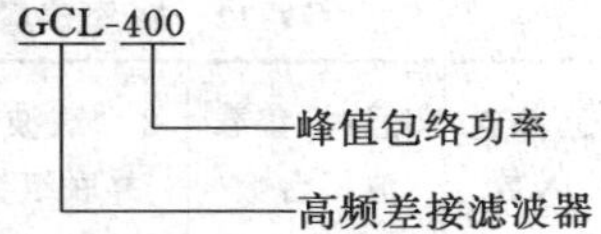

（三）使用条件

（1）正常使用条件：在日光、雨、雾、冰雹、霜、雪和冰等环境中能正常运行。

（2）环境温度：－40～＋40℃。

（四）技术指标

1. 高频特性

（1）频率范围：80～500kHz。

（2）耦合电容器容量：3300pF。

（3）峰值包络功率：400W。

（4）线路侧阻抗：400Ω。

（5）电缆侧阻抗：75Ω/100Ω 任选。

（6）工作衰减：结合滤波器≤2dB，差接网络≤3.2dB。

（7）对端衰减：≥18dB。

（8）回波损耗：≥12dB。

2. 绝缘要求

匹配变量器的初级与次级线圈分别对地工频耐压 5kV、持续 1min。

（五）外形及安装尺寸

GCL-400 型高频差接滤波器的外形同 JL 型结合滤波器，安装支架见 JD-2 型接地刀闸部分。

（六）生产厂

扬州电力通信器件厂。

九、GY-12、16 型高频引入架及 GF-12、16、32 型高频分配屏

（一）简介

高频引入架及高频分配屏适用于大、中型载波机室，对来自结合滤波器的高频电缆进行汇接和分配。对需要进行并联运行的载波机，均可在引入架或分配屏上按 2 台、3 台或 4 台机任意组合，有利于对高频电缆和载波机进行集中管理、测试和检修。

（二）型号含义

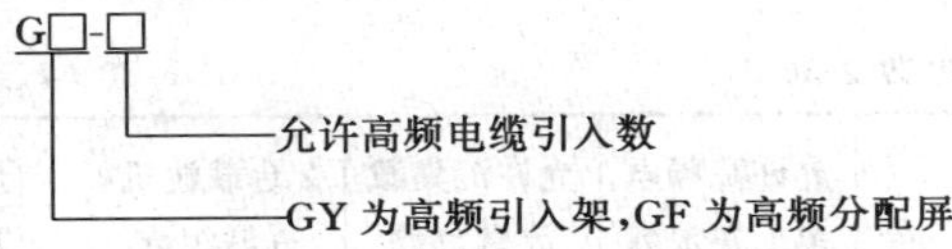

（三）技术数据

高频引入架及高频分配屏的技术数据见表 29-2-35。

（四）生产厂及代号

GY 型由扬州电力通讯器材厂生产，代号为 1. GF

表 29-2-35 GY-12、16型高频引入架及GF-12、16、32型高频分配屏技术数据

<table>
<tr><th>型 号</th><th>允许高频电缆引入数（根）</th><th>允许汇集载波机台数（台）</th><th>2台载波机并联组数（组）</th><th>4台载波机并联组数（组）</th><th>路际防卫度（dB）</th><th>高频电缆阻 抗（Ω）</th><th>对地绝缘电 阻（MΩ）</th><th>外形尺寸（宽×深×高）（mm）</th><th>生产厂代 号</th></tr>
<tr><td>GY-12</td><td>12</td><td>40</td><td>4</td><td rowspan="4">8</td><td rowspan="5">>75</td><td rowspan="5">75/100</td><td rowspan="5">>500</td><td>650×350×1300</td><td rowspan="2">1</td></tr>
<tr><td>GY-16</td><td>16</td><td>48</td><td>8</td><td>650×350×2000</td></tr>
<tr><td>GF-12</td><td>12*</td><td>32</td><td>4</td><td>650×350×1300</td><td rowspan="3">2</td></tr>
<tr><td>GF-16</td><td>16*</td><td>48</td><td>8</td><td rowspan="2">650×350×2000</td></tr>
<tr><td>GF-32</td><td>32</td><td>48</td><td colspan="2">按用户要求生产</td></tr>
</table>

* 非标设计，进局电缆为30个方向。

型由西安市户县电讯设备厂生产，代号为2。

十、GD-12型高低频引入架及GDF-80、GDF-2、3型高低频分配屏

（一）简介

高低频引入架及高低频分配屏是将高频引入架、高频分配屏分别与音频配线架合一生产的设备，兼有二种设备的功能，既能对引入的高频电缆进行汇接和分配，还兼有音频配线的功能。音频配线部分带有过流、过压保护以及声光报警信号。

（二）型号含义

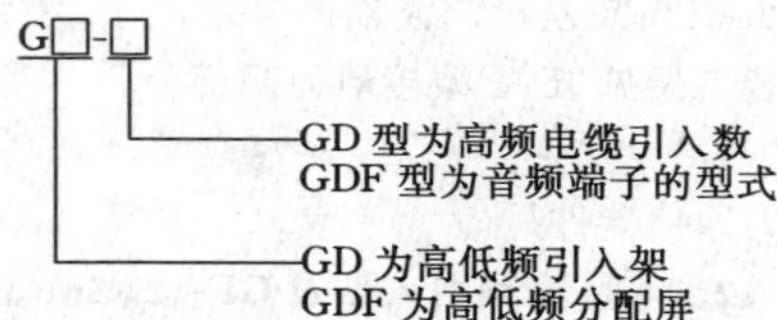

（三）技术数据

1. 高频部分

高低频引入架高频部分的技术数据与GY-12型高频引入架相同，见表29-2-35。

高低频分配屏高频部分的技术数据见表29-2-36。

2. GD-12型高低频引入架音频配线架部分

（1）配线架容器：100回线。

（2）保安器：由避雷器及热线圈组成。

1）避雷器使用自动恢复的 $\phi5.5$ 或 $\phi8$ 气体放电管，其性能见表29-2-37。

2）热线圈的直流电阻为3.5Ω±10%，安全电流为0.2A、1h不动作，动作电流为0.54A、在210s内动作。

（3）针孔插拔性能：保安器底板上的各插针孔与保安单元各相应的插孔针之间应接触可靠，其接触电阻不大于10MΩ，沿插拔轴线方向的插力为1kgf<插力<3kgf，拔力为0.5kgf<拔力<4kgf（1kgf≈9.8N，全书同）。

测试器装上插塞单元时，其接触电阻不大于10MΩ。

（4）抗电强度：任意互不相导通的接线端之间及接线端与地之间能承受50Hz、500V的交流电压历时1min而无绝缘击穿。

（5）绝缘电阻：任意互不导通的接线端之间及接线端与地之间的绝缘电阻≥1000MΩ。

3. 高低频分配屏音频配线架部分

高低频分配屏音频配线架部分技术数据见表29-2-36。

（四）生产厂

GD型为扬州电力通讯器材厂生产，GDF型为西安市户县电讯设备厂生产。

表 29-2-36 GDF-80、2、3型高低频分配屏技术数据

<table>
<tr><th>型 号</th><th>允许高频电缆汇集根数（根）</th><th>允许汇集载波机台数（台）</th><th>2台载波机并联组数（组）</th><th>4台载波机并联组数（组）</th><th>路际防卫 度（dB）</th><th>高频电缆阻 抗（Ω）</th><th>对地绝缘电 阻（MΩ）</th><th>机架尺寸（宽×深×高）（mm）</th><th>音频端子型 式</th><th>音频配线回数（回）</th></tr>
<tr><td>GDF-80</td><td rowspan="3">12</td><td rowspan="3">32</td><td rowspan="3">4</td><td rowspan="3">8</td><td rowspan="3">>75</td><td rowspan="3">75/100</td><td rowspan="3">>500</td><td rowspan="3">650×350×2000</td><td>焊接式</td><td rowspan="3">100</td></tr>
<tr><td>GDF-2</td><td>绕接式</td></tr>
<tr><td>GDF-3</td><td>卡接式</td></tr>
</table>

表 29-2-37　　GD-12 型高低频引人架避雷器技术数据

放电管型式	直流放电电压 (V)	脉冲放电电压 (1000V/μs) (V)	耐脉冲电流 (8120μs) (kA)	耐交流电流 (50Hz) (A)	极间绝缘电阻 (MΩ)	极间电容 (pF)
ϕ5.5	250～350	≤900	2.5	2.5	≥1000	≤2
ϕ8	250～350	≥900	5	5	≥1000	≤3

十一、GBT-40 系列通信设备高压保护装置

（一）简介

GBT-40 系列通信设备高压保护装置，是防止雷击引起的地电位升高损坏通信设备，防止高压电力线单相短路接地引起的地电位升高损坏通信设备，防止雷电和强电干扰和窜入通信设备引起的损坏，从而确保人身和设备安全。

GBT-40 系列通信设备高压保护装置中继线路原理见图 29-2-24。

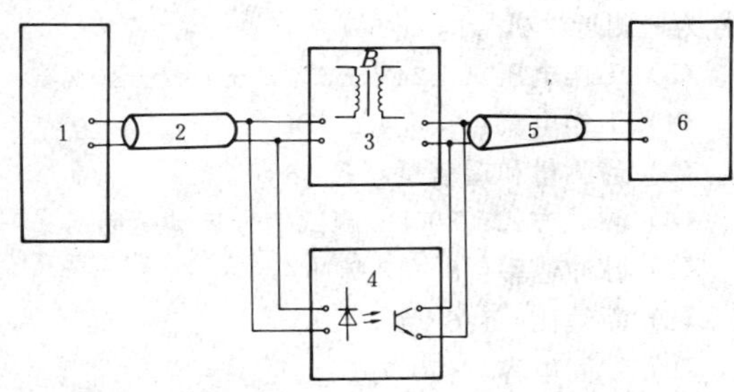

图 29-2-24　GBT-40 系列通信设备高压保护装置中继线路原理简图

1—自动电话机或自动总机（或通信设备的 2/4 线端等）；2—输入音频电缆；3—音频及铃流传输单元；4—拨号脉冲转接单元；5—输出音频电缆；6—电力线载波机或自动交换机（或通信设备内部的 2/4 线端）等

该装置不但具有隔离变压器能隔离高压及传输交流信号的功能，还具有隔离变压器不具备的传输直流脉冲信号的功能。

保护范围大于 7000V，起保护作用时不影响正常通话和损坏器件，高压过后不用进行维修。

适用范围广，市内自动电话、电力线载波机、调度自动总机、程控交换机等都适用，特别适用于发电厂、变电所等具有高电压区域中的通信设备及通信电缆。

（二）型号含义

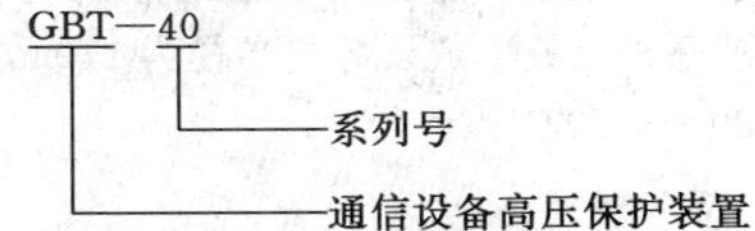

（三）使用条件

1. 环境条件

（1）温度：－10～＋40℃。

（2）湿度：45%～90%。

（3）大气压力：86～106kPa。

（4）环境要求：防尘、无腐蚀性气体、无强磁场。

2. 电源

（1）交流：220V±10%，50Hz±2Hz。

（2）直流：40～55V。

（四）技术数据

（1）中继环路电阻：≤2000Ω。

（2）直通环路电阻：≤2000Ω。

（3）隔离电压：≥7000V。

（4）传输衰减：800Hz 时≤0.5dB，300～3400Hz 时≤0.65dB。

（5）串音衰减量：≥70dB（300～3400Hz 通带内）。

（6）呼通率：100%。

（7）绝缘电阻：*DC*250V，20℃±2℃，相对湿度为 65%±5%，机壳至各线＞50MΩ。

（8）备用电源：－48V×2，4Ah。

（五）外形尺寸及质量

（1）外形尺寸：660×400×1800（宽×深×高，mm）。

（2）质量：100kg。

（六）生产厂

苏州东风通信设备厂。

十二、HOY1.23/8.0-75 型电力载波电缆

（一）简介

电力载波电缆用于连接结合滤波器和电力线载波机及高频保护收发信机。电力载波同轴电缆具有传输频带宽以及应用于高频设备时，回路间及对外界的干扰防卫度高等特点。

（二）型号含义

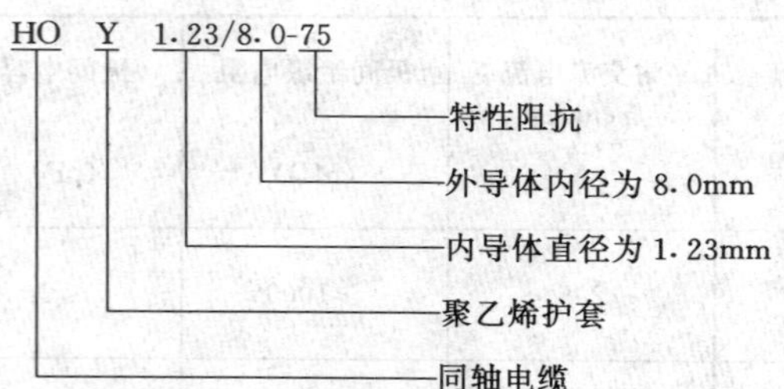

（三）使用条件

该电缆可以敷设在管道内，直埋或用夹具长期安装在室内或室外，最小敷设弯曲半径为110mm，使用温度为－20～＋50℃。

（四）技术数据

（1）直流环路电阻：＜21.5Ω/km。

（2）绝缘电阻：＞10GΩ·km。

（3）电气强度：4000V（50Hz，2min）。

（4）工作电容：67.5nF/km（800Hz）。

（5）特性阻抗：75±3%Ω（200MHz）。

(6)工作衰减：小于100kHz范围内时＜2dB/km，100kHz～1MHz范围内时＜5dB/km。

（五）外形尺寸及质量

电缆的外径为10mm±0.1mm，质量为110kg/km。

（六）生产厂

西安电缆厂。

十三、TCP-1型电力线载波机微机程控自动盘

（一）简介

TCP-1型电力线载波机微机程控自动盘采用CMS-51单片计算机，具有高集成度、高可靠性等优点，集自动交换、在线监测、通信管理于一体，广泛应用于各种机型的电力线载波机，可与各种类型交换机的1个用户小号二线连接。其结构既适用于对现有电力线载波机自动盘的改造，也适用于新型电力线载波机自动盘的配套使用。

（二）型号含义

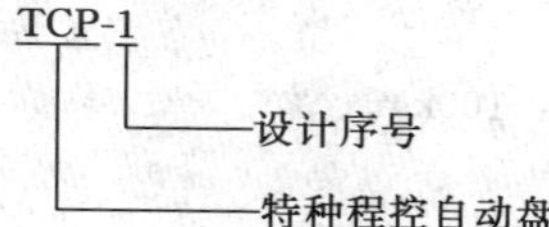

（三）功能及技术数据

1. 功能

(1) 可与步进、纵横、半电子、全电子、程控等交换机的一个用户小号二线连接，不改变交换机内部而实现双向自动拨号。

(2) 具有遥控功能，在一端控制对端自动盘回送800Hz信号即可完成通道测试工作，可在任一交换机用户小号不必叫通对方完成日常试话工作。

(3) 具有遥测功能，不需专用通道完成16点数据的测试及传输工作，在调度端实现全网所有载波机及通信网络的在线监测和管理。

(4) 可以保留原有自动盘的全部功能，与原设备完全兼容，可以单端使用，与各种通信方式可以组网运行。

(5) 具有完备的强拆功能和限制功能。

(6)作1对N中央通信方式时，可选用双位号码，使各台载波机不损失用户号和其它各种功能。

(7) 设置普通、直通、音频、优先、站号等各种工作状态，全部用编号开关，不需焊动盘内接线。

(8) 具有脉冲校正，适用于多次音转。

(9) 适于机械拨号、电子脉冲话机及多话机并接使用。

(10) 具有自检电路。

2. 技术数据

(1) 用户数：4门。

(2) 编号：用户号码为2、4、6、8号，7号为自动回送800Hz测试信号号码，9号为遥测远端机号码，0号为遥测近端机号码。

(3) 工作电压：±24V±5%，±18V±10%。

(4) 工作电流：＜0.4A（DC）。

(5) 遥测量和遥信量：各16路。

(6) 测试方式：800Hz测试信号自动返回。

(7) 脉冲速率：8～12脉冲/s。

(8) 断续比：1.6：1。

(9) 线间电容：＜0.7μF。

(10) 环路电阻：＜1.5kΩ。

(11) 遥测量误差：＜0.4%。

(12) 用户线绝缘电阻：＞20kΩ。

(13) 内部通话回路的传输衰减：＜1dB。

(14)呼损率或呼通率如下：呼损率＜2‰（保定市微机电源厂），呼通率≥99%（扬州电力通讯器件厂）。

(15) 功耗：＜3W。

(16) MTBF：＞8000h。

(17) 调制方式：FSK。

(18) 数据格式：带有奇偶校验的标准异步通信格式。

(19) 传输速率：50bit/s。

（四）外形及安装尺寸

1. 外形尺寸

标准板：32×210×100（宽×深×高，mm）。

配ZBD-2A型：32×253×100（宽×深×高，

mm)。

配 2DD-33 型：40×233×146（宽×深×高，mm)。

2. 安装尺寸

安装尺寸根据用户载波机原自动盘安装位置而定。

扬州电力通讯器件厂生产的 TCP-1 型微机自动盘的型号与适用载波机型号对照见表 29-2-38。

表 29-2-38　TCP-1 型电力线载波机微机程控自动盘型号与适用载波机型号对照表

微机程控自动盘型号	适用载波机型号
TCP-1	ZDD-5A、ZDD-12 系列机
TCP-1-J3	ZJ-3、ZJ-3A
TCP-1-J5	ZJ-5 系列机
TCP-1-J6	ZJ-6、ZJ-6（F）
TCP-1-J8	ZJ-8
TCP-1-D5	ZDD-5

（五）生产厂

河北省保定市微机电源厂，扬州电力通讯器件厂。

十四、ZDD-12 型电力线载波机微机交换系统

（一）简介

ZDD-12 型电力线载波机微机交换系统是全电子、空分、存贮程序控制的小型专用交换机，内存容量 24K，其中 ROM16K，RAM8K。

每套系统有 4 门用户，4 门 E&M 中继线。其中第 1 门用户若与纵横制交换机普通用户口连接或其它以脉冲转发拨号的交换机用户口连接时，可以实现双向自动拨号。

该交换系统具有灵活的运行方式，用户可根据需要设置音频架、高频架或载波架。各架均有交换系统，以便灵活地安排转接方式和高频下话路，每套交换系统可向三个方向转接。

用户号码可根据需要灵活编制，在一个通信网内做到全程、统一、等位编号，并可安排 1 门为优先用户。用户号的编制及运行方式的选择，只需拨动主控板上的版本微型开关即可。

（二）功能和技术数据

1. 功能

(1) 内部电话：每个系统 4 个用户之间的呼叫。

(2) 本地电话：高、音频架用户之间的呼叫。

(3) 长途电话：出中继与对方用户之间的呼叫。

(4) 热线呼叫：热线电话及热线自动拨号电话。

(5) 优先用户：在一个通信网内允许设置 1 门优先用户，当优先用户呼叫时，先选择路由后强拆。

(6)具有自动路内选择、设置公用电话及连选用户等功能。

(7) 通过接口板可与纵横制交换机的用户口或与以脉冲转发拨号的交换机用户口连接实现双向自动拨号。

(8)当作为中间站转接电话时，一台载波机最多可向三个方向转接。该交换系统转接不占用户门子。

(9)具有跟随呼叫、转移来话、呼叫第三者、代答、定时等特殊服务。

(10) 编号方式：可以 1 位号，也可以 2 位号（其中第 1 位为地区号，第 2 位为用户号)。

(11) 具有通道测试功能：用户拨一特定码，则相应的对端载波机立即向本方发送 800Hz、0dB/600Ω 信号，该功能级别低于优先用户。

（三）技术数据

(1) 环阻：≤1.2kΩ（含电话机)。

(2) 绝缘电阻：>20kΩ。

(3) 分布电容：<0.5μF。

(4) 号盘速率：8～12 脉冲/s。

(5) 脉间隔比：1.6±2：1 时，保证正常工作。

(6) 传输衰减：≤1.5dB。

(7) 衰减频率特性：在 300～3400Hz 频率范围内相对于 800Hz 衰减允许偏差分别为：300～400Hz 允许 −0.2，+0.5dB；400～2400Hz 允许 −0.2，+0.3dB；2400～3400Hz 允许 −0.2dB，+0.5dB。

(8) 非线性失真：输入为 −40～+3.5dB 时，相对于 −10dB 输出电平波动≤±0.3dB。

(9)对地不平衡度：用户端及中继端对地不平衡衰减为 300～600Hz 时≥40dB，600～3400Hz 时>46dB。

(10) 串音衰减：任意两对通话回路间串音衰减≥67dB。

(11) 噪声：闲时任一端口输出电话加权噪声计电平≤$-67dB_{mop}$，非电话加权噪声计电平≤40dBm。

(12) 标准阻抗：600Ω。

(13)回波损耗：300～400Hz≥14dB，400～3400Hz≥18dB。

(14) 电源噪声：≤3mV（宽带)。

(15) 铃流：开路电压 90V±15V，满负荷条件下在被叫端子上测得的振铃电压有效值不低于 41V。

（四）生产厂

南京有线电厂通信分公司。

十五、JD1-6、JD2-6、JD-2、JD-3型接地刀闸

（一）简介

接地刀闸与结合滤波器配套，作保安接地用，该刀闸带有闭锁防自开装置，避免耦合电容器下端开路的危险。

（二）技术数据

1. JD1-6型、JD2-6型

（1）额定电压：6kV。

（2）额定电流：200A。

（3）单个接触点的接触电阻：<200μΩ。

（4）机械寿命>1000次。

2. JD-2型

（1）承受工频10kV有效电压1min不损坏。

（2）在额定电流200A负荷下经30min，接点温升不超过45℃。

3. JD-3型

（1）耐压水平不应低于工频3kV。

（2）工频额定电流≥100A（符合国标GB7329—87标准）。

（三）外形及安装尺寸

（1）JD1-6型及JD2-6型接地刀闸的安装尺寸见图29-2-25。安装架与杆塔固定的抱箍孔距为300mm及400mm。

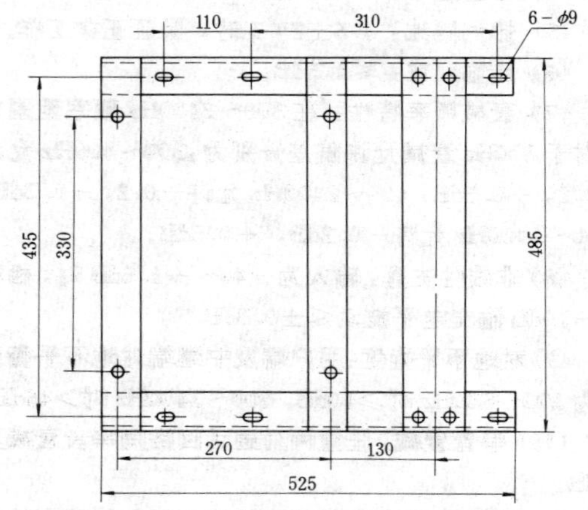

图29-2-25　JD1-6型接地刀闸的安装尺寸

（2）JD-2型接地刀闸的安装尺寸见图29-2-26。

刀闸配备如图29-2-26所示的结合滤波器底座，可安装JL型结合滤波器，该支架和φ300mm的包箍安装在杆塔上。

（3）JD-3型接地刀闸的外形尺寸为350×60×140（宽×深×高，mm）。

刀闸与结合结合滤波器一起用和合抱箍（φ300×60×6，mm）夹紧在水泥基桩上。

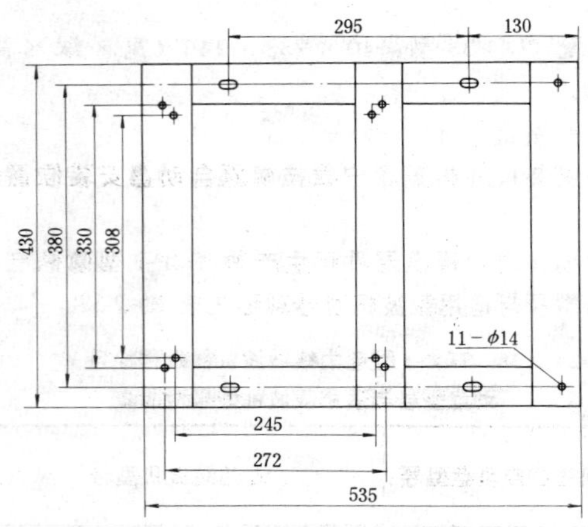

图29-2-26　JD-2型接地刀闸的安装尺寸

（四）生产厂

JD1-6型及JD2-6型北京电力设备总厂，JD-2型扬州电力通讯器件厂，JD-3型南京金山电气公司。

十六、GTC-1型电力线载波通道（自动）测试仪

（一）简介

GTC-1型电力线载波通道（自动）测试仪是测试电力线载波通道高频参数的仪器，具有自动功能，可以自动测试、联机打印、数据通信及快速处理。适用于对电力线载波通道的衰减、阻抗、杂音等参数进行测试，具有如下的功能。

（1）测量电信电路的电平、阻抗（模值）和杂音。

（2）近端用单机、远端用双机进行测试。

（3）远端用双机测量时能自动同步、自动测量。

（4）测量时能自动换档。

（5）可选“人工”或“自动”转换频率。

（6）收信支路测量时，具有自动校准功能。

（7）测试仪器配置了微型打印机，可同步打印或在测杂音时定时打印。

（8）仪器备有录音机数据接口。可在测量时将数据存入录音带，并可利用软件包将存入的数据输入PC机进行处理或绘画。

（二）型号含义

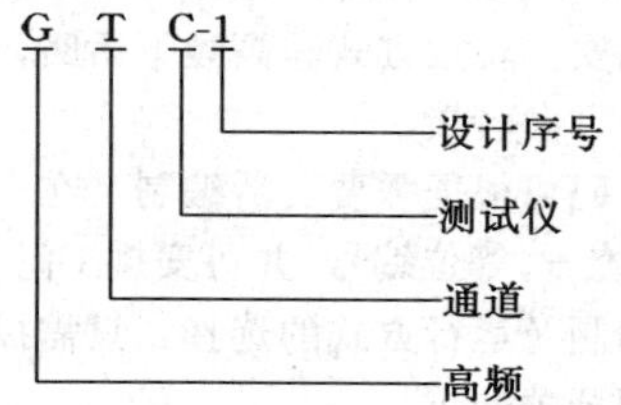

（三）技术数据

GTC-1型电力线载波通道（自动）测试仪技术数据见表29-2-39。

表 29-2-39　　GTC-1 型电力线载波通道（自动）测试仪技术数据

型号及名称		GTC-1 型 电力线载波通道测试仪	GTC-1 型 电力线载波通道自动测试仪
频率范围/分辨率（kHz/Hz）	高频	40～500/500	
	音频	0.3～4/100	
频率分段数　（段）		4	
频率精度			≤1×10⁻⁵
显示位数及分辨率		电平 3 位数字，1 位符号，分辨率 0.1dB	频率 4 位，电平 3 位数字，1 位符号，分辨率 0.1dB
输出电平范围　（dB）	高频	−10～+20，连续可调	−10～+20，连续可调，平衡/不平衡输出
	音频	−20～+10，连续可调	−20～+10，连续可调，平衡/不平衡输出
0dB 电平误差　（dB）		±0.5	≤±0.5（高频以 100kHz 为准，音频以 800Hz 为准）
输出阻抗　（Ω）		0、75、100、150、600	0、75、100、300、400、600
输入阻抗　（Ω）		∞、75、100、150、600	75、100、300、400、600、∞
频率响应　（dB）		±0.5	≤0.5（高频以 100kHz0dB 为准，音频以 800Hz0dB 为准）
失真衰减　（dB）			≥40（高频、音频的二、三次谐波值）
平衡衰减　（dB）			≥40
测量带宽　（Hz）	高频	3dB 带宽时窄带为 80，宽带为 1740	3dB 带宽为 80Hz（窄带），1.74kHz（宽带），阻带≥50dB
	音频	只有宽频	宽频
电平测量范围　（dB）	高频	−60～+20	−60～+20（选频）自动换档，平衡输入
	音频	−40～+20	−40～+20（宽频）自动换档，平衡输入
阻抗测量范围及精度　（Ω/%）		30～693/±20	30～690/±20
杂音测量范围　（dB）			≤±0.15（1.74kHz 带宽，40～500kHz）
录音机接口的异步通信速率（Bd）		150	
打印机		16 列微打	
测量速度　（S/1 点）		4	4
工作环境温度　（℃）		0～40	0～40
供电电源		～220V、50Hz	～220V±10%，50Hz
功耗　（W）		约 65	约 70
外形尺寸（mm）（宽×深×高）		480×407×220	440×400×188
质量　（kg）		约 20	约 17
生产厂		武汉电力仪表厂	合肥无线电一厂

(四) 外形尺寸及质量

外形尺寸及质量见表 29-2-47。

(五) 生产厂

GTC-1 型电力线载波通道测试仪由电力部武汉电力仪表厂生产，GTC-1 型电力线载波通道自动测试仪由合肥无线电一厂生产。

十七、DZ-3B 型电力载波振荡器及 DX-1B 型选频电平表

(一) 简介

DZ-3B 型电力载波振荡器与 DX-1B 型选频电平表配套，适用于对电力线载波通道、载波机参数的测试及调整，其频率范围为 0.3～620kHz，具有输出功率大、频带宽、频率刻度细、电平测量范围宽等特点。

(二) 型号含义

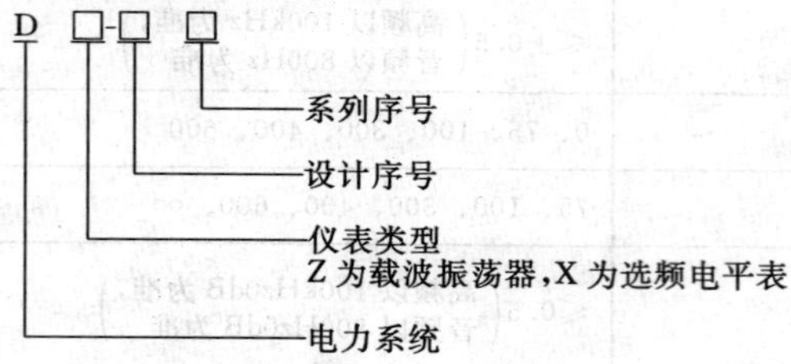

(三) 技术数据

1. DZ-3B 型电力载波振荡器

(1) 频率范围：0.3～620kHz。

(2) 频率刻度误差：±0.1%±5Hz。

(3) 频率稳定度 (开机预热 30min 后)：第 1 小时内频率漂移±0.05%f (输出频率)，其后 3 小时内频率漂移±0.05%f，±2Hz。

(4) 输出电平范围如下：

1) 电压电平 (600Ω)：+26～−70dB。

2) 功率电平 (75Ω)：+35～−61dB。

(5) 输出阻抗如下：

1) 平衡：0、100、150、600Ω。

2) 不平衡：0、75、100、600Ω。

(6) 输出阻抗误差如下：

1) 0Ω 档：0dB 档以下时≤6Ω，+10dB 档以下时≤15Ω。

2) 其它档，±10%标称值。

(7) 输出平衡度：≥40dB。

(8) 频率响应 (各频段与 100kHz 相比)：电平变化为±0.5dB。

(9) 输出电平误差：≤+0.5dB。

(10) 非线性失真：0dB 以下时≤1%，0dB 以上时≤2%。

2. DX-1B 型选频电平表

(1) 频率范围如下：

1) 宽频：0.3～620kHz。

2) 选频：3.0～620kHz。

(2) 输入电平范围见表 29-2-40。

表 29-2-40　DX-1B 型选频电平表输入电平范围

测量方式	电压电平 (dB)	功率电平 (dB)	表头刻度 (dB)
宽　频	−50～+50	−41～+59 (75Ω 终接)	−20～+1
选　频	−80～+50	−71～+59 (75Ω 终接)	

(3) 电平准确度如下：

1) 0dB 准确度：±0.1dB。

2) 宽频测试精度：±0.5dB。

3) 选频测试精度：±0.8dB。

(4) 指示电平稳定度如下：

1) 基准条件下任意一小时：±0.2dB。

2) 基准条件下任意七小时：±0.5dB。

(5) 固有杂音：比最低可测电平低 15dB。

(6) 输入阻抗标称值：75、100、150、600Ω。

(7) 输入高阻抗：30dB 以下时约 5kΩ，+30～+50dB时约 50kΩ。

(8) 输入阻抗精度：≤10%。

(9) 输入阻抗平衡度：≥40dB。

(10) 镜象衰减：频率范围内时≥55dB。

(11) 中频衰减：频率范围内时>55dB。

(12) 选择性频带：通带 (Δα≤0.25dB) 为±40Hz，衰减 (Δα≤55dB) 为±4kHz。

(13) 固有失真衰减：灵敏度提高 40dB 时≥600dB。

(14) 阻抗测量范围及精度：Z_{x1}档 (25～500Ω) 及 Z_{x2}档 (500～2500Ω) 时精度均为 10%。

3. 电源

～220V±10%，50Hz。

(四) 外形尺寸

DZ-3B 型电力载频振荡器外形尺寸为 480×320×188 (宽×深×高，mm)。

DX-1B 型选频电平表外形尺寸为 420×320×188 (宽×深×高，mm)。

(五) 生产厂

电力部武汉电力仪表厂。

十八、DZ-4F 型电力载波振荡器及 DX-2F 型选频电平表

(一) 简介

DZ-4F 型电力载波振荡器与 DX-2F 型选频电平表配套能进行连续的统调测量。频率范围为 0.2～620kHz，振荡器的频率使用 LED 数码管显示，分辨率可达 1Hz，稳定性高。选频表可用来进行宽频、选频及阻抗测量，其表头刻度采用分贝制。

（二）型号含义

型号含义同 DZ-3B 型电力载频振荡器。

（三）技术数据

1. DZ-4F 型电力载波振荡器

(1) 工作频率：0.2～620kHz 连续可调。

(2) 频率准确度：5×10^{-6}，±2 个字。

(3) 频率稳定度：±2Hz。

(4) 输出电平范围如下：

1) 电压电平：+26～−70dB。

2) 功率电平：+35～−61dB（75Ω 终接）。

3) 表头刻度：+1～−20dB。

(5) 输出电平准确度：±0.8dB。

(6) 输出电平稳定度（7h）：±0.2dB。

(7) 输出阻抗标称值如下：

1) 平衡输出：0、75、100、150、600Ω。

2) 不平衡输出：0、75、100、150、600Ω。

(8) 输出阻抗精度：0Ω、0dB 档以下≤7Ω，+10dB 档以上≤15Ω，其它档为±10%标称值。

(9) 输出阻抗平衡度：≥40dB。

(10) 失真度：低电平（0dB 档以下）≤1%，高电平（+10dB 档以上）≤2%。

(11) 频率外测，输入电平为 200mV～5V。测频范围及分辨率分别为：被测频率<1MHz，六位数码管显示，分辨率为 1Hz；被测频率为 1～2MHz，六位数码显示，分辨率为 10Hz。

2. DX-2F 型选频电平表

(1) 频率范围如下：

1) 宽频：0.2～620kHz。

2) 选频：0.2～620kHz 连续可调。

(2) 输入电平范围见表 29-2-41。

表 29-2-41　DX-2F 型选频电平表输入电平范围

测量方式	电压电平（dB）	功率电平（dB）	表头电平（dB）
宽频	−50～+50	−41～+59（75Ω 终接）	−20～+1
选频	−80～+50	−71～+59（75Ω 终接）	

(3) 电平准确度如下：

1) 0Ω 准确度：±0.15dB。

2) 宽频测试精度：±0.8dB。

3) 选频测试精度：±0.8dB。

(4) 指示电平稳定度：基准条件下任一小时为±0.2dB，基准条件下任意七小时为±0.5dB。

(5) 固有杂音：比最低可测电平低 15dB。

(6) 输入阻抗如下：

1) 标准值：75Ω、100Ω、150Ω、600Ω。

2) 高阻抗：+30dB 以下约 5kΩ，+30～+50dB 约 50kΩ。

3) 阻抗精度：±10%（回波损耗≥26dB 时）。

4) 平衡度：≥40dB。

(7) 镜像衰减：频率范围内≥55dB。

(8) 中频衰减：频率范围内>55dB。

(9) 选择性宽带：3dB 带宽为 1.74kHz，±4kHz 衰减≥35dB。

(10) 固有失真衰减：灵敏度提高（40dB）≥60dB。

(11) 阻抗测量精度：Z_{x1}档 25～500Ω 和 Z_{x2}档 500～2500Ω 精度均为 10%。

(12) 频率外测的分辨率：输入电平为 200mV～5V，被测频率<1MHz，六位数码管显示，分辨率为 1Hz；被测频率为 1～2MHz，六位数码管显示，分辨率为 10Hz（在微机控制下，量程自动转换）。

3. 环境温度

+5～+40℃。

4. 供电电源

～220V+10%，50Hz。

（四）外形尺寸

480×380×144（宽×深×高，mm）。

（五）生产厂

电力部武汉电力仪表厂。

十九、HF-5066 型电平振荡器及 HF-5016 型选频电平表

（一）简介

HF-5066 型电平振荡器及 HF-5016 型选频电平表相配合，构成一套完整的载频测试设备，可进行载波通信系统电平衰减及增益的测量。频率范围 0.2～620kHz，具有较高的频率准确度和稳定度。选频表可采用外接直流电源工作。

（二）型号含义

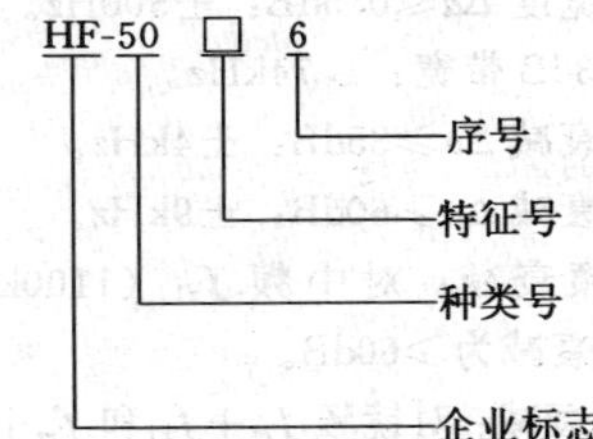

（三）技术数据

1. HF-5066型电平振荡器

(1) 频率范围：0.2～620kHz。

(2) 频率误差：$\pm5\times10^{-5}\pm10$Hz。

(3) 输出电平范围：－60～＋10dB

(4) 电平误差（以阻抗600Ω、频率100kHz为基准）：

1) 0dB电平固有误差：±0.2dB。

2) 电表刻度误差（电表指0dB）：0～－10dB，±0.3dB。

3) 电平换档误差（电表指0dB为基准，由0dB转换到其余各档的误差）：±0.25dB。

(4) 频率响应（以阻抗600Ω、频率为100kHz、电平0dB为基准）：±0.25dB。

2. HF-5016型选频电平表

(1) 频率测量范围如下：

1) 宽频测量范围：0.2～620kHz。

2) 选频测量范围：5～620kHz。

(2) 选频频率误差（在基准工作条件下，经频率校准后）：$\pm5\times10^{-5}\pm1$个字。

(3) 电平测量范围如下：

1) 宽频测量范围：＋30～－50dB（最低可测－60dB）。

2) 选频测量范围：＋30～－80dB（最低可测－90dB）。

(4) 电平误差（在基准条件下，以阻抗600Ω、频率100kHz为准）：

1) 0dB电平固定误差，校准后为±0.2dB。

2) 换档误差，电表指0为准，由0dB档转换到＋30～－80dB档的误差为±0.25dB。

3) 电表刻度误差，0dB档，电平指0为准，0～10dB为±0.3dB。

(5) 频率响应：在基准条件下，阻抗600Ω，0dB档，电平指0为准。宽频测量0.2～4kHz（以800Hz为准）为±0.25dB，4～620kHz（以100kHz为准）为±0.25dB。选频测量5～620kHz（以100kHz为准）为±0.4dB。

(6) 频率选择性如下：

1) 所适用的工作频率：5～620kHz。

2) 通带宽度$\Delta a\leqslant0.5$dB：±500Hz。

3) $\Delta a=3$dB带宽：1.74kHz。

4) 阻带衰减$\Delta a\geqslant35$dB：±4kHz。

5) 阻带衰减$\Delta a\geqslant60$dB：±9kHz。

(7) 中频衰减：对中频f_{z1}（1100kHz）和f_{z2}（100kHz）的衰减为≥60dB。

(8) 镜频衰减：对镜频f_m+f_{z1}和f_m+2f_{z2}的衰减为≥60dB。

(9) 固有失真衰减：提高灵敏度40dB，固有失真衰减≥60dB。

(10) 回波损耗：对平衡75Ω、150Ω、600Ω的回波损耗为≥20dB。

(11) 平衡输入纵向干扰衰减：≥40dB。

(12) 机内固有杂音：比可测电平低15dB。

(13) 同步信号：由振荡器输入1100～1720kHz，－9dB正弦同步信号，能同步工作。

（四）外形尺寸及质量

台式，外形尺寸均为440×280×144（宽×深×高，mm），质量均为10kg。

（五）生产厂

合肥无线电一厂。

二十、JH5064型电平振荡器及JH5014型选频电平表

（一）简介

JH5064型电平振荡器及JH5014型选频电平表配套使用，适用于电力载波系统0.2～620kHz频率范围内进行通信传输测量及分析。

（二）技术数据

1. JH5064型电平振荡器

(1) 频率范围：0.2～620kHz。

(2) 频率精度：$\pm5\times10^{-5}\pm$最后一个字。

(3) 统调：频率F±2.6MHz，电平－9dB/75Ω。

(4) 输出电平如下：

1) 0.3～620kHz为＋10～－60dB（dBm）。

2) 200～300Hz为0～－60dB（dBm）。

(5) 电平误差：±0.1dB（零电平、衰耗器）。

(6) 频率响应：（1～620kHz）±0.1dB（同轴75Ω），（0.2～1kHz）±0.2dB。

(7) 非线性衰耗：二、三次谐波衰减≥46dB，杂波≥52dB。

(8) 输出阻抗：同轴0Ω、75Ω、100Ω，平衡0Ω、100Ω、600Ω。

(9) 输出平衡度：≥40dB。

2. JH5614型选频电平表

(1) 宽频测量：

1) 频率范围：0.2～620kHz。

2) 频率精度：$\pm5\times10^{-5}$。

3) 电平范围：平衡－50～＋20dB（－40～＋50dBm），同轴－60～＋20dB（－50～＋20dBm）。

4) 误差：±0.1dB。

5) 阻抗：75Ω、100Ω、600Ω。

6) 平衡衰减：≥40dB。

(2) 选频测量：

1）频率范围：2～620kHz。

2）电平范围：低失真测量，平衡－110～＋10dB，同轴－120～0dB。低噪声测量，平衡－70～＋20dB，同轴－80～＋20dB。

3）误差：±0.1dB。

4）统调系统：频率 F＋2.6MHz，电平－9dB/75Ω。

5）频率特性：（5～620kHz）±0.1dB，（0.2～5kHz）±0.3dB。

3. 整机指标

（1）选择性：选择性指标见表 29-2-42。

（2）衰减：≥60dB。

（3）机内剩余失真：≥30dB。

（4）电源：～220V±10%，50Hz。

表 29-2-42　JH5014 型选频电平表选择性指标

带宽	频率范围 (kHz)	通带		阻带	
		Δa＝0.5dB	Δa＝3dB	Δa＝30dB	Δa＝50dB
窄带	0.2～620	约 30Hz	约 80Hz	±150Hz	±500Hz
宽带	10～620	约±500Hz	约 2.23kHz	±4kHz	±10kHz

（三）外形尺寸及质量

均为 440×320×144（宽×深×高，mm），质量为 13kg。

（四）生产厂

生产厂：国营建华仪器厂（国营 863 厂）。

二十一、UX15 型电平振荡器及 UD19 型选频电平表

（一）简介

UX15 型电平振荡器、UD19 型选频电平表是实现多功能测量的有线载波测量仪器，具有频率稳定度高、选择性好、量程范围广的特点，并备有平衡、不平衡等多功能测量。配套使用时，可进行统调测试。

为适应电力载波的测量使用，增加了 100Ω 输入、输出阻抗。

（二）技术数据

1. UX15 型电平振荡器

（1）频率范围：0.3～1700kHz。

（2）频率稳定度：预热 30min 后连续工作 8h，稳定度≤1×10⁻⁵±30Hz。

（3）频率特性：平衡输出，0.3～620kHz，电平波动≤±0.3dB；同轴输出，0.3～1700kHz，电平波动≤±0.1dB。

（4）输出电压电平误差：在 100kHz、0dB、75Ω 内阻及电表刻度 0dB 时，输出误差≤±0.1dB；以 100kHz、0dB、75Ω 为基准，＋dB 及－10dB 电平允许误差≤±0.1dB，－20～－60dB 电平允许误差≤±0.15dB。

（5）输出电平：－60dB～＋10dB（10dB 步进）连续调节。

（6）输出电平稳定度：预热 30min 后连续工作 8h，电平漂移≤±0.1dB，电源电压变化±10%，电平漂移±0.1dB。

（7）输出失真系数：≤1%。

（8）输出阻抗：同轴为 0Ω、75Ω，平衡为 0Ω、150Ω、600Ω。

（9）输出平衡衰减：≥40dB。

2. UD19 型选频电平表

（1）频率范围：0.3～1700kHz。

（2）频率稳定度：连续工作 8h 为≤1×10^{-5}＋30Hz。

（3）电平测量：宽频－60dB～＋20dB。选频 10Hz 为－110～＋20dB，1.6kHz 为－100～＋20dB。

（4）测量电平误差：经校正后≤±0.2dB。

（5）测量电平稳定度：连续工作 8h，未经校正电平变化≤±0.5dB，经校正后电平变化≤±0.1dB。

（6）输入分档误差：≤±0.2dB。

（7）频率响应：宽频测量，平衡档 150Ω，0.3～620kHz≤0.3dB；不平衡档 75Ω，0.3～1700kHz≤±0.3dB。选频测量，平衡档 150Ω，1～620kHz≤±0.3dB；不平衡档 75Ω，1～1700kHz≤±0.3dB。

（8）选择性：10Hz 带宽和 1.6kHz 带宽两种。

（9）附加失真衰减：≥60dB。

（三）生产厂

国营南京有线电厂（国营 734 厂）仪表分厂。

二十二、UX16C 型电平振荡器及 UD20C 型选频电平表

（一）简介

UX16C 型电平振荡器与 UD20C 型选频电平表相配合，构成一套完整的高质量载频电平测试仪器，可以在 0.2～1860kHz 频率范围内进行载波通信系统电平、衰减及增益的测试，以及频谱分析和导频测量。成套仪器可以同步调谐，测试使用方便。振荡器为一高精度信号源，选频表具有较高的灵敏度及准确度。选频通带有三种供选用，还设置有选频低噪声和选频低失真二种工作方式。

（二）技术数据

1. UX16C 型电平振荡器

（1）频率范围：0.2～1860kHz（LED 数显）。

（2）频率误差：f_1 和 f_2 均用频谱锁定为$\pm1\times10^{-5}$。f_1 用频谱锁定，f_2 连续调节为$\pm1\times10^{-5}$±10Hz。

（3）输出电平范围：－60～＋10dB。

(4) 0dB 电平固有误差：±0.2dB。

(5) 电表刻度误差：0～－5dB 为±0.2dB，小于－5～－10dB为±0.3dB。

(6) 电平换档误差：0～－50dB 为±0.2dB，＋10～－60dB 为±0.2dB。

(7) 频率响应：200Hz～10kHz，以 800Hz 为基准，±0.2dB。10～620kHz，以 100kHz 为基准，±0.3dB。

(8) 谐波衰减：≥46dB。

(9) 输出阻抗：200Hz～10kHz，同轴 600Ω，平衡 0、600Ω。4～1860kHz，同轴 0、75Ω，平衡 0、150、600Ω。

(10) 回波损耗：≥30dB。

(11) 输出信号平衡衰减：≥40dB。

2. UD20C 型选频电平表

(1) 输入频率范围：宽频测量为 0.2～1860kHz，选频测量为 0.2～1860kHz (LED 数字显示)。

(2) 频率误差：f_1 和 f_2 均用频谱锁定为±1×10^{-5}，f_1 用频谱锁定，f_2 连续调节为±1×10^{-5}±10Hz。

(3) 电平测量范围 (电表指 0dB，按 10dB 步进调节) 如下：

1) 宽频测量：平衡输入为－40～＋20dB，同轴输入为－60～＋20dB，扩展显示时为±1dB。

2) 选频测量：低失真工作 (3kHz 以上)，平衡输入时为－100～＋20dB，同轴输入时为－120～0dB。低噪音工作 (2kHz 以上)，平衡输入时为－60～＋20dB，同轴输入时为－80～＋20dB。

(4) 电平误差指标如下：

1) 0dB 电平固有误差为±0.1dB。

2) 电平换档误差：－60～＋20dB 范围内为±0.2dB。

3) 电表刻度误差：0～－5dB 范围内为±0.2dB。

(5) 频率响应 (75Ω 阻抗) 指标如下：

1) 宽频：同轴输入，0.2～1860kHz 为±0.2dB。平衡输入，3～620kHz 为±0.2dB，620～1860kHz 为±0.3dB。

2) 选频：同轴输入，0.8～1860kHz 为±0.2dB。平衡输入，3～620kHz 为±0.2dB，620～1860kHz 为±0.3dB。

(6) 选择性指标见表 29-2-43。

(7) 固有失真衰减：3～1860kHz，提高灵敏度 50dB 时≥70dB。0.2～3kHz，提高灵敏度 50dB 时≥60dB。

(8) 输入阻抗：平衡与同轴输入均有 75Ω、150Ω、600Ω 及高阻抗。

(9) 同步调谐：选频电平表同步振荡器或电平表同步选频电平表。

表 29-2-43　UD20C 型选频电平表选择性指标

带　宽	通带带宽 Δa≤0.5dB (kHz)	Δa＝3dB 的带宽 (kHz)	阻带衰减 (kHz)	
			Δa≥30dB	Δa≥60dB
窄　带		约 0.02	±0.06	±0.15
宽　带	±0.4	约 1.74	±3	±6

3. 供电电源及消耗功率

1) 供电电源：～220V±10%，50±2.5Hz，可以外接直流 24V、12V。

2) 消耗功率：UX16C 型约为 18W，UD20C 型约为 21W。

(三) 机箱外形尺寸及质量

台式，机箱外形尺寸均为 480×320×188 (宽×深×高，mm)。质量均约 19kg。

(四) 生产厂

合肥无线电一厂。

二十三、UX21 型电平振荡器及 UD26 型选频电平表

(一) 简介

UX21 型电平振荡器与 UD26 型选频电平表配合，构成一套独立的载波通信和继电保护测试仪表。

该仪器具有宽测和选测两种工作方式。选测具有低失真和低噪音两种状态，表头具有扩展功能，扩展时可将 0dB 附近读数的分辨率提高到 0.05dB，＋40dB 高电平测量适合于电力部门使用。

(二) 技术数据

1. UX21 型电平振荡器

(1) 输出频率范围：0.2～620kHz。

(2) 输出电平范围：＋20～－60dB。

(3) 频率误差：5×10^{-5}±10Hz。

(4) 0dB 电平固有误差：±0.2dB。

(5) 输出阻抗：同轴 0Ω、600Ω、100Ω (150Ω)、75Ω，平衡 0Ω、600Ω、100Ω (150Ω)、75Ω。

(6) 频率响应：±0.25dB。

(7) 谐波衰减：≥40dB。

2. UD26 型选频电平表

(1) 测量频率范围：0.2～620kHz。

(2) 测量电平范围：－100～＋40dB。

(3) 0dB 电平固有误差：±0.15dB (经校准)。

(4) 频率响应：±0.25dB。

(5) 选频测量频率准确度：±0.5%±500Hz (经校准)。

(6) 输入阻抗：75Ω、100Ω (150Ω)、600Ω、∞

(三) 外形尺寸及质量

台式，均为 480×320×188 (宽×深×高，mm)，

每套质量为 2×15kg。

（四）生产厂

合肥无线电一厂。

二十四、YX5061 型电平振荡器及 YX5011 型选频电平表

（一）简介

YX5061 型电平振荡器及 YX5011 型选频电平表配套构成载波通用电平测试仪，在 0.2～620kHz 频段内，可进行电平、衰减及增益的宽频和选频测量。YX5061 型电平振荡器附有高电平（+20dB）输出，YX5011 型选频电平表具有高电平（+40dB）测量。采用频率数字显示，具有显示速度快和精度高的特点。选频表统调振荡器，可实现两仪器同步测量，选频表还具有 1～620kHz 的频率自动跟踪的功能。

（二）技术数据

1. YX5061 型电平振荡器

(1) 输出频率：0.2～620kHz 全频段连续可调，五位数字显示。

(2) 分辨率：10Hz。

(3) 频率精度：$\pm 2\times10^{-5}\pm1$ 字位。

(4) 输出电平：0.2～620kHz 内－60～+10dB，平衡 0Ω、150Ω、600Ω 及不平衡 75Ω、100Ω。

(5) 输出频响：平衡为±0.3dB，不平衡为±0.25dB。

(6) 失真衰减：62，63≥46dB，其它非谐波衰减≥60dB。

(7) 输出电平稳定度：±0.2dB/8h。

(8) 环境条件：0～40℃，相对湿度 20%～90%，连续工作 8h。

2. YX5011 型选频电平表

(1) 宽频测量：在 0.2～620kHz 范围内为－50～+20dB，平衡 0Ω、150Ω、600Ω 及不平衡 75Ω、100Ω～+40dB/高阻 30kΩ。

(2) 选频测量：选择带宽 20Hz、1.74kHz。宽带测量在 10～620kHz 范围内为－90～+20dB/平衡与不平衡～+4dB/高阻 30kΩ。窄带测量在 0.3～620kHz 范围内为－100～+20dB/平衡与不平衡～+4dB/高阻 30kΩ。选频分人工及 AFC 自动跟踪测量。

(3) 固有失真衰减：≥60dB。

(4) 中频、镜频衰减：≥70dB。

(5) 机内固有杂音：－20dB。

(6) 附加设备（内用户自选）：高频输出单元、功率衰减器、其它转接设备。

（三）生产厂

国营南京有线电厂（国营 734 厂）仪表分公司。

二十五、YX5071 型电平振荡器及 YX5021 型选频电平表

（一）简介

YX5071 型电平振荡器与 YX5021 型选频电平表配套使用，实现多功能有线载波测量，具有频率和电平稳定、选择性好、量程范围宽、操作方便等优点，备有平衡和不平衡测量。仪器能自动调谐，可交直流两用供电。

（二）技术数据

1. YX5071 型电平振荡器

(1) 频率范围：同轴输出为 6kHz～18.6MHz，平衡输出为 6kHz～18.6MHz 和 30kHz～10MHz。

(2) 频率准确度：f_1 锁定，f_2 连续可变，经零频校正后$\leqslant\pm1\times10^{-5}\pm300$Hz。

(3) 输出电平：按 10dB 步进，－60～+10dBm（－70～0dB）连续可调约 12dB，最小可调电平为－70dBm（－80dB）。

(4) 输出电平误差：0dB（+10dBm）误差≤±0.2dB，分档误差≤±0.2dB。

(5) 频率响应：同轴输出 6kHz～18.6MHz≤±0.2dB，平衡输出 6kHz～2.2MHz≤±0.2dB，30kHz～10MHz≤±0.5dB。

(6) 轴出阻抗：同轴输出 75Ω，平衡输出为 0Ω、124Ω、135Ω、150Ω。

(7) 输出电平稳定度：预热半小时，连续工作 7h，电平漂移≤±0.2dB，电源电压变化+10%～－10%，电平漂移≤±0.1dB。

(8) 谐波衰减：频率在 1MHz，电平为+10dBm（0dB），匹配 75Ω 为≥50dB。

(9) 输出平衡衰减：≥34dB。

2. YX5021 选频电平表

(1) 频率范围：同轴输入 6kHz～18.6MHz，平衡输入 6kHz～2.2MHz 和 30kHz～10MHz。

(2) 频率准确度：f_1 锁定，f_2 连续可变，经零频校正后$\leqslant1\times10^{-5}\pm300$Hz。

(3) 电平测量范围：同轴输入－110～+10dB（－100～+20dBm），最小可测电平为－120dB（－110dBm）；平衡输入－100～+20dB（－90～+20dBm），最小可测电平为－110dB（－100dBm）。

(4) 电平测量误差：0dB（+10dBm）误差，经校正后≤±0.2dB，输入分档误差≤±0.2dB。

(5) 频率响应：同轴输入 6kHz～12MHz≤±0.4dB，6kHz～18.6MHz≤±0.5dB。平衡输入 6kHz～2.2MHz≤±0.4dB，30kHz～10MHz≤±0.6dB。

(6) 电压测量稳定度：电源电压变化±10%，电平漂移≤±0.1dB。

(7) 输入阻抗：同轴有高阻抗和 75Ω，平衡有高阻抗、124Ω、135Ω、150Ω。

(8) 选择性：有80Hz、1.74kHz、6kHz三种带宽。

(9) 附加失真衰减：灵敏度提高50dB，b_2、b_3>60dB。

(10) 测量方式：低噪音、低失真。电表扩张以1dB步进，在低噪声测量方式，最小可读电平差0.02dB。

(三) 生产厂

国营南京有线电厂（国营734厂）仪表分公司。

二十六、DX-1C型选频电压电流表

(一) 简介

该表测试频率为0.3～620kHz，可以进行宽频测量，也可以用选频测量方式在干扰中选出所需信号。可测出相应频率范围内高频电流和高频电压，通过简单计算，算出被测物阻抗。对于阻波器、结合滤波器等器件的阻抗测量较为方便，表头刻度用电压、电流、分贝表示，读数比较方便。

(二) 技术数据

1. 测量电压

(1) 宽频测量电压范围：3mV～300V。

(2) 宽频量程：3mV、10mV、30mV、100mV、300mV、1V、3V、10V、30V、100V、300V。

(3) 选频测量电压范围：0.1mV～300V。

(4) 选频量程：0.1mV、0.3mV、1mV、3mV、10mV、30mV、100mV、300mV、1V、3V、10V、30V、100V、300V。

2. 测量电平范围（600Ω）

(1) 宽频：−50～+50dB。

(2) 选频：−80～+50dB。

3. 测量电流

(1) 电流范围：3mA～1A。

(2) 电流量程：3mA、10mA、30mA、100mA、300mA、1A。

4. 测量频率

(1) 频率范围：0.3～620kHz。

(2) 宽频测量：0.3～620kHz。

(3) 选频测量：10～620kHz。

5. 误差

(1) 固有误差：≤满刻度值的±4%(以100kHz为基准)。

(2) 频率影响误差：0.3～300kHz，≤满刻度值±5%，0.3～600kHz，≤满刻度值±8%。

6. 输入阻抗（电压测量）

10V以下>5kΩ，10V以上>40kΩ。

7. 供电电源

～220V±10%，频率50Hz。

(三) 外形尺寸及质量

420×320×188(宽×深×高，mm)，质量约13kg。

(四) 生产厂

电力部武汉电力仪表厂。

二十七、HF5110型传输测试仪

(一) 简介

HF5110型传输测试仪是将电平振荡器和选频电平表制作在一起的一台高质量载波通信仪表，可以在200Hz～2.1MHz频率范围内进行载波通信系统电平、衰减和增益的测试，以及频谱分析和导频测量。采用六位数字频率计显示，在选频测量时使用了AFC（频率跟踪）技术，设置了20Hz和1.74kHz两种带宽和−5dB表头扩展开关，扩大了仪器使用范围，提高了测量精度。

(二) 型号含义

型号含义同HF-5066型电平振荡器。

(三) 技术数据

1. 振荡器部分

(1) 输出频率：200Hz～2.1MHz。

(2) 输出电平：−50～+10dB（dBm）。

(3) 输出阻抗：平衡0、600、150、124Ω，同轴75、150Ω。

(4) 0dB（0dBm）电平固有误差：±0.2dB。

(5) 频率误差：5×10^{-5}±1个字。

(6) 频率响应：±0.25dB。

(7) 输出纯度：谐波衰减≥40dB，非杂散信号衰减≥60dB。

2. 选频表部分

(1) 测量频率范围：200Hz～2.1MHz。

(2) 测量电平范围：−110～+40dB（dBm）。

(3) 测量0dB（0dBm）电平固有误差：经校准0dB（0dBm）固有误差≤±0.15dB。

(4) 频率响应：±0.25dB。

(5) 输入阻抗：平衡600Ω、150Ω、∞，同轴150Ω、75Ω、∞。

(6) 固有失真衰减：提高灵敏度50dB，固有失真衰减≥70dB。

(四) 外形尺寸及质量

台式，440×400×144（宽×深×高，mm），质量约18kg。

(五) 生产厂

合肥无线电一厂。

二十八、HF5111型传输测试仪

(一) 简介

HF5111型传输测试仪将选频电平表、电平振荡器及数字频率计合为一体，在0.2～620kHz的频率范围内能进行宽频和选频的电平、衰减和增益的测试，在0.05～0.2kHz范围内也能进行测量，此时精度略低。

该仪器可用于远距离通信系统或设备进行在线测试，电平表输入端Ⅱ为一衰减 40dB 的衰减器，用于电力线载波系统中高电平测量。

对电平、增益、衰减、串音和谐波失真能直接测量。

（二）型号含义

型号含义同 HF5110 型电平振荡器部分。

（三）技术数据

1. 电平表部分

（1）测量频率范围：0.2～620kHz。

（2）选频测量频率误差：$\pm 2\times10^{-5}\pm1$ 个字。

（3）电平测量范围：宽频测量 －60～＋40dB（dBm），选频测量，0.8～620kHz 为－100～＋40dB（dBm），0.2～0.8kHz 为－90～＋40dB（dBm）。

（4）电平测量误差如下：

1）0dB（dBm）电平固有误差：±0.2dB。

2）电表刻度误差：0～－5dB 为±0.2dB。

3）电平换档误差：±0.2dB。

4）频率响应：1～200kHz，宽频±0.25dB，选频±0.3dB；0.2～620kHz 为±0.35dB。

（5）选频性：HF5111 型传输测试仪的选择性指标见表 29-2-44。

表 29-2-44　HF5111 型传输测试仪选择性指标

带宽选择	带　宽		阻带衰减	
	Δa＝0.5dB	Δa＝3dB	Δa＝60dB	$\Delta a\geqslant$50dB
窄　带		约 20Hz	±150Hz	
（宽　带 频率＞10kHz）	±700Hz	约 3.1kHz		±10kHz

（6）固有失真衰减：2.5～10kHz 时，灵敏度提高 50dB，b_2、$b_3\geqslant$60dB；10～620kHz 时，灵敏度提高 50dB，b_2、$b_3\geqslant$70dB。

（7）输入阻抗：平衡 75Ω、150Ω、600Ω 及高阻抗。

2. 振荡器部分

（1）输出频率范围：0.2～620kHz。

（2）输出频率误差：$\pm 2\times10^{-5}\pm1$ 个字。

（3）输出电平范围：－50～0dB（dBm）。

（4）输出电平误差如下：

1）0dB（dBm）电平固有误差：±0.2dB。

2）电表刻度误差：在 0～＋5dB 为±0.2dB，小于－5～－10dB 为±0.3dB。

3）电平换档误差：±0.2dB。

4）频率响应：±0.25dB。

（5）谐波衰减：1～100kHz，≥45dB，0.2～620kHz，≥40dB。

（6）输出阻抗：平衡 0Ω、75Ω、150Ω、600Ω。

3. 供电电源及功耗

（1）供电电源：～220V±10％，50Hz±2.5Hz，直流 15～20V。

（2）功耗：约 9W。

（四）外形尺寸及质量

台式，440×400×144（宽×深×高，mm），质量约 13kg。

（五）生产厂

合肥无线电一厂。

二十九、DSP-1 型扫频仪

（一）简介

DSP-1 型扫频仪是智能化仪表，它可在 0.2～620kHz 范围内测试四端网络幅频特性，并在屏幕上显示或用打印机打印出图形。用户可用旋钮与微机键盘进行人-机对话，并控制与设置扫频时间、扫频区间、频标线的左右步进或连续移动、被测曲线的扫频显示或连续移动、被测曲线的扫频显示或静止显示、标度线的校准、校准曲线图形存贮、被测曲线与标准曲线的对比显示与打印等。屏幕上方有电子时钟显示，还有电平纵坐标和频率横坐标及其标度值。频标线与被测图形交点的频率值与电平值用 dB、mV 二种标度，也可实时显示。如使用者送入不适当的命令，在屏幕上会显示出错符号标志，便于及时修改命令。该仪器采用 13cm（5in）屏幕小型四色打印机。

（二）型号含义

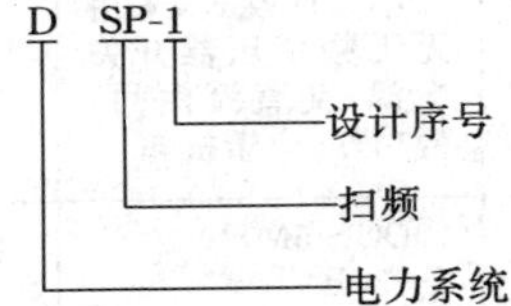

（三）技术数据

（1）扫频工作频率：0.2～620kHz，最小窄扫频区间为 2kHz。

（2）测频准确度：3×10^{-6}。

（3）测频分辨率：±10Hz。

（4）扫频时间：约 0.5～9.8s 连续可调。

（5）扫频振荡输出电平：输出阻抗 0Ω 时为－30～＋10dB，输出阻抗 75Ω、100Ω、150Ω、600Ω 时为－40～0dB。

（6）被测电平输入范围（步进10dB）：－50～＋20dB。

（7）被测电平输入阻抗：75Ω、100Ω、150Ω、600Ω 及高阻抗。

（8）功耗：80W。

（四）外形尺寸及质量

外形尺寸为 480×360×200（宽×深×高，mm），

质量15kg。

（五）生产厂

电力部武汉电力仪表厂。

三十、HF5150A型杂音计

（一）简介

HF5150A型杂音计，适用于测量电话和广播传输设备的加权和不加权杂音电平。用加权滤波器测量，可得到个别频率的杂音效果和其加权的杂音电平。用不加权滤波器测量，可得到全部组合干扰频率的杂音效果，测出其组合的不加权杂音电平。加权特性和不加权特性符合CCITT和CCIR的规定。

该仪器也适用于宽带音频电平的测量。此外，在仪器的后面板，设有外部接口，可以连接用户自备的加权特性网络，便于用户测量特定的加权特性。仪器还设有记录接口，可配接电流型（0～1mA）记录器，记录测试结果。

（二）技术数据

（1）频率范围：15Hz～30kHz。

（2）电平测量范围：－100～＋50dB（10μV～300V）。

（3）频率响应如下：

1）加权杂音测量，电话加权电路符合CCITT0.41规定，广播加权电路符合CCIR 468-3规定。

2）不加权杂音测量，符合CCIR 468-3规定。

3）电平测量，15Hz～30kHz，±0.2dB。

（4）工作误差：－70～＋20dB为±0.5dB；－90～－70dB为±0.1dB。

（5）输入阻抗：600Ω，可转换至10kΩ和100kΩ。

（6）输入平衡度：符合CCITT0.41规定。

（7）动态响应特性：τ≈200ms，可转换到1s。

（8）机内杂音：＜－110dB。

（三）外形尺寸及质量

台式，外形尺寸为440×400×144（宽×深×高，mm），质量约12kg。

（四）生产厂

合肥无线电一厂。

三十一、示波器

合肥无线电三厂、红华仪器厂及上海无线电二十一厂生产的部分示波器的简要性能分别见表29-2-45～表29-2-47。

表29-2-45 合肥无线电三厂生产的部分示波器简介表

型号	DC4210	SR-8	DC4322	DC4361
名称	通用示波器	二踪示波器	双通道便携式示波器	便携式双通道入踪示波器
特点	小型便携式，采用无工频变压器开关电源，交直流两用，低功耗，全塑机箱			双通道，双扫描，带延迟度盘，具有TV同步装置，同步电路具有“锁定”功能，自动同步各种波形，高亮度，高稳定，低漂移
带宽	DC～5MHz（－3dB）	DC～15MHz（－3dB）	DC～20MHz（－3dB）	DC～100MHz
灵敏度	0.01～5V/div，分9档，±5%	0.01～20V/div，分11档，±5%	0.005～5V/div，分10档，±5%，×5，1mV/div，±10%	最高灵敏度1mV/div
最高扫速	0.1μs/div ±5%	20μs/div±10%		5ns/div
扫描时间因数		0.2μs～1s/div，分21档，±5%扩展×10	0.2μs～0.2s/div，分19档，±5%；×10，±10%	
工作方式		Y_A，Y_B，断续，Y_A+Y_B	CH_1，CH_2，ALT，CHOP，ADD	
扫描方式			常态，自动	
触发方式		自动，常态，高频		
有效工作屏面（div）	6×10div（1div＝6mm）	10cm矩形管 6×10div（1div＝8mm）	15cm矩形屏内刻度示波管	15cm矩形屏内刻度示波管有效工作面8×10div
外形尺寸（宽×深×高，mm）	240×300×100	300×420×180	310×370×130	288×380×150
质量（kg）	2.5	12	6.5	8

表 29-2-46　　红花仪器厂生产的部分示波器简介表

型　号	HH4241	COS 5020$_{CH}$(HH4310)	COS 6100G$_{CH}$(HH4370A)
名　称	通用示波器	便携式示波器	通用示波器(5 通道 12 踪)
带　宽	DC～10MHz	DC～20MHz	DC～100MHz
偏转因数	0.01～5V/div	0.005～5V/div	CH_1、CH_2 为 0.005～5V/cm CH_3、CH_4、CH_5 为 0.01～1V/cm
扫描方式	自动,触发	自动,常态,单次	自动,触发,单次
触发源	内,外,TV		
扫描时间因数	0.2μs～0.1s/div	0.2μs～0.5s/div	A,B 20ns～0.5s/cm
有效工作面 (1div=6mm)	8×10	8×10	8×10(cm×cm)
外形尺寸 (宽×深×高,mm)	238×280×110	280×370×150	320×400×155
质　量(kg)	3	7.5	10

表 29-2-47　　上海无线电二十一厂生产的部分示波器简介表

型　号	XJ4630	XJ4241	XJ4320	XJ4363
名　称	二踪慢扫描示波器 (长余辉)	二踪示波器 (小型化)	二踪示波器 (双扫描)	二踪示波器(双扫描)
带　宽	DC～1MHz	DC～10MHz (t_r≤35ns)	DC～20MHz (t_r≤17.5ns)	DC～100MHz(t_r≤3.5ns)
灵敏度	0.01～5v/div	0.01～5v/div	0.005～5v/div	0.002～5v/div
扫描方式	常态,单次		A、B,加宽 A、B, 单次,X-Y	A,交替,B,X-Y,单次
触发同步	触发,自动	触发,高频,电源	触发,锁定,TV,电源	全自动,常态,TV
扫描范围	5μs～20s/div	0.2μs～100ms/div	A:0.2μs～0.5s/div, B:0.2μs～0.5ms/div	A:0.05μs～0.5s/div, B:0.05μs～5ms/div
有效工作面 (mm 或 div)	6×8div (1div=8mm)	矩形管 6×10div (1div=6mm)	8×10div (1div=10mm)	8×10div(cm)
外形尺寸 (宽×深×高,mm)	160×400×254	240×280×122	280×370×150	360×440×137
质　量(kg)	9.3	3.8	7.5	6.5

三十二、频率计

合肥无线电三厂生产的部分频率计的简要性能见表29-2-48。

表29-2-48 合肥无线电三厂生产的部分频率计简介表

型号	DC3321	DC3341
名称	通用计数器	频率计
测频范围	1Hz～10MHz	1Hz～100MHz
测周范围	0.4μs～10s	
测时范围	0.25μs～10s	
显示数字位数(位)	8	8
灵敏度		80mV・m・s
闸门时间	10ms,0.1s,1s,10s	0.1s,1s,10s
时基稳定度	1×10^{-8}/d	5×10^{-6}/d
时基准确度	5×10^{-8}	
外形尺寸(宽×深×高,mm)	240×300×100	208×228×78
功耗 (W)	<20	<12
质量 (kg)	3	1.5

第29-3节 微波通信设备

一、简述

微波通信设备有模拟微波设备、数字微波设备、数模兼容设备等。近年来电力系统中很少使用模拟微波设备，本手册只编写了国产数字微波设备和部分数模兼容设备以及部分进口散件组装的微波设备。

二、WZ7-02H、WZ7-03、WZ8-02型中容量数字微波通信机

(一) 简介

34Mbit/s微电一体化数字微波产品，它集分、复接、调制解调、微波收发信机、分路系统于一体，可传输34Mbit/s (16×2Mbit/s)的主信号和公务联络及远程监控信号。

(二) 技术数据

1. 一般特性

(1) 传输容量：34.368Mbit/s。

(2) 接口：2MB或8MB或34MB。

(3) 门限误码率：BER＝1×10^{-3} －78dBm；
BER＝1×10^{-6} －76dBm。

(4) 工作频率：WZ7－02H 7.1－7.4GHz；
WZ7－03 7.4－7.7GHz；
WZ8－02 8.2－8.5GHz。

(5) 收信机正常接收电平：－40dBm。

(6) 收信机噪声系数：≤4.0dB。

(7) 收信机AGC范围：≥50dB。

(8) 中频输出电平：＋0.8dBm。

(9) 中频输出回波损耗：≥26dB/70±8.5MHz。

(10) 中频输出阻抗：75Ω不平衡。

(11) 本振频率稳定度：±30ppm。

(12) 发信输出功率：＋27dBm、＋23dBm、＋20dBm。

(13) 调制方式：4PSK。

(14) 解调方式：同步解调。

(15) 码型：HDB3。

(16) 阻抗：75Ω不平衡。

(17) 公务信号频率：0.1－12kHZ。

(18) 输出电平：－20dBm。

(19) 阻抗：600Ω不平衡。

2. 供电电源

(1) 供电电源：直流－24V或－48V。

(2) 绞波电压：直流－24V时≤48mVP-P；
直流－48时≤100mVP-P。

(3) 电源功耗：150W。

(三) 外形尺寸

WZ7-02H、WZ7-03、WZ8-02型中容量数字微波通信机的外形尺寸为2314×517×320（高×宽×深，mm)。

(四) 生产厂

邮电部北京通信设备厂。

三、MDW34-01A型PCM中频调制解调机

(一) 简介

MDW34-01A型PCM中频调制解调机是2、4、6、8GHz数字微波接力通信系统的成套设备之一，用来完成34.368Mbit/s数字通道中频系统的调制和解调，每部机器装有两套调制解调单元，主、备并联使用。

(二) 技术数据

1. 一般特性

(1) 收、发信中频阻抗：75Ω（不平衡）回波损耗≥26dB/70±8.5MHz。

(2) 输入、输出信码：码型为HDB_3码（半占空)，码速为34.368Mbit/s±20ppm，码形符合CCITTG703相关规定。

(3) 解调机载波恢复捕捉范围：≥±500kHz（传输$2^{23}-1$伪随机码时)。

(4) 时钟捕捉范围：34.368MHz±2.5kHz。

(5) 误码率：正常电平时：2×10^{-9}；当归一化信噪比＝14.7dB时，门限值≤1×10^{-3}。

(6) 基带允许输入电缆衰耗：≤6dB。

(7) 发信中频频率：70MHz，不稳定度（包括不准确度）≤±7kHz。

(8) 发信中频电平：0.5V±10%。

(9) 收信中频电平：0.3V±10%。

(11) 切换功能：自动切换准则为无解调脉冲、帧失步、帧误码和误码率在 10^{-5}～10^{-6}；延迟调整范围≥1.5bit（包括自动和手动调整）。

2. 供电电源

供电电源为直流－24V $^{+10\%}_{-5\%}$，纹波电压＜24mV（峰值），电源功耗＜180W（1+1）。

(三) 外形尺寸

MDW34-101 型 PCM 中频调制解调机的外形尺寸为 2000×280×340（高×宽×深，mm）。

(四) 生产厂

邮电部西安微波设备厂。

四、WHM25 型 4×2Mbit/s 中频调制解调机

(一) 简介

该型中频调制解调机是将复用设备和中频调制解调机合为一体的数字通信设备，可直接与数字程控交换机相联，具有体积小、功耗低、性能好、工作稳定可靠、组网灵活等特点，其多项主要技术指标在国内处于领先地位。

(二) 技术数据

1. 一般特性

(1) 输入、输出信码：4×2Mbit/sHDB_3码。

(2) 调制方式：中频（70MHz）4PSK。

(3) 调制速率：8Mbit/s。

(4) 解调方式：相干解调。

(5) 备用方式：1+1 备用，并发收倒。

(6)可提供一路浅调频模拟公务和监控功能，其中监控可实现 8 个站互控（可扩至 16 个）。

2. 2Mb/s 接口指标

(1) 比特率容限：2048Kb/s±100ppm。

(2) 输入阻抗：75Ω。

(3) 输入口允许电缆衰耗：0～6dB。

(4) 输入口允许抖动：符合 CCITTG823 建议。

(5) 输出口允许抖动：符合 CCITTG823 建议。

(6) 输出脉冲形状：符合 CCITTG703 样板。

3. 供电电源

WHM25 型 4×2Mbit/s 中频调制解调机的供电电源为直流－24V 或－48V $^{+10\%}_{-5\%}$，纹波电压为 24mV（峰值），电源功耗≤50W。

(三) 外形尺寸

WHM25 型 4×2Mbit/s 中频调制解调机的外形尺寸为 482×265×244（高×宽×深，mm）

(四) 生产厂

邮电部西安微波设备厂。

五、WSF8-07 型微波收、发信机

(一) 简介

WSF8-07 型微波收发信机是传输 PCM 电话的配套设备，其模拟参考电路为 2500km，适用于长距离的数字微波中继通信系统。为了满足不同站距离的需要，该机按输出功率大小分为 A、B、C、D 四种型号，在传输数字信息的同时，可使输一路公务电话和远程监控信号，因此与相应的控制设备配合可实现无人值守。适用于电力、石油、煤炭系统专用业务电路。

该设备为全固体化，采用了先进的介质振荡器作收发信机本振源，收信机采用 FET 低噪声放大器，发信机采用 FET 功率放大器，整机结构紧凑、合理，功耗小，工作稳定，可靠性高。

(二) 技术数据

1. 一般特性

(1) 工作频段：7725～8275MHz。

(2) 频率配置：符合 CCIR 建议 386-1。

(3) 传输容量：PCM480 路电话或 34Mbit/s 数据信号。

(4) 中频频率：70MHz。

2. 发信机

(1) 输出功率有以下四种：

1) WSF8-07A 型输出功率为＋30dBm。

2) WSF8-07B 型输出功率为＋27dBm。

3) WSF8-07C 型输出功率为＋23dBm。

4) WSF8-07D 型输出功率为＋20dBm。

(2) 发信本振频率偏差：＜±240kHz。

(3) 中频输入电平为＋0.8dBm，回波损耗≥26dB（f_0±8.5MHz）。

3. 收信机

(1) 噪声系数：≤5.5dB（含分路滤波器）。

(2) 自动增益控制范围：＞50dB。

(3) 中频输出电平为＋0.8dBm，回波损耗≥26dB（f_0±8.5MHz）。

4. 供电电源

WSF8-07 型微波收发信机供电电源为直流－24V ±10%，纹波电压为 24mV（峰值），电源功耗＜60W。

(三) 外形尺寸

WSF8-07 型微波收发信机的外形尺寸为 2000×280×350（高×宽×深，mm）。

(四) 生产厂

邮电部北京通信设备厂。

六、WSF8-08 型微波收、发信机

（一）简介

WSF8-08型微波收发信机是中容量数字微波设备，适用于省际支线、省内干线公用通信，以及石油、电力、交通矿山等专用通信。传输34.368Mbit/s数字信息（相当于480路PCM电话）。

（二）技术数据

1. 一般特性

（1）模拟参考电路2500km。

（2）工作频段：7725～8275MHz。波道配置按CCIR、REC386-2。

（3）传输容量：每波道可传输34.368Mbit/s数字流（相当于480路电话）。

（4）调制方式：4PSK。

（5）解调方式：相干解调。

（6）切换方式：1+1 Hitles切换。

（7）监控性能：主站采用微计算机（Apple Ⅱ型或IBM型）对受控站进行遥测、遥信、遥控、告警监测，用CIR显示器显示和自动打印机记录，受控站数四个方向，每个方向七个站；受控站采用Z-80微处理器，遥测点64个，遥信点64个，遥控点32个（开/关）。

2. 发信机

（1）发信功率：+30dBm±2dB。

（2）发信本振频率稳定度：≤±2×10^{-5}。

（3）幅频响应：≤±0.3dB/70MHz±8.5MHz。

（4）时延特性：≤2ns/70MHz±8.5MHz。

（5）微分增益：≤1%/70MHz±8.5MHz。

（6）中频输入电平：+0.8dBm $^{+1.0}_{-1.5}$dB。

（7）中频输入阻抗：75Ω，不平衡。回波损耗≥26dB（70±8.5MHz）。

3. 收信机

（1）噪声系数：≤4dB。

（2）本振频率稳定度：≤±2×10^{-5}。

（3）幅频响应：≤±0.25dB/70MHz±8.5MHz。

（4）时延特性：≤1.5ns（70±8.5MHz）。

（5）微分增益：≤0.8%（70±8.5MHz）。

（6）中频输出电平：Ⅰ路+0.8dBm $^{+1.0}_{-1.5}$dB，Ⅱ路+5.2dBm $^{+1.0}_{-1.5}$dB。

（7）中频输出阻抗：75Ω，不平衡。回波损耗≥26dB（70±8.5MHz）。

（8）自动增益控制范围：≥50dB。

（9）门限接收电平：≤-80dBm（BER=10^{-6}）。

4. 分路设备

（1）发信滤波器：通带损耗≤1.2dB。

（2）收信滤波器：阻带衰减≥43dB（±58MHz）；五腔滤波器阻带衰减≥60dB（±70MHz）。

（3）收信滤波器：通带损耗≤1.1dB，三腔滤波器阻带衰减≥30dB（±70MHz），≥40dB（±100MHz）；Y—T环形器正向衰耗≤0.3dB，反向衰耗≥25dB。

（4）单向器：正向衰耗≤0.5dB，反向衰耗≥27dB。

5. 调制解调设备

（1）调制方式4PSK。

（2）解调方式：相干解调，瞬时判决。

（3）中频输入、输出阻抗：75Ω，不平衡，回波损耗≥26dB（±8.5MHz）。

（4）中频输入、输出电平：+0.8dBm $^{+1.0}_{-1.5}$dB。

（5）门限误码率：当C/N=16dB时，BER≤1×10^{-6}；当C/N=14dB时，BER≤1×10^{-4}。

（6）数字基带接口：阻抗为75Ω（不平衡），码型为HDB_3，码速为34.368Mbit/s±20ppm，符合CCITTG703相关规定。

6. 工作方式选择

人工优于遥控优于自动，自动切换准则为收信逻辑告警、帧失步、帧误码、比特误码。

7. 公务联络通道

（1）频带：0.3～12kHz。

（2）加权信噪比：≥45dB/一个中继段。

（3）非线性失真：≤3%。

2. 监控设备

（1）主控机、受控机频率范围：4.3～10.3kHz。

（2）通信速率：600Bd。

（3）接口电平为-26dBm±2dB，阻抗为600Ω（不平衡）。

（4）监控方式：时分多址。

（5）监控容量：最大四个方向，255个站码。

（6）遥测点32×2，遥信点32×2。

（7）操作方式：键盘命令。

9. 供电电源

WSF8-08型微波收发信机的供电电源为直流-24V±10%，纹波电压≤100mV_{p-p}或-48V±12V。

（三）外形尺寸

WSF8-08型微波收发信机的外形尺寸为2000×280×350（高×宽×深，mm）。

（四）生产厂

邮电部北京通信设备厂。

七、WSF1.8-02型数字微波收发信机

（一）简介

WSF1.8-02型数字微波收发信机是传输容量为PCM120路、通信距离为1250km的数字微波通信设备，在传输120个数字电话的同时，还可以传输一路站间公务联络电话和监控信号，适用于省内干线和专业通信线路。

（二）技术数据

1. 一般特性

（1）工作频段为 1700～1900MHz，波道配置符合 CCIR 建议 283—4，其波道频率配置见表 29-3-1。

表 29-3-1　WSF1.8-02 型数字微波收发信机 1700～1900MHz 波道配置表

站别	波道	收　信（MHz）		发　信（MHz）	
		收信频率	本振频率	发信频率	本振频率
低站	1	1703.5	1643.5	1832.5	1902.5
	2	1727.5	1657.5	1846.5	1916.5
	3	1741.5	1671.5	1860.5	1930.5
	4	1755.5	1685.5	1874.5	1944.5
	5	1769.5	1699.5	1888.5	1958.5
	6	1783.5	1713.5	1902.5	1972.5
高站	1	1832.5	1902.5	1713.5	1643.5
	2	1846.5	1916.5	1727.5	1657.5
	3	1860.5	1930.5	1741.5	1671.5
	4	1874.5	1944.5	1755.5	1685.5
	5	1888.5	1658.5	1769.5	1699.5
	6	1902.5	1972.5	1783.5	1713.5

（2）传输容量为每一个波道可传输 120 路数字电话。

（3）传送速率为 8.448Mbit/s 的数字信号。

（4）中频频率为 70MHz。

（5）收发信中频幅频特性≤±0.8dB/±4MHz，中频群时延特性≤8ns/±4MHz。

（6）公务联络电话频偏：50kHz。

（7）公务联络信号加权信噪比：≥38dB。

2. 发信机

（1）发信机输出功率：639mV（28dBm）。

（2）发信机输入电平：0.3V（0.8dBm）。

（3）发信机输出阻抗：50Ω，驻波比≤1.2/±4MHz。

（4）发信机输入阻抗：75Ω（不平衡），回波损耗≥26dB/±4MHz。

3. 收信机

（1）收信机噪声系数：≤5dB。

（2）自动增益控制范围：50dB（上衰落 8dB，下衰落 42dB）。

（3）收信机输入阻抗：50Ω，驻波比≤1.2/±4MHz。

（4）收信机输出阻抗：75Ω（不平衡），回波衰耗≥26dB/±4MHz。

（5）收信机输入电平：0.5V（5.2dBm）和 0.3V（0.8dBm）两路。

（6）收信机解调门限电平：－85.9dBm。

（7）收信机正常接收电平：－45dBm。

4. 供电电源

WSF1.8-02 型数字微波收发信机的供电电源为直流－24V±10%或－48V±10%，纹波电压≤48mV$_{p\text{-}p}$。

电源功耗≤60W。

5. 正常工作条件

（1）温度：＋5～＋40℃。

（2）相对湿度：≤85%（25℃）

（3）大气压强：860～1060kPa。

6. 极限工作条件

（1）温度：0～40℃

（2）相对湿度≤90%（25℃）

（3）大气压强：700kPa。

（三）外形尺寸

WSF1.8-02 型数字微波收发信机的外形尺寸为 2000×280×340（高×宽×深，mm）。

（四）生产厂

邮电部西安微波设备厂。

八、WSF8-10 型数字微波收发信机

（一）简介

WSF8-10 型数字微波收发信机是工作在 8.2～8.5GHz 频段、传输容量为 480 路数字电话的微波通信设备。通信距离为 2500km，在传送 480 路主信道的同时，还可传送 1 路业务联络电话和遥信信号。适用于邮电及其它部门的微波通信线路。

（二）技术数据

1. 一般特性

（1）工作频段：8200～8500MHz。波道配置符合 CCIR 建议 386-2，分六个波道见表 29-3-2。

（2）传输容量：每一个波道可传输 480 路数字电话。

（3）传送速率：34.368Mbit/s。

（4）中频频率：70MHz。

（5）中频输入电平：0.3V±10%。

（6）中频输出电平：0.5V±10%。

（7）中频输入、输出阻抗：75Ω（不平衡），回波损耗为 26dB（±8.5MHz）。

（8）收发信本振频率稳定度：±3×10^{-5}。

（9）收发信幅频特性：≤0.5dB/±8.5kHz。

表 29-3-2 WSF8-10型数字微波收发信机 8200～8500MHz 波道配置表

站型	波道	发信（MHz）		收信（MHz）		CCIR波道号
		发信频率	本振频率	收信频率	本振频率	
低站	1	8361.662	8431.662	8210.048	8280.048	1
	2	8384.986	8454.986	8233.372	8303.372	3
	3	8408.3	8478.31	8256.696	8326.696	5
	4	8431.634	8501.643	8280.02	8350.02	7
	5	8454.958	8384.958	8303.344	8233.344	9
	6	8478.282	8408.282	8326.668	8256.668	11
高站	1	8210.048	8280.048	8361.662	8431.662	1
	2	8233.372	8303.372	8348.986	8454.986	3
	3	8256.696	8326.696	8408.31	8478.31	5
	4	8280.02	8350.02	8431.634	8501.634	7
	5	8303.344	8233.344	8454.958	8384.958	9
	6	8326.668	8256.668	8478.282	8408.282	11

(10) 收发信群时延特性：≤5ns/±8.5MHz。

(11) 业务联络电话频偏：50kHz。

(12) 业务联络信号信噪比：≥42dB（加权）。

(13) 业务联络输入输出阻抗：600Ω。

(14) 监控信号频偏：20kHz_{rms}。

(15) 监控信号输入输出阻抗：150Ω（平衡）。

(16) 监控信号输入电平：－35dBm±1dB。

(17) 监控信号输出电平：－35dBm±1dB。

(18) 业务联络及监控信号传输方式为模拟浅调频。

2. 发信机

(1) 发信机输出功率：316mW（＋25dBm）。

(2) 发信机告警：20dBm±3dB。

3. 收信机

(1) 收信机噪声系数：≤5.5dB。

(2) 收信机自动增益控制范围：47dB（上衰落8dB，下衰落39dB）。

(3) 收信机正常接收电平：－42dBm。

(4) 收信机门限电平－80dBm。

4. 供电电源

WSF8-10型数字微波收发信机的供电电源为直流－24V或－48V。耗电量为60W。

5. 正常工作条件

(1) 温度：＋5～40℃。

(2) 相对湿度：85%（＋25℃）。

(3) 大气压强：860～1060kPa。

6. 极限工作条件

(1) 温度：0～45℃。

(2) 相对湿度：95%以下（＋25℃）。

(3) 大气压强：700kPa。

（三）外形尺寸

WSF8-10型数字微波收发信机的外型尺寸为2000×280×340（高×宽×深，mm）。

（四）生产厂

邮电部西安微波设备厂。

九、WSF8-16型数字微波收发信机

（一）简介

WSF8-16型数字微波收发信机是工作在8.5～8.75GHz、传输容量为30路的数字微波通信设备。可作为专业通信网的支线或农村通信，以及大型企业（如石油、煤炭、水电等）点对点的电报、电话、数据传输等使用。

（二）技术数据

1. 一般特性

(1) 工作频段：8500～8750MHz，波道配置符合GB7585—87标准，分六个波道，8GHz波道配置见表29-3-3。

(2) 传输容量：PCM30路。

(3) 传送速率：2.048Mbit/s。

(4) 中频频率：70MHz。

表 29-3-3　**WSF8-16 型数字微波收发信机 8GHz 波道配置表**

站型	波道	收　信 (MHz)		发　信 (MHz)	
		收信频率	本振频率	发信频率	本振频率
低站	1	8517	8587	8667	8737
	2	8532	8602	8682	8752
	3	8547	8617	8679	8767
	4	8562	8632	8712	8782
	5	8577	8647	8727	8797
	6	8592	8662	8742	8812
高站	1	8667	8737	8517	8587
	2	8682	8752	8532	8602
	3	8697	8767	8547	8617
	4	8712	8782	8562	8632
	5	8727	8797	8577	8647
	6	8742	8812	8592	8662

(5) 中频输入、输出电平：1dB。

(6) 中频输入、输出阻抗：75Ω（不平衡），回波损耗≥26dB/±6MHz。

(7) 调制器捕捉带宽：±500kHz。

(8) 收发信频率稳定度：≤±4×10^{-5}。

(9) 收发信时延（中—中）：≤8ns/±5MHz。

(10) 收发信机幅频特性（中—中）：≤±0.5dB/±5MHz。

(11) 时钟捕捉范围：2048kb/s±0.5kHz。

(12) 输入、输出码型：HDB_3 码，符合 CCITTG703 相关规定。

(13) 误码率：−89dBm 时 $P_e≤1×10^{-3}$；−48dBm 时 $P_e≤1×10^{-10}$。

(14) 公务信号信噪比：≥42dB（加权）。

2. 收发信机

(1) 发信机输出功率：≥20mW（23dBm）和≥50mW（+27dBm）。

(2) 收信机噪声系数：≤6dB。

(3) 自动增益控制范围：46dB（上衰落 6dB，下衰落 40dB）。

3. 供电电源

WSF8-16 型数字微波收发信机的供电电源为直流−29V±10%或−48V±10%，或交流 220V±10%。

4. 正常工作条件

(1) 温度：+5～+40℃。

(2) 相对湿度：85%。

(3) 大气压强：660～760kPa。

5. 极限工作条件

极限工作温度：0～40℃。

(三) 外形尺寸

WSF8-16 型数字微波收发信机的外形尺寸为 2000×280×340（高×宽×深，mm）。

(四) 生产厂

邮电部西安微波设备厂。

十、WSF8-17 型数字微波收发信机

(一) 简介

WSF8-17 型数字微波收发信机是工作在 7.7～8.2GHz 频段、传输容量为 480 路或 120 路的数字微波通信设备，并可传输 1 路业务电话和监控信号。

该设备可与（3+1）基带倒换机配合使用，实现（3+1）波道备用方式。

(二) 技术数据

1. 一般特性

(1) 发信机输出功率：20、23、25dBm。

(2) 收信机噪声系数：≤5dB。

(3) 收、发本振频率稳定度：≤±3×10^{-5}。

(4) 收、发信输入、输出端驻波比：≤1.2/±100MHz。

(5) 收信机正常接收电平：−39.5dBm。

(6) 中频频率：70MHz。

(7) 中频输入电平：+0.8dBm±1dB。

(8) 中频输出电平：+5.2dBm±1dB。

(9) 中频输入、输出阻抗：75Ω（不平衡），回波损耗≥26dB/±8.5MHz。

(10) 收信机自动增益控制范围：50dB（上衰落 8dB，下衰落 42dB）。

(11) 收发信幅频特性：≤±0.5dB/±8.5MHz。

(12) 收发信群时通特性：≤5ns/±8.5MHz。

(13) 业务电话频偏：$50kHz_{rms}$（800Hz 单音测试）。

(14) 监控信号频偏：$25kHz_{rms}$（800Hz 单音测试）。

(15) 公务输入电平：−29.5dBm；输出−27dBm。

(16) 监控输入电平：−35dBm±1dB；输出−35dBm±1dB。

(17) 公务通道阻抗：600Ω（不平衡）。

(18) 监控信号阻抗：150Ω（不平衡）。

(19) 公务通道加权信噪比：≥45dB/再生段。

(20) 监控信号信噪比：≥38dB/再生段。

(21) 发信告警：当功率下降 3～8dB 时告警。

(22) 收信告警：当电平低于−82dBm ±2dB 时告警。

2. 供电电源

WSF8-17 型数字微波收发信机的供电电源为直

流－24V±10%或－48V±10%，耗电量为60W。

3. 正常工作条件

(1) 温度：＋5～40℃。

(2) 相对湿度：85%。

(3) 大气压强：860～1060kPa。

4. 极限工作条件

(1) 温度：0～45℃。

(2) 相对温度：≤90%（＋30℃）。

(3) 大气压强：700kPa。

(三) 外形尺寸

WSF8-17型数字微波设备的外形尺寸为2000×280×340（高×宽×深，mm）。

(四) 生产厂

邮电部西安微波设备厂。

十一、MDW8-02型PCM中频调制解调机

(一) 简介

MDW8-02型PCM中频调制解调机是传输120路数字电话或8.448Mbit/s数据的调制解调机，与各频段的微波收发信机配套，可构成PCM微波传输系统。具有两套调制解调系统，互为备用。可在邮电部门的省内通信及各种专业通信网（如石油、煤炭、电力等）的微波通信线路中使用。

(二) 技术数据

1. 一般特性

(1) 传输容量：PCM120路。

(2) 传送速率：8-448Mbit/s。

(3) 发信中频频率：70MHz。

(4) 调制方式：2dpsk。

(5) 解调方式：相干解调。

(6) 输入、输出中频电平：0.3V±10%。

(7) 输入、输出中频阻抗：75Ω（不平衡），回波损耗为26dB（70MHz±6MHz）。

(8) 解调机载频恢复捕捉范围：≥500kHz（传输$2^{15}-1$伪随机码）。

(9) 时钟捕捉范围：8448kHz±300ppm。

(10) 误码特性：当(C/N)，$n=12$dB时，$P_e\leq1\times10^{-3}$；当(C/N)，$n=13.2$dB时，$P_e\leq1\times10^{-4}$；当(C/N)，$n=15.4$dB时，$P_e\leq1\times10^{-8}$；当(C/N)，$n=17.5$dB时，$P_l\leq1\times10^{-9}$。

(11) 信码输入、输出特性：信码为HDB_3码，码速为8.448Mb/s。

(12) 信码输入端允许电缆衰耗：≥6dB。

(13) 抖动特性：输入口上允许输入信号漂移和抖动的最低容限，当20～400Hz时为$1.5UI_{p-p}$，当400～3kHz时按20dB/10倍频程下降，当3kHz～400kHz时为$0.2UI_{p-p}$；输出口上允许的最大抖动峰—峰值，接测试滤波器B_1（20～400Hz）为$0.25UI_{p-p}$，接测试滤波器B_2（3～400kHz）为$0.1UI_{p-p}$。

(14) 倒换方式为人工、自动、遥控。倒换形式为无瞬断倒换。倒换优先顺序为人工优于遥控优于自动；自动倒换准则为传输率＝0或误码率＝10^{-4}～10^{-5}。

2. 供电电源

MDW8-02型PCM中频调制解调机的供电电源为直流－24V±10%或－48V±10%。电源功耗为70W。

(三) 外形尺寸

MDW8-02型PCM中频调制解调机的外形尺寸为2000×280×340（高×宽×深，mm）。

(四) 生产厂

邮电部西安微波设备厂。

十二、MDW2-02型PCM中频调制解调机

(一) 简介

MDW2-02型PCM中频调制解调机是传输30路数字电话或2.048Mbit/s数据的调制解调机，与各频段的微波收发信机配套，可构成PCM微波传输系统。该系统可直接与小容量的数字程控交换机连接，可做为专业通信网的支线或农村通信网，进行电话、电报、数据传输。

(二) 技术数据

1. 一般特性

(1) 传输容量：30路数字电话。

(2) 传送速率：2.048Mbit/s。

(3) 发信中频频率：70MHz，其稳定度（包括不准确度）1×10^{-4}。

(4) 调制方式：2dpsk。

(5) 解调方式：相干解调。

(6) 中频输入、输出阻抗：75Ω（不平衡），回波损耗≥26dB（70±6MHz）。

(7) 中频输入输出电平：0.3V±10%。

(8) 捕捉范围：≥500kHz。

(9) 时钟捕捉范围：2048kHz±50ppm。

(10) 信码为HDB_3码，码速为2048bit/s。

(11) 抖动特性：输入口允许的输入信号漂移和抖动容限，其频率范围在20Hz～2.4kHz时为$1.5UI_{p-p}$；2.4～18kHz时按20dB/10倍频程下降；18kHz～100kHz时为$0.2UI_{p-p}$。

(12) 备用及倒换：1:1备用，并发并收，基带倒换。切换方式有人工、自动、遥控，人工优于自动优于遥控。其自动倒换准则为收传号＝0、误码率＝10^{-4}～10^{-5}及无误码倒换。

2. 供电电源

MDW2-02型PCM中频调制解调机的供电电源为

直流－24V±10%或－48V±10%。电源功耗为50W。

（三）外形尺寸

MDW2-02 型 PCM 中频调制解调机的外形尺寸为 2000×280×340（高×宽×深，mm）。

（四）生产厂

邮电部西安微波设备厂。

十三、WSF7-$\frac{07}{08}$型数字微波收发信机

（一）简介

WSF7-$\frac{07}{08}$型数字微波收发信机是工作在 7GHz 高低两段（低段为 7125～7425MHz，高段为 7425～7725MHz）、传输容量为 480/120/30 路数字电话的微波收发信机。在传输主信号的同时，还可传输业务电话和监控信号，实现无值守。

（二）技术数据

1. 一般特性

（1）工作频段：WSF7-07 型工作频段为 7125～7425MHz，WSF7-08 型工作频段为 7425～7725MHz，各分五个双向波道，波道频率配置符合 CCIR-385 建议，具体分配见表 29-3-4 及表 29-3-5。

（2）收信机噪声系数：≤6dB。

（3）发信机输出功率：≥500mW。

（4）微波收发信机输入、输出端驻波比：≤1.15（±10MHz）。

（5）中频输入、输出阻抗：75Ω（不平衡），回波损耗≥30dB/±8.5MHz。

（6）中频输入电平为 0.3V±10%，输出电平为 0.5V±10%。

（7）收发信中频幅频特性：≤0.5dB/±8.5MHz。

（8）收发信中频群时延特性：≤5ns/8.5MHz。

（9）收信机自动增益控制范围：50dB（上衰落 8dB，下衰落 42dB）。

（10）收信机正常接收电平：－43.7dBm。

表 29-3-4　WSF7-$\frac{07}{08}$型数字微波收发信机 7125～7425MHz 波道配置表

站型	波道	CCIR 波道号	收信（MHz）		发信（MHz）	
			信号频率	本振频率	信号频率	本振频率
低站	1	2	7135	7065	7296	7226
	2	6	7163	7093	7324	7254
	3	10	7191	7121	7352	7282
	4	14	7219	7149	7380	7310
	5	18	7247	7177	7408	7338
高站	1′	2′	7296	7226	7135	7065
	2′	6′	7324	7254	7163	7093
	3′	10′	7352	7282	7191	7121
	4′	14′	7380	7310	7219	7149
	5′	18′	7408	7338	7247	7177

表 29-3-5　WSF7-$\frac{07}{08}$型数字微波收发信机 7425～7725MHz 波道配置表

站型	波道	CCIR 波道号	收信（MHz）		发信（MHz）	
			信号频率	本振频率	信号频率	本振频率
低站	1	2	7435	7365	7596	7526
	2	6	7463	7393	7624	7554
	3	10	7491	7421	7652	7582
	4	14	7519	7449	7680	7610
	5	18	7547	7477	7708	7638
高站	1′	2′	7596	7526	7435	7365
	2′	6′	7624	7554	7463	7393
	3′	10′	7652	7582	7491	7421
	4′	14′	7680	7610	7519	7449
	5′	18′	7708	7638	7547	7477

(11) 收信机门限电平：−79.3dBm（BER＝10^{-3}）。

(12)收发信本振频率稳定度≤±3×10^{-5}，带振≤＋10kHz。

(13) 发信告警：当功率下降至22dBm±3dB时告警。

(14) 收信告警电平：−81dBm±2dB。

(15) 业务联络及监控信号：业务电话频偏为$50kHz_{rms}$，监控信号频偏为$20kHz_{rms}$，业务电话频带为0.3～3.4kHz，监控信号频带为4.3～10.3kHz，业务联络信号信噪比为42dB(加权)，监控输入输出电平为−35dBm±1dB，业务联络通道阻抗为600Ω(不平衡)，监控信号通道为150Ω（平衡）。

2. 供电电源

WSF7-$\frac{07}{08}$型数字微波收发信机的供电电源为直流−24V±10%或−48V±10%。电源功耗为50W。

3. 正常工作条件

(1) 温度：5～40℃。

(2) 相对湿度：80%（25℃）。

(3) 大气压强：860～1060kPa。

4. 极限工作条件

(1) 温度：0～45℃。

(2) 相对湿度：90%。

(3) 大气压强：700kPa。

(三) 外形尺寸

WSF7-$\frac{07}{08}$型数字微波收发信机的外形尺寸为2000×280×340（高×宽×深，mm）。

(四) 生产厂

邮电部西安微波设备厂。

十四、WZ8-07、08型小容量数字微波系统

(一) 简介

小容量微字微波系统设备为PCM微波收发信机和PCM终端机一体化的设备，适用于地区网、专用网、农村微波通信等支线。根据需要可生产2、4、6、7、8、11、13GHz微波系统，同时根据不同的距离和传输条件有多种输出功率。

(二) 技术数据

1. 一般特性

(1) 工作频段：2000、4000、6000、7000、8000、11000、13000MHz。

(2) 传输容量：4×2Mbit/s（120路PCM）；8×2Mbit/s（240路PCM）。

(3) 门限误码率：BER＝10^{-3}为−85dBm；BER＝10^{-6}为−81dBm。

(4) 调制方式：BPSK或QPSK。

(5) 解调方式：中频70MHz相干解调。

(6) 码型：NRZ。

(7) 输入、输出阻抗：75Ω（不平衡）。

(8)公务信号频率为0.1～3.4kHz，输出电平为−30dBm（不平衡），阻抗为600Ω（不平衡）。

2. 发信机

(1) 输出电平典型值为＋23、＋27、＋30、＋33dBm。

(2) 发信本振频率偏差：±3×10^{-5}。

3. 收信机

(1) 收信机噪声系数：2.4GHz为3.0dB，6、7、8GHz为3.5dB，11、13GHz为4.0dB。

(2)收信机自动增益控制范围：50dB(上衰落8dB，下衰落42dB)。

(3) 正常接收电平：−45dBm。

(4) 收信机告警电平：−85dBm。

4. 供电电源

小容量数字微波设备的供电电源为−24V或−48V。最大电源功耗为110W。

(三) 外形尺寸

小容量数字微波设备的外形尺寸为2134×517×300（高×宽×深，mm）。

(四) 生产厂

邮电部北京通信设备厂。

十五、WSF2-$\frac{02}{09}$（A、B、C、D）型数字微波收发信机

(一) 简介

WSF2-$\frac{02}{09}$（A、B、C、D）型数字微波收发信机是工作频段为2GHz、传输容量为480路的数字微波收发信机。模拟参考电路长度为2500km，在传送主信号的同时，还传送1路公务电话和监控信号。适用于主干通信电路。可满足不同站距和传输条件的要求。输出功率大小不同，有A、B、C、D四种，供选择。

(二) 技术数据

1. 一般特性

(1) 工作频段：1900～2300MHz。

(2) 传输容量：480路PCM。

(3) 传送速率：34.368Mbit/s。

(4) 发信功率分别为＋28dBm（WSF2-$\frac{02}{09}$A型）、＋25dBm（WSF2-$\frac{02}{09}$B型）、＋21dBm（WSF2-$\frac{02}{09}$C型）、＋18dBm（WSF2-$\frac{02}{09}$D型）。

(5) 收信机噪声系数：≤4.5dB。

(6) 收信机自动增益控制范围：43dB。

2. 供电电源

WSF2-02 型数字微波收发信机的供电电源为直流－24V，WSF2-09 型数字微波收发信机的供电电源为直流－48V。电源功耗各为 50W。

（三）外形尺寸

WSF2-$^{02}_{09}$（A、B、C、D）型数字微波收发信机的外形尺寸为 2000×280×350（高×宽×深，mm）。

（四）生产厂

邮电部北京通信设备厂。

十六、WSF6-05（A、B、C、D）型数字微波收发信机

（一）简介

WSF6-05（A、B、C、D）型数字微波收发信机与相应的 PCM 调制解调机配套，可组成干线数字微波接力通信系统。其模拟参考电路长为 2500km。为了满足不同站距的需要，该机按输出功率大小分为 A、B、C、D 四种类型，供用户选用。

该设备在传输数字信息的同时，可传输 1 路站间公务电话和远程监控信号，因此与相应的控制设备配合，实现无人值守，适用于邮电、电力、石油、煤炭等系统。

（二）技术数据

1. 一般特性

(1) 工作频段：6430～7110MHz。

(2) 波道配置符合 CCIR 建议 384-2，见表 29-3-6。

(3) 传输容量：34Mbit/s（480 路）。

表 29-3-6　WSF6-05（A、B、C、D）型数字微波收发信机 6GHz 上波道配置表

站型	波道	收　信（MHz）		发　信（MHz）	
		信号频率	本振频率	信号频率	本振频率
低站	1	6460	6530	6800	6870
	2	6500	6570	6840	6910
	3	6540	6610	6880	6950
	4	6580	6650	6920	6990
	5	6620	6550	6960	6890
	6	6660	6590	7000	6930
	7	6700	6630	7040	6970
	8	6740	6670	7080	7101
高站	1	6800	6870	6460	6530
	2	6840	6910	6500	6570
	3	6880	6950	6540	6610
	4	6920	6990	6580	6650
	5	6960	6890	6620	6550
	6	7000	6930	6660	6590
	7	7040	6970	6700	6630
	8	7080	7010	6740	6670

(4) 中频频率：70MHz。

2. 发信机

(1) 发信机输出功率：＋27dBm（WSF6-05A 型）、＋24dBm（WSF6-05B 型）、＋20dBm（WSF6-05C 型）、＋17dBm（WSF6-05D 型）。

(2) 发信本振频率偏差：≤±240kHz。

(3) 中频输入电平：＋0.8dBm。

3. 收信机

(1) 收信机噪声系数：≤5dB。

(2) 自动增益控制范围：＋8～－40dB。

(3) 收信本振频率偏差：≤±200kHz。

(4) 中频输出电平：一路＋5.2dBm，二路＋0.8dBm。

4. 供电电源

WSF6-05（A、B、C、D）型微波收发信机的供电电源为－24V。

5. 工作条件

(1) 温度：5～40℃（保证指标）、0～＋45℃（可以工作）。

(2) 相对湿度为＜90%。

(3) 大气压强为 86～106kPa。

（三）外形尺寸

WSF6-05（A、B、C、D）型微波收发信机的外形尺寸为 2000×280×350（高×宽×深，mm）。

（四）生产厂

邮电部北京通信设备厂。

十七、WSF6-08（A、B、C、D）型数字微波收发信机

（一）简介

WSF6-08（A、B、C、D）型数字微波收发信机是工作频段为 5925～6425MHz、传输容量为 480 路的数字微波收发信机。模拟参考电路长为 2500km，适用于干线电路。有（A、B、C、D）四种输出功率，供不同的站距及传输条件选用。

（二）技术数据

(1) 工作频段：5925～6425MHz，波道配置见表 29-3-7。

(2) 传输容量：480 路。

(3) 传送速率：34.368Mbit/s。

(4) 发信机输出功率：＋27dBm（WSF6-08/A 型）、＋24dBm（WSF6-08B 型）、＋20dBm（WSF6-08C 型）、＋17dBm（WSF6-08D 型）。

(5) 收信机噪声系数：≤5.5dB。

(6) 收信机自动增益控制范围：45dB。

2. 供电电源

表 29-3-7　WSF6-08（A、B、C、D）型数字微波收发信机6GHz下波道配置表

站型	波道	收　信（MHz）		发　信（MHz）	
		信号频率	本振频率	信号频率	本振频率
低站	1	5945.20	6015.20	6197.24	6267.24
	2	5974.85	6044.85	6226.89	6296.89
	3	6004.50	6074.50	6256.54	6326.54
	4	6034.15	6104.15	6286.19	6356.19
	5	6063.80	5993.80	6315.84	6245.84
	6	6093.45	6023.45	6345.49	6275.49
	7	6123.10	6053.10	6375.14	6305.14
	8	6152.75	6083.75	6404.79	6334.79
高站	1	6197.24	6267.24	5945.20	6015.20
	2	6226.89	6296.89	5974.85	6044.85
	3	6256.54	6326.54	6004.50	6074.50
	4	6286.19	6356.19	6034.15	6104.15
	5	6315.84	6245.84	6063.80	5993.80
	6	6345.49	6275.49	6093.45	6023.45
	7	6375.14	6305.14	6123.10	6053.10
	8	6404.79	6334.79	6152.75	6083.75

WSF6-08（A、B、C、D）型数字微波收发信机的供电电源为直流－24V或－48V。

（三）外形尺寸

WSF6-08（A、B、C、D）型数字微波收发信机的外形尺寸为2000×280×350（高×宽×深，mm）。

（四）生产厂

邮电部北京通信设备厂。

十八、WSF7-$\frac{04}{20}$（A、B、C、D）型数字微波收发信机

（一）简介

WSF7-$\frac{04}{20}$（A、B、C、D）型数字微波收发信机是工作频段为7125～7425MHz、传输容量为480路的数字微波通信设备。模拟参考电路为2500km。有A、B、C、D四种输出功率，供用户选择。

（二）技术数据

1. 一般特性

（1）工作频段：7125～7425MHz，波道配置见表29-3-8和表29-3-9。

表 29-3-8　WSF7-04型数字微波收发信机波道配置表

站型	波道	收　信（MHz）		发　信（MHz）	
		信号频率	本振频率	信号频率	本振频率
低站	1(2)	7135	7205	7296	7366
	2(6)	7163	7233	7324	7394
	3(10)	7191	7261	7352	7422
	4(14)	7219	7149	7380	7310
	5(18)	7247	7177	7408	7338
高站	1(2)	7296	7366	7135	7205
	2(6)	7324	7394	7163	7233
	3(10)	7352	7422	7191	7261
	4(14)	7380	7310	7219	7149
	5(18)	7408	7338	7247	7177

表 29-3-9　WSF7-20型数字微波收发信机波道配置表

站型	波道	收　信（MHz）		发　信（MHz）	
		信号频率	本振频率	信号频率	本振频率
低站	1(2)	7135	7205	7296	7366
	2(5)	7156	7226	7317	7387
	3(9)	7184	7254	7345	7415
	4(12)	7205	7135	7366	7296
	5(16)	7233	7163	7394	7324
	6(19)	7254	7184	7415	7345
高站	1(2)	7296	7366	7135	7205
	2(5)	7317	7387	7156	7226
	3(9)	7345	7415	7184	7254
	4(12)	7366	7296	7205	7135
	5(16)	7394	7324	7233	7163
	6(19)	7415	7345	7254	7184

（2）传输容量：480路。

（3）传送速率：34.368Mbit/s。

（4）发信机输出功率：＋27dBm（WSF7-04A）、＋24dBm（WSF7-04B）、＋20dBm（WSF7-04C）、＋17dBm（WSF7-04D）。

（5）收信机噪声系数：≤5.5dB。

（6）收信机自动增益控制范围：45dB。

2. 供电电源

WSF7-04型数字微波收发信机的供电电源为直流－24V或－48V。

（三）外形尺寸

WSF7-04 型数字微波收发信机的外形尺寸为 2000×280×350（高×宽×深，mm）。

（四）生产厂

邮电部北京通信设备厂。

十九、TRP-6G68MB-500 型微波收发信机

（一）简介

TRP-6G68MB-500 型微波收发信机是利用日本 NEC 转让技术和进口元器件生产的工作频段为 6GHz、传输容量为 68Mbit/s（相当 960 路）的数字微波通信设备。具有极低的噪声系数，平均无故障时间（MTBF）预计可达 240000h。适用于主干微波通信电路。

此外，该型设备具有多种频段和信道容量，供选用。

（二）技术数据

（1）工作频段：5925～6425MHz，波道配置符合 CCIR 建议 383-2，见图 29-3-1。

（2）传输容量：960 路 PCM（68Mbit/s）。

（3）调制方式：8 相 PSK。

（4）收发信机性能见表 29-3-10。

（5）一个接力段的典型误码率特性见表 29-3-11。

（三）外形尺寸

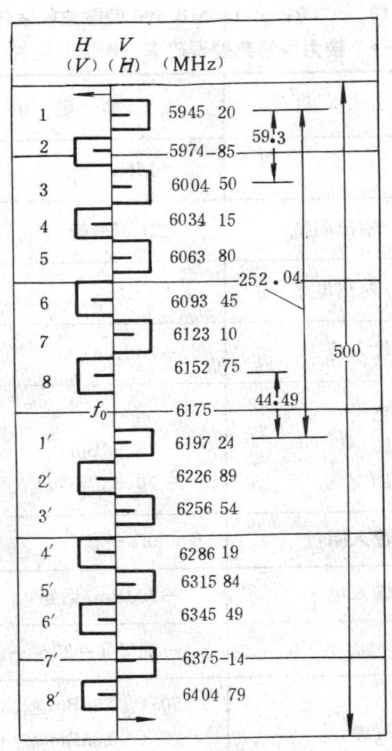

图 29-3-1 TRP-6G68MB-500 型微波收发信机波道配置图

TRP-6G68MB-500 型微波收发信机的外形尺寸为 950×650×250（高×宽×深，mm）。

（四）生产厂

邮电部北京通信设备厂。

表 29-3-10 TRP-6G68MB-500 型微波收发信机性能表

项 目	典型值	保证值
发信机输出在发信输出端	+26dBm	$+26\text{dBm}^{+1}_{-1.5}\text{dB}$
	+30dBm	$+30\text{dBm}^{+1}_{-1.5}\text{dB}$
	+33dBm	$+33\text{dBm}^{+1}_{-1.5}\text{dB}$
收信机噪声系数在收信输入端（门限时，dB）	3.0	≤4
本地振荡器频率稳定度（ppm）	±3	≤±5
幅度频率响应 f_0±11MHz（中频到射频或射频到中频）(dB)	0.5	≤1.0
时延，f_0±11MHz(nsec)	2	≤5
AGC 范围（dB）	55	≥50
中频输入/输出回波损耗，f_0±11MHz（dB）	32	≥26

表 29-3-11 TRP-6G68MB-500 型微波收发信机一个接力段的典型误码率（BER）特性

项 目	额 定 值
中 频	70MHz
中频输入/输出阻抗	75Ω 不平衡
中频输入/输出电平	+4dBm
额定射频输入电平	−34dBm
收信输入电平 BER=10^{-3} BER=10^{-7}	 −76.5dBm −72.5dBm
公务信道输入阻抗	600Ω 平衡
公务信道输入电平	−30dBm/话路
直流电源	−24V（−20～−28V）
电源消耗（W）	50（+26dBm 输出） 70（+30dBm 输出） 85（+33dBm 输出）

二十、TRP-6G140MB-500 型微波收发信机

(一) 简介

TRP-6G140MB-500 型微波收发信机是工作频段为 6GHz、传输容量为 1920 路的数字微波设备。该设备引进日本 NEC 技术，采用国外进口元器件，具有极低的噪声系数，平均无故障时间（MTBF）预计可达 240000h，适用于大容量的主干通信电路。

此外，该微波收发信机有多种频段和通信容量供选用。

(二) 技术数据

(1) 工作频段：6430～7110MHz，波道配置符合 CCIR 建议 384-2，见图 29-3-2 及表 29-3-6。

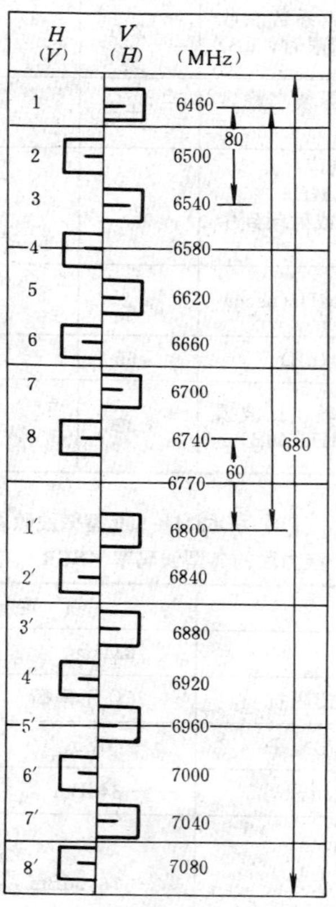

图 29-3-2 TRP-6G140MB-500 型微波收发信机波道配置图

(2) 传输容量：1920 路（139.264Mbit/s）。

(3) 调制方式：16QAM。

(4) 收发信机性能见表 29-3-12。

(5) 一个接力段的典型误码率特性见表 29-3-13。

(三) 外形尺寸

TRP-6G140MB-500 型微波收发信机的外形尺寸为 950×650×250（高×宽×深，mm）。

表 29-3-12 TRP-6G140MB-500 型微波收发信机性能

项目	典型值	保证值
发信机输出在发信输出端	+23dBm	$+23\text{dBm}^{+1}_{-1.5}\text{dB}$
	+28dBm	$+28\text{dBm}^{+1}_{-1.5}\text{dB}$
	+30dBm	$+30\text{dBm}^{+1}_{-1.5}\text{dB}$
收信机噪声系数在收信输入端（门限时）(dB)	3.0	≤4
本地振荡器频率稳定度（ppm）	±3	≤±5
幅度频率响应 f_0±17.5MHz（中频到射频或射频到中频）(dB)	±0.5	≤1.0
时延，f_0±17.5MHz (nsec)	±2	≤±5
AGC 范围（dB）	55	≥50
中频输入/输出回波损耗，f_0±17.5MHz（dB）	32	≥26

表 29-3-13 TRP-6G140MB-500 型微波收发信机一个接力段的典型误码率（BER）特性

项目	额定值
中频	70MHz
中频输入/输出阻抗	75Ω 不平衡
中频输入/输出电平	+4dBm
额定射频输入电平	−34dBm
收信输入电平 当 BER＝10^{-3} BER＝10^{-7}	 −76.5dBm −70.5dBm
公务信道输入阻抗	600Ω 平衡
公务信道输入电平	−30dBm/话路
直流电源	−24V（−20～−28V）
电源消耗（W）	50（+23dBm 输出） 70（+28dBm 输出） 85（+30dBm 输出）

（四）生产厂

邮电部北京通信设备厂。

二十一、TRP-34MB-500 型数字微波收发信机

（一）简介

TRP-34 MB-500 型数字微波信道机是从日本 NEC 公司引进的全固态化的数字微波传输设备。传输容量为 PCM480 路数字电话或速率为 34Mbit/s 的其它数字信息，并且有自动切换、微机监控的无人值守功能。该设备在设计中采用了诸如取样锁相振荡源、FET 低噪声放大器和功率放大器等高质量、高可靠性的电路和器件；在产品的制造中吸取了国外各种先进的工艺，并具有符合国际标准的检测手段保证产品的质量。为对抗多经衰落引起的平衰落及选择性衰落的影响，该设备还具有自适应均衡器、横向均衡器、空间分集、频率分集的有效手段供用户选用。

该设备有 2GHz、7GHz、两个频段，其型号如下。

1. 收发信机

（1）2GHz34MB：

TRP-2GD34MB-500　终端型

TRP-2GD34MB-500　中继型

TRP-2GD34MB-500　带自适应均衡器的终端型

TRP-2GD34MB-500　带自适应均衡器的中继型

TRP-2GD34MB-500　带横向均衡器的终端型

TRP-2GD34MB-500　带横向均衡器的中继型

（2）7GHz34MB：

TRP-7GD34MB-500　终端型

TRP-7GD34MB-500　中继型

TRP-7GD34MB-500　带自适应均衡器的终端型

TRP-7GD34MB-500　带自适应均衡器的中继型

TRP-7GD34MB-500　带横向均衡器的终端型

TRP-7GD34MB-500　带横向均衡器的中继型

2. 分波器

（1）2GHz34MB：

2GHz-BR-CKT　终端型

2GHz-BR-CKT　中继型

2GHz-BR-CKT　终端型混合分集

2GHz-BR-CKT　中继型单向混合分集

2GHz-BR-CKT　中继型双向混合分集

（2）7GHz34MB：

7GHz-BR-CKT　终端型

7GHz-BR-CKT　中继型

7GHz-BR-CKT　终端型混合分集

7GHz-BR-CKT　中继型单向混合分集

7GHz-BR-CKT　中继型双向混合分集

3. 切换设备

SCP-34MB-500　具有发射切换和误码切换功能的主用型

SCP-34MB-500　具有发射切换和误码切换功能的保护型

4. 电源分线箱

ZX-PDB/1DB-500

ZX-PDB-500

ZX-1DB-500

（二）技术数据

1. 一般特性

（1）传输容量：PCM480 路（34.368Mbit/s）。

（2）调制方式：4PSK。

（3）解调方式：相干解调。

（4）备份与切换方式为 1：1 热备份，可自动或手动切换。

（5）数据接口码型为 HDB_3，速率为34.368Mbit/s ±20ppm。

2. 发信机

（1）发信机输出功率：±30dBm。

（2）发信机频率稳定度：$\pm2\times10^{-5}$。

3. 收信机

（1）收信机噪声系数：2GHz 时＜4dB、7GHz 时＜4.5dB。

（2）收信机自动增益控制范围：＞50dB。

（3）收信机门限电平，见表 29-3-14。

表 29-3-14　TRP-34MB-500 型数字微波收信机门限电平

门限电平 / 频段 / 误码率	2GHz	7GHz
1×10^{-4}	−81dBm	−80dBm
1×10^{-7}	−78dBm	−77dBm

4. 供电电源

TRP-34MB-500 型数字微波收发信机的供电电源为直流−24V 或−48V，其电源功耗见表 29-3-15。

表 29-3-15　TRP-34MB-500 型数字微波收发信机电源功耗

频段 (GHz)	站型	电源功耗 (W)	备注
2	终端型	70	一收一发
2	中继型	50	一收一发
7	终端型	75	一收一发
7	中继型	55	一收一发

（三）外形尺寸

TRP-34MB-500 型数字微波收发信机采用 IEC 标准机架，尺寸有以下三种：

2500×650×375（高×宽×深，mm）。

2500×390×375（高×宽×深，mm）。

2500×260×375（高×宽×深，mm）。

（四）生产厂

国营漓江无线电厂（611厂）。

二十二、2GHz 中频转接低功耗微波接力机

（一）简介

该设备是工作于1900～2300MHz频段的全固态化微波接力机，波道配置按CCIR建议382-2。用于微波线路跨越高山或交通不便、环境条件恶劣而又不需要上下话路的地带。采用中频转接，具有无人值守监控功能及备有勤务电话，方便维修使用。用太阳能电源供电，具有高稳定可靠等特点。

设备方框图见图29-3-3。

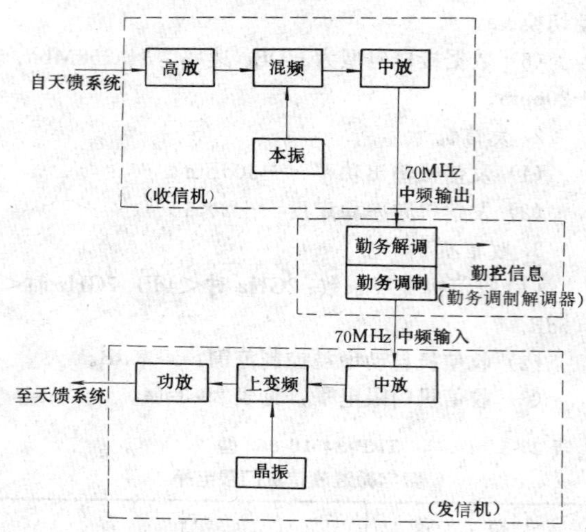

图29-3-3 2GHz 中频转接低功耗微波接力机方框图

（二）技术数据

1. 一般特性

（1）工作频段：1900～2300MHz，波道配置按CCIR建议382-2。

（2）传输速率：8.448Mbit/s。

（3）容量：PCM120路数字电话或ΔM240路数字电话。

（4）中频中心频率：70MHz。

（5）带宽：±16MHz。

（6）中继方式：70MHz中频转接。

（7）发信机输出功率：>200MW。

（8）收信机噪声系数：<5dB。

（9）基本工作方式：用一备一，波道热备份。

（10）勤控传输方式：采用对主信道进行附加调频的复合调制方式。

2. 供电电源

2GHz中频转接低功耗微波接力机的供电电源为直流－24V±20%。电源功耗小于20W。

3. 工作条件

（1）温度：－10～＋50℃。

（2）湿度：98%（30℃）。

（三）外形尺寸

该设备机架为列架式结构，其尺寸为1600×520×400（高×宽×深，mm）。

（四）生产厂

国营漓江无线电厂（611厂）。

二十三、6GHz 中频转接低功耗微波接力机

（一）简介

该设备是工作于5925～6425MHz频段的全固态化微波接力机，波道配置按CCIR建议383-1。用于微波接力线路跨越高山或交通不变、环境条件恶劣而又不需要上下话路的地带。采用中频转接，具有无人值守监控功能及备有勤务电话，方便维修使用。用太阳能电源供电，具有低功耗、高稳定可靠等特点。

6GHz中频转接低功耗微波接力机方框图，同图29-3-6。

（二）技术数据

1. 一般特性

（1）工作频段：5925～6425MHz，波道配置按CCIR建议383-1。

（2）传输容量：34.368Mbit/s。

（3）中频中心频率：70MHz。

（4）带宽：±16MHz（Δ+0.5dB）。

（5）中继方式：70MHz中频转接。

（6）发信机输出功率：60mW。

（7）收信机噪声系数：<6dB。

（8）基本工作方式：用一备一，波道热备份。

（9）勤控传输方式：采用对主信道进行附加调频的复合调制方式。

2. 供电电源

6GHz中频转接低功耗微波接力机的供电电源为直流－24V±20%。电源功耗小于10W。

3. 工作条件

（1）温度：－10～＋50℃。

（2）湿度：98%（30℃）。

（三）外形尺寸

该设备机架结构为列架式，外形尺寸为1600×520×400（高×宽×深，mm）。

（四）生产厂

国营漓江无线电厂（611厂）。

二十四、6GHz 直放式低功耗微波转发器

（一）简介

该设备将收到的 5925～6425MHz 频段的信号直接放大后输出，用于微波接力线路跨越高山或其它交通不便、环境条件恶劣地带。用太阳能电源供电。该设备具有低功耗、高可靠、高稳定、无人值守等特点。

6GHz 直放式低功耗微波转发器方框图，见图 29-3-4。

（二）技术数据

1. 一般特性

（1）工作频段：5925～6425MHz，波道配置按 CCIR 建议 383-1。

（2）转接方式：微波直接放大转发。

（3）输出功率：≥100mW。

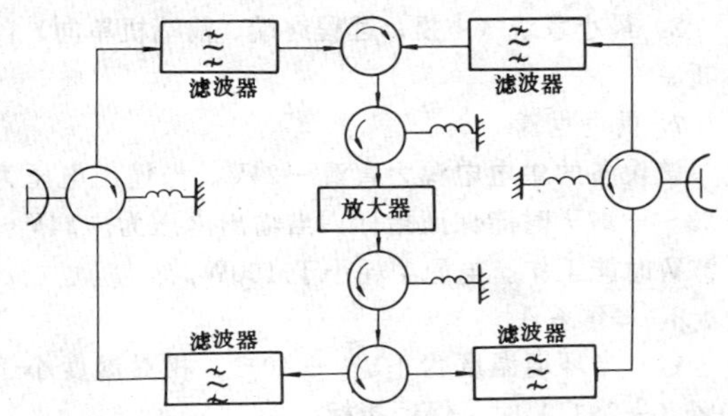

图 29-3-4　6GHz 直放式低功耗微波转发器方框图

（4）噪声系数：＜6dB。

（5）增益：60dB。

（6）带宽：40MHz。

（7）群延迟：3ns（ΔF＝30MHz 时）。

（8）功耗：2W。

（9）接口：采用 BJ-58 波导，A 型法兰盘。

2. 供电电源

6GHz 直放机的供电电源为±12V±20%。电源功耗 10W。

3. 工作条件

（1）温度：－30～＋60℃。

（2）湿度：98%（30℃）。

（三）外形尺寸

6GHz 直放式低功耗微波转发器的外形尺寸为 650×250×120（高×宽×深，mm）。

（四）生产厂

国营漓江无线电厂（611 厂）。

二十五、2GHz、4GHz、6GHz、7GHz、11GHz480 路数字微波收发信机

（一）简介

2GHz、4GHz、6GHz、7GHz、11GHz480 路数字微波收发信机的波道配置与模拟微波相同，以利于数模共存，既可传输 PCM480 路数字电话，也可传输 FM960 路模拟电话。各种接口均符合 CCIR 和 CCITT 的有关规定。

（二）技术数据

1. 一般特性

（1）通信容量：34368kbit/s。

（2）通信距离总长度：2500km。

（3）标称站距：46.3km（11GHz 频段站距为 25～30km）。

（4）传输质量指标：符合 CCIR594 号建议，即对于 2500km 参考电路按低误码率及高误码率两个指标要求。

1）对于任何月份，误码率（BER）大于 10^{-6}的时间率应不超过 0.4%，误码率测试的积分时间为 1min。

2）对于任何月份，误码率（BER）大于 10^{-3}的时间率应不超过 0.054%，误码率测试的积分时间为 1s。

（5）中继方式：采用再生中继或非再生中继方式。在每个再生中继段中，内含的非再生中继数最多不超过 2 个，非再生中继采用外差方案，在中频 70MHz 上转接。

（6）波道频率配置：附合 CCIR 有关建议。

（7）系统不可用度：全线路 2500km 每个双向波道的不可用度小于 0.3%。

（8）门限接收电平：当 BER＝10^{-4}时，门限接收电平≤－82.2dBm。

2. 收发信机

（1）发信机输出功率：

2GHz、4GHz≥1W

6GHz≥700mW

7GHz≥500mW

11GHz≥50mW

（2）收信机噪声系数：

2GHz、4GHz≤3dB

6GHz≥4dB

7GHz≥4.5dB

11GHz≤10dB

（3）自动增益控制范围：50dB。

（4）中频接口电平：1dBm±1dB。

（5）中频接口阻抗：75Ω 不平衡。

（6）回波损耗：≥26dB（±8.5MHz）。

（7）本振频率不稳定度（包括不准确度）：≤±2×10^{-5}。

3. 调制解调器

（1）调制解调方式：QDCPSK 瞬时再生判决。

(2) 中频频率不稳定度(包括不准确度):70MHz ±3kHz。

(3) 载波捕捉范围:70MHz±600kHz。

(4) 中频接口电平:1dBm±1dB。

(5) 中频接口阻抗:75Ω 不平衡。

(6) 回波损耗:≥26dB(±8.5MHz)。

4. 倒换设备主要性能指标

(1) 备用倒换方式:采用1:1互为备用的无损伤倒换方式。

(2) 自适应时延调节范围:≥4bit/s。

(3) 人工时延调节范围:5.5bit/s。

(4) 数字基带接口性能:

1) 近端接口:NRZ 码,ECL 电平。

2) 远端接口:HDB_3 码,接口指标符合 CCITTG 703 相关规定。

3) 基带允许入口电缆衰耗:≥6.0dB。

5. 次基带公务调制解调及倒换设备主要性能

(1) 调制方法:FM-FM。

(2) 通信容量:共有两路,其中一路为联络电话,另一路为监控信号

(3) 占用带宽:

联络电话 0.3~2.7kHz

监控信号 4.0~10.5kHz

(4) 倒换方式:

终端站、再生中继站(或主站) 基带倒换

非再生中继站 中频倒换

(5) 输入、输出电平:

区间公务 35dBr±1dB

监控信号 41dBr±1dB

(6) 信噪比:

区间公务≥40dB

监控信号≥40dB

6. 微机监控设备主要性能

(1) 初始化及路由性能:

1) 开机自动初始化并显示路由图。

2) 人工初始化。

(2) 告警性能:

1) 路由图上显示告警指示。

2) 机房图上显示对应状态变化。

3) 站告警。

4) 站恢复。

5) 维修状态存记录,非维修状态存记录。

(3) 遥控性能:

1) 进入遥控。

2) 退出遥控。

3) 远程终端相应指示。

(4) 调机房图:

1) 站码标志。

2) 运行标志。

3) 遥信点状态标志。

(5) 时钟日历:

1) 修改日历卡功能。

2) 修改软件时钟(远程终端机)性能。

(6) 报表:

1) 单项报表。

2) 时间报表(按年、月、日报表)。

3) 屏幕与打印机选择。

(7) 自诊断:

1) 远程终端自诊断。

2) 最小系统(主机、远程终端、前端机单向)自诊断。

7. 供电电源

该设备的供电电源为直流-24V。当输出电压为-23~-27V时能保证指标;当输出电压为-24V~-27V时能工作。电源功耗小于150W。

8. 工作条件

(1) 当环境温度为+5~+40℃、相对湿度小于80%(+25℃)时,保证指标。

(2) 当环境温度为0~+45℃时,系统能工作。

(三) 外形尺寸

2GHz、4GHz、6GHz、7GHz、11GHz 微波收发信机的外形尺寸为2000×240×350(高×宽×深,mm)。

(四) 生产厂

邮电部第四研究所。

二十六、B1型8GHz数模兼容微波通信设备

(一) 简介

B1 型 8GHz 数模兼容微波通信设备是数字与模拟通信两用机,既可传输 PCM 30路数字电话,也可传输 FDM60 路(或 120 路)模拟电话。

B1 型 8GHz 数模兼容微波通信设备是全固态化的通信机,功耗低,可靠性高。

该设备适用于微波中继通信的干线的支线电路,卫星地球站与通信中心的通信电路,省内电路及临时应急通信电路。高频机箱在室外,中低频架在室内。

(二) 技术数据

1. 一般特性

(1) 参考电路长度为250km,由七个中继段组成,平均每个中继段长为35.7km。

(2) 工作频段:8.2~8.5GHz,波道频率配置附合 CCIR 建议 386—1。

(3) 传输容量:每一射频波道可传输 60/120 路

FDM 多路载波电话，或 30 路 PCM 数字电话。

(4) 发信机输出功率：≥25mW。

(5) 收信机噪声系数：<10dB。

(6) 自动增益控制范围：40dB。

(7) 解调门限电平：−83dBm±1dB。

(8) 噪声功率或误码率：

传输载波电话时

总噪声功率　<1400pW（不加权）

(58.5dB)

传输数字电话时

热噪声功率　<700pW（不加权）

(61.5dB)

误码率　$<10^{-7}$（自由空间电平）

$<10^{-3}$（衰落门限电平，即−83dBm±1dB）

(9) 基带接口：

1) 输入、输出阻抗：75Ω（不平衡），回波损耗>26dB。

2) 电平、幅度、码型：

载波电话

输入电平　−45dBm/ch

输出电平　−15dBm/ch

数字电话

输入、输出幅度　±2.37Vp−p

码型　AMI 或 HDB_3 码，双极性，占空比 50%

2. 供电电源

B1 型 8GHz 数模兼容微波通信设备的供电电源为直流−24V±20%。电源功耗为 60W。

3. 工作条件

(1) 高频机箱：−15～+45℃保证指标，−20～+50℃保证正常工作。

(2) 中低频架：0～+40℃保证指标，−5～+45℃保证正常工作。

(三) 外形尺寸

B1 型 8GHz 数模兼容微波通信设备的外形尺寸为 2000×280×350（高×宽×深，mm）。

(四) 生产厂

邮电部第四研究所。

二十七、B2 型 8GHz 数模兼容微波通信设备

(一) 简介

B2 型 8GHz 数模兼容微波通信设备是数字与模拟通信两用机，既可传输 PCM30 路数字电话，也可传输 FDM60 路（或 120 路）模拟电话。

B2 型 8GHz 数模兼容微波通信设备是全固态化设备，功耗低，可靠性高。

B2 型 8GHz 数模兼容微波通信设备架设简便，价格低廉。

该设备适用于微波通信干线的支线电路，卫星地球站与通信中心的通信电路，省内电路及应急电路。

该设备一个机架内装两套可以单独拆卸的微波收发信机，一套基带设备和分路系统。两个波道并发选收，1∶1 备用，可以自动或人工倒换。

(二) 技术数据

1. 一般特性

(1) 参考电路长度为 250km，由七个基带转接的中继段组成。平均一个中继段长为 35.7km。

(2) 工作频段：8.2～8.5GHz，波道频率配置附合 CCIR 建议 386-1。

(3) 发信机输出功率：>63mW（根据用户需要还可以加大输出功率）。

(4) 收信机噪声系数：<10dB。

(5) 自动增益控制范围：40dB。

(6) 发信机频率不稳定度（包括不准确度）：$<\pm5\times10^{-5}$。

(7) 收信机本振不稳定度（包括不准确度）：$<\pm1\times10^{-4}$。

(8) 基带信号输入输出电平：

载波电话

输入　−45dBm/ch

输出　−15dBm/ch

数字电话

4.74V p-p或 6V p-p，双极性，占空比 50%

输入、输出阻抗 75Ω。

(9) 基带信号输入、输出线路码型：AMI 或 HDB_3 码。

(10) 通信容量：每一射频波道可传输 60/120 路 FDM 多路载波电话或 30 路 PCM 数字电话。

(11) 噪声功率或误码率：

传输载波电话时

总噪声功率　<1400pW（不加权）

(58.5dB)

热噪声功率　<700pW（不加权）

(61.5dB)

传输数字电话时

误码率　$<10^{-3}$（收信输入电平≤−82dBm）

$<10^{-7}$（自由空间电平）

(12) 业务联系电话：一路音频电话 300Hz～3kHz。

2. 供电电源

B2 型 8GHz 数模兼容微波设备的供电电源为直

流－24V±20%。电源功耗为60W。

3. 工作条件

＋5～40℃保证指标，0～＋45℃可正常工作。

（三）外形尺寸

B2型8GHz数模兼容微波设备的外形尺寸为2000×280×350（高×宽×深，mm）。

（四）生产厂

邮电部第四研究所。

二十八、Quadra link数字微波通信设备

（一）简介

Quadra link数字微波通信设备是引进HARRIS的技术和散件生产的PCM480路数字微波通信设备，有1.7～2.7和7.125～8.5GHz两个频段。该设备的主要特点是在传输主信道的同时，还可以直接由边路接入10～60个音频话路，即在终端站可上下60路音频话路或数据信号，在中继站的每个方向上可提供60个边路音频或数据信号，图29-3-5和图29-3-6分别表示终端型和中继型的简单方框图。

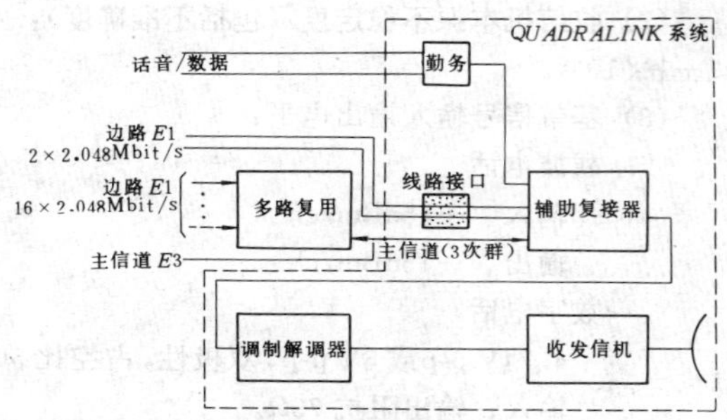

图29-3-5　Quadra link数字通信设备终端型方框图

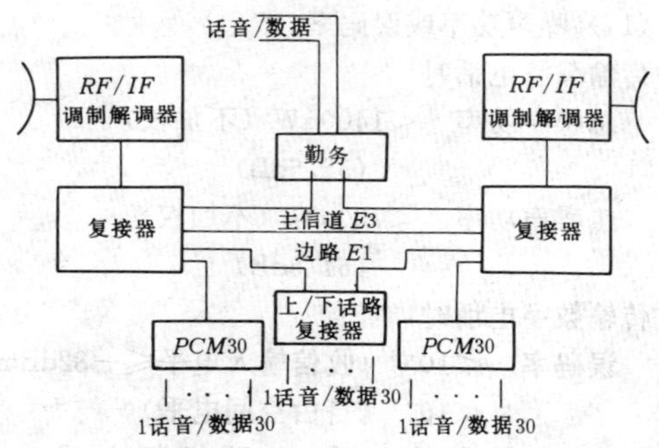

图29-3-6　带有上/下话路的Quadra link数字通信设备中继型方框图

另外，该设备还具有多种抗衰落措施，可根据电路传输的不同情况分别采用频率分集、空间分集或混合分集，还可以选择自适应均衡器等。

（二）技术数据

1. 一般特性

（1）工作频段：1700～2700MHz和7125～8500MHz。

（2）射频信道带宽为23.3MHz（CCIR建议336-3）、26.0MHz（CCIR建议283-4、385-3）、29.0MHz（CCIR建议382-4）、29.5MHz（CCIR建议386-3）。最小相邻射频（RF）信道间隔为28MHz。发信机—接收机的最小频率间隔为63MHz。

（3）传输容量：主信道为34.368Mbit/s（480路），边信道为2×2.048Mbit/s（60路），勤务信道为2路数字勤务，数据通道为2路2400bit/s异步。

（4）调制方式：0QPSK（偏移四相移相键控）。

（5）解调方式：相干解调。

（6）中频频率：70MHz。

2. 发信机

（1）发信机输出功率为＋23dBm、＋30dBm（2、7、8GHz）、＋37dBm（2GHz）、40dBm（2GHz，外接20W功效）。

（2）频率稳定度：$\pm 2.5\times10^{-6}$。

3. 收信机

（1）收信机噪声系数：3dB（2GHz）、4dB（7、8GHz）。

（2）收信机门限电平见表29-3-16。

表29-3-16　Quadra link数字微波收发信机门限电平表

门限电平 / 误码率 / 频段	1×10^{-3}	1×10^{-6}
2GHz	－83.0dBm	－79.0dBm
7.8GHz	－82.0dBm	－78.0dBm

（3）频率稳定度：$\pm 2\times10^{-6}$。

（4）收信机自动增益控制范围：50dB。

4. 供电电源

Quadra link微波收发信机的供电电源为直流21～60V，正或负接地。电源功耗最大为120W。

（三）外形尺寸

Quadra link微波收发信机的外形尺寸为2133.9×406.4×361（高×宽×深，mm）。

（四）生产厂

深圳桑达通信有限公司。

二十九、9600 系列（SDH 同步数字系列）微波通信系统

（一）简介

该系列设备可保留现有的基础设施，同时在提高传输速率时，能保持现有的射频信道配置；在两种系列标准并存的情况下，该设备既能传输 SDH 信号又能传输 PDH 信号，实现 SDH 与 PDH 的兼容。因而该设备可使整个系统达到先进、灵活的要求，又具有良好的经济性。

该系列设备的系统特性如下：

(1) 采用交叉极化干扰抵消器（XPIC），可在整个射频频带内进行频率复用，从而加倍通信容量。

(2) 高水平的抗衰落技术，17 抽头的基带时域自适应均衡器，空间分集时的中频合成器。

(3) 采用具有强纠错能力的多电平编码（MLC）调制技术，能最大限度地减少残余误码。

(4) 采用二进制横向滤波器精确地进行传输信号形成控制和群时延预补偿。

(5) 无损伤保护切换。

(6) 用预警切换准则改善自动无损伤保护切换的性能。

(7) 自动发信功率控制（ATPC）可减少功耗和对相邻微波链路的干扰。

(8) 接插件式的设备能加快安装速度。

(9) 系统可从 1+1 配置扩展到 2×（n+1）配置，n=7，11。

(10) 采用通用模块部件以减少备件数量。

(11) 使用机内诊断电路寻找故障位置。

(12) 通过 PCD 或 PC，用软件进行设备设置、告警监测及维护操作。

（二）技术数据

9600 系列微波通信系统的主要技术数据见表 29-3-17（仅列出 6.4～7.1GHz、7.1～7.9GHz 和 7.7～8.3GHz 三个频段设备的技术数据）。

表 29-3-17　**9600 系列微波通信系统主要技术数据**

系统名称 / 参数	9667LH	9674LH	9681LH
频段（GHz）	6.4～7.1	7.1～7.9	7.7～8.3
射频信道配置 CCIR 建议	384	385	386
射频信道间隔（MHz）	40	28	29.65
调制方式	32QAM	128QAM	128QAM
传输射频信道数	8（16*）	8（16*）	8（16*）
主信道容量（Mbit/s）	STM-1（155.52）或（139.264）		
辅助信道容量（Mbit/s）	2Mbit/s，DCCR，DCCM		
公务信道容量（音频和数字）	E.O.W.+EXPR.+1x64Kbit/s		
发信机输出功率（dBm）	29	28	28
带 ATPC 时最大输出功率（dBm）	31.5	30.5	30.5
收信机噪声系数（dB）	2.5	3.5	3
BER=10^{-3}时门限电平（dBm）	−75.5	−72.5	−72
BER=10^{-6}时门限电平（dBm）	−72.5	−70	−69.5
收发信机本振频稳度（ppm）	±30	±10	±30
中频频率（MHz）	70	70	70
电源电压（Vdc）	−24～−60		
设备功耗（W）（1+1 端站）	539	555	555

* 通过频率复用，信道容量加倍。

（三）外形尺寸

9600系列设备的外形尺寸为ETSI标准2200（或2000）×600×300（高×宽×深，mm）。

（四）生产厂

北京阿尔卡特传输系统有限公司。

三十、9400LH系列（PDH准同步数字系列）大容量微波通信系统

（一）简介

该系列设备能在每个CCIR建议的频道中工作，它具有良好的频谱利用率及经济性，又具有高质量和高可靠性。该系列设备的另一个优点是从准同步系列（PDH）到同步系列（SDH）的转换非常灵活，需要时，只要替换调制群调和基带部分即可。

该系列设备的系统特性如下：

(1)高水平的抗衰落技术(基带时域自适应均衡)。

(2) 采用前向纠错编码（FEC），使无误码性能最优。

(3) 无损伤保护切换。

(4)由功能很强的通用模块组成紧凑的条型机架。

(5) 系统可从1+1配置扩展到2×（n+1）配置，n=7.11。

(6) 灵活先进的监控系统。

（二）技术数据

9400LH系列大容量微波通信系统的主要技术数据见表29-3-18（仅列出6.4～7.1GHz和7.7～8.3GHz两个频段设备的技术数据）。

表29-3-18 9400LH系列大容量微波通信系统主要技术数据

参数 \ 系统名称	9467LH	9481LH
频段（GHz）	6.4～7.1	7.725～8.275
射频信道配置CCIR建议	384	386
射频信道间隔（MHz）	40	29.65
调制方式	16QAM	64QAM
传输射频信道数	8（16*）	8（16*）
主信道容量（Mbit/s）	139.264Mbit/s	
辅助信道容量（Mbit/s）	2.048	
公务信道容量（音频和数字）	4×64Kbit/s	
发信机输出功率（dBm）	29.5	28.5
收信机噪声系数（dB）	2.5	3.5
BER=10^{-3}时门限电平（dBm）	−77.5	−73.5
BER=10^{-6}时门限电平（dBm）	−74.5	−70.5
收发信机本振频稳度（ppm）	±30	±30
中频频率（MHz）	70	70
电源电压（Vdc）	−24或−48/−60	
设备功耗（W）（1+1端站）	390	

* 通过频率复用，信道容量加倍。

（三）外形尺寸

9400LH系列设备的外形尺寸为2600×120×225（高×宽×深，mm）。

（四）生产厂

北京阿尔卡特传输系统有限公司。

三十一、9400LX系列（PDH准同步数字系列）中容量微波通信系统

（一）简介

该系列设备集成度很高，设备紧凑，因而设备的尺寸小、重量轻，设备的安装及开通都极为容易，且工作温度范围宽。

该系列设备的系统特性如下：

(1) 系统可从1+1配置扩展到5+1配置。

(2) 具有前向纠错编码（FEC）及均衡器。

(3)可从远端通过软件调节本振频率，从而非常容易地进行射频频率再设置。

(4) 通过支路交叉连接矩阵进行系统的无错再配置。

(5)具有对不同传输容量都适用的共用单元，可以通过软件从支路口进行扩容。

(6) 内置测试功能。

(7) 电源输入范围宽。

（二）技术数据

9400LX系列中容量微波通信系统的主要技术数据见表29-3-19（仅列出7.1～8.5GHz频段内设备的技术数据）。

表29-3-19 9400LX系列中容量微波通信系统主要技术数据

参数 \ 系统名称	9470LX
频段（GHz）	7.1～8.5
射频信道配置CCIP建议	385-5　386-4
射频信道间隔（MHz）	28
调制方式	4QAM
传输射频信道数	6-8-6
主信道容量（Mbit/s）	34/16×2
辅助信道容量（Mbit/s）	2
公务信道容量（音频和数字）	5x64Kbit/s
发信机输出功率（dBm）	27
收信机噪声系数（dB）	4
BER=10^{-3}时门限电平（dBm）	−87
BER=10^{-6}时门限电平（dBm）	−84
收发信机本振频稳度（ppm）	±10
中频频率（MHz）	无
电源电压（Vdc）	±24、±48、±60
设备功耗（W）（1+1端站）	140

（三）外形尺寸

9400LX 系列设备的外形尺寸为 1800×300×300（高×宽×深，mm）。

（四）生产厂

北京阿尔卡特传输系统有限公司。

三十二、9400LL 系列（PDH 准同步数字系列）小容量微波通信系统

（一）简介

该系列设备具有设备简单、牢固、结构紧凑、功耗小、工作温度范围宽、可靠性高等优点。

该系列设备的系统特性如下：

(1) 该系列设备一般采用 4QAM 的调制方式，这样可降低门限电平并获得较好的频谱利用率。某些设备也采用 16QAM 的调制方式，以期获得更好的频谱利用率。

(2)射频单元简单、紧凑，收发信机共用一个本振。通过一个合成器就可在很宽的带宽内进行频率设置。

(3)既有 1+0 工作方式，又有 1+1 热备用或频率分集工作方式。

(4) 采用了目前最先进的技术工艺。

(5)采用了模块式的结构，这种结构加强了系统设计的灵活性，使安装、维护非常便利。

（二）技术数据

9400LL 系列小容量微波通信系统的主要技术数据见表 29-3-20（仅列出 7.1～7.7GHz 和 8.3～8.5GHz 两个频段设备的技术数据）。

（三）外形尺寸

9400LL 系列设备的外形尺寸为 2600（或 2000）×120×225（或 260）（高×宽×深，mm）。

（四）生产厂

北京阿尔卡特传输系统有限公司。

表 29-3-20　**9400LL 系列小容量微波通信系统主要技术数据**

系统名称 / 参数	9474LL	9484LL
频段（GHz）	7.7-7.7	8.3-8.5
射频信道配置 CCIP 建议	385	386
射频信道间隔（MHz）	3.5	2/7
调制方式	16QAM	4QAM
传输射频信道数	1	2
主信道容量（Mbit/s）	2/4×2	2/4×2
公务信道容量（音频和数字）	2Mbit/s：2×64Kbit/s+16Kbit/s 4×2Mbit/s：2×64Kbit/s+128Kbit/s	
发信机输出功率（dBm）	29.5	29.5
收信机噪声系数（dB）	3	2
BER=10^{-3}时门限电平（dBm）	−99/−94	−96/−90
BER=10^{-6}时门限电平（dBm）	−95/−90	−92/−86
收发信机本振频稳度（ppm）	±5	±5
中频频率（MHz）	70	70
电源电压（Vdc）	−20～−72	
设备功耗（W）（1+1 端站）	80	

第29-4节　数字复用设备

一、简述

数字复用设备是微波、光纤、卫星、同轴电缆等数字通信系统的主要配套设备。该设备将音频信号通过抽样、量化编码与时分复用等技术变换成2048kbit/s、8448kbit/s、34368kbit/s等数字信号传输，在接收端则完成与此相反的功能。复用设备在PCM-30系列中的典型应用见图29-4-1。

二、MD2-08型2Mbit/s（PCM基群）数字复用设备

（一）简介

MD2-08型2Mbit/s（PCM基群）数字复用设备是数字通信系统的基础设备，是2M数字系列的第一级。它可与高次群数字复用设备连接构成120路、480路或更大容量的数字通信系统。其传输媒介有微波、光纤或电缆等。该设备通过各种不同信令接口可与我国各种交换设备相配，完成话音通道的接续。

（二）技术数据

1. 一般特性

（1）话路数：30。

（2）抽样频率：8000次/s，容差为±50×10⁻⁶。

（3）编码率：A律（A＝87.6）。

（4）比特率：2048kbit/s；容差：±50×10⁻⁶。

（5）帧比特数：256。

（6）每帧时隙数：32，每时隙比特数为8。

（7）每帧结构16帧（编号从0～15）。

（8）信令型：每帧第16时隙（第0帧除外）。

（9）总失真、频率特性、电平特性：均符合CCITT G713相关规定。

（10）音频转接方式：二线/四线。

2. 音频转接点电平

（1）二线发：0dBr（可变输入范围－5～0dBr电平每步调整为0.5dB）。

（2）二线收：－3.5dBr（可变输出范围－7.5～2dBr电平每步调整为0.5dB）。

（3）四线发：－14dBr（可变输入范围－14～＋1dBr电平每步调整0.5dB或0dBr）。

（4）四线收：＋4dBr（可变输出范围－11～＋dBr电平每步调整为0.5dB或0dBr）。

（5）电平调整偏差：四线±0.3dB，二线±0.4dB

（6）音频转接点标称阻抗：二线为600Ω（平衡），四线为600Ω（平衡）。

3. 信令方式

（1）信令方式符合CCITT G732相关规定，16时隙随路信令。

（2）接口交换机制式为步进、纵横、程控自动交换，共电、磁石、人工长途等人工交换机，各种用户话机。

4. 供电电源

MD2-08型数字复用设备的供电电源为直流－24V±10%、＋27V±10%、－48V±10%、－60V±10%任选，电源功耗＜10W/系统。

（三）工作条件

（1）环境温度：5～40℃。

（2）相对湿度：≤85%（25℃）。

（四）外形尺寸

MD2-08型数字复用设备的外形尺寸为2600×120×225或2000×120×225、2130×120×225、2290×120×225（高×宽×深，mm）。

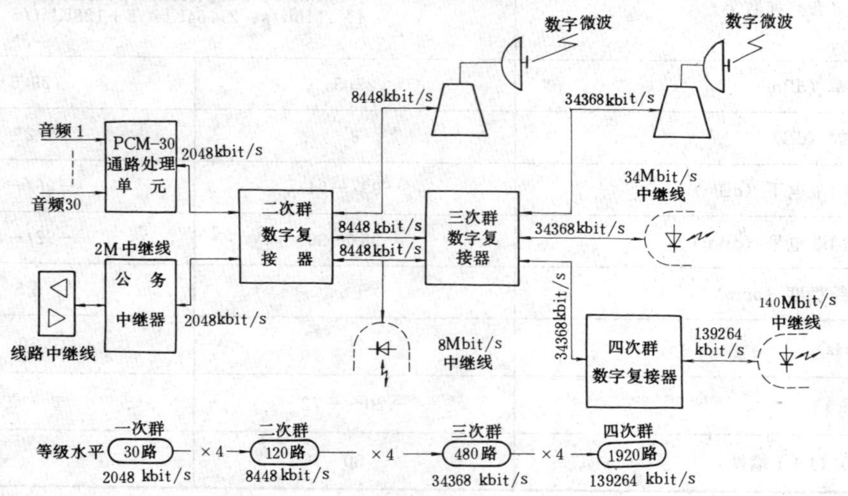

图29-4-1　数字复用设备在PCM-30系列中的典型应用

（五）生产厂

邮电部杭州通信设备厂。

三、MDT2-02C（D）型 2Mbit/s（PCM 基群）终端机

（一）简介

MDT2-02C（D）型/2Mbit/s PCM 终端机是单路编译码 PCM 基群设备。即 30 路内的任一路均可单路调制解调，亦可基群调制解调；它可单独使用，亦可与同类码型（HDB_3、AMI）PCM 基群设备通用互换；它与 4PSK 四相调制盘配合传输模拟电话时为不归零单极性码型。该设备适用于开放电话、载波电报、用户传真、书写电话、数据、电报等项业务。

该设备分 MDT2-02C 和 MDT2-02D 两种型号，前者不带音频接口，后者则包括音频接口。

该设备采用单片单路编译码—滤波集成电路，全部技术规范符合 CCITT 相关规定，是一种先进的 PCM 基群复用设备。

在发送信道，该设备将 30 个话路信号合并为一个码率为 2.048Mbit/s 的数字码流。在收信信道，能从接收到的 2.048Mbit/s 数字码流中分离出 30 个话路的信号。该设备与 2 次群数字复接设备配合工作，组成具有 120 个话路的数字传输系统。也可作为光纤通信或数字微波通信系统中的基群设备，配上基群线路系统设备，其数字码流可通过电缆传输。该设备能开放电话、电报、传真、数据等多种业务。

设备还配有接口单元，具有多种音频接口功能，能与交换机及电话单机连接组网。占用第 6 和第 22 时隙，可提供 2 路 64kbit/s 同向数据接口信道，接口规格按 CCITT G703 设计。此外，还能提供码率为 8kbit/s、4kbit/s 的数据接口信道各 1 路，接口规范按 CCITTV_{11}建议设计。

（二）技术数据

1. 一般特性

(1) 话路数：30。

(2) 数据通路数：2 路 64kbit/s，1 路 8kbit/s，1 路 4kbit/s。

(3) 编码律：A 律（A=87.6）。

(4) 取样频率：8000Hz。

(5) 帧时隙数：32。

(6) 帧比特数：256。

(7) 复帧帧数：16。

(8) 信令为第 16 时隙传送信令。

(9) 过载电平：±3.14dB_{m0}。

(10) 告警性能：符合 CCITT G732 相关规定。

2. 音频接口特性

(1) 音频接口频带为 300～3400Hz，阻抗为 600Ω（平衡），话路特性符合 CCITT G712 相关规定。

(2) 音频转接电平：二线输入电平为 0dBr，输出电平为－20dBr，四线输入电平为－14dBr，输出电平为＋40dBr。

(3) 2.048Mbit/s 接口码率为 2.048Mbit/s±50 ppm，脉冲幅度为±2.37V，占空比 50%。

3. 供电电源

MDT2-02C（D）型 2Mbit/s（PCM 基群）终端机的供电电源为－24V/－48V/－60V 任选一种（正极接地）。电源功耗为 8W/系统。

（三）外形尺寸

MDT2-02C（D）型 2Mbit/s（PCM 基群）终端机的外形尺寸 2600×120×225 或 2000×120×225（高×宽×深，mm）。

（四）生产厂

邮电部广州通信设备厂。

四、SMD-5 型 30/32 路（PCM 基群）设备

（一）简介

SMD-5 型 30/32 路（PCM 基群）是引进日本 NEC 公司的生产线结合我国数字通信网的特点而生产的数字复用设备。

该设备每个复用系统可将 30 个话音和信令信号复接成一个 2048kbit/s 的脉码调制信号，可以将数字码流送入高次群进行多路复接，实现更大容量的通信系统，通过微波、光纤、同轴电缆等信道上传送。在终端配有各种接口，可与步进、纵横、程控交换机等接口，还可以利用两个通路开通两路 64kbit/s 的数据，并具有监测、告警、自检等功能。

（二）技术数据

1. 一般特性

(1) 通路数：30。

(2) 时钟频率：2048kHz±50ppm。

(3) 抽样频率：8kHz。

(4) 编码律：A 律（A=87.6）。

(5) 时钟源有内时钟、外时钟、从钟。

2. 音频接口指标

(1) 四线音频输入电平为－3.5dBr±1dB，输出电平为－3.5dBr±1dB。

(2) 二线发送电平为 0dBr±1dB，接收电平为－2dBr±1dB。

(3) 音频转接点阻抗及反射衰耗：二线 b_p≥12dB（300～600Hz），b_p≥15dB（600～3400Hz）；四线 b_p≥20dB（300～600Hz），b_p≥20dB（600～3400Hz）。

(4) 净衰耗频率特性：满足 CCITT 相关规定。

(5) 空闲话路噪声：不大于－65dB_{m0}。

(6) 路际串话：不大于－65dB_{m0}。

(7) 振幅特性、总失真：满足 CCITT 相关规定。

3. 2048kbit/s 接口指标

(1) 输出代码 HDB_3，波形符合 CCITT 相关规定，峰值电压为 2～37V，标称脉冲宽度为 244ns，正负脉冲幅度比为 0.95～1.05。

(2) 介入衰耗：在 1024kHz 时衰减为 0～6dB。

4. 64kbit/s 数据接口指标

(1) 负载阻抗：120Ω。

(2) 介入衰耗：在 128kHz 时衰减为 0～3dB。

(3) 每个系统可开通 64kbit/s 数据（第 6 路和 21 路）。

(4) 64kbit/s 信令接口码型为 NRZ，时钟为 8kHz 和 64kHz。

5. 供电电源

SMD-5 型 30/32 路 PCM 基群设备的供电电源为直流－24V/－48V/－60V 任选一种。电源功耗，每个系统为 28W（用二线环路拨号脉冲终接信令）。

(三) 外形尺寸

SMD-5 型 30/32 路 PCM 基群设备机架外形尺寸为 2750×120×225 或 2000×120×225（高×宽×深，mm）。

(四) 生产厂

国营涪江有线电厂。

五、TD2M 型（PCM 基群）设备

(一) 简介

TD2M 型（PCM 基群）设备采用时分复用方式将 30 个话路信息及随路信令组合成为 2048kbit/s 的数字码流，该数字码流可直接通过同轴电缆传输，也可利用 2M 光端机或微波机通过光纤或微波传输，也可以通过二次群数字复用设备进行高次群复分接，以实现更大容量的通信系统，其帧结构完全符合 CCITT 有关规定。

(二) 技术数据

1. 一般特性

(1) 话路数：30。

(2) 接口码型：HDB_3。

(3) 标称比特率及容差：2048kbit/s±50ppm。

(4) 接口波形幅度：2.73V±0.273V/75Ω（不平衡）。

2. 音频特性

(1) 总失真：符合 CCITT G713 相关规定。

(2) 频率特性：符合 CCITT G713 相关规定。

(3) 电平特性：符合 CCITT G713 相关规定。

(4) 有效传输带宽：300～3400Hz/600Ω。

(5) 音频传输方式：二线/四线。

(6) 二线发：0dBr/600Ω（可调范围－14dBm～＋17.5dBm）。

(7) 二线收：－3.5dBr/600Ω（可调范围－31.5dBm～0dBm）。

(8) 四线发：－14dBr/600Ω（可调范围－14dBm～＋17.5dBm）。

(9) 四线收：4dBr/600Ω（可调范围－27.5dBm～＋4dBm）。

(10) 电平调节步长：0.5dB。

(11) 过载电平：3.14dB m0。

3. 信令特性

(1) 信令方式：符合 CCITT G732 相关规定，16 时隙随路信令。

(2) 接口程式：纵横制、步进制、程控等自动交换机；共电、人工长途等人工交换机；各种用户交换机。

4. 供电电源

TD2MPCM 基群设备的供电电源为直流－24V（－18～－36V）或－48V（－36～－72V）。电源功耗≤3W（音频复用）。

(三) 工作条件

(1) 环境温度：0～45℃。

(2) 相对湿度：≤80%（±25℃时）。

(四) 外形尺寸

TD2MPCM 基群设备的外形尺寸为 960×120×225（高×宽×深，mm）。

(五) 生产厂

邮电部北京通信设备厂，北京三维通信高技术公司。

六、2SD-6 型 2Mbit/s（PCM 基群）数字复接设备

(一) 简介

2SD-6 型 2Mbit/s（PCM 基群）数字复接设备是数字通信系统的基础设备，传送话路为 30 路，与更高次群配套可构成更大容量的数字通信系统。

(二) 技术数据

(1) 通话路数：30。

(2) 取样频率：8kHz。

(3) 编码位数：8。

(4) 量化级数：256。

(5) 编码律：A 律（A＝87.6）。

(6) 每帧时隙数：32。

(7) 码速：2048kbit/s。

(8) 输入输出码型：HDB_3。

(9) 音频带宽：0.3～3.4kHz。

(10) 音频端阻抗：600Ω（平衡）。

(11) 音频端电平：四线发－14～＋1dBr，四线收＋4～－11dBr，二线发＋7～－8dBr，二线收－2～－16dBr。

(12) 过载电平：3.14dBm。

(13) 通路性能：符合 CCITT G712、G713 相关规定。

(14) 告警性能：符合 CCITT G736 相关规定。

(15)工作电源为直流－24V/－48V/－60V 任选。电源功耗为 7W/系统。

（三）工作条件

(1) 温度：5～40℃。

(2) 湿度：≤85%（30℃）。

（四）外型尺寸

2SD-6 型 2Mbit/s(PCM 基群)数字复接设备的外形尺寸为 2600×120×225 或 2000×120×225（高×宽×深，mm）。

（五）生产厂

国营南京有线电厂。

七、ME8-08 型 PCM 二次群数字复用设备

（一）简介

ME8-08 型 PCM 二次群数字复用设备，是按照干线通信要求设计，可供各种传输手段使用。同轴电缆、光纤、微波等，可以和符合 CCITT 有关规定的 PCM 基群、二次群、三次群、34M 跳群及相应的二次群光端机连成对接，用途广泛，再加上标准窄条形机架和功能框结构，可靠性高，使用方便。

该设备用于四个标称速率为 2408kbit/s 的基群数字信号实行时分复用，汇接成一个速率为 8448kbit/s 的一次群数字信号，接收侧完成与此相反的功能。采用这种二次群复用设备，可以将通信容量扩展到 120 路，从而大大提高传输信通的利用率。二次群复接示意图，见图 29-4-2。

该设备的技术指标和功能特性均符合国标 GB 7254

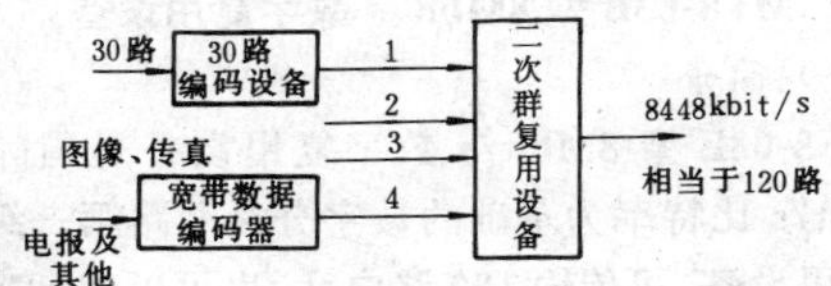

图 29-4-2 ME8-08 型 PCM 二次群数字复用设备复接示意图

—87 的规定，并满足 CCITT 的最新规定。

（二）技术数据

1. 一般特性

(1) 标称比特率：8448kb/s±300ppm。

(2) 支路比特率：2048kb/s±50ppm。

(3) 支路数：4。

(4) 复接方式：异频，逐比特复接。

(5) 码速调整方式：正码速调整，固定位置插入。

(6) 插入控制方式：各支路分别控制。

2. 2Mbit/s 接口

(1) 比特率：2048kbit/s±50ppm。

(2) 码型：HDB_3。

(3) 输入阻抗：75Ω（不平衡），120Ω（平衡）。

(4) 输出波形：符合 CCITT 相关规定。

3. 8M 接口

(1) 比特率：8448kbit/s±30ppm。

(2) 代码：HDB_3。

(3) 输入阻抗：75Ω。

(4) 输出口波形：符合 CCITT 相关规定。

（三）外形尺寸

ME8-08PCM 二次群数字复用设备的外形尺寸为 2600×120×225 或 2300×120×225、2000×120×225（高×宽×深，mm）。

（四）生产厂

邮电部杭州通信设备厂。

八、MF8-03A 型 PCM 二次群数字复用设备

（一）简介

MF8-03A 型 PCM 二次群数字复用设备是将 4 个码率为 2048kbit/s 的准同步支路输入码流复接成一个码率为 8448kbit/s 的群路输出码流，同时也可将接收到的 8448kbit/s 群路码流分接为 4 个 2048kbit/s 支路信号。

该设备和 PCM 基群设备一起，组成一个能提供 120 个话路的数字传输与系统，配合二次群数字微波或二次群光纤通信设备等信道传输，也可作为 PCM 三次群数字复接设备的支路信号。PCM 二次群原理方框图见图 29-4-3。

（二）技术数据

1. 一般特性

(1) 复接速率：8.448Mbit/s±30ppm。

(2) 支路速率：2.048Mbit/s±20ppm。

(3) 复接方式：比特单位复接。

(4) 码速调整方式：正码速调整。

(5) 复接器时钟：内时钟或外时钟。

(6) 帧结构长：848bit/s100，38μs。

2. 2.048Mbit/s 接口

(1) 码型：HDB_3。

(2) 码速：2.048Mbit/s±50ppm。

(3) 阻抗：75Ω（不平衡），120Ω（平衡）。

(4) 脉冲幅度：±2.37V，占空比 50%。

(5) 输入衰减：0～6dB（1.024MHz），衰减特性为 $\sqrt{f}$ 规律。

(6) 输出剩余抖动：≤0.05UI。

3. 8.448Mbit/s 接口

(1) 码型：HDB_3。

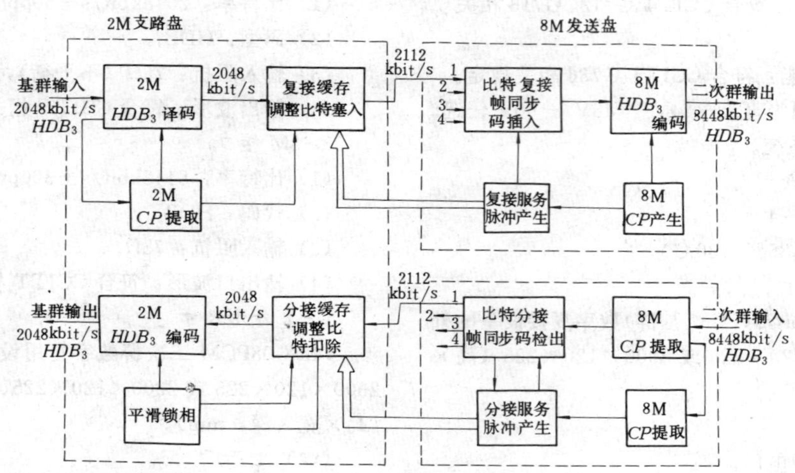

图 29-4-3　MF8-03A 型 PCM 二次群数字复用设备原理方框图

(2) 码速：8.448Mbit/s±30ppm。

(3) 阻抗：75Ω（不平衡）。

(4) 脉冲幅度：±2.37V，占空比 50%。

(5) 输入衰减：0～6dB（4.224MHz），衰减特性为 $\sqrt{f}$ 规律。

(6) 输出剩余抖动：≤0.05UI。

4. 抖动传递特性：符合 CCITT G742 相关规定

5. 供电电源

MF8-03A 型 PCM 二次群数字复用设备的供电电源为直流－24V/－48V/－60V 任选。电源功耗≤8W/系统。

(三) 工作条件

(1) 温度：5～40℃。

(2) 相对湿度：≤85%（25℃）。

(四) 生产厂

邮电部广州通信设备厂。

九、TD8M 型二次群数字复用设备

(一) 简介

TD8M 型二次群数字复用设备是将四个准同步的 2048kbit/s 分支信号复用成一个 8448kbit/s 比特流，可传输 120 路 PCM 电话，也可以与高次群设备构成更大容量的数字通信系统。

(二) 技术数据

(1) 复用比特率：8448kbit/s。

(2) 分支比特率：2048kbit/s。

(3) 数字接口：符合 CCITT G703、G832 相关规定。

(4) 支路输出抖动：符合 CCITT G742 相关规定。

(5) 抖动转移特性：符合 CCITT G742 相关规定。

(6) 输入抖动容限：符合 CCITT G742 相关规定。

(7) 复用信号输出抖动：A_{ij}<0.05UI。

(8) 复用时钟：内外时钟均可。

(9) 故障告警：符合 CCITT G742 相关规定。

(10) 电源电压为 24V（－20～－36V）或－48V（－36～－72V）。电源功耗≤3W。

(三) 外形尺寸

TD8M 二次群数字复接设备的外形尺寸为 960×120×225（高×宽×深，mm）。

(四) 生产厂

邮电部北京通信设备厂，北京三维通信高技术公司。

十、MF8-03B 型 8Mbit/s 数字复用设备

(一) 简介

MF8-03B 型 8Mbit/s 数字复用设备是国际上以 2048kbit/s 比特率为基础的数字分级网路第一级至第二级复用设备，可传输 120 路电话，也可以和高次群设备构成更大容量的通信系统。

(三) 技术数据

(1) 电气性能：满足 CCITT G703、G742、G751、G823 相关规定。

(2) 电源电压：－24V/－48V 任选。

(3) 电源功耗：≤15W。

(三) 工作条件

(1) 环境温度：5～45℃。

(2) 相对湿度：≤85%。

(四) 外形尺寸

MF8-03B 型 8Mbit/s 数字复用设备的外形尺寸

为 2600×120×225 或 2000×120×225（高×宽×深，mm）。

（五）生产厂

邮电部北京通信设备厂。

十一、FN5002 型 8Mbit/s 数字复用设备

（一）简介

FN5002 型 8Mbit/s 数字复用设备是引进日本 NEC 公司的生产线，成套进口散件组装的 PCM 二次群设备。该设备在发送端，将四个具有 2048kbit/s 速码率的基群数字信号，经正码速“调整”后合成一个 8448kbit/s 的数字信号（120 个话路），送入传输信道；而在接收端，又将接收的 8448kbit/s 的数字信号，分解成四个 2048kbit/s 的数字信号。该设备也可以与更高次群设备一起组成更大容量的数字通信系统。

（二）技术数据

(1) 电气性能：满足 CCITT G742、G703、G751、G823 相关规定。

(2) 时钟方式：内时钟、外时钟或从时钟方式。

(3) 电源电压：－24V（－21～－29V）或－48V（－36～－72V）。

（三）外形尺寸

FN5002 型 8Mbit/s 数字复用设备的外形尺寸为 2750×120×225 或 2100×120×225（高×宽×深，mm）。

（四）生产厂

国营涪江有线电厂。

十二、MF8-05 型 8Mbit/s 数字复用设备

（一）简介

MF8-05 型 8Mbit/s 数字复用设备是以 2048kbit/s为基群系列的 8448kbi t/s二次群数字复接设备，各项指标完全满足 CCITT G742 的要求，接口指标符合 CCITT G703 相关规定。

（二）技术数据

(1) 电气性能及接口指标：均满足 CCITT G742、G703 相关规定。

(2) 供电电源：－24V±10%、－48V±60%、－60V±10%，电源功耗≤5W/系统。

（三）工作条件

(1) 温度：5～40℃。

(2) 相对湿度：85%（20～25℃）。

（四）外形尺寸

MF8-05 型 8Mbit/s 数字复用设备的外形尺寸为 2600×120×225（高×宽×深，mm）。

（五）生产厂

邮电部眉山通信设备厂。

十三、SFD8M-3 型二次群数字复用设备

（一）简介

SFD8M-3 型二次群数字复用设备是该厂新研制的一种新机型，各项指标均符合 CCITT 的有关建议要求。该设备采用时分复用和正码速调整的方法，在发送端将四个速码率为 2048kbit/s 的数字信号复接为一个 8448kbit/s 的数字信号，在接收端则把 8448kbit/s 的数字信号分接为原来的四个 2048kbit/s 数字信号。可与更高次群设备一起构成更大容量的数字通信系统。

（二）技术数据

1. 一般特性

(1) 复用话路数：120。

(2) 标称比特率：8448kbit/s。

(3) 复接方式：按支路序号插入比特和正码速调整。

(4) 复接器时钟：内时钟、外时钟。

2. 2.048Mbit/s 接口

(1) 比特率：2048kbit/s±50ppm。

(2) 码型：HDB_3。

(3) 阻抗：75Ω（不平衡）。

(4) 输出抖动：≤0.25UI。

3. 8M 数字接口

(1) 比特率：8448kbit/s±30ppm。

(2) 码型：HDB_3。

(3) 阻抗：75Ω（不平衡）。

(4) 输入衰减：0～6dB（在 4224kHz 点）。

(5) 输出抖动：≤0.05UI。

4. 定时信号及告警性能

(1) 定时信号内时钟为 8448kHz±30ppm，可工作于从时钟、外时钟。

(2) 告警性能符合 CCITT G742 相关规定。

5. 供电电源

SFD8M-3 型二次群数字复用设备的供电电源为直流－24V±15%或－48V±15%。电源功耗 6W/系统。

（三）工作条件

(1) 温度：5～40℃保证指标，0～45℃保证工作。

(2) 相对湿度：90%（＋35℃）。

（四）外形尺寸

SFD8M-3 型二次群数字复用设备的外形尺寸为 2750×120×225 或 2600×120×225 或 2100×120×225（高×宽×深，mm）。

（五）生产厂

国营涪江有线电厂。

十四、8SD-3 型二次群数字复用设备

（一）简介

8SD-3型二次群数字复用设备是传送速率为8448kbit/s的数字复用设备。传输容量为120路。也可以与高次群设备配套构成更大容量的数字通信系统。

（二）技术数据

1. 一般特性

(1) 标称比特率：8448kbit/s±30pm。

(2) 支路比特率：2048kbit/s±50ppm。

(3) 复接支路数：4。

(4) 码速调整方式：正码速调整，固定位置插入。

2. 2M接口

(1) 毕特率：2048kbit/s±50ppm。

(2) 代码：HDB_3。

(3) 输入阻抗：75Ω（不平衡），120Ω（平衡）。

(4) 输出波形：符合CCITT相关规定。

3. 8M接口

(1) 比特率：8448kbit/s±30ppm。

(2) 代码：HDB_3。

(3) 输入阻抗：75Ω。

(4) 输出口波形：符合CCITT相关规定。

4. 供电电源

8SD-3型二次群数字复用设备供电电源为直流－24V/－48V/－60V任选。电源功耗≤7W系统。

（三）工作条件

(1) 温度：5～40℃。

(2) 湿度：≤85%（+30℃）。

（四）外形尺寸

8SD-3型二次群数字复用设备的外形尺寸为2600×120×225或2000×120×225（高×宽×深，mm）。

（五）生产厂

国营南京有线电厂。

十五、MF34-07型PCM三次群数字复用设备

（一）简介

MF34-07型PCM三次群数字复用设备是将四个8448kbit/s的二次群数字信号实时复用，汇接成一个速率为34368kbit/s的三次群数字信号，接收侧则完成与此相反的功能。

该设备的技术指标和功能均符合国际CB94051.1-88规定，并满足CCITT的相关规定。

三次群数字复用设备方框图见图29-4-4。

（二）技术数据

(1) 标称比特率：34368kbit/s±20ppm。

(2) 支路比特率：8448kbit/s±20ppm。

(3) 支路数：4。

(4) 复接方式：码速调正方式，插入控制方式。

(5) 接口码型：HDB_3

(6) 阻抗：75Ω。

(7) 电源供电要求：同该厂生产的二次群设备。

（二）生产厂

邮电部杭州通信设备厂。

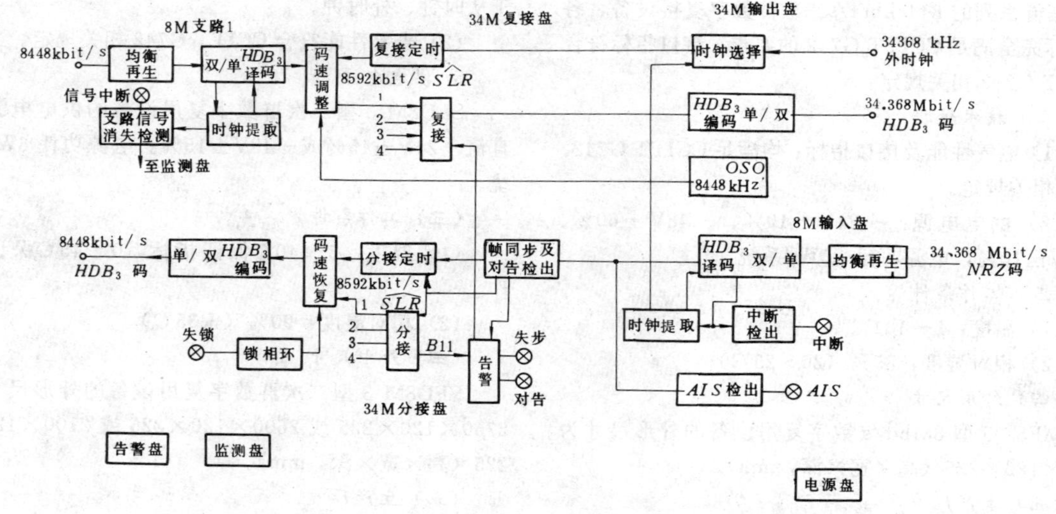

图29-4-4　三次群数字复用设备方框图

十六、MF34-05 型 34Mbit/s 数字复用设备

（一）简介

MF34-05 型 34Mbit/s 数字复用设备是以 2048 kbit/s为基群系列的 34Mbit/s 三次群数字复接设备。复接后的等效话路数为480路，可以和光缆传输系统、电缆传输系统、数字微波传输系统连接构成干线数字通信系统。

（二）技术数据

(1) 各项性能指标完全符合CCITT 相关要求，接口指标符合 CCITT G703 要求。

(2)工作电压：直流－24V/－48V/－60±10%。电源功耗≤10W/系统。

（三）外形尺寸

MF34-05 型 34Mbit/s 数字复接设备装入标准机架，尺寸为 2600×120×225（高×宽×深，mm）。每个三次群系统装入一个 320×115×190 的机框内，每架最多可装 7 个系统。

（四）生产厂

邮电部眉山通信设备厂。

十七、MF34-03 型 34Mbit/s 数字复用设备

（一）简介

MF34-03 34Mbit/s 数字复用设备用于 4 个异源的速率为 8448kbit/s 的数字信号的时分复用，此设备符合CCITT 相关规定。该设备可做为同轴数字传输系统、微波数字传输系统、光纤数字传输系统、卫星数字系统的终端设备。也可与 14034Mbit/s 数字复用设备连接使用。

该设备完全符合CCITT G751《工作在34368kbit/s 并采用正码速调整的三次群数字复接设备》的相关规定，8448kbit/s 和 34368kbit/s 接口符合 CCITT G703 相关规范。

（二）技术数据

1. 一般特性

(1) 复接速率：34.368Mbit/s±20ppm。

(2) 支路速率：8.448Mbit/s±30ppm。

(3) 复接方式：比特单位复接。

(4) 码速调整方式：正码速调整，固定位置插入。

(5) 插入控制方式：各支路分别控制。

(6) 复接器时钟：内时钟、外时钟。

(7) 告警功能：符合 CCITT G751 相关规定。

2. 8.448Mibt/s 接口

(1) 速率：8.448Mbit/s±30ppm。

(2) 码型：HDB_3。

(3) 阻抗：75Ω。

(4) 脉冲幅度：±2.37V，占空比 50%。

(5) 输入衰减：0～6dB（4.224MHz），衰减特性为 $\sqrt{f}$ 规律。

(6) 输入抖动容限：优于 CCITT G823 相关规定。

(7) 输出剩余抖动：小于 0.25UI。

3. 34.368Mbit/s 接口

(1) 速率：34.368Mbit/s±20ppm。

(2) 码型：HDB_3。

(3) 脉冲幅度：±1V，占空比 50%。

(4) 阻抗：75Ω，不平衡。

(5) 输入衰减：0～12dB（17.184MHz），衰减特性为 $\sqrt{f}$ 规律。

(6) 输入抖动容限：优于 CCITT G823 相关规定。

(7) 输出剩余抖动：小于 0.05UI。

4. 供电电源

MF34-03A 型 34Mbit/s 数字复接设备的供电电源为直流－24V/－48V/－60V±10%。电源功耗≤13W/系统。

（三）外形尺寸

MF34-03A 型 34Mbit/s 数字复接设备的支架尺寸为 340×120×215（高×宽×深，mm），机架尺寸为 2600×120×225 或 2000×120×225（高×宽×深，mm）。每个机架可装 4 个三次群系统。

（四）生产厂

邮电部广州通信设备厂。

十八、N5725 型 34Mbit/s 数字复用设备

（一）简介

N5725 型 34Mbit/s 数字复用设备是引进日本 NEC公司的生产线和散件组装而成的。该设备采用时分多路复用和正码速调整方式，将四个速率为 8448kbit/s 的二次群数字信号复接成一路速率为 34368kbit/s 的三次群数字信号发射出去，在接收端再进行反复接，恢复出原来数字信号。

（二）技术数据

1. 一般特性

(1) 系统性能指标：符合 CCITT G751 相关规定。

(2) 复接总话路数：480。

(3) 支路数：4。

(4) 复接方式：逐位复接。

(5) 调整方式：正码速调整。

2. 8Mbit/s 接口

(1) 比特率及容差：8448kbit/s±30ppm。

(2) 码型：HDB_3。

(3) 波形：满足CCITT图G703相关规定。

(4) 抖动特性：符合CCITT G823相关规定。

3. 34Mbit/s接口

(1) 比特率及容差：34.368Mbit/s±20ppm。

(2) 码型：HDB_3。

(3) 波形：满足CCITT G703相关规定。

(4) 抖动特性：符合CCITT G823相关规定。

4. 供电电源

N5725 34Mbit/s数字复用设备的供电电源为直流－24V或－48V±10%。

(三) 外形尺寸

N5725 34Mbit/s数字复用设备的机架尺寸为2750×120×225或2100×120×225或1650×120×225(高×宽×深，mm)。复接器的尺寸为450×120×163(高×宽×深，mm)。电源盘(N5727)的尺寸为225×120×163(高×宽×深，mm)。可根据系统的大小选择上述机架。

(四) 生产厂

国营涪江有线电厂。

十九、TD34Mbit/s三次群数字复用设备

(一) 简介

TD34Mbit/s三次群数字复用设备是将四个准同步的8448kbit/s分支信号复用成一个34368kbit/s的比特流，可传输480路PCM数字电话。

(二) 技术数据

(1) 复用比特率：34368kbit/s±20ppm。

(2) 分支比特率：8448kbit/s±30ppm。

(3) 数字接口：符合CCITT G703、G823相关规定。

(4) 支线输出抖动、输入抖动容限、抖动转移特性等，均符合CCITT G751相关规定。

(5) 复用时钟：内时钟、外时钟均可。

(6) 电源内装DC/DC变换器，直流－20～－72V，电源功耗≤3W。

(三) 工作条件

(1) 环境温度：0+45℃。

(2) 相对湿度：≤80%(25℃)。

(四) 外形尺寸

TD34Mbit/s三次群数字复用设备的外形尺寸为960×120×225(高×宽×深，mm)。

(五) 生产厂

邮电部北京通信设备厂，北京三维高技术公司。

二十、34SD-4型三次群数字复用设备

(一) 简介

34SD-4型三次群数字复接设备是PCM480路数字通信系统的主要配套设备，并可与更高次群设备一起构成更大容量的通信系统。

(二) 技术数据

1. 一般特性

(1) 复接支路数：4。

(2) 复接方式：按支路编号顺序循环交替逐比特复接正码速调整。

(3) 帧结构、帧定位与保护均符合CCITT G751相关规定。

2. 8448kbit/s接口

(1) 比特率及容差：8448kbit/s±30ppm。

(2) 码型：HDB_3。

(3) 波形：符合CCITT G703相关规定。

(4) 输入电缆衰耗：0～6dB。

(5) 抖动特性：符合CCITT G823相关规定。

3. 34368kbit/s接口

(1) 比特率及容差：34368kbit/s±20ppm。

(2) 码型：HDB_3。

(3) 波形：符合CCITT G103相关规定。

(4) 输入电缆衰耗：0～6dB。

(5) 抖动性能：符合CCITT G823相关规定。

4. 供电电源

34SD-4型三次群数字复接设备的供电电源为直流－24V/－48V/－60V。电源功耗为6W/系统。

(三) 工作条件

(1) 温度：5～40℃。

(2) 湿度：≤85%(30±2℃)。

(四) 外形尺寸

34SD-4型三次群数字复接设备的外形尺寸为2600×120×225或2000×120×225(高×宽×深，mm)，每个机架可装三个系统。

(五) 生产厂

国营南京有线电厂。

二十一、TD34Mbit/2M跳群数字复用设备

(一) 简介

TD34Mbit/2M跳群数字复用设备可将16个准同步的2048kbit/s分支信号复用成一个34368kbit/s的比特流，可传输PCM480路数字电话。可灵活的组成16×2MB、12×2MB+8MB、8×2MB+2×8MB、4×2MB+3×8MB等跳群配置。

(二) 技术数据

(1) 复用比特率为34368kbit/s。

(2) 支线比特率为 2048kbit/s。

(3) 数字接口符合 CCITT G703、G823 相关规定。

(4) 支路输出抖动、输入抖动容限、抖动转移特性均符合 CCITT G742、G751 相关规定。

(5) 复用时钟：内时钟、外时钟均可。

(6) 电源：直流－20～－72V，内装 DC/DC 变换器。电源功耗为 15W。

(三) 工作条件

(1) 工作温度：0～45℃。

(2) 相对湿度：≤80%（+25℃）。

(四) 外形尺寸

TD34M/2M 跳群数字复用设备的外形尺寸为 960×120×225（高×宽×深，mm）。

(五) 生产厂

邮电部北京通信设备厂，北京三维通信高技术公司。

二十二、SMJ-2 型脉码调制下/上话路设备

(一) 简介

SMJ-2 型脉码调制下/上话路设备也称 2MD/I 或 D/I 设备，是在吸收、消化、引进日本 NEC 公司的 PCM 基群终端机及中继机 D/I 设备的技术基础上，结合我国数字通信的特点研制生产的。

该设备可提供≤30 个音频通路，用于数字通信网中继站的分支设备。2Mbit/s 数字信号可进入微波、光纤和卫星通信信道，也可用于电缆传输。音频通路可与不同类型的交换机接口，如磁石、共电、步进制、纵横制以及各种型式的程控交换机和各种型式的话机等。

(二) 技术数据

1. 一般特性

(1) 通路容量：≤30 路。

(2) 时钟源：内时钟、外时钟、从钟。

(3) 抽样频率：8kHz。

(4) 编码位数：8 位。

(5) 非线性编码率：A 对数压扩律，A=87.613 折线。

(6) 数码结构：符合 CCITT 相关规定。

(7) 话路有效传输频带：300～3400Hz。

(8) 最小发送电平：二线通路－11.5dBr，四线通路－11.5dBr。

(9) 最大接收电平：二线通路－1.5dBr，四线通路＋4dBr。

(10) 电平调节范围：0.5～15.5dB，每步 0.5dB。

(11) 阻抗特性：600Ω 平衡（二线四线）。

(12) 过载点：+3.14dB_m。

(13) 2048kbit/s 接口：总数码率 2048kbit/s ±50 ppm，码型：HDB_3。

(14) 64kbit/s 接口：同向或反向接口。

2. 音频接口指标

(1) 电平：

四线音频输入电平　－3.5dBr±1dB

四线音频输出电平　－3.5dBr±1dB

二线发送电平 0dBr　±1dB

二线接收电平－2dB　±1dB

(2) 音频转接点阻抗反射衰减：

二线　b_P≥12dB（300～600Hz）

　　　b_P≥15dB（600～3400Hz）

四线发：b_P≥20dB（300～600Hz）

四线收：b_P≥20dB（300～3400Hz）

(3) 净衰减频率特性：满足 CCITT 要求。

(4) 空闲话路噪声：不大于－65dB_{m0}p。

(5) 路际串话：不大于－65dB_{m0}。

(6) 增益随输入电平的变化，满足 CCITT 规定要求。

(7) 总失真：满足 CCITT 要求。

(8) 2048kb/s 接口指标：

输出代码　HDB_3 波形

发送端　接 75Ω 阻抗，其波形应符合 CCITT 要求

传号脉冲电压　2.37V

标称脉冲宽度　244ns

正负脉冲幅度比　0.95～1.05（脉冲中点处）

正负脉宽比　0.95～1.05（标称半幅度处）

(9) 介入衰耗：1024kHz 时衰减 0～6dB。

(10) 64kb/s 数据接口指标：

负载阻抗　120Ω

输出波形　符合 CCITT 要求

每系统 64kb/s 数据通路数　A 方向 2 路，B 方向 2 路

(11) 64kb/s 信令接口：

接口码型　NRZ 码

定时　64kHz、8kHz

通过一个通道拨号脉冲失真

环路信令通路　±8ms

E/M 信令通路　±2.5μs

3. 供电电源

SMJ-2 型脉码调制下/上话路设备的供电电源为直流$-24V^{+10V}_{-5}$或$-48V^{+15V}_{-8V}$。

(三) 工作条件

(1) 温度：5～40℃保证指标，0～45℃保证工

作。

(2) 湿度：65±15%保证指标，93 $^{+2}_{-3}$%保证工作。

(四) 外形尺寸

SMJ-2型脉码调制下/上话路设备的外形尺寸为2750×120×225或2000×120×225（高×宽×深，mm）。

(五) 生产厂

国营涪江有线电厂。

二十三、FN50004型2M/8M/34M数字复用设备

(一) 简介

FN50004型2M/8M/34M数字复用设备是引进日本NEC公司生产线，成套进口散件组装成的产品。该设备集成化程度高，工作稳定可靠，功耗低。由于其功能是采用时分复用和正码速调整方法，在发送端可将16个2048kbit/s的基群或4个8448kbit/s的二次群数字信号，复接成一个34368kb/s的三次群复用数字信号送入传输信道，在接收端通过反变换将34368kbit/s三次群的数字信号分接还原为原来的16个2048kbit/s基群或4个8448kbit/s二次群的数字信号。

FN50004型2M/8M/34M数字复用设备在PCM-30系统中的典型应用，见图29-4-5。

该设备可根据用户的需要灵活地组架，可用16个基群也可用4个二次群，或8个基群及2个二次群组合成34M的三次群数字信号。它具有相对节省投资、组网方便等优点。

(二) 技术数据

(1) 比特率：34368kbit/s±20ppm。

(2) 总通路数：480。

(3) 帧结构：高速系统符合CCITT G751相关规定，低速系统符合CCITT G742相关规定。

(4) 复用方法：插入毕特和正码速调整。

(5) 数字接口为2048kbit/s、8448kbit/s、34368kbit/s，均符合CCITT G703、G742、G751相关规定。

(6)定时信号：内部时钟为34368kHz±20ppm。外时钟输入可为正弦波或方形波。

(7) 抖动传输特性：符合CCITT G751、G742相关规定。

(8) 电源要求为直流−36V～−72V。

(三) 工作条件

(1) 温度：+5℃～+45℃保证指标，0℃～50℃保证工作。

(2) 湿度：≤90%（35℃）。

(四) 外形尺寸

FN50004型2M/8M/34M数字复用设备的外形尺寸为2750×120×225（高×宽×深，mm）。

(五) 生产厂

国营涪江有线电厂。

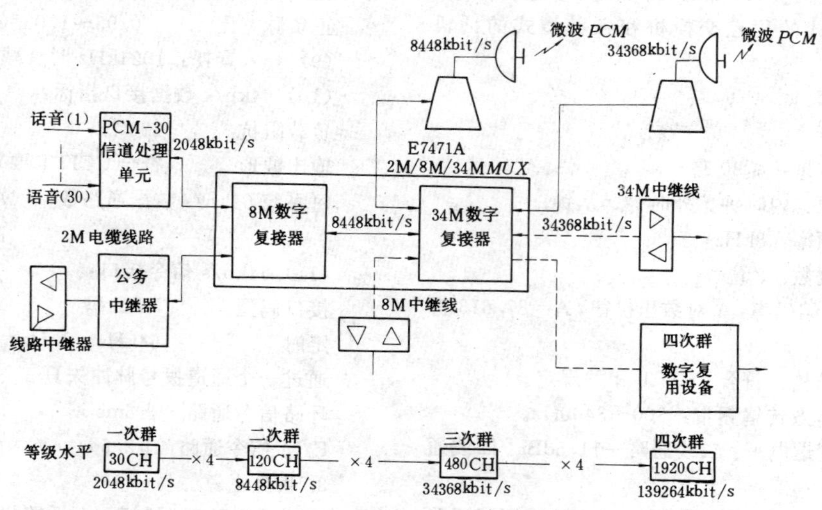

图29-4-5 FN50004型2M/8M/34M数字复用设备在PCM-30系统中的典型应用

二十四、MFT-34-0434Mbit/s 跳群数字复用设备

（一）简介

MFT-34-0434Mbit/s 跳群复用设备是数字通信设备系列的第二级和第三级。其功能是扩展通信容量，完成 16 个 30 路的数字信号到 480 路数字信号之间的转换。其发送部分先将导流的基群数字信号 2048kbit/±50ppm，经正码速调整及接逐比特复接的方式复接成二次群数字信号 8448kbit/s±30ppm，再将 8M 信号调整后复接成一个 34368kbit/s±20ppm 的数示信号。其接收部分完成相反的过程。

跳群数字复用设备是按干线通信的要求设计的，由于其功能完全等于一个三次群加四个二次群且具有二次、三次群完全一样的帧结构，所以通用性好，组网十分灵活方便，再加上标准窄条形机架和功能框结构，可靠性高，维护方便。

（二）技术数据

（1）每系统容量：480 路。

（2）每个系统支路数：16。

（3）码速调整方式：正码速调整，固定位置插入。

（4）复用方式：异源逐比特复接。

（5）帧结构：符合 CCITT G742、G751 相关规定。

（6）数字接口：2048kbit/s、8448kbit/s，符合 CCITT G703、G742 相关规定。

（7）码型：HDB_3。

（8）输入阻抗：75Ω（电阻抗），120Ω（平衡式）。

（9）电源要求：直流 －24V/－48V/－160V ±10%。

（三）外形尺寸

MFT-34-0434Mbit/s 跳群复用设备的外形尺寸为 2750×120×225（高×宽×深，mm）。

（四）生产厂

邮电部杭州通信设备厂。

二十五、MFT34-02 型 2-8-34Mbit/s 跳群数字复用设备

（一）简介

MFT34-02 型 2-8-34Mbit/s 跳群数字复用设备是采用正码速调整，异步方式实现复接、分接功能。它能将 16 个异源的速率为 2048kbit/s 的数字码流，直接复接成 34368kbit/s 的数字信号，可通过不同机盘的组合同时完成对 2048kbit/s 和 8448kbit/s 信号的复接、分接，可以分别满足下列信号的复分接要求：

（1）16×2M＋0×8M；

（2）12×2M＋1×8M；

（3）8×2M＋2×8M；

（4）4×2M＋3×8M；

（5）0×2M＋4×8M。

该设备可以与 PCM 基群设备、数字程控交换机（或同时与 PCM 二次群复接设备）一起组成 480 个话路的数字通信系统，配合数字微波设备或光纤通信设备经微波或光缆传输，也可与线路终端及再生中继器相配合在同轴电缆中传输。

（二）技术数据

（1）复接速率：34.368Mbit/s±20ppm。

（2）支路速率：8.448Mbit/s±30ppm，
2.048Mbit/s±50ppm。

（3）复接方式：毕特单位复接。

（4）码速调整方式：正码速调整，固定位置插入。

（5）插入控制方式：各支路分路控制。

（6）数字接口：符合 CCITT G703、G742、G751 相关规定。

（7）电源：直流－24V/－48V/－60V±10%。电源功耗≤32W/系统。

（三）工作条件

（1）温度：5℃～40℃。

（2）湿度：≤85%（24℃时）。

（四）外形尺寸

MFT34-02 2-8-34Mbit/s 跳群数字复接设备的外形尺寸为 2600×120×225 或 2000×120×225（高×宽×深，mm）。

（五）生产厂

邮电部广州通信设备厂。

二十六、MFT34-02A 型 2-8-34Mbit/s 跳群数字复接设备

（一）简介

MFT34-02A 型 2-8-34Mbit/s 跳群数字复接设备是国际上以 2048kbit/s 比特率为基础的数字分级网路的第一级至第三级复用设备（480 路）。

该设备采用了超大规模专用集成电路（ASIC）及最新电子器件及工艺，整机集成度高，体积小，功耗低，可靠性高，维护方便，并设有监控接口及与计算机通信口，可实行集中监控。

MFT34-02A 2-8-34 跳群数字复接设备简要框图，见图 29-4-6。

（二）技术数据

（1）电气性能：满足 CCITT G703、G742、G751、G323 相关规定。

（2）电源：－24V/－48V/－60V±20%。电源功耗≤15W。

（三）工作条件

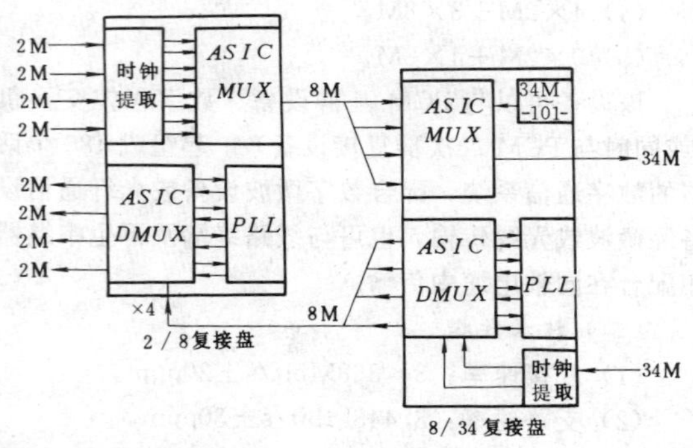

图 29-4-6 MFT34-02A 2-8-34 跳群数字复接设备框图

(1) 温度：5～45℃。

(2) 湿度：≤85%。

(四) 外形尺寸

MFT34-02A 2-8-34Mbit/s 跳群数字复接设备的外形尺寸为 2600×120×225 或 2000×120×225（高×宽×深，mm)。

(五) 生产厂

邮电部广州通信设备厂。

二十七、MF140-05 型 140Mbit/s 数字复用设备

(一) 简介

MF140-05 型 140Mbit/s 数字复用设备是以 2048kbit/s 为基群系列的 140Mbit/s 四次群复用设备，可传输 1920 路数字电话。传输媒介可以是数字微波，也可以是光纤或电缆等。

(二) 技术数据

(1) 电气性能指标：符合 CCITT 的相关规定。

(2) 传输容量：1920。

(3) 电源：直流－24V±10%。电源功耗≤55W/系统。

(三) 工作条件

(1) 温度：5～40℃。

(2) 相对湿度：≤85%（20～25℃)。

(四) 外形尺寸

MF140-05 型 140Mbit/s 数字复用设备的机架尺寸为 2600×120×225（高×宽×深，mm)。

(五) 生产厂

邮电部眉山通信设备厂。

第 29-5 节 微波天线、馈线及仪表

一、简述

(1) 微波天线和馈线是微波接力通信系统的成套设备，它们在微波通信系统中所处的位置见图 29-5-1。

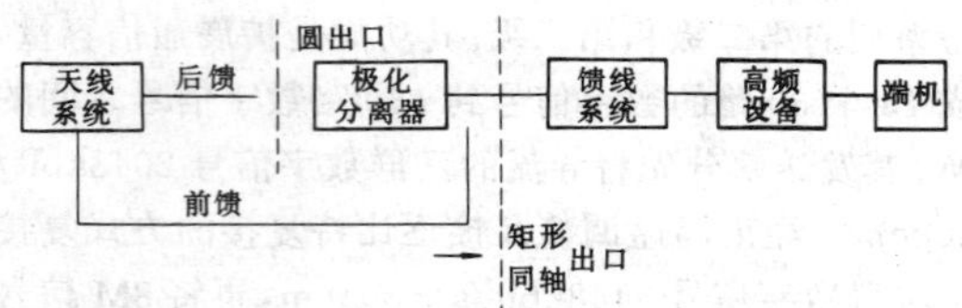

图 29-5-1 微波天线、馈线在微波通信系统中位置示意图

微波天线主要是指抛物面（卡塞格兰）天线。按性能分有普通型和高性能天线，按安装形式分有座式和挂式。本手册只介绍部分国产微波天线。

微波馈线根据不同的频段要求有同轴电缆和波导馈线，本手册只介绍少部分的国产微波馈线。

(2) 微波仪表是微波通信电路和微波设备正常运行维护和故障处理不可少的配套设备，有通用仪表和专用仪表，本手册只重点介绍部分微波专用仪表。

二、WTB 型微波天线

(一) 简介

WTB 型微波天线是普通的标准微波天线，使用频段为 1.3-12.5GHz。在微波通信电路设计中，对天线的驻波比、方向性图和旁瓣、后瓣要求不是很高的情况下，采用此种天线是最为经济又可靠的方案。

(二) 型号含义

WTB 型微波天线的型号含义如下：

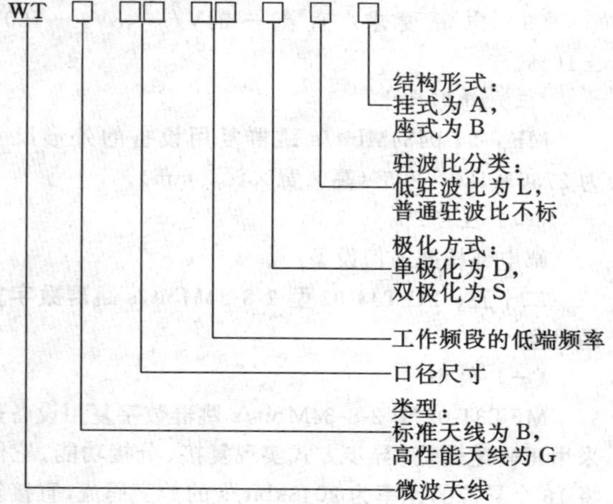

(三) 技术数据

(1) WTB 型微波天线的主要技术指标，见表 29-5-1～表 19-5-14。

(2) 天线接口特性见表 29-5-15。

(四) 外形及安装尺寸

(1) 天线的外形尺寸，见表 29-5-16。

表 29-5-1　WTB 型微波天线技术指标（邮电部西安微波设备厂）

频段 (GHz)	型号	直径 (m)	增益 (dB)	半功率角 (°)	前后比 (dB)	驻波比	极化去耦 (dB)	正交极化鉴别率 (dB)	馈电方式
1.312～1.516	* WTB32～14S	3.2	30.3	4.5	46	1.2	27	25	前
1.427～1.535	* WTB20～14D	2.0	27.23	7.1	39	1.2	—	27	前
	* WTB20～14DL	2.0	27.2	7.1	39	1.15	—	27	前
	* WTB32～14D	3.2	31.3	4.4	43	1.2	—	27	前
	* WTB32～14DL	3.2	31.3	4.4	43	1.15	—	27	前
1.7～1.9	* WTB20～17D	2.0	28.8	5.8	40	1.2	—	27	前
	* WTB20～17DL	2.0	28.8	5.8	40	1.15	—	27	前
	* WTB20～17S	2.0	28.3	5.8	43	1.2	27	25	前
	* WTB32～17D	3.2	32.9	3.6	45	1.2	—	27	前
	* WTB32～17DL	3.2	32.9	3.6	45	1.15	—	27	前
1.9～2.3	WTB20～19D	2.0	30.2	5	40	1.2	—	27	前
	WTB20～19DL	2.0	30.2	5	40	1.15	—	27	前
	WTB20～19S	2.0	29.6	5	43	1.2	27	25	前
	WTB32～19D	3.2	34.4	3.1	46	1.2	—	27	前
	WTB32～19DL	3.2	34.4	3.1	46	1.15	—	27	前
	WTB40～19D	4.0	35.9	2.5	51	1.2	—	25	后
	WTB40～19S	4.0	35.7	2.5	51	1.2	27	25	后
2.5～2.7	* WTB20～25D	2.0	32.3	4.2	41	1.2	—	27	前
	* WTB20～25DL	2.0	32.3	4.2	41	1.15	—	27	前
	* WTB32～25D	3.2	36.2	2.6	47	1.2	—	27	前
	* WTB32～25DL	3.2	36.2	2.6	47	1.15	—	27	前
3.4～3.8	* WTB20～34S	2.0	34.3	2.9	54	1.15	30	27	后
	* WTB20～34SL	2.0	34.3	2.9	54	1.1	30	27	后
	* WTB40～34S	4.0	40.5	1.4	59	1.1	30	27	后
	WTB40～34SL	4.0	40.5	1.4	59	1.08	30	27	后

续表 29-5-1

频段 (GHz)	型号	直径 (m)	增益 (dB)	半功率角 (°)	前后比 (dB)	驻波比	极化去耦 (dB)	正交极化鉴别率 (dB)	馈电方式
3.8～4.2	*WTB20～38S	2.0	34.3	2.9	54	1.15	30	27	后
	*WTB20～38SL	2.0	34.3	2.9	54	1.1	30	27	后
	WTB40～38S	4.0	40.5	1.4	59	1.1	30	27	后
	WTB40～38SL	4.0	40.5	1.4	59	1.08	30	27	后
5.925～6.425	WTB20～59D	2.0	39.7	1.7	57	1.08	—	30	后
	WTB20～59DL	2.0	39.7	1.7	57	1.07	—	30	后
	WTB20～59S	2.0	39.5	1.7	57	1.1	40	30	后
	WTB20～59SL	2.0	39.5	1.7	57	1.08	40	30	后
6.425～7.125	WTB20～64D	2.0	40.5	1.5	58	1.08	—	30	后
	WTB20～64DL	2.0	40.5	1.5	58	1.07	—	30	后
	WTB20～64S	2.0	40.3	1.5	58	1.1	40	30	后
	*WTB20～64SL	2.0	40.3	1.5	58	1.08	40	30	后
7.125～7.725	WTB16～71D	1.6	39	1.8	50	1.1	40	30	前
	WTB16～71DL	1.6	39	1.8	50	1.08	40	30	前
	WTB20～71D	2.0	41.3	1.4	59	1.08	—	30	后
	WTB20～71DL	2.0	41.3	1.4	59	1.06	—	30	后
	WTB20～71S	2.0	41.1	1.4	59	1.1	40	30	后
	WTB20～71SL	2.0	41.1	1.4	59	1.08	40	30	后
	*WTB40～71D	4.0	46.9	0.7	64	1.10	—	30	前
	*WTB40～71DL	4.0	46.9	0.7	64	1.08	—	30	前
	*WTB40～71S	4.0	46.7	0.7	64	1.1	40	30	前
	*WTB40～71SL	4.0	46.7	0.7	64	1.08	40	30	前
7.725～8.275	WTB20～77D	2.0	41.5	1.3	59	1.08	40	30	后
	WTB20～77DL	2.0	41.5	1.3	59	1.06	40	30	后
	WTB20～77S	2.0	41.3	1.3	59	1.10	40	30	后
	WTB20～77SL	2.0	41.3	1.3	59	1.08	40	30	后
8.2～8.5 8.5～8.75	WTB20～$\frac{82}{85}$D	2.0	42.3	1.2	60	1.08	—	30	前
	WTB20～$\frac{82}{85}$DL	2.0	42.3	1.2	60	1.06	—	30	前
	WTB20～$\frac{82}{85}$S	2.0	42.1	1.2	60	1.1	40	30	前
	WTB20～$\frac{82}{85}$SL	2.0	42.1	1.2	60	1.08	40	30	前
	WTB10～$\frac{82}{85}$D	1.0	36.1	2.4	47	1.1	—	25	前

* 表示试生产未归档产品。

表 29-5-2　**WTB 型微波天线技术指标（14D 型）**

天线口径（m）		1.2	1.8	2.0	2.5	3.2	4.0
辐射性能		标　准　型					
天线型号		WTB12-14D	WTB18-14D	WTB20-14D	WTB25-14D	WTB32-14D	WTB40-14D
前后比（180°±70°）（dB）		32	38	40	42	43	44
驻波比（max）R. L（dB）	单极化	1.30	1.20	1.20	1.15	1.15	1.15
	双极化	—	—	—	—	—	—
半功率波束宽度（DEG）		11.80	7.88	6.75	5.67	4.43	3.54
增益（dB_i）	低端	21.4	25.3	27.0	28.3	29.5	32.5
	中心	22.0	25.9	27.3	28.8	31.4	32.9
	高端	22.5	26.4	27.8	29.3	31.4	33.2
交叉极化鉴别率（dB）		27	27	27	27	27	27
端口隔离（dB）		—	—	—	—	—	—
频段（GHz）		1.427～1.535					

表 29-5-3　**WTB 型微波天线技术指标（17_S^D型）**

天线口径（m）		1.2	1.8	2.0	2.5	3.2	4.0
辐射性能		标　准　型					
天线型号		WTB12-17D	WTB18-17_S^D	WTB20-17_S^D	WTB25-17_S^D	WTB32-17_S^D	WTB40-17_S^D
前后比（180°±70°）（dB）		35	40	42	44	45	46
驻波比（max）R. L（dB）	单极化	1.25	1.2	1.15	1.15	1.10	1.10
	双极化	—	1.2	1.15	1.15	1.10	1.10
半功率波束宽度（DEG）		9.72	6.48	5.56	4.67	3.64	2.92
增益（dB_i）	低端	23.7	27.0	28.6	30.0	32.2	34.2
	中心	24.1	27.6	29.0	30.5	32.7	34.6
	高端	24.4	28.1	29.0	31.0	32.9	35.0
交叉极化鉴别率（dB）		27	27	27	27	27	27
端口隔离（dB）		—	30	30	30	30	30
频段（GHz）		1.7～1.9					

表 29-5-4　　**WTB 型微波天线技术指标（19_s^D型）**

天线口径（M）		1.2	1.8	2.0	2.5	3.2	4.0
辐射性能		标准型					
天线型号		WTB12-19D	WTB18-19_s^D	WTB20-19_s^D	WTB25-19_s^D	WTB32-19_s^D	WTB40-19_s^D
前后比（180°±70°）(dB)		36	42	44	45	46	48
驻波比（max）R. L (dB)	单极化	1.3	1.2	1.15	1.15	1.10	1.10
	双极化	—	1.2	1.15	1.15	1.10	1.10
半功率波束宽度（DEG）		8.33	5.56	4.76	4.00	3.13	2.5
增益 (dB_i)	低端	24.6	28.2	29.4	31.1	33.2	35.0
	中心	25.5	29.0	30.3	31.9	34.9	35.9
	高端	26.3	29.8	31.2	32.7	34.9	36.8
交叉极化鉴别率 (dB)		27	27	27	27	27	27
端口隔离（dB）		—	30	30	30	30	30
频段（GHz）		1.9～2.3					

表 29-5-5　　**WTB 型微波天线技术指标（34_s^D型）**

天线口径(M)		1.2	1.5	1.8	2.0	2.5	3.2	4.0
辐射性能		标准型						
天线型号		WTB12-34D	WTB15-34D	WTB18-34_s^D	WTB20-34_s^D	WTB25-34_s^D	WTB32-34_s^D	WTB40-34_s^D
前后比(180°±70°)(dB)		40	42	43	45	48	50	52
驻波比(max) R. L(dB)	单极化	1.10	1.10	1.08	1.08	1.07	1.06	1.06
	双极化	—	—	1.09	1.08	1.07	1.06	1.06
半功率波束宽度(DEG)		4.86	3.89	3.24	2.78	2.33	1.82	1.46
增益 (dB_i)	低端	29.6	31.5	33.1	34.5	36.0	38.1	40.0
	中心	30.2	32.0	33.7	35.0	36.6	38.7	40.6
	高端	30.7	32.5	34.2	35.6	37.2	39.2	41.1
交叉极化鉴别率 (dB)		30	30	30	30	30	30	30
端口隔离(dB)		—	—	35	35	35	35	35
频段(GHz)		3.4～3.8						

表 29-5-6　**WTB 型微波天线技术指标(38_S^D型)**

天线口径(M)		1.2	1.5	1.8	2.0	2.5	3.2	4.0
辐射性能		标准型						
天线型号		WTB12-38D	WTB15-38D	WTB18-38_S^D	WTB20-38_S^D	WTB25-38_S^D	WTB32-38_S^D	WTB40-38_S^D
前后比(180°±70°)(dB)		40	42	44	45	48	50	52
驻波比(max) R.L(dB)	单极化	1.10	1.10	1.08	1.08	1.07	1.06	1.06
	双极化	—	—	1.09	1.08	1.07	1.06	1.06
半功率波束宽度(DEG)		4.38	3.50	2.92	2.50	2.10	1.64	1.31
增益 (dB_i)	低端	30.6	32.5	34.0	35.4	37.0	39.1	41.0
	中心	31.1	33.0	34.6	35.9	37.6	39.6	41.5
	高端	31.6	33.5	35.1	36.4	38.2	40.1	42.0
交叉极化鉴别率 (dB)		30	30	30	30	30	30	30
端口隔离(dB)		—	—	35	35	35	35	35
频段(GHz)		3.8～4.2						

表 29-5-7　**WTB 型微波天线技术指标(59_S^D型)**

天线口径(M)		1.0	1.2	1.5	1.8	2.0	2.5	3.2	4.0
辐射性能		标准型							
天线型号		WTB10-59D	WTB12-59D	WTB15-59D	WTB18-59_S^D	WTB20-59_S^D	WTB25-59D	WTB32-59_S^D	WTB40-59_S^D
前后比(180°±70°)(dB)		41	42	45	48	51	54	56	57
驻波比(max) R.L(dB)	单极化	1.09	1.08	1.08	1.08	1.07	1.06	1.06	1.06
	双极化	—	—	—	1.08	1.08	1.07	1.06	1.06
半功率波束宽度(DEG)		3.40	2.83	2.26	1.89	1.62	1.36	1.06	0.85
增益 (dB_i)	低端	32.7	34.3	36.3	38.0	39.2	40.8	43.2	45.1
	中心	33.3	34.8	36.8	38.4	39.7	41.3	43.7	45.6
	高端	33.8	35.5	37.3	38.9	40.2	41.8	44.2	46.1
交叉极化鉴别率 (dB)		30	30	30	30	30	30	30	30
端口隔离(dB)		—	—	—	40	40	40	40	40
频段(GHz)		5.925～6.425							

表 29-5-8 **WTB型微波天线技术指标(64_s^D型)**

天线口径(M)		1.0	1.2	1.5	1.8	2.0	2.5	3.2	4.0
辐射性能		标准型							
天线型号		WTB10-64D	WTB12-64D	WTB15-64D	WTB18-64_s^D	WTB20-64_s^D	WTB25-64D	WTB32-64_s^D	WTB40-64_s^D
前后比(180°±70°)(dB)		43	45	47	51	52	54	56	58
驻波比(max) R.L(dB)	单极化	1.09	1.08	1.08	1.08	1.07	1.06	1.05	1.05
	双极化	—	—	—	1.08	1.08	1.07	1.06	1.06
半功率波束宽度(DEG)		3.10	2.58	2.07	1.72	1.48	1.24	0.97	0.77
增益 (dB_i)	低端	33.6	35.2	37.1	38.7	40.0	41.6	44.1	45.9
	中心	34.1	35.7	37.6	39.2	40.5	42.1	44.5	46.4
	高端	34.6	36.2	38.0	40.6	40.9	42.7	45.0	46.9
交叉极化鉴别率 (dB)		30	30	30	30	30	30	30	30
端口隔离(dB)		—	—	—	40	40	40	40	40
频段(GHz)		6.425～7.125							

表 29-5-9 **WTB型微波天线技术指标(71_s^D型)**

天线口径(M)		1.0	1.2	1.5	1.8	2.0	2.5	3.2	4.0
辐射性能		标准型							
天线型号		WTB10-71D	WTB12-71D	WTB15-71D	WTB18-71_s^D	WTB20-71_s^D	WTB25-71_s^D	WTB32-71_s^D	WTB40-71_s^D
前后比(180°±70°)(dB)		44	46	48	52	53	55	57	58
驻波比(max) R.L(dB)	单极化	1.09	1.08	1.08	1.08	1.07	1.06	1.06	1.06
	双极化	—	—	—	1.08	1.08	1.07	1.07	1.07
半功率波束宽度(DEG)		2.83	2.36	1.89	1.57	1.35	1.13	0.88	0.71
增益 (dB_i)	低端	34.5	36.1	37.9	39.6	41.1	42.4	45.0	46.8
	中心	34.9	36.4	38.3	40.0	41.4	42.9	45.3	47.2
	高端	35.3	36.7	38.7	40.3	41.8	43.5	45.7	47.5
交叉极化鉴别率 (dB)		30	30	30	30	30	30	30	30
端口隔离(dB)		—	—	—	40	40	40	40	40
频段(GHz)		7.125～7.725							

表 29-5-10　**WTB 型微波天线技术指标(77$_s^D$型)**

天线口径(M)		1.0	1.2	1.5	1.8	2.0	2.5	3.2	4.0
辐射性能		标准型							
天线型号		WTB10-77D	WTB12-77$_s^D$	WTB15-77$_s^D$	WTB18-77$_s^D$	WTB20-77$_s^D$	WTB25-77$_s^D$	WTB32-77$_s^D$	WTB40-77$_s^D$
前后比(180°±70°)(dB)		45	48	51	53	54	56	58	59
驻波比(max) R.L(dB)	单极化	1.09	1.08	1.08	1.08	1.07	1.06	1.06	1.06
	双极化	—	1.09	1.09	1.09	1.08	1.07	1.07	1.07
半功率波束宽度(DEG)		2.63	2.19	1.75	1.46	1.25	1.05	0.82	0.66
增益 (dB_i)	低端	35.0	36.6	38.7	40.2	41.7	43.0	45.6	47.5
	中心	35.4	37.0	39.0	40.6	42.0	43.5	46.0	47.9
	高端	35.6	37.2	39.2	40.8	42.3	44.0	46.2	48.1
交叉极化鉴别率(dB)		30	30	30	30	30	30	30	30
端口隔离(dB)		—	40	40	40	40	40	40	40
频段(GHz)		7.725～8.275							

表 29-5-11　**WTB 型微波天线技术指标(82$_s^D$型)**

天线口径(M)		1.0	1.2	1.5	1.8	2.0	2.5	3.2	4.0
辐射性能		标准型							
天线型号		WTB10-82D	WTB12-82$_s^D$	WTB15-82$_s^D$	WTB18-82$_s^D$	WTB20-82$_s^D$	WTB25-82$_s^D$	WTB32-82$_s^D$	WTB40-82$_s^D$
前后比(180°±70°)(dB)		46	49	52	54	55	57	59	60
驻波比(max) R.L(dB)	单极化	1.09	1.08	1.08	1.08	1.07	1.06	1.06	1.06
	双极化	—	1.09	1.09	1.09	1.08	1.07	1.07	1.07
半功率波束宽度(DEG)		2.48	2.06	1.65	1.38	1.18	0.99	0.77	0.62
增益 (dB_i)	低端	35.7	37.3	39.1	40.8	42.2	43.5	46.1	48.1
	中心	36.0	37.6	39.5	41.1	42.6	44.0	46.4	48.4
	高端	36.3	38.0	39.8	41.5	42.9	44.5	46.7	48.7
交叉极化鉴别率(dB)		30	30	30	30	30	30	30	30
端口隔离(dB)		—	40	40	40	40	40	40	40
频段(GHz)		8.275～8.75							

表 29-5-12 WTB 型微波天线技术指标（107_s^D型）

天线口径(M)		1.0	1.2	1.5	1.8	2.0	2.5	3.2	4.0
辐射性能		标准型							
天线型号		WTB10-107D	WTB12-107_s^D	WTB15-107_s^D	WTB18-107_s^D	WTB20-107_s^D	WTB25-107_s^D	WTB32-107_s^D	WTB40-107_s^D
前后比(180°±70°)(dB)		49	51	54	56	57	59	61	62
驻波比(max) R.L(dB)	单极化	1.09	1.08	1.08	1.08	1.07	1.07	1.07	1.07
	双极化	—	1.09	1.09	1.09	1.08	1.08	1.08	1.08
半功率波束宽度(DEG)		1.88	1.56	1.25	1.04	0.89	0.75	0.59	0.47
增益 (dB_i)	低端	38.1	39.7	41.5	43.2	44.4	46.1	48.5	50.3
	中心	38.5	40.1	41.9	43.6	44.8	46.5	48.9	50.7
	高端	38.9	40.5	42.4	44.0	45.2	46.9	49.3	51.1
交叉极化鉴别率(dB)		30	30	30	30	30	30	30	30
端口隔离(dB)		—	35	35	35	35	35	35	35
频段(GHz)		10.7～11.7							

表 29-5-13 WTB 型微波天线技术指标（117_s^D型）

天线口径(M)		1.0	1.2	1.5	1.8	2.0	2.5	3.2	4.0
辐射性能		标准型							
天线型号		WTB10-117D	WTB12-117_s^D	WTB15-117_s^D	WTB18-117_s^D	WTB20-117_s^D	WTB25-117_s^D	WTB32-117_s^D	WTB40-117_s^D
前后比(180°±70°)(dB)		50	52	54	56	57	59	61	62
驻波比(max) R.L(dB)	单极化	1.09	1.08	1.08	1.08	1.07	1.07	1.07	1.07
	双极化	—	1.09	1.09	1.09	1.08	1.08	1.08	1.08
半功率波束宽度(DEG)		1.73	1.45	1.16	0.96	0.83	0.69	0.54	0.43
增益 (dB_i)	低端	38.7	40.5	42.2	44.0	45.2	46.9	49.1	51.0
	中心	39.1	40.8	42.6	44.3	45.5	47.2	49.5	51.4
	高端	39.5	41.1	42.9	44.7	45.8	47.6	50.0	51.8
交叉极化鉴别率(dB)		30	30	30	30	30	30	30	30
端口隔离(dB)		—	35	35	35	35	35	35	35
频段(GHz)		11.7～12.5							

表 29-5-14　**WTB 型微波天线技术指标(邮电部北京通信设备厂)**

频段(GHz) 极化方式	型　号	直　径 (m)	增　益 (dB_i) 中心频率	半功率张角 (°)	前后比 (dB)	驻波比	交叉极化 XPD (dB)	输入接口
1.427～1.535 单极化	WTB15～14S	1.5	24.3	10.7	32	1.2	25	7/16 同轴电缆 引入电缆衰耗 0.7～0.8dB
	WTB20～14S	2.0	26.8	8.0	46	1.2	36	
	WTB25～14S	2.5	28.8	6.1	49	1.2	26	
	WTB32～14S	3.2	30.9	5.0	51	1.15	26	
	WTB37～14S	3.7	32.1	4.5	52	1.15	28	
1.7～1.9 双极化	WTB20～17D	2.0	27.1	6.6	48	1.25	26	
	WTB25～17D	2.5	29.0	5.3	50	1.25	26	
	WTB32～17D	3.2	31.1	4.1	52	1.25	26	
	WTB37～17D	3.7	33.0	3.7	53	1.25	26	
1.9～2.3 双极化	WTB20～19D	2.0	29.1	5.7	50	1.25	26	
	WTB25～19D	2.5	31.1	4.5	52	1.25	26	
	WTB32～19D	3.2	33.1	3.5	53	1.25	26	
	WTB37～19D	3.7	34.4	3.1	55	1.25	26	
5.925～6.425 单极化	WTB20～59S	2.0	39.2	1.9	60	1.08	27	1541EC-PDR70
	WTB25～59S	2.5	41.1	1.5	62	1.07	28	
	WTB32～59S	3.2	43.3	1.2	64	1.06	28	
	WTB37～59S	3.7	44.5	1.1	66	1.06	30	
6.425～7.125 单极化	WTB20～64S	2.0	40.0	1.8	60	1.08	27	
	WTB25～64S	2.5	42.0	1.4	62	1.07	28	
	WTB32～64S	3.2	44.1	1.1	64	1.06	28	
	WTB37～64S	3.7	45.3	0.9	66	1.06	30	
7.125～7.725 单极化	WTB20～71S	2.0	40.8	1.6	60	1.07	27	
	WTB25～71S	2.5	42.8	1.3	63	1.06	28	
	WTB32～71S	3.2	44.9	1.0	65	1.06	28	
	WTB37～71S	3.7	46.1	0.8	67	1.06	30	
7.725～8.275 单极化	WTB20～77S	2.0	41.5	1.5	61	1.08	27	1541EC PDR84
	WTB25～77S	2.5	43.3	1.2	64	1.07	28	
	WTB32～77S	3.2	45.5	0.9	65	1.06	28	
	WTB37～77S	3.7	46.8	0.8	67	1.06	30	
8.2～8.8 单极化	WTB15～82S	1.5	39.5	1.9	59	1.1	25	
	WTB20～82S	2.0	42.0	1.4	62	1.08	27	
	WTB25～82S	2.5	43.9	1.1	64	1.07	28	
	WTB32～82S	3.2	46.1	0.9	66	1.06	28	
	WTB37～82S	3.7	47.2	0.7	68	1.06	30	

表 29-5-15 天线接口特性(邮电部西安微波设备厂)

频段(GHz)	极化方式	天线口径(m)	天线出口	配接器件	终端接口
1.312～1.516	双极化	3.2	L29(阴) (同轴 7/16in)	电缆 SYV-50-9	L29(阴) (同轴 7/16in)
1.427～1.535	单极化	2	IF45 (同轴$\frac{7}{8}$in)	—	IF45 (同轴$\frac{7}{8}$in)
		3.2			
1.7～1.9	单极化	2	IF45 (同轴$\frac{7}{8}$in)	—	IF45 (同轴$\frac{7}{8}$in)
		3.2			
	双极化	2	L29(阴) (同轴 7/16in)	电缆 SYV-50-9	L29(阴) (同轴 7/16in)
		3.2	ϕ115	ϕ115 极化分离器	
1.9～2.3	单极化	2	IF45 (同轴$\frac{7}{8}$in)	—	IF45 (同轴$\frac{7}{8}$in)
		3.2			
		4	ϕ100	ϕ100/IF45 同轴波导转换	IF45 (同轴$\frac{7}{8}$in)
	双极化	2	L29(阴) (同轴 7/16in)	电缆 SYV-50-9	L29(阴) (同轴 7/16in)
		3.2	ϕ100	ϕ100 极化分离器	L29(阴) (同轴 7/16in)
		4			
2.5～2.7	单极化	2	IF45 (同轴$\frac{7}{8}$in)	—	IF45 (同轴$\frac{7}{8}$in)
		3.2			
3.4～3.8	双极化	2	ϕ69	ϕ69 密封节 ϕ69ϕ56 圆圆变换 ϕ56 极化分离器	WFB-H-39
		3.2			
		4			
3.8～4.2	双极化	2	ϕ69	ϕ69 密封节 ϕ69ϕ54 圆圆变换 ϕ54 极化分离器	WFB-H-39
		3.2			
		4			
5.9～6.4	单极化	2	ϕ50.4	ϕ50.4/ϕ41 圆圆变换 ϕ41/34.85×15.8 矩圆变换	WFB-D-70
		3.2			
	双极化	2	ϕ50.4	ϕ50.4/ϕ35 圆圆变换 ϕ35 密封节 ϕ35 极化分离器	WFB-D-70
		3.2			
64～7.1	单极化	2	ϕ45	ϕ45/ϕ41 圆圆变换 ϕ41/34.85×15.8 矩圆变换	WFB-D-70
	双极化	3.2		ϕ45/ϕ32 圆圆变换 ϕ32 圆密封节 ϕ32 极化分离器	

续表 29-5-15

频　段 (GHz)	极化方式	天线口径 (m)	天线出口	配接器件	终端接口
7.1～7.7	单极化	1.6	WFB-D-70	—	WFB-D-70
		4			
		2	φ41	φ41/34.85×15.8 矩圆变换	WFB-D-70
		3.2			
	双极化	2	φ41	φ41/φ30 圆圆变换 φ30 密封节 φ30 极化分离器	WFB-D-70
		3.2			
		4	WFB-D-70	—	WFB-D-70
7.7～8.275	单极化	2	φ41	φ41/φ38 圆圆变换 φ38/28.5×12.6 矩圆变换	WFB-D-84
				φ41/φ38 圆圆变换 φ38/34.85×15.8 矩圆变换	WFB-D-70
		3.2	φ38	φ38/28.5×12.6 矩圆变换	WFB-D-84
				φ38/34.85×15.8 矩圆变换	WFB-D-70
	双极化	2	φ41	φ41/φ27 圆圆变换 φ27 圆密封节 φ27 极化分离器	WFB-D-84
		3.2	φ38	φ38/φ27 圆圆变换 φ27 圆密封节 φ27 极化分离器	
8.2～8.5	单极化	1	WFB-B-100	—	WFB-B-100
		2	WFB-B-100	—	WFB-B-100
		3.2	φ34.5	φ34.5/28.5×12.6 圆矩变换	WFB-D-84
				φ34.5/22.86×10.16 圆矩变换	WFB-B-100
8.5～8.75	双极化	2	WFB-B-100	—	WFB-B-100
		3.2	φ34.5	φ34.5/φ25 圆圆变换 φ25 圆密封节 φ25 极化分离器	WFB-D-84 WFB-B-100

表 29-5-16　**WTB 型微波天线外形尺寸（邮电部西安微波设备厂）**

名称	结构形式	外形尺寸 (mm)	质量 (kg)	调　整　范　围		
				俯仰角	方位角	方位角微调
φ1m	挂式	1200×1200×670	约 20	±5°	±45°	—
φ1.6m	挂式	1700×1700×707	约 30	±5°	±45°	±2°
φ2m	座式	2140×2320×2360	约 150	±5°	±5°	—
	前馈挂式	2190×2190×1070	约 85	±5°	±45°	±2°
	后馈挂式	2140×2140×1040	约 80	±5°	±45°	±2°
φ3.2m	低座式	3320×3320×2427	约 350	±5°	±5°	—
	高座式	3320×3460×3400	约 400	±5°	±5°	—
	前馈挂式	3410×3410×1628	约 350	±5°	±45°	±2°
	后馈挂式	3320×3320×1370	约 350	±5°	±45°	±2°
φ4m	座式	4020×4020×3310	约 500	±5°	±5°	—
	挂式	4020×4020×1480	约 370	±5°	±45°	±2°

注　外形尺寸指面向天线正面时，天线和架子连在一起的宽×高×长。

(2) 天线的安装，根据安装形式有座式和挂式二种。

1) 座式天线安装尺寸见图 29-5-2 及图 29-5-3。

2) 挂式天线安装尺寸见图 29-5-4～图 29-5-7。

(五) 使用条件

WTB 型微波天线的使用条件为最大风速 35m/s，极限风速 55m/s，天线的环境温度为－40～＋55℃。

(六) 生产厂

邮电部西安微波设备厂(表 29-5-1、表 29-5-15、表 29-5-16 及图 29-5-1～图 29-5-7 的产品)，机械电子部第三十九研究所（表 29-5-2～表 29-5-13 的产品)，邮电部北京通信设备厂（表 29-5-14 的产品)。

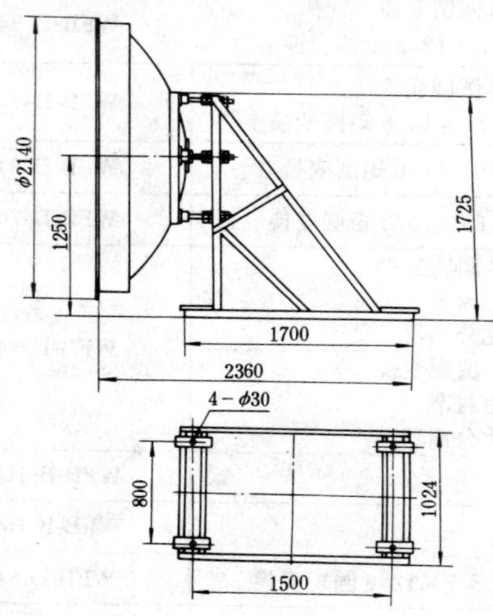

图 29-5-2　ϕ2m 座式天线安装尺寸

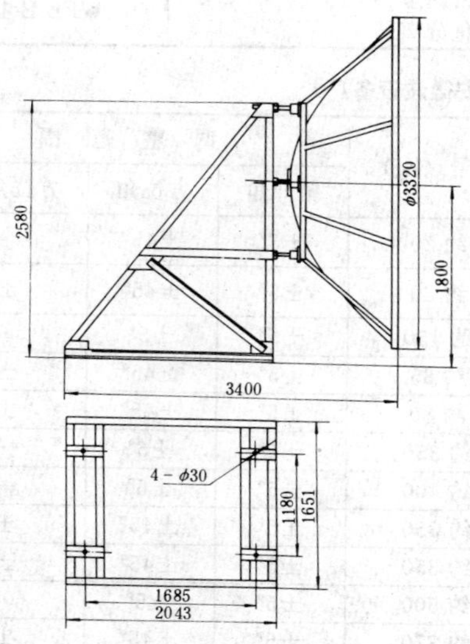

图 29-5-3　ϕ3.2m 座式天线安装尺寸

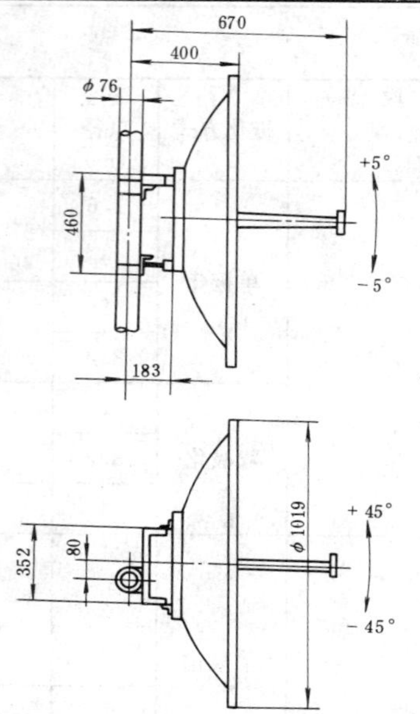

图 29-5-4　ϕ1.0m 挂式天线安装尺寸

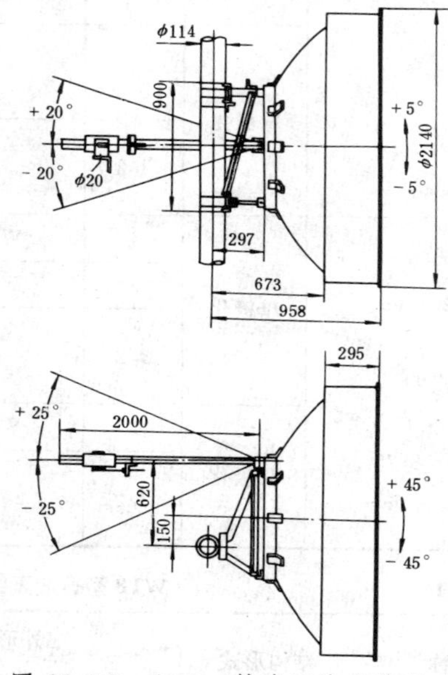

图 29-5-5　ϕ2.0m 挂式天线安装尺寸

三、WTG 型微波天线

(一) 简介

WTG 型微波天线是高性能微波天线，在反射面边缘加了一个圆柱体的防护罩，以降低不必要的后瓣电平，在需要压缩旁瓣和后瓣的线路中采用，后馈卡塞格兰天线采用短焦距设计来达到高性能的要求。

(二) 技术数据

(1) WTG 型微波天线的技术指标，见表 29-5-17～表 29-5-28。

(2) WTG 型微波天线的安装尺寸，参见图 29-5-2～图 29-5-7。

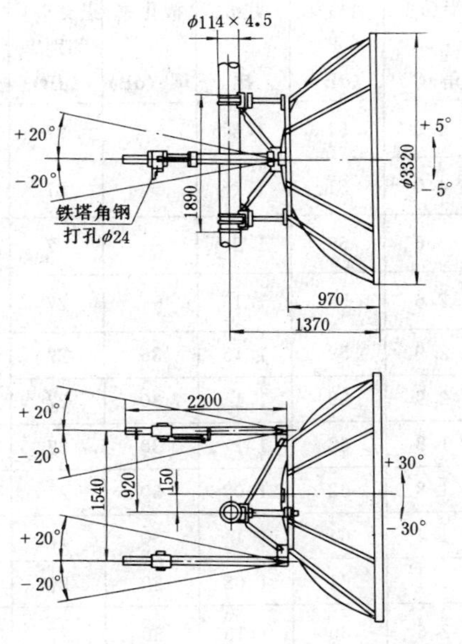

图 29-5-6　ϕ3.2m 挂式天线安装尺寸

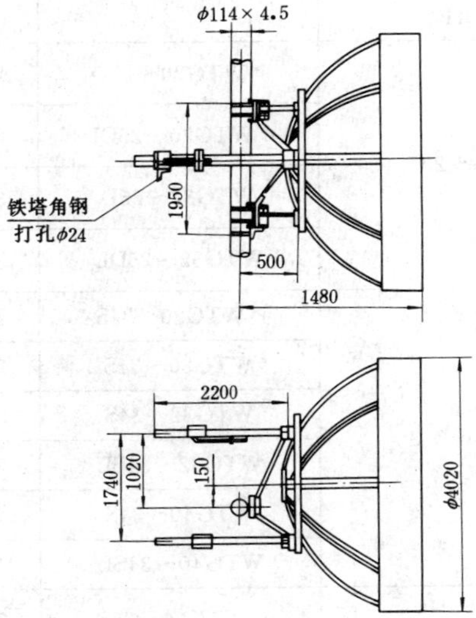

图 29-5-7　ϕ4.0m 挂式天线安装尺寸

表 29-5-17　**WTG 型微波天线技术指标**

频段 (GHz)	型号	直径 (m)	增益 (dB)	半功率角 (°)	前后比 (dB)	驻波比	极化去耦 (dB)	正交极化鉴别率 (dB)	馈电方式
1.427～1.535	*WTG20～14D	2.0	27.2	7.1	45	1.2	—	27	前
	*WTG20～14DL	2.0	27.2	7.1	45	1.15	—	27	前
	*WTG32～14D	3.2	31.3	4.4	51	1.2	—	27	前
	*WTG32～14DL	3.2	31.3	4.4	51	1.15	—	27	前
1.7～1.9	*WTG20～17D	2.0	28.8	58	48	1.2	—	27	前
	*WTG20～17DL	2.0	28.8	58	48	1.15	—	27	前
	*WTG20～17S	2.0	28.3	58	48	1.2	27	25	前
	*WTG32～17D	3.2	32.9	3.6	53	1.2	—	27	前
	*WTG32～17DL	3.2	32.6	3.6	53	1.15	—	27	前
	*WTG32～17S	3.2	32.4	3.6	52	1.2	27	25	后
1.9～2.3	WTG20～19D	2	30.2	5	50	1.2	—	27	前
	*WTG20～19DL	2	30.2	5	50	1.15	—	27	前
	*WTG20～19S	2	29.6	5	50	1.2	27	25	前
	*WTG32～19D	3.2	34.4	3.1	54	1.2	—	27	前
	*WTG32～19DL	3.2	34.4	3.1	54	1.15	—	27	前
	*WTG32～19S	3.2	33.7	3.1	54	1.2	27	25	后
	WTG40～19D	4.0	35.9	2.5	56	1.2	—	25	后
	WTG40～19S	4.0	35.7	2.5	56	1.2	27	25	后

续表 29-5-17

频段 (GHz)	型号	直径 (m)	增益 (dB)	半功率角 (°)	前后比 (dB)	驻波比	极化去耦 (dB)	正交极化鉴别率 (dB)	馈电方式
2.5～2.7	* WTG20～25D	2.0	32.3	4.0	51	1.2	—	27	前
	* WTG20～25DL	2.0	32.3	4.0	51	1.15	—	27	前
	WTG32～25D	3.2	36.2	2.6	55	1.2	—	27	前
	WTG32～25DL	3.2	36.2	2.6	55	1.15	—	27	前
3.4～3.8	* WTG20～34S	2.0	34.3	2.9	59	1.15	30	27	后
	* WTG20～34SL	2.0	34.3	2.9	59	1.1	30	27	后
	WTG32～34S	3.2	38.6	1.8	62	1.1	30	27	后
	WTG32～34SL	3.2	38.6	1.8	62	1.08	30	27	后
	WTG40～34S	4.0	40.5	1.4	64	1.1	30	27	后
	WTG40～34SL	4.0	40.5	1.4	64	1.08	30	27	后
3.8～4.2	* WTG20～38S	2.0	35.2	2.6	60	1.15	30	27	后
	* WTG20～38SL	2.0	35.2	2.6	60	1.1	30	27	后
	WTG32～38S	3.2	39.5	1.6	63	1.1	30	27	后
	WTG32～38SL	3.2	39.5	1.6	63	1.08	30	27	后
	WTG40～38S	4.0	41.5	1.3	65	1.1	30	27	后
	WTG40～38SL	4.0	41.5	1.3	65	1.08	30	27	后
5.925～6.425	WTG20～59D	2.0	39.7	1.7	62	1.08	—	30	后
	WTG20～59DL	2.0	39.7	1.7	62	1.07	—	30	后
	WTG20～59S	2.0	39.5	1.7	62	1.1	40	30	后
	WTG20～59SL	2.0	39.5	1.7	62	1.08	40	30	后
	WTG32～59D	3.2	43.8	1.0	67	1.08	—	30	后
	WTG32～59DL	3.2	43.8	1.0	67	1.07	—	30	后
	WTG32～59S	3.2	43.6	1.0	67	1.1	40	30	后
	WTG32～59SL	3.2	43.6	1.0	67	1.08	40	30	后
6.425～7.125	WTG20～64D	2.0	40.5	1.5	63	1.08	—	30	后
	WTG20～64DL	2.0	40.5	1.5	63	1.07	—	30	后
	WTG20～64S	2.0	40.3	1.5	63	1.1	40	30	后
	WTG20～64SL	2.0	40.3	1.5	63	1.08	40	30	后
	WTG32～64D	3.2	44.6	0.9	67	1.08	—	30	后
	WTG32～64DL	3.2	44.6	0.9	67	1.07	—	30	后
	WTG32～64S	3.2	44.4	0.9	67	1.1	40	30	后
	WTG32～64SL	3.2	44.4	0.9	67	1.08	40	30	后

续表 29-5-17

频　段 (GHz)	型　　号	直径 (m)	增益 (dB)	半功率角 (°)	前后比 (dB)	驻波比	极化去耦 (dB)	正交极化鉴别率 (dB)	馈电方式
7.125～7.725	WTG20～71D	2.0	41.3	1.4	64	1.08	—	30	后
	WTG20～71DL	2.0	41.3	1.4	64	1.06	—	30	后
	WTG20～71S	2.0	41.1	1.4	64	1.1	40	30	后
	WTG20～71SL	2.0	41.1	1.4	64	1.08	40	30	后
	WTG32～71D	3.2	45.4	0.8	68	1.08	—	30	后
	WTG32～71DL	3.2	45.4	0.8	68	1.06	—	30	后
	WTG32～71S	3.2	45.2	0.8	68	1.1	40	30	后
	WTG32～71SL	3.2	45.2	0.8	68	1.08	40	30	后
	WTG40～71D	4.0	46.9	0.7	70	1.10	—	30	前
	WTG40～71DL	4.0	46.9	0.7	70	1.08	—	30	前
	WTG40～71S	4.0	46.7	0.7	70	1.1	40	30	前
	WTG40～71SL	4.0	46.7	0.7	70	1.08	40	30	前
7.725～8.275	WTG20～77D	2.0	41.5	1.3	64	1.08	—	30	后
	WTG20～77DL	2.0	41.5	1.3	64	1.06	—	30	后
	WTG20～77S	2.0	41.3	1.3	64	1.1	40	30	后
	WTG20～77SL	2.0	41.3	1.3	64	1.08	40	30	后
	WTG32～77D	3.2	46	0.8	68	1.08	—	30	后
	WTG32～77DL	3.2	46	0.8	68	1.06	—	30	后
	WTG32～77S	3.2	45.8	0.8	68	1.1	40	30	后
	WTG32～77SL	3.2	45.8	0.8	68	1.08	40	30	后
8.2～8.5	WTG20～$\genfrac{}{}{0pt}{}{82}{85}$D	2.0	42.4	1.1	65	1.08	—	30	前
	WTG20～$\genfrac{}{}{0pt}{}{82}{85}$DL	2.0	42.4	1.1	65	1.06	—	30	前
	WTG20～$\genfrac{}{}{0pt}{}{82}{85}$S	2.0	42.2	1.1	65	1.1	40	30	前
	WTG20～$\genfrac{}{}{0pt}{}{82}{85}$SL	2.0	42.2	1.1	65	1.08	40	30	前
8.5～8.75	WTG32～82D	3.2	46.5	0.8	68	1.08	—	30	后
	WTG32～82DL	3.2	46.5	0.8	68	1.06	—	30	后
	WTG32～82S	3.2	46.3	0.8	68	1.1	40	30	后
	WTG32～82SL	3.2	46.3	0.8	68	1.08	40	30	后

表 29-5-18 WTG 型微波天线技术指标(17_S^D型)

天线口径(m)		1.8	2.0	2.5	3.2	4.0
辐射性能		高性能				
天线型号		WTG18-17_S^D	WTG20-17_S^D	WTG25-17_S^D	WTG32-17_S^D	WTG40-17_S^D
前后比(180°±70°)(dB)		46	48	50	52	54
驻波比(max) R.L(dB)	单极化	1.20	1.15	1.15	1.10	1.10
	双极化	1.20	1.15	1.15	1.10	1.10
半功率波束宽度(DEG)		6.48	5.56	4.67	3.64	2.92
增益 (dB_i)	低端	27.0	23.0	30.0	32.2	34.2
	中心	27.6	29.0	30.5	32.7	34.6
	高端	28.1	29.0	31.0	32.9	35.0
交叉极化鉴别率(dB)		27	27	27	27	27
端口隔离(dB)		30	30	30	30	30
频段(GHz)		1.7~1.9				

表 29-5-19 WTG 型微波天线技术指标(19_S^D型)

天线口径(m)		1.8	2.0	2.5	3.2	4.0
辐射性能		高性能				
天线型号		WTG18-19_S^D	WTG20-19_S^D	WTG25-19_S^D	WTG32-19_S^D	WTG40-19_S^D
前后比(180°±70°)(dB)		48	50	52	54	56
驻波比(max) R.L(dB)	单极化	1.20	1.15	1.15	1.10	1.10
	双极化	1.20	1.15	1.15	1.10	1.10
半功率波束宽度(DEG)		5.56	4.76	4.40	3.13	2.50
增益 (dB_i)	低端	28.2	29.4	31.1	33.2	35.0
	中心	29.0	30.3	31.9	34.9	35.9
	高端	29.8	31.2	32.7	34.9	36.8
交叉极化鉴别率(dB)		27	27	27	27	27
端口隔离(dB)		30	30	30	30	30
频段(GHz)		1.9~2.3				

表 29-5-20　**WTG 型微波天线技术指标(34_s^D型)**

天线口径(m)		1.8	2.0	2.5	3.2	4.0
辐射性能		高性能				
天线型号		WTG18-34_s^D	WTG20-34_s^D	WTG25-34_s^D	WTG32-34_s^D	WTG40-34_s^D
前后比(180°±70°)(dB)		55	57	59	61	62
驻波比(max) R.L(dB)	单极化	1.08	1.08	1.07	1.06	1.06
	双极化	1.09	1.08	1.07	1.06	1.06
半功率波束宽度(DEG)		3.24	2.78	2.33	1.82	1.46
增益 (dB_i)	低端	33.1	34.5	36.0	38.1	40.0
	中心	33.7	35.0	36.6	38.7	40.6
	高端	34.2	35.6	37.2	39.2	41.1
交叉极化鉴别率(dB)		30	30	30	30	30
端口隔离(dB)		35	35	35	35	35
频段(GHz)		3.4～3.8				

表 29-5-21　**WTG 型微波天线技术指标(38_s^D型)**

天线口径(m)		1.8	2.0	2.5	3.2	4.0
辐射性能		高性能				
天线型号		WTG18-38_s^D	WTG20-38_s^D	WTG25-38_s^D	WTG32-38_s^D	WTG40-38_s^D
前后比(180°±70°)(dB)		56	59	61	63	64
驻波比(max) R.L(dB)	单极化	1.08	1.08	1.07	1.06	1.06
	双极化	1.03	1.08	1.07	1.06	1.06
半功率波束宽度(DEG)		2.92	2.50	2.10	1.64	1.31
增益 (dB_i)	低端	34.0	35.4	37.0	39.1	41.0
	中心	34.6	35.9	37.6	39.6	41.5
	高端	35.1	36.4	38.2	40.1	42.0
交叉极化鉴别率(dB)		30	30	30	30	30
端口隔离(dB)		35	35	35	35	35
频段(GHz)		3.8～4.2				

表 29-5-22　　WTG 型微波天线技术指标（59_S^D型）

天线口径(m)		1.8	2.0	2.5	3.2	4.0
辐射性能		高性能				
天线型号		WTG18-59_S^D	WTG20-59_S^D	WTG25-59_S^D	WTG32-59_S^D	WTG40-59_S^D
前后比(180°±70°)(dB)		60	62	65	67	68
驻波比(max) R.L(dB)	单极化	1.08	1.07	1.06	1.05	1.05
	双极化	1.08	1.06	1.07	1.06	1.06
半功率波束宽度(DEG)		1.89	1.62	1.36	1.06	0.85
增益 (dB_i)	低端	33.0	39.2	40.8	43.2	45.1
	中心	38.4	39.7	41.3	43.7	45.6
	高端	38.9	40.2	41.8	44.2	46.1
交叉极化鉴别率(dB)		30	30	30	30	30
端口隔离(dB)		40	40	40	40	40
频段(GHz)		5.925～6.425				

表 29-5-23　　WTG 型微波天线技术指标（64_S^D型）

天线口径(m)		1.8	2.0	2.5	3.2	4.0
辐射性能		高性能				
天线型号		WTG18-64_S^D	WTG20-64_S^D	WTG25-64_S^D	WTG32-64_S^D	WTG40-64_S^D
前后比(180°±70°)(dB)		62	63	65	67	69
驻波比(max) R.L(dB)	单极化	1.08	1.07	1.06	1.05	1.05
	双极化	1.08	1.08	1.07	1.06	1.06
半功率波束宽度(DEG)		1.72	1.48	1.24	0.97	0.77
增益 (dB_i)	低端	38.7	40.6	41.6	44.1	45.9
	中心	39.2	40.5	42.1	44.5	46.4
	高端	40.6	40.9	42.7	45.0	46.9
交叉极化鉴别率(dB)		30	30	30	30	30
端口隔离(dB)		40	40	40	40	40
频段(GHz)		6.425～7.125				

表 29-5-24　**WTG 型微波天线技术指标(71_s^D型)**

天线口径(m)		1.8	2.0	2.5	3.2	4.0
辐射性能		高性能				
天线型号		WTG18-71_s^D	WTG20-71_s^D	WTG25-71_s^D	WTG32-71_s^D	WTG40-71_s^D
前后比(180°±70°)(dB)		63	64	66	68	70
驻波比(max) R.L(dB)	单极化	1.08	1.07	1.06	1.06	1.06
	双极化	1.08	1.08	1.07	1.07	1.07
半功率波束宽度(DEG)		1.57	1.35	1.13	0.88	0.71
增益 (dBi)	低端	39.6	41.1	42.4	45.0	46.8
	中心	40.0	41.4	42.9	45.3	47.2
	高端	40.3	41.8	43.5	45.7	47.5
交叉极化鉴别率(dB)		30	30	30	30	30
端口隔离(dB)		40	40	40	40	40
频段(GHz)		7.125～7.725				

表 29-5-25　**WTG 型微波天线技术指标(77_s^D型)**

天线口径(m)		1.8	2.0	2.5	3.2	4.0
辐射性能		高性能				
天线型号		WTG18-77_s^D	WTG20-77_s^D	WTG25-77_s^D	WTG32-77_s^D	WTG40-77_s^D
前后比(180°±70°)(dB)		63	64	66	68	70
驻波比(max) R.L(dB)	单极化	1.08	1.07	1.06	1.06	1.06
	双极化	1.08	1.08	1.07	1.07	1.07
半功率波束宽度(DEG)		1.46	1.25	1.05	0.82	0.66
增益 (dB_i)	低端	40.2	41.7	43.0	45.6	47.5
	中心	40.6	42.0	43.5	46.0	47.9
	高端	40.8	42.3	44.0	46.2	48.1
交叉极化鉴别率(dB)		30	30	30	30	30
端口隔离(dB)		40	40	40	40	40
频段(GHz)		7.725～8.275				

表 29-5-26　　WTG型微波天线技术指标(82_s^D型)

天线口径(m)		1.8	2.0	2.5	3.2	4.0
辐射性能		高性能				
天线型号		WTG18-82_s^D	WTG20-82_s^D	WTG25-82_s^D	WTG32-82_s^D	WTG40-82_s^D
前后比(180°±70°)(dB)		64	65	67	69	70
驻波比(max) R.L(dB)	单极化	1.08	1.07	1.06	1.06	1.06
	双极化	1.09	1.08	1.07	1.07	1.07
半功率波束宽度(DEG)		1.38	1.18	0.99	0.77	0.62
增益 (dB_i)	低端	40.8	42.2	43.5	46.1	48.1
	中心	41.1	42.6	44.0	46.4	48.4
	高端	41.5	42.9	44.5	46.7	48.7
交叉极化鉴别率(dB)		30	30	30	30	30
端口隔离(dB)		40	40	40	40	40
频段(GHz)		8.275～8.75				

表 29-5-27　　WTG型微波天线技术指标(107_s^D型)

天线口径(m)		1.8	2.0	2.5	3.2	4.0
辐射性能		高性能				
天线型号		WTG18-107_s^D	WTG20-107_s^D	WTG25-107_s^D	WTG32-107_s^D	WTG40-107_s^D
前后比(180°±70°)(dB)		65	67	69	70	72
驻波比(max) R.L(dB)	单极化	1.08	1.07	1.07	1.07	1.07
	双极化	1.09	1.08	1.08	1.08	1.08
半功率波束宽度(DEG)		1.04	0.89	0.75	0.59	0.47
增益 (dB_i)	低端	43.2	44.4	46.1	48.5	50.3
	中心	43.6	44.8	46.5	48.5	50.7
	高端	44.0	45.2	46.9	49.3	51.1
交叉极化鉴别率(dB)		30	30	30	30	30
端口隔离(dB)		35	35	35	35	35
频段(GHz)		10.7～11.7				

表 29-5-28　**WTG 型微波天线技术指标(117_s^D型)**

天线口径(m)		1.8	2.0	2.5	3.2	4.0
辐射性能		高性能				
天线型号		WTG18-117_s^D	WTG20-117_s^D	WTG25-117_s^D	WTG32-117_s^D	WTG40-117_s^D
前后比(180°±70°)(dB)		65	67	69	70	72
驻波比(max) R.L(dB)	单极化	1.08	1.07	1.07	1.07	1.07
	双极化	1.09	1.08	1.08	1.08	1.08
半功率波束宽度(DEG)		0.96	0.83	0.69	0.54	0.43
增益 (dB_i)	低端	44.0	45.2	46.9	49.1	51.0
	中心	44.3	45.5	47.2	49.1	51.4
	高端	44.7	45.8	47.6	50.0	51.8
交叉极化鉴别率(dB)		30	30	30	30	30
端口隔离(dB)		35	35	35	35	35
频段(GHz)		11.7～12.5				

(三) 使用条件

WTG 型微波天线的使用条件在风速 35m/s 下正常工作，在 55m/s 下不产生塑性变形。天线的环境温度−40℃～+55℃。

(四) 生产厂

邮电部西安微波设备厂（表 29-5-17 的产品），机械电子部第三十九研究所（表 29-5-18～表 29-5-28 的产品）。

四、微波馈线及分路系统

(一) 简介

馈线和分路系统是微波接力通信的重要组成设备。馈线是连接在天线和分路系统间的传输线，不仅要完成能量的传输，并且起到收发信号的分离与合成作用，保证其足够的隔离度。分路系统则主要完成各波道信号的分离与合成作用。

根据各微波通信系统的不同要求，馈线和分路系统可以灵活地组成各种连接形式，如：双极化工作，单极化工作，极化复用以及端站，中继站、分集接收等多种形式。

馈线和分路系统各种连接方式同时适用于数字和模拟二种微波通信系统。

目前分路系统主要由分路滤波器、环行器、匹配负载组成。

2GHz 以下频段的馈线和分路系统采用同轴型的电缆和器件。馈线主要用 SDV-75-37-3 型同轴电缆，4GHz 以上频段大量采用椭圆波导、矩型和圆波导管等。

馈线分双极化和单极化二种。双极化分路和馈线系统用极化分离器分离收发信号，其收发去耦度取决于极化分离器的极化去耦度。单极化分路馈线系统用频率分离收发信号，其收发去耦度取决于环行器的隔离度、滤波器特性以及馈线的反射损耗。

极化复用实际上是两种形式的组合。奇数波道和偶数波道分别使用一套单极化后，再合成双极化系统，虽在分路中要增加相应的带阻滤波器，但可以节省一套天线。

(二) 技术数据

(1) SDV-75-37-3 型同轴电缆的衰耗为 0.05 dB/m。

(2) 正交极化隔离度或单极化收发隔离度≥30dB。

(3) 波导馈线的性能指标见表 29-5-29。

(三) 使用条件

(1) 温度为−40～+50℃。

(2) 波导内充干燥空气 29.4kPa，保持 24h 应不低于 9.8kPa。

表 29-5-29　　　　波导馈线性能指标

型号		WBT 3.6—01		WBT 4—01		WBT 6.2—01		WBT 6.5—01		WBT 7.4—01		WBT 8—01		WBT 8.5—01	
		A	B	A	B	A	B	A	B	A	B	A	B	A	B
频段(GHz)		3.4～3.8		3.8～4.2		5.925～6.425		5.925～7.125		7.125～7.725		7.725～8.2		8.2～8.75	
驻波比	S80	1.06	1.08	1.06	1.08	1.06	1.08	1.06	1.08	1.06	1.08	1.06	1.08	1.06	1.08
	S100	1.10	1.15	1.10	1.15	1.10	1.15	1.10	1.15	1.10	1.15	1.10	1.15	1.10	1.15
衰耗(dB/m)		≤0.04		≤0.045		≤0.06		≤0.07		≤0.075		≤0.08		≤0.085	
护套外形尺寸(mm)	长轴	81.7		72.2		55.5		50.3		44.1				41.7	
	短轴	52		47.8		32.5		29.4		27.3				24.7	
质量(kg/m)		2.2		1.8		1.4		1.12		0.8				0.6	
E 面一次性弯曲最小半径(mm)		600		600		500		450		400				350	
H 面一次性弯曲最小半径(mm)		1500		1500		1400		1300		1100				950	
允许 E 面多次卷绕直径(mm)		≥1800		≥1800		≥1600		≥1500		≥1400				≥1400	
拉　　力(kg)		50		50		40		35		30				24	
扭转(度/m)		≤1.0		≤1.0		≤1.2		≤1.5		≤2.0				≤2.5	

注　没有特殊要求，使用频段 5.925～6.425 时应优先选用 WBT6.5～01 型。拉力 1kg≈9.8N，全书同。

(3) 相对湿度为 98%。

(四) 分路系统性能指标

(1) 所有分路口及反射损耗大于 26.5dB。

(2)所有插入损耗，为按信号所通过的环形器臂数与其它波导器所标称损耗的累加。环行器每臂损耗小于 0.3dB。波导低通滤波器插入损耗小于 0.4dB。

(五) 生产厂

邮电部西安微波设备厂，邮电部北京通信设备厂。

五、QWM06 型误码率测试仪

(一) 简介

PCM 通信中信号以数字形式进行传输，其优点是可以连续再生，噪声不累积，因而抗干扰能力较强。但系统中存在的一些较强的内部或外部的伤害(串话、拨号脉冲、固有噪声等)常常会引起误码，影响传输质量。因此，误码率常被用作衡量数字传输通道质量的主要指标。其定义是

$$误码(比特)率=\frac{收到的错误比特数}{收到的总比特数}$$

测量误码率时，将一具有良好统计特性的图案馈入传输通道的数字接口点，在收端用误码检测器对收到的图案进行鉴别，并用一相同图案与其同步，进行逐比特比较，将错误的码子识别出来，以误码率或误码总数的形式加以显示。

此外，数据通信愈来愈多地获得应用，此种系统中和 PCM 通信一样也需要测量误码率。

该仪表即主要为 PCM 及数据通信而设计，可应用于此等设备的研制、生产、安装、维护、修理工作中。主要功能有误码率测量、误码计数、频率测量。

该仪表的发送和接收部分合装于一箱内，主要调整系收、发统调方式，操作简便。测量结果采用五位 LED 数码管显示，小数点及误码率指数自动标定。

该仪表的码率范围较宽，采用内时钟时有 704、2048、8448kbit/s，可适用于 PCM 子群 (10 路系统)、一次群、二次群。采用外时钟时低端可至 48kbit/s，适应数据传输的测试需要，

该仪表的测试图案有帧长为 2^9-1bit 及 2^{15}-1bit 两种伪随机序列及…1010…、…10001000…(最低功率密度的 HDB_3 码) 两种周期性序列。此外，还设有 16bit 的自由编程人工码，2^9-1bit 序列是 CCITT 推荐作数据传输测试用的，它具有较好的统计特性。16bit 人工码可用于一些基本的测试中。

该仪表具有较好的接口性能；在阻抗方面有 120Ω 的平衡输入、输出；75Ω 的不平衡输入、输出。在码型方面有 NRZ、RZ、AMI (1/1)、AMI (1/2)、HDB_3 码。

此外，该仪表还具有下列重要特点：

(1) 误码分析功能：可以分别测试总误码及偏误码。测试偏误码可以确定是正脉冲侧还是负脉冲侧误码，是增码还是减码，这在再生中继器查找故障时特别有用。

(2) 图案插“0”功能：可以对伪随机及周期性序列附加插“0”，以增大连“0”数，用以测试时钟抽取电路承受长连“0”串的能力。

(3)插误码功能：可以在发码中插入几种误码率确

定的误码，用作测试前校核仪器本身或验证测试结果的正确性。此外，还可作为某些测试的信号源。

(4)频率测量功能：此功能是在误码测试现有电路的基础上增加少量器件而成的，测量数字通信设备的时钟频率极为方便，一机多用，不必另购频率计数器。

(二) 技术数据

1. 发送部分

(1) 内时钟频率：704、2048、8448kHz，容差(在固定位置) $\pm30\times10^{-6}$。

(2) 内时钟调偏范围：宽于或等于 $\pm50\times10^{-6}$。

(3) 外时钟频率范围：48～8500kHz。

(4) 外时钟输入阻抗：标称值 75Ω，反射衰耗＞20dB。

(5) 外时钟输入电压 $V_{P\text{-}P}$：正弦波或矩形波 1～4V。

(6) 图案：

PN 码	2^{15}—1bit（最长连“0”15 个）
	2^{9}—1bit（最长连“0”9 个）
周期性码	…1000 1000…
	…1010…
人工码	16bit（任意编程）

(7) 插“0”：每帧多次插“0”，插“0”数 m＝8、16、32、64，人工码不插“0”。

(8) 插误码：误码率分别为 1×10^{-3}、1×10^{-4}、1×10^{-5}、1×10^{-6}。

(9) 平衡输出特性出：

1) 码率范围：500～8500kbit/s。

2) 阻抗及反射衰耗：标称值 120Ω，反射衰耗 500～2000kHz 时＞20dB，2～8.5MHz 时＞16dB。

3) 输出波形：矩形。

4) 输出脉冲幅度：120Ω 纯电阻上 3V＋10%。

5) 输出脉冲宽度：〔AMI (1/2) 或 HDB_3 码半幅值处〕

2048kbit/s	244ns±30ns
8448kbit/s	59ns±6ns

6) 输出脉冲前后沿：10%～90%幅值处≤20ns。

(10) 不平衡输出特性：

1) 码率范围：48～8500kbit/s。

2) 阻抗：标称值 75Ω。

3) 反射衰耗：48～2000kHz 时＞20dB，2～8.5MHz 时＞16dB。

4) 输出波形：矩形。

5) 输出脉冲幅度：75Ω 纯电阻上 2.37V±10%。

6) 输出脉冲宽度：〔RZ. AMI (1/2) 或 HDB_3 码半幅值处〕

2048kbit/s	244ns±30ns
8448kbit/s	59ns±6ns

7)输出脉冲前后沿：(10%～90%幅值处)≤20ns。

(11) 码型：

平衡输出　AMI (1/2) . AMI (1/1) . HDB_3

不平衡输出　RZ. NRZ. AMI (1/2) . AMI (1/1) . HDB_3

(12) 触发输出：宽度 1bit 的正脉冲、PN 码及人工码每帧 1 个脉冲，周期性图案不插“0”时每帧 1 个脉冲，周期性图案插“0”时视插“0”数而定。

2. 接收部分

(1) 内部再生时钟(与发送部分统调)：704、2048、8448kHz。

(2) 时钟再生器同步范围：宽于 $\pm4\times10^{-2}$。

(3) 外时钟输入：

1) 频率范围：48～8500kHz。

2) 输入阻抗及反射衰耗：标称值 75Ω，反射衰耗 48～2000kHz 时＞20dB，2～8.5MHz 时＞16dB。

3) 输入电压范围 U_p：1～4V。

4) 最大允许输入电压 U_{rms}：4V。

(4) 平衡输入特性：

1) 码率范围：500～8500kbit/s。

2) 码型：AMI (1/2)、AMI (1/1)、HDB_3。

3) 阻抗及反射衰耗：标称值 120Ω，反射衰耗 500～2000kHz 时＞20dB，2～8.5MHz 时＞16dB。

4) 输入脉冲幅度：正常 1～4V，灵敏 30MV～1V。

5) 最大允许输入电压 U_{rms}：4V。

(5) 不平衡输入特性：

1) 码率范围：48～8500kbit/s。

2) 码型：RZ、NRZ、AMI (1/2)、AMI (1/1)、HDB_3。

3) 阻抗及反射衰耗：标称值 75Ω，反射衰耗 48～2000kHz 时＞20dB，2～8.5MHz 时＞16dB。

4) 输入脉冲幅度：同平衡输入。

5) 最大允许输入电压 U_{rms}：同平衡输入。

(6)“中断”指示：正常状态输入幅度＜1V 灯亮，灵敏状态输入幅度＜30mV 亮。

(7)“失步”指示：误码率＞1.25×10^{-2}时灯亮。

(8) 误码分析：可测总误码、正脉冲增码、正脉冲减码、负脉冲增码、正脉冲减码。

(9) 频率测量：

1) 测量范围：10Hz～10MHz。

2) 测量误差：在 $\pm5\times10^{-6}\pm1$ 个数字之内。

3) 测量灵敏度：100mU_{rms}。

4) 输入波形：正弦波或脉宽＞40ns 的脉冲。

5)输入阻抗及反射衰耗：同发射部分外时钟输入。

(10) 读出:

1) 显示器：5位7段LED数码管。

2) 误码率显示方式：3位数字，小数点及指数浮动。

3) 误码率显示范围：

$\geqslant 10^{-7}$档 $1\times10^{-7}\sim9.99\times10^{-3}$，

$\geqslant 10^{-8}$档 $1\times10^{-8}\sim9.99\times10^{-4}$。

4) 误码计数容量：1～99999。

5) 频率显示范围：×0.1档 0.1～9999.9kHz，×0.001档 0.001～99.999kHz。

(11) 图案及插"0"(与发送部分统调)：同发送部分。

3. 供电电源

(1) 电源电压为交流 220V±10%，频率 50Hz ±5%。

(2) 电源功耗为 25VA。

(三) 工作条件

(1) 环境温度：5～40℃。

(2) 相对湿度：≤80%（+25℃）。

(3) 大气压力：70～106kPa。

(四) 外形尺寸

QWM06 型误码率测试仪的外形尺寸为 440×360×144（宽×深×高，mm)。

(五) 生产厂

重庆通信设备厂。

六、BER系列误码分析仪

(一) 简介

BER系列误码分析仪是数字通信30路、120路、480路系统中重要的测试仪器之一，它是生产、科研、维护部门的标准测量仪器。它的特点是采用大规模集成电路，整机功耗低，温升低，机内不配风扇，能长时间工作，此外，接收部分采用单片微机系统，自动测量并打印结果。它体现了我国目前误码仪的先进水平。

误码仪由发送单元、接收单元组成(含电脑分析)，可以端对端测试，也可用于系统的环路测试。

微机系统能将测试结果分析处理，可测误码分布、误码率、误码秒、无误码秒、严重误码秒、劣化分及系统可利用率，这些数据可显示，也可根据用户需求自动随时打印。

该系列仪器采用薄膜面板，轻触开关，操作简单可靠，手感舒适。仪器为一套二件，单件重量轻，有便携式包装，方便携带。

(二) 型号含义

BER—误码仪代号。

目前以 BER_2-3、BER_3-4 型为主。

BER_2-3 下标数字表示二次群误码仪的第三代产品；BER_3-4 下标数字表示三次群第四代产品。

(三) 技术数据

1. 发送单元

(1) 发送单元系统示意图见图 29-5-8。

(2) 主时钟：2048kbit/s ± 50ppm、8448kbit/s ±30ppm、34368kbit/s±20ppm。

(3) 外时钟输入的频率范围为 1kbit/s～50Mbit/s，阻抗为 75Ω，幅度为 1V～3V，占空比为 50%±10%。

(4)图案人工码为16bit 任意定，伪随机码为 2^{15}～1、2^{23}～1。

(5) 插零：0、8、16、24、32、40、48、56、64。

(6) 不平衡输出为 HDB_3 和 AMI 码，电平为 2.73V（30路、120路用），1V（480路用）、脉冲波形符合 CCITTG703 输出口规范。正负脉冲宽度比为 0.95～1.05，正负脉冲幅度比为 0.95～1.05。

R2. NRI 码的幅度为 TTL 高电平≥2.37V，低电平≤0.5V，阻抗为 75Ω。

平衡输出 HDB_3 和 AMI 码（2048kb/s）电平为 3V，正负脉冲宽度比为 0.95～1.05。

2. 接收单元

(1) 接收单元系统示意图见图 29-5-9。

(2) 比特率为 32kbit/s、512kbit/s、1024kbit/s、2048kbit/s、8448kbit/s、34368kbit/s。

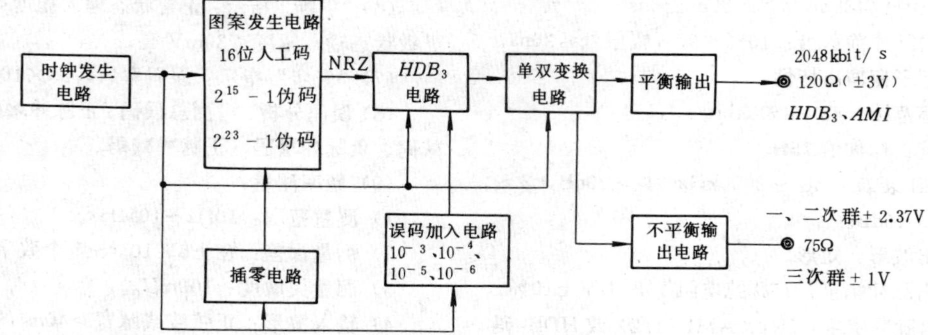

图 29-5-8 BER系列误码分析仪发送单元系统示意图

(3)打印功能有少码数、少码率、多码数、多码率、总误码数。

总误码率、无误码输出时，停止打印。打印的同时，打印出年、月、日、时、分、秒（年、月、日每小时打印一次）。

(4) 任意时间段内不同指数误码率的统计值，并打印出该时间段。

(5) 显示功能：可分别显示误码秒或误码率。

3. 供电电源

BER 系列误码分析仪的供电电源为交流 220V ±10%，50Hz，电源功耗约 30W。

(四) 外形尺寸

BER 系列误码分析仪的标准机箱为 440×360×120（宽×深×高，mm）。

(五) 生产厂

柳州电子技术研究所。

七、QWM04 型一、二、三次群误码分析仪

(一) 简介

QWM04 型一、二、三次群误码分析仪是数字通信系统中十分重要的测试仪表，除具有误码率测试仪的全部功能外，还增加了误码秒、无误码秒、无误码秒率、系统可利用率等项目的测试(均系 CCITT 的规范)，对误码进行分析和判别。该仪表全部功能的实施和对测试结果的分析、处理，均由微处理机进行，因而具有操作简单、功能性强、显示和打印清晰直观、仪表稳定性好、测试和分析准确度高等优点。

该仪表适用于微波、光纤、同轴电缆等一切形式的数字通信系统的测试，以及工厂、大专院校及科研单位对数字通信系统的研制和调测。

(二) 技术数据

1. 发送单元

(1) 比特速率：

内时钟　2.048Mbit/s±50ppm

8.448Mbit/s±30ppm

34.368Mbit/s±20ppm

外时钟　lkbit/s～50Mbit/s

(2) 测量图案：

伪随机码　$2^{15}-1=32767$ (bit)

$2^{23}-1=8388607$ (bit)

人工码　16 位，2×8 位

插零　0～120/每步 8bit

(3) 输出：

双极信号　AMI，HDB_3

单极信号　RZ，NRZ

2. 接收单元与控制器

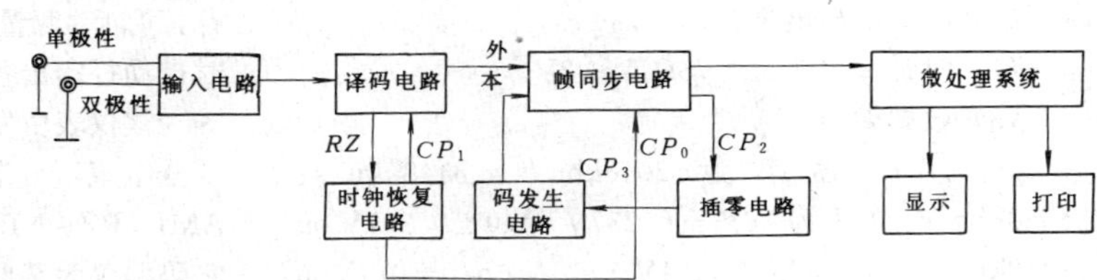

图 29-5-9　BER 系列误码分析仪接收单元系统示意图

(1) 时钟恢复率：2.048Mbit/s，8.448Mbit/s，34.368Mbit/s。

(2)测试图案：除了 2×8 人工码之外同发送单元。

(3) 输入信号：AMI，HDB_3，RZ。

(4) 误码测量和分析：误码率，误码数，误码秒，无误码秒，无误码秒率，系统可利用率。

3. 供电电源

QWM04 型一、二、三次群误码分析仪的供电电源为交流 220V±10%，50Hz。

(三) 生产厂

邮电部北京仪表研究所。

八、QWM05 型二、三、四次群误码率测试仪

(一) 简介

QWM05 型二、三、四次群误码率测试仪是微机控制的数字微波系统、数字复用设备及光纤通信系统的主要测试设备。

该仪表工作频带宽，可分别测试数字通信的二、三、四次群，即 8.443Mbit/s、34.368Mbit/s、139.264Mbit/s，外时钟工作速率可达 150Mbit/s。有同时输出四路伪随机码的特点，特别适用于数字微波，可供四相调制、八相调制以及 16 幅度正交调制(4PSK、8PSK、16QAM)。具有小信号监测系统，可对大容量光纤通信系统、同轴电缆系统长时间误码率监测。采用微机技术，进行数据处理，具有一定的智能功能，备有 GP-IB 接口和自动打印记录功能。采用微机技术的二、三、四次群误码率测试仪在 1985 年通过国家鉴定，所有指标和性能完全符合 CCITT 相关规定。

(二) 技术数据

1. 发送单元

(1) 内时钟：

2048kHz±50ppm，8448kHz±30ppm，34368kHz ±20ppm，139264kHz±15ppm。

(2) 内时钟调偏：±100ppm（2048，8448，34368kHz），±50pmm（139264kHz）。

(3) 外时钟频率：50kHz～150MHz。

(4) 外时钟电平：1～3Vppm。

(5) 外时钟接口：BNC，75Ω。

(6) 时钟输出电平：ECL。

(7) 时钟输出接口：75Ω至－2V。

(8) 数据输出：

1) HDB_3 速率为 2048kbit/s、8448kbit/s、34368kbit/s；电平为2.37±0.237V op/0±0.237V op (2048kbit/s，8448kbit/s)、1V±0.1V op/0±0.1Vop (34368kbit/s)；接口为BNC，75Ω。

2) AMI速率为139264kbit/s；电平为1±0.1Vpp；接口为BNC，75Ω。

3) NRZ、RZ速率为50kb/s～150Mbit/s；电平为ECL；接口75Ω，接至－2V。

9) 图案：伪随机码 (PRBS) $2^{15}-1$、$2^{23}-1$bit，人工码 (WORD) 16bit可编程，交替码 (ALT) 2×8bit。

(10) 插错：1×10^{-3}单个。

2. 接收部分

(1) 数据输入：

1) HDB_3 速率为 2048kbit/s、8448kbit/s、34368kbit/s；接口为BNC，75Ω到地。

2) AMI速率为139264kbit/s；接口为BRC，75Ω到地。

3) NRZ、RZ速率为50kbit/s～150Mbit/s；电平为ECL；接口为75Ω，接至－2V。

(2) 时钟输入频率为50kHz～150MHz；电平为ECL；接口为75Ω，接至－2V。

(3) 伪随机码图案 (PRBS) 为$2^{15}-1$、$2^{23}-1$bit；人工码 (WORD) 为16bit，可编程；交替码 (ALT) 为2×13bit。

3. 测试项目

测试项目为误码率、误码数、误码秒、无误码秒、严重误码秒、次分率、无误码秒率、系统可利用率。

4. 供电电源

QWM05型误码率测试仪的供电电源为交流220V±10%，50Hz。

(三) 外形尺寸

QWM05型误码率测试仪的外形尺寸为188×440×400 (高×宽×深，mm)。

(四) 生产厂

邮电部北京仪表研究所。

九、KYZW-90型三次群误码分析仪

(一) 简介

KYZW-90型三次群误码分析仪是PCM一、二、三次群系统的主要维护仪表之一，它适用于PCM端机和微波、光纤、卫星、同轴电缆、对称电缆等传输方式数字通信系统的端对端和环路测试。

该仪表引进日本美国高速集成电路及智能化设计，可自动测量，自动对传输质量进行分析评价，并定时自动打印出各种指标的测试结果。

该仪表由发送单元、接收单元和电脑控制单元三部分组成，分装在两个机箱内。输出码型有HDB_3、AMI、RZ、NRZ等四种 (HDB_3码为主测试码型，其它码型仅为某些特殊需要而设的备用码型)。为了检测仪器本身，又设有误码插入功能。并且有16位任意设定的人工码、$2^{15}-1$及$2^{23}-1$的伪随机码。

测试结果可由数码管显示或由打印机打印出来。显示项目有每秒瞬时误码率、误码秒、严重误码秒。打印项目有误码指标、误码分布、平均误码率。

该仪表的所有指标符合CCITT G703，O151，G821相关规定。可用于国内或国际通信网。

(二) 技术数据

1. 发送单元

(1) 内时钟速率：2.048Mbit/s ± 50×10^{-6}、8.448Mbit/s±30×10^{-6}、34.368Mbit/s±20×10^{-6}。

(2) 外时钟输入：

频率范围　1kbit/s～40Mbit/s

阻抗　75Ω (电阻性)

幅度　1～3V

输入波形　占空比50±10%的方波或正弦波

(3) 伪随机码 (PRBS) 图案：

$2^{15}-1=32767$ (bit)、$2^{23}-1=8388607$ (bit)。

(4) 人工码图案：16bit任意设定。

(5) HDB_3和AMI码输出电平为±2.37V (30路、120路)、±1V (480路)。脉冲波形符合CCITT G703相关规定，测试负载阻抗为75Ω，正负脉冲幅度比为0.95～1.05，正负脉冲宽度比为0.95～1.05。

(6) RI、WRZ输出幅度为TTL高电平≥2.3V，低电平≤0.3V，ECL电平≥1V (34.368Mbit时使用)。

(7) 误码插入为10^{-3}、10^{-4}、10^{-5}、10^{-6}。

2. 接收单元

(1) 接收单元的时钟、图案、码型，均与发送单元相同，输入接口指标符合输出接口指标。

(2) 误码分析输出：每秒误码率、平均误码率、误码要布、误码秒 (误码秒率)、无误码秒 (无误码秒率)、严重误码秒 (严重误码秒率)、劣化分 (劣化分率)、可用时间 (系统可利用率)。

3. 电脑控制单元

完成各项控制、显示、打印功能。

(三) 生产厂

广西柳州科学仪器研究所研制。

十、QWM11型误码检测器、QXF11型码型发生器

（一）简介

QWM11 型误码检测器和 QXF11 型码型发生器组成误码率测试仪，适合各种数字通信和 PCM 数字电话系统的误码测量，共输出和输入码型有四种（NRZ、RZ、AMI、HDB_3）。

该仪器有两种伪随机码序列（2^9-1 和 $2^{15}-1$），还提供了 16 位任意规则码（即人工码），循环周期短。每 16 码元循环一次，便于示波器上观察和测试。

该仪器配有插零电路，按动插零开关可选择所需之长“0”串。仪器还有外调相调制电路，在需要时，可加入 10Hz-200kHz 调相信号，使输出码型产生相位抖动。

该仪器备有外时钟输入接头，当时钟开关置于“外”时，可接入 1000kbit/s～2100kbit/s 的外时钟信号（正弦波或方波），可以从时钟接头获得 1000kbit/s～2100kbit/s 的方波时钟信号。

QXF11 型码型发生器还可以单独作为信号发生器，在 QXF11 型码型发生器中还设置了 $\frac{1}{1000}$ 误码，可以方便地调测再生中继器等。

（二）技术数据

1. 一般性能

（1）时钟速率 2048kbit/s 的稳定度 $\pm30\times10^{-6}$/日，内时钟可调偏 $\pm50\times10^{-6}$，外时钟输入频率范围为 1000kbit/s～2100kbit/s，外时钟输入幅度为（V_{0-P}）对称方波＞2V，正弦波有效值＞1V，阻抗 75Ω。

（2）人工码图形为 16bit/s，伪随机码为 29－1bit/s、$2^{15}-1$bit/s，插零数（每帧单次或多次插零数）为 0.8、16、24、32、40、48、56、64。

（3）不平衡输出或输入阻抗 75Ω，脉冲宽度占空比为 5%±10%，码型为 NRZ、RZ、AMI、HDB_3，波型符合 CCITT 相关规定，幅度为（V_{0-P}）±2.37V±10%（输入为±20%）。

（4）平衡输出或输入阻抗 120Ω±10%，脉冲宽度占空比 50%±10%，码型为 AMI、HDB_3，波型符合 CCITT 样板，幅度为（V_{0-P}）±3V±10%（输入为±2.37V±20%）。

（5）外部相位调制的输入阻抗＞10kΩ，灵敏度 10/10mV，调制频率范围 10Hz～200kHz，最大相抖为±60°。

（6）误码插入为每 1000 码元插入一个误码或误码率为 1×10^{-3}。

（7）信号输出：时钟输出为触发输出（TTL 电平），数码输出为 WR2（图样 TTL 电平）。

（8）误码检测种类有多码、少码、总误码、自检（$\frac{1}{1000}$误码）；允许最高误码率＜0.8%；检测最低误码率为 1×10^{-9}。

（9）计数器显示为五位数码显示，误码计数容量为 1～99999 个误码，误码率为倍乘 10^{-5}～10^{-9}（分 5 档）。

2. 供电电源

QWM11 型误码检测器和 QXF11 型码型发生器的供电电源为交流 220V±10%，50Hz。

（三）外形尺寸

（1）QXF11 型码型发生器的外形尺寸为 500×360×120（宽×深×高，mm）。

（2）QWM11 型误码检测器的外形尺寸为 500×360×120（宽×深×高，mm）。

（四）生产厂

邮电部上海通信设备厂。

十一、KYJH-90 型话路特性综合测试仪

（一）简介

KYJH-90 型话路特性综合测试仪是 PCM、ΔM、FDM 系统终端机的各种主要话路特性测量的仪表，主要有点电平、频率特性、量化失真、空噪和串话六项指标。

该仪器发生器和接收器合为一体，功能均按 CCITT 相关规定设计，并符合机电部有关数字通信测量标准中话路特性测试功能要求。

该仪器最大输出电平为＋11dB_m，接收最大灵敏度达－100dB_m以上。

（二）技术数据

1. 输出电平

（1）额定范围：－75.5～＋11dB_m。

（2）有效范围：－59～＋3dB_m。

（3）工作误差极限：0dB_m±0.2dB，其它各值为±3.5dB。

2. 电平按键分档范围及误差

（1）分档范围：－16.5/－16/－15.5/－15/－14.5/－14/－13.5/－13/－7.5/－7/－6.5/－6/－5.5/－5/－4.5/－4/－3.5/－3/－2.5/－2/－1.5/－1/－0.5/0/＋0.5/＋1/dB_r。误差 0.1dB。

（2）电平按键选择范围：＋10dB_{m0}～－50dB_{m0}，每档 10dB，0dB_{m0}～－9dB_{m0}，每档 1dB。误差±0.1dB。

（3）正弦波信号频率为 200、300、400、600、840、1010、2040、2400、2800、3000、3400、3600Hz。

标称工作极限为 f_0±1.2%，其中 1010Hz 为 1%。

频率特性以 1010Hz 为基准频率，在－10dB_m档、300～3400Hz 内，其频率特性误差极限为±0.1dB，200、3600Hz 为 0.2dB。总失真≤－50dB。

（4）输入相对电平 dB_r 开关分档及工作误差极限

为：

－9.5/－9/－8.5/－8/－7.5/－7/－6.5/－6/－5.5/－5/－4.5/－4/－3.5/－3/－2.5/－2/－1.5/－1/－0.5/0/＋0.5/＋1/＋3.5/＋4/＋6.5/＋7

以 $0dB_r$ 换档工作误差极限为±0.1dB

（5）电平 dB_{m0}工作误差极限，当 $dB_r=0$，电平为＋4～－56dB_{m0}时，以－10dB_{m0}为基准，工作误差极限为±0.1dB。

（6）正弦波信号加权法测量量化失真，当频率为840Hz 时，测试电平额定范围为－56～＋6dB_{m0}，有效范围－55～＋3dB_{m0}。信号/总失真测量范围为 0～50dB，信号/总失真测量工作误差极限为±0.8dB。

（7）电平测试范围为－60～＋6dB_m，测试信号频率为 840Hz，工作误差极限为±0.1dB（以－10dB_{m0}为基准，dB_r 保持不变）。

（8）频率特性测量范围为 200～360Hz，工作极限误差为±0.1dB（以 1010Hz 为基准，在－10dB_{m0}、0dB 时）。

（9）点电平测量范围为－70dB_m～＋11dB_m，其中 dB_{m0}为－56dB_{m0}～＋4dB_{m0}，dB_r 为－9.5dB_r～＋7dB_r。

频率范围为 200～3600Hz。

工作误差极限 0dB_{m0}为±0.25dB，其它各点在±0.35dB。

（10）空闲噪声测量符合 CCITT 相关规定，电平测量额定范围为－100～－40dB_{m0}，测量工作误差极限±1dB。

（11）路际串话与往串话测量通道选择性，当信号频率为 840±5Hz 时，电平衰耗小于或等于 0.3dB；当 840±7Hz 时，电平衰耗大于或等于 0dB。串话测量额定范围为－100～－40dB_{m0}。工作误差极限为±0.8 dB。

3. 供电电源

KYJH-90 型话路特性综合测试仪的供电电源为交流 220V±10%、50Hz，电源功耗≤25W。

（三）生产厂

广西柳州科学仪器研究所。

十二、HU19 型数字式话路特性测试仪

（一）简介

HU19 型数字式话路特性测试仪是通信设备和通信线路维护的主要仪表，它能测试 PCM、ΔM、FDM 系统终端机的点电平、频率特性、电平特性、路际串话、往返串话、空路噪声、量化失真等七项指标，并能作 10Hz～10MHz 的频率计使用。各项指标按 CCITT 相关规定设计。也可做为工厂、科研、线路施工等标准测量仪器。

（二）技术数据

1. 发生器部分

（1）输出阻抗、回波衰耗和平衡度：在 200～3600Hz 内，输出阻抗 600Ω，回波衰耗≥30dB。平衡度≥60dB。

（2）输出电平范围及误差极限：输出电平 dB_m＝dB_{m0}＋dB_r，有效范围－65.5～＋6dB_m，其中 dB_{m0}电平开关输出＋10dB～－59dB，步长 1dB。误差极限±0.1dB。

（3）输出正弦信号及误差极限：

1）频率：200、300、400、600、840、1010、1600、2040、2200、2400、2800、3000、3400、3600Hz。

2）误差极限：±1.2%，其中 840Hz 为±2Hz，1010Hz 为±1%。

3）频率特性：以－10dB、1010Hz 为准，200～3600Hz 内误差极限为±0.1dB。

4）总失真≤－50dB。

2. 接收器部分

（1）输入阻抗与回波衰耗、平衡度：在 200～3600Hz 内，输入阻抗 600Ω，回波衰耗≥30dB，平衡度≥60dB。

（2）电平开关档及误差极限：

1）dB_r 电平开关：自－9.5～＋7dB，步长 0.5dB，误差极限±0.1dB。

2）dB_{m0}电平开关：dB_r＝0dB 时，以－10dB_{m0}为准，在＋6～－56dB_{m0}间，工作误差极限为±0.1dB。

（3）正弦信号加权法测量量化失真：

1）测试信号频率：804～855Hz。

2）测试信号电平范围：－55～＋5dB_{m0}。

3）测试信号总失真定额范围：0～－42.5dB。

4）测试信号总失真误差极限：±0.8dB。

（4）电平特性测量：测试信号频率 840Hz，电平范围－58.5～＋8dB_m，工作误差极限±0.1dB。

（5）频率特性测量：在 200～3600Hz 内，测量范围－68～＋15dB_m；其测量误差，0dB_{m0}为±0.2dB，其它各点为±3dB。

（6）空路噪声测量（符合 CCITT 相关规定）：在－88.5～－22dB范围内，工作误差极限±1dB。

（7）路际串话和往返串话测量：在－88.5～－22dB_{m0}范围内，测量误差极限±1dB；在 840±5Hz 时，电平衰耗≤0.3dB；在 840±70Hz 时，电平衰耗≥20dB。

（8）频率计参数：

1）测量范围：10～10MHz。

2）分辨率：1Hz。

3）晶体振荡稳定度：10^{-5}Hz/日。

4）输入阻抗：1MΩ。

5）闸门时间：0.01、0.1、1、10s。

6）输入灵敏度：160mV。

7）输入信号形式：正弦波、三角波、脉冲波。

3. 供电电源

HU19 型数字式话路特性测试仪的供电电源为交流 220V±10%，50Hz。

（四）生产厂

广西柳州市电子技术研究所。

十三、PCM 话路特性测试仪

（一）简介

PCM 话路特性测试仪是 PCM 专用综合仪表，由发送器和接收器两部分组成。可测量量化失真、振幅特性、频率特性、空电路噪声、路际串话、各点电平等技术指标。

该仪器的主要特点是机内主要电路采用集成电路，信号源及指示设备的特性符合 CCITT 的相关规定，发送器和接收器有电平跟踪措施，有相对电平机构，省却了绝对电平—相对电平的换算。

（二）技术数据

1. 发送器部分

(1) 接口特性：相对电平可调至−16.5、−16、−15.5、−15、−14.5、−14、−13.5、−13、−7.5、−7、−6.5、−6、−5.5、−5、−4.5、−4、−3.5、−3、−2.5、−2、−1.5、−1、−0.5、0、+0.5、+1dB。

输出阻抗为 600Ω±10%（平衡）。

(2) 噪声信号特性近似高斯分布的随机噪声，带宽为 350～550Hz，谱线间隔约 10Hz，峰值因数为 2.9 (9.25dB)。

(3) 正弦信号特性频率为 300、420、500、600、840、1020、2040、2400、2500、2600、2800、2940、3200、3400Hz。频率误差，在 840Hz 时≤±1%，其它频率≤±1.2%，谐波衰耗≥50dB。

(4) 测试电平范围：总调节范围−56.1～+6.1dB_{m0}，粗调范围（每步 2dB）−56～+4dB_{m0}，细调范围（每步 0.1dB）−0.1～+2.1dB_{m0}。

(5) 测试电平误差：总误差≤±0.35dB，频响误差≤±0.1dB，在 0dB_{m0}及 0dB_r 时误差≤±0.2dB。

2. 接收器部分

(1) 接口特性的相对电平可调至下列各值：−9.5、−9、−8.5、−8、−7.5、−7、−6.5、−6、−5.5、−5、−4.5、−4、−3.5、−3、−2.5、−2、−1.5、−1、−0.5、0、+0.5、+1、+3.5、+4、+6.5、+7dB_r。输入阻抗为 600Ω±10%（平衡）。

(2) 测量项目及电平频率范围见表 29-5-30。

表 29-5-30　PCM 话路特性测试仪测量项目及电平频率范围

	测量项目	接收电平范围	频率范围
1	量化失真（−10lgS/Q）	信号电平范围 −58.6～+6dB_{m0} 信号/量化噪声化 −40～−10dB	信号 350～550Hz 量化噪声 800～3350Hz
2	振幅特性	−58.6～+6dB_{m0}	840±20Hz
3	频率特性	−58.6～+6dB_{m0}	300～4000Hz
4	测量点电平	−58.6～+6dB_{m0}	300～4000Hz
5	空电路噪声	−88.6～−24dB_{m0}	CCITT 噪声计衡重
6	路际串话	−88.6～−24dB_{m0}	840Hz±20Hz

(3) 测量误差：量化失真≤±0.5dB；振幅特性，相对电平固定，以−10dB_{m0}为基准，≤±0.1dB；频率特性，衰耗器位置固定，以 840Hz 为基准，≤±0.1dB；测量点电平，在 0dB 档为±0.25dB，在整个电平范围内为±0.35dB；路际串话，在−80～−24dB_{m0}内测试信号用 840Hz±1%时，≤±0.8dB。

3. 供电电源

PCM 话路特性测试仪的供电电源为交流 220V±10%，50Hz±4%。电源功耗 13VA（发送器）和 15VA（接收器）。

（三）外形尺寸

(1) 发送器尺寸为 100×440×360（高×宽×深，mm）。

(2) 接收器尺寸为 122×440×360（高×宽×深，mm）。

（四）生产厂

邮电部 515 厂。

十四、HWS3680 型驻波比测试仪

（一）简介

HWS3680 型驻波比测试仪是采用高增益低噪声运放为主要器件，以大表头作输出指示的精密测量仪器。它具有测量驻波比、插入耗损和选频放大微弱信号的功能。装有二个相同性能的输入端，既可分别使用，也可在桥式测量时一起使用。它具有交直流电源，可供室内、野外使用。因此，本机是微波科研、生产和教学单位必备的精密测试设备。

（二）技术数据

1. 放大器

(1) 二个输入通道 *A* 和 *B*，阻抗 1kΩ。

(2) 频率范围：800Hz～1200Hz 连续可调。

(3) 通带：20Hz～100Hz 连续可调。

(4) 灵敏度：*A* 和 *B* 满刻度 0.5μV 有效值。

(5) 噪声电平：—10dB（0.5μV输入，且输入端外接50Ω负载、宽带时）。

(6) 输入直流1V与表头指示相应，阻抗100kΩ。

2. 衰减器

(1) 粗档0～60dB，每10dB±0.5dB步进。

(2) 中档0～10dB，每1dB±0.05dB步进。

(3) 细档0～1dB，连续可调。

3. 表头刻度

(1) 正常驻波比1.0～∞、3.8～∞，dB范围0～—10dB。

(2) 扩展驻波比1.0～1.3，dB范围0～—22dB。

(3) 误差正常刻度为≤±5%。

4. 供电电源

HWS3680驻波比测试仪的供电电源为交流220V±10%，50Hz±1Hz；电源功耗<7W。直流±15V（5#干电池）；功耗<1W。

(三) 外形尺寸

HWS3680驻波测试仪的外形尺寸为180×320×260（高×宽×深，mm）。

(四) 工作条件

(1) 环境温度：0～40℃。

(2) 相对湿度：≤90%。

(3) 应避免外电磁场的干扰和机械振动的影响。

(五) 生产厂

杭州无线电三厂。

十五、YM4033型频谱分析仪

(一) 简介

YM4033型频谱分析仪用于分析和测量各种电信号参数，在通信、电视、广播等领域内应用广泛。

(二) 技术数据

(1) 频率范围：10MHz～1.8GHz。

(2) 中频带宽：1kHz～300kHz，误差≤±20%。

(3) 频谱宽度：200kHz～2000MHz，误差≤±10%。

(4) 灵敏度：—90dB_m（10kHz带宽）。

(5) 幅度频率响应：≤±2dB。

(6) 频率误差≤2%，频谱宽度+1%，中心频率±100MHz。

(7) 剩余响应：≤—90dB_m。

(8) 剩余调频：≤10kHz。

(9) 显示动态范围：≥70dB。

(三) 生产厂

上海无线电二十六厂。

十六、GX2B型小功率计

(一) 简介

GX2B型小功率计是频率测量范围为0.05～12.4GHz的微波功率测量仪，是微波通信设备维护的主要仪表。

(二) 技术数据

(1) 频率范围：0.05～12.4GHz。

(2) 功率测量范围：1μW～300mW。探头：T1为10mW，T2为100μW～100mW，T3为1mW～300mW。

(3) 电压驻波系数：≤1.5。

(4) 过载能力（1分钟）：T1为25mW，T2为200mW，T3为600mW。

(5) 指示器精度：±4%满刻度值±0.2μW（基准条件），±6%满刻度值±0.2μW（工作条件）。

(6) 指示器标准：≤0.5μW/1min。

(7) 校准因子换档误差：≤1%满刻度。

(8) 记录器输出满度1V，输出阻抗1kΩ。

(三) 外形尺寸

GX2B小功率计的外形尺寸为300×250×160（高×宽×深，mm）。

(四) 生产厂

上海无线电二十六厂。

十七、QXT01型一、二、三次群相位抖动分析仪

(一) 简介

QXT01型相位抖动分析仪由微机控制，可精确测定PCM一、二、三次群设备的相位抖动特性，广泛应用于同轴电缆、光纤、数字微波和卫星作为传输手段的大容量通信系统的科研生产和维护。

该仪器主要可以测试数字通信设备的固有抖动、抖动容限以及抖动传递函数，并且具有抖动测试结果的分析功能，包括抖动冲击数、抖动冲击秒、无抖动冲击秒、测试间隔内的最大抖动，所有测试结果除用数字显示外，还配有打印机自动打印。

该仪器的全部技术指标都符合CCITT0.171相关规定。该仪器还配有GP-1B接口，可与计算机或其它仪表构成自动测试系统。

(二) 技术数据

1. 相位抖动发生器

(1) 时钟指标为：

1) 内时钟频率范围及稳定度：

2048kHz	±50ppm
8448kHz	±30ppm
34368kHz	±20ppm

2) 外时钟频率范围及稳定度：

2048kHz	±50ppm
8448kHz	±30ppm
34368kHz	±20ppm

输入阻抗75Ω（不平衡）BNC，反射衰耗为20dB。

输入波形：占空比 50%方波或正弦波。

输入电平 1～3V（峰—峰）。

3）抖动时钟输出阻抗 75Ω（不平衡）BNC，反射衰耗为 20dB。

输出幅度 TTL 电平（高电平≥2V，低电平≤0.5V）。

固有抖动≤0.05V1（加 HP1/LP 滤波器）。

4）参考时钟输出 ECL 电平（不平衡），BNC50Ω/−2V。

（2）抖动数据输出比特率为 2048kHz、8448kHz、34368kHz；数据图案 1000 图案及通过数据加抖动；输出码型为 HDB_3；输出波形符合 CCITT G703 相关规定；阻抗为 75Ω（不平衡）BNC，反射衰耗≥20dB；固有抖动为 0.05V1（加 HP1/LP 滤波器）。

（3）抖动特性：

1）抖动对象为内时钟、外时钟、1000 图案、DHB_3。

2）抖动幅度及抖动频率的关系符合 CCITT0.171 相关规定。

（4）外调制信号的频率范围、输入阻抗、接口等符合 CCITT0.171 相关规定。

2. 相位抖动测试器

（1）时钟方式：

1）输入频率范围为 2048kHz±50pmm、8448kHz±30ppm、34368kHz±20ppm。

2）输入电平为 TTL 电平（高电平≥2V、低电平≤0.5V）。

3）输入口阻抗 75Ω（不平衡）BNC，反射衰耗≥20dB。

4）测试带宽符合 CCITT0.171 相关规定，见表 29-5-31。

5）测量精度见表 29-5-32。

表 29-5-31　相位抖动测试带宽

比特率（kHz）	抖动带宽（kHz）
2048	20～100
8448	20～400
34368	100～800

表 29-5-32　相位抖动测量精度

量　程	比特率（kHz）	附加误差 U1（峰—峰）
量程 1	2048	≤0.05
	8448	≤0.05
	34368	≤0.06
量程 10	2048	≤0.2
	8448	<0.2
	34368	≤0.25

（2）1000 图案方式：

1）输入比特率范围为 2048kHz±50ppm、8448kHz±30ppm、34368kHz±20ppm。

2）接口波形为 HDB_3 码。

3）输入电平为 2048kHz　1～2.37V、8448kHz　1～2.37V、34368kHz　0.5～1.0V。

4）测试带宽符合 CCITT0.171 相关规定，见表 29-5-31。

5）测量精度为±5%±附加误差，见表 29-5-32。

（3）通过数据加抖动方式同时钟方式技术指标。

（三）生产厂

邮电部北京仪表研究所。

第30章 微机自动化系统

孟 轩

第30-1节 微机监测（控）系统设计介绍

一、国内应用情况

自80年代初，我国的超高压变电所及发电厂升压站初步应用了微机监测系统。最早的是河南姚孟电厂500kV升压站、湖北双河及凤凰山500kV变电所，采用从瑞典ASEA公司引进的微机事件顺序记录仪。功能较强的小型计算机监控系统，有杭州瓶窑500kV变电所、天津北郊500kV变电所、芜湖繁昌500kV变电所，分别采用从美国DEC公司引进的PDP-11/24、PDP-11/73、PDP-11/84小型计算机和IP数据采集子系统。郑州、常德、株州等500kV变电所，采用从日本三菱公司引进的M-70/3000Ⅱ型小型计算机及双主机热备份系统。

80年代后期，又陆续投产了一批国内研制开发的微机监测（控）系统。有东北辽阳、锦州、沈阳、长春等500kV变电所，甘肃白银、青海铝厂等330kV变电所，均采用INTEL-86/310工业控制微机及数据采集前置机系统。这些系统功能强、配有汉字、造价低，符合国内中等适用技术要求。

二、微机监测（控）系统主要功能

（一）*数据采集*

1. 模拟量输入

(1)数据输入/输出子系统对所有模拟量测点进行巡回检测，A/D转换和数据输入。

(2) 对模拟量数据进行死区判别和越限判别。

(3) 对所有模拟量输入回路采取相应的滤波和防干扰措施，以保证模拟量检测精度。

2. 开关量输入

(1)开关量输入应分为两种类型来处理。对断路器位置信号、继电保护及自动装置的动作信号等需要快速反应的开关量，应采用中断方式。对预告信号及隔离开关位置信号等反应较慢的开关量，可采用巡回检测方式。

(2)当开关量信号发生变化时，计算机应准确记录动作时间和动作性质（状态）。SOE型开关量动作时间精确到毫秒，非SOE型开关量动作时间精确到秒。

(3) 对所有开关量输入回路在硬件上采取光电隔离措施，在软件上采取消除触点抖动措施，及其它防电磁干扰措施。

3. 脉冲量输入

(1)对输入脉冲进行实时计数和累加。对所有脉冲量输入回路进行光电隔离及硬软件滤波措施。

(2)对线路进出线的有功、无功电度进行总加，计算出受电总量、供电总量及全站电量损耗。

4. 开关量输出

目前主要用于控制主变压器冷却器和调压开关、无功装置自动投切、低频减载等。

（二）*CRT显示功能*

(1) CRT应能显示全站模拟量、开关量、脉冲量等实时信息。显示主接线画面、负荷潮流画面、负荷曲线、电压曲线、所用和直流系统画面、电压棒图、模拟量数据成组显示、电度量成组显示、开关量状态显示、测点投退一览表、工程变换系数一览表、事件顺序记录（SOE）一览表、事故追忆一览表等。

(2)多个CRT终端可以同时显示系统内不同的实时信息、报表和画面，并且互不影响。正常情况下，CRT应显示运行人员调用的画面、报表和数据。当模拟量越限或SOE型开关量动作时，计算机应立即发出音响报警，并在屏幕上显示报警消息，并附加变色、闪光等措施。当重要模拟量越限或重要SOE型开关量动作时，还应自动推出相关画面。

(2) CRT画面应分为主画面区、报警区、操作指导区、时钟区、人机对话区、当前主画面名称区等。

(4)CRT操作方式可以选用标准键盘、功能键盘、鼠标器或轨迹球等。

（三）*制表打印功能*

(1)打印机一般配置2～3台，分为报表打印机、实时打印机、拷贝打印机。

(2) 报表打印机定时和随机打印各种运行日报表、日电量表、运行月报表、设备状态年统计表、开关动作次数累计表、事件顺序记录一览表、事故追忆表、运行操作票等。

(3)实时打印机实时打印事件顺序记录、模拟量越/复限报警记录、装置故障/设备异常信号记录等。

(4) 拷贝打印机能够将CRT上的报表、画面和数据照原样打印下来。

（四）事件顺序记录（SOE）

当电力系统或运行设备发生事故时，应能将继电保护、自动装置的动作和断路器的跳合闸顺序记录下来（包括动作时间、动作性质、动作顺序及信号名称等），并显示和打印输出事件顺序记录报告。

（五）模拟量越/复限报警

当模拟量越限时，应显示和打印报警信息。报警信息包括报警发生时间、报警条文及报警参数（实测值和限值）。报警限值应能随电力系统运行工况的变化而人为修改。当模拟量复限时，显示和打印复限信息。

（六）事故追忆

对指定的重要模拟量（母线电压、线路电流），计算机应能追忆其事故前 3s 和事故后 5s 内的模拟量检测值。模拟量的追忆结果应能在 CRT 上以表格或曲线的形式显示，也可以通过打印机打印。

（七）装置故障和设备异常报警

当装置故障或设备异常时，应显示和打印报警信息。报警信息应包括报警发生时间和报警条文。

（八）电度积算

对采集的电度量连续计数、分时统计，并形成日、月电度报表和电度量显示画面。当系统因故中断计数时，应能进行人工置数，保证电量累计的正确性。

（九）在线修改、统计分析及运行操作指导

（1）在线修改工程变换系数。

（2）在线控制测点投退。

（3）进行电压、电流、功率、频率、电量和温度等参数的在线统计分析。

（4）开列操作票和对典型设备异常/事故提出意见。

（5）自动编制技术管理统计表，如设备运行/备用/停用累计时间，母线电压越/复限统计表，开关正常/事故分闸累计次数等。

（6）在 CRT 上进行模拟操作和培训。

（十）系统自诊断

（1）前置机或 I/O 子系统自诊断到模件级故障。

（2）主机通道故障和打印机故障自诊断。

（3）系统时钟同步故障自诊断。

（4）自动显示和打印自诊断信息。

（十一）系统自恢复（watch dog）

主机、前置机或 I/O 子系统应设置 watch dog 功能。当系统受到外界干扰后有能力自动总清，恢复正常运行。

（十二）系统时钟同步

（1）主机向各前置机或 I/O 子系统发送时钟同步信号。

（2）每当时进位，主机向各前置机或 I/O 子系统发校时命令，发现时钟不同步则发出诊断信息。

（3）主机与上一级调度系统时钟同步。

（十三）控制功能

（1）控制主变冷却器。

（2）控制主变有载调压开关。

（3）无功补偿装置自动投切。

（4）低频自动减载。

（十四）扩展功能

微机监测（控）系统将逐步扩展，具有与上一级调度系统通信，与站内其它专用功能微机装置（如微机保护装置、微机故障录波测距装置、微机事件顺序记录装置、微机闭锁防电气误操作装置、微机带电高压绝缘监测装置、微机远动装置等）通信或联网的综合自动化系统。

三、微机监测（控）系统主要设备配置

（一）微机主设备配置

微机主设备配置，见表 30-1-1。

（二）微机附属设备配置

（1）微机变送器屏。变送器数量按《电测量仪表装置设计技术规程》统计。

（2）脉冲电度表屏。脉冲电度表数量按《电测量仪表装置设计技术规程》统计。

（3）信号转接屏。包括信号转接、I/O 接口、接点扩容等设计内容。

（4）信号汇总箱。

（5）交流不停电电源 UPS。要求供电电源应有两回线路，从不同母线引入，一路工作，另一路备用。

表 30-1-1　微机主设备配置

电压等级	主机配置	系统结构	监视器	打印机	前置机或 I/O 子系统	测点容量
220kV 变电所或发电厂升压站	INTEL-86/310 IPC610(286/16) PC286 等单主机	CPU:I8086 I80286 内存:640kB～1MB 主频:5～16MHz 集中式结构	51cm(20in)彩色监视器 1 台，分辨率 640×400 或 1024×768 配有功能键盘或标准键盘	宽行打印机 1～2 台，配有汉字	I8085 I8086 单板机 Z80 或 I8031 I8051 单片机 I8096	AI 128 点 IDI 192 点 NDI 256 点 DO 24 点 PI 64 点

续表 30-1-1

电压等级	主机配置	系统结构	监视器	打印机	前置机或I/O子系统	测点容量
330kV变电所或发电厂升压站	INTEL-86/310 INTEL-302I IPC610(286/16) PC386等单主机	CPU:I8086、I80286、I80386 内存:1～2MB 主频:8～25MHz 集中式或分布式结构	37cm(14in)彩色监视器1台 51cm(20in)彩色监视器1台 分辨率640×400或1024×768 配有功能键盘、鼠标器	宽行打印机2～3台配有汉字	I8085 I8086 }单板机 Z80 或 I8031 I8051 }单片机 I8096	AI 192点 IDI 320点 NDI 480点 DO 32点 PI 96点
500kV变电所或发电厂升压站	INTEL-86/310 INTEL-302I PDP-11/24、73、84 VAX-Ⅱ等单主机	CPU:I8086、I80286、I80386 内存:1～4MB 主频:8～32MHz 集中式或分布式结构	51cm(20in)彩色监视器2台 分辨率640×400或1024×768 配有功能键盘、鼠标器或轨迹球	宽行打印机2～3台配有汉字	I8085 I8086 }单板机 Z80 或 I8031 I8051 }单片机 I8096	AI 256点 IDI 512点 NDI 768点 DO 40点 PI 128点

（三）电缆选择

(1) 模拟量信号输入采用对绞对屏或对绞总屏计算机电缆，如DJYP$_2$V-500V、DJVVP-500V等。

(2) 开关量信号输入采用多芯总屏控制电缆，如KVVP-500V等。

(3)信号电缆的芯线应采用多股镀锡铜线，电缆芯截面可选0.5～1.0mm^2。对绞线的绞距不大于100mm。电缆屏蔽层宜选用铜带或铝箔绕包。电缆绝缘耐压应不小于500V。

四、微机监测（控）系统主要技术规范

（一）模拟量输入（经变送器）

(1)信号要求：0～5V、0～±5V、0～±10V、+1V～+5V、0～10V、0～1mA、0～10mA、0～20mA、4～20mA。

(2) 采集方式：定时1s、2s、3s（可选）采集。

(3) 测量精度：0.5%。

（二）SOE型开关量输入

(1) 信号要求：

1) 独立触点或无源光电耦合器输出端。

2)有源电平信号+12V/10mA、+24V/10mA、+48V/10mA。

(2) 采集方式：中断实时采集。

(3) 分辨率：≤4ms。

（三）非SOE型开关量输入

(1) 信号要求：同SOE型开关量输入。

(2) 采集方式：定时1s、2s（可选）采集。

(3) 分辨率：≤2s。

（四）交流信号输入

(1)信号要求：电压互感器0～100V，电流互感器0～1A、0～5A。

(2) 采集方式：定时1s、2s、3s（可选）采集。

(3) 测量精度：0.5%。

（五）温度量输入

(1) 信号要求：二线、三线制RTD铜电阻或温度变送器输出端。

(2) 采集方式：定时10s采集。

(3) 测量精度：1.0%。

（六）电度脉冲量输入

(1) 信号要求：同SOE型开关量输入，脉冲宽度≥80ms。

(2) 采集方式：中断实时采集及累计。

（七）开关量输出

(1) 输出方式：继电器单触点或双触点。

(2) 输出触点容量220V、3A、AC（感性$\cos\varphi$=0.4）。

（八）可靠性指标

(1) 主机、前置机或I/O子系统平均无故障时间(MTBF)≥4320h。

(2) 系统平均无故障时间(MTBF)≥2160h。

(3) 可利用率≥99.5%。

（九）响应速度

(1) 事件顺序记录(SOE)分辨率≤4ms。

(2) 实时数据及CRT画面响应时间≤3s。

(3) CRT数据刷新周期≤4s。

（十）环境条件

(1) 环境温度：18～25℃。

(2) 环境湿度：10%～85%（无凝结）。

第30-2节　微机监测(控)系统

一、BSJ-2011型微机监控系统

（一）简介

BSJ-2011型微机监控系统适用于220～500kV枢纽变电所和发电厂升压站，实现生产过程实时监测、高密度彩色显示、制表打印、事件顺序记录(SOE)、线路故障录波测距，自动电压调节、与调度所计算机系统通信、必要的运行管理功能。该系统已在东北地区的辽阳、锦州、沈阳及广州增城等 500kV 变电所使用。

（二）型式结构

(1) 采用集散式微机结构，设有主机、前置机和专功能微机装置。通过 RS-232C、RS-422 电流环或 Bit-Bus 位总线进行通信联系。

(2) 功能齐全。除上述实时监控功能外，还具有人工控制测点投退和修改数据库，模拟量越限具有四个限值及越/复限死区，数据传送死区，画面分区显示，方便的人机对话和操作指导，系统自诊断和自恢复，以及远动功能等。

(3) 设计合理，配置灵活。系统采用多微机结构，硬件和软件采用模块化、标准化配置。

(4) I/O 容量大（AI512 点、DI2048 点、PI128 点、DO80 点）。

(5) BSJ-2011 型微机监控系统方框图如图 30-2-1 所示。

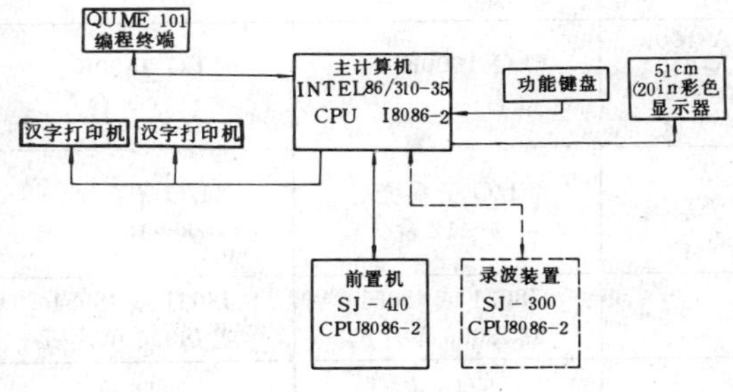

图 30-2-1　BSJ-2011　型微机监控系统方框图

（三）型号含义

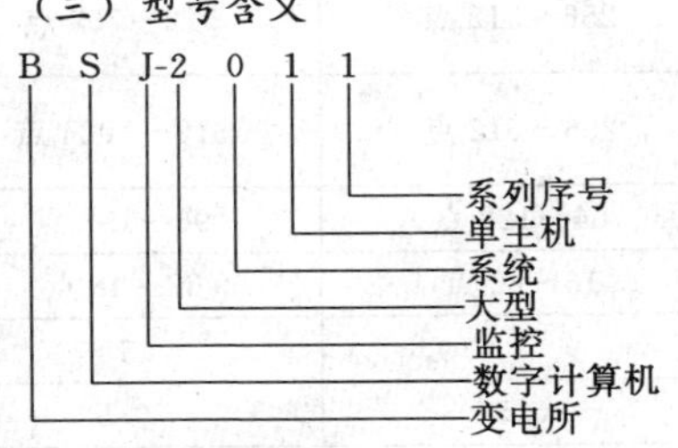

（四）技术数据

电源 220V±10%、AC、50Hz。技术数据见表 30-2-1。

（五）生产厂

能源部南京自动化研究所。

二、MACC-2024、2084、2220 型计算机监控系统

（一）简介

该监控系统适用于 500kV 变电所和发电厂升压站，实现数据采集和处理、在线统计计算和实时数据库管理、设备运行状态和参数及各种画面实时显示、模拟量越限报警和设备异常报警、报表打印、事件顺序记录（SOE）、事故追忆、操作票管理、系统自诊断等功能。该系统已在杭州瓶窑、芜湖繁昌、深圳等 500kV 变电所使用。

（二）型式结构

(1) MACC-2024、2084 型计算机监控系统是由国内进行总体设计和负责软件开发，引进美国 DEC 公司的 PDP-11 系列小型机、外国设备和输入/输出子系统（IP 子系统）等硬件，配有汉字功能而形成的变电所计算机监控系统。MACC-2024 型计算机监控系统方框图见图 30-2-2，MACC-2084 型计算机监控系统方框图见图 30-2-3。

(2) MACC-2220 型计算机监控系统由太极 2220 型主机、太极计算机公司生产的 TP301 型 I/O 子系统及以太网组成，其方框图见图 30-2-4。

（三）技术数据

电源 220V±10%、AC、50Hz，技术数据见表 30-2-1。

（四）生产厂

能源部西南电力设计院。

三、FSJ-1024、2048 型分布式微机监控系统

（一）简介

FSJ-1024、2048 型分布式微机监控系统适用于 220～500kV 枢纽变电所和发电厂升压站。由西北工业大学、西北电力设计院、西安供电局三家共同研制，首先应用于西安北郊 330kV 变电所，实现生产过程实时监测、CRT 画面显示、制表打印、事件顺序记录（SOE）、事故追忆、模拟量越/复限报警、数字化综合仪表、无功装置自动投切、事故处理咨询专家系统、打印操作票等功能。

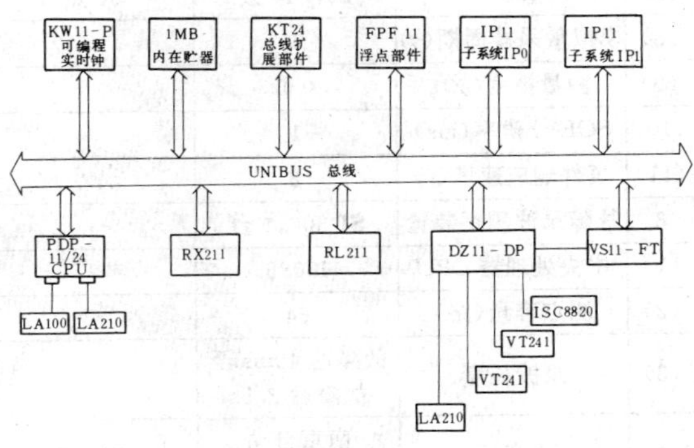

图 30-2-2　MACC-2024 型计算机监控系统方框图

表 30-2-1 BSJ-2011 型（MACC-2220、2024、2084 型及 FSJ-1024、2048 型）微机监控系统设备型号和技术数据

序号	设备型号 技术数据	BSJ-2011	MACC-2220	MACC-2024 (MACC-2084)	FSJ-1024	FSJ-2048
1	主机	INTEL-86/310 -35	太极 2220-C	PDP-11/24 (PDP-11/84)	主机 A：INTEL302I、386 工业控制机 主机 B：PC-386 个人微机	主机 A：INTEL302I、386 工业控制机 主机 B：PC-386 个人微机
(1)	中央处理器 CPU	I8086＋I8087			I80386	I80386
(2)	字长	16 位	32 位	32 位	32 位	32 位
(3)	内存	640kB～1MB	1～5MB	1～2MB	4MB	4MB
(4)	键盘	功能键盘 1 块	标准键盘＋ 功能键盘	117 键、105 键， 2～3 只	功能键盘＋标准键盘	功能键盘＋标准键盘
(5)	彩色显示器	51cm(20in)640 ×400 1 台	长岛 898，51cm (20in)，640×400 2 台	37cm(14in)， 51cm(20in)， 800×480 2～3 台	37cm(14in)， 1024×768，1 台 51cm(20in)， 1024×768，1 台	37cm(14in)， 1024×768，1 台 51cm(20in)， 1024×768，1 台
(6)	汉字打印机	2 台	AR-3240 3 台	LA-100 LA-210 AR-3240 各一台	LQ-1600K 3 台	LQ-1600K 3 台
2	前置机	SJ-410 1～2 台	TP301 子系统	IP 子系统	I/O 子系统 4～12 台	I/O 子系统 8～16 台
(1)	中央处理器 CPU	I8086			I8031 或 I8051 或 I8096 单片机	I8031 或 I8051 或 I8096 单片机
(2)	字长	16 位			8/16 位	8/16 位
(3)	模拟量输入 AI	128～256 点	600 点	96～192 点	96～192 点	128～256 点
(4)	中断性开关量输入	512～1024 点		800 点	256～512 点	512～768 点
(5)	状态性开关量输入	512～1024 点	2048 点，包括中 断性开关量	800 点	256～512 点	512～1024 点
(6)	脉冲量输入 PI	64～128 点	108 点	40～80 点	64～128 点	96～192 点
(7)	开关量输出 DO	20～40 点	64 点	4～16 点	16～32 点	32～48 点
(8)	模拟量采样周期(s)	1		10	1	1
(9)	测量精度(%)	0.5			0.5	0.5
(10)	SOE 分辨率(ms)	1		1	2	2
(11)	事件响应速度(s)	2			2	2
3	故障录波测距装置	SJ-300，1 台				
(1)	中央处理器 CPU	I8086				
(2)	测点容量(路)	64				
(3)	录波长度	故障前 40ms 至 故障后 2.5s				
4	生产厂	南京自动 化研究所	能源部西南电力设计院		西北工业大学	

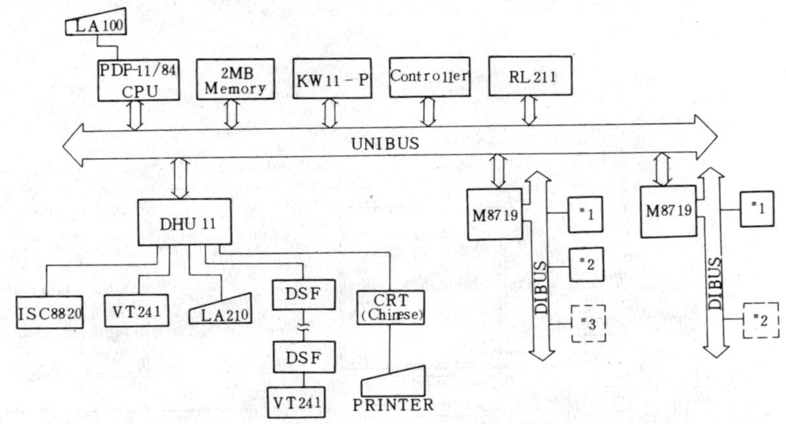

图 30-2-3　MACC-2084 型计算机监控系统方框图

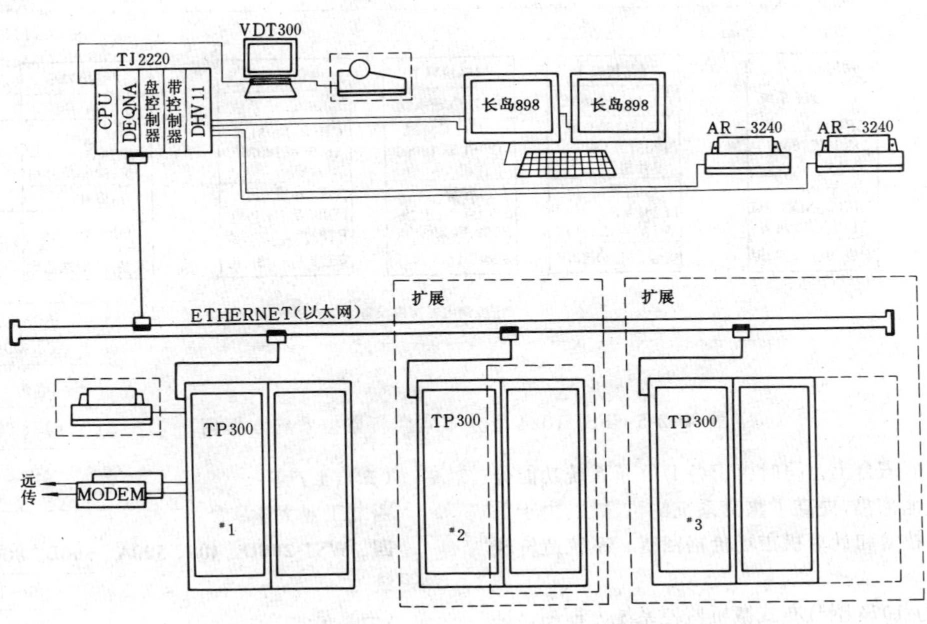

图 30-2-4　MACC-2220 型计算机监控系统方框图

(二)型式结构

(1)系统采用分布式微机结构，设有双主机和 I/O 子系统，通过 Field bus 网络进行通信联系。

(2)工作主机采用 INTEL302I(CPUI80386)工业控制机，主要完成运行监视、制表打印等功能。备用/管理机采用 PC-386 个人微机，除具有完全备用功能外，还具有模拟培训、打印操作票、事故处理咨询专家系统等功能。

(3) I/O 子系统由 I8096 单片机组成，分别布置在高压配电装置和主控继电器室。I/O 子系统数量及测点容量由工程建设规模和布置情况具体确定。I/O 子系统数量一般不超过 28 个。I/O 总容量分为 1024 点和 2048 点两种型号。

(4) 该系统性能/价格比高。Field bus 网络由一根对绞屏蔽通信电缆及网络接口卡组成，传输距离可达 1200m，并节约大量的控制电缆和计算机信号专用电缆。由于各 I/O 子系统及接口柜都已下放到就地，所以不另设微机室。51cm (20in) 彩色监视器和功能键盘

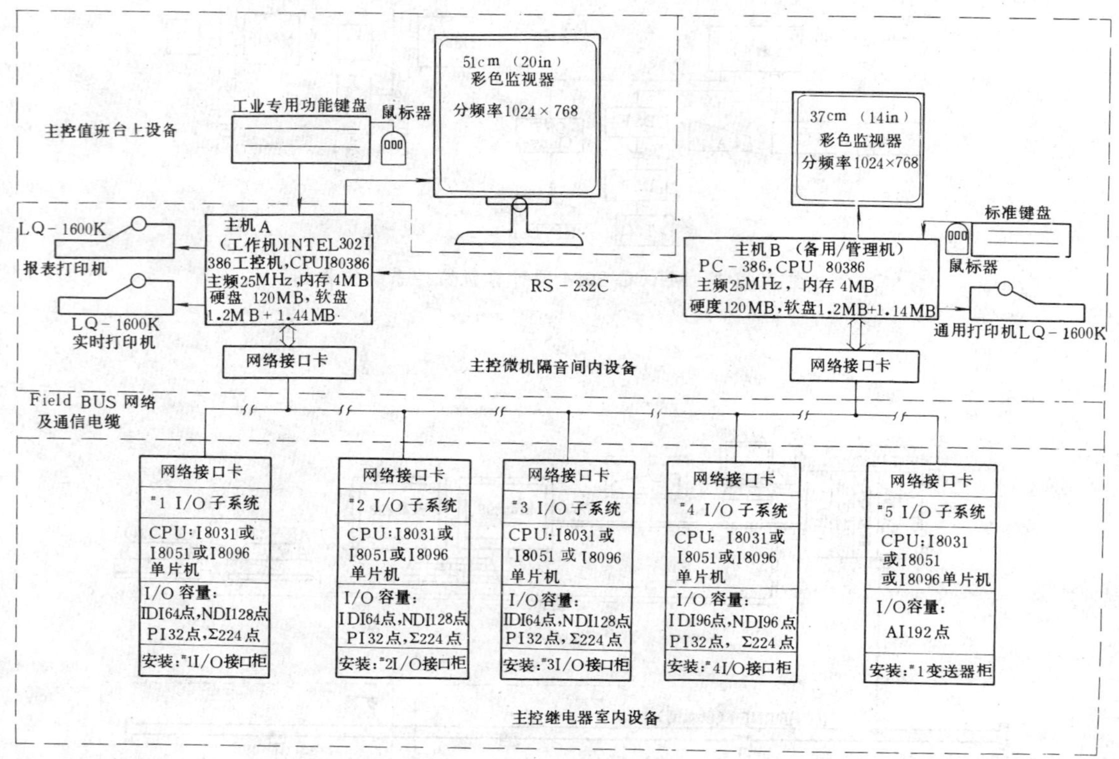

图 30-2-5　FSJ-1024 型分布式微机监控系统方框图

布置在主控值班台上。同时由于各I/O子系统功能分散和信号就地采集，提高了整套系统的可靠性。由于采用了单片机技术和计算机市场价格回落，系统造价较低。

(5) FSJ-1024 型分布式微机监控系统方框图，见图 30-2-5。

（三）型号含义

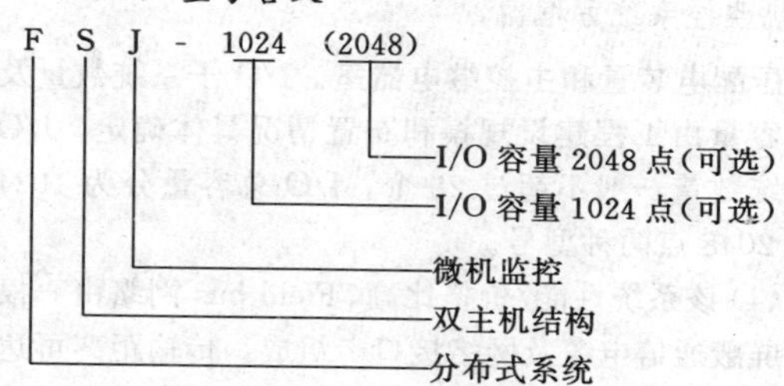

（四）技术数据

电源 220V±10%、AC、50Hz。技术数据见表 30-2-1。

（五）生产厂

西北工业大学。

四、WSJ-200D、400、500A、500B、800 型微机监测系统

（一）简介

该监测系统适用于 110～330kV 变电所和发电厂升压站，实现数据采集和处理、画面显示、报表打印、越限报警、工况监视、事件顺序记录（SOE）、事故追忆和其它在线（或离线）开发功能等。其中 WSJ-800 型具有故障录波和测距功能，WSJ-500B 型适用于 200MW 火力发电厂发电机组热工信号的自动监测。

（二）型式结构

WSJ-200D 型微机监测系统方框图，见图 30-2-6。

（三）技术数据

技术数据见表 30-2-2。

（四）生产厂

南京电力自动化设备厂。

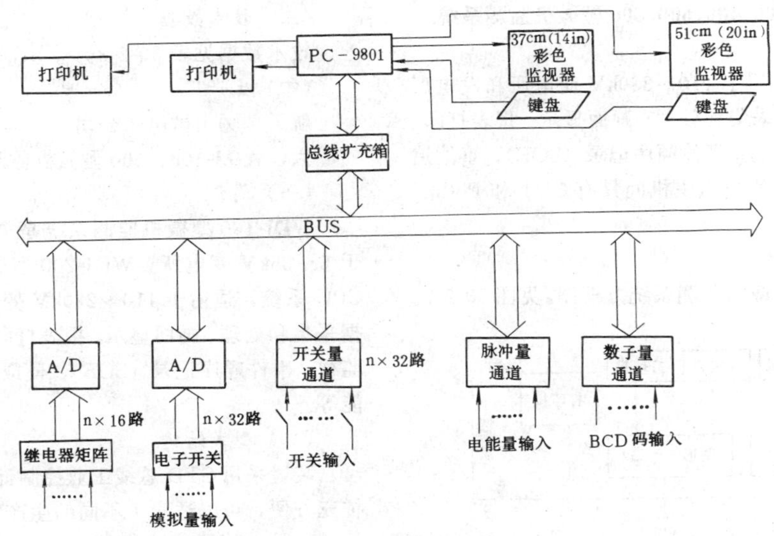

图 30-2-6　WSJ-200D 型微机监测系统方框图

表 30-2-2　　ZJK-1 型及 WSJ-200D、400、500A、500B、800 型微机监测（控）系统设备型号和技术数据

序号	技术特性 \ 型号	WSJ-200D	WSJ-400	WSJ-500A	WSJ-500B	WSJ-800	ZJK-1
1	主机	PC-9801FC	PC-9801FC	IBM-PC/XT	INTEL-86/310	PC-9801FC	IBM-PC
(1)	中央处理器 CPU			I8088	I8086＋I8087		I8088
(2)	字长	16 位	16 位	准 16 位	16 位	16 位	准 16 位
(3)	内存	640KB	640KB	256KB	640KB	640KB	640KB
(4)	键盘	标准键盘 1 块	标准键盘 1～2 块	83 键，1～3 块	136 键功能键盘 1～3 块	标准键盘 2 块	标准键盘
(5)	彩色显示器	37cm(14in) 640×400，1 台	51cm(20in) 640×400，1 台	37cm(14in) 51cm(20in) 640×400，3 台	51cm(20in) 640×400，3 台	51cm(20in) 640×400，2 台	37cm(14in) 640×400，1 台
(6)	汉字打印机	2 台	2 台，其中一台为彩打	2 台	3	2 台	ART-3240 1 台
2	前置机						1 台
(1)	中央处理器 CPU						Z80A
(2)	字长						8 位
(3)	模拟量输入 AI	128～256 点	256 点	256 点	400 点	256 点	64 点，可扩
(4)	中断性开关量输入				68 点		
(5)	状态性开关量输入	128～256 点包括中断性开关量	128 点包括中断性开关量	128～256 点包括中断性开关量	196 点	384～512 点包括中断性开关量	64 点可扩
(6)	脉冲量输入 PI	16～32 点	16～24 点	24～94 点	32 点	64 点	32 点，可扩
(7)	开关量输出 DO						32 点
(8)	模拟量采样周期(s)	1	1	2	5	1	
(9)	测量精度(%)	0.5	0.5	0.5	0.5	0.5	1
(10)	SOE 分辨率(ms)	2	2	2	2	2	10
(11)	事件响应速度(s)						5
3	故障录波测距装置						
(1)	测点容量					64～24	
(2)	录波长度					故障前 40ms 至故障后 6s	
4	生产厂	南京自动化设备厂					许昌继电器研究所

五、LS-DC-200、400、600、800型微机监测系统

（一）简介

该监测系统适用于110～330kV变电所和发电厂升压站，实现数据采集和处理、画面显示、报表打印、越限报警、工况监视、事件顺序记录（SOE）、事故追忆及远动功能。前置机与主机间具有CDT和Polling两种通信方式。

（二）型式结构

LS-DC-400型微机监测系统方框图，见图30-2-7。

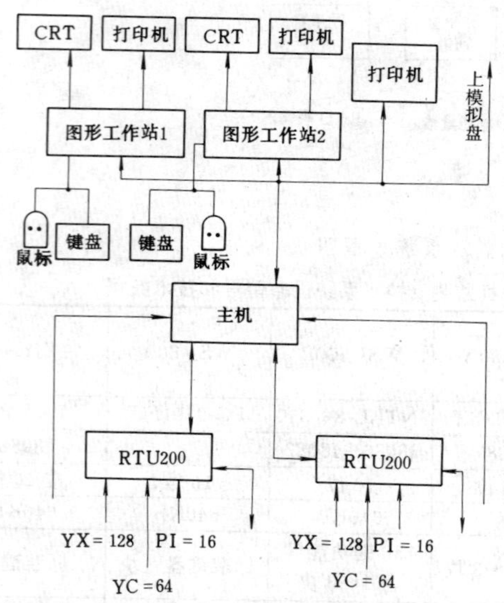

图30-2-7　LS-DC-400型微机监测系统方框图

（三）技术数据

技术数据见表30-2-3。

（四）生产厂

航天部骊山微电子公司。

六、WDJ-100、200型微机监测系统

（一）简介

WDJ-100型微机监测系统是单CPU系统，适用于6～35kV变电所；WDJ-200型微机监测系统是多CPU系统，适用于110～220kV变电所，均可实现数据采集和处理、画面显示、报表打印、越限报警、工况监视、事件顺序记录（SOE）、模拟开关操作、远动功能等。

（二）型式结构

装置采用STD总线工业控制计算机，配置灵活，扩充方便，可以适应于不同的生产需要。

（三）技术数据

技术数据见表30-2-3。

（四）生产厂

北京电力自动化设备厂。

七、ZJK-1型微机监控系统

（一）简介

该监控系统适用于110～220kV变电所，实现数据采集和处理、开关控制和信号监视、事件顺序记录（SOE）、画面显示、报表打印、运行管理、无功装置自动投切和低频减载控制等功能。

（二）型式结构

ZJK-1型微机监控系统是以Z80CPU及系列功能模件构成主机，以IBM-PC微型计算机或工业PC构

表30-2-3　LS-DC-200、400、600、800型及WDJ-100、200型微机监测（控）系统设备型号和技术数据

序号	设备型号 / 技术数据	LS-DC-200	LS-DC-400	LS-DC-600	LS-DC-800	WDJ-100	WDJ-200
1	主机	INTEL86/310-35B	INTEL86/310-35B	INTEL86/310-35B	INTEL86/310-35B		
(1)	中央处理器CPU	I8086+I8087	I8086+I8087	I8086+I8087	I8086+I8087	Z80或8051或8088	8088或8088-2
(2)	字长	16位	16位	16位	16位	8位/16位	8位/16位
(3)	内存	1MB	1MB	1MB	1MB		
(4)	键盘	键盘1～2块 鼠标器1～2只	键盘1～2块 鼠标器1～2只	键盘1～2块 鼠标器1～2只	键盘1～2块 鼠标器1～2只	101键	101键
(5)	彩色显示器	51cm(20in) 720×512 1～2台	51cm(20in) 720×512 1～2台	51cm(20in) 720×512 1～2台	51cm(20in) 720×512 1～2台	37cm(14in)或51cm(20in) 640×200或640×400	37cm(14in)或51cm(20in) 640×200或640×400

续表 30-2-3

序号	设备型号 / 技术数据	LS-DC-200	LS-DC-400	LS-DC-600	LS-DC-800	WDJ-100	WDJ-200
(6)	汉字打印机	2～4 台	2～4 台	2～4 台	2～4 台	FX-100 或 M1724 或 LQ-1600	FX-100 或 M1724 或 LQ-1600 或 LQ-2500
2	前置机	LS-RTU，1 台	LS-RTU，2 台	LS-RTU，3 台	LS-RTU，4 台		
(1)	中央处理器 CPU	Z80A/8098	Z80A/8098	Z80A/8098	Z80A/8098		8088＋8087 或 8051
(2)	字长	8 位/16 位	8 位/16 位	8 位/16 位	8 位/16 位		8 位/16 位
(3)	模拟量输入 AI	64 点	128 点	192 点	256 点	直流 64 点	直流 256 点可扩或交流128点可扩
(4)	中断性开关量输入						
(5)	状态性开关量输入	128 点 包括中断性开关量	256 点 包括中断性开关量	384 点 包括中断性开关量	512 点 包括中断性开关量	256 点 包括中断性开关量	1024 点 包括中断性开关量
(6)	脉冲量输入 PI	16 点	32 点	48 点	64 点	64 点	256 点
(7)	开关量输出 DO						
(8)	模拟量采样周期(s)						
(9)	测量精度(%)	0.5	0.5	0.5	0.5	1～2	1
(10)	SOE 分辨率(ms)	4	4	4	4	10	1
(11)	事件响应速度(s)	2～4	2～4	2～4	2～4	3	1
3	故障录波测距装置						
(1)	中央处理器 CPU						
(2)	测点容量						
(3)	录波长度						
4	生产厂	航天部骊山微电子公司					北京电力自动化设备厂

成智能终端的自动监控系统。ZJK-1 型微机监控系统方框图，见图 30-2-8。

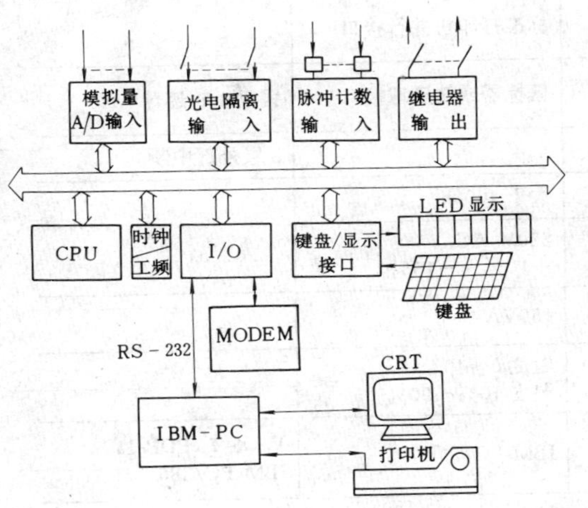

图 30-2-8 ZJK-1 型微机监控系统方框图

（三）技术数据

技术数据见表 30-2-2。

（四）生产厂

许昌继电器研究所。

八、长岛 850、863-3（2）、900（910）型及 DDX-1 型彩色大屏幕图形终端

（一）简介

该终端作为微机监测（控）系统的外围设备，由彩色监视器、标准键盘或功能键盘、鼠标器或轨迹球、拷贝打印机等组成。实现画面显示、信息报警、人机对话、画面拷贝等功能。

（二）型式结构

该终端带有 I8088 微处理器，工况底图存贮器可扩到 768KB，与主机、打印机通信配有 RS-232C、RS-422 串行接口、并行接口或 DMA 接口，提供国标一级汉字库和其它字图符库，具有点、线、圆、弧、矩形等作图功能和闪烁、逆视场、下划线等显示属性，图形缓存器可存 4 幅画面、进行平移、滚动和放大等。

（三）技术数据

技术数据见表 30-2-4。

表 30-2-4 彩色大屏幕图形终端型号和技术数据

技术数据 \ 型号	长岛 850	长岛 863-3(2)	长岛 900(910)	长岛 DDX-1
显示器 CRT	37cm(14in) 或 51cm(20in),8 色	37cm(14in) 或 51cm(20in),8 色	51cm(20in),8 色	51cm(20in),8 色
中央处理器 CPU	I8088,ROM,32kB, RAM,64kB	I8088,RAM,64kB	I8088	I8088
图形固化存储器	EPROM,128～768kB 或 RAM,512kB	EPROM 或 RAM 128～768kB	EPROM 或 RAM 128～384kB	EPROM 或 RAM 128～768kB
图形缓存器		RAM,128kB×3 可存 4 幅画面		RAM,128kB×3 ×(1～4)可存 4 幅画面
屏幕缓存器	RAM,12kB	RAM,8kB	RAM,12kB	半图形缓存器,64kB 可存图符画面 4 幅
作图功能	全屏作图和点、线、 圆、棒形作图	点、线、圆弧、矩形	192 个标准图符 256 个自定义图符	点、线、圆、矩形等
控制功能		画面平移、滚动、放大		
字符、文字显示	字符,80 列×50 行 汉字,40 列×25 行	ASCII,80 列×25 行 汉字,40 列×25 行	字符,52 列×36 行 (910,80 列×50 行)	字符,80 列×50 行 汉字,40 列×25 行
显示属性	闪烁、逆视场、8 色等	闪烁、逆视场、下划线、 8 色等	闪烁、下划线、汉字 8 色、 专用和自定义图符	闪烁、逆视场、下划线、 前景、背景等
字符、汉字库	字符,EPROM,8kB 汉字,3755 个	字符,EPROM,8kB 汉字,EPROM,128kB	一级汉字库	字符,1024 种 汉字,一级汉字库
图形分辨率	640×400	640×400	416×288 (910,640×400)	640×400
图形刷新速度	小于 0.5s	小于 0.5s	小于 0.5s	半图形,小于 0.25s,全 图形,小于 1s
键盘	标准键盘＋功能键盘	标准键盘＋功能键盘	标准键盘或功能键盘	键盘 1～4 个或轨迹球 1～4 个
主机接口	RS-232C 或 RS-422	RS-232C 或 8 位并行接口	RS-232C	双至机 并行口或 DMA
打印机接口	RS-232C 或 RS-422	RS-232C 或并行打印机接口	标准打印机并行接口	
其它接口		鼠标器或轨迹球接口	鼠标器或轨迹球接口	键盘＋轨迹球
中断管理		8 级外部中断		8 级外部中断
平均无故障时间		大于 4000h	大于 4000h	
电源		220V,AC,50Hz ＋10%～－15%	220V,AC ＋10%～－15%	
功耗		220VA	150VA	
工作环境		温度 0～40℃ 湿度 40%～90%	温度 0～40℃ 湿度 10%～90%	
兼容主机型号	VAX-Ⅱ,IBM-PC INTEL86/310	INTEL86/310 IBM-PC,M68000 等	IBM-PC	VAX-Ⅱ,PDP-11 IBM-PC/386
生产厂	湖南计算机厂			

（四）生产厂

湖南计算机厂。

第 30-3 节　微机综合（四合一）装置

一、简述

微机综合（四合一）装置是指将常规变电所的控制、测量、保护、信号四部分功能，统一由微机实现的一种综合自动化装置。该装置适用于 220kV 以下变电所使用。

二、WJH-1 型微机式变电所监控、保护装置

（一）简介

该装置适用于 35～220kV 各种接线的变电所二次系统，作为全所设备（变压器、线路、电容器组等）的监控、保护系统。主要功能有数据采集、制表打印、数据远传等。

（二）型式结构

1. WJH-1 型微机式监控、保护装置系统分类

WJH-1 型微机式监控、保护装置系统分类见表 30-3-1。

表 30-3-1　WHJ-1 型微机式变电所监控、保护装置系统分类表

功　能	安　装　布　置	数据采集方式
1. 全微机式：保护、控制、信号、测量均用微机实现 2. 微机监控式：保护用常规装置，控制、信号、测量、用微机 3. 微机监测式：保护与控制用常规设备，信号、测量、显示、打印、制表用微机	1. 有微机室：微机、显示器、打印机布置在微机室，其余设备布置在主控制室。值班员在微机室进行操作与监视 2. 无微机室：微机、显示器、打印机装在控制台上，值班员在主控制室进行操作与监视	1. 直流采样方式（设电量变送器） 2. 交流采样方式（不设电量变送器）

2. 微机系统配置

(1) 主机采用 STD 总线工业控制机，CPU 为 I8088。

(2) 彩色监视器 37cm（14in）或 51cm（20in），分辨率 640×350。

(3) 打印机 2 台，80 行 9 针或 132 行 24 针。

(4) 键盘、机箱、电源等。

（三）配套设备

(1) 变送器屏（直流采样）或电流、电压互感器二次端（交流采样）。

(2) 操作用辅助（中间）继电器屏和信号转换用继电器屏（输入、输出）。

(3) 脉冲电度表或电度变送器。

(4) 变压器保护屏和线路保护屏。

(5) 主接线模拟屏（马赛克或有机玻璃屏面）。

（四）外形及安装尺寸

(1) 微机柜：800×600×1700（宽×深×高，mm）。

(2) 控制台：TK-51 型，2610×1310×1343（宽×深×高，mm）。

（五）生产厂

阿城继电器厂。

三、WBZ-101 型变电所微机综合装置

（一）简介

该微机综合装置适用于 35kV 变电所，具有对变电所断路器控制、数据巡回检测、制表打印、CRT 显示、变压器和线路保护、自动重合闸、变压器自动调压、无功装置自动投切等功能。

（二）型式结构

该装置由三台微机组成，其中一台用于安全监测，一台用于保护，另一台用于控制（同时作为保护的热备用）。

（三）生产厂

南京电力自动化设备厂。

四、WKBC$_1$ 型微机集控台

（一）简介

WKBC$_1$ 型微机集控台，是以八位微机为核心的保护、控制设备，适用于 35～110kV 变电所，完成数据采集、信息、传递、负荷调度、实时监测和保护、控制的微机网络系统。

该装置配有 51cm（20in）高分辨率彩色智能终端及 3070 型宽行打印机。

（二）生产厂

长沙市湘南电气设备厂。

第 30-4 节　输煤程控装置

一、简述

（一）适用范围

适用于火力发电厂输煤系统的程序控制和集中手动控制，主要控制对象包括皮带运输机、碎煤机、斗轮机、叶轮机、筛煤机、电动犁煤器、刮水器、磁性和非磁性金属探测器、盘式和带式磁铁分离器、木片分离器、电动挡板、堵煤振动器、大小布袋除尘器、气破拱电动门、储气罐出口电动门、电子皮带秤、实物标定装置、原煤取样装置、原煤仓连续称重仪和各种料位检测计等输煤设备。

表 30-4-1 部分电厂输煤程控系统设计方案和PC配置情况表

主机型号	开关量 I/O(点)	用户内存(kB)	远程站数	远程距离	编程器	被控对象	控制室设备	投运电厂	设计单位
MODICON 584A	512/512（最大 1024/1024）	16	1（最多 32）	1km（最长 4.5km）	P190	24 条皮带、24 座煤仓等共 150 多台设备	台屏合一、发光二极管有机玻璃屏及控制柜	山东石横电厂（4×300MW）	西北电力设计院
SIEMENS S5-115U	416/416（最大 1024/1024）	21	无		PG675	24 条皮带、16 座煤仓等共 130 多台设备		湖北汉川电厂（4×300MW）	中南电力设计院
SIEMENS S5-115U	576/512（最大 1024/1024）	21	无		IBM-PC/XT	20 条皮带、20 座煤仓等共 185 台设备		山东邹县电厂（4×300MW）	西北电力设计院
SIEMENS S5-115U	384/352（最大 1024/1024）	21	2（最多 61）	600m（最长 3km）	IBM-PC/XT	14 条皮带、16 座煤仓等共 125 台设备	台屏合一、发光二极管拼块结构模拟屏及控制柜	陕西渭河电厂（4×300MW）	西北电力设计院
SIEMENS S5-115U	512/576（最大 1024/1024）	21	无		IBM-PC/XT	25 条皮带、22 座煤仓等共 234 台设备	台屏分离、大型拼块结构模拟屏、发光二级管光带流程、大型折角式控制台及控制柜	武汉阳逻电厂（4×300MW）	中南电力设计院
SIEMENS S5-115U	448/416（最大 1024/1024）	21	1（最多 61）	600m（最长 3km）	IBM-PC/XT	19 条皮带、20 座煤仓等共 135 台设备		陕西蒲城电厂（4×300MW）	西北电力设计院
MODICON 984-680	320/352（最大 1024/1024）	16	4（最多 32）	1km（最长 4.5km）	IBM-286	26 条皮带、22 座煤仓等共 94 台设备		河北秦皇岛电厂（4×300MW）	华北电力设计院
MODICON 984A(热备)	640/704（最大 1024/1024）	32	4（最多 32）	1.2km（最长 4.5km）	IBM-286	14 条皮带、10 座煤仓等共 130 多台设备	控制室设备同蒲城电厂，另有工业电视及微机监控系统	上海吴泾电厂（2×300MW）	西北电力设计院

注 1. 输煤系统一般按发电厂最终容量一次建成。

2. 表中所列输煤程控装置均由航天部二一〇研究所成套供货。

3. PC 配置见图 30-4-1～图 30-4-2。

（二）可编程序控制器（简称 PC）

可编程序控制器（PC）作为输煤程控装置的核心，是把逻辑运算、顺序控制、计时、计数、算术运算等功能用特定的指令字符记忆在存贮器中，通过开关量和模拟量输入/输出通道对机械、生产过程等进行控制的一种数字式电子装置。

PC 的种类很多，目前输煤系统采用的 PC 主要有美国 MODICON（莫迪康）公司的 84 系列，德国 SIEMENS（西门子）公司的 S5 系列，日本 OMRON 公司的 C 系列，此外，还有日本 MITSUBISHI（三菱）公司的 F_1 系列，美国 GE（记忆）公司的 G 系列等多种产品。

根据输煤系统规模大小和用户不同的要求，输煤程控装置可以设计为单主机、单主机带远程 I/O 分站、双主机热备用、双主机热备用带远程 I/O 分站及上煤、配煤两个控制室等多种设计方案。部分电厂输煤程控系统设计方案和 PC 配置情况，见表 30-4-1。

（三）主要功能

输煤程控系统可以根据不同的工艺流程，实现逆煤流起动设备（在长皮带系统也有顺煤流起动方式），顺煤流延时停止设备，故障联锁停机（逆煤流方向设备）和事故紧急停机；对原煤仓进行低煤位优先配煤，顺序满仓配煤，自动定时配煤，自动跳越检修仓或高煤位仓，任意设置尾仓等功能。

信号系统采用拼块式马赛克模拟屏，用发光二极管组成光带流程图，形象直观地显示运行工况，反应事故种类及具体对象，具有多种声光报警和仪表监视。

根据用户要求可设计一台微机监控系统上位机，与 PC 主机通信联网。在彩色 CRT 上显示各种工艺流程图及报表数据，可以对运行情况、事故状态、煤耗量等进行统计管理，打印正常运行和事故报表；也可根据要求设计一套工业电视系统，实现对码头、煤场、配煤间及皮带沿线的实时监视。

（四）系统构成

输煤程控系统一般由 PC 主机（包括 I/O 通道）、编程器、模拟屏、控制台、继电器接口柜、电源柜、就地控制箱和各种外部传感元件、皮带保护信号等组成。

控制台上的各种操作设备应满足程控和集控要求。除了程控按钮外，一般还设有与控制对象一一对应的集中控制按钮和程控/集控/解锁总转换开关。在解除联锁的情况下，可以单独起/停任一台设备。

在就地控制箱只设起/停按钮和集中/就地转换开关。外部传感元件和皮带保护信号主要包括皮带速度或打滑信号，跑偏信号，煤位信号，堵煤信号，皮带撕裂信号，事故拉线开关，挡板、犁煤器、刮水器开合或抬落位置等。

二、SMK-D、Z 型输煤程控装置

（一）型号含义

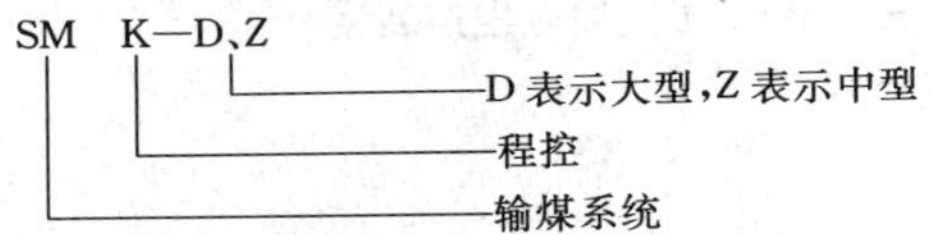

（二）技术数据

该型输煤程控装置技术数据，见表 30-4-2。

表 30-4-2 SMK-D、Z 型输煤程控装置技术数据

型　号	SMK-D 型	SMK-Z 型
PC 主机	MODICON 984A、984B、984-780 或 SIEMENS S_5-150U、S_5-150H	MODICON984-680、984-480 或 SIEMENS S_5-115U OMRON C1000
编程器	P190 或 IBM-PC/286	IBM-PC/XT
主机内部配置	以 MODICON984A 双机热备型为例：中央处理板 C916，PC 电源板 P933，32K 内存板 M907，通信处理板 C921 远程通信板 S908，双机热备板 R911，相应的 I/O 模板 详见图 30-4-1	以 SIEMENS S5-115U 型为例：中央处理板 CPU942，PC 电源板 PS951，扩展接口板 IM306，远程通信板 IM308，相应的 I/O 模板 详见图 30-4-2
远程分站	远程分站 4 个（最多 32 个），最远距离 1.2km 分站电源板 P810，远程通信板 T890 相应的 I/O 模板	远程分站 2 个（最多 61 个），最远距离 1.0km。 分站电源板 PS951，远程通信板 IM318，相应的 I/O 模板
用户内存	8～32kB	5～21kB
I/O 容量	开关量 I/O，512～2048 点 模拟量 I/O，最大各 64 点	开关量 I/O，512～2048 点 模拟量 I/O，最大各 64 点

续表 30-4-2

型　　号	SMK-D 型	SMK-Z 型
编程方式	梯形图、逻辑图和语句表	梯形图、逻辑图和语句表
PC 扫描速度	0.75～5ms/1k 语句	0.75～5ms/1k 语句
开关量信号	DC24V、110V，AC220V，或无源触点	
模拟量信号	0～5V、0～10V、0～±5V、0～±10V、4～20mA	
电源电压	220V±15%、AC、50Hz	
环境温度	0～+55℃	
环境湿度	0～95%、无凝结	

（三）外形及安装尺寸

(1) 屏台合一式，控制台 3000×1200×1800（宽×深×高，mm）。

(2) 屏台分离式，模拟屏 4400（或 5200）×500×2500（宽×深×高，mm）。控制台 2500（折角式 4000）×1200×1200 宽×深×高，mm）。

(3) 控制柜 800×600×2200（宽×深×高，mm）。

(4) 一般工程为一组控制台（或一台一屏）、5～10 面控制柜。

（四）生产厂

航天部二一〇研究所。

三、WSC-1 型输煤程控装置

（一）型号含义

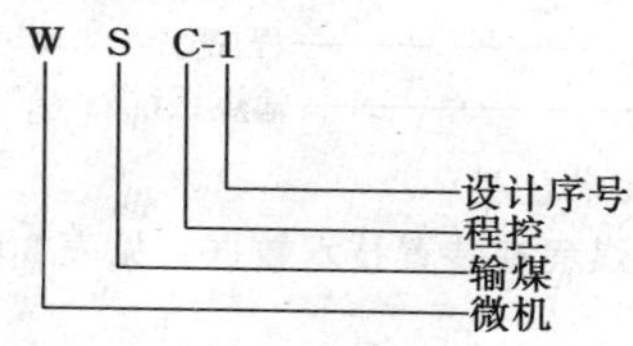

（二）技术数据

WSC-1 型输煤程控装置技术数据，见表 30-4-3。

（三）外形及安装尺寸

1. 控制台

T8005 A 型：(606+1400×n)×1283×1355（宽×深×高，mm）。

T8005 B 型：(606+700×n)×1283×1355（宽×深×高，mm）。

T8505 I 型 (606+1000×n)×1283×1355（宽×深×高，mm）。

2. 控制柜

G7906 型：800×650×2360（宽×深×高，mm）。

（四）生产厂

北京电力自动化设备厂。

四、SMSK-01 型输煤程控装置

（一）型式结构

该装置以 PC 作为控制核心，编程灵活，可适用于各种运行方式的要求。输入/输出均采用接点隔离，抗

表 30-4-3　　WSC-1 型输煤程控装置技术数据

主机型号	OMRON-C500	OMRON-C1000H	主机型号	OMRON-C500	OMRON-C1000H
结构	板式结构、CPU 母板、扩展板	板式结构 CPU 母板/双 CPU 板、扩展板	专用继电器（只）	45	136
指令条数（条）	68	174	暂存继电器（只）	8	8
基本指令执行时间 (μs)	2.5～5	0.4～2.4	数据存贮器（字）	512	4096
编程方式	梯形图	梯形图	备用继电器（只）	无	448
编程容量	24kB	64kB	输入信号	开关量、模拟量	
I/O 容量（点）	512	1024	输出方式	继电器、可控硅、晶体管、D/A	
定时/计数器（只）	128	512	联网功能	I/O Link、PC LinR、HOStLinR	
内辅继电器（只）	459	2928	工作电源	220V±10%、AC	
保持继电器（只）	512	1600	环境温度	0～55℃	
键接继电器（只）	512	1024	环境湿度	35%～85%	

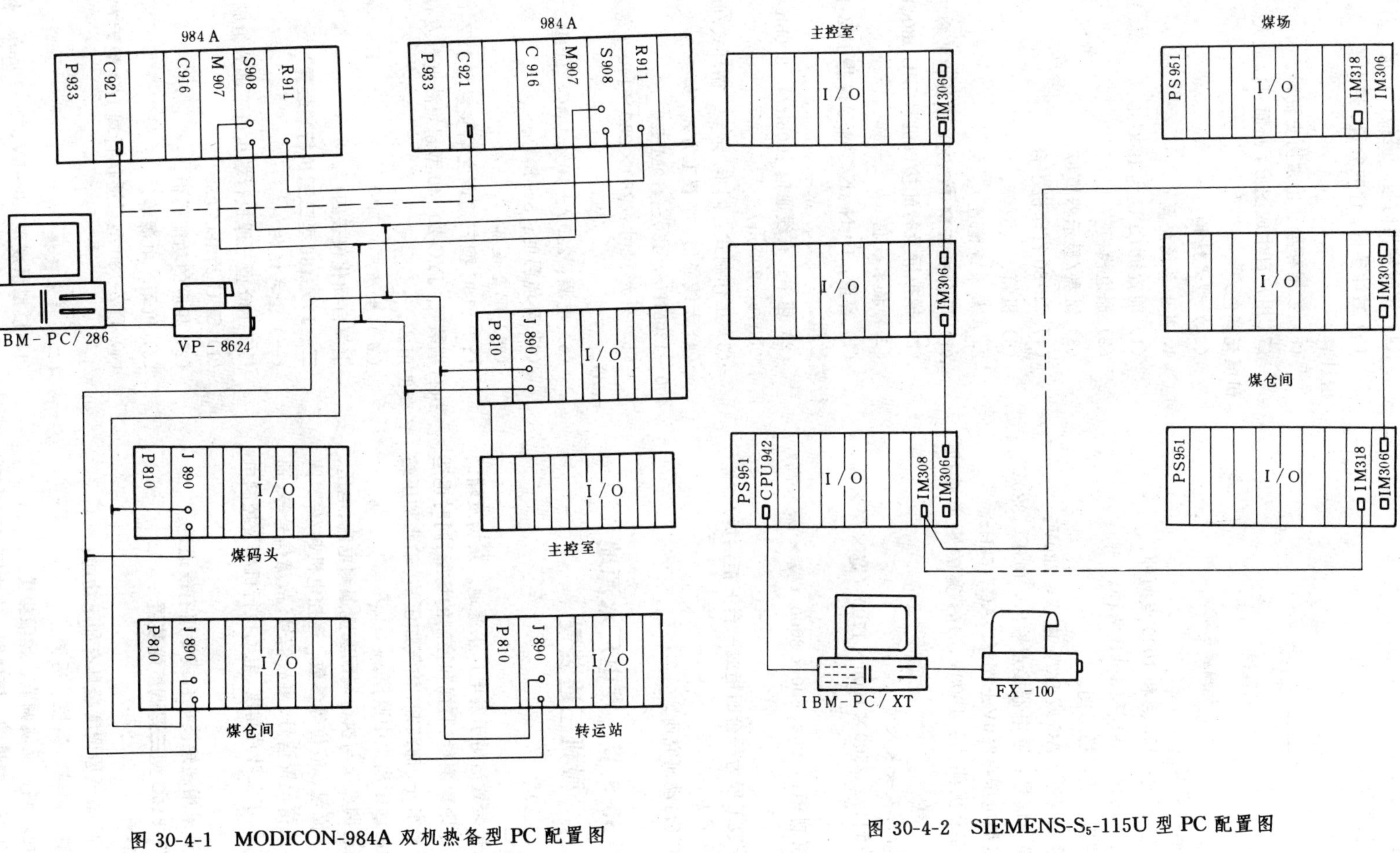

图 30-4-1　MODICON-984A 双机热备型 PC 配置图

图 30-4-2　SIEMENS-S_5-115U 型 PC 配置图

干扰能力强，运行可靠。

（二）型号含义

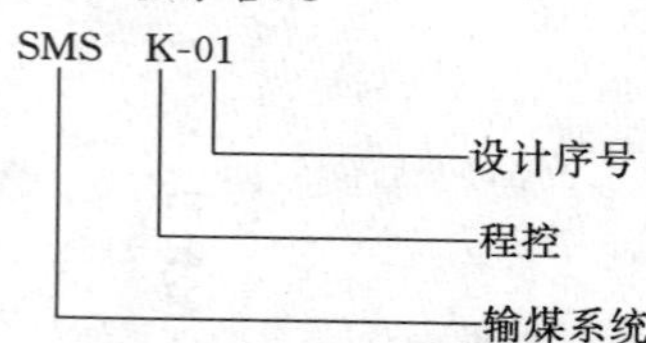

（三）技术数据

（1）I/O容量：400点和1000点两种。

（2）用户内存：4kB和16kB两种。

（3）编程方式：梯形图。

（4）输入信号：AC或DC，电压≤220V。

（5）输出信号：继电器接点输出，电压≤380V。

（6）电源电压：220V±10%、AC、50Hz。

（7）抗干扰能力：1000V、1μs宽的矩形脉冲波。

（四）外形及安装尺寸

（1）控制台：2500×1000×1700（宽×深×高，mm）。

（2）控制柜：700×600×2000（宽×深×高，mm）。

（3）一般工程为一台四柜或一台五柜供货。

（五）生产厂

天水电气传动研究所。

第30-5节　发电厂水源地微机三遥装置

一、简述

微机三遥装置适用于发电厂水源地、灰场及辅助厂房等需要远距离测量、监视和控制的场所，同时也适用于城市自来水井、抽油井、输气加压站、输水加压站等分散目标的远距离集中监控。

微机三遥调度端与执行端配套能遥测电流、电压、温度、压力、流量、液位等参数，遥控电机起/停、阀门开/合等，遥信位置信号、事故信号、故障信号等，遥调阀门开起度、水泵叶片角度、电动执行机构及控制电压等。

数据通道采用超短波电台或专用有线通道。

二、JYT-816C型三遥调度端装置

（一）简介

JYT-816C型三遥调度端具有如下功能：

（1）遥测、遥信、遥控、遥调。

（2）就地巡测、反馈调节、越限报警。

（3）CRT显示参量图、模拟图、直方图、百分图和负荷曲线等。

（4）定时输出时报、班报、日报、月报和年报。

（5）累计参量、计数参量、最大值、最小值、平均值计算。

（6）数据存盘、检索历史资料。

（7）用户自生成图形，画面可以放大、缩小、平移和填充颜色。

（二）型式结构

1. 基本系统配置

（1）前置机CPU为I80C85。

（2）通道模板。

（3）键盘/显示器模板。

（4）CP-80打印机1台。

（5）机箱、电源等。

2. 扩展系统配置

（1）后台机IBM-PC/XT或其它兼容机型。

（2）模拟屏及智能接口机（CPU I80C85）。

（三）技术数据

（1）容量：1∶N（N≤99）。N指JYZ-180三遥执行端数量。

（2）速率：有线通信100bit/s、200bit/s；无线通信100bit/s、200bit/s。

（3）工作制式：同步/异步、循环式/问答式。

（4）无线通信：半双工方式，频率220～240MHz，400～420MHz，450～470MHz。

（5）外形尺寸：280×280×140（宽×深×高，mm）。

（6）电源：220V±10%、AC、50Hz。

（7）环境温度：5～40℃。

（四）配套设备

JYT-816C型三遥调度端装置与JYZ-180型三遥执行端装置、JYC-20、40型超短波电台或有线通道配套使用。

（五）生产厂

上海自动化仪表四厂。

三、JYZ-180型三遥执行端装置

（一）型式结构

JYZ-180型三遥执行端由以下部分组成：

（1）CPU为I80C85。

（2）相应的功能模板。

（3）机箱、电源等。

（4）JYZ-180型三遥执行端I/O配置方案，见表30-5-1。

（二）技术数据

（1）模拟量规范：0～5V、0～10mA、4～20mA。

（2）脉冲量规范：最高累计值为2^{22}。

（3）有线通道：直流二线制，传输距离≤20km。

表 30-5-1　**JYZ-180 型三遥执行端装置 I/O 配置方案表**

配置	1	2	3	4	5	6	7	8	9	10	11
双位遥控遥调			6 路	12 路	6 路	6 路	6 路	12 路	12 路	12 路	
遥信			12 路	24 路	12 路	12 路	12 路	24 路	24 路	24 路	
遥测	8 路	8 路			8 路	8 路	16 路	8 路	8 路	16 路	16 路
累计量		2 路				2 路	2 路		2 路	2 路	2 路

(4) 无线通道：超短波电台。

1) 功率为 1～2W 时，传输距离 10～20km。

2) 功率为 5～10W 时，传输距离 20～40km。

(5) 遥测精度：±1%。

(6) 外形尺寸：280×280×125（宽×深×高，mm）。

(7) 电源：220V±10%、AC、50Hz。

(8) 环境温度：－10～＋40℃。

(9) 相对湿度：≤85%。

（三）生产厂

上海自动化仪表四厂。

四、JYC-20、40 型超短波电台和有线通道

（一）技术数据

1. JYC-20、40 型超短波电台技术数据

技术数据见表 30-5-2。

表 30-5-2　**JYC-20、40 型超短波电台技术数据**

型号	JYC-20	JYC-40
频率范围	220～240MHz	400～420MHz 450～470MHz
发射功率	≥1.5W	3W、10W 两种
工作方式	同频双工	同频半双工
接收灵敏度	≤1.5μV	≤0.5μV
电　源	220V±10%、AC、50Hz，DC、＋12V	
环境温度	－10～＋45℃	

2. 有线通道技术要求

(1) 采用明线通道（铜、铝、铁裸导线）或电缆通道。

(2) 采用两线直流式。

(3) 线路阻抗：≤330Ω。

(4) 线路电容：≤0.72μF。

(5) 应有防雷、防强电干扰措施。

（二）生产厂

上海自动化仪表四厂。

五、WYZ85 型三遥调度端装置

（一）型式结构

(1) 调度端甲机包括 Z-80CPU、单色 CRT 显示器、FX-100 宽行打印机。

(2) 调度端乙机是一台 IBM-PC/XT 或其兼容机，一般情况下可作为甲机的上位机使用。

(3) 一般情况下可选用两台甲机互为备用，也可选用两台乙机互为备用，还可选用一甲一乙机，或只选用甲、乙机中的一种。

(4) WYZ85 型微机三遥装置方框图，见图 30-5-1。

（二）技术数据

(1) 容量：1：N（N≤127）。N 指 WYZ85 型三遥执行端数量。

(2) 信道：专用有线信道、无线信道或复用信道。

(3) 工作制式：问答式、半双工。

(4) 传输距离：≤15km。

（三）配套设备

WYZ85 型三遥调度端装置与 WYZ85 型三遥执行端装置配套使用。

（四）生产厂

天水电气传动研究所。

六、WYZ85 型三遥执行端装置

（一）型式结构

(1) 遥控：起/停 2 个信号。

(2) 遥信：2 个变位信号，8 个故障信号。

(3) 遥测：8 个模拟量，2 个脉冲累计量。

(4) 主机：采用 Z80 工业控制机。

(5) 就地控制柜：包括 WYZ85 型三遥执行端、变送器、脉冲电度表、互感器、指示仪表、交流接触器、无功补偿装置等。

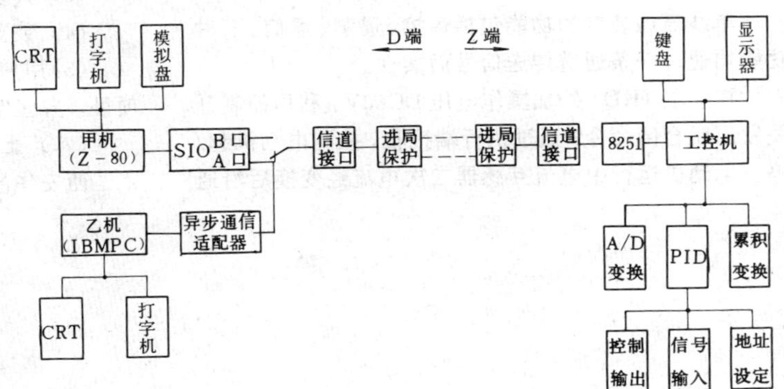

图 30-5-1　WYZ-85 型微机三遥装置方框图

(6)柜体外形尺寸：700×650×2000(宽×深×高，mm)。

(7) 调度台结构：台长 2050mm，两端各放一台微机三遥装置及其外围设备，中间装有仪表板及开关板。

（二）生产厂

天水电气传动研究所。

七、DSY 型单线三遥装置

（一）简介

DSY 型单线三遥装置是为发电厂水源地深井水泵的远距离控制、测量和运行工况监视而开发的一种新型三遥装置。每套装置由执行端、控制端、信号出口元件三部分组成。既可适用于分散单机目标，又能适用于集中多机系统。

（二）型式结构

DSY-Ⅰ、Ⅱ型单线三遥装置采用板前接线，凸式安装。其外形及安装尺寸，见图 30-5-2。

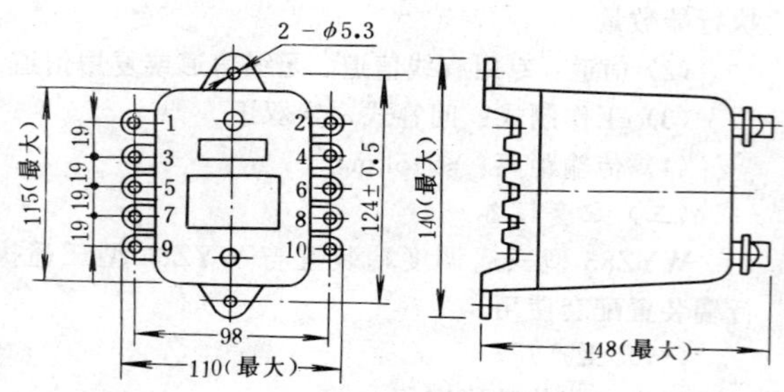

图 30-5-2　DSY-Ⅰ、Ⅱ型单线三遥装置板前接线外形图

（三）型号含义

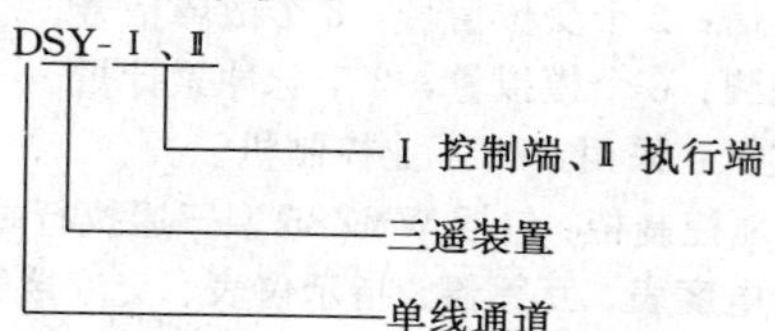

（四）控制原理

单线三遥装置的功能包括遥控、遥测、遥信。三种功能均通过一条通道传送信号而实现。

控制端 (KD) 外加操作电压 DC60V。利用控制开关发出跳合闸命令，通过执行端接收，控制电动机起/停。电动机运行中电流互感器二次电流经变换后沿通道传送至控制箱，在电流表上显示工作电流。该信号同时作为遥信功能的判据，红绿灯指示运行工况，并可发出事故停泵报警信号。同时具有空负荷报警功能。

该装置单通道阻值不大于 200Ω 时，即可正常工作。

（五）使用条件

(1) 环境温度：－10～50℃。

(2) 海拔高度：2000m 以下。

(3) 相对湿度：≤90%。

(4) 工作位置：垂直安装。

(5) 户内型：用于无腐蚀、无爆炸气体、无强列冲击的场所。

（六）技术数据

技术数据见表 30-5-3。

表 30-5-3　DSY 型单线三遥装置技术数据

符号	型式	技术指标	输出接点容量
ZD	DSY-Ⅱ	输入 AC 0-5A	常开 常闭 } 220V AC 4A
KD	DSY-Ⅰ	输入 DC 60V0.5A 输出 DC 0-10mA	常开 常闭 } 48V AC 0.25A
12ZJ		线圈工作电压 DC 24V 内阻 550Ω 2 只串联	常开 常闭 } 220V AC 4A

（七）订货须知

订货时应说明以下几条：

(1) 被控对象的工作电流、CT 型式、变比。

(2) 装置名称、型式、规格等技术数据。

(3) 其它特殊要求。

(4) 装置的订货数量。

(5)用户如需 DC 60V 稳压电源，需在合同中另列项目，并注明容量。

（八）生产厂

西安华昌电器技术开发部。